Verlag von Julius Springer / Berlin

Handbibliothek für Bauingenieure

Ein Hand- und Nachschlagebuch für Studium und Praxis

Herausgegeben von

Dr.-Ing. E. h. **Robert Otzen** †

weiland Präsident des Staatlichen Materialprüfungsamtes, Geheimer Regierungsrat und Professor, Technische Hochschule Berlin

I. Teil: Hilfswissenschaften . . . . 5 Bände

II. Teil: Eisenbahnwesen und Städtebau . . 10 Bände

III. Teil: Wasserbau . . . . 10 Bände

IV. Teil: Konstruktiver Ingenieurbau . . . . 4 Bände

I. Teil: Hilfswissenschaften.

1. Band: Mathematik. Von Prof. Dr. phil. H. E. Timerding, Braunschweig. Mit 192 Textabbildungen. VIII und 242 Seiten. 1922. Gebunden RM 5.76

2. Band: Mechanik. Von Dr.-Ing. Fritz Rabbow, Hannover. Mit 237 Textfiguren. VIII und 204 Seiten. 1922. Gebunden RM 5.76

3. Band: Maschinenkunde. Von Prof. H. Weihe †, Berlin. Zweite, völlig neu bearbeitete und ergänzte Auflage von Prof. Dipl.-Ing. J. Hanner, Berlin. Mit 634 Textabbildungen. VIII und 322 Seiten. 1935. Gebunden RM 17.50

4. Band: Vermessungskunde. Von Geh. Baurat Prof. Dr.-Ing. Martin Näbauer, München. Zweite, umgearbeitete und verbesserte Auflage. Mit 439 Textabbildungen. IX und 401 Seiten. 1932. Gebunden RM 23.50

5. Band: Betriebswissenschaft. Von Dr.-Ing. Max Mayer, Duisburg. Mit 31 Textabbildungen. IX und 219 Seiten. 1926. Gebunden RM 14.85

II. Teil: Eisenbahnwesen und Städtebau.

1. Band: Städtebau. Zweite, umgearbeitete Auflage. Von Prof. Dr.-Ing. Otto Blum, Hannover. Mit 143 Textabbildungen. VIII und 244 Seiten. 1937. Gebunden RM 22.50

2. Band: Linienführung. Von Prof. Dr.-Ing. Erich Giese, Prof. Dr.-Ing. Otto Blum und Prof. Dr.-Ing. Kurt Risch, Hannover. Mit 184 Textabbildungen. XII und 435 Seiten. 1925. Gebunden RM 18.90

3. Band: Unterbau. Von Prof. W. Hoyer, Hannover. Mit 162 Textabbildungen. VIII und 187 Seiten. 1923. Gebunden RM 7.20

4. Band: Oberbau und Gleisverbindungen. Von Dr.-Ing. Adolf Bloß, Dresden. Mit 245 Textabbildungen. VII und 174 Seiten. 1927. Gebunden RM 12.15

5. Band, Erster Teil: Personen- und Güterbahnhöfe. Von Prof. Dr.-Ing. Otto Blum, Hannover. Mit 337 Textabbildungen. VI und 273 Seiten. 1930. Gebunden RM 25.65

5. Band, Zweiter Teil: Rangierbahnhöfe. Von Prof. Dr.-Ing. A. Raab, Karlsruhe, und Reichsbahnoberrat Wagner, Essen. In Vorbereitung.

6. Band: Eisenbahn-Hochbauten. Von Regierungs- und Baurat C. Cornelius, Berlin. Mit 157 Textabbildungen. VIII und 128 Seiten. 1921. Gebunden RM 5.76

Handbibliothek für Bauingenieure

Ein Hand- und Nachschlagebuch für Studium und Praxis

Herausgegeben

von

Dr.-Ing. E. h. Robert Otzen †

weiland Präsident des Staatlichen Materialprüfungsamtes
Geh. Reg.-Rat und Professor, Technische Hochschule Berlin

III. Teil. Wasserbau. 9. Band:

Wasserkraftanlagen

Herausgegeben von

Adolf Ludin

Zweite Hälfte / Erster Teil

Von

Friedrich Tölke

Berlin
Verlag von Julius Springer
1938

Wasserkraftanlag

Herausgegeben von

Dr.-Ing. Dr. techn. h. c. **Adolf Ludin** VDI

o. Professor an der Technischen Hochschule Berlin

o. Mitglied der Akademie des Bauwesens

Zweite Hälfte / Erster Teil

Talsperren

Staudämme und Staumauern

Von

Dr.-Ing. **Friedrich Tölke** VDI

o. Professor an der Technischen Hochschule Berlin

Mit 1189 Abbildungen im Text

Berlin

Verlag von Julius Springer

1938

ISBN 978-3-642-98426-6 ISBN 978-3-642-99240-7 (eBook)
DOI 10.1007/978-3-642-99240-7

Softcover reprint of the hardcover 1st edition 1938

Vorwort des Urhebers der Wasserkraftanlagen.

Der ursprüngliche Plan meines Werkes sah eine Aufteilung in zwei Hälften: I. Planung, Triebwasserleitungen und Kraftwerke (erschienen 1934) und: II. Stauwerke und Wasserspeicher, vor (vgl. Bd. III, 8 der Handbibliothek S. VIII). Kurz nach dem Erscheinen der „ersten Hälfte" legte mir der Verlag die fast ganz abgeschlossene Handschrift eines Buches über Talsperren aus der Feder von Prof. Tölke zur Begutachtung vor, die zunächst als selbständiges Werk erscheinen sollte. Um unnütze Doppelarbeit zu vermeiden und das Erscheinen der zweiten Hälfte der Wasserkraftanlagen zu beschleunigen, schlug ich dem Verlag vor, das Tölkesche Buch nach Herausnahme gewisser höherer Kapitel rein mechanisch-theoretischen Inhalts und nach einer sich in der Hauptsache auf die erfahrungswissenschaftlichen Abschnitte beschränkenden Durchsicht und Ergänzung durch mich als Teilband der Wasserkraftanlagen in die Handbibliothek des Bauingenieurs aufzunehmen. Herr Professor Tölke erklärte sich zu meiner Freude mit diesem vom Verlag angenommenen Vorschlag ohne weiteres einverstanden und hat mir in der rund $2^1/_2$jährigen gemeinsamen Vollendungsarbeit an seinem Buch so viel Einfluß auf Inhalt und Form des Werkes eingeräumt, wie ich es im Interesse der inneren und äußeren Einheitlichkeit meines Gesamtwerkes „Wasserkraftanlagen" nur wünschen und kaum erwarten konnte. Hierfür möchte ich ihm auch an dieser Stelle herzlich danken.

Auch die Bearbeitung dieses Bandes wurde durch zahlreiche Stellen des In- und Auslandes in entgegenkommender Weise durch Herausgabe von wertvollen Erfahrungsunterlagen unterstützt. Hierfür möchte auch ich an dieser Stelle, mit der Bitte um weitere gleichartige Förderung in der Zukunft, danken.

In dem nach der Neueinteilung jetzt noch fehlenden dritten Teilband beabsichtige ich, mit Unterstützung mehrerer Mitarbeiter die Wehre mit Einschluß der Entlastungs- und Betriebseinrichtungen von Talsperren zu behandeln.

Berlin, im Februar 1938.

Adolf Ludin.

Vorwort des Verfassers.

Die Eingliederung meiner als Sonderveröffentlichung gedachten Handschrift über Talsperren in die „Wasserkraftanlagen" der Handbibliothek für Bauingenieure mußte naturgemäß mancherlei Kürzungen, Erweiterungen und Umstellungen im Gefolge haben, wodurch die Herausgabe des Buches beträchtlich verzögert wurde. Einerseits hatte ich den Wunsch, die auf das Gesamtanwendungsgebiet der Talsperren eingestellte Darstellung auch im Rahmen der Wasserkraftanlagen beizubehalten, andererseits erforderte der Einbau in eine Handbücherei straffste Zusammenfassung und Ausgeglichenheit im Einzelaufbau.

Die selbstlose Art, in welcher sich der Herausgeber, Prof. Ludin, an dieser Vollendungsarbeit beteiligte und seine persönlichen Erfahrungen und Unterlagen zur Verfügung stellte, verpflichtete mich nicht nur zu aufrichtiger Dankbarkeit, sondern — angesichts der nicht geringen Opfer an Zeit und Mühe —

auch zu höchster Bewunderung. Die zahlreichen, daraus entsprungenen Anregungen haben sich in vorteilhaftester Weise auf die Gestaltung des Buches ausgewirkt.

Darüber hinaus hatte Prof. Ludin noch die Freundlichkeit, einige den wasserwirtschaftlichen Anschluß herstellende Abschnitte einzufügen, so den Abschnitt A „Grundbegriffe“ und den Abschnitt C „Natürliche Vorbedingungen für die Staubeckenanlage“. Auch der Abschnitt „Anwendung der Erdbaumechanik auf den Dammbau“ (Kap. 16, Ziffer 3) hat durch den Herausgeber zahlreiche, den neuesten Erkenntnissen und Erfahrungen Rechnung tragende Erweiterungen erfahren.

Die vielfältige Verflechtung des Talsperrenbaues mit zahlreichen Grundwissenschaften und Nachbarzweigen ließ es geboten erscheinen, auf eine Reihe von Randgebieten näher einzugehen als es sonst üblich ist. Hierbei wurde auf eine saubere Abtrennung gegenüber den eigentlichen Behandlungsstoffen größter Wert gelegt, so daß es ganz im Belieben des Lesers steht, diesen Fragen näher zu treten oder nicht. Wo umfangreiche mathematische Erörterungen auf elastizitäts- oder strömungstheoretischem Gebiete notwendig waren, wurden die Ergebnisse stets in besonderen Abschnitten zusammengefaßt, so daß auch den mit höheren Rechnungen weniger vertrauten Lesern ein unmittelbares Verständnis ermöglicht ist.

Entsprechend dem heutigen Entwicklungszustande wurde bei den Staudämmen die bisher meist gebräuchliche, mehr beschreibende Darstellung durch eine mehr richtungweisende und zielsichere Behandlung ersetzt; die heutigen Möglichkeiten einer verläßlichen Bauüberwachung und einer theoretischen Erfassung des Kraftflusses sind auf breiterer Grundlage erörtert worden.

Wenn die Gewichtsmauer im Rahmen der Staumauern eine bevorzugte Stellung einzunehmen scheint, so im wesentlichen doch nur deswegen, um ihre unbestreitbaren Schwächen klar in Erscheinung treten zu lassen und daraus die entsprechenden Folgerungen für die Entwicklung vorteilhafterer Bauweisen abzuleiten. Bogengewichts-, Bogen- und Pfeilerstaumauern sind auch rechnerisch so eingehend behandelt worden, daß damit der Weg für die Anwendung hoffentlich hinreichend breit geebnet ist.

Die oft etwas stiefmütterlich behandelte Baugrundfrage wurde ihrer überragenden Bedeutung gemäß besonders eingehend erörtert, wobei die vielfach noch wenig bekannten geophysikalischen Aufschlußmöglichkeiten auch eine entsprechende Berücksichtigung fanden. Die modellmäßige Überprüfung und meßtechnische Überwachung wurde auf breitester Grundlage behandelt, da die Erkenntnis sich immer mehr durchsetzt, daß die Berechnung allein noch keineswegs ausreicht, um die Sicherheit einer Talsperre auch für alle Zukunft zu gewährleisten.

Der Verlag war stets bemüht, es hinsichtlich der vorbildlichen Ausstattung des Buches an nichts fehlen zu lassen. Ich möchte nicht versäumen, ihm für die verständnisvolle Zusammenarbeit und das stets bewiesene Entgegenkommen meinen besten Dank auszusprechen.

Berlin, im Februar 1938.

F. Tölke.

Inhaltsverzeichnis.

Erster Teil.

Allgemeines über Talsperren.

A. Grundbegriffe.

B. Die wasserwirtschaftlichen Aufgaben der Talsperren.

C. Natürliche Vorbedingungen für die Staubeckenanlage (Wasserhaushalts- und Geländefragen).

D. Geologische und geotechnische Vorarbeiten.

Zweiter Teil.

Bauliche Gestaltung der Talsperren.

A. Staudämme.

B. Staumauern.

Dritter Teil.

Zusammensetzung, Herstellung, Einbringung und Prüfung des Betons für Talsperrenbauten.

Vierter Teil.

Überwachung von Talsperren durch Messungen und Überprüfung der Spannungsverteilung an Modellen.

Fünfter Teil.

Erster Teil.

Allgemeines über Talsperren.

A. Grundbegriffe.

1. Kapitel: Der Talsperrenbegriff.

Das Wort „Talsperre" bezeichnet in der Wasserwirtschaft ein Stauwerk, das ein Tal absperrt und dabei nicht nur Flußgerinne und Talaue, sondern auch vom höchsten Hochwasser bisher nicht benetzte Hänge unter Wasser

Abb. 1. Staudamm Arvo a Nocelle.

setzt. Den Gegensatz hierzu bildet das Wehr, das nur einen mehr oder minder großen Teil des Hochwasserbettes dauernd einstaut.

Mit dem Begriff der Talsperre verbindet man zugleich den der Wasserspeicherung, weshalb man im weiteren Sinne als Talsperre nicht nur das Stauwerk, sondern die Einheit von Stauwerk und Staubecken zu bezeichnen pflegt (ähnlich dem englischen Sprachgebrauch „dam").

Zwei wasserwirtschaftliche Wirkungen, Überstauung des HHW. und Speicherbildung, stellen demnach das unterscheidende Kennzeichen gegenüber dem Wehr dar. Beide Wirkungen sind in ihrer größenmäßigen Bedeutung von der Talgestaltung in Längen- und Querschnitt und von dem natürlichen Wasserhaushalt des einzustauenden Wasserlaufes abhängig. Es ist daher vom geographischen und wasserwirtschaftlichen Standpunkte nicht angebracht, die Grenzen zwischen den Begriffsbereichen Wehr und Talsperre in einer unbedingten festen Meterzahl anzugeben. Denn ein Stau von z. B. 12 bis 15 m über NNW. ergibt in einem großen Strom für unsere Anschauung noch nicht mehr als ein Wehr und bestenfalls einen Tagesspeicher, während er in einem kleinen Gebirgstal ebenso entschieden die Vorstellung einer Talsperre mit Jahresspeichervermögen erwecken wird.

Diese natürlich-wasserwirtschaftliche Auffassung hat sich auch die neue österreichische Talsperrenverordnung zu eigen gemacht[1]. Dagegen halten die deutsche (preußische) „Anleitung für den Entwurf, Bau und Betrieb von

[1] Wasserwirtschaft und Technik. Wien 1935.

Talsperren“ und ein Vorschlag zum neuen deutschen Reichswassergesetz noch an der älteren Abgrenzung im Absolutmaß fest.

Abb. 2. Boulder-Staumauer mit Kraftwerk.

„Talsperren . . . sind Stauanlagen, bei denen die Höhe des Stauwerkes von der Sohle des Wasserlaufs bis zur Krone mehr als 5 m (10 m) beträgt und das Sammelbecken, bis zur Krone des Stauwerkes gefüllt, mehr als 100000 m³ (500000 m³) Wasser umfaßt.“

2. Kapitel: **Die Talsperre im engeren und weiteren Sinne.**

1. Die Talsperre im engeren Sinne, das Sperrbauwerk, stellt geographisch betrachtet einen künstlichen Talabschluß dar. Die Natur hat solche Talabschlüsse in verschiedenen Grundformen, als Moränen- oder Bergsturzwälle und auch als massive Gesteinsrippen vorgebildet. Dementsprechend hat auch die auf diesem Gebiet schon in den ältesten Zeiten nachweisbare menschliche Tätigkeit zwei Hauptgrundformen entwickelt, nämlich den Staudamm (Abb. 1) aus losen erdigen oder steinigen Schüttmassen und die Staumauer (Abb. 2) aus Bruchsteinen oder Beton.

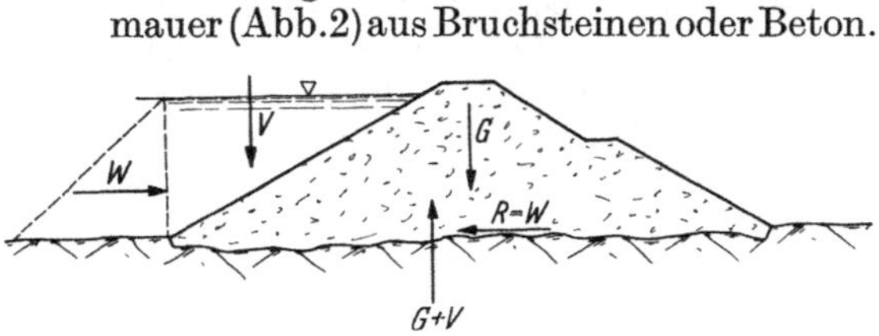

Abb. 3.

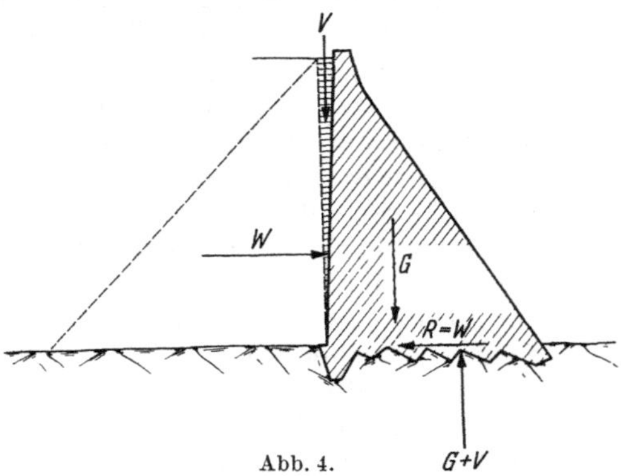

Abb. 4.

Der Widerstand des Dammes (Abb. 3) gegen den Schub (W) und das Kippmoment (M) der gestauten Wassermasse beruht ausschließlich auf dem Eigengewicht (G) der Schüttmasse, ihrer inneren Reibung (zuweilen in Verbindung mit Kohäsion) und dem Reibungswiderstand (R) am Baugrund.

Wenn die Staumauer (Abb. 4) auch nur solchen, ausschließlich in der Querschnittsebene liegenden Kraftwirkungen ihre Standsicherheit verdankt, wird sie Gewichtsstaumauer genannt. Wirkt sie bei gekrümmter Grundrißform daneben noch als liegendes Gewölbe, so heißt sie Bogengewichtsmauer. Hierbei

Abb. 5. Owyhee-Bogengewichtsmauer (im Bau).

ist es wesentlich, daß die Hänge für die auftretenden Bogenschübe ein festes und praktisch unnachgiebiges Widerlager gewährleisten. Abb. 5 zeigt die höchste bisher gebaute Bogengewichtsmauer von 125 m Höhe in Bau. Ist der Querschnitt einer gekrümmten Staumauer so dünn, daß die Stützmauerwirkung vollkommen hinter der Gewölbewirkung zurücktritt (Abb. 6), so spricht man von einer Bogen- oder Einzelgewölbestaumauer. Ist endlich der einheitliche Klotz der Gewichtsstaumauer durch Aussparungen in eine Reihe von Pfeilern mit vorgelegter ebener oder gewölbter Stauwand aufgelöst (Abb. 7), so spricht man von aufgelösten oder gegliederten Staumauern. In der deutschen „Anleitung für den Entwurf, Bau und Betrieb von Talsperren“ wird die aufgelöste Bauform in sehr zweckmäßiger Weise als Pfeilerstaumauer bezeichnet.

1*

2. Jede Talsperre besteht aus dem eigentlichen Sperrbauwerk und den Betriebsanlagen. Das Sperrbauwerk kann je nach den örtlichen Verhältnissen in abschnittsweise verschiedenen Bauformen hergestellt sein. Abb. 8

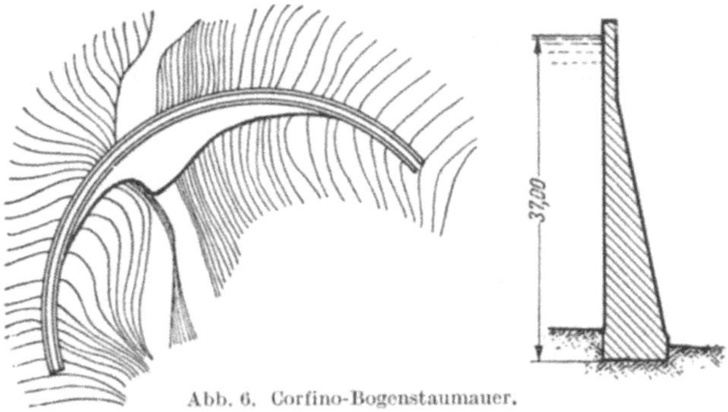

Abb. 6. Corfino-Bogenstaumauer.

Abb. 7a. Viktoria-Gewölbereihen-Staumauer. Ansicht von Wasserseite.

Abb. 7b. Viktoria-Gewölbereihen-Staumauer. Ansicht von Luftseite.

zeigt z. B. eine Gewichtsstaumauer mit seitlich anschließendem Steinfülldamm. Die Betriebsanlagen bestehen aus der Nutzwasserentnahme oder -abgabe, aus den Hochwasserablässen oder Entlastungsanlagen und den Grundablässen oder Leerläufen (Abb. 9). Daneben können noch Nebenbetriebsanlagen wie

Schiffsschleusen und Hebewerke, Triftholz- und Floßgassen, Fischpässe und Aufzüge notwendig sein.

3. Die Talsperre im weiteren Sinne umfaßt häufig neben dem Staubecken noch eine Anzahl mehr oder minder wichtiger Ergänzungswerke. So können außer der im Flußtal zu errichtenden Hauptsperre bei niedrigen umgebenden Wasserscheiden noch Flügeldeiche und Nebensperren (Abb. 10) oder Gegensperren[1] (Abb. 11) nötig werden, die den Abschluß überstauter Ränder und Einsattelungen herstellen.

Abb. 8. Abschlußbauwerk Cignana-Talsperre.

Versumpfungsgefahr für flache Geländeteile im Absenkungsbereich des Stauspiegels[2] oder Rücksicht auf das Landschaftsbild kann zum Dauereinstau dieser Flächen durch Randdeiche und Vorsperren in den Talzipfeln führen (Abb. 12), wobei stets

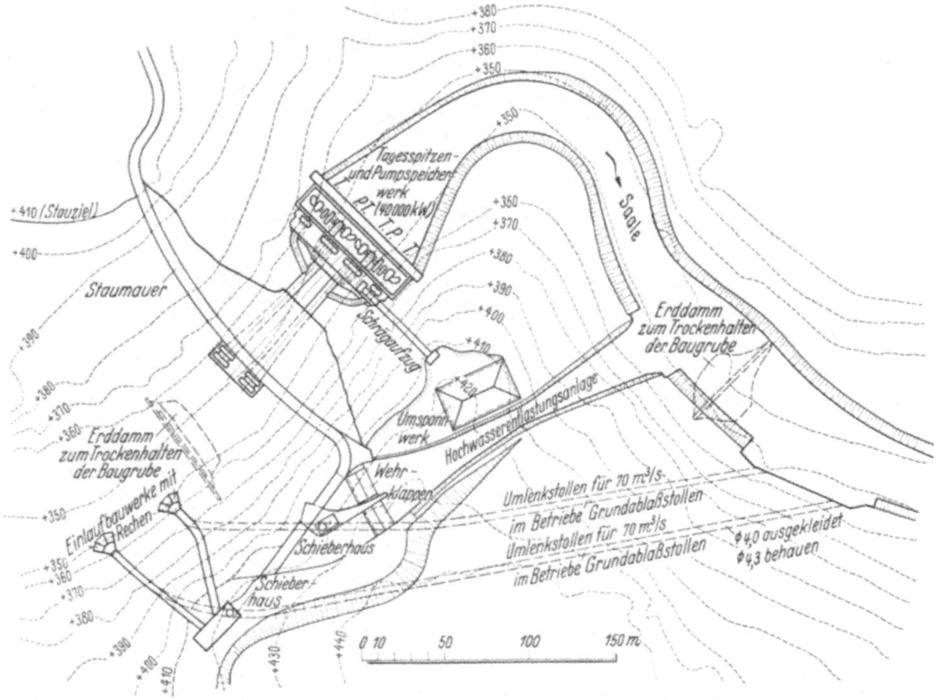

Abb. 9. Bleiloch-Talsperre mit Betriebsanlagen und Kraftwerk. (Maßstab 1:4500.)

[1] Ausführungsbeispiel: Loch Ericht (Schottland): Engineer 1931, Aug.-Sept.
[2] Vgl. auch Mosquito Control Engineering I—IV. Engng. News Rec. 1936.

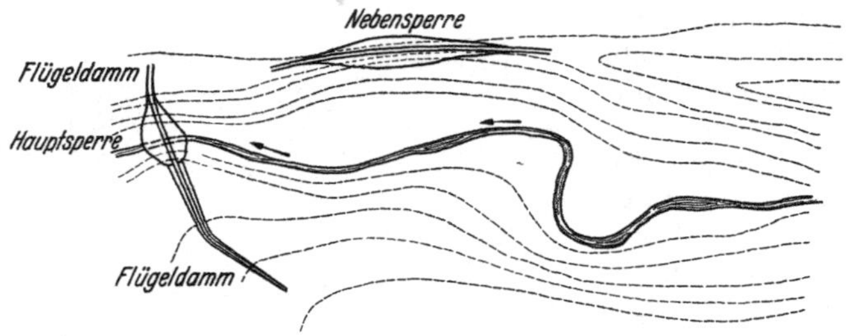

Abb. 10.

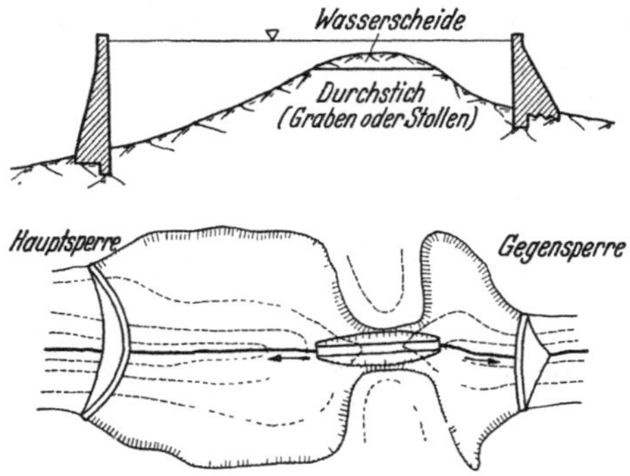

Abb. 11.

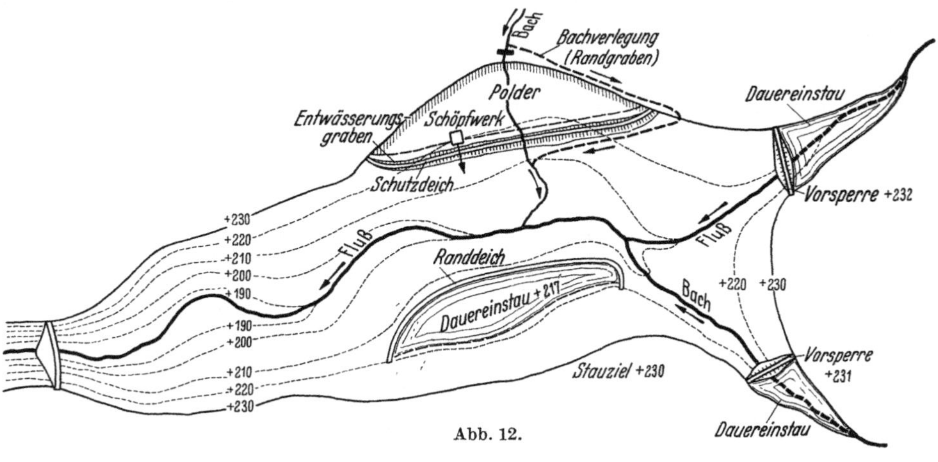

Abb. 12.

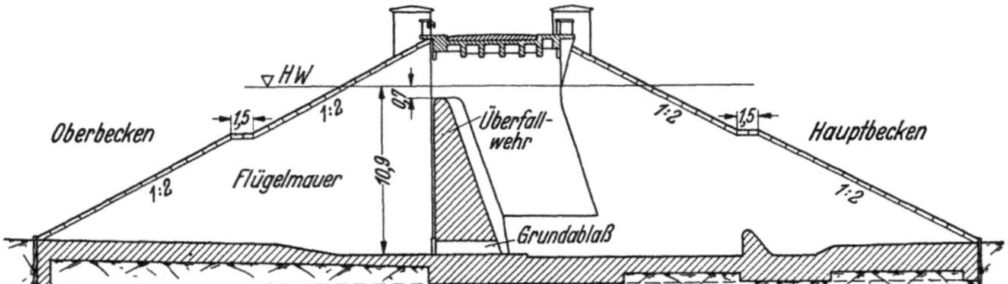

Abb. 13. Amecker-Damm.

Überfallwehre notwendig werden. Abb. 13 zeigt in dem Amecker-Damm[1] ein solches Vorsperrbauwerk, das den oberen Teil des Sorpe-Staubeckens abriegelt. Bei starker Schwerstofführung schützen die Vorsperren auch das Hauptbecken vor Verlandung. Bei Vorhandensein flach liegender Siedlungen oder sonst hochwertigen Geländes können Schutzdeiche in Verbindung mit künstlicher Entwässerung nötig werden (Abb. 12).

Die Zuflüsse des Beckens bedürfen zuweilen in der vom Stau betroffenen Strecke eines kunstgerechten Ausbaues nach den Regeln des Flußbaues (Abb. 14). Dies ist namentlich dann erforderlich, wenn der Talsperrenbetrieb eine Absenkung unter den bisherigen Naturwasserspiegel vorsieht (Seeabsenkung). In diesem Falle würden weit ins Land hineinreichende Austiefungen eintreten. Auch starke Schwerstofführung kann zur Regelung der eingestauten Mündungsstrecken Anlaß geben, um Verwilderungen und Deltabildung zu verhüten.

Endlich können Durchstiche oder Verbindungsstollen notwendig sein, um etwa vorhandene abflußlose Mulden für den Stauinhalt nutzbar zu machen (Abb. 11).

Zu den Nebenanlagen einer Talsperre sind auch die Beileitungen zu zählen, die eine künstliche Erweiterung des Einzugsgebietes herbeiführen. Sie können bei Vorhandensein natürlichen Gefälles als Schichtlinienkanäle oder -stollen angelegt werden. Liegt das zu erfassende fremde Einzugsgebiet tiefer als das Staubecken, so kann Beileitung mit künstlichem Gefälle durch Pumpwerke in Frage kommen. Solche sind schon häufig als Speicherpumpwerke der Elektrizitätswirtschaft zur Ausführung gekommen[2]. In einigen Fällen sind auch schon Rückpumpwerke bei undichten Talabschlüssen angewendet worden.

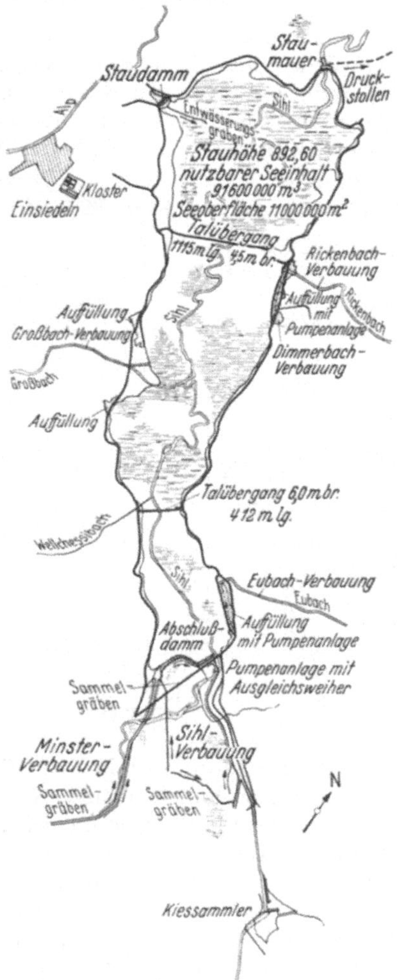

Abb. 14. Etzel-Talsperre. (Maßstab 1:65000.)

Erweiterung des Nutzinhaltes eines Staubeckens durch größere Bodenabträge wird bei den hohen Kosten nur in Ausnahmefällen in Frage kommen. Als bemerkenswertes Beispiel dieser Art ist das schlesische Staubecken bei Sersno anzuführen, dessen geräumiges Staubecken von 15,5 hm³ durch die Entnahme der großen Sandmassen entstanden ist, die zum Bergeversatz der benachbarten oberschlesischen Kohlengruben benötigt wurden. Durch Ausnutzung der bestehenden Möglichkeiten wird das Staubecken von Sersno im Laufe eines Jahrzehntes um rund 40 hm³ Stauraum ohne wesentliche Kosten vergrößert werden können, so daß 1960 bereits ein nutzbarer Stauraum von 100 hm³ erreicht sein wird.

Der Einstau so großer Geländeflächen, wie sie bei größeren Talsperren und namentlich bei Flachbecken nötig werden, unterbricht oft zahlreiche Verkehrswege und verlangt entsprechende Ersatzverbindungen. Solche

[1] Link u. Johnson: Die Sorpe-Talsperre. Sonderdruck Essen 1933.
[2] A. Ludin in „Rundschau technischer Arbeit" vom 16. 9. 36.

werden je nach der zu erwartenden Verkehrsdichte in Brücken oder Fähren quer über das Becken oder nur in Randstraßen um das Becken herum bestehen (Abb. 14). An der Hauptsperre wird in der Regel eine oder ein Paar von Aufstiegsrampen anzulegen sein.

3. Kapitel: **Unterteilung des Staubeckeninhalts.**

Der „Gesamtinhalt“ eines Staubeckens (zwischen Wasserlaufsohle und HHW. des Staues) ist nach bestimmten, mit dem Wasserhaushalt und den Betriebseinrichtungen der Sperre zusammenhängenden Richtlinien zu unterteilen. Der wichtigste Teil ist der Nutzraum, zwischen tiefstem Betriebsabsenkziel und höchstem Betriebsstauziel (Abb. 15). Man vgl. hierzu auch Bd. III, 8, S. 29 und 80.

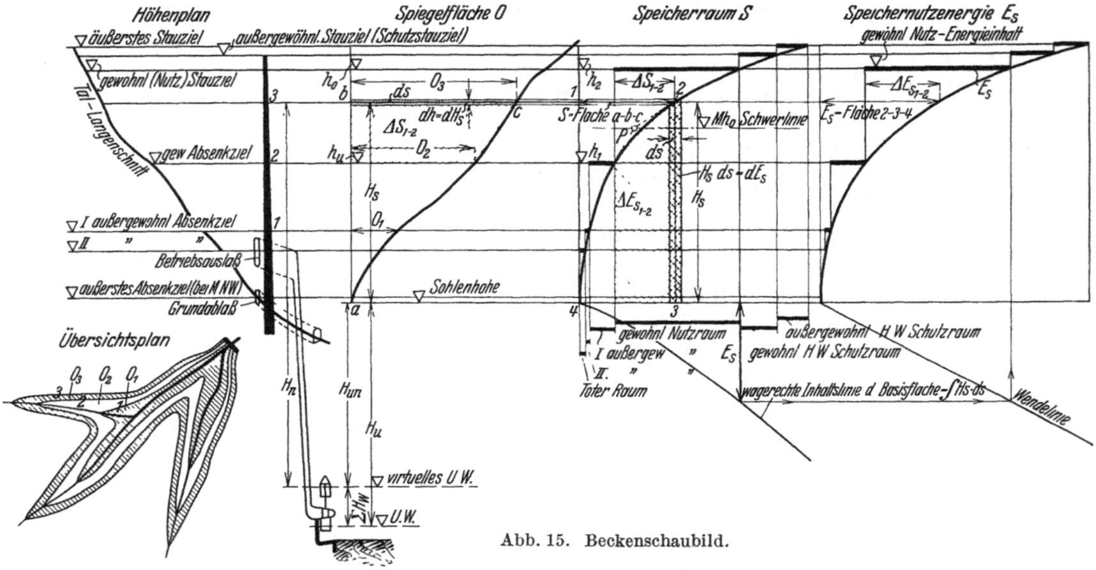

Abb. 15. Beckenschaubild.

Der Nutzraum zerfällt bei Überjahresspeichern in den gewöhnlichen und den außergewöhnlichen oder Not-Vorratsraum. Von dem letzteren, der auch „eiserner Bestand“ genannt wird, wohl zu unterscheiden ist der unter dem tiefsten Betriebsabsenkziel gelegene tote oder nicht nutzbare Raum, dessen tiefster, unter Grundablaßsohle liegender Teil als Restsumpf bezeichnet wird.

Der über dem höchsten Betriebsstauziel liegende Stauraum heißt Hochwasserschutzraum, sofern ein höherer Stau als der Höchstbetriebsstau möglich und zulässig ist. Bei Talsperren, die dem Hochwasserschutz und zugleich anderen wasserwirtschaftlichen Zwecken, z. B. der Kraftnutzung dienen, werden die Grenzen zwischen dem frei zu haltenden Hochwasserschutzraum und dem sonstigen Nutzraum nicht immer starr festliegen. Man wird diese je nach der Jahreszeit und der dadurch bedingten Hochwasserwahrscheinlichkeit gleitend einführen.

B. Die wasserwirtschaftlichen Aufgaben der Talsperren.

4. Kapitel: **Talsperren in Beziehung zu Landeskultur und Hochwasserschutz.**

Der Gedanke, durch Stauwerke in den natürlichen Kreislauf des Wassers einzugreifen, ist unzertrennlich mit dem Kulturbegriff des Altertums verbunden. Was wäre z. B. die Kultur Altbabyloniens ohne die bewunderungswürdigen

Bewässerungs- und Wasserversorgungsanlagen Nebukadnezars oder wie wäre die Blüte Ägyptens denkbar, wenn man die Eindeichung des Nils und die Einführung der Beckenbewässerung durch Menes streichen würde.

Wenig ist von den Ingenieurbauten der Alten übrig geblieben und die Überlieferung fließt spärlich. Erst Griechen und Römer haben ein anschauliches Bild von den Kulturwerken ihrer Tage hinterlassen, das noch unendlich reichhaltiger sein würde, wenn nicht die berühmte alexandrinische Bibliothek ein Raub der Flammen geworden wäre. Wenn sich heute vor unseren Augen die Sagebrush-Steppen des amerikanischen Westens in Dattelhaine verwandeln, wenn aus den Malariaherden Italiens blühende Dörfer und wogende Getreidefelder emporsteigen, wenn durch den gewaltigen Zuidersee-Damm Zehntausende von Hektaren den Fluten entrissen wurden, wer möchte deswegen herabsehen auf die wunderbaren Bewässerungsanlagen Karthagos oder auf die kühnen Stauwerke und Talsperren, die westgotischer Ingenieurgeist in Spanien geschaffen hat.

Die landeskulturelle Entwicklung läßt sich nirgends so anschaulich verfolgen wie in Ägypten, wo der Wasserbau zu allen Zeiten als die königliche Kunst galt, und wo uns die Hieroglyphen und die Aufzeichnungen der griechisch-römischen Schriftsteller eine Zeitspanne von mehr als 5000 Jahren zu überblicken gestatten. Nach jenen Aufzeichnungen wurde der Grundstock für den Aufstieg Ägyptens etwa um das Jahr 3200 v. Chr. gelegt, und zwar dadurch, daß Menes die bis dahin dem Hochwasser schonungslos preisgegebene Nilebene durch Längsdeiche schützte und durch Querdeiche in Becken einteilte, die er durch Kanäle be- und entwässerte. Auf diese Weise konnte das breite lybische Ufer einer geordneten Bebauung und Besiedlung zugeführt werden. An dem schmaleren arabischen Ufer blieb der frühere Zustand im wesentlichen erhalten, da sich der halb gebändigte Strom mit vermehrter Kraft auf das ungeschützte Ufer warf, so daß die Deiche mit den beschränkten Mitteln der damaligen Zeit nicht gezogen werden konnten.

Das Ausdehnungsbestreben der ständig zunehmenden Bevölkerung wurde jedoch schließlich so groß, daß die ägyptischen Könige um das Jahr 2000 herum keinen anderen Ausweg mehr sahen, als das arabische Ufer den Nilfluten abzutrotzen. Dieses Titanenwerk gelang schließlich durch die Erfindung der Hochwasserentlastung unter Ammenemmes III. und es bedurfte der angestrengtesten Arbeit mehrerer Generationen, um es zum Abschluß zu bringen. Man vertiefte und verbreiterte zunächst einen 400 km langen natürlichen Bewässerungskanal längs der lybischen Wüste, brach einen Kanal seitlich durch die Randgebirgskette zu einer gewaltigen Senke inmitten der Wüste, die das Flutwasser aufnehmen sollte, und baute zwei mächtige Regulatoren, die wir heute als bewegliche Wehre bezeichnen würden. So entstand die erste Talsperre der Welt, die von den Alten der Mörissee genannt wurde; sie besaß eine Oberfläche von 2000 km² und einen Stauinhalt von rund 12 km³, d. h. Ausmaße, die erst in unseren Tagen in der Boulder-Talsperre ihresgleichen gefunden haben. Herodot preist sie als das großartigste der sieben Wunderwerke der alten Welt, das sogar den Ruhm der Cheopspyramide noch überragte. Die Aufgabe der beiden Regulatoren bestand nach Herodot darin, den Rückgang des Seespiegels mit der Nilflut zu verhindern und das Wasser solange aufzustauen, bis es in den Sommermonaten zu Bewässerungszwecken benötigt wurde. Diese einzigartige Verbindung von Hochwasserschutz und Landbewässerung wurde mit einer Pendelwassermenge von rund 5 km³ bewältigt.

Abb. 16, die einen Überblick über das Einzugsgebiet des Nils gibt, läßt noch die Spuren der gewaltigen Entlastungsanlage erkennen. Der Zuführungskanal besteht heute noch als Josephskanal und zweigt etwas unterhalb des Naga-Hamadi-Wehres vom Nil ab. Das kümmerliche Überbleibsel der einstigen Talsperre ist der Birket-el-Kerun-See, in welchem das Entwässerungsnetz der heutigen Fayoum-Provinz zusammenläuft. Die Regulatoren sind natürlich längst dem Sturm der Zeiten zum Opfer gefallen; an ihrer Stelle steht heute ein neuzeitliches Schützenwehr, das die Bewässerung der Fayoum-Provinz regelt.

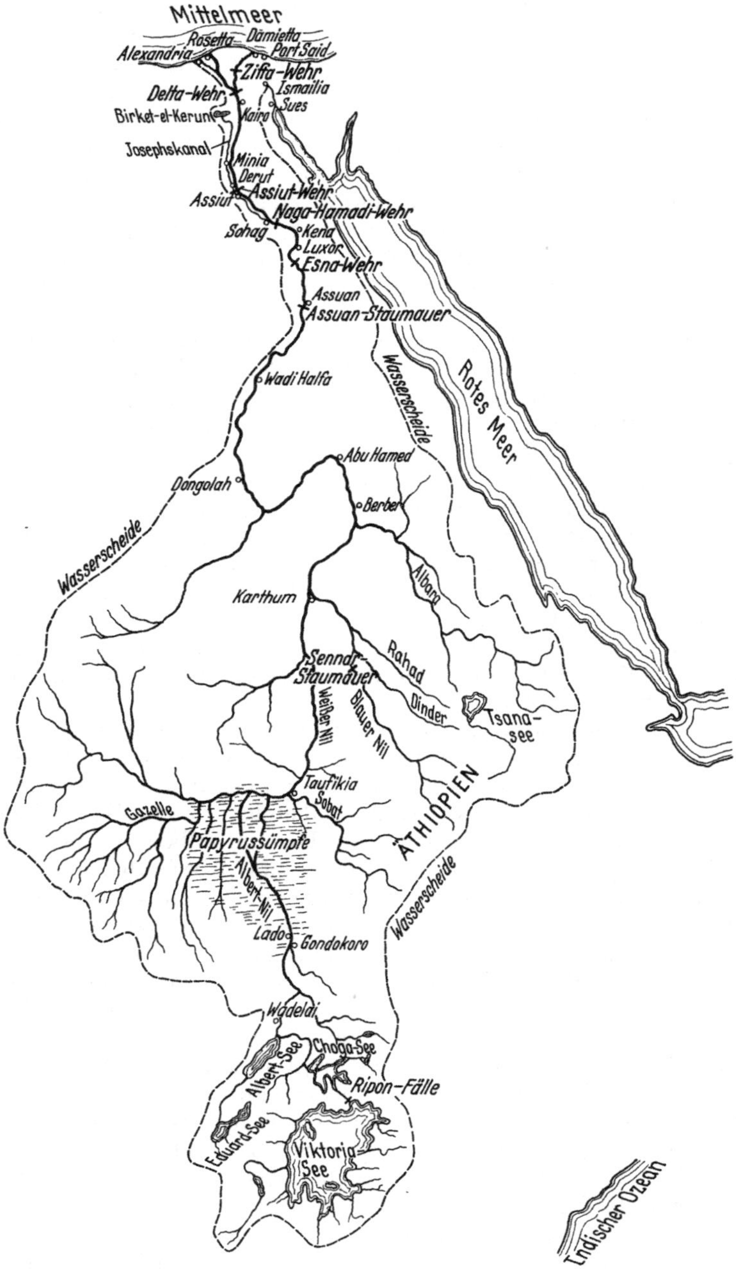

Abb. 16. Einzugsgebiet des Nils. (Maßstab 1 : 25000000.)

Die Abb. 17 und 18 geben Grundriß und Längsriß des Mörissees nach Brown[1] wieder. Wenn die Nilflut ihren Höchstwert erreicht hatte und die Talsperre gefüllt war, wurde der Hauptregulator A geschlossen. Beim späteren Ablassen

[1] W. H. Brown: The Fayoum and Lake Moeris. London: Edward Stanford 1892.

des Wassers trat dann der Regulator *B* in Tätigkeit, der das zurückfließende Wasser in geeigneter Weise auf Ober- und Unterägypten verteilen sollte. Nach der Höhe der Nilschlammablagerungen im Fayoum muß der Seespiegel anfänglich 25 m über *NN* gelegen haben, was einer Stauhöhe der beweglichen Wehre von 5 m entspricht.

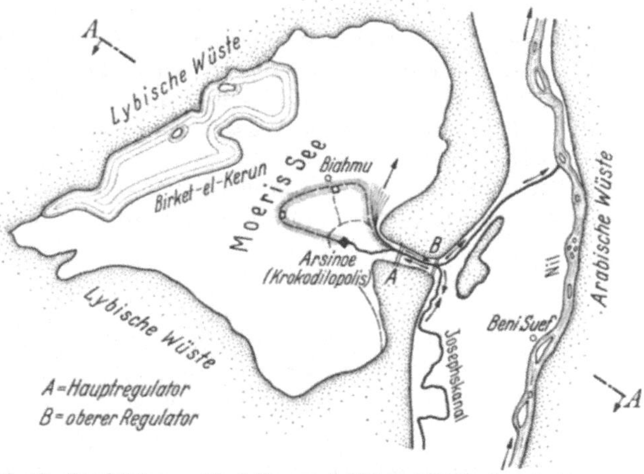

Abb. 17. Der Mörissee. (Nach Brown.) Fläche 1600 km² nach Abzug des eingedeichten Landes, 2000 km² vor der Eindeichung. (Maßstab 1:1500000.)

Nachdem die Eindeichung des arabischen Ufers vollzogen war, trat die Hochwasserentlastung durch den Mörissee wieder in den Hintergrund, und man senkte den Seespiegel, um Land zu gewinnen, um etwa $2^1/_2$ m. So entstand Arsinoe (Krokodilopolis), die berühmte Sommerresidenz der ägyptischen Könige. Das gesunde Klima, die Fruchtbarkeit der Ufer und der Fischreichtum des Sees ließen die Bevölkerung schnell zunehmen und den Wunsch nach weiterer Landgewinnung wach werden. Dem wurde jedoch nicht durch ein weiteres Absenken des Seespiegels Rechnung getragen, sondern dadurch, daß man die Lagunen durch Deiche trocken legte, die teils als Erddämme, teils als schwere Kaimauern errichtet wurden. Die berühmte Kaimauer von Biahmu, die von Petrie rekonstruiert wurde, gibt ein anschauliches Bild von jenen gewaltigen Seebauten (Abb. 19).

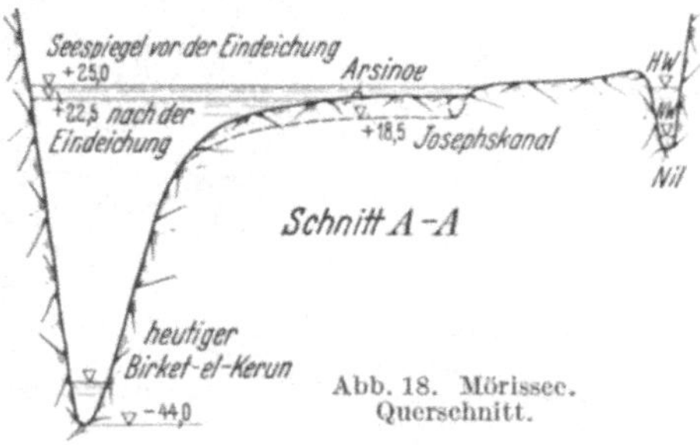

Abb. 18. Mörissee. Querschnitt.

In späterer Zeit wurde der See bis auf einen kleinen Rest abgesenkt. Abb. 20 zeigt die heutige Fayoum-Provinz mit ihrem weitverästelten Netz von Kanälen und Kanälchen, das an Zweckmäßigkeit kaum noch übertroffen werden kann. Einem gewaltigen Baume gleichend ist es so durchgebildet, daß das Wasser über die ganze Provinz gerecht und sparsam zugleich verteilt wird. Die Versorgung der fernab gelegenen Bezirke erfolgt z. B. durch tief ausgehobene Kanäle, die eine vorzeitige Wasserentnahme verhindern, während zahllose Wehre, deren Überlauflänge der jeweils zu bewässernden Fläche angepaßt ist, die Verteilung im einzelnen regeln. Jede künstliche Wasserentnahme wie z. B. durch Schöpfräder muß verzollt werden. Besonders kennzeichnend ist das tiefe Hineingreifen des Entwässerungsnetzes in das der Bewässerung, um einen geordneten Abfluß des zugeführten Wassers herbeizuführen.

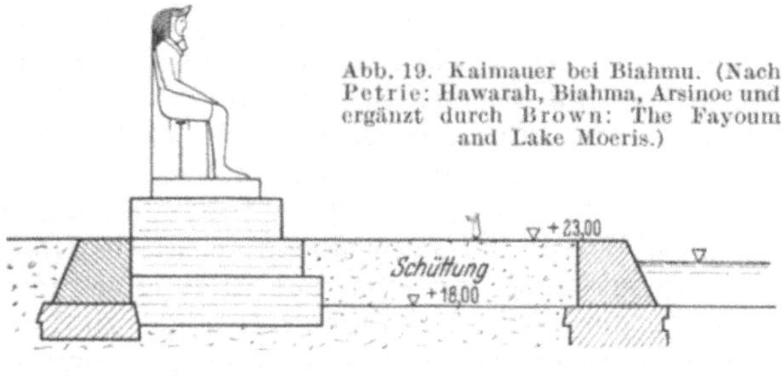

Abb. 19. Kaimauer bei Biahmu. (Nach Petrie: Hawarah, Biahmu, Arsinoe und ergänzt durch Brown: The Fayoum and Lake Moeris.)

Infolge ihrer bevorzugten Lage wurde die Fayoum-Provinz schon sehr früh auf Dauerbewässerung umgestellt, mit der fünf Ernten in drei Jahren erzielt werden konnten. Seitdem Mohamed Ali vor 100 Jahren dieses Bewässerungssystem auch auf andere Provinzen Ägyptens ausdehnte, ist eine grundlegende Änderung der wirtschaftlichen Struktur des Niltales eingetreten, die Wehr- und Talsperrenbauten von gewaltigen Ausmaßen veranlaßt hat. Um diese außerordentlich lehrreiche Entwicklung im einzelnen verfolgen zu können, muß zuvor etwas näher auf die Wasser- und Zuflußverhältnisse des Nils eingegangen werden[1].

Im Einzugsgebiet des Nils (Abb. 16) lassen sich vier deutliche Abschnitte unterscheiden. Der erste umfaßt die äquatorialen Seen, insbesondere Viktoria-

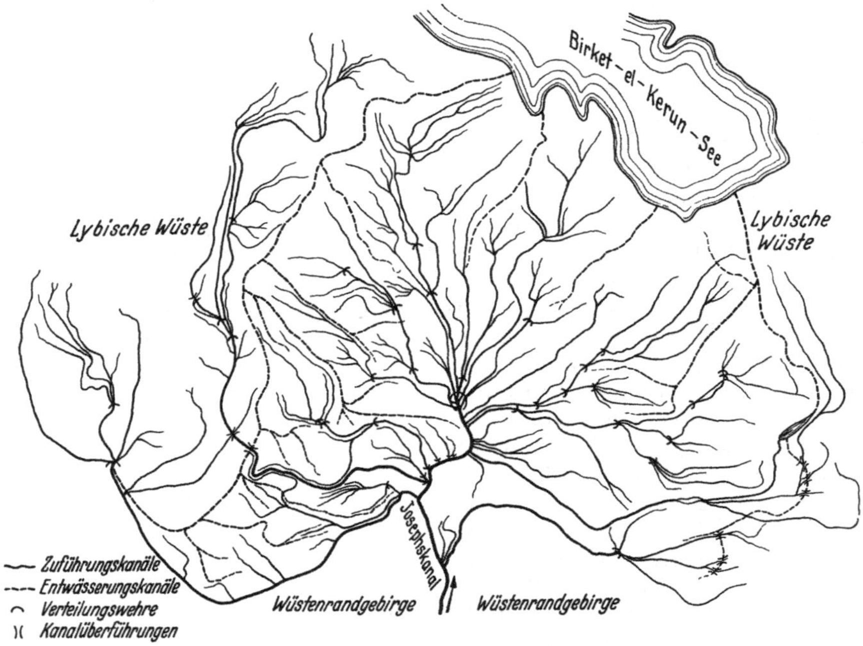

Abb. 20. Be- und Entwässerungssystem der Fayoum-Provinz. (Nach Brown.) (Maßstab 1:500000.)

und Albertsee. Mit einem Flächenraum von 6000 km² und einem Einzugsgebiet von 250000 km² stellt der Viktoriasee einen ungeheuren Wasserbehälter dar, trotzdem $^{11}/_{12}$ der mittleren Jahresregenhöhe von 1250 mm verdunsten. Willcocks gibt den Höchstabfluß in einer Reihe nasser Jahre zu 850 m³/s, den Mindestabfluß in einer solchen trockener Jahre zu 450 m³/s an. Die übrigen Seen, die sich in nassen Jahren mit etwa 30% an der Wasserführung beteiligen, fallen in Trockenjahren praktisch aus.

Zwischen Gondokoro und der Sobatmündung durchfließt der Nil die schwimmenden Wiesen der Papyrussümpfe, die in Hochwasserzeiten den Strom vollständig verbauen. Dies hat zur Bildung zahlreicher Arme geführt, von denen Abb. 16 die beiden bedeutendsten zeigt. In diesem Sumpfgelände verliert der Nil mehr als die Hälfte des für Ägypten so wertvollen Sommerwassers, teils als Folge der großen Verdunstungsfläche, teils durch den starken Wasserverbrauch der Gräser und Papyrusstauden.

Der dritte Abschnitt umfaßt die Zuflüsse aus dem äthiopischen Hochlande, nämlich Sobat, Blauen Nil und Atbara, die Ägypten alljährlich die rote Schlamm-

[1] Vgl. hierzu Willcocks-Craig: Egyptian Irrigation, 3. Aufl., 2 Bde. London: E. & F. Spohn 1913.

flut bringen. Die Flutwelle erreicht Wadi Halfa gewöhnlich Anfang Juni, steigt dann allmählich auf ihren Höhepunkt im September, bis sie sich im November verliert und in das klare Schmelzwasser der äthiopischen Hochgebirge übergeht, das etwa bis Anfang Februar reicht. Von Februar bis Juni fallen die äthiopischen Zuflüsse für die Wasserführung des Nils vollständig aus.

Bei Berber schließlich tritt der Nil in das eigentliche Ägypten ein und erfährt praktisch keine Zuflüsse mehr. Die für eine planmäßige Wasserverteilung zur Verfügung stehende mittlere Jahreswasserführung des Nils kann aus der nebenstehenden Zusammenstellung von Willcocks entnommen werden.

Viktoria-Nil an den Riponfällen . .	610 m^3/s
Albert-Nil bei Wadelai	790 m^3/s
Albert-Nil bei Gondokoro	1070 m^3/s
Albert-Nil oberhalb des Sobats . .	470 m^3/s
Weißer Nil bei Taufikia	940 m^3/s
Weißer Nil vor Karthum	800 m^3/s
Nil unterhalb Karthums	2900 m^3/s
Nil bei Wadi Halfa	3080 m^3/s
Nil an der Mündung	2050 m^3/s

Sobat	470 m^3/s
Blauer Nil	2100 m^3/s
Atbara	360 m^3/s
Äthiopische Zuflüsse	2930 m^3/s

Abb. 21 zeigt den Verlauf der Nilwasserführung für ein normales Jahr, und zwar einmal bei Wadi Halfa, also beim Eintritt in Ägypten, und einmal an der Mündung. Der Unterschied stellt den Wasserverbrauch in Ägypten dar, selbstverständlich noch ohne Berücksichtigung der Talsperren. Je nach Lage der Hochdruckgebiete im Bereiche des 30. Breitengrades liegt die höchste Flutwelle bei Assuan zwischen $6^1/_2$ und 9 m über Normalniedrigwasser. In etwa zehnjährigem Wechsel folgen Perioden geringer und reichlicher Flut aufeinander und in sehr großen Abständen ganz schwere Krisenjahre.

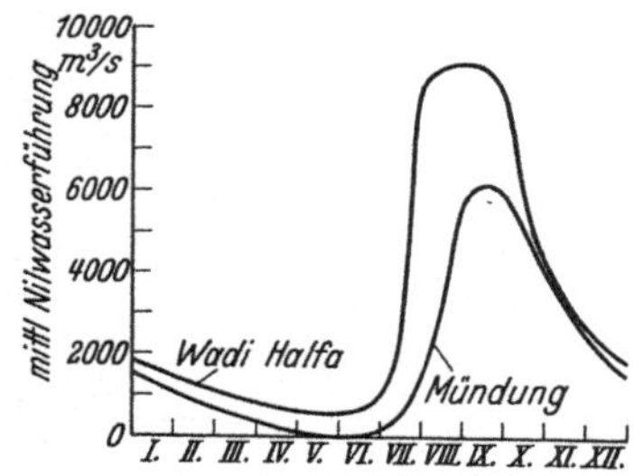

Abb. 21. Mittlere Nilwasserführung beim Eintritt in Ägypten und an der Mündung.

In Ägypten werden heute bei einem anbaufähigen Flächenraum von 28000 km^2 rund 23000 km^2 bewässert. Die restlichen 5000 km^2 sind Ödländereien und Lagunen, die zur Römerzeit noch reiche Kornkammern waren. Sie zeigen, wie schnell eine auf künstliche Bewässerung aufgebaute Kultur versinkt, wenn ein morsches Geschlecht die Entwässerungsanlagen verfallen läßt. Unter Aufwendung großer Geldmittel geht man in jüngster Zeit daran, jene versumpften und versalzenen Landstriche wieder kulturfähig zu machen.

Ägypten ist ein warnendes Beispiel dafür, wie gefährlich es ist, die Fragen der Be- und Entwässerung nach den Gesichtspunkten des Augenblickserfolges und bezirksweise statt umfassend zu behandeln. Bei den engen Beziehungen, die zwischen Stauanlagen und Bewässerungsfragen bestehen, dürfte es der Mühe wert sein, auf die verschiedenen Bewässerungssysteme Ägyptens kurz einzugehen, zumal Erfahrungen in diesen Ausmaßen bisher wohl nirgends gesammelt werden konnten.

In Ägypten wird heute nach drei teilweise grundverschiedenen Systemen bewässert. Das uralte System der Beckenbewässerung, das bis zur Wende des 18. Jahrhunderts noch allgemein vorherrschte, beschränkt sich heute nur noch auf Randstriche und kleine Teilflächen auf dem arabischen Ufer, die einem rationelleren Bewässerungssystem nicht zugänglich sind. In Oberägypten haben englische Ingenieure unter Leitung von Ross in den letzten 50 Jahren ein Verbund-Bewässerungssystem geschaffen, das diese Landstriche nach der Umstellung auf Dauerbewässerung zu den ertragreichsten Bezirken Ägyptens gemacht hat. Schließlich ist noch die Delta-Dauerbewässerung Mohamed Alis zu nennen, die sich eng an das Bewässerungssystem der Fayoum-Provinz (Abb. 20) anschließt.

Die alten Ägypter schufen zwei Arten von Bewässerungskanälen, in Anpassung an die natürlichen Gefällverhältnisse des Niltales. Diese sind dadurch gekennzeichnet, daß neben dem Längsgefälle noch Quergefälle in Richtung Nil—Wüste vorhanden ist, das durch die jahrtausendelangen Schlammablagerungen des Nils hervorgerufen wurde. Die dadurch bedingten natürlichen Senken längs der Randgebirge benutzten die alten Ägypter als Hauptbeckenkanäle. Außerdem legten sie noch „Bermenkanäle" für die hochgelegenen Landstriche am Nilufer an. Bei dieser Bewässerungsanordnung blieben die Bermenbecken in schlechten Jahren ohne Wasser, was mit beträchtlichen Ernteausfällen verbunden war. Um diesen Mangel zu beseitigen, schuf Ross das Verbund-Bewässerungssystem (Abb. 22), indem er den Bermenkanälen ein Gefälle von 40% des Nilgefälles gab und sie als Hochdükerkanäle von dem höheren System in das nächstuntere übergreifen ließ. Auf diese Weise wurden die

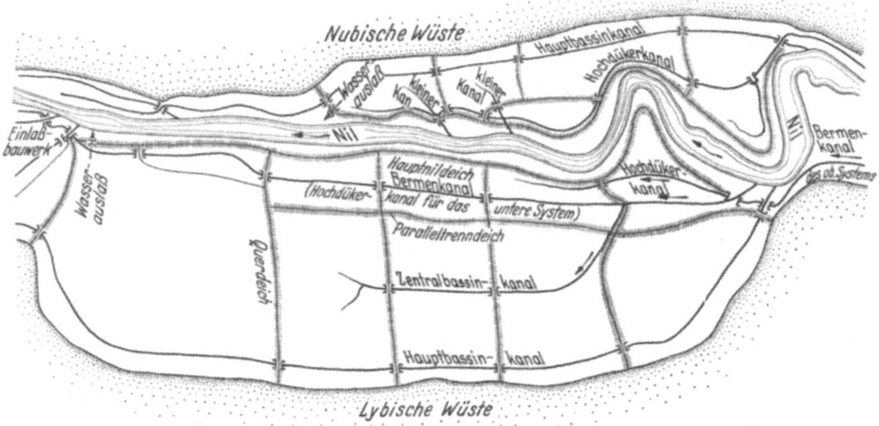

Abb. 22. Schematische Darstellung der heutigen Bassinbewässerung Oberägyptens nach Ross. (Nach Willcocks-Craig: Egyptian Irrigation.)

Becken in der Längsrichtung miteinander verkoppelt und die Bermenbecken von oben her gespeist. Wenn sich auch der fruchtbare Schlamm meist schon vorher abgesetzt hatte, so war in schlechten Jahren doch wenigstens eine mittelmäßige Ernte zu erwarten. Außerdem schuf Ross bei sehr breiten Becken noch Mittelbeckenkanäle, durch die auch der Ertrag der Hauptbecken beträchtlich erhöht werden konnte.

Die Ertragsfähigkeit der Becken wurde in den letzten Jahren noch dadurch wesentlich gesteigert, daß die 900 km lange Nilstrecke zwischen Assuan und Kairo auf Dauerbewässerung umgestellt wurde. Um auch bei Niederwasser über die hierfür notwendige Wassermenge zu verfügen, wurden bei Assiut, Nag-Hamadi und Esna drei mächtige Stauwehre errichtet. Ferner wurden, um eine gleichmäßige Wasserverteilung für jede Staustufe zu erzielen, längs der Ufer Hauptzuführungskanäle geschaffen, die gleichzeitig die Flutbewässerung und die Schlammversorgung der Bermenbecken verbessern sollten. Der größte dieser Kanäle ist der vom Assiutwehr ausgehende Ibraimiakanal, der 250 km lang ist und 450 m^3/s zu fassen vermag.

Das Nildelta, früher das fruchtbarste Gebiet Ägyptens, wurde bereits um die Wende des 18. Jahrhunderts durch Mohamed Ali auf Dauerbewässerung umgestellt, um Baumwolle anbauen zu können. Mohamed Ali beging dabei den großen Fehler, daß er im Verhältnis zu den Abzugsmöglichkeiten zu reichlich bewässerte. Die Folge war ein Ansteigen des Grundwasserstandes und eine Behinderung der Pflanzen im Wachstum. Es ist bezeichnend, daß die früher so wohlhabenden Deltalandstriche heute weit hinter Oberägypten zurückstehen.

Seit der Umstellung auf Dauerbewässerung ist der Wasserbedarf Ägyptens ständig gestiegen. Nach Abb. 21 fließen Oberägypten in den heißen Frühlingsmonaten im Mittel 700 m^3/s zu, von denen infolge Verdunstung und sonstiger Verluste 230 m^3/s abzuziehen sind. Damit verbleiben für Bewässerungszwecke 470 m^3/s in mittleren und 240 m^3/s in schlechten Jahren. Andererseits verlangt die Dauerbewässerung etwa 0,045 $m^3/s/km^2$ im Delta und 0,055 $m^3/s/km^2$ in Oberägypten bei einer zu bewässernden Fläche von 18000 bzw. 4000 km^2, was einem Gesamtbedarf von 1030 m^3/s entspricht. Es fehlen somit 560 m^3/s in mittleren und 790 in trockenen Jahren, die durch Stauanlagen beschafft werden müssen. Bei einer mittleren Zuschußdauer von 3 Monaten errechnet sich der

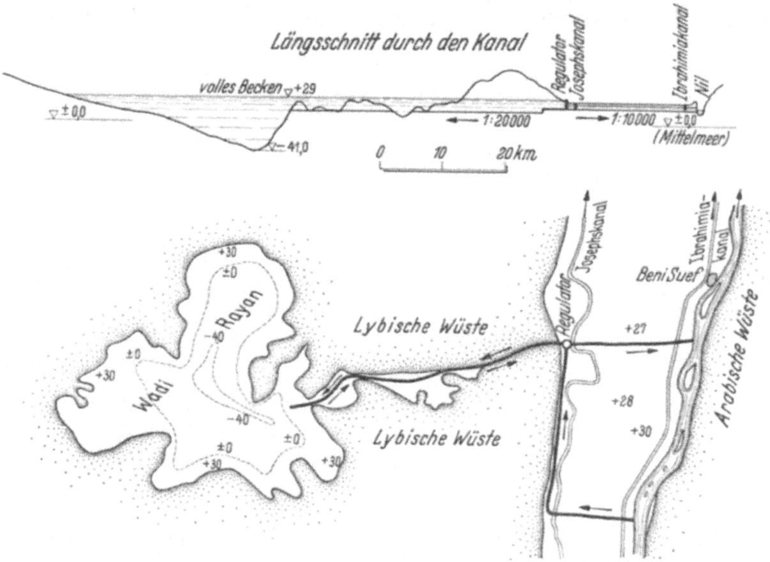

Abb. 23. Wadi Rayan-Stauanlage. (Nach Whitehouse und Willcocks.) (Maßstab 1:1250000.)

erforderliche nutzbare Stauinhalt auf 4,4 bzw. 6,1 km^3, der nach Abb. 21 dem Nil von November bis Februar, wo er das klare äthiopische Schmelzwasser führt, ohne weiteres entzogen werden kann.

Als Ägypten gegen Ende des vorigen Jahrhunderts vor die Notwendigkeit der Wasserbeschaffung gestellt wurde, stand die Assuanstaumauer in heftigem Wettbewerb mit dem Wadi-Rayan-Projekt, einem Vorschlage des Amerikaners Cope Whitehouse. Das Wadi-Rayan ist eine südlich vom Fayoum gelegene Senke in der lybischen Wüste, die von Whitehouse irrtümlich für den Mörissee gehalten wurde. Der Vorschlag ging nun dahin, diese Senke durch einen Kanal mit dem Nil zu verbinden und als Jahresspeicher auszunutzen. Die ägyptische Regierung nahm den Gedanken auf und es wurde das in Abb. 23 wiedergegebene Projekt ausgearbeitet[1]. Die Oberfläche des geplanten Stausees würde sich auf 700 km^2 und der nutzbare Stauinhalt auf 3 km^3 (bei 20 km^3 Gesamtinhalt) belaufen haben.

Bei der Lage dieses Speichers inmitten der lybischen Wüste und bei seiner gewaltigen Ausdehnung im Vergleich zu der kleinen Nutzhöhe von 4 m wäre gerade im Juni und Juli, den schwierigsten Monaten, die Ausbeute gering gewesen. Im April und Mai hätte man dagegen sehr gut 2 km^3 zuschießen können. Infolgedessen empfahl auch Willcocks zunächst die Assuan-Staumauer

[1] William Willcocks: The Nile in 1904. London: E. & F. Spohn.

zu bauen, deren Verdunstungsziffer wegen der sie umschließenden Randgebirge und der größeren Nutztiefe viel niedriger war, und das Wadi-Rayan-Projekt erst in einem zweiten Ausbau zur Ausführung zu bringen. Er schlug für die Assuan-Talsperre eine nutzbare Stauhöhe von 25 m vor, mit der 2 km³ Zuschußwasser bereitgestellt werden konnten. Hierzu wären dann später noch weitere 2 km³ aus dem Wadi-Rayan gekommen.

Die ägyptische Regierung konnte sich damals noch nicht für den Plan jenes weitblickenden englischen Ingenieurs entscheiden und baute das Assuanprojekt für einen Stauinhalt von lediglich 1,1 km³ aus. Es zeigte sich aber schon nach wenigen Jahren, wie recht Willcocks gehabt hatte, und man mußte zu einer ersten Erhöhung der Assuan-Staumauer schreiten. Diese wurde gerade noch zur rechten Zeit fertig, denn gleich im ersten Betriebsjahre (1913) trat die späteste und dürftigste Hochwasserwelle des ganzen vorigen Jahrhunderts ein, bei welcher

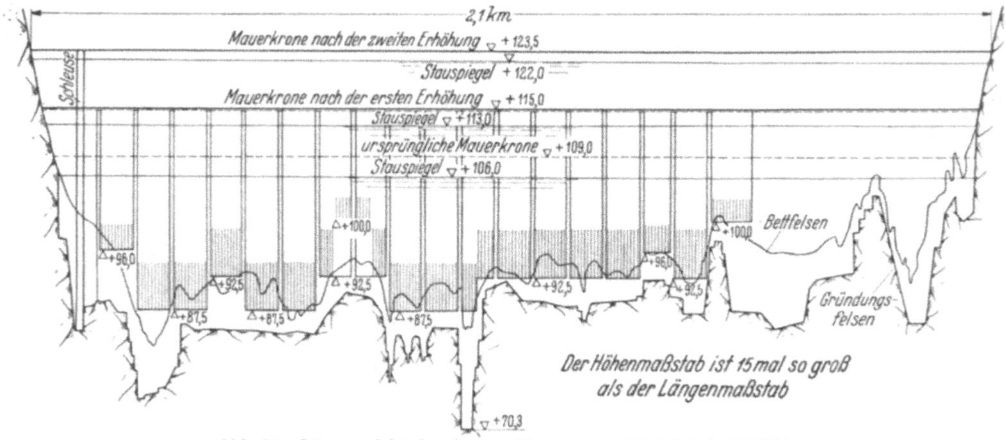

Abb. 24. Längsansicht der Assuan-Staumauer. (Maßstab 1 : 16 500.)

ohne die bereitstehende Zuschußmenge von $2^1/_2$ km³ eine Katastrophe unausbleiblich gewesen wäre.

In den letzten Jahren ist die Assuan-Staumauer noch ein zweites Mal erhöht worden; die nutzbare Stauhöhe beträgt jetzt 34,5 m und es können über rund $5^1/_2$ km³ Zuschußwasser im Jahr verfügt werden. Da die Dauerbewässerung Ägyptens, wie oben näher dargelegt wurde, 4,4 bzw. 6,1 km³ Zuschußwasser in mittleren bzw. trockenen Jahren verlangt, wird der Wasserbedarf durch die Assuansperre heute praktisch gedeckt. Neue Probleme harren jedoch der Lösung, wenn die Bewässerung des anglo-ägyptischen Sudans in ein akuteres Stadium tritt. Die zukunftsreichste Gegend ist hier die Gezira, eine anbaufähige Steppe von 12000 km² Flächenraum in dem Dreieck zwischen Weißem und Blauem Nil (Abb. 16). Mit der vor einigen Jahren im Blauen Nil errichteten Sennar-Staumauer sind bereits 10% der Gezirah auf Baumwollkulturen umgestellt worden. Bei weiterer Ausdehnung der Anbauflächen muß notwendig eine Verschlechterung der Wasserverhältnisse in Ägypten eintreten, und es wird die Zeit kommen, in der man sich erneut auf das Wadi-Rayan-Projekt besinnen wird, denn dieses allein bietet die Möglichkeit, das heute ungenutzt abfließende Flutwasser zu erfassen. Es wird in dem Augenblick Wirklichkeit werden müssen, in dem über das Äquatorwasser und das äthiopische Schmelzwasser restlos verfügt ist.

Die Assuan-Staumauer gehört zu den bedeutendsten Stauanlagen der Welt und verdient wegen ihrer zweimaligen Erhöhung und Verstärkung besondere Beachtung[1]. Abb. 24 zeigt eine Längsansicht der 2,1 km langen Staumauer

[1] Über die Assuan-Staumauer und ihre Erhöhungen ist in „Engineering" und „The Engineer" eingehend berichtet worden.

in verzerrten Maßstäben. Das Hochwasser wird durch 180 Durchlässe abgeführt, die durch Stoney-Rollschützen geschlossen werden und deren Sohle so tief liegt, daß Schlammablagerungen vermieden werden. Die Durchlässe sind normalerweise 2 m breit und 7 m hoch. Nach jedem zehnten Durchlaß ist die Mauer durch Pfeiler verstärkt; sie verläuft in gerader Linienführung von einem Ufer zum

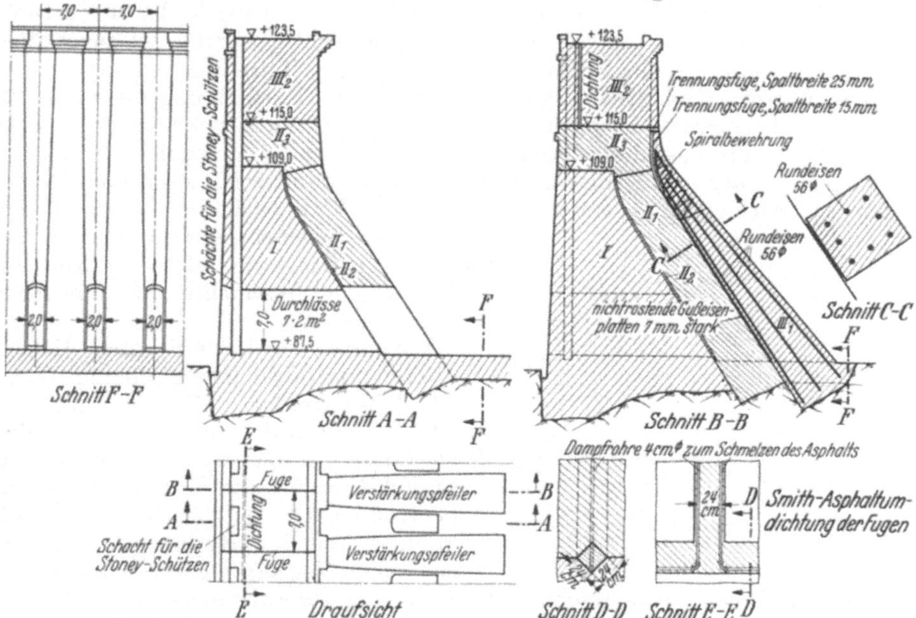

Abb. 25. Querschnitte und Einzelheiten der Assuan-Staumauer. (Maßstab 1:875.)

anderen und wirkt statisch als Gewichtsmauer. Die Einzelheiten der Erhöhungen sind aus den Querschnitten der Abb. 25 ersichtlich.

Die Nilwehre, die den erforderlichen Stau zum Speisen der Kanäle beschaffen müssen, sind ebenfalls mächtige Bauwerke. Die Abb. 26 und 27 zeigen Quer-

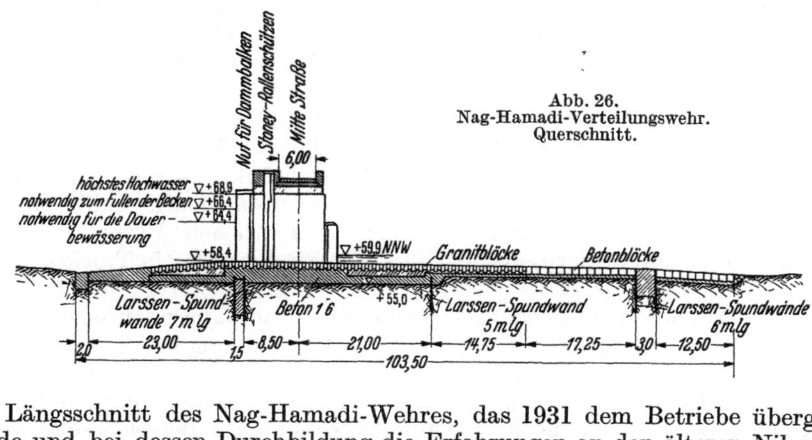

Abb. 26.
Nag-Hamadi-Verteilungswehr.
Querschnitt.

und Längsschnitt des Nag-Hamadi-Wehres, das 1931 dem Betriebe übergeben wurde und bei dessen Durchbildung die Erfahrungen an den älteren Nilwehren weitgehend verwertet wurden[1]. Die Talbreite ist in 100 Wehröffnungen von je 6 m lichter Weite aufgeteilt, die durch Stoney-Rollschützen geregelt werden. Der eigentliche Wehrkörper tritt gegenüber dem 103,5 m langen Wehrboden fast in den Hintergrund. Der Unterbau im engeren Sinne reicht vom

[1] Vgl. „Engineering“ und „The Engineer“ 1931.

wasserseitigen Fuß bis zur mittleren Larssenspundwand und ist 3,5 m dick und 58 m lang; er ist im Gegensatz zu den älteren Nilwehren wesentlich kräftiger gehalten; auch die Flußbettsicherung ist sehr in die Länge gezogen. Es ist merkwürdig, daß man von den neueren Methoden der Kolksicherung durch Grund- und Zahnschwellen keinerlei Gebrauch gemacht hat. Wie die Erfahrung gezeigt hat, sind die letzteren viel wirksamer als eine Verlängerung der Flußbettsicherung, namentlich wenn diese gegenüber der Flußsohle nicht genügend tief angeordnet ist (vgl. Wasserkraftanlagen, zweite Hälfte, zweiter Teil).

Die wasserwirtschaftliche und wasserbauliche Entwicklung Ägyptens ist eines der lehrreichsten Beispiele für planwirtschaftliche Zusammenarbeit. Vom kleinsten Zuführungs- und Abzugsgraben bis hin zu den gewaltigen Stau- und Verteilungsanlagen muß alles aufeinander abgestimmt sein, wenn ein Höchstwert an Wirkungsgrad erzielt werden soll. Was englische Zähigkeit und englischer Ingenieurgeist in Ägypten geschaffen haben, wird stets ein Ruhmesblatt in der Geschichte des Ingenieurwesens bleiben.

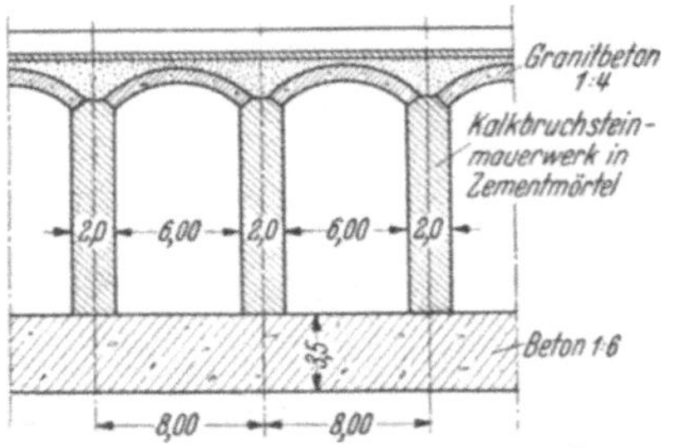

Abb. 27. Nag-Hamadi-Verteilungswehr. Längsschnitt.

Die umwälzende Entwicklung, die sich in den letzten drei Jahrzehnten im Wehr- und Talsperrenbau vollzogen hat, hat nicht nur alte Kulturgebiete zu neuer und ungeahnter Blüte geführt, sondern war auch der Eckstein für die Weitererschließung der Kontinente, bei der fast immer die Probleme der Bewässerung von Trockengebieten im Vordergrunde standen. Leider ist es im Rahmen dieses Buches unmöglich, die Umwälzungen, die sich durch die Erschließung der Trockengebiete in Afrika, Amerika und Australien vollzogen haben, auch nur flüchtig zu streifen. Die großen Bewässerungsanlagen in Kalifornien und Arizona, die Neuerschließung Algeriens, das Nigerprojekt am Südwestrande der Sahara und die schon erwähnte Erschließung der Gezira sind Zeugnisse für die Schöpfertätigkeit des Ingenieurs, wie sie lebendiger und befriedigender nicht gedacht werden können.

In alten Kulturgebieten, auch wenn sie, wie z. B. Mesopotamien, verfallen sind, hat man es in erster Linie mit Problemen der Wasserverteilung zu tun. Stauanlagen von geringer oder mittlerer Höhe reichen meist aus, um das erforderliche Gleichgewicht im Wasserhaushalt herbeizuführen. In Trockengebieten dagegen muß das Wasser in weitem Umkreis durch Staubecken gespeichert und einem sorgfältig durchgebildeten Verteilungssystem zugeführt werden. Die bereitstehende Wassermenge ist meist beschränkt, so daß man auf eine möglichst restlose Erfassung aller Niederschläge bedacht sein muß. In vielen Fällen ist dies nur durch Stauanlagen von beträchtlichen Ausmaßen möglich. Etwa 90% aller Staumauern, die höher als 70 m sind, wurden in Trockengebieten errichtet.

$^2/_3$ aller bewässerten Trockengebiete liegen im nordamerikanischen Westen, von dem ein hervorragender Einfluß auf die Entwicklung des Talsperrenbaues ausgegangen ist. Man stößt dort nicht nur auf die größten und bedeutendsten Stauanlagen der Welt, sondern auch auf eine solche Mannigfaltigkeit der Bauformen, wie sie sonst nur noch Italien aufzuweisen hat. Beispielsweise wurden im amerikanischen Westen etwa 100 Bogenstaumauern bis zu 140 m Höhe und mehr als 60 gegliederte Staumauern der verschiedensten Bauweisen errichtet. Dort befindet sich auch die höchste Staumauer der Welt, der 221 m hohe Boulder-Damm.

Ein großartiges und zugleich typisches Beispiel für die Bewässerung von Trockengebieten ist Südkalifornien, dessen topographische Gestaltung aus

Abb. 28 ersichtlich ist. Dieses Land, das seiner Größe nach mit Bayern vergleichbar ist, wird im Osten durch den Colorado und im Westen durch den Stillen Ozean begrenzt. Es besteht zu $^3/_8$ aus Hochgebirge, zu $^3/_8$ aus Wüste und zu $^1/_4$ aus anbaufähiger Steppe, die im wesentlichen das Becken von Los Angeles und den Imperialbewässerungsbezirk umfaßt.

Das Los Angeles-Becken bedeckt mit seinen 6000 km² anbaufähigen Flächenraums rund 1% der Fläche des Staates Kalifornien, während es 50% der Bevölkerung stellt. Von 1900 bis 1935 ist die Bevölkerung von 100000 Einwohnern auf $2^1/_2$ Mill. gestiegen, und man rechnet damit, daß sie in den nächsten 50 Jahren

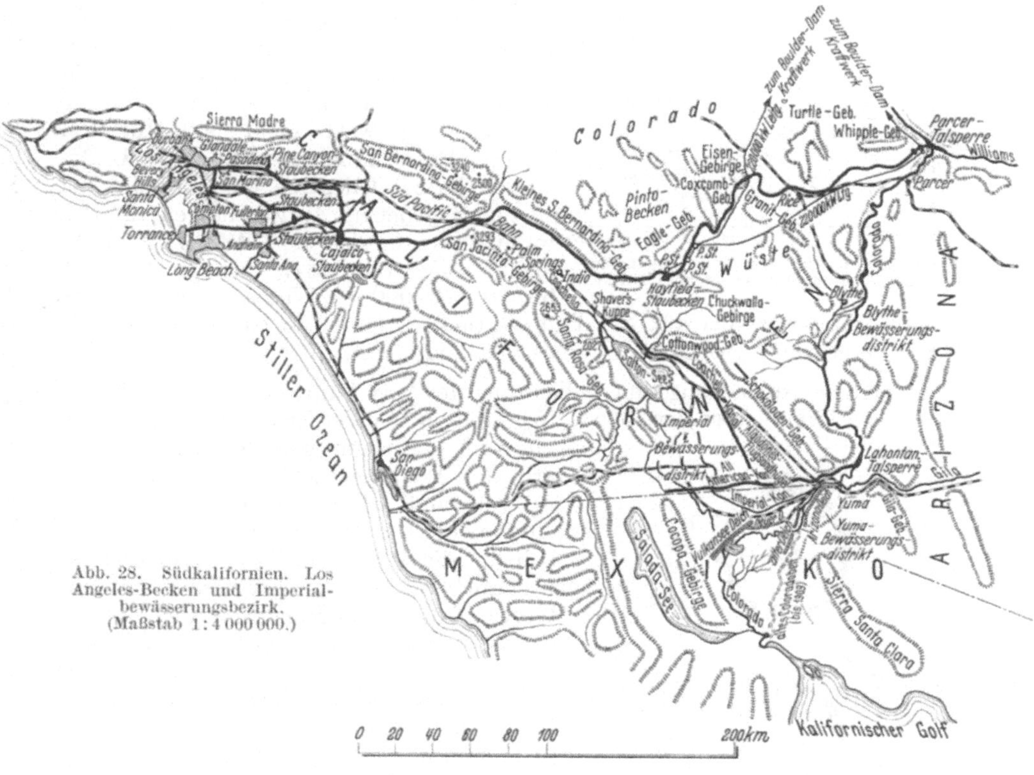

Abb. 28. Südkalifornien. Los Angeles-Becken und Imperialbewässerungsbezirk. (Maßstab 1:4000000.)

auf 9 Mill. anwachsen wird. Abb. 29 zeigt die Wechselbeziehungen, die sich seit 1880 zwischen Bevölkerungszunahme und Wasserbedarf ergeben haben[1]. Da einschließlich der Bewässerung je Tag und Kopf in Kalifornien etwa 600 l Wasser benötigt werden, würde sich in 50 Jahren im Los Angeles-Becken ein Jahreswasserbedarf von rund 2 km³ ergeben.

Bis 1913 reichte der Santa Anita mit seinen Grundwasservorräten zur Deckung des Wasserbedarfes noch aus, dann setzte der Talsperrenbau ein. In zahlreichen Stauanlagen wurde allmählich das gesamte Sierra-Nevada-Wasser erfaßt und der Owens-Valley-Sammelzubringer auf eine Jahresleistung von rund 350 hm³ gebracht, womit alle Möglichkeiten diesseits der Anden erschöpft waren. Die nächste Wasserquelle, der Colorado, war 350 km entfernt und dazwischen lagen trennende Hochgebirge und Wüstenstriche. Wenn man die Weiterentwicklung des Los Angeles-Beckens nicht unterbinden wollte, mußte auf das Coloradowasser zurückgegriffen werden, und so entstand das großartigste Wasserleitungsprojekt der Welt, das kürzlich in Bauausführung genommen wurde.

[1] Engng. News Rec. Bd. 100 (1928) S. 852.

Die Colorado-Wasserleitung[1], deren Führung aus Abb. 28 ersichtlich ist, ist so bemessen (Abb. 30), daß sie 42 m^3/s oder 1,3 Millrd. m^3/Jahr herbeischaffen kann. Wie man aus dem Längsschnitt erkennt (Abb. 31), liegt der Zubringer zur Hälfte im Stollen und zur Hälfte in geschlossener Leitung bzw. offenem Kanal. Er endet in einem großen Ausgleichbecken bei Cajalko, um von hier aus in drei Armen die hoch, mittelhoch und tief gelegenen Landstriche zu versorgen. Jede Teilleitung erhält noch ein weiteres Ausgleich- und Reservebecken, damit bei Störungen irgendwelcher Art die Bedarfsdeckung für 2 Monate gesichert ist. Der nutzbare Stauraum der vier Ausgleichsperren beläuft sich auf rund 350 hm^3. Die Wasserleitung wird etwa 900 Mill. RM kosten. Dazu kommen noch 50 Mill. RM für die Parcer-Talsperre im Colorado und die beträchtlichen Aufwendungen für den Pumpstrom, die sich bei 2 Millrd. kWh/Jahr nicht rückgewinnbarer Energie auf 60 bis 90 RM/1000 m^3 Wasser belaufen. Die Wasserleitung wird bis auf die Pumpstationen, deren Ausbau zunächst auf 18 m^3/s beschränkt wird, auf Volleistung ausgebaut.

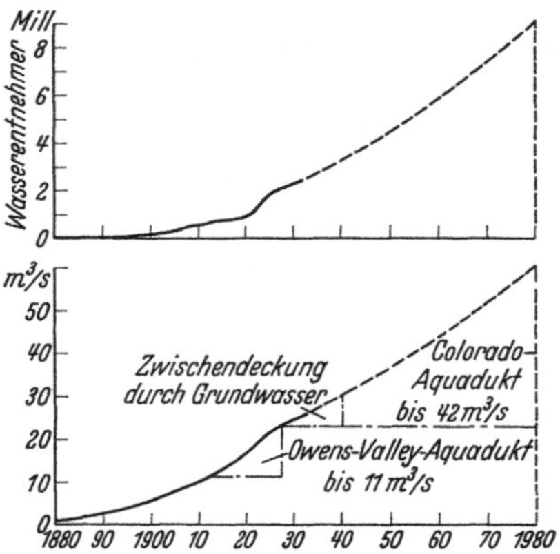

Abb. 29. Wasserbedarf und Wasserdeckung im Los Angeles-Metropolitan-Versorgungsdistrikt.

Die Wasserbeschaffung und Belieferung der fünf Pumpstationen mit Strom ist eine der Teilaufgaben der 1935 fertiggestellten Boulder-Talsperre, die mit rund $37^1/_2$ km^3 Stauraum das gewaltigste Stauwerk der Welt darstellt. Dieses gestattet eine vollständige Abflußregelung des Coloradostromes. Die Entnahmesperre bei Parcer (Abb. 32), die den Colorado um 22 m anstaut, ist baulich insofern bemerkenswert, als das Stauwehr 70 m tief gegründet werden mußte[1].

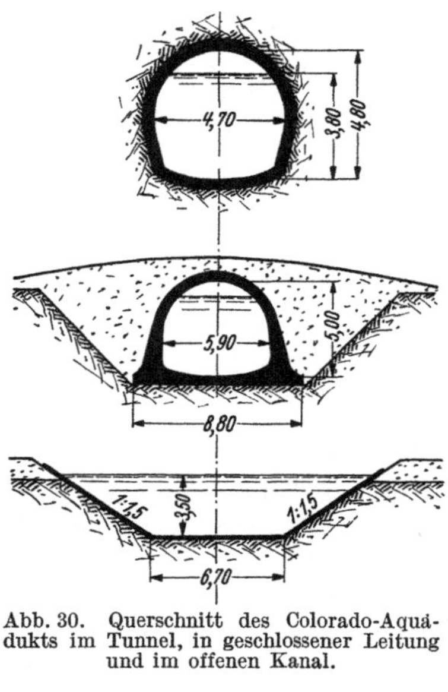

Abb. 30. Querschnitt des Colorado-Aquädukts im Tunnel, in geschlossener Leitung und im offenen Kanal.

Das zweite große Siedlungsbecken in Südkalifornien ist der 4500 km^2 umfassende Imperialbewässerungsdistrikt. Durch den von Mexiko und Kalifornien gemeinschaftlich erbauten Imperialkanal (Abb. 28) werden heute bereits 2700 km^2 früheren Steppenlandes bewässert. Um deren Wasserversorgung sicherzustellen und gleichzeitig weitere 1500 km^2 einer Bebauung zuzuführen, wird ein großer Zubringerkanal (All-American-Canal) für 420 m^3/s Höchstwasserführung geschaffen, der durch einen Zweigkanal das Coachellatal gleich mitversorgen soll. Beide Kanäle erfordern einen Kostenaufwand von 220 Mill. RM.

Die Wasserbeschaffung für den Imperialbewässerungsbezirk ist eine weitere Teilaufgabe der Boulder-Talsperre. Um die Bedeutung dieser Riesenanlage für Kalifornien und seine Nachbarprovinzen Nevada und Arizona klar übersehen zu können, muß vorher auf die Abflußverhältnisse des Coloradostromes kurz eingegangen werden (Abb. 33).

---

[1] Engng. News Rec. Bd. 106 (1932).

Der 2000 km lange Coloradostrom sammelt auf einer Länge von 1100 km die Niederschläge von den Westhängen der Rocky-Mountains, von den Osthängen des Wahsatchgebirges sowie vom Coloradoplateau und führt sie auf einer 900 km langen, praktisch zuflußlosen Wüstenstrecke in den kalifornischen Golf. Am Ende des Gran Canyon, des berühmten Engpasses in der „Malerischen Wüste", liegt die Boulder-Talsperre (Abb. 2). Die steilen Hänge aus hartem, dichten Diabas boten besonders gute Gründungsverhältnisse für eine hohe Staumauer (Abb. 34).

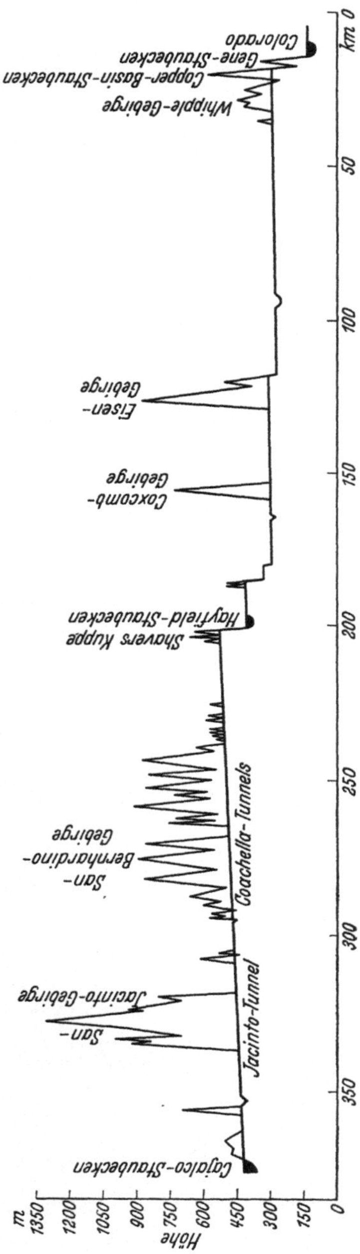

Abb. 31. Colorado-Aquadukt. Längsprofil.

Der Colorado ist ein ausgesprochener Hochgebirgsstrom mit hoher Wasserführung im Sommer und geringer im Winter. Das alljährliche Hochwasser erscheint im Juni-Juli. Die Hochwasser erreichen alle 5 Jahre 3500 m³/s, alle 20 Jahre 5000 m³/s und in sehr großen Zeitabständen 10000 m³/s. Demgegenüber beträgt die mittlere Jahreswasserführung 670 m³/s. Verglichen mit dem Oberrhein bei Basel ist der Colorado etwa halb so wasserreich und doppelt so gefährlich.

Unterhalb der Gilamündung gestalten sich die Hochwasserverhältnisse besonders schwierig, da der Colorado plötzlich aus einer langen Wüstenstrecke mit Mittelgebirgscharakter in die breite Senke des Imperialtales eintritt. Die Folge der plötzlichen Gefälländerung ist eine jährliche Schlammablagerung von 125 Mill. m³, durch die das Flußbett ständig erhöht wird. Der mexikanische Teil des Imperialbezirkes liegt heute bereits 9 m unterhalb der Coloradosohle. Die Lage wurde dadurch besonders gefährlich, daß der Strom vor einigen Jahrzehnten sich infolge Deichbruches um 40 km nach Westen verschob (Abb. 28) und dadurch unständig wurde. Bei der ständigen Auflandung waren die Deiche und das dahinterliegende Land in einem Maße gefährdet, wie es kaum schlimmer gedacht werden kann. Der Zwang zur umgehenden Beseitigung dieses Zustandes gab die Hauptveranlassung zum Bau der Boulder-Talsperre.

Die Boulder-Talsperre ist mit ihren 37,5 km³ Stauraum imstande, den gesamten Jahresabfluß des bisher wasserreichsten Jahres aufzuspeichern. Dieses war das Jahr 1884 mit einem Schadenhochwasser von 8400 m³/s. Demgegenüber beträgt der über 30 Jahre gemittelte Jahresabfluß des Colorado nur rund 21 km³. Die Boulder-Talsperre besitzt somit einen Hochwasserschutzraum von mindestens $16^1/_2$ km³, der eine 100%ige Schutzwirkung gewährleistet. Er wird im Laufe der Jahre noch ständig zunehmen, da nach dem Boulder-Dammgesetz dem oberen Colorado durch die Oberliegerstaaten bis zu 9 km³/Jahr entzogen werden dürfen.

Die Raumeinbuße durch Schlammablagerungen, die auf etwa $3^1/_2$ km³ in 50 Jahren geschätzt wird, tritt demgegenüber stark in den Hintergrund.

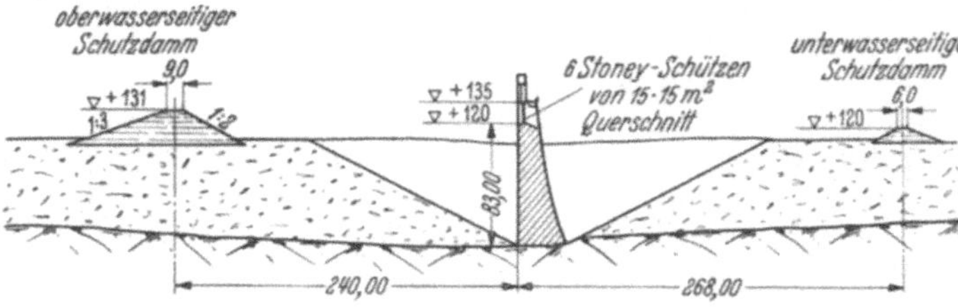

Abb. 32. Colorado-Wehr bei Parcer.

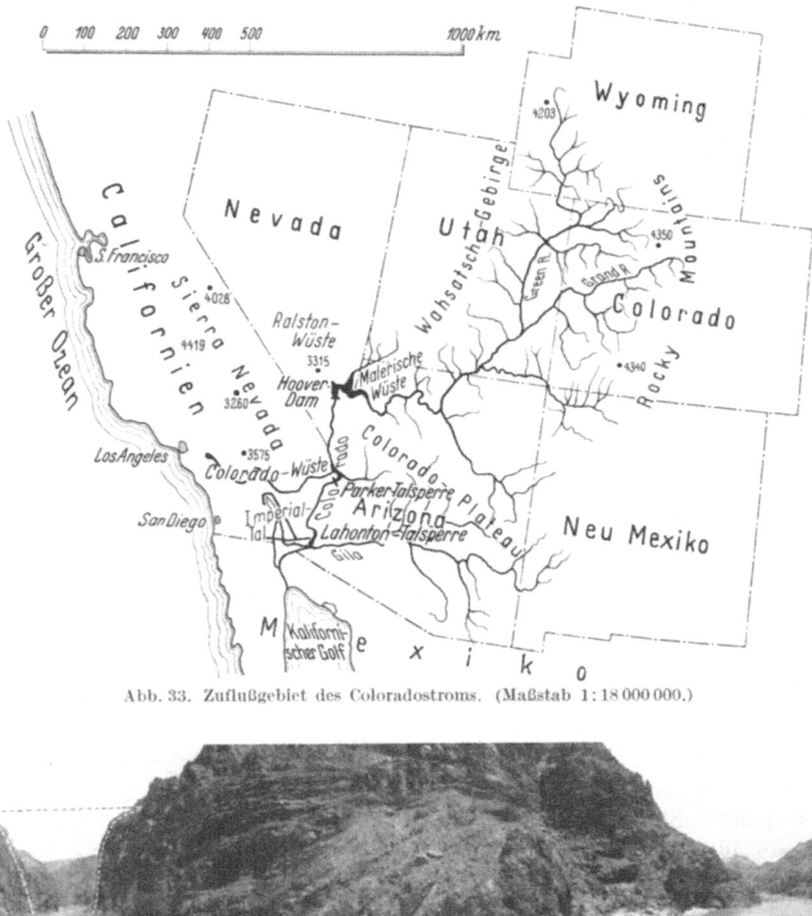

Abb. 33. Zuflußgebiet des Coloradostroms. (Maßstab 1:18000000.)

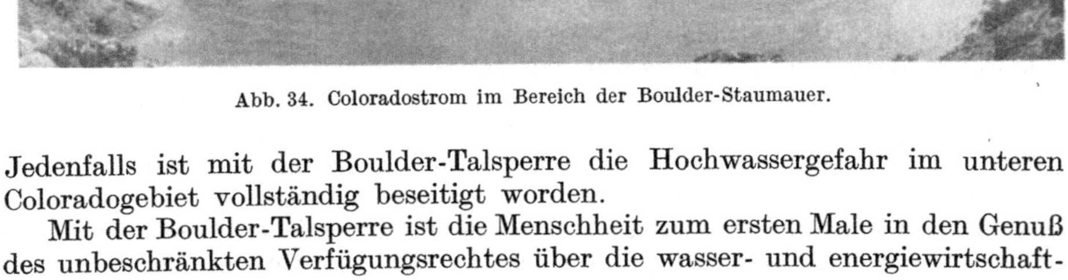

Abb. 34. Coloradostrom im Bereich der Boulder-Staumauer.

Jedenfalls ist mit der Boulder-Talsperre die Hochwassergefahr im unteren Coloradogebiet vollständig beseitigt worden.

Mit der Boulder-Talsperre ist die Menschheit zum ersten Male in den Genuß des unbeschränkten Verfügungsrechtes über die wasser- und energiewirtschaftliche Nutzbarmachung des gesamten Abflusses eines gewaltigen Stromgebietes gelangt[1]. Die Verteilung der 12 km³/Jahr, die nach Abzug der den Oberliegerstaaten zugesprochenen 9 km³ verbleiben, ist in folgender Weise vorgesehen: 1,3 gehen durch den Colorado-Zubringer in das Los Angeles-Becken, 2,0 über All-American- und Coachellakanal in das Imperialbecken, 0,3 in das durch die Lahontan-Talsperre bewässerte Gilabecken, 0,4 unmittelbar in das Blythebecken (Abb. 28) und 5,0 bleiben den Staaten Nevada und Arizona vorbehalten. Die dann noch übrig bleibenden 3,0 km³ müssen für Sickerverluste und Verdunstung in Flußläufen, Kanälen und Talsperren abgerechnet werden.

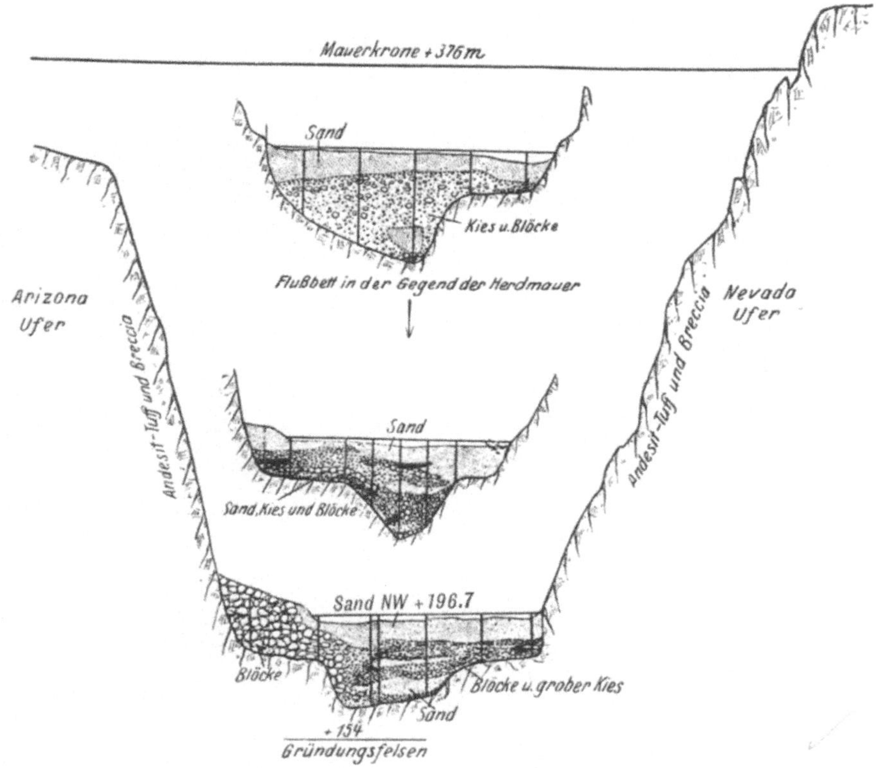

Abb. 35. Boulder-Staumauer. Talquerschnitt. (Maßstab 1:2500.)

Das Bemerkenswerteste an dem gewaltigen Coloradoprojekt ist die Finanzierung. Die amerikanische Union hat die ganze Talsperre mit Staumauer und Hochwasserentlastungsanlage umsonst erhalten, da die Anlagekosten restlos von dem Konzessionsnehmer des Kraftwerkes getilgt werden. Das letztere erzeugt bei einem Wirkungsgrad von 83% an den Turbinen und 90% an den Stromerzeugern durchschnittlich 6,0 Millrd. kWh/Jahr und in Krisenjahren 4,3 Millrd. Hiervon bleiben 2,0 Millrd. kWh/Jahr den Pumpwerken des Colorado-Zubringers vorbehalten.

Wie das Becken, so stellt auch die Staumauer alles bisher Dagewesene in den Schatten. Da der Talquerschnitt (Abb. 35) kaum breiter als hoch ist, lag es nahe, die Bogenwirkung durch Krümmung der Mauerachse auszunutzen. Merkwürdigerweise konnte man sich zu einer reinen Bogenmauer nicht entschließen; der Mauerkörper (Abb. 36 u. 37) zeigt die Merkmale einer

[1] Dr. Elwood Mead: The Colorado River; Economic Development of its Basin. Engng. News Rec. Bd. 104 (1930) S. 240—246.

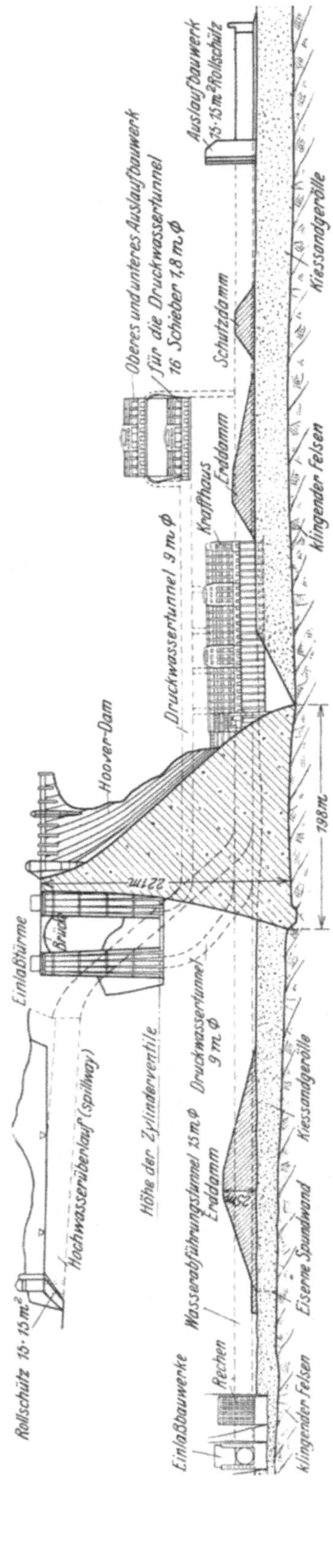

Abb. 36. Boulder-Stauanlage. Längsschnitt.

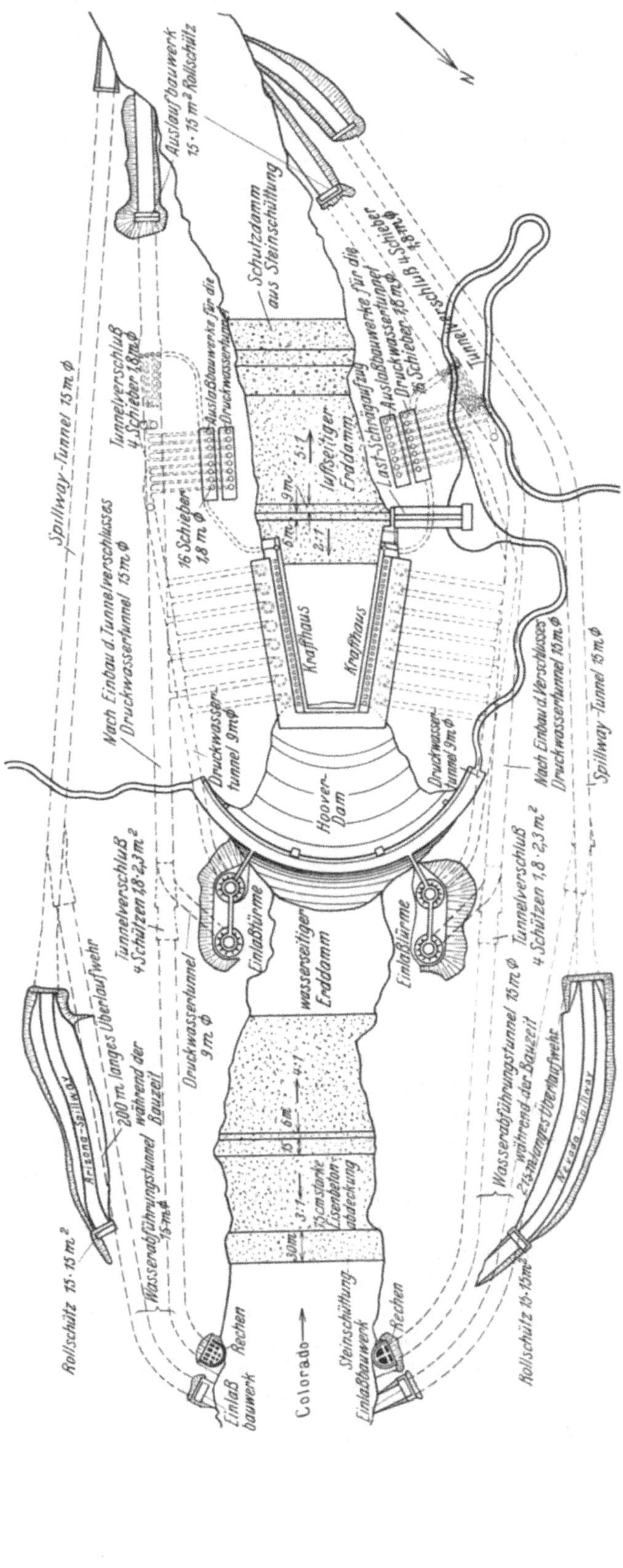

Abb. 37. Boulder-Stauanlage. Grundriß. (Maßstab 1 : 6400.)

Bogengewichtsmauer. Die Herstellung hat ganz ungewöhnliche Sicherungsmaßnahmen verlangt, da bei der siebenjährigen Bauzeit mit schweren Schadenhochwassern gerechnet werden mußte. So wurde die Baustelle durch einen oberwasserseitigen 25 m hohen Erddamm und einen unterwasserseitigen Schutzdamm trocken gehalten. Zur Abführung der Hochwasser dienten vier mächtige Entlastungsstollen von 15 m Durchmesser und 1200 m Länge, die zusammen eine Flutwelle von 5800 m^3/s abführen konnten.

Für den späteren Betrieb wurden nur die beiden äußeren Stollen als Hochwasserentlastungsstollen beibehalten. Die zugehörigen Überläufe sind 200 m lang und durch schräge Schächte, die von 21 auf 15 m kegelförmig zulaufen, an die Stollen angeschlossen. Die inneren Stollen wurden verbaut und mit den vorderen Einlaßtürmen verbunden, um als Triebwasserleitungen zu dienen (Abb. 37).

Die Gesamtkosten der Stauanlage einschließlich Turbinen und Stromerzeugern sind auf 365 Mill. RM veranschlagt worden. Hiervon entfallen 205 Mill. RM auf Staumauer und Krafthausunterbau und 75 Mill. RM auf das Staubecken. Die 205 Mill. RM verteilen sich folgendermaßen[1]:

Staumauer	63,2 Mill. RM	oder	31%
Krafthaus und Druckstollen .	32,8 Mill. RM	„	16%
Hochwasserentlastungsanlagen .	109,1 Mill. RM	„	53%
Insgesamt	205,1 Mill. RM	oder	100%

Man ersieht hieraus, daß die Hochwasserentlastungsanlagen der Boulder-Talsperre 13% mehr als Staumauer und Krafthausfundierung zusammen gekostet haben, was als ein Beweis für die überragende Bedeutung angesehen werden kann, die Hochwasserentlastungsanlagen bei Stauwerken von so gewaltigen Ausmaßen zufällt. —

Das Gegenstück zur Neuerschließung von Trockengebieten bildet die Landgewinnung durch Trockenlegung von Sümpfen, Seen, Wattenmeeren u. dgl. Der Talsperrenbau tritt in zweierlei Richtung zu diesen bedeutenden landeskulturellen Aufgaben in Beziehung. Einmal insofern, als die zur Abkehr des Außenhochwassers notwendigen Deiche oder Absperrdämme heute mehr als früher talsperrenartige Abmessungen annehmen und den später zu besprechenden Staudämmen aus Erd- und Steinschüttungen weithin ähnlich aufgebaut zu sein pflegen. Zum anderen dadurch, daß die naturgemäß meist tief liegenden Entwässerungsgebiete, die eingedeicht und bei Hochwasser des Hauptvorfluters nur künstlich (durch Schöpfwerke, vgl. Bd. III, 7) entwässert sind, stets unter der Gefahr des Deichbruches bei plötzlichem starken Hochwasseranstieg stehen. Die Hochwassersicherheit solcher Gebiete kann daher häufig durch Bereitstellung von Hochwasserschutzräumen im oberen Sammelgebiet des Vorfluters wesentlich verbessert werden.

Kein Land hat soviel Gelegenheit gehabt, Erfahrungen in diesem Zweige der Kulturtechnik zu sammeln, wie Italien, dessen anbaufähige Fläche zu Beginn dieses Jahrhunderts zu 30% versumpft war. Von diesen sind bis heute etwa 13000 km^2 in fruchtbarstes Acker- und Gartenland verwandelt worden, und es ist beabsichtigt, bis zum Jahre 1960 auch noch die restlichen 10000 km^2 zu erschließen. Was die Entsumpfung und Landverbesserung heute bereits für die Volkswirtschaft Italiens bedeutet, erkennt man daran, daß sich die italienische Getreideerzeugung in den letzten 10 Jahren von 45 Mill. dz auf 75 Mill. dz erhöht hat, und daß Italien heute in der Lage ist, seine Ernährung restlos aus eigener Ernte zu bestreiten.

Das ausgedehnteste Sumpfgebiet Italiens befindet sich, oder besser befand sich im Osten der oberitalienischen Tiefebene (Abb. 38). Es umfaßt reichlich die halbe Länge des Pos und erstreckt sich im Süden bis zur Via Ämilia, im

[1] Für weitere Angaben vgl. F. Tölke: Die wirtschaftlichen Grundlagen für den Bau des 221 m hohen Boulder-Dam-USA. Bauingenieur 1932 S. 97—103.

Norden bis nach Istrien. Vor 1000 Jahren war dieses ganze Gebiet noch eine der reichsten Kornkammern Italiens. Sein Verfall ist teilweise eine Folge der allmählichen Senkung des Landes, teilweise auf die Abholzung der Appeninen zurückzuführen. Hand in Hand mit der Senkung (in 1000 Jahren etwa 1,5 m) vollzog sich die Auflandung der Flüsse, und insonderheit des Pos und der Etsch. Die Deiche wurden höher und höher und die Hochwasser immer gefährlicher. Südlich des Pos waren die Verhältnisse dadurch besonders erschwert, daß der Po 1152 sein Bett verlegt hatte, wodurch der Reno selbständig wurde. Nach der Abholzung der Appeninen im ausgehenden Mittelalter wurde die Lage kritisch. Die Hochwasserwelle, die sonst etwa $1^1/_2$ bis 2 Tage gebraucht hatte, war jetzt in wenigen Stunden da, und Dammbrüche mit Überschwem-

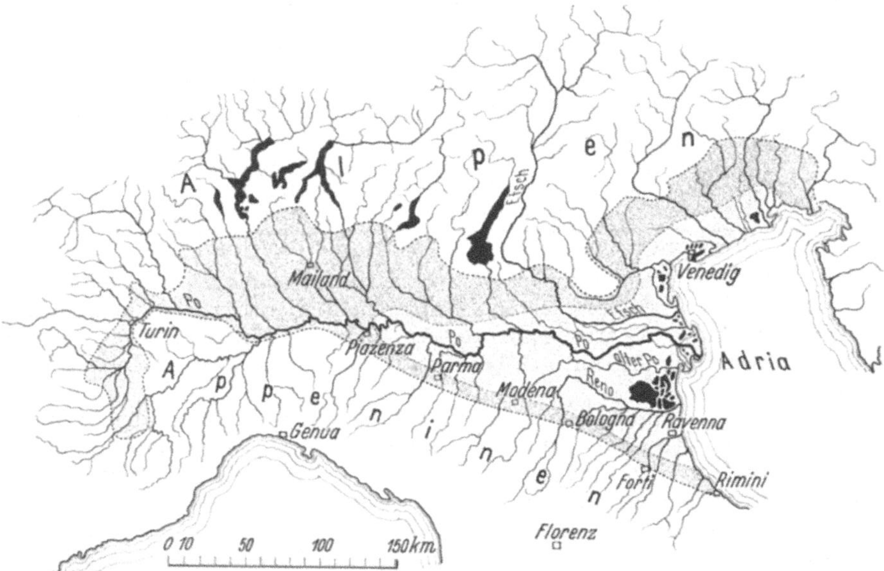

Abb. 38. Entsumpfte Landstriche am Unterlauf des Po. (Maßstab 1:5000000.)

mungen waren die unausbleiblichen Folgen. Da man die Ursachen nicht beseitigen konnte und ein gemeinsames Vorgehen an den damaligen Besitzverhältnissen scheiterte, mußte das Land trotz der teilweise großartigen örtlichen Entwässerungsmaßnahmen langsam versumpfen.

Als der Neuaufbau Italiens nach 1870 einsetzte, befand sich der östliche Teil der Poebene in einem trostlosen Zustande. Drei Faktoren haben hier wirksame Abhilfe geschaffen[1]. Zunächst teilte man das Niederungsgebiet in größere. ihrer Lage nach zusammenhängende Bezirke auf, von etwa 200 bis 1000 km² Flächenraum (sog. Bonifica), die als Ganzes entwässert werden sollten. Weiterhin wurde jede Bonifica in ein höheres und ein tieferes Gebiet unterteilt, und zwar so, daß die Kanäle des höheren Gebietes noch mit natürlichem Gefälle in die Flußläufe entwässern konnten. Dies machte ein Eindeichen der höheren Kanäle im tieferen Gebiet erforderlich. Es entstanden somit zwei voneinander ganz unabhängige Kanalnetze, die jedes ihren eigenen Sammelkanal erhielten. Schließlich wurden die Endpunkte der Sammelkanäle mit Pumpwerken verbunden, durch die eine Wasserabführung aus dem Entwässerungsgebiet bei jedem äußeren Wasserstande möglich wurde.

Im Renogebiet wird künftig die Hochwassergefahr durch die Talsperrenbauten zur Elektrifizierung der Bahnstrecke Bologna—Florenz wesentlich

[1] G. Escher: Die italienischen Bonifiche mit besonderer Berücksichtigung ausgeführter Eisenbetonarbeiten. Bautechn. 1928 S. 535—558.

gemildert werden. An Hand der Abb. 39 und 40 sei dieses großzügige Projekt kurz gestreift[1]. Die Bahnstrecke Bologna—Florenz, eine der meistbelasteten Strecken Italiens, die bisher unter großen Schwierigkeiten die Appeninen überquerte, wird künftig auf langer Strecke durch das Gebirge geführt werden, was mit einer beträchtlichen Fahrtverkürzung und Ersparnis an Betriebskosten verbunden ist. Gleichzeitig ist die Strecke elektrifiziert worden, um in den langen Tunneln den Schwierigkeiten der Rauchentwicklung zu begegnen. Der erforderliche Betriebsstrom wird im Bahngebiet selbst durch die Wasserkräfte des oberen Renogebietes erzeugt. Die sehr ungleiche Verteilung der nutzbaren Jahreswasserfülle von 250 hm³ nötigte zur Bereitstellung großer Talsperrenräume von

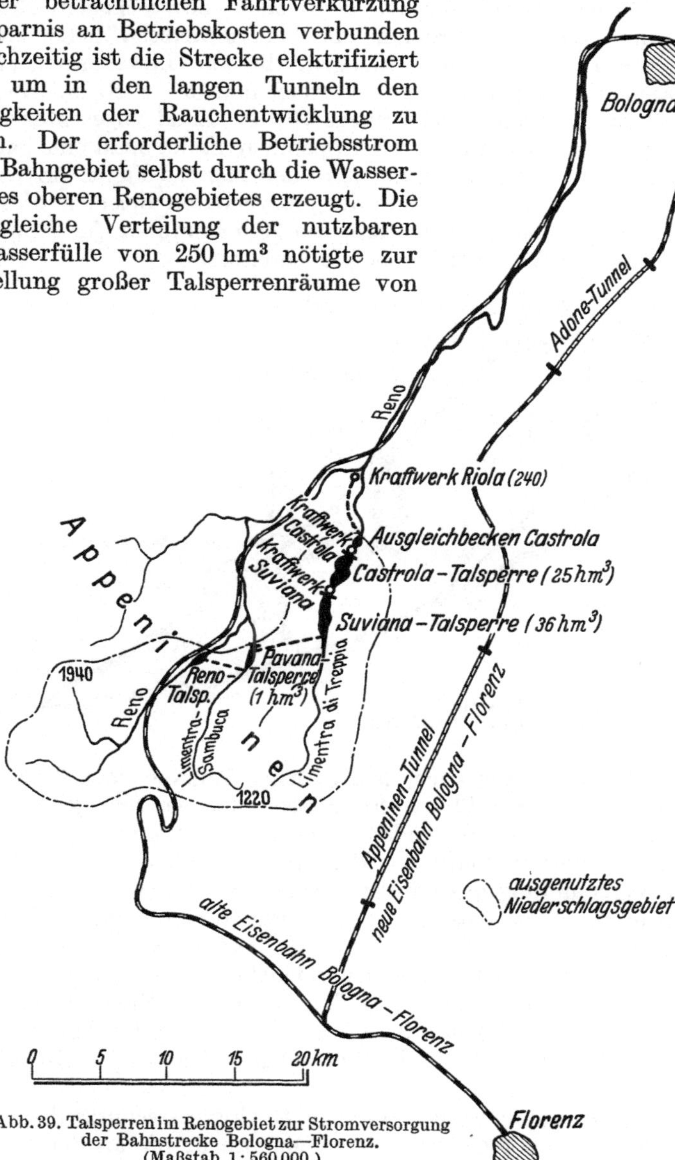

Abb. 39. Talsperren im Renogebiet zur Stromversorgung der Bahnstrecke Bologna—Florenz. (Maßstab 1 : 560 000.)

etwa $^1/_4$ der nutzbaren Jahreswassermenge. Zur Unterbringung der letzteren boten sich in dem engen und einsamen Tale der Limentra di Treppia vorzügliche Möglichkeiten. Wie Abb. 40 zeigt, ist hier eine Talsperren- und Kraftwerkstreppe von bedeutenden Ausmaßen möglich gewesen. Von den drei Kraftwerken, die 110 Mill. kWh/Jahr erzeugen, übernehmen die beiden unteren

[1] Impianti Idroelettrici nella regione appeninica tosco-emiliana alta valle del Reno e Limentra. Energia elettr. 1925.

die Grundbelastung, die obere die Spitzenlast. Die Suviana-Talsperre dient gleichzeitig als Tagesausgleichbecken.

In warmen Ländern ist die Verbindung von Bewässerung, Entsumpfung und Hochwasserschutz mit Wasserkraftnutzung eine der wichtigsten Aufgaben des Talsperrenbaues geworden. Bei dem eben besprochenen Renoprojekt z. B. werden dem Reno zur Erzielung des energiewirtschaftlichen Ausgleiches 63 hm^3/Jahr zur Hochwasserzeit entzogen, die für Bewässerungszwecke im Sommer ausgenutzt werden können. Verteilt man sie z. B. auf die 900 km^2 bedeckende Bonifica Renana, so können 70 l/m^2 Land zugeschossen werden. Im Ebrotale und am Nordrande der Appeninen findet man eine ganze Reihe derartiger Verbundanlagen, die übrigens in den meisten Fällen privater Unternehmungsgeist geschaffen hat. Eines der glänzendsten Beispiele dieser Art ist die Trebbia-Talsperre bei S. Salvatore, die 23,5 hm^3/Jahr für Bewässerungszwecke und 85 Mill. kWh Speicherenergie bereitstellt.

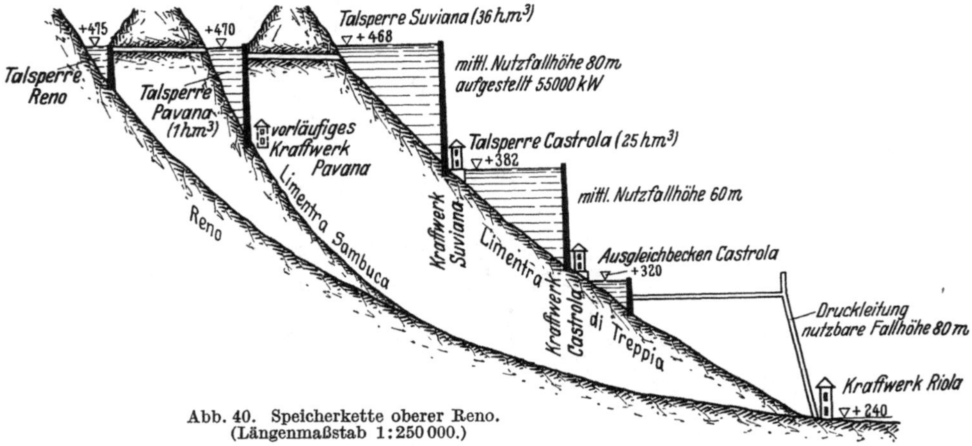

Abb. 40. Speicherkette oberer Reno. (Längenmaßstab 1:250000.)

Der landeskulturelle Ausgleich als alleinige Aufgabe einer Talsperre ist nur unter besonders günstigen Stauverhältnissen oder bei sehr großen Speicherräumen in unerschlossenen Gegenden wirtschaftlich tragbar. Eine Stauanlage dieser Art ist kürzlich in Südindien dem Betriebe übergeben worden; sie soll die ständige Versumpfung des Cauvery-Deltas beseitigen, die alljährlich durch die Hochwasser des Südwestpassates hervorgerufen wird. Die zu diesem Zwecke erbaute Metur-Talsperre faßt 2,6 km^3 und hat einen Kostenaufwand von über 100 Mill. RM erfordert[1]. Die Wirtschaftlichkeit dieser gewaltigen Stauanlage wird dadurch gewährleistet, daß nunmehr die Riesenfläche des Deltas entsumpft, bewässert und unter Kultur genommen werden kann. Die Stromerzeugung tritt hier mit 10000 PS verfügbarer Leistung vollständig in den Hintergrund.

Bei Persano ist kürzlich eine ähnliche Hochwasserschutzanlage in Betrieb genommen worden, um die berüchtigten Malariasümpfe an der Selemündung mit einer Flächenausdehnung von 470 km^2 zu entwässern und unter Kultur zu nehmen[2]. Der Sele ist ein etwa 100 km langer, merkwürdig verzweigter Flußlauf (Abb. 41), der sich 60 km südlich von Neapel ins Tyrrhenische Meer ergießt. Seine Wasserführung, die im Sommer kaum 25 m^3/s beträgt, steigt bei Hochwasser auf 2500 m^3/s (halbes Rheinhochwasser bei Basel) an. Unter der Wirkung dieser gewaltigen Hochwasser wurde die Persanoebene alljährlich im Frühling unter Wasser gesetzt und bei der nachfolgenden sehr schnellen Erwärmung in

[1] The Metur Dam. Concr. constr. Engng. 1931 S. 621—625.
[2] Energia elettr. 1931.

die berüchtigten Fiebersümpfe verwandelt. Man deichte nun den Sele zunächst von seinem Eintritt in die Ebene bis zur Mündung ein und errichtete dann bei Persano und an der Caloreeinmündung Stauwehre mit größeren Rückhaltebecken (Persano 2,5 hm³ Nutzinhalt), die zunächst die Hochwasserspitzen auffangen sollen und im Sommer als Entnahmebecken für die Bewässerungskanäle dienen. Im Schutze dieser Anlagen wird nun die Entwässerung und landeskulturelle Erschließung der Niederungen durchgeführt, indem das Wasser in den tiefstgelegensten Punkten gesammelt und durch Pumpwerke in Abzugskanäle gefördert wird, die freiweg ins Meer entwässern.

Während in unerschlossenen oder unbesiedelten Gebieten die Frage des Hochwasserschutzes meist durch Bereitstellung großer Talsperrenräume in befriedigender Weise gelöst werden kann, stößt eine solche Methode in alten Kulturgebieten meist auf große Schwierigkeiten, da durch die Besiedlung die Anlagemöglichkeit großer Talsperren stark eingeschränkt wird. Trotzdem erhebt sich auch hier das Problem des Hochwasserschutzes nach jeder Periode vernichtender Schadenhochwasser von Neuem. Eine befriedigende Lösung wird, insbesondere in den gemäßigten Zonen, durch die wechselnde Natur des Hochwassers außerordentlich erschwert. Die Erfahrung zeigt, daß bei größeren Flußgebieten bald dieser, bald jener Nebenfluß die schadenbringende Flutwelle heranführt, und daß die Hochwasser in ihrem zeitlichen Verlaufe ganz verschieden sind. Bald ist das Problem der Abfangung der Hochwasser**spitzen** entscheidend, bald hält die Hochwasserwelle monatelang an, so daß nur Talsperrenräume von sehr großen Ausmaßen auf wirkliche Besserung hoffen lassen.

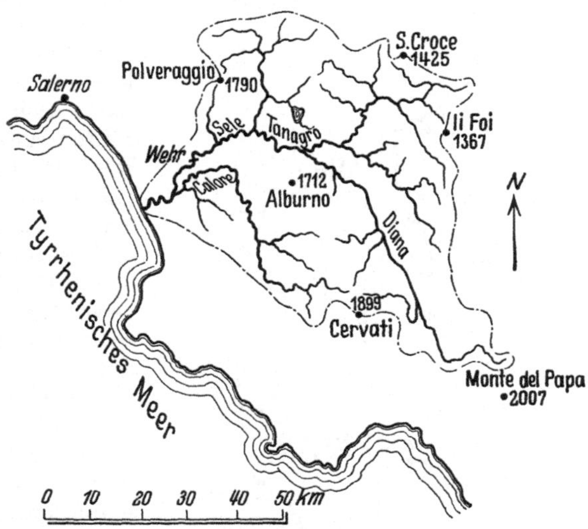

Abb. 41. Einzugsgebiet des Sele. (Maßstab 1:1 667 000.)

Man darf wohl sagen, daß das Problem des Hochwasserschutzes in vielen Kulturgebieten noch lange seiner endgültigen Lösung harren wird, und daß man sich in gewissen Zeitabständen mit schweren Hochwasserschäden abfinden muß. Vieles könnte in dieser Hinsicht besser sein, wenn die Bauwürdigkeit wasser- und energiewirtschaftlicher Anlagen nicht nur auf ihre Rentabilität hin, sondern auch unter Berücksichtigung ihrer landeskulturellen und volkswirtschaftlichen Bedeutung entschieden würde.

Bei großen Talsperrenanlagen muß zwischen ihrer natürlichen Hochwasserschutzwirkung und derjenigen, die gesetzlich vorgeschrieben ist, unterschieden werden. Die erstere besteht in der allgemeinen Verbesserung der Hochwasserverhältnisse, die dadurch erzielt wird, daß Hochwasserzeiten und Füllzeiten der Talsperren ganz oder teilweise zusammenfallen. Allerdings besteht keinerlei Gewähr, da die für andere Aufgaben errichteten Talsperren bereits gefüllt sein können, bevor das Hochwasser seine kritische Höhe erreicht hat. Der gesetzliche Hochwasserschutz hingegen erfordert die Freihaltung eines gewissen Schutzraumes in der Talsperre. Dieser kann, wie z. B. in dem sehr gefährdeten Oderquellgebiet, praktisch den ganzen Stauraum umfassen; es handelt sich dann um reine Hochwasserschutzanlagen. Beispiele für Verbundanlagen bieten die Talsperren im Weserquellgebiet mit 220 hm³ Stauraum und die der oberen Saale, die nach Vollausbau rund 350 hm³ Stauraum bereitstellen werden. Leider liegen bisher nur wenig Erfahrungen darüber vor, wie groß bei gegebenen Niederschlagsverhältnissen der frei zu haltende Schutzraum zu wählen ist. Um so wertvoller sind daher die Beobachtungen, die bezüglich der Leistungsfähigkeit der Eder-Talsperre während der letzten Schadenhochwasserperiode gesammelt wurden.

Die Eder- oder Waldecker-Talsperre mit 200 hm³ nutzbarem Stauraum dient vier sich teilweise widersprechenden Aufgaben. Sie soll erstens die der Weser bei Minden zur Speisung des Mittellandkanals entzogene Wassermenge ersetzen. Bei einem Zuschuß von höchstens 10 m³/s über 4 Monate müssen etwa 100 hm³ Wasser bereitgehalten werden. Sie soll zweitens die sommerliche Stillegung der Oberweserschiffahrt verhindern, was man mit 200 hm³ Zuschußwasser erreichen zu können glaubte. Diese zweite Aufgabe hätte sich wirtschaftlich niemals durchführen lassen, wenn nicht der Zwang zur Beschaffung der 100 hm³ für den Mittellandkanal vorgelegen hätte. Sie soll drittens den Hochwasserschutz für Fulda und Weser übernehmen, eine Aufgabe, der die Eder-Talsperre weitgehend gerecht geworden ist, denn seit ihrer Inbetriebnahme ist die Weser als einziger deutscher Strom vor größeren Hochwasserschäden bewahrt worden. Und sie soll viertens durch Lieferung von Speicher- und Spitzenenergie für das Braunkohlen-Großkraftwerk Borken eine ausgeglichene Belastungskurve herbeiführen. Es dürfte wenige Talsperren geben, die gleichzeitig so verschiedenen Aufgaben in einer im allgemeinen befriedigenden Weise gerecht geworden sind.

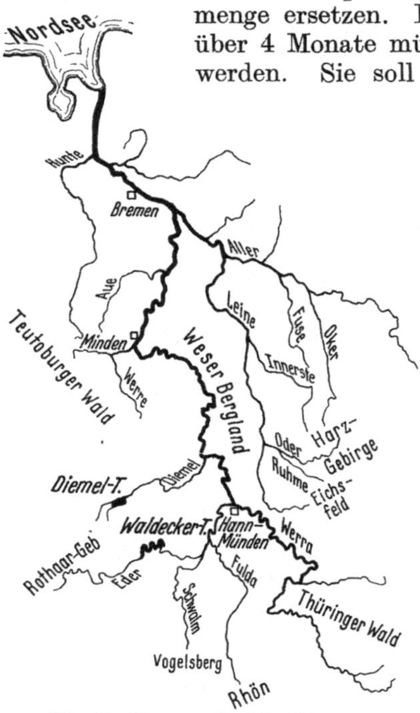

Abb. 42. Einzugsgebiet der Weser. (Maßstab 1:4 500 000.)

Die Weser (Abb. 42) nimmt insofern eine Sonderstellung unter den deutschen Strömen ein, als die Aller praktisch das ganze östliche Einzugsgebiet für sich zusammenfaßt und es erst oberhalb Bremens dem Mutterstrom zuführt, während das westliche Einzugsgebiet durch die sehr nahe herangeschobene Wasserscheide des Rheins sehr eingeschränkt ist. Die unumstrittene Führung in der Gestaltung der Hochwasserwelle fällt daher den Quellflüssen Eder, Werra und Fulda zu. Unter diesen nimmt die obere Eder insofern eine Sonderstellung ein, als sie bei nur $^1/_8$ Flächenanteil mit $^1/_3$ an der Hochwasserführung beteiligt ist. Die obere Eder ist also ein ausgesprochener Hochwasserfluß. Da sie gleichzeitig geeignete Möglichkeiten zur Schaffung großer Talsperrenräume bot, waren die Vorbedingungen zur Herbeiführung eines wirksamen Hochwasserschutzes für die Weser erfüllt.

Für die Waldecker-Talsperre ist gesetzlich festgelegt worden, daß in der Zeit vom 1. November bis 1. Februar ein Hochwasserschutzraum von 30 hm³ freigehalten wird, der bei Schneelage im Gebirge noch um 1 hm³ je 1 mm Wasserhöhe der Schneedecke erhöht werden soll. Bereits 4 Jahre nach Inbetriebnahme der Talsperre trat das höchste Hochwasser der letzten 100 Jahre auf. Diese Kraftprobe wurde glänzend bestanden, indem die Wasserführung der Eder ständig auf 210 m³/s gehalten und im Höchstwert um 530 m³/s gesenkt werden konnte. Im Jahre 1925/26 mußte ein nur wenig niedrigeres, aber länger andauerndes Hochwasser bewältigt werden. Es gelang, die Wasserführung der Eder von 720 auf 480 m³/s zu senken und den Scheitel der Ederwelle um 14 h gegenüber dem der Fuldawelle zu verzögern. Allein durch diese Verzögerung konnte der höchste Stand der Fulda bei Kassel um 35 cm gesenkt werden. Im übrigen hat dieses zweite, länger anhaltende Schadenhochwasser deutlich gezeigt, wie entscheidend die anfängliche Beurteilung eines Hochwassers für den Betrieb einer Verbundtalsperre ist. Wird die zu erwartende Welle überschätzt, so besteht Gefahr, daß das Staubecken bis zum Sommer nicht mehr voll wird, wird sie unterschätzt, so ist der günstige Augenblick für eine zusätzliche Hochwasserentlastung verpaßt.

Der Betriebsplan der Waldecker-Talsperre sieht weiterhin vor, daß der Hochwasserschutzraum vom 1. Februar bis 1. Mai allmählich aufgefüllt werden kann, damit zu Beginn des Sommers die Talsperre voll ist. Die Erfahrung hat jedoch gezeigt, daß das Auffüllen des Hochwasserschutzraumes nicht immer mehr glückt, besonders dann, wenn wie im Winter 1928/29 sehr viel Schnee gefallen ist, der Zeit hat zu verdunsten. Abb. 43 zeigt den Betriebsplan der Talsperre der beiden Jahre 1928/29, die als typische Doppeltrockenjahre angesprochen werden müssen. Während 1928 trotz der Trockenheit die Obere Weser ständig 10 bis 15 cm über dem Sollstand gehalten werden konnte, mußte im nächsten Sommer die Schiffahrt durch den Ausfall des Hochwasserschutzraumes 2 Monate still liegen[1].

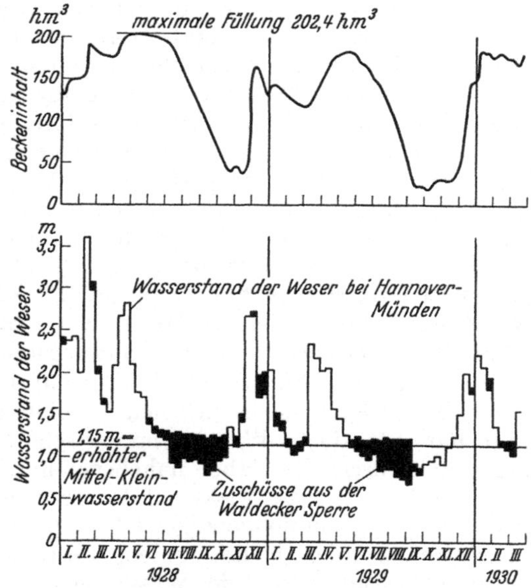

Abb. 43. Betriebsplan der Waldecker-Talsperre in den Doppeltrockenjahren 1928/29. (Nach Bätje.)

Aus den Betriebserfahrungen an der Waldecker-Talsperre wird man für künftige Anlagen die Lehre ziehen, bei der Festlegung des nutzbaren Stauraumes nicht zu engherzig zu sein. Die 25 hm³, deren Fehlen im Sommer 1929 die Oberweserschiffahrt zum Erliegen brachte, hätten nur eine 5%ige Erhöhung der Staumauer erfordert. Die Einbeziehung des Hochwasserschutzraumes in die allgemeine Wasserbilanz sollte besser unterbleiben, damit man gegen unliebsame Überraschungen geschützt und den Betrieb klar übersehen kann. Man wird in guten Jahren über den vermehrten Stauraum froh sein und braucht in Hochwasserjahren eine rechtzeitige Entlastung nicht allzu ängstlich zu erwägen.

Die anfangs als Nebenzweck gedachte Energiegewinnung an der Waldecker-Talsperre stellt heute einen wichtigen Faktor für die mitteldeutsche Energiewirtschaft dar. Die Gesamtanlage umfaßt zur Zeit zwei Spitzenkraftwerke unmittelbar am Fuße der Sperre, ein Laufwasserwerk am Fuße der Ausgleichsperre Affoldern und ein Pumpspeicherwerk, das mit dem nächtlichen Abfallstrom der Wärme- und Laufwasserwerke der weiteren Umgebung gespeist wird. Als unteres Becken der Pumpspeicherung dient die 1,44 hm³ fassende Ausgleichsperre, als oberes eine künstliche Beckenanlage von 0,76 hm³ Fassungsvermögen

[1] Bätjer: Die Wasserwirtschaft der Eder-Talsperre und ihr Einfluß auf die Wasserführung der Weser in den Jahren 1928 und 1929. Dtsch. Wasserwirtsch. 1930 S. 77—80.

bei 300 m Spiegelunterschied. Insgesamt werden zur Zeit 50 Mill. kWh Spitzenstrom, 150 Mill. kWh Pumpspeicherstrom (0,5 Mill. kWh/Tag) und 12 Mill. kWh Dauerstrom erzeugt (vgl. Bd. III, 8, Wasserkraftanlagen, 1. Hälfte, Abb. 130).

5. Kapitel: **Talsperren in Beziehung zur Wasserversorgung.**

Jede menschliche Siedlung, so klein sie auch sein mag, ist an das Wasser gebunden; Brunnen und Quellen sind stets für die Anlage von Gehöften und Dörfern bestimmend gewesen. Die Zusammenballung der Industrie, des Handels und der Verwaltung, die in den letzten Jahrzehnten durch die Technik begünstigt wurde, hat vielfach zu einer Bevölkerungsdichte geführt, die in keinem Verhältnis zu den natürlichen Ansiedlungsbedingungen mehr steht. Es sind zahlreiche Städte und Großstädte entstanden, die mehr den Charakter einer ziemlich strukturlosen Menschenanhäufung tragen; für sie ist die Frage einer einheitlichen Wasserversorgung oft gar nicht leicht zu lösen. Am einfachsten liegen die Verhältnisse noch dort, wo ausgedehnte Grundwasserströme vorkommen, wie z. B. in der norddeutschen oder in der rheinischen Tiefebene. Hier kann man auch hochgesteigerten Ansprüchen durch genügend weite Ausdehnung des Brunnennetzes gerecht werden, wenigstens bis zu einer gewissen Grenze, die durch Ausdehnung und Ergiebigkeit der Grundwasserträger und etwaige Möglichkeiten wiederholter Benutzung des immer wieder zwischengereinigten Abwassers bestimmt ist. Ist diese Grenze erreicht, so bleibt bei weiterem Wachstum des Bedarfes nichts übrig, als Flußwasser aus der Nähe oder Talsperrenwasser aus niederschlagsreichen Quellgebieten heranzuziehen.

Bei Industriegebieten mit Gebirgscharakter, wie in Sachsen oder im Ruhrkohlenbezirk sind die natürlichen Möglichkeiten noch mehr beschränkt. Hier hilft nur intensivste Wasser-Planwirtschaft in Verbindung mit großen Stauanlagen. Durch die dabei naheliegende Nebenbenutzung der Stauung und des Speichers für die Elektrizitätsversorgung sind diese Speicheranlagen, die früher mehr als ein notwendiges Übel zur Wasserversorgung schwieriger Bezirke angesehen wurden, heute oft ein werteschaffender Faktor für viele Städte geworden. Zudem ist die Wasserversorgung mancher Großstädte in engen Gebirgstälern ohne die hoch gelegenen Stauanlagen kaum noch denkbar, da die Ausdehnung der Bebauung mit der Zeit mehr und mehr in der Höhenrichtung erfolgen muß.

Eine Speicheranlage ist für Wasserversorgungszwecke um so geeigneter und im allgemeinen auch um so wirtschaftlicher, je reiner das Wasser ist. Die Erfahrung hat gezeigt, daß es sich meist lohnt, die Staubeckensohle von der Humusschicht zu säubern, da diese Färbung, Geruch und Geschmack des Wassers sowie seinen Gehalt an organischen Substanzen wesentlich beeinflußt. Kann außerdem noch das gesamte Zuflußgebiet abgeschlossen werden, so ist jede Verunreinigung unmöglich, und das Wasser kann so getrunken werden, wie es die Talsperre verläßt. Industrien, die auf möglichst hohe Weichheit ihres Brauchwassers Wert legen müssen (z. B. Papierindustrie) ziehen das weichere Talsperrenwasser dem Grundwasser vor und können oft einen entsprechend höheren Preis dafür bezahlen.

Ein maßgebender Faktor für die Güte eines Trinkwassers ist ferner die Temperatur, besonders im Sommer. Bei der 42 m tiefen Geigenbach-Talsperre der Stadt Plauen wurden über eine Betriebsdauer von mehr als 20 Jahren Wärmemessungen vorgenommen, und zwar durchweg an der tiefsten der drei Entnahmestellen, 29 m unter Stauspiegel. Die tiefste Temperatur, die innerhalb dieser langen Betriebsperiode gemessen wurde, war 1,7°, die höchste 16,5° bei einer Wasserhöhe von 17,5 m über der Entnahmestelle. Die übliche Anschauung, daß das Wasser sich in einer gewissen Tiefe auf 4° C hält, bestätigte sich hier nicht. Es ergab sich vielmehr, daß nach etwa 4 Monaten eine Angleichung der Tiefentemperatur an die der Oberfläche erfolgt. Man muß jedenfalls, wenn das Fassungsvermögen der Talsperre nicht sehr groß ist, damit rechnen, daß die Wärmeschwankungen, auch wenn die Entnahmestelle verhältnismäßig tief liegt, beträchtlich sein können. Eine große Speicheranlage ist demnach mehreren kleinen nicht nur wirtschaftlich, sondern auch vom Standpunkte der Wassergüte stets überlegen.

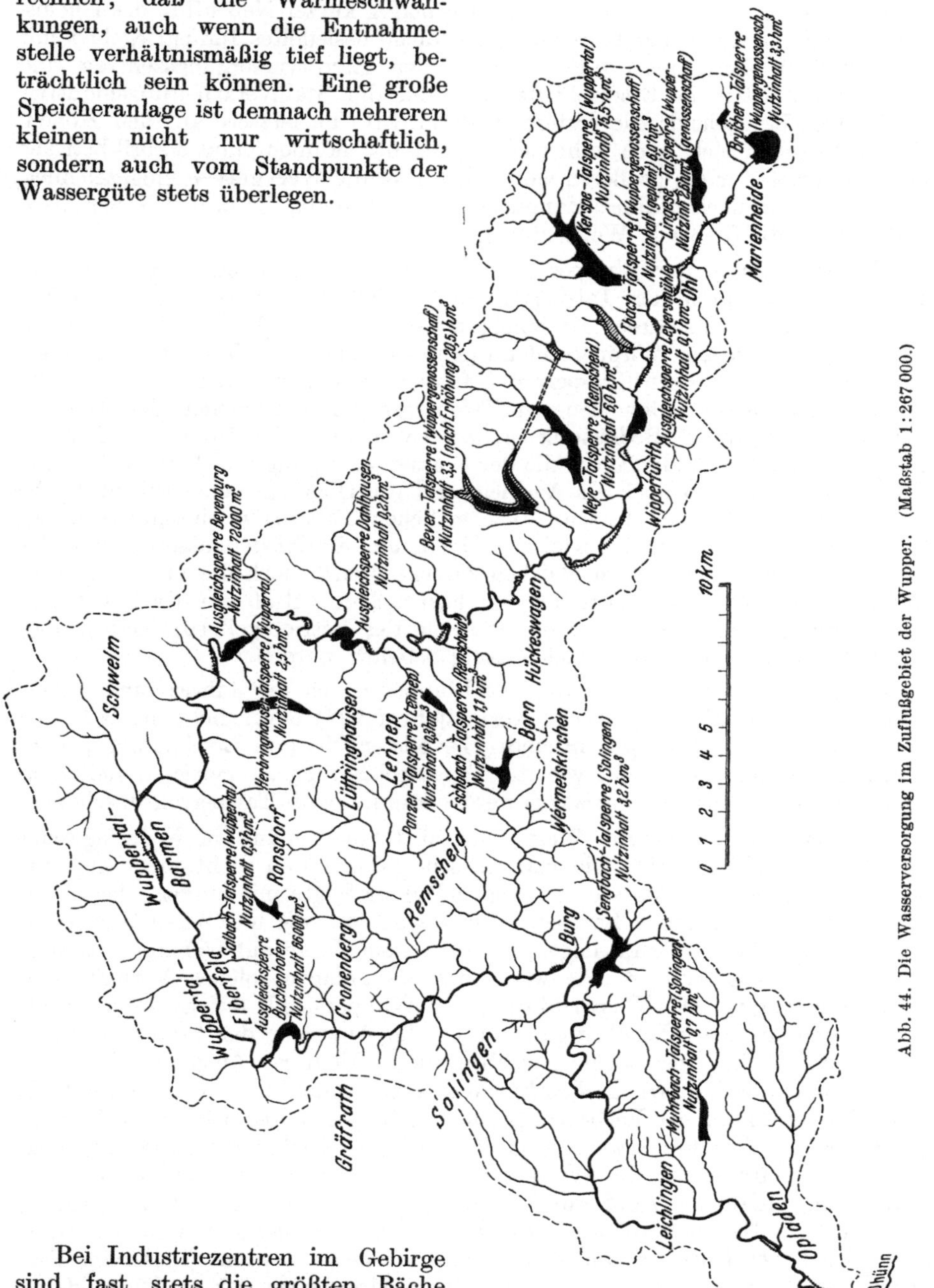

Abb. 44. Die Wasserversorgung im Zuflußgebiet der Wupper. (Maßstab 1:267000.)

Bei Industriezentren im Gebirge sind fast stets die größten Bäche und Wasserläufe weitgehend ausgenutzt, sei es zur Beschaffung des notwendigen Brauchwassers oder zur Kraftgewinnung. Die Versorgungsansprüche der großen Städte geraten dadurch in einen gewissen Gegensatz zu denen dieser Oberlieger, und es ergibt sich die Notwendigkeit der

Planbewirtschaftung. Eines der lehrreichsten Beispiele ist in dieser Hinsicht das des Wuppertales[1].

Die Wupper (Abb. 44) ist ein verhältnismäßig kurzer Nebenfluß des Rheins, der in stark gewundenem Lauf durch ein dicht besiedeltes Industriegebiet mit etwa 700000 Einwohnern führt. Die beiden Hauptversorgungszentren sind die Textilindustrie in Elberfeld-Barmen und die Stahlverarbeitungsindustrie in Solingen-Remscheid; die erstere liegt im Tal, die letztere auf den Höhen. Ferner befinden sich noch zahlreiche verstreute Mühlen- und Fabrikbetriebe im Wuppertal; für die größeren sind in Abb. 44 die Werkgräben eingezeichnet. Schließlich sind noch zahllose Hammerwerke zu nennen, die in den Nebentälern und Bächen die fließende Welle nützen.

Es dürfte außer der Wupper kaum ein zweites Flußgebiet geben, in dem auf so engem Raum der Talsperrenbau so vielfältige Anwendung gefunden hat. Die beiden Talsperren, die Solingen beliefern, und die vier Talsperren in den Tälern der großen Wupperschleife (Abb. 44) sind reine Wasserversorgungsanlagen; als die ältesten Talsperren befinden sie sich in nächster Nähe ihres Versorgungsgebietes. Den neueren Talsperren im Quellgebiet der Wupper fällt heute die größere Bedeutung zu. Zwei von ihnen, die Neye- und Kerspe-Talsperre sind Verbundanlagen, die der Wasserversorgung und Stromerzeugung dienen und außerdem noch als Ausgleich für die Oberlieger eine Pflichtabgabe an die Wupper leisten müssen. Die restlichen Talsperren einschließlich der Neuplanungen sind reine Ausgleichsanlagen, um die Niederwasserführung der Wupper zu verbessern. Dem gleichen Zwecke dienen noch die vier Ausgleichweiher in der Wupper selbst, die den natürlichen Zufluß zur Nachtzeit und über Sonntag aufspeichern und ihn während der Betriebszeit so abgeben, daß alle Betriebe an der Wupper gleichmäßig beliefert werden.

Die Niedrigwasserverbesserung der Wupper durch die Jahres- und Tagesspeicher ist aus Abb. 45 für ein Normaljahr (1927) ersichtlich; sie läßt den Nutzen der Ausgleichanlagen in eindrucksvollster Weise in Erscheinung treten. Insbesondere zeigt sie auch, wie die Tagesspeicherung zu gewissen Zeiten in hervorragendem Maße herangezogen werden kann, um die Talsperren zu schonen.

Das Jahr 1929 war für West- und Mitteldeutschland in hydrologischer Beziehung ein Krisenjahr, wie man es seit Jahrzehnten nicht mehr gekannt hatte. Auf einen sehr kalten und langen Winter folgte mit kurzer Übergangszeit ein heißer und langer Sommer. Die Regenhöhe, die im oberen Wuppertal normalerweise bei 1500 mm liegt, ging in diesem Jahre auf 950 mm herunter. Man erkennt aus Abb. 46, wie wenig die Stauanlagen solchen Verhältnissen gewachsen waren. Die Wasserführung der Wupper sank auf kaum mehr als $^1/_2\,m^3/s$ und die Geruchsbelästigung durch die Abwässer der Städte war einfach unerträglich. Über solche Notjahre, die in kleineren Ausmaßen in Westdeutschland alle 7 Jahre in Erscheinung treten, kommt man ohne empfindliche Einschränkung des Verbrauches nur durch Überjahresspeicherung hinweg. Wird für die Notjahre etwa die halbe Normalwasserführung als ausreichend erachtet, so müßten an die Wupper etwa 4 Monate lang halbtäglich $1^1/_2\,m^3/s$ abgegeben werden, was rund 8 hm^3 zusätzlichen Speicherraum erfordern würde. Durch den in Bau befindlichen 52 m hohen Bever-Staudamm wird der Stauraum der Bever-Talsperre um etwa 17 hm^3 vermehrt werden. Dieser im Vergleich zur Wupper sehr große Speicherraum wird neben der so dringend benötigten Überjahresspeicherung auch einen weitgehenden Hochwasserschutz gewährleisten[2].

[1] Herrn Ing. Völker von der Wupper-Talsperrengenossenschaft sei an dieser Stelle für die freundliche Überlassung der im folgenden benutzten Unterlagen bestens gedankt.

[2] Dr.-Ing. Mahr: Die Wasserwirtschaft im Wuppergebiet und die Erweiterung der Bever-Talsperre. Dtsch. Wasserwirtsch. 1934 S. 209—215.

Die planwirtschaftliche Wasserversorgung von Industriegebieten, die auf enge Bergtäler zusammengedrängt und von Großstädten durchsetzt sind, erfordert

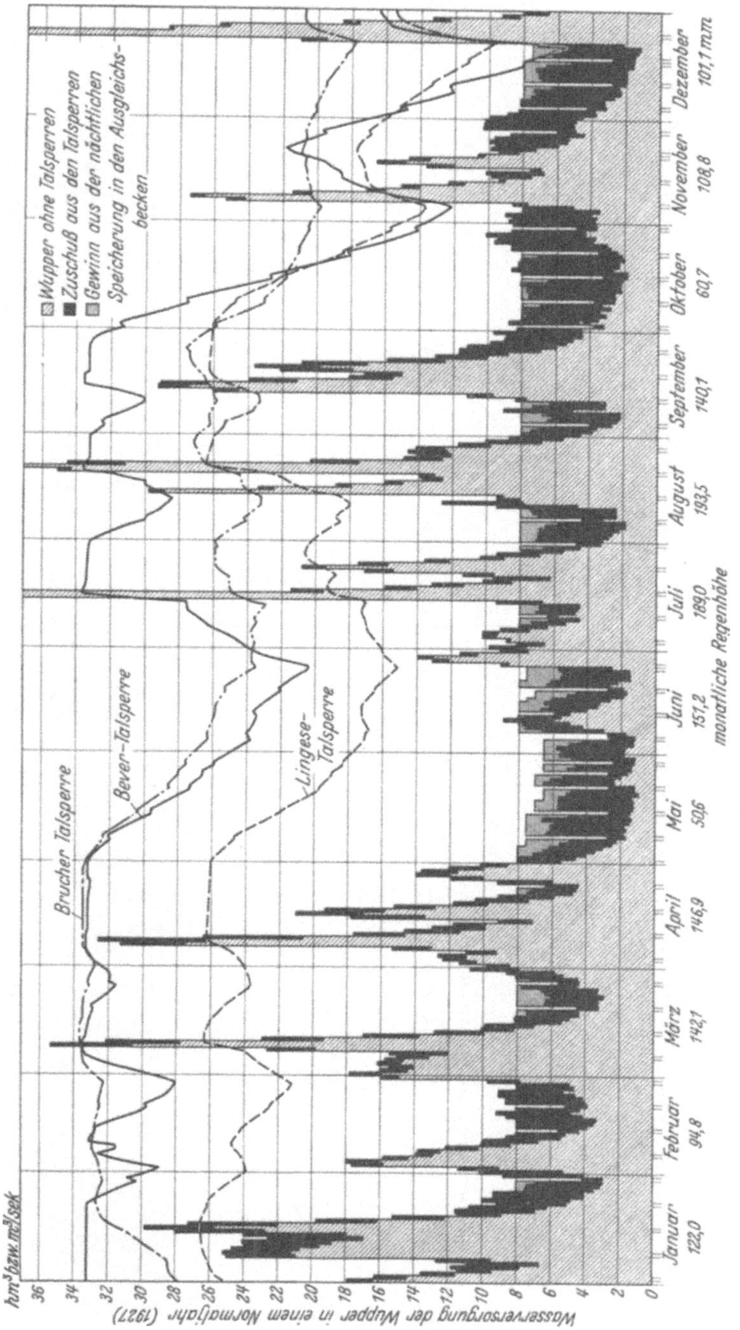

somit neben den eigentlichen Versorgungsanlagen Überjahres-, Jahres- und Tagesspeicheranlagen, die sorgfältig aufeinander abgestimmt sein müssen. Wird der Betrieb außerdem einheitlich für das ganze Versorgungsgebiet geleitet, so lassen sich auch schwere Trockenjahre in einer für alle Teile erträglichen Weise meistern.

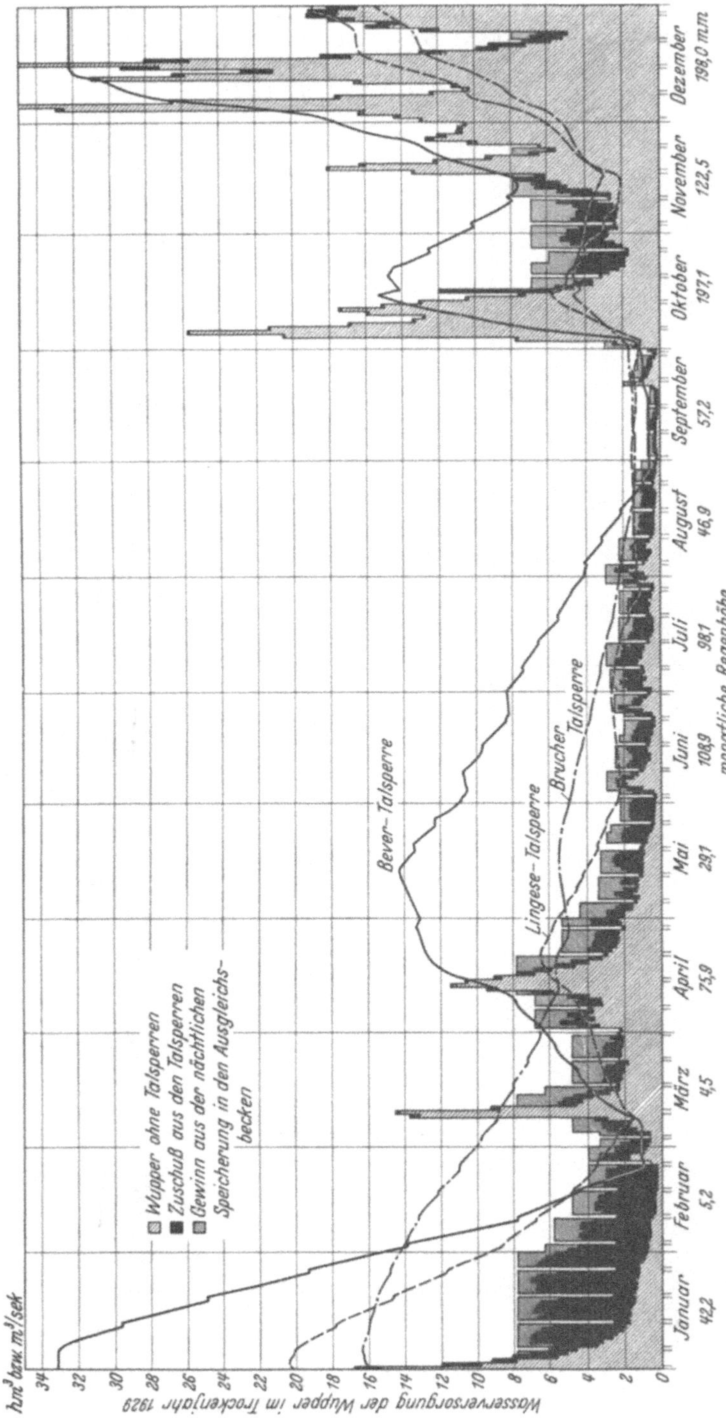

Abb. 46. Wasserversorgung der Wupper im Trockenjahre 1929.

Im Flach- und Hügellande geht der nächstliegende Weg für die Wasserversorgung über die Grundwasservorräte. Bei dichter Besiedlung und zeitweilig beschränktem Wasservorrat besteht die Aufgabe von Stau- und Speicheranlagen darin, diesen zu strecken und zu ergänzen. Unter besonderen Verhältnissen kann es notwendig werden, ganze Flußgebiete zusammenzufassen, so daß man von einer Planbewirtschaftung des Grundwassers sprechen kann.

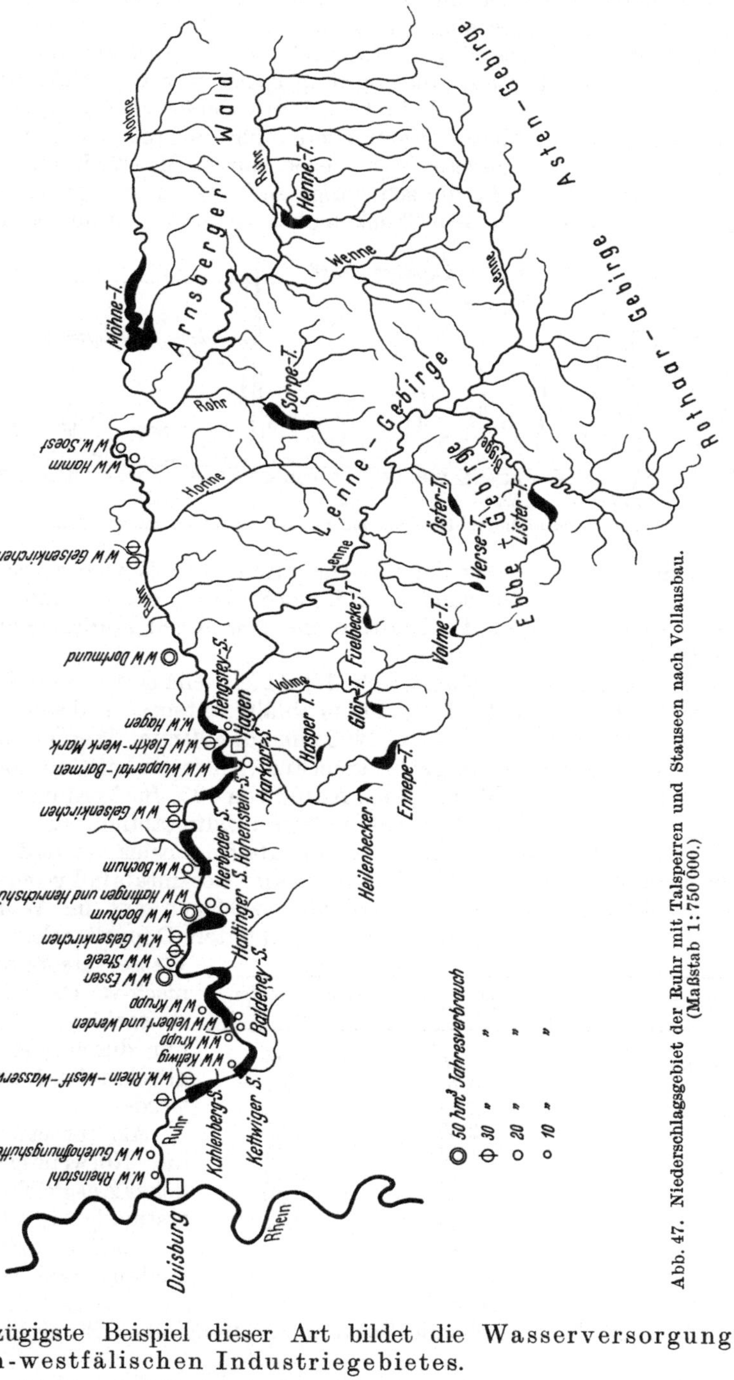

Abb. 47. Niederschlagsgebiet der Ruhr mit Talsperren und Stauseen nach Vollausbau. (Maßstab 1:750 000.)

Das großzügigste Beispiel dieser Art bildet die Wasserversorgung des rheinisch-westfälischen Industriegebietes.

Das rheinisch-westfälische Industriegebiet wird in seiner heutigen Ausdehnung im Norden durch die Lippe, im Osten durch die Sandhügel der Senne, im Süden durch die Ruhr und im Westen durch den Rhein begrenzt. In diesem etwa 1000 km² umfassenden Raum wohnen rund $2^1/_2$ Mill. Menschen. Die dichteste Häufung der Bevölkerung findet sich im Herzen des Gebietes und deckt sich hydrographisch mit dem Niederschlagsgebiet der Emscher, eines zwischen Ruhr und Lippe eingeschobenen Nebenflusses des Rheins, der etwas oberhalb Dortmunds entspringt. Während die Grundwasserräume der Randzonen ausgiebig durch Ruhr und Lippe gespeist werden, reicht die Emscher bei weitem nicht aus, um ihr dicht besiedeltes Gebiet zu versorgen. Sie dient heute ausschließlich als Abwassersammelkanal für die Großstadtkette Dortmund-Duisburg. Da das Lippewasser sich wegen seiner Bitterkeit als Trinkwasser nicht eignet, fällt der Ruhr die schwierige Aufgabe zu, das gesamte Emschergebiet mitzuversorgen. In dem Trockenjahre 1929 wurden der Ruhr beispiels-

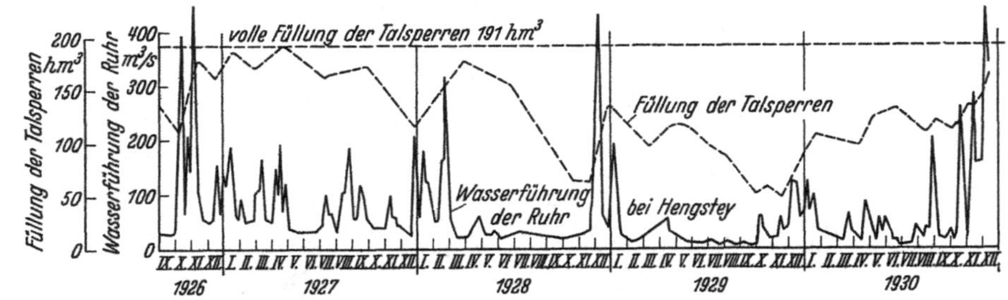

Abb. 48. Wasserführung der Ruhr und Füllung der Talsperren von 1926—1930.

weise auf dem Umwege über das von ihr durch Versickerung gespeiste Grundwasser rund 670 hm³ entnommen, d. i. mehr als $^1/_6$ des gesamten deutschen Wasserverbrauches. Etwa die Hälfte dieser gewaltigen Fördermenge wurde in fremde Flußgebiete weggepumpt.

Das Einzugsgebiet der Ruhr (Abb. 47) ist ein einziges großes Waldgebirge, das von 800 m Höhe allmählich auf 400 m abfällt; entsprechend sinkt die mittlere jährliche Regenhöhe allmählich von 1200 mm auf 800 mm. Werden rund 900 mm für das gesamte Niederschlagsgebiet gerechnet, so ergibt sich ein Jahresniederschlag von rund 4 km³ im Mittel. Nach Abzug von 40% für Verdunstung und Versickerung verbleiben noch 2,4 km³ als mittlerer Jahresabfluß. Erfahrungsgemäß geht dieser in Trockenjahren etwa auf die Hälfte zurück, so daß dann einem Jahresverbrauch von rund 0,7 km³ noch 1,2 km³ Gesamtabfluß gegenüberstehen. Nach Abb. 48 kann mit ausgiebigen Niederschlägen nur im Winterhalbjahr gerechnet werden, zumal in den bereits erwähnten Doppeltrockenjahren. Die Wasserversorgung des rheinisch-westfälischen Industriegebietes kann daher nur durch künstliche Ausgleichmaßnahmen gesichert werden.

Talsperre	Nutzinhalt in hm³	Anlagekosten in RM/m³
Heilenbecke	0,45	0,62
Fuelbecke	0,70	0,47
Hasperbach	2,05	0,70
Ennepe	12,60	0,28
Verse	1,65	0,45
Glör	2,10	0,43
Henne	11,00	0,30
Jubach	1,05	0,64
Öster	3,10	0,58

Als vor etwa 30 Jahren die Notwendigkeit künstlicher Ausgleichmaßnahmen erstmalig in Erscheinung trat, suchte man durch Erstellung zahlreicher kleiner und mittlerer Talsperren Abhilfe zu schaffen. Wie unwirtschaftlich dieses Vorgehen war, zeigt die vorstehende Zusammenstellung über Stauinhalt und Anlagekosten[1].

[1] Link u. Johnson: Die Sorpe-Talsperre, ein Handbuch für den Gebrauch auf der Baustelle, S. 10.

Mit Ausnahme der beiden ersten wurden sämtliche aufgeführten Talsperren innerhalb von 5 Jahren durch Intze unter durchweg ähnlichen Verhältnissen erbaut. Vergleicht man demgegenüber die Einheitskosten, so ergibt sich, daß die beiden größeren Talsperren (Ennepe und Henne) das Wasser um 40 bis 60% billiger bereitgestellt haben als die vielen kleinen. Im übrigen wirkten die letzteren bei dem schnell wachsenden Bedarf wie Tropfen auf den heißen Stein, und man erkannte sehr bald die Notwendigkeit einer Planbewirtschaftung des Industriegebietes.

Seit mehr als 20 Jahren ruht die Wasserversorgung des Ruhrgebietes in den Händen zweier Körperschaften des öffentlichen Rechts, und zwar des Ruhr-Talsperrenvereins, dem die Wasserbeschaffung obliegt, und des Ruhrverbandes, der für die Reinhaltung der Ruhr zu sorgen hat. Die Stauanlagen, welche diese Zwangsgenossenschaften zur Bewältigung der ihnen gestellten Aufgaben geschaffen haben, sind in jeder Hinsicht vorbildlich, insbesondere was die Verbindung wasserwirtschaftlicher Aufgaben mit energie- und volkswirtschaftlichen Möglichkeiten anbelangt.

Nach Zusammenfassung der Wasserversorgung durch die genannten Körperschaften waren nicht mehr örtliche, sondern allgemein wirtschaftliche Gesichtspunkte für die Wasserbeschaffung maßgebend. Man konnte, losgelöst von den einzelnen Interessentengruppen, auf lange Sicht arbeiten und die erforderlichen Speicheranlagen dort anlegen, wo dies zweckmäßig und wirtschaftlich war. So entstanden Lister- und Möhne-Talsperre, die zu einem wesentlich billigeren Einheitspreis 5mal soviel Wasser bereitstellten, als die 9 älteren Talsperren zusammen, wie der Vergleich der nachfolgenden mit der früheren Zusammenstellung zeigt.

Talsperre	Nutzinhalt in hm^3	Anlagekosten in RM/m^3
Lister	22,0	0,22
Möhne	134,1	0,18

Die Steigerung des Stauraumes brachte nicht nur eine Verbilligung des Zuschußwassers, sondern gestattete auch eine elektrizitätswirtschaftliche Ausnutzung der Fallhöhe. Ein Teil der Baukosten konnte der Elektrizitätserzeugung zur Last geschrieben und das Wasser dadurch weiter verbilligt werden. An der Möhne-Talsperre werden rund 10 Mill. kWh/Jahr hochwertigsten Spitzenstroms erzeugt. Um den Abfluß gleichmäßig zu gestalten, ist ein Ausgleichbecken angeschlossen, dessen Laufwasserenergie ebenfalls nutzbar gemacht wird.

Seit Inbetriebnahme der Möhne-Talsperre hat man 20 Jahre Gelegenheit gehabt, die Zusammenarbeit der Speicheranlagen (insgesamt 190 hm^3 Nutzraum) mit der Ruhr zu verfolgen. Die Erfahrung hat gezeigt, daß die großen Talsperren in den Doppeltrockenjahren nicht voll werden (Abb. 48), so daß dann im Sommer nicht 12, sondern nur 6 m^3/s zugeschossen werden können. Man mußte sich daher bei dem steigenden Bedarf nach neuen Zuschußquellen umsehen, und es war ein Glück, daß man rechtzeitig die nötigen Vorsorgen getroffen hatte, denn im Sommer 1929 lag die Ruhr von Mülheim ab trocken.

Man versuchte zunächst, dem steigenden Wasserbedarf durch die Projektierung weiterer großer Talsperren Rechnung zu tragen. Dem stand jedoch erschwerend im Wege, daß die größeren Täler, die hierfür in erster Linie in Frage gekommen wären, Sitz einer weitverzweigten Kleinindustrie waren, an deren Umsiedlung nicht gedacht werden konnte, während andererseits die kleineren Täler nur geringe Speichermengen zu liefern vermochten. Die Bewältigung dieser Schwierigkeiten gelang durch eine ganz neuartige und wahrscheinlich zukunftsreiche Art der Wasserbeschaffung.

Der Ruhrverband kam nämlich auf den Gedanken, die weitere Beschaffung des Zuschußwassers durch einen mehrfachen Kreislauf im Ruhrtal und seinem

Untergrund zu erreichen[1]. Zunächst soll die Laufzeit der Ruhr zwischen Hagen und Duisburg durch Stauhaltungen verfünffacht werden. Sodann will man durch Abfanganlagen und Abwassersammler jede Verschmutzung beseitigen und schließlich die Selbstreinigungskraft der Ruhr durch Ergänzung des Sauerstoffehlbetrages stärken. Im Brennpunkte dieses Projektes steht die Umwandlung der unteren Ruhr in eine langgestreckte Seenkette (Abb. 47). Fassungsraum und Oberfläche der Stauseen ist aus der nebenstehenden Zusammenstellung ersichtlich.

Stausee	Fassungsraum in hm^3	Oberfläche in km^2
Hengstey	2,8	1,6
Harkort	3,3	1,4
Hohenstein	2,6	1,0
Herbede	3,5	1,2
Hattingen	3,5	1,5
Baldeney	9,0	2,4
Kettwig	1,2	0,4
Kahlenberg	3,5	1,9
Insgesamt	29,4	11,4

Neben ihrer eigentlichen Aufgabe, den Gebrauch des Ruhrwassers im zwei- bis dreimaligen Kreislauf zu ermöglichen, halten die Stauseen in ihrer Gesamtheit eine beträchtliche Wasserreserve bereit. Außerdem werden die Staustufen energiewirtschaftlich ausgenutzt. Der erzeugte Strom ist besonders wertvoll, weil er in nächster Nähe als Tagesstrom abgesetzt werden kann.

Eine besondere energiewirtschaftliche Bedeutung fällt den beiden oberen Staustufen zu. Das Rheinisch-Westfälische Elektrizitätswerk hat sich das Recht gesichert, Hengstey- und Harkortsee als Unterbecken für Pumpspeicher

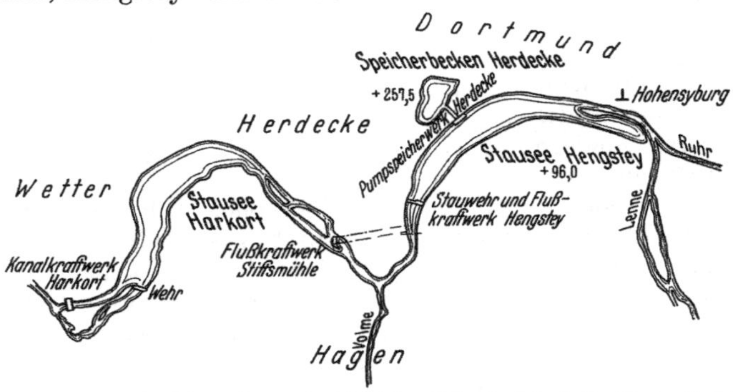

Abb. 49. Stau- und Speicheranlagen am Kopf der Ruhr-Speicherkette Hagen-Duisburg. (Maßstab 1:120000.)

werke zu benutzen. Jene boten für derartige Anlagen durch den steilen Abfall des Ardeygebirges und die Nähe eines großen Absatzgebietes selten günstige Gelegenheiten. Das 1930 dem Betriebe übergebene Speicherwerk Herdecke (vgl. Bd. III, 8, S. 166 u. 391) wandelt 0,93 Mill. kWh billigen Nacht- und Abfallstrom in 0,58 Mill. kWh wertvollsten Tagesspitzenstrom um, der bei einer Leistung von 140000 kW in rund 4 Stunden abgezogen werden kann. Die Jahreserzeugung beläuft sich auf etwa 200 Mill. kWh Tagesspitzenstrom bei einem Wirkungsgrad von 63%. Das Speicherbecken auf dem Ardeysattel, das durch eine 25 m hohe Betongewichtsmauer geschaffen wurde, faßt eine Pendelwassermenge von 1,6 hm^3; sein mittlerer Spiegel liegt 165 m über der gestauten Ruhr (Abb. 49).

Die Anlagekosten für den Stausee Hengstey[2] können aus den Einkünften aus dem Laufwasserwerk und der Rückvergütung aus dem Pumpspeicherwerk

[1] Dr.-Ing. Imhoff: Die Stauseen im Ruhrtal. Wasserkr. u. Wasserwirtsch. 1931 Heft 8.

[2] Dr.-Ing. O. Spetzler: Stausee und Pumpspeicher Hengstey. Wasserkr. u. Wasserwirtsch. 1928 Heft 22.

verzinst und getilgt werden; die Wasserwerke der unteren Ruhr erhalten daher die großen Vorteile, welche ihnen die Hengsteyanlage gebracht hat, umsonst. Diese Vorteile bestehen neben der Verbesserung der Zuflußverhältnisse in der Zurückhaltung des feinen Schlammes, der sich beim Zusammenfluß der sauren Lenne mit der alkalischen Ruhr im Hengsteysee ausscheidet. Dieser Schlamm wurde früher bis zur Ruhrmündung mitgeschleppt und verstopfte die natürlichen Kiesfilter derart, daß der Betrieb der Brunnen oft bis zur Unerträglichkeit erschwert wurde. Ein Verschlammen des Hengsteysees ist nicht zu befürchten, da die kräftigen Winterhochwasser, die in gewissen Zeitabständen auftreten, den Schlamm mühelos mitnehmen.

Nicht unerwähnt möge auch die volksgesundheitliche Bedeutung solcher Stauseen bleiben. Sie stellen für das dichtbesiedelte und grünflächenarme Ruhrgebiet eine Erholungsstätte dar, die gar nicht hoch genug bewertet werden kann. Um beim Hengsteysee, der ja den Charakter eines Gezeitensees trägt, die Schönheit der Landschaft in vollem Umfange zu wahren, wurde das Überschwemmungsgebiet soweit vertieft, daß die Sohle bei abgesenktem Seespiegel noch mindestens 20 cm überdeckt ist. Das Aushubmaterial konnte dazu benutzt werden, um am anderen Ufer geeignete Badestrände zu schaffen.

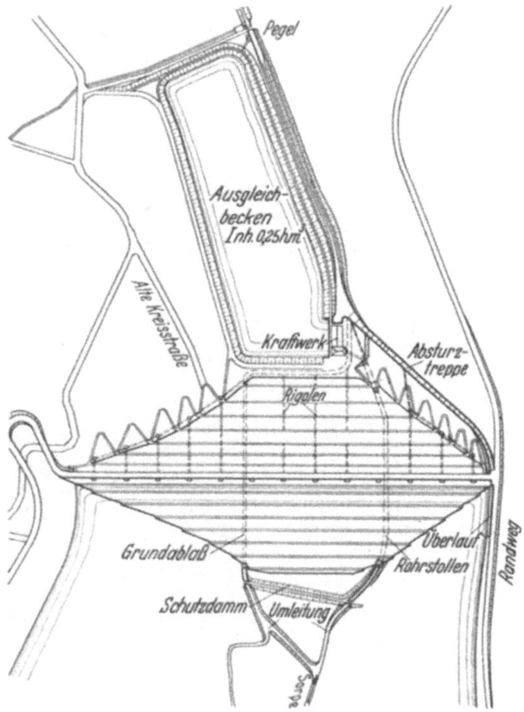

Abb. 50. Sorpe-Damm. Grundriß. (Maßstab 1:12 000.)

Nach Ausbau der Seenkette werden die Grundwasservorräte des Ruhrtals für lange Zeit zur Versorgung des rheinisch-westfälischen Industriegebietes ausreichen, da man sich in Ausnahmejahren, wie das Jahr 1929 bewiesen hat, vom Rhein her rückversorgen kann. Es ist geplant, die Rückversorgung allmählich bis zum Baldeneysee, d. h. bis nach Essen heraufzuschieben, so daß im Notfalle etwa 35% der Verbraucher abgehängt werden können. Die dazu an den einzelnen Staustufen notwendig werdenden Pumpwerke sollen zunächst für eine Förderleistung von 6 m³/s ausgebaut werden. Das Rückpumpwerk Duisburg[1] der untersten Stufe mußte 1929 bereits einige Tage in Betrieb treten und konnte dadurch schwere Schäden abwenden.

Die Rückpumpwerke stellen eine Notversorgungsmöglichkeit dar, wie sie wirtschaftlicher nicht gedacht werden kann. Bei verhältnismäßig geringen Anlagekosten lassen sie sich in wenigen Minuten einsetzen, und es bereitet keine Schwierigkeiten, ihre Ausbaugröße dem wachsenden Bedarf anzupassen.

Die mehrmalige Benutzung des Ruhrwassers verlangt eine gewisse Frischwasserzufuhr. In Trockenjahren reicht der bisherige Talsperrenraum hierfür nicht aus. Zur Bereitstellung der notwendigen Ergänzung ist inzwischen im Sorpetal eine 81 hm³ fassende Talsperre errichtet worden, die bei einem Jahreszufluß von 25 hm³ als ausgesprochener Überjahresspeicher zu betrachten ist.

[1] Dr.-Ing. Mahr: Das Rückpumpwerk Duisburg.

Da die Doppeltrockenjahre in 7jährigem Abstande aufeinander folgen, kann noch ein beträchtlicher Teil des Jahreszuflusses der Sorpe-Sperre für Niedrigwasserverbesserung und Stromerzeugung abgegeben werden. Das Abschlußbauwerk bildet ein 67 m hoher gewalzter Erddamm mit Betonkern, der größte seiner Art in Europa. Grundriß und Querschnitt sind aus den Abb. 50 und 51 ersichtlich.

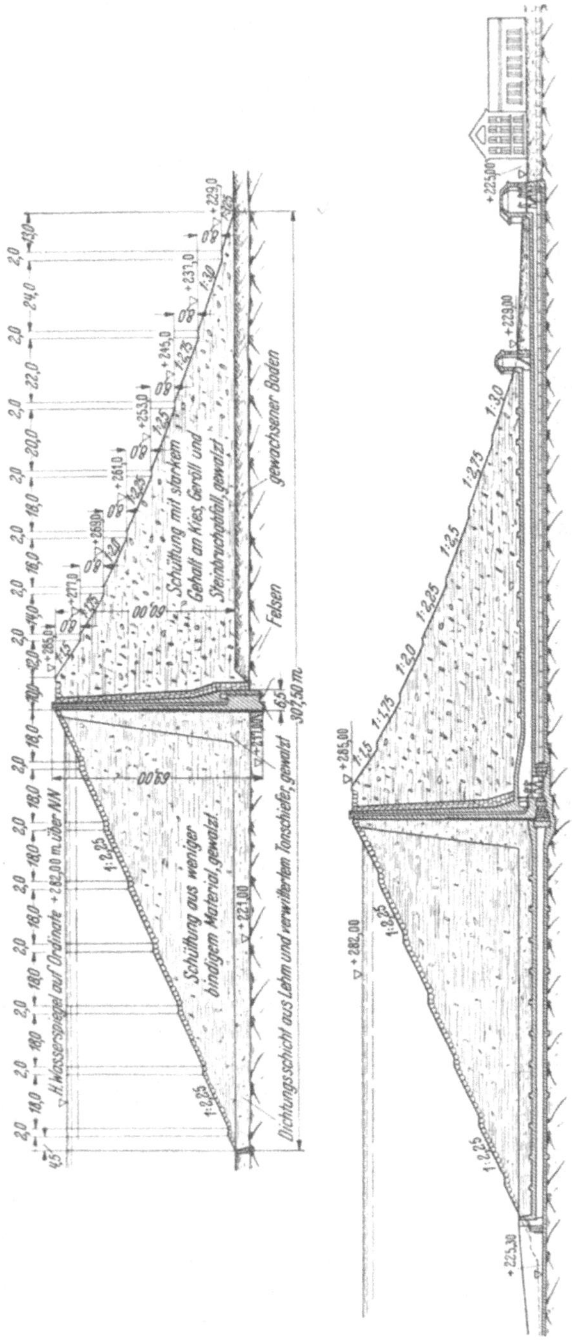

Abb. 51. Sorpe-Damm. Querschnitte. (Maßstab 1:2500.)

Die Wasserversorgung des rheinisch-westfälischen Industriegebietes ist eines der lehrreichsten Beispiele für die Planbewirtschaftung des Oberflächen- und Grundwassers eines ausgedehnten Gebietes. Ein Blick auf die zahlreichen im Ruhrtal arbeitenden Wasserwerke (Abb. 47) genügt, um die Schwierigkeit der Aufgaben zu erkennen, die hier durch künstliche Eingriffe in den Wasserhaushalt bewältigt werden mußten. Die glückliche Lösung, die hier gefunden wurde, ist in erster Linie der sinnvollen Aufteilung der Aufgaben — Speicheranlagen im Oberlauf, Stauhaltungen im Unterlauf — zu verdanken.

6. Kapitel: **Talsperren in Beziehung zum Verkehr.**

Für den Landverkehr bringt die Erstellung einer großen Talsperre in einem einigermaßen besiedelten Gebiet durch die Überstauung bestehender Verkehrswege und den hochragenden Talabschluß in der Regel zahlreiche Unterbrechungen von Verkehrslinien. Häufig werden daher Randstraßen rund um das Becken und ein- oder beidseitige Rampenentwicklungen zur Verbindung der Dammkrone mit den luftseits bestehenden Talstraßen nötig. Meist wird die Sperrenkrone als öffentlicher Verkehrsweg freizugeben und einzurichten sein. Bei ausgedehnten und weitvergabelten Stauseen kann außerdem die Herstellung von Querverbindungen durch Motorfähren oder hochgelegene Talbrücken nötig werden. Ein bemerkenswertes Beispiel hierfür ist die Möhne-Talsperre (Abb. 52), über die der sehr starke Verkehr von der dichtbesiedelten Soester-Börde zur Ruhr geleitet werden mußte.

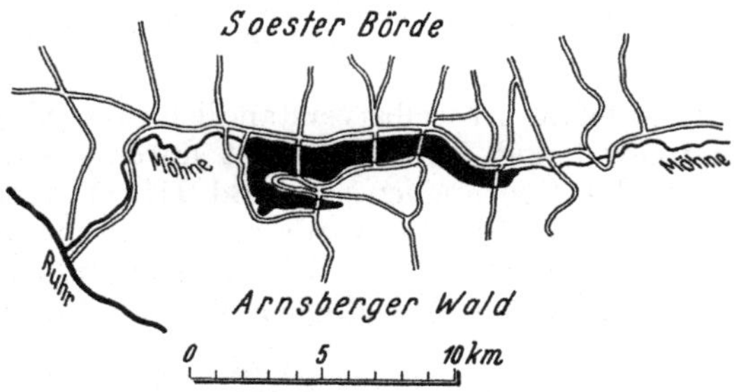

Abb. 52. Möhne-Talsperre.

Für den Wasserverkehr bringt die Einschaltung eines hohen Stausees in eine bestehende Wasserstraße ein Hindernis, das durch Hebewerke oder Schleusentreppen überwunden werden muß. Andererseits bietet der Stausee an sich oft große Verkehrserleichterungen.

Diesen unmittelbaren, schädlichen oder nützlichen Nebenwirkungen jedes Talsperrenbaues auf den Verkehr sind die mittelbaren wasserwirtschaftlichen gegenüberzustellen. Die Ausnutzung der Ausgleichwirkung großer Wasserspeicher zur Lösung der Aufgabe der Speisewasserbeschaffung für natürliche und künstliche Wasserstraßen hat schon in vielen Fällen allein oder in Verbindung mit anderen wasserwirtschaftlichen Aufgaben den Anlaß und die wirtschaftliche Grundlage von bedeutenden Talsperrenbauten abgegeben (vgl. z. B. die in Kap. 5 besprochene Waldecker-Talsperre).

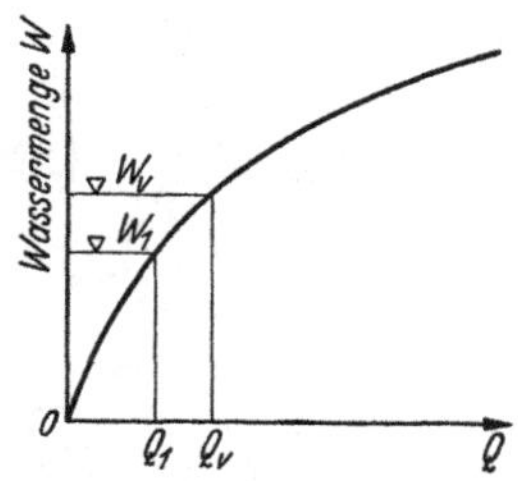

Abb. 53. Wassermengenkurve.

Auf dem Gebiete des Seeverkehrs ist als einziges, aber auch sehr großes Beispiel der Panamakanal zu nennen, dessen Schleusenhaltung durch den Gatundamm gegen die heftigen Hochwasser des Chagresflusses geschützt und außerdem gleichmäßig gespeist wird.

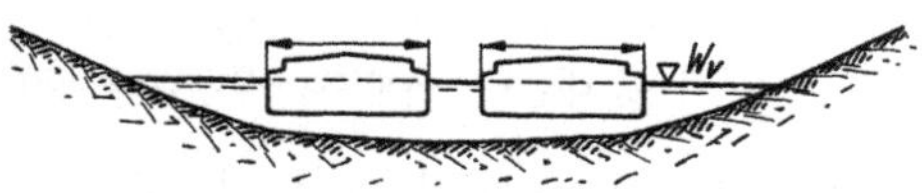

Abb. 54.

Auf dem Gebiete der Binnenschiffahrt sind die Beispiele viel zahlreicher und vielartiger. Drei Hauptgruppen von Aufgaben lassen sich hier unterscheiden: Kanalspeisung, Niedrigwassererhöhung (mit Hochwasserdämpfung) und Flußkanalisierung.

Der Speisewasserbedarf eines Schleusenkanals berechnet sich aus dem Nutzwasserbedarf des Schleusen- oder Hebewerksbetriebes und den Verlusten durch Verdunstung und Versickerung nebst Schleusen-Leckverlusten. Zahlenangaben siehe Bd. III, 4.

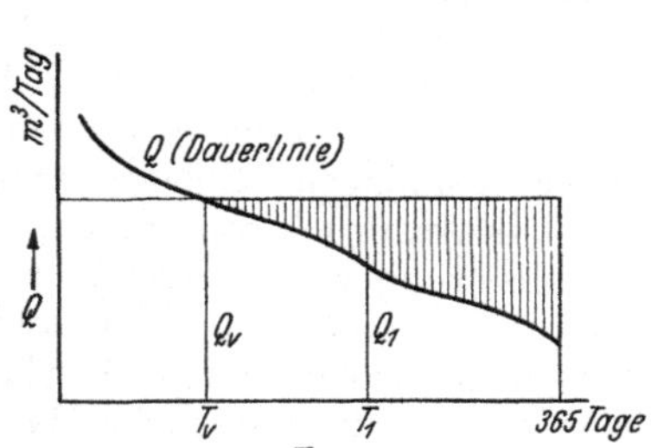

Abb. 55.

Der Zuschußwasserbedarf zur Niedrigwassererhöhung ergibt sich einerseits aus dem Abfuhrvermögen der zu verbessernden Flußstraße (bedingt durch Spiegelgefälle, Regelquerschnitt, Bettrauhigkeit und dargestellt in der Wassermengenkurve, Abb. 53) und andererseits aus dem Anspruch der Flußschiffahrt an Tiefe und Breite des Schiffahrtsweges (bedingt durch Kahnhauptspant, Volladetiefe, Sicherheitsabstände seitlich und unter Schiffsboden Abb. 54).

Bezeichnet Q_v die zur Vollausnutzung des Kahnraums notwendige Wassermenge, Q_1 die jeweilige natürliche Abflußmenge und $\mathrm{d}\,T$ das Zeitelement, so ist die ideelle erforderliche Zuschußfülle gemäß Abb. 55

$$V_i = \int_{T_1}^{365} (Q_v - Q_1)\,\mathrm{d}\,T.$$

Das Integral ist selbstverständlich nur über die Mangelzeiten ($Q_1 \leqq Q_v$) zu erstrecken und in Wirklichkeit durch einen Wasserhaushaltsplan mit Gang- oder Summenganglien (vgl. Bd. III, 8) auszuwerten. Die Darstellung mit Dauerlinie in Abb. 55 wurde nur der größeren Anschaulichkeit halber gewählt.

Die wirklich erforderliche Zuschußfülle ergibt sich aus V_i durch Hinzurechnung der unvermeidlichen Verluste für Mehrverdunstung und Versickerung

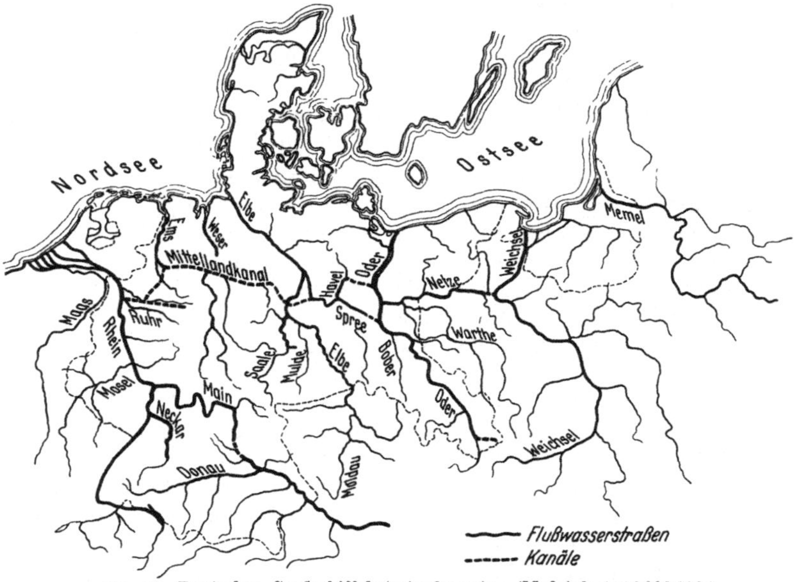

Abb. 56. Deutsches Großschiffahrtsstraßennetz. (Maßstab 1:16 000 000.)

in dem stärker gefüllten Flußlauf von den Talsperren bis ans untere Ende der zuschußbedürftigen Strecke. Auch Mehrverbrauch von anderen Wassernutzern (Wiesenbewässerung z. B.) ist nach Umständen zu berücksichtigen. In manchen Fällen kann, z. B. bei großer Wasserknappheit, statt einer Dauerzuschußgabe auch ein stoßweiser Schwellbetrieb (Ablassen einer längeren Zuschußwelle) in Frage kommen, wie das Beispiel verschiedener Talsperren im Odergebiet beweist[1].

Die Flußkanalisierung benutzt weniger die hohen Talsperren, sondern bedient sich meist der Wehre zur Bildung von Haltungstreppen mit verbindenden Schleusenanlagen. Speicherwirkung wird hier für die Schiffahrt in der Regel nicht in Anspruch genommen, wohl aber manchmal für die meist mit der Flußkanalisierung verbundene Wasserkraftnutzung (vgl. Kap. 8). Bei einschneidenden Wasserklemmen kann neben der Flußkanalisierung auch noch Zuschußbetrieb aus Talsperren im Oberlauf nötig werden. Hierbei ist im Wasserhaushaltsplan der starke zusätzliche Wasserverlust der hochgestauten Haltungen infolge des Wachstumswasserverbrauches des anliegenden Landes zu berücksichtigen, der z. B. an der Oder unerwartet große Ausmaße angenommen hat.

Der planwirtschaftliche Ausbau unseres Wasserstraßennetzes hat mit dem Durchbruch der nationalsozialistischen Revolution einen gewaltigen Auftrieb erfahren, der den Talsperrenbau in noch viel stärkerem Maße als bisher in

[1] Vgl. Hillebrand in Dt. Ww. 1937, S. 146f.

den Dienst des Wasserverkehrs stellen wird. Während früher oft genug rechenstiftmäßige Wirtschaftlichkeitsberechnungen oder machtpolitische Erwägungen die Verteilung des Verkehrs auf Schiene, Kraftwagen und Wasserstraße bestimmten und so den Bau lebenswichtiger Verkehrswege wie z. B. die Weiterführung des Mittellandkanals immer wieder hinausschoben, entscheiden heute allgemeinwirtschaftliche und nationale Notwendigkeiten über den Ausbau unseres Wasserstraßennetzes. Es sei hier nur an die Rhein-Main-Donau-Wasserstraße zur Stärkung der bayerischen Ostmark, an die Weiterführung des Mittellandkanals bis zur Elbe zur Entlastung der sächsisch-thüringischen Notstandsgebiete, und an die Niedrigwasserverbesserung der Oder und den Bau des Adolf-Hitler-Kanals zur Beschaffung neuer Absatzmärkte für die oberschlesische Industrie erinnert.

Abb. 57. Saale-Talsperren. (Maßstab 1 : 333 000.)

Wenn das Netz der deutschen Großschiffahrtsstraßen (Abb. 56) den Anforderungen, die heute an einen Großschiffahrtsweg gestellt werden müssen, genügen soll, so ist dies bei den Niederschlagsschwankungen, die in unseren Breiten vorherrschen, nur durch Bereitstellung großer Talsperrenräume möglich. Nur so kann ein Erliegen der Schiffahrt in Trockenjahren verhindert und das erforderliche Zuschußwasser zum Speisen der Querverbindungskanäle bereitgestellt werden. Leider ist es wirtschaftlich nicht immer tragbar, die erforderlichen Stauräume vorzusehen, wie z. B. im Flußgebiet der Weser, deren Niedrigwasserverbesserung schon in Kap. 5 behandelt wurde. Als letzter Ausweg bleibt dann nur noch die Kanalisierung. Diese wird zur Zeit für die untere Weser bis zur Kreuzung mit dem Mittellandkanal, unter Zugrundelegung des 1000 t-Schiffes, durchgeführt. Weitere Kanalisierungsprojekte sind für die Elbe oberhalb der Saalemündung und für die mittlere Oder aufgestellt worden. In diesem Zusammenhange ist auch die geplante Hochrheinkanalisierung zwischen Basel und dem Bodensee zu nennen.

Die Elbe, die neben dem Rhein den wichtigsten deutschen Verkehrsstrom darstellt, soll nach dem jüngsten Regelungsplan[1] für 1000 t-Schiffe bis zur Saalemündung ausgebaut werden. Dies erfordert in Trockenjahren unter Berücksichtigung der Wasserabgabe an den Mittellandkanal einen Zuschuß von etwa 350 hm³/Jahr und von höchstens 60 m³/s. Hierdurch kann der Wasserstand unterhalb der Saalemündung bis um 45 cm erhöht und auf einem Mindestwert von 170 cm gehalten werden. Die notwendigen Speicherräume werden in Bälde in dem baulich sehr günstig gelegenen Tal der oberen Saale zur Verfügung stehen (Abb. 57). Die bereits in Betrieb genommene Bleiloch-

[1] Die Pläne zur Niedrigwasserregulierung der Elbe von der Reichsgrenze bis Hamburg. Von Min.-Rat Arp und Reg.-Baurat Hirsch: Dtsch. Wasserwirtsch. 1935 S. 223—234 u. 254—256.

Talsperre[1] besitzt 180 hm³, die in Bauausführung befindliche Hohenwarthe-Sperre[2] 170 hm³ Nutzinhalt. Durch die Zusammenballung des gesamten Zuschußbedarfes im oberen Saaletal ist gleichzeitig die Kanalisierung der unteren Saale mit Stichkanal nach Leipzig wirtschaftlich tragbar geworden, womit das mitteldeutsche Braunkohlen- und Industriegebiet den Anschluß an das deutsche Großschiffahrtsnetz gewinnen wird.

Die Abflußverhältnisse der oberen Saale kann man aus Abb. 58 entnehmen, in der die monatliche Abflußmenge bei Saalburg (etwa oberhalb der Bleiloch-Staumauer) für ein Jahrzehnt aufgetragen ist[3]. Es überwiegen, wie man insbesondere aus den eingetragenen Jahresabflüssen erkennt, die nassen Jahre, während in ausgesprochenen Trockenjahren wie 1921 der nutzbare Stauraum der Bleiloch-Sperre gerade noch erreicht wird.

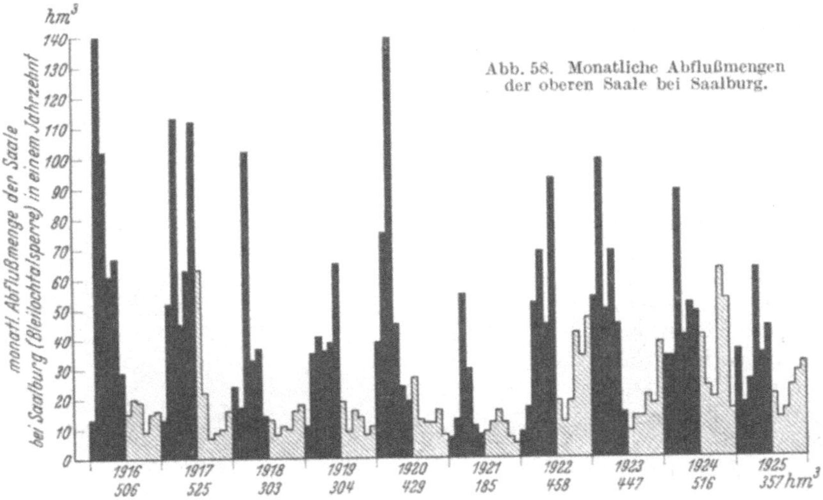

Abb. 58. Monatliche Abflußmengen der oberen Saale bei Saalburg.

Nach einer Zusammenstellung von Kyser[4] beträgt der mittlere Jahreszufluß für die Bleiloch-Sperre 420 hm³ und für die Hohenwarthe-Sperre noch zusätzlich 105 hm³. Nach Abb. 58 umgerechnet, werden diese Mengen in Notjahren auf 195 bzw. 50 hm³ heruntergehen, d. h. es würden insgesamt nur 245 hm³ zur Verfügung stehen. Damit der verlangte Zuschuß von 350 hm³ sicher bereitgestellt werden kann, ist hiernach eine Überjahresspeicherung notwendig, sobald auf Grund der metereologischen Erfahrungen ein Notjahr zu erwarten ist.

Die großräumigen Saale-Talsperren werden einen so gut wie vollkommenen Hochwasserschutz für die Saale gewährleisten, der mit einer entsprechenden Entlastung für die Elbe verbunden sein wird. Während der Bauzeit der Hohenwarthe-Sperre ist für die in Betrieb befindliche Bleiloch-Sperre der in Abb. 59 einpunktierte Zuschußplan vorgesehen[5]. Der Hochwasserschutz beginnt am 1. Oktober und soll am 1. Dezember 75 hm³ betragen. Vom 1. Februar ab darf allmählich wieder aufgefüllt werden, damit am 1. Juni die Höchstzuschußmenge von 180 hm³ bereitsteht. Aus Abb. 59 ist ersichtlich, wie sich nach Berech-

[1] Die Bleiloch-Talsperre bei Saalburg in Thüringen. Von Dr.-Ing. E. Köhler: Dtsch. Wasserwirtsch. 1932 S. 1—7, 25—30, 54—59.

[2] Der Bau der Hohenwarthe-Talsperre. Von Ob.-Baurat G. Braun: Dtsch. Wasserwirtsch. 1936 S. 145—149.

[3] Nach den Ausschreibungsunterlagen für die Bleiloch-Staumauer der „Obere Saale A. G.“.

[4] Die Wasser- und Kraftwirtschaft der Saale-Talsperren. Von Ob.-Baurat H. Kyser: Dtsch. Wasserwirtsch. 1936 S. 130—134.

[5] Die Saale-Talsperren. Von Ob.-Baurat Kyser: Elektrotechn. Z. 1930 S. 1477—1480.

nungen von Kyser[1] der tatsächliche Betrieb in dem Siebenjahreslauf von 1916—1922 gestaltet haben würde. Sämtliche Hochwasser hätte man in befriedigender Weise auffangen können und in den Mangeljahren 1917, 1919 und 1920 wäre auch der verlangte Elbezuschuß möglich gewesen. Lediglich bei Trockenjahren in Aufeinanderfolge wie 1918 und 1921 hätten sich Schwierigkeiten ergeben, indem statt der geforderten 180 hm³ nur 50 vorhanden gewesen wären. Bemerkenswert ist, daß sich Hochwasserschutz und Niedrigwasserverbesserung in der betrachteten Betriebszeit in keiner Weise gestört hätten.

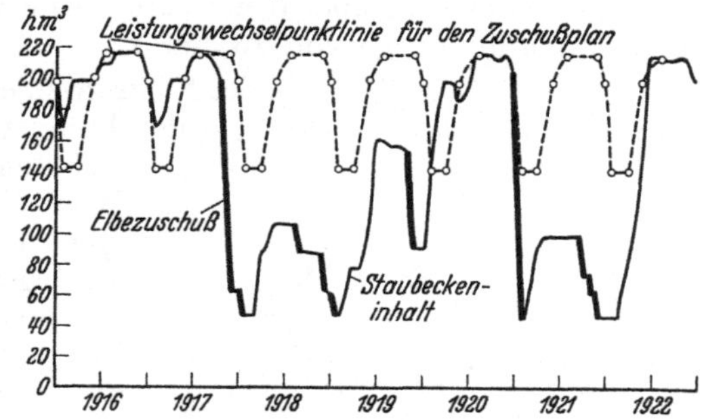

Abb. 59.

Die Bleiloch-Talsperre hat im ersten Betriebsjahre 1935, das mit einer Jahreswassermenge von 361 hm³ um 14% unter dem 30jährigen Durchschnitt lag, alle Erwartungen erfüllt. Ohne sie wäre die Elbeschiffahrt fast 2 Monate zum Erliegen gekommen. Im einzelnen kann hier auf Abb. 60 und 61 verwiesen werden[2].

Die an Abb. 59 in Erscheinung getretenen Schwierigkeiten in Doppeltrockenjahren werden zwar nach Inbetriebnahme beider Sperren etwas gemildert sein, können aber erst behoben werden, wenn die Überjahresspeicherung in den Betriebsplan miteinbezogen wird. Nach einer Mitteilung von Kyser[3] ist beabsichtigt, die Aufgaben des Hochwasserschutzes in normalen Jahren allein der Hohenwarthe-Sperre zuzuweisen, um für das Bleilochkraftwerk eine noch wirtschaftlichere Energieausnutzung zu erzielen als bisher. Bei einer solchen Betriebsweise würde die Bleiloch-Sperre die Überjahresspeicherung zweckmäßig mit übernehmen.

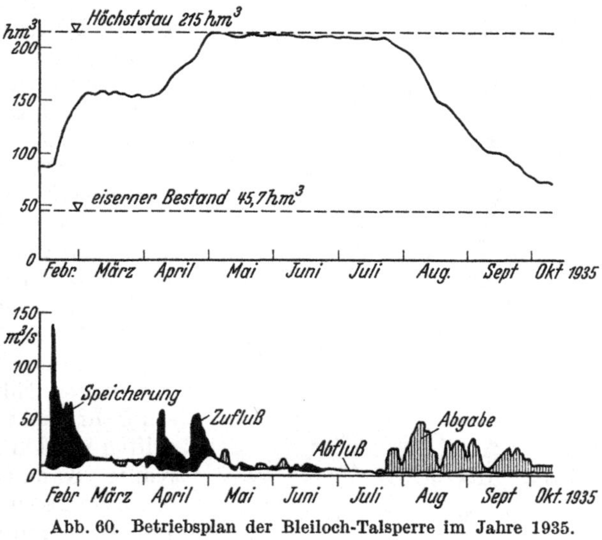

Abb. 60. Betriebsplan der Bleiloch-Talsperre im Jahre 1935.

Die mit den Saale-Talsperren verbundenen Kraftwerke (Abb. 57) sind bezüglich der abziehbaren Tagesleistung vollständig an die Anforderungen

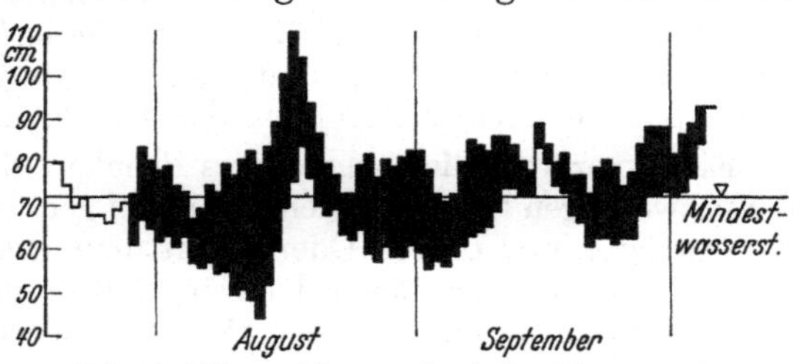

Abb. 61. Elbeanreicherung durch Zuschüsse aus der Bleiloch-Talsperre (Spätsommer 1935).

---

[1] Siehe Fußnote 5 von S. 46.

[2] Umgestaltung des natürlichen Abflußvorganges durch große Staubecken. Von Min.-Rat Krieg: Dtsch. Wasserwirtsch. 1936 S. 194—199, 218—222.

[3] Siehe Fußnote 4 von S. 46.

der Niedrigwasserverbesserung und des Hochwasserschutzes gebunden. Im Hinblick auf die Pflichtabgabe an die Elbe bis zu 60 m^3/s ist der Ausbau außerordentlich hoch. Die Schluckfähigkeit der Turbinen schwankt je nach Fallhöhe zwischen 32 und 61 m^3/s und ist im Mittel 4mal so groß wie die mittlere jährliche Zuflußmenge von 13,3 m^3/s.

Um die Abhängigkeit von der Niedrigwasserverbesserung energiewirtschaftlich auszugleichen, bedient man sich der Pumpspeicherung. Hierdurch kann selbst bei sehr großen Schwankungen in der Wasserabgabe eine dem Ausbau entsprechende ständige Spitzenstromleistung sichergestellt werden. Da zur gleichmäßigen Versorgung der Unterlieger ohnehin Ausgleichbecken erforderlich sind, können diese gleichzeitig als Entnahmebecken für die Pumpspeicherung dienen (Abb. 57). Die dadurch entstehende Fallstufe läßt sich fast immer durch ein Laufwasserwerk wirtschaftlich ausnutzen.

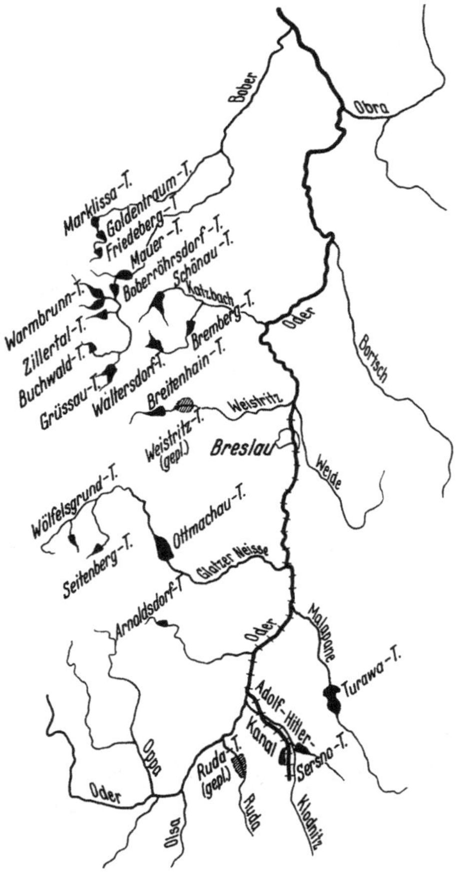

Abb. 62. Die schlesischen Talsperren. (Maßstab 1:3000000.)

Am Bleiloch-Kraftwerk werden bei 40000 kW Ausbau jährlich 50 Mill. kWh Spitzenstrom und 12 Mill. kWh Laufwasserstrom gewonnen, die sich in nächster Nähe eines großen Industriegebietes in wirtschaftlichster Weise absetzen lassen. Rechnet man für das geplante Hohenwarthewerk mit der gleichen Ausbeute, so fallen gewissermaßen als „Nebenerzeugnisse“ ganz beträchtliche Spitzenenergien an, die außerordentlich begehrt sind.

Leider kommen die großen Speicherräume der Saale-Talsperren nur der mittleren Elbe zugute, so daß für den Anschluß der oberen Elbe an das deutsche Großschiffahrtsnetz besondere Maßnahmen ergriffen werden müssen. Die zeitweilig geplante Kanalisierung ist zugunsten der Niedrigwasserverbesserung von 110 auf 140 cm endgültig fallen gelassen worden. Um diese zu erreichen, müssen neben entsprechenden flußbautechnischen Maßnahmen etwa 130 hm^3 Speicherraum bereitgestellt werden. Infolge Mangels an geeigneten Talsperrenräumen soll dies durch die Elbe selbst geschehen, und zwar durch Pumpspeicherung in ein Becken von entsprechendem Nutzinhalt, das bei Pirna oberhalb Dresdens geplant ist[1].

Ein außerordentlich schwieriges Problem, das erst in den letzten Jahren mit der notwendigen Großzügigkeit in Angriff genommen wurde, ist die Einbeziehung der mittleren und oberen Oder in das deutsche Großschiffahrtsnetz[2]. Die Oder ist ein eindringliches Beispiel dafür, daß es mit der Kanalisierung allein nicht immer getan ist. Der mit der Oderkanalisierung oberhalb Breslaus (Abb. 62)

[1] Die Arbeiten der Wasserbauverwaltung des Landes Sachsen im Jahre 1933. Von Min.-Direktor Sorger: Bautechn. 1935 S. 5 u. 6.

[2] a) Wasserwirtschaftliche Fragen im Odergebiet. Von Min.-Rat Krieg: Dtsch. Wasserwirtsch. 1933 S. 131—134. b) Der Ausbau der Oder für Landeskultur und Schiffahrt unter Berücksichtigung der Niedrigwasseraufhöhung durch Talsperrenwasser. Von Reg.-Baurat Momber: Dtsch. Wasserwirtsch. 1934 S. 138—141.

erhoffte Anschluß des oberschlesischen Industriegebietes an das mitteldeutsche Wasserstraßennetz blieb aus, weil nicht gleichzeitig die notwendigen Talsperrenräume bereitgestellt wurden. Auf der freien Oderstrecke unterhalb Breslaus versommerten in den Jahren 1922, 1928 und 1929 nicht weniger als 900 Kähne, was notwendig zu einem allmählichen Absterben der Schiffahrt führen mußte. Dazu kam noch der völlig unzureichende Zustand des Klodnitzkanals, als der einzigen Verbindung der Oder mit dem Industriegebiete.

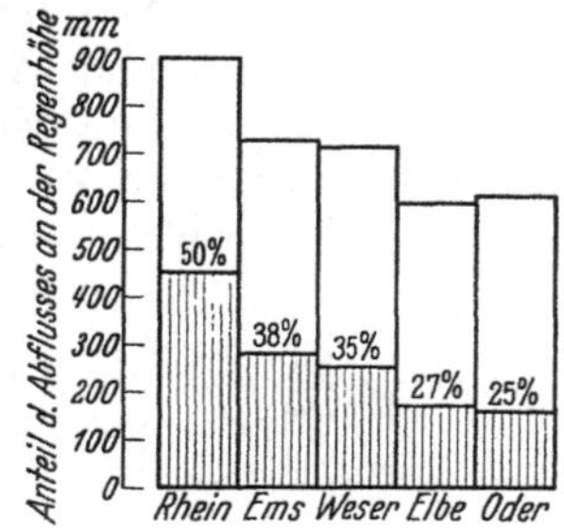

Abb. 63.

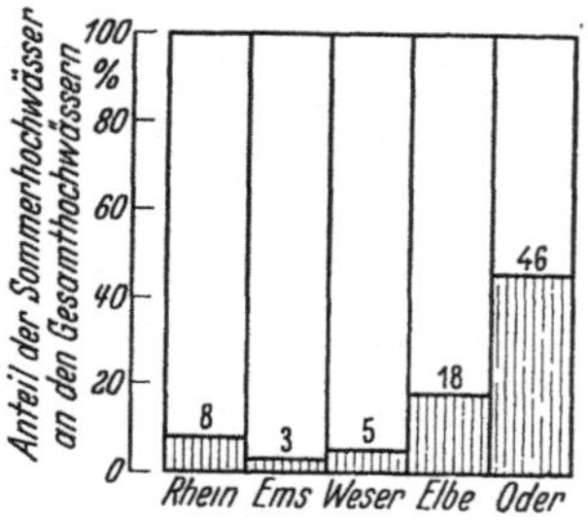

Abb. 64.

Die Schwierigkeiten, die der Anschluß der Oder an das deutsche Großschiffahrtsnetz bereitet, liegen einmal in dem nach Osten ständig abfallenden Anteil des Abflusses an der Regenhöhe begründet (Abb. 63)[1]. Dies rührt daher, daß bei angenähert gleichen Verlusten durch Versickerung und Verdunstung von rund 450 mm die Regenhöhe von Westen nach Osten um $^1/_3$ sinkt. Dazu kommt als weiterer ungünstiger Umstand die Zunahme des Anteils der Sommerhochwasser an den Gesamthochwassern (Abb. 64)[1]. Demgemäß lassen sich die Aufgaben von Niedrigwasserverbesserung und Hochwasserschutz für die Oder nicht mehr miteinander verbinden, was sich für den Talsperrenbetrieb in der Weise auswirkt, daß die Hochwasserschutzräume das ganze Jahr über frei gehalten werden müssen. Für die Talsperre Ottmachau (Neiße) ist bei 143 hm³ Speicherraum z. B. ein Hochwasserschutzraum von 43 hm³ verlangt worden. Dieser wird in den meisten Betriebsjahren für die Niedrigwasserverbesserung verloren sein, wie die Wasserwirtschaft der Talsperre für 1935 zeigt (Abb. 65)[1].

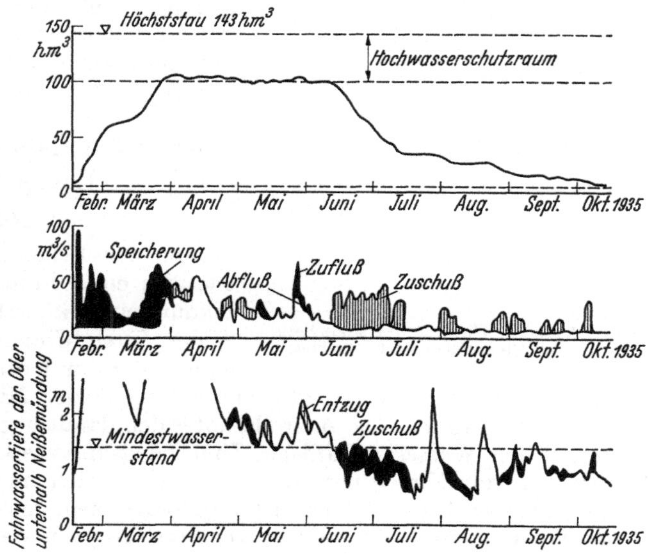

Abb. 65. Betriebsplan der Neiße-Talsperre im Jahre 1935.

Um die Oder zur vollschiffigen Großschiffahrtstraße mit 1,5 m Tauchtiefe zu entwickeln, ist außer verschiedenen flußbautechnischen Maßnahmen ein sommerlicher Zuschuß von etwa 300 hm³ erforderlich. Die zahlreichen aus Abb. 62 ersichtlichen kleineren Talsperren sollen fast ausschließlich dem Hochwasserschutz dienen und sind außerdem in der Mehrzahl ungünstig gelegen[2]. Die Aufgabe der Niederwasserverbesserung wird daher in erster Linie den drei großen Talsperren von

[1] Siehe Fußnote 2 von S. 47.

[2] Das Staubecken bei Ottmachau an der Glatzer Neiße, seine wasserwirtschaftliche Bedeutung und die erforderlichen Baumaßnahmen. Von Min.-Rat Krieg und Reg.-Baumeister Dr.-Ing. Möhlmann: Dtsch. Wasserwirtsch. 1930.

Ottmachau, Turawa und Sersno zufallen. Nach Abzug der Hochwasserschutzräume stehen in Ottmachau 100 hm^3, in Turawa 90 hm^3 und in Sersno bis 1945 50 und bis 1960 100 hm^3 zur Verfügung, d. h. bis 1960 insgesamt 290 hm^3. Da an der Ruda und Weistritz weitere Staubecken mit 32 bzw. 40 hm^3 geplant sind, so ist die Oder-Großschiffahrtsstraße nur noch eine Frage der Zeit. Die sehr günstig gelegene Sersno-Talsperre dient gleichzeitig der Speisung des in Bau befindlichen Adolf-Hitler-Kanals, der den Klodnitzkanal ersetzen und die Großschiffahrtsstraße bis ins Herz des oberschlesischen Bergbaugebietes vorschieben wird.

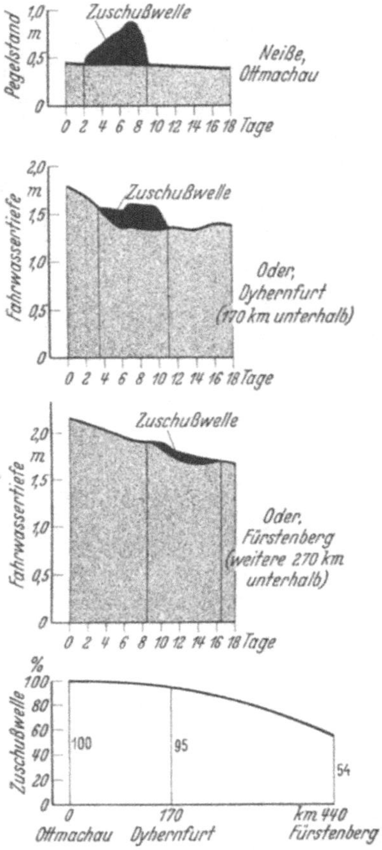

Abb. 66. Wirkung des stoßweisen Schwellbetriebes im Odergebiet.

Nach Inbetriebnahme der Ottmachauer-Talsperre sind eine Reihe lehrreicher Messungen bezüglich der Wirkung des stoßweisen Schwellbetriebes vorgenommen worden, über die Krieg berichtet hat[1]. Abb. 66 zeigt eine 7tägige Zuschußwelle unterhalb der Talsperre, unterhalb der Kanalstrecke und auf der Höhe des Oder-Spree-Kanals. Die Welle brauchte etwa eine Woche, um die 440 km lange Strecke zurückzulegen. Während die Verluste auf der in $1^1/_2$ Tagen, d. h. sehr schnell durchlaufenen Strecke von Neiße und kanalisierter Oder unbedeutend sind, ergaben sich auf der freien Oder beträchtliche Verluste, die bis zu 50% ausmachten. Diese sind in erster Linie auf Versickerung und Speisung des Grundwassers zurückzuführen. Man kann hieraus folgern, daß ein stoßweiser Schwellbetrieb nur dann von Vorteil ist, wenn die Zuschußwelle keine Zeit oder keine Gelegenheit hat, um Grundwasserräume anzureichern.

7. Kapitel: **Talsperren in Beziehung zur Energiewirtschaft.**

1. Allgemeines.

Die zur Erfassung der natürlichen Fallenergien einer Flußstrecke erforderliche Ausbildung einer künstlichen Fallstufe kann entweder durch Umleitung außerhalb des Flußlaufes oder durch Stauung innerhalb desselben, endlich auch durch vereinigte Anwendung beider Mittel erreicht werden (vgl. Bd. III, 8, Kap. 1). Die Auswahl unter den damit gegebenen drei Grundformen einer jeden Wasserkraftanlage: Umleitungskraftwerk, Staukraftwerk und gemischtes Stau-Umleitungskraftwerk, richtet sich im Einzelfall einerseits nach den naturgegebenen örtlichen (morphologischen, geologischen, wirtschaftlichen und rechtlichen) Bedingungen, andererseits nach den energiewirtschaftlichen, insbesondere nach dem Maße der Ansprüche an Beständigkeit der zu liefernden Energie und damit an ihre Speicherfähigkeit. Ein Staukraftwerk, besonders ein ausgesprochenes Talsperrenkraftwerk, bietet naturgemäß weit vorteilhaftere Speichermöglichkeiten als ein Kanalwerk. Noch vorteilhafter gestaltet sich oft die Speicherbeschaffung bei der gemischten Ausbauform des Stau-Umleitungskraftwerkes, wenigstens im Bereich der Hochdruckkräfte; denn die Erschließung einer oft in die Hunderte von Metern gehenden Umleitungsfallhöhe durch Druck-

[1] Siehe Fußnote 2 von S. 49.

stollen und -rohrleitungen ist geeignet, den energiewirtschaftlichen Wert des Nutzinhaltes der vorgelagerten Talsperre um ein Vielfaches zu steigern.

2. Lauf- und Kleinspeicherwerke.

In den dicht besiedelten Tälern der Niederungen und Gebirgsvorländer lassen sich Speicher von größeren Ausmaßen meist nicht mehr anlegen. Man muß sich oft damit begnügen, die hier anfallenden Wasserkräfte als Laufwasserkräfte auszubauen und auszunutzen. Das Laufkraftwerk im eigentlichen Sinne muß das Wasser so verbrauchen, wie es zufließt, d. h. mit der jedem Flußlauf eigenen Unständigkeit und besitzt keine Möglichkeit, sich tagsüber den Schwankungen des Bedarfs anzupassen. Früher fand man sich damit ab, indem man die Volleistung entsprechend niedrig hielt. Beispielsweise sind die älteren Aarewerke auf der Strecke Bielersee-Rheinmündung auf 150 m^3/s Höchstleistung ausgebaut worden, womit nur wenig mehr als die durchschnittliche Niederwasserführung erfaßt werden konnte. Schon früh interessierte sich die elektrochemische Industrie für den Abfall- und Nachtstrom, so besonders am Oberrhein und in Bayern, und es entstanden stellenweise hochausgebaute Laufkraftwerke. Das bedeutendste Beispiel dieser Art ist das Innkraftwerk Töging mit Ausbau auf 350 m^3/s (vgl. Bd. III, 8, S. 137).

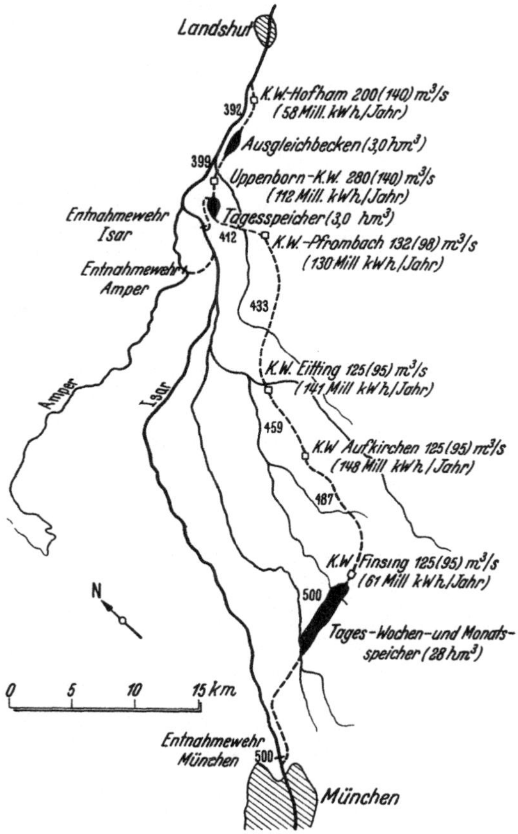

Abb. 67. Kraftstufe München-Landshut. (Maßstab 1:600000.)

Zahlreiche Laufwasserkräfte sind in den letzten Jahrzehnten auch im Dienst der Elektrizitätsversorgung von Städten und Landesnetzen vorteilhaft dadurch ausgenutzt worden, daß sie mit Wärmekraft im Aushilfs- und Ergänzungsbetrieb zur Deckung der Grundbelastung verwandt wurden. Wenn dabei auch eine gute Ausnutzung der verfügbaren Wasserenergie erzielt wurde, so blieb doch noch die wirtschaftlich unerwünschte Notwendigkeit, für den unständigen Teil der Wasserkraft „Aushilfsmaschinen" im Netz bereit zu halten, also einen Teil der Gesamtleistung des Betriebes doppelt zu besetzen. Soweit der zeitweilige Ausfall an Wasserkraftleistung durch Wassermangel und nicht überwiegend durch Fallhöhenverlust infolge Hochwasserrückstaues bedingt war (wie bei manchen Rhein- und Aarekraftwerken), konnte man den Leistungsausfall durch Ausnutzung der Stauhaltung als „Tagesspeicher" beheben. Der Vorteil liegt bei dem dadurch ermöglichten Schwellbetrieb weniger in der Nutzbarmachung des Nachtwassers (das bei hohem Netzausbau meist auch zur Erzeugung absetzbaren Nachtstromes verwertet werden könnte), als in der Möglichkeit, im Tagesbetrieb die ganze eingebaute Turbinenleistung auch bei kleiner Wasserführung zum Aufbau der Netzlastspitze einzusetzen.

Wenn dieser Kleinspeicherausbau auch eine Laufkraft nicht energiebeständig machen kann, so kann er sie doch leistungsbeständig machen. Dadurch wird der

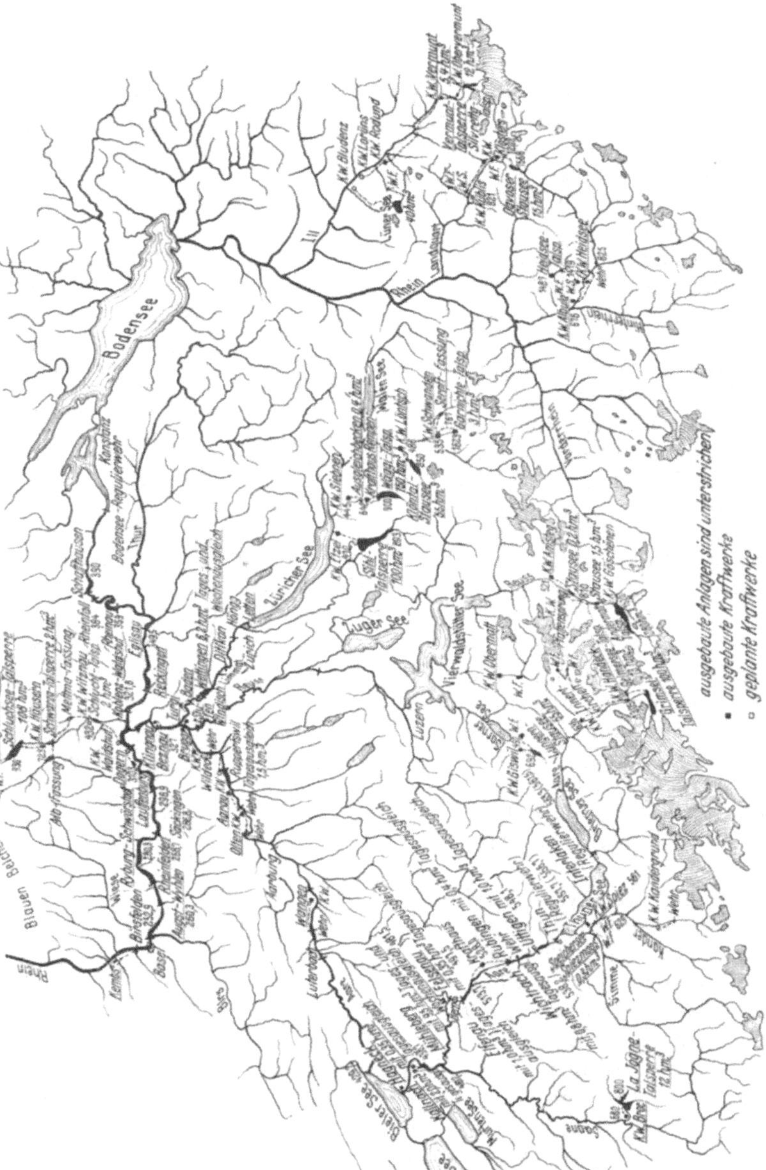

Abb. 68. Stauwerke im Einzugsgebiet des Oberrheins. (Maßstab 1 : 1700000.)

ınständigen Energie der Wert von ständiger verliehen (Veredelungswirkung des Kleinspeichers). (Voraussetzung dabei ist allerdings, daß Wassermangel und nicht Fallhöhenrückgang bei höherer Wasserführung die „maßgebende" natürliche Mindestleistung verursacht und bestimmt!)

Naturgemäß wird die Ausbildung des notwendigen Speicherraumes um so wirtschaftlicher, je größere und zahlreichere Kraftstufen hinter den Speicher geschaltet sind. Als Beispiel sei hier die Isarkraftstufe München-Landshut genannt (Abb. 67), die teils zur Erzeugung von Bahnstrom (vier obere Stufen), teils zur Stromversorgung von München dient. Die unterhalb Münchens der Isar entzogene reine Laufwasserenergie wird in dieser Kraftstufe so veredelt, daß sie der Belastungskurve vollständig angeglichen werden kann. Ferner besteht die Möglichkeit, zwischenzeitliche Föhneinbrüche, Gewitterregen u. dgl. aufzufangen und auf längere Zeiträume zu verteilen. Wie man aus Abb. 67 erkennt, wird das Isarwasser dreimal gespeichert, und zwar vor Eintritt in die Krafttreppe, vor dem Wechsel der Stromabgabe und vor der Rückgabe an die Isar. Die Hauptaufgabe fällt dabei dem durch Umwallung geschaffenen Speicherweiher bei Finsing zu, der bei 4,8 m Spiegelschwankung 28 hm^3 Stauraum bereitstellt; er dient als Tages-, Wochen- und Monatsspeicher für die vier Bahnkraftwerke. Das Zwischenbecken am Uppenbornkraftwerk stellt den Ausgleich zwischen der Belastungskurve der Reichsbahn und derjenigen der Stadt München her, während das letzte Ausgleichbecken das Isarwasser den Unterliegern wieder gleichmäßig zuteilt. Das Uppenborn-Staubecken speichert gleichzeitig das kurz vor der Mündung abgefangene Amperwasser. Hierdurch wird der Jahreszufluß der Unterstufen um 40% gesteigert.

Die hier in einer Kanalwerkstreppe durch Einbau besonderer Speicher verwirklichte „Durchlaufspeicherung" ergibt sich in einer Staukraftwerkstreppe gewissermaßen von selbst, wenn die Stauhaltungen im Flußbett hintereinanderliegen, und zwar in wirtschaftlichster Form. Ludin[1] hat schon vor 25 Jahren, gelegentlich eines Vorschlages für die Neckarkanalisierung, auf die große wirtschaftliche Bedeutung hingewiesen, welche die Durchlaufspeicherung für die Veredelung der Laufwasserenergie besitzt, und insbesondere auf die Möglichkeit, mit Ausbaugrößen zu arbeiten, die weit über das ohnedies zulässige Maß hinausgehen. Bezieht man z. B. den Ausbau der Mittleren Isar auf MQ, so sind die Bahnkraftwerke auf 130% und die der Stadt München auf 145 bzw. 200% ausgebaut.

Wie sich die Anschauungen über die Wasserkraftnutzung in den letzten Jahren gewandelt haben, beweist der neue Ausbauplan der unteren Aare auf der Strecke Bielersee-Rheinmündung (Abb. 68), die in gewissem Sinne eine klassische Flußstrecke ist, da hier die ersten größeren Laufwasserkraftwerke entstanden sind. Während man früher auf den Ausbau kleiner Fallstufen bedacht war und die Niederwasserführung (130 bis 150 m^3/s) zugrunde legte, stellt der neue Ausbauplan eine Treppe von Großkraftwerken dar, in der die Fallhöhe nicht mehr nach örtlichen, sondern nach planwirtschaftlichen Gesichtspunkten aufgeteilt ist. Insbesondere sind wesentlich größere Fallstufen und ein einheitlicher Ausbau auf MQ vorgesehen. Diesem entspricht auf der Strecke Bielersee-Rheinmündung (Abb. 69) eine Wasserführung von 280 bis 420 m^3/s, die durch Einmündung von Reuß und Limmat auf 650 m^3/s gesteigert wird (Abb. 70).

Noch vor wenigen Jahren waren die Neuanlagen durchweg als Kanalwerke geplant; inzwischen sind Ruppertswil und Klingnau als Staukraftwerke für Durchlaufspeicherung durchgebildet worden, und es ist kaum daran zu zweifeln, daß auch die Pläne der übrigen Aare-Großkraftwerke im gleichen Sinne umgewandelt werden. Beispielsweise wird der Stausee des Bahnkraftwerkes Ruppertswil die Möglichkeit geben, täglich $1^1/_2$ hm^3 Stauraum bei höchstens 50 cm Fallverlust ein- und auszuschalten. Da er bei dem geplanten Ausbau in $^1/_4$ der Füllzeit nutzbar gemacht werden kann, stellt er zur Niederwasserzeit eine Zuschußspitze ersten Ranges dar. Etwa der gleiche Nutzinhalt wird beim Großkraftwerk Klingnau durch eine Absenkung von 1 m verfügbar werden.

[1] A. Ludin: Die Wasserkräfte. Berlin 1913. Ferner Schweiz. Wasserwirtsch. 1924 Heft 5 und 1931 S. 85f.

Bei Wassermangel im Winter können dadurch etwa 80000 kWh nachts gespeichert und zur Tagesspitzendeckung verwendet werden.

Was die Durchlaufspeicherung in Verbindung mit Staukraftwerken zu leisten vermag, wenn man bezüglich der Stauhöhe und damit auch der Speichermöglichkeit weniger gebunden ist, zeigt die energiewirtschaftliche Ausnutzung des Susquehannastromes in Pennsylvanien (USA.)[1]. Wie man aus den Abb. 71 und 72 erkennt, handelt es sich hier um ein im Unterlauf eng geschlossenes Flußgebiet, das außerordentliche Schwankungen der Wasserführung aufweist. Während in nassen Jahren der größte Abfluß auf über 20000 m³/s steigen kann, muß in trockenen Jahren mit einer Mindestwasserführung von nur

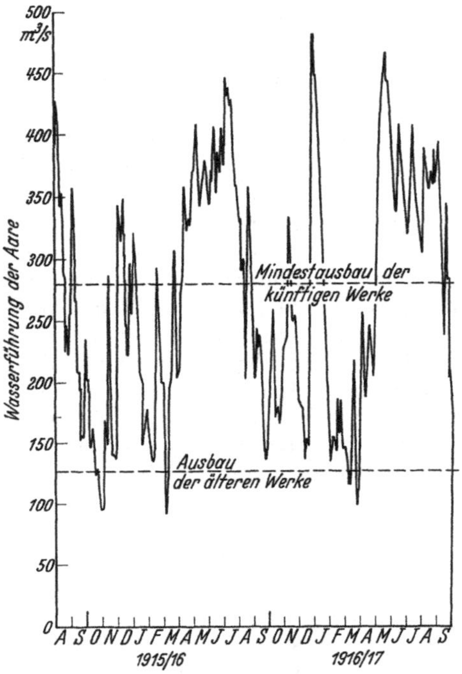

Abb. 69. Aare-Ausbau auf der Strecke Bielersee-Rheinmündung.

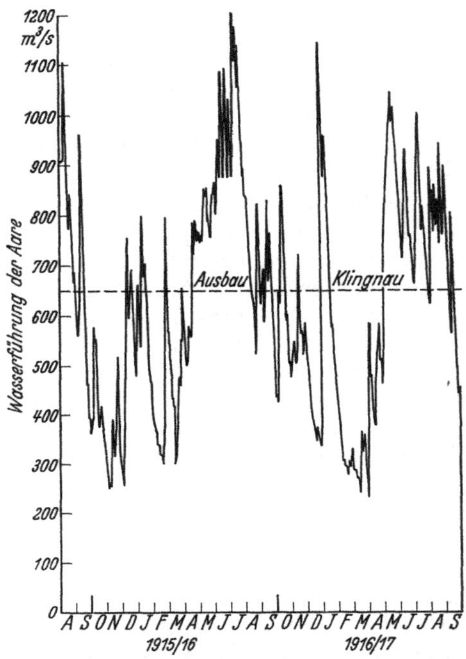

Abb. 70. Aare-Ausbau kurz vor der Mündung in den Rhein.

85 m³/s gerechnet werden. Es ist keine leichte Aufgabe, bei solchen Schwankungen eine gute Durchschnittsleistung herauszuholen, und es wäre ohne eine weitgehende Einschaltung der Durchlaufspeicherung auch gar nicht möglich gewesen, die Turbinen fast das ganze Jahr durch voll auszunutzen.

Die sechs im unteren Susquehanna vorgesehenen Großkraftwerke zeigt Abb. 71; die hinzugesetzten Fallhöhen beziehen sich auf Vollausbau der Zwischenstufen, während die Klammerwerte den derzeitigen Ausbau angeben. Die Oberflächen und Nutzinhalte der Stauseen nach Vollausbau sind teilweise geschätzt; die eingetragenen Werte sollen nur einen Überblick über die Speichermöglichkeiten gewähren.

Bei einer durchschnittlichen Niederwasserführung von 130 m³/s müßten, um eine 12stündige Tagesspeicherung vornehmen zu können, 5,5 hm³ Speicherraum zur Verfügung stehen. Für die drei unteren Stufen sind hiernach die Ausgleichmöglichkeiten praktisch unbegrenzt. Rein äußerlich zeigt sich das auch darin, daß Safe Harbour auf das Netz der Pennsylvania Water und Power Co., Holt-

[1] Vgl. auch A. Ludin: Fortschritte der Durchlaufspeicherung in der Praxis. Schweiz. Wasserwirtsch. 1931 S. 85—89.

wood auf das von Baltimore, und Conowingo auf das von Philadelphia arbeiten kann, ohne daß irgendeiner dieser Stromabnehmer im Strombezug gebunden wäre. Selbstverständlich ist es bei einer solchen Kupplung von Großkraftwerken notwendig, daß der eine über das Arbeitsprogramm des anderen unterrichtet

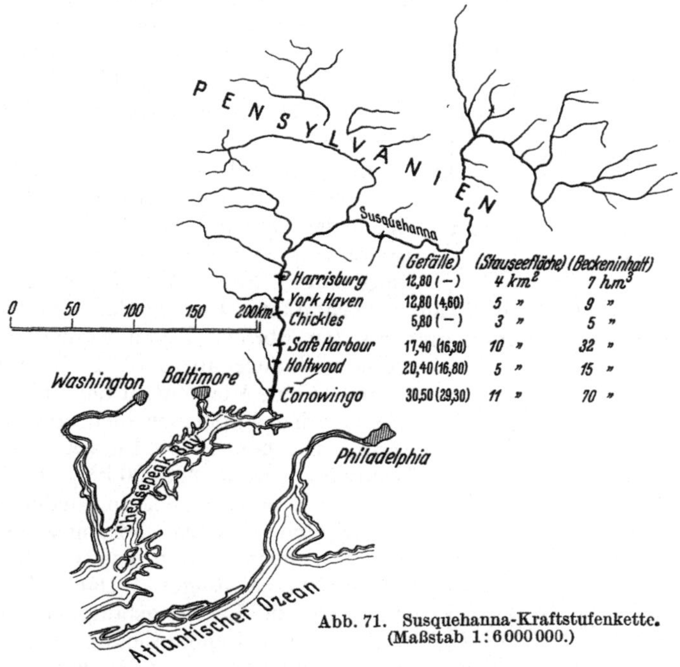

Abb. 71. Susquehanna-Kraftstufenkette. (Maßstab 1:6000000.)

ist, und daß die Werke sich aufeinander einspielen; diese gegenseitige Abhängigkeit im Betrieb der Stauanlagen berührt die Stromabgabe erst dann, wenn die Speichermöglichkeiten nicht ausreichen, um den notwendigen Zwischenausgleich

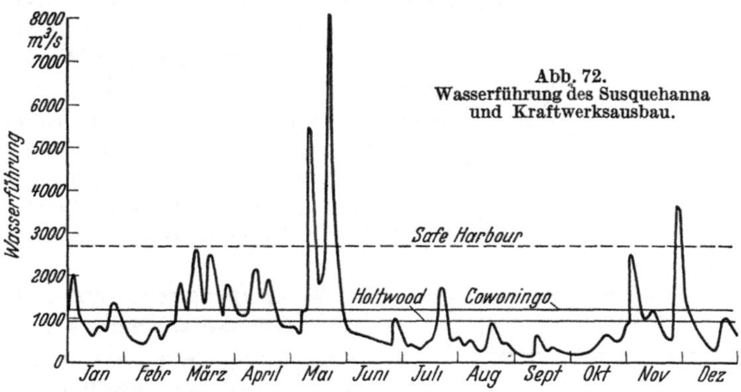

Abb. 72. Wasserführung des Susquehanna und Kraftwerksausbau.

durchführen zu können. Es empfiehlt sich, die Werke einer solchen abhängigen Durchlaufkette zusammenzufassen und auf das gleiche Netz arbeiten zu lassen.

Um ein Bild von dem Betrieb einer Großkraftwerkskette mit Durchlaufspeicherung zu geben, möge die Staustufe Conowingo herausgegriffen werden, die mit den Wärmekraftwerken von Philadelphia zusammenarbeitet. Abb. 73 bis 75 zeigen die Belastungskurven des Elektrizitätswerkes an einem Septembertag mit wenig Wasser und an zwei Dezembertagen mit verschiedener Wasserführung; außerdem ist die Beteiligung der Dampf- und Wasserkraft an der

Energieerzeugung ersichtlich. Während der Wasserklemme im September kann jeder Tropfen zur Deckung der Tagesspitzen ausgenutzt werden, und die Dampfkraftwerke arbeiten infolgedessen mit gutem Wirkungsgrad. Sobald die Wasserführung reichlich ist, wird der Betrieb dagegen umgeschaltet; gemäß Abb. 74 wird die Wasserkraft als Laufwasserenergie ausgenutzt und übernimmt die Grundbelastung. Der Wechsel tritt ein, sobald die Leistung der Dampfkraft nicht mehr zur Spitzendeckung ausreicht.

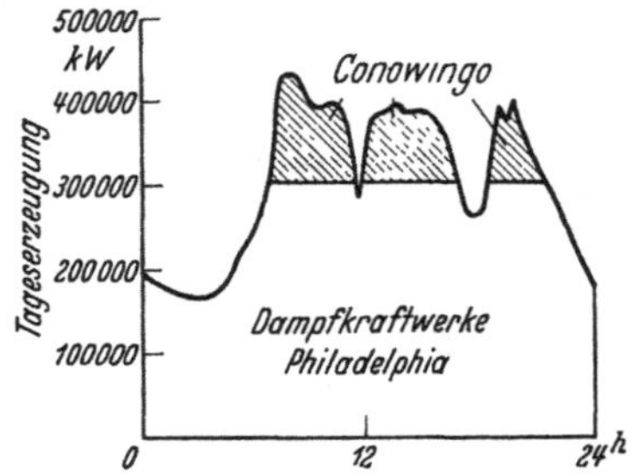

Abb. 73.

Bei einem solchen Wechselbetriebe erscheint ein hoher Vollausbau in ganz anderem Lichte. Beispielsweise sind die Werke Holtwood und Conowingo zur Zeit auf 950 bzw. 1190 m³/s ausgebaut. Nach Abb. 72 ist diese Wassermenge an etwa 90 bis 100 Tagen vorhanden. Infolge der Umschaltung des Betriebes sind die Turbinen auch an den übrigen Tagen wenigstens stundenweise voll ausgenutzt (Abb. 75) und gewährleisten so eine Möglichkeit der Spitzendeckung, wie sie wirtschaftlicher nicht gedacht werden kann. Der heutige 90 Tage-Ausbau der Stufe Conowingo stellt 280000 kW zur Verfügung, von denen bereits 80% in Niederwasserzeiten zur Spitzendeckung herangezogen werden. Man beabsichtigt, den Ausbau allmählich auf 440000 kW zu steigern. Dadurch erhöht sich einerseits die Leistungsfähigkeit der Wasserkraft in den Regenmonaten, d. h. man spart Kohle, und es kann andererseits die Möglichkeit der Tagesspitzendeckung um 100% gesteigert werden, d. h. man braucht auf lange Sicht keine unrentable Vermehrung der Dampfreserve vorzunehmen. Der beste Beweis dafür, welche Bedeutung heute in Amerika der Durchlaufspeicherung für die Tagesspitzendeckung beigemessen wird, ist das neueste Susquehanna-Werk Safe Harbour, das für einen Vollausbau von 2720 m³/s eingerichtet wurde. Nach Abb. 72 kann diese Leistung nur an 20 Tagen im Jahr 24stündig ausgenutzt werden; sie rechtfertigt sich daher einzig und allein durch die unbegrenzte Möglichkeit der Tagesspitzendeckung.

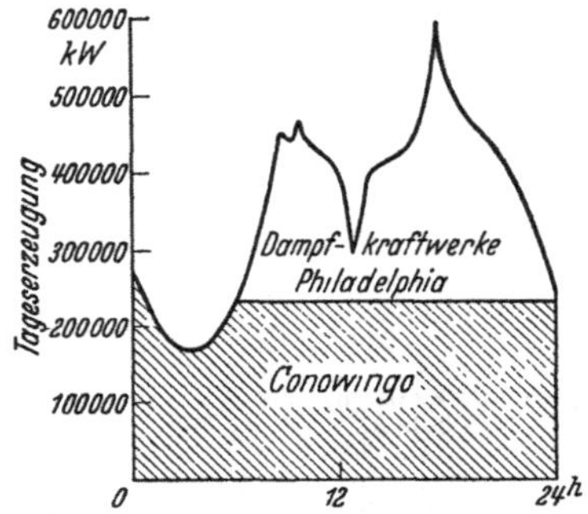

Abb. 74.

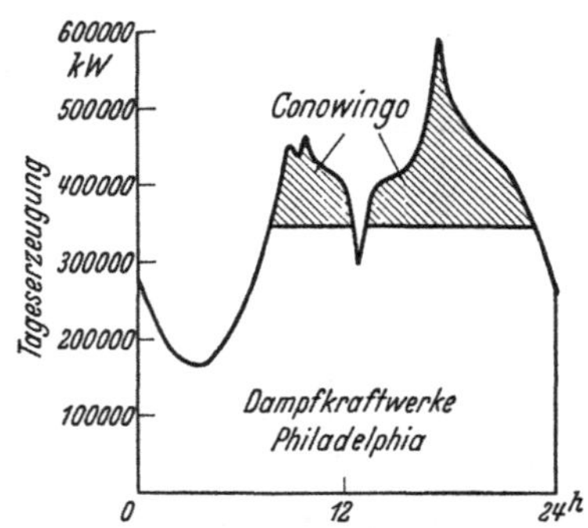

Abb. 75.

3. *Laufwasserkraft und Großspeicherwerke.*

Die Schwankungen in der Wasserführung, die jedem natürlichen Flußlauf eigen sind, gestatten es nicht, die Stromversorgung allein auf Laufwasserenergie aufzubauen. Man muß sich daher entweder zu einem Verbundbetrieb mit Wärmekraft entschließen (Conowingo) oder Verbindung mit Hochdruckspeicheranlagen suchen. Über das Für und Wider der verschiedenen Möglichkeiten kann nur in engstem Zusammenhange mit den örtlichen Verhältnissen entschieden werden.

Eines der ältesten Beispiele für die Zusammenarbeit von Laufwasserkraft mit Hochdruckspeicherenergie, das auch die Entwicklung sehr gut wiederspiegelt, ist die Kupplung des Laufwasserwerkes Beznau an der unteren Aare mit dem etwa 80 km entfernten Speicherwerk Löntsch im Klöntal[1] (Quellgebiet der Limmat), vgl. Abb. 68. Wie man aus der Abbildung entnimmt, verfügt das Löntschwerk über einen nutzbaren Speicherraum von 50 hm³, der unter einer mittleren Nutzfallhöhe von 340 m abgezogen werden kann. Die Zusammenarbeit beider Anlagen ist so vorzüglich, daß das Aare-Werk, das früher 50%ig ausgenutzt war, heute 90% seiner verfügbaren Energie nutzbar absetzen kann.

Jede Hochdruckspeicheranlage besitzt ein Arbeitsvermögen, das sich mit Hilfe der Faustformel

$$E = \frac{V \cdot H}{500} \text{ kWh} \quad (V = \text{abziehbarer Speicherinhalt in m}^3,\ H = \text{Nutzfallhöhe})$$

leicht berechnen läßt (vgl. Bd. III, 8, S. 7). Die durch ein Großspeicherwerk bereitgestellte Energie, im Falle des Löntschwerkes jährlich 34 Mill. kWh, kann jederzeit entsprechend dem Leistungsvermögen des Kraftwerkes abgezogen werden. In dieser ständigen Einsatzbereitschaft, sei es zur Niederwasserzeit, sei es zur Deckung der Tagesspitzen oder sei es als Reserve für eine ausgefallene Maschine liegt der große Wert eines Speicherwerkes.

Hochdruckspeicheranlagen sind außerordentlich anpassungsfähig. Das Löntschwerk arbeitete z. B. anfangs als reines Ergänzungswerk für Beznau; dementsprechend wurde es auf 29000 kW und eine Wassermenge von 10 m³/s ausgebaut. Die steigenden Leistungsanforderungen führten bald zu einem Ausbau auf 40000 kW. Heute arbeitet das Löntschwerk mit 51000 kW und doppelter Wassermenge; aus dem einstigen Ergänzungswerk ist ein reines Tagesspitzenwerk geworden.

Die Leistungsfähigkeit und Wirtschaftlichkeit einer Speicheranlage läßt sich oft dadurch erheblich verbessern, daß mit dem Kraftwerk ein Pumpspeicherwerk verbunden wird. Das Wesen der Pumpspeicherung wurde bereits bei Besprechung der Wasserversorgung des Ruhrgebietes (Kap. 6) kurz erläutert. Man benutzt verhältnismäßig geringwertigen Nacht- und Abfallstrom von Laufwasser- oder Wärmekraftwerken, um Wasser als Träger potentieller Energie zu speichern. Wenn das Pumpspeicherwerk mit einer Großspeicheranlage zusammengelegt wird, ist der Mehraufwand an Baukosten nur gering, weil dann Stauanlagen und Druckleitung bereits vorhanden sind, oder nur erweitert werden müssen.

Eine Verbundanlage, bei der Großspeicher-, Pumpspeicher- und Laufwasserwerk mit Tagesspeicher in einem Krafthaus vereinigt sind, ist das Murg-Schwarzenbach-Werk im nördlichen Schwarzwald (Abb. 77). Den Grundstock für das Großspeicherwerk bildet die 14 hm³ fassende Schwarzenbach-Talsperre, deren Stauraum für 20% des Jahresabflusses ausreicht. Ihr Arbeitsvermögen wird durch die Pumpspeicherung nicht unbeträchtlich erhöht, da alles in der Murgstufe entbehrliche Wasser zum ständigen Auffüllen der Talsperre benutzt wird. Hierbei braucht das Murgwasser nur 200 m hochgepumpt zu werden, während es später im Hochdruckwerk mit 340 m ausgenutzt wird. Der Abfallstrom wird somit hier scheinbar verlustlos in Speicherenergie umgewandelt.

Ein weiteres glänzendes Beispiel für die Ineinanderarbeit der verschiedenen Möglichkeiten der Wasserkraftnutzung liefert die Elektrizitätsversorgung der Stadt Zürich, die nach Fertigstellung des Staukraftwerkes Wettingen (Limmat) durch Laufwasser-, Durchlaufspeicher-, Hochdruckspeicher, Jahresspeicher-, Pumpspeicher- und Überjahresspeicher-Energie bereitgestellt wird (vgl. hierzu Abb. 68). Das Laufwasserwerk Letten (Limmat) und das Hochdruck-Kleinspeicherwerk Albula (Hinterrhein) liefern im Sommer reichlich, im Winter wenig Strom. Zu ihrer Ergänzung wurden die Großspeicherwerke Rempen und Siebnen geschaffen, deren Grundlage die 150 hm³ fassende Wäggi-Talsperre

[1] Schweiz. Bauztg. Vgl. auch A. Ludin: Wasserkräfte 1913 S. 701f.

im Quellgebiet der Limmat bildet. Die Tagesspitzendeckung übernimmt das Hochdruckspeicherwerk Heidsee in Verbindung mit den Wäggitalwerken.

Durch die Zusammenarbeit dieser Laufwasser- und Speicherwerke kann die Energie in folgender Weise abgezogen werden:

Sommer: 80 Mill. kWh ständig, 10 Mill. kWh Tagesspitzenstrom,

Winter: 65 Mill. kWh ständig, 65 Mill. kWh Tagesspitzenstrom.

Das Durchlaufspeicherwerk Wettingen, das einen Tages- und Übertagesspeicher von 6,2 hm³ erhält, wird das Arbeitsvermögen in folgender Weise ergänzen:

Sommer: 25 Mill. kWh ständig, 55 Mill. kWh der Tagesbelastung angepaßt,

Winter: 0 Mill. kWh ständig, 55 Mill. kWh der Tagesbelastung angepaßt.

An der hohen Winterleistung, die künftig in Wettingen abgezogen werden kann, sind Wäggi- und Klön-Talsperre nicht unerheblich durch Fernspeicherwirkung beteiligt.

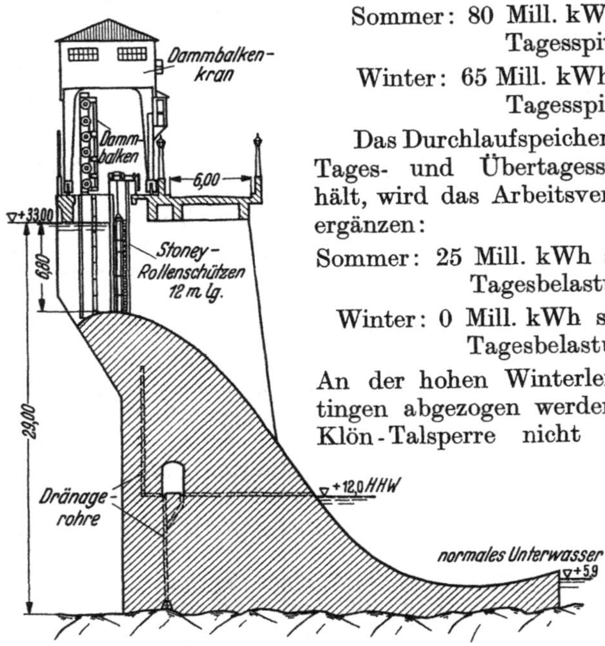

Abb. 76. Susquehanna-Wehr-Conowingo-USA.

Das Züricher Beispiel zeigt, wie unabhängig einerseits ein großes Stromversorgungsnetz gerade durch die Zusammenarbeit verschiedenartiger Wasserkraftanlagen wird, und ein wie wichtiger Faktor andererseits die Durchlaufspeicherung für die Stromversorgung geworden ist.

Die Speicherwerke im Wäggital gehören zur Hälfte der Stadt Zürich, zur Hälfte den nordostschweizerischen Kraftwerken, deren Grundbelastung durch das Rheinkraftwerk Eglisau (Abb. 68) bestritten wird. Sie stellen jedem Teilhaber durchschnittlich 50 Mill. kWh/Jahr zur Verfügung, die in 1000 Betriebsstunden abgezogen werden können. Beim Wäggitalwerk wurde durch die Zwischenstufe Rempen die Möglichkeit geschaffen, den hier erfaßbaren Jahreszufluß von 40 hm³ durch Pumpspeicherung der Wäggi-Talsperre zuzuführen und deren Leistungsfähigkeit dadurch um mehr als 50% zu steigern. Nach der Betriebsvorschrift müssen 40 hm³ in der Wäggi-Talsperre ständig zurückgehalten werden, die in Trockenjahren einen Ausgleich schaffen sollen (Überjahresspeicherung).

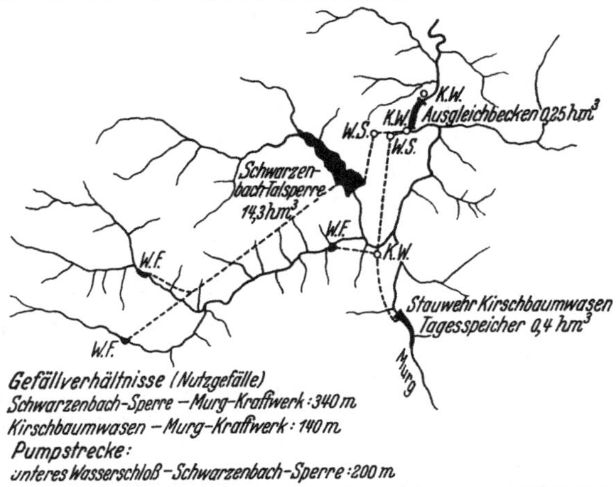

Abb. 77. Murg-Schwarzenbach-Werk. (Jahresleistung 125 Mill. kWh.) (Maßstab 1:25000.)

Große Speicheranlagen im Hochgebirge kommen nicht nur den unmittelbar angeschlossenen Werken, sondern auch der Gesamtheit der Unterlieger zugute

(Fernspeicherwirkung). Nach Fertigstellung der Sihl-Talsperre, deren Speicherkraftwerk Etzel mit Ruppertswil an der Aare zusammenarbeiten soll (vgl. hierzu Abb. 68), werden im Quellgebiet der Limmat 300 hm³ Talsperrenvorrat bereitstehen. Hierdurch kann die Niederwasserführung der Limmat um 23 m³/s verbessert werden, was für die Kraftwerke unterhalb Zürichs in knappen Wintern eine Leistungssteigerung von 50% bedeutet.

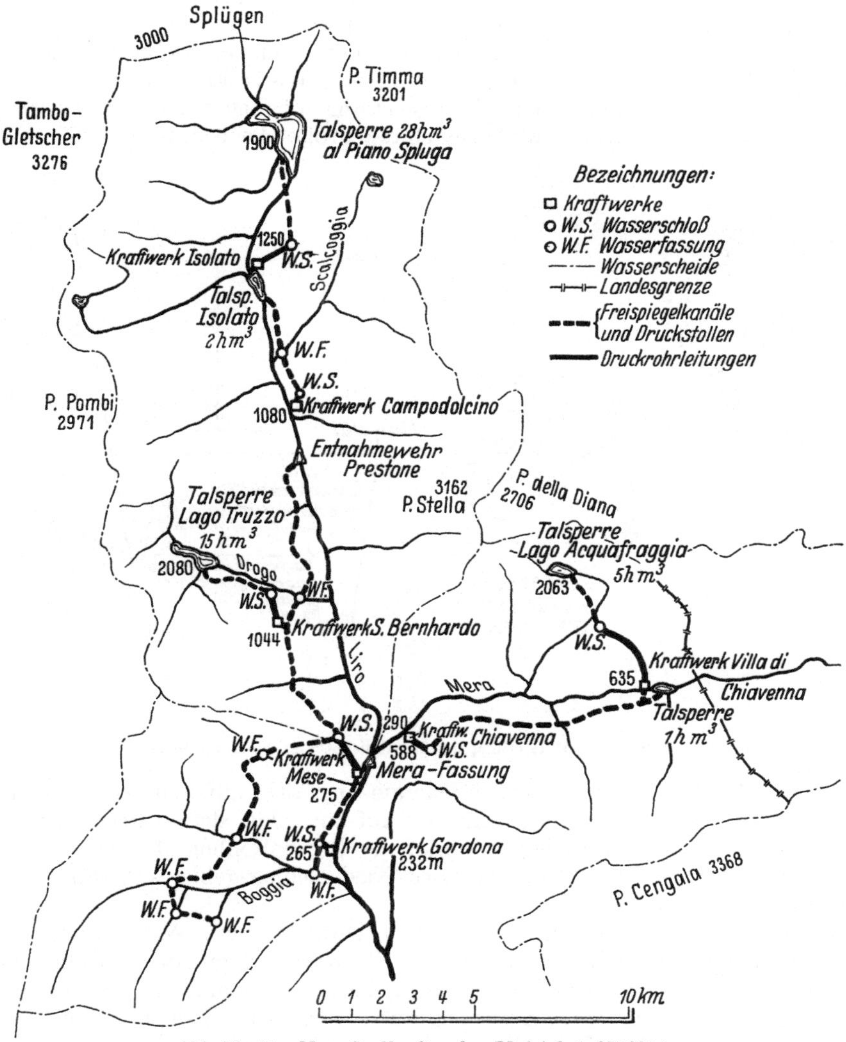

Abb. 78. Liro-Mera-Großkraftwerk. (Maßstab 1:250000.)

Noch einschneidender wird sich das Andermattprojekt der zentralschweizerischen Kraftwerke (Abb. 68) auswirken. Die geplante Talsperre soll in 1520 m Höhe das gesamte Quellgebiet der oberen Reuß erfassen und 280 hm³ speichern. Bei einer Fallhöhe von 1000 m bis Amsteg kann eine Speicherenergie von 560 Mill. kWh/Jahr nutzbar gemacht werden. Der mittlere Jahresabfluß der Reuß beträgt bei Amsteg 438 hm³; hiervon kommen 64 hm³ auf den Winter und 374 auf den Sommer. Die geplante Talsperre würde die Verteilung gerade umkehren, indem 344 hm³ auf den Winter und 94 auf den Sommer kämen.

4. Planwirtschaftlicher Ausbau.

Früher wurden Wasserkräfte überwiegend nach örtlichen Gesichtspunkten nutzbar gemacht; man baute vornehmlich die günstigsten Fallstufen aus und dachte wenig an die Zukunft. Heute wird die Frage der Wasserkraftnutzung allgemein unter dem Gesichtswinkel der Planwirtschaft gelöst. Man betrachtet zusammenhängende Flußgebiete als Ganzes und nimmt auf künftige Ausbaumöglichkeiten weitgehend Rücksicht. Viele der bisher besprochenen Wasserkraftanlagen sind schon planwirtschaftlich entworfen.

Soll der gesamte Stromverbrauch mit den üblichen Schwankungen aus einem geschlossenen Niederschlagsgebiet durch Wasserkraft gedeckt werden, und zwar so, daß die abziehbare Jahresleistung möglichst hoch ist, so werden an die planwirtschaftliche Nutzbarmachung große Ansprüche gestellt. Nicht

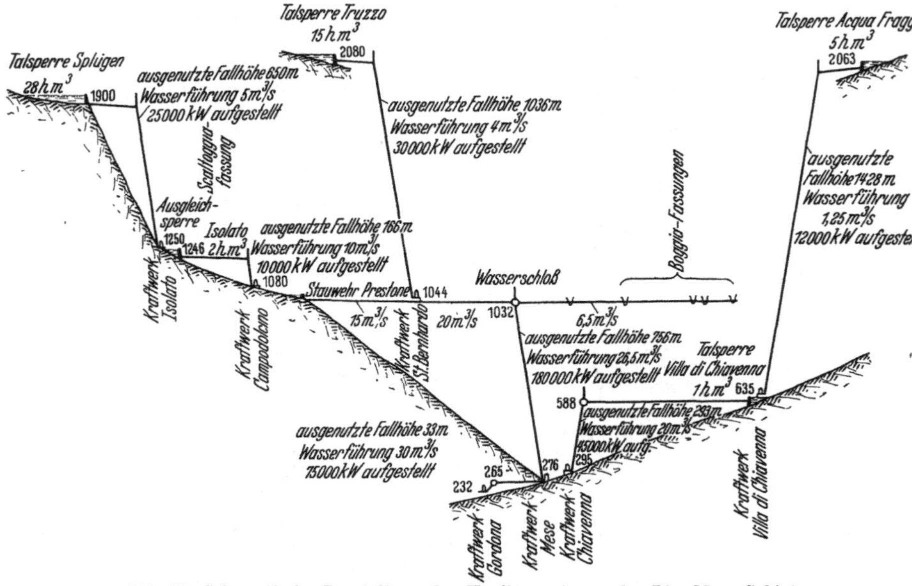

Abb. 79. Schematische Darstellung der Kraftausnutzung des Liro-Mera-Gebietes.

allein, daß Laufwasser- und Speicherenergie sorgfältig aufeinander abgestimmt sein müssen, es kommt auch sehr darauf an, daß der richtige Ausgleich zwischen der optimalen Fallausnutzung, der Beschaffenheit der erforderlichen Speicherräume und der Erfassung des Niederschlagsgebietes gefunden wird (vgl. Bd. III, 8, Kap. 4 und 8).

Italien, das heute 96% seines Energieverbrauches durch Wasserstrom deckt, hat, wie wenige Länder Europas, Gelegenheit gehabt, Erfahrungen in der Nutzbarmachung geschlossener Niederschlagsgebiete zu sammeln und diese bei Neuanlagen zu verwerten. Zwei besonders lehrreiche Beispiele mögen dies im einzelnen beleuchten[1].

Abb. 78 und 79 geben einen Überblick über die kraftwirtschaftliche Ausnutzung des Liro-Mera-Tales[2], aus dem bei einem Niederschlagsgebiet von nur 450 km² 700 Mill. kWh/Jahr abgezogen werden können. Dieses Tal zählt zu jenen begünstigten Alpentälern, die neben großen Fallhöhen über ausgiebige Niederschläge verfügen. Im Liro-Mera-Tale sind die Niederschläge teils jahreszeitlich bedingt, teils eine Folge der oberitalienischen Seen, welche die Luft ständig mit Feuchtigkeit sättigen.

[1] F. Tölke: Erfahrungen bei der Nutzbarmachung der italienischen Wasserkräfte. Bauingenieur 1932 S. 467—471 u. 501—506.

[2] Gli Impianti Idroelettrici sul Torrente Liro e sul Fiume Mera. Mitteilungen der Società Elettrica Interregionale Cisalpina, Mailand. 7. Jahrg. 1929, Juliheft.

Der Liro, der unterhalb des Splügen entspringt, empfängt bei 2000 mm Regenhöhe und einem Einzugsgebiet von 194 km² einen Jahresniederschlag von 390 hm³. Das Kleinspeicherwerk Mese erfaßt hiervon etwa 60% unter einer Nutzfallhöhe von 756 m und erzeugt 370 Mill. kWh/Jahr. Der Tagesausgleich erfolgt teils im Entnahmebecken Prestone (Abb. 80), teils in einem Wasserschloß oberhalb von Mese, das mit Schwellbecken und Überfall verbunden ist. In einem späteren Ausbau soll die Energieerzeugung durch den Boggia-Stollen noch gesteigert werden. Den Ausgleich zwischen Sommer und Winter schaffen die Speicherwerke Isolato und S. Bernhardo, denen 43 hm³ Speicherraum zur Verfügung stehen. Abb. 81 und 82 zeigen die Talsperre Piano-Spluga und einen Querschnitt der Cardanello-Staumauer. Schließlich

Abb. 80. Entnahmewehr Prestone.

wird noch die Fallhöhe von Isolato bis Prestone in dem Kleinspeicherwerk Campodolcino nutzbar gemacht. Die Zusammenarbeit der vier Kraftwerke liefert folgendes Bild:

	Volleistung	Energie/Jahr	Energie/Monat	
			Winter	Sommer
Kleinspeicherwerke . .	190000 kW	402 Mill. kWh	30 Mill. kWh	36 Mill. kWh
Großspeicherwerke . .	55000 kW	83 Mill. kWh	15 Mill. kWh	1 Mill. kWh
Lirowerke zusammen .	245000 kW	485 Mill. kWh	45 Mill. kWh	37 Mill. kWh

Dabei sind die Einzelwerke in folgender Weise ausgenutzt:

	Kraftwerk			
	Bernhardo	Isolato	Campodolcino	Mese
Volleistung in kW	30000	25000	10000	180000
Mittlere Leistung in kW	3770	5720	3660	42300
Ausnutzung der Maschinen in % .	13	23	37	24 (30)
Nutzfallhöhe in m	1036	650	166	756
Schluckvermögen in m³/s	4	5	10	26,5
Ausnutzung der Rohrleitung in % .	11	22	27	26
Jahreswasserverbrauch in hm³ . .	14	34	85	214
Nutzbarer Speicherraum in hm³ .	15	28	30	45

Vergleicht man den Jahreswasserverbrauch mit dem nutzbaren Speicherraum, so zeigt sich, daß die Hochdruckspeicherung bis zum äußersten angespannt ist; die Truzzo-Talsperre wird im Jahre kaum voll. Infolgedessen sind die Großspeicherwerke auch schlecht ausgenutzt. Da die Tagesspitzendeckung der Großspeicherwerke im Sommer ausfällt, müssen die erforderlichen 55000 kW von Mese übernommen werden, das dadurch ebenfalls schlecht ausgenutzt ist. Am besten schneidet die obere Laufwasserstufe Campodolcino ab, was in erster Linie darauf zurückzuführen ist, daß 35% ihres Zuflusses aus Talsperren stammen.

Abb. 81. Talsperre Piano-Spluga. (Maßstab 1:25000.)

Hochdruckspeicheranlagen, die nur für wenige Monate eingeschaltet werden, setzen stets den Ausnutzungsgrad der Gesamtanlage herab. Die Pumpspeicherung ist ein vorzügliches Mittel, um in solchen Fällen die Gesamtausnutzung zu verbessern. Die Talsperrenräume müssen dabei so bemessen werden, daß Pumpspeicherwasser und natürlicher Zufluß so abgezogen werden können, daß die Speicherwerke das ganze Jahr hindurch den ihrem Leistungsvermögen entsprechenden Teil der Tagesspitzendeckung übernehmen.

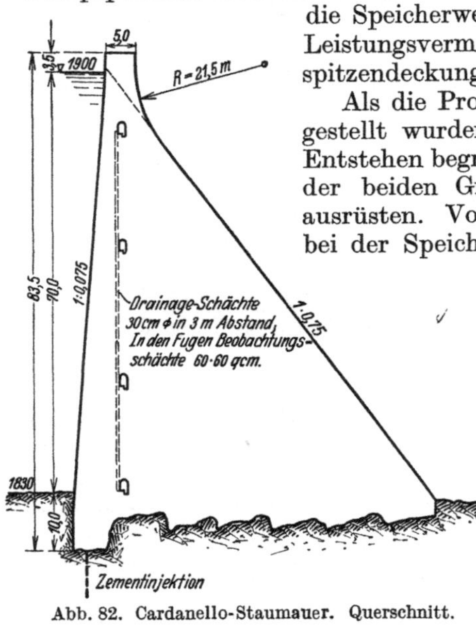

Abb. 82. Cardanello-Staumauer. Querschnitt.

Als die Projektunterlagen für den Liro-Ausbau aufgestellt wurden, war die Pumpspeicherung gerade im Entstehen begriffen. Heute würde man wenigstens eines der beiden Großspeicherwerke mit Hochdruckpumpen ausrüsten. Vorzügliche Verhältnisse bieten sich hierfür bei der Speicheranlage S. Bernhardo mit ihrer großen Nutzfallhöhe von 1036 m und dem 100%ig verfügbaren Lirowasser. Der Pumpstrom könnte durch Mese in den Nachtstunden bereitgestellt werden und würde kaum etwas kosten, da in diesen Stunden die Turbinen ohnehin nicht immer voll ausgenutzt werden können. Mit der Einschaltung der Pumpspeicherung ändert sich natürlich der Charakter der Talsperren. Einmal ist für die Bemessung des nutzbaren Stauraumes der natürliche Zufluß nicht mehr allein ausschlaggebend, und zum anderen wird die Talsperre zu gewissen Zeiten die Rolle eines Tages- und Monatsspeichers übernehmen. Würde man z. B. den Speicherraum der Truzzo-Talsperre verdoppeln, so könnten die 30000 kW, die heute nur 3monatig für die Tagesspitzendeckung eingesetzt werden können, das ganze Jahr zur Verfügung stehen, und zwar im Sommer als reine Pumpspeicherkraft (aus der Tages- und Monatsspeicherung) und im Winter teils aus natürlichem Zufluß, teils aus Pumpförderung (Jahresspeicherung). Das Speicherwerk S. Bernhardo wäre dadurch nicht nur voll ausgenutzt, sondern könnte sogar im Winter doppelt soviel Strom wie bisher liefern. Die Umstellung von S. Bernhardo würde das Hauptwerk Mese einerseits stark entlasten und ihm zum anderen eine bedeutend bessere Ausnutzung bringen.

Noch stärker würden die Vorteile der Pumpspeicherung bei der bisher noch nicht ausgebauten Meraseite des Gesamtplanes in Erscheinung treten. Diese leidet nämlich sehr unter dem Mangel an Hochdruckspeichermöglichkeiten, der eine Folge der Grenzziehung ist. Man beabsichtigt, in dem Kleinspeicherwerk Chiavenna die obere Mera mit einer Nutzfallhöhe von 300 m auszunutzen und bei einer Volleistung von 45000 kW 140 Mill. kWh/Jahr zu erzeugen (Abb. 78 und 79). Die ungünstige Verteilung der Energie auf Sommer und Winter soll durch das Speicherwerk Villa di Chiavenna etwas gemildert werden. Die Zusammenarbeit ergibt:

	Volleistung	Energie/Jahr	Energie/Monat	
			Winter	Sommer
Kleinspeicherwerk . .	45 000 kW	140 Mill. kWh	8,0 Mill. kWh	14,0 Mill. kWh
Großspeicherwerk . .	12 000 kW	22 Mill. kWh	4,5 Mill. kWh	0,0 Mill. kWh
Merawerke zusammen	57 000 kW	162 Mill. kWh	12,5 Mill. kWh	14,0 Mill. kWh

Nach den Bemerkungen über den Liro-Ausbau mag hier der Hinweis genügen, daß eine Vergrößerung des Speicherraumes von Acqua-Fraggia in Verbindung mit

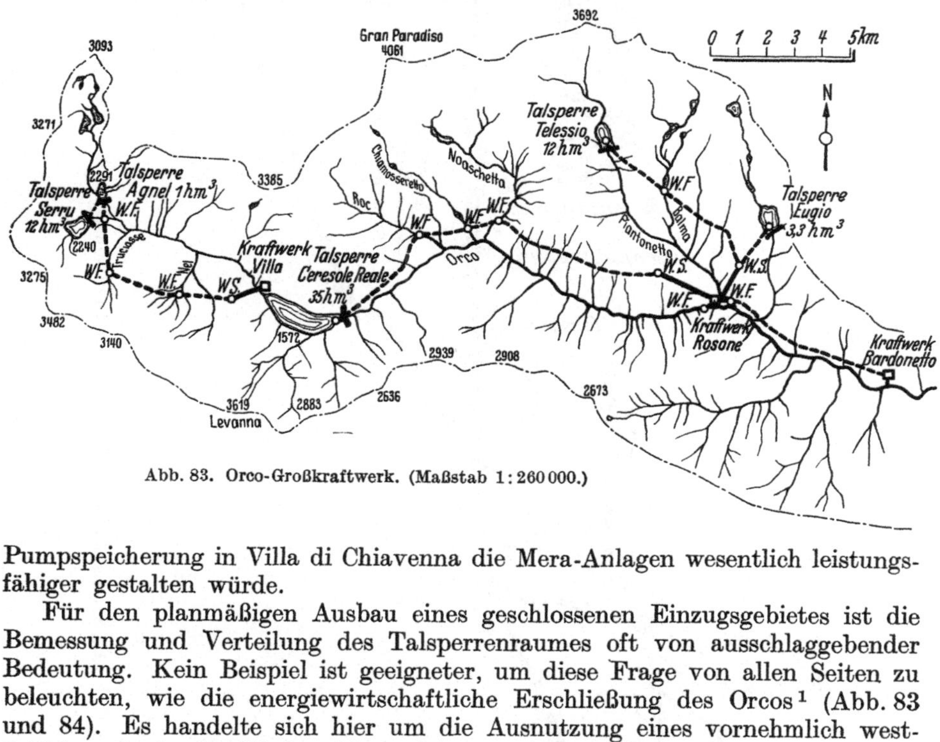

Abb. 83. Orco-Großkraftwerk. (Maßstab 1:260000.)

Pumpspeicherung in Villa di Chiavenna die Mera-Anlagen wesentlich leistungsfähiger gestalten würde.

Für den planmäßigen Ausbau eines geschlossenen Einzugsgebietes ist die Bemessung und Verteilung des Talsperrenraumes oft von ausschlaggebender Bedeutung. Kein Beispiel ist geeigneter, um diese Frage von allen Seiten zu beleuchten, wie die energiewirtschaftliche Erschließung des Orcos[1] (Abb. 83 und 84). Es handelte sich hier um die Ausnutzung eines vornehmlich west-östlich verlaufenden Niederschlagsgebietes von 260 km², das zwischen sehr hohe Alpenketten eingekeilt ist und infolgedessen nur eine Abflußhöhe von 900 mm besitzt.

Als um das Jahr 1900 herum erstmalig an eine Ausnutzung der Orco-Wasserkräfte gedacht wurde, störten sich bezeichnenderweise die verschiedenen Konzessionsgesuche so gut wie gar nicht; sie richteten sich auf den Ausbau einzelner, besonders günstiger Fallstrecken. Die rasch fortschreitende Entwicklung brachte jedoch schon 1910 einen ersten planwirtschaftlichen Ausbauvorschlag seitens der Turiner Provinzialverwaltung. Dieser gründete sich auf Speicheranlagen in Verbindung mit den Seen Serru und Agnel und auf ein Entnahmewehr

[1] Gli Impianti Idroelettrici del Municipio di Torino nell'alta Valle del Orco. Energia elettr. 1931 (Mai, Juni).

mit Tagesausgleich im oberen Orco, um diesen mit einer Fallhöhe von 727 m auszunutzen. Ferner waren noch Speicheranlagen in Verbindung mit den Seen

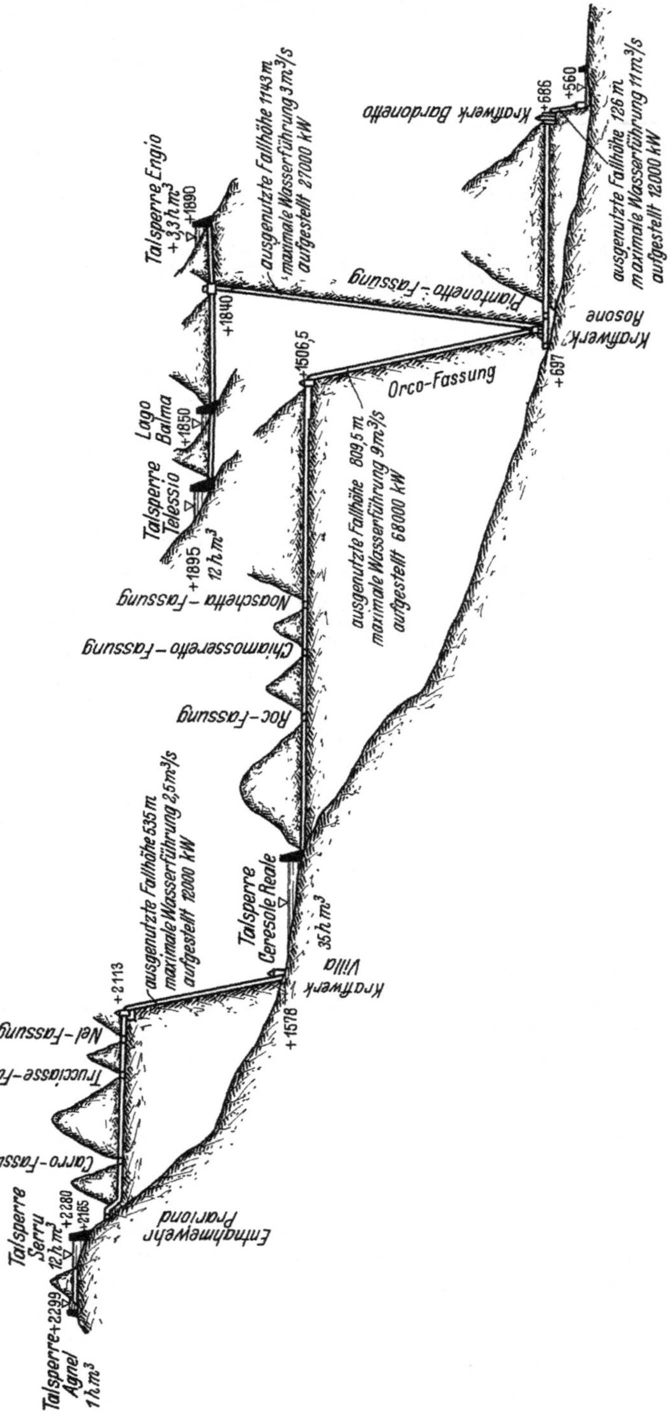

Abb. 84. Schematische Darstellung der Kraftausnutzung des Orco-Gebietes.

Telessio, Balma und Eugio vorgesehen, mit deren Hilfe das Piantonettogebiet in zwei Stufen von insgesamt 1150 m kraftwirtschaftlich ausgenutzt werden sollte. Schließlich wollte man noch das Wasser von Orco und Piantonetto in einer dritten Stufe von Rosone bis Bardonetto (130 m Nutzfallhöhe) nutzbar machen. Nach diesem Projekt hätte man etwa 220 Mill. kWh/Jahr gewinnen können.

Von dem Wunsche geleitet, eine größere Ausbeute zu erzielen, legte die Stadt Turin 1918 ein neues Projekt vor, das einerseits durch stärkere Erfassung des Einzugsgebietes, andererseits durch Bereitstellung größerer Speicherräume in mittlerer Höhenlage gekennzeichnet war. Man hatte zwei Talsperren im Orco-Becken von 6 bis 13 hm³ Nutzinhalt sowie eine weitere Staustufe bis zum Serrugebiet vorgesehen und konnte ohne erheblichen Mehraufwand an Baukosten die jährliche Energieerzeugung auf 300 Mill. kWh steigern.

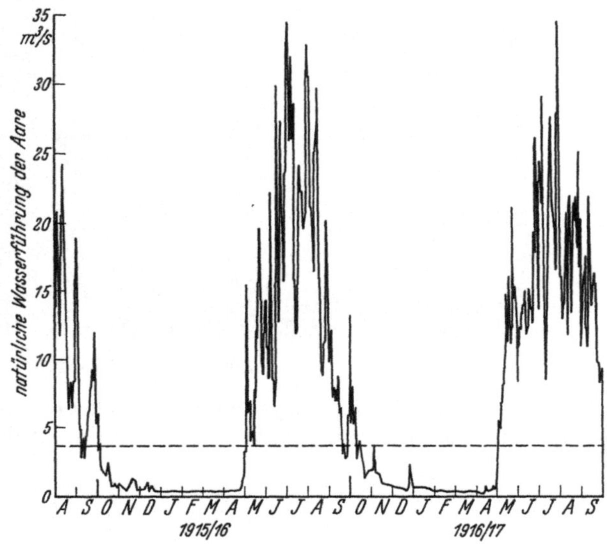

Abb. 85. Aarewasserführung unterhalb des Unteraargletschers.

Das Endprojekt, das 1925 in Angriff genommen wurde, ist bezüglich der Erfassung des Einzugsgebietes und der Bereitstellung von Talsperrenraum noch erheblich weitergegangen. Durch zahlreiche Zwischenfassungen konnten 80% des theoretisch nutzbaren Jahresniederschlages kraftwirtschaftlich ausgenutzt werden. Dabei erwies es sich als notwendig, etwa $^1/_3$ des Jahreswasserverbrauches für Speicherenergie verfügbar zu halten. Der Gesamtstauraum von 64 hm³ verteilt sich mit 13 hm³ auf das Serrugebiet (2300 m), mit 16 hm³ auf den Piantonetto (1900 m) und mit 33 hm³ auf den Orco (1570 m). Trotz der Fallhöhenverluste durch die vielen Zwischenfassungen konnte die Stromausbeute auf 425 Mill. kWh/Jahr gesteigert werden.

Vergleicht man die einzelnen Entwicklungsstufen des Orco-Projektes miteinander, so zeigt sich, welche Bedeutung der breiten Erfassung der Abflüsse und der ausreichenden Bemessung des Talsperrenraumes zufällt. Wie günstig die einzelnen Durchlauf- und Speicherstufen arbeiten, zeigt die nachstehende Zusammenstellung:

	Kraftwerk			
	Villa	Rosone (2)		Bardonetto
Höchstleistung in kW	12 000	68 000	27 000	12 000
Mittlere Leistung in kW	5 300	24 200	13 500	5 600
Ausnutzung der Maschinen in %.	44	36	50	47
Nutzfallhöhe in m	535	809,5	1 143	126
Schluckvermögen in m³/s	2,5	9,0	4,0	11,0
Ausnutzung der Rohrleitung in %.	48	40	36	49
Jahreswasserverbrauch in hm³. .	38	113	46	170
Nutzbarer Speicherraum in hm³ .	13	48	16	64
Anteil am Jahresverbrauch in %.	34	42	35	38

Die Ausnutzung der Liro- und Orco-Wasserkräfte läßt erkennen, daß die planmäßige Nutzbarmachung geschlossener Einzugsgebiete in den letzten Jahren große Fortschritte gemacht hat.

Sobald die Flußgebiete und damit auch die anfallenden Laufwasserenergien eine gewisse Größe überschreiten, müssen die Seitentäler aus dem planwirt-

Abb. 86. Grimsel-Talsperre.

schaftlichen Ausbauhauptsystem herausgelassen werden. Gleichzeitig gewinnt man mehr Bewegungsfreiheit in der Anordnung der Speicherräume, für deren Lage einerseits die Anlagekosten und andererseits die Energiegewinne maßgebend sind, welche die Verbesserung der Niederwasserführung für die Laufwasserwerke im Gefolge hat.

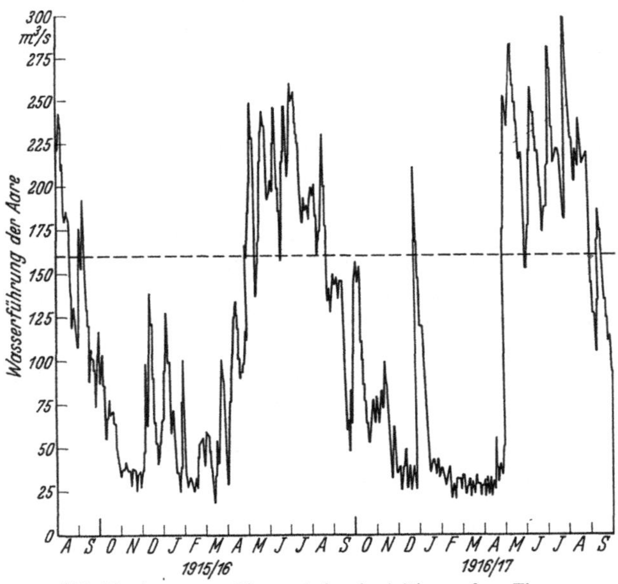

Abb. 87. Aarewasserführung beim Austritt aus dem Thunersee.

Ein glänzendes Beispiel für den planwirtschaftlichen Ausbau eines größeren Flußgebietes ist die Ausnutzung der oberen Aare nach dem Stollschen Projekt[1] (Abb. 68). Durch Zusammenarbeit der Hochdruckspeicherkette Grimsel - Innertkirchen mit der Durchlaufspeicherkette Thunersee - Bielersee gelingt es Stoll, 1340 Mill. kWh/Jahr für die Bernischen Kraftwerke zu gewinnen, die den Bedarfsschwankungen weitgehend angepaßt sind.

Die Aare entspringt in den Gletscherfirnen des Berner Oberlandes (Abb. 68). Ihr Jahresabfluß beläuft sich unterhalb des Unteraargletschers auf 234 hm³,

[1] H. Stoll: Wasserwirtschaftsplan des oberen Aare-Gebietes bis zum Bielersee. Schweiz. Wasserwirtsch. 1923 S. 123—132, 145—154 u. 180—189.

die sich gemäß Abb. 85 über das Jahr verteilen. Die beiden Oberhasli-Talsperren Grimsel und Gelmersee können etwa die Hälfte des Jahresabflusses für den Winter speichern und bilden die Grundlage für die Hochdruckspeicherkette Grimsel-Innertkirchen. Abb. 86 zeigt die Grimsel-Talsperre aus der Vogelschau[1]; die stark gewölbte Spitallamm-Staumauer zählt mit 115 m Höhe zu den höchsten Bogenmauern der Welt.

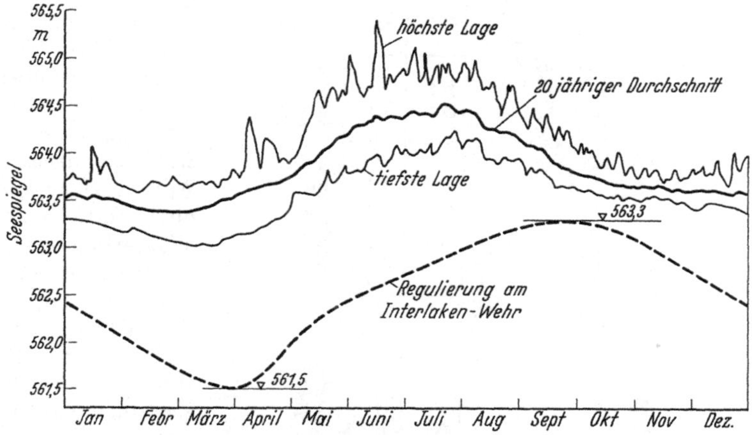

Abb. 88. Seeregulierung des Brienzersees nach Stoll.

Die Grundlage der Durchlaufspeicherkette Thunersee-Bielersee bilden die Oberländer Seen, Ausgleichanlagen von gewaltigen Ausmaßen. Man braucht nur die Wasserführung der Aare an der Grimsel (Abb. 85) derjenigen am Austritt aus dem Thunersee (Abb. 87) gegenüberzustellen, um hiervon die richtige

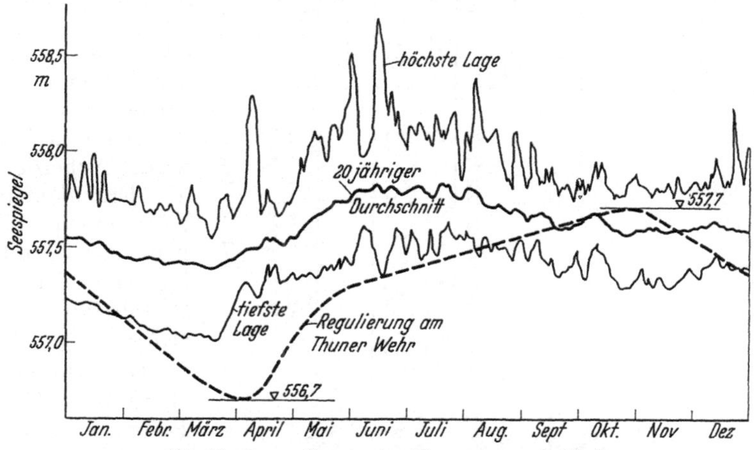

Abb. 89. Seeregulierung des Thunersees nach Stoll.

Vorstellung zu bekommen. Die Ausgleichwirkung läßt sich durch eine Regulierung der Seen noch erheblich steigern. In den Abb. 88 und 89 sind der 20jährige Durchschnitt sowie die höchste und tiefste Spiegellage für beide Seen aufgetragen worden. Danach betragen die größten Spiegelschwankungen etwa 2 m.

Nach dem Entwurf von Stoll soll die Regulierung einmal den Seespiegel im ganzen senken und zum anderen eine Verschiebung der Hochwasserspitze vom Sommer in den Herbst bewirken. Mit der allgemeinen Seespiegelsenkung

[1] Der Bau der Kraftwerke Oberhasli. O. Salaté, Guttannen (Schweiz).

will man in erster Linie landeskulturellen Aufgaben dienen; die Hochwasser sollen stark abgeschwächt und 100 ha Sumpfland in Wiesen und Äcker umgewandelt werden. Die Verschiebung der Hochwasserspitze in den Herbst, d. h. in den Beginn der knappen Zeit, kommt einer Ausnutzung der Seen als Jahresausgleichspeicher gleich; die tiefste Absenkung des Seespiegels wird dadurch in den April verlagert, d. h. in eine Zeit, zu der die Wasserklemme bereits ihren Tiefpunkt überschritten hat. Durch die Regulierung wird der kleinste Tagesabfluß aus dem Brienzersee von 6,5 auf 11,0 und aus dem Thunersee von 19,0 auf 36,5 m³/s gesteigert werden können; es bedeutet das eine spezifische Vermehrung von 69 und 94%, die für die geplanten Kraftwerke Thun und Interlaken eine beträchtliche Steigerung von Ausbaugröße und Jahresleistung herbeiführen wird. Außerdem kann die Durchlaufspeicherkette einen Jahresgewinn von 20 Mill. kWh buchen, der in den schwersten Monaten sich einschaltet.

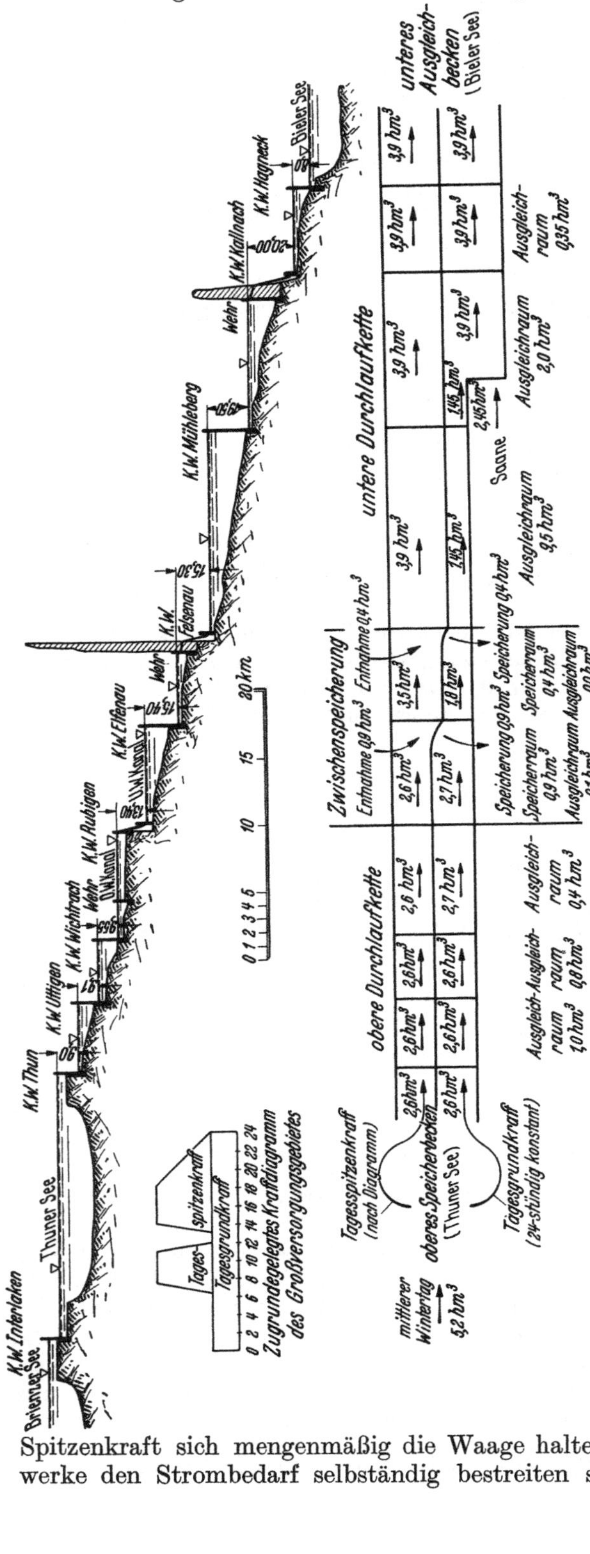

Abb. 90. Durchlaufspeicherkette Thunersee-Bielersee. (Nach Stoll.)

Die Durchlaufspeicherkette Thunersee-Bielersee zerfällt nach Abb. 90 in zwei Gleichtaktstufen, deren Taktunterschied durch eine Zwischenspeicherung ausgeglichen wird. Da entsprechend dem Bedarfsschaubild des Versorgungsgebietes (Abbildung 90) Grund- und Spitzenkraft sich mengenmäßig die Waage halten und die Durchlaufspeicherwerke den Strombedarf selbständig bestreiten sollen, müssen die für einen mittleren Wintertag zur Verfügung stehenden 5,2 hm³ den Thunersee so verlassen, daß 2,6 hm³ für Tagesgrundkraft und ebenso viele für Tagesspitzenkraft Verwendung finden können. Das am Thuner Wehr abgegebene Wasser wird in den Werken Thun, Uttigen, Wichtrach und Rubigen im Durchlauf verarbeitet, da die Werke reichlich mit Zwischenausgleichraum versehen sind. In Elfenau und Felsenau findet eine Zwischenspeicherung statt, durch welche die Grundkrafterzeugung um 50% geschwächt und die Spitzendeckung entsprechend gesteigert wird. Nach Einmündung der Saane unterhalb von Mühleberg wird das ursprüngliche Taktverhältnis wiederhergestellt.

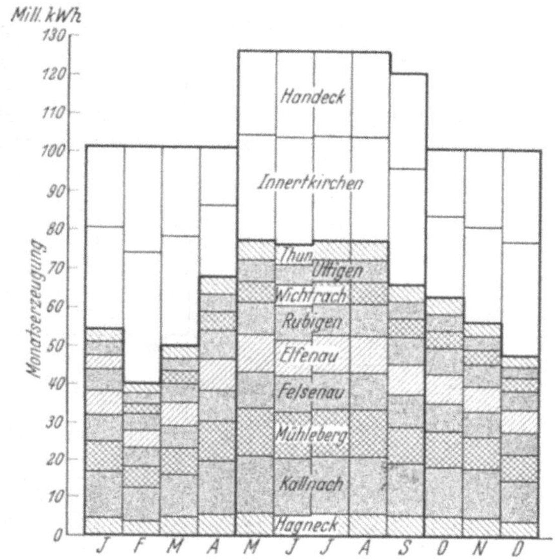

Abb. 91.

Die Abb. 91—93 geben einen Überblick über die energiewirtschaftliche Zusammenarbeit der Hochdruck- und Durchlaufspeicherkette. Dank der richtigen Bemessung des Talsperrenraumes sind die Hochdruckwerke das ganze Jahr hindurch voll ausgenutzt. Die Durchlaufspeicherwerke sind zwar in stärkerem Maße den jahreszeitlichen Schwankungen unterworfen, arbeiten aber trotzdem mit hoher Ausnutzung, da ihr Vollausbau zur Zeit der winterlichen Wasserklemme restlos in den Dienst der Tagesspitzendeckung gestellt werden kann. Nach Abb. 92, welche die Stromerzeugung nach ihrer Herkunft zergliedert, sind die Hochdruckwerke im Winterhalbjahr ganz auf den Talsperreninhalt angewiesen. Gleichzeitig kommt dieses Zuschußwasser auch den Durchlaufspeicherwerken zugute, denen außerdem die Seenregulierung gerade in der schwersten Zeit eine wertvolle Unterstützung bringt. Aus Abb. 93 ersieht man die Verteilung nach Grund- und Spitzenstrom an einem Wintertag. In dieser Darstellung tritt der große Anteil der Durchlaufspeicherwerke an der Tagesspitzendeckung deutlich in Erscheinung. Hierin liegt einer der wesentlichen Unterschiede der Zusammenarbeit von Speicherwerken mit reinen Laufwasserwerken.

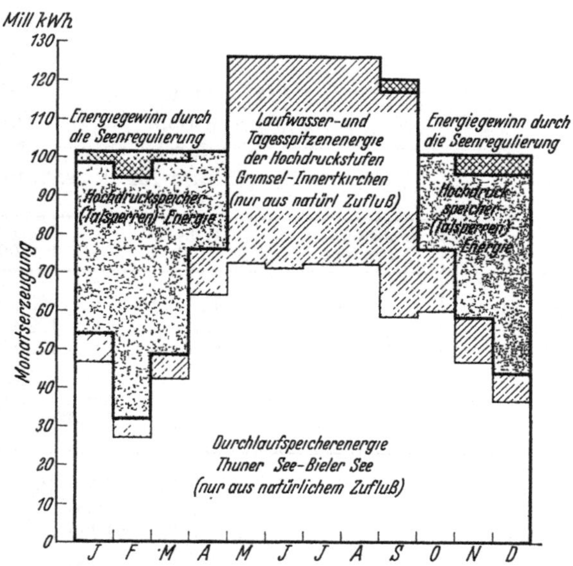

Abb. 92.

Zum Schluß dieses Abschnittes sei noch ein kurzes Streiflicht auf das schwierige Problem der planwirtschaftlichen Nutzbarmachung sehr großer Laufwasserenergien geworfen. Diese Frage ist in den letzten Jahren durch die Fortschritte der Flußkanalisierung stark akut geworden. Es sei nur an die Beispiele der Rhein-Main-Donau-Wasserstraße, der Oberrheinkanalisierung und der Schiffbarmachung des oberen Mississippi erinnert. Sie hat aber auch in energiewirtschaftlicher Beziehung sehr an Bedeutung gewonnen, nachdem durch verschiedene Neuanlagen der Beweis erbracht worden ist, um wieviel billiger sich der Strom im großen erzeugen läßt. Naturgemäß mußten Wehr- und Talsperrenbau mit der Inangriffnahme dieser Aufgaben eine sehr starke Befruchtung erfahren.

Eines der lehrreichsten Beispiele für die Stromgewinnung im großen ist der planwirtschaftliche Ausbau der Oberrheinstrecke Basel-Bodensee, welcher die

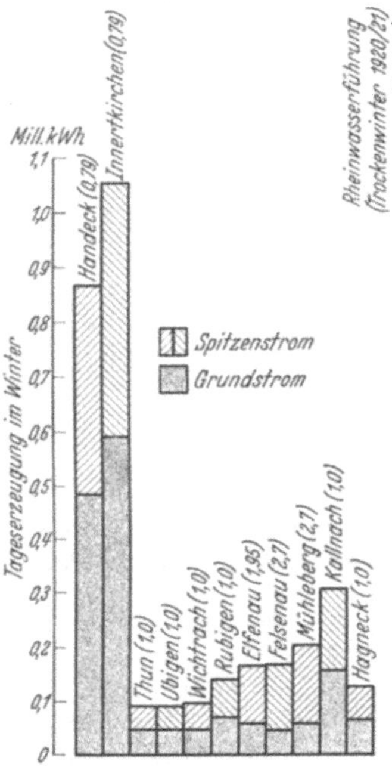

Abb. 93.

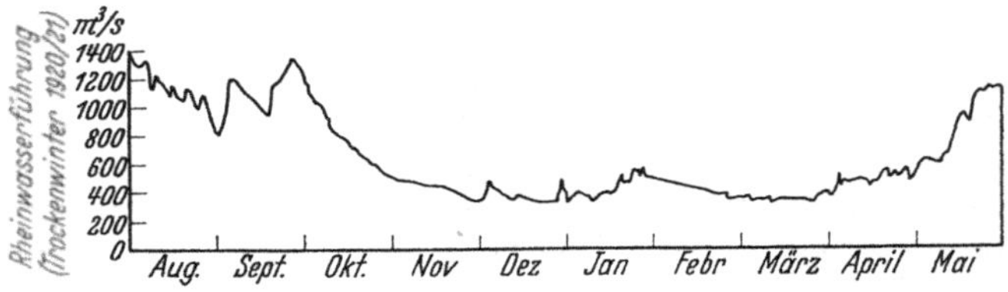

Abb. 94.

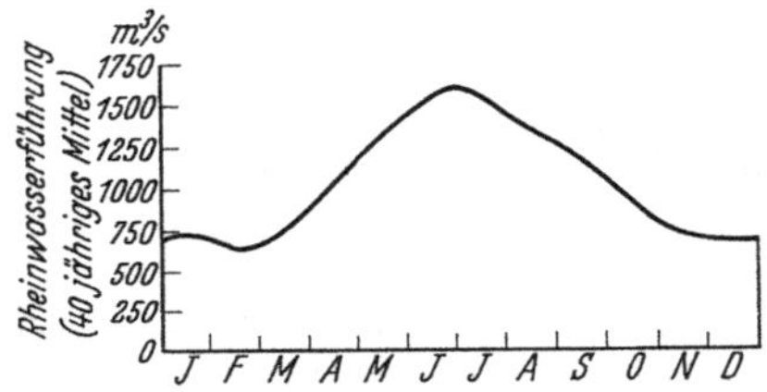

Abb. 95.

Grundlage für die künftige Großschiffahrtsstraße bildet. Nach Abb. 68 gliedert sich diese Flußstrecke in drei Zonen gleicher Wasserführung, die durch Thur und Aare (Wutach) begrenzt werden und für die sich im einzelnen bei den verschiedenen Wassermengen nebenstehendes Bild ergibt (*NNQ* = niedrigstes Niederwasser, *MQ* = Mittelwasser, *HHQ* = höchstes Hochwasser).

	Schaffhausen-Rheinau	Eglisau-Koblenz	Dogern-Birsfelden
NNQ .	90 m³/s	115 m³/s	235 m³/s
MQ . .	320 ,,	360 ,,	1000 ,,
HHQ .	1100 ,,	2500 ,,	4700 ,,

Kraftwerk	Geplanter Vollausbau	In % des 135 Tage-Ausbaus	Stausee-oberfläche
Schaffhausen	23000 PS	100	0,1 km²
Rheinfall	113000 ,,	100	0,0 ,,
Rheinau	54000 ,,	98	1,5 ,,
Eglisau (ausgeführt)	47000 ,,	78	0,6 ,,
Reckingen	44000 ,,	94	0,8 ,,
Koblenz-Waldshut	49000 ,,	91	0,5 ,,
Albbruck-Dogern (ausgeführt) . .	97000 ,,	75	1,9 ,,
Laufenburg (ausgeführt)	84000 ,,	58	1,3 ,,
Säckingen	58000 ,,	78	2,2 ,,
Ryburg-Schwörstadt (ausgeführt) .	140000 ,,	100	2,2 ,,
Rheinfelden (ausgeführt)	32000 ,,	47	1,1 ,,
Augst-Wyhlen (ausgeführt) . . .	60000 ,,	61	0,9 ,,
Birsfelden	60000 ,,	75	1,8 ,,

Für die untere Zone ist in Abb. 94 die Wasserführung des Krisenwinters 1920/21 und in Abb. 95 die des 40jährigen Mittels wiedergegeben worden.

Die Kraftstaffel des Oberrheins, in Abb. 96 im Längsschnitt ersichtlich, ist das Ergebnis langjähriger Wirtschaftlichkeitsberechnungen. Als günstigste Vollwassermenge wurde diejenige errechnet, die an 135 Tagen vorhanden ist; sie liegt etwa 20% über *MQ*. Dementsprechend wurden 400, 500 und 1200 m³/s für den Ausbau der drei Zonen empfohlen. Wieweit man demgegenüber tatsächlich gegangen ist bzw. gehen will, zeigt die vorstehende Zusammenstellung.

Es wäre zu wünschen, daß der wirkliche Ausbau der noch geplanten Werke eine stärkere Angleichung an den Normalwert von 100% bringen wird. Nach allen Erfahrungen sollte man stets einen hohen Vollausbau anstreben. Man muß sich bei Festlegung der Ausbaugröße vor Augen halten, daß das Kraftwerk keineswegs immer den Hauptteil der Anlagekosten ausmacht. Stauwehr, Flußbettsicherung, Grunderwerb sowie Betriebs- und Zuführungsanlagen erfordern bei großen Stauhöhen beträchtliche Ausgaben, auf deren Höhe die Ausbaugröße kaum einen Einfluß hat. Ferner muß bei Großbaustellen ein wesentlicher Teil der Baukosten für deren Einrichtung und die Betonieranlage aufgewendet werden; auch hierfür ist die Ausbaugröße fast bedeutungslos. Schließlich kann man sich stets darauf beschränken, zunächst nur diejenigen baulichen Erweiterungen vorzunehmen, die für einen späteren Vollausbau der Maschinensätze notwendig werden. Jedenfalls kann man sich durch einen anteilig nur geringen Mehraufwand alle Möglichkeiten offen halten, wohingegen es meist recht kostspielig, wenn nicht unmöglich ist, zu klein vorgesehene Anlagen nachträglich zu erweitern (vgl. Bd. III, 8, Kap. 6).

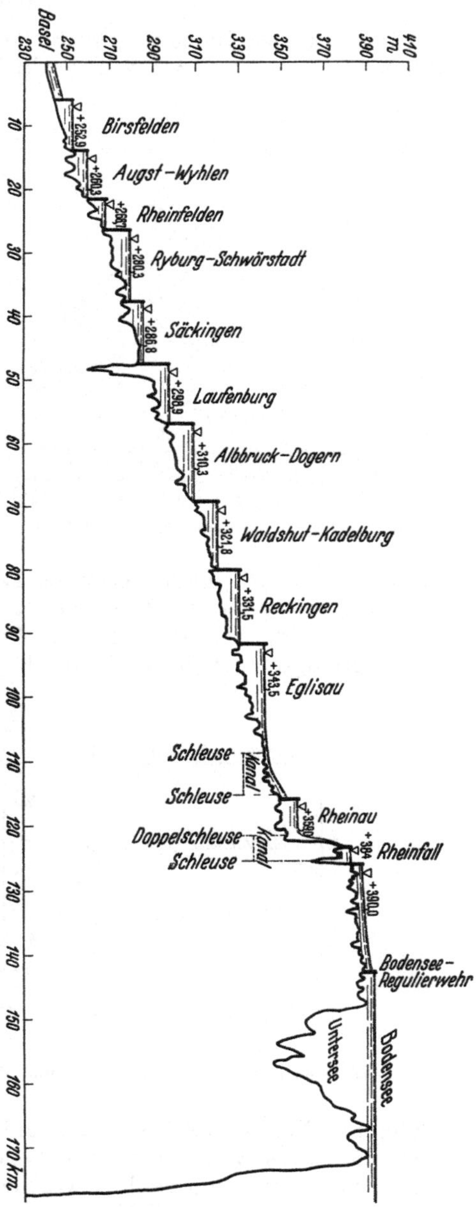

Abb. 96. Rheinkraft-Ausnutzung und Groß-Schiffahrtsstraße Basel-Bodensee.

Weiterhin muß betont werden, daß es wirtschaftlicher ist, wenn sich mehrere Großabnehmer zusammenschließen und eine große Staustufe möglichst weitgehend ausbauen, als wenn jeder sich auf eine Stufe wirft und die Ausbaugröße seiner geringeren Absatzmöglichkeit entsprechend niedriger hält. Was der Zusammenschluß für Vorteile bringt, ist an dem Großkraftwerk Ryburg-Schwörstadt zur Genüge zutage getreten. Der 135 Tage-Ausbau ermöglichte bei dieser Staustufe eine Jahreserzeugung von 700 Mill. kWh. Kein einzelner Großabnehmer in Südwestdeutschland oder der Schweiz hätte solche Laufwasserenergien wirtschaftlich absetzen können. Durch den Zusammenschluß zu Vieren (zwei auf deutscher und zwei auf schweizerischer Seite) war dies jedoch verhältnismäßig leicht möglich und jeder genoß den Vorteil der Stromerzeugung im großen, wodurch die Gestehungskosten auf 0,9 Pfg./kWh gesenkt wurden.

Einer der vier Teilhaber von Ryburg-Schwörstadt ist das Badenwerk. Die Abb. 97 und 98 [1] zeigen, welche Erleichterungen dieses Unternehmen durch

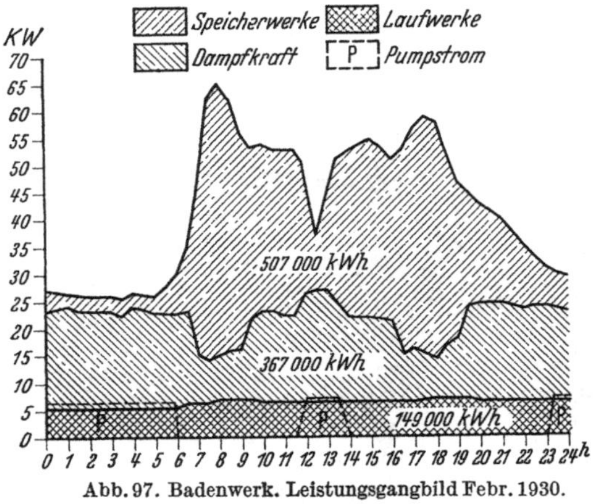

Abb. 97. Badenwerk. Leistungsgangbild Febr. 1930.

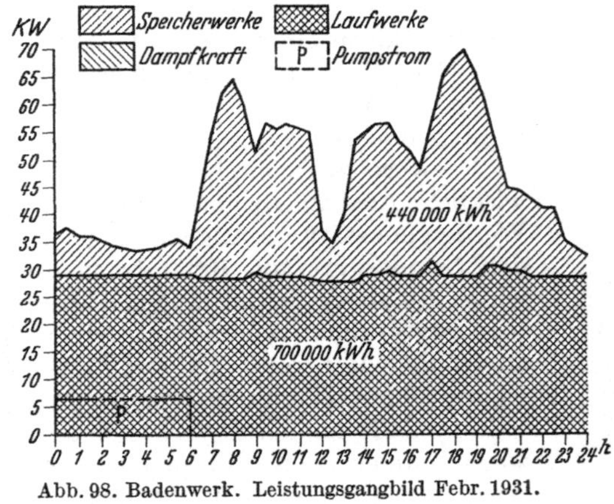

Abb. 98. Badenwerk. Leistungsgangbild Febr. 1931.

die gewonnene Rheinkraft erfahren hat. Im Februar 1930 wurde die Grundbelastung noch zu $^1/_4$ durch Neckar- und zu $^3/_4$ durch Wärmekraft bereitgestellt, während die Spitzendeckung dem Murg-Schwarzenbach-Werk oblag. In dem Leistungsdiagramm Febr. 1931 wird der ganze Bedarf durch Wasserstrom gedeckt.

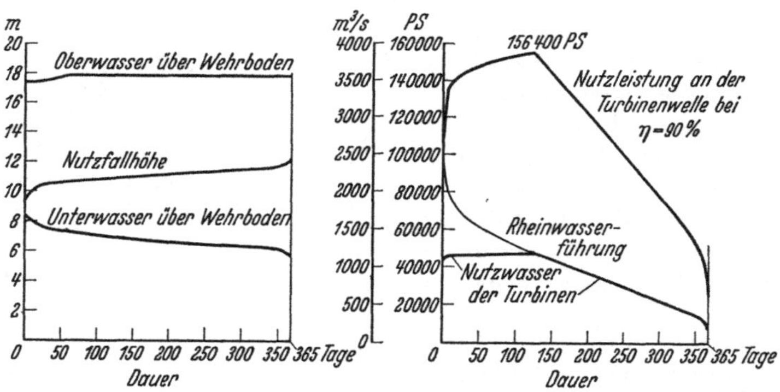

Abb. 99. Großkraftwerk Ryburg-Schwörstadt. Wasser- und Leistungsdauerplan. (Nach Altmayer.)

Rhein- und Neckarenergie sind 24stündig voll ausgenutzt und die Spitzendeckung wird wie bisher von der Schwarzwaldkraft übernommen. Abb. 99 zeigt den von Altmayer [2] aufgestellten Wasser- und Leistungsdauerplan der Staustufe Ryburg-Schwörstadt und Abb. 100 die Grundrißanordnung von Stauwehr und Kraftwerk in schematischer Darstellung.

Der hohe Vollausbau setzt voraus, daß entweder Ausgleichmöglichkeiten für die unständige Energie vorhanden sind, oder daß diese als solche passend untergebracht werden kann. Bei so gewaltigen Energiemengen, wie sie nach

[1] Die Abbildungen wurden vom Badenwerk freundlicherweise zur Verfügung gestellt.
[2] Altmayer: Das Großkraftwerk Ryburg-Schwörstadt. Dtsch. Wasserwirtsch. 1930.

Vollausbau des Oberrheins alljährlich anfallen werden, ist es zweckmäßig, beide Wege zu verbinden, indem die durch Jahrespumpspeicherung veredelte Rheinenergie selbst den Ausgleich übernimmt. Für den deutschen Anteil der Rheinkraft bot sich im südlichen Schwarzwald eine seltene Gelegenheit, diese Veredelung in unmittelbarer Nähe der Energieerzeugung vorzunehmen und die Speicherpumpen mit Rheinwasser zu speisen.

Die Grundlage dieses Großveredelungsplanes bildet der Schluchsee [1] (Abb. 68), ein östlich vom Feldberg gelegener, 900 m hoher Schwarzwaldsee, der durch eine 40 m hohe Staumauer auf einen nutzbaren Speicherinhalt von 108 hm³ gebracht wurde. Sein Zuflußgebiet gehört zu den spendenreichsten Deutschlands; es konnte durch Beileitungen aus dem Quellgebiet der Wutach noch um 50% vergrößert werden. Bei 600 m Nutzfallhöhe bis zum Rhein und einem mittleren Jahreszufluß von 94 hm³ ist eine Speicherenergie von 113 Mill. kWh frei verfügbar. Zur Erfassung des Wassers der mittleren Wutach und ihrer Bäche und aus topographischen Gründen wird die Fallstufe zweimal unterteilt und mit Tagesspeichern versehen, so daß der Zufluß auf Tagesspitzenenergie verarbeitet werden kann. Die Jahreserzeugung beläuft sich mit drei Stufen auf 400 Mill. kWh; sie stellt, wie man aus Abb. 101 erkennt, eine vorzügliche Ergänzung der Rheinkraft dar. Für die Pumpspeicherung wird jede Stufe mit Hochdruckspeicherpumpen bis 10 m³/s Förderleistung ausgerüstet, durch die das Schluchseewerk mit

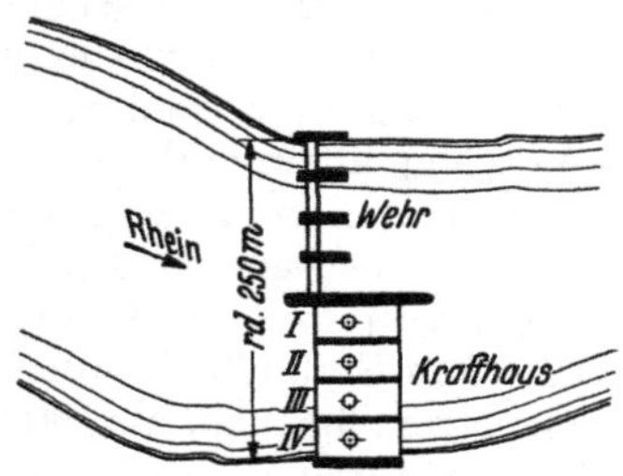

Abb. 100. Großkraftwerk Ryburg-Schwörstadt. Grundriß. (Maßstab 1:11000.)

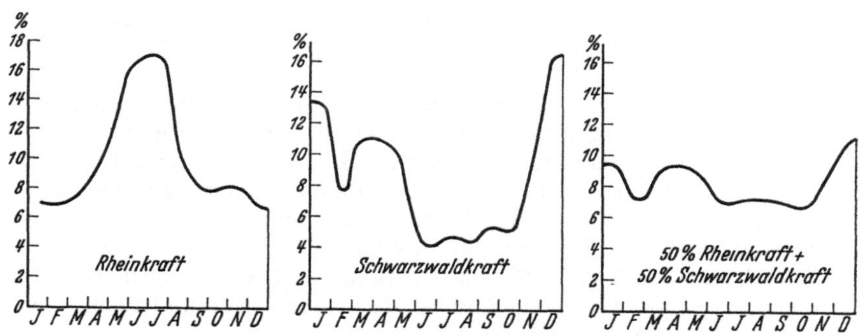

Abb. 101.

rund 400000 kW alle bisherigen Pumpspeicheranlagen in den Schatten stellt. Der Stromgewinn im bestehenden Teilausbau beträgt etwa 160 Mill. kWh/Jahr.

Das Schluchseewerk läßt im Endausbau als dreistufiges Jahres-, Tages- und Pumpspeicherwerk einschließlich der Heranziehung erfaßbarer Nachbareinzugsgebiete auf eine Jahreserzeugung von 520 Mill. kWh rechnen, wovon etwa 85% auf das Winterhalbjahr fallen. Die Rheinkraftwerke, denen diese Ergänzung unmittelbar zugute kommt, erzeugen etwa $1^1/_2$ Millrd. kWh/Jahr, d. h. rund das Dreifache der Schluchsee-Energie. Es wird damit möglich sein, die Abfallkraft der Rheinwerke zu hochwertiger Tagesspitzenkraft zu veredeln. Außerdem kommt den Rheinkraftwerken eine Niederwasserverbesserung von 20 m³/s zugute, die in wasserarmen Jahren die Winterwasserführung um über 5% erhöht (Fernspeicherwirkung).

[1] Henninger: Das Schluchseewerk im Rahmen der badischen Wasserkraftwirtschaft. Wasserkr. u. Wasserwirtsch. 1929 S. 105—107.

8. Kapitel: **Gemeinsame Entwicklungslinien in den wasserwirtschaftlichen Aufgaben der Talsperren.**

So vielfältig die Aufgaben sind, die den Stauwerken im Rahmen von Landeskultur, Wasserversorgung, Verkehrstechnik und Wasserkraftnutzung zufallen, und welches Anwendungsgebiet man auch betrachtet, überall zeigt sich das gleiche Bestreben: mit möglichst wenigen und möglichst großen Stauanlagen das gesteckte Ziel zu erreichen. Hierdurch wurde in den letzten Jahren eine Entwicklung des Wehr- und Talsperrenbaues hervorgerufen, wie sie in der Geschichte des Bauwesens wohl einzig dasteht. Das Streben nach Wirtschaftlichkeit hat dazu geführt, daß Bauweisen, die, wie die Gewichtsmauer, jahrzehntelang allein vorherrschend waren, in manchen Ländern ganz in den Hintergrund traten, um zeitgemäßeren Bauweisen Platz zu machen. In Amerika sind beispielsweise in den letzten 20 Jahren 400 Eisenbetonwehre, 100 Bogenstaumauern und 60 Pfeilerstaumauern errichtet worden. Bewegliche Wehre von 15 m Stauhöhe werden heute als nichts Besonderes mehr angesehen und Talsperren, die mehr als 100 m hoch sind, haben den Stempel des Ungewöhnlichen längst verloren.

C. Natürliche Vorbedingungen für die Staubeckenanlage (Wasserhaushalts- und Geländefragen).

9. Kapitel: **Wasserhaushalt.**

Vor und im Laufe der Planung einer Talsperre sind eine ganze Reihe vorläufiger Untersuchungen anzustellen, die später durch weitergehende Untersuchungen ergänzt werden müssen. Diese greifen zuweilen über den engeren Bereich der Talsperre weit hinaus.

An erster Stelle steht naturgemäß die Frage des Wasserhaushalts, bei welcher der natürliche und der geregelte (Nutz) Wasserhaushalt unterschieden werden kann. Das Studium des natürlichen Wasserhaushalts umfaßt das natürliche und durch Beileitungen anschließbare Einzugsgebiet nach Größe und Eigenschaften, Niederschlag, Verdunstung und Abfluß, Frost- und Eisverhältnissen, Schwerstofführung, Grundwasser und Quellen, Wasserbeschaffenheit, Besiedlung, Fisch- und Pflanzenbestand, Klima usw. Die diesbezüglich anzustellenden Untersuchungen müssen die Zustände vor und nach dem beabsichtigten Einstau ins Auge fassen.

Der geregelte (Nutz) Wasserhaushalt hat sich mit Fragen des Wasserbedarfes, der Mangelaushilfsmöglichkeiten, des Nutzwasserwertes in Verbindung mit Schadenverhütung u. dgl. auseinanderzusetzen. Hierzu gehört auch die Untersuchung der wasserrechtlichen Verhältnisse und die Ablösung vorhandener Wassernutzungen.

Wegen der einschlägigen gewässerkundlichen und technisch-wasserwirtschaftlichen Fragen siehe die Bände III, 3 bis 8, insbesondere III, 3 Gewässerkunde und III, 8, Teil 1: Die Planung.

10. Kapitel: **Die Geländegestaltung in Beziehung zu Staubeckeninhalt und Sperrstelle.**

Für den Talsperrenbau ist der wichtigste Maßstab hinsichtlich der Geländegestaltung der bezogene Baustoffbedarf $\bar{J}$. Hierunter ist der auf den m³ Stauraum entfallende Bedarf an Schüttmasse bzw. an Beton zu verstehen, also wenn J die aufzuwendende Baustoffülle und S den zugehörigen Größtspeicherraum bezeichnet:

$$\bar{J} = \frac{J}{S} \quad \text{(bezogener Baustoffbedarf)}.$$

Die $\bar{J}$-Werte sind nicht nur für das einzelne Staubecken bezeichnend, sondern für ganze geographische Gebiete, die durch ähnliche geologische Bildungsbedingungen bestimmt sind[1].

Die an der Formung der Erdoberfläche und damit der natürlichen Talbecken beteiligten Kräfte sind einerseits die Schollenbewegung (Tektonik) und andererseits Auswaschung und Abtragung (Erosion und Denudation).

Von den Schollenbewegungen sind beckenbildend hauptsächlich die Faltungen (Längstäler der Alpen oder des Kaukasus) und die Längsverwerfungen (Grabentäler). Die letzteren pflegen zwar besonders günstige $\bar{J}$-Werte aufzuweisen, sind aber meist durch starke Besiedlung dem Einstau verwehrt.

Die auswaschenden Kräfte des Eises und Wassers haben ganz bezeichnend verschiedene Talformen erzeugt. Die flach und breit ausladenden eiszeitlichen Wannentäler, weit verbreitet z. B. auf den abgewaschenen Felshochflächen von Norwegen oder Schweden, im Schwarzwalde und in den eiszeitlichen Schuttmassen Norddeutschlands, gestatten, mit Stauwerken von nur einigen 10 m Höhe schon viele Millionen m^3 einzustauen (Schluchseewerk, viele norwegische Kraftwerke)[2].

Im Gegensatz zum Gletschereis arbeitet das fließende Wasser hauptsächlich in die Tiefe. Es schafft in undurchlässigen und widerstandsfähigen Gesteinsarten im Querschnitt V-förmige Täler, deren Längenschnittform sehr vom Alter des Tales abhängt. Unausgereifte Erosionstäler haben starkes, oft auch treppenförmig gebrochenes Längsgefälle. Dabei ergeben sich ziemlich hohe $\bar{J}$-Werte, und es sind große Stauhöhen zur Bildung geräumiger Becken nötig; der Stauraum hat näherungsweise die Form einer liegenden dreikantigen Pyramide, deren Inhalt aber durch Talstufen in unerwünschter Weise verringert wird. Die Hangneigung ist bedingt durch das Zusammenwirken der in die Tiefe greifenden Auswaschung (Erosion) und der auf Verflachung der Hänge wirkenden Abtragung (Denudation); sie ist durch letztere stark klimabedingt. Daher sind geologisch-klimatisch einheitliche Gebiete durch auffallend einheitliche Talformen und $\bar{J}$-Werte ausgezeichnet.

In durchlässigeren Gebirgsarten (Sandstein, Kalk) bilden sich, wegen Zurücktretens der Hangabwaschung steile Hänge und enge, schluchtenartige Täler mit hohen $\bar{J}$-Werten aus. Nur wenn zugleich geringe Widerstandsfähigkeit des Gebirges gegen Auswaschung vorliegt, ergeben sich günstigere Beckenformen, weil der Fluß dann sein Tal stark nach der Breite ausarbeiten kann und auch das Längsgefälle meist schon stärker abgeflacht ist. Wenn dabei, wie in großen Faltengebirgen nicht selten, das durchlässige Gebirge talwärts durch auftauchende undurchlässige und harte Gesteinsschichten abgeriegelt und der Beckenraum somit gedichtet ist, können derartige Täler sehr günstige Becken bereitstellen; dies um so mehr, da der untere Taldurchbruch durch das vorgelagerte Gebirge eng zu sein pflegt, so daß das Abschlußbauwerk geringe Achslänge bei mäßiger Höhe besitzen und oft die Möglichkeit der sparsamen Gewölbebauweise darbieten wird.

Alte, ausgereifte Erosionstäler, wie sie unter anderen auf den Fastebenen Kanadas und Südbrasiliens vorkommen, ergeben mit ihrem geringen und weitgehend ausgeglichenen Längsgefälle und den flachen Hangneigungen außerordentlich günstige Becken mit sehr niedrigen $\bar{J}$-Werten[3].

---

[1] Ludin: Vorlesungen über Talsperrenwirtschaft (unveröffentlicht).

[2] Vgl. A. Ludin: Die Nordischen Wasserkräfte. Berlin: Julius Springer 1930.

[3] Vgl. A. Ludin: Entwurf eines Talsperrenkraftwerkes im Rincóu del Bonete des Rio Negro (Uruguay), Berlin 1934 (Selbstverlag).

Diese den Gegenstand der Morphologie der Staubecken nur andeutenden Bemerkungen sollen auf die in der Natur obwaltenden Gesetzmäßigkeiten hinweisen, deren Studium und Kenntnis vor allem bei weit ausholenden Landesplanungen wasserwirtschaftlicher Richtung von Bedeutung sein wird.

11. Kapitel: **Ermittlung von Beckeninhalt, Stauwerksmasse und bezogenem Massenbedarf. Kennlinien.**

Die Feststellung der Geländeformen muß mit um so größerer Genauigkeit erfolgen, je näher der Plan der Verwirklichung rückt. Die heute vorhandenen

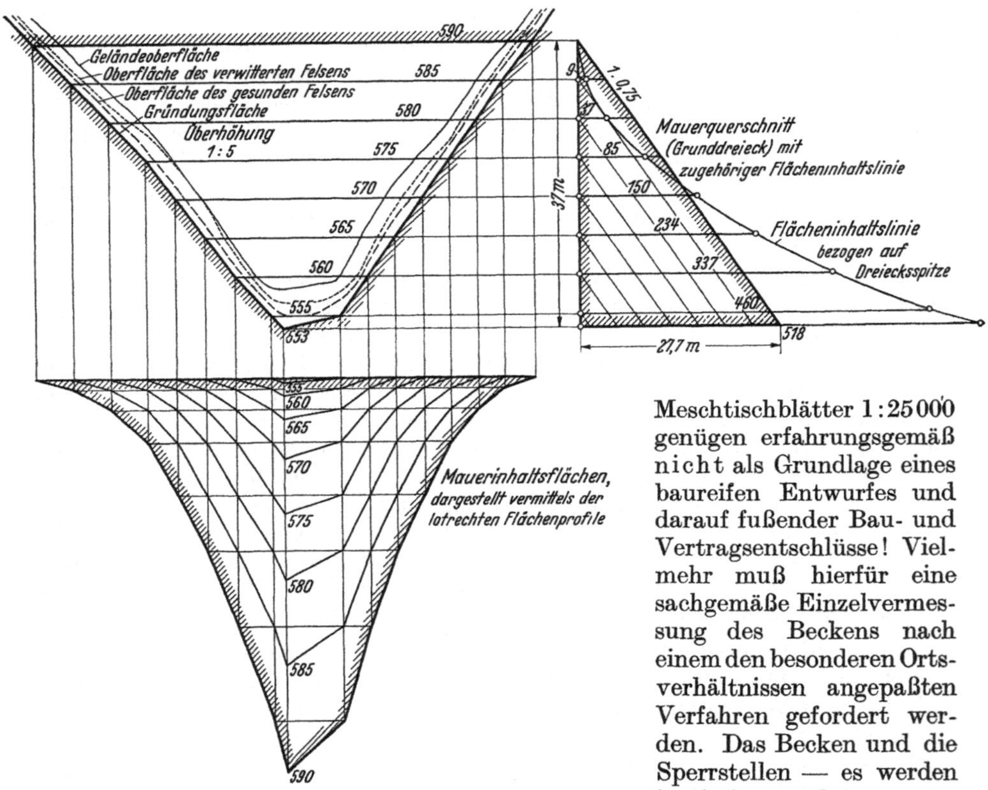

Abb. 102.

Meschtischblätter 1:25000 genügen erfahrungsgemäß **nicht** als Grundlage eines baureifen Entwurfes und darauf fußender Bau- und Vertragsentschlüsse! Vielmehr muß hierfür eine sachgemäße Einzelvermessung des Beckens nach einem den besonderen Ortsverhältnissen angepaßten Verfahren gefordert werden. Das Becken und die Sperrstellen — es werden im Anfang mehrere zu untersuchen sein — müssen in einem Höhenschichtenplan, bei steilem Gelände unter Umständen auch in Querschnitten dargestellt werden. Auf alle Fälle muß man von den Sperrstellen Querschnitte und einzelne großmaßstäbliche Schichtenpläne aufzeichnen lassen. Im Hinblick auf die anzustellenden (oder schon angestellten) Bodenuntersuchungen und Bauabsteckungen sind zweckmäßig mit der Vermessung sogleich dauerhafte und gut auffindbare Vermarkungen nach Lage und Höhe vorzunehmen.

Der Beckeninhalt wird für eine angenommene Sperrstelle zweckmäßig in der Weise berechnet, daß man den Flächeninhalt der einzelnen Schichtflächen ermittelt und zur Schaulinie der Spiegelfläche in Abhängigkeit von der Stauhöhe aufträgt (Abb. 15). Durch zeichnerisch-rechnerische Summenbildung der von Spiegelflächenlinie und senkrechter Bildachse eingeschlossenen Fläche erhält man unmittelbar den Beckeninhalt in Abhängigkeit von der Stauhöhe (vgl. Band III, 8, S. 80).

Enthält das einzustauende Gelände mächtigere, als Grundwasserleiter geeignete Ablagerungen wie Kiessande, Geröll oder Bergschutt, so kann es geboten sein, den in den Porenräumen dieser Massen vorhandenen „zusätzlichen Stauraum" bei den Wasserhaushaltsuntersuchungen zu berücksichtigen. Die erforderlichen Unterlagen liefern entsprechend ausgedehnte Untergrunduntersuchungen. Diese müssen die Lage der „wassertragenden", d. h. dichten Schichten, die das Becken im Untergrund abgrenzen, und den durchschnittlichen Hohlraumgehalt der überlagernden durchlässigen Massen angeben. Von der wassertragenden Sohle werden am besten die Schichtlinien mit anderer Farbe in den Schichtenplan des Beckengeländes eingezeichnet. Die Auswertung ist dann einfach.

Um den zu erwartenden Rauminhalt des Sperrenbauwerkes zu ermitteln, wird in die Schichtenkarte der Sperrstelle zunächst die „Bauwerksachse" eingezeichnet, die für vorläufige vergleichende Untersuchungen oft auch dort als geradlinig angenommen werden kann, wo im endgültigen Entwurf eine Staumauer oder ein Damm mit mäßig gekrümmter Achse vorgesehen ist. Mit Hilfe der Schichtlinien kann dann der Geländeschnitt in Bauwerksachse herausgezeichnet werden (Abbildung 102).

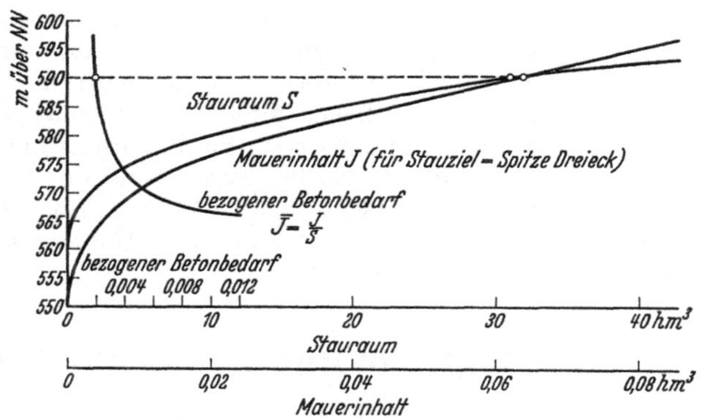

Abb. 103.

Außer dem oberflächlichen Geländeschnitt ist — wenigstens für Staumauern — auch die möglichst genaue Einzeichnung der „Felslinie" erforderlich, und zwar für die Oberfläche schlechtweg und die tiefer liegende Oberfläche des gesunden, nicht verwitterten oder klingenden Felsens. Die Grundlagen hierfür müssen systematisch angelegte Probeschürfungen liefern (s. unten). Je nach den geologischen Verhältnissen der Sperrstelle und der in Frage kommenden Stauhöhe bestimmt man dann die mittlere Einbindetiefe des Bauwerkes in den gesunden Felsen und erhält so die der „Gründungsfläche" entsprechende Sohlenumrißlinie.

Nach vorläufiger Annahme der Bauweise (z. B. Erddamm oder Gewichtsstaumauer) und des Regelquerschnittes (z. B. wie in Abb. 102 Gewichtsmauer mit Stauspiegel in Dreieckspitze) wird nun für eine an der oberen Grenze des Denkbaren liegende Stau- und Sperrhöhe der Regelquerschnitt und die zugehörige Flächeninhaltslinie aufgezeichnet (Abb. 102 rechts). Zur bequemeren Durchführung der Rechnung wird der Talquerschnitt zweckmäßig in waagerechte Streifen von 5 oder 10 m Höhe unterteilt.

Jedem Streifen entsprechen zwei Punkte des Sohlenumrisses. Greift man den Inhalt des darüber liegenden Regelquerschnittes an der zugehörigen Stelle der vorher gezeichneten Flächeninhaltskurve ab und trägt sie unter den Sohlenumrißpunkten von einer Waagerechten aus lotrecht auf (Abb. 102 unten), so stellt der Inhalt des zugehörigen Polygonzuges den Rauminhalt des Sperrenbauwerkes dar, und zwar für die durch Schraffur umrandeten Grenzabmessungen. Aus diesem „Höchstmassenprofil" lassen sich leicht durch einfache waagerechte Punktverschiebungen die Massenprofile für andere, um die Teilhöhe niedrigere Stauhöhen ableiten (Abb. 102). Die von der Bezugswaagerechten und einem solchen Massenprofil eingeschlossene Fläche entspricht dem Rauminhalt eines entsprechend niedrigeren Sperrenbauwerkes. Trägt man die so aufgefundenen Rauminhalte über der zugeordneten Stauhöhe auf (Abb. 103), so ergibt sich die Schau- oder Kennlinie der Mauer- bzw. Dammasse in Abhängigkeit vom Stauziel.

Mit Hilfe der Schaulinien für Beckeninhalt und Mauer- bzw. Dammasse kann der bezogene Massenbedarf $\bar{J}$ für jede Stauhöhe angegeben werden. Die zugehörige Kennlinie ist ein Maßstab für die wirtschaftliche Güte der Sperrstelle (Abb. 103). Stehen z. B. mehrere bau- und wasserwirtschaftlich annähernd gleiche Sperrstellen in Auswahl, so läßt sich aus den zugehörigen Kennlinien unmittelbar die wirtschaftlichste Lösung ablesen. Vervielfacht mit dem Einheits-Durchschnittspreis des Sperrbauwerkes liefert die Kennlinie sofort den Einheits-Herstellungspreis für 1 m^3 Stauraum.

Wie weit man bei Festlegung des dem Bauentwurf zugrunde zu legenden Stauzieles sich einem an sich erstrebenswerten Bestwert $\bar{J}_{min}$ nähern kann, hängt von wasser- und geldwirtschaftlichen Beziehungen ab, die im einzelnen zu untersuchen sind. Auf diesem Wege wird man stets den wirtschaftlich günstigsten bzw. erforderlichen Mindest-Beckennutzraum S feststellen können. Gleichzeitig läßt sich die günstigste Beckenabsenkungstiefe ermitteln. Auf diese Fragen näher einzugehen, würde hier zu weit führen. Sie gehören in das Gebiet der Bestimmung der wirtschaftlichen Ausbaugröße. Richtlinien hierfür können durch sinngemäße Anwendung der in Band III, 8, S. 112f. und 120f. angedeuteten Grundsätze gewonnen werden.

D. Geologische und geotechnische Vorarbeiten.

12. Kapitel: Gelände und Untergrund für Sperrstelle und Staubecken.

1. Allgemeine Gesichtspunkte und Erfahrungen.

Die Entwicklung des Talsperrenbaues in Richtung immer größerer Stauhöhen und Stauräume stellte an Gelände und Baugrund immer höhere Anforderungen. Damit wuchsen aber auch die Anforderungen an den Ingenieur und den Geologen, die sich zu verständnisvollem arbeitsteiligem Zusammenarbeiten vereinigen müssen, wenn anders nicht das Werk Schaden leiden soll[1]. Aufgabe des Geologen ist es dabei, auf Grund seiner durch tiefgehende theoretische und praktische Schulung erworbenen Fachkenntnisse die zu erwartende „allgemeine" geologische Sachlage (Formationen, Schichtenlage und -form, Gesteinseigenart) so weit als möglich vorauszusagen, um dann durch die frühzeitig einzuleitende örtliche „Sonderuntersuchung" die für das geplante Unternehmen maßgebenden besonderen Gebiets- und Ortsverhältnisse klarzulegen, insbesondere genaue Schichtenfolge und -stärke, Verwerfungen, Faltungen, Klüftungen, Umwandlungs-, Zersetzungs- und Verwitterungsstand, Verwitterungsfähigkeit, Wasserführung und voraussichtliche allgemeine Durchlässigkeitsverhältnisse. Um seinen Untersuchungen und Feststellungen die für die Zwecke des Ingenieurs nutzbare Richtung geben zu können, muß der Geologe eine gewisse Grundkenntnis der bautechnischen Aufgaben und Anforderungen besitzen. Er muß sich aber davor hüten, dem Ingenieur ins Einzelne gehende technisch-konstruktive Vorschläge oder gar Vorschriften machen zu wollen. Auch liegt es außerhalb seiner Zuständigkeit, die Entwürfe des Ingenieurs zu begutachten.

[1] Zur Ergänzung der hier vielfach auf Andeutungen beschränkten Ausführungen empfiehlt sich das Studium der wertvollen Sonderschriften: J. Wilser: Geologische Voraussetzungen für Wasserkraftanlagen. Berlin: Julius Springer 1925; A. Redlich, K. v. Terzaghi, R. Kampe: Ingenieurgeologie. Wien-Berlin: Julius Springer 1929 und M. Lugeon: Barrages et Géologie (Untersuchungsverfahren, Erdarbeiten und Untergrundabdichtungen). Lausanne: Rouge & Cie. 1933.

Bei schwierigen Fragen der Gesteinskunde wird der Geologe nicht unterlassen, den Beizug eines Mineralogen vorzuschlagen.

Der Ingenieur seinerseits muß eine gute allgemeine Vorbildung in Mineralogie und Geologie besitzen, so daß er die Sprache des Geologen und Mineralogen versteht und ihre Angaben neben seinen eigenen Beobachtungen in die zweckdienlichen technischen Forderungen und Folgerungen umzusetzen vermag. Hierzu bedarf er naturgemäß nicht zuletzt eines reichen Schatzes an selbsterworbenen und von anderen übernommenen Erfahrungen in dem schwierigen Grenzgebiet der „Ingenieurgeologie" und der Gründung von Talsperren. Im Meinungsaustausch mit dem Geologen und in der sehr wichtigen gemeinsamen örtlichen Augenscheinnahme, die im Verlauf der Aufschlußarbeiten bis zur restlosen Freilegung der Baugruben nach Bedarf zu wiederholen ist, muß der Ingenieur die Grundlagen für die Gestaltung des Bauentwurfes und der Bauausführung erarbeiten. Die hierbei notwendig werdenden vielartigen gründungs- und bautechnischen Entscheidungen hat letzten Endes aber der Ingenieur

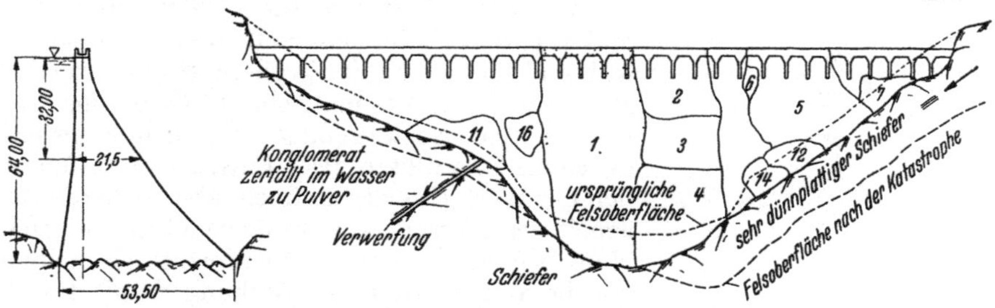

Abb. 104. St Francis-Staumauer-USA. Ansicht und Querschnitt.

allein zu treffen und auch zu verantworten! Die Wichtigkeit gerade der „geotechnischen" Entschlüsse und Maßnahmen kann gar nicht stark genug betont werden.

Man muß sich immer vergegenwärtigen, daß eine bis ins letzte durchdachte bauliche Gestaltung, eine mit allen Feinheiten durchgeführte Berechnung, eine aufs sorgfältigste betriebene Herstellung letzten Endes nur gerechtfertigt ist, wenn an die Wasserdichtigkeit, Wasserbeständigkeit und Standfestigkeit von Staubecken und Baugrund der gleiche Gütemaßstab angelegt wird. Erst die allerjüngste Entwicklung des Talsperrenbaues dürfte einer solchen Zielsetzung einigermaßen entsprechen.

Wie es hier früher meist aussah, beweisen am besten die Einsturzkatastrophen, die nur zu 5% durch Mängel des Sperrbauwerks, zu 15% durch ungenügende Hochwasserentlastung und zu 80% durch schlechten Baugrund und mangelhafte Gründung verursacht wurden. Wie bodenlos leichtsinnig dabei zuweilen die Baugrundfrage behandelt wurde, zeigte mit erschreckender Nüchternheit der Einsturz der St. Francis-Staumauer-USA., der 400 Menschen das Leben kostete[1]. Hier waren alle Einsturzmöglichkeiten in seltener Vollständigkeit vereint, ohne daß die Erbauer der Talsperre davon etwas bemerkten[2]. Zunächst wurde (Abb. 104) die Gründungsfläche auf dem rechten Hang von einer 80 cm breiten, in Talrichtung streichenden und mit widerstandslosem Trümmergut ausgefüllten Verwerfung gekreuzt. An diese schlossen sich nach links hin dünnplattige Glimmerschiefer an, während am rechten Hang ein toniges, fest und dicht aussehendes Konglomerat anstand, das aber bei längerer

[1] Causes, leading to the failure of the St. Francis dam. Bericht der Untersuchungskommission unter Führung von Gouverneur C. C. Young. California State printing office. Sacramento 1928.

[2] A. Ludin: Der Bruch der St. Francis-Staumauer (mit zahlreichen Quellenangaben). Wasserwirtschaft (Wien) 1. August 1929.

Berührung mit Wasser zu Brei zerfiel. Die Schiefer auf dem linken Hang scheinen überdies vor langer Zeit eine Rutschbewegung ausgeführt zu haben. Die ganze Gründung bestand in einem Entfernen der obersten Verwitterungsschicht. Über ein Einbinden in den klingenden Felsen und ein sachgemäßes Abdichten der Klüfte setzte man sich großzügig hinweg.

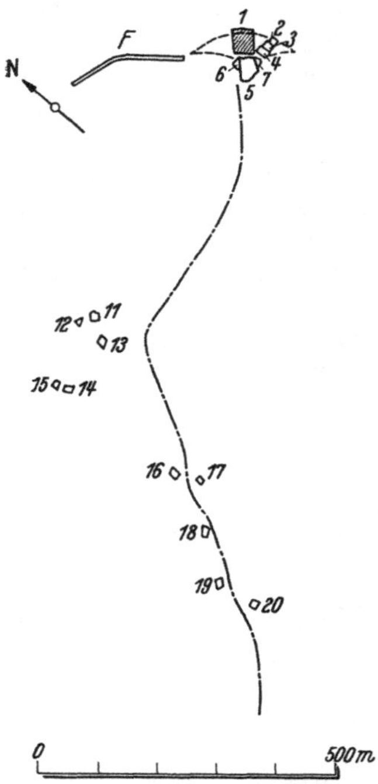

Abb. 105. St. Francis-Staumauer-USA. Überreste nach der Zerstörung.

Beim Einsturz (Abb. 105) blieb demgemäß auch nur der mittlere Mauerblock stehen, der auf verhältnismäßig tragfähigen Schiefer gegründet war und infolge der konkaven luftseitigen Querschnittsausbildung im Vergleich zu den Mauerflügeln die höhere Gleitsicherheit aufwies. (Ganz unberührt blieb er allerdings auch nicht, kam aber nach einer Verschiebung um rund 15 cm wieder zum Stehen!) Der rechte, über dem unbeständigen Tonkonglomerat liegende Mauerteil wurde größtenteils zerrieben und von den Fluten kilometerweit fortgeschleppt, während der linke in größere Stücke zerbrach. Bezeichnend für die mangelhafte Gründung ist die beiderseitige Auswaschung des Gründungsfelsens durch die Sturzfluten. Der Einsturz war offensichtlich das Werk einer langsamen, aber sicheren Nagearbeit des Wassers, die wahrscheinlich am rechten Hang begann und um so besser fortschreiten konnte, als die Mauer unter der Wirkung damit Hand in Hand gehender zusätzlicher Sohlenwasserdrucke, die bei der Bemessung nicht berücksichtigt waren, sich wasserseitig sehr bald vom Felsen gelöst haben wird. Damit war die Zerstörung durch Abscheren in der Gründungsfuge nur noch eine Frage der Zeit.

Nachdem alle Staaten mehr und mehr dazu übergehen, den Talsperrenbau regelmäßig zu überwachen und auch die bestehenden Sperren nachzuprüfen — in USA. sind in den letzten Jahren über 1000 ältere Talsperren eingehend untersucht worden —, werden die Einsturzkatastrophen hoffentlich bald für immer der Vergangenheit angehören.

Abb. 106. Erosionsrinne im Canyon der Owyhee-Bogengewichtsmauer. Regelquerschnitt und Querschnitt in der Erosionsrinne.

Ein nicht minder unerfreuliches Kapitel, das nur durch ein grundsätzliches und unbedingtes Mißtrauen gegenüber jedwedem Baugrund zum Abschluß gebracht werden kann, sind die **unerwarteten Gründungsschwierigkeiten**. Es ist nicht von ungefähr, daß diese sich vielfach immer gerade dort einstellen, wo man es am wenigsten erwartet, nämlich bei den geologisch scheinbar einfach und klar liegenden Geländeverhältnissen. Man wiegt sich in falscher Sicherheit und glaubt auf zusätzliche Aufschlußmaßnahmen verzichten zu können. Die Bauarbeiten werden in Angriff genommen, die Baugrube geöffnet und plötzlich steht man einer vollständig veränderten Sachlage gegenüber. Im günstigsten Falle kann der Ausschreibungsentwurf entsprechend ergänzt werden und man hat lediglich einen gewissen Mehraufwand an Baustoff in Kauf zu nehmen; es kommt aber auch nicht selten vor, daß die vorgesehene Bauweise nicht mehr zu verantworten ist und eine neue Entwurfsbearbeitung notwendig wird, wenn nicht gar die Sperrstelle aufgegeben werden muß.

Der enge U-förmige Canyon der Owyhee-Staumauer (Abb. 105) z. B. bot so einzigartige Verhältnisse für den Entwurf einer Bogenmauer, daß auch nicht der geringste Zweifel bezüglich der Verwirklichung dieses Projektes bestand. Um so größer war die Überraschung, als in Talsohle eine 3 m breite Erosionsrinne angetroffen wurde, die 53 m tief in den Felsen eingeschnitten war (Abb. 106)[1]. Da unter dem Staudruck von über 100 t/m² mit der Möglichkeit eines Weiterreißens der Rinne gerechnet werden mußte, glaubte man die vorgesehene Bogenmauer nicht mehr verantworten zu können. Man behielt zwar die vorgesehene Krümmung der Mauerachse bei, aber die Querschnittsgestaltung mußte gemäß den für Bogengewichtsmauern gültigen Richtlinien abgeändert werden. Gemäß Abbildung 106 wurde die Erosionsrinne unter beiderseitiger Verbreiterung bergmännisch ausgeräumt und mit Beton verschlossen.

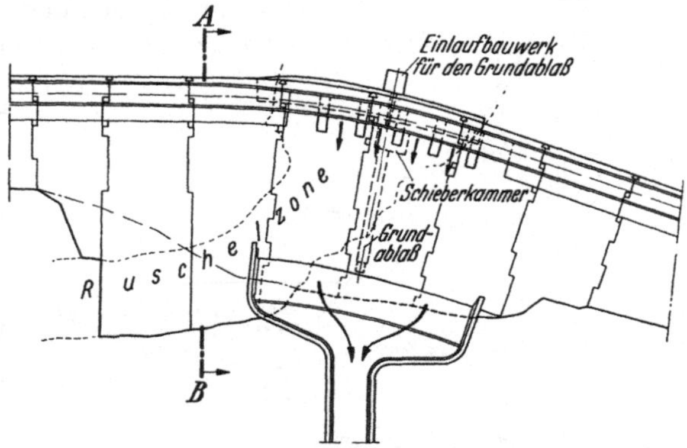

Abb. 107. Draufsicht auf dem Mittelteil der Schluchsee-Staumauer.

In dem im Schwarzwalde in großer Ausdehnung vorherrschenden Granit des Urgebirges wurden nach dem Kriege unter einheitlicher Baugestaltung und unter Heranziehung des örtlich erfahrenen Landesgeologen drei mittelhohe Gewichtsmauern errichtet. Bei zweien, nämlich Schwarzenbach- und Schwarza-Staumauer entsprachen die vorgefundenen Gründungsverhältnisse vollständig den Erwartungen; bei der Schluchsee-Staumauer dagegen wurde man beim Öffnen der Baugrube sehr unangenehm überrascht, da die Gründungsfläche in schräger Richtung eine 20 m breite und vermutlich tiefe Zone weniger verkitteten Granits (Ruschelgranit) durchzog[2]. Da eine Verlegung der Staustelle bei der Gestaltung des Schwarzatales schwierig war und überdies die Baukosten stark erhöht hätte, stellte man durch eine große Zahl von Tiefbohrungen, von denen eine bis auf 90 m herunterging, zunächst Lage und Ausdehnung der Ruschelzone genau fest (Abb. 107). Hierbei ergab sich, daß sie etwa 10° gegen die Lotrechte einfiel, so daß ein Ausräumen nicht in Frage kam. Es war daher ein Glück, daß der verruschelte Granit eine so dichte Lagerung aufwies, daß es unmöglich war, Wasser oder Zementmilch in größeren Mengen einzupressen.

Eingehende Untersuchungen ergaben das Vorhandensein ähnlicher, annähernd gleichlaufender Ruschelzonen in so engen Abständen, daß es das Gegebene war, die Mauer wie vorgesehen auszuführen und die Ruschelzone durch eine kräftige und tiefe Gründung zu überbrücken. Angesichts der vorzüglichen Lagerungsdichte stand eine einwandfreie Weiterleitung der Mauerpressungen außer Frage; es kam daher in erster Linie darauf an, den Gründungsklotz entsprechend einzukeilen, was durch die aus Abb. 107 ersichtliche Einschnürung der Ruschelzone hervorragend begünstigt wurde. Weiterhin war die Übertragung der waagerechten Scherkräfte einwandfrei zu sichern. Die vorbildliche Sorgfalt, mit der dies geschah (Abb. 108 u. 109), war um so mehr

[1] Engng. News Rec. Bd. 106 (1931) S. 178—181.

[2] Nach freundlichen Angaben des Direktors der Schluchseewerke A.G., Reg.-Baurat Henninger.

am Platze, als erfahrungsgemäß die Zerstörung von Gewichtsmauern fast immer durch Überwindung des Scherwiderstandes in der Gründungsfuge eingeleitet zu werden pflegt.

Noch weit unangenehmere Überraschungen bot die Baugrubenöffnung der mexikanischen Tijuana-Staumauer[1]. Auf Grund der geologischen Voruntersuchung rechnete man hier mit einem Gründungsfelsen von im allgemeinen guter Beschaffenheit (Granit); lediglich im Flußbett erwies er sich als klüftig und von geringerer Festigkeit. Diesen Baugrundverhältnissen glaubte man sich am besten in der Weise anpassen zu können, daß man die 72 m hohe und 670 m lange Staumauer als Pfeilermauer in Eisenbeton-Plattenbauweise ausbildete. Es ergab sich so eine sehr weitgehende Verteilung der Pressungen und Scherkräfte in der Gründungsfuge, und der Felsen wurde entsprechend geschont.

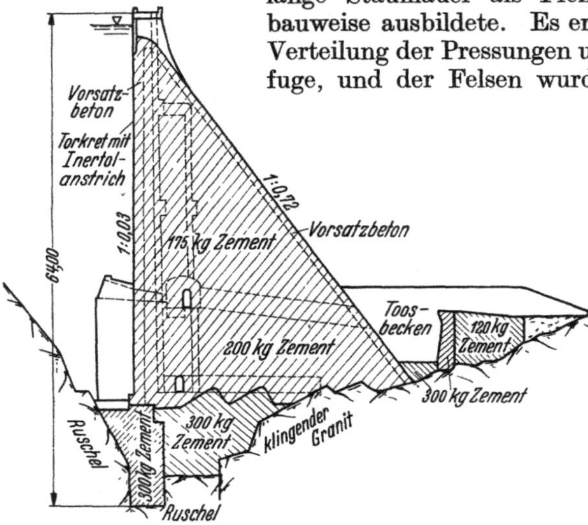

Abb. 108. Schluchsee-Staumauer. Querschnitt in Talmitte.

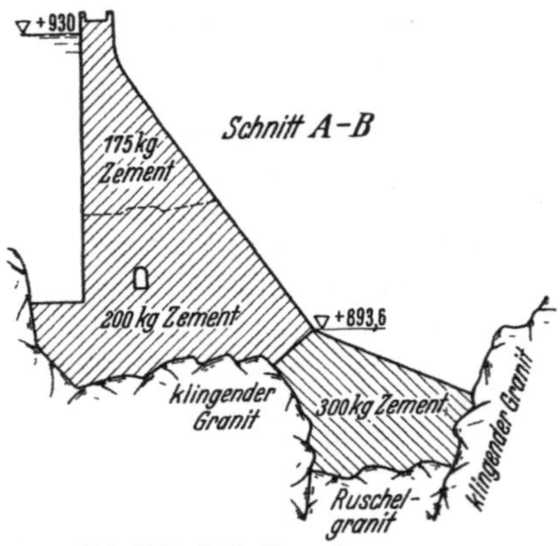

Abb. 109. Schluchsee-Staumauer. Schnitt $A-B$.

Man hatte kaum mit dem Aushub begonnen, da wurde das Bauprogramm bereits vollständig über den Haufen geworfen. Man stellte nämlich unter dem Geröll des Flußbettes eine durchlaufende Störungszone fest, die eine sichere Gründung der Staumauer auf eine Breite von etwa 50 m unmöglich machte (Abb. 110). Die näheren Untersuchungen ergaben, daß zwei Zonen verruschelten Granites vorhanden waren, eine senkrecht nach unten gehende von 6 m Breite und eine zweite gegen die erste leicht einfallende von 1 m Breite; die anschließenden und dazwischen liegenden Felsteile waren stark zerklüftet. Um die Störungszone tragfähig zu machen, hätte man einen prismatischen Betonklotz von etwa 50 m Breite, 80 m Länge und 90 m Tiefe in den Felsen einlassen müssen, was wirtschaftlich aber untragbar war. Man mußte sich darauf beschränken, die Störungszone lediglich durch eine 5 m starke Betonschürze (Abb. 110—112) zu verschließen, damit eine Unterströmung der Staumauer unmöglich war[2].

Um die Kraftübertragung zu sichern, überbrückte man die Störungszone durch ein im gesunden Felsen gegründetes Gewölbe und lagerte auf diesem

---

[1] Engng. News Rec. Bd. 105 (1930) S. 600—604.

[2] Die Herstellung der 90 m tiefen Schürze bereitete außerordentliche Schwierigkeiten, da es im Hinblick auf die ständige Hochwassergefahr unmöglich war, den Aushub in einem Zuge durchzuführen. Man sparte daher zunächst eine Anzahl von Schächten aus (Abb. 110 u. 111), um von oben nach unten betonieren zu können (Abb. 111), und zwar vorerst nur zwischen den Schächten. Der Aushub unter dem fertigen Beton erfolgte in Schichthöhen von 5 bis 7 m, die gerade noch ausreichten, um ohne Auszimmerung auszukommen. Die einzelnen Schichten wurden durch Längsbewehrung miteinander verbunden. Erst nachdem der klingende Felsen mit diesem Arbeitsverfahren erreicht war, ging man daran, die Schächte auszubetonieren.

die Pfeiler der Staumauer (Abb. 112 u. 113). Den Gewölbestich wählte man so, daß die Drucklinie aus der Auflast nicht aus dem Kernbereich herausfallen konnte, und zur Aufnahme der Scherkräfte ließ man die Gewölbe talwärts konisch zugehen, so daß eine keilförmige Kraftübertragung entstand. Als zusätzliche Sicherheit wurde das Gewölbe mit Magerbeton — unter Zwischenschaltung einer isolierten Fuge — unterfüllt, so daß eine dem Tragvermögen der Störungszone entsprechende Entlastung eintreten kann. Die zwischen Gewölbe und Magerbeton eingelegten Rillen sollen die Möglichkeit geben, gegebenenfalls eine Entlastung durch Druckwasser herbeizuführen. Ein zwischen

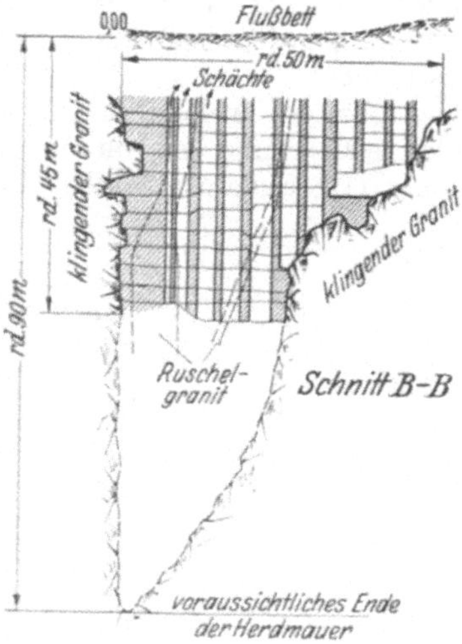

Abb. 110.

Abb. 111.

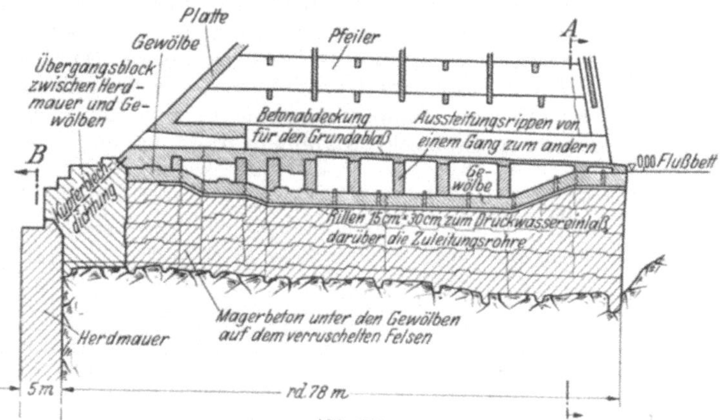

Abb. 112.

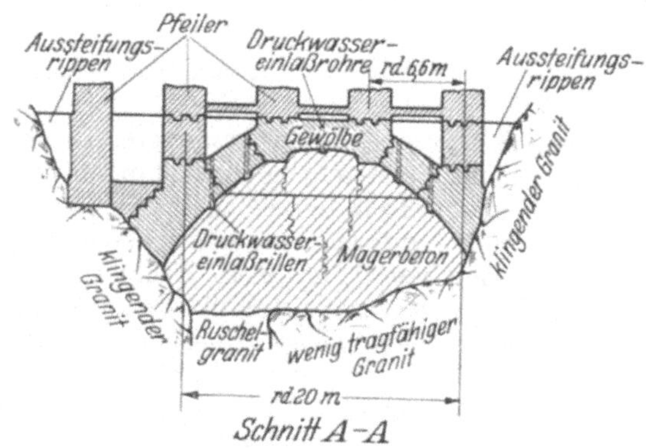

Abb. 113.

Abb. 110—113. Tijuana-Gewölbereihen-Staumauer (Mexiko). Bauliche Sondermaßnahmen zur Überquerung einer 50 m breiten Störungszone. Aushubsverfahren für die Dichtungsschürze.

Gewölbe und Schürze eingeschalteter Übergangsblock dient dem Ausgleich der Formänderungen.

Die angeführten Beispiele, denen man noch zahlreiche andere zur Seite stellen könnte, lassen klar erkennen, wie mißtrauisch man einem jeden Felsen gegenübertreten muß, zumal wenn die Talsohle eine stärkere Überdeckung aufweist. In solchen Fällen ist es nicht damit getan, eine Anzahl Schürfschächte im Bereich der Gründungsfläche herunterzubringen — wie es noch vor wenigen Jahren gang und gäbe war —, denn in den meisten Fällen werden Störungszonen oder weiche Felseinlagerungen immer schön dazwischenliegen. Man muß vielmehr, wenn ganze Arbeit geleistet werden soll, eine engmaschige planvolle Abtastung der gesamten Gründungsfläche vornehmen. Während früher hierfür lediglich Kernbohrungen zur Verfügung standen, sind inzwischen verschiedene geophysikalische Verfahren entwickelt worden, die in vielen Fällen mit wesentlich verringerten Kosten zu arbeiten gestatten.

Außerdem ermöglichen sie, da die Zahl der Kernbohrungen sehr eingeschränkt werden kann, einen meist beträchtlichen Zeitgewinn.

Angesichts der starken Förderung, welche die Dammbauweisen (Steinfülldämme und geschüttete bzw. gespülte Erddämme) in den letzten Jahren erfahren haben, muß besonders darauf hingewiesen werden, daß auch hier nicht minder ausgedehnte geologische Vorarbeiten notwendig sind. Es hat sich bitter gerächt, daß bei einigen unserer neueren Staudämme diese Aufschlußarbeiten nicht in dem wünschenswerten Umfange durchgeführt wurden; Schwierigkeiten während der Bauherstellung und kostspielige nachträgliche Dichtungsarbeiten waren die unmittelbare Folge. Wie ganz anders man heute diesen Dingen gegenübersteht, beweist z. B. der Bever-Staudamm, bei dem sich die Baugrundverbesserung stellenweise bis zu 70 m Tiefe erstreckte[1].

Ganz besonders lehrreich sind die Gründungsschwierigkeiten, welche die französischen Talsperreningenieure mit zahlreichen algerischen und marokkanischen Steinschüttdämmen erlebt haben[2]. Beim Bakhada-Staudamm fand

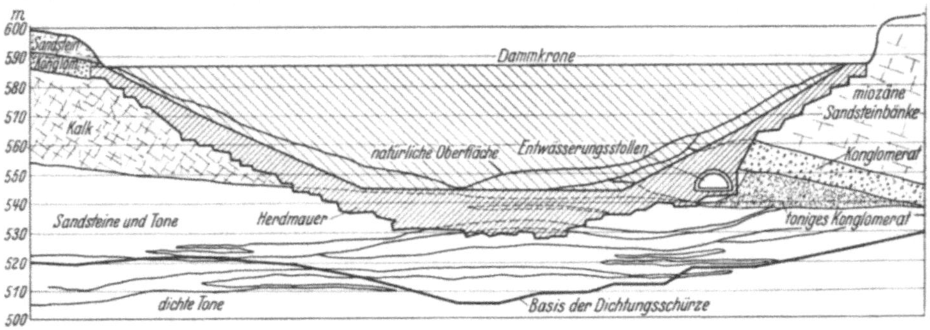

Abb. 114. Bakhada-Staudamm. Geologisches Längsprofil.

man z. B. an Stelle der erwarteten dichten Mergel eine ausgedehnte Trümmerzone von Sandsteinen, Kalksteinen und Tonen vor (Abb. 114), die erst in 50 bis 60 m Tiefe in eine zusammenhängende Tonschicht überging. Die dadurch notwendig gewordenen Dichtungsschürzen erreichten an den Hängen die stattliche Tiefe von 90 m. Kein Wunder, wenn hier die geotechnischen Vorarbeiten rund $^1/_3$ der gesamten Baukosten verschlangen.

Es verdient höchste Anerkennung, daß die Erbauer der Bakhada-Talsperre die als völlig unzureichend erkannten geologischen Vorarbeiten nicht — wie es leider zum Schaden der technischen Weiterentwicklung nur zu oft geschieht — möglichst geräuschlos zu den Akten legten, sondern die gemachten Fehler freimütig bekannt gaben und daran noch den Hinweis knüpften, daß man für eine gründliche Voruntersuchung des Talsperrengeländes gar nicht genug Zeit und Geld aufwenden könne. Die unmittelbare Wirkung war die, daß die später gebauten und in Bau befindlichen nordafrikanischen Staudämme als Meisterwerke neuzeitlicher Aufschluß- und Gründungstechnik bezeichnet werden können.

Die geologische Untersuchung des Staubeckens hat neben der Hauptfrage der Wasserdichtigkeit die Nebenfragen der Standfestigkeit der Hänge, deren Gleichgewichtszustand durch Anstau und Absenkung geändert wird, und der Schwerstoffablagerungen[3] zu behandeln.

Zur Wasserdichtigkeit des Beckens ist nicht unbedingt eine dichte Oberfläche nötig; es genügt, wenn in beliebiger Tiefe unter Gelände eine lücken-

[1] Dr.-Ing. H. Joosten: Neuzeitliche Abdichtungsverfahren mit Einpressen von Dichtungsmitteln. Dtsch. Wasserwirtsch. 1937 S. 47—54.

[2] Ann. l'Inst. Techn. du bâtiment et des Traveaux publics 1936 H. 5.

[3] Diese Frage wird im 3. Teilband der Wasserkraftanlagen eingehend entwickelt.

lose, allseitig bis über die Ebene des höchsten Stauspiegels emporreichende gering- oder undurchlässige Schicht nachgewiesen werden kann (Abb. 115). Eine solche wird z. B. durch eine Ton- oder Geschiebemergelschicht oder einen zusammenhängenden Körper aus undurchlässigem Tonschiefer, Granit usw. gebildet. Die geologische Untersuchung und Begutachtung wird sich dabei unter anderen besonders auf die Feststellung des Vorkommens größerer Lücken (Auskeilungen, Abb. 116) und oft verdeckt liegender Randkerben (Abb. 117), ihrer Entfernung von den möglichen natürlichen Vorflutzonen (über und unter Tage!) und ihrer Ausdehnung richten müssen. Die Sperrstelle selbst wird im Rahmen dieser Untersuchung immer, und zwar mit besonderer Gründlichkeit, mitzubetrachten sein, weil hier das Druckgefälle etwa möglicher Sickerströmungen naturgemäß in der Regel den größten Wert annehmen wird. Stauhöhe und Spiegelhöhen der möglichen Vorflutbereiche einerseits und die Entfernung der möglichen Einsitzstellen des Stauwassers von den Vorflutbereichen andererseits bestimmen die den Kluft- oder Sickerströmen zur Verfügung stehenden durchschnittlichen Spiegelgefälle. Diese, zusammen mit den Durchlässigkeitsgraden (k nach Darcy nur bei feinklüftigen und -porigen Schichten!) und den aus Schichtstärken und -breiten zu berechnenden unterirdischen Strömungsquerschnitten können manchmal die Grundlage für eine Vorausberechnung der zu erwartenden Wasserverluste bilden. Bei der Anwendung des Ergebnisses zu wasserwirtschaftlichen Betrachtungen wird man den natürlichen Unsicherheiten der Rechnungsgrundlagen durch Einführung entsprechend hoher Sicherheitszuschläge Rechnung tragen müssen. In seinem „Entwurf eines Talsperrenkraftwerkes im Rincón del Bonete des Rio Negro (Uruguay)“[1] hat Ludin z. B. auf Grund sorgfältiger Erkundung und vorsichtiger Annahme einen wahrscheinlichen Sickerverlust von rund 3 m³/s errechnet, diesen jedoch in den Wasserhaushaltplan mit über 6fachem Betrage

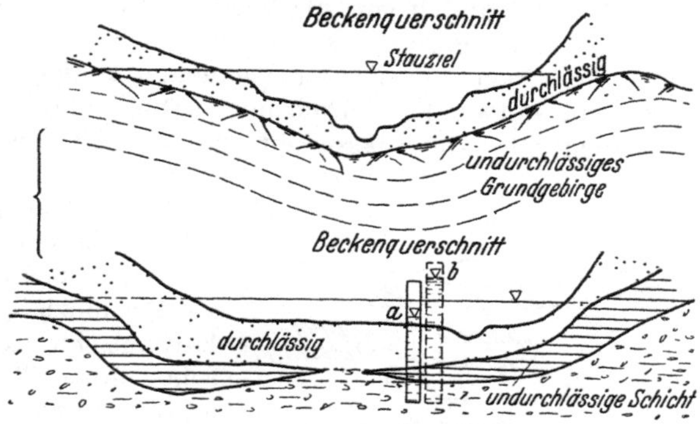

Abb. 115. Oben: Durchlässige über durchgehender undurchlässiger Schicht mit Überstaumöglichkeit rechts. Unten: Durchlässige Schichten über und unter einer durchgehenden (gestrichelte Linien) oder durchbrochenen undurchlässigen Schicht. In der unteren durchlässigen Schicht gespanntes Grundwasser mit Druckspiegel *a* niedriger, *b* höher als Stauspiegel.

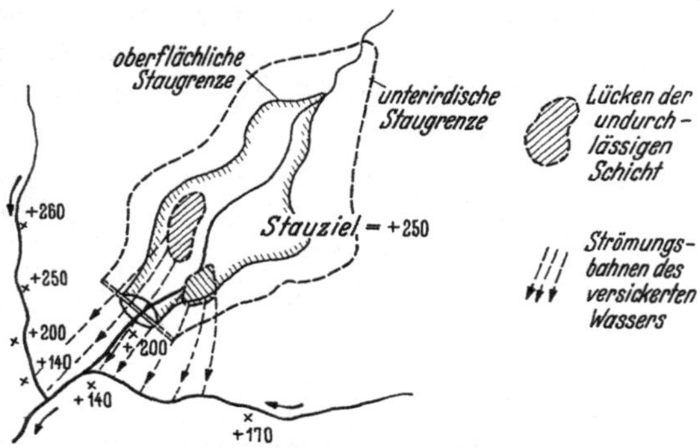

Abb. 116. Beckengelände mit lückenhafter undurchlässiger Zwischenschicht gemäß Abb. 115.

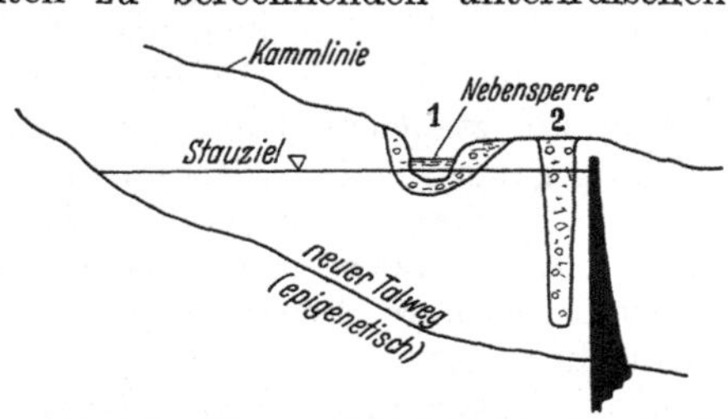

Abb. 117. Alte, verschüttete Talstrecken durchbrechen die Beckenwand. (*1*) Fall der nach Überlaufen zerstörten Molaresperre. (*2*) Fall der erst nach Abdeckung der Talflanken anstaubaren Montsalvens-Talsperre.

[1] Berlin: Selbstverlag des Verf. 1934.

(20 m³/s) eingeführt, was etwa 4% der mittleren Abflußmenge entsprach und somit hingenommen werden konnte.

In Deutschland liegen die Verhältnisse insofern günstig, als die Staumöglichkeit meist gegeben ist, so daß sich die Untersuchung weniger auf die Dichtigkeitsfrage an sich als vielmehr auf den Umfang der meist nur an der Sperrstelle notwendigen Dichtungsmaßnahmen zu erstrecken hat. Die nicht unbeträchtliche Durchlässigkeit mancher älteren Talsperren ist nach heutiger Auffassung weniger durch die Gesteinsverhältnisse an sich (starke Klüftigkeit) als durch die Unzulänglichkeit der damaligen Dichtungsverfahren bedingt.

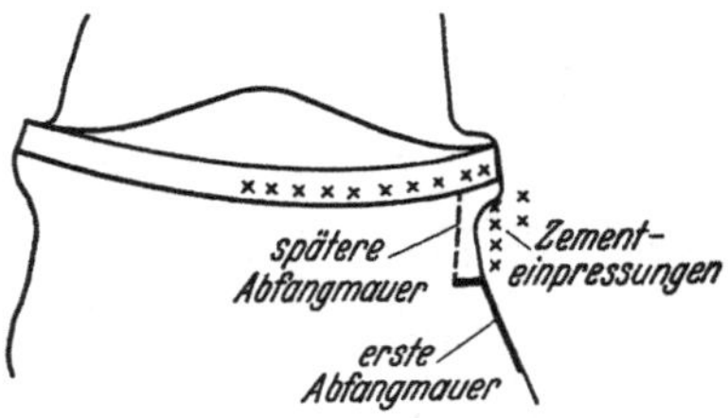

Abb. 118. Nachträgliche Dichtung der Lingese-Talsperre.

Der einzige wirkliche Versager ist die in karbonische Kalkbänke eingebettete und schon über 30 Jahre alte Henne-Talsperre an der oberen Ruhr, die bei einem Stauraum von 11 hm³ 0,1 hm³ im Tag verliert. Untersuchungen der Kalkbänke führten unmittelbar hinter der Staumauer zwei große Löcher zutage. Anfängliche Versuche, die Undichtigkeiten durch Einpressungen von Lehm zu beseitigen, blieben ohne Erfolg. Heute würde man in der Weise vorgehen, daß man in die fragwürdigen Hangzonen nach Ausräumen und Ausbetonieren der Löcher Zementmilch bis zur restlosen Sättigung einpressen würde.

Ebenfalls große Verluste wies lange Jahre die in rheinische Tonschiefer eingebettete Lingese-Talsperre auf, ein 2,6 hm³ fassender Jahresspeicher für die Wupper. Bei halber Füllung entwichen etwa 10000 und bei ganzer 20000 m³/Tag. Die Undichtigkeiten nahmen in den ersten Jahren beständig zu, bis sie sich schließlich auf den genannten Werten hielten. Da äußerlich nicht ersichtlich war, wo das Wasser verschwand, zog man Wünschelrutengänger heran und dichtete nach deren Angaben den fragwürdigen Hangbereich durch eine Abfangmauer (Abb. 118). Es zeigte sich zwar ein vorübergehender Erfolg, aber das Wasser suchte sich bald neue Kanäle und die alten Verluste waren wieder da. Vor einigen Jahren hat man nun unter dem rechten Mauerflügel und in den anschließenden Hang Zementmilch bei 6 atü eingepreßt. Der Abstand der in Abb. 118 durch Kreuze kenntlich gemachten Einpreßlöcher schwankte zwischen 3 und 5 m, und man ist zunächst $8^1/_2$ m in den Felsen hineingegangen. Es ist bezeichnend für die erfaßten Undichtigkeiten, daß manche Löcher bis zu 80 Sack Zement schluckten. Man beabsichtigt bis auf 20 m mit den Löchern herunterzugehen, falls sich neue Undichtigkeiten zeigen sollten. Weitere Beispiele nur teilweise gelungener Dichtungsarbeiten auf deutschem Sprachgebiet bilden die Tambacher Talsperre der Stadt Gotha[1] und die Talsperre der Stadt Brüx[2].

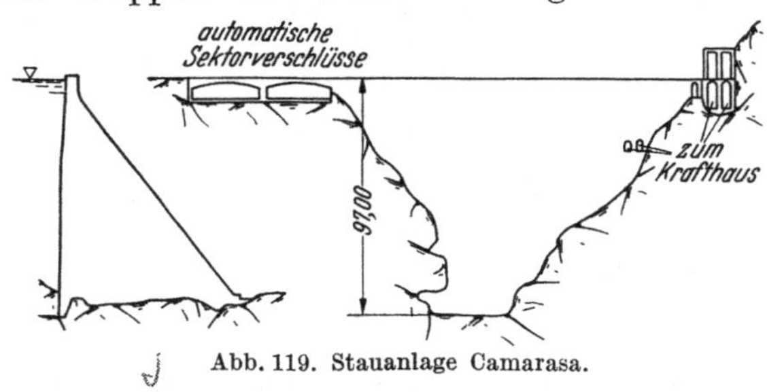

Abb. 119. Stauanlage Camarasa.

Soweit man bei der Vielfältigkeit der geologischen Erscheinungsformen überhaupt allgemeine Angaben machen kann, ist — wenn stark lösliche Gesteine wie Salze oder Gips von vornherein ausgeschieden werden — vor allen Dingen bei Kalkgestein und in geringerem Umfange auch bei weichen oder stark klüftigen Sandsteinen Vorsicht geboten.

[1] Die Gothaer Talsperre bei Tambach. Gotha 1906.
[2] Dr.-Ing. R. Weyrauch: Die Talsperre der Stadt Brüx. Stuttgart: K. Wittwer 1916.

M. Lugeon[1] berichtet von zahlreichen Talsperren, die in Kalksteingebirgen erbaut wurden. Es finden sich darunter Staubecken, wie das 72 m tiefe Monte Jaque-Becken, in dem man fast das ganze Jahr spazieren gehen kann, oder wie die 28 hm³ fassende Castillon de la Plana-Sperre, die noch nie mehr als 4 hm³ festzuhalten vermochte. Andere wie die Talsperren La Jogne, Wäggital und Barberine oder wie diejenige von Sautet haben sich bestens bewährt, was um

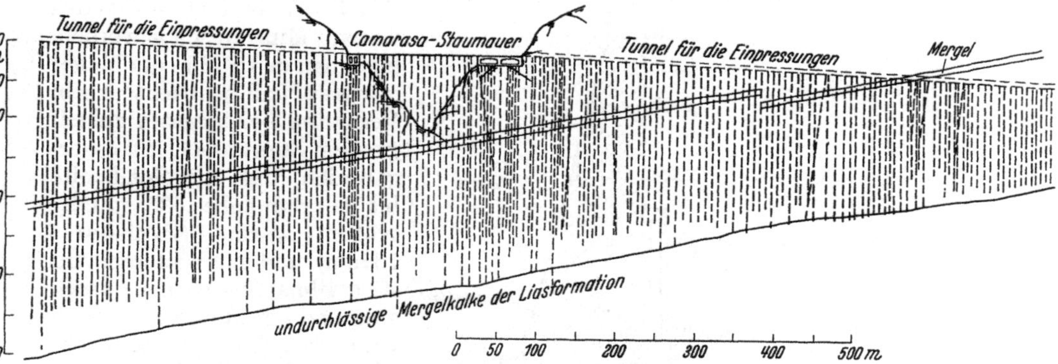

Abb. 120. Nachträgliche Dichtung der Camarasa-Sperre. (Nach Lugeon: Barrages et Géologie.)

so beachtenswerter ist, als die drei letztgenannten Talsperren zu den höchsten der Welt zählen (Wäggital 104 m, Barberine 81 m, Sautet 130 m). Wieder andere, wie die 100 m hohe Camarasa-Sperre konnten erst nach mehrjährigen und alles bisher Dagewesene in den Schatten stellenden Dichtungsarbeiten die ihnen zugewiesene Aufgabe erfüllen (Abb. 119 u. 120).

Eine die ganze Tücke eines Kalkgebirges grell beleuchtende Talsperre war diejenige von Muro-Lucano[2]. Eine weite Ebene konnte hier in einer ganz

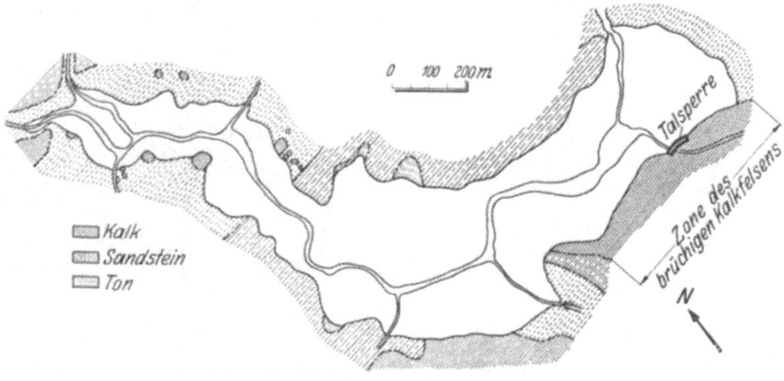

Abb. 121. Muro-Lucano-Staubecken ($6^1/_2$ hm³).

engen, von Kalksteinen gebildeten Schlucht abgeriegelt werden (Abb. 121), was durch eine 50 m hohe und etwa ebenso lange Bogenstaumauer geschehen sollte (Abb. 122—124). Das Vertrauen in die Wasserdichtigkeit und Standfestigkeit des Felsens unterlag scheinbar keinem Zweifel; insbesondere baute man auf die Dickbankigkeit und die fast senkrechte Aufrichtung der Schichten, die ja in der Tat für eine Bogenmauer ganz besonders günstig erscheinen mußte. Die Beckensohle war mit vorwiegend tonigen Alluvialablagerungen bedeckt, so daß auch hier keinerlei Befürchtungen aufkamen.

[1] M. Lugeon: Siehe Fußnote 1 von S. 78.
[2] Eingehender Bericht von Mortara und Buttiglione in Ann. Lav. pubbl. 1930 Heft 7.

Wie ein erster Reif in der Frühlingsnacht wirkte die Entdeckung eines durchlaufenden Bruches am rechten Hang der etwa 26 m hohen Staumauer als Folge eines unerwarteten, die Baustelle überflutenden Hochwassers (Abb. 123 u. 124). Bei näherer Untersuchung zeigte sich, daß er nicht nur im Felsen seine natürliche Fortsetzung besaß (Bruch *M*), sondern daß auch noch weitere Brüche *N* und *O* vorhanden waren. Mißtrauisch geworden, hieb man den Riß in der Mauer etwas auf und beobachtete sein Verhalten bei langsam ansteigendem Stauwasser. Dabei ergab sich, daß die Spaltweite bis zu Stauhöhe 535 ständig größer wurde (Höchstwert 18 mm) und bei weiterem Anstieg allmählich wieder zurück ging und bei 11 mm schließlich verharrte. Es war damit erwiesen, daß die Mauer sich am rechten Hang gegen einen beweglichen Felskeil stützte, dessen Gleichgewicht durch die Stauhöhe 535 maßgebend beeinflußt wurde. Kurz entschlossen füllte man das Staubecken bis zu dieser Höhe auf, verstärkte die luftseitigen Gewölbewiderlager und glaubte sich damit gegen den beweglichen Felskeil hinreichend gesichert zu haben.

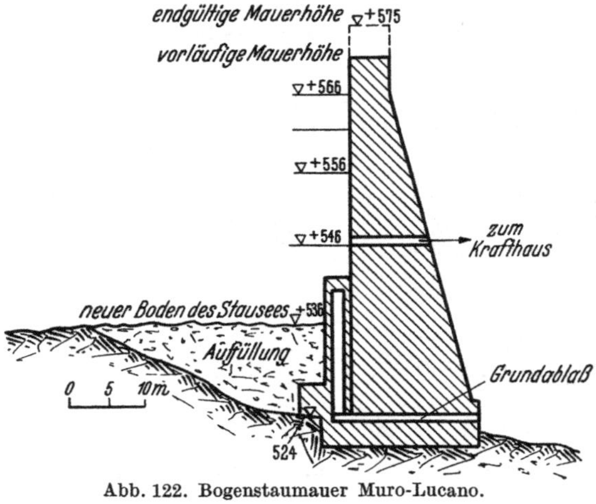

Abb. 122. Bogenstaumauer Muro-Lucano.

Der erste mit Sorgen unternommene Anstauversuch mißglückte vollkommen.

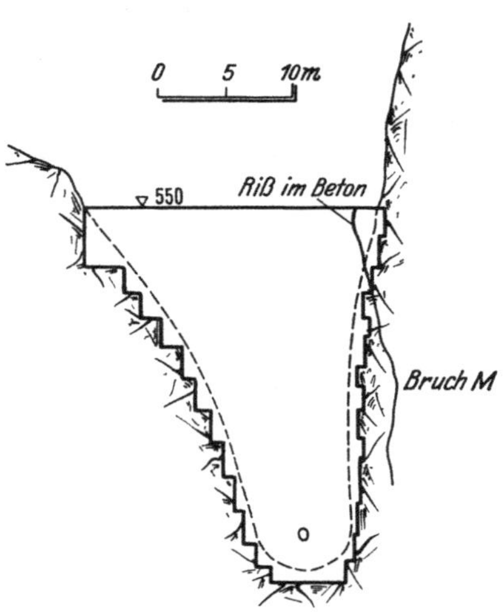

Abb. 123. Muro-Lucano-Mauer. Ansicht und Bruchverlauf.

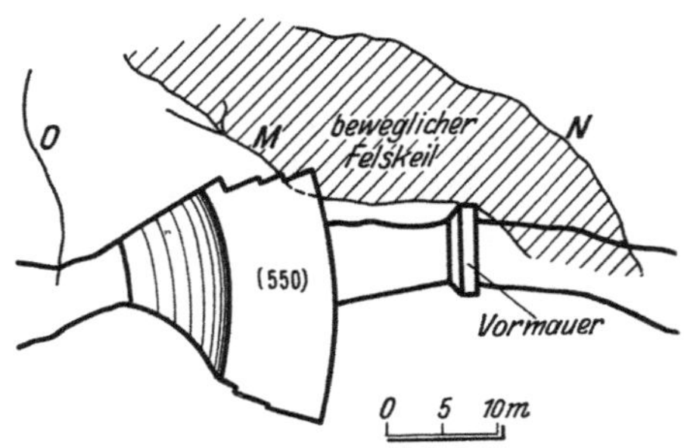

Abb. 124. Muro-Lucano-Mauer. Draufsicht und beweglicher Felskeil.

Schon bei 20 m unterhalb des vorgesehenen Höchststaues entwichen 85000 m³/Tag und beim Absinken der Zuflußmenge auf etwa 0,6 m³/s entleerte sich das Becken allmählich ganz. Die anschließend vorgenommene Untersuchung des Kalksteinhanges führte etwa 90 unter dem Stau entstandene Gänge zutage, von denen Abb. 125 die bedeutenderen zeigt. Die größten Undichtigkeiten fand man gerade in den für besonders dicht gehaltenen dickbankigen Kalkgesteinen. Um die Schäden zu beheben, wurden die größeren Klüfte mit Mauerwerk, die kleineren mit Ton verschlossen. An einigen besonders großen, mit „Verschlinger“ bezeichneten Löchern, trug man den Felsen vor der Ausmauerung weitgehend ab.

Die beschriebenen Flickmaßnahmen hatten die Wasserdichtigkeit nicht erhöht, sondern im Gegenteil vermindert, denn bei der nachfolgenden Beckenfüllung stieg der Wasserverlust auf 1,6 m³/s oder 140000 m³/Tag. Nach Ablassen des Beckens fand man in dem frisch eingebauten Mauerwerk feine Risse an der Oberfläche, die sich nach innen, teilweise bis auf 10 mm erweiterten, und auch der Verputz war an vielen Stellen gerissen. Außerdem wurden neue Wasserwege und zahlreiche neue Verschlinger festgestellt. Von der Tondichtung war überhaupt nichts mehr zu sehen. Ferner zeigte ein teilweises Abräumen der alluvialen Deckschicht, daß die großen Brüche der Hänge sich darunter fortsetzten. Es wurden nun wieder alle neu in Erscheinung getretenen Sickerwege sorgfältig vermauert und verstopft, mit dem bescheidenen Erfolg, daß „nur noch“ 80000 m³/Tag verloren gingen.

Jetzt erst ging man daran, die ganze Verwitterungsdecke des Kalkhanges zu entfernen, legte alle Brüche und Spalten frei und nahm eine Generalreinigung mit Druckwasser vor. Dann trug man, um eine einigermaßen glatte Oberfläche

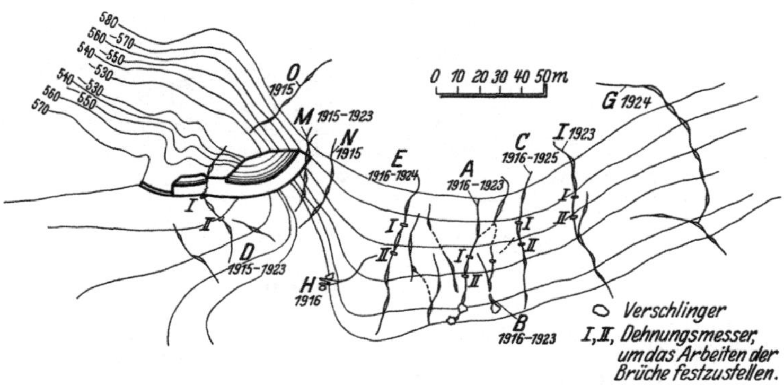

Abb. 125. Krater und Öffnungen im Kalkstein des Muro-Lucano-Staubeckens.

zu erzielen, alle hervortretenden Felsteile ab, betonierte die Spalten aus und brachte einen doppelten 4 cm starken Torkretputz auf, und zwar in Tafeln von $1^1/_2$ m Breite und 10 m Länge, die an den Fugen sorgfältig verbunden wurden. Entsprechende Vorversuche ließen es ratsam erscheinen, die zweite Torkretlage 2 Stunden nach der ersten aufzubringen. Zur Abriegelung gegen die Beckensohle wurden am Fuße der Kalkhänge tiefe Gräben ausgehoben und nach Aufbringen einer Torkretlage mit Ton schichtweise zugestampft. So gelang es schließlich nach fast 10jähriger Arbeit, das $6^1/_2$ hm³ fassende Staubecken einigermaßen dicht zu bekommen. Der Kostenaufwand belief sich auf 900000 RM entsprechend einer Verteuerung des Wassers um 13 Pfg./m³. Nähere Einzelheiten zeigt die nachstehende Zusammenstellung:

Abtragen und Ausgleichen des Felsens	350 m³ = 13%	Kostenanteil
Ausbetonieren der Brüche und Spalten	225 m³ = 37%	„
Reinigen der Oberfläche und Torkretieren	1000 m² = 40%	„
Aushub des Hanggrabens und Ausstampfen	275 m³ = 10%	„

Wird nun nach diesen das Kalksteingebirge betreffenden Sonderbetrachtungen wieder an Regelverhältnisse angeknüpft, so kann man allgemein sagen, daß die älteren Talsperren, zumal die in Schichtgesteine eingelassenen, doch vielfach recht undicht geblieben sind. Sie würden jedenfalls, gemessen an unseren heutigen Ansprüchen auf nur wenige sl Gesamtverlust, recht schlecht abschneiden. Man braucht sich nur vor Augen zu führen, was neuzeitlich gedichtete Talsperren an Zement verschlucken, um auf der anderen Seite die richtige Vorstellung von den früher verbliebenen Undichtigkeiten zu erhalten. Ganz besonders umwälzend hat hier das Verfahren der Hochdruckeinpressung gewirkt, das noch in voller Entwicklung steht (vgl. Kap. 11). Von der Bever-Talsperre wird z. B. von einem 10 m tiefen Loch berichtet, daß bei 10 atü 525, bei 40 atü 1650 kg Zement verschluckte. Ein anderes nahm bei 8 atü 350, bei 80 atü 2650 kg Zement auf[1].

Die Dichtung von Gesteinen durch Einpressen von Zementbrühe oder Chemikalien der verschiedensten Art hat sich in wenigen Jahren zu einem unentbehrlichen Sonderzweig der Tiefbautechnik entwickelt, dessen Anpassungsfähigkeit an gegebene Verhältnisse fast unbegrenzt erscheint. Auch die Versteinung von Sanden, Kiesen und Geröllen hat beachtliche Fortschritte gemacht, so daß der Augenblick vielleicht gar nicht mehr so fern ist, wo die zur Zeit noch sehr kostspieligen Verfahren in größerem Maßstabe Anwendung finden können.

Hat man Talsperren in mächtige diluviale oder alluviale Überdeckungen einzubetten, so kann man nur in den seltensten Fällen ohne umfangreiche, zusätzliche Dichtungsmaßnahmen auskommen. Wo dies außer

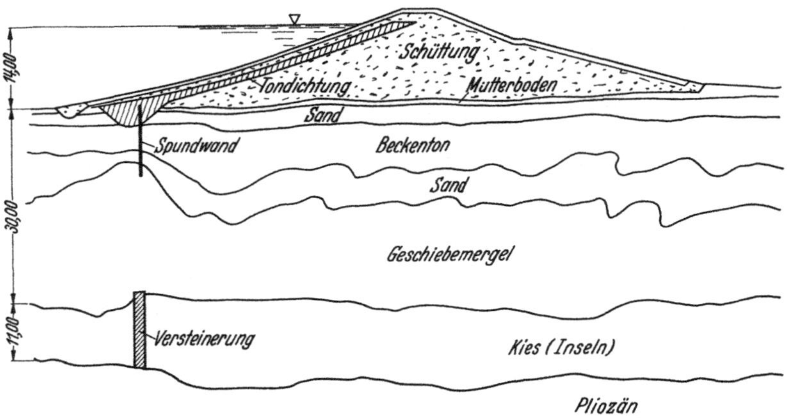

Abb. 126. Turawa-Talsperre. Dichtung des Baugrundes.

acht gelassen wurde, waren stets beträchtliche Sickerverluste die Folge. Dies beweisen z. B. verschiedene, in moränigem Gelände errichtete italienische Talsperren[2], wie aus nachstehenden Angaben ersichtlich ist:

Talsperre	Alpe Cavalli	35 m	hoch	100 sl = 8600 m³/Tag
„	Lago Varnio	24 m	„	80 sl = 6800 m³/Tag
„	Lago Vannino	26 m	„	60 sl = 5200 m³/Tag

Bei Überdeckungen aller Art muß man tunlichst bestrebt sein, durch Dichtungsschürzen im Falle von Dämmen und Ausräumen im Falle von Staumauern eine lückenlose Verbindung mit dichten Felsschichten bzw. zusammenhängenden Ton- oder Mergelschichten herzustellen. Gegebenenfalls lassen sich örtlich begrenzte oder tiefliegende Sand- oder Kiesinseln nach dem Verfahren der Gesteinsverfestigung dichten (Abb. 126). Insbesondere besteht heute die Möglichkeit, durch aneinander geschweißte Spundwände (Fort Peck-Staudamm 45 m Spundwandlänge) oder durch Druckluftgründung (Quabbin-Dämme bis zu 40 m) auch sehr große Überdeckungen zu meistern, wodurch die Anlagemöglichkeit für große Talsperren in Urstromtälern oder Anlandungsgebieten sehr gestiegen ist. Bei niedrigeren Stauanlagen wie Wehren ist es meist ausreichend, die Sickerströme durch Einbau von Hindernissen auf ein unschädliches Maß zu verlangsamen.

[1] Siehe Fußnote 1 von S. 84.

[2] Bericht des italienischen Ministeriums der öffentlichen Arbeiten über das Verhalten der italienischen Talsperren in bezug auf Wasserdichtigkeit. Ann. Lav. pubbl. 1931 Heft 6.

2. *Geländegestaltung und Staustelle.*

Wie schon in Kap. 7 näher erörtert wurde, ist die Geländegestaltung ein maßgebender Gesichtspunkt für die Auswahl der Staustelle. Insbesondere bietet der Verlauf des bezogenen Baustoffbedarfs $\bar{J}$ einen vorzüglichen Maßstab für die Güte einer Staustelle im Wettbewerb mit einer anderen. Ist auf Grund derartiger Vergleichsbetrachtungen in Verbindung mit einer ersten, noch nicht ins einzelne gehenden geologischen Geländeuntersuchung eine vorläufige Ausscheidung getroffen, so kann die genauere geologische Voruntersuchung einsetzen. Sie darf sich nicht auf die allgemeine Feststellung der vorliegenden Untergrundverhältnisse, der zu erwartenden Lage des Gründungsfelsens bzw. tragfähigen Baugrundes usw. beschränken, sondern die Aufschlußmaßnahmen müssen gestatten, nicht nur den Umfang des Aushubsbedarfs, sondern auch denjenigen der notwendigen Einpreß- und sonstigen Dichtungsmaßnahmen zu errechnen. Nur so ist man in der Lage, den tatsächlichen bezogenen Baustoffbedarf mit Aushubs- und Dichtungsbedarf festzustellen und damit eine sichere Grundlage für den bezogenen Kostenbedarf zu schaffen.

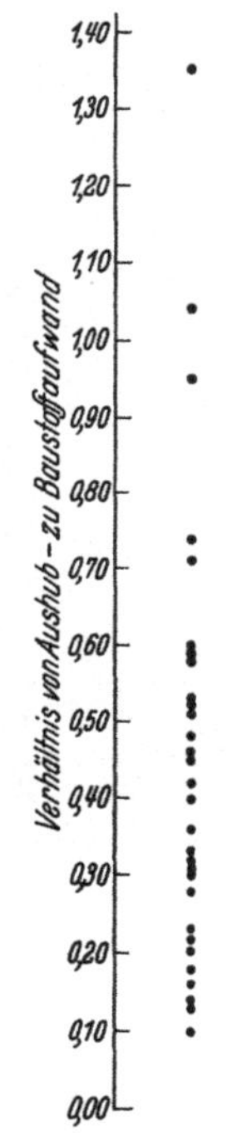

Abb. 127. Verhältnis von Aushub- zu Baustoffaufwand.

Von wie ausschlaggebender Bedeutung heute, bei den großen Betonmassen und Staudrucken derartige wirklich verläßliche Kostenvoruntersuchungen sind, beweisen die von M. Lugeon auf Seite 81 und 101 seines Buches gegebenen Zusammenstellungen über Aushubsbedarf und Dichtungsarbeiten bei einer großen Zahl ausgeführter neuerer Staumauern. Bezüglich des Aushubbedarfs haben wir sie noch durch einige Angaben von H. Ascher[1] ergänzt und in Abb. 127 veranschaulicht. Aufgetragen ist das Verhältnis vom Aushub zum Baustoffaufwand, und zwar entspricht jedem Punkte eine Staumauer. Der Bereich von 0,10 bis 0,60 ist hiernach ziemlich gleichmäßig übersät, so daß Mittelwertbildungen oder allgemeine Abschätzungen als vollständig abwegig bezeichnet werden müssen. Bei Berücksichtigung eines gewissen, dem überfälligen Aushube entsprechenden Abminderungsbeiwertes stellen die Anteilzahlen gleichzeitig den in den Baugrund versenkten Baustoffaufwand dar; dem Wert 0,60 dürfte hierbei etwa eine zu 50% in der Erde und zu 50% darüber liegende Staumauer entsprechen.

Es gibt von der Natur so begünstigte Staustellen, daß weitere Erwägungen sich meistens erübrigen. Bauweise, Gründung, Dichtungsmaßnahmen, sie sind dann lediglich noch auf die vorgefundenen Verhältnisse abzustimmen. Solche Staustellen bieten häufig die flachen Talböden der Urgebirge mit ihren steil abfallenden Hängen, die diluvialen Gletscherwannen oberhalb meist hochliegender und schmaler Felsriegel und im Oberlauf breite, dünnbesiedelte Flußtäler bei Vorhandensein engpaßartiger Einschnürungen. In allen diesen Fällen ist die Lage des Sperrbauwerks meist in engen Grenzen festgelegt. Als kennzeichnende Beispiele seien genannt: für die erste Gruppe die Schluchsee-Sperre auf der Hochfläche des südlichen Schwarzwaldes (Abb. 68), für die zweite Gruppe die Grimsel-Talsperre unterhalb des Unteraar-Gletschers (Abb. 68 und 86), die Sihl-Talsperre im Einzugsgebiet der Limmat (Abb. 14 u. 68) und die Chambon-Talsperre in den Westalpen (Abb. 128), für die dritte Gruppe die Urft-Talsperre (Abb. 129), die Waldecker-Talsperre (Abb. 42), die Möhne-Talsperre (Abb. 47 u. 52) und die Saale-Talsperren (Abb. 9 u. 57).

[1] Dr.-Ing. H. Ascher: Erfahrungen bei der Fundierung von Staumauern im Hochgebirge. Wasserkr. u. Wasserwirtsch. 1929 Heft 23.

Die Felsriegel der alpinen Gletscherwannen bieten meist Staustellen, wie sie günstiger kaum gedacht werden können. Auf engstem Raum kann

Abb. 128. Chambon-Talsperre.

Abb. 129. Urft-Talsperre (Eifel).

hier die Absperrung oft sehr großer Wassermassen erfolgen, und die Standfestigkeit des Gebirges ist in Jahrtausende umspannender Beanspruchung durch das Gletschereis nach jeder Richtung hin erprobt.

Die Alpen sind, wie Ascher in seiner beachtenswerten Studie erläutert hat, ein selten anschauliches Beispiel für den Nutzen der tektonischen Gesamtbetrachtung im Gegensatz zur Einzelbetrachtung. Sie sind, tektonisch gesehen, ein Längszonengebirge, so daß die Quertäler immer die gleichen Gesteinszüge kreuzen müssen. Demgemäß steht für den Nord- bzw. Südhang der Alpen zu erwarten, daß die für Stauanlagen maßgebenden Gelände- und Untergrundverhältnisse viele verwandte Züge tragen werden. Die als Staubecken geeigneten Gletscherböden liegen z. B. durchweg in weicheren Gesteinen, während die die Staumauern tragenden harten Felsriegel immer nahe oder in den Gesteinsgrenzen angetroffen werden. Demgemäß liegen die Staumauern bald in harten Kreide- oder Jurakalken, bald in Amphibolitzügen oder Graniten. Ein weiteres sich immer wiederholendes Merkmal ist das steile Aufsteigen der Felsriegel aus den Gletscherböden und das nicht minder schroffe Abfallen zur Talseite. Hierdurch werden die Felsriegel zuweilen so schmal, daß die Staumauer aus Gründen der Kraftübertragung ganz an den Eingang der Schlucht gedrängt wird[1].

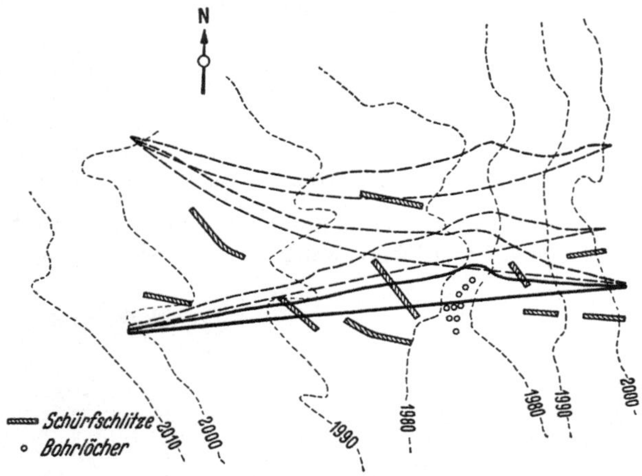

Abb. 130. Untersuchungen zur Staustellenfestlegung der Tauernmoos-Staumauer.

Es ist bei alpinen Stauanlagen nicht selten vorgekommen, daß nach Abschluß der Voruntersuchung die Staustelle nur noch innerhalb weniger Meter frei verschiebbar war. Bei der Tauernmoos-Talsperre z. B., bei der anfänglich noch eine 70 m lange Schluchtstrecke zur Wahl stand, blieb schließlich nur noch die stark ausgezogene Staustelle von Abb. 130 übrig. Von den drei eingepunktierten Wahllösungen mußte die erste wegen eines Bergsturzes, die zweite wegen eines 6 m mächtigen Torflagers und die dritte wegen Rutschgefahr ausscheiden. Man sieht, mit welcher Gründlichkeit die Voruntersuchung betrieben werden muß, wenn man sich gegen Überraschungen sichern und die günstigste Staustelle ausfindig machen will.

Zunächst wäre es falsch, den für das Auge sich als engsten darstellenden Talquerschnitt ohne weiteres als geeignetste Sperrstelle anzusprechen. Aus naheliegenden hydraulischen Gründen weisen die scharfen Engstellen häufig einen tiefen, in Mittelwasserzeiten mit Geschiebe ausgefüllten Kolk in der Felssohle auf. Dieser kann die Gründung so erschweren und verteuern, daß ein benachbarter, breiterer, aber darum auch nicht so tief ausgewaschener Querschnitt günstigere Bauverhältnisse ergibt. Dabei kann die Frage der Hochwasserfreihaltung der Baugrube eine ausschlaggebende Rolle spielen, indem sie in dem engeren Talabschnitt zur Anwendung kostspieliger und nur mit großem Zeitverlust herstellbarer Umleitungsstollen nötigt, während in dem weiteren Talquerschnitt die meist vorteilhaftere abschnittsweise Durchleitung des Hochwassers durch die Baugrube möglich wäre (Näheres im 3. Band der „Wasserkraftanlagen").

Leider erlebt man auch sonst gerade mit den hervorragend begünstigt erscheinenden Staustellen nicht selten unliebsame Überraschungen. Zunächst

[1] Ähnlich liegen die Verhältnisse im Kaukasus (nach unveröffentlichten Projektstudien Ludins und Wilsers) und anderen Faltengebirgen.

muß sehr sorgfältig untersucht werden, ob es sich auch wirklich um eine echte Felsenge und nicht etwa um einen, vielleicht schon Jahrtausende zurück-

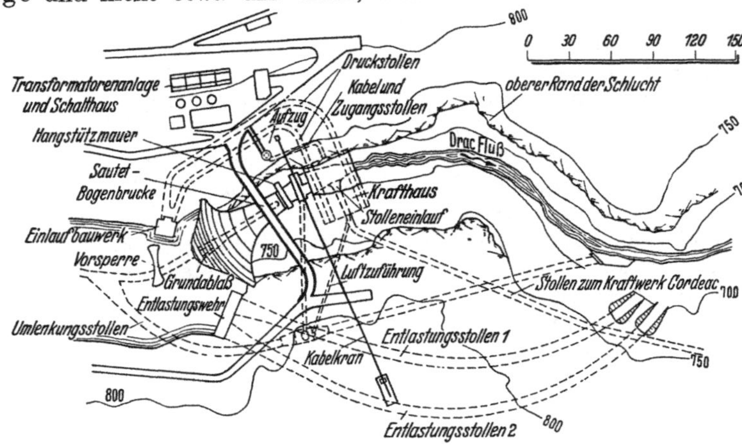

Abb. 131. Sautée-Staumauer mit Kraftwerk und Hochwasserentlastungsanlage.

liegenden, Bergrutsch handelt. Durch den künftigen Stau wird der bisherige Gleichgewichtszustand weitgehend geändert, so daß irgendwelche Beweglichkeiten sich in verhängnisvollster Weise auswirken können. Ein noch glimpflich abgelaufenes Beispiel wurde bereits unter 1. in der Muro-Lucano-Bogenmauer besprochen.

Abb. 132. Sautée-Staumauer. Ansicht von der Wasserseite mit Einlaufbauwerk (links) und Hochwasserüberlauf rechts.

Nicht minder verhängnisvoll, insbesondere in steil aufgerichteten Schluchten, können stark überragende Felsteile sein. Bei der Sautée-Staumauer, der höchsten Europas[1], hat man sich dadurch veranlaßt gesehen, die ursprünglich vorgesehene Bogenmauertreppe Mesnagers fallen zu lassen. Nach diesem ebenso kühnen wie genialen Plan hätten sich nämlich — trotz der großen Stauhöhe von 126 m — so dünne Gewölbe ergeben, daß man bei dem Verlauf des Drac-Tales (Abb. 131—133) befürchten mußte, daß ein Abstürzen von Felsteilen vor oder hinter den Gewölben die Mauern ernstlich gefährden würde. Auch der daraufhin vorgesehenen Einbogen-

[1] Génie Civ. 1935 S. 625—632. — Engng. News Rec. Bd. 115 (1935) S. 706—709. — Bauing. 1936 S. 159—160.

mauer traute man noch nicht, obwohl sie naturgemäß wesentlich stärker ausfiel. Gemäß Abb. 134 wurde unmittelbar hinter der Mauer ein dreieckiger Magerfüllbetonklotz angeordnet, durch den die Hänge gegeneinander abgestützt werden. Darüber hinaus wurde noch eine Hangabstützung, etwa bis in halbe Mauerhöhe, nötig, um das Krafthaus zu sichern (Abb. 133 u. 135), das unterhalb der Staumauer und größtenteils im Tunnel lag (Abb. 136).

Abb. 133. Sautée-Staumauer. Ansicht von der Luftseite mit Talübergang und Hangstützung.

Weiterhin muß mit größter Sorgfalt darauf geachtet werden, daß eine gegebenenfalls vorhandene *Schichtung* an der Staustelle *nicht mehr oder weniger mit dem Tal parallel* läuft (Abb. 137). Erfahrungsgemäß lockern sich in solchen Fällen die Schichtköpfe infolge der durch die stets wechselnden Witterungseinflüsse hervorgerufenen Spannungen. Bleibt für die Staustelle keine andere Wahl, so sind Schürfmaßnahmen von ganz ungewöhnlicher Ausdehnung notwendig. *Lugeon* berichtet von der geologischen Voruntersuchung für eine 100 m hohe, hochgelegene schweizerische Staumauer, bei der man in einem

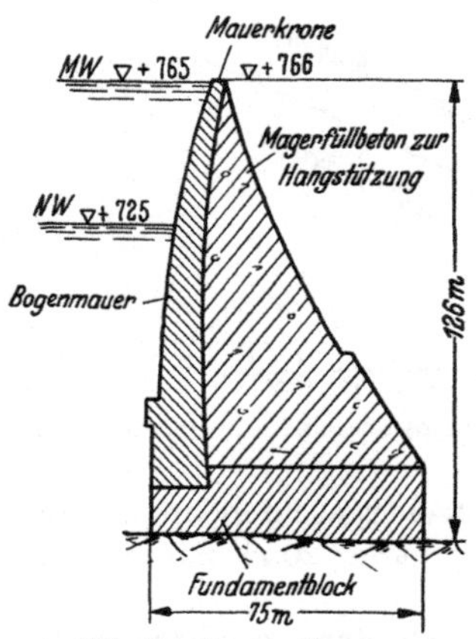

Abb. 134. Sautée-Staumauer. Querschnitt mit Hangstützung.

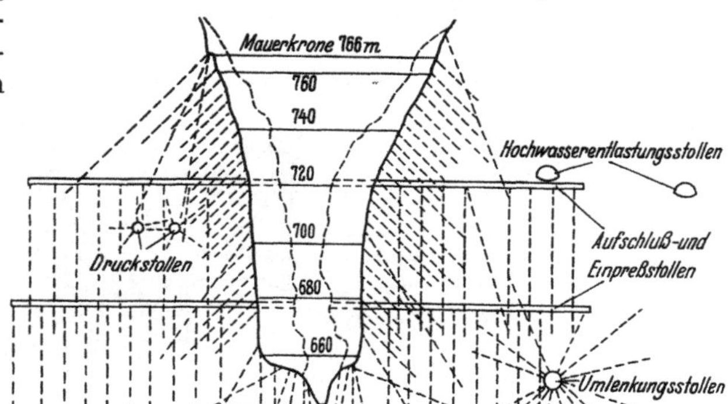

Abb. 135. Sautée-Staumauer. Hochdruck-Einpreßlöcher und Stollenanordnung.

an sich gesunden Gebirge auf eine Hangtiefe von 100 m nichts weiter als Brüche und mit Ton ausgefüllte Störungsspalten vorfand.

Außerordentlich unerfreulich sind ferner die schon unter 1. gestreiften Erosionsrinnen, zumal wenn sie infolge unzulänglicher Voruntersuchung erst beim Aushub entdeckt werden. Ihre Entstehungsursachen können sehr verschiedene sein und die Tiefe ist meist beträchtlich. Besonders bemerkenswerte Beispiele sind diejenigen von Wäggital, Owyhee und Chambon.

Wenn die Erosionsrinne, wie im Falle der Wäggi-Staumauer, mit einer im Gelände erkennbaren Tallängsverwerfung zusammenfällt, bereitet der Aufschluß keinerlei Schwierigkeiten. Man ist ohnehin gezwungen, die Lage der Verwerfung und die Verhältnisse an den

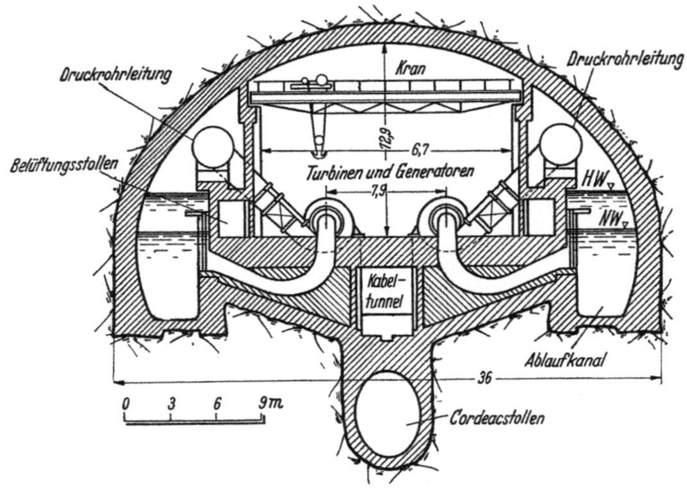

Abb. 136. Sautée-Staumauer. Krafthaus hinter der Staumauer im Felsen.

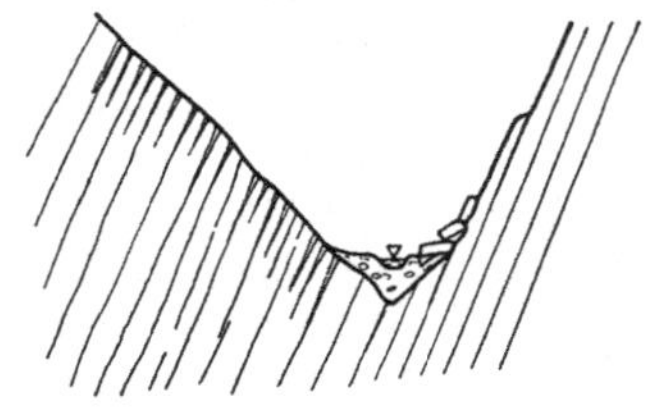

Abb. 137. Talachse im Streichen aufgerichteter Schichten.

Kontaktflächen genau zu untersuchen, und wird dann ganz von selbst auf die Rinne stoßen. Bei der Wäggi-Staumauer (Abb. 138)[1] hatte die in vorglazialer Zeit entstandene Verwerfung zu einer Schwächung und teilweisen Umkristallisation des Gesteins geführt, die dem Aabach Gelegenheit bot, sich tief in den

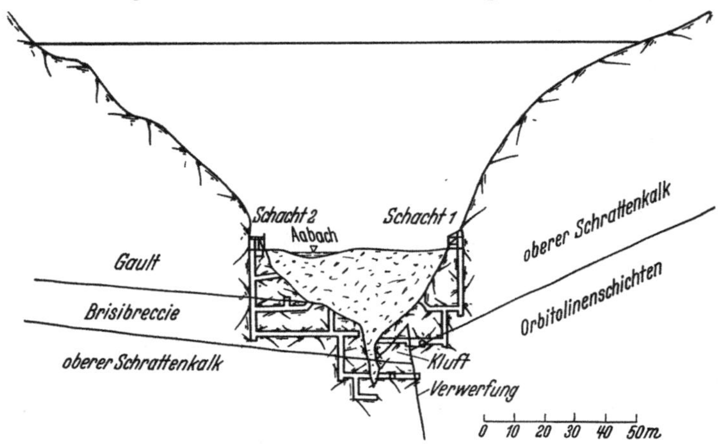

Abb. 138. Wäggi-Staumauer. Geologische Schichtung im Bereich der Erosionsrinne und Schürfmaßnahmen.

Felsen einzunagen. Später wurde die Rinne durch Gletschergeschiebe im oberen Teile muldenartig ausgeweitet, so daß ihre Tiefe auf etwa 20 m zusammenschrumpfte.

Wird der Felsriegel durch ein Massengestein gebildet, das Tallängsverwerfungen nicht erkennbar werden läßt, so kann man nur sicher gehen, wenn die Aufschlußmaßnahmen von vornherein auf eine solche Möglichkeit eingestellt

[1] Schweiz. Bauztg. Bd. 84 (1924) S. 8 u. 9.

werden. Ein warnendes Beispiel ist die Owyhee-Staumauer (Abb. 106). Das Tal war hier in eine aus harter kristalliner Lava bestehende Ergußdecke eingeschnitten, deren aus Pechblende aufgebaute Randschicht auf mächtigen Tuffgesteinen ruhte. Diamantbohrungen ergaben, daß die Längsverwerfung

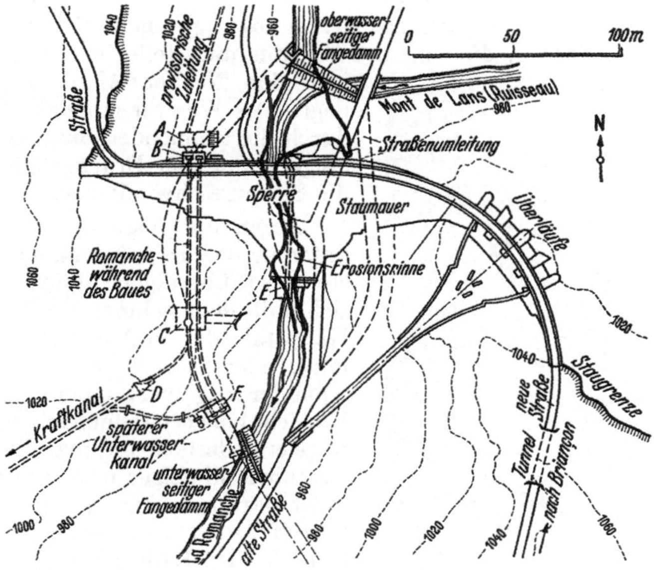

Abb. 139. Chambon-Stauanlage (Frankreich). Lageplan mit Erosionsrinne.

durch waagerechte Schollenbewegungen entstanden war, die ganz auf die Ergußdecke beschränkt waren. Jene lieferte dann, ähnlich wie im Wäggital, der Erosion eine willkommene Gelegenheit, die bei der Bewegung geschwächten Felsteile anzunagen.

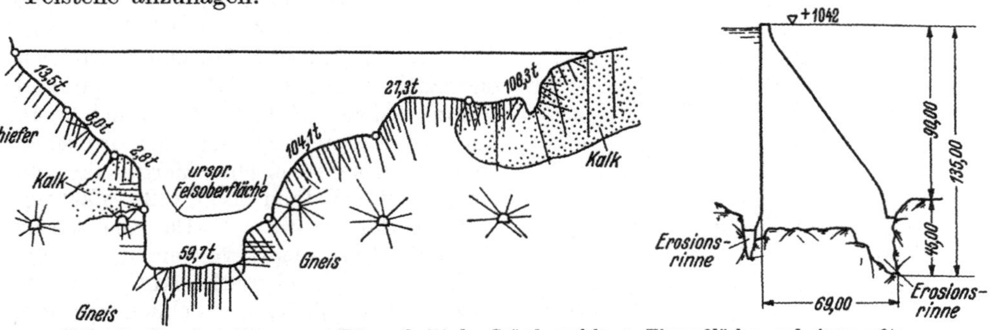

Abb. 140. Chambon-Staumauer. Längsschnitt des Gründungsfelsens, Einpreßlöcher und eingepreßte Zementmengen. Querschnitt mit Erosionsrinnen.

Die Erosionsrinne der Chambon-Staumauer (Abb. 139—141)[1] ist ein Beispiel dafür, daß es keineswegs immer so sein muß, daß Tallängsverwerfungen die Erosion einleiten. Die Rinnen liegen hier in einem harten Gneis von vorzüglicher Güte und sind reine Aushöhlungserscheinungen von Gletschergeschieben. Wie schwer die Arbeit gewesen sein muß, beweist der ungewöhnlich unregelmäßige und zackige Verlauf in Breiten- und Tiefenrichtung (Abb. 139 u. 140). Der Aushub, der auf 46000 m³ veranschlagt war, ist durch die Rinne fast verdreifacht worden (vgl. die in Abb. 140 eingezeichnete ursprüngliche

[1] Traveaux 1935. — Techn. d. Trav. 1935 S. 11f. — Génie civ. Bd. 58 (1936) S. 1f. — Bauing. 1936 S. 27—29 u. S. 189—191.

Felsoberfläche) und belief sich auf 40% des Mauerinhaltes. Die vorgesehenen Aushubs- und Betonierzeiten haben sich dadurch praktisch verdoppelt.

Es ist sehr wichtig, daß auch die Frage der Dichtigkeit von Anfang an sorgfältig mit abgewogen wird. Wenn eine Verschiebung der Staustelle innerhalb gewisser Grenzen tragbar ist, oder wenn man die Wahl zwischen zwei angenähert gleichwertigen Staustellen hat (gleiche $\bar{J}$-Werte), so verdient immer die den Vorzug, die von der Einmündungsstelle in das Haupttal oder von den Nachbartälern weiter entfernt liegt. Der Weg für mögliche Sickerströme durch die trennenden Bergriedel wird verlängert und das Druckgefälle und damit die Sickergeschwindigkeit verringert.

Abb. 141. Chambon-Staumauer. Aushub der Erosionsrinne und Versteifung der Baugrube.

Liegen die Geländeverhältnisse an der unteren, der Talgabelung näheren Sperrstelle so überragend günstig, daß man sich mit dem schmaleren Felsriedel zum Haupttal oder zu Nachbartälern abfinden muß, oder ist das Tal an der Staustelle mäanderartig verwunden, so ist größte Umsicht bei Feststellung möglicher Wasserwege erforderlich, und man kommt bei Anwesenheit klüftiger oder poröser Gesteine nicht darum herum, die unterirdische Oberfläche der wassertragenden Schicht im Höhenlinienplan darzustellen. Oft gelingt dies schon mit Hilfe einer geologischen Spezialkarte, wie ein von Lugeon mitgeteiltes Beispiel (Abb. 142)[1] zeigt, zuweilen können auch Sondierungen nötig sein. Wie die Foum el Guerza-Talsperre bewiesen hat, wird man hierzu vorteilhaft auch die Zeit und Geld sparenden geophysikalische Aufschlußverfahren heranziehen können. Bei der Foum el Guerza-Talsperre[2] handelte es sich z. B. um die Feststellung der unterirdischen Oberfläche kampanischer Mergel, die von maastrichter Kalken bis zu 132 m Mächtigkeit überlagert waren. Da geologische Spezialkarten nicht vorhanden waren, bildete der geoelektrische Aufschluß die einzige Möglichkeit, um schnell zu dem gewünschten Tiefenüberblick zu gelangen.

Es ist dringend anzuraten, mit der Aufzeichnung unterirdischer Höhenlinienpläne auch sonst nicht zu sparen. Bei verdächtigem Gestein, wie Kalken oder stark klüftigen Sandsteinen ist die Ermittlung der wassertragenden Oberfläche eine Selbstverständlichkeit. Nur so vermag man Ausdehnung und Tiefe notwendig werdender Dichtungsschürzen richtig abzuschätzen (Abb. 142) und einen sicheren Kostenvoranschlag aufzustellen. Die Bedeutung dieser Frage haben schlaglichtartig zwei neuere algerische Steinfülldämme bewiesen, bei denen die Dichtungsschürzen 25 bzw. 50% der gesamten Baukosten verschlungen haben.

---

[1] M. Lugeon: s. S. 26—28.

[2] M. R. Maillet: Prospection géophysiques des sols. Ann. l'Inst. Techn. Bd. 1 (1936) S. 66f.

Besonders sorgfältige Prüfung der Dichtigkeits- und Festigkeitsfragen ist in geschichtetem Gebirge angezeigt.

Wenn man gegen Wasserabflüsse in Nachbartäler hinreichend gesichert ist, so ist die beste Schichtung immer die bergwärts fallende und quer zum

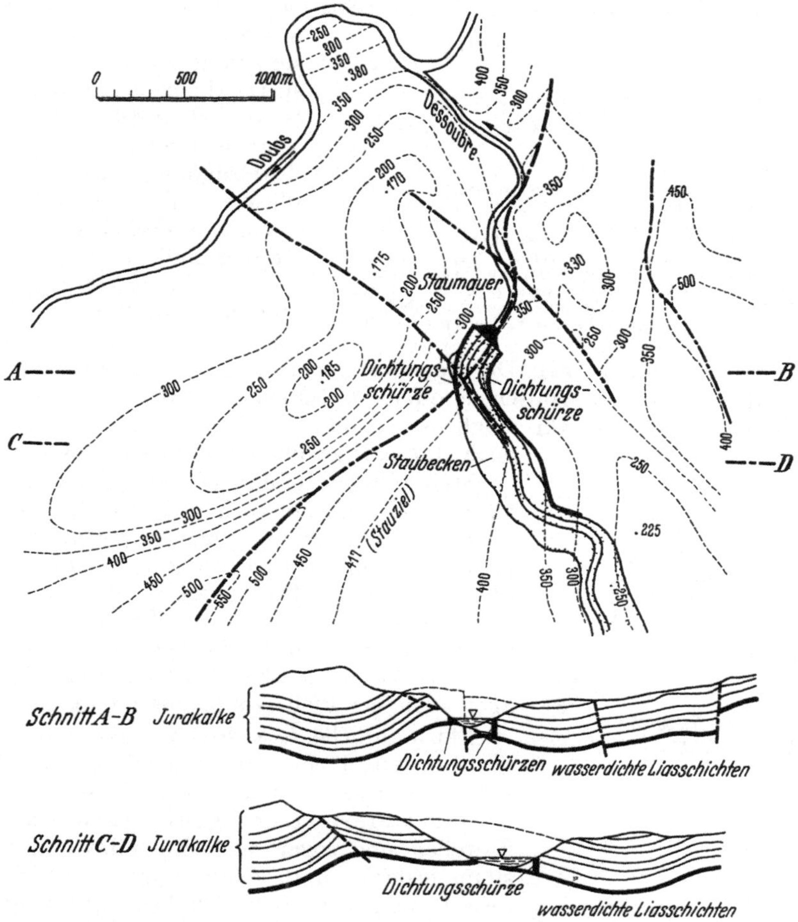

Abb. 142. Dessoubre-Talsperre (geplant). Höhenlinienplan der Oberfläche der wassertragenden Liasschichten. Dichtungsschürzen zur Sicherung des Staubeckens. (Nach Lugeon: Barrages et Géologie.)

Tal streichende (Abb. 143). Steil aufgerichtete und in Talrichtung streichende Schichtung ist, wie oben schon begründet, im allgemeinen abzulehnen, besonders auch im Hinblick auf die Möglichkeit großer Wasserverluste. Ungünstig sind meistens auch flach talwärts fallende Schichten, einmal wegen der Möglichkeit von Wasserverlusten und dann auch aus Gründen der Gleit- und Abschergefahr für das Stauwerk.

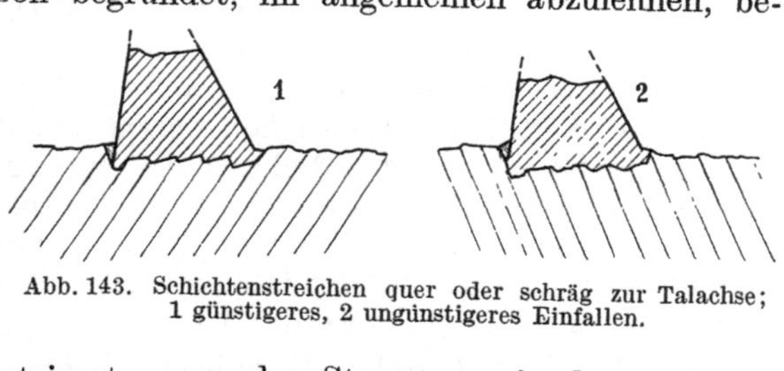

Abb. 143. Schichtenstreichen quer oder schräg zur Talachse; 1 günstigeres, 2 ungünstigeres Einfallen.

Diese Gefahr wird sehr gesteigert, wenn das Stauwasser in den vielleicht klüftigen oder porigen Grenzzonen zweier Nachbarschichten einen Weg unter dem Stauwerk hindurch nach der Unterwasserseite findet. Kann es dort nicht oder nicht ohne erheblichen Widerstand ins freie Unterwasser austreten, so wird sich ein hoher, ungünstigstenfalls dem vollen hydrostatischen Staudruck gleichkommender Fugenwasserdruck entwickeln (Abb. 144). Dieser kann unter Umständen die obersten Schichten hinter der Sperre hochdrücken und damit den Gründungsfelsen der Talsperre seines natürlichen stromabwärtigen Widerlagers berauben. So ist es z. B. zu erklären, daß beim Bruch der auf waagerecht gelagerten Sandsteinen gegründeten Austin-Talsperre (Penns.) ganze Abschnitte des Bauwerks ohne umzustürzen mitsamt einer Schicht des Gründungsfelsens talabwärts glitten[1]. Wenn unter solch ungünstigen Verhältnissen gebaut werden muß, so wird man unter anderem in erster Linie durch eine ausgedehnte Auspreßschürze am oberwasserseitigen Sperrenfuß dem Druckwasser den Durchgang unter dem Bauwerk erschweren und vielleicht noch durch zahlreiche offen zu lassende Entwässerungsbohrlöcher flußabwärts der Sperre für möglichst spannungsfreien Austritt des etwa dennoch durchziehenden Druckwassers sorgen.

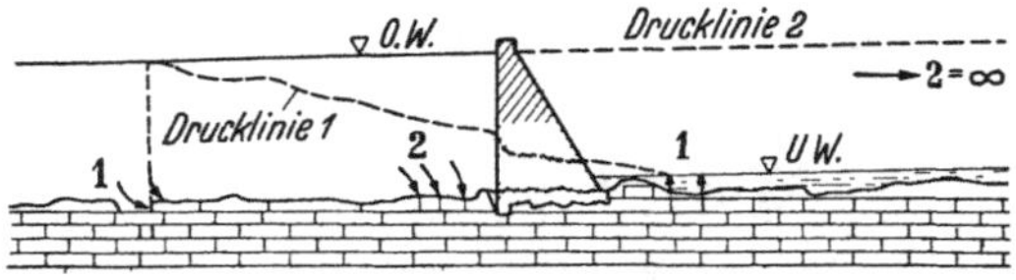

Abb. 144. Möglichkeiten des Fugenwasserdruckes in flachgelagerten Schichtgesteinen. Fall „1": Stauwasser kann nur in gewissem Abstand von der Sperre in die durchlässigen Schichtfugen ein- und aus diesen erst etwas unterhalb der Sperre austreten: Drucklinie fällt von „1" bis „1". Fall „2": Druckwasser tritt oberhalb der Sperre ein, findet aber nahe unterhalb derselben keinen freien Ausweg, so daß sich statischer Wasserdruck in mehr oder minder voller Stauhöhe ausbildet und Gefahr des Aufbruchs abwärts der Sperre vorliegt.

Steil talwärts einfallende Schichten sind zwar hydraulisch unbedenklich, müssen aber doch statisch um so mehr mit Vorsicht beurteilt werden, je besser Hauptdruckrichtung und Schichtneigung übereinstimmen. Die geringe Scherfestigkeit in Schichtrichtung ist sehr empfindlich gegen Ungleichmäßigkeiten in der Verteilung der Sohlenpressung, wie sie namentlich bei Gewichtsstaumauern, aber auch bei Pfeilerstaumauern vorkommt.

Stark lösliche Gesteine, wie Salze oder Gips, die im Staugelände selbstverständlich größte Vorsicht verlangen, können unter Umständen auch noch im tieferen Untergrund gefährlich werden. Zuweilen sind sogar noch Dolomite und Kalkgesteine bedenklich, da deren durchschnittliche Wasserlöslichkeit (1:10000) sich bei Anwesenheit von Säuren (z. B. Kohlensäure durch Einstau von Vegetation) sowie unter Druck stark erhöhen kann. Sehr fern von der Staustelle anstehender Gips ist meist unschädlich, da er sich bei Wasserzutritt in dichten Anhydrit verwandelt.

Abb. 145. Sorpe-Talsperre. Lageplan.

Wenn eine Staustelle auf Grund des ersten Befundes den Erwartungen zu entsprechen scheint und die ins einzelne gehenden Aufschlußmaßnahmen einsetzen, so ist auch die Dichtigkeit entsprechend nachzuprüfen bzw. zu untersuchen. Es ist merkwürdig, daß man dieser Frage eigentlich erst in allerjüngster Zeit die wünschenswerte Sorgfalt widmet. Die Hochdruck-Dichtigkeitsversuche, die meist in Verbindung mit Kernbohrungen durchgeführt werden können, bieten heute eine Prüfmöglichkeit, wie sie vorzüglicher und aufschlußreicher gar nicht gedacht werden kann.

Die ständig wachsenden Anforderungen von Wasser- und Energiewirtschaft haben dem Talsperrenbau eine solche Aufwärtsentwicklung gebracht, daß man mehr und mehr dazu übergehen muß, auch die weniger begünstigten

[1] Engng. News Rec. Okt. 1911 und Ludin: Wasserkräfte 1913, S. 941.

Staugelegenheiten wahrzunehmen. Um den Mangel in der Geländegestaltung auszugleichen, muß höher gestaut werden, die Staubecken ziehen sich mehr und mehr in die Länge und die Staustelle muß sich mit immer bescheideneren Ansprüchen an die Gunst der Lage abfinden. So entstehen jene breit ausladenden Stauwerke, wie sie z. B. der Sorpe-Staudamm zeigt (Abb. 145) und wie sie insbesondere in Amerika immer zahlreicher in Erscheinung treten.

Je weniger sich eine Staustelle durch die Gunst der Lage aus ihrer Umgebung heraushebt, um so größer sind naturgemäß im Entwurf die Möglichkeiten ihrer Verschiebung und um so lohnender kann eine breit angelegte geologische Voruntersuchung sein. Dies gilt insbesondere von den stark

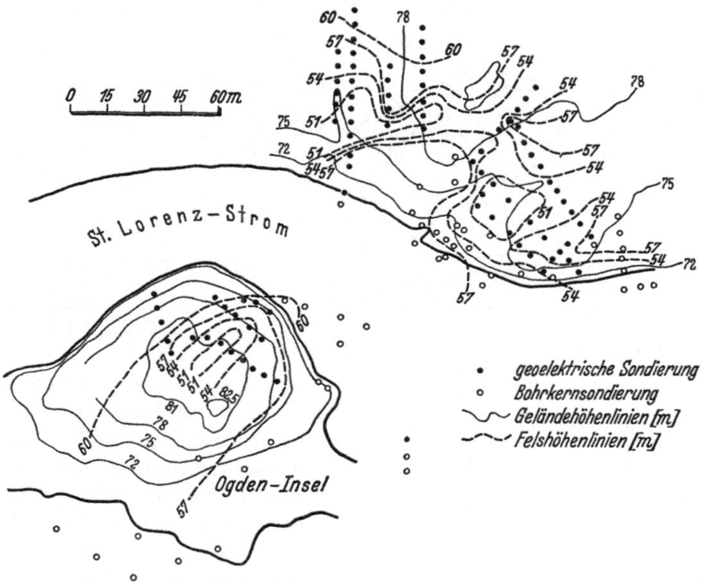

Abb. 146. St. Lorenz-Talsperre. Geoelektrische Bestimmung der Felsoberfläche unter diluvialer Überdeckung. (Nach C. Schlumberger.)

verschütteten Tälern, denn die Erfahrung zeigt, daß selbst bei streckenweise sich fast gleichbleibenden Talquerschnitten der Bettfelsen starke Unregelmäßigkeiten aufweisen kann, und erst recht natürlich im Wechselspiel der Einschnürungen und Ausweitungen (vgl. S. 93).

Bei dem Aufsuchen der günstigsten Staustelle in stark verschütteten Tälern vermag das geoelektrische Aufschlußverfahren zuweilen wertvollste Dienste zu leisten[1]. Abb. 146 zeigt z. B. den geoelektrisch ermittelten Höhenlinienplan des Bettfelsens in zwei Flächenbereichen der St. Lorenz-Talsperre. Es waren hier rund 40 ha unter einer 25 m mächtigen Alluvialdecke in 30 Tagen aufzuschließen, was rund 180 Tiefebestimmungen erforderte. Zur Bewältigung dieser Aufgabe wurden zwei Arbeitsgruppen eingesetzt, die eine Tagesleistung von je drei Sondierungen erzielten. Der gesamte Kostenaufwand betrug nur 40000 RM, d. h. 1000 RM je ha.

Was man durch ausgedehnte Bodenuntersuchungen in stark überdeckten Tälern erreichen kann, zeigte sich insbesondere beim Bau der Ariel-Staumauer, einer 95 m hohen Bogenmauer in USA[2]. Hier wurde eine

[1] F. Tölke: Die geophysikalische Baugrunduntersuchung unter besonderer Berücksichtigung der geoelektrischen Aufschlußverfahren. Bauing. 1937 S. 271—294.

[2] Engng. News Rec. Bd. 106 (1931) Heft 11.

200 m lange und durchschnittlich 35 m tief verschüttete Flußstrecke beiderseits der in Aussicht genommenen Staustelle durch gleichzeitigen Einsatz von Kernbohrunternehmern und geoelektrischen Arbeitsgruppen (Abb. 147 u. 148) nach allen Richtungen untersucht, mit dem Ergebnis, daß die günstigste Staustelle 40 m stromaufwärts gefunden wurde. Durch diese Verlegung war eine Betonersparnis von 20% und eine Kostenersparnis von $1^1/_2$ Mill. RM möglich, womit die für die Baugrunduntersuchung aufgewendeten 0,6 Mill. RM glänzend gerechtfertigt waren.

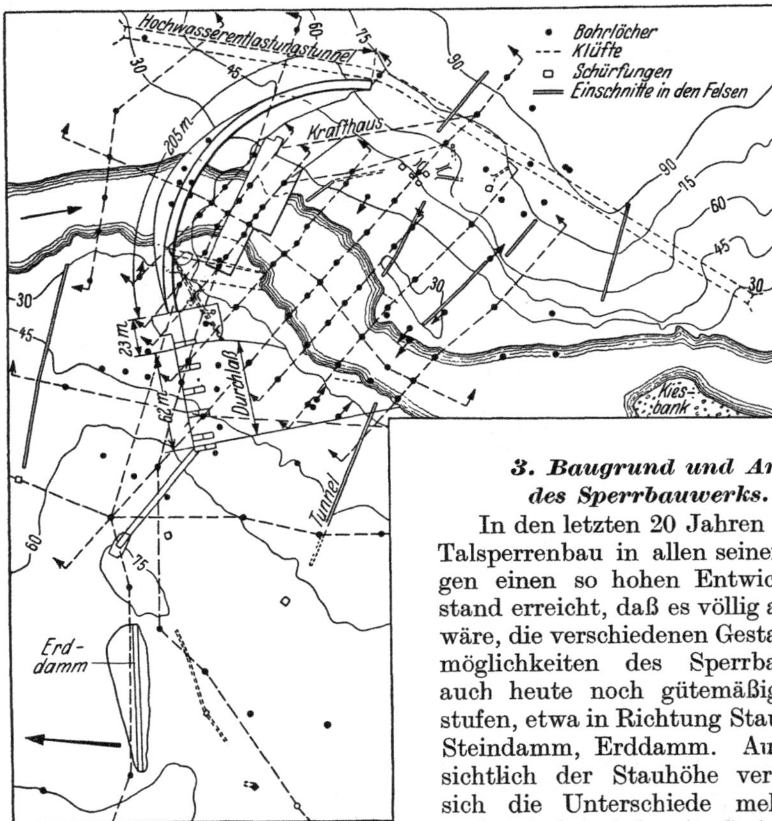

Abb. 147. Bodenuntersuchungen für die Ariel-Bogenstaumauer (USA.).

3. Baugrund und Art des Sperrbauwerks.

In den letzten 20 Jahren hat der Talsperrenbau in allen seinen Zweigen einen so hohen Entwicklungsstand erreicht, daß es völlig abwegig wäre, die verschiedenen Gestaltungsmöglichkeiten des Sperrbauwerks auch heute noch gütemäßig abzustufen, etwa in Richtung Staumauer, Steindamm, Erddamm. Auch hinsichtlich der Stauhöhe verwischen sich die Unterschiede mehr und mehr, sind doch bereits Steindämme von 100 m und Erddämme von 80 m Höhe seit längerer Zeit im Betriebe erprobt worden. Dazu kommt, daß die einzelnen Bauweisen in sich wieder zahlreiche Gestaltungsmöglichkeiten bieten, so daß man fast von einem kontinuierlichen Spektrum zwischen der steifen und felsspröden Gewichtsmauer und dem schmiegsamen, im Spülverfahren hergestellten Erddamm sprechen kann, mit dem sich allen Baugrundverhältnissen in angenehmster Weise Rechnung tragen läßt.

Die Staumauer verlangt einen unnachgiebigen, wasserbeständigen und möglichst einheitlichen Baugrund. Bei uneinheitlichem Baugrund ist darauf zu achten, daß durchlaufende Grenz- und Trennungsflächen nicht der Hauptdruckrichtung mehr oder weniger gleich laufen.

Einen vorzüglichen Baugrund bieten nicht kaolinisierte, verruschelte oder sonstwie zersetzte Massengesteine, wie kristalline Schiefer (Gneiß, Quarzit, quarzitiger Glimmerschiefer, tonschiefriger Phyllit), Orthoklase (Granit, Syenit, Quarzporphyr) und Plagioklase (Diorit, Gabbro). Weniger erfreulich sind stark glimmerhaltige Glimmerschiefer und gelockerte oder vertonte Phyllite. Sie neigen zu großer Spaltbarkeit und leichtem Zerfall.

Ähnlich gute Gründungsverhältnisse gewähren die eruptiven Ergußdecken (Diabas, Melaphyr, Basalt, Andesit, Trachyt, Liparit), sofern sie in hinreichender Mächtigkeit unzersetzt anstehen. Die oft in diesen Gesteinen vorkommenden Gasblasen (Mandelstein) sind unbedenklich, sofern sie nicht unmittelbar oder durch klaffende Risse in ausgedehntem Zusammenhang stehen. Die Ergußdecken treten oft in mehreren mit großen Zeitzwischenräumen entstandenen und einander überlagernden Schichten auf und zeigen dann häufig in der Umgebung der Berührungsflächen benachbarter Schichten durchgehende Verwitterung und Wasserführung, die zu großer Vorsicht mahnen. Bei Basalt muß auf die Säulenrichtung geachtet werden, denn quer dazu gerichtete Drucke können unter Umständen nachgiebiges Widerlager finden.

Bei Eruptivgesteinen erhebt sich zuweilen die Frage einer später (nach dem Bau) zu erwartenden Gesteinsverwitterung und Zersetzung. Hierzu hat sich Leppla[1] auf Grund seiner Erfahrungen wie folgt geäußert: „Die spätere Gesteinsverwitterung und Zersetzung hat für den Gründungsfelsen weniger Bedeutung, weil sie meist nur bei Zutritt von atmosphärischer Luft (Sauerstoff) vor sich geht, und diese Möglichkeit unter der Mauer und unter dem Wasser beschränkt ist. Ich würde z. B. gegen die Errichtung einer Staumauer auf einem zum Sonnenbrand neigenden Basalt, solange er wenig oder gar nicht verwittert oder zersetzt ist, keine Bedenken tragen, wie ich es auch für belanglos halten muß, ob eine Staumauer auf einem durch feine Haarrißbildung zum leichten und kleinsten Zerfall neigenden Granit (Riesengebirgsgranit) errichtet wird, wenn der Granit selbst noch seine Gemengteile, besonders den Feldspat, unvertont und in hinreichender Frische und Festigkeit enthält. Dicht gedrängte, wirr durcheinanderlaufende, feine Haarspalten in manchen Massengesteinen (Graniten, körnigen Diabasen, Porphyriten, sonnenbrandigen Basalten usw.) bergen an und für sich nur an der Luft und unter dem Einfluß starker Wärmeschwankungen eine Gefahr in sich, weniger aber im Untergrund einer Staumauer.“

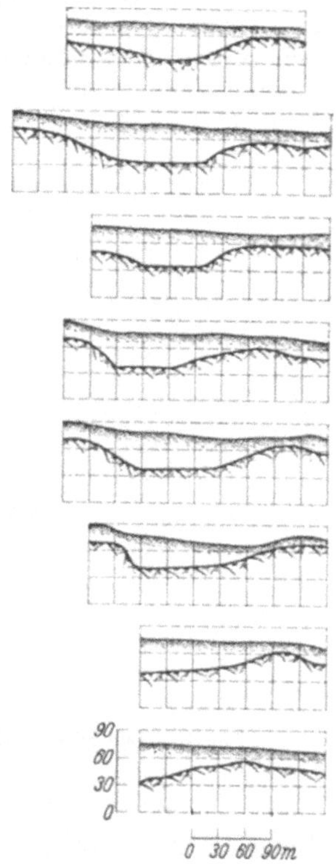

Abb. 148. Geoelektrisch aufgenommene Querschnitte im Gelände der Ariel-Staumauer. (Nach R. M. Maillet.)

Hinsichtlich etwaiger schon im Naturzustande von Wasser (Grundwasser) durchzogenen porigen oder klüftigen Gesteinsschichten des Baugrundes ist zu beachten, daß der Wasserverkehr in ihnen eine erhebliche und vielleicht sehr nachteilige Belebung erfahren muß, wenn das hochgestaute Oberflächenwasser durch Querrisse, Klüfte, Bohrlöcher usw. Zutritt zu diesen Schichten finden kann. Diese Erwägung weist wiederum auf die Wichtigkeit der Abdichtungsmaßnahmen (Schürzen) hin, die so stark und so allseitig ausgedehnt sein müssen, daß sie derartige Grundwasserströmungen praktisch unterbinden.

Sedimentgesteine, die mit Quarz oder Tonschiefersubstanz gebunden sind, stehen den Massengesteinen an Güte in nichts nach. Insbesondere liefern Quarzite, Grauwacken und Grauwackesandsteine einen vorzüglichen Baugrund. Bei Phylliten und Tonschiefern darf sich die Hauptdruckrichtung nicht zu sehr der Schieferungsrichtung nähern, da sonst Gleitgefahr besteht. Auch die außerordentlich starke Spaltbarkeit rein physikalischer Gesteine mahnt zur Vorsicht.

[1] Geologische Vorbedingungen der Staubecken. Von Prof. Dr. Leppla, Berlin. Zbl. Wasserbau u. Wasserwirtsch. 1908.

Die Güte der Sandsteine unterliegt, je nach Entstehung und Verkittung, großen Schwankungen. Bei quarzhaltigem Bindemittel ist in den meisten Fällen die Festigkeit ausreichend; dagegen sind Klüftigkeit und Porigkeit oft zu groß. Man stößt z. B. gar nicht so selten auf Buntsandsteine mit Porigkeitsgraden zwischen 0,10 und 0,15. Kalkige und tongebundene Sandsteine oder Sandsteine mit Kalken oder Tonen in abwechselnder Schichtfolge (Molasse) sind für Staumauern im allgemeinen ungeeignet. Das gleiche gilt für mergelige Gesteine aller Art.

Kalksteine liefern, wenn die Frage der Dichtigkeit des Staubeckens, sei es auf Grund der Lagerungsverhältnisse oder in Verbindung mit geotechnischen Maßnahmen, geklärt ist, meist gute Widerlager für Staumauern.

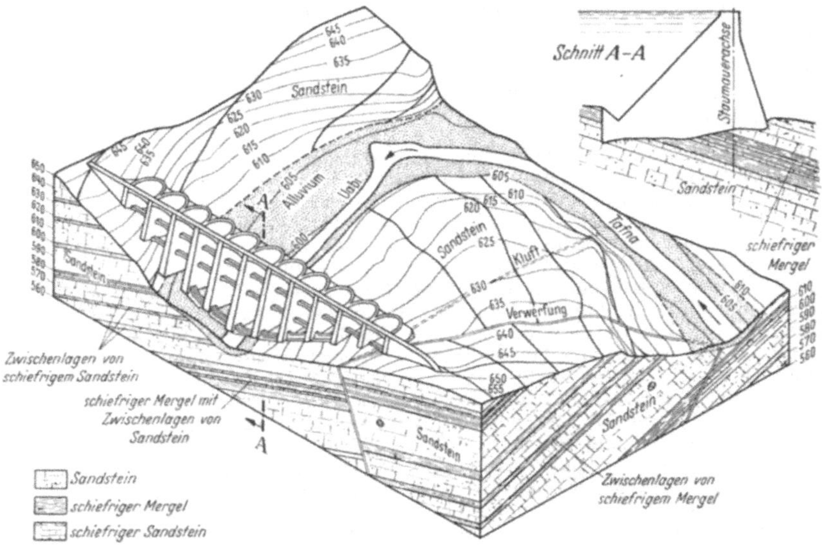

Abb. 149. Geologische Schichtenlagerung im Untergrunde der Beni-Bahdel-Pfeilerstaumauer.

Insbesondere sind hier die dickbankigen Kalksteine und die dolomitischen Gesteine zu nennen, ganz gleich ob es sich um Kreide-, Jura- oder Trias-Kalke handelt.

Ungeeignet für Staumauern sind alle unvollkommen verfestigten oder stark tonhaltigen Gesteine, insbesondere die Schiefertone, in denen Ton und Alkalien noch als getrennte Silikate auftreten. Sie sind infolgedessen weder luft- noch wasserbeständig, neigen zu Quellerscheinungen und Zerfall und besitzen einen außerordentlich geringen Scherwiderstand.

Einen Baugrund von ganz besonderer Güte verlangen die Bogenmauern, da sie gegen Nachgiebigkeit der Felswiderlager außerordentlich empfindlich sind. Insbesondere muß hier Gewähr gegeben sein, daß sich der Querschub unmittelbar im Bereich des Taltroges ausgleichen kann, was z. B. bei Tälern mit durchlaufenden Längsverwerfungen nicht immer mit Sicherheit möglich ist. Auch bezüglich Schichtlagerung, Schieferung, Spaltbarkeit usw. muß bei Bogenmauern ein ganz besonders strenger Maßstab angelegt werden.

Sind es bei den Bogenmauern die Hänge, so ist es bei Gewichtsmauern der Talboden, der die höchste Beanspruchung aufweist. Insbesondere können die wasser- und luftseitigen Mauerfüße zuweilen sehr große Pressungen erfahren, Pressungen, die manchmal ein Vielfaches der „nach der Trapezregel errechneten“ ausmachen. Man darf nicht übersehen, daß jede Rechnung nur die

Durchschnittswerte erfaßt, aber nicht die Spannungsspitzen, die durch Kerb- und Einschnürungswirkungen aller Art hervorgerufen werden. Hierauf ist es in erster Linie zurückzuführen, wenn hohe Gewichtsmauern, genau gesehen, weit größere Ansprüche an den Baugrund stellen, als gleich hohe Bogen- oder Bogengewichtsmauern, deren hochgradige statische Unbestimmtheit ein Auftreten von Spannungsspitzen nur in bescheidenem Umfange zuläßt.

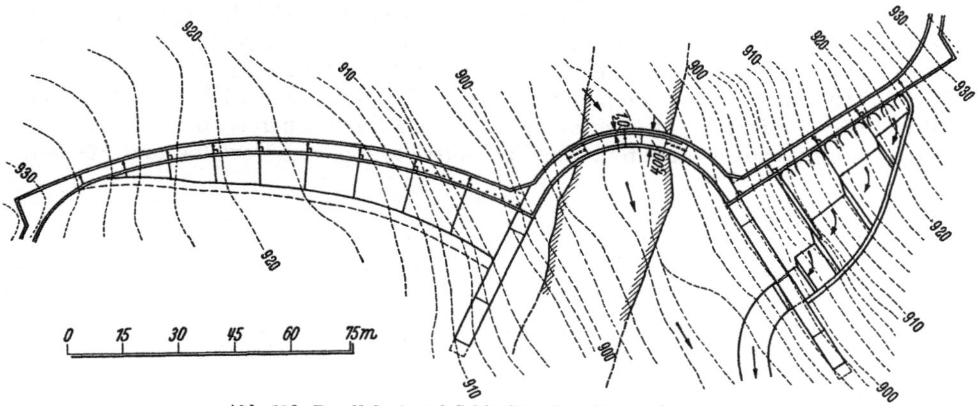

Abb. 150. Parallelentwurf Schluchsee-Staumauer, Grundriß.

Die **Pfeilerstaumauer** bietet neben ihrer im Vergleich zur Gewichtsmauer größeren Wirtschaftlichkeit noch das Angenehme, daß sie die Bodenpressungen auf einen größeren Bereich (in Talrichtung gesehen) und gleichmäßiger verteilt und so den Felsen schont. Man hat deshalb gerade bei etwas weicherem Untergrund Pfeilerstaumauern gern den Vorzug gegeben; ein lehrreiches Beispiel ist die 50 m hohe Beni-Bahdel-Pfeilerstaumauer (Abb. 149). Die Eisenbeton-

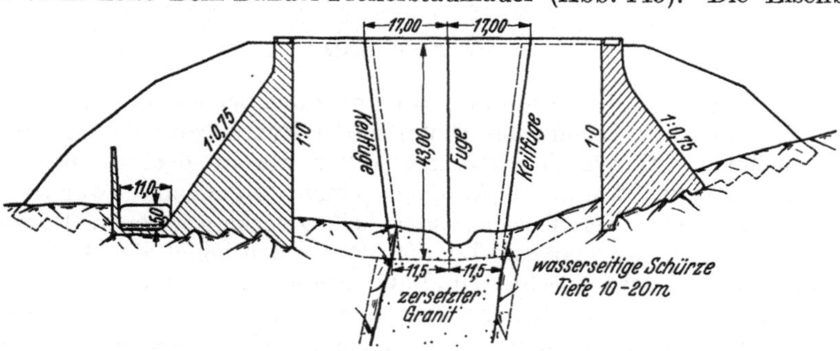

Abb. 150a. Parallelentwurf Schluchsee-Staumauer. Schnitt und Ansicht von Luftseite.

Plattenstaumauer ist sogar schon bei nachgiebigem Baugrund mit Erfolg angewendet worden, was aber weniger zur Nachahmung als zur Beleuchtung der letztlich bestehenden Möglichkeiten erwähnt sei.

Eine besondere Sorgfalt verlangen **Erosionsrinnen und Ruschelzonen**. Wenn man sie bergmännisch ausräumen kann, wie im Falle von Owyhee-, Wäggital- und Chambon-Staumauer, geht es noch, aber leider kommt man oft um eine Überbrückung, wie im Falle der Schluchsee- oder Tijuana-Staumauer, nicht herum, was meist mit großen zusätzlichen Kosten verbunden oder weniger sicher ist.

Wenn eine breite Ruschelzone oder Erosionsrinne rechtzeitig, d. h. schon bei der Voruntersuchung festgestellt wird und die Gründungsverhältnisse außerhalb des Störungsbereichs vorzügliche sind, kann die Überbrückung ohne ins Gewicht fallende Mehrkosten mit Hilfe einer **Bogenmauer mit verlorenem Widerlager** erfolgen. Abb. 150 und 150a zeigen eine derartige Überbrückung der Schluchsee-Ruschelzone, die aber nicht zur Ausführung kommen konnte, da die weitere Voruntersuchung mit der Möglichkeit weiterer kleinerer Ruscheleinlagen rechnen ließ, so daß eine allzu starke Zusammenballung der Bodenpressungen nicht angebracht war.

Wie man aus den Abbildungen erkennt, sah der Entwurf über der Ruschelzone einen aus Gewölbe und Pfeilern bestehenden, in sich geschlossenen Tragkörper von 4 m Wandstärke vor, an den sich seitlich, durch Fugen getrennt, zwei Hanggewichtsmauern anlehnten. Um eine gewisse Nachgiebigkeit zu sichern, wies das Gewölbe außer den Kämpferfugen und einer Mittelfuge noch zwei sich auf die Ruschelzone aufsetzende Keilfugen auf. Es war beabsichtigt, die beiden Mittelblöcke zuerst zu betonieren, damit sie der Nachgiebigkeit der Ruschelzone entsprechend sacken konnten. Für die Ausrichtung von Gewölbe und Pfeilern

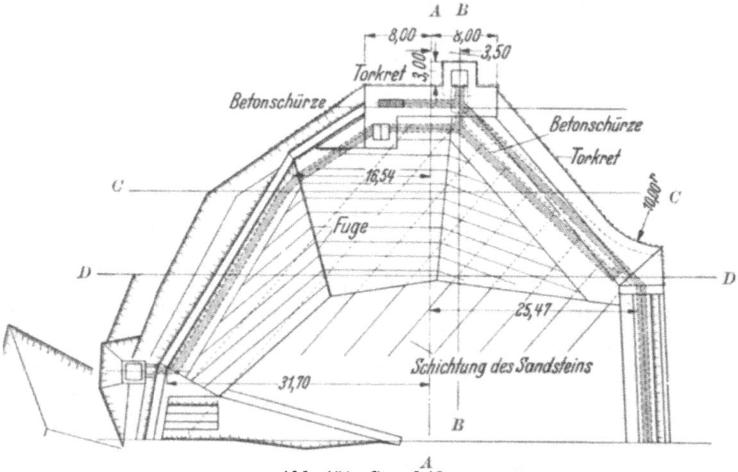

Abb. 151. Grundriß.

war maßgebend, daß die Gründung auf unbedingt sicherem Gelände erfolgen mußte. Insbesondere war auf das Einfallen der Ruschelzone nach rechts Rücksicht zu nehmen. Durch die Keilfugen sollten die auf der Ruschel ruhenden Gewölbeteile in die Kämpferblöcke eingespannt werden, und zwar so, daß sie sich bei Nachsacken der Ruschel oder bei unvorhergesehenen Rutschungen immer fester ineinander zogen. Da die Wasserdichtigkeit des Ruschelgranits nicht in Frage zu stehen schien und die Standsicherheit der Gewölbe auch ohne ein Absetzen in der Ruschelzone gewährleistet war, wurde eine 10 bis 20 m tiefe Schürze als Sicherheit gegen Unterströmen als ausreichend angenommen.

Der Steindamm, der in den letzten 15 Jahren in Italien, Nordafrika und Nordamerika — sei es als Trockenmauerwerksdamm oder als Steinfülldamm — eine bewundernswerte Entwicklung erfahren hat, scheint mehr und mehr dazu berufen, überall dort zur Anwendung gebracht zu werden, wo Staumauern auf Grund der vorgefundenen Felsverhältnisse schwierig oder untragbar erscheinen, was allerdings nicht heißen soll, als wäre das Anwendungsgebiet des Steindammes auf solche Verhältnisse beschränkt. Es ist eine reine Frage der Wirtschaftlichkeit, ob man, wenn beide Anwendungsmöglichkeiten gegeben sind, eine Staumauer oder einen Steindamm zur Ausführung bringt. Der 100 m hohe Salt Lake-Steindamm, der höchste der Welt, ruht z. B. in einem Granitmassiv von einzigartiger Beschaffenheit. Hier verlangte die einsame Lage der Staustelle und die Unzugänglichkeit des Geländes eine tunlichste Beschränkung und Vereinfachung der Baustellenausrüstung. Dieser Forderung paßte sich der Steindamm am besten an.

Der Steindamm ist auch die gegebene Bauform, wenn Schiefertone im Sperrgelände anstehen. Welche Vorsichtsmaßnahmen hierbei ergriffen werden

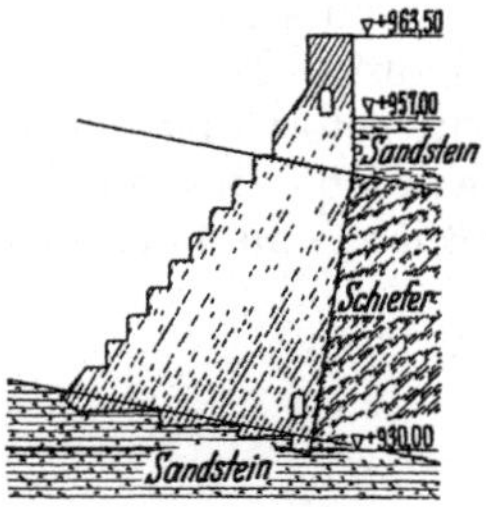

Abb. 152. Schnitt *A—A*.

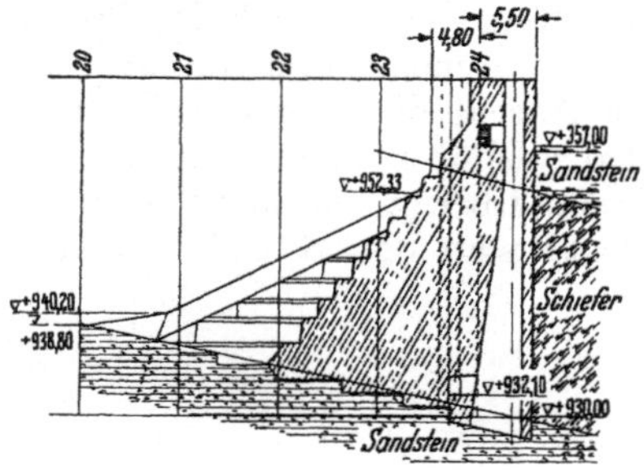

Abb. 153. Schnitt *B—B*.

müssen, möge kurz an dem Beispiel des Foum-el-Gueiss-Steindammes (Nordafrika) beleuchtet werden[1]. Am rechten Hang dieses Steindammes (Abb. 151

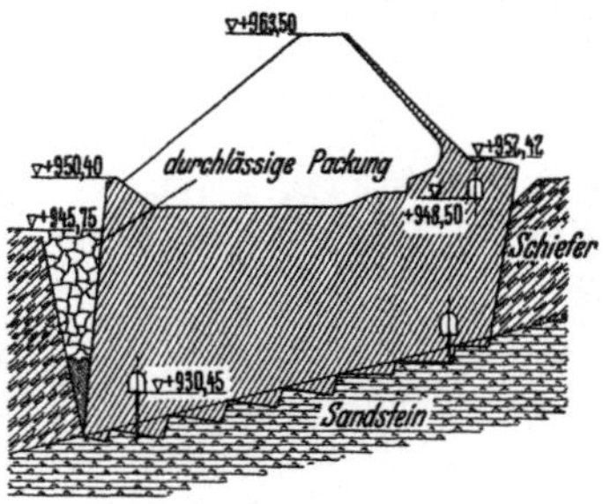

Abb. 154. Schnitt *C—C*.

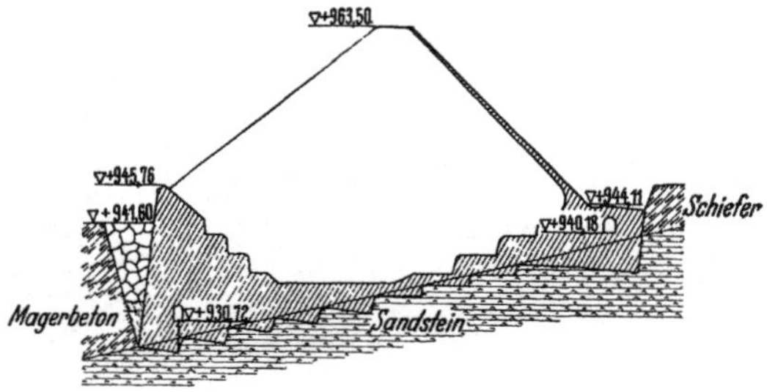

Abb. 155. Schnitt *D—D*.

Abb. 151—155. Foum-el-Gueiss-Steindamm. Sechseckige Einfaßmauer zur Sicherung des Schiefertonanschlusses.

bis 156) wurde jenes gefährliche Gestein in breiter Ausdehnung angetroffen, und die eingehenden mineralogischen und technologischen Untersuchungen

Abb. 156. Foum-el-Gueiss-Steindamm. Hangeinfaßmauer und torkretierte Schiefertonanschlußflächen während der Herstellung.

ergaben, daß es keine seiner berüchtigten Eigenschaften vermissen ließ. Schon nach 8stündiger Luftumspülung trat teilweise Zersetzung ein, und nach

[1] Ann. l'Inst. Techn. du bâtiment et des Traveaux publics" Bd. 1 (1936) Heft 5.

24 h war diese soweit fortgeschritten, daß das Gestein, ins Wasser gelegt, vollständig zerfiel (St. Francis-Katastrophe!). Es kam also alles darauf an, den Schieferton sofort nach der Freilegung dem Einfluß der Luft zu entziehen, ihn soweit wie möglich im Ausgangszustand zu belassen und strömendes Wasser von der Anschlußfuge unter allen Umständen fernzuhalten. Demgemäß nahm man den Aushub immer nur in kleinen Flächen vor, die sofort abgeglichen, mit Streckmetall belegt und mit Spritzmörtel abgedeckt wurden. In baulicher Hinsicht legte man den Steindamm längs der Anschlußfläche in eine vieleckige

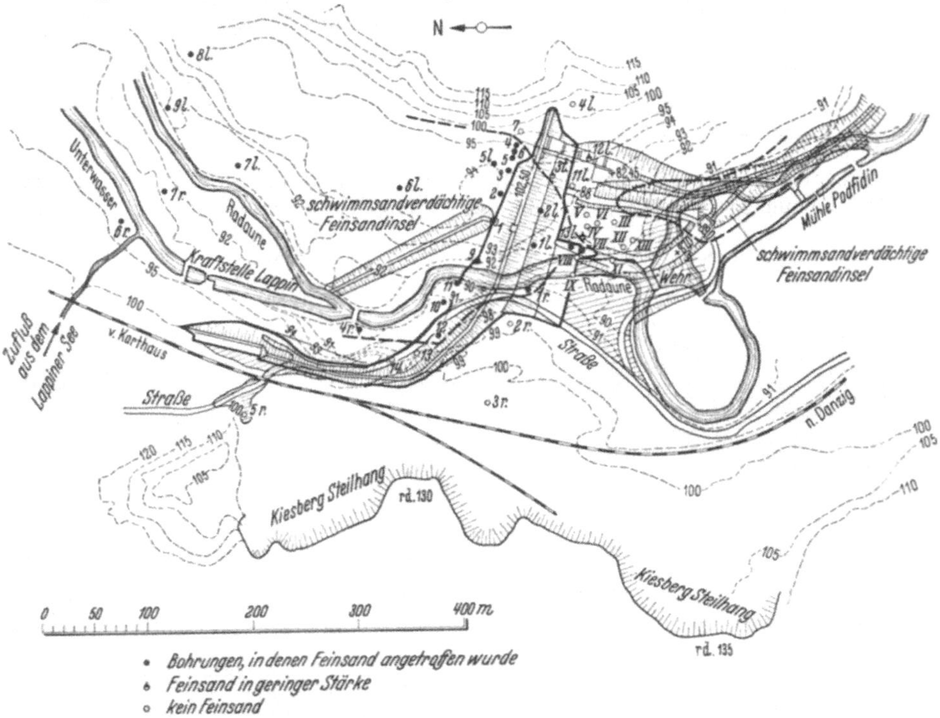

Abb. 157. Staudamm und Kraftwerk Lappin. Grundriß mit schwimmsandgefährdeten Feinsandinseln. (Nach Zippel.)

Umfassungsmauer, deren Anschlußfuge durch einen sorgfältig gedichteten Quersporn gegen Umströmen gesichert war. Der mit dem Sporn verbundene Prüfschacht sollte die Möglichkeit bieten, die Wirksamkeit der Dichtung ständig zu überwachen.

Die größte Anpassungsfähigkeit an den Baugrund gestattet der Erddamm; insbesondere ist er nicht mehr an Fels als Baugrund gebunden. Er kann bei meist nur geringen Abdeckungsarbeiten auf fast jeden Baugrund aufgesetzt werden, wenn dieser nur dicht ist oder durch zusätzliche geotechnische Maßnahmen gegen Unter- oder Umströmung abgeriegelt werden kann. Die letzteren nehmen bei Erddämmen vielfach außerordentliche Ausmaße an, was beim Kostenvergleich wohl zu beachten ist. Die Fälle sind gar nicht so selten, wo man es weniger mit einem Erddamm als vielmehr mit einer Grundwassersperre mit Erddammaufsatz zu tun hat.

Das Anwendungsgebiet des Erddammes hat sich in den letzten Jahren sehr ausgedehnt, selbst dorthin, wo früher die Staumauern allein das Feld beherrschten — wie im Rheinischen Schiefergebirge. Das Hauptanwendungsgebiet sind die weit verbreiteten Gebirgstäler mit diluvialer und alluvialer Verschüttung. Diese Täler weisen bei mehr oder minder steilen Hängen meist flache Talböden auf, unter denen der Fels sehr tief liegt und wo Schütt-

bzw. Spülmassen in reichlichem Maße vorhanden sind. Es handelt sich hierbei oft um Arbeiten ungeheuren Ausmaßes. Der im Bau befindliche Fort Peck-Spüldamm ist z. B. 23 km lang und benötigt eine Erdbewegung von 76 hm³.

In Gebieten mit Talverschüttung ist bei Anwendung des Erddammes besondere Vorsicht geboten, denn diese weisen gewöhnlich alte (verschüttete) und neue (epigenetische) Erosionstäler auf, wobei die ersteren meist mit sehr durchlässigem Schutt verfüllt sind (Abb. 117). Gelingt es dem Stauwasser, mit dem alten Talsystem, z. B. über einen Nebenarm, Verbindung zu bekommen, wird dieses gewissermaßen neu belebt. Die Folge sind große Wasserverluste, unter Umständen auch unterirdische Auswaschungen, die zum Grundbruch und damit Einsturz des Dammes führen können, wenn nicht die Dichtung, wie es stets anzustreben ist, bis zum Felsen heruntergeführt wird.

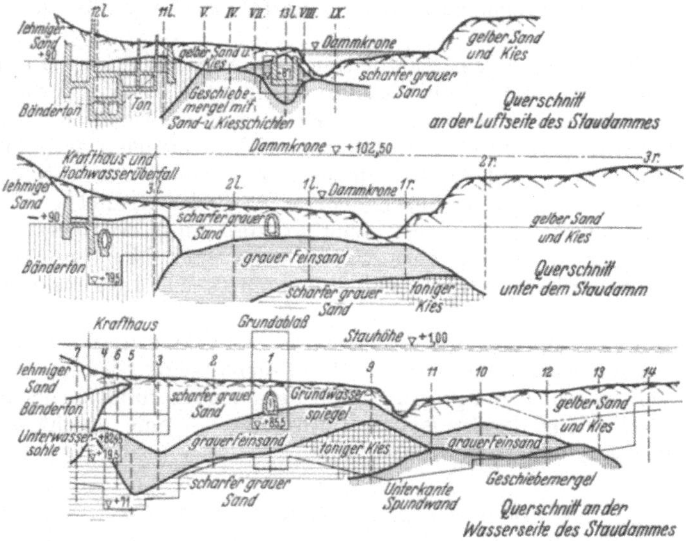

Abb. 158. Staudamm und Kraftwerk Lappin. Untergrundschichtung. (Nach Zippel.)

Bei rutschigen Böden im Untergrund (Mergel, Ton, Lehm, Löß, Schlick) nehmen die Erddämme mehr deichartige Gestalt an. Man muß hier die allergrößte Vorsicht walten lassen, wenn Stauwerke von Bestand entstehen sollen. Je natürlicher ein solcher Damm aus dem Gelände herauswächst, je früher mit dem Stau begonnen wird und je langsamer man den Baufortschritt betreibt, um so mehr Vertrauen kann man ihm entgegenbringen. Daß bei entsprechender Vorsicht auch größere Stauhöhen erfolgreich gemeistert werden können, hat der 4 km lange und 45 m hohe Sotonerna-Walzdamm (Spanien) bewiesen, der in breit ausgedehntem Mergelgelände unter schwierigsten Verhältnissen errichtet werden mußte.

Bergrutschmassen und lose Schuttmassen aller Art stellen einen Baugrund dar, dem man sehr mißtrauisch gegenübertreten muß. Auch wenn die Frage der Wasserdichtigkeit befriedigend gelöst ist, ist immer noch größte Vorsicht geboten. Die auf einem sehr alten Bergrutsch ruhende Klöntalersee-Sperre des Löntschwerkes[1] hat sich in jeder Weise bewährt.

Außerordentlich gefährlich ist das Auftreten von Schwimmsanden im Untergrund eines Erddammes, wobei unter „Schwimmsanden" nach den heutigen Erkenntnissen[2] keine bestimmte Sandsorte zu verstehen ist, sondern ein be-

---

[1] Vgl. Bd. III, 8, S. 220 und Ludin: Die Wasserkräfte 1913, S. 704f.

[2] Gutachten von Ludin 1926. Ferner Dr.-Ing. H. Zippel: Beobachtungen und Versuche über Schwimmsanderscheinungen beim Bau einer Talsperre. Dissertationsschrift Danzig 1929.

stimmter Zustand, in den viele, selbst grobkörnige Bodenarten geraten können und der immer von dem Vorhandensein von Wasser im Boden abhängig ist. Sobald ein Gelände schwimmsandverdächtig ist, muß die Baugrunduntersuchung ganz besonders gründlich und tiefgreifend durchgeführt werden. Als Beispiel sei hier der Staudamm von Lappin angeführt (Abb. 157 u. 158)[1], der aus örtlichen Gründen quer über eine Schwimmsandinsel hinweggeführt werden mußte. Obwohl die Stauanlage sich bewährt hat, ist dieses Vorgehen nicht ohne weiteres zur Nachahmung zu empfehlen, denn das Dammgelände kreuzende und luftseitig tot auslaufende Schwimmsandinseln geraten, wenn das Staubeckenwasser Zutritt zu ihnen findet, in ganzer Ausdehnung unter den vollen statischen Staudruck. Wenn dann luftseits des Dammes die Überlagerung zu gering ist, kann ein Aufbruch mit anschließendem Grundbruch unter dem Damm eintreten[1]. Hiergegen kann man im Notfall beschwerende Aufschüttungen vorsehen.

Man sollte Staudämme grundsätzlich nicht über Schwimmsandinseln hinwegführen. Der eingestürzte Küddow-Staudamm[2] hat zur Genüge bewiesen, welche Überraschungen man in einem kiesig- bis feinsandigen Gelände zu gewärtigen hat, wenn aus irgendeinem Grunde Gleichgewichtsstörungen ausgelöst werden. Hierbei kommt noch erschwerend hinzu, daß es in den meisten derartigen Fällen nicht möglich ist, eine durchgehende, in dichte Schichten eingebettete Spundwand zu schaffen[3]. Es wäre denkbar, daß durch weiteren Ausbau der Verfahren der Sand- und Kiesverfestigung eine Möglichkeit gefunden werden kann, Schwimmsandinseln durch örtlich begrenzte Versteinerungsmaßnahmen unschädlich zu machen.

Eine weitere Gefahr für Erddämme bilden eingelagerte Torf- und Moorschichten. Wo ein Ausräumen wirtschaftlich nicht tragbar ist, besteht zuweilen die Möglichkeit, durch Sprengmaßnahmen eine Verlagerung herbeizuführen, so daß — zumindest für die tragenden Dammteile — eine geschlossene kiesigsandige Unterlage geschaffen werden kann.

4. Sicherung gegen Erdbebenschäden.

Wenn man die Sicherheit eines Stauwerks unter dem Gesichtspunkt der Erdbebengefahr betrachtet, so muß — wie auch die seismologischen Verhältnisse im einzelnen sein mögen — grundsätzlich danach unterschieden werden, ob das die Staumauer tragende Felswiderlager auf Grund der vorliegenden geologischen Verhältnisse als seismologische Einheit angesehen werden kann, oder ob auf Grund etwa vorhandener Verwerfungen, insbesondere durchlaufender Längs- und Querverwerfungen gegenseitige Schollenbewegungen entstehen können. Im ersteren Falle wird das Stauwerk lediglich mehr oder weniger stark erschüttert und nach Abklingen des Bebens in seine Ausgangslage zurückgeführt, während im zweiten Falle bleibende und unter Umständen sehr folgenschwere Veränderungen unausbleiblich sind. Wenn es irgendwie angängig ist, sollte man erdbebengefährdete Verwerfungsstrecken als Staustellen ausschließen. Aus diesem Grunde wurde z. B. die San Gabriel-Talsperre, deren Staumauer die stattliche Höhe von 168 m erreichen sollte, nicht zur Ausführung gebracht und durch drei weniger gefährdete Talsperren von geringerer Stauhöhe ersetzt.

Wenn das Felswiderlager und damit auch das Stauwerk als Ganzes erschüttert wird, löst das Erdbeben zusätzliche Beschleunigungskräfte aus, als deren ungünstigste Richtung mit hinreichender Genauigkeit die waagerechte angenommen werden kann. In Japan und Kalifornien, wo man des öfteren Gelegen-

[1] Siehe Fußnote 2 von S. 109.

[2] R. Seifert: Der Bruch des Staudammes der Küddow bei Flederborn. Wasserkr. u. Wasserwirtsch. 1930 S. 61—63.

[3] Grünewald: Beobachtungen über die Unterströmung von Staudämmen auf durchlässigem Untergrund. Bautechn. 1933 S. 448—450.

heit hatte, die Einwirkung katastrophaler Beben auf Bauwerke der verschiedensten Art zu beobachten, wird die Berücksichtigung einer waagerechten Bebenbeschleunigung von 0,1 g heute als ausreichend erachtet. Den sonst sehr gefürchteten Resonanzerscheinungen fällt bei Erdbebenschwingungen nur eine untergeordnete Bedeutung zu, da die Erfahrung zeigt, daß die Frequenz während eines Bebens immer starken Schwankungen unterworfen ist, so daß ein Aufschaukeln der Schwingungen nur in begrenztem Umfange stattfinden kann.

Bei Bogen- und Pfeilerstaumauern ist die Standsicherheit im allgemeinen groß genug, um die zusätzlichen Beschleunigungskräfte aufzunehmen. Außerdem kommt diesen Bauweisen ihre hohe Elastizität zugute, die es ihnen gestattet, große Mengen an Formänderungsarbeit bei verhältnismäßig kleinen Zusatzspannungen zu speichern. Hierdurch wird den Bebenwellen von vornherein die gefährliche Spitze genommen. Dies bestätigt auch die Erfahrung. So wurden bei dem schweren Beben von Villecollemandina (Italien) zahlreiche Häuser im Bereich des Bebenherdes umgelegt, während die mit am schwersten erschütterte hochelastische Corfino-Bogenmauer (Abb. 6) völlig unversehrt blieb[1]. Bei der bereits erwähnten Tijuana-Pfeilerstaumauer (Mexiko), deren Talform keine Bogenmauer erlaubte, wurde eigens die hochelastische Eisenbetonplattenmauer gewählt, da man sich so am besten gegen die im Staugelände möglichen Bebenstöße gesichert glaubte.

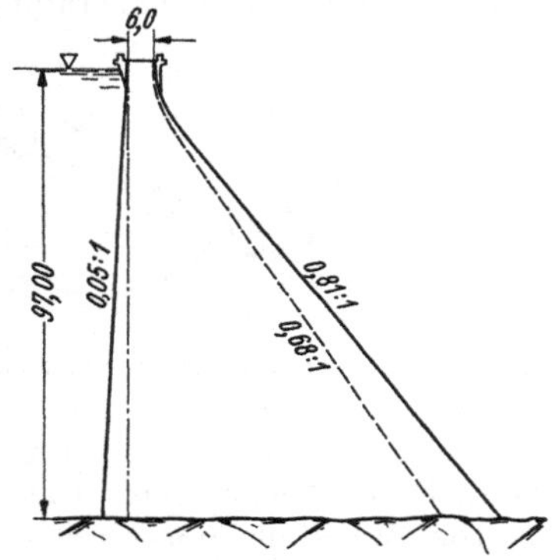

Abb. 159. Morris-Staumauer-USA. Verstärkung des Mauerquerschnitts infolge Berücksichtigung einer waagerechten Bebenbeschleunigung von 0,1 g.

Die Gewichtsmauer schneidet gegenüber den elastischen Bauweisen sehr viel schlechter ab. Einmal ist ihre Standsicherheit an sich geringer, so daß sie keinerlei Zusatzbelastung verträgt, und zum anderen ist ihre große Steifigkeit schwingungstechnisch sehr ungünstig. Hier muß die obengenannte Bebenbeschleunigung von 0,1 g in vollem Umfange bei der Bemessung berücksichtigt werden. Bei den üblichen Abmessungen und einem Raumgewicht von 2,4 t/m³ erfordern die Beschleunigungskräfte einen Zuschlag von rund 20% zum Wasserdruck. Die Morris-Staumauer (Kalifornien), die in dem erdbebengefährdeten San Gabriel-Tal liegt, mußte demzufolge um rund 15% überbemessen werden (Abb. 159)[2].

Unter den Staudämmen sind die Steindämme gegen Erdbebenstöße am unempfindlichsten. Die viele Tonnen schweren Blöcke, aus denen neuzeitliche Steindämme unter sorgfältiger Verpackung der Hohlräume aufgebaut werden, sind nach dem Ineinandersacken so schwer beweglich, daß bei den meist nur kurzen Stößen kaum Nachteile zu erwarten sind. Auch ein nachträgliches Durchsacken, das durch eine Kette von Stößen ausgelöst werden könnte, ist wenig zu befürchten, denn bei sachgemäßer Herstellung bleibt kaum noch Spiel zwischen den Steinen. Erstklassige Steindämme weisen Setzmasse in waagerechter und lotrechter Richtung von höchstens 1% auf. Wie groß das Vertrauen zu Steindämmen in dieser Hinsicht ist, beweisen zwei Steindämme im San Gabriel-Tale in Kalifornien, einem gefürchteten Erdbebengebiet. Der eine dieser Dämme ist 115 m hoch.

Im Gegensatz zu Steindämmen sind Erddämme wesentlich empfindlicher. Versuche haben gezeigt, daß sie bei Bebenstößen zum Durchsacken neigen,

[1] Eine Staumauer ist wegen ihrer umfassenden Verbindung mit dem Untergrund von vornherein günstiger beansprucht als ein freistehendes Bauwerk.

[2] S. B. Morris and C. E. Pearce: A concrete gravity dam for a faulted mountainous area. Engng. News Rec. Bd. 113 (1934) S. 823—827.

wobei sich der Dammfuß verbreitert (Abb. 160). Dies kann, zumal in Verbindung mit den gleichzeitig auftretenden Stauspiegelerschütterungen, zur Überflutung der Dammkrone und damit zum Einsturz führen. Demgemäß müssen die Dammränder zusätzlich beschwert werden, wobei mit besonderer Sorgfalt auf die Sicherung der Dammfüße zu achten ist (Abb. 161).

Abb. 160. Querschnittsverformungen normaler Erddämme unter Erdbebenstößen.

Wir kommen nun zu dem zweiten wesentlich schwierigeren Falle, wo die Staustelle erdbebengefährdete durchlaufende Verwerfungen aufweist. Das japanische Erdbeben von 1871 rief an solchen Trennflächen Waagerechtverschiebungen bis zu 4 m und Lotrechtverschiebungen bis zu 6 m hervor, und bei dem kalifornischen Erdbeben von 1906 wurden auf einer Kuhweide im Gelände der San Andreas-Verwerfung Risse festgestellt, in denen eine Kuh vollständig verschwinden konnte. Je nach Ausmaß der

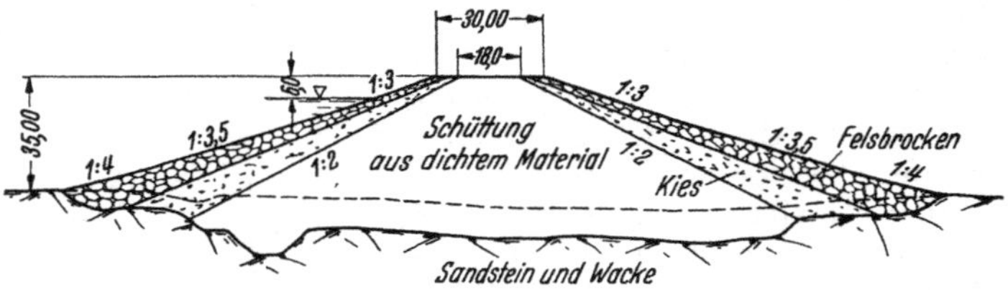

Abb. 161. Coyote-Staudamm-USA. über der Hayward-Erdbebenverwerfung.

Verwerfung und ihrer tektonischen Bedeutung sind daher mehr oder weniger weitgehende Sicherungsvorkehrungen notwendig.

Die Staustelle der bereits erwähnten Morris-Staumauer wies z. B. eine in Talrichtung streichende und unter 60° gegen den rechten Hang einfallende Längswerfung auf (Abb. 162). Sorgfältige Schürfmaßnahmen ergaben, daß die letzten Bewegungen vor etwa 10000 Jahren aufgetreten waren, und an den zahlreichen Riefen konnte die Bewegungsrichtung einwandfrei festgestellt werden. Sie folgte weder dem Streichen noch dem Fallen, sondern verlief etwa um 60° stromabwärts geneigt. Auf Grund des näheren örtlichen Befundes wurde es als ausreichend erachtet, im Zuge der Verwerfung eine lotrechte Spaltfuge von 0,9 m Spaltöffnung vorzusehen (Abb. 162). Diese rüstete man mit vier in der Bewegungsrichtung liegenden lotrechten Führungsabsätzen aus, um trotz des Spaltes einen gewissen Zusammenhang beider Mauerteile zu wahren. Eine zwischen den Führungsflächen eingelegte Asphaltfüllung sollte die Führung nicht gar zu starr gestalten. Den wasserseitigen Abschluß der Fuge bildet eine sehr sorgfältig durchgebildete Deckplatte, die Bewegungen ohne weiteres folgen kann.

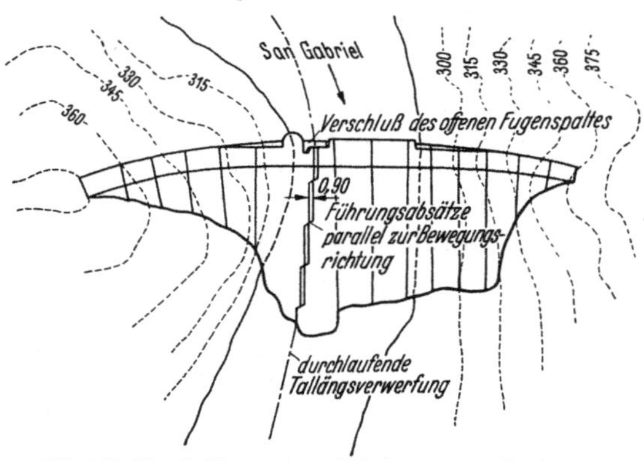

Abb. 162. Morris-Staumauer. Sicherung gegen Erdbeben-Felsbewegungen längs der durchlaufenden Talverwerfung.

Nach einer Mitteilung von F. H. Tibbets[1] werden in Kalifornien zur Zeit fünf Erddämme gebaut, die in erdbebengefährdeten Tälern mit durchlaufenden Längsverwerfungen liegen. Der schwierigste ist der Coyote-Staudamm im

[1] F. H. Tibbets: Engng. News Rec. Bd. 117 (1936) S. 10—13.

Santa Clara-Tal, der die berüchtigte Hayward-Verwerfung kreuzen muß. Man rechnet hier alle 30 bis 40 Jahre mit einem starken Beben und alle 1000 Jahre mit einem ganz starken. Das Beben vom Jahre 1868 entsprach an Stärke etwa dem von San Francisco. Nach sorgfältigen geologischen Untersuchungen können an der Coyote-Staustelle im ungünstigsten Falle Schollenverschiebungen von 4 m waagerecht und $1^1/_2$ m lotrecht in Erscheinung treten. Man glaubt, durch einen Erddamm, wie ihn Abb. 161 zeigt, dieser Schwierigkeiten Herr werden zu können.

Neben der bereits besprochenen Beschwerung der Dammränder und Sicherung der Dammfüße ist es unter so erschwerten Verhältnissen sehr wesentlich, daß Freibordmaß und Kronendicke des Dichtungskörpers entsprechend reichlich gewählt werden. Beim Coyote-Staudamm bezog man diese Abmessungen auf die größtmöglichen Schollenverschiebungen und legte das Vierfache derselben für Freibord und nutzbare Kronendicke zugrunde.

5. Beschaffung und Auswahl von Baustoffen und Füllmassen.

Die Frage der Baustoffe und Füllmassen nimmt naturgemäß in den späteren Abschnitten noch einen breiten Raum ein, insbesondere was Güteeigenschaften, Prüfung, Aufbereitung, Reinigung, Verteilung usw. anbelangt. Es kann sich daher hier nur um die Herausstellung gewisser allgemeiner Gesichtspunkte handeln.

Die größten Ansprüche an die Baustoffbeschaffung stellen Steinverkleidungen aller Art. Sie können ihrer Aufgabe, die Staumauer gegen die Unbilden der Witterung zu schützen, nur gerecht werden, wenn die verwendeten Steine in bezug auf Festigkeit und Wasserdichtigkeit gleich hervorragend sind. Da Talsperren nicht für Jahrzehnte, sondern für Jahrhunderte gebaut werden, ist der beste in der Umgebung der Staustelle auftreibbare Verkleidungsstein gerade gut genug. Wenn man sich vor Augen führt, wie nachträgliche, sich in gewissen Zeitabständen stets wiederholende Flickarbeiten die Wirtschaftlichkeit einer Stauanlage belasten, so kann der Begriff „Umgebung der Baustelle" gar nicht weit genug gefaßt werden. Entfernungen von 50 km und mehr bereiten bei dem heutigen Stande der Fördertechnik auch in unwirtlichen und schwer zugänglichen Gegenden keinerlei Schwierigkeiten.

Die Betonzuschlagstoffe (Sand, Kies, Schotter, Steine) sind nicht nur durch ihre petrographischen Eigenschaften an sich, sondern auch durch ihren Einfluß auf die Verarbeitbarkeit und damit auf den Wasseranspruch entscheidend für Zusammensetzung, Herstellung und Güte des Betons. Ein rolliges, aus Flußkies- oder Diluvialablagerungen gewinnbares Zuschlaggut ist dem im Steinbruchbetriebe aufbereiteten meist so überlegen, daß unter Umständen sehr große Entfernungen in Kauf genommen werden können, um jenes heranzubringen. Auf amerikanischen Baustellen, wo man diesen Fragen von jeher sein besonderes Augenmerk zuwendete, sind Anfahrwege von 30 bis 50 km gar keine Seltenheit. Es ist bezeichnend, daß es bei der Boulder-Staumauer, für die 3,4 hm^3 Beton benötigt wurden, dem Unternehmer verboten war, die in den Stollen und Hochwasserentlastungsanlagen anfallenden Riesenmengen vorzüglichsten Gesteins aufzubereiten; das gesamte Zuschlaggut mußte einer 10 km entfernten Kiesgrube entnommen werden. Bei größeren, zum Steinbruchbetriebe nötigenden Entfernungen ist zu untersuchen, ob nicht wenigstens der Sand als Fluß- oder Grubensand herangeschafft werden kann.

Wenn man vor die Frage gestellt wird, in einem weit ausgedehnten Gesteinsmassiv die geeignetste Steinbruchstelle ausfindig zu machen, so ist es oft von großem Nutzen, das Gelände in größerem Umfange geoelektrisch aufzuschließen. Dies ist in verhältnismäßig kurzer Zeit möglich, und die aufzuwendenden Kosten fallen kaum ins Gewicht. Abb. 163 zeigt z. B. eine solche geoelektrische Abtastung im Granitmassiv der Sarrans-Staumauer [1]. Da die Gesteinsgüte dem elektrischen Widerstand nahezu verhältnisgleich ist, ersieht man aus dem Verlauf der Widerstandslinien unmittelbar die Bereiche der höchsten Gesteinsgüte. Man erhält gleichzeitig einen Überblick über deren Ausdehnung und kann so seine Entscheidungen viel leichter treffen. Sehr wesentlich ist hierbei die große Tiefenwirkung des geoelektrischen Aufschlusses, die verhütet, daß der Steinbruch mitten im Zuge der Herstellung plötzlich versagt, ein in der bisherigen Geschichte des Talsperrenbaues leider nicht vereinzelt gebliebener Vorfall!

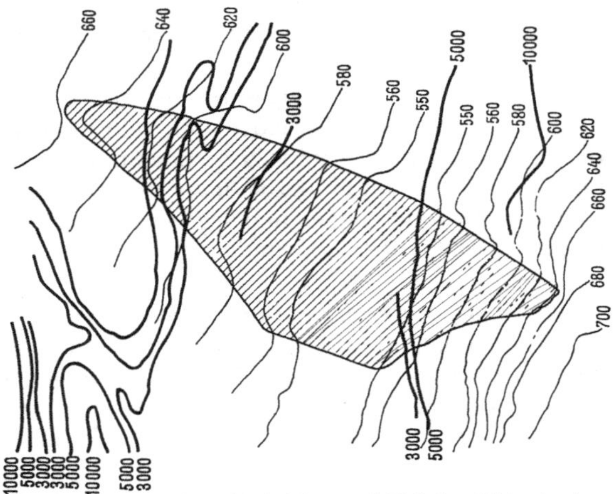

Abb. 163. Linien gleichen scheinbaren elektrischen Widerstandes im Granitmassiv der Sarrans-Staumauer. (Nach Lugeon und Schlumberger.)

Nicht minder nützlich ist das geoelektrische Aufschlußverfahren, wenn es sich um das Aufsuchen geeigneter diluvialer oder alluvialer Schütt- bzw. Spülmassen für Erddämme handelt. Man muß hier sehr genau über die Entnahmestellen unterrichtet sein, um die im Entwurf vorgesehene Bodenverteilung auch während der Herstellung einhalten zu können und unvermeidbare Abweichungen in tunlichst engen Grenzen zu halten. Der Umfang der hierfür notwendigen Schürf- und Bohrmaßnahmen kann bei Heranziehung geoelektrischer Tiefensondierungen stark eingeschränkt werden, was meist mit großen Zeit- und Kostenersparnissen verbunden ist.

Um ein Beispiel anzuschließen, sei an umfangreiche geoelektrische Tiefenabtastungen im Gelände der Littletown-Talsperre [2] angeknüpft, das eine bis

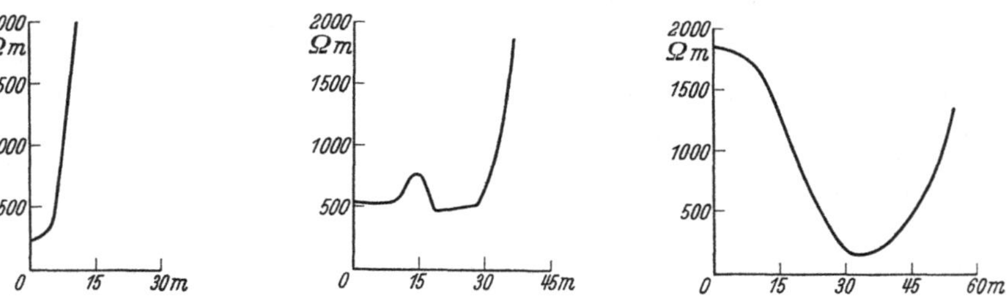

Abb. 164a. Abb. 164b. Abb. 164c.

Abb. 164a—c. Geoelektrische Tiefenabtastungen im Gelände der Littletown-Talsperre. (Nach Crosby und Kelly.)

zu 45 m mächtige und von Tonen, Lehmen, Sanden und Kiesen gebildete Überdeckung aufwies. Um hierüber und über die Lage der darunter liegenden kristallinen Schiefer Aufschluß zu gewinnen, wurden 200 Geländepunkte geoelektrisch untersucht und gleichzeitig in 20 Punkten Vergleichsbohrungen herunter gebracht. In den Abb. 164a—c sind drei besonders kennzeichnende und durch Bohrungen ergänzte Widerstandskurven wiedergegeben worden. Als

[1] M. Lugeon and C. Schlumberger: Applications des méthodes de prospection électrique à l'étude des fondations des hauts barrages. Génie civ. Bd. 101 (1932) S. 134—137.

[2] J. B. Crosby and S. F. Kelly: Electrical subsoil exploration and the civil engineer. Engng. News Rec. Bd. 102 (1929) S. 270—273.

Abszisse ist der Elektrodenabstand — ein Maß für die Tiefe — als Ordinate der sog. scheinbare bezogene Widerstand — ein Vergleichsmaß für die Baugrundbeschaffenheit — aufgetragen.

Die Widerstandskurve von Abb. 164a beginnt mit einem sehr niedrigen Oberflächenwiderstand und kündigt damit einen tonig-lehmigen Boden an. Sie zeigt weiterhin einen sehr gleichmäßigen Verlauf, woraus auf eine entsprechend gleichmäßige, also tonig-lehmig bleibende Deckschicht geschlossen werden kann. Der bald in Erscheinung tretende steile Anstieg deutet auf eine nur geringmächtige Überlagerung hin, die durch Vergleich mit theoretischen Kurventafeln zu 8,7 m bestimmt wurde. Die spätere Vergleichsbohrung ergab mit 8,0 m eine gute Übereinstimmung.

Die Widerstandskurve der Abb. 164b setzt bereits mit einem mehr als doppelt so hohen Oberflächenwiderstand ein, d. h. an Stelle der tonig-lehmigen Ablagerungen ist ein mehr sandiger Boden getreten. Bemerkenswert ist das plötzliche Ansteigen der Kurve innerhalb der Deckschicht; die Ursache ist eine eingelagerte Kiesschotterbank. Mit dem Erreichen des Felsens zeigt sich ähnlich wie in Abb. 164a ein kräftiger und gleichförmiger Anstieg der Widerstandskurve. Da er hier aber wesentlich später erfolgt, ist die Überlagerung entsprechend mächtiger. Der theoretische Kurvenvergleich liefert eine Mächtigkeit von 35 m. Da die Schottereinlagerung rechnerisch nicht berücksichtigt werden konnte, ergab die Vergleichsbohrung mit 30 m eine etwas größere Abweichung.

Abb. 164c zeigt eine Widerstandsmessung an einer stark kiesigen Geländestelle. Der ungewöhnlich hohe Oberflächenwiderstand läßt hierüber keinerlei Zweifel. Da der Widerstand mit zunehmender Tiefe absinkt und noch unter den Tiefstwert von Abb. 164a fällt, müssen im Untergrunde sehr ausgedehnte tonig-lehmige Ablagerungen vorhanden sein. Die Deckschichtmächtigkeit errechnete sich hier zu 45 m gegenüber derjenigen der Vergleichsbohrung von 43 m, ein angesichts der Ungleichmäßigkeiten in der Zusammensetzung vorzügliches Ergebnis.

13. Kapitel: **Gelände- und Baugrunduntersuchung.**

1. Natürliche und kartographische Aufschlußmöglichkeiten.

Angesichts der überragenden Bedeutung der Gelände- und Untergrundverhältnisse für die Anlage von Talsperren ist es eine Selbstverständlichkeit, daß so früh wie möglich, spätestens nach den ersten Geländebegehungen, ein erfahrener Geologe mit einer ersten Klärung der allgemeinen Gelände- und Baugrundverhältnisse beauftragt wird. Jedes Gelände bietet dem geübten Auge des Geologen so zahlreiche natürliche Aufschlußmöglichkeiten, daß deren systematische und insbesondere kartographische Zusammenfassung in den meisten Fällen schon eine weitgehende Beurteilung der Staustelle gestattet.

Diese ersten geologischen Vorarbeiten werden naturgemäß sehr erleichtert, wenn bereits geologische Spezialkarten vorhanden sind (in Deutschland 1:25000), aus denen die oberflächlich anstehenden Gesteine, das Streichen und Fallen der Schichten, Verwerfungen und vieles mehr unmittelbar abgelesen werden können. Da diese Karten gleichzeitig die Höhenlinien enthalten, lassen sie sich auch zur Darstellung geologischer Querschnitte benutzen, aus denen sich wieder unterirdische Gesteinsoberflächen ableiten lassen usw. Es war im vorhergehenden Kapitel schon auf die Bedeutung solcher Möglichkeiten hingewiesen worden. Wenn es sich z. B. um durchlässige oder verdächtige Gesteine handelt, die auf wasserundurchlässigen Schichten ruhen, so kann die Frage einer künstlichen Abdichtung geprüft werden. Man kann den Umfang der notwendigen Dichtungsarbeiten feststellen und die wirtschaftliche Ausführbarkeit im einzelnen untersuchen.

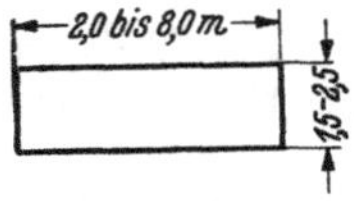

Abb. 165. Schlitzförmige Schürfgrube. Querschnittsabmessungen.

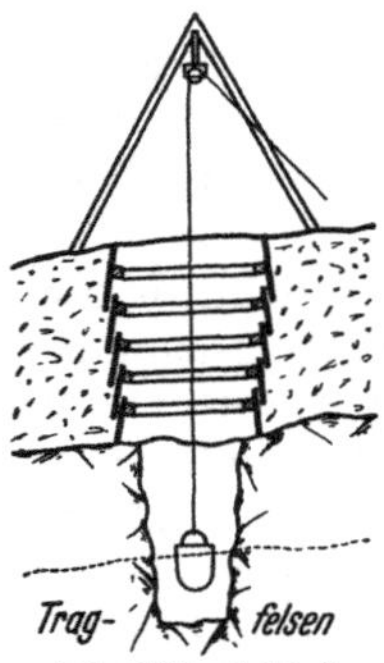

Abb. 166. Schürfschlitze Rio-Negro-Staumauer. (Nach Ludin.)

Abb. 167. Kreisrunde Schürfgruben.

Wenn man sich auf Grund der allgemeinen Gelände- und Baugrunduntersuchung für eine Staustelle entschieden hat, ist dringend zu empfehlen, alle ins Einzelne gehenden Entwurfsarbeiten solange zurückzustellen, bis die Richtigkeit der geologischen Vorbefunde durch geeignete geotechnische Aufschlußmaßnahmen hinreichend gesichert ist. Auf keinen Fall darf die Vergebung irgendwelcher Arbeiten eher erfolgen, als bis man ganz klar sieht. Nachträgliche Überschreitungen des in den Ausschreibungsunterlagen festgelegten Auftragsumfanges sind häufig genug die Veranlassung zu Streitigkeiten und Überforderungen. In manchen Fällen wird zu erwägen sein, die Aushubarbeiten zunächst in vollem Umfange durchzuführen und den Bau des Stauwerkes an sich erst danach zu vergeben.

2. *Schürfmaßnahmen mit Bodendruckprüfungen; Schacht- und Stollenaufschlüsse.*

Solange die Überdeckungshöhe ein gewisses Maß, etwa 10 bis 15 m, nicht überschreitet, bilden Schürfmaßnahmen ein altbewährtes Mittel zur Erschließung des tragfähigen (klingenden) Felsens. Meist werden schlitzartige Querschnittsformen angewendet (Abb. 165); sie sind bequem auszusteifen (Abb. 166) und gestatteten auch eine leichte Anpassung an örtliche Erfordernisse, z. B. Kreuzen von Klüften oder Verwerfungen. Demgemäß liegen gut verteilte Schürfschlitze auch immer mehr oder weniger unregelmäßig im Gelände (Abb. 130). Neuerdings hat man auch kreisrunde Schürfquerschnitte ausgeführt (Abb. 167), die das Angenehme haben, daß man sie in der Überlagerungsdecke durch Profileisenringe oder Stahlrohre aussteifen kann.

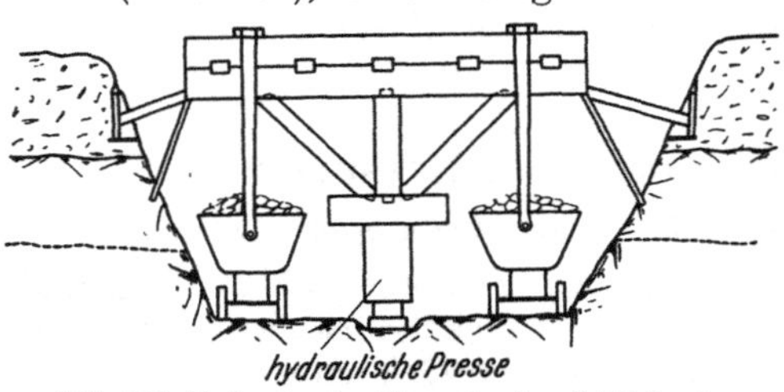

Abb. 168. Bodendruckprüfung in der Schürfgrube. (Nach Grün und Bilfinger.)

Vielfach wird es zweckmäßig sein, in der Schürfgrube Bodendruckprüfungen vorzunehmen, wie es z. B. für die Rio Negro-Staumauer vorgesehen wurde[1]. Die hierfür gewählte Prüfanordnung von Grün und Bilfinger (Abbildung 168) ist denkbar einfach. Der Druck wird durch eine hydraulische Presse erzeugt, während der Gegengewichtsausgleich durch mit Steinen gefüllte Loren wie an einer Waage erfolgt. Bemerkenswert sind auch die

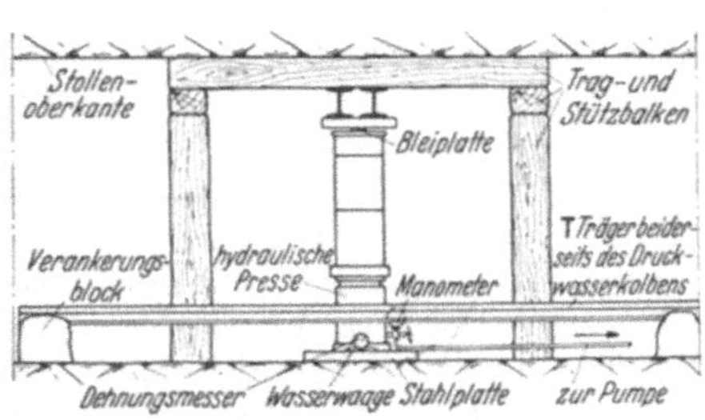

Abb. 169a. Pfeilerstaumauer Beni-Bahdel (Algerien). Anordnung der Bodendruckversuche.

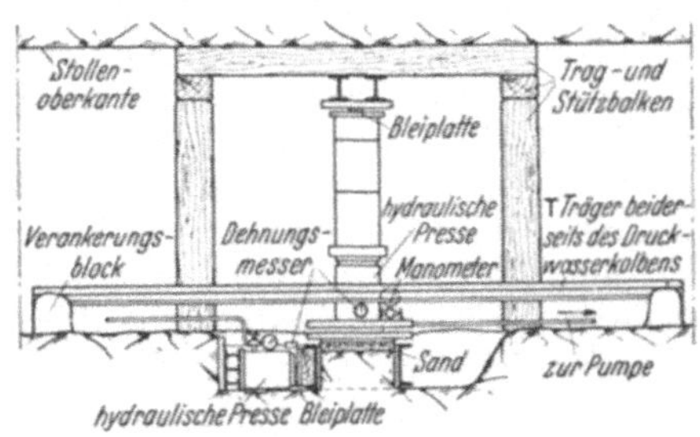

Abb. 169b. Pfeilerstaumauer Beni-Bahdel (Algerien). Anordnung der Scherversuche.

[1] A. Ludin: Entwurf eines Talsperrenkraftwerks im Rincón del Bonete del Rio Negro, Uruguay. Berlin 1934, Selbstverlag.

Bodendruck- und Scherversuche für die Beni-Bahdel-Pfeilerstaumauer, die von einem Stollen aus vorgenommen wurden (Abb. 169a u. 169b). Aus Abb. 170a ist der hierbei gefundene Zusammenhang zwischen σ und τ und den zugehörigen Gesteinsbewegungen ersichtlich. Nach der Hysteresisschleife von Abb. 170b fällt dem Zeitfaktor bei Bodendruckversuchen eine maßgebende Bedeutung zu.

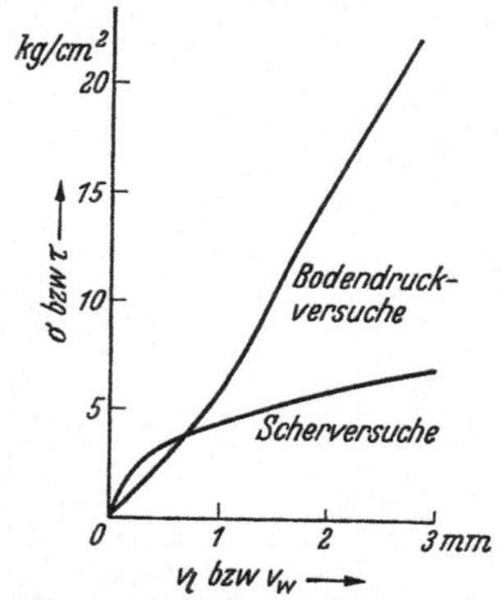

Abb. 170a. Pfeilerstaumauer Beni-Bahdel. Gesteinsprüfung: Gemessene lotrechte und waagerechte Verschiebungen in Abhängigkeit von σ und τ.

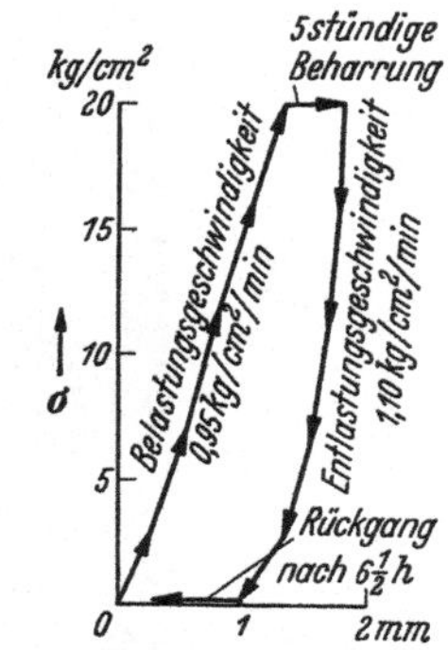

Abb. 170b. Pfeilerstaumauer Beni-Bahdel. Gesteinsprüfung: Kennzeichnender Verlauf eines Bodendruckversuches.

Eine Schürfuntersuchung des Baugrundes kann nur dann eine wirkliche Sicherheit bieten, wenn an S c h ü r f g r u b e n nicht gespart wird. Die dafür aufgewendeten Kosten machen sich stets bezahlt. Die als zusätzliche Maßnahme sehr wertvollen Kernbohrungen können die Schürfungen nicht ersetzen. Sehr aufschlußreich sind in dieser Hinsicht die Erfahrungen an der Zillierbach-Talsperre, über die D a h l g r ü n und F o r n e r eingehend berichtet haben [1].

Die in devonische Schiefer des Nordharzes eingebettete Zillierbach-Talsperre wies gerade an der in Aussicht genommenen Staustelle mehrere Gesteins-

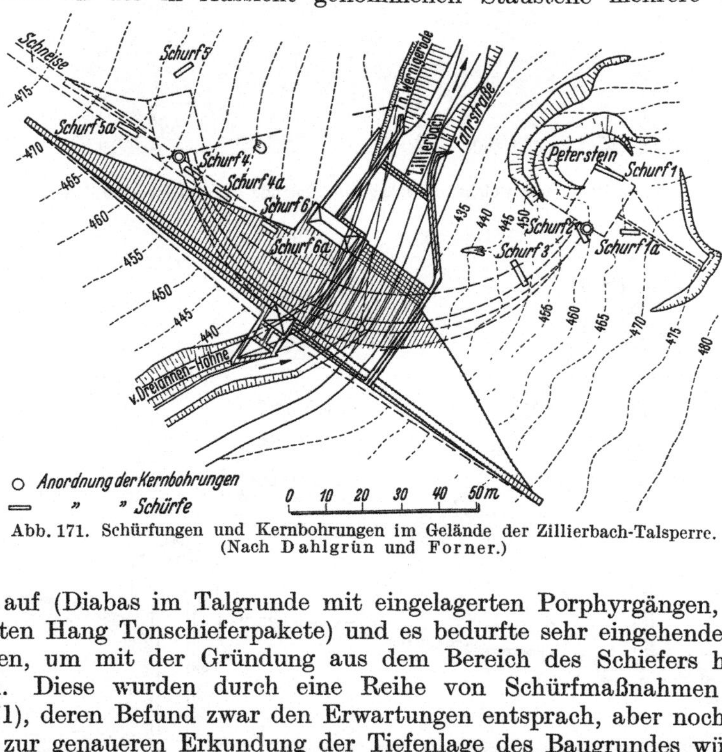

Abb. 171. Schürfungen und Kernbohrungen im Gelände der Zillierbach-Talsperre. (Nach D a h l g r ü n und F o r n e r.)

grenzen auf (Diabas im Talgrunde mit eingelagerten Porphyrgängen, darüber am rechten Hang Tonschieferpakete) und es bedurfte sehr eingehender Untersuchungen, um mit der Gründung aus dem Bereich des Schiefers herauszukommen. Diese wurden durch eine Reihe von Schürfmaßnahmen ergänzt (Abb. 171), deren Befund zwar den Erwartungen entsprach, aber noch größere Schürfe zur genaueren Erkundung der Tiefenlage des Baugrundes wünschenswert erscheinen ließ. Um gleichzeitig über die Gesteinsverhältnisse in größeren

[1] Die geologische Begutachtung für die Zillierbach-Talsperre und ihre Auswirkung auf bauliche Maßnahmen. Dtsch. Wasserwirtsch. 1936 S. 66—70.

Abb. 172. Ausräumen weicher Felsgänge im Gelände der Zillierbach-Talsperre.

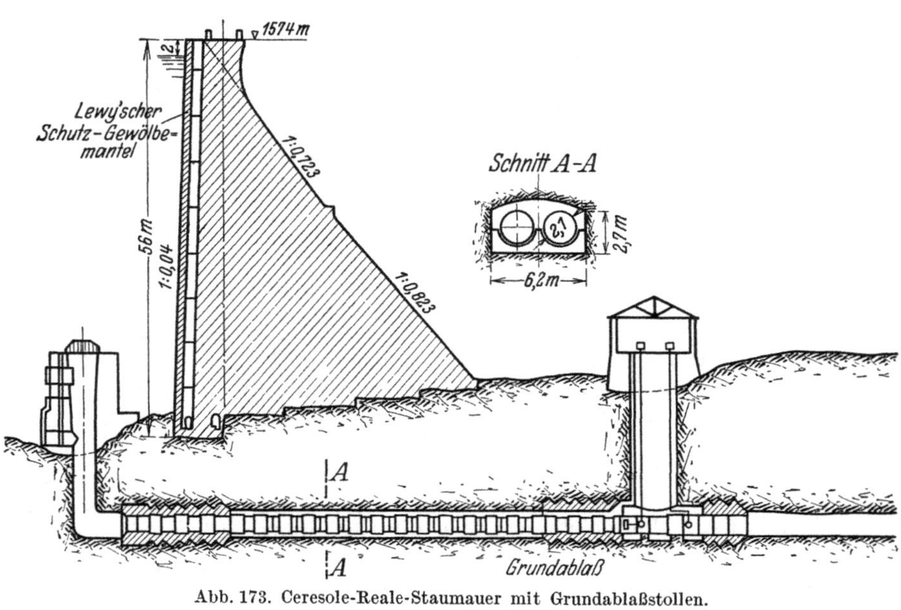

Abb. 173. Ceresole-Reale-Staumauer mit Grundablaßstollen.

Tiefen Aufschluß zu gewinnen, wurden statt der Schürfe drei Kernbohrungen an wichtigen Punkten der zunächst als Bogenmauer geplanten Staumauer heruntergebracht (Abb. 171). Da diese alle drei frisches und gesundes Gestein anzeigten, hielt man weitere Bohrungen nicht mehr für erforderlich, zumal der Aushub drängte. Wie sehr man sich durch die guten Bohrergebnisse hatte täuschen lassen, wurde sehr bald ersichtlich. An Stelle der erwarteten mittleren Gründungstiefe von 3 m zeigten Diabas wie Porphyr fast überall tiefgehende Verwitterung und Zerklüftung, die Aushubstiefen von 6 bis 8 m, stellenweise sogar von 10 m erforderlich machten (Abb. 172).

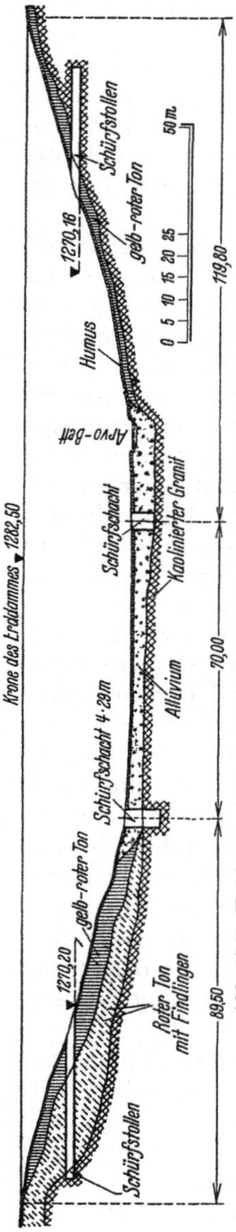

Abb. 174. Erddamm Arvo a Nocelle (Kalabrien). Schürfschächte und Schürfstollen.

Bei größeren Stauwerken kommt man im allgemeinen nicht darum herum, die Schürfmaßnahmen mit Schacht- und Stollenaufschlüssen zu verbinden. Nur so gewinnt man jenen breiten Überblick über das Gesteinsinnere, ohne den jede Entwurfsbearbeitung letzten Endes in der Luft hängt.

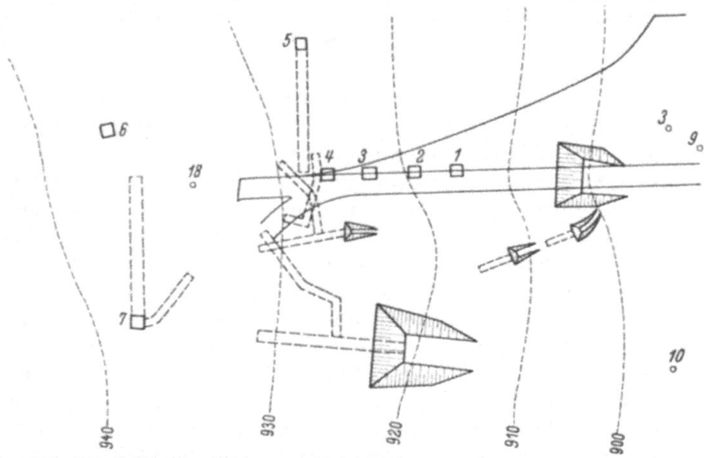

Abb. 175. Schluchsee-Staumauer. Schürfschächte, Quer- und Längsstollen am linken Hang zur Feststellung des günstigsten Hanganschlusses.

Nicht selten ist man in der angenehmen Lage, daß baulich bedingte Stollen oder Schächte — wie Hochwasserentlastungsstollen (Abb. 9, 37, 131, 135, 147), Wasserumleitungsstollen (Abb. 5, 9, 37, 131, 135, 139), Druck- und Zuführungsstollen (Abb. 37, 131, 135), Grundablaßstollen (Abb. 173), Straßenumlegungsstollen (Abb. 139) usw. mit Belüftungs- und Schieberschächten — schon einen Teil der gewünschten Aufschlüsse bereitstellen.

Für die Hänge empfehlen sich — wenn Längsstollen der eben genannten Art nicht vorhanden sind — Querstollen, für mittlere Mauern einer (Abb. 174), für höhere zwei an jedem Hang (Abb. 135). Ihre Lage ergibt sich meist von selbst durch Gesteinsgrenzen, auffallende Klüfte, Verwerfungen und ähnliche Besonderheiten. Bei zwei Stollen wird man den einen immer möglichst tief legen. Nicht selten erweist es sich als notwendig, von den Querstollen kleinere oder größere Seitenstollen abzuzweigen. Auch tief herunter geführte Schürfschächte bieten zuweilen vorzügliche Aufschlüsse, zumal wenn an verdächtigen Punkten kleine Seitenstollen abgezweigt werden. Eine beachtenswerte und für schwierige Geländeverhältnisse vorbildliche Hanguntersuchung wurde bei der Schluchsee-Staumauer durchgeführt (Abb. 175).

Der Talbodenaufschluß muß sich ganz nach der Mächtigkeit der Überdeckung richten. Fehlt sie überhaupt und ist der äußere Befund gut, so wiege man sich nicht in falscher Sicherheit. Nur ein grenzenloses Mißtrauen und eine sorgfältige, Stück für Stück des Baugrundes vornehmende Untersuchung kann hier in Verbindung mit geeigneten Schürfmaßnahmen vor Enttäuschungen bewahren. Bei der Zillierbach-Staumauer z. B. konnten sich trotz zweimaliger geologischer Voruntersuchung zwei schmale kaolinisierte Porphyrgänge der Entdeckung entziehen, die sich gerade am Übergang zu den Talhängen befanden. Dies hätte an sich nicht viel zu sagen gehabt, wenn nicht das Oberflächenwasser von diesen zersetzten Gängen aus den Weg in die Spalten und Klüfte des Diabases finden und so eine unerwartet tiefe Verwitterung hätte hervorrufen können.

Bei mäßiger Überdeckung des Talbodens sind, wie schon eingangs erwähnt, hinreichend tief hinunter geführte Schürfgruben das geeignete Aufschlußverfahren. Bei den Überraschungen, die der Talboden in reichem Maße erwarten läßt, empfiehlt es sich, diese Schürfungen mehr schachtartig und in geringeren Abständen durchzuführen. Die 20 m breite Ruschelzone der Schluchseemauer, die gerade zwischen zwei solche Schürfschächte eingebettet lag, ist ein warnendes Beispiel. Wenn es die Überdeckung erlaubt, sollte man tunlichst eine schlitzartige Ausräumung zwischen den Schürfschächten anstreben, denn erst hierdurch gewinnt man völlige Sicherheit, daß sich keine kaolinisierten, zersetzten oder zertrümmerten Gänge oder Verwerfungsspalten eingeschlichen haben.

Bei größeren Überdeckungen verbieten sich Schürfgruben von selbst. In solchen Fällen ist es das Gegebene, ein oder besser zwei möglichst an die Hänge herangeschobene Schächte abzuteufen und von diesen aus Querstollen vorzutreiben, etwa wie es das Beispiel der Wäggi-Staumauer (Abb. 138) erkennen läßt [1]. Die sicher nicht kleinen Kosten eines solchen Aufschlußverfahrens machen sich trotzdem stets bezahlt, denn mit irgendwelchen Überraschungen muß man bei derart verschütteten Erosionstälern fast immer rechnen. Entdeckt man sie erst beim Bau, entstehen beträchtliche zusätzliche Kosten, die bisher noch immer ein Vielfaches derjenigen ausgemacht haben, die ein gründlicherer Aufschluß verlangt hätte. Mit welcher Vorsicht man hier heute zu Werke geht, beweisen Stauanlagen wie diejenigen von Génissiat (obere Rhone) oder La Dixence (Wallis). Bei der erstgenannten [2] hielt man einen — von einem Schacht am rechten Hang aus — unter der ganzen Rhone hergeführten Querstollen noch keineswegs für ausreichend, sondern schloß an diesen in Talmitte nach beiden Seiten noch Längsstollen von etwa 25 m Länge an, von denen vier weitere nach oben gehende Schächte abzweigten, um eine Abtastung des Talumrisses von unten her zu erlauben.

In vielen Fällen können die Aufschlußstollen gleich benutzt werden, um die fast immer notwendigen Hochdruck-Zementeinpressungen besonders wirkungsvoll zu gestalten (Abb. 135).

3. *Bohraufschlüsse und Dichtigkeitsprüfungen.*

Für Bohraufschlüsse stehen im wesentlichen drei Geräte zur Verfügung: die Sondiernadel — eine zylindrische oder Schienenquerschnitt aufweisende Stahlstange, die in Überdeckungsböden eingerammt wird und die Tiefenlage des Felsens feststellen soll —, der Schlagbohrer — ein mit Gestänge und Fangbüchse versehener Bohrmeißel, der unter Wasserzugabe bei ständiger Winkelversetzung durch maschinelle Schlagwirkung in lockeren oder felsigen Baugrund, im ersteren Falle verrohrt, eingetrieben wird — und der maschinell angetriebene Drehbohrer — ein Stahlschrot- oder Hartmetall-Kronenbohrer,

[1] Die Erosionsrinne der Staumauer im Schräh des Kraftwerks Wäggital. Schweiz. Bauztg. Bd. 84 (1924) S. 8—9.

[2] M. Lugeon: s. S. 63—72.

der, unterstützt durch Wasserspülung, sich auf einer Kreisringfläche in den Felsen hineinarbeitet, so daß der sog. Bohrkern stehen bleibt.

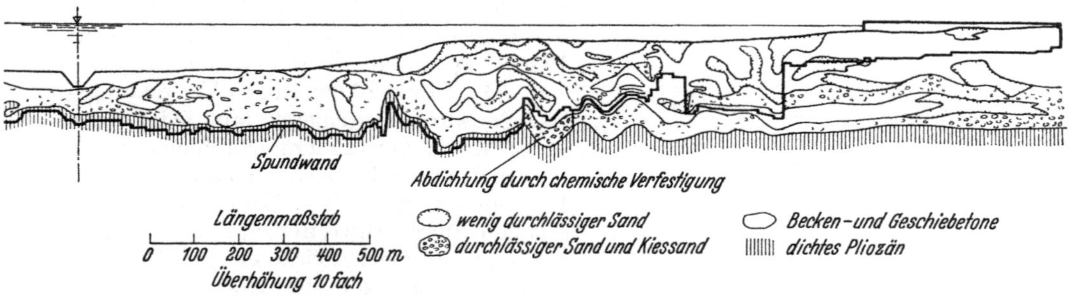

Abb. 176. Untergrunddichtung der Turawa-Talsperre (rechte Dammseite).

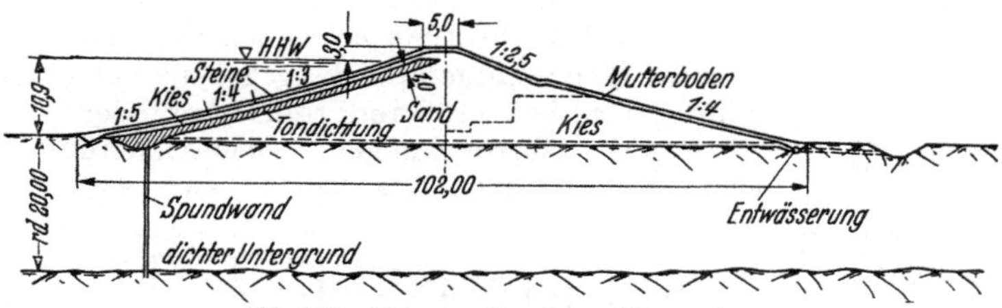

Abb. 177. Malapane-Staudamm (Turawa).

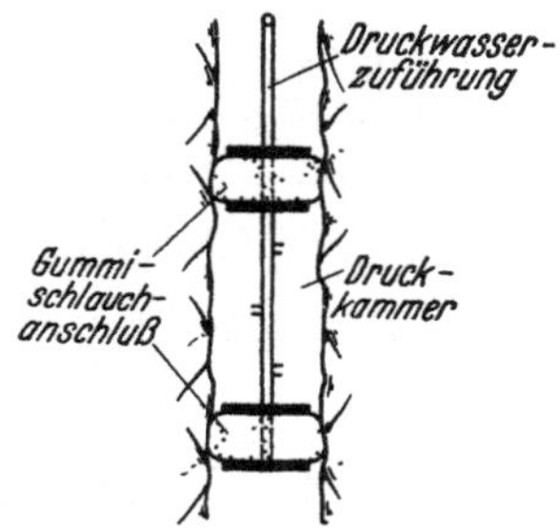

Abb. 178. Dichtigkeitsprüfung mit Packergerät.

Abb. 179. Bohrkern aus leicht verändertem Melafyr einer Randschicht mit Gasblasen. (Rio Negro, Uruguay. Ludin.)

Abb. 180. Bohrkern (Stahlschrot) aus unversetztem massiven Melafyr. 1 = durch Kalkspat verheilter Sprung. (Rio Negro, Uruguay. Ludin.)

Die Sondiernadel ist ein nur selten anwendbares Aufschlußgerät, denn sie trügt, wenn Felsblöcke in die Überdeckungsschicht eingelagert sind. Auf jeden Fall muß man mit sehr engen Abständen arbeiten; bei Génissiat (Rhone) wurden beispielsweise 15 Sondierschienen auf eine verdeckte Talbreite von rund 30 m verteilt. Nach Lugeon haben sich Schienen von 34 kg/m Mindestgewicht gut bewährt. Bei Génissiat waren die Führungsschienen je nach Lage 8 bis 10 m lang und die Anschlußstücke $2^1/_2$ bis 4 m. Die 60 bis 80 cm langen Verbindungslaschen wurden vernietet (auf jeder Seite sechs Nieten von 25 mm Durchmesser)[1].

Abb. 181. 24 m hoher versetzbarer Bohrturm für Tiefbohrung. (Rio Negro, Uruguay. Ludin.)

Bei den Vorarbeiten zur Saalachsperre bei Reichenhall angesetzte Nadelsondierungen ergaben durch Auftreffen auf die zahlreich vorhandenen Geröllblöcke ein ganz falsches Bild von der Tiefe der Überlagerung, so daß nach Öffnen der Baugrube unter großem Mehrkostenaufwand von der vorgesehenen offenen Wasserhaltung zur Tiefgründung mit Preßluft übergegangen werden mußte[2].

Der Schlagbohrer ist neben den bekannten Handbohrgeräten das gegebene Aufschlußgerät bei größeren diluvialen oder alluvialen Überdeckungen, insbesondere wenn es auf die Kenntnis der „ungestörten“ Lagerung im einzelnen nicht genau ankommt. Wenn z. B. bei Erddämmen die Dichtungswand nicht bis auf den Felsen heruntergeführt werden kann, sondern in Ton- oder Mergelbänke eingebunden werden muß, sind zur Festlegung des Dichtungsfußes sorgfältige Bohraufschlüsse unerläßlich. Es handelt sich hierbei zuweilen um gewaltige Aufschlußarbeiten, wie z. B. der Turawa-Staudamm erkennen läßt, dessen Spundwanddichtung in Verbindung mit Versteinungsschürzen ein Meisterwerk neuzeitlicher Gründungstechnik darstellt (Abbildungen 176 u. 177). Ähnlich sorgfältige Aufschlüsse sind nötig, wenn man eine Überlagerungsdecke daraufhin zu prüfen hat, ob sie als Betonzuschlagstoff

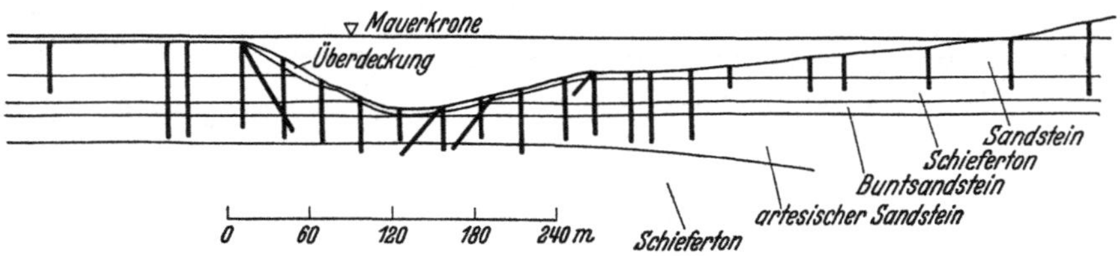

Abb. 182. Conchas-Staumauer-USA. Geologischer Talquerschnitt und Diamantkernbohrungen.

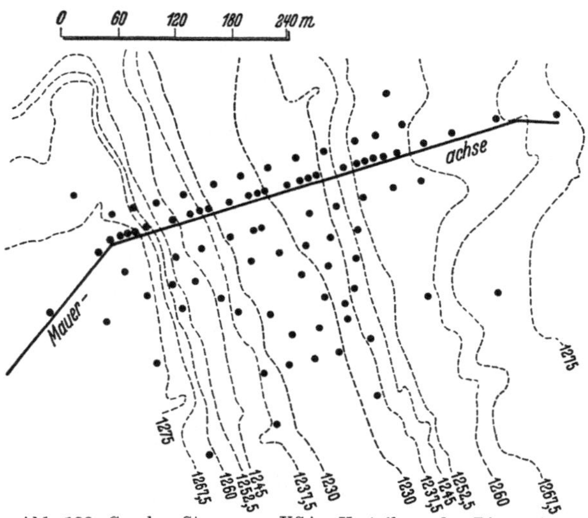

Abb. 183. Conchas-Staumauer-USA. Verteilung der Diamantkernbohrungen.

[1] M. Lugeon: s. S. 42—46.
[2] Vgl. Ludin: Wasserkräfte 1913 S. 1331.

geeignet ist (Abb. 35). Für Erddämme, bei denen die Dichtungswand bis zum Felsen heruntergeht, bietet der Schlagbohrer das Angenehme, daß die Bohrung im Felsen unmittelbar fortgesetzt werden kann. Daß man den Felsen hierbei nur in der Form des Bohrschlammes zu Gesicht bekommt, schränkt aber die Anwendung auf die seltenen Fälle ein, wo die Gewinnung unversehrter Bohrkerne ohne Nachteil entbehrlich ist. Überall, wo ein tieferer Einblick in die Gesteinsverhältnisse nötig ist, kann nur der Drehbohrer brauchbare Aufschlüsse vermitteln. Auffassungen, daß man bei einheitlichen und insbesondere Massengesteinen zuweilen auch mit dem Schlagbohrer arbeiten könne, müssen als völlig abwegig bezeichnet werden.

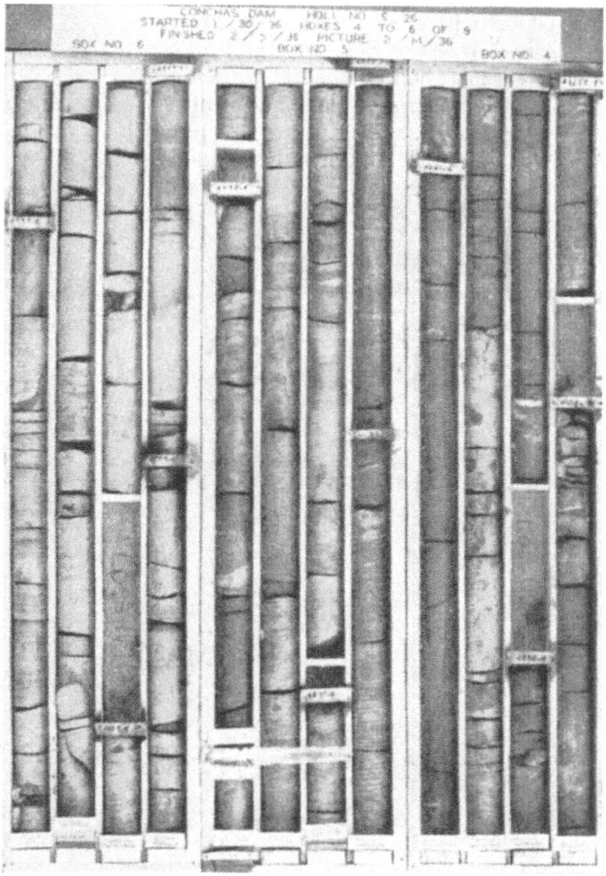

Abb. 184. Diamantkernbohrungen Conchas-Staumauer. Bezeichnung und Aufbewahrung der Bohrkerne.

Der Aufschluß, den ein Bohrverfahren liefern soll, beschränkt sich keineswegs auf die *Analysierung des Bohrgutes*. Auch die *Art des Einsinkens* und vor allem der *Wasserverbrauch* oder — bei artesischem Grundwasser — der *Wasseraustritt* liefern wichtige Aufschlüsse; sie müssen daher auf das Sorgfältigste beobachtet und ins Tagebuch eingetragen werden. Wenn innerhalb einer dichten Bodenschicht sich plötzlich ein durchlässiger Sand oder Kies anzeigt, wird man einhalten und die Wasseraufnahmefähigkeit feststellen; es wird dann sehr bald erkennbar werden, ob man eine einzelne Insel angeschnitten hat, oder ob es sich um ausgedehntere Vorkommen handelt. Die *Wasseraufnahmeversuche* lassen sich durch Drucksteigerung sehr abkürzen, was bei schon vorhandener Verrohrung mit einfachen Mitteln möglich ist. Für *Dichtigkeitsprüfungen* im Felsen bedient man sich des Packergerätes (Abb. 178). Dieses wird bis zur Prüfstelle heruntergelassen und dann durch Aufpumpen der beiden Gummischlauchabschlüsse gegen die Lochwand gepreßt. Hierdurch entsteht eine abgeschlossene Druckkammer, die durch ein mit dem Gerät verbundenes Rohr mit Druckwasser beschickt werden kann. Man kann so Stück für Stück des Bohrloches abpressen und gewinnt damit ein anschauliches Bild von der Wasserdichtigkeit des Felsens. Als ganz besonders aufschlußreich haben sich hierbei die *Hochdruckdichtigkeitsprüfungen* (12 bis 50 atü) erwiesen, da ihre Wirkung außerordentlich in die Breite geht, so daß bei geeigneter Bohrlochaufteilung die Möglichkeit besteht, lückenlose Aufschlüsse über die Felsdichtigkeit zu gewinnen. Voraussetzung dafür ist aber eine hinreichende Auflast, sonst treten Auftreibungen der oberen Felsschichten ein, wenn es überhaupt gelingt, höhere Drucke zu halten.

Der Drehbohrer (Abb. 179—181) hat sich in wenigen Jahren zu einem Aufschlußgerät entwickelt, das von Talsperrenbaustellen nicht mehr wegzudenken ist. Nicht allein, daß er es ermöglicht, in kürzester Zeit in die größten Tiefen vorzustoßen, er gestattet auch mit der bereits erwähnten Hochdruckeinpressung eine Dichtigkeitsprüfung des näheren und ferneren Baugrundes, wie sie

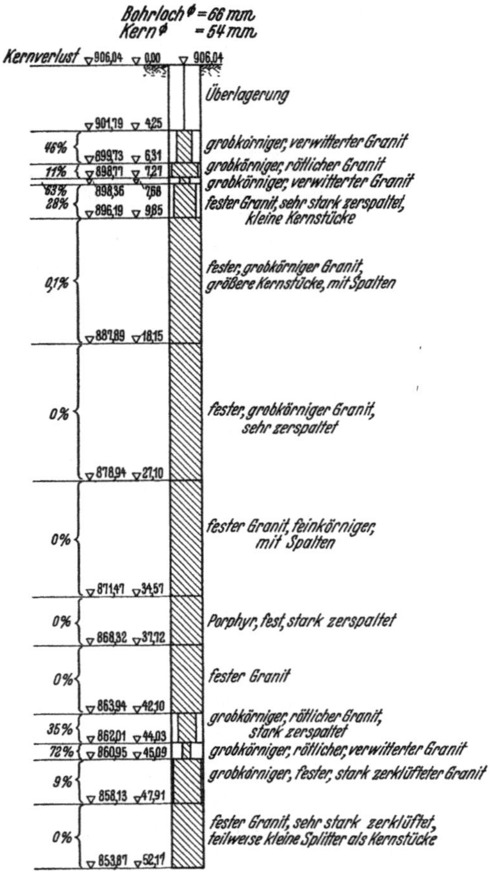

Abb. 185.

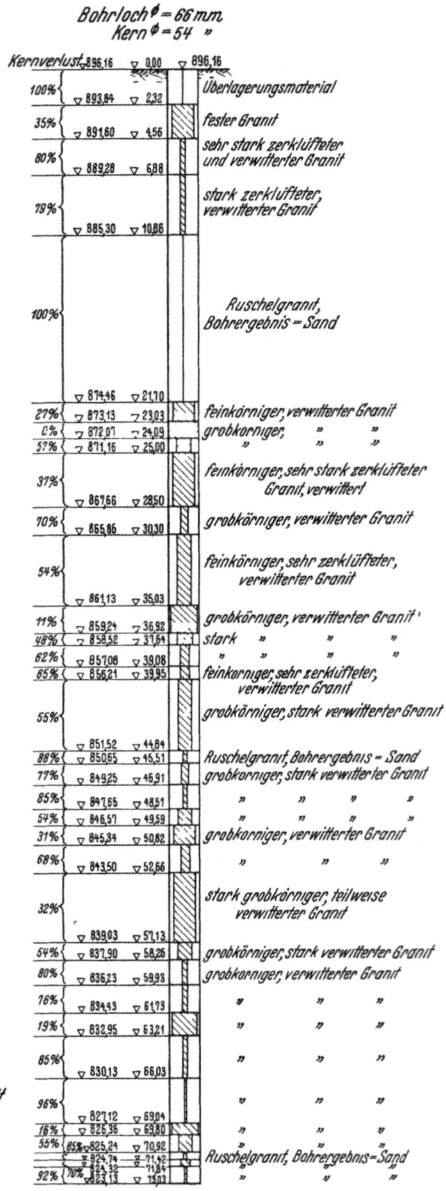

Abb. 186.

einzigartiger gar nicht gedacht werden kann. Aber so groß diese Fortschritte auch sein mögen, man sollte sich durch sie nicht verleiten lassen, Schürfmaßnahmen und Stollenaufschlüsse als entbehrlich anzusehen. Gerade in der Verbindung der Drehbohraufschlüsse mit den altbewährten Schürf- und Stollenaufschlüssen liegt die ungeheure Stärke der neuzeitlichen Baugrunderschließung. Es ist — um ein Beispiel anzuschließen — zweifellos von außerordentlichem Wert, in einem V-artigen Talgrunde an der tiefsten Stelle, wo die Überdeckung am größten ist, eine Reihe von Tiefbohrungen herunterzubringen, welche die ganze Mauerbreite erfaßt (Abb. 130), aber es können sich dabei doch allzuleicht etwa vorhandene Erosionsrinnen oder Störungszonen irgendwelcher Art der Entdeckung entziehen. Man sollte daher auch immer einige Schrägbohrungen (längs und quer zum Fluß) ausführen. Sonst können nur Querstollenaufschlüsse die notwendige Sicherheit gewährleisten. Bei der Chambon-Staumauer, wo man sich auf Tiefbohrungen glaubte allein verlassen zu können, dürfte das Lehrgeld in die Millionen gegangen sein.

Es ist ferner ein Gebot der Wirtschaftlichkeit, daß man ein umfangreiches Tiefbohrprogramm erst vergibt, nachdem durch Schürfmaßnahmen und sonstige, z. B. geophysikalische Aufschlüsse die Baumöglichkeit der Stauanlage auch wirklich gewährleistet ist. Bei der im Bau befindlichen Conchas-Staumauer-USA.[1], bei der man sich „gewissermaßen im Vertrauen auf sein Glück“ auf Schürfmaßnahmen gar nicht erst einließ, zeitigte das umfangreiche Tiefbohrprogramm Überraschungen, die in Europa sofort die Frage einer Verlegung der Staustelle aufgeworfen haben würden (Abb. 182 u. 183). Auf einen verhältnismäßig guten Sandstein folgte Schieferton, der schon nach ganz kurzer Austrocknung zerkrümelte, weiterhin ein mäßiger Buntsandstein, darunter ein artesischer Sandstein mit Druckwasser von 5 atü und schließlich wieder der schon erwähnte Schieferton.

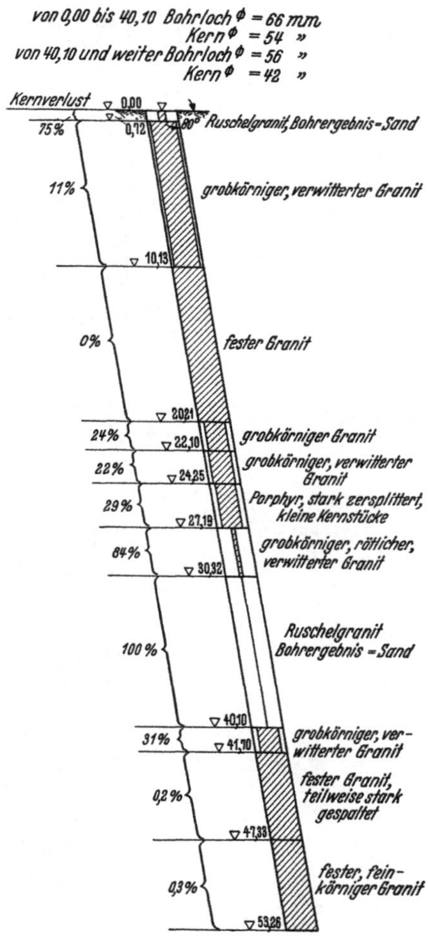

Abb. 187.

Abb. 185—187. Beispiele von Kernbohrungszeichnungen. (Voruntersuchungen für die Schluchsee-Staumauer.)

Wenn man die geringe Überdeckung betrachtet, wie sie aus Abb. 182 ersichtlich ist, so hätte es im vorliegenden Falle nur sehr geringer Schürfkosten bedurft, um die obere Schiefertonschicht in ihrer ganzen Gefährlichkeit zu erkennen, und bei der mäßigen Beschaffenheit des Bundsandsteins in der Talsohle hätte sich sehr bald die Notwendigkeit eines Schürfschachtes herausgestellt, der dann auch die artesische Beschaffenheit des darunterliegenden Sandsteins ans Licht gebracht hätte, alles Anlässe genug, um sich nach einer geeigneteren Staustelle umzusehen. Es ist eine alte Erfahrung, daß man um so zäher an einer Staustelle klebt, je mehr Geld bereits in den Aufschluß hineingesteckt ist. Eine zielbewußte Planung muß sich daher auf das wirklich Notwendige beschränken, sonst läuft sie Gefahr, die Freiheit des Handelns zu verlieren. Nicht die Menge der Aufschlüsse ist entscheidend (Abb. 183), sondern die richtige Auswahl und Anordnung.

Ganz anders liegen die Verhältnisse, wenn über die Baumöglichkeit des Stauwerks und Vorteile der Staustelle Klarheit herrscht. In solchem Falle kann man gar nicht genug Tiefbohrungen herunterbringen, um die günstigste Linienführung ausfindig zu machen. Ein Musterbeispiel ist in dieser Hinsicht

[1] G. H. Matthes: Problems at Conchas Dam. Civ. Engng. 1936 S. 437—441.

die oben schon erwähnte Ariel-Bogenmauer-USA. (Abb. 147), bei der man Schürfmaßnahmen, Stollenaufschlüsse, Tiefbohrungen und geoelektrische Abtastungen sich in glücklichster Weise ergänzen ließ und dadurch eine Aushubs- und Baustoffersparnis von rund 1 Mill. RM erzielen konnte.

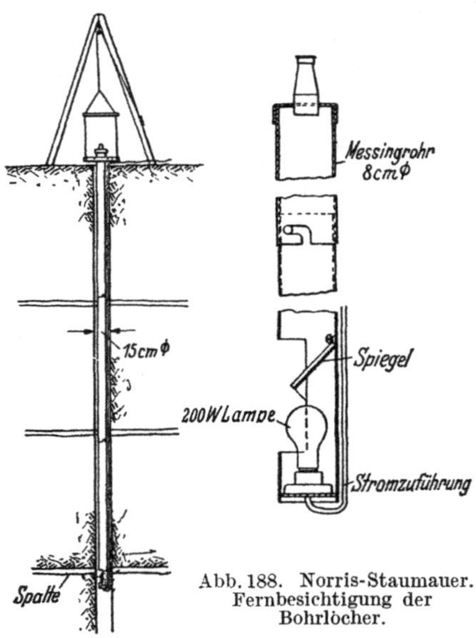

Abb. 188. Norris-Staumauer. Fernbesichtigung der Bohrlöcher.

Die Drehbohrung kann mit Hilfe von Stahlschrot oder mit der Hartmetallkrone erfolgen. Die letztere zermürbt den Kern weniger und arbeitet sauberer; sie liefert demgemäß längere Bohrkerne bei geringerem Kernverlust und gleichmäßigere Wandungen, was neben dem Aufschluß auch der Hochdruckdichtigkeitsprüfung zugute kommt. Sie gestattet ferner, und das ist die Hauptsache, Löcher unter beliebiger Neigung zu bohren (Abb. 182), während man mit Stahlschrot nur senkrecht bohren kann. Die schrägen Bohrungen sind besonders dann von großer Bedeutung, wenn steil verlaufende Verwerfungen oder zersetzte Zonen vorhanden sind (s. oben).

Abb. 189. Norris-Staumauer. Fernglas zur Besichtigung der Bohrlöcher.

Der Bohrkern muß sofort in Kästen mit entsprechender Tiefenbezeichnung verpackt werden (Abbildung 184), damit nichts verloren geht und keine Verwechslungen vorkommen können. Wenn Gefahr des Zerfalls besteht (Schieferton), ist sofortiges Photographieren, möglichst Farbenphotographie, anzuraten oder Paraffinieren (in Blechbüchsen), Lackieren u. dgl. Nach der geologischen Auswertung der Bohrergebnisse werden diese in Bohrzeichnungen zusammengestellt, wie es Abb. 185—187 für einige Tiefbohrungen im Schluchsee-Sperrengranit zeigt[1]. Gesteinsgrenzen, Verwerfungen usw. müssen aus solchen Zeichnungen klar ersichtlich sein.

Außer der bereits erwähnten Hochdruckdichtigkeitsprüfung hat der Drehbohraufschluß eine weitere Vervollkommnung durch die Fernrohrbesichtigung erfahren. Da diese Lochdurchmesser von mindestens 15 cm verlangt — während in der Regel Löcher von 5 bis 8 cm ausreichen —, wird man immer nur einen Teil der Löcher für Fernrohrbesichtigung vorbereiten, insbesondere solche, die nachträglich zur Klärung noch unklar gebliebener Fragen eingeschaltet werden. Das Verfahren, das erstmals bei der Norris-Staumauer angewandt wurde[2], besteht darin, daß man vom Bohrbock aus (Abb. 188) ein besonders hergerichtetes Fernrohr in das Loch einführt, das unten eine 100-W-Lampe mit darüberliegendem 45°-Spiegel trägt und von einem zwischen Lampe und Spiegel befindlichen Fenster aus die mittelbare Besichtigung der

[1] Die Unterlagen wurden von dem Direktor der Schluchseewerke, Herrn Reg.-Baurat Henninger, freundlichst zur Verfügung gestellt.
[2] Engng. News Rec. Bd. 115 (1935) S. 699—701.

gegenüberliegenden Wandfläche ermöglicht. Zur Vermeidung von Rückspiegelungen und zur Erhöhung der Lichtwirkung ist das Sehrohr oberhalb des Spiegels mit schwarzer, unterhalb mit Aluminiumfarbe gestrichen. Das aufgesetzte Fernglas arbeitet mit 4facher Vergrößerung, so daß auch die feinsten Klüfte und Spalten beobachtet und verzeichnet werden können.

Ferner besteht heute die Möglichkeit, nach dem Dreh- oder Schlagbohrverfahren Schürfschächte herauszuarbeiten und damit ganz einzigartige Aufschlußmöglichkeiten zu schaffen. Für die oben erwähnten Conchas-Staumauer wurden mehrere derartige Schächte von 90 cm Durchmesser herausgebohrt.

4. Geophysikalische Aufschlüsse.

(1) Allgemeiner Überblick. Die geophysikalischen Aufschlußverfahren[1], seit der Jahrhundertwende insbesondere für bergbauliche Zwecke in großer Zahl entwickelt, werden gewöhnlich nach folgenden Gruppen zusammengefaßt:

a) Gravimetrische Aufschlußverfahren,
b) Seismo-elastische und dynamische Aufschlußverfahren.
c) Magnetische Aufschlußverfahren.
d) Radioaktive Aufschlußverfahren.
e) Elektrische Aufschlußverfahren.

Die in ihrer Entwicklung am weitesten fortgeschrittenen gravimetrischen Aufschlußverfahren benutzen die Schwankungen des Schwerefeldes der Erde, um daraus Rückschlüsse auf die Oberflächenbeschaffenheit zu ziehen. Während man sich früher meist darauf beschränken mußte, mit der Eötvösschen Drehwaage den Gradienten der Schwere, d. h. Richtung und Größe des Höchstgefälles zu ermitteln, kann man mit den heutigen Schweremessern die Schwerbeschleunigung selbst ablesen. An erster Stelle ist hier der Haalcksche Schweremesser zu nennen, der in einem Kraftwagen meßfertig aufgehängt wird und die Durchführung einer Messung innerhalb von 5 min gestattet. Dies ist kaum $^1/_{100}$ der Zeit, die noch vor wenigen Jahren für die Drehwaagenmessung benötigt wurde.

Die seismo-elastischen und dynamischen Aufschlußverfahren bedienen sich künstlich erzeugter elastischer Wellen und ihrer verschiedenen Fortpflanzungsgeschwindigkeiten. Je nach dem Elastizitätsmodul und der Dichte ergeben sich Schwankungen z. B. der longitudinalen Fortpflanzungsgeschwindigkeiten von etwa 100 bis 8000 m/s, d. h. Werte, die in ganz anderem Maße als die Schwere Unterschiede im Aufbau des Baugrundes in Erscheinung treten lassen. Die besonders durchsichtigen seismo-elastischen Aufschlußverfahren verlangen die Erzeugung eines Explosionsherdes durch Dynamitsprengung u. dgl., was die praktische Anwendung oft erschwert. Die von dem Explosionsherd ausgehenden Longitudinalwellen pflanzen sich nach allen Seiten gleichmäßig fort und erfahren an den Schichtgrenzen Brechungen und Spiegelungen. Unter Berücksichtigung der verschiedenen Fortpflanzungsgeschwindigkeiten lassen sich die kürzesten Wege der Wellen in den einzelnen Schichten für einen bestimmten Empfangspunkt der Oberfläche bestimmen und fertige Gleichungen für Schichtstärke, Neigung usw. aufstellen. Durch geeignete Wahl der Aufnahmepunkte kann man erreichen, daß die Welle durch die obere Schicht bereits abgeklungen ist, wenn die der nächstunteren ankommt. Durch graphische Auftragung der Geschwindigkeiten ergibt sich die sog. Mintropsche Laufzeitkurve, die unmittelbare wertvolle Rückschlüsse auf den Untergrund zu ziehen gestattet.

[1] Für den allgemeinen Überblick sei im einzelnen auf folgende Werke verwiesen: a) H. Haalck: Angewandte Geophysik. Berlin: Gebrüder Bornträger 1934. b) H. Reich: Angewandte Geophysik für Bergleute und Geologen. c) Handbuch der Experimentalphysik, Bd. 25, 3. Teil: Angewandte Geophysik. Bearbeitet von H. Haalck, W. Heine, J. N. Hummel, K. Jung, H. Martin, O. Meißer, H. Reich. Leipzig: Akad. Verl.-Ges. 1930.

Abb. 190 zeigt z. B. eine tief erodierte Talrinne unter starker Überdeckung, die mit dem Sprengpunktverfahren aufgefunden wurde[1]. Ein weiteres Beispiel ist das geologische Querprofil von Sperenberg (Abb. 191), das von Schweydar und Reich[2] mit Hilfe der Mintropschen Laufzeitkurven ausgewertet wurde. Der Talabtreppung entsprechend ergeben sich drei Hauptwellen (in der Abbildung punktiert), deren Laufzeitkurven die Absätze deutlich widerspiegeln.

Das noch im Entwicklungsstande befindliche dynamische Aufschlußverfahren unterscheidet sich von dem seismo-elastischen dadurch, daß an Stelle der Augenblickswelle dem Baugrund eine längere Zeit andauernde harmonische Schwingungswelle zugeführt wird, die man durch eine Schwingungsmaschine anregt. Demgemäß werden am Beobachtungsort die den einzelnen Schichten entsprechenden Wellen nicht mehr stoßweise, sondern fortlaufend übertragen; sie überlagern sich nach den Gesetzen der Interferenz. Für die Messung der Fortpflanzungsgeschwindigkeit hat sich die Laufzeitmessung einer bestimmten Schwingungsphase als besonders zweckmäßig erwiesen. Schichtstärke, Neigung usw. können durch entsprechende Umrechnungen aus der Interferenzkurve, insbesondere aus der Lage der größten und kleinsten Ausschläge abgeleitet werden. Wegen der Verschiedenartigkeit der von der Schwingungsmaschine übertragenen Wellen ist die Wellenausbreitung mit Brechung und Spiegelung im Vergleich zum seismo-elastischen Verfahren wesentlich verwickelter. Um hier Klarheit zu schaffen, sind von der Deutschen Forschungsgesellschaft für Bodenmechanik in Gemeinschaft mit dem geophysikalischen Institut der Universität Göttingen ausgedehnte und großangelegte Untersuchungen durchgeführt worden[3]. Man darf daher hoffen, daß das dynamische Aufschlußverfahren in Bälde soweit geklärt sein wird, daß eine erfolgreiche praktische Anwendung sichergestellt ist.

Abb. 190. Seismo-elastisch aufgenommene Erosionsrinne. (Nach A. T. Parsons.)

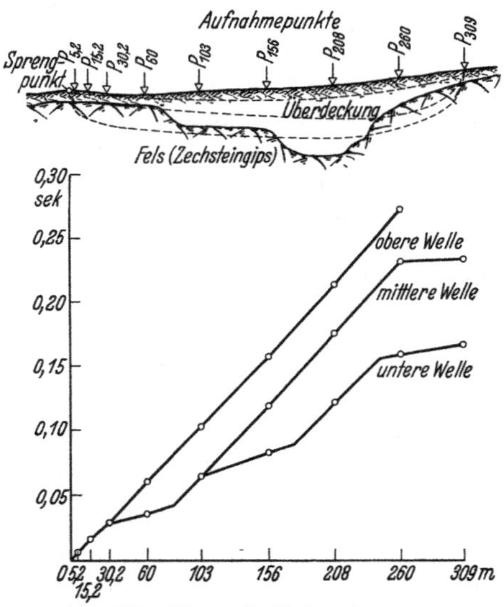

Abb. 191. Seismo-elastisch aufgenommenes Querprofil. (Nach Schweydar und Reich.)

Das magnetische Aufschlußverfahren sucht aus dem magnetischen Verhalten der Erdoberfläche Rückschlüsse zu ziehen. So fruchtbar es sich für die Auffindung gewisser Erzlagerstätten erwiesen hat, so wenig geeignet ist es für die Baugrunduntersuchung, da die meisten Böden und Gesteine außerordentlich schlechte magnetische Eigenschaften besitzen. Das gleiche kann von dem radioaktiven Verfahren gesagt werden, das im übrigen noch wenig erforscht ist.

Alle bisher besprochenen Verfahren sind in der Gründungstechnik nur selten angewendet worden, was teils auf Schwierigkeiten bei Messung und Auswertung, teils auf erschwerende Erfordernisse bei der Versuchsdurchführung zurückzuführen ist. In vielen Fällen mag auch Unkenntnis oder unberechtigte Zurückhaltung die Ursache gewesen sein, was um so bedauerlicher ist, als die geotechnische Voruntersuchung bei Heranziehung der physikalischen Möglichkeiten

[1] A. T. Parsons: Geophysical foundation study by explosionwave method. Engng. News Rec. Bd. 102 (1929) S. 273—275.

[2] W. Schweydar u. H. Reich: Gerlands Beitr. Geophys. Bd. 17 (1927) S. 121.

[3] Die Anwendung dynamischer Baugrunduntersuchungen. Berlin: Julius Springer 1936.

meist viel gründlicher und schneller durchgeführt werden kann. Zudem sind die aufzuwendenden Kosten meist anteilmäßig gering.

Eine wesentlich günstigere Aufnahme hat demgegenüber das geoelektrische Aufschlußverfahren gefunden, das heute bereits weitgehend angewendet wird. C. Schlumberger[1], der sich um seine Entwicklung besonders verdient gemacht hat, berichtet z. B. von über 20 amerikanischen Großbaustellen, bei denen die geoelektrischen Verfahren mit größtem Erfolge herangezogen wurden, wobei der Talsperrenbau eine besonders bevorzugte Stellung einnahm.

Das am meisten ins Auge fallende Merkmal jeder geophysikalischen Aufschließung ist die beträchtliche Zeit- und Kostenersparnis. Dies wurde oben schon an dem Beispiel der St. Lorenz-Talsperre (Kanada) erläutert, bei der ein Oberflächenbereich von etwa 40 ha in 30 Tagen aufgeschlossen wurde (Abb. 146)[1]. Um die Genauigkeit zu überprüfen, wurden vier Vergleichsbohrungen heruntergebracht, die Abweichungen von 6% im Durchschnitt und 9% im Höchstwert lieferten. Dies bedeutet für ein unregelmäßiges Gelände wenig, denn jede geophysikalische Aufschließung besitzt den großen Vorzug, daß sie örtliche Unregelmäßigkeiten ausgleicht, sie liefert Durchschnittswerte und keine Zufallstreffer.

Der geringere Kosten- und Zeitaufwand führt ganz von selbst zu einer viel größeren Freizügigkeit in der Abgrenzung des zu untersuchenden Geländes. Man klebt weniger an einer in Aussicht genommenen Staustelle und kann eine Verschiebung in der einen oder anderen Richtung ins Auge fassen. Ein lehrreiches Beispiel hierfür ist die oben bereits erwähnte rd. 100 m hohe Ariel-Bogenstaumauer (USA.), bei der die geoelektrische Aufschließung systematisch und insbesondere für die nähere Umgebung der Staustelle eingesetzt wurde[2]. Die geoelektrisch gewonnenen Querschnitte (Abb. 148) lassen alle Feinheiten der in Talmitte rd. 35 m überdeckten Felsoberfläche deutlich erkennen. Die Übereinstimmung mit den 17 heruntergebrachten Vergleichsbohrungen war auch hier ausgezeichnet.

Die Durchfeuchtung oder Durchnässung von Boden- oder Gesteinsschichten ruft meist eine beträchtliche Steigerung der elektrischen Leitfähigkeit hervor. Man kann dann eine Grundwasserschicht auf geoelektrischem Wege sehr sicher festlegen.

Auch Mehrschichtenaufgaben sind bereits des öfteren in befriedigender Weise geklärt worden, so bei der oben bereits erwähnten Foum-el-Guerza-Talsperre (Algerien).

Daß man auch unter Wasser geoelektrisch arbeiten kann, beweist eine bemerkenswerte Zweischichtenaufgabe aus dem Seebau, welche die mengenmäßige Abschätzung der Steinschüttung für eine neue Mole im Hafen von Algier betraf. Der Meeresboden bestand hier aus kristallinen Schiefern und Sandsteinen mit darüberliegender Alluvialdecke stark wechselnder Mächtigkeit bei Wassertiefen zwischen 10 und 35 m. Die Messungen gestalteten sich sehr schwierig, da die Elektroden, zwecks Ausschaltung der großen Leitfähigkeit des Meerwassers, an der Oberfläche der Alluvialdecke verlegt werden mußten. Um so größer war der Erfolg. Man stellte Schwankungen der auszuräumenden Alluvialdecke zwischen $1^1/_2$ und 16 m fest, die durch den späteren Aushub in recht befriedigender Weise bestätigt wurden.

Verwerfungsspalten, verschüttete Erosionsrinnen, Ruschelzonen u. dgl. pflegen gegenüber den angrenzenden Gesteinsmassen meist beträchtliche elektrische Leitfähigkeitsunterschiede aufzuweisen, so daß sie auf geoelektrischem Wege

[1] C. Schlumberger and E. G. Léonardon: Application de la prospection électrique à l'étude des projets de tunnels et de barrages. Ann. Ponts Chauss. Bd. 102 (1932) S. 271—289.

[2] M. R. Maillet: Prospection géophysique des sols. Ann. L'Inst. Techn. Bd. 1 (1936) Heft 5 S. 66.

sichtbar gemacht werden können. Oft genügt bereits ein einziger Querschnitt, da die Messung sehr empfindlich ist. Abb. 192 zeigt z. B. den deutlich ausgeprägten Verlauf des elektrischen Widerstandes über drei besser leitenden Einlagerungen. Die hier gleichfalls gegebene Anwendungsmöglichkeit der elastoseismischen und dynamischen Verfahren wurde bereits erwähnt (Abb. 190). Gerade bei schwierigen Baugrundverhältnissen kann die gleichzeitige Heranziehung verschiedener geophysikalischer Verfahren von größtem Nutzen sein.

Von allen für geotechnische Untersuchungen geeigneten physikalischen Aufschlußverfahren ist das geoelektrische zur Zeit am weitesten ausgebaut und erprobt. Es stehen hochempfindliche und in der Handhabung einfache Meßgeräte zur Verfügung und die Theorie besitzt eine enge Verwandtschaft mit derjenigen der Grundwasserbewegung, so daß alle Vorgänge unmittelbar strömungstechnisch gedeutet werden können. Ferner bestehen gewisse, für die Anschaulichkeit sehr nützliche Beziehungen zur Optik.

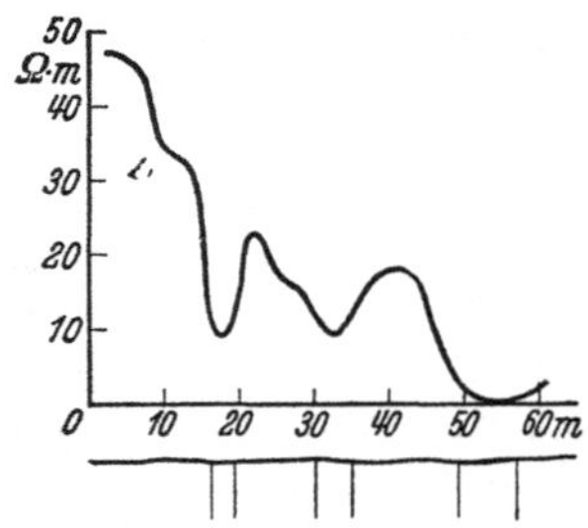

Abb. 192. Widerstandsverlauf über drei eingelagerte Schichten geringerer Leitfähigkeit. (Nach Hunkel.)

(2) Die theoretischen Grundlagen für geoelektrische Aufschlüsse. Die geoelektrischen Aufschlußverfahren zerfallen in die drei großen Gruppen der Gleichstrom-, Wechselstrom- und Wellenverfahren, wobei teils das elektrische, teils das elektromagnetische, teils das induktive Feld für die Untersuchung herangezogen wird. Manche Verfahren gründen sich auf das Eigenfeld der obersten Erdschichten, das elektrolytischen Vorgängen seine Entstehung verdankt, andere, und zwar die Mehrzahl, auf künstlich erzeugte Stromfelder.

Die Theorie der magnetischen und induktiven Felder ist zur Zeit noch so verwickelt, daß sie für quantitative Aussagen ausscheiden muß. Demgemäß fällt den zahlreichen auf jener Grundlage entwickelten Verfahren bezüglich der Baugrunduntersuchung nur eine untergeordnete Bedeutung zu. Hierüber können auch meßtechnische Annehmlichkeiten nicht hinwegtäuschen, wie sie z. B. das für qualitative Messungen ausgezeichnete Haalck- und Ebertsche Verfahren der Intensitätsmessung des magnetischen Feldes mit schrittweiser Elektrodenverlagerung bietet[1].

Für geotechnische Aufschlußarbeiten bietet das stationäre zweipolige Gleichstromfeld so große Vorteile, daß demgegenüber alle anderen Stromfelder stark in den Hintergrund treten. Es wird gewöhnlich durch zwei Punktelektroden erzeugt, die an geeigneten Stellen aufgesetzt und von einer Stromquelle, z. B. Trockenbatterie gespeist werden. Die theoretisch in mancher Hinsicht angenehmeren Linienelektroden sind bei der Vielfältigkeit der geotechnischen Anforderungen weniger geeignet, da sie die Beweglichkeit der Meßanlage beeinträchtigen.

Das von den beiden Elektroden J und $\bar{J}$ gemäß Abb. 193 erzeugte Stromfeld kann im Idealfalle des ungestörten isotropen Halbraums als Unterschied zweier Potentialfunktionen in der Form

$$\varphi = \frac{J\varrho}{2\pi r} - \frac{J\varrho}{2\pi \bar{r}} \tag{1}$$

dargestellt werden. Hierin sind r und $\bar{r}$ die Abstände eines beliebigen Punktes P des Halbraums von den Elektroden und J die ausgesandte Stromstärke. Mit ϱ ist der sog. bezogene Widerstand bezeichnet, d. h. der auf einen Baugrundwürfel von 1 m³ entfallende Widerstand. Da nach dem Ohmschen Gesetz der

[1] H. Haalck u. A. Ebert: Eine elektromagnetische Messungsmethode mit Elektrodenverlegung zur Aufsuchung von Leitfähigkeitsunterschieden im Untergrund. Z. Geophysik Bd. 8 (1932) S. 409—419.

elektrische Widerstand der Länge direkt und dem Querschnitt umgekehrt proportional ist, hat ϱ die Dimension $\Omega \cdot m^2/m$ oder $\Omega \cdot m$. Der reziproke Wert $1/\varrho$ des spezifischen Widerstandes wird als die elektrische Leitfähigkeit σ bezeichnet.

Jedes der beiden das Gesamtpotential (1) darstellenden Einzelfelder

$$\varphi_+ = \frac{J\varrho}{2\pi r}; \qquad \varphi_- = \frac{J\varrho}{2\pi \bar{r}} \tag{2}$$

entspricht einer allseitigen geradlinigen Stromausbreitung von den Elektroden in den Halbraum. Die zugehörigen Potentialflächen sind konzentrische Halbkugeln mit den Elektroden als Mittelpunkt. Da $2\pi r^2$ bzw. $2\pi \bar{r}^2$ den Flächeninhalt der Halbkugeloberfläche darstellt, ergibt sich die auf die Flächeneinheit entfallende Strommenge oder die Stromdichte zu

$$\dot{i}_+ = \frac{J}{2\pi r^2}; \qquad \dot{i}_- = \frac{J}{2\pi \bar{r}^2}. \tag{3}$$

Deutet man in (3) J als die Stromstärke einer nach oben abgedeckten Lichtquelle, so entspricht (3) dem Beleuchtungsgesetz der Optik. An Stelle der Stromdichte tritt dann die bezogene Lichtstärke oder Lichtdichte. Die Zerlegung des Ausgangspotentials (1) in die Einzelpotentiale (2) und der enge Zusammenhang zwischen Stromausbreitung und Lichtausbreitung werden später dazu benutzt werden, um gewisse Gesetze der geometrischen Optik sinngemäß zu übertragen.

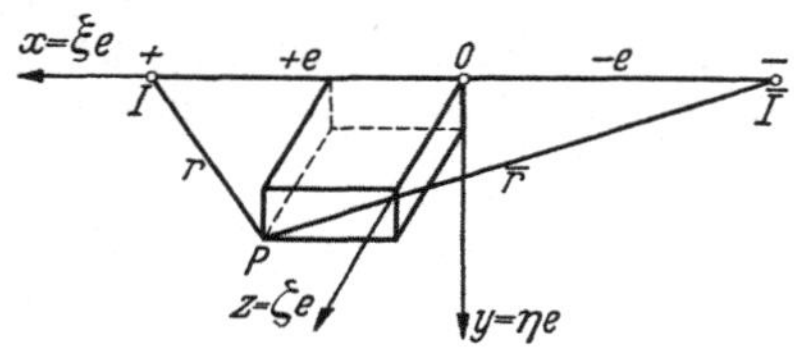

Abb. 193.

Es ist außerordentlich zweckmäßig, durch Abspaltung eines Faktors $\frac{J\varrho}{e\pi}$ das Stromfeld dimensionslos zu machen und gemäß

$$\varphi = \frac{J\varrho}{e\pi}\varphi^* \tag{4}$$

ein absolutes Potential einzuführen[1]. Die in (4) vorgezogene Länge e stellt nach Abb. 193 die halbe Elektrodenspannweite dar. Wird (4) in (1) berücksichtigt, so folgt für das absolute Potential

$$\varphi^* = \frac{e}{2r} - \frac{e}{2\bar{r}}. \tag{5}$$

Werden r und $\bar{r}$ gemäß Abb. 193 auf ein festes Achsenkreuz bezogen und bezeichnen

$$\xi = \frac{x}{e}; \qquad \eta = \frac{y}{e}; \qquad \zeta = \frac{z}{e} \tag{6}$$

dimensionslose Veränderliche, so nimmt das absolute Potential die Form an

$$\varphi^* = \frac{\frac{1}{2}}{\sqrt{(1-\xi)^2+\eta^2+\zeta^2}} - \frac{\frac{1}{2}}{\sqrt{(1+\xi)^2+\eta^2+\zeta^2}}. \tag{7}$$

Wie bereits bemerkt wurde, ist φ^* eine Potentialfunktion, d. h. sie genügt der Laplaceschen Potentialgleichung

$$\Delta\varphi^* = \frac{\partial^2\varphi^*}{\partial\xi^2} + \frac{\partial^2\varphi^*}{\partial\eta^2} + \frac{\partial^2\varphi^*}{\partial\zeta^2} = 0. \tag{8}$$

Der zu Gl. (1) gehörige Gradient ist der bezogenen Stromstärke $\mathfrak{i}$ oder dem Stromfluß pro Flächeneinheit proportional. Unter Berücksichtigung der Leitfähigkeit und des Vorzeichens (der Stromfluß folgt immer dem größten Potentialgefälle) ergibt sich

$$\mathfrak{i} = -\frac{1}{\varrho}\,\mathrm{grad}\,\varphi. \tag{9}$$

[1] F. Tölke: Die geophysikalische Baugrunduntersuchung unter besonderer Berücksichtigung der geoelektrischen Aufschlußverfahren. Bauing. 1937 S. 271—294.

Für die Komponenten von $\mathfrak{i}$ erhält man

$$\mathfrak{i}_x = -\frac{1}{\varrho}\frac{\partial \varphi}{\partial x}; \qquad \mathfrak{i}_y = -\frac{1}{\varrho}\frac{\partial \varphi}{\partial y}; \qquad \mathfrak{i}_z = -\frac{1}{\varrho}\frac{\partial \varphi}{\partial z}. \tag{10}$$

Der absolute Betrag der bezogenen Stromstärke heißt Stromdichte und folgt zu

$$i = \frac{1}{\varrho}\sqrt{\left(\frac{\partial \varphi}{\partial x}\right)^2 + \left(\frac{\partial \varphi}{\partial y}\right)^2 + \left(\frac{\partial \varphi}{\partial z}\right)^2}. \tag{11}$$

Wird (11) mit Hilfe von (4) und (6) dimensionslos geschrieben, so erhält man

$$i = \frac{J}{e^2\pi}\sqrt{\left(\frac{\partial \varphi}{\partial \xi}\right)^2 + \left(\frac{\partial \varphi}{\partial \eta}\right)^2 + \left(\frac{\partial \varphi}{\partial \zeta}\right)^2}. \tag{12}$$

Bezeichnet man sinngemäß den Wurzelausdruck als absolute Stromdichte, so folgt

$$i = \frac{J}{e^2\pi}\,\mathfrak{i}^*; \qquad i^* = \sqrt{\left(\frac{\partial \varphi}{\partial \xi}\right)^2 + \left(\frac{\partial \varphi}{\partial \eta}\right)^2 + \left(\frac{\partial \varphi}{\partial \zeta}\right)^2}. \tag{13}$$

Werden die Differentiationen mit Hilfe von (7) ausgeführt, so ergibt sich

$$i^* = \frac{\sqrt{(1+\xi^2+\eta^2+\zeta^2)^2 + 4\,\xi^2 + (1-\xi^2-\eta^2-\zeta^2)\cdot\sqrt{(1+\xi^2+\eta^2+\zeta^2)^2 - 4\,\xi^2}}}{\sqrt{2}\,[(1+\xi^2+\eta^2+\zeta^2)^2 - 4\,\xi^2]}. \tag{14}$$

Von besonderer Bedeutung ist der Verlauf des absoluten Potentials und der absoluten Stromdichte längs der Elektrodenverbindungslinie. Mit $\eta = \zeta = 0$ erhält man

$$\varphi^* = \frac{1}{|1-\xi^2|}\ (\xi > 1); \quad \varphi^* = \frac{\xi}{1-\xi^2}\ (1 > \xi > -1); \quad \varphi^* = \frac{-1}{|1-\xi^2|}\ (-1 > \xi); \tag{15}$$

$$\mathfrak{i}^* = \frac{(1+\xi^2)}{(1-\xi^2)^2}\ \text{(Elektrodenverbindungslinie)}. \tag{16}$$

Aus den Abb. 194 und 195 ist der zugehörige Funktionsablauf ersichtlich. Im Bereich der Elektrodenmitte verläuft das absolute Potential nahezu geradlinig, während die absolute Stromdichte praktisch gleichbleibend, und zwar 1 ist.

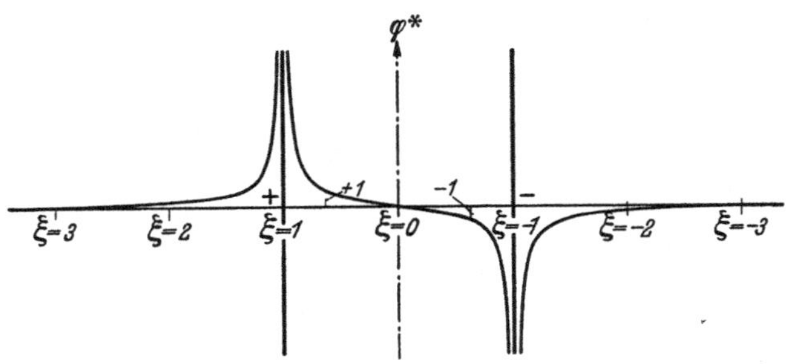

Abb. 194. Verlauf des absoluten Potentials.

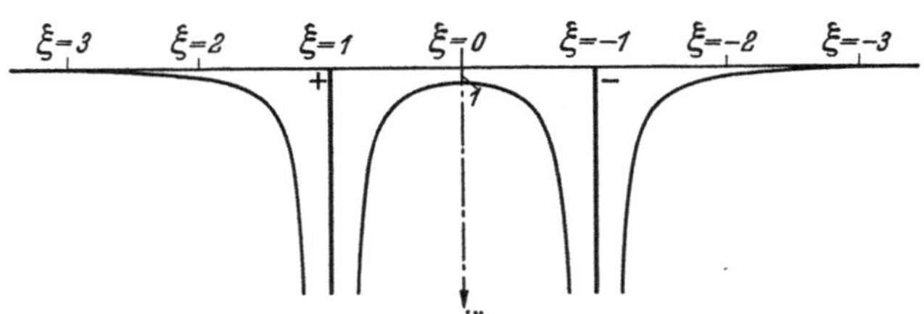

Abb. 195. Verlauf der absoluten Stromdichte.

Mit $\varphi^* = \text{const}$ folgen aus (7) die Flächen gleichen Potentials oder Äquipotentialflächen als Flächen achter Ordnung, da man, um die Wurzeln zu beseitigen, zweimal quadrieren muß. Die Schnittkurven mit der Halbebene (Oberfläche) und der Normalebene durch die Elektrodenachse sind aus Abb. 196 ersichtlich; die Schnittkurven senkrecht zur Elektrodenachse sind Halbkreise. Die Orthogonaltrajektorien zu den Äquipotentialflächen heißen Stromlinien, da sie an jeder Stelle die Richtung des Stromflusses angeben.

In ähnlicher Weise folgen aus (14) mit $i^* = \text{const}$ die Flächen gleicher Stromdichte. Es sind ebenfalls Flächen achter Ordnung, deren Schnittkurven senkrecht zur Elektrodenachse Halbkreise sind. Den Verlauf der Schnittkurven mit der Halbebene (Oberfläche) zeigt Abb. 197.

Wie oben bereits angedeutet wurde, kann das zweipolige Gleichstromfeld in anschaulicher Weise mit dem der Grundwasserströmung verglichen werden. Hierbei hat man sich an der positiven Elektrode eine Quelle, an der negativen eine Senke zu denken. Dann entspricht der Strommenge J die Ergiebigkeit Q, dem elektrischen Potential φ die piezometrische Höhe $p/\gamma + h$, der elektrischen Leitfähigkeit $1/\varrho$ dem Durchlässigkeitsgrad k und der bezogenen Stromstärke $\mathfrak{i}$ die Sickergeschwindigkeit oder bezogene Sickerwassermenge q.

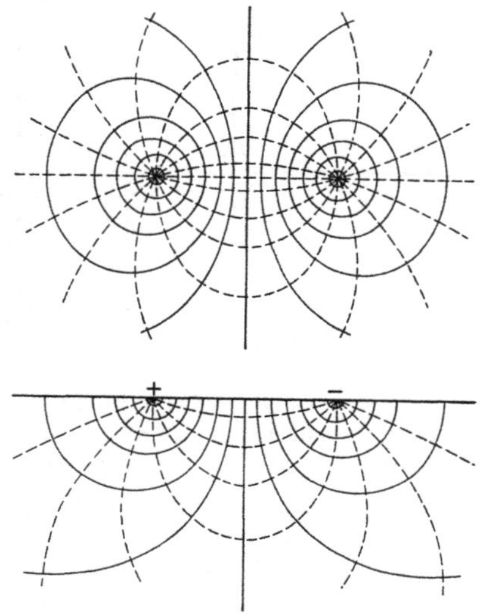

Abb. 196. Äquipotentialflächen.

Von dem durch Gl. (1) bis (16) gekennzeichneten Idealbild des zweipoligen Gleichstromfeldes wird nun das wirkliche Stromfeld den vorhandenen Schichtungen und Störungen entsprechend abweichen. Aufgabe des geoelektrischen Aufschlusses ist es, diese Abweichungen an der Oberfläche festzustellen und daraus Rückschlüsse auf den Baugrund zu ziehen. Hierfür stehen im wesentlichen drei Wege zur Verfügung, nämlich

a) Vergleich der oberflächlichen Stromlinien bzw. des Potentialverlaufes,

b) Vergleich der oberflächlichen Dichtelinien bzw. des Dichteverlaufes,

c) Feststellung des scheinbaren spezifischen Widerstandes.

Die unter a) und b) genannten Vergleichsmöglichkeiten liefern in manchen Fällen sehr gute Aufschlüsse, in anderen dagegen gar keine; sie können daher nur als ergänzende, das allgemeine Bild abrundende Verfahren gewertet werden. Bald sind die Potential-, bald die Dichteabweichungen ausgeprägter; man vergleicht daher zweckmäßig beides.

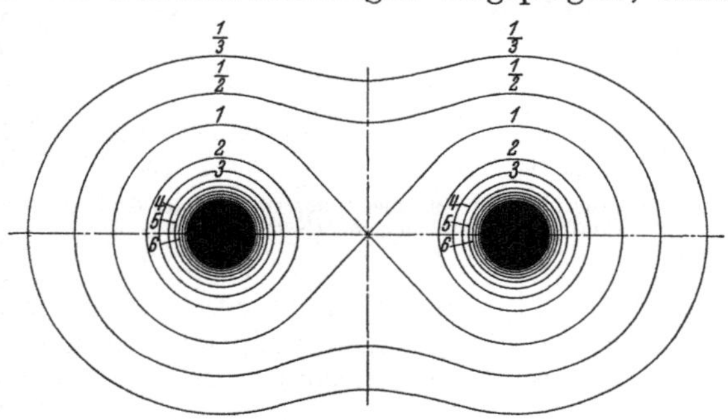

Abb. 197. Linien gleicher oberflächlichen Dichte.

Kreuzt man z. B. eine verdeckte, sehr steile Gesteinsgrenze gerade senkrecht und so, daß beide Elektroden gleichen Abstand von der Trennfläche aufweisen, so wird an dem Verlauf der Potential- und Dichtelinien gegenüber Abbildung 196 und 197 überhaupt nichts geändert. Auch die Dichteverteilung bleibt die gleiche wie in Abb. 195. Lediglich der Potentialverlauf läßt hier die Gesteinsgrenze, und zwar in sehr ausgeprägtem Maße in Erscheinung treten. Verhalten sich die Widerstände beider Schichten z. B. wie 1 : 5, so ergibt sich der in Abb. 198 wiedergegebene Verlauf.

Anlässe für sehr ausgeprägte Störungen des Dichtefeldes bieten nach Hunkel verdeckte und gut leitende Verwerfungen, die sich besonders bequem durch Verwendung von Linienelektroden sichtbar machen lassen, bei denen die oberflächlichen Potential- und Stromlinien parallel bzw. normal zu den Elektroden verlaufen. Abb. 199 und 200 zeigen Beispiele für solche Störungen des Dichtefeldes.

Im Falle waagerecht geschichteten Baugrundes zeigt der Potentialverlauf selbst bei sehr großen Leitfähigkeitsunterschieden nur ganz geringe Abweichungen von dem Idealbild der Abb. 194. Auch die meist etwas größeren Abweichungen im Dichteverlauf reichen bei weitem nicht aus, um daraus zahlenmäßige Schlußfolgerungen abzuleiten. Hier versagen beide Verfahren vollständig.

Das einzige nie versagende und daher im Vordergrunde des geoelektrischen Aufschlusses stehende Verfahren ist das des scheinbaren spezifischen Widerstandes. Seine Einführung durch F. Wenner[1] vor rund 20 Jahren kann ohne Übertreibung als die Geburtsstunde der geoelektrischen Baugrunduntersuchung bezeichnet werden. Einmal ist dadurch das ganze Meßverfahren so vereinfacht worden, daß die erforderlichen Aufschlußmaßnahmen in kürzester Zeit durchgeführt werden können, und zum anderen ist eine theoretische Vergleichsgrundlage entstanden, die mit einem Höchstmaß von Sicherheit zu arbeiten gestattet. Die bis dahin sehr vernachlässigte Potentialtheorie des geschichteten Kontinuums hat seit Wenner einen großen Ausbau erfahren, der bereits viel weiter fortgeschritten ist, als es im Schrifttum zum Ausdruck kommt. Geophysikalische Aufschlußgesellschaften verfügen über ganze Atlanten, die den verschiedenartigsten Neigungs- und Schichtungsverhältnissen Rechnung tragen und verständlicherweise geheim gehalten werden. Als besonders wertvolle Beiträge verdienen die Arbeiten von J. N. Hummel hervorgehoben zu werden, der erstmals den vielschichtigen Halbraum in waagerechter Lagerung untersucht hat und der Praxis gebrauchsfertige Lösungen für das zwei- und dreischichtige Kontinuum zur Verfügung gestellt hat. Hummel hat auch das Spiegelungsprinzip der Optik in die Theorie eingeführt, das als einer der ergiebigsten Lösungswege bezeichnet werden muß.

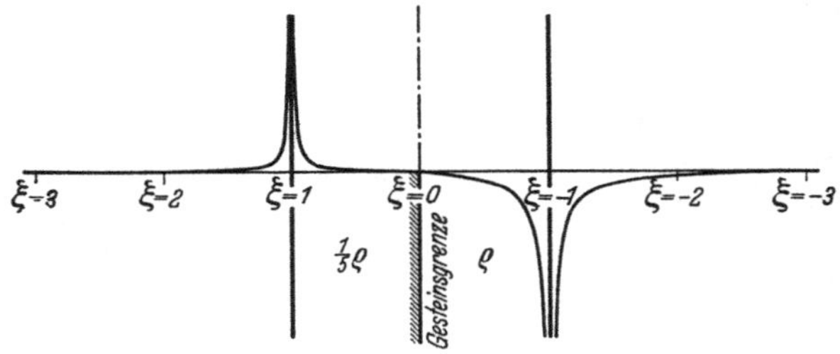

Abb. 198. Potentialverlauf über einer senkrechten Gesteinsgrenze.

Abb. 199.

Abb. 200.

Abb. 199 und 200. Störungen des Dichtefeldes durch verdeckte Verwerfungen. (Nach Hunkel.)

Der Grundgedanke des Widerstandsverfahrens ist außerordentlich einfach. Man mißt in zwei geeigneten Punkten P_1 und P_2 der Elektrodenachse den Potentialunterschied

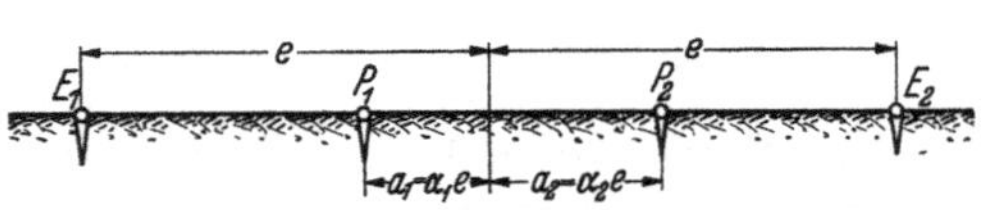

Abb. 201. Vierpolanordnung der Widerstandsmessung.

$$V_s = \varphi_{1s} - \varphi_{2s} \tag{17}$$

und vergleicht ihn mit dem Potentialunterschied V der gleichen Punkte in einem isotropen Halbraum, und zwar unter Zugrundelegung eines festen Bezugswiderstandes ϱ. Bei waagerecht geschichtetem Baugrund wird hierfür zweckmäßig der Widerstand an der Oberfläche gewählt; wird die Oberfläche von Schichtgrenzen gekreuzt, so wird man irgendeine der Schichten, vielleicht die mit dem größten Flächenanteil als Bezugsschicht auszeichnen. Der Potential-

[1] F. Wenner: A method of measuring earth resistivity. U. S. Bur. Stand. Bull. Bd. 12 (1916) Nr. 4. Ferner Sci. Pap. Bur. Stand. Bd. 258 S. 468—477. Washington 1917.

unterschied V des idealisierten Bezugshalbraums kann nach Gl. (1) berechnet werden. Mit den Bezeichnungen der Abb. 201 ergibt sich

$$\left.\begin{aligned} V = \varphi_1 - \varphi_2 &= \frac{J\varrho}{2\pi(e-a_1)} - \frac{J\varrho}{2\pi(e+a_1)} - \frac{J\varrho}{2\pi(e+a_2)} + \frac{J\varrho}{2\pi(e-a_2)} \\ &= \frac{J\varrho}{\pi}\,\frac{(a_1+a_2)(e^2-a_1a_2)}{(e^2-a_1^2)(e^2-a_2^2)}\,. \end{aligned}\right\} \tag{18}$$

Mit $a_1 = e\alpha_1$, $a_2 = e\alpha_2$ läßt sich der Bruch dimensionslos schreiben und man erhält für V

$$V = \frac{J\varrho}{e\pi}\,\frac{(\alpha_1+\alpha_1)(1-\alpha_1\alpha_2)}{(1-\alpha_1^2)(1-\alpha_2^2)}\,. \tag{19}$$

Das Verhältnis

$$\frac{V_s}{V} = \frac{V_s e\pi}{J\varrho}\,\frac{(1-\alpha_1^2)(1-\alpha_2^2)}{(a_1+\alpha_2)(1-\alpha_1\alpha_2)} \tag{20}$$

bezeichnet Wenner nun als den bezogenen scheinbaren Widerstand ϱ_s/ϱ.

$$\frac{\varrho_s}{\varrho} = \frac{V_s}{V} \text{ (bezogener scheinbarer Widerstand).} \tag{21}$$

Die Einfügung des Wortes „scheinbar" trägt dem Umstand Rechnung, daß das Ohmsche Gesetz, das Verhältigkeit zwischen Spannung und Widerstand voraussetzt, nicht ohne weiteres auf geschichtete Kontinua Anwendung finden kann. Das Verhältnis V_s/V liefert gewissermaßen einen Durchschnittswert des bezogenen Widerstandes entsprechend dem erfaßten Baugrundbereich. Dem bezogenen scheinbaren Widerstande fällt daher keine feste physikalische Bedeutung mehr zu. Nichtsdestoweniger ist er aber außerordentlich anschaulich und gerade für die praktische Beurteilung von besonderem Wert.

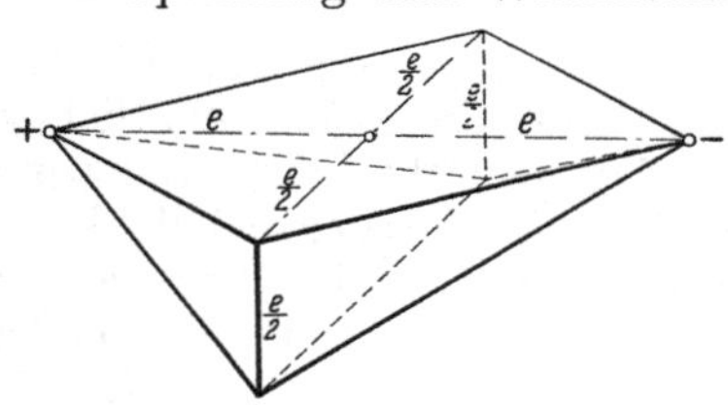

Abb. 202. Wirkungspyramide.

Bei Anwendung des Widerstandsverfahrens wird mit jeder Messung V_s ein gewisser Baugrundbereich durchschnittsmäßig erfaßt; man tastet gewissermaßen den Baugrund ab. Theoretisch ist der berührte Bereich zwar unendlich groß, aber praktisch stets begrenzt, denn die Stromdichte klingt ja mit dem Quadrat der Entfernung von den Elektroden, also sehr schnell ab. Man kann die praktisch erfaßte Wirkungssphäre durch eine mittig aufgeschnittene, quadratische Doppelpyramide veranschaulichen (Abb. 202), deren Spitzen mit den Elektroden zusammenfallen. Bei einer Achslänge von $2e$ ist die Tiefenwirkung durch $^1/_2 e$ und die Breitenwirkung durch e gekennzeichnet. Je weiter man die Elektroden auseinandersetzt, um so größer ist der erfaßte Tiefenbereich. Um beispielsweise eine Tiefenwirkung von 100 m zu erzielen, muß ein Elektrodenabstand von etwa 400 m gewählt werden.

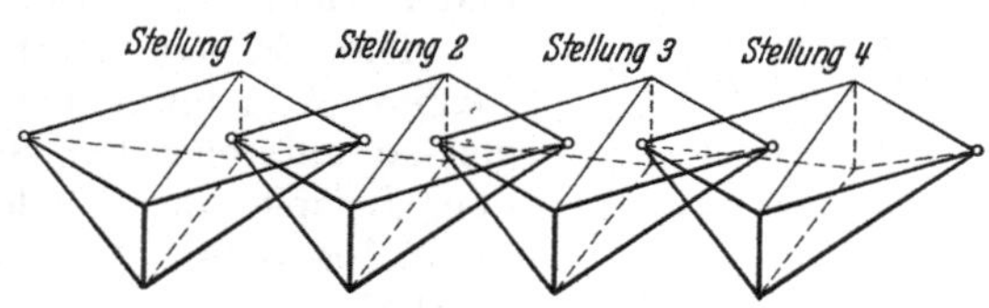

Abb. 203. Plantastung.

Aus der Wirkungspyramide ergeben sich zunächst zwei grundsätzlich verschiedene Wege der Aufschließung, die als Plan- und Tiefentastung bezeichnet werden. Bei der Plantastung (Abb. 203) wird die Tiefe und damit auch der Elektrodenabstand festgehalten und das Wirkungsfeld längs einer bestimmten Schnittlinie durch entsprechende Versetzung der Elektroden verschoben. Man erfaßt dadurch immer andere Bereiche des Baugrundes in waagerechter Richtung und kann daraus entsprechende Rückschlüsse auf Gesteinswechsel, Verwerfungen, Ruschelzonen usw. ziehen.

Bei der Tiefentastung dagegen wird immer ein ganz bestimmter Punkt des Geländes betrachtet, der gleichzeitig im Mittelpunkt der Wirkungspyramide liegt (Abb. 204). Einer allmählichen Steigerung des Elektrodenabstandes entspricht hierbei eine entsprechende Steigerung der Tiefenwirkung, d. h. es werden immer neue Gesteinsschichten des Baugrundes in die Messung einbezogen. Hieraus können Rückschlüsse auf die Mächtigkeit von Überdeckungen, auf die Lage des Grundwasserspiegels, auf Gesteinswechsel usw. gezogen werden.

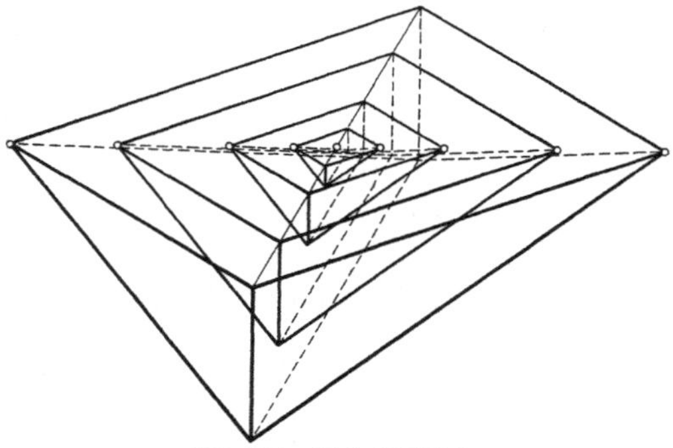

Abb. 204. Tiefentastung.

Eine besondere Art der Plantastung ist die Drehtastung (Abb. 205)[1], bei der man, statt auf einer Schnittlinie fortzuschreiten, die Elektroden einen Kreis um einen festen Geländepunkt beschreiben läßt. Zufolge der Anisotropie der Wirkungspyramide können hierbei Rückschlüsse auf die Einfallrichtung bei geneigter Schichtung gezogen werden. Verbindet man diese Art der Abtastung mit der Tiefentastung, so ergibt sich die Tiefen-Drehtastung, die außerordentlich weitgehende Aufschlüsse zu bieten vermag.

Bei geoelektrischen Baugrunduntersuchungen werden zweckmäßig die aufgeführten Tastungsmöglichkeiten miteinander verbunden. Bei den meist beträchtlichen Unterschieden in der elektrischen Leitfähigkeit bereitet die zahlenmäßige Deutung der Meßergebnisse im allgemeinen keine Schwierigkeiten, zumal wenn der geoelektrische Aufschluß durch einige Vergleichsbohrungen ergänzt wird.

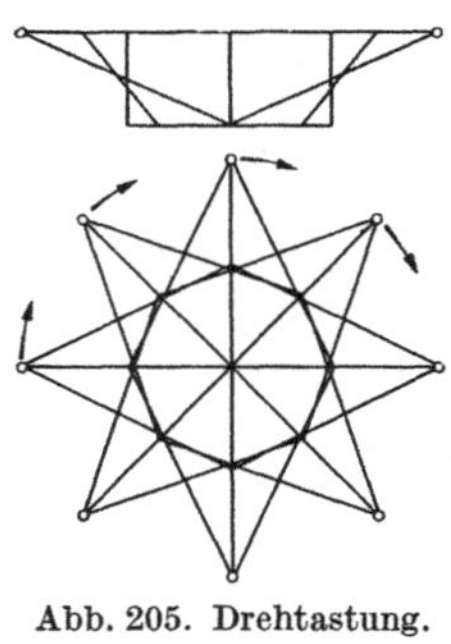

Abb. 205. Drehtastung.

Der bezogene scheinbare Widerstand wird zweckmäßig in einem Schaubild als Funktion der entsprechenden Veränderlichen aufgetragen, d. h. also im Falle der Plantastung als Funktion der Bogenlänge der Schnittgeraden, in dem der Tiefentastung als Funktion von e und in dem der Tiefendrehtastung als Funktion e und α. In vielen Fällen bietet der logarithmische Maßstab besondere Annehmlichkeiten. Die praktische Auswertung der so entstehenden Schaubilder war oben bereits an dem Beispiel der Littletown-Talsperre erläutert worden (Abb. 164—166).

Die vorzüglichen Ergebnisse des Wennerschen Widerstandsverfahrens beruhen letzten Endes auf den großen Unterschieden in der elektrischen Leitfähigkeit, die in verschiedenen Gesteins- und Bodenarten angetroffen werden. Schwankungen, die eine, zwei ja drei Zehnerpotenzen umspannen, sind gar keine Seltenheit. Insbesondere bestehen fast stets große Leitfähigkeitsunterschiede zwischen einer Überdeckung und dem darunterliegenden festen Gestein. Kleine Unterschiede in der Gesteinszusammensetzung, insbesondere wenn sie gut leitende Mineralien betreffen, genügen bereits, um selbst bei ein und derselben Gesteinsart je nach dem Lagerungsort große Unterschiede in Erscheinung treten zu lassen. Verwitterung zeigt sich durch starke Verminderung des Leitwiderstandes an. Es ist deshalb auch nicht möglich, die Größe des Widerstandes für eine bestimmte Boden- oder Gesteinsart vorauszusagen.

Es ist eine außerordentliche Annehmlichkeit des Widerstandsverfahrens. daß man, gleich welche Tastungsart gewählt ist, die tatsächlichen Wider-

[1] F. Tölke: Siehe Fußnote 1 von S. 131.

stände der Schichten aus den Meßergebnissen ablesen kann. Bei der Tiefentastung z. B. entspricht dem Anfangspunkt $e = 0$ der Widerstandskurve der Oberflächenwiderstand bzw. derjenige der ersten Schicht, während derjenige der nächsten Schicht sich dadurch andeutet, daß die Widerstandskurve waagerecht ausläuft. (Die Widerstandskurven der Abb. 164—166 wurden schon vorher abgebrochen, da der Widerstand des kristallinen Schiefers von vornherein bekannt war.)

Um zunächst ein Bild von den Schwankungen des bezogenen Widerstandes innerhalb ein und derselben Gesteinsart zu geben, sind nachstehend einige von W. J. Rooney für Trappgestein an verschiedenen Stellen Michigans (USA.) festgestellte ϱ-Werte zusammengestellt[1]:

Fundstelle 1	$\varrho = 2790\,\Omega \cdot m$	senkrecht zum Streichen,
	$\varrho = 2360\,\Omega \cdot m$	im Mittel,
	$\varrho = 2140\,\Omega \cdot m$	im Streichen.
Fundstelle 2	$\varrho = 1414\,\Omega \cdot m$	im Mittel.
Fundstelle 3	$\varrho = 890\,\Omega \cdot m$	im Mittel.
Fundstelle 4	$\varrho = 550\,\Omega \cdot m$	in festen Lagen,
	$\varrho = 225\,\Omega \cdot m$	in schaumig porösen Lagen.
Fundstelle 5	$\varrho = 272\,\Omega \cdot m$	bei salzhaltigem Grundwasser.

Von größtem Einfluß auf den bezogenen Widerstand sind der Feuchtigkeitsgehalt und im Wasser enthaltene Salze. Man erkennt dies aus nachstehender Zusammenstellung[2]:

$\varrho = 260\,\Omega \cdot m$	destilliertes Wasser,
$\varrho = 0{,}03$ bis $0{,}15\,\Omega \cdot m$.	gewöhnliches Grundwasser,
$\varrho = 0{,}00005$ bis $0{,}0010\,\Omega \cdot m$	salzhaltiges Wasser.

Umgekehrt wird durch Tränkung mit Erdöl der Widerstand stark erhöht.

Bei flüssigkeitsgetränkten Boden- oder Gesteinsschichten hängt der bezogene Widerstand sehr wesentlich vom räumlichen Porenanteil ab. Wird dieser mit η bezeichnet, so besteht nach Hlauschek etwa folgende Gesetzmäßigkeit:

$$\varrho\,(\text{Gestein}) = \frac{3}{\eta}\,\varrho\,(\text{Flüssigkeit}).$$

Bei einem Porenanteil von 1% entsprechend $\eta = 0{,}01$ und vollständiger Tränkung ist hiernach der Gesteinswiderstand rund 300mal so groß als derjenige der tränkenden Flüssigkeit.

Für Böden und Gesteine naturfeuchter Lagerung kann nach dem Handbuch der Experimentalphysik mit etwa folgenden Durchschnitts-ϱ-Werten gerechnet werden[2]:

Naturfeuchte Böden	$\varrho =$	1	bis	$3\,\Omega \cdot m$	Ton reich an Mg-Salzen
	$\varrho =$	5	„	$50\,\Omega \cdot m$	feuchter Lehm
	$\varrho =$	40	„	$180\,\Omega \cdot m$	Humusböden
	$\varrho =$	100	„	$400\,\Omega \cdot m$	tonige Böden
	$\varrho =$	180	„	$4000\,\Omega \cdot m$	Glazialablagerungen
	$\varrho =$	750	„	$5000\,\Omega \cdot m$	Schotterablagerungen
	$\varrho =$	1000	„	$10000\,\Omega \cdot m$	Sandböden
Naturfeuchte Gesteine	$\varrho =$	50	„	$500\,\Omega \cdot m$	Sandsteine
	$\varrho =$	100	„	$800\,\Omega \cdot m$	Schieferton
	$\varrho =$	100	„	$3500\,\Omega \cdot m$	Kalksteine
	$\varrho =$	500	„	$5000\,\Omega \cdot m$	Eruptivgesteine und kristalline Schiefer

Was nun die Messung der Spannung V_s anbelangt, so kann diese an sich in zwei beliebigen Punkten der Elektrodenverbindungslinie vorgenommen werden (Abb. 201). Da jedoch die aus der Messung bestimmten Widerstandskurven mit entsprechenden theoretisch gefundenen verglichen werden müssen, verlangt

[1] W. J. Rooney: Terr. Magn. Bd. 32 (1927) S. 98f.

[2] Vgl. im einzelnen: H. Reich: Geologische Unterlagen der angewandten Geophysik. Handbuch der experimentellen Physik, Bd. 25, 3. Teil.

eine bequeme Handhabung des Verfahrens, daß a_1 und a_2 in ein festes Verhältnis zur Elektrodenspannweite gebracht werden.

Bei der älteren von Wenner angegebenen Meßanordnung wird die Elektrodenspannweite in drei gleiche Teile aufgeteilt (Abb. 206), was den Verhältnis-

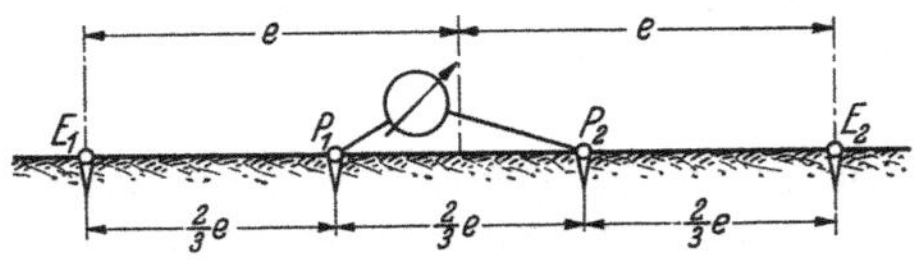

Abb. 206. Wennersche Meßanordnung.

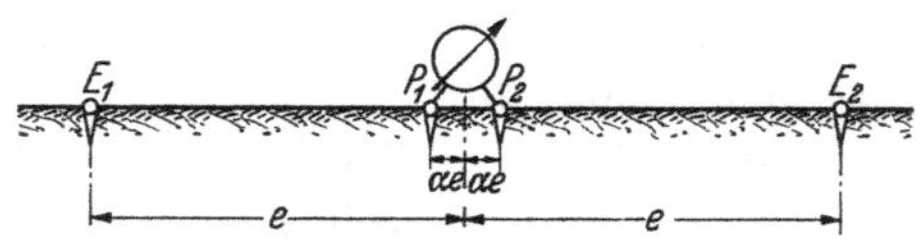

Abb. 207. Schlumbergersche Meßanordnung.

werten $\alpha_1 = \alpha_2 = \frac{1}{3}$ entspricht. Werden diese in Gl. (20) eingeführt, so folgt

$$\frac{\varrho_s}{\varrho} = \frac{V_s}{V} = \frac{\frac{4}{3}\, e\, \pi}{J\, \varrho}\, V_s \text{ (Dreiteilung der Elektrodenspannweite).} \qquad (22)$$

Abb. 208. Geoelektrische Aufschließung der Djebel-Onk-Hochebene (Algerien). (Nach R. M. Maillet).

Abb. 209. Tiefentastungen im Gelände der Foum-el-Guerza-Talsperre (Algerien). (Nach R. M. Maillet).

Für Tiefensondierungen hat die Wennersche Meßanordnung den Nachteil, daß man bei Änderung der Elektrodenspannweite die Meß- oder Sondenelektroden immer mit versetzen muß. Dies wird bei der neueren von Schlumberger angegebenen Meßanordnung [1] vermieden, bei der man nicht α, sondern a festhält (Abb. 207). Außerdem wird a so klein gewählt, daß das Potentialgefälle

[1] C. Schlumberger: Étude sur la prospection elctrique du sous-sol. Paris 1920.

zwischen den Meßpunkten als gleichmäßig betrachtet werden kann und α^2 gegenüber der Einheit bedeutungslos ist. Unter diesen Voraussetzungen erhält man

$$\frac{\varrho_s}{\varrho} = \frac{1}{2\,\alpha} \frac{e\,\pi}{J\,\varrho} V_s \text{ (Vierpolanordnung nach Schlumberger; } \alpha = \frac{a}{e} \text{ klein).} \quad (23)$$

Die Verkleinerung der Meßstrecke gegenüber der Wennerschen Anordnung bringt naturgemäß eine Verringerung der Empfindlichkeit mit sich und verlangt entsprechend feinere Meßgeräte. Demgegenüber bringt die Schlumbergersche Meßanordnung aber einen nicht unbeträchtlichen Zeitgewinn. Man kann gemäß Abb. 208 einen festen Standort (*a*) beziehen und die Meßelektroden unmittelbar unter dem Gerätegestell (*b*) aufbauen.

Bei unzugänglichem Gelände kann es zuweilen notwendig werden, die Stromelektroden sehr weit auseinanderzuziehen, wie z. B. bei den Messungen im Gelände der Foum-el-Guerza-Talsperre (Algerien) (Abb. 209). In solchen Fällen empfiehlt es sich, die Messung in der Nähe der einen Elektrode vorzunehmen und die andere so weit wegzulegen, daß sie auf die gemessene Spannung keinen Einfluß mehr nimmt und nur noch der Stromabführung dient. Man erhält dann eine sog. Einpolmessung, für die sich mit den Bezeichnungen der Abb. 210 der bezogene scheinbare Widerstand

Abb. 210. Einpolmeßanordnung.

$$\frac{\varrho_s}{\varrho} = \frac{2\,\pi}{J\,\varrho} \frac{d_1\,d_2}{d_2 - d_1} V_s \text{ (Einpolmessung)} \quad (24)$$

ergibt.

Der eigentliche geoelektrische Aufschluß erfolgt nun dadurch, daß die aus den gemessenen V_s-Werten mit Hilfe von Gl. (22) bis (24) — je nach Meßanordnung — ermittelten Widerstandskurven mit theoretisch gefundenen Widerstandskurven in Beziehung gesetzt werden. Dies setzt selbstverständlich voraus, daß die den vorhandenen Störungsverhältnissen entsprechende Potentialfunktion bekannt ist und der bezogene scheinbare Widerstand in der Form V_s/V aus einer Kurventafel entnommen werden kann. Die letztere ist gewöhnlich so aufgebaut, daß die durch die Natur der Störung bedingten Parameter — z. B. das Verhältnis von Schichtstärke zu halber Elektrodenspannweite beim Zweischichtenproblem — in einer entsprechenden Kurvenschar zum Ausdruck kommen. Um die mit den vorliegenden Geländeverhältnissen übereinstimmende Sonderkurve herauszusuchen, braucht man von der aus den Messungen gefundenen Widerstandskurve nur ein Pausblatt anzufertigen und mit diesem die Kurventafel abzutasten. Geophysikalische Aufschlußgesellschaften verfügen über eine große Sammlung derartiger Kurventafeln, so daß der die Messung ausführende Geophysiker oder Ingenieur der gefundenen Kurve schon unmittelbar die Art der vorliegenden Störung ansehen kann und nach der in Frage kommenden Kurventafel gar nicht erst lange zu suchen braucht.

Setzt man die den angenommenen Störungs- bzw. Schichtungsverhältnissen entsprechende Potentialfunktion φ als bekannt voraus, so empfiehlt es sich, die weiteren Rechnungen durch Einführung des absoluten Potentials nach Gl. (4) dimensionslos zu machen. Hierbei ist für ϱ selbstverständlich der Bezugswiderstand einzusetzen. Man erhält dann zunächst im Falle der Wennerscher Meßanordnung, wenn φ_0^* Potentialwerten für $\eta = \zeta = 0$ entspricht,

$$V_s = \frac{J\,\varrho}{e\,\pi} [\varphi_0^*(+\tfrac{1}{3}) - \varphi_0^*(-\tfrac{1}{3})] \text{ (Wennersche Meßanordnung).} \quad (25)$$

Hieraus folgt für den bezogenen Widerstand

$$\frac{\varrho_s}{\varrho} = \frac{V_s}{V} = \tfrac{4}{3}\,\varphi_0^*(+\tfrac{1}{3}) - \tfrac{4}{3}\,\varphi_0^*(-\tfrac{1}{3}) \text{ (Wennersche Meßanordnung).} \quad (26)$$

Im Falle der Schlumbergerschen Meßanordnung ergibt sich entsprechend

$$V_s = \frac{J\varrho}{e\pi}\,[\varphi_0^*(+\alpha) - \varphi_0^*(-\alpha)]\,. \tag{27}$$

Da α nach den obigen Bemerkungen so klein sein soll, daß das Potentialgefälle auf der Meßstrecke als gleichmäßig angesehen werden kann, folgt mit hinreichender Genauigkeit

$$V_s = \frac{J\varrho}{e\pi}\,\frac{\mathrm{d}\,\varphi_0^*}{\mathrm{d}\,\xi}_{(\xi=0)}\cdot 2\alpha \quad \text{(Schlumbergersche Meßanordnung)}. \tag{28}$$

Hieraus ergibt sich für den bezogenen Widerstand die außerordentlich durchsichtige Gleichung

$$\frac{\varrho_s}{\varrho} = \frac{\mathrm{d}\varphi}{\mathrm{d}\,\xi}_{(\xi=0)} \quad \text{(Schlumbergersche Meßanordnung)}. \tag{29}$$

Nach Gl. (29) ist der bezogene scheinbare Widerstand nichts weiter als die Steigung der Potentialfunktion in Mitte Elektrodenspannweite, und zwar bezogen auf das absolute Potential[1]. In dieser klaren theoretischen Darstellungsmöglichkeit liegt ein weiterer Vorzug der Schlumbergerschen Meßanordnung.

Abb. 211. Potentiallinienverlauf der turbulenten Eigenströme über einer Verwerfung. (Nach Hunkel.)

Bevor wir uns nunmehr der meßtechnischen Seite der mitgeteilten Aufschlußverfahren zuwenden, möge noch kurz das Hunkelsche Verfahren der turbulenten Eigenströme gestreift werden[2]. Die turbulenten Eigenströme sind schwache Erdströme elektrolytischen Ursprungs, die im Bereiche von Verwerfungen auftreten und durch Anhäufung zahlreicher negativer Oberflächenpole gekennzeichnet sind (Abb. 211). Da die Auffindung verdeckter Verwerfungen für die Baugrunduntersuchung von größter Wichtigkeit ist und die Feststellung des Erdfeldes über einen begrenzten Meßbereich keine Schwierigkeiten macht, kann das Hunkelsche Verfahren zuweilen gute Dienste leisten. Das Meßverfahren ist das gleiche wie beim Potentiallinienverfahren und erfordert keinerlei zusätzliche Meßapparatur.

(3) Meßtechnische Grundlagen und praktische Erfahrungen. Für das Potentiallinien-, Dichtelinien- und Eigenstromverfahren ist lediglich eine Potentialvermessung des abgegrenzten Oberflächenbereiches erforderlich. Diese kann entweder unmittelbar mit Hilfe eines hochempfindlichen Galvanometers oder mittelbar mit Hilfe des unten beschriebenen Potentiometers erfolgen. Die Meßanordnung ist denkbar einfach (Abb. 212), da lediglich eine feste Elektrode und eine bewegliche Suchelektrode benötigt werden. Beim unmittelbaren Verfahren tritt ein Punkt gleichen Potentials dadurch in Erscheinung, daß der Galvanometerausschlag verschwindet, während beim mittelbaren Punkte gleichen Potentialunterschiedes, d. h. Punkte gleicher Spannung V gesucht werden. Im letzteren Falle stimmt das Meßverfahren mit der Widerstandsmessung weitgehend überein. Die mittelbare Meßanordnung ist im allgemeinen vorzuziehen, da mit den Potentialunterschieden nicht nur ein allgemeines, sondern auch

[1] F. Tölke: Siehe Fußnote 1 von S. 131.

[2] H. Hunkel: Über turbulente Eigenströme der obersten Erdschichten und ihre Beziehungen zu den Gesteinsgrenzen. Z. Geologie Bd. 36 (1928).

ein zahlenmäßiges Bild des Potentiallinienverlaufes gewonnen wird, das die Voraussetzung für das Dichtelinienverfahren bildet. Wenn die feste Elektrode von der Suchelektrode einmal umkreist wird, so ergibt der in der jeweiligen Richtung aufgetragene Potentialunterschied zwei sich berührende Kreise (Abb. 213)[1]. Hierbei ist die Potentiallinienrichtung durch die gemeinsame Berührende, die Stromlinienrichtung durch die gemeinsame Durchmessergerade gekennzeichnet. Diese Richtungsbestimmung ist sehr genau und leistet z. B. bei der Analysierung des elektrolytischen Erdfeldes vorzügliche Dienste.

Abb. 212. Unmittelbare Potentialmessung.

Die Messung der Spannung V_s zur Ermittlung des bezogenen scheinbaren Widerstandes ist aus Abb. 208 in anschaulicher Weise ersichtlich. Sie verlangt ein Gestell (*b*), auf dem Meßgerät (Potentiometer) und Stromquelle aufgebaut sind, zwei unter dem Gestell aufgebaute Meß- oder Sondenelektroden, zwei Stromelektroden und die zugehörigen Kabeltrommeln (*c*), eine Reihe von Stäben zur Bezeichnung der Einsatzstellen (*d*) und sonstige Zubehörteile.

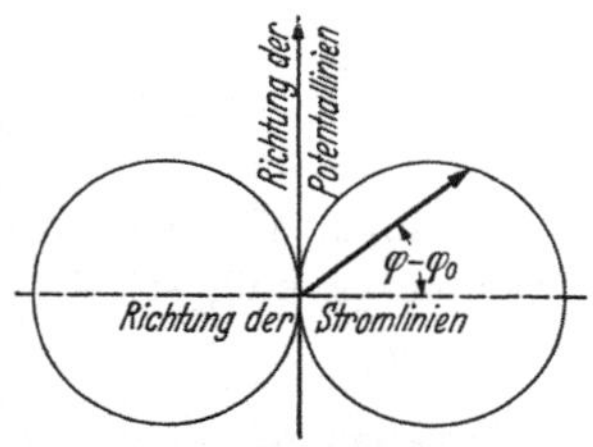

Abb. 213. Ermittlung der Richtung von Strom- und Potentiallinien durch Umkreisen des Meßpunktes. (Nach Hummel.)

Bezüglich der Elektroden muß darauf geachtet werden, daß das Stromfeld nicht durch große Übergangswiderstände in unerwünschtem Maße geschwächt wird. Die metallischen Spießelektroden (Abb. 209) sind zwar bequem, aber gewährleisten nur in lockeren, normal durchfeuchteten Verwitterungsböden hinreichend kleine Übergangswiderstände. Sobald Polarisationserscheinungen in den Bereich der Möglichkeiten treten, sind sog. unpolarisierte Elektroden zu empfehlen, z. B. nach Art von Abb. 214. W. Stern[2] verwendete für seine Widerstandsmessungen über rheinischen Braunkohlenfeldern Topfelektroden (Abb. 215), die sich besonders gut für festes Gestein eignen. Der Kupfertopf enthält im Innern eine elastische Kupferspirale, die im Falle trockenen Gesteins einen mit Kupfervitriol getränkten Wattebausch herausdrückt; bei bergfeuchtem Gestein genügt federnde Messingwolle. Die Hauptsache ist, daß das leitende Zwischenmedium in innige Berührung mit dem Gestein kommt und eine hinreichende Stromausbreitung gewährleistet wird. Bei Überdeckungsböden muß Grasnarbe und Laub beseitigt werden; ein leichtes Aushöhlen des Bodens und Angießen mit Wasser leistet stets gute Dienste.

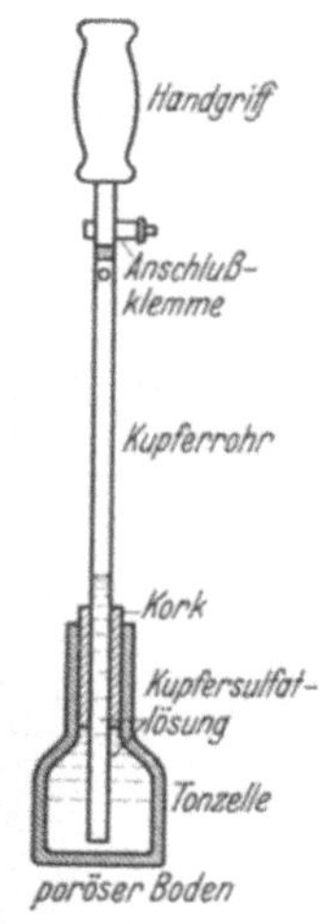

Abb. 214. Umpolarisierte Elektroden. (Nach C. Schlumberger.)

Trotz größter Sorgfalt beim Einsetzen der Elektroden muß mit Unregelmäßigkeiten hinsichtlich der Strommenge und Stromausbreitung gerechnet werden. Edge und Laby[3] empfehlen deshalb, jede Meßreihe doppelt durchzumessen und dabei die Elektroden umzustecken. Man kann dann durch Mittelwertbildung die Unregelmäßigkeiten ausgleichen. Nach Angaben von Edge und Laby können zwischen beiden Meßrichtungen Abweichungen bis zu 25% in Erscheinung treten.

Weiterhin besteht die Möglichkeit, daß an den Meßelektroden Störungen durch die Stromentnahme hervorgerufen werden, die das Meßbild vollständig

[1] J. N. Hummel: Theorie der elektrischen Methodik der angewandten Geophysik. Handbuch der experimentellen Physik, Bd. 25, 3. Teil.

[2] W. Stern: Beiträge zur Meßtechnik und Anwendung der Methode des scheinbaren Widerstandes. Z. Geophysik Bd. 8 (1932) S. 181—191.

[3] A. B. Edge u. T. H. Laby: The principles and practice of geophysical prospecting. Cambridge 1931.

trüben würden. Dem läßt sich durch die in Abb. 216 schematisch dargestellte Kompensationsschaltung entgegenwirken, bei der auf einer mit Galvanometer

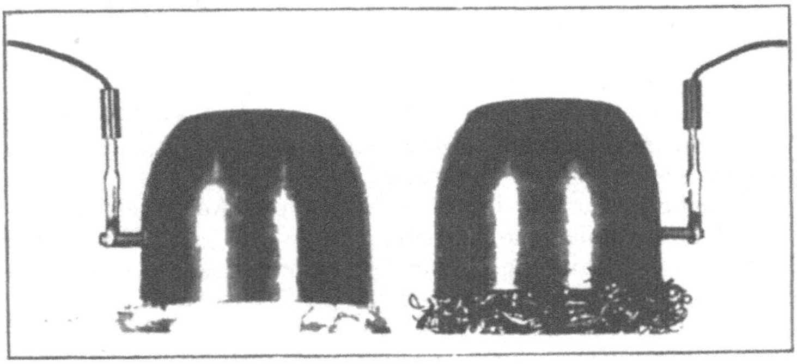

Abb. 215. Topfelektroden. (Nach W. Stern.)

versehenen Meßstrecke in den Elektrodenstromkreis der Gegenstromkreis eines Elementes eingeschaltet wird. Die Gegenstromstärke wird dabei durch den sog. Potentiometerwiderstand so geregelt, daß das Galvanometer keinen Ausschlag mehr anzeigt. Auf diese Weise läßt sich die Spannung V_s zwischen den Meßelektroden stromlos messen bzw. berechnen, denn einerseits folgt die Stromstärke aus Elementspannung und Vorschaltwiderstand, andererseits aus Elektrodenspannung und Teilwiderstand. Meist ist der Potentiometerwiderstand gleich so geeicht, daß V_s direkt in Millivolt abgelesen werden kann.

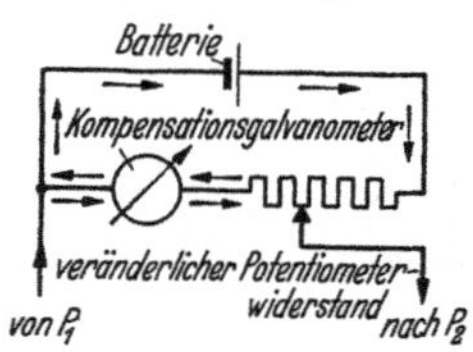

Abb. 216. Kompensationsschaltung der Potentiometermessung.

Eine weitere Fehlerquelle bieten die elektrolytischen Erdströme und die Polarisationsströme, die durch Leitungen und Meßapparatur hervorgerufen

Abb. 217. Kommutatorsteuerung. (Nach W. Stern.)

werden. Sie überlagern sich dem zweipoligen Gleichstromfeld und würden daher die Meßergebnisse beeinträchtigen. Die Ausschaltung dieser Sekundärwirkungen erfolgt durch sog. Kommutatoren, welche die Stromrichtung und die

Polarisation der Meßapparate ständig umschalten. Hierdurch wird eine Mittelwertbildung herbeigeführt, bei welcher das stationäre Eigenfeld herausfällt. Nach Untersuchungen von Stern[1] scheint ein Verbund-Umschalter nach Abb. 217 besonders zweckmäßig zu sein. Bei ihm kann die Schaltwalze entweder mit Hilfe eines kleinen Elektromotors ununterbrochen arbeiten oder vermittels eines mechanischen Transportschalters von Hand bedient werden. Die Steuerung des Elektromotors läßt Umschaltungsperioden zwischen 1/16 und 1/32 s zu. Die Handschaltung gestattet eine getrennte Messung in beiden Richtungen, die z. B. bei mäßig feuchtem Baugrund vielfach nicht entbehrt werden kann.

Durch die Stromumkehrung der Umschalter werden in Baugrund und Meßgeräten Induktionswirkungen hervorgerufen, die den bezogenen Widerstand größer erscheinen lassen als er in Wirklichkeit ist. Man kann diese Nebenwirkungen als Funktion der Umschaltungsperiode rechnerisch ermitteln und durch einen Multiplikator im Ergebnis berücksichtigen. Beim Verbund-Umschalter kann die Eichung durch Vergleich mit den bei Handsteuerung gefundenen Werten leicht durchgeführt werden.

Alle übrigen der Meßanordnung anhaftenden Fehlerquellen lassen sich dadurch ausgleichen, daß entsprechend den vier Verbindungsmöglichkeiten von Stromrichtung und Spannungspolarität vier Ablesungen vorgenommen und gemittelt werden. Eine in dieser Weise von Edge und Laby durchgeführte Meßreihe mit drei verschiedenen Stromstärken ergab z. B. folgendes Bild[2]:

J_1	V_1	J_2	V_2	J_3	V_3	J_4	V_4	J_m	V_m
75,4	3,37	75,4	3,40	75,2	3,39	75,2	3,39	75,3	3,39
148,2	6,70	148,2	6,74	148,2	6,72	148,2	6,71	148,2	6,72
218,0	9,98	218,0	10,09	218,0	10,00	218,0	9,99	218,0	10,02

V_1/J_1	V_2/J_2	V_3/J_3	V_4/J_4	V_m/J_m
0,0454	0,0454	0,0451	0,0452	0,0453

Die J-Werte sind Milliampere, die V-Werte Millivolt. Die Messung erfolgte mit der Wennerschen Meßanordnung bei einem Elektrodenabstand von $2e = 210$ m. Die aus der Eichkurve abgelesene Berichtigungsziffer für die Umschalterwirkung ergab sich zu 0,807. Damit kann der scheinbare bezogene Widerstand nach Gl. (22) unter Berücksichtigung der Berichtigungsziffer ermittelt werden. Man erhält

$$\varrho_s = 0{,}807 \cdot \tfrac{4}{3} \cdot 105 \cdot \pi \cdot 0{,}0453 = 1600\,\Omega \cdot \text{m}.$$

Hieraus folgt schließlich der bezogene scheinbare Widerstand ϱ_s/ϱ durch Teilung durch den gewählten Bezugswiderstand.

Die gesamte Meßanordnung wird unter dem Sammelbegriff „Potentiometer“ zusammengefaßt. Die Bedienung ist einfach und von angelernten Kräften durchführbar. Abb. 218 zeigt z. B. die Schalttafel des Schlumbergerschen Potentiometers, das im Hinblick auf die kurze Meßstrecke ein hochempfindliches Meßinstrument darstellt[3]. Das Kompensationsgalvanometer (*1*) besitzt eine Empfindlichkeit von 0,4 mA, der Meßwiderstand (das eigentliche Potentiometer) eine solche von 0,05 mV. Mit der Grobeinstellung (*2*) werden Zehner und Einer abgelesen, während die Feineinstellung auf vier Empfindlichkeiten, nämlich 1, $^1/_2$, $^1/_5$ und $^1/_{20}$ mV eingestellt werden kann. Das Schräubchen (*3*) dient zur Bedienung und Einstellung des Umschalters, das Schräubchen (*5*) zur Feststellung des Galvanometers beim Ortswechsel. An den Klemmschrauben (*6*) wird die Spannung zwischen den Meßelektroden abgenommen.

[1] Siehe Fußnote 2 von S. 141. — [2] Siehe Fußnote 3 von S. 141. — [3] Siehe Fußnote 2 von S. 129.

Das Hilfspotentiometer (*7*) dient zum Ausgleich des sich überlagernden Polarisationsfeldes. Zur Messung der Stromstärke J wird der Momentunterbrecher (*9*)

Abb. 218. Potentiometer von C. Schlumberger.

durch die Handauslösung (*10*) betätigt, nachdem vorher der Steckkontakt (*8*) eingeschaltet ist. Am Kopf der Schalttafel befindet sich die Batterie mit den Schalt- und Steuerungsorganen und den Steckkontakten für die Zuleitungskabel.

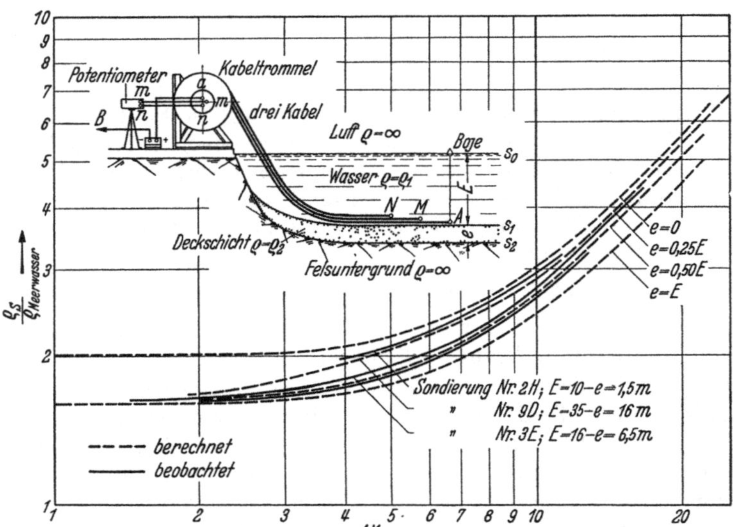

Abb. 219. Geoelektrische Unterwassermessungen für einen Molenbau im Hafen von Algier. (Nach R. M. Maillet.)

Ein etwas anders aufgebautes Meßgerät, den sog. „Megger“, benutzten Edge und Laby für ihre ausgedehnten australischen Widerstandsmessungen. Nach einer Mitteilung von Haalck wird ein dem Megger ähnliches Meßinstrument von der Siemens A.G. hergestellt. Auch eine von Hummel und Rühlke entwickelte Meßanordnung hat sich sehr bewährt; sie ist im letzten Jahre auf Grund der praktischen Messungen durch die geophysikalische Abteilung der Geologischen

Landesanstalt und insbesondere durch A. Ebert noch wesentlich verbessert worden und dürfte heute eines der leistungsfähigsten Meßgeräte darstellen[1].

Für die Stromzufuhr reicht gewöhnlich eine Akkumulatorbatterie aus Trockenelementen aus, die dann im gleichen Kasten mit der Meßeinrichtung untergebracht werden kann.

Zusammenfassend kann festgestellt werden, daß die geoelektrische Meßtechnik über einen hohen Entwicklungsstand verfügt, der auch unter den schwierigsten Verhältnissen — wie z. B. bei den Unterwassermessungen im Hafen von Algier (Abb. 219)[2] — einwandfreie Ergebnisse verbürgt.

(4) Aufsuchen verdeckter Gesteinsoberflächen. Eines der wichtigsten Anwendungsgebiete ist die Tiefenlagebestimmung verdeckter Gesteinsoberflächen, die erstmals von J. N. Hummel[3] sowie von A. B. Edge und T. A. Laby[4] theoretisch behandelt wurde. Ist d die Dicke der Oberschicht und $\delta = d/e$ der zugehörige dimensionslose Wert, so folgt für die Potentialverteilung längs der Elektrodenachse[5]

$$\varphi_0^* = \frac{\frac{1}{2}}{|1-\xi|} - \frac{\frac{1}{2}}{|1+\xi|} + \sum_1^\infty \nu \left(\frac{n-1}{n+1}\right)^\nu \left(\frac{1}{\sqrt{(1-\xi)^2 + 4\nu^2\delta^2}} - \frac{1}{\sqrt{(1+\xi)^2 + 4\nu^2\delta^2}}\right). \quad (30)$$

Hieraus erhält man den bezogenen scheinbaren Widerstand zu

$$\frac{\varrho_s}{\varrho} = 1 + 4 \sum_1^\infty \nu \left(\frac{n-1}{n+1}\right)^\nu \left(\frac{1}{\sqrt{1+9\nu^2\delta^2}} - \frac{1}{\sqrt{4+9\nu^2\delta^2}}\right) \quad (31)$$

(Wennersche Meßanordnung);

$$\frac{\varrho_s}{\varrho} = 1 + 2 \sum_1^\infty \nu \left(\frac{n-1}{n+1}\right)^\nu \frac{1}{(1+4\nu^2\delta^2)^{3/2}} \quad (32)$$

(Schlumbergersche Meßanordnung).

Für die Einpolmessung von Abb. 210, die im vorliegenden Falle zuweilen von Bedeutung ist, ergibt sich, wenn gemäß

$$d_1 = a; \quad d_2 = 2a$$

gleiche Elektrodenabstände gewählt werden,

$$\frac{\varrho_s}{\varrho} = 1 + 4 \sum_1^\infty \nu \left(\frac{n-1}{n+1}\right)^\nu \left(\frac{1}{\sqrt{1+4\nu^2\delta^2}} - \frac{1}{\sqrt{4+4\nu^2\delta^2}}\right) \quad (33)$$

(Einpolmeßanordnung).

In Gl. (33) ist die Schichtstärke d selbstverständlich nicht auf e, sondern auf a bezogen, d. h. man hat für $\delta = d/a$ zu setzen.

Für große δ-Werte, d. h. für kleine Wirkungsbereiche konvergieren die bezogenen scheinbaren Widerstände nach 1, für kleine δ-Werte, d. h. für große Wirkungsbereiche nach n, ganz gleich welche Meßanordnung gewählt wird. Man kann dies auch so ausdrücken, daß für kleine Wirkungsbereiche allein die Oberschicht, für große allein die Unterschicht maßgebend ist. Trägt man die Widerstandskurven als Funktion von $1/\delta$ also von e/d für verschiedene n-Werte auf, so münden sie alle mit waagerechter Berührenden in den Punkt (1,0) ein. Mit zunehmenden $1/\delta$ breiten sie sich fächerförmig aus und nähern sich dann sehr bald asymptotisch Parallelen zur Abszissenachse im Abstande n.

[1] Zu beziehen durch Dr. J. N. Hummel, Berlin W 30, Martin-Lutherstr. 82.

[2] Siehe Fußnote 2 von S. 129.

[3] J. N. Hummel: Der scheinbare spezifische Widerstand. Z. Geophysik Bd. 5 (1929) S. 89—104.

[4] Siehe Fußnote 3 von S. 141.

[5] F. Tölke: Siehe Fußnote 1 von S. 131.

Um eine für die Anwendung brauchbare Tafel zu erhalten, ist es sehr wesentlich, daß die Auftragung in beiden Richtungen im logarithmischen Maßstabe erfolgt. Man kann dann die aus den Messungen ermittelte Widerstandskurve, wenn sie im gleichen Maßstab aufgetragen wird, unmittelbar mit der entsprechenden Kurve der Tafel durch Verschieben zur Deckung bringen. Dies ergibt sich daraus, daß die Teilung durch den Bezugs- (Oberflächen-) Widerstand ϱ bzw. durch die zunächst noch unbekannte Schichtstärke d bei logarithmischer Teilung einer Höhen- und Seitenverschiebung der Kurve gleichkommt.

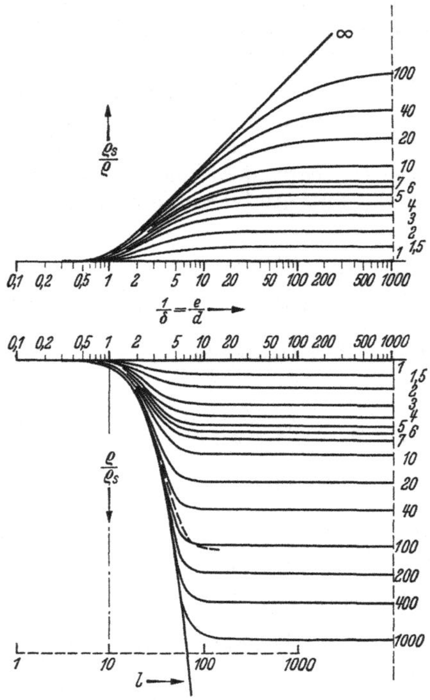

Abb. 220. Verlauf des scheinbaren Widerstandes unter Berücksichtigung nur einer Schichtgrenze.

Eine in dieser Weise gewonnene Kurventafel zeigt Abb. 220. Sie entspricht der Schlumbergerschen Meßanordnung und deckt sich im wesentlichen mit einer von Maillet[1] mitgeteilten Tafel der „Compagnie Génerale de Géophysique". Die Tafel ist in zwei Teiltafeln für $n > 1$ und $n < 1$ zerlegt worden. Im ersteren Falle ist die Oberschicht, im letzteren die Unterschicht leitfähiger. Um Brüche zu vermeiden, ist für $n > 1$ ϱ_s/ϱ, für $n < 1$ ϱ/ϱ aufgetragen worden.

Um den Gebrauch der Tafel an einem Beispiele zu erläutern, sei an die von Maillet mitgeteilte Auswertung der Messungen im Gelände der La Couze-Talsperre[1] angeknüpft, durch welche die Lage des Felsens unter einer durch sehr reines Wasser stark isolierten Überdeckung festgestellt werden sollte. Die Tiefentastungen (Abb. 221) ließen das vorliegende Zweischichtenproblem in klarer Weise in Erscheinung treten. Der Anfangswert der Widerstandskurve von $55000\,\Omega \cdot$ m entsprach dem ϱ der Oberschicht, der Asymptotenwert von $500\,\Omega \cdot$ m dem ϱ' der Unterschicht; das Widerstandsverhältnis ist demgemäß $n = 1/110$. Um den Asymptotenwert zu erreichen, mußte der Elektrodenabstand auf rund 300 m gebracht werden.

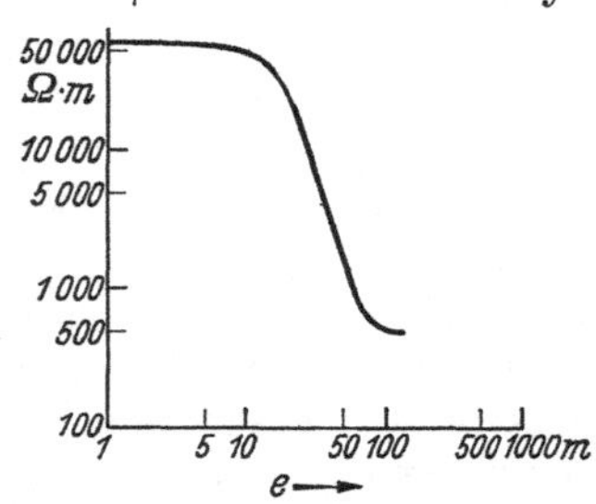

Abb. 221. Tiefentastung. Talsperre La Couche. (Nach R. M. Maillet.)

Zur Auffindung der noch unbekannten Schichtstärke d hat man nun die Meßkurve der Abb. 221 auf einem Pausblatt solange über der zugehörigen Teiltafel, im vorliegenden Falle der unteren, zu verschieben, bis eine möglichst gute Übereinstimmung erzielt ist (dieser Zustand ist in Abb. 220 durch Einpunktieren der Meßkurve angedeutet). Das Maß der Seitenverschiebung ist dann die gesuchte Schichtstärke, im vorliegenden Falle 9,5 m. Man kann sie unmittelbar über dem Abszissenpunkte 1,0 der Kurventafel auf dem Maßstab der Meßkurve ablesen.

Das geotechnische Anwendungsgebiet der Kurventafel von Abb. 220 ist ein sehr weitgehendes. Hierhin gehört in erster Linie die große Gruppe der Deckschichtprobleme, für die bereits zahlreiche Beispiele gegeben wurden. Man verteilt über das zu untersuchende Gelände eine geeignete Anzahl von Meßpunkten und stellt durch Tiefentastungen, ähnlich wie im Falle der Abb. 221 die

[1] Siehe Fußnote 2 von S. 129.

Mächtigkeit der Überdeckung fest. Die im allgemeinen nur flache Neigung und Wellung der Felsoberfläche beeinträchtigt die streng genommen nur für waagerechte Schichtung geltenden Gleichungen kaum. Kleine Abweichungen gegenüber dem theoretischen Kurvenverlauf, wie z. B. bei der in Abb. 220 einpunktierten Kurve, deuten weniger auf Unregelmäßigkeiten der Oberflächengestaltung als vielmehr auf Widerstandsschwankungen in der Überlagerung hin. Mit den Deckschichtproblemen nahe verwandt sind die Grundwasserprobleme, denn nach der oben mitgeteilten Hlauschekschen Gleichung ist der Widerstand der wassererfüllten Boden- oder Gesteinszone nur ein Bruchteil des Widerstandes der lediglich durchfeuchteten Teile. Demgemäß wirkt der Grundwasserspiegel wie eine Schichtgrenze.

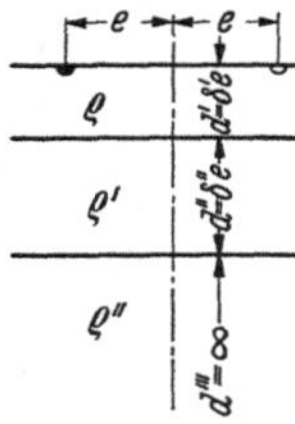

Abb. 222.

(5) Dreischichtenproblem bei waagerechten oder flach geneigten Gesteinsgrenzen. Ähnlich wie es für das Zweischichtenproblem angedeutet wurde, läßt sich auch das Dreischichtenproblem behandeln, wie es von Hummel erstmalig geschehen ist[1] (Abb. 222). Es zeigt sich auch hier, daß der Einfluß der Oberschichten bei hinreichend großen Elektrodenabständen nicht mehr in Erscheinung tritt. Die Oberschichten nehmen in diesem Falle den Charakter einer Grenzschicht an, deren verschwindende Tiefenwirkung nicht mehr in der Lage ist, die Potentialverteilung der Unterlage fühlbar zu beeinflussen. Es besteht somit eine enge Verwandtschaft zu den Grenzschichtproblemen der Hydromechanik, insbesondere bezüglich der Druckverteilung, die über die Dicke der Grenzschicht praktisch gleich bleibt.

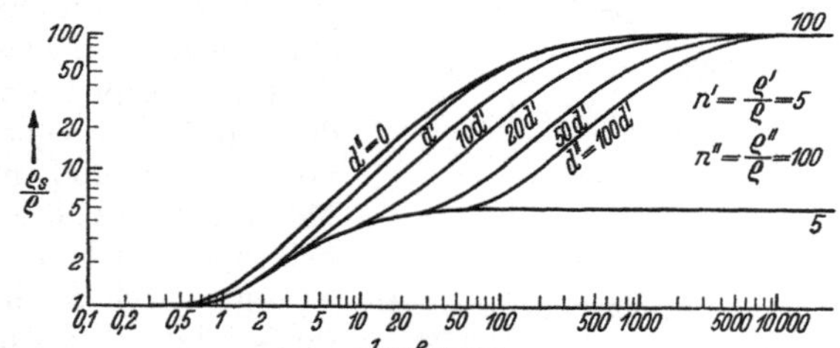

Abb. 223. Kurventafel für dreischichtige Tiefentastung ($\varrho < \varrho' < \varrho''$).

Im Gegensatz zum Zweischichtenproblem besitzt das Dreischichtenproblem bereits eine solche Mannigfaltigkeit der Möglichkeiten, daß es nicht möglich ist, hierauf näher einzugehen. Abb. 223 und 224 zeigen z. B. zwei derartige Kurventafeln für besonders kennzeichnende Verhältnisse (Bezeichnungen gemäß Abb. 222). Im einen Falle wächst der Widerstand von Schicht zu Schicht $n' = \frac{\varrho'}{\varrho} = 5, n'' = \frac{\varrho''}{\varrho} = 100$, während er im anderen Falle erst wächst und dann stark absinkt ($n' = 4$, $n'' = 1/50$). Jede der beiden Kurvenscharen pendelt zwischen zwei Grenzkurven, die unmittelbar aus Abb. 220 entnommen werden können. Die eine entspricht dem Grenzfall $d'' = 0$, die andere demjenigen $d'' = \infty$[2].

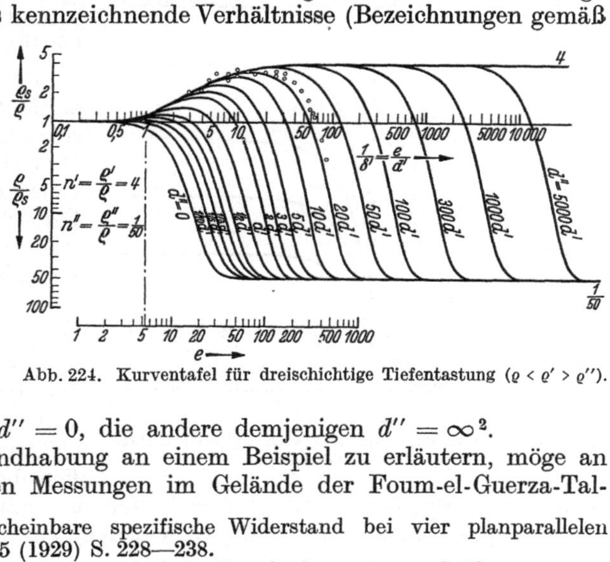

Abb. 224. Kurventafel für dreischichtige Tiefentastung ($\varrho < \varrho' > \varrho''$).

Um die praktische Handhabung an einem Beispiel zu erläutern, möge an die oben bereits erwähnten Messungen im Gelände der Foum-el-Guerza-Tal-

[1] J. N. Hummel: Der scheinbare spezifische Widerstand bei vier planparallelen Schichten. Z. Geophysik Bd. 5 (1929) S. 228—238.

[2] Für die theoretischen Grundlagen vgl. F. Tölke: Fußnote 1 von S. 131.

sperre angeknüpft werden[1]. Die hier zu untersuchenden drei Schichten bestanden aus Alluvium von durchschnittlich 150 $\Omega \cdot$ m, aus Maastrichter Kalksteinen von 600 $\Omega \cdot$ m und aus kampanischen Mergeln von 3 $\Omega \cdot$ m spezifischem Widerstand. Abb. 225 zeigt zunächst eine Tiefentastung, die lediglich zwei Schichten erkennen läßt, nämlich das Alluvium und die sehr leitfähigen Mergel. Durch Vergleich mit Abb. 220 folgt die Stärke der Alluvialdecke zu 4,6 m. Die Mergelbänke scheinen von großer Mächtigkeit zu sein; nach dem Verlauf der Widerstandskurve kann mit 50 m Mächtigkeit mit Sicherheit gerechnet werden.

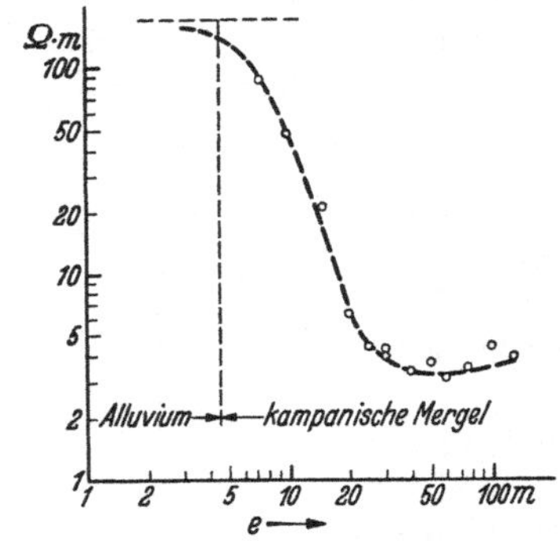

Abb. 225. Talsperre Foum-el-Guerza. Zweischichtige Tiefentastung. (Nach R. M. Maillet.)

Abb. 226 zeigt eine Tiefentastung an einem dreischichtigen Geländepunkt. Man erkennt deutlich einen ansteigenden und einen absteigenden Ast mit ausgeprägtem Gipfelpunkt, der bereits auf eine Zwischenschicht mit großer Mächtigkeit schließen läßt. Durch Vergleich eines jeden der beiden Äste mit Abb. 220 folgt für die erste Schichtgrenze eine Tiefe von etwa 6 m und für die zweite eine solche von etwa 130 m.

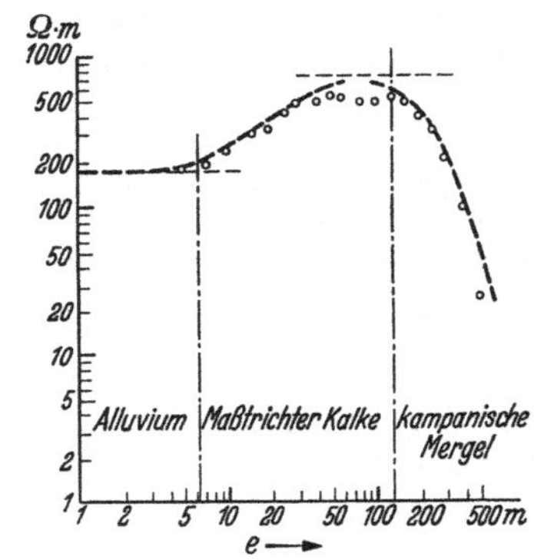

Abb. 226. Talsperre Foum-el-Guerza. Dreischichtige Tiefentastung. (Nach R. M. Maillet.)

Das Beispiel von Abb. 226 entspricht gerade den hier vorliegenden Widerstandsverhältnissen von $n' = 4$ und $n'' = 1/50$. Versucht man die Meßkurve bzw. die Punktschar durch Höhen- und Seitenverschieben in das Kurvenbild einzufügen, so ergibt sich die in Abb. 224 eingezeichnete Meßpunktfolge. Die zugehörige e-Teilung ist unter der Kurvenschar angedeutet. Hiernach entspricht dem Werte $1/\delta' = 1$ eine alluviale Deckschichtstärke von 5,5 m und der Punktfolge ein $d'' = 24\, d'$. Daraus errechnet sich die Mächtigkeit der Kalksteinschicht zu 132 m. Die Übereinstimmung mit den durch Vergleich mit Abb. 220 gefundenen Werten ist recht befriedigend.

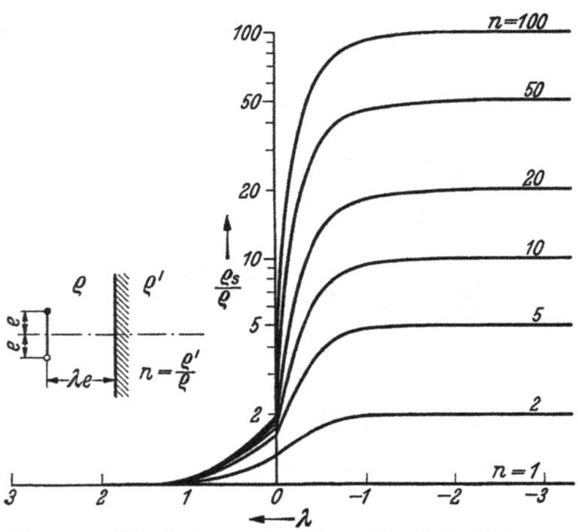

Abb. 227. Plantastung quer über eine steile (lotrechte) Gesteinsmasse.

Es bereitet grundsätzlich keinerlei Schwierigkeiten, die Untersuchungsverfahren des Zwei- und Dreischichtenproblems auf beliebig viele Schichten auszudehnen. Das Bemerkenswerteste hierbei ist immer wieder die unübertreffliche Tiefenwirkung, wie sie z. B. in Abb. 224 in besonders ausgeprägter Weise zu erkennen ist.

(6) Abtasten überdeckter Felsoberflächen. Überraschend aufschlußreich ist fast immer die geoelektrische Abtastung überdeckter Felsoberflächen. Je nach den örtlichen Verhältnissen wird das Schärfemaß, mit dem eine derartige Abtastung geschehen kann, ganz verschieden sein. Wenn lediglich ein grund-

[1] Siehe Fußnote 2 von S. 129.

sätzlicher Überblick gewonnen werden soll, kann man mit wesentlich geringerer Elektrodenspannweite auskommen, als wenn es sich darum handelt, eine verdeckte Felsoberfläche unter schwierigen tektonischen Verhältnissen genauestens abzutasten. Im letzteren Falle muß die Elektrodenspannweite so groß sein, daß die Deckschicht nur noch als dünne, die Potentialverteilung kaum noch beeinflussende Grenzschicht wirkt.

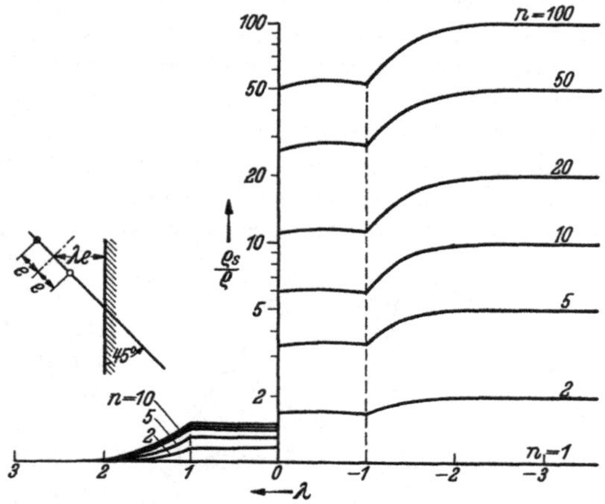

Abb. 228. Plantastung schräg über eine steile (lotrechte) Gesteinsgrenze ($d = 45°$).

Der Abtastung muß in jedem Falle eine Tiefentastung, wie unter Ziffer (4) beschrieben, vorausgehen, damit die notwendigen Aufschlüsse über Deckschichtmächtigkeit und Grenzschicht-Elektrodenspannweite gewonnen werden. Der Umfang dieser Vorabtastung muß so sein, daß die verdeckte Felsoberfläche in einem Höhenschichtenplan (Abb. 146) dargestellt werden kann.

Läßt die Tiefentastung im weiteren Verlaufe eine waagerechte oder flach geneigte Schichtung des Felsuntergrundes erkennen, so liegt ein Zwei-, Drei- oder Mehrschichtenproblem vor, das nach den unter Ziffer (4) und (5) angegebenen Verfahren behandelt werden kann. Durch Vergleiche der Tiefentastungen untereinander lassen sich weiterhin Aufschlüsse über Schichtneigung, Einfallrichtung, Verwerfungen usw. gewinnen. Bei nicht zu großen Meßpunktabständen kann die Tiefentastung bereits ein sehr abgerundetes Bild der Felsverhältnisse bei flacher Schichtung liefern.

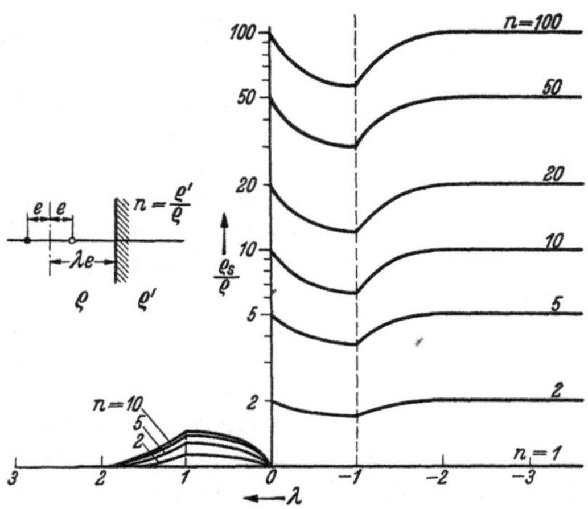

Abb. 229. Plantastung senkrecht über eine steile (lotrechte) Gesteinsgrenze.

Im Falle lotrechter oder steil geneigter Schichtung reicht die Tiefentastung naturgemäß nicht aus; sie muß durch Plan- und Drehtastungen ergänzt werden, um die Gesteinsgrenzen festzustellen. Dabei liefern die Plantastungen die Lage, die Drehtastungen die Streichrichtung der Gesteinsgrenzen[1].

Verwerfungen tragen in den meisten Fällen den Charakter steiler Gesteinsgrenzen und können dementsprechend behandelt werden. Ähnlich steht es mit Ruschelzonen und Erosionsrinnen, die als zwei in engem Abstand aufeinanderfolgende Gesteinsgrenzen betrachtet werden können.

In dem einfachsten Falle einer einzigen lotrechten Gesteinsgrenze ergeben sich für Kreuzungswinkel von $\alpha = 0°$, $45°$, $90°$ Widerstandskurven wie sie aus den Abb. 227—229 für verschiedene n-Werte ersichtlich sind. Damit ein unmittelbarer Vergleich zwischen Meßkurve und Tafelkurven möglich ist, wurde in der Ordinatenrichtung wieder logarithmische Teilung gewählt. Der Teilung

[1] Für die theoretischen Grundlagen vgl. F. Tölke: Fußnote 1 von S. 131.

durch ϱ entspricht dann eine entsprechende Verschiebung der Kurve in der Höhenrichtung.

Der Fall $\alpha = 0$ von Abb. 227 entspricht einer Plantastung quer zur Gesteinsgrenze. Sämtliche Kurven erfahren an der Gesteinsgrenze einen scharfen Knick, der die Störung in ausgeprägtem Maße in Erscheinung treten läßt. Der seitliche Wirkungsbereich der Gesteinsgrenze ist nur gering; er umfaßt etwa eine Elektrodenspannweite beiderseits der Trennlinie.

Die Schrägtastung unter 45° (Abb. 228) zeigt ein ganz anderes Bild. Sämtliche Kurven weisen an der Gesteinsgrenze einen Sprung auf. Außerdem sind über den Abszissenpunkten $+1$ und -1 noch zwei ausgeprägte Abknickungen vorhanden, die das Überschreiten der Gesteinsgrenze durch eine Elektrode zum Ausdruck bringen. Bemerkenswert ist der angenähert waagerechte Verlauf zwischen Sprungstelle und Abknickung und das sich daran anschließende kräftige Abklingen.

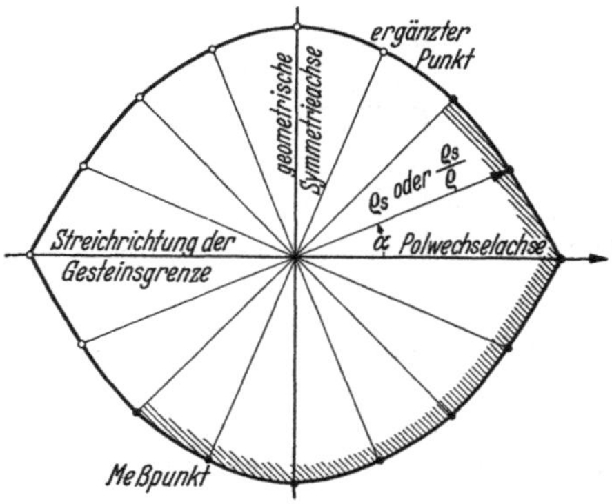

Abb. 230. Drehtastung zur Feststellung der Streichrichtung von Gesteinsgrenzen.

Die lotrechte Kreuzung der Gesteinsgrenze (Abb. 229) weist einen Sprung auf, der genau dem Widerstandsverhältnis n entspricht. Nach dem Potentialverlauf für $\lambda = 0$ (Abb. 198) ist dieses Ergebnis unmittelbar verständlich, denn nach Gl. (29) ist ja ϱ_s/ϱ nichts weiter als die Steigung der Potentialkurve in Elektrodenmitte.

Um eine Gesteinsgrenze geoelektrisch sichtbar zu machen, ist es somit gleichgültig, unter welchem Winkel die Kreuzung durch die Plantastung erfolgt. In jedem Falle wird sich eine Widerstandskurve mit deutlich ausgeprägter Störungsstelle ergeben. Man kann selbstverständlich von der Meßkurve nicht erwarten, daß sie Sprungstellen und Knickpunkte in der theoretisch gefundenen Schärfe wiedergibt, auch dann nicht, wenn der Einfluß der Überdeckung durch eine hinreichend große Elektrodenspannweite ausgeschaltet ist. Dies ist auch gar nicht notwendig, denn der kennzeichnende Verlauf der Widerstandskurven ist ja nicht an die plötzlichen Übergänge gebunden; er tritt bei ausgerundeten Übergängen in gleich ausgeprägtem Maße in Erscheinung.

Wenn eine Gesteinsgrenze auf dem Wege über die Plantastung sichtbar gemacht ist, so erhebt sich sofort die Frage nach ihrer Streichrichtung. Um diese festzustellen, genügen im allgemeinen eine oder zwei Drehtastungen im Bereich der Gesteinsgrenze, denn man sieht leicht ein, daß für einen festen Geländepunkt P und eine gegebene Elektrodenspannweite das Polardiagramm des scheinbaren Widerstandes die in Abb. 230 dargestellte Form annehmen muß. Die eine Symmetrieachse folgt unmittelbar aus der Anschauung, die andere aus der Tatsache, daß ein Polwechsel die Größe von ϱ_s unbeeinflußt läßt. Der geometrischen Symmetrieachse entspricht im Scheitel der Polarkurve, der Polwechselachse eine Spitze.

Da die Lage der Symmetrieachsen zunächst unbekannt ist, muß die Drehtastung im allgemeinen zwei Viertelkreise überspannen. Hierbei sollte ein Winkelabstand von 30° nicht unterschritten werden. Um die beiden Symmetrieachsen einzuzeichnen, braucht das Schaubild der Meßwerte nur zu 360° ergänzt zu werden, indem man die Polstrahlen um sich selbst verlängert. Der Polwechselachse durch die beiden Spitzen entspricht dann die gesuchte Streichrichtung der Gesteinsgrenze. In manchen Fällen reicht eine einzige Drehtastung bereits aus, in anderen ist eine Vergleichtastung notwendig. Im allgemeinen ist zu empfehlen, den Drehpunkt so zu legen, daß die Gesteinsgrenze nicht von einer der Elektroden gekreuzt wird. Abb. 230 entspricht gerade dem Grenzfalle $\lambda = 1$, bei dem an der engsten Stelle eine Berührung der Gesteinsgrenze stattfindet.

Aufeinanderfolgende steileinfallende Schichten werden durch eine im wesentlichen stufenförmige Widerstandskurve gekennzeichnet sein. Lediglich der Übergang an den Gesteinsgrenzen wird durch den Kreuzungswinkel α beeinflußt. Wenn die Streichrichtung der Schichten gleich an der ersten Gesteinsgrenze durch eine Drehtastung festgestellt wird, kann die weitere Untersuchung als Quer-Plantastung ($\alpha = 0$) durchgeführt werden, bei der Sprünge vermieden und die Gesteinsgrenzen durch Knickpunkte in der Widerstandskurve dargestellt werden (Abbildung 231). Durch eine solche Plantastung wäre es z. B. leicht möglich gewesen, die bei der Conchas-Staumauer erst durch Tiefbohrungen aufgeschlossenen Gesteinsgrenzen geoelektrisch festzustellen. Acht Tage hätten dazu vollständig ausgereicht und die Kosten wären kaum höher geworden wie die einer einzigen Tiefbohrung.

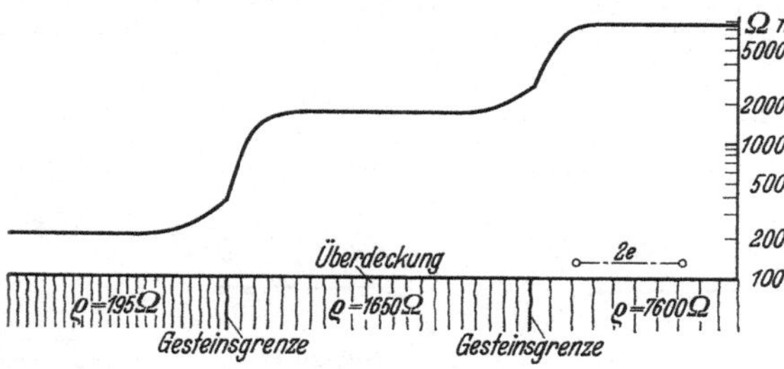

Abb. 231. Quer-Plantastung über drei steile überdeckte Gesteinsschichten.

Bei dicht aufeinanderfolgenden Gesteinsgrenzen (Abb. 232) wird im allgemeinen eine gegenseitige Beeinflussung stattfinden.

In den Abb. 233 und 234 ist der Widerstandsverlauf über zwei derartigen Gesteinsspalten aufgetragen worden. In einem Falle ist der bezogene Widerstand beiderseits der Spalte der gleiche, im anderen nimmt er fortlaufend gleichmäßig ab. Um den Einfluß der Spaltbreite in Erscheinung treten zu lassen, wurde $\delta = d/e$ stufenweise von 2 auf 1/8 vermindert. Hierbei zeigte sich ein entsprechendes Abklingen der Spalteinwirkung, das besonders in Abb. 233 sehr ausgeprägt ist. Von $\delta = 1/8$ ab ist praktisch keine Spalteinwirkung mehr vorhanden; an beiden Gesteinsgrenzen ist der gemeinsame Grenzwert

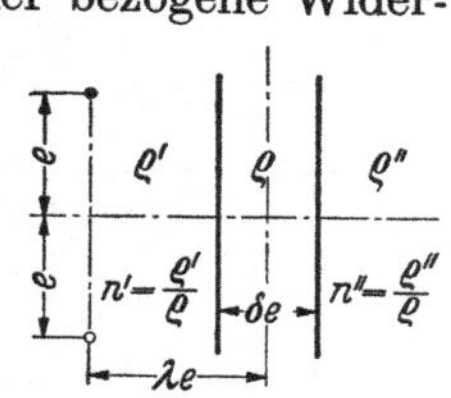
Abb. 232.

$$\frac{\varrho_s}{\varrho} = \frac{2}{\frac{1}{n'} + \frac{1}{n''}} \quad \text{(Grenzwiderstand für kleine } \delta\text{-Werte)} \tag{34}$$

des Kirchhoffschen Gesetzes parallel geschalteter Widerstände erreicht. Bei gleichartigen Anschlußgesteinen folgt hieraus mit $\varrho_s/\varrho = n' = n''$, in der Grenze eine Waagerechte, während bei verschiedenartigen Anschlußgesteinen die Waagerechte auf die Spaltbreite beschränkt ist (Abb. 234). Die beiden Anschlußäste entsprechen hierbei der ϱ_s/ϱ-Kurve von Abb. 220 für $n = n'/n''$, die an der Knickstelle um die Spaltbreite auseinandergezogen ist. Man kann dies durch den Grenzübergang für $\delta \to 0$ unmittelbar nachweisen.

Die Gesteinsspalte von Abb. 233 mit beiderseits gleichen Widerständen entspricht den Ruschelzonen und Erosionsrinnen, diejenige von Abb. 234 den mit Trümmergut ausgefüllten Verwerfungsspalten. Nach den gefundenen Widerstandskurven darf man mit einer befriedigenden Aufdeckung derartiger Störungszonen rechnen, wenn die bezogene Spaltbreite ein gewisses, in der Gegend von $\delta = \frac{1}{4}$ liegendes Maß nicht überschreitet und wenn der Meßabstand geeignet gewählt wird. Will man z. B. Störungszonen bis zu 1 m Spaltbreite erfassen, so darf der Meßpunktabstand der Plantastung nicht wesentlich über 2 m hinausgehen.

Wird die Gesteinsspalte nicht in der Streichrichtung, sondern irgendwie senkrecht oder schräg gekreuzt, so ergibt sich naturgemäß ein etwas anderer Verlauf der Störung. Es würde zu weit führen, hierauf im einzelnen einzugehen, zumal die grundlegenden Unterschiede in den verschiedenen Kreuzungsmöglichkeiten einer Gesteinsgrenze an Hand der Abb. 227—229 eingehend erläutert wurden. Die kennzeichnenden Merkmale dieser drei Grundfälle werden sich stets auch bei der Spaltstörung, wenngleich durch die Überlagerung verzerrt, wiederfinden. Wesentlich ist der grundsätzliche Verlauf der gegenseitigen Beeinflussung der Gesteinsgrenzen in Abhängigkeit von δ, der in allen drei Fällen ähnlich ist und gerade bei $\alpha = 0$ in besonders übersichtlicher Weise in Erscheinung tritt.

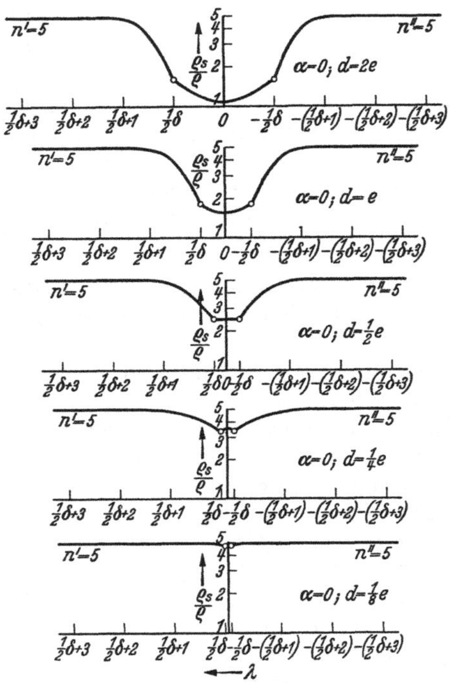

Abb. 233. Widerstandsverlauf über einer steilen Gesteinsader oder Ruschelzone oder Erosionsrinne in Abhängigkeit von der Spaltbreite ($n' = n'' = 5$).

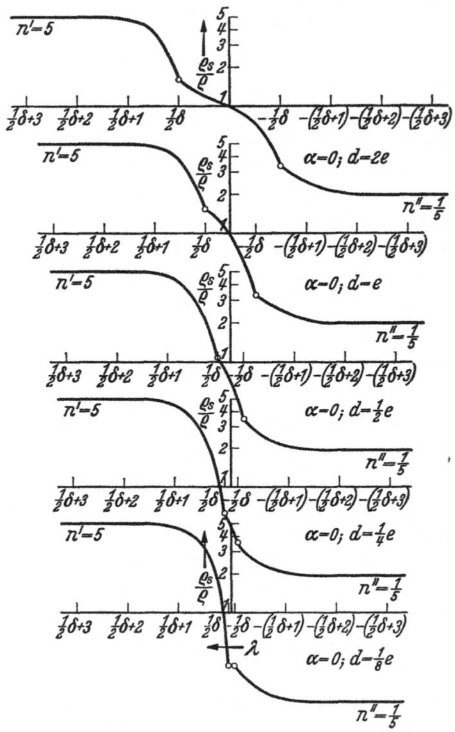

Abb. 234. Widerstandsverlauf über zwei Gesteinsgrenzen in Abhängigkeit von deren Abstand ($n' = 5$, $n'' = 1/5$).

Was nun die Schichtneigung anbelangt, so lassen sich zwei große Gruppen unterscheiden; die eine umfaßt die Neigungswinkel etwa zwischen 0° und 20°, die andere diejenigen zwischen 20° und 90°. Für die Gruppe der kleinen Neigungswinkel bedient man sich zweckmäßig der Tiefentastung, und zwar parallel zur Streichrichtung ($\alpha = 0$), damit die in den Meßergebnissen zutage tretende Störung gegenüber der waagerechten Schichtung möglichst gering ist. Man kann dann mit hinreichender Genauigkeit die Auswertung mit Hilfe von Abb. 220 vornehmen und durch zwei oder drei hintereinander geschaltete Tiefentastungen die gesuchte Schichtneigung feststellen.

Bei der zweiten Gruppe von Winkeln über 20° muß mit dem Auftreten von oberflächlichen Gesteinsgrenzen gerechnet werden, die man zweckmäßig durch Plantastungen erfaßt. Unter Heranziehung von an anderer Stelle mitgeteilten theoretischen Grundlagen[1] lassen sich die entsprechenden Widerstandskurven ähnlich wie im Falle der lotrechten Schichtung berechnen und in ent-

[1] F. Tölke: Siehe Fußnote 1 von S. 131.

sprechenden Kurventafeln (für jeden Winkel eine) zusammenstellen. Gesteinsgrenzen, Verwerfungen, Ruschelzonen, Erosionsrinnen u. dgl. werden sich in ganz ähnlicher Weise wie bei der lotrechten Schichtung andeuten, und die Einfallwinkel können mit meist hinreichender Genauigkeit durch Tiefentastungen parallel zur Streichrichtung festgestellt werden.

Zusammenfassend kann gesagt werden, daß die geoelektrische Baugrunduntersuchung dank ihrer unbegrenzten Tiefenwirkung und der glücklichen Verbindung von Theorie und Meßtechnik eines der besten und zukunftsreichsten Aufschlußverfahren darstellt. Sie gestattet die Schürfungen und Kernbohrungen oft beträchtlich einzuschränken und erspart damit Mühe, Kosten und Zeit. Es wäre nur zu wünschen, daß sie in steigendem Maße die notwendige Beachtung fände, damit sie im Kampf gegen die unerwarteten Gründungsschwierigkeiten ihren Möglichkeiten entsprechend eingesetzt werden kann. Angesichts der Tatsache, daß es sich hier um ein noch in voller Entwicklung stehendes und breiten Fachkreisen wenig bekanntes Aufschlußverfahren handelte, sind wir in der Darstellung absichtlich etwas weiter gegangen, als es sonst dem Rahmen dieses Buches entsprochen hätte.

14. Kapitel: **Verfestigungs- und Dichtungsmaßnahmen im Baugrunde.**

Die an der Staustelle sich darbietende Geländeoberfläche ist fast nie von Natur aus geeignet, eine sichere Verbindung zwischen Stauwerk und Baugrund

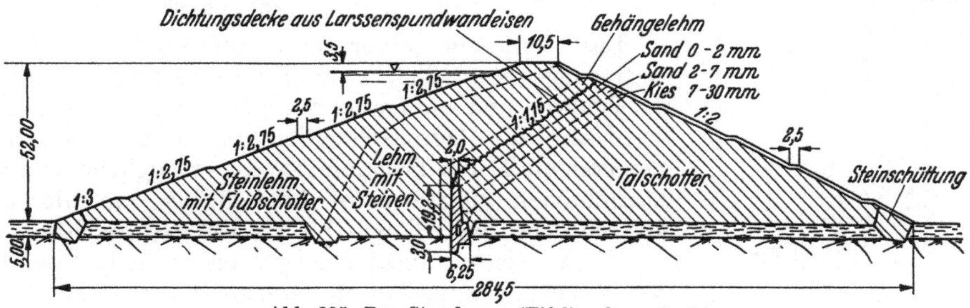

Abb. 235. Rur-Staudamm (Eifel). Querschnitt.

zu gewährleisten. Einmal sind bald mehr, bald weniger umfangreiche Abtragungen erforderlich, und zum anderen müssen Dichtungswände eingebaut werden, die den Anschluß an wassertragende Schichten herstellen. Ihre Seiten- und Tiefenausdehnung muß so sein, daß Unterströmungen und Umströmungen des Stauwerkes praktisch unmöglich sind.

Im Falle von Erddämmen kann man sich oft mit einer Entfernung der oberflächlichen Humusschicht begnügen (Abb. 235). Manchmal, namentlich bei großen Schütthöhen, wird man darüber hinaus aber noch die oberen Untergrundschichten abtragen, bis eine der Dammlast und den auftretenden Schubwirkungen angemessene natürliche Lagerungsdichte angetroffen wird. Unerläßlich ist, daß die Dammdichtung in genügender Stärke weitergeführt und hinreichend tief in dichte Fels- oder Bodenschichten eingebunden wird. Bei felsigem Dichtungsgrund begnügt man sich heute meist mit geringen Einbindetiefen des Dichtungskörpers (Abb. 235), da mit der Hochdruckeinpressung Dichtungsschleier von fast unbegrenzter Tiefenwirkung geschaffen werden können. Bei alluvialem oder diluvialem Dichtungsgrund, bei dem in der Regel nur plastische Dichtungen, wie Ton- oder Spülkerndichtungen, in Frage kommen, muß der Dichtungskörper mindestens einige Meter, je nach Dammhöhe, in den Dichtungsgrund einbinden. Eine vorbildliche Verbindung von Staudamm und Baugrund zeigt der Ottmachauer-Staudamm (Abb. 236).

Bei tiefliegendem Dichtungsgrund ist der Aushub eines Dichtungsschlitzes im allgemeinen unwirtschaftlich. In solchen Fällen liegt die **Spundwanddichtung** näher. Nach den ausgedehnten Erfahrungen, die beim Bau des Turawa-Staudammes gesammelt werden konnten [1] (Abb. 176 u. 177), reichen für Rammtiefen bis zu 10 m selbst bei festgelagerten Böden noch Leichtspundwände mit etwa 110 kg/m² Gewicht aus. Dabei verdienen Sonderstähle wegen ihrer größeren Zähigkeit stets den Vorzug. Gute Durchschnittseigenschaften sind 55 kg/mm² Festigkeit, 37 kg/mm² Streckgrenze, 22% Bruchdehnung und 8 mkg/cm² Kerbzähigkeit. Abb. 237 zeigt das Rammen einer Leichtspundwand des Turawa-Staudammes mit dem Schnellschlaghammer.

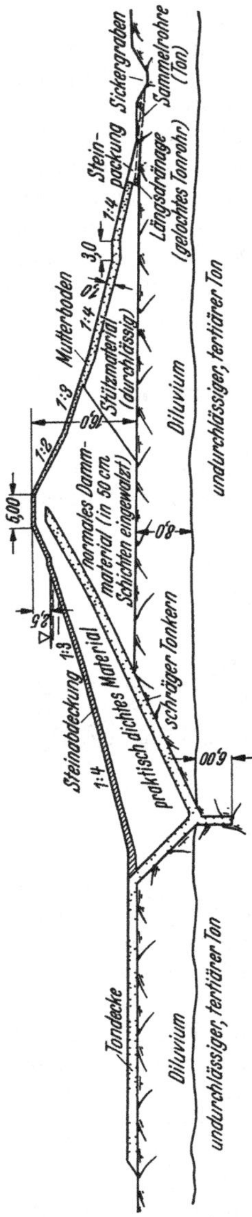

Abb. 236. Querschnitt des Erddammes von Ottmachau. Dammlänge etwa 6500 m.

Bei Rammtiefen über 10 m müssen Schnellschlaghämmer im allgemeinen ausscheiden und durch Rammbären ersetzt werden, die entsprechend schwerere Spundbohlen verlangen. In Turawa hat sich die nachstehende Abstufung gut bewährt:

Rammtiefe	10 bis 14 m	Rammbärgewicht	2,8 t	
„	14 „ 18 m	„	4,0 t	
„	18 „ 24 m	„	6,0 t	
		Spundwandgewicht	155 kg/m²	
		„	185 kg/m²	
		„	215 kg/m²	

Das Rammen dieser schweren Bohlen erfolgte staffelweise (Abb. 238), einmal um eine gute Führung zu sichern, und zum anderen um bei größeren Hindernissen das Durchschneiden zu erleichtern oder gegebenenfalls ein Herumfalten zu ermöglichen. Die Staffelhöhen gingen nicht über 5 bis 6 m hinaus, während die Staffellänge bis zu 150 m erreichte.

Um an Spundwandtiefe zu sparen, kann die Spundwanddichtung zuweilen in zweckmäßiger Weise mit dem Verfahren der chemischen Gesteinsverfestigung (**Joosten-Verfahren**) verbunden werden. So können z. B. unterhalb der Spundwand befindliche örtlich begrenzte, aber stark durchlässige Sandinseln durch Verfestigung unschädlich gemacht werden, ein Weg, der in Turawa mehrfach mit Erfolg beschritten wurde, und zwar für Bodenschichten bis zu 24 m Tiefe. Um die Verfestigung im Großversuch überprüfen zu können, wurde in sandigem und kiesigem Bodenbereich ein Spundwandkasten eingeschoben, den man nach vorgenommener Verfestigung ausschachten konnte. Hierbei zeigte sich, daß bei dem gewählten Spitzrohrabstand von 1,0 m der Kies bereits eine zusammenhängende Steinschürze bildete (Abb. 239), während die Sandverfestigung erst Einzelsäulen gebildet hatte (Abb. 240). Dank dieser Großversuche war man in der Lage, den Spritzrohrabstand für den Sand so zu verringern, daß auch hier eine ununterbrochene Dichtungsschürze gewährleistet war.

Bei dem in Bau befindlichen Fort Peck-Staudamm (USA. [2] lag der Dichtungsgrund in Gestalt eines Schiefertones am linken Ufer 46 m und am rechten

[1] Reg.-Baumstr. **Roßmann**: Der Staudamm des Staubeckens an der Malapane bei Turawa. Bautechn. 1936 S. 3—6, 28—30, 44—46.
[2] Engng. News Rec. Bd. 114 (1935) S. 35—38.

Abb. 237. Malapane-Staudamm. Rammen der Leichtspundwand mit Schnellschlaghammer.

Abb. 238. Malapane-Staudamm. Einfädeln einer 24 m langen Spundbohle.

Abb. 239. Malapane-Staudamm. Chemisch verfestigter Kies, Spritzrohrabstand 1 m.

Abb. 240. Malapane-Staudamm. Chemisch verfestigter Sand, Spritzrohrabstand 1 m.

38 m tief, so daß die Spundwand die außerordentliche Höhe von 47 m erreichte. Die Herstellung erfolgte in der Weise, daß man zunächst eine Leichtspundwand von 22 bis 25 m Tiefe einspülte und an diese schwerere Bohlen mit 3 m Überlappungshöhe anschweißte, die mit Rammbären eingetrieben wurden.

Man muß zunächst abwarten, wie sich die beim Fort Peck-Staudamm angewandten Spundwände bewähren. Es sollte für künftige Anwendungen nicht

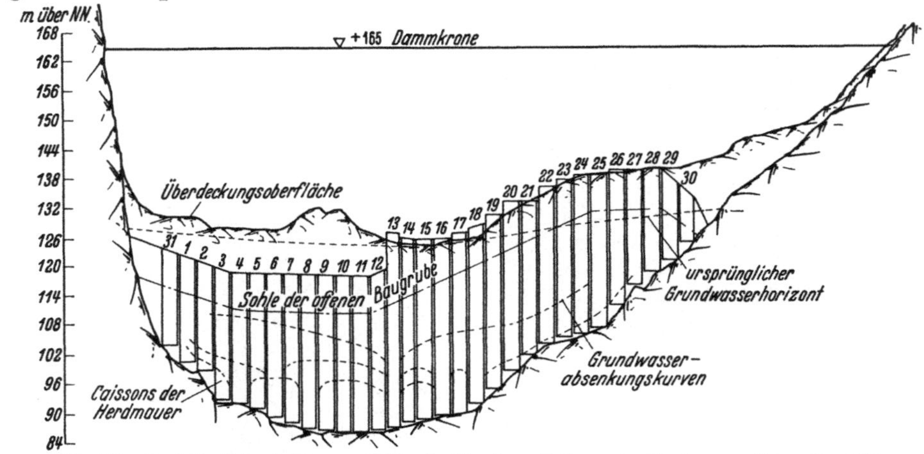

Abb. 241. Quabbin-Dyke-Spüldamm-USA. Senkkastenaufteilung der Herdmauer, Baugrubensohle und Grundwasserabsenkung.

übersehen werden, daß das Einspülen von Spundwänden, zumal auf 22 m Tiefe eine unter Umständen heikle Angelegenheit sein kann und daß im übrigen

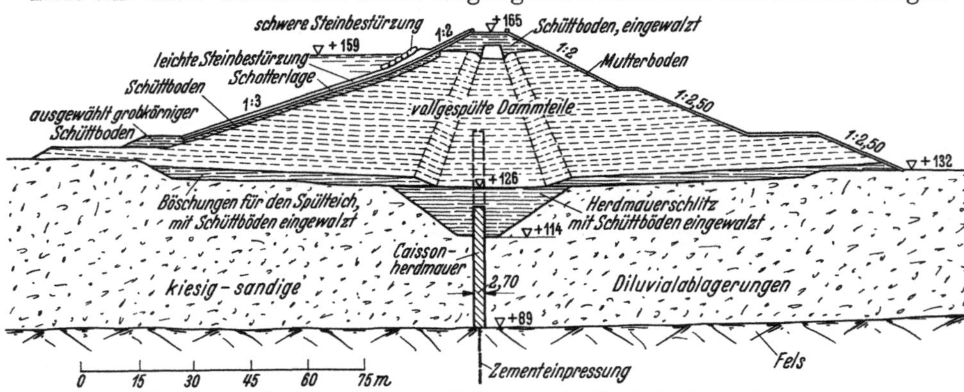

Abb. 242. Quabbin-Dyke-Spüldamm-USA. Querschnitt mit Senkkastenherdmauer.

bei einer Bohlenlänge von 47 m die Sicherung eines ununterbrochenen Anschlusses keine leichte Sache ist.

Eine zweite Anschlußmöglichkeit an tiefliegende Dichtungsgründe besteht in der Preßluftgründung, die insbesondere, wenn der Anschluß an Fels erfolgen muß, große Vorzüge bietet. Einmal gelangt man auf diesem Wege zu Stärken der Dichtungsschürzen von $2^1/_2$ bis 3 m, die bei Überlagerungen von 40 bis 50 m wesentlich vertrauenerweckender sind, und zum anderen besteht die Möglichkeit, die Hochdruckeinpressung mitheranzuziehen und damit den Dichtungsbereich beliebig weit auszudehnen.

Die Senkkasten-Herdmauer mit anschließender Hochdruckeinpressung wurde mit vollem Erfolge bei den großen Staudämmen der Quabbin-Talsperre [1] zur

[1] Corewall of 31 Caissons sunk under air. Engng. News Rec. Bd. 111 (1933) S. 215—219. — Proc. Amer. Soc. civ. Engr. Bd. 62 (1936) S. 297—353. — Hydraulic fill at Quabbin Dyke. Engng. News Rec. Bd. 116 (1936) S. 882—886.

Anwendung gebracht (Abb. 241 u. 242), wo eine stellenweise bis zu 50 m mächtige und stark durchlässige kiesig-sandige Überdeckung abgeriegelt werden mußte. Die 2,7 m starken und 13,6 m langen Senkkästen (Abb. 243) wurden in üblicher Weise abgesenkt und durch einen nachträglich ausbetonierten nutenartigen Verschluß miteinander verbunden. Die abgesenkte, unterfangene und bis zum Tragfelsen ausgeräumte Preßluftarbeitskammer ist aus Abb. 244 ersichtlich. Man ist gerade damit beschäftigt, die Trennwand zu durchstoßen, um den Verschluß ausräumen und betonieren zu können.

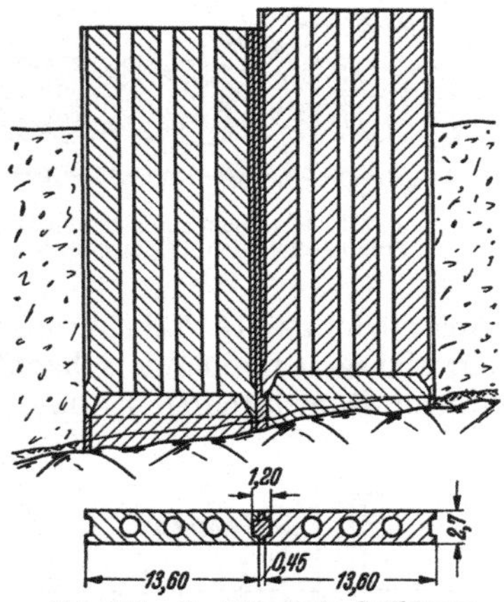

Abb. 243. Quabbin-Dyke-Spüldamm. Senkkastendurchbildung der Herdmauer.

Die Quabbin-Staudämme haben wieder einmal eindringlich bewiesen, wie nützlich und kostenersparend eine ausgedehnte geotechnische Voruntersuchung ist. Man hielt es hier vor Vergebung der Arbeiten für unbedingt erforderlich, einen Probesenkkasten (Nr. 13 in Abb. 241) abzusenken, die Wasserdurchlässigkeit der Überdekkung an einem Grundwasser-Großabsenkungsversuch festzustellen und Untersuchungen zur tunlichsten Einschränkung der Druckluftgründung anzustellen. Das Ergebnis war, daß man mit der offenen Baugrube wesentlich tiefer heruntergehen konnte (vgl. hierzu auch die zu Schacht 13 gehörige Grundwasserabsenkungskurve von Abb. 241), und daß damit zu rechnen war,

Abb. 244. Quabbin-Dyke-Spüldamm-USA. Blick in die abgesenkte und unterfangene Preßluft-Arbeitskammer der Herdmauer. Gerüst zum Durchstoßen der Trennwand zwecks Ausräumen und Betonieren des Spaltes.

daß die Preßluftgründung bei geeigneter Heranziehung der Grundwasserabsenkung (Abb. 241) anstatt mit $3^1/_2$ nur mit $1^1/_4$ at betrieben zu werden brauchte. Dies war insofern von großer wirtschaftlicher Bedeutung, als die amerikanischen Bauvorschriften erst von Drucken über $1^1/_4$ at ab Lohnerhöhungen und Arbeitszeitverkürzungen verlangen. So war es möglich, in den Ausschreibungsunterlagen sehr weitgehende bindende Angaben zu machen und dadurch Preisangebote zu erhalten, wie sie für Preßluftgründungen ganz ungewöhnlich waren.

Eine dritte Möglichkeit bieten die Preßbetonpfähle nach dem Wolfholzverfahren. Soll z. B. eine Herdmauerstärke von 0,50 m erzielt werden, so werden in Abständen von 0,40 m Mantelrohre von 0,30 m Durchmesser auf den Felsen heruntergebracht, ausgehoben und nach Einbringen einer Längsbewehrung mit Mörtel ausgepreßt. Während des Auspressens, das unter 10 bis 15 atü erfolgt, wird das Mantelrohr allmählich herausgezogen, wobei ein Betonpfahl von etwa 0,50 m entsteht. Damit die Herdmauer sich lückenlos schließt, wird zunächst immer jeder zweite Pfahl ausgepreßt. Es ergibt sich so die aus Abb. 245 ersichtliche sehr wirksame Ineinanderschachtelung der Pfähle. Bei größeren Herdmauerstärken müssen Rohrdurchmesser und Auspreßdrucke entsprechend gesteigert werden.

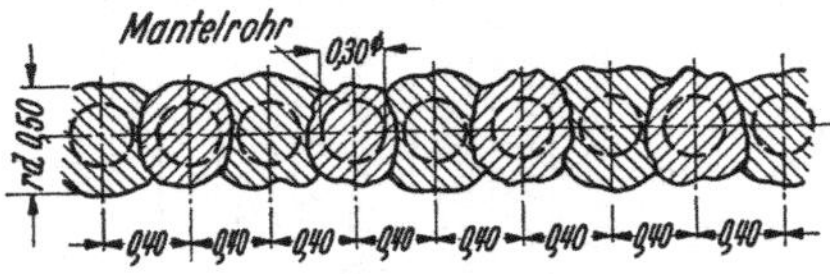

Abb. 245. Herdmauer aus bewehrten Preßbetonpfählen. Querschnitt.

Die Großanwendung, die das Preßbetonverfahren bei der 180 m langen Persano-Stauanlage in Italien[1] gefunden hat, war ein voller Erfolg. Das 180 m lange Wehr ruhte hier auf einer 25 m mächtigen Alluvialdecke, der als Grundwasserschicht bisher eine große Bedeutung zufiel. Sie restlos abzuriegeln, war nicht nur ein Gebot der Sicherheit, sondern auch der Wirtschaftlichkeit, denn nur so konnte der Sommerabfluß des Sele in ausreichendem Umfang für Bewässerungszwecke nutzbar gemacht werden (vgl. hierzu die Ausführungen auf S. 28—29). Abb. 246 zeigt Wehrquerschnitt mit Dichtungsschürze. Im Falle eines Erddammes hätte man die letztere lediglich 2 bis 3 m in den Dammkörper hineingeführt, alles übrige wäre geblieben.

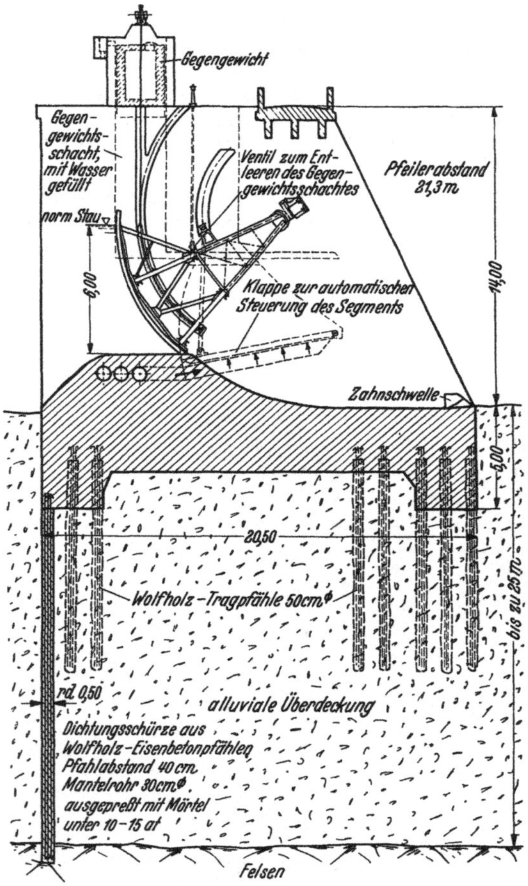

Abb. 246. Persano-Stauwehr (Italien). Dichtungsschürze aus Wolfholz-Preßbetonpfählen.

Verglichen mit der Stahlspundwand bietet die Preßbeton-Dichtungswand das Angenehme, daß sie eine rauhe und unregelmäßige Verbindung mit dem Boden herstellt, die durch den hohen Einpreßdruck zudem sehr dicht und fest wird. Auch für die Einbindung in den Dammkörper ist die Betonwand weniger störend als die glatte Stahlspundwand. Am vorteilhaftesten verhält sich in dieser Hinsicht die Senkkasten-Kernmauer, deren Wirtschaftlichkeit aber nur für sehr große Tiefen gegeben ist.

Bei den Steindämmen sind die Bedingungen für die Untergrundabdichtung meist schwieriger als bei den Erddämmen, denn sie werden (nach S. 106ff.) vornehmlich dort angewandt, wo ein zwar nicht sehr tief liegender, aber minder-

[1] Energia elettr. 1931.

wertiger Felsen den Baugrund bildet. Daher kommen bei Steindämmen in der Regel nur Beton-Herdmauern oder Hochdruck-Einpreßschürzen für die Baugrunddichtung in Frage. Die wesentlich kostspieligere Herdmauer wird nur

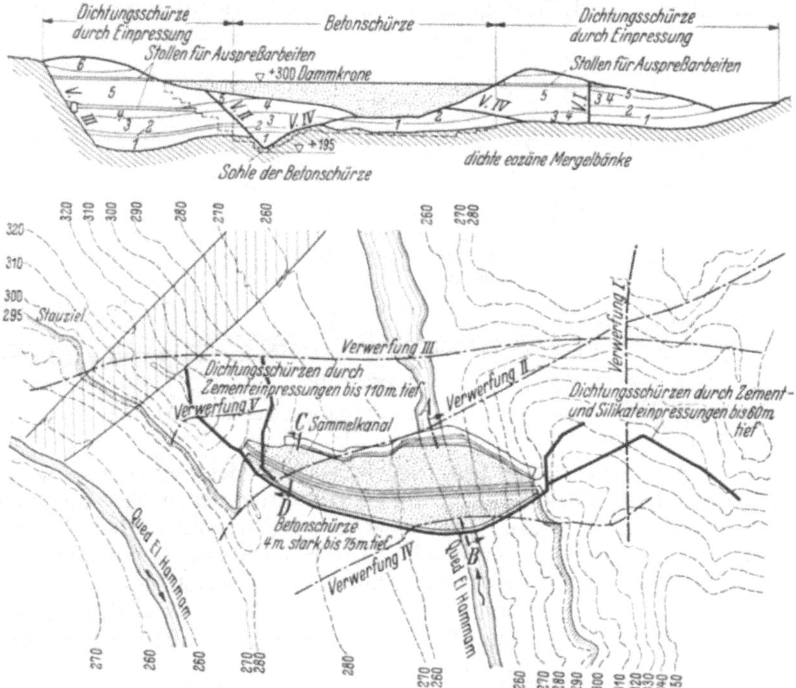

Abb. 247. Bou-Hanifia-Staudamm (Algerien). Längsschnitt und Grundriß.
Schichtenfolge: *6* sandige Mergel und Sandsteine; *5* Sandstein-Mergelgemisch mit durchlässigen Sandinseln; *4* Sand-Mergelgemisch; *3* Sand-Sandsteingemisch; *2* Sand-Mergelgemisch; *1* Sand-Sandsteingemisch.

im unmittelbaren Bereich des Staudammes verwendet, und auch dort nur, wenn die Durchlässigkeit so groß oder der Untergrund zufällig so beschaffen ist, daß die Auspressung versagt (z. B. stark poröse Kalksteine über dichtem Untergrund in erreichbarer Tiefe). Bei dem heutigen hohen Entwicklungsstande der Hochdruckeinpressung ist die Einpreßschürze im allgemeinen die zweckmäßigste Untergrunddichtung für Steindämme.

Kein Beispiel kann den hohen Entwicklungsstand der neuzeitlichen Baugrunddichtung von Steindämmen besser beleuchten, als der Bou-Hanifia-Staudamm (Nordafrika)[1], dessen Baugrund aus weichen Sandsteinen bestand und von zahlreichen Verwerfungen durchzogen war (Abb. 247). Die umfangreichen geotechnischen Voruntersuchungen ergaben, daß eine befriedigende Dichtung nur durch Anschluß an die sehr tief liegenden eozänen Mergelbänke zu erreichen war, was Betonschürzen von bisher noch nicht dagewesenen Ausmaßen erforderlich machte (Abb. 248). Um gleichzeitig seitlich Anschluß an die Mergelbänke zu schaffen, mußten Dichtungsschürzen bis auf 110 m Tiefe heruntergeführt werden. Mehr als die Hälfte der gesamten Baukosten mußten infolgedessen in den Baugrund gesteckt werden.

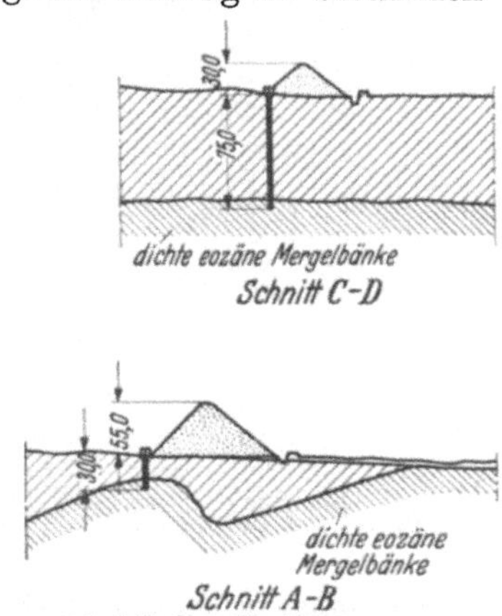

Abb. 248. Bou-Hanifia-Staudamm. Herdmauer.

[1] Ann. l'Inst. Techn. du bâtiment et des Traveaux Publics. 1936 Heft 5.

Die Betonschürze wurde wasserseitig über den Staudamm hinausgeschoben, um Raum für zwei durchlaufende Längsstollen zu schaffen (Abb. 249). Sie ist 4 m stark und 75 m tief und baulich wie eine Kernmauer durchgebildet. Alle 15 bis 20 m sind Dehnungsfugen angeordnet, die in sorgfältigster Weise

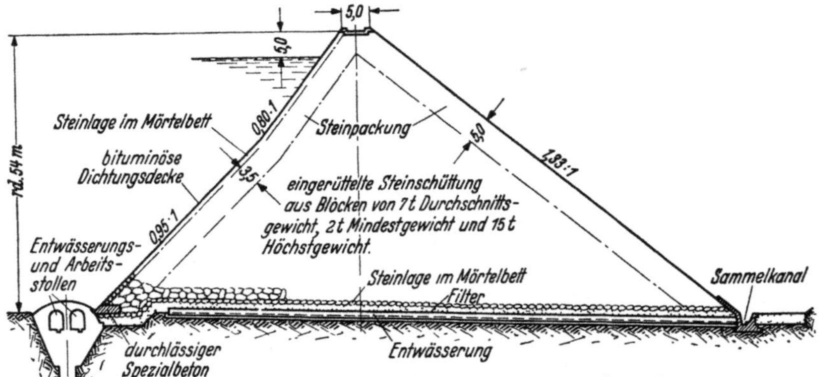

Abb. 249. Bou-Hanifia-Staudamm. Querschnitt.

gedichtet wurden (Abb. 250). Um ungleichmäßige Setzungen und Querbewegungen der einzelnen Blöcke vom Felsen fernzuhalten, liegen diese an den Fugen nicht unmittelbar auf, sondern unter Zwischenschaltung schwerbewehrter Eisenbetonjoche. Um Sickerwasser sicher abfangen und vor allen Dingen auch feststellen zu können, ist längs der ganzen Gründungsfläche das aus Abb. 249 und 251 ersichtliche Terzaghi-Filter eingebaut worden.

Das Auspressen der Dichtungsschürzen erfolgte teils mit Zementbrühe, teils mit Silikaten. In den oberen Lagen der stark zerklüfteten mergeligen Sandsteine wurde die Zementmilch ausgezeichnet

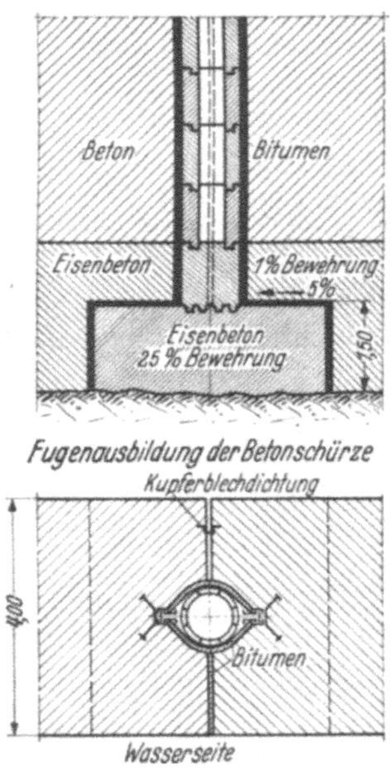

Abb. 250. Bou-Hanifia-Staudamm. Einzelheiten der Dichtungsschürze.

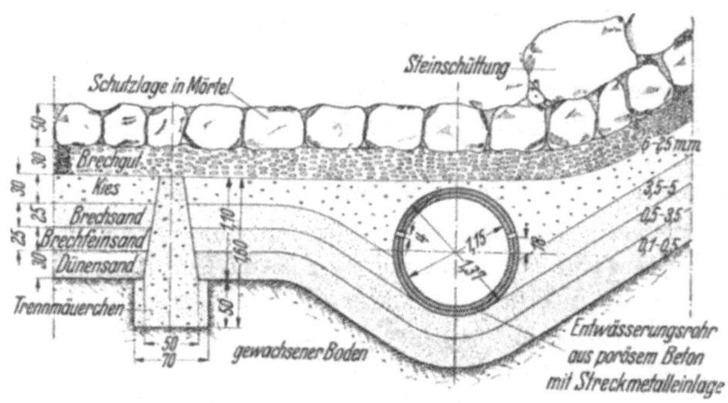

Abb. 251. Bou-Hanifia-Staudamm. Terzaghi-Filter.

aufgenommen. Die Auspreßteilstufen wurden der Dicke der Schichten angepaßt und die erzielten Wirkungen fortlaufend durch Druckwasser nachgeprüft. Handelte es sich um Gesteine mit durchlässigem Gefüge, so preßte man vorher Chemikalien ein, damit eine allzuweite Verflüchtigung verhindert wurde. In den unteren Lagen, wo vornehmlich durchlässige Sandbänke angetroffen wurden, war die Kornzusammensetzung so, daß der Zement nicht eindrang. Diese Schichten behandelte man mit kolloidalen Silikaten, die durch Absetzer und Zentrifugalscheider vorher von Flocken aller Art gereinigt wurden. Die

Ausmaße der Gallertbildung und die Güte der Dichtung wurden vor Anwendung des Verfahrens durch Geländegroßversuche erprobt.

Der Abstand der Einpreßlöcher betrug in den Zementzonen 2 bis 3 m und in den Silikatzonen 1,5 m. Da manche Löcher über 100 m tief waren, erwies es sich als wirtschaftlich, eine Reihe von Stollen ins Gebirge zu stoßen (Abb. 247) und von hier aus die Auspreßarbeiten vorzunehmen. Der lfd. m Dichtungsschürze verschlang durchschnittlich 150 kg Zement oder 400 kg Silikate. Bei einer Schürzenausdehnung von 94000 m² wurden insgesamt 14000 t Zement und 5000 t Silikate verbraucht.

Abb. 252. Bleiloch-Staumauer. Reinigen der Gründungsfläche mit Druckwasser.

Die umfassendsten Gründungsvorbereitungen verlangen naturgemäß die Staumauern, bei denen die Kraftübertragung an den Baugrund auf engstem Raume zusammengedrängt ist. Hier muß außer der Überdeckung der gesamte Verwitterungsfelsen beseitigt werden, und zwar bis zum Hervortreten des frischen, klingenden, festen und tunlichst klüftefreien Felsens. Je näher man der Gründungsfläche kommt, um so mehr Vorsicht verlangt der Aushub. Die letzten 1 bis 2 m sollten nach Möglichkeit ganz ohne Sprengstoffe abgetragen werden. Große Unregelmäßigkeiten sind in hohem Maße erwünscht (Abb. 252), denn eine gute Verkämmung ist die beste Sicherheit gegen Abschergefahr. Bogenmauern verlangen im allgemeinen tiefere Eingriffe als Gewichtsmauern, da die zu erwartenden Bodenpressungen wesentlich höher sind. Pfeilerstaumauern müssen schlitzartig eingelassen („angemauert“) werden (Abb. 253 u. 254), damit eine muldenartige Verkämmung entsteht. Hierdurch werden die Scherkräfte auf eine größere Fläche verteilt und in Quer- und Längsrichtung zusätzliche Felsbereiche zur Mitarbeit herangezogen. Es ist sehr wesentlich, daß die Gründungsfläche vor Einbringen des Betons mit Stahlbesen und Druckwasser gereinigt wird (Abb. 252). Ein nachfolgendes Bestreichen mit Zementmilch hat wenig Zweck; dagegen ist es sehr nützlich, eine Zementmörtelverstreichung vorzunehmen und für die erste Arbeitsschicht die Zementausgabe zu steigern, namentlich, wenn die weiter unten beschriebene Niederdruckeinpressung der ganzen Gründungsfläche nicht in Frage kommt.

Quellen, die, besonders im Gebirge, oft in der Bausohle angeschnitten werden, sind sorgfältig zu dichten oder zu fassen.

Wenn auch bei dem heutigen Stande der Auspreßtechnik ein nachträgliches Aufbrechen von Quellen kaum zu befürchten ist, so empfiehlt es sich doch, eine Sohlenentwässerung in nicht zu großen Abständen über die gesamte

Abb. 253. Beni-Bahdel-Gewölbereihenstaumauer (Frankreich; 20 m Pfeilerabstand). Schlitzartige Gründung der Pfeiler.

Gründungsfläche zu verteilen und alle Klüfte, gedichteten Quellpunkte usw. durch Entwässerungsrohre zu überqueren, damit eine geregelte Überwachung

Abb. 254. Beni-Bahdel-Gewölbereihenstaumauer (Frankreich; 20 m Pfeilerabstand). Blick auf die Gründungsfläche des linken Hanges.

möglich ist. Vorbildlich ist in dieser Hinsicht auch heute noch die Schwarzenbach-Staumauer (Abb. 255).

Die Herdmauer hat dank der Entwicklung, welche die Hochdruckeinpressung in den letzten Jahren genommen hat, sehr an Bedeutung verloren. Man sollte daher wasserseitig nur noch so tief in den Felsen hineingehen, als es den allgemeinen Anforderungen an die Verkämmung der Gründungsfläche entspricht. Wo aus besonderen Gründen auch künftig noch tiefe Herdmauern unentbehrlich sind, wie z. B. bei ausgedehnten, stark klüftigen Kalksteinen

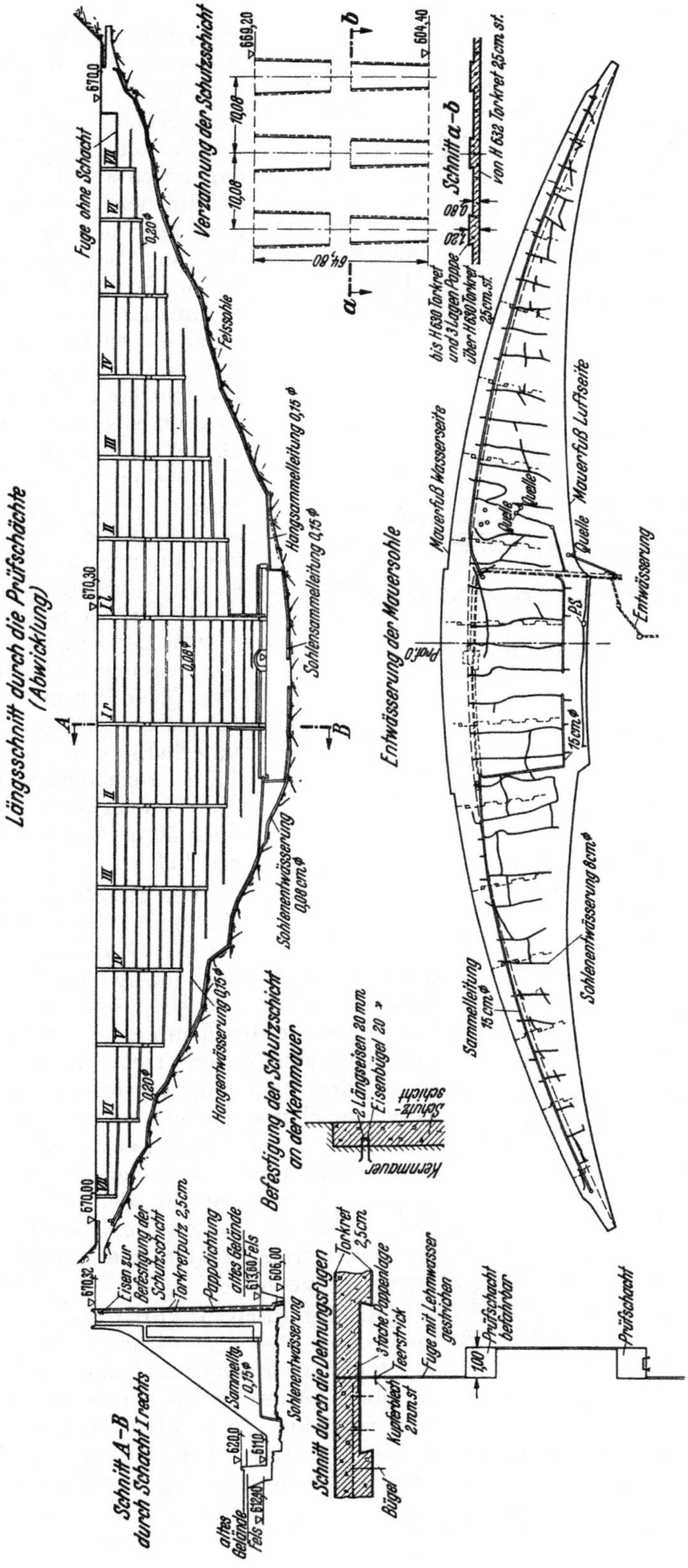

Abb. 255. Schwarzenbach-Staumauer (Zeichnung: Badenwerk).

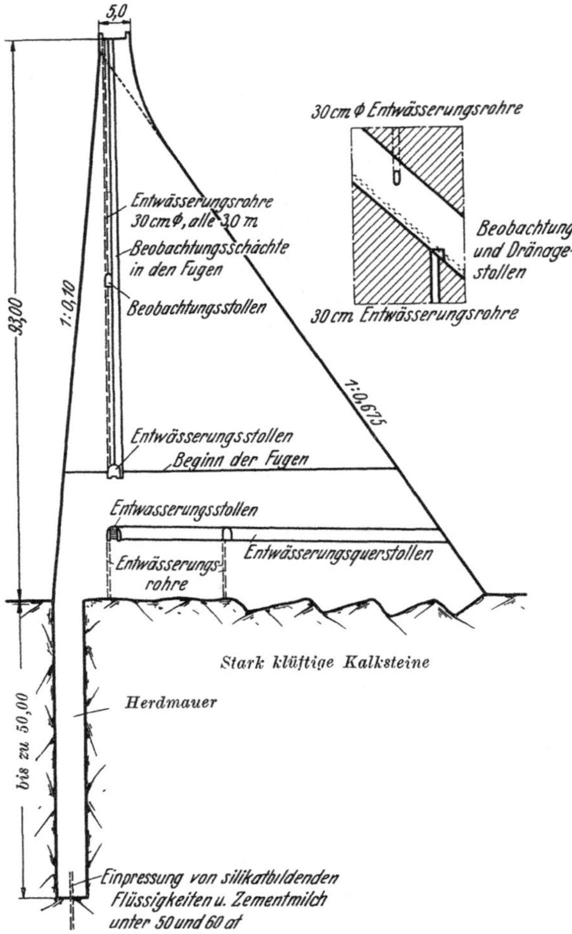

Abb. 256. Querschnitt der L'Oued-Fodda-Staumauer.

(Abb. 256), sollte man den Beton nicht stampfen, sondern weich verarbeiten. Die waagerechten Stampffugen stellen oft Großsickerwege dar, durch welche die mit der Herdmauer erstrebte Dichtung sehr herabgesetzt werden kann. So entstanden z. B. bei der Ban de Champagney-Staumauer[1] in der Dichtungsschürze, welche die Fortsetzung des Lévyschen Schutzmantels darstellte (Abb. 257), so große Sickerverluste durch die Stampffugen, daß das Staubecken nur halb voll wurde. Erst nach ausgiebigen, aus Abb. 258 ersichtlichen Zementeinpressungen gelang es, eine befriedigende Wasserdichtigkeit zu erzielen. Wie notwendig es hierbei war, die Einpressungen bis auf einige 10 m Tiefe herunterzuführen, bewies eine Kluft, die 15 m unterhalb der Gründungsfläche angebohrt wurde und die Zementbrühe luftseitig noch 50 m hoch herausspritzen ließ.

Für Regelverhältnisse ist das beste Dichtungsverfahren für den Gründungsfelsen das der Verbundeinpressung, das in vorteilhaftester Weise die schon seit langem angewendete Niederdruckeinpressung mit der Hochdruckeinpressung verbindet. Bei der Niederdruckeinpressung wird Zementmilch von einem Druckkessel aus, der durch einen Luftverdichter unter 5 bis 7 atü gesetzt wird, in den Felsen eingepreßt, während die Hochdruckeinpressung sich der im Bergbau bewährten Sonderpumpen bedient, mit denen beliebige Drucksteigerungen (100 atü und mehr) erreicht werden können.

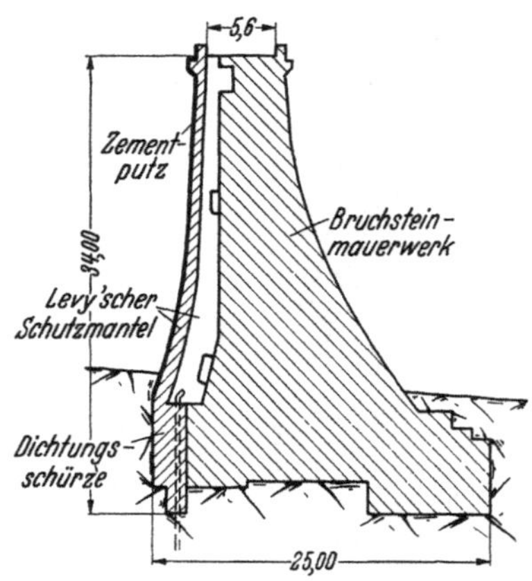

Abb. 257. Ban de Champagney-Staumauer (Frankreich). Querschnitt.

Die Niederdruckeinpressung soll in erster Linie den eigentlichen Gründungsfelsen dichten und verfestigen, soll möglichst alle Spalten und Klüfte schließen, die oberflächlich sichtbar sind, und die leichte Auflockerung, die beim Aushub unvermeidlich ist, wieder beseitigen. Sie ist demgemäß über die ganze Gründungsfläche ausgedehnt und die unregelmäßig verteilten Bohrlöcher

[1] M. Aubertin: Ann. Ponts Chauss. 1932 Heft 3.

verlaufen je nach der Lage der anzuschneidenden Klüfte kreuz und quer (Abb. 259). Man kann sich im allgemeinen mit Lochtiefen zwischen 2 und 8 m begnügen. Ohne eine dem Preßdruck entsprechende Auflast läßt sich eine in die Breite gehende Auspressung des Gesteins nicht oder nur mit großem Zementmilchverlust erzielen. Man setzt daher auf die vorgebohrten Löcher Verlängerungsrohre auf, schützt die offene Fußfuge durch eine Filterumschüttung und betoniert 3 bis 5 oder mehr Meter hoch auf, ehe man das Auspressen vornimmt. Bei dieser Anordnung wird außer der Abdichtung der oberen Felsschicht auch die restlose Ausfüllung der etwa verbliebenen Fugen unter der Mauersohle bewirkt.

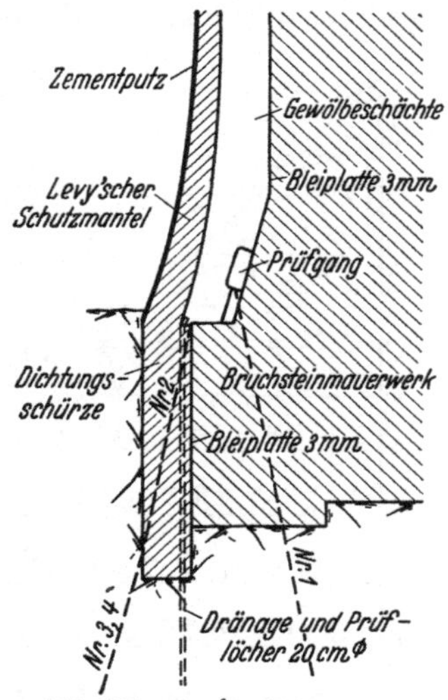

Abb. 258. Ban de Champagney-Staumauer (Frankreich). Einpreßmaßnahmen.

Die Hochdruckeinpressung soll unterhalb und seitlich von der Staumauer eine möglichst ausgedehnte dichte Felsschürze oder eine dichte Verbindung zu einem tiefer gelegenen oder seitlich herausgeschobenen Dichtungsgrund schaffen. Sie wird, um die Gründungsfläche jeglicher Unterströmung zu entziehen, so weit wie möglich an die Wasserseite herangeschoben und verrät sich in der Einpreßzeichnung sofort durch die eng aufeinanderfolgenden, in einer oder zwei Reihen angeordneten Löcher (Abb. 259). Die Aufnahmefähigkeit des Felsens ist je nach Gesteinsart und Beschaffenheit sehr verschieden (Abb. 140); die Auspreßarbeiten verlangen

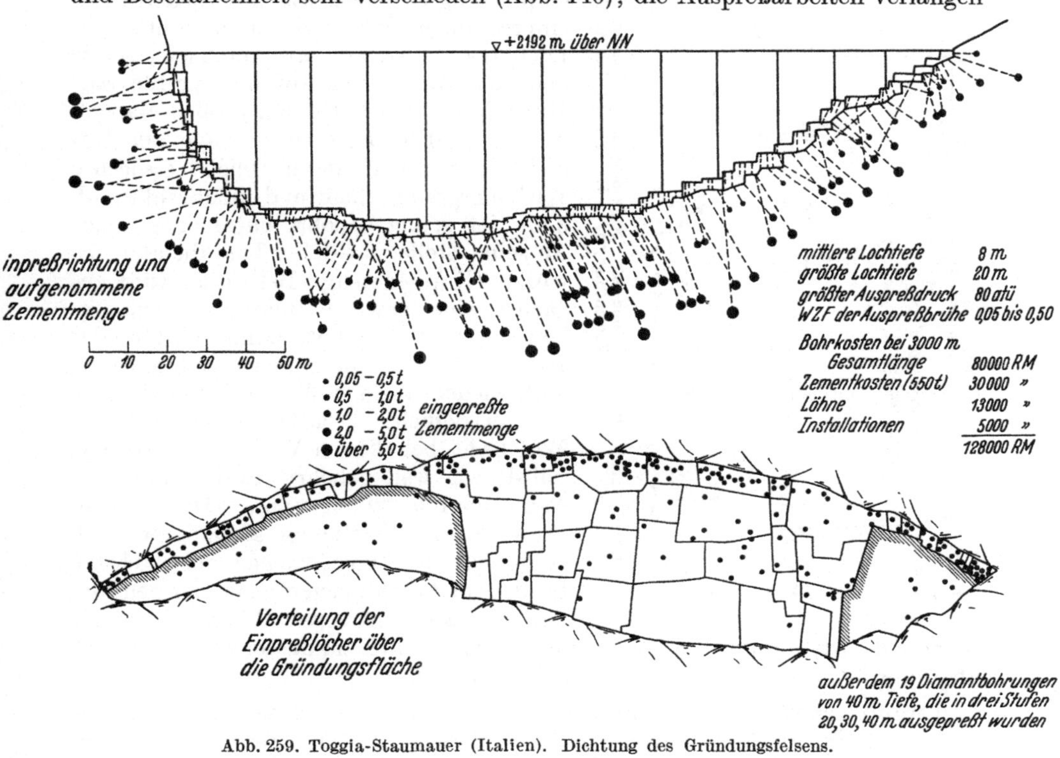

Abb. 259. Toggia-Staumauer (Italien). Dichtung des Gründungsfelsens.

demgemäß ein feines Fingerspitzengefühl, das erst in längerer Erfahrung erworben werden kann, und sorgfältige Verfolgung und Berücksichtigung der beim Bohren und der Druckwasserprüfung der Löcher festgestellten Durchlässigkeitsverhältnisse. Bald kann man sich mit einer Auspressung des Talgrundes begnügen, bald müssen sich die Arbeiten bis hoch hinauf zur Mauerkrone erstrecken (Abb. 135). Bezüglich des Lochabstandes gibt Lugeon an, daß man sich im allgemeinen mit 4 m begnügt; er weist aber darauf hin, daß man in weniger guten Sandsteinen, z. B. schon bis auf 1 m heruntergehen mußte. Lochtiefe und Einpreßdruck müssen stets den vorliegenden Verhältnissen angepaßt werden. Bei der Toggia-Staumauer[1] (Abb. 260), deren Dichtung mit außerordentlicher Sorgfalt vorgenommen wurde, reichten Lochtiefen von 20 m im allgemeinen aus, wobei der Einpreßdruck bis auf 80 atü gesteigert werden mußte. Die dabei verschluckten Zementmengen sind aus der Abbildung ersichtlich. Zur Überprüfung des Dichtungsergebnisses wurden hier zum Schluß noch 19 Diamantbohrungen 40 m tief heruntergebracht, die in drei Stufen (20, 30, 40 m) ausgepreßt wurden.

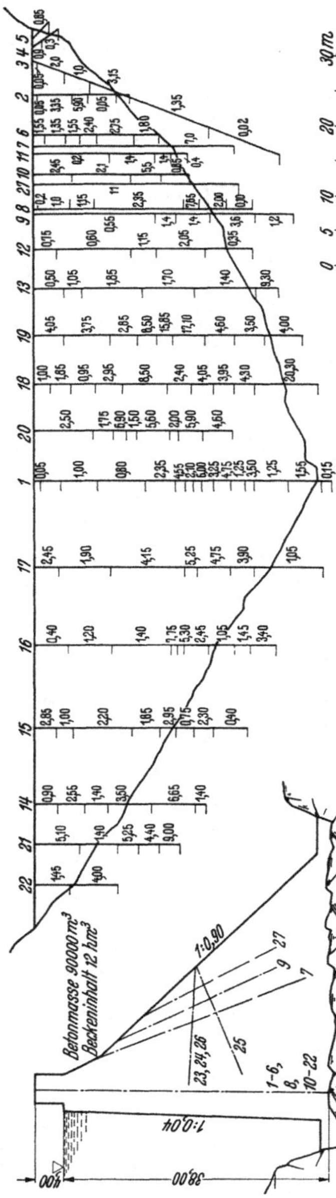

Abb. 260. Nachträgliche Dichtung der Torina-Staumauer (Spanien) in Zyklopenmauerwerk. Auf den Auspreßstrecken aufgenommene Zementmengen in t. Nach Dr.-Ing. G. Gentile: Energia elettr. 1936 S. 67—71.

Im Anfang nahm man die Hochdruckeinpressungen genau wie die Niederdruckeinpressungen vor, d. h. man bohrte das Loch bis zu der angestrebten Tiefe, setzte oben das Mundstück auf und preßte aus. Dieses Verfahren hatte den großen Mangel, daß man über die örtliche Lage der Undichtigkeit im Unklaren blieb, schlechte Wirkungsgrade erhielt und nicht wußte, ob man tief genug gebohrt hatte oder nicht. An seine Stelle trat daher bald die stufenweise Einpressung. Bei dieser wird zunächst eine gewisse Bohrlochstrecke gebohrt und ausgepreßt, dann wird wieder aufgebohrt, um eine Strecke weitergebohrt und wieder ausgepreßt, und so fort, bis eine erträgliche Dichtigkeit erreicht ist. Man sieht bei diesem Verfahren ganz von selbst, wie weit gebohrt werden muß und wann man aufhören kann. Da in jeder Stufe bis zur Sättigung ausgepreßt wird, entspricht die Zementmenge der nächsten Stufe dem Aufnahmevermögen der neu hinzugekommenen Strecke. Wie aus Abb. 260 ersichtlich ist, erhält man auf diese Weise einen umfassenden Überblick über die örtliche Verteilung der Undichtigkeiten.

Lugeon empfiehlt unter normalen Verhältnissen eine Stufenaufteilung von 5 zu 5 m. Im Hinblick darauf, daß die oberen 3 bis 5 m durch die Niederdruckeinpressung erfaßt werden, läßt man diese aus der Hochdruckeinpressung

[1] Dr.-Ing. G. Prandolini: L'impermeabilizzazione di alcune dighe a gravità in muratura di pietrame e malta di cemento. Energia elettr. 1935 S. 812—819.

heraus. Dies hat das Angenehme, daß man 3 m unter Lochoberkante einen Gummiverschluß anbringen kann, der das Auspressen dieser obersten Stufe verhindert, was sonst, wenn überhaupt, nur unter beträchtlichen Zementbrühverlusten geschehen könnte.

Hand in Hand mit dem Auspressen wird zweckmäßig die Durchlässigkeit des Felsens festgestellt, indem man zunächst in jeden Lochabschnitt nur Wasser einpreßt, und zwar unter einem ein für alle Male festgewählten Druck. Dieser muß etwa 5 bis 10 min auf gleicher Höhe gehalten werden, damit man aus dem aufgenommenen Wasser einen guten Mittelwert der Durchlässigkeit ablesen kann. Lugeon empfiehlt als Durchlässigkeitsziffer die in der Minute von einem lfd. m verschluckte Wassermenge einzuführen. Diese läßt sich in ähnlicher Weise auftragen wie es Abb. 260 für die Zementmengen zeigt. Da manche Löcher vollkommen oder praktisch hinreichend dicht sein können, sollte man auf die Wasservorversuche nie verzichten.

Abb. 261. Bever-Staudamm. Hochdruckeinpressung.

Das Einpressen wird gewöhnlich mit dünner Zementmilch (1:5 bis 1:10) bei mittleren Drucken (20 bis 30 atü) begonnen und je nach Bedarf mit dickeren Mischungen bis zu 1:1 fortgesetzt. Mit dem Druck sollte man mindestens bis auf 60 atü hinaufgehen, da die Erfahrung zeigt, daß sehr feine, oft große Zementmengen aufnehmende Klüfte sich bei mittleren Drucken noch sperren. Weiterhin empfiehlt es sich, jedes Loch sofort nach dem Bohren auszupressen, damit die Einpreßwirkung nicht durch offene Nachbarlöcher gestört werden kann. Ferner wird zweckmäßig immer ein Loch beim Bohren überschlagen, einmal um ein besseres Ineinandergreifen der Wirkungsbereiche zu erzielen, und zum anderen um gleich einen Überblick über die Güte der vorhergehenden Auspreßreihe zu gewinnen.

Während Löcher mit geringerer Tiefe, etwa bis 12 m, mit wassergespülten Preßluftbohrhämmern hergestellt werden können, kommt für die Hochdruckeinpressung nur das Drehbohrverfahren in Frage. Bei der Dichtung des Bever-Staudammes wurden z. B. Drehbohrmaschinen verwendet (Abb. 261)[1], mit denen Löcher bis zu 68 m Tiefe gebohrt wurden. Gleichzeitig konnte mit den gewonnenen Bohrkernen die geologische Voruntersuchung in wertvoller Weise ergänzt werden. Es empfiehlt sich im allgemeinen, den Lochdurchmesser tunlichst einzuschränken und ohne besonderen Anlaß nicht über 8 cm hinauszugehen. In nicht zu brüchigem Gestein kann man mit Hartmetallkronen meist auf 3 bis 4 cm heruntergehen.

Neben der Zementeinpressung besteht auch die Möglichkeit, Silikate einzupressen, die zur Ausscheidung von Kieselsäuregelen führen (Joosten-

[1] Dr.-Ing. H. Joosten: Neuzeitliche Abdichtungsverfahren mit Einpressen von Dichtungsmitteln. Dtsch. Wasserwirtsch. 1937 S. 47—54. Der Druckstock wurde freundlicherweise von der Gesellschaft für chemische Verfestigung und Abdichtung m. b. H., Berlin-Schöneberg zur Verfügung gestellt.

Verfahren)[1]; ferner kann Bitumenmilch eingepreßt werden, die insbesondere bei feinen und feinsten Sanden am Platze zu sein scheint (Shellperm-Verfahren)[1]. Es besteht jedenfalls heute die Möglichkeit, wenn die Zementeinpressungen aus irgendwelchen Gründen versagen — es sei hier z. B. an die oben besprochenen Einpreßmaßnahmen beim Bou Hanifia-Staudamm erinnert —, durch Einpressen den besonderen Verhältnissen angepaßter Chemikalien zum Ziele zu gelangen.

Eine Hochdruckeinpressung, die alles bisher Dagewesene weit in den Schatten stellt, wurde vor einigen Jahren zur Dichtung der Camarasa-Sperre (Spanien)[2] durchgeführt, die oben schon kurz gestreift wurde (Abb. 120). Das Füllen dieser der Stromgewinnung dienenden Talsperre (92 m Stauhöhe und 157 hm³ Fassungsvermögen) endete zunächst mit einem vollkommenen Mißerfolg, indem rund 0,9 hm³ Tag für Tag in den dolomitigen Jurakalken des Staubeckens verschwanden und in zahlreichen Quellen luftseitig zutage traten. Zur Beseitigung dieser Schäden bestanden zwei Möglichkeiten; entweder mußte man die durchlässigen Felsteile wasserdicht abdecken (wie bei dem oben besprochenem Muro-Lucano-Becken) oder das Staubecken durch eine bis zu 400 m tiefe Einpreßschürze unterhalb und seitlich der Staumauer abriegeln. Man wählte das letztere als den sicheren Weg und bohrte von zwei $1^1/_2$ km langen Stollen aus 224 Einpreßlöcher, die ı und 80000 m³ feste Baustoffe verschlangen. Manche Löcher nahmen bis zu 1200 m³ auf, so daß man sich nur dadurch helfen konnte, daß die Löcher zunächst mit Kiessand gefüllt und dann mit Zementmilch ausgepreßt wurden. Auf 40000 t Zement kamen 150000 t Zuschlagstoffe. Die Lochdurchmesser schwankten zwischen $7^1/_2$ und 15 cm und der Auspreßdruck mußte bis auf 100 atü gesteigert werden. Das Auspressen geschah in Stufen zu je 8 m. Um die Leistungsfähigkeit des Staubeckens gleich von Anfang an tunlichst zu steigern, ging man nicht abschnittsweise vor, sondern beseitigte zunächst die größten Undichtigkeiten. Die Arbeiten erstreckten sich über 3 Jahre, und es konnten 80% der Anfangsdurchlässigkeit beseitigt werden.

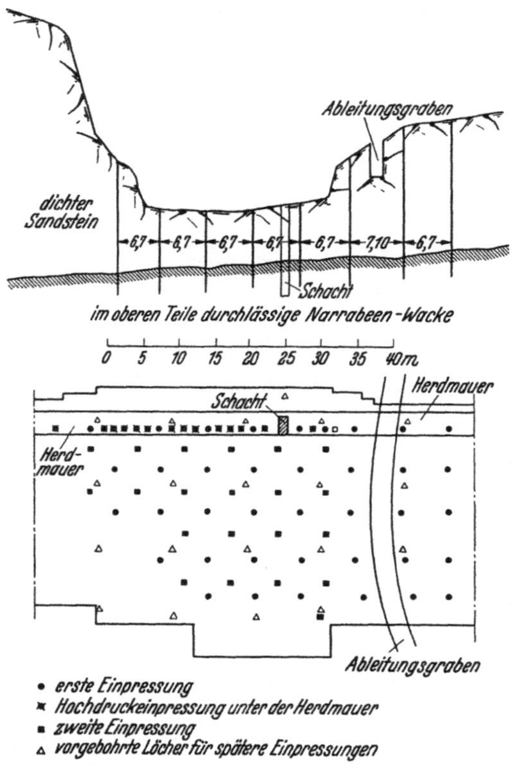

Abb. 262. Sicherung der Cordeaux-Staumauer (Australien) gegen Wasserbewegung unterhalb des Gründungsfelsens.

Hochdruckeinpressungen in Ausmaßen wie bei der Camarasa-Sperre können selbstverständlich nur dann wirtschaftlich durchgeführt werden, wenn eingehende Voruntersuchungen vorangehen. Bei der Camarasa-Sperre wurden hierfür $1^1/_2$ Jahre benötigt. Man bohrte 33 Löcher in je 7 Stufen und verfolgte mit Fluoreszin den Weg des Wassers. Es konnte so für jeden Versuchspunkt die Zeit ermittelt werden, die das Wasser bis zum luftseitigen Austritt benötigte, und damit auch die Durchschnittsgeschwindigkeit, die man um jedes

[1] Siehe Fußnote 1 von S. 167.

[2] M. Lugeon berichtet hierüber sehr eingehend. Vgl. sein oben angeführtes Buch.

Loch herum den Stufen entsprechend auftrug. Dadurch ergab sich ein anschauliches Bild von der Durchlässigkeit der einzelnen Felsbereiche, das wertvolle Rückschlüsse auf Abstand und Verteilung der Einpreßlöcher zu ziehen gestattete.

Wenn Staumauern in einen nahezu eben gelagerten und schichtweise durchlässigen Untergrund eingebettet werden müssen, so empfiehlt es sich stets, die Hochdruckeinpressung mit einer planmäßigen Abdichtung des gesamten Gründungsfelsens zu verbinden. So mußten verschiedene Staumauern in der Umgebung von Sidney[1] in einem Gelände errichtet werden (Abb. 262), das von sog. Narrabeen-Wacke, einem in den oberen Bänken durchlässigen Gestein, unterlagert war; bei der Cordeaux-Staumauer lag diese Wacke etwa 7 m unter Flußbett. Die Zementeinpressungen wurden hier in drei Gruppen durchgeführt. Zunächst bohrte man ein schachbrettartiges Netz von Bohrlöchern in 6,7 m Abstand und hob gleichzeitig in der vordersten Reihe einen Prüfschacht aus. Die sich anschließende Auspressung erforderte 750 Sack Zement und ließ die Ergiebigkeit des Prüfschachtes von 2,7 auf 0,1 sl zurückgehen. Dann bohrte man ein zweites Netz von Auspreßlöchern mittig zwischen das erste, nach dessen Auspressung die Wacke dicht war. Schließlich wurde noch ein drittes Netz von Löchern gebohrt, das in einem entsprechenden Rohrnetz in der Mauer seine Fortsetzung fand; hierdurch sollte einerseits eine ständige Nachprüfung gewährleistet, und zum anderen die Möglichkeit einer dritten Auspressung jederzeit offen gehalten werden.

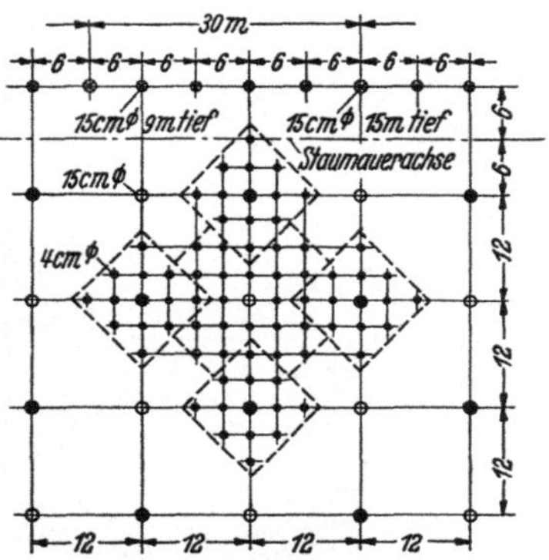

Abb. 263. Norris-Staumauer-USA. Einpreßanordnung.

Bemerkenswert ist in diesem Zusammenhang auch die Sicherung der Cancano-Staumauer, deren Baugrund aus $^1/_2$ bis 1 m dicken Dolomitenkalkbänken bestand, die mit Blättermergelschichten von 5 bis 20 cm Mächtigkeit abwechselten. Eine erste Reihe von Einpressungen wurde bereits vor Beginn der Bauarbeiten mit 7 at durchgeführt; an diese schloß sich nach 4 Jahren, als die Mauer 25 m hoch war, eine zweite mit 35 at an, bei der etwa 200 kg Zement von den einzelnen Löchern geschluckt wurden. Nach einem weiteren Jahre folgte eine dritte Auspressung, ebenfalls mit 35 at und schließlich noch eine vierte. Während vor der dritten Auspressung bei 38 m Stau etwa 3 l/s verloren gingen, wurde vor der vierten bei 45 m Stau nur noch $^1/_2$ l/s gemessen.

Zementeinpressungen haben früher vielfach versagt, wenn die Durchlässigkeit durch feine durchlaufende Klüfte entstand, die vollständig mit Lehm oder Ton ausgefüllt waren. Bei der Norris-Staumauer[2], die in Dolomitkalke mit Klüften der bezeichneten Art gegründet werden mußte, sind inzwischen Wege beschritten worden, die auch unter den schwierigsten Verhältnissen ein Ausräumen der Klüfte ermöglichen und damit den Erfolg der Einpreßnahmen sicherstellen.

Da die Gesteinsschichtung angenähert waagerecht verlief und die gefährlichen Kalke etwa 9 bis 10 m mächtig waren, lagen die Verhältnisse bei der Norris-Staumauer an sich gar nicht so schwierig. Selbstverständlich mußte man sich auch hier von vornherein dazu verstehen, eine planmäßige Dichtung des gesamten Gründungsfelsens vorzunehmen; aber diese wurde dadurch sehr erleichtert, daß man im allgemeinen mit Lochtiefen von 9 m auskommen konnte.

[1] S. T. Farnsworth: The stability and drainage of cyclopean-masonry dams. The Commomocalth Engineer 1931 Heft vom 1. August.

[2] Thousands of holes, grouted under Norris-Dam. Engng. News Rec. Bd. 115 (1935) S. 699—701.

Die Ausspreßarbeiten wurden zunächst damit begonnen (Abb. 263), daß man an der Wasserseite, im Bereich der Hochdruckeinpressung, eine Reihe ungewöhnlich großer Ausspreßlöcher von 15 cm Durchmesser in 6 m Abstand bohrte und jedes sechste Loch tiefer hinuntergehen ließ, etwa auf 15 m. Um die verklebten Klüfte auswaschen zu können, behandelte man nicht wie sonst jedes Loch für sich, sondern bohrte gleich eine Gruppe von Löchern aus und preßte Wasser unter hohem Druck hinein. Unter Absperren bald dieses, bald jenes Loches und durch Umkehren der Durchflußrichtung ging das Auswaschen verhältnismäßig gut vonstatten. Der große Lochdurchmesser war hieran sehr maßgeblich beteiligt. Beim Auspressen nahmen die Löcher bis zu 200 Sack Zement auf, so daß man über den Erfolg der Auswaschmaßnahmen beruhigt sein konnte.

Abb. 264. Norris-Staumauer. Hochdruckeinpressung in Gruppen.

Nachdem es so gelungen war, an der Wasserseite eine dichte Einpreßschürze zu schaffen, konnte der übrige Teil der Gründungsfläche ähnlich wie bei der Cordeaux-Staumauer behandelt werden. Wie in Abb. 263 angedeutet, überzog man sie mit einem quadratischen Netz von Löchern wesentlich kleineren Durchmessers (4 cm), die zu Gruppen von je zwölfen zusammengefaßt, d. h. einheitlich gebohrt, gereinigt und ausgepreßt wurden (Abb. 264). Die hierbei verbliebenen Hohlräume dichtete man wieder durch ein zweites, kreuzartig zwischen das erste geschobenes Gruppennetz nach und ging dabei, um die Wirksamkeit zu erhöhen, 3 m tiefer in den Felsen hinein. In Abb. 263 sind die Löcher der ersten Gruppe zur Unterscheidung angelegt.

Durch Vergleich der in beiden Arbeitsgängen verbrauchten Zementmengen ergab sich bereits ein erster Gütemaßstab. Darüber hinaus wurden nun noch in den Mittelpunkten der Ausspreßgruppen großräumige Löcher von 15 cm Durchmesser und 15 m Tiefe gebohrt und mit der oben bereits erläuterten Fernrohranordnung (Abb. 188) untersucht. Dabei zeigte sich, daß alle Spalten und Klüfte vollständig mit Zement verfüllt waren.

Zum Auffinden und Ausspülen der Klüfte wurden bei der Norris-Staumauer zwei mit „Fühler" und „Spüler" bezeichnete Sondergeräte entwickelt, die sich sehr bewährt haben. Der Fühler[1] (Abb. 265), ein dem Insektenreich nachempfundenes Meßgerät, wird an einem Stromkabel mit eingezogenen Fühlertasten zunächst bis zum unteren Lochende herabgelassen; hierbei wird beim

[1] Unique devices developed to aid dam foundation grouting. Engng. News Rec. Bd. 115 (1935) S. 191.

Aufsetzen auf den Felsen ein Schließer ausgelöst, der die Fühlertasten herausspreizt. Dann windet man den Fühler wieder hoch und beobachtet dabei eine Lampe, die erleuchtet wird, wenn die Fühlertasten eine Spalte berühren. Dies kommt dadurch zustande, daß die hochelastischen Fühlertasten in die verklebten Spalten sich einspreizen und dabei einen Stromschluß auslösen.

Der Spüler[1] (Abb. 266) ist ein dem Packer nahe verwandtes Gerät. Er wird über die mit dem Fühler festgestellten Spalten gefahren und durch

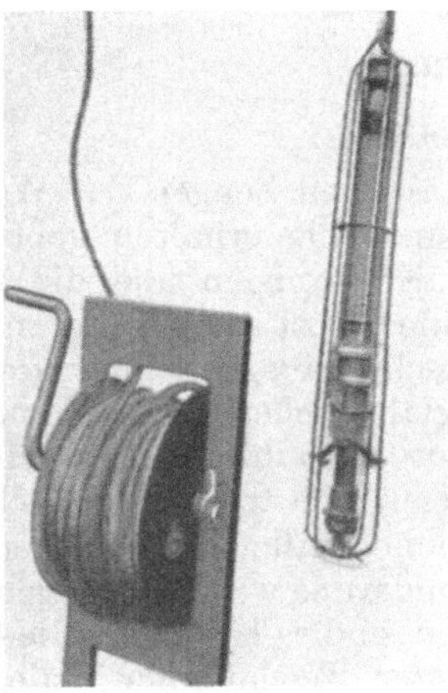

Abb. 265. Norris-Staumauer. Fühlergerät.

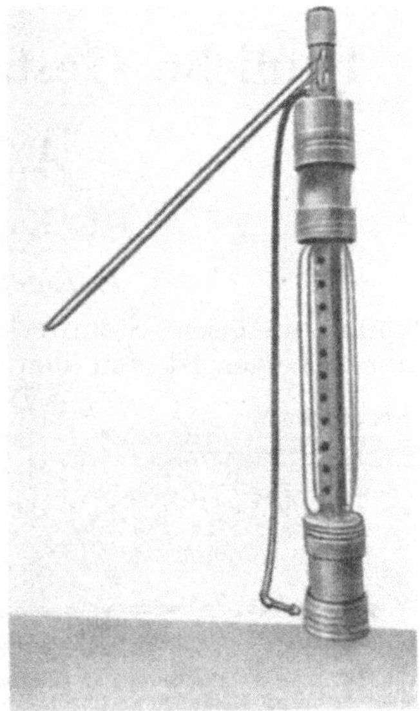

Abb. 266. Norris-Staumauer. Spülergerät.

Einlassen von Druckluft in die Gummiverschlüsse festgemacht. In die so geschaffene abgeschlossene Kammer wird ein Druckluft-Wassergemisch eingeblasen, dessen wirbelnde Bewegung die Spalte in kürzester Zeit ausgewaschen hat.

Zusammenfassend kann festgestellt werden, daß die Dichtung des Baugrundes durch Einpreßnahmen gerade in den letzten Jahren so große Fortschritte gemacht hat, daß die auf dieses Gebiet eingestellten Sonderunternehmen heute auch den schwierigsten Verhältnissen gewachsen sind. Im übrigen sei bemerkt, daß dieser Zweig der Bautechnik noch in voller Entwicklung steht, so daß man gut tut, vor jeder Großanwendung sich mit den inzwischen erzielten weiteren Fortschritten vertraut zu machen.

[1] Siehe Fußnote 1 von Seite 170.

Zweiter Teil.

Bauliche Gestaltung der Talsperren.

A. Staudämme.

15. Kapitel: **Steindämme.**

1. Entwicklung und Allgemeines.

Dämme aus losem Steinwerk gehören zu den ältesten Zeugen der Wasserbaukunst. Leider ist von den Werken der Alten wenig erhalten geblieben. Der Austausch der Erfahrungen und die Überlieferung von Geschlecht zu Geschlecht müssen jedoch auch früher schon ausgezeichnet gewesen sein, denn die mittelalterlichen Steindämme, die heute noch ihren Dienst erfüllen, zeigen eine technische Vollkommenheit, die der höchsten Bewunderung wert ist. In Deutschland sind es besonders die Oberharzer Teichdämme, die von dem hohen Stand des mittelalterlichen Dammbaues Zeugnis geben.

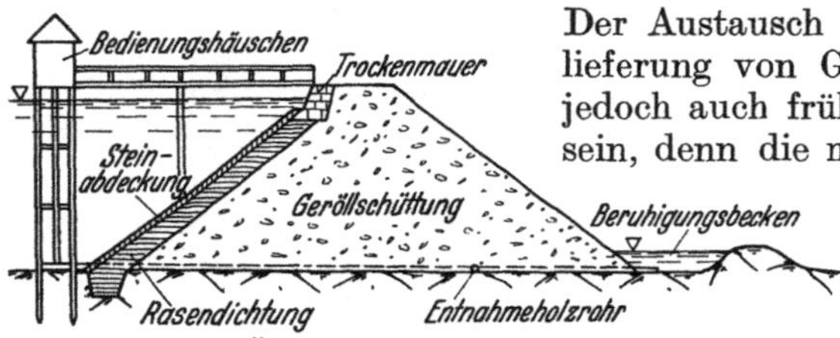

Abb. 267. Ältere Bauweise der Oberharzer Dämme (16. und 17. Jahrh.). (Nach Ziegler.)

Es ist Ziegler zu danken, daß die Oberharzer Teichdämme dem Schicksal der Vergessenheit entrissen wurden[1]. Die ältere Bauweise (Abb. 267) zeigt bereits alle Merkmale eines neuzeitlichen Steindammes; die wasserseitige Dichtung mit handgepackten Rasenpanzen, die heute wirtschaftlich nicht mehr tragbar ist, kann, was Schmiegsamkeit und Dichtigkeit anbetrifft, als vorbildlich bezeichnet werden. Die um 1700 entstandene neuere Bauweise (Abb. 268) ist der Vorläufer des heutigen Kerndammes. Die Bedeutung des filterartigen Aufbaues (Rasenpanzen, Erde, Geröllschüttung) war damals schon vollständig erkannt. Besondere Beachtung verdient der 20 m hohe Trockenmauerwerksdamm bei St. Andreasberg zum Abschluß des Oderteiches. Er ist aus Granitfindlingen erbaut, die sorgfältig in Moos verpackt wurden. Die Dichtung besorgt ein 6 m breiter Kern aus Granitsand und Erde, an den sich die Steinpackung beiderseits mit einer Neigung 1:0,63 anschließt. Der Damm ist 160 m lang und hat sich in den 230 Jahren seines Bestehens gut bewährt.

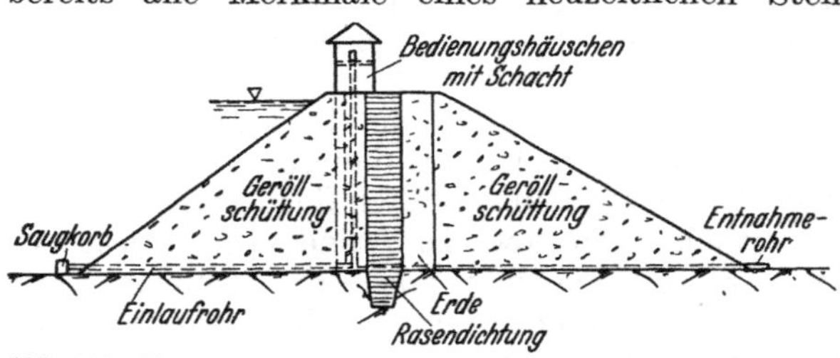

Abb. 268. Neuere Bauweise der Oberharzer Dämme (um 1700). (Nach Ziegler.)

Ein sachgemäß erbauter Steindamm bietet bei unnachgiebigem Baugrund ein hohes Maß von Sicherheit und kann einer Staumauer völlig gleichwertig sein. Bei dichtem und tragfähigem Felsuntergrund besteht sogar zuweilen die Möglichkeit des Wettbewerbs. Beispielsweise hat der Salt-Lake-Steindamm (USA.) bewiesen, daß der Steinfülldamm in abgelegenen Gegenden mit großen Verkehrs-

[1] P. Ziegler: Der Talsperrenbau, 3. Aufl., Bd. 1, S. 155—170. Berlin: W. Ernst & Sohn 1925.

schwierigkeiten wirtschaftliche Vorteile bieten kann. Der Salt-Lake-Damm ist 100 m hoch; für seine Herstellung waren 2,3 Mill. m³ Granitblöcke erforderlich.

Das unumstrittene Anwendungsgebiet des Steindammes liegt dort, wo der Gründungsfelsen für eine Staumauer nicht gut genug ist und geeignete Steine in hinreichender Menge beschafft werden können. Seine Wirtschaftlichkeit ist um so größer, je weniger Schüttmaterial gebrochen zu werden braucht. Die flacheren Böschungen, die bei Verwendung von Geröll anstatt Bruchsteinen notwendig werden, machen sich fast immer durch die Ersparnisse an Aufbereitungskosten bezahlt.

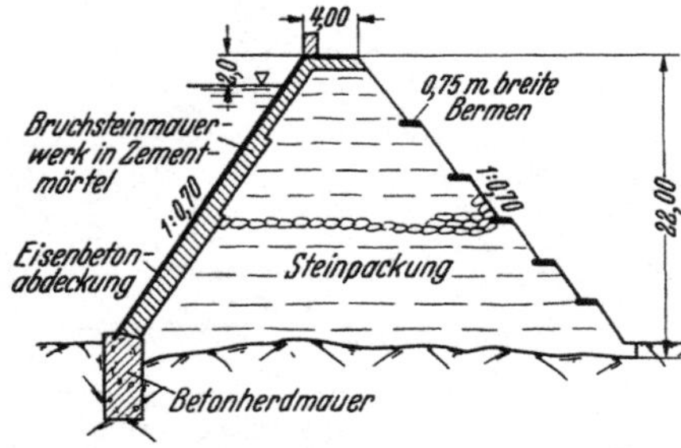

Abb. 269. Vargno-Trockenmauerdamm (Italien).

Wie verschiedene italienische Dämme gezeigt haben, ist bei Moräne als Baugrund Vorsicht geboten. Es wurden mehrfach Sickerverluste von 100 l/s festgestellt, die nicht nur die Wirtschaftlichkeit der Stauanlage herabsetzen, sondern auch zu Bedenken hinsichtlich der Standsicherheit Anlaß geben.

2. *Trockenmauerwerksdämme.*

Der Steindamm aus Trockenmauerwerk beansprucht den geringsten Baustoffaufwand, da die Schichtung von Hand oder mit Hebezeugen steilere Böschungen möglich macht, die sich im übrigen der Geländeform meist gut anpassen. Leider geht die Ersparnis an Massen zum Teil wieder verloren, da die Herstellung, verglichen mit der Steinschüttung, teuer ist.

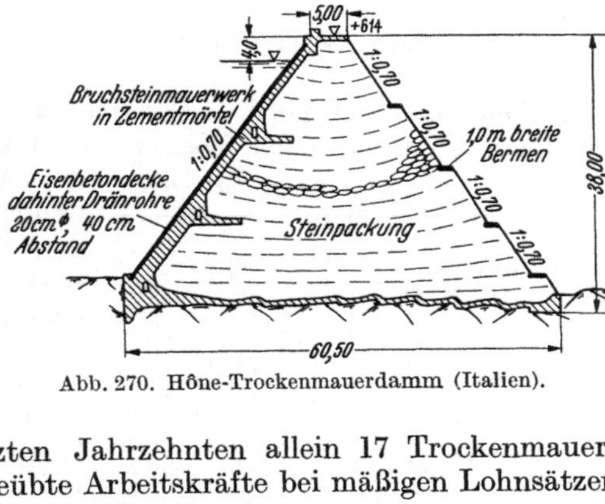

Abb. 270. Hône-Trockenmauerdamm (Italien).

Italien konnte in den beiden letzten Jahrzehnten allein 17 Trockenmauerwerksdämme ausführen, da ihm geübte Arbeitskräfte bei mäßigen Lohnsätzen

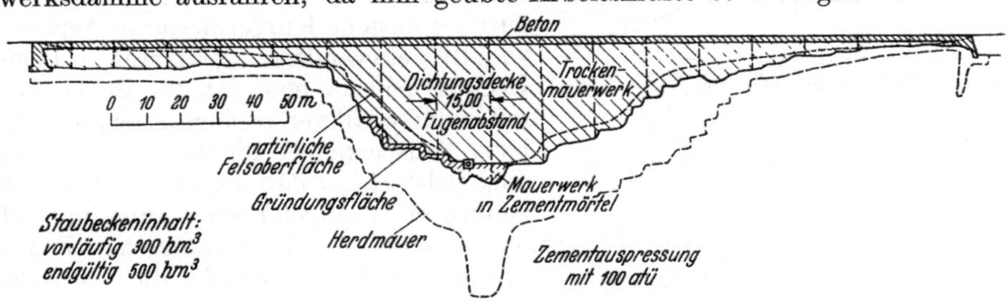

Abb. 271. Tepuxtepek-Staudamm (Mexiko). Längsschnitt.

zur Verfügung standen. In vielen Ländern ist es wirtschaftlicher, den Damm maschinell zu schütten und flachere Böschungen anzuwenden.

Die Abb. 269 und 270 zeigen kennzeichnende Trockenmauerwerksdämme, 1:0,7 geböscht und durch eine Eisenbetondecke gedichtet, die auf einer Unterlage von Bruchsteinmauerwerk in Zementmörtel ruht. Während kleinere Dämme meist waagerecht geschichtet werden, ist es bei größeren zweckmäßig, die Lagen nach oben hohl zu krümmen (Abb. 270); die Schichten rutschen besser ineinander und die Kraftübertragung wird günstiger. Ferner ist bei größeren Mauern eine Entwässerung zwischen Eisenbetondecke und Unterlage zu empfehlen. Die Dränrohre der Hône-Mauer (Abb. 270) haben 20 cm Durchmesser und sind in 40 cm Abstand verlegt. Das Sickerwasser wird in drei begehbaren Längsstollen gesammelt.

Ein in jeder Weise vorbildlicher Trockenmauerwerksdamm ist der unter italienischer Oberleitung erbaute Tepuxtepek-Staudamm (Mexiko)[1], dessen Längs- und Querschnitt aus Abb. 271 und 272 ersichtlich ist. Im Gegensatz zu manchen älteren Dämmen dieser Art zeigt er alle Merkmale neuzeitlicher Gründungstechnik, so eine $2^1/_2$ m starke Herdmauer, die in Talmitte, um den gesunden Felsen zu erreichen, die ansehnliche Tiefe von 38 m erlangt hat. Die Zementeinpressung wurde angesichts des lava- und tuffartigen Baugrundes mit 100 atü durchgeführt. Der Querschnittsaufbau ist von einer Zweckmäßigkeit, die kaum noch übertroffen werden kann, sowohl was die Abstufung der Baustoffgüte von der Wasser- zur Luftseite, als auch was die Sicherung der Außenflächen anbelangt. Auch die damit eng zusammenhängende Verschiedenheit der Neigung von Wasser- und Luftseite wirkt sich bezüglich der Kraftübertragung äußerst vorteilhaft aus.

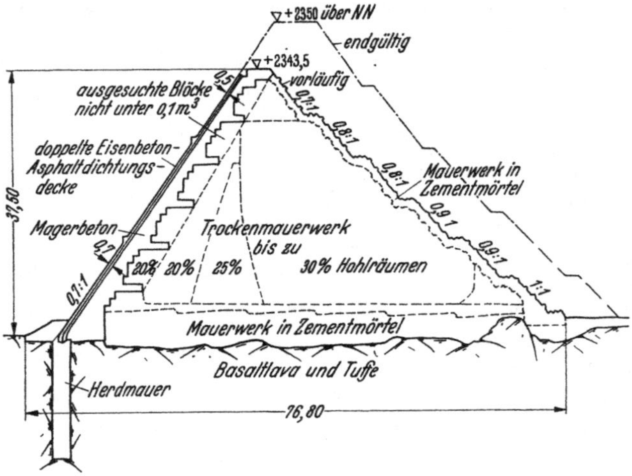

Abb. 272. Tepuxtepek-Staudamm (Mexiko). Querschnitt.

Besondere Beachtung verdient die doppelte Eisenbeton-Asphalt-Dichtungsdecke (Abb. 273 u. 274) aus übereinandergeschobenen Plattenbalken von 15 m Spannweite. Die obere Decke ist längs der Fugen durch gebogene Kupferbleche in Asphaltverguß einwandfrei gedichtet. Beide Decken sind in eine $2^1/_2$ cm starke und mit Kaltasphalt verstrichene Asphaltunter- bzw. Zwischenlage mit Streckmetallnetz eingepolstert, so daß ungleichmäßige Setzungen sanft aufgefangen werden und sich innerhalb gewisser Grenzen von selbst ausgleichen. In Abständen von 3 m sind Sickerrohre über die gesamte Stauwandinnenfläche verteilt, die bis in das

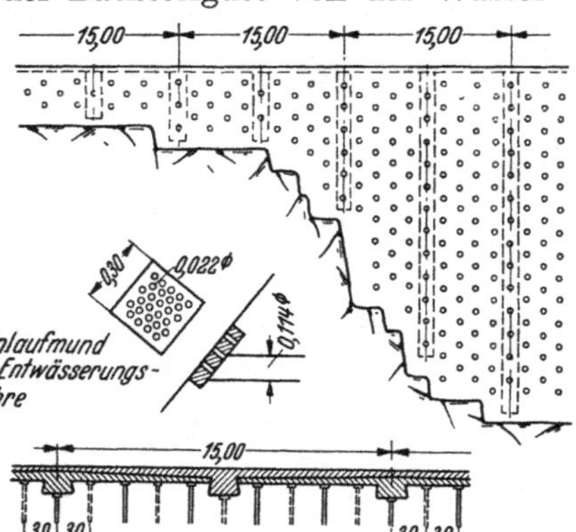

Abb. 273. Tepuxtepek-Staudamm (Mexiko). Entwässerung der Dichtungsdecke.

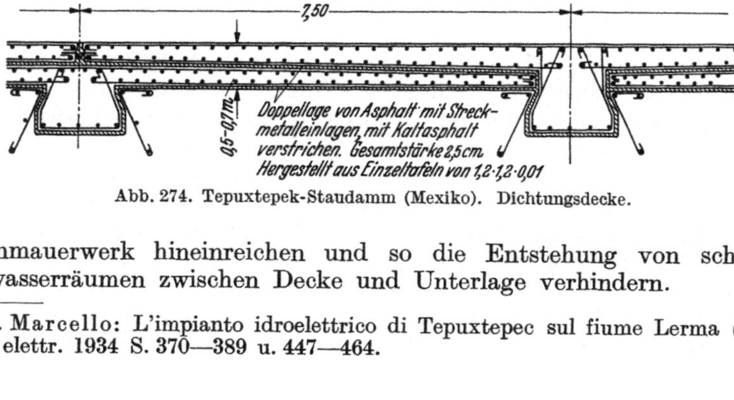

Abb. 274. Tepuxtepek-Staudamm (Mexiko). Dichtungsdecke.

Trockenmauerwerk hineinreichen und so die Entstehung von schädlichen Druckwasserräumen zwischen Decke und Unterlage verhindern.

[1] Cl. Marcello: L'impianto idroelettrico di Tepuxtepec sul fiume Lerma (Messico). Energia elettr. 1934 S. 370—389 u. 447—464.

Trockenmauerwerksdämme in einer so baulichen Vollkommenheit, wie sie der Tepuxtepek-Staudamm zeigt, zählen zu den besten und sichersten Stauwerken

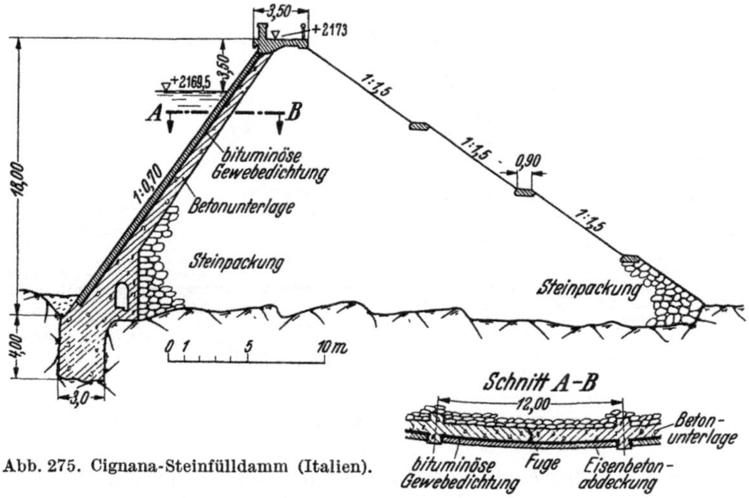

Abb. 275. Cignana-Steinfülldamm (Italien).

und können, dank ihrer elastisch-plastischen Schmiegsamkeit Gewichtsmauern unter Umständen überlegen sein. Sie bieten noch die besondere Annehmlichkeit, daß eine nachträgliche Erhöhung in einfachster Weise möglich ist (Abb. 272).

Abb. 276. Cignana-Steinfülldamm (Italien). Schaubild.

3. Steinschüttdämme mit wasserseitiger Dichtung.

Der geschüttete Steindamm verlangt flachere Böschungen; die Neigung muß von Fall zu Fall bestimmt werden. Sie hängt teils von der Gesteinsart und dem Einbringungsverfahren (lose Schüttung, „über die Böschung" oder in waagerechten Lagen, vielleicht gar „eingerüttelt"), teils von der Stärke der Steinpackung ab, die regelmäßig an den Außenflächen vorgelegt wird. Infolge der aussteifenden Wirkung der Dichtungsdecke mit ihrer herkömmlichen starken Unterlage aus zyklopischer Steinpackung kann die Wasserseite steiler geböscht werden als die Luftseite.

Abb. 275 zeigt den vorzüglich durchgebildeten Cignana-Steinfülldamm (Italien)[1], der 2200 m hoch liegt. An der Wasserseite ist mit Rücksicht auf

[1] F. Contessini: La Costruzione della Diga di Cignana. Energia elettr. 1928 Heft 12 u. 1929 Heft 1.

die starke Betonunterlage der bewehrten Dichtungsdecke die Neigung 1:0,7 der Trockenmauern gewählt, luftseitig dagegen, vielleicht in übergroßer Vorsicht

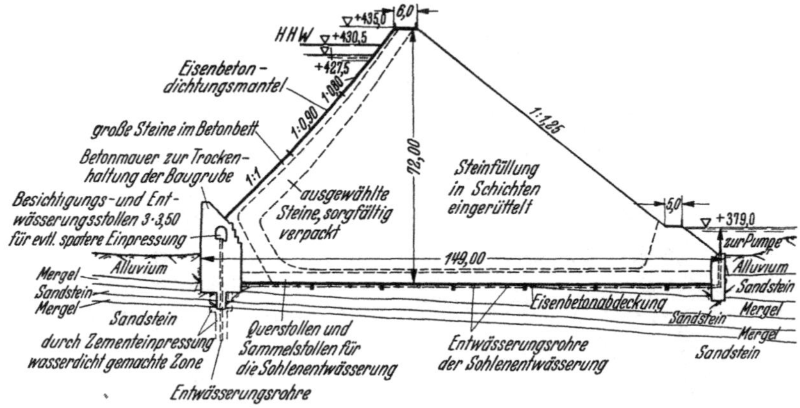

Abb. 277. Querschnitt durch den Ghrib-Damm (Algerien).

1:1,5. Die Dichtung der Gründungsfläche übernimmt die sehr kräftig gehaltene Herdmauer, die in einem Zuge mit der Betonunterlage der Dichtungsdecke hergestellt wurde. In Abständen von 12 m (Schnitt *A*—*B*) sind Dehnungsfugen in Winkelform angeordnet und dazwischen keilförmige Vorsprünge, um ein Herauslösen der Eisenbetondecke zu verhüten. Es ist stets zu empfehlen, zwischen Beton und Decke eine bituminöse Trennschicht einzuschalten, einerseits zur Erhöhung der Wasserdichtigkeit und zum anderen, um die freie Beweglichkeit der Eisenbetondecke zu sichern. Abb. 276 zeigt den ästhetisch sehr ansprechenden Cignana-Damm im Schaubild.

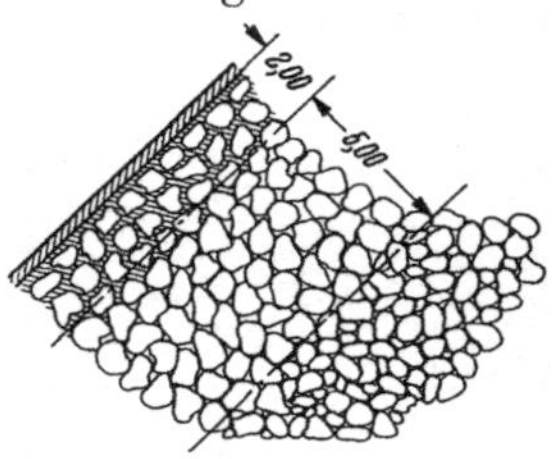

Abb. 278. Übergang von der Dichtungsdecke zur Steinschüttung.

Bei hohen Steinfülldämmen tritt der aussteifende Einfluß der wasserseitigen Dichtungsdecke weniger stark in Erscheinung; man muß dann entsprechend flacher böschen. Die Abstufung, wie sie der nordafrikanische Ghrib-Damm[1] (Abb. 277) zeigt, gibt die rechnerisch schwer erfaßbare Abhängigkeit zwischen der Erhöhung des Widerstandes und

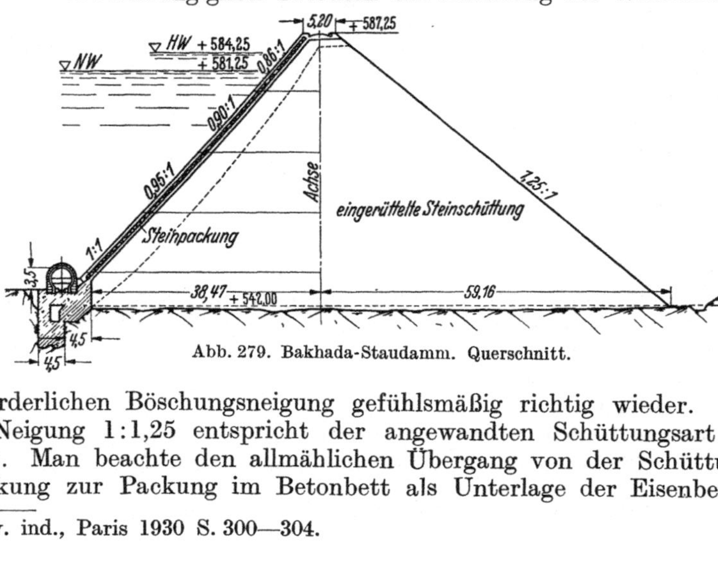

Abb. 279. Bakhada-Staudamm. Querschnitt.

der erforderlichen Böschungsneigung gefühlsmäßig richtig wieder. Die luftseitige Neigung 1:1,25 entspricht der angewandten Schüttungsart („eingerüttelt"). Man beachte den allmählichen Übergang von der Schüttung über die Packung zur Packung im Betonbett als Unterlage der Eisenbetondecke

[1] Rev. ind., Paris 1930 S. 300—304.

(Abb. 278). Je vollkommener dieser hergestellt wird, besonders auch bezüglich der Lagerungsdichte, um so geringer werden die Setzung und die inneren

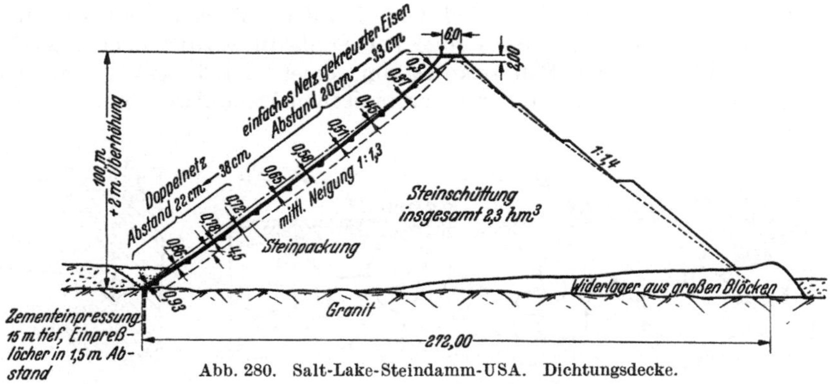

Abb. 280. Salt-Lake-Steindamm-USA. Dichtungsdecke.

Bewegungen sein und einen um so vollkommeneren Schutz wird die Eisenbetondecke gewährleisten. Bei dem algerischen Staudamm von Bakhada (Abb. 279), bei dem man mit 5 t-Blöcken ein Hohlraumverhältnis von etwa 32% erhielt,

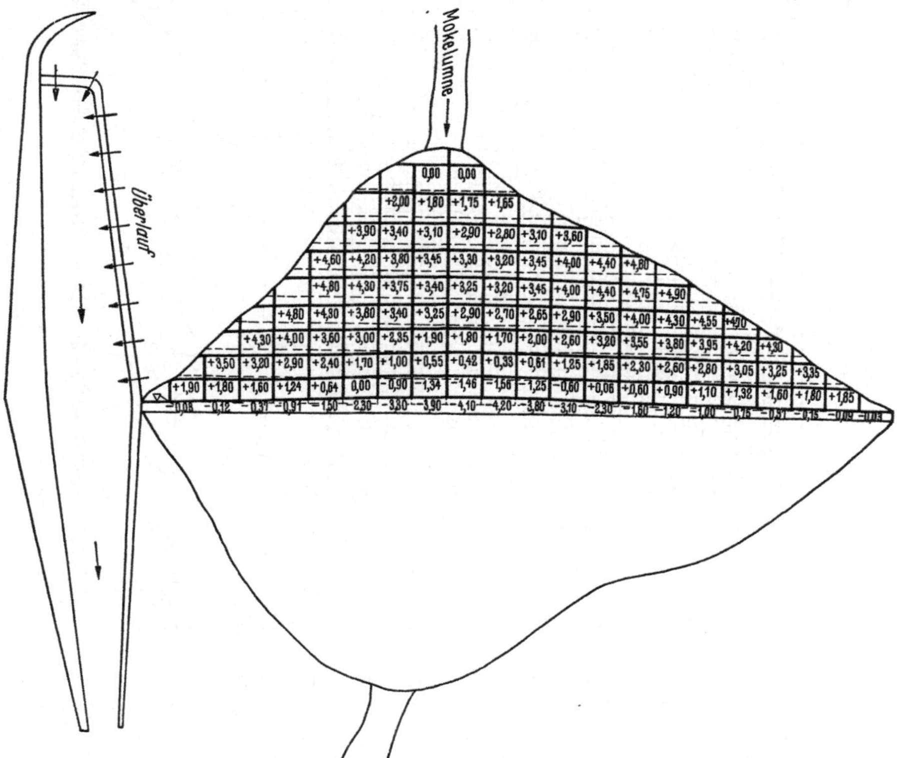

Abb. 281. Salt-Lake-Steinfülldamm. Krümmung und Überhöhung der Eisenbetonabdeckung.

belief sich das Setzmaß auf etwa 1% der Dammhöhe. Um mit noch geringeren Setzmaßen auszukommen, steigerte die französische Kolonialbauverwaltung bei den Staudämmen von Ghrib (Abb. 277) und Bou-Hanifia (Abb. 249) das mittlere Blockgewicht auf 10 t. Hierdurch wurde das mittlere Hohlraumverhältnis auf $26^1/_2$% herabgesetzt[1].

[1] Institut technique du bâtiment et des traveaux publics. Annalen 1936 Heft 5.

In Amerika, das über große Erfahrungen auf dem Gebiete der Steinfülldämme verfügt, ist es üblich, bei lose geschütteten Dämmen die Wasserseite 1:1,2 bis 1:1,4 und die Luftseite 1:1,3 bis 1:1,6 zu böschen, wobei an hohen Dämmen die Böschung von der Krone zur Sohle in Abstufungen abgeflacht wird. Abb. 280 zeigt den Salt-Lake-Damm, einen der jüngsten und gleichzeitig bedeutendsten Vertreter der amerikanischen Dammbauweise, bei dessen

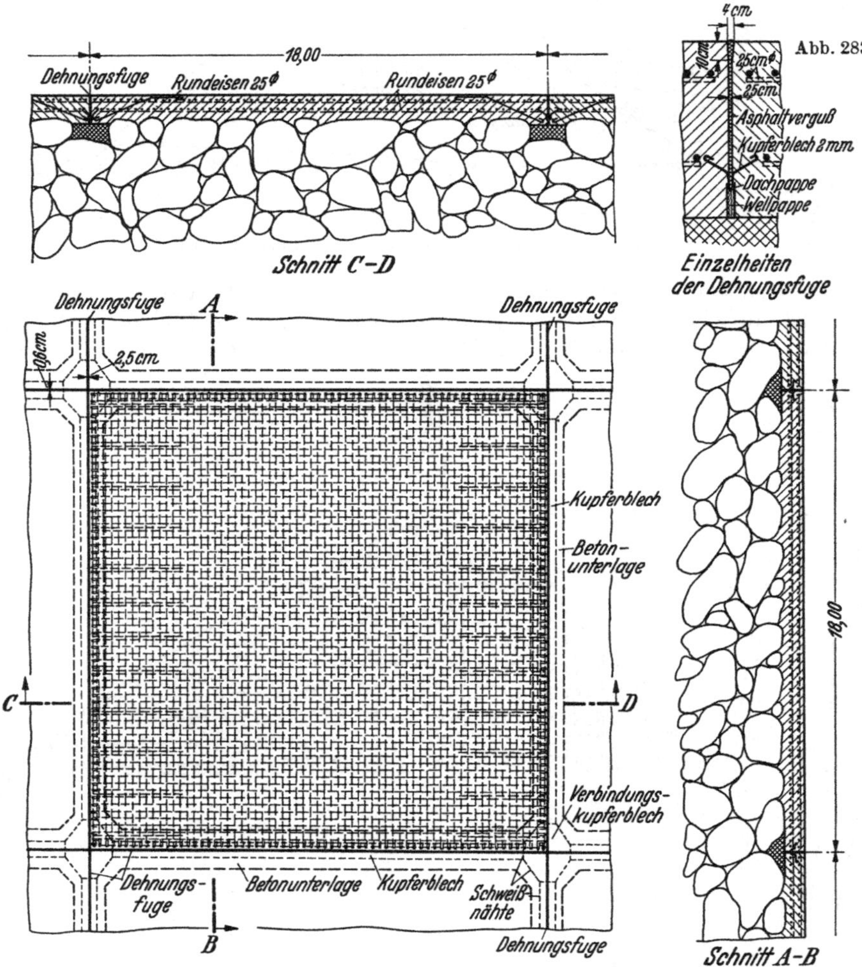

Abb. 283.

Abb. 282. Salt-Lake-Steinfülldamm. Nachgiebige Eisenbetonabdeckung.

Durchbildung und Herstellung die Erfahrungen an zahlreichen Steindämmen berücksichtigt wurden[1]; dies gilt insbesondere bezüglich der Durchbildung der Eisenbetondecke.

Die theoretischen Grundlagen für die Berechnung und Bemessung von Steindämmen werden im Kap. 18 noch näher behandelt werden.

Die Eisenbetondecke (Abb. 278, 280, 281) muß den Formänderungen und Sackungen des Dammes in gewissen Grenzen folgen können. Dazu wird sie durch ihre im Verhältnis zur Ausdehnung sehr geringe Stärke meist auch ohne Fugenanordnung befähigt sein. Zur Sicherheit, vor allem aber der Schwinderscheinungen halber, ist jedoch die Anordnung von Dehnungsfugen notwendig, die entweder als Querfugen oder als Netzfugen vorgesehen werden können. Im

[1] Engng. News Rec. Bd. 104 (1930) S. 92f. u. Bd. 105 (1930) S. 332f.

letzteren Falle empfiehlt es sich, mit der Kantenlänge der Betonplatten nicht über 18 m hinauszugehen und eine kreuzweise Bewehrung vorzunehmen. Dadurch werden Brüche infolge ungleichmäßigen Setzens verhindert, so daß größere Undichtigkeiten nicht möglich sind. Die Fugen müssen sorgfältig gedichtet werden. Dies geschieht am einfachsten durch gebogene Kupferbleche (Abb. 282), die an den Kreuzungspunkten mit besonders gepreßten Verbindungsstücken verschweißt werden. Die Spaltweite der Fugen richtet sich nach der größten zu erwartenden Dehnung. Beim Salt-Lake-Damm ließ man in der Längsrichtung 25 mm, in der Höhenrichtung 6 mm frei. Die Rillen über den Kupferblechen werden zweckmäßig mit Asphalt od. dgl. vergossen (Abb. 283).

Die Bemessung und Bewehrung der Eisenbetontafeln kann nur gefühlsmäßig und in Anlehnung an die Erfahrung geschehen. Unter 30 cm Stärke sollte man besser nicht heruntergehen. Gute Anhaltspunkte, auch bezüglich der Abstufung, liefert Abb. 280. Für die Bewehrung wird zweckmäßig nur eine Stärke verwendet; den größeren Beanspruchungen mit wachsender Wassertiefe kann durch Verringerung des Eisenabstandes Rechnung getragen werden, wobei man eine Rundeisenstärke von 15 mm zweckmäßig nicht unterschreitet. Abb. 284 zeigt die kreuzweise Bewehrung der Salt-Lake-Decke vor Beginn des Betonierens; die Eisen gehen hier durch den unteren Drittelpunkt der Platte. Allgemein kann bezüglich der Höhenlage der Eisen bemerkt werden, daß man heute mehr und mehr der Auffassung zuneigt, daß die Bewehrung nicht „auf Biegen", sondern nur „auf Zug" zu berechnen sei. Das Bewehrungsnetz hat also in erster Linie die Aufgabe, die unvermeidlichen Schwind- und Kälterisse der Betonplatte zu verteilen, so daß nur zahlreiche feine Haarrisse, aber keine großen Einzelrisse auftreten können.

Abb. 284. Bewehrung der Dichtungsdecke. Salt-Lake-Steindamm-USA.

Lehrreich sind die unangenehmen Erfahrungen, die 1934 beim Bau des 81 m hohen San-Gabriel-Steinschüttdammes Nr. 2 gemacht wurden. Der mit Böschungen von 1:1,3 bis 1:1,4 wasserseitig und 1:1,4 bis 1:1,6 luftseitig, wohl zu schnell (in 2 Jahren), hochgeschüttete Damm erlitt so starke Setzungen (4,5% in senkrechter Richtung), daß die zum Teil schon hergestellte Böschungsdichtung, aus großen Eisenbetonplatten in dachziegelartiger dreifacher Überdeckung auf Betonunterlage, wieder abgetragen und vorübergehend durch einen gespundeten Dielenbelag ersetzt werden mußte. Nach Ansicht der zugezogenen Gutachter wäre es besser gewesen, den Damm während der Schüttung reichlich zu wässern, um das wie üblich (aber anscheinend im Übermaß) mitverwendete feinere Steinschuttmaterial gut in die Zwischenräume der großen Blöcke einzuschwemmen. Die Hauptschüttung bestand zu 40% aus Felsstücken von unter 450 kg Einzelgewicht, zu 30% aus Stücken von 450 bis 1350 kg und zu 30% aus Stücken von 1350 bis 6400 kg. Steinschutt sollte nur bis zu 3% in den Steinmengen enthalten sein[1] (diese Grenze ist aber offenbar bei der Ausführung

[1] Nach freundlicher Mitteilung von Ing. Lars Jörgensen, Los Angeles; vgl. auch Engng. News Rec. 24. 1. u. 7. 3. 1935.

infolge Mangels an geeigneten Natursteinen überschritten worden). Der Damm mußte schließlich mit viel flacheren Böschungen unter Einbau einer Innendichtung aus bindigem Boden umgebaut werden[1].

Abb. 285. Salt-Lake-Steindamm-USA. Fugenaufteilung der Dichtungsdecke.

Besondere Sorgfalt erfordert der Auflagerrahmen der Eisenbetondecke, der bei örtlichen Setzungen das ruhende Gerippe für die Platten darstellt. Bei dem Salt-Lake-Damm wurden unter den Längsfugen (waagerecht) Rillen von

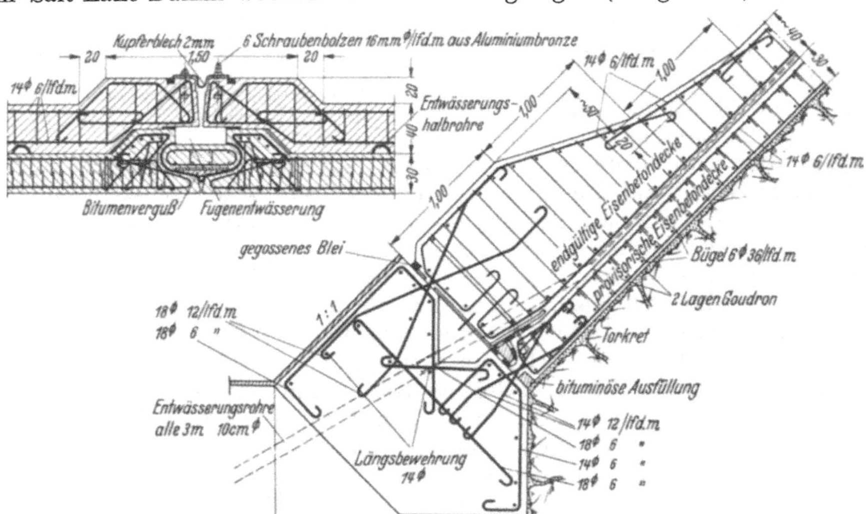

Abb. 286. Bakhada-Staudamm. Eisenbetondichtungsdecken.

4 m Breite und 60 cm Tiefe, unter den Querfugen solche von Dreiecksquerschnitt ausgespart (Abb. 285). Zur Erzielung der Rahmenwirkung wurden die Aussparungen in einem Zuge ausbetoniert. Damit eine freie Beweglichkeit der Decke möglich ist, müssen die Auflagerrahmen einen Glattstrich erhalten, der mit Asphalt od. dgl. übertüncht wird.

[1] Vgl. Dtsch. Wasserwirtsch. 1936 Nr. 5.

Die Sackungen von Steinfülldämmen sind je nach der Sorgfalt der Herstellung verschieden; man muß auch bei guter Ausführung noch mit 1 bis 1,5% der Schütthöhe rechnen. Auf Grund sorgfältiger Beobachtungen an anderen Dämmen wurde beim Salt-Lake-Damm die Eisenbetonabdeckung in beiden Richtungen gekrümmt (Abb. 280 u. 281). Durch die Krümmung in der Höhenrichtung wird erreicht, daß die Platten beim Sacken unter der Wirkung des Eigengewichtes niemals herausgedrückt werden können; die leichte Aufbiegung in der Längsrichtung erzeugt unter Wasserdruck eine gewisse Gewölbewirkung, die auf eine Schließung der Fugen und etwaigen Trennflächen gerichtet ist. Die Ausweichungen der Netzpunkte aus der geraden Lage sind in Abb. 281 eingetragen.

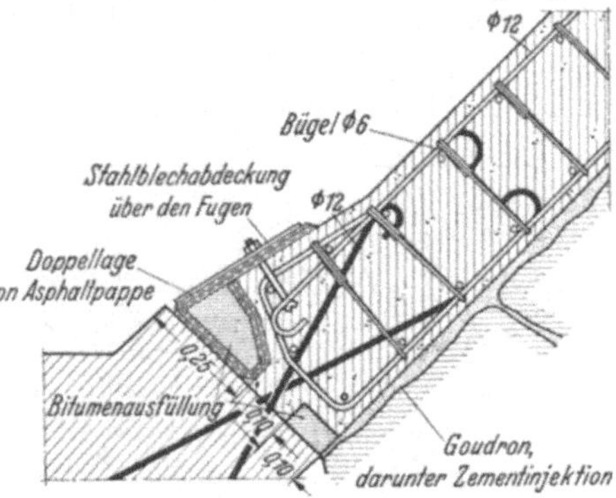

Abb. 287. Bakhada-Staudamm. Vorläufige Eisenbetondichtungsdecke.

Die Kreuzungspunkte der Dehnungsfugen, die sich bei einer tafelartigen Unterteilung der Eisenbeton-Dichtungsdecke ergeben, bringen einerseits eine unerwünschte örtliche Versteifung der Decke mit sich und sind zum anderen in baulicher Hinsicht schwierig einwandfrei durchzubilden. Aus diesem Grunde zieht man es neuerdings meist vor, lediglich Querfugen anzuordnen und im übrigen durch sorgfältigste Herstellung und Baustoffverteilung bei tunlichster Steigerung des Blockgewichtes das Setzmaß weitgehend herabzusetzen (vgl. insbesondere die oben erwähnten nordafrikanischen Staudämme). Eine weitere Sicherung bietet die Eisenbeton-Doppeldecke mit Asphaltpolsterung in plattenbalkenartiger Ausführung, wie sie z. B. der Tepuxtepek-Trockenmauerdamm aufweist (Abb. 271 bis 274). Noch wirkungsvoller, aber nicht überall anwendbar ist das bei dem Bakhada-Staudamm angewendete Verfahren, zuerst eine vorläufige Eisenbetondecke herzustellen und die endgültige Decke erst nach der ersten Beckenfüllung, d. h. nach Ausgleich des plastischen Setzmaßes aufzubringen. Aus den Abb. 286—288 ist die Durchbildung beider Decken in allen Einzelheiten ersichtlich. Der Sickerverlust, der sich bei der ersten Füllung auf 15 l/s belief, betrug nach Herstellung der endgültigen, durch Kupferbleche gedichteten Eisenbetondecke nur noch $1^1/_2$ l/s.

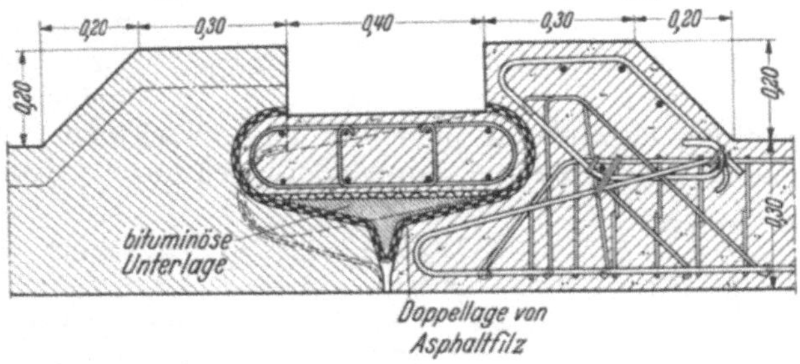

Abb. 288. Bakhada-Staudamm. Fugenausbildung der vorläufigen Eisenbetondichtungsdecke.

Die von den verschiedensten Seiten angestellten Bemühungen[1], eine bituminöse Betondecke zu schaffen, die auch für steilere Neigungen als 1:1 brauchbar ist, hinreichend auf der Unterlage haftet und einen genügenden Wärmeschutz gewährt, scheinen bei dem Bou-Hanifia-Staudamm (Abb. 249) erstmals zum Erfolg geführt zu haben[2]. Wenn sich diese Decke unter den schwierigen Verhältnissen des nordafrikanischen Klimas bewährt, so darf man

[1] G. Koepf: Asphaltbauweisen als Sicherungsbeläge auf Staudämmen. Bautechn. 1934 S. 374—377. F. Joedicke: Bitumen und Bitumendecken im Talsperrenbau. Bautechn. 1934 S. 711—718.

[2] Institut technique des bâtiments et des traveaux publics. Annalen 1936 Heft 5.

erst recht für unsere gemäßigten klimatischen Verhältnisse mit einem einwandfreien Arbeiten rechnen. Jedenfalls scheinen sich hier umwälzende Entwicklungen anzubahnen, denn es steht ja außer jedem Zweifel, daß die bituminöse Betondecke an sich die besten Aussichten hinsichtlich Schmiegsamkeit und Anpassung an Setzungen und plastische Verschiebungen bietet.

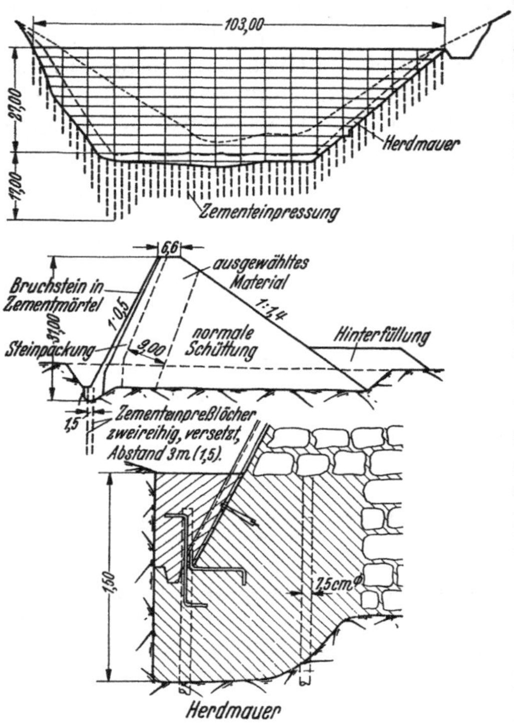

Abb. 289. Steinfülldamm East-Beaver-Creek-USA.

Man hat in den letzten Jahren auch versucht, die Eisenbetondecke durch einen Stahlmantel zu ersetzen. In Italien wurde um 1934 an der Lago-del-Diavolo-Sperre eine Dichtung aus nicht rostendem Stahl erprobt, die aus 2 m breiten und 1 m hohen Stahlplatten besteht, die zwischen Doppel-T-Eisen geschweißt sind. Alles etwa durchdringende Sickerwasser wird abgefangen, um die Wirksamkeit der Dichtung erkennen zu lassen. Ein Steinfülldamm (East-Beaver-Creek) mit geschweißter Stahldecke ist 1933 in den Vereinigten Staaten erbaut worden[1] (Abb. 289 u. 290). Die Stahlplatten (6,3 m lang und 2,5 m hoch) sind unmittelbar auf eine glatt abgestrichene Betonunterlage gelegt, in der Höhenrichtung übereinandergeschoben und verschweißt. In der Längsrichtung sind mit Rücksicht auf die Raumänderungen über jedem zweiten Stoß Dehnungsfugen in Gestalt von Zores-Eisen vorgesehen, mit deren Flanschen die Platten vernietet sind; zur Vernietung der Zwischenstöße dienen gewöhnliche hochstegige T-Eisen, die gleichzeitig aussteifen. Jede zweite Tafel in der Längs- und Höhenrichtung ist mit der Betonunterlage verankert; die Dichtung wird an den Ankerschrauben in einfacher Weise durch Anschweißen von übergestülpten Halbkalotten geschaffen[1]. Man kann auf diesem Wege zweifellos zu vorzüglichen Abdichtungen von Steindämmen gelangen, wie dies auch vereinzelte, schon über zwei Jahrzehnte gehende Betriebserfahrungen beweisen. Vom wirtschaftlichen

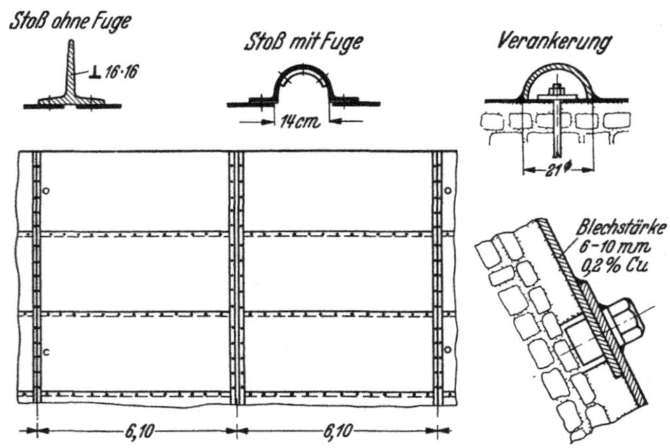

Abb. 290. Steinfülldamm East-Beaver-Creek. Ausbildung der geschweißten Stahldecke. Engng. News Rec. 1932 (I) S. 761—763.

[1] Engng. News Rec. Bd. 108 (1932) S. 761—763.

Standpunkte aus dürfte allerdings die Eisenbeton- oder Bitumenbetondecke meist den Vorzug verdienen[1].

Zur Sicherung der Gründungsfuge muß die Betonunterlage der Dichtungsdecke stets als Herdmauer in den Baugrund hineingeführt werden (Abb. 272, 277, 279). Bei größeren Steindämmen empfiehlt sich außerdem noch eine Zementeinpressung (Abb. 278, 280, 289), wie in Kap. 14 eingehend dargelegt wurde. Bei schwierigen Gründungsverhältnissen empfiehlt es sich, an der Wasserseite ein Betonfundament anzuordnen und in dieses einen (unter Umständen sogar zwei) großräumigen Arbeits-, Prüf- und Entwässerungsstollen (Abb. 249, 277, 279) einzubauen. Man kann so zu jeder Zeit weitere Einspritzungen und sonstige Dichtungsarbeiten vornehmen. Beim Ghrib-Damm (Abb. 277) wurde unmittelbar nach Abschluß der Einpreßarbeiten eine zweite Lochreihe gebohrt, die normalerweise als Dränung wirkt. Sie kann, falls nötig, jederzeit ausgespritzt werden. Der Hauptwert einer Dränung liegt neben der Abfangung des Sickerwassers in der Möglichkeit einer ständigen Überwachung der tatsächlichen Durchlässigkeit.

Als nachahmenswerte Sicherungsmaßnahme sei noch das im 11. Kapitel bereits gestreifte Terzaghi-Filter des Bou-Hanifia-Staudammes (Abb. 249 u. 251) erwähnt, das längs der gesamten Gründungsfläche verlegt wurde und eine einwandfreie Abfangung von Sickerwasser aller Art gewährleistet. Die Sickerrohre wurden in der Querrichtung angeordnet und die Sickerbereiche durch Trennmäuerchen gegeneinander abgegrenzt, so daß die Herkunft evtl. größerer Sickermengen einwandfrei festgestellt werden kann.

Eine Abdeckung der Gründungsfläche, gar mit Eisenbeton, wie sie Abb. 277 zeigt, kommt nur in Ausnahmefällen in Frage. Da sie eine sorgfältige Abtragung und Ausgleichung der Felsoberfläche voraussetzt, ist sie stets mit großen Kosten verbunden. Es empfiehlt sich, die Eisenbetondecke mit Querrippen zu verbinden, die dem Sickerwasser den Weg erschweren und eine bessere Verbindung mit dem Felsen schaffen (Abb. 277). Eine zwischen Platte und Felsen gelegte Sohlendränung wirkt einer Ansammlung von Druckwasser entgegen und ermöglicht eine ständige Überwachung.

Zusammenfassend darf man den Steinschuttdamm mit wasserseitiger Eisenbeton- oder Stahldichtungsdecke als eine wirtschaftliche und gute Dammbauweise bezeichnen, wenn der Aufbau des Dammkörpers, seine Dichtung und Gründung mit der erforderlichen Sorgfalt betrieben werden.

4. Steinschüttdämme mit innenliegender Dichtung (Kerndämme).

Die innenliegende Dichtung besitzt, verglichen mit der wasserseitigen Dichtungsdecke, den Vorzug der geschützten Lage, die sie den Einwirkungen der Witterungsschwankungen und den Angriffen des Wassers praktisch entzieht. Leider trennt der Kern (Abb. 291) den Damm in zwei Hälften und setzt, wenn er, wie in der Mehrzahl der Fälle, steif ist, deren statisches Zusammenwirken außerordentlich herab. Der nachgiebige Kern aus Stahl, Aluminium u. dgl. ist zwar von diesem Mangel frei, dafür aber empfindlich.

Der steife Kern ist in massiver (Abb. 291) und hohler Bauweise (Abb. 292 u. 293) durchgebildet worden. Die letztere gestattet eine ständige Überwachung, die im Hinblick auf die gestörte Kraftübertragung sehr erwünscht ist; sie wird auch als Zellenbauweise bezeichnet. Ihre erste Anwendung bei dem Requana-Damm (Mexiko) hat sich in 15jährigem Betriebe durchaus bewährt; eine neuere Ausführung[2] zeigt Abb. 292 u. 293. Die Zellen sind im Grundriß elliptisch und in geeigneten Abständen durch Fugen unterbrochen, die durch gebogene Kupferbleche gedichtet sind. Jede einzelne Zelle kann von der Dammkrone aus befahren werden. Das anfallende Sickerwasser liefert einen Maßstab für

[1] Weitere Ausführungen in dem Buch: „Steel Dams“ von Hovey. New York 1935.
[2] Engng. News Rec. Bd. 106 (1931) S. 359.

die Güte der Dichtung und wird durch ein Sammelrohr unter den Zellen abgeführt. Da die dünnen Kernwände sehr empfindlich sind, empfiehlt es sich, den Kern durch eine Steinpackung zu schützen.

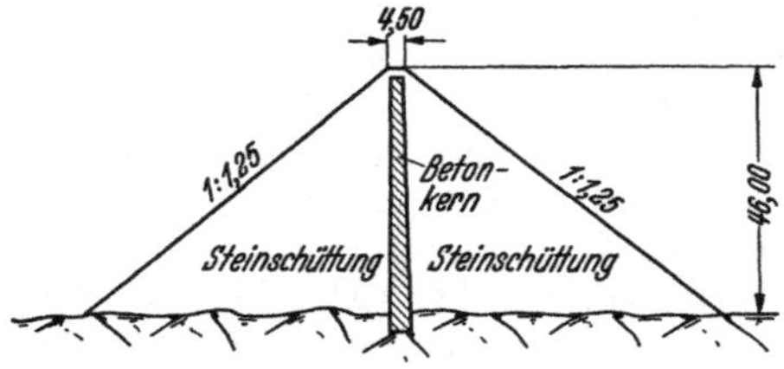

Abb. 291. Cranevalley-Steinfülldamm-USA.

Je nachgiebiger der Kern unter den obwaltenden Verhältnissen gehalten werden kann, um so besser ist es. In diesem Zusammenhange sind die Erfahrungen sehr wertvoll, die an der L'Oued-Kebir-Talsperre der Stadt Tunis (Nordafrika) gesammelt wurden[1] (Abb. 294). Diese Bauweise ist offenbar in Unkenntnis der mexikanischen Vorbilder entstanden; die Zellen sind nicht elliptisch, sondern bilden wasserseitig eine Gewölbekette, luftseitig eine Platte. Die Befahrung erfolgt nicht durch Aufzüge, sondern durch vier vom einen Hang zum

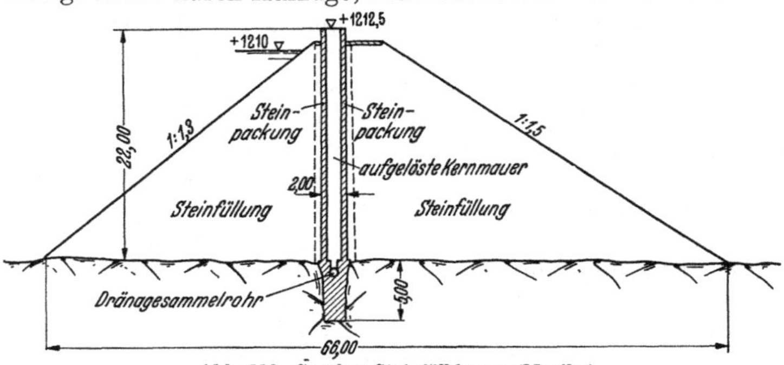

Abb. 292. Conchos-Steinfülldamm (Mexiko).

anderen durchlaufende Stollen. Im Gegensatz zu den mexikanischen Dämmen, deren Zellen in einheitlicher Breite von 2 m von oben bis unten durchlaufen, sind die L'Oued-Kebir-Zellen konisch und erreichen an der Sohle die beträchtliche Breite von 9 m (Abbildungen 294, 295).

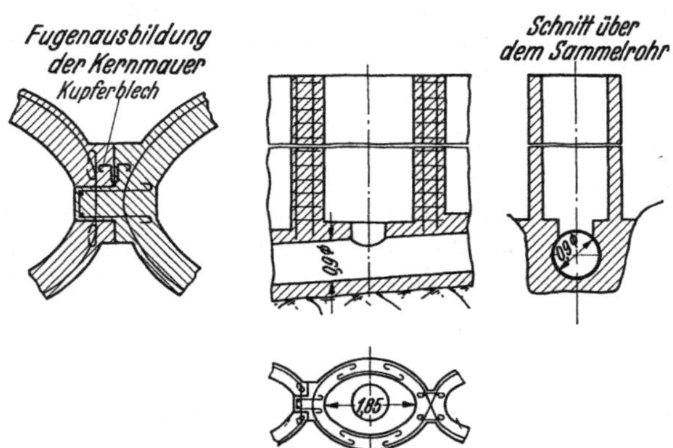

Abb. 293. Conchos-Steindamm. Fugenausbildung der Kernmauer.

Als vor 8 Jahren mit dem Stau nach Fertigstellung des Dammes begonnen wurde, konnte man mehrere Jahre hintereinander die Talsperre wegen Wassermangels nur halb füllen. Der Damm verhielt sich unter dieser Belastung durchaus normal. In der Nähe des Kerns wurde ein Sackmaß von 60 cm (1,8% der Höhe) und eine waagerechte Durchbiegung von 10 cm (an der Krone) festgestellt. In den Kernzellen hielt sich die Temperatur während der ganzen Jahre auf 5° C. Im Jahre 1929 wurde das Staubecken plötzlich voll, und die Durchbiegung der Kernmauer stieg von 10 auf 80 cm; beim späteren Absenken des Stauspiegels ging nur ein Teil der Durchbiegung wieder zurück. Die Untersuchung ergab, daß der mittlere Teil der Kernmauer nahe dem Fuße abgeschert war und sich um 13 cm luftseitig verschoben hatte. Da die Steinpackung am

[1] Rev. ind., Paris 1931.

Dammfuß ihre Lage nicht verändert hatte, mußte die Kernbewegung als reine Folge der Zusammendrückung der luftseitigen Dammteile bezeichnet werden.

Die Verschiebung des Kerns ist um so bemerkenswerter, als gerade die luftseitige Dammhälfte eine besonders gute Lagerungsdichte erwarten ließ. Nach Abb. 294 war diese Dammhälfte durch eine „Gleitfuge" in einen druckübertragenden und einen druckaufnehmenden Teil zerlegt; die Trennfläche bildet

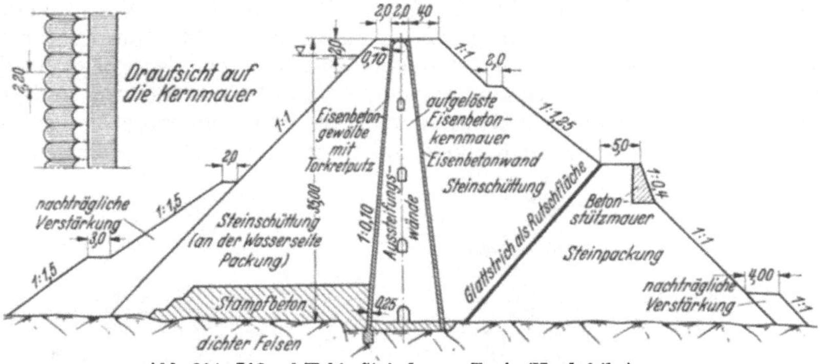

Abb. 294. L'Oued-Kebir-Steindamm, Tunis (Nordafrika).

ein Betonglattstrich (erste Ausführung ähnlicher Art im Porjus-Damm (Nordschweden)[1].

Man hat bisher selten Gelegenheit gehabt, das Verhalten von Betonkernen in Steindämmen zu beobachten. Man darf daher die Erfahrungen an der

Abb. 295. L'Oued-Kebir-Steindamm (Tunis). Hohlkern und luftseitige Verpackung.

L'Oued-Kebir-Talsperre nicht ohne weiteres verallgemeinern, es sei denn, daß es sich um ähnlich sperrig gebaute Kerne handelt. Insbesondere ist zu beachten, daß sich Kernmauern in Erddämmen ganz anders verhalten wie in Steindämmen. Entsprechende Erfahrungen dürfen daher nicht durcheinander geworfen werden.

Für die Gründung der Kerndämme gilt sinngemäß das unter 3. Gesagte; der Kern muß bis in den dichten Felsen heruntergeführt werden, am besten unmittelbar oder auch durch Vermittlung einer Spundwand oder einer wandförmigen Zementeinpressung.

Wie in Kap. 18,2 noch eingehend begründet werden wird, sollte man bei Steindämmen künftig besser von der Anwendung des Kernmauerdammes absehen. Die wasserseitige Eisenbeton-, Stahl- oder Bitumenbeton-Abdeckung stellt eine den Steindämmen weit angepaßtere und im allgemeinen auch sicherere Dichtung dar. Sie besitzt im übrigen noch den Vorzug, daß sie die Sickerkanäle gleich am Dammfuß abstoppt. Außerdem hat ein Damm mit wasserseitiger Dichtung unter sonst gleichem Verhalten höhere Gleitsicherheit, weil er dem Wasserdruck die Sohlenreibung des ganzen Dammkörpers entgegenstellt.

[1] Vgl. Ludin: Die Nordischen Wasserkräfte, S. 550, Abb. 612.

5. *Herstellung der Steindämme.*

Die Gründung verlangt, mindestens bei größerer Höhe, unnachgiebige und wasserbeständige Felsunterlage; alluviale Decken müssen abgeräumt werden. Wasserdichtigkeit des Gründungsfelsens ist erwünscht, aber nicht unbedingt notwendig, wenn nur Herdmauer und Zementeinpressung bis auf dichte Schichten heruntergeführt werden können (vgl. Abb. 247). Bei dem Beton der Herdmauer kommt es weniger auf Festigkeit als auf Wasserdichtigkeit an; man sollte ihn daher stets plastisch oder gießfähig einbringen. Mit Stampfbeton wurden teilweise sehr schlechte Erfahrungen gemacht, was bei der Porigkeit der unmittelbar über den Stampffugen liegenden Mauerteile nicht verwunderlich ist.

Das Füllgut muß druckfest, wetterfest und wasserbeständig sein; bei Tonschiefern, manchen Mergelkalken und jüngeren Ergußgesteinen ist Vorsicht

Abb. 296. Bou-Hanifia-Staudamm. Herstellung.

geboten und scharfe Prüfung erforderlich. Um eine gute Lagerungsdichte zu erzielen, ist Grobkörnigkeit anzustreben (nordafrikanische Dämme). Beim Salt-Lake-Damm wurden beispielsweise Korngrößen unter 6 cm abgesiebt und ausgeschieden. Gerölliges Schüttmaterial muß gewaschen, gebrochenes abgespritzt werden. Die Gewinnung erfolgt oft vorteilhaft durch Minen oder senkrechte, hinter der Angriffswand in einer Reihe angeordnete Bohrlöcher unter Verwendung von Schwarzpulver („Abdrücken"), um die Steine zu schonen.

Die Steinschüttung muß nach dem Grundsatze erfolgen, eine möglichst große Lagerungsdichte zu erzielen. Je kleiner die zu erwartenden Sackungen sind, um so vollkommener wird die Betondichtung ihre Aufgabe erfüllen können. Bei kleineren Mengen kann das Kippen des Schüttmaterials von Hand geschehen; meist sind große Transportgefäße auf Fahrgestellen notwendig, die maschinell entleert werden. Beim Salt-Lake-Damm wurde mit 50 t Gefäßen gearbeitet, die das abgesiebte und gesäuberte Material freiweg vom Steinbruch heranbrachten. Man konnte auf diese Weise Schüttleistungen von 95000 m³ im Monat erzielen. Abb. 296 gibt ein Bild von der Herstellung des Bou-Hanifia-Staudammes, für den das Füllgut auf Gleisen herangefahren und durch Drehkrane aufgenommen und verteilt wurde. Dieses Verfahren ergab bei den großen Blöcken eine außerordentlich große Lagerungsdichte.

Die Steinpackung soll mit ausgesuchtem Material hergestellt werden, das möglichst dicht verlegt wird. Unter 2 m sollte man für die Stärke der Ausgleichpackungen nicht heruntergehen. Wenn große Blöcke zur Verfügung stehen, werden sie besser nicht zerkleinert, sondern maschinell verpackt. Beispielsweise wurden für die $4^1/_2$ m starke Packung des Salt-Lake-Dammes fünf Raupendrehkrane verwendet, die Granitblöcke bis zu 12 m³ Inhalt verlegt haben; die Monatsleistung belief sich auf insgesamt 12000 m³. In Abb. 285 sieht man in der oberen Reihe vier Raupendrehkrane in Betrieb. Bei der maschinellen Verpackung müssen die Zwischenräume ständig von Hand ausgezwickt werden.

Die Auflagerrippen bzw. die Betonunterlage der Dichtungsdecke verlangen eine saubere Behandlung der Oberfläche. Nur wenn diese eben und glatt ist, kann die bituminöse Rutschfläche ihre Aufgaben richtig erfüllen. Für den Unterbeton genügt eine Zementzugabe von 150 kg/m³; für die Verarbeitung ist eine mäßige Weichheit zu empfehlen, so daß man noch ohne Schalung auskommen und auch mit Böschungsbetoniermaschinen arbeiten kann[1].

Abb. 297. Bakhada-Staudamm. Herstellung der Eisenbetondichtungsdecke.

Die Eisenbetonabdeckung muß widerstandsfähig und dicht sein; an den Beton müssen daher hohe Ansprüche gestellt werden. Es genügt nicht allein ein hoher Zementzusatz (mindestens 250 kg/m³), auch das Korn muß sorgfältig abgestuft werden, insbesondere was Feinteilmenge und Sandgehalt anbetrifft. Man hat hier etwa die gleichen Richtlinien zu beachten, die weiter unten für den Beton der Gewölbe aufgelöster Staumauern aufgestellt sind. Im Hinblick auf die erforderliche Bewehrung kommen nur weiche oder gießfähige Mischungen in Frage. Falls die Ausführung in Tafeln gewählt wird, so muß jede Platte in einem Zuge hergestellt werden. Für die Außenschalungen sollte man grundsätzlich Stahlbleche verwenden (Abb. 297), mit denen erfahrungsgemäß glatte und dichte Oberflächen erzielt werden. Beim Salt-Lake-Damm bestand jede der 400 m² fassenden Schalungstafeln aus acht Einzelstücken von $2^1/_2$ m Breite, die zusammengeschraubt wurden. Die Abb. 284 u. 285 geben ein Bild von dem Betoniervorgang dieser Eisenbetondecke. Die Hauptzuführungsrinne (Abb. 284) befindet sich links am Hang und entleert in einen Bunker. Der Beton wird durch Kübel abgezogen, die auf einer Gerüstbahn verfahrbar sind, die über einer Längsaussparung für die Auflagerrahmen aufgebaut ist. Das Einbringen des Betons geschieht durch Querrinnen, die beliebig angeordnet werden können und durch Kübel gespeist werden. Hier kann aber auch in vielen Fällen mit Böschungsbetoniermaschinen gearbeitet werden[1].

Die Kernmauer stellt die gleichen Ansprüche an Beton, Schalung und Verarbeitung wie die Eisenbetonabdeckung. Bei der Zellenbauweise ist anzuraten, den Zellenquerschnitt auf die ganze Dammhöhe einheitlich durchzuführen, damit Stahlgleitschalungen verwendet werden können. Hierdurch wird die Herstellung vereinfacht und die Betongüte gesteigert. Besondere Sorgfalt erfordert der Schluß der Arbeitsfugen (Abb. 295).

Die Außenflächen der Steindämme werden, soweit sie keine Dichtungsdecke tragen, zweckmäßig verpackt. Die Angriffsmöglichkeiten von Wellenschlägen und atmosphärischen Einflüssen lassen sich dadurch herabsetzen. Auch das Aussehen gewinnt durch eine gut verpackte Außenfläche (Abb. 295).

[1] Vgl. Bd. III, 8, Kap. 12.

16. Kapitel: **Geschüttete Erddämme.**

1. Allgemeine Grundsätze der Gestaltung.

Grundsätzlich kann man nach dem Aufbau des Dammquerschnittes die geschütteten Dämme einteilen in Dämme mit einheitlichem Querschnitt

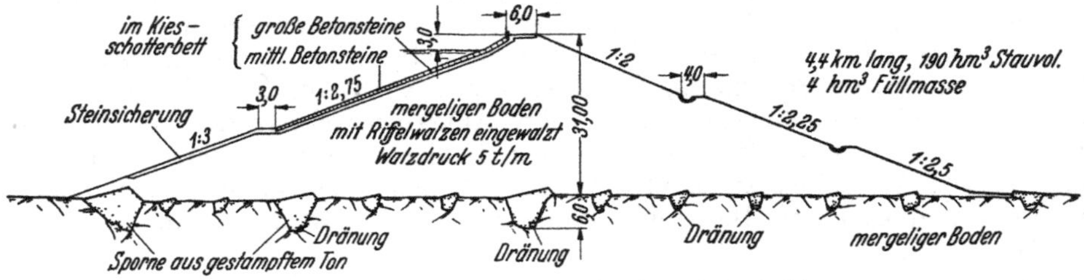

Abb. 298. Sotonerna-Erddamm-Spanien. Querschnitt.

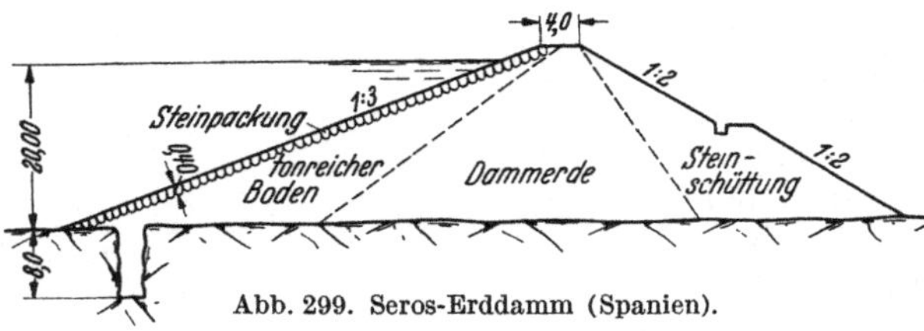

Abb. 299. Seros-Erddamm (Spanien).

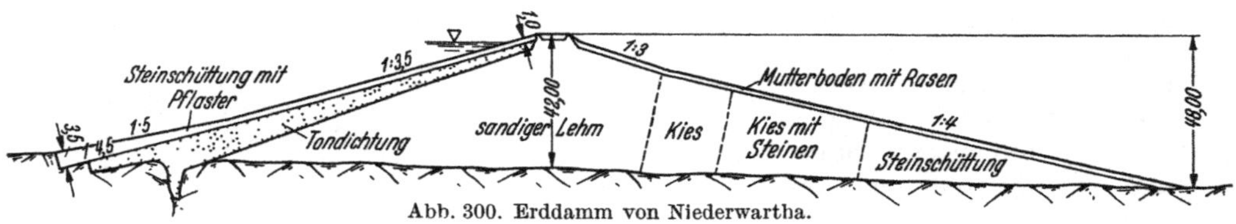

Abb. 300. Erddamm von Niederwartha.

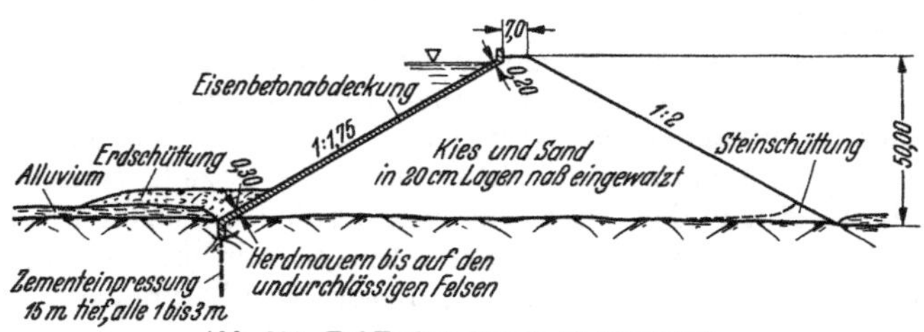

Abb. 301. Taf-Fechan-Damm (Südengland).

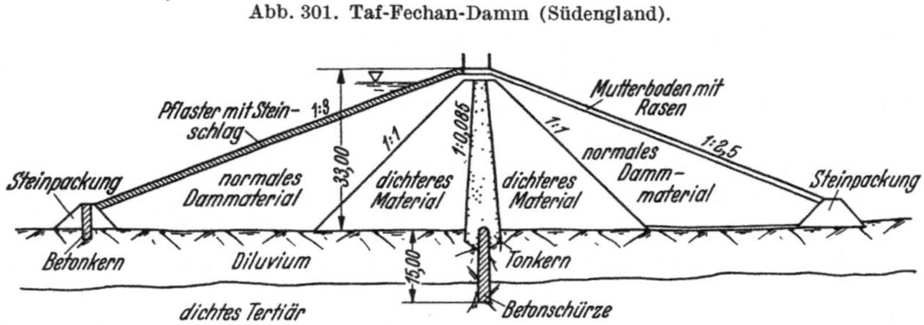

Abb. 302. McKay-Erddamm-USA.

aus durchgehend annähernd gleichem Schüttboden (Abb. 298) und in Dämme mit unterteiltem Querschnitt, der aus stützenden und dichtenden Teilschüttungen entsprechend verschiedenartiger Böden zusammengesetzt ist. Hierbei kann die Querschnittsunterteilung durch Abstufung der Massen nach ihrem Durchlässigkeitsgrad herbeigeführt sein (Abb. 299) oder durch Einbau einer ausgesprochenen „Dichtungsschicht“ von geringer Dicke, aber besonders hoher Dichtigkeit (Abb. 236, 300, 302), oder auch durch beides zugleich (Abb. 300).

Der dichtende Querschnittsteil seinerseits kann bei jeder Form der Querschnittsunterteilung in grundsätzlich zweierlei Weise angeordnet sein, einmal als **Böschungsdichtung**, halb liegend nahe der Wasserseite des Dammes (Abb. 236, 300, 301) oder als **Kerndichtung** nahe der Dammachse (Abb. 302—305).

Für die dichtenden Querschnittsteile kommen zunächst verdichtete Schüttungen gut bindiger (lehmiger, toniger), ausnahmsweise auch feinsandiger[1] Böden in Frage, aber auch Lagen oder Wände aus Beton, Eisenbeton, Spundbohlen, Stahlblech u. dgl.

Für die stützenden Schüttungen eignen sich am besten nicht bindige (rollige) Kies-Sand-Böden, doch können bei Einhaltung der weiter unten erörterten Grundsätze hinsichtlich der Standfestigkeit und Durchlässigkeit dieser Querschnittsteile auch gemischtartige, bindige Bestandteile enthaltende Bodenarten dafür verwendet werden.

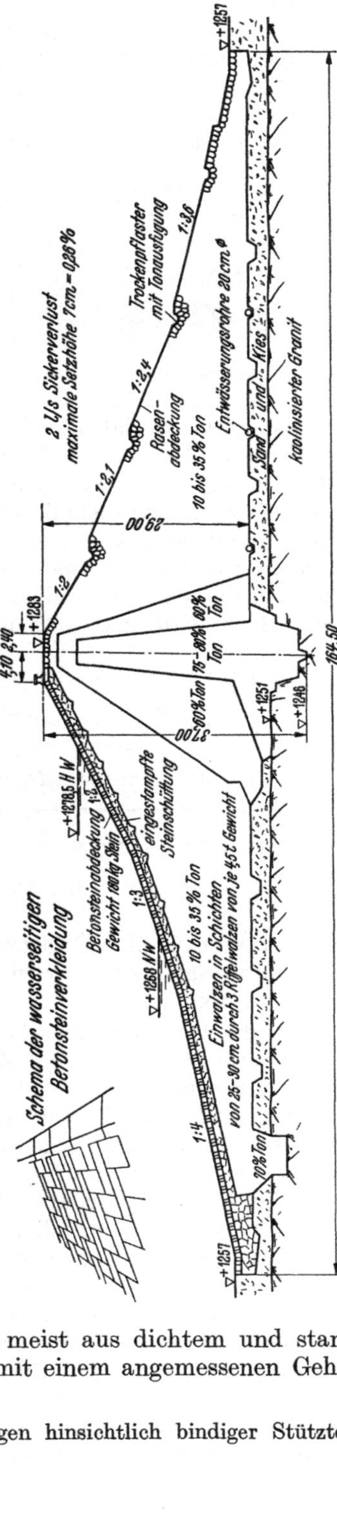

Abb. 303. Erddamm Arvo a Nocelle (Kalabrien). Querschnitt.

Die nur stützenden Dammteile sollen grundsätzlich so beschaffen und angeordnet sein, daß sie das in sie eindringende Stau- und Niederschlagswasser nach außen oder in nach außen führende Sickerstränge entweichen lassen[2], ohne daß dabei ihre Feinteile oder solche der Dichtung fortgespült werden können. Ebensowenig dürfen sich Stauwasseransammlungen im Inneren des Stützkörpers entwickeln können, da sie Anlaß zur Quellbildung oder zu Abrutschungen an der Luftseite geben können. Grundsätzlich sind daher die Schüttmassen der stützenden Querschnittsteile nach der Filterregel, d. h. so zu verteilen, daß die Korngröße von der Dichtungsmasse nach außen zunimmt (Abb. 299, 300).

Beim Aufbau des Querschnittsteiles an der Wasserseite ist der Gefahr des Abrutschens bei den mehr oder weniger raschen Stausenkungen im Beckenbetriebe Rechnung zu tragen. Demzufolge muß bei Kerndichtung die Filterregel auch nach der Wasserseite hin in der Massenverteilung eingehalten werden, während bei Böschungsdichtung durch angemessene Beschwerung mit kiesigsandigen und steinigen Lagen ein Abrutschen und Ausspülen der wassergesättigten Dichtungslage zu verhüten ist.

Dämme in einheitlicher Schüttung werden meist aus dichtem und standfähigem Mischboden, sog. „guter Dammerde“ mit einem angemessenen Gehalt

[1] Engng. News Rec. 29. 1. 1925.

[2] Über neuere, hiervon abweichende Anschauungen hinsichtlich bindiger Stützteile siehe weiter unten Abschnitt 3.

an „tonigen“ oder besser gesagt: feinen Stoffen hergestellt. Doch kann man auch aus rein kiesig-sandigen Böden dauerhafte und genügend dichte Dämme aufbauen, wenn Stauhöhe, Querschnittsabmessungen, Kornmischung, Einbringungs- und Verdichtungsart und Spülwiderstand der Feinteile so aufeinander abgestimmt sind, daß die anfänglich unvermeidlich entstehende Sickerströmung keine Ausspülungen erzeugen kann und mit der Zeit „Selbstdichtung“ des Dammes (s. S. 192) zu erwarten ist. Eine wenn auch viel geringere Sickerströmung entsteht übrigens auch in bindigen (sog. dichten) Böden, nur bleibt

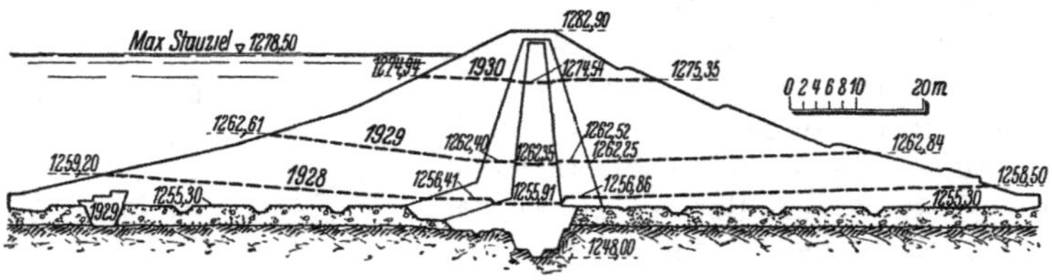

Abb. 304. Erddamm Arvo a Nocelle (Kalabrien). Hochführung des Dammkörpers.

sie meist so klein, daß die Verdunstung an der Luftseite den Nachschub an Sickerwasser überwiegt und so die Außenseite trocken bleibt.

Entscheidend für die Auswahl unter den angegebenen Möglichkeiten der inneren Querschnittsausbildung ist in erster Linie das natürliche Dargebot der Baustelle und ihrer weiteren Umgebung an brauchbaren Schüttböden in ihren ungemein zahlreichen Spielarten. Eine künstliche Zusammenmischung verschiedener (bindiger und rolliger) Böden oder eine Entmischung eines natürlichen Mischbodens wird man der Kosten wegen bei der „trockenen“ Schüttung

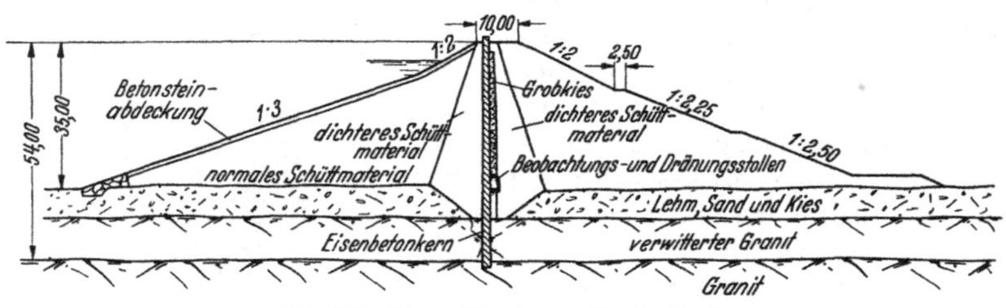

Abb. 305. Hume-Staudamm (Australien).

möglichst vermeiden. Dagegen wird bei der Spülschüttung (Kap. 17) diese Zerlegung planmäßig in sehr wirksamer und wirtschaftlicher Form herbeigeführt und ausgenutzt.

Auch die Untergrundbeschaffenheit der Sperrstelle ist von Bedeutung für die Querschnittsausbildung. Zum Beispiel verlangt man für einen starren (Beton-) Dichtungskern sehr festen, in der Regel felsigen Baugrund. Ferner kann geringe Festigkeit eines tiefgründigen (und daher nicht einfach abräumbaren) Untergrundes zu einer flacheren und breiteren Querschnittsausbildung nötigen, als es die Standfähigkeit der Schüttmassen an sich erfordern würde. Der Einfluß der (abzuschätzenden) zu erwartenden Setzung des Untergrundes unter der Dammlast darf dem Damm selbst nicht gefährlich werden können. Um dies zu erreichen, genügt unter Umständen schon die Abräumung einiger Meter der oberen, von Natur lockersten Schichten.

Für die geometrischen Bestimmungsstücke des Regelquerschnitts eines Schüttdammes: Kronenbreite, Böschungsneigungen und etwaige Bermenanordnung sind einerseits die „natürlichen“ Böschungen der eingebauten Schüttmassen unter Berücksichtigung der möglichen Durchfeuchtung und etwaiger Verstärkung durch Steinschüttungen, Betonlagen u. dgl. maßgebend. Andererseits und vor allem aber muß auch die einfache Forderung des Gleichgewichts zwischen dem waagerechten Wasserschub und dem Gleitwiderstand von Damm und Untergrund mit hinreichendem Sicherheitsüberschuß erfüllt sein. Bei einem Untergrund von ganz überwiegend höherer Festigkeit gegenüber derjenigen der Schüttung (festgelagertes Blockgeröll, Fels) kann einfach die Reibung der Dammschüttung in der Sohlenfuge als Gleitwiderstand eingesetzt werden. Bei weniger widerstandsfähigem, namentlich lehm- oder tonhaltigen Untergrunde aber muß, wenn er nicht einfach abgeräumt werden kann, eine sorgfältige Untersuchung von Damm und Untergrund zusammen nach der Theorie der Gleitlinie einsetzen[1]. Erweist sich dabei die Vergrößerung eines entworfenen Dammquerschnittes als nötig, so wird man zu diesem Zwecke in der Regel besser eine (oder beide) Böschungen abflachen, als die Dammkrone verbreitern. Beiläufig sei bemerkt, daß bei Untergrundböden von stärkerer Zusammendrückbarkeit (Setzfähigkeit) infolge der ungleichen Verteilung der Dammlast mit dem Auftreten von erheblichen Schubspannungen zu rechnen ist.

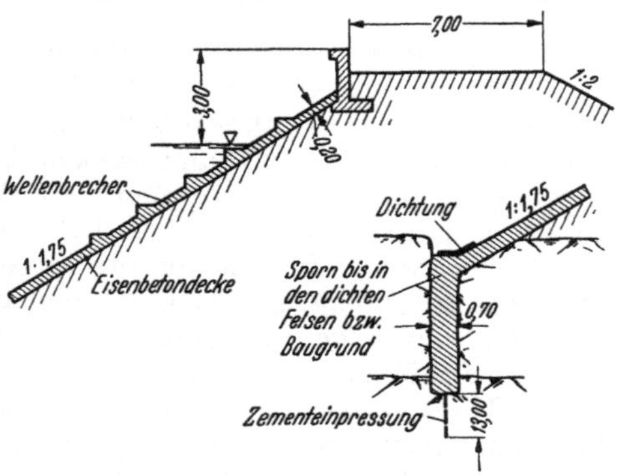

Abb. 306. McKay-Damm-USA. Ausbildung der Krone; Anschluß an den dichten Baugrund.

Die Frage der Berechnung und Bemessung von Staudämmen wird in Kapitel 18 eingehend behandelt werden, und zwar auf der Grundlage des Erdspannungszustandes. Im Gegensatz zu der noch sehr unbefriedigenden Erddrucktheorie erhält man auf diesem Wege einen einwandfreien Sicherheitsbegriff. Ferner kann der tatsächliche Verlauf der ungünstigsten Gleitlinien und damit etwaiger Rutschflächen festgestellt werden.

Das Freibordmaß, d. h. die Überhöhung der Dammkrone über den höchsten unter ungünstigsten Umständen zu erwartenden Hochwasserstand muß bei Erddämmen unter Berücksichtigung des Wellenschlages so reichlich bemessen werden, daß ein Überschlagen der Krone unbedingt ausgeschlossen ist. Denn: „Ein überronnener Damm ist ein verlorener Damm!"

Nur bei sehr langen und dem Winde stark ausgesetzten Becken muß dabei auch noch ein Windstau berücksichtigt werden.

Für den Windstau und die Wellenhöhe ist die Form, Ausdehnung und Lage des Beckens zu den in Betracht kommenden Hauptwinden und deren Stärke maßgebend.

Für die Wellenhöhe (h_w) (Tal bis Berg!) hat Stephenson folgende in Nordamerika viel gebrauchte Formel angegeben[2]:

$$h_w^{(\text{feet})} = 2{,}5 + 1{,}5\sqrt{d} - \sqrt[4]{d}\,.$$

Hierin ist d (miles) = Abstand des entferntesten Küstenpunktes von der Talsperre über offenem Wasser gemessen.

Für die Berücksichtigung des Windstaues (h_S) ist man mangels bewährter Formeln auf Schätzung an Hand der Beobachtungen an natürlichen Seen angewiesen. Auf dem Okeechobee-See (Florida) wurde 1928 beispielsweise bei 50—65 km Windweglänge und $v \gtreqless 200$ km/h ein Windstau von 3,95 m beobachtet.

[1] Krey: Erddruck und Erdwiderstand. Berlin: W. Ernst & Sohn 1925. — Fellenius: Erdstatische Berechnungen, Stockholm. Berlin: W. Ernst & Sohn 1927. — Ehrenberg: Grundlagen der Berechnung von Staudämmen (mit durchgerechneten Beispielen!). Wasserkr. u. Wasserwirtsch. 1929 Heft 23.

[2] Vgl. Creager u. Justin: Hydroelectric Handbook, S. 240. New York 1927.

Das Auflaufen der Wellen über Wellenscheitelhöhle an einer Böschung wird meist mit $h_w/2$ bewertet, so daß vom statischen Seespiegel aus, ohne Sicherheitszuschlag gerechnet, sich das Freibordmaß gleich h_w ergäbe. Als Sicherheitsziffer rechnet z. B. die Anleitung für Entwurf und Bau von Talsperren des Staates Arizona den Wert 1,5. Hiermit ergibt sich das erforderliche Freibordmaß h_{FB} in m umgerechnet und d' in km eingesetzt:

$$h_{FB}^{(\mathrm{m})} = 1{,}5\left[0{,}83 + 0{,}40\sqrt{d'} - 0{,}30\sqrt[4]{d'}\right];\quad d' \text{ in km}. \qquad (1)$$

Eine Schutzmauer (Abb. 306) darf in h_{FB} eingerechnet werden.

Bei Anwendung dieser reichlichen Formel wird man bei nicht besonders ungünstigen Verhältnissen meist darauf verzichten dürfen, den Windstau noch besonders einzusetzen. Bei Staumauern kann man in der Regel mit der Hälfte bis $^1/_3$ des Wertes nach Gl. (1) auskommen.

2. *Erfahrungsmäßige Grundsätze für Einbau und Verdichtung der Schüttböden.*

Alle Schüttungen müssen grundsätzlich in annähernd waagerechten Lagen von einer dem Baustoff und seinem Verwendungszweck angepaßten Stärke eingebracht und durch Stampfen oder Walzen angemessen verdichtet werden. Schütten „vor Kopf“ oder „seitlich über die Böschung“ ist zu vermeiden. Für die bindigeren Bodenarten eignet sich das Walzverfahren besser, während für die mehr rolligen Böden zweckmäßig das Stampfverfahren angewandt wird, das hier wegen der ihm eigenen dynamischen Wirkung die bessere und tiefer greifende Verdichtungswirkung (Porenfüllung durch die Feinteile) ergibt.

Die Kunst des Baues von dichten und standfesten Dämmen nach diesen einfachen Richtlinien ist schon sehr alt, war aber zeitweilig halb vergessen. In Böhmen sind noch heute zahlreiche Erddämme aus dem 14. bis 16. Jahrhundert in Betrieb, die für bergbauliche Zwecke errichtet wurden, unter ihnen der Hirschberger Teich mit 6 und der Rosenberger Teich mit 50 hm^3 Speicherinhalt. Fiedler, der Gelegenheit hatte, die alten böhmischen Erddämme zu untersuchen, berichtet[1], daß die alten Dammbaumeister in sehr dünnen Lagen von 8 bis 10 cm Höhe schütteten und sie gründlich einstampften. Eine große Bedeutung maßen sie dem Wässern zu, das darin bestand, daß der unfertige Damm über Winter unter Wasser gesetzt wurde. Man erreichte so ein dichtes Gefüge. Die erwähnten böhmischen Dämme und mit ihnen viele andere wurden aus einem fast reinen, feinkörnigen Sande und dennoch ohne besondere Dichtungsmittel erbaut, wobei man sich auf das Selbstdichtungsvermögen der Dämme verließ (s. S. 190).

Im Gegensatz zu früher sind die neuzeitlichen Herstellungsverfahren darauf eingestellt, große Leistungen zu erzielen und die gestellte Aufgabe in möglichst kurzer Zeit zu bewältigen. Das Schütten geschieht maschinell, und die Lagen werden maschinell eingerammt oder eingewalzt. Zum Wässern über Winter besteht meist keine Möglichkeit mehr, wohl aber werden die einzelnen Schüttlagen je nach Bedarf aus Schläuchen so weit angenäßt, daß der bei heißem Wetter beträchtliche Verdunstungsverlust ausgeglichen und ein gutes Zusammenbinden der Schichten sichergestellt wird. An sich muß man aber dahin trachten, den Schüttboden schon von der Grube mit dem richtigen Feuchtigkeitsgehalt anzufahren.

Beim Walzen werden die Schichten zwar in lotrechter Richtung stark zusammengepreßt, es fehlt aber das waagerechte Widerlager. Außerdem ist auch ein hoher Walzdruck nicht imstande, die letzte Pore des fein- oder grobsandigen Bodengerippes mit feineren Teilchen zu füllen. So bleibt der Dammkörper trotz des Walzens mehr oder weniger porig. Fiedler[1] stellte an zahl-

[1] J. Fiedler: Staudämme aus Erde und ähnlichen Stoffen. HDI-Mitt. Bd. 20 (1931) S. 535—548.

reichen Dämmen durch mechanische Bodenuntersuchungen fest, daß im Boden selbst dann, wenn der Porenraum etwa 30 bis 35% des Gesamtbodenraumes ausmacht, immer noch feine und feinste Bestandteile in hinreichender Menge vorhanden sind. Die Walzwirkung ist um so ausgiebiger, je kleiner die Schichthöhen sind. In Amerika wird auf Grund langjähriger Erfahrungen eine Schichthöhe (fertig gewalzt) von 20 cm als obere Grenze bezeichnet. In Europa zeigt sich neuerdings das Bestreben, eine größere Schichthöhe durch einen größeren Walzendruck zu rechtfertigen. Demgegenüber muß betont werden, daß die Druckwirkung und damit die Verdichtung etwa umgekehrt verhältnisgleich dem Abstande von der Walze ist. Unter jeder Walzfuge befindet sich daher ein Streifen starker Verdichtung, darüber ein solcher geringer. Diese jedem Walzdamm eigene Schichtung tritt um so ausgeprägter in Erscheinung, je stärker

Abb. 307. Walzfugen, 6 Jahre nach Herstellung freigelegt (Weiße-Desse-Damm).

die Schichten gewählt werden. Die Steigerung des Walzendruckes kann wohl den Grad der Verdichtung steigern, aber nicht deren Unterschiede beseitigen.

Das Einstampfen der Schichten, mit Handstösseln von etwa 20 kg Gewicht oder mit grundsätzlich ähnlich wirkenden Stampfmaschinen, erreicht trotz der diesem Verfahren eigenen vorzugsweise dynamischen Wirkung keine wesentlich vollkommenere Verdichtung. Erst wenn die Schläge so schnell aufeinander folgen, daß der Boden von einem Schlag zum nächsten nicht wieder zur Ruhe kommen kann, gestaltet sich das Bild wesentlich anders. Es tritt dann (besonders bei rolligen Böden) ein Einrütteln der feineren Bestandteile in die Poren des Bodengerippes ein, das eine gleichmäßigere und mehr in die Tiefe gehende Verdichtungswirkung zu ergeben verspricht. Die Entwicklung scheint vornehmlich nach dieser Richtung zu gehen.

Die durch die Walzfugen gebildete Schichtung zerlegt den nach alter Art verdichteten Erddamm in eine abwechselnde Folge von mehr und weniger durchlässigen Lagen. Fiedler[1] hat dies durch seine Versuche an dem stehengebliebenen Teil des gebrochenen Weiße-Desse-Dammes eindeutig bewiesen. Diese begannen damit, daß, um ein Bild von der Dammbeschaffenheit zu gewinnen, zunächst die Querschnittsflächen an den Bruchstellen freigelegt wurden; dabei ergab sich der in den Abb. 307 und 308 wiedergegebene Aufbau mit deutlich sichtbaren Walzfugen. (Es handelte sich um einen Kiessand-Damm mit vorgelegter Dichtungsdecke aus stark bindigem Boden.) Gemäß Abb. 309 ließ Fiedler in den Dammkörper drei 5 m tiefe ausgesteifte Querschlitze und zwischen diese zwei 4,0 m tiefe Schächte einschneiden. Etwa 2 h nach Füllen

[1] Siehe Fußnote 1 von S. 192.

des Schachtes *I* bis zur Tiefe von 3,55 m zeigte sich über der Walzfuge 2 (s. Querschnittsskizze) ein nasser Punkt und bald danach eine Durchnässung entsprechend der Breite des Schachtes. Nach 20 min wiederholte sich der Vorgang an der Fuge 3 und griff schließlich auf alle Fugen bis zur sechsten über. Gleichzeitig dehnte sich die Durchnässung von den Fugen nach oben hin aus, ohne daß jedoch der Sickerstrom von einer Fuge zur nächsten gelangen konnte. Der vollständig durchnäßte Boden oberhalb der Walzfugen wurde allmählich in Form eines dünnflüssigen Breis mitgerissen, bis etwa 5 h nach Beginn des Füllens in Fuge 2 ein Grundbruch eintrat. Die Öffnung erweiterte sich schnell auf 40 cm und veränderte sich dann, infolge der eingetretenen stützenden Gewölbewirkung, nicht mehr. Beim Füllen des zweiten Schachtes (nur bis zu einer Wassertiefe von 1,30 m) zeigten sich die gleichen Erscheinungen der Durchnässung, nur in verlangsamtem Zeitmaß. Die kritische Sickergeschwindigkeit, die zum Mitreißen feinster Teile erforderlich war, wurde infolge des geringeren Druckes nicht mehr erreicht. Es kam daher auch zu keinem Grundbruch.

Abb. 308. Walzfugen in der wasserseitigen Dichtungsschicht (Weiße-Desse-Damm).

Die Schüttmasse für Erddämme wird Schwemmböden oder sonstigen Ablagerungen entnommen, die entweder geröllig-sandig oder bindig („tonhaltig“) oder eine Mischung von beiden sind. Am einfachsten liegen die Verhältnisse bei der ersten Gruppe; hier hat man es, was die Standfestigkeit anbetrifft, mit einem Baustoff zu tun, der niemals durch Quellungen u. dgl. in innere Spannungen versetzt werden kann, so daß man gegen Rutschungen und ähnliche Überraschungen ziemlich weitgehend gesichert ist. Früher wurden solche Dämme vielfach ohne besondere Dichtungsmaßnahmen geschüttet, da man durch das Wässern und das Einstampfen in dünnen Lagen die Durchlässigkeit stark herabsetzen konnte. Nach Fiedler[1] arbeiten solche Dämme als Langsamfilter und

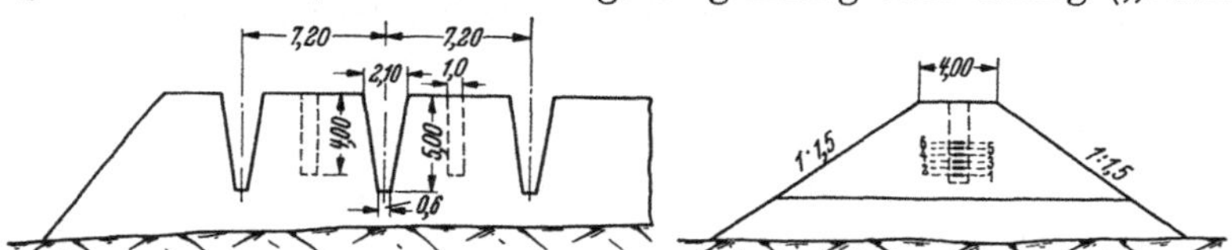

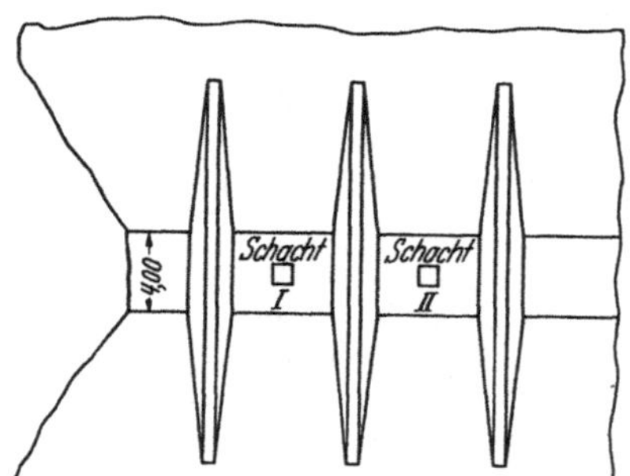

Abb. 309. Grundbruchversuche am Weiße-Desse-Damm.

[1] Siehe Fußnote 1 von S. 192.

dichten sich selbst dadurch, daß sich unter dem ständigen Sickerwasserzufluß kolloidale Eisen- und Huminsäureverbindungen bilden. Die Schüttmasse nimmt im Laufe der Jahrzehnte allmählich gesteinsartige Beschaffenheit an. Das Selbstdichtungsvermögen eines Dammes aus geröllig-sandigem Boden läßt sich künstlich steigern, indem elektrolytisch wirkende Fällmittel, wie Kalkmilch oder Kalkpulver zugegeben werden[1]. Bei den heutigen Ansprüchen und Herstellungsverfahren kommen Kiessand-Dämme fast nur noch in Verbindung mit einer künstlichen Dichtung in Frage (Abb. 301); sie zählen dann zu den sichersten Dammbauten.

Das Gegenstück zu geröllig-sandigen Schüttböden sind bindige Böden, wie Lehm, Mergel und Ton, die bei Aufnahme von Wasser quellen, beim Austrocknen schwinden und bei zu geringem Sandgehalt sogar reißen können. Der für diese Erscheinungen maßgebende Bestandteil ist der Ton, dessen vielfach wechselnde, physikalisch und chemisch bedingten Eigenschaften erst in neuerer Zeit sich der wissenschaftlichen Erkenntnis zu erschließen begonnen haben.

3. *Anwendung der Erdbaumechanik auf den Dammbau.*

(1) Allgemeines. Beurteilung und Verwendung bindiger Bodenmassen im Dammbau waren bis in die jüngste Zeit überwiegend von erfahrungs-, manchmal besser gesagt: gefühlsmäßigen Erwägungen bestimmt und dementsprechend unsicher. Klare Grundanschauungen und genaue Kenntnisse von den bautechnisch maßgebenden physikalischen Eigenschaften der Böden und die Ableitung darauf fußender Entwurfs- und Ausführungsregeln ergaben sich im wesentlichen[2] erst mit der Begründung[3] und Entwicklung der neuzeitlichen Erdbaumechanik und ihrer versuchstechnischen Grundlage, der Erdbauforschung[4], die allerdings auch heute noch keineswegs alle Fragen eindeutig beantworten kann[5].

Die für den Dammbau wichtigsten Eigenschaften eines Bodens sind: Wasserdurchlässigkeit, Spülwiderstand gegen strömendes Porenwasser, Wassergehalt und Wasseraufnahmevermögen, Quell- und Schwindmaß sowie Steifeänderung bei Änderung des Wassergehaltes, Schubfestigkeit, Setzmaß und Setzgeschwindigkeit unter Belastung.

Alle diese Eigenschaften hängen in erster Linie in mehr oder minder hohem Grade von der Kornzusammensetzung, Kornform und Kornlagerung (Struktur) des Bodens ab, die zugleich den ebenfalls einflußreichen Hohlraumgehalt und die Verdichtungsfähigkeit beeinflussen. In der Praxis begnügt man sich oft mit der Bestimmung des Anteils der verschiedenen Korngrößen (richtiger: Einzelkorngewichte) und des Hohlraumgehaltes und bestimmt die von der

---

[1] Kalkpulver streuten z. B. die Franzosen schon seit langem bei ihren aus einer Mischung von Lehm und Sand geschütteten und mit kleinen Walzen hoch verdichteten Erddämmen auf jede Walzschicht auf (vgl. Ludin: Wasserkr. 1913 S. 998f.). Sie erzielten dabei ein Raumgewicht des gewalzten Bodens von 2000 kg/m³ und vermieden fast jede nachträgliche Setzung. Ähnlich verfuhr Fecht beim Bau von Staudämmen in den Vogesen (Zbl. Bauverw. 1900); bei ständiger Anpassung der Kalkmilchzugabe an den Lehmgehalt des Schüttbodens wurden im Durchschnitt 15—20 l hydraulischen Kalkpulvers auf 1 m³ fertigen Damminhaltes zugegeben. Bei feuchtem Wetter wurde Kalkpulver aufgestreut und kleine Steine miteingestampft, um das elastische Hochtreiben zu verhüten.

[2] Résal: Poussée des terres cohérentes. Paris 1905.

[3] Terzaghi: Erdbaumechanik 1925.

[4] Terzaghi: 15 Jahre Baugrundforschung. Bauing. 18. 1. 1935 mit vielen Quellenangaben. — Krey: Erddruck und Erdwiderstand, 3. Aufl. 1926, 4. Aufl. 1932.

[5] Wertvolle Hinweise lieferten auch die Berichte zum 1. Talsperrenkongreß, Stockholm 1933, die, soweit sie die Erdbaumechanik betrafen, zusammen mit dem Ergebnis der Aussprache in den Bänden III und IV des Kongreßberichtes niedergelegt sind. Band III: Méthodes de recherches permettant de reconnaître, si un matérial donné est apté a être employé pour la construction d'un barrage en terres. Band IV: Étude des lois physiques commandant l'infiltration de l'eau à travers les barrages en terres et le sol sousjacent. Zu beziehen über den VDI-Verlag Berlin, Ingenieurhaus.

Kornform und Kornlagerung stärker abhängigen Eigenschaften, wie Durchlässigkeit, Steife u. a. m., unmittelbar durch geeignete Prüfverfahren.

(2) Mechanische Bodenanalyse und Kornverteilung. Die mechanische Bodenanalyse zerlegt den — nötigenfalls durch Glühen von organischen Bestandteilen befreiten — gut getrockneten Boden in Korngrößengruppen. Deren Gewichtsanteil am Gesamtgewicht der Probe wird ermittelt und über den Logarithmen der zugeordneten Korngrößen zur „Kornverteilungslinie" (auch Sieblinie genannt) aufgetragen (Abb. 310).

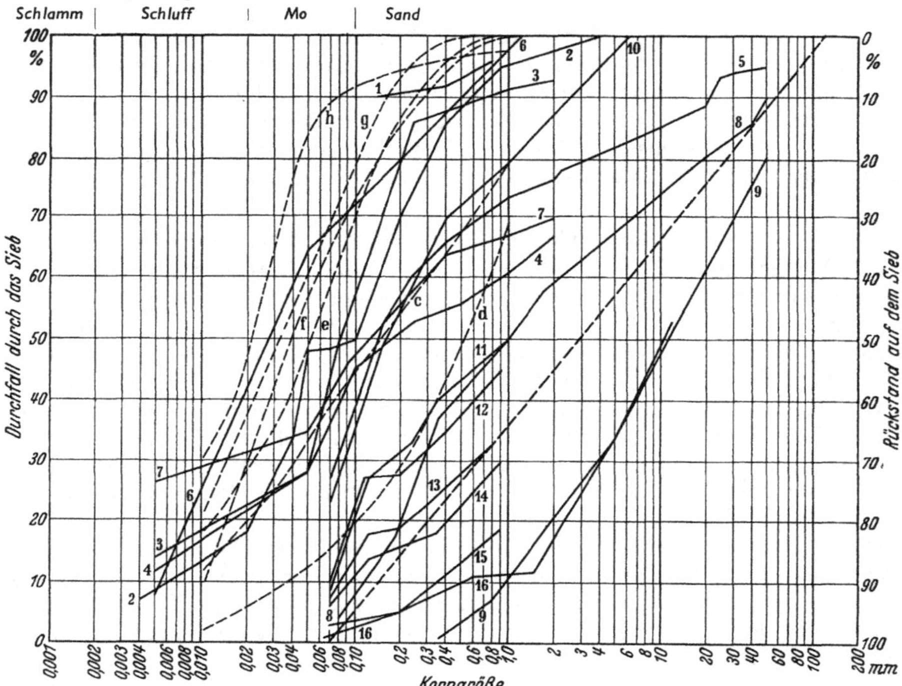

Abb. 310. Kornzusammensetzung gewalzter Erddämme. *1* Point of Rocks, *2* Table Rock, *3* Schofield, *4* Red Buttle Canyon, *5* Cle Elum, *6* Hyrum, *7* Echo, *8* Lahontan Wasserseite, *9* Lahontan Luftseite, *10* Rock Canyon, *11—14* Cold Springs Wasserseite, *15* Cold Springs Luftseite, *16* Mackay.

Für die Hauptgrößengruppen der Kornbestandteile sind zahlreiche Einteilungsbenennungen eingeführt, deren Vereinheitlichung bisher leider noch nicht gelungen ist. Wir haben in Abb. 310 die in Deutschland überwiegend gebrauchte Einteilung (in Übereinstimmung mit Terzaghi[1]) eingetragen und halten im folgenden daran fest.

Von besonderer Bedeutung für Dammbauten ist der Gehalt an feinen Teilchen, in der Praxis oft kurzweg summarisch als Tongehalt bezeichnet und oft schon von der Korngröße 0,1 mm ab nach unten gerechnet, was aber vermieden werden sollte. Die heutige Bodenmechanik erblickt das Wesen des Tons neben seiner in den kolloidalen Bereich ($d < 0{,}0001$ mm[2]) eingreifenden Feinkörnigkeit (nach Terzaghi u. a.) darin, daß er neben derben Körnern einen beträchtlichen Anteil von allerkleinsten Mineralschuppen enthält, die, in molekulare Wechselwirkung unter sich und mit dem in feinster Verteilung eingelagerten Wasser tretend, die eigenartige Wabenstruktur der „bindigen" Böden aufbauen. Diese

[1] Vgl. Redlich-Terzaghi-Kampe: Ingenieurgeologie, S. 326f., besonders S. 334. Berlin: Julius Springer 1929.

[2] Zu den kolloidalen Bestandteilen des Tons sind im strengen Sinne der Kolloidlehre erst Teilchen von $\lesseqgtr 1/10000$ mm zu rechnen. Vgl. W. Ostwald: Die Welt der vernachlässigten Dimensionen, S. 20. Leipzig: Steinkopf 1927.

Kornform und Lagerungsart und nicht der Gehalt des Tons an kolloidalen Teilchen an sich ist nach den neueren Forschungsergebnissen von entscheidender Bedeutung für die kennzeichnenden Eigenschaften des Tons, insbesondere für seine geringe Wasserdurchlässigkeit, sein starkes Quell- und Schrumpfvermögen, seine beim Wechsel des Wassergehalts zwischen Verflüssigung und scheinbarer Versteinung pendelnde Steifenänderung, sein oft erhebliches Setzmaß unter Last und seine Verdichtungsfähigkeit durch Kneten, Stampfen, Walzen.

Bis zu 0,06 mm Korngröße herunter kann die Trennung auch bindiger Massen in Korngrößengruppen mittels der genormten 18 Prüfsiebe (DIN 1171) trocken oder naß vorgenommen werden[1]. Im Erdbau beschränkt man sich zur Untersuchung der sog. Feinerde — worunter der Durchfall eines gewöhnlichen 5- oder 2-mm-Siebes verstanden wird — zweckmäßig auf eine verkürzte Siebreihe mit

16	144	900	und äußerstenfalls noch	3600 Maschen je cm²,
1,5	0,49	0,200	„ „ „	0,102 mm Maschenweite.

Zur Weiterzerlegung der Bodenbestandteile unter 0,2 oder 0,1 mm Korngröße, die gerade für dichtende Dammteile besonders wichtig sind, eignen sich die Siebverfahren nicht mehr. Man hat dafür zahlreiche Spül- oder Schlämm- sowie Absitzverfahren entwickelt, die alle auf einer Anwendung des Satzes von Stokes[2] beruhen. Dieser gestattet, den Durchmesser d einer Kugel, die in einer Flüssigkeit niedersinkt, aus der unveränderlichen Sinkgeschwindigkeit v abzuleiten, und lautet

$$d = \sqrt{\frac{18\,\nu\,v}{g\,(s - s')}}\,. \tag{1}$$

In (1) bezeichnet g die Schwerebeschleunigung (981 cm/s²), s die Wichte der Kugel, s' die der Flüssigkeit und ν die kinematische Zähigkeit, die den Bruch

$$\nu = \frac{\mu}{\varrho} \tag{2}$$

aus Zähigkeitsmaß und Dichte darstellt. Sie wird vornehmlich durch die Temperatur beeinflußt und genügt für die praktisch vorkommenden Bereiche der Gesetzmäßigkeit

$$\nu = \frac{0{,}0175}{1 + 0{,}040 \cdot t^0}\ \text{cm}^2/\text{s}. \tag{3}$$

Bei der Schlämmuntersuchung wird der weiter zu zerlegende Siebdurchfall in Wasser durch Schütteln aufgeschlämmt und einem senkrecht aufsteigenden Wasserstrom von unveränderlicher Geschwindigkeit v ausgesetzt; dabei setzen sich diejenigen Körner, zu deren Durchmesser nach (1) eine v übersteigende Sinkgeschwindigkeit gehört, allmählich ab, und es kann ihr Anteil hinterher in Gewichtsteilen festgestellt werden. Durch Auflösen von (1) ergibt sich die zu einem bestimmten Korndurchmesser gehörige Grenzgeschwindigkeit zu

$$v = \frac{g\,d^2}{18\,\nu}\,(s - s')\,. \tag{1a}$$

Beispielsweise sei $t = 20°$ C, $s = 2{,}70$, $s' = 1{,}00$ und die Grenzgeschwindigkeit für einen Korndurchmesser von $^1/_{100}$ mm gesucht. Zunächst errechnet sich aus (3)

$$\nu = \frac{0{,}0175}{1{,}80} = 0{,}0097\ \text{cm}^2/\text{s}$$

und damit aus (1a)

$$v = \frac{981 \cdot 0{,}001^2 \cdot 1{,}70}{18 \cdot 0{,}0097} = 0{,}0095\ \text{cm/s}.$$

---

[1] Vgl. DIN 1171 und Drucksachen des Chemischen Laboratoriums für Tonindustrie G. m. b. H., Berlin NW 21, Dreysestr. 4.

[2] G. G. Stokes: Mathematical and Physical Papers, Bd. 3, S. 60. Cambridge 1905, Universitätsdruckerei.

Das verbreitetste ältere Schlämmverfahren geht auf Kopecky und Schöne[1] zurück. Abb. 311 zeigt eine Einrichtung dafür in der Form, wie sie unter anderem für die Prüfung des Kernbodens des Cobble-Mountain-Dammes verwendet wurde[2]. Es sind drei zylindrische Spülgefäße mit kegeligen Ansätzen von 25, 50 und 100 mm Durchmesser hintereinander geschaltet, die von einer gleichbleibenden Wassermenge durchströmt werden. Den Durchmessern entsprechend verhalten sich die Geschwindigkeiten in den einzelnen Gefäßen wie $1:{}^1/_4:{}^1/_{16}$ und die niedersinkenden Korngrößen wegen (1) wie $1:{}^1/_2:{}^1/_4$. Durch entsprechende Regelung des Durchflusses kann man jede noch so feine Korngrößentrennung vornehmen.

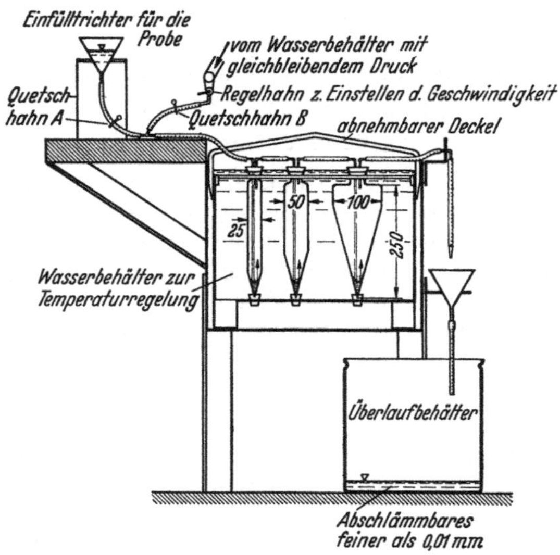

Abb. 311. Mechanische Feinuntersuchung nach dem Schlämmverfahren.

Es gilt $Q = vF$. (4)

Für v und F können die Wertepaare irgendeines der Spülzylinder eingesetzt werden. Wird beispielsweise die oben errechnete Grenzgeschwindigkeit $v = 0{,}0095$ cm/s für $d = {}^1/_{100}$ mm im größten der drei Zylinder eingesetzt, so findet man mit $F = 10^2 \pi/4 = 78{,}5\ \text{cm}^2$ ein Q von $0{,}0095 \cdot 78{,}5 = 0{,}75\ \text{cm}^3/\text{s}$.

Zu Beginn des Versuches wird zunächst die erforderliche Durchflußmenge eingestellt und erst nach Schließen des Quetschhahnes B die durchgeschüttelte Aufschlämmung eingefüllt. Sobald alles durchgelaufen und ausgespült ist, wird der Quetschhahn wieder geöffnet. Der Versuch muß solange laufen, bis das Wasser in den Spülgefäßen klar geworden ist, was bei sehr kleinen Korngrößen mehrere Tage in Anspruch nehmen kann. Man hat dann im obigen Beispielsfalle in den 3 Zylindern der Reihe nach die Korngrößen $d > 0{,}01$; $0{,}01 > d > 0{,}005$; $0{,}005 > d > 0{,}0025$ und in dem Überlaufbehälter alle Körner mit $d < 0{,}0025$ mm als „Abschlämmbares" und kann nach Trocknen und Wiegen der Rückstände in den Zylindern die Gewichtsanteile dieser vier Gruppen ausrechnen, da das eingeführte Gesamtgewicht bekannt ist.

In Deutschland haben Schulze und Harkort Verfahren und Geräte (Spitzgläser mit auswechselbaren Düsen und Ablaßvorrichtung) entwickelt, die einfacher und schneller, dabei ebenso genau arbeiten wie das beschriebene Gerät[3].

Bei den Absetzverfahren überläßt man die Trübe nach dem Aufschütteln im Standglase sich selbst und mißt ab und zu die seitdem verflossene Zeit. In einer beliebigen Tiefe a unter der Wasseroberfläche ändert sich die Dichte der Aufschlämmung anfänglich nicht, da alle absinkenden Körner ständig durch nach Größe und Teilmenge gleichwertige, von oben nachsinkende ersetzt werden. Erst mit dem Eintreffen der ersten aus der Wasseroberfläche stammenden Körner beginnt die Dichte der Aufschwemmung im Beobachtungsquerschnitt abzunehmen. Diese Körner haben den weitesten Weg durchfallen und sind daher die gröbsten in dem Querschnitt überhaupt vorkommenden und zugleich

[1] Handbuch der Bodenlehre. Herausgeg. von Dr. E. Blanck, Bd. 6, S. 7—28. Berlin: Julius Springer 1930; auch Handbuch Otzen, Bd. III, 7. (Kulturtechnischer Wasserbau.)

[2] H. H. Hatch: Test for Hydraulic-fill-dams. Amer. Soc. Civ. Engr. Proc. 1932 S. 1301—1342.

[3] Vgl. „Die Untersuchung der Rohstoffe und Massen". Chemisches Laboratorium für Tonindustrie, Berlin.

die letzten ihrer Größenordnung, die aus der Aufschwemmung oberhalb des Beobachtungsquerschnittes verschwinden. Beim weiteren Abnehmen der Dichte im Beobachtungsquerschnitt bleibt diese Beziehung grundsätzlich bestehen. Der Durchmesser des jeweils größten noch vorhandenen Kornes läßt sich daher nach dem Stokesschen Gesetz aus der Beobachtungszeit t und der Sinkgeschwindigkeit des jeweils größten Kornes $v = \frac{a}{t}$ nach (1) berechnen zu:

$$d = \sqrt{\frac{18\,a\,v}{g\,t\,(s - s')}}. \tag{5}$$

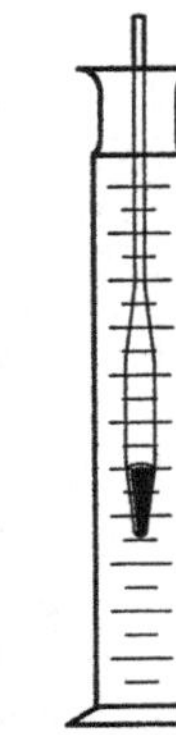

Abb. 312. Schwimmwaage (Hydrometer) nach Bouyoucos.

Ist die Dichte an der Meßstelle K, die Anfangsdichte K_a, so ist K/K_a der Gewichtsanteil der Körnungen, die feiner als das gerade vorbeiwandernde Größtkorn sind. Dieser und der Durchmesser d des letzteren gestatten eine unmittelbare Auftragung der Sieblinie.

Die Dichte wird teils unmittelbar, teils mittelbar gemessen. Von der großen Zahl der vorgeschlagenen Verfahren kommt für die Zwecke des Dammbaues in erster Linie das Schwimmwaageverfahren von Bouyoucos in Frage[1], das zwar nicht das genaueste, aber das schnellste ist. Zufolge der Streuung in der Zusammensetzung der Bodenproben muß man stets mit gewissen Abweichungen rechnen, und es hat daher wenig Zweck, die Meßverfahren übermäßig zu verfeinern, zumal wenn es auf Kosten der Zeit geht. Mit der Schwimmwaage läßt sich die vollständige Kornverteilung, wenn es sehr schnell gehen muß, in $^1/_2$h bestimmen.

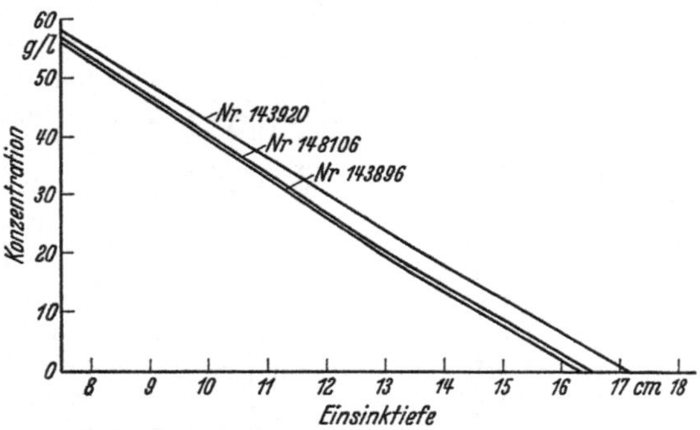

Abb. 313. Eichkurven von Schwimmwaagen für den Cobble-Mountain-Damm.

Als Bezugspunkt (Abb. 312) gilt näherungsweise der Mittelpunkt des Schwimmkörpers. Vor Beginn der Messungen stellt man eine Eichkurve auf (Abb. 313), indem man für gegebene Dichten der Aufschlämmung die Einsinktiefen des Schwimmermittelpunktes abliest, um jene später umgekehrt aus den letzteren ableiten zu können. Das Meßverfahren vollzieht sich in folgender Weise. Man stellt aus dem letzten Siebdurchfall eine Aufschlämmung von etwa 20 bis 30 g/l her, schüttelt sie kräftig durch, füllt den Meßzylinder bis zu einer gewissen Höhe, schüttelt wieder durch, taucht die Schwimmwaage ein, liest so schnell wie möglich die Einsenktiefe ab, setzt eine Stechuhr in Gang und liest in Zeitabständen von 1, 2, 5, 10, 30, 60, ... min wieder ab. Aus den Einsenktiefen a und den Zeiten t folgt nach (5) das jeweilige größte Korn der Dichte d und mit Hilfe der Eichkurve die Dichte und daraus der

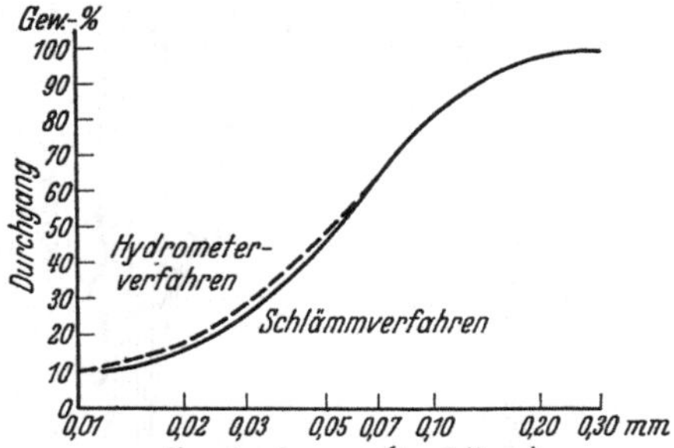

Abb. 314. Mechanische Feinuntersuchung nach dem Schwimmwaage- und Schlämmverfahren beim Cobble-Mountain-Damm.

[1] J. G. Bouyoucos: Making Mechanical Analyses of Soils in 15 minutes. Soil Science Bd. 25 (1928) S. 473—480. Ferner Casagrande: Die Aräometermethode. Berlin: Julius Springer 1934.

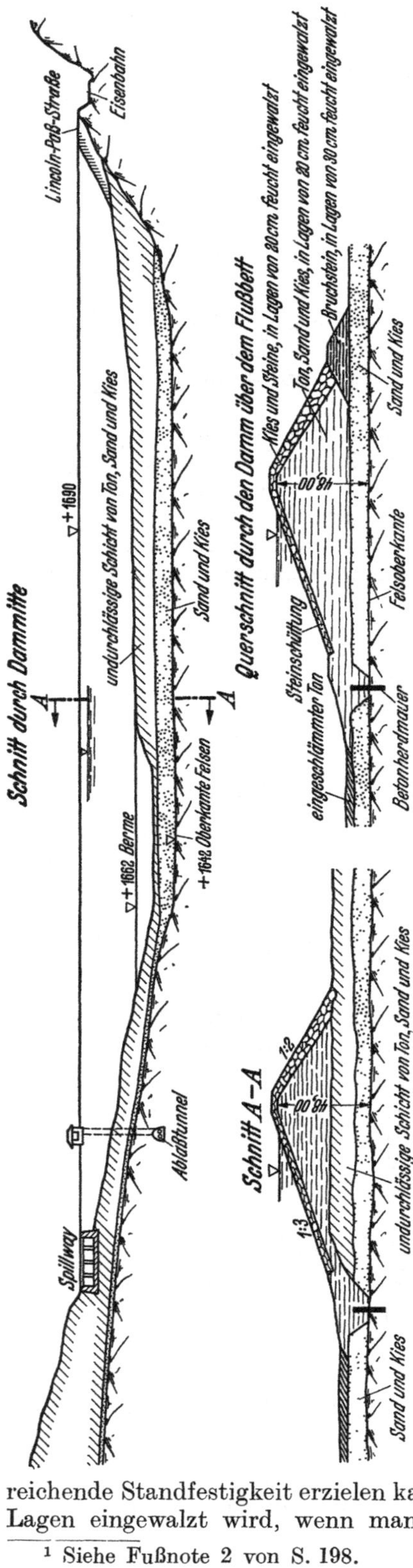

Abb. 315. Echo-Walzdamm-USA. Längsschnitt und Querschnitte.

Gewichtsanteil der Körnungen kleiner als d. Die Vervielfachung mit dem Anteil der Ausgangsdichte (letzter Siebdurchfall) liefert schließlich die Anteile der Feinkörnungen.

Abb. 314 zeigt das Ergebnis einer Feinuntersuchung für den Cobble-Mountain-Damm[1], einmal nach dem Spül- und ein anderes Mal nach dem Schwimmwaageverfahren. Die Abweichungen sind so gering, daß es verständlich ist, wenn dem viel schneller durchführbaren Schwimmwaageverfahren mehr und mehr der Vorzug gegeben wird.

Bei der Durchführung der Feinuntersuchung muß noch auf den Feuchtigkeitsgehalt geachtet werden; am besten ist es, wenn die Bodenprobe in gedarrtem Zustande ausgewogen und durch den Feinsiebsatz geschickt wird. Der Aufschlämmung wird meist Ammonlösung od. dgl. zugesetzt, etwa 1 cm³ auf je 10 g Prüfmasse, damit die Teilchen nicht aneinander kleben. Die Trennung läßt sich beschleunigen und verbessern, wenn das Durchschütteln maschinell geschieht.

Bei Heranziehung der Schwimmwaage gestaltet sich die Überwachung bei der Bauausführung sehr einfach; es brauchen nur gewisse Körnungsgrenzen festgesetzt zu werden, innerhalb deren sich die Verteilungskurve halten muß. Werden diese merklich überschritten, so kann man die Böden entweder von der Verwendung ausschließen oder in Bereichen des Dammkörpers abkippen, in denen die Abweichungen unschädlich sind. Auf jeden Fall wird verhindert, daß sich der Schüttboden unzulässig weit von den für die Entwurfsgestaltung zugrunde gelegten Annahmen entfernt.

Für die Bereichsabgrenzung der Kornverteilungslinie ist nach der Richtung der Feinkörnigkeit die Standfestigkeit und Raumbeständigkeit, nach derjenigen der Grobkörnigkeit die Wasserdurchlässigkeit maßgebend. In Dämmen aus tonhaltigem Schüttboden stehen daher Wasserdichtigkeit und Standfestigkeit stets in einem gewissen Widerstreit miteinander. Immerhin hat der 50 m hohe Echo-Damm bewiesen, daß man auch mit recht tonreichem Boden eine hinreichende Standfestigkeit erzielen kann, wenn die Schüttung sorgfältig in dünnen Lagen eingewalzt wird, wenn man mit der wasserseitigen Böschungsneigung

[1] Siehe Fußnote 2 von S. 198.

nicht zu hoch heraufgeht und sie sowie auch die luftseitige Böschung nach Bedarf durch kräftige Steinbestürzungen beschwert (Abb. 315). Von einer ausgesprochenen Grenze der Feinkörnigkeit kann bei gewalzten Dämmen nur insoweit gesprochen werden, als der Tonanteil (Korngrößen unter 0,002 mm) nicht über 25% betragen soll; dieser Forderung genügt nach Abb. 310 der Echo-Damm noch gut. In Richtung der Grobkörnigkeit zeigt die Erfahrung, daß von einer gewissen kritischen Körnung ab die Wasserdurchlässigkeit bei nur geringer Abnahme des Feinteilgehaltes gewaltig zunimmt. Man kann daher den Zufälligkeiten der Herstellung nur begegnen, wenn man in sicherem Abstand von dieser kritischen Körnung bleibt.

Lane[1] hat versucht, die praktisch noch zulässige Körnung an Hand der Kornzusammensetzung einer Reihe amerikanischer Walzdämme festzustellen (Abb. 310). Der McKay-Damm, der jenseits der eingestrichelten Geraden liegt, besitzt eine viel zu grobe Schüttmasse; seine Durchlässigkeit macht etwa $2^1/_2$ Mill. m^3/Tag aus. Die Kornzusammensetzungen nach den Linien *8* und *9* entsprechen der Wasser- und der Luftseite des Lahontan-Dammes; die entsprechenden Durchlässigkeiten verhalten sich wie 1:1300; die eine liegt diesseits, die andere jenseits der kritischen Körnung. Die Linien *13* und *14* entstanden aus *15* durch Zusatz von 30 bzw. 25% Erde; dies vermindert die Durchlässigkeit im Verhältnis 1:5000 bzw. 1:2200. Aus den genannten Tatbeständen folgt, daß die Lanesche Gerade ziemlich scharf diesseits der kritischen Körnung verläuft. Die Festsetzung einer derartigen Grenzlinie hat jedoch nur dann Wert, wenn gleichzeitig der Verlauf der einzelnen tatsächlichen Verteilungslinie auch derart ist, daß die Anteile der einzelnen Korngrößengruppen im richtigen Verhältnis zueinander stehen, so daß die Poren der gröberen Bestandteile von den feineren fortlaufend ausgefüllt werden können[2].

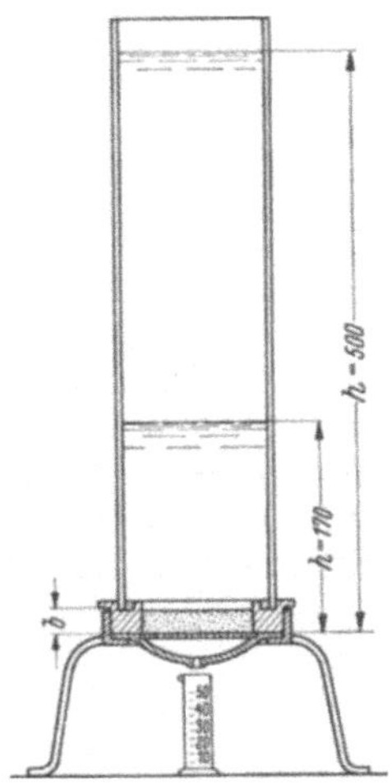

Abb. 316. Durchlässigkeitsprüfanordnung beim Arvo a Nocelle-Staudamm.

(3) Durchlässigkeit. Die Durchlässigkeit ist eine natürliche Eigenschaft poriger Massen (wozu auch tonige Böden zählen), die vom Wasserdruck wie auch von den äußeren Abmessungen mehr oder weniger unabhängig ist. Die letztgenannten Einflüsse treten erst in Erscheinung, wenn es sich um die Feststellung des Sickerverlustes handelt. Die Bestimmung der Durchlässigkeit oder besser des Durchlässigkeitsgrades kann auf die verschiedenste Art und Weise vorgenommen werden; die Grundlage bildet immer das Darcysche Gesetz

$$q = k\,\frac{h\,f}{b}\,. \tag{6}$$

Es besagt, daß die Sickerwassermenge q dem Durchlässigkeitsgrad k, dem Abfall der Wasserdruckhöhe h und dem (vollen) Querschnitt f geradewegs, dem Sickerweg b aber umgekehrt verhältnisgleich ist. Gewöhnlich bedient man sich zur Durchlässigkeitsbestimmung eines zylindrischen Glasgefäßes mit einem Filterboden aus Messing od. dgl., in das zunächst die Füllmasse und dann Wasser eingebracht wird. Hierbei ist tunlichst darauf Rücksicht zu nehmen, daß Feuchtigkeit und Lagerungsdichte sowie Belastung des Prüfkörpers beim Einbringen den Verhältnissen im Damm entsprechen. Bei Anordnung nach

[1] E. W. Lane: Materials in Existing Earth-Dams. Engng. News Rec. Bd. 105 (1930) S. 961—965.

[2] Diese Forderung wird streng genommen nur von Böden mit „Ausfallkörnung" und unstetigen, treppenförmigen Verteilungslinien erfüllt. Im praktischen Dammbau wird man sich aber aus wirtschaftlichen Gründen mit den natürlichen, mehr stetigen Körnungen begnügen.

Abb. 316[1] ist für h die Wassersäule über dem Siebuntersatz, für f der lichte Kreisquerschnitt und für b die Füllhöhe einzusetzen. Ein neues, von v. Szily angegebenes Gerät, das die Entnahme von Bodenproben in ungestörter Lagerung und zugleich die Durchlässigkeitsbestimmung erlaubt (Abb. 317), gestattet auch die Anwendung beliebig kleiner Gefälle[2].

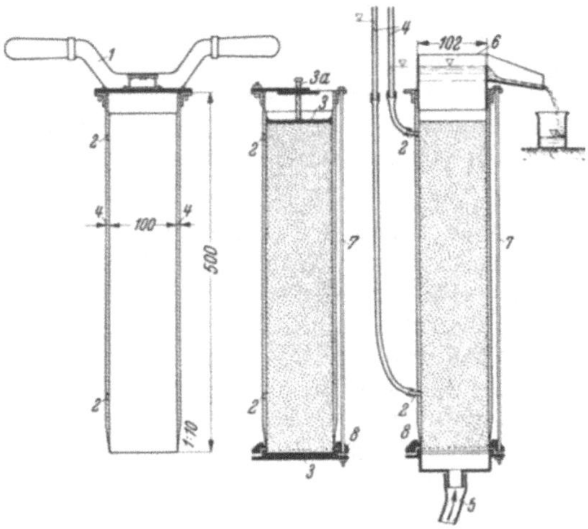

Abb. 317. Gerät für Bodenentnahme und Durchlässigkeitsprüfung nach v. Szily.

Durch Auflösen von (2) folgt

$$k = \frac{q\,b}{h\,f} \quad (k = \text{Durchlässigkeitsgrad (m/s oder cm/s)}\,. \tag{7}$$

Um auf das hier zugrunde gelegte Darcysche Gesetz und die Abhängigkeit des Durchlässigkeitsgrades von Korndurchmesser, Temperatur und Porigkeit noch näher einzugehen, möge zunächst der Idealfall einer feinen, kreiszylindrischen, waagerecht verlaufenden Pore mit dem Querschnitt F, dem Umfang U und der Länge L betrachtet werden, die am einen Ende unter Wasserdruck, am anderen unter Atmosphärendruck steht (Abb. 318). Da der letztere auf beiden Seiten gleich ist und die kinetische Energie bei der sehr kleinen Sickergeschwindigkeit keine Rolle spielt, wirkt auf das die Pore durchströmende Wasser der äußere Überdruck $p_0 F$, dem durch die Wandreibung $\tau_R U L$ das Gleichgewicht gehalten wird. Es folgt daher für die spezifische Wandreibung τ_R:

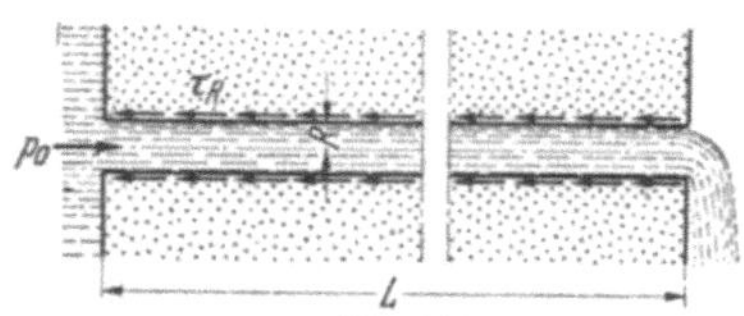

Abb. 318.

$$\tau_R = \frac{p_0 F}{U L} \tag{8}$$

oder mit $F = R^2 \pi$, $U = 2 R \pi$

$$\tau_R = \frac{p_0 R}{2 L}\,. \tag{8'}$$

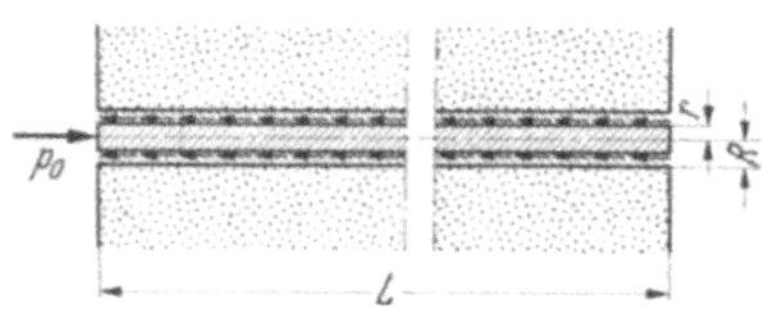

Abb. 319.

In entsprechender Weise ergibt sich längs eines kreiszylindrischen Ausschnittes gemäß Abb. 319 für die spezifische Flüssigkeitsreibung τ_r

$$\tau_r = \frac{p_0 r}{2 L}\,. \tag{9}$$

Ist v die Geschwindigkeit des strömenden Wassers, so lautet das Newtonsche Gesetz der laminaren Strömung unter Berücksichtigung von (9)

$$\frac{\mathrm{d}v}{\mathrm{d}r} = \frac{\tau}{\mu} = \frac{p_0 r}{2 \mu L}\,. \tag{10}$$

In (10) stellt μ den Viskositäts- oder Zähigkeitsbeiwert des Wassers dar, der in erster Linie von der Temperatur abhängt (vgl. Abb. 320). Bezeichnet t Celsiusgrade, so kann mit hinreichender Genauigkeit geschrieben werden:

$$\mu = \frac{10^{-8}}{0{,}56 + 0{,}022\, t^0} \text{ in kg/s/cm}^{-2}. \tag{11}$$

[1] Die Prüfanordnung von Abb. 316 wurde beim Bau des Arvo-Erddammes (Italien) benutzt. Vgl. Energia elettr. 1932 S. 1061—1077. Dieselbe ist aber nicht unter allen Umständen zur Nachahmung zu empfehlen, da das Darcysche Gesetz bei Gefällen $h:b \approx 1{,}0$ nicht mehr genau genug gilt.

[2] Jos. v. Szily: Laza Talajok Vizsgálata Vízmozgások Szempontjából. Techn. Hochschule Budapest 1936. Ferner Dtsch. Wasserwirtsch. 1937 Heft 10 u. 12.

Wird (10) integriert und die Integrationskonstante so bestimmt, daß v längs der Wand, d. h. für $r = R$ verschwindet, so erhält man nach Einsetzen von μ

$$v = \frac{p_0}{4L}(R^2 - r^2) \cdot 10^8 (0{,}56 + 0{,}022\, t^\circ) \text{ in cm/s}. \tag{12}$$

Die Geschwindigkeit nimmt hiernach von der Wandung zur Mitte parabolisch zu. Aus (12) folgt für die gesamte hindurchströmende Wassermenge

$$Q = \int_0^R 2 r \pi v \, \mathrm{d}r = \frac{p_0 R^4}{8L} \cdot 10^8 (0{,}56 + 0{,}022\, t^\circ).$$

Dividiert man diese durch den Querschnitt, so ergibt sich die sog. mittlere Durchflußgeschwindigkeit oder Sickergeschwindigkeit v_m, die zweckmäßigerweise auf den Durchmesser D der Pore bezogen wird. Die entsprechende Umrechnung liefert

$$v_m = \frac{Q}{F} = \frac{p_0 D^2}{L} \cdot 10^6 \cdot 1{,}75 (1 + 0{,}040\, t^\circ) \text{ in cm/s}. \tag{13}$$

Die Gl. (12) und (13) stellen das sog. Hagen-Poiseuillesche Gesetz dar; sie wurden erstmalig durch A. Hazen[1] zur Beurteilung der Durchlässigkeit von Dammböden herangezogen. Man kann aus Gleichungen, die unter so idealisierten Voraussetzungen, wie sie eine kreiszylindrische Pore darstellt, abgeleitet wurden, selbstverständlich keine genauen Zahlenwerte erwarten. Wohl aber ist es erlaubt, aus ihnen Vergleichsschlüsse abzuleiten.

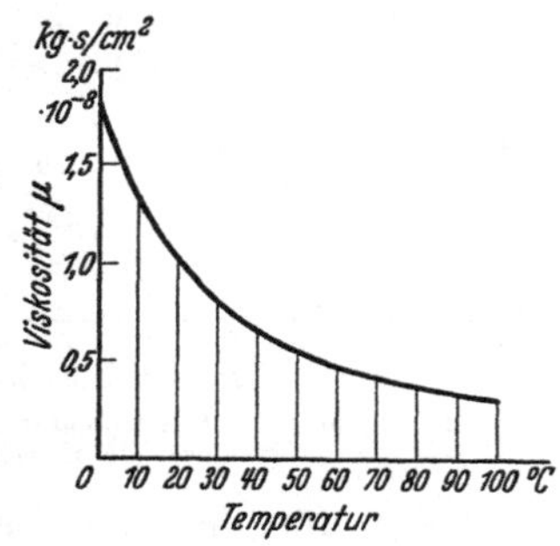

Abb. 320. Abhängigkeit der Viskosität des Wassers von der Temperatur.

Aus (13) folgt, daß die Sickergeschwindigkeit und damit die Durchlässigkeit verhältnisgleich dem Wasserdruck p_0 und dem Quadrat des Porendurchmessers D und umgekehrt verhältnisgleich dem Sickerweg L ist. Das wirksamste Mittel, um die Durchlässigkeit zu verringern, besteht hiernach nicht in einer Vergrößerung des Sickerweges, sondern in einer Verringerung des Porendurchmessers, die im wesentlichen mit einer Verfeinerung der Körnung gleichbedeutend ist. Das im nächsten Kapitel behandelte Spülverfahren, das die feinsten Teile aus dem Füllgut herauslöst und im Kern ablagert, erhöht die Feinporigkeit auf Kosten des Sickerweges und setzt damit die aus (13) sich ergebenden Folgerungen in die Praxis um.

Bei einem Staudamm entspricht dem Wasserdruck p_0 eine Stauwassersäule H gemäß

$$p_0 = \gamma H.$$

Wird diese in (13) eingeführt, so folgt

$$v_m = \gamma \frac{H}{L} D^2 \cdot 1{,}75 \cdot 10^6 (1 + 0{,}040\, t^\circ) \quad \text{(kreiszylindrische Pore)}. \tag{14}$$

Um der praktisch vorhandenen Vielgestaltigkeit der Porenwege Rechnung zu tragen, hat A. Hazen[1] die Gl. (14) durch

$$v_m = c \frac{H}{L} D_w^2 \cdot 1{,}75 \cdot 10^6 (1 + 0{,}040\, t^\circ) \qquad \text{(poröse Böden)} \tag{15}$$

ersetzt. Hierin stellt c einen versuchsmäßig zu bestimmenden Beiwert dar, welcher der Vergrößerung des Sickerweges gegenüber dem Idealfall der kreiszylindrischen Pore Rechnung tragen soll, und D_w den sog. „wirksamen Korndurchmesser". Nach ausgedehnten Versuchen von Hatch[2] mit dem Kernboden

[1] Annual Report, Massachusetts State Board of Health 1892 S. 539.

[2] H. H. Hatch: Test for Hydraulic-fill-dams. Amer. Soc. Civ. Engr. Proc. 1932 S. 1301 bis 1342.

des Cobble-Mountain-Dammes scheint es zweckmäßig zu sein, denjenigen Korndurchmesser als den „wirksamen" zu bezeichnen, dem in der Sieblinie ein 90%iger Rückstand entspricht. Der Feinteilgehalt unterhalb des wirksamen Korndurchmessers macht somit 10% des Probeninhalts aus.

Für einen Porenraumanteil von 45% und wirksame Korndurchmesser zwischen 0,003 und 0,012 mm fand Hatch für die Kernmasse des Cobble-Mountain-Dammes

$$v_m = 11{,}6 \frac{H}{L} D_w^2 (1 + 0{,}040 \cdot t^\circ) \quad \text{(cm/s)} \quad \text{(Cobble-Mountain-Damm)}.$$

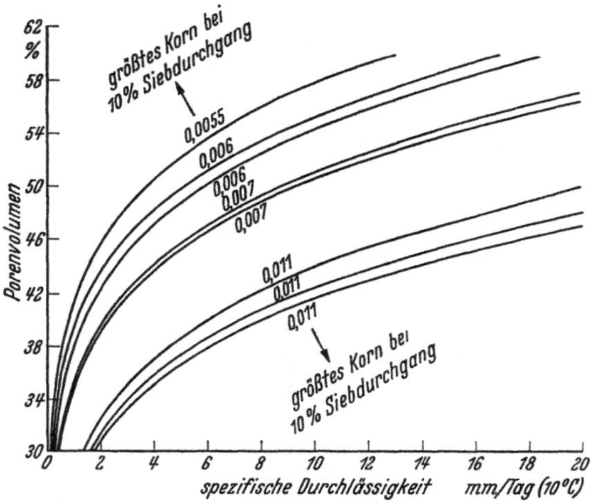

Abb. 321. Versuche mit Kernmaterial des Cobble-Mountain-Dammes. (H. H. Hatch.)

Da erfahrungsgemäß kolloidhaltige Böden und insbesondere die Kernböden gespülter Dämme (s. nächstes Kap.) unter Wirkung der Auflast und des Wasserdruckes stark zusammengehen, verändert sich die Porigkeit und damit die Wasserdurchlässigkeit. Hatch[1] hat den Einfluß einer veränderlichen Porigkeit bei gleichbleibender Körnung untersucht (Abb. 321) und dabei festgestellt, daß sich die Sickergeschwindigkeit etwa mit der 6. Potenz des Porenraumes ändert. Bezeichnet β den veränderlichen Porenanteil und β' einen Festwert (z. B. $\beta' = 0{,}45$), für den der Beiwert c bekannt ist, so ergibt sich nach Hatch

$$v_m = c' \frac{H}{L} D_w^2 \left(\frac{\beta}{\beta'}\right)^6 (1 + 0{,}040 \cdot t^\circ). \tag{16}$$

Die Gl. (16) sei als Hatch-Darcysches Gesetz bezeichnet; sie spaltet sich unter Einführung des Durchlässigkeitsgrades k in die Gleichungen:

$$\left.\begin{aligned} v_m &= k \frac{H}{L} && \text{(Darcy)} \\ k &= c' D_w^2 \left(\frac{\beta}{\beta'}\right)^6 (1 + 0{,}040 \cdot t^\circ) && \text{(Hatch)} \end{aligned}\right\} \tag{17}$$

Ist der Beiwert c' auf Grund von Vorversuchen für einen gegebenen Boden bestimmt, so geben die Formeln (16) und (17) die Möglichkeit, den Verlauf von Sickergeschwindigkeit q und Durchlässigkeitsgrad k als Funktion der Kornfeinheit und Porigkeit in großen Zügen zu übersehen.

Ein Schüttboden kann als praktisch dicht bezeichnet werden, wenn der Durchlässigkeitsgrad in der Gegend von $1/10^6$ cm/s oder darunter bleibt. Eine solche Festsetzung gewährt auch die nötige Sicherheit gegenüber den auch bei Einhaltung der Grenzlinie der kritischen Körnung noch möglichen Fehlgriffen.

Ist der Durchlässigkeitsgrad auf dem Versuchswege ermittelt, so läßt sich der Gesamtsickerverlust des Erddammes näherungsweise berechnen. Bei Annahme waagerechter Durchströmung und dreieckigen bis zur Krone angestauten Dammquerschnittes ist das Verhältnis H/L fest und gleich dem Verhältnis der Stauhöhe zur Grundbreite: H/B. Wird noch mit F die eingestaute Talquerschnittsfläche bezeichnet, so ergibt sich nach (13) und (17) der Gesamtsickerverlust

$$Q = v_m F = k \frac{H}{B} F. \tag{4}$$

[1] Siehe Fußnote 2 von S. 198.

Zum Beispiel sei gegeben: $H = 40$ m, $B = 240$ m, $F = 6000$ m², $k = 1/100000000$ m/s. Damit errechnet sich

$$Q = \frac{40 \cdot 6000}{100000000 \cdot 240} = \frac{1}{100000}\ \text{m}^3/\text{s} = \frac{1}{100}\ \text{l/s} = 0{,}9\ \text{m}^3/\text{Tag}.$$

(4) Hohlraumgehalt. Unter dem Hohlraumgehalt oder Porenanteil (auch Porenvolumen) β einer Bodenprobe wird das Verhältnis des Porenraumes P (cm³) zum Gesamtinhalt der Probe J verstanden. Der Hohlraumgehalt ist außer von der Kornmischung in hohem Grade von der Kornlagerung (Bodenstruktur) abhängig und muß daher an Proben möglichst ungestörter natürlicher Lagerung (wenn nicht an künstlich verdichteten) Proben gemessen werden. Zur Berechnung des Porenanteils β genügt die Bestimmung des Naß- und Trockengewichtes G_n und G_t der Probe und ihres Rauminhaltes J in völlig wassergesättigtem Zustand[1]. Es ist: Naßgewicht abzüglich Trockengewicht = Gewicht des Porenwassers = Rauminhalt der Poren mal Raumgewicht γ_w des Wassers, also

$$\beta = \frac{G_n - G_t}{J\,\gamma_w}. \qquad (5)$$

Ist das spez. Gewicht s der Mineralkörper bekannt oder durch Pyknometerbestimmung ermittelt (meist um 2,7 t/m³ herum liegend), so kann auf Bestimmung des Trockengewichtes verzichtet werden, weil andererseits auch gilt

$$\beta = \frac{1}{s - \gamma_w} \cdot \left(s - \frac{G_n}{J}\right). \qquad (6)$$

Der Porenanteil fällt um so kleiner aus, je besser die Kornmischung ist und je weiter sie in das Bereich der groben Körnungen hineinreicht. Einseitige Feinkörnigkeit erhöht den Porenanteil; so haben tonige Böden in der Regel einen größeren Porenanteil als bindige oder nichtbindige Mischböden. Dies widerspricht nicht etwa der geringeren Durchlässigkeit tonreicher Böden, denn diese ist weniger durch den Porenanteil, vielmehr in erster Linie durch die geringe Porengröße ($\approx$ Kornfeinheit) bedingt.

Die Wasseraufnahmefähigkeit eines Bodens ist unmittelbar durch seinen Porengehalt bestimmt, wenn von den bei der Wassersättigung in Porenwinkeln verbleibenden nicht immer unbedeutenden Luftresten abgesehen wird.

Durch mechanisches Verdichten kann der Hohlraumgehalt aller Böden, besonders aber der tonhaltigen, stark verringert werden. Hiervon wird, wie bereits bemerkt, beim Dammbau weitgehender Gebrauch gemacht.

(5) Bodenverdichtung. Bei der mechanischen Verdichtung spielt der Wassergehalt des zu verdichtenden Bodens eine große Rolle: mit ihm nimmt die Geschmeidigkeit und Knetfähigkeit des Bodens, aber auch die Lockerheit (Porigkeit) zu, während die Steife abnimmt. An Bodenproben lassen sich zwischen diesen Eigenschaften und der je Raumeinheit Boden aufgewandten Verdichtungsarbeit gesetzmäßige Beziehungen nachweisen, deren Übertragung auf Dammschüttung und Untergrund dazu beitragen kann, dem Entwurf und der Ausführung der Dämme eine ähnliche Durchsichtigkeit und Genauigkeit zu verleihen, wie man sie bei anderen Baustoffen und Bauformen schon seit langem als selbstverständlich betrachtet. Abb. 322 zeigt die Entnahme derartiger Bodenproben auf einer amerikanischen Dammbaustelle.

---

[1] Die Trocknung darf nicht bei $\sim 100^0$ C vorgenommen werden, wenn man nicht das hygroskopisch gebundene Wasser mit austreiben will, was den hydraulisch wirksamen (spannungsfreien) Porenanteil etwas zu groß ergäbe.

Der nordamerikanische Ingenieur Proctor[1] hat in neuester Zeit die dahin zielenden Untersuchungsverfahren an zahlreichen großen Dammbauten weiter

Abb. 322. Entnahme von Bodenproben zu eingehender Untersuchung auf Verdichtungsfähigkeit, Durchlässigkeit, Porengehalt, Festigkeit usw. (Lichtbild von Proctor, Los Angeles.)

entwickelt und schon weitgehend erprobt. Die Ergebnisse seiner hauptsächlich für bindige Böden — wenn auch in sehr weiten Grenzen des Feinteilgehaltes — gültigen Untersuchungen können hier nur in den Hauptlinien mitgeteilt werden.

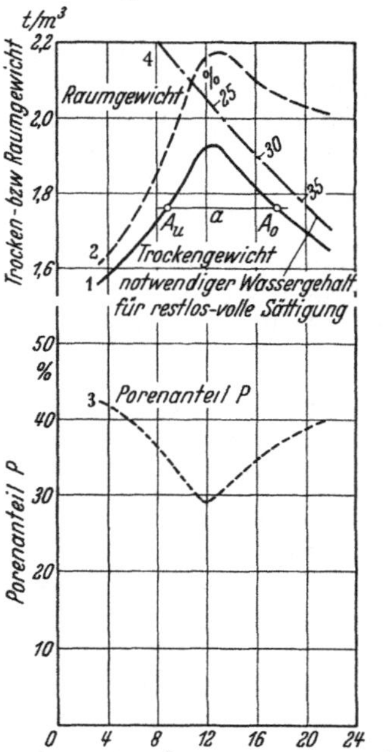

Abb. 323. Einfluß des Wassergehaltes auf Raumgewicht, naß und trocken, sowie auf Porengehalt nach Anwendung immer gleicher Verdichtungsleistung (sandiger Lehmboden). (Nach Proctor: Engng. News Rec. 1933.)

Verdichtet man unter stets gleichbleibendem Arbeitsaufwand der Reihe nach eine Anzahl gleich großer Proben eines bestimmten Bodens mit zunehmendem Wassergehalt, so erhält man einen immer kleineren Porenraum, bis schließlich bei einem bestimmten Wassergehalt eben die volle praktisch erreichbare Wassersättigung (bis auf gefangene Luftreste) erzielt wird. Damit ist auch das größte überhaupt in dieser Reihe zu erwartende Trockenraumgewicht und der kleinste Porenraum erreicht. Denn, setzt man die Versuche mit weiter verstärktem Wasserzusatz fort, so muß diesem entsprechend der Porenraum wieder zunehmen, es sei denn, daß Wasser aus den Poren bei dem Verdichtungsvorgang ausgetrieben werden könnte. Dies hat sich nach Proctor bei 200 von ihm untersuchten bindigen Böden als unmöglich erwiesen. Die Probe mit dem kleinsten Hohlraumgehalt und eben erreichter

[1] Proctor: Fundamental principles of soil compaction. Engng. News Rec. 31. 8. 1933f. Ferner Soil compaction control for rolled earth-dam construction. J. Amer. Water Works Ass. Bd. 28 (1936) Heft 1. — G. Gilboy: Mechanics of Hydraulic-Fill Dams. J. Boston Soc. Civ. Engs. Bd. 21 (Juli 1934). — Theod. Knappen u. R. R. Philippe: Practical Soil Mechanics at Muskingum. Engng. News Rec. 26. 3. 1936f. — F. B. Campbell: Modified soil control proposed for rolled-fill-dam construction. (Experience with Proctor method of soil control on Sutherland Reservoir indicates some desirable changes to speed work without loss of efficiency.) Engng. News Rec. Bd. 116 (1936) S. 158f.

„praktischer“ Wassersättigung bestimmt demnach den „Bestwert“ des Wassergehaltes hinsichtlich des angewandten Verdichtungsverfahrens.

Ein wirksameres Verdichtungsverfahren ergibt bei demselben Boden den „Bestwert des Wassergehaltes“ naturgemäß bei einem noch kleineren Porenanteil, liefert also (wie grundsätzlich zu erwarten) einen schwereren, weniger durchlässigen, weniger wasserhaltigen, daher steiferen und festeren Dammboden. Im praktischen Fall kann man daher durch geeignete Wahl von Verdichtungsgerät (Walzengewicht) und Verdichtungsleistung (Zahl der Gänge) sowie des Wassergehaltes (nach dem zugeordneten Bestwert) fast jeden Naturboden den jeweiligen Anforderungen an Dichtigkeit und Festigkeit anpassen.

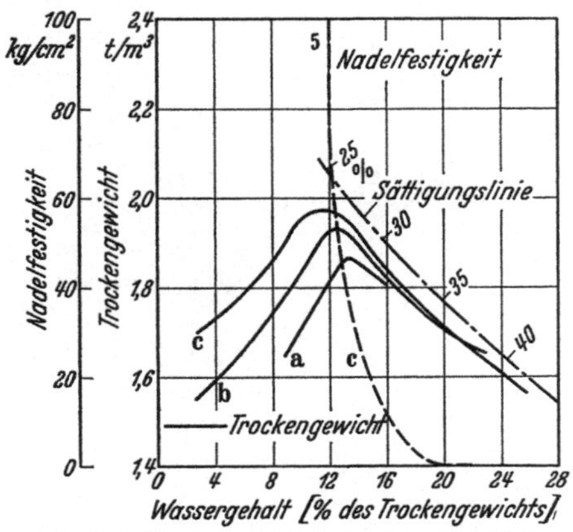

Abb. 324. Trockengewichtslinien desselben Bodens bei verschiedener Verdichtung (leichte, mittlere, schwere Walzen) in Abhängigkeit vom Wassergehalt. (Nach Proctor: Engng. News Rec. 1933.)

Trägt man die Ergebnisse einer Versuchsreihe mit gleicher Verdichtungsleistung über dem Wassergehalt zu Schaulinien auf, so erhält man immer das bezeichnende Bild von Abb. 323. Dasselbe Trockengewicht und dementsprechend derselbe Porenraum kann sowohl mit einem geringeren als auch mit einem größeren Wassergehalt erzielt werden. Eine Waagerechte (a) schneidet dementsprechend im allgemeinen z. B. Linie *1* in zwei Punkten (A_o, A_u), die den oberen und unteren möglichen Grenzwert des Wassergehaltes dieses Bodens bei der angewandten Verdichtungsart und dem betreffenden Trockengewicht bezeichnen. Bei A_o sind die Poren (mit Ausnahme eingeschlossener Luftreste) ganz mit Wasser erfüllt, bei A_u sind sie es nur zum kleineren Teil. Die mit dem Wassergehalt w_u verdichtete Probe enthält noch einen wasserfreien Porenanteil entsprechend dem Unterschied $w_o - w_u$. Ein solcher Dammboden kann daher im Betrieb (bei Zutritt von Stauwasser z. B.) sich bis zum Wassergehalt w_o sättigen. Hierbei erweicht er natürlich, und zwar, wie Versuche zeigen, sehr stark.

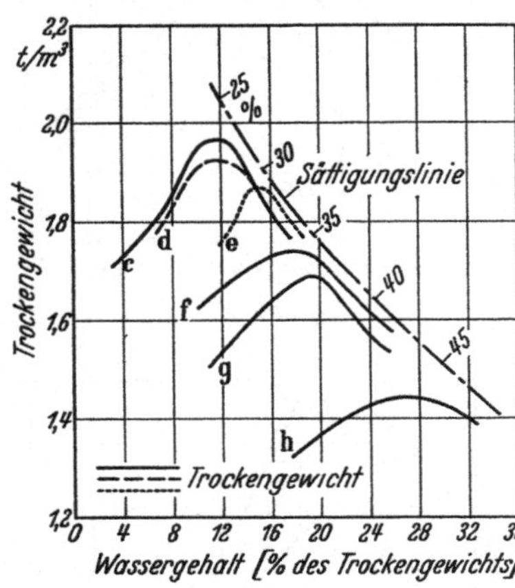

Abb. 325. Trockengewichtslinien verschiedener Böden bei gleicher Verdichtungsleistung. Raumverteilung der Böden nach Abb. 310. (Nach Proctor: Engng. News Rec. 1933.)

Dem „Bestwert des Wassergehaltes“ aber entspricht ein Scheitelpunkt S der Trockengewichts- und näherungsweise auch der Naßraumgewichtskurve (*2*) und ein Tiefpunkt der Porenraumkurve (*3*). Nur die bei diesem Bestwert verdichtete und von vornherein dabei praktisch wassergesättigte Probe ist von solcher Veränderlichkeit des Wassergehaltes und der Steife frei. Lediglich die äußersten 1 bis 1,5 m einer Dammschüttung sind hier auszunehmen, die durch kapillare Wasserbewegung, Verdunstung und Annässung beeinflußt werden.

Linie (*4*), die bei bekannter Mineralwichte (hier 2,72 t/m³) leicht zu berechnen ist, gibt den Zusammenhang zwischen Raumgewicht und gesamtem Porengehalt (Wasser + Luft) bzw. dem für restlos volle Sättigung notwendigen Wassergehalt; die hinzugefügten %-Zahlen bezeichnen den Porenanteil. Der waagerecht gemessene Unterschied zwischen Linie (*1*) und (*4*) stellt den verbliebenen Luftgehalt, als Wassergehalt gedeutet, dar. Dieser kann im Damm im Laufe der Zeit durch Wasser bis zur „restvollen" Sättigung ersetzt werden.

Abb. 326. Nadelprobe auf der gewalzten Schüttung. (Lichtbild von Proctor, Los Angeles.)

Für verschiedene Verdichtungsart und -leistung ergeben sich jeweils andere Schaulinien *a, b, c* ... (Abb. 310 und 324) und andere, aber oft nicht sehr verschiedene Wassergehaltsbestwerte.

Für gleiche Verdichtung verschiedener Böden ergeben sich große Unterschiede in den Kurven und in den Wassergehaltsbestwerten (Abbildung 325).

(6) Steife. Die gefährlichste Eigenschaft des Tons ist seine mit zunehmendem Wassergehalt rasch fortschreitende Erweichung und der damit verbundene starke Abfall der bautechnisch wichtigen Schubfestigkeit. Diese setzt sich nach dem heutigen Stand unserer Kenntnisse zusammen aus der vom gleichzeitigen Normaldruck abhängigen inneren Reibung und der von der Kohäsion abhängigen reinen Scherfestigkeit. Die verschiedenartigen vorgeschlagenen und bewährten Schubfestigkeitsprüfmaschinen arbeiten grundsätzlich alle derart, daß sie gestatten, eine in einen Metallrahmen eingeschlagene und unter den gewünschten Normaldruck gesetzte Bodenprobe längs einer zur Druckrichtung senkrechten Ebene mittels einer regel- und wägbaren Längskraft abzuscheren[1]. Für die praktische Bauüberwachung, bei der Dutzende von Proben innerhalb eines Arbeitstages vorzunehmen sind, eignet sich besser der einfache „Nadelversuch". Er wird mit einer maschinell[2] oder von Hand mit regel- und meßbarer Belastung in den Boden einzutreibenden Stahlnadel mit stumpfem oder besser elipsoidischem Ende angestellt (Abb. 326). Die Eindringetiefe in bestimmter Zeit gibt einen praktisch gut brauchbaren Beurteilungsmaßstab für die Bodensteife, die durch Parallelversuche zur Abscherprüfung für jede Bodenart im Bedarfsfalle auch in Beziehung zur Schubfestigkeit gebracht werden kann. Die Eintragung der „Nadelfestigkeit" der Bodenproben mit verschiedenem Wassergehalt in Schaubilder nach Abb. 324 ergibt eine annähernd logarithmische Linie, deren starker Abfall die Bedeutung der Verdichtung beim Bestwert des Wassergehaltes scharf hervortreten läßt.

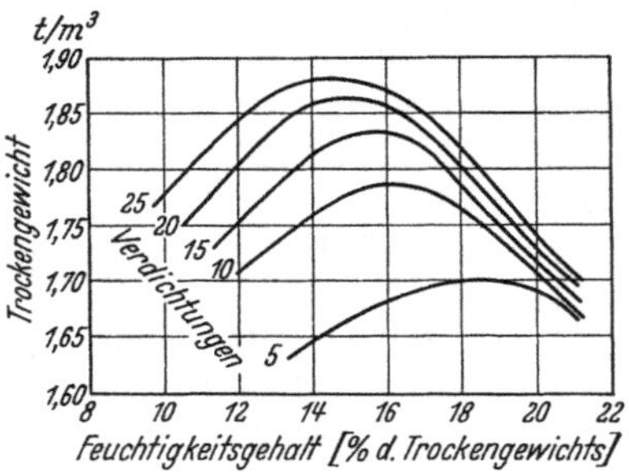

Abb. 327.

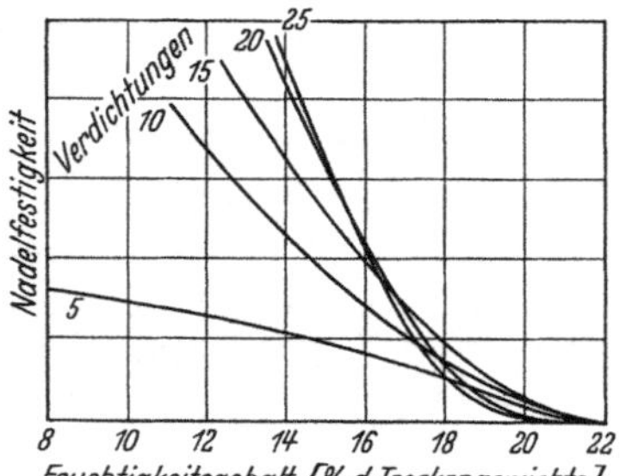

Abb. 328.

Abb. 327 und 328. Sutherland-Staudamm-USA. Trockengewicht und Nadelfestigkeit in Abhangigkeit von Feuchtigkeitsgehalt und Verdichtung. (Nach F. B. Campbell.)

[1] Beschreibung von Schubkraftprüfmaschinen z. B. bei Krey, Erddruck u. Erdwiderstand, 4. Aufl., S. 10. — Knappen u. Philippe: Engng. News Rec. 23. 4. 1936 S. 596. — Ph. C. Rutledge: J. Boston Soc. Civ. Engs. Okt. 1935. Abdrehen durch Torsionsmoment wird neuerdings teilweise vorgezogen (Prüfung im Bohrloch möglich!).

[2] Hogentobler: Engng. News Rec. 26. 3. 1936.

Die Proctor-Nadel dient gleichzeitig der Überwachung des eingewalzten Schüttgutes (Abb. 326) und der laufenden Prüfung der ankommenden Schüttmassen. Im letzteren Falle werden geeignete Proben entnommen, in Nachahmung des Walzvorganges durch Stampfer verdichtet und mit der Nadel geprüft. In beiden Fällen kann aus der dem Schüttgut und der Verdichtung entsprechenden Nadelfestigkeitskurve (Abb. 324, Kurve *5*) der vorhandene Feuchtigkeitsgehalt abgelesen und dem Bestwert gegenübergestellt werden. Für die eingewalzte Schicht erhält man so ein Bild von der tatsächlich vorhandenen Steife und damit von der zu erwartenden Schubfestigkeit, während

Abb. 329. Bodenuntersuchungswagen mit Geräten. (Lichtbild von Proctor, Los Angeles.)

die Schüttgutproben zeigen, ob und in welchem Maße noch vor dem Einwalzen angenäßt werden muß.

Für die Überwachung des ankommenden Schüttgutes wird die Probe unmittelbar vorm Einwalzen dem Dammkörper entnommen, mit 20 Stampfschlägen verdichtet und mit der Nadel geprüft. Gute Erfahrungen wurden mit Einsenkgeschwindigkeiten von 1,25 cm/s gemacht. Abb. 327 und 328 zeigen Regelkurven für die Abhängigkeit von Trockengewicht und Nadelfestigkeit von Feuchtigkeitsgehalt und Verdichtung, wie sie beim Bau des Sutherland-Staudammes gefunden wurden. Sie lassen erkennen, daß man sich mit 20 Verdichtungen — anstatt der anfangs von Proctor verlangten 25 — begnügen kann, was die Anwendung der Prüfung erleichtert und vor allen Dingen Zeit erspart.

Die gesamte Prüfapparatur wird zweckmäßig in einem hierfür hergerichteten Kraftwagen untergebracht (Abb. 329). Ein Aluminiumzylinder mit Unterlage und Deckel, ein Proctor-Nadelstock, ein Stampfer, eine Spachtel, eine Stoppuhr und einige Nadeln sind alles, was man braucht (Abb. 330). Nach B. F. Campbell haben sich Nadeln mit ellipsoidischer Spitze besser bewährt, als die stumpfen von Abb. 330, da bei ihnen die Druckerhöhung zum Brechen der Oberflächenkruste fortfällt. Ein zweckmäßiges Durchmesserverhältnis des Halbellipsoids ist 1 : 1 : 2, bei Grundflächenquerschnitten von 0,3, 0,6 und 1,5 cm^2.

(7) Setzung. Die Setzung tonhaltiger Böden erklärt Terzaghi als eine Größenverminderung der von den Mineralschüppchen des Tons in wabenartigem

Aufbau gebildeten Poren. Nach erreichter Wassersättigung geht neben der Setzung ein Ausquetschen des dabei in Druckspannung versetzten Porenwassers

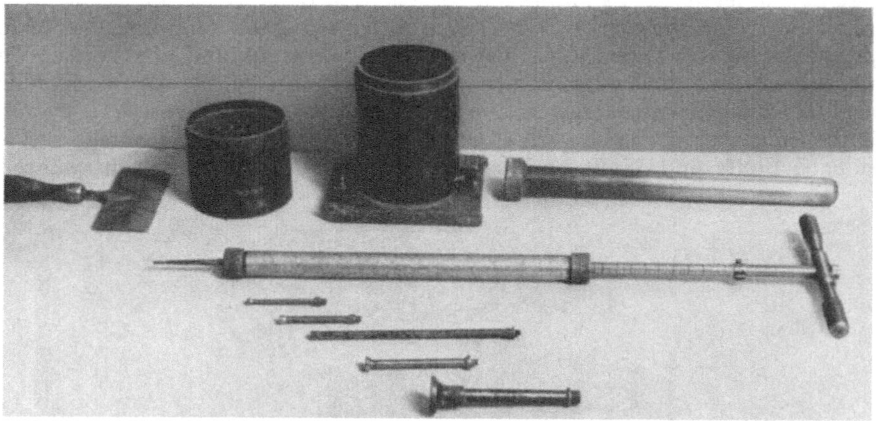

Abb. 330. Prüfgerate (Nadelversuch und Stampfgerat). (Lichtbild von Proctor, Los Angeles.)

einher. Hierbei sinkt, wegen der Beteiligung des Wassers an der Druckübertragung, die „innere Reibung", und es wächst auf der anderen Seite, unter Umständen bedrohlich, die Rutsch- und Grundbruchgefahr.

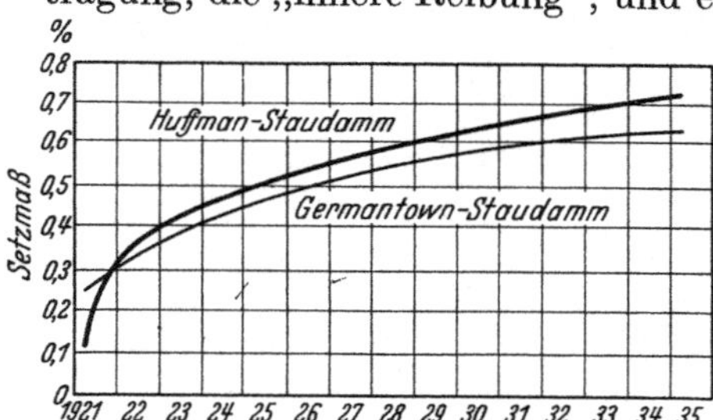

Abb. 331. Setzmaßverlauf zweier zu gleicher Zeit und nach dem gleichen Verfahren hergestellter amerikanischer Staudamme. (Nach Engng. News Rec. 1936.)

Wenn der Boden sehr dicht ist, verzögert sich die Wasserabgabe und damit die Setzung (unter Umständen über viele Jahre), so daß sich ein Teil des Setzvorganges noch in die Zeit nach Bauvollendung und Dammeinstau hinein erstrecken kann. Die damit verbundene Steigerung der Bruchgefahr muß beim Entwurf des Dammes berücksichtigt werden.

Setzmaß und Setzgeschwindigkeit sind naturgemäß von Boden zu Boden verschieden (Abb. 331) und müssen nach dem heutigen Stande der Forschung im

Abb. 332. Untersuchung von künstlich verdichteten Bodenproben auf Setzmaß, Durchlässigkeit usw. unter Belastung. (Lichtbild von Proctor, Los Angeles.)

voraus versuchsmäßig möglichst genau festgestellt werden. Hierzu sind schon verschiedene brauchbare Prüfmaschinen entwickelt, z. B. diejenige von Knappen und Philippe, die aus Teilen handelsgängiger Dezimal- und Zeigerwaagen nebst Wagenwinden besonders billig hergestellt werden kann[1], oder die verbesserte Terzaghische der Harvard-Universität[2]. Die wirkliche Setzung einer Dammschicht von der Stärke D verhält sich zu der einer untersuchten Bodenscheibe von der Stärke d wie $\frac{D}{d}$. Dagegen verhält sich die wirkliche Setzungszeit zu derjenigen der Probe, wenn für das Auspressen des Porenwassers in Richtung von D, d die Gültigkeit des Darcyschen Gesetzes und gleichartige äußere Entwässerungsbedingungen zugrunde gelegt werden, wie $\left(\frac{D}{d}\right)^2$. Abb. 332 zeigt eine Prüfanordnung von Proctor zur Untersuchung von Setzmaß und Durchlässigkeit unter Belastung nach vorheriger Verdichtung.

4. *Bauentwurf, Herstellung, Bauüberwachung.*

Die im vorigen Abschnitt aufgeführten Erkenntnisse und Prüfverfahren erlauben heute, den Entwurf und die Bauausführung eines Erddammes auch aus tonhaltigem Boden wesentlich sparsamer und dabei doch sicherer zu gestalten, als dies noch vor wenigen Jahren möglich war.

Vor Aufstellung des genaueren Entwurfs sind die wesentlichen Eigenschaften der durch umfangreiche Bohrungen und Schürfungen als verfügbar festgestellten Böden und des Untergrundes zu ermitteln, insbesondere ihre Kornverteilung und Verdichtungsfähigkeit. Hand in Hand mit der Aufstellung der Verdichtungsschaubilder (Abb. 323—325) wird auch schon das beim Bau anzuwendende Verdichtungsgerät nach Art und Flächendruck zu bestimmen sein. Die Bodenuntersuchungen müssen von vorneherein den im Damm zu erwartenden Beanspruchungen (durch Wasserdruck, Eigenlast) angepaßt werden.

Nach Aufzeichnung eines ersten Querschnittsentwurfs über dem geologischen Schnitt des Untergrundes ist in tastendem Vorgehen und unter Behandlung von Damm und Untergrund als Einheit der Dammentwurf so zu verbessern, daß unter Berücksichtigung von Wasserdurchlässigkeit, Spülwiderstand, Setzung und Schubfestigkeit unter Last und bei Wassersättigung ein wirtschaftlicher, aber hinreichend sicherer Dammquerschnitt erzielt wird. Außer dem rechnerischen Verfahren (vgl. Kap. 18) kann die notwendige Spannungsverteilung im Untergrund nach Knappen und Philippe[3] auch auf photoelastischem Wege festgestellt werden, wobei der Untergrund z. B. durch Gelatine nachgebildet werden kann.

Der Spülwiderstand kann in Durchlässigkeitsprüftöpfen oder, an einem Modell von Damm und Untergrund, im Sickerkasten festgestellt werden.

Die Untersuchung der Wirtschaftlichkeit ist vor allem auch in der Richtung zu führen, daß unter den, oft zahlreichen, gegebenen Gewinnungsstellen der Schüttmassen die nach Bodenart, Gleichmäßigkeit der Lagerung, Höhenlage und Entfernung vorteilhaftesten ausgesucht werden. Die nächstliegende Gewinnungsmöglichkeit bietet der Einschnitt für das seitliche HW-Entlastungsgerinne, das bei Erddämmen fast nie fehlen und oft so gelegt werden kann, daß geeignete Bodenmassen in ausreichender, aber nicht übermäßiger Menge anfallen. Daneben ist, namentlich bei kleineren Becken und hohen, mächtigen Dämmen auch die Gewinnungsmöglichkeit zusätzlichen Stauraumes durch Entnahmen unter künftigem Stauziel zu beachten. Die neuzeitlichen Verdichtungsverfahren und -prüfungsmöglichkeiten machen jeden Boden zum Dammbau geeignet, dessen Durchsickerungsgeschwindigkeit genügend weit unter der Ausspülungsgrenze bleibt und der so verdichtet werden kann, daß spätere Erweichung nicht zu erwarten ist.

[1] Engng. News Rec. 23. 4. 1936 S. 595.
[2] P. C. Rutledge: J. Boston Soc. Civ. Engs. Okt. 1935.
[3] Siehe Fußnote 1 von S. 208.

Die Ausführung und ihre Überwachung muß dauernd mit Sorgfalt darauf gerichtet sein, die Voraussetzungen des Entwurfs mit geringem Spielraum einzuhalten. In erster Linie muß der richtige, dem ermittelten Bestwert entsprechende Wassergehalt jeder Bodenart von vorneherein früh genug in der

Abb. 333. Sorpe-Kernmauer-Damm. Herstellung.

Entnahmegrupe durch Wässern hergestellt werden. Bei seiner Berechnung ist der geringstmögliche natürliche Verdunstungsverlust auf der Baustelle zugrunde zu legen und die Abweichung der wirklichen Verdunstung von der möglichen

Abb. 334. Staudamm Ottmachau. Herstellung.

auf der Baustelle durch ergänzenden Wasserzusatz auszugleichen. Bei sehr ungleichmäßiger Bodenbeschaffenheit der Entnahmegruben kann es angezeigt sein, den ganzen Annetzungsbetrieb auf die Baustelle zu verlegen. Der verschiedenen Dichte verschieden tiefliegender Bodenschichten ist der Wasserzusatz in der Entnahmegrube anzupassen. Die Richtigkeit des Wassergehaltes ist auf dem Damm durch Verdichtungsversuch und Nadelprüfung einzelner Proben fortlaufend zu überwachen. Daneben ist auch die Verdichtung der Schüttung durch das Großgerät dauernd durch Nadelprüfung (Abb. 326) zu überwachen und im Zweifelsfall durch Trockengewichtsbestimmung einzelner in ungestörter Lagerung aus der Schüttung zu entnehmender Proben zu überprüfen.

Die Gewinnung der Massen wird durch die vorbereitende Nässung und damit verbundene Vergleichmäßigung der Gewinnungsbedingungen von Störungen

Abb. 335. Staudamm Ottmachau. Toneinbringung.

freier und daher billiger. Die Schüttung erfolgt mit großräumigen Kippwagen (Abb. 333) von Gleisen aus, die in der Längsrichtung des Dammes verlegt sind und dem Arbeitsfortschritt entsprechend querverschoben werden. Bei weichem, insbesondere tonreichen Schüttboden wirkt sich der Gleisbetrieb unter Umständen nachteilig für die einheitliche Verdichtung des Dammkörpers aus. Man ist daher neuerdings, zumal bei langen und nicht zu breiten Dämmen, dazu übergegangen, das Schüttgut durch Absetzer einzubringen. Bei diesem Verfahren wird der Schüttboden zunächst nur bis an die Dammfüße gefahren und in Längs- oder Absetzergräben gekippt. Aus diesen wird er von Verladebrücken oder Schwenkkranen (Abb. 334—336) mit Eimerketten abgezogen und durch Längs- und Querbänder, auch Rutschen an Ort und Stelle abgeworfen. Da die Krane verfahrbar und die Abwurfwagen mit den Querbändern verschiebbar sind, kann jeder Punkt der Baustelle durch die Absetzer erreicht werden. Beim Ottmachauer Staudamm[1] wurde mit zwei Absetzern von je 47 m Reichweite gearbeitet

Abb. 336. Staudamm Ottmachau. Normale Schüttung.

[1] Müller-Bader: Vom Bau des Staubeckens Ottmachau. Bautechn. 1930 S. 673—676, 1928 S. 35.

(Abb. 334)[1], so daß eine Dammbreite von 95 m bestrichen werden konnte. Der Bandbetrieb ermöglicht sehr große Schüttleistungen; in Ottmachau wurden beispielsweise 300000 bis 350000 m³ Damm-Masse einschließlich Tondichtung,

Abb. 337. „Schafsfuß"-Walzen im Betrieb. (Lichtbild von Proctor, Los Angeles.)

Steinbestürzung und Rasenabdeckung im Monat eingebracht. Beim Wanaque-Damm (North Jersey, USA.) wurden für Dammschüttung und Anförderung des Schüttgutes aus den Entnahmegruben Förderbänder von insgesamt über

Abb. 338. Bouquet-Cañon-Damm Nr. 1. Größte Schütthöhe 67,5 m. Gewalzte Schüttung. (Lichtbild von Proctor, Los Angeles.)

4 km Länge mit Erfolg verwendet. In Nordamerika werden ferner seit längerem auch Großraum-Selbstentlader-Kraftwagen auf Luftreifen mit Vorteil zum Dammbau herangezogen (Abb. 337 u. 338).

[1] Die Abb. 334—336 und 339—340 wurden von der Arbeitsgemeinschaft Polensky und Zöllner, Driesen, freundlichst zur Verfügung gestellt.

Die Ausbreitung der Schüttmassen auf dem Damm erfolgt mit geeignetem Abstreichgerät oder Schrappern, wobei die lose Schichtstärke auf die planmäßige Stärke der verdichteten Einzelwalzschicht, höchstens 20 cm, nur bei grobsteinigem Schüttgut bis zu 50 cm, einzustellen ist.

Als Verdichtgerät kommen Walzen oder Stampfer verschiedener Bau- und Antriebsweise in Frage, für bindige Böden überwiegend Walzen. Neben großen Dampfwalzen, kleineren Motorwalzen[1] werden neuerdings besonders Walzensätze hinter Raupenschleppern (Abb. 333, 337, 339) bevorzugt. Selbst bei steinhaltigem Boden haben sich Walzen als Riffelwalzen oder besser noch — wegen ihrer knetenden Wirkung — als Stachel- (Schafsfuß-) Walzen (Abb. 337) vorzüglich bewährt. Die Zahl der Walzengänge muß durch Verdichtungsversuche bestimmt und nach Bedarf den Stichproben auf Steife (Nadelversuch) und

Abb. 339. Staudamm Ottmachau. Walzen des Tons.

Trockengewicht gemäß verbessert werden. Während man sich früher oft mit 4—6 Gängen als Mindestwert begnügte, kommt man nach den beschriebenen neueren Verfahren — wenigstens soweit bindige Böden in Frage kommen — (nach Proctor u. a.) auf 16 und noch mehr, was sich aber durch die erreichten sehr hohen Raumgewichte, Massenersparnisse und erhöhte Sicherheit bezahlt machen kann[2].

Wenn sich Walzhäute bilden, ist für Aufrauhen Sorge zu tragen. Abb. 337 läßt deutlich die auch in dieser Beziehung sehr günstige Wirkung der Schafsfußwalzen gegenüber z. B. der Raupenkette erkennen.

Die über große Erfahrungen verfügende amerikanische Kulturbauverwaltung (US-Bureau of Reclamation) empfiehlt, den Fußquerschnitt der Schafsfußwalzen zwischen 25 und 50 cm^2 zu wählen und das Walzengewicht danach zu bestimmen, daß mindestens eine Fußpressung von 0,85 kg/cm^2 erreicht wird. Hierbei ist vorausgesetzt, daß die Schichtstärke nicht über 10 bis 20 cm hinausgeht und der Feuchtigkeitsgehalt — aus Gründen größerer Gleichmäßigkeit möglichst an der Entnahmestelle — auf der Grundlage des Bestwertes geregelt ist.

Die Verdichtung darf nie so weit getrieben werden, daß die Masse sich nachträglich wieder auflockert (einzelne tonigere Bodenarten neigen dazu).

---

[1] Vgl. Ludin: Wasserkräfte 1913 S. 998f.

[2] Knappen u. Philippe erreichten bei den Muskingum-Dämmen bei tonigem Boden Naß-Raumgewichte von 1890 bis 2000 kg/m^3, bei gut abgestuften Mischböden (Steine und Kies bis Ton) 2000 bis 2320 und selbst 2500 kg/m^3, also wesentlich mehr, als in natürlicher Lagerung.

Von den heute verfügbaren Stampfgeräten sind die wichtigsten Formen[1]:

1. Die 2 bis 3 t schwere Rammplatte[2] am Greifer, sie wirkt im freien Fall mit hoher Wucht, aber nur im Einzelschlag (4 bis 6 je min). Während bei bindigen Böden nur ein Zerschlagen der Klumpen erzielt wird, ergibt sie bei nicht bindigen, gleichförmigen Böden gute, aber teilweise ungleichförmige Verdichtung; Schichthöhen von 0,6 bis 1,2 m. Bei vorherigem Einsumpfen des Bodens werden gute Wirkungen erzielt.

2. Der Explosionsstampfer (Frosch), 500 und 1000 kg schwer, nach dem Grundsatz der Benzinramme im Schlagsprung mit geringer Frequenz (3 bis 4 je min) wirkend. Das schwerere Modell erzielt in rolligen Böden noch bei 60 cm Schütthöhe gute Wirkung[3].

3. Fahrbare oder selbstfahrende Dampf- oder Druckluftrammen mit mehreren Stösseln und hoher Schlagfrequenz (~ 1200/min)[4].

Abb. 340. Staudamm Ottmachau. Herstellung der Steinbestürzung.

4. Eine Vereinigung der Walz- und Rüttelwirkung bietet der Boden-Schwingungsrüttler[5]. Er besteht aus einem Raupenwagen mit aufgebautem Schwinger und Zusatzgewichten, der beim Fahren das Gesamtgewicht des Geräte (30 t) durch eine Bodenplatte auf den Schüttboden überträgt. Die Schwingungen der letzteren, die durch den mit 25 Hertz arbeitenden Schwinger angeregt werden, teilen sich dem Boden unmittelbar mit. Die mit einem 100 PS-Dieselmotor getriebene Maschine eignet sich in erster Linie für rollige Böden, wo bei Verdichtungstiefen von 2,0 bis 2,5 m noch eine sehr gleichmäßige Verdichtung erzielt wird. Für bindige Bodenarten müssen die Fliehkräfte größer als das Eigengewicht sein, damit die notwendige Stampfwirkung erzielt wird.

Die Steinbestürzung kann nur teilweise maschinell vorgenommen werden; das endgültige Verlegen muß von Hand geschehen. Zum Abstürzen dienen Kippwagen oder Absetzer (Abb. 340) in Gestalt von Verladebrücken mit Kübelkatzen. Im letzteren Falle wird das Schüttgut in Klappkübeln auf Wagen herangebracht und durch die Katze an Ort und Stelle abgeworfen.

Steinpackungen hinter Kernmauern (Abb. 333) erfordern ganz besondere Sorgfalt, damit ein möglichst unnachgiebiges Widerlager geschaffen wird.

---

[1] Auf Grund freundlicher Mitteilung der Deutschen Gesellschaft für Bodenmechanik Berlin.

[2] Straße 1934 Heft 4.

[3] Straßenbau 1936 Heft 16.

[4] Straße 1935 Heft 13; Straßenbau 1936 Heft 16.

[5] Vgl. Bautechn. 1936 S. 264; Straße 1935 Heft 13 u. 18.

Rasenpanzen liefern nur dann üppige Grünflächen, wenn an Mutterboden nicht gespart wird. Bei grober luftseitiger Schüttung ist unter dem Mutterboden eine lehmige Erdunterlage von mindestens 30 cm Stärke zu empfehlen, damit die Wurzeln auch bei längerer Trockenheit feucht bleiben.

Für Betonierarbeiten kann im einzelnen auf Kap. 23—26 verwiesen werden. Es sei hier lediglich bemerkt, daß beim Bau des Kerns der Sorpe-Talsperre (Abb. 333, 341) die anfangs in Holz geschalten Außenflächen derart von denen mit Stahlschalung abstachen, daß man die letztere in stärkerem Maße als bisher zur Anwendung bringen sollte [1].

Abb. 341. Sorpe-Kernmauer-Damm. Herstellung der Kernmauer. Spülteich zum Einschlämmen der vorgelagerten Lehmdichtung.

5. *Bauliche Einzelheiten der verschiedenen Querschnittsformen von Erddämmen.*

(1) Erddämme aus rolligem oder schwach-bindigem Boden. Der Kies- oder Geröllsand-Damm bietet bei sachgemäßer Dichtung die beste Gewähr für dauernden Bestand. Vergleichsentwürfe für den 50 m hohen McKay-Damm (USA.) [2] haben eindeutig erwiesen, daß die wirtschaftlichste Form der Dichtung die Eisenbetonabdeckung ist; die Kostengegenüberstellung ergab folgendes Bild:

Kiessand-Damm mit Eisenbetonabdeckung	10,5 Mill. RM.
Kiessand-Damm mit Tonkern	12,6 Mill. RM.
Kiessand-Damm mit Betonkern	13,4 Mill. RM.

Die Kosten der Eisenbetondecke sind viel geringer, als zuweilen angenommen wird, und werden zum großen Teile durch die Ersparnis an Schüttmasse, die mit der steileren wasserseitigen Böschung verbunden ist, wieder wettgemacht. Beim McKay-Damm wurden für die Dichtungsdecke 10% der Gesamtkosten benötigt.

Böschungsneigungen $1:1^3/_4$ wasserseitig und $1:2$ luftseitig sind im allgemeinen ausreichend; dabei ist vorausgesetzt, daß Förderzüge, die größere Mengen an Erde oder Lehm enthalten, ständig zurückgewiesen werden. Für die Grundlagen der Bemessung im einzelnen vgl. Kap. 18. Es hat sich auch hier als nützlich erwiesen, den Schüttboden vor dem Aushub zu durchnässen, so daß er beim Einwalzen die Steife schwach-teigigen Betons aufweist. Bei zeitweise

[1] Die Abbildungen wurden von Baudirektor Dr. Ing. Dr.-Ing. F. H. E. Link, Ruhrtalsperrenverein, freundlichst zur Verfügung gestellt.
[2] Engng. News Rec. Bd. 100 (1928) S. 388—391.

in Erscheinung tretendem Mangel an Feinteilen muß achtgegeben werden, daß nicht zu porige Zonen Großsickerwege bilden können. Die Walzschichten sollen nicht stärker als 20 cm sein und mindestens 4mal, in der Nähe der Wasserseite mindestens 6mal überwalzt werden.

Die Eisenbetonabdeckung (Abb. 342) muß gegenüber der von Steindämmen noch elastischer und beweglicher gehalten werden. Kronenstärken von 15 bis 20 cm haben sich im allgemeinen als ausreichend erwiesen. Für die Zunahme mit der Tiefe genügt es, wenn auf 25 m etwa 5 cm Plattenstärke zugegeben werden. Es empfiehlt sich, in schmalen Querstreifen von etwa $2^1/_2$ bis $3^1/_2$ m Breite zu betonieren und zunächst immer ein Feld zu überschlagen. Wartet

Abb. 342. Böschungsbefestigung (gegen Wellenschlag) in Eisenbeton auf gewalztem selbst-dichtem Erddamm. Chatsworth Nr. 2. (Aufnahme von Proctor, Los Angeles.)

man etwa 4 bis 8 Tage mit dem Betonieren der Zwischenfelder und hält den Beton ständig feucht, so kann auf eine Dichtung der Querfugen durch Kupferbleche verzichtet werden. Für die kreuzweise Bewehrung sind Rundeisen von 15 bis 20 mm Durchmesser in Abständen von 30 bis 50 cm anzuraten. Dem Bauvorgang entsprechend, müssen die waagerechten Längseisen von Streifen zu Streifen gestoßen werden, und zwar unter Wahrung des Zusammenhanges in der Längsrichtung, indem die Eisen der zuerst betonierten Streifen in den Zwischenfeldern verankert werden. Für die Betonverarbeitung empfiehlt sich die weiche Beschaffenheit, in einer Steife, daß man gerade noch ohne Deckschalung auskommt. Um eine gute Unterlage zu schaffen, wurden beim McKay-Damm (Abb. 301 u. 306) wasserseitig zunächst 60 cm zuviel eingewalzt und später so abgebaggert, daß noch ein ausgiebiges Einstampfen von der Seite her erfolgen konnte. Die Wellenbrecher, die beim McKay-Damm auf die oberen 5 m mit der Eisenbetondecke verbunden wurden, gestatten, an Schütthöhe und -masse zu sparen.

Um die Eisenbetonabdeckung den klimatischen Schwankungen zu entziehen, und eine innigere Verbindung mit dem Damm herzustellen, wurde sie beim Stanford-University-Damm[1] (Abb. 343) einige m ins Damminnere verschoben.

[1] Engng. News Rec. Bd. 106 (1931) S. 522.

Diese Maßnahme hat sich sehr gut bewährt, und die Kostenerhöhung war nur gering.

Die wasserseitige Eisenbetondecke wird ohne besondere Dichtung der Querfugen niemals einen völlig dichten Abschluß gewährleisten; man muß daher mit einer schwachen Durchströmung des Dammkörpers rechnen. Diese hat jedoch bei einem feucht eingewalzten Kiessand wenig zu bedeuten, wenn für hinreichende Gleichmäßigkeit während der Herstellung gesorgt wird; der Damm wird sich im Laufe der Jahre, ähnlich wie die alten böhmischen Dämme, mehr und mehr selbst dichten und verfestigen. Ganz verfehlt ist es, Entwässerungsrohre einzulegen, da hierdurch die Sickerwege verkürzt und die Gefahren örtlicher Ausspülung vergrößert werden.

Im Gegensatz zum Kiessand muß ein Damm aus schwachbindigem Schüttboden unbedingt davor bewahrt werden, daß durch örtliche Undichtigkeiten der Dichtungsdecke Wasseradern sich bilden. In solchen Fällen müssen sämtliche Fugen der Eisenbetondichtungsdecke durch Kupferbleche gedichtet werden.

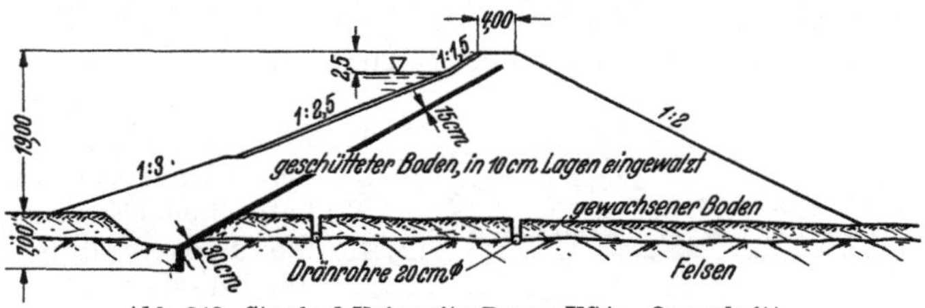

Abb. 343. Stanford-University-Damm-USA. Querschnitt.

Damit das nicht zu kostspielig wird, empfiehlt es sich, die Querstreifen etwa doppelt so breit wie bei Kiessanddämmen (5 bis 7 m) zu machen. Im übrigen verlangen die tonigen Beimengungen im allgemeinen auch flachere Böschungen.

Für die Gründung der Erddämme mit Eisenbetondichtungsdecke gilt sinngemäß das, was in Kap. 15 für die entsprechenden Steindämme gesagt wurde. Die Eisenbetonabdeckung muß fest und dicht in eine Herdmauer einbinden, die bis auf den dichten Baugrund herunterzuführen ist (Abb. 306). Besteht dieser aus Fels, so empfiehlt sich eine niedrige Herdmauer mit darunterliegender Zementeinpressung. Die Schüttung kann im allgemeinen unmittelbar auf die Alluvialschichten, sofern sie fest gelagert sind, erfolgen.

(2) Erddämme aus schwerem, tonigem Boden. Tonreichere Schüttmassen verlangen wesentlich flachere Böschungen; bei den tonreichsten, überhaupt noch brauchbaren Böden (25% feiner als 0,01 mm, vgl. S. 196) können sich Böschungen bis hinauf zu 1 : 4 und mehr als notwendig erweisen. Für die Grundlagen der Bemessung im einzelnen vgl. Kap. 18. Wenn man sich der neuzeitlichen Verdichtungsverfahren bedient, mit dem Bestwert des Wassergehaltes und einer Nadelfestigkeit von 21 kg/cm² arbeitet, wird man in vielen Fällen mit geringeren Böschungen auskommen. Nach Proctor genügte z. B. für einen Boden ähnlich dem der Linie c in Abb. 310 Böschungen von 1:2, gegebenenfalls sogar noch steilere. Das setzt selbstverständlich einen hinreichend hochwertigen Untergrund voraus. Der wirksamste Schutz gegen Abrutschungen und zugleich gegen Wellenschlag ist eine kräftige Steinbestürzung (Abb. 315). Bei Steinmangel genügt zum reinen Wellenschutz auch eine Abdeckung durch Betonsteine auf Kiesunterlage, etwa wie sie Abb. 298 zeigt. Die luftseitige Böschung kann man gewöhnlich steiler halten. Es ist grundsätzlich richtig, die Böschungsneigungen bindiger Böden von oben nach unten flacher werden zu lassen, da die Rutschgefahr mit zunehmender Auflast steigt.

Sind Kies und Steine in beschränkten Mengen vorhanden, so kann man sie an der Luftseite einwalzen und dadurch die zulässige Böschungsneigung vergrößern. Vorzuziehen ist aber eine luftseitige Berasung, die einen etwas wasserhaltigen Untergrund verlangt. Stehen große Mengen an Stütz- und Dichtungsboden zur Verfügung, so läßt sich der Dammquerschnitt planmäßig aufteilen, indem, etwa nach Abb. 299, der Durchschnittsboden in Dammitte und die stark bindigen Böden wasserseitig abgekippt werden, oder auch umgekehrt (Abb. 302), während die Kies- oder Geröllsande luftseitig zur Ablagerung kommen. Derartige Dämme sind den einheitlich geschütteten Dämmen immer überlegen, da sie über eine viel größere Standsicherheit verfügen. Der Mehraufwand an Förderarbeit und Bauüberwachung wird durch die luftseitige Masseneinsparung mindestens ausgeglichen. In Amerika hat man mehrfach Kies- oder Gerölldämme, die an sich bereits standfest, aber nicht genügend dicht waren, durch eine wasserseitig vorgelegte tonhaltige Schüttung dicht gemacht (Abb. 344). Meistens ist es unter solchen Verhältnissen aber wirtschaftlicher, auf die tonhaltige Schüttung zu verzichten, und statt ihrer eine Eisenbetondichtungsdecke vorzusehen.

Eine besonders große Rolle spielt bei der Schüttung tonhaltiger Böden der Feuchtigkeitsgehalt, dessen günstigste Höhe von Fall zu Fall verschieden und durch Vorversuche zu bestimmen ist (s. S. 207). Mit besonderer Sorgfalt muß einem Austrocknen der Randflächen entgegengewirkt werden. An verschiedenen amerikanischen Dämmen, bei denen die Beckenfüllung erst nach der Herstellung erfolgte, sind Schwindrisse beobachtet worden. Beim Pleasant-Valley-Damm[1], der in 15 cm Schichten eingewalzt wurde, entstanden beispielsweise zwei Querrisse von 2,5 mm Spaltweite, die 5 m tief ins Damminnere verfolgt werden konnten. Die Folge solcher Risse sind Undichtigkeiten und Betriebsunterbrechungen. Im allgemeinen darf man sagen, daß die Herstellung von Dämmen aus tonigem Boden um so besser gelingt, je früher mit dem Stau begonnen wird, damit der planmäßige Wassergehalt der Schüttung erhalten bleibt. Die Anwendung der im vorigen Abschnitt dargelegten neuzeitlichen Ausführungsgrundsätze ist bei den schwereren Schüttböden besonders wichtig.

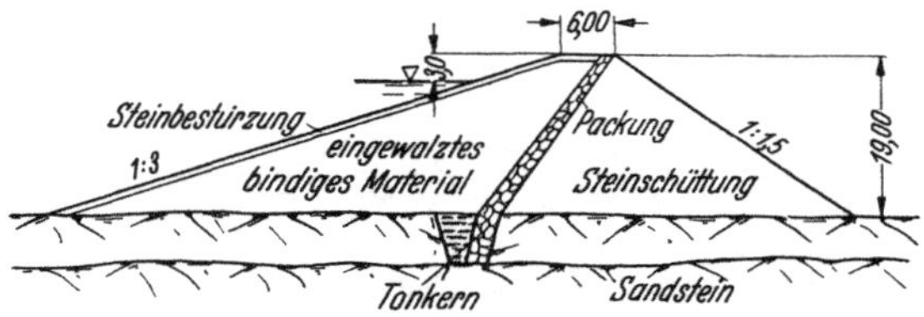

Abb. 344. Pleasant-Valley-Damm-USA. Querschnitt.

Die Sicherung der Gründungsfläche und des Damminneren verlangt, daß der wasserseitige Dammfuß bis auf undurchlässige Bodenschichten heruntergeführt wird (Abb. 236, 315); bei Felsuntergrund leistet eine Herdmauer aus Beton gute Dienste. Besondere Vorsicht ist geboten, wenn der Baugrund zu starker Setzung oder zu Rutschungen neigt. Ein Beispiel hierfür ist der Sotonerna-Damm[2] (Abb. 298), der auf weichen Mergel gegründet werden mußte. Um jeden Wasserdurchtritt zu unterbinden und gleichzeitig eine Verdübelung herzustellen, wurden längs der Gründungsfläche drei große und zehn kleine Sporne aus gestampftem Ton und hinter diesen Längsdräns angeordnet. Der Damm hat sich vorzüglich bewährt, obwohl er 4 km lang ist und durchnäßter Mergel einen Rutschboden ersten Ranges darstellt.

(3) Erddämme mit Tondichtung. Wenn ein bindiger Schüttboden nicht hinreichend wasserdicht ist oder in zu ungleichmäßiger Beschaffenheit gewonnen wird, so wird auch hier eine künstliche Dichtung aus Ton, Lehm od. dgl. notwendig. Sie kann entweder in der Nähe der Wasserseite als Dichtungsdecke oder im Damminneren als Kern angeordnet werden. Die Abb. 300[3] und 236[4]

[1] Engng. News Rec. Bd. 101 (1928) S. 915.

[2] J. González Lacasa: Diques de tierra y mixtos, descripción de tipos y sistemas empleados y proyectados en la cuenca del Ebro. Weltkraft-Teilkonferenz Barcelona 1929.

[3] Die Wasserkraftwirtschaft Deutschlands. Berlin 1930.

[4] Müller-Bader: Vom Bau des Staubeckens Ottmachau. Bautechn. 1930 S. 673—676, 1928 S. 35.

zeigen zwei Beispiele der ersten Art, die sich nur dadurch unterscheiden, daß im zweiten Falle die Tondecke tiefer ins Damminnere gelegt ist, was bei dem sehr geringen Stützwiderstand durchnäßter Tone zur Nachahmung empfohlen werden kann. Der Damm von Niederwartha besitzt eine besonders ausgeprägte und vorzügliche Bodenabstufung. Merkwürdig bleibt bei beiden Dämmen die außerordentlich flache Luftseite, die man als Massenverschwendung bezeichnen muß. Es ist nutzlos, aus einem errechneten Verlauf der Sickerwasserlinie Schlüsse abzuleiten, die sich bei den Erfahrungen, die an zahllosen Dämmen gesammelt wurden, nicht rechtfertigen. Im übrigen zeigt auch die Theorie (vgl. Kap. 18), daß gerade für Erddämme mit Tondichtung der Verlauf der Sickerlinie völlig belanglos ist.

Mehrfach wurden Vorschläge gemacht, die darauf hinauslaufen, Erddämme mit Dichtungsdecke durch nahe dahinter filterartig eingebaute durchlässige Schichten mit nach außen führenden Rigolen künstlich zu entwässern. Derartige Anordnungen vergrößern aber das Druckgefälle des Sickerstromes durch die Tondecke in unerwünschter Weise und rücken die Gefahr örtlicher Durchbrüche dieser Decke nahe. Statt die Standsicherheit des Dammes zu erhöhen, vermindern sie dieselbe in Wirklichkeit. Außerdem erschweren die vorgeschlagenen, mehr oder minder verwickelten oder feingliedrigen Anordnungen den Schüttungsvorgang, was umgekehrt wieder allzu leicht eine mangelhafte Ausführung der schlecht zu dem rauhen Baubetrieb großer Erdbewegungen passenden Anordnungen nach sich zieht. Eine filterartige Abstufung der verfügbaren Bodenklassen in **großen** Querschnittsteilen, wie sie z. B. Abb. 236, 300, 302 zeigen, ist den Eigenheiten des Erdbaubetriebes angemessener und für die Erhöhung der Standsicherheit des Dammes völlig ausreichend.

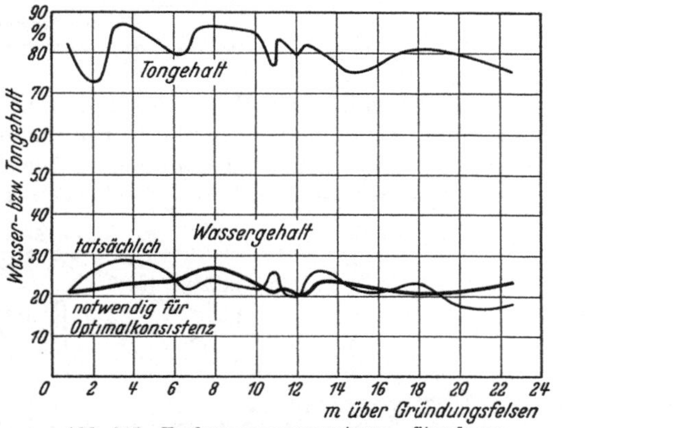

Abb. 345. Tonkernzusammensetzung. Staudamm Arvo a Nocelle (Italien).

Der **Tonkern** besitzt gegenüber der Dichtungsdecke den Vorteil der geschützten Lage und den eines geringeren Tonbedarfs; ferner ist er in der Herstellung einfacher. Dem steht als Nachteil gegenüber, daß der Dammquerschnitt in zwei Teile zerlegt wird, deren Zusammenarbeit zum mindesten beeinträchtigt wird und von denen nur der luftseitige an der Aufnahme des waagerechten Wasserdruckes wesentlich beteiligt ist. Für die Güte einer Tondichtung ist die Frage des gleichmäßigen und günstigsten Wassergehaltes (s. S. 207) von großer Bedeutung.

Bei Tonkernen hat man die Möglichkeit, sich durch nachträgliche Bohrungen von der Güte der eingebrachten Kernmasse zu überzeugen. Abb. 345 zeigt das Ergebnis einer solchen Untersuchung beim Staudamm Arvo a Nocelle (Abb. 303, 304)[1].

Zur Abführung des Oberflächenwassers wird die Luftseite zweckmäßig mit anzusäenden Rasenpanzen abgedeckt und in gewissen Abständen mit Bermen versehen (Abb. 303, 346, 347). Dabei empfiehlt es sich, die Bermen gleich mit Sickergräben zu verbinden (Abb. 303). Eine gepflegte Rasendecke trägt ebensosehr zur Einfügung eines Erddammes in die Landschaft wie zu seiner guten Erhaltung bei (Abb. 1).

[1] A. Steiner: Der Erddamm Arvo a Nocelle. Energia elettr. 1932 S. 1061—1077.

Die Sicherung der Wasserseite muß um so kräftiger sein, je näher die Tondichtung liegt (Abb. 300). Eine ganz vorzügliche Dammsicherung zeigt der Arvo a Nocelle-Damm (Abb. 303), bei dem auf eine $1^1/_2$ m starke, eingewalzte Steinschüttung eine fischgrätenartig verlegte Betonsteindecke gelegt wurde, wobei man mit Rücksicht auf das Setzen zwischen den einzelnen Steinen

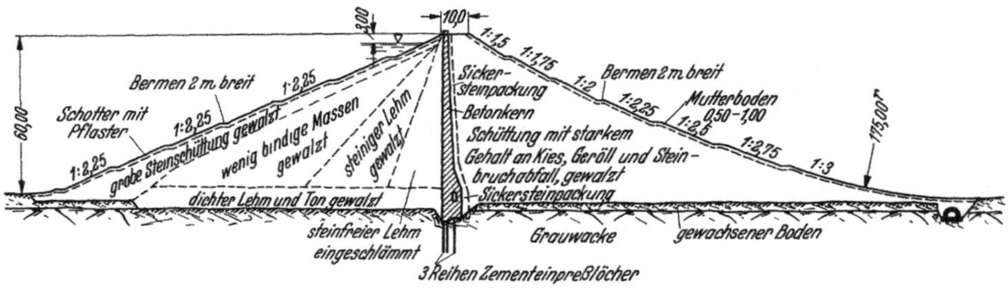

Abb. 346. Sorpe-Kerndamm. Querschnitt.

etwas Spiel ließ. Die Erfahrung hat gezeigt, daß derartige Decken sich allmählich so festziehen, daß das Herausziehen einzelner Steine nur möglich ist, wenn man sie vorher zertrümmert. Die Betonsteinabdeckung ist auch den schwersten Stürmen und Wellenschlägen gewachsen.

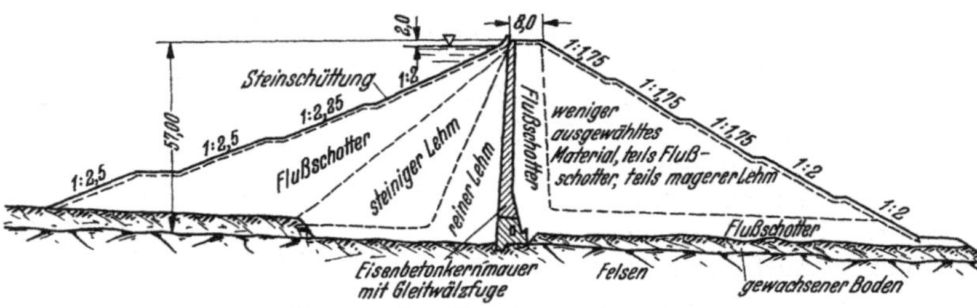

Abb. 347. Söse-Kerndamm. Querschnitt.

Die Tondichtung, ob Kern oder Decke, muß in die dichten Bodenschichten einschneiden (Abb. 236, 303). Von der Anordnung von Spundwänden, Betonschürzen u. dgl. (Abb. 302) ist bei geringmächtigen Überdeckungen abzuraten, da sie in die Tondichtung hineinragen müssen und so Unstetigkeitsflächen

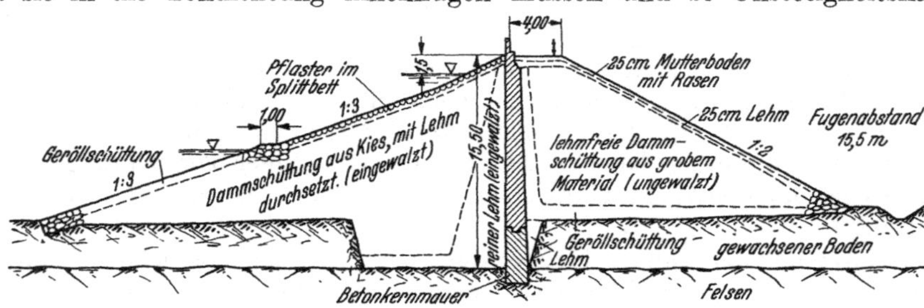

Abb. 348. Burgkhammer-Kerndamm. Querschnitt.

schaffen. In solchen Fällen müssen besondere Vorkehrungen getroffen werden, damit keine Sickerwege entstehen, die schließlich den Bestand des Dammes gefährden. Bei sehr tiefer Lage der undurchlässigen Schicht kann natürlich eine Spundwand oder eine Betonschürze sehr wohl am Platze sein (vgl. Kap. 14). Dem Nachteil, daß die Abriegelung etwaiger Grundwasserströme bei Kerndämmen erst in Dammitte erfolgt, läßt sich dadurch begegnen, daß am wasserseitigen Dammfuß ein Tonsporn angeordnet wird (Abb. 303), was aber eine gewisse Dichtigkeit auch des anschließenden ganzen Dammteils voraussetzt.

Beim Einlassen der Tondichtung in durchlässige Bodenschichten hat man oft mit Wasserhaltungsschwierigkeiten zu kämpfen, die vom Oberflächen- oder Grundwasser herrühren. In solchen Fällen geht man zweckmäßig vom Walzverfahren zum Schlämmverfahren über. Beim Arvo-Damm (Abb. 303) teilte man den Sporngraben in Abteile von etwa 25 m Länge ein und hielt beim Ausschlämmen die Nachbarfelder trocken. Auf diese Weise ließ sich das Eindringen von Sandadern in den Ton verhindern. Das Füllmaterial wurde über Rutschen eingebracht und zur Emulsionsbildung veranlaßt; nach dem Absetzen knetete man es noch kräftig durch. Eine gewisse Schwierigkeit bereitet hierbei der Übergang vom Schlämm- zum normalen Walzverfahren. Beim Arvo-Damm sank man etwa bis an die Knie in den geschlämmten Ton ein, so daß an ein Walzen in kleinen Schichthöhen nicht gedacht werden konnte. Man half sich schließlich so, daß zunächst eine 1 m starke Schicht trockenen Tons aufgeschüttet wurde, auf der sich walzen ließ. Die späteren Sondierungen zeigten, daß die Feuchtigkeit von unten her langsam aufstieg und die erwünschte Beschaffenheit des Tones auch hier genügend erreicht wurde. Bei der größeren Nachgiebigkeit des geschlämmten Tones war auch trotz der großen Stärke ein befriedigendes Durchwalzen möglich.

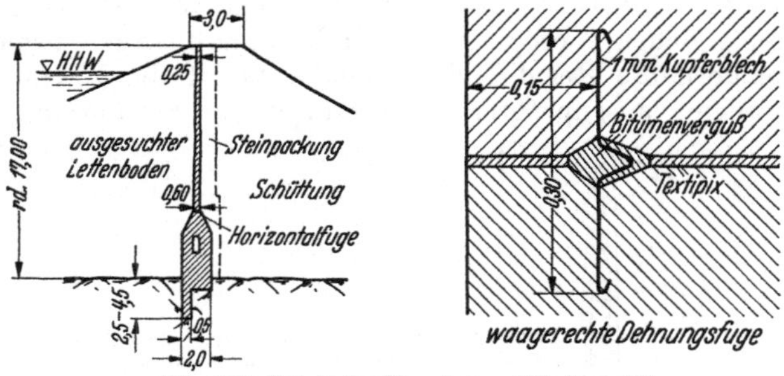

Abb. 349. Driedorfer-Kerndamm (Westerwald).

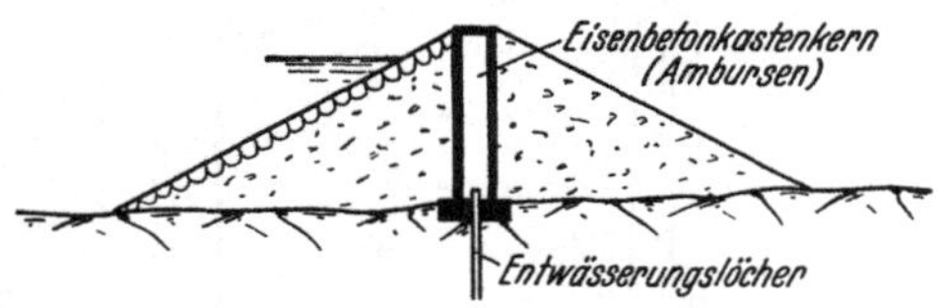

Abb. 350. Ambursen-Hohlkerndamm.

Wenn hinter der Dammbaustelle das Tal stark abfällt (was im Hochgebirge öfter vorkommt), so kann man einen tiefen Kern- oder Herdmauerschlitz auch durch einen vor Baubeginn von Unterwasserseite hereingetriebenen Stollen vorteilhaft entwässern.

Um einen Maßstab für die Güte der Tondichtung zu haben, empfiehlt sich eine (mit der gebotenen Vorsicht auszuführende!) Längsdränung der Gründungsfläche, etwa in der Anordnung, wie sie Abbildung 303 zeigt. Man hat so auch gleichzeitig die Möglichkeit, das Oberflächenwasser, das zwischen den Bermengräben durchsickert, zu sammeln und abzuführen.

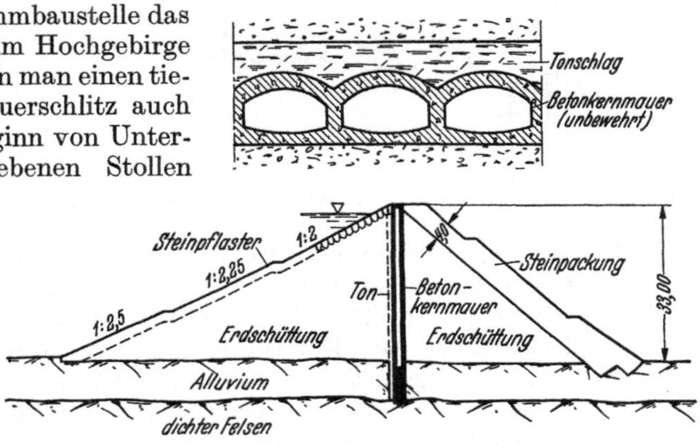

Abb. 351. Erddamm nach Kammüller (projektiert für einen Staudamm der Schluchseewerke).

Ein sorgfältig durchgebildeter und sachgemäß ausgeführter Walzdamm mit zuverlässiger Tondichtung steht an Wasserdichtigkeit und Standsicherheit einer Betonstaumauer in nichts nach, wenn durch reichlich bemessene Entlastungsanlagen eine Überströmung unter allen Umständen ausgeschlossen ist.

(4) Erddämme mit Betonkern. In den Fällen, in denen der Baugrund aus Fels besteht, oder in denen der Fels in erreichbarer Tiefe zu finden ist, bietet sich die Möglichkeit zum Bau eines Betonkerndammes (Abb. 346—353). Durch die Kernmauer wird eine wasserdichte, der Ausspülungsgefahr nicht unterworfene Schürze geschaffen, die den Witterungseinflüssen entzogen ist und die gleichen vorzüglichen Gründungsmaßnahmen ermöglicht, wie sie bei Betonmauern die Regel bilden. Leider bleibt die Kernmauer ein bald mehr, bald weniger ausgeprägter Fremdkörper im Staudamm, wie bei Besprechung der Steindämme erläutert wurde.

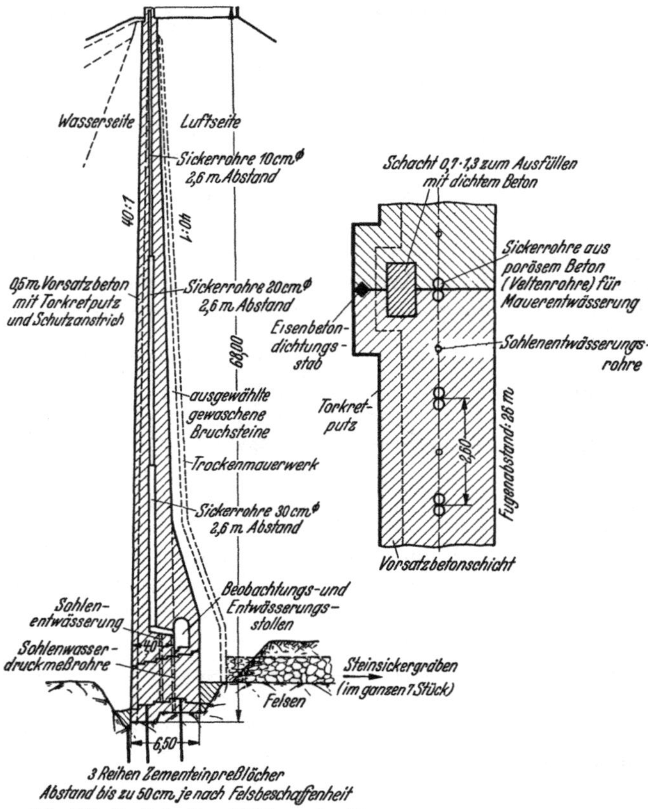

Abb. 352. Bauliche Durchbildung der Kernmauer des Sorpe-Dammes.

Streck[1] hat versucht, die Kraftübertragung von der Kernmauer auf den luftseitigen Stützkörper auf dem Wege über die Erddrucktheorie zu klären; er ging dabei von Gleichgewichtsbetrachtungen und gewissen vereinfachenden Annahmen über die Verteilung des Erdwiderstandes aus. Während die praktischen Erfahrungen mit Kernmauerdämmen gezeigt haben, daß eine Kernmauer um so sicherer ist, je nachgiebiger sie durchgebildet wird und daß die Abscher- und Kantgefahr um so fühlbarer in Erscheinung tritt, je sperriger und steifer der Mauerquerschnitt wird, gelangte Streck auf dem bezeichneten Wege zu sehr großen Mauerstärken. Die Erddrucktheorie läßt daher keine fruchtbaren Ergebnisse bezüglich der Bemessung von Kernmauerdämmen erwarten.

Demgemäß wurde in Kap. 18, 2 die Bemessung und Berechnung auf der Grundlage des Erdspannungszustandes durchgeführt. Wenn es hierbei in Ermangelung geeigneter versuchstechnischer Unterlagen auch nicht möglich war, der in Kernmauerdämmen vorliegenden statischen Unbestimmtheit in vollem Umfange Rechnung zu tragen, so konnten aber wenigstens untere und obere Grenzlagen der Kraftverteilung angegeben werden, um daraus die ungünstigsten Belastungsverhältnisse, einmal für die wasserseitige Staudammhälfte und einmal für die Kernmauer, abzuleiten. Hierbei zeigte sich, daß die Kraftverteilung in Kernmauerdämmen maßgebend durch die Böschungsneigung beeinflußt wird. Je flacher die Böschung ist, um so größer ist die Standsicherheit der wasserseitigen Dammhälfte für sich allein und um so elastischer kann die Kernmauer gestaltet werden. Während Steindämme als Kernmauer-

[1] Bautechn. 1929 S. 838—840; vgl. auch Bohrisch: Staudämme mit Betonkern. Dtsch. Wasserwirtsch. 1933 Heft 5.

dämme sehr schlecht abschneiden, erscheinen Erddämme geradezu dazu ausersehen — wo die Untergrundverhältnisse es gestatten — als Kernmauerdämme durchgebildet zu werden.

Die Erfahrung läßt es erwünscht erscheinen, wenigstens bei höheren Dämmen, eine Besichtigungsmöglichkeit, namentlich des unteren Teils der Kernmauer zu schaffen. Diese Forderung haben zahlreiche neuere Ausführungen durch Anordnung eines Stollens erfüllt (Abb. 346, 347, 352—354), der mit großem Vorteil als Sammler für Sickerstränge der Mauer und der Mauerhinterfüllung ausgebildet wird. Hierdurch wird eine mittelbare Überwachungsmöglichkeit des Dichtigkeitszustandes der Kernmauer in ihrem ganzen Umfang geboten, die mindestens ebenso wertvoll ist, wie die, auf das schmale Band der Ganghöhe beschränkte, unmittelbare Beobachtungsmöglichkeit. Der Gang muß so angeordnet werden, daß er die Kernmauer nicht in unzulässigem Grade verschwächt, aber auch ihre unerwünschte Steifigkeit möglichst nicht noch erhöht und endlich kein „Sich-Aufhängen“ oder „Sich-Absetzen“ der arbeitenden Schüttmasse veranlassen kann. Die in Abb. 346—354 dargestellten Ausführungen kommen der Erfüllung dieser Forderungen nur mehr oder weniger nahe.

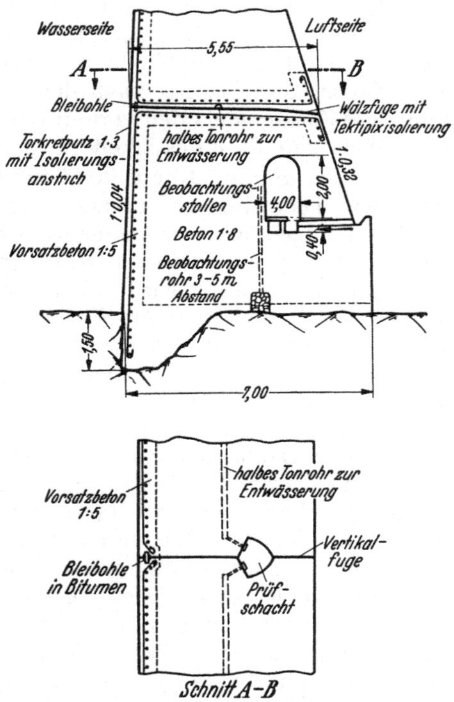

Abb. 353. Wälzfuge und Dehnungsfuge des Söse-Dammkerns.

Um die Zerschneidung des Dammkörpers durch die Kernmauer zu mildern, sind Wälz-, Gleitwälz- und Pendelwälzfugen entwickelt worden. Der Einbau von Wälzfugen ohne Gleitspielraum (Abb. 348) ist im allgemeinen nicht zu empfehlen, da der Erdwiderstand in den unteren Dammteilen, deren Fähigkeit zur Kraftaufnahme am größten ist, bei einer bloßen Kippbewegung des Kerns kaum zur Mitarbeit herangezogen wird. Dies haben auch theoretische Untersuchungen von Bohrisch klar erkennen lassen[1]. Die verzahnte Wälzfuge des (übermäßig starken) Burkhammer-Dammkernes (Abb. 348) ist daher als unzweckmäßig zu bezeichnen.

Eine größere Nachgiebigkeit kann nur durch Gleit-Wälzfugen erzielt werden (Abb. 347 u. 353), die eine Anpassung der Kernmauer an die waagerechte Zusammendrückung der Erdmassen ermöglichen. An der Söse-Talsperre[2] wurden die Bewegungen der einzelnen Kernteile durch Marken gemessen; aus den bisherigen Ergebnissen darf der Schluß gezogen werden, daß die Gleit-Wälzfugen in der beabsichtigten Weise wirken. Bei dem wenig später erstellten Oder-Damm wurden zwei Gleit-Wälzfugen übereinander vorgesehen. Wie G. Bohrisch gezeigt hat[1], ist dies theoretisch außerordentlich wirkungsvoll, wenn die Wälzfugen als „reibungslose Gelenke“ in die Rechnung eingeführt werden. Es bleibt jedoch abzuwarten, ob und inwieweit sich derartige Annahmen mit der Wirk-

[1] Siehe Fußnote 1 der vorigen Seite. Ferner G. Bohrisch: Der L'Oued-Kébir-Staudamm. Eine Untersuchung neuerer Berechnungsverfahren für Erdstaudämme. Dtsch. Wasserwirtsch. 1935 S. 81—84.

[2] F. Kennerknecht: Talsperren im Harz. Wasserkr. u. Wasserwirtsch. 1930 S. 281 bis 283, 295—299 u. 308—314. — Ferner Prof. Dr.-Ing. F. Collorio: Die neuen Talsperrendämme im Harz. Bautechn. 1936.

lichkeit vereinbaren lassen, und ob nicht durch die sehr weit getriebene Beweglichkeit — neben den Wälzfugen sind ja auch noch die üblichen Querfugen vorhanden — unerwünschte und schädliche Bewegungen, wie z. B. Querverschiebungen längs der Dehnungsfugen ausgelöst werden.

Bezüglich der Ausbildung der Gleit-Wälzfugen kann (abgesehen von der unzweckmäßigen Bleibohlendichtung) auf Abb. 353 verwiesen werden. Um Zwängungen beim Gleit-Wälzvorgang tunlichst auszuschalten, muß die bituminöse Zwischenlage mindestens 20 mm stark sein. Beim Söse-Damm wurde die Fuge schwach geneigt und Textipix-Isolierung als Rutschmittel gewählt; außerdem wurde noch ein halbes Tonrohr eingelegt, um etwaiges Sickerwasser abzuführen. In der Längsansicht des Kerns muß die Gleit-Wälzfuge einen geschlossenen Linienzug bilden, dessen Knickpunkte in die lotrechten Dehnungsfugen fallen; dies bedingt nach den Hängen zu ansteigende Fugen. Ohne ein derartiges Zusammenlaufen verliert der Kern den vom Standpunkte der Wasserdichtigkeit und Standfestigkeit notwendigen Halt.

Nach den in Kap. 18 auf der Grundlage des Erdspannungszustandes durchgeführten theoretischen Untersuchungen erweisen sich Wälz-, Gleitwälz- und Pendelwälzfugen bei Kernmauer-Erddämmen als überflüssig, wenn die Kernbemessung den auftretenden Kraftwirkungen angepaßt und die Böschungsneigung richtig gewählt wird. Man sollte daher künftig auf jene die Herstellung erschwerenden und in ihrer Wirkung — auf lange Sicht gesehen — zweifelhaften Sondermaßnahmen besser verzichten.

Massive Kernmauern können in Beton oder Eisenbeton ausgeführt werden. Im allgemeinen kann man auf eine Bewehrung verzichten und erhält dadurch größere Freiheit in der Betonzusammensetzung. In Abständen von etwa 20 bis 25 m müssen Dehnungsfugen angeordnet werden, die sorgfältig zu dichten sind. Beim Sorpe-Damm[1] (Abb. 346, 352) wurde auf den Einbau gebogener Kupferbleche verzichtet und stattdessen ein wasserseitiger Eisenbeton-Dichtungskeil angeordnet. Für die Wirksamkeit solcher Dichtungskeile ist es von größter Bedeutung, daß sie so spät wie möglich und zur Zeit der niedrigsten Mauertemperatur (Februar bis März) eingebaut werden; man muß mindestens 6 Monate mit dem Ausbetonieren warten. Der Sorpe-Dammkern ist vorzüglich dicht geraten, während die beiden Kerndämme in Söse und Oder starke Sickerverluste in den Prüfgängen ablaufen lassen.

Um unliebsame Querbewegungen zu vermeiden, müssen die Kernblöcke in den Fugen kräftig verdübelt werden. Das Einlegen von Bleibohlen, wie es Abb. 353 zeigt, genügt weder vom Standpunkte der Wasserdichtigkeit noch von dem eines Zusammenhaltens des Kerns. Eine ausgezeichnete Verdübelung besitzt der Kern des Sorpe-Dammes (Abb. 352) in Gestalt großer Schächte, die erst kurz vor Abschluß der Bauarbeiten, d. h. nach einem gewissen Ausgleich der Sackungen und des Schwindens ausbetoniert wurden. Da ein Betonkern, wenn er erst einmal eingeerdet ist, nur noch wenig in der Längsrichtung arbeitet, so wird ein Reißen der Betondübel kaum noch zu erwarten sein.

Bei Betonkernen wird zuweilen eine Dichtungshaut aus aufgespritztem Putz vorgesehen. Bei dem heutigen Stand der Betontechnik erübrigen sich solche Maßnahmen, die nur die Veranlassung zu ungleichmäßigen Schwinderscheinungen und Rißbildungen geben. Gute Dienste leisten im allgemeinen bituminöse Spritzanstriche, deren Empfindlichkeit bei sorgfältiger Einschüttung nicht in Erscheinung treten kann. Der Kern der Sorpe-Talsperre zeigt in Anlehnung an die Gepflogenheit bei Staumauern eine Mauer- und Sohlenentwässerung (Abb. 352). Derartige Entwässerungsmaßnahmen halten nicht nur die luftseitige Dammhälfte trocken, sondern gewähren auch eine wertvolle Überwachungsmöglichkeit. Selbstverständlich muß der Kern immer bis auf den

[1] Siehe Fußnote von S. 7.

klingenden Felsen heruntergeführt und die Gründungsfläche nach Bedarf durch Einpressungen abgedichtet werden.

Wie schon bei Besprechung der Steinschüttdämme bemerkt, sind auch Eisenbeton-Hohlkerne entwickelt worden, weniger: um an Beton zu sparen, als um die ganze Kernfläche unter unmittelbare Überwachung zu stellen. Eine verbreitete Ausführung dieser Art ist der Ambursen-Hohlkern (Abb. 350), der aus zwei glatten Längswänden aus Eisenbeton besteht, die in geeigneten Abständen durch Querwände gegenseitig ausgesteift sind; in den Kästen läßt sich alles Sickerwasser abfangen. Theoretisch besteht auch die Möglichkeit, bei unvorhergesehenem Versagen der Hochwasserentlastung den Hohlkern als Zusatz-Überfallwehr zu benutzen und das Wasser durch die Zugangs-Querstollen abzuleiten. Ähnlich wie bei der L'Oued-Kébir-Talsperre ist auch vorgeschlagen worden, an Stelle der wasserseitigen Platte eine Gewölbereihe[1] anzuordnen, so daß die Bewehrungseisen gespart werden können (Abb. 351). Im allgemeinen muß von der Anordnung von Hohlkernen abgeraten werden, da diese Bauweise den Kern nur unerwünscht steif macht; zudem stehen heute bei massiven Kernen vorzügliche Überwachungs- und Sicherungsmaßnahmen zur Verfügung.

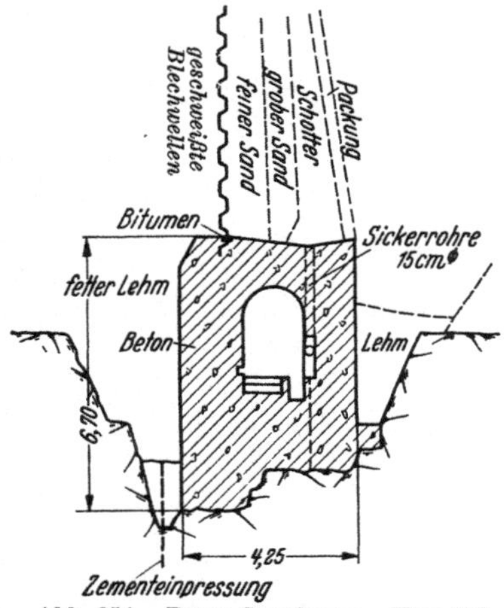

Abb. 354. Bever-Staudamm. Kerndichtung aus waagerecht liegenden gewellten Stahlblechen.

Man hat auch schon geglaubt, durch Krümmung der Kernmauer Vorteile erzielen zu können. Dies ist ein Trugschluß, denn die Steifigkeit des Kerns wird erhöht und damit die Zusammenarbeit der beiden Dammteile geschwächt. Unter Umständen kann sogar ein Ausknicken des Kerns eintreten, was mit schweren Schäden verbunden wäre.

Eine noch so sorgfältige Durchbildung des Betonkerns ist für sich allein noch nicht imstande, das Entstehen von Scherrissen als Folge ungleichmäßiger Druckverteilung in den beiderseitigen Schüttungen zu verhüten. Hierzu gehört vielmehr noch eine wohlüberlegte und streng einzuhaltende Art der Einbringung der Bodenmassen mit dem Ziel: in der Umgebung des Kerns von Anfang an eine möglichst hohe Verdichtung und ein sattes, druckhaftes Anliegen der beiderseitigen Vorlagen am Kern zu erreichen. Die Kernmauer muß, um eine genügende Festigkeit bei der Anschüttung zu besitzen, stets um ein reichliches Maß vor dieser hochgeführt und durch angemessene gleichmäßige Hochschüttung beider Dammhälften vor Überanstrengung geschützt werden. Zugleich muß die Mauerflucht dauernd auf Verschiebungen überwacht werden. Beim Sorpe-Damm, der an der Kernmauer wasserseitig eingeschlämmt, luftseitig mit Steinpackung und trockener Schüttung hochgeführt wurde, ergab sich eine von den Dammenden zur Mitte gleichmäßig zunehmende Durchbiegung nach der Luftseite um bis zu 0,80 m. Es erscheint vorteilhaft, den Schüttungsvorgang so zu leiten, daß zunächst eine geringe Ausweichung der Kernmauer talaufwärts eintritt[2]. Dies bietet die Gewähr, daß der luftseitige Dammteil fest und mit wirksamem Erddruck am Kern anliegt und läßt erwarten, daß die beim Einstau zu erwartende Kernausweichung nach der Luftseite an sich, und um so mehr in der algebraischen Summe beider Bewegungen, kleiner ausfällt.

Aus dem gleichen Grunde erscheint es angebracht, für den Kernmauerquerschnitt die Dreiecksform mit aufgesetzter Krone zu wählen und hierbei

[1] Vorschlag von Prof. Dr.-Ing. K. Kammüller: Bauing. 1926 S. 165.

[2] So wurde z. B. beim Loch Treig-Damm in Schottland verfahren. Vgl. Z. VDI 1936 S. 813f.

die Wasserseite senkrecht zu stellen. Auf diese Weise ergibt sich stets eine leichte wasserseitige Aufbiegung des Kerns. Außerdem ist die Dreiecksform mit senkrechter Wasserseite die statisch wirksamste und daher zu den geringsten Kernabmessungen führende. Die in Kap. 18, 2 für Kernmauern entwickelten Bemessungsgrundlagen konnten sich demgemäß auf den Dreiecksquerschnitt beschränken.

Mit Rücksicht auf die nie mit völliger Sicherheit auszuschließende Möglichkeit der Bildung einzelner Schwind- und Scherrisse empfiehlt es sich, dem Betonkern wasserseits eine gut verdichtete oder eingeschlämmte Tonvorlage zu geben,

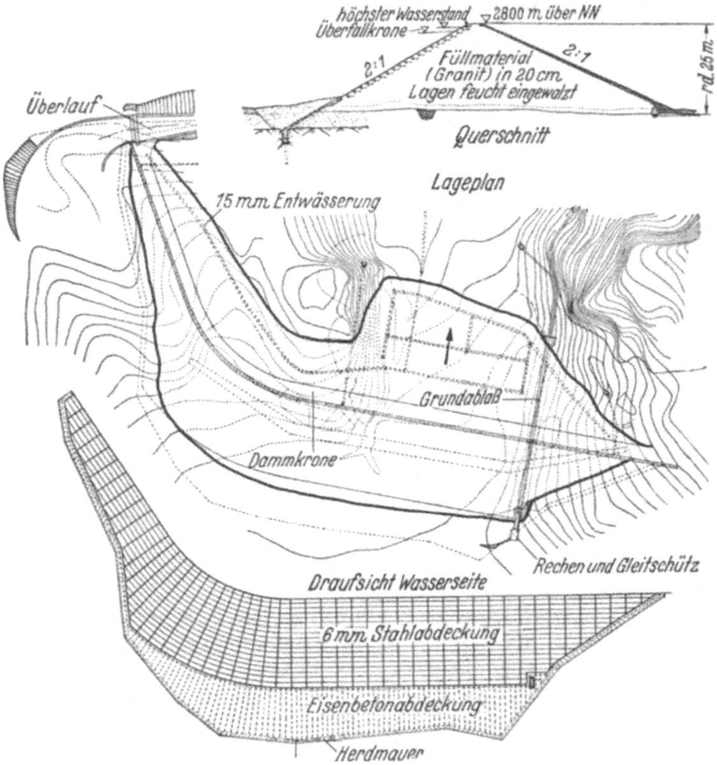

Abb. 355. Catamount-Creek-Erddamm-USA. mit wasserseitiger Eisenbeton-Stahlabdeckung.

so daß ein selbsttätiges Zusetzen der etwa noch möglichen feinen Risse eintreten kann. Im übrigen ist die Körnung der wasserseitigen Schüttung filterartig nach außen ins Grobe abzustufen, wie es z. B. beim Sorpe-Damm geschehen ist. Dieser Aufbau sichert nicht nur den Kern, sondern auch die wasserseitige Böschung, da er ein rasches, schadloses Zurücktreten des Wassers aus dem Damm bei absinkendem Stau gewährleistet. Luftseitig, unmittelbar hinter dem Kern, ist eine möglichst durchlässige (dabei aber mechanisch sehr feste) Schüttung mit guter Entwässerung angebracht. Bei ihrer Einbringung ist einerseits der Kern vor Beschädigungen zu schützen, andererseits die druckhafte Anlage am Kern sicherzustellen. Bei der Sorpe-Talsperre wurde diesen Forderungen durch Anordnung einer sorgfältig geschütteten Schicht gewaschener Bruchsteine hinter einer dünnen Trockenmauer Rechnung getragen. Die Wasserabführung nach dem luftseitigen Dammfuß erfolgt hier durch filterartig aufgebaute Sickerstränge (Rigolen) von Trapezquerschnitt, die 4 m in den gewachsenen Boden eingelassen sind.

(5) Erddämme mit Kern- oder wasserseitiger Dichtungswand aus Stahl. Die Erkenntnis der dem starren Betonkern und, in vermindertem Umfange, auch der wasserseitigen Beton- oder Eisenbetondichtungsdecke anhaftenden grundsätzlichen Mängel hat in jüngster Zeit zur Wiederaufnahme der vereinzelt schon früher gemachten Versuche[1], nachgiebige, hautartige Dichtungswände zu schaffen, geführt.

Die senkrecht stehende Stahl-Kernwand des Bever-Staudammes (Abb. 354)[2] ist, um sie einerseits möglichst nachgiebig zu machen und zum anderen der Gefahr örtlicher Knickerscheinungen von vornherein zu begegnen, aus geschweißten Blechwellen hergestellt worden. Als Stahl wurde ein Spezial-Kupferstahl verwendet, der hinreichende Gewähr gegen Rostbildungen bot. Um den Anschluß an das Betonfundament elastisch zu gestalten, wurde eine Bitumeneinpolsterung gewählt. Zur gefahrlosen Abführung durch den Kern hindurchtretenden Sickerwassers ist luftseitig von der Wand ein vierstufiges Filter angeordnet.

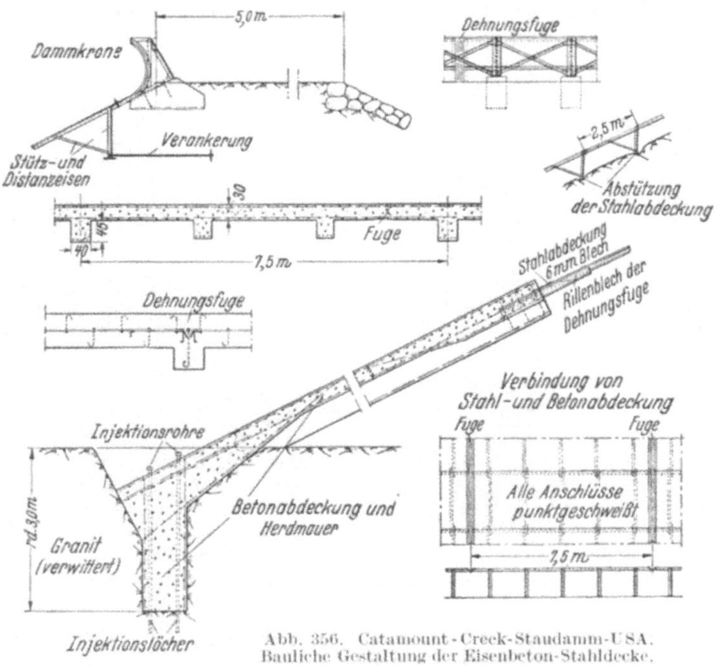

Abb. 356. Catamount-Creek-Staudamm-USA. Bauliche Gestaltung der Eisenbeton-Stahldecke.

Die Stahl-Dichtungswand des Schwammenauel-Staudammes (Abb. 235)[3] unterscheidet sich insofern grundsätzlich von derjenigen des Bever-Staudammes, als der Kern nicht senkrecht, sondern schräg liegt. Hierdurch ist die zumindest undurchsichtige Frage der Stabilität eines lotrechten Spundwandkerns ausgeschaltet worden. Andererseits läßt sich gegen die schräge Lage einwenden, daß der Stahlkern fast die ganze Setzung der Dammasse mitmachen muß, d. h. wie ein offener Böschungsbelag wirkt, ohne dessen Vorteil der Zugänglichkeit zu besitzen. Zudem ist die den Kern nach unten abschließende starre Betonmauer nach wie vor auf Abscheren und Biegung beansprucht.

[1] Vgl. Ludin: Die Wasserkräfte 1913 S. 1036: Steinschüttdamm East Cañon Creek (Utah) mit zur unteren Hälfte senkrechter, zur oberen böschungsparalleler Stahlblechwand in Asphaltbetonumhüllung. S. 996: Steinsatzdamm bei Victor (Col.) mit wasserseitigem genietetem Stahlblechbelag. S. 1033: Steinschüttdamm bei Escondido (Cal.) mit wasserseitigem doppeltem Holzdielenbelag. S. 1035: Steinschüttdamm Unter-Otay mit senkrechter Kernwand aus genietetem Stahlblech in Betonumhüllung von beiderseits 0,3 m Stärke. Der 1895—1897 erbaute Damm wurde 1916 durch Überströmung vernichtet. S. 1037: Steinschüttdamm im Cottonwood Creek (Cal.) Asphaltbeton ohne Stahleinlage.

[2] Mahr: Die Bever-Talsperre. Zbl. Bauverw. 1935 Heft 41.

[3] Schatz: Die neuen Stauanlagen der Rur. Dtsch. Wasserwirtsch. 1935 Heft 1 u. 2. — Brandes: Die innere Dichtungswand der Rur-Talsperre Schwammenauel. Dtsch. Wasserwirtsch. 1936 Heft 2.

Die Bewährung beider Bauweisen bleibt abzuwarten. Sie dürfte maßgeblich von der Sorgfalt der Herstellung und der erzielten Gleichmäßigkeit der Setzungen abhängen. Eine weitere Aufmerksamkeit erfordert bei allen beweglichen Dichtungswänden der Anschluß an den Hang, der dicht und dabei doch nachgiebig gleitend sein muß.

Die bei einer ganzen Reihe neuerer Steindämme mit Vorteil angewendete wasserseitige Stahldichtungsdecke ist nunmehr auch für Erddämme zur Ausführung gebracht worden, wie der baulich ganz vorzüglich durchgebildete Catamount-Creek-Staudamm zeigt (Abb. 355—358)[1]. Um die Einspannung an Talsohle und Hängen, d. h. in die Herdmauer hinreichend sanft zu gestalten, schließt sich an diese zunächst eine Eisenbetondecke mit voutenförmigem Auslauf an. Die vollständig geschweißte Stahldecke legt sich nicht wie bei den

Abb. 357.

Abb. 358.

Abb. 357 und 358. Catamount-Creek-Staudamm-USA. Herstellung der Stahldichtungsdecke.

Steindammausführungen über Profilrahmen unmittelbar auf die Schüttung auf, sondern stützt sich auf 1 m hohe V-Böcke ab, in deren Spitze die Ankereisen zur Verankerung von Decke und Schüttung angreifen. Der so gebildete Zwischenraum von 1 m zwischen Decke und Schüttung gestattet eine sichere Anschweißung der Böcke und ermöglicht einen nirgends unterbrochenen Innenanstrich, da dieser erst nach Abschluß aller Schweiß- und sonstigen Arbeiten aufgebracht zu werden braucht. Die nachträgliche Ausfüllung und Verdichtung des Zwischenraumes kann mit größter Sorgfalt vorgenommen werden, so daß überall eine innige unter Vorspannung stehende Verbindung zwischen Stahldecke und Dammschüttung gewährleistet ist. Den Temperaturschwankungen ist ähnlich wie bei den Steindammdecken durch Querfugen Rechnung zu tragen.

Die geschweißte wasserseitige Stahldichtungsdecke mit nachgiebig gestaltetem Herdmaueranschluß dürfte dem Experimentieren mit Stahl-Kernwänden irgendwelcher Art unbedingt vorzuziehen sein, da sie bei sachgemäßer Verankerung unter Druck gegen die Schüttung gepreßt werden kann, so daß eine gewisse Ausgleichmöglichkeit gegenüber ungleichmäßigen Setzungen vorhanden ist. Befürchtungen hinsichtlich der Lebensdauer sind angesichts des heutigen Standes der Schweißtechnik und bei Verwendung rostunempfindlicher Stähle nicht mehr gerechtfertigt. Wie Abb. 357 zeigt, befriedigt ein derartiger Staudamm auch schönheitlich in jeder Weise.

[1] Engng. News Rec. 1936 (I).

17. Kapitel: **Gespülte Erddämme.**

1. Spülverfahren.

Von der Fähigkeit des Wassers, die Setzung und Verdichtung einer Erdschüttung zu beschleunigen und zu verstärken, wird im Erdbau seit langem beim sog. Einschlämmen geschütteter Massen vielseitiger Gebrauch gemacht. Das Spülverfahren geht aber weiter, indem es schon die Arbeit des Schüttens, ja oft sogar die der Anförderung der Bodenmassen, der Schleppkraft des Wassers überträgt. Hierbei ergibt sich gegenüber Trockenschüttung mit nachfolgender Wässerung der wichtige grundsätzliche Unterschied, daß mit dem Einspülen eine Aufbereitung der Bodenmassen nach Korngrößen verbunden ist, so daß

Abb. 359. Fort Peck-Staudamm-USA. (vollgespült), während der Herstellung[1].

gespülte Dämme ihrer Natur nach uneinheitlichen, in der Waagerechten nach dem Filtergesetz (S. 189) gegliederten Querschnitt zeigen. Dagegen entbehren sie, was auch nur erwünscht ist, in der Senkrechten der den gewalzten Dämmen eigenen Schichtung, verhalten sich also in dieser Richtung ähnlich wie Gußbeton zum Stampfbeton. Wenn zur Zeit noch der mechanisch verdichtete Erddamm in Europa fast ausschließlich vorherrscht, so ist das darauf zurückzuführen, daß das Spülverfahren eine sehr genaue Bauüberwachung und Sondergeräte erfordert, mit denen man erst vertraut werden muß. In Nordamerika wird das Spülverfahren seit langem in großem Umfang angewandt, und man hat mehrfach mit Dämmen bis zu 75 m Höhe befriedigende Ergebnisse erzielt. Da der gespülte Erddamm dem gewalzten oft technisch und wirtschaftlich überlegen ist und über die Fragen der Kernbeschaffenheit, der Verfestigung und der Bauüberwachung heute weitgehende Klarheit besteht, ist es für Europa an der Zeit, die früher vielleicht berechtigte Zurückhaltung gegenüber dem Spülverfahren fallen zu lassen.

Je nach der Art des Spülverfahrens muß zwischen voll- und halbgespülten (-hydraulischen) Dämmen unterschieden werden.

Bei der vollhydraulischen Bauweise (Abb. 359) wird die Lösung, Förderung und der Einbau der Schüttmassen durch die Spülkraft des Wassers besorgt.

Bei überhöhender Lage der Gewinnungsplätze gegenüber dem Damm (im Gebirge) erfolgt die Lösung oft durch Druckwasserstrahl aus einem Strahlrohr

[1] Nach einem von der Bauleitung freundlichst zur Verfügung gestellten Abzug.

(„monitor", „giant") Abb. 360[1], das imstande ist, auch Konglomerate und zersetzten Felsen aufzubereiten. Anförderung, Verteilung und Einbau vollziehen sich hierbei im freien Gefälle (mindestens 3%) durch Holzgerinne oder Röhren (Abb. 361). Bei unzureichendem Gefälle wurden aber auch schon

Abb. 360. Spülspritze am Necaxa-Damm.

Pumpen eingeschaltet. Der amerikanische Ingenieur Schuyler, hochverdient um die Entwicklung dieser eigenartigen Bauweise, gibt an[2], daß die besten Leistungen im allgemeinen mit einem Nutzdruck (an der Strahldüse) von 70 bis 105 m und bei Wassermengen von 280 bis 450 l/s je Düse, erzielt werden.

Abb. 361. Spülbetrieb am Tenango-Damm in Verbindung mit Hohlkern. (Vorschlag Ambursen Hydr. Constr Co.)

Doch hat man auch schon mit Drucken von 30 m und Wassermengen von 50 l/s noch gute Ergebnisse erhalten, je nach der Lagerung und Zusammensetzung des verfügbaren Schüttbodens. Die erreichbaren Fortschrittsleistungen sind dabei denen der Trockenschüttung durchaus an die Seite zu stellen.

Bei tiefer Lage der Gewinnungsstätten (z. B. in weiten Flußniederungen) erfolgt die Lösung der Massen durch einen schwimmenden Spülbagger, der das Erd-Wassergemisch durch Röhren zum Damm drückt. Für leichte Böden genügt

[1] Engng. News Rec. 1908.

[2] Engng. News Rec. 22. 12. 1906 und (besonders ausführlich und lehrreich): Trans. Amer. Soc. civ. Engr. Bd. 58 S. 1043; vgl. ferner A. Hazen: Hydraulic fill dams, Vortrag vom 5. 5. 1920 vor Amer. Soc. civ. Engr.; ferner Ludin: Wasserkräfte 1913 S. 1002ff.

dafür der frei bewegliche Schleppkopfspüler[1]; für schwerere Lehm- und Tonböden dagegen wird der Pfahlsaugbagger (Abb. 362)[2] verwendet. Dieser ist in den letzten Jahren sehr vervollkommnet worden. Normale Baggerformen der Schichauwerft leisten etwa 300 m^3/h im Lehmboden, 400 bis 600 im lehmigen Sand und bis 1000 m^3/h im leichten Sand. Bei festen Sanden und lehmigen Böden lassen sich nur dann befriedigende Saugleistungen erzielen, wenn die

Abb. 362. Saug-Schwimmbagger (beim Aushub des Kanals der Wasserkraftanlage Beauharnois) (nach Engng. News Rec.).

Massen vorher zerschnitten werden. Dies bedingt das Anpfählen des Baggers, durch das erst der zum Schneiden erforderliche Widerstand erzeugt wird. Abb. 363 zeigt die beiden gebräuchlichsten Arbeitsweisen. Bei der einen dreht sich der Bagger stets um denselben Pfahl, der am Ende jeder Schneidstufe vorgeschoben wird; dies geschieht dadurch, daß (wie in Abb. 363 punktiert-strichliert angedeutet) ein zweiter Vorschubpfahl, der in einem Schlitten beweglich ist, entsprechend vorgesteckt wird, worauf man den Bagger vorwärts fährt und den Drehpfahl herunterläßt. Bei der anderen Arbeitsweise werden gleichzeitig zwei Pfähle heruntergelassen, um die sich der Bagger in einem Trommelgehäuse dreht; in den Endstellungen werden die Pfähle stelzenartig vorgeschoben. Da die Drehpunkte hierbei auf einer Geraden liegen, ergibt sich eine vorzügliche Austeilung der Baggerschnitte. Das Schneiden besorgt der Schneidkopf (Abb. 364). Abb. 365 zeigt die Bauart von Thele[1], bei der die Messer an den drei Armen der Nabe in gewissen Grenzen beweglich gelagert sind. Vor den Hauptmessern liegen zwei bis drei Vorschneidmesser, welche das Zerschneiden sehr fördern und gleichzeitig dafür sorgen, daß das Einschneiden in der günstigsten Endstellung erfolgt. Damit die Messer in jeder Lage der Drehbewegung des Baggers von unten nach oben schneiden, wird die Drehrichtung der Schneidkopfwelle beim Rückwärtsgang durch ein Wendegetriebe

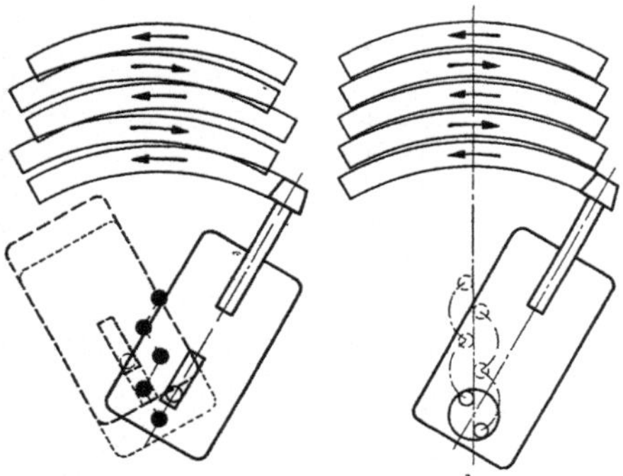

Abb. 363a und b. a Baggerung mit Drehpfahl und Vorschubpfahl in Schlittenführung. b Baggerung mit Doppelpfählen in Trommelgehäuse.

[1] W. Thele: Neuere Baggerkonstruktionen. Z. VDI Bd. 75 (1931) Heft 8 S. 213.

[2] Engng. News Rec., 11. 12. 1930 S. 916—922. Beauharnois Power Plant on St. Lawrence River.

umgekehrt, wobei sich gleichzeitig die Messer selbsttätig in die andere Endlage umlegen.

Die fließende Masse (8 bis 30% Anteil an Festem)[1] entweicht aus den Gerinnen oder Röhren, die längs der planmäßigen Böschungsfüße des Dammes auf trocken geschütteten Hilfsdämmen verlegt werden, durch seitliche Auslässe und lagert sich in dem entstehenden Spülteich ab. Hierbei stellt sich eine natürliche Trennung der Spülmasse nach der Filterregel ein: außen die großkörnigen Massen mit Abstufung nach innen zu, und im Inneren der tonreiche Kern. Das überschüssige Wasser wird an geeigneter Stelle durch Überfälle aus dem Spülteich abgezogen, wobei es die meisten Kolloide mit fortnimmt, was zugunsten der Standfestigkeit des Kernes nicht unerwünscht ist und die Dichtigkeit nicht unzulässig zu vermindern braucht.

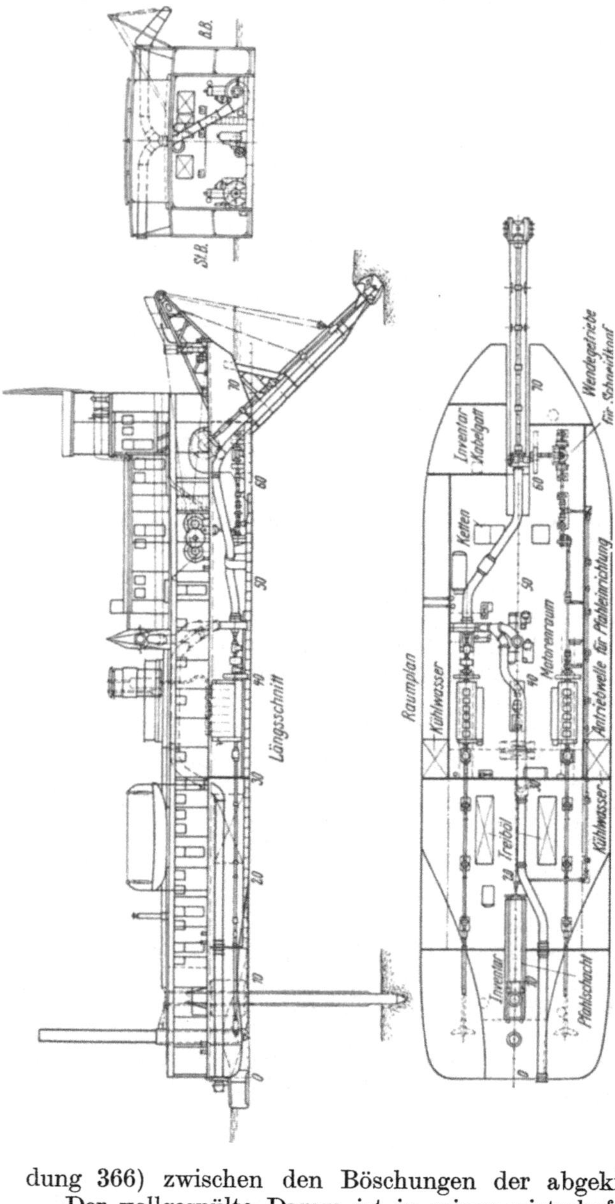

Abb. 364. Saugbagger mit Schneidkopf. (Schichauwerft Elbing.)

Die **halbgespülten (halbhydraulischen)** Dämme werden in der Weise hergestellt, daß der Füllboden trocken entnommen, zur Baustelle gefahren und von hölzernen Gerüstbahnen zwecks Einspülens abgekippt wird (Abbildung 366)[2]. Das Einspülen geschieht durch Strahlrohre von Bauprahmen aus, die auf dem Spülteich (Abbildung 366) zwischen den Böschungen der abgekippten Massen schwimmen.

Der vollgespülte Damm ist in seiner wirtschaftlichen Anwendung insofern beschränkt, als geeigneter Entnahmeboden in nicht zu großer Entfernung und passender Höhenlage zur Verfügung stehen muß; die Anförderung in Gefludern wird sonst zu teuer oder das für den Spülerbetrieb notwendige Unterwassersetzen unmöglich.

[1] Vgl. auch Sokolow: Hydraulischer Erdtransport. Wasserkr. u. Wasserwirtsch. 1934 Heft 10. — L. Filep: Anwendbarkeit des Schlämmverfahrens usw. Wasserkr. u. Wasserwirtsch. 1934 Heft 5. — Zill: Über Spülströmung. Bautechn. 1935 Heft 19.

[2] Engng. News Rec. Bd. 104 (1930) S. 375.

Das vollhydraulische Verfahren verdient in technischer Beziehung den Vorzug, wenn Mangel an feinsten Teilen besteht. Erfahrungsgemäß spülen die Strahlrohre im halbhydraulischen Verfahren auch bei hohen Drucken nur einen Teil des Feinkornes aus, während in den Gefludern alles aufgeschlämmt und in den Spülteichen abgelagert wird. Umgekehrt ist bei Überschuß an Feinem das halbhydraulische Verfahren vorteilhafter, da es verhindert, daß der gespülte Kern in unerwünschter Weise in die Breite geht. Bezüglich des größten Kornes muß beim vollhydraulischen Verfahren auf die Pumpenöffnungen Rücksicht genommen werden; dies kann mit wirtschaftlichen Nachteilen verbunden sein; bei den Miami-Dämmen (USA.) mußten beispielsweise Steine über 15 cm Durchmesser abgesiebt werden.

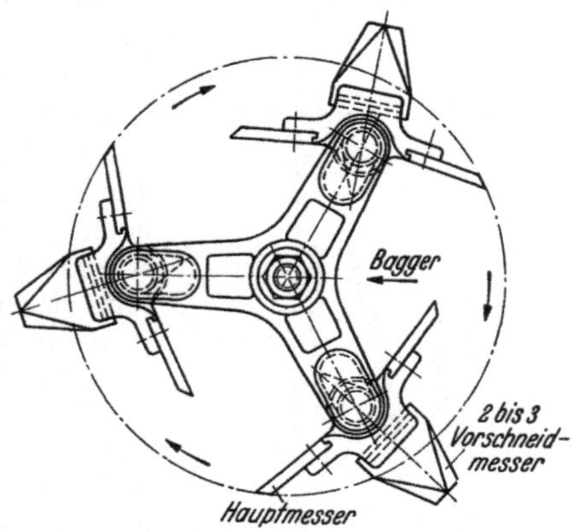

Abb. 365. Schneidkopfausbildung. Patent Dr.-Ing. Thele.

2. *Querschnittsgestaltung.*

Die gespülten Dämme besitzen, wenn von den aufgeschütteten Randstreifen zunächst abgesehen wird, große Ähnlichkeit mit den filterartig aufgebauten

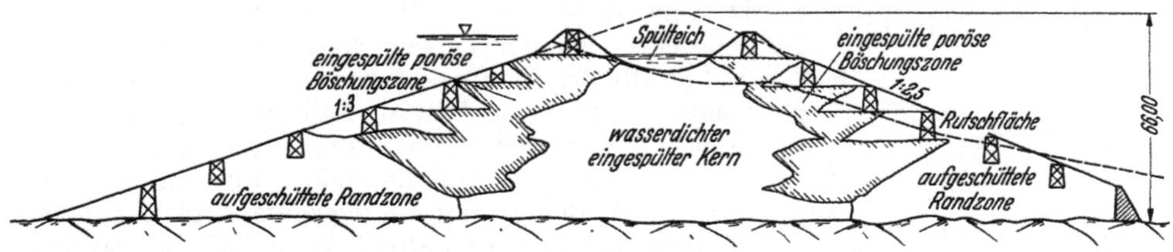

Abb. 366. Querschnitt des Saluda-Dammes (halbgespült) mit Rutschfläche. (Engng. News Rec. Bd. 104.)

Tonkerndämmen, da der in die Spülteiche abgekippte oder eingeschlämmte Boden sich längs der allmählich flacher werdenden Teichberandungen nach

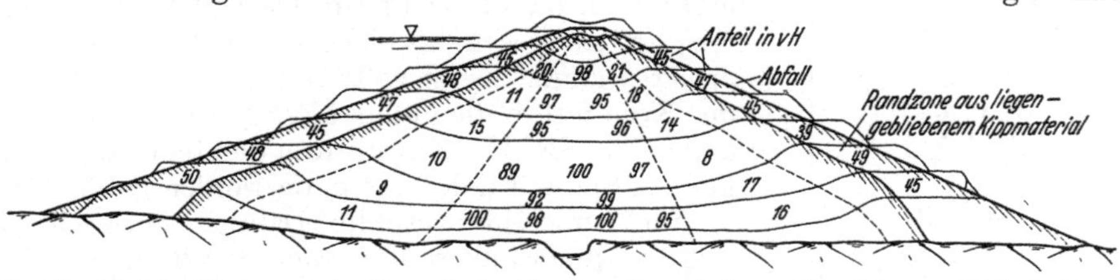

Abb. 367. Anteil des Feinkorns unter $^1/_8$ mm in den einzelnen Zonen halb gespülter Dämme. (F. H. Cothran.)

Korngrößen getrennt absetzt (Abb. 367)[1]. Das Grobe bleibt gleich am Anfang liegen, während die feinsten Teile zunächst im Wasser schweben und sich erst

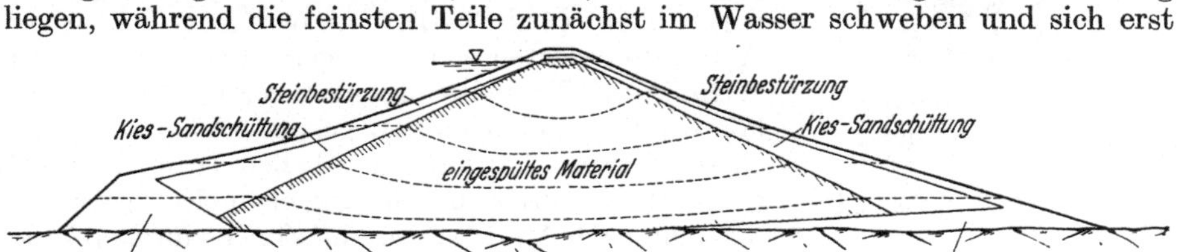

Abb. 368. Schematischer Aufbau eines voll gespülten Dammes mit porösen Randschüttungen.

[1] F. H. Cothran: Slides during construction are not due to pressure. Engng. News Rec. Bd. 106 (1931) S. 1045/1046.

allmählich in Teichmitte zu Boden senken. Durch künstliche Fällmittel, wie z. B. Alaun, kann der Absetzvorgang beschleunigt werden. Die Querschnittsgliederung, die durch das Spülen entsteht, läßt Abb. 367 sehr schön erkennen; bezeichnend ist der verhältnismäßig schroffe Übergang von dem sehr feinen Kern zu den porigen Zonen längs der Teichränder. Aus den zur Bauausführung nötigen Hilfsdämmen zur Begrenzung des Spülteiches und den beim halbhydraulischen Verfahren verbleibenden Rückständen an den Schüttgerüsten entstehen beiderseits des gespülten Dammkörpers (Abb. 368, 369)[1] Randstreifen, die den gespülten Dammteil haubenartig einschließen.

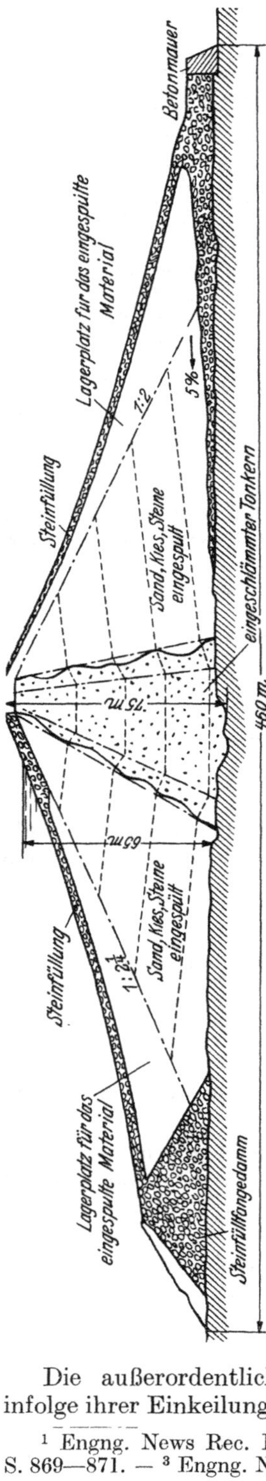

Abb. 369. Cobble-Mountain-Spüldamm. Querschnitt.

Für die wasser- und luftseitige Befestigung der Spüldämme gelten die gleichen Gesichtspunkte wie bei den gewalzten Dämmen. Wo Stein- und Geröllmassen in hinreichenden Mengen zur Verfügung stehen, werden die Dammfüsse zweckmäßig durch kräftige Steinschüttungen gesichert; diese können oft gleich als Fangedämme dienen, um die Baugrube in Verbindung mit Entlastungsstollen vor Hochwassern zu schützen. Die Mehrzahl aller gespülten Dämme ist wasserseitig 1 : 3 und luftseitig 1 : $2^1/_2$ geböscht. Bei der Verschiedenartigkeit der Schütt- und Spülböden können die erforderlichen Böschungsneigungen nur von Fall zu Fall festgelegt werden; immerhin geben die genannten Durchschnittswerte einen vorläufigen Anhaltspunkt. Für die Berechnung und Bemessung im einzelnen vgl. Kap. 18.

Bezüglich der Gründung kann auf die gewalzten Dämme verwiesen werden. Betonherdmauern (Abb. 370)[2] oder Spundwände unter dem Kern sind bei hochliegendem dichtem Untergrund nicht zu empfehlen, da sie leicht Unstetigkeitsflächen schaffen, an denen sich das Sickerwasser bequem entlang arbeiten kann. Es ist vollständig ausreichend, wenn der Kern fest in die undurchlässigen Bodenschichten einbindet. Bei tiefliegendem dichtem Untergrund können Spundwände aber nötig werden (Abb. 371)[3].

Voll- und halbgespülte Dämme unterscheiden sich im Querschnittsaufbau nur durch die verschiedenartige Kornzusammensetzung der Randstreifen. Beim halbhydraulischen Verfahren bestehen diese aus dem Schüttboden, der beiderseits der Holzgerüste liegen bleibt (Abb. 366); die innere Begrenzung verläuft infolgedessen sehr unregelmäßig. Da sich nur verhältnismäßig dichte Massen für das Spülen eignen, können die Randzonen halb gespülte Dämme wie mit einem dichten Panzer umschließen (Abb. 367). Es entsteht hierdurch ein sehr ungleichmäßiger Aufbau, den man nach Abb. 372[4] in fünf Zonen einteilen kann.

Die außerordentlich unregelmäßigen porigen Streifen (Abb. 366) haben infolge ihrer Einkeilung in dichtere Schüttmassen vielfach Rutschungen während

[1] Engng. News Rec. Bd. 101 (1928) S. 772. — [2] Engng. News Rec. Bd. 104 (1930) S. 869—871. — [3] Engng. News Rec. Bd. 100 (1928) S. 125. — [4] Siehe Fußnote 1 von S. 235.

der Herstellung hervorgerufen, die auf eine Wassersättigung durch die Spülteiche zurückzuführen sind (Abb. 366, 371, 372). Jene wird allmählich auf die dichteren Randzonen übergreifen und deren Gleitwiderstand herabsetzen. Solange die Böschungen auch bei Wassersättigung standfest sind (wie an der

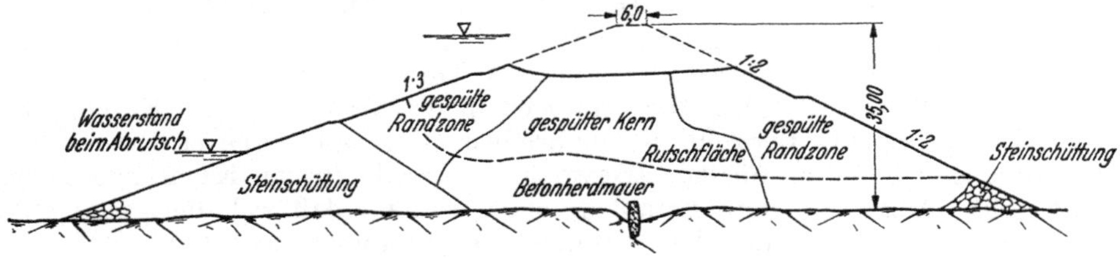

Abb. 370. Alexander-Damm (Hawai), Querschnitt und Rutschfläche.

Wasserseite), ist nichts zu befürchten; diese Bedingung ist aber für die Luftseite im allgemeinen nicht erfüllt. Man kann der Rutschgefahr leicht begegnen, wenn die luftseitige Außenzone entwässert und so eine Wassersättigung verhindert wird. Meist kann man sich dabei auf den oberen Dammteil beschränken,

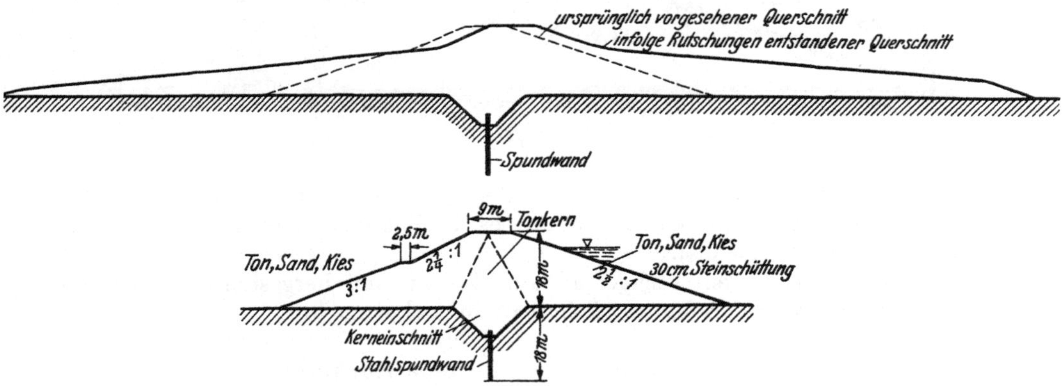

Abb. 371. Querschnitt des Garza-Dammes (USA.); vollhydraulisch gespült.

da die unteren Randzonen gewöhnlich breit genug sind, um eine Rutschgefahr auszuschließen. Für die Entwässerung kommen in erster Linie Steinpackungen oder durchlässige Schüttungen in Frage, die in geeigneten Abständen rigolenartig einzulegen sind.

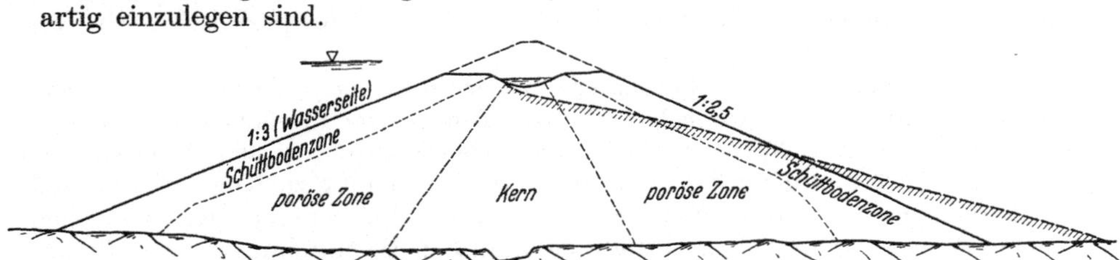

Abb. 372. Querschnittsaufbau halb gespulter Dämme.

Beim vollhydraulischen Verfahren besteht die geschilderte Rutschgefahr nicht, da man es hier in der Hand hat, den Filteraufbau der Dammspülung in den Randzonen fortzusetzen (Abb. 368). Je gröber und poriger die Aufschüttungen sind, um so besser ist es für die Standsicherheit, einerseits wegen des erhöhten Gleitwiderstandes und zum anderen, weil das wasserseitig eingedrungene Sickerwasser beim Fallen des Stauspiegels so schnell zurückfließen kann, daß innere Überdrucke nicht möglich sind.

Im Interesse der Standsicherheit muß die Kernbreite auf das zur Dichtung erforderliche Maß beschränkt werden, denn je breiter der Kern gehalten wird, um so stärker muß der Widerstand der übrigen Dammteile in Anspruch genommen werden. Kerne, die sich stellenweise bis zur halben Dammbreite ausdehnen, wie beim Saluda- oder Alexander-Damm (Abb. 366, 370), bilden eine ständige Gefahr für die Standsicherheit. Vergleicht man den tatsächlichen (Abb. 366) mit dem theoretischen[1] (Abb. 373) Querschnitt des Saluda-Dammes, so zeigen sich fast 100%ige Abweichungen in den Ausmaßen des Kernes. Es ist daher notwendig, Bereiche vorzuschreiben, innerhalb deren sich die Kernumrandungen bewegen müssen. (Gestrichelte Gerade an den Kernrändern von Abb. 369.) Außerdem muß darauf gesehen werden, daß sich der Kern entsprechend der Verjüngung des Dammkörpers zusammenzieht (Abb. 369) und nicht in den an sich schwächeren oberen Dammteilen eine bedrohliche Breite annimmt (Abb. 370).

Wo auch immer Rutschungen bei gespülten Dämmen aufgetreten sind[2], stets waren es Dämme mit sehr ausgedehnten Kernen oder mit dichten

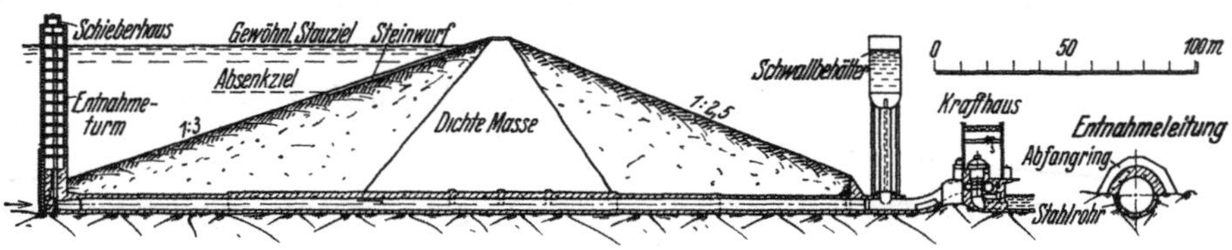

Abb. 373. Saluda-Damm (USA.) (halb gespült).

luftseitigen Randzonen ohne Abzug. Bei den Aufklärungen, die gerade die Rutschungen gebracht haben, müßte es in Zukunft möglich sein, ernstere Bauunfälle zu vermeiden.

Jedenfalls steht ein sachgemäß aufgebauter und hergestellter Spüldamm den übrigen Dammformen an Sicherheit in nichts nach.

3. Spülböden und Kernüberwachung.

Die Kernbreite läßt sich nur dann in erträglichen Grenzen halten (etwa $^1/_4$ bis $^1/_5$ der Dammbreite), wenn im Spülboden der Gehalt an feinsten Teilen eine gewisse Grenze nicht überschreitet. Abb. 374 zeigt eine Zusammenstellung von Lane[3], aus der die Sieblinien der Spülmasse für eine Reihe von Dämmen ersichtlich sind. Nach den gemachten Erfahrungen kann die Feinkörnigkeit des Saluda-Dammes vielleicht als die äußerste Grenze des praktisch noch Verantwortbaren bezeichnet werden.

Was man bei zu feinem Spülmaterial zu erwarten hat, zeigte der Nordflügel des Garza-Dammes, der durch Rutschungen fast auf den dreifachen Querschnitt gebracht wurde (Abb. 371). Der Entnahmeboden setzte sich in den abgerutschten Zonen aus 80% und mehr Ton zusammen, der sich häufig zu Kugeln ballte und den Saugbagger verstopfte. Naturgemäß wurde der Spülvorgang durch den hohen Tongehalt außerordentlich erschwert; bald mußten die Mündungen der Gefluderrohre hoch gelegt werden, damit die Tonkugeln überhaupt die Kerngegend erreichten, bald konnte man sie kaum flach genug legen, um das Einschlämmen von Sandadern zu unterbinden. Streckenweise wurden überhaupt nur Tonkugeln eingespült, die im Durchmesser zwischen 2 und 15 cm schwankten. Unter solchen Verhältnissen müssen natürlich Rutschungen an der Tagesordnung sein.

---

[1] Engng. News Rec. Bd. 102 (1929) S. 671.

[2] Zum Beispiel Necaxa: Engng. News Rec. 15. 7. 1909. — Calaveras: Engng. News Rec. 4. 4. 1918f und 26. 12. 1918. Ferner Dtsch. Wasserwirtsch.

[3] E. W. Lane: Materials in existing Earth-Dams. Engng. News Rec. Bd. 105 (1930) S. 961—965.

Es ist ein wesentlicher Vorteil des Spülverfahrens, daß der Schüttboden filterartig getrennt wird und man auf diese Weise auch bei weniger feinen Böden noch ein hinreichendes Maß von Wasserdichtigkeit erzielen kann. Lane hat auf Grund der bereits erwähnten Zusammenstellung (Abb. 374) eine obere Grenze abgeleitet, jenseits deren die Durchlässigkeit sehr schnell zunimmt; sie würde sich etwa mit den Sieblinien von Dwinnel- und Davis-Bridge-Damm decken, wenn in diesen die in den Dammkörper eingeschlämmten Steine mitberücksichtigt würden. Beide Dämme haben sich vorzüglich bewährt und die anfänglich gehegten Besorgnisse wegen der Grobkörnigkeit zerstreut. Nach der Laneschen Grenzgeraden sind etwa 10 Gew.-% Feinteile unter $^1/_{10}$ mm erforderlich, um noch dichte Dämme spülen zu können. Etwa die drei bis vierfache Menge wäre notwendig, um ein gleich günstiges Ergebnis mit dem Walzverfahren (bei einheitlicher Schüttung) zu erzielen.

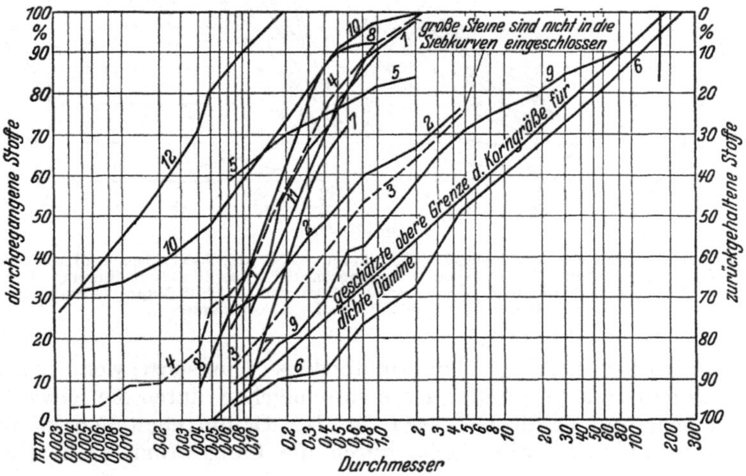

Abb. 374. Kornzusammensetzung des Spülbodens für Erddämme in USA. *1* Henshaw, *2* Swinging Bridge, *3* Dwinnel, *4* Davis Bridge, *5* Somerset, *6* Conconnully, *7* Baddy Creek, *8* Linville, *9* Tieton, *10* Saluda, *11* Magic, *12* Alexander.

Auf die Kornzusammensetzung des Kernes, als des alleinigen Trägers der Wasserdichtigkeit, muß besonders sorgfältig geachtet werden. Auch hier hat Lane[1] durch Zusammenstellung von 22 Kern-Sieblinien (Abb. 375) in Verbindung mit den gemachten Erfahrungen den Bereich scharf abgegrenzt, innerhalb dessen sich die Kornverteilung bewegen muß. Bridge Water-, Dwinnel-, Henshaw- und Sherman-Damm, die der Laneschen Grenzkurve teils sehr nahe kommen, teils noch darüber hinausgehen, besitzen noch wasserdichte Kerne. Man ersieht daraus, daß schon 20% Bestandteile unter 0,06 mm genügen, um den praktischen Anforderungen an die Wasserdichtigkeit des Kernes gerecht zu werden. Auch hier zeigt sich die große Überlegenheit des Spülverfahrens bei weniger tonreichem Dammboden.

Geht die Grobkörnigkeit über die genannten Grenzkurven hinaus, so sind, wie bei gewalzten Dämmen, besondere Dichtungsmaßnahmen erforderlich. Vorzüglich eignet sich für solche Fälle der Betonkern, der beim Tieton-Damm eine Höhe von fast 100 m erreicht hat (Abb. 376)[2].

Selbstverständlich können die von Lane aus der Erfahrung heraus aufgestellten Grenzkurven nur allgemeine Anhaltspunkte geben, die von Fall zu Fall überprüft werden müssen; steht doch zu bedenken, daß die Kornzusammensetzung nicht allein für die Wasserdurchlässigkeit maßgebend ist.

[1] Siehe Fußnote 3 von S. 238.

[2] Engng. News Rec. Bd. 97 (1926) S. 544. Ferner Dr. E. Mead: Dams and Controlworks. Washington 1929.

Gleich im Anschluß an die allgemeine Voruntersuchung muß durch Versuche der Durchlässigkeitsgrad der Spül- und Kernmassen festgestellt werden, wobei naturgemäß auf die Einschlämm-, Sättigungs- und Lagerungsverhältnisse im Dammkörper Rücksicht zu nehmen ist. Hierauf wird unter 4. noch näher eingegangen werden.

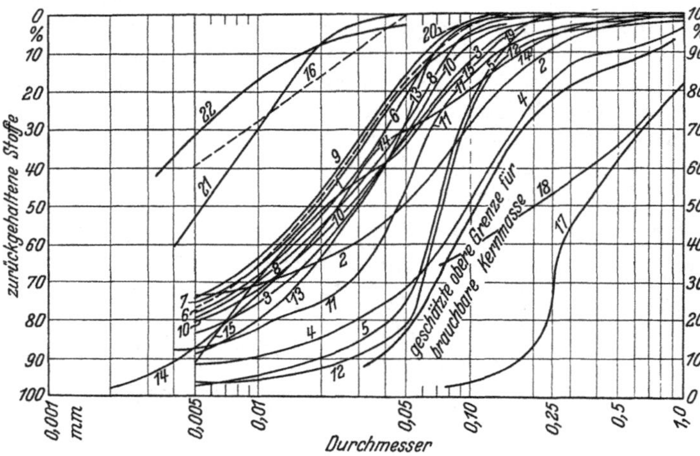

Abb. 375. Zusammensetzung des Kernes gespülter Erddämme. *1* Saluda, *2* Bee Thee, *3* Blue Ridge, *4* Bridgewater, *5* Dwinnel, *6* Germantown, *7* Englewood, *8* Lockington, *9* Taylorsville, *10* Hoffmann, *11* Davis Bridge, *12* Henshaw, *13* Tieton, *14* Swinging Bridge, *15* Alonette, *16* Calavaras, *17* Soft Maple, *18* Sherman, *19* Terrace, *20* Somerset, *21* Wichita Falls, *22* Alexander.

Alle Sorgfalt bei der Auswahl des Spülbodens ist umsonst, wenn sich während der Herstellung Sandadern in den Kern einschleichen, durch die schwerwiegende Auswaschungen und damit Gefahren für den Damm entstehen können. Die Bildung der Sandadern wird meist durch die Längsströmung hervorgerufen,

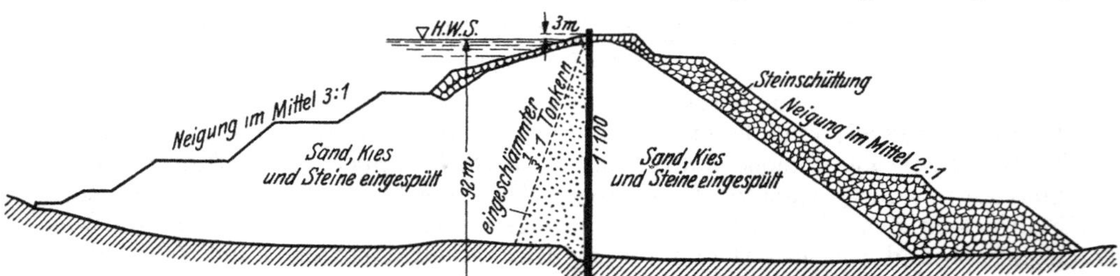

Abb. 376. Tieton-Damm (USA.).

die der Abzug des Überschußspülwassers aus den Teichen mit sich bringt. Bei der Herstellung des Garza-Dammes wurde z. B. festgestellt, daß regelmäßig Sandadern entstanden, sobald die Geschwindigkeit der Längsströmung über 30 cm/s hinausging. Die Längsgeschwindigkeit muß daher täglich geprüft und der Schlämmvorgang überwacht werden, und das um so sorgfältiger, je schmaler die Teiche werden. Im unteren Dammteile müssen alle 2 bis 3 Tage, im oberen täglich Bodenproben entnommen und durchgesiebt bzw. geschlemmt werden, damit etwa vorhandene Sandadern rechtzeitig abgebaggert und durch Feinteile ersetzt werden können. Mit diesen Untersuchungen wird man gleichzeitig die Prüfung der Breitenausdehnung des Kernes verbinden.

Neben der Wasserdichtigkeit des Kernes muß die Frage seiner Entwässerung und Verfestigung besondere Aufmerksamkeit gewidmet werden, und zwar in um so stärkerem Maße, je feiner und kolloidreicher der Spülboden ist; denn der Gehalt an Ton ist wegen seines Quellvermögens von maßgebendem Einfluß auf die Kernverfestigung. Diese vollzieht sich, wie die Erfahrung zeigt, je nach der geologischen und petrographischen Herkunft des Tones ganz verschiedenartig. Am deutlichsten haben dies wohl Calaveras- und Wichita-Falls-Damm (Kurven 16 und 21 in Abb. 375) in Erscheinung treten lassen, die in bezug auf Kornzusammensetzung und Tongehalt nahe verwandt waren. Der Calaveras-Kern erhärtete so langsam, daß er schließlich unter wachsender Auflast zusammensackte, während sich der Kern von Wichita-Falls so schnell verfestigte, daß die Herstellung kaum nachkommen konnte. Der Alexander-Damm (22) wiederum rutschte unter 80% Vollast auf breiter Rutschfläche ab.

Alle gespülten Dämme, deren Herstellung mit ernsteren Rutschungen verbunden war, besaßen einen sehr tonreichen in der Breitenrichtung stark ausgedehnten Kern. Da das Spülverfahren nur etwa $^1/_3$ des Tongehaltes einheitlicher, gewalzter Dämme verlangt, sollte man jedenfalls bestrebt sein, bei Auswahl der Entnahmestellen Böden mit 10 bis 20% „Tongehalt" (feiner als $^1/_{10}$ mm) zu bevorzugen.

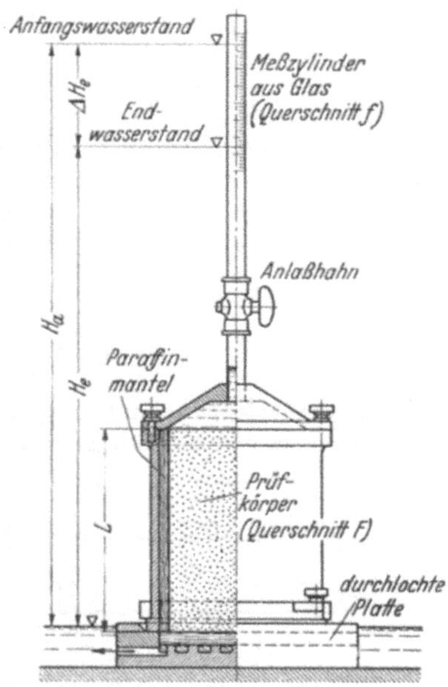

Abb. 377. Feinmeßgerät zur Bestimmung des Durchlässigkeitsgrades.

Die wahrscheinliche Mitwirkung kolloidchemischer Vorgänge beim Verfestigen der Kerne ist bisher wenig erforscht, und man muß sich darauf beschränken, die physikalischen Erscheinungen in Abhängigkeit von der Zeit und von der Auflast zu klären. Dies erfordert ständige Messungen am Dammkörper zur Feststellung von Sackmaß und Druckveränderungen und ferner Prüfraumversuche, um den zeitlichen Verlauf der Verfestigung und die Zusammendrückung als Funktion der Auflast kennenzulernen. Unter Ziffer 5 wird hierauf näher eingegangen werden.

Schließlich kann man durch Sondierungen während der Herstellung und nach Inbetriebnahme der Stauanlage weitgehende Aufschlüsse über die Güte und die zeitlichen Veränderungen des Kernbaustoffes gewinnen. Nach Untersuchungen des Miami Conservancy Districts und des Massachusetts Institute of Technology liefert das gewöhnliche Bohrverfahren befriedigende Ergebnisse, wenn die Bohrkerne nicht zu klein gewählt werden (12 bis 15 cm Durchmesser). Zur Entnahme der Prüfkörper holt man zunächst allen Boden bis zur gewünschten Tiefe vorsichtig heraus und läßt dann eine Entnahmehülse herunter, die etwa 70 cm lange Zylinder von 5 cm Durchmesser herausschneidet. Werden die Hülsen mit flüssigem Paraffin od. dgl. luftdicht verschlossen, so können sie beliebig lange aufbewahrt und verschickt werden.

4. Durchlässigkeitsgrad und Sickerverlust.

Die versuchsmäßige Bestimmung des Durchlässigkeitsgrades k wurde bereits in Kap. 16 besprochen. Da es sich bei der Prüfung von Kernmaterial um sehr kleine Sickermengen handelt, sind entsprechend feine Meßgeräte erforderlich; eine sehr zweckmäßige Anordnung zeigt Abb. 377[1]. Sie besteht aus einem mit

[1] G. Gilboy: Soil Mechanics Research. Amer. Soc. civ. Engr. Proc. 1931 S. 1165 bis 1188.

Paraffin ausgelegten Stahlzylinder, der unten eine durchlöcherte Platte und oben einen abschraubbaren Deckel mit Meßrohr trägt. Zu Beginn des Versuches wird letzteres bis zu einer gewissen Höhe gefüllt und der Prüfkörper von unten her 1 bis 2 cm unter Wasser gesetzt. Der Unterschied des Wasserspiegels sei zu Beginn des Versuches $H_a = (H_e + \Delta H_e)$, am Schluß H_e cm. Bezeichnet H irgendeinen Zwischenwert zur Zeit t und q die ihm zugeordnete Sickermenge, so bestehen die folgenden Beziehungen:

$$v_m = k\frac{H}{L} \qquad \text{(Darcysches Gesetz)},$$

$$\frac{d v_m}{d t} = \frac{k}{L}\frac{dH}{dt} = \frac{k}{L}\frac{F}{f}v_m \qquad (F = \text{Querschnitt des Prüfkörpers}, \; f = \text{Querschnitt des Meßrohrs}).$$

$$\frac{dt}{d v_m} = \frac{Lf}{kF}\frac{1}{v_m}.$$

Wird die Versuchsdauer mit ΔT bezeichnet, so liefert die Integration über den Versuchsbereich

$$\Delta T = \frac{Lf}{kF}\ln\frac{v_a}{v_e} = \frac{Lf}{kF}\ln\frac{H_a}{H_e} = \frac{Lf}{kF}\ln\frac{H_e + \Delta H_e}{H_e} = \frac{Lf}{kF}\ln\left(1 + \frac{\Delta H_e}{H_e}\right).$$

Hieraus folgt durch Auflösen nach k:

$$k = \frac{Lf}{F\Delta T}\ln\left(1 + \frac{\Delta H_e}{H_e}\right) = \sim \frac{Lf}{FH_e}\frac{\Delta H_e}{\Delta T}\left(1 - \frac{1}{2}\frac{\Delta H_e}{H_e}\right). \tag{1}$$

Gl. (1) gestattet eine gut nachprüfbare Berechnung des Durchlässigkeitsgrades; der Näherungsausdruck gilt nur, wenn ΔH gegenüber H_e klein ist.

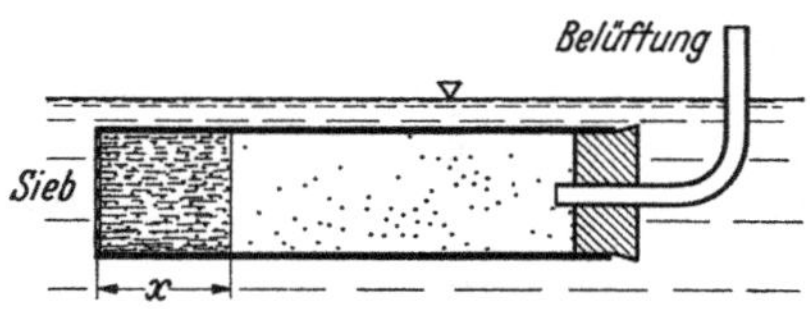

Abb. 378. Schnellversuch zur Bestimmung des Durchlässigkeitsgrades nach Casagrande.

Für Schnellversuche auf der Baustelle leistet in manchen Fällen das Kapillarverfahren von Casagrande[1] (Abb. 378) gute Dienste, bei dem ein Glaszylinder mit trockenem Prüfstoff wenige cm in Wasser getaucht wird; die eine Seite des Zylinders steht mit der Luft, die andere über ein Sieb mit dem Wasser in Verbindung. Gemessen wird bei diesem Verfahren der kapillare Saugweg als Funktion der Zeit; dabei besteht die folgende Gesetzmäßigkeit für den Durchlässigkeitsgrad k:

$$k = \frac{x^4}{t^2}\alpha\beta\cdot 10^{-5}. \tag{2}$$

In (2) bezeichnen α den Porenanteil (Porenraum durch Gesamtraum) und β einen zwischen $^1/_2$ und $^3/_2$ liegenden Körnungsbeiwert. β muß geschätzt werden, und zwar gilt die untere Grenze mehr für gemischtkörniges, die obere mehr für einkörniges Material.

Der Sickerverlust gespülter Dämme ist praktisch gleich dem des Kernes. Ist dessen Durchlässigkeitsgrad durch Versuche oder sonstwie bekannt, so kann die gesamte Sickerwassermenge rechnerisch ermittelt werden, wie es z. B. durch Hatch[1] für den Cobble-Mountain-Damm geschehen ist. Es genügt für praktische Zwecke, wenn der Kern in der Längs- und Querrichtung als trapezförmig betrachtet wird (Abb. 379); in diesem Falle ergibt sich durch Integration zwischen 0 und H

$$Q = \int_0^H k\,\frac{p(y)\,a(y)}{b(y)}\,dy = \int_0^H k\gamma\,\frac{y\left[a_0 - (a_0 - a_u)\frac{y}{H}\right]}{b_0 + (b_u - b_0)\frac{y}{H}}\,dy.$$

[1] Siehe Fußnote 1 von S. 241.

Wird abkürzend gesetzt:

$$\frac{a_u}{a_0} = \lambda_a; \qquad \frac{b_u}{b_0} = \lambda_b, \tag{3}$$

so folgt nach Durchführung der Integration:

$$Q = \frac{k\gamma H^2 a_0}{b_0}\left[-\frac{1}{2}\,\frac{1-\lambda_a}{\lambda_b - 1} + \frac{\lambda_b - \lambda_a}{(\lambda_b - 1)^2} - \frac{\lambda_b - \lambda_a}{(\lambda_b - 1)^3}\ln\lambda_b\right]. \tag{4}$$

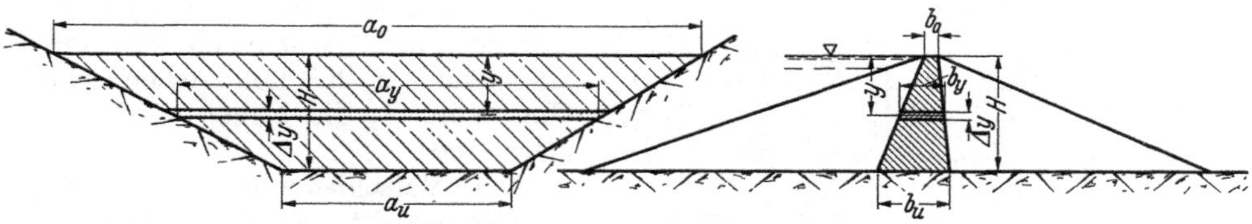

Abb. 379. Schematische Darstellung eines Spülkerns.

Ein Beispiel möge die Anwendung von Gl. (4) erläutern. Es sei $a_0 = 800$ m; $a_u = 400$ m; $b_0 = 8$ m; $b_u = 32$ m; $H = 60$ m; $\gamma = 1$ t/m³; $k = 0{,}10$ m/Tag. Damit folgt $\lambda_a = {}^1/_2$; $\lambda_b = 4$ und schließlich

$$Q = \frac{0{,}010 \cdot 1 \cdot 3600 \cdot 800}{8}\,(-0{,}0833 + 0{,}2780 - 0{,}0926 \cdot \ln 4).$$

Mit $\ln 4 = 1{,}3863$ folgt $Q = 239$ m³/Tag $= \frac{239000}{24 \cdot 3600} = 2{,}8$ l/s.

5. *Mechanische Bodenuntersuchung und Kernverfestigung.*

Für die mechanische Boden- und Kernuntersuchung kann im wesentlichen auf das in Kap. 16, Ziffer 3 Gesagte verwiesen werden, insbesondere soweit es sich um die Feststellung von Kornverteilung, spez. Gewicht, Raumgewicht, Feuchtigkeitsgehalt, Hohlraumgehalt, Steife und Setzmaß handelt.

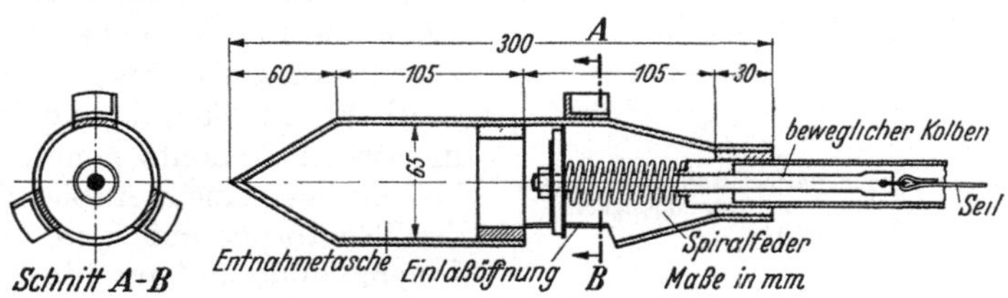

Abb. 380. Pfeilentnehmer nach Murray and Flood.

Für die Probenentnahme in größerer Tiefe oder unter Wasser genügt, solange der Feuchtigkeitsgehalt keine Rolle spielt, der viel benutzte Pfeilentnehmer[1], der aus einer länglichen Tasche mit Pfeilspitze besteht, die mit dem Absenkrohr verschweißt wird (Abb. 380). Gewöhnlich ist die Tasche durch eine Scheibe verschlossen, die durch eine Feder angepreßt wird. Bei der Entnahme wird der Kolben, an dem die Scheibe befestigt ist, soweit es die Federspannung erlaubt, hochgezogen; hierdurch werden drei Öffnungen freigegeben, durch die sich die herabgelassene Tasche unter der Wirkung des seitlichen Bodendruckes füllt.

Soll gleichzeitig der Feuchtigkeitsgehalt bestimmt werden, so muß die Entnahme im Schutz eines Bohrrohres erfolgen. Für die Zwecke der Bodenuntersuchung genügen im allgemeinen Außenrohre von 5 cm und Schneidrohre von 2 cm Durchmesser.

Gespülte Bodenmassen verfestigen sich unter ihrem Eigengewicht und anderen Auflasten verschieden schnell, und zwar in dem Maße, wie sie das Wasser abgeben können. Bei sandigem oder rolligem Boden findet nachträglich nur noch eine unbedeutende Verfestigung statt, da sich die einzelnen Körner beim Spülen

[1] Siehe Fußnote 1 von S. 241.

bereits eng aneinander schließen, so daß nur eine geringe nachträgliche Zusammendrückung, etwa in der Größenordnung von $^1/_2$%, möglich ist. Die tonigen Spülmassen dagegen besitzen ein hochporiges und weiches Gefüge, das erst allmählich mit dem Zusammensacken und der hier sehr erschwerten und langsamen Wasserabgabe einem festen Zustande Platz macht; gleichlaufend damit vollziehen sich anscheinend noch kolloidchemische Umsetzungen, die bisher wenig geklärt sind.

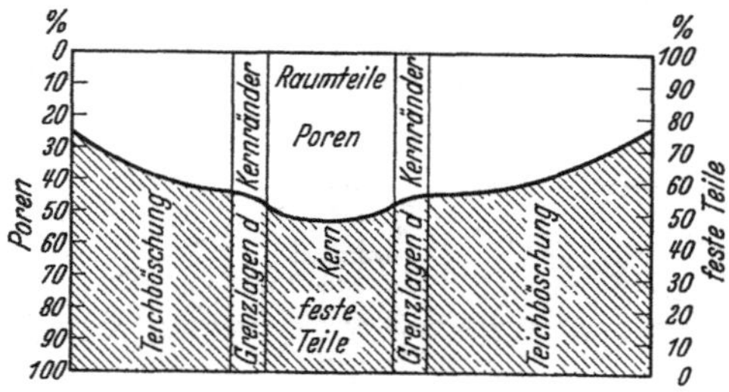

Abb. 381. Verteilung des Porenanteils in der Querrichtung während der Herstellung des Cobble-Mountain-Dammes.

Die Verschiedenheiten in der Lagerungsdichte gespülter Dämme treten deutlich in Erscheinung, wenn die Verteilung der Porigkeit über den Querschnitt betrachtet wird[1] (Abb. 381). Die grobkörnigen Ränder weisen die geringste, die Kernteile in Dammitte die höchste Porigkeit auf; die Unterschiede werden mit der Zeit immer geringer. Viele Kerne, die während der Herstellung bis zu 65% Poren aufwiesen, haben sich in wenigen Jahren so vorzüglich verfestigt, daß die Unterschiede im Porengehalt innerhalb des Dammes nur noch 10% ausmachten.

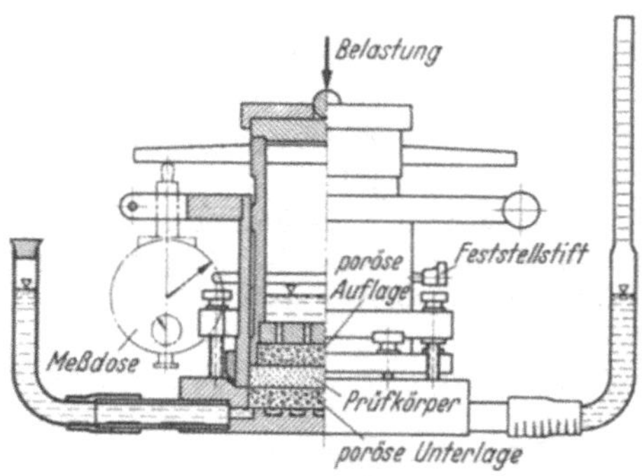

Abb. 382. Vorrichtung zur gleichzeitigen Bestimmung von Zusammendrückung und Durchlässigkeit. (Terzaghi.)

Es ist sehr wesentlich, daß man sich rechtzeitig ein Bild von dem zu erwartenden Verlauf der Verfestigung macht. Ein vorzügliches Hilfsmittel steht hierfür in dem Druck- und Durchlässigkeitsprüfapparat von Terzaghi[2] (Abb. 382) zur Verfügung, der in Amerika bereits genormt ist. Er besteht aus einem Außenzylinder für den Prüfkörper und einem beweglichen Innenzylinder mit durchlochter Druckplatte für die Belastung; diese wird durch eine Kugel zentrisch aufgebracht und die Zusammendrückung an einer Meßdose abgelesen. Zur Anpassung an die Verhältnisse im Dammkörper liegt der Prüfkörper zwischen porigen Schichten, die mit Wasser gesättigt sind. Auf das eine der beiden Steigrohre ist ein Meßzylinder aufgeschmolzen; wird das andere abgeschlossen, so läßt sich gleichzeitig mit der Zusammendrückung die Wasserdurchlässigkeit feststellen; das Meßverfahren entspricht völlig dem von Abb. 377.

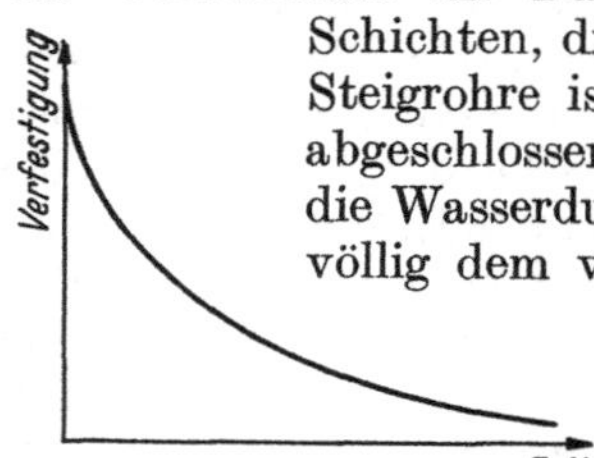

Abb. 383. Regelmäßiger Verlauf der Verfestigung. (Gilboy.)

Abb. 383 zeigt den Verlauf der Verfestigung in Abhängigkeit von der Zeit bei unveränderlichem Druck, Abb. 384 die Änderung der Porigkeit bei veränderlichem Druck. Die bleibende Zusammenpressung, die man aus dem Vergleich der Be- und Entlastungskurve erkennt, ist der beste Maßstab für die Verfestigung.

Wie Hatch[3] gezeigt hat, läßt sich die Mindestzeit berechnen, die zur Verfestigung der Dammsohle benötigt wird, wenn die Porigkeit β_0 zu Beginn (Auflast

[1] Siehe Fußnote 1 von S. 241.
[2] K. v. Terzaghi: Erdbaumechanik, S. 114. Leipzig u. Wien 1925. Ferner Fußnote 1 von S. 241.
[3] Siehe Fußnote 2 von S. 198.

Null) und β am Ende der Verfestigung (Auflast $H\gamma_e$) bekannt sind; die Endporigkeit liefert der Zusammendrückversuch, die Anfangsporigkeit muß nach den in Kap. 16, 3 entwickelten Verfahren bestimmt werden. Wird an der Sohle ein Kernelement von der Länge L und vom Querschnitt F_0 betrachtet, so muß aus diesem infolge des Rückganges der Porigkeit um $(\beta_0-\beta)$ die Wassermenge (m^3)

$$Q=\frac{\beta_0-\beta}{1-\beta}\,L\,F_0 \tag{5}$$

abfließen. Zum Beweise von (1) sei bemerkt, daß einmal

$$Q=\beta_0 F_0-\beta F$$

und zum anderen, infolge Gleichbleibens der festen Teile beim Zusammengehen,

$$(1-\beta_0)\,F_0=(1-\beta)\,F$$

ist, woraus sich nach Ausscheidung von F und Zusammenfassung (5) ergibt.

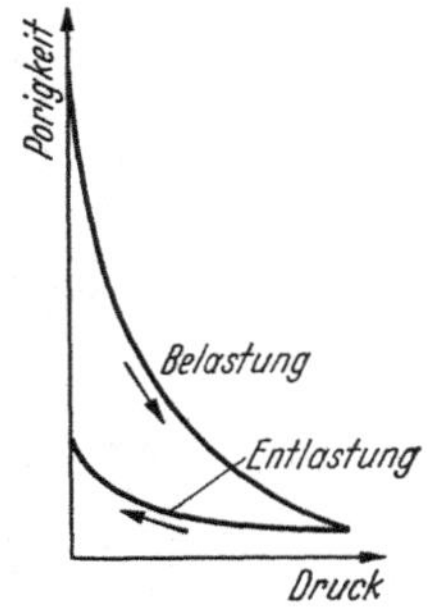

Abb. 384.

Die herausgedrückte Wassermenge Q kann nach beiden Seiten abfließen; der Sickerweg ist daher gleich der halben Kernbreite ($^1/_2\,L$). Wird für die durchschnittliche Porigkeit der Mittelwert $^1/_2\,(\beta_0+\beta)$ zugrunde gelegt, so folgt nach Gl. (16), Kap. 16 für die mittlere Sickergeschwindigkeit

$$v_m=2\,c'\,\frac{H}{L}\,D^2\left(\frac{\beta_0+\beta}{2\,\beta'}\right)^6(1+0{,}040\cdot t^\circ)\,. \tag{6}$$

Ist T die Sickerzeit, so ergibt sich

$$Q=v_m F_0\,T \tag{7}$$

und daraus nach Einsetzen von Q und v_m

$$T=\frac{L^2}{2\,c'\,H D^2}\,\frac{\beta_0-\beta}{1-\beta}\left(\frac{2\,\beta'}{\beta_0+\beta}\right)^6\frac{1}{1+0{,}040\cdot t^\circ}\,. \tag{8}$$

Um ein Zahlenbeispiel anzuschließen, sei $t=10^\circ$ C, der wirksame Korndurchmesser $D=0{,}010$ mm, der Durchlässigkeitsbeiwert $c'=12{,}2\ \mathrm{cm^{-1}\,s^{-1}}$ für $\beta'=0{,}44$, die Dammhöhe $H=60$ m, die Kernbreite an der Sohle $L=48$ m, die Anfangsporigkeit $\beta_0=0{,}52$ und die unter Vollauflast $\beta=0{,}38$. Damit errechnet sich

$$T=\frac{4800^2}{2\cdot 12{,}2\cdot 6000\cdot 0{,}0010^2}\,\frac{0{,}14}{0{,}62}\left(\frac{0{,}88}{0{,}90}\right)^6\frac{1}{1{,}40}=$$

$$20\,700\,000\ \mathrm{s}=240\ \text{Tage}.$$

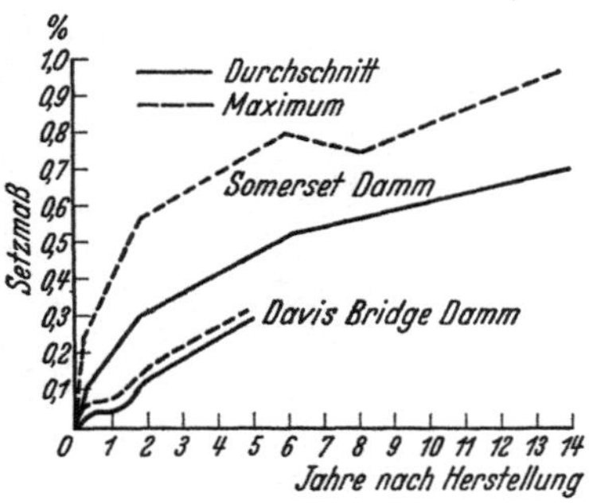

Abb. 385.

Der Mindestzeitraum für die Verfestigung beträgt bei den gemachten Annahmen somit 8 Monate.

Auf der Baustelle hat man drei Möglichkeiten, um sich einen Überblick über die Kernverfestigung zu verschaffen. Diese sind Einsenkversuche, Sackmaßbeobachtungen und Druckmessungen im Kerninneren.

Die Einsenkversuche werden mit Gasrohren von etwa 40 mm Durchmesser durchgeführt, die von zwei Mann so tief wie möglich in den Kern hineingepreßt werden; die Einsinktiefe ist ein Maßstab für die Verfestigung. Beim Cobble-Mountain-Damm wurde das Einsenken durch Belasten der Rohre bis zu 42 kg/cm² vorgenommen, um von dem etwas dehnbaren Begriff der Kraft von zwei Männern unabhängig zu werden. Nach Beendigung des Einsenkens wird zweckmäßig die Porigkeit festgestellt; die dazu erforderliche Probenentnahme durch Einlassen von scharfkantigen Hülsen (2 cm Durchmesser) läßt sich sehr erleichtern, wenn die Gasrohre durch Leinen unten abgebunden werden. Wie Erfahrungen beim Cobble-Mountain-Damm gezeigt haben, wird dadurch die Einsinktiefe nur unwesentlich beeinflußt.

Die Setzmaßüberwachung (mit dem Nivellierinstrument) soll so früh wie möglich beginnen. Abb. 385 zeigt die Ergebnisse für Somerset- und Davis-Bridge-Damm[1]. Kerne, die sich während der Herstellung und in den Monaten danach schnell verfestigen, lassen für die Folgezeit nur noch geringe Sackungen erwarten. Geht die Verfestigung langsam vor sich, so muß die Kernausbreitung sorgfältig überwacht und das Arbeitszeitmaß entsprechend ermäßigt werden. Vergleiche der Setzmaße verschiedener Dämme geben meist kein richtiges Bild, da es sehr darauf ankommt, in welchem Bauzustand mit den Messungen begonnen wird und wie sich die Verfestigung in den ersten Monaten vollzieht. Beispielsweise konnte der Davis-Bridge-Damm, auf die Höheneinheit bezogen, viermal so schnell wie der Somerset-Damm hochgeführt werden.

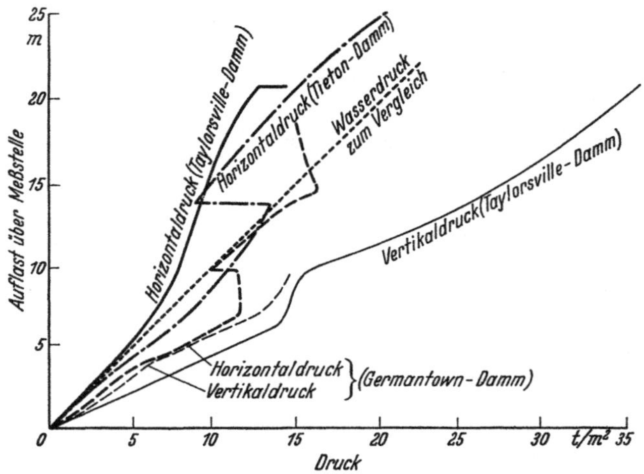

Abb. 386. Druckmessungen in Kernen von gespülten Erddämmen.

Vorzügliche Einblicke in den zeitlichen Verlauf der Verfestigung liefern Druckmessungen im Kerninneren, die in waagerechter und lotrechter Richtung mit Hilfe von Druckluftbüchsen vorgenommen werden. Abb. 386 zeigt die Meßergebnisse an einigen amerikanischen Dämmen[2] in zeichnerischer Darstellung, aus denen die Unterschiede im Verlauf der Verfestigung deutlich erkennbar sind. Wenn die Kurven der Waagerecht- und Lotrechtdrucke wie beim Taylorsville-Damm schnell auseinanderlaufen, so ist das ein Zeichen für rasche Verfestigung. Die Tieton-Damm-Kurve zeigt sehr schön den günstigen Einfluß einer längeren Arbeitsunterbrechung.

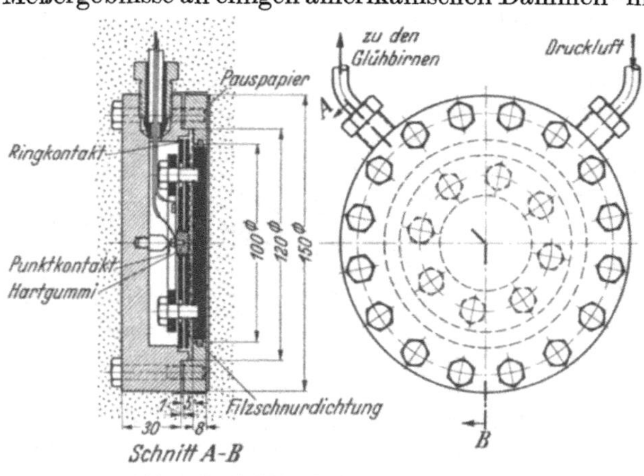

Abb. 387. Goldbeck-Detigsche Druckbuchse.

Die Druckbüchse, die durch Goldbeck in den Dammbau eingeführt wurde, besteht aus einer nicht rostenden Stahldose mit nachgiebigem Deckel, der durch den Druck im Damminneren angepreßt wird. Zur Messung des Druckes wird Preßluft in die Dose eingeleitet, die den Deckel anhebt, sobald der Außendruck überschritten wird. Im gleichen Augenblick wird ein Stromkreis unterbrochen, und es erlischt eine Glühbirne im Meßhäuschen, so daß der Höchstdruck abgelesen werden kann.

[1] Engng. News Rec. Bd. 103 (1929) S. 769.

[2] Engng. News Rec. Bd. 105 (1930) S. 955.

Die in Abb. 387 dargestellte Druckbüchse von Detig weist gegenüber der von Goldbeck verschiedene Verbesserungen auf, die beim Schiffshebewerk Niederfinow praktisch erprobt wurden. Zunächst trägt die Büchse einen Gegenring, durch den die Bewegung des Deckels auf $^1/_2$ mm begrenzt wird; hierdurch soll das strichlierte Silberplättchen (120 mm Durchmesser, $^1/_{10}$ mm Stärke), das den schmalen Spalt zwischen Dose und Deckel luftdicht abschließt, geschont werden. Zur Festlegung des Spieles dient ein vor die Silbermembran gelegtes, ebenfalls strichliertes Kupferplättchen. Ferner trägt der Deckel außer dem Punktkontakt von Goldbeck noch einen Ringkontakt mit besonderer Leitung und Birne; hierdurch hat man die Möglichkeit einer Prüfung und größere Gewähr der richtigen Anzeige bei ungleichmäßiger Druckverteilung. Schließlich ist für die Kontaktdrähte noch eine zweite Rohrleitung vorgesehen, um die Dose mit Preßluft durchspülen zu können; hierdurch werden etwaige Feuchtigkeitsniederschläge beseitigt. Zum Einschränken der Notwendigkeit des Durchspülens empfiehlt es sich, die Druckluft durch ein Chlorfilter zu schicken[1].

18. Kapitel: **Berechnung und Bemessung von Staudämmen.**

1. Staudämme mit ungestörter Bodendruckübertragung.

Durch die Entwicklung der Erdbaumechanik und ihre Einführung in den Dammbau sind in den letzten Jahren die Bemessungsgrundlagen für Staudämme mit ungestörter Druckübertragung so vervollkommnet worden, daß man heute in der Ermittlung des Spannungszustandes und der Gleitsicherheit einen wertvollen Beitrag zur Beurteilung derartiger Stein- und Erddämme erblicken darf.

Es hat zwar auch früher nicht an Versuchen gefehlt, Staudämme zu berechnen, aber man konnte hierfür lediglich die Erddrucktheorie zugrunde legen, was um so unbefriedigender wirken mußte, je höher die Dämme wurden, und je weitergehender man den Querschnitt filterartig aufteilte. Hierbei soll keineswegs verkannt werden, daß die Einführung gekrümmter Gleitflächen durch Sven Hultin[2] und die darauf aufbauenden Verfahren von Krey[3], Ehrenberg[4], Fellenius[5], Marx[6] u. a. gerade für den Dammbau große Möglichkeiten eröffneten, und daß dadurch auch manche wertvolle Aufklärung gebracht wurde. Es verblieben aber trotz allem noch Annahmen genug, die jene in anderen Gebieten des Tiefbaus mit Recht geschätzten Verfahren nicht zu der vielleicht erwarteten Stellung im Talsperrenbau kommen ließen.

H. Krey[3] hat das große Verdienst, die Erddrucktheorie aus ihrer Gebundenheit an die Begriffe des aktiven und passiven Erddruckes gelöst zu haben, indem er sie durch Einbeziehung des Erdspannungszustandes auf der Grundlage der Spannungsellipse ergänzte. Mochte diese Erweiterung zunächst auch keine neuen Wege zur Behandlung der gängigen Tiefbauaufgaben liefern, es war aber immerhin theoretisch die Möglichkeit einer ganz anderen Betrachtungsart gegeben. Zudem gestattete die Spannungsellipse eine Nachprüfung der Annahmen der verschiedenen Erddrucktheorien, was sehr zur Klarheit auf diesem umstrittenen Gebiete der Bautechnik beigetragen hat.

---

[1] Über weitere in Erprobung befindliche Verbesserungen vgl. Dr. A. Pfeiffer: Ein elektromagnetisches Gerät zur Fernmessung von Formänderungen in Bauwerken. Bauing. 1935 Heft 5/6.

[2] Prof. Sven Hultin: Grus Fyllingar för Kajbyggnader. Tekn. T. 1916. Vgl. auch Möller: Erddrucktabellen. Leipzig 1922.

[3] Prof. Dr.-Ing. H. Krey: Erddruck, Erdwiderstand und Tragfähigkeit des Baugrundes, 5. Aufl. Berlin 1936.

[4] J. Ehrenberg: Grundlagen der Berechnung von Staudämmen. Wasserkr. u. Wasserwirtsch. 1929 Heft 23.

[5] W. Fellenius: Erdstatische Berechnungen mit Reibung und Kohäsion. Berlin: W. Ernst & Sohn 1927.

[6] Marx: Die Berechnung der Rutschgefahr. Bautechn. 1931 S. 103.

J. Ehrenberg[1] hat in Zusammenarbeit mit Ohde die Theorie des Erdspannungszustandes erstmalig benutzt, um eine Art Staudamm-Statik zu schaffen, indem nach dem Vorbild der Balkentheorie geeignete Schnitte geführt, und die zugehörigen Spannungen — unter Zugrundelegung einfacher Verteilungsgesetze — aus Gleichgewichtsbetrachtungen hergeleitet wurden. Der so gewonnene zweiachsige Spannungszustand wurde dann weiter benutzt, um das

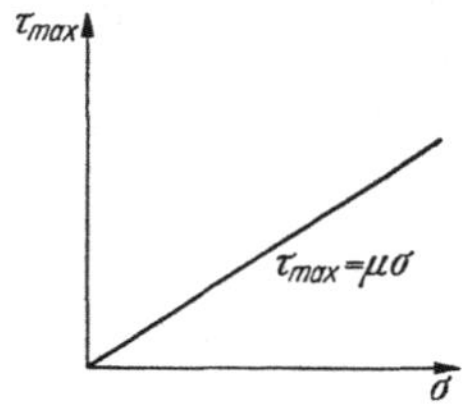

Abb. 388.

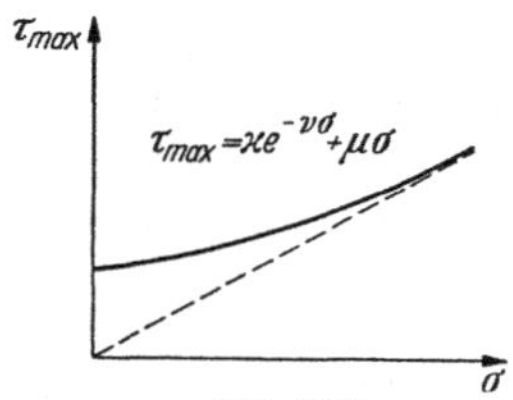

Abb. 388a.

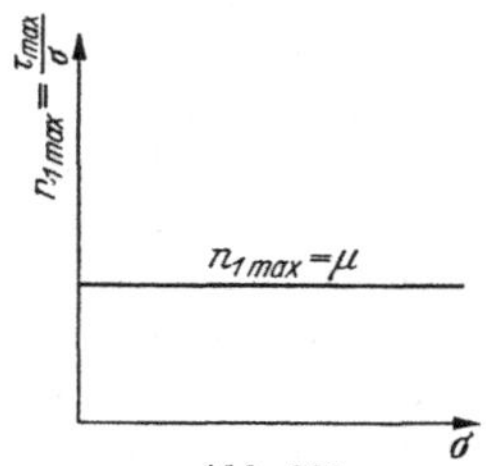

Abb. 389.

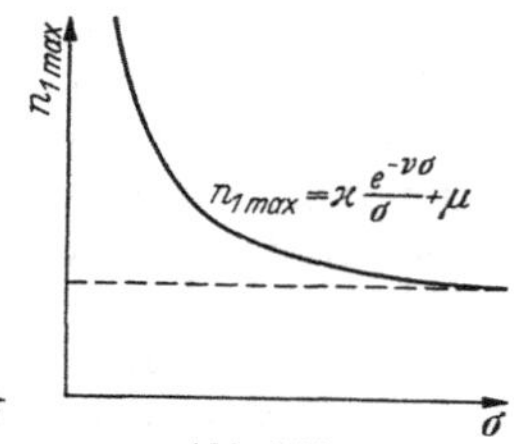

Abb. 389a.

ungünstigste Verhältnis von Schubspannung zur Normalspannung und die Lage der Gleitflächen festzustellen. Neben dem außerordentlich wertvollen Überblick über die Spannungsverteilung ergibt sich hierbei vor allen Dingen ein einwandfreier Sicherheitsbegriff, indem man dem versuchsmäßig bestimmten Schubwiderstand an jeder Stelle das ungünstigste Schubspannungsverhältnis gegenüberstellen konnte.

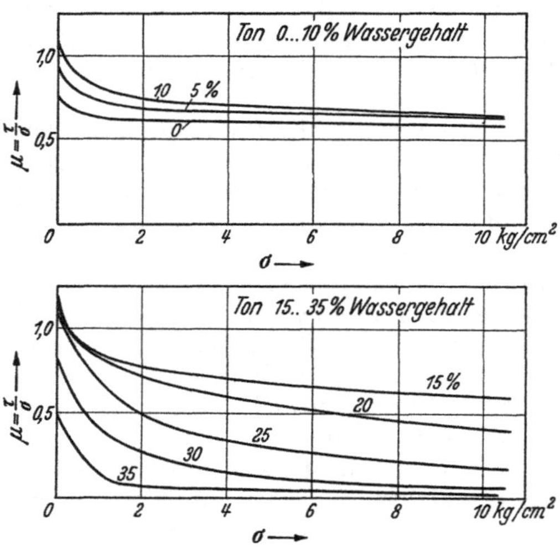

Abb. 390. Söse-Staudamm. Größtes Schubspannungsverhältnis in Abhängigkeit von Bodenpressung und Wassergehalt für Tonböden. (Nach Schnellversuchen mit dem Kreyschen Reibungsapparat.)

Wie in Kap. 16 unter Ziffer 3 bereits eingehend dargelegt wurde, ist man heute — dank den Fortschritten der Erdbaumechanik — in der Lage, für jede Bodenart den Schubwiderstand $\tau_{\max}$ in Abhängigkeit von der Bodenpressung σ versuchsmäßig sicher festzustellen. Die dabei sich ergebenden Gesetzmäßigkeiten lassen sich in der Form

$$\left.\begin{array}{c}\tau_{\max} = \varkappa\, e^{-\nu\sigma} + \mu\,\sigma \\ \text{(Schubwiderstand)}\end{array}\right\} \qquad (1)$$

analytisch darstellen. In (1) bezeichnet $\varkappa$ die Kohäsion, μ die Reibungsziffer und ν einen die Wechselwirkung von Kohäsion und Reibung zum Ausdruck bringenden Festwert. Bei vernachlässigbarer Kohäsion ergibt sich als Widerstandskurve eine Gerade (Abb. 388), im allgemeinen Falle eine hyperbelartige Kurve, die mit $\tau_{\max} = \varkappa$ beginnt und sich asymptotisch an die Gerade $\tau = \mu\,\sigma$ anschließt (Abb. 388a). Durch Teilung von $\tau_{\max}$ durch σ folgt das größtmögliche Schubwiderstandsverhältnis oder die Gleitziffer. Sie sei mit $n_1^{\max}$ bezeichnet.

$$n_1^{\max} = \frac{\tau_{\max}}{\sigma} = \varkappa\,\frac{e^{-\nu\sigma}}{\sigma} + \mu \quad \text{(Gleitziffer).} \qquad (2)$$

Bei vernachlässigbarer Kohäsion ist $n_1^{\max}$ ein Festwert (Abb. 389) und gleich der Reibungsziffer, während im allgemeinen Falle sich der aus Abb. 389a

[1] J. Ehrenberg: Standfestigkeitsberechnung von Staudämmen. Beitrag zum 2. Talsperrenkongreß. Washington 1936.

ersichtliche hyperbelartige Verlauf ergibt. Abb. 390 zeigt ähnlich verlaufende Kurven von Vorversuchen für den Söse-Staudamm[1].

Für die versuchsmäßige Bestimmung des Gleitzifferverlaufes ist es sehr wesentlich, daß der Feuchtigkeitsgehalt genau den im Staudamm zu erwartenden Verhältnissen entspricht. Für geschüttete und eingewalzte Erddämme läßt sich die notwendige Übereinstimmung verhältnismäßig leicht sicherstellen, wenn die Bodenverdichtung gemäß den Erörterungen in Kap. 16, Ziffer 3 bei dem stets anzustrebenden Bestwert des Wassergehaltes erfolgt (Proctor-Verfahren). Bei gespülten Dämmen liegen die Vorbedingungen ähnlich günstig, da das Einspülen unter Wasser für den Versuch befriedigend nachgeahmt werden kann. Zudem bietet die ständige Kernüberwachung (Kap. 17, Ziffer 3) die Möglichkeit, an Entnahmeproben die tatsächlich vorliegenden Gleitziffern laufend versuchsmäßig festzustellen. Abb. 391 zeigt z. B. die Fließlinien, die sich bei entsprechenden Versuchen für den Söse-Staudamm ergaben[1]. Für die Gleitziffer von Steindämmen ist der Feuchtigkeitsgehalt naturgemäß nur von untergeordneter Bedeutung.

Wenn eine Durchströmung des Staudammes in Frage kommt, können je nach der Lage des Wasserspiegels und der Plötzlichkeit der Schwankungen sehr verschiedene Feuchtigkeitsgehalte in Erscheinung treten; hierbei ergibt sich, da die Gleitziffer mit zunehmendem Feuchtigkeitsgehalt abnimmt, der Zustand der Sättigung mit Druckwasser als die ungünstigste Gleichgewichtslage für den Gleitwiderstand. Bei ansteigendem oder in Ruhe verharrendem Stauspiegel wird dieser ungünstige Einfluß der Durchströmung durch die stabilisierende Wirkung der schrägen Wasserauflast mehr oder weniger wieder ausgeglichen. Bei absinkendem und insbesondere plötzlich absinkendem Wasserspiegel kann dagegen der Fall eintreten, daß der Staudamm in seinem überwiegenden Teile noch mit Druckwasser gesättigt ist, ohne daß dem noch eine stabilisierende Wasserauflast gegenübersteht.

Die Durchströmung des Staudammes folgt, wie schon in Kap. 16, Ziffer 3 auseinandergesetzt wurde, dem Darcyschen Gesetze. Mit dem Durchlässigkeitsgrad k in $m^3/s/m^2 = m/s$, dem Raumgewicht γ_w des Wassers, dem Porenwasserdruck p und der piezometrischen Höhe $p/\gamma_w - z$ lauten die hydromechanischen Grundgleichungen der ebenen Strömung (Abb. 392)

$$\left.\begin{aligned} v_x &= -\frac{k}{\gamma_w}\frac{\partial p}{\partial x} = -k\frac{\partial}{\partial x}\left(\frac{p}{\gamma_w} - z\right); \\ v_z &= -\frac{k}{\gamma_w}\frac{\partial p}{\partial z} + k = -k\frac{\partial}{\partial z}\left(\frac{p}{\gamma_w} - z\right); \quad \mathfrak{v} = -k\,\mathrm{grad}\left(\frac{p}{\gamma_w} - z\right) \end{aligned}\right\} \quad (3)$$

$$\left.\begin{aligned} &\frac{\partial v_x}{\partial x} + \frac{\partial v_z}{\partial z} = 0; \quad \Delta p = 0; \quad \Delta\left(\frac{p}{\gamma_w} - z\right) = 0 \\ &\left(\Delta = \frac{\partial^2}{\partial x^2} + \frac{\partial^2}{\partial z^2} = \text{Laplacescher Operator}\right) \end{aligned}\right\} \quad (4)$$

Aus den Abb. 393—395, die einer schweizerischen Gemeinschaftsarbeit[2] entnommen wurden, sind drei für Staudämme besonders kennzeichnende Sickerströmungsbilder ersichtlich. Sie wurden nach den bekannten Netzverfahren der Potentialtheorie ermittelt. Die Kurven gleicher piezometrischer Höhe sind hier die Potentiallinien und die zugehörigen Orthogonaltrajektorien die Stromlinien.

Da die Wasserseite eines Staudammes überall die gleiche piezometrische Höhe aufweist, ist sie eine Potentiallinie; demgemäß gehen alle Stromlinien senkrecht von der Wasserseite aus. Die dem Stauspiegel entsprechende oberste Stromlinie, durch welche die Sickerströmung nach der Luftseite zu abgegrenzt wird (Abb. 393 u. 394), heißt die Sickerlinie; sie zerlegt den Staudamm in

[1] F. Collorio: Die neuen Talsperrendämme im Harz. Bautechn. 1936.

[2] Beitrag zur Berechnung der Standsicherheit von Erddämmen. Von Prof. Dr. E. Meyer-Peter, Dr. Henry Favre und R. Müller: Schweiz. Bauztg. Bd. 108 (1936) S. 35—37.

einen durchströmten und einen undurchströmten Teil. Die Sickerlinie läßt sich praktisch nur durch Probieren ermitteln, da sie einmal eine Stromlinie

Abb. 391a. Fließlinien bei Lehm (nach Entfernen der Gummihaut); Prüfkörper $d = 7$ cm, $h = 11$ cm.

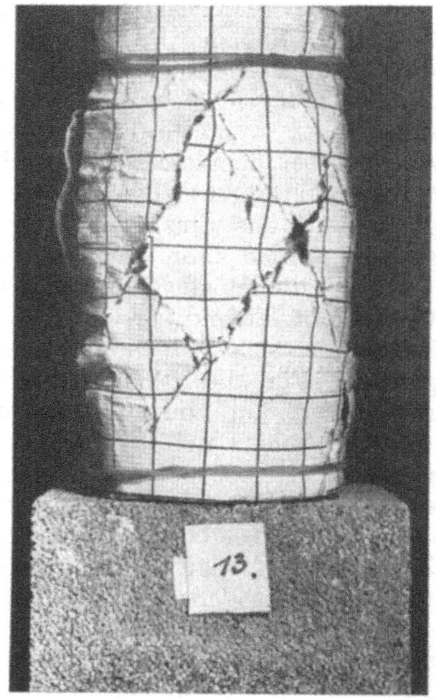

Abb. 391d. Fließlinien bei Sandboden (vor Entfernen des die Probe umhüllenden mm Papiers); Prüfkörper $d = 7$ cm, $h = 11$ cm.

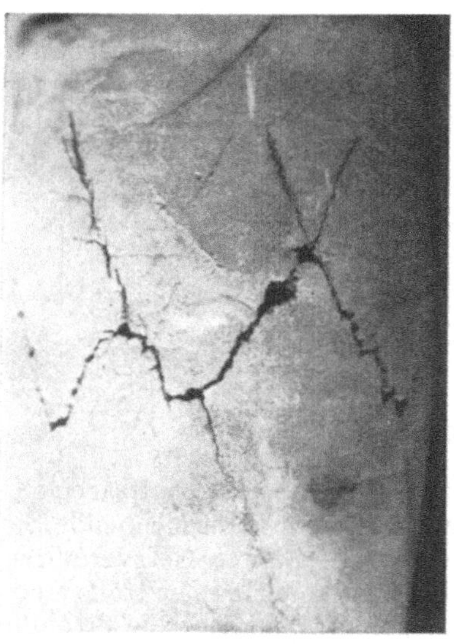

Abb. 391b. Fließlinienverlauf in vergrößerter Darstellung.

Abb. 391c. Räumlicher Verlauf der Fließlinien (nach Entfernen der Deckschicht).

Abb. 391a—d. Söse-Staudamm. Untersuchung der ungünstigsten Gleitrichtungen (Fließlinien) in der Bodenpresse. (Nach Collorio.)

sein muß und zum anderen der Bedingung gleichbleibenden Druckes $p = 0$ unterworfen ist.

An der Dammsohle wird die Sickerströmung maßgebend durch den Untergrund beeinflußt. Man vergleiche z. B. die Strömungsbilder von Abb. 393

u. 394, die einen undurchlässigen Untergrund voraussetzen mit demjenigen von Abb. 396 für durchlässigen Untergrund[1]. Die oft unsicheren Untergrundeinflüsse erschweren die theoretische Ermittlung des Strömungsbildes zuweilen beträchtlich. Es erscheint daher auf den ersten Blick weit vorteilhafter, mit Modellversuchen zu arbeiten; aber auch dieses Verfahren hat seine großen Mängel, da sich die Durchlässigkeitsverhältnisse der Natur nur mit großen Schwierigkeiten auf das Modell übertragen lassen. So nützlich daher theoretisch oder modellmäßig ermittelte Strömungszustände für die Gesamtbeurteilung auch sein mögen, zur Ableitung zahlenmäßiger Schlüsse dürften sie nur in grober Annäherung ausreichen[2].

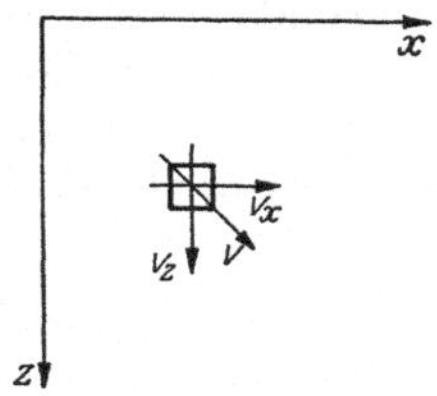

Abb. 392.

Für die Beurteilung der Gleitsicherheit sind, je nachdem ob eine Durchströmung des Dammkörpers in Frage kommt oder nicht, im wesentlichen drei bzw. zwei Grenzzustände maßgebend, nämlich

a) im Falle einer Durchströmung:

1. Staudamm im Feuchtigkeitszustande der Herstellung bei leerem Staubecken,

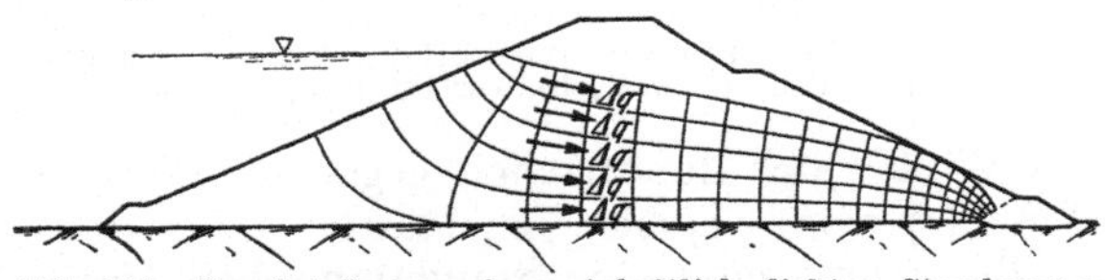

Abb. 393. Durchströmung eines einheitlich dichten Staudammes bei undurchlässigem Baugrund nach der Potentialtheorie. (Nach E. Meyer-Peter, H. Favre und R. Müller.)

2. Staudamm im durchströmten Zustande bei vollem Staubecken,

3. Staudamm in mit Druckwasser gesättigtem Zustande nach plötzlicher Beckenentleerung;

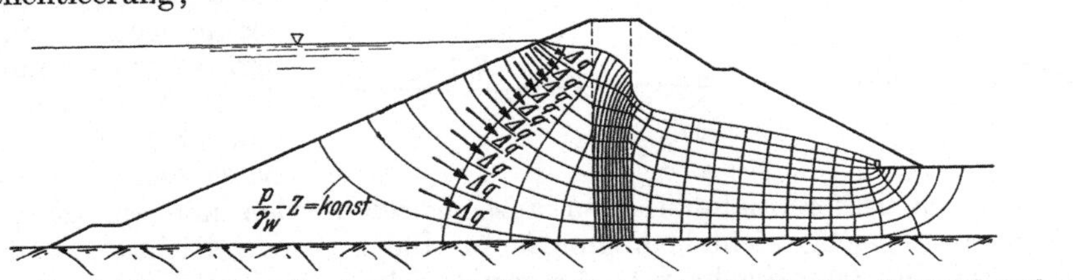

Abb. 394. Durchströmung eines Staudammes mit Kerndichtung bei undurchlassigen Baugrund nach der Potentialtheorie. (Nach E. Meyer-Peter, H. Favre und R. Müller.)

b) im Falle eines dichten wasserseitigen Abschlusses:

1. Staudamm im Feuchtigkeitszustande der Herstellung bei leerem Staubecken,

2. Staudamm unter vollem hydrostatischem Druck auf die Dichtungsdecke.

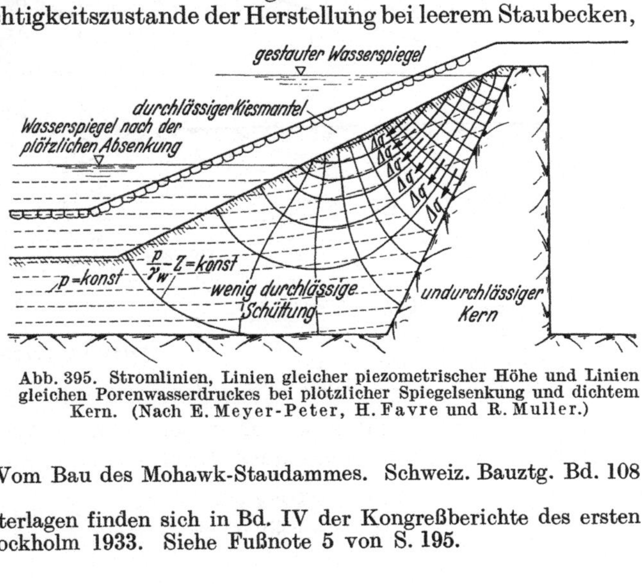

Abb. 395. Stromlinien, Linien gleicher piezometrischer Höhe und Linien gleichen Porenwasserdruckes bei plötzlicher Spiegelsenkung und dichtem Kern. (Nach E. Meyer-Peter, H. Favre und R. Muller.)

Die Durchführung der notwendigen Berechnungen wird dadurch sehr erleichtert, daß die Staudämme in ihrer überwiegenden Mehrzahl Trapezquerschnitt aufweisen und daß die Kronenbreite gegenüber der Sohlenbreite meist derart

[1] Dr.-Ing. L. Bendel: Vom Bau des Mohawk-Staudammes. Schweiz. Bauztg. Bd. 108 1936) S. 70—71.

[2] Weitere wertvolle Unterlagen finden sich in Bd. IV der Kongreßberichte des ersten Talsperrenkongresses in Stockholm 1933. Siehe Fußnote 5 von S. 195.

zurücktritt, daß der Trapezquerschnitt mit hinreichender Genauigkeit durch den um ein Geringes höheren Dreiecksquerschnitt ersetzt werden kann (Abb. 397). Die Staubeckenfüllung kann dann ebenfalls bis zur Dreiecksspitze zugrunde gelegt werden, womit den ungünstigsten Möglichkeiten im Rahmen der Standsicherheit Rechnung getragen ist.

Die Querschnittsverminderung nach den Hängen zu erfolgt bei Staudämmen so allmählich, daß der Spannungszustand mit hinreichender Genauigkeit als eben vorausgesetzt werden kann. Hierbei ist es zweckmäßig, sich der Polarkoordinaten (r, φ) zu bedienen, wobei der Koordinatenursprung mit der Dreiecksspitze und der $\varphi = 0$-Strahl mit der Schwererichtung zusammenfallen möge (Abb. 398).

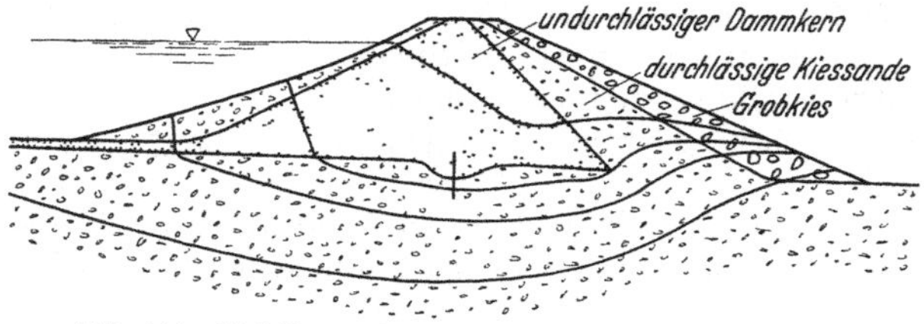

Abb. 396. Modellversuche von Philippe für den Mohawk-Staudamm-USA. (34 m hoch). Verlauf der Sickerströmung.

Die Winkel der Randflächen gegen die Lotrechte seien ε_1 und ε_2, so daß der Winkel φ von $-\varepsilon_1$ bis $+\varepsilon_2$ läuft.

Betrachtet man eine Staudammscheibe von der Stärke „Eins" und denkt man sich aus dieser gemäß Abb. 398 ein kleines Sektorelement herausgeschnitten, so wirken auf dieses, neben den Komponenten m_r und m_φ der Massenkräfte, Normalspannungen σ_r und σ_φ und Schubspannungen τ, deren Änderungen von einem Schnitt zum Nachbarschnitt in üblicher Weise durch Differentialquotienten ausgedrückt werden können. Nach Aufstellung der Gleichgewichtsbedingungen für die r- bzw. φ-Richtung und Division durch die Sektorfläche $r \Delta \varphi \Delta r$ ergibt sich

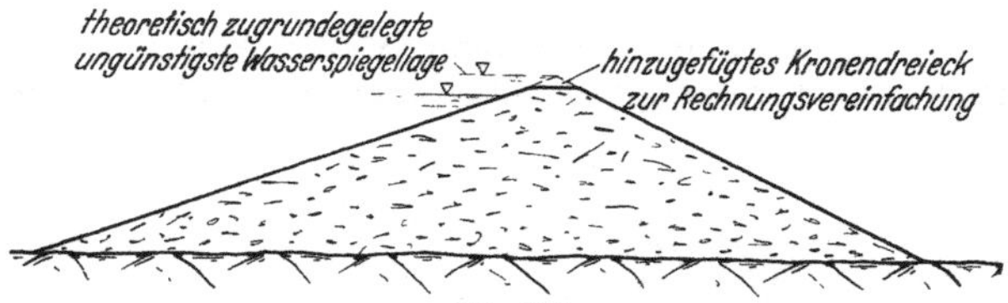

Abb. 397.

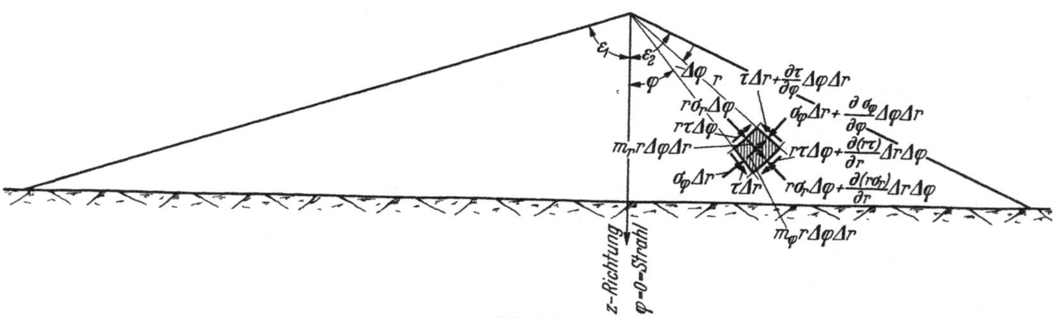

Abb. 398.

$$\left.\begin{aligned} \frac{1}{r}\frac{\partial (r\,\sigma_r)}{\partial r} + \frac{1}{r}\frac{\partial \tau}{\partial \varphi} - \frac{\sigma_\varphi}{r} &= m_r\,, \\ \frac{1}{r}\frac{\partial (r\,\tau)}{\partial r} + \frac{1}{r}\frac{\partial \sigma_\varphi}{\partial \varphi} + \frac{\tau}{r} &= m_\varphi \end{aligned}\right\} \quad \text{(Gleichgewichtsbedingungen).} \qquad (5)$$

Im Falle eines dichten wasserseitigen Abschlusses werden lediglich durch das Eigengewicht γ des Füllstoffes Massenkräfte erzeugt, und zwar (Abb. 399)

$$\left.\begin{aligned} m_r &= \gamma \cos\varphi\,, \\ m_\varphi &= -\gamma \sin\varphi \end{aligned}\right\} \quad \text{(Eigengewicht).} \qquad (6)$$

Im Falle einer Durchströmung treten zum Eigengewicht noch die Massenwirkungen des strömenden Wassers hinzu. Diese bestehen in Auftriebskräften und Reibungskräften, von denen die ersteren dem Anteil $(1-\beta)$ der festen Teile und die letzteren dem Anteil β der Poren — beides auf die Raumeinheit bezogen — proportional sind. Im übrigen fällt die Auftriebskraft in die Richtung des größten Druckgefälles, die Reibungskraft in die des größten Gefälles der piezometrischen Höhe. Die entsprechenden Komponentengleichungen lauten (Abb. 400)

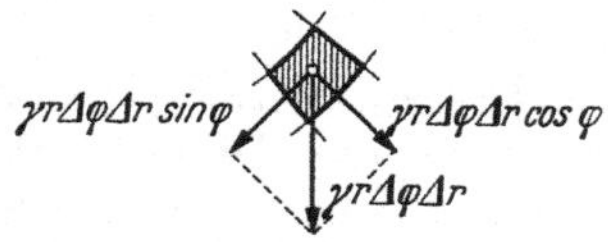

Abb. 399.

$$\left.\begin{aligned} m_r &= -(1-\beta)\frac{\partial p}{\partial r} \\ m_\varphi &= -(1-\beta)\frac{1}{r}\frac{\partial r}{\partial \varphi} \end{aligned}\right\} \text{(Auftrieb)} \qquad (7)$$

$$\left.\begin{aligned} m_r &= -\beta\frac{\partial}{\partial r}(p-\gamma_w z) = -\beta\frac{\partial p}{\partial r}+\beta\gamma_w\cos\varphi, \\ m_\varphi &= -\beta\frac{1}{r}\frac{\partial}{\partial \varphi}(p-\gamma_w z) = -\beta\frac{1}{r}\frac{\partial p}{\partial \varphi}-\beta\gamma_w\sin\varphi \end{aligned}\right| \text{(Reibungskräfte).} \qquad (8)$$

Werden beide Wirkungen zusammengefaßt, folgt

$$\left.\begin{aligned} m_r &= -\frac{\partial p}{\partial r}+\beta\gamma_w\cos\varphi, \\ m_\varphi &= -\frac{1}{r}\frac{\partial p}{\partial \varphi}-\beta\gamma_w\sin\varphi \end{aligned}\right\} \text{(Strömungswirkungen).} \qquad (9)$$

In (9) entspricht das erste Glied der Auftriebswirkung in einer strömenden Flüssigkeit, das zweite der Gewichtswirkung des Porenwassers.

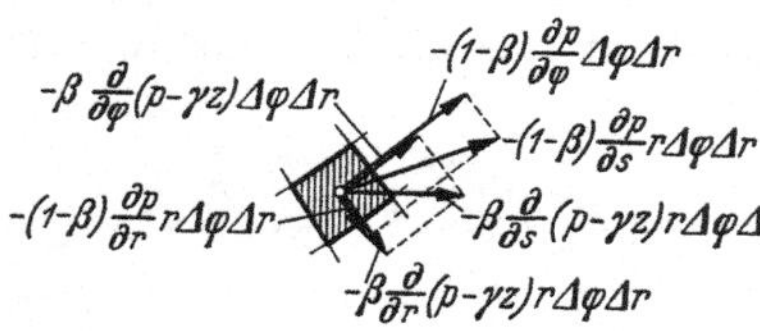

Abb. 400.

Nun ist aber die *Gewichtswirkung des Porenwassers* im allgemeinen im Eigengewicht γ bereits mitenthalten, wenigstens dort, wo eine Durchströmung des Dammkörpers — wie bei geschütteten oder gespülten Erddämmen — überhaupt denkbar ist. Geschüttete Erddämme pflegen heute bei dem Bestwert des Wassergehaltes (Proctor-Verfahren) eingewalzt zu werden, bei dem alle Poren praktisch mit Wasser gefüllt sind und im Damminneren auch ständig gefüllt bleiben, während gespülte Erddämme einem ähnlichen Endzustand zustreben. Wird demgemäß γ im durchströmten Teile des Dammkörpers als Raumgewicht einschließlich Porenwasser gedeutet, und im undurchströmten Teile als Raumgewicht schlechthin, so ergeben sich für die Komponenten der Massenkraft im durchströmten Dammkörper

$$\left.\begin{aligned} m_r &= \gamma\cos\varphi-\frac{\partial p}{\partial r}, \\ m_\varphi &= -\gamma\sin\varphi-\frac{1}{r}\frac{\partial p}{\partial \varphi} \end{aligned}\right| \begin{array}{c}\text{(Gesamtmassenkraft im}\\ \text{durchströmten Dammkörper).}\end{array} \qquad (10)$$

Bezeichnet $F(r,\varphi)$ eine zunächst noch völlig willkürliche Ortsfunktion — die sog. Spannungsfunktion —, so werden die Gleichgewichtsbedingungen (5) mit den Massenkräften nach (10) durch die folgenden Ansätze identisch befriedigt:

$$\left.\begin{aligned} \sigma_r &= \frac{1}{r^2}\frac{\partial^2 F}{\partial \varphi^2}+\frac{1}{r}\frac{\partial F}{\partial r}+\gamma r\cos\varphi-p; \\ \sigma_\varphi &= \frac{\partial^2 F}{\partial r^2}+\gamma r\cos\varphi-p; \\ \tau &= -\frac{\partial^2}{\partial r\,\partial\varphi}\left(\frac{F}{r}\right) \end{aligned}\right\} \qquad (11)$$

Die Gln. (11) gelten im gleichen Maße für den durchströmten und den nicht durchströmten Dammkörper; im letzteren Falle ist lediglich $p=0$ zu setzen.

In (11) entsprechen die von γ herrührenden Spannungskomponenten dem sog. Zustande des „natürlichen Erddruckes", während der p-Zustand einer allseitigen Zugspannung in Höhe des örtlich vorherrschenden Wasserdruckes gleichwertig ist.

Die Spannungsfunktion $F(r, \varphi)$, die bei Gültigkeit des Hookeschen Gesetzes der Differentialgleichung $\Delta\Delta F=0$ genügen muß, bleibt bei Erddruckaufgaben solange unbestimmt, als der Zusammenhang zwischen Spannungen und Formänderungen nicht eindeutig geklärt ist. Glücklicherweise ist dieser Mangel hier nicht von allzu einschneidender Bedeutung, da es sich beim Spannungszustande in Staudämmen um eine im wesentlichen „statisch bestimmte" Aufgabe handelt, für die nach den Erfahrungen der Elastizitätstheorie die Spannungsfunktion stets die unter den vorliegenden Randbedingungen einfachste mathematische Form annimmt. Hierbei ist das Wort „einfach" im Sinne einer Potenzreihenentwicklung zu verstehen, von der nicht mehr Glieder mitgeschleppt werden, als es zur Befriedigung der Randbedingungen erforderlich ist.

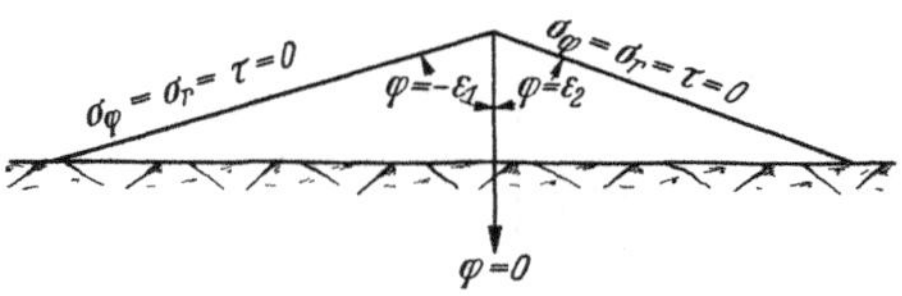

Abb. 401.

Die Randbedingungen unterscheiden sich bei Erdbau-Böschungsproblemen insofern grundsätzlich von den entsprechenden der Elastizitätstheorie, als nicht nur die Randspannungen σ_φ und τ vorgeschrieben sind

$$\sigma_\varphi = 0 \text{ bzw. } \sigma_\varphi = p \text{ und } \tau = 0,$$

sondern auch die Längsspannung σ_r festgelegt ist

$$\sigma_r = 0.$$

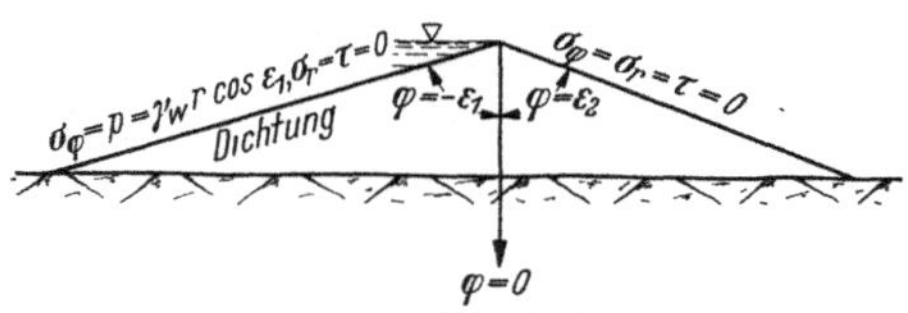

Abb. 402.

Das letztere rührt daher, daß eine Böschung nicht stabil sein kann, wenn die Rand-Normalspannung σ_φ verschwindet und die Rand-Längsspannung σ_r endlich bleibt; in diesem Falle ergäbe sich ein unendlich großes Schubspannungsverhältnis und die Böschung müßte abrutschen. Das letztere ist aber erfahrungsgemäß nicht möglich, solange der Böschungswinkel — wie für Ingenieurbauten selbstverständlich — kleiner als der natürliche Böschungswinkel des Dammgutes ist, und folglich muß σ_r längs der Böschungen Null sein. Für den unbelasteten Staudamm ergeben sich daher die Randbedingungen (Abb. 401)

$$\left.\begin{array}{l}\varphi = -\varepsilon_1\\ \varphi = +\varepsilon_2\end{array}\right\} \sigma_\varphi = \sigma_r = \tau = 0 \quad \left\{\begin{array}{l}\text{(Randbedingungen bei unbelastetem}\\ \text{Staudamm).}\end{array}\right. \tag{12}$$

Im Falle eines unter Druck stehenden, aber nichtdurchströmten, d. h. wasserseitig abgedichteten Staudammes wird für $\varphi = -\varepsilon_1 : \sigma_\varphi = p$. Da nicht einzusehen ist, wie gleichzeitig eine σ_r-Spannung entstehen soll, ergibt sich in diesem Belastungsfalle an der Wasserseite mit $\sigma_\varphi = p$ und $\sigma_r = 0$ ein unendlich großes Schubspannungsverhältnis. Wenn trotzdem hierbei kein Rutschen eintritt, so deshalb, weil die gefährliche Rutschfläche hier mit der Druckrichtung des Wasserdruckes zusammenfällt und sich demzufolge nicht auswirken kann. Die zugehörigen Randbedingungen lauten (Abb. 402)

$$\left.\begin{array}{l}\varphi = -\varepsilon_1:\ \sigma_\varphi = p;\ \sigma_r = \tau = 0;\\ \varphi = +\varepsilon_2:\ \sigma_\varphi = \sigma_r = \tau = 0\end{array}\right| \text{(Randbedingungen eines belasteten, aber nicht durchströmten Staudammes).} \quad (13)$$

Im Falle des durchströmten Staudammes wird der Wasserdruck nicht an der Wasserseite auf den Dammkörper übertragen, sondern er verteilt sich auf das gesamte durchströmte Damminnere in Gestalt der Auftriebs- und Reibungskräfte. Demzufolge ergeben sich die gleichen Randbedingungen wie bei leerem Staubecken (Abb. 403)

$$\left.\begin{array}{l}\varphi = -\varepsilon_1\\ \varphi = +\varepsilon_1\end{array}\right\} \sigma_\varphi = \sigma_r = \tau = 0 \quad \Bigg\{ \text{(Randbedingungen bei durchströmtem Staudamm).} \quad (14)$$

Die aufgeführten Spannungen rühren ableitungsgemäß von den durch Schwere und Durchströmung ausgeübten Massenkräften her. Im Falle des durchströmten Staudammes gesellen sich hierzu noch die unmittelbaren Wirkungen des Druckwassers in Gestalt einer allseitigen Druckbeanspruchung in Höhe von p. Durch die letztere wird das $-p$-Glied in (11) gerade ausgelöscht, womit der Einfluß der Durchströmung nur noch in den Randbedingungen in Erscheinung tritt, indem die Zugspannungen $\sigma_\varphi = \sigma_r = -p$ am wasserseitigen Rande durch eine entsprechende Druckbelastung ausgeglichen werden müssen, damit (14) erfüllt wird. Der Ableitung von (11) gemäß, ist dieses Ergebnis an die in hochwertigen Erddämmen stets zutreffende Voraussetzung gebunden, daß im Damminneren die Poren ständig mit Wasser gefüllt bleiben, d. h. das Raumgewicht bei der Durchströmung nicht verändert wird.

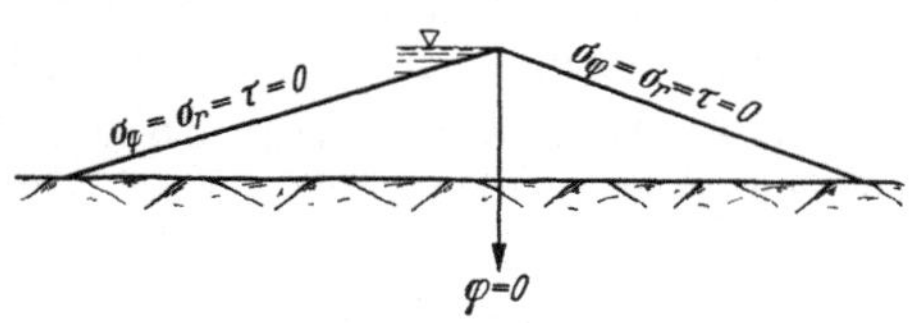

Abb. 403.

Wenn in den durchströmten Teilen eines Dammkörpers das Raumgewicht bei der Durchströmung nicht verändert wird, ist die Art der Durchströmung ohne Einfluß auf den Spannungszustand. In jedem Falle sind lediglich am wasserseitigen Rande zusätzliche Druckspannungen $\sigma_\varphi = \sigma_r = p$ anzubringen. Ein durchströmter Staudamm unterscheidet sich von einem hydrostatisch belasteten Staudamm in der Beanspruchung dadurch, daß an der Wasserseite neben den Randspannungen $\sigma_\varphi = p$ auch noch solche $\sigma_r = p$ auftreten müssen.

Formelmäßig zusammengefaßt, ergibt sich demgemäß für die beiden Gruppen von Staudämmen:

$$\left.\begin{array}{l}\sigma_r^{\text{Gesamt}} = \dfrac{1}{r^2}\dfrac{\partial^2 F}{\partial \varphi^2} + \dfrac{1}{r}\dfrac{\partial F}{\partial r} + \gamma r \cos\varphi;\\ \sigma_\varphi^{\text{Gesamt}} = \dfrac{\partial^2 F}{\partial r^2} + \gamma r \cos\varphi;\\ \tau^{\text{Gesamt}} = -\dfrac{\partial^2}{\partial r\, \partial \varphi}\left(\dfrac{F}{r}\right)\end{array}\right\} \text{(für alle Staudämme aus Stein oder Erde).} \quad (15)$$

Ohne Durchströmung:
$$\left.\begin{array}{l}\varphi = -\varepsilon_1:\ \sigma_\varphi = p = \gamma_w r \cos\varepsilon_1;\ \sigma_r = \tau = 0;\\ \varphi = +\varepsilon_2:\ \sigma_\varphi = \sigma_r = \tau = 0\end{array}\right\} \quad (16)$$

Mit Durchströmung:
$$\left.\begin{array}{l}\varphi = -\varepsilon_1:\ \sigma_\varphi = \sigma_r = p = \gamma_w r \cos\varepsilon_1;\ \tau = 0;\\ \varphi = +\varepsilon_2:\ \sigma_\varphi = \sigma_r = \tau = 0\end{array}\right\} \quad (17)$$

Nach (15) nimmt die Eigengewichtspressung entsprechend dem natürlichen Erddruck linear zu; das gleiche gilt für den in die Randbedingungen eingehenden

Wasserdruck p. Damit die Differentialoperationen von (15) nun ebenfalls auf in r lineare Spannungen führen, muß $F(r, \varphi)$ in der dritten Potenz von r abhängen, also die Form

$$F = r^3 \cdot f(\varphi)$$

besitzen. Wie oben bereits bemerkt, muß nun $f(\varphi)$ in der Form einer abgebrochenen Potenzreihe — eines Polynoms — tunlichst niedriger Ordnung angesetzt werden. Da nach (16) und (17) immer sechs Randbedingungen zu erfüllen sind, muß das Polynom vom fünften Grade in φ sein. Von den unendlich vielen Bildungsmöglichkeiten einer solchen Funktion wählen wir die Form

$$\left.\begin{aligned} F = r^3\Big[&a_1\frac{\varphi+\varepsilon_1}{\varepsilon_1+\varepsilon_2}+a_2\frac{\varphi-\varepsilon_2}{\varepsilon_1+\varepsilon_2}+a_3\frac{(\varphi+\varepsilon_1)^2(\varphi-\varepsilon_2)}{(\varepsilon_1+\varepsilon_2)^3}+\\ &+a_4\frac{(\varphi+\varepsilon_1)(\varphi-\varepsilon_2)^2}{(\varepsilon_1+\varepsilon_2)^3}+a_5\frac{(\varphi+\varepsilon_1)^3(\varphi-\varepsilon_2)^2}{(\varepsilon_1+\varepsilon_2)^5}+a_6\frac{(\varphi+\varepsilon_1)^2(\varphi-\varepsilon_2)^3}{(\varepsilon_1+\varepsilon_2)^5}\Big],\end{aligned}\right\} \quad (18)$$

die zur Bestimmung der Randbedingungen besonders bequem ist.

Werden aus (18) die Spannungskomponenten durch Differentiation gemäß (15) gebildet und die Festwerte den sechs Randbedingungen gemäß bestimmt, so erhält man nach längeren Rechnungen:

Ohne Durchströmung oberes Vorzeichen, mit Durchströmung unteres Vorzeichen.

$$\left.\begin{aligned} \sigma_\varphi = {}&\gamma r\cos\varphi-\gamma r\frac{\varphi+\varepsilon_1}{\varepsilon_1+\varepsilon_2}\cos\varepsilon_2+(\gamma-\gamma_w)\,r\frac{\varphi-\varepsilon_2}{\varepsilon_1+\varepsilon_2}\cos\varepsilon_1-\\ &-[\gamma(\cos\varepsilon_1-\cos\varepsilon_2)-\gamma_w\cos\varepsilon_1]\,r\frac{(\varphi+\varepsilon_1)(\varphi-\varepsilon_2)(2\varphi+\varepsilon_1-\varepsilon_2)}{(\varepsilon_1+\varepsilon_2)^3}+\\ &+3\left[\gamma(\cos\varepsilon_1-\cos\varepsilon_2)-\gamma_w\cos\varepsilon_1-\frac{1}{2}(\varepsilon_1+\varepsilon_2)^2\gamma\cos\varepsilon_2\right]r\frac{(\varphi+\varepsilon_1)^3(\varphi-\varepsilon_2)^2}{(\varepsilon_1+\varepsilon_2)^5}+\\ &+3\left[\gamma(\cos\varepsilon_1-\cos\varepsilon_2)-\gamma_w\cos\varepsilon_1+\frac{1}{2}(\varepsilon_1+\varepsilon_2)^2(\gamma\pm\gamma_w)\cos\varepsilon_1\right]r\frac{(\varphi+\varepsilon_1)^2(\varphi-\varepsilon_2)^3}{(\varepsilon_1+\varepsilon_2)^5}\end{aligned}\right\} \quad (19)$$

$$\left.\begin{aligned} \sigma_r = {}&\frac{1}{2}\sigma_\varphi+\frac{1}{2}\gamma r\cos\varphi-[\gamma(\cos\varepsilon_1-\cos\varepsilon_2)-\gamma_w\cos\varepsilon_1]\frac{2\varphi+\varepsilon_1-\varepsilon_2}{(\varepsilon_1+\varepsilon_2)^3}+\\ &+\Big[\gamma(\cos\varepsilon_1-\cos\varepsilon_2)-\gamma_w\cos\varepsilon_1-\\ &-\frac{1}{2}(\varepsilon_1+\varepsilon_2)^2\gamma\cos\varepsilon_2\Big]\,r\frac{(\varphi+\varepsilon_1)(10\varphi^2+8\varepsilon_1\varphi-12\varepsilon_2\varphi+\varepsilon_1^2-6\varepsilon_1\varepsilon_2+3\varepsilon_2^2)}{(\varepsilon_1+\varepsilon_2)^5}+\\ &+\Big[\gamma(\cos\varepsilon_1-\cos\varepsilon_2)-\gamma_w\cos\varepsilon_1+\\ &+\frac{1}{2}(\varepsilon_1+\varepsilon_2)^2(\gamma\pm\gamma_w)\cos\varepsilon_1\Big]\,r\frac{(\varphi-\varepsilon_2)(10\varphi^2+12\varepsilon_1\varphi-8\varepsilon_2\varphi+3\varepsilon_1^2-6\varepsilon_1\varepsilon_2+\varepsilon_2^2)}{(\varepsilon_1+\varepsilon_2)^5}\end{aligned}\right\} \quad (20)$$

$$\left.\begin{aligned} \tau = {}&-\frac{1}{3}[\gamma(\cos\varepsilon_1-\cos\varepsilon_2)-\gamma_w\cos\varepsilon_1]\frac{r}{\varepsilon_1+\varepsilon_2}\left[1-\frac{6\varphi(\varphi+\varepsilon_1-\varepsilon_2)+\varepsilon_1^2-4\varepsilon_1\varepsilon_2+\varepsilon_2^2}{(\varepsilon_1+\varepsilon_2)^2}\right]-\\ &-\Big[\gamma(\cos\varepsilon_1-\cos\varepsilon_2)-\gamma_w\cos\varepsilon_1-\\ &-\frac{1}{2}(\varepsilon_1+\varepsilon_2)^2\gamma\cos\varepsilon_2\Big]\,r\frac{(\varphi+\varepsilon_1)^2(\varphi-\varepsilon_2)(5\varphi+2\varepsilon_1-3\varepsilon_2)}{(\varepsilon_1+\varepsilon_2)^5}-\\ &-\Big[\gamma(\cos\varepsilon_1-\cos\varepsilon_2)-\gamma_w\cos\varepsilon_1+\\ &+\frac{1}{2}(\varepsilon_1+\varepsilon_2)^2(\gamma\pm\gamma_w)\cos\varepsilon_1\Big]\,r\frac{(\varphi+\varepsilon_1)(\varphi-\varepsilon_2)^2(5\varphi+3\varepsilon_1-2\varepsilon_2)}{(\varepsilon_1+\varepsilon_2)^5}\end{aligned}\right\} \quad (21)$$

Diese Formeln vereinfachen sich beträchtlich, wenn der Dammquerschnitt symmetrisch gestaltet ist, also $\varepsilon_1 = \varepsilon_2$ wird. In diesem Sonderfalle folgt:

Ohne Durchströmung oberes Vorzeichen, mit Durchströmung unteres Vorzeichen. $\varepsilon_1 = \varepsilon_2 = \varepsilon$.

$$\left.\begin{aligned}
\sigma_\varphi &= \gamma\, r \cos\varepsilon \left[\frac{\cos\varphi}{\cos\varepsilon} - 1 - \frac{3}{8}\varepsilon^2\left(1-\frac{\varphi^2}{\varepsilon^2}\right)^2 + \frac{1}{2}\frac{\gamma_w}{\gamma}\left(1-\frac{\varphi}{\varepsilon}\right) - \right.\\
&\quad \left. - \frac{1}{16}\frac{\gamma_w}{\gamma}\left(1-\frac{\varphi^2}{\varepsilon^2}\right)\frac{\varphi}{\varepsilon}\left(4+3\left(1-\frac{\varphi^2}{\varepsilon^2}\right)\right) \mp \frac{3\,\varepsilon^2}{16}\frac{\gamma_w}{\gamma}\left(1-\frac{\varphi^2}{\varepsilon^2}\right)^2\left(1-\frac{\varphi}{\varepsilon}\right)\right];\\
\sigma_r &= \frac{1}{2}\sigma_\varphi + \frac{1}{2}\gamma\, r\cos\varepsilon\left[\frac{\cos\varphi}{\cos\varepsilon} - 1 + \frac{3}{2}\left(1-\frac{\varphi^2}{\varepsilon^2}\right) + \frac{5}{4}\frac{\gamma_w}{\gamma}\left(1-\frac{\varphi^2}{\varepsilon^2}\right)\frac{\varphi}{\varepsilon^3} \mp \right.\\
&\quad \left. \mp \frac{1}{2}\frac{\gamma_w}{\gamma}\left(1-\frac{\varphi}{\varepsilon}\right) \mp \frac{1}{4}\frac{\gamma_w}{\gamma}\left(1-\frac{\varphi^2}{\varepsilon^2}\right)\left(\frac{5\varphi}{\varepsilon}-3\right)\right];\\
\tau &= \gamma\, r\left(1-\frac{\varphi^2}{\varepsilon^2}\right)\cos\varepsilon\left[-\frac{\varphi}{2} + \frac{5}{16\,\varepsilon}\frac{\gamma_w}{\gamma}\left(1-\frac{\varphi^2}{\varepsilon^2}\right) \mp \right.\\
&\quad \left. \mp \frac{\varepsilon}{16}\frac{\gamma_w}{\gamma}\left(1+4\frac{\varphi}{\varepsilon}-5\frac{\varphi^2}{\varepsilon^2}\right)\right]
\end{aligned}\right\} \quad (22)$$

Aus den durch (19) bis (22) bestimmten Grundspannungen können nun nach bekannten Verfahren der Festigkeitslehre Hauptspannungen und Lage der Spannungsellipse berechnet werden. Die allgemeinen Formeln lauten (Abb. 404)

$$\sigma_{\min}^{\max} = \tfrac{1}{2}(\sigma_\varphi + \sigma_r) \pm \sqrt{\tfrac{1}{4}(\sigma_\varphi - \sigma_r)^2 + \tau^2}; \quad (23)$$

$$\left.\begin{aligned}
\operatorname{tg} 2\,\omega &= \frac{2\,\tau}{\sigma_r - \sigma_\varphi} = m_1;\\
\operatorname{tg}\omega &= \frac{1}{\tau}\left[\tfrac{1}{2}(\sigma_\varphi - \sigma_r) \pm \sqrt{\tfrac{1}{4}(\sigma_r - \sigma_\varphi)^2 + \tau^2}\right]
\end{aligned}\right\} (24)$$

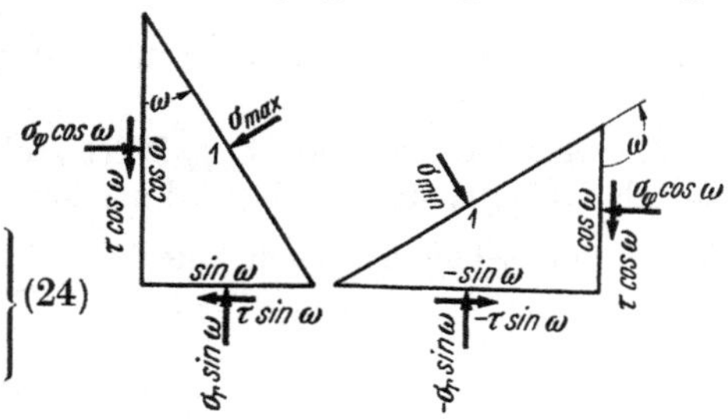

Abb. 404.

Für die Zuordnung der beiden aufeinander senkrecht stehenden Hauptspannungsrichtungen sei bemerkt, daß in (24) der Hauptspannung $\sigma_{\max}$ das positive, $\sigma_{\min}$ das negative Wurzelvorzeichen entspricht. Bei positiven Werten von $(\sigma_\varphi - \sigma_r)$ und τ liegt das zu $\sigma_{\max}$ gehörige ω also im ersten Quadranten.

Für das Hauptspannungsverhältnis $n = \sigma_{\max}/\sigma_{\min}$ folgt aus (23) nach Kürzung durch $\frac{1}{2}(\sigma_\varphi + \sigma_r)$

$$n = \frac{\sigma_{\max}}{\sigma_{\min}} = \frac{1 + \sqrt{\left(\frac{\sigma_\varphi - \sigma_r}{\sigma_\varphi + \sigma_r}\right)^2 + \left(\frac{2\,\tau}{\sigma_\varphi + \sigma_r}\right)^2}}{1 - \sqrt{\left(\frac{\sigma_\varphi - \sigma_r}{\sigma_\varphi + \sigma_r}\right)^2 + \left(\frac{2\,\tau}{\sigma_\varphi + \sigma_r}\right)^2}} \quad \left.\begin{matrix}\text{(Haupt-}\\ \text{spannungs-}\\ \text{verhältnis)}\end{matrix}\right\} (25)$$

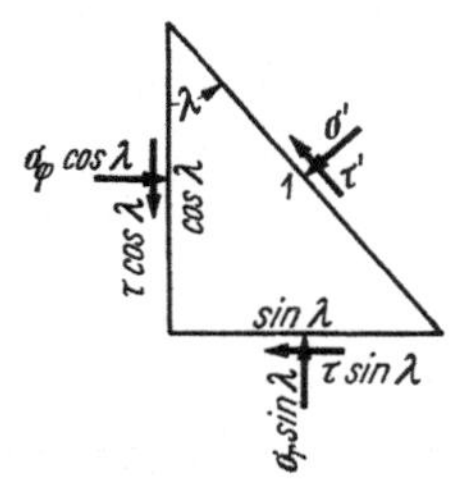

Abb. 405.

Wir kommen nun zu dem ungünstigsten Schubspannungsverhältnis und betrachten zu diesem Zwecke Normal- und Schubspannung für eine beliebige Schnittrichtung λ. Aus Abb. 405 folgt

$$\left.\begin{aligned}
\sigma' &= \sigma_\varphi\cos^2\lambda - \tau\sin\lambda\cos\lambda - \tau\cos\lambda\sin\lambda + \sigma_r\sin^2\lambda =\\
&= \tfrac{1}{2}(\sigma_\varphi + \sigma_r) + \tfrac{1}{2}(\sigma_\varphi - \sigma_r)\cos 2\,\lambda - \tau\sin 2\,\lambda
\end{aligned}\right\} \quad (26)$$

$$\left.\begin{aligned}
\tau' &= \sigma_\varphi\sin\lambda\cos\lambda + \tau\cos^2\lambda - \tau\sin^2\lambda - \sigma_r\cos\lambda\sin\lambda =\\
&\quad + \tfrac{1}{2}(\sigma_\varphi - \sigma_r)\sin 2\,\lambda + \tau\cos 2\,\lambda
\end{aligned}\right\} \quad (27)$$

und damit für das Schubspannungsverhältnis

$$\frac{\tau'}{\sigma'} = \frac{\tfrac{1}{2}(\sigma_\varphi - \sigma_r)\sin 2\,\lambda + \tau\cos 2\,\lambda}{\tfrac{1}{2}(\sigma_\varphi + \sigma_r) + \tfrac{1}{2}(\sigma_\varphi - \sigma_r)\cos 2\,\lambda - \tau\sin 2\,\lambda}. \quad (28)$$

Um hieraus das ungünstigste Schubspannungsverhältnis zu erhalten, muß in bekannter Weise der Differentialquotient nach λ Null gesetzt werden. Wird gleichzeitig beachtet, daß nach (25)

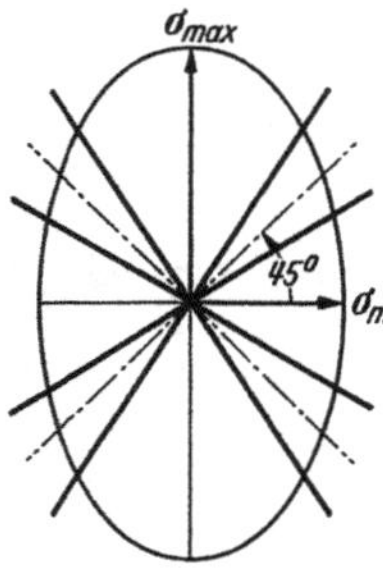

Abb. 406.

$$\sqrt{\left(\frac{\sigma_\varphi - \sigma_r}{\sigma_\varphi + \sigma_r}\right)^2 + \left(\frac{2\tau}{\sigma_\varphi + \sigma_r}\right)^2} = \frac{n-1}{n+1} \tag{29}$$

ist, ergibt sich

$$\left.\begin{aligned} \cos 2\lambda_{\max} &= -\frac{\sigma_\varphi - \sigma_r}{\sigma_\varphi + \sigma_r} \pm \frac{2\tau}{\sigma_\varphi + \sigma_r}\,\frac{2\sqrt{n}}{n-1}\,; \\ \sin 2\lambda_{\max} &= +\frac{2\tau}{\sigma_\varphi + \sigma_r} \pm \frac{\sigma_\varphi - \sigma_r}{\sigma_\varphi + \sigma_r}\,\frac{2\sqrt{n}}{n-1}\,, \end{aligned}\right\} \tag{30}$$

wobei die Vorzeichen wie angegeben zusammengehören.

Wird (30) in (28) eingeführt, so erhält man nach einigen Rechnungen

$$\left|\frac{\tau'}{\sigma'}\right|_{\max} = n_1 = \frac{\frac{1}{2}(n-1)}{\sqrt{n}} \quad \text{(ungünstigstes Schubspannungsverhältnis).} \tag{31}$$

Aus der nachfolgenden Zahlentafel kann n_1 in Abhängigkeit von n unmittelbar abgelesen werden.

Der aus (30) folgende $\lambda_{\max}$-Wert stellt die ungünstigste Schubrichtung dar, die als „Gleitrichtung“ bezeichnet sei. Wird zunächst $\operatorname{tg} 2\lambda_{\max}$ gebildet und der so entstehende Bruch durch $-\frac{\sigma_\varphi - \sigma_r}{\sigma_\varphi + \sigma_r}$ gekürzt, so ergibt sich

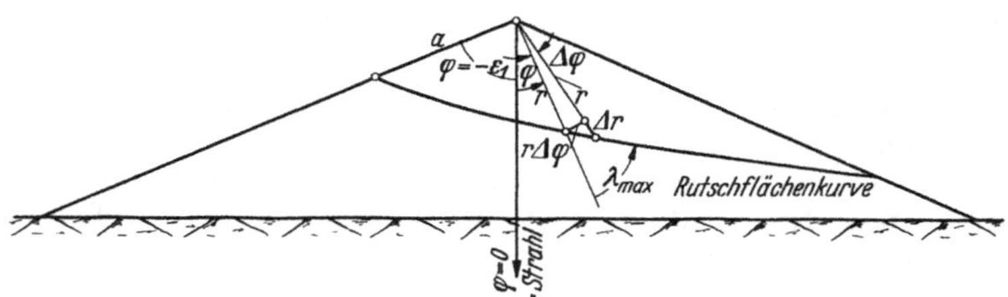

Abb. 407.

$$\operatorname{tg} 2\lambda_{\max} = \frac{\dfrac{2\tau}{\sigma_r - \sigma_\varphi} \mp \dfrac{2\sqrt{n}}{n-1}}{1 \pm \dfrac{2\tau}{\sigma_r - \sigma_\varphi}\,\dfrac{2\sqrt{n}}{n-1}}\,.$$

Wird hierin (24) und (31) berücksichtigt, folgt

$$\operatorname{tg} 2\lambda_{\max} = \frac{m_1 n_1 \mp 1}{n_1 \pm m_1} \qquad \operatorname{tg}\lambda_{\max} = \frac{m_1 \pm n_1}{1 \mp m_1 n_1} \pm \sqrt{1 + \left(\frac{m_1 \pm n_1}{1 \mp m_1 n_1}\right)^2} \tag{32}$$

(Gleitrichtung).

Nach (32) gehören an jeder Stelle des Dammkörpers zu dem ungünstigsten Schubspannungsverhältnis vier Gleitrichtungen. Diese liegen symmetrisch zu den beiden Achsen der Spannungsellipse und bilden ein um die 45°-Achsen gespiegeltes Doppelkreuz (Abb. 406). Man erkennt dies leicht, wenn als Bezugssystem das der Hauptachsen gewählt wird. Da in diesem Falle m_1 mit τ verschwindet, folgt zunächst

$$\operatorname{tg} 2\lambda_{\max} = \mp \frac{1}{n_1} \quad \text{oder} \quad \operatorname{ctg} 2\lambda_{\max} = \operatorname{tg}\left(\pm\frac{\pi}{2} - 2\lambda_{\max}\right) = \mp \operatorname{tg}(\operatorname{arc\,tg} n_1)\,.$$

$$n_1 = \frac{\frac{1}{2}(n-1)}{\sqrt{n}}; \qquad n = \frac{\sigma_{\max}}{\sigma_{\min}}.$$

n	0	1	2	3	4	5	6	7	8	9
1,0	0,000	0,005	0,009	0,014	0,019	0,024	0,028	0,033	0,038	0,043
1,1	0,048	0,052	0,057	0,061	0,066	0,070	0,074	0,079	0,083	0,087
1,2	0,091	0,095	0,099	0,104	0,108	0,112	0,116	0,120	0,124	0,128
1,3	0,132	0,136	0,140	0,144	0,148	0,151	0,155	0,158	0,162	0,165
1,4	0,169	0,173	0,176	0,180	0,183	0,187	0,190	0,193	0,197	0,201
1,5	0,204	0,208	0,211	0,215	0,218	0,221	0,225	0,228	0,231	0,234
1,6	0,237	0,241	0,244	0,247	0,250	0,253	0,256	0,259	0,262	0,265
1,7	0,268	0,271	0,274	0,277	0,280	0,283	0,286	0,289	0,292	0,295
1,8	0,298	0,301	0,304	0,307	0,310	0,313	0,316	0,319	0,322	0,325
1,9	0,327	0,330	0,332	0,335	0,338	0,340	0,343	0,345	0,348	0,351
2,0	0,354	0,357	0,359	0,362	0,365	0,367	0,370	0,373	0,375	0,378
2,1	0,380	0,383	0,385	0,388	0,391	0,393	0,396	0,398	0,401	0,403
2,2	0,405	0,408	0,410	0,413	0,415	0,417	0,420	0,422	0,424	0,426
2,3	0,428	0,431	0,433	0,436	0,438	0,441	0,443	0,446	0,448	0,450
2,4	0,452	0,455	0,457	0,459	0,462	0,464	0,466	0,469	0,471	0,473
2,5	0,475	0,478	0,480	0,482	0,484	0,486	0,488	0,490	0,492	0,494
2,6	0,496	0,499	0,501	0,503	0,505	0,507	0,509	0,511	0,513	0,515
2,7	0,517	0,520	0,522	0,524	0,526	0,528	0,530	0,532	0,534	0,536
2,8	0,538	0,540	0,542	0,544	0,546	0,548	0,550	0,552	0,554	0,556
2,9	0,557	0,559	0,561	0,563	0,565	0,567	0,569	0,571	0,573	0,575
3,0	0,577	0,579	0,581	0,583	0,585	0,587	0,589	0,591	0,593	0,595
3,1	0,596	0,598	0,600	0,602	0,604	0,606	0,608	0,610	0,612	0,614
3,2	0,615	0,617	0,619	0,621	0,623	0,624	0,626	0,628	0,630	0,632
3,3	0,633	0,635	0,637	0,639	0,641	0,642	0,644	0,646	0,648	0,650
3,4	0,651	0,653	0,655	0,657	0,658	0,660	0,662	0,663	0,665	0,667
3,5	0,668	0,670	0,672	0,674	0,675	0,677	0,679	0,680	0,682	0,684
3,6	0,685	0,687	0,689	0,691	0,692	0,694	0,696	0,697	0,699	0,701
3,7	0,702	0,704	0,706	0,707	0,709	0,711	0,712	0,714	0,715	0,717
3,8	0,718	0,720	0,722	0,723	0,725	0,727	0,728	0,730	0,731	0,733
3,9	0,734	0,736	0,738	0,739	0,741	0,743	0,744	0,746	0,747	0,749
4,0	0,750	0,752	0,754	0,755	0,757	0,758	0,760	0,761	0,763	0,764
4,1	0,765	0,767	0,768	0,770	0,772	0,774	0,775	0,777	0,778	0,780
4,2	0,781	0,783	0,784	0,786	0,787	0,789	0,790	0,792	0,793	0,795
4,3	0,796	0,798	0,799	0,800	0,801	0,803	0,804	0,806	0,807	0,809
4,4	0,810	0,812	0,813	0,815	0,816	0,818	0,819	0,821	0,822	0,824
4,5	0,825	0,827	0,828	0,829	0,830	0,832	0,833	0,835	0,836	0,838
4,6	0,839	0,840	0,842	0,843	0,845	0,846	0,848	0,849	0,851	0,852
4,7	0,853	0,855	0,856	0,858	0,859	0,860	0,862	0,863	0,865	0,866
4,8	0,867	0,868	0,870	0,871	0,873	0,874	0,876	0,877	0,879	0,880
4,9	0,881	0,883	0,884	0,886	0,887	0,889	0,890	0,891	0,893	0,894
5,0	0,895	0,897	0,898	0,899	0,901	0,902	0,903	0,905	0,906	0,907
5,1	0,908	0,910	0,911	0,912	0,914	0,915	0,916	0,918	0,919	0,920
5,2	0,921	0,923	0,924	0,925	0,927	0,928	0,929	0,931	0,932	0,933
5,3	0,934	0,936	0,937	0,938	0,940	0,941	0,942	0,944	0,945	0,946
5,4	0,947	0,949	0,950	0,951	0,952	0,954	0,955	0,956	0,957	0,958
5,5	0,959	0,961	0,962	0,963	0,964	0,966	0,967	0,968	0,970	0,971
5,6	0,972	0,973	0,975	0,976	0,977	0,979	0,980	0,981	0,983	0,984
6,7	0,985	0,986	0,987	0,989	0,990	0,991	0,992	0,993	0,995	0,996
5,8	0,997	0,998	0,999	1,000	1,001	1,003	1,004	1,005	1,006	1,007
5,9	1,008	1,009	1,011	1,012	1,013	1,014	1,016	1,017	1,018	1,019
6,0	1,021									

Hieraus ergeben sich die vier Winkel

$$\lambda_1^{\max} = \quad 45^\circ + \operatorname{arc\,tg} n_1; \qquad \lambda_2^{\max} = \quad 45^\circ - \operatorname{arc\,tg} n_1;$$

$$\lambda_3^{\max} = -45^\circ + \operatorname{arc\,tg} n_1; \qquad \lambda_4^{\max} = -45^\circ - \operatorname{arc\,tg} n_1.$$

Die durch (32) bestimmten Gleitrichtungen stellen zunächst nur eine theoretische Größe dar. Sie werden erst in dem Augenblicke zu wirklichen Gleitrichtungen, wenn in dem betrachteten Staudammbereich n_1 die versuchsmäßig ermittelte Gleitziffer $n_1^{\max}$ gemäß (2) erreicht oder überschreitet. In diesem

Falle setzen sich die örtlich veränderlichen Gleitrichtungen zu Rutschflächen zusammen. Hierbei ist im allgemeinen die tiefstliegende Rutschfläche am meisten gefährdet, da nach (2) $n_1^{\max}$ mit wachsendem Normaldruck σ, d. h. mit wachsender Tiefe abnimmt.

Wir betrachten nun irgendeine der den Gleitrichtungen entsprechenden Rutschflächen, etwa eine, die durch den Punkt $r = a$, $\varphi = -\varepsilon_1$ der Wasserseite hindurchgeht (Abb. 407). Ist $r = r(\varphi)$ die Gleichung der Rutschfläche in Polarkoordinaten, so folgt aus der Betrachtung zweier Nachbarpunkte die Beziehung (Abb. 407)

$$\operatorname{ctg} \lambda_{\max} = \frac{1}{\operatorname{tg} \lambda_{\max}} = \frac{1}{r} \frac{\mathrm{d} r}{\mathrm{d} \varphi} = \frac{\mathrm{d} \ln r}{\mathrm{d} \varphi}. \tag{33}$$

Da $\lambda_{\max}$ nach (32) auf jedem φ-Strahl den gleichen Wert besitzt, also lediglich von φ abhängt, läßt sich (33) unmittelbar integrieren. Man erhält

$$\ln r = \int \frac{\mathrm{d} \varphi}{\operatorname{tg} \lambda_{\max}} + k.$$

Wird die Integrationskonstante so bestimmt, daß die Kurve durch den ausgewählten Punkt $r = a$, $\varphi = 0$ hindurchgeht, folgt

$$\ln \frac{r}{a} = \int_0^{\varphi} \frac{\mathrm{d} \varphi}{\operatorname{tg} \lambda_{\max}} = \int_0^{\varphi} \operatorname{ctg} \lambda_{\max}\, d\varphi. \tag{34}$$

Wird an beiden Seiten dieser Gleichung die Exponentialoperation vollzogen und $\operatorname{tg} \lambda_{\max}$ nach (32) eingesetzt, ergibt sich

$$r = a\, e^{\int_0^{\varphi} \left[-\left(\frac{m_1 \pm n_1}{1 \mp m_1 n_1} \right) \pm \sqrt{1 + \left(\frac{m_1 \pm n_1}{1 \mp m_1 n_1} \right)^2} \right] \mathrm{d} \varphi} \quad \text{(Rutschflächen-kurven).} \tag{35}$$

Entsprechend den vier Vorzeichen des Integranden gehen durch jeden Punkt des Staudammes vier theoretische Rutschflächenkurven hindurch. Ihnen fällt aber, wie hier schon vorweg bemerkt sei, nur teilweise ein Wirklichkeitswert zu.

Der vorstehend geschilderte allgemeine Rechnungsgang soll nun im einzelnen näher verfolgt und, soweit möglich, noch durch Zusammenfassung abgekürzt werden. Wir beginnen mit den Gleichungen (19) bis (22). Hier zeigt der Übergang auf Zahlenrechnung, daß die Ausdrücke sehr empfindlich sind und ohne Zuhilfenahme der Rechenmaschine kaum befriedigend ausgewertet werden können. Um diesen Übelstand zu beseitigen, braucht nur der die Empfindlichkeit hervorrufende Faktor

$$\frac{\gamma r (\varepsilon_1 + \varphi)(\varepsilon_2 - \varphi) \cos \varepsilon_1}{2 (\varepsilon_1 + \varepsilon_2)^2}$$

abgespalten zu werden. Bezeichnet man die damit verbleibenden Spannungsanteile durch Querstriche, also

$$\left.\begin{aligned} \sigma_r &= \frac{\gamma r (\varepsilon_1 + \varphi)(\varepsilon_2 - \varphi) \cos \varepsilon_1}{2 (\varepsilon_1 + \varepsilon_2)^2} \bar{\sigma}_r, \\ \sigma_\varphi &= \frac{\gamma r (\varepsilon_1 + \varphi)(\varepsilon_2 - \varphi) \cos \varepsilon_1}{2 (\varepsilon_1 + \varepsilon_2)^2} \bar{\sigma}_\varphi, \\ \tau &= \frac{\gamma r (\varepsilon_1 + \varphi)(\varepsilon_2 - \varphi) \cos \varepsilon_1}{2 (\varepsilon_1 + \varepsilon_2)^2} \bar{\tau}, \end{aligned}\right\} \tag{36}$$

so kann überall dort, wo die Spannungskomponenten im Quotientenform in Erscheinung treten, d. h. wo sich der Empfindlichkeitsfaktor heraushebt, an Stelle von σ_r, σ_φ, τ unmittelbar $\bar{\sigma}_r$, $\bar{\sigma}_\varphi$, $\bar{\tau}$ geschrieben werden. Dies gilt insbesondere für die Ermittlung von m_1 und n nach (24) und (25), und damit auch für n_1 nach (31).

Wird $\cos\varphi$ in der Form

$$\cos\varphi = \frac{(\varepsilon_1+\varphi)(\cos\varphi-\cos\varepsilon_2)+(\varepsilon_2-\varphi)(\cos\varphi-\cos\varepsilon_1)}{\varepsilon_1+\varepsilon_2} + \frac{(\varepsilon_1+\varphi)\cos\varepsilon_2+(\varepsilon_2-\varphi)\cos\varepsilon_1}{\varepsilon_1+\varepsilon_2}$$

geschrieben, und werden $(\cos\varphi-\cos\varepsilon_1)$ und $(\cos\varphi-\cos\varepsilon_2)$ gemäß

$$\cos\varphi-\cos\varepsilon_1 = \frac{1}{2}(\varepsilon_1^2-\varphi^2)\left[1-\frac{\varphi^2+\varepsilon_1^2}{12}+\frac{\varphi^4+\varphi^2\varepsilon_1^2+\varepsilon_1^4}{360}-\cdots\right]$$

$$\cos\varphi-\cos\varepsilon_2 = \frac{1}{2}(\varepsilon_2^2-\varphi^2)\left[1-\frac{\varphi^2+\varepsilon_2^2}{12}+\frac{\varphi^4+\varphi^2\varepsilon_2^2+\varepsilon_2^4}{360}-\cdots\right]$$

in Reihenform dargestellt, so ergibt sich

$$\left.\begin{aligned}\cos\varphi &= \frac{(\varepsilon_1+\varphi)(\varepsilon_2-\varphi)}{2(\varepsilon_1+\varepsilon_2)}\left[(\varepsilon_2+\varphi)\left[1-\frac{\varphi^2+\varepsilon_2^2}{12}+\frac{\varphi^4+\varphi^2\varepsilon_2^2+\varepsilon_2^4}{360}-\cdots\right]+\right.\\ &\left.+(\varepsilon_1-\varphi)\left[1-\frac{\varphi^2+\varepsilon_1^2}{12}+\frac{\varphi^4+\varphi^2\varepsilon_1^2+\varepsilon_1^4}{360}-\cdots\right]\right]+\frac{(\varepsilon_1+\varphi)\cos\varepsilon_2+(\varepsilon_2-\varphi)\cos\varepsilon_1}{\varepsilon_1+\varepsilon_2}\end{aligned}\right\} \quad (37)$$

Wird nun (37) in (19) bis (21) eingeführt, so läßt sich bei geeigneter Zusammenfassung der Empfindlichkeitsfaktor leicht abspalten. Nach längeren Rechnungen erhält man

$$\left.\begin{aligned}\bar\sigma_\varphi = \Bigg[&\frac{\varepsilon_1+\varepsilon_2}{\cos\varepsilon_1}\left[(\varepsilon_1-\varphi)\left(1-\frac{\varphi^2+\varepsilon_1^2}{12}+\frac{\varphi^4+\varphi^2\varepsilon_1^2+\varepsilon_1^4}{360}-\cdots\right)+\right.\\ &\left.+(\varepsilon_2+\varphi)\left(1-\frac{\varphi^2+\varepsilon_2^2}{12}+\frac{\varphi^4+\varphi^2\varepsilon_2^2+\varepsilon_2^4}{360}-\cdots\right)\right]-\\ &-\frac{3(\varepsilon_1+\varphi)(\varepsilon_2-\varphi)}{\varepsilon_1+\varepsilon_2}\left[(\varepsilon_2-\varphi)+(\varepsilon_1+\varphi)\frac{\cos\varepsilon_2}{\cos\varepsilon_1}\right]+\\ &+\frac{2(2\varphi+\varepsilon_1-\varepsilon_2)}{\varepsilon_1+\varepsilon_2}\left[1+\frac{3(\varepsilon_1+\varphi)(\varepsilon_2-\varphi)}{(\varepsilon_1+\varepsilon_2)^2}\right]\left(1-\frac{\cos\varepsilon_2}{\cos\varepsilon_1}\right)\Bigg]+\\ &+\frac{\gamma_w}{\gamma}\left[2\frac{\varepsilon_1+\varepsilon_2}{\varepsilon_1+\varphi}-\frac{2(2\varphi+\varepsilon_1-\varepsilon_2)}{\varepsilon_1+\varepsilon_2}\left[1+\frac{3(\varepsilon_1+\varphi)(\varepsilon_2-\varphi)}{(\varepsilon_1+\varepsilon_2)^2}\right]\mp\frac{3(\varepsilon_1+\varphi)(\varepsilon_2-\varphi)^2}{\varepsilon_1+\varepsilon_2}\right];\end{aligned}\right\} \quad (38)$$

$$\left.\begin{aligned}\bar\sigma_r = \frac{1}{2}\sigma_\varphi+\Bigg[&\frac{\varepsilon_1+\varepsilon_2}{2\cos\varepsilon_1}\left[(\varepsilon_1-\varphi)\left(1-\frac{\varphi^2+\varepsilon_1^2}{12}+\frac{\varphi^4+\varphi^2\varepsilon_1^2+\varepsilon_1^4}{360}-\cdots\right)+\right.\\ &\left.+(\varepsilon_2+\varphi)\left(1-\frac{\varphi^2+\varepsilon_2^2}{12}+\frac{\varphi^4+\varphi^2\varepsilon_2^2+\varepsilon_2^4}{360}-\cdots\right)\right]-\\ &-\frac{2(2\varphi+\varepsilon_1-\varepsilon_2)}{\varepsilon_1+\varepsilon_2}\left(1+\frac{10}{(\varepsilon_1+\varepsilon_2)^2}\right)\left(1-\frac{\cos\varepsilon_2}{\cos\varepsilon_1}\right)+\\ &+\frac{6}{\varepsilon_1+\varepsilon_2}\left[(\varepsilon_2-\varphi)+(\varepsilon_1+\varphi)\frac{\cos\varepsilon_2}{\cos\varepsilon_1}\right]\Bigg]+\\ &+\frac{\gamma_w}{\gamma}\left[\mp\frac{\varepsilon_1+\varepsilon_2}{\varepsilon_1+\varphi}+\frac{2(2\varphi+\varepsilon_1-\varepsilon_2)}{\varepsilon_1+\varepsilon_2}\left(\mp1+\frac{10}{(\varepsilon_1+\varepsilon_2)^2}\right)\pm\frac{6(\varepsilon_2-\varphi)}{\varepsilon_1+\varepsilon_2}\right];\end{aligned}\right\} \quad (39)$$

$$\left.\begin{aligned}\bar\tau = -\frac{1}{\varepsilon_1+\varepsilon_2}&\left[(\varepsilon_1+\varphi)(\varepsilon_2-\varphi)\left(3+\frac{20}{(\varepsilon_1+\varepsilon_2)^2}\right)\left(1-\frac{\cos\varepsilon_2}{\cos\varepsilon_1}\right)-\right.\\ &\left.-2(\varepsilon_2-\varphi)^2+2(\varepsilon_1+\varphi)^2\frac{\cos\varepsilon_2}{\cos\varepsilon_1}\right]+\\ &+\frac{\gamma_w}{\gamma}\frac{1}{\varepsilon_1+\varepsilon_2}\left[(\varepsilon_1+\varphi)(\varepsilon_2-\varphi)\left(\mp3+\frac{20}{(\varepsilon_1+\varepsilon_2)^2}\right)\pm2(\varepsilon_2-\varphi)^2\right]\end{aligned}\right\} \quad (40)$$

In den Ausdrücken für m_1 und n bzw. n_1 nach (24), (25) und (31) kommen die Spannungskomponenten σ_φ und σ_r nur in der Summen- bzw. Differenzform vor. Schreibt man diese Formeln zunächst auf $\bar\sigma_\varphi$, $\bar\sigma_r$ und $\bar\tau$ gemäß

$$m_1 = \frac{2\bar{\tau}}{\bar{\sigma}_r - \bar{\sigma}_\varphi}; \quad n_1 = \frac{\frac{1}{2}(n-1)}{\sqrt{n}}; \quad n = \frac{1 + \sqrt{\left(\frac{\bar{\sigma}_r - \bar{\sigma}_\varphi}{\bar{\sigma}_r + \bar{\sigma}_\varphi}\right)^2 + \left(\frac{2\bar{\tau}}{\bar{\sigma}_r + \bar{\sigma}_\varphi}\right)^2}}{1 - \sqrt{\left(\frac{\bar{\sigma}_r - \bar{\sigma}_\varphi}{\bar{\sigma}_r + \bar{\sigma}_\varphi}\right)^2 + \left(\frac{2\bar{\tau}}{\bar{\sigma}_r + \bar{\sigma}_\varphi}\right)^2}} \tag{41}$$

um, so nehmen die in (41) auftretenden Spannungsgrößen folgende Gestalt an:

$$\left.\begin{aligned}
\bar{\sigma}_r - \bar{\sigma}_\varphi = \Big[&-\frac{2\varphi + \varepsilon_1 - \varepsilon_2}{\varepsilon_1 + \varepsilon_2}\left(3 + \frac{20 + 3(\varepsilon_1 + \varphi)(\varepsilon_2 - \varphi)}{(\varepsilon_1 + \varepsilon_2)^2}\right)\left(1 - \frac{\cos\varepsilon_2}{\cos\varepsilon_1}\right) + \\
&+ \frac{6}{\varepsilon_1 + \varepsilon_2}\left(1 + \frac{1}{4}(\varepsilon_1 + \varphi)(\varepsilon_2 - \varphi)\right)\left((\varepsilon_2 - \varphi) + (\varepsilon_1 + \varphi)\frac{\cos\varepsilon_2}{\cos\varepsilon_1}\right)\Big] + \\
&+ \frac{\gamma_w}{\gamma}\Big[(\mp 1 - 1)\frac{\varepsilon_1 + \varepsilon_2}{\varepsilon_1 + \varphi} + \frac{2\varphi + \varepsilon_1 - \varepsilon_2}{\varepsilon_1 + \varepsilon_2}\left(\mp 2 + 1 + \frac{20 + 3(\varepsilon_1 + \varphi)(\varepsilon_2 - \varphi)}{(\varepsilon_1 + \varepsilon_2)^2}\right) \pm \\
&\pm \frac{6(\varepsilon_2 - \varphi)}{\varepsilon_1 + \varepsilon_2}\left(1 + \frac{1}{4}(\varepsilon_1 + \varphi)(\varepsilon_2 - \varphi)\right)\Big];
\end{aligned}\right\} \tag{42}$$

$$\left.\begin{aligned}
\bar{\sigma}_r + \bar{\sigma}_\varphi = \Big[&\frac{2(\varepsilon_1 + \varepsilon_2)}{\cos\varepsilon_1}\Big((\varepsilon_1 - \varphi)\left(1 - \frac{\varphi^2 + \varepsilon_1^2}{12} + \frac{\varphi^4 + \varphi^2\varepsilon_1^2 + \varepsilon_1^4}{360} - \cdots\right) + \\
&+ (\varepsilon_2 + \varphi)\left(1 - \frac{\varphi^2 + \varepsilon_2^2}{12} + \frac{\varphi^4 + \varphi^2\varepsilon_2^2 + \varepsilon_2^4}{360} - \cdots\right)\Big) - \\
&- \frac{2\varphi + \varepsilon_1 - \varepsilon_2}{\varepsilon_1 + \varepsilon_2}\left(-1 + \frac{20 - 9(\varepsilon_1 + \varphi)(\varepsilon_2 - \varphi)}{(\varepsilon_1 + \varepsilon_2)^2}\right)\left(1 - \frac{\cos\varepsilon_2}{\cos\varepsilon_1}\right) + \\
&+ \frac{6}{\varepsilon_1 + \varepsilon_2}\left(1 - \frac{3}{4}(\varepsilon_1 + \varphi)(\varepsilon_2 - \varphi)\right)\left((\varepsilon_2 - \varphi) + (\varepsilon_1 + \varphi)\frac{\cos\varepsilon_2}{\cos\varepsilon_1}\right)\Big] \\
&+ \frac{\gamma_w}{\gamma}\Big[(\mp 1 + 3)\frac{\varepsilon_1 + \varepsilon_2}{\varepsilon_1 + \varphi} + \frac{2\varphi + \varepsilon_1 - \varepsilon_2}{\varepsilon_1 + \varepsilon_2}\left(\mp 2 - 3 + \frac{20 - 9(\varepsilon_1 + \varphi)(\varepsilon_2 - \varphi)}{(\varepsilon_1 + \varepsilon_2)^2}\right) \pm \\
&\pm \frac{6(\varepsilon_2 - \varphi)}{\varepsilon_1 + \varepsilon_2}\left(1 - \frac{3}{4}(\varepsilon_1 + \varphi)(\varepsilon_2 - \varphi)\right)\Big];
\end{aligned}\right\} \tag{43}$$

$$\left.\begin{aligned}
2\bar{\tau} = -\frac{2}{\varepsilon_1 + \varepsilon_2}\Big[&(\varepsilon_1 + \varphi)(\varepsilon_2 - \varphi)\left(3 + \frac{20}{(\varepsilon_1 + \varepsilon_2)^2}\right)\left(1 - \frac{\cos\varepsilon_2}{\cos\varepsilon_1}\right) - \\
&- 2(\varepsilon_2 - \varphi)^2 + 2(\varepsilon_1 + \varphi)^2\frac{\cos\varepsilon_2}{\cos\varepsilon_1}\Big] + \\
+ \frac{\gamma_w}{\gamma}\frac{2}{\varepsilon_1 + \varepsilon_2}\Big[&(\varepsilon_1 + \varphi)(\varepsilon_2 - \varphi)\left(\mp 3 + \frac{20}{(\varepsilon_1 + \varepsilon_2)^2}\right) \pm 2(\varepsilon_2 - \varphi)^2\Big]
\end{aligned}\right\} \tag{44}$$

In den Gln. (38) bis (40) und (42) bis (44) bezieht sich das obere Vorzeichen auf den nichtdurchströmten, das untere auf den durchströmten Staudamm.

Für symmetrische Staudammquerschnitte, d. h. für $\varepsilon_1 = \varepsilon_2 = \varepsilon$, vereinfachen sich die Formeln beträchtlich. Man erhält

$$\left.\begin{aligned}
\bar{\sigma}_r - \bar{\sigma}_\varphi &= 6\left[1 + \frac{1}{4}(\varepsilon^2 - \varphi^2)\right] + \frac{\gamma_w}{\gamma}\Big[(\mp 1 - 1)\frac{2\varepsilon}{\varepsilon + \varphi} + \frac{\varphi}{\varepsilon}\left(\mp 2 + 1 + \frac{20 + 3(\varepsilon^2 - \varphi^2)}{4\varepsilon^2}\right) \pm \\
&\qquad \pm 3\left(1 - \frac{\varphi}{\varepsilon}\right)\left(1 + \frac{1}{4}(\varepsilon^2 - \varphi^2)\right)\Big]; \\
\bar{\sigma}_r + \bar{\sigma}_\varphi &= \left[\frac{8\varepsilon^2}{\cos\varepsilon}\left(1 - \frac{\varphi^2 + \varepsilon^2}{12} + \frac{\varphi^4 + \varphi^2\varepsilon^2 + \varepsilon^4}{360} - \cdots\right) + 6\left(1 - \frac{3}{4}(\varepsilon^2 - \varphi^2)\right)\right] + \\
&\quad + \frac{\gamma_w}{\gamma}\Big[(\mp 1 + 3)\frac{2\varepsilon}{\varepsilon + \varphi} + \frac{\varphi}{\varepsilon}\left(\mp 2 - 3 + \frac{20 - 9(\varepsilon^2 - \varphi^2)}{4\varepsilon^2}\right) \pm \\
&\qquad \pm 3\left(1 - \frac{\varphi}{\varepsilon}\right)\left(1 - \frac{3}{4}(\varepsilon^2 - \varphi^2)\right)\Big]; \\
2\bar{\tau} &= -8\varphi + \frac{\gamma_w}{\gamma_\varepsilon}\left[\left(\mp 3 + \frac{5}{\varepsilon^2}\right)(\varepsilon^2 - \varphi^2) \pm 2(\varepsilon - \varphi)^2\right]
\end{aligned}\right\} \tag{45}$$

Aufgespalten nach den beiden Strömungszuständen folgt hieraus für die in (41) auftretenden Spannungsbrüche:

Nicht durchströmter Staudamm, $\varepsilon_1 = \varepsilon_2 = \varepsilon$.

$$m_1 = \frac{2\bar{\tau}}{\bar{\sigma}_r - \bar{\sigma}_\varphi} = \frac{\bar{\tau}}{\frac{1}{2}(\bar{\sigma}_r - \bar{\sigma}_\varphi)} = \frac{-4\varphi + \frac{\gamma_w}{\gamma}\left(1 - \frac{\varphi}{\varepsilon}\right)\left[\frac{5}{2\varepsilon}\left(1 + \frac{\varphi}{\varepsilon}\right) - \frac{1}{2}(5\varphi + \varepsilon)\right]}{3\left[1 + \frac{1}{4}(\varepsilon^2 - \varphi^2)\right] + \frac{\gamma_w}{\gamma}\left[-\frac{2}{1 + \frac{\varphi}{\varepsilon}} + \frac{\varphi}{\varepsilon}\left(-2 + \frac{5}{2\varepsilon^2} + \frac{3}{8}(1 - \varepsilon^2)\left(1 - \frac{\varphi^2}{\varepsilon^2}\right)\right) + \frac{3}{2}\left(1 + \frac{1}{4}(\varepsilon^2 - \varphi^2)\right)\right]} \tag{46}$$

$$\frac{\bar{\sigma}_r - \bar{\sigma}_\varphi}{\bar{\sigma}_r + \bar{\sigma}_\varphi} = \frac{\frac{1}{2}(\bar{\sigma}_r - \bar{\sigma}_\varphi)}{\frac{1}{2}(\bar{\sigma}_r + \bar{\sigma}_\varphi)} = \frac{3\left[1 + \frac{1}{4}(\varepsilon^2 - \varphi^2)\right] + \frac{\gamma_w}{\gamma}\left[-\frac{2}{1 + \frac{\varphi}{\varepsilon}} + \frac{\varphi}{\varepsilon}\left(-2 + \frac{5}{2\varepsilon^2} + \frac{3}{8}(1 - \varepsilon^2)\left(1 - \frac{\varphi^2}{\varepsilon^2}\right)\right) + \frac{3}{2}\left(1 - \frac{1}{4}(\varepsilon^2 - \varphi^2)\right)\right]}{\left[\frac{4\varepsilon^2}{\cos\varepsilon}\left(1 - \frac{\varphi^2 + \varepsilon^2}{12} + \frac{\varphi^4 + \varphi^2\varepsilon^2 + \varepsilon^4}{360} - \cdots\right) + 3 - \frac{9}{4}(\varepsilon^2 - \varphi^2)\right] + \frac{\gamma_w}{\gamma}\left[\frac{2}{1 + \frac{\varphi}{\varepsilon}} + \frac{\varphi}{\varepsilon}\left(-4 + \frac{5}{2\varepsilon^2} - \frac{9}{8}(1 - \varepsilon^2)\left(1 - \frac{\varphi^2}{\varepsilon^2}\right)\right) + \frac{3}{2}\left(1 - \frac{3}{4}(\varepsilon^2 - \varphi^2)\right)\right]} \tag{47}$$

$$\frac{2\bar{\tau}}{\bar{\sigma}_r + \bar{\sigma}_\varphi} = \frac{\bar{\tau}}{\frac{1}{2}(\bar{\sigma}_r + \bar{\sigma}_\varphi)} = \frac{-4\varphi + \frac{\gamma_w}{\gamma}\left(1 - \frac{\varphi}{\varepsilon}\right)\left[\frac{5}{2\varepsilon}\left(1 + \frac{\varphi}{\varepsilon}\right) - \frac{1}{2}(5\varphi + \varepsilon)\right]}{\left[\frac{4\varepsilon^2}{\cos\varepsilon}\left(1 - \frac{\varphi^2 + \varepsilon^2}{12} + \frac{\varphi^4 + \varphi^2\varepsilon^2 + \varepsilon^4}{360} - \cdots\right) + 3 - \frac{9}{4}(\varepsilon^2 - \varphi^2)\right] + \frac{\gamma_w}{\gamma}\left[\frac{2}{1 + \frac{\varphi}{\varepsilon}} + \frac{\varphi}{\varepsilon}\left(-4 + \frac{5}{2\varepsilon^2} - \frac{9}{8}(1 - \varepsilon^2)\left(1 - \frac{\varphi^2}{\varepsilon^2}\right)\right) + \frac{3}{2}\left(1 - \frac{3}{4}(\varepsilon^2 - \varphi^2)\right)\right]} \tag{48}$$

Durchströmter Staudamm, $\varepsilon_1 = \varepsilon_2 = \varepsilon$.

$$m_1 = \frac{2\bar{\tau}}{\bar{\sigma}_r - \bar{\sigma}_\varphi} = \frac{\bar{\tau}}{\frac{1}{2}(\bar{\sigma}_r - \bar{\sigma}_\varphi)} = \frac{-4\varphi + \frac{\gamma_w}{\gamma}\left(1 - \frac{\varphi}{\varepsilon}\right)\left[\frac{5}{2\varepsilon}\left(1 + \frac{\varphi}{\varepsilon}\right) + \frac{1}{2}(5\varphi + \varepsilon)\right]}{3\left[1 + \frac{1}{4}(\varepsilon^2 - \varphi^2)\right] + \frac{\gamma_w}{\gamma}\left[\frac{\varphi}{\varepsilon}\left(3 + \frac{5}{2\varepsilon^2} + \frac{3}{8}(1 + \varepsilon^2)\left(1 - \frac{\varphi^2}{\varepsilon^2}\right)\right) - \frac{3}{2}\left(1 + \frac{1}{4}(\varepsilon^2 - \varphi^2)\right)\right]} \tag{49}$$

$$\frac{\bar{\sigma}_r - \bar{\sigma}_\varphi}{\bar{\sigma}_r + \bar{\sigma}_\varphi} = \frac{\frac{1}{2}(\bar{\sigma}_r - \bar{\sigma}_\varphi)}{\frac{1}{2}(\bar{\sigma}_r + \bar{\sigma}_\varphi)} = \frac{3\left[1 + \frac{1}{4}(\varepsilon^2 - \varphi^2)\right] + \frac{\gamma_w}{\gamma}\left[\frac{\varphi}{3}\left(3 + \frac{5}{2\varepsilon^2} + \frac{3}{8}(1 + \varepsilon^2)\left(1 - \frac{\varphi^2}{\varepsilon^2}\right)\right) - \frac{3}{2}\left(1 + \frac{1}{4}(\varepsilon^2 - \varphi^2)\right)\right]}{\left[\frac{4\varepsilon^2}{\cos\varepsilon}\left(1 - \frac{\varphi^2 + \varepsilon^2}{12} + \frac{\varphi^4 + \varphi^2\varepsilon^2 + \varepsilon^4}{360} - \cdots\right) + 3 - \frac{9}{4}(\varepsilon^2 - \varphi^2)\right] + \frac{\gamma_w}{\gamma}\left[\frac{4}{1 + \frac{\varphi}{\varepsilon}} + \frac{\varphi}{\varepsilon}\left(1 + \frac{5}{2\varepsilon^2} - \frac{9}{8}(1 + \varepsilon^2)\left(1 - \frac{\varphi^2}{\varepsilon^2}\right)\right) - \frac{3}{2}\left(1 - \frac{3}{4}(\varepsilon^2 - \varphi^2)\right)\right]} \tag{50}$$

$$\frac{2\bar{\tau}}{\bar{\sigma}_r + \bar{\sigma}_\varphi} = \frac{\bar{\tau}}{\frac{1}{2}(\bar{\sigma}_r + \bar{\sigma}_\varphi)} = \frac{-4\varphi + \frac{\gamma_w}{\gamma}\left(1 - \frac{\varphi}{\varepsilon}\right)\left[\frac{5}{2\varepsilon}\left(1 + \frac{\varphi}{\varepsilon}\right) + \frac{1}{2}(5\varphi + \varepsilon)\right]}{\left[\frac{4\varepsilon^2}{\cos\varepsilon}\left(1 - \frac{\varphi^2 + \varepsilon^2}{12} + \frac{\varphi^4 + \varphi^2\varepsilon^2 + \varepsilon^4}{360} - \cdots\right) + 3 - \frac{9}{4}(\varepsilon^2 - \varphi^2)\right] + \frac{\gamma_w}{\gamma}\left[\frac{4}{1 + \frac{\varphi}{\varepsilon}} + \frac{\varphi}{\varepsilon}\left(1 + \frac{5}{2\varepsilon^2} - \frac{9}{8}(1 + \varepsilon^2)\left(1 - \frac{\varphi^2}{\varepsilon^2}\right)\right) - \frac{3}{2}\left(1 - \frac{3}{4}(\varepsilon^2 - \varphi^2)\right)\right]} \tag{51}$$

Um die Durchführung von Zahlenrechnungen für die besonders wichtigen symmetrischen Staudammquerschnitte zu erleichtern, sind die in (46) bis (51) auftretenden Funktionen von ε und φ nachstehend in Tabellenform niedergelegt worden. Hierbei wurden die folgenden Funktionszeichen verwendet:

$$\left.\begin{aligned} m_1 &= \frac{2\bar{\tau}}{\bar{\sigma}_r - \bar{\sigma}_\varphi} = \frac{\bar{\tau}}{\frac{1}{2}(\bar{\sigma}_r - \bar{\sigma}_\varphi)} = \frac{A_1(\varepsilon,\varphi) + \frac{\gamma_w}{\gamma} B_1(\varepsilon,\varphi)}{A_2(\varepsilon,\varphi) + \frac{\gamma_w}{\gamma} B_2(\varepsilon,\varphi)}, \\ \frac{\bar{\sigma}_r - \bar{\sigma}_\varphi}{\bar{\sigma}_r + \bar{\sigma}_\varphi} &= \frac{\frac{1}{2}(\bar{\sigma}_r - \bar{\sigma}_\varphi)}{\frac{1}{2}(\bar{\sigma}_r + \bar{\sigma}_\varphi)} = \frac{A_2(\varepsilon,\varphi) + \frac{\gamma_w}{\gamma} B_2(\varepsilon,\varphi)}{A_3(\varepsilon,\varphi) + \frac{\gamma_w}{\gamma} B_3(\varepsilon,\varphi)}, \\ \frac{2\bar{\tau}}{\bar{\sigma}_r + \bar{\sigma}_\varphi} &= \frac{\bar{\tau}}{\frac{1}{2}(\bar{\sigma}_r + \bar{\sigma}_\varphi)} = \frac{A_1(\varepsilon,\varphi) + \frac{\gamma_w}{\gamma} B_1(\varepsilon,\varphi)}{A_3(\varepsilon,\varphi) + \frac{\gamma_w}{\gamma} B_3(\varepsilon,\varphi)} \end{aligned}\right\} \text{Staudamm nicht durchströmt,}$$

$$\left.\begin{aligned} m_1 &= \frac{2\bar{\tau}}{\bar{\sigma}_r - \bar{\sigma}_\varphi} = \frac{\bar{\tau}}{\frac{1}{2}(\bar{\sigma}_r - \bar{\sigma}_\varphi)} = \frac{A_1(\varepsilon,\varphi) + \frac{\gamma_w}{\gamma} C_1(\varepsilon,\varphi)}{A_2(\varepsilon,\varphi) + \frac{\gamma_w}{\gamma} C_2(\varepsilon,\varphi)}, \\ \frac{\bar{\sigma}_r - \bar{\sigma}_\varphi}{\bar{\sigma}_r + \bar{\sigma}_\varphi} &= \frac{\frac{1}{2}(\bar{\sigma}_r - \bar{\sigma}_\varphi)}{\frac{1}{2}(\bar{\sigma}_r + \bar{\sigma}_\varphi)} = \frac{A_2(\varepsilon,\varphi) + \frac{\gamma_w}{\gamma} C_2(\varepsilon,\varphi)}{A_3(\varepsilon,\varphi) + \frac{\gamma_w}{\gamma} C_3(\varepsilon,\varphi)}, \\ \frac{2\bar{\tau}}{\bar{\sigma}_r - \bar{\sigma}_\varphi} &= \frac{\bar{\tau}}{\frac{1}{2}(\bar{\sigma}_r - \bar{\sigma}_\varphi)} = \frac{A_1(\varepsilon,\varphi) + \frac{\gamma_w}{\gamma} C_1(\varepsilon,\varphi)}{A_3(\varepsilon,\varphi) + \frac{\gamma_w}{\gamma} C_3(\varepsilon,\varphi)} \end{aligned}\right\} \text{Staudamm durchströmt.}$$

$$n = \frac{1 + \sqrt{\left(\frac{\bar{\sigma}_r - \bar{\sigma}_\varphi}{\bar{\sigma}_r + \bar{\sigma}_\varphi}\right)^2 + \left(\frac{2\bar{\tau}}{\bar{\sigma}_r + \bar{\sigma}_\varphi}\right)^2}}{1 - \sqrt{\left(\frac{\bar{\sigma}_r - \bar{\sigma}_\varphi}{\bar{\sigma}_r + \bar{\sigma}_\varphi}\right)^2 + \left(\frac{2\bar{\tau}}{\bar{\sigma}_r + \bar{\sigma}_\varphi}\right)^2}}; \quad n_1 = \frac{\frac{1}{2}(n-1)}{\sqrt{n}} \quad \text{(unter Benutzung der Zahlentafel, S. 259).}$$

ε	0,70	0,80	0,90	1,00	1,10	1,20	1,30	1,40
				A_1				
$\varphi = \mp \varepsilon$	±2,800	±3,200	±3,600	±4,000	±4,400	±4,800	±5,200	±5,600
$\varphi = \mp \frac{3}{4}\varepsilon$	±2,100	±2,400	±2,700	±3,000	±3,300	±3,600	±3,900	±4,200
$\varphi = \mp \frac{1}{2}\varepsilon$	±1,400	±1,600	±1,800	±2,000	±2,200	±2,400	±2,600	±2,800
$\varphi = 0$	±0,000	±0,000	±0,000	±0,000	±0,000	±0,000	±0,000	±0,000
				A_2				
$\varphi = \mp \varepsilon$	+3,000	+3,000	+3,000	+3,000	+3,000	+3,000	+3,000	+3,000
$\varphi = \mp \frac{3}{4}\varepsilon$	+3,161	+3,210	+3,266	+3,328	+3,397	+3,473	+3,555	+3,643
$\varphi = \mp \frac{1}{2}\varepsilon$	+3,276	+3,360	+3,456	+3,562	+3,681	+3,810	+3,951	+4,102
$\varphi = 0$	+3,368	+3,480	+3,607	+3,750	+3,907	+4,080	+4,268	+4,470
				A_3				
$\varphi = \mp \varepsilon$	±5,361	+6,297	+7,545	+9,25	+11,69	+15,45	+21,93	+36,00
$\varphi = \mp \frac{3}{4}\varepsilon$	+4,920	+5,745	+6,881	+8,497	+10,88	+14,67	+21,41	+36,33
$\varphi = \mp \frac{1}{2}\varepsilon$	+4,608	+5,355	+6,414	+7,974	+10,34	+14,20	+21,22	+37,04
$\varphi = 0$	+4,357	+5,042	+6,043	+7,560	+ 9,89	+13,85	+21,10	+37,66

ε	0,70	0,80	0,90	1,00	1,10	1,20	1,30	1,40
				B_1				
$\varphi = -\varepsilon$	+2,800	+3,200	+3,600	+4,000	+4,400	+4,800	+5,200	+5,600
$\varphi = -\frac{3}{4}\varepsilon$	+3,248	+3,294	+3,381	+3,500	+3,642	+3,798	+3,969	+4,151
$\varphi = -\frac{1}{2}\varepsilon$	+3,467	+3,244	+3,096	+3,000	+2,943	+2,913	+2,906	+2,915
$\varphi = 0$	+3,222	+2,725	+2,328	+2,000	+1,723	+1,483	+1,273	+1,086
$\varphi = +\frac{1}{2}\varepsilon$	+2,066	+1,644	+1,296	+1,000	+0,742	+0,513	+0,305	+0,114
$\varphi = +\varepsilon$	+0,000	+0,000	+0,000	+0,000	+0,000	+0,000	+0,000	+0,000
				B_2				
$\varphi = -\varepsilon$	$-\infty$	$-\infty$	$-\infty$	$-\infty$	$-\infty$	$-\infty$	$-\infty$	$-\infty$
$\varphi = -\frac{3}{4}\varepsilon$	−8,684	−7,746	−7,082	−6,588	−6,203	−5,889	−5,624	−5,395
$\varphi = -\frac{1}{2}\varepsilon$	−3,844	−3,183	−2,701	−2,328	−2,023	−1,760	−1,526	−1,310
$\varphi = 0$	−0,316	−0,260	−0,196	−0,125	−0,046	+0,040	+0,134	+0,235
$\varphi = +\frac{1}{2}\varepsilon$	+1,787	+1,210	+0,824	+0,558	+0,370	+0,238	+0,144	+0,080
$\varphi = +\varepsilon$	+3,601	+2,407	+1,586	+1,000	+0,566	+0,236	+0,000	−0,224
				B_3				
$\varphi = -\varepsilon$	$+\infty$	$+\infty$	$+\infty$	$+\infty$	$+\infty$	$+\infty$	$+\infty$	$+\infty$
$\varphi = -\frac{3}{4}\varepsilon$	+8,253	+9,019	+9,488	+9,764	+9,908	+9,957	+9,934	+9,855
$\varphi = -\frac{1}{2}\varepsilon$	+4,328	+4,737	+4,931	+4,984	+4,937	+4,808	+4,622	+4,382
$\varphi = 0$	+2,949	+2,780	+2,588	+2,375	+2,139	+1,880	+1,600	+1,295
$\varphi = +\frac{1}{2}\varepsilon$	+3,177	+2,516	+2,034	+1,661	+1,356	+1,093	+0,859	+0,643
$\varphi = +\varepsilon$	+3,601	+2,407	+1,586	+1,000	+0,566	+0,236	+0,000	−0,224
				C_1				
$\varphi = -\varepsilon$	−2,800	−3,200	−3,600	−4,000	−4,400	−4,800	−5,200	−5,600
$\varphi = -\frac{1}{2}\varepsilon$	+1,892	+1,446	+1,072	+0,750	+0,466	+0,212	−0,020	−0,234
$\varphi = 0$	+3,920	+3,524	+3,228	+3,000	+2,824	+2,684	+2,574	+2,486
$\varphi = +\frac{1}{2}\varepsilon$	+3,292	+3,046	+2,872	+2,750	+2,666	+2,612	+2,580	+2,566
$\varphi = +\varepsilon$	+0,000	+0,000	+0,000	+0,000	+0,000	+0,000	+0,000	+0,000
				C_2				
$\varphi = -\varepsilon$	−9,602	−8,408	−7,586	−7,000	−6,568	−6,236	−5,980	−5,628
$\varphi = -\frac{1}{2}\varepsilon$	−5,900	−5,366	−5,026	−4,813	−4,684	−4,617	−4,595	−4,532
$\varphi = 0$	−1,683	−1,737	−1,804	−1,876	−1,954	−2,041	−2,135	−2,235
$\varphi = +\frac{1}{2}\varepsilon$	+2,624	+2,006	+1,570	+1,251	+1,004	+0,807	+0,645	+0,428
$\varphi = +\varepsilon$	+6,602	+5,408	+4,586	+4,000	+3,568	+3,236	+2,980	+2,628
				C_3				
$\varphi = -\varepsilon$	$+\infty$	$+\infty$	$+\infty$	$+\infty$	$+\infty$	$+\infty$	$+\infty$	$+\infty$
$\varphi = -\frac{1}{2}\varepsilon$	+4,492	+5,278	+5,906	+6,440	+6,918	+7,360	+7,920	+8,348
$\varphi = 0$	+3,052	+3,220	+3,412	+3,624	+3,860	+4,120	+4,400	+4,700
$\varphi = +\frac{1}{2}\varepsilon$	+4,004	+3,470	+3,130	+2,916	+2,790	+2,720	+2,700	+2,628
$\varphi = +\varepsilon$	+6,602	+5,408	+4,586	+4,000	+3,568	+3,236	+2,980	+2,628

Um nun noch einen Überblick im einzelnen zu geben, sind in Abb. 408 die n_1-Werte, die sich mit Hilfe der vorhergehenden Zahlentafeln für $\gamma = 2\,\gamma_w$ errechnen, in Abhängigkeit von ε und φ aufgetragen worden. Hiernach ist der ungünstigste Lastfall fast immer derjenige des unbelasteten Staudammes. Lediglich bei Erddämmen aus völlig einheitlichem Baustoff, die aber gegenüber den filterartig aufgebauten Staudämmen heute stark in den Hintergrund treten, sind die luftseitigen Dammteile im belasteten Zustande stärker gefährdet, als bei leerem Staubecken.

Um die bestehenden Gesetzmäßigkeiten stärker in Erscheinung treten zu lassen, ist der ε-Bereich über das eigentliche Anwendungsgebiet hinaus erstreckt worden. Den aufgetragenen ε-Kurven entsprechen die folgenden Böschungsneigungen:

ε	0,70	0,80	0,90	1,00	1,10	1,20	1,30	1,40
tg ε	0,842 : 1	1,03 : 1	1,26 : 1	1,56 : 1	1,97 : 1	2,57 : 1	3,60 : 1	5,80 : 1

In dem für die Anwendung vornehmlich maßgebenden ε-Bereich zwischen 0,90 und 1,40 zeigen die n_1-Kurven, und insbesondere diejenigen bei leerem Staubecken ein sehr einheitliches Bild. Im letzteren Falle liegen die höchsten n_1-Werte an den Rändern, die tiefsten in Dammitte; das Verhältnis beider wird mit abnehmendem ε, d. h. zunehmender Böschungsneigung immer größer. An den Böschungen ist $n_1 = \operatorname{cotg} \varepsilon$, so daß es nahe liegt, für die Auftragung der Abhängigkeit von ε nicht ε, sondern $\operatorname{ctg} \varepsilon$ als Abszisse zu wählen. Abb. 409 zeigt die entsprechenden Grenzkurven für $\varphi = \varepsilon$ und $\varphi = 0$.

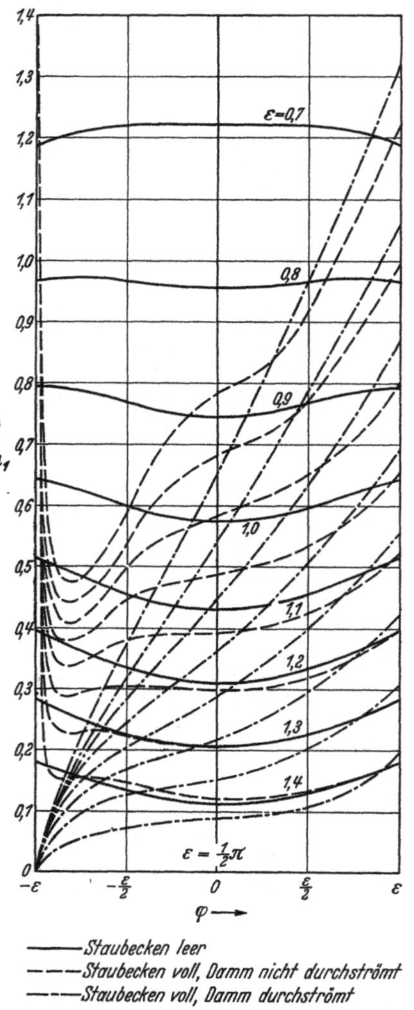

Abb. 408. Symmetrischer dreieckiger Staudammquerschnitt. Ungünstigstes Schubspannungsverhältnis n_1 in Abhängigkeit von ε und φ ($\gamma = 2\gamma_w$).

In Staudämmen mit wasserseitiger Eisenbeton- oder Stahldichtungsdicke — also vornehmlich Steindämmen — ist es allgemein üblich, das gröbere Steinmaterial im Bereich der Dammränder abzulagern. Die damit zwangläufig verbundene Steigerung des Gleitwertes $n_1^{\max}$ von der Mitte nach den Böschungen hin, erweist sich nach Abb. 408 solange als nützlich, bis die $n_1^{\max}$-Kurve der entsprechenden n_1-Kurve proportional geworden ist. In jedem Falle ist das kleinste Verhältnis $\frac{n_1^{\max}}{n_1}$ für

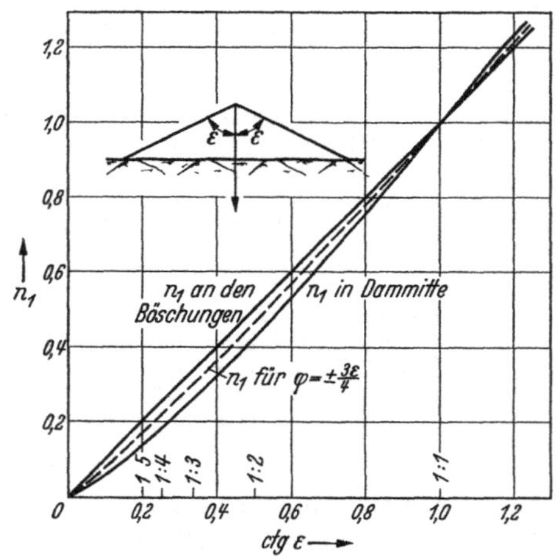

Abb. 409. Ungünstigste Schubspannungsverhältnisse n_1 bei leerem Staubecken in Abhängigkeit von $\operatorname{cotg} \varepsilon$ an den Böschungen und in Dammitte.

die Bemessung maßgebend, das bei Steindämmen nicht unter 1,20 sinken sollte. Infolge fehlender Kohäsion ist dieses Verhältnis von der Tiefe unabhängig und $n_1^{\max}$ gleich dem Reibungsbeiwert μ des Schüttgutes. Der letztere kann bei Steinmaterial nur durch Rüttelversuche mit Sicherheit festgestellt werden.

In Erddämmen mit schrägliegender Tondichtungsdecke muß die letztere stets gut überdeckt sein. Gute Erfahrungen wurden mit Tondecken erzielt, die im Bereich von $\varphi = -\frac{3\,\varepsilon}{4}$ angeordnet waren, so daß die Überdeckung

$^1/_8$ des Gesamtöffnungswinkels 2ε ausmachte (Abb. 410). In diesem Falle folgt n_1 der in Abb. 409 eingestrichelten Kurve. Es dürfte im allgemeinen — angesichts der beiderseitigen Einkofferung der Tondichtung — für die Bemessung genügen, wenn die Gleitziffer $n_1^{\max}$ des Dichtungstones sich mit dem entsprechenden n_1-Wert gerade deckt. Ist beispielsweise unter Berücksichtigung der Dammhöhe ein $n_1^{\max} = 0{,}220$ versuchsmäßig festgestellt worden, so liest man für $n_1 = n_1^{\max}$ aus Abb. 409 ein $\operatorname{cotg}\varepsilon$ von 0,25 oder eine Böschungsneigung 1 : 4 ab.

Da im vorliegenden Falle eine Durchströmung des Staudammes, zumindest bis zur Tondichtung, stattfindet, muß $n_1^{\max}$ unter Voraussetzung völliger Durchnässung — Grenzfall der plötzlichen Beckenentleerung — bestimmt werden.

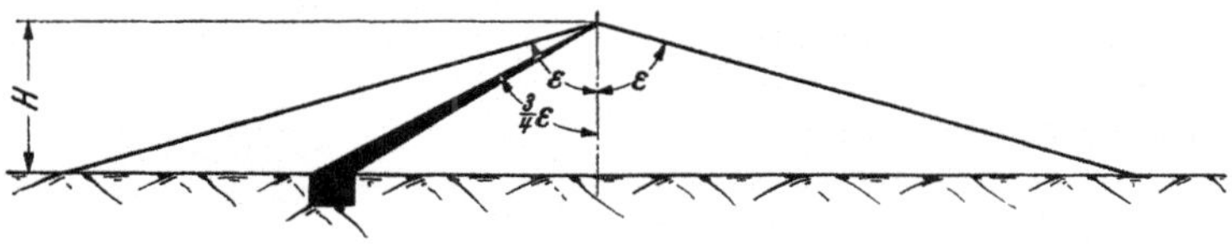

Abb. 410.

Außerdem ist gemäß (2) der größte $\sigma_{\max}$-Wert zugrunde zu legen. Hierfür ergibt sich mit $\varphi = -\frac{3\varepsilon}{4}$ aus (22) und (23) der Rechnungsgang:

$$\sigma_\varphi^{\max} = \gamma\, r_{\max} \cos\varepsilon \left[\frac{\cos\frac{3}{4}\varepsilon}{\cos\varepsilon} - 1 - \frac{147\,\varepsilon^2}{2048}\right] =$$

$$= \gamma\, r_{\max} \cos\frac{3\varepsilon}{4}\left[1 - \frac{\cos\varepsilon}{\cos\frac{3}{4}\varepsilon} - \frac{147\,\varepsilon^2}{2048}\,\frac{\cos\varepsilon}{\cos\frac{3}{4}\varepsilon}\right] = \gamma H \left[1 - \left(1 + \frac{147\,\varepsilon^2}{2048}\right)\frac{\cos\varepsilon}{\cos\frac{3}{4}\varepsilon}\right];$$

$$\sigma_r^{\max} = \gamma\, r_{\max} \cos\varepsilon \left[\frac{\cos\frac{3}{4}\varepsilon}{\cos\varepsilon} - \frac{43}{64} - \frac{147\,\varepsilon^2}{4096}\right] =$$

$$= \gamma\, r_{\max} \cos\frac{3\varepsilon}{4}\left[1 - \frac{43}{64}\,\frac{\cos\varepsilon}{\cos\frac{3}{4}\varepsilon} - \frac{147\,\varepsilon^2}{4096}\,\frac{\cos\varepsilon}{\cos\frac{3}{4}\varepsilon}\right] = \gamma H \left[1 - \left(\frac{43}{64} + \frac{147\,\varepsilon^2}{4096}\right)\frac{\cos\varepsilon}{\cos\frac{3}{4}\varepsilon}\right];$$

$$\tau^{\max} = \gamma\, r_{\max}\,\frac{21\,\varepsilon}{128}\cos\varepsilon = \gamma\, r_{\max} \cos\frac{3\varepsilon}{4}\left[\frac{21\,\varepsilon}{128}\,\frac{\cos\varepsilon}{\cos\frac{3}{4}\varepsilon}\right] = \gamma\,\mathrm{H}\left[\frac{21\,\varepsilon}{128}\,\frac{\cos\varepsilon}{\cos\frac{3}{4}\varepsilon}\right].$$

$$\frac{1}{2}\left(\sigma_\varphi^{\max} + \sigma_r^{\max}\right) = \gamma H \left[1 - \left(\frac{107}{128} + \frac{441\,\varepsilon^2}{8192}\right)\frac{\cos\varepsilon}{\cos\frac{3}{4}\varepsilon}\right]$$

$$\frac{1}{2}\left(\sigma_\varphi^{\max} - \sigma_r^{\max}\right) = -\gamma H \left(\frac{21}{128} + \frac{147\,\varepsilon^2}{8192}\right)\frac{\cos\varepsilon}{\cos\frac{3}{4}\varepsilon}$$

$$\sigma_{\max}^{\max} = \gamma H \left[1 - \left(\frac{107}{128} + \frac{441\,\varepsilon^2}{8192}\right)\frac{\cos\varepsilon}{\cos\frac{3}{4}\varepsilon} + \right.$$

$$\left. + \frac{\cos\varepsilon}{\cos\frac{3}{4}\varepsilon}\sqrt{\left(\frac{21}{128} + \frac{147\,\varepsilon^2}{8192}\right)^2 + \left(\frac{21\,\varepsilon}{128}\right)^2}\,\right] \qquad \left(\varphi = -\frac{3\varepsilon}{4}\right).$$

Trägt man die eckige Klammer in Abhängigkeit von ε bzw. $\operatorname{cotg}\varepsilon$ auf, so ergibt sich der aus Abb. 411 ersichtliche Verlauf.

Bei **Erddämmen mit Filteraufbau und Kerndichtung** — gleichgültig ob sie eingewalzt oder eingespült sind — ist angesichts der stets beträchtlichen Unterschiede in den Gleitziffern der n_1-Wert in Dammitte für die Bemessung maßgebend (untere Kurve in Abb. 409). Hierbei ist der Sicherheitsgrad $\frac{n_1^{\max}}{n_1}$ der Ausdehnung des Kernes und der Standsicherheit der Böschungen entsprechend zu wählen. Bei gespülten Dämmen ist im allgemeinen eine größere Sicherheit, nicht unter $\frac{n_1^{\max}}{n_1} = 1{,}20$, geboten. Selbstverständlich muß auch

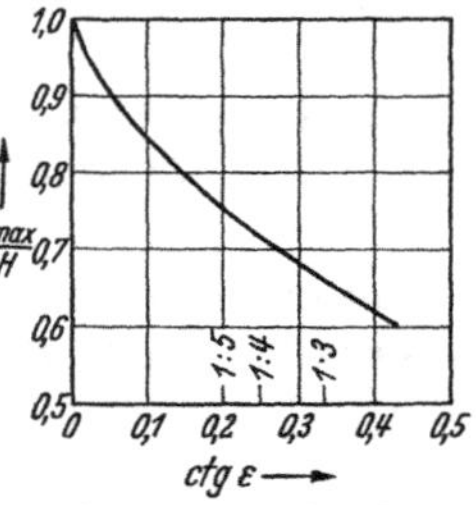

Abb. 411. Erddamm mit schrägliegender Tondichtung an der Stelle $\varphi = -\frac{3\,\varepsilon}{4} \cdot \sigma_{\max}$ längs der Dichtung in Abhängigkeit von ε.

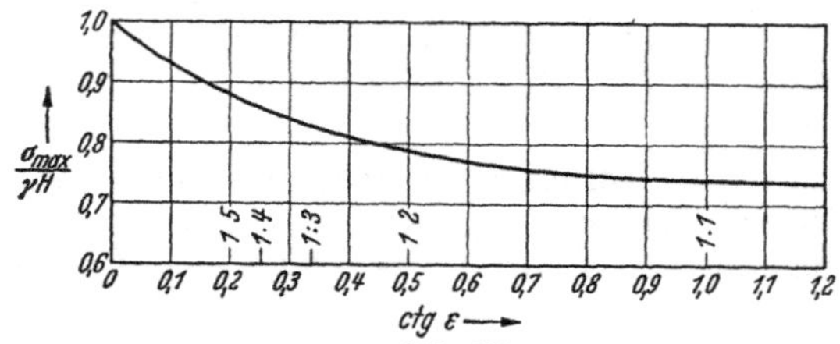

Abb. 412.

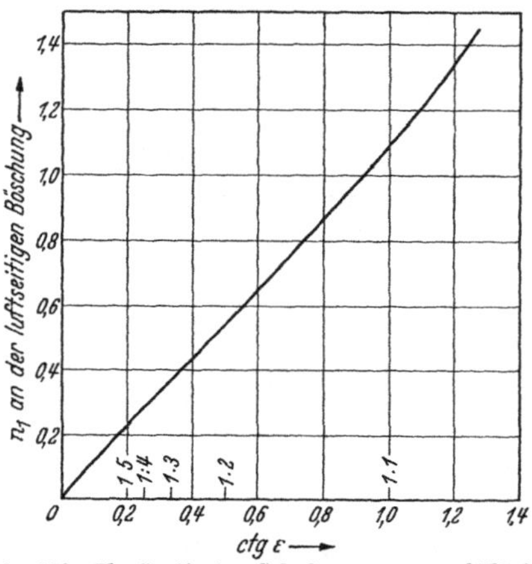

Abb. 413. Ungünstigstes Schubspannungsverhältnis für Erddämme aus einheitlichem Schüttgut.

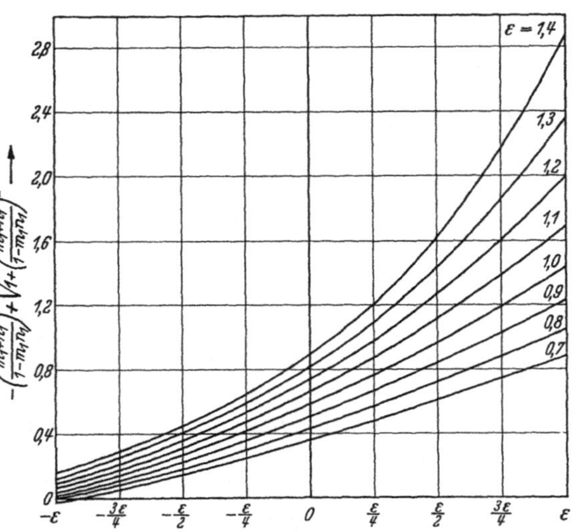

Abb. 414. cotg $\lambda_{1\,\max}$ der Rutschflächen in Abhängigkeit von ε und φ.

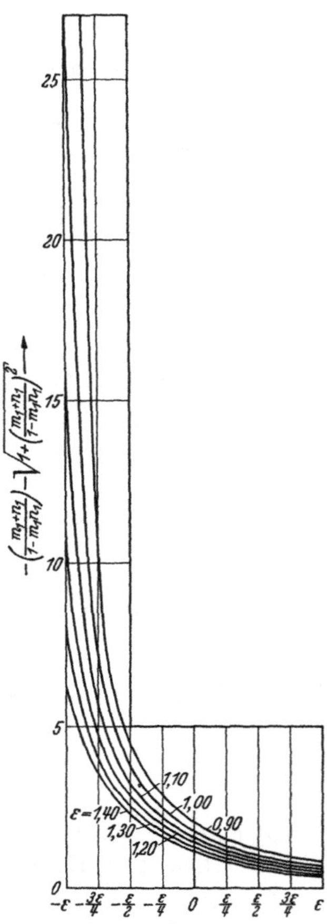

Abb. 415. cotg $\lambda_{2\,\max}$ der Rutschflächen in Abhängigkeit von ε und φ.

hier entsprechend der Durchströmung des Dammkörpers für $n_1^{\max}$ der völlig durchnäßte Zustand zugrunde gelegt werden. Ferner ist die Abhängigkeit des Kohäsionsbeitrages von $\sigma_{\max}$ zu berücksichtigen. Im vorliegenden Falle ergibt sich

$$\sigma_{\max}^{\max} = \gamma H \left(1 - \frac{4 + 3\,\varepsilon^2}{16} \cos \varepsilon\right) \qquad (\varphi = 0)\,.$$

In Abhängigkeit von ctg ε folgt für die runde Klammer der aus Abb. 412 ersichtliche Verlauf.

Abb. 416. Verlauf der Rutschfläche bei leerem Staubecken in Abhängigkeit von der Böschungsneigung.

Bei **Erddämmen aus einheitlichem Schüttgut** — z. B. Dämme in mergeligem Gelände — ist nach Abb. 408 der durchströmte Zustand maßgebend. Die ungünstigsten Schubspannungsverhältnisse, die hier im Bereich der Luftseite auftreten, sind aus Abb. 413 ersichtlich.

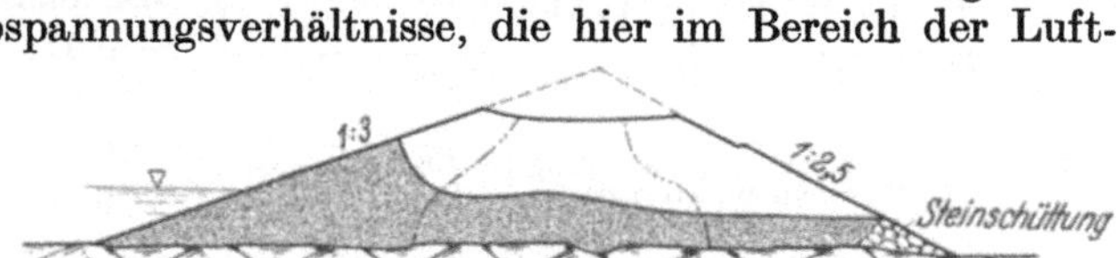

Abb. 417. Alexander-Staudamm. Rutschfläche während der Herstellung.

Wir kommen nun zu den **Rutschflächen**, denen nach den vorhergehenden Betrachtungen nur für leeres Staubecken praktische Bedeutung zufällt. Werden die tg $\alpha_{\max}$-Werte gemäß (32) berechnet, so ergeben sich entsprechend der Symmetrie des Staudammquerschnittes je zwei spiegelbildlich verlaufende Kurvenpaare; es genügt daher, sich auf das eine Vorzeichen von n_1, z. B. das obere, zu beschränken. Wird zunächst der Integrand von (34) und (35) also ctg $\lambda_{\max}$ aufgetragen, so folgen in Abhängigkeit von ε und φ die aus Abb. 414 und 415 ersichtlichen Kurvenscharen, aus denen durch Planimetrieren oder Anwendung der Simpsonschen Regel die zugehörigen Integralkurven und damit auch die Exponentialkurven gewonnen werden können.

Nach Früherem ist wegen der mit wachsendem Drucke geringer werdenden Kohäsionswirkung die tiefste Rutschfläche die ungünstigste. Wird daher a in

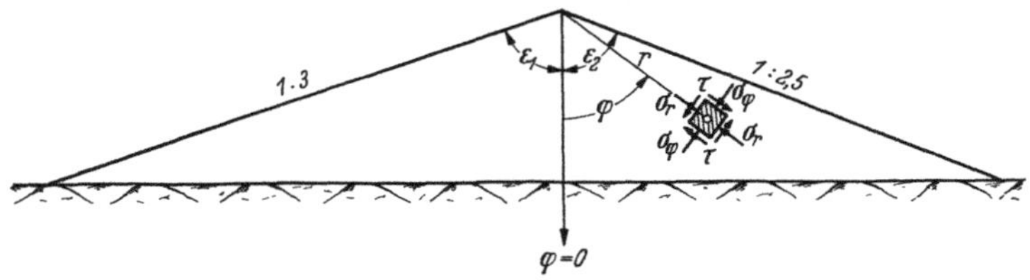

Abb. 418.

(35) immer so gewählt, daß die Rutschflächenkurve durch einen der Damm-Fußpunkte hindurchgeht, folgen für die $\lambda_{1\,\max}$-Gruppe die aus Abb. 416 ersichtlichen Rutschflächen, während der $\lambda_{2\,\max}$-Gruppe Rutschflächen entsprechen, die sich so wenig von der Böschungslinie unterscheiden, daß ihnen keinerlei praktische Bedeutung zufällt. Bei symmetrisch aufgebautem Dammquerschnitt sind sonach nur zwei, spiegelbildlich zueinander gelegene Rutschflächen denkbar.

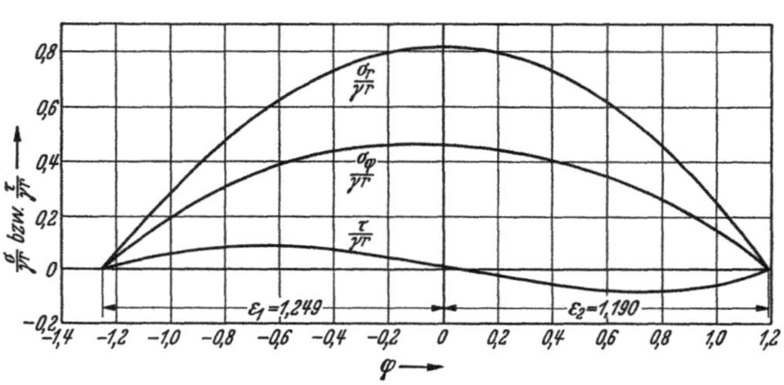

Abb. 419. Ungleiche Böschungsneigungen. Spannungsverlauf bei leerem Staubecken.

Wie Abb. 416 sehr schön erkennen läßt, prägt sich die zunehmende Böschungsneigung insbesondere dadurch aus, daß der Ansatzpunkt der Rutschfläche sich stetig der Dammkrone nähert und die Abrutschrichtung mehr und mehr in die Lotrechte übergeht. Eine gute Bestätigung dieses Rutschflächenverlaufes bietet der infolge zu breiten Spülkerns während der Herstellung abgerutschte Alexander-Staudamm-USA. (Abbildung 417).

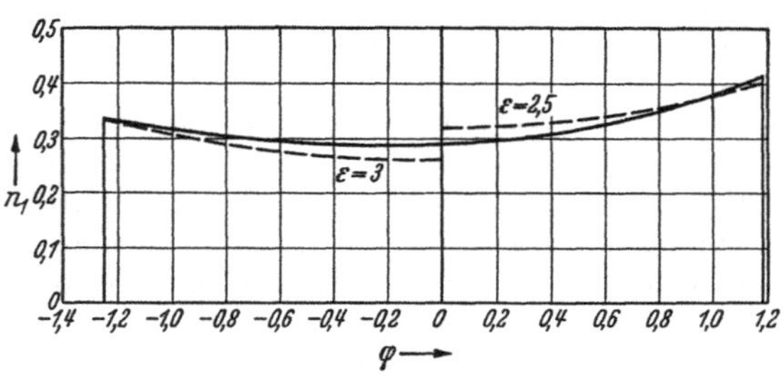

Abb. 420. Ungleiche Böschungsneigungen. Ungünstigstes Schubspannungsverhältnis n_1.

Zur Beurteilung der Frage, wie sich eine **einseitige Querschnittsverbreiterung** auf die Gleitsicherheit auswirkt, möge nun noch ein Staudammquerschnitt von 1 : 3 wasserseitig und 1 : 2,5 luftseitig untersucht werden (Abb. 418). Werden die entsprechenden ε_1- und ε_2-Werte von 1,249 bzw. 1,190 in die allgemeinen Gln. (38) bis (40) unter Beachtung von (36) eingeführt, und beschränkt man die Betrachtung auf den — hier erst recht — ungünstigsten Fall des leeren Staubeckens, so ergibt sich der aus Abb. 419 ersichtliche Verlauf von $\frac{\sigma_r}{\gamma r}$, $\frac{\sigma_\varphi}{\gamma r}$ und $\frac{\tau}{\gamma r}$. Werden hieraus nach (41) bis (44) die ungünstigsten Schubspannungsverhältnisse n_1 berechnet und in Abhängigkeit von φ aufgetragen, folgt Abb. 420.

In Abb. 420 sind zum Vergleich die ungünstigsten Schubspannungsverhältnisse für die Böschungen 1 : 3 und 1 : 2,5 miteingetragen worden. Wie nicht anders zu erwarten war, herrscht im Bereich $\varphi = 0$ ein n_1-Wert vor, der zwischen beiden Böschungen ziemlich genau die Mitte hält. An der Wasserseite verhält sich der Staudamm wie ein beiderseits 1 : 3 geböschter Damm, also sehr vorteilhaft, während es an der Luftseite gerade umgekehrt ist; hier schneidet der Staudamm schlechter ab, wie wenn er beiderseits 1 : 2,5 geböscht wäre.

Eine einseitige Querschnittsverbreiterung bringt somit im allgemeinen keine Vorteile und sollte daher besser unterbleiben. Eine Ausnahme macht hier lediglich der Staudamm mit schrägliegender Tondichtungsdecke, dessen Standsicherheit durch eine unsymmetrische Massenverteilung beträchtlich erhöht werden kann.

Die beiden Rutschflächen weichen bei ungleichen Böschungen naturgemäß etwas voneinander ab. Da dies den grundsätzlichen Verlauf, wie ihn Abb. 416 zeigt, aber kaum beeinflußt, erübrigt es sich, darauf näher einzugehen.

2. *Kernmauerdämme.*

In Kernmauerdämmen ist, im Gegensatz zu den bisher behandelten Staudämmen, die Kraftübertragung nicht mehr statisch bestimmt. Die Kernmauer zerlegt den Staudammkörper in zwei Teile — einen wasserseitigen und einen luftseitigen Teil —, zwischen denen nur insoweit gegenseitige Kraftwirkungen möglich sind, als es die Nachgiebigkeit der Kernmauer gestattet.

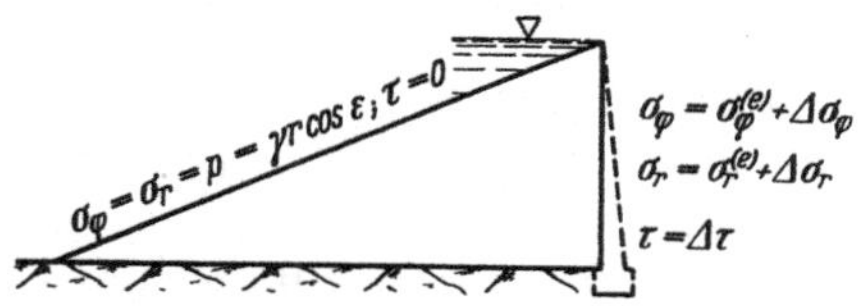

Abb. 421. Randbedingungen der wasserseitigen Dammhälfte.

Bei symmetrisch gestaltetem Querschnittsaufbau — wie er sich bei Kernmauerdämmen ganz von selbst ergibt, wenn man von den örtlich begrenzten, wasser- und luftseitig verschiedenartigen Einpolsterungen der Kernmauer absieht — und leerem Staubecken sind nur geringe Störungen der einheitlichen Staudammwirkung zu erwarten, da die in der Symmetrieachse gelegene Kernmauer von beiden Seiten gleich beansprucht wird. Der zugehörige Spannungszustand deckt sich im wesentlichen mit dem entsprechenden der unter 1. behandelten Staudämme und auch die Frage der Gleitsicherheit kann nach den gleichen Gesichtspunkten beurteilt werden.

Bei gefülltem Staubecken treten auf der Wasserseite infolge der Wasserauflast und der Durchfeuchtung der Schüttung neue Kräfte hinzu, auch ändert sich die innere Reibung und Haftung des Schüttgutes. Den notwendigen Kräfteausgleich hemmt dabei die je nach Bauart mehr oder minder unnachgiebige Kernmauer, und zwar stets in der Richtung, die wasserseitige Dammhälfte zusätzlich zu belasten, die luftseitige zu entlasten. Demgemäß können die Untersuchungen, soweit sie die Beurteilung der Gleitsicherheit zum Endziel haben, auf die wasserseitige Dammhälfte beschränkt werden.

Die wasserseitige Dammhälfte (Abb. 421) unterliegt an der Wasserseite den gleichen Randbedingungen wie ein durchströmter Staudamm mit ungestörter Druckübertragung (s. Ziffer 1). Längs der Kernmauer wirken zunächst die lotrechten und waagerechten Pressungen sowie die Schubspannungen, wie sie sich aus der statisch bestimmten Untersuchung bei leerem Staubecken gemäß Ziffer 1 ergeben $\left[\sigma_\varphi^{(e)}, \sigma_r^{(e)}, \tau^{(e)}\right]$. Zu diesen treten dann weiterhin die zusätzlichen waagerechten Pressungen und Schübe zufolge der Nachgiebigkeit der Kernmauer, teils als Ergebnis der Wechselwirkung zwischen beiden Dammhälften — vornehmlich in den oberen Dammteilen —, teils in Auswirkung der geringen Biegungssteifigkeit der Kernmauer — vornehmlich im Bereich der Dammsohle. Schließlich können durch lotrechte Bezugsbewegungen zwischen Kernmauer und Dammkörper neben zusätzlichen Schubkräften auch noch Änderungen in der Verteilung der lotrechten Pressungen ausgelöst werden.

Naturgemäß steht die Größe der zusätzlichen Wirkungen, welche die Staubeckenfüllung längs der Kernmauer je nach deren Bauart auslöst, in Zusammenhang mit den entsprechenden Wirkungen, die sich nach 1. bei ungestörter Druckübertragung ergeben. Die letzteren stellen jedenfalls die obere Grenze dar, der die zusätzlichen Randwirkungen bei völlig nachgiebiger und elastischer Kernmauer zustreben würden.

Wird in (22) entsprechend der Lage der Kernmauer $\varphi = 0$ gesetzt, so erhält man

$$\left.\begin{aligned} \sigma_\varphi^{\text{Mitte}} &= \gamma\, r\,(1 - \cos\varepsilon - \tfrac{3}{8}\varepsilon^2\cos\varepsilon) + \tfrac{1}{2}\gamma_w\, r\,(1 + \tfrac{3}{8}\varepsilon^2)\cos\varepsilon \\ \sigma_r^{\text{Mitte}} &= \tfrac{1}{2}\sigma_\varphi^{\text{Mitte}} + \tfrac{1}{2}\gamma\, r\,(1 + \tfrac{1}{2}\cos\varepsilon) - \tfrac{1}{8}\gamma_w\, r\cos\varepsilon \\ \tau^{\text{Mitte}} &= \gamma_w\, r\left(\frac{5}{16\varepsilon} + \frac{\varepsilon}{16}\right)\cos\varepsilon \end{aligned}\right\} \qquad (52)$$

Grenzfall der ungestörten Druckübertragung.
(Beliebig nachgiebige und elastische Kernmauer.)

Wird wie früher der Sonderfall $\gamma = 2\gamma_w$ näher betrachtet, so folgt für diesen, getrennt nach Eigengewichts- und Staubeckenwirkung,

$$\left.\begin{aligned} \frac{\sigma_\varphi^{\text{Mitte}}}{\gamma r} &= \left[1 - \cos\varepsilon - \frac{3}{8}\varepsilon^2\cos\varepsilon\right] + \frac{1}{4}\left(1 + \frac{3}{8}\varepsilon^2\right)\cos\varepsilon \\ \frac{\sigma_r^{\text{Mitte}}}{\gamma r} &= \left[1 - \frac{1}{4}\cos\varepsilon - \frac{3}{16}\varepsilon^2\cos\varepsilon\right] + \frac{1}{4}\left(\frac{1}{4} + \frac{3}{16}\varepsilon^2\right)\cos\varepsilon \\ \frac{\tau^{\text{Mitte}}}{\gamma r} &= \qquad 0 \qquad + \frac{1}{32}\left(\varepsilon + \frac{5}{\varepsilon}\right)\cos\varepsilon \end{aligned}\right\} \quad (\gamma = 2\gamma_w).$$

Die zahlenmäßige Auswertung liefert, wenn der Einfluß des Eigengewichts durch den Zeiger e und derjenigen des Staubeckens durch w gekennzeichnet wird, folgendes Bild:

ε	$\left(\frac{\sigma_\varphi^{\text{Mitte}}}{\gamma r}\right)_e$	$\left(\frac{\sigma_\varphi^{\text{Mitte}}}{\gamma r}\right)_w$	$\left(\frac{\sigma_r^{\text{Mitte}}}{\gamma r}\right)_e$	$\left(\frac{\sigma_r^{\text{Mitte}}}{\gamma r}\right)_w$	$\left(\frac{\tau^{\text{Mitte}}}{\gamma r}\right)_e$	$\left(\frac{\tau^{\text{Mitte}}}{\gamma r}\right)_w$
0,70	0,0946	0,2264	0,7384	0,0654	0	0,1877
0,80	0,1361	0,2160	0,7422	0,0645	0	0,1535
0,90	0,1896	0,2026	0,7502	0,0625	0	0,1255
1,00	0,2571	0,1857	0,7636	0,0591	0	0,1013
1,10	0,3406	0,1649	0,7836	0,0541	0	0,0801
1,20	0,4419	0,1395	0,8116	0,0471	0	0,0608
1,30	0,5629	0,1093	0,8483	0,0379	0	0,0431
1,40	0,7050	0,0738	0,8949	0,0263	0	0,0264

Die Auftragung dieser Zahlenwerte läßt erkennen (Abb. 422), daß den σ_φ-Spannungen der maßgebende Einfluß bezüglich der Standsicherheit der wasserseitigen Dammhälfte zufällt; die zusätzlichen σ_r-Spannungen sind von gänzlich untergeordneter Bedeutung und auch die τ-Spannungen treten — wenigstens in dem praktisch besonders wichtigen Erddammbereich ($\varepsilon > 1{,}10$) — sehr zurück.

In den beiden σ_φ-Kurven zeichnen sich deutlich zwei Bereiche ab, die etwa denen der Stein- und Erddämme entsprechen. Im ersteren Falle (kleine ε-Werte) sind die zusätzlichen σ_φ-Spannungen größer als die Eigengewichtsspannungen, im letzteren kleiner. Eine mehr oder weniger weitgehende Unterbindung der zusätzlichen σ_φ-Spannungen muß sich demgemäß bei Steindämmen ganz anders auswirken als bei Erddämmen. Das Abscheren des steifen Zellenkernes des L'Oued-Kébir-Steindammes (Kap. 15) erscheint nach Abb. 422 nicht weiter verwunderlich.

Angesichts der für Staudämme noch wenig geklärten Zusammenhänge zwischen Erdspannungen und Formänderungen ist es zur Zeit noch nicht möglich, die statisch unbestimmten Kraftwirkungen in Kernmauerdämmen zu erfassen. Man kann aber wenigstens eine untere und obere Grenze festlegen, zwischen denen sich jene bewegen müssen. Die untere Grenze entspricht der denkbar ungünstigsten Annahme, daß die Kernmauer weder unmittelbar (durch ihre Biegesteifigkeit) noch mittelbar (durch Wechselwirkungen seitens der luftseitigen Dammhälfte) zusätzliche Stützkräfte bereitstellt; die zugehörigen Randspannungen sind die durch den Zeiger e gekennzeichneten Spannungen von Abb. 422. Die obere Grenze liefert die praktisch nie erreichbare Annahme, daß die Kernmauer beliebig nachgiebig ist oder beide Dammhälften als Einheit anzusehen sind; in diesem Falle ergeben sich die Randspannungen durch Überlagerung der durch e und w gekennzeichneten Spannungen von Abb. 422. In Abb. 423 sind die beiden Grenzkurven, nach den Spannungen getrennt, aufgetragen worden; die schraffierten Flächen entsprechen den Bereichen, in denen sich die statisch unbestimmten Kraftwirkungen theoretisch bewegen können.

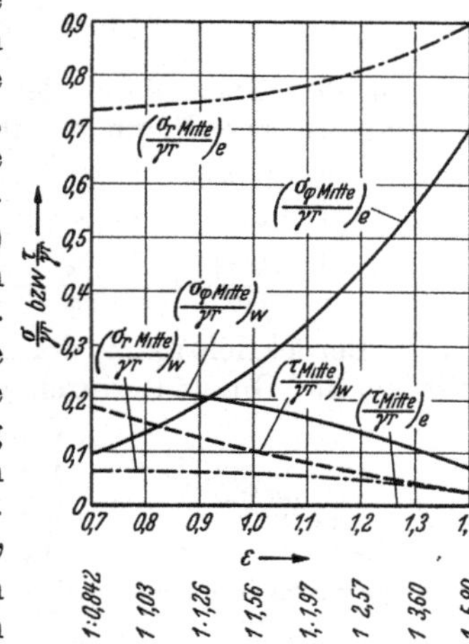

Abb. 422. Spannungszustand in Dammitte bei ungestörter Druckübertragung, getrennt nach Eigengewicht und Staubeckendruck.

Für die praktische Berechnung kommt es nun darauf an, die Randspannungen so zu wählen, daß die ungünstigsten Möglichkeiten mit Sicherheit erfaßt werden. Im vorliegenden Falle bedeutet dies, daß das Hauptspannungsverhältnis n und damit auch das Schubspannungsverhältnis n_1 so groß wie möglich werde. Demgemäß sind für σ_r und τ die Größtwerte (obere Begrenzung) und für σ_φ die Kleinstwerte (untere Begrenzung) zugrunde zu legen. Es ergibt sich daher für die wasserseitige Dammhälfte der aus Abb. 424 ersichtliche ungünstigste Belastungszustand.

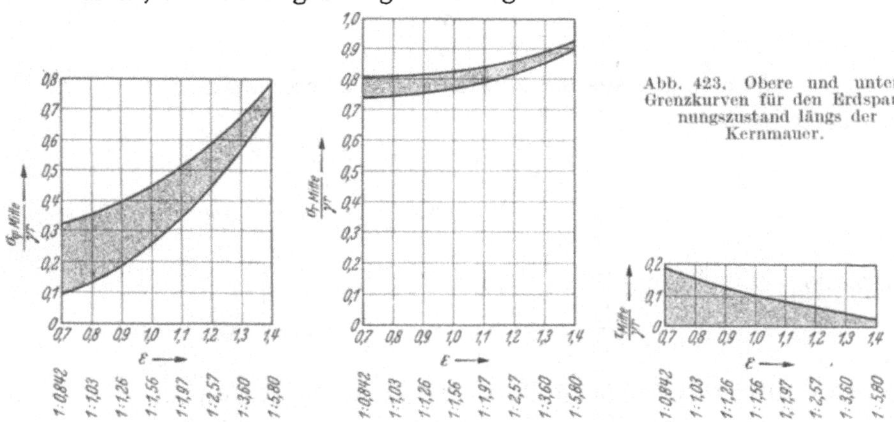

Abb. 423. Obere und untere Grenzkurven für den Erdspannungszustand längs der Kernmauer.

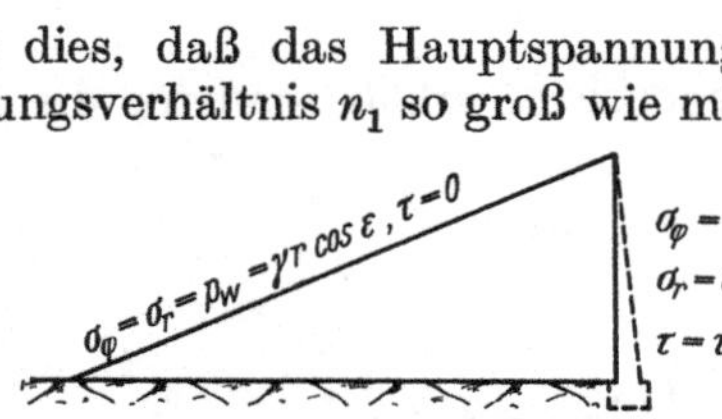

Abb. 424. Ungünstigster Belastungszustand der wasserseitigen Dammhälfte.

Nach dem Überlagerungsgesetz läßt sich der Belastungszustand von Abb. 424 in die beiden Teilzustände von Abb. 425 und 426 zerlegen. Von diesen entspricht der eine dem Staudamm mit ungestörter Druckübertragung (Ziffer 1), der andere einer zusätzlichen Zugbelastung $-(\sigma_\varphi)_w$, durch welche die

Übertragung waagerechter Pressungen, die über das durch das Eigengewicht bestimmte Maß hinausgehen, an der Kernmauer unterbunden wird. Für $(\sigma_\varphi)_w$ folgt aus (52)

$$(\sigma_\varphi)_w = \frac{1}{2}\gamma_w r\left(1+\frac{3}{8}\varepsilon^2\right)\cos\varepsilon; \quad \left(\frac{\sigma_\varphi}{\gamma r}\right)_w = \frac{1}{2}\frac{\gamma_w}{\gamma}\left(1+\frac{3}{8}\varepsilon^2\right)\cos\varepsilon. \tag{53}$$

Für den Teilzustand der zusätzlichen Zugbelastung (Abb. 426) lauten die Gleichgewichtsbedingungen infolge Fehlens von Massenkräften

$$\left.\begin{aligned} &\frac{1}{r}\frac{\partial(r\sigma_r)}{\partial r}+\frac{1}{r}\frac{\partial\tau}{\partial\varphi}-\frac{\sigma_\varphi}{r}=0\\ &\frac{1}{r}\frac{\partial(r\tau)}{\partial r}+\frac{1}{r}\frac{\partial\sigma_\varphi}{\partial\varphi}+\frac{\tau}{r}=0\end{aligned}\right\}\ \text{Gleichgewichtsbedingungen bei fehlenden Massenkräften.} \tag{54}$$

Unter Berücksichtigung der aus Abb. 426 ersichtlichen sechs Randbedingungen werden die Gln. (54) durch die folgenden Spannungskomponenten befriedigt:

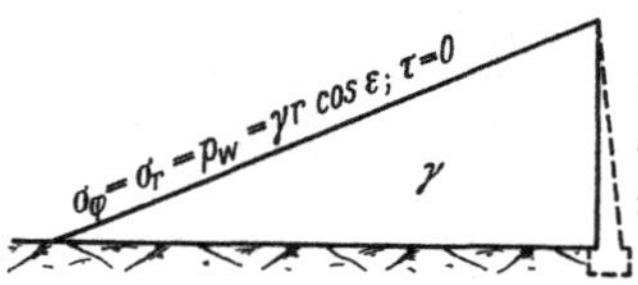

Abb. 425. Teilzustand 1: Spannungszustand bei ungestörter Druckübertragung.

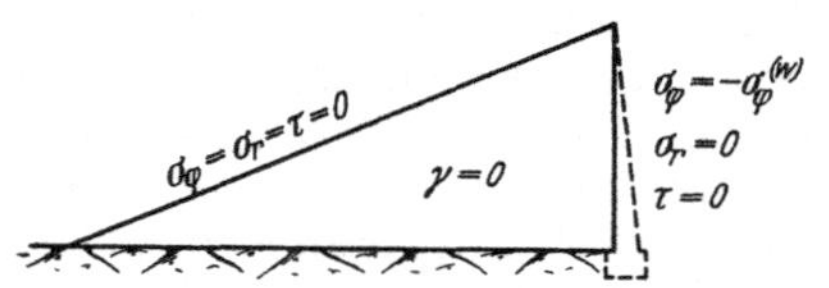

Abb. 426. Teilzustand 2: Zusätzlicher Spannungszustand durch Unterbindung der $\sigma_\varphi^{(w)}$-Spannungen an der Kernmauer.

$$\left.\begin{aligned} \Delta\sigma_\varphi &= -(\sigma_\varphi)_w\left(\frac{\varphi}{\varepsilon}+1\right)^3\left[1-3\frac{\varphi}{\varepsilon}+6\frac{\varphi^2}{\varepsilon^2}-\frac{3}{2}\varphi^2\right]\\ \Delta\sigma_r &= \frac{1}{2}\Delta\sigma_\varphi-(\sigma_\varphi)_w\left(\frac{\varphi}{\varepsilon}+1\right)\left[10\frac{\varphi}{\varepsilon^3}\left(\frac{2\varphi}{\varepsilon}+1\right)-\frac{1}{2}\left(10\frac{\varphi^2}{\varepsilon^2}+8\frac{\varphi}{\varepsilon}+1\right)\right]\\ \Delta\tau &= (\sigma_\varphi)_w\frac{\varphi}{\varepsilon^2}\left(\frac{\varphi}{\varepsilon}+1\right)^2\left[10\frac{\varphi}{\varepsilon}-\frac{1}{2}\varepsilon^2\left(\frac{5\varphi}{\varepsilon}+2\right)\right]\end{aligned}\right\} \tag{55}$$

(Spannungen aus der zusätzlichen Zugbelastung).

Aus (55) folgt weiter

$$\left.\begin{aligned} \Delta\sigma_r-\Delta\sigma_\varphi &= \frac{1}{2}(\sigma_\varphi)_w\left(\frac{\varphi}{\varepsilon}+1\right)^3\left[1-\frac{3\varphi}{\varepsilon}+\frac{6\varphi^2}{\varepsilon^2}-\frac{3}{2}\varphi^2\right]-\\ &\quad-(\sigma_\varphi)_w\left(\frac{\varphi}{\varepsilon}+1\right)\left[\frac{10\varphi}{\varepsilon^3}\left(\frac{2\varphi}{\varepsilon}+1\right)-\frac{5\varphi^2}{\varepsilon^2}-\frac{4\varphi}{\varepsilon}-\frac{1}{2}\right];\\ \Delta\sigma_r+\Delta\sigma_\varphi &= -\frac{3}{2}(\sigma_\varphi)_w\left(\frac{\varphi}{\varepsilon}+1\right)^3\left[1-\frac{3\varphi}{\varepsilon}+\frac{6\varphi^2}{\varepsilon^2}-\frac{3}{2}\varphi^2\right]-\\ &\quad-(\sigma_\varphi)_w\left(\frac{\varphi}{\varepsilon}+1\right)\left[\frac{10\varphi}{\varepsilon^3}\left(\frac{2\varphi}{\varepsilon}+1\right)-\frac{5\varphi^2}{\varepsilon^2}-\frac{4\varphi}{\varepsilon}-\frac{1}{2}\right]\end{aligned}\right\} \tag{56}$$

Unter Abspaltung der Empfindlichkeitsziffer gemäß (36), die sich mit $\varepsilon_1=\varepsilon_2=\varepsilon$ auf

$$\frac{\gamma r(\varepsilon+\varphi)(\varepsilon-\varphi)\cos\varepsilon}{8\varepsilon^2}$$

zusammenzieht, erhält man für die reduzierten Spannungen

$$\left.\begin{aligned} \Delta\bar\sigma_\varphi &= -\left(\frac{\sigma_\varphi}{\gamma r}\right)_w\frac{8\left(\frac{\varphi}{\varepsilon}+1\right)^2}{\left(1-\frac{\varphi}{\varepsilon}\right)\cos\varepsilon}\left[1-\frac{3\varphi}{\varepsilon}+\frac{6\varphi^2}{\varepsilon^2}-\frac{3}{2}\varphi^2\right]\\ \Delta\bar\sigma_r &= \frac{1}{2}\Delta\sigma_\varphi-\left(\frac{\sigma_\varphi}{\gamma r}\right)_w\frac{8}{\left(1-\frac{\varphi}{\varepsilon}\right)\cos\varepsilon}\left[10\frac{\varphi}{\varepsilon^3}\left(\frac{2\varphi}{\varepsilon}+1\right)-\frac{1}{2}\left(10\frac{\varphi^2}{\varepsilon^2}+8\frac{\varphi}{\varepsilon}+1\right)\right]\\ \bar\tau &= \left(\frac{\sigma_\varphi}{\gamma r}\right)_w\frac{\frac{8\varphi}{\varepsilon^2}\left(\frac{\varphi}{\varepsilon}+1\right)}{\left(1-\frac{\varphi}{\varepsilon}\right)\cos\varepsilon}\left[10\frac{\varphi}{\varepsilon}-\frac{1}{2}\varepsilon^2\left(\frac{5\varphi}{\varepsilon}+2\right)\right]\end{aligned}\right\} \tag{57}$$

Hieraus folgt weiter

$$\left.\begin{aligned}\Delta\bar{\sigma}_r-\Delta\bar{\sigma}_\varphi &= 4\left(\frac{\sigma\varphi}{\gamma r}\right)_w\frac{\left(\frac{\varphi}{\varepsilon}+1\right)^2}{\left(1-\frac{\varphi}{\varepsilon}\right)\cos\varepsilon}\left[1-\frac{3\varphi}{\varepsilon}+\frac{6\varphi^2}{\varepsilon^2}-\frac{3}{2}\varphi^2\right]-\\ &\quad-\left(\frac{\sigma\varphi}{\gamma r}\right)_w\frac{8}{\left(1-\frac{\varphi}{\varepsilon}\right)\cos\varepsilon}\left[10\frac{\varphi}{\varepsilon^3}\left(\frac{2\varphi}{\varepsilon}+1\right)-\frac{5\varphi^2}{\varepsilon^2}-\frac{4\varphi}{\varepsilon}-\frac{1}{2}\right];\\ \Delta\bar{\sigma}_r+\Delta\bar{\sigma}_\varphi &= -12\left(\frac{\sigma\varphi}{\gamma r}\right)_w\frac{\left(\frac{\varphi}{\varepsilon}+1\right)^2}{\left(1-\frac{\varphi}{\varepsilon}\right)\cos\varepsilon}\left[1-\frac{3\varphi}{\varepsilon}+\frac{6\varphi^2}{\varepsilon^2}-\frac{3}{2}\varphi^2\right]-\\ &\quad-\left(\frac{\sigma\varphi}{\gamma r}\right)_w\frac{8}{\left(1-\frac{\varphi}{\varepsilon}\right)\cos\varepsilon}\left[10\frac{\varphi}{\varepsilon^3}\left(\frac{2\varphi}{\varepsilon}+1\right)-\frac{5\varphi^2}{\varepsilon^2}-\frac{4\varphi}{\varepsilon}-\frac{1}{2}\right]\end{aligned}\right\}\quad(58)$$

Werden nun beide Teilzustände überlagert und ähnlich wie früher abkürzende Bezeichnungen eingeführt, ergibt sich

$$\left.\begin{aligned}m_1 &= \frac{2\tau}{\sigma_r-\sigma_\varphi}=\frac{\tau}{\frac{1}{2}(\bar{\sigma}_r-\bar{\sigma}_\varphi)}=\frac{A_1(\varepsilon,\varphi)+\frac{\gamma_w}{\gamma}C_1(\varepsilon,\varphi)+\left(\frac{\sigma\varphi}{\gamma r}\right)_w D_1(\varepsilon,\varphi)}{A_2(\varepsilon,\varphi)+\frac{\gamma_w}{\gamma}C_2(\varepsilon,\varphi)+\left(\frac{\sigma\varphi}{\gamma r}\right)_w D_2(\varepsilon,\varphi)};\\ \frac{\bar{\sigma}_r-\bar{\sigma}_\varphi}{\bar{\sigma}_r+\bar{\sigma}_\varphi} &= \frac{\frac{1}{2}(\bar{\sigma}_r-\bar{\sigma}_\varphi)}{\frac{1}{2}(\bar{\sigma}_r+\bar{\sigma}_\varphi)}=\frac{A_2(\varepsilon,\varphi)+\frac{\gamma_w}{\gamma}C_2(\varepsilon,\varphi)+\left(\frac{\sigma\varphi}{\gamma r}\right)_w D_2(\varepsilon,\varphi)}{A_3(\varepsilon,\varphi)+\frac{\gamma_w}{\gamma}C_3(\varepsilon,\varphi)+\left(\frac{\sigma\varphi}{\gamma r}\right)_w D_3(\varepsilon,\varphi)};\\ \frac{2\bar{\tau}}{\bar{\sigma}_r+\bar{\sigma}_\varphi} &= \frac{\bar{\tau}}{\frac{1}{2}(\bar{\sigma}_r+\bar{\sigma}_\varphi)}=\frac{A_1(\varepsilon,\varphi)+\frac{\gamma_w}{\gamma}C_1(\varepsilon,\varphi)+\left(\frac{\sigma\varphi}{\gamma r}\right)_w D_1(\varepsilon,\varphi)}{A_3(\varepsilon,\varphi)+\frac{\gamma_w}{\gamma}C_3(\varepsilon,\varphi)+\left(\frac{\sigma\varphi}{\gamma r}\right)_w D_3(\varepsilon,\varphi)}\end{aligned}\right\}\quad(59)$$

Für die A- und C-Funktionen waren bereits früher entsprechende Zahlentafeln mitgeteilt worden. Die noch fehlenden Ergänzungen für die D-Funktionen sind nachstehend aufgeführt.

ε	0,70	0,80	0,90	1,00	1,10	1,20	1,30	1,40
				$D_1(\varepsilon,\varphi)$				
$\varphi=-\varepsilon$	0	0	0	0	0	0	0	0
$\varphi=-\frac{1}{2}\varepsilon$	+12,14	+11,57	+11,43	+11,72	+12,56	+14,22	+17,55	+26,54
$\varphi=0$	0	0	0	0	0	0	0	0
				$D_2(\varepsilon,\varphi)$				
$\varphi=-\varepsilon$	—49,45	—40,56	—34,90	—31,45	—29,85	—30,05	—33,00	—42,42
$\varphi=-\frac{1}{2}\varepsilon$	+ 0,79	+ 0,84	+ 0,91	+ 1,00	+ 1,14	+ 1,34	+ 1,70	+ 2,84
$\varphi=0$	+ 5,23	+ 5,74	+ 6,44	+ 7,40	+ 8,83	+11,04	+14,95	+23,52
				$D_3(\varepsilon,\varphi)$				
$\varphi=-\varepsilon$	—49,45	—40,56	—34,90	—31,45	—29,85	—30,05	—33,00	—42,42
$\varphi=-\frac{1}{2}\varepsilon$	— 5,86	— 6,36	— 7,02	— 7,95	— 9,29	—11,39	—15,07	—23,13
$\varphi=0$	— 5,23	— 5,74	— 6,44	— 7,40	— 8,83	—11,04	—14,95	—23,52

In Abb. 427 sind die ungünstigsten Schubspannungsverhältnisse n_1, die sich mit Hilfe der vorstehenden Formeln für ein Raumgewichtsverhältnis $\gamma=2\,\gamma_w$

ergeben, aufgetragen. Entsprechend den gemachten Annahmen bleibt die luftseitige Staudammhälfte von Einwirkungen des Staubeckendruckes unberührt; hier gelten also die n_1-Werte für leeres Staubecken.

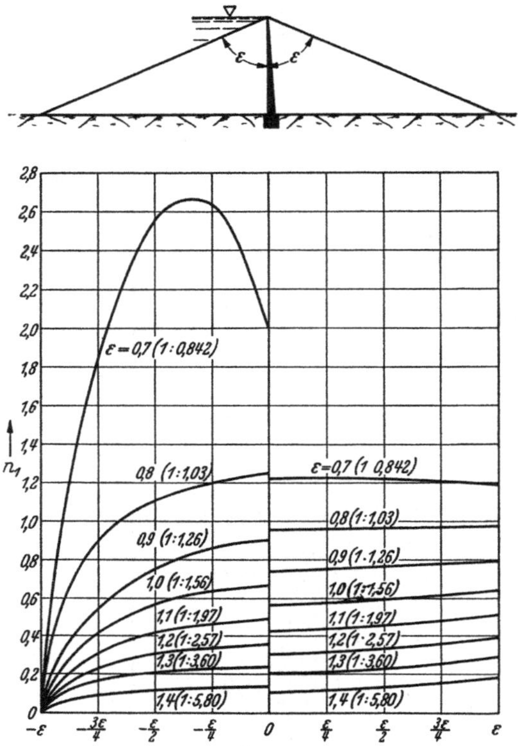

Abb. 427. Ungünstigste Schubspannungsverhältnisse für $\gamma = 2\,\gamma_w$.

Wie unter Ziffer 1 näher ausgeführt wurde, ist in Staudämmen mit ungestörter Druckübertragung der ungünstigste Lastfall derjenige aus Eigengewicht nach plötzlicher Entleerung des Staubeckens (Zugrundelegung völliger Durchnässung des Dammkörpers); die n_1-Werte stimmen in diesem Falle mit denen der luftseitigen Dammhälfte von Abb. 427 überein. Abb. 427 gestattet daher einen unmittelbaren Vergleich zwischen Staudämmen mit und ohne Kernmauer auf der Grundlage gleicher Böschungsneigung.

Nach Abb. 427 scheiden Böschungsneigungen steiler als etwa 1 : 1,30 für Kernmauerdämme praktisch aus, da die Steigerung des ungünstigsten Schubspannungsverhältnisses zu groß wird; Abscherungen und Kantbewegungen der Kernmauer dürften sich bei derartigen Neigungen kaum vermeiden lassen. Mit zunehmendem ε fügen sich die ungünstigsten n_1-Werte sehr bald in den allgemeinen Rahmen ein; bei einer Böschung von etwa 1 : 2 stimmt der ungünstigste n_1-Wert bei gefülltem Staubecken bereits mit demjenigen bei leerem Staubecken überein. Jedenfalls läßt Abb. 427 klar erkennen, daß im Bereich der Erddämme die Kernmauer keine die Standsicherheit beeinträchtigende Schwächung des Dammkörpers im Gefolge zu haben braucht.

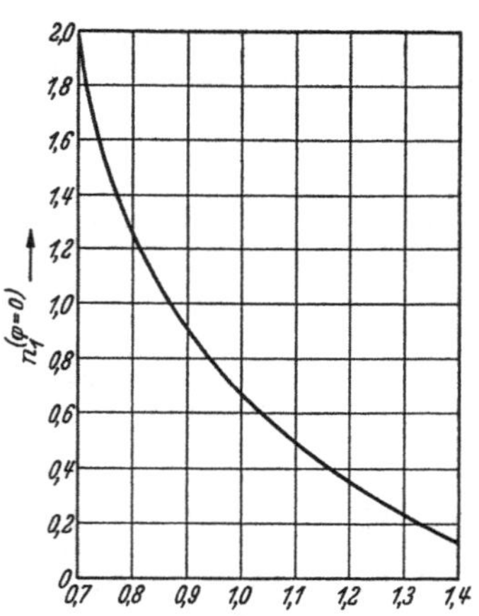

Abb. 428. Für die Bemessung maßgebender Schubspannungsverhältnisse an der Kernmauer.

Abb. 427 gestattet eine eindeutige Festlegung der Böschungen eines Kernmauerstaudammes. Da bei dem stets empfehlenswerten filterartigen Querschnittsaufbau im Bereich der Kernmauer die Bodenteile mit der geringsten Gleitziffer eingebaut werden, ist diese Ziffer, und zwar unter Zugrundelegung völliger Durchnässung, dem n_1 an der Stelle $\varphi = 0$ gleich zu setzen. Die Berücksichtigung einer Sicherheit dürfte sich erübrigen, einmal weil die n_1-Kurven zur wasserseitigen Böschung stark abfallen und zum anderen angesichts der vernachlässigten Mitwirkung von Kernmauer und luftseitiger Dammhälfte an der Kraftaufnahme. Zur Erleichterung der Bemessung ist in Abb. 428 noch n_1 für $\varphi = 0$ in Abhängigkeit von ε aufgetragen worden.

Wir kommen nun zur **Bemessung der Kernmauer**, die angesichts der nicht erfaßbaren statisch unbestimmten Wirkungen nur unter Zugrundelegung der **ungünstigsten Grenzlage** erfolgen kann. Diese ist naturgemäß eine andere wie die eben für die wasserseitige Dammhälfte betrachtete, bei welcher der Stauwasserdruck lediglich lotrechte Schubspannungen auf die Kernmauer übertragen konnte. Wenn wir uns hier auf Kernmauerdämme beschränken, deren wasserseitige Dammhälfte filterartig aufgebaut ist und deren Herstellung beim Bestwert des Wassergehaltes erfolgte, so können Dammkörper und Porenwasser für die Kraftübertragung als Einheit aufgefasst werden. In diesem Falle ist für die Belastung der Kernmauer der Druckteil des Stauwassers auf die wasserseitige Böschung maßgebend (Abb. 429). Der dabei auf die Kernmauer entfallende Wasserdruck ist

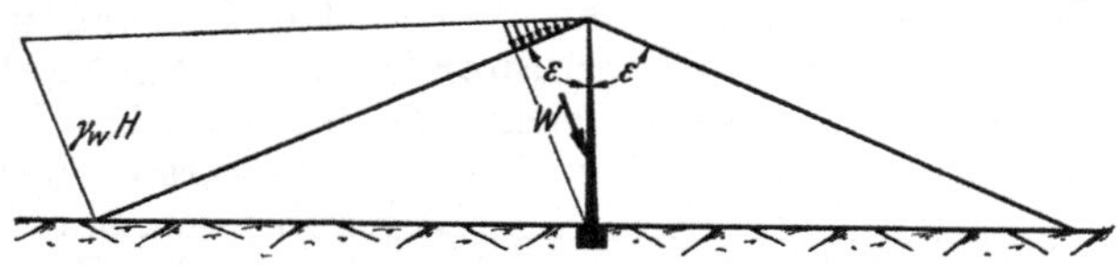

Abb. 429. Anteil des die Kernmauer beanspruchenden Wasserdruckes.

$$W = \tfrac{1}{2}\gamma_w H^2 \cos^3\varepsilon;$$

er greift im unteren Drittelpunkt der Kernmauer an. Für seine waagerechte und lotrechte Teilkraft ergibt sich (Abb. 430)

$$\left.\begin{aligned} W_h &= W\cos\varepsilon = \tfrac{1}{2}\gamma_w H^2 \cos^4\varepsilon \\ W_v &= W\sin\varepsilon = \tfrac{1}{2}\gamma_w H^2 \cos^3\varepsilon\sin\varepsilon \end{aligned}\right\} \qquad (60)$$

Wird ein dreieckiger Kernmauerquerschnitt zugrunde gelegt und die aufgesetzte Rechteckskrone vernachlässigt, so folgt das Gewicht zu (Abb. 430)

$$G = \tfrac{1}{2}\gamma H^2 \lambda. \qquad (61)$$

Ähnlich wie bei Gewichtsstaumauern ist für die Bemessung zu fordern, daß der wasserseitige Kernmauerfuß unter der Wirkung von W_h, W_l und G noch gerade keine Zugspannung erfährt. Dies ist gleichbedeutend mit dem Verschwinden des Momentes der angreifenden Kräfte in bezug auf den luftseitigen Kernpunkt K_l als Drehpunkt. Man erhält

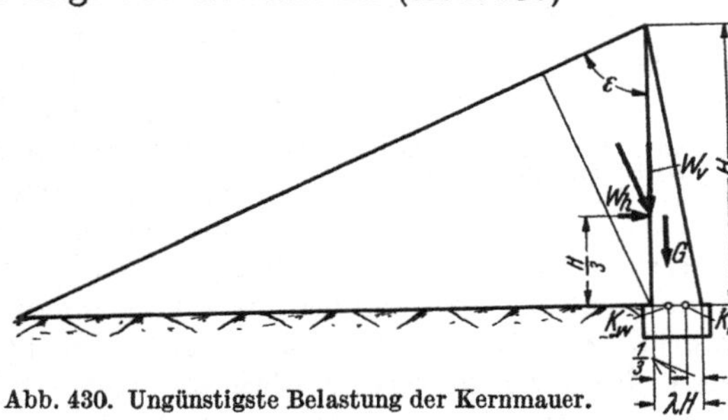

Abb. 430. Ungünstigste Belastung der Kernmauer.

$$\left.\begin{aligned} M = 0 = W_h\cdot\frac{H}{3} - W_v\cdot\frac{2\lambda H}{3} - G\cdot\frac{\lambda H}{3} = \frac{1}{6}\gamma_w H^3\cos^4\varepsilon - \\ -\frac{\lambda}{3}\gamma_w H^3\cos^3\varepsilon\sin\varepsilon - \frac{\lambda^2}{6}\gamma H^3 = 0 \end{aligned}\right\}$$

oder die quadratische Gleichung für λ

$$\lambda^2 + 2\lambda\frac{\gamma_w}{\gamma}\cos^3\varepsilon\sin\varepsilon = \frac{\gamma_w}{\gamma}\cos^4\varepsilon. \qquad (62)$$

Die Auflösung von (62) liefert

$$\lambda = -\frac{\gamma_w}{\gamma}\cos^3\varepsilon\sin\varepsilon + \sqrt{\left(\frac{\gamma_w}{\gamma}\cos^3\varepsilon\sin\varepsilon\right)^2 + \frac{\gamma_w}{\gamma}\cos^4\varepsilon}$$

oder

$$\lambda = \sqrt{\frac{\gamma_w}{\gamma}}\cos^2\varepsilon\left[-\sqrt{\frac{\gamma_w}{\gamma}}\cos\varepsilon\sin\varepsilon + \sqrt{1 + \frac{\gamma_w}{\gamma}\cos^2\varepsilon\sin^2\varepsilon}\right]. \qquad (63)$$

In Abb. 431 ist λ als Funktion von ε aufgetragen worden, und zwar unter Zugrundelegung eines Beton-Raumgewichtes von $\gamma = 2{,}3\,\gamma_w$. Einem 60 m hohen Kernmauerdamm, 1:2,5 beiderseitig geböscht, entspricht hiernach eine Sohlenstärke der Kernmauer von $0{,}080\cdot 60 = 4{,}8$ m.

Nach Abb. 431 ergeben sich um so dickere Kernmauern, je steiler die Dämme geböscht sind. Insbesondere erweisen sich im Bereich der Steindämme Kernmauerstärken als notwendig, die in Verbindung mit dem ungenügenden Gleitwiderstand der wasserseitigen Dammhälfte unbedingt zu Unzuträglichkeiten führen müssen. Man sollte daher künftig Steindämme nicht mehr als Kernmauerdämme durchbilden, um so mehr als hier die wasserseitige Eisenbeton-, Stahl- oder Bitumenbeton-Abdeckung eine sichere und in jeder Weise befriedigende Abdichtung gewährleistet.

Im Gegensatz zu den Steindämmen erscheinen Erddämme wie dazu ausersehen, um — wo die Untergrundverhältnisse es gestatten — als Kernmauerdämme durchgebildet zu werden. Es gelingt verhältnismäßig leicht, die wasserseitige Dammhälfte standsicher zu machen, ohne daß auf zusätzliche Stützkräfte der luftseitigen Dammhälfte gegenüber dem Stauwasserdruck zurückgegriffen werden muß. Bei filterartigem Querschnittsaufbau und Herstellung beim Bestwert des Wassergehaltes ergeben sich dabei ganz von selbst hochelastische Kernmauern, und zwar in um so stärkerem Maße, je flacher die Dämme geböscht werden.

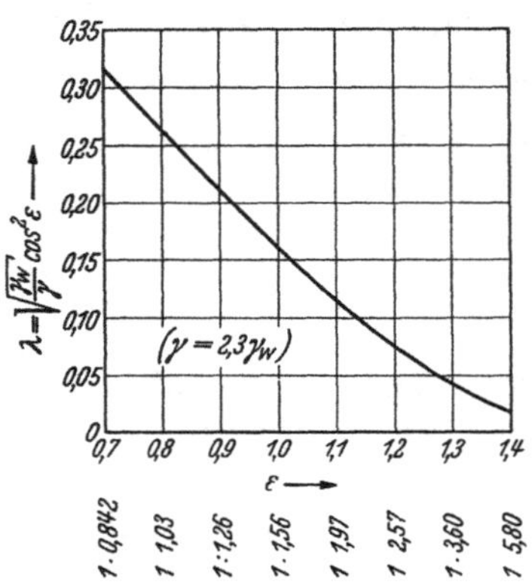

Abb. 431. Kernmauer. Verhältnis von Basisbreite zu Mauerhöhe in Abhängigkeit von ε.

Der Einbau von Wälzfugen, Gleitwälzfugen und Pendelwälzfugen erscheint somit entbehrlich. Es wäre daher nur zu wünschen, wenn diese die Herstellung erschwerenden und in ihrer Wirkung — auf lange Sicht gesehen — zweifelhaften Sondermaßnahmen baldigst wieder aus dem Dammbau verschwinden würden.

Weiterhin besteht keinerlei Veranlassung, die Betonkernmauer durch gewellte oder in Spundwandform hergestellte, lotrechte oder schräge Stahlwände zu ersetzen. Die elastische, in den Felsen eingespannte und von innen her zugängliche Kernmauer gewährleistet bereits, wenn sie gemäß Abb. 431 bemessen wird, in vollem Umfange das wünschenswerte Maß an Nachgiebigkeit, ohne auf der anderen Seite örtlichen Dammbewegungen widerstandslos und gefahrbringend preisgegeben zu sein; sie stellt eine Kernform dar, die eine gute und jedenfalls verläßliche Mitte zwischen sich teilweise widerstrebenden Anforderungen hält und von der man nicht ohne äußeren Zwang abgehen sollte.

B. Staumauern.

19. Kapitel: Gewichts- und Bogengewichtsmauern.

1. Entwicklung bis zur Einführung des Gußbetons.

Der erste Entwicklungsabschnitt der Staumauer fällt in die Zeit der Blüte der Baukunst im Mittelalter; im Mittelpunkte dieser Entwicklung stand Spanien, wo man noch heute Gelegenheit hat, einige jener mittelalterlichen Staumauern in Betrieb zu sehen. Es ist bemerkenswert, daß man fast immer bestrebt war, die Kraftübertragung vornehmlich durch Bogenwirkung zu vollziehen; dementsprechend kamen die Mauerquerschnitte auch dem Rechteck viel näher als dem Dreieck (Abb. 432)[1].

[1] C. Machin: Presas de Fabrica, descripción de tipos y sistemas empleados en la cuenca del Ebro. Beitrag zur Weltkraft-Teilkonferenz Barcelona 1929.

Der zweite Entwicklungsabschnitt der Staumauer ist durch das Vorherrschen der Gewichtsmauer gekennzeichnet und beginnt mit dem Jahre 1840, in dem Mery in den Annales des Ponts et Chausées den Grundstock für die statische Berechnung legte. Bélanger und andere französische Ingenieure griffen die Meryschen Betrachtungen auf und vervollkommneten sie in wenigen Jahren so weit, daß man das neue, mit Trapezregel bezeichnete Berechnungsverfahren 1861 an der 54 m hohen, im Grundriß nur schwach gekrümmten Staumauer von Furens zu erproben wagte (Abb. 433)[1]. Da der Erfolg nicht ausblieb, hatte die mittelalterliche Bogenmauer zunächst ihre Bedeutung verloren, und ihr Rechtecksquerschnitt mußte einer Profilform Platz machen, die in der Tiefenrichtung etwa parabolisch zunahm. Der Mauerquerschnitt von Furens beherrschte bis gegen Ende des vorigen Jahrhunderts den Talsperrenbau.

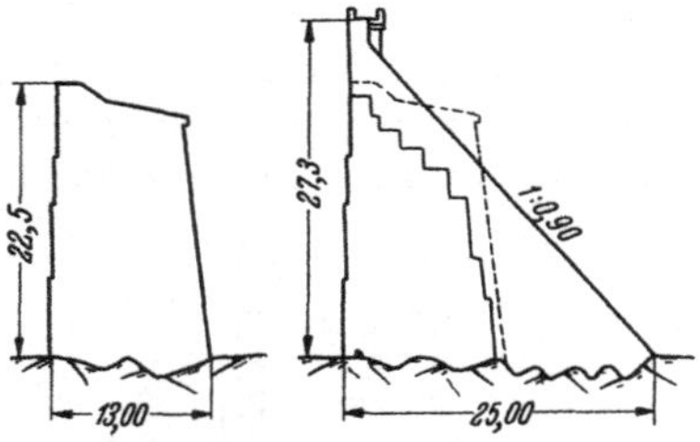

Abb. 432. Arguis-Staumauer (Spanien) früher und heute.

In Deutschland setzte der Talsperrenbau um 1880[2] herum ein und ging bald unter dem Einfluß Intzes seine eigenen Wege, zumal das Versagen der französischen Staumauern L'Habra (1881) und Bouzey (1884 nachgegeben; zerstört 1895) eine allgemeine Verwirrung hervorgerufen hatte[3]. Intze[4] verwarf mit Rücksicht auf Temperaturspannungen und dadurch verursachte Rißbildungen die gerade Linienführung und legte seine Staumauern grundsätzlich gekrümmt an. Hierbei stellte er aber die (bei seinen breiten, flachen Tälern auch unbedeutende) Gewölbewirkung nicht in Rechnung und berechnete die Mauerquerschnitte lediglich auf Grund der Stützmauer-Kerntheorie.

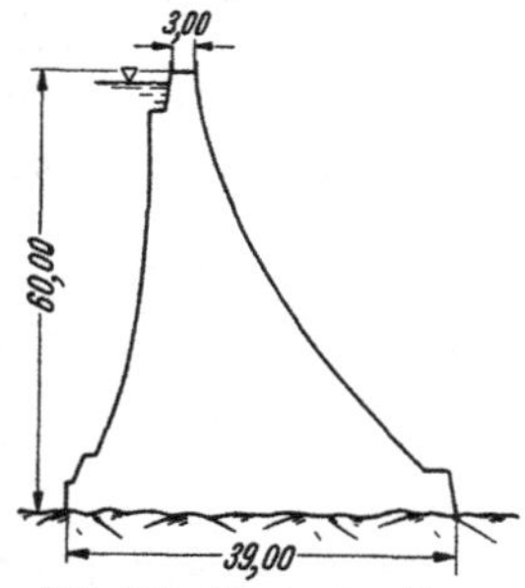

Abb. 433. Staumauer Furens, Querschnitt.

Neben der Krümmung der Mauerachse richtete Intze sein Augenmerk auf die Dichtung der Wasserseite, und das mit Recht, denn der Baustoff der damaligen Zeit war Bruchstein in Kalk-Traß-Mörtel und erforderte große Erfahrung und Geschicklichkeit. In den seltensten Fällen ließ es sich vermeiden, daß sich Bruchsteine unmittelbar aufeinander absetzten und so Lücken im Mörtelbett entstanden, die dem Stauwasser Tür und Tor öffneten. Intze sicherte sich in der Weise, daß er wasserseitig einen fetten Putz vorsah, der oben durch eine mindestens 0,6 bis 0,8 m starke Verblendung aus Bruchsteinmauerwerk, unten durch Hinterfüllung geschützt wurde (Abb. 434)[5]. Als die beste Art der Verbindung hat sich die senkrechte Schwalbenschwanzverzahnung erwiesen; bei der Kerspe-Staumauer, wo man den Schutzmantel ohne Verzahnung frei

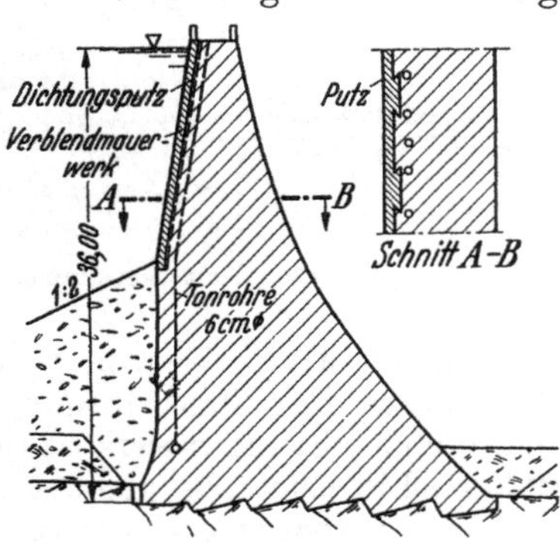

Abb. 434. Ennepe-Staumauer, Querschnitt.

[1] Congr. de la Houille Blanche, Bd. 1, S. 252. Grenoble 1902. Kronenlänge 100, Halbmesser 250 m. P. Ziegler: Der Talsperrenbau. Berlin: W. Ernst & Sohn 1911.

[2] Die erste neuzeitliche Staumauer Deutschlands war die von 1883—1887 durch Min.-Rat Fecht in den Vogesen erbaute Alfeldseesperre. Z. Bauwes. 1889 u. 1893.

[3] Oe. W. f. d. ö. Bd., Jg. I, S. 161. — Génie civ. Bd. 31 S. 170f. — Ludin: Wasserkräfte 1913 S. 939. — Ziegler: Talsperrenbau, 1911.

[4] O. Intze: Die geschichtliche Entwicklung, die Zwecke und der Bau der Talsperren. ZVDI 1906. Sonderdruck. Berlin: Julius Springer.

[5] E. Link: Ein Beitrag zur Querschnittsbestimmung der Staumauern.

vor die Mauer stellte, traten umfangreiche und starke Ablösungen infolge ungleicher Temperaturverteilung ein, die schließlich zur teilweisen Abtragung und Neuherstellung des Mauermantels — nun mit eiserner Verankerung — nötigten.

Bachmann, der Erbauer der schlesischen Granitstaumauern bei Marklissa und Mauer, hat allerdings nicht ohne Berechtigung darauf hingewiesen, daß die vielen scharfen Kanten der Verzahnung eine Gefahrenquelle für die darüber wegzuführende Dichtungsschicht darstellten. Er konnte mit seinem unverzahnt vor die Sperre bei Mauer gestellten Schutzmantel einen vollen Erfolg buchen. Dabei weist er aber selbst darauf hin, daß dieser der Tatsache zu verdanken war, daß hier die freie Mauerlänge durch zwei Entnahmetürme in vorteilhafter Weise unterteilt war, der Schutzmantel somit im Gegensatz zu der im ganzen längeren, nicht unterteilten Kerspe-Sperre an zwei Stellen eine Zwischenverankerung aufwies.

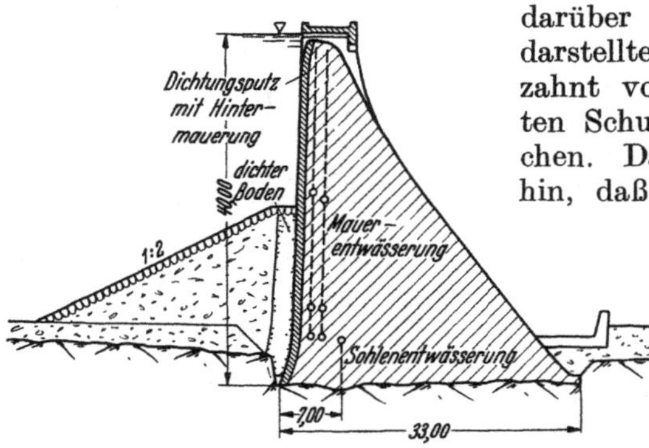

Abb. 435. Möhne-Staumauer, Querschnitt.

Die Intzeschen Mauern haben sich je nach der Sorgfalt der Herstellung verschiedenartig bewährt. Jubach-, Glör- und Urft-Staumauer sind Musterbeispiele von Bruchsteinmauern und praktisch frei von Sickerverlusten. Das gleiche läßt sich von der Henne- und Lingese-Staumauer sagen, wenn man von den Undichtigkeiten des Untergrundes absieht. Eine Reihe anderer Mauern, wie z. B. im Ennepe-, Hasper- und Bever-Tal, weisen (meist im Sommer verschwindende) feuchte Flecken auf der Luftseite auf, die auf Undichtigkeiten hindeuten. Wieder andere, wie z. B. die Neye-Staumauer müssen in gewissen Zeitabständen ausgebessert werden. Ausgesprochen schlechte Erfahrungen wurden mit der Verse-Staumauer gemacht, die etwa 7000 m³ Wasser im Tag durchläßt; hiervon tritt etwa die Hälfte luftseitig aus, während der Rest durch die Mauerdränung abgefangen wird. Die Geschwindigkeit des austretenden Sickerwassers ist teilweise recht groß; die starke Kälte des Winters 1929 reichte jedenfalls nicht aus, um es zum Gefrieren zu bringen.

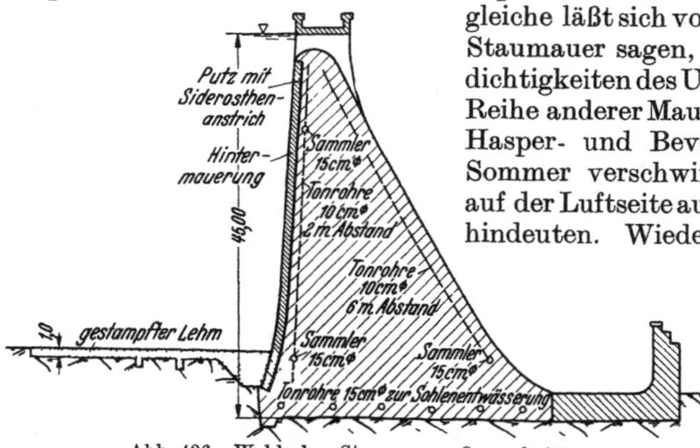

Abb. 436. Waldecker-Staumauer, Querschnitt.

Link verbesserte das Intzesche Mauerprofil, indem er den konstruktiv und wirtschaftlich überlegenen Dreiecksquerschnitt (Abb. 435) einführte, die Verblendung bis zur Sohle heruntergehen ließ und sie durch Auftragung einer fetten Putzschicht planmäßig zur Abdichtung mit heranzog[1]. Die 650 m lange Möhne-Staumauer (Abb. 435) hat sich trotz schwierigster Gründungsverhältnisse vorzüglich bewährt. Die Erdhinterfüllung wurde erst durch Soldan mit dem Bau der Waldecker Talsperre (Abb. 436) beseitigt[2]. Sie wurde seitdem bei neueren Talsperren nicht mehr angewandt, da sie zweifelhaft im Erfolg, nachteilig für die Standsicherheit und kostspielig war. Bachmann, der Erbauer

[1] Siehe Fußnote 5 von S. 279. — [2] A. Soldan: Die Waldecker Talsperre. ZVDI 1913.

der schlesischen Hochwasserschutzsperren, vereinfachte nach den ersten — zum Teil noch auf Intzes Entwurf zurückgehenden — Ausführungen bei Marklissa und Mauer (s. oben) die Dichtung seiner gleich diesen in Granitbruchstein errichteten neueren Mauern (Goldentraum, Breitenhain u. a.) wesentlich, indem er den Schutzmantel fallen ließ und dafür den Putz auf 50 mm verstärkte, ohne daß dadurch die Dichtigkeit und Wetterfestigkeit der Mauern wesentlich vermindert worden wäre[1].

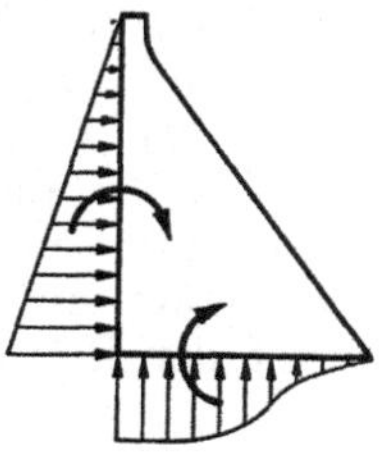
Abb. 437. Erhöhung des Kippmomentes durch den Sohlenwasserdruck.

Die von Intze entwickelte und seitdem ständig verbesserte Mauerentwässerung (Abb. 434—436) ist heute Allgemeingut des Talsperrenbaues geworden. Ihre Bedeutung liegt nicht nur in der Abfangung des trotz der Dichtung durchsickernden Wassers, sondern auch in der ständigen Überwachungsmöglichkeit der wasserseitigen Dichtungsmaßnahmen. Der Einbau eines zweiten Drännetzes an der Luftseite (Abb. 436) wurde bald als überflüssig aufgegeben.

Die Einstürze der L'Habra- und Bouzey-Staumauer — die allerdings schon als reine Stützmauern im Querschnitt unterbemessen waren — wiesen darauf hin, daß der seitliche Wasserdruck nicht die einzige Belastung der Staumauer darstellen konnte; infolge der Durchlässigkeit und Klüftigkeit des Baugrundes mußten noch zusätzliche Wasserbelastungen von unten her vorhanden sein, durch die eine Erhöhung des Kippmomentes herbeigeführt wurde (Abb. 437).

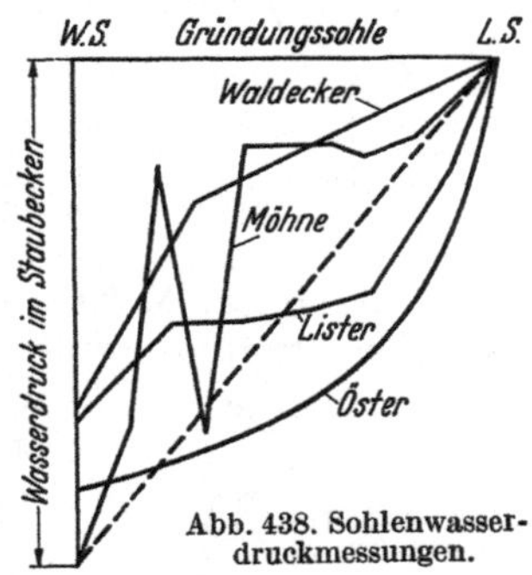

Abb. 438. Sohlenwasserdruckmessungen.

Diese Belastung längs der Gründungsfläche wird als Sohlenwasserdruck bezeichnet[2]; ihr Dasein wurde erstmalig durch die Druckmessungen von Schäfer unter der Öster-Staumauer bewiesen (Abb. 438)[3]. Das Meßverfahren war einfach; man baute in Geländehöhe einen Prüfgang in die Staumauer ein und ließ von diesem Standrohre zu den Meßstellen abzweigen. Das Wasser sammelte sich in einer dosenartigen Erweiterung, stieg im Standrohr hoch und drückte auf einen Stutzen mit Wasserhahn und Manometeranschluß (Abb. 439). Nach Messen des Druckes wurde der Hahn geöffnet, um mengenmäßige Aufschlüsse über das Druckwasser zu gewinnen. Floß der Strahl z. B. ununterbrochen in gleicher Stärke, so mußte eine offene Verbindung mit dem Staubecken vorhanden sein, war er nach kurzer Zeit am Ende, so konnte die Wasserzufuhr nur auf Umwegen stattfinden.

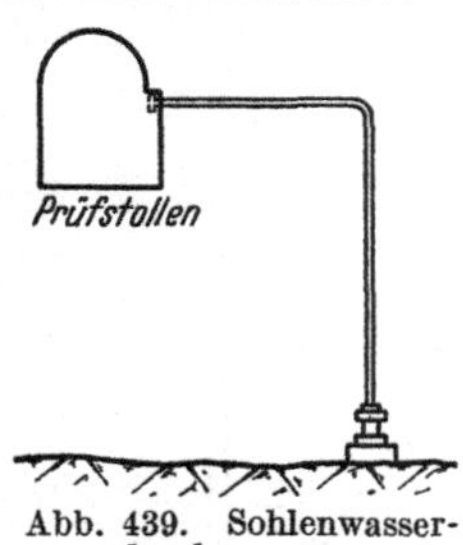

Abb. 439. Sohlenwasserdruckmessung.

Der Sohlenwasserdruck verteilt sich im allgemeinen ungleichmäßig und unstetig über die Gründungsfläche. Abb. 440 zeigt z. B. Meßergebnisse unter der Brucher-Staumauer, bei der in Talmitte drei Meßreihen hintereinander gelegt wurden[4]. Der höchste Druck kann bald an der Wasserseite, bald an der Luftseite, bald in Mauermitte liegen; selbst ausgesprochene Druckinseln können auftreten, je nachdem ein durchgehender oder ein abgestauter oder tot endigender Sickerweg vorliegt.

[1] Vgl. A. Ludin: Gestaltung und Bewährung der Außenflächen von Staumauern in Deutschland. Bericht zur Weltkraftkonferenz. Int. Talsperrenkongreß Washington 1936.

[2] Die Bezeichnungen Auftrieb und Unterdruck sollten als ungenau bzw. irreführend vermieden werden.

[3] Schäfer: Unterdruck bei Staumauern. Z. Bauwes. 1913 S. 101.

[4] Die Meßergebnisse sind dem Verf. durch die Freundlichkeit von Herrn Ing. Völker, Wuppertalsperrengenossenschaft, bekannt geworden.

Die ungünstigen Meßergebnisse unter der Öster-Staumauer haben vor 25 Jahren große Unruhe hervorgerufen und Link veranlaßt, in der Entwurfsgestaltung der Möhne- und Lister-Staumauer eine Sohlenentwässerung vorzusehen, die bald Allgemeingut des Talsperrenbaues wurde. Vergleicht man in Abb. 438 die Sohlenwasserdruckverteilung von Möhne- und Lister-Staumauer mit derjenigen der Öster-, so ist der Erfolg unverkennbar.

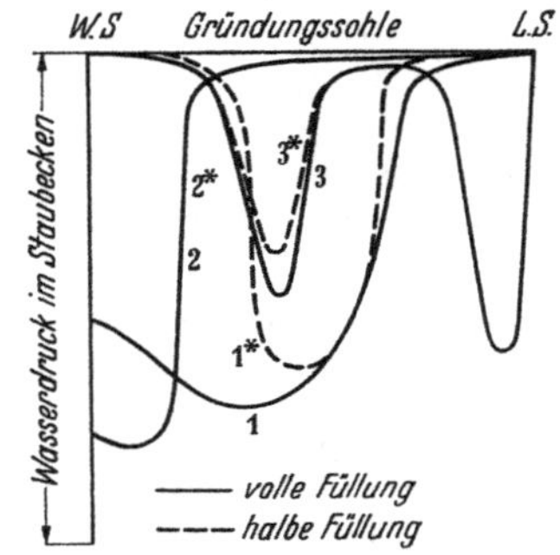

Abb. 440. Sohlenwasserdruckmessungen Brucher-Staumauer.

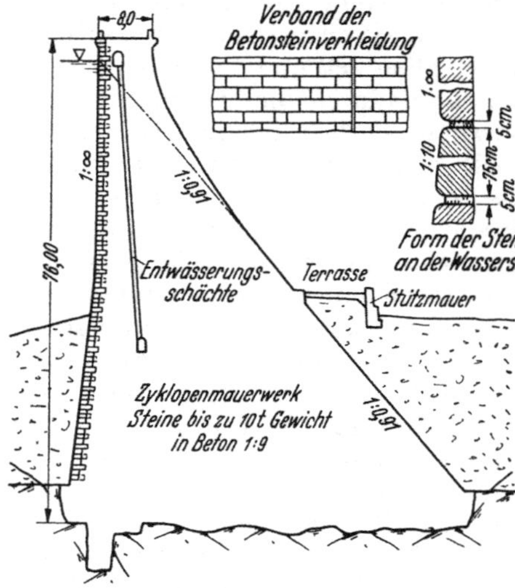

Abb. 441. Kensiko-Staumauer, Querschnitt.

Während bei Möhne- und Lister-Staumauer die Sohlenentwässerung mehr eine Herunterführung der Mauerdränung auf den Felsen war, hat man bei der Waldecker Talsperre die ganze Gründungsfläche entwässert (Abb. 436); die Absenkung ging dementsprechend auch sehr weit (Abb. 438). Sie wurde aber teuer erkauft, denn, während den Sammelsträngen der Möhne-Talsperre nur höchstens 3 sl entströmen, wurden es bei der Waldecker Talsperre bis zu 86 sl[1]. Das darf aber nicht als ein gegen die volle Sohlenentwässerung sprechender Umstand gedeutet werden; es weist vielmehr nur auf die heute allgemein anerkannte Notwendigkeit hin, einen so klüftigen Untergrund, wie er unter der Waldecker Sperre ansteht, sorgfältig an der wasserseitigen Mauerkante durch Einpressungen abzudichten[2].

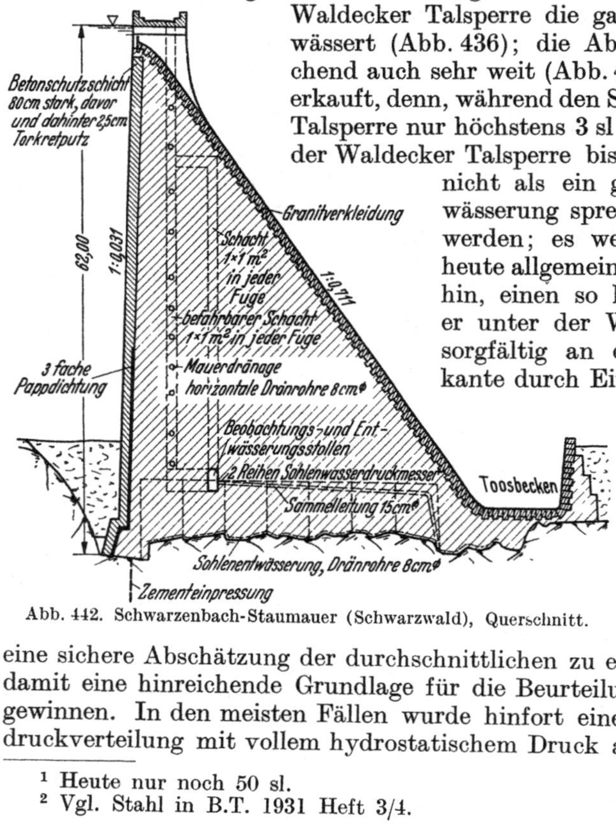

Abb. 442. Schwarzenbach-Staumauer (Schwarzwald), Querschnitt.

Wenn auch die Größe und Verteilung des Sohlenwasserdruckes im einzelnen stets örtlichen Einflüssen unterworfen bleiben wird, so war es durch die Druckmessungen und die Sohlenentwässerung doch gelungen, eine sichere Abschätzung der durchschnittlichen zu erwartenden Belastung und damit eine hinreichende Grundlage für die Beurteilung der Standsicherheit zu gewinnen. In den meisten Fällen wurde hinfort eine dreieckige Sohlenwasserdruckverteilung mit vollem hydrostatischem Druck an der Wasserseite, wie sie

[1] Heute nur noch 50 sl.
[2] Vgl. Stahl in B.T. 1931 Heft 3/4.

in Abb. 438 eingestrichelt ist, zugrunde gelegt, dabei aber angenommen, daß nur ein Bruchteil „m“ < 1 der Grundfläche vom Sohlenwasserdruck betroffen werde.

Die deutsche Anleitung für den Bau und Betrieb von Talsperren sagt hierzu (Ziff. 38): „Der Sohlenwasserdruck nimmt vom vollen hydrostatischen Drucke an der Wasserseite auf den hydrostatischen Druck des Unterwassers an der Luftseite ab.“

„Die vom Sohlenwasserdruck betroffene Fläche ist nur zu einem Bruchteile m der vollen Sohlenfläche anzusetzen. Der Wert m hängt ab von den Abdichtungs- und Entwässerungsmaßnahmen, dem Anschlusse der Mauersohle an den Untergrund und von der Beschaffenheit des Untergrundes selbst; er kann nur geschätzt werden. Bei sorgfältigen Schutzmaßnahmen kann man den Flächenanteil wie folgt annehmen:

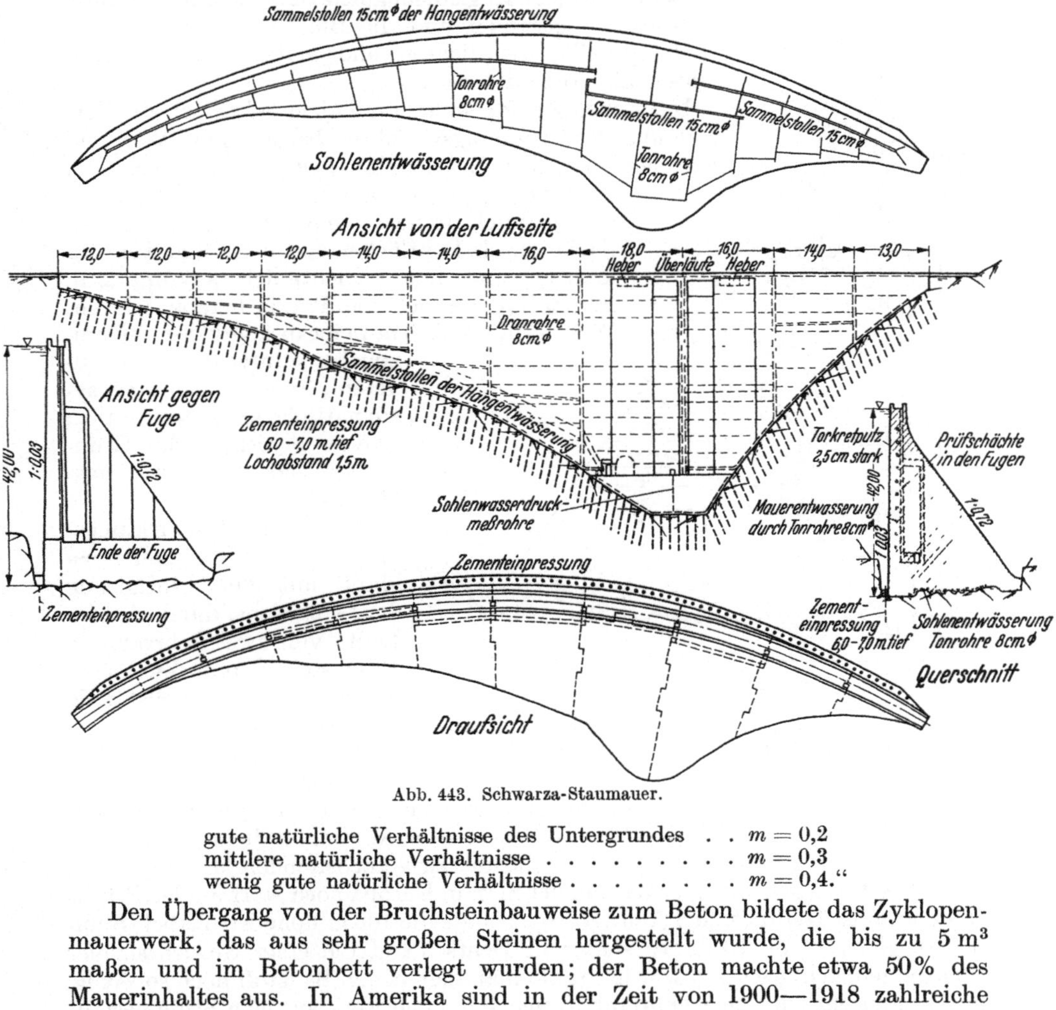

Abb. 443. Schwarza-Staumauer.

gute natürliche Verhältnisse des Untergrundes . . $m = 0{,}2$
mittlere natürliche Verhältnisse . . . . $m = 0{,}3$
wenig gute natürliche Verhältnisse . . . . $m = 0{,}4$.“

Den Übergang von der Bruchsteinbauweise zum Beton bildete das Zyklopenmauerwerk, das aus sehr großen Steinen hergestellt wurde, die bis zu 5 m³ maßen und im Betonbett verlegt wurden; der Beton machte etwa 50% des Mauerinhaltes aus. In Amerika sind in der Zeit von 1900—1918 zahlreiche Zyklopenmauern erbaut worden; die bedeutendsten unter ihnen sind[1]:

	Größte Hohe über Gründungssohle m	Kronenlänge m			Größte Hohe über Grundungssohle m	Kronenlänge m	
Croton Falls	51	340	geradlinig	Roosevelt . .	80	330	$r = 120$ m
Cross River .	52	240	geradlinig	New Croton .	89	300	geradlinig
Pathfinder .	64	130	$r = 45$ m	Elephant Butte	91	360	geradlinig
Olive Bridge	67	300	geradlinig	Kensiko . . .	93,6	570	geradlinig

[1] Vgl. im einzelnen E. Wegmann: The design and construction of dams. New York: J. Wiley and Sons 1927.

An diesen Staumauern sind die großen Mauerhöhen, die meist geradlinige Achsführung und die wuchtige Profilgestaltung (Abb. 441) bemerkenswert.

Die Betonsteinverkleidung, aus Abb. 441 ersichtlich, entsprach dem Herstellungsverfahren dieser Mauern besser als der Intzesche Dichtungsputz mit Verblendung. Allerdings bildet die Schwierigkeit der einwandfreien Dichtung der zahlreichen Fugen einen etwas schwachen Punkt dieser Lösung der wasserseitigen Mauerverkleidung. Die Steine wurden meist, wie im Falle der Kensiko-Staumauer, abseits der Baustelle, reihenweise hergestellt. Um dem Frost jede Angriffsmöglichkeit zu nehmen, wurden die Kanten abgerundet und die Blöcke in Stahlschalungen hergestellt; die dichten und glatten Bodenflächen dienten als Außenflächen.

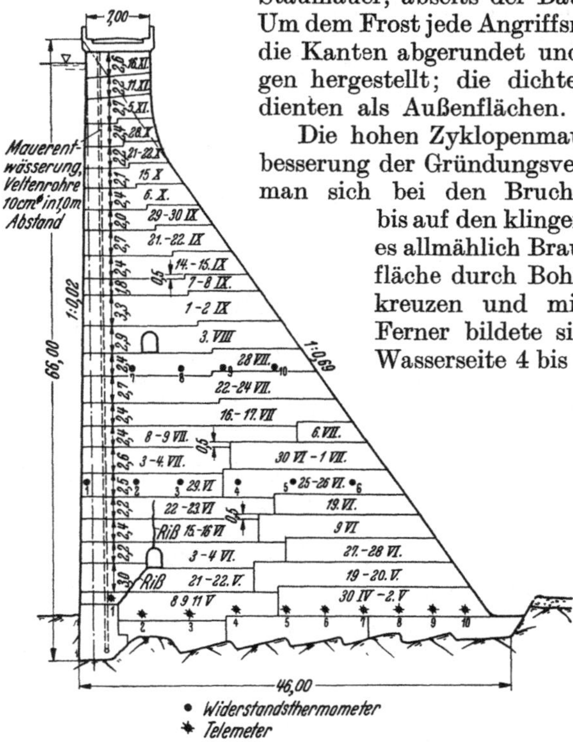

Abb. 444. Bleiloch-Staumauer, Querschnitt mit Arbeitsschichtenaufteilung. (Nach der Ausführung angefertigt.)

Die hohen Zyklopenmauern haben sehr viel zur Verbesserung der Gründungsverfahren beigetragen. Während man sich bei den Bruchsteinmauern damit begnügte, bis auf den klingenden Felsen auszuheben, wurde es allmählich Brauch, alle Klüfte der Gründungsfläche durch Bohrlöcher von 6 bis 8 m Tiefe zu kreuzen und mit Zementmilch auszupressen. Ferner bildete sich die Praxis heraus, an der Wasserseite 4 bis 6 m tiefer in den Felsen hineinzugehen, unter dem so gebildeten „Sporn" noch eine systematische Auspressung auch tieferer Schichten des Gründungsfelsens vorzunehmen (Abb. 441).

Ein dritter Entwicklungsabschnitt der Staumauer beginnt mit der Einführung des Gußbetons, durch den im Laufe von zwei Jahrzehnten Bruchstein- und Zyklopenmauerwerk fast vollständig verdrängt wurden.

Der amerikanische Talsperrenbau erkannte schon vor mehr als 20 Jahren die technische und wirtschaftliche Überlegenheit des Gußbetons über den „erdfeuchten" Stampfbeton alter Art und bediente sich seiner um so lieber, je größer die Stauhöhen und die zu verarbeitenden Massen waren. Im Jahre 1912, d. h. zu einer Zeit, in der man in Europa noch starr an der Bruchsteinbauweise festhielt, ließ A. J. Wiley bereits die 106 m hohe Arrowrock-Staumauer gießen. Als 10 Jahre später in Deutschland die erste Gewichtsmauer (Schwarzenbach) gegossen wurde, traute man dem neuen Baustoff noch so wenig, daß er hinsichtlich seiner Güte mit Bruchsteinmauerwerk auf eine Stufe gestellt und der Mauerquerschnitt ganz in den Formen der neueren Bruchsteinmauern (mit Putz und Schutzmantel wasserseits, Steinverkleidung luftseits) ausgeführt wurde (Abb. 442). Immerhin war diese übergroße Vorsicht angebrachter als die hemmungslose Großzügigkeit, mit der man vielerorts gießen zu können glaubte. Vom Bau der Agger-Staumauer sind z. B. Bilder festgehalten worden, auf denen die Arbeiter bis über die Knie im Beton waten. Betonforschung und Bauerfahrung haben inzwischen die Wege gewiesen, die zur Herstellung eines einwandfreien gießfähigen Betons beschritten werden müssen, und dadurch die Möglichkeit geschaffen, auf zusätzliche Sicherheitsmaßnahmen ganz zu verzichten, die der Natur des Betonbaues wenig gemäß sind. Die Abb. 443 und 444 zeigen neuere

Gußbetonmauern, deren konstruktive Gestaltung hinsichtlich Dichtung und Verwitterungsschutz rein aus dem Wesen des Betonbaues entwickelt sind und Güte mit Wirtschaftlichkeit verbinden.

2. Raumänderungen.

Die Raumänderungen des Betons können von großer Tragweite für Bestand und Sicherheit von Gewichtsmauern sein, da sie beim Fehlen geeigneter Vorkehrungsmaßnahmen zu Rißbildungen führen, die den einheitlichen Zusammenhang stören. Neben den Raumänderungen infolge von witterungsbedingten Schwankungen der Bauwerkstemperatur, die jedem Baustoff eigen sind, erfährt der Beton noch Raumveränderungen durch die Erwärmung und nachfolgende Abkühlung beim Abbinden, durch das Austrocknen an der Luft, durch das Quellen in Berührung mit dem Wasser und durch die plastischen Verformungen unter Druck.

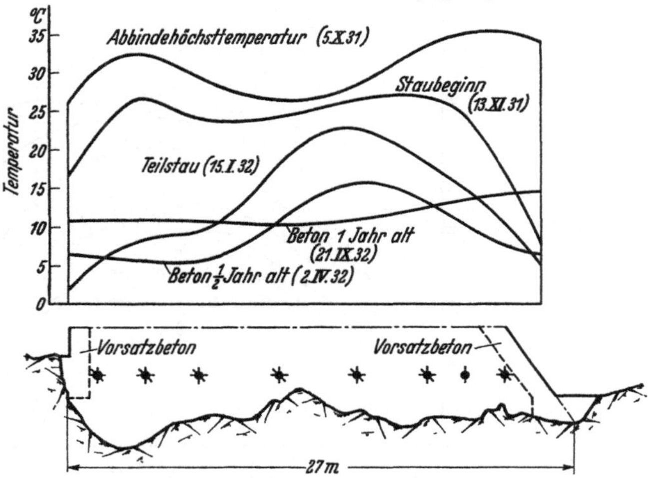

Abb. 445. Temperaturmessungen mit elektrischen Fernmessern (Telemetern) in der Schluchsee-Staumauer. (Nach Probst und Hoffmann.)

Die beim Abbinden des Betons entstehende Erwärmung hängt einerseits vom Zementgehalt und andererseits von den Möglichkeiten der Wärmeabgabe ab. Werden die Blöcke schnell und in starken Lagen hochgeführt, so können beträchtliche Temperaturerhöhungen eintreten. Im unteren Teil der Schluchseemauer wurden z. B. Erwärmungen bis zu 36° C gemessen. Unter regelmäßigen Verhältnissen, d. h. beim Betonieren in Schichthöhen von $1^1/_2$ m in wöchentlichem Abstand, beträgt die Temperaturerhöhung etwa 16° C bei 150 kg/m³ Zement und 32° C bei 300 kg/m³.

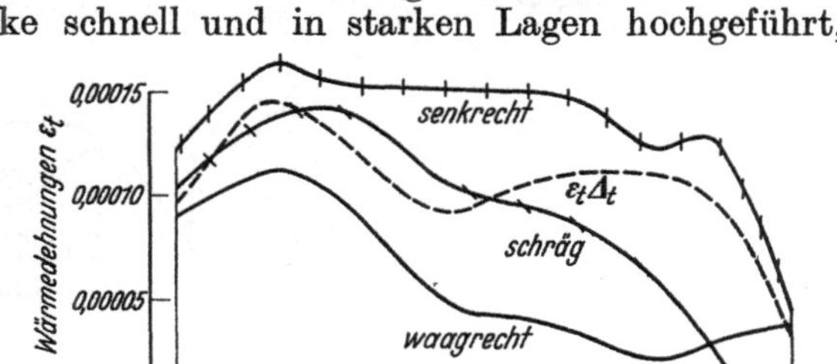

Abb. 446. Wärmedehnungen in der Schluchseemauer bei Abbinde-Höchsttemperatur.

Probst[1] und Hoffmann[2] haben in der Schluchsee-Staumauer (Abb. 107—109 u. 445—446) und in der Bleiloch-Staumauer (Abb. 444, 447—449) mit elektrischen Fernmessern (Telemetern) gleichzeitig Temperatur- und Längenänderungsmessungen vorgenommen, und zwar in waagerechter, schräger und lotrechter Richtung, die wertvolle Einblicke in die Vorgänge beim Abbinden des Betons gegeben haben[3]. Es hat sich übereinstimmend gezeigt, daß im ersten Viertel der etwa 6 bis 8 Tage dauernden Abbindezeit die Erwärmung und Verformung

[1] E. Probst: Deformationen in Gewichtsmauern. Bericht Nr. 6 für Frage 1b. Erster Talsperrenkongreß, Stockholm 1933.

[2] Karlsruher Dissertation.

[3] Während der Drucklegung erschien Dr.-Ing. Th. Musterle: Die Temperaturmessungen in der Staumauer der Saale-Talsperre am „Kleinen Bleiloch“. Bautechn. 1937 S. 729—734.

praktisch spannungsfrei vor sich geht; in den Fernmessern trat dies durch ein lebhaftes Auf und Ab der Widerstandskurve in Erscheinung. Der Zeitpunkt,

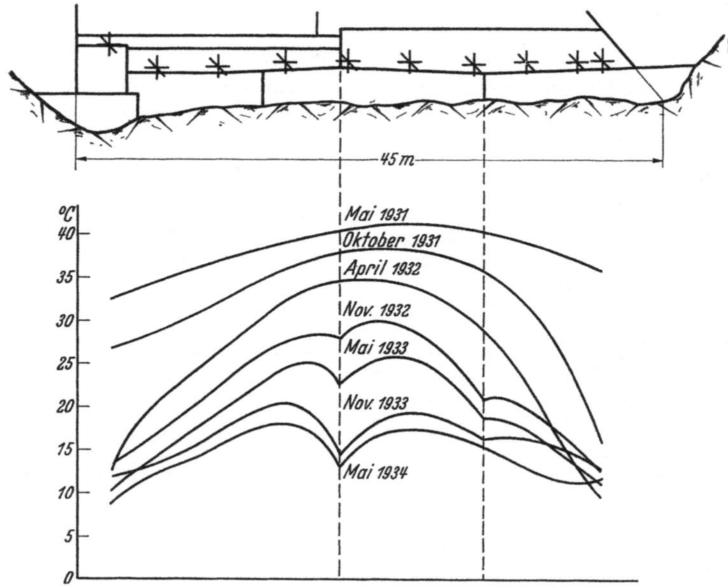

Abb. 447.

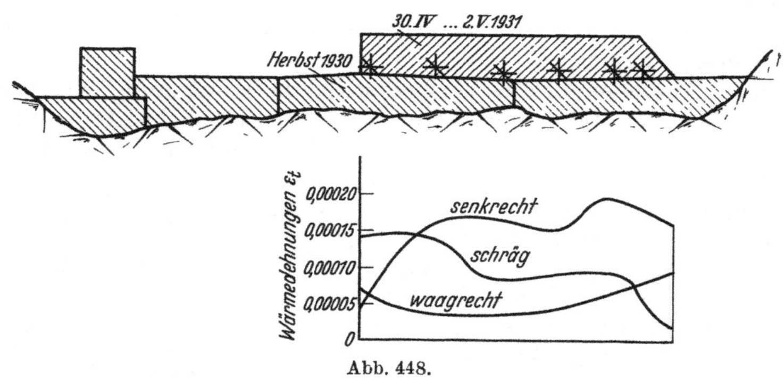

Abb. 448.

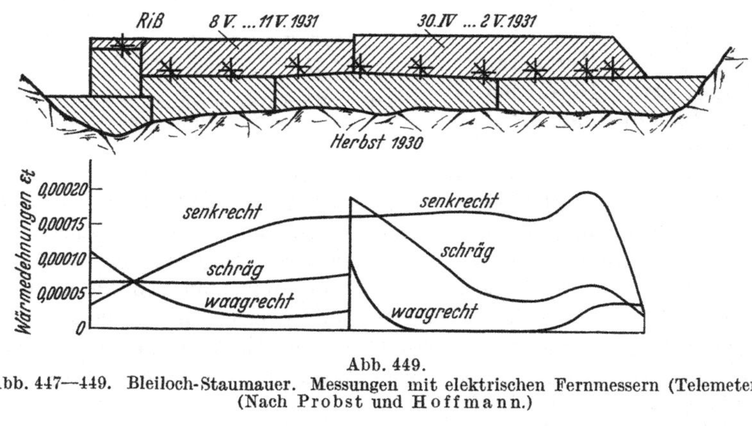

Abb. 449.

Abb. 447—449. Bleiloch-Staumauer. Messungen mit elektrischen Fernmessern (Telemetern). (Nach Probst und Hoffmann.)

von dem ab von einem stetigen Zusammenhang zwischen Erwärmung und Verformung gesprochen werden kann, liegt etwa dort, wo die halbe Abbindetemperatur erreicht ist; der zugehörige Widerstand ist in den Auftragungen von Abb. 446, 448, 449 als Bezugsmaß für die Längenänderungen gewählt worden[1].

Die Abb. 446, 448, 449 geben einen lebhaften Begriff von den Eigenspannungen, die schon während des Abbindens in den unteren Teilen von Gewichtsmauerblöcken entstehen. Man erkennt z. B., wie die senkrechten Längenänderungen die aus der Temperaturmessung errechnete Größe ständig überschreiten, während die waagerechten weit darunter bleiben; die noch stark nachgiebige Masse schafft sich einen natürlichen Ausgleich in der Richtung des kleinsten Widerstandes, die naturgemäß, besonders in der Nähe des Felsens, die lotrechte ist.

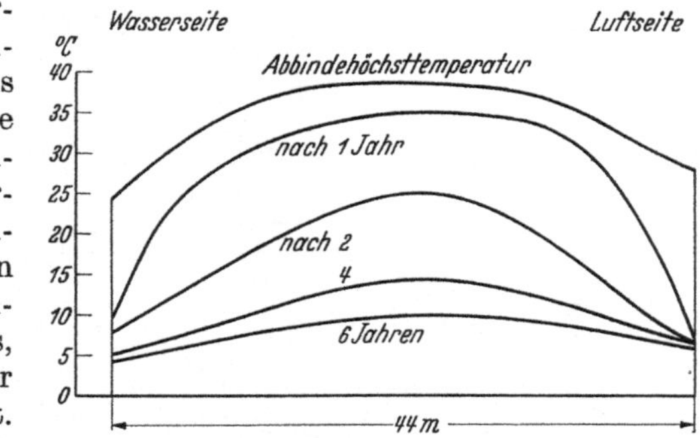

Abb. 450. Abgabe der Abbindewärme in der Barberine-Staumauer.

Abb. 449 zeigt sehr schön, welche Eigenspannungen durch das Betonieren in Blöcken hervorgerufen werden. Gemäß Abb. 444 mußten die Blöcke der Bleiloch-Staumauer im unteren Teile in der Querrichtung getrennt werden; wie man aus den Zeitdaten der Abbildungen erkennt, wurden die beiden Blöcke mit den Fernmessern in achttägigem Abstand betoniert. Der zuerst hergestellte luftseitige Block zeigt in den drei Meßrichtungen etwa das gleiche Verformungsbild (Abb. 448) wie der Schluchseeblock; der wasserseitige Block dagegen, eingekeilt zwischen die Nachbarblöcke, ist bezüglich seiner freien Beweglichkeit stark gehemmt. Die Folge davon sind Eigenspannungen, besonders in waagerechter Richtung, die sich den Nachbarblöcken mitteilen und die ursprünglichen Verformungen entsprechend verändern (Abb. 449 gegenüber 448). In dem wasserseitigen Fernmesserblock der Bleiloch-Staumauer sind die waagerechten Eigenspannungen so groß gewesen, daß sie die wasserseitige lotrechte Arbeitsfuge der Unterlageblöcke öffnen konnten. Dies führte sehr bald zu einem Reißen des Blockes, was durch plötzlich einsetzende starke Widerstandsänderungen in den benachbarten Fernmessern angezeigt wurde. Wenn erst Rißbildung begonnen hat, so gibt es meist kein Halten mehr. Aus Abb. 444 ersieht man, wie der Riß bereits den Prüfstollen erreicht hat und sich anschickt, oberhalb desselben seine Fortsetzung zu nehmen.

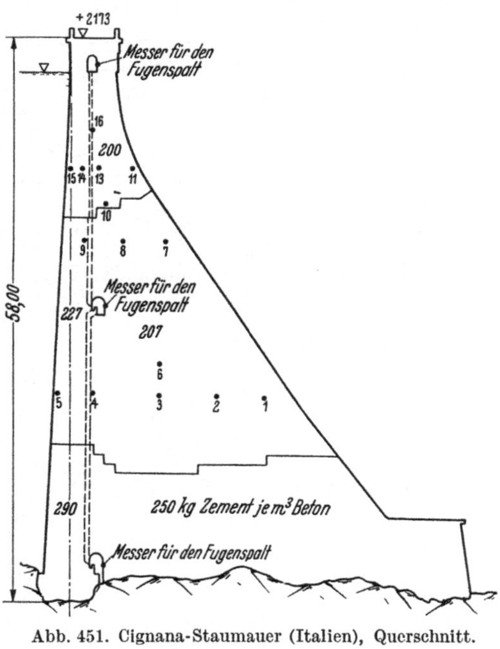

Abb. 451. Cignana-Staumauer (Italien), Querschnitt.

Die Erwärmung, die der Beton beim Abbinden erfährt, geht nur langsam zurück, und es ist auch schwer, die durch die Abkühlung allein bedingten Raumänderungen zu erfassen, da der Beton zu gleicher Zeit austrocknet und

[1] Vgl. auch Fredrik Vogt: Analysis of rise in temperature during hardening of concrete. Kgl. Norw. Wiss. Ak. 1933 Nr. 3.

dadurch eingeht. Man faßt daher die Raumänderungen durch Abgabe der Abbindewärme und Austrocknen unter dem Begriff des Schwindens zusammen. Schwindversuche an kleinen Prüfkörpern, die in großer Zahl durchgeführt

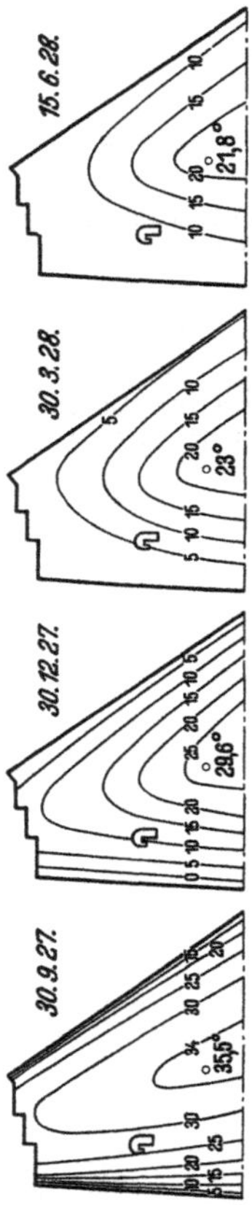

Abb. 452. Cignana-Staumauer. 1. Herstellungsabschnitt. Temperaturverteilung.

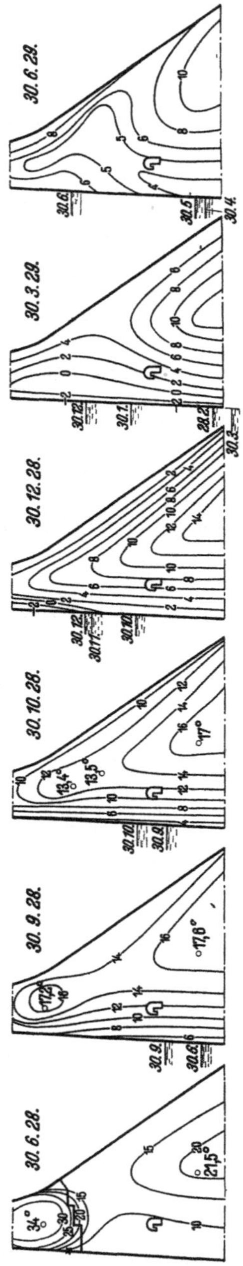

Abb. 453. Cignana-Staumauer. 2. Herstellungsabschnitt. Temperaturverteilung.

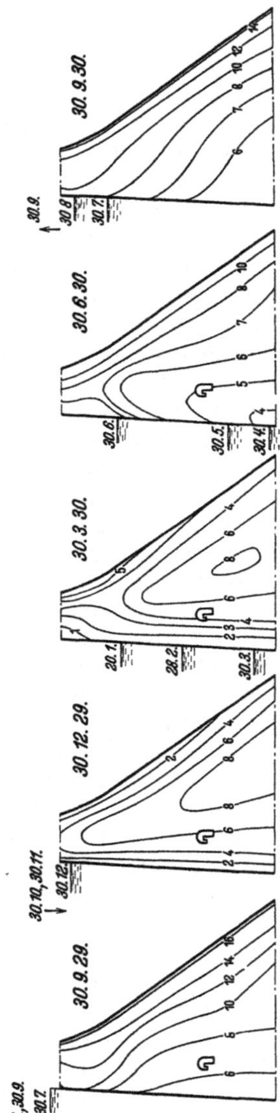

Abb. 454. Cignana-Staumauer. Temperaturschwankungen eines Betriebsjahres.

wurden, können für das Verhalten von Staumauern keine Vergleichsmaßstäbe liefern. Die Erfahrung zeigt, daß große Staumauern im Inneren niemals trocken werden und noch nach Jahren unter der Wirkung der Abbindewärme stehen. Abb. 450 zeigt z. B. die Abgabe der Abbindewärme in einem 44 m dicken Meßquerschnitt der Barberine-Staumauer. Wie man aus der Auftragung ersieht, haben 6 Jahre noch nicht ausgereicht, um eine Angleichung der Außen- und

Innentemperaturen herbeizuführen. Nur in Ausnahmefällen geht es schneller, wie z. B. im Falle der Schluchsee-Staumauer (Abb. 445), bei der schon sehr früh mit dem Stau begonnen wurde.

F. Contessini hat in einem Block der Cignana-Staumauer umfangreiche Temperaturmessungen mit Widerstandsthermometern durchgeführt, die ein anschauliches Bild über das Entweichen der Abbindewärme gegeben haben (Abb. 451)[1]. Der Meßblock wurde in drei Bauabschnitten hochgeführt und lag 2150 m über dem Meeresspiegel. Abb. 452 zeigt die zeitliche Veränderung der Wärmegleichen (Isothermen) im mittleren Blockteil von der Herstellung bis kurz vor Beginn des neuen Bauabschnittes; die Wärmeabgabe vollzieht sich stetig und gesetzmäßig. Das Aufbetonieren des oberen Blockes (Abb. 453) ruft zunächst eine deutlich fühlbare Störung hervor, die nach $^1/_2$ Jahre jedoch kaum noch zu

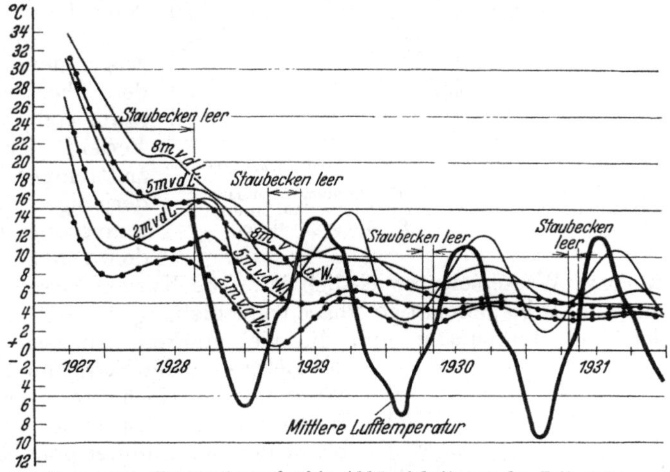

Abb. 455. Cignana-Staumauer. Temperaturverlauf in Abhängigkeit von der Zeit und von der Entfernung von der Außenfläche. (Nach F. Contessini.)

spüren ist. Etwa 2 Jahre nach Beginn der Betonierungsarbeiten ist die Angleichung der Temperaturen vollzogen und die Wärmegleichen antworten auf die klimatischen Schwankungen im regelmäßigen Kreislauf. Abb. 454 zeigt den Einfluß der Außentemperatur für ein durchschnittliches Jahr.

Vogt[2] hat an rund 65 Gewichts- und Bogenstaumauern das endgültige Schwindmaß festzustellen versucht und ist dabei zu folgendem Ergebnis gelangt: Für Mauern, die im Inneren beständig feucht bleiben und bei denen durch die Art der Herstellung fühlbare Temperaturanstiege beim Abbinden vermieden werden, liegt das Schwindmaß in der Gegend von 0,00001. Im Regelfalle $1^1/_2$ m hoher Arbeitsschichten, die in etwa wöchentlichem Abstande hochgeführt werden, muß man, sofern der Beton im Innern feucht bleibt, mit einem Schwindmaß zwischen 0,00005 und 0,00007 rechnen. Wird mit hohen Arbeitsschichten ($2^1/_2$ m und mehr) gearbeitet und erst spät mit dem Stau begonnen (Bleiloch-Staumauer), so kann das Schwindmaß bis auf 0,00015 heraufgehen. Diese Angaben beziehen sich auf Zementgehalte, die um 200 kg/m³ herum schwanken.

Wird eine teilweise trocken gewordene Staumauer vom Stauwasser durchströmt und gesättigt, so beginnt der Beton zu schwellen. Die Schwellziffer ist bisher wenig erforscht, was nicht zuletzt mit den Schwierigkeiten einer einwandfreien Messung zusammenhängt. Um überhaupt einen Vergleichsmaßstab zu haben, kann man etwa das halbe Schwindmaß als Schwellziffer des Betons zugrunde legen.

[1] F. Contessini: Temperaturmessungen in der Cignana-Staumauer. Energia elettr. 1933 Heft 2.

[2] F. Vogt: Shrinkage and Cracks in Concrete of Dams. Trondhjem.

Die Schwankungen der Außentemperatur werden in ihrem Einfluß auf die Volumänderungen des Betons oft überschätzt; dank der Temperaturmessungen an zahlreichen Staumauern ist der Einfluß der Außentemperatur heute weitgehend geklärt[1]. Wir können uns hier auf die Messungen von Contessini in der Cignana-Staumauer beschränken, die, was Ausdehnung und Auswertung anbelangt, kaum noch übertroffen werden können[2] (Abb. 455—459).

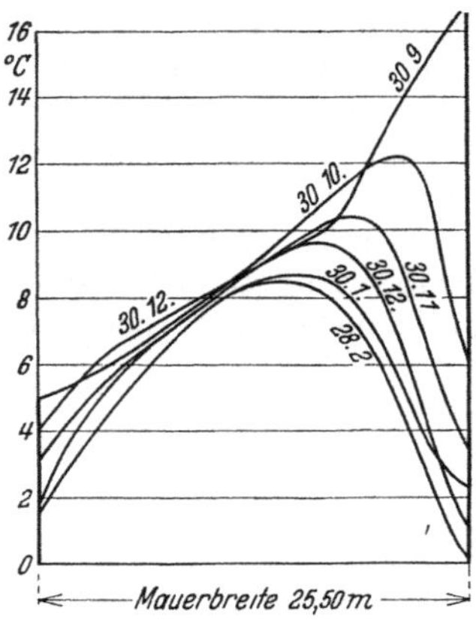

Abb. 456. Cignana-Staumauer. Temperaturverlauf in der Abkühlungsperiode.

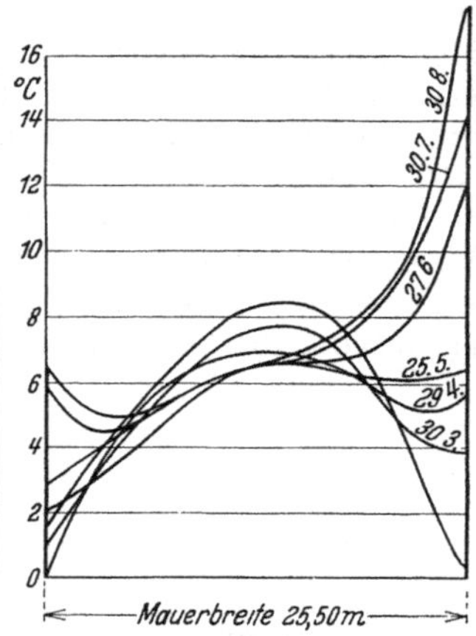

Abb. 457. Cignana-Staumauer. Temperaturverlauf in der Erwärmungsperiode.

Abb. 455 zeigt eine Zusammenstellung, aus der über einen Zeitraum von 5 Jahren der Verlauf der mittleren Lufttemperatur und derjenige der Betontemperatur in Abständen von 2, 5 und 8 m von der Luft- bzw. Wasserseite ersichtlich ist. Die Kurven lassen sehr schön die kennzeichnende 2- bis 3monatige Phasenverschiebung der Betontemperatur gegenüber der Außentemperatur und die viel stärkere Anpassungsfähigkeit des Betons an eine Erwärmung erkennen. Während der Höchstwert der mittleren Lufttemperatur fast immer erreicht wird, bleibt der Beton hinter dem Mindestwert um etwa 50% zurück.

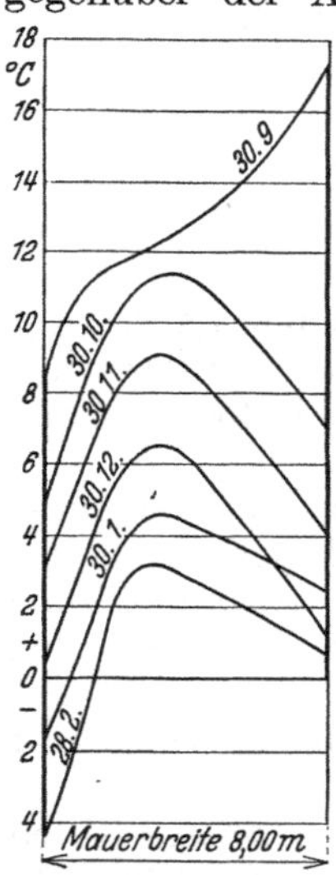

Abb. 458. Cignana-Staumauer. Temperaturverlauf in der Abkühlungsperiode.

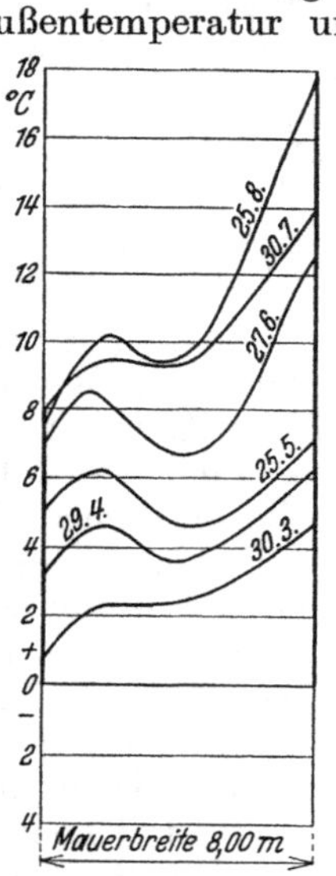

Abb. 459. Cignana-Staumauer. Temperaturverlauf in der Erwärmungsperiode.

Die Abb. 456—459 zeigen den Einfluß der Außentemperatur auf einen 25 m bzw. 8 m dicken Mauerquerschnitt. Man erkennt deutlich, wie sich die Einwirkung der Außentemperatur auf einen Streifen von 6 m Breite beiderseits der Außenflächen beschränkt und wie die Schwankungen in der Nähe der Außenflächen von der Betonstärke praktisch unabhängig sind. Da die Grenzwerte, die in der 2150 m hoch gelegenen Cignanamauer gemessen wurden, kaum noch überschritten werden können, dürften Temperaturschwankungen von $\pm 8°$ C gegenüber dem Jahresdurchschnitt als die praktisch möglichen Höchstwerte zu betrachten sein. Das bereits erwähnte verschiedenartige Verhalten des Betons in der Abkühlungs- und Erwärmungszeit tritt auch in den Abb. 456, 458 und 457, 459 deutlich in Erscheinung. Besonders Abb. 455 zeigt die große Trägheit des Betons gegenüber sinkenden Außentemperaturen.

---

[1] Es sei hier unter anderem auch auf die Berichte zum ersten Talsperrenkongreß, Stockholm 1933, verwiesen, die, soweit sie die Frage der Temperatureinflüsse betreffen, zusammen mit dem Ergebnis der Aussprache in Band II des Kongreßberichtes niedergelegt sind. Band II: Influence de la température interne et déformations des barrages-poids. Zu beziehen über den VDI-Verlag, Berlin, Ingenieurhaus. — [2] Siehe Fußnote 1 von S. 289.

Die Beschränkung des Wirkungsbereiches von Temperaturschwankungen auf eine Zone von etwa 6 m Tiefe wirkt sich sehr nachteilig auf die Raumänderungen dicker Gewichtsmauern aus. Erfahrungsgemäß sind gerade die ungleichmäßigen Raumänderungen in erster Linie für die Entstehung schädlicher Risse verantwortlich.

Die plastischen Verformungen des Betons unter Spannung sind erst in den letzten Jahren näher erforscht worden; sie sind stets als günstig zu bewerten, da sie dem Schwinden entgegenwirken. Die plastischen Verformungen können je nach der Betonzusammensetzung und Nachbehandlung beträchtliche Werte erreichen; bei Belastung in jugendlichem Alter und bei Erhärtung an der Luft übertreffen sie zuweilen die elastischen Verformungen. Nach den Laboratoriumsversuchen wächst die plastische Verformung des Betons beständig und nähert sich erst nach Jahren dem Beharrungszustand. Man kann somit von einer gewissen Anpassungsfähigkeit des Betons sprechen, die besonders im Anfang, etwa bis zu 2 Jahren, vorhanden ist und der es auch wohl zuzuschreiben ist, wenn manchmal trotz hoher rechnerischer Schwindspannungen keine Rißbildungen in Erscheinung getreten sind.

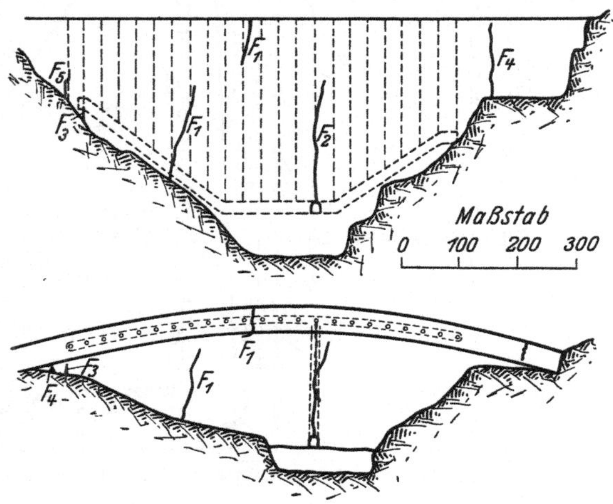

Abb. 460. Risse in einer französischen Betonmauer ohne Fugen.

3. Querrisse und Fugen.

Wie unter 2 erläutert wurde, erfährt der Beton beim Schwinden eine Verkürzung, die je nach dem Zementgehalt und der Art der Herstellung zwischen

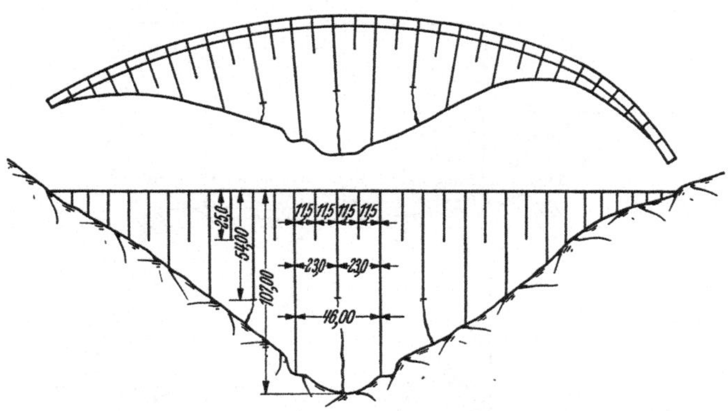

Abb. 461. Pardee-Staumauer-USA., Blockaufteilung.

0,00005 und 0,00015 schwankt. In der Mauerlängsrichtung entstehen dadurch Zugspannungen, denen der Beton im allgemeinen nicht gewachsen ist, und die Folge davon sind Querrisse (Abb. 460), die, wenn sie von der Wasser- zur Luftseite durchgehen, beträchtliche Sickerverluste hervorrufen können. In der 900 m langen Assuan-Staumauer sind z. B. 200 solcher Querrisse aufgetreten.

Die Querrisse lassen sich durch Einbau quer bzw. strahlig angeordneter Fugen (Abb. 461) vermeiden, wenn der Fugenabstand hinreichend eng gewählt

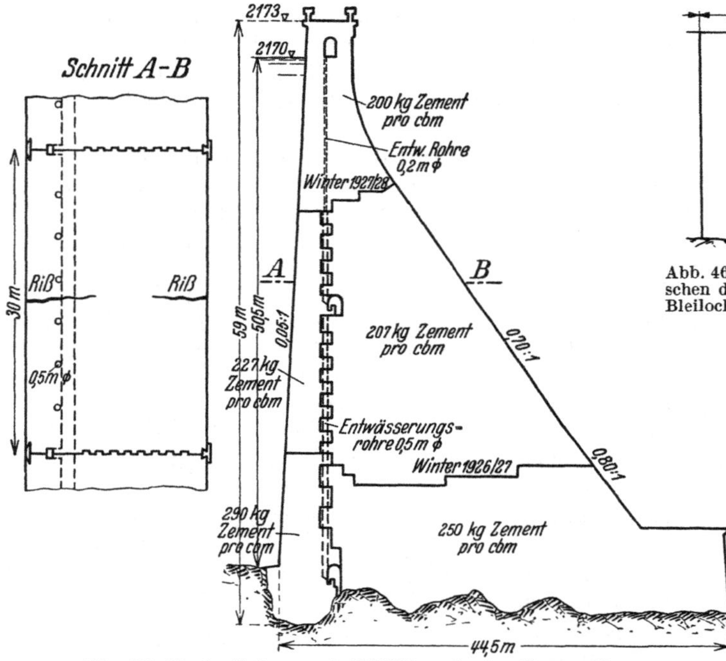

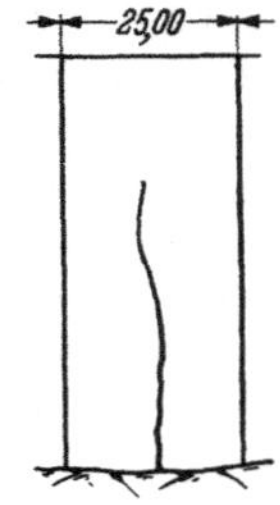

Abb. 463. Risse zwischen den Fugen der Bleiloch-Staumauer.

Abb. 462. Blockaufteilung und Rißbildung in der Cignana-Staumauer.

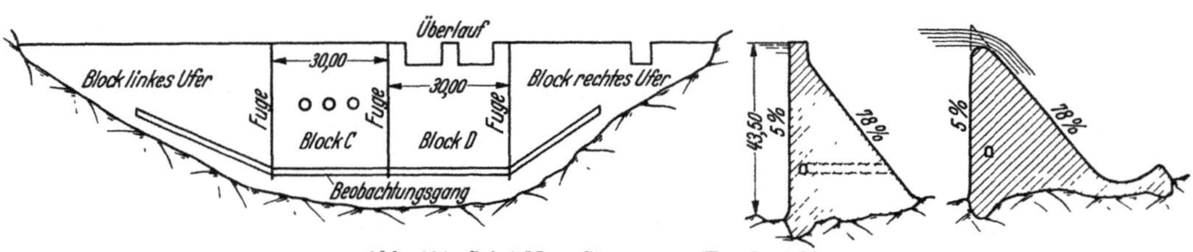

Abb. 464. Saint-Marc-Staumauer (Frankreich).

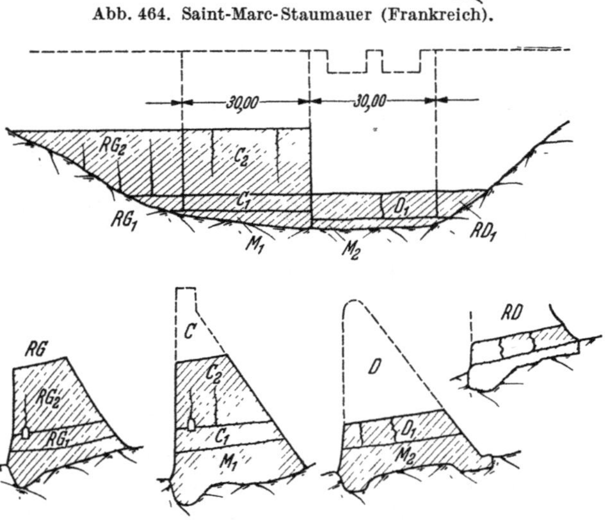

Abb. 465. Risse in der Saint-Marc-Staumauer.

wird. Vor wenigen Jahren glaubte man noch, daß Fugenabstände zwischen 25 und 30 m hinreichten, um die Rißbildung zu unterbinden. Inzwischen sind zahlreiche Gewichts- und Bogenmauern bei Fugenabständen von 20 m und mehr

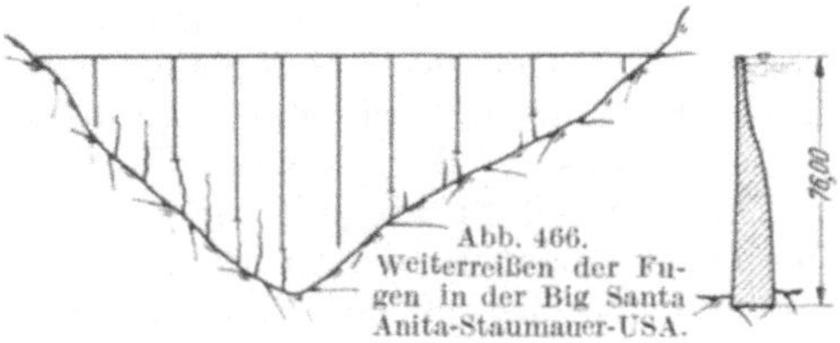

Abb. 466. Weiterreißen der Fugen in der Big Santa Anita-Staumauer-USA.

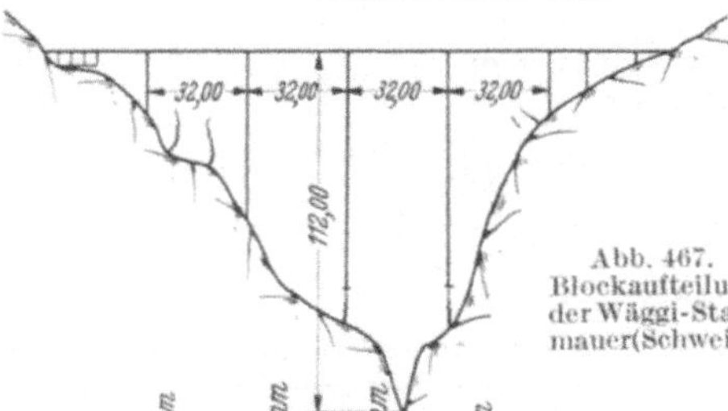

Abb. 467. Blockaufteilung der Wäggi-Staumauer (Schweiz).

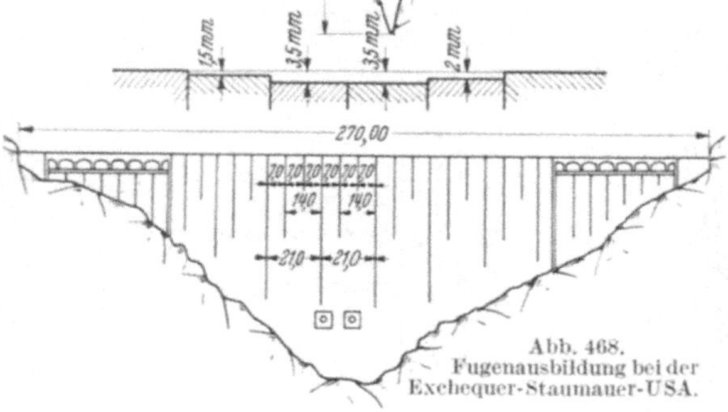

Abb. 468. Fugenausbildung bei der Exchequer-Staumauer-USA.

Abb. 469.

Abb. 470.

Abb. 471.

Abb. 469—471. Schrägrisse in den Zwickeln verzahnter Fugen.

gerissen, so Suviana- und Cignana-Staumauer (Abb. 462)[1] bei 30 m Abstand, Bleiloch-Staumauer (Abb. 463) bei 25 m Abstand und Gelmersee-Staumauer bei 22 m Abstand. Im letzteren Falle war die Erscheinung so regelmäßig, daß fast alle Blöcke (etwa 15) ähnliche Rißmerkmale aufwiesen. Bei größeren Fugenabständen muß man sogar auf mehrere Zwischenrisse gefaßt sein (Abb. 464, 465). Nach den gesammelten Erfahrungen sollte ein Fugenabstand von 15 m möglichst nicht überschritten werden. Außerdem zeigen theoretische Erwägungen,

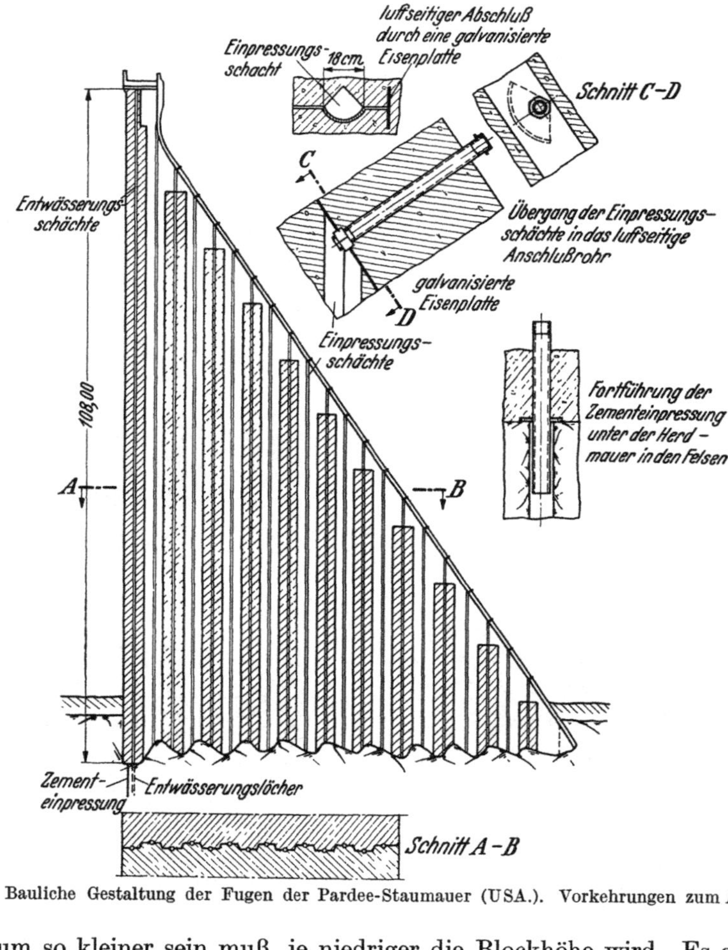

Abb. 472. Bauliche Gestaltung der Fugen der Pardee-Staumauer (USA.). Vorkehrungen zum Ausspritzen.

daß er um so kleiner sein muß, je niedriger die Blockhöhe wird. Es empfiehlt sich jedenfalls, an den Hängen allmählich auf 10 m herunterzugehen. An der Agger-Talsperre liegen z. B. vier von fünf Rissen auf den Hängen[2].

Die Fugen müssen bis auf den Felsen herabreichen; wo dies nicht der Fall war (Abb. 461, 466, 467), sind die Blöcke in der Verlängerung der Fugen gerissen. Meist sind Undichtigkeiten die Folge, so daß nachträgliche Dichtungsmaßnahmen (Einpressen von Zementmilch) erforderlich werden. In verschiedenen hohen amerikanischen Mauern hat man die Fugen nur teilweise durchgeführt und die übrigen teils in Blockmitte, teils im oberen Viertel (Abb. 468) aufhören lassen. F. Vogt[3], der die Mehrzahl dieser Mauern besucht hat, schreibt, daß unter zahlreichen Fugen Risse entstanden sind. Auch die Sonderaufteilung, wie sie

[1] F. Contessini: La costruzione della diga di Cignana. Energia elettr. 1929.
[2] Ludin: Beton im deutschen Talsperrenbau. Bericht zum Int. Kongr. Br. u. Strb. 1936.
[3] Siehe Fußnote 2 von S. 289.

Abb. 461 zeigt, hat sich nicht bewährt; der mittlere Riß der Pardee-Staumauer konnte auf eine Höhe von fast 50 m verfolgt werden[1].

Ein Verzahnen der Fugen hat nur dann Vorteile, wenn die Linienführung der Mauer gekrümmt ist und die Fugenspalte gleichzeitig durch Zementmilch geschlossen werden, so daß Bogendrücke übertragen werden können. Die Verzahnung wird zweckmäßig nicht bis zur Luftseite durchgeführt. Verschiedene Staumauern, bei denen dies der Fall ist, weisen auf der luftseitigen Außenfläche Risse auf, die in den Zwickeln ihren Ausgang nehmen und die Ecken der Zähne schräg abschneiden (Abb. 469—471). Solche Risse lassen sich meist vermeiden, wenn man die Zähne leicht abschrägt und die Nuten nicht bis zur Luftseite durchgehen läßt, vgl. die Pardee-Bogengewichtsmauer (Abb. 472)[2]. Ein luftseitiger Verschluß der Fugen, wie ihn Abb. 462 zeigt, ist im allgemeinen nicht zu empfehlen.

Die Fugen müssen sorgfältig gedichtet werden. Meist geschieht dies dadurch, daß in etwa $1/2$ bis 1 m Abstand von der Wasserseite ein Kupferblech

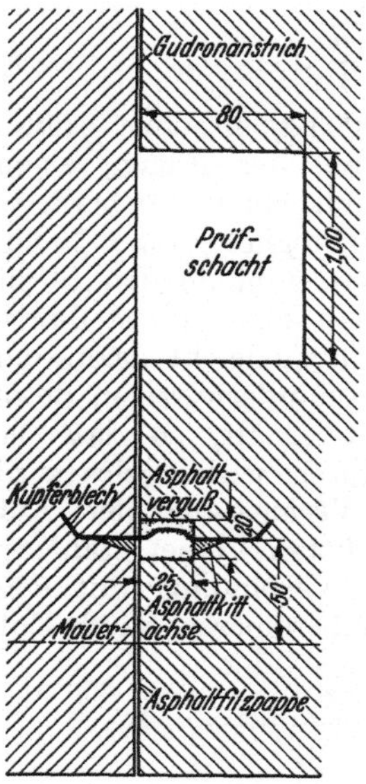

Abb. 473. Fugendichtung der Bleiloch-Staumauer.

Abb. 474.

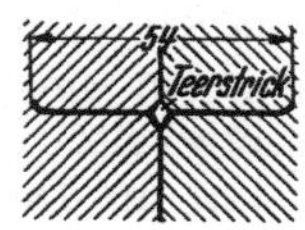

Abb. 475.

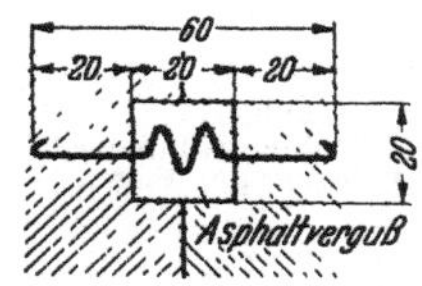

Abb. 476.

Abb. 474. Amerikanische Kupferblechdichtung.
Abb. 475. Kupferblechdichtung der Schwarzenbach-Staumauer.
Abb. 476. Kupferblechdichtung. Schleusen der Mainkanalisierung.

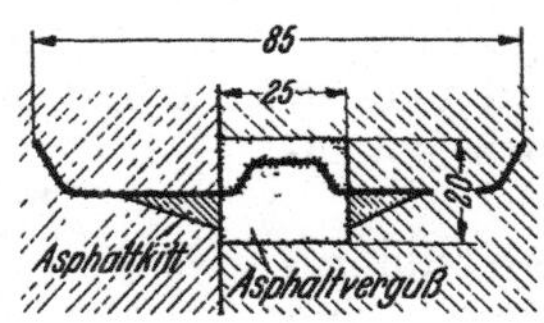

Abb. 477. Kupferblechdichtung der Bleiloch-Staumauer.

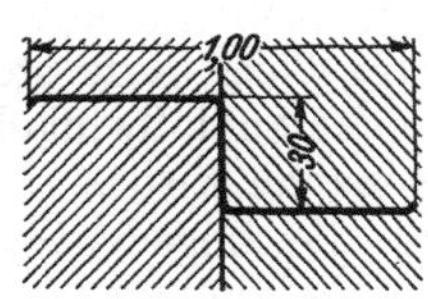

Abb. 478. Kupferblechdichtung der Staumauern des Schluchseewerks.

einbetoniert wird (Abb. 473). Das Blech wird in Stücken von 3 bis 4 m Länge fertig gepreßt angeliefert und an Ort und Stelle verschweißt; für die Blechstärke genügen 2 bis 3 mm. In unverzahnten Fugen müssen die Bleche eine Wölbung aufweisen, die von bituminösem oder ähnlich nachgiebigem Stoff umschlossen ist; hierdurch wird ein Abreißen oder Abwürgen der Bleche durch die unvermeidlichen Längs- und Querbewegungen der Anschlußblöcke verhindert. Die Abb. 474—477 zeigen verschiedene Ausführungsformen gewellter Kupferbleche und lassen erkennen, wie unterschiedlich die Auffassungen über Einspanntiefe und Federungsvermögen sind. Eine sachgemäße Dichtung der Fugen ist so wichtig für den Bestand einer Staumauer, daß engherzige Sparmaßnahmen nicht am Platze sind; in diesem Sinne kann die Dichtung von Abb. 477 als vorbildlich bezeichnet werden.

Wenn die Fugen verzahnt sind, so genügt die erheblich billigere z-Form, bei der die bituminöse Einpackung fortfällt (Abb. 478 u. 479). Da Querbewegungen infolge der Verzahnung unmöglich sind, braucht die Steghöhe s (Abb. 480a) nur so bemessen zu werden, daß sich die durch den Fugenspalt δ bedingte Reckung des Bleches in erträglichen Grenzen hält. Wird die Reckung

[1] Siehe Fußnote 2 von S. 289.

[2] Engng. News Rec. Bd. 102 (1929) S. 258—262 und 457—458. (F. W. Hanna: Construction joint treatment in the Pardee Dam.)

mit Δs bezeichnet, so ergibt sich:

$$s + \Delta s = \sqrt{s^2 + \delta^2} \approx s\left[1 + \frac{1}{2}\left(\frac{\delta}{s}\right)^2\right]; \qquad \Delta s \approx \frac{1}{2}\left(\frac{\delta}{s}\right)^2.$$

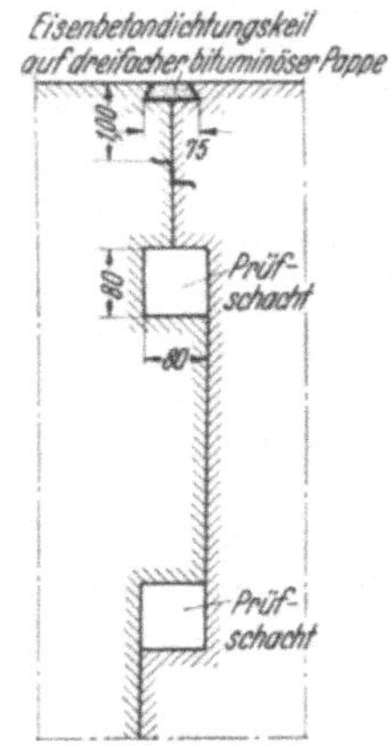

Abb. 479. Schluchsee - Staumauer. Dichtung der Fugen.

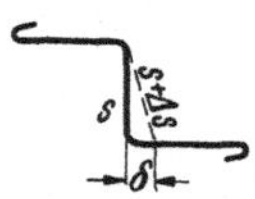

Abb. 480.

Hieraus folgt für die Dehnung

$$\varepsilon = \frac{\Delta s}{s} \approx \frac{1}{2}\left(\frac{\delta}{s}\right)^2 \approx \frac{\sigma}{E}$$

und damit für die Zugspannung

$$\sigma \approx \frac{1}{2} E \left(\frac{\delta}{s}\right)^2.$$

Mit $\sigma_{\text{zul}} = \frac{k_z}{n}$ ergibt sich die erforderliche Steghöhe

$$s_{\text{erf}} \approx \delta \sqrt{\frac{1}{2} E \cdot \frac{n}{k_z}}.$$

Mit einem Federungsmaß $E = 1\,150\,000$ kg/cm², einer größten Spaltweite $\delta = 0{,}4$ cm beim Arbeiten der Fugen, einem $k_z = 300$ kg/cm² für Walzkupfer und einem Sicherheitsbeiwert $n = 3$ errechnet sich eine Steghöhe $s_{\text{erf}} = 30$ cm.

Die Schwäche aller in den Beton einbindenden Blechdichtungen liegt in den betontechnischen Herstellungsschwierigkeiten. Diese führen nur allzu leicht dazu, daß man um die Dichtung herum einen minderwertigen Beton von unerwünschter Durchlässigkeit erhält, so daß das Dichtungsblech umläufig und dadurch wirkungslos wird.

Forner hat (Abb. 481) zur Vermeidung der Aufstellungs- und Schalungsschwierigkeiten eine stählerne Fugen-Schacht-Schalung vorgeschlagen, die in fester Verbindung mit dem Dichtungsblech aufgestellt wird und erst nach dem Einbetonieren durch Entfernen der Schloßwinkel in sich beweglich gemacht wird[1].

Um die angedeuteten Herstellungsschwierigkeiten zu vermeiden, sind

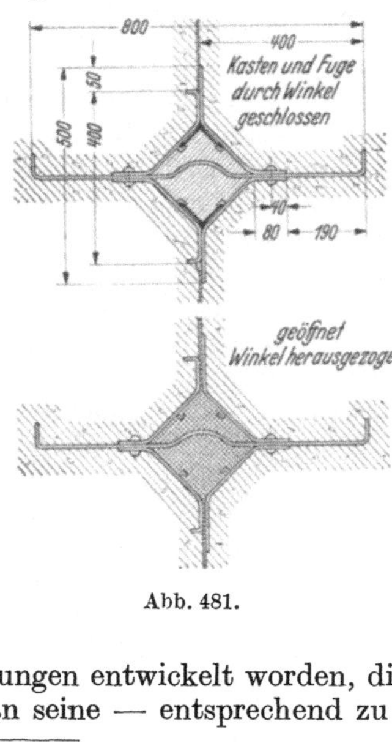

Abb. 481.

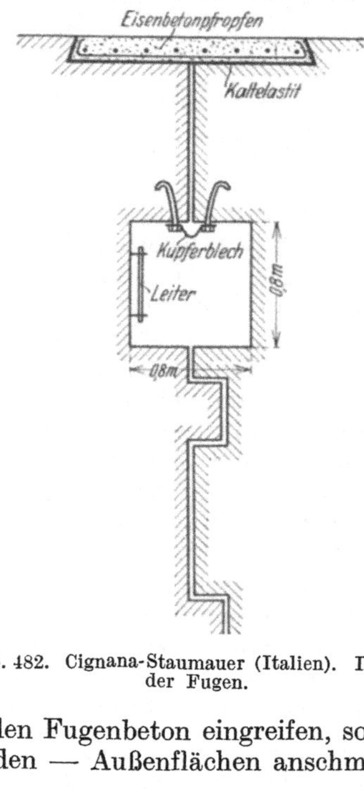

Abb. 482. Cignana-Staumauer (Italien). Dichtung der Fugen.

Dichtungen entwickelt worden, die nicht in den Fugenbeton eingreifen, sondern sich an seine — entsprechend zu behandelnden — Außenflächen anschmiegen.

[1] Vgl. Dtsch. Wasserwirtsch. 1936 Heft 8.

Hierzu gehört der weit verbreitete und meist gut bewährte, wasserseitig angeordnete Eisenbetondichtungskeil auf bituminöser Unterlage (Abb. 482, 483, 484, 484a). Um ein Reißen des Bitumens beim Atmen der Fuge zu vermeiden, wird zweckmäßig ein galvanisiertes Rohr (Abb. 483) od. dgl. über den Spalt gelegt, durch das eine Wellung des bituminösen Gewebes ähnlich derjenigen der gebogenen Kupferbleche hervorgerufen wird. Bei der Sarrans-Staumauer wurden gute Erfahrungen mit einer bituminösen Verschlußmasse gemacht, die mit Hilfe von Kupferdrähten elektrisch eingeschmolzen wurde (Abb. 484); vor allem gewährt diese Anordnung die Möglichkeit einer jederzeitigen Nachdichtung[1].

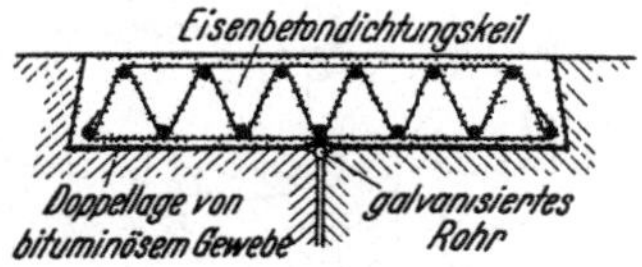

Abb. 483. Dichtung der Fugen der Barbellino-Staumauer.

Will man sich trotz des Dichtungskeiles noch durch Kupferbleche sichern — was im allgemeinen anzuraten ist —, so ist die italienische Anordnung

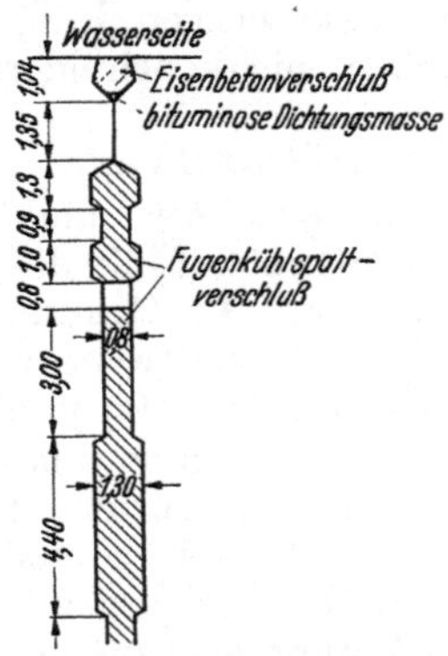

Abb. 484. Sarrans-Staumauer. Durchbildung der Fugen mit Kühlspalten.

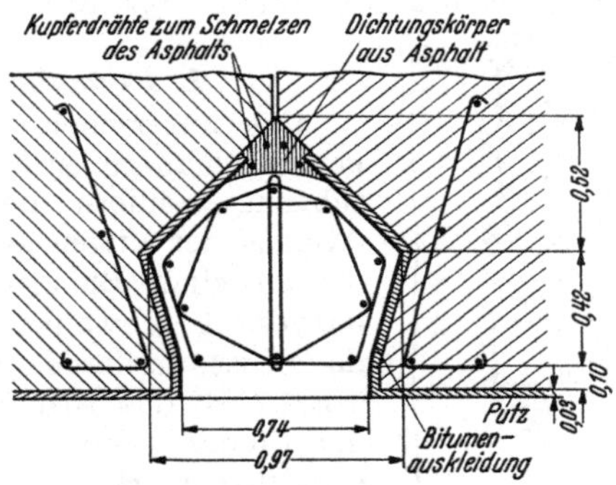

Abb. 484a. Verschlußkörper für die Fugendichtung der Sarrans-Staumauer.

(Abb. 482[2] u. 485[3]) zu empfehlen, bei der die Bleche nicht einbetoniert werden, sondern den Spalt am Überwachungsschacht verschließen. Man hat dabei noch den Vorteil, daß zunächst nur die Ankerschrauben vorgesehen zu werden

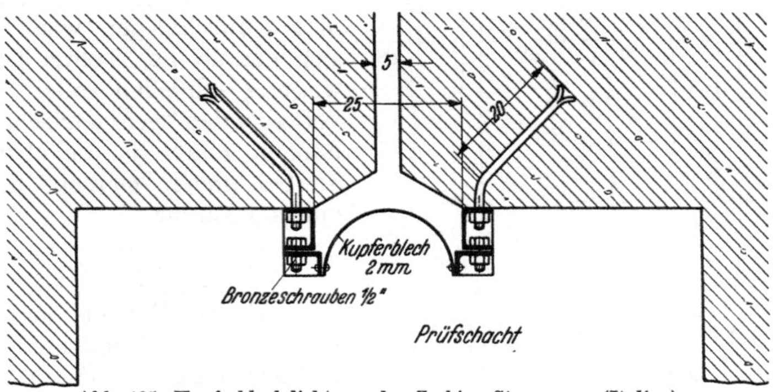

Abb. 485. Kupferblechdichtung der Zerbino-Staumauer (Italien).

brauchen, und wird erst zum Einbau der Bleche schreiten, wenn die Eisenbetondichtung nicht hält. Eine Beanspruchung der Bleche auf Zug (Abb. 482) ist stets derjenigen auf Druck vorzuziehen.

[1] A. Renaud: La forme des joints de contraction dans les barrages à gravité. Ann. Ponts Chauss. Bd. 103 (1934) S. 5—20.

[2] Siehe Fußnote 1 von S. 294.

[3] L'Utilizzazione del Torrente Orba in Comune di Molare. Energia elettr. 1925 Heft 12 und 1926 Heft 1.

Durch Einfachheit der Herstellung und sichere Wirkung sind die wohl zuerst von Oberbaurat Spindel-Wien angegebenen Vergießfugen ausgezeichnet.

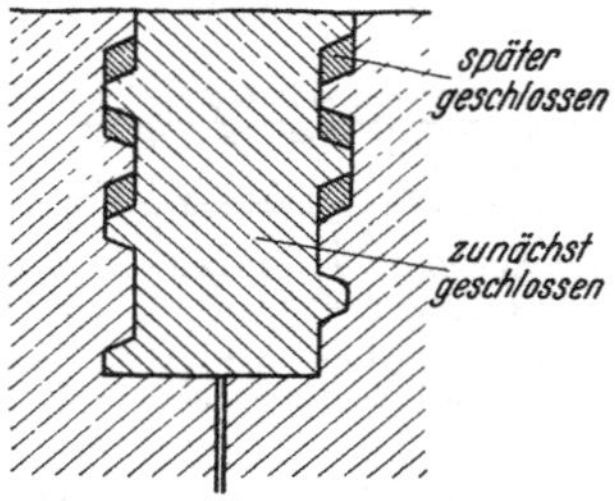

Abb. 486. Fugenverschluß nach Spindel.

Neben der unter anderen am Spullersee angewendeten (patentierten) Spindelschen Form (Abb. 486) haben sich auch die bei neueren Schweizer Staumauern (Grimsel, Gelmersee, Seeuferegg) ausgeführten Vergießfugen gut bewährt (Abb. 487). Die zunächst ausgesparten Lücken werden so spät wie möglich und zu Beginn eines neuen Bauabschnittes geschlossen, so daß mit dem Vollzug des Schwindens und einer sehr niedrigen Betontemperatur gerechnet werden kann; bei der Grimsel-Staumauer wartete man beispielsweise 2 Jahre mit dem Schließen. Es empfiehlt sich, das Schließen in zwei Abschnitten vorzunehmen (zunächst den wasserseitigen Keil), damit die Beckenfüllung durch das Freihalten der Lücken nicht behindert wird.

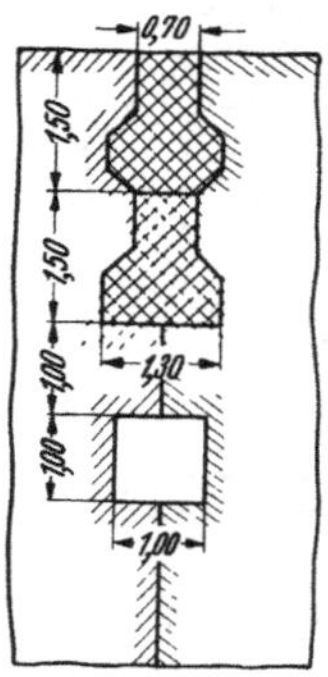

Abb. 487. Fugendichtung der Gelmersee-Staumauer.

4. Fugenbehandlung und Linienführung.

Das unterscheidende Merkmal für Gewichts- und Bogengewichtsmauern ist heute nicht mehr in erster Linie die Linienführung, sondern die Fugenbehandlung. Die Messungen des Atmens der Fugen haben gezeigt, daß die Spaltweite zwischen den einzelnen Blöcken etwa zwischen 1 und 4 mm je nach der Jahreszeit schwankt, und daß dieses Maß ganz unabhängig davon ist, ob die Mauern gekrümmt sind oder nicht. Abb. 488 zeigt z. B. das Atmen der Fugen (Abb. 489) eines Meßblockes der Cignana-Staumauer im Jahre 1931[1]. Naturgemäß kann eine Bogenwirkung in gekrümmten Mauern erst zustande kommen, wenn die einzelnen Blöcke anliegen, d. h. wenn der Fugenspalt durch eine entsprechende Durchbiegung wieder geschlossen ist. Diese läßt sich leicht berechnen. Ist R der mittlere Halbmesser und L die mittlere Blocklänge (Fugenabstand), so ergibt sich der zugehörige Mittenwinkel zu $\beta = L/R$. Klafft die Fuge um das Maß a,

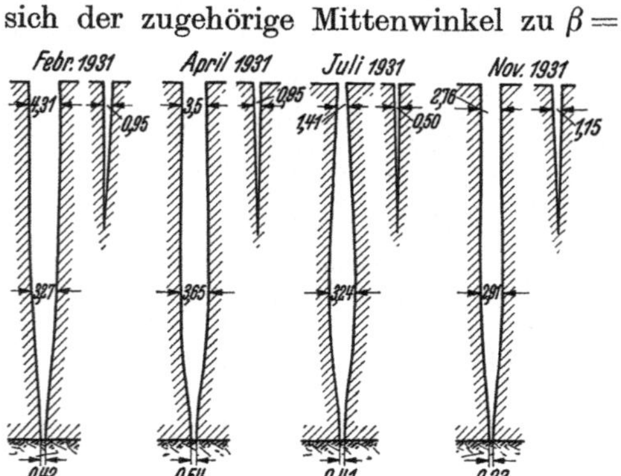

Abb. 488. Cignana-Staumauer. Atmen der Fugen.

so muß sich jeder Block um ein Maß d durchbiegen, wenn die Fugen sich gerade noch ohne Druckübertragung schließen sollen. Aus den vorliegenden geometrischen Beziehungen folgt, da die Mittenwinkel hierbei gleich bleiben, die Bedingungsgleichung

$$\frac{\beta}{2} = \frac{L}{2R} = \frac{a}{2d}.$$

Zu welchen Werten man für die Durchbiegung d gelangt, möge ein Beispiel erläutern. Es sei $R = 150$ m, $L = 15$ m und $a = 0{,}2$ cm, womit d zu 2 cm folgt. Da sich eine 60 m hohe Gewichtsmauer unter Vollast an der Krone etwa $^1/_2$ cm durchbiegt, so sieht man, daß eine Bogenwirkung in gekrümmten Gewichtsmauern unter gewöhnlichen Verhältnissen (d. h. bei unvergossenen Fugen) kaum denkbar ist.

Die natürliche Linienführung für Gewichtsmauern mit offenen Fugen ist daher die geradlinige; eine Krümmung der Achse ist nur dann am Platze, wenn

[1] F. Contessini: Temperature, contrazioni e dilatationi longitudinali e pressioni interstiziali in una grande diga massiccia. Energia elettr. 1933 S. 1000—1021.

sie bei den gegebenen Geländeverhältnissen mit Massenersparnissen oder anderen wesentlichen Vorteilen (z. B. Vermeiden schlechter Felsteile) verbunden ist. Eine Verkämmung der Blöcke ist bei offenen Fugen stets von Nachteil, da sie höchst unerwünschte Kraftverlagerungen mit sich bringt. Man erkennt dies am besten, wenn man von den gegenseitigen Bewegungen ausgeht, welche die Blöcke von Gewichtsmauern mit glatten Fugen ausgeführt haben (Abb. 467)[1], und welche um so deutlicher in Erscheinung treten, je steiler und unregelmäßiger die Hänge verlaufen. Durch die Verzahnung der Fugen werden Bewegungen zwischen den Blöcken unterbunden, und es müssen Scherkräfte auftreten, um die Stetigkeit der Biegelinie zu erzwingen. Hierdurch werden die höheren Mittelblöcke auf Kosten der niedrigeren Hangblöcke entlastet, d. h. es entstehen Kraftverlagerungen, auf die bei der Querschnittsbemessung keine Rücksicht genommen wird und die unter Umständen eine Gefahr für die Staumauer bedeuten können.

Gewichtsmauern mit gekrümmter Achsführung, deren Fugen man nachträglich durch Einpressen von Zementmilch oder feinen Mörtel schließt, sollen als Bogengewichtsmauern bezeichnet werden, da in ihnen durch den künstlich wiederhergestellten einheitlichen Zusammenhang tatsächlich Bogenwirkungen möglich sind. In Bogengewichtsmauern ist eine Verzahnung der Fugen wegen der gleichzeitigen Gewichts- und Bogenwirkung nicht nur kein Nachteil, sondern sehr erwünscht. Um scharfe Ecken zu vermeiden, sollte man stets der Trapezverzahnung (Abb. 472) den Vorzug geben.

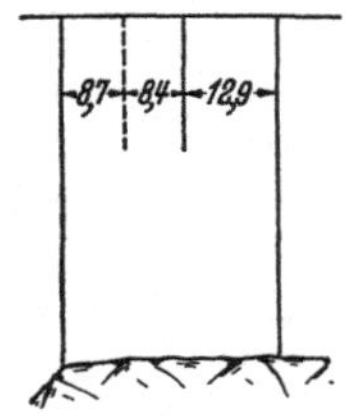

Abb. 489. Cignana-Staumauer. Fugenspalt-Meßblock im Längsschnitt.

Eine gute Verbundwirkung läßt sich nur erzielen, wenn unter hohen Drucken und mit dickflüssigem Mittel ausgepreßt wird. Ferner müsen die Einpreßrohre oder -schächte gut verteilt sein, möglichst so, daß jeder Zahn für sich ausgepreßt werden kann (Abb. 472). Bei der Pardee-Staumauer wurden Viertelkreisquerschnitte für die Schächte gewählt, die ohne große Kosten ausgespart werden können; legt man im einen Block ein Kantholz über Eck, so kann für den anderen die Ring-Gleitschalung Anwendung finden, wie es aus Abb. 472 oben ersichtlich ist. Um das Einpreßgerät bequem anschrauben zu können, wurden bei der Pardee-Staumauer Anschlußrohre in die Schächte eingelassen, die sich innen gegen eine galvanisierte Stahlplatte legten, welche die Fuge dicht abriegeln sollte.

Der Zeitpunkt des Auspressens wird zweckmäßig so gewählt, daß man ein möglichst günstiges Verhältnis zwischen Gewichts- und Bogenwirkung erzielt. Im allgemeinen ist es vorteilhaft, einen gewissen Teilstau, etwa 50% des Höchststaues, abzuwarten, ehe mit dem Auspressen begonnen wird. Andererseits muß man darauf bedacht sein, das Schließen zur Zeit der tiefsten Mauertemperatur vorzunehmen. In hohen Mauern, die verhältnismäßig langsam schwinden, muß das Auspressen mehrmals wiederholt werden; die Pardee-Staumauer wurde bereits dreimal mit vollem Erfolg ausgepreßt[2].

In wirtschaftlicher Hinsicht ist das Auspressen der Fugen stets von Vorteil, da der Mehraufwand an Arbeit durch die Ersparnis an Baumassen mehr als wettgemacht wird.

5. *Beeinträchtigung der einheitlichen Mauerwirkung durch Längsrisse.*

Die Bildung der Längsrisse hat die gleichen Ursachen wie die der Querrisse. Sobald die Mauerstärke ein gewisses Maß überschreitet, entstehen beim Schwinden infolge der Einspannung an der Felssohle (bzw. an der Oberfläche älterer, zum größten Teil schon geschwundener Blöcke und Blockgruppen) so hohe

[1] Siehe Fußnote 2 von S. 289.
[2] Engng. News Rec. Bd. 109 (1932).

Zugspannungen, daß der Beton reißen muß. Da die Zugspannungen in der Nähe des Gründungsfelsens am größten sind, wandern die Längsrisse (Abb. 444) ähnlich wie die Querrisse (Abb. 463) im allgemeinen von unten nach oben; kleine örtliche Ungleichmäßigkeiten, wie sie z. B. bei der Blockaufteilung entstehen (Abb. 444), genügen bereits, um Längsrisse auszulösen. Gelingt es einem Längsriß, den Mauerquerschnitt bis zur Luftseite zu durchschneiden, so können die Scherkräfte nur noch in beschränktem Maße übertragen werden und es sind folgenschwere Kraftverlagerungen unausbleiblich. Die Gefahren der Längsrisse sind außerordentlich groß, da das Weiterreißen sich über Jahre hinaus erstrecken kann und die Risse erst sichtbar werden, wenn es zu spät ist.

Abb. 490. Bonneville-Überfall-Staumauer. Grundwehrquerschnitt mit Fugenverdübelung.

Man möge sich nicht der falschen Vorstellung hingeben, als ob die Längsrisse lediglich eine Folge unsachgemäßer Betonzusammensetzung, Herstellung und Nachbehandlung wären. Es handelt sich hier um die Auswirkung chemisch-physikalischer Gesetzmäßigkeiten, mit denen man sich einfach abfinden muß. Dies zeigte sich insbesondere bei der Bonneville-Überfall-Staumauer[1], deren Grundwehrquerschnitt (Abb. 490) etwa 20 m hoch und 40 m breit war. Man wollte hier Längsrisse unter allen Umständen vermeiden, da man sonst eine Aufspaltung des Mauerkörpers in Teilblöcke befürchten und damit jeglichen Überblick über den Kraftverlauf verlieren mußte. Demgemäß wurden umfangreiche Vorversuche durchgeführt, um Zementart, Betonzusammensetzung und Einbringungsverfahren so zu wählen, daß die schädliche, d. h. zu Schwindspannungen führende Abbindewärme möglichst klein wurde. Die vergleichenden Zementversuche führten beispielsweise zur Wahl eines Puzzolan-Portlandzementes, der eine sehr niedrige und schnell sich entwickelnde Abbindewärme mit hoher Zugfestigkeit (25 kg/cm²) verband. Bezeichnenderweise ist trotz Ausschöpfung aller Möglichkeiten das gesteckte Ziel nicht erreicht worden. Der aus der Abbildung ersichtliche Mauerblock ließ z. B. bei sorgfältiger Prüfung schon kurz nach dem Abbinden des Betons zwei nahezu lotrechte Längsrisse erkennen; auch an den anderen Blöcken wurden ähnliche Beobachtungen gemacht. Entsprechende Mikrometermessungen ergaben eine größte Rißweite von $^3/_4$ mm, die jedenfalls groß genug ist, um die einheitliche Mauerwirkung vollständig in Frage zu stellen.

Selten sind die Gefahrenpunkte der Rißbildung so grell beleuchtet worden, wie beim Bau der Saint-Marc-Staumauer (Abb. 464 u. 465), bei der man durch einen zufällig entdeckten Querriß sich veranlaßt fühlte, eine genaue Untersuchung aller Blöcke mit gefärbtem Wasser durchzuführen[2]. Dabei trat ein er-

[1] Engng. News Rec. 1937 I.

[2] M. Renaud: Effet du retrait dans de grands barrages en béton. Ann. Ponts Chauss. 1930 S. 143f.

schreckendes Gewirre von Rißbildungen in Erscheinung (Abb. 465 u. 491—500). Wie Längs- und Querrisse zusammenarbeiten, zeigt sehr schön der Block D_1 (Abb. 491—493), der zunächst nur in der Querrichtung riß, etwa gemäß Abb. 491. Als die beiden Risse nach etwa 8 Tagen die Blockmitte fast erreicht hatten, bogen sie, anstatt sich zu vereinigen, in die Längsrisse f_1 und f_3 um (Abb. 492). Außerdem entstand noch ein weiterer Querriß F_1' sowie ein dritter Längsriß f_2,

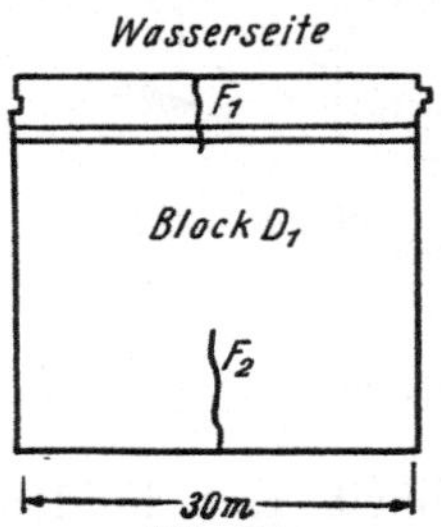

Abb. 491.

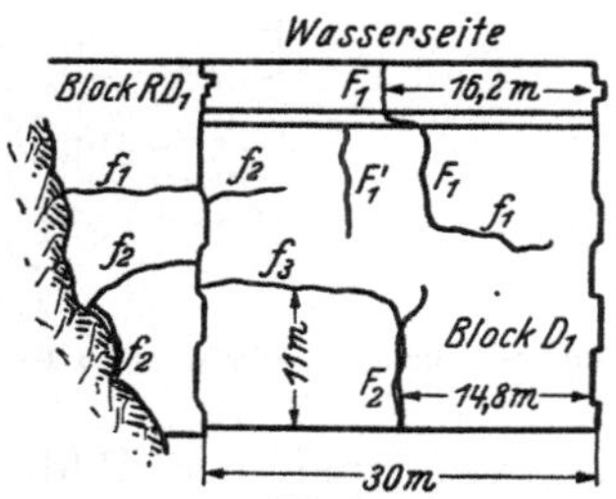

Abb. 492.

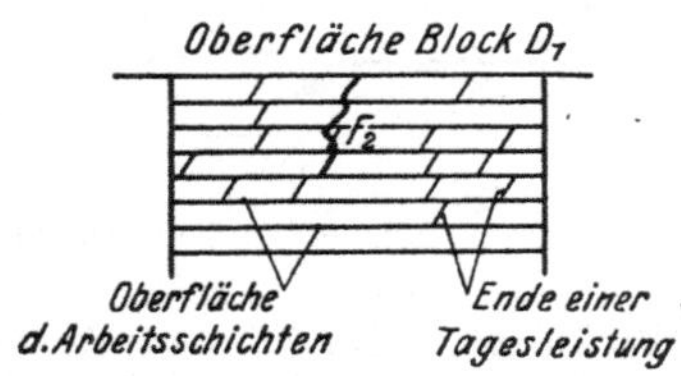

Abb. 493.

Abb. 491—493. Saint-Marc-Staumauer. Rißbildung in Block D_1.

da das betreffende Blockviertel bei der anfänglichen Vierteilung offenbar zu kurz gekommen war. In der Breitenrichtung folgte der Querriß F_2 bezeichnenderweise dem Grätenmuster der Arbeitsfugen (Abb. 493), ein Beweis dafür, wie die letzteren die einheitliche Mauerwirkung beeinträchtigen könne.

Eine Folge der vorspringenden Kanten und scharfen Ecken ist die Rißbildung des Blockes C_2 (Abb. 494—497), der die Eisenbetonumhüllung für die

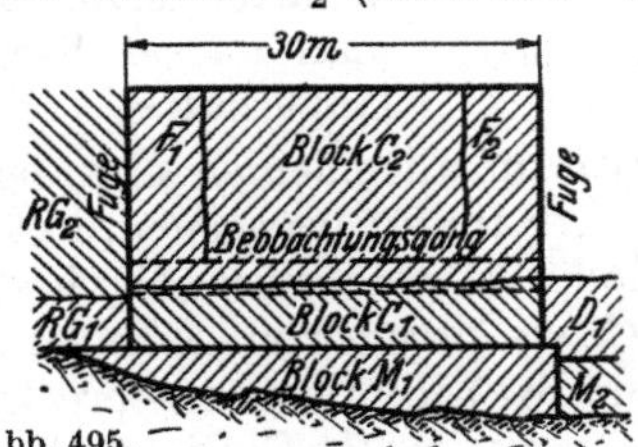

Abb. 495.

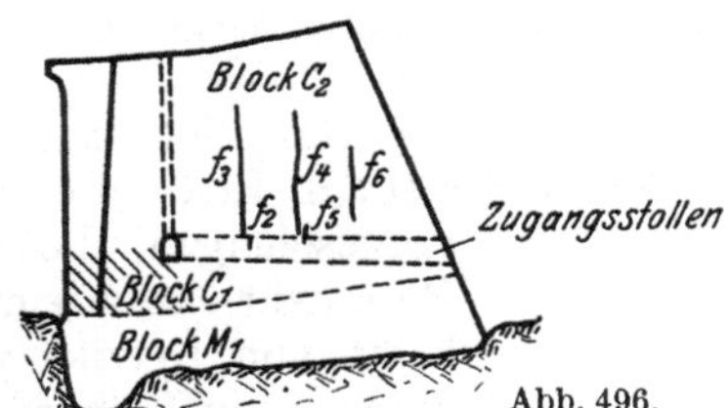

Abb. 496.

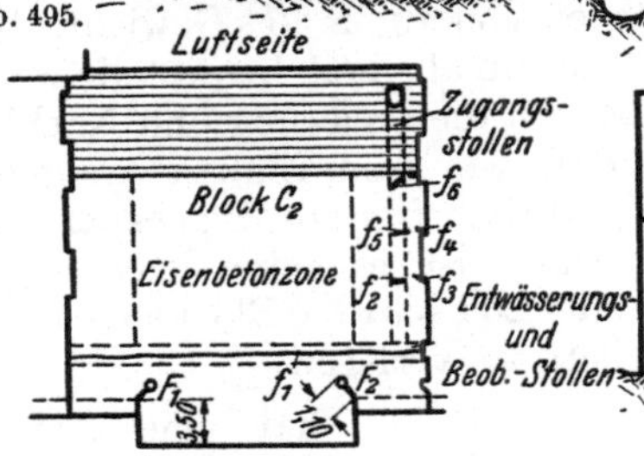

Abb. 497.

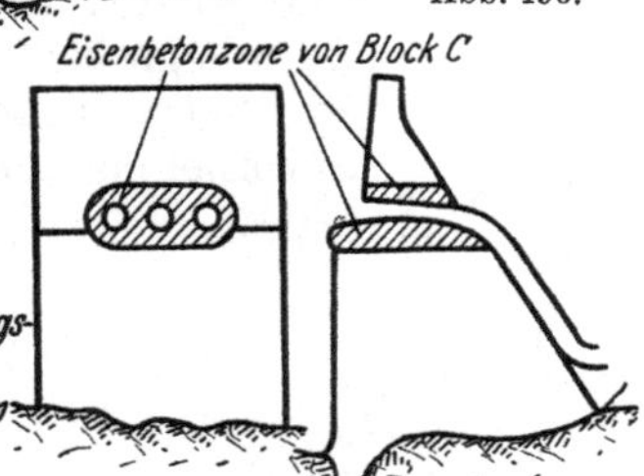

Abb. 494.

Abb. 494—497. Saint-Marc-Staumauer. Rißbildung in Block C_2.

Druckrohre zu tragen hatte (Abb. 494). Sowohl die Querrisse F_1 und F_2 (Abb. 495) als auch die Längsrisse f_3, f_4 und f_6 (Abb. 496) nahmen von scharfen einspringenden Kanten ihren Ausgang. Besonders bemerkenswert ist der Längsriß f_1 im Portal des Beobachtungsstollens (Abb. 497), der über dessen ganze Länge verfolgt werden konnte; vgl. hierzu auch die Rißbildung im Block RG_2 (Abb. 498 u. 499). Da wasserseitig von Stollenmitte ein zementreicherer Vorsatzbeton verwendet worden war, genügte offenbar der dadurch bedingte Unterschied in den Schwindmaßen, um die ohnehin durch die Dränrohre geschwächte Trennfläche zum Reißen zu bringen.

Auf die Ausmaße der Rißbildung in der Saint-Marc-Staumauer dürfte neben der nach Länge und Quere ungenügenden Blockunterteilung der langsame

Baufortschritt (Abb. 500) nicht ohne Einfluß gewesen sein. Je länger und ausgiebiger die Luft Zutritt hat, um so mehr wird bei ungenügender Feuchthaltung das Schwinden gefördert. Andererseits können die günstigen

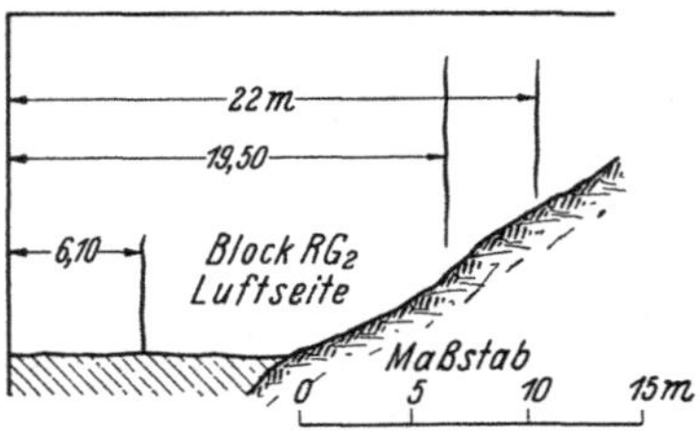

Abb. 498.

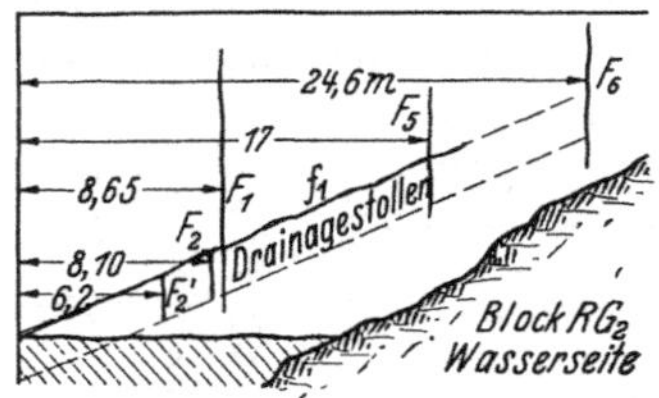

Abb. 499.

Abb. 498 u. 499. Saint-Marc-Staumauer. Rißbildung in Block RG_2.

Wirkungen der Querzusammenziehung und der Bildsamkeit erst in Erscheinung treten, wenn eine entsprechende Gewichtsauflast vorhanden ist.

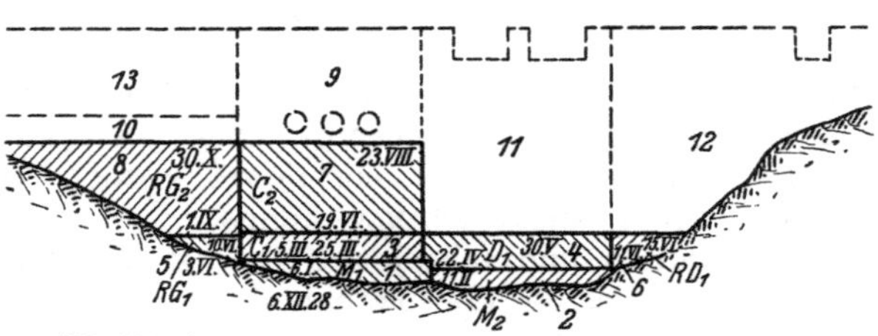

Abb. 500. Saint-Marc-Staumauer. Fortschritt der Herstellung.

Dennoch besteht keine Veranlassung, das Rißbild der Saint-Marc-Staumauer mit überlegener Handbewegung abzutun; sehr viele Betonstaumauern dürften mit Längsrissen behaftet sein, ohne daß man davon Kenntnis erlangt hätte.

Eine ausgesprochene Längsrißgefahr tritt im allgemeinen erst bei Mauerhöhen von 50 m und mehr in Erscheinung. Um ihr zu begegenen, hat Henny[1] vorgeschlagen, die Mauer aus fabrikmäßig hergestellten Betonwürfeln aufzurichten, deren Abmessungen der Tragkraft von Derriks und Kabelkranen entsprechen. Man käme so zu Blöcken von 10 bis 20 t Gewicht, die plastisch und mit großer Gleichmäßigkeit hergestellt werden könnten. Ferner ließe sich die Lagerung und Nachbehandlung so vornehmen, daß der zum Einbau kommende Block praktisch frei von Eigenspannungen wäre. Leider ist es keine leichte Aufgabe, 10 oder 20 t schwere Blöcke sauber im Mörtelbett zu verlegen.

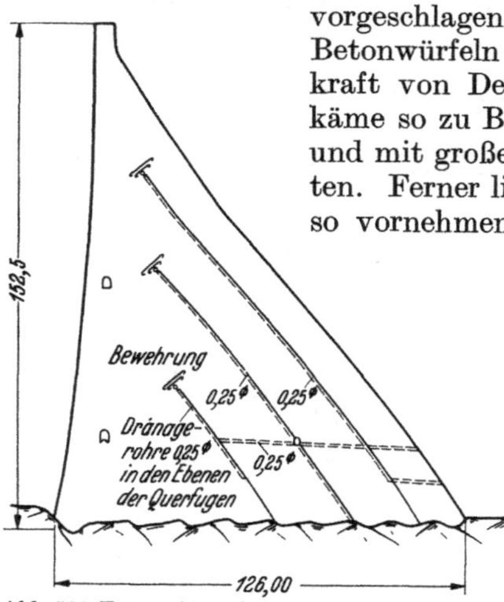

Abb. 501. Entwurf San-Gabriel-Staumauer. Längsfugen parallel zu den Hauptdruckspannungen nach Vorschlag Noetzli.

Nötzli[2] hat eine Aufteilung der Mauerblöcke durch Schrägfugen vorgeschlagen, etwa in der Art, wie sie für den 152 m hohen San-Gabriel-Damm-USA. geplant war (Abb. 501). Hier waren drei Schrägfugen vorgesehen, deren Abstand entsprechend dem zunehmenden Schwindmaß nach der Luftseite zu enger wird. Da die Schrägfugen parallel zur Richtung der Hauptdruckspannungen eingebaut werden können, wird die Mauer in der Richtung der kleinsten Beanspruchung zerschnitten und nicht wie bei den Längsrissen in einer statisch gefährlichen Richtung. Die eingelegten Quereisen

[1] Engng. News Rec. Bd. 106 (1931) S. 431—435. D. C. Henny: Problems in concrete dam design.

[2] Energia elettr. 1930.

sollen das kopfseitige Weiterreißen der Fugen verhindern, während durch die Dränrohre das Ansammeln von Druckwasser unmöglich gemacht wird.

6. Sicherung der einheitlichen Mauerwirkung durch Kühlmaßnahmen.

Sobald die Höhe einer Gewichts- oder Bogengewichts-Staumauer ein gewisses Maß, etwa 50 bis 60 m überschreitet, müssen nach den bisherigen Erfahrungen auch bei sorgfältigster Gestaltung und Herstellung besondere Vorkehrsmaßnahmen gegen Längsrisse und ähnliche Störungen der einheitlichen Mauerwirkung getroffen werden. Diese laufen praktisch alle auf die Herabsetzung des „schädlichen" Schwindmaßes durch künstliche Kühlmaßnahmen hinaus. Man will die Abgabe der Abbindewärme tunlichst beschleunigen und damit in

Abb. 502. Waterville-Bogenstaumauer-USA.

eine Zeit verlegen, in der sich der Schwindausgleich noch weitgehend durch plastische Verformungen vollziehen kann.

Ein erster Schritt in dieser Richtung ist die von Stucky vorgeschlagene und bei verschiedenen Gewichts-, Bogengewichts- und Bogenstaumauern mit Erfolg angewendete Fugenspaltkühlung. Diese wurde erstmals an der La Jogne-Staumauer (Schweiz)[1] praktisch erprobt. Man hielt hier Fugenspalte von 1 m Breite offen, die nach 2 Monaten geschlossen wurden. Wie man aus der einem amerikanischen Anwendungsbeispiel entnommenen Abb. 502[2] erkennt, kann die Außenluft auf diese Weise von allen vier Seiten an die Blöcke herankommen und so die Abgabe der Abbindewärme beschleunigen. Wenn man sich vor Augen führt, daß die Mauerdicke in der Nähe der Talsohle bei Gewichtsmauern ein Vielfaches der Blocklänge ausmacht, so kann die hervorragende Wirkung der Fugenspaltkühlung nicht zweifelhaft sein. Mehrere Haarrisse in der La Jogne-Staumauer deuten darauf hin, mit dem Ausbetonieren der Spalte länger zu warten. Dies ist bei neueren Anlagen auch beachtet worden. Beispielsweise wurden bei der Grimsel-Staumauer (Schweiz) die Kühlspalte teils 2 Jahre offen gehalten.

Aus Gründen einer guten Dichtung sollten die Fugenspalte nicht breiter gemacht werden, als es herstellungstechnisch erforderlich ist; die $2^1/_2$ m breiten Fugenspalte der Waterville-Staumauer (Abb. 502)[2] haben sich nicht bewährt. Eine sehr zweckmäßige Kühlspaltanordnung in Gestalt trapezförmig verzahnter Fugenflächen mit

[1] Stucky: Étude sur les barrages arquées. Bull. techn. Suisse rom. 1922.
[2] Engng. News Rec. 1929 I S. 894—898.

beiderseitiger z-förmiger Kupferblechdichtung zeigt Abb. 503[1]. Auch die Anordnung der Sarrans-Staumauer (Frankreich) hat sich bestens bewährt (Abb. 484).

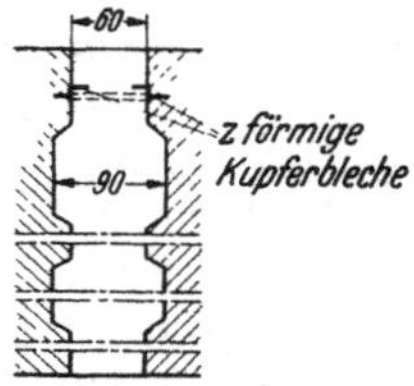

Abb. 503. Fugenkühlspalte, Ariel-Staumauer.

Die Wirksamkeit der Fugenspaltkühlung hängt in erster Linie von der Blocklänge (Fugenabstand) ab, die sich demzufolge auch in Richtung ständiger Abnahme bewegt. Man erkennt dies aus der nachstehenden Zusammenstellung von vier größeren, zeitlich aufeinanderfolgenden Staumauern mit Fugenspaltkühlung:

La Jogne (Schweiz) . . .	$H = 55$ m	$L = 20$ m,
Waterville (USA.)	$H = 60$ m	$L = 15$ m,
Marège (Frankreich) . . .	$H = 90$ m	$L = 13$ m,
Grimsel (Schweiz)	$H = 115$ m	$L = 12$ m,
Ariel (USA.)	$H = 95$ m	$L = 10$ m.

Bei der Grimsel-Staumauer wurde gemäß Abb. 504 die Fugenspaltkühlung auch gleichzeitig auf die Breitenrichtung ausgedehnt, indem man die Blöcke noch quer unterteilte. Es entstanden dadurch Blöcke von etwa 12 m ins Geviert. Leider konnten die Längsspalte immer nur wenige Wochen offen gelassen werden, so daß die beabsichtigte Querentlastung nicht in vollem Umfange erreicht wurde. Hierauf deuten auch die während der Herstellung beobachteten Längsrisse hin[2].

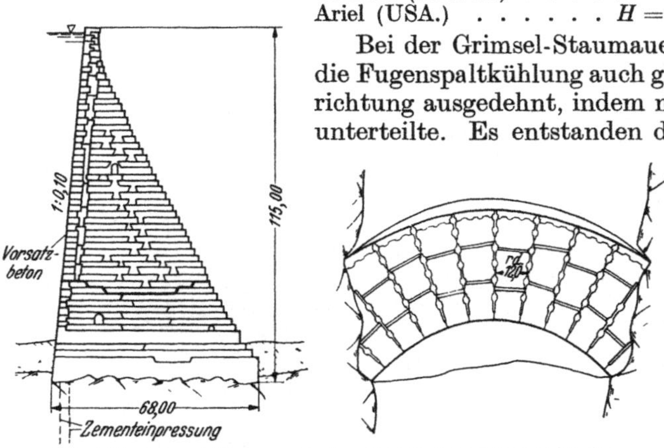

Abb. 504. Grimsel-Staumauer. Anordnung der Fugenkühlspalte.

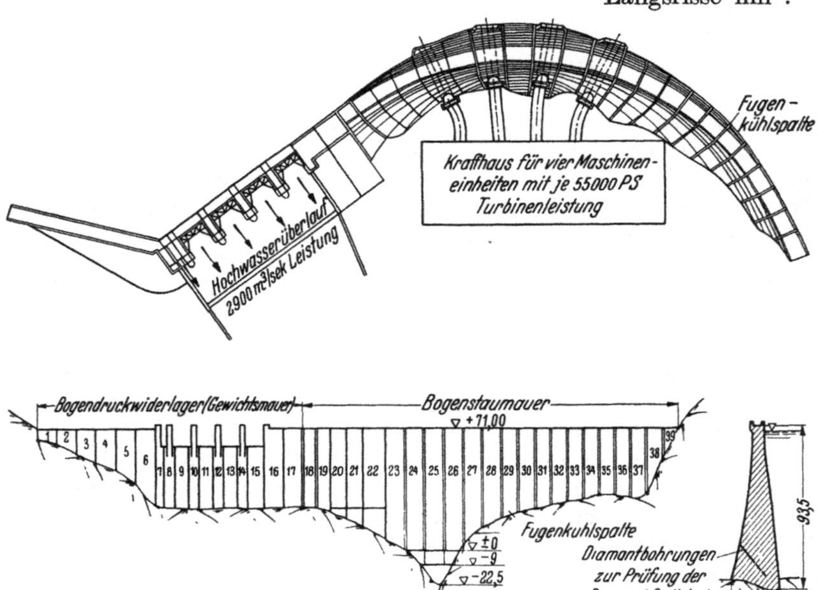

Abb. 505. Ariel-Staumauer.

[1] Ariel-Dam, an example of modern dam-construction practice. Engng. News Rec. 1931 I S. 435—438.

[2] F. A. Noetzli: Arch dam built in isolated blocks to reduce shrinkage effects. Engng. News Rec. 1933 (110) S. 78 und 79.

Umfangreiche Temperaturmessungen in der Ariel-Staumauer[1] haben wertvolle Aufschlüsse über die Wirkung der Fugenspaltkühlung gebracht, die für Bogen- und Gewichtsmauern in gleicher Weise lehrreich sind. Abb. 505 zeigt Draufsicht, Längsabwicklung und Querschnitt dieser ein Meisterwerk der Ingenieurkunst darstellenden Bogenstaumauer. Der Sohlenbreite von 29,7 m entspricht eine Gewichtsmauer von etwa 52 m Höhe.

Abb. 506 zeigt einen der Regelblöcke mit Spaltkühlung und die Lage der Widerstandsthermometer, Abb. 507 den Temperaturverlauf über einen Zeitraum von 2 Jahren, und zwar im Kerninnern (*Z*), 1 m von der Luftseite (*L*) und 1 m vom Kühlspalt (*F*). Wie zu erwarten war, erfährt die Kernzone in den ersten Monaten keine fühlbare Beeinflussung durch die Spaltkühlung. Dagegen ist im Fugenbereich eine deutliche Entlastung erkennbar; schon die höchste Abbindetemperatur liegt um 8° C niedriger als im Kern und nach 2 Monaten ist bereits die mittlere Jahrestemperatur erreicht. Durch das Schließen der Kühlspalte, das nach 6 Monaten erfolgte, wird der weitere Schwindvorgang grundlegend geändert. Die Temperatur steigt wieder um etwa 8° C an und hält sich fast ein ganzes Jahr lang auf dieser Höhe. Man muß daher das Schließen der Spalte möglichst weit hinausschieben und wenn angängig in die Vorfrühlingsmonate legen, in denen nach der Meßstelle (*L*) die tiefste jahreszeitlich bedingte Betontemperatur erfaßt wird.

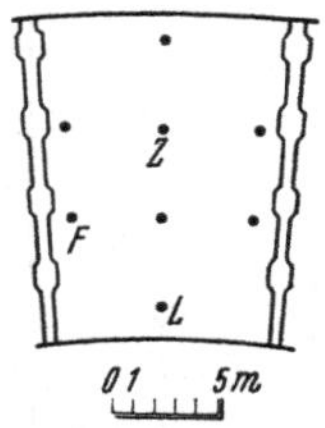

Abb. 506. Fugenspaltkühlung, Ariel-Staumauer. Anordnung der Widerstandsthermometer.

Der Block 25 in Talmitte (vgl. hierzu Abb. 505), der im unteren Teile nach dem Verfahren der Zementeinpressung, im oberen nach dem der Spaltkühlung mit den Anschlußblöcken verbunden wurde, gestattet einen unmittelbaren Vergleich beider Herstellungsverfahren. In Abb. 506 sind die Blocktemperaturen für verschiedene Mauerhöhen zusammengestellt worden; danach erzeugen die Kühlspalte in den beiden ersten Monaten eine Temperaturentlastung von 10 bis 15° C, die der Herabsetzung des schädlichen Schwindmaßes weitgehend zugute kommt. Man erkennt auch sehr schön, wie sich der ungekühlte, im Dreieckszwickel liegende Blockteil nach oben entlastet und so die Kühlwirkung kleiner erscheinen läßt. Das Auspressen der Kühlspalte ist auch hier wieder durch einen plötzlichen Anstieg der Temperaturkurve ausgeprägt.

Zusammenfassend läßt sich feststellen, daß die Fugenspaltkühlung eine fühlbare Herabsetzung des schädlichen Schwindmaßes herbeiführen kann, wenn die Blocklänge hinreichend klein gehalten wird. Wenn auch die Kernzonen erst nach einigen Monaten von der Kühlwirkung erfaßt werden, so ist der erzielbare Gesamtausgleich doch beträchtlich, so daß mit einer entsprechenden Verringerung der Längsrißgefahr gerechnet werden kann.

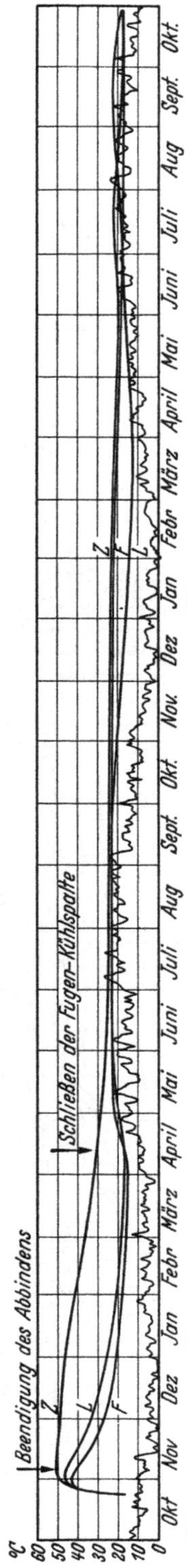

Abb. 507. Fugenspaltkühlung, Ariel-Staumauer. Temperaturverlauf.

[1] A. T. Larned and W. S. Merril: Actual deflections and temperatures in a trial load arch. dam. Proc. Amer. Soc. Civ. Engr. 1933 S. 723—761.

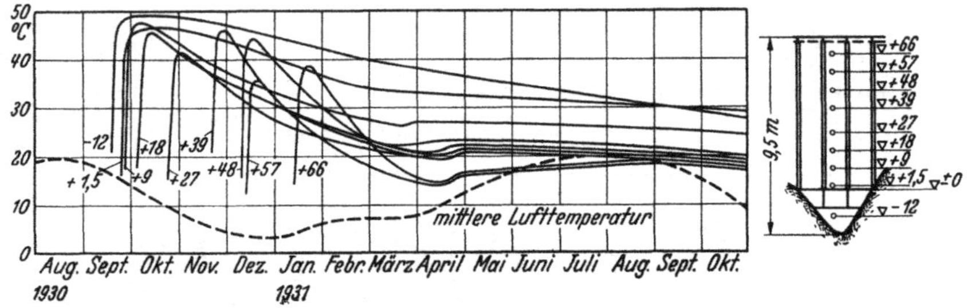

Abb. 508. Fugenspaltkühlung, Ariel-Staumauer. Mittlere Querschnittstemperatur.

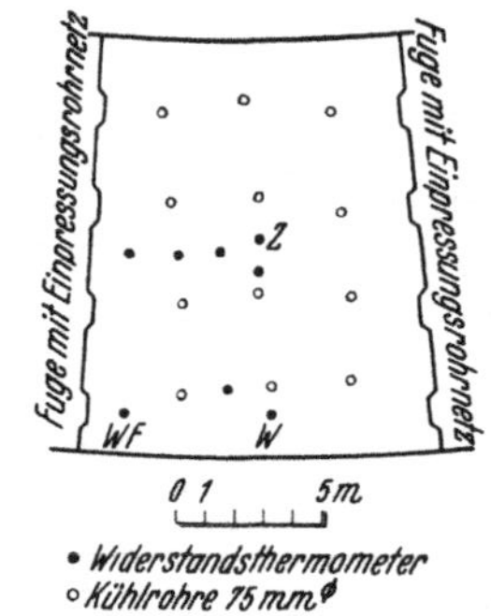

Abb. 509. Wasser-Innenkühlung, Ariel-Staumauer. Anordnung der Kühlrohre und Widerstandsthermometer.

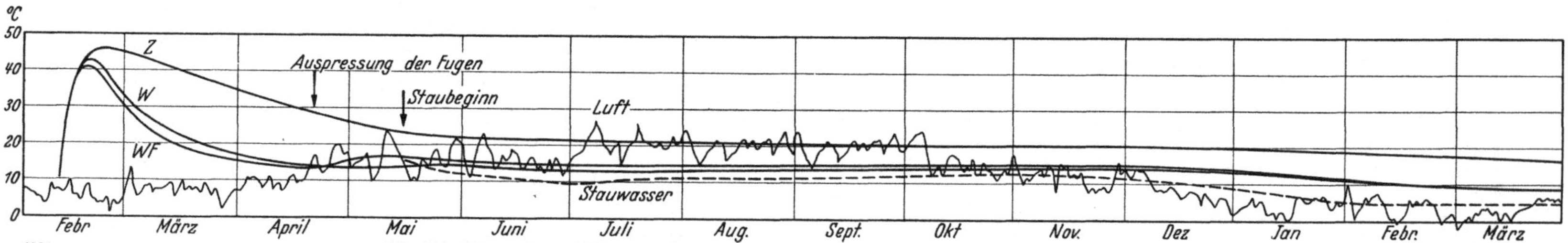

Abb. 510. Wasser-Innenkühlung, Ariel-Staumauer. Temperaturverlauf an Blockunterkante.

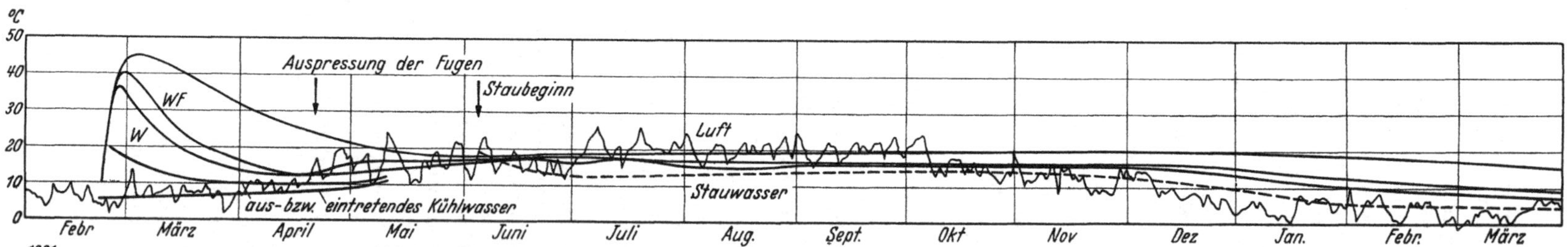

Abb. 511. Wasser-Innenkühlung, Ariel-Staumauer. Temperaturverlauf 27 m unter Mauerkrone.

Der jüngste und wirkungsvollste Weg der Betonkühlung ist der der Wasser-Innenkühlung. Er gestattet als einziger, an die bisher unerreichbaren Kernzonen heranzukommen und damit ganze Arbeit zu leisten.

Die Wasser-Innenkühlung wurde erstmals bei einigen Blöcken der Ariel-Staumauer[1] zur Anwendung gebracht, und zwar gleich mit vollem Erfolge. Die Veranlassung dazu gab ein äußerer Zwang. Es mußte nämlich im Bereich der

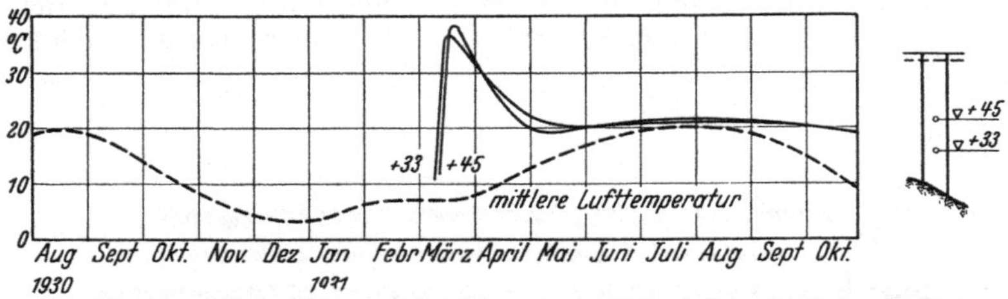

Abb. 512. Wasser-Innenkühlung, Ariel-Staumauer. Mittlere Querschnittstemperatur.

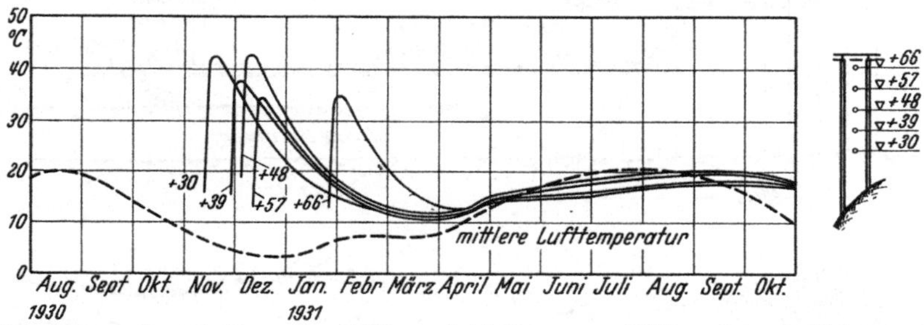

Abb. 513. Fugenspalt- und Wasser-Innenkühlung, Ariel-Staumauer. Mittlere Querschnittstemperatur.

Blöcke 20 bis 22 (vgl. hierzu Abb. 505) eine ursprünglich nicht vorgesehene 40 m hohe Öffnung freigehalten werden, um unerwartet starke Hochwasser abführen zu können. Diese mußte zur Einhaltung der Bauzeit innerhalb von 3 Wochen vor Inbetriebnahme geschlossen werden, was einen außerordentlichen Arbeitsfortschritt bedingte, den man nur bei Heranziehung der Wasser-Innenkühlung des Betons verantworten zu können glaubte. Da noch keinerlei Erfahrungen vorlagen, wurden zunächst an den Blöcken 27 und 31 einige Vorversuche angestellt, und zwar rüstete man Block 27 mit sechs Kühlrohren von je 25 cm und Block 31 mit einem Einzelkühlrohr von 30 cm Durchmesser aus. Auf Grund der Vorversuche wurden dann für die eigentlichen Kühlblöcke je 12 Steinzeugrohre von $7^1/_2$ cm Durchmesser gewählt, deren Verteilung aus Abb. 509 ersichtlich ist. Gleichzeitig wurden Widerstandsthermometer mittig zwischen die Kühlrohre eingebaut, um die erzielten Kühlergebnisse weitgehend verfolgen zu können.

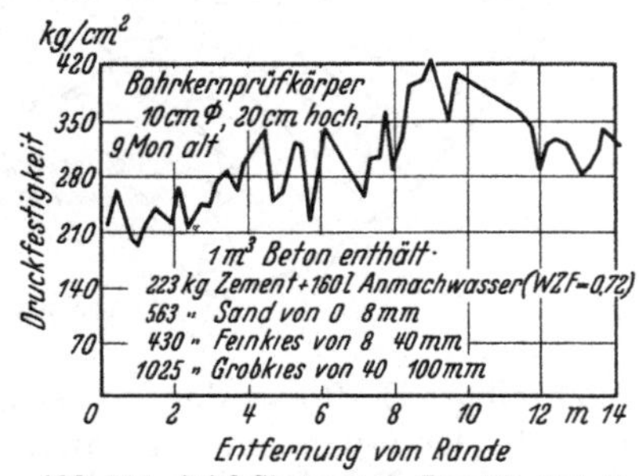

Abb. 514. Ariel-Staumauer. Druckfestigkeit von Diamantbohrkernen des Mauerbetons.

Die Abb. 510 und 511 zeigen den Regelverlauf der Temperaturkurve, und zwar an Blockunterkante bzw. 27 m unterhalb der Mauerkrone. Die aufgetragenen Kurven entsprechen einer Kernmeßstelle (Z), einer Meßstelle (W) 1 m von der Wasserseite in Blockmitte und einer (WF), je 1 m von Fuge und Wasserseite entfernt (Abb. 509). In dem höher gelegenen Mauerquerschnitt ist nach 3 Monaten überall die mittlere Lufttemperatur erreicht; die Kühlung war also ausreichend. Im unteren Mauerteil war der Kühlrohrquerschnitt offenbar etwas

[1] Siehe Fußnote 1 von S. 305.

zu schwach, denn die Kerntemperatur bleibt den ganzen Sommer lang um etwa 8° C über der mittleren Jahrestemperatur. Einen guten Überblick über die erzielte Gesamtwirkung liefert die Auftragung der mittleren Querschnittstemperatur (Abb. 512 u. 513). Sie zeigt, daß die besten Ergebnisse bei dem Vorversuchsblock 27 erreicht wurden, der gleichzeitig durch Fugenspalte und Wasser gekühlt wurde.

Die erstmalige Anwendung der Wasser-Innenkühlung beim Bau der Ariel-Staumauer hat sich in jeder Weise bewährt. Insbesondere wurden auch keinerlei

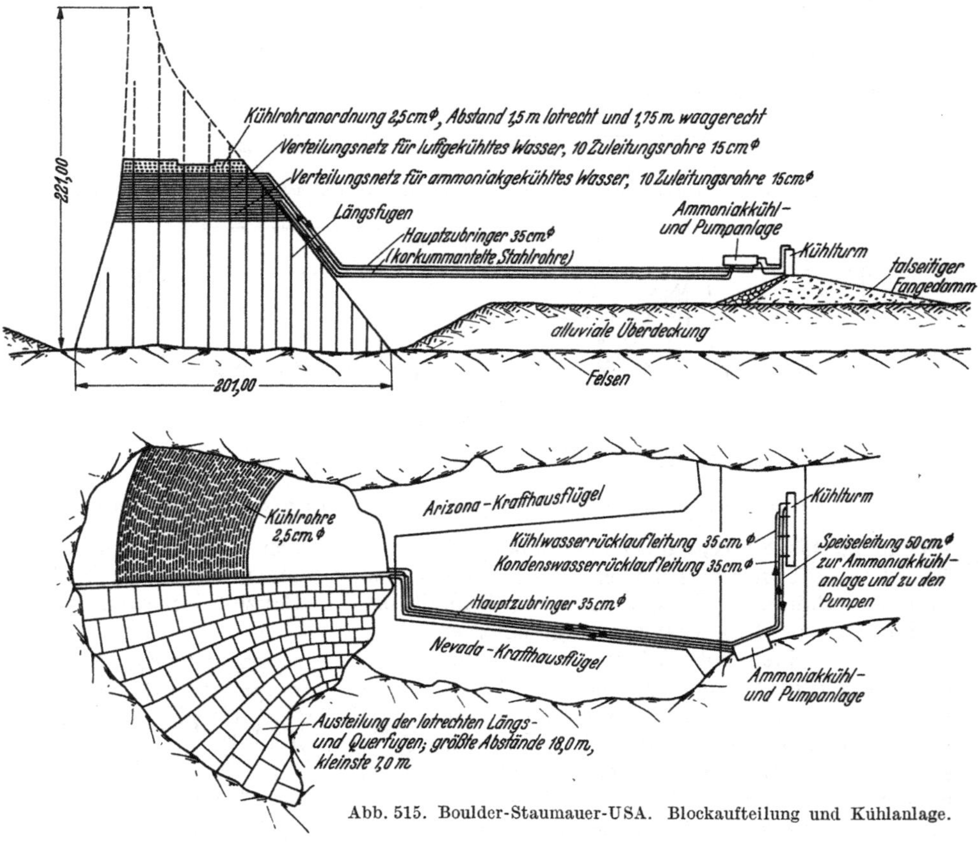

Abb. 515. Boulder-Staumauer-USA. Blockaufteilung und Kühlanlage.

nachteilige Einflüsse des vorzeitigen Wärmeentzuges auf die Erhärtung festgestellt. Umfangreiche Diamantbohrungen an der fertigen Staumauer, die bis zu 15 m lange Bohrkerne von 10 cm Durchmesser herausholten, ergaben durchweg, daß die Abbindewärme nur von untergeordnetem Einfluß auf die Festigkeit ist. Abb. 514 zeigt z. B. die Festigkeitsprüfung eines solchen Bohrkernes, in dessen Innern Höchsttemperaturen bis zu 58° C gemessen wurden. Die Druckfestigkeit hielt sich überall über einem Wert von 200 kg/cm² und steigt nach dem Inneren zu deutlich an, was eher auf eine günstige als schädliche Wirkung der Wärmebeeinflussung hindeutet. Bemerkenswert ist der zackige Verlauf der Druckfestigkeitskurve, der die natürlichen Festigkeitsschwankungen eines grobkörnigen Massenbetons sehr anschaulich zum Ausdruck bringt.

Die Wasser-Innenkühlung ist inzwischen auch anderenorts weiter entwickelt worden. Es seien hier insbesondere die Versuche beim Neubauamt Kanalabstieg in Magdeburg, beim Bau der Schleuse Allerbüttel und die Großanwendungen bei der Boulder-Staumauer (USA.) und bei Hohenwarthe genannt.

Die Boulder-Staumauer (Abb. 515), die 221 m hoch und an der Sohle 201 m dick ist, bot mit ihren gewaltigen Abmessungen für die Wasser-Innenkühlung ein ganz einzigartiges Anwendungsfeld[1]. Ohne entsprechende Maßnahmen hätte man hier mindestens mit 6 bis 8 Längsrissen rechnen müssen, die jede Standsicherheitsrechnung zur Bedeutungslosigkeit verurteilt haben würden. Nach Abb. 515 wurde diese Staumauer nicht nur in der Längsrichtung, sondern auch in der Querrichtung in Blöcke aufgeteilt, so daß ein im wesentlichen säulenartiger Aufbau entstand. Die Säulen sind in der Querrichtung mit Rücksicht auf die Bogenwirkung strahlig gestellt und in Längsrichtung gegeneinander

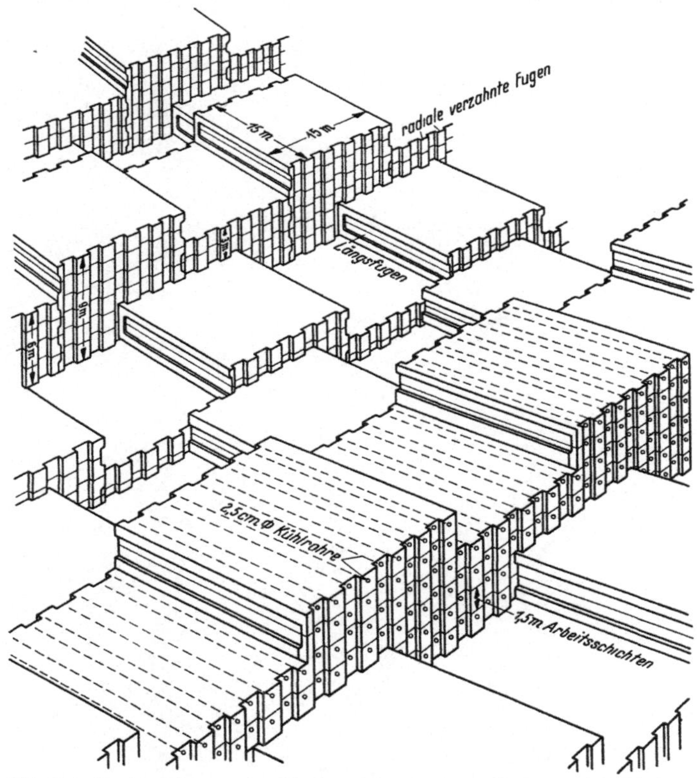

Abb. 516. Boulder-Staumauer. Blockverzahnung, Auspreßrohre und Kühlrohre.

versetzt. Sie wurden umschichtig hochgeführt (Abb. 516), um eine Verzahnung im großen zu erreichen. Daneben sind noch Verzahnungen in der Querrichtung und Verdübelungen in der Höhenrichtung vorhanden, so daß die Scherkräfte einwandfrei übertragen werden können. Der Säulenquerschnitt nimmt, um ein keilartiges Ineinanderpressen zu begünstigen, von der Wasser- zur Luftseite beträchtlich ab. Die größte Säulenkantenlänge ist auf 16 m begrenzt, um Risse innerhalb der Säulen mit Sicherheit zu vermeiden. Abb. 517 zeigt den säulenförmigen Aufbau während der Herstellung und den in der Mitte durchlaufenden Kühlspalt.

Die Aufgabe der Wasser-Innenkühlung bestand nun darin, den Säulenblöcken die Abbindewärme in so kurzer Zeit zu entziehen, daß das Auspressen der Quer- und Längsfugen Hand in Hand mit dem Hochführen der Mauer durchgeführt werden konnte. Die Wasserkühlung wurde gewöhnlich $1^1/_2$ Monate nach Einbringen des Betons eingesetzt und erstreckte sich über $2^1/_2$ bis 3 Monate.

[1] Byram W. Steele: Cooling Boulder Dam Concrete. Engng. News Rec. Bd. 113 (1934) S. 451—455.

Sie geschah in zwei Stufen, und zwar zunächst mit luftgekühltem Wasser und später mit künstlich — nach dem Ammoniakverfahren — vorgekühltem Wasser. Die Tiefkühlwirkung wurde von der Luft- zur Wasserseite so gesteigert, daß bei Beginn des Auspressens die aus Abb. 518 ersichtliche Jahresdurchschnitts-Temperaturverteilung vorhanden war. Die letztere wurde auf der Grundlage

Abb. 517. Boulder-Staumauer-USA. Blockaufteilung und Kühlspalt in Mauermitte.

einer ständigen Totwasserfüllung bis zu 100 m unter Maueroberkante thermodynamisch ermittelt.

In Abb. 519 sind für einen bestimmten Bauzustand die verschiedenen Kühlzonen durch Schraffur hervorgehoben. Die oberste, noch im ersten Erhärtungszustande befindliche Zone erfährt lediglich Luftkühlung, die durch einen in Mauermitte befindlichen 2 m breiten Kühlspalt (Abb. 517) noch verstärkt wird. Die Kühlrohre der darunterliegenden Zone im Ausmaß von 15 m gleich 10 Arbeitsschichten werden von natürlich gekühltem Wasser durchströmt, und eine weitere 15 m-Zone von vorgekühltem Wasser. Der treppenartige Verlauf der letzteren entspricht dem allmählichen Anwachsen der Jahresdurchschnittstemperatur von der Wasserseite zur Luftseite (Abb. 518). Nach dem eingezeichneten Stand der

Auspressung sind die Fugen der nächsten Blocklage bereits geschlossen. Am weitesten im Rückstand befindet sich naturgemäß die Kühlspaltfüllung.

Die Einzelheiten der Kühlrohranlage sind aus Abb. 515 ersichtlich. Es ist ein Kühlturm notwendig für das luftgekühlte Wasser, eine Ammoniakkühlanlage für die Tiefkühlung und eine Pumpanlage zur Herstellung des geschlossenen Kreislaufes, und zwar getrennt für beide Kühlnetze. Die Hauptzubringer von 35 cm Durchmesser, für die korkummantelte Stahlrohre gewählt wurden, verteilen ihr Wasser an der Luftseite des Kühlspaltes auf je 10 Verteilrohre von 15 cm Durchmesser, an die vermittels entsprechender Ventile die in Längsrichtung verlegten Kühlrohre von beiden Seiten angeschlossen sind. Die Kühlrohre haben $2^1/_2$ cm Durchmesser und sind lotrecht in $1^1/_2$ m und waagerecht in $1^3/_4$ m Abstand verlegt. Je zwei lotrecht übereinanderliegende Kühlrohre sind immer zu einer Rohrschleife vereinigt; demgemäß wirken die Verteilrohre abwechselnd als Zubringer- und Abführrohre. Über den Fugen müssen die Kühlrohre mit Dehnungskupplungen ausgestattet werden (Abb. 520). Um eine gleichmäßige Kühlwirkung zu erzielen, kann die Durchflußrichtung in sämtlichen Rohren umgekehrt werden. Zur Überwachung der Kühlwirkung wurden mittig zwischen die Kühlrohre zahlreiche Widerstandsthermometer eingebaut. Weitere Temperaturmessungen erfolgten durch Einführen von Widerstandsthermometern in die Kühlrohre; hierbei mußte zwecks Temperaturangleichung die Kühlung in der betreffenden Rohrschleife 48 h unterbrochen werden.

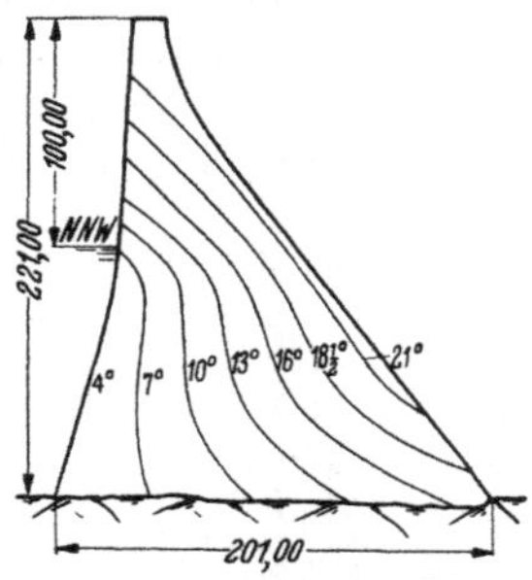

Abb. 518. Berechnete Jahresdurchschnittstemperaturen der Boulder-Staumauer.

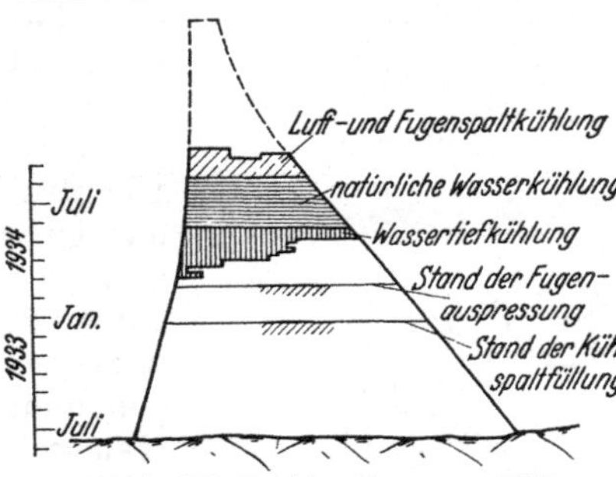

Abb. 519. Boulder-Staumauer-USA. Bauzustand Herbst 1934.

Im Durchschnitt mußte ein Temperaturunterschied von 22° C durch die Kühlrohre ausgeglichen werden; dies ist $^2/_3$ des Unterschiedes zwischen Abbindehöchst- und Jahresdurchschnittstemperatur, wie durch Kalorimetermessungen festgestellt wurde. Danach ist durch die $1^1/_2$monatige Luftkühlung etwa $^1/_3$ des erforderlichen Temperaturausgleiches herbeigeführt worden. Im Durchschnitt erwärmte der Beton das luftgekühlte Wasser um 4,1° C, das tiefgekühlte um 6,2° C. Diese Angaben beziehen sich auf eine Pumpleistung von 15 l/min je Kühlrohrschleife. Hierfür war eine tägliche Schmelzleistung der Kühlanlage von insgesamt 1740 t erforderlich, wovon auf die Ammoniakkühlanlage 825 t entfielen.

Abb. 520. Dehnungskupplungen der Kühlrohre über den Fugen (Boulder-Staumauer).

Die durchschnittliche lineare Zusammenziehung der Betonsäulen infolge der Luft- und Wasserkühlung wurde zu 0,2 mm/m festgestellt. Eine Säule von 15 m Kantenlänge erfuhr hiernach eine Zusammenziehung von 3 mm in jeder Richtung, die durch Zementeinpressung in die Quer- und Längsfugen ausgeglichen werden mußte.

Für das Auspressen der Fugen, das der Zonenaufteilung entsprechend in Abständen von 15 m vorgenommen wurde, mußten zunächst in sich geschlossene Fugenräume geschaffen werden. Dies geschah durch Einbetonieren waagerechter Kupferbleche in 15 m Abstand in sämtliche Fugen und durch Einbetonieren lotrechter Kupferbleche in die Längsfugen an den Kreuzungsstellen mit den

Querfugen. Außerdem waren die Querfugen noch luft- und wasserseitig und in den unteren Mauerzonen auch am Kühlspalt abzusperren, um nicht zu große Fugenräume entstehen zu lassen.

Es war ursprünglich vorgesehen, das Auspressen der Fugen mit den in Amerika vielverwendeten Auspreßrohren vorzunehmen, wie sie z. B. die bestbewährte Auspreßanordnung der Diablo-Staumauer[1] zeigt (Abb. 521). Es handelt sich hierbei um zweiteilige Rohre von 5 cm Durchmesser, die in Abständen von $1^1/_2$ bis 2 m lotrecht in den Fugen verlegt werden. Um Verstopfungen auszugleichen, werden sie in größeren Abständen durch waagerechte Rohre miteinander verbunden. Die Zweiteiligkeit bietet den Vorteil, daß, wenn der Beton schwindet, die Rohrhälften von den zugehörigen Blöcken mitgenommen werden, so daß ein Spalt in voller Größe des Schwindspaltes entsteht, der beim Einpressen des Zementbreies in das Rohrnetz eine ausgezeichnete Füllwirkung gewährleistet.

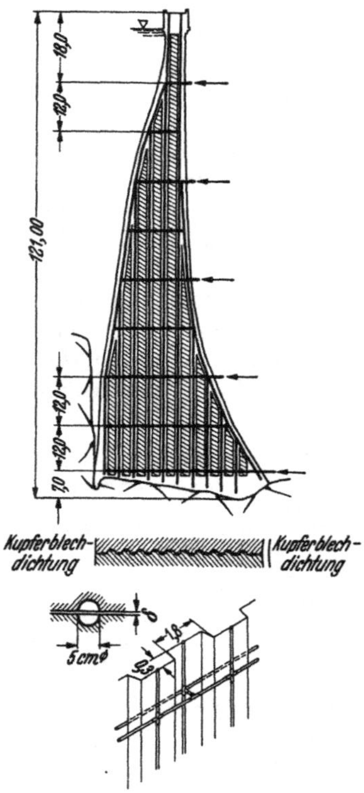

Abb. 521. Diablo-Staumauer. Rohrnetz zum Auspressen der Fugen.

Durch den mit den Kühlrohren erzielten vorzeitigen Schwindausgleich konnte bei der Boulder-Staumauer auf das kostspielige, die Herstellung erschwerende Auspreßrohrnetz vollständig verzichtet werden. Die am einen Ende des abgegrenzten Fugenbereiches eingefüllte dickflüssige Zementbrühe verteilte sich ohne weiteres über den ganzen Spaltraum, so daß die Pumpe erst in Betrieb gesetzt zu werden brauchte, als der Spalt nahezu ausgefüllt war. Ein Überdruck von 7 at hat vollständig ausgereicht, um das Überschußwasser zum Entweichen zu bringen und die erforderliche Verfestigung herbeizuführen. Rund 50% des Anmachwassers sind schätzungsweise von dem Beton beiderseits des Spaltes aufgenommen worden. Die dadurch erzielte einheitliche Mauerwirkung war so vorzüglich, daß in den zahlreichen Überwachungsstollen keinerlei Rißbildungen irgendwelcher Art zutage getreten sind.

Wir kommen nun zu der zweiten Großanwendung der Wasser-Innenkühlung bei der noch im Bau befindlichen Hohenwarthe-Staumauer (Thüringen)[2]. Es handelt sich hier um eine 73 m hohe Bogengewichtsmauer (Abb. 522 u. 523), die erste ihrer Art in Deutschland. Die in den oberen Mauerteilen zu erwartenden Bogenwirkungen wurden im Hinblick auf die nur schwache Krümmung bei der Bemessung nicht berücksichtigt und kommen somit einer gerade bei Gewichtsmauern sehr erwünschten Sicherheitssteigerung voll zugute.

Die Kühlanlage der Hohenwarthe-Staumauer ist das Ergebnis mehrjähriger Großversuche des Neubauamtes Kanalabstieg in Magdeburg und der Erfahrungen, die bei der Großanwendung beim Bau der Schleuse Allerbüttel gesammelt wurden. Im Gegensatz zur Boulder-Staumauer, bei der die Kühlung erst nach $1^1/_2$ Monaten einsetzte, begann man in Hohenwarthe mit der Innenkühlung schon wenige Stunden nach dem Einbringen des Betons, was nach den Vorversuchen von keinerlei nachteiligem Einfluß auf die Betongüte war. Man konnte auf diese Weise nicht nur die Kühlzeit beträchtlich abkürzen, sondern

[1] Lars Jorgensen: Memorandum on arch dam developments. J. Amer. Concr. Inst. 1931 S. 1—64.

[2] Der Bau der Hohenwarthe-Staumauer. Von Oberreg. und Baurat G. Braun. Dtsch. Wasserwirtsch. 1936 S. 145—149.

vor allem den Wärmeentzug so zeitig vornehmen, daß schädliche Schwindspannungen in ihrer Bildung stark beeinträchtigt wurden. In den im Frühling 1937 hergestellten Hohenwarthe-Blöcken genügten 3 bis 4 Wochen, um nicht nur die gesamte Wärmeentwicklung abzuführen, sondern darüber hinaus den

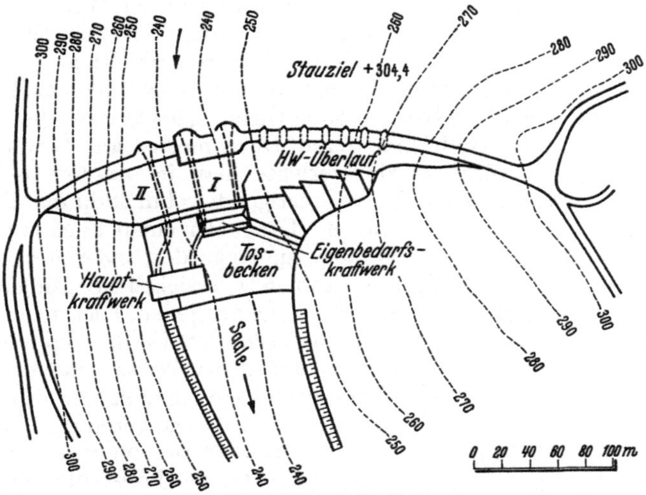

Abb. 522. Hohenwarthe-Talsperre.

Beton noch auf die mittlere Jahrestemperatur von 10 bis 12° C abzukühlen. Bedenkt man, daß in ungekühlten Staumauerblöcken die höchste Blocktemperatur etwa nach 7 bis 10 Tagen aufzutreten pflegt, und daß die Kühlwirkung angesichts des größeren Temperaturgefälles gerade zu Beginn der Innenkühlung besonders groß ist, so berechtigt eine Kühlzeit von 3 Wochen — vom Tage der Betoneinbringung an gerechnet — in der Tat zu den größten Hoffnungen. Bei weiterem Fortschreiten auf diesem Wege ist vielleicht der Augenblick nicht mehr fern, wo die gesamte chemische Wärmeentwicklung schadlos abgeführt werden kann. In solchen Staumauern

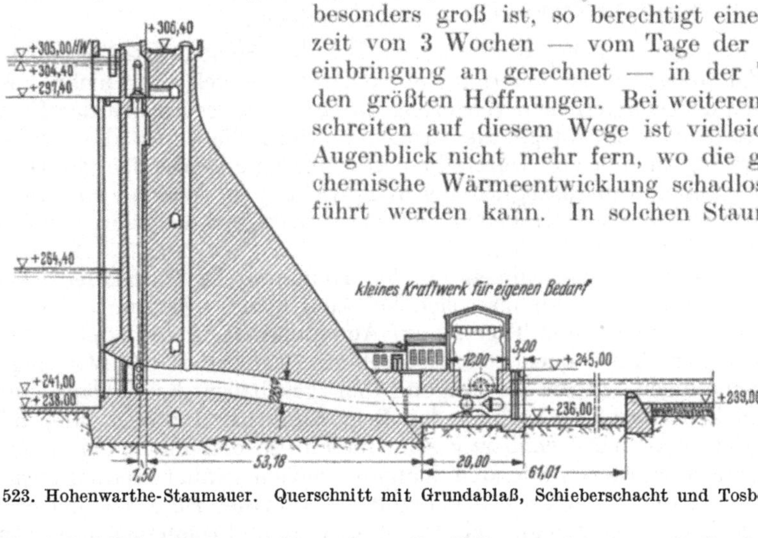

Abb. 523. Hohenwarthe-Staumauer. Querschnitt mit Grundablaß, Schieberschacht und Tosbecken.

wäre die einheitliche Mauerwirkung für alle Zeiten gesichert und die drohende Sphinx, die sich vielleicht in 50 oder 100 Jahren über einer durch Längsrisse zerschnittenen Gewichtsmauer erheben könnte, endgültig abgewendet.

In den erwähnten, im Frühling 1937 betonierten Blöcken der Hohenwarthe-Staumauer konnte unmittelbar mit dem der Baustelle zufließenden Saalewasser gekühlt werden. Da es der nur wenige km oberhalb befindlichen Bleiloch-Talsperre mit 170 km³ Fassungsraum entnommen wurde, wies es eine Durchschnittstemperatur zwischen 8 und 10° C auf. Das Kühlwasser wurde durch eine am oberwasserseitigen Ende der Baustelle aufgestellte Pumpe unter 6 at durch die Kühlrohre gepreßt, die ähnlich wie bei der Boulder-Staumauer in Mauerlängsrichtung verlegt waren (Abb. 524). Der Rohrabstand betrug 1,8 m waagerecht und 1,5 m lotrecht, im letzteren Falle in Anpassung an die Schichthöhe der Arbeitsschichten. Die Befestigung wurde in der Weise vorgenommen, daß man in die vorhergehende Schicht Rohr- oder T-Eisenstücke einließ, die nicht nur in lotrechter, sondern auch in waagerechter Richtung ein sicheres Widerlager boten. Das letztere erwies sich als sehr wesentlich, da der in Hohenwarthe angewandte Kübelbetrieb beträchtliche Querdrucke der Betonmasse im Gefolge hatte. Die Kühlrohre, deren Durchmesser auf Grund der Großversuche zu 40 mm gewählt wurde, verlegte man im unteren Schichtdrittel, um so der die oberen Schichtteile begünstigenden Luftkühlung Rechnung zu tragen. Längs der einen Fuge leitete man das Wasser zu, längs der anderen ab, so daß die aus Abb. 524 ersichtliche Ringlaufströmung entstand, bei der jeder Block nach Bedarf ein- und ausgeschaltet werden konnte. Man erreichte auf diese Weise eine denkbar große gegenseitige Unabhängigkeit, so daß Rohrbrüche, die anfangs vereinzelt als Folge des Querdruckes der Betonmasse auftraten, ohne Störung des Gesamtkreislaufes leicht behoben werden konnten. Die in Normallängen angelieferten Rohre wurden auf der Baustelle zusammengeschweißt und in die Zuführungsrohre eingeschweißt. Dies beeinträchtigte den Arbeitsfortschritt kaum, da ohnehin 8 Tage bis zum Aufbringen der nächsten Schicht verstreichen müssen.

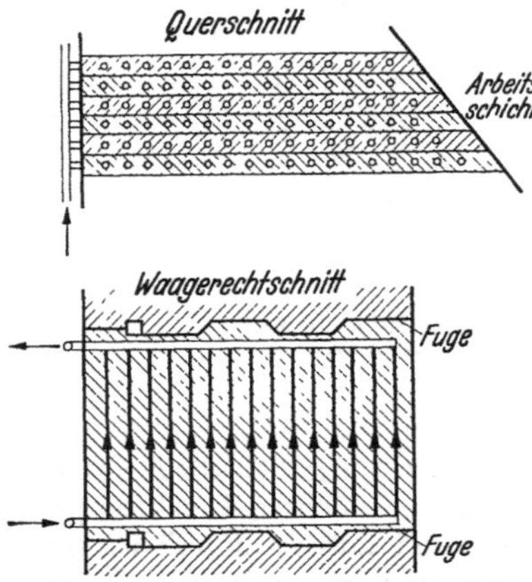

Abb. 524. Hohenwarthe-Staumauer. Kühlrohranlage in schematischer Darstellung.

Die anfänglich gehegte Hoffnung, bei der Hohenwarthe-Staumauer mit Saale-Kühlwasser auskommen zu können, erfüllte sich aber nicht. Mit dem Eintreten der sommerlichen Witterung im Mai 1937 erwies sich das Einschalten einer Ammoniakkühlanlage als dringend erforderlich, um die beabsichtigte Kühlwirkung zu erzielen. Durch diese Umstellung ergaben sich gewisse Schwierigkeiten; man kam bezüglich der Kühlwirkung in Verzug, so daß es nicht möglich war, während der heißen Sommermonate auf die Jahresdurchschnittstemperatur herunterzukühlen.

Die bisherigen Erfahrungen an der Hohenwarthe-Staumauer weisen eindringlich darauf hin, daß man sich bei künftigen Anwendungen der Wasser-Innenkühlung vom ersten Tage an auf Ammoniak-Tiefkühlung einstellen sollte. Jede Unterbrechung oder zeitweise Abminderung der Kühlwirkung schafft Wärmestauungen, deren Beseitigung bei gegebener Kühlanlage auf große Schwierigkeiten stößt. Auch in der Bemessung der Pumpen- und Kühlrohranlage darf man nicht engherzig sein, da nur so den mit wachsender Betonmasse immer stärker werdenden Kühlansprüchen genügt werden kann.

Während die Kühlanlage der Boulder-Staumauer rund 4% der Baukosten erfordert hat, scheint man bei der Hohenwarthe-Staumauer mit mindestens dem doppelten Kostenanteil rechnen zu müssen. Hier wirkt sich offensichtlich der Umstand aus, daß die Kühlanlage der Boulder-Staumauer erst $1^1/_2$ Monate nach Einbringen des Betons betätigt wurde. Da ein solches Verfahren unter normalen Verhältnissen, d. h. in Staumauern mit alleiniger Längsblockaufteilung, den Erfolg der Kühlmaßnahmen fragwürdig machen würde und höchstens zu falschen Sicherheitsvorstellungen Veranlassung geben könnte, wird man im allgemeinen mit einem Kühlkostenaufwand von 8 bis 10% der Baukosten rechnen müssen.

Die über die Wasser-Innenkühlung bisher gesammelten Erfahrungen haben bereits eine weitgehende Klärung vieler Fragen gebracht, so daß für künftige Anwendungen der Umfang von Voruntersuchungen weitgehend eingeschränkt werden kann. Zunächst findet mit zunehmender Abkühlung des Betons eine Abnahme der Kühlwirkung statt, entsprechend dem immer kleiner werdenden Temperaturunterschied (Abb. 525, 525a). Man muß daher mit der Kühlung so früh wie möglich beginnen und das Wasser so tief wie möglich kühlen.

Weiterhin ist einwandfrei erwiesen, daß die Verringerung des Kühlrohrabstandes viel wirkungsvoller als eine Vergrößerung des Rohrdurchmessers ist. Nach den Vorversuchen der Ariel-Staumauer (Abb. 525) ist die Kühlwirkung etwa dem Kühlrohrdurchmesser verhältig, während der Querschnitt quadratisch wächst. In Anpassung an diese Sachlage wollte man bei der Boulder-Staumauer die Tonrohre der Ariel-Staumauer von $12^1/_2$ cm Durchmesser durch Stahlrohre von 5 cm Durchmesser ersetzen, bei entsprechend verringertem Abstand auf 3 m. Die spätere Bauausführung ging auch unter diese Maße noch wesentlich herunter, da die Vorversuche ergaben, daß Stahlrohre von $2^1/_2$ cm Durchmesser, in $1^1/_2$ m Abstand verlegt, kühltechnisch noch wirkungsvoller waren. Damit dürfte allerdings eine untere Grenze erreicht sein, denn allzu enge Rohre weisen strömungstechnische Nachteile auf, die sich in einer entsprechenden Verteuerung der Pumpanlage auswirken müssen. Für künftige Anwendungen sollte man besser nicht unter den Kühlrohrdurchmesser der Hohenwarthe-Staumauer von 4 cm heruntergehen, einmal aus Festigkeitsgründen (Rohrbrüche) und zum anderen, um ein Schweißen zu ermöglichen.

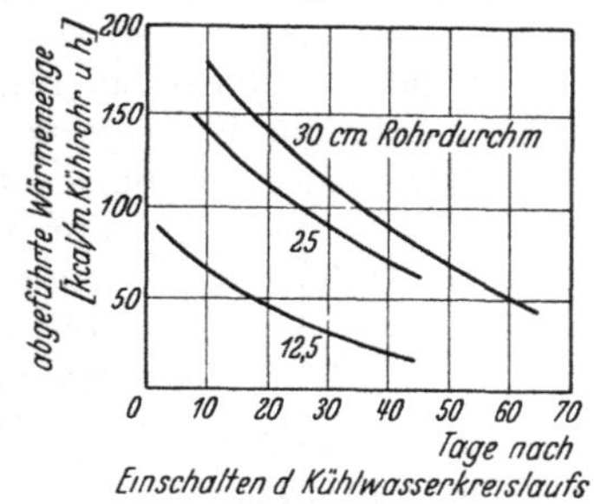

Abb. 525. Kühlwirkung, gemessen in kg-cal/m Rohr/h in Abhängigkeit vom Rohrdurchmesser (nach Vergleichsmessungen in Blocken der Ariel-Staumauer).

Die abzuführende Wärmemenge Q ergibt sich zu

$$Q = V \cdot z \cdot \alpha_z, \qquad (1)$$

wenn V den Staumauerinhalt, z die auf die Raumeinheit des fertigen Betons entfallende Zementmenge in kg und α_z die auf 1 kg Zement entfallende Wärmeentwicklung bezeichnet. Um Q so klein wie möglich zu halten, muß man bestrebt sein, die erforderliche Betongüte mit einem Kleinstaufwand an Zement zu erreichen, und vornehmlich solchen Zementen den Vorzug geben, die sich bei gleicher Güte durch eine möglichst niedrige Wärmeentwicklung auszeichnen. Nach Musterle bewegen sich die α_z-Werte zwischen 30 und 100 cal/kg. Danach ist der für die Hohenwarthe-Staumauer zugrunde gelegte Thurament-Zement mit 40 cal/kg als sehr günstig zu bezeichnen, auch dann noch, wenn die erforderliche, etwas hohe Zementmenge von 285 kg/m³ mitberücksichtigt wird. Nach (1) muß bei dieser größten deutschen Staumauer mit einer Wärmeentwicklung von 11400 cal/m³ gerechnet werden.

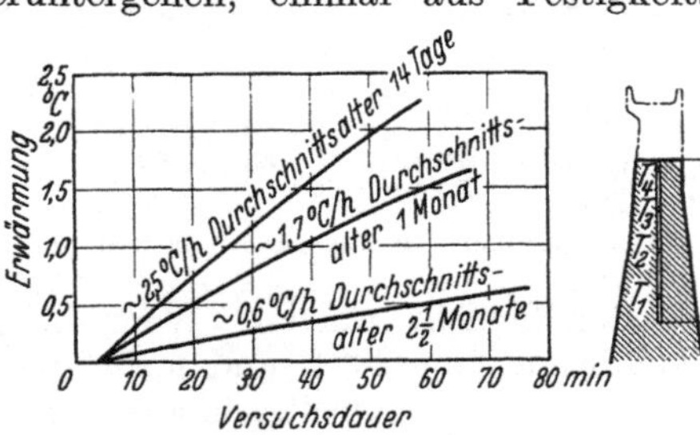

Abb. 525a. Kühlwirkung, gemessen an der Erwärmung des Kühlwassers bei unterbundenem Kreislauf (Ariel-Staumauer, Block 31).

Auf der Grundlage des auszugleichenden Temperaturunterschiedes ergibt sich eine etwas andere Berechnungsweise der abzuführenden Wärmemenge. Ist c die spezifische Wärme, γ_b das Raumgewicht des Betons und ΔT der Temperaturunterschied, so folgt

$$Q = c\,\gamma_b\,\Delta\,T\,V.$$

Wird im Mittel für c der Wert 0,25 und für γ_b der Wert 2300 kg/m³ eingesetzt, so ergibt sich

$$Q = 575 \Delta T V. \tag{2}$$

Nach (2) entspricht den oben für die Hohenwarthe-Staumauer gefundenen 11400 cal/m³ ein Temperaturunterschied von rund 20° C. Bedenkt man, daß in vielen Staumauern eine Temperaturerhöhung von 30° C gemessen wurde, so müssen die Temperaturverhältnisse der Hohenwarthe-Staumauer als sehr günstig bezeichnet werden. Man kann daher die für diese gemachten Angaben nicht ohne weiteres auf andere Verhältnisse übertragen.

Anstatt die Bemessung der Kühlrohranlage allein auf dem Versuchswege zu klären, ist neuerdings auch versucht worden, der Frage der Innenkühlung auf rechnerischem Wege näher zu treten. Ein praktisch brauchbares Berechnungsverfahren hat wohl erstmalig Th. Musterle[1] entwickelt, auf das im einzelnen einzugehen hier aber zu weit führen würde.

Abschließend sei noch bemerkt, daß man bei der Hohenwarthe-Staumauer neben der Betonkühlung auch noch eine nachahmenswerte Temperaturregelung in der Betonfabrik durchführte, so daß es möglich war, den Beton unabhängig von Jahreszeit und Wetterlage mit stets gleicher Einbringetemperatur zu verarbeiten und darauf die Kühlung aufzubauen.

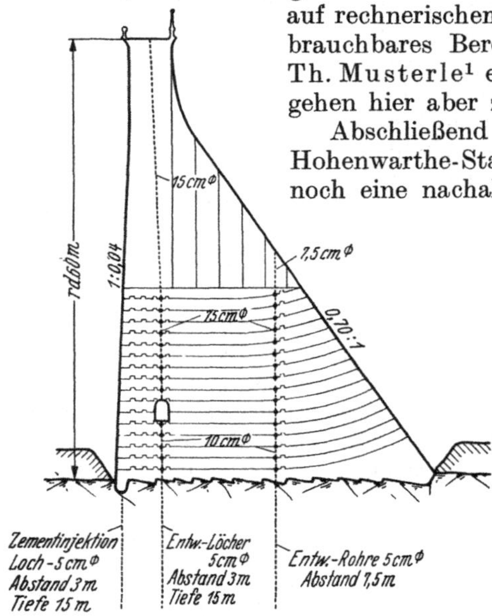

Abb. 526. Bull-Run-Staumauer. Querschnitt.

7. Arbeitsschichten und Arbeitsfugen.

Von großem Einfluß auf die Abbindewärme und damit auf Schwinden und Längsrißgefahr ist die Höhe der Arbeitsschichten. Man sollte grundsätzlich mit der Schichthöhe nicht über $1^1/_2$ m hinausgehen und mindestens 3 Tage mit dem Aufbringen der nächsten Schicht warten. Wenn im Inneren von Betonmauern Temperaturerhöhungen von 30° C und mehr gemessen wurden, so ist das oft auch die Folge zu hoher Arbeitsschichten (z. B. $2^1/_2$ m bei der Bleiloch-Staumauer).

Die durch den Schichtenaufbau entstehenden „Arbeitsfugen" stören stets die einheitliche Wirkung und insbesondere die Scherkraftübertragung. Man hat auf verschiedene Weise versucht, den Scherwiderstand längs der Arbeitsfugen zu erhöhen. Das wirksamste Mittel besteht in einer Krümmung der Arbeitsfugen an der Luftseite (Abb. 526[2], ferner bei Schwarza- und Schluchsee-Staumauer ausgeführt). Leider verlangen die schrägen Flächen eine Betonsteife, die für die Herstellung von Massenbeton nicht immer erwünscht ist[3]. Ebenfalls sehr wirksam, aber unbequem ist die Steinverdübelung (Abb. 527), bei der Steinblöcke bis zu 2 bis 3 t Gewicht so eingelegt werden, daß sie zur Hälfte in die nächste Arbeitsschicht hineinragen. Es ist meist bequemer, Holzkästen von 1 bis 2 m² Grundfläche durch Beschweren in den weichen Beton einzulassen; man kann auf diesem Wege ohne große Mühe 20 bis 30% der Oberfläche verdübeln (Herdecke-Staumauer). Weitere Verbindungsmöglichkeiten lassen sich durch Stufen schaffen (Abb. 212), die durch Aufsetzen winkelartiger Schalungen leicht hergestellt werden können. Da im plastisch-flüssigen

[1] Th. Musterle: Wasserkühlung bei Massenbeton. Bauing. 1937 S. 113—118.
[2] B. E. Torpen: Engng. News Rec. Bd. 103 (1929) S. 204—208.
[3] Vgl. jedoch das S. 351 von der Vermunt-Sperre berichtete.

Steifebereich die Scherfestigkeit des Betons nur $^1/_7$ der Druckfestigkeit ausmacht, kann man bei größeren Mauerstärken nur durch mehrere Stufen eine

Abb. 527. Blockeinlagen zur Verbindung der Arbeitsschichten (Schwarza-Staumauer).

namhafte Verstärkung des Scherwiderstandes erzielen. Die Sicherung durch Stufen ist besonders am Platze, wenn es sich um die Abschlußfugen eines Bauabschnittes handelt (Abb. 528).

Abb. 528. Cignana-Staumauer. Wiederaufnahme der Arbeiten im Spätfrühling.

Neben den baulichen Sicherungsmaßnahmen muß selbstverständlich das Hauptaugenmerk auf eine gute Verkittung der Arbeitsschichten gerichtet werden. Der schlimmste Feind der Arbeitsfuge ist der seifenartige Schaum, der bei Überschuß an Feinteilen mit dem Wasser hochsteigt und sich manchmal mehrere cm dick über der Arbeitsschicht absetzt; da er die Festigkeit stark beeinträchtigt, muß er vor Aufbringen der neuen Lage entfernt werden. Dünne

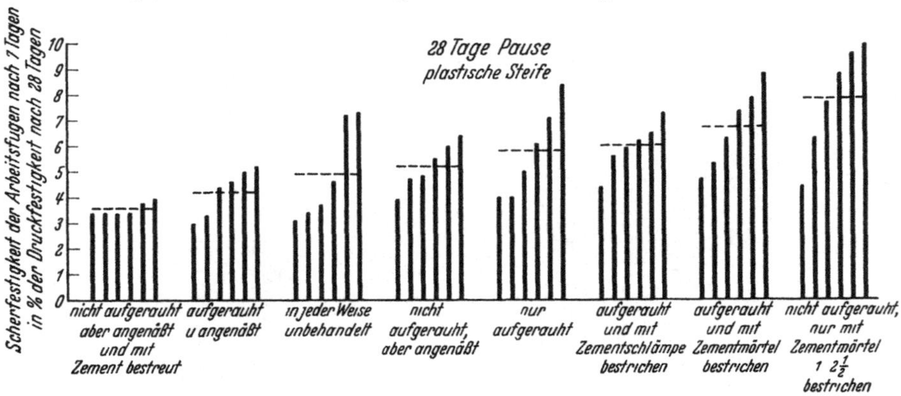

Abb. 529. Scherfestigkeit der Arbeitsfugen in Abhängigkeit von der Behandlung. (Aufgetragen nach Versuchen von Hager und Nenning für den deutschen Ausschuß für Eisenbeton.)

Überzüge lassen sich durch Stahlbesen beseitigen, während bei dickeren Schichten nur die Hacke in Frage kommt. Je grobkörniger der Beton zusammengesetzt ist, um so weniger Last hat man im allgemeinen mit dem Schaumabsatz. Die Verwendung geringwichtiger Feinteile (z. B. Kalk, Traß) begünstigt die Seifenbildung sehr.

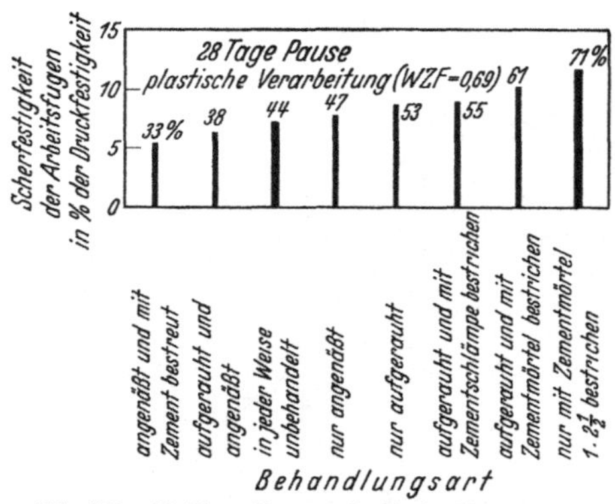

Abb. 530. 28 Tage Pause, plastische Verarbeitung ($WZF = 0{,}69$).

Die zweckmäßige Behandlung der Arbeitsfugen vor Aufbringen des neuen Betons ist durch Versuche von Hager und Nenning weitgehend geklärt worden[1]; die Folgerungen, die aus den Versuchsergebnissen gezogen werden können, sind in den Abb. 529—531 niedergelegt. Abb. 529 zeigt den Einfluß der verschiedenen Behandlungsverfahren auf die Scherfestigkeit; da es sich hier um Vergleiche handelt, sind die wirklichen Festigkeitswerte nur von geringer Bedeutung; die einpunktierten Geraden sind die Mittelwerte für je 6 Versuchskörper. Die nach dem Säubern nicht weiter behandelte Arbeitsfuge schneidet nicht, wie man vielleicht vermuten sollte, am schlechtesten ab; es ist vielmehr besser, man läßt die Oberfläche unbehandelt, als daß man gleichzeitig aufrauht und annäßt. Eine ins Gewicht fallende Erhöhung des Scherwiderstandes bringt eigentlich nur das vorherige Bestreichen mit Zementmörtel, das am wirksamsten ist, wenn die Oberfläche nicht aufgerauht wird.

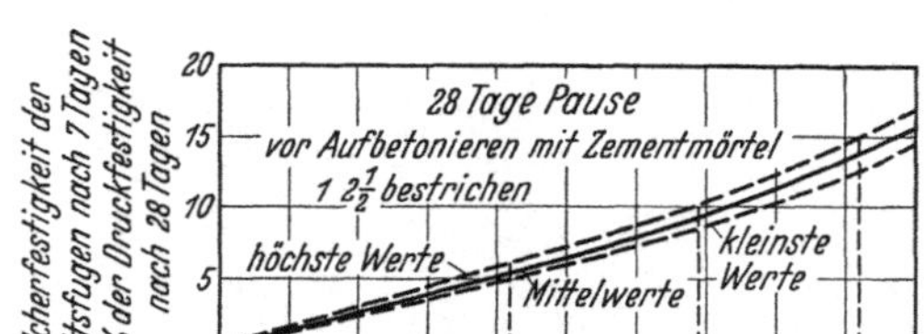

Abb. 531. 28 Tage Ruhepause. Vor Aufbetonieren mit Zementmörtel 1 : 2½ bestrichen.

In Abb. 529 ist die 7-Tage-Scherfestigkeit in % der 28-Tage-Druckfestigkeit aufgetragen worden; da die 28-Tage-Festigkeit erfahrungsgemäß um 50% höher

[1] Hager-Nenning: Versuche zur Feststellung der Scherfestigkeit und der Wasserdichtigkeit des Betons in den Arbeitsfugen bei verschiedener Fugenbehandlung. Deutscher Ausschuß für Eisenbeton, Heft 69.

als die 7-Tage-Festigkeit liegt, lassen sich die Werte angenähert auf gleiche Bezugsfestigkeit umrechnen und man erhält Abb. 530. Parallelversuche mit fugenlosem Beton ergaben, daß dessen Scherfestigkeit 16,5% der Druckfestigkeit ausmacht; legt man jene als Vergleichsmaßstab für die Scherfestigkeit der Arbeitsfugen zugrunde, so erhält man die in Klammern beigefügten Prozentsätze. Die unbehandelte Arbeitsfuge besitzt hiernach 44%, die aufgerauhte 53% und die mit Zementmörtel bestrichene 71% der Betonscherfestigkeit, wobei vorausgesetzt ist, daß die obere Lage nach 28 Tagen aufgebracht wird.

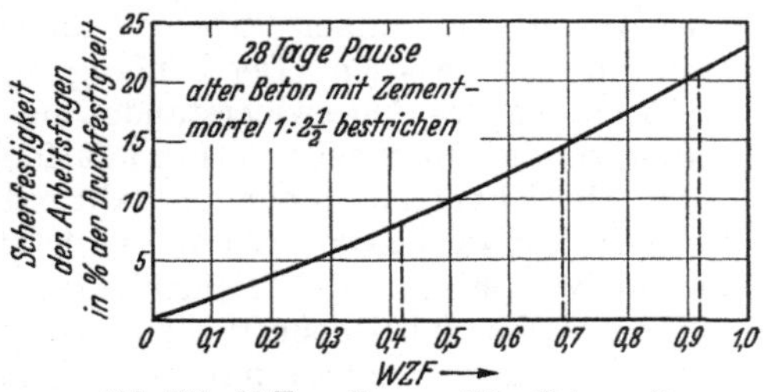

Abb. 532. 28 Tage Pause. Alter Beton mit Zementmörtel 1 : $2^1/_2$ bestrichen.

Abb. 531 zeigt auf der Vergleichsgrundlage von Abb. 529 den Einfluß des *WZF* (Wasserzementfaktors) auf die Scherfestigkeit der Arbeitsfugen, und zwar bei vorherigem Bestreichen mit Zementmörtel 1 : $2^1/_2$. Wird ähnlich wie für Abb. 530 auf einheitliche Grundlage umgerechnet, so entsteht Abb. 532. Die Auftragungen lassen klar erkennen, daß das Verhältnis zwischen Scher- und Druckfestigkeit mit steigendem Wasserzusatz günstiger wird; dieses Ergebnis ist in erster Linie auf die gewählte Behandlungsart (Bestreichen mit Zementmörtel) zurückzuführen, was besonders deutlich wird, wenn man noch das Verhalten des fugenlosen Betons daneben hält (Abb. 533).

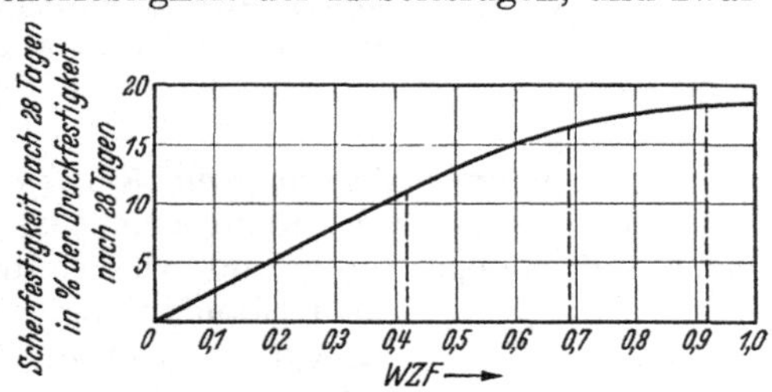

Abb. 533. Scherfestigkeit nach 28 Tagen in % der Druckfestigkeit nach 28 Tagen.

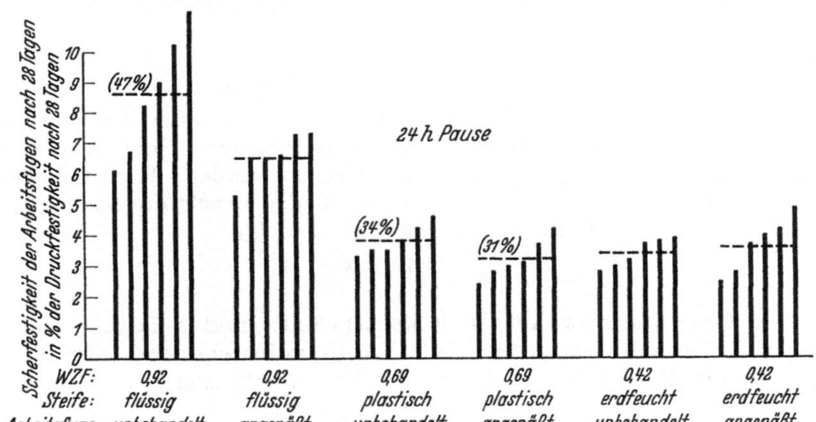

Abb. 534. Scherfestigkeit der Arbeitsfugen in Abhängigkeit von der Steife, unbehandelt und angenäßt. 24 Stunden Pause. (Aufgetragen nach Versuchen von Hager und Nenning für den deutschen Ausschuß für Eisenbeton.)

Man sollte vermuten, daß ein 1 Tag alter und 28 Tage alter Beton beim Aufbetonieren sich verschieden zu dem neuen Beton verhalten. Nach den Versuchen von Hager und Nenning ist dies nicht der Fall, wie man aus dem Vergleich der Werte von Abb. 534 mit denen von Abb. 529 erkennt. Man darf sich daher bezüglich der Schwächung des Scherwiderstandes durch die Arbeitsfugen keinen Täuschungen hingeben. Bei der üblichen 3- bis 8tägigen Wartezeit muß damit gerechnet werden, daß der Scherwiderstand der Arbeitsfugen etwa 35 bis 50% der Beton-Scherfestigkeit ausmacht. Nennenswerte Ausgleiche lassen sich nur erzielen, wenn die Oberfläche vor Aufbringen der neuen Arbeitsschicht mit Zementmörtel bestrichen wird. Hierdurch kann bei plastischer Betonbeschaffenheit 70% und für Gußbeton 100% des vollen Scherwiderstandes erreicht werden. Der Umfang der zusätzlichen, baulichen Maßnahmen zur Erhöhung des Scherwiderstandes hat sich daher in erster Linie danach zu richten, ob die Oberfläche vorher mit Zementmörtel bestrichen wird oder nicht.

Die Gewichtsmauer steht und fällt mit der Möglichkeit, die einheitliche statische Wirkung zu sichern. Wie in den letzten Abschnitten gezeigt wurde, fehlt es nicht an Vorschlägen und Möglichkeiten, um schädliche Rißbildungen zu unterbinden und die einheitliche Wirkung zu steigern. Ob man auf den angedeuteten Wegen und insbesondere mit der Wasser-Innenkühlung zum Ziele gelangen kann, darüber wird nur die Zukunft entscheiden können. Fest steht heute lediglich eines, nämlich daß das Vertrauen in die großen Massen der Gewichtsmauer in den letzten Jahren stark ins Schwanken gekommen ist. Man hat mehr und mehr erkennen müssen, daß gerade die großen Massen der Herbeiführung eines einheitlichen Kräftespiels außerordentliche Schwierigkeiten entgegenstellen.

8. Sickerströmung und Kraftwirkungen des Porenwassers.

Beton erweist sich, wenn man ihn unter dem Mikroskop betrachtet, als mehr oder weniger porig und wird, ähnlich wie die Schütt- und Spülböden von Staudämmen, vom Wasser durchströmt. Der Versuch hat die Vermutung bestätigt, daß auch für diese Porenströmung das Darcysche Gesetz gilt. Beschränkt man sich zunächst auf die Betrachtung einer waagerechten Durchströmung der Staumauer, so können die Darcy-Hatchschen Gleichungen unmittelbar Anwendung finden [vgl. Kap. 17, 4 Gl. (10)]. Für $\beta = \beta'$ ergibt sich

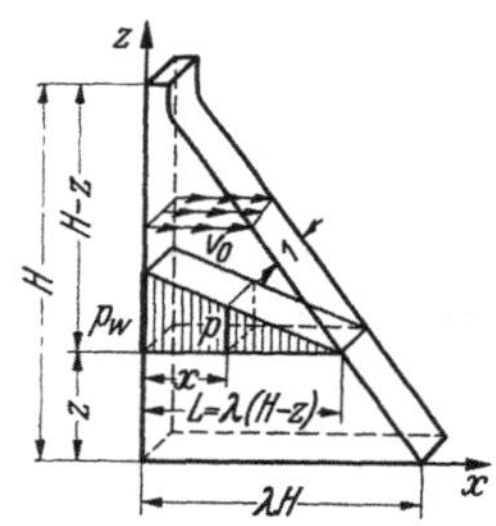

Abb. 535.

$$v_m = k \frac{H}{L};$$

$$k = c\, D^2 (1 + 0{,}040\, t^0). \tag{1}$$

Da der Durchlässigkeitsgrad k in erster Annäherung als überall gleich angesehen werden kann, braucht die zweite der Gl. (1) zunächst nicht weiter berücksichtigt zu werden. Wird der Spiegelabfall H der waagerechten Sickerströmung durch den Druckunterschied $(p_w - p_l)$ zwischen Wasser- und Luftseite ausgedrückt, so folgt

$$v_m = \frac{k}{\gamma} \frac{p_w - p_l}{L}. \tag{2}$$

Wird eine Gewichtsmauer mit Dreiecksquerschnitt und senkrecht stehender Wasserseite zugrunde gelegt und auf das Koordinatensystem der Abb. 535 bezogen, so erhält man für p_w bei bordvollem Staubecken

$$p_w = \gamma (H - z). \tag{3}$$

Ferner folgt, wenn ein Unterwasserstau außer Betracht gelassen wird,

$$p_l = 0. \tag{4}$$

Betrachtet man nun eine durch einen bestimmten z-Wert gekennzeichnete Sickerlinie, so muß auf dieser, entsprechend der gleichbleibenden Geschwindigkeit, der Porenwasserdruck geradlinig auf Null absinken. Es folgt daher im Abstande x von der Wasserseite

$$p(x, z) = p_w \left(1 - \frac{x}{L}\right). \tag{5}$$

Wird die Mauerbreite B gemäß

$$B = \lambda H \tag{6}$$

durch die Höhe ausgedrückt, so kann L in der Form

$$L = \lambda (H - z) \tag{7}$$

dargestellt werden. Führt man (3) und (7) in (5) ein, so ergibt sich

$$p(x, z) = \gamma (H - z) \left(1 - \frac{x}{\lambda (H - z)}\right) = \gamma \left(H - z - \frac{x}{\lambda}\right). \tag{8}$$

Ferner folgt durch Einführen von (3), (4) und (7) in (2), bei Fortlassen des hier bedeutungslosen Zeigers m

$$v(x, z) = \frac{k}{\lambda} = v_0. \tag{9}$$

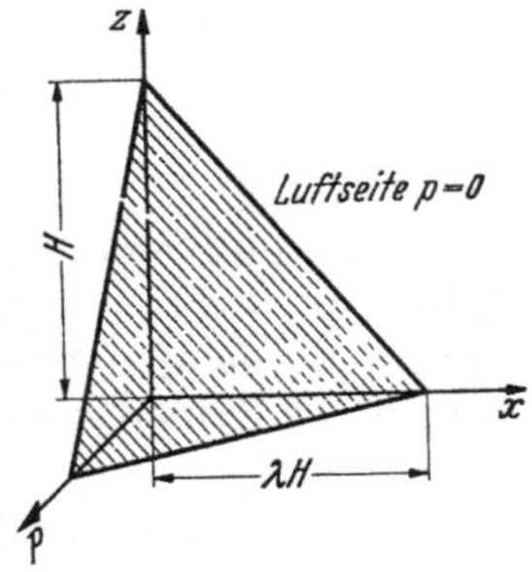

Abb. 536.

Durch (8) und (9) ist die Porenwasserdruck- und Geschwindigkeitsverteilung in einer Gewichtsmauer mit gleichbleibendem Durchlässigkeitsgrad eindeutig festgelegt. Wird die Druckverteilung senkrecht zur Querschnittsfläche aufgetragen (Abb. 536), so ergibt sich ein ebener Verlauf, bei dem die Linien gleichen Porenwasserdruckes durch Parallele zur Luftseite gekennzeichnet sind. Die **Sickergeschwindigkeit** ist nach (9) nicht nur längs ein und derselben Stromlinie, sondern an jeder Stelle der Staumauer die gleiche. Man kann daher den Gesamtsickerverlust sofort angeben und erhält, wenn F die vom Wasser benetzte Außenfläche bezeichnet,

$$Q_0 = \frac{kF}{\lambda} \text{ (Gesamtsickerverlust).} \tag{10}$$

Die Durchströmung des Betons ruft chemische und mechanische Wirkungen hervor. Die ersteren bestehen in Zersetzungserscheinungen des Zementleims und insbesondere des ungebundenen Kalkes, die schon durch Spuren von Humus- oder Kohlensäure eingeleitet werden können. Die Angriffsgefahr ist um so größer, je größer die Sickergeschwindigkeit, d. h. der Durchlässigkeitsgrad ist. Bei verschiedenen nordischen Staumauern sind umfangreiche Auslaugungen durch Spuren von Humussäure im Stauwasser festgestellt worden. Als Beispiel sei die Ringedalsvand-Staumauer genannt (Abb. 537), deren jährlicher Sickerverlust bis zu 10 hm³ betrug. Nach Mengenanalysen des Stau- und Sickerwassers wurden aus dieser Staumauer jährlich etwa 30 t feste Teile herausgewaschen[1].

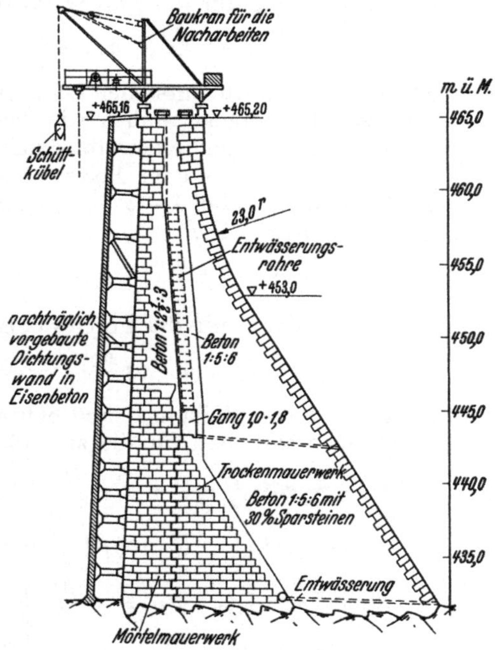

Abb. 537. Ringedalsvand-Staumauer. Querschnitt.

Die mechanischen Wirkungen der Strömung werden durch das Druckwasser hervorgerufen und bestehen in Poren- oder Fugenwasserdrucken und Reibungskräften. Die Entstehung des Fugenwasserdruckes ist einmal eine Folge des Betonaufbaues, indem praktisch undurchlässige Zuschlagteile von dem gleichmäßig porigen Zementleim umgeben werden, und hängt weiterhin mit der

[1] A. **Ludin**: Nordische Wasserkräfte. Berlin: Julius Springer 1930. Ferner Mitt. Nr. 1 des Betonausschusses des Norwegischen Ing.-Vereins. Untersuchung von Schäden an unseren Betonsperren und Bruchsteinmauern in Mörtel. Oslo 1930. Ferner O. **Reed**: Zerstörungserscheinungen an Staumauern in Skandinavien. Civ. Engng., April 1932.

Verschiedenheit des Porenwasserdruckes von Punkt zu Punkt zusammen. Wie oben bereits im Anschluß an (8) erläutert wurde, verlaufen die Linien gleichen Porenwasserdruckes parallel zur Luftseite, so daß senkrecht zu dieser ein Druckgefälle vorhanden ist. Hierdurch wird auf die in den Zementbrei eingebetteten Zuschlagteile eine Auftriebswirkung ausgeübt.

Nach dem Archimedischen Prinzip erfährt ein fester Körper, z. B. ein Stein, der in einer Flüssigkeitsströmung fest verankert ist, einen Auftrieb in Richtung des größten Druckgefälles, dessen Größe durch

$$A = -V \operatorname{grad} p \tag{11}$$

gegeben ist.

Wird nun eine Raumeinheit des durchströmten Betons betrachtet, so erfahren in dieser alle festen Teile, deren Anteil α sei, Auftrieb, und zwar entsprechend demjenigen Anteil βF ihrer Gesamtoberfläche, der zufolge der Porigkeit β des Zementleims mit dem Sickerwasser in Berührung kommt. Es ergibt sich daher

$$a = -\alpha\beta \operatorname{grad} p \quad \text{(Auftriebskraft je Raumeinheit des Betons)}. \tag{12}$$

Zerlegt man die Auftriebskraft in ihre waagerechte und lotrechte Komponente, so folgt

$$a_x = -\alpha\beta\frac{\partial p}{\partial x}; \quad a_z = -\alpha\beta\frac{\partial p}{\partial z} \quad \text{(allgemein)} \tag{13}$$

und in Anwendung auf die Porenwasserdruckverteilung von (8)

$$a_x = \frac{\alpha\beta\gamma}{\lambda}; \quad a_z = \alpha\beta\gamma \quad \text{(Gewichtsmauer)}^{1}. \tag{14}$$

Die Reibungskräfte entstehen beim Durchfluß des Wassers längs der Porenwandungen und können ähnlich wie die Durchströmung nur im Durchschnitt erfaßt werden. Sie sind einerseits dem waagerechten Druckgefälle verhältnisgleich und andererseits dem Porenanteil je Raumeinheit des Betons. Dieser ist wiederum dem Anteil $1-\alpha$ des Zementleims und dessen Porigkeit β verhältnisgleich. Es folgt daher

$$r_x = -(1-\alpha)\beta\frac{\partial p}{\partial x}, \quad r_z = -(1-\alpha)\beta\left(\frac{\partial p}{\partial z} + \gamma\right) \quad \text{(allgemein)} \tag{15}$$

und in Anwendung auf die Porenwasserdruckverteilung von (8)

$$r = r_x = (1-\alpha)\frac{\beta\gamma}{\lambda}, \quad r_z = 0 \quad \text{(Gewichtsmauer)}. \tag{16}$$

Werden Auftriebs-, Reibungs- und Schwerekräfte zu einer Gesamtmassenkraft vereinigt, so erhält man für die zugehörigen Teilkräfte

$$\left.\begin{aligned} m_x &= -\alpha\beta\frac{\partial p}{\partial x} - (1-\alpha)\beta\frac{\partial p}{\partial x} = -\beta\frac{\partial p}{\partial x} \\ m_z &= -\alpha\beta\frac{\partial p}{\partial z} - (1-\alpha)\beta\left(\frac{\partial p}{\partial z} + \gamma\right) - \gamma_b \end{aligned}\right\} \text{(allgemein)}; \tag{17}$$

$$\left.\begin{aligned} m_x &= \frac{\alpha\beta\gamma}{\lambda} + (1-\alpha)\frac{\beta\gamma}{\lambda} = \frac{\beta\gamma}{\lambda} \\ m_z &= \alpha\beta\gamma - \gamma_b \end{aligned}\right\} \text{(Gesamtmassenwirkungen je Raumeinheit der durchströmten Gewichtsmauer)}. \tag{18}$$

Aus diesen Gleichungen folgt, daß die Massenkraft einer durchströmten Gewichtsmauer an jeder Stelle die gleiche ist. Die Reibungskraft hat entsprechend der waagerechten Durchströmung nur eine waagerechte Seitenkraft, während der „Auftrieb" nicht lotrecht, wie oft fälschlicherweise angenommen wird, sondern senkrecht zu den Linien gleichen Porenwasserdruckes wirkt.

Die waagerechten Komponenten der Massenkraft sind in ihrer Gesamtheit nichts weiter als derjenige Anteil des auf die Außenfläche wirkenden Stauwasserdruckes, der auf die Poren entfällt, denn integriert man m_x längs eines waage-

[1] P. Fillunger: Öst. Wschr. f. d. öffentl. Baudienst 1913 Heft 45. Ferner Z. öst. Ing.- u. Arch.-Ver. 1914 S. 441.

rechten Mauerstreifens von der Höhe 1, so folgt

$$\int_0^{\lambda(H-z)} m_x \mathrm{d}\, x = \beta\gamma\,(H-z) = \beta\, p_w .$$

Es bleibt daher als einzige „statische" Wirkung letzten Endes die Massenkraft m_z, die nichts weiter als das um die lotrechte Seitenkraft des Auftriebs verminderte Raumgewicht darstellt.

Außer den Auftriebs- und Reibungskräften übt das Druckwasser noch örtliche Wirkungen aus, die durch die Zusammendrückung der festen Teile hervorgerufen werden. Ist der Porenwasserdruck p, so steht jedes Zuschlagteilchen längs seiner Randfläche unter dem Außendruck βp und erfährt infolgedessen unter Berücksichtigung der Querdehnung und des Anteiles α der festen Teile eine bezogene Zusammendrückung von

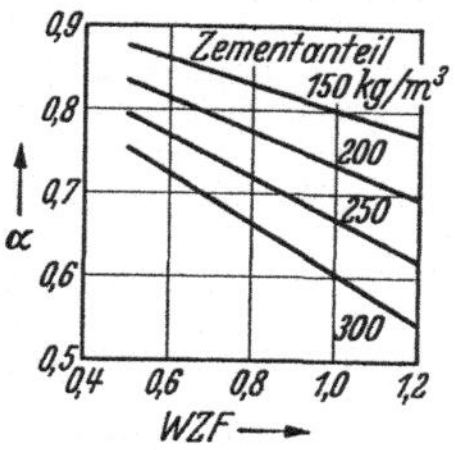

Abb. 538.

$$\varepsilon = \frac{\alpha\beta\,(1-2\mu)\,p}{E} \quad \text{(Betonzusammendrückung durch Porenwasserdruck)}. \qquad (18)$$

Die durch (18) hervorgerufenen Raumänderungen sind denen aus Schwinden und Temperaturschwankungen nahe verwandt. Ihr Einfluß ist jedoch gering, da mit der Durchströmung gleichzeitig ein Schwellen des Betons eintritt, das die Zusammendrückung mehr oder weniger rückgängig macht.

Die in (17) und (18) auftretenden Festwerte α und β lassen sich leicht bestimmen, wenn Wasserzementfaktor (abgekürzt *WZF*) und Zementanteil bekannt sind. Enthält ein m³ fertiger Beton Z t Zement, so nehmen diese bei einer Wichte von 3,1 einen porenfreien Raum von $0{,}32 \cdot Z$ m³ ein. Ausgedrückt durch den *WZF* — Verhältnis von Anmachwasser zu Zementgewicht im Zustande des Abbindens — ergibt sich der Anteil des raumfüllenden Zementleims zu

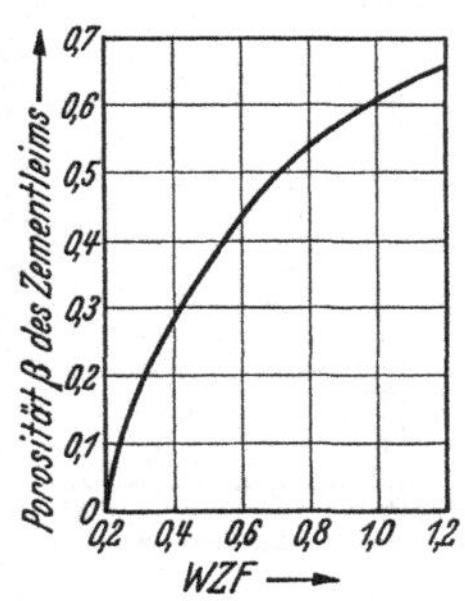

Abb. 539.

$$Z + W = (WZF + 0{,}32)\,Z,$$

und damit derjenige der Zuschlagteile zu

$$\alpha = 1 - (WZF + 0{,}32)\,Z. \qquad (19)$$

Der Anteil der Poren im Zementleim kann unter Zuhilfenahme der Hydratwassermenge bestimmt werden. Unter der letzteren versteht man diejenige Wassermenge, die dem Anmachwasser bei der Bildung des Zementsteins entzogen wird. Sie macht nach ausgedehnten Versuchen von Wilson für die bei Gewichtsmauern üblichen Zementgehalte etwa 20% des Zementgewichtes aus. Der restliche Teil des Anmachwassers $(WZF - 0{,}20)\,Z$ bleibt chemisch ungebunden und bildet die Porenräume des Zementleims. Man erhält daher für β den Bruch

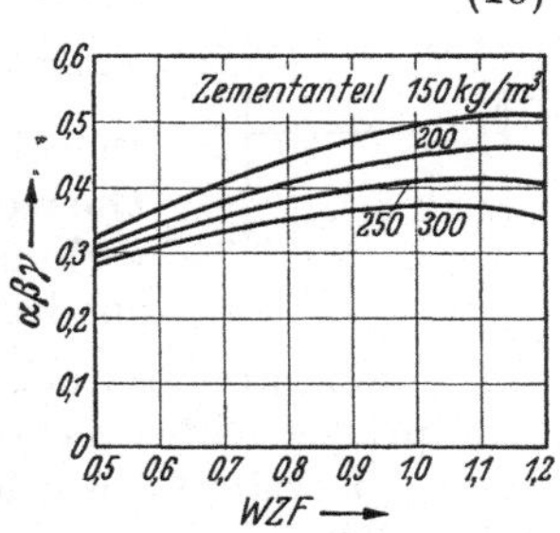

Abb. 540. Lotrechte Seitenkraft des bezogenen Auftriebs in Abhängigkeit vom *WZF* und vom Zementanteil.

$$\beta = \frac{WZF - 0{,}20}{WZF + 0{,}32}. \qquad (20)$$

Somit folgt für die lotrechte Seitenkraft des Auftriebes

$$\alpha\beta\gamma = \frac{WZF - 0{,}20}{WZF + 0{,}32}\,[1 - (WZF + 0{,}32)\,Z]. \qquad (21)$$

Die durch (19) bis (21) dargestellten Festwerte können für die üblichen Zementgehalte und *WZF* den Schaulinien der Abb. 538—540 entnommen werden.

9. Dränwirkungen von Prüfschächten, Überwachungsgängen und Fugen.

Das einheitliche Bild der Durchströmung und Auftriebsverteilung erfährt durch bauliche Maßnahmen der verschiedensten Art, wie Prüfschächte, Zugangs-

und Überwachungsgänge, Fugenspalte beträchtliche Störungen. Um diese theoretisch zu erfassen, reicht die bisherige eindimensionale Betrachtung naturgemäß nicht aus, so daß auf den allgemeinen dreiachsigen Sickerströmungszustand zurückgegriffen werden muß, wie er von der Grundwasserbewegung her bekannt ist. Die entsprechenden Differentialbeziehungen lauten [1]:

$$v = -k \operatorname{grad}\left(\frac{p}{\gamma} + z\right) \quad \text{(Sickergeschwindigkeit)}. \tag{1}$$

$$\left.\begin{aligned} v_x &= -\frac{k}{\gamma}\frac{\partial p}{\partial x} \\ v_y &= -\frac{k}{\gamma}\frac{\partial p}{\partial y} \\ v_z &= -\frac{k}{\gamma}\frac{\partial p}{\partial z} - k \end{aligned}\right\} \quad \text{(Komponenten der Sickergeschwindigkeit)}. \tag{2}$$

$$\frac{\partial^2 p}{\partial x^2} + \frac{\partial^2 p}{\partial y^2} + \frac{\partial^2 p}{\partial z^2} = 0 \quad \text{(Kontinuitäts- oder Potentialgleichung)}. \tag{3}$$

Die Prüfschächte (Abb. 541), die in die Fugen zur Beobachtung der Dichtung und der Fugenspaltbewegungen eingebaut werden, stellen eine unentbehrliche Überwachungs- und Sicherheitsmaßnahme dar und fehlen daher auch in keiner neuzeitlichen Gewichtsmauer. Bei den großen Abständen, in denen sie aufeinanderfolgen, läßt sich der Einfluß jedes Prüfschachtes gesondert untersuchen und die Gesamtwirkung durch Überlagerung ermitteln.

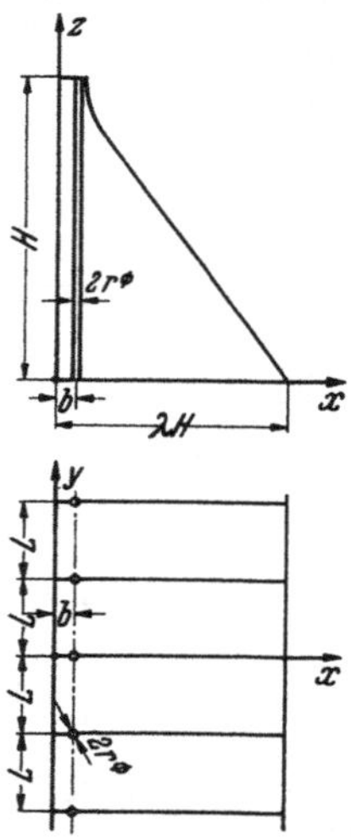

Abb. 541.

Jede die Gl. (3) befriedigende Lösung $p(x, y, z)$ heißt ein Druckpotential. Es muß nun dasjenige Druckpotential gesucht werden, daß gleichzeitig mit den vorgegebenen Randbedingungen übereinstimmt. Diese lauten mit den Bezeichnungen der Abb. 541:

$p = p_w = \gamma(H-z)$ für $x = 0$ (Wasserseite);

$p = 0$ für $x = \lambda(H-z)$ (Luftseite);

$p = 0$ für $(b-x)^2 + y^2 = r^2$ (Prüfschachtwandung).

Die hier der Einfachheit halber zugrunde gelegte kreisrunde Querschnittsform unterscheidet sich hinsichtlich der Dränwirkung nur unwesentlich von dem gewöhnlich ausgeführten quadratischen Querschnitt.

Die Porenwasserdruckentlastung Δp, die durch die Senkenwirkung eines Einzelprüfschachtes hervorgerufen wird, läßt sich, wie an anderer Stelle eingehend erläutert wurde [2], mit hinreichender Genauigkeit durch die Potentialfunktion

$$\frac{\Delta p}{\gamma} = -\left[(H-z) - \frac{b}{\lambda}\right] \frac{\ln \sqrt{\dfrac{(b-x)^2 + y^2}{(b+x)^2 + y^2}}}{\ln \dfrac{r}{2b}} \quad \begin{array}{c}\text{(Porenwasserdruckentlastung}\\ \text{eines Einzelprüfschachtes)}\end{array} \tag{4}$$

beschreiben. Durch Differentiation nach (2) folgen hieraus die zusätzlichen Geschwindigkeitskomponenten

[1] G. Fantoli: Sul problema delle gallerie. „Annali Consiglio Superiore Acque". Bd. 5 (1923) Heft 2.

[2] F. Tölke: Der Einfluß der Durchströmung von Betonmauern auf die Stabilität. Ing.-Arch. Bd. 2 (1931) S. 291—320.

$$\left.\begin{aligned}
\Delta v_x &= +\frac{k\left(H-z-\frac{b}{\lambda}\right)}{\ln\frac{2b}{r}}\left[\frac{b-x}{(b-x)^2+y^2}+\frac{b+x}{(b+x)^2+y^2}\right]\\
\Delta v_y &= -\frac{k\left(H-z-\frac{b}{\lambda}\right)}{\ln\frac{2b}{r}}\left[\frac{y}{(b-x)^2+y^2}-\frac{y}{(b+x)^2+y^2}\right]\\
\Delta v_z &= -k\frac{\ln\sqrt{\frac{(b-x)^2+y^2}{(b+x)^2+y^2}}}{\ln\frac{r}{2b}}
\end{aligned}\right\}\quad \begin{array}{c}\text{(zusätzliche Geschwin-}\\\text{digkeitskomponenten}\\\text{durch einen Einzel-}\\\text{prüfschacht).}\end{array} \tag{5}$$

Für die zusätzliche Sickergeschwindigkeit an der Wasserseite ($x = 0$) erhält man

$$\Delta v_{(x=0)} = \Delta v_{x(x=0)} = +\frac{2\,b\,k\left(H-z-\frac{b}{\lambda}\right)}{(b^2+y^2)\ln\frac{2b}{r}}. \tag{6}$$

In (6) weist das Auftreten von y^2 im Nenner darauf hin, daß der Wirkungsbereich eines Schachtes — wie einleitend bereits vorweg genommen wurde — schnell abklingt. Durch Integration in beiden Richtungen ergibt sich der zusätzliche Sickerverlust. Wird dieser gleich durch die Blocklänge L dividiert, so folgt der Mehrverlust je laufendem m Mauer. Man erhält

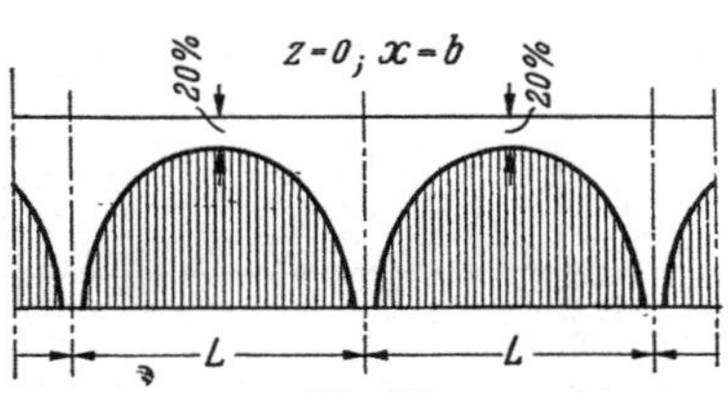

Abb. 542.

$$Q_s' = \frac{Q_s}{L} = \frac{1}{L}\frac{2\,b\,k}{\ln\frac{2b}{r}}\int_0^H\left(H-z-\frac{b}{\lambda}\right)\mathrm{d}z\int_{-\infty}^{+\infty}\frac{\mathrm{d}y}{b^2+y^2} = \frac{k\,H}{\lambda\,L}\,\frac{(H\lambda-2\,b)\,\pi}{\ln\frac{2b}{r}} \tag{7}$$

(Prüfschachtverlust je laufendem m Mauer).

Um ein Beispiel anzuschließen, sei $b=3$ m, $r={}^1/_2$ m, $L=15$ m, $H=60$ m und $\lambda=0{,}73$. Damit errechnet sich $Q_s'=3{,}2\ Q_0$. Die Prüfschächte erhöhen hiernach den Sickerverlust der Staumauer verhältnismäßig ganz beträchtlich.

Wird die Porenwasserdruckverteilung nach Überlagerung der Einzelwirkungen aufgetragen, so ergibt sich die aus Abb. 542 und 543 ersichtliche Auftriebsentlastung in Quer- und Längsrichtung. Ihre beträchtlichen Ausmaße sind bei einem Sickerverlust von mehr als drei Q_0 nicht weiter verwunderlich. Bei den gewählten Maßen macht die Auftriebsentlastung im Mittel etwa 40% aus.

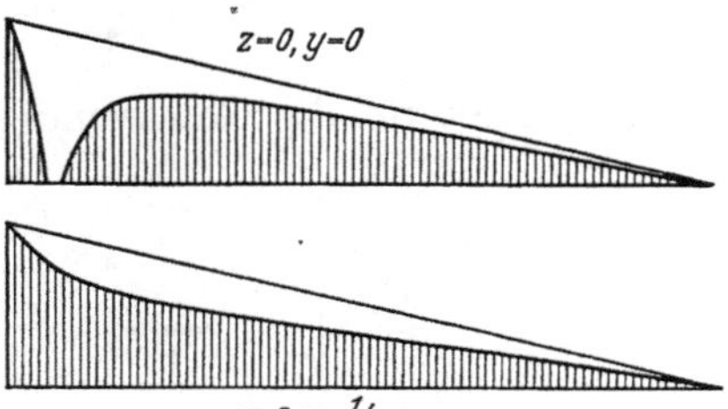

Abb. 543.

Für $x=b-r$ und $y=z=0$ folgt aus (5) die Höchstgeschwindigkeit an der Schachtwandung. Man erhält zunächst allgemein

$$\Delta v^{\max} = \sim \Delta v_x^{\max} = \frac{k\left(H-\frac{b}{\lambda}\right)\left(\frac{1}{r}+\frac{1}{2b-r}\right)}{\ln\frac{2b}{r}} \quad \begin{array}{c}\text{(Sickergeschwindigkeit}\\\text{am Prüfschacht),}\end{array} \tag{8}$$

und in Anwendung auf das Zahlenbeispiel $v^{\max} = 35\ v_0$. Dies ist eine ganz außerordentliche Geschwindigkeitssteigerung, der man nur durch einen entsprechend dichten Beton, d. h. durch kleine k-Werte begegnen kann. Zuweilen läßt sich auch dadurch eine Milderung herbeiführen, daß der Schacht nicht so nahe an die Wasserseite herangeschoben wird. Steigert man z. B. in den oben zugrunde gelegten Abmessungen den Abstand b von 3 auf 6 m, so sinkt $v^{\max}$ von 35 auf 25 v_0.

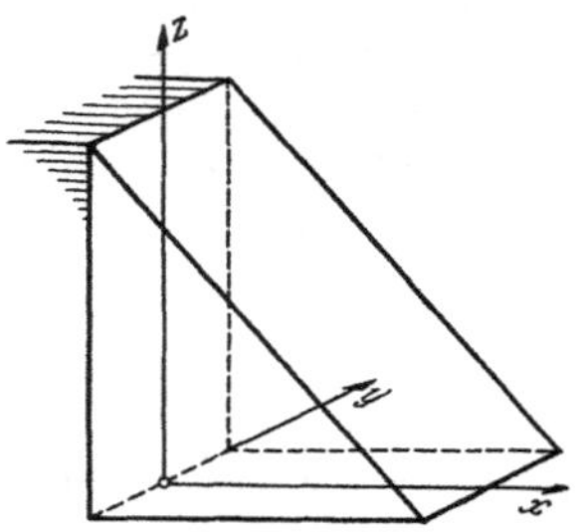

Abb. 544.

In ähnlicher Weise wie die Prüfschächte wirken sich Zugangs- und Überwachungsgänge auf die Sickerströmung aus. Man sollte mit ihnen mindestens 6 m von der Wasserseite wegbleiben, um allzu große Steigerungen der Sickergeschwindigkeit zu vermeiden.

Von besonderer Bedeutung sind die Dränwirkungen der nicht ausgepreßten Fugen. Die Messungen der Fugenspaltbewegung an zahlreichen Staumauern haben einwandfrei gezeigt, daß man im Sommer mit Spaltöffnungen von 1 bis 2 mm, im Winter von 3 bis 5 mm rechnen muß. Die Fugen sind daher für die Sickerströmungen als Flächensenken unter freiem Luftdruck ($p = 0$) zu betrachten. Hierbei kann die Fugendichtung, die aus praktischen Rücksichten möglichst nahe an die Wasserseite herangeschoben wird, mit hinreichender Genauigkeit in die wasserseitige Fugenkante gelegt werden. Es ergibt sich damit die aus Abb. 544 ersichtliche Stauwasserbenetzung eines dreieckigen Mauerblockes. In Abb. 545 sind die zugehörigen Randbedingungen für einen waagerechten Schnitt eingetragen worden.

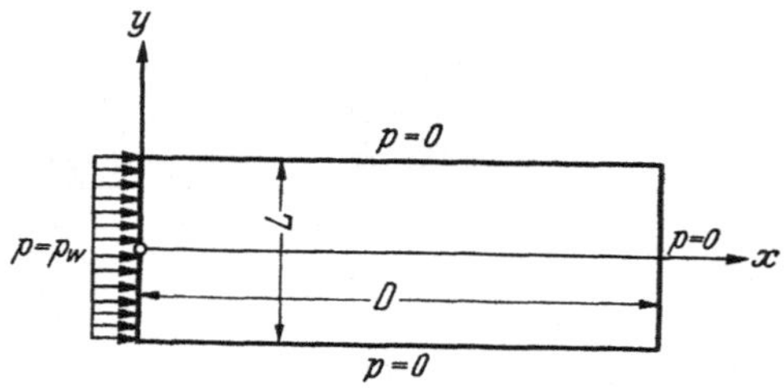

Abb. 545.

Beschränkt man sich auf die Untersuchung einer ebenen waagerechten Durchströmung, so lautet die mit den Randbedingungen im Einklang stehende Potentialfunktion[1]

$$p = p_w \left[1 - \frac{x}{D} - \sum_{1}^{\infty} {}_n \frac{2}{n\pi} \frac{\mathfrak{Cof}\,\frac{n\pi y}{D}}{\mathfrak{Cof}\,\frac{n\pi L}{2D}} \sin \frac{n\pi x}{D} \right] \quad \text{(Fugenspalt).} \tag{9}$$

Hieraus folgt für die Geschwindigkeitskomponenten

$$\left. \begin{aligned} v_x &= \frac{k\,p_w}{D\gamma} \left[1 + \sum_{1}^{\infty} {}_n\, 2 \frac{\mathfrak{Cof}\,\frac{n\pi y}{D}}{\mathfrak{Cof}\,\frac{n\pi L}{2D}} \cos \frac{n\pi x}{D} \right] \\ v_y &= \frac{k\,p_w}{D\gamma} \sum_{1}^{\infty} {}_n\, 2 \frac{\mathfrak{Sin}\,\frac{n\pi y}{D}}{\mathfrak{Cof}\,\frac{n\pi L}{2D}} \sin \frac{n\pi x}{D} \end{aligned} \right\} \quad \text{(Fugenspalt).} \tag{10}$$

In Abb. 546 sind für $L/D = 1/2$ die Linien gleichen Porenwasserdruckes (strichliert) und die lotrecht dazu verlaufenden Stromlinien (ausgezogen) aufgetragen worden. Man erkennt hieraus, daß 70% des eintretenden Wassers auf nahezu kreisförmiger Bahn den Fugenspalten zugeführt werden. Man hat es daher im wesentlichen mit zwei Potentialwirbeln um die Drehachsen D und D' zu

[1] Siehe Fußnote 2 von S. 324.

tun, durch die der Sickerverlust vollständig bestimmt wird. Die zu den beiden Potentialwirbeln gehörigen Potentialfunktionen lauten

$$\left.\begin{aligned} p_D &= \frac{2}{\pi}\, p_w \operatorname{arctang} \frac{\left|y+\frac{1}{2}L\right|}{x} \\ p_{D'} &= \frac{2}{\pi}\, p_w \operatorname{arctang} \frac{\left|y-\frac{1}{2}L\right|}{x} \end{aligned}\right\}\ \text{(Potentialwirbel um die Dichtungskanten der Fugenspalte).} \qquad (11)$$

Durch Differentiation nach x und Nullsetzen von x folgen hieraus nach (2) die Eintrittsgeschwindigkeiten des Sickerwassers

$$\left.\begin{aligned} v_D &= \frac{2\,k\,p_w}{\gamma\,\pi\,\left|y+\frac{1}{2}L\right|} \\ v_{D'} &= \frac{2\,k\,p_w}{\gamma\,\pi\,\left|y-\frac{1}{2}L\right|} \end{aligned}\right\}\ \text{(Geschwindigkeiten des Sickerwassers im Bereich der Dichtungskanten).} \qquad (12)$$

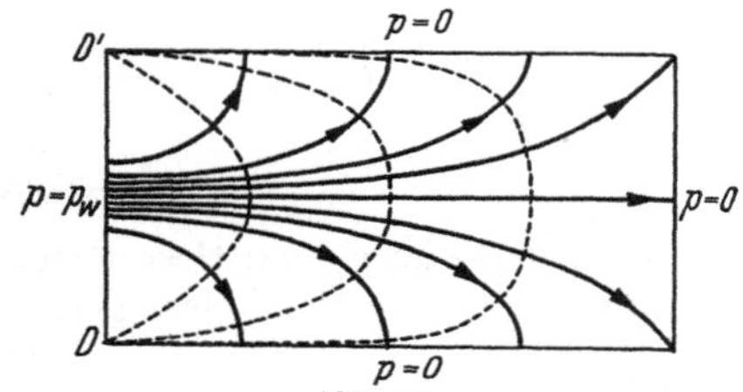

Abb. 546.

Nach (12) würden sich in den beiden Dichtungskanten unendlich große Geschwindigkeiten ergeben, wenn die Annahme der punktförmigen Dichtung tatsächlich erfüllt wäre. In Wirklichkeit hat man um jede Dichtungskante ein viertelkreisförmiges Gebiet abzugrenzen, daß der Einbindetiefe des Kupferbleches bzw. der Breite des Eisenbetondichtungskeiles Rechnung trägt (Abb. 547). Ist r der Radius des abgrenzenden Viertelkreises, so ergibt sich die größte Sickergeschwindigkeit zu

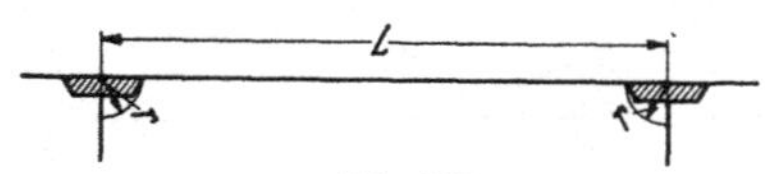

Abb. 547.

$$v^{\max} = \frac{2\,k\,p_w}{\gamma\,\pi\,r} = \frac{2\,k\,(H-z)}{\pi\,r} = \frac{2\,\lambda\,(H-z)}{\pi\,r}\,v_0 \quad \text{(größte Sickergeschwindigkeit an der Fugendichtung).} \qquad (13)$$

Gl. (13) läßt die große Überlegenheit der zusätzlichen Dichtung durch breite wasserseitige Eisenbetondichtungskeile (Abb. 547) erkennen. Eine gewöhnliche Kupferblechdichtung von 30 cm Einbindungstiefe zieht eine etwa dreimal so große Sickergeschwindigkeit nach sich als der vorgelagerte Dichtungskeil von $1^1/_2$ bis 2 m Breite. Bei einer 60 m hohen Gewichtsmauer würde sich beispielsweise im ersteren Falle ein $v^{\max}$ von $93\,v_0$, im letzteren von 37 bzw. $28\,v_0$ ergeben. Diese Zahlen weisen ähnlich wie die oben für die Prüfschächte gefundenen eindringlich darauf hin, daß man im wasserseitigen Bereich der Fugen auf die Erzielung einer ganz besonders hohen Betongüte bedacht sein muß.

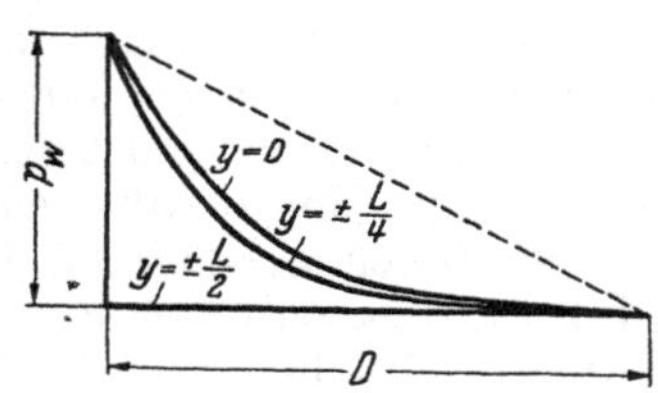

Abb. 548.

Durch Integration in Längs- und Höhenrichtung läßt sich mit Hilfe von (12) der Gesamtsickerverlust berechnen. Wird die Integration auf eine Blocklänge beschränkt und durch L dividiert, so ergibt sich der Fugenspaltverlust je laufenden m Staumauer. Auf dem bezeichneten Wege erhält man

$$Q_f = \frac{2}{L}\int\limits_0^H \int\limits_0^{\frac{1}{2}L-r} \frac{2\,k\,(H-z)}{\pi\left(\frac{1}{2}L-y\right)}\,\mathrm{d}y\,\mathrm{d}z = \frac{2\,k\,H^2}{\pi\,L}\ln\frac{L}{2\,r} = \frac{2\,\lambda\,H}{\pi\,L}\left(\ln\frac{L}{2\,r}\right)Q_0 \qquad (14)$$

(Fugenspaltverlust je laufendem m Mauer).

Bei $H=60$ m, $L=15$ m, $\lambda=0{,}73$, $r=0{,}3$ m errechnet sich Q_f zu 5,9 Q_0. Im Falle eines zusätzlichen Eisenbetondichtungskeiles von 1,8 m Breite würde sich dieser Wert auf 3,9 Q_0 herabmindern. In diesen Zahlen ist der Regelverlust Q_0 mit enthalten.

Die beträchtlichen Fugenspaltverluste und Sickergeschwindigkeiten müssen naturgemäß mit einer entsprechenden Auftriebsverminderung verbunden sein. Trägt man den Porenwasserdruck nach (9) für verschiedene y-Werte in Abhängigkeit von x für $p_w=1$ auf, so ergibt sich der aus Abb. 548 ersichtliche Verlauf. Bildet man den Mittelwert $\bar{p}$ des Porenwasserdruckes über die Blocklänge L, so folgt

$$\bar{p} = \int\limits_{-\frac{L}{2}}^{+\frac{L}{2}} \frac{p\,\mathrm{d}y}{L} = p_w\left[1-\frac{x}{D}-\sum_{1}^{\infty}{}_{n}\,\frac{4}{n^2\pi^2}\,\frac{D}{L}\,\mathfrak{Tg}\,\frac{n\pi L}{2D}\sin\frac{n\pi x}{D}\right] \qquad (15)$$

(mittlerer Porenwasserdruck).

In Abb. 549 ist der mittlere Porenwasserdruck für ein Seitenverhältnis $L/D={}^1/_2$ aufgetragen worden. Man liest daraus eine etwa 60%ige Auftriebsentlastung für die wasserseitige Mauerhälfte und eine praktisch 100%ige für die luftseitige Mauerhälfte ab.

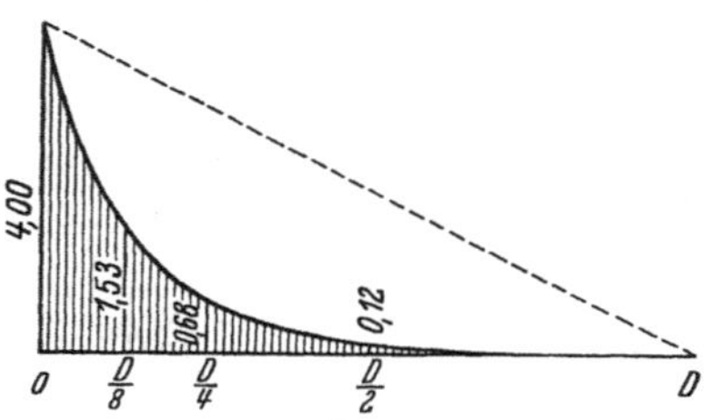

Abb. 549.

Bei den gefundenen starken Auftriebsentlastungen ist eine Durchströmung der ganzen Staumauer, wie sie bisher vorausgesetzt wurde, statisch unmöglich. Damit ein luftseitiger Wasseraustritt erfolgen kann, muß mindestens ein im Bereich des Schweregefälles liegendes Druckgefälle vorhanden sein, dessen Bereitstellung aber nach Abb. 549 nicht zu verwirklichen ist. Der Wasserspiegel muß demgemäß nach der Luftseite zu eine kräftige Absenkung erfahren, die beträchtliche Mauerteile trocken legen wird. Da die Auftriebsentlastung noch um so ausgeprägter in Erscheinung tritt, je kleiner L/D wird, wird die Trockenlegung von oben nach unten immer stärker um sich greifen, so daß praktisch mit einer 100%igen luftseitigen Trockenlegung als Folge der Senkenwirkung der Fugenspalte gerechnet werden kann.

Zusammenfassend kann daher festgestellt werden, daß in Staumauern mit nicht ausgepreßten Fugen das einheitliche Bild der Durchströmung und Auftriebsverteilung durch Prüfschächte, Gänge und Fugenspalte vollständig verschoben wird, und zwar so, daß die Sickerströmungen und Auftriebswirkungen sich nur noch in einen gewissen Bereich an der Wasserseite, unter starker Abklingung nach dem Mauerinnern, auswirken können. Diese Verlagerung des Strömungszustandes ist sowohl für die Standfestigkeit wie auch für die Wetterfestigkeit von allergrößtem Vorteil, wenn übergroße Sickergeschwindigkeiten durch bauliche Maßnahmen vermieden und für eine besonders hohe Betongüte im Bereich der Wasserseite, zumal an den Fugen Sorge getragen wird. In Staumauern mit ausgepreßten Fugen fällt die Verlagerung durch die Fugenspalten und damit der Hauptanteil der Auftriebsentlastung fort; die Absenkung durch Prüfschächte und Gänge reicht hier im allgemeinen nicht aus, um die für Standfestigkeit und Wetterbeständigkeit erforderlichen Ansprüche zu befriedigen. Es sind daher noch zusätzliche Entwässerungsmaßnahmen erforderlich.

10. Mauerentwässerung als Überwachungs- und Entlastungsmaßnahme.

Die ständige allgemeine und örtliche Überwachung der Durchströmung und damit auch der Wasserdichtigkeit ist für den Bestand einer Staumauer, gleich welcher Bauart, von allergrößter Bedeutung. Sie wird bei Gewichts- und Bogengewichtsstaumauern durch die Mauerentwässerung bewerkstelligt, indem in gewissem Abstande von der Wasserseite ein Netz von Drän- und Sammelrohren eingebaut wird, das in einen mit dem Überwachungsstollen verbundenen Kanal entwässert (Abb. 550 u. 551). Hierdurch wird gleichzeitig eine kräftige Auftriebsentlastung erzielt, die als weitere Folge die Trockenlegung ausgedehnter Mauerzonen im

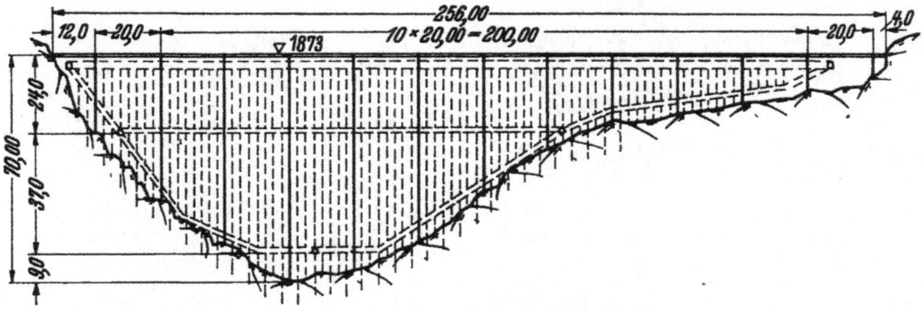

Abb. 550. Längsprofil der Barbellino-Staumauer.

Bereich der Luftseite nach sich zieht. Dies ist insbesondere für Bogengewichtsmauern von großer Bedeutung, bei denen die fehlende Fugenspalt-Dränung durch zusätzliche Maßnahmen ausgeglichen werden muß.

Dort wo die Mauerentwässerung als reine Überwachungsmaßnahme anzusehen ist, genügen waagerecht verlegte poröse Tonrohre, die dann unmittelbar an die Prüfschächte angeschlossen werden können. Ein Beispiel hierfür ist die Entwässerung der Schwarzenbach-Staumauer (Abbildung 255)[1], die sich in jeder Hinsicht bewährt hat. Die Sickerwassermessungen ergaben bei Vollstau einen Gesamtverlust von etwa 1 l/s, was für eine 400 m lange und 60 m hohe Staumauer ein außerordentlich günstiges Ergebnis darstellt. Durch Umrechnung folgt hieraus ein bezogener Sickerverlust von 5 l/m²/Tag, der bereits an der Grenze des praktisch überhaupt Erreichbaren liegen dürfte.

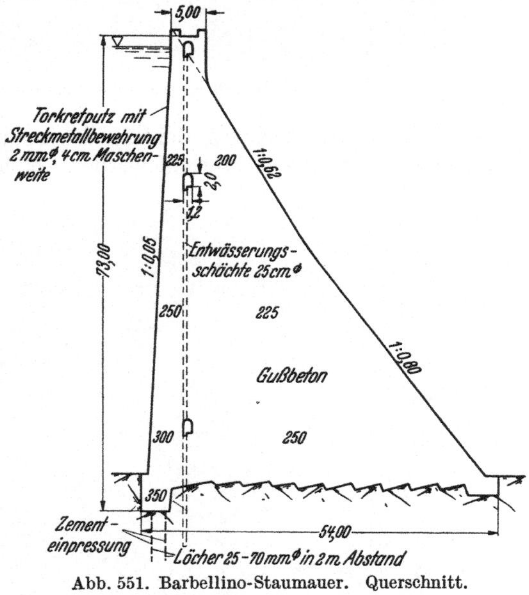

Abb. 551. Barbellino-Staumauer. Querschnitt.

Die Erfahrung zeigt, daß man nicht überall auf so günstige Ergebnisse hoffen kann, wie sie bei der Schwarzenbach-Staumauer, dank sehr weitgehender Dichtungsmaßnahmen und größter Sorgfalt bei der Herstellung, erzielt wurden. Insbesondere wurden auch öfters Verstopfungserscheinungen beobachtet, teils als Folge der Mitschleppung ungebundener Zementteilchen, teils als Ergebnis höchst unerwünschter Zersetzungserscheinungen, die schon durch Spuren von Kohlen- oder Humussäure bei kalkreichen Zementen ausgelöst werden können. Auf alle Fälle ist daher die Verwendung großräumigerer Dränrohre anzuraten, tunlichst nicht unter 20 cm Durchmesser. Ausgezeichnet haben sich in dieser Hinsicht poröse Betonrohre bewährt, die sich unmittelbar auf der Baustelle herstellen lassen. Für die Kernmauer des Sorpe-Staudammes wurden z. B. sog.

[1] Nach der Ausführung angefertigt und vom Badenwerk freundlichst zur Verfügung gestellt.

Velten-Rohre von 30 cm Durchmesser verwendet, die, wenn sie in Abständen von etwa 3 m verlegt werden, eine ganz vorzügliche Mauerentwässerung liefern. Abb. 552 und 553 zeigen solche Velten-Rohre von der Bleiloch-Staumauer während des Einbaues[1].

Abb. 552. Bleiloch-Sperre. Einbetonieren der Entwässerungsleitungen.

Es ist für die Wirkung der Entwässerung gleichgültig, ob die Dränrohre waagerecht oder lotrecht verlegt werden. Meist ist die lotrechte Lage (Abb. 554)

Abb. 553. Bleiloch-Sperre. Mauerentwässerung und Überwachungsgang.

aus Gründen einer bequemeren Reinigung bevorzugt worden, wofür es allerdings sehr wesentlich ist, daß die Dränrohre nicht, wie öfters feststellbar, einige m

[1] Die Abb. 552 und 553 verdankt Verfasser der Freundlichkeit von Min.-Rat Dr. Ing. E. H. Sommer, A. G. Obere Saale.

unter der Krone aufhören. Man muß sich andererseits aber darüber klar sein, daß die Hauptgefahr für die gute Dränwirkung in den Fehlerquellen der Bauausführung liegt, die bei der lotrechten Anordnung besonders groß sind. Ein

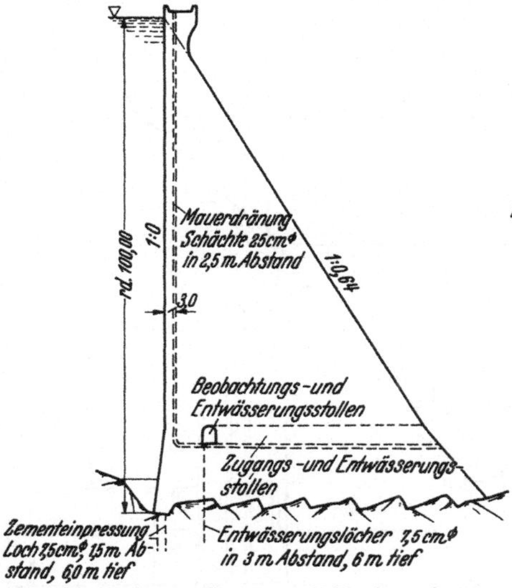

Abb. 554. Exchequer-Staumauer-USA. Querschnitt.

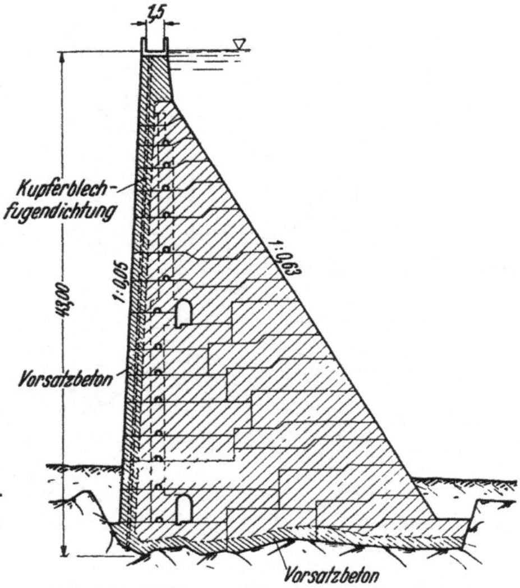

Abb. 555. Zillierbach-Staumauer. Querschnitt.

unbeabsichtigtes Verrücken der Rohre oder ein Einfließen von Mörtel können die Dränwirkung vollständig in Frage stellen. Im übrigen bereitet die Reinigung

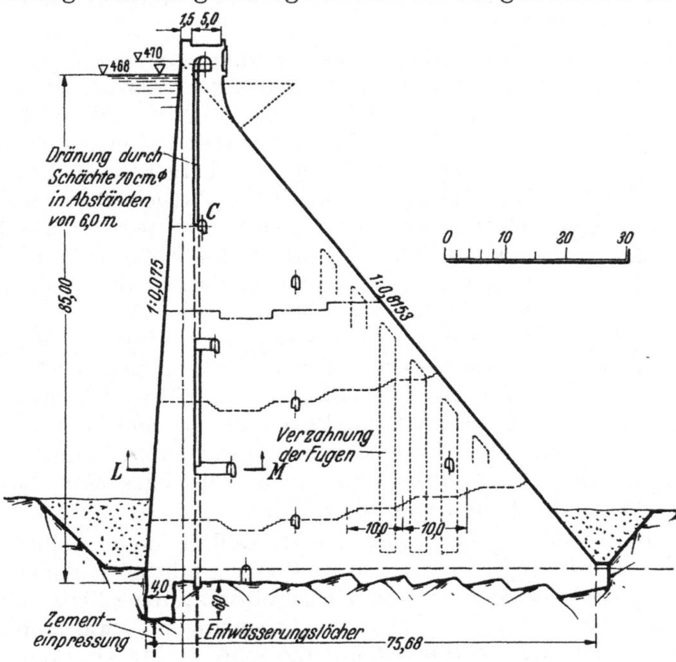

Abb. 556. Querschnitt der Suviana-Staumauer.

bei den heutigen großräumigen Dränrohren auch bei waagerechter Verlegung keine großen Schwierigkeiten, so daß die großen Vorteile der gesicherten Lage voll ausgenutzt werden können. Die gegebene Rohrform der waagerechten Dränanordnung ist das Halbrohr aus porösem Beton, das unmittelbar auf eine entsprechend vorbereitete Unterlage aufgelegt werden kann (Abb. 555)[1]. Hierbei ergibt es sich ganz von selbst, daß die Rohre in die Arbeitsfugen zu liegen kommen, so daß deren Entwässerung gleich mit erfolgt. Bei den üblichen

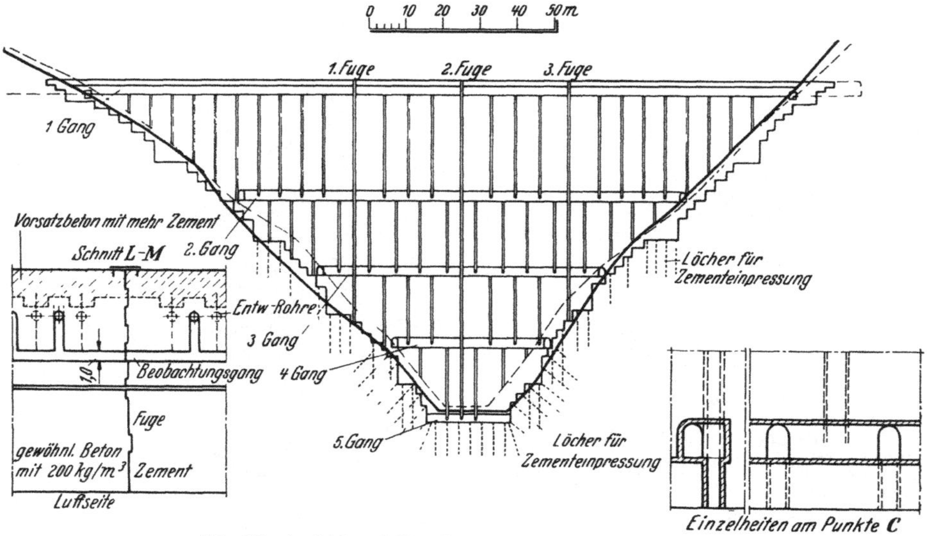

Abb. 557. Ansicht und Einzelheiten der Suviana-Staumauer.

Schichthöhen von $1^1/_2$ m liefern Halbrohre von 30 cm Durchmesser eine ausgezeichnete Mauerentwässerung.

Bei verschiedenen hohen italienischen Staumauern[2] sind keine Rohre verwendet, sondern Schächte ausgespart worden, so für Suviana- und Rochemolles-Staumauer solche von 70 bzw. 80 cm Durchmesser (Abb. 556 u. 557). Die poröse Betonzone an der Innenwandung, die durch vorübergehendes Einsetzen von Trennschalungen aus Blech hergestellt wird (Abb. 558), ersetzt hier gewissermaßen das poröse Betonrohr. Mit den dadurch erzielbaren großen Schachtdurchmessern konnte das Herstellungsverfahren sehr vereinfacht werden, da nur zwei bis drei Schächte je Block erforderlich waren. Andererseits ist dadurch aber die örtliche Überwachungsmöglichkeit stark eingeschränkt worden. Da poröse Betonrohre von 30 cm Durchmesser ebenfalls leicht herstellbar sind, verdienen sie vom Standpunkte der Überwachung der ganzen Stauwand aus den Vorzug. Die zugehörigen Rohrabstände von 3 m bei lotrechter und $1^1/_2$ m bei waagerechter Verlegung halten eine gute Mitte.

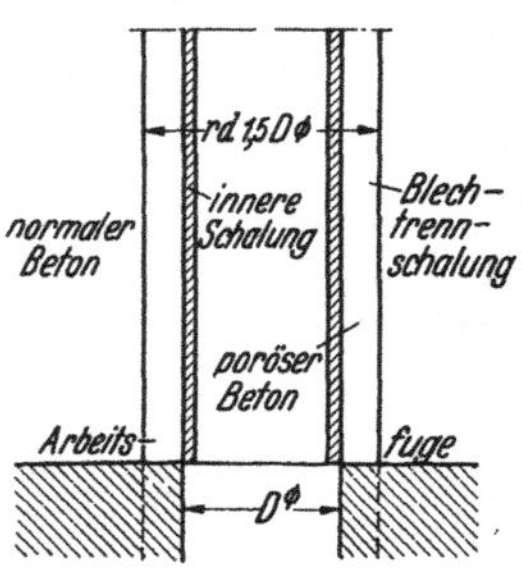

Abb. 558. Herstellung der Entwässerungsschächte.

Die Mauerentwässerung erschwert die Herstellung und beeinträchtigt die einheitliche Mauerwirkung. Demgemäß muß eine tunlichst einfache Dränrohranordnung angestrebt werden. Gekreuzte Dränrohrsysteme (Abb. 526)[3] wirken eher schädlich als nützlich. Wenn man die Arbeitsfugen — was stets anzuraten ist — mitentwässern will, so braucht nur die waagerechte Dränrohranordnung wie im Falle der Zillierbach-Staumauer bevorzugt zu werden. Auch mehrere

[1] Forner: Der Bau der Zillierbach-Talsperre bei Wernigerode a. Harz. Zbl. Bauverw. 1936 S. 1379—1386.
[2] F. Contessini: Lo stato costruttivo attuale delle dighe di ritenuta in Italia. Energia elettr. Bd. 5 (1928) Heft 11.
[3] Engng. News Rec. Bd. 103 (1929) S. 204—208.

hintereinander geschaltete Entwässerungsnetze (Abb. 526 u. 559)[1] sind vom Übel; bei richtiger Lageanordnung und Bemessung kann mit je einer Mauerentwässerung an der Wasserseite allen Ansprüchen Genüge geleistet werden.

Wenn die Mauerentwässerung den Überwachungsansprüchen gerecht werden soll, so darf man nicht an Sammelleitungen sparen, damit auch wirklich festgestellt werden kann, wie sich die Sickerverluste über die Mauer verteilen. Für kurze Mauern sind mindestens zwei getrennte Sammler notwendig, bei längeren entsprechend mehr. Zur einwandfreien Messung genügen kleine Meßwehre beim Einlauf in den Hauptsammelkanal. Weitere Überwachungsmöglichkeiten bieten die Prüfschächte in den Fugen, die bei längeren Mauern zweckmäßig befahrbar gestaltet werden.

Um die Dränwirkung der Mauerentwässerung im einzelnen überblicken und daraus Rückschlüsse auf Lageordnung und Bemessung ziehen zu können, ist eine entsprechende theoretische Untersuchung notwendig. Wenn diese im folgenden auf die lotrechte Dränrohranordnung beschränkt wird, so lediglich deshalb, weil die Theorie einfacher wird. Die sich ergebenden Schlußfolgerungen gelten in gleichem Maße auch bei waagerechter Dränrohrverlegung.

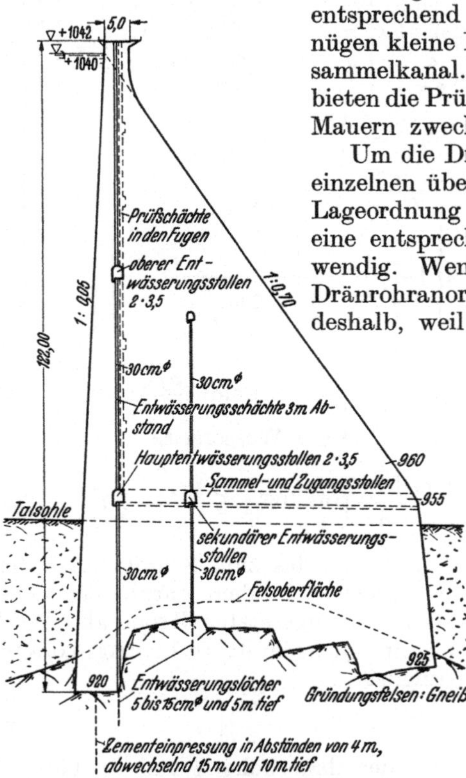

Abb. 559. Querschnitt durch die Chambon-Staumauer in Talsohle.

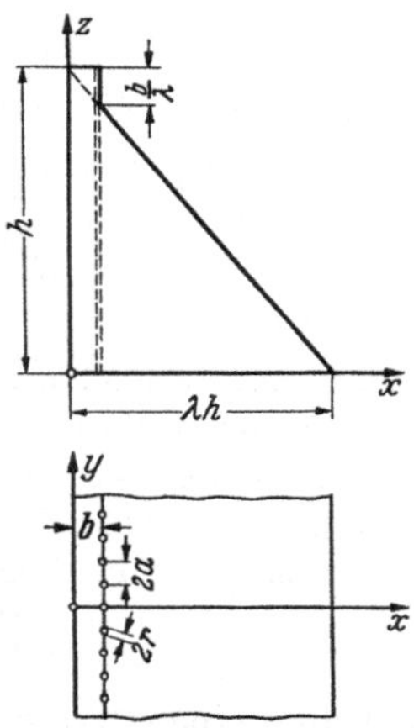

Abb. 560. Schematische Darstellung der Dränung.

Gemäß Abb. 560 möge eine Gewichtsmauer mit Dreiecksquerschnitt und wie bisher lotrechter Wasserseite den Betrachtungen zugrunde gelegt werden. Die Dränrohre seien zur Vereinfachung der Rechnung parallel zur Wasserseite lotrecht verlegt; ihr gegenseitiger Abstand sei $2a$, ihr wasserseitiger Abstand b und ihr Innenhalbmesser r. Die Randbedingungen sind wieder die gleichen wie für die Prüfschächte der Abb. 541. Sie werden, wie hier im einzelnen nicht weiter erläutert werden soll, durch das Druckpotential[2]

$$\left.\begin{aligned}\frac{p}{\gamma} = &-\frac{b}{\lambda}\,\varepsilon^2\,\sigma\,\frac{\operatorname{arctang}\dfrac{x}{H-z}}{\operatorname{arctang}\lambda} + \frac{\varepsilon}{\lambda}\,(b-x) + \\ &+ \frac{\varepsilon}{\lambda}\,[\lambda\,(H-z) - b\,\varepsilon]\left[1 + \frac{\ln\left(4\,\mathfrak{Sin}^2\dfrac{\pi\,(x-b)}{2\,a} + 4\sin^2\dfrac{\pi\,y}{2\,a}\right) + \dfrac{\pi\,(b-x)}{a}}{2\ln\dfrac{a}{r\,\pi}}\right]\end{aligned}\right\} \quad (1)$$

[1] Revue de Géogr. Alpine. Grenoble 1924. Energia elettr., Juli 1925. Ferner Techn. d. Trav. Bd. 11 (1935) S. 653 und Génie civ. Bd. 58, 1 (1936) S. 1. — [2] Siehe Fußnote 2 von S. 324.

befriedigt, wenn σ und ε die Festwerte

$$\sigma = \frac{\pi b}{a \ln \frac{a}{r\pi}}, \qquad \varepsilon = \frac{1}{1+\sigma} \tag{2}$$

bezeichnen. Durch Differentiation folgen aus (1) die Geschwindigkeitskomponenten

$$\left.\begin{aligned}
v_x &= -\frac{k}{\gamma}\frac{\partial p}{\partial x} = \frac{k\,\varepsilon}{\lambda}\left[\frac{\frac{\varepsilon\sigma}{\omega} b\,(H-z)}{x^2+(H-z)^2} + 1 + \frac{\lambda(H-z) - b\,\varepsilon}{2\ln\frac{a}{r\pi}}\left[\frac{\pi}{a} - \frac{\frac{\pi}{2a}\operatorname{\mathfrak{Sin}}\frac{\pi(x-b)}{a}}{\operatorname{\mathfrak{Sin}}^2\frac{\pi(x-b)}{2a} + \sin^2\frac{\pi y}{2a}}\right]\right]\\
v_y &= -\frac{k}{\gamma}\frac{\partial p}{\partial y} = \frac{k\,\varepsilon}{\lambda}\,\frac{\lambda(H-z) - \varepsilon b}{2\ln\frac{a}{r\pi}}\left[0 - \frac{\frac{\pi}{2a}\sin\frac{\pi y}{a}}{\operatorname{\mathfrak{Sin}}^2\frac{\pi(x-b)}{2a} + \sin^2\frac{\pi y}{2a}}\right]\\
v_z &= -\frac{k}{\gamma}\frac{\partial(p+\gamma z)}{\partial z} = \frac{k\,\varepsilon}{\lambda}\left[\frac{\frac{\varepsilon\sigma}{\omega} b\,x}{x^2+(H-z)^2} + \lambda\left[1 - \frac{1}{\varepsilon} + \frac{P_{(x,\,y)} + \frac{\pi(b-x)}{a}}{2\ln\frac{a}{r\pi}}\right]\right]
\end{aligned}\right\} \tag{3}$$

In (3) ist abkürzend

$$\operatorname{arctg}\lambda = \omega;\; P_{(x,\,y)} = \ln\left(4\operatorname{\mathfrak{Sin}}^2\frac{\pi(x-b)}{2a} + 4\sin^2\frac{\pi y}{2a}\right) \tag{4}$$

bezeichnet. Es ergibt sich nun insbesondere für die Wasserseite

$$\left.\begin{aligned} v_x &= v_0\left(\varepsilon^2 + \frac{\varepsilon^2\sigma}{\omega}\frac{b}{H-z} + \frac{H-z}{b}\varepsilon\sigma\lambda\right)\\ v_y &= v_z = 0\end{aligned}\right\}\quad \left[\text{für } 0 \leqq z \leqq \left(H - \frac{b}{\lambda}\right)\right]. \tag{5}$$

In (7) ist bereits angedeutet, daß die Formel nur bis zum Schnittpunkt der Dränung mit der Luftseite gilt. Der Sickerverlust in dem darüberliegenden Teile der Staumauer hängt von der Gestalt der aufgesetzten Krone ab. Wird diese, was hier vollständig ausreicht, als im Querschnitt rechteckig vorausgesetzt, so folgt mit hinreichender Genauigkeit

$$v_x' = v_0\frac{H-z}{b}\lambda \qquad \left[\text{für } H \geqq z \geqq \left(H - \frac{b}{\lambda}\right)\right]. \tag{6}$$

Wird nun über einen Einheitsstreifen F von der Mauerhöhe H und der Länge l integriert, so ergibt sich der Sickerverlust zu

$$Q = \int\limits_0^{H-\frac{b}{\lambda}} q_x\,\mathrm{d}z + \int\limits_{H-\frac{b}{\lambda}}^{H} q_x'\,\mathrm{d}z = Q_0\,\varepsilon\left[\varepsilon + \frac{b}{\lambda H}\left(\frac{1}{2} - \varepsilon\right) + \frac{\varepsilon\sigma}{\omega}\frac{b}{H}\ln\frac{\lambda H}{b} + \frac{\sigma\lambda}{2}\frac{H}{b}\right]. \tag{7}$$

Um ein Zahlenbeispiel anzuschließen, möge der Sickerverlust für einen 1 m breiten Streifen der Exchequer-Staumauer (Abb. 554) berechnet werden. Mit den aus der Abbildung ersichtlichen Abmessungen

$$H = 83\text{ m},\; 2a = 2{,}5\text{ m},\; a = 1{,}25\text{ m},\; b = 3{,}0\text{ m},\; r = 0{,}125\text{ m},\; \lambda = 0{,}64$$

folgt

$$\sigma = \frac{3{,}14\cdot 3{,}0}{1{,}25\cdot 1{,}157} = 6{,}52; \qquad \varepsilon = \frac{1}{1+6{,}52} = 0{,}133;$$

$$V = V_0\cdot 0{,}133\,(0{,}133 + 0{,}027 + 0{,}158 + 57{,}7) = 7{,}7\cdot V_0.$$

Die Rechnung läßt erkennen, daß die drei ersten Glieder in der eckigen Klammer von (9) gegenüber dem letzten nur von untergeordneter Bedeutung sind. Bei ihrer Vernachlässigung ergibt sich die vereinfachte Formel

$$Q = Q_0\frac{\varepsilon\sigma\lambda}{2}\frac{H}{b} \quad \text{(Sickerverlust je laufender m Mauer).} \tag{8}$$

Gl. (10) stimmt vollständig mit einer von Hoffmann[1] auf Grund ebener Strömungsbetrachtungen entwickelten Formel überein. Hieraus folgt, daß die näherungsweise Zugrundelegung einer waagerechten planparallelen Strömung den Sickerverlust bereits mit hinreichender Genauigkeit liefert. Auf Grund dieser Tatsache läßt sich auch der allgemeinere Fall der lotrechten Entwässerung bei schräger Wasserseite in befriedigender Weise behandeln. Hierauf näher einzugehen, erübrigt sich, da die lotrechte Wasserseite vom Standpunkt der Sicherheit stets den Vorzug verdient.

Wir kommen nun zu dem luftseitig austretenden Wasser. Wird der Luftseite entsprechend $x = \lambda\,(H - z)$ in (3) eingeführt, so erhält man unter gewissen, stets zulässigen Vereinfachungen

$$\left.\begin{aligned} v_x &= v_0\,\varepsilon\left[1 + \frac{\varepsilon\sigma}{\omega\,(1+\lambda^2)}\,\frac{b}{H-z}\right] \\ v_y &= 0 \\ v_z &= v_0\,\varepsilon\left[\lambda\left(1 - \frac{1}{\varepsilon}\right) + \frac{\varepsilon\sigma\lambda}{(1+\lambda^2)}\,\frac{b}{H-z}\right] \end{aligned}\right\}\ (\text{für } x = \lambda\,(H - z)). \quad (9)$$

Wird die zu (11) gehörige Austrittsgeschwindigkeit v in eine Komponente v_n senkrecht zur Luftseite und eine solche v_s parallel zur Schwererichtung zerlegt, so ergibt sich

$$\begin{aligned} v_n &= v_0\,\varepsilon\left[1 + \frac{\varepsilon\sigma}{\omega\,(1+\lambda^2)}\,\frac{b}{H-z}\right]\sqrt{1+\lambda^2}, \\ v_s &= v_0\,\lambda. \end{aligned} \quad (10)$$

Da ε im allgemeinen eine kleine Zahl ist — im obigen Zahlenbeispiel war $\varepsilon = 0{,}133$ — wird die Komponente v_s, die den Geschwindigkeitsvektor nach unten, d. h. ins Mauerinnere zieht, v_n um ein Vielfaches übertreffen. Damit eine solche Strömung verwirklicht werden kann, müßte längs des luftseitigen Randes ständig Wasser in die Staumauer hineinfließen. Da dies nicht möglich ist, muß der Wasserspiegel eine entsprechende Absenkung erfahren. So ergibt sich ein Strömungsbild, wie es in Abb. 561 dargestellt ist.

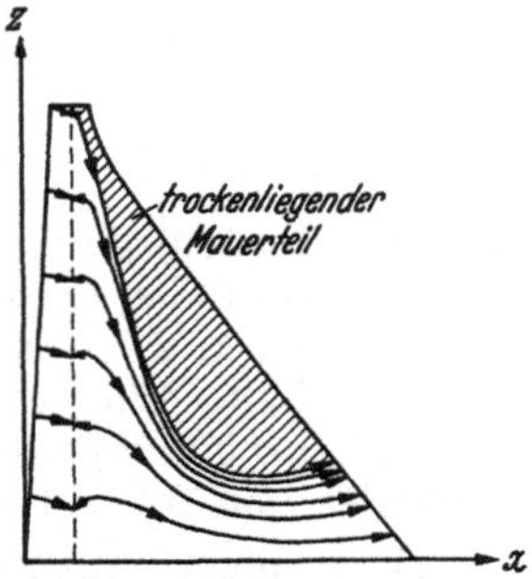

Abb. 561. Durchströmung von Betonmauern mit nicht zu schwacher Drainage.

Die trockengelegte Mauerzone im Bereich der Luftseite ist für die Wetterbeständigkeit der Staumauer von großer Bedeutung; sie wird naturgemäß um so ausgedehnter sein, je mehr Wasser durch die Sickerrohre abgefangen wird. Um zu einer sicheren Abschätzung des Beginns der Trockenlegung zu gelangen, möge zunächst wieder an (10) angeknüpft werden. Die Grenzstärke der Entwässerung ist offensichtlich gerade erreicht, wenn der Vektor der luftseitigen Sickergeschwindigkeit in die Randfläche fällt (Abb. 562), d. h. wenn

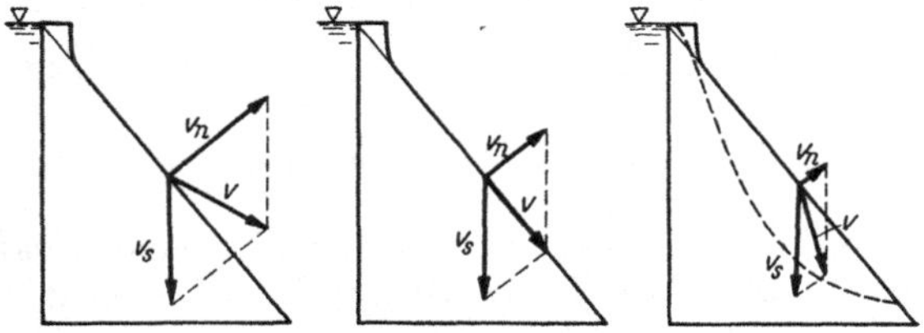

Abb. 562.

$$v_n = v_s \sin\omega \quad (\text{Grenzstärke der Entwässerung}) \quad (11)$$

ist. Wird nun (12) in (13) eingeführt und $\sin\omega$ gemäß (6) durch λ ausgedrückt, so ergibt die Auflösung nach ε

$$\varepsilon = \frac{1}{2}\left[1 + \omega\,(1+\lambda^2)\,\frac{H}{b}\right]\left[1 - \sqrt{1 - \frac{4\,\omega\,\lambda^2\,\frac{H}{b}}{\left(1 + \omega\,(1+\lambda^2)\,\frac{H}{b}\right)^2}}\,\right]. \quad (12)$$

[1] O. Hoffmann: Permeazioni d'acqua e loro effetti nei muri di ritenuta. Mailand: U. Hoepli 1928.

Da das zweite Wurzelglied klein gegenüber der Einheit ist, kann es nach der Formel $\sqrt{1+\Delta\, x} = 1 + \frac{1}{2}\Delta\, x$ behandelt werden, und man erhält

$$\varepsilon = \frac{\omega\, \lambda^2 \frac{H}{b}}{1 + \omega (1 + \lambda^2) \frac{H}{b}}.$$

Die Zahlenrechnung zeigt nun, daß im Nenner dieses Bruches die 1 gegenüber dem zweiten Gliede bedeutungslos ist. So ergibt sich schließlich

$$\varepsilon = \frac{\lambda^2}{1+\lambda^2} \quad \text{(Grenzstärke der Entwässerung)}. \tag{13}$$

Wird ε über σ nach (2) ausgedrückt, so erhält man das folgende Kriterium für den Beginn der Trockenlegung

$$\frac{b\, \pi\, \lambda^2}{a \ln \frac{a}{r\, \pi}} = 1 \quad \text{(Beginn der Trockenlegung)}. \tag{14}$$

Je größer für eine gegebene Entwässerung die linke Seite von (14) wird, um so ausgedehnter ist die an der Luftseite trockengelegte Mauerzone. Es liegt daher nahe, den Ausdruck

$$\frac{b\, \pi\, \lambda^2}{a \ln \frac{a}{r\, \pi}} = \eta \quad \text{(Trockenlegungsgrad} \tag{15}$$

als den Trockenlegungsgrad der Dränung zu bezeichnen. In Anwendung auf das oben gewählte Zahlenbeispiel von der Exchequer-Staumauer errechnet sich z. B. ein η von 2,7, was auf die Trockenlegung einer ausgedehnten Mauerzone schließen läßt. Wie schnell man andererseits an den Grenzwert der Trockenlegung herankommt, zeigt sich z. B. daran, daß eine Steigerung des Rohrabstandes von 2,5 auf 4,2 m dazu bereits ausgereicht hätte.

Wir kommen nun zu dem Einfluß, den die Mauerdränung auf die Herabminderung der statisch unerwünschten Auftriebswirkung nimmt. Wenn man (1) nur auf Mauerteile anwendet, die sich in einem gewissen Abstande wasser- oder luftseitig von der Entwässerung befinden, so lassen sich einige, praktisch völlig belanglose Vernachlässigungen vornehmen, die den Überblick außerordentlich erleichtern. Man erhält

$$\frac{p}{\gamma} = (H - z)\left(1 - \varepsilon\, \sigma \frac{x}{b}\right) - \frac{\varepsilon^2}{\lambda}\, x \quad \text{(wasserseitig von der Entwässerung);} \tag{16}$$

$$\frac{p}{\gamma} = \varepsilon (H - z) - \frac{\varepsilon}{\lambda}\, x \quad \text{(luftseitig von der Entwässerung)}. \tag{17}$$

Es ergibt sich damit in beiden Fällen eine lineare Porenwasserdruckverteilung, die an der Wasserseite von $p_w = \gamma (H - z)$, an der Luftseite von $p_1 = 0$ ihren Ausgang nimmt. Die wasserseitige Gerade schneidet sich mit der luftseitigen genau in der Entwässerungsebene, denn für $x = b$ folgt aus (16) und (17) der gemeinsame Wert

$$\frac{p}{\gamma} = \varepsilon (H - z) - \frac{b\, \varepsilon^2}{\lambda} = \sim \varepsilon (H - z) \quad \text{(scheinbare Druckhöhe in der Entwässerungsebene.} \tag{18}$$

Gl. (18) wurde erstmalig von Hoffmann[1] auf anderem Wege gefunden und zu einer sehr anschaulichen Abgrenzung der Auftriebsentlastung benutzt. Man trägt gemäß Abb. 563 einmal die geradlinige, der Staumauer ohne Entwässerung entsprechende und einmal die eingeknickte, aus (16) und (17) folgende Druckverteilung im gleichen Schaubild auf. Gleichzeitig wird der Wirkung der Entwässerungsebene durch eine trichterförmige Absenkung nach beiden Seiten

[1] Siehe Fußnote 1 von S. 335.

Rechnung getragen. Das Verhältnis der schraffierten Fläche zum Ausgangsdreieck entspricht dann dem noch verbliebenen Auftriebsanteil. Beiläufig sei noch bemerkt, daß die teilweise Trockenlegung der Mauer das Schaubild in der Weise beeinflußt, daß die luftseitige Dreiecksspitze nach innen verschoben wird, etwa von C nach C'.

Nach Abb. 563 liegt es nahe, den Festwert ε als die Auftriebsverminderung zu bezeichnen. Hierfür erhält man bei Berücksichtigung von (2)

$$\varepsilon = \frac{1}{1 + \dfrac{b\,\pi}{a \ln \dfrac{a}{r\,\pi}}} \quad \text{(Auftriebsverminderung).} \tag{19}$$

Die Mauerteile luftseitig von der Entwässerung erfahren eine völlige Auftriebsentlastung, wenn ε verschwindet. Dies ist nur möglich, wenn der Logarithmus 1 wird. In diesem Falle folgt

$$\frac{a}{r} = \pi \quad \text{(völlige Auftriebsentlastung).} \tag{20}$$

In Anwendung auf das gewählte Zahlenbeispiel von der Exchequer-Staumauer müßte, um eine völlige Auftriebsentlastung herbeizuführen, entweder der Rohrdurchmesser auf 80 cm gesteigert oder der Rohrabstand auf 78 cm vermindert werden.

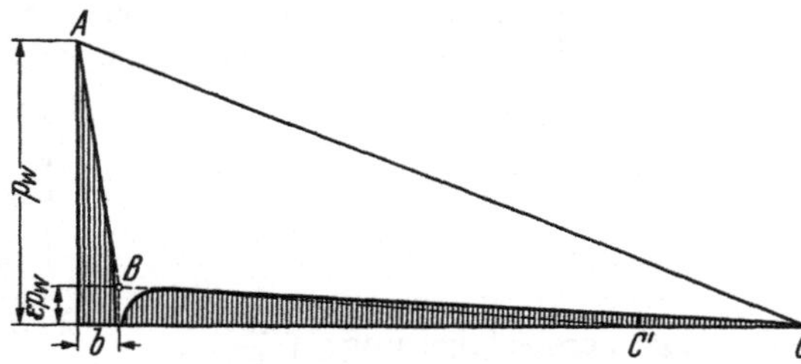

Abb. 563. Auftriebsentlastung durch Mauerdränung.

Jede Dränung besitzt den Nachteil, daß sie die Sickergeschwindigkeit und damit die Gefahr der Auslaugung des Zementleimes steigert. Um dem zu begegnen, muß wasserseitig von der Entwässerung ein besonders wasserdichter Beton mit entsprechend kleinem Durchlässigkeitsgrad k hergestellt werden.

Für die Sickergeschwindigkeit längs der Dränrohrwandungen folgt aus (3) mit gewissen, praktisch bedeutungslosen Vernachlässigungen zunächst

$$\left.\begin{aligned}
v_x &= \frac{k\,\varepsilon}{\lambda}\left[1 + \frac{\lambda(H-z) - b\,\varepsilon}{2 \ln \dfrac{a}{r\,\pi}}\left(\frac{\pi}{a} - \frac{2(x-b)}{r^2}\right)\right] \\
v_y &= \frac{k\,\varepsilon}{\lambda}\left[0 + \frac{\lambda(H-z) - b\,\varepsilon}{2 \ln \dfrac{a}{r\,\pi}}\left(0 - \frac{2\,y}{r^2}\right)\right] \\
v_z &= k\,\varepsilon\left[1 - \frac{1}{\varepsilon} + \frac{\pi(b-x)}{a \ln \dfrac{a}{r\,\pi}}\right] = \sim -k\,\varepsilon\,\sigma
\end{aligned}\right\} \quad \text{(Dränrohrwandung).} \tag{21}$$

Wird weiterhin berücksichtigt, daß r klein im Vergleich zu a und b, und das erste Glied von v_x gegenüber dem zweiten bedeutungslos ist, so stellen v_x und v_y die Radiusvektorkomponenten eines Kreises dar. Die Einströmung in die Dränrohre erfolgt daher von allen Seiten gleichmäßig und man erhält für die waagerechte und lotrechte Komponente

$$\left.\begin{aligned}
v_r &= \frac{k\,\varepsilon}{\lambda}\,\frac{\lambda(H-z) - b\,\varepsilon}{r \ln \dfrac{a}{r\,\pi}} \\
v_z &= -k\,\varepsilon\,\sigma
\end{aligned}\right\} \quad \text{(Dränrohrwandung).} \tag{22}$$

Der Übergang auf Zahlenwerte zeigt, daß v_z gegenüber v_r so klein ist, daß v gleich v_r gesetzt werden kann. Wird der Logarithmus gemäß (2) durch σ

ausgedrückt und das praktisch nicht ins Gewicht fallende zweite Zählerglied fortgelassen, so folgt unter Bezugnahme auf die Sickergeschwindigkeit v_0 der Staumauer ohne Dränung

$$v = v_r = \frac{k\,\varepsilon\,\sigma}{\pi}\,\frac{a}{b}\,\frac{H-z}{r} = \frac{\lambda\,\varepsilon\,\sigma}{\pi}\,\frac{a}{b}\,\frac{H-z}{r}\,v_0 \quad \text{(Dränrohrwandung)}. \tag{23}$$

Zur Beurteilung der Auslaugegefahr ist im wesentlichen die kinetische Energie des strömenden Wassers maßgebend. Man hat daher nicht die Geschwindigkeiten selbst, sondern ihre Quadrate zu vergleichen und erhält

$$E = \left(\frac{\lambda\,\varepsilon\,\sigma}{\pi}\,\frac{a}{b}\,\frac{H-z}{r}\right)^2 E_0 \quad \text{(Steigerung der Strömungsenergie über den Dränrohren)}. \tag{24}$$

Die größte Energiesteigerung ergibt sich naturgemäß in Talsohle, d. h. für $z = 0$.

Nach den vorstehenden theoretischen Untersuchungen gestaltet sich die Beurteilung einer Mauerentwässerung auf Güte und Zweckmäßigkeit verhältnismäßig einfach. Die günstigen Wirkungen kommen in Trockenlegungsgrad und Auftriebsentlastung, die ungünstigen in Sickerverlust- und Strömungsenergiesteigerung zum Ausdruck. Die entsprechenden Formeln sind für einen bequemeren Überblick nachstehend zusammengestellt:

Trockenlegungsgrad: $\eta = \lambda^2 \sigma$

Auftriebsentlastung: $\varepsilon = \dfrac{1}{1+\sigma}$

Sickerverluststeigerung: $\dfrac{Q}{Q_0} = \dfrac{1}{2}\lambda\,\varepsilon\,\sigma\,\dfrac{H}{b}$

Strömungsenergiesteigerung: $\left(\dfrac{E}{E_0}\right)^{\max} = \left(\dfrac{\lambda\,\varepsilon\,\sigma}{\pi}\,\dfrac{a\,H}{b\,r}\right)^2$

$$\left(\sigma = \frac{b\,\pi}{a \ln \dfrac{a}{r\pi}}\right). \tag{25}$$

Um einen zahlenmäßigen Überblick zu geben, sind nachstehend einige bemerkenswerte Dränungsanordnungen, geordnet nach dem Trockenlegungsgrad aufgeführt worden:

Staumauer	H	a	b	r	λ	η	ε	$\frac{Q}{Q_0}$	$\left(\frac{E}{E_0}\right)^{\max}$
Ennepe	32	1,00	2,0	0,030	0,69	1,26	0,27	5,3	11500
Waldecker	45	1,00	2,0	0,050	0,70	1,66	0,23	7,5	8100
Barbellino	63	2,50	5,0	0,125	0,73	1,80	0,23	4,2	2500
Exchequer	83	1,25	3,0	0,125	0,64	2,68	0,13	9,2	3000
Bleiloch	65	0,50	2,2	0,050	0,71	6,00	0,08	9,9	4200
Suviana	85	3,00	8,0	0,350	0,89	6,70	0,11	3,5	300
Chambon	120	1,50	8,0	0,150	0,75	8,10	0,06	5,0	900
Boulder	221	1,50	38,0	0,250	0,89	9,70	0,08	1,9	4900

Ennepe-Staumauer (Abb. 434) und Waldecker-Staumauer (Abb. 436), die als Beispiele der älteren deutschen Bruchsteinmauern gewählt wurden, lassen erkennen, wie gut schon Intze und andere deutsche Talsperrenbauer ohne irgendwelche Vorbilder die notwendige Stärke der Entwässerung geschätzt hatten. Die errechneten η- und ε-Werte bestätigen im übrigen das Ergebnis der Innendruckmessungen, die von Soldan an der Waldecker-Talsperre zur Feststellung des schädlichen Auftriebes vorgenommen wurden.

Die Barbellino-Staumauer (Abb. 550 u. 551) ist ein lehrreiches Beispiel dafür, wie man durch zweckmäßige Lageanordnung und geeignete Wahl der Abmessungen die günstigen Wirkungen steigern und gleichzeitig die ungünstigen herabsetzen kann. Das Umgekehrte zeigt die Exchequer-Staumauer (Abb. 554), bei der zwar eine große Auftriebsentlastung erreicht wurde, aber auf Kosten des Sickerverlustes.

In der zweiten Gruppe findet man neuere Dränungsanordnungen mit hohen Trockenlegungsgraden und weitgehenden Auftriebsentlastungen, die bei angenähert gleicher Dränungswirkung beträchtliche Unterschiede in bezug auf Sickerverlust- und Strömungsenergiesteigerung erkennen lassen. Vergleicht man z. B. die etwa gleichwertigen Entwässerungen von Bleiloch-Staumauer (Abb. 444) und Suviana-Staumauer (Abb. 556 u. 557)[1], so ergibt sich im ersteren Falle ein fast 3mal so großer Sickerverlust und eine 14mal so große Steigerung der Strömungsenergie. Die Entwässerung der Bleiloch-Staumauer ist offensichtlich zu nahe an die Wasserseite herangelegt worden.

Große Auftriebsentlastungen und hohe Trockenlegungsgrade lassen sich in gleicher Weise durch kleine und große Dränrohrdurchmesser erzielen; im Falle von Bleiloch- und Suviana-Staumauer ist das Durchmesserverhältnis z. B. 1:7. In erster Linie ist hierfür das Verhältnis von Rohrabstand zu Rohrdurchmesser oder a/r maßgebend. Mit Rücksicht auf den Sohlenwasserdruck hat es keinen Zweck, die Auftriebsentlastung allzuweit zu treiben, zumal im Laufe der Jahre mit einer weitgehenden Selbstdichtung des Betons gerechnet werden kann. ε-Werte von 0,10 bis 0,15 können als völlig ausreichend bezeichnet werden. Demgemäß sollte man a/r-Werte im Bereich von

$$\frac{a}{r} = 10 \quad \text{(Auftriebsentlastung zwischen 10 und 15\%)} \tag{26}$$

anstreben.

Viele ausgeführte Dränungsanordnungen kranken daran, daß die Entwässerung zu nahe an die Wasserseite herangeschoben ist; dies führt stets zu großen Steigerungen der Strömungsenergie, die Auslaugungen des Betons und Verstopfungen der Dränrohre nach sich ziehen. In den meisten Gewichtsstaumauern hätte die Strömungsenergie ohne irgendwelche Nachteile auf $^1/_5$ bis $^1/_{10}$ des vorhandenen Wertes herabgemindert werden können, denn wie verschiedene italienische Staumauern gezeigt haben, bereitet es keinerlei Schwierigkeiten, unter einer 300 bis 500fachen Steigerung der Strömungsenergie zu bleiben. Für künftige Ausführungen sollte man daher über E/E_0-Werte in der Gegend von 400 nicht hinausgehen.

Die zahlenmäßige Durchrechnung der verschiedensten Dränungsanordnungen zeigt, daß die Größe $\lambda\varepsilon\sigma/\pi$ sich nur wenig von 2 unterscheidet. Man kann daher die Strömungsenergie angenähert in der Form

$$\left(\frac{E}{E_0}\right)^{\max} = \left(\frac{2\,a\,H}{b\,r}\right)^2$$

schreiben. Bei Beschränkung auf eine 400fache Energiesteigerung und unter Zugrundelegung von $a/r = 10$ folgt

$$\frac{H}{b} = 10 \quad \text{(etwa 400fache Steigerung der Strömungsenergie).} \tag{27}$$

Bei gewähltem Dränrohrdurchmesser und gegebener Mauerhöhe sind a und b durch (26) und (27) festgelegt.

Abb. 256 zeigt in der Dränrohranordnung der L'Oued-Fodda-Staumauer[2] eine nach (26) und (27) durchgebildete Entwässerung. Da die Neigung der Wasserseite gerade 1:10 ist, ist hier (29) nicht nur an der Mauersohle, sondern in jeder Höhenlage erfüllt. Es möge jedoch bemerkt werden, daß man sich nicht wie im Falle der L'Oued-Fodda-Staumauer durch dränungstechnische Erwägungen dazu verleiten lassen sollte, die Wasserseite schräg zu stellen, da hiermit stets eine Einbuße an Sicherheit verbunden ist. Nach Abb. 564 läßt sich eine ähnlich günstige Dränungswirkung auch bei lotrechter Wasserseite erzielen, wenn statt der Wasserseite die Dränrohrebene geneigt wird.

[1] Impianti idroelettrici nella regione appeninica toscana-emiliana alta valle del Reno e Limentre. Energia elettr. Bd. 2 (1925) Heft 4.

[2] Ann. Ponts Chauss. 1930 Heft 1.

Die strömungstechnisch beste Dränrohranordnung, wie sie sich auf Grund der Theorie ergibt, ist in Abb. 564 dargestellt worden, und zwar für die der Theorie zugrunde gelegte lotrechte Dränrohranordnung. Wie früher schon bemerkt wurde, lassen sich alle vorstehend gezogenen Schlußfolgerungen unmittelbar auf waagerechte Dränrohranordnungen übertragen, so daß Abb. 564 sinngemäß auch für waagerecht verlegte Dränrohre Gültigkeit besitzt. Wieweit man tatsächlich an die strömungstechnische Bestform herangehen will, ist eine Angelegenheit der Zweckmäßigkeit. Die lotrechte Dränrohrebene kann in vielen Fällen so große herstellungstechnische Vorteile bieten, daß man demgegenüber die verringerte Dränwirkung ohne weiteres in Kauf nehmen wird.

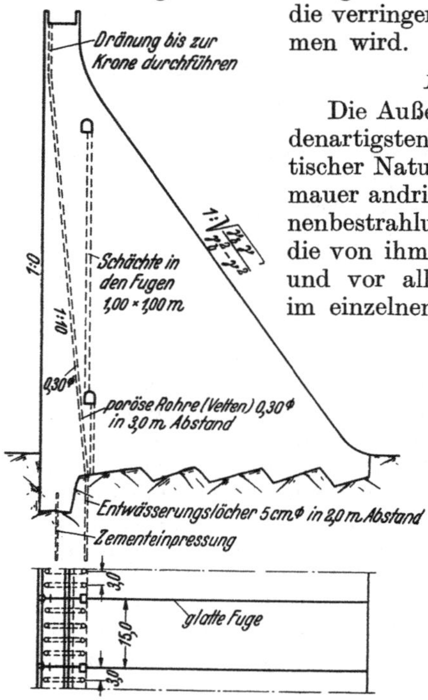

Abb. 564. Strömungstechnische Bestform der Mauerdrainung.

11. Sicherung der Außenflächen.

Die Außenflächen der Staumauern sind den verschiedenartigsten Angriffen, hauptsächlich meteorisch-klimatischer Natur ausgesetzt, die von außen gegen die Staumauer andringen. Frost und Hitze, Schlagregen und Sonnenbestrahlung, Stauwasser von wechselnder Höhe und die von ihm ausgehenden Sickerungen üben physikalische und vor allem chemische Kräfte aus, die, so klein sie im einzelnen sein mögen, durch ihre ständige Dauer oder ihren unaufhörlichen Wechsel auf die Länge den Bestand der Mauer ernstlich bedrohen können [1]. Technische und wirtschaftliche Gründe verlangen daher eine dieser Angriffsweise und den verschiedenen sonstigen Aufgaben entsprechende bauliche Gliederung des Mauerquerschnittes, und zwar in einen im wesentlichen nur statisch beanspruchten Mauerkern und die ihn allseitig umhüllenden Schutzschichten zur Sicherung von Sohle, Krone, Luft- und Wasserseite.

Da die Sohlensicherung im nächsten Abschnitte eine Sonderbehandlung erfahren wird, brauchen hier lediglich die Außenflächen im engeren Sinne behandelt zu werden, also Krone, Luft- und Wasserseite. Von diesen läßt sich die Krone schnell erledigen. Ihre Sicherung erfolgt in Form einer Fettmörtel- oder Fettbetonschicht mit Putz und isolierender, bitumenhaltiger Auflage und einer Schutzschicht aus Magerbeton, Ziegelmauerwerk od. dgl. zur Aufnahme der Fahrbahn, unter sorgfältiger Abführung des Tag- und Sickerwassers. Die oft nur wenige m mächtige und dem Frost von drei Seiten ausgesetzte Mauerkrone ist gegen Tropf- und Sickerwasser besonders empfindlich.

Wesentlich eingehender muß hier die Sicherung von Luft- und Wasserseite behandelt werden, wobei der baugeschichtlichen Entwicklung, um wertvolle, über Jahrzehnte sich erstreckende Erfahrungen nicht verloren gehen zu lassen, ein breiter Raum eingeräumt werden soll [2].

Bei den Bruchsteinmauern begnügte man sich für die Luftseite vielfach mit einer sorgfältigen, kunstgerechten Verfugung (4 cm tief) in Zementmörtel;

[1] Man vgl. hierzu auch die Berichte zum ersten Talsperrenkongreß, Stockholm 1933, die, soweit sie die Altersschäden der Staumauern betreffen, zusammen mit dem Ergebnis der Aussprache in Band I des Kongreßberichtes niedergelegt sind. Band I: Détérioration par vieillissement du béton des barrages poids. Zu beziehen durch den VDI-Verlag, Berlin, Ingenieurhaus.

[2] Man vgl. hierzu auch Ludin: Ber. Int. Talsp.-Kongr. der Weltkraftkonf. Washington 1936 über „Gestaltung und Bewährung der Außenflächen der in Deutschland erbauten Staumauern".

des öfteren wurde auch eine besondere Verblendung mit ausgesuchten, besonders wetterfesten und großen Steinen angewendet. Auch der Wasserseite gab man noch bis zu Intzes ersten Schöpfungen eine lediglich vertiefte (7 cm) Ausfugung. Derartig behandelte Mauern bedeckten sich, infolge der anfänglich sehr starken Durchströmung, auf der Luftseite mit Kalksinterungen und wurden erst nach längerer Zeit durch Selbstdichtung einigermaßen dicht.

Den Dichtigkeitsansprüchen der wachsenden Stauhöhen genügte erst die Intzesche Dichtung, ein in zwei bis drei Schichten aufgetragener Putz mit Schutzanstrich und einem Kälteschutz durch einen Mauermantel (vgl. oben S. 279)

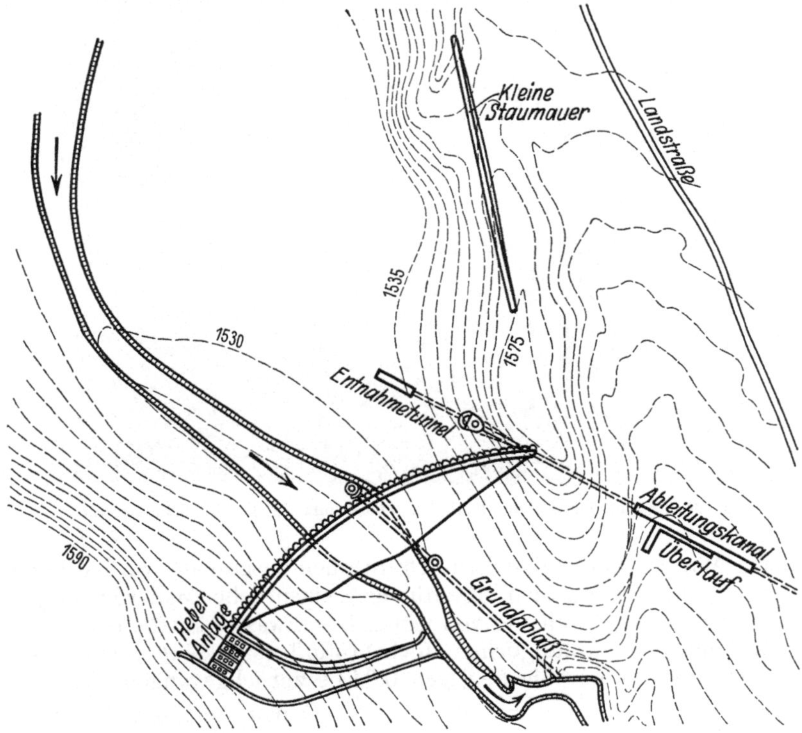

Abb. 565. Ceresole-Reale-Talsperre.

in Verbindung mit der in 1 bis 2 m Abstand im Mauerinneren angeordneten Dränung. Eine noch vollkommenere, allerdings auch entsprechend kostspieligere Baumaßnahme trennt die gedichtete Stauwand durch einen leicht zu entwässernden Luftzwischenraum von der Staumauer. Diese zuerst von Lévy vorgeschlagene und an der Talsperre La Mouche angewandte[1] Dichtungsanordnung bildet die Stauwand als Eisenbetonplatte auf Rippenstützen aus, oder nach neueren französischen und italienischen Ausführungen, als stehende Gewölbereihe (Abb. 173, 565, 566). Diese Anordnungen unterliegen aber der Gefahr der Rißbildung, und diesem Umstand ist es wohl zuzuschreiben, daß drei damit ausgestattete neuere italienische Staumauern (Arno, Salerno, Lago d'Avio) von je nur 30 m Höhe Sickerverluste von 60, 60 und 140 s/l aufweisen. Dagegen ist eine ebene Eisenbetonstauwand, die auf kurzen Eisenbetonstempeln gegen die Staumauer abgestützt wurde, mit Erfolg zur Erhaltung der durch angreifendes Wasser schwer gefährdeten Ringedalssee-Staumauer (Abb. 537) verwandt worden[2].

[1] Ludin: Wasserkräfte 1913 S. 942. — [2] Vgl. Fußnote 1 von S. 321.

Eine gelungene Verschmelzung der Intzeschen Dichtungsart mit der Lévyschen stellt die Dichtung der Geigenbach-Sperre bei Plauen i. V. dar: Schon die Nach-Intzeschen Staumauern der Möhne, Eder u. a. hatten die tatsächlich auch abdichtende Wirkung des ursprünglich nur als Frost- und Stoßsicherung gedachten Schutzmantels durch Anwendung eines zweiten Verputzes auf dessen Außenseite voll nutzbar gemacht. Diese Maßregel wurde an der Geigenbach-Staumauer[1] ganz sinngemäß noch dahin ausgebaut, daß mit einfachsten Mitteln in der Rückseite des, hier aus Stampfbeton hergestellten, mit Dehnungsfugen

Abb. 566. Ansicht der Ceresole-Reale-Staumauer mit Lévyschen Schutzgewölben.

versehenen Mantels halbzylindrische Dränrinnen ausgespart wurden (Abb. 567). Diese halten, da die (an sich überflüssige) eigentliche Mauerdränung keinen Abfluß anzeigt, diese Staumauer von jedem Druckwassereintritt frei und führten dabei selbst nur einen anfänglichen Höchstabfluß von 3,89 l/s Sickerwasser, der seit 1900 ständig bis auf die heutigen 0,04 l/s zurückgegangen ist.

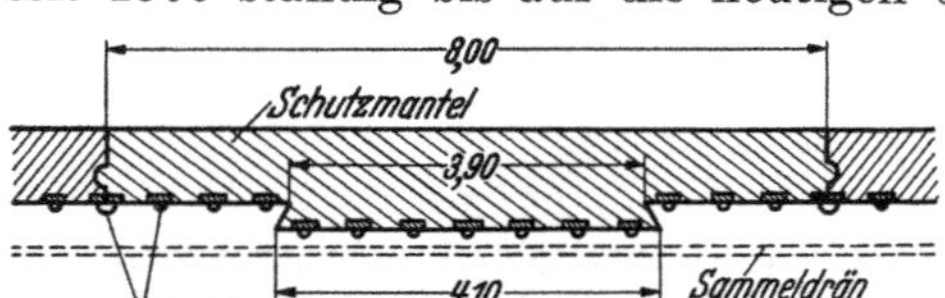

Abb. 567. Sicherung der Wasserseite der Geigenbach-Staumauer nach Fleck.

Genau besehen, bewiesen diese neueren Ausführungen (Eder, Möhne, Geigenbach) die Entbehrlichkeit des Schutzmantels vor einem gut ausgeführten Zementtraßputz, und so war es nur folgerichtig, daß Bachmann seine neueren schlesischen Staumauern an der Wasserseite lediglich mit einem 50 mm starken, in zwei bis drei Schichten aufgetragenen Putz schützte, was sich in jeder Beziehung gut bewährt hat[2].

Nach der vorsichtigen, einfachen Übernahme der Intzeschen Abdichtungs- und Schutzmaßnahmen auf die erste deutsche Gußbetonmauer (Schwarzenbach) mußte das nähere Vertrautwerden mit diesem neuen Baustoff rasch zur Entwicklung einfacherer, dem Wesen der Gußbetonbauweise angepaßten Behandlungsweisen der Außenflächen drängen. Folgende Möglichkeiten boten sich dabei für die Behandlung der Wasser- und Luftseite: Großquader aus Beton (Kunststeine), Putz, dichter Vorsatzbeton mit oder ohne Putz, an der Luftseite auch: Natursteinverkleidung (schönheitliche Rücksichten!), alles in Verbindung

[1] Erbauer Stadtbaurat Fleck. — [2] Siehe Fußnote 2 von S. 340.

mit einem nicht hochdichten Mauerkern. Daneben bestand noch die Möglichkeit, die ganze Mauer in gleichmäßiger hoher Dichte in einheitlicher Betonmischung herzustellen, allenfalls mit wasserseitigem Putz.

Bei all diesen Lösungen war zu berücksichtigen, daß der mörtelreiche Beton und sein etwaiger Verputz gegen durchziehendes mehr oder minder angreifendes Wasser und gegen Ausfrieren seiner Außenflächen noch empfindlicher ist, als gutes Bruchsteinmauerwerk.

Talsperren-, d. h. Gebirgsbach- und Flußwasser ist in der Regel weich und enthält, namentlich längere Zeit nach dem Einstau pflanzenbedeckter Flächen oft viel Kohlensäure, Humussäure und andere für den Zement und besonders dessen ungebundenen Kalkgehalt sehr schädliche Stoffe. Namentlich in höheren Lagen des Urgebirges sind diese Eigenschaften des Wassers oft in gefährlich hohem Grade ausgebildet, so daß ungenügend geschützte Betonmauern einer tiefgehenden Auslaugung und Zersetzung von der Wasserseite her und tiefgreifenden Frostschäden von der Luftseite her unterliegen, die in krassen Fällen den Bestand der Bauwerke schon im ersten Jahrzehnt ernstlich bedrohen konnten.

Hauptsächlich in Norwegen sind durch solche Vorgänge an zahlreichen Staumauern im Verlauf weniger Jahre umfangreiche Zerstörungserscheinungen hervorgerufen worden, die in einem Falle (Mösvandsee) zum völligen Ersatz des Bauwerkes, in einem anderen zum Anbau einer vollständigen neuen Stauwand aus Eisenbeton, im übrigen immer zu kostspieligen und im Endergebnis nie ganz sicheren Ausflickarbeiten genötigt haben[1]. Ähnliche, wenn auch meist leichtere Schäden, sind unter anderem an Stauwerken in Schweden[2], im Schwarzwald[3] und in der Schweiz (Wäggital[4], Barberine) aufgetreten.

In der Regel bilden Haarrisse in Mauerfugen oder Putz, Risse an Arbeitsfugen, mangelhaft ausgefallene Dichtungen der Dehnungsfugen (s. oben) oder allgemein poriger Mörtel den ersten Angriffspunkt für den Eintritt schädlicher Mengen von Sickerwasser. Sehr viel hängt aber auch dann noch von der Beschaffenheit des Mörtels oder Betons in den unmittelbar hinter der Außenfläche liegenden Mauerteilen ab. Der Zement muß die nötige Widerstandsfähigkeit gegen die zu erwartenden chemischen Angriffe besitzen. Er darf also keinen überschüssigen Kalk enthalten und muß den örtlichen Verhältnissen entsprechend ausgewählt werden (z. B. Hochofenzement) oder zwecks Bindung des freien Kalkes mit Traß versetzt oder (besser) zusammengemahlen werden („Trapo").

Gute Beschaffenheit des Zementes und hoher Zementanteil im Beton genügen aber allein noch nicht, nötig ist vor allem eine mörteltechnisch richtige Kornabstufung der Zuschlagstoffe (die ihrerseits natürlich keine leicht verwitternden oder gar schädlichen Bestandteile enthalten dürfen — vgl. weiter unten), ferner ein Bestwert des Wassergehaltes und richtige Verarbeitung. In Beziehung auf den Wassergehalt ist sowohl ein Zuwenig (trockener Stampfbeton) wie ein Zuviel (flüssiger Gußbeton) vom Übel.

Der nach alter Art „schwach erdfeucht" in Schichten von 20 bis 25 cm eingebrachte und mit großem Arbeitsaufwand (Preßluftstampfer) verdichtete Stampfbeton hat zwei große Nachteile, die ihn für Wasserbauten ungeeignet machen. Beide sind darin begründet, daß er seine Güte erst durch starkes mechanisches Verdichten erlangt. Erfahrungsgemäß übertrifft die Verdichtung in der Stampfrichtung bei weitem die in den übrigen Richtungen. Da das Einstampfen meist in lotrechter Richtung erfolgt und der Stampfdruck rasch nach unten abklingt, entsteht eine blätterteigartige Struktur von ungleicher Festigkeit

---

[1] Siehe Fußnote 1 von S. 321.

[2] Mitteilungen der Königlichen Wasserfallverwaltung in Stockholm: Untersuchungen über die Ursachen von Betonzerstörungen im Wasserbau. 1929.

[3] Siehe Fußnote 2 von S. 340.

[4] Wäggitalwerke: Das Kraftwerk Wäggital. Siebnen (Schweiz) 1930.

und Dichtigkeit. Außerdem erschwert die hohe innere Reibung des wasserarmen Stampfbetons die Füllung der letzten, feinsten Poren auch in der unmittelbaren Nähe des Stampfers. Derartig ausgeführte Betonmauern bieten daher dem waagerecht andringenden Sickerwasser bequeme Wege und große innere Angriffsflächen. An den wassererfüllten undichten Schichtenköpfen der Wasser- und Luftseite aber hat der Frost große Angriffsflächen.

Der wasserreichere Beton, zuerst als „Gußbeton" eingeführt, bietet demgegenüber den Vorteil einer höheren Gleichmäßigkeit und starker Beschränkung der Zahl der Arbeitsfugen. Eine 60 m hohe Staumauer z. B., die mindestens 240 Stampffugen aufweisen müßte, kann in etwa 40 Arbeitsschichten gegossen werden. Der weitere Vorteil, daß Gußbeton um so leichter eingebracht werden kann, je mehr Wasser zugesetzt wird, verleitete aber vielfach im Anfang zu dem Fehler, zu naß zu arbeiten. Man setzte z. B. nicht selten dem fertigen Betonbrei noch am Gießturm nachträglich Wasser zu, um Verstopfungen zu langer und zu flacher Gießrinnen zu beheben. Der dabei gewonnene Beton erschien zwar an den Außenflächen dem unbewaffneten Auge sehr dicht, war aber in Wirklichkeit sehr porenreich, wasserdurchlässig und in Außenflächen nicht wetterbeständig.

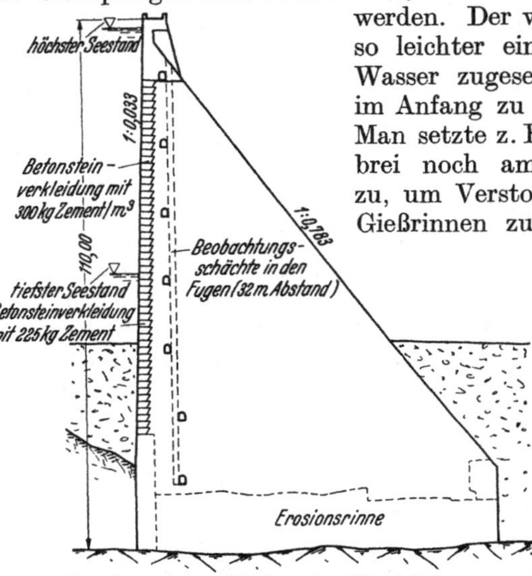

Abb. 568. Betonsteinverkleidung der Wäggi-Talsperre (wasserseitig). Betonsteine: 1,4 m hoch, 2,05 → 2,58 breit.

Die Wäggi-Staumauer (Schweiz)[1] hat in überzeugender Weise die Bedeutung des *WZF* für die Wasserdichtigkeit und Frostbeständigkeit der Außenflächen in Erscheinung treten lassen. Die Staumauer (Abb. 568)[2] wurde aus einheitlichem Beton verhältnismäßig naß gegossen und erhielt wasserseitig eine Betonsteinverkleidung mit 300 bzw. 225 kg/m³ Zement, die zugleich mit dem Hochführen der Mauer hergestellt wurde. Die Werte des *WZF* waren folgende:

Betonsteinverkleidung im Bereiche der Absenkung . . . . . *WZF* = 0,63,
Betonsteinverkleidung unterhalb der Absenkung . . . . . . *WZF* = 0,83,
Kernbeton und Luftseite . . . . *WZF* = 0,95.

Während sich die Betonsteinverkleidung im 8jährigen Betriebe vorzüglich bewährt hat, zeigte die Luftseite schon nach dem ersten Winter leichte Frostschäden. Die Zerstörung nahm durchweg an den Arbeitsfugen ihren Anfang und breitete sich mit unwiderstehlicher Gewalt aus. Kurz vor Beginn der Instandsetzungsarbeiten waren große Teile der einstigen Außenfläche verschwunden, und man konnte Löcher bis zu 15 cm Tiefe beobachten. Um einem Fortschreiten der Zerstörung entgegenzuwirken, wurde der Beton auf etwa 25 cm Tiefe abgetragen und durch eine Granitverkleidung geschützt, die auf einer Unterlage von Stampfbeton verlegt wurde. Die Durchführung der Instandsetzungsarbeiten ist aus den Abb. 569 und 570 ersichtlich; in die Rillen wurden Dränrohre von 20 cm Durchmesser eingelegt.

Die Erforschung der Ursachen dieses und anderer gleichgelagerter Fehlschläge hat gelehrt, daß und wie es möglich ist, frost- und wetterbeständige Betonmauern und Betonaußenflächen planmäßig, auch im Massenbetrieb der Baustelle, zu erzeugen.

[1] F. Tölke: Die Sicherung von Betonstaumauern gegen klimatische Einflüsse. Bauing. 1932 S. 194—196. — [2] Siehe Fußnote 4 von S. 343.

Dabei wurde klargestellt, daß die unerläßliche Grundeigenschaft eines solchen angriffssicheren Betons seine Gleichmäßigkeit, Dichtigkeit und geringe Schwindneigung ist und daß diese Eigenschaften nicht nur vom Gehalt an Bindemitteln, sondern ebenso, ja oft noch mehr bedingt sind vom Wasserzementfaktor, von der Kornzusammensetzung der Zuschlagstoffe, besonders auch von der Größe der feinsten und gröbsten Körnungen, von Art und Nachhaltigkeit der Nachbehandlung und anderen Verarbeitungseinflüssen, wie des Näheren in Kapitel 23 ausgeführt.

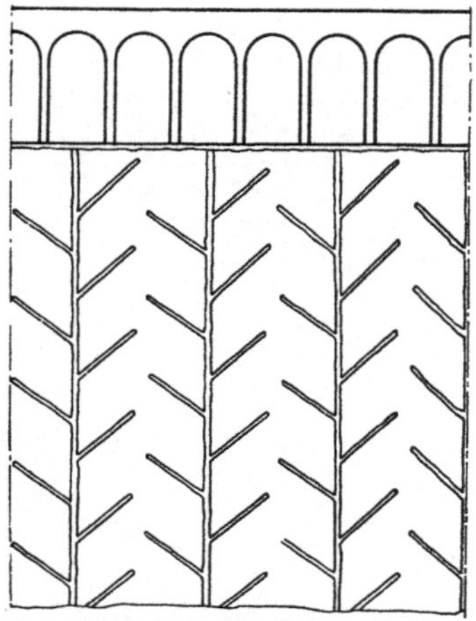

Abb. 569. Nachträgliche Steinverkleidung der Luftseite der Wäggi-Staumauer.

Der Wasserzementfaktor ist zugunsten der Raumbeständigkeit, Dichtigkeit und Festigkeit so niedrig als möglich, dabei aber hoch genug zu halten, um satte Schalungsfüllung, dichte und fugenlose Lagerung des Betons ohne beträchtlichen Aufwand von Stampfarbeit zu gewährleisten[1]. Das Einbringegerät ist dabei grundsätzlich nach den Anforderungen der durch die erforderlichen Bauwerkseigenschaften bedingten Betonzusammensetzung und -steife zu wählen und nicht umgekehrt die Betoneigenschaften nach den Erfordernissen eines bestimmten Einbringegerätes (z. B. zu flacher Gießrinnen).

Erwies es sich somit als möglich, angriffssichere Außenflächen allein durch zweckentsprechende Betonbildung zu schaffen, so konnte auf anderweitige Schutzmaßnahmen, wie Natursteinverblendung an der Luftseite, Spritz- oder Handputz an der Wasserseite verzichtet werden. Diesen Weg ist die Entwicklung der letzten Jahre tatsächlich auch gegangen.

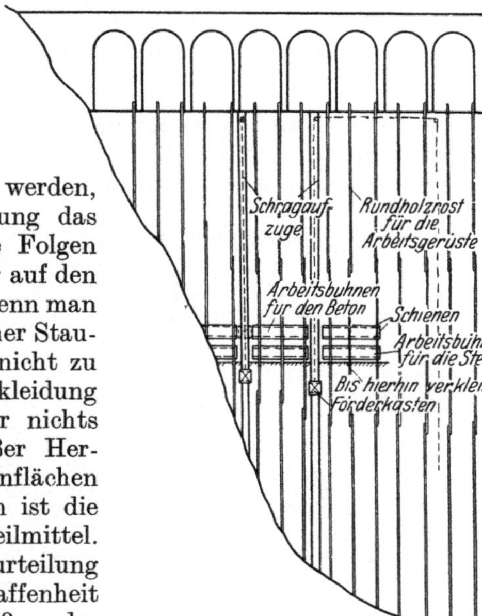

Abb. 570. Geästeltes Rillensystem für eine Dränung der Luftseite.

Wenn heute wieder Stimmen laut werden, die einer Rückkehr zur Steinverkleidung das Wort reden, so nur deshalb, weil die Folgen mangelhafter Herstellung immer wieder auf den Beton als solchen abgewälzt werden. Wenn man z. B. einen Blick auf die Luftseite mancher Staumauern wirft, so braucht man sich nicht zu wundern, wenn Anhänger der Steinverkleidung den Kopf schütteln. Dies ändert aber nichts an der Tatsache, daß bei sachgemäßer Herstellung ganz vorzügliche Betonaußenflächen erzielt werden (Abb. 571). Im übrigen ist die Steinverkleidung keineswegs ein Allheilmittel. Bei Fehlern in der Wahl und Beurteilung der Natursteine oder der Mörtelbeschaffenheit und Verfugungsarbeit kann sie große oder unaufhörliche kleine Unterhaltungsarbeiten auferlegen.

Die Wetterfestigkeit der unverkleideten Luftseite wird beträchtlich gesteigert, wenn die Feinporen von Sickerwasser frei bleiben, d. h. wenn die Wasserseite der Mauer ein hohes Maß von Dichtigkeit verbürgt und die Mauerentwässerung stark genug ist, um große Querschnittsteile an der Luftseite trocken zu legen.

[1] Über eine davon etwas abweichende Auffassung und erfolgreiche Ausführung an der Vermunt-Sperre vgl. Widmann: Dtsch. Wasserwirtsch. 1935 Heft 7 und hier S. 351.

Es ist fernerhin sehr wichtig, daß die Hochwasserentlastung möglichst so angeordnet wird, daß ein Überströmen der Luftseite vermieden wird; je nach Gewässercharakter lassen sich sonst in gewissen Zeitabständen Vereisungen nicht

Abb. 571. Zillierbach-Sperre. Ansicht von der Luftseite.

Abb. 572.

verhindern. Man sollte auch davon absehen, die Fahrbahnentwässerung durch Speiröhren (Abb. 572, 573) vorzunehmen; das tagsüber sich ansammelnde Schmelzwasser berieselt den Beton, der nachts dem Frost ausgesetzt ist.

Abb. 573.

Die wasserseitige Außenfläche ist durch die Pendelungen des Stauspiegels und insbesondere durch ein Absenken im Winter weit mehr gefährdet als die Luftseite. Hier wird man nur durch größte Sorgfalt bei der Herstellung das erforderliche Maß von Wasserdichtigkeit und Wetterfestigkeit erzielen können. Es wird daher zu prüfen sein, ob man bei der Art des Herstellungsverfahrens und bei den gegebenen Verhältnissen ein solches Maß von Sorgfalt erwarten kann. In manchen Fällen, zumal bei Hochgebirgsbaustellen, kann es vorzuziehen sein, von vornherein weitergehende Sicherungsmaßnahmen anzuwenden, damit man nicht nachher vor der Tatsache steht, in gewissen Zeitabständen den Stausee absenken und kostspielige Unterhaltungsarbeiten vornehmen zu müssen.

Eine in ihrer Wirkung oft überschätzte Sicherungsmaßnahme ist der Putz, insbesondere der Torkret- oder Spritzputz. Die heute in großer Zahl vorliegenden

Erfahrungen haben gezeigt, daß Spritzputz nur in den seltensten Fällen die Erwartungen erfüllt. Schwindrisse, Ausfrieren und Ablösung größerer Flächenteile sind auch bei deutschen Betonmauern in den ersten Jahren nach der Herstellung nicht überall ausgeblieben. In Italien, das zahlreiche Staumauern mit Spritzputz besitzt, stellte der staatliche Ingenieurausschuß fest, daß ein Torkretputz nur dann auf Jahre hinaus schützen kann, wenn die Betonfläche geradezu pedantisch vorbereitet und gereinigt wird[1].

Zum Torkretieren wird ein dünnflüssiger, feiner Mörtel verwendet, der in der Regel im Verhältnis 1 : 3 gemischt und in Schichthöhen von 4 bis 6 mm bei $2^1/_2$ bis 3 at Überdruck aufgespritzt wird. Die gewöhnliche Putzstärke beträgt 25 bis 40 mm. Je feiner der Sand ist, um so dichter und gleichmäßiger wird im allgemeinen der Putz. Er haftet um so besser, je jünger der Beton ist; bei älterem Beton empfiehlt sich ein Aufrauhen mit dem Sandstrahlgebläse. Um die Haltbarkeit zu steigern, hat man Drahtnetze von etwa 40 mm Maschenweite und 2 mm Drahtstärke eingelegt; der erhoffte Erfolg hat sich jedoch nur dann gezeigt, wenn an Befestigungsdrähten nicht gespart wurde.

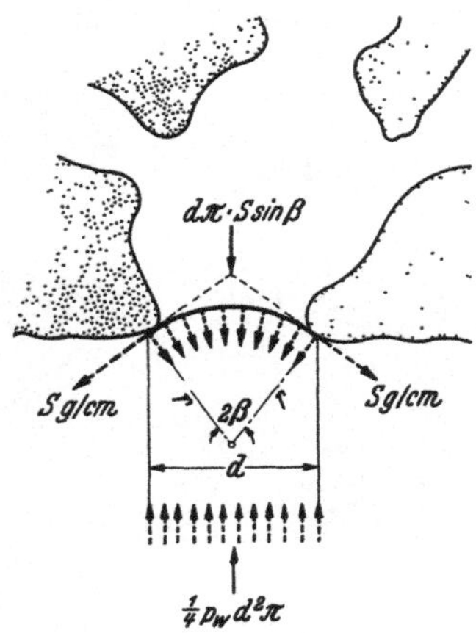

Abb. 574.

Bezüglich der abdichtenden Wirkung von Putzen sollte man sich keinen Täuschungen hingeben. Putze können die Durchströmung des Mauerkörpers wohl verzögern und einschränken, aber niemals ganz verhindern. Um dies zu beweisen, möge auf die Eintrittswiderstände, die sich dem Wasser an der Außenfläche entgegensetzen, kurz eingegangen werden (Abb. 574).

Der physikalische Vorgang, der sich über einer wasserseitigen Feinpore abspielt, hat gewisse Ähnlichkeit mit der Tropfenbildung unter einem Wasserhahn, die man etwa in folgender Weise skizzieren kann. Infolge der Durchlässigkeit der Lederscheibe sickert an der Innenwandung des Auflaufrohres ständig ein kleiner Wasserstrom herunter und sammelt sich unten in Form eines Tropfens, der sich ständig stärker krümmt, bis eine gewisse Grenze erreicht ist, bei der die Kohäsion der Wasserteilchen überwunden wird und der Tropfen sich ablöst. Das Gleichgewicht des durch seine Schwere belasteten Tropfens wird bis zum Augenblick der Ablösung durch die Oberflächenspannung hergestellt. Bei der Feinpore (Abb. 574) tritt an die Stelle der Schwerkraft der Wasserdruck und an die des Tropfens die Einbauchung des Wassers über der Pore. Mit wachsendem Staudruck wird sie größer und größer, bis schließlich mit $2\beta = 180°$ die Grenzlage erreicht ist und das Stauwasser unter Zerreißen der Oberflächenhaut in die Pore eindringt.

Die Oberflächenspannung, die dem Wasserdruck über der Pore das Gleichgewicht hält und sich in der Tiefenrichtung auf den schmalen Bereich des molekularen Wirkungsbereiches beschränkt, stellt die auf den letzteren entfallende Spannung S je Längeneinheit dar (Dimension g/cm); ihr Wert ist auf der ganzen Wasseraußenfläche der gleiche und richtet sich nach dem angrenzenden Mittel, also im vorliegenden Falle, wenn die erstmalige Füllung der Poren betrachtet wird: Luft. Für mittlere Temperaturen ergibt sich ein Wert von $S = 0{,}0765$ g/cm.

Bei der Feinheit der Poren kann der Wasserdruck p_w über der Pore als überall gleich angesehen werden. Der Porenquerschnitt sei, da es nur auf Verhältniswerte ankommt, als kreisförmig und die Einbauchungsfläche demgemäß

[1] Vgl. hierzu F. Tölke: Verhalten von Stauanlagen, Druckrohrleitungen und Zuführungskanälen bei starkem Frost. Bauing. 1933 S. 300/301.

als kalottenförmig (Radius r, Mittelwinkel 2β) zugrunde gelegt. Aus dem Gleichgewicht der Kräfte folgt:

$$P_a = p_w \cdot F = \tfrac{1}{4}\, p_w\, \mathrm{d}^2 \pi = P_i = \mathrm{d}\,\pi\, S \cdot \sin\beta$$

und nach Einführen von S und Auflösen:

$$\mathrm{d}\, p_w = 0{,}306 \cdot \sin\beta\ (\mathrm{g/cm})\,. \tag{1}$$

Der kritische Druck, bei dem das Einströmen beginnt, ist mit $\beta = 90°$ erreicht, wobei man erhält:

$$\mathrm{d}\, p_w = 0{,}306\ (\mathrm{g/cm})\,. \tag{2}$$

Aus (2) kann der Porendurchmesser, bei dem das Einströmen beginnt, als Funktion des Staudruckes abgelesen werden. Wird z. B. eine Stauhöhe von 30 m zugrunde gelegt, so errechnet sich d = 1/1000 mm, d. h. ein Wert, der sich etwa mit der Größe der allerfeinsten Zementteilchen deckt. Da die Herstellung eines so feinporigen Putzes ausgeschlossen ist, kann die Durchströmung des Betons niemals durch Putze unterbunden werden.

Abb. 575.

In Wirklichkeit liegen die Verhältnisse sogar noch ungünstiger, da die kapillare Saugwirkung außer acht gelassen wurde, deren Steighöhe durch

$$h = \frac{4\,S}{\mathrm{d}\,\gamma} = \frac{0{,}306}{\mathrm{d}} \tag{3}$$

gegeben ist. Versuche von K. Walz[1] ergaben für plastischen Beton h-Werte von 20 cm, während im Torkretputz der Tirso-Staumauer Saughöhen von etwa 1 m beobachtet wurden.

In Wirklichkeit gestalten sich die Dichtigkeitsverhältnisse günstiger durch die „Selbstdichtung" der Außenflächen infolge Quellens des Zementleimes und Einspülens dichtender Feinstteile von kolloidaler Größenordnung. Umgekehrt können aber auch Schwind- und Frostrisse grob verschlechternd wirken.

Man verwendet daher vielfach noch zusätzliche Dichtungsmittel, indem man auf die gut trockenen Putzflächen bitumenhaltige „Schutzanstriche" aufträgt, die porenschließend wirken und zugleich den Mörtel vor der Berührung mit angreifendem Wasser schützen sollen. Diese Schutzanstriche sind aber, den Wettereinflüssen ausgesetzt, nicht von langem Bestand, sie verunzieren durch ihre dunkle Farbe die Mauer (Abb. 575) und führen an besonnten Flächen zu starker Erhitzung der Mauerfläche. Bei der Lake-Florence-Staumauer wurden z. B. bei Lufttemperaturen von 10° C im Schatten, auf der mit schwarzem Schutzanstrich versehenen Mauerfläche Temperaturen von 42° C gemessen. Ähnliche Werte fand Contessini bei einer italienischen Staumauer[2]. Neuerdings hat man Schutzmassen aus Bitumen, Asbestfasern und Sand gemischt aufgespritzt und erwartet eine bessere Haltbarkeit. Für die nicht seltenen Fälle, wo es schwierig ist, die zu schützende Fläche vor dem Auftragen völlig trocken zu legen, stehen heute Anstriche zur Verfügung, die auch auf feuchten Flächen haften.

In einzelnen Fällen ist man — meist um ältere, undicht gewordene Mauern zu dichten — schon zur Verkleidung der Stauwand mit einer metallischen Haut übergegangen. So wurde die italienische Bruchsteinmauer bei Gabiet nach-

[1] K. Walz: Die heutigen Erkenntnisse über die Wasserdurchlässigkeit des Mörtels und Betons. Berlin: W. Ernst & Sohn 1931.

[2] Siehe Bauing. 1933 S. 300f.

träglich mit 6 mm starken, auf der Mauer verschraubten und in ihr verankerten Stahlblechbahnen verkleidet[1]. Wie diese, theoretisch zwar vollkommene Dichtung unter der Wirkung von Hitze und Frost bei dem sehr verschiedenen Wärmeverhalten der beiden Baustoffe Stahl und Beton sich bewähren wird, bleibt abzuwarten.

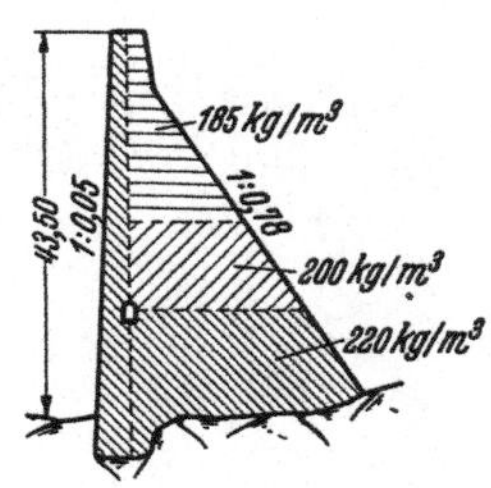

Abb. 576. St. Marc-Staumauer. Abstufung des Zementanteils.

Die Rila-Sperre (Bulgarien) wurde auf Vorschlag von Link mit einer Dichtung aus 0,1 mm starker Walzkupferhaut mit geklebten Fugen überzogen, vor die ein Betonmantel Intzescher Art gestellt wurde. Zu solchen weitgehenden und kostspieligen Maßnahmen wird man indes nur bei ungewöhnlich schwierigen örtlichen Bedingungen (hochgradig angreifendem Talsperrenwasser, außerordentlichen Kältegraden) greifen. Im allgemeinen wird man sich auf die Widerstandsfähigkeit und hohe Undurchlässigkeit eines gegen glatte Schalung gegossenen Weichbetons (zumal nötigenfalls bei Verwendung angriffsfester Zementarten und dauerhafter Schutzanstriche) verlassen dürfen.

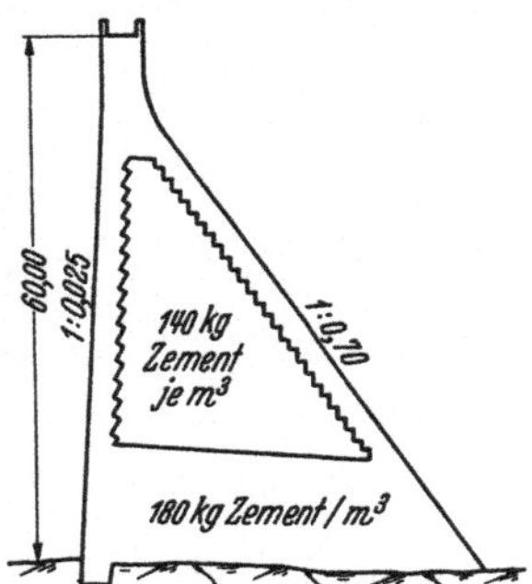

Abb. 577. Bull-Run-Staumauer. Betonabstufung.

Da indes der hohe Bindemittelanteil des hierbei zu verwendenden dichten Betons weit über das in Gewichtsmauern durch die Festigkeitsanforderungen geforderte Maß hinausgeht, kam man vielfach ganz von selbst zu einer den praktischen Erfordernissen angepaßten Abstufung des Zementzusatzes nach der Breite und Höhe (Abb. 462, 576—579). Hierbei ist es von größter Wichtigkeit, daß der Übergang von einer Zone zur anderen etwas verwischt wird, da sonst wegen des verschiedenen Schwindmaßes Rißbildungen nicht ausgeschlossen sind. Dies gilt besonders für den Übergang vom Vorsatzbeton zum Kernbeton. Bei der St. Marc-Staumauer, bei der dieser Übergang plötzlich vollzogen wurde, bildete sich in der Übergangsfläche ein Längsriß aus, der praktisch vom einen Hang zum anderen durchging. Erscheint der allmähliche Übergang aus herstellungstechnischen Gründen zu schwierig, so kann man sich dadurch helfen, daß eine regelrechte Längsfuge mit entsprechender Verzahnung vorgesehen wird (Abb. 462, 579). Durch vorzeitiges Hochführen des Vorsatzbetons ist es dann möglich, den erforderlichen Schwindausgleich herzustellen. Diese die Ausführung erschwerende und verteuernde Feinheit erscheint aber entbehrlich, da anderweitig die Erfahrung gelehrt hat, daß das gleichzeitige Hochschütten von Vorsatz- und Kernbeton unter Vermeidung scharfer gegenseitiger Abgrenzung selbst dort genügte, wo beide Betonarten sich auch in Wasserzusatz und Steife erheblich unterschieden, wie bei der Vermunt-Staumauer[2].

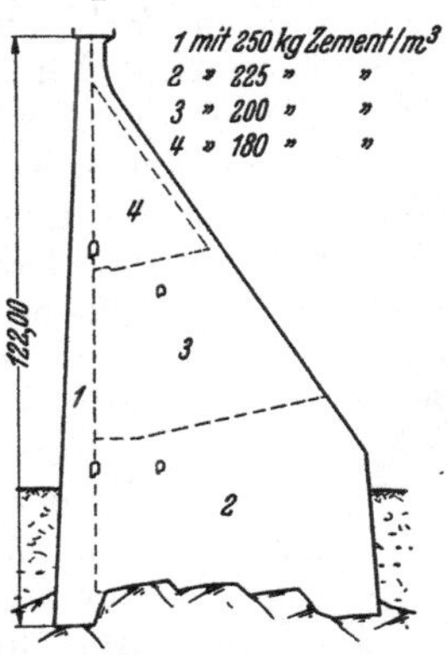

Abb. 578. Zementanteile Chambon-Staumauer.

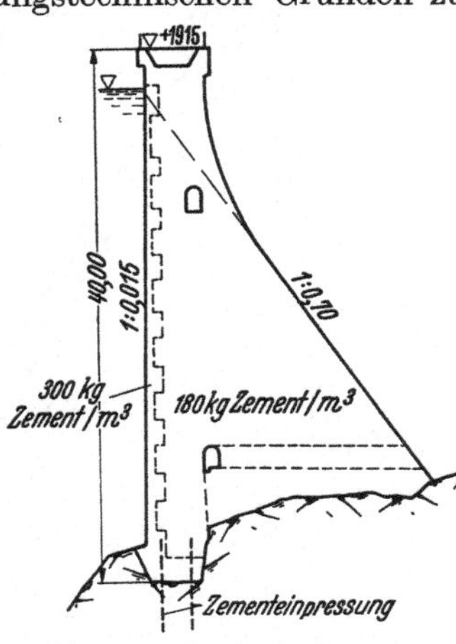

Abb. 579. Seeuferegg-Staumauer. Querschnitt.

[1] Nach Lichtbildern der Impresa Umberto Girola, Milano. Vgl. auch Hovey: Steel Dams. New York 1935. — [2] Vgl. B. Widmann: Dtsch. Wasserwirtsch. 1935 Heft 7.

An Stelle von Vorsatzbeton hat man verschiedentlich (z. B. bei Kensico, Abb. 441, im Wäggital, Abb. 568) fertige große, sorgfältig in Mörtel gesetzte Kunststeinblöcke als dichtende Verkleidung der Wasserseite verwendet. Beispielsweise sind die Betonblöcke der Wäggi-Staumauer 1,4 m hoch und haben mit Rücksicht auf den Verband Trapezquerschnitt erhalten (größte Breite 2,58, kleinste 2,05 m); sie wurden auf der Baustelle in stählernen Schalungen hergestellt und durch einen Kabelkran mit 3-m^3-Kübel versetzt. Der Anwendung von solchen Blockverkleidungen liegt die Annahme zugrunde, daß die Herstellung eines Betons von gleichmäßiger Güte und glatter, dichter Außenfläche durch abseits der Baustelle in Schalungskästen mit Stahlsohle reihenweise gefertigte Kunstblöcke besser gesichert sei, als beim durchgehenden Gießbetrieb auf der Mauer. Dieser Auffassung kann man bei dem heutigen hohen Stand der Herstellungstechnik von Massenbeton nur noch eine bedingte Berechtigung zusprechen. Im übrigen sollte man die Schwierigkeiten nicht unterschätzen, die das wasserdichte Schließen der zahlreichen und großflächigen Fugen und die einwandfreie Verbindung mit dem dahinterliegenden Kernbeton bereitet. Diese dürften durch den Vorteil der Senkung der Schalungskosten keineswegs aufgewogen werden. Die Verhältnisse liegen wesentlich günstiger, wenn leicht verfugbare und eine gute Rückverbindung sichernde, gegliederte Eisenbeton-Kunststeine, etwa gemäß Abb. 580 verwendet werden, wie sie z. B. für die Ringmauer des Hochspeicherbeckens Herdecke (Bd. III, 8) nach Art von Abb. 581 vorgeschlagen waren und nur aus Termingründen nicht zur Ausführung kommen konnten[1].

Abb. 580. Formsteine von der Mauerseite gesehen.

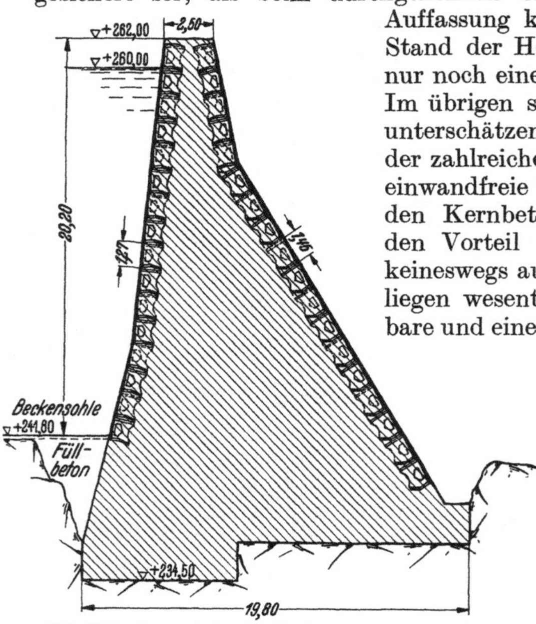

Abb. 581. Querschnitt der Beckenmauer Hochspeicher Herdecke mit Betonformsteinen.

Eine eigenartige Abart der nicht einheitlichen Bauweise stellt die bei der Vermunt-Staumauer erfolgreich durchgeführte Ausführung in

[1] Abb. 580 und 581 wurden von der Firma Heinrich Butzer, Dortmund, freundlichst zur Verfügung gestellt.

Stampfbeton dar. Der Kern wurde hier aus einem zement- und wasserarmen „gut erdfeuchten" vorwiegend nur auf Festigkeit zusammengesetzten Beton mit 150 kg Zement je m^3 hergestellt, während der beiderseitige Vorsatz mit 300 bzw. 250 kg/m^3 Zementzusatz „plastisch-stampffähig" verarbeitet wurde. Kern- und Dichtungsbeton wurden zusammen eingebracht, um den Übergang nicht zu starr zu gestalten. Die planende und ausführende Unternehmung ließ sich dabei von jedenfalls beachtenswerten grundsätzlichen Erwägungen leiten [1]. Mit Hilfe einer aus Förderbändern und Türmen entwickelten neuartigen Baueinrichtung gelang hier unter schwierigen Hochgebirgsbedingungen eine nach Fortschrittsleistung und Gütegrad höchstwertige Bauausführung, die unter anderem auch geeignet erscheint, die der uneinheitlichen Querschnittsausbildung vorgeworfenen Nachteile in weit milderem Lichte erscheinen zu lassen.

Die Frage, ob die einheitlich dichte oder die Vorsatzbetonbauweise den Vorzug verdienen, ist immer noch sehr umstritten und wird es auch wohl bleiben. Für beide Bauweisen lassen sich günstige und ungünstige Gesichtspunkte ins Feld führen und für beide lassen sich ausgezeichnet gelungene und auch weniger gute Anwendungsbeispiele angeben. Entscheidend ist in erster Linie, daß man sich bezüglich der Vorzüge und Schwächen der gewählten Bauweise keinen falschen Vorstellungen hingibt und Betonzusammensetzung und Herstellungsverfahren der Bauweise entsprechend angepaßt werden. Hierauf wird an späterer Stelle noch eingehend zurückzukommen sein (vgl. Kap. 22 bis 24).

12. Sicherung der Gründungsfläche und Sohlenwasserdruck.

Die sorgfältigste Verkleidung der Wasser- und Luftseite einer Staumauer wäre nutzlos, wenn nicht auch an der Sohlenfläche Vorkehrungen gegen das Eindringen von Druckwasser von der Felssohle her ins Mauerinnere getroffen würden.

Daher hat man schon bei den alten Bruchsteinmauern auf die gründlich gereinigte und in allen sicht- und auswaschbaren Klüften mit Mörtel vergossene Felssohle erst eine Schicht fetten Mörtels oder Betons aufgebracht. Heute verfährt man meist ebenso, wobei man oft das Mörtelspritzverfahren (Torkret) anwendet.

Außerdem aber dichtet man auch den Gründungsfelsen selbst, sofern er nicht von ganz erstklassig dichter Beschaffenheit ist, durch flächenhaft verteilte Zementeinpressungen und eine am oberwasserseitigen Mauerfuß angeordnete Herdmauer (Sporn) mit ein oder zwei Reihen tiefer reichender Einpreßrohre, wie im 14. Kapitel eingehend dargelegt wurde. Hierdurch soll die Staugwanddichtung noch um ein gewisses, von der Felsbeschaffenheit abhängendes Maß unter die Staumauersohle tiefer geführt werden, um etwaige Sickerwege abzuschneiden. Diese Art der Sohlendichtung ist bereits zu beachtlichen Tiefen vorgedrungen. Unter Einbeziehung des „Einpreßschleiers" sind bei algerischen Talsperren Dichtungen bis zu 100 m Tiefe geführt worden.

Die Aussprengung für die Herdmauer darf bei den härteren Felsarten nicht zu eng (schlitzförmig), soll vielmehr abgestuft oder geböscht nach Art eines Grabens angelegt werden, weil sonst, auch bei vorsichtigem Sprengen, eine sehr unerwünschte Lockerung der beiderseitigen Felswände nicht zu vermeiden ist. Im übrigen kann auf Erhöhung der Gleitsicherheit durch die Herdmauer (im Gegensatz zu gewissen Behauptungen im Schrifttum) nicht sicher gerechnet werden; bei nachgebender Mauer würde die Herdmauer leicht abreißen.

Die Sohlenentwässerung wird teils durch Herunterführen und Aufsetzen der Mauerdränung (Abb. 559), teils durch Verlegen von Dränrohren längs und quer in der Gründungsfläche vorgenommen (Abb. 255). Die letztere Anordnung ist naturgemäß die wirksamere. Mit der Sohlenentwässerung wird zweckmäßig gleich eine Felsdränung hinter dem „Schleier" verbunden (Abb. 551, 556, 559),

[1] Vgl. B. Widmann: Dtsch. Wasserwirtsch. 1935 Heft 7.

die allerdings erst nach Durchführung der Zementauspressung gebohrt werden darf. Die Felsdränung stellt einerseits eine wertvolle Prüfeinrichtung für die Wirksamkeit der wasserseitigen Dichtungsschürze dar und gibt zum anderen die Möglichkeit, das unter der Herdmauer durchsickernde Wasser sofort abzufangen, so daß es nicht zur Entwicklung eines höheren Sohlenwasserdruckes kommen kann.

In der Sohlenentwässerung stellt sich ein dem Vorflutwasserstande im Unterwasser der Talsperre entsprechender Wasserdruck ein. Hierdurch wird unter Umständen die dreieckförmige Verteilung des Sohlenwasserdruckes in eine trapezförmige verwandelt. Bei tiefer Lage der Mauersohle unter dem U.W.-Spiegel am Mauerfuß kann es Vorteile bieten, einen Abzugsschlitzgraben oder -stollen in Höhe der Sohlendränung nach einem einige 100 m talabwärts gelegenen Punkte des Talweges zu führen. Verbieten dies die örtlichen Verhältnisse, so kann man auch das, in der Regel höchstens wenige sl ausmachende, Sickerwasser, soweit es unter Vorflutspiegel anfällt, nach einem Sammelschacht mit selbsttätig anspringender Motorpumpe oder ständig arbeitender Wasserstrahlpumpe zusammenleiten und in die Vorflut hinauffördern.

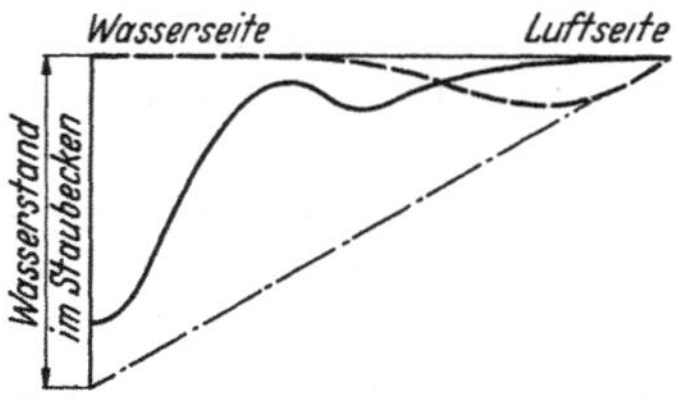

Abb. 582. Sohlenwasserdruckmessungen. Schwarzenbach-Staumauer.

Durch die neuzeitlichen Gründungsverfahren ist die Höhe des Sohlenwasserdruckes bei regelmäßigen Gründungsverhältnissen stark erniedrigt worden. Die Sohlenwasserdruckmessungen der Schwarzenbach-Staumauer (Abb. 442, 582) [1] wie auch die der Gibson-Staumauer (Abb. 583, 584) [2] lassen das deutlich

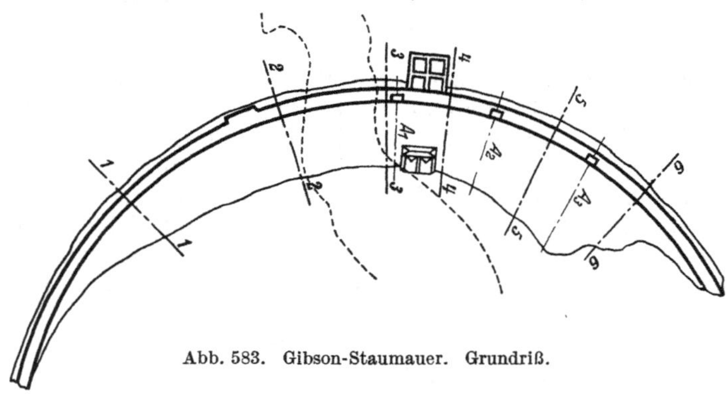

Abb. 583. Gibson-Staumauer. Grundriß.

erkennen. Unter der Schwarzenbach-Staumauer wurde ein ständiger Rückgang des Sohlenwasserdruckes beobachtet; während bei der ersten Füllung höchstens 67% des Staudruckes gemessen wurden, waren es bei späteren Füllungen nur noch 60 und 52%. Dies deutet auf Selbstdichtungserscheinungen hin.

Abb. 585, die das Ergebnis der Sohlenwasserdruckmessungen unter acht amerikanischen Staumauern [3] zeigt, läßt in anschaulicher Weise erkennen, wie Zementeinpressung und Dränung eine gewisse Einheitlichkeit in den Verlauf der Sohlenwasserdruckverteilung gebracht haben. Die Verschiedenheit des Gründungsfelsens (Massengestein, Schichtgestein) beeinflußt in erster Linie die Höhe (den Maßstab) und weniger den Verlauf der Kurven. Zu beachten ist, daß diese Drucke nicht gleichmäßig über die ganze Grundfläche verteilt anzunehmen sind. In der Regel wird nur ein Bruchteil der Sohlenfläche von Druckwasser bestrichen.

[1] Die Ergebnisse wurden vom Badenwerk freundlichst zur Verfügung gestellt.
[2] Bericht von J. E. Houk: Civ. Engng. 1932 Heft 9. Siehe auch Bauing. 1933 S. 165.
[3] Bericht von J. E. Houk: Engng. News Rec. 1932 Heft 7. Siehe auch Bauing. 1933 S. 165.

Abb. 586 zeigt eine Reihe gebräuchlicher Annahmen zur Berücksichtigung des Sohlenwasserdruckes bei der Bemessung. Das Dreieck A mit 100% an der Wasserseite führt zu vollständig sohlenwasserdruckunempfindlichen Mauerblöcken (z. B. Boulder-Staumauer, Abb. 515). Das Dreieck C mit 50% an der Wasserseite wurde bei der Bemessung zahlreicher amerikanischer Staumauern

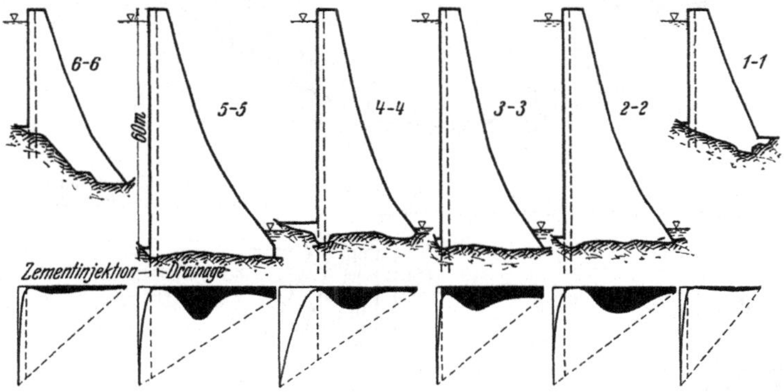

Abb. 584. Gibson-Staumauer. Sohlenwasserdruckmessungen.

zugrunde gelegt. Bei schwierigen Gründungsverhältnissen ist mindestens das Dreieck B anzuraten, während Dreieck D mit 33% an der Wasserseite nur bei mittelguten Gründungsverhältnissen angewendet werden sollte. Die bereits auf

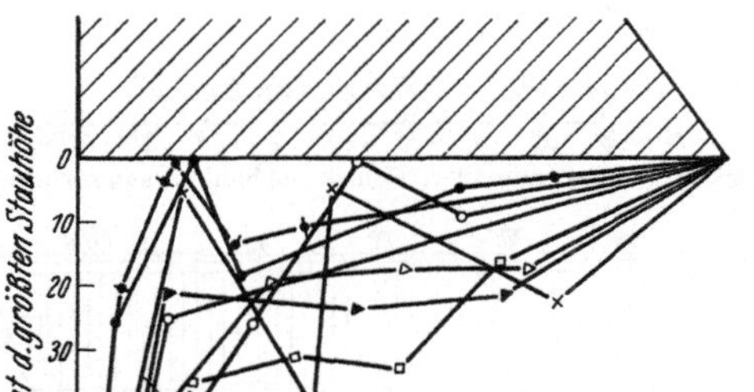

Abb. 585. Sohlenwasserdruckmessungen unter amerikanischen Talsperren.

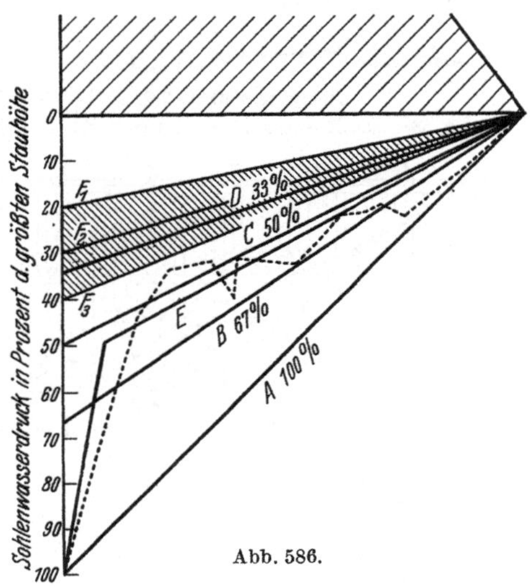

Abb. 586.

S. 283 ausführlich erwähnte deutsche Anleitung für den Entwurf, Bau und Betrieb von Talsperren empfiehlt in Ziff. 38 usw. folgende Abminderungsbeiwerte:

$m = 0{,}2$ für gute natürliche Verhältnisse des Untergrundes,

$m = 0{,}3$ für mittlere natürliche Verhältnisse,

$m = 0{,}4$ für wenig gute natürliche Verhältnisse.

Dies aber ausdrücklich nur unter Voraussetzung sorgfältiger Abdichtungs- und Entwässerungsmaßnahmen!

Die beste Anpassung an die tatsächlich vorhandene Sohlenwasserdruckverteilung liefert nicht das Dreieck, sondern der geknickte Geradenzug E, der sich in der Form vollständig mit der Auftriebsentlastung durch die Mauerdränung (Abb. 586) deckt, aber im allgemeinen auch nicht für die volle Grundfläche als gleichmäßig gültig angesehen werden darf.

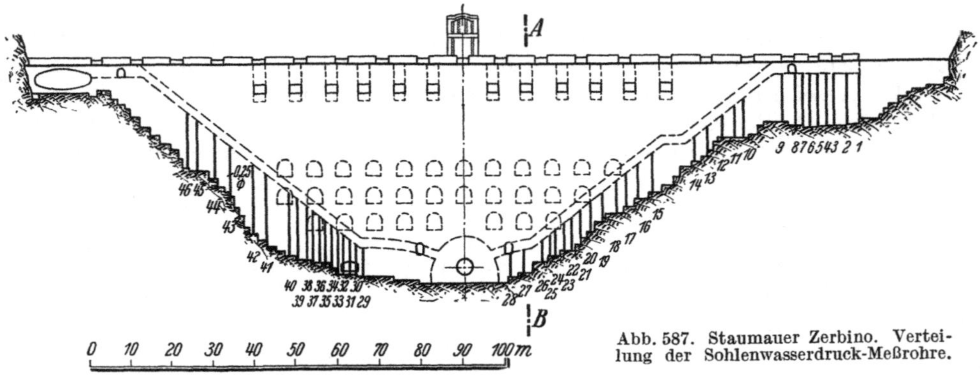

Abb. 587. Staumauer Zerbino. Verteilung der Sohlenwasserdruck-Meßrohre.

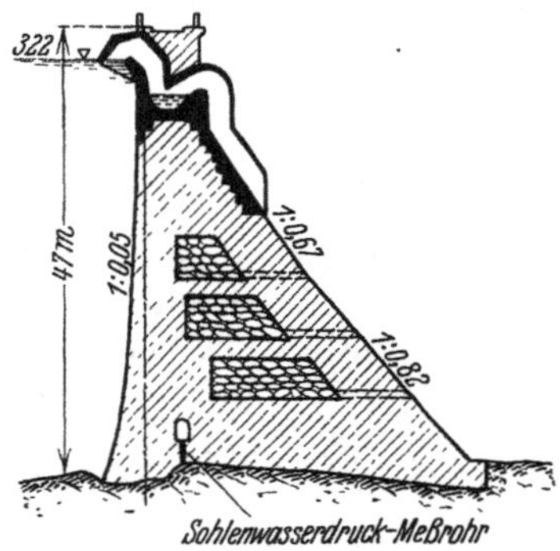

Abb. 588. Zerbino-Staumauer. Querschnitt.

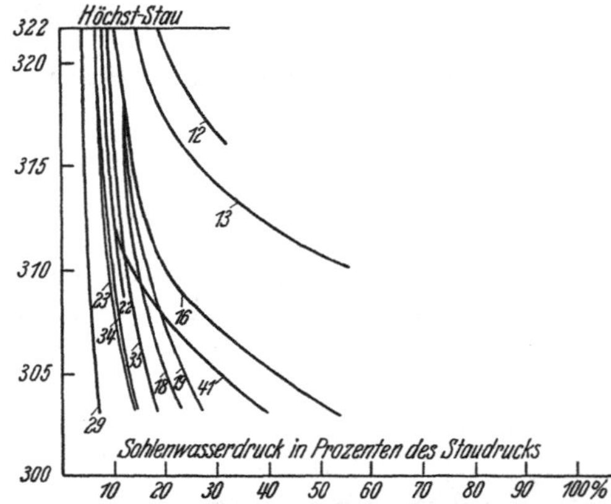

Abb. 589. Zerbino-Staumauer. Gemessene Sohlenwasserdrucke.

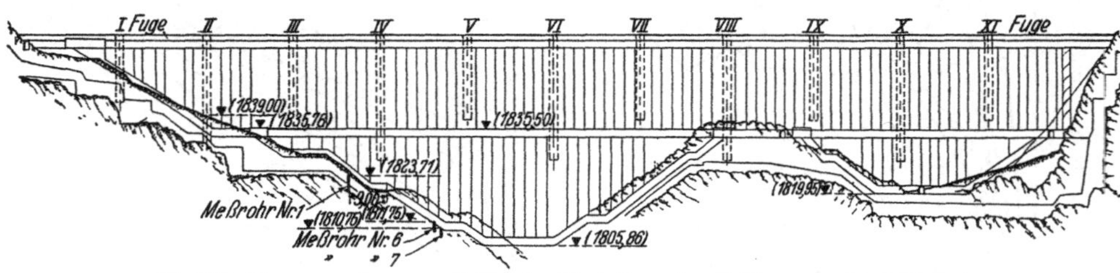

Abb. 590. Staumauer Cancano di Fraele. Verteilung der Sohlenwasserdruck-Meßrohre.

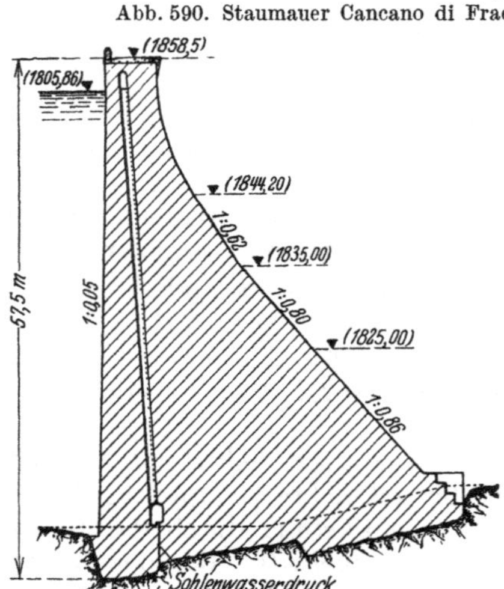

Abb. 591. Staumauer Cancano di Fraele. Querschnitt.

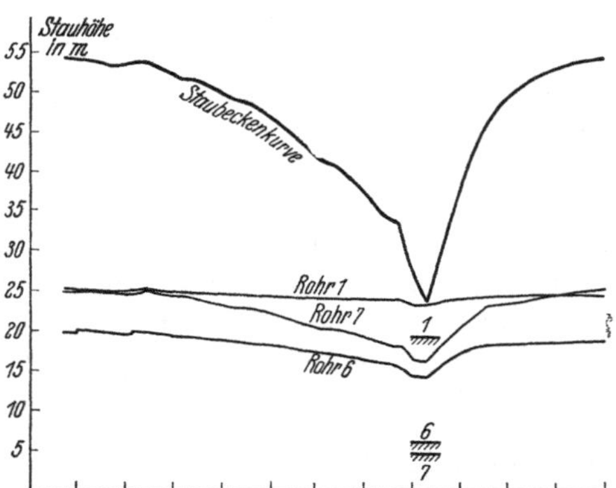

Abb. 592. Staumauer Cancano di Fraele. Gemessene Sohlenwasserdrucke.

Da der Abfall des Sohlenwasserdruckes heute als hinreichend bekannt vorausgesetzt werden kann, sollte man bei künftigen Messungen das Augenmerk in erster Linie auf seine Verteilung über die Grundfläche und seine Höhe beiwechselndem Stau richten, wie es bei verschiedenen italienischen Staumauern[1] geschehen ist (Abb. 587—592), bei denen die Sohlendränung zur Messung herangezogen wurde. Man hat auf diesem Wege einen sehr schönen Überblick über die Verteilung in der Längsrichtung erhalten. Trotz weitgehender Dichtung der Gründungsfläche zeigten hier sämtliche Rohre Sohlenwasserdruck an, und zwar wurde im Durchschnitt eine Druckhöhe von 20 bis 40% des Staudruckes gemessen.

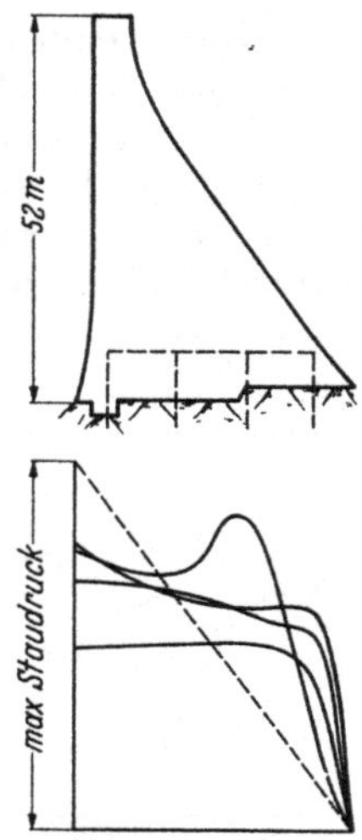

Abb. 593. Ergebnis der Sohlenwasserdruckmessungen unter der Cordeaux-Staumauer (Australien).

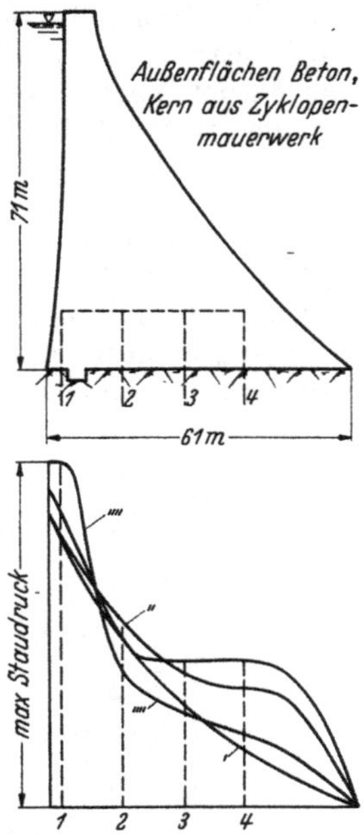

Abb. 594. Ergebnis der Sohlenwasserdruckmessungen unter der Avon-Staumauer (Australien). (Mittelwerte von 1927 bis 1931, bezogen auf höchste Staubeckenfüllung.)

Es gibt Fälle, wo die Durchlässigkeit infolge der Zementeinpressung stark zurückgeht, ohne daß das gleiche vom Sohlenwasserdruck gesagt werden könnte. Beispiele hierfür liefern verschiedene, schon im 14. Kapitel erwähnte, australische Staumauern[2], die für die Wasserversorgung von Sidney errichtet wurden, und bei denen trotz ausgiebiger Zementauspressung ungewöhnlich hohe Sohlenwasserdrucke gemessen wurden (Abb. 593—596). Eigenartig ist die beständige Zunahme der Höhe des Sohlenwasserdruckes, die bei der Avon-Staumauer seit ihrer Herstellung stattfindet. Die Erklärung dieses scheinbar auffälligen Verhaltens dürfte darin liegen, daß die Selbstdichtung von den luftdurchzogenen Entwässerungssträngen und der luftseitigen Mauerzehe nach rückwärts einsetzte (Bildung von unlöslichem kohlensauren Kalk bei Berührung mit der kohlensäurehaltigen Außenluft), so daß bei sich vermindernden Abflußmöglichkeiten das Sickerwasser in zunehmendem Maße gestaut wurde. Möglicherweise sind auch Zusetzungen ganzer Dränstränge beteiligt.

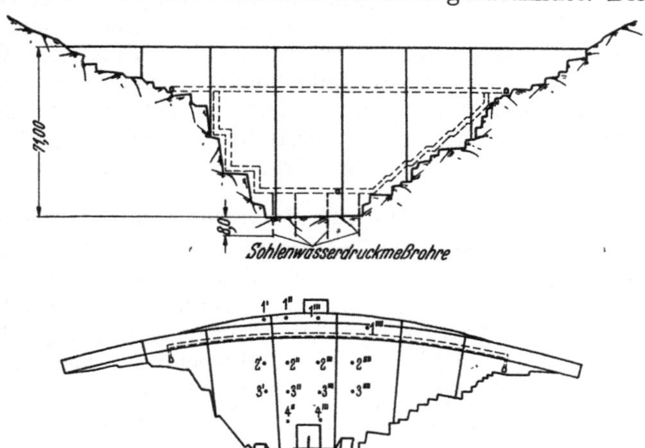

Abb. 595. Anordnung der 14 Sohlenwasserdruck-Meßrohre bei der Avon-Staumauer (Australien).

[1] F. Tölke: Sohlenwasserdruckmessungen unter italienischen Staumauern und ihre Lehren. Bauing. 1933 S. 54—56.

[2] S. T. Farnsworth: The stability and drainage of cyclopean masonry dams. The Commonwealth Engineer 1931 Heft vom 1. August.

Die australischen Beispiele beweisen jedenfalls, daß die Frage des Sohlenwasserdruckes auch heute noch die Möglichkeit von Überraschungen in sich schließt. Man sollte daher bei Neuanlagen an den Sohlenwasserdruckmessungen nicht sparen; nur so wird man sich rechtzeitig ein Bild von den Vorgängen unter der Mauer machen können. Für die Durchführung derartiger Messungen kann auf das unter Ziffer 1 Gesagte verwiesen werden.

13. Überwachungsanlagen.

Bei den großen Abmessungen von Gewichtsmauern sind Überwachungsanlagen unumgänglich notwendig. Man benötigt einen Längsstollen, der möglichst nahe am Gründungsfelsen und in nicht zu großer Entfernung von der Wasserseite liegen muß, mindestens einen höherliegenden waagerechten Längsstollen, Querzugangsstollen und Prüfschächte in den Fugen (Abb. 550 u. 553). Auch an

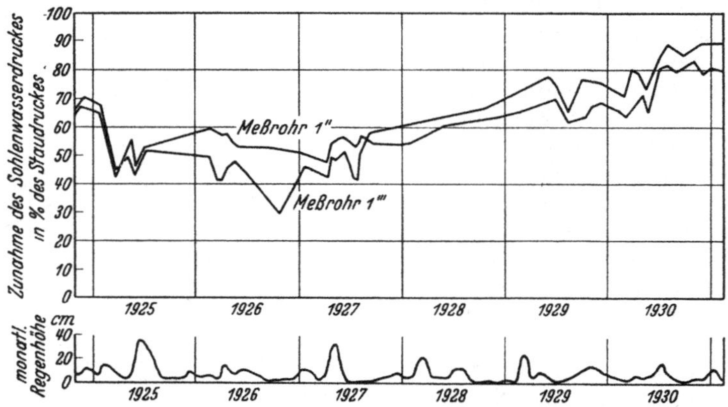

Abb. 596. Sohlenwasserdruckmessungen. Avon-Staumauer.

steilen Hängen sollte man nie auf den Längsstollen über dem Gründungsfelsen verzichten, da sonst später gegebenenfalls nötig werdende Dichtungsarbeiten außerordentlich erschwert und verteuert werden. Andererseits muß man sich auch vor Übertreibungen hüten, denn jeder Stollen bringt eine Querschnittsschwächung mit sich und fördert die Entstehung von Längsrissen. Selbst bei den höchsten Mauern dürften zwei obere Längsstollen vollständig ausreichen. Da Querstollen die einzige Möglichkeit zur unmittelbaren Feststellung der gefährlichen Längsrisse bieten, sollte man sie in großen Mauern reichlicher als bisher üblich anordnen.

14. Berechnung und Bemessung von reinen Gewichtsmauern.

(1) Trapezregel. Die Trapezregel, die um die Mitte des vorigen Jahrhunderts von französischen Ingenieuren aufgestellt wurde, stellt im Sinne der heutigen Statik eine Anwendung der Balkentheorie auf einen durch gleichlaufende oder strahlige Lotschnitte herausgelöst gedachten Staumauerblock dar, der in erster Annäherung als hochkant gestellter Balken angesehen werden kann.

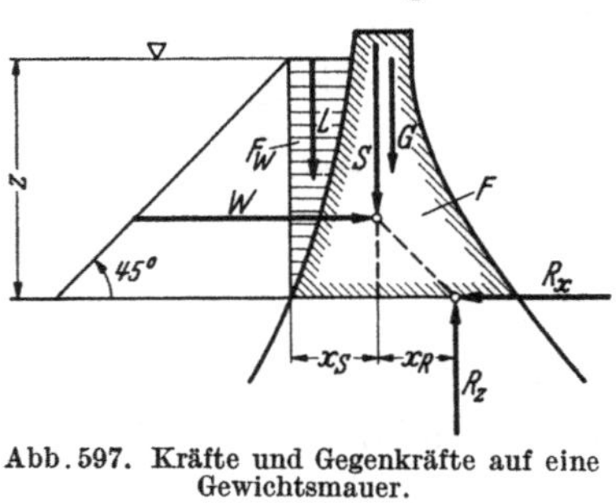

Abb. 597. Kräfte und Gegenkräfte auf eine Gewichtsmauer.

Um den Spannungszustand kennenzulernen, führt man in geeigneten Abständen waagerechte Schnitte durch die Mauer (Abb. 597) und stellt für einen jeden derselben die Gleichgewichtsbedingungen auf. Hierzu denkt man sich den unter einem solchen Schnitt liegenden Mauersockel weggenommen und dafür die von ihm auf den Oberteil ausgeübten Gegenkräfte (Reaktionen) angebracht, deren Größe und Lage sich aus den drei

Gleichgewichtsbedingungen $\Sigma V = 0$; $\Sigma H = 0$; $\Sigma M = 0$ ermitteln läßt. Da die Gegenkräfte durch die in dem betrachteten Schnitt erzeugten inneren Spannungen aufgebracht werden müssen, läßt sich von ihnen rückwärts auf die Verteilung und Größe dieser Spannungen schließen.

Die Aufgabe zerfällt also in:

1. Ermittlung der Gegenkräfte zu den äußeren Kräften,
2. Ermittlung der Spannungen, welche diesen Gegenkräften gleichwertig sind.

Wir betrachten einen scheibenförmigen Mauerblock von der Dicke b, was für geradachsige Staumauern genau, für krummachsige näherungsweise die wirklichen Verhältnisse trifft.

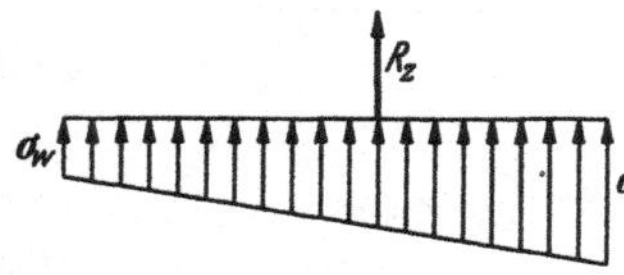

Abb. 598.

Die auf den oberen Mauerblock wirkenden „äußeren" Kräfte sind: die senkrechte Schlußkraft S aus Eigengewicht $G = \gamma_b F b$ des Blockes und Wasserauflast $L = \gamma_w F_w \cdot b$ der Stauwand und der waagerechte Wasserdruck $W = \gamma_w \frac{z^2}{2} b$, der durch den unteren Drittelpunkt des Wasserdruckdreiecks geht. (Von dem Sohlenwaserdruck $A = \frac{1}{2} m \gamma_w z \cdot b$ soll hier bis auf weiteres abgesehen werden. Er könnte leicht mit S zu einer neuen senkrechten Schlußkraft $S' = S - A$ vereinigt werden.) Die gesuchten, in der Grundfuge wirkenden Gegenkräfte R_x und R_z ergeben sich aus den ersten zwei der oben angegebenen Gleichgewichtsbedingungen zu:

$$R_z = S \quad \text{und} \quad R_x = W.$$

Die Schubkraft R_x liegt ihrer Natur nach in der Grundfuge. Für die Lage von R_z, bestimmt durch den Abstand x_R von S, folgt aus der dritten Gleichgewichtsbedingung $x_R = \frac{W}{S} \cdot \frac{z}{3}$.

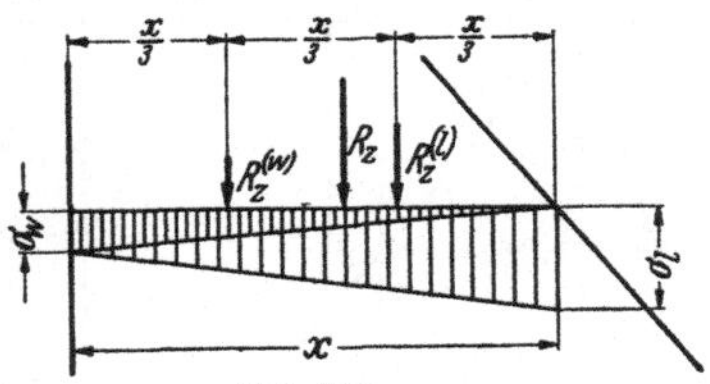

Abb. 599.

Zur Ermittlung der Spannungen genügen die bisherigen rein statischen Betrachtungen naturgemäß nicht; vielmehr müssen die Verformungsbedingungen für den vorliegenden Fall der außermittigen Druckbeanspruchung (Vereinigung von mittigem Druck und Biegung) herangezogen werden. Wir machen uns die allgemein üblichen Annahmen der Gültigkeit des Hookeschen Gesetzes und eben bleibender (waagerechter) Querschnitte zu eigen und erhalten damit zwangsläufig zunächst für die Normalspannungen lineare oder trapezförmige Verteilung („Trapezregel").

Die wasser- und luftseitige Normalspannung σ_w und σ_l (Abb. 598) lassen sich aus der statischen Gleichsetzung der gemäß Abb. 599 in zwei Dreiecke zerlegten Spannungsfigur mit der bereits bestimmten Schlußkraft R_z (nach Größe und Lage) leicht bestimmen:

Es muß nämlich sein (Lotgleichung):

$$\frac{b\,x}{2}(\sigma_w + \sigma_l) = R_z = S$$

und ferner (Momentengleichung um den luftseitigen Drittelpunkt der Fuge):

$$\frac{b\,x}{2}\sigma_w \frac{x}{3} = R_z\left(\frac{2}{3}x - (x_S + x_R)\right).$$

Hieraus folgt:

$$\sigma_w = \frac{6\,S}{b\,x^2}\left(\frac{2\,x}{3} - (x_S + x_R)\right) \tag{1}$$

die entsprechende Momentengleichung um den wasserseitigen Drittelpunkt der Fuge liefert

$$\sigma_l = \frac{6\,S}{b\,x^2}\left(x_S + x_R - \frac{x}{3}\right). \tag{2}$$

In Anwendung auf den häufigen Fall einer nach dem Grunddreieck mit senkrechter Stauwand gebildeten Staumauer (Abb. 600) ergibt sich:

$$x = \lambda z;\ S = G = \gamma_b \lambda \frac{z^2}{2} b;\ W = \gamma_w \frac{z^2}{2} b \text{ (wie oben!)};\ x_S = \frac{x}{3};\quad x_R = \frac{\gamma_w}{\lambda^2 \gamma_b} \frac{x}{3};$$

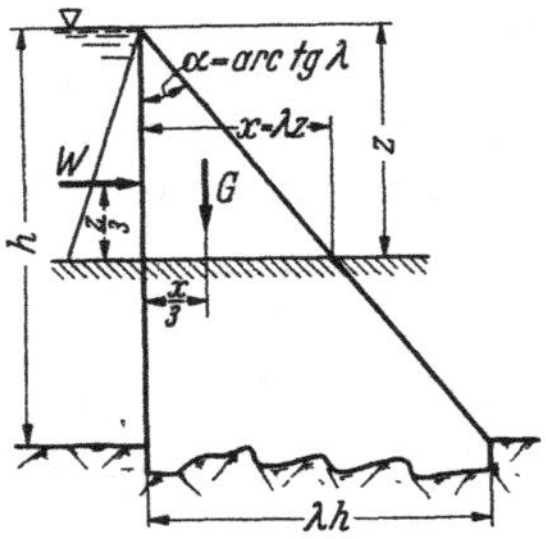

Abb. 600.

$$\sigma_w = \frac{6 \gamma_b \lambda \frac{z^2}{2} b \left(\frac{2}{3} x - \frac{x}{3} - \frac{x}{3} \frac{\gamma_w}{\lambda^2 \gamma_b}\right)}{b x^2}$$

oder

$$\sigma_w = \gamma_b z \left(1 - \frac{\gamma_w}{\lambda^2 \gamma_b}\right) = z \left(\gamma_b - \frac{\gamma_w}{\lambda^2}\right) \tag{3}$$

und

$$\sigma_l = \frac{6 \gamma_b \lambda \frac{z^2}{2} b}{b x^2} \left(\frac{x}{3} + \frac{x}{3} \frac{\gamma_w}{\lambda^2 \gamma_b} - \frac{x}{3}\right)$$

oder

$$\sigma_l = z \frac{\gamma_w}{\lambda^2}. \tag{4}$$

Über die Schubspannungen τ läßt sich zunächst nur aussagen, daß sie in ihrer Gesamtheit die Gegenkraft R_x aufbringen, d. h. der Gleichung genügen müssen:

$$\int_0^x \tau \, \mathrm{d} x = \frac{1}{b} R_x = \gamma_w \frac{z^2}{2}.$$

Die bisherigen Annahmen über den Verformungsvorgang und die statischen Verhältnisse reichen indes nicht aus, um das Gesetz der Verteilung der τ-Größen über den waagerechten Schnitt zu bestimmen. Hierzu ist vielmehr ein weiteres Eingehen auf die Zusammenhänge der Elementarspannungen im Inneren der Staumauerscheibe nötig. Die allgemeine Elastizitätslehre enthält auch für die vorliegende Aufgabe, die einen Sonderfall des zweiachsigen Spannungszustandes darstellt, das Lösungsverfahren. Sie wird darüber hinaus uns auch die praktisch besonders wichtigen Hauptnormalspannungen liefern.

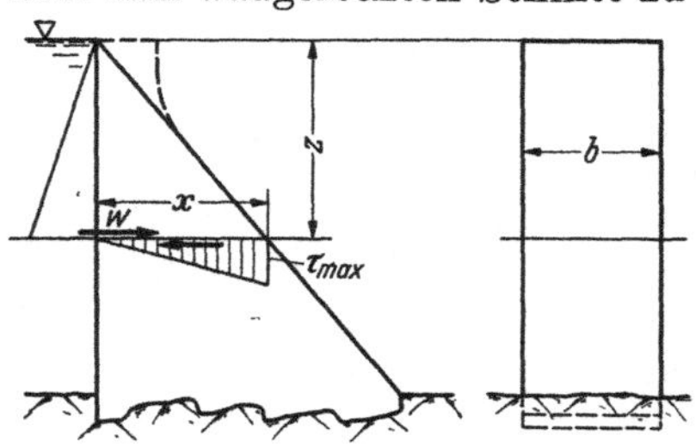

Abb. 601.

Vorgreifend sei bemerkt, daß für das bis zur Spitze angestaute Grunddreieck mit senkrechter Wasserseite sich als zwangsläufige Folge der über die elastischen Verformungen gemachten Annahmen ergeben wird, daß auch die Schubspannungen τ linear, und zwar dreiecksförmig, über jede waagerechte Fuge verteilt sind (Abb. 601). Infolgedessen ergibt sich:

$$\tau_{\max} \frac{x}{2} b = W = \gamma_w \frac{z^2}{2} b$$

oder

$$\tau_{\max} = \frac{\gamma_w z}{\lambda}. \tag{5}$$

(2) Der ebene Spannungs- und Verformungszustand. Der ebene oder zweiachsige Spannungszustand in Gewichtsmauerblöcken wurde unter gewissen vereinfachenden Voraussetzungen schon gegen Ende des vorigen Jahrhunderts durch M. Lévy geklärt.

Der ebene Spannungszustand ist durch drei voneinander unabhängige Spannungsseitenkräfte bestimmt; bei Wahl rechtwinkliger Achsen geht man gewöhnlich von den achsenparallelen Normalspannungen σ_x und σ_z sowie den zugehörigen Schubspannungen τ aus (Abb. 602). Die Spannungsseitenkräfte sind im allgemeinen Funktionen des Ortes, also von x und z. Das Maß ihrer

Änderung in waagerechter oder lotrechter Richtung ist durch die partiellen Differentialquotienten nach x und z bestimmt. Schneidet man aus der Scheibe ein achsenparalleles Raumelement heraus, das durch die Koordinaten der vier Eckpunkte (x, z), $(x + \Delta x, z)$, $(x, z + \Delta z)$, $(z + \Delta z,\ x + \Delta x)$ festgelegt ist, so wirken in den Schnittflächen, wenn Δx und Δz als hinreichend klein vorausgesetzt werden, die in Abb. 602 eingetragenen Spannungen. Außerdem wird das Raumelement im allgemeinen unter der Wirkung von Massenkräften wie z. B. Eigengewicht oder Porendruck stehen, deren Größe je Raumeinheit in der x- bzw. z-Richtung mit m_x und m_z bezeichnet sei. Durch Vervielfachung der Spannungen mit den zugehörigen Flächen und der Massenkräfte mit dem Rauminhalt folgen die auf das Raumelement wirkenden Kräfte, die an jeder Stelle ein Gleichgewichtssystem bilden müssen. Diese Bedingung wird gewöhnlich so ausgedrückt, daß die Schlußkräfte in der x- und z-Richtung sowie das Drehmoment um die Mittelachse verschwinden müssen. Die betreffenden Gleichgewichtsbedingungen schreiben sich dann, wie folgt:

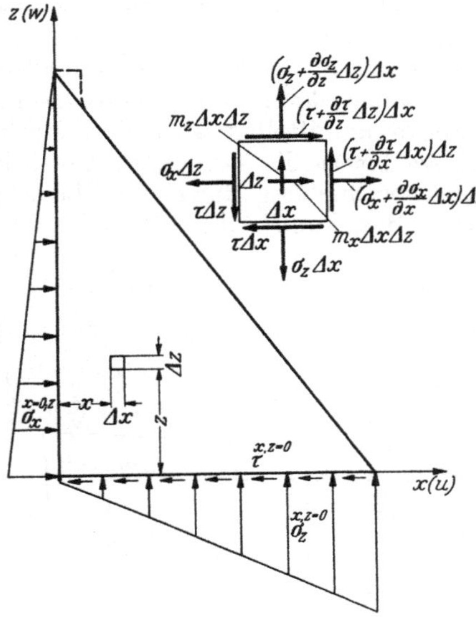

Abb. 602.

$$R_x = 0 = -\sigma_x \Delta z + \left(\sigma_x + \frac{\partial \sigma_x}{\partial x}\Delta x\right)\Delta z - \tau\Delta x + \left(\tau + \frac{\partial \tau}{\partial z}\Delta z\right)\Delta x + m_x \Delta x \Delta z,$$

$$R_z = 0 = -\sigma_z \Delta x + \left(\sigma_z + \frac{\partial \sigma_z}{\partial z}\Delta z\right)\Delta x - \tau\Delta z + \left(\tau + \frac{\partial \tau}{\partial x}\Delta x\right)\Delta z + m_z \Delta z \Delta x,$$

$$M = 0 = +\tau\Delta x\Delta z + \frac{1}{2}\frac{\partial \tau}{\partial z}\Delta z\Delta x\Delta z - \tau\Delta z\Delta x - \frac{1}{2}\frac{\partial \tau}{\partial x}\Delta x\Delta x\Delta z.$$

Nach Auflösen der Klammern, Zusammenfassen und Teilung durch $\Delta x \Delta z$ ergibt sich:

$$\frac{\partial \sigma_x}{\partial x} + \frac{\partial \tau}{\partial z} = -m_x; \qquad \frac{\partial \sigma_z}{\partial z} + \frac{\partial \tau}{\partial x} = -m_z. \tag{1}$$

Aus der dritten Gleichung folgt $0 = 0$, da die Glieder dritter Ordnung in der Grenze, d. h. als für $\Delta x = 0$ und $\Delta z = 0$ gegen Null gehen. Diese Identität besagt nichts weiter, als daß die Schubspannungen in waagerechter und lotrechter Richtung paarweise gleich sind, was von vornherein als bekannt vorausgesetzt wurde.

Die beiden Gl. (1) enthalten drei Unbekannte und reichen daher zu ihrer Bestimmung nicht aus. Um die fehlende dritte Gleichung zu gewinnen, muß der Verformungszustand gleichzeitig mitbetrachtet werden. Jeder elastische Körper erleidet unter der Wirkung von Normalspannungen Dehnungen bzw. Zusammendrückungen und unter der Wirkung von Schubspannungen Gleitungen. Werden die Dehnungen bzw. mit ε_x und ε_z und die Gleitungen mit ε_{xz} bezeichnet, so bestehen zwischen diesen und den Spannungsseitenkräften nach dem erweiterten Hookeschen Gesetz die folgenden Beziehungen:

$$\varepsilon_x = \frac{1}{E}(\sigma_x - \nu\,\sigma_z); \qquad \varepsilon_z = \frac{1}{E}(\sigma_z - \nu\,\sigma_x); \qquad \varepsilon_{xz} = \frac{2(1+\nu)}{E}\tau. \tag{2}$$

In (2) ist mit E der Elastizitätsmodul und mit ν die Querdehnungszahl bezeichnet; die letztere liegt für Beton in der Gegend von 1/6. Die Auflösung nach den Spannungsseitenkräften liefert:

$$\sigma_x = E'(\varepsilon_x + \nu\,\varepsilon_z); \quad \sigma_z = E'(\varepsilon_z + \nu\,\varepsilon_x); \quad \tau = E'\frac{1-\nu}{2}\varepsilon_{xz}; \quad E' = \frac{E}{1-\nu^2}. \tag{2'}$$

Das vorhin betrachtete Raumelement wird unter der Wirkung der Dehnungen und Gleitungen Verschiebungen erleiden, die sich durch ihre Komponenten u und w in der x- bzw. z-Richtung ausdrücken lassen. Beide Komponenten werden Funktionen von x und z sein. Wenn Δx und Δz wieder hinreichend klein gewählt werden, so lassen sich die Verschiebungen der Nachbarpunkte gemäß Abb. 603 durch die des Punktes (x, z) und die partiellen Differentialquotienten nach den betreffenden Richtungen ausdrücken. Aus den Verschiebungen können die Verlängerungen als Unterschiede der neuen und alten Längen unmittelbar abgelesen werden; der Bruch: Verlängerung durch alte Länge liefert die Dehnung. Die beiden Drehwinkel ergeben sich als Bruch: Querverschiebung durch alte Länge; ihre Summe stellt den Gleitwinkel ε_{xz} dar. Man kann daher aus Abb. 603 die folgenden Beziehungen entnehmen:

$$\varepsilon_x = \frac{\partial u}{\partial x}; \quad \varepsilon_z = \frac{\partial w}{\partial z}; \quad \varepsilon_{xz} = \frac{\partial u}{\partial z} + \frac{\partial w}{\partial x}. \tag{3}$$

Diese Gleichungen heißen Verzerrungs-Verschiebungsgleichungen. Führt man sie in (2′) ein, so ergibt sich:

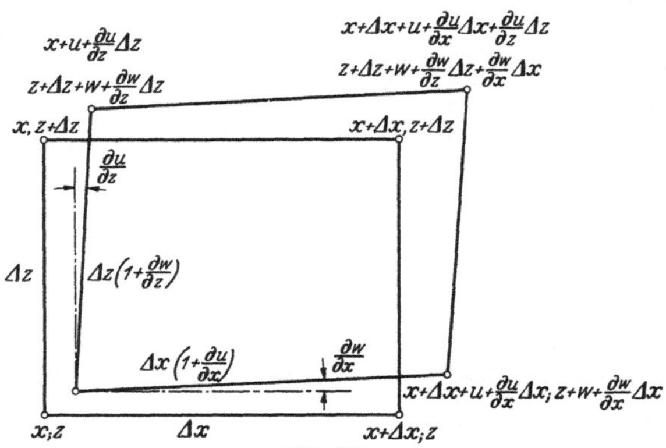

Abb. 603.

$$\left.\begin{aligned} \sigma_x &= E'\left(\frac{\partial u}{\partial x} + \nu\frac{\partial w}{\partial z}\right); \\ \sigma_z &= E'\left(\frac{\partial w}{\partial z} + \nu\frac{\partial u}{\partial x}\right); \\ \tau &= E'\,\frac{1-\nu}{2}\left(\frac{\partial u}{\partial z} + \frac{\partial w}{\partial x}\right). \end{aligned}\right\} \tag{4}$$

Aus diesen drei Gleichungen für u und w läßt sich durch deren Ausschaltung eine weitere Gleichung zwischen den drei Spannungsseitenkräften gewinnen. Zunächst folgt für die Normalspannungssumme:

$$\sigma_x + \sigma_z = E'(1+\nu)\left(\frac{\partial u}{\partial x} + \frac{\partial w}{\partial z}\right).$$

Ferner durch zweimalige Differentiation:

$$\frac{\partial^2 \sigma_x}{\partial z^2} + \frac{\partial^2 \sigma_z}{\partial x^2} - 2\frac{\partial^2 \tau}{\partial x\,\partial z} =$$

$$= E'\left[\left(\frac{\partial^3 u}{\partial x\,\partial z^2} + \nu\frac{\partial^3 w}{\partial z^3}\right) + \left(\frac{\partial^3 w}{\partial x^2\,\partial z} + \nu\frac{\partial^3 u}{\partial x^3}\right) - (1-\nu)\left(\frac{\partial^3 u}{\partial x\,\partial z^2} + \frac{\partial^3 w}{\partial x^2\,\partial z}\right)\right].$$

Durch Zusammenfassung ergibt sich:

$$\frac{\partial^2 \sigma_x}{\partial z^2} + \frac{\partial^2 \sigma_z}{\partial x^2} - 2\frac{\partial^2 \tau}{\partial x\,\partial z} = E'\,\nu\left[\frac{\partial^2}{\partial x^2}\left(\frac{\partial u}{\partial x} + \frac{\partial w}{\partial z}\right) + \frac{\partial^2}{\partial z^2}\left(\frac{\partial u}{\partial x} + \frac{\partial w}{\partial z}\right)\right].$$

Wird in diese Gleichung die Normalspannungssumme gemäß

$$\left(\frac{\partial u}{\partial x} + \frac{\partial w}{\partial z}\right) = \frac{1}{E'(1+\nu)}(\sigma_x + \sigma_z)$$

eingeführt, folgt

$$\frac{\partial^2 \sigma_x}{\partial z^2} + \frac{\partial^2 \sigma_z}{\partial x^2} - 2\frac{\partial^2 \tau}{\partial x\,\partial z} = \frac{\nu}{1+\nu}\left[\frac{\partial^2}{\partial x^2}(\sigma_x + \sigma_z) + \frac{\partial^2}{\partial z^2}(\sigma_x + \sigma_z)\right].$$

Schreibt man darunter:

$$\frac{\partial^2 \sigma_x}{\partial x^2} + \frac{\partial^2 \sigma_z}{\partial z^2} + 2\frac{\partial^2 \tau}{\partial x\,\partial z} = \frac{\partial^2 \sigma_x}{\partial x^2} + \frac{\partial^2 \sigma_z}{\partial z^2} + 2\frac{\partial^2 \tau}{\partial x\,\partial z}$$

und zählt zusammen, so erhält man:

$$\frac{\partial^2}{\partial x^2}(\sigma_x + \sigma_z) + \frac{\partial^2}{\partial z^2}(\sigma_x + \sigma_z) = \frac{\nu}{1+\nu}\left[\frac{\partial^2}{\partial x^2}(\sigma_x + \sigma_z) + \frac{\partial^2}{\partial z^2}(\sigma_x + \sigma_z)\right] +$$

$$+ \frac{\partial^2 \sigma_x}{\partial x^2} + \frac{\partial^2 \sigma_z}{\partial z^2} + 2\frac{\partial^2 \tau}{\partial x\,\partial z}.$$

Wird noch mit $(1+\nu)$ vervielfacht und zusammengefaßt, so ergibt sich schließlich die sogenannte Verträglichkeitsbedingung:

$$\frac{\partial^2}{\partial x^2}(\sigma_x+\sigma_z)+\frac{\partial^2}{\partial z^2}(\sigma_x+\sigma_z)=(1+\nu)\left(\frac{\partial^2\sigma_x}{\partial x^2}+\frac{\partial^2\sigma_z}{\partial z^2}+2\frac{\partial^2\tau}{\partial x\,\partial z}\right). \quad (5)$$

In (5) und den beiden Gln. (1) stehen drei Gleichungen für die drei unbekannten Spannungsseitenkräfte zur Verfügung.

In späteren Abschnitten werden neben den Spannungen auch noch die Verschiebungen benötigt. Werden die Verzerrungs-Verschiebungsgleichungen (3) in (2) eingeführt, so ergibt sich zunächst:

$$\frac{\partial u}{\partial x}=\frac{1}{E}(\sigma_x-\nu\,\sigma_z);\quad \frac{\partial w}{\partial z}=\frac{1}{E}(\sigma_z-\nu\,\sigma_x);\quad \left(\frac{\partial u}{\partial z}+\frac{\partial w}{\partial x}\right)=\frac{2(1+\nu)}{E}\tau. \quad (6)$$

Die Integration der beiden ersten Gleichungen liefert:

$$u=\bar{u}(z)+\frac{1}{E}\int(\sigma_x-\nu\,\sigma_z)\,\mathrm{d}x;\qquad w=\bar{w}(x)+\frac{1}{E}\int(\sigma_z-\nu\,z_x)\,\mathrm{d}z. \quad (7)$$

Die auf den rechten Seiten von (7) auftretenden willkürlichen Funktionen $\bar{u}(z)$ und $\bar{w}(x)$, von denen die erste nur von z, die zweite nur von x abhängt, müssen so bestimmt werden, daß auch die dritte der Gl. (6) erfüllt ist; und zwar ergibt sich:

$$\frac{\mathrm{d}\bar{u}}{\mathrm{d}z}+\frac{\mathrm{d}\bar{w}}{\mathrm{d}x}=\frac{1}{E}\left[2(1+\nu)\,\tau-\frac{\partial}{\partial z}\int(\sigma_x-\nu\,\sigma_z)\,\mathrm{d}x-\frac{\partial}{\partial x}\int(\sigma_z-\nu\,\sigma_x)\,\mathrm{d}z\right]. \quad (8)$$

Es läßt sich allgemein beweisen, daß die rechte Seite von (8) in zwei Ausdrücke $U(z)$ und $W(x)$ zerfällt, so daß man erhält:

$$\bar{u}=a+c\,z+\int U(z)\,\mathrm{d}z;\qquad \bar{w}=b-c\,x+\int W(x)\,\mathrm{d}x. \quad (8')$$

In (9) stellen a, b, c willkürliche Festwerte dar.

(3) Hauptspannungen und Spannungstrajektorien. Wenn σ_x, σ_z und τ bekannt sind, so lassen sich die Spannungen auf Schnittflächen beliebiger Richtung und insbesondere die Hauptspannungen leicht berechnen. Soll der Spannungszustand in irgendeinem Punkte (x, z) untersucht werden, so denkt man sich in diesem ein achsenparalleles Dreiecksprisma herausgeschnitten (Abb. 604), wobei der Winkel φ, den die Grundseite mit der z-Achse einschließt, zunächst veränderlich bleibt. Längs der achsenparallelen Schnittflächen wirken die bekannten Spannungen, längs der Grundseitenfläche die gesuchten, die sich aus den Gleichgewichtsbedingungen für die x- und z-Richtung bestimmen lassen. Man erhält:

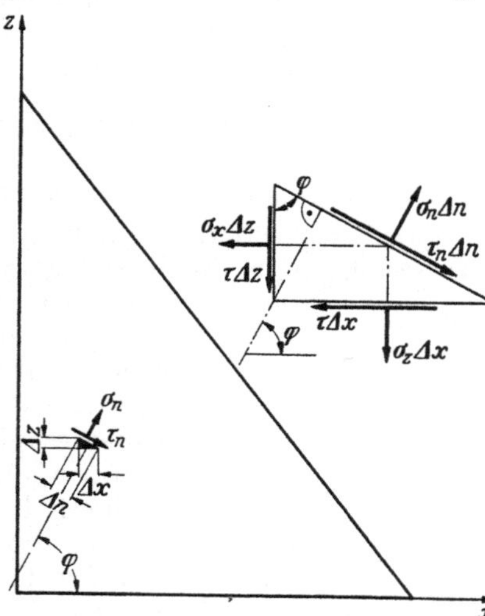

Abb. 604.

$$\left.\begin{aligned}\sigma_n&=\sigma_x\cos^2\varphi+2\tau\sin\varphi\cos\varphi+\sigma_z\sin^2\varphi\\ \tau_n&=\tau(\sin^2\varphi-\cos^2\varphi)+(\sigma_x-\sigma_z)\sin\varphi\cos\varphi\end{aligned}\right\}(9)$$

Die größten und kleinsten Werte dieser Spannungen sind die Hauptspannungen; die zugehörigen φ-Werte geben die Hauptspannungsrichtungen an. Um sie zu finden, müssen die Differentialquotienten nach φ Null gesetzt werden. Dies führt zu den Gleichungen:

$$0=2(-\sigma_x+\sigma_z)\sin\varphi_\sigma\cos\varphi_\sigma+2\,\tau\cos 2\,\varphi_\sigma,$$
$$0=4\,\tau\sin\varphi_\tau\cos\varphi_\tau+(\sigma_x-\sigma_z)\cos 2\,\varphi_\tau.$$

Ihre Auflösung ergibt:

$$\varphi_\sigma=\frac{1}{2}\operatorname{arc\,tg}\frac{2\,\tau}{\sigma_x-\sigma_z};\qquad \varphi_\tau=\frac{1}{2}\operatorname{arc\,tg}\left(-\frac{\sigma_x-\sigma_z}{2\,\tau}\right)=\frac{\pi}{4}+\varphi_\sigma. \quad (10)$$

Da zu jedem Tangens ein Bogen im ersten Quadranten und ein um 180° größerer im dritten Quadranten gehört, bestehen bei dem Aufbau von (10) immer zwei Hauptspannungsrichtungen, die um 90° gegeneinander versetzt sind. Ferner wird das Achsenkreuz der Hauptnormalspannungen gerade durch das der Hauptschubspannungen halbiert (Abb. 605). Werden die gefundenen φ_σ- bzw. φ_τ-Werte in (9) eingeführt, so folgen die Hauptspannungen:

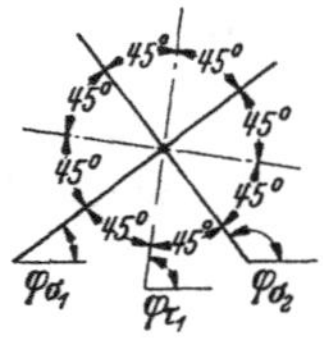

Abb. 605.

$$\sigma_{\frac{1}{2}} = \tfrac{1}{2}(\sigma_x + \sigma_z) \pm \sqrt{\tfrac{1}{4}(\sigma_x - \sigma_z)^2 + \tau^2}\,; \quad \tau_{\frac{1}{2}} = \pm\sqrt{\tfrac{1}{4}(\sigma_x - \sigma_z)^2 + \tau^2}\,. \tag{11}$$

Von den beiden Werten liefert immer der eine die größte, der andere die kleinste Hauptspannung.

Durch die Gl. (10) werden jedem Punkte der Scheibe vier Hauptspannungsrichtungen zugeordnet. Diese legen vier Systeme von Kurvenscharen fest, welche jeden Punkt der Scheibe in der vorgeschriebenen Richtung durchlaufen und Spannungstrajektorien heißen. Von praktischer Bedeutung sind in erster Linie die Hauptnormalspannungstrajektorien, welche die Scheibe bekanntlich in Bereiche reiner Zug- bzw. Druckübertragung zerlegen. Wird eine der Trajektorien durch den Punkt (x, z) in allgemeiner Form als $z = z(x)$ eingeführt (Abb. 606), so ergibt sich laut Definition:

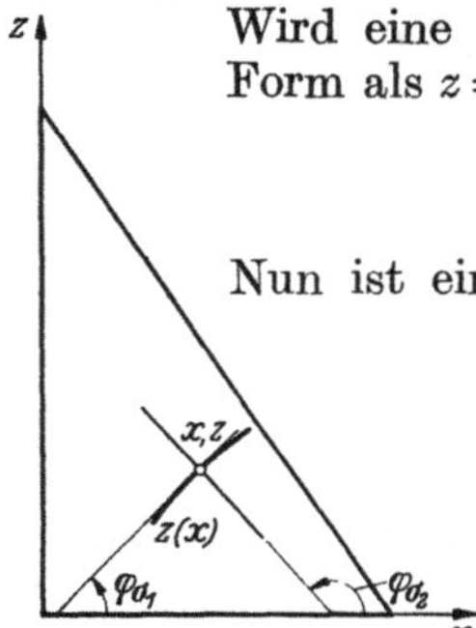

Abb. 606.

$$\operatorname{tg}\varphi_\sigma = \frac{dz}{dx}\,.$$

Nun ist einerseits wegen (10) und andererseits nach den Lehren der Goniometrie:

$$\operatorname{tg} 2\varphi_\sigma = \frac{2\tau}{\sigma_x - \sigma_z}\,; \qquad \operatorname{tg} 2\varphi_\sigma = \frac{2\operatorname{tg}\varphi_\sigma}{1 - \operatorname{tg}^2\varphi_\sigma} = \frac{2\dfrac{dz}{dx}}{1 - \left(\dfrac{dz}{dx}\right)^2}\,,$$

woraus durch Gleichsetzung folgt:

$$\left(\frac{dz}{dx}\right)^2 + 2\frac{dz}{dx}\,\frac{\sigma_x - \sigma_z}{2\tau} - 1 = 0\,. \tag{12}$$

Gl. (12) heißt die Differentialgleichung der Hauptnormalspannungstrajektorien. Ihre Lösung kann gerade für einen der wichtigsten Anwendungsfälle, nämlich für den dreieckigen Staumauerquerschnitt, in strenger Form gegeben werden.

(4) Der Spannungszustand in dreieckigen Staumauerblöcken bei lotrechter Wasserseite unter Berücksichtigung von Porenwasserdruck. Der Dreiecksquerschnitt mit aufgesetzter Krone (Abb. 607) hat sich mehr und mehr zur Regelquerschnittsform von Gewichtsstaumauern entwickelt. Wird die, nur bei niedrigen Mauern statisch einflußreiche Krone weggedacht, so bleibt das sog. Grunddreieck übrig und man gelangt zu sehr einfachen Formeln, wie Lévy schon gegen Ende des vorigen Jahrhunderts gezeigt hat. Es bereitet auch keine Schwierigkeiten, die von der Durchströmung herrührenden Massenkräfte, d. h. Porendruck und Porenreibung mit zu berücksichtigen. Werden die Massenkräfte gemäß (17), Ziffer 8 dieses Kapitels in (1) und (5) eingeführt, so ergeben sich die folgenden Ausgangsgleichungen:

Abb. 607.

$$\left.\begin{aligned} &\frac{\partial\sigma_x}{\partial x} + \frac{\partial\tau}{\partial z} = \beta\frac{\partial p}{\partial x}\,; \qquad \frac{\partial\sigma_z}{\partial z} + \frac{\partial\tau}{\partial x} = \alpha\beta\frac{\partial p}{\partial z} + (1-\alpha)\beta\left(\frac{\partial p}{\partial z} + \gamma\right) + \gamma_b \\ &\frac{\partial^2}{\partial x^2}(\sigma_x + \sigma_z) + \frac{\partial^2}{\partial z^2}(\sigma_x + \sigma_z) = (1+\nu)\left(\frac{\partial^2\sigma_x}{\partial x^2} + \frac{\partial^2\sigma_z}{\partial z^2} + 2\frac{\partial^2\tau}{\partial x\,\partial z}\right) \end{aligned}\right\} \tag{13}$$

Es sei zunächst das Grunddreieck mit lotrechter Wasserseite behandelt, für das die Formeln besonders einfach werden und das in konstruktiver Hinsicht dem Dreiecksquerschnitt mit schräger Wasserseite stets überlegen ist.

Wird die zugehörige Porenwasserdruckverteilung gemäß (8), Ziffer 8 dieses Kapitels zugrunde gelegt, so ergibt sich zunächst:

$$p=\gamma\left(H-z-\frac{x}{\lambda}\right); \qquad \frac{\partial p}{\partial x}=-\frac{\gamma}{\lambda}; \qquad \frac{\partial p}{\partial z}=-\gamma.$$

Werden diese Beziehungen in (13) eingeführt, so stehen auf der rechten Seite der beiden ersten Gleichungen nur noch Festwerte [gemäß (18), Ziffer 8 dieses Kapitels].

Die Spannungsseitenkräfte können aus (13) erst eindeutig bestimmt werden, wenn die Randbedingungen festliegen. Diese können sich, da die Nachgiebigkeit des Gründungsfelsens vorerst herausbleiben soll, nur auf die Wasser- und Luftseite beziehen. Wenn die Mauer bis zur Dreiecksspitze angestaut ist, so herrscht an der Wasserseite der Staudruck $p=\gamma\,(H-z)$. Da die aus der Durchströmung des Betons herrührenden Massenkräfte mit einbezogen sind, darf als wasserseitige Belastung nur der Teil des Staudruckes eingeführt werden, der auf die festen Teile entfällt, d. h., da die Wasserseite vollständig mit Zementleim überzogen ist, $p'=(1-\beta)\,\gamma\,(H-z)$. Damit lautet die wasserseitige Randbedingung:

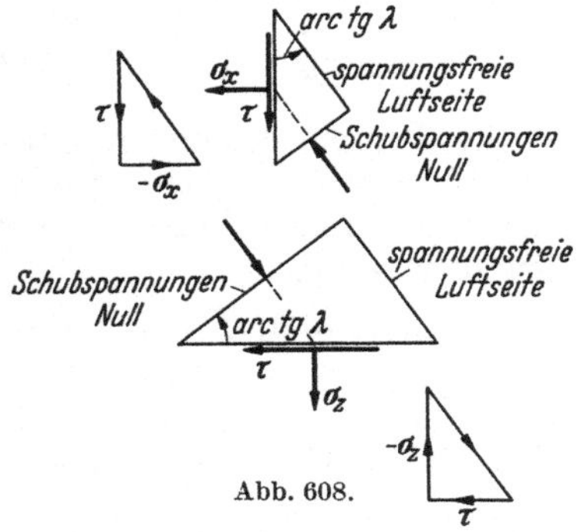

Abb. 608.

$$\sigma_x^{(x=0)}=-(1-\beta)\,\gamma\,(H-z); \quad \tau=0 \quad \text{(Wasserseite)}. \tag{14}$$

Längs der Luftseite dürfen weder Normal- noch Schubspannungen übertragen werden; die zugehörigen Bedingungsgleichungen folgen aus (9), wenn σ_n und τ_n für $\varphi=\operatorname{arc\,tg}\lambda$ Null gesetzt werden. Man gelangt jedoch unmittelbar schneller zum Ziele, wenn gemäß Abb. 608 zwei luftseitige Dreiecksprismen betrachtet werden, deren Grundseiten der x- bzw. z-Achse gleichlaufen. Aus der Betrachtung des Gleichgewichtes folgt:

$$\sigma_x=-\lambda\tau; \quad \tau=-\lambda\sigma_z \quad \text{(Luftseite)}. \tag{15}$$

In Anpassung an die aufgeführten Randbedingungen ergibt sich die folgende Lösung der Gl. (13):

$$\left.\begin{aligned}\sigma_x&=-\frac{x\gamma}{\lambda}-(1-\beta)\,\gamma\left(H-z-\frac{x}{\lambda}\right);\\ \sigma_z&=-\frac{x\gamma}{\lambda^3}+\gamma\left(\alpha\beta+\frac{1}{\lambda^2}-\frac{\gamma_b}{\gamma}\right)\left(H-z-\frac{x}{\lambda}\right); \quad \tau=\frac{x\gamma}{\lambda^2}\end{aligned}\right| \tag{16}$$

Um ihre Richtigkeit zu beweisen, seien zunächst die Randbedingungen betrachtet. Für $x=0$, d. h. für die Wasserseite sind, wie man unmittelbar sieht, die Gln. (14) erfüllt. An der Luftseite, d. h. für $(H-z)=\frac{x}{\lambda}$ ziehen sich die Gln. (16) auf ihre ersten Glieder zusammen und leisten damit den Gln. (15) Genüge. Von den Differentialgleichungen (13) ist die dritte unmittelbar erfüllt, da in (16) nur lineare Funktionen von x und z enthalten sind, deren zweite Differentialquotienten stets verschwinden; um die Befriedigung der beiden ersten Gleichungen nachzuweisen, brauchen nur die betreffenden Differentialquotienten gebildet zu werden. Man erhält:

$$\frac{\partial\sigma_x}{\partial x}=-\frac{\gamma}{\lambda}+(1-\beta)\frac{\gamma}{\lambda}=-\frac{\beta\gamma}{\lambda}; \quad \frac{\partial\sigma_z}{\partial z}=-\alpha\beta\gamma-\frac{\gamma}{\lambda^2}+\gamma_b; \quad \frac{\partial\tau}{\partial z}=0; \quad \frac{\partial\tau}{\partial x}=\frac{\gamma}{\lambda^2}.$$

Werden diese Ausdrücke sowie die oben ermittelten Werte für $\frac{\partial p}{\partial x}$ und $\frac{\partial p}{\partial z}$ in (13) eingeführt, so sind die Gleichungen identisch erfüllt.

Die Gln. (16) bestätigen die für die Aufstellung der Trapezregel zugrunde gelegte lineare Spannungsverteilung; sie können als eine Art erweiterter Trapezregel bezeichnet werden.

Für die Bemessung von Gewichtsmauern ist derjenige λ-Wert von großer Bedeutung, für den die Druckspannung an der Wasserseite Null wird. Man erhält ihn, wenn in (16) σ_z für $x=0$ Null gesetzt wird. Da $(h-z)$ stets positiv bleibt, kann σ_z nur dann verschwinden, wenn

$$\left(\alpha\beta+\frac{1}{\lambda^2}-\frac{\gamma_b}{\gamma}\right)=0 \quad \text{oder} \quad \lambda=\sqrt{\frac{\gamma}{\gamma_b-\alpha\beta\gamma}} \tag{17}$$

wird. Es ist üblich, das um die Lotseitenkraft $(\alpha\beta\gamma)$ des Porendruckes (Auftriebes) verminderte Raumgewicht mit γ_b' zu bezeichnen, womit sich (17) und die zweite der Gl. (16) in der folgenden Weise umschreiben:

$$\sigma_z=-\frac{x\gamma}{\lambda^3}-\left(\gamma_b'-\frac{\gamma}{\lambda^2}\right)\left(H-z-\frac{x}{\lambda}\right); \quad \lambda=\sqrt{\frac{\gamma}{\gamma_b'}}; \quad \gamma_b'=\gamma_b-\alpha\beta\gamma. \tag{18}$$

Die Hauptspannungen lassen sich aus den Grundspannungen mit Hilfe von (11) berechnen; bei Gewichtsmauern interessieren nur die Hauptspannungen an der Luftseite. Zunächst erhält man mit $x=\lambda(H-z)$ für die luftseitigen Grundspannungen:

$$\sigma_x=-\gamma(H-z); \quad \sigma_z=-\frac{\gamma(H-z)}{\lambda^2}; \quad \tau=\frac{\gamma(H-z)}{\lambda} \quad \text{(Luftseite)} \tag{19}$$

und damit

$$\sigma_{\frac{1}{2}}=-\frac{\gamma(H-z)}{2}\left[\left(1+\frac{1}{\lambda^2}\right)\pm\sqrt{\left(1-\frac{1}{\lambda^2}\right)^2+\frac{4}{\lambda^2}}\right]=-\frac{\gamma(H-z)}{2}\left[\left(1+\frac{1}{\lambda^2}\right)\pm\left(1+\frac{1}{\lambda^2}\right)\right]$$

oder zusammengefaßt:

$$\sigma_1=-\gamma(H-z)\left(1+\frac{1}{\lambda^2}\right); \quad \sigma_2=0 \quad \text{(Luftseite)}. \tag{19}$$

Ferner ergibt sich für die Hauptschubspannung:

$$\tau_{\frac{1}{2}}=\pm\tfrac{1}{2}\sigma_1 \quad \text{(Luftseite)}. \tag{20}$$

Aus den Gln. (19) und (20) folgt, daß die luftseitigen Hauptspannungen von der Durchströmung, d. h. von Porenwasserdruck und Porenreibung unabhängig sind.

Die größten Spannungen treten mit $z=0$ am luftseitigen Mauerfuß auf. Man erhält:

$$\sigma_x^{\max}=-\gamma H; \quad \sigma_z^{\max}=-\frac{\gamma H}{\lambda^2}; \quad \tau^{\max}=\frac{\gamma H}{\lambda}; \quad \sigma_1^{\max}=-\gamma H\left(1+\frac{1}{\lambda^2}\right); \quad \tau_{\frac{1}{2}}^{\max}=\frac{1}{2}\sigma_1^{\max}. \quad (21)$$

(5) Der Spannungszustand im Grunddreieck mit schräger Stauwand. Bei schräger Stauwand wird die Ermittlung der Grundspannungen sehr vereinfacht, wenn das x, z-Koordinatensystem gemäß Abb. 609 in die $\bar{x}$, $\bar{z}$-Lage gedreht wird. Der Ausdruck für die Porenwasserdruckverteilung nimmt in den neuen Koordinaten die folgende Form an:

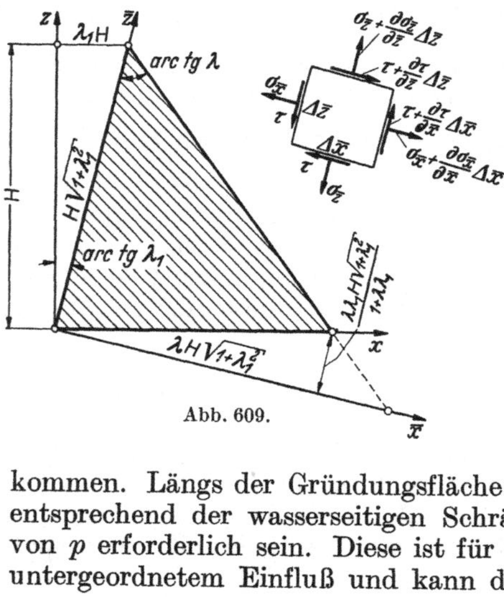

Abb. 609.

$$p=\frac{\gamma}{\sqrt{1+\lambda_1^2}}\left(H\sqrt{1+\lambda_1^2}-\bar{z}-\frac{\bar{x}}{\lambda}\right). \tag{22}$$

An der Wasserseite ergibt sich mit $\bar{x}=0$

$$p=\gamma\left(H-\frac{\bar{z}}{\sqrt{1+\lambda_1^2}}\right)=\gamma(H-z)$$

und an der Luftseite, d. h. für $\bar{x}=\lambda\left(H\sqrt{1+\lambda_1^2}-\bar{z}\right)$ offenbar $p=0$. Die Randbedingungen sind damit ebenfalls erfüllt, soweit die Randflächen in Frage kommen. Längs der Gründungsfläche wird, wenn die Oberfläche nicht zufällig entsprechend der wasserseitigen Schräge geneigt ist, eine kleine Abwandlung von p erforderlich sein. Diese ist für die vorliegenden Betrachtungen nur von untergeordnetem Einfluß und kann daher unberücksichtigt bleiben.

Die Massenkräfte lassen sich auf das $\bar{x}, \bar{z}$-System leicht umschreiben. Es ändern sich nur die Schwereglieder, d. h. diejenigen Glieder, die γ oder γ_b enthalten; sie müssen nach den neuen Achsrichtungen in Seitenkräfte zerlegt werden. An Stelle der Gl. (13) erhält man:

$$\left.\begin{aligned}
&\frac{\partial \sigma_{\bar{x}}}{\partial \bar{x}} + \frac{\partial \bar{\tau}}{\partial \bar{z}} = \beta \frac{\partial p}{\partial \bar{x}} - [(1-\alpha)\beta\gamma + \gamma_b] \frac{\lambda_1}{\sqrt{1+\lambda_1^2}} = -\frac{\beta\gamma}{\lambda\sqrt{1+\lambda_1^2}} - [(1-\alpha)\beta\gamma + \gamma_b]\frac{\lambda_1}{\sqrt{1+\lambda_1^2}}\\
&\frac{\partial \sigma_{\bar{z}}}{\partial \bar{z}} + \frac{\partial \bar{\tau}}{\partial \bar{x}} = \alpha\beta\frac{\partial p}{\partial \bar{z}} + (1-\alpha)\beta\left(\frac{\partial p}{\partial \bar{z}} + \frac{\gamma}{\sqrt{1+\lambda_1^2}}\right) + \frac{\gamma_b}{\sqrt{1+\lambda_1^2}} = +\frac{\gamma_b - \alpha\beta\gamma}{\sqrt{1+\lambda_1^2}} = +\frac{\gamma_b'}{\sqrt{1+\lambda_1^2}}\\
&\frac{\partial^2}{\partial \bar{x}^2}(\sigma_{\bar{x}} + \sigma_{\bar{z}}) + \frac{\partial^2}{\partial \bar{z}^2}(\sigma_{\bar{x}} + \sigma_{\bar{z}}) = (1+\nu)\left(\frac{\partial^2 \sigma_{\bar{x}}}{\partial \bar{x}^2} + \frac{\partial^2 \sigma_{\bar{z}}}{\partial \bar{z}^2} + 2\frac{\partial^2 \tau}{\partial \bar{x}\,\partial \bar{z}}\right)
\end{aligned}\right\} \quad (23)$$

Für die Randbedingungen bleiben die Gln. (14) und (15) bestehen, nur sind die Spannungen in den neuen Richtungen wirkend zu denken.

Die Lösung der Gl. (23), die mit den Randbedingungen im Einklang steht, ist:

$$\sigma_{\bar{x}} = -\frac{\bar{x}K}{\lambda} - (1-\beta)\gamma R; \quad \sigma_{\bar{z}} = -\frac{\bar{x}K}{\lambda^3} - \left(\gamma_b' - \frac{K}{\lambda^2}\sqrt{1+\lambda_1^2}\right)R; \quad \bar{\tau} = \frac{\bar{x}K}{\lambda^2}, \quad (24)$$

wobei abkürzend gesetzt ist:

$$K = \frac{\gamma + \lambda\lambda_1[(1-\alpha)\beta\gamma + \gamma_b]}{\sqrt{1+\lambda_1^2}}; \quad R = \frac{H\sqrt{1+\lambda_1^2} - \bar{z} - \frac{\bar{x}}{\lambda}}{\sqrt{1+\lambda_1^2}}. \quad (25)$$

Der Nachweis, daß sämtlichen Bedingungen durch den Ansatz (25) Genüge geleistet wird, kann in völlig entsprechender Weise geführt werden wie im Falle der lotrechten Wasserseite. Mit $\lambda_1 = 0$ geht K in γ und R in die Gleichung der Luftseite über, und man erhält wieder die Gl. (16).

Für die Luftseite, d. h. für $R = 0$, ziehen sich die Spannungsausdrücke wieder auf ihre ersten Glieder zusammen, und man findet in völlig gleichartiger Weise wie bei der lotrechten Wasserseite für die luftseitigen Hauptspannungen:

$$\sigma_1 = -K\left(H\sqrt{1+\lambda_1^2} - \bar{z}\right)\left(1 + \frac{1}{\lambda^2}\right); \quad \sigma_2 = 0; \quad \tau_{\frac{1}{2}} = \pm\frac{1}{2}\sigma_1. \quad (26)$$

Für die größten Hauptspannungen am luftseitigen Mauerfuß ergibt sich

$$\sigma_1^{\max} = -KH\left(1 - \frac{\lambda\lambda_1}{1+\lambda\lambda_1}\right)\sqrt{1+\lambda_1^2}\left(1 + \frac{1}{\lambda^2}\right); \quad \tau_{\frac{1}{2}}^{\max} = \pm\frac{1}{2}\sigma_1^{\max}. \quad (27)$$

Will man die Spannungen in der $\bar{x}$, $\bar{z}$-Richtung in solche in der x, z-Richtung verwandeln, so bedient man sich der Gleichungen für σ_n und τ_n, wobei $\varphi = \operatorname{arc\,tg} \lambda_1$ bzw. $\varphi = \frac{\pi}{2} + \operatorname{arc\,tg} \lambda_1$ zu setzen ist. Nach einigen Umrechnungen erhält man:

$$\sigma_x = \frac{\sigma_{\bar{x}} + 2\bar{\tau}\lambda_1 + \sigma_{\bar{z}}\lambda_1^2}{1+\lambda_1^2}; \quad \sigma_z = \frac{\sigma_{\bar{z}} - 2\bar{\tau}\lambda_1 + \sigma_{\bar{x}}\lambda_1^2}{1+\lambda_1^2}; \quad \tau = \frac{\bar{\tau}(1-\lambda_1^2) + \lambda_1(\sigma_{\bar{z}} - \sigma_{\bar{x}})}{1+\lambda_1^2}. \quad (28)$$

Von großer Bedeutung ist auch hier wieder der λ-Wert, für den $\sigma_{\bar{z}}$ an der Wasserseite, d. h. für $\bar{x} = 0$ gerade Null wird. Da R für $\bar{x} = 0$ stets positiv bleibt, lautet die entsprechende Bedingungsgleichung:

$$\gamma_b' - \frac{K\sqrt{1+\lambda_1^2}}{\lambda^2} = 0 \text{ oder nach Einführung von } K\text{:} \quad \lambda^2 - \lambda\lambda_1\left(1 + \frac{\beta\gamma}{\gamma_b'}\right) = \frac{\gamma}{\gamma_b'}.$$

Die Auflösung der quadratischen Gleichung liefert zwei λ-Werte, von denen nur der mit positivem Wurzelvorzeichen brauchbar ist. Man erhält:

$$\lambda = \frac{1}{2}\lambda_1\left(1 + \frac{\beta\gamma}{\gamma_b'}\right) + \sqrt{\frac{\gamma}{\gamma_b'} + \frac{1}{4}\lambda_1^2\left(1 + \frac{\beta\gamma}{\gamma_b'}\right)^2}. \quad (29)$$

Gl. (29) gewährt einen anschaulichen Überblick über den nachteiligen Einfluß einer Schrägstellung der Wasserseite. Je größer λ_1, d. h. die Schrägstellung gewählt wird, um so größer muß, wenn Zugspannungen vermieden werden sollen, der Spitzenwinkel des Grunddreieckes gemacht werden. Ein Zahlenbeispiel, das auf Regelverhältnisse bei Gewichtsmauern zugeschnitten ist, möge dies noch näher erläutern. Es sei gesetzt:

$$\beta = 0{,}60; \qquad \alpha\beta = 0{,}50; \qquad \gamma = 1{,}00; \qquad \gamma_b = 2{,}30; \qquad \gamma_b' = 1{,}80.$$

Damit ergibt sich:

$$\lambda = \tfrac{2}{3}\lambda_1 + \sqrt{\tfrac{5}{9} + \tfrac{4}{9}\lambda_1^2} = \sim 0{,}745 + 0{,}667\,\lambda_1 + 0{,}298\,\lambda_1^2.$$

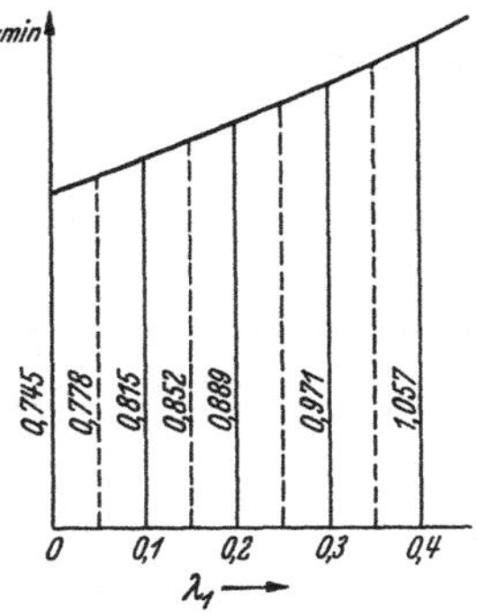

Abb. 610.

In Abb. 610 ist λ_1 als Funktion von λ aufgetragen worden. Eine Schrägstellung der Wasserseite von nur 5% läßt hiernach λ bereits von 0,745 auf 0,778 ansteigen, d. h. verlangt bei gleicher Sicherheit einen Mehraufwand an Baustoff von $4^1/_2$%. Eine Schrägstellung der Wasserseite ist daher weder vom Standpunkt der Sicherheit noch von dem der Wirtschaftlichkeit zu vertreten. Sie ist nur insofern gerechtfertigt, als sie angewandt wird, um für die luftseitige Zehe bei leerem Becken den statisch ungünstigen Einfluß der Kronenauflast auszugleichen. Indes kann man die dort zu erwartenden unbedeutenden Zugspannungen auch ruhig in Kauf nehmen.

(6) Die Hauptnormalspannungstrajektorien im Grunddreieck. Den Ausgangspunkt für die Darstellung der Normalspannungstrajektorien bildet die Differentialgleichung (12). Diese sei aus Gründen einer bequemeren analytischen Behandlung mit $\left(\frac{dx}{dz}\right)^2$ vervielfacht, womit sich ergibt:

$$1 - \left(\frac{dx}{dz}\right)^2 + 2\frac{dx}{dz}\,\frac{\sigma_x - \sigma_z}{2\tau} = 0. \tag{12'}$$

Für ein Staumauergrunddreieck ergibt sich, gleichgültig ob man von lotrechter [Gl. (16)] oder von schrägstehender [Gl. (24)] Wasserseite ausgeht:

$$\frac{\sigma_x - \sigma_z}{2\tau} = \frac{A\,x - B\,(H - z)}{x}. \tag{30}$$

Die Festwerte A und B lassen sich leicht angeben; im Falle der lotrechten Wasserseite errechnet sich beispielsweise:

$$A = \frac{1}{\lambda} - \frac{\lambda}{2}\left(\beta + \frac{\gamma_b'}{\gamma}\right); \qquad B = \frac{1 + \lambda^2}{2} - \frac{\lambda^2}{2}\left(\beta + \frac{\gamma_b'}{\gamma}\right) \quad \text{(lotrechte Wasserseite)}. \tag{31}$$

A und B hängen in diesem wichtigsten Sonderfalle nur von λ und $\left(\beta + \frac{\gamma_b'}{\gamma}\right)$ ab, wozu bemerkt sei, daß $\left(\beta + \frac{\gamma_b'}{\gamma}\right)$ sich nur wenig von γ_b unterscheidet. Man kann daraus folgern, daß der Einfluß der Durchströmung nur von untergeordneter Bedeutung für den Verlauf der Trajektorien ist.

Wird $\left(\frac{dx}{dz}\right)$ als Parameter eingeführt, etwa gemäß

$$\frac{dx}{dz} = p \tag{32}$$

und außerdem noch (30) berücksichtigt, so geht (12') über in:

$$x\,(1 - p^2) + 2\,p\,(A\,x - B\,(H - z)) = 0. \tag{33}$$

Wird (33) nach z differenziert, so ergibt sich mit Berücksichtigung von (32)

$$p\,(1 - p^2) + 2\,p\,(A\,p + B) - 2\,B\,p'\,(H - z) + 2\,p'\,x\,(A - p) = 0.$$

Andererseits folgt aus (33):

$$x = \frac{2\,B\,p\,(H - z)}{1 - p^2 + 2\,A\,p}$$

und damit nach Einsetzen und Ordnen:

$$p(p^2-2Ap-1-2B)(p^2-2Ap-1)=2Bp'(H-z)(p^2+1). \qquad (34)$$

Um diese Differentialgleichung erster Ordnung zu integrieren, brauchen nur die Veränderlichen getrennt zu werden. Dies ergibt zunächst:

$$\frac{1}{2B(H-z)}=\frac{p'(p^2+1)}{p(p^2-2Ap-1)(p^2-2Ap-1-2B)}$$

und nach Integration über $(H-z)$:

$$\int\frac{\mathrm{d}(H-z)}{2B(H-z)}=\int\frac{-(p^2+1)\,\mathrm{d}p}{p(p^2-2Ap-1)(p^2-2Ap-1-2B)}.$$

Das linke Integral führt auf den Logarithmus, das rechte wird nach dem Verfahren der Partialbruchzerlegung behandelt und führt dann ebenfalls auf Logarithmen; jedenfalls kann die Lösung in allgemeiner Form gegeben werden. Für den Sonderfall der durch (31) gegebenen A, B-Werte findet man:

$$|H-z|=k\frac{p^2-p(\mu-\lambda)+1}{|p|^{\left(1-\frac{1}{\lambda\mu}\right)}\,|p-\mu|^{\frac{\mu^2+1}{\mu(\lambda+\mu)}}\,|p+\lambda|^{\frac{\lambda^2+1}{\lambda(\lambda+\mu)}}} \qquad (35)$$

$$|x|=k\frac{|-(\lambda\mu-1)|\,|p|^{\frac{1}{\lambda\mu}}}{|p-\mu|^{\frac{\mu^2+1}{\mu(\lambda+\mu)}}\,|p+\lambda|^{\frac{\lambda^2+1}{\lambda(\lambda+\mu)}}}. \qquad (36)$$

k stellt einen noch willkürlichen Integrationsfestwert dar, während μ folgenden Ausdruck ersetzt:

$$\mu=\frac{2}{\lambda}-\left(\beta-1+\frac{\gamma_b'}{\gamma}\right)\lambda. \qquad (37)$$

Es läßt sich nun zeigen, daß

$$\frac{\mu^2+1}{\mu(\lambda+\mu)}+\frac{\lambda^2+1}{\lambda(\lambda+\mu)}=1+\frac{1}{\lambda\mu}$$

ist. Ferner war

$$\frac{1}{p}=\frac{\mathrm{d}z}{\mathrm{d}x}=\operatorname{tg}\varphi.$$

Wird außerdem noch $(p-\mu)$ in $p\left(1-\frac{\mu}{p}\right)$ und $(p+\lambda)$ in $p\left(1+\frac{\lambda}{p}\right)$ zerlegt, so erhält man schließlich nach leichten Umformungen:

$$|H-z|=k\frac{1-(\mu-\lambda)\operatorname{tg}\varphi-\operatorname{tg}^2\varphi}{|1-\mu\operatorname{tg}\varphi|^{\frac{\mu^2+1}{\mu(\mu+\lambda)}}\,|1+\lambda\operatorname{tg}\varphi|^{\frac{\lambda^2+1}{\lambda(\lambda+\mu)}}} \qquad (38)$$

$$|x|=k\frac{|-(\lambda\mu-1)\operatorname{tg}\varphi|}{|1-\mu\operatorname{tg}\varphi|^{\frac{\mu^2+1}{\mu(\lambda+\mu)}}\,|1+\lambda\operatorname{tg}\varphi|^{\frac{\lambda^2+1}{\lambda(\lambda+\mu)}}}. \qquad (39)$$

Durch die Gln. (38) und (39) sind die Trajektoren in Parameterform dargestellt (Parameter φ). Wie man durch eine mathematische Diskussion zeigen kann, fallen insgesamt sechs Kurvenscharen an, die durch ebenso viele Asymptoten getrennt sind. Hier interessiert nur der Teilbereich, der in das Grunddreieck hineinfällt.

Es läßt sich zunächst allgemein zeigen, daß die eine Trajektorienschar die Wasserseite senkrecht kreuzt und sich im weiteren Verlaufe der Luftseite asymptotisch nähert, während bei der anderen die Rollen von Wasser- und Luftseite vertauscht sind. Man errechnet nämlich für:

$\operatorname{tg}\varphi=0$ $\quad x=0$ $\quad H-z=k$ oder $z=H-k$,

$\operatorname{tg}\varphi=\infty$ $\quad x=0$ $\quad H-z=\infty$ oder $z=-\infty$,

$\operatorname{tg}\varphi=-\frac{1}{\lambda}$ $\quad x=\infty$ $\quad H-z=\infty$ oder $z=-\infty$,

$\operatorname{tg}\varphi=\lambda$ $\quad x=\lambda(H-z)$ oder die Gleichung der Luftseite.

Die Richtigkeit der letzten Wertefolge erkennt man unmittelbar durch Einsetzen; desgleichen die der vorletzten und ersten. Die 0- bzw. ∞-Werte der zweiten Folge erklären sich aus dem Verhalten der Exponenten des Nenners; ihre Summe ist nämlich größer als 1 und kleiner als 2. Dadurch wird x, das im Zähler nur die erste Potenz von $\operatorname{tg}\varphi$ enthält, Null, während $(H-z)$ infolge von $\operatorname{tg}^2\varphi$ im Zähler unendlich groß wird.

Ein Zahlenbeispiel möge den Verlauf der Trajektorien im einzelnen erläutern und dabei gleichzeitig zeigen, wie man mit den Ausdrücken (38) und (39) zweckmäßig rechnet. Es sei:

$$\lambda = 0{,}73;\quad \gamma_b = 2{,}30;\quad \beta = 0{,}60;\quad \alpha\beta = 0{,}50;\quad \gamma_b' = 1{,}80.$$

Daraus folgt:

$$\mu = \frac{2}{0{,}73} - (0{,}60 - 1 + 1{,}80)\cdot 0{,}73 = 1{,}72;\quad \frac{1}{\lambda\mu} = 0{,}797;\quad \lambda\mu = 1{,}255;$$

$$(\mu-\lambda) = 0{,}99;\quad \frac{\mu^2+1}{\mu(\mu+\lambda)} = \frac{3{,}96}{1{,}72\cdot 2{,}45} = 0{,}940;\quad \frac{\lambda^2+1}{\lambda(\lambda+\mu)} = \frac{1{,}533}{0{,}73\cdot 2{,}45} = 0{,}857.$$

$$|H-z| = k\,\frac{1-0{,}99\operatorname{tg}\varphi + \operatorname{tg}^2\varphi}{|1-1{,}72\operatorname{tg}\varphi|^{0{,}940}\,|1+0{,}73\operatorname{tg}\varphi|^{0{,}857}}$$

$$|x| = k\,\frac{|-0{,}255\operatorname{tg}\varphi|}{|1-1{,}72\operatorname{tg}\varphi|^{0{,}940}\,|1+0{,}73\operatorname{tg}\varphi|^{0{,}857}}.$$

Für die von der Wasserseite ausgehende Schar ist $\operatorname{tg}\varphi$ immer negativ, und zwar schwankt es zwischen 0 und $-1{,}37$. Ihre Berechnung erfolge für gleichabgestufte Werte von $\operatorname{tg}\varphi$ bei einer Stufenhöhe von 0,30.

$\operatorname{tg}\varphi$	$(1-1{,}72\operatorname{tg}\varphi)$	log	$0{,}940\cdot\log$	Num $= (1-1{,}72\operatorname{tg}\varphi)^{0{,}940}$
—0,00	1,00	0,0000	0,000	1,00
—0,30	1,52	0,1818	0,171	1,48
—0,60	2,03	0,3075	0,290	1,95
—0,90	2,55	0,4065	0,382	2,41
—1,20	3,06	0,4857	0,456	2,86
—1,37	3,36	0,5263	0,495	3,13

$\operatorname{tg}\varphi$	$(1+0{,}73\operatorname{tg}\varphi)$	log	$0{,}857\cdot\log$	Num $= (1+0{,}73\operatorname{tg}\varphi)^{0{,}857}$
—0,00	1,00	0,000	0,000	1,00
—0,30	0,78	0,892 — 1	0,908 — 1	0,81
—0,60	0,56	0,748 — 1	0,784 — 1	0,61
—0,90	0,34	0,531 — 1	0,598 — 1	0,397
—1,20	0,124	0,093 — 1	0,223 — 1	0,168
—1,37	0,000			0,000

$\operatorname{tg}\varphi$	0,00	0,30	0,60	0,90	1,20	1,37
$(H-z)/k$	1,00	1,01	1,04	1,13	1,56	∞
x/k	0,00	0,064	0,129	0,24	0,64	∞

Jedem Wert des Integrationsfestwertes k entspricht eine Kurve der Schar. Beispielsweise ergibt sich für $k = {}^1\!/_2 H$ die in Abb. 611 ausgezogene Kurve. Ist eine erste Kurve der Schar gezeichnet, so können weitere Kurven leicht gefunden werden, indem man von der Eigenschaft Gebrauch macht, daß das Verhältnis von $(H-z)$ zu x von k unabhängig ist, d. h. bei sämtlichen Kurven der Schar nur von φ abhängt. Nun sind aber die geometrischen Orte gleicher Werte $(H-z)/x$ Gerade durch die Dreiecksspitze. Man braucht daher nur ein Strahlenbüschel durch die Spitze zu legen und die Abschnitte bis zur gezeichneten Kurve in gleiche Teile zu zerlegen. Werden etwa n-Teile gewählt, so entsprechen den einzelnen Punkten k-Werte von $\bar{k}/n$, $2\,\bar{k}/n$, $3\,\bar{k}/n$ usw., wenn der Integrationsfestwert $\bar{k}$ der Ausgangskurve zugehört. Die Verbindung der Punkte gleicher k-Werte liefert neue Kurven (Abb. 611). Verlängert man mit den Teilabschnitten, so entstehen Punkte mit den k-Werten $\bar{k}\,(1+1/n)$, $\bar{k}\,(1+2/n)$ usw. außerhalb der Ausgangskurve, die auch wieder durch entsprechende Kurven verbunden werden können (Abb. 611). Auf diese

Weise läßt sich das ganze Grunddreieck durch Trajektorien ausfüllen. Ähnlich könnte man mit der zweiten Trajektorienschar verfahren. Es ist jedoch im allgemeinen bequemer, von der Rechtwinkligkeit beider Kurvenscharen Gebrauch zu machen, d. h. die zweite Schar unmittelbar als Orthogonalschar der ersten einzuzeichnen, wie dies in Abb. 612 geschehen ist.

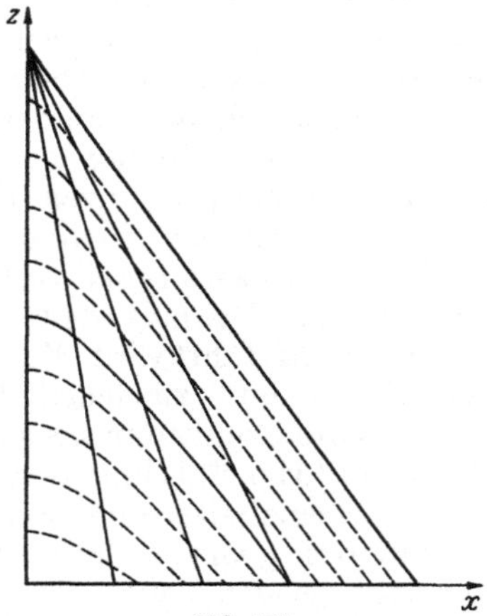

Abb. 611.

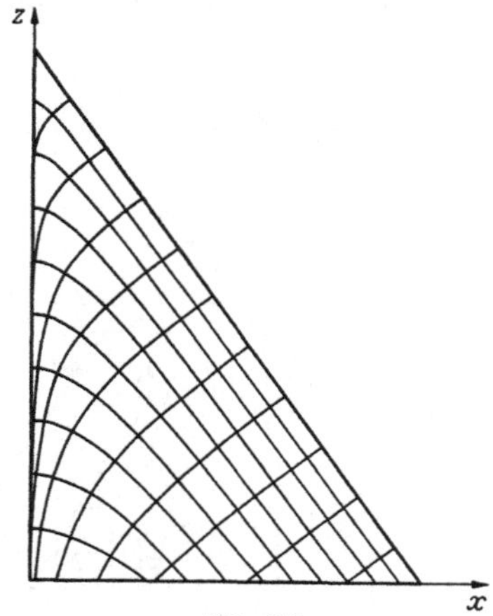

Abb. 612.

Die Hauptspannungstrajektorien vermitteln ein anschauliches Bild des Kraftverlaufes. Die Unübersichtlichkeit des zweiachsigen Spannungszustandes wird aufgehoben, indem man den Querschnittsblock in zwei sich gegenseitig durchdringende Gewölbescharen auflöst. Die senkrecht zur Stauwand ansetzende von diesen beiden Gewölbescharen überträgt augenfällig den waagerechten Wasserdruck unter allmählicher Ablenkung durch das Eigengewicht nach der Grundfuge.

(7) Linien gleicher Hauptspannung. Wie unter (3) erläutert wurde, hängt bei scheibenartigen Körpern die Spannungsübertragung in den einzelnen Punkten von der Richtung ab; die größten und kleinsten Spannungen, die für die Festigkeitsberechnung maßgebend sind, sind die Hauptnormalspannungen oder schlechthin Hauptspannungen. Man gewinnt einen anschaulichen Überblick über die Beanspruchung einer Gewichtsmauer, wenn die Linien gleicher Hauptspannungen in den Querschnitt eingezeichnet werden (Abb. 613).

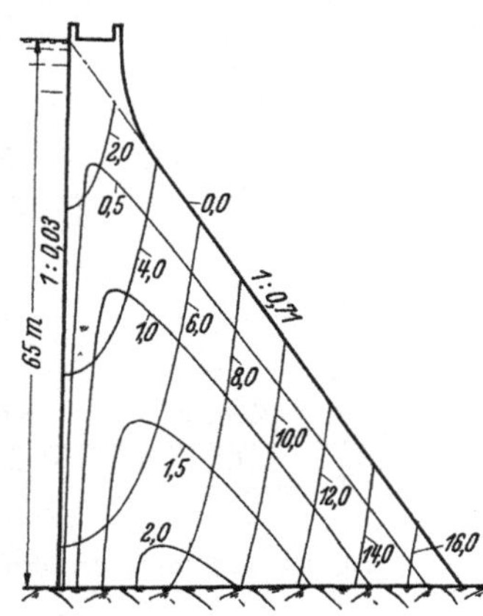

Abb. 613. Linien gleicher Hauptspannung in der Schwarzenbach-Staumauer. (Nach Kammüller.)

In Gewichtsmauern mit Dreiecksquerschnitt (Abb. 613) nehmen die größten Hauptspannungen vom luftseitigen Fuß bis zur Krone gleichmäßig ab, während die kleinsten Hauptspannungen ihre Mindestwerte an den Rändern aufweisen. Jedenfalls zeigt der Verlauf der Kurven, daß man sich beim Dreiecksquerschnitt auf die Feststellung der Hauptspannungen an den beiden Rändern beschränken kann. Eine gesonderte Betrachtung der Schubspannungen, etwa der größten, die in Schnitten halbrechtwinklig zu den Hauptspannungstrajektorien auftreten, erübrigt sich. An der Wasserseite decken sich die Hauptspannungen mit den σ_z- bzw. $\sigma_{\bar{z}}$-Werten [Gl. (18) bzw. Gl. (24)], während die luftseitigen Hauptspannungen durch die Gl. (19) bzw. (26, 27) gegeben sind.

(8) Berechnungsgang bei beliebiger Querschnittsform. Die Untersuchung des dreieckigen Staumauerprofils hat eine lineare Spannungsverteilung ergeben; es läßt sich beweisen, daß jene bei krummlinig begrenzten Querschnittsprofilen nicht mehr möglich ist. Während die Abweichungen für die lotrechten und waagerechten Normalspannungen nur gering sind, können sie bei den Schubspannungen beträchtlich sein. Der Rechnungsgang möge nun im einzelnen unter Zugrundelegung des für den Ausführungsentwurf der Boulder-Staumauer gewählten Querschnitts erläutert werden[1].

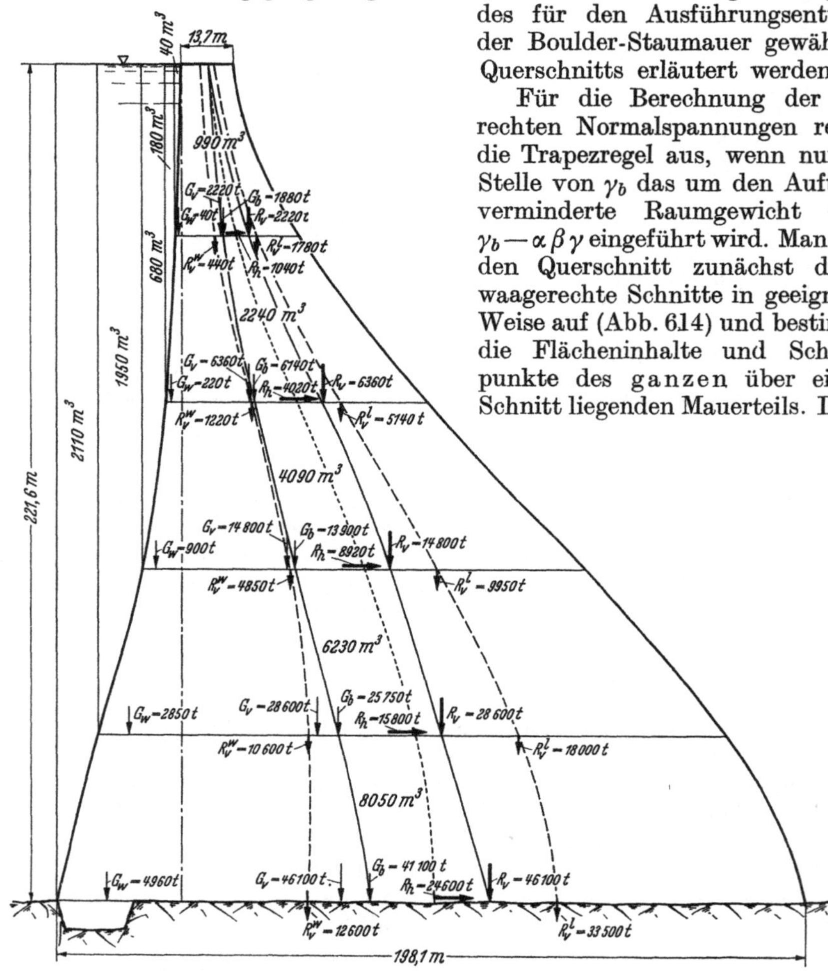

Abb. 614. Ermittlung der lotrechten Normalspannungen bei beliebigem Querschnittsprofil.

Für die Berechnung der lotrechten Normalspannungen reicht die Trapezregel aus, wenn nur an Stelle von γ_b das um den Auftrieb verminderte Raumgewicht $\gamma_b' = \gamma_b - \alpha\,\beta\,\gamma$ eingeführt wird. Man teilt den Querschnitt zunächst durch waagerechte Schnitte in geeigneter Weise auf (Abb. 614) und bestimmt die Flächeninhalte und Schwerpunkte des ganzen über einem Schnitt liegenden Mauerteils. Dann werden die letzteren auf die zugehörigen Schnitte lotrecht projiziert. Verbindet man die Fußpunkte, so erhält man die Drucklinie für Eigengewicht. Durch Multiplikation der Flächen- bzw. Rauminhalte auf 1 m Tiefe mit dem reduzierten Raumgewicht (im Falle von Abb. 614 mit $2{,}4 - 0{,}5 = 1{,}9$) ergeben sich die reduzierten Betongewichte G_b. Zu diesen treten noch die Gewichte der Wasserauflast G_w, deren Größe und Lage im Schnitt in entsprechender Weise erhalten wird. Die Resultierende aus G_b und G_w liefert die lotrechte Auflast G_v. Liegt der Schnitt H m unter Stauspiegel, so ist der Wasserdruck

$$W = \frac{\gamma}{2} H^2$$

[1] Während der Bauherstellung ist der ursprüngliche Querschnitt durch ein Grunddreieck nach Abb. 515 ersetzt worden.

und das Moment in bezug auf den Horizontalschnitt

$$M_w = W \cdot a_w = \frac{\gamma}{2} H^2 \cdot \frac{H}{3} = \frac{\gamma}{6} H^3.$$

Der Wasserdruck erzeugt eine Scherkraft $R_h = W$ im Schnitt und eine luftseitige Verschiebung von G_v, die durch

$$a_g = M_w / G_v$$

gegeben ist. Die Schnittfuge steht somit unter der Wirkung der verschobenen Auflast R_v und der Scherkraft R_h.

Die Spannungen lassen sich leicht ermitteln, wenn die Drittellinien in den Mauerquerschnitt eingezeichnet werden (in Abb. 614 strichliert). Man braucht dann nur R_v auf die Drittelpunkte zu verteilen $\left(R_v^w \text{ bzw. } R_v^l\right)$ und erhält für die Randspannungen

$$\sigma_v^w = 2\,R_v^w / B; \qquad \sigma_v^l = 2\,R_v^l / B \qquad (B = \text{Länge der Schnittfuge}).$$

Die geradlinige Verbindung der Randspannungen liefert die Verteilung der lotrechten Pressungen über die Schnittfuge (Abb. 615).

Da σ_n und τ_n längs der Ränder vorgegeben sind, können dort mit Hilfe der nunmehr bekannten σ_z-Werte die übrigen Spannungsseitenkräfte durch Auflösen der Gl. (9) bestimmt werden. Am luftseitigen Rand liegen die Verhältnisse besonders einfach, da hier σ_n und τ_n beide verschwinden. Man erhält:

$$\sigma_h^l = \sigma_v^l \operatorname{tg}^2 \varphi_l; \qquad \tau^l = -\sigma_v^l \operatorname{tg} \varphi_l \quad \text{(Luftseite)}, \tag{40}$$

wobei unter φ_l der Winkel zu verstehen ist, den die Normale der Randkurve mit der Waagerechten einschließt.

Am wasserseitigen Rande ist $\tau_n = 0$ und $\sigma_n = -(1-\beta)\,\gamma\,H$. Die Einführung dieser Werte in (9) liefert nach Auflösung der Gleichungen:

$$\left.\begin{aligned} \sigma_h^w &= -(1-\beta)\,\gamma\,(1-\operatorname{tg}^2\varphi_w)\,H + \sigma_v^w \operatorname{tg}^2 \varphi_w, \\ \tau^w &= (\sigma_v^w - \sigma_h^w)\,\frac{\operatorname{tg}\varphi_w}{1-\operatorname{tg}^2\varphi_w} \end{aligned}\right\} \quad \text{(Wasserseite)}, \tag{41}$$

wobei φ_w den spitzen Winkel der Normalen gegen die Waagerechte bezeichnet.

Da die Verteilung der Waagerechtspannungen σ_h mit hinreichender Genauigkeit als linear vorausgesetzt werden kann und die Randspannungen durch (40) und (41) gegeben sind, kann die Auftragung unmittelbar erfolgen (Abb. 616).

Während die Verteilung der Waagerechtspannungen keinen statischen Bedingungen unterliegt, müssen die Schubspannungen in ihrer Gesamtheit der Querkraft R_h das Gleichgewicht halten. Da die Größe der Randspannungen, wie sie sich aus (40) und (41) ergibt, lediglich durch die Linienführung der Ränder bestimmt wird, läßt sich die Gleichgewichtsbedingung nur erfüllen, wenn die Schubspannung in Mitte Schnittfuge noch veränderlich gehalten wird. Damit scheidet aber die lineare Spannungsverteilung als nicht hinreichend aus. Den einfachsten Ansatz liefert eine parabolische Spannungsverteilung, welche die beiden Randspannungen mit umfaßt. Bezeichnet τ_m' den Überschuß gegenüber der linearen Spannungsverteilung in Mitte Schnittfuge, so ergibt sich:

$$\tau = \tau^w + \frac{\tau^l - \tau^w}{H}\,x + \tau_m'\,\frac{4\,x\,(H-x)}{H}. \tag{42}$$

Die Querkraft R_h muß gleich dem Integral von τ über die Schnittfugenlänge sein. Dies führt zu der Bedingungsgleichung:

$$R_h = \left(\frac{\tau^l + \tau^w}{2} + \frac{2}{3}\,\tau_m'\right) \cdot H \tag{43}$$

aus der man abliest:

$$\tau_m' = 1{,}5\left(\frac{R_h}{H} - \frac{\tau^l + \tau^w}{2}\right). \tag{44}$$

Die Schubspannungsverteilung, wie sie sich auf dem bezeichneten Wege errechnet, zeigt Abb. 617. Für die beiden unteren Schnittfugen ist τ'_m positiv, für die oberen negativ.

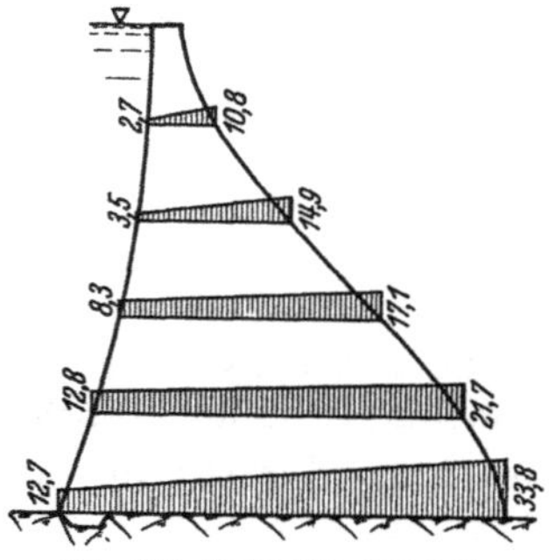

Abb. 615. Lotrechte Normalspannungen.

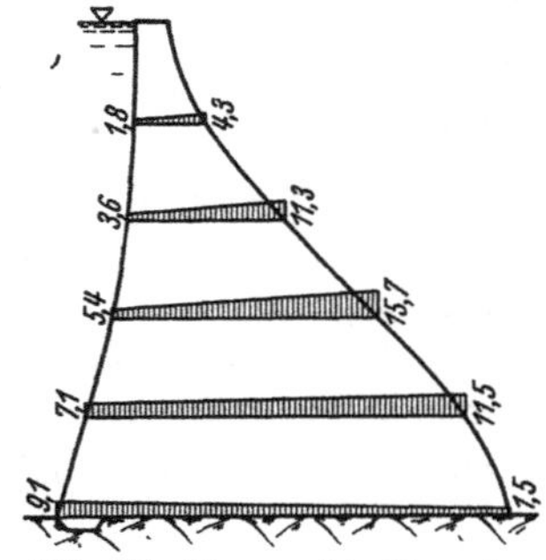

Abb. 616. Waagerechte Normalspannungen.

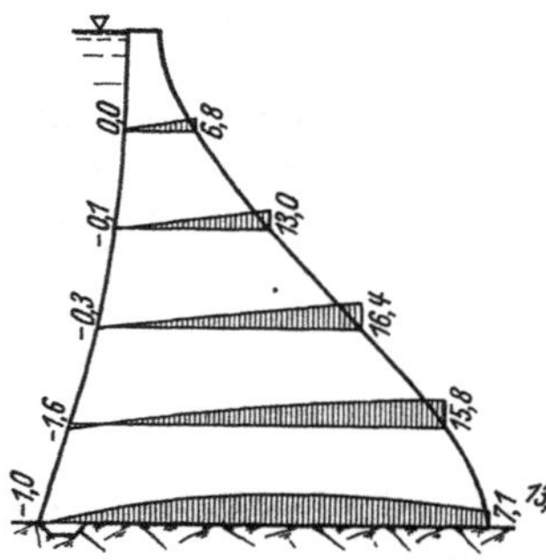

Abb. 617. Schubspannungen.

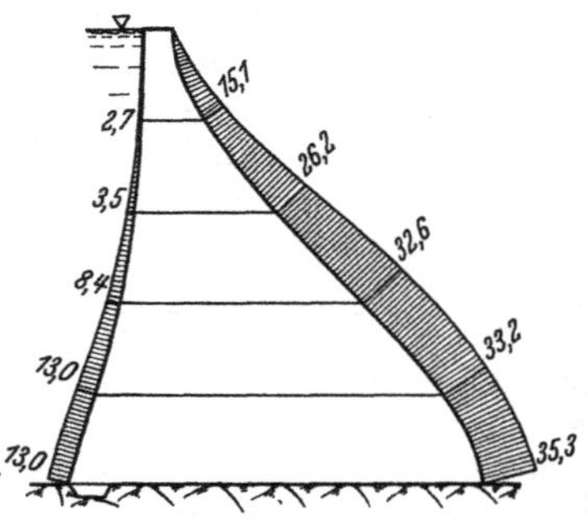

Abb. 618. Hauptspannungen.

Abb. 615—618. Spannungsverteilung in der Boulder-Staumauer ohne Berücksichtigung der Bogenwirkung bei 50% Auftrieb ($\beta = 0{,}60$; $\alpha\,\beta\,\gamma = 0{,}50$; $\gamma_b = 2{,}40$; $\gamma_b' = 1{,}90$).

Nachdem die Grundspannungen σ_v, σ_h und τ bekannt sind, lassen sich die Hauptspannungen und Hauptspannungsrichtungen nach den allgemeinen Formeln (10) und (11) berechnen. Längs der beiden Ränder bestehen die vereinfachten Beziehungen:

$$\left.\begin{aligned} \sigma_1^w &= \frac{\sigma_v - \sigma_h \operatorname{tg}^2\varphi}{1 - \operatorname{tg}^2\varphi}\,; \\ \sigma_1^l &= \sigma_v + \sigma_h \\ &\quad\text{(Ränder)} \end{aligned}\right\} \quad (45)$$

Die auf Grund dieser Gleichungen sich ergebende Hauptspannungsverteilung ist aus Abbildung 618 ersichtlich.

Zu den Hauptnormalspannungstrajektorien gelangt man dadurch, daß man für eine hinreichende Zahl von Punkten die Hauptspannungsrichtungen feststellt. In das so entstehende Richtungsfeld lassen sich die Trajektorien leicht einzeichnen (Abb. 619). Beiläufig sei bemerkt, daß die Trajektorien im Querschnitt der Boulder-Staumauer von denen im Dreiecksquerschnitt grundsätzlich verschieden sind. Man muß sich daher vor Verallgemeinerungen auf andere Querschnittsformen hüten.

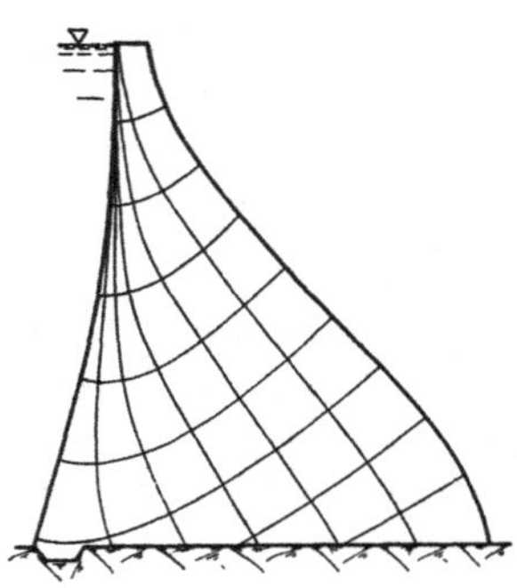

Abb. 619. Boulder-Staumauer. Hauptnormalspannungstrajektorien.

Um die Linien gleicher Hauptspannung zeichnen zu können, werden die Hauptspannungen zweckmäßig einmal als Funktion der Fugenlänge (Abb. 620) und einmal als Funktion der Rand-, Mittel- und Viertellinien (Abb. 621) aufgetragen. Wenn man bei der Berechnung von einem Punktnetz ausgeht, so können die errechneten Werte gleich für beide Auftragungen benutzt werden. Der gesetzmäßige Verlauf von σ (max) kommt in Abb. 622 sehr schön zum Ausdruck. Die σ (min)-Werte (Abb. 623) weisen gegenüber dem Dreiecksquerschnitt erhebliche Abweichungen auf, da nicht mehr die Ränder, sondern die mittleren Querschnittsteile die Kleinstwerte liefern. Besonders bemerkenswert ist die Zugspannungszone in der Nähe des Gründungsfelsens, die man nach dem Spannungsbild der Abb. 615—617 kaum vermutet hätte. Man muß daher die Hauptspannungsverteilung stets als das Endziel der statischen Untersuchung ansehen.

(9) Kronenauflast und Eisdruck. Der durch die Formeln für das Grunddreieck beschriebene Spannungszustand der Gewichtsstaumauer erfährt in Wirklichkeit noch eine kleine Veränderung durch die nie fehlende Kronenverbreiterung der Mauer (Abb. 613). Sie fügt dem Eigengewicht der Mauer eine nahe der Wasserseite liegende Einzellast hinzu und erhöht dadurch die Standsicherheit bei vollem Becken. Bei leerem Becken allerdings verursacht die Verschiebung der senkrechten Fugenschlußkraft (von einer gewissen Mindestmauerhöhe ab) an der luftseitigen Zehe Zugspannungen, die aber nur bei mäßigen Mauerhöhen nennenswerte Größe annehmen und in der Regel wegen der Unbedenklichkeit der Bildung von luftseitigen Zugrissen unberücksichtigt bleiben können.

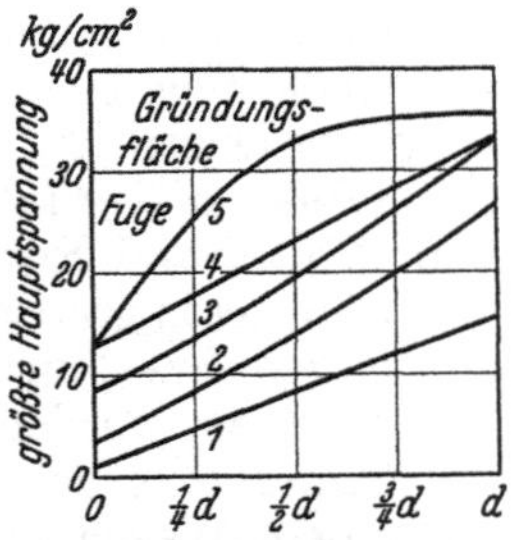

Abb. 620. Boulder-Staumauer. Größte Hauptspannungen.

Der Einfluß der Kronenauflast auf den Spannungszustand kann bei den üblichen Straßenbreiten von 3 bis 5 m stets mit Hilfe der Trapezregel erfaßt werden. Bei ausnahmsweise breiten Kronen kann es bequemer sein, auf Anwendung der allgemeinen Formeln ganz zu verzichten und nach den unter (8) entwickelten Verfahren vorzugehen.

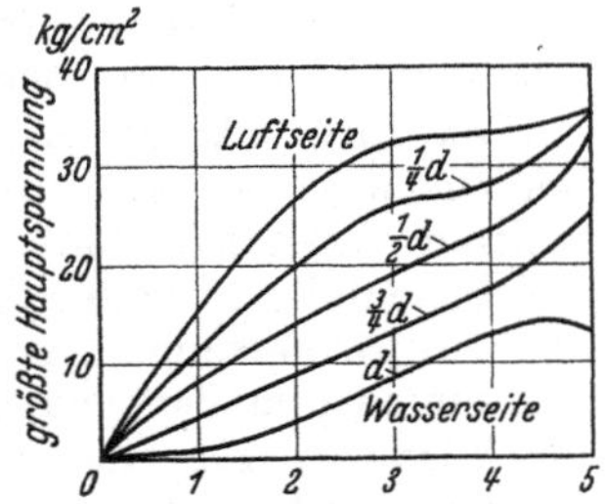

Abb. 621. Boulder-Staumauer. Größte Hauptspannungen.

In baulicher Hinsicht wird man häufig die Krone nicht massiv, sondern aufgelöst in Pfeiler und Gewölbe oder Rippenplatten ausbilden, was neben wirtschaftlichen auch baukünstlerische Vorteile zu bieten pflegt und bei einem Kronenüberlauf ohne weiteres geboten ist.

Eine waagerecht auf die Spitze des Grunddreieckes wirkende Einzellast stellt der **Eisschub** oder Eisdruck dar, mit dem aber nur in besonders kalten Ländern gerechnet werden muß. In Mitteleuropa kommt es erfahrungsgemäß selten zum Anstoßen der Eisdecke des Beckens an die Mauer. Vielmehr erzeugt die Wärmeabgabe des großen Mauermassives einen an der Stauwand aufsteigenden Strom leicht angewärmten Wassers, der immer einen $1/2$ bis 2 m breiten Streifen des Wasserspiegels längs der Mauer eisfrei hält. Kommt es in ungewöhnlichen Kälteabschnitten doch einmal zu stärkerer Eisbildung, so kann der freie Wasserstreifen leicht vom Talsperrenwärter durch fleißiges Aufhauen eisfrei gehalten werden. Auch bricht die Eisdecke oft schon bei Spiegelabsenkung um wenige cm, wodurch sie viel von ihrer Schubkraft verliert.

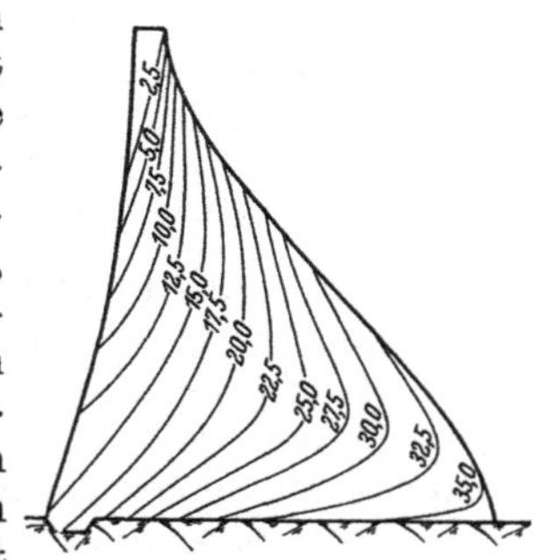

Abb. 622. Boulder-Staumauer. Linien gleicher Hauptnormalspannung (σ_{max}).

Wo es die Umstände überhaupt zulassen, kommt der Eisschub hauptsächlich dadurch zustande, daß die Eisdecke bei Rückgang des Frostes sich thermisch ausdehnt und gegen die Mauer drückt, sofern sie in der Gegenrichtung an steilen, rauhen oder keilig verengten Ufern einen genügenden Widerstand findet.

Man hat früher vielfach mit 60 t/m Eisdruck für 1 m Eisdicke gerechnet, indem man von der in Würfelpressen festgestellten Druckfestigkeit des Kerneises quer zur Dickenrichtung ausging. Neuere Untersuchungen der schwedischen Wasserfallverwaltung haben aber bewiesen, daß diese Zahl um ein Mehrfaches zu hoch ist. Royen, der die diesbezüglichen Versuche durchgeführt und unter Benutzung der Arbeiten anderer Forscher ausgewertet hat, entwickelt in der Hansen-Festschrift[1] eine zusammenhängende Theorie des Eisdruckes, in der neben Druckfestigkeit, Knickwiderstand und Elastizität des Eises vor allem seine plastische Nachgiebigkeit als Funktion von

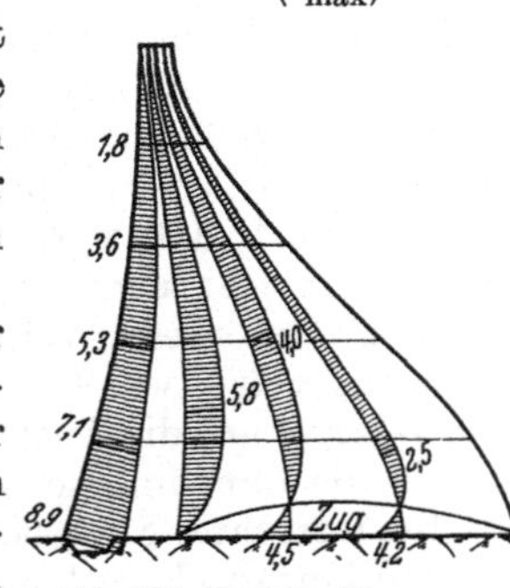

Abb. 623. Boulder-Staumauer. Kleinste Hauptspannungen.

[1] Vgl. Ludin: Nordische Wasserkräfte, S. 761 u. a. Stockholm 1922.

Druckspannung, Temperatur und Beanspruchungsdauer, ferner sein Wärmeaufnahme- und -leitvermögen berücksichtigt werden. Er kommt zu dem sehr wichtigen Ergebnis, daß der unter ungünstigsten Verhältnissen auftretende Eisschub nicht höher als 30 t/m bei 1 m Eisstärke und 22 t/m bei 0,75 m werden kann.

Zu beachten ist, daß die Eisdecke oft nur zum kleineren Teil aus Kerneis, zum größeren aber aus wenig widerstandsfähigen firnschneeartigen Anhäufungen von Schnee und Eisnadeln besteht.

Bei neueren großen Talsperrenanlagen in Schweden wurde nur noch mit 15 bis 20 t/m gerechnet, und selbst das muß noch als reichlich hoch bezeichnet werden. Außerdem wurden aber auch Einrichtungen zur selbsttätigen Eisfreihaltung der Mauerkrone getroffen durch Einbau eines Systems von Druckluftröhren unter dem Wasserspiegel mit kleinen Ausblaseöffnungen. Hierdurch wird der senkrechte Wasserumlauf verstärkt. Auch mit elektrisch beheizten, in 10 mm gegenseitigem Abstand in das Eis eingelegten senkrechten Platten hat man schon die Entstehung des Eisschubes verhindert[1].

Der Eisdruck, wo er sonach überhaupt auftreten wird, darf in seiner Bedeutung als Zusatzkraft nicht überschätzt werden. Sein Einfluß tritt unter sonst gleichen Umständen mit zunehmender Mauerhöhe zurück. Gefährdet sind also gegebenenfalls in erster Linie niedrige, verhältnismäßig leichte Mauern.

(10) Bemessung. Für die Bemessung von Gewichtsmauern sind drei Gesichtspunkte maßgebend, nämlich die Gefahr des Abreißens an der Wasserseite, die Beanspruchung des luftseitigen Mauerfußes und die Gleitgefahr der Mauer im ganzen. Die erstere muß unter allen Umständen vermieden werden, indem man dafür sorgt, daß keine Zugspannungen in der Stauwand und zwischen Mauer und Felsen auftreten können.

Nach (29) werden im Mauerkörper Zugspannungen gerade noch vermieden, wenn λ, d. h. das Verhältnis von Sohlenbreite zu Mauerhöhe, gemäß

$$\lambda = \frac{1}{2}\lambda_1\left(1+\frac{\beta\gamma}{\gamma_b'}\right)+\sqrt{\frac{\gamma}{\gamma_b'}+\frac{1}{4}\lambda_1^2\left(1+\frac{\beta\gamma}{\gamma_b'}\right)^2} \quad \text{(schräge Stauwand)} \qquad (46)$$

bestimmt wird. In (46) bedeutete λ_1 das Anzugsverhältnis bei schräggestellter Stauwand (z. B. $\lambda_1 = 0{,}02$ bei 2% Anzug), β die Porigkeit des Zementleimes und γ_b' das um Porenwasser- oder Sohlenwasserdruck verminderte Raumgewicht des Betons. Nach den Ausführungen unter Ziffer 9 und 10 dieses Kapitels ist luftseitig von einer sachgemäß durchgebildeten Mauerentwässerung der Porenwasserdruck so abgemindert, daß die Berücksichtigung des Sohlenwasserdruckes fast immer den ungünstigeren Fall darstellt. Man erhält daher

$$\gamma_b' = \gamma_b - m\gamma, \qquad (47)$$

wobei der Abminderungsbeiwert m der deutschen Anleitung entsprechend einzusetzen ist (vgl. Ziffer 1 und 12 dieses Kapitels).

Da der Sohlenwasserdruck nur im Bereich der Gründungsfläche wirksam ist, hat Soldan bei der Waldecker-Staumauer die Bemessung in der Weise durchgeführt, daß er das für $m = 0$ bemessene Grunddreieck luft- und wasserseitig durch Ansetzen von Dreiecken geringerer Höhe (etwa $^1/_3$ bis $^1/_4\,H$) verstärkte. Auf diese Weise konnte ohne Einbuße an Sicherheit eine Baustoffersparnis von etwa 3 bis 4% erzielt werden. Mit der Einführung der Betonbauweise ist auf die Ausnutzung dieser Möglichkeit mit Recht verzichtet worden, da sie die ohnehin nicht große Gleitsicherheit herabsetzt.

Bei lotrechter Stauwand, die nach den Ausführungen unter (4) den geringsten Baustoffaufwand verlangt und demgemäß auch mehr und mehr bevorzugt wird, ist $\lambda_1 = 0$ und man erhält

$$\lambda = \sqrt{\frac{\gamma}{\gamma_b'}} = \sqrt{\frac{1}{\frac{\gamma_b}{\gamma} - m}} \quad \text{(lotrechte Stauwand).} \qquad (48)$$

[1] Vgl. Ludin: Nordische Wasserkräfte, S. 578f.

Durch (46) und (48) ist den Anforderungen, die von seiten des wasserseitigen Mauerfußes an die Bemessung zu stellen sind, im wesentlichen entsprochen. Es fragt sich nun, ob die dabei eintretende Beanspruchung des luftseitigen Mauerfußes das zulässige Maß nicht überschreitet. Stellt man diese mit Hilfe der Gl. (21) zahlenmäßig fest, so zeigt sich, daß die größten Hauptspannungen bei Stauhöhen bis zu 100 m nicht über 30 kg/cm² hinausgehen. Da mit einem gut zusammengesetzten Massenbeton 90-Tage-Festigkeiten von 180 kg/cm² immer erreicht werden können, verfügt man damit über die von der deutschen Anleitung für den Bau und Betrieb von Talsperren verlangte sechsfache Sicherheit. Die Beanspruchung des luftseitigen Mauerfußes stellt daher keine zusätzlichen Anforderungen an die Bemessung, solange es sich um Regelfälle, d. h. um Stauhöhen bis zu 100 m handelt.

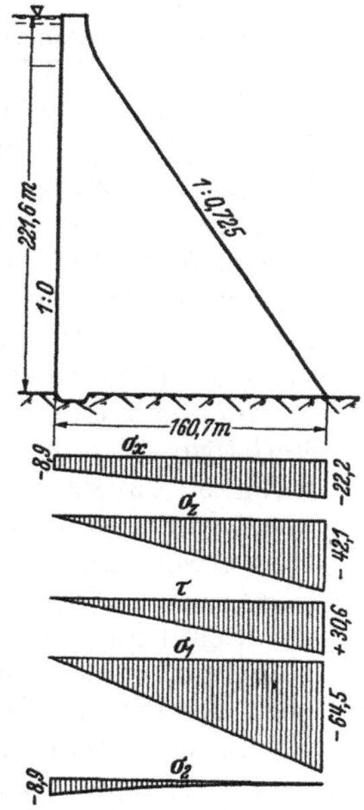

Abb. 624.

Stauhöhen über 100 m sind bisher noch nicht durch reine Gewichtsmauern, sondern immer durch Bogengewichts- oder Bogenstaumauern bewältigt worden. Auch die 221 m hohe Boulder-Staumauer wird, obwohl sie als reine Gewichtsmauer bemessen wurde, zumindest in den oberen Mauerteilen als Bogengewichtsmauer wirken. Da für absehbare Zeit mit einer Überschreitung der Höhenausmaße der Boulder-Staumauer kaum zu rechnen ist, möge an diesem Beispiel die Frage der Bemessung als reine Gewichtsmauer näher erörtert werden.

Bei $\gamma_b = 2{,}40$ t/m³, $\gamma = 1{,}00$ t/m³, m $= 0{,}5$ und lotrechter Wasserseite folgt aus (48) ein λ-Wert von 0,725. Wird dieser mit dem H von 221,6 m in (18) und (21) eingeführt, so ergeben sich in der Gründungsfuge die in Abb. 624 aufgetragenen Normal-, Schub- und Hauptspannungen. Hieran interessiert in erster Linie die größte Hauptspannung von 64,5 kg/cm², die, wenn hier eine vierfache Sicherheit als ausreichend erachtet wird, eine Mindestjahresfestigkeit von 260 kg/cm² erfordern würde. Bei dem heutigen Stande der Betontechnik und einer bis ins Kleinste geregelten Bauüberwachung bereitet die Erzielung derartiger Mindestfestigkeiten keinerlei Schwierigkeiten. Es fragt sich aber andererseits, ob es nicht wirtschaftlicher ist, in solchen Fällen über den durch (48) gegebenen λ-Wert hinauszugehen. Die Boulder-Staumauer weist z. B. in ihrem Ausführungsentwurf eine Sohlenbreite von 198 m auf, die während der Herstellung sogar noch auf 201 m gesteigert wurde. Bezieht man diese Abmessungen wie bisher auf eine lotrechte Stauwand, so ergibt sich die aus Abb. 625 ersichtliche Spannungsverteilung längs der Gründungsfläche. Danach entspricht einem Mehraufwand an Baustoff von 18% eine Herabsetzung der Höchstbeanspruchung um 23%, nämlich von 65 auf 50 kg/cm², wofür eine Mindestjahresfestigkeit von 200 kg/cm² ausreichen würde.

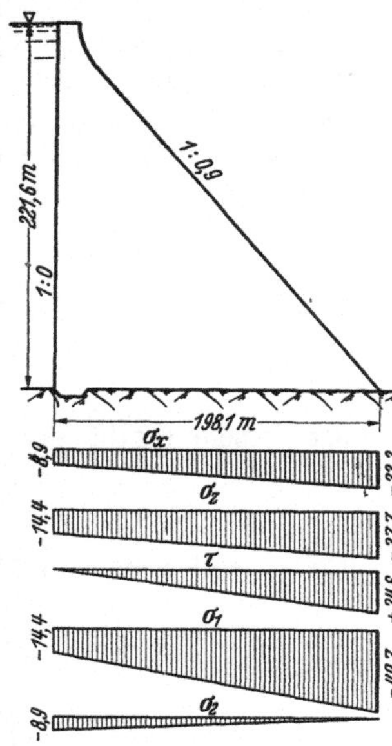

Abb. 625.

Die Herabsetzung der Höchstbeanspruchung würde noch größer sein, wenn nicht die Querschnittsverbreiterung eine flachere Luftseite verlangte, die sich ungünstig auf das Verhältnis von Hauptspannung zu lotrechter Pressung auswirkt. Um dies zu vermeiden, wurde in dem Ausführungsentwurf der Boulder-

Staumauer (Abb. 614) eine Materialverschiebung von der Wasserseite zur Luftseite vorgenommen, deren vorteilhafte Auswirkung auf die Höchstbeanspruchung aus Abb. 618 ersichtlich ist. Die größte Hauptspannung beträgt nur noch 35 kg/cm² gegenüber 50 bei dem gleichwertigen Dreiecksquerschnitt. Leider hat diese beachtliche Herabsetzung der luftseitigen Beanspruchung eine starke Anhäufung der Schubspannungen in Blockmitte zur Folge (Abb. 623), die im Bereich der Gründungsfläche zu Hauptzugspannungen von 4,5 kg/cm² führen. Da Zugspannungen unter allen Umständen vermieden werden müssen, muß im ganzen gesehen das Abgehen vom Dreiecksquerschnitt als eine im Erfolg zweifelhafte Maßnahme gewertet werden. Vielleicht ist es auf ähnliche Überlegungen zurückzuführen, wenn der Ausführungsentwurf der Boulder-Staumauer kurz vor Beginn der Herstellung umgeworfen wurde und der übliche Dreiecksquerschnitt an seine Stelle trat (Abb. 515).

Die Beurteilung der Bruchsicherheit des luftseitigen Mauerfußes nach dem Verhältnis der größten Hauptnormalspannung zur Zylinder- (Würfel-) Bruchfestigkeit des Baustoffes entspricht mit aller praktisch erforderlichen Genauigkeit den wirklichen Verhältnissen, die sich z. B. nach der Mohrschen Bruchtheorie theoretisch näher untersuchen ließen[1]. Unter anderem ist es vollkommen überflüssig, etwa neben Hauptdruckspannung und -festigkeit noch einen Vergleich der Schubspannungen und Scherfestigkeit des Baustoffes vorzunehmen (wie manchmal noch zu lesen oder hören ist). In der Festigkeitsprüfmaschine unterliegt der Prüfkörper genau derselben Beanspruchung, wie wenn er, nach den Hauptnormalspannungen ausgerichtet, an der Luftseite der Staumauer eingebaut gedacht wird.

Es muß aber als dritter für die Standsicherheitsbeurteilung wichtiger Maßstab noch die Gleitsicherheit untersucht und in Entwurf und Bauausführung sorgfältig berücksichtigt werden. Der ungünstigste und daher zunächst einmal zu betrachtende Fall ist der, daß auf ebener waagerechter Felssohle eine Staumauerscheibe in Grunddreieckform dem vollen Wasserdruck ausgesetzt ist.

Der zur Herstellung des Gleichgewichtes notwendige Sohlenwiderstand $R_x = W$ [nach S. 356] kann nur durch Reibung zwischen Beton und Fels aufgebracht werden. Bezeichnen f den Reibungsbeiwert der Ruhe und H und B wie bisher Mauerhöhe und Sohlenbreite, so gelten die Beziehungen:

a) Ohne Berücksichtigung des Sohlenwasserdruckes

$$\gamma \frac{H^2}{2} B \leqq G \cdot f = \gamma_b \frac{\lambda H^2}{2} f. \tag{49}$$

Setzt man in Gl. (48) $m = 0$, so folgt

$$\lambda = \sqrt{\frac{\gamma}{\gamma_b}}.$$

Mit diesem ergibt sich nach Kürzung und Umstellung

$$\sqrt{\frac{\gamma}{\gamma_b}} \leqq f. \tag{49'}$$

Für $\gamma = 1$ t/m³ und übliche γ_b-Werte erhält man:

γ_b	2,30	2,40	2,50 t/m³
$\sqrt{\frac{\gamma}{\gamma_b}}$	0,660	0,647	0,633

b) Mit Berücksichtigung des Sohlenwasserdruckes ergibt sich ähnlich:

$$\sqrt{\frac{\gamma}{\gamma_b - m\gamma}} \leqq f. \tag{50}$$

[1] Hertwig, Ludin, Petermann: Zur Frage der Bruchsicherheit von Staumauern. Dtsch. Wasserwirtsch. 1933 Heft 7.

Für $\gamma = 1$ t/m³ und übliche γ_b- und m-Werte folgt zahlenmäßig für die linke Seite von (50).

$\gamma_b =$	2,30	2,40	2,50 t/m³
$m = 0{,}2$	0,690	0,675	0,660
$m = 0{,}4$	0,727	0,708	0,690
$m = 0{,}6$	0,768	0,745	0,727

Vergleicht man diese Zahlenwerte mit dem Reibungsbeiwert f, der für feuchten Beton auf feuchten Fels höchstens zu 0,65 angenommen werden kann, so zeigt sich, daß auf Grund der Reibung allein eine hinreichende Gleitsicherheit der Staumauern nicht gewährleistet ist. Auch wenn man die zur Reibung tatsächlich hinzutretende Haftfestigkeit zwischen Beton und Felssohle hinzurechnen würde, ergäbe sich noch keine befriedigende Gleitsicherheit. Die Gleno-Talsperre ist unter anderem deshalb gebrochen, weil ihr massiver Unterbau auf einen vom Gletscher polierten Felsen aufgeklebt war; 500 Menschen verloren infolge dieses groben Kunstfehlers ihr Leben!

Die Felssohle muß unbedingt so rauh als möglich ausgebrochen und unter Umständen, je nach Felsbeschaffenheit und Stauhöhe, darüber hinaus noch in talaufwärts geneigten Stufen abgetreppt werden, so daß der Winkel zwischen den örtlichen Hauptdruckspannungsrichtungen und der Stufenoberfläche möglichst nahe an 90° herankommt. Darüber hinaus empfiehlt sich noch, die luftseitige Zehe mehrere m tief in den gesunden Felsen eingreifen zu lassen und satt an die Felsböschung anzubetonieren oder zu -mauern (Abb. 441, 442, 443, 444). Hierdurch wird auch noch der Scherwiderstand des hinter der Mauerzehe liegenden Felsmassivs als weitere Sicherheit gegen die Gleitgefahr herangezogen.

Alle diese Mittel verlieren indes ihre Wirkung mehr oder minder vollkommen, wenn der Felsgrund selbst ungenügende Scherfestigkeit in waagerechter Richtung besitzt. Das ist z. B. bei sehr weichen Felsarten (Mergel, junge Sandsteine) fast immer zu befürchten. Besonders gefährliche Verhältnisse entstehen bei Schichtgesteinen mit näherungsweise waagerechten Schichtfugen, zumal wenn sie tonige Einlagerungen enthalten. Von den leider ziemlich zahlreichen großen Staumauerkatastrophen sind nachweislich fast alle auf ungenügenden Gleitwiderstand der Sohlenfuge oder des darunter liegenden Felsgrundes zurückzuführen. Aus diesem Grunde muß immer auch die Gleitsicherheit einer Staumauer im Entwurf sorgfältig untersucht und eingehend nachgewiesen werden. Natürlich muß dann auch die Bauausführung die im Entwurf als nötig ermittelten Sicherheitsmaßnahmen peinlich und sinngemäß einhalten und prüfen, ob die geologischen Voraussetzungen auch wirklich erfüllt sind.

(11) Die elastischen Verformungen in dreieckigen Staumauerblöcken. Die Grundbeziehungen für die elastischen Verformungen in scheibenartigen Körpern sind bereits unter (2) [Gl. (7) und (8)] aufgestellt worden. In Anwendung auf den dreieckigen Staumauerquerschnitt mit lotrechter Wasserseite [Gl. (16) bzw. (18)] ergibt sich:

$$u = \bar{u}(z) - \frac{x}{E}\left[\frac{x\gamma}{2\lambda}\left(1-\frac{\nu}{\lambda^2}\right) + \left(H - z - \frac{x}{2\lambda}\right)\left[(1-\beta)\gamma + \nu\left(\frac{\gamma}{\lambda^2} - \gamma_b'\right)\right]\right]$$

$$w = w(x) + \frac{z}{E}\left[\frac{x\gamma}{\lambda}\left(\nu - \frac{1}{\lambda^2}\right) + \left(H - \frac{z}{2} - \frac{x}{\lambda}\right)\left[(1-\beta)\gamma\nu + \left(\frac{\gamma}{\lambda^2} - \gamma_b'\right)\right]\right]$$

$$\frac{d\bar{u}}{dz} + \frac{d\bar{w}}{dx} = -\frac{x}{E}\left[\left(1-\beta-\frac{2}{\lambda^2}\right)\gamma - \nu\left(\frac{\gamma}{\lambda^2} + \gamma_b'\right)\right] - \frac{z}{E\lambda}\left[\beta\gamma\nu - \left(\frac{2\gamma}{\lambda^2} - \gamma_b'\right)\right].$$

Die letzte Gleichung spaltet sich in die folgenden:

$$\frac{d\bar{u}}{dz} = -\frac{z}{E\lambda}\left[\beta\gamma\nu - \left(\frac{2\gamma}{\lambda^2} - \gamma_b'\right)\right]; \quad \frac{dw}{dx} = -\frac{x}{E}\left[\left(1-\beta-\frac{2}{\lambda^2}\right)\gamma - \nu\left(\frac{\gamma}{\lambda^2} + \gamma_b'\right)\right].$$

Ihre Integration liefert:

$$\bar{u} = a + cz - \frac{z^2}{2E\lambda}\left(\gamma\beta\nu - \frac{2\gamma}{\lambda^2} + \gamma_b'\right);$$

$$\bar{w} = b - cx - \frac{x^2}{2E}\left[(1-\beta)\gamma - \frac{\gamma}{\lambda^2}(2+\nu) - \nu\gamma_b'\right].$$

Werden $\bar{u}$ und $\bar{w}$ in die beiden Ausgangsgleichungen eingeführt, so ergibt sich nach geeigneter Zusammenfassung:

$$\left.\begin{aligned} u &= a + cz - \frac{x}{E}\left[\frac{x\gamma}{\lambda}\left(1-\frac{\nu}{\lambda^2}\right) + \left(H - z - \frac{x}{2\lambda}\right)\left[(1-\beta)\gamma + \nu\left(\frac{\gamma}{\lambda^2} - \gamma_b'\right)\right]\right] - \\ &\quad - \frac{z^2}{2E\lambda}\left(\beta\gamma\nu - \frac{2\gamma}{\lambda^2} + \gamma_b'\right) \\ w &= b - cx + \frac{z}{E}\left[\frac{x\gamma}{\lambda}\left(\nu - \frac{1}{\lambda^2}\right) + \left(H - \frac{z}{2} - \frac{x}{\lambda}\right)\left[(1-\beta)\gamma\nu + \left(\frac{\gamma}{\lambda^2} - \gamma_b'\right)\right]\right] - \\ &\quad - \frac{x^2}{2E}\left[(1-\beta)\gamma - \frac{\gamma}{\lambda^2}(2+\nu) - \nu\gamma_b'\right] \end{aligned}\right\} \quad (51)$$

Die Gl. (51) enthalten entsprechend den drei Bewegungsfreiheiten der Ebene drei willkürliche Festwerte a, b, c.

Wird $\gamma = 0$ und $\gamma_b' = \gamma_b$ gesetzt, so folgen die Formeln für leeres Becken:

$$\left.\begin{aligned} u' &= a' + c'z + \frac{x}{E}\left(H - z - \frac{x}{2\lambda}\right)\nu\gamma_b - \frac{z^2\gamma_b}{2E\lambda} \\ w' &= b' - c'x - \frac{z}{E}\left(H - \frac{z}{2} - \frac{x}{\lambda}\right)\gamma_b + \frac{x^2\nu\gamma_b}{2E} \end{aligned}\right\} \text{(leeres Becken)}. \quad (52)$$

Wählt man die Verbindungslinie des wasser- und luftseitigen Fußpunktes als Bezugsgerade und hält man den letzteren fest, so ist das gleichbedeutend mit den Bedingungsgleichungen:

$$u = 0,\ w = 0 \text{ für } x = \lambda H \text{ und } z = 0;\ w = 0 \text{ für } x = 0 \text{ und } z = 0.$$

Bei einer solchen Verfügung über die drei Bewegungsfreiheiten der Ebene folgt für die willkürlichen Konstanten:

$$\left.\begin{aligned} a &= \frac{\lambda H^2}{2E}\left[\left(3 - \beta - \frac{\nu}{\lambda^2}\right)\gamma - \nu\gamma_b'\right]; \\ b &= 0;\quad c = -\frac{\lambda H}{2E}\left[(1-\beta)\gamma - \frac{\gamma}{\lambda^2}(2+\nu) - \nu\gamma_b'\right] \end{aligned}\right\} \quad (53)$$

Wird wieder $\gamma = 0$ und $\gamma_b' = \gamma_b$ gesetzt, so folgt für leeres Becken:

$$a' = -\frac{\lambda H^2\nu\gamma_b}{2E};\quad b' = 0;\quad c' = +\frac{\lambda H\nu\gamma_b}{2E} \quad \text{(leeres Becken)}. \quad (54)$$

Für die Wasserseite ($x = 0$) und Gründungsfuge ($z = 0$) folgen noch die Sonderformeln:

$$\left.\begin{aligned} u &= a + cz - \frac{z^2}{2E\lambda}\left(\beta\gamma\nu - \frac{2\gamma}{\lambda^2} + \gamma_b'\right);\quad w = \frac{z}{E}\left(H - \frac{1}{2}z\right)\left[(1-\beta)\gamma\nu + \frac{\gamma}{\lambda^2} - \gamma_b'\right] \\ u' &= a' + c'z - \frac{z^2\gamma_b}{2E\lambda};\qquad w' = -\frac{z\gamma_b}{E}\left(H - \frac{1}{2}z\right) \\ &\qquad\qquad \text{(Wasserseite } x = 0\text{)} \end{aligned}\right\} \quad (54)$$

$$\left.\begin{aligned} u &= a - \frac{x}{E}\left[\frac{x\gamma}{\lambda}\left(1 - \frac{\nu}{\lambda^2}\right) + \left(H - \frac{x}{2\lambda}\right)\left[(1-\beta)\gamma + \nu\left(\frac{\gamma}{\lambda^2} - \gamma_b'\right)\right]\right] \\ w &= \frac{x(\lambda H - x)}{2E}\left[(1-\beta)\gamma - \frac{\gamma}{\lambda^2}(2+\nu) - \nu\gamma_b'\right] \\ u' &= a' + \frac{x}{E}\left(H - \frac{x}{2\lambda}\right)\nu\gamma_b;\quad w' = -\frac{x(\lambda H - x)}{2E}\nu\gamma_b \end{aligned}\right\} \begin{matrix}\text{(Gründungs-}\\ \text{fläche } z = 0\text{)}\end{matrix} \quad (55)$$

Um ein Zahlenbeispiel anzuschließen, sei gesetzt:

$H = 60$ m; $\lambda = 0{,}73$; $\gamma_b = 2{,}3$ t/m³; $\beta = 0{,}60$; $\alpha\beta = 0{,}50$; $\gamma = 1$ t/m³; $\gamma_b' = 1{,}8$ t/m³;
$E = 2000000$ t/m².

Damit errechnet sich:

$$\begin{array}{lll}
\text{Becken gefüllt:} & u = 1{,}17 + 0{,}0435\,z + 0{,}000637\,z^2 & \multirow{2}{*}{$(x=0)$} \\
(x, z \text{ in m}, & w = 0{,}00450\,z - 0{,}0000375\,z^2 & \\
u, w \text{ in mm)} & u = 1{,}17 - 0{,}0123\,x - 0{,}000323\,x^2 & \multirow{2}{*}{$(z=0)$} \\
 & w = -0{,}0435\,x + 0{,}00099\,x^2 & \\
\text{Becken leer:} & u' = -0{,}252 + 0{,}00420\,z - 0{,}000790\,z^2 & \multirow{2}{*}{$(x=0)$} \\
(x, z \text{ in m}, & w' = -0{,}0690\,z + 0{,}000575\,z^2 & \\
u, w \text{ in mm)} & u' = -0{,}252 + 0{,}0115\,x - 0{,}000132\,x^2 & \multirow{2}{*}{$(z=0)$} \\
 & w' = -0{,}00420\,x + 0{,}000096\,x^2. &
\end{array}$$

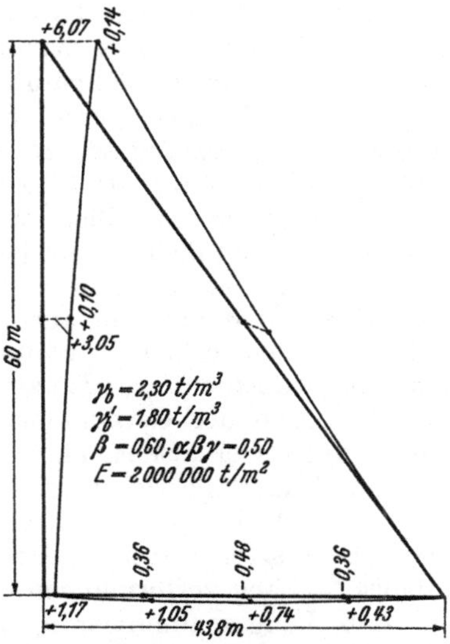

Abb. 626. Staubecken gefüllt (Verschiebungen in mm).

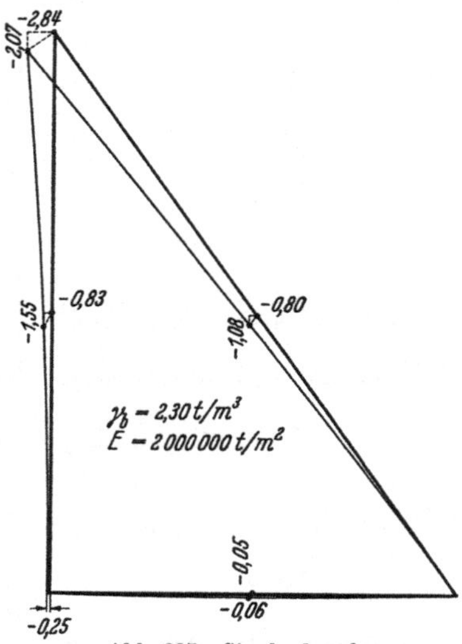

Abb. 627. Staubecken leer (Verschiebungen in mm).

In den Abb. 626 und 627 sind die Verformungen in verzerrtem Maßstabe aufgetragen worden.

15. Der Einfluß der Baugrundverformung auf den Spannungsverlauf.

(1) Elastizitätstheoretische Grundlagen der Baugrundverformung. Für die Betrachtungen des vorigen Abschnittes wurde stillschweigend vorausgesetzt, daß sich der Dreiecksquerschnitt in der Tiefenrichtung beliebig weit fortsetzt, denn nur unter dieser Annahme können die Randbedingungen längs der Gründungsfläche unberücksichtigt gelassen werden. In Wirklichkeit stoßen hier zwei Bereiche von grundsätzlich verschiedenem Verhalten zusammen, nämlich derjenige der Staumauer, in dem die Kräfte straff zusammengefaßt sind und derjenige des unendlich ausgedehnten Halbraumes, in dem sich die Belastung nach allen Richtungen ausbreiten kann.

Wenn hier der Gründungsfelsen mit in den Kreis der Betrachtungen gezogen wird, so kann es sich selbstverständlich nur um eine rohe Abschätzung handeln, denn jedes Felsgestein ist von Klüften durchzogen, die Störungen in der Kraftübertragung hervorrufen müssen. Derartige Abschätzungen reichen aber auch vollständig aus, denn es kommt ja weniger auf die tatsächliche Spannungsverteilung als vielmehr auf einen allgemeinen Überblick über den Einfluß der Gesteinsgüte an. Daß dieser beträchtlich sein muß, folgt schon daraus, daß je nach der Art des Gründungsfelsens Schwankungen des Baugrund-Elastizitätsmoduls zwischen 50000 und 500000 kg/cm² auftreten können.

Da sich in der unendlich ausgedehnten Halbebene die Belastung nach allen Richtungen ausbreiten kann, nehmen die Spannungen mit wachsender Entfernung schnell ab. Für die Baugrundverformung sind daher in erster Linie die Gesteinszonen im Bereich der Gründungsfläche maßgebend, deren elastische Eigenschaften durch die geotechnische Voruntersuchung als bekannt angesehen werden können. Während der Elastizitätsmodul E_f, wie bereits erwähnt, beträchtlichen Schwankungen unterliegt, kann für die Querzusammenziehung ν der nahezu gleichbleibende Wert von $^1/_4$ zugrunde gelegt werden.

In Talmitte, wo die Spannungen am größten und die Höhenunterschiede zwischen den einzelnen Staumauerblöcken gering sind, entsteht in dem für die Verformung maßgebenden Baugrundbereiche eine nahezu ebene Kraftausbreitung quer zur Mauer. Denkt man sich daher die Fugenflächen eines planparallelen oder strahligen Mauerblockes durch Fortführung ins Felsinnere verlängert, so entsteht ein planparalleler oder strahliger in Quer- und Tiefenrichtung unendlich ausgedehnter Felsblock, der ähnlich wie derjenige der darüberliegenden Gewichtsmauer einen zweidimensionalen Spannungszustand erfahren wird. Zwischen beiden Spannungszuständen besteht jedoch ein grundsätzlicher Unterschied. Während der Gewichtsmauerblock in den Fugen frei atmen kann und infolgedessen in Mauerlängsrichtung, d. h. senkrecht zur x, z-Ebene spannungsfrei ist, sind in dem herausgeschnitten gedachten „Baugrundblock" Längsverformungen unmöglich, so daß Längsspannungen σ_y auftreten müssen. In der Elastizitätstheorie spricht man im ersteren Falle von „ebenen Spannungszuständen", im letzteren von „ebenen Formänderungszuständen".

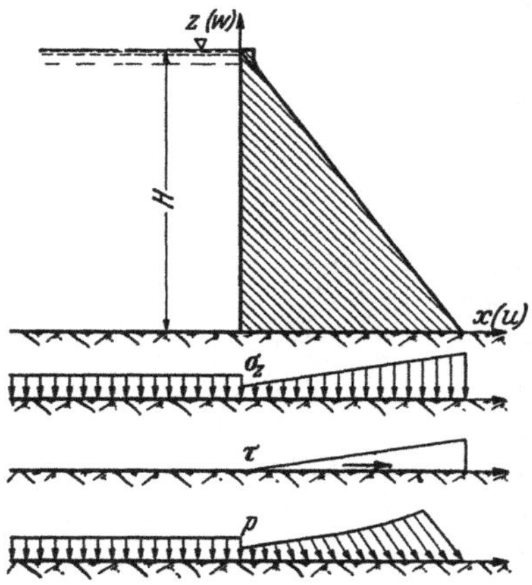

Abb. 628.

Die Gleichgewichtsbedingungen (1) sind in beiden Fällen die gleichen; sie nehmen, da Massenkräfte in den vorliegenden Sonderbetrachtungen keine Rolle spielen, die einfache Form an:

$$\frac{\partial \sigma_x}{\partial x} + \frac{\partial \tau}{\partial z} = 0; \quad \frac{\partial \sigma_z}{\partial z} + \frac{\partial \tau}{\partial x} = 0. \tag{56}$$

Die Gl. (2), die das erweiterte Hookesche Gesetz darstellen, sind noch entsprechend der neu hinzutretenden Spannung σ_y zu ergänzen. Wird gleich berücksichtigt, daß die Längsdehnung ε_y verschwinden muß, so erhält man:

$$\left.\begin{aligned} \varepsilon_x &= \frac{1}{E}\left[\sigma_x - \nu\left(\sigma_y + \sigma_z\right)\right]; \quad \varepsilon_y = 0 = \frac{1}{E}\left[\sigma_y - \nu\left(\sigma_z + \sigma_x\right)\right]; \\ \varepsilon_z &= \frac{1}{E}\left[\sigma_z - \nu\left(\sigma_x + \sigma_y\right)\right]; \quad \varepsilon_{xz} = \frac{2(1+\nu)}{E}\,\tau \end{aligned}\right\} \tag{57}$$

Die Gl. (3) bleiben ungeändert bestehen:

$$\varepsilon_x = \frac{\partial u}{\partial x}; \quad \varepsilon_z = \frac{\partial w}{\partial z}; \quad \varepsilon_{xz} = \frac{\partial u}{\partial z} + \frac{\partial w}{\partial x}. \tag{58}$$

Wird (58) in (57) eingeführt, so ergibt sich durch Auflösung der Gleichungen:

$$\left.\begin{aligned} &\sigma_x = E'\left[(1-\nu)\frac{\partial u}{\partial x} + \nu\frac{\partial w}{\partial z}\right]; \quad \sigma_y = \nu E'\left(\frac{\partial u}{\partial x} + \frac{\partial w}{\partial z}\right); \quad \sigma_z = E'\left[(1-\nu)\frac{\partial w}{\partial z} + \nu\frac{\partial u}{\partial x}\right] \\ &\tau = \frac{1}{2}E'\,(1-2\nu)\left(\frac{\partial u}{\partial z} + \frac{\partial w}{\partial x}\right); \quad E' = \frac{E}{(1+\nu)(1-2\nu)} \end{aligned}\right\} \tag{59}$$

Mit dem gleichen Rechnungsgang, der zur Herleitung von (5) geführt hat, findet man:

$$\frac{\partial^2}{\partial x^2}(\sigma_x+\sigma_z)+\frac{\partial^2}{\partial z^2}(\sigma_x+\sigma_z)=\frac{1}{1-\nu}\left(\frac{\partial^2\sigma_x}{\partial x^2}+\frac{\partial^2\sigma_z}{\partial z^2}+2\frac{\partial^2\tau}{\partial x\,\partial z}\right). \tag{60}$$

Für die Verschiebungen u und w folgt in ähnlicher Weise wie früher

$$\left.\begin{aligned} u&=\bar{u}(z)+\frac{1-\nu^2}{E}\cdot\int\sigma_x\,\mathrm{d}x-\frac{\nu(1+\nu)}{E}\int\sigma_z\,\mathrm{d}x\\ w&=\bar{w}(x)+\frac{1-\nu^2}{E}\cdot\int\sigma_z\,\mathrm{d}z-\frac{\nu(1+\nu)}{E}\int\sigma_x\,\mathrm{d}z\end{aligned}\right\} \tag{61}$$

Die willkürlichen Funktionen $\bar{u}(z)$ und $\bar{w}(x)$ müssen auch hier wieder so bestimmt werden, daß die vierte der Gl. (59) identisch erfüllt ist.

Wenn man gemäß Abb. 628 die Bodendrücke und Schübe, die bei linearer Spannungsverteilung unter Einbeziehung des Sohlenwasserdruckes auf den Gründungsfelsen übertragen werden, zu schrägen Drucken p zusammensetzt und diese als eine Folge unendlich vieler Einzelbelastungen $p(\xi)\,\mathrm{d}\xi$ nach Abb. 629 auffaßt, so können die Oberflächenverformungen des Gründungsfelsens als Integral über der Belastungsfläche nach den bekannten Verfahren der Einflußlinien oder Greenschen Funktionen dargestellt werden.

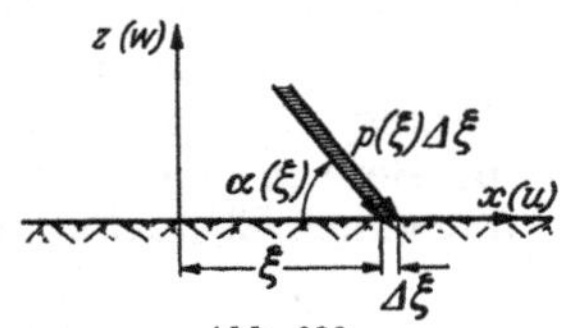

Abb. 629.

Wie schon Boussinesq gezeigt hat, erzeugt eine Elementarbelastung nach Abb. 629 an beliebiger Stelle x, z des Gründungsfelsens die folgenden Spannungskomponenten:

$$\left.\begin{aligned} \mathrm{d}\sigma_x&=\frac{2P(x-\xi)^2[z\sin\alpha-(x-\xi)\cos\alpha]\,\mathrm{d}\xi}{\pi[(x-\xi)^2+z^2]^2};\quad \mathrm{d}\sigma_z=\frac{2Pz^2[z\sin\alpha-(x-\xi)\cos\alpha]\,\mathrm{d}\xi}{\pi[(x-\xi)^2+z^2]^2};\\ \mathrm{d}\tau&=\frac{2P(x-\xi)z[z\sin\alpha-(x-\xi)\cos\alpha]\,\mathrm{d}\xi}{\pi[(x-\xi)^2+z^2]^2}\end{aligned}\right\} \tag{62}$$

Führt man (62) in (61) ein, so folgt nach Auswerten der Integrale:

$$\begin{aligned}\mathrm{d}u=\mathrm{d}\bar{u}(z)&+\frac{(1-\nu^2)p\,\mathrm{d}\xi}{E\pi}\left[\left(\operatorname{arc\,tg}\frac{x-\xi}{z}-\frac{(x-\xi)z}{(x-\xi)^2+z^2}\right)\sin\alpha-\right.\\ &\left.-\left(\ln\frac{(x-\xi)^2+z^2}{z^2}+\frac{z^2}{(x-\xi)^2+z^2}\right)\cos\alpha\right]-\\ &-\frac{\nu(1+\nu)p\,\mathrm{d}\xi}{E\pi}\left[\left(\frac{(x-\xi)z}{(x-\xi)^2+z^2}+\operatorname{arc\,tg}\frac{x-\xi}{z}\right)\sin\alpha+\frac{z^2}{(x-\xi)^2+z^2}\cos\alpha\right],\\ \mathrm{d}w=\mathrm{d}\bar{w}(x)&+\frac{(1-\nu^2)p\,\mathrm{d}\xi}{E\pi}\left[\left(\ln\frac{(x-\xi)^2+z^2}{(x-\xi)^2}+\frac{(x-\xi)^2}{(x-\xi)^2+z^2}\right)\sin\alpha-\right.\\ &\left.-\left(\operatorname{arc\,tg}\frac{z}{x-\xi}-\frac{(x-\xi)z}{(x-\xi)^2+z^2}\right)\cos\alpha\right]+\\ &+\frac{\nu(1+\nu)p\,\mathrm{d}\xi}{E\pi}\left[\frac{(x-\xi)^2}{(x-\xi)^2+z^2}\sin\alpha+\left(\frac{(x-\xi)z}{(x-\xi)^2+z^2}+\operatorname{arc\,tg}\frac{z}{x-\xi}\right)\cos\alpha\right].\end{aligned}$$

Um $\mathrm{d}\bar{u}(z)$ und $\mathrm{d}\bar{w}(x)$ zu bestimmen, muß zunächst

$$\begin{aligned}\frac{\partial(\mathrm{d}u)}{\partial z}+\frac{\partial(\mathrm{d}w)}{\partial x}=\frac{\mathrm{d}(\mathrm{d}\bar{u})}{\mathrm{d}z}+\frac{\mathrm{d}(\mathrm{d}\bar{w})}{\mathrm{d}x}&+\frac{2(1-\nu^2)p\,\mathrm{d}\xi}{E\pi}\left(\frac{1}{z}-\frac{1}{x-\xi}\right)+\\ &+\frac{4(1+\nu)p\,\mathrm{d}\xi(x-\xi)z(z\sin\alpha-(x-\xi)\cos\alpha)}{[(x-\xi)^2+z^2]^2E\pi}\end{aligned}$$

gebildet werden. Geht man hiermit in die vierte der Gl. (59) hinein, so ergibt sich bei Berücksichtigung von (62):

$$\frac{\mathrm{d}(\mathrm{d}\bar{u})}{\mathrm{d}z}+\frac{\mathrm{d}(\mathrm{d}\bar{w})}{\mathrm{d}x}=-\frac{2(1-\nu^2)p\,\mathrm{d}\xi}{E\pi}\left(\frac{1}{z}-\frac{1}{x-\xi}\right).$$

Die allgemeine Lösung dieser in zwei Einzelgleichungen zerfallenden Differentialgleichung lautet:

$$\mathrm{d}\bar{u}=a+cz-\frac{(1-\nu^2)p\,\mathrm{d}\xi}{E\pi}\ln z^2;\quad \mathrm{d}\bar{w}=b-cx+\frac{(1-\nu^2)p\,\mathrm{d}\xi}{E\pi}\ln(x-\xi)^2.$$

Damit ergibt sich schließlich für u und w:

$$\left.\begin{aligned}
du &= a + cz + \frac{(1-\nu^2)\,p\,d\xi}{E\pi}\left[\left(\operatorname{arc\,tg}\frac{x-\xi}{z} - \frac{(x-\xi)\,z}{(x-\xi)^2+z^2}\right)\sin\alpha - \right.\\
&\quad \left. - \left(\ln\left[(x-\xi)^2+z^2\right] + \frac{z^2}{(x-\xi)^2+z^2}\right)\cos\alpha\right] - \\
&\quad - \frac{\nu(1+\nu)\,p\,d\xi}{E\pi}\left[\left(\frac{(x-\xi)\,z}{(x-\xi)^2+z^2} + \operatorname{arc\,tg}\frac{x-\xi}{z}\right)\sin\alpha + \frac{z^2}{(x-\xi)^2+z^2}\cos\alpha\right]\\
dw &= b - cx + \frac{(1-\nu^2)\,p\,d\xi}{E\pi}\left[\left(\ln\left[(x-\xi)^2+z^2\right] + \frac{(x-\xi)^2}{(x-\xi)^2+z^2}\right)\sin\alpha - \right.\\
&\quad \left. - \left(\operatorname{arc\,tg}\frac{z}{x-\xi} - \frac{(x-\xi)\,z}{(x-\xi)^2+z^2}\right)\cos\alpha\right] + \\
&\quad + \frac{\nu(1+\nu)\,p\,d\xi}{E\pi}\left[\frac{(x-\xi)^2}{(x-\xi)^2+z^2}\sin\alpha + \left(\frac{(x-\xi)\,z}{(x-\xi)^2+z^2} + \operatorname{arc\,tg}\frac{z}{x-\xi}\right)\cos\alpha\right]
\end{aligned}\right\} \quad (63)$$

In (63) muß die Bereichsabgrenzung für die arc tg-Funktionen so gewählt werden, wie es dem Verlauf der Integrale von (61) entspricht. In dem Quadranten, der durch $(x-\xi) > 0$ und $z < 0$ gekennzeichnet wird, treten z. B. nach (62) nur Druckspannungen auf, so daß $(-w)$ für $z \to 0$ und u für $(x-\xi) \to 0$ beständig zunehmen müssen. Aus diesem Verhalten der Integrale folgt, daß im Bereich des Gründungsfelsens, also für $z < 0$ die arc tg-Funktionen den folgenden Beschränkungen unterliegen:

$$-\frac{1}{2}\pi \leqq \operatorname{arc\,tg}\frac{x-\xi}{z} \leqq +\frac{1}{2}\pi; \qquad -\pi \leqq \operatorname{arc\,tg}\frac{z}{x-\xi} \leqq 0. \quad (64)$$

Für $z = 0$ ergeben sich die gesuchten Verformungen der Oberfläche. Hierbei ist zu beachten, daß z im Bereich des Gründungsfelsens stets negativ ist, so daß nach (64) für $z = 0$ folgende arc tg-Werte einzusetzen sind:

$$(x-\xi) < 0: \operatorname{arc\,tg}\frac{x-\xi}{z} = \operatorname{arc\,tg}(+\infty) = \frac{1}{2}\pi; \qquad \operatorname{arc\,tg}\frac{z}{x-\xi} = \operatorname{arc\,tg}(+0) = -\pi,$$

$$(x-\xi) > 0: \operatorname{arc\,tg}\frac{x-\xi}{z} = \operatorname{arc\,tg}(-\infty) = -\frac{1}{2}\pi; \qquad \operatorname{arc\,tg}\frac{z}{x-\xi} = \operatorname{arc\,tg}(-0) = 0.$$

Durch Heranziehung des absoluten Betrages von $(x-\xi)$ läßt sich der ganze Bereich von $(x-\xi)$ in einer Formel erfassen. Es ergibt sich:

$$\operatorname{arc\,tg}\frac{x-\xi}{z} = -\frac{1}{2}\pi\frac{x-\xi}{|x-\xi|}; \quad \operatorname{arc\,tg}\frac{z}{x-\xi} = -\frac{1}{2}\pi\left(1-\frac{x-\xi}{|x-\xi|}\right); \quad (z=0). \quad (65)$$

Damit erhält man für die Oberfläche $(z = 0)$:

$$\left.\begin{aligned}
du &= a - \frac{(1+\nu)(1-2\nu)}{2E}\,\frac{x-\xi}{|x-\xi|}\,p(\xi)\sin\alpha(\xi)\,d\xi - \frac{1-\nu^2}{\frac{1}{2}\pi E}\ln|x-\xi|\,p(\xi)\cos\alpha(\xi)\,d\xi\\
dw &= b - cx + \frac{1-\nu^2}{\frac{1}{2}\pi E}\ln|x-\xi|\,p(\xi)\sin\alpha(\xi)\,d\xi + \\
&\quad + \frac{(1+\nu)(1-2\nu)}{2E}\left(1-\frac{x-\xi}{|x-\xi|}\right)p(\xi)\sin\alpha(\xi)\,d\xi + \frac{\nu(1+\nu)}{E\pi}\,p(\xi)\sin\alpha(\xi)\,d\xi
\end{aligned}\right\} \text{(Oberfläche)}$$

Faßt man in den beiden letzten Gliedern von w die von x unabhängigen Ausdrücke mit b zu einem neuen willkürlichen Festwert zusammen, so ergibt sich

$$\left.\begin{aligned}
du &= a - \frac{(1+\nu)(1-2\nu)}{2E}\,\frac{x-\xi}{|x-\xi|}\,p(\xi)\sin\alpha(\xi)\,d\xi - \frac{1-\nu^2}{\frac{1}{2}\pi E}\ln|x-\xi|\,p(\xi)\cos\alpha(\xi)\,d\xi\\
dw &= b - cx - \frac{(1+\nu)(1-2\nu)}{2E}\,\frac{x-\xi}{|x-\xi|}\,p(\xi)\cos\alpha(\xi)\,d\xi + \\
&\quad + \frac{1-\nu^2}{\frac{1}{2}\pi E}\ln|x-\xi|\,p(\xi)\sin\alpha(\xi)\,d\xi
\end{aligned}\right\} \quad (66)$$

Durch Integration über die Laststrecke folgt aus (66) die Gesamtverformung. Läßt man den Belastungsbereich von x_u bis x_0 laufen, so ergibt sich:

$$\left.\begin{aligned} u &= a - \frac{(1+\nu)(1-2\nu)}{2E}\int\limits_{x_u}^{x_0}\frac{x-\xi}{|x-\xi|}\,p(\xi)\sin\alpha(\xi)\,d\xi - \\ &\qquad - \frac{1-\nu^2}{\frac{1}{2}\pi E}\int\limits_{x_u}^{x_0}\ln|x-\xi|\,p(\xi)\cos\alpha(\xi)\,d\xi \\ w &= b - c\,x - \frac{(1+\nu)(1-2\nu)}{2E}\int\limits_{x_u}^{x_0}\frac{x-\xi}{|x-\xi|}\,p(\xi)\cos\alpha(\xi)\,d\xi + \\ &\qquad + \frac{1-\nu^2}{\frac{1}{2}\pi E}\int\limits_{x_u}^{x_0}\ln|x-\xi|\,p(\xi)\sin\alpha(\xi)\,d\xi \end{aligned}\right\} \quad (67)$$

Beiläufig sei bemerkt, daß $p(\xi)\sin\alpha(\xi)$ die lotrechte Bodenpressung σ_z, $p(\xi)\cos\alpha(\xi)$ den Bodenschub τ darstellt.

Mit Hilfe der Gl. (67) kann die Verformung der Gründungsfläche für beliebige Belastung ermittelt werden. Die drei willkürlichen Festwerte entsprechen dabei den drei Bewegungsfreiheiten der Ebene.

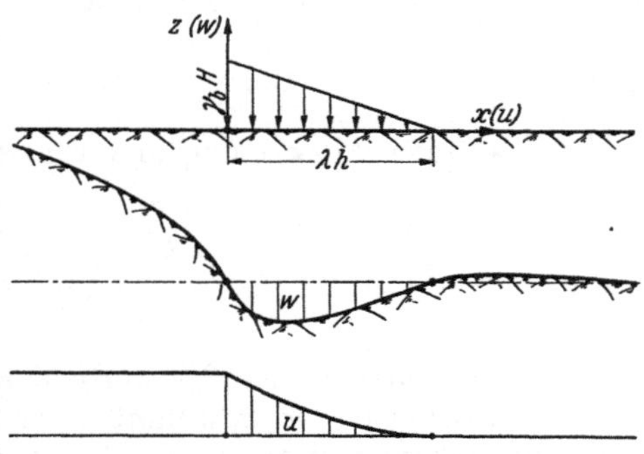

Abb. 630.

(2) Die Baugrundverformung bei linearer Verteilung von Bodendrücken und -schüben. Bei leerem Staubecken überträgt eine Staumauer mit lotrechter Wasserseite bei Vernachlässigung des meist bedeutungslosen Kronenaufsatzes eine lotrechte Dreieckslast (Abb. 630), die gemäß

$$p(\xi)\sin\alpha(\xi) = \gamma_b\left(H - \frac{\xi}{\lambda}\right); \qquad p(\xi)\cos\alpha(\xi) = 0 \quad (68)$$

in (67) einzuführen ist. Mit dem Koordinatenursprung am wasserseitigen Mauerfuß ergibt sich zunächst:

$$\left.\begin{aligned} u &= a - \frac{(1+\nu)(1-2\nu)}{2E}\int\limits_0^{\lambda H}\frac{x-\xi}{|x-\xi|}\,\gamma_b\left(H-\frac{\xi}{\lambda}\right)d\xi; \\ w &= b - c\,x + \frac{1-\nu^2}{\frac{1}{2}\pi E}\int\limits_0^{\lambda H}\ln|x-\xi|\,\gamma_b\left(H-\frac{\xi}{\lambda}\right)d\xi \end{aligned}\right\}$$

Für Punkte außerhalb des Lastbereiches ist $\frac{x-\xi}{|x-\xi|}$ entweder dauernd negativ oder dauernd positiv. Wird dies bei der Integration berücksichtigt, so folgt

$$\left.\begin{aligned} u &= a + \frac{(1+\nu)(1-2\nu)}{2E}\cdot\frac{1}{2}\gamma_b\lambda H^2 \quad \text{für} \quad x<0; \\ u &= a - \frac{(1+\nu)(1-2\nu)}{2E}\cdot\frac{1}{2}\gamma_b\lambda H^2 \quad (x>\lambda H) \end{aligned}\right\}$$

Innerhalb des Lastbereiches muß das u-Integral wegen der Unstetigkeitsstelle $\xi = x$ gemäß

$$\int_0^{\lambda H} \frac{x-\xi}{|x-\xi|} \gamma_b \left(H - \frac{\xi}{\lambda}\right) \mathrm{d}\xi = \int_0^{x} \frac{x-\xi}{|x-\xi|} \gamma_b \left(H - \frac{\xi}{\lambda}\right) \mathrm{d}\xi + \int_0^{\lambda H} \frac{x-\xi}{|x-\xi|} \gamma_b \left(H - \frac{\xi}{\lambda}\right) \mathrm{d}\xi$$

aufgespalten werden. Im ersten Teilbereich ist $\frac{x-\xi}{|x-\xi|}$ dauernd $(+1)$, im zweiten (-1). Die Integration ergibt daher

$$u = a + \frac{(1+\nu)(1-2\nu)}{2E} \gamma_b \lambda \left[\left(H - \frac{x}{\lambda}\right)^2 - \frac{1}{2} H^2\right] \quad (0 < x < \lambda H).$$

Im w-Integral tritt an der Stelle $x = \xi$ zwar ebenfalls eine Unstetigkeit auf, da $\ln 0$ unendlich groß wird, es läßt sich aber beweisen, daß über diese Unstetigkeit hinwegintegriert werden kann, solange die Druckverteilung stetig ist. Man erhält damit für w eine über den ganzen Bereich geltende Formel. Durch partielle Integration folgt zunächst allgemein

$$\int \ln|x-\xi| \gamma_b \left(H - \frac{\xi}{\lambda}\right) \mathrm{d}\xi = \gamma_b \left(H\xi - \frac{\xi^2}{2\lambda}\right) \ln|x-\xi| - \int \gamma_b \left(H\xi - \frac{\xi^2}{2\lambda}\right) \frac{-1}{x-\xi} \mathrm{d}\xi,$$

und bei weiterer Auswertung und Einsetzen der Grenzen:

$$w = b - cx + \frac{1-\nu^2}{\frac{1}{2}\pi E} \gamma_b \left[\frac{(x-\lambda H)^2}{2\lambda} \ln|x - \lambda H| + \right.$$
$$\left. + \frac{x(2\lambda H - x)}{2\lambda} \ln|x| + \frac{1}{2} x H - \frac{3}{4} \lambda H^2 \right].$$

Die drei willkürlichen Festwerte mögen ähnlich wie unter Ziffer (11) des vorigen Abschnittes so bestimmt werden, daß die Verbindungslinie des luft- und wasserseitigen Mauerfußes die Bezugsgerade für w und der luftseitige Mauerfuß der Bezugspunkt für u ist. Die entsprechenden Bedingungsgleichungen lauten:

$$u = 0 \text{ und } w = 0 \text{ für } x = \lambda H \text{ und } w = 0 \text{ für } x = 0.$$

Sie werden erfüllt durch:

$$\left.\begin{aligned} a &= + \frac{(1+\nu)(1-2\nu)}{2E} \cdot \frac{1}{2} \gamma_b \lambda H^2; \qquad b = - \frac{1-\nu^2}{\frac{1}{2}\pi E} \cdot \frac{1}{2} \gamma_b \lambda H^2 \left(\ln|\lambda H| - \frac{3}{2}\right); \\ c &= - \frac{1-\nu^2}{\frac{1}{2}\pi E} \cdot \frac{1}{2} \gamma_b \lambda H \end{aligned}\right\}$$

Damit gehen die Gleichungen für u und w über in:

$$\left.\begin{aligned} u &= + \frac{(1+\nu)(1-2\nu)}{2E} \gamma_b \lambda H^2 \quad \text{für} \quad x < 0; \\ u &= + \frac{(1+\nu)(1-2\nu)}{2E} \gamma_b \lambda \left(H - \frac{x}{\lambda}\right)^2 \quad (\text{für } 0 < x < \lambda H) \\ u &= 0 \quad (\text{für } x > \lambda h) \end{aligned}\right| \begin{array}{l}\text{(leeres Stau-} \\ \text{becken);}\end{array} \qquad (69)$$

$$w = + \frac{1-\nu^2}{\lambda \pi E} \gamma_b \left[(\lambda H - x)^2 \ln|\lambda H - x| + x(2\lambda H - x) \ln|x| - \lambda^2 H^2 \ln H\right]$$
$$(\text{für } -\infty \leqq x \leqq +\infty).$$

Die Gleichung für w läßt sich noch etwas einfacher schreiben, wenn man beachtet, daß

$$\ln|\lambda H - x| = \ln|\lambda H| \cdot \left|1 - \frac{x}{\lambda H}\right| = \ln|\lambda H| + \ln\left|1 - \frac{x}{\lambda H}\right|$$
$$\ln|x| = \ln|\lambda H| \cdot \left|\frac{x}{\lambda H}\right| = \ln|\lambda H| + \ln\left|\frac{x}{\lambda H}\right|$$

ist. Damit ergibt sich:

$$\left.\begin{aligned} w = \frac{1-\nu^2}{\pi E}\gamma_b \lambda H^2 \Bigg[\left(1-\frac{x}{\lambda H}\right)^2 \ln\left|1-\frac{x}{\lambda H}\right| + \\ + \frac{x}{\lambda H}\left(2-\frac{x}{\lambda H}\right)\ln\left|\frac{x}{\lambda H}\right|\Bigg] = \frac{1-\nu^2}{\pi E}\gamma_b \lambda H^2 f_{[x/\lambda H]}\,. \end{aligned}\right\} \quad (69')$$

Die Funktion f kann im Lastbereich, d. h. unter der Staumauer aus der nachfolgenden Tabelle abgelesen werden:

$\frac{x}{\lambda H}$	0,000	0,125	0,250	0,375	0,500	0,625	0,750	0,875	1,000
f	0,000	—0,589	—0,769	—0,781	—0,693	—0,542	—0,357	—0,196	0,000

Beiläufig sei noch bemerkt, daß w mit wachsender Entfernung vom Lastbereich unendlich groß wird. Dieses eigenartige Verhalten rührt daher, daß die Annahme

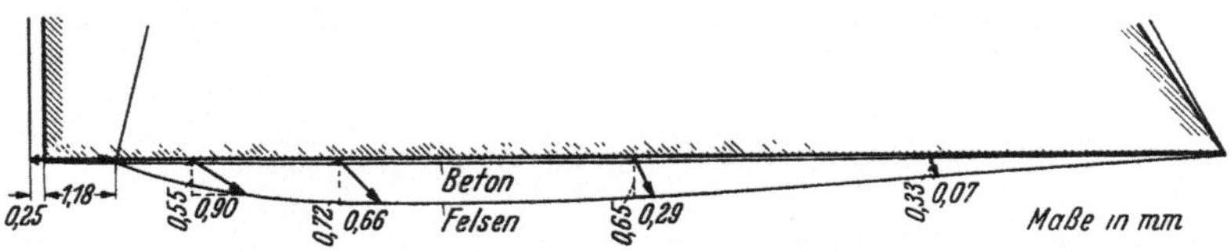

Abb. 631. Gegenüberstellung der Verformungen von Felsen und Beton bei gleichem Elastizitätsmodul. Staubecken leer. $H = 60$ m. $\gamma_b = 2{,}3$ t/m³.

eines ebenen Verformungszustandes als Grundlage der vorliegenden Betrachtungen eine unendliche Ausdehnung der Belastung in Mauerlängsrichtung in sich schließt. Da die hier allein interessierende Verformung im Bereiche der Gründungsfläche durch fernab liegende Belastungen so gut wie gar nicht beeinflußt wird, fällt dem Unendlichwerden von w im Unendlichen keinerlei praktische Bedeutung zu. Man muß sich bei etwaiger Auftragung immer vor Augen halten, daß eine richtige Wiedergabe der Verformungen nur im Bereich der Gründungsfläche und ihrer näheren Umgebung erwartet werden kann.

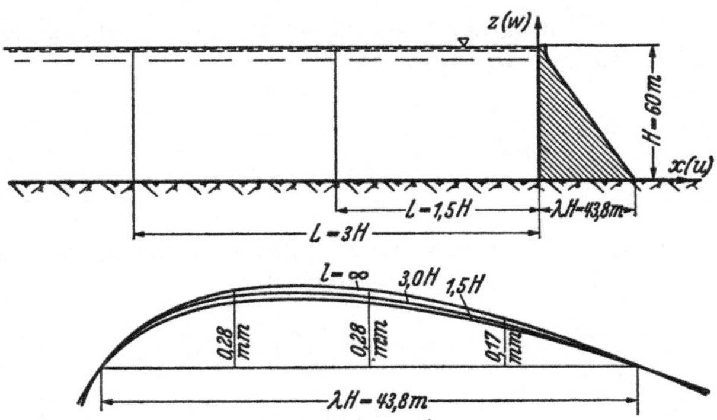

Abb. 632. Aufbiegung des Gründungsfelsens durch den Staubeckendruck in Abhängigkeit von der Beckenlänge L.

In Abb. 631 sind die relativen Verformungen des Gründungsfelsens, wie sie aus (69) und (69′) folgen, aufgetragen worden. Trägt man diese mit denjenigen des Mauerdreiecks von Abb. 627 unter Zugrundelegung gleicher Elastizitätskonstanten ($E = 2000000$ t/m², $\nu = 1/6$) auf, so ergeben sich die aus Abb. 631 ersichtlichen Abweichungen. Während sich die Dreiecksunterkante kaum durchbiegt und nur eine geringe Verlängerung erfährt, wird der Felsen, besonders nach der Wasserseite zu, stark verbogen und in waagerechter Richtung kräftig zusammengedrückt. Da bei der innigen Verspannung von Staumauer und Felsen Relativbewegungen zwischen beiden undenkbar sind, muß die Gleichheit der Verformungen von Beton und Felsen durch zusätzliche Kraftwirkungen erzwungen werden. Hierdurch wird die dreieckige Verteilung der Bodenpressungen nach Richtung und Größe geändert werden. Insbesondere werden gegenseitige Schubkräfte zu erwarten sein, durch die die Mauer zusammengepreßt und der Felsen gereckt wird. Die dadurch in den unteren Mauerteilen hervorgerufenen Druckspannungen sind statisch sehr erwünscht, denn sie stellen eine zusätzliche Sicherung gegen das Auftreten von Längsrissen dar, solange das Staubecken noch nicht gefüllt ist.

Wir kommen nun zu den Baugrundverformungen aus dem Druck, den das Staubeckenwasser auf den Beckengrund ausübt. Um die Rechnung zu erleichtern, sei die auf der ungünstigen Seite liegende Annahme gemacht, daß die Beckensohle eben sei und die Länge L besitze (Abb. 632): Die entsprechende Belastung lautet:

$$p(\xi)\sin\alpha(\xi)=\gamma H \text{ für } -1\leqq\xi\leqq 0;\quad p(\xi)\cos\alpha(\xi)=0.$$

Wird die Untersuchung auf den Staumauerbereich, d. h. auf $0\leqq x\leqq\lambda H$ beschränkt, so ist $\frac{x-\xi}{|x-\xi|}$ stets positiv und 1, so daß die allgemeinen Gl. (67) in

$$u=a-\frac{(1+\nu)(1-2\nu)}{2E}\int\limits_{-L}^{0}\gamma H\,\mathrm{d}\,\xi;\quad w=b-c\,x+\frac{1-\nu^2}{\frac{1}{2}\pi E}\int\limits_{-L}^{0}\gamma H\ln|x-\xi|\,\mathrm{d}\,\xi$$

übergehen. Nach Ausführung der Integrationen ergibt sich:

$$u=a-\frac{(1+\nu)(1-2\nu)}{2E}\gamma H L;$$

$$w=b-c\,x+\frac{1-\nu^2}{\frac{1}{2}\pi E}\left[(x+L)\ln|x+L|-x\ln|x|-L\right]\gamma H.$$

Werden die gleichen Bezugskoordinaten wie bisher gewählt, so folgt wieder:

$$u=0 \text{ und } w=0 \text{ für } x=\lambda H \text{ und } w=0 \text{ für } x=0.$$

Nach Auflösung der entsprechenden Bedingungsgleichungen für die drei willkürlichen Festwerte ergibt sich:

$$u=0;\; w=\frac{1-\nu^2}{\frac{1}{2}\pi E}\gamma H\Big[(x+L)\ln|x+L|-\frac{x(\lambda H+L)}{\lambda H}\ln|\lambda H+L|-$$
$$-x\ln|x|+x\ln|\lambda H|-l\left(1-\frac{x}{\lambda H}\right)\ln|L|\Big].$$

Werden die Logarithmen in ähnlicher Weise aufgespalten, wie bei Herleitung von (69'), so folgt schließlich:

$$\left.\begin{aligned} w=\frac{1-\nu^2}{\frac{1}{2}\pi E}\gamma h\Big[(x+L)\ln\left|\frac{x+L}{\lambda H}\right|-x\ln\left|\frac{x}{\lambda H}\right|-\frac{x(\lambda H+L)}{\lambda H}\ln\left|\frac{\lambda H+L}{\lambda H}\right|-\\ -\frac{L(\lambda H-x)}{\lambda H}\ln\left|\frac{L}{\lambda H}\right|\Big]\end{aligned}\right\}\quad(70)$$

Läßt man $L\to\infty$ gehen, so ergibt sich der Grenzfall des unendlich ausgedehnten Staubeckens, für den die Logarithmen des ersten, dritten und vierten Summanden den gemeinsamen Wert $\ln|L/\lambda h|$ annehmen. Bei entsprechender Zusammenfassung erhält man

$$w=-\frac{1-\nu^2}{\frac{1}{2}\pi E}\gamma H x\ln\left|\frac{x}{\lambda H}\right| \quad \text{(unendlich langes Becken)}. \qquad (71)$$

In Abb. 632 sind für den Bereich der Gründungsfläche die Aufbiegungen durch den Staubeckendruck für $L=1{,}5\,h$, $L=3{,}0\,h$ und $L=\infty$ aufgetragen worden. Die Unterschiede gegenüber dem Grenzwert für unendlich langes Becken sind so gering, daß die einfache Formel (71) in allen praktisch vorkommenden Fällen zur Anwendung kommen kann.

Die Baugrundbelastung bei gefülltem Staubecken kann in die bereits erledigte Belastung aus dem Staubeckendruck und in die der eigentlichen Gründungsfläche (Abb. 628) zerlegt werden. Nach den Darlegungen unter (10) des vorigen

Abschnittes wird der Dreiecksquerschnitt so bemessen, daß unter Berücksichtigung des zu erwartenden Sohlenwasserdruckes an der Wasserseite gerade noch kein Zug auftritt. Bei lotrechter Wasserseite ist diese Forderung gleichbedeutend mit den Randpressungen

$$\sigma_w = m H, \quad \sigma_l = \gamma_b' H = (\gamma_b - m\gamma) H .$$

Die zugehörige Baugrundbelastung lautet

$$p(\xi) \sin\alpha(\xi) = \alpha\beta\gamma\left(H - \frac{\xi}{\lambda}\right) + \gamma_b' \frac{\xi}{\lambda}. \tag{72}$$

Bei dreieckiger Schubspannungsverteilung folgt ferner

$$p(\xi) \cos\alpha(\xi) = \frac{\gamma\xi}{\lambda^2}. \tag{73}$$

Führt man (72) und (73) in die allgemeinen Gln. (67) ein, so ergibt sich bei gleichzeitiger Überlagerung der durch (71) gegebenen Verschiebungen aus dem Staubeckendruck für $0 \leqq x \leqq \lambda H$

$$\left.\begin{aligned} u &= \frac{(1+\nu)(1-2\nu)}{2E}\lambda H^2\left[m\left(1-\frac{x}{\lambda H}\right)^2 + \gamma_b'\left(1-\frac{x^2}{\lambda^2 H^2}\right)\right] - \frac{1-\nu^2}{\pi E}\gamma H^2 f_{[1-x/\lambda H]} \\ w &= -\frac{1-\nu^2}{\frac{1}{2}\pi E}\gamma H x \ln\left|\frac{x}{\lambda H}\right| + \frac{1-\nu^2}{\pi E}\lambda H^2\left[m f_{[x/\lambda H]} + \gamma_b' f_{[1-x/\lambda H]}\right] + \\ &\qquad + \frac{(1+\nu)(1-2\nu)}{2E}\gamma H^2 \frac{x}{\lambda H}\left(1-\frac{x}{\lambda H}\right) \\ &\qquad \text{(gefülltes Staubecken)}. \end{aligned}\right\} \tag{74}$$

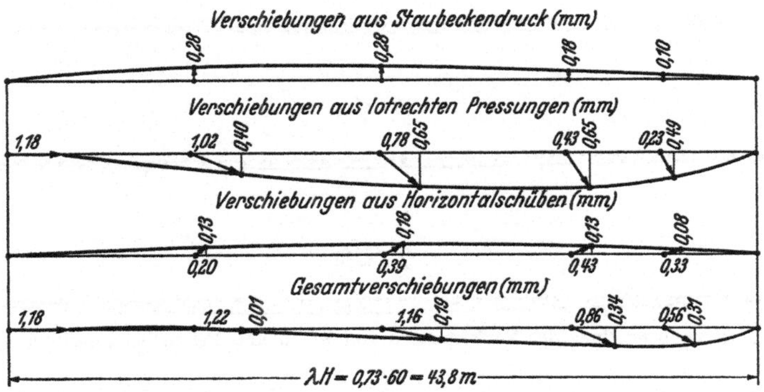

Abb. 633. Verformung der Felsoberfläche bei gefülltem Becken.

In (74) fällt der Funktion f die bei Gl. (69') eingeführte Bedeutung zu; sie kann aus der oben gegebenen Tabelle unmittelbar abgelesen werden.

Um ein Zahlenbeispiel anzufügen, sei gesetzt: $\gamma_b = 2{,}3$ t/m³, $m = 0{,}42$, $\nu = 1/6$, $\gamma = 1$ t/m³, $E = 2000000$ t/m². Damit folgt aus (48) $\lambda = 0{,}73$. Die sich bei einer Mauer- und Stauhöhe von 60 m errechnenden Verschiebungen (in mm) sind in Abb. 633 aufgetragen worden. Aus den Verformungen der Einzelwirkungen erkennt man, daß nur die lotrechte Belastung des Gründungsfelsens eine Gesamtlängenänderung in der Breitenrichtung hervorruft. Ferner zeigt sich, daß die lotrechten Verschiebungen durch Staubeckendruck und Horizontalschübe verringert werden.

In Abb. 634 ist die Verformung des Gründungsfelsens derjenigen der Betonmauer (Abb. 626) gegenübergestellt worden, und zwar für verschiedene Elastizitätsmoduli E_f des Felsmaterials in Richtung zunehmender Härte. Legt man ein E_b von 2000000 t/m² zugrunde, so entspricht die erste Kurve einem weichen Schichtgestein mit $E_f = 500000$ t/m², während man die letzte einem harten Eruptivgestein mit $E_f = 5000000$ t/m² zuordnen kann.

Die Gegenüberstellung der Verformungen zeigt auch hier, daß die allgemeine lineare Spannungsverteilung in der Nähe des Gründungsfelsens auch nicht mehr angenähert vorhanden sein kann. Die Zusatzkräfte werden je nach der Felsbeschaffenheit die Spannungsverteilung bald günstig, bald ungünstig beeinflussen. Bei weichem Felsen sind z. B. in der Gründungsfläche Scherkräfte zu erwarten, die von den Rändern nach innen zeigen, d. h. die Mauer zusammenpressen, während es bei hartem Felsen gerade umgekehrt ist.

(3) Ausgleich der Relativverschiebungen durch Überlagerung von Eigenspannungszuständen. Die längs der Gründungsfläche bisher zugrunde gelegte lineare Verteilung von Bodenpressungen und -schüben kann im Sinne der

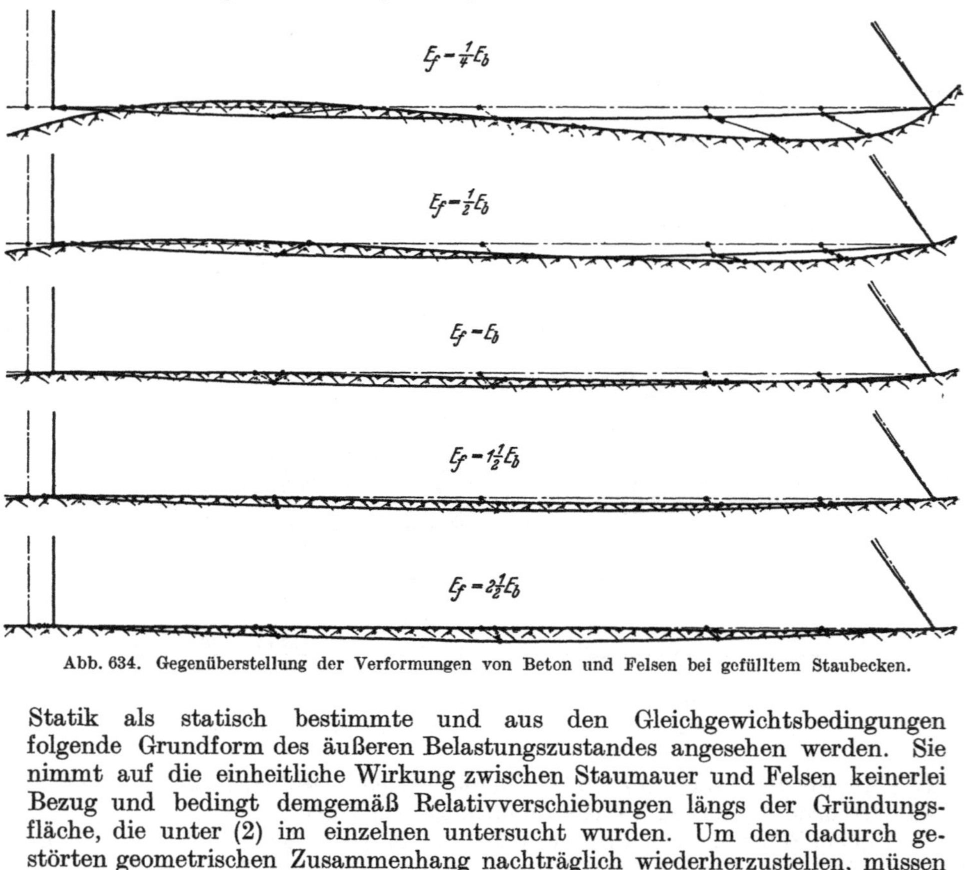

Abb. 634. Gegenüberstellung der Verformungen von Beton und Felsen bei gefülltem Staubecken.

Statik als statisch bestimmte und aus den Gleichgewichtsbedingungen folgende Grundform des äußeren Belastungszustandes angesehen werden. Sie nimmt auf die einheitliche Wirkung zwischen Staumauer und Felsen keinerlei Bezug und bedingt demgemäß Relativverschiebungen längs der Gründungsfläche, die unter (2) im einzelnen untersucht wurden. Um den dadurch gestörten geometrischen Zusammenhang nachträglich wiederherzustellen, müssen zusätzliche, den statisch Unbestimmten der Statik entsprechende Spannungszustände überlagert werden. Da den Gleichgewichtsbedingungen bereits in vollem Umfange durch den Grundzustand Genüge geleistet ist, können die zusätzlichen Spannungszustände nur noch solche gegenseitige Kraftwirkungen zwischen Mauer und Felsen hervorrufen, die an jedem Teile für sich im Gleichgewicht sind. Derartige Zustände werden als „Eigenspannungs- oder Selbstspannungszustände“ bezeichnet.

Für die Selbstspannungszustände sind die Massenkräfte bedeutungslos; die Gl. (1) nehmen damit die vereinfachte Form an:

$$\frac{\partial \sigma_x}{\partial x} + \frac{\partial \tau}{\partial z} = 0; \qquad \frac{\partial \sigma_z}{\partial z} + \frac{\partial \tau}{\partial x} = 0. \tag{75}$$

Wird die erste Gleichung nach x, die zweite nach z differenziert, so ergibt die

Addition der so gebildeten Gleichungen:

$$\frac{\partial^2 \sigma_x}{\partial x^2} + \frac{\partial^2 \sigma_z}{\partial z^2} + 2\frac{\partial^2 \tau}{\partial x \, \partial z} = 0. \qquad (76)$$

Wird (98) in (5) eingeführt, so zieht sich (5) zusammen auf

$$\frac{\partial^2}{\partial x^2}(\sigma_x + \sigma_z) + \frac{\partial^2}{\partial z^2}(\sigma_x + \sigma_z) = 0. \qquad (77)$$

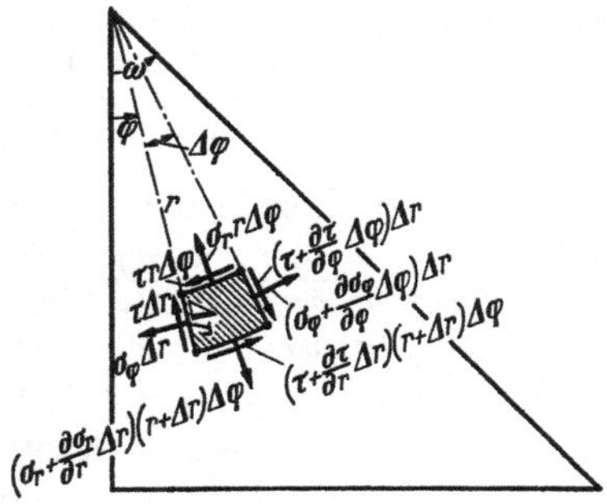

Abb. 635.

Die Gleichgewichtsbedingungen (75) lassen sich durch die sog. Airysche Spannungsfunktion F (x, z) befriedigen, die in folgender Weise mit den Spannungskomponenten verbunden ist:

$$\sigma_x = \frac{\partial^2 F}{\partial z^2}; \quad \sigma_z = \frac{\partial^2 F}{\partial x^2}; \quad \tau = -\frac{\partial^2 F}{\partial x \, \partial z}. \qquad (78)$$

Wird (78) in (77) eingeführt, so erhält man für F die Differentialgleichung

$$\frac{\partial^4 F}{\partial x^4} + 2\frac{\partial^4 F}{\partial x^2 \, \partial z^2} + \frac{\partial^4 F}{\partial z^4} = 0. \qquad (79)$$

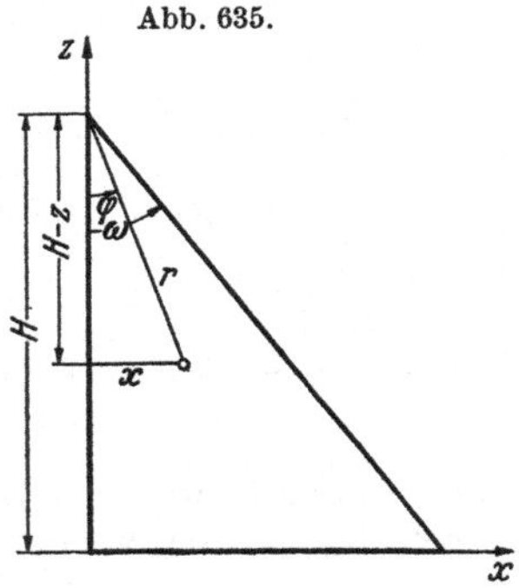

Abb. 636.

Es erweist sich für spätere Betrachtungen als vorteilhaft, Polarkoordinaten r, φ einzuführen (Abb. 635). Denkt man sich durch zwei benachbarte konzentrische Kreise und zwei benachbarte Radialstrahlen ein Mauerelement herausgeschnitten und die in den Schnittflächen wirkenden Spannungen zu Resultierenden zusammengefaßt (Abb. 635), so ergeben sich, wenn man nach vorheriger Teilung durch $\Delta r \, \Delta\varphi$ mit Δr und $\Delta\varphi$ gegen Null geht, die Gleichgewichtsbedingungen in der r- und φ-Richtung:

$$\frac{\partial \sigma_r}{\partial r} + \frac{\sigma_r}{r} - \frac{\sigma_\varphi}{r} + \frac{1}{r}\frac{\partial \tau}{\partial \varphi} = 0; \quad \frac{1}{r}\frac{\partial \sigma_\varphi}{\partial \varphi} + \frac{2\tau}{r} + \frac{\partial \tau}{\partial r} = 0. \qquad (80)$$

Die Airysche Spannungsfunktion F (r, φ) ist jetzt in folgender Weise mit den Spannungskomponenten verbunden:

$$\left.\begin{aligned} \sigma_\varphi &= \frac{\partial^2 F}{\partial r^2}; \quad \sigma_r = \frac{1}{r^2}\frac{\partial^2 F}{\partial \varphi^2} + \frac{1}{r}\frac{\partial F}{\partial r}; \\ \tau &= -\frac{1}{r}\frac{\partial^2 F}{\partial \varphi \, \partial r} + \frac{1}{r^2}\frac{\partial F}{\partial \varphi}. \end{aligned}\right\} \qquad (81)$$

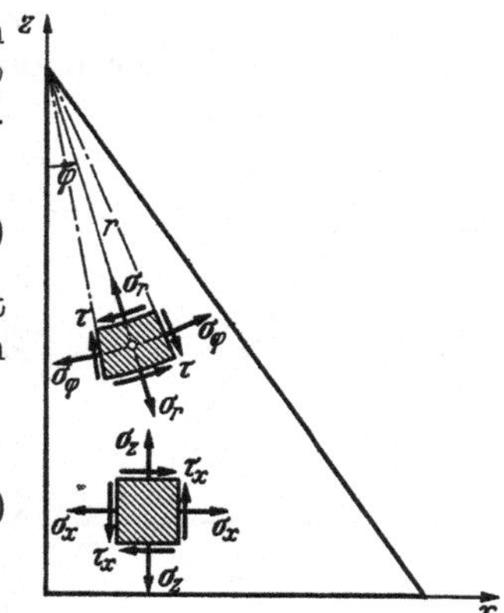

Abb. 637.

Zwischen den oben benutzten rechtwinkligen Koordinaten und den Polarkoordinaten bestehen nach Abb. 636 die Beziehungen

$$x = r \sin\varphi; \quad z = H - r\cos\varphi. \qquad (82)$$

Die Spannungskomponenten in rechtwinkligen Koordinaten lassen sich mit Hilfe der Gl. (9) leicht auf Polarkoordinaten umschreiben (Abb. 637, 638). Man erhält:

$$\left.\begin{aligned} \sigma_x &= \sigma_r \sin^2\varphi + \sigma_\varphi \cos^2\varphi + 2\tau \sin\varphi\cos\varphi, \\ \sigma_z &= \sigma_r \cos^2\varphi + \sigma_\varphi \sin^2\varphi - 2\tau \sin\varphi\cos\varphi, \\ \tau_x &= (\sigma_\varphi - \sigma_r)\sin\varphi\cos\varphi + \tau(\sin^2\varphi - \cos^2\varphi) \end{aligned}\right\} \qquad (83)$$

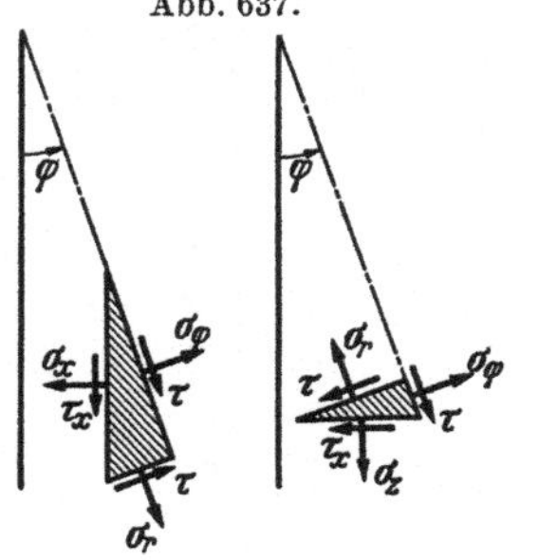

Abb. 638.

Die Addition von σ_x und σ_z liefert:

$$\sigma_x + \sigma_z = \sigma_r + \sigma_\varphi. \qquad (84)$$

Damit geht (77) über in:

$$\frac{\partial^2}{\partial x^2}(\sigma_r + \sigma_\varphi) + \frac{\partial^2}{\partial z^2}(\sigma_r + \sigma_\varphi) = 0. \qquad (85)$$

In (85) hängt $(\sigma_r + \sigma_\varphi)$ nicht unmittelbar, sondern über r und φ von x und z ab. Löst man (82) nach r und φ auf, so erhält man:

$$r = \sqrt{x^2 + (H-z)^2}; \quad \varphi = \operatorname{arc\,tg} \frac{x}{H-z}. \tag{86}$$

Nach den Regeln der partiellen Differentiation ergibt sich:

$$\left.\begin{aligned}
\frac{\partial}{\partial x} &= \frac{\partial}{\partial r}\frac{\partial r}{\partial x} + \frac{\partial}{\partial \varphi}\frac{\partial \varphi}{\partial x}; \quad \frac{\partial^2}{\partial x^2} = \frac{\partial^2}{\partial r^2}\left(\frac{\partial r}{\partial x}\right)^2 + \frac{\partial}{\partial r}\frac{\partial^2 r}{\partial x^2} + \frac{\partial^2}{\partial \varphi^2}\left(\frac{\partial \varphi}{\partial x}\right)^2 + \frac{\partial}{\partial \varphi}\frac{\partial^2 \varphi}{\partial x^2}, \\
\frac{\partial}{\partial z} &= \frac{\partial}{\partial r}\frac{\partial r}{\partial z} + \frac{\partial}{\partial \varphi}\frac{\partial \varphi}{\partial z}; \quad \frac{\partial^2}{\partial z^2} = \frac{\partial^2}{\partial r^2}\left(\frac{\partial r}{\partial z}\right)^2 + \frac{\partial}{\partial r}\frac{\partial^2 r}{\partial z^2} + \frac{\partial^2}{\partial \varphi^2}\left(\frac{\partial \varphi}{\partial z}\right)^2 + \frac{\partial}{\partial \varphi}\frac{\partial^2 \varphi}{\partial z^2}
\end{aligned}\right\}$$

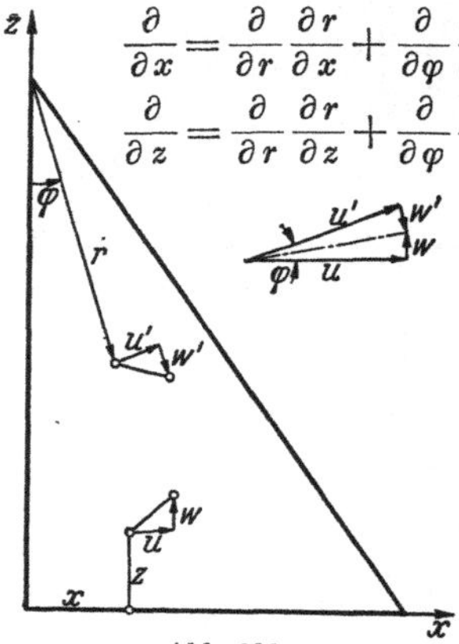

Abb. 639.

Damit geht (85) über in

$$\left[\left(\frac{\partial r}{\partial x}\right)^2 + \left(\frac{\partial r}{\partial z}\right)^2\right]\frac{\partial^2}{\partial r^2}(\sigma_r + \sigma_\varphi) + \left(\frac{\partial^2 r}{\partial x^2} + \frac{\partial^2 r}{\partial z^2}\right)\frac{\partial}{\partial r}(\sigma_r + \sigma_\varphi) +$$
$$+ \left[\left(\frac{\partial \varphi}{\partial x}\right)^2 + \left(\frac{\partial \varphi}{\partial z}\right)^2\right]\frac{\partial^2}{\partial \varphi^2}(\sigma_r + \sigma_\varphi) +$$
$$+ \left(\frac{\partial^2 \varphi}{\partial x^2} + \frac{\partial^2 \varphi}{\partial z^2}\right)\frac{\partial}{\partial \varphi}(\sigma_r + \sigma_\varphi) = 0.$$

Werden die partiellen Differentialquotienten von r und φ mit Hilfe von (86) ausgewertet, so ergibt sich schließlich:

$$\frac{\partial^2}{\partial r^2}(\sigma_r + \sigma_\varphi) + \frac{1}{r}\frac{\partial}{\partial r}(\sigma_r + \sigma_\varphi) + \frac{1}{r^2}\frac{\partial^2}{\partial \varphi^2}(\sigma_r + \sigma_\varphi) = 0. \tag{87}$$

Wird andererseits $(\sigma_r + \sigma_\varphi)$ gemäß (81) gebildet, so erhält man als Differentialgleichung der Airyschen Spannungsfunktion in Polarkoordinaten

$$\left(\frac{\partial^2}{\partial r^2} + \frac{1}{r}\frac{\partial}{\partial r} + \frac{1}{r^2}\frac{\partial^2}{\partial \varphi^2}\right)\left(\frac{\partial^2 F}{\partial r^2} + \frac{1}{r}\frac{\partial F}{\partial r} + \frac{1}{r^2}\frac{\partial^2 F}{\partial \varphi^2}\right) = 0. \tag{88}$$

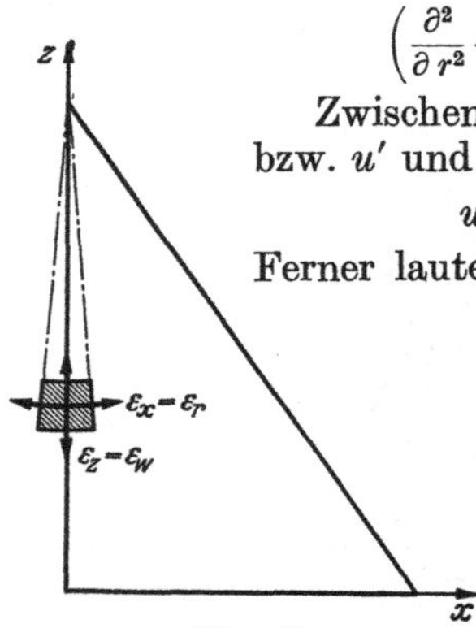

Abb. 640.

Zwischen den Verschiebungskoordinaten u und w im x,z-System bzw. u' und w' im r, φ-System (Abb. 639) bestehen die Beziehungen

$$u = u' \cos\varphi + w' \sin\varphi; \quad w = u' \sin\varphi - w' \cos\varphi. \tag{89}$$

Ferner lautet das erweiterte Hookesche Gesetz

$$\varepsilon_r = \frac{1}{E}(\sigma_r - \nu\,\sigma_\varphi); \quad \varepsilon_\varphi = \frac{1}{E}(\sigma_\varphi - \nu\sigma_r); \quad \varepsilon_{r\varphi} = \frac{2(1+\nu)}{E}\tau'. \tag{90}$$

Zu den Verzerrungs-Verschiebungsgleichungen gelangt man am schnellsten durch Betrachtung eines Elementes auf der z-Achse (Abb. 640), da hier x und φ verschwinden, und demzufolge $\varepsilon_r = \varepsilon_z$, $\varepsilon_\varphi = \varepsilon_x$ und $\varepsilon_{r\varphi} = -\varepsilon_{xz}$ ist. Die Verzerrungen im x,z-System sind gemäß (3) als Funktionen der Verschiebungen gegeben; sie lassen sich unter Benutzung von (89) in folgender Weise umschreiben:

$$\left.\begin{aligned}
\varepsilon_x &= \frac{\partial u}{\partial x} = \left(\frac{\partial u'}{\partial r}\frac{\partial r}{\partial x} + \frac{\partial u'}{\partial \varphi}\frac{\partial \varphi}{\partial x}\right)\cos\varphi - u'\frac{\partial \varphi}{\partial x}\sin\varphi + \\
&\qquad + \left(\frac{\partial w'}{\partial r}\frac{\partial r}{\partial x} + \frac{\partial w'}{\partial \varphi}\frac{\partial \varphi}{\partial x}\right)\sin\varphi + w'\frac{\partial \varphi}{\partial x}\cos\varphi, \\
\varepsilon_z &= \frac{\partial w}{\partial z} = \left(\frac{\partial u'}{\partial r}\frac{\partial r}{\partial z} + \frac{\partial u'}{\partial \varphi}\frac{\partial \varphi}{\partial z}\right)\sin\varphi + u'\frac{\partial \varphi}{\partial z}\cos\varphi - \\
&\qquad - \left(\frac{\partial w'}{\partial r}\frac{\partial r}{\partial z} + \frac{\partial w'}{\partial \varphi}\frac{\partial \varphi}{\partial z}\right)\cos\varphi + w'\frac{\partial \varphi}{\partial z}\sin\varphi, \\
\varepsilon_{xz} &= \frac{\partial u}{\partial z} + \frac{\partial w}{\partial x} = \left(\frac{\partial u'}{\partial r}\frac{\partial r}{\partial z} + \frac{\partial u'}{\partial \varphi}\frac{\partial \varphi}{\partial z}\right)\cos\varphi - u'\frac{\partial \varphi}{\partial z}\sin\varphi + \\
&\qquad + \left(\frac{\partial w'}{\partial r}\frac{\partial r}{\partial z} + \frac{\partial w'}{\partial \varphi}\frac{\partial \varphi}{\partial z}\right)\sin\varphi + w'\frac{\partial \varphi}{\partial z}\cos\varphi + \\
&\qquad + \left(\frac{\partial u'}{\partial r}\frac{\partial r}{\partial x} + \frac{\partial u'}{\partial \varphi}\frac{\partial \varphi}{\partial x}\right)\sin\varphi + u'\frac{\partial \varphi}{\partial x}\cos\varphi - \\
&\qquad - \left(\frac{\partial w'}{\partial r}\frac{\partial r}{\partial x} + \frac{\partial w'}{\partial \varphi}\frac{\partial \varphi}{\partial x}\right)\cos\varphi + w'\frac{\partial \varphi}{\partial x}\sin\varphi
\end{aligned}\right\}$$

Nun erhält man aus (86) unter Berücksichtigung von (82):

$$\frac{\partial r}{\partial x} = \sin\varphi; \quad \frac{\partial r}{\partial z} = -\cos\varphi; \quad \frac{\partial \varphi}{\partial x} = \frac{1}{r}\cos\varphi; \quad \frac{\partial \varphi}{\partial z} = \frac{1}{r}\sin\varphi. \qquad (91)$$

Damit folgt, unter Einsetzen der gewählten Ausgangswerte ($x=0$, $\varphi=0$):

$$\varepsilon_\varphi = \varepsilon_x = \frac{1}{r}\frac{\partial u'}{\partial \varphi} + \frac{w'}{r}; \; \varepsilon_r = \varepsilon_z = \frac{\partial w'}{\partial r}; \varepsilon_{r\varphi} = -\varepsilon_{xz} = \frac{\partial u'}{\partial r} - \frac{u'}{r} + \frac{1}{r}\frac{\partial w'}{\partial \varphi}. \qquad (92)$$

Verbindet man (92) mit (90), so ergibt sich schließlich

$$\frac{\partial w'}{\partial r} = \frac{1}{E}(\sigma_r - \nu\sigma_\varphi), \; \frac{1}{r}\frac{\partial u'}{\partial \varphi} + \frac{w'}{r} = \frac{1}{E}(\sigma_\varphi - \nu\sigma_r), \; \frac{\partial u'}{\partial r} - \frac{u'}{r} + \frac{1}{r}\frac{\partial w'}{\partial \varphi} = \frac{2(1+\nu)}{E}\tau'. \qquad (93)$$

Die Differentialgleichung (88) für die Airysche Spannungsfunktion besitzt wie jede partielle Differentialgleichung noch unendliche viele Lösungen, aus denen die mit den Randbedingungen im Einklang stehende herausgesucht werden muß. Für die folgenden Betrachtungen soll von dem Ansatz

$$F = r^{t+2}[A\cos(t+2)\varphi + B\sin(t+2)\varphi + C\cos t\varphi + D\sin t\varphi] \qquad (94)$$

ausgegangen werden. Man überzeugt sich leicht, daß dieser für jeden Wert des Parameters t mit (88) im Einklang steht. Werden gemäß (81) die zugehörigen Spannungskomponenten gebildet, so ergibt sich

$$\left.\begin{aligned}
\sigma_r &= -(t+1)(t+2)r^t\Big[A\cos(t+2)\varphi + B\sin(t+2)\varphi + \\
&\qquad + C\frac{t-2}{t+2}\cos t\varphi + D\frac{t-2}{t+2}\sin t\varphi\Big];\\
\sigma_\varphi &= +(t+1)(t+2)r^t[A\cos(t+2)\varphi + B\sin(t+2)\varphi + \\
&\qquad + C\cos t\varphi + D\sin t\varphi];\\
\tau &= +(t+1)(t+2)r^t\Big[A\sin(t+2)\varphi - B\cos(t+2)\varphi + \\
&\qquad + \frac{Ct}{t+2}\sin t\varphi - \frac{Dt}{t+2}\cos t\varphi\Big]
\end{aligned}\right\} \qquad (95)$$

Nach den einleitenden Erläuterungen ist ein Selbstspannungszustand ein Spannungszustand ohne äußere Lasten; es dürfen demgemäß längs der Ränder $\varphi=0$ und $\varphi=\omega$ keine Spannungen übertragen werden (Abb. 636). Die entsprechenden Bedingungsgleichungen lauten

$$\sigma_\varphi = 0; \quad \tau = 0 \quad \text{für} \quad \varphi = 0 \quad \text{und} \quad \varphi = \omega. \qquad (96)$$

Werden die Spannungskomponenten aus (95) in (96) eingeführt, so erhält man die vier Bestimmungsgleichungen

$$\left.\begin{aligned}
&A + C = 0;\\
&B + D\frac{t}{t+2} = 0;\\
&A\cos(t+2)\omega + B\sin(t+2)\omega + C\cos t\omega + D\sin t\omega = 0;\\
&A\sin(t+2)\omega - B\cos(t+2)\omega + C\frac{t}{t+2}\sin t\omega - D\frac{t}{t+2}\cos t\omega = 0
\end{aligned}\right\} \qquad (97)$$

Werden C und D durch A und B ausgedrückt, so folgt:

$$\left.\begin{aligned}
&A[\cos(t+2)\omega - \cos t\omega] + B\Big[\sin(t+2)\omega - \frac{t+2}{t}\sin t\omega\Big] = 0,\\
&A\Big[\sin(t+2)\omega - \frac{t}{t+2}\sin t\omega\Big] - B[\cos(t+2)\omega - \cos t\omega] = 0
\end{aligned}\right\} \qquad (98)$$

Diese beiden Gleichungen sind nur miteinander verträglich, wenn ihre Determinante verschwindet. So erhält man die Bedingungsgleichung für t:

$$\left.\begin{aligned}
&[\cos(t+2)\omega - \cos t\omega]^2 + \\
&\Big[\sin(t+2)\omega - \frac{t}{t+2}\sin t\omega\Big]\Big[\sin(t+2)\omega - \frac{t+2}{t}\sin t\omega\Big] = 0.
\end{aligned}\right\} \qquad (98')$$

Wird ausmultipliziert und beachtet, daß $\sin^2 x + \cos^2 x = 1$ ist, so folgt:

$$2\left[1-\cos t\omega\cos(t+2)\omega\right]-\left(\frac{t}{t+2}+\frac{t+2}{t}\right)\sin t\omega\sin(t+2)\omega=0.$$

Berücksichtigt man die bekannten Formeln der Trigonometrie

$$\cos t\omega\cos(t+2)\omega=\tfrac{1}{2}\left[\cos 2\omega+\cos(t+1)2\omega\right];$$

$$\sin t\omega\sin(t+2)\omega=\tfrac{1}{2}\left[\cos 2\omega-\cos(t+1)2\omega\right]$$

und wird noch mit $^1/_4\, t\,(t+2)$ multipliziert, so ergibt sich bei geeigneter Zusammenfassung

$$(t+1)^2\cos 2\omega-\cos(t+1)2\omega=t(t+2).$$

Oder etwas anders geschrieben auch

$$(t+1)^2(-1+\cos 2\omega)-\cos(t+1)2\omega=-1.$$

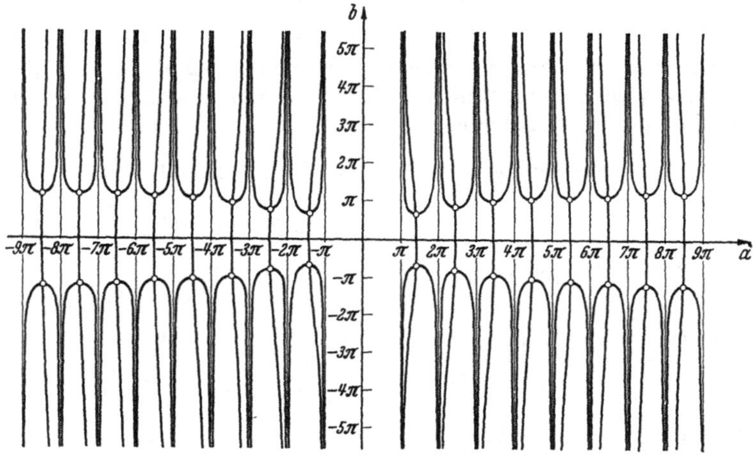

Abb. 641.

Wird weiterhin berücksichtigt, daß

$$\cos 2\omega=1-2\sin^2\omega;\quad \cos(t+1)2\omega=1-2\sin^2(t+1)\omega$$

ist, folgt

$$(t+1)^2\sin^2\omega=\sin^2(t+1)\omega,$$

oder wenn die Wurzel gezogen wird,

$$(t+1)\sin\omega=\pm\sin(t+1)\omega.$$

Wird noch durch $(t+1)\omega$ dividiert, so folgt schließlich die einfache Bestimmungsgleichung

$$\frac{\sin\omega}{\omega}=\pm\frac{\sin(t+1)\omega}{(t+1)\omega}. \tag{99}$$

Die Parameterwerte t, welche (99) befriedigen, sind im allgemeinen komplex. Es sei daher gesetzt:

$$(t+1)\omega=a+bi\quad\text{oder}\quad t=\left(\frac{a}{\omega}-1\right)+\frac{b}{\omega}i. \tag{100}$$

Wird (100) in (99) eingeführt und beachtet, daß

$$\sin(a+bi)=\sin a\cos bi+\cos a\sin bi=\sin a\,\mathfrak{Cof}\,b+i\cos a\,\mathfrak{Sin}\,b$$

ist, so folgt nach Multiplikation mit $(a+bi)$ und Zusammenfassung

$$a\left(\frac{\sin a}{a}\mathfrak{Cof}\,b\mp\frac{\sin\omega}{\omega}\right)+bi\left(\frac{\mathfrak{Sin}\,b}{b}\cos a\mp\frac{\sin\omega}{\omega}\right)=0. \tag{101}$$

Diese Gleichung kann nur erfüllt sein, wenn beide Klammerwerte Null sind.

Also folgt

$$\frac{\sin a}{a} \operatorname{Cof} b = \pm \frac{\sin \omega}{\omega}; \quad \frac{\operatorname{Sin} b}{b} \cos a = \pm \frac{\sin \omega}{\omega}. \tag{102}$$

Durch Division beider Gleichungen entsteht schließlich

$$\frac{\operatorname{tg} a}{a} = \frac{\operatorname{Tg} b}{b}. \tag{103}$$

Für die weitere Behandlung eignen sich am besten die erste der Gleichungen (102) und (103). Beide stellen einen funktionalen Zusammenhang zwischen zwei Veränderlichen a und b dar. Trägt man a als Abszisse, b als Ordinate auf, so ergibt sich der in Abb. 641 dargestellte Funktionsverlauf. Die Schnittpunkte der beiden Kurvenscharen sind die gesuchten a- und b-Werte.

n	$\frac{\sin \omega}{\omega}$	1,00	0,99	0,98	0,97	0,96	0,95	0,94	0,93	0,92	0,91	0,90
1	a	4,213	4,215	4,217	4,219	4,221	4,223	4,225	4,227	4,229	4,232	4,234
	b	2,251	2,239	2,227	2,216	2,206	2,194	2,182	2,170	2,158	2,146	2,135
2	a	7,498	7,499	7,500	7,501	7,502	7,504	7,505	7,506	7,507	7,509	7,510
	b	2,769	2,758	2,747	2,737	2,726	2,715	2,704	2,693	2,682	2,671	2,659
3	a	10,713	10,714	10,714	10,715	10,716	10,717	10,718	10,719	10,720	10,721	10,722
	b	3,103	3,092	3,081	3,071	3,060	3,049	3,038	3,028	3,017	3,006	2,995
4	a	13,900	13,901	13,902	13,902	13,903	13,904	13,904	13,905	13,905	13,906	13,907
	b	3,352	3,342	3,332	3,322	3,312	3,301	3,290	3,280	3,269	3,258	3,247
5	a	17,073	17,074	17,074	17,075	17,075	17,076	17,076	17,077	17,078	17,078	17,079
	b	3,550	3,540	3,530	3,520	3,510	3,499	3,488	3,478	3,467	3,456	3,445
6	a	20,238	20,239	20,239	20,240	20,240	20,241	20,241	20,242	20,242	20,243	20,244
	b	3,716	3,706	3,696	3,685	3,675	3,664	3,654	3,643	3,633	3,622	3,611
7	a	23,398	23,399	23,399	23,400	23,400	23,400	23,401	23,401	23,402	23,402	23,403
	b	3,858	3,848	3,838	3,828	3,818	3,807	3,797	3,786	3,776	3,765	3,754
8	a	26,555	26,555	26,555	26,556	26,556	26,556	26,557	26,557	26,557	26,558	26,558
	b	3,983	3,973	3,963	3,953	3,943	3,932	3,922	3,911	3,900	3,889	3,878
9	a	29,708	29,708	29,709	29,709	29,710	29,710	29,710	29,711	29,711	29,712	29,712
	b	4,093	4,083	4,073	4,063	4,053	4,042	4,032	4,021	4,010	3,999	3,988
10	a	32,860	32,860	$32{,}860_5$	32,861	32,861	$32{,}861_5$	32,862	32,862	$32{,}862_5$	32,863	32,863
	b	4,193	4,183	4,173	4,163	4,153	4,142	4,132	4,121	4,110	4,098	4,087

Die graphische Auftragung zeigt, daß viermal unendliche viele Wurzeln vorhanden sind, entsprechend den vier Bildungsmöglichkeiten einer komplexen Zahl. In jedem der eingezeichneten Gefache von der Abszissenbreite π liegt gerade eine Wurzel mit Ausnahme des ersten Gefaches zwischen 0 und π, in welchem beide Scharen imaginär sind. Die Abszissen der Schnittpunkte nähern sich mit zunehmendem Abstande vom Nullpunkt mehr und mehr der Gefachmitte. Bezeichnen a_n, b_n die dem $n$ten Gefache entsprechenden Wurzelwerte, so läßt sich die zahlenmäßige Berechnung leicht durchführen, wenn a_n in der Form

$$a_n = \frac{2n+1}{2} \pi - \nu_n \tag{104}$$

angesetzt wird; man weiß dann, daß die ν_n-Werte eine Zahlenfolge darstellen, die mit wachsendem n nach Null geht. Aus (104) folgt

$$\sin a_n = (-1)^n \cos \nu_n; \quad \cos a_n = (-1)^n \sin \nu_n. \tag{105}$$

Geht man mit (104) und (105) in die erste der Gl. (102) hinein, so ergibt sich

$$\operatorname{Cof} b = \pm \frac{\sin \omega}{\omega} \frac{\frac{1}{2}\pi(2n+1) - \nu_n}{(-1)^n \cos \nu_n}.$$

Nun ist der hyperbolische cosinus stets positiv; das Doppelvorzeichen der rechten Seite unterliegt daher einer Einschränkung, dergestalt, daß das positive

Vorzeichen zu geraden, das negative zu ungeraden n-Werten gehören muß. Die Gln. (99) und (102) nehmen damit die Form an

$$\frac{\sin\omega}{\omega} = (-1)^n \frac{\sin(t+1)\omega}{(t+1)\omega}; \tag{99'}$$

$$\frac{\sin a}{a}\,\mathfrak{Cof}\, b = (-1)^n \frac{\sin\omega}{\omega}; \quad \frac{\mathfrak{Sin}\, b}{b}\cos a = (-1)^n \frac{\sin\omega}{\omega}. \tag{102'}$$

Damit folgt weiterhin

$$\mathfrak{Cof}\, b = \frac{\sin\omega}{\omega}\,\frac{\frac{1}{2}\pi(2n+1)-\nu_n}{\cos\nu_n}; \quad \mathfrak{Sin}\, b = \sqrt{-1+\mathfrak{Cof}^2 b}. \tag{106}$$

Geht man mit (105) und (106) in die zweite der Gl. (102'), so ergibt sich nach leichten Umformungen:

$$\nu_n = \arcsin \frac{b_n}{\sqrt{\left(\frac{\frac{1}{2}\pi(2n+1)-\nu_n}{\cos\nu_n}\right)^2 - \left(\frac{\omega}{\sin\omega}\right)^2}}; \tag{107}$$

$$b_n = \mathfrak{Ar}\,\mathfrak{Cof}\,\frac{\sin\omega}{\omega}\,\frac{\frac{1}{2}\pi(2n+1)-\nu_n}{\cos\nu_n}. \tag{108}$$

Die Gln. (104), (107) und (108) gestatten eine schnelle Berechnung der Wurzelwerte. Man setzt zunächst in (108) und auf der rechten Seite von (107) $\nu_n = 0$ und erhält so einen ersten ν_n-Wert, mit dem man die Rechnung wiederholt. Das Iterationsverfahren läßt sich solange fortsetzen, bis hinreichende Übereinstimmung zwischen Ausgangs- und Endwert herrscht. Ein Zahlenbeispiel möge dies erläutern.

Es sei $n = 1$ und $\sin\omega/\omega = 0{,}95$ vorgegeben. Es folgt $^1/_2(2n+1)\pi = 4{,}712$. In erster Annäherung ergibt sich:

$$b = \mathfrak{Ar}\,\mathfrak{Cof}\,(0{,}95 \cdot 4{,}712) = \mathfrak{Ar}\,\mathfrak{Cof}\,4{,}48 = 2{,}180; \quad \nu = \arcsin\frac{2{,}180}{\sqrt{4{,}712^2 - 1{,}052^2}}$$

oder

$$\nu = \arcsin 0{,}475 = 0{,}495.$$

Im zweiten Rechnungsgang findet man:

$$\tfrac{1}{2}\pi(2n+1) - \nu = 4{,}712 - 0{,}495 = 4{,}217; \quad \cos\nu = 0{,}880; \quad b = 2{,}194$$

und schließlich $\nu = 0{,}489$. Der dritte Rechnungsgang liefert bereits keine Verbesserung mehr. So ergibt sich: $a = 4{,}712 - 0{,}489 = 4{,}223$; $b = 2{,}194$.

Aus der Zahlentafel S. 393 können die Wurzelwerte der ersten 10 Selbstspannungszustände für $\sin\omega/\omega$ zwischen 1,00 und 0,90 entnommen werden. Der Bereich der Tafel erstreckt sich über ω-Werte zwischen 0 und 45°, d. h. über alle praktisch vorkommenden Dreiecksquerschnitte.

Werden die zusammengehörenden Wurzeln der vier Quadranten von Abb. 641 zu einem t-Wert zusammengefaßt, so folgt

$$t_n = \left[\begin{matrix}+\\+\\-\end{matrix}\frac{a_n}{\omega} - 1\right] \begin{matrix}\pm\\\pm\end{matrix}\frac{b_n}{\omega}\, i. \tag{100'}$$

Jeder der so gefundenen t_n-Werte befriedigt die Verträglichkeitsbedingung (98') oder (99'). Werden alle Festwerte mit Hilfe von (97) und (98) durch A ausgedrückt und in (94) eingeführt, so folgt

$$F = \frac{A r^{t+2}}{t\sin(t+2)\omega - (t+2)\sin t\omega}\left[\begin{matrix}[\cos(t+2)\varphi - \cos t\varphi]\,[t\sin(t+2)\omega - (t+2)\sin t\omega] - \\ -\,[\cos(t+2)\omega - \cos t\omega]\,[t\sin(t+2)\varphi - (t+2)\sin t\varphi]\end{matrix}\right].$$

Wird an Stelle von t und $(t+2)$ bzw. $(t+1)-1$ und $(t+1)+1$ eingeführt und faßt man die damit entstehenden Summen nach bekannten trigonometrischen Formeln zu Produkten zusammen, so ergibt sich mit einem neuen Festwert A'

$$F = 4A' r^{t+2}\left[\begin{matrix}-(t+1)(\sin(t+1)\varphi\sin\varphi\cos(t+1)\omega\sin\omega - \sin(t+1)\omega\sin\omega\cos(t+1)\varphi\sin\varphi) + \\ +(\sin(t+1)\varphi\sin\varphi\sin(t+1)\omega\cos\omega - \sin(t+1)\omega\sin\omega\sin(t+1)\varphi\cos\varphi)\end{matrix}\right].$$

Wird schließlich noch $(t+1)$ gemäß (99') ausgedrückt und das Additionstheorem der trigonometrischen Funktionen beachtet, so folgt unter Einführung einer neuen willkürlichen Konstanten $C_n/t+1$

$$F = \frac{C_n}{t+1} r^{t+2} [\sin\varphi \sin(t+1)(\varphi-\omega) + (-1)^{n+1} \sin(t+1)\varphi \sin(\varphi-\omega)]. \quad (109)$$

Mit Hilfe von (81) lassen sich hieraus die Spannungskomponenten ableiten:

$$\left.\begin{aligned}
\sigma_r &= C_n r^t \begin{bmatrix} -t(\sin\varphi\sin(t+1)(\varphi-\omega) + (-1)^{n+1}\sin(t+1)\varphi\sin(\varphi-\omega)) + \\ +2(\cos\varphi\cos(t+1)(\varphi-\omega) + (-1)^{n+1}\cos(t+1)\varphi\cos(\varphi-\omega)) \end{bmatrix};\\
\sigma_\varphi &= C_n(t+2)r^t[\sin\varphi\sin(t+1)(\varphi-\omega) + (-1)^{n+1}\sin(t+1)\varphi\sin(\varphi-\omega)];\\
\tau &= -C_n r^t \begin{bmatrix} (t+1)(\sin\varphi\cos(t+1)(\varphi-\omega) + (-1)^{n+1}\cos(t+1)\varphi\sin(\varphi-\omega)) + \\ +(\cos\varphi\sin(t+1)(\varphi-\omega) + (-1)^{n+1}\sin(t+1)\varphi\cos(\varphi-\omega)) \end{bmatrix}
\end{aligned}\right\} \quad (110)$$

Für jedes n ergeben sich entsprechend den vier t-Werten vier Selbstspannungszustände. Von diesen scheiden jedoch zwei für die vorliegenden Anwendungszwecke aus, da negative t-Werte wegen der damit verbundenen unendlich großen Spannungen unmöglich sind. Es verbleibt daher

$$t_n = \left(-1 + \frac{a_n}{\omega}\right) \pm \frac{b_n}{\omega} i. \quad (100'')$$

Geht man mit (100'') in (110) hinein, so folgt nach Spaltung der komplexen Summen unter Anwendung des Additionstheorems der trigonometrischen Funktionen und der Beziehungen zwischen Kreis- und Hyperbelfunktionen

$$\left.\begin{aligned}
\sigma_r &= C_{\frac{1}{2}n} r^{\left(\frac{a_n}{\omega}-1\right)} \left[\cos\left(\frac{b_n}{\omega}\ln r\right) \pm i\sin\left(\frac{b_n}{\omega}\ln r\right)\right] \left[\left[\left(1-\frac{a_n}{\omega}\right) \pm i\frac{b_n}{\omega}\right](f_1 \pm i f_2) + \right.\\
&\qquad\left. + 2(f_3 \pm i f_4)\right];\\
\sigma_\varphi &= C_{\frac{1}{2}n} r^{\left(\frac{a_n}{\omega}-1\right)} \left[\cos\left(\frac{b_n}{\omega}\ln r\right) \pm i\sin\left(\frac{b_n}{\omega}\ln r\right)\right] \left[\left(1+\frac{a_n}{\omega}\right) \pm i\frac{b_n}{\omega}\right](f_1 \pm i f_2);\\
\tau &= -C_{\frac{1}{2}n} r^{\left(\frac{a_n}{\omega}-1\right)} \left[\cos\left(\frac{b_n}{\omega}\ln r\right) \pm i\sin\left(\frac{b_n}{\omega}\ln r\right)\right] \left[\left(\frac{a_n}{\omega} \pm i\frac{b_n}{\omega}\right)(f_5 \pm i f_6) + (f_7 \pm i f_8)\right]
\end{aligned}\right\} \quad (111)$$

Mit f sind abkürzend die folgenden Funktionen von φ bezeichnet:

$$\left.\begin{aligned}
f_1 &= +\sin\varphi\sin a_n\left(\frac{\varphi}{\omega}-1\right)\mathfrak{Cos}\, b_n\left(\frac{\varphi}{\omega}-1\right) + (-1)^{n+1}\sin(\varphi-\omega)\sin a_n\frac{\varphi}{\omega}\mathfrak{Cos}\, b_n\frac{\varphi}{\omega}\\
f_2 &= +\sin\varphi\cos a_n\left(\frac{\varphi}{\omega}-1\right)\mathfrak{Sin}\, b_n\left(\frac{\varphi}{\omega}-1\right) + (-1)^{n+1}\sin(\varphi-\omega)\cos a_n\frac{\varphi}{\omega}\mathfrak{Sin}\, b_n\frac{\varphi}{\omega}\\
f_3 &= +\cos\varphi\cos a_n\left(\frac{\varphi}{\omega}-1\right)\mathfrak{Cos}\, b_n\left(\frac{\varphi}{\omega}-1\right) + (-1)^{n+1}\cos(\varphi-\omega)\cos a_n\frac{\varphi}{\omega}\mathfrak{Cos}\, b_n\frac{\varphi}{\omega}\\
f_4 &= -\cos\varphi\sin a_n\left(\frac{\varphi}{\omega}-1\right)\mathfrak{Sin}\, b_n\left(\frac{\varphi}{\omega}-1\right) - (-1)^{n+1}\cos(\varphi-\omega)\sin a_n\frac{\varphi}{\omega}\mathfrak{Sin}\, b_n\frac{\varphi}{\omega}\\
f_5 &= +\sin\varphi\cos a_n\left(\frac{\varphi}{\omega}-1\right)\mathfrak{Cos}\, b_n\left(\frac{\varphi}{\omega}-1\right) + (-1)^{n+1}\sin(\varphi-\omega)\cos a_n\frac{\varphi}{\omega}\mathfrak{Cos}\, b_n\frac{\varphi}{\omega}\\
f_6 &= -\sin\varphi\sin a_n\left(\frac{\varphi}{\omega}-1\right)\mathfrak{Sin}\, b_n\left(\frac{\varphi}{\omega}-1\right) - (-1)^{n+1}\sin(\varphi-\omega)\sin a_n\frac{\varphi}{\omega}\mathfrak{Sin}\, b_n\frac{\varphi}{\omega}\\
f_7 &= +\cos\varphi\sin a_n\left(\frac{\varphi}{\omega}-1\right)\mathfrak{Cos}\, b_n\left(\frac{\varphi}{\omega}-1\right) + (-1)^{n+1}\cos(\varphi-\omega)\sin a_n\frac{\varphi}{\omega}\mathfrak{Cos}\, b_n\frac{\varphi}{\omega}\\
f_8 &= +\cos\varphi\cos a_n\left(\frac{\varphi}{\omega}-1\right)\mathfrak{Sin}\, b_n\left(\frac{\varphi}{\omega}-1\right) + (-1)^{n+1}\cos(\varphi-\omega)\cos a_n\frac{\varphi}{\omega}\mathfrak{Sin}\, b_n\frac{\varphi}{\omega}
\end{aligned}\right\} \quad (112)$$

Werden die beiden Teillösungen (111) einmal addiert und einmal subtrahiert und wird für die dabei auftretenden Festwertsummen

$$(C_{1,n} + C_{2,n}) = k_{1,n}; \quad (C_{1,n} - C_{2,n})\, i = k_{2,n} \quad (113)$$

gesetzt, so erhält man nach Überlagerung der unendlich vielen möglichen Selbstspannungszustände

$$\left.\begin{aligned}
\sigma_r &= \sum_1^\infty n\, r^{\left(\frac{a n}{\omega}-1\right)} \Big[k_{1,n}\Big[g_1(\varphi)\cos\Big(\frac{b_n}{\omega}\ln r\Big) - g_2(\varphi)\sin\Big(\frac{b_n}{\omega}\ln r\Big)\Big] + \\
&\qquad + k_{2,n}\Big[g_1(\varphi)\sin\Big(\frac{b_n}{\omega}\ln r\Big) + g_2(\varphi)\cos\Big(\frac{b_n}{\omega}\ln r\Big)\Big]\Big]; \\
\sigma_\varphi &= \sum_1^\infty n\, r^{\left(\frac{a n}{\omega}-1\right)} \Big[k_{1,n}\Big[g_3(\varphi)\cos\Big(\frac{b_n}{\omega}\ln r\Big) - g_4(\varphi)\sin\Big(\frac{b_n}{\omega}\ln r\Big)\Big] + \\
&\qquad + k_{2,n}\Big[g_3(\varphi)\sin\Big(\frac{b_n}{\omega}\ln r\Big) + g_4(\varphi)\cos\Big(\frac{b_n}{\omega}\ln r\Big)\Big]\Big]; \\
\tau &= -\sum_1^\infty n\, r^{\left(\frac{a n}{\omega}-1\right)} \Big[k_{1,n}\Big[g_5(\varphi)\cos\Big(\frac{b_n}{\omega}\ln r\Big) - g_6(\varphi)\sin\Big(\frac{b_n}{\omega}\ln r\Big)\Big] + \\
&\qquad + k_{2,n}\Big[g_5(\varphi)\sin\Big(\frac{b_n}{\omega}\ln r\Big) + g_6(\varphi)\cos\Big(\frac{b_n}{\omega}\ln r\Big)\Big]\Big]
\end{aligned}\right\} \quad (114)$$

Mit $g(\varphi)$ sind abkürzend die folgenden Funktionen von φ bezeichnet:

$$\left.\begin{aligned}
g_1 &= \Big(1-\frac{a_n}{\omega}\Big) f_1 + \frac{b_n}{\omega} f_2 + 2 f_3; & g_2 &= \Big(1-\frac{a_n}{\omega}\Big) f_2 - \frac{b_n}{\omega} f_1 + 2 f_4; \\
g_3 &= \Big(1+\frac{a_n}{\omega}\Big) f_1 - \frac{b_n}{\omega} f_2; & g_4 &= \Big(1+\frac{a_n}{\omega}\Big) f_2 + \frac{b_n}{\omega} f_1; \\
g_5 &= \frac{a_n}{\omega} f_5 - \frac{b_n}{\omega} f_6 + f_7; & g_6 &= \frac{a_n}{\omega} f_6 + \frac{b_n}{\omega} f_5 + f_8
\end{aligned}\right\} \quad (115)$$

Die Gl. (114) geben die zusätzlichen Spannungen der Staumauer mit Dreiecksquerschnitt in allgemeinster Form an. Die zweimal unendlich vielen willkürlichen Konstanten $k_{1,n}$ und $k_{2,n}$ müssen dabei so bestimmt werden, daß die aus dem Grundzustand sich ergebenden Relativverschiebungen in der Gründungsfuge gerade ausgeglichen werden. Rein formal stehen für jeden Punkt des letzteren gerade zwei willkürliche Festwerte k zur Verfügung, um den Ausgleich von u und w zu erzwingen.

Für die praktische Auswertung ist es bequemer, von den Spannungskomponenten in Rechteckskoordinaten x, z auszugehen. Die entsprechenden Umrechnungen lassen sich mit den Formeln (83) leicht durchführen. Man erhält:

$$\left.\begin{aligned}
\sigma_x &= \sum_1^\infty n\, r^{\left(\frac{a n}{\omega}-1\right)} \Big[k_{1,n}\Big[h_1(\varphi)\cos\Big(\frac{b_n}{\omega}\ln r\Big) - h_2(\varphi)\sin\Big(\frac{b_n}{\omega}\ln r\Big)\Big] + \\
&\qquad + k_{2,n}\Big[h_1(\varphi)\sin\Big(\frac{b_n}{\omega}\ln r\Big) + h_2(\varphi)\cos\Big(\frac{b_n}{\omega}\ln r\Big)\Big]\Big]; \\
\sigma_z &= \sum_1^\infty n\, r^{\left(\frac{a n}{\omega}-1\right)} \Big[k_{1,n}\Big[h_3(\varphi)\cos\Big(\frac{b_n}{\omega}\ln r\Big) - h_4(\varphi)\sin\Big(\frac{b_n}{\omega}\ln r\Big)\Big] + \\
&\qquad + k_{2,n}\Big[h_3(\varphi)\sin\Big(\frac{b_n}{\omega}\ln r\Big) + h_4(\varphi)\cos\Big(\frac{b_n}{\omega}\ln r\Big)\Big]\Big]; \\
\tau &= \sum_1^\infty n\, r^{\left(\frac{a n}{\omega}-1\right)} \Big[k_{1,n}\Big[h_5(\varphi)\cos\Big(\frac{b_n}{\omega}\ln r\Big) - h_6(\varphi)\sin\Big(\frac{b_n}{\omega}\ln r\Big)\Big] + \\
&\qquad + k_{2,n}\Big[h_5(\varphi)\sin\Big(\frac{b_n}{\omega}\ln r\Big) + h_6(\varphi)\cos\Big(\frac{b_n}{\omega}\ln r\Big)\Big]\Big]
\end{aligned}\right\} \quad (116)$$

Die abkürzend eingeführten $h(\varphi)$-Funktionen setzen sich in folgender Weise aus den $g(\varphi)$-Funktionen zusammen:

$$\left.\begin{aligned}
h_{\substack{1\\2}} &= g_{\substack{1\\2}} \sin^2 \varphi + g_{\substack{3\\4}} \cos^2 \varphi - 2\, g_{\substack{5\\6}} \sin \varphi \cos \varphi ;\\
h_{\substack{3\\4}} &= g_{\substack{1\\2}} \cos^2 \varphi + g_{\substack{3\\4}} \sin^2 \varphi + 2\, g_{\substack{5\\6}} \sin \varphi \cos \varphi ;\\
h_{\substack{5\\6}} &= (g_{\substack{3\\4}} - g_{\substack{1\\2}}) \sin \varphi \cos \varphi - g_{\substack{5\\6}} (\sin^2 \varphi - \cos^2 \varphi)
\end{aligned}\right\} \tag{117}$$

Wird in (116) berücksichtigt, daß gemäß (82)

$$r = \frac{H - z}{\cos \varphi} \tag{82'}$$

und dementsprechend

$$r^t = \frac{(H - z)^t}{(\cos \varphi)^t}, \qquad \ln r = \ln (H - z) - \ln \cos \varphi$$

ist, so folgt unter Anwendung des Additionstheorems der trigonometrischen Funktionen und bei geeigneter Zusammenfassung:

$$\left.\begin{aligned}
\sigma_x = {} & \sum_1^\infty {}_n\, k_{1,n} (H - z)^{\left(\frac{a_n}{\omega} - 1\right)} \left[\Phi_1(\varphi) \cos\left(\frac{b_n}{\omega} \ln (H - z)\right) - \Phi_2(\varphi) \sin\left(\frac{b_n}{\omega} \ln (H - z)\right)\right]\\
& + \sum_1^\infty {}_n\, k_{2,n} (H - z)^{\left(\frac{a_n}{\omega} - 1\right)} \left[\Phi_1(\varphi) \sin\left(\frac{b_n}{\omega} \ln (H - z)\right) + \Phi_2(\varphi) \cos\left(\frac{b_n}{\omega} \ln (H - z)\right)\right];\\
\sigma_z = {} & \sum_1^\infty {}_n\, k_{1,n} (H - z)^{\left(\frac{a_n}{\omega} - 1\right)} \left[\Phi_3(\varphi) \cos\left(\frac{b_n}{\omega} \ln (H - z)\right) - \Phi_4(\varphi) \sin\left(\frac{b_n}{\omega} \ln (H - z)\right)\right]\\
& + \sum_1^\infty {}_n\, k_{2,n} (H - z)^{\left(\frac{a_n}{\omega} - 1\right)} \left[\Phi_3(\varphi) \sin\left(\frac{b_n}{\omega} \ln (H - z)\right) + \Phi_4(\varphi) \cos\left(\frac{b_n}{\omega} \ln (H - z)\right)\right];\\
\tau = {} & \sum_1^\infty {}_n\, k_{1,n} (H - z)^{\left(\frac{a_n}{\omega} - 1\right)} \left[\Phi_5(\varphi) \cos\left(\frac{b_n}{\omega} \ln (H - z)\right) - \Phi_6(\varphi) \sin\left(\frac{b_n}{\omega} \ln (H - z)\right)\right]\\
& + \sum_1^\infty {}_n\, k_{2,n} (H - z)^{\left(\frac{a_n}{\omega} - 1\right)} \left[\Phi_5(\varphi) \sin\left(\frac{b_n}{\omega} \ln (H - z)\right) + \Phi_6(\varphi) \cos\left(\frac{b_n}{\omega} \ln (H - z)\right)\right]
\end{aligned}\right\} \tag{118}$$

In (118) ist abkürzend bezeichnet:

$$\left.\begin{aligned}
\Phi_{\substack{1\\3\\5}} &= \frac{h_{\substack{1\\3\\5}} \cos\left(\frac{b_n}{\omega} \ln \frac{1}{\cos \varphi}\right) - h_{\substack{2\\4\\6}} \sin\left(\frac{b_n}{\omega} \ln \frac{1}{\cos \varphi}\right)}{(\cos \varphi)^{\left(\frac{a_n}{\omega} - 1\right)}};\\
\Phi_{\substack{2\\4\\6}} &= \frac{h_{\substack{1\\3\\5}} \sin\left(\frac{b_n}{\omega} \ln \frac{1}{\cos \varphi}\right) + h_{\substack{2\\4\\6}} \cos\left(\frac{b_n}{\omega} \ln \frac{1}{\cos \varphi}\right)}{(\cos \varphi)^{\left(\frac{a_n}{\omega} - 1\right)}}
\end{aligned}\right\} \tag{119}$$

Es ist für die Zahlenrechnung bequemer, wenn die $(H - z)$ enthaltenden Funktionen dimensionslos gestaltet werden. Zu diesem Zwecke mögen gemäß

$$\left.\begin{aligned}
k_{1,n} &= \frac{K_{1,n} \cos\left(\frac{b_n}{\omega} \ln H\right) - K_{2,n} \sin\left(\frac{b_n}{\omega} \ln H\right)}{(\lambda H) \cdot H^{\left(\frac{a_n}{\omega} - 1\right)}};\\
k_{2,n} &= \frac{K_{1,n} \sin\left(\frac{b_n}{\omega} \ln H\right) + K_{2,n} \cos\left(\frac{b_n}{\omega} \ln H\right)}{(\lambda H) \cdot H^{\left(\frac{a_n}{\omega} - 1\right)}}
\end{aligned}\right\} \tag{120}$$

neue Festwerte $K_{1,n}$ und $K_{2,n}$ eingeführt werden. Bei geeigneter Zusammenfassung erhält man:

$$\left.\begin{aligned}
\sigma_x &= \sum_1^\infty {}_n \frac{K_{1,n}}{\lambda H}\left(1-\frac{z}{H}\right)^{\left(\frac{a_n}{\omega}-1\right)}\left[\Phi_1(\varphi)\cos\left(\frac{b_n}{\omega}\ln\left(1-\frac{z}{H}\right)\right)-\Phi_2(\varphi)\sin\left(\frac{b_n}{\omega}\ln\left(1-\frac{z}{H}\right)\right)\right]\\
&+\sum_1^\infty {}_n \frac{K_{2,n}}{\lambda H}\left(1-\frac{z}{H}\right)^{\left(\frac{a_n}{\omega}-1\right)}\left[\Phi_1(\varphi)\sin\left(\frac{b_n}{\omega}\ln\left(1-\frac{z}{H}\right)\right)+\Phi_2(\varphi)\cos\left(\frac{b_n}{\omega}\ln\left(1-\frac{z}{H}\right)\right)\right];\\
\sigma_z &= \sum_1^\infty {}_n \frac{K_{1,n}}{\lambda H}\left(1-\frac{z}{H}\right)^{\left(\frac{a_n}{\omega}-1\right)}\left[\Phi_3(\varphi)\cos\left(\frac{b_n}{\omega}\ln\left(1-\frac{z}{H}\right)\right)-\Phi_4(\varphi)\sin\left(\frac{b_n}{\omega}\ln\left(1-\frac{z}{H}\right)\right)\right]\\
&+\sum_1^\infty {}_n \frac{K_{2,n}}{\lambda H}\left(1-\frac{z}{H}\right)^{\left(\frac{a_n}{\omega}-1\right)}\left[\Phi_3(\varphi)\sin\left(\frac{b_n}{\omega}\ln\left(1-\frac{z}{H}\right)\right)+\Phi_4(\varphi)\cos\left(\frac{b_n}{\omega}\ln\left(1-\frac{z}{H}\right)\right)\right];\\
\tau &= \sum_1^\infty {}_n \frac{K_{1,n}}{\lambda H}\left(1-\frac{z}{H}\right)^{\left(\frac{a_n}{\omega}-1\right)}\left[\Phi_5(\varphi)\cos\left(\frac{b_n}{\omega}\ln\left(1-\frac{z}{H}\right)\right)-\Phi_6(\varphi)\sin\left(\frac{b_n}{\omega}\ln\left(1-\frac{z}{H}\right)\right)\right]\\
&+\sum_1^\infty {}_n \frac{K_{2,n}}{\lambda H}\left(1-\frac{z}{H}\right)^{\left(\frac{a_n}{\omega}-1\right)}\left[\Phi_5(\varphi)\sin\left(\frac{b_n}{\omega}\ln\left(1-\frac{z}{H}\right)\right)+\Phi_6(\varphi)\cos\left(\frac{b_n}{\omega}\ln\left(1-\frac{z}{H}\right)\right)\right]
\end{aligned}\right\}\quad(121)$$

Längs der Gründungsfläche, d. h. für $z=0$ folgen die Sonderformeln:

$$\left.\begin{aligned}
&\sigma_x^{z=0} = \sum_1^\infty {}_n \frac{K_{1,n}}{\lambda H}\Phi_1(\varphi) + \sum_1^\infty {}_n \frac{K_{2,n}}{\lambda H}\Phi_2(\varphi); \quad \sigma_z^{z=0} = \sum_1^\infty {}_n \frac{K_{1,n}}{\lambda H}\Phi_3(\varphi) +\\
&+\sum_1^\infty {}_n \frac{K_{2,n}}{\lambda H}\Phi_4(\varphi); \quad \tau^{z=0} = \sum_1^\infty {}_n \frac{K_{1,n}}{\lambda H}\Phi_5(\varphi) + \sum_1^\infty {}_n \frac{K_{2,n}}{\lambda H}\Phi_6(\varphi)\\
&\qquad\qquad(\text{Gründungsfläche } z=0)
\end{aligned}\right\}\quad(122)$$

Aus (122) folgt, daß, wenn man vom Maßstabe absieht, die Φ-Funktionen die Spannungsverteilung der verschiedenen Selbstspannungszustände längs der Gründungsfläche darstellen.

Zur Bestimmung der Festwerte $K_{1,n}$ und $K_{2,n}$ muß nun noch die zusätzliche Verformung der Gründungsfläche untersucht werden, und zwar einmal für die Mauer und einmal für den Felsen. Den Ausgangspunkt für die Mauerverformung bildet die Gl. (93). Die Integration der ersten Gleichung liefert

$$w' = \overline{w}'(\varphi) + \frac{1}{E}\int(\sigma_r - \nu\,\sigma_\varphi)\,\mathrm{d}r. \qquad (123)$$

Geht man hiermit in die zweite der Gl. (93) hinein, so ergibt die Integration

$$u' = \overline{u}'(r) - \int\overline{w}'\,\mathrm{d}\varphi + \frac{r}{E}\int(\sigma_\varphi - \nu\,\sigma_r)\,\mathrm{d}\varphi - \frac{1}{E}\int\int(\sigma_r - \nu\,\sigma_\varphi)\,\mathrm{d}r\,\mathrm{d}\varphi. \qquad (124)$$

Die noch willkürlichen Funktionen $\overline{u}'(r)$ und $\overline{w}'(\varphi)$ müssen wieder so bestimmt werden, daß die dritte der Gl. (93) identisch befriedigt wird.

Führt man die Spannungskomponenten von (110) in (123) und (124) ein, so erhält man nach Auswertung der Integrale

$$\left.\begin{aligned}
w' &= \overline{w}'(\varphi) + \frac{C_n}{E}r^{t+1}\left[\left[\frac{1-\nu}{t+1}-(1+\nu)\right][\sin\varphi\sin(t+1)(\varphi-\omega)+\right.\\
&\quad+(-1)^{n+1}\sin(t+1)\varphi\sin(\varphi-\omega)]\\
&\quad\left.+\frac{2}{t+1}[\cos\varphi\cos(t+1)(\varphi-\omega)+(-1)^{n+1}\cos(t+1)\varphi\cos(\varphi-\omega)]\right];\\
u' &= \overline{u}'(r) - \int\overline{w}'\,\mathrm{d}\varphi + \frac{C_n}{E}r^{t+1}\left[\frac{1-\nu}{t+1}[\cos\varphi\sin(t+1)(\varphi-\omega)+\right.\\
&\quad+(-1)^{n+1}\sin(t+1)\varphi\cos(\varphi-\omega)]\\
&\quad\left.-\left[\frac{2}{t+1}+(1+\nu)\right][\sin\varphi\cos(t+1)(\varphi-\omega)+(-1)^{n+1}\cos(t+1)\varphi\sin(\varphi-\omega]\right]
\end{aligned}\right\}(125)$$

Ferner folgt nach Einführen von (125) und (110) in die dritte der Gl. (93):

$$\left(\frac{d\overline{w}'}{d\varphi} + \int \overline{w}'\, d\varphi\right) + r\left(\frac{d\overline{u}'}{dr} - \frac{\overline{u}'}{r}\right) = 0. \tag{126}$$

(126) kann nur erfüllt werden, wenn beide Klammern identisch verschwinden. Die Integration der so entstehenden Teil-Differentialgleichungen liefert:

$$\overline{w}' = c_1 \sin\varphi + c_2 \cos\varphi; \quad \overline{v}' = c_3 r. \tag{127}$$

Die drei willkürlichen Festwerte von (127) legen ähnlich wie früher die Scheibe in der Ebene geometrisch fest.

Spaltet man (125) in Real- und Imaginärteile auf und werden gemäß (113) neue Konstanten eingeführt, so ergibt sich nach Überlagerung der unendlich vielen möglichen Selbstspannungszustände

$$\left.\begin{aligned}
E w' = \sum_1^\infty {}_n r^{\frac{a_n}{\omega}} \Big[& k_{1,n}\Big[g_7(\varphi)\cos\Big(\frac{b_n}{\omega}\ln r\Big) - g_8(\varphi)\sin\Big(\frac{b_n}{\omega}\ln r\Big)\Big] + \\
& + k_{2,n}\Big[g_7(\varphi)\sin\Big(\frac{b_n}{\omega}\ln r\Big) + g_8(\varphi)\cos\Big(\frac{b_n}{\omega}\ln r\Big)\Big]\Big] + \\
& + c_1\sin\varphi + c_2\cos\varphi; \\
E u' = \sum_1^\infty {}_n r^{\frac{a_n}{\omega}} \Big[& k_{1,n}\Big[g_9(\varphi)\cos\Big(\frac{b_n}{\omega}\ln r\Big) - g_{10}(\varphi)\sin\Big(\frac{b_n}{\omega}\ln r\Big)\Big] + \\
& + k_{2,n}\Big[g_9(\varphi)\sin\Big(\frac{b_n}{\omega}\ln r\Big) + g_{10}(\varphi)\cos\Big(\frac{b_n}{\omega}\ln r\Big)\Big]\Big] + \\
& + c_1\cos\varphi - c_2\sin\varphi + c_3 r
\end{aligned}\right\} \tag{128}$$

In (128) sind mit $g(\varphi)$ abkürzend die folgenden Funktionen von (φ) bezeichnet:

$$\left.\begin{aligned}
g_{\substack{7\\8}} &= \left[\frac{a_n\omega(1-\nu)}{a_n^2+b_n^2} - (1+\nu)\right] f_{\substack{1\\2}} \pm \frac{b_n\omega(1-\nu)}{a_n^2+b_n^2} f_{\substack{2\\1}} + \frac{2a_n\omega}{a_n^2+b_n^2} f_{\substack{3\\4}} \pm \frac{2b_n\omega}{a_n^2+b_n^2} f_{\substack{4\\3}}; \\
g_{\substack{9\\10}} &= \left[-\frac{2a_n\omega}{a_n^2+b_n^2} - (1+\nu)\right] f_{\substack{5\\6}} \mp \frac{2b_n\omega}{a_n^2+b_n^2} f_{\substack{6\\5}} + \frac{a_n\omega(1-\nu)}{a_n^2+b_n^2} f_{\substack{7\\8}} \pm \frac{b_n\omega(1-\nu)}{a_n^2+b_n^2} f_{\substack{8\\7}}
\end{aligned}\right\} \tag{129}$$

Auch hier empfiehlt sich mit Rücksicht auf die bequemere Zahlrenrechnung der Übergang auf rechtwinklige Koordinaten x, z. Die entsprechende Umrechnung unter Benutzung von (89) liefert

$$\left.\begin{aligned}
E w = \sum_1^\infty {}_n r^{\frac{a_n}{\omega}} \Big[& k_{1,n}\Big[h_7(\varphi)\cos\Big(\frac{b_n}{\omega}\ln r\Big) - h_8(\varphi)\sin\Big(\frac{b_n}{\omega}\ln r\Big)\Big] + \\
& + k_{2,n}\Big[h_7(\varphi)\sin\Big(\frac{b_n}{\omega}\ln r\Big) + h_8(\varphi)\cos\Big(\frac{b_n}{\omega}\ln r\Big)\Big]\Big] - c_3 + c_1 r\sin\varphi; \\
E u = \sum_1^\infty {}_n r^{\frac{a_n}{\omega}} \Big[& k_{1,n}\Big[h_9(\varphi)\cos\Big(\frac{b_n}{\omega}\ln r\Big) - h_{10}(\varphi)\sin\Big(\frac{b_n}{\omega}\ln r\Big)\Big] + \\
& + k_{2,n}\Big[h_9(\varphi)\sin\Big(\frac{b_n}{\omega}\ln r\Big) + h_{10}(\varphi)\cos\Big(\frac{b_n}{\omega}\ln r\Big)\Big]\Big] + c_2 - c_1 r\cos\varphi.
\end{aligned}\right\} \tag{130}$$

In (130) bezeichnen die $h(\varphi)$-Funktionen die Ausdrücke

$$h_{\substack{7\\8}} = -g_{\substack{7\\8}}\cos\varphi + g_{\substack{9\\10}}\sin\varphi; \qquad h_{\substack{9\\10}} = g_{\substack{7\\8}}\sin\varphi + g_{\substack{9\\10}}\cos\varphi. \tag{131}$$

Aus (82) folgt

$$c_2 + c_1 r\cos\varphi = c_2 + c_1(H-z); \qquad -c_3 + c_1 r\sin\varphi = -c_3 + c_1 x. \tag{132}$$

Wird r in ähnlicher Weise wie bei den Spannungskomponenten aus (130) eliminiert und gleichzeitig (132) berücksichtigt, so ergibt sich:

$$\left.\begin{aligned}
Ew &= c_1 x - c_3 + \sum_1^\infty{}_n k_{1,n}(H-z)^{\frac{an}{\omega}}\left[\Phi_7(\varphi)\cos\left(\frac{b_n}{\omega}\ln(H-z)\right) - \right.\\
&\qquad\left. - \Phi_8(\varphi)\sin\left(\frac{b_n}{\omega}\ln(H-z)\right)\right]\\
&\quad + \sum_1^\infty{}_n k_{2,n}(H-z)^{\frac{an}{\omega}}\left[\Phi_7(\varphi)\sin\left(\frac{b_n}{\omega}\ln(H-z)\right) + \right.\\
&\qquad\left. + \Phi_8(\varphi)\cos\left(\frac{b_n}{\omega}\ln(H-z)\right)\right];\\
Eu &= c_1(H-z) + c_2 + \sum_1^\infty{}_n k_{1,n}(H-z)^{\frac{an}{\omega}}\left[\Phi_9(\varphi)\cos\left(\frac{b_n}{\omega}\ln(H-z)\right) - \right.\\
&\qquad\left. - \Phi_{10}(\varphi)\sin\left(\frac{b_n}{\omega}\ln(H-z)\right)\right]\\
&\quad + \sum_1^\infty{}_n k_{2,n}(H-z)^{\frac{an}{\omega}}\left[\Phi_9(\varphi)\sin\left(\frac{b_n}{\omega}\ln(H-z)\right) + \right.\\
&\qquad\left. + \Phi_{10}(\varphi)\cos\left(\frac{b_n}{\omega}\ln(H-z)\right)\right]
\end{aligned}\right\} \quad (133)$$

In (133) ist abkürzend bezeichnet:

$$\left.\begin{aligned}
\Phi_{\frac{7}{9}} &= \frac{h_{\frac{7}{9}}\cos\left(\frac{b_n}{\omega}\ln\frac{1}{\cos\varphi}\right) - h_{\frac{8}{10}}\sin\left(\frac{b_n}{\omega}\ln\frac{1}{\cos\varphi}\right)}{(\cos\varphi)^{\frac{an}{\omega}}};\\
\Phi_{\frac{8}{10}} &= \frac{h_{\frac{7}{9}}\sin\left(\frac{b_n}{\omega}\ln\frac{1}{\cos\varphi}\right) + h_{\frac{8}{10}}\cos\left(\frac{b_n}{\omega}\ln\frac{1}{\cos\varphi}\right)}{(\cos\varphi)^{\frac{an}{\omega}}}
\end{aligned}\right\} \quad (134)$$

Werden schließlich noch, um die $(H-z)$ enthaltenden Funktionen dimensionslos zu gestalten, neue Festwerte gemäß (120) eingeführt, so folgt:

$$\left.\begin{aligned}
Ew &= c_1 x - c_3 + \sum_1^\infty{}_n \frac{K_{1,n}}{\lambda}\left(1-\frac{z}{H}\right)^{\frac{an}{\omega}}\left[\Phi_7(\varphi)\cos\left(\frac{b_n}{\omega}\ln\left(1-\frac{z}{H}\right)\right) - \right.\\
&\qquad\left. - \Phi_8(\varphi)\sin\left(\frac{b_n}{\omega}\ln\left(1-\frac{z}{H}\right)\right)\right]\\
&\quad + \sum_1^\infty{}_n \frac{K_{2,n}}{\lambda}\left(1-\frac{z}{H}\right)^{\frac{an}{\omega}}\left[\Phi_7(\varphi)\sin\left(\frac{b_n}{\omega}\ln\left(1-\frac{z}{H}\right)\right) + \right.\\
&\qquad\left. + \Phi_8(\varphi)\cos\left(\frac{b_n}{\omega}\ln\left(1-\frac{z}{H}\right)\right)\right];\\
Eu &= c_1(H-z) + c_2 + \sum_1^\infty{}_n \frac{K_{1,n}}{\lambda}\left(1-\frac{z}{H}\right)^{\frac{an}{\omega}}\left[\Phi_9(\varphi)\cos\left(\frac{b_n}{\omega}\ln\left(1-\frac{z}{H}\right)\right) - \right.\\
&\qquad\left. - \Phi_{10}(\varphi)\sin\left(\frac{b_n}{\omega}\ln\left(1-\frac{z}{H}\right)\right)\right]\\
&\quad + \sum_1^\infty{}_n \frac{K_{2,n}}{\lambda}\left(1-\frac{z}{H}\right)^{\frac{an}{\omega}}\left[\Phi_9(\varphi)\sin\left(\frac{b_n}{\omega}\ln\left(1-\frac{z}{H}\right)\right) + \right.\\
&\qquad\left. + \Phi_{10}(\varphi)\cos\left(\frac{b_n}{\omega}\ln\left(1-\frac{z}{H}\right)\right)\right]
\end{aligned}\right\} \quad (135)$$

Längs der Gründungsfläche, d. h. für $z = 0$ ergeben sich die Sonderformeln

$$\left.\begin{aligned}
\overset{(z=0)}{E w} &= c_1 x - c_3 + \sum_1^\infty {}_n \frac{K_{1,n}}{\lambda} \Phi_7(\varphi) + \sum_1^\infty {}_n \frac{K_{2,n}}{\lambda} \Phi_8(\varphi);\\
\overset{(z=0)}{E u} &= c_1 H + c_2 + \sum_1^\infty {}_n \frac{K_{1,n}}{\lambda} \Phi_9(\varphi) + \sum_1^\infty {}_n \frac{K_{2,n}}{\lambda} \Phi_{10}(\varphi)\\
&\qquad (\text{Gründungsfläche } z=0)
\end{aligned}\right\} \qquad (136)$$

Die drei Lagerungskonstanten c_1, c_2, c_3 sollen wie bisher so bestimmt werden, daß w an den beiden Fußpunkten und u am luftseitigen Mauerfuß verschwindet. Führt man an Stelle von Φ_7 bis Φ_{10} neue Funktionen gemäß

$$\Phi_{\frac{1}{2}w} = c_1 x - c_3 + \Phi_{\frac{7}{8}}; \qquad \Phi_{\frac{1}{2}u} = c_1 H + c_2 + \Phi_{\frac{9}{10}} \qquad (137)$$

ein und bestimmt die Festwerte so, daß $\Phi_{\frac{1}{2}w}$ für $x=0$ und $x=\lambda H$, d. h. für $\varphi=0$ und $\varphi=\omega$ und $\Phi_{\frac{1}{2}u}$ für $x=\lambda H$ bzw. $\varphi=\omega$ verschwinden, so zieht sich (136) auf die einfache Form zusammen:

$$\left.\begin{aligned}
\overset{(z=0)}{E w} &= \sum_1^\infty {}_n \frac{K_{1,n}}{\lambda} \Phi_{1,w}(\varphi) + \sum_1^\infty {}_n \frac{K_{2,n}}{\lambda} \Phi_{2,w}(\varphi);\\
\overset{(z=0)}{E u} &= \sum_1^\infty {}_n \frac{K_{1,n}}{\lambda} \Phi_{1,u}(\varphi) + \sum_1^\infty {}_n \frac{K_{2,n}}{\lambda} \Phi_{2,u}(\varphi)
\end{aligned}\right\} \qquad (136)$$

Die zusätzliche Belastung des Gründungsfelsens ist die gleiche wie diejenige der Mauer und durch (122) gegeben. Es folgt daher mit den Bezeichnungen von Abb. 629

$$p(\xi)\sin\alpha(\xi) = -\sigma_z^{(z=0)}, \quad p(\xi)\cos\alpha(\xi) = +\tau^{(z=0)}. \qquad (138)$$

Wird (138) mit (122′) in (67) eingeführt und $x_u=0$, $x_0=\lambda H$ gesetzt, so erhält man

$$\left.\begin{aligned}
u &= a + \frac{(1+\nu)(1-2\nu)}{2E\lambda H} \sum_1^\infty {}_n \int_0^{\lambda H} \frac{x-\xi}{|x-\xi|} (K_{1,n}\Phi_3 + K_{2,n}\Phi_4)\,d\xi -\\
&\quad - \frac{1-\nu^2}{\frac{1}{2}\pi E\lambda H} \sum_1^\infty {}_u \int_0^{\lambda H} \ln|x-\xi|\,(K_{1,n}\Phi_5 + K_{2,n}\Phi_6)\,d\xi;\\
w &= b - c x - \frac{(1+\nu)(1-2\nu)}{2E\lambda H} \sum_1^\infty {}_n \int_0^{\lambda H} \frac{x-\xi}{|x-\xi|} (K_{1,n}\Phi_5 + K_{2,n}\Phi_6)\,d\xi -\\
&\quad - \frac{1-\nu^2}{\frac{1}{2}\pi E\lambda H} \sum_1^\infty {}_n \int_0^{\lambda H} \ln|x-\xi|\,(K_{1,n}\Phi_3 + K_{2,n}\Phi_4)\,d\xi
\end{aligned}\right\} \qquad (139)$$

In diesen beiden Gleichungen treten zwei Grundintegrale auf, die man nach längeren Entwicklungen auf die folgende Form bringen kann:

$$\int_0^{\lambda H} \frac{x-\xi}{|x-\xi|} \Phi\,d\xi = 2\lambda H \int_0^{\frac{x}{\lambda H}} \Phi\,d\left(\frac{\xi}{\lambda H}\right); \qquad (140)$$

$$\int_0^{\lambda H} \ln|x-\xi|\,\Phi\,d\xi = -\lambda H \int_{\xi=0}^{\xi=\lambda H} \Phi\,d\left[\frac{x-\xi}{\lambda H}\left(\ln\left|\frac{x-\xi}{\lambda H}\right| - 1\right)\right]. \qquad (141)$$

Mit (140) und (141) ist die an sich sehr schwierige Integration der Ausgangsintegrale auf gewöhnliche Quadraturen mit verzerrter Skala zurückgeführt. Im Falle von (140) reicht eine einzige graphische Integration aus, während in dem von (141) für jeden x-Wert eine Sonderquadratur erforderlich ist. Wenn man sich des Planimeters bedient, gelangt man auch hier sehr bald zum Ziele, indem für eine geeignete Zahl von x-Werten der Flächeninhalt ermittelt und als Kurve aufgetragen wird. Um die Auftragung der verzerrten

$\frac{x-\xi}{\lambda H}$	0,000	0,025	0,050	0,100	0,150	0,200	0,300
$\frac{x-\xi}{\lambda H}\left(\ln\left\|\frac{x-\xi}{\lambda H}\right\|-1\right)$	−0,000	−0,117	−0,200	−0,330	−0,435	−0,522	−0,661

$\frac{x-\xi}{\lambda H}$	0,400	0,500	0,600	0,700	0,800	0,900	1,000
$\frac{x-\xi}{\lambda H}\left(\ln\left\|\frac{x-\xi}{\lambda H}\right\|-1\right)$	−0,766	−0,847	−0,907	−0,950	−0,978	−0,995	−1,000

Φ-Kurven zu erleichtern, sind die verzerrten Skalenwerte in Abhängigkeit von $\frac{x-\xi}{\lambda H}$ obenstehend aufgeführt.

Nach der Auswertung der Integrale für die in (139) eingehenden Φ-Funktionen müssen die drei noch willkürlichen Festwerte den Lagerungsbedingungen gemäß bestimmt werden. Dies kann im ganzen oder für jede Integralgruppe getrennt geschehen. Wird der letztere Weg gewählt, so können die Integrale gemäß

$$\left.\begin{aligned}
\psi_{\frac{1}{2},u} &= \frac{(1+\nu)(1-2\nu)}{2\lambda H}\int_0^{\lambda H}\frac{x-\xi}{|x-\xi|}\,\Phi_{\frac{3}{4}}\,d\xi - \frac{1-\nu^2}{\frac{1}{2}\pi\lambda H}\left[\int_0^{\lambda H}\ln|x-\xi|\,\Phi_{\frac{5}{6}}\,d\xi + a_{\frac{1}{2}}\lambda H\right]\\
&= (1+\nu)(1-2\nu)\int_0^{\frac{x}{\lambda H}}\Phi_{\frac{3}{4}}\,d\left(\frac{\xi}{\lambda H}\right) + \frac{1-\nu^2}{\frac{1}{2}\pi}\left[\int_{\xi=0}^{\xi=\lambda H}\Phi_{\frac{5}{6}}\,d\left[\frac{x-\xi}{\lambda H}\left(\ln\left|\frac{x-\xi}{\lambda H}\right|-1\right)\right]-a_{\frac{1}{2}}\right];\\
\psi_{\frac{1}{2},w} &= \frac{(1+\nu)(1-2\nu)}{-2\lambda H}\int_0^{\lambda H}\frac{x-\xi}{|x-\xi|}\,\Phi_{\frac{5}{6}}\,d\xi -\\
&\qquad - \frac{1-\nu^2}{\frac{1}{2}\pi H}\left[\int_0^{\lambda H}\ln|x-\xi|\,\Phi_{\frac{3}{4}}\,d\xi + (b_{\frac{1}{2}}-c_{\frac{1}{2}}x)\lambda H\right]\\
&= -(1+\nu)(1-2\nu)\int_0^{\frac{x}{\lambda H}}\Phi_{\frac{5}{6}}\,d\left(\frac{\xi}{\lambda H}\right) +\\
&\qquad + \frac{1-\nu^2}{\frac{1}{2}\pi}\left[\int_{\xi=0}^{\xi=\lambda H}\Phi_{\frac{3}{4}}\,d\left[\frac{x-\xi}{\lambda H}\left(\ln\left|\frac{x-\xi}{\lambda H}\right|-1\right)\right]-b_{\frac{1}{2}}+c_{\frac{1}{2}}x\right]
\end{aligned}\right\}\quad(142)$$

zusammengefaßt werden und man erhält

$$Eu = \sum_1^{\infty}{}^n K_{1.n}\psi_{1,u} + \sum_1^{\infty}{}^n K_{2,n}\psi_{2,u};\quad Ew = \sum_1^{\infty}{}^n K_{1,n}\psi_{1,w} + \sum_1^{\infty}{}^n K_{2,n}\psi_{2,w}\quad(143)$$

(Felsoberfläche).

Die zweimal unendlich vielen willkürlichen Festwerte $K_{1,n}$ und $K_{2,n}$ müssen nun so bestimmt werden, daß die Gesamtverschiebung aus Grundzustand und

Selbstspannungszuständen für Mauer und Felsen an jeder Stelle der Gründungsfuge die gleiche ist. Die entsprechenden Komponentengleichungen lauten

$$u_B = u_F; \quad w_B = w_F \quad \text{(Gründungsfuge)}. \tag{144}$$

Die Mauerverschiebungen des Grundzustandes, die durch (55) in Verbindung mit (53) und (54) gegeben sind, lassen sich für gefülltes und leeres Staubecken auf die Form bringen

$$u_{B0} = \frac{H^2 \gamma}{E_b} \varphi_{0,u}, \quad w_{B0} = \frac{H^2 \gamma}{E_b} \varphi_{0,w}; \quad u'_{B0} = \frac{H^2 \gamma}{E_b} \varphi'_{0,u}; \quad w'_{B0} = \frac{H^2 \gamma}{E_b} \varphi'_{0,w}. \tag{145}$$

Dabei sind mit $\varphi_{0\,{u \atop w}}$ und $\varphi'_{0\,{u \atop w}}$ die dimensionslosen Funktionen bezeichnet:

$$\left.\begin{aligned}
\varphi_{0,u} &= \frac{\lambda}{2}\Bigg[\left[(3-\beta) - \nu\left(\frac{\gamma'_b}{\gamma} + \frac{1}{\lambda^2}\right)\right] - \frac{2x}{\lambda H}\left[(1-\beta) - \nu\left(\frac{\gamma'_b}{\gamma} - \frac{1}{\gamma^2}\right)\right] - \\
&\qquad - \left(\frac{x}{\lambda H}\right)^2\left[(1+\beta) + \nu\left(\frac{\gamma'_b}{\gamma} - \frac{3}{\lambda^2}\right)\right]\Bigg]; \\
\varphi_{0,w} &= \frac{\lambda^2}{2}\frac{x}{\lambda H}\left(1 - \frac{x}{\lambda H}\right)\left[(1-\beta) - \frac{2+\nu}{\lambda^2} - \nu\frac{\gamma'_b}{\gamma}\right]; \\
\varphi'_{0,u} &= -\frac{\lambda \nu}{2}\left(1 - \frac{x}{\lambda H}\right)^2 \frac{\gamma_b}{\gamma}; \quad \varphi'_{0,w} = -\frac{\lambda^2 \nu}{2}\frac{x}{\lambda H}\left(1 - \frac{x}{\lambda H}\right)\frac{\gamma_b}{\gamma}.
\end{aligned}\right\} \tag{146}$$

Für die Felsverschiebungen des Grundzustandes erhält man aus (69) bzw. (69′) und (74) in entsprechender Weise

$$u_{F0} = \frac{H^2 \gamma}{E_f} \psi_{0,u}, \quad w_{F0} = \frac{H^2 \gamma}{E_f} \psi_{0,w}; \quad u'_{F0} = \frac{H^2 \gamma}{E_f} \psi'_{0,u}, \quad w'_{F0} = \frac{H^2 \gamma}{E_f} \psi'_{0,w}, \tag{147}$$

wobei $\psi_{0\,{u \atop w}}$ und $\psi'_{0\,{u \atop w}}$ die dimensionslosen Funktionen

$$\left.\begin{aligned}
\psi_{0,u} &= \frac{\lambda(1+\nu)(1-2\nu)}{2}\left[m\left(1 - \frac{x}{\lambda H}\right)^2 + \frac{\gamma'_b}{\gamma}\left[1 - \left(\frac{x}{\lambda H}\right)^2\right]\right] - \frac{1-\nu^2}{\pi} f_{[1 - x/\lambda H]}; \\
\psi_{0,w} &= -\frac{\lambda(1-\nu^2)}{\frac{1}{2}\pi}\frac{x}{\lambda H}\ln\left|\frac{x}{\lambda H}\right| + \frac{\lambda(1-\nu^2)}{\pi}\left[m f_{[x/\lambda H]} + \frac{\gamma'_b}{\gamma} f_{[1 - x/\lambda H]}\right] + \\
&\qquad + \frac{(1+\nu)(1-2\nu)}{2}\frac{x}{\lambda H}\left(1 - \frac{x}{\lambda H}\right); \\
\psi'_{0,u} &= \frac{\lambda(1+\nu)(1-2\nu)}{2}\left(1 - \frac{x}{\lambda H}\right)^2 \frac{\gamma_b}{\gamma}; \\
\psi'_{0,w} &= \frac{\lambda(1-\nu^2)}{\pi} f_{[x/\lambda H]} \frac{\gamma_b}{\gamma} \qquad \text{mit} \qquad [f(t) = (1-t)^2 \ln|1-t| + t(2-t)\ln|t|]
\end{aligned}\right\} \tag{148}$$

bezeichnen.

Die Mauerverschiebungen aus den Selbstspannungszuständen folgen nach (136′) zu

$$u_{Bn} = \sum_1^\infty{}_n \frac{K_{1,n}}{\lambda E_b} \varphi_{1,u} + \sum_1^\infty{}_n \frac{K_{2,n}}{\lambda E_b} \varphi_{2,u}; \quad w_{Bn} = \sum_1^\infty{}_n \frac{K_{1,n}}{\lambda E_b} \varphi_{1,w} + \sum_1^\infty{}_n \frac{K_{2,n}}{\lambda E_b} \varphi_{2,w}, \tag{149}$$

und die Felsverformungen nach (143) zu

$$u_{Fn} = \sum_1^\infty{}_n \frac{K_{1,n}}{E_f} \psi_{1,u} + \sum_1^\infty{}_n \frac{K_{2,n}}{E_f} \psi_{2,u}; \quad w_{Fn} = \sum_1^\infty{}_n \frac{K_{1,n}}{E_f} \psi_{1,w} + \sum_1^\infty{}_n \frac{K_{2,n}}{E_f} \psi_{2,w}. \tag{150}$$

Führt man die gefundenen Teilverschiebungen in (144) ein und bezeichnet man das Verhältnis der Elastizitätsmoduli mit

$$\varepsilon = \frac{E_b}{E_f}, \tag{151}$$

so ergeben sich die Bedingungsgleichungen

$$\left.\begin{aligned} H^2\gamma\,(\varphi_{0,u}-\varepsilon\,\psi_{0,u})+\sum_1^\infty{}^n K_{1,n}\left(\frac{\varphi_{1,u}}{\lambda}-\varepsilon\,\psi_{1,u}\right)+\sum_1^\infty{}^n K_{2,n}\left(\frac{\varphi_{2,u}}{\lambda}-\varepsilon\,\psi_{2,u}\right)=0;\\ H^2\gamma\,(\varphi_{0,w}-\varepsilon\,\psi_{0,w})+\sum_1^\infty{}^n K_{1,n}\left(\frac{\varphi_{1,w}}{\lambda}-\varepsilon\,\psi_{1,w}\right)+\sum_1^\infty{}^n K_{2,n}\left(\frac{\varphi_{2,w}}{\lambda}-\varepsilon\,\psi_{2,w}\right)=0\\ \text{(gefülltes Becken)}\end{aligned}\right\}\quad(152)$$

$$\left.\begin{aligned} H^2\gamma_b\,(\varphi'_{0,u}-\varepsilon\,\varphi'_{0,u})+\sum_1^\infty{}^n K_{1,n}\left(\frac{\varphi_{1,u}}{\lambda}-\varepsilon\,\psi_{1,u}\right)+\sum_1^\infty{}^n K_{2,n}\left(\frac{\varphi_{2,u}}{\lambda}-\varepsilon\,\psi_{2,u}\right)=0;\\ H^2\gamma_b\,(\varphi'_{0,w}-\varepsilon\,\psi'_{0,w})+\sum_1^\infty{}^n K_{1,n}\left(\frac{\varphi_{1,w}}{\lambda}-\varepsilon\,\psi_{1,w}\right)+\sum_1^\infty{}^n K_{2,n}\left(\frac{\varphi_{2,w}}{\lambda}-\varepsilon\,\psi_{2,w}\right)=0\\ \text{(leeres Becken)}\end{aligned}\right\}\quad(153)$$

Die Gln. (152) bzw. (153) stellen Identitäten dar, die für jedes x zwischen 0 und λh erfüllt sein müssen. Hierzu reichen die zweimal unendlich vielen willkürlichen Konstanten gerade aus. Da die Ermittlung der φ- und ψ-Funktionen einen nicht unbeträchtlichen Rechenaufwand erfordert, wird man versuchen, mit möglichst wenigen n-Werten auszukommen. Selbstverständlich kann man dann nur auf eine angenäherte Befriedigung der Kontaktbedingungen rechnen. Da es sich bei einer Berücksichtigung der Felsverformungen niemals um mehr als abschätzende Betrachtungen handeln kann, haben allzu genaue Rechnungen auch gar keinen großen Zweck.

Die Grundfunktionen (112), aus denen die Selbstspannungszustände aufgebaut sind, sind teils symmetrisch in bezug auf den Mittelstrahl ($\varphi=\frac{1}{2}\omega$), teils polarsymmetrisch, und zwar gehören zu ungeraden n-Werten symmetrische, zu geraden polarsymmetrische Funktionen. Man wird daher die n-Werte zweckmäßig zu Paaren zusammenfassen. Ferner zeigt die zahlenmäßige Untersuchung, daß in den durch den Index 1 gekennzeichneten Teilzuständen die Normalspannungen in den durch 2 gekennzeichneten die Schubspannungen stärker hervortreten; die zu ein und demselben n-Wert gehörigen Selbstspannungszustände ergänzen daher einander und müssen demgemäß zusammenbleiben. Man wird so ganz natürlich darauf geführt, die Selbstspannungszustände zu Gruppen von je vieren zusammenzufassen, d. h. die Gln. (152) und (153) folgendermaßen unter Einführung einer Gruppenzahl m umzuschreiben:

$$\left.\begin{aligned} &H^2\gamma\,(\varphi_{0,u}-\varepsilon\,\psi_{0,u})+\sum_0^\infty{}^m\Big[K_{1,2m+1}\left(\frac{\varphi_{1,u}}{\lambda}-\varepsilon\,\psi_{1,u}\right)_{(2m+1)}+\\ &\quad+K_{2,2m+1}\left(\frac{\varphi_{2,u}}{\lambda}-\varepsilon\,\psi_{2,u}\right)_{(2m+1)}+K_{1,2m+2}\left(\frac{\varphi_{1,u}}{\lambda}-\varepsilon\,\psi_{1,u}\right)_{(2m+2)}+\\ &\quad+K_{2,2m+2}\left(\frac{\varphi_{2,u}}{\lambda}-\varepsilon\,\psi_{2,u}\right)_{(2m+2)}\Big]=0;\\ &H^2\gamma\,(\varphi_{0,w}-\varepsilon\,\psi_{0,w})+\sum_0^\infty{}^m\Big[K_{1,2m+1}\left(\frac{\varphi_{1,w}}{\lambda}-\varepsilon\,\psi_{1,w}\right)_{(2m+1)}+\\ &\quad+K_{2,2m+1}\left(\frac{\varphi_{2,w}}{\lambda}-\varepsilon\,\psi_{2,w}\right)_{(2m+1)}+K_{1,2m+2}\left(\frac{\varphi_{1,w}}{\lambda}-\varepsilon\,\psi_{1,w}\right)_{(2m+2)}+\\ &\quad+K_{2,2m+2}\left(\frac{\varphi_{2,w}}{\lambda}-\varepsilon\,\psi_{2,w}\right)_{(2m+2)}\Big]=0\\ &\text{(gefülltes Becken)}\end{aligned}\right\}\quad(154)$$

$$\left.\begin{array}{l} H^2\gamma_b(\varphi'_{0,u}-\varepsilon\psi'_{0,u})+\sum\limits_0^\infty{}^m\Big[K_{1,2m+1}\Big(\frac{\varphi_{1,u}}{\lambda}-\varepsilon\psi_{1,u}\Big)_{(2m+1)}+ \\ +K_{2,2m+1}\Big(\frac{\varphi_{2,u}}{\lambda}-\varepsilon\psi_{2,u}\Big)_{(2m+1)}+K_{1,2m+2}\Big(\frac{\varphi_{1,u}}{\lambda}-\varepsilon\psi_{1,u}\Big)_{(2m+2)}+ \\ \qquad +K_{2,2m+2}\Big(\frac{\varphi_{2,u}}{\lambda}-\varepsilon\psi_{2,u}\Big)_{(2m+2)}\Big]=0; \\ H^2\gamma_b(\varphi'_{0,w}-\varepsilon\psi'_{0\,w})+\sum\limits_0^\infty{}^m\Big[K_{1.2m+1}\Big(\frac{\varphi_{1,w}}{\lambda}-\varepsilon\psi_{1,w}\Big)_{(2m+1)}+ \\ +K_{2,2m+1}\Big(\frac{\varphi_{2,w}}{\lambda}-\varepsilon\psi_{2,w}\Big)_{(2m+1)}+K_{1,2m+2}\Big(\frac{\varphi_{1,w}}{\lambda}-\varepsilon\psi_{1,w}\Big)_{(2m+2)}+ \\ \qquad +K_{2,2m+2}\Big(\frac{\varphi_{2,w}}{\lambda}-\varepsilon\psi_{2,w}\Big)_{(2m+2)}\Big]=0 \\ \qquad\text{(leeres Becken)} \end{array}\right\}\quad(155)$$

Eine erste Annäherung ergibt sich, wenn nur die erste m-Gruppe ($m=0$) berücksichtigt wird. Man wird dann über die anfallenden vier willkürlichen Konstanten $K_{1,1}$, $K_{2,1}$, $K_{1,2}$, $K_{2,2}$ so zu verfügen haben, daß die Relativverschiebungen, d. h. die auf den linken Seiten von (154) bzw. (155) stehenden Funktionen im ganzen gesehen möglichst klein werden. Dem läßt sich in bekannter Weise durch Heranziehung der Methode der kleinsten Quadrate Rechnung tragen, indem man die durch die linken Seiten dargestellten Relativverschiebungen quadriert, über der Mauerbreite aufträgt und den so entstehenden Flächeninhalt zu einem Mnimum macht. Da zwei Bedingungsgleichungen gleichzeitig zu berücksichtigen sind, muß die Summe beider Flächeninhalte gebildet und zu einem Minimum gemacht werden. Wird $\frac{x}{\lambda h}$ als Integrationsveränderliche eingeführt, so lautet diese Minimalbedingung

$$\left.\begin{array}{l} \int\limits_0^1\Big[H^2\gamma(\varphi_{0,u}-\varepsilon\psi_{0,u})+K_{1,1}\Big(\frac{\varphi_{1,u}}{\lambda}-\varepsilon\psi_{1,u}\Big)_{(1)}+K_{2,1}\Big(\frac{\varphi_{2,u}}{\lambda}-\varepsilon\psi_{2,u}\Big)_{(1)}+ \\ \qquad +K_{1,2}\Big(\frac{\varphi_{1,u}}{\lambda}-\varepsilon\psi_{1,u}\Big)_{(2)}+K_{2,2}\Big(\frac{\varphi_{2,u}}{\lambda}-\varepsilon\psi_{2,u}\Big)_{(2)}\Big]^2 d\Big(\frac{x}{\lambda H}\Big)+ \\ +\int\limits_0^1\Big[H^2\gamma\,\varphi_{0,w}-\varepsilon\psi_{0,w})+K_{1,1}\Big(\frac{\varphi_{1,w}}{\lambda}-\varepsilon\psi_{1,w}\Big)_{(1)}+K_{2,1}\Big(\frac{\varphi_{2,w}}{\lambda}-\varepsilon\psi_{2,w}\Big)_{(1)}+ \\ \qquad +K_{1,2}\Big(\frac{\varphi_{1,w}}{\lambda}-\varepsilon\psi_{1,w}\Big)_{(2)}+K_{2,2}\Big(\frac{\varphi_{2,w}}{\lambda}-\varepsilon\psi_{2,w}\Big)_{(2)}\Big]^2 d\Big(\frac{x}{\lambda H}\Big)=\text{Min} \end{array}\right\}\quad(156)$$

Die linke Seite von (156) ist eine Funktion der vier Veränderlichen $K_{1,1}$, $K_{2,1}$, $K_{1,2}$, $K_{2,2}$. Um sie zu einem Minimum zu machen, müssen die partiellen Differentialquotienten nach den vier Veränderlichen Null gesetzt werden. Bezeichnet man die in den großen Klammern von (156) stehenden Funktionen mit G_1 und G_2, so lauten die vier Bedingungsgleichungen:

$$\left.\begin{array}{ll} \int\limits_0^1\Big(2\,G_1\frac{\partial G_1}{\partial K_{1,1}}+2\,G_2\frac{\partial G_2}{\partial K_{1,1}}\Big)d\Big(\frac{x}{\lambda H}\Big)=0; & \int\limits_0^1\Big(2\,G_1\frac{\partial G_1}{\partial K_{2,1}}+2\,G_2\frac{\partial G_2}{\partial K_{2,1}}\Big)d\Big(\frac{x}{\lambda H}\Big)=0; \\ \int\limits_0^1\Big(2\,G_1\frac{\partial G_2}{\partial K_{1,2}}+2\,G_2\frac{\partial G_2}{\partial K_{1,2}}\Big)d\Big(\frac{x}{\lambda H}\Big)=0; & \int\limits_0^1\Big(2\,G_1\frac{\partial G_1}{\partial K_{2,2}}+2\,G_2\frac{\partial G_2}{\partial K_{2,2}}\Big)d\Big(\frac{x}{\lambda H}\Big)=0 \end{array}\right\}\quad(157)$$

Werden die partiellen Differentialquotienten nach (156) gebildet, so folgt:

$$\left.\begin{array}{llll} \frac{\partial G_1}{\partial K_{1,1}}=\frac{\varphi^{(1)}_{1,u}}{\lambda}-\varepsilon\psi^{(1)}_{1,u}; & \frac{\partial G_1}{\partial K_{2,1}}=\frac{\varphi^{(1)}_{2,u}}{\lambda}-\varepsilon\psi^{(1)}_{2,u}; & \frac{\partial G_1}{\partial K_{1,2}}=\frac{\varphi^{(2)}_{1,u}}{\lambda}-\varepsilon\psi^{(2)}_{1,u}; & \frac{\partial G_1}{\partial K_{2,2}}=\frac{\varphi^{(2)}_{2,u}}{\lambda}-\varepsilon\psi^{(2)}_{2,u}; \\ \frac{\partial G_2}{\partial K_{1,1}}=\frac{\varphi^{(1)}_{1,w}}{\lambda}-\varepsilon\psi^{(1)}_{1,w}; & \frac{\partial G_2}{\partial K_{2,1}}=\frac{\varphi^{(1)}_{2,w}}{\lambda}-\varepsilon\psi^{(1)}_{2,w}; & \frac{\partial G_2}{\partial K_{1,2}}=\frac{\varphi^{(2)}_{1,w}}{\lambda}-\varepsilon\psi^{(2)}_{1,w}; & \frac{\partial G_2}{\partial K_{2,2}}=\frac{\varphi^{(2)}_{2,w}}{\lambda}-\varepsilon\psi^{(2)}_{2,w} \end{array}\right\}\quad(158)$$

Nach Einsetzen von (158) in (157) und nach Ausmultiplizieren, Ordnen und Zerlegen der Integrale ergeben sich vier Bestimmungsgleichungen der folgenden Art:

$$\left.\begin{aligned}
A_{1,1}K_{1,1}+A_{2,1}K_{2,1}+A_{3,1}K_{1,2}+A_{4,1}K_{2,2}&=B_1 \text{ bzw. } B_1';\\
A_{1,2}K_{1,1}+A_{2,2}K_{2,1}+A_{3,2}K_{1,2}+A_{4,2}K_{2,2}&=B_2 \text{ bzw. } B_2';\\
A_{1,3}K_{1,1}+A_{2,3}K_{2,1}+A_{3,3}K_{1,2}+A_{4,3}K_{2,2}&=B_3 \text{ bzw. } B_3';\\
A_{1,4}K_{1,1}+A_{2,4}K_{2,1}+A_{3,4}K_{1,2}+A_{4,4}K_{2,2}&=B_4 \text{ bzw. } B_4'
\end{aligned}\right\} \quad (159)$$

Die B-Werte gehören zum gefüllten, die B'-Werte zum leeren Staubecken. Im übrigen sind die A- und B-Werte bestimmte Integrale von 0 bis 1 über die entsprechenden Produkte der φ- und ψ-Funktionen, auf deren Wiedergabe hier verzichtet werden kann. Löst man die Gl. (159) nach den vier Unbekannten auf, so ist die m-0-Gruppe der Selbstspannungszustände vollständig festgelegt.

Um nun zu einer zweiten verbesserten Annäherung durch Miteinbeziehung der m-1-Gruppe zu gelangen, braucht man nur die noch verbliebenen, durch $m=0$ noch nicht ausgeglichenen Relativverschiebungen festzustellen und von ihnen als neuen Grundzustand auszugehen. Bei sinngemäßer Übertragung der Bezeichnung ergibt sich, wenn zur Kennzeichnung des neuen Grundzustandes die Zahl 1 gewählt wird:

$$\left.\begin{aligned}
u_{B1}-u_{F1}&=H^2\gamma\,(\varphi_{0,u}-\varepsilon\,\psi_{0,u})+K_{1,1}\left(\frac{\varphi_{1,u}^{(1)}}{\lambda}-\varepsilon\,\psi_{1,u}^{(1)}\right)+\\
&+K_{2,1}\left(\frac{\varphi_{2,u}^{(1)}}{\lambda}-\varepsilon\,\psi_{2,u}^{(1)}\right)+K_{1,2}\left(\frac{\varphi_{1,u}^{(2)}}{\lambda}-\varepsilon\,\psi_{1,u}^{(2)}\right)+\\
&+K_{2,2}\left(\frac{\varphi_{2,u}^{(2)}}{\lambda}-\varepsilon\,\psi_{2,u}^{(2)}\right)=H^2\gamma\,(\varphi_{0,u}-\varepsilon\,\psi_{0,u})^{(1)};\\
w_{B1}-w_{F1}&=H^2\gamma\,(\varphi_{0,w}-\varepsilon\,\psi_{0,w})+K_{1,1}\left(\frac{\varphi_{1,w}^{(1)}}{\lambda}-\varepsilon\,\psi_{1,w}^{(1)}\right)+\\
&+K_{2,1}\left(\frac{\varphi_{2,w}^{(1)}}{\lambda}-\varepsilon\,\psi_{2,w}^{(1)}\right)+K_{1,2}\left(\frac{\varphi_{1,w}^{(2)}}{\lambda}-\varepsilon\,\psi_{1,w}^{(2)}\right)+\\
&+K_{2,2}\left(\frac{\varphi_{2,w}^{(2)}}{\lambda}-\varepsilon\,\psi_{2,w}^{(2)}\right)=H^2\gamma\,(\varphi_{0,w}-\varepsilon\,\psi_{0,w})^{(1)}
\end{aligned}\right\} \quad (160)$$

An Stelle von (154) und (155) tritt jetzt in ganz entsprechender Weise, selbstverständlich unter Fortlassung der bereits zum Ausgleich herangezogenen m-0-Gruppe

$$\left.\begin{aligned}
&H^2\gamma\,(\varphi_{0,u}-\varepsilon\,\psi_{0,u})^{(1)}+\sum_1^\infty{}^m\left[K_{1,2m+1}\left(\frac{\varphi_{1,u}}{\lambda}-\varepsilon\,\psi_{1,u}\right)_{(2m+1)}+\right.\\
&\quad+K_{2,2m+1}\left(\frac{\varphi_{2,u}}{\lambda}-\varepsilon\,\psi_{2,u}\right)_{(2m+1)}+K_{1,2m+2}\left(\frac{\varphi_{1,u}}{\lambda}-\varepsilon\,\psi_{1,u}\right)_{(2m+2)}+\\
&\quad\left.+K_{2,2m+2}\left(\frac{\varphi_{2,u}}{\lambda}-\varepsilon\,\psi_{2,u}\right)_{(2m+2)}\right]=0;\\
&H^2\gamma\,(\varphi_{0,w}-\varepsilon\,\psi_{0,w})^{(1)}+\sum_1^\infty{}^m\left[K_{1,2m+1}\left(\frac{\varphi_{1,w}}{\lambda}-\varepsilon\,\psi_{1,w}\right)_{(2m+1)}+\right.\\
&\quad+K_{2,2m+1}\left(\frac{\varphi_{2,w}}{\lambda}-\varepsilon\,\psi_{2,w}\right)_{(2m+1)}+K_{1,2m+2}\left(\frac{\varphi_{1,w}}{\lambda}-\varepsilon\,\psi_{1,w}\right)_{(2m+2)}+\\
&\quad\left.+K_{2,2m+2}\left(\frac{\varphi_{2,w}}{\lambda}-\varepsilon\,\psi_{2,w}\right)_{(2m+2)}\right]=0
\end{aligned}\right\} \quad (161)$$

(gefülltes Becken)

$$\left.\begin{aligned}
&H^2\gamma_b\,(\varphi'_{0,u}-\varepsilon\psi'_{0,u})^{(1)}+\sum_1^{\infty}{}^m\Big[K_{1,2m+1}\Big(\frac{\varphi_{1,u}}{\lambda}-\varepsilon\psi_{1,u}\Big)_{(2m+1)}+\\
&\quad+K_{2,2m+1}\Big(\frac{\varphi_{2,u}}{\lambda}-\varepsilon\psi_{2,u}\Big)_{(2m+1)}+K_{1,2m+2}\Big(\frac{\varphi_{1,u}}{\lambda}-\varepsilon\psi_{1,u}\Big)_{(2m+2)}+\\
&\qquad+K_{2,2m+2}\Big(\frac{\varphi_{2,u}}{\lambda}-\varepsilon\psi_{2,u}\Big)_{(2m+2)}\Big]=0;\\
&H^2\gamma_b\,(\varphi'_{0,w}-\varepsilon\psi'_{0,w})^{1}+\sum_1^{\infty}{}^m\Big[K_{1,2m+1}\Big(\frac{\varphi_{1,w}}{\lambda}-\varepsilon\psi_{1,w}\Big)_{(2m+1)}+\\
&\quad+K_{2,2m+1}\Big(\frac{\varphi_{2,w}}{\lambda}-\varepsilon\psi_{2,w}\Big)_{(2m+1)}+K_{1,2m+2}\Big(\frac{\varphi_{1,w}}{\lambda}-\varepsilon\psi_{1,w}\Big)_{(2m+2)}+\\
&\qquad+K_{2,2m+2}\Big(\frac{\varphi_{2,w}}{\lambda}-\varepsilon\psi_{2,w}\Big)_{(2m+2)}\Big]=0\\
&\qquad\text{(leeres Becken)}
\end{aligned}\right\}\quad(162)$$

In diesen Gleichungen, die der Form nach völlig mit (154) und (155) übereinstimmen, vernachlässigt man nun wieder alle Summenglieder bis auf das erste ($m=1$). Es fallen dann wieder vier willkürliche Festwerte K an, die in gleicher Weise wie beim Zustand ($m=0$) bestimmt werden können. Die entsprechende Minimumbedingung lautet z. B.

$$\left.\begin{aligned}
&\int_0^1\Big[H^2\gamma\,(\varphi_{0,u}-\varepsilon\psi_{0,u})^{(1)}+K_{1,3}\Big(\frac{\varphi^{(3)}_{1,u}}{\lambda}-\varepsilon\psi^{(3)}_{1,u}\Big)+\\
&\quad+K_{2,3}\Big(\frac{\varphi^{(3)}_{2,u}}{\lambda}-\varepsilon\psi^{(3)}_{2,u}\Big)+K_{1,4}\Big(\frac{\varphi^{(4)}_{1,u}}{\lambda}-\varepsilon\psi^{(4)}_{1,u}\Big)+\\
&\qquad+K_{2,4}\Big(\frac{\varphi^{(4)}_{2,u}}{\lambda}-\varepsilon\psi^{(4)}_{2,u}\Big)\Big]^2 d\Big(\frac{x}{\lambda H}\Big)+\\
&+\int_0^1\Big[H^2\gamma\,(\varphi_{0,w}-\varepsilon\psi_{0,w})^{(1)}+K_{1,3}\Big(\frac{\varphi^{(3)}_{1,w}}{\lambda}-\varepsilon\psi^{(3)}_{1,w}\Big)+\\
&\quad+K_{2,3}\Big(\frac{\varphi^{(3)}_{2,w}}{\lambda}-\varepsilon\psi^{(3)}_{2,w}\Big)+K_{1,4}\Big(\frac{\varphi^{(4)}_{1,w}}{\lambda}-\varepsilon\psi^{(4)}_{1,w}\Big)+\\
&\qquad+K_{2,4}\Big(\frac{\varphi^{(4)}_{2,w}}{\lambda}-\varepsilon\psi^{(4)}_{2,w}\Big)\Big]^2 d\Big(\frac{x}{\lambda H}\Big)=\text{Min}
\end{aligned}\right\}\quad(163)$$

Fährt man auf diesem Wege der stufenweisen Iteration fort, so lassen sich immer neue Selbstspannungszustände heranziehen, mit denen die schließlich noch verbleibenden Relativverformungen beliebig klein gemacht werden können. Wie oben bereits betont wurde, wird man den Rechnungsgang aber nur so weit fortsetzen, wie es zur Erzielung eines allgemeinen Überblickes notwendig ist.

Die Zusatzspannungen, die durch (121) allgemein gegeben sind, nehmen mit wachsender Entfernung von der Gründungsfläche schnell ab. Maßgebend hierfür ist das analytische Verhalten der Funktion

$$\Big(1-\frac{z}{H}\Big)^{\frac{a n}{\omega}-1},$$

die als gemeinsamer Faktor in den gleichwertigen Selbstspannungsgruppen auftritt. Ihr Verlauf ist aus der folgenden Zusammenstellung ersichtlich:

$\frac{z}{H}$		0,0	0,1	0,2	0,3	0,4	0,5	0,6	0,7	0,8	0,9	1,0
$m=0$	$n=1$	1,000	0,550	0,281	0,131	0,055	0,019	0,005	0,001	0,000	0,000	0,000
	$n=2$	1,000	0,322	0,090	0,021	0,004	0,001	0,000	0,000	0,000	0,000	0,000
$m=1$	$n=3$	1,000	0,187	0,028	0,003	0,000	0,000	0,000	0,000	0,000	0,000	0,000
	$n=4$	1,000	0,110	0,009	0,001	0,000	0,000	0,000	0,000	0,000	0,000	0,000

Die Spannungen klingen hiernach um so schneller ab, je höher die Ordnung (n) des Selbstspannungszustandes ist. Für $z/H = 0{,}2$ beispielsweise, d. h. in $^1/_5$ der Mauerhöhe von unten, ist der Beitrag, den die zweite Selbstspannungsgruppe ($m = 1$) zu den Spannungen liefert, bereits kleiner als 3%, d. h. die Gruppe $m = 0$ liefert in dieser Höhenlage schon fast die genauen Spannungen. In halber Mauerhöhe sinkt auch der Einfluß der ersten Selbstspannungsgruppe unter 3%, so daß für die obere Mauerhälfte die lineare Spannungsverteilung tatsächlich zutrifft.

Im übrigen zeigt die Zahlenrechnung, daß die höheren Selbstspannungsgruppen in um so stärkerem Maße in Erscheinung treten, je größer ε, d. h. je größer die Baugrundverschiebungen werden. Es hängt dies damit zusammen, daß wegen der einspringenden Ecken die Spannungen am luft- und wasserseitigen Mauerfuß unendlich groß werden. Je nachgiebiger der Baugrund ist, um so stärker ist die Ausstrahlung dieser Singularitäten ins Mauerinnere und um so mehr Selbstspannungsgruppen sind erforderlich, um den Ausgleich der Relativverschiebungen herbeizuführen.

Die eben erwähnten einspringenden Ecken sind selbstverständlich in Wirklichkeit niemals vorhanden. Die Bauherstellung bringt ganz von selbst entsprechende Übergänge mit sich, welche die Spannungen niemals unendlich groß werden lassen. Es ist andererseits aber für die Beurteilung der tatsächlich zu erwartenden Beanspruchung doch von großer Bedeutung, daß man den Spannungsanstieg nach den Mauerfüßen zu klar übersieht. Dieser muß naturgemäß für $\varepsilon = \infty$, d. h. für eine im Vergleich zum Felsen starre Mauer am größten sein. Die Untersuchung dieses Grenzzustandes ist daher von ganz besonderer praktischer Bedeutung.

Bei im Vergleich zum Baugrund starrer Mauer sind die Verschiebungen u und w aus der Grundbelastung gegen den luftseitigen Mauerfuß bzw. gegen die Verbindungslinie der Mauerfüße Null. Werden die lotrechte und waagerechte Teilkraft der unbekannten schrägen Bodenpressungen gemäß

$$v(\xi) = p(\xi)\sin\alpha(\xi), \quad h(\xi) = p(\xi)\cos\alpha(\xi) \tag{164}$$

bezeichnet, so ergeben sich nach (67) für den betrachteten Grenzfall mit $u = 0$ und $w = 0$ die beiden Integralgleichungen

$$\left.\begin{aligned} &a - \frac{(1+\nu)(1-2\nu)}{2E}\int_{x_u}^{x_0}\frac{x-\xi}{|x-\xi|}\,v(\xi)\,d\xi - \frac{1-\nu^2}{\frac{1}{2}\pi E}\int_{x_u}^{x_0}\ln|x-\xi|\,h(\xi)\,d\xi = 0;\\ &b - c\,x - \frac{(1+\nu)(1-2\nu)}{2E}\int_{x_u}^{x_0}\frac{x-\xi}{|x-\xi|}\,h(\xi)\,d\xi + \frac{1-\nu^2}{\frac{1}{2}\pi E}\int_{x_u}^{x_0}\ln|x-\xi|\,v(\xi)\,d\xi = 0 \end{aligned}\right\} \tag{165}$$

Da x stets innerhalb des Lastbereiches liegt, ist der Bruch in den beiden vorderen Integralen von (165) auf der Strecke von x_u bis x gleich $+1$ und auf derjenigen von x bis x_0 gleich -1. Wird dieses in (165) berücksichtigt, so folgt

$$\left.\begin{aligned} &a - \frac{(1+\nu)(1-2\nu)}{2E}\left[\int_{x_u}^{x} v(\xi)\,d\xi + \int_{x_0}^{x} v(\xi)\,d\xi\right] - \frac{1-\nu^2}{\frac{1}{2}E\pi}\int_{x_u}^{x_0}\ln|x-\xi|\,h(\xi)\,d\xi = 0;\\ &b - c\,x - \frac{(1+\nu)(1-2\nu)}{2E}\left[\int_{x_u}^{x} h(\xi)\,d\xi + \int_{x_0}^{x} h(\xi)\,d\xi\right] + \frac{1-\nu^2}{\frac{1}{2}E\pi}\int_{x_u}^{x_0}\ln|x-\xi|\,v(\xi)\,d\xi = 0 \end{aligned}\right\} \tag{165'}$$

Wird (165′) nach x differenziert, so erhält man

$$\left.\begin{aligned} &-\frac{(1+\nu)(1-2\nu)}{E}\,v(x)-\frac{1-\nu^2}{\frac{1}{2}\pi E}\int_{x_u}^{x_0}\frac{h(\xi)\,d\xi}{x-\xi}=0;\\ &-c-\frac{(1-\nu)(1-2\nu)}{E}\,h(x)+\frac{1-\nu^2}{\frac{1}{2}\pi E}\int_{x_u}^{x_0}\frac{v(\xi)\,d\xi}{x-\xi}=0 \end{aligned}\right\}\quad(166)$$

Legt man das Bezugssystem gemäß Abb. 642 in Mitte Gründungsfolge und wird zur bequemeren Schreibweise die Integration von -1 bis $+1$ erstreckt — was der Allgemeinheit keinen Abbruch tut, da es sich ja lediglich um Feststellung der Belastungsverteilung handelt —, so geht mit den abkürzenden Bezeichnungen

$$k=-\frac{c\pi E}{2(1-\nu^2)};\quad \varepsilon=\frac{2(1-\nu)}{\pi(1-2\nu)}\qquad(167)$$

(167) über in

$$\left.\begin{aligned} v(x)&=-\varepsilon\int_{-1}^{+1}\frac{h(\xi)\,d\xi}{x-\xi};\\ h(x)&=\varepsilon\left(k+\int_{-1}^{+1}\frac{v(\xi)\,d\xi}{x-\xi}\right) \end{aligned}\right\}\quad\text{(Mauer im Vergleich zum Baugrund starr)}\quad(168)$$

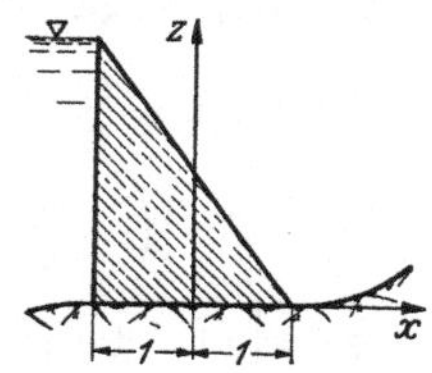

Abb. 642.

Um diese Integralgleichungen aufzulösen, kann man z. B. v und h an der Stelle $x=0$ in **Maclaurin**sche Reihe entwickeln. Man erhält zunächst für die hierzu erforderlichen Ableitungen

$$v\ (x)=-\varepsilon\int_{-1}^{+1}\frac{h(\xi)\,d\xi}{x-\xi};\qquad v\ (0)=+\varepsilon\int_{-1}^{+1}\frac{h(\xi)\,d\xi}{\xi};$$

$$h\ (x)=\varepsilon\left(k+\int_{-1}^{+1}\frac{v(\xi)\,d\xi}{x-\xi}\right);\quad h\ (0)=\varepsilon\left(k-\int_{-1}^{+1}\frac{v(\xi)\,d\xi}{\xi}\right)$$

$$v'\ (x)=+1!\,\varepsilon\int_{-1}^{+1}\frac{h(\xi)\,d\xi}{(x-\xi)^2};\quad v'\ (0)=+1!\,\varepsilon\int_{-1}^{+1}\frac{h(\xi)\,d\xi}{\xi^2};$$

$$h'\ (x)=-1!\,\varepsilon\int_{-1}^{+1}\frac{v(\xi)\,d\xi}{(x-\xi)^2};\qquad h'\ (0)=-1!\,\varepsilon\int_{-1}^{+1}\frac{v(\xi)\,d\xi}{\xi^2}$$

$$v''\ (x)=-2!\,\varepsilon\int_{-1}^{+1}\frac{h(\xi)\,d\xi}{(x-\xi)^3};\quad v''\ (0)=+2!\,\varepsilon\int_{-1}^{+1}\frac{h(\xi)\,d\xi}{\xi^3};$$

$$h''\ (x)=+2!\,\varepsilon\int_{-1}^{+1}\frac{v(\xi)\,d\xi}{(x-\xi)^3};\qquad h''\ (0)=-2!\,\varepsilon\int_{-1}^{+1}\frac{v(\xi)\,d\xi}{\xi^3}$$

$$v'''(x)=+3!\,\varepsilon\int_{-1}^{+1}\frac{h(\xi)\,d\xi}{(x-\xi)^4};\quad v'''(0)=+3!\,\varepsilon\int_{-1}^{+1}\frac{h(\xi)\,d\xi}{\xi^4};$$

$$h'''(x)=-3!\,\varepsilon\int_{-1}^{+1}\frac{v(\xi)\,d\xi}{(x-\xi)^4};\qquad h'''(0)=-3!\,\varepsilon\int_{-1}^{+1}\frac{v(\xi)\,d\xi}{\xi^4}$$

Werden diese Werte in die Maclaurin-Entwicklung eingeführt, so ergibt sich:

$$\left.\begin{aligned} v(x) &= +\varepsilon\left[\int_{-1}^{+1}\frac{h(\xi)\,d\xi}{\xi} + x\int_{-1}^{+1}\frac{h(\xi)\,d\xi}{\xi^2} + x^2\int_{-1}^{+1}\frac{h(\xi)\,d\xi}{\xi^3} + x^3\int_{-1}^{+1}\frac{h(\xi)\,d\xi}{\xi^4} + \cdots\right] \\ h(x) &= -\varepsilon\left[-k + \int_{-1}^{+1}\frac{v(\xi)\,d\xi}{\xi} + x\int_{-1}^{+1}\frac{v(\xi)\,d\xi}{\xi^2} + x^2\int_{-1}^{+1}\frac{v(\xi)\,d\xi}{\xi^3} + x^3\int_{-1}^{+1}\frac{v(\xi)\,d\xi}{\xi^4} + \cdots\right] \end{aligned}\right\} \quad (169)$$

Um die Koeffizienten in (169) auswerten zu können, seien v und h zunächst als Potenzreihen mit unbestimmten Beiwerten geschrieben, etwa gemäß

$$\left.\begin{aligned} v(x) &= A(1 + a_2x^2 + a_4x^4 + a_6x^6 + \ldots) + B(a_1x + a_3x^3 + a_5x^5 + a_7x^7 + \ldots), \\ h(x) &= C(1 + b_2x^2 + b_4x^4 + b_6x^6 + \ldots) + D(b_1x + b_3x^3 + b_5x^5 + b_7x^7 + \ldots) \end{aligned}\right\} \quad (170)$$

wenn gleich nach Symmetrie und Polarsymmetrie geordnet wird. Damit ergibt sich nach Auswertung der Integrale von (169):

$$\left.\begin{aligned} v(x) = 2D\varepsilon&\Big[\Big(b_1 + \frac{b_3}{3} + \frac{b_5}{5} + \frac{b_7}{7} + \cdots\Big) + x^2\Big(-b_1 + b_3 + \frac{b_5}{3} + \frac{b_7}{5} + \frac{b_9}{7} + \cdots\Big) + \\ &+ x^4\Big(-\frac{b_1}{3} - b_3 + b_5 + \frac{b_7}{3} + \frac{b_9}{5} + \frac{b_{11}}{7} + \cdots\Big) + \cdots\Big] \\ +2C\varepsilon&\Big[x\Big(-1 + b_2 + \frac{b_4}{3} + \frac{b_6}{5} + \frac{b_8}{7} + \cdots\Big) + x^3\Big(-\frac{1}{3} - b_2 + b_4 + \frac{b_6}{3} + \frac{b_8}{5} + \frac{b_{10}}{7} + \cdots\Big) + \\ &+ x^5\Big(-\frac{1}{5} - \frac{b_2}{3} - b_4 + b_6 + \frac{b_8}{3} + \frac{b_{10}}{5} + \frac{b_{12}}{7} + \cdots\Big) + \cdots\Big] \\ h(x) = -2B\varepsilon&\Big[\Big(-\frac{k}{2B} + a_1 + \frac{a_3}{3} + \frac{a_5}{5} + \frac{a_7}{7} + \cdots\Big) + x^2\Big(-a_1 + a_3 + \frac{a_5}{3} + \frac{a_7}{5} + \frac{a_9}{7} + \cdots\Big) + \\ &+ x^4\Big(-\frac{a_1}{3} - a_3 + a_5 + \frac{a_7}{3} + \frac{a_9}{5} + \frac{a_{11}}{7} + \cdots\Big) + \cdots\Big] \\ -2A\varepsilon&\Big[x\Big(-1 + a_2 + \frac{a_4}{3} + \frac{a_6}{5} + \frac{a_8}{7} + \cdots\Big) + x^3\Big(-\frac{1}{3} - a_2 + a_4 + \frac{a_6}{3} + \frac{a_8}{5} + \frac{a_{10}}{7} + \cdots\Big) + \\ &+ x^5\Big(-\frac{1}{5} - \frac{a_2}{3} - a_4 + a_6 + \frac{a_8}{3} + \frac{a_{10}}{5} + \frac{a_{12}}{7} + \cdots\Big) + \cdots\Big] \end{aligned}\right\} \quad (171)$$

Drückt man die linken Seiten dieser Gleichungen gemäß (170) aus, so entstehen Identitäten, aus denen durch Koeffizientenvergleich folgt:

$$\left.\begin{aligned} A &= 2D\varepsilon\Big(+b_1 + \frac{b_3}{3} + \frac{b_5}{5} + \frac{b_7}{7} + \cdots\Big); & Ba_1 &= 2C\varepsilon\Big(-1 + b_2 + \frac{b_4}{3} + \frac{b_6}{5} + \frac{b_8}{7} + \cdots\Big) \\ Aa_2 &= 2D\varepsilon\Big(-b_1 + b_3 + \frac{b_5}{3} + \frac{b_7}{5} + \cdots\Big); & Ba_3 &= 2C\varepsilon\Big(-\frac{1}{3} - b_2 + b_4 + \frac{b_6}{3} + \frac{b_8}{5} + \cdots\Big) \\ Aa_4 &= 2D\varepsilon\Big(-\frac{b_1}{3} - b_3 + b_5 + \frac{b_5}{3} + \cdots\Big); & Ba_5 &= 2C\varepsilon\Big(-\frac{1}{5} - \frac{b_2}{3} - b_4 + b_6 + \frac{b_8}{3} + \cdots\Big) \\ &\cdots\quad\cdots & &\cdots\quad\cdots \\ C &= -2B\varepsilon\Big(-\frac{k}{2B} + a_1 + \frac{a_3}{3} + \frac{a_5}{5} + \frac{a_7}{7} + \cdots\Big); & Db_1 &= -2A\varepsilon\Big(-1 + a_2 + \frac{a_4}{3} + \frac{a_6}{5} + \frac{a_8}{7} + \cdots\Big) \\ Cb_2 &= -2B\varepsilon\Big(\quad -a_1 + a_3 + \frac{a_5}{3} + \frac{a_7}{5} + \cdots\Big); & Db_3 &= -2A\varepsilon\Big(-\frac{1}{3} - a_2 + a_4 + \frac{a_6}{3} + \frac{a_8}{5} + \cdots\Big) \\ Cb_4 &= -2B\varepsilon\Big(\quad -\frac{a_1}{3} - a_3 + a_5 + \frac{a_7}{3} + \cdots\Big); & Db_5 &= -2A\varepsilon\Big(-\frac{1}{5} - \frac{a_2}{3} - a_4 + a_6 + \frac{a_8}{3} + \cdots\Big) \\ &\cdots\quad\cdots & &\cdots\quad\cdots \end{aligned}\right\} \quad (172)$$

Mit (83) ist die Problemstellung auf die Auflösung eines unendlichen Doppelgleichungssystems zurückgeführt, auf dessen Auflösung hier im einzelnen verzichtet werden kann. Nach längeren Zahlenrechnungen erhält man

$$v(x) = A\,\varphi_1(x) + B\,\varphi_2(x) - K\,\varphi_3(x); \quad h(x) = -B\,\varphi_1(x) + A\,\varphi_2(x) + K\,\varphi_4(x). \quad (173)$$

Dabei werden die φ-Funktionen durch die folgenden Potenzreihen dargestellt:

$$\left.\begin{aligned}\varphi_1(x) &= 1 + 0{,}47\,x^2 + 0{,}33\,x^4 + 0{,}27\,x^6 + 0{,}23\,x^8 + 0{,}21\,x^{10} + 0{,}19\,x^{12} + \\ &+ 0{,}18\,x^{14} + 0{,}16\,x^{16} + 0{,}15\,x^{18} + 0{,}14\,x^{20} + 0{,}14\,x^{22} + 0{,}13\,x^{24} + \\ &+ 0{,}13\,x^{26} + 0{,}12\,x^{28} + 0{,}12\,x^{30} + 0{,}12\,x^{32} + 0{,}11\,x^{34} + 0{,}11\,x^{36} + \cdots \\ \varphi_2(x) &= 0{,}26\,x + 0{,}22\,x^3 + 0{,}18\,x^5 + 0{,}15\,x^7 + 0{,}13\,x^9 + 0{,}12\,x^{11} + 0{,}11\,x^{13} + \\ &+ 0{,}10\,x^{15} + 0{,}09\,x^{17} + 0{,}09\,x^{19} + 0{,}08\,x^{21} + 0{,}08\,x^{23} + 0{,}07\,x^{25} + \\ &+ 0{,}07\,x^{27} + 0{,}07\,x^{29} + 0{,}06\,x^{31} + 0{,}06\,x^{33} + 0{,}06\,x^{35} + 0{,}06\,x^{37} + \cdots\end{aligned}\right\} \quad (174)$$

$$\left.\begin{aligned}\varphi_3(x) &= 0{,}59\,x + 0{,}35\,x^3 + 0{,}29\,x^5 + 0{,}25\,x^7 + 0{,}23\,x^9 + 0{,}21\,x^{11} + 0{,}20\,x^{13} + \\ &+ 0{,}19\,x^{15} + 0{,}18\,x^{17} + 0{,}17\,x^{19} + 0{,}17\,x^{21} + 0{,}16\,x^{23} + 0{,}16\,x^{25} + \\ &+ 0{,}15\,x^{27} + 0{,}15\,x^{29} + 0{,}15\,x^{31} + 0{,}14\,x^{33} + 0{,}14\,x^{35} + 0{,}14\,x^{37} + \cdots \\ \varphi_4(x) &= 1 + 0{,}37\,x^2 + 0{,}26\,x^4 + 0{,}20\,x^6 + 0{,}17\,x^8 + 0{,}15\,x^{10} + 0{,}13\,x^{12} + \\ &+ 0{,}12\,x^{14} + 0{,}11\,x^{16} + 0{,}10\,x^{18} + 0{,}09\,x^{20} + 0{,}09\,x^{22} + 0{,}08\,x^{24} + \\ &+ 0{,}08\,x^{26} + 0{,}07\,x^{28} + 0{,}07\,x^{30} + 0{,}07\,x^{32} + 0{,}06\,x^{34} + 0{,}06\,x^{36} + \cdots\end{aligned}\right\} \quad (175)$$

A, B, K sind drei willkürliche Festwerte; K verschwindet gleichzeitig mit k. Der Verlauf der vier φ-Funktionen ist aus Abb. 643 ersichtlich. φ_1 und φ_4 sind symmetrische, φ_2 und φ_3 polarsymmetrische Funktionen. Für $x = \pm 1$, d. h. für die Mauerkanten werden sie alle vier unendlich groß.

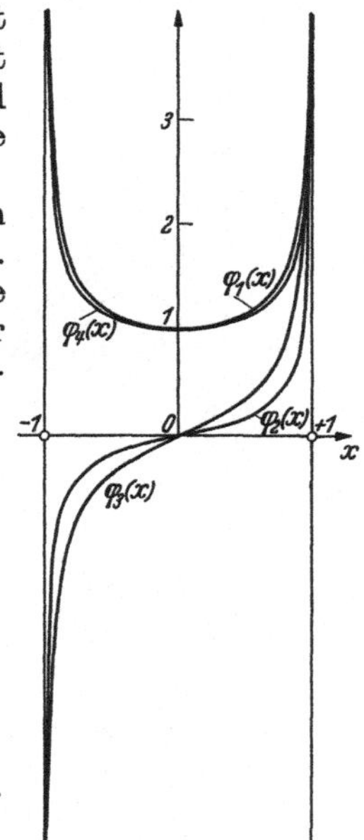

Abb. 643.

Die drei willkürlichen Festwerte müssen den statischen Gleichgewichtsbedingungen entsprechend bestimmt werden. Wird zunächst der Fall des **leeren** Staubeckens ins Auge gefaßt und wie bisher ein Dreiecksquerschnitt mit lotrechter Stauwand zugrunde gelegt, so lauten die Gleichgewichtsbedingungen:

$$\tfrac{1}{2}\lambda H \int_{-1}^{+1} v(x)\,\mathrm{d}x = G = \tfrac{1}{2}\lambda H^2 \gamma_b; \qquad \int_{-1}^{+1} v(x)\,\mathrm{d}x = H\gamma_b;$$

$$\tfrac{1}{2}\lambda H \int_{-1}^{+1} h(x)\,\mathrm{d}x = 0; \qquad \text{oder} \qquad \int_{-1}^{+1} h(x)\,\mathrm{d}x = 0;$$

$$(\tfrac{1}{2}\lambda H)^2 \int_{-1}^{+1} v(x)\,x\,\mathrm{d}x = M =$$

$$= -G\frac{\lambda H}{6} = -\frac{\lambda^2 H^3}{12}\gamma_b. \qquad \int_{-1}^{+1} x\,v(x)\,\mathrm{d}x = -\frac{H\gamma_b}{6}.$$

Durch Planimetrierung erhält man

$$\int_{-1}^{+1} v(x)\,\mathrm{d}x = 2{,}900\,A; \qquad \int_{-1}^{+1} h(x)\,\mathrm{d}x = -2{,}900\,B + 2{,}636\,K;$$

$$\int_{-1}^{+1} v(x)\,x\,\mathrm{d}x = 0{,}544\,B - 1{,}100\,K.$$

Werden diese Werte in die Gleichgewichtsbedingungen eingeführt, so folgen die Bestimmungsgleichungen

$$A = 0{,}345\,h\gamma_b; \quad B = 0{,}910\,K; \quad -\frac{h\gamma_b}{12} = 0{,}136\,B - 0{,}275\,K = 0{,}151\,K.$$

Die Auflösung ergibt:

$$A = 0{,}345\,h\gamma_b; \quad B = 0{,}502\,h\gamma_b; \quad K = 0{,}552\,h\gamma_b,$$

und man erhält

$$\left.\begin{aligned}v_x &= H\gamma_b\,[0{,}345\,\varphi_1(x) + 0{,}502\,\varphi_2(x) - 0{,}552\,\varphi_3(x)] \\ h_x &= H\gamma_b\,[-0{,}345\,\varphi_1(x) + 0{,}345\,\varphi_2(x) + 0{,}552\,\varphi_4(x)]\end{aligned}\right\} \text{(leeres Becken)}. \quad (176)$$

Bei gefülltem Becken lauten die Gleichgewichtsbedingungen folgendermaßen:

$$\tfrac{1}{2}\lambda H \int_{-1}^{+1} v(x)\,\mathrm{d}x = G = \tfrac{1}{2}\lambda H^2 \gamma_b,$$

$$\tfrac{1}{2}\lambda H \int_{-1}^{+1} h(x)\,\mathrm{d}x = W = \tfrac{1}{2}\gamma H^2,$$

$$\left(\frac{1}{2}\lambda H\right)^2 \int_{-1}^{+1} v(x)\,x\,\mathrm{d}x = M = -G\,\frac{\lambda H}{6} + W\,\frac{H}{3} = \frac{\lambda^2 H^3}{12}\,\gamma_b\left(-1 + \frac{2}{\lambda^2}\,\frac{\gamma}{\gamma_b}\right).$$

Unter Benutzung der oben bereits ausgewerteten Integrale und für $\gamma_b = 2{,}3\ \mathrm{t/m^3}$ und $\lambda = 0{,}73$ folgt durch Auflösen der drei Bestimmungsgleichungen:

$$A = 0{,}345\,H\gamma_b; \qquad B = -0{,}691\,H\gamma_b; \qquad K' = -0{,}533\,H\gamma_b.$$

Damit ergibt sich:

$$\left.\begin{aligned} v_x &= H\gamma_b\,[0{,}345\,\varphi_1(x) - 0{,}691\,\varphi_2(x) + 0{,}533\,\varphi_3(x)] \\ h_x &= H\gamma_b\,[0{,}691\,\varphi_1(x) + 0{,}345\,\varphi_2(x) - 0{,}533\,\varphi_4(x)] \end{aligned}\right\}\ \text{(gefülltes Becken)} \qquad (177)$$

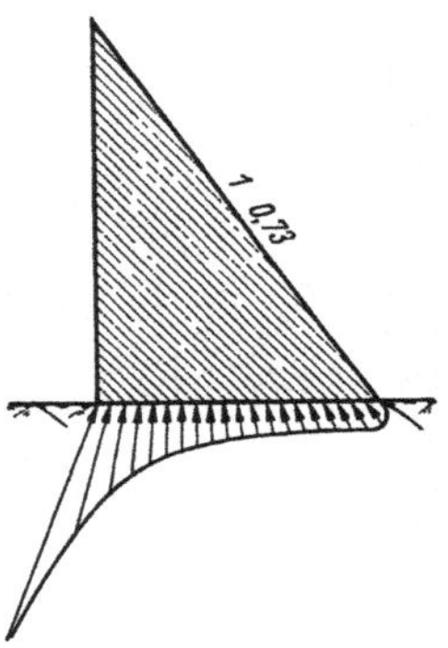

Abb. 644. Felsgegenkräfte bei im Verhältnis zum Felsmaterial starrem Beton bei leerem Becken.

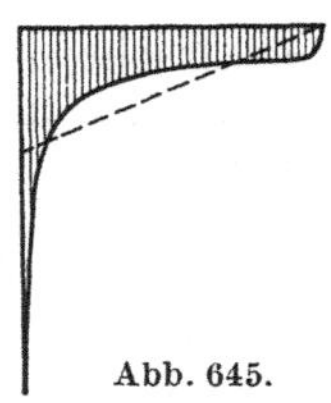

Abb. 645.

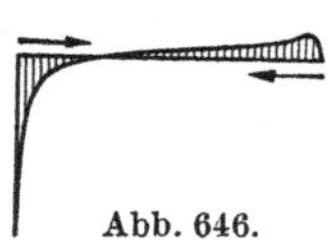

Abb. 646.

Abb. 645 und 646. Lotrechte Bodenpressungen und Scherkräfte zu Abb. 644.

Aus den Abb. 644—649 ist die Verteilung der Bodenpressungen und Scherkräfte sowie der resultierenden Felsreaktionen für leeres und bordvolles Staubecken ersichtlich. Der Vergleich mit der einpunktierten geradlinigen Spannungsverteilung zeigt stets eine Entlastung der mittleren Mauerzonen auf Kosten der Ränder. Unendlich große Spannungen treten bei leerem Becken am wasserseitigen Mauerfuß, bei vollem Becken an beiden Mauerfüßen auf. Die zusätzlichen Scherkräfte wirken sich bei leerem Becken günstig aus, indem sie die Mauer in waagerechter Richtung zusammenpressen, d. h. der Bildung von Längsrissen entgegenwirken. Bei gefülltem Becken dagegen findet eine Scherkraftverschiebung von der Luft zur Wasserseite statt, durch welche die Entstehung gefährlicher Längsrisse begünstigt wird. Die Ausdehnung der luft- und wasserseitigen Singularitäten, auf deren Feststellung es hier in erster Linie ankam, erweist sich als verhältnismäßig beschränkt, so daß Befürchtungen bezüglich einer Überwindung der Druckfestigkeit an den Mauerfüßen bei entsprechender Betongüte nicht am Platze sind.

(4) Spannungszustand unter Berücksichtigung der Baugrundverformung. Nachdem in den vorhergehenden Abschnitten die allgemeinen Grundlagen für eine umfassende Berücksichtigung der Baugrundverformung gegeben wurden, bedarf es lediglich noch umfangreicher Zahlenrechnungen, um diese in eine für den Ingenieur unmittelbar brauchbare Form zu kleiden. Hierbei befinden wir uns in der angenehmen Lage, daß die Zahlenrechnung auf einen mittleren λ-Wert beschränkt werden kann, da — wenigstens in Deutschland — die Schwankungen in den λ-Werten so gering sind, daß deren Berücksichtigung in gar keinem Verhältnis zu den doch immerhin sehr rohen sonstigen Annahmen stehen würde. Dieses nur geringe Bedürfnis, die Zahlenrechnung auf andere λ-Werte auszudehnen, ließ es auch gerechtfertigt erscheinen, auf eine Wiedergabe der sehr langwierigen Zahlenrechnungen zu verzichten, so interessant und lehrreich sie in vieler Hinsicht waren.

Die den Rechnungen zugrunde gelegte Gewichtsmauer ist eine solche mit Dreiecksquerschnitt und lotrechter Stauwand. Ihr Raumgewicht wurde mit $\gamma_b = 2{,}3$ t/m³ und der Abminderungsbeiwert des Sohlenwasserdruckes zu $m = 0{,}4$ angenommen. Dies führt nach (48) auf einen λ-Wert von $B/H = 0{,}73$. Um einen befriedigenden Überblick über den Einfluß der Baugrundverformung zu erhalten, wurden $\varepsilon = E_b/E_f$-Werte von 0, $^1/_2$, 1, 2 und ∞ untersucht. Bezüglich der Staubeckenfüllung wurde die Rechnung auf die beiden Grenzwerte des leeren und des bordvollen Staubeckens beschränkt. Ferner wurde noch der Einfluß der Baugrundverformung auf den Schwindspannungsverlauf festgestellt, worauf unter Ziffer 16 näher eingegangen werden wird.

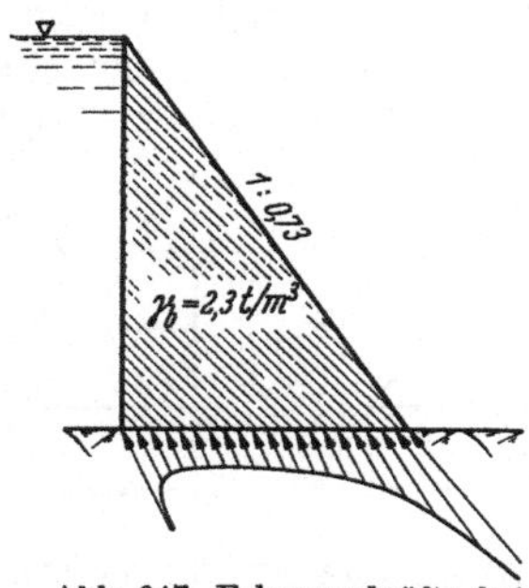

Abb. 647. Felsgegenkräfte bei im Verhältnis zum Felsmaterial starrem Beton bei gefülltem Becken.

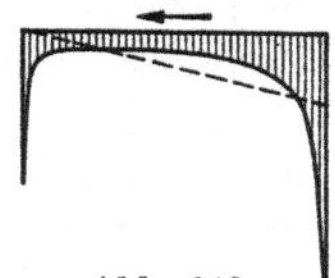

Abb. 648.

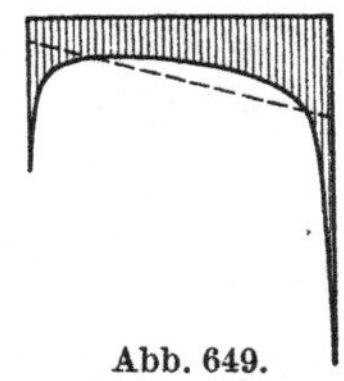

Abb. 649.

Abb. 648 u. 649. Lotrechte Bodenpressungen und Scherkräfte zu Abb. 647.

Bei **leerem** Staubecken ergibt sich die aus den Abb. 650—654 ersichtliche Spannungsverteilung. Diese unterscheidet sich teilweise beträchtlich von der gewöhnlich aus der Trapezregel abgeleiteten linearen Spannungsverteilung, die beim Dreiecksquerschnitt mit lotrechter Stauwand an jeder Stelle durch das Gewicht der lotrecht darüber liegenden Mauersäule gegeben ist; aus dieser folgt

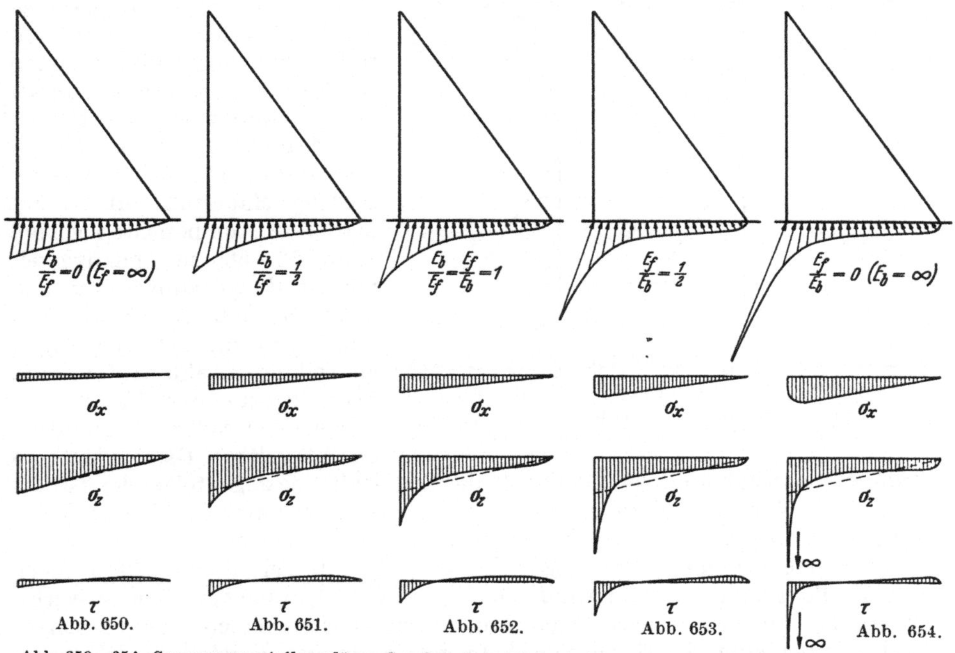

Abb. 650. Abb. 651. Abb. 652. Abb. 653. Abb. 654.

Abb. 650—654. Spannungsverteilung längs der Gründungsfläche bei leerem Staubecken in Abhängigkeit von der Baugrundelastizität.

zwangsläufig, daß in waagerechten Schnitten weder waagerechte Pressungen noch Schubspannungen vorhanden sein können und die Verteilung der lotrechten Pressungen dem darüber liegenden Querschnittsdreieck verhältnisgleich ist.

Demgegenüber zeigt die Berücksichtigung der Baugrundverformung zunächst eine Anpassung an die strahlenförmige Kraftausbreitung im Halbraum. Gemäß Abb. 650—654 setzt sich die Mauer nicht mit lediglich lotrechten Pressungen ab, sondern sie wird von den Felsgegenkräften gewissermaßen in die Zange genommen. Die von den Rändern nach innen gerichteten zusätzlichen Scherkräfte erzeugen entsprechende zusätzliche waagerechte Druckspannungen, die den Schwindspannungen in sehr vorteilhafter Weise entgegenwirken. Die Zangenwirkung der Felsgegenkräfte tritt mit abnehmender Baugrundhärte immer stärker in Erscheinung. Demgemäß bleibt die Dreiecksverteilung der lotrechten Pressungen auch nur bei starr vorausgesetztem Baugrund einigermaßen gewahrt. Mit abnehmender Baugrundhärte zeigt sich eine immer stärker werdende wasserseitige Verdichtung der lotrechten Pressungen, der aus statischen Gründen eine luftseitige Gegenverdichtung bei entsprechender Entlastung der Mauermitte folgen muß.

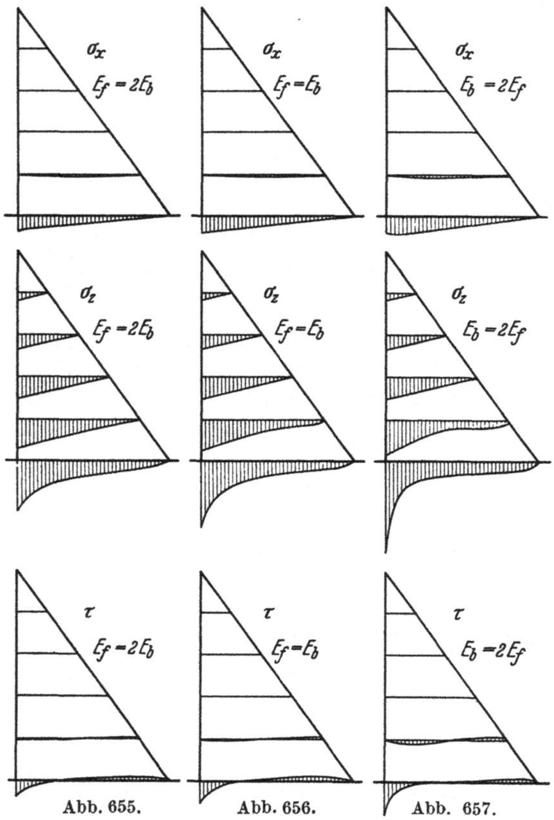

Abb. 655. Abb. 656. Abb. 657.

Abb. 655—657. Spannungsverteilung bei leerem Staubecken unter Berücksichtigung der Baugrundverformung.

Um einen Überblick über Spannungsabnahme und Störungsverlauf in der Höhenrichtung zu geben, sind in den Abb. 655—657 die Spannungskomponenten für fünf waagerechte Schnitte unter Beschränkung auf die praktisch im Vordergrunde stehenden ε-Werte von $^1/_2$, 1 und 2 aufgetragen worden. Hiernach klingt der Einfluß der Baugrundverformung rasch ab und beschränkt sich etwa auf das untere Mauerdrittel.

Die größten Spannungen treten selbstverständlich am wasserseitigen Mauerfuß auf. Trägt man ihre Komponenten gemäß Abb. 658—660 in Abhängigkeit von der Baugrundhärte auf, und zwar so, daß von $\varepsilon = 1$ nach links E_b/E_f und nach rechts E_f/E_b als Teilung gewählt wird, so kann man für jedes ε bzw. $1/\varepsilon$ die zu erwartenden Größtwerte unmittelbar abgreifen. Die Einheit des Ordinatenmaßstabes entspricht gerade der aus der Trapezregel folgenden Größtspannung. Man kann daraus unmittelbar ermessen, wieweit die lineare Spannungsverteilung an den tatsächlichen Verhältnissen vorbeigeht.

Zusammenfassend kann festgestellt werden, daß bei leerem Staubecken sich die Baugrundverformung nur günstig auf den Spannungsverlauf auswirkt, da die zusätzlichen waagerechten Pressungen gewissermaßen eine natürliche Vorbelastung zum Ausgleich von Schwindspannungen darstellen. Weiterhin verhindert die Verschiebung der lotrechten Pressungen von der Mauermitte nach den Rändern, daß zusätzliche Zugspannungen aus der Kronenauflast, wie sie sich nach der Trapezregel für den Bereich des luftseitigen Mauerfußes ergeben, tatsächlich als solche in Erscheinung treten können. Es ist daher in keiner Weise begründet, wenn, um jene nur scheinbaren Zugspannungen zu vermeiden, auf die statisch so vorteilhafte Lotrechtstellung der Wasserseite verzichtet wird. Wenn man so will, könnte man die starke Erhöhung der wasserseitigen Bodenpressungen als Nachteil buchen; dem steht jedoch entgegen, daß in

Gewichtsmauern die hohe Druckfestigkeit des Betons nur selten ausgenutzt wird, und daß im übrigen bei wasserseitigen Pressungen, die über das zulässige Maß hinausgehen, der Beton — und zumal der junge Beton — sich durch plastisches Fließen den gewünschten Ausgleich selbst beschaffen kann. Die Zusatzspannungen können hier, wie überall bei statisch unbestimmten Tragwerken, niemals in dem Maße gefährlich werden, wie es rechnerisch den Anschein hat.

Bei *gefülltem* Staubecken wirkt sich die Baugrundverformung grundsätzlich anders aus; es sind keineswegs, wie man vielleicht erwarten könnte, Wasser- und Luftseite einfach vertauscht. Betrachtet man die aus Abb. 661—665 ersichtliche

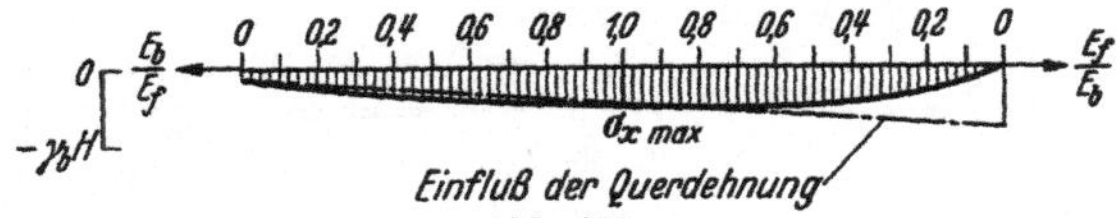

Abb. 658.

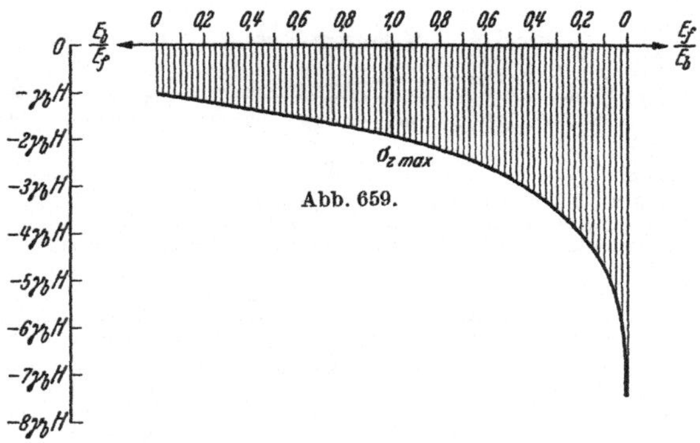

Abb. 659.

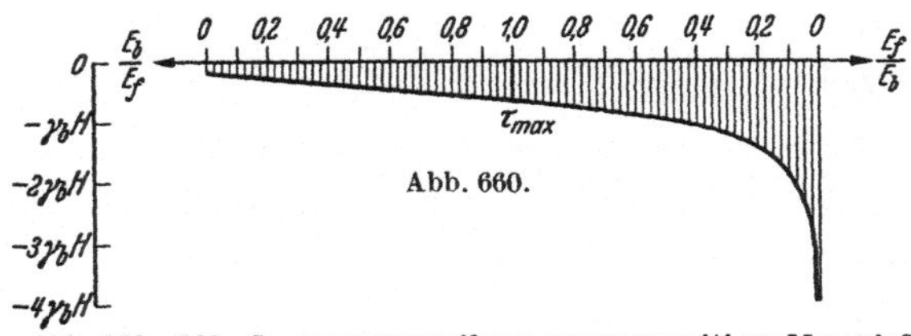

Abb. 660.

Abb. 658—660. Spannungsverteilung am wasserseitigen Mauerfuß bei leerem Staubecken in Abhängigkeit von der Baugrundelastizität.

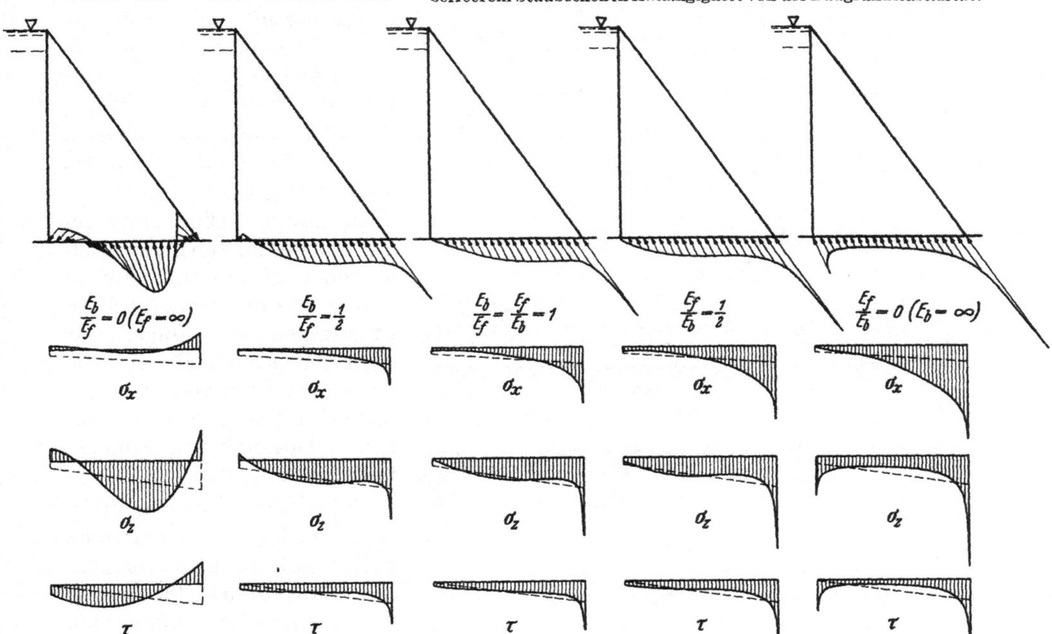

Abb. 661. Abb. 662. Abb. 663. Abb. 664. Abb. 665.

Abb. 661—665. Spannungsverteilung längs der Gründungsfläche bei gefülltem Staubecken in Abhängigkeit von der Baugrundelastizität. (Der gestrichelte Verlauf entspricht dem Grundzustand unter Berücksichtigung des Sohlenwasserdruckes als äußere Belastung.)

Verteilung der Bodenpressungen und Schübe in Abhängigkeit von der Felshärte, so tritt zunächst im Bereich der Wasserseite bei harten Felsarten Druckentlastung, bei weichen Drucksteigerung auf. Der letzteren fällt praktisch

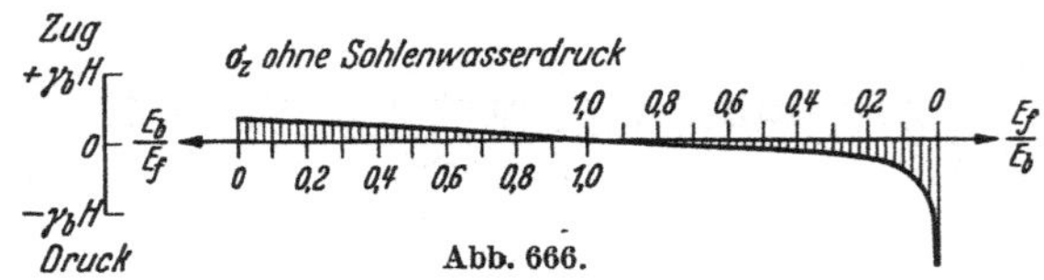

Abb. 666.

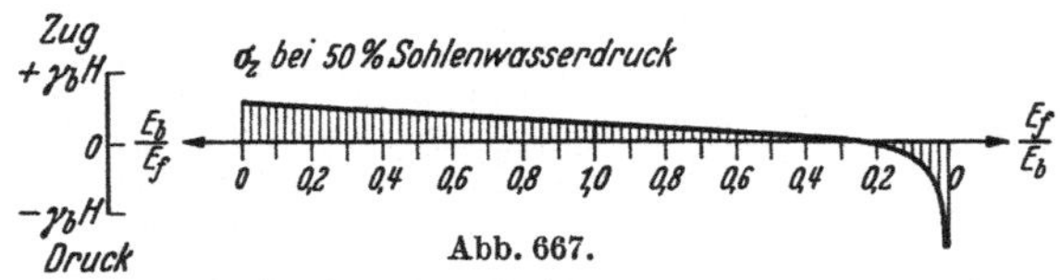

Abb. 667.

Abb. 666 und 667. Lotrechte Bodenpressung am wasserseitigen Mauerfuß bei gefülltem Staubecken in Abhängigkeit von der Baugrundelastizität, ohne bzw. bei 50% Sohlenwasserdruck.

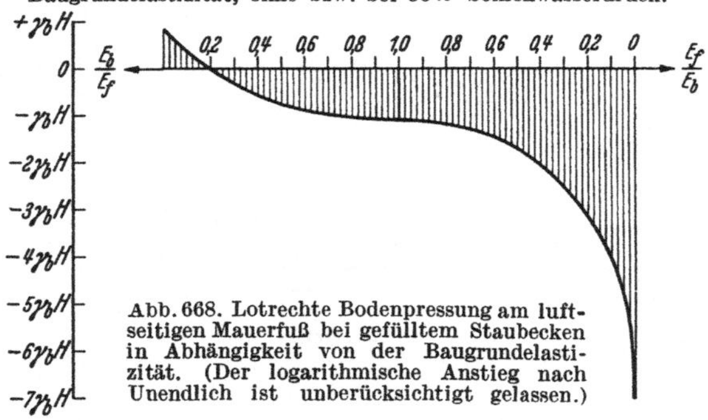

Abb. 668. Lotrechte Bodenpressung am luftseitigen Mauerfuß bei gefülltem Staubecken in Abhängigkeit von der Baugrundelastizität. (Der logarithmische Anstieg nach Unendlich ist unberücksichtigt gelassen.)

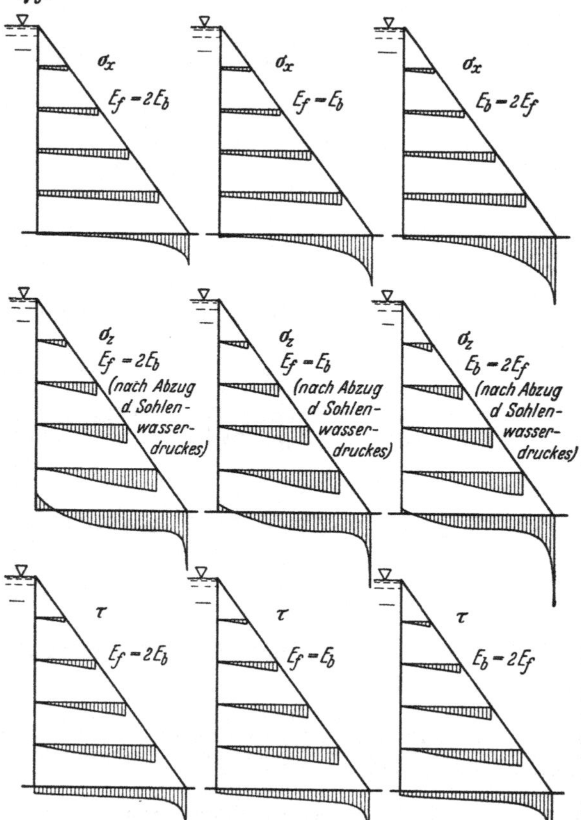

Abb. 669. Abb. 670. Abb. 671.

Abb. 669—671. Spannungsverteilung bei gefülltem Staubecken unter Berücksichtigung der Baugrundverformung.

keine große Bedeutung zu, da allzu weiche Gesteine aus Gründen einer einwandfreien Scherkraftübertragung für Staumauern nicht geeignet sind. Die damit im wesentlichen verbleibende Druckentlastung wirkt sich in Richtung zunehmender Gesteinshärte (Abb. 666) sehr nachteilig aus. Das tritt noch klarer in Erscheinung, wenn der im gleichen Sinne wirkende Sohlenwasserdruck noch mit hinzu genommen wird (Abbildung 667). Bei einer 60 m hohen Staumauer, die über einem harten und dichten Eruptivgestein von etwa $\varepsilon = \frac{1}{2}$ errichtet wird, muß nach Abb. 667 beispielsweise mit wasserseitigen Zugspannungen von $0{,}4\,\gamma_b H$ oder rund 5,5 kg/cm² gerechnet werden. Bei solchen Werten rückt die Abreißgefahr des wasserseitigen Mauerfußes in bedenkliche Nähe. Diese ist ganz allgemein um so größer, je härter, d. h. je tragfähiger der Baugrund ist.

Allen Felsarten gemeinsam ist die Schubspannungsverlagerung von der Luft- zur Wasserseite. Diese hat im Bereich der harten und mittelharten Gesteine eine Herabminderung der waagerechten Pressungen zur Folge, was einer Steigerung der Längsrißgefahr gleichkommt. Auch hier schneiden gerade die härtesten Gesteine am schlechtesten ab.

Abgesehen von den praktisch nicht vorkommenden Fällen nahezu unverformbaren Baugrundes tritt stets im Bereiche des luftseitigen Mauerfußes eine Spannungsanhäufung auf, deren Verlauf in lotrechter Richtung Abb. 668 zeigt. Dem wird baulich bereits dadurch Rechnung getragen, daß der luftseitige Mauerfuß niemals als Spitze hergestellt wird. Bei guter Ausrundung und Einbindung in den Felsen, wie es z. B. Abb. 564 erkennen läßt, ist jedenfalls nichts zu befürchten. Selbstverständlich muß hier wie überall im Bereich der Gründungsfläche für einen ganz besonders guten Beton Sorge getragen werden.

Zusammenfassend muß man sagen, daß bei gefülltem Staubecken die Baugrundverformung den Spannungsverlauf durchweg ungünstig beeinflußt. An der Wasserseite wird die Gefahr des Abreißens, in der Mitte diejenige der Längsrißbildung vergrößert und an der Luftseite ergibt sich eine Spannungsanhäufung. Wenn diese Wirkungen gemäß Abb. 669—671 auch in der Höhenrichtung sehr schnell abklingen und durch das plastische Fließen des Betons zweifellos etwas gemildert werden, so setzen sie doch die Sicherheit einer Gewichtsmauer nicht unbeträchtlich herab. Dies gilt in um so stärkerem Maße, je härter und tragfähiger der Felsen ist.

16. Zusatzspannungen durch Raumänderungen.

(1) Allgemeines. Raumänderungen entstehen im Beton durch Schwinden, Schwellen, Porenwasserdruck, Temperaturschwankungen, elastische Formänderungen und plastisches Fließen. Unter diesen nimmt das Schwinden eine bevorzugte Stellung ein. Bei den Spannungen, die durch Raumänderungen entstehen, muß unterschieden werden zwischen solchen, die durch Behinderung der Randverformung erzeugt werden und zwischen denen, die durch ungleichmäßige Verteilung bedingt sind. Die Behinderung der Randverformungen ist die Hauptursache für die Entstehung der Schwindrisse. Sie ist am größten längs der Gründungsfläche; weitere Hemmnisse bilden die jahreszeitlich bedingten Unterbrechungsfugen, an denen Blöcke mit großen Altersunterschieden zusammentreffen. Eine Erfassung dieser Wirkungen ist in der Weise möglich, daß man die Mauer längs der Behinderungsflächen etwa gemäß Abb. 672 und 673 aufgeschnitten und frei gelagert denkt und den tatsächlichen geometrischen Zusammenhang nachträglich durch Überlagerung geeigneter Selbstspannungszustände erzwingt. Die Behinderung des Schwindens findet in Längs- und Querrichtung der Mauer statt. Man darf sich nicht dem Trugschluß hingeben, als ob durch den Einbau der Fugen die Mauer etwa in der Längsrichtung spannungsfrei geworden wäre.

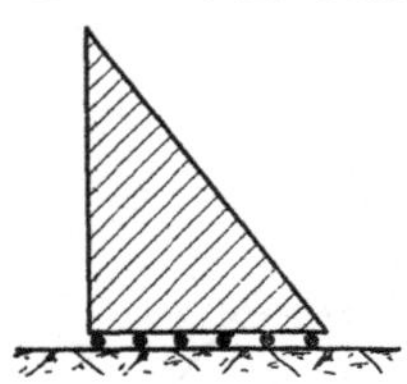

Abb. 672.

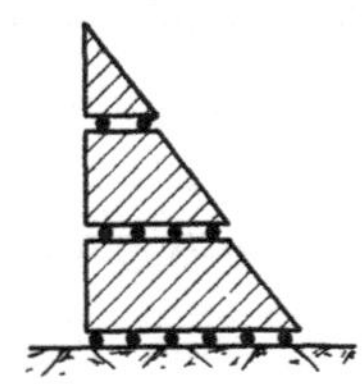

Abb. 673.

Die ungleichmäßige Raumänderung beschränkt sich im wesentlichen auf die Querrichtung. Die unter Ziffer 2 zusammengestellten Meßergebnisse, insbesondere jene von Probst und Hoffmann geben hierüber weitgehend Aufschluß. Die spannungserzeugenden Raumänderungen erreichen in Mauermitte, wo die höchste Abbindetemperatur herrscht, ihren Größtwert und fallen nach den Rändern zu langsam ab. Sie wachsen ferner von der Krone zur Sohle, der zunehmenden Mauerdicke entsprechend, an. In erster Annäherung kann man der Veränderlichkeit der Abbindetemperatur und damit auch den schädlichen Raumänderungen durch den Ansatz

$$T(x, z) = T\left[\mu + (1-\mu)\frac{4x}{\lambda H}\left(1-\frac{z}{H}-\frac{x}{\lambda H}\right)\right] \tag{1}$$

Rechnung tragen. Der Beiwert μ, der zwischen 0 und 1 liegen muß, gestattet noch eine Anpassung an die Stärke des Randabfalles. In Sohlenmitte, d. h. für $z=0$ und $x=\frac{1}{2}\lambda H$ ergibt sich die Höchsttemperatur T. Eine mit den Temperaturmessungen gut vereinbare Verteilung liefert der Beiwert $\frac{1}{2}$, mit dem sich ergibt

$$T(x, z) = T\left[\frac{1}{2} + \frac{2x}{\lambda H}\left(1-\frac{z}{H}-\frac{x}{\lambda H}\right)\right]. \qquad \left(\mu = \frac{1}{2}\right) \tag{2}$$

Die (2) entsprechende Temperaturverteilung ist in Abb. 674 schaubildlich dargestellt worden.

Die Abgabe der Abbindewärme gestaltet sich je nach den örtlichen Verhältnissen ganz verschieden, und es ist aussichtslos, darüber feste Angaben machen zu wollen. Man hat das auch gar nicht nötig, da man sich für die Beurteilung auf die ungünstigste Zwischenlage und auf die Endlage beschränken kann. Die ungünstigste Zwischenlage tritt dann ein, wenn an den Rändern die Abbindewärme vollständig abgegeben ist, während im Mauerkern noch kein fühlbarer Abfall eingesetzt hat. Der entsprechende Ansatz lautet

$$T'(x, z) = T\mu\frac{4x}{\lambda H}\left(1 - \frac{z}{H} - \frac{x}{\lambda H}\right). \tag{3}$$

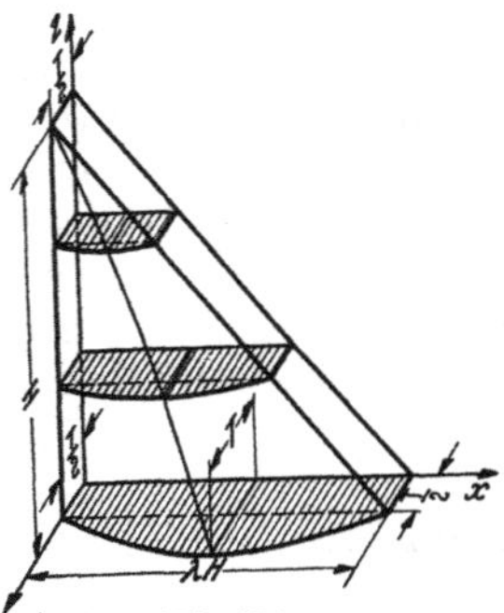

Abb. 674.

Der zugehörige Temperaturverlauf ist aus Abb. 675 ersichtlich. Für den Temperaturunterschied zwischen Ausgangslage und ungünstiger Zwischenlage ergibt sich allgemein

$$T(x, z) - T'(x, z) = T\mu\left[1 - \frac{4x}{\lambda H}\left(1 - \frac{z}{H} - \frac{x}{\lambda H}\right)\right], \tag{4}$$

und für $\mu = \frac{1}{2}$ (vgl. auch Abb. 676)

$$T(x,z) - T'(x,z) = T\left[\frac{1}{2} - \frac{2x}{\lambda H}\left(1 - \frac{z}{H} - \frac{x}{\lambda H}\right)\right]. \quad \left(\mu = \frac{1}{2}\right) \tag{5}$$

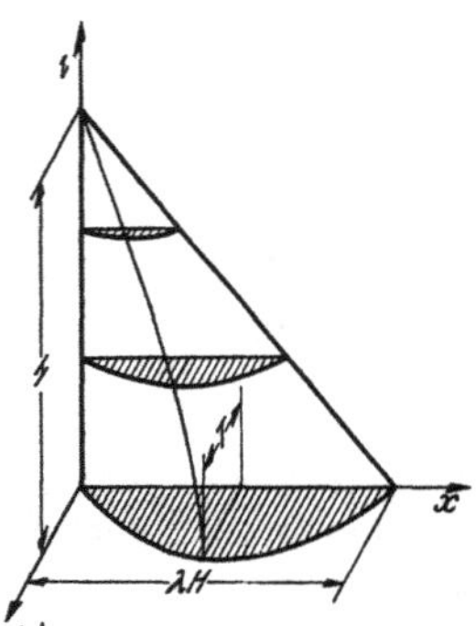

Abb. 675.

In der Endlage, d. h. nach Beendigung des Schwindens, ist die ganze Abbindewärme verschwunden. Der entsprechende Temperaturunterschied ist daher unmittelbar durch (1) bzw. (2) gegeben (vgl. die Auftragung Abb. 674).

Die Raumänderung läßt sich in die Dehnungen nach den drei Achsrichtungen zerlegen. Bezeichnet α_t den Wärmeausdehnungsbeiwert des Betons ($\alpha_t = {}^1/_{100\,000}$) und $(t - t_0)$ eine vorgegebene Temperaturzunahme, so ergibt sich:

$$\varepsilon_x = \varepsilon_y = \varepsilon_z = \varepsilon_t = \alpha_t (t - t_0). \tag{6}$$

In Anwendung auf die beiden betrachteten Grenzfälle des Schwindvorganges erhält man daher:

$$\left.\begin{aligned} \varepsilon_x = \varepsilon_y = \varepsilon_z &= -T\alpha_t\mu\left[1 - \frac{4x}{\lambda H}\left(1 - \frac{z}{H} - \frac{x}{\lambda H}\right)\right] \\ \text{bzw.} \quad & -T\alpha_t\left[\frac{1}{2} - \frac{2x}{\lambda H}\left(1 - \frac{z}{H} - \frac{x}{\lambda H}\right)\right] \end{aligned}\right\} \tag{7}$$

$$\left.\begin{aligned} \varepsilon_x = \varepsilon_y = \varepsilon_z &= -T\alpha_t\left[\mu + (1-\mu)\frac{4x}{\lambda H}\left(1 - \frac{z}{H} - \frac{x}{\lambda H}\right)\right] \\ \text{bzw.} \quad & -T\alpha_t\left[\frac{1}{2} + \frac{2x}{\lambda H}\left(1 - \frac{z}{H} - \frac{x}{\lambda H}\right)\right] \end{aligned}\right\} \tag{8}$$

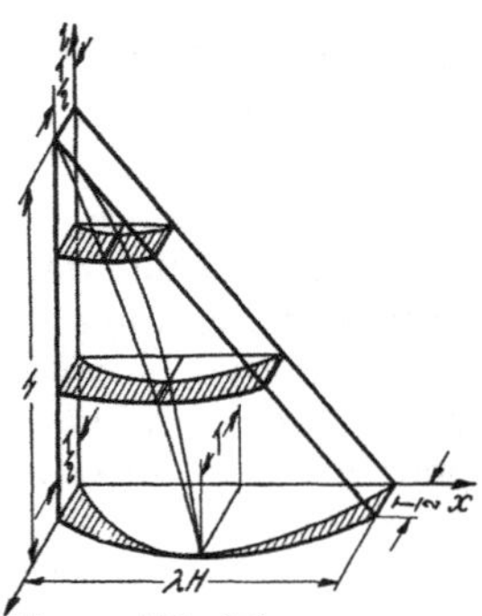

Abb. 676.

Gl. (7) bezieht sich auf die ungünstigste Zwischenlage, Gl. (8) auf die Endlage.

Die Raumänderungen, die durch Schwellen und Porenwasserdruck hervorgerufen werden, können nur gleichzeitig auftreten. Sie heben sich teilweise gegenseitig auf, denn beim Schwellen vergrößert sich der Rauminhalt, während er unter der Wirkung des Porenwasserdruckes verkleinert wird. Da bei Gewichtsmauern große Teile durch die Dränung trockengelegt werden, gestaltet sich eine Berücksichtigung dieser Raumänderungen schwierig. Das Schwellen wirkt immer einer Längsriß- oder Abreißgefahr entgegen, so daß man bei seiner Vernachlässigung auf der sicheren Seite bleibt.

Der Einfluß der Außentemperatur beschränkt sich auf eine Randzone von etwa 6 m Dicke, wie unter Ziffer 2 an Hand von Temperaturmessungen gezeigt wurde. Bei gefülltem Staubecken ist nur luftseitig mit Wärmespannungen zu rechnen, da das Stauwasser erfahrungsgemäß von einer gewissen Tiefe ab auf atmosphärische Schwankungen nicht mehr antwortet. Den luftseitigen Wärmespannungen fällt aber keine große Bedeutung zu, da Zugspannungen angesichts der Zusammenpressung aus der Wasserdruckbelastung nicht möglich sind. Bei leerem Staubecken muß unter Umständen mit Zugspannungen gerechnet werden. Bei ihrer örtlichen Beschränkung lohnt es sich aber kaum, darauf näher einzugehen.

Das plastische Fließen mildert in erster Linie die durch Raumänderungen entstandenen Spannungen. Man kann ihm unter Umständen durch entsprechende Verringerung des Elastizitätsmoduls Rechnung tragen.

(2) Die elastischen Grundgleichungen. Da Massenkräfte für die vorliegenden Betrachtungen ausscheiden, lassen sich nach Ziffer 14 und 15 die Gleichgewichtsbedingungen (1) in der vereinfachten Form (75) schreiben. Ferner lassen sich die Spannungskomponenten gemäß (78) als partielle Ableitungen einer Airyschen Spannungsfunktion F deuten. Werden in den das erweiterte Hookesche Gesetz darstellenden Gl. (2) noch die Wärmedehnungen gemäß Gl. (6) dieses Abschnittes überlagert, so erhält man

$$\varepsilon_x = \frac{1}{E}(\sigma_x - \nu\sigma_z) + \alpha_t(t - t_0); \quad \varepsilon_z = \frac{1}{E}(\sigma_z - \nu\sigma_x) + \alpha_t(t - t_0); \quad \varepsilon_{xz} = \frac{2(1+\nu)}{E}\tau. \tag{9}$$

Löst man nach den Spannungskomponenten auf, so folgt

$$\left.\begin{aligned} \sigma_x &= \frac{E}{1-\nu^2}(\varepsilon_x + \nu\varepsilon_z) - \frac{E\alpha_t}{1-\nu}(t-t_0); \quad \sigma_z = \frac{E}{1-\nu^2}(\varepsilon_z + \nu\varepsilon_x) - \frac{E\alpha_t}{1-\nu}(t-t_0);\\ \tau &= \frac{E}{1-\nu^2}\,\frac{\varepsilon_{xz}(1-\nu)}{2} \end{aligned}\right\} \tag{10}$$

und bei Berücksichtigung der Gl. (3) von Ziffer 14

$$\left.\begin{aligned} \sigma_x &= \frac{E}{1-\nu^2}\left(\frac{\partial u}{\partial x} + \nu\frac{\partial w}{\partial z}\right) - \frac{E\alpha_t}{1-\nu}(t-t_0); \quad \sigma_z = \frac{E}{1-\nu^2}\left(\frac{\partial w}{\partial z} + \nu\frac{\partial u}{\partial x}\right) - \frac{E\alpha_t}{1-\nu}(t-t_0);\\ \tau &= \frac{E}{1-\nu^2}\,\frac{1-\nu}{2}\left(\frac{\partial u}{\partial z} + \frac{\partial w}{\partial x}\right) \end{aligned}\right\} \tag{11}$$

Durch Addition von σ_x und σ_z erhält man

$$(\sigma_x + \sigma_z) = \frac{E}{1-\nu}\left(\frac{\partial u}{\partial x} + \frac{\partial w}{\partial z}\right) - \frac{2E\alpha_t}{1-\nu}(t-t_0). \tag{12}$$

Ferner folgt aus (11) durch zweimalige Differentiation und Addition

$$\begin{aligned} \frac{\partial^2\sigma_x}{\partial z^2} + \frac{\partial^2\sigma_z}{\partial x^2} - 2\frac{\partial^2\tau}{\partial x\,\partial z} &= \frac{E}{1-\nu^2}\left[\left(\frac{\partial^3 u}{\partial x\,\partial z^2} + \nu\frac{\partial^3 w}{\partial z^3}\right) + \left(\frac{\partial^3 w}{\partial x^2\,\partial z} + \nu\frac{\partial^3 u}{\partial x^3}\right) - \right.\\ &\left. - (1-\nu)\left(\frac{\partial^3 u}{\partial x\,\partial z^2} + \frac{\partial^3 w}{\partial x^2\,\partial z}\right)\right] - \frac{E\alpha_t}{1-\nu}\left(\frac{\partial^2(t-t_0)}{\partial x^2} + \frac{\partial^2(t-t_0)}{\partial z^2}\right) \end{aligned}$$

und bei entsprechender Zusammenfassung

$$\begin{aligned} \frac{\partial^2\sigma_x}{\partial z^2} + \frac{\partial^2\sigma_z}{\partial x^2} - 2\frac{\partial^2\tau}{\partial x\,\partial z} &= \frac{E\nu}{1-\nu^2}\left[\frac{\partial^2}{\partial x^2}\left(\frac{\partial u}{\partial x} + \frac{\partial w}{\partial z}\right) + \frac{\partial^2}{\partial z^2}\left(\frac{\partial u}{\partial x} + \frac{\partial w}{\partial z}\right)\right] - \\ &\quad - \frac{E\alpha_t}{1-\nu}\left(\frac{\partial^2(t-t_0)}{\partial x^2} + \frac{\partial^2(t-t_0)}{\partial z^2}\right) \end{aligned}$$

Andererseits ergibt sich aus (12)

$$\frac{\partial u}{\partial x} + \frac{\partial w}{\partial z} = \frac{1-\nu}{E}(\sigma_x + \sigma_z) + 2\alpha_t(t-t_0),$$

und damit

$$\left.\begin{aligned} \frac{\partial^2\sigma_x}{\partial z^2} + \frac{\partial^2\sigma_z}{\partial x^2} - 2\frac{\partial^2\tau}{\partial x\,\partial z} &= \frac{\nu}{1+\nu}\left[\frac{\partial^2}{\partial x^2}(\sigma_x + \sigma_z) + \frac{\partial^2}{\partial z^2}(\sigma_x + \sigma_z)\right] - \\ &\quad - \frac{E\alpha_t}{1+\nu}\left(\frac{\partial^2(t-t_0)}{\partial x^2} + \frac{\partial^2(t-t_0)}{\partial z^2}\right) \end{aligned}\right\} \tag{13}$$

Werden die Spannungskomponenten in (13) gemäß (97), Ziffer 15 durch die Airysche Spannungsfunktion ausgedrückt, so folgt nach Multiplikation mit $(1+\nu)$ und nach geeigneter Zusammenfassung

$$\frac{\partial^4 F}{\partial x^4} + 2\frac{\partial^4 F}{\partial x^2 \partial z^2} + \frac{\partial^4 F}{\partial z^4} = -E\,\alpha_t\left(\frac{\partial^2 (t-t_0)}{\partial x^2} + \frac{\partial^2 (t-t_0)}{\partial z^2}\right) = -E\left(\frac{\partial^2 \varepsilon_t}{\partial x^2} + \frac{\partial^2 \varepsilon_t}{\partial z^2}\right). \quad (14)$$

Die unbekannte Spannungsfunktion F muß nun so bestimmt werden, daß gleichzeitig die Differentialgleichung (14) und die vorgegebenen Randbedingungen befriedigt sind. Ist F gefunden, so folgen die Spannungskomponenten gemäß (97), Ziffer 15 durch Differentiation.

Die Verschiebungen u und w in waagerechter und lotrechter Richtung folgen durch Integration aus (9) unter Berücksichtigung von Gl. (3), Ziffer 14. Man erhält:

$$\left.\begin{aligned} u &= \bar{u}(z) + \frac{1}{E}\int(\sigma_x - \nu\,\sigma_z)\,\mathrm{d}x + \alpha_t\int(t-t_0)\,\mathrm{d}x, \\ w &= \bar{w}(x) + \frac{1}{E}\int(\sigma_z - \nu\,\sigma_x)\,\mathrm{d}z + \alpha_t\int(t-t_0)\,\mathrm{d}z \end{aligned}\right\} \quad (15)$$

Durch Einführen von (15) in die dritte der Gl. (9) unter gleichzeitiger Berücksichtigung von Gl. (3), Ziffer 14 folgt

$$\left.\begin{aligned} \frac{\mathrm{d}u}{\mathrm{d}z} + \frac{\mathrm{d}\bar{w}}{\mathrm{d}x} = 2(1+\nu)\,\frac{\tau}{E} - \frac{\partial}{\partial z}\int\frac{1}{E}\,[\sigma_x - \nu\,\sigma_z + E\,\alpha_t(t-t_0)]\,\mathrm{d}x - {} \\ - \frac{\partial}{\partial x}\int\frac{1}{E}\,[\sigma_z - \nu\sigma_x + E\,\alpha_t(t-t_0)]\,\mathrm{d}z \end{aligned}\right\} \quad (16)$$

In der Mauerlängsrichtung (y) wird, solange keine Spannungen σ auftreten, die Längsdehnung nur durch Querdehnung und Raumänderung beeinflußt. Man erhält:

$$\varepsilon_y = \frac{\partial v}{\partial y} = \frac{1}{E}(-\nu\,\sigma_x - \nu\,\sigma_z) + \alpha_t\,(t-t_0). \quad (17)$$

Die Integration liefert

$$v = (y - y_0)\left[-\frac{\nu}{E}(\sigma_x + \sigma_z) + \alpha_t(t-t_0)\right], \quad (18)$$

wenn mit y_0 irgendein Festpunkt in Mauerlängsrichtung bezeichnet ist.

(3) Schwindspannungen bei unbehinderter Randverformung. Es seien nun zunächst alle äußeren Behinderungen des Schwindens gemäß Abb. 672 und 673 außer acht gelassen und die dabei sich ergebenden Schwindspannungen als Grundspannungen bezeichnet. Liegt dann ein ebenes Temperaturgefälle gemäß

$$(t-t_0) = T\,(a + b\,x + c\,z) \quad (19)$$

vor, bei dem sich (14) auf die verkürzte Form

$$\frac{\partial^4 F}{\partial x^4} + 2\frac{\partial^4 F}{\partial x^2 \partial z^2} + \frac{\partial^4 F}{\partial z^4} = 0 \quad (14')$$

zusammenzieht, so folgt im Hinblick auf die spannungsfreien Ränder

$$F = 0; \quad \sigma_x = \sigma_z = \tau = 0. \quad (20)$$

Ein ebenes Temperaturgefälle erzeugt somit bei unbehinderter Randverformung keinerlei Spannungen.

Das ungleichmäßige Schwinden wurde unter (1) auf die beiden Grenzfälle der ungünstigsten Zwischenlage (7) und der Endlage (8) zurückgeführt. Werden die betreffenden Dehnungen in (14) eingeführt, so ergibt sich nach Ausführung der Differentiationen:

$$\frac{\partial^4 F}{\partial x^4} + 2\frac{\partial^4 F}{\partial x^2 \partial z^2} + \frac{\partial^4 F}{\partial z^4} = +\frac{E\,T}{\lambda^2 H^2}\,\alpha_t \cdot 8\,\mu \quad \text{(ungünstigste Zwischenlage)} \quad (21)$$

$$\frac{\partial^4 F}{\partial x^4} + 2\frac{\partial^4 F}{\partial x^2 \partial z^2} + \frac{\partial^4 F}{\partial z^4} = -\frac{E\,T}{\lambda^2 H^2}\,\alpha_t \cdot 8\,(1-\mu) \quad \text{(Endlage)} \quad (22)$$

Beide Differentialgleichungen stimmen in der Form vollständig überein, denn auf der rechten Seite steht in beiden Fällen ein Festwert. Man kann sich daher auf die Lösung der Differentialgleichung

$$\frac{\partial^4 F}{\partial x^4} + 2\frac{\partial^4 F}{\partial x^2\,\partial z^2} + \frac{\partial^4 F}{\partial z^4} = + \frac{E\,T}{\lambda^2 H^2}\,\alpha_t \cdot 8\,K \tag{23}$$

beschränken, die mit $K = \mu$ bzw. $K = -(1-\mu)$ in (21) bzw. (22) übergeht.

Gemäß den seitlichen Randbedingungen muß F so beschaffen sein, daß σ_n und τ für $x=0$ und $x=\lambda(H-z)$ verschwinden. Diesen Bedingungen läßt sich durch den Ansatz

$$F = c_1 x^4 + c_2 x^3 \lambda (H-z) + c_3 x^2 \lambda^2 (H-z)^2$$

leicht genügen. Zunächst folgt durch Einführen in (23)

$$24\,c_1 + 8\,\lambda^2 c_3 = + \frac{E\,T}{\lambda^2 H^2}\,\alpha_t \cdot 8\,K,$$

d. h. eine Bedingungsgleichung für c_1 und c_3.

Ferner erhält man für die Spannungskomponenten nach (78), Ziffer 15

$$\left.\begin{aligned}\sigma_x &= \frac{\partial^2 F}{\partial z^2} = 2\,c_3 x^2 \lambda^2; \quad \sigma_z = \frac{\partial^2 F}{\partial x^2} = 12\,c_1 x^2 + 6\,c_2 x \lambda (H-z) + 2\,c_3 \lambda^2 (H-z)^2;\\ \tau &= -\frac{\partial^2 F}{\partial x\,\partial z} = 3\,c_2 x^2 \lambda + 4\,c_3 x \lambda^2 (H-z).\end{aligned}\right\}$$

Da σ_x und τ für $x=0$ bereits identisch verschwinden, sind die wasserseitigen Randbedingungen erfüllt. Für die Luftseite ist gemäß (15), Ziffer 14 zu fordern:

$$\sigma_x = -\lambda\tau; \quad \tau = -\lambda\sigma_z. \qquad (x = \lambda(H-z))$$

Die entsprechenden Bedingungsgleichungen lauten:

$$2\,c_3 \lambda^4 (H-z)^2 = -(3\,c_2 + 4\,c_3)\,\lambda^4 (H-z)^2;$$
$$(3\,c_2 + 4\,c_3)\,\lambda^3 (H-z)^2 = -(12\,c_1 + 6\,c_2 + 2\,c_3)\,\lambda^3 (H-z)^2.$$

Nach Fortlassen der gemeinsamen Faktoren und Zusammenfassen ergibt sich:

$$6\,c_3 + 3\,c_2 = 0; \quad 12\,c_1 + 9\,c_2 + 6\,c_3 = 0.$$

Die Auflösung liefert:

$$c_1 = c_3; \quad c_2 = -2\,c_3.$$

Wird c_1 in die oben gefundene Bedingungsgleichung zwischen c_1 und c_3 eingeführt, so folgt:

$$c_1 = c_3 = + \frac{E\,T\,K\,\alpha_t}{(3+\lambda^2)\,\lambda^2 H^2}; \quad c_2 = - \frac{2\,E\,T\,K\,\alpha_t}{(3+\lambda^2)\,\lambda^2 H^2}.$$

Damit ergibt sich für Spannungsfunktion und Spannungskomponenten:

$$\left.\begin{aligned}F &= \frac{E\,T\,K\,\alpha_t}{(3+\lambda^2)\,\lambda^2 H^2}\,x^2\,[\lambda(H-z) - x]^2\\ \sigma_x &= \frac{2\,E\,T\,K\,\alpha_t}{(3+\lambda^2)\,\lambda^2 H^2}\,x^2 \lambda^2; \quad \sigma_z = \frac{2\,E\,T\,K\,\alpha_t}{(3+\lambda^2)\,\lambda^2 H^2}\,[6\,x^2 - 6\,x\,\lambda(H-z) + \lambda^2 (H-z)^2];\\ \tau &= \frac{2\,E\,T\,K\,\alpha_t}{(3+\lambda^2)\,\lambda^2 H^2}\,[2\,x\,\lambda^2 (H-z) - 3\,x^2 \lambda]\end{aligned}\right\} \tag{24}$$

Bildet man gemäß (15) die Verschiebungskomponenten, so folgt nach einigen Rechnungen:

$$\left.\begin{aligned}u &= \frac{2\,T\,K\,\alpha_t}{(3+\lambda^2)\,\lambda^2 H^2}\Big[a + b\,z - \frac{\lambda^3}{3}(H-z)^3 +\\ &\quad + \frac{\lambda^2}{3}x^3 + (3+\lambda^2)\Big[-\frac{2\,x^3}{3} + x^2 \lambda (H-z) - \frac{\lambda^2 H^2 x \mu}{2\,K}\Big] -\\ &\quad - \nu\,[2\,x^3 - 3\,x^2 \lambda (H-z) + x \lambda^2 (H-z)^2]\Big]\\ w &= \frac{2\,T\,K\,\alpha_t}{(3+\lambda^2)\,\lambda^2 H^2}\Big[c - b\,x - x^3 \lambda \Big(1 + \nu - \frac{\lambda^2}{3}\Big) - \frac{\lambda^2}{3}(H-z)^3 +\\ &\quad + (2+\nu)\,\lambda^2 x^2 (H-z) + (3+\lambda^2)\,\frac{\lambda^2 H^2 \mu}{2\,K}\,(H-z)\Big]\end{aligned}\right\} \tag{25}$$

Werden die drei willkürlichen Festwerte so bestimmt, daß u am luftseitigen Mauerfuß, w an beiden Mauerfüßen verschwindet, so erhält man für die Verschiebungen längs der Gründungsfläche:

$$\left.\begin{aligned} u_0 &= \frac{-2\,T K \alpha_t \lambda H}{(3+\lambda^2)}\left[\frac{\lambda^2}{3}\left[1-\left(\frac{x}{\lambda H}\right)^3\right]+(3+\lambda^2)\left[\frac{-\mu}{2K}\left(1-\frac{x}{\lambda H}\right)+\right.\right. \\ &\quad \left.\left.+\frac{1}{3}-\left(\frac{x}{\lambda H}\right)^2+\frac{2}{3}\left(\frac{x}{\lambda H}\right)^3\right]+\nu\left[\frac{x}{\lambda H}-3\left(\frac{x}{\lambda H}\right)^2+2\left(\frac{x}{\lambda H}\right)^3\right]\right] \\ w_0 &= \frac{-2\,T K \alpha_t \lambda^2 H}{(3+\lambda^2)}\left[\left(1+\frac{\lambda^2}{3}\right)\frac{x}{\lambda H}-(2+\nu)\left(\frac{x}{\lambda H}\right)^2+\left(1+\nu-\frac{\lambda^2}{3}\right)\left(\frac{x}{\lambda H}\right)^3\right] \end{aligned}\right\} \quad (26)$$

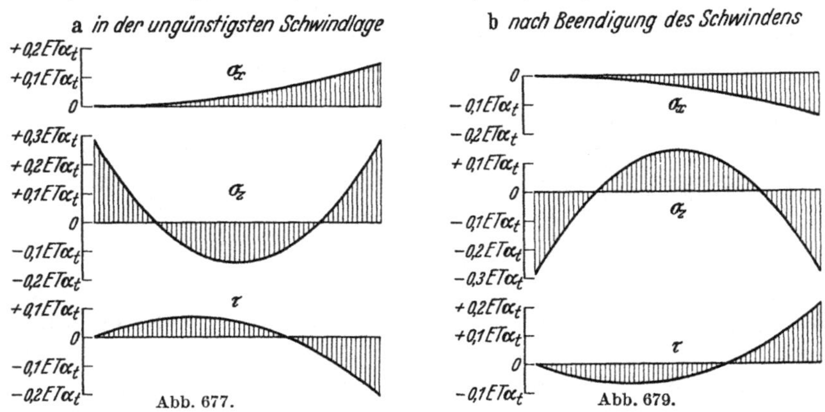

Abb. 677 und 679. Spannungen aus ungleichmäßigem Schwinden in der Querrichtung, in der ungünstigsten Schwindlage bzw. nach Beendigung des Schwindens.

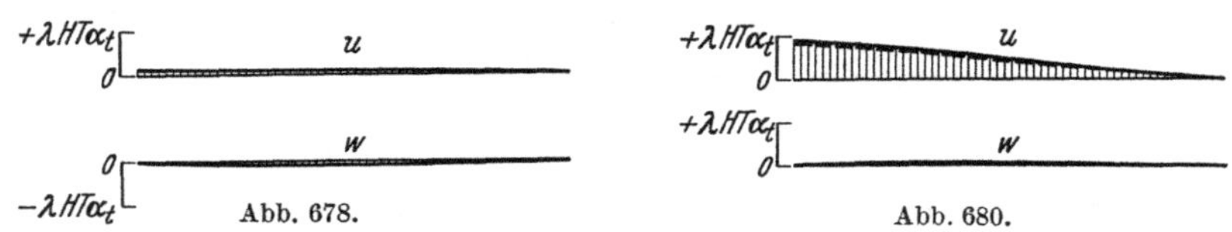

Abb. 678 und 680. Verschiebungen aus ungleichmäßigem Schwinden in der Querrichtung in der ungünstigsten Schwindlage bzw. nach Beendigung des Schwindens.

In die Gln. (25) und (26) ist der unveränderliche Teil des Schwindens gleich mit aufgenommen worden, da er in beiden Fällen gleich groß ist [vgl. (7) und (8)]. Man erhält daher durch Einsetzen von $K=\mu$ bzw. $-(1-\mu)$ unmittelbar die Gesamtrelativverschiebungen längs der Gründungsfläche. Setzt man gemäß den Bemerkungen unter (1) den Beiwert μ gleich $\frac{1}{2}$, so ergibt sich K einmal zu $\frac{1}{2}$ und einmal zu $-\frac{1}{2}$, so daß sich die beiden Spannungszustände nur durch das Vorzeichen unterscheiden.

Um ein Zahlenbeispiel anzuschließen, sei wie bisher $\lambda=0{,}73$ und $\nu=\frac{1}{6}$. Hierfür zeigen Abb. 677—680 die längs der Gründungsfuge auftretenden Spannungen und Verschiebungen. Man erkennt, daß die lotrechten Verformungen praktisch bedeutungslos sind, und daß fühlbare waagerechte Verformungen erst in Erscheinung treten, wenn der Mauerkern anfängt, seine Abbindewärme zu verlieren. Da die Schwindrisse vornehmlich durch Behinderung der waagerechten Verschiebung entstehen, so wird ihr zeitliches Auftreten entsprechend der Verschiedenartigkeit der Kernabkühlung sehr unterschiedlich sein können.

Rechnet man mit einer größten Temperaturerhöhung von 20° und im Hinblick auf das plastische Fließen mit einem durchschnittlichen Elastizitätsmodul von 100000 kg/cm², so ergeben sich bei $\alpha_t = {}^1/_{100\,000}$ Höchstspannungen von 2,9 kg/cm² in waagerechter Richtung und von 5,7 kg/cm² in lotrechter. In der ersten Zeit des Schwindens entstehen vorwiegend Zugspannungen, die im Laufe der Zeit das Vorzeichen wechseln, bis schließlich die verbleibenden Druckspannungen die Größtwerte der früheren Zugspannungen erreichen.

(4) Die Schwindspannungen an den Arbeitsunterbrechungsfugen. Wie bereits unter (1) erwähnt wurde, entstehen durch längere Arbeitsunterbrechungen und insbesondere durch die herbstlichen Stillegungen der Baustelle zusätzliche Schwindspannungen. Die Relativverformungen, die sich bei Lösung des Zusammenhanges zwischen altem und jungem Beton einstellen würden, sind ein unmittelbarer Maßstab für die Größe der zu erwartenden Schwindspannungen.

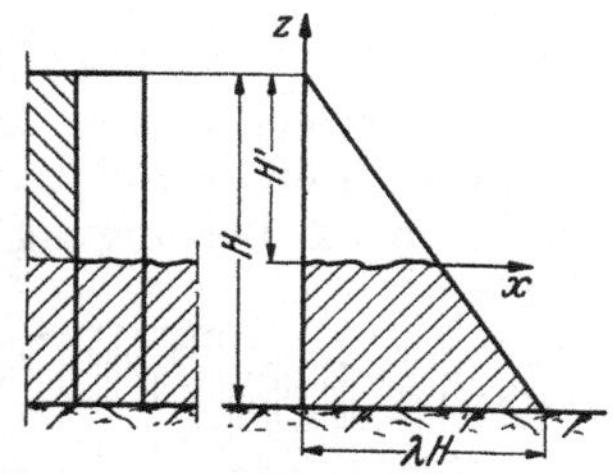

Abb. 681.

Abb. 681 zeigt in schematischer Darstellung die Arbeitsunterbrechung an einem Mauerblock. Je nach Dauer derselben wird der alte Beton einen Teil seiner Abbindewärme abgeben, so daß beim Aufbringen des neuen Betons das noch zu erwartende Schwindmaß des unteren Blockes geringer als das des oberen ist. Bei Lösung des Zusammenhanges würde demgemäß längs der Arbeitsfuge die obere Faser mehr zusammengehen als die untere, und zwar gleichzeitig in Quer- und Längsrichtung. Die Folge dieser Behinderung sind Scherkräfte (Abb. 682), die den jungen Beton aufzureißen und den alten zusammenzupressen suchen. Würde man diese Kräfte bei gelöstem Zusammenhang als äußere Kräfte aufbringen (Abb. 682), so entstände gleichzeitig eine Krümmung beider Blockteile, die für den oberen Blockteil aber wesentlich größer ausfiele, als für den unteren (Abb. 683). Um diese zu beseitigen, wären Zugbelastungen an den Rändern und Druckkräfte in Blockmitte erforderlich (Abb. 684). Durch die längeren Arbeitsunterbrechungen entstehen daher lotrechte und waagerechte Zugspannungen in der Längs- und Querrichtung, die zur Bildung von Rissen Veranlassung geben können.

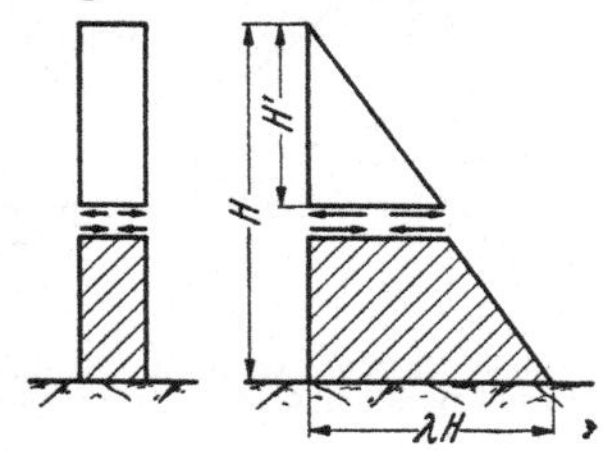

Abb. 682.

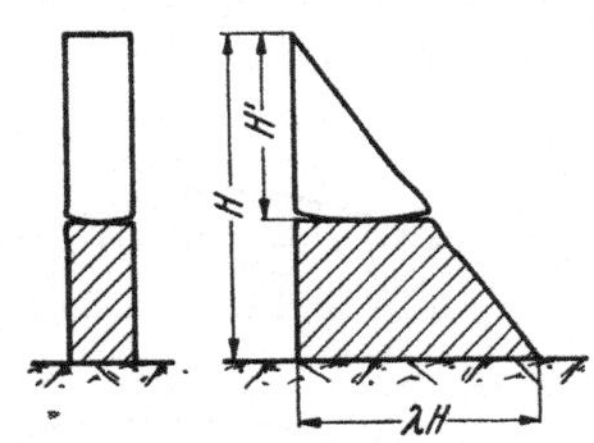

Abb. 683.

Nach diesem allgemeinen Überblick seien zunächst die Relativverschiebungen bei gelöstem Zusammenhang betrachtet. Hierfür kann unmittelbar an Abb. 678 und 680 angeknüpft werden, wobei das Koordinatensystem gemäß Abb. 681 verlagert und H durch H' ersetzt zu denken ist. Da nach Abb. 678 und 680 die Lotrechtverschiebungen gegenüber den Waagerechtverschiebungen bedeutungslos sind, kann die Betrachtung auf die Beseitigung der letzteren beschränkt werden.

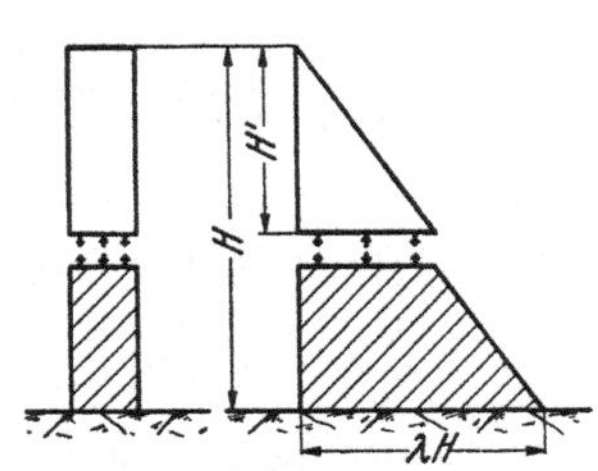

Abb. 684.

Läßt man in den Waagerechtverschiebungen den Einfluß der Nebenspannungen von (24) unberücksichtigt, so bleibt nur noch der Einfluß der Wärmedehnung, und man erhält

$$u = \int \varepsilon_t \,\mathrm{d}x = -\int T\alpha_t \left[\frac{1}{2} + \frac{2x}{\lambda H}\left(1 - \frac{x}{\lambda H}\right)\right]\mathrm{d}x =$$
$$= C - T\alpha_t\left(\frac{x}{2} + \frac{x^2}{\lambda H} - \frac{2x^3}{3\lambda^2 H^2}\right).$$

Wird der Festwert C so bestimmt, daß u am luftseitigen Rande verschwindet, so folgt

$$u = +T\alpha_t \lambda H\left[\frac{5}{6} + \frac{1}{2}\,\frac{x}{\lambda H} + \left(\frac{x}{\lambda H}\right)^2 - \frac{2}{3}\left(\frac{x}{\lambda H}\right)^3\right]. \qquad (27)$$

Trägt man nun die zu (27) gehörige waagerechte Verschiebung auf, so ergibt sich die strichlierte Kurve von Abb. 680. Die Abweichung von der genauen Kurve ist danach so gering, daß mit hinreichender Genauigkeit an Stelle der genauen Dehnung der bequemere Wert

$$\varepsilon_x = \varepsilon_t = -T\alpha_t\left[\frac{1}{2} + \frac{2x}{\lambda H}\left(1 - \frac{x}{\lambda H}\right)\right] \tag{28}$$

zugrunde gelegt werden kann.

Da die größten Relativverschiebungen und entsprechend die größten Spannungen nach Beendigung des Schwindens zu erwarten sind, kann auf eine Untersuchung der Zwischenlagen verzichtet werden. Während der neue Beton seine gesamte Temperaturerhöhung (T_0) abgeben wird, kann der alte Beton nur noch diejenige (T_u) verlieren, die beim Aufbringen des neuen Betons noch vorhanden war. Es entsteht daher ein Temperaturunterschied $(T_0 - T_u) = \Delta T$, der allein die Veranlassung für die Relativverschiebung bildet. Führt man diesen in (28) ein und wird gleichzeitig H durch H' ersetzt (Abb. 681), so folgt

$$\Delta\varepsilon_x = -\Delta T\alpha_t\left[\frac{1}{2} + \frac{2x}{\lambda H'}\left(1 - \frac{x}{\lambda H'}\right)\right]. \tag{29}$$

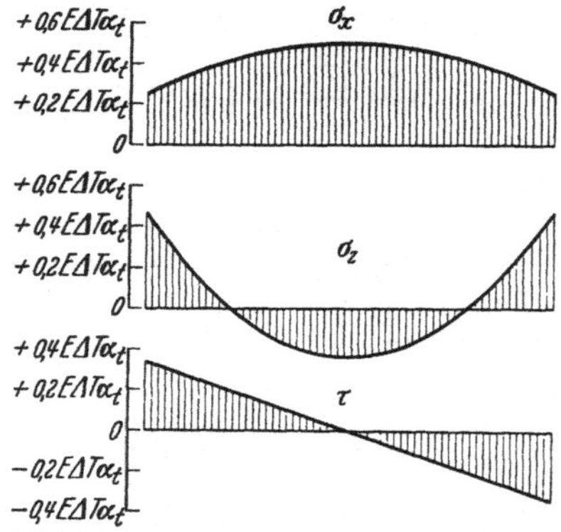

Abb. 685. Spannungen aus der Behinderung des Schwindens an den Arbeitsunterbrechungsfugen.

Unter Heranziehung des H o o k e schen Gesetzes erhält man für die zum Ausgleich von $\Delta\varepsilon_x$ erforderliche waagerechte Spannung σ_x

$$\varepsilon_0 - \varepsilon_u = \Delta\varepsilon_x = -\frac{-\sigma_x}{E} - \frac{+\sigma_x}{E} = -\frac{2\sigma_x}{E}. \tag{30}$$

Wird gleichzeitig (29) berücksichtigt, so folgt für die Waagerechtspannung im neuen Beton

$$\sigma_x = +E\Delta T\alpha_t\left[\frac{1}{4} + \frac{x}{\lambda H'}\left(1 - \frac{x}{\lambda H'}\right)\right]. \tag{31}$$

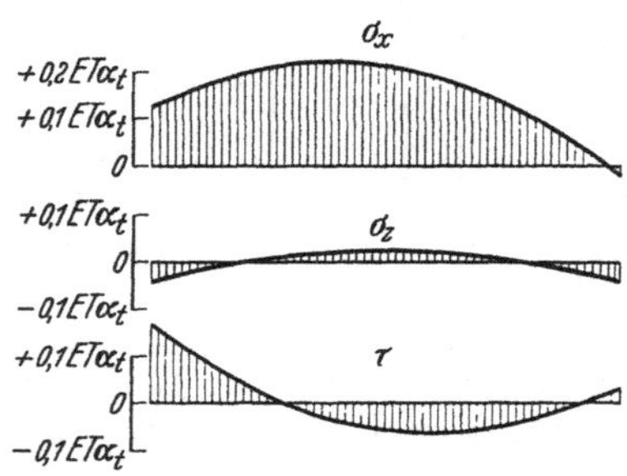

Abb. 686. Gesamtschwindspannungen an den Arbeitsunterbrechungsfugen nach Beendigung des Schwindens ($\Delta T = \frac{1}{2}T$).

Am luftseitigen Rande sind mit σ_x gleichzeitig σ_z und τ bekannt, denn gemäß (15), Ziffer 14 erhält man für $x = \lambda H'$:

$$\left.\begin{aligned}\sigma_z &= +\tfrac{1}{4}\lambda^2 E\Delta T\alpha_t;\\ \tau &= -\tfrac{1}{4}\lambda E\Delta T\alpha_t\end{aligned}\right\}\ \text{(Luftseite)}. \tag{32}$$

Bei der erzwungenen symmetrischen waagerechten Verformung sind auch für σ_z und τ keine großen Abweichungen von der Symmetrie bzw. Polarsymmetrie zu erwarten. Die einfachsten Kurven, die mit den Gleichgewichtsbedingungen im Einklang stehen, sind eine symmetrische Parabel im Falle von σ_z und eine polarsymmetrische Gerade in dem von τ. Diese dürften mit hinreichender Genauigkeit den tatsächlichen Spannungsverlauf wiedergeben. Man erhält:

$$\sigma_z = +\frac{1}{4}\lambda^2 E\Delta T\alpha_t\left[1 - 6\frac{x}{\lambda H'}\left(1 - \frac{x}{\lambda H'}\right)\right];\ \tau = -\frac{1}{4}\lambda E\Delta T\alpha_t\left(1 - 2\frac{x}{\lambda H'}\right). \tag{33}$$

Die Spannungsverteilung, die sich gemäß (31) und (33) ergibt, ist in Abb. 685 aufgetragen worden.

Für Durchschnittsverhältnisse (6monatige Unterbrechung) kann man etwa damit rechnen, daß 50% der Abbindewärme verschwunden sind. In diesem Falle wäre $T_u = \frac{1}{2}T_0$ und $\Delta T = \frac{1}{2}T$. Werden unter dieser Voraussetzung Grundspannungen (Abb. 679) und Zusatzspannungen (Abb. 685) überlagert, so ergibt sich der Spannungsverlauf von Abb. 686. Wie man bemerkt, heben sich

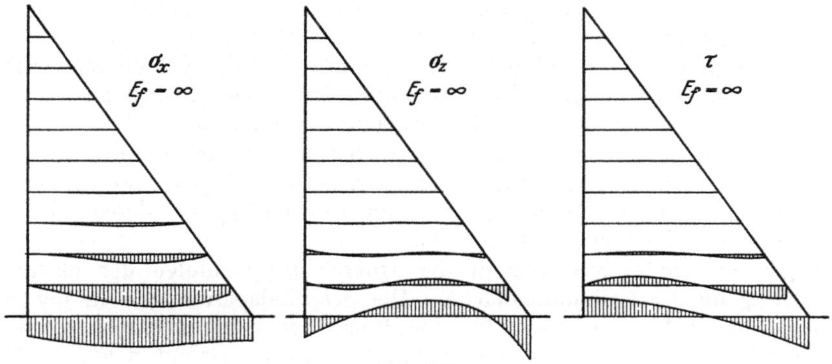

Abb. 687.

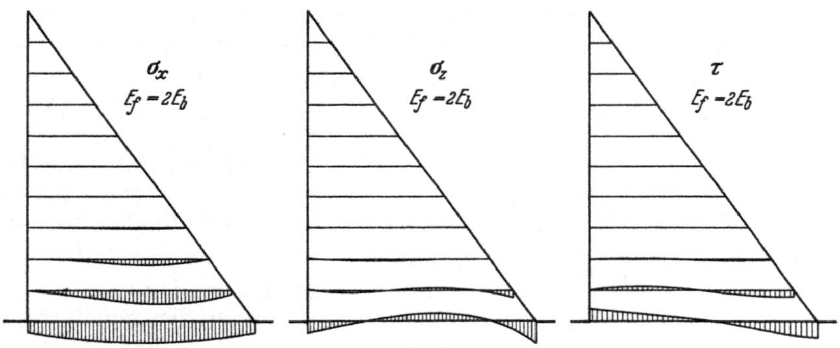

Abb. 688.

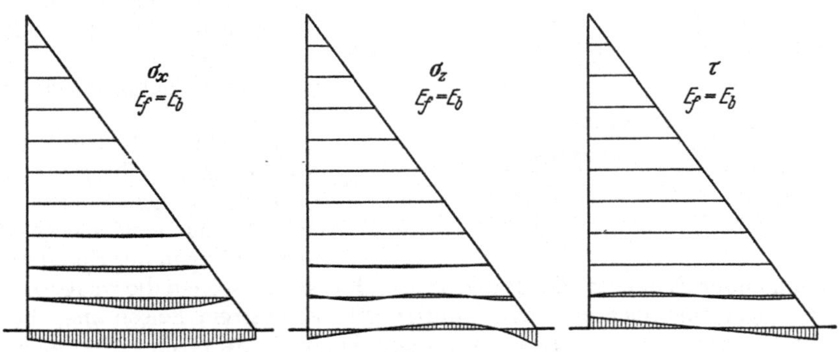

Abb. 689.

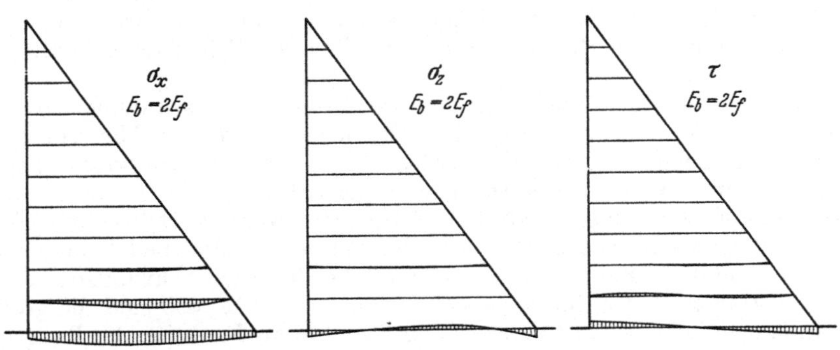

Abb. 690.

Abb. 687 – 690. Schwindspannungsverlauf in Abhängigkeit von der Baugrundverformung.

die Lotrechtspannungen praktisch auf, während die waagerechten Zugspannungen in Mauermitte nur eine unwesentliche Schwächung erfahren.

In Mauerlängsrichtung sind hinsichtlich der auftretenden Schwindspannungen nur unwesentliche Abweichungen gegenüber der Querrichtung zu erwarten. Es soll daher auf eine besondere Untersuchung verzichtet werden.

Rechnet man wie früher mit einer Höchsttemperaturerhöhung von 20° C und einem Durchschnittselastizitätsmodul von 100000 kg/cm², so ergeben sich bei $\alpha_t = {}^1/_{100000}$ waagerechte Zugspannungen von 4,4 kg/cm², denen ein guter Beton normalerweise gewachsen sein sollte.

(5) Die Schwindspannungen in der Querrichtung infolge der elastischen Einspannung an der Gründungsfläche. Die Schwindspannungen in der Nähe der Gründungsfläche sind ebenfalls eine Folge der behinderten Querverschiebung. Denkt man sich den Zusammenhang längs der Gründungsfläche gelöst (Abb. 672), so ist die Relativverschiebung unmittelbar durch (27) gegeben. Diese muß durch zusätzliche Spannungen rückgängig gemacht werden, und zwar nach den gleichen Verfahren, wie sie für die Lastspannungen entwickelt wurden.

Die (145), Ziffer 15 entsprechenden Gleichungen lauten

$$u_t = T\alpha_t\lambda H\varphi_{t,u}; \quad w_t = 0; \quad \varphi_{t,u} = \frac{5}{6} + \frac{1}{2}\frac{x}{\lambda H} + \left(\frac{x}{\lambda H}\right)^2 - \frac{2}{3}\left(\frac{x}{\lambda H}\right)^3. \quad (34)$$

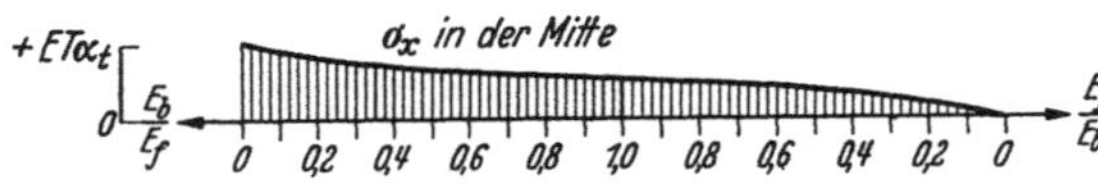

Abb. 691. Waagerechte Schwindspannungen in Mitte Gründungsfuge.

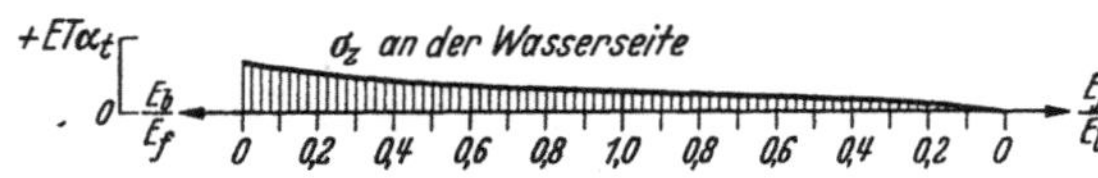

Abb. 692. Lotrechte Schwindspannungen am wasserseitigen Mauerfuß.

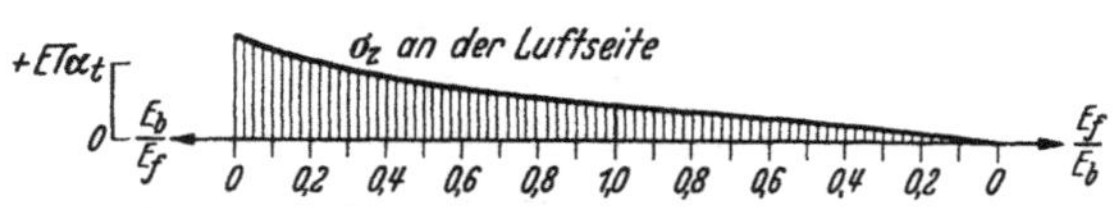

Abb. 693. Lotrechte Schwindspannungen am luftseitigen Mauerfuß.

Da der Felsen durch die chemische Erwärmung praktisch kaum beeinflußt wird, kann

$$u_F = w_F = 0 \quad (35)$$

gesetzt werden.

Bis auf den gemäß (34) und (35) veränderten Grundzustand ist der gesamte Rechnungsgang der gleiche wie bei den Lastspannungen; es kann daher auf eine Wiedergabe verzichtet werden.

In Abb. 687—690 ist die Spannungsverteilung für $\varepsilon = 0$, $^1/_2$, 1 und 2 aufgetragen worden. Man erkennt zunächst ein starkes Abklingen der Spannungen mit zunehmender Elastizität des Baugrundes. Für $\varepsilon = 2$ machen die waagerechten Zugspannungen nur noch ein Drittel derjenigen bei starrem Felsen aus. Ferner zeigt sich das schon bei den Lastspannungen beobachtete rasche Abklingen der Spannungen in der Höhenrichtung, und zwar um so ausgeprägter, je weicher der Felsen wird. Am weitesten dringen die waagerechten Zugspannungen vor, was bei der bevorzugten Rolle, die ihnen im Falle des Schwindens zufällt, verständlich ist.

Ähnlich wie bei den Arbeitsfugen treten lotrechte Zugspannungen an den Rändern auf, die mit entsprechenden Druckspannungen in Mauermitte im Gleichgewicht stehen. Hierdurch werden die durch die Scherkräfte hervorgerufenen Krümmungen wieder rückgängig gemacht.

Da die Formänderungsarbeit zum Ausgleich zwischen Beton und Felsen um so leichter zu erzeugen ist, je mehr der Felsen zur Mitarbeit herangezogen werden kann, muß die Baugrundelastizität auf die Größe der Schwindspannungen einen hervorragenden Einfluß ausüben. In den Abb. 691—693 sind die größten Zugspannungen in Mauermitte und an den Rändern als Funktion der Baugrundelastizität aufgetragen worden. Rechnet man wie bisher mit $T = 20°$ C, $E = 100000$ kg/cm² und $\alpha_t = {}^1/_{100000}$, so entspricht $E\,T\,\alpha_t$ eine Zugspannung von

20 kg/cm². Danach ergeben sich z. B. in waagerechter Richtung 13 kg/cm² bei hartem Felsen ($E_f = 2E_b$), 10 bei mittlerem ($E_f = E_b$) und 7 bei weichem ($E_b = 2E_f$). Da die Zugfestigkeit von Staumauerbeton oft schon bei 15 kg/cm² erschöpft ist, kann man leicht ermessen, was es heißt, mit 13 oder 7 kg/cm² Zug rechnen zu müssen.

(6) Die Überlagerung von Schwind- und Lastspannungen. Eine einwandfreie Beurteilung der Schwindrißgefahr ist nur durch gleichzeitige Mitbetrachtung der Lastspannungen möglich. Es sind daher in den Abb. 694

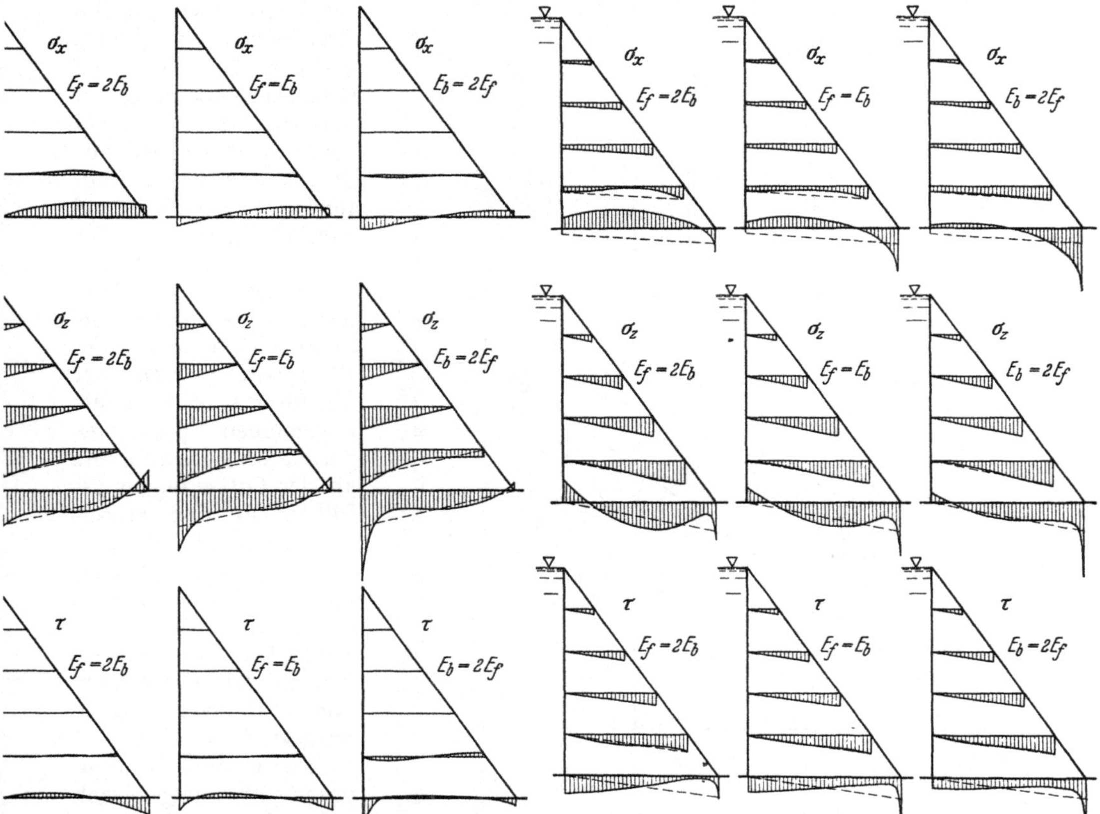

Abb. 694. Abb. 695. Abb. 696. Abb. 697. Abb. 698. Abb. 699.

Abb. 694—696. Spannungsverlauf bei leerem Staubecken, unter Berücksichtigung eines Schwindmaßes gemäß $E\,T\alpha_t = 20$ kg/cm², in Abhängigkeit von der Baugrundverformung (Spannungen nach Trapezregel für Vergleichszwecke einstrichliert).

Abb. 697—699. Spannungsverlauf bei gefülltem Staubecken (50% Sohlenwasserdruck), unter Berücksichtigung eines Schwindmaßes gemäß $E\,T\alpha_t = 20$ kg/cm², in Abhängigkeit von der Baugrundverformung (Spannungen nach Trapezregel für Vergleichszwecke einstrichliert).

bis 699 für leeres und bordvolles Staubecken die Last- und Schwindspannungen unter Zugrundelegung einer 100 m hohen Gewichtsmauer überlagert worden, und zwar für hartes, mittleres und weiches Felsgestein. Dabei wurde auf Erfassung des Einflusses des ungleichmäßigen Schwindens verzichtet, da die am Rande auftretenden günstigen Druckspannungen in länger anhaltenden Frostzeiten nahezu ausgeglichen werden. Für die Schwindspannungen wurde wie bisher $T = 20°$ C, $E = 100\,000$ kg/cm² und $\alpha_t = {}^1/_{100\,000}$ zugrunde gelegt.

Bei leerem Staubecken (Abb. 694—696) zeigt sich gleichzeitig Abreißgefahr am luftseitigen Mauerfuß und Längsrißgefahr, und zwar in um so stärkerem Maße, je härter und hochwertiger der Gründungsfelsen wird. Bei gefülltem Becken (Abb. 697—699) ist umgekehrt Abreißgefahr an der Wasserseite zu erwarten, ebenfalls bei harten Gesteinen stärker ausgeprägt als bei weichen. Die mit abnehmender Gesteinshärte entstehenden Druckanhäufungen an den belasteten

Mauerfüßen werden durch das Schwinden etwas gemildert. Überraschend wirkt bei gefülltem Staubecken die Umlagerung der Schubspannungen, besonders bei hartem Felsen, wo, verglichen mit der sonst üblichen Annahme, der Charakter von Luft- und Wasserseite fast vertauscht erscheint.

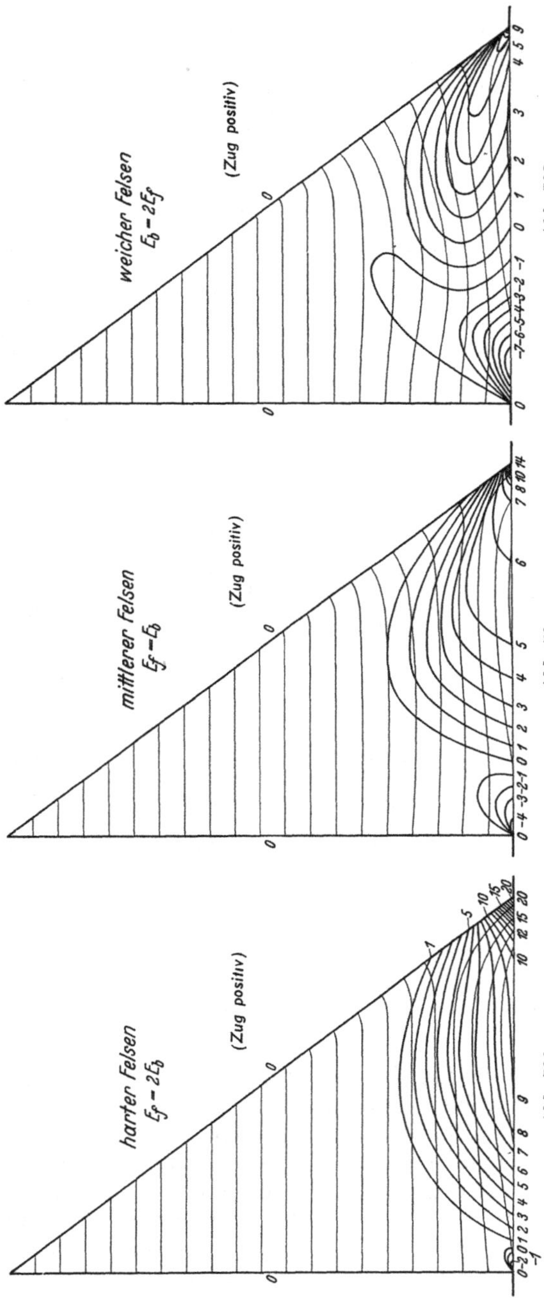

Abb. 702. Abb. 701. Abb. 700.

Abb. 700—702. Linien gleich großer kleinster Hauptspannung mit zugehörigen Hauptspannungstrajektorien bei leerem Staubecken für 100 m Mauerhöhe unter Berücksichtigung der Baugrundelastizität und des Schwindens. ($T = 20°$ C, $E_b = 100000$ kg/cm², $\alpha_t = {}^1/_{100000}$.)

Einen noch tieferen Einblick in den Kraftverlauf ermöglichen die Abb. 700—711, in denen für leeres und gefülltes Staubecken die Linien gleicher Kleinst- und Größthauptspannung mit den zugehörigen Trajektorien aufgetragen wurden, und zwar ebenfalls für hartes, mittleres und weiches Gestein. Die Linien kleinster Hauptspannung (Abb. 700—705) grenzen gleichzeitig die Zugbereiche innerhalb des Staumauerquerschnittes ab, die entsprechend dem allgemeinen Spannungsverlauf bei leerem Becken an der Luftseite, bei gefülltem an der Wasserseite liegen. Bei der großen räumlichen Ausdehnung der Zugzonen wird es verständlich, wenn Längsrisse noch in ziemlich großer Entfernung von der Gründungsfläche festgestellt wurden.

Der Einfluß der Baugrundverformung spiegelt sich naturgemäß auch in der Größe der höchsten Hauptzugspannungen wieder. Bezogen auf die drei Felsarten findet man bei leerem Staubecken bzw. 20,14 und 9 kg/cm² und bei gefülltem 23,16 und 10. Bei so hohen Zugspannungen muß mit einem Abreißen der betreffenden Mauerfüße gerechnet werden. Dies ist an der Wasserseite in hohem Maße unerwünscht, denn es führt zu einer Steigerung des Sohlenwasserdruckes und zu einer Verkürzung des Sickerweges. Selbst wenn man in Rechnung zieht, daß die Zugspannungen durch wasserseitiges Schwellen und plastisches Fließen vielleicht um 5 bis 6 kg/cm² vermindert werden, so bleiben immer noch

Zugspannungen, die bei mittleren und harten Gesteinsarten das zulässige Maß weit überschreiten.

Man muß sich gegenüber diesen in vielem überraschenden Ergebnissen damit abfinden, daß die bisherigen Vorstellungen über die Sicherheit von Gewichtsmauern nicht mehr zu halten sind.

Die Linien gleicher Hauptdruckspannung (Abbildungen 706—711) lassen sehr schön die Druckanhäufung an der Wasser- und Luftseite mit Abnehmen der Gesteinshärte erkennen. Die zugehörigen Hauptspannungstrajektorien erfahren gleichzeitig eine Verdichtung. Da guter Staumauerbeton beträchtliche Druckspannungen aufnehmen kann, und man im übrigen stets in der Lage ist, die Mauerfüße mit besonderer Sorgfalt durchzubilden, fällt den Druckanhäufungen, sofern nicht bezüglich des Felsens Bedenken bestehen, keine allzu große praktische Bedeutung zu. Man sollte sich aber von der Vorstellung frei machen, als ob die Mauerfüße von Gewichtsmauern günstiger beansprucht wären als die Pfeiler aufgelöster Staumauern. In vielen Fällen dürfte das Gegenteil der Fall sein.

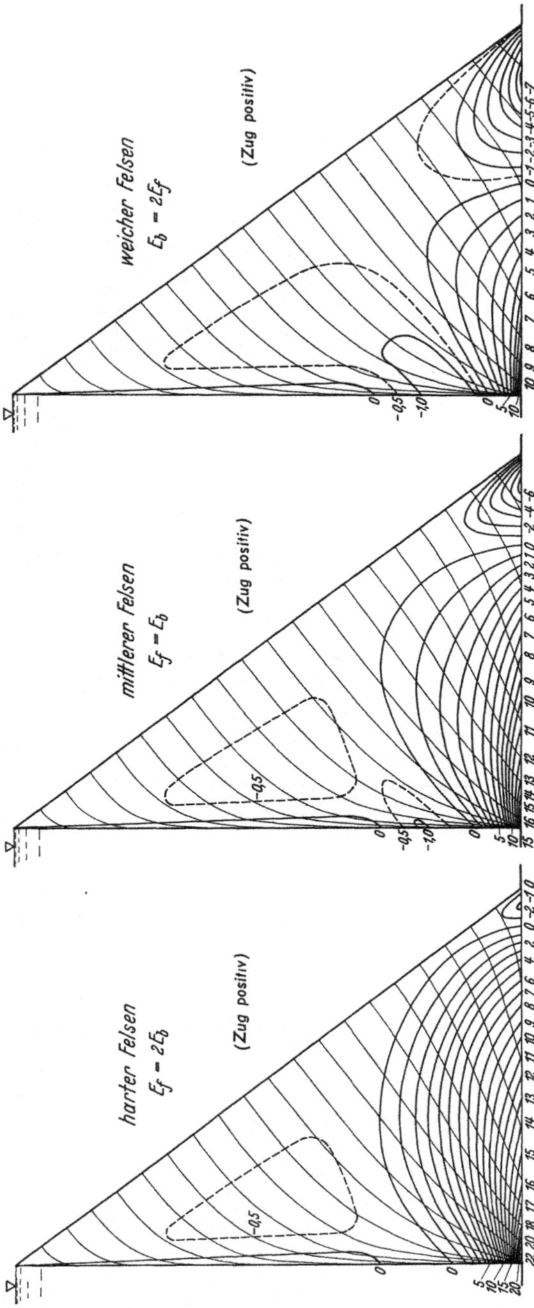

Abb. 705.

Abb. 704.

Abb. 703.

Abb. 703—705. Linien gleich großer kleinster Hauptspannung mit zugehörigen Hauptspannungstrajektorien bei gefülltem Staubecken für 100 m Mauerhöhe unter Berücksichtigung der Baugrundelastizität und des Schwindens. ($T = 20°$ C, $E_b = 100000$ kg/cm², $\alpha_t = {}^1/_{100000}$.)

(7) Die Schwindspannungen in Mauerlängsrichtung. Die Schwindspannungen in Mauerlängsrichtung sind teils eine Folge der Arbeitsunterbrechungsfugen, teils auf die Behinderung des Schwindens längs der Gründungsfläche zurückzuführen. Der erstgenannte Einfluß wurde bereits unter Ziffer (4) untersucht; er tritt gegenüber dem der Gründungsfläche stark in den Hintergrund.

Wenn die Behinderung am Felsen nicht vorhanden wäre, so könnte sich jeder einzelne Mauerblock frei zusammenziehen, und die Fugen würden sich entsprechend öffnen. Da dies nicht möglich ist, muß der geometrische Zusammenhang wieder durch zusätzliche Scherkräfte zwangsmäßig herbeigeführt werden. Der Gründungsfelsen beteiligt sich so gut wie gar nicht an der Rückverformung, da die in entgegengesetzter Richtung schwindenden Nachbarblöcke ihn an den Fugen festhalten (Abb. 712). Es werden im Felsen zwar waagerechte Zugspannungen im Bereich der Fugen und entsprechende Druckspannungen im Bereich der Blockmitten auftreten, aber hierdurch können nur örtliche Verschiebungen entstehen, die sich von Fuge zu Fuge ausgleichen. Der Schwindvorgang vollzieht sich daher in Mauerlängsrichtung gewissermaßen bei starrem Felsen, womit die zahlreich beobachteten Querrisse ohne weiteres verständlich werden.

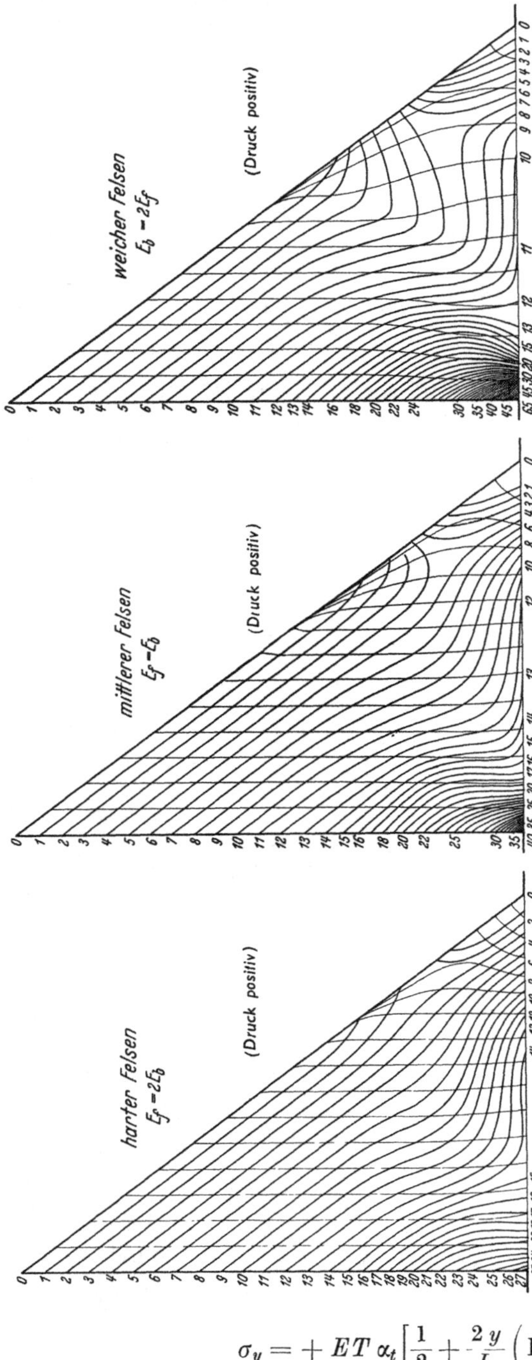

Abb. 708.

Abb. 707.

Abb. 706.

Abb. 706—708. Linien gleich großer größter Hauptspannung mit zugehörigen Hauptspannungstrajektorien bei leerem Staubecken für 100 m Mauerhöhe unter Berücksichtigung der Baugrundelastizität und des Schwindens. ($T = 20°$ C, $E_b = 100\,000$ kg/cm², $\alpha_t = {}^1/_{100\,000}$.)

Die waagerechten Zugspannungen in den Mauerblöcken lassen sich bei starrem Felsen unmittelbar durch (3) in Verbindung mit (6) darstellen, wenn die x- und y-Richtung sinngemäß vertauscht werden. Man erhält

$$\varepsilon_y = \frac{1}{E}(\sigma_y - \nu\sigma_z).$$

Hierin ist ε_y gemäß

$$\varepsilon_y = -\varepsilon_t$$

vorgegeben, da die gesamte Schwinddehnung ε_t rückgängig gemacht werden muß.

Es ergibt sich daher

$$\sigma_y = -E\,\varepsilon_t + \nu\,\sigma_z. \qquad (36)$$

Wird wie bisher ein parabolischer Temperaturabfall gemäß (28) zugrunde gelegt und sinngemäß x durch y und λH durch L ersetzt, so folgt

$$\sigma_y = +E\,T\,\alpha_t\left[\frac{1}{2} + \frac{2\,y}{L}\left(1 - \frac{y}{L}\right)\right] + \nu\,\sigma_z. \qquad (37)$$

Für die in erster Linie bedeutungsvollen Höchstspannungen in Blockmitte ist der Einfluß der Querdehnung bedeutungslos. Man erhält daher für $y = \frac{1}{2}L$

$$\sigma_y^{\max} = +E\,T\,\alpha_t \quad \text{(Mauersohle)}. \qquad (38)$$

Aus (38) folgt, daß die größte Schwindlängsspannung an der Mauersohle von Mauerhöhe und Blockbreite unabhängig ist. Nach dem Saint Venantschen Prinzip erstreckt sich der Wirkungsbereich der die Rückverformung bewirkenden Scherkräfte in der Höhenrichtung etwa auf ein Maß, das zwischen $\frac{1}{2}$ L und L liegt, d. h. bei einer 100 m hohen Mauer mit 15 m Fugenabstand, ist nur für die unteren 15 m der Mauerhöhe mit Längsschwindspannungen zu rechnen. Da der Fugenabstand gewöhnlich zwischen 12 und 15 m fest gewählt wird, ist es ohne weiteres einleuchtend, daß bei niedrigeren Blöcken entsprechend der auf H bezogenen größeren Reichweite der schädlichen Schwindwirkung — die Rißgefahr größer ist. Hierzu gesellt sich noch als weiterer nachteiliger Umstand, daß die dem Schwinden entgegenwirkende Querdehnung aus dem auflastenden Mauergewicht bei niedrigeren Blöcken entsprechend geringer ist. Die Wahrscheinlichkeit, daß ein Riß am Felsen seinen Anfang nimmt, ist gering, da hier alsbald eine Temperaturangleichung erfolgen wird, die niedrigere T-Werte als etwas oberhalb des Felsens erwarten läßt. Andererseits ist dort auch die Schwindspannung schon etwas kleiner, als es durch (38) angezeigt wird. Wenn unterhalb eines gewissen Fugenabstandes (etwa 10 bis 15 m) keine Querrisse mehr beobachtet wurden, so scheint dies in erster Linie darin begründet zu sein, daß ein gewisses ordnendes Prinzip erforderlich ist, um den zunächst vollständig unübersichtlichen Schwindausgleich in geregelte Bahnen zu lenken, so wie es in Abb. 712 bezüglich des Spannungsverlaufes zum Ausdruck gebracht wurde.

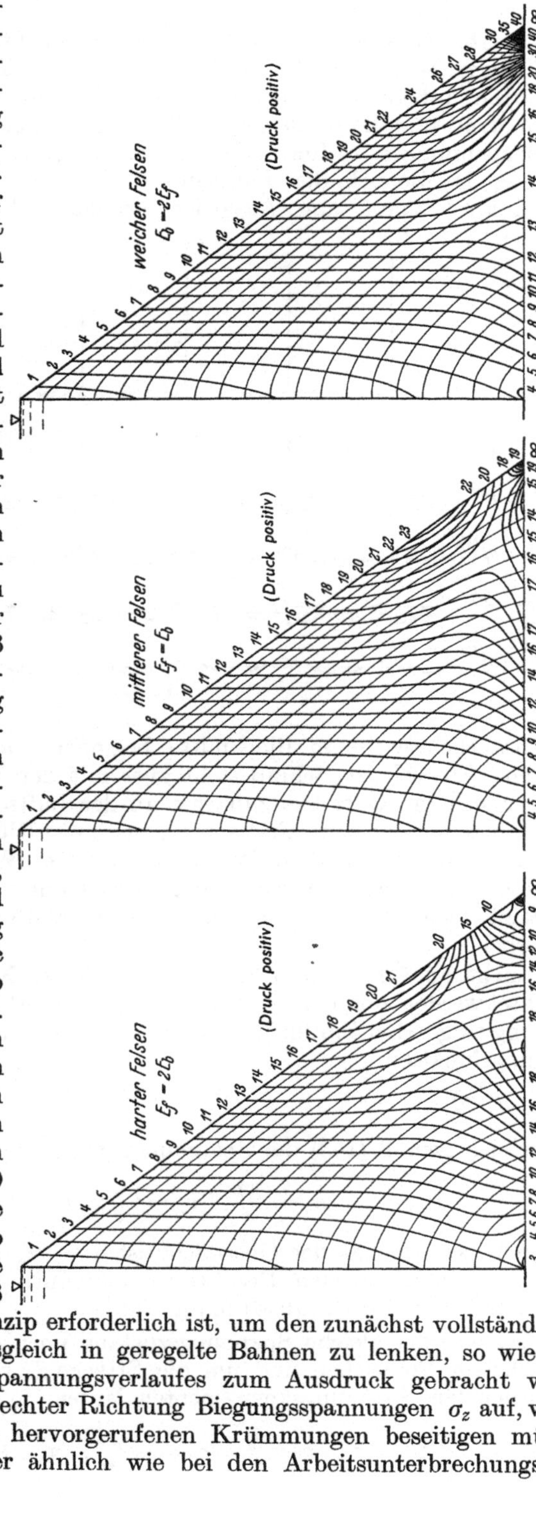

Abb. 711.

Abb. 710.

Abb. 709.

Abb. 709—711. Linien gleich großer größter Hauptspannung mit zugehörigen Hauptspannungstrajektorien bei gefülltem Staubecken für 100 m Mauerhöhe unter Berücksichtigung der Baugrundelastizität und des Schwindens. ($T = 20°$ C, $E_b = 100000$ kg/cm², $\alpha_t = {}^1/_{100000}$.)

Weiterhin treten in lotrechter Richtung Biegungsspannungen σ_z auf, welche die durch die Scherkräfte hervorgerufenen Krümmungen beseitigen müssen; die Verhältnisse liegen hier ähnlich wie bei den Arbeitsunterbrechungsfugen

(Abb. 683 u. 684). Da die größten Zugspannungen nach Abb. 712 an den Fugenrändern auftreten, entsteht bei fehlender Auflast die Gefahr des Abreißens vom Felsen.

Betrachtet man den Längsschwindverlauf als Funktion von x, d. h. in der Querrichtung, so sind in Blockmitte stets die höchsten Abbindetemperaturen zu erwarten; außerdem ist dort der Einfluß der Außenluft und dementsprechend der Temperaturabfall am kleinsten. Man muß daher in Blockmitte mit höheren Schwindspannungen rechnen als an den Fugenrändern. Die stärkere Austrocknung im Bereich der Luftseite dürfte diese Ungleichmäßigkeiten zwar mildern, aber kaum zum Ausgleich bringen. Etwaige Querrisse müßten

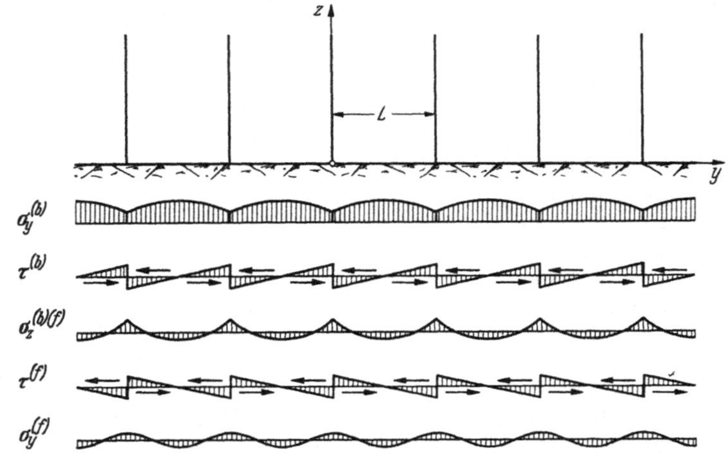

Abb. 712.

daher natürlicherweise in Blockmitte beginnen und nach den Rändern fortschreiten. Ein solcher Schluß steht aber mit der Erfahrung im Widerspruch, nach der sich die Querrisse zunächst an der Luftseite bilden, aber nur selten bis zur Mitte durchgehen. Erst später, wenn der Riß auch wasserseitig sichtbar wird, tritt eine vollständige Trennung ein. Der Widerspruch klärt sich auf, wenn die Verformung des Gründungsfelsens unter der Last gleichzeitig mitbetrachtet wird. Hierzu sind einige elastizitätstheoretische Vorbemerkungen erforderlich.

Es möge zunächst ein beliebig ausgedehnter Felsstreifen von 1 m Breite betrachtet werden, der in der Längsrichtung die in Abb. 713 dargestellte unstetige Belastung trägt. Bei Einführung von Polarkoordinaten lautet die entsprechende Spannungsfunktion

$$F = \frac{p\,r^2\varphi}{2\pi},$$

aus der sich gemäß (103) die Spannungskomponenten

$$\sigma_\varphi = \frac{p\varphi}{\pi}; \quad \sigma_r = \frac{p\varphi}{\pi}; \quad \tau = -\frac{p}{2\pi}$$

ableiten lassen. Längs der Oberfläche ist $\varphi = -\frac{1}{2}\pi$ bzw. $\frac{1}{2}\pi$, womit σ_φ tatsächlich die vorgegebenen Randwerte annimmt. Außerdem tritt noch eine gleichmäßig verteilte Schubspannung auf.

Es sei nun der gleiche Spannungszustand noch einmal betrachtet, nur mit umgekehrtem Vorzeichen und um die Strecke L verschoben (Abb. 714). Die entsprechenden Spannungskomponenten lauten

$$\sigma_\varphi = -\frac{p\varphi}{\pi}; \quad \sigma_r = -\frac{p\varphi}{\pi}; \quad \tau = +\frac{p}{2\pi}.$$

Werden beide Zustände überlagert, so ergibt sich das Belastungsbild von Abb. 715, das einer auf die Länge L unveränderlichen Streckenlast p entspricht. Längs der Oberfläche fallen die Spannungskomponenten der Ausgangszustände in die gleiche Richtung, so daß die Überlagerung algebraisch vorgenommen werden kann. Außerhalb der Lastfläche sind beide φ-Werte gleich (einmal $\frac{1}{2}\pi$ und einmal $-\frac{1}{2}\pi$), womit sämtliche Spannungskomponenten verschwinden. Innerhalb der Lastfläche ist $\varphi = -\frac{1}{2}\pi$ und $\overline{\varphi} = +\frac{1}{2}\pi$, so daß man erhält

$$\sigma_\varphi = \sigma_r = -p, \quad \tau = 0,$$

wie es den Randbedingungen entspricht.

Die Ausbreitung der Kraft im Felsen hat somit zur Folge, daß eine gleichmäßige Druckbelastung an der Oberfläche eine ebenso große waagerechte Druckspannung erzeugt. Läßt man den Laststreifen mit der Blocklänge zusammenfallen, so liegen ähnliche Verhältnisse vor, wie in einem parallel zur Mauerachse herausgeschnittenen Blockstreifen. Die der Bodenpressung p entsprechende Längsdruckspannung $\sigma_y = -p$ drückt den Felsen gemäß

$$\varepsilon_y = -\frac{p}{E}$$

zusammen. Um das gleiche Dehnungsmaß kann der Block schwinden, ohne daß Schwindspannungen in Erscheinung treten.

Abb. 713.

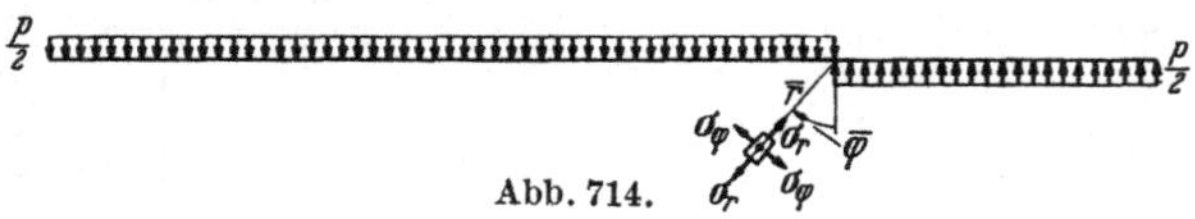

Abb. 714.

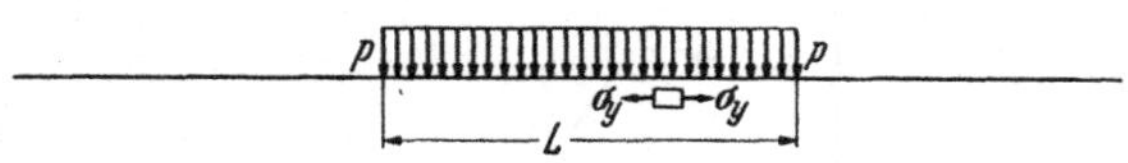

Abb. 715.

Die Entlastung durch die Längsdruckspannungen ist nur dort von praktischem Wert, wo sie einigermaßen dauernd ist. Dies ist z. B. in der Nähe der Außenflächen nicht der Fall, wo je nach der Beckenfüllung ein ständiges Pendeln zwischen Entlastung und Belastung stattfindet.

Wie ein Blick auf die Abb. 650—654 bzw. 661—665 zeigt, sind die mittleren Mauerteile bezüglich der Bodenpressungen nur in geringem Maße den Schwankungen des Stauspiegels unterworfen, so daß hier eine fühlbare Herabsetzung des Schwindmaßes erwartet werden kann. Geht man von einer mittleren Bodenpressung von $p = \frac{1}{2}\gamma_b H$ aus, so ergibt sich für die Felszusammendrückung

$$\varepsilon_y = -\frac{\frac{1}{2}\gamma_b H}{E_f}.$$

Sie ist von der Schwinddehnung abzuziehen, womit (38) übergeht in

$$\sigma_y^{\max} = E\,T\,\alpha_t - \frac{\varepsilon}{2}\gamma_b H \quad \text{(mittlere Mauerteile)}. \tag{39}$$

Um einen Überblick über die zu erwartende Entlastung zu bekommen, sei $T = 20°$, $E = 100000$ kg/cm², $\alpha_t = {}^1/_{100000}$, $\varepsilon = E_b/E_f = 1$, $\gamma_b = 2{,}3$ t/m³ und $h = 100$ m gesetzt. Damit erhält man:

$$\sigma_y^{\max} = (20 - 11{,}5) = 8{,}5\,\text{kg/cm}^2.$$

Unter den gleichen Annahmen ergäbe sich bei 50 m Mauerhöhe:

$$\sigma_y^{\max} = (20 - 5{,}8) = 14{,}2\,\text{kg/cm}^2.$$

Man wird hiernach bei großen Mauerhöhen mit fühlbaren Entlastungen im Mauerkern rechnen können, die das günstigere Verhalten des letzteren gegenüber den Randstreifen durchaus erklärlich erscheinen lassen.

Allgemein darf man sagen, daß die Wahrscheinlichkeit durchgehender Querrisse um so geringer wird, je größer die Mauerhöhe und je geringer die Härte des Baugrundes ist. Auch hier zeigt sich eine Überlegenheit der weichen Felsarten gegenüber den harten.

(8) Rißgefahr und Sicherheit. Mit den theoretischen Untersuchungen der letzten Abschnitte ist es möglich, die Rißgefahr zu klassifizieren und die Frage der Sicherheit von Gewichtsmauern in allgemeiner Form zu erörtern.

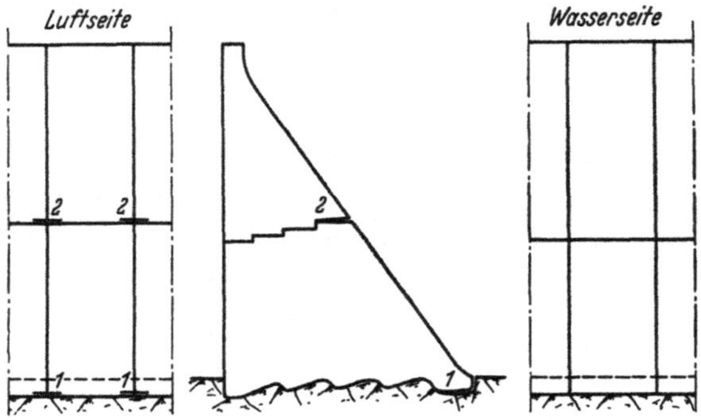

Abb. 716. Rißgefahr durch schnelleres Schwinden der Randzonen.

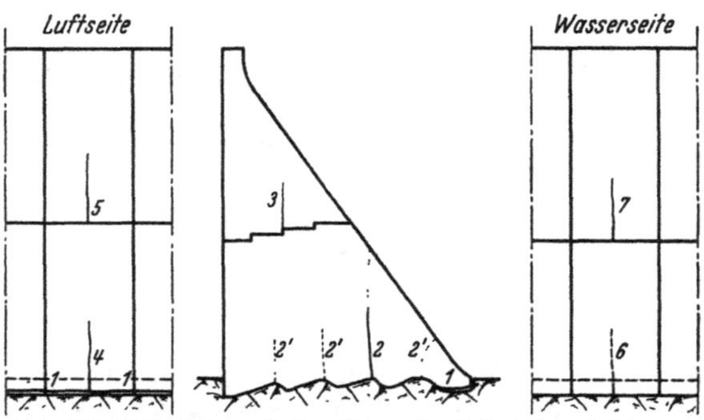

Abb. 717. Rißgefahr nach Beendigung des Schwindens bei leerem Staubecken.

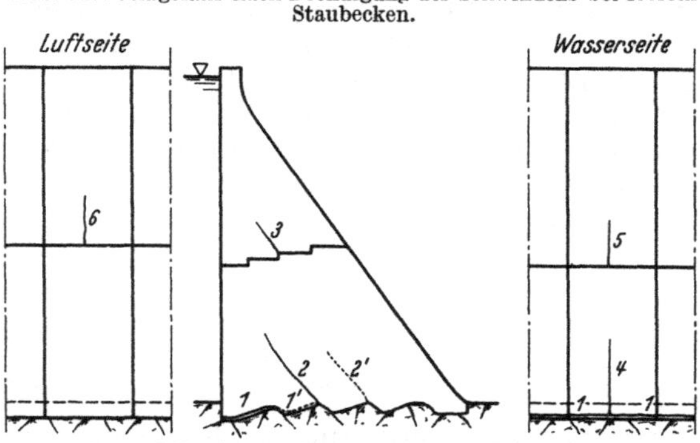

Abb. 718. Rißgefahr nach Beendigung des Schwindens bei gefülltem Staubecken.

Zu diesem Zwecke sind in den Abb. 716—718 die verschiedenen Möglichkeiten der Rißbildung zusammengestellt worden, und zwar geordnet nach den beiden ungünstigsten Schwindzuständen und getrennt für leeres und gefülltes Staubecken.

Die ersten Zugspannungen entstehen durch die Randabkühlung während der Erhärtung des Betons [Ziffer (3)]. Da an der Luftseite die Auflast fehlt, muß dort mit der Möglichkeit gerechnet werden, daß sich waagerechte Anschlußfugen öffnen, und zwar ist die Rißgefahr im Bereich der Querfugen am größten. Abb. 716 zeigt Randabkühlungsrisse im Bereich der Gründungsfläche und einer Jahresabschlußfuge.

Die Randabkühlungsrisse sind zwar in statischer Hinsicht bedeutungslos, aber sie beeinträchtigen die Wetterbeständigkeit der Außenflächen. Es ist daher von großer Wichtigkeit, daß man den Schwindvorgang verlangsamt, indem die Randflächen und insbesondere die Luftseite beständig feucht gehalten werden.

Die gefährlichsten Risse entstehen bei leerem Staubecken nach Beendigung des Schwindens (Abb. 717). Es sind dies die unter Ziffer 5, Kap. 19 eingehend besprochenen Längsrisse, die an der Gründungsfläche und an den Jahresabschlußfugen ihren Ausgang nehmen (Risse *2* und *2'*). Von einer gewissen Mauerstärke ab, die etwa zwischen 20 und 30 m liegt, muß immer mit der Möglichkeit von Längsrissen gerechnet werden. Sie sind deshalb so gefährlich, weil sie den Kraftverlauf bei gefülltem Staubecken kreuzen und sich im übrigen einer Beobachtung fast völlig entziehen, wenn nicht durch Vermehrung der Zahl der Quergänge die Beobachtungsmöglichkeiten verbessert werden. Dem Verlauf der Hauptzugspannungstrajektorien entsprechend (Abb. 700—702) steigen sie fast senkrecht hoch und können ohne große Hindernisse zur Luftseite durchdringen. Hierdurch wird der lotrechte Scherwiderstand empfindlich geschwächt, was bei gefülltem Staubecken folgenschwere Wirkungen nach sich ziehen kann. Unter Ziffer 5 und 6, Kap. 19 wurde eingehend dargelegt, durch welche Maßnahmen man der Längsrißgefahr wirksam entgegentreten kann.

Außer den Längsrissen ist bei leerem Staubecken ein Abreißen des luftseitigen Mauerfußes vom Felsen zu erwarten. Ferner können bei zu großen Fugenabständen noch Zwischenrisse entstehen (Abb. 717). Beides hat jedoch auf die Standsicherheit keinen Einfluß.

Wenn das Staubecken frühzeitig gefüllt wird, so ändert sich die Richtung der Hauptzugspannungen (Abb. 703—705) und etwaige Längsrisse verlaufen wesentlich günstiger (Abb. 718). Nötzli hat daher vorgeschlagen, die günstigere Lage zwangsläufig durch Anordnung von Schrägfugen herbeizuführen (Ziffer 5). Jedenfalls sollte man so früh wie möglich mit dem Stau beginnen, damit sich die schädlichen Längsrisse von Abb. 717 gar nicht erst bilden können.

Wie unter Ziffer 15 eingehend dargelegt wurde, besteht bei gefülltem Staubecken die Gefahr, daß sich die Staumauer wasserseitig vom Felsen löst (Abb. 697—699 u. 703—705). Die dadurch bedingte Steigerung des Sohlenwasserdruckes wird das Kippmoment vergrößern und so lange ein Weiterreißen des Risses herbeiführen (*1* und *1'* in Abb. 718), bis ein neuer Gleichgewichtszustand ohne Zugspannungen gebildet ist.

Die Berücksichtigung der Baugrundverformung hat gezeigt, daß sich die landläufige Anschauung, wonach der beste und härteste Gründungsfelsen das höchste Maß von Sicherheit verbürgt, in dieser allgemeinen Form nicht mehr halten läßt. Die Abb. 650—711 lassen klar erkennen, daß die Längsriß- und Abreißgefahr bei weichen Gesteinsarten viel geringer ist als bei harten. Jedenfalls wird eine Gewichtsmauer auf regelmäßigen Kalk- oder Sandsteinformationen, die sich durch Auspressungen hinreichend dichten lassen, im allgemeinen über ein größeres Maß von Sicherheit verfügen, als die gleiche Mauer auf erstklassigem Basalt, Diabas oder Granit.

Die Längsrißgefahr, die Hauptgefahr für die Sicherheit von Gewichtsmauern wird durch eine Steigerung der Mauerdicke nur verstärkt, denn das Entweichen der Abbindewärme wird dadurch erschwert. Man möge sich daher nicht in falscher Sicherheit wiegen. Sobald ein lotrechter Längsriß den Weg von der Gründungsfläche zur Luftseite gefunden hat (Abb. 717), ist es mit der einheitlichen Mauerwirkung vorbei. Wieweit dann eine unmittelbare Einsturzgefahr vorliegt, hängt von den Möglichkeiten der Scherkraftübertragung zwischen den beiden Blockteilen ab.

Je höher die Gewichtsmauer wird, um so dicker wird sie und um so unsicherer wird die Beurteilung der Sicherheit infolge der Steigerung der Längsriß- und Abreißgefahr. In richtiger Erkenntnis dieses Tatbestandes rückt man neuerdings bei größeren Stauhöhen mehr und mehr von der Gewichtsmauer ab. Dort, wo man auf die schwere Massivmauer nicht verzichten möchte, verbürgt die Bogengewichtsmauer mit ihrer zweifachen Kraftwirkung ein weit höheres Maß von Sicherheit, sofern auf das nachträgliche Schließen der Fugen die erforderliche Sorgfalt verwendet wird. Ihre schlankere Querschnittsgestaltung erhöht außerdem die Wirtschaftlichkeit und vermindert die Längsrißgefahr. In breiteren Tälern, in denen die Bogengewichtsmauer nur noch geringe Vorteile bietet, gewähren die Pfeilerstaumauern Lösungsmöglichkeiten, die der Gewichtsmauer in mehrfacher Hinsicht überlegen sein können.

17. Berechnung und Bemessung von Bogengewichts-Staumauern.

(1) Allgemeines. Es gab eine Zeit — und sie liegt noch gar nicht soweit zurück — wo die Verwendung der Bogengewichtsmauer im deutschen Talsperrenbau eine Selbstverständlichkeit war. Man rechnete zwar nicht mit der unterstützenden Bogenwirkung, aber man wußte, daß sie im Ernstfalle da war. Insbesondere war man auf diese Weise weitgehend gegen das so gefürchtete wasserseitige Abreißen der Staumauer gesichert, denn die damit verbundenen, verhältnismäßig großen Formänderungen ließ die sofort auf den Plan tretende Bogenwirkung einfach nicht zu. Mit der Umstellung auf die Betonbauweise fand diese, nicht durch einen einzigen Fehlschlag gestörte Entwicklung einen plötzlichen Abschluß. Die Erfahrung zeigte, daß die Betonblöcke sich durch Schwinden verkürzten, man mußte Fugen einbauen und stellte fest, daß diese je nach Jahreszeit zwischen 1 und 4 mm klafften, so daß von einer unterstützenden Bogenwirkung auch bei gekrümmter Linienführung keine Rede mehr sein konnte. Es war nur folgerichtig, wenn demgemäß auch die geradlinige Linienführung mehr und mehr bevorzugt wurde.

Wie unter Ziffer 5 und 6 eingehend dargelegt wurde, sind inzwischen zahlreiche Wege mit Erfolg beschritten worden, um die Verkürzung des Betons durch künstliche Maßnahmen auszugleichen, sei es durch Auspressen der Fugen oder durch zeitweiliges Offenhalten von Spalten oder durch Innenkühlung des Betons während der Herstellung. Dies hat in vielen Ländern, insbesondere in Amerika, der Bogen- und Bogengewichtsmauer die ihr gebührende Stellung im Talsperrenbau zurückerobert.

Zweifellos haben die vorteilhaften topographischen Verhältnisse, wie sie z. B. im amerikanischen Westen oder bei verschiedenen alpinen Stauanlagen vorlagen, die Rückentwicklung zur Bogen- und Bogengewichtsmauer stark gefördert, während in Deutschland die Geländeverhältnisse weniger günstig waren. Man sollte dabei aber nicht übersehen, daß die Verwendung der Bogengewichtsmauer nicht nur eine Angelegenheit der Baustoffersparnis ist. Talsperren werden für Jahrhunderte gebaut, und da ist es nicht ganz gleichgültig, ob man schleichenden Längsrissen, deren Entwicklung Jahrzehnte dauern kann, eines Tages hilflos gegenübersteht, oder ob man jederzeit die unterstützende Bogenwirkung im Rücken weiß. Es ist jedenfalls eine unbestreitbare Tatsache, daß die reine Gewichtsmauer im Vergleich mit anderen Bauweisen den kleinsten Sicherheitsgrad bei größtem Baustoffbedarf besitzt.

Mit der Klärung der Fragen der Schwind- und Raumänderungen sowie der Temperaturverhältnisse des Massenbetons und mit der baulichen und herstellungstechnischen Beherrschung der einheitlichen Mauerwirkung sind sichere Grundlagen für die Berechnung von Bogengewichts- und Bogenstaumauern geschaffen worden, die sowohl an Hand von Modellversuchen als auch an zahllosen Ausführungen bis zu den größten Stauhöhen erprobt wurden. Auch die Theorie hat inzwischen große Fortschritte gemacht, nicht zuletzt mittelbar dadurch, daß die Schalenbauweise zu einem immer unentbehrlicheren Gestaltungsfaktor im Ingenieurwesen geworden ist. Dazu kommt, daß Massenbeton heute in einer Güte hergestellt werden kann, die Beanspruchungen von beispielsweise 50 kg/cm² keineswegs mehr als ungewöhnlich erscheinen läßt. Alles in allem darf man daher sagen, daß die jüngste Entwicklung der Bautechnik einer Anwendung der Bogen- und Bogengewichtsstaumauer den Weg weitgehend geebnet hat und daß man daher auch in viel stärkerem Maße als bisher bestrebt sein sollte, die größere Sicherheit und Wirtschaftlichkeit dieser Bauweisen nutzbar zu machen.

Statisch gesehen ist die Bogengewichtsmauer eine gewölbte, längs der Hänge elastisch eingespannte dicke Platte mit Dreiecksquerschnitt, deren Spannungszustand nach den Rechnungsverfahren der angewandten Schalentheorie in befriedigender Weise geklärt werden kann. Hier ist insbesondere das Rittersche Versuchslastverfahren zu nennen, bei dem man sich die Staumauer durch waagerechte und lotrechte Schnitte in rechteckige Säulen zerlegt denkt, die man einmal als Teil eines Gewölberings und einmal als Teil eines unten eingespannten Kragbalkens zu untersuchen hat. Dabei muß der Wasserdruck so auf die Gewölberinge und Kragbalken verteilt werden, daß beide Tragelemente in ihren jeweiligen Schnittpunkten gleiche Durchbiegungen erfahren. Da die Wasserdruckverteilung zunächst unbekannt ist und daher geschätzt werden muß, ist die Bezeichnung Versuchslastverfahren sehr treffend. Wenn umfangreiche und kostspielige mathematische Rechnungen nicht gescheut werden, können heute — wie zahlreiche Beispiele in Europa und Amerika beweisen — Bogengewichts- und Bogenstaumauern mit beliebiger Genauigkeit nach dem Versuchslastverfahren berechnet werden.

Für die Abgrenzung zwischen Bogen- und Gewichtsmauerwirkung, auf die es bei der Beurteilung von Bogengewichtsmauern in erster Linie ankommt, kann die Einspannwirkung an den seitlichen Hängen außer Betracht bleiben. Hierdurch wird die Berechnung außerordentlich vereinfacht, indem man sich gemäß Abb. 719 darauf beschränken kann, an Stelle der gewölbten Teilringmauer eine geschlossene Ringmauer zu untersuchen. Die vernachlässigte Hangeinspannung läßt sich im übrigen nachträglich nach den für eingespannte Gewölbe entwickelten Verfahren berücksichtigen.

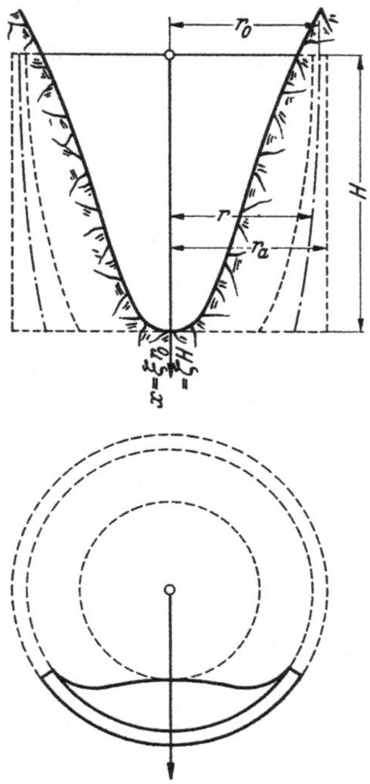

Abb. 719.

(2) Die Bogengewichtsmauer als Teil einer Ringmauer. Betrachtet man die Bogengewichtsmauer als Teil einer Ringmauer, so liegt eine unten eingespannte und oben frei bewegliche Zylinderschale vor (Abb. 719), deren Querschnitt die aus Abb. 720 ersichtliche Form besitzt. Schneidet man aus dieser gemäß Abb. 721 ein Ringelement heraus, so steht dieses einerseits unter der Wirkung von Ringkräften N und Ringmomenten M_φ andererseits von Biegungsmomenten M bzw. $(M+\Delta M)$ und Querkräften Q bzw. $(Q+\Delta Q)$. Außerdem wirkt noch der auf die Fläche $r\Delta x\Delta\varphi$ entfallende Wasserdruck. Aus dem Momentengleichgewicht folgt ähnlich wie beim gewöhnlichen Balken

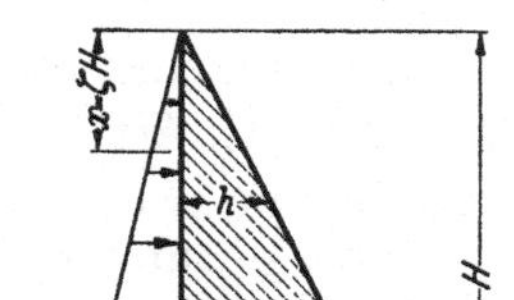

Abb. 720.

$$Q = \frac{\mathrm{d}M}{\mathrm{d}x}, \tag{1}$$

während das Kräftegleichgewicht in Richtung des Halbmessers

$$p = \frac{N}{r} + \frac{\mathrm{d}Q}{\mathrm{d}x} \tag{2}$$

liefert. Wird Q aus der ersten Gleichung in die zweite eingesetzt, so folgt

$$p = \frac{N}{r} + \frac{\mathrm{d}^2 M}{\mathrm{d}x^2}. \tag{3}$$

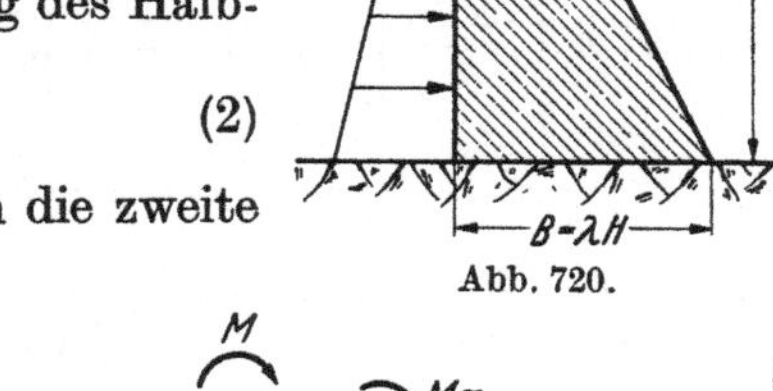

Abb. 721.

Wird die Durchbiegung in der Kraftrichtung mit w und die veränderliche Mauerstärke mit h bezeichnet, so ergibt sich einerseits aus der Betrachtung der Ringdehnung

$$N = Eh\frac{w}{r} \tag{4}$$

und andererseits aus der Betrachtung der Krümmungen

$$M = +\frac{EJ}{1-\nu^2}\,\frac{\mathrm{d}^2 w}{\mathrm{d}x^2} = \frac{Eh^3}{12(1-\nu^2)}\,\frac{\mathrm{d}^2 w}{\mathrm{d}x^2}; \tag{5}$$

$$M_\varphi = \nu M; \quad (\nu_{\text{Beton}} = \sim\tfrac{1}{6}).$$

Durch Einsetzen von (4) und (5) in (3) folgt die bekannte Differentialgleichung des kreiszylindrischen Behälters:

$$p = E h \frac{w}{r^2} + \frac{E}{12(1-\nu^2)} \cdot \frac{d^2}{dx^2}\left(h^3 \frac{d^2 w}{dx^2}\right). \tag{6}$$

Im ungünstigsten Falle des bis zur Mauerkrone oder Dreieckspitze gefüllten Staubeckens ergibt sich

$$p = \gamma x. \tag{7}$$

Ferner folgt aus der linear zunehmenden Wandstärke

$$h = \lambda x, \tag{8}$$

wenn λ wie bisher das Verhältnis von Sohlenbreite B zu Mauerhöhe H

$$\lambda = \frac{B}{H} \tag{9}$$

bezeichnet.

Werden (7) und (8) in (6) berücksichtigt, so erhält man bei geeigneter Zusammenfassung

$$\frac{d^2}{dx^2}\left(x^3 \frac{d^2 w}{dx^2}\right) + \frac{12(1-\nu^2) H^2}{B^2 r^2} x w - \frac{12\gamma(1-\nu^2) H^3}{E B^3} x = 0. \tag{10}$$

Wird noch ausdifferenziert und durch x^3 dividiert, erhält man

$$\frac{d^4 w}{dx^4} + \frac{6}{x}\frac{d^3 w}{dx^3} + \frac{6}{x^2}\frac{d^2 w}{dx^2} + \frac{12(1-\nu^2) H^2}{B^2 r^2 x^2} w - \frac{12\gamma(1-\nu^2) H^3}{E B^3 x^2} = 0. \tag{10'}$$

Die allgemeine Lösung von (10') lautet in Real- und Imaginärteilen von Zylinderfunktionen

$$\left.\begin{aligned} w = \frac{r^2 \gamma H}{E B} + \sqrt{\frac{H}{x}}\Big[& C_1 J_{11}\left(\sqrt{\frac{\omega x}{H}}\right) + C_2 J_{12}\left(\sqrt{\frac{\omega x}{H}}\right) + \\ & + C_3 G_{11}\left(\sqrt{\frac{\omega x}{H}}\right) + C_4 G_{12}\left(\sqrt{\frac{\omega x}{H}}\right)\Big] \end{aligned}\right\} \tag{11}$$

Hierin ist mit ω abkürzend bezeichnet

$$\omega = \frac{4 H^2}{B r}\sqrt{12(1-\nu^2)} = \sim \frac{41}{3}\frac{H^2}{B r}. \tag{12}$$

In (11) stellen $J_{\substack{11\\12}}$ Zylinderfunktionen I. Art oder Besselsche Funktionen $G_{\substack{11\\12}}$ solche II. Art oder Hankelsche Funktionen dar. Der erste Index gibt die Ordnung an, der zweite weist auf Real- bzw. Imaginärteil hin.

Unter Benutzung der für diese Funktionen gültigen Differentialbeziehungen erhält man

$$\left.\begin{aligned} N = \gamma r x + \frac{E B}{r}\sqrt{\frac{x}{H}}\Big[& C_1 J_{11}\left(\sqrt{\frac{\omega x}{H}}\right) + C_2 J_{12}\left(\sqrt{\frac{\omega x}{H}}\right) + \\ & + C_3 G_{11}\left(\sqrt{\frac{\omega x}{H}}\right) + C_4 G_{12}\left(\sqrt{\frac{\omega x}{H}}\right)\Big] \end{aligned}\right\} \tag{13}$$

$$\left.\begin{aligned} M = \frac{12}{41}\frac{E B^2}{r}\frac{x}{H}\sqrt{\frac{x}{H}}\Big[& C_1 J_{32}\left(\sqrt{\frac{\omega x}{H}}\right) - C_2 J_{31}\left(\sqrt{\frac{\omega x}{H}}\right) + \\ & + C_3 G_{32}\left(\sqrt{\frac{\omega x}{H}}\right) - C_4 G_{31}\left(\sqrt{\frac{\omega x}{H}}\right)\Big] \end{aligned}\right\} \tag{14}$$

$$\left.\begin{aligned} \frac{dN}{dx} = \gamma r + \frac{B E \sqrt{\omega}}{2 H r \sqrt{2}}\Big[& (C_2 + C_1) J_{01}\left(\sqrt{\frac{\omega x}{H}}\right) + (C_2 - C_1) J_{02}\left(\sqrt{\frac{\omega x}{H}}\right) + \\ & + (C_4 + C_3) G_{01}\left(\sqrt{\frac{\omega x}{H}}\right) + (C_4 - C_3) G_{02}\left(\sqrt{\frac{\omega x}{H}}\right)\Big] \end{aligned}\right\} \tag{15}$$

$$\left.\begin{aligned} \frac{dM}{dx} = Q = -\frac{B E \sqrt{2}}{\sqrt{\omega}}\Big[& (C_2 - C_1) J_{21}\left(\sqrt{\frac{\omega x}{H}}\right) - (C_2 + C_1) J_{22}\left(\sqrt{\frac{\omega x}{H}}\right) + \\ & + (C_4 - C_3) G_{21}\left(\sqrt{\frac{\omega x}{H}}\right) - (C_4 + C_3) G_{22}\left(\sqrt{\frac{\omega x}{H}}\right)\Big] \end{aligned}\right\} \tag{16}$$

Die in diesen Gleichungen auftretenden 16 Zylinderfunktionen nullter bis dritter Ordnung können aus einer kürzlich erschienenen Funktionentafel für Argumente von 0 bis 21 unmittelbar abgelesen werden[1].

In den Gln. (13) bis (16) treten vier willkürliche Integrationskonstanten auf, die den Randbedingungen gemäß zu bestimmen sind; und zwar müssen am oberen Rande Biegungsmoment und Querkraft, am unteren — wenn starre Einspannung zugrunde gelegt wird — Durchbiegung und Tangente der Biegelinie Null sein. An Stelle der letztgenannten Bedingung kann auch die Ringkraft N und ihre Ableitung $\frac{\mathrm{d}\,N}{\mathrm{d}\,x}$ Null gesetzt werden.

Wenn der unbedeutende Einfluß der Mauerkrone auf die Spannungsverteilung vernachlässigt wird, wie es bisher schon stillschweigend gemacht wurde, so werden die oberen Randbedingungen durch Nullsetzen der Konstanten C_3 und C_4 erfüllt, da die Besselschen Zylinderfunktionen von (14) und (16) für $x = 0$ verschwinden.

Die beiden unteren Randbedingungen, nämlich $N = 0$ und $\frac{\mathrm{d}\,N}{\mathrm{d}\,x} = 0$ für $x = H$, nehmen gemäß (13) und (15) mit $C_3 = C_4 = 0$ die folgende Form an:

$$\left.\begin{aligned} N &= \nu\, r\, H + \frac{E\,B}{r}\left[C_1 J_{11}\left(\sqrt{\omega}\right) + C_2 J_{12}\left(\sqrt{\omega}\right)\right] = 0 \\ \frac{\mathrm{d}\,N}{\mathrm{d}\,x} &= \gamma\, r + \frac{E\,B\,\sqrt{\omega}}{2\,H\,r\,\sqrt{2}}\left[(C_2 + C_1)\, J_{01}\left(\sqrt{\omega}\right) + (C_2 - C_1\, J_{02}\left(\sqrt{\omega}\right)\right] = 0 \end{aligned}\right\}$$

Hieraus folgt durch Auflösen nach den Unbekannten

$$\left.\begin{aligned} C_1 &= \frac{\gamma\, r^2 H}{B\,E}\,\frac{J_{01}\left(\sqrt{\omega}\right) + J_{02}\left(\sqrt{\omega}\right) - \sqrt{\frac{8}{\omega}}\, J_{12}\left(\sqrt{\omega}\right)}{J_{11}\left(\sqrt{\omega}\right)\left(J_{01}\left(\sqrt{\omega}\right) + J_{02}\left(\sqrt{\omega}\right)\right) - J_{12}\left(\sqrt{\omega}\right)\left(J_{01}\left(\sqrt{\omega}\right) - J_{02}\left(\sqrt{\omega}\right)\right)} \\ C_2 &= \frac{\gamma\, r^2 H}{B\,E}\,\frac{\sqrt{\frac{8}{\omega}}\, J_{11}\left(\sqrt{\omega}\right) - J_{01}\left(\sqrt{\omega}\right) + J_{02}\left(\sqrt{\omega}\right)}{J_{11}\left(\sqrt{\omega}\right)\left(J_{01}\left(\sqrt{\omega}\right) + J_{02}\left(\sqrt{\omega}\right)\right) - J_{12}\left(\sqrt{\omega}\right)\left(J_{01}\left(\sqrt{\omega}\right) - J_{02}\left(\sqrt{\omega}\right)\right)} \end{aligned}\right\} \qquad (17)$$

Damit sind die in (13) bis (16) auftretenden Kräfte und Momente eindeutig bestimmt.

Die Ringspannungen folgen aus der Ringkraft durch Teilung durch $F = 1 \cdot h$, die Biegungsspannungen aus dem Biegungsmoment durch Teilung durch $W = \frac{1}{6} h^2$. So ergibt sich schließlich

$$\sigma_\varphi = \frac{\gamma\, r\, H}{B}\left[1 - k_1\,\frac{J_{11}\left(\sqrt{\frac{\omega\, x}{H}}\right)}{\sqrt{\frac{x}{H}}} - k_2\,\frac{J_{12}\left(\sqrt{\frac{\omega\, x}{H}}\right)}{\sqrt{\frac{x}{H}}}\right]; \qquad (18)$$

$$\sigma_b = \pm\,\frac{72}{41}\,\frac{\gamma\, r\, H}{B}\left[k_1\,\frac{J_{32}\left(\sqrt{\frac{\omega\, x}{H}}\right)}{\sqrt{\frac{x}{H}}} - k_2\,\frac{J_{31}\left(\sqrt{\frac{\omega\, x}{H}}\right)}{\sqrt{\frac{x}{H}}}\right]. \qquad (19)$$

In diesen Gleichungen ist abkürzend bezeichnet:

$$\left.\begin{aligned} k_1 &= \frac{J_{01}\left(\sqrt{\omega}\right) + J_{02}\left(\sqrt{\omega}\right) - \sqrt{\frac{8}{\omega}}\, J_{12}\left(\sqrt{\omega}\right)}{J_{11}\left(\sqrt{\omega}\right)\left(J_{01}\left(\sqrt{\omega}\right) + J_{02}\left(\sqrt{\omega}\right)\right) - J_{12}\left(\sqrt{\omega}\right)\left(J_{01}\left(\sqrt{\omega}\right) - J_{02}\left(\sqrt{\omega}\right)\right)}; \\ k_2 &= \frac{\sqrt{\frac{8}{\omega}}\, J_{11}\left(\sqrt{\omega}\right) - J_{01}\left(\sqrt{\omega}\right) + J_{02}\left(\sqrt{\omega}\right)}{J_{11}\left(\sqrt{\omega}\right)\left(J_{01}\left(\sqrt{\omega}\right) + J_{02}\left(\sqrt{\omega}\right)\right) - J_{12}\left(\sqrt{\omega}\right)\left(J_{01}\left(\sqrt{\omega}\right) - J_{02}\left(\sqrt{\omega}\right)\right)} \end{aligned}\right\} \qquad (20)$$

[1] F. Tölke: Besselsche und Hankelsche Zylinderfunktionen. Stuttgart: K. Wittwer 1936.

Es empfiehlt sich noch, als Bezugsspannungen die Ringspannung σ_r eines freibeweglichen Ringes und die Biegungsspannung σ_∞ der geradlinigen Gewichtsmauer einzuführen. Für diese ergibt sich nach bekannten Formeln

$$\sigma_r = \frac{p \cdot r}{h} = \frac{\gamma \cdot x \cdot r}{\frac{B}{H} \cdot x} = \frac{\gamma \cdot r \cdot H}{B}; \tag{21}$$

$$\sigma_\infty = \frac{M_w}{W} = \frac{p \frac{x}{2} \cdot \frac{x}{3}}{\frac{h^2}{6}} = \frac{\gamma \cdot x^3}{\frac{B^2}{H^2} \cdot x^2} = \frac{\gamma \cdot x \cdot H^2}{B^2}; \quad \sigma_\infty^{\max} = \frac{\gamma H^3}{B^2}. \tag{22}$$

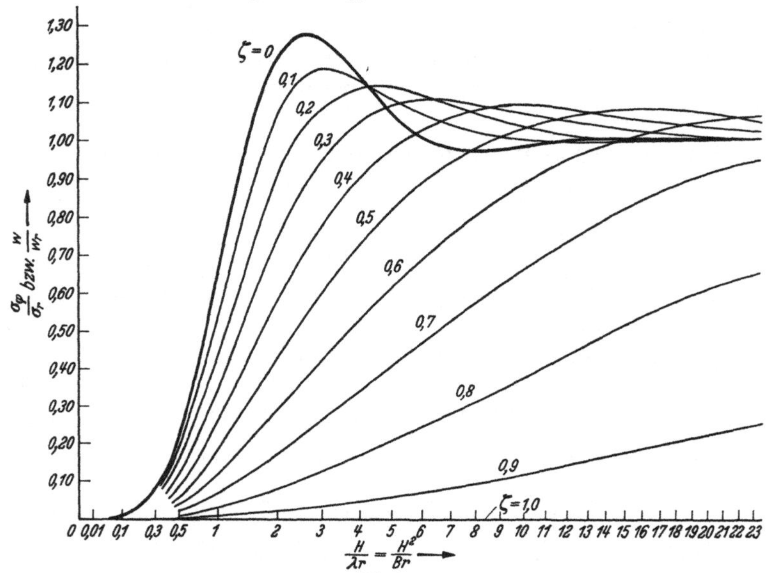

Abb. 722.

Werden diese Bezugsspannungen in (18) und (19) eingeführt, so folgt:

$$\sigma_\varphi = \sigma_r \left[1 - k_1 \frac{J_{11}\left(\sqrt{\frac{\omega x}{H}}\right)}{\sqrt{\frac{x}{H}}} - k_2 \frac{J_{12}\left(\sqrt{\frac{\omega x}{H}}\right)}{\sqrt{\frac{x}{H}}} \right]; \tag{23}$$

$$\sigma_b = \sigma_\infty \cdot \frac{24\,H}{x\sqrt{\omega}} \left[k_1 \frac{J_{32}\left(\sqrt{\frac{\omega x}{H}}\right)}{\sqrt{\frac{x}{H}}} - k_2 \frac{J_{31}\left(\sqrt{\frac{\omega x}{H}}\right)}{\sqrt{\frac{x}{H}}} \right]. \tag{24}$$

Die größten Ringspannungen ergeben sich naturgemäß an der Mauerkrone, d. h., für $x = 0$. Durch einen entsprechenden Grenzübergang findet man:

$$\sigma_\varphi^{\max} = \sigma_r \left[1 - \sqrt{\frac{\omega}{8}} (k_1 + k_2) \right].$$

Außer Ring- und Biegungsspannungen wird noch die Durchbiegung w benötigt. Für diese folgt

$$w = \frac{\gamma r^2 H}{E B} \left[1 - k_1 \frac{J_{11}\left(\sqrt{\frac{\omega x}{H}}\right)}{\sqrt{\frac{x}{H}}} - k_2 \frac{J_{12}\left(\sqrt{\frac{\omega x}{H}}\right)}{\sqrt{\frac{x}{H}}} \right]. \tag{26}$$

Wird als Vergleichsdurchbiegung die entsprechende Durchbiegung eines frei beweglichen Kreisringes gemäß

$$w_r = \frac{\sigma_r}{E} r = \frac{\gamma r^2 H}{E B} \tag{27}$$

eingeführt, so erhält man:

$$w = w_r \left[1 - k_1 \frac{J_{11}\left(\sqrt{\frac{\omega x}{H}}\right)}{\sqrt{\frac{x}{H}}} - k_2 \frac{J_{12}\left(\sqrt{\frac{\omega x}{H}}\right)}{\sqrt{\frac{x}{H}}} \right]. \tag{28}$$

Für die größte Durchbiegung an der Mauerkrone ($x = 0$) folgt hieraus durch Grenzübergang:

$$w_{\max} = w_r \left[1 - \sqrt{\frac{\omega}{8}} (k_1 + k_2) \right]. \tag{29}$$

In (23) bis (29) sind die Spannungen und Durchbiegungen im wesentlichen als Funktionen der dimensionslosen Veränderlichen

$$\zeta = \frac{x}{H}$$

und des Parameters

$$\omega = \frac{41}{3} \frac{H^2}{B r} \tag{30}$$

dargestellt. Wird (30) noch in den gefundenen Beziehungen berücksichtigt und werden gleichzeitig Spannungen und Durchbiegung durch die Bezugsgrößen dividiert, so folgt

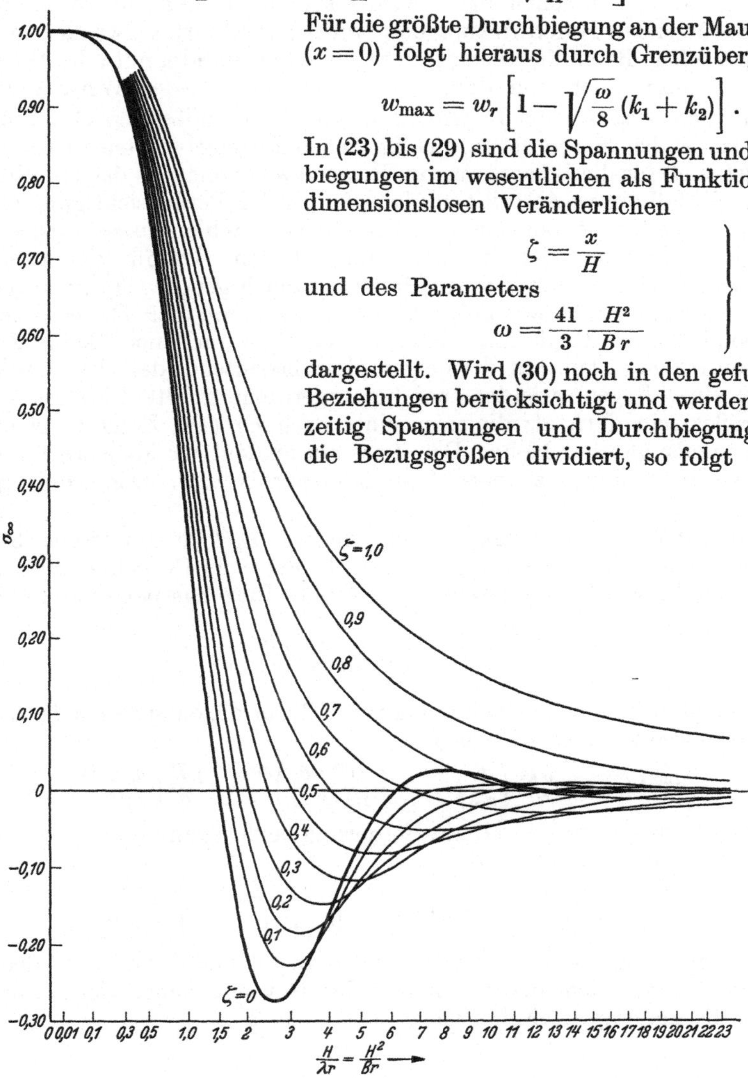

Abb. 723.

$$\frac{\sigma_\varphi}{\sigma_r} = \frac{w}{w_r} = \left[1 - k_1 \frac{J_{11}(\sqrt{\omega\zeta})}{\sqrt{\zeta}} - k_2 \frac{J_{12}(\sqrt{\omega\zeta})}{\sqrt{\zeta}} \right]; \tag{31}$$

$$\frac{\sigma_b}{\sigma_\infty} = \frac{24}{\zeta\sqrt{\omega}} \left[k_1 \frac{J_{32}(\sqrt{\omega\zeta})}{\sqrt{\zeta}} - k_2 \frac{J_{31}(\sqrt{\omega\zeta})}{\sqrt{\zeta}} \right]. \tag{32}$$

Aus den Abb. 722 u. 723 können die Spannungs- bzw. Verschiebungsverhältnisse gemäß (31) und (32) als Funktionen von $\frac{H^2}{B r}$ einerseits und ζ andererseits unmittelbar abgelesen werden. Die Kurven für die Mauerkrone ($\zeta = 0$) sind besonders hervorgehoben.

(3) Bemessung von Bogengewichtsmauern. Baustoffersparnis und Sicherheit. Die Hauptgefahrenpunkte der reinen Gewichtsmauer waren die Längsrißgefahr und die Gefahr eines wasserseitigen Abreißens der Mauer, beides hervorgerufen durch Schwindspannungen in Verbindung mit Baugrundverformungen. Je dicker der Mauerquerschnitt wurde, um so ausgeprägter traten diese Gefahrenpunkte in Erscheinung. Wenn es daher gelingt, durch Ausnutzung der unterstützenden Bogenwirkung den Mauerquerschnitt schwächer zu halten, so ist eine solche Baustoffersparnis nicht nur vom Standpunkte der Wirtschaftlichkeit, sondern auch von dem der Sicherheit in jeder Weise erwünscht.

Solange die zusätzlichen Bogenwirkungen sich in zulässigen Grenzen halten — und das ist bei den verhältnismäßig dicken Bogengewichtsmauern stets der Fall — ist auch für die Bemessung von Bogengewichtsmauern der Gesichtspunkt maßgebend, daß am wasserseitigen Mauerfuß, unter Berücksichtigung eines der Deutschen Anleitung entsprechend abgeminderten Sohlenwasserdruckes, gerade noch keine Zugspannungen in Erscheinung treten. Da für den dreieckigen Mauerquerschnitt die wasserseitige Pressung aus Eigengewicht ($\sigma_z = \gamma_b H$) und der wasserseitige Sohlenwasserdruck ($\sigma_z = m\gamma H$) von der Mauerdicke unabhängig sind, ist die Forderung, daß wasserseitig gerade noch keine Zugspannungen auftreten sollen, mit derjenigen gleichbedeutend, daß die vom Wasserdruck in einer Bogengewichtsmauer hervorgerufene größte Biegungsspannung nicht größer sein darf, als diejenige einer nach Gl. (48), Ziffer 14 bemessenen Gewichtsmauer gleicher Höhe. Damit ist ein eindeutiger Maßstab für die mit Bogengewichtsmauern erzielbare Baustoffersparnis bzw. Querschnittsverminderung gewonnen.

Bezeichnet λ wie bisher das Breitenverhältnis B/H der Bogengewichtsmauer und λ_∞ dasjenige der nach (48), Ziffer 14 bemessenen Gewichtsmauer gleicher Höhe, so ergibt sich für die letztere eine größte Biegungsspannung aus Wasserdruck von

$$\sigma_b^{\max} = \sigma_b(\lambda_\infty) = \frac{\gamma H}{\lambda_\infty^2}. \tag{33}$$

Andererseits läßt sich unter Benutzung von (22) für die entsprechende Spannung der Bogengewichtsmauer schreiben

$$\sigma_b^{\max}(\lambda) = \sigma_\infty^{\max}\left(\frac{\sigma_b}{\sigma_\infty}\right)^{\max} = \frac{\gamma H^3}{B^2}\left(\frac{\sigma_b}{\sigma_\infty}\right)^{\max} = \frac{\gamma H}{\lambda^2}\left(\frac{\sigma_b}{\sigma_\infty}\right)^{\max}. \tag{34}$$

Werden im Sinne der obigen Mindestforderung beide Spannungen gleich gesetzt, so folgt die Bedingungsgleichung

$$\frac{\gamma H}{\lambda_\infty^2} = \frac{\gamma H}{\lambda^2}\left(\frac{\sigma_b}{\sigma_\infty}\right)^{\max} \quad \text{oder} \quad \frac{\lambda}{\lambda_\infty} = \sqrt{\left(\frac{\sigma_b}{\sigma_\infty}\right)^{\max}} = \sqrt{\left(\frac{\sigma_b}{\sigma_\infty}\right)_{\zeta=1}}. \tag{35}$$

Vergleicht man nun unter der gemachten Voraussetzung das Gewicht der Bogengewichtsmauer mit dem der entsprechenden Gewichtsmauer gleicher Höhe, so folgt, da die Mauerquerschnittsflächen sich gemäß

$$\frac{F}{F_\infty} = \frac{\lambda}{\lambda_\infty}$$

verhalten

$$\frac{G}{G_\infty} = \frac{\lambda}{\lambda_\infty} = \sqrt{\left(\frac{\sigma_b}{\sigma_\infty}\right)_{\zeta=1}}. \tag{36}$$

Aus Abb. 723 kann $\frac{\sigma_b}{\sigma_\infty}$ unmittelbar als Funktion von $\frac{H}{\lambda r}$ abgelesen werden. Da λ zunächst noch unbekannt ist, entnimmt man für ein angenommenes $\frac{H}{\lambda \cdot r}$ zunächst den zugehörigen $\frac{\sigma_b}{\sigma_\infty}$-Wert und bestimmt aus diesem unter Einsetzen eines Durchschnittswertes von $\lambda_\infty = 0{,}72$ mit Hilfe von (35) den zugehörigen λ-Wert. Damit kann dann rückwärts das zu dem angenommenen $\frac{H}{\lambda \cdot r}$-Wert gehörige Verhältnis von $\frac{H}{r}$ berechnet werden. Abb. 724 zeigt die auf dem bezeichneten Wege gefundene Abhängigkeit für $\frac{\lambda}{\lambda_\infty}$ und damit für $\frac{G}{G_\infty}$ als Funktion von $\frac{H}{r}$, und zwar in der oberen Kurve für starren Felsen.

Die Untersuchung soll nun unter der Voraussetzung wiederholt werden, daß der Baugrund elastisch ist, und zwar möge der Elastizitätsmodul des Felsmaterials mit dem des Betons als übereinstimmend angenommen werden. Eine solche Annahme stellt bei Bogengewichtsmauern eine gute Annäherung an die tatsächlichen Verhältnisse dar.

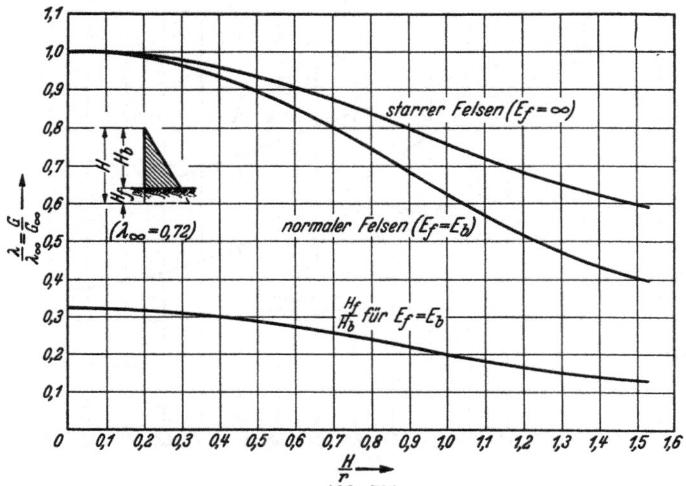

Abb. 724.

Die Berücksichtigung der Elastizität des Baugrundes läßt sich hier verhältnismäßig einfach auf Grund theoretischer Untersuchungen von Fredrik Vogt[1] vornehmen. Man braucht lediglich die Bogengewichtsmauer um ein gewisses von der Dicke B abhängiges Maß fortgesetzt zu denken, das als Einspanntiefe bezeichnet wird. Die so betrachtete ideelle Staumauer erfährt längs der tatsächlichen Gründungsfuge etwa die gleiche Verschiebung und Drehung wie der Gründungsfelsen, wenn für die theoretische Einspanntiefe (Abb. 724)

$$H_f = 0{,}45 \cdot B \tag{37}$$

gesetzt wird. Für andere Verhältnisse des Elastizitätsmoduls von Beton und Baugrund ergeben sich etwas andere Verhältnisse der Einspanntiefe.

An Stelle der bisher zugrunde gelegten Mauerhöhe H tritt bei Berücksichtigung der Felsnachgiebigkeit die Summe

$$H = H_b + H_f \tag{38}$$

von Mauerhöhe und Einspanntiefe.

Der ζ-Wert, der längs der Gründungsfläche in die oben entwickelten Formeln einzusetzen ist, ergibt sich jetzt zu

$$\zeta_b = \frac{H_b}{H} = \frac{H_b}{H_b + H_f} = \frac{1}{1 + \frac{H_f}{H_b}} = \frac{1}{1 + 0{,}45\,\frac{B}{H_b}} = \frac{1}{1 + 0{,}45\,\lambda}\,. \tag{39}$$

[1] „Über die Berechnung der Fundamentdeformation" von Fredrik Vogt. Avhandlinger Utgit av det Norske Videnskaps-Akademi i Oslo, I. Math.-Naturv. Klasse 1925, Nr. 2. Oslo: Jacob Dybwad 1925.

Die Bedingungsgleichung (35) für λ, die sich unter Zugrundelegung gleicher Sicherheit oben ergab, ändert sich durch Einbeziehung der Felsnachgiebigkeit nur insofern, als jetzt an Stelle von $\zeta = 1$ der Wert $\zeta = \zeta_b$ von (39) einzusetzen ist. Es ergibt sich somit

$$\frac{G}{G_\infty} = \frac{\lambda}{\lambda_\infty} = \sqrt{\left(\frac{\sigma_b}{\sigma_\infty}\right)_{\zeta = \zeta_b}} . \tag{40}$$

Die Darstellung von $\frac{\lambda}{\lambda_\infty}$ als Funktion von $\frac{H}{r}$ ist hier insofern etwas umständlicher, als der ζ_b-Wert zunächst geschätzt werden muß. Man gelangt aber durch Iteration schnell zum Ziele und erhält die in der mittleren Kurve von Abb. 724 ersichtliche Abhängigkeit. In Abb. 724 ist gleichzeitig noch das Verhältnis von $\frac{H_f}{H_b}$ als Funktion von $\frac{H}{r}$ aufgetragen worden.

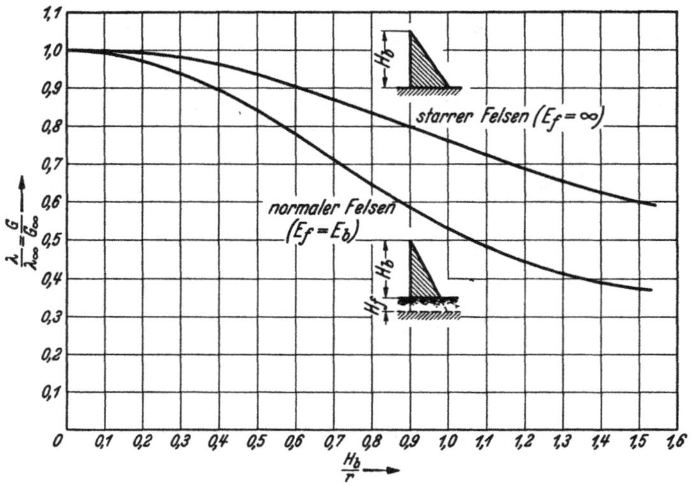

Abb. 725.

Für die erzielbare Baustoffersparnis der Bogengewichtsmauer gegenüber der Gewichtsmauer interessiert weniger die Abhängigkeit von $\frac{H}{r}$ als vielmehr die von $\frac{H_b}{r}$. Diese kann aus Abb. 725 entnommen werden.

Abb. 725 gestattet eine unmittelbare Bemessung der Bogengewichtsmauer. Man bildet das Verhältnis von Mauerhöhe zu Krümmungshalbmesser und liest das Verhältnis der λ-Werte aus der Abbildung ab. Durch Multiplikation mit λ_∞, daß gemäß Gl. (48), Ziffer 14 zu bestimmen ist, folgt dann der gesuchte λ-Wert.

Um die erzielbare Baustoffersparnis zahlenmäßig noch besser in Erscheinung treten zu lassen, sind in Abb. 726—730 unter Zugrundelegung von $H = 80$ m die Mauerquerschnitte aufgetragen worden, die für $r = \infty$, $r = 250$ m, 150 m, 100 m und 60 m aus Abb. 725 abgelesen werden. Gleichzeitig kann der zugehörige Verlauf der Biegungsspannungen, der Ringspannungen und der Durchbiegung entnommen werden. Entsprechend den gemachten Voraussetzungen ist die größte Biegungsspannung aus Wasserdruck für alle Mauerquerschnitte die gleiche, nämlich 15,4 kg/cm². Bei dieser tritt unter Berücksichtigung eines Sohlenwasserdruckes von $S = 0{,}4\,\gamma H$ noch gerade kein Zug am wasserseitigen Mauerfuß auf. Die gestrichelte Weiterführung der σ_b-Linie hat nur theoretisches Interesse, da der Kraftfluß im Felsen nicht an das Profil der Staumauer gebunden ist, sondern sich nach allen Richtungen ausbreiten kann. Die größten Ringspannungen nehmen mit abnehmendem Krümmungsradius, wie zu erwarten war stetig zu und erreichen im Bereich von $r = 100$ m (Abb. 729) ihren Größtwert von 26 kg/cm². Bei weiterer Zunahme der Krümmung verlagert sich das Maximum von der Mauerkrone ins Mauerinnere und die Spannung geht gleichzeitig zurück. Die Durchbiegung ist verständlicherweise für die Gewichtsmauer am größten.

Nach den durchgeführten Untersuchungen ist die Baustoffersparnis, die durch Verwendung der Bogengewichtsmauer erzielt werden kann, viel größer als gewöhnlich angenommen wird. Man wird einen Krümmungshalbmesser von 250 m als nicht gerade besonders günstig bezeichnen können, und trotzdem gestattet er bereits bei 80 m Mauerhöhe (Abb. 727) eine Querschnittsverminderung um 8%. Die entsprechende Verminderung der Sohlenbreite von 57,6 m auf 52,8 m kommt der Verminderung der Längsrißgefahr in vollem Umfange zugute. Bei $r = 150$ m, einem noch häufig ausführbaren Krümmungshalbmesser (Abb. 728) ist die Baustoffersparnis bereits 18% und die Sohlenbreite kann von 57,6 m auf 47,2 m herabgesetzt werden. Es lohnt sich daher schon, der Frage der Verwendung der Bogengewichtsmauer die notwendige Beachtung zu schenken und dadurch die Wirtschaftlichkeit und Sicherheit der Stauanlage den Verhältnissen entsprechend zu erhöhen.

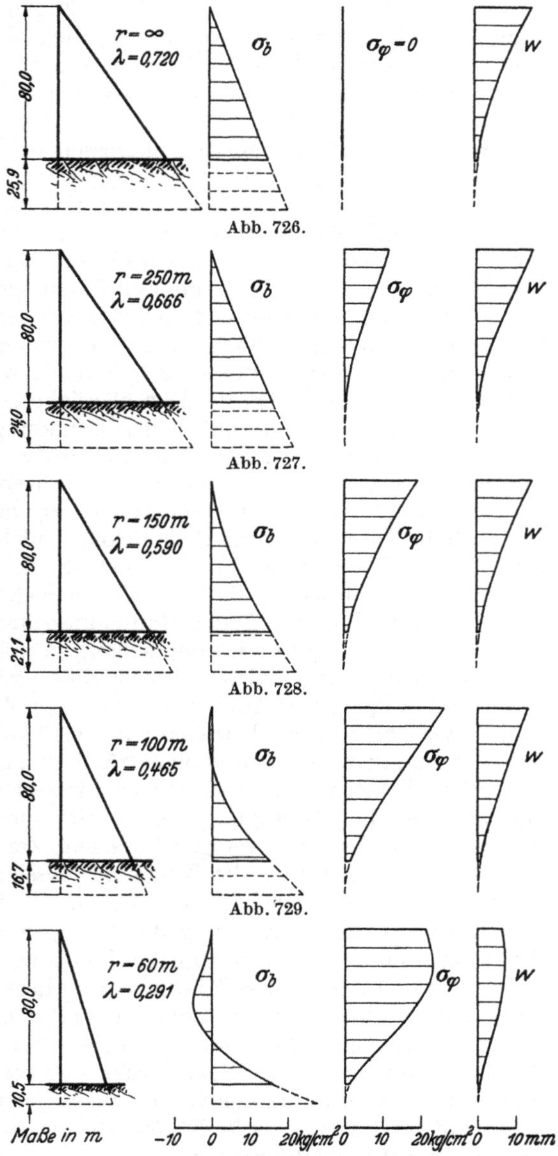

Abb. 726—730. Baustoffersparnis durch Einschaltung der Bogenwirkung.

18. Bauliche Sondermaßnahmen.

(1) Nachträgliche Dichtung von Mauerkörper und Gründungsfelsen. Bei älteren Gewichtsmauern und insbesondere Bruchsteinmauern ergibt sich nicht selten die Notwendigkeit nachträglicher Dichtungsmaßnahmen. Diese können den eigentlichen Mauerkörper oder den Gründungsfelsen oder beides betreffen. Große Sickerverluste durch den Mauerkörper sind z. B. bei Bruchsteinmauern regelmäßig in Erscheinung getreten, wenn auf den durch Verblendmauerwerk geschützten Dichtungsputz verzichtet wurde. Mag eine Quaderverblendung noch so gut verfugt sein, es bilden sich beim Schwinden des Mörtels feine

Risse, in die das Wasser ohne dahinterliegende Putzschicht begierig einströmt. In Betonmauern, die in Unkenntnis der Schwindvorgänge ohne Fugen hergestellt wurden, sind wilde Rißbildungen häufig die Ursache großer Sickerverluste. Ähnlich steht es dort, wo die Fugen nicht bis zum Felsen heruntergeführt wurden und sich dann selber, aber ohne gedichtet zu sein, ihren Weg zum Felsen gesucht haben. Eine weitere Quelle größerer Sickerverluste ist humus- oder kohlensäurehaltiges Stauwasser, das mit einem nicht hinreichend säurebeständigen Zement in Berührung kommt. Hierdurch wird der Zementleim in immer stärkerem Maße angefressen und die Porigkeit dementsprechend immer größer und größer.

Während Sickerverluste durch den eigentlichen Mauerkörper an der luftseitigen Außenfläche unmittelbar in Erscheinung treten und deren Wetterbeständigkeit meist in sehr nachteiliger Weise beeinflussen, entziehen sich Sickerverluste durch den Gründungsfelsen der unmittelbaren Beobachtung. Wenn man sich vor Augen führt, welche außerordentlichen Zementmengen der Gründungsfelsen vielfach aufnimmt, wenn er nach dem heute üblichen Verfahren der Zementeinpressung behandelt wird, so gewinnt man einen unmittelbaren Maßstab für die Durchlässigkeit, welche die Mehrzahl der ausgeführten Staumauern bezüglich des Gründungsfelsens aufweisen muß.

Während man sich lange Zeit mit größeren Sickerverlusten abfinden zu müssen glaubte, ist man in den letzten Jahren vielerorts mit großem Erfolge an die Beseitigung der Undichtigkeiten herangegangen. Die dafür aufgewendeten Kosten haben sich in jedem Falle gelohnt, nicht nur wegen der besseren Ausnutzung des Stauraumes, sondern auch durch Ersparung der ständigen Flickarbeiten an der Luftseite, die bei größeren Sickerbewegungen durch den Mauerkörper unvermeidbar sind. Wenn Staumauern ihren sich über Jahrhunderte erstrekkenden Aufgaben gerecht werden sollen, so müssen auch rechtzeitig diejenigen Maßnahmen ergriffen werden, die zur Sicherung ihres Bestandes notwendig sind[1].

Zur Beseitigung von Undichtigkeiten des Mauerkörpers stehen zwei grundsätzlich verschiedene Maßnahmen zur Verfügung, nämlich einmal die Abriegelung des Mauerkörpers durch nachträgliche Anordnung eines undurchlässigen oder alles Sickerwasser abfangenden wasserseitigen Dichtungsmantels, und zum anderen die Beseitigung der Hohlräume und Sickerspalten durch Einpressen von mehr oder weniger flüssigem Zementbrei. Der Dichtungsmantel ist in schwierigen Fällen, die Zementeinpressung in Regelfällen das Gegebene.

Der Dichtungsmantel als nachträgliche Dichtungsmaßnahme wurde bereits unter Ziffer 11 bei Behandlung des Levyschen Schutzmantels kurz gestreift. Die dort besprochene nachträgliche Dichtung der Ringedaalsvand-Staumauer durch einen vorgelegten Eisenbetonplattenmantel (Abb. 537), der den Wasserdruck über kurze Eisenbetonständer auf die Mauer überträgt, kann als Musterbeispiel einer unter schwierigsten Verhältnissen durchgeführten Dichtungsmaßnahme bezeichnet werden. Da der geräumige Sickerraum zwischen Mantel und Mauer sich als praktisch trocken erwiesen hat, wird man den hohen Kostenaufwand von etwa 70 RM/m^2 Stauwandfläche bald verschmerzt haben, dies um so mehr, als die vorher versuchte Zementeinpressung zu keinem Erfolge geführt hatte. Bei jährlichen Sickerwasserbewegungen, die wie im Falle der Ringedaalsvand-Staumauer um 10 hm^3 herum schwankten, entstehen im Laufe der Zeit so große Hohlräume, daß Zementeinpressungen nur dann einen dauernden Erfolg erwarten lassen, wenn sie jahrelang fortgesetzt werden.

In Italien sind in den letzten Jahren ebenfalls gute Erfolge mit einer nachträglichen Stahlabdeckung der Wasserseite erzielt worden, so bei den Bruchsteinmauern Lago del Diavolo und Lago del Gabiet[2]. Im letzteren Falle,

[1] Man vgl. hierzu auch Westerberg und Matton: Verfahren zur Ausbesserung von Betonschäden von Wasserbauten (schwedisch). Mitt. Schwed. Wasserkr. Ver. 1933 Nr. 5.

[2] G. Gentile: I rivestimenti metallici delle dighe in muratura di pietrame del Lago del Diabolo e del Gabiet. Energia elettr. 1936 S. 72—78.

wo es sich um eine 2378 m über NN liegende, 45 m hohe Staumauer handelte, konnte der Sickerverlust von 285 l/s auf 0,2 l/s herabgemindert werden. Es wurden rostsichere Tafeln von 2 m Breite und 11 m Länge verwendet, die weder verschweißt, noch vernietet, sondern in einem sorgfältig verankerten Flacheisenrost

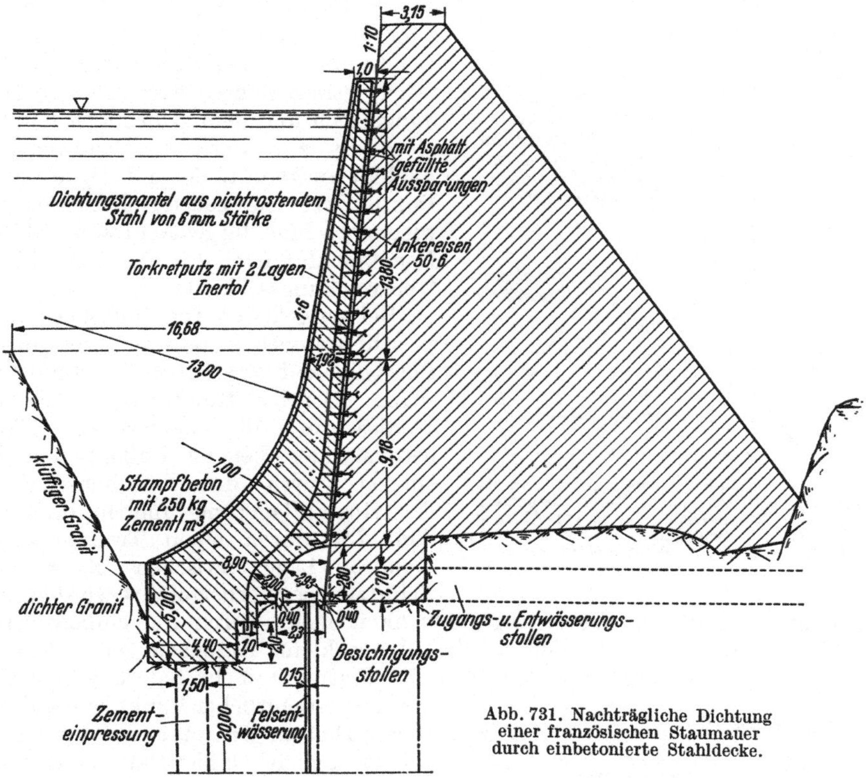

Abb. 731. Nachträgliche Dichtung einer französischen Staumauer durch einbetonierte Stahldecke.

gelagert und durch Klemmschrauben in 20 cm Abstand gegen die Dichtungsleisten des Ankerrostes gepreßt wurden. Die Blechstärke betrug 5 mm. Über den Kreuzungspunkten des Rostes wurde der Beton schwalbenschwanzförmig ausgehauen, um Ankerschrauben einlassen zu können. Die Kosten beliefen sich auf etwa 50 RM/m² Stauwandfläche, waren also niedriger als diejenigen des Ringedaalsvand-Mantels. Hierbei ist allerdings zu berücksichtigen, daß jede Stahlabdeckung Unterhaltungsarbeiten erfordert, und daß noch abzuwarten ist, wie sich derartige verhältnismäßig steil gestellte Decken im Wechselspiel der Temperaturschwankungen bewähren.

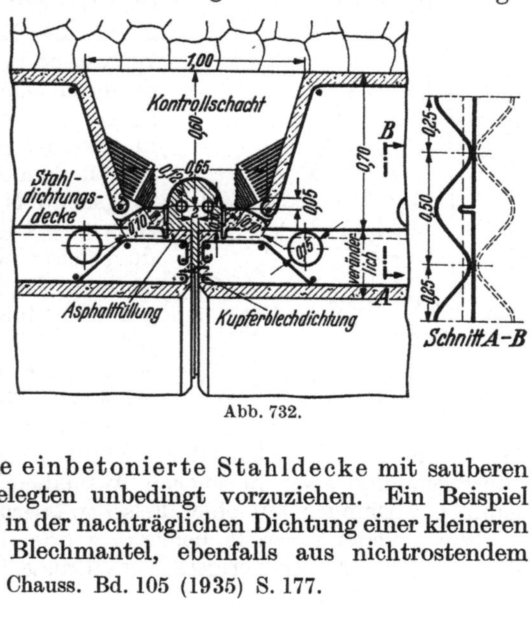

Abb. 732.

Auf lange Sicht gesehen ist die einbetonierte Stahldecke mit sauberen Dehnungsfugen der einfach aufgelegten unbedingt vorzuziehen. Ein Beispiel dieser Art zeigen Abb. 731 und 732 in der nachträglichen Dichtung einer kleineren französischen Staumauer[1]. Der Blechmantel, ebenfalls aus nichtrostendem

[1] Grelot et Chalot: Ann. Ponts Chauss. Bd. 105 (1935) S. 177.

Stahl von 6 mm Stärke, wurde hier zu Feldern von 10 m Länge in der Höhenrichtung zusammengeschweißt, die an den Enden durch die aus Abb. 732 ersichtlichen Dehnungsfugen verbunden wurden. In entsprechender Weise ist auch der Eisenbeton-Schutzkörper aufgeteilt, dessen Fugen in üblicher Weise durch z-förmige Kupferbleche abgeriegelt sind. Der Raum zwischen dem mit den Blechtafeln verschweißten zylindrischen Dehnungsblech und dem z-förmigen Kupferblech ist zur weiteren Dichtung mit Asphalt ausgefüllt, der mit Hilfe zweier Dampfrohre jederzeit durch Erwärmung wieder geschmeidig gemacht werden kann. Den Abschluß nach der Mauerseite bilden Überwachungsschächte.

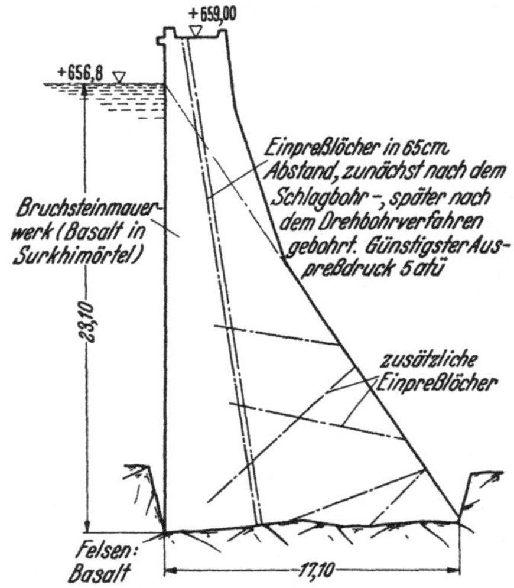

Abb. 733. Nachträgliche Dichtung der Sciruata-Staumauer (Britisch-Indien) durch Zementeinpressungen. Einpreßlöcher in 65 cm Abstand, zuerst nach dem Schlagbohr-, später nach dem Drehbohrverfahren gebohrt. Günstigster Auspreßdruck 5 atü.

Bei aufgelegten Dichtungsdecken ist es sehr wesentlich, daß sie eine gewisse Beweglichkeit gegenüber der Mauer besitzen. Bei dem Ringedaalsvand-Mantel ist diese durch die querelastischen Eisenbetonständer, bei den italienischen Beispielen durch die Zwischenschaltung der Rostauflagerung und in dem von Abb. 731 durch einen Trennputz mit Goudron-Lage zwischen Mauer und Schutzkörper herbeigeführt worden. Um im letzteren Falle die Bewegungsmöglichkeit nicht durch die einbetonierten Ankereisen zu stören, wurden an der Mauer kleine Aussparungen geschaffen und mit Asphalt vergossen, in denen die Eisen nunmehr federn können.

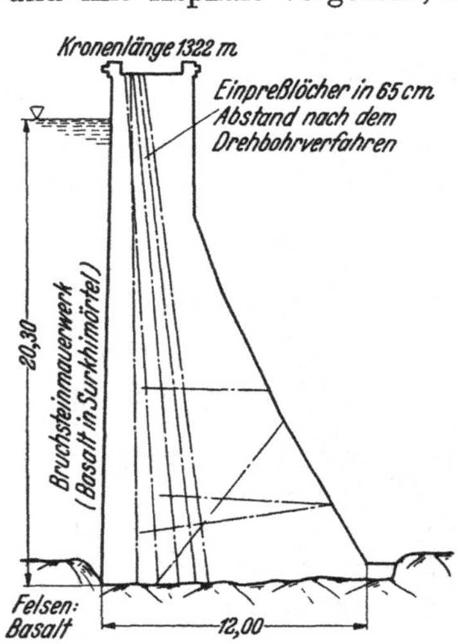

Abb. 734. Einpreßlöcher in 65 cm Abstand nach dem Drehbohrverfahren. Ualuan-Staumauer (Britisch-Indien).

Ein weiterer wesentlicher Punkt ist der dichte Abschluß des Dichtungsmantels an der Mauersohle. Bei der Lago del Gabiet-Staumauer wurde der wasserseitig vorgezogene Sohlenbeton muldenartig aufgehauen und die Dichtungsdecke entsprechend tief eingebunden. In Abb. 731 konnte der Mantel einfach in eine mit Asphalt vergossene Felsaussparung gesteckt werden, da es durch den vorgelegten Eisenbeton-Schutzkörper und die darunterliegende Einpreßschürze hinreichend gegen Unterströmen gesichert war.

Mit dem Auflegen eines wasserseitigen Dichtungsmantels sollte, um ganze Arbeit zu leisten, stets eine Dichtung von Mauersohle und Gründungsfelsen verbunden werden. Da die Herstellung des Mantels nur bei vollständig abgesenktem Staubecken möglich ist, kann die Auspressung mit einfachsten Mitteln vorgenommen werden. Eine sehr zweckmäßige Anordnung zeigt Abb. 731, bei der die Dichtungsschürze soweit vor die Mauer gezogen ist, daß noch Raum bleibt, um den bei vielen älteren Staumauern versäumten Sohlenstollen unterzubringen, und zwar in solchen Ausmaßen, daß etwaige Nachdichtungsmaßnahmen verbunden mit einer Felsentwässerung jederzeit möglich sind.

Wie einleitend bereits bemerkt wurde, kommt der vorgelegte Dichtungsmantel mehr für schwierigere Verhältnisse in Frage, denn einmal ist er sehr teuer und zum anderen kann nur bei abgelassenem Staubecken gearbeitet werden, was unter Umständen mit sehr großen Betriebsverlusten verbunden sein kann. Es ist daher in jedem Falle vorher zu prüfen, ob das teilweise mit großem Erfolge angewendete Verfahren der Dichtung durch Zementeinpressung nicht ausreicht.

Um gleich einmal zu zeigen, was die Zementeinpressung zu leisten vermag und mit welchen Kosten man rechnen muß, wenn das Auspressen ohne irgendwelche Betriebsstörungen erfolgen soll, sei an drei indische Bruchsteinmauern angeknüpft, die in den letzten Jahren durch Zementeinpressung gedichtet wurden [1]. Nach den in Abb. 733—735 wiedergegebenen Mauerquerschnitten hat man es hier mit jener Urform der Gewichtsmauer zu tun, wie sie in der zweiten Hälfte des vorigen Jahrhunderts vorherrschend war, und die weder Entwässerungen noch Überwachungsanlagen irgendwelcher Art kannte. Sie hat sich dank der einzigartigen Gründungsverhältnisse (dichte Basaltmassen) und des vorzüglichen Baustoffes (Basalt in Surkhi-Mörtel) in Indien gut bewährt. Die Undichtigkeiten lagen teils in der Herstellung des Mauerwerkes, teils in dem Schwinden des Mörtels begründet. Aus der nachstehenden Zusammenstellung ist alles Wissenswerte über die Mauern sowie über Umfang, Kosten und Ergebnis der Einpreßmaßnahmen ersichtlich.

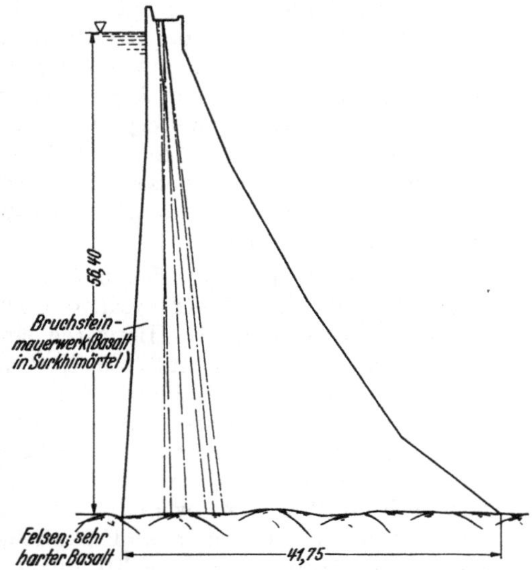

Abb. 735. Tocheruadi-Staumauer (Brit.-Indien).

Staumauer	Scirauta	Ualuan	Tocheruadi
Höhe in m	23,1	20,3	56,4
Kronenlänge in m	2280	1322	690
Stauwandfläche in m²	51500	25500	10400
Gesamtbohrlochlänge in m	65000	39000	13000
Zementverbrauch in t	5500	2000	3200
Zementverbrauch/Stauwandfläche in kg/m²	107	78	310
Kostenaufwand in RM	1000000	400000	500000
Kostenaufwand/Stauwandfläche in RM/m²	20	16	50
Zeitdauer in Jahren	$1^1/_2$	$1^1/_2$	$1^1/_2$
Sickerverlust in l/s vorher	600	270	110
nachher	54	25	$6^1/_2$

Wie die Zusammenstellung zeigt, konnte der Sickerverlust auf weniger als $^1/_{10}$ des früheren Verlustes herabgemindert werden. Der Kostenaufwand/m² Stauwandfläche ist wesentlich geringer als im Falle des Dichtungsmantels, wenigstens soweit Scirauta- und Ualuan-Staumauer in Frage kommen. Bei der Tocheruadi-Staumauer liegen die Verhältnisse nicht ganz so günstig.

Die Lage der Einpreßlöcher im Mauerquerschnitt ist aus den Abbildungen ersichtlich. Im Gegensatz zu der zuerst gedichteten Scirauta-Staumauer war man bei den späteren Mauern bemüht, die Dichtungszone breiter zu halten und so die Abdichtung weiter zu treiben. Der volle Erfolg dieser Maßnahme

[1] C. Marcello: Il consolidamento et l'impermeabilizzazione a mezzo di iniezioni di cemento di tre importanti dighe indiane. Energia elettr. 1936 S. 64—66. Vgl. weiterhin: Proc. Amer. Soc. Civ. Engr. 1935.

zeigt sich bei der Tocheruadi-Staumauer, deren Dichtung zweifellos am schwierigsten war und deren Endverlust von $6^1/_2$ l/s sich mit dem vieler Betonmauern messen kann, wenn man die große Kronenlänge berücksichtigt. Der Lochabstand in der Längsrichtung mußte, um die gewünschte Wirkung zu erreichen, immer enger gehalten werden, bis man schließlich bei 65 cm ankam und damit die Auspressung sämtlicher Mauern vornahm. Zuerst wurde nach dem Schlagbohr-, später nur noch nach dem Drehbohrverfahren gearbeitet, um das Mauergefüge beim Ausbohren möglichst zu schonen. Als günstigster Auspreßdruck ergab sich derjenige von 5 atü, und zwar unabhängig von der Stauhöhe. Bei 7 atü zeigten sich bereits leichte Bewegungen im Putz und außerdem traten sehr große Brüheverluste in Erscheinung. Der WZF der Zementbrühe war außerordentlich schwankend; er lag je nach Durchlässigkeit zwischen 100 und 0,67.

Das kennzeichnendste Merkmal der Zementeinpressungen in die drei indischen Staumauern ist der geringe Lochabstand von 65 cm und der geringe Auspreßdruck von 5 atü. Hierdurch sind zwar auf der einen Seite die Bohrarbeiten sehr vermehrt und die Kosten dementsprechend gesteigert worden, man hat aber auf der anderen Seite das Mauerwerk entsprechend geschont. Wenn heute in Fachzeitschriften nicht endenwollende Erörterungen über die angeblich die Standsicherheit so gefährdenden Wirkungen des Wasserinnendruckes zu finden sind, so beweist dies jedenfalls, daß der Talsperrenbau auf dem rechten Wege ist, wenn er die Entstehung eines solchen Innendruckes durch Mauerentwässerung und ähnliche Maßnahmen von vornherein unterbindet. Im Hinblick auf nachträgliche Zementeinpressungen beweist es aber auch, daß man sich bezüglich der anzuwendenden Überdrucke Zurückhaltung auferlegen sollte. Eines steht jedenfalls fest: In der Umgebung des Einpreßloches werden Beton oder Mauerwerk eine Zugbeanspruchung in derjenigen Höhe erfahren, die sich aus dem Überdruck kurz vor der Sättigung des Mörtels ergibt, d. h. also in Höhe des größten überhaupt auftretenden Überdruckes. Wird daher, wie es z. B. im Falle der Torina-Staumauer (Abb. 260)[1] geschehen ist, im Durchschnitt mit 15 atü ausgepreßt, so muß man sich darüber klar sein, daß man den Baustoff rund um das Loch herum einer Zugbeanspruchung von 15 kg/cm² aussetzt, die ganz zweifellos zu örtlichen Rißbildungen führen wird.

Es ist nicht selten so, daß bei der Vergebung nachträglicher Dichtungsarbeiten es ganz der betreffenden Unternehmung überlassen bleibt, wie sie den Auspreßdruck zweckmäßig wählt. Hier sollte sich der vergebende Ingenieur darüber klar sein, daß die meist an Felsauspressungen gewöhnten Spezialunternehmungen gern geneigt sind, hohe Drucke anzuwenden, was dort auch seine unumstrittene Berechtigung hat. Wenn man bedenkt, daß eine Zugbeanspruchung des Mörtels von 4 kg/cm² überall als Grenze des Zulässigen betrachtet wird, so geht ein Auspreßdruck von 5 atü schon um 1 atü über diese Grenze hinaus. Weitergehende Steigerungen sollten daher tunlichst vermieden werden.

Die aus Abb. 260 ersichtlichen, auf den Auspreßstrecken aufgenommenen Zementmengen der Torina-Staumauer vermitteln ein anschauliches Bild von den Unregelmäßigkeiten, mit denen zuweilen bei der Herstellung gerechnet werden muß. Diese wurden, was die Wasserdurchlässigkeit anbelangt, durch die Zementeinpressung vollständig beseitigt. Der anfänglich sehr hohe Sickerverlust (225 l/s auf 3000 m² Stauwandfläche) betrug nach den Einpressungen nur noch 2 l/s. Dieses vorzügliche Ergebnis wurde mit einem Gesamtkostenaufwand von etwa 100000 RM und einem Zementverbrauch von 450 t erzielt.

[1] G. Gentile: I lavori di impermeabilizzazione della diga di Torina. Energia elettr. 1936 S. 67—71. Siehe auch Fußnote 1 von Seite 446.

Von den aufgewendeten 3920 Arbeitsstunden entfielen 1020 auf Bohrarbeiten, 2650 auf Auspreßarbeiten und 250 auf Transportarbeiten. Was die bezogenen Dichtungskosten anbelangt, so gliedert sich die Torina-Staumauer mit 33 RM/m² Stauwandfläche gut in die indischen Werte ein.

Eine ganz andere Art der nachträglichen Zementeinpressung ist, ebenfalls mit größtem Erfolge, bei drei hochgelegenen italienischen Staumauern zur Anwendung gekommen[1]. Hier wurde, um die langen Bohrlöcher zu sparen, das Einpressen mit Hilfe kurzer Löcher von der Wasserseite aus vorgenommen. Da dies nur bei abgesenktem Stauspiegel möglich ist, und Betriebseinschränkungen andererseits vermieden werden mußten, erstreckte man die Dichtungsarbeiten über mehrere Jahre, unter jeweiliger Ausnutzung der Absenkungszeiten. Das Bohren und Auspressen geschah dabei von Arbeitskörben aus, die an Seilen heruntergelassen wurden. Abb. 736 zeigt z. B. die auf diesem Wege erzielte allmähliche Dichtung der Cignino-Staumauer. Wie die nachstehende Zusammenstellung erkennen läßt, werden die Herstellungskosten durch das seitliche Auspressen nicht unbeträchtlich verringert.

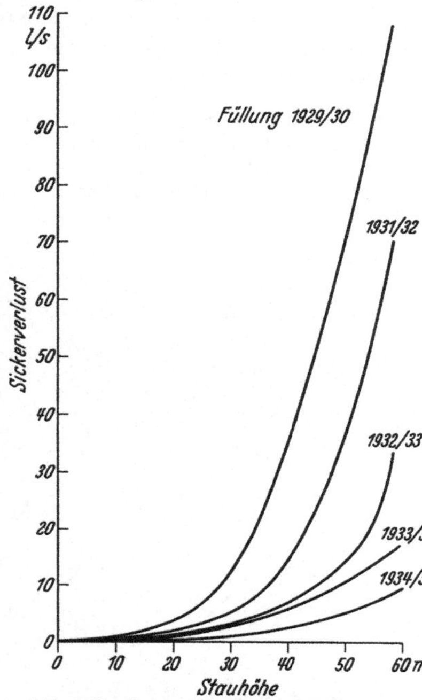

Abb. 736. Cignino-Staumauer (1360 m über NN). Abnahme des Sickerverlustes nach wasserseitiger Zementeinpressung.

Staumauer	Camplìccioli	Camposecco	Cignino
Stauwandfläche in m²	11185	5275	3600
Gesamtbohrlochlänge in m	7000	4111	5137
Zementverbrauch/Stauwandfläche in t/m² .	149	111	198
Auspreßkosten/Stauwandfläche in RM/m²	7	15	30

Auf Grund der ausgezeichneten Erfahrungen mit der seitlichen Zementeinpressung ist man in Italien neuerdings dazu übergegangen, die Dichtung noch in Bau befindlicher Bruchsteinmauern in dieser Weise vorzunehmen[1]. Es handelt sich dabei immer um sehr hoch gelegene alpine Mauern, die man aus klimatischen und sonstigen Gründen nicht in Beton herstellen zu sollen glaubte. Ein Beispiel dieser Art ist die Toggia-Staumauer (Abb. 737), in deren wasserseitige Schichtsteinabdeckung ein

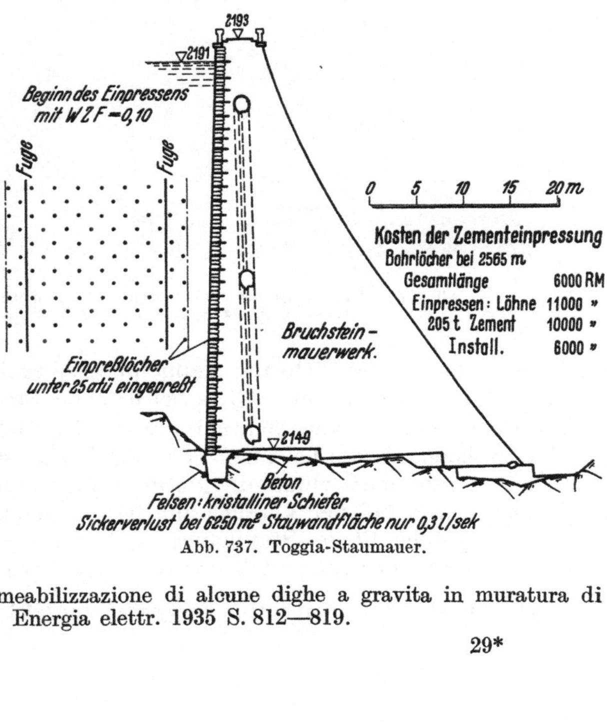

Abb. 737. Toggia-Staumauer.

[1] G. Prandolini: L'impermeabilizzazione di alcune dighe a gravita in muratura di pietrame et malta di cemento. Energia elettr. 1935 S. 812—819.

regelmäßig verteiltes Netz von Einpreßlöchern eingesenkt wurde. Bei einem Reihenabstand von etwa $1^1/_2$ m gingen die Löcher etwa um die Schichtsteinstärke in das Mauerwerk hinein. Die Kosten der Zementeinpressung fielen gegenüber den Gesamtkosten überhaupt nicht ins Gewicht, wie die nachstehende Zusammenstellung zeigt.

Bohrkosten bei 2565 m Gesamtbohrlänge	6000 RM
Lohnaufwendungen für Auspreßarbeiten	11000 RM
205 t Zement	10000 RM
Installationsarbeiten	6000 RM
Insgesamt	33000 RM

Abb. 738. La Dixence-Staumauer (Schweiz). Bauzustand Oktober 1933. [Nach Schweiz. Bauztg. Bd. 102 (1933) S. 295.]

Der volle Erfolg dieser Dichtungsmaßnahmen spiegelt sich entsprechend in dem Gesamtsickerverlust von nur 0,3 l/s bei 6250 m^2 Stauwandfläche wieder.

Der Auspreßdruck von 25 atü ist auch hier viel zu hoch; es ist auch gar nicht einzusehen, warum bei einem so engen Lochabstand mit so hohen Drucken gearbeitet werden muß, zumal die größte Stauhöhe nur 42 m beträgt. In dieser Beziehung wurde bei der kürzlich in Betrieb genommenen La-Dixence-Staumauer (85 m hohe Pfeiler-Staumauer in der Schweiz) wesentlich vorsichtiger gearbeitet, indem der Auspreßdruck auf 4 bis 6 atü begrenzt wurde[1].

[1] Vgl. Bericht von C. Marcello: Energia elettr. 1936 S. 62.

Die La Dixence-Staumauer, über deren Herstellung Abb. 738 ein anschauliches Bild vermittelt[1], ist die erste Betonmauer, bei der das Verfahren der seitlichen Zementeinpressung zur Anwendung gelangte. Angesichts der ungewöhnlichen Höhenlage von 2240 m über NN glaubte man den klimatischen

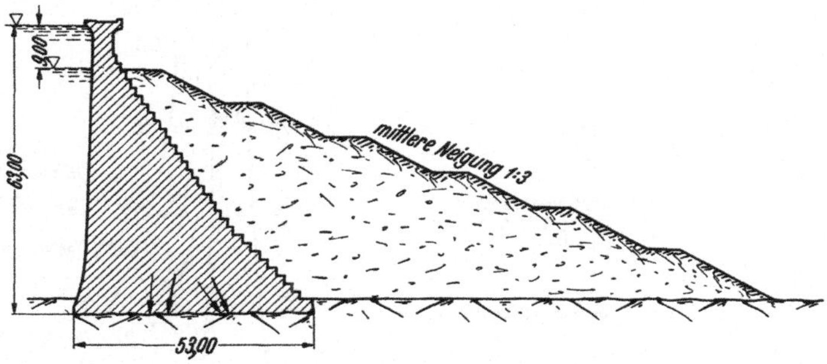

Abb. 739. Verstärkung der Mulholland-Staumauei-USA. durch luftseitige Erdanschüttung.

Einflüssen auf die Dauer nur durch eine allseitige Schichtsteinverkleidung begegnen zu können; hierbei fiel der Zementeinpressung die Aufgabe zu, eine dichte Verbindung von Steinverkleidung und Beton sicher zu stellen. Bemerkenswert ist, wie die 20 bis 30 cm hohen und abwechselnd 80 und 120 cm tief einbindenden Schichtsteine hier verbunden wurden. Während man den Kern der $2^1/_2$ bis $3^1/_2$ cm hohen Fugen in üblicher Weise mit Mörtel von 300 bis 350 kg/m³ Zement ausfüllte, wurden die letzten 3 bis 4 cm an der Wasserseite mit der Torkretpumpe bei reicherer Zementzugabe (500 kg/m³) geschlossen. Um das nachträgliche Aufbohren zu ersparen, wurden von vornherein Auspreßrohre verlegt, die bis zum Beton durchgingen. Bei Abständen von 5 bis 6 m in beiden Richtungen und 4 bis 6 atü wurden 25 bis 75 kg Zement je m² Stauwandfläche verbraucht. Hierdurch konnte der Gesamtsickerverlust auf etwa 2 l/s herabgemindert werden.

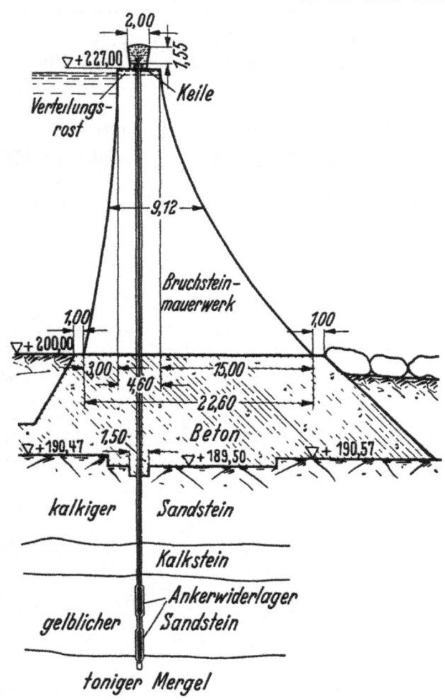

Abb. 740. Cheurfas-Staumauer (Frankreich). Verstärkung durch Zuganker. (Nach Coyne.)

(2) Nachträgliche Verstärkungsmaßnahmen. Bei älteren Staumauern ergibt sich zuweilen die Notwendigkeit einer nachträglichen Verstärkung. Diese kann entweder durch die Natur des Gründungsfelsens (mangelnder Scherwiderstand) oder durch schlechte Beschaffenheit des Mauerkörpers (leichte Zersetzungserscheinungen oder Zementauslaugungen) oder durch nicht ausreichende Bemessung (keine Berücksichtigung von Sohlenwasserdruck) bedingt sein. In den erstgenannten Fällen ist meist eine luftseitige Erdanschüttung das Gegebene, während bei unzureichender Bemessung eine unmittelbare Verstärkung, z. B. durch wasserseitige Zuganker oder Strebepfeilerauflagen in Frage kommt.

Eine Verstärkung durch luftseitige Erdanschüttung wurde vor wenigen Jahren an der Mulholland-Staumauer[2] gemäß Abb. 739 durchgeführt. Die

[1] Schweiz. Bauztg. 1935. — [2] Engng. News Rec. 1934.

eingetragenen resultierenden Bodenkräfte für leeres und gefülltes Staubecken ohne und mit Berücksichtigung der Hinterfüllung lassen die günstige Wirkung der letzteren klar erkennen. Die für die Standsicherheit oft ausschlaggebende

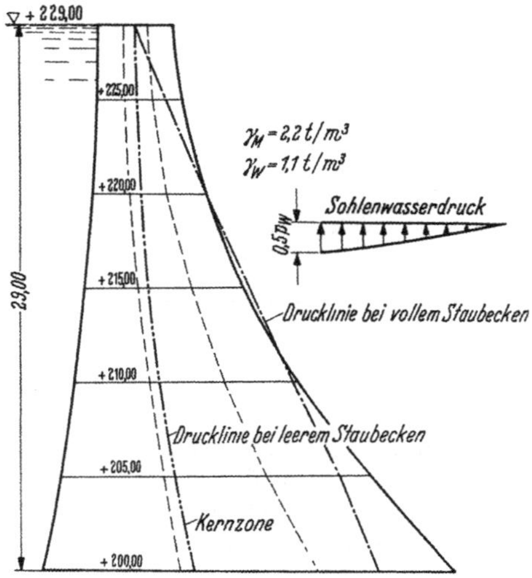

Abb. 741. Cheurfas-Staumauer. Drucklinienverlauf vor der Verstärkung.

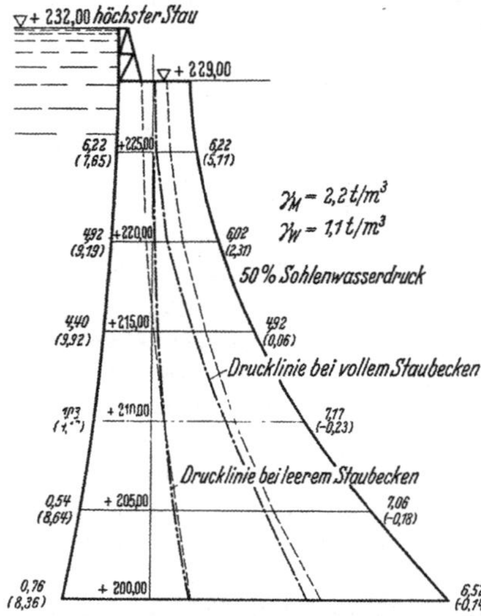

Abb. 742. Cheurfas-Staumauer. Drucklinienverlauf nach der Verstärkung.

größte Scherkraft wird um die waagerechte Seitenkraft des Erddruckes vermindert, so daß der resultierende Bodendruck erheblich steiler auf den Felsen auftrifft. Gleichzeitig findet eine entsprechende Umlagerung des Hauptspannungsverlaufes statt, die eine beträchtliche Herabsetzung der größten Hauptspannungen herbeiführt.

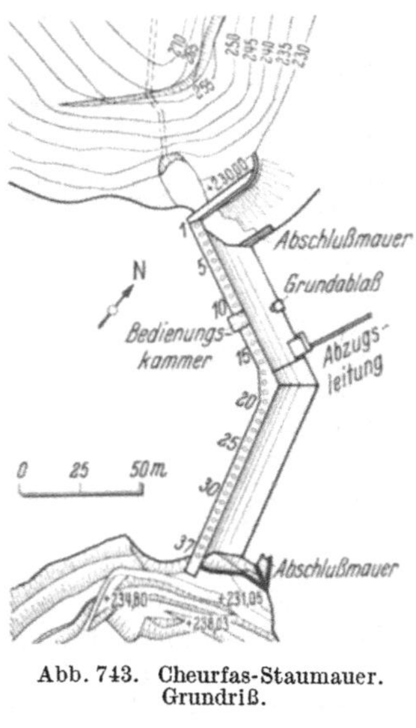

Abb. 743. Cheurfas-Staumauer. Grundriß.

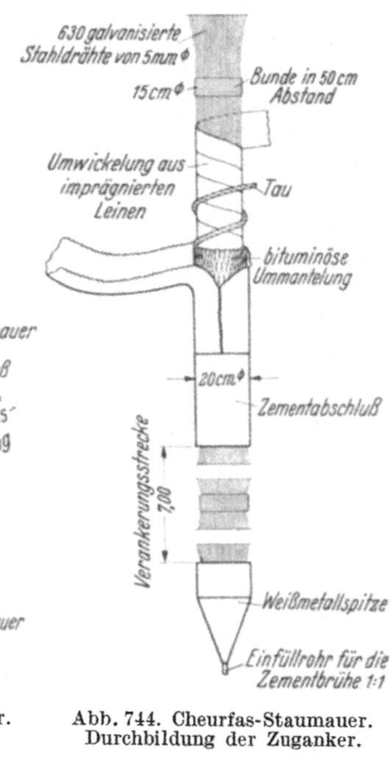

Abb. 744. Cheurfas-Staumauer. Durchbildung der Zuganker.

Die Verstärkung einer Staumauer durch luftseitige Erdanschüttung ist meist recht kostspielig. Zudem setzt sie das Vorhandensein geeigneten Schüttgutes voraus. Wenn es die Gründungsverhältnisse daher einigermaßen gestatten, wird man zunächst bestrebt sein, die notwendige Erhöhung der Sicherheit durch Verstärkung des Mauerquerschnittes herbeizuführen. Hierbei verdienen solche Maßnahmen stets den Vorzug, die ohne Änderung der Mauerform und damit der einheitlichen Mauerwirkung auskommen, also Verankerungsmaßnahmen irgendwelcher Art. Hier ist an erster Stelle die von M. Coyne vorgeschlagene Verstärkung durch wasserseitig durch den

Mauerkörper geführte Zuganker zu nennen, die sich an zwei französischen Gewichtsmauern bereits bestens bewährt hat.

Die Mauerverstärkung durch wasserseitige Zuganker, wie sie aus Abb. 740 ersichtlich ist, erzeugt eine zusätzliche Mauerpressung im Bereich der Wasserseite und vermindert dadurch das Kippmoment. Die auf diese Weise bei der

Abb. 745. Kabelherstellung.

Abb. 746. Bündelung der Drähte.

Abb. 747. Weißmetallspitze.

Abb. 748. Verbindung der Drähte mit dem Ankerkopf.

Cheurfas-Staumauer[1] erzielte Entlastung spiegelt sich in anschaulicher Weise in der Verschiebung der Drucklinie bei vollem Becken wieder (Abb. 741 u. 742). Die Anker erhielten bei 4 m Längsabstand (Abb. 743) eine Vorspannung von 1000 t, was einer zusätzlichen Belastung von 250 t je lfd. m entspricht. Diese gestattete, mit der Verstärkung gleich eine leichte Erhöhung des Stauspiegels zu verbinden (Abb. 742).

Die Zuganker (Abb. 744) wurden nach Art der Stahlkabel aus zahlreichen parallel gebündelten Drähten um eine Rohrseele zum Einpressen von Zementbrühe auf der Baustelle selbst hergestellt (Abb. 745). Sie wurden mit imprägniertem Leinen umwickelt und dann in eine 5 cm starke bituminöse Schutzmasse

[1] M. Drouhin: Ann. Ponts Chauss. Bd. 105 (1935) S. 253.

eingepolstert, die man unter Verwendung einer nach außen abschließenden Leinenhülle (Abb. 746) warm einfüllte; dabei wurde die Einhaltung des Abstandes in einfacher Weise durch Umwickeln mit einem Tau gewährleistet. Die Drähte wurden unten in einer Weißmetallspitze zusammengeschmolzen (Abb. 747) und oben auseinandergezogen (Abb. 748), um die Zugkraft möglichst gleichmäßig

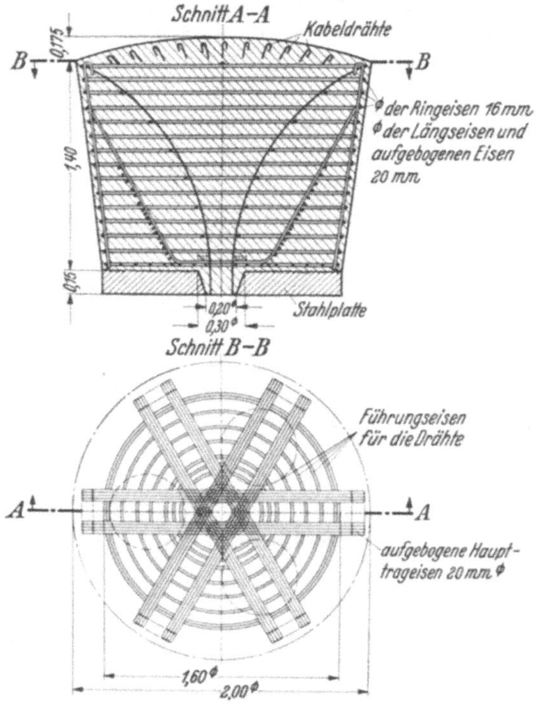

Abb. 749. Cheurfas-Staumauer. Durchbildung der Ankerköpfe.

Abb. 750. Ankerkopfbewehrung.

über den Ankerkopf zu verteilen. Zur besseren Übertragung der Ankerzugkraft auf den Widerlagerfelsen (Abb. 740) liegen die Drähte auf der 7 m langen Ankerstrecke frei und ungebündelt. Dadurch spreizen sie sich (Abb. 747) und verteilen sich in dem später durch Zementeinpressung hergestellten Anker-Doppelschuh. Die schwerbewehrten Ankerköpfe (Abb. 749 u. 750) setzen sich unten auf eine 15 cm dicke Stahlgußplatte ab, die auf drei um 120° versetzten hydraulischen Pressen zur Erzeugung der gewünschten Vorspannung ruht. Nach Unterzugsetzung der Anker wurden die Pressen durch mittig dazwischen gelegte Keile entlastet, so daß auch im endgültigen Zustande die statisch vorteilhafte Dreipunktlagerung vorhanden war. Dank der Keillagerung konnte man die Ankerzugkraft jederzeit nachprüfen und in gewissen Grenzen später noch verändern. Die Druckübertragung auf die Mauer erfolgte über den aus Abb. 751 ersichtlichen Verteilungsrost.

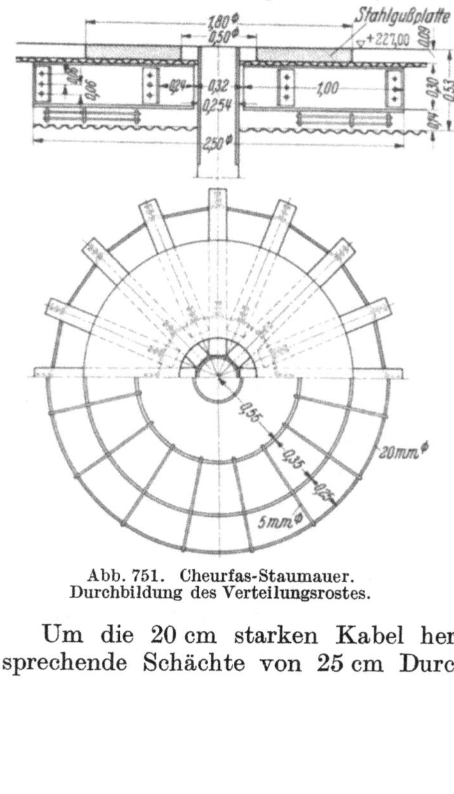

Abb. 751. Cheurfas-Staumauer. Durchbildung des Verteilungsrostes.

Um die 20 cm starken Kabel herunterbringen zu können, mußten entsprechende Schächte von 25 cm Durchmesser aus Mauerwerk und darunterliegendem Felsen herausgearbeitet werden, was mit Hilfe von Schrottbohrern durchgeführt wurde. Diese Schächte wurden später wieder vollständig auszementiert, indem von dem vorerwähntem Seelenrohr aus der Zwischenraum zunächst mit Wasser und dann mit Zementbrühe im Verhältnis 1 : 1 gefüllt wurde, bis alles Wasser verdrängt war und die Brühe am Kabelkopf austrat. Dank der bituminösen Einpolsterung wurde die freie Beweglichkeit der Kabel hierdurch nicht beeinträchtigt. Abb. 752 vermittelt ein anschauliches Bild von der verstärkten Mauer.

Abb. 752. Cheurfas-Staumauer nach der Verstärkung.

Wie das Beispiel der Fergoug-Staumauer[1] (Abb. 753 und 754) beweist, kann die Mauerverstärkung durch Zuganker auch bei teilweise eingestürzten Staumauern unter Umständen gute Dienste leisten. In solchen Fällen empfiehlt es sich, in den neuen Mauerteilen

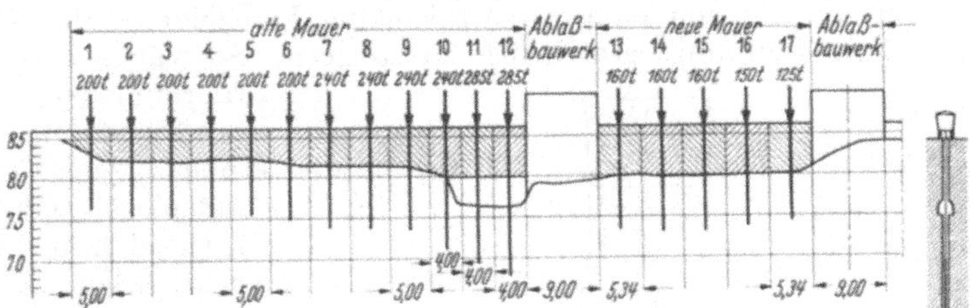

Abb. 753. Zugankerverstärkung der Fergoug-Staumauer (Frankreich).

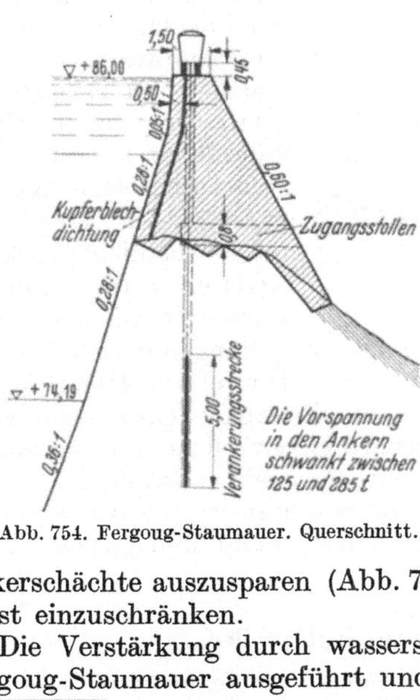

Abb. 754. Fergoug-Staumauer. Querschnitt.

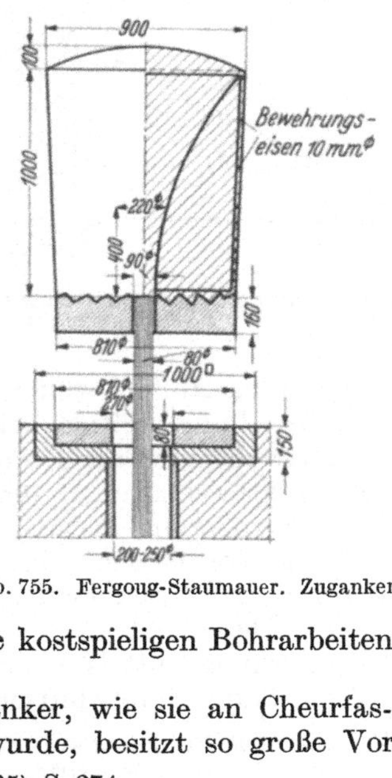

Abb. 755. Fergoug-Staumauer. Zuganker.

Ankerschächte auszusparen (Abb. 755), um die kostspieligen Bohrarbeiten tunlichst einzuschränken.

Die Verstärkung durch wasserseitige Zuganker, wie sie an Cheurfas- und Fergoug-Staumauer ausgeführt und erprobt wurde, besitzt so große Vorteile,

[1] M. Drouhin: Ann. Ponts Chauss. Bd. 105 (1935) S. 274.

daß ihr gegenüber andere Verstärkungsmöglichkeiten, wie Vorlegen von Strebepfeilern oder durchlaufende Querschnittsverbreiterungen stark in den Hintergrund treten. Es fällt nicht nur jede Störung oder Veränderung der einheitlichen Mauerwirkung fort, sondern man hat auch die Möglichkeit, sich von Erfolg oder Mißerfolg der Verstärkungsmaßnahme unmittelbar zu überzeugen. Wenn z. B. wie im Falle der Cheurfas-Staumauer eine Ankerpressung von 1000 t benötigt wird, so steht nichts im Wege, zunächst einmal auf 1200 t hinaufzugehen und diesen Druck mehrere Tage zu halten. Haben Verankerung und Felsdecke unter einer derartigen Überbelastung ihre Aufgabe erfüllt, so kann man bezüglich der niedrigeren Betriebslast jedenfalls beruhigt sein. Wenn man entsprechend tief hinuntergeht und mit nicht zu schmalen Ankerschuhen arbeitet (im Falle der Cheurfas-Staumauer genügte eine Lochausweitung von 25 auf 37 cm), wird auch der Erfolg nicht auf sich warten lassen.

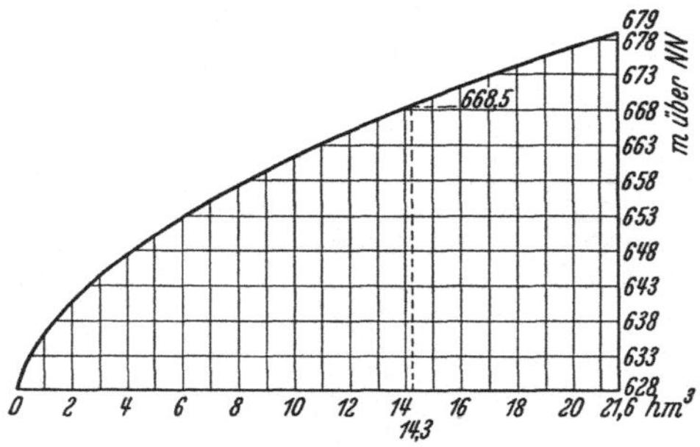

Abb. 756. Schwarzenbach-Talsperre. Beckeninhaltskurve.

(3) Nachträgliche Mauererhöhung. Mauererhöhungen zur Vergrößerung des Stauraumes sind öfter erwogen als ausgeführt worden. Wenn man zunächst den Verlauf der Beckeninhaltskurve betrachtet, so ist es bestechend festzustellen, daß meist schon eine verhältnismäßig bescheidene Mauererhöhung genügt, um den Stauraum beträchtlich zu steigern. So würde z. B., um den Stauraum der Schwarzenbach-Sperre um 50% zu erhöhen, eine Hebung des Stauspiegels von 60,5 auf 71,0 m, d. h. um 17% ausreichen (Abb. 756). Wenn man trotz dieser doch sicherlich nicht ungünstigen Sachlage die steigenden Anforderungen von Wasser- und Energiewirtschaft nur selten durch Vergrößerung bestehender Stauräume befriedigt hat, so ist das in erster Linie auf die baulichen Schwierigkeiten zurückzuführen, welche die mit der Mauererhöhung zwangsläufig verbundene Querschnittsverstärkung mit sich brachte. In dieser Beziehung eröffnet, wie vorweg schon bemerkt sei, die Heranziehung der Verstärkungsmöglichkeit durch wasserseitige Zuganker ganz neue Wege der Querschnittsgestaltung, die die Wirtschaftlichkeit einer nachträglichen Stauraumvergrößerung in ganz anderem Lichte erscheinen lassen als bisher.

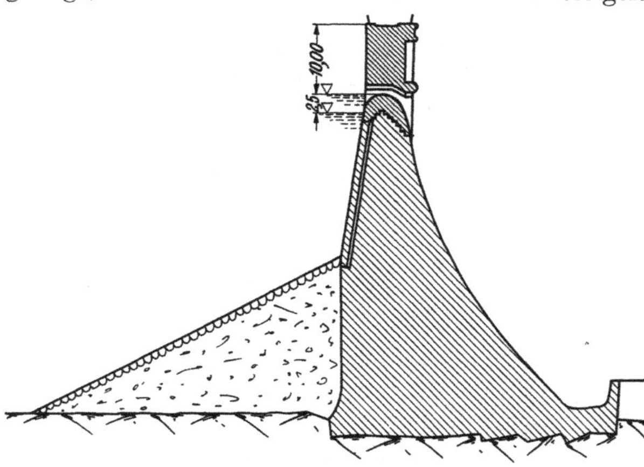

Abb. 757. Ennepe-Staumauer. Stauspiegelhebung, ermoglicht durch Kronenaufsatz.

Link[1] hat vor einigen Jahren in einem sehr beachtenswerten Aufsatz sechs Möglichkeiten der Mauerverstärkung eingehend untersucht und gegeneinander abgegrenzt. Diese sind

a) Verstärkung mittels Kronenaufbau,

b) Verstärkung durch luftseitig vorgebaute Stützpfeiler,

[1] E. Link: Die Erhöhung von Staumauern zum Zwecke der Vergrößerung ihres Stauinhalts. Wasserkr. u. Wasserwirtsch. 1929 S. 303—307.

c) durchlaufende luftseitige Verstärkung des Mauerquerschnittes,
d) Verstärkung durch mantelförmige Umschließung,
e) durchlaufende wasserseitige Verstärkung des Mauerquerschnittes,
f) Benutzung der alten Mauer als Kernmauer eines Erddammes.

Die Verstärkung mittels Kronenaufbau, die z. B. bei der Ennepe-Staumauer durch Hebung des Stauspiegels um $2^1/_2$ m eine Stauraumvergrößerung von 10,3 auf 12,6 hm^3 ermöglichte (Abb. 757), ist eine zweifellos wirtschaftliche, aber ästhetisch wenig ansprechende Lösung; sie gestattet im übrigen nur geringe Wasserspiegelhebungen.

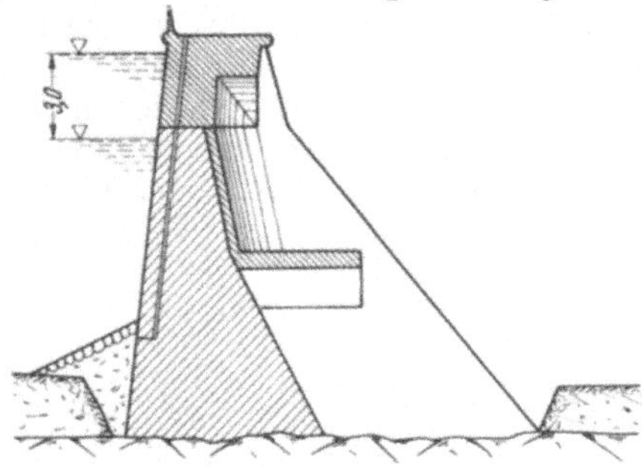

Abb. 758. Panzer-Staumauer. Erhöhung und Verstärkung durch Stützpfeiler.

Eine Verstärkung durch luftseitig vorgebaute Stützpfeiler oder durchlaufende Mauerauflagen bietet wesentlich größere Möglichkeiten. Ein Anwendungsbeispiel für vorgelegte Strebepfeiler ist die Panzertalsperre bei Lennep (Abb. 758), während die durchlaufende Mauerverstärkung zweimal an der Nil-Staumauer von Assuan (Abb. 24 u. 25) erprobt wurde. Da eine einheitliche Mauerwirkung Grundvoraussetzung für den Bestand einer so erhöhten Staumauer ist, muß diese auf jede nur mögliche Weise gesichert werden. In dieser Beziehung stellt die zweimal erhöhte Assuan-Staumauer ein Meisterstück der Ingenieurkunst dar[1].

In Abb. 25 sind die beiden Erhöhungen der Assuan-Staumauer durch Schraffur und Zahlenbezeichnung gegen den ursprünglichen Mauerkörper abgegrenzt.

Abb. 759. Assuan-Staumauer. Herstellung der Pfeilervorlagen der zweiten Erhöhung.

Die einheitliche Mauerwirkung der ersten Erhöhung wurde durch Sir B. Baker in der Weise sichergestellt, daß er die luftseitige Verstärkung nicht unmittelbar an die alte Mauer anschloß, sondern gemäß Abb. 25 zunächst einen 10 cm breiten Spalt (II_2) offenließ und mit gewaschenem Splitt füllte. Erst nach 2 Jahren, nachdem das Schwinden in der Hauptsache vollzogen und eine Temperaturangleichung erfolgt war, wurden beide Mauerteile durch Einpressen von Zementmörtel in die Splittfüllung verbunden. Dann erst, und nachdem man sich von der einheitlichen Mauerwirkung gründlich überzeugt hatte, wurde die eigentliche Mauererhöhung durch Aufmauern der Kappe (II_3) vorgenommen. Die 15 Jahre später von Binnie, Cooper und Gruner im Auftrage der ägyptischen Regierung durchgeführte Untersuchung der Assuan-Staumauer ergab

[1] Vgl. Engng. News Rec. 1931; Engineer 1933; Génie Civ. 1933; Bauing. 1934.

eine so vorzügliche Zusammenwirkung der beiden Teile, daß man die einheitliche Mauerwirkung voraussetzen und die zweite Erhöhung auf das statisch gerade noch ausreichende Aufbringen der Mauerkappe (III_2) beschränken zu können glaubte.

Die Pfeilervorlagen (III_1), deren Herstellung Abb. 759 zeigt, waren nicht statisch bedingt, sondern sollten die darunterliegende Mauerauflage der ersten Erhöhung gegen die Einwirkungen der Sonnenstrahlen schützen. Die schon erwähnte gründliche Untersuchung der Mauer hatte nämlich zahlreiche Querrisse zutage gefördert, von denen 36 auf die Wasserseite und 200 auf die Luftseite entfielen. Diese Risse, die immer von den Mitten der Durchlaßöffnungen aus lotrecht nach oben stiegen (Schnitt *FF* von Abb. 25), weisen auf Schwinden

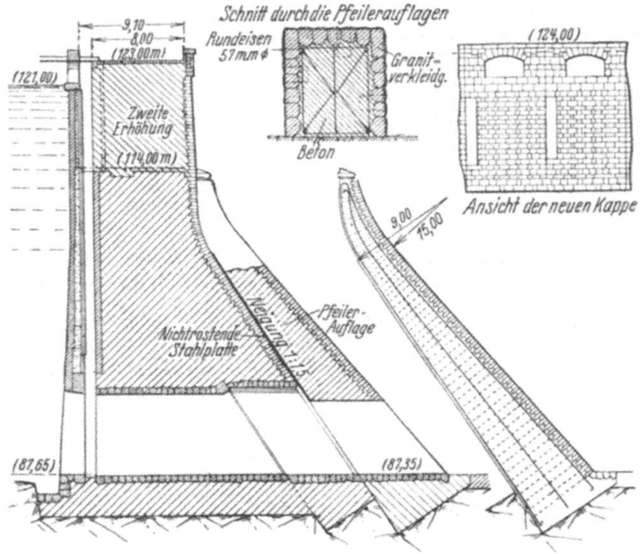

Abb. 760. Assuan-Staumauer nach der zweiten Erhöhung.

in Verbindung mit starken Temperaturschwankungen hin. Um in der neuen Kappe solche Risse zu vermeiden, wurden gemäß Abb. 25 in 7 m Abstand Fugen angeordnet, die nach dem Smith-Asphaltum-Verfahren, durch Asphaltsäulen mit Dampfrohr zum Aufschmelzen, gedichtet wurden. Um eine gegenseitige Beweglichkeit zwischen Mauer und Pfeilerauflagen zu ermöglichen, sind diese in der Rundung unter der Kappe durch einen 15 cm breiten Spalt getrennt. Im übrigen befindet sich auf der ganzen Berührungsfläche eine 7 mm starke Trennplatte aus nicht rostendem Stahl. Die Pfeilerauflagen sind längs- und spiralbewehrt, damit bei den zu erwartenden Bewegungen keine Querbrüche vorkommen können.

Durch die beiden Erhöhungen der Assuan-Staumauer, das erste Mal um 6 m und das zweite um $8^1/_2$ m, ist der Stauraum von 1,1 auf 5,4 km³ gesteigert, d. h. nahezu verfünffacht worden. Demgegenüber wurden an Kosten 60 Mill. RM für die ursprüngliche Mauer und 30 und 60 Mill. RM für die beiden Erhöhungen aufgewendet. Hiernach ist der Gewinn an Stauraum im Verhältnis doppelt so groß wie der Mehraufwand an Baukosten; die Erhöhungen waren daher in hohem Maße wirtschaftlich. Auch die ästhetische Wirkung hat keineswegs gelitten, wie Abb. 760 erkennen läßt.

Im Gegensatz zu den bisher besprochenen Möglichkeiten der Staumauererhöhung und -verstärkung verlangen die unter d) bis f) aufgeführten eine zeitweilige Unterbrechung des Talsperrenbetriebes. Ihr Anwendungsbereich wird dadurch eingeschränkt. Im übrigen kann man über die Zweckmäßigkeit einer vollständigen Ummantelung der Ausgangsmauer, sei es in starrer Form oder in der eines Erddammes geteilter Meinung sein. Im Falle der starren Ummantelung, in Bruchstein oder Beton, ist immerhin zu bedenken, daß die Erzielung einer einheitlichen Mauerwirkung angesichts der bestehenden Schwindunterschiede alles andere als leicht sein wird, während im Falle der Einerdung die Kernmauer eine weit über das erwünschte Maß hinausgehende Steifigkeit aufweisen wird. Damit verbleibt in dieser Gruppe eigentlich nur die unter e) genannte durchlaufende wasserseitige Mauerverstärkung.

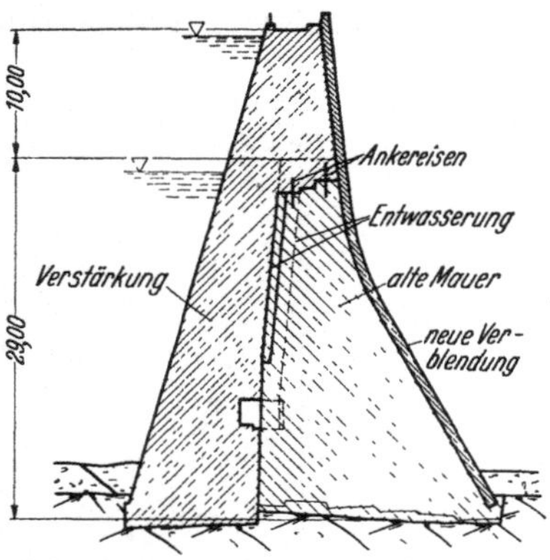

Abb. 761. Entwurf für eine Erhöhung und Verstärkung der Verse-Staumauer. (Nach Link.)

Die wasserseitige Mauerverstärkung besitzt gegenüber der luftseitigen den großen Vorteil, daß die Beteiligung der neuen Mauerteile an der Kraftübertragung von vornherein in vollem Umfange gewährleistet ist (Abb. 761). Dazu kommt, daß die plastischen Verformungen des jungen Betons oder Mauerwerks bei wasserseitiger Verstärkung ein Ineinanderpressen an der Trennfläche, bei luftseitiger Verstärkung eine entsprechende Lockerung herbeiführen. Weiterhin besteht die Möglichkeit, Dichtung und Entwässerung der Wasserseite nach neuzeitlichen Gesichtspunkten einheitlich zu gestalten; dieser Vorteil fällt in besonders starkem Maße ins Gewicht, wenn wie im Falle der Verse-Staumauer die alte Mauer eine starke Durchlässigkeit aufweist. Die an sich schon günstigen Vorbedingungen für die einheitliche Mauerwirkung lassen sich nach einem Vorschlage von Link noch dadurch beträchtlich verbessern, daß in die Trennfläche sich abwechselnd nach oben und unten verjüngende Schlitze eingehauen werden (Abb. 762) und eine Verankerung zwischen alter Mauer und Kronenaufbau vorgenommen wird (Abb. 761). Im übrigen ist auch eine zusätzliche Dränung der Trennfläche zu empfehlen.

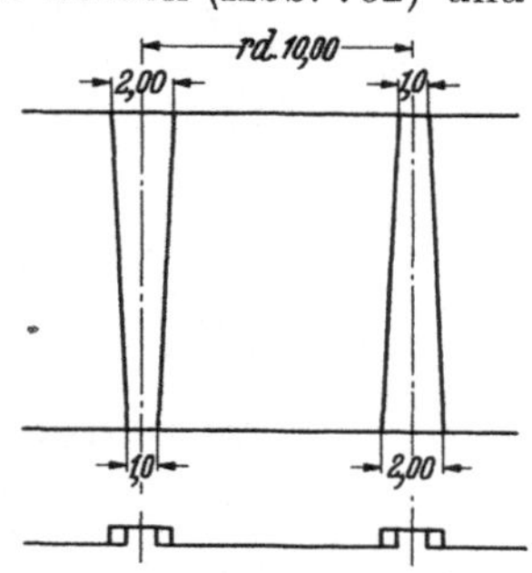

Abb. 762. Zusätzliche Sicherung der einheitlichen Mauerwirkung durch Keilschlitze. (Nach Link.)

Wenn man von der praktisch heute belanglosen Verstärkung mittels Kronenaufbau absieht, so erfordern alle bisher besprochenen Möglichkeiten eine Verbreiterung des Mauerquerschnittes und bedingen demgemäß einen mehr oder weniger ausgeprägten Eingriff in die einheitliche Mauerwirkung. Um diese zu vermeiden, liegt es nahe, das an Cheurfas- und Fergoug-Staumauer erprobte Verfahren der Zugverankerung sinngemäß auf die vorliegenden Verhältnisse zu übertragen. Zur Veranschaulichung der hier bestehenden Möglichkeiten ist in Abb. 763 der Mauerquerschnitt der Schwarzenbach-Staumauer unter Zugrundelegung einer Stauspiegelhebung um $10^1/_2$ m untersucht worden. Dies entspricht nach Abb. 756 gerade einer Erhöhung des nutzbaren Stauraumes um 50%.

Abb. 763 läßt die großen Vorteile der Zugankerverstärkung klar in Erscheinung treten. Abgesehen von engbegrenzten Mauerzonen im Bereich der alten Mauerkrone und dem durch die Erhöhung bedingten Kronenaufsatz braucht an der Staumauer gar nichts geändert zu werden. Insbesondere können die wasserseitige Dichtungsschicht, die luftseitige Steinverkleidung und das Absturzbett vollständig erhalten bleiben. Die durch den Überlauf bedingte Anordnung der Anker zu Paaren in den Pfeilern ist gründungstechnisch nur angenehm, denn sie verteilt die Zugbelastung nicht nur nach der Länge, sondern auch nach der Breite. Der Kastenträger unter der Straße läßt die Ankerköpfe äußerlich überhaupt nicht in Erscheinung treten, so daß die ruhige Linienform in keiner Weise gestört wird und im übrigen auch böswillige Eingriffe oder dgl. unmöglich sind.

Die Berechnung der erforderlichen Ankerzugkraft gestaltet sich folgendermaßen. Man berechnet zunächst die durch die Erhöhung bedingten Momente und die zugehörigen Randspannungen in der Gründungsfuge, in Anwendung auf das Beispiel

$$M = \tfrac{1}{2} \cdot 10{,}5^2 \cdot 63{,}5 + 10{,}5 \cdot 60 \cdot 30 = 3500 + 18\,900 = 22\,400 \text{ mt};$$

$$\sigma_{\substack{w\\l}} = \frac{M}{W} = \pm \frac{22\,400 \cdot 6}{45{,}33^2} = \pm 65 \text{ t/m}^2.$$

Andererseits ermittelt man Kernmoment und wasserseitige Randspannung für die zunächst unbekannte Zugkraft X je lfd. m Mauer, in Zahlen

$$M_k = X \cdot (15{,}11 + 10{,}41) = 25{,}52\, X;$$

$$\sigma_w = \frac{M_k}{W} = \frac{6 \cdot 25{,}52}{45{,}33^2}\, X = 0{,}075\, X \text{ t/m}^2.$$

Wenn die wasserseitige Randspannung durch die Erhöhung nicht geändert werden soll, müssen beide Randspannungen gleich gesetzt werden. Hieraus folgt der unbekannte X-Wert. In Zahlen ergibt sich

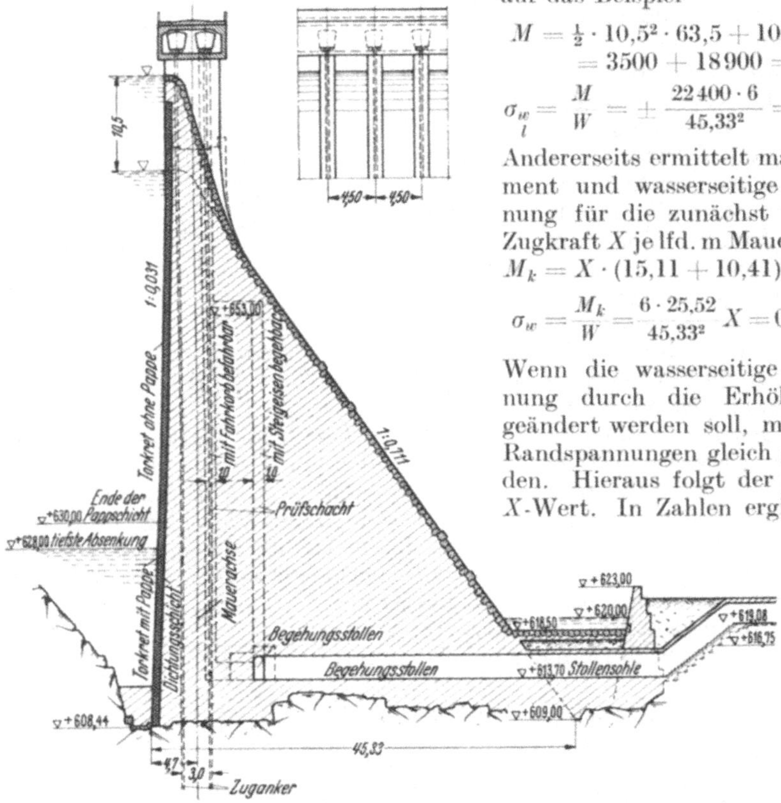

Abb. 763. Erhöhung einer Gewichtsmauer in Verbindung mit Zugankerverstärkung.

$$X = 870 \text{ t/lfd. m Mauer}.$$

Von diesem Wert ist zunächst die durch die Erhöhung hinzugekommene Kronenauflast abzuziehen, im vorliegenden Falle

$$\varDelta G = 2{,}4 \cdot 6{,}0 \cdot 10{,}5 = 150 \text{ t/lfd. m Mauer}.$$

Damit verbleibt

$$X - G = 720 \text{ t/lfd. m Mauer}.$$

Entsprechend dem Abstand der Überlaufpfeiler, kommen immer 2 Zuganker auf $4^1/_2$ m Mauerlänge. Es folgt daher für die zugehörige Ankerzugkraft Z

$$Z = \frac{720 \cdot 4{,}5}{2} = 1600 \text{ t}.$$

Die hier gefundene Zugkraft ist größer als diejenige der Cheurfas-Staumauer von 1000 t. Man wird dementsprechend mit einem Kabelquerschnitt von etwa 25 cm Durchmesser und einem Bohrlochquerschnitt von 30 cm Durchmesser zu rechnen haben.

20. Kapitel: **Bogenstaumauern.**

1. Bauliche Gliederung und Durchbildung.

(1) Allgemeines. Die bald mehr, bald weniger starke Heranziehung der Bogenwirkung zur Kraftübertragung hat in den letzten Jahrzehnten zu einer solchen Mannigfaltigkeit in der Gestaltung gekrümmter Staumauern geführt, daß es schwer fällt, feste Grenzen zwischen den einzelnen Bauformen zu ziehen. Nachdem die gekrümmten Gewichtsmauern (Abb. 764) und die Bogengewichtsmauern (Abb. 765) bereits im 19. Kapitel behandelt wurden, können die folgenden Betrachtungen auf die Bogenmauern im eigentlichen Sinne (Abbildung 766) beschränkt werden. Hierunter versteht man im allgemeinen jene Gruppe der gekrümmten Staumauern, in der die Lastübertragung vorwiegend durch Bogen- und Gewölbewirkung erfolgt. Damit dies möglich ist, muß der Mauerquerschnitt entsprechend schlank gehalten werden und darf höchstens halb so stark wie derjenige einer Gewichtsmauer gleicher Höhe sein. Je elastischer, d. h. dünner der Mauerquerschnitt gestaltet werden kann, um so mehr wird die Stützmauerwirkung zurückgedrängt und um so klarer tritt die Bogenwirkung in Erscheinung. Abb. 766 läßt die Übergänge von der schweren Betonbogenmauer zur hochelastischen Eisenbetonmauer in anschaulicher Weise erkennen.

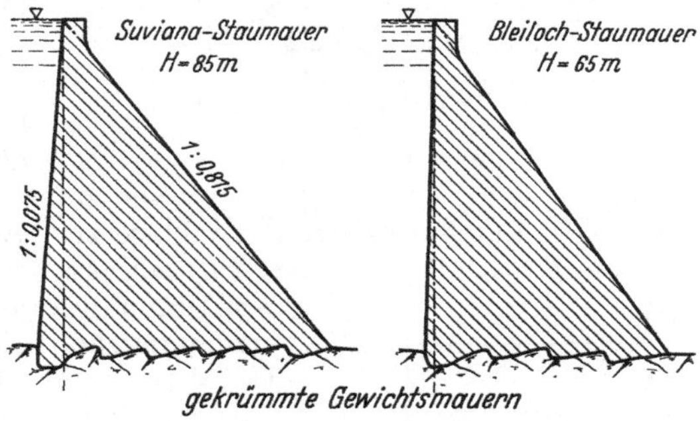

Abb. 764.

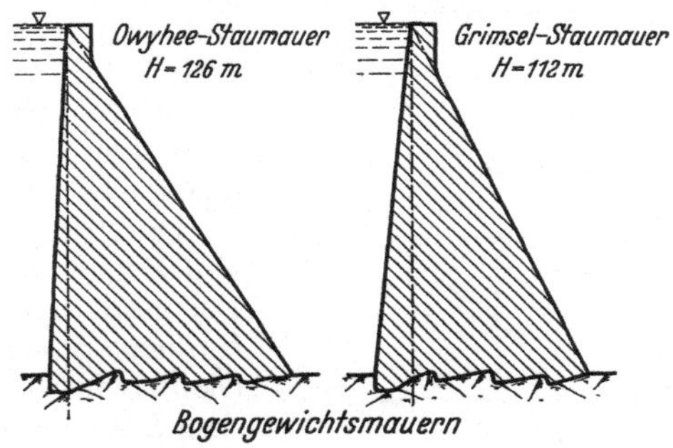

Abb. 765.

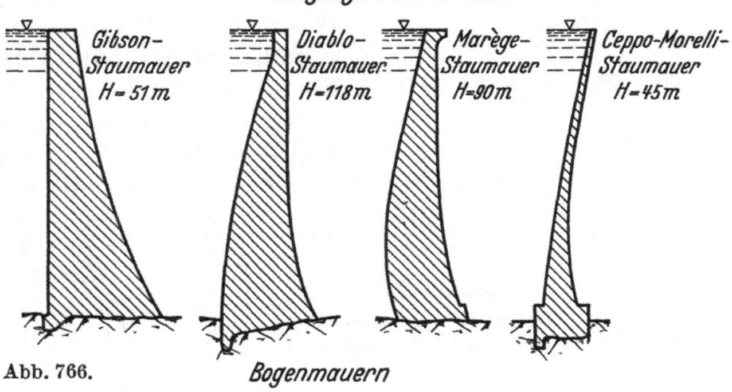

Abb. 766.

(2) Einwirkung der Talform auf Formgebung und Querschnittsgestaltung. Keine Staumauerbauform hängt hinsichtlich ihrer Formgebung und Querschnittsgestaltung so stark von der Talform ab, wie die Bogenmauer. In Anlehnung an eine sehr beachtenswerte Studie von R. A. Sutherland[1] möge ein gemäß Abb. 767 beliebig vorgegebener Talquerschnitt durch die hier hinreichend genaue Form des Potenzgesetzes angenähert werden. Bezeichnet

$$\alpha = \frac{L}{H} \tag{1}$$

[1] R. A. Sutherland: The scope of the Constant Angle Arch Dam. Engineering 1936 I S. 387—388, 441—443.

die bezogene Talbreite oder das Verhältnis von Kronentalbreite zu Mauerhöhe und β eine Formziffer, so erhält man, wenn als Veränderliche x die auf die Talsohle bezogene Höhenordinate eingeführt wird,

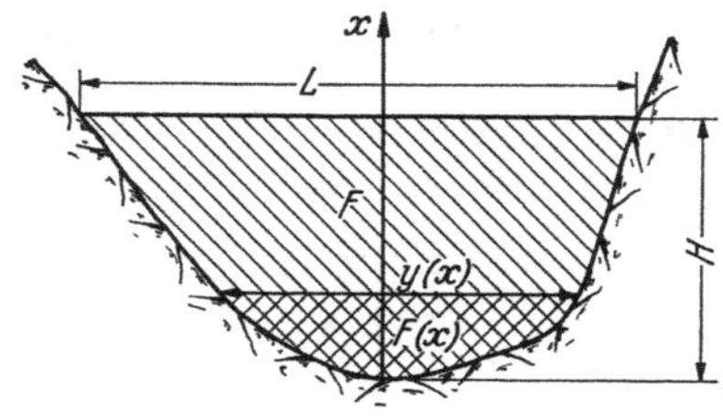

Abb. 767.

$$F(x) = \frac{\alpha}{\beta}\left(\frac{x}{H}\right)^{\beta} H^2 . \qquad (2)$$

Durch Differentiation von (2) nach x folgt die veränderliche Talbreite zu

$$y(x) = \alpha \left(\frac{x}{H}\right)^{\beta-1} H . \qquad (3)$$

An der Mauerkrone, d. h. für $x = H$, wird $y = L = \alpha H$, wie es durch (1) bereits vorweg genommen wurde.

Um in die Formziffer β Einblick zu gewinnen, sind in Abb. 768 die den Werten $\beta = 1$, $1^1/_2$, 2 und $2^1/_2$ entsprechenden Talquerschnitte aufgetragen worden, und zwar zur besseren Übersichtlichkeit in symmetrischer Lage. Hiernach entspricht $\beta = 1$ dem U-Tal (Comelico-Staumauer Abb. 769)[1], $\beta = 1^1/_2$ dem parabolischen Talquerschnitt (Gibson-Staumauer Abb. 770)[2], $\beta = 2$ dem V-Tal (Pacoima-Staumauer Abb. 771)[3] und $\beta = 2^1/_2$ dem überschnittenen Talquerschnitt (Sautet-Staumauer Abb. 772)[4]. Zwischen diese ausgezeichneten Werte lassen sich andere Talformen leicht eingliedern.

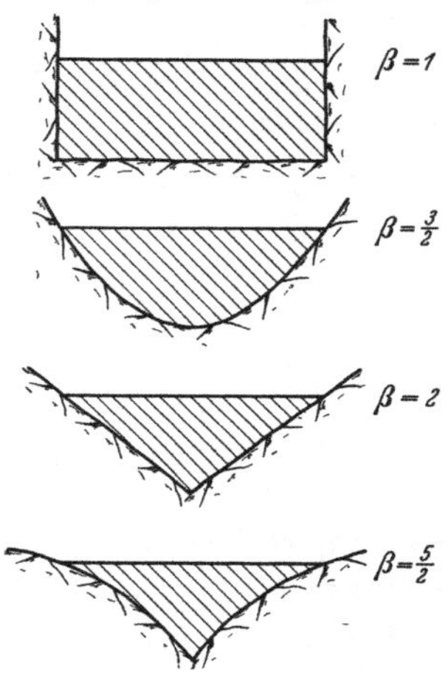

Abb. 768. Talquerschnitt und Formziffer β.

Durch die Talformziffer β wird die Formgebung von Bogenmauern in weitgehendem Maße festgelegt. Da man aus später noch darzulegenden Gründen tunlichst gleiche und möglichst große Gewölbewinkel (Zentriwinkel) anstrebt, ergeben sich mit wachsendem β immer größere Ansprüche an die Formgebung. Während im Bereich von etwa $1 \leq \beta \leq 1^1/_2$ die kreiszylindrische Wölbungsführung (Abb. 770) meist den Vorzug verdient, wird für größere β-Werte heute durchweg die Formgebung so gewählt, daß die Gewölbekrümmung nach der Sohle zu beständig zunimmt. Die so entstehenden, mehr oder weniger stark verwundenen Bogenmauern (Abb. 771, 773, 774, 775)[3,5,6] werden als Gleichwinkelmauern (constant angle arch dams) bezeichnet; sie sind durch L. Jorgensen erstmals in den Talsperrenbau eingeführt worden[3]. Die verwundene Form des Mauerkörpers erschwert zwar die Herstellung, bietet aber so große statische Vorteile, daß sie sich heute weitgehend durchgesetzt

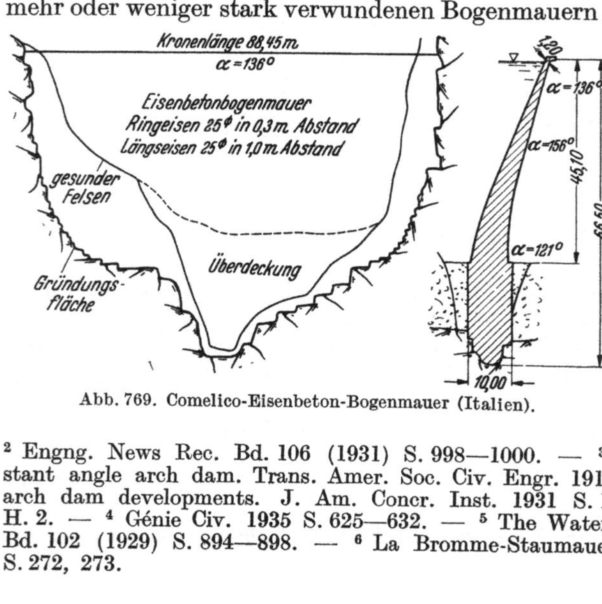

Abb. 769. Comelico-Eisenbeton-Bogenmauer (Italien).

[1] F. Niccolai: La diga ad arco del Comelico sul Piave. Energia elettr. 1933 S. 443—457.

[2] Engng. News Rec. Bd. 106 (1931) S. 998—1000. — [3] L. R. Jorgensen: The constant angle arch dam. Trans. Amer. Soc. Civ. Engr. 1915 S. 685f. — Memorandum on arch dam developments. J. Am. Concr. Inst. 1931 S. 1—64. Dtsch. Wasserw. 1938 H. 2. — [4] Génie Civ. 1935 S. 625—632. — [5] The Waterville-Dam: Engng. News Rec. Bd. 102 (1929) S. 894—898. — [6] La Bromme-Staumauer: Génie Civ. Bd. 101 (1932) S. 272, 273.

hat. Dies gilt für dünne Eisenbetonmauern in gleicher Weise wie für dicke Mauern. Die aus Abb. 776 ersichtliche Stafford-Staumauer[1] erforderte z. B.

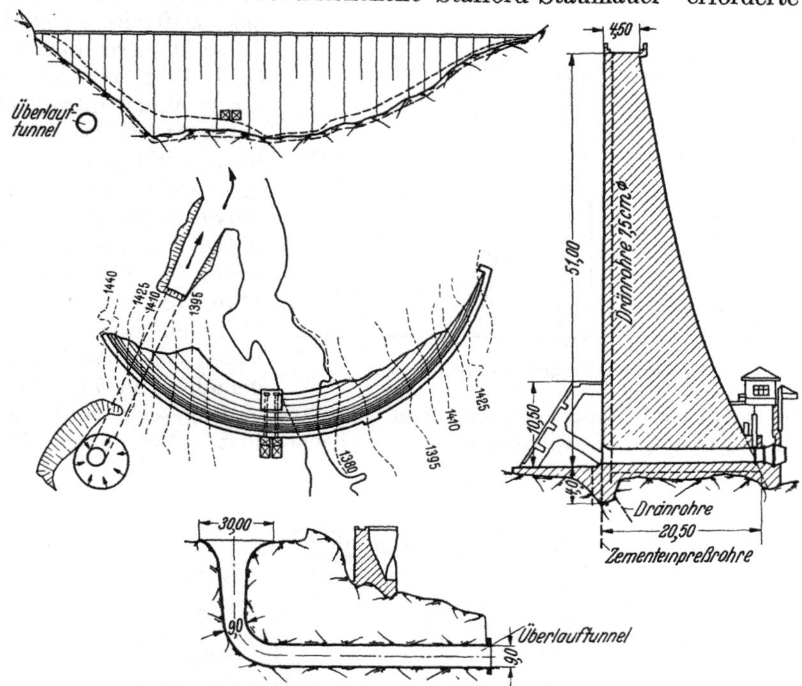

Abb. 770. Gibson-Bogenstaumauer (USA.).

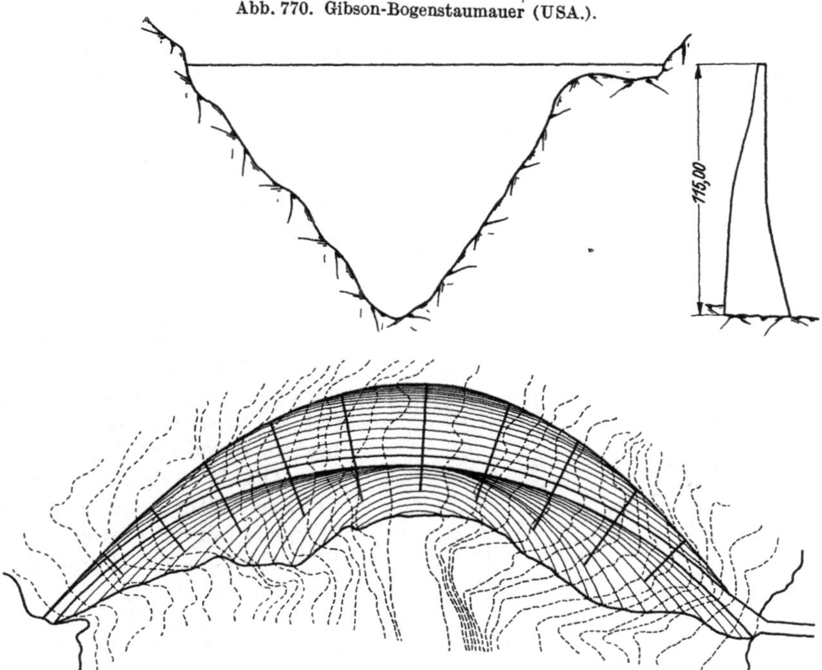

Abb. 771. Pacoima-Bogenstaumauer (Jorgensen-Form).

dank ihrer sorgfältigen Formgebung nur 760 m³ Beton; gleichzeitig konnten Zugspannungen irgendwelcher Art vollständig vermieden werden.

[1] Engng. News Rec. Bd. 103 (1929) S. 569—570.

Die Krümmungszunahme nach der Sohle bringt es bei den Gleichwinkelmauern mit sich, daß in Talmitte eine Verlagerung der Massen von der Wasser- zur Luftseite stattfindet. Diese kann so stark werden (Abb. 775), daß der wasserseitige Mauerfuß vollständig entlastet ist. Da der Stützmauerwirkung dann die ausgleichende Auflast fehlt, müssen beträchtliche wasserseitige Zugspannungen auftreten (im Falle der Hogan-Staumauer[1] wurden z. B. 25 kg/cm² errechnet). Diese lassen sich vermeiden, wenn gemäß Abb. 771 und 777 vor die eigentliche Mauer ein wasserseitiger Strebefuß gesetzt wird, der die statisch notwendige Gewichtsverlagerung herbeiführt. Bei hohen Mauern

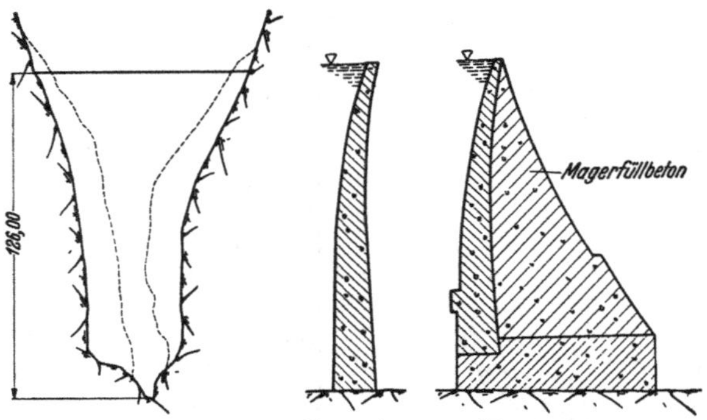

Abb. 772. Sautet-Bogenstaumauer (Frankreich).

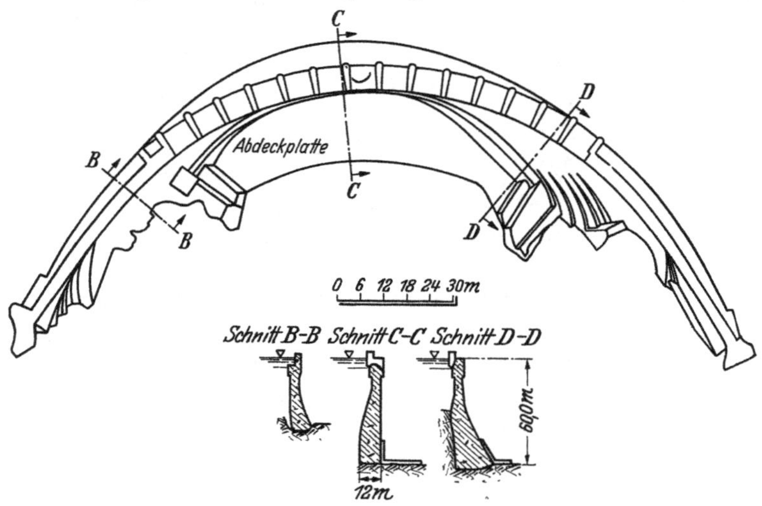

Abb. 773. Calderwood-Bogenstaumauer-USA.

können auf diese Weise sehr dicke mehr keil- als gewölbeartig wirkende Mauerfüße entstehen (Abb. 778—780), die sich aber bestens bewährt haben. Pacoima- und Diablo-Staumauer sind mit 114 bzw. 120 m Mauerhöhe Musterbeispiele kühner und einen hohen Sicherheitsgrad verbürgender Bogenmauern[2].

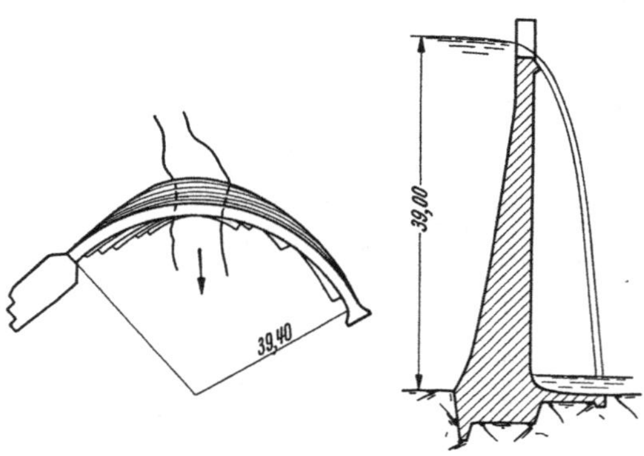

Abb. 774. La Bromme-Bogenstaumauer (Frankreich).

Hat man sich durch die Formgebung der Bogenmauer der Formziffer β des Talquerschnittes mehr oder weniger angepaßt, so sind die Querschnittsabmessungen, d. h. die erforderliche Gewölbedicke bei gegebener Beanspruchung und gegebenem Gewölbewinkel im wesentlichen durch die

[1] Engng. News Rec. Bd. 107 (1931) S. 46—49. — [2] Siehe Fußnote 3 von S. 464.

bezogene Talbreite α bestimmt. Je nach der Art der Formgebung können die Querschnitte zwar ganz verschieden gestaltet sein (Abb. 766), aber ihre Dickenabmessungen werden dadurch kaum berührt. Um einen allgemeinen Überblick

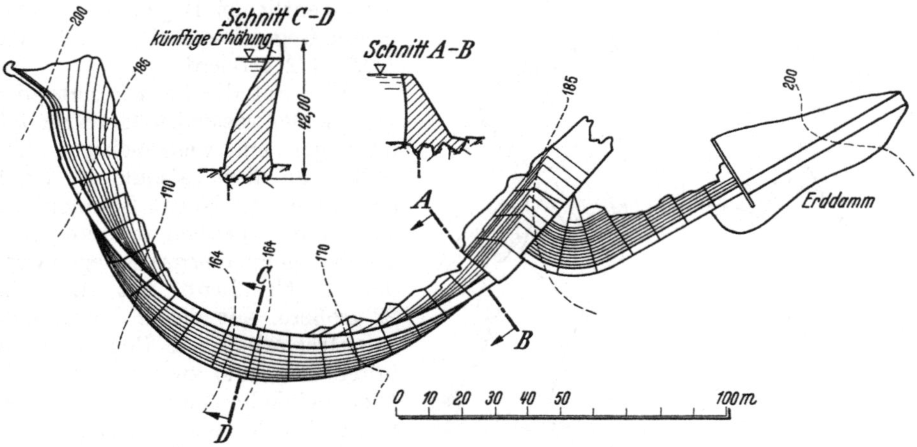

Abb. 775. Hogan-Bogenstaumauer (USA.).

zu gewinnen, genügt es, sich auf die trogartige Talform und die ihr angepaßte kreiszylindrische Bogenmauer (Abb. 770) zu beschränken, der im wesentlichen ein Dreiecksquerschnitt mit aufgesetzter Krone entspricht.

Der Dreiecksquerschnitt wurde im 19. Kapitel gelegentlich der Behandlung der Bogengewichtsmauern bereits eingehend in Abhängigkeit von H/r und $\lambda = B/H$ untersucht. Die dort gefundenen Ergebnisse können hier unmittelbar

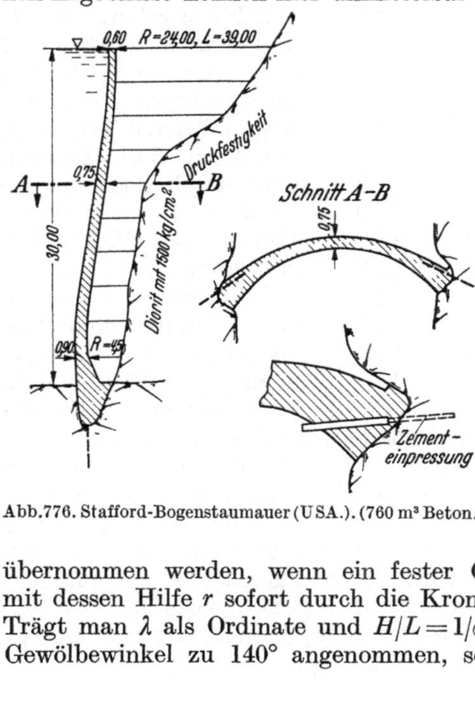

Abb. 776. Stafford-Bogenstaumauer (USA.). (760 m³ Beton.)

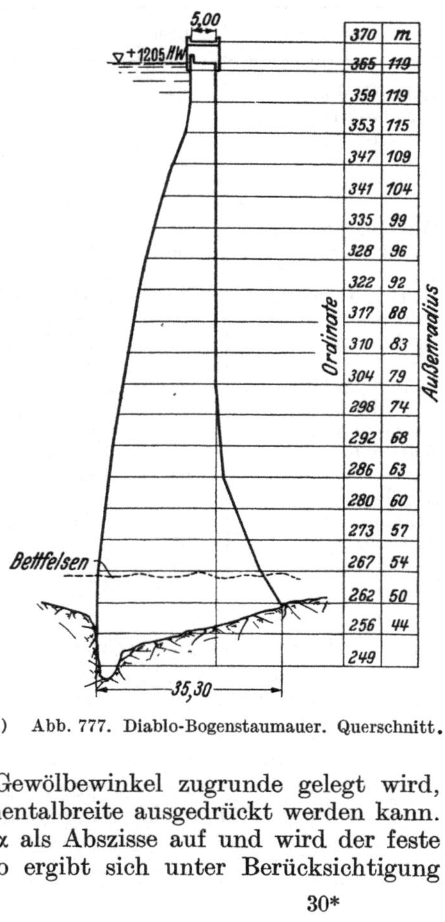

Abb. 777. Diablo-Bogenstaumauer. Querschnitt.

übernommen werden, wenn ein fester Gewölbewinkel zugrunde gelegt wird, mit dessen Hilfe r sofort durch die Kronentalbreite ausgedrückt werden kann. Trägt man λ als Ordinate und $H/L = 1/\alpha$ als Abszisse auf und wird der feste Gewölbewinkel zu 140° angenommen, so ergibt sich unter Berücksichtigung der Felsnachgiebigkeit die aus Abb. 781 ersichtliche Abhängigkeit. Hiernach ist, wenn man bezüglich Sohlenwasserdruck und Sicherung des wasserseitigen Mauerfußes die gleichen Ansprüche wie bei Gewichtsmauern stellt, die Grenze der eigentlichen Bogenmauer etwa in der Gegend von $H/L = 2/3$ oder $L/H = 3/2$ erreicht.

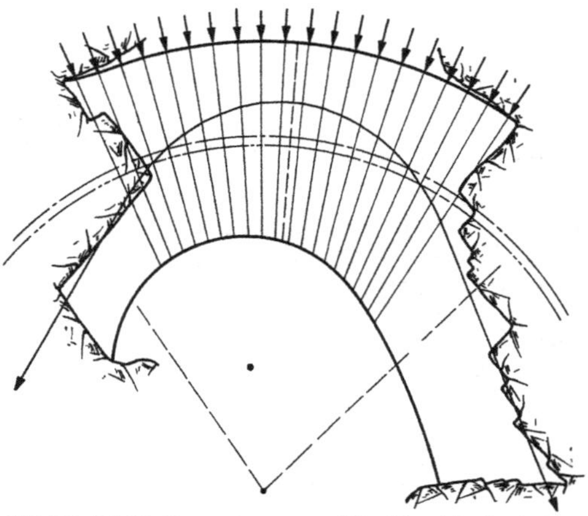

Abb. 778. Diablo-Bogenstaumauer. Schnitt auf Ordinate 280.

Wird auf die Berücksichtigung von Sohlenwasserdruck verzichtet oder gar ein wasserseitiges Abreißen an der Talsohle in Kauf genommen (s. Hogan-Staumauer), so können erheblich breitere Täler durch Bogenmauern abgeriegelt werden. Sutherland[1] hat daraufhin 22 größere, seit vielen Jahren einwandfrei arbeitende Bogenmauern untersucht, und zwar vornehmlich Gleichwinkelmauern, und dabei recht beachtenswerte Ergebnisse zutage gefördert. Bringt man diese auf den hier zugrunde gelegten einheitlichen Maßstab, so ergibt sich, geordnet nach wachsenden α-Werten und teilweise unter Berücksichtigung verlorener Widerlager folgendes Bild:

Staumauer	H in m	$\alpha = \frac{L}{H}$	β	$\frac{\alpha}{\beta} = \frac{Lm}{H}$
Lake Cushman	84	1,13	1,64	0,69
Big Tujunga	76	1,25	1,43	0,87
Pacoima	113	1,27	2,12	0,60
King River	73	1,57	1,87	0,82
La Jogne	52	1,68	2,28	0,74
Warragamba	94	1,97	1,51	1,31
Bullards Bar	56	2,09	1,60	1,31
Coomera	52	2,27	1,47	1,54
Mission Gorge	49	2,60	2,08	1,25
Narrows	76	2,61	1,68	1,55
Mad River	43	2,61	1,35	1,93
Lake Spaulding	84	2,77	1,99	1,39
Junkal	49	2,80	1,87	1,50
Santeetlah	65	3,08	1,28	2,40
Waterville	51	3,17	1,25	2,53
Nathan	62	3,19	1,68	1,90
Kerkhoff	33	3,46	1,53	2,26
Salmon Creek	51	3,70	1,68	2,20
El Capitan	67	4,02	1,42	2,84
Gerber	21	5,25	1,53	3,43
Hogan	53	6,14	1,88	3,27

Die erste Gruppe dieser Bogenmauern kann als sohlenwasserdruckempfindlich, die zweite als noch bedingt rißsicher und die dritte als nicht mehr rißsicher bezeichnet werden. Bezogen auf Mauerhöhen von 100 m gelangt man in der letzten Gruppe mit $\alpha = 6$ und $\alpha/\beta = 3{,}5$ zu Kronenlängen von 600 m bzw. mittleren Talbreiten von 350 m, deren Bewältigung durch Bogenmauern damit in den unmittelbaren Bereich der Wirklichkeit gerückt ist.

Sehr beachtenswert ist in diesem Zusammenhange die vor 4 Jahren in Betrieb genommene St. Etienne-Cantales-Staumauer (Frankreich). Sie weist bei 15 m Höhe eine Kronenlänge von 75 m ohne und 90 m mit Berücksichtigung des verlorenen Widerlagers auf, was bei dem fast ⊔-förmigen Talquerschnitt (Abb. 782) einem α/β von nahezu 4 entspricht, oder umgerechnet auf $H = 100$ m einer mittleren Talbreite von 400 m. Nach einer Mitteilung von A. Coyne ist diese Bogenmauer als Großversuch gedacht und meßtechnisch entsprechend ausgestattet worden. Man wird dem Ergebnis der seit nunmehr 4 Jahren durchgeführten Messungen mit großem Interesse entgegensehen können. Die Tatsache, daß die Staumauer sich im mehrjährigen Betriebe bestens

[1] S. Fußnote 1 von S. 463. — [2] S. Fußnote 1 von S. 473.

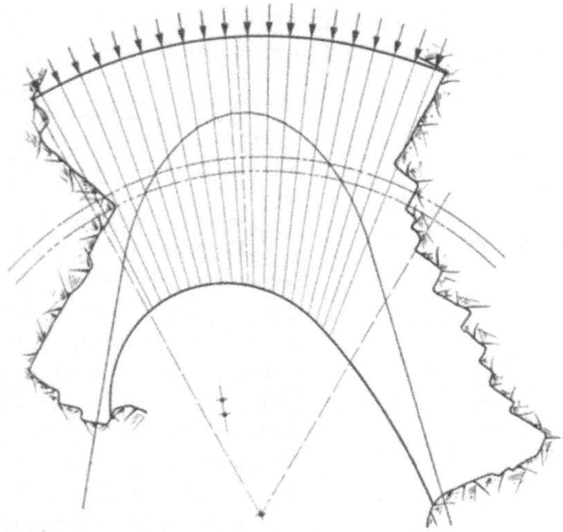

Abb. 779. Diablo-Bogenstaumauer. Schnitt auf Ordinate 273.

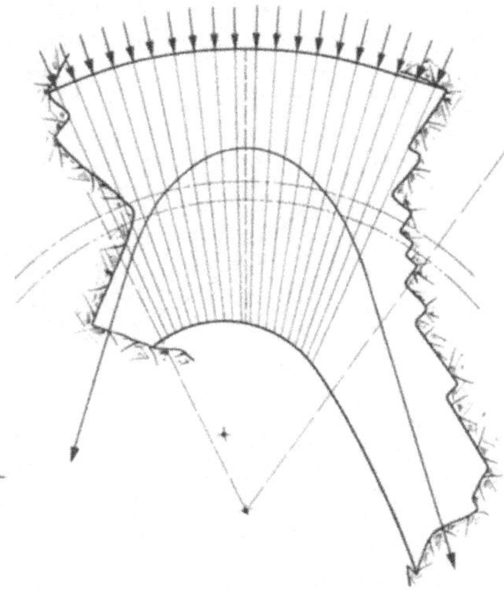

Abb. 780. Diablo-Bogenstaumauer. Schnitt auf Ordinate 267.

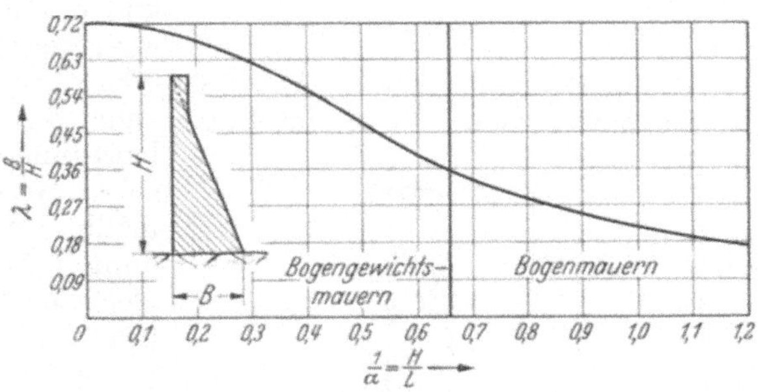

Abb. 781.

Abb. 782. St. Etienne-Cantales-Bogenstaumauer (Frankreich).

bewährt hat, beweist jedenfalls, daß der Anwendungsbereich der Bogen- und Bogengewichtsmauer viel weiter geht, als gemeinhin angenommen wird.

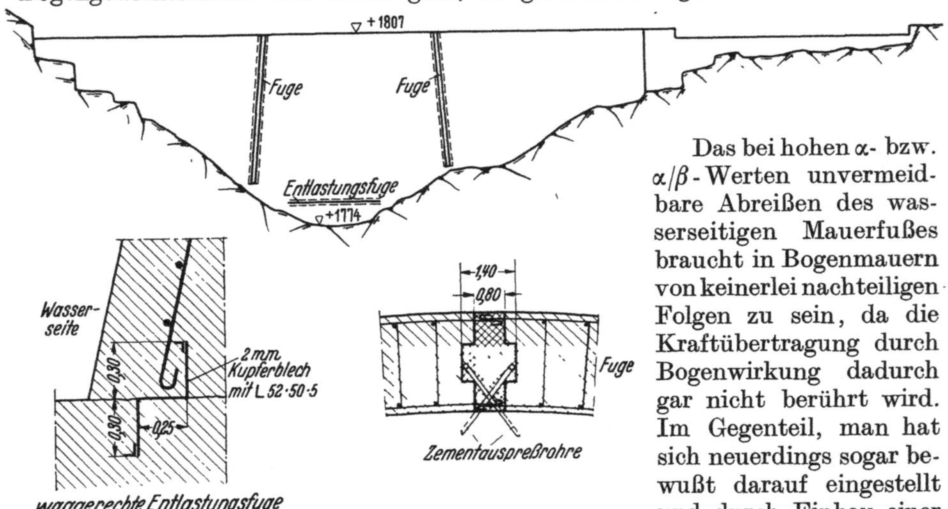

Abb. 783. Eisenbetonbogenmauer Malciaussia (Italien).

Das bei hohen α- bzw. α/β-Werten unvermeidbare Abreißen des wasserseitigen Mauerfußes braucht in Bogenmauern von keinerlei nachteiligen Folgen zu sein, da die Kraftübertragung durch Bogenwirkung dadurch gar nicht berührt wird. Im Gegenteil, man hat sich neuerdings sogar bewußt darauf eingestellt und durch Einbau einer waagerechten Sohlenfuge das Abreißen in geregelte Bahnen gelenkt. Abb. 783—785[1,2] zeigen zwei Ausführungsformen derartiger Fugen. Wenn die Fugen nur gegenseitige Drehbewegungen ermöglichen sollen, werden sie zweckmäßig verzahnt (Abbildung 785); dies bietet gleichzeitig die Annehmlichkeit, daß die Dichtung durch z-förmige Kupferbleche (Abb. 783) vorgenommen werden kann[3].

Man kann eine sehr wirksame Trennung zwischen Bogen- und Stützmauerwirkung erreichen, wenn die Fuge höher gelegt und mit einem 5 bis 10 cm starken plastischen Mittel ausgefüllt wird (Abb. 786)[4]; die Mauerteile können sich dann längs der Fuge auch noch gegeneinander verschieben. Man kann die trennende Wirkung noch erhöhen, wenn nur die Fugen der eigentlichen Bogenmauer ausgepreßt

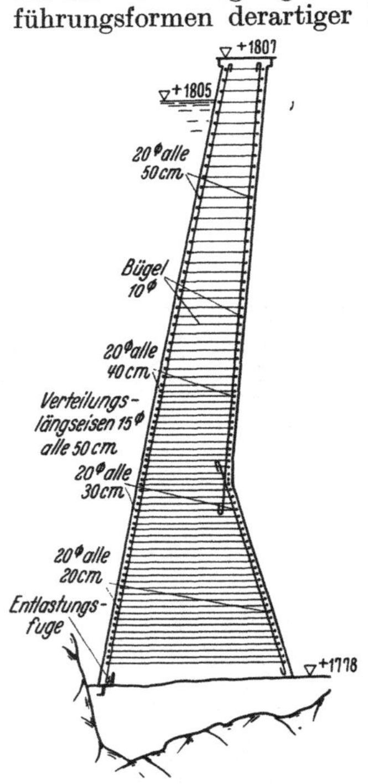

Abb. 784. Eisenbetonbogenmauer Malciaussia. Querschnitt und Bewehrung.

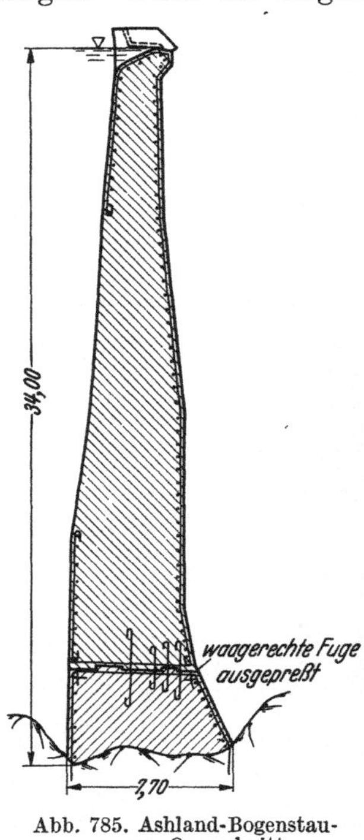

Abb. 785. Ashland-Bogenstaumauer. Querschnitt.

[1] M. Calciati: Il rigonfiamento del calcestruzzo misurato in una diga di recente costruzione. Energia elettr. 1935 S. 261—278.

[2] Engng. News Rec. Bd. 104 (1930) S. 284—286.

[3] In diesem Falle muß allerdings Sorge getragen werden, daß Waagerechtverschiebungen in der Fuge unmöglich sind.

[4] E. Probst u. F. Tölke: Entwurf und Wirtschaftlichkeit von Staumauern aus Beton und Eisenbeton. Z. VDI Bd. 74 (1930).

werden; diese setzt sich dann gewissermaßen plastisch verschieb- und drehbar auf einen Sockel von Gewichtsmauerblöcken ab. Meist läßt sich die Fuge in der Höhenlage so anordnen, daß die in der Herstellung einfachere kreiszylindrische Bogenmauer mit Trapezquerschnitt noch einen befriedigenden Gewölbewinkel bereitstellt. — Die vorteilhafte Wirkung der Entlastungsfuge

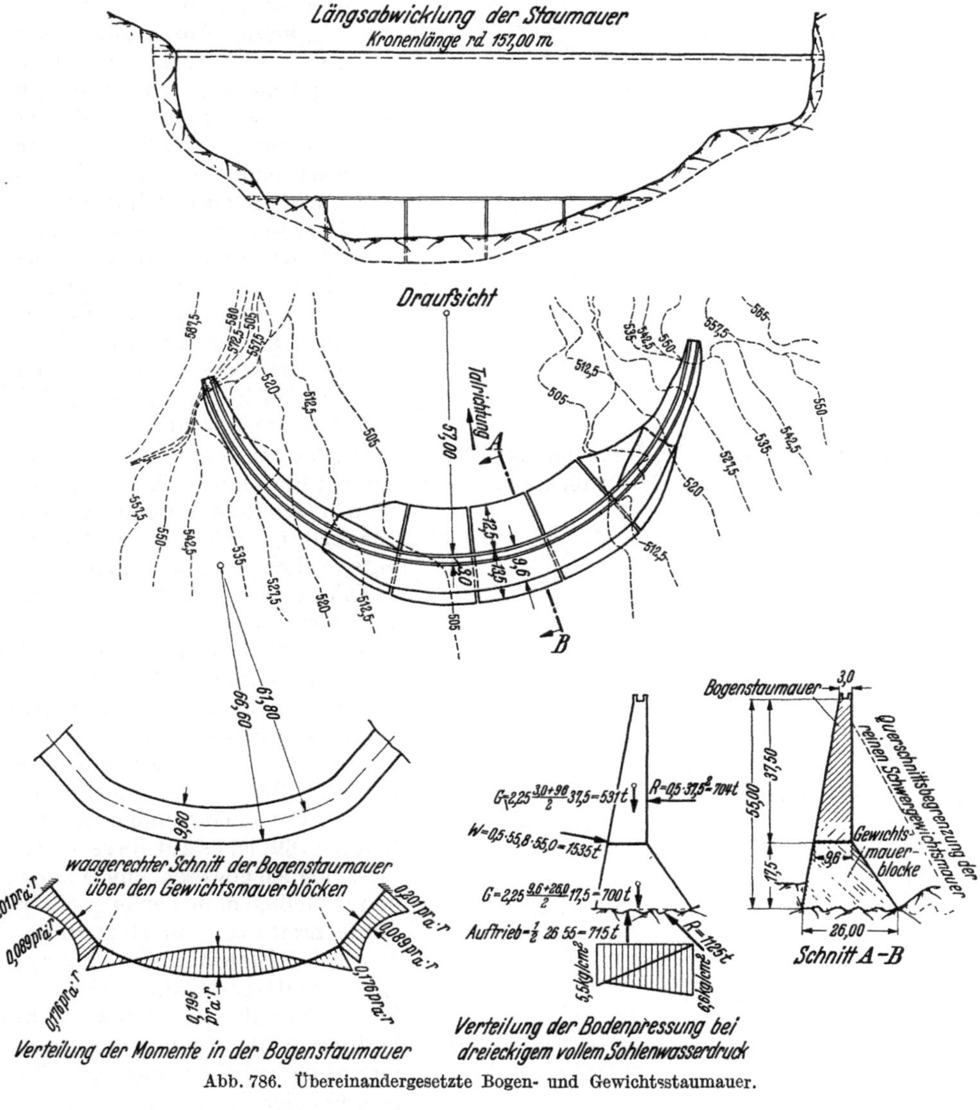

Abb. 786. Übereinandergesetzte Bogen- und Gewichtsstaumauer.

geht verloren, wenn zuviel des Guten getan wird, wie im Falle von Abb. 787, wo alle 3 bis 5 m waagerechte und mit einem 4 cm starken plastischen Mittel ausgefüllte Fugen vorgesehen sind[1].

In Anlehnung an gewisse künstliche Entlastungsmaßnahmen bei eingespannten Bogenbrücken sind in den Scheitel- und Kämpferzonen von Bogenmauern Keilfugen vorgeschlagen worden, etwa nach Art von Abb. 788[2]. Diese

[1] A. P. Boef: Nuovo tipo de presas bovedas. Bericht zur Weltkraft-Teilkonferenz Barcelona 1929.

[2] A. V. Karpov: The compensated arch dam. Proc. Amer. Soc. civ. Engr. 1932 S. 507—543.

sollen sich unter dem Staudruck schließen und dadurch eine gleichmäßige Druckverteilung gewährleisten. Inwieweit dieser beachtenswerte Vorschlag in die Wirklichkeit umgesetzt werden kann, müßte zumindest erst an Modellversuchen erprobt werden.

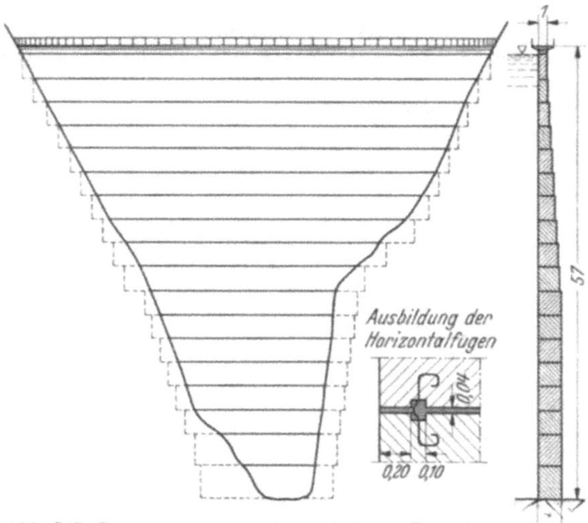

Abb. 787. Bogenstaumauer-Entwurf A. Pena Boeuf.

Durch Ausnutzung der durch die Entlastungsfugen gegebenen Möglichkeiten kann der Anwendungsbereich der Bogenmauer nach der Seite wachsender α-Werte hin beträchtlich ausgedehnt werden. Die dadurch erreichbare Querschnittsverminderung steigert nicht nur die Wirtschaftlichkeit, sondern auch die Sicherheit, indem die einheitliche Mauerwirkung erhöht und der Überblick über den Kraftfluß erleichtert wird.

Nach der Seite abnehmender α-Werte hin ist das Anwendungsgebiet der Bogenmauer naturgemäß unbegrenzt. Der Mauerquerschnitt kann immer dünner gehalten werden und die Elastizität der Bögen wird dementsprechend immer größer. Um in Tälern mit hohen β- und kleinen α-Werten die meist große Schalungskosten verursachenden starken Krümmungsänderungen zu vermeiden, kann der gleichbleibende Gewölbewinkel auch dadurch miterzielt werden, daß man tiefer in den Felsen hineingeht. Bei der Comelico-Staumauer (Abbildung 769) ist es auf diese Weise z. B. möglich gewesen, eine Mauerhöhe von 66,5 m mit einer größten Sohlenbreite von nur 10 m zu bewältigen. Eine ähnlich günstige Querschnittsgestaltung zeigt die Ceppo-Morelli-Staumauer (Abbildung 789)[1]. In diesem Zusammenhange verdient auch das Unterschneiden des wasserseitigen Mauerfußes erwähnt zu werden, das z. B. bei der Marège-Staumauer (Abb. 790)[2] in vorteilhafter Weise die Verteilung von Bogen- und Stützmauerwirkung beeinflußt hat.

Abb. 788. Gewölbe mit Keilfugen zum Ausgleich der Biegungsspannungen. (Vorschlag von A. O. Karpov.)

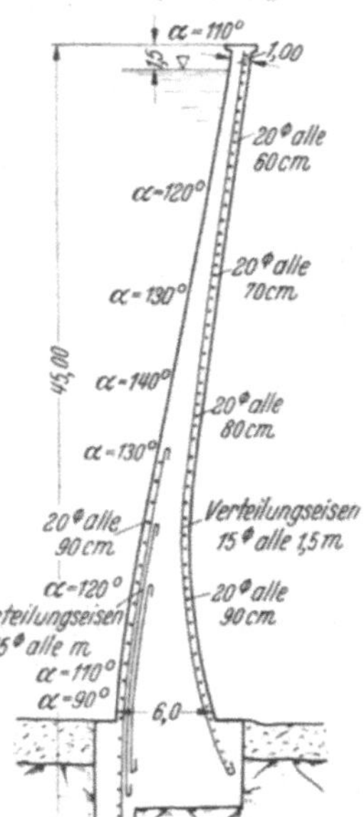

Abb. 789. Eisenbetonbogenmauer Ceppo-Morelli (Italien).

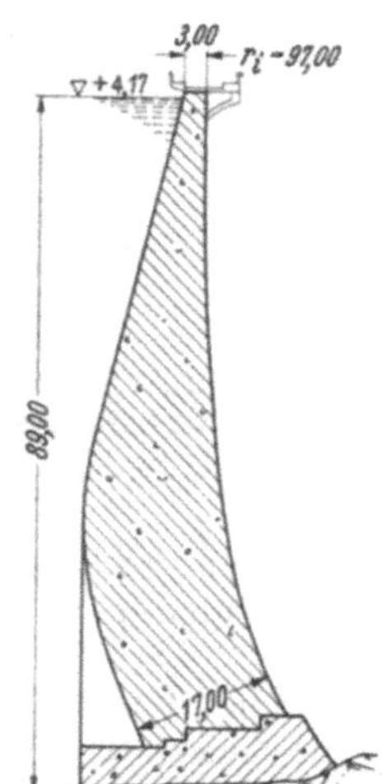

Abb. 790. Marège-Bogenstaumauer (Frankreich). Querschnitt.

[1] A. Rampazzi: Le più recenti dighe di ritenuta costruite in Italia. Ann. Lav. Pubbl. 1934 S. 281—317.

[2] Genie Civ. 1934 S. 1—10, 1935 S. 385—394 und W. Lydtin: Die Talsperre von Marège an der Dordogne. Bauing. Bd. 17 (1936) S. 311—312.

Mit einem erzielbaren Krümmungsradius von rund 100 m lagen die Talverhältnisse bei der Marège-Staumauer nicht gerade übermäßig günstig. Um so beachtenswerter ist die trotzdem recht schlanke Querschnittsgestaltung (Abb. 790), die eine Baustoffersparnis von rund 70% gegenüber einer reinen Gewichtsmauer ermöglichte. Dieses günstige Ergebnis wurde einerseits durch die schon erwähnte Unterschneidung des wasserseitigen Mauerfußes und zum anderen durch Steigerung der zulässigen Höchstbeanspruchung auf 55 kg/cm² erreicht. Die mit der Unterschneidung verbundene künstliche Eigengewichtsverlagerung bot hier die sicherste Gewähr gegen ein Abreißen des wasserseitigen Mauerfußes. Um bei leerem Staubecken ein statisch zwar unschädliches, aber baulich unerwünschtes Abreißen des luftseitigen Mauerfußes zu vermeiden, sind wasserseitige Ausgleichskonsolen (Abb. 790 u. 791) angeordnet, die selbstverständlich durch eine trockene Zwischenlage (Teerpappe) von dem Fundamentblock getrennt sind; die Konsolen wurden bewehrt und in einem Zuge mit den Mauerblöcken hergestellt.

Abb. 791. Marège-Bogenstaumauer. Fugenverdübelung.

A. Coyne[1] berichtet von aufschlußreichen elektro-akustischen Messungen in der Marège-Staumauer mit dem aus Abb. 792 ersichtlichen Spannungsmesser, der an zahlreichen Punkten eingebaut wurde. Nach diesen Messungen wurden die errechneten Höchstspannungen nirgends erreicht, sondern stets unterschritten. Das plastische Verformungsvermögen des jungen Betons scheint also, wie von hochgradisch statisch unbestimmten Tragwerken her bekannt, auch in Bogenmauern ausgleichend zu wirken und eine Kraftverlagerung im günstigen Sinne herbeizuführen. Besonders beachtenswert sind die Meßergebnisse unter den wasserseitigen Konsolen, die immer in je fünf Punkten vorgenommen wurden. Sie haben gezeigt, daß selbst bei bordvollem Staubecken kein Abheben der Konsole von den Fundamentblöcken stattfindet, so daß von einer wasserseitigen Abreißgefahr erst recht keine Rede sein kann.

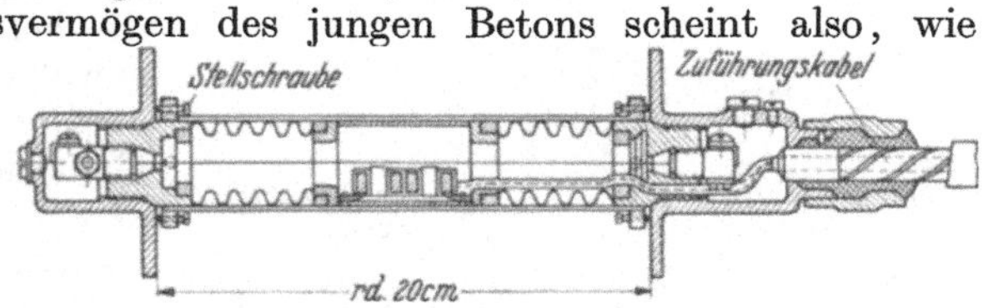

Abb. 792. Marège-Bogenstaumauer. Elektro-akustischer Spannungsmesser.

Mesnager hat den Vorschlag gemacht, in engen Tälern mehrere Bogenstaumauern hintereinander anzuordnen (Abb. 793)[2], und zwar derart, daß die Mauerhöhen ständig um ein gewisses Maß abnehmen. Wird gleichzeitig dafür

[1] A. Coyne: The construction of large modern water dams. (Auszug eines Vortrages auf der Tagung in Westminster 1937 der britischen Inst. of Civ. Eng.) The Structural Engineer Bd. 15 (1937) S. 70—84. — [2] Génie Civ. 1928.

gesorgt, daß die entstehenden Zwischenbecken stets bis zum Rande gefüllt sind, so bleibt der resultierende Wasserdruck auf die höhere Mauer von der Sohle bis zum Stauspiegel des folgenden Zwischenbeckens gleich. Bei großen

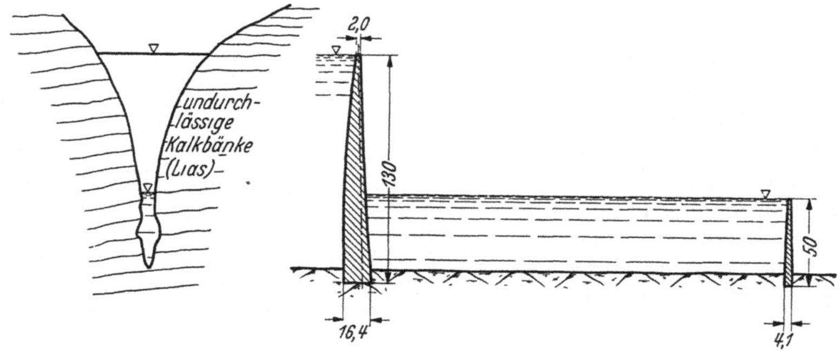

Abb. 793. Entwurf Drac-Talsperre nach Mesnager.

Stauhöhen läßt sich auf diese Weise eine bedeutende Verminderung der Bogenstärke erzielen; hierdurch wird die Federung der Staumauer erhöht und der Einfluß der Biegungsspannungen in waagerechter und senkrechter Richtung zurückgedrängt.

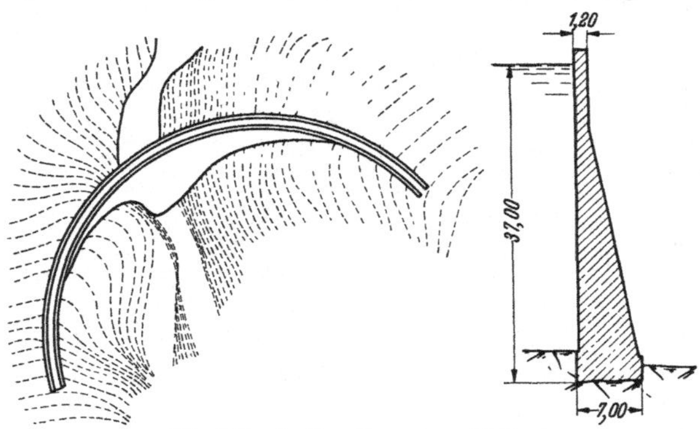

Abb. 794. Corfino-Staumauer (Italien).

Gegen die Anwendung dieses an sich geistreichen Gedankens sprechen aber gewichtige Gründe verschiedener Art. So machen die Vielgliedrigkeit und der hohe Schalungs- und Arbeitsanteil die Bauweise kostspielig. Ferner beeinträchtigt die Abhängigkeit der Standsicherheit der oberen Bogenmauern von den unteren und von der planmäßigen Wasserfüllung die Sicherheit der ganzen Bauwerksgruppe, namentlich im Hinblick auf böswillige Beschädigungen, die bei den dünnwandigen Einzelgewölben leichteres Spiel haben.

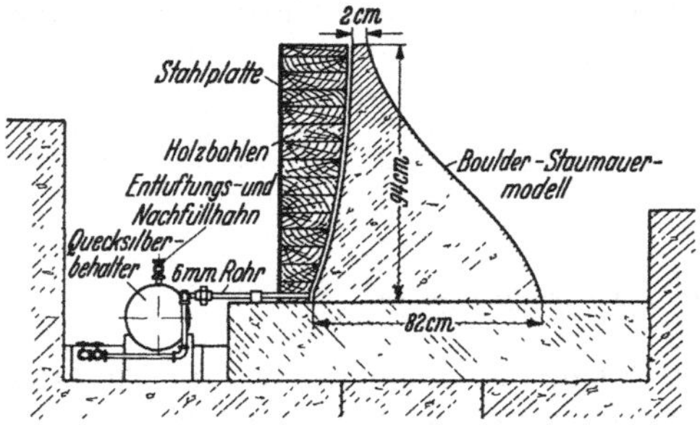

Abb. 795. Meßanordnung für die Modellversuche der Boulder-Staumauer.

Die anfänglich gegen die dünnen Mauerquerschnitte gehegten Bedenken haben sich als unberechtigt erwiesen. Die schon seit über 20 Jahren in Betrieb befindliche hochelastische Corfino-Staumauer (Abb. 794) hat sich trotz der zahlreichen Querrisse, die infolge Fehlens der Fugen entstanden, bestens bewährt. Die Risse atmen so vorzüglich, daß die Staumauer bei gefülltem Staubecken praktisch dicht ist. Weiterhin verdient auch hier erwähnt zu werden, daß das große Erdbeben von Villacollemandina, das in der Nähe der Talsperre zahlreiche Häuser umlegte, die Corfino-Staumauer in keiner Weise beschädigt hat.

Wenn die neueren hochelastischen Bogenmauern meist bewehrt werden, so geschieht dies weniger aus statischen Gründen als vielmehr aus dem Gefühl heraus, den Beton geschmeidiger zu machen und dadurch den Wärmespannungen besser begegnen zu können, die bei geringeren Mauerstärken naturgemäß stärker ins Gewicht fallen. Einzelheiten der Bewehrung sind aus den Abb. 769, 784, 789 ersichtlich.

Wie die in mancher Hinsicht beachtenswerte Malciaussia-Staumauer (Abb. 783, 784) beweist, braucht die Bewehrung kein Hinderungsgrund zu sein,

Abb. 796. Boulder-Staumauer-Modell. Invarstäbe mit Meßuhren für die Durchbiegungsmessungen an der Luftseite.

die unter Ziffer 6, Kap. 19 besprochene Fugenspaltkühlung zur Anwendung zu bringen. Man kann die Eisen mit Haken von beiden Seiten in den rippenförmigen Spalt einführen und damit einwandfrei stoßen. Es sei hier noch besonders auf die in die Fugenflächen eingelegten Auspreßrohre verwiesen, die nach Schließen des Kühlspaltes eine jederzeitige Nachdichtung gestatten, ferner auf die bereits erwähnte waagerechte Entlastungsfuge. Die hochelastischen, insbesondere in Italien entwickelten Eisenbeton-Bogenmauern mit spaltgekühlten, spät gefüllten und durch Zementeinpressung nachgedichteten Fugen stellen eine Bauweise dar, wie sie sicherer und wirtschaftlicher kaum gedacht werden kann. Leider ist ihr Anwendungsgebiet auf enge, schluchtartige Täler beschränkt.

(3) Sicherung der einheitlichen Mauerwirkung. Das für gekrümmte Staumauern kennzeichnende Zusammenwirken von Kragbalken (Stützmauer)- und Bogenwirkung wurde bereits in Kap. 19 an dem Beispiel der Bogengewichtsmauer mit Dreiecksquerschnitt im einzelnen erläutert. Es wurde dort insbesondere festgestellt, daß auch in dicken Mauern mit einer beträchtlichen unterstützenden Bogenwirkung gerechnet werden kann, wenn nur das Verhältnis von Mauerhöhe zu Krümmungshalbmesser entsprechend gewählt wird. Dies ist auch durch die Versuche an dem aus Abb. 795 und 796 ersichtlichen Modell der Boulder-Staumauer (Abb. 797) bestätigt worden[1]. Nach Abb. 798, 799 stehen auch in den sehr dicken Mauerteilen die — den Spannungen verhältnisgleichen — Dehnungen aus Bogenwirkung denen aus Kragbalkenwirkung an Größe nichts nach, während in den dünneren oberen Mauerteilen die Bogenwirkung bei weitem überwiegt. Im übrigen verläuft die Kragbalkenwirkung vorwiegend fächerartig, wie insbesondere die schrägen Dehnungen (Abb. 800, 801) sowie auch die Durchbiegungen (Abb. 802)

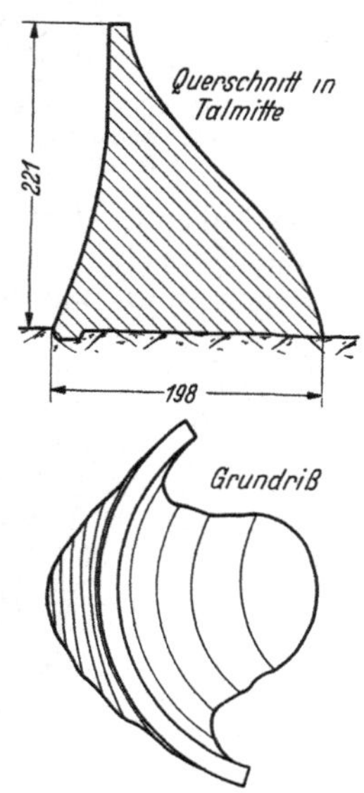

Abb. 797. Boulder-Staumauer. Querschnitt in Talmitte und Grundriß.

[1] J. L. Savage and J. E. Houk: Model tests confirm design of Hoover-Dam. Engng. News Rec. Bd. 107 (1932).

erkennen lassen, so daß die größten Bodenpressungen gar nicht in Talmitte, sondern im Bereich der unteren Drittelpunkte der Hangflächen übertragen werden.

Die Bogenwirkung kann in dicken Mauern nur dann in dem erwarteten Umfange in Erscheinung treten, wenn die einheitliche Mauerwirkung hinreichend gewahrt ist. Wenn z. B. wegen unzureichenden oder zu frühzeitigen Auspressens

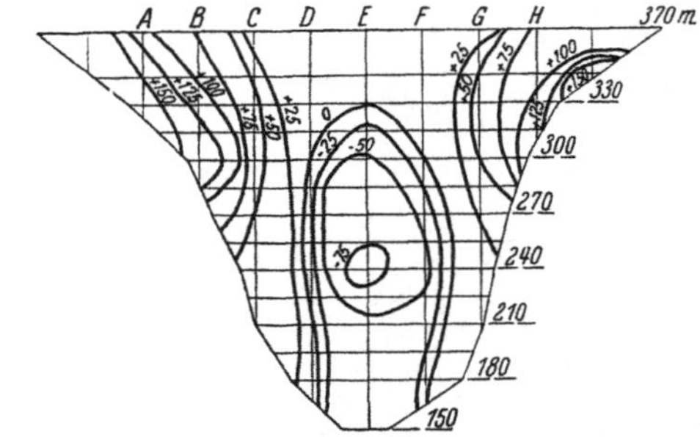

Abb. 798. Linien gleicher lotrechter Dehnung aus Wasserdruck.

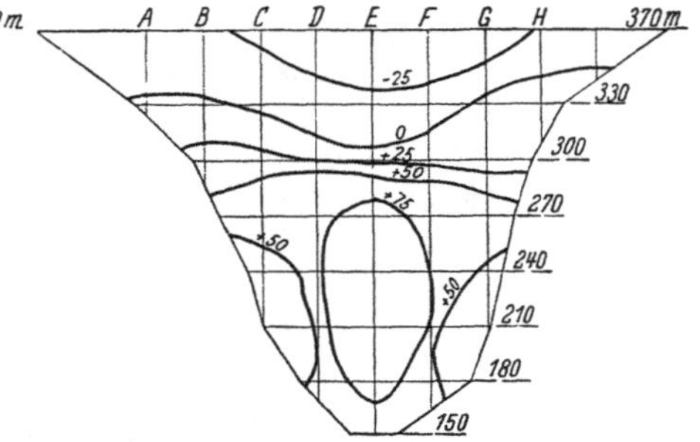

Abb. 799. Linien gleicher waagerechter Dehnung aus Wasserdruck.

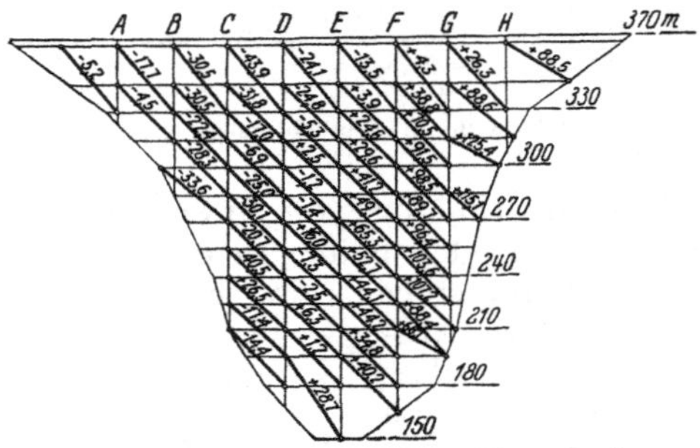

Abb. 800. Schrägdehnungen aus Wasserdruck.

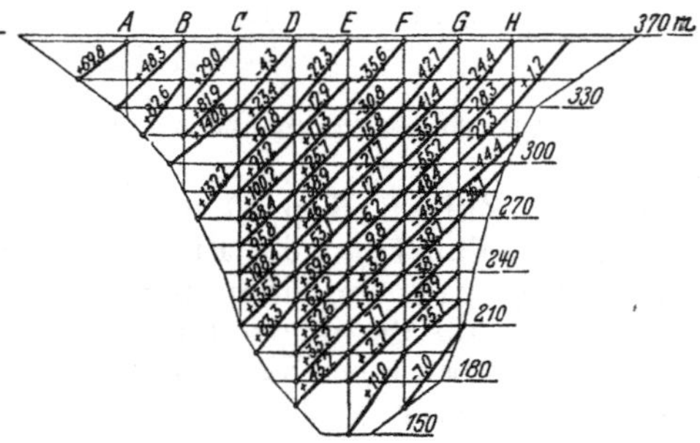

Abb. 801. Schrägdehnungen aus Wasserdruck.

Abb. 798—801. Boulder-Staumauer-Modell. Gemessene Dehnungen an der Luftseite.

der Fugen Spaltöffnungen entstehen können, so sind die genauesten Rechnungen und die peinlichsten Modellversuche zwecklos. Es ist daher gerade in dicken Bogen- und Bogengewichtsmauern die ständige Überwachung der Fugen und Mauerbewegungen von allergrößter Bedeutung für den Bestand. In dieser Beziehung können die für die Grimsel-Bogengewichtsmauer getroffenen Maßnahmen als vorbildlich bezeichnet werden[1].

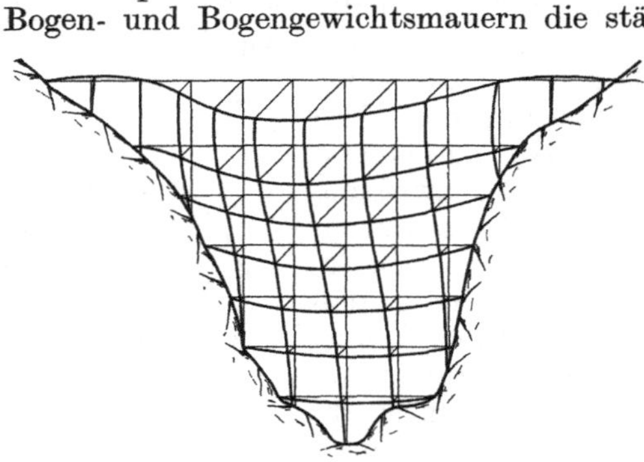

Abb. 802. Durchbiegung der Boulder-Staumauer bei Voraussetzung einheitlicher Mauerwirkung.

Je elastischer die Mauerquerschnitte sich gestalten lassen, um so unempfindlicher wird die Bogenmauer gegenüber Störungen der einheitlichen Mauerwirkung. Die Messungen an der übertrieben dünn gehaltenen und dabei unbewehrten Stevenson-Creek-Versuchsstaumauer (Abb. 803)[2] haben dies in eindeutiger Weise in Erscheinung treten lassen. Da man versäumt hatte, dem Schwinden des Betons durch Einbau von Fugen Raum zu geben, riß die Mauer an den Hängen vom Felsen ab, und zwar an der Wasserseite vollständig und an der Luftseite im Bereich der

[1] H. Juillard: Die Spitallamm-Talsperre der Kraftwerke Oberhasli. Schweiz. Bauztg. Bd. 107 (1936) S. 229—231, 254—257, 268—272.

[2] Report on arch dam Investigation. Proc. Amer. Soc. Civ. Engr. 1927 (veröffentlicht im Maiheft 1928).

Krone (Abb. 804). Trotz dieser Beschädigungen verhielt sich die Staumauer bis zu $^3/_4$ Füllung so, als wäre nichts geschehen. Beim weiteren Steigen des Wassers riß zunächst die Krone in Mauermitte von der Luft- zur Wasserseite glatt durch. Auch diese erneute Beeinträchtigung der einheitlichen Mauerwirkung führte zu keinerlei ernsten Störungen; es trat lediglich eine Verlagerung der Kraftverteilung ein (Abb. 805 u. 806). Kurz vor Erreichen des Höchststauspiegels riß schließlich auch noch der luftseitige Mauerfuß in lotrechter Richtung,

Abb. 803. Stevenson-Creek-Versuchsbogenstaumauer.

offensichtlich als Folge zu hoher waagerechter Gewölbebiegungsspannungen; die dadurch über Gebühr gesteigerte Stützmauerwirkung ließ sehr bald zwei waagerechte wasserseitige Risse folgen. Es erscheint fast unglaublich, daß angesichts so zahlreicher und schwerer Beschädigungen die Staumauer keinerlei Anzeichen von Schwäche zeigte und jeden neuen Riß lediglich mit einer entsprechenden Verlagerung der Kraftübertragung beantwortete. Es dürfte hiernach keinem Zweifel unterliegen, daß die größte Sicherung der einheitlichen Mauerwirkung darin besteht, die Mauer so elastisch, d. h. so dünn zu machen, als es unter den obwaltenden topographischen Verhältnissen überhaupt möglich ist.

Um dieses Ziel zu erreichen, muß zunächst der Gewölbewinkel so groß als irgend möglich gewählt werden; hierdurch lassen sich einerseits die durch die

Hangeinspannung bedingten Gewölbebiegungsspannungen auf ein unschädliches Maß herabmindern und zum anderen wird die Stützmauerwirkung auf die Mauerbereiche in nächster Nähe des Gründungsfelsens beschränkt.

Große Gewölbewinkel bieten gleichzeitig den Vorteil, daß die Bogenschübe mehr in Tallängsrichtung übertragen werden (Abb. 807). Hierdurch werden in engen Tälern allzu große, durch die Gewölbeschübe bedingte Querverformungen des Felsens verhindert. Gleichzeitig wird die Möglichkeit geschaffen, die unvermeidbaren Querverformungen aus der Wirkung des Stauwasserdruckes ohne allzu große zusätzliche Biegungsspannungen auszugleichen.

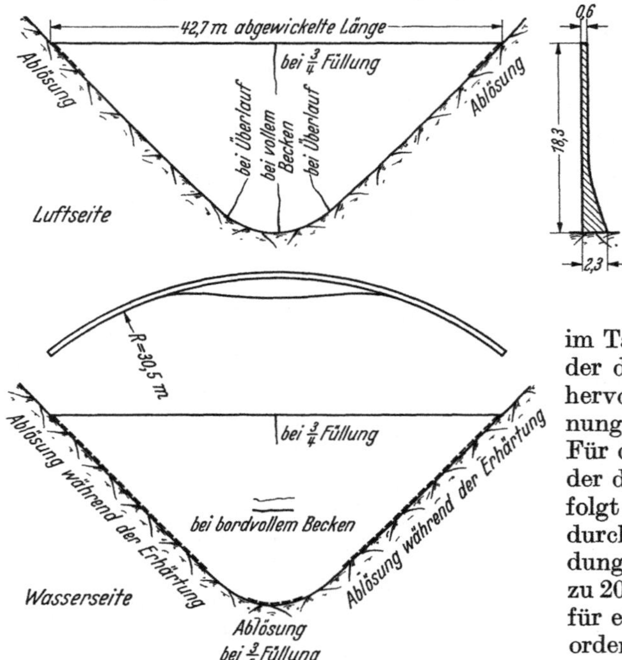

Abb. 804. Stevenson-Creek-Versuchsstaumauer.

Die Nichtbeachtung der auf eine Talweitung hinarbeitenden Querverformungen kann, wie F. Vogt in einer sehr beachtenswerten Abhandlung dargelegt hat[1], die Sicherheit sehr hoher Bogenmauern in engen Tälern vollständig in Frage stellen, zumal, wenn die Gefahr besteht, daß sich im Talboden unter der Wirkung der durch den Stauwasserdruck hervorgerufenen Querzugspannungen ein Längsriß bilden kann. Für die Boulder-Staumauer, bei der diese Möglichkeit näher verfolgt wurde, ist die Talweitung durch das Stauwasser nach Bildung eines solchen Längsrisses zu 20 mm berechnet worden, was für ein 200 m breites Tal außerordentlich viel ist. Es war nicht zuletzt auf derartige Erwägungen zurückzuführen, wenn man für die Querschnittsgestaltung der Boulder-Staumauer trotz der eine Bogenmauer geradezu einzigartig begünstigenden Talverhältnisse jegliche unterstützende Bogenwirkung außer acht ließ. Auch die 128 m hohe Owyhee-Staumauer, deren topographische Verhältnisse ganz auf die Wahl einer Bogenmauer hinwiesen (Abb. 5), ist, wie früher bereits bemerkt wurde, deswegen nicht als Bogen-, sondern als Bogengewichtsmauer zur Ausführung gekommen, weil eine Längswerfung des Talbodens die Übertragung von Querzugkräften ausschloß und man demgemäß starke Befürchtungen bezüglich einer unzulässig hohen Weitung des Taltroges hatte.

Ob derartige Befürchtungen tatsächlich berechtigt sind, ist zur Zeit noch sehr umstritten. Maßgebende Talsperrenfachleute, wie z. B. L. Jorgensen, waren bis zuletzt der Auffassung, daß man bei der Boulder-Staumauer durch eine elastischere und weniger steife Formgebung der Sicherheit mehr gedient hätte, als durch den 220 m dicken, statisch völlig undurchsichtigen Mauerklotz. Wir können uns einer solchen Auffassung nur anschließen. Wenn man zusätzliche Ausbrucharbeiten nicht scheut und ähnlich wie im Falle der Comelico-Staumauer (Abb. 769) für hinreichend große Gewölbewinkel Sorge trägt oder durch zweckmäßige Querschnittsgestaltung wie im Falle der Marège-Staumauer (Abb. 790) eine günstigere

[1] F. Vogt: Fundamental views in the analysis of Arch-Dams. Bericht zur zweiten Weltkraftkonferenz, Berlin 1930.

Spannungsverteilung herbeiführt, ergeben sich von selbst so elastische Mauerquerschnitte, daß man nach den mit der Stevenson-Creek-Versuchsmauer gesammelten Erfahrungen auch nicht die geringsten Befürchtungen zu hegen braucht.

Weiterhin ist es von großer Wichtigkeit, daß man bei Bogenstaumauern von vornherein mit entsprechend größeren zulässigen Beanspruchungen arbeitet. Wenn heute für Eisenbetonbogenbrücken Spannungen bis zu 100 kg/cm² zugelassen werden, so darf man eine zulässige Spannung von 50 kg/cm² für Bogenmauern nicht als übertrieben hoch bezeichnen (Marège-Staumauer z. B. $\sigma_{zul} = 55$ kg/cm²). Man sollte nie aus dem Auge verlieren, daß jede „errechnete" Spannung bei Massenbeton immer nur einen Mittelwert darstellt, der bei der geringsten Störung der einheitlichen Mauerwirkung sehr schnell auf das Doppelte und Dreifache anschwellen kann. Man fährt hier weit besser, wenn von vornherein diesen Verhältnissen durch höhere zulässige Beanspruchungen Rechnung getragen wird und dadurch Mauerstärken erzielt werden, die die einheitliche Mauerwirkung nicht mehr gefährden und so ein Höchstmaß an Sicherheit verbürgen.

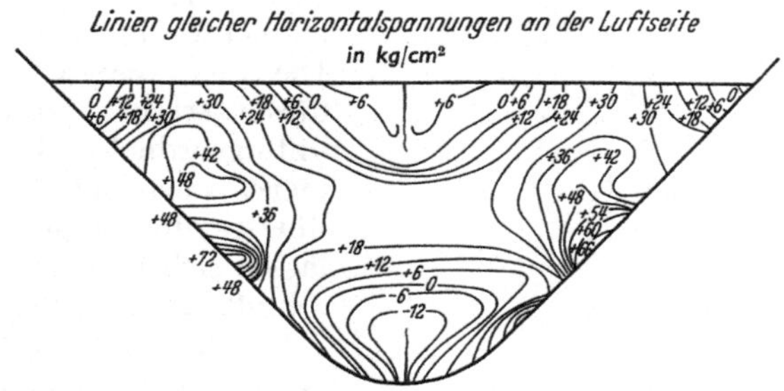

Abb. 805. Linien gleich großer waagerechter Normalspannungen (kg/cm²), Luftseite.

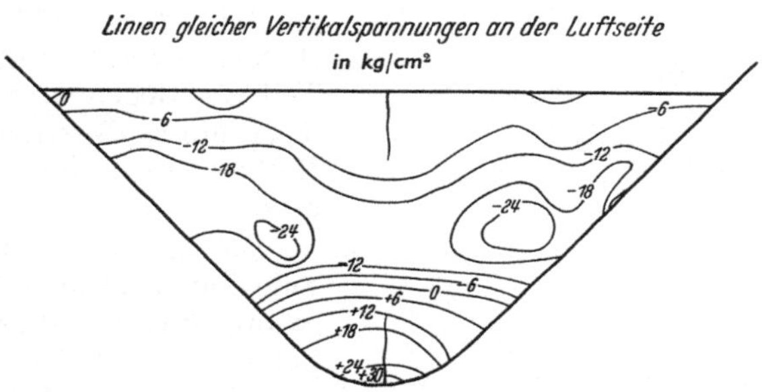

Abb. 806. Linien gleich großer lotrechter Normalspannungen (kg/cm²), Luftseite.

Abb. 805 und 806. Spannungsmessungen. Stevenson-Creek-Versuchsstaumauer.

Wir kommen nun zu den Gefahrenquellen für die einheitliche Mauerwirkung im einzelnen und den zu ihrer Sicherung erforderlichen Maßnahmen. Hierbei kann weitgehend an die in der Stevenson-Creek-Versuchsstaumauer in Erscheinung getretenen Rißbildungen angeknüpft werden. Da die für Gewichtsmauern so verhängnisvolle Längsrißgefahr hier praktisch ausscheidet — selbst bei Stauhöhen von 100 m und mehr kommt man nur selten über Mauerdicken von 30 m hinaus —, kann bei Bogenmauern eine Störung der einheitlichen Wirkung im wesentlichen nur auf dreierlei Art erfolgen, nämlich durch ein wasserseitiges Abreißen vom Gründungsfelsen, durch zusätzliche waagerechte Rißbildungen und durch senkrechte Querrisse.

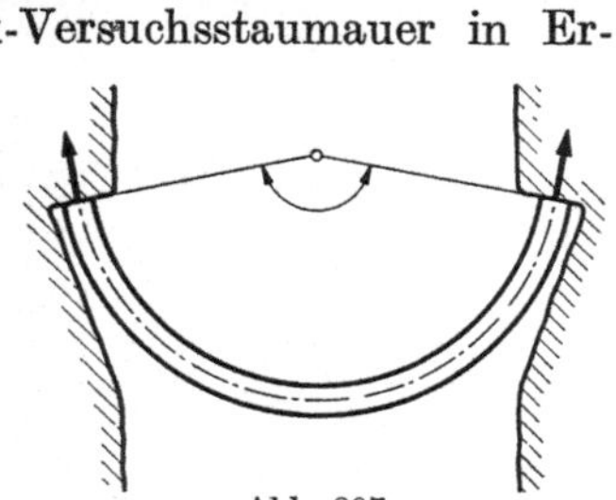

Abb. 807.

Das Abreißen vom Gründungsfelsen kann einmal an den Hängen auftreten und ist dann entweder eine Folge des Schwindens in Mauerlängsrichtung (Abb. 804) oder von waagerechten Biegungszugspannungen aus der Wasserbelastung infolge zu steifer Gewölbe, und zum anderen an der Mauersohle, und ist dann wie im Falle der Hogan-Staumauer (Abb. 775) eine Folge mangelhaft aufgefangener Stützmauerwirkung. Diese Rißbildungen lassen sich immer vermeiden, wenn dem Schwinden durch Querfugen (Abb. 791 links) Rechnung getragen wird und wenn die Biegungszugspannungen, sei es durch die Formgebung (Abb. 776), sei es durch die Baustoffverteilung, z. B. durch Schwächen

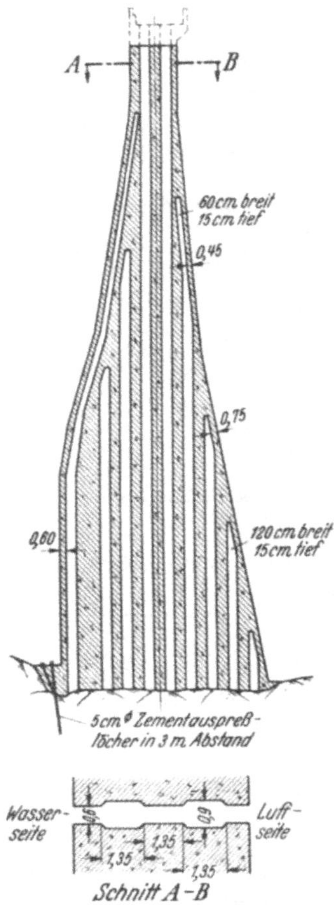

Abb. 808. Fugenausbildung der Ariel-Staumauer.

des Gewölbescheitels gegenüber den Kämpfern (Abb. 776) oder durch Entlastungsfugen (Abb. 784 bis 786) ausgeschaltet oder auf ein unschädliches Maß herabgesetzt werden.

Die Entstehung zusätzlicher waagerechter Risse (Abb. 804) ist immer auf zu große Biegungsmomente in der Lotrichtung zurückzuführen. Die Schwächung, welche die Bogenmauer dadurch erfährt, ist aber im allgemeinen nur von untergeordneter Bedeutung, da die Bogenwirkung meist ausreicht, um eine einwandfreie Kraftübertragung zu gewährleisten. Waagerechte Risse lassen sich vermeiden, wenn man den Mauerquerschnitt so elastisch wie möglich hält (Abb. 776, 789, 790), d. h. mit großen Gewölbewinkeln und einer hohen zulässigen Druckspannung arbeitet, und wenn man ferner einen allmählichen Übergang von der Bogen- zur Gewichtsmauerwirkung herstellt (Abb. 777 u. 789). In breiten Tälern (hohe α-Werte) empfiehlt es sich, nur den oberen Teil als Bogenmauer auszubilden (Abb. 786) und diese unter Zwischenschaltung eines nachgiebigen Mittels auf einen Gewichtsmauersockel abzusetzen.

Die lotrechten Querrisse können teils durch Schwinden in Mauerlängsrichtung, teils durch waagerechte Biegungszugspannungen aus der Wasserbelastung (Abb. 804), teils durch Abreißen des wasserseitigen Mauerfußes bedingt sein. Die Schwindrisse lassen sich nur durch Anordnung von Querfugen vermeiden. Die Biegungszugspannungen können am leichtesten dadurch ausgeschaltet

Abb. 809. Ariel-Bogenstaumauer (USA.) während der Herstellung.

werden, daß man möglichst große Gewölbewinkel und hohe zulässige Druckspannungen wählt. Muß man sich mit weniger elastischen Mauerkörpern abfinden, z. B. bei großen Stauhöhen und engen Tälern oder mittleren Stauhöhen und breiten Tälern, so müssen die Baumassen sorgfältig verteilt werden (Abb. 773). In solchen Fällen empfiehlt sich eine Krümmungszunahme in der Tiefenrichtung, am besten in Verbindung mit einem Unterschneiden des wasserseitigen Mauerfußes (Abb. 790), sofern man es bei breiteren Tälern nicht vorzieht, die Bogenwirkung im unteren Mauerteil überhaupt auszuschalten (Abb. 786).

Um die Stützmauerwirkung zurückzudrängen, kann man auch daran denken, die Kreisform zu verlassen und durch eine vorteilhaftere, in der Mitte stärker gekrümmte Bogenführung zu ersetzen, wie es z. B. bei der in vieler Hinsicht vorbildlichen La Jogne-Staumauer geschehen ist[1]. Die heute noch meist gebräuchliche kreisförmige Linienführung ergibt sich nur dann als die zweckmäßigste Form, wenn man sich die Mauer in eine Reihe voneinander unabhängiger Ringe aufgelöst denkt, während in Wirklichkeit eine Schale mit zahlreichen Möglichkeiten der Kraftübertragung und demgemäß viel größerem Widerstandsvermögen vorliegt. Dies führt in anschaulicher Weise die vielfältige Anwendung der Eisenbetonschalen in Hochbau, Industriebau und Architektur vor Augen[2].

Abb. 810. Fugenkühlspalte mit Ausweitung zur Hochwasserabführung.

Sobald an Stelle der Ringlamellen die Schale zum Ausgangspunkt der Betrachtungen genommen wird, ist eine in der Mitte stärker gekrümmte Linienform, wie z. B. die parabolische der Kreisform dadurch überlegen, daß — im ganzen gesehen — die Krümmung von oben nach unten zunimmt. Man paßt sich hierdurch ganz von selbst den durch die Talform geschaffenen Verhältnissen an und kann so unter Umständen auf die verwundene Wölbungsführung verzichten.

(4) Fugenbehandlung. Im Gegensatz zu Gewichtsmauern muß bei Bogenmauern ein Atmen der Fugen unter allen Umständen verhindert werden; ein Abreißen des wasserseitigen Mauerfußes infolge Übersteigerung der Stützmauerwirkung wäre sonst die unausbleibliche Folge. Es hat sich daher auch als zweckmäßig erwiesen, mit engeren Fugenabständen als bei Gewichtsmauern zu arbeiten (obere Grenze etwa 12 m). Die Fugenherstellung kann entweder nach dem Verfahren der Fugenspaltkühlung in Verbindung mit nachträglicher Auspressung (Abb. 783, 808, 809, 810) oder nach dem der Rohrnetz-Auspressung (Abb. 811—813) erfolgen. Beide Verfahren, über die schon unter Ziffer 6 des vorigen Kapitels das Wesentliche gesagt wurde, haben sich bestens bewährt.

[1] A. Stucky: Etude sur les barrages arcqués. Bull. techn. Suisse rom. 1922.
[2] F. Dischinger: Schalen und Rippenkuppeln. Handbuch für Eisenbeton, Bd. 12. Berlin 1928.

Bei der Marège-Staumauer wurde die Kühlspalte in sehr zweckmäßiger Weise nach unten trapezartig verbreitert (Abb. 810), um hinreichend große Durchlaßöffnungen zur schadlosen Abführung von Bauzeit-Hochwassern entstehen zu lassen.

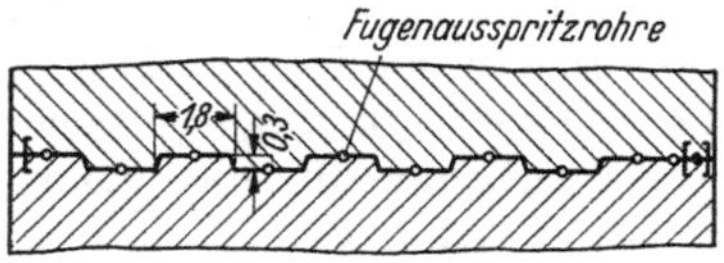

Abb. 811.

Die bei der Marège-Staumauer angewendete Fugenverdübelung längs der Kühlspaltfläche (Abb. 791) ist vorbildlich, da sie der strahligen Kraftausbreitung durch Verdübelung in beiden Richtungen (waagerecht und lotrecht) Rechnung trägt. Obwohl das Ausfüllen der Kühlschächte erst ganz am Ende der Bauzeit und unter Ausnutzung der tiefsten Mauertemperatur erfolgte, wurden die beiderseitigen Anschlußflächen außerdem noch ausgepreßt. Diese zusätzliche Sicherung bietet den großen Vorteil, daß das Auspressen beliebig oft wiederholt werden kann, so daß die einheitliche Mauerwirkung auch für alle Zukunft gewährleistet ist.

Die Kupferbleche, mit denen die Fugen luft- und wasserseitig abgeriegelt werden müssen, um eine gute Auspreßwirkung zu erzielen, werden in Amerika, der Heimat der Fugenauspressung, mehr als Notverschluß bewertet und demgemäß knapp im Querschnitt gehalten (Abb. 814). Die eigentliche Dichtung übernimmt die Smithsche Asphaltsäule[1] (Abbildung 814—816), die über Eck in die Fuge eingelegt wird. Die Asphaltsäule trägt in der Mitte ein Rohr zum Einpressen von Dampf oder einen dicken Kupferdraht zum Hindurchleiten von Strom, damit der Asphalt jederzeit wieder geschmeidig gemacht werden kann. Die Wirkung der Dichtung kommt dadurch zustande, daß der geschmolzene Asphalt am Beton klebt und sich dem Arbeiten der Fuge entsprechend verformt. Nach dem Auspressen des Spaltes wird die Säule nachgeschmolzen und erleidet dann praktisch keine Formveränderungen mehr. Sollten wider Erwarten Undichtigkeiten eintreten, so besteht jederzeit die Möglichkeit, den Asphalt von neuem umzuschmelzen.

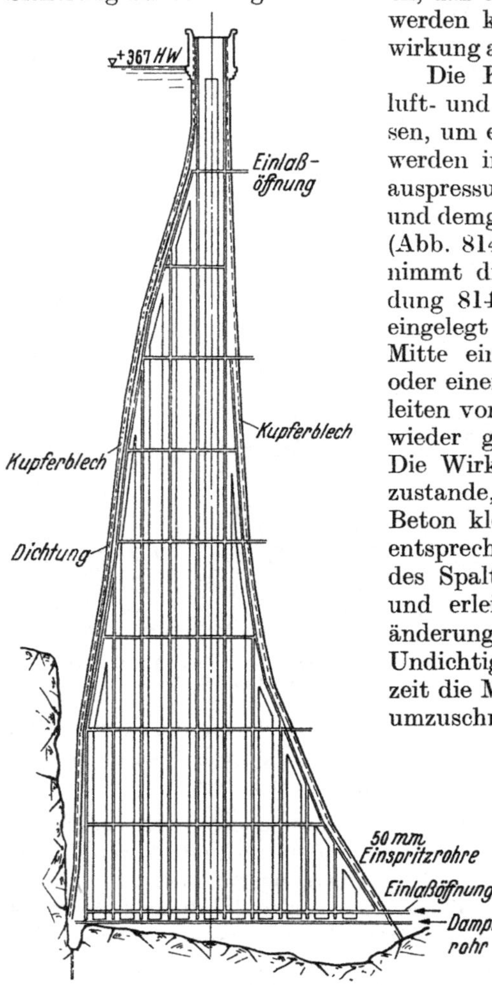

Abb. 812. Anordnung der Auspreßrohre in den Fugen der Diablo-Staumauer.

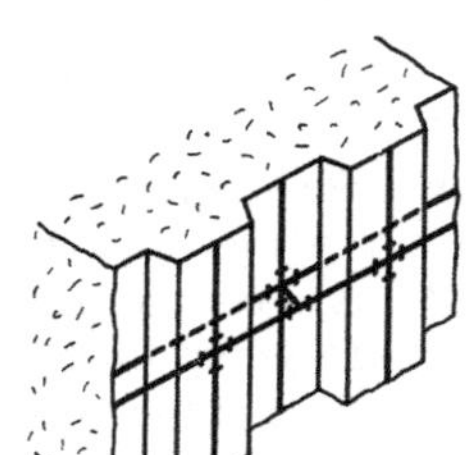

Abb. 813. Diablo-Bogenstaumauer. Verbindung der waagerechten und lotrechten Ausspritzrohre.

Um das Aussparen von Schächten zu vermeiden, wird der Asphalt gewöhnlich in Säulen von etwa 60 cm Höhe fertig gegossen angeliefert. Die Stoßfugen, die beim Aufeinandersetzen entstehen, werden mit Papier verklebt, damit der

[1] L. R. Jorgensen: Memorandum on arch dam developments. J. Amer. Concr. Inst. 1931 S. 1—64.

Beton nicht eindringen kann. Wenn die Säulen mit dem zuerst betonierten Block durch Drähte fest verbunden werden (Abb. 815), bleiben sie beim Gegenbetonieren des Anschlußblockes fest angepreßt. Vor der Herstellung der Säulen, die zweckmäßig in Reihen (Abb. 816) erfolgt, empfiehlt es sich, die Formen mit Lehm zu bestreichen, damit sich an den Rändern keine Hohlräume bilden. Das Loch in der Mitte kann ruhig etwas größer gemacht werden, als es dem Rohrdurchmesser entspricht, damit die Säulen bequem über das Dampfrohr oder den Kupferdraht herübergezogen werden können; bei dem späteren Einschmelzen verschwindet der Hohlraum von selbst.

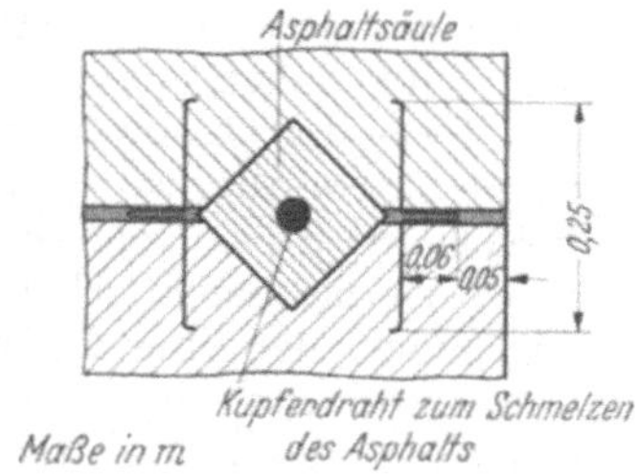

Abb. 814. Fugendichtung der Diablo-Bogenstaumauer.

(5) Sicherung von Außenflächen und Mauersohle. Die Sicherung der Außenflächen, der bei Gewichtsmauern mit ihrem verhältnismäßig mageren Beton größte Beachtung geschenkt werden muß, tritt bei Bogenstaumauern insofern etwas in den Hintergrund, als man schon aus Festigkeitsgründen selten unter Zementbeigaben von 250 kg/m³ heruntergehen kann. Zudem läßt sich die Herstellung um so sorgfältiger betreiben, je näher die Schalungen aneinanderrücken. Nur bei den ganz großen Bogenstaumauern hat man es für nötig befunden, die Zementzugaben an den Außenflächen zu erhöhen, dies aber keineswegs allein im Hinblick auf Wasserdichtigkeit und Wetterbeständigkeit. In eingespannten Gewölben treten die größten Spannungen ja stets in den Randstreifen auf, so daß man bei großen Gewölbestärken schon aus Festigkeitsgründen auf eine größere Widerstandsfähigkeit der Randflächen bedacht sein muß. Bei der 120 m hohen Diablo-Staumauer (Abb. 777—780) wurde an den Außenflächen ein Beton eingebracht, dessen Festigkeit etwa um 30 % über der des Kernbetons lag[1].

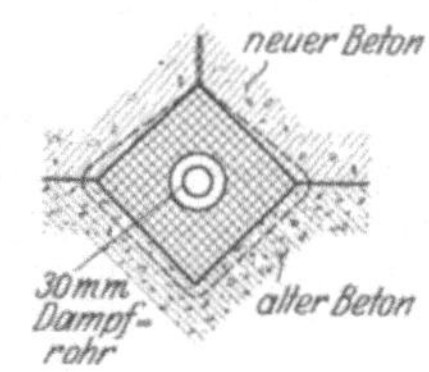

Abb. 815. Smith-Asphaltum-Dichtung.

Die Mauerentwässerung, die bei Gewichtsmauern ein wichtiger Bestandteil für die Sicherung der Luftseite ist, erübrigt sich bei Bogenmauern im Hinblick auf den durchweg höheren Zementgehalt und die geringere Schädlichkeit des Fugenwasserdruckes. Wo sie trotzdem ausgeführt ist, spielt sie in erster Linie die Rolle einer Überwachungsmaßnahme (Abb. 770). In dickeren Bogenmauern wird mit der Mauerentwässerung zweckmäßig eine Sohlenwasserdruckmessung verbunden (Abbildungen 583, 584).

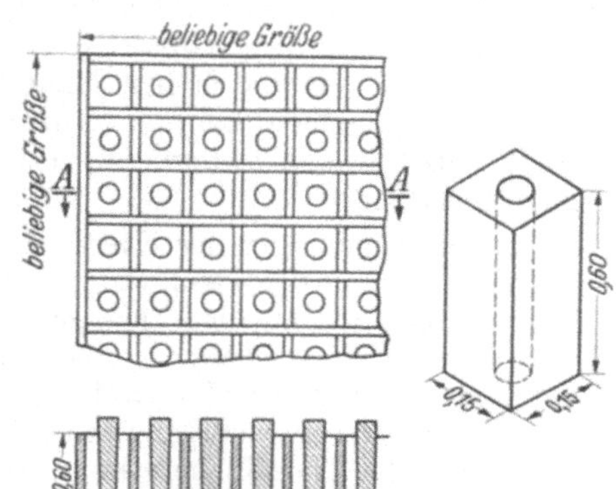

Abb. 816. Reihenherstellung der Smith-Asphaltum-Blöcke.

Für die Sicherung der Mauersohle gelten die gleichen Gesichtspunkte wie bei Gewichts- und Bogengewichtsmauern. Herdmauer, Zementeinpressung und Felsdränung sollten bei ausgedehnten Gründungsflächen als eine Selbstverständlichkeit betrachtet werden. An den Hängen muß man darauf bedacht sein, daß die Bogendrucke möglichst winkelrecht auf den Felsen übertragen werden. Dies macht das Heraussprengen von Zwickeln erforderlich (Abb. 776). Werden die Gewölbe im Vergleich zur Spannweite sehr dick (Abb. 778—780), so kann man, um nicht zuviel Felsen wegsprengen zu müssen, die Auflagerflächen z-förmig ausbilden.

[1] H. F. Faulkner and R. R. Hubbard: Design and control of concrete for Diablo-Dam. J. Amer. Concr. Inst. 1931 S. 529—545.

2. Die theoretischen und praktischen Grundlagen der Berechnung von Bogenstaumauern.

(1) Allgemeines. Eine genauere Berechnung von Bogengewichts- und Bogenstaumauern bereitete lange Zeit erhebliche Schwierigkeiten. Diese rührten einerseits daher, daß den Volumenänderungen aus Schwinden, Schwellen und Temperaturschwankungen nicht immer die notwendige Aufmerksamkeit geschenkt wurde, so daß oft Rißbildungen in Erscheinung traten, die entsprechende Störungen der Spannungsverteilung nach sich zogen. Zum anderen waren sie mathematischer Art und lagen in dem räumlichen Spannungszustand begründet, der eine Aufspaltung der Kraftübertragung in Kragbalken- und Gewölbewirkung notwendig machte, wobei gleichzeitig die elastische Nachgiebigkeit von Hangfelsen und Talsohle mitberücksichtigt werden mußte.

Mit den unter 1. besprochenen baulichen Maßnahmen kann das Auftreten von Rissen vermieden und die einheitliche Mauerwirkung hinreichend sichergestellt werden. Insbesondere lassen sich die gefährlichen Betonverkürzungen durch Fugenanordnung, Spaltkühlung und Auspreßmaßnahmen ausgleichen. Unliebsame Temperaturschwankungen können durch geschickte Wahl des Auspreßzeitpunktes so verlagert werden, daß mit schädlichen, d. h. Zug erzeugenden, Wärmespannungen kaum noch zu rechnen ist. Im übrigen haben die Messungen, die an zahlreichen Betonmauern mit Hilfe von Widerstandsthermometern und Telemetern durchgeführt wurden, über Schwind- und Temperatureinflüsse so vorzügliche Aufklärung gebracht, daß die Grundannahmen für die statische Berechnung heute den tatsächlichen Verhältnissen weitgehend angepaßt werden können.

Die mathematischen Schwierigkeiten traten solange gar nicht in Erscheinung, als man sich damit begnügte, die Bogenmauer in eine geeignete Zahl von Gewölberingen aufzuteilen und diese nach den für Rohre üblichen Formeln zu berechnen. So roh dieses Berechnungsverfahren an sich war, es hat nirgends zu Beanstandungen Anlaß gegeben, wenn gleichzeitig für hinreichend große Gewölbewinkel gesorgt wurde. Man muß mit Bewunderung feststellen, daß eine genauere Nachrechnung zahlreicher in dieser Weise berechneter, insbesondere hoher Mauern zeigt, daß die Bemessung gar nicht vorteilhafter erfolgen konnte. Diese Feststellung gilt etwa für alle Bogenmauern, die in den unteren Mauerteilen Gewölbewinkel nicht unter 110 bis 120° aufweisen.

Mit dem Eindringen der Elastizitätstheorie in die Baustatik wurde zunächst eine Verfeinerung des Rechnungsganges in der Weise versucht, daß man die Gewölberinge als an den Hängen eingespannte Kreisgewölbe betrachtete. Dabei wurde aber vollständig übersehen, daß jede einseitige Verfeinerung der Rechnung einen unter Umständen zweifelhaften Fortschritt bedeuten konnte, und es war nur folgerichtig, wenn maßgebende Talsperreningenieure die Ringberechnung der Gewölbeberechnung vorzogen.

Mit dem tatsächlich vorherrschenden räumlichen Spannungszustand hat sich wohl erstmalig Ritter[1] beschäftigt und mit seinem Versuchslastverfahren eine ganz neue Grundlage der Berechnung von Bogenstaumauern geschaffen. Wie schon bei Behandlung der Bogengewichtsmauern erläutert wurde, dachte sich Ritter die Staumauer nicht nur waagerecht, sondern auch lotrecht zerschnitten und betrachtete jeden der so gebildeten Blöcke einmal als Teil eines Gewölberinges und einmal als Teil eines Kragbalkens. Die zu lösende Aufgabe bestand nun darin, den auf die Einzelblöcke entfallenden Wasserdruck so auf Gewölberinge und Kragbalken zu verteilen, daß beide Tragelemente in ihren jeweiligen Schnittpunkten gleiche Durchbiegungen aufwiesen.

[1] H. Ritter: Die Berechnung von bogenförmigen Staumauern. Diss. Karlsruhe 1913.

Das Rittersche Versuchslastverfahren ist von verschiedenen schweizerischen und amerikanischen Ingenieuren, und insbesondere von der amerikanischen Kulturbauverwaltung (Bureau of reclamation), aufgegriffen und vervollkommnet worden, so daß man heute damit jeden erwünschten Grad theoretischer Genauigkeit erreichen kann, wenn umfangreiche und kostspielige mathematische Rechnungen nicht gescheut werden. Da es ein Probierverfahren ist, hängt von einer richtigen Anfangsschätzung der Wasserdruckverteilung sehr viel ab.

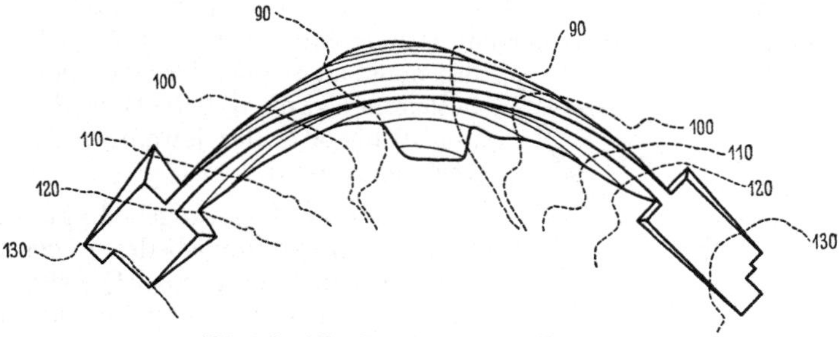

Abb. 817. Alloz-Bogenstaumauer (Spanien).

Eine neuere in dieser Weise berechnete europäische Bogenmauer ist die Alloz-Staumauer[1] (Abb. 817), deren Lastaufspaltung Abb. 818 zeigt.

Eine weitere Umwälzung hat inzwischen die Schalentheorie gebracht, die sich mehr und mehr als der fruchtbarste Weg zur Berechnung von Bogenmauern erweist. Sie wurde erstmalig bei Berechnung der Stevenson-Creek-Staumauer herangezogen und konnte ihre Brauchbarkeit seitdem mehrfach unter Beweis

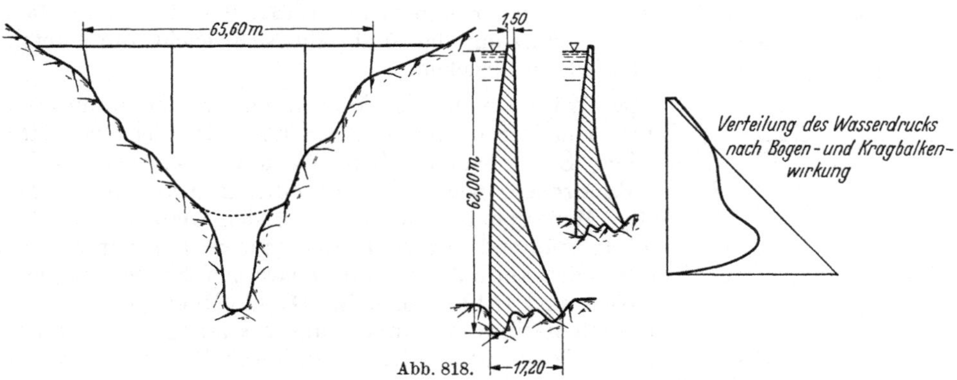

Abb. 818.

stellen. Wenn es auch nicht immer möglich sein wird, die elastischen Grundgleichungen der Schalentheorie in strenger Form zu lösen, so lassen sich aber doch stets befriedigende Näherungsverfahren angeben. Durch Einschaltung der Schalentheorie kann die Durchrechnung beträchtlich abgekürzt werden, was für die Beweglichkeit der Entwurfsgestaltung von außerordentlicher Bedeutung ist.

Bogenmauerberechnungen sind entsprechend der allseitigen Einspannung der Mauer in den Gründungsfelsen sehr empfindlich. Es ist daher notwendig, daß die elastische Nachgiebigkeit von Hang und Talsohle berücksichtigt wird. Wie F. Vogt[2] gezeigt hat, ist es durch Heranziehung der Boussinesq-Ceruttischen Theorie des isotropen Halbraumes in verhältnismäßig einfacher Weise möglich, die Nachgiebigkeit des Gründungsfelsens aus den von der Mauer

[1] E. Becerril: Las presas-bóvedas en España. Bericht zur Weltkraft-Teilkonferenz Barcelona 1929.

[2] F. Vogt: Über die Berechnung der Fundamentdeformation. Oslo: Jakob Dybwad 1925.

ausgeübten Drucken und Schüben zu berechnen. Um den hierbei im allgemeinen notwendig werdenden zweiten Rechnungsgang zu ersparen, kann man von der durch Vogt nachgewiesenen Tatsache Gebrauch machen, daß die elastische Nachgiebigkeit in erster Linie durch die Größe der Auflagerfläche bestimmt wird und daß es für die praktische Rechnung ausreicht, wenn die Mauer um ein gewisses, von der Dicke und den Elastizitätsverhältnissen abhängiges Maß in den Fels hineinverlängert gedacht und dort als starr eingespannt angesehen wird. Dies läuft praktisch darauf hinaus, daß an Stelle des tatsächlichen Talquerschnitts ein stärker ausgebauchter Ersatzquerschnitt zugrunde gelegt wird (Abb. 819), den man mit meist ausreichender Genauigkeit dadurch bestimmen kann, daß die Gewölbemittelfläche um 40 bis 50% der jeweiligen Auflagerbreite verlängert wird.

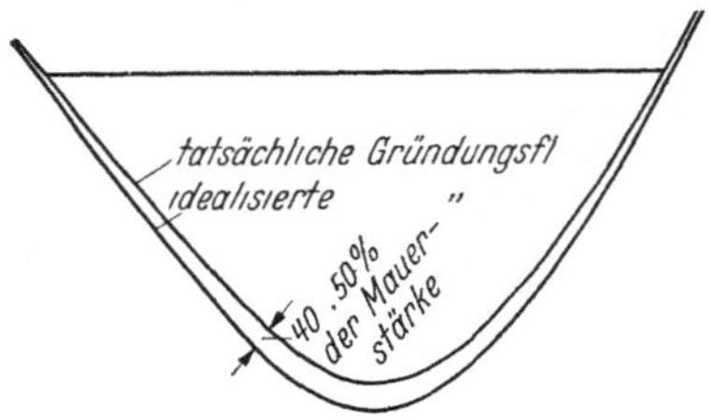

Abb. 819.

Neben den Lagerungsbedingungen müssen auch die Herstellungsbedingungen richtig erfaßt werden. Solange noch Querfugen geöffnet sind oder sich spannungsfrei öffnen können, ist die Bogenwirkung ganz oder teilweise unterbunden; erst nach dem Auspressen der Fugen kann von einer Bogenmauer im eigentlichen Sinne gesprochen werden. Da das letztere erst nach Fertigstellung der Betonarbeiten erfolgt, muß die Ermittlung der Eigengewichtsspannungen wie bei Gewichtsmauern, d. h. ohne Berücksichtigung der Schalenwirkung, vorgenommen werden. Von dem Schwindmaß wirkt nur derjenige Teilbetrag spannungserzeugend, der nach der letzten Fugenauspressung noch in der Mauer verbleibt. Dieser stellt, wenn der Auspreßzeitpunkt gerade die tiefste Mauertemperatur erfaßt, die einzige in die Rechnung eingehende Betonverkürzung dar und läßt sich leicht durch ein gleichwertiges Temperaturgefälle ausdrücken.

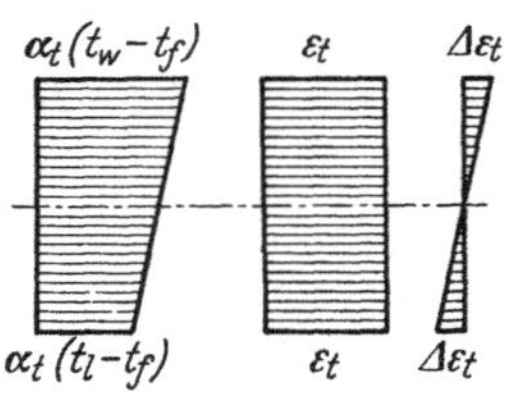

Abb. 820.

Die Wärmedehnungen können nur in den dünneren Teilen von Bogenmauern linear über die Dicke verteilt werden. Schon bei einer Betonstärke von 8 m heben sich die Randzonen, wie die unter Ziffer 2, Kap. 19 mitgeteilten Meßergebnisse beweisen, von den Kernzonen deutlich ab, während bei 25 m Mauerstärke die Kernzonen bereits dem Einfluß der atmosphärischen Schwankungen entzogen sind (Abb. 456, 457). Da die Mauer als Ganzes nur durch die linearen Temperaturschwankungen beeinflußt wird, ist bei Festsetzung der Temperaturgefälle in dickeren Mauerteilen Vorsicht geboten. Es ist vollständig abwegig, wenn, wie es zuweilen geschehen ist, die sehr schnell abklingenden atmosphärischen Temperaturschwankungen an Stelle der viel geringeren Betontemperaturschwankungen der Berechnung zugrunde gelegt werden. Das gleiche gilt für die Schwellvorgänge, die nur in der Nähe der Wasserseite örtliche Zusatzspannungen auslösen können.

Die Raumänderungen aus den mittleren Temperaturschwankungen und dem spannungserzeugenden Schwindmaß werden für die Berechnung zweckmäßig zusammengefaßt. Sie werden in erster Linie Spannungen in waagerechter Richtung hervorrufen, da dort die freie Beweglichkeit am meisten behindert ist. Wird das in die Rechnung einzuführende gleichmäßige Temperaturgefälle durch t_w bzw. t_l an der Wasser- bzw. Luftseite festgelegt und wird die Betontemperatur t_f zur Zeit der letzten Fugenauspressung als Bezugsgrundlage eingeführt, so sind $(t_w - t_f)$ bzw. $(t_l - t_f)$ die der Berechnung zugrunde zu legenden Randtemperaturänderungen. Ihnen entspricht eine schädliche Wärmedehnung gemäß Abb. 820, die noch in einen symmetrischen und einen polarsymmetrischen Anteil

$$\left.\begin{aligned} \varepsilon_t &= \alpha_t \left(\tfrac{1}{2}\, t_w + \tfrac{1}{2}\, t_l - t_f\right) \\ \varDelta\, \varepsilon_t &= \alpha_t \left(\tfrac{1}{2}\, t_w - \tfrac{1}{2}\, t_l\right) \end{aligned}\right\} \tag{1}$$

zerlegt werden kann. Es genügt im allgemeinen, wenn ε_t und $\varDelta\, \varepsilon_t$ nur als in der Tiefenrichtung veränderlich in die Rechnung eingeführt werden.

(2) Allgemeine Theorie der beliebig gewölbten oder verwundenen Bogenmauer mit tiefenveränderlicher Mauerstärke. Wenn von den nur in beschränktem Maße anwendbaren kreiszylindrischen Formgebungen abgesehen wird, stellt die Bogenmauer eine streng genommen außerordentlich verwickelte Schale dar, deren genaue elastizitätstheoretische Untersuchung zunächst aussichtslos erscheint. Nun zeigt aber die Theorie der achsensymmetrischen und achsensymmetrisch belasteten Schalen, wie Zylinder-, Kegel- und Kugelschale, daß zufolge des raschen Abklingens der Randeinflüsse die Art der Formgebung fast gleichgültig ist, wenn es sich darum handelt, die durch die Randeinspannung bedingten zusätzlichen Biegungsspannungen zu ermitteln. Sobald man die statisch bestimmte, sog. Membranlösung abspaltet — im Falle der Bogenmauer entspricht diese der unter (1) besprochenen Aufteilung in Gewölbelamellen oder Ringe ohne Biegungssteifigkeit —, ergibt sich für alle Umdrehungsschalen, wenn die Bogenlänge auf der Erzeugenden als unabhängige Veränderliche eingeführt wird, die gleiche Differentialgleichung.

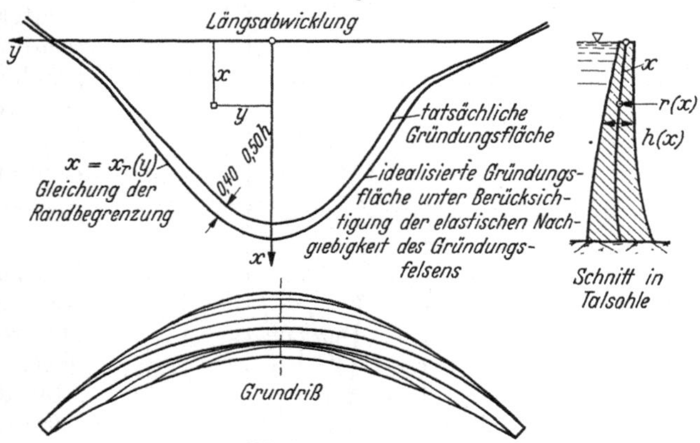

Abb. 821.

Angesichts dieser gerade für die vorliegenden Zwecke äußerst angenehmen Eigenschaften der Umdrehungsschalen und der — im ganzen gesehen — doch großen Verwandtschaft der Bogenmauermittelflächen mit Kreiszylinderflächen können die für Kreiszylinderschalen gültigen Beziehungen in sinngemäßer Übertragung als für Bogenmauern allgemein gültig angesehen werden. Unter sinngemäßer Übertragung ist dabei im wesentlichen die Berücksichtigung der Veränderlichkeit der Krümmung in der Tiefenrichtung zu verstehen, ganz gleich ob diese durch eine gewölbte Erzeugende (Abb. 789) oder durch Gleichhaltung des Gewölbewinkels (Abb. 771) hervorgerufen wurde.

Um die Theorie nicht unnötig zu erschweren, sollen die Betrachtungen auf eine lediglich tiefenveränderliche Mauerstärke beschränkt werden. Hierzu ist man um so mehr berechtigt, als Verstärkungen in der Ringrichtung, d. h. nach den Gewölbekämpfern zu nachträglich in befriedigender Weise mit den üblichen Verfahren der Gewölbetheorie berücksichtigt werden können (vgl. Ziffer 5).

Die allgemeine Form der Bogenmauer, die damit an den Ausgangspunkt der Untersuchungen gestellt werden soll, ist aus Abb. 821 in Grundriß, Querschnitt und Längsabwicklung ersichtlich. Die elastische Nachgiebigkeit des Hang- und Sohlenfelsens sei durch entsprechende Ausweitung des Talquerschnitts in der Längsabwicklung bereits berücksichtigt. Bezugsfläche ist die Gewölbemittelfläche, Koordinatenursprung der über der Talsohle liegende Punkt der Mauerkrone, Bezugskoordinate x ist die von der Krone aus gemessene Bogenlänge eines

Lotschnittes und Bezugskoordinate y die vom Talsohlenschnitt aus waagerecht gemessene Bogenlänge auf den Gewölberingen.

Wird nun durch je zwei benachbarte Waagerecht- und radialgeführte Lotrechtschnitte gemäß Abb. 822 aus der Schale ein Ringelement von der Länge Δy und der Höhe Δx herausgeschnitten gedacht, so wirken auf dieses neben dem äußeren Wasserdruck $p\Delta x\Delta y$ die in den Schnittflächen übertragenen Spannungen, die sich unter Zugrundelegung der üblichen linearen Spannungsverteilung zu resultierenden Kräften und Momenten zusammenfassen lassen (Dimension t/m bzw. $m\,t/m$). Normal-, Scher- und Querkräfte seien mit s, t, n, Biegungs- und Torsionsmomente mit b und d bezeichnet, und zwar mit dem Zeiger x in lotrechter (Achs-) und y in waagerechter (Ring-) Richtung. Die zugehörigen Spannungen folgen, wenn die Wandstärke mit h bezeichnet wird, den Beziehungen

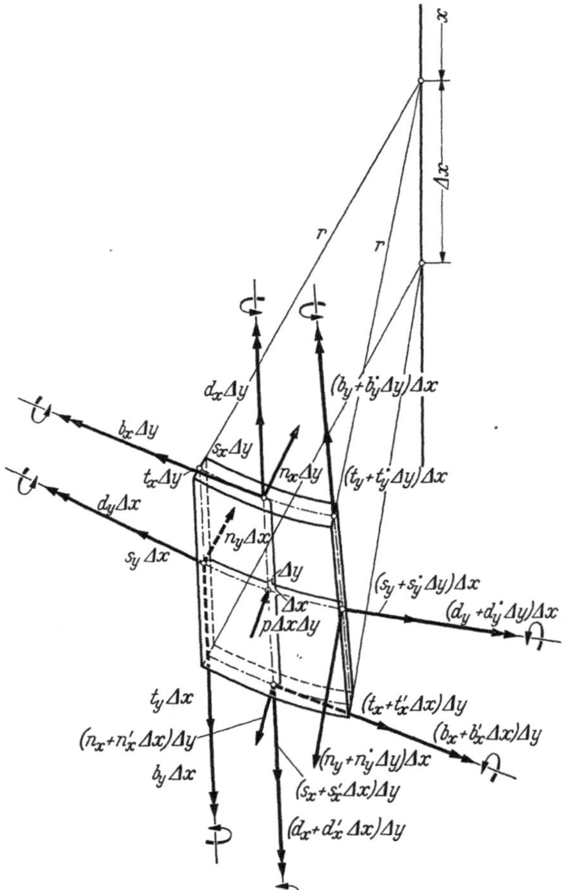

Abb. 822. Belastungszustand am Ringelement.

$$\sigma = \frac{s}{h} \pm \frac{6\,b}{h^2}, \quad \tau = \frac{t}{h} \pm \frac{6\,d}{h^2}. \tag{2}$$

Werden die Änderungen im Nachbarschnitt durch partielle Differentialquotienten ausgedrückt, so ergibt sich der in Abb. 822 dargestellte Belastungszustand. Aus ihm liest man nach Streichen der sich aufhebenden Glieder und nach Teilung durch den gemeinsamen Faktor $\Delta x \Delta y$ die folgenden sechs Gleichgewichtsbedingungen in lotrechter, waagerechter und flächennormaler Richtung ab:

$$\left.\begin{aligned} s'_x - \dot{t}_y &= 0 \\ \dot{s}_y + t'_x + \frac{n_y}{r} &= 0 \\ n'_x + \dot{n}_y - \frac{s_y}{r} &= p \\ d'_x - \dot{b}_y + n_y &= 0 \\ \dot{d}_y + b'_x - n_x &= 0 \\ -d_y + r\,t_x + r\,t_y &= 0 \end{aligned}\right\} \tag{3}$$

Die Ableitungen nach x sind durch Striche, nach y durch Punkte bezeichnet.

Da das Eigengewicht, wie oben erläutert, die Schalenuntersuchung nicht berührt, fällt den lotrechten Normal- und Scherkräften s_x und t_y nur eine untergeordnete Bedeutung zu, solange eine etwa vorhandene Mauerkrümmung in lotrechter Richtung ein gewisses Maß nicht überschreitet. Es kann daher mit meist ausreichender Genauigkeit

$$s_x = 0, \quad t_y = 0 \tag{4}$$

gesetzt werden. Wo dieses nicht angängig ist, wie z. B. im Falle von Abb. 769, können s_x und t_y nach den Verfahren der Membrantheorie bestimmt werden.

n_y, n_x und t_x können unter Benutzung von (4) nach der unteren Gruppe von (3) durch die Momente ausgedrückt werden. Man erhält

$$\left.\begin{aligned} n_y &= \dot{b}_y - d'_x \\ n_x &= b'_x + \dot{d}_y \\ t_x &= \frac{d_y}{r} \end{aligned}\right\} \tag{5}$$

Geht man mit (5) in die zweite und dritte der Gl. (3) hinein, so ergibt sich

$$\dot{s}_y = -\frac{\dot{b}_y}{r} - \frac{\dot{d}'_y - d'_x}{r} \tag{6}$$

$$s_y = r\,b''_x + r\,\ddot{b}_y + r\,(\ddot{d}'_y - \dot{d}'_x) - r\,p\,. \tag{7}$$

Wird (6) nach y integriert und die dabei anfallende von y unabhängige willkürliche Funktion mit $s_{y\,o}(\xi)$ bezeichnet, so läßt sich s_y mit Hilfe von (7) entfernen und man erhält die Verträglichkeitsbedingung

$$b''_x + \ddot{b}_y + \frac{b_y}{r^2} + \dot{d}'_y - \dot{d}'_x + \int \frac{d'_y - d'_x}{r^2}\,d\,y = p + \frac{s_{y\,o}(\xi)}{r}\,. \tag{8}$$

Durch (5) und (7) sind sämtliche Normal-, Scher- und Querkräfte, soweit sie nicht vernachlässigt wurden, durch die Biegungs- und Torsionsmomente ausgedrückt, die ihrerseits durch die Verträglichkeitsbedingung (8) miteinander verbunden sind.

Um die noch fehlenden Gleichungen zu gewinnen, muß der Verformungs- und Verschiebungszustand gleichzeitig mitbetrachtet werden. Von den Verformungen werden die Dehnungen ε_x, ε_y, die Krümmungen $\varkappa_x$, $\varkappa_y$ und die Verwindung $\varkappa_{x\,y}$ benötigt, von den Verschiebungen die waagerechte Tangentialkomponente v und die Durchbiegung w normal zur Gewölbemittelfläche. Die letztere sei nach außen, d. h. von der Luft- zur Wasserseite positiv gezählt. Die Volumenänderungen ε_t und $\Delta\,\varepsilon_t$ aus Schwinden und Temperaturschwankungen sollen gleich miteinbezogen werden, um eine entsprechende Sonderuntersuchung zu ersparen.

Nach dem erweiterten Hookeschen Gesetze bestehen die folgenden Beziehungen

$$\left.\begin{aligned} &\varepsilon_x - \varepsilon_t = \frac{s_x}{E\,h} - \nu\,\frac{s_y}{E\,h}; && \varkappa_x - \frac{\Delta\,\varepsilon_t}{\frac{1}{2}h} = \frac{b_x}{E\,J} - \nu\,\frac{b_y}{E\,J}; \\ &\varepsilon_y - \varepsilon_t = \frac{s_y}{E\,h} - \nu\,\frac{s_x}{E\,h} && \varkappa_y - \frac{\Delta\,\varepsilon_t}{\frac{1}{2}h} = \frac{b_y}{E\,J} - \nu\,\frac{b_x}{E\,J}; \\ &\left(J = \frac{h^3}{12}\right) && \varkappa_{x\,y} = -\frac{d_x\,(1+\nu)}{E\,J} = +\frac{d_y\,(1+\nu)}{E\,J} \end{aligned}\right\} \tag{9}$$

Unter Berücksichtigung von (4) folgt durch Auflösen von (9)

$$\left.\begin{aligned} s_y &= E\,h\,(\varepsilon_y - \varepsilon_t); \\ b_x &= \frac{E\,h^3}{12\,(1-\nu^2)}\left[\varkappa_x + \nu\,\varkappa_y - (1+\nu)\,\frac{\Delta\,\varepsilon_t}{\frac{1}{2}h}\right]; \\ b_y &= \frac{E\,h^3}{12\,(1-\nu^2)}\left[\varkappa_y + \nu\,\varkappa_x - (1+\nu)\,\frac{\Delta\,\varepsilon_t}{\frac{1}{2}h}\right]; \\ d_y &= -\,d_x = \frac{E\,h^3}{12\,(1+\nu)}\,\varkappa_{x\,y} \end{aligned}\right\} \tag{10}$$

Außerdem sind die Verformungen durch die folgenden Beziehungen mit den Verschiebungen verbunden:

$$\left.\begin{aligned} &\varepsilon_y = \dot{v} + \frac{w}{r}\,; \\ &\varkappa_x = -\,w''; \quad \varkappa_y = -\,\ddot{w}; \quad \varkappa_{x\,y} = -\,\dot{w}' \end{aligned}\right\} \tag{11}$$

Durch Einführen von (11) in (10) erhält man

$$\left.\begin{aligned} s_y &= E\,h\left(\dot{v} + \frac{w}{r} - \varepsilon_t\right); \\ d_y &= -d_x = -\frac{E\,h^3\,(1-\nu)}{12\,(1-\nu^2)}\,\dot{w}'; \\ b_x &= -\frac{E\,h^3}{12\,(1-\nu^2)}\left[w'' + \nu\,\ddot{w} + (1+\nu)\,\frac{\Delta\,\varepsilon_t}{\frac{1}{2}h}\right]; \quad b_y = -\frac{E\,h^3}{12\,(1-\nu^2)}\left[\ddot{w} + \nu\,w'' + (1+\nu)\,\frac{\Delta\,\varepsilon_t}{\frac{1}{2}h}\right] \end{aligned}\right\} \quad (12)$$

In den Gl. (12) sind die fünf Beziehungen gewonnen, die zur Lösung des Spannungszustandes noch fehlten. Führt man sie in (8) ein, so ergibt sich eine Differentialgleichung, welche nur noch die eine Unbekannte w enthält. Sie lautet

$$\left.\begin{aligned} &\left[(h^3 w'')'' + 2\,(h^3 w^{\cdot\prime})^{\cdot\prime} + h^3 w^{\cdot\cdot\cdot\cdot} + \frac{2}{r^2}\,(h^3 w')' + \frac{1}{r^2}\,h^3 w^{\cdot\cdot}\right] + \\ &\quad + \nu\left[(h^3 w^{\cdot\cdot})'' - 2\,(h^3 w^{\cdot\prime})^{\cdot\prime} + h^3 w^{\cdot\cdot\prime\prime} - \frac{2}{r^2}\,(h^3 w')' + \frac{2}{r^2}\,h^3 w''\right] = \\ &\quad = -\frac{12\,(1-\nu^2)}{E}\left(p + \frac{s_{y_0}(\xi)}{r}\right) - 2\,(1+\nu)\left[\frac{h^2}{r^2}\,\Delta\,\varepsilon_t + (h^2\,\Delta\,\varepsilon_t)''\right] \end{aligned}\right\} \quad (13)$$

Die Rechenerfahrungen an Kuppeln, Behältern und ähnlichen Schalentragwerken aus Beton oder Eisenbeton haben gezeigt, daß die Durchbiegung w nur wenig durch die Querdehnung ν beeinflußt wird. Man kann daher ohne fühlbaren Fehler das $\nu =$ Glied in (13) streichen. Somit ergibt sich

$$\left.\begin{aligned} &(h_w^{3''})'' + 2\,(h_w^{3\cdot\prime})^{\cdot\prime} + h_w^{3\cdot\cdot\cdot\cdot} + \frac{1}{r^2}\left[2\,(h_w^{3'})' + h_w^{3\cdot\cdot}\right] = \\ &\quad = -\frac{12\,(1-\nu^2)}{E}\left(p + \frac{s_{y_0}}{r}\right) - 2\,(1+\nu)\left[\frac{h^2}{r^2}\,\Delta\,\varepsilon_t + (h^2\,\Delta\,\varepsilon_t)''\right] \end{aligned}\right\} \quad (14)$$

Man kann nun (14) zunächst homogen machen, indem eine achsensymmetrische Partikularlösung $w_0(\xi)$ gemäß

$$w = w_0(\xi) + \bar{w} \tag{15}$$

abgespalten wird. Dies ist deshalb möglich, weil die rechte Seite von (14) nur von ξ abhängt.

Die achsensymmetrische Partikularlösung $w_0(\xi)$ ist nichts weiter als der Spannungszustand der zur Ringmauer ergänzten Schale, der bereits früher schon zur Berechnung der Bogengewichtsmauer herangezogen wurde (vgl. insbesondere Abb. 719). Dabei wird auch sofort die Bedeutung der bei der Integration von (6) angefallenen Funktion $s_{y0}(\xi)$ klar, die nichts weiter als die zu $w_0(\xi)$ gehörige Ringkraft $s_{y0}(\xi)$ ist. Da $\dot{v}$ für den achsensymmetrischen Teilzustand verschwindet, kann $s_{y0}(\xi)$ gemäß der ersten der Gl. (12) ausgedrückt werden, und man erhält

$$s_{y0}(\xi) = E\,h\left(\frac{w_0(\xi)}{r} - \varepsilon_t\right). \tag{16}$$

Wird (16) in (14) eingeführt und w durch w_0 ersetzt, so folgt nach Streichen aller nach y differenzierten Glieder, sowie der zahlenmäßig bedeutungslosen mit $\frac{1}{r^2}$ multiplizierten Glieder, die Differentialgleichung

$$(h^3 w_0'')'' + 12\,(1-\nu^2)\,\frac{h\,w_0}{r^2} = -12\,(1-\nu^2)\left(\frac{p}{E} - \frac{h}{r}\,\varepsilon_t\right) - 2\,(1+\nu)\,(h^2\Delta\,\varepsilon_t)''. \tag{17}$$

Da $w_0(\xi)$ die rechte Seite von (14) identisch befriedigt, ergibt sich für $\bar{w}$ die homogene oder gekürzte Differentialgleichung

$$(h^3\,\bar{w}'')'' + 2\,(h^3\,\bar{w}^{\cdot\prime})^{\cdot\prime} + h^3\overset{\cdot\cdot\cdot\cdot}{\bar{w}} + \frac{1}{r^2}\left[2\,(h^3\bar{w}')' + h^3\,\ddot{\bar{w}}\right] = 0. \tag{18}$$

Unter den 4mal ∞ vielen Lösungen von (18) muß nun diejenige herausgesucht werden, die zusammen mit $w_0(\xi)$ die vorgegebenen Randbedingungen erfüllt. Entsprechend dem freien Rand an der Krone und der starren Einspannung längs der ideellen Gründungsfläche ergeben sich die beiden Gruppen von Randbedingungen:

$$b_x = 0 \text{ und } n_x = b_x' = 0 \text{ an der Krone, d. h. für } \xi = 0,$$
$$w = 0,\ \dot{w} = 0,\ v = 0 \text{ längs der ideellen Gründungsfläche, d. h. für } x = x_r(y). \tag{19}$$

Bei den stets wechselnden Talformen ist es am aussichtsreichsten, eine geeignete Folge von Partikularlösungen von (18) zu suchen und diese miteinander so zu verbinden, daß die Randbedingungen möglichst gut erfüllt werden. Ein durch (18) nahegelegter Ansatz ist derjenige einer Fourierentwicklung gemäß

$$\left.\begin{aligned} \overline{w} = {} & \Sigma^n \left[c_{1n} f_{1n}(x) + c_{2n} f_{2n}(x) + c_{3n} f_{3n}(x) + c_{4n} f_{4n}(x)\right] \cos n y + \\ & + \Sigma^n \left[k_{1n} f_{1n}(x) + k_{2n} f_{2n}(x) + k_{3n} f_{3n}(x) + k_{4n} f_{4n}(x)\right] \sin n y \end{aligned}\right\} \tag{20}$$

Geht man mit irgendeiner durch einen Zeiger n und einen Festwert c oder k gekennzeichneten Teillösung von (20) in (18) hinein, so enthalten nach Ausführung der Differentiationen alle Glieder den Faktor $c_{in} \cos n y$ bzw. $k_{in} \sin n y$, der demgemäß abgespalten werden kann. Der verbleibende Teil ist eine totale Differentialgleichung vierter Ordnung für $f_n(x)$, deren Lösung sich immer in der Form der eckigen Klammern von (20) darstellen läßt. Die Differentialgleichung lautet

$$(h^3 f_n'')'' - 2(n^2 - 1)(h^3 f_n')' + n^2 (n^2 - 1) h^3 f_n = 0. \tag{21}$$

Die Frage der Integration von (21) kann naturgemäß nicht in allgemeiner Form erörtert werden, da sie aufs Engste mit der Art der zugrunde gelegten Mauerstärkenzunahme $h(x)$ zusammenhängt.

Der Ansatz (20) enthält einen symmetrischen und einen polarsymmetrischen Teil. Der letztere verschwindet, wenn der Talquerschnitt symmetrisch ist, was vielfach mit hinreichender Genauigkeit vorausgesetzt werden kann.

Wenn die Bestimmung der f_n-Funktionen, d. h. die Integration von (21) durchgeführt ist, ist $\overline{w}$ bis auf die zunächst noch willkürlichen Festwerte bekannt. Werden die zugehörigen Spannkräfte und Momente ebenfalls durch einen Querstrich kenntlich gemacht, so folgt nach (7) zunächst für $\overline{s}_y$, wenn das achsensymmetrische Belastungsglied gestichen wird,

$$\overline{s}_y = r\,(b_x'' + \ddot{b}_y + \dot{d}_y' - \dot{d}_x').$$

Berücksichtigt man gleichzeitig (12), wobei wieder die achsensymmetrischen Schwind- und Temperaturanteile zu streichen sind, so folgt

$$\left.\begin{aligned} \overline{s}_y = {} & E h \left(\dot{v} + \frac{\overline{w}}{r}\right) = \\ = {} & - \frac{E r}{12(1-\nu^2)} \left[\left(h^3 \overline{w}''\right)'' + \nu \left(h^3 \ddot{\overline{w}}\right)'' + h^3 \overline{w}^{\cdot\cdot\cdot\cdot} + \nu h^3 \ddot{\overline{w}}'' + 2(1-\nu)\left(h^3 \dot{\overline{w}}'\right)^{\cdot\prime}\right] \end{aligned}\right\} \tag{22}$$

Auch in dieser Gleichung sind die mit ν multiplizierten Glieder vernachlässigbar gegenüber den übrigen. Wird außerdem (18) berücksichtigt, so erhält man

$$\dot{v} = -\frac{\overline{w}}{r} + \frac{2(h^3 \overline{w}')' + h^3 \ddot{\overline{w}}}{12(1-\nu^2) h r}.$$

Hieraus kann durch Integration nach y die Verschiebung v bestimmt werden. Die dabei anfallende willkürliche Funktion $v_0(\xi)$ läßt sich dazu benutzen, um v längs einer Hangseite zum Verschwinden zu bringen. Im Falle eines symmetrischen Talquerschnittes wird $v_0(\xi)$ identisch Null.

Mit w und v ist die Verschiebung aller Punkte der Gewölbemittelfläche bekannt. Gleichzeitig können mit Hilfe von (12) die resultierenden Kräfte und Momente unmittelbar angesetzt werden. Damit sind alle Vorbedingungen geschaffen, um die Randbedingungen (19) durch geeignete Bestimmung der willkürlichen Festwerte zu befriedigen. Selbstverständlich wird man sich hierbei auf eine punktweise Befriedigung beschränken, da andernfalls unendlich viele Gleichungen mit unendlich vielen Unbekannten aufgelöst werden müßten. Hierauf im einzelnen einzugehen, erübrigt sich, da das im nächsten Abschnitt beschriebene Näherungsverfahren bei völlig ausreichender Genauigkeit sehr viel schneller zum Ziele führt.

(3) Vereinfachtes Verfahren zur Berechnung beliebig gewölbter oder verwundener Bogenmauern. Wenn man das im vorigen Abschnitte beschriebene Verfahren auf Bogenmauern anwendet, die, wie z. B. nach Exponentialkurven zunehmende Mauerquerschnitte, eine geschlossene Integration der Differentialgleichungen gestatten, so zeigt sich, daß man auf viel einfachere und durchsichtigere Weise zu befriedigenden Ergebnissen gelangen kann, was für die Beweglichkeit einer Entwurfsbearbeitung naturgemäß von größter Bedeutung ist. Auf eine Begründung im einzelnen kann hier verzichtet werden, einmal weil sie in Verbindung mit sehr umfangreichen Zahlenrechnungen erfolgen müßte, und zum anderen, weil das vereinfachte Verfahren den Gütegrad der erzielten Annäherung an die vorgegebenen Randbedingungen unmittelbar zu beurteilen gestattet.

Die bisher gemachten Einschränkungen bezüglich einer allzu starken Wölbung in lotrechter Richtung (Abb. 789) und bezüglich einer Zunahme der Mauerstärke nach den Gewölbekämpfern (Abb. 776) fallen bei dem vereinfachten Berechnungsverfahren fort, so daß dieses auf alle nur denkbaren Bogenmauerformen Anwendung finden kann.

Bei dem vereinfachten Berechnungsverfahren vollzieht sich der Rechnungsgang in drei Stufen, und zwar

1. Stufe: Außerachtlassen der Biegesteifigkeit (Membrantheorie),

2. Stufe: Berücksichtigung der lotrechten Kragbalkenwirkung (geschlossene Ringmauer),

3. Stufe: Berücksichtigung der waagerechten Hangeinspannung (Übergang zur Gewölbelamelle).

Im Falle der kreiszylindrischen oder Gleichwinkelmauer entspricht die erste Stufe der Zylinder- oder Rohrformel, während die Membrantheorie im eigentlichen Sinne erst bei doppelt gekrümmten Mauern in Erscheinung tritt. In der zweiten Stufe wird die nach der Rohrformel bzw. nach der Membrantheorie sich ergebende Durchbiegung w den an Krone und Mauersohle tatsächlich vorhandenen Randbedingungen unter Berücksichtigung der Biegungssteifigkeit angepaßt. Es wird gewissermaßen die Trennung nach Bogen- und Stützmauerwirkung vorgenommen. Nun erst kann in der dritten Stufe eine Berücksichtigung der Hangeinspannung erfolgen, denn diese kann immer nur in dem Maße stattfinden, wie es dem Anteil der Bogenwirkung an der Kraftübertragung entspricht. Hierbei ist es völlig ausreichend, die einzelnen Gewölbe als voneinander unabhängig zu betrachten und ihnen den aus der Ringmauerberechnung sich ergebenden Lastanteil zuzuweisen. Naturgemäß ist es für diesen Rechnungsgang gleichgültig, ob es sich um reine Ringlamellen oder um solche mit nach den Kämpfern zunehmender Wandstärke handelt.

Wie der Rechnungsgang in den einzelnen Stufen zweckmäßig erfolgt, soll nun in den nächsten Abschnitten allgemein und an Hand von Zahlenbeispielen gezeigt werden.

3. Berechnung nach der Membrantheorie (erste Näherungsstufe).

(1) Die Ring- oder Rohrformel. Bei den meisten Bogenmauern ist die Krümmung in lotrechter Richtung so gering, daß die lotrechte Teilkraft des Wasserdruckes unberücksichtigt bleiben kann. Wird dann die Mauer durch waagerechte Schnitte in Ringelemente zerlegt, z. B. in solche von 1 m Höhe, so können diese in erster Annäherung als geschlossene Ringe unter gleichbleibendem Außendruck berechnet werden. Ist r der mittlere Halbmesser und h die Mauerstärke (Abb. 823), so folgt nach bekannten Formeln

$$\sigma_y = \sigma_\varphi = \frac{p\,r}{h} \qquad \text{(Ringspannung);} \qquad (24)$$

$$w = \frac{p\,r^2}{E\,h} \qquad \text{(Durchbiegung).} \qquad (25)$$

Für p ist in (24) und (25) nicht der äußere Wasserdruck p_w, sondern der auf den mittleren Halbmesser bezogene Wasserdruck

$$p = \frac{r_a}{r} p_w \quad \left.\begin{array}{l}(r_a = \text{Außenhalbmesser}, \\ \qquad r = \text{mittlerer Halbmesser})\end{array}\right\} \tag{26}$$

einzusetzen. Man erhält daher

$$\sigma_y = \sigma_\varphi = \frac{p_w r_a}{h} \quad \text{(Ringspannung);} \tag{27}$$

$$w = \frac{p_w r_a r}{E h} \quad \text{(Durchbiegung).} \tag{28}$$

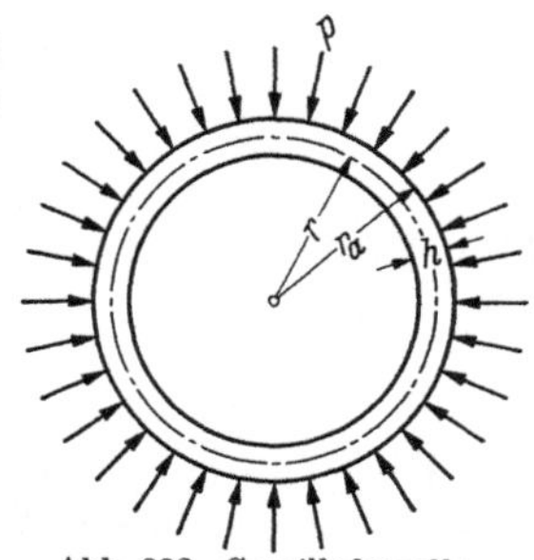

Abb. 823. Gewölbelamelle als Ringelement.

Wenn die Steigerung der Mauerstärke in Gestalt von Stufen vorgenommen wird (Abbildung 824), so werden Ringspannung und Durchbiegung zweckmäßig für durch die Stufen gelegte Schnitte berechnet. Hierbei muß selbstverständlich immer die Wandstärke des dünneren Ringes eingesetzt werden. Das Ergebnis einer in dieser Weise durchgeführten Berechnung ist in Abb. 824 aufgetragen worden.

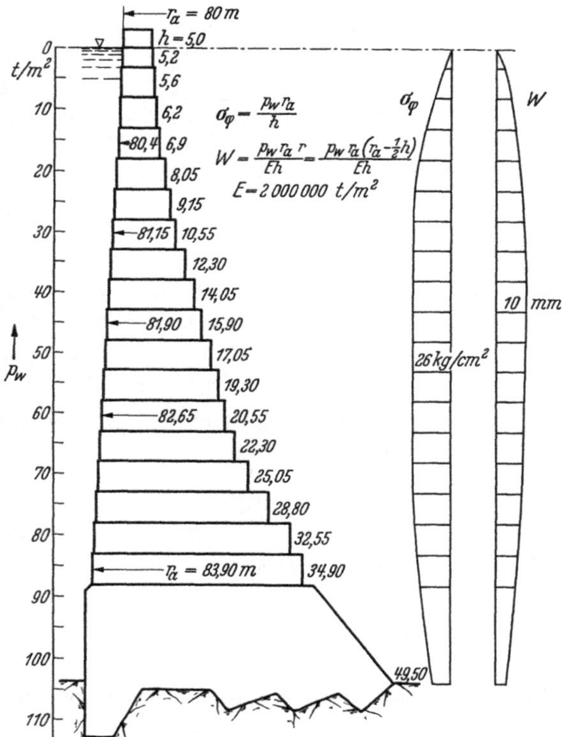

Abb. 824.

(2) Heranziehung der Membrantheorie der Umdrehungsschalen. Bei größeren Krümmungen in lotrechter Richtung (Abb. 769, 789, 790) muß auf die allgemeinen Grundgleichungen der Membrantheorie zurückgegriffen werden. Hierfür reicht in fast allen Anwendungsfällen diejenige der Umdrehungsschalen aus.

Wird gemäß Abb. 825 die Bogenmauer als Stück einer geschlossenen Umdrehungsschale betrachtet, die dem vorliegenden Anwendungszwecke entsprechend an der Krone stets offen und von außen belastet ist, so kann der schrägwirkende Wasserdruck in eine lotrechte Auflast und eine waagerechte Ringbelastung zerlegt werden. Die lotrechte Auflast bestimmt im wesentlichen die Größe der Längs- oder Meridianspannungen, denn, wenn man gemäß Abb. 825 durch einen Kegelschnitt ein Stück der vollen Schale herausschneidet, so muß das Gewicht der Wasserauflast von den lotrechten Teilkräften der Längsspannungen getragen werden. Die entsprechende Gleichgewichtsbedingung lautet

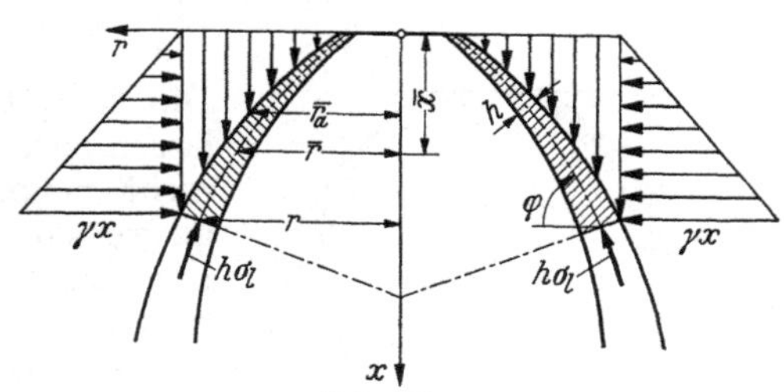

Abb. 825.

$$G_w = 2 r \pi h \cdot \sigma_l \sin\varphi .$$

Hieraus folgt

$$\sigma_l = \frac{G_w}{2 r \pi h \sin\varphi} . \tag{29}$$

Das Gewicht G_w der Wasserauflast ergibt sich zu

$$G=\gamma r_a^2\pi-\gamma\int\limits_0^x \bar{r}_a^2\pi\,\mathrm{d}\bar{x}=\gamma\pi\,[r_a^2\pi-\int\limits_0^x \bar{r}_a^2\,\mathrm{d}\,\bar{x}], \tag{30}$$

und damit

$$\sigma_l=\frac{\gamma r_a^2 x-\gamma\int\limits_0^x \bar{r}_a^2\,\mathrm{d}\,\bar{x}}{2\,r\,h\sin\varphi}\qquad\text{(Wasserdruck)}. \tag{31}$$

Die Ringspannungen σ_r sind teils durch die waagerechte Teilkraft des Wasserdruckes, teils durch die Änderung der Längsspannungen σ_l nach Richtung und Größe bedingt. Wird gemäß Abb. 826 durch zwei Waagerechtschnitte im Abstande $\Delta\,x=1$ ein Ringelement von der waagerecht gemessenen Wandstärke $h'=\frac{h}{\sin\varphi}$ aus der Umdrehungsschale herausgeschnitten, so wirkt auf dieses eine Waagerechtkomponente des allseitigen Wasserdruckes $p_w'=\gamma\,x$ bzw. $p'=\gamma\,\frac{r_a}{r}\,x$ und die Gesamtheit der waagerechten Teilkräfte von σ_l am oberen und unteren Rande.

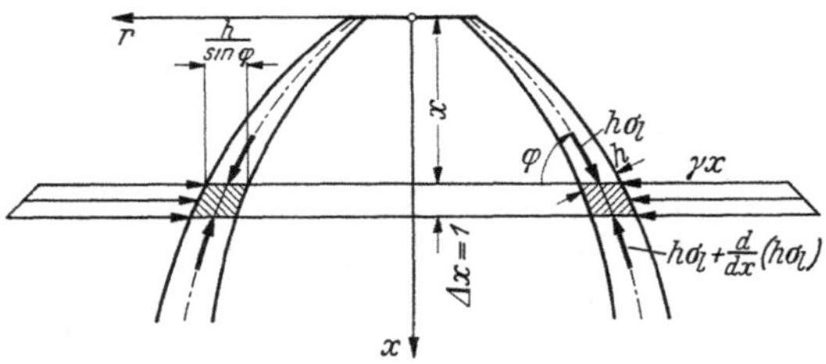

Abb. 826.

Nach Ziffer (1) entspricht p_w' eine Ringspannung von

$$\sigma_\varphi'=\frac{p_w'\,r_a}{h'}=\frac{\gamma\,r_a\,x\sin\varphi}{h}.$$

Ferner liefert der Überschuß aus den waagerechten Teilkräften von σ_l am oberen und unteren Rande

$$\sigma_\varphi''=\frac{\frac{\mathrm{d}}{\mathrm{d}x}(\sigma_l\,h\,r\cos\varphi)}{h'}=\frac{\sin\varphi}{h}\,\frac{\mathrm{d}}{\mathrm{d}x}(\sigma_l\,h\,r\cos\varphi).$$

Damit ergibt sich insgesamt

$$\sigma_\varphi=\frac{\gamma\sin\varphi}{h}\left\{r_a\,x+\frac{\mathrm{d}}{\mathrm{d}x}\left[\frac{\operatorname{ctg}\varphi}{2}\left(r_a^2\,x-\int\limits_0^x \bar{r}_a^2\,\mathrm{d}\bar{x}\right)\right]\right\}\qquad\text{(Wasserdruck)}. \tag{32}$$

Weiterhin folgt für die waagerechte oder Ringdurchbiegung

$$w=r\,\frac{\sigma_\varphi}{E}=\frac{\gamma\,r\sin\varphi}{E\,h}\left\{r_a\,x+\frac{\mathrm{d}}{\mathrm{d}x}\left[\frac{\operatorname{ctg}\varphi}{2}\left(r_a^2\,x-\int\limits_0^x \bar{r}_a^2\,\mathrm{d}\,\bar{x}\right)\right]\right\}\text{(Wasserdruck)}. \tag{33}$$

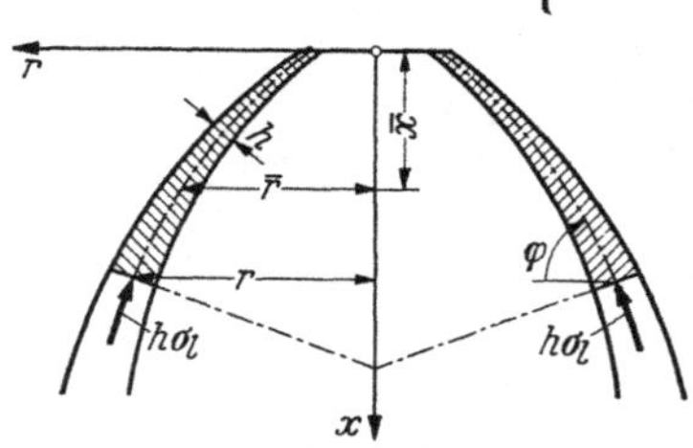

Abb. 827.

Die in (31) bis (33) auftretenden Integrale lassen sich, wenn eine geschlossene Integration nicht möglich ist, stets durch Planimetrieren auswerten, und die Differentialquotienten können in bekannter Weise als Steigung der Tangenten der zugehörigen Schaulinien gedeutet werden. Bei Ausnutzung dieser Möglichkeiten bereitet die graphische Darstellung der σ_l-, σ_φ- und w-Funktionen keinerlei Schwierigkeiten.

Bei den hier betrachteten starken lotrechten Krümmungen der Schalenmittelfläche kann das Eigengewicht im allgemeinen nicht mehr durch reine Gewichtswirkung übertragen werden; es wird ein Lehrgerüst erforderlich. Bei Heranziehung der Schalenwirkung folgt gemäß Abb. 827

$$G=2\,r\,\pi\,h\cdot\sigma_l\sin\varphi,$$

und nach Einsetzen von

$$G = 2\gamma_b \pi \int_0^x \bar{r}\, h(\bar{x}) \frac{\mathrm{d}s}{\mathrm{d}\bar{x}} \mathrm{d}\bar{x} = 2\gamma_b \pi \int_0^x \frac{\bar{r}\, h(\bar{x})}{\sin\bar{\varphi}} \mathrm{d}\bar{x} \tag{34}$$

die Längsspannung

$$\sigma_l = \frac{\gamma_b}{r\, h \sin\varphi} \int_0^x \frac{\bar{r}\, h(\bar{x})}{\sin\bar{\varphi}} \mathrm{d}x \quad \text{(Eigengewicht)}. \tag{35}$$

In ähnlicher Weise wie vorhin ergibt sich hieraus die Ringspannung

$$\sigma_\varphi = \frac{\gamma_b \sin\varphi}{h} \frac{\mathrm{d}}{\mathrm{d}x} \left[\operatorname{ctg}\varphi \int_0^x \frac{\bar{r}\, h(\bar{x})}{\sin\bar{\varphi}} \mathrm{d}x \right] \quad \text{(Eigengewicht)} \tag{36}$$

und die Ringdurchbiegung

$$w = \frac{\gamma_b r \sin\varphi}{E h} \frac{\mathrm{d}}{\mathrm{d}x} \left[\operatorname{ctg}\varphi \int_0^x \frac{\bar{r}\, h(\bar{x})}{\sin\bar{\varphi}} \mathrm{d}x \right] \quad \text{(Eigengewicht)}. \tag{37}$$

Für die Auswertung der Integrale und Differentialquotienten gelten die gleichen Bemerkungen wie oben.

4. Berechnung als geschlossene Ringmauer (zweite Näherungsstufe).

(1) Beliebig veränderliche Krümmung und Mauerstärke. Während die Berechnung nach der Membrantheorie die Biegungssteifigkeit der Schale vollständig vernachlässigt, ermöglicht die zweite Näherungsstufe der Berechnung als Ringmauer eine Berücksichtigung der lotrechten Biegungsspannungen und bildet demgemäß die Grundlage für die Belastungsaufspaltung nach Bogen- und Stützmauerwirkung.

Die der Ringmauer entsprechende achsensymmetrische Beanspruchung und Verformung deckt sich vollständig mit der achsensymmetrischen Partikularlösung der allgemeinen Grundgleichungen, wie sie sich durch Integration von (17) ergibt. Wird an Stelle von x die dimensionslose Veränderliche

$$\zeta = \frac{x}{H} \tag{38}$$

eingeführt und p gemäß

$$p = \frac{r_a}{r} p_w \tag{39}$$

durch den Wasserdruck p_w auf die Außenfläche ausgedrückt, so geht (17), wenn an Stelle von w_0' usw. zur Kennzeichnung der neuen Veränderlichen w_ζ' geschrieben wird, über in

$$\left.\begin{aligned} \left(h^3 w_\zeta''\right)'' + \frac{12(1-\nu^2)\, h H^4}{r^2} w = -\frac{12(1-\nu^2) H^4 r_a}{E r} p_w + \frac{12(1-\nu^2) H^4 h}{r} \varepsilon_t - \\ - 2(1+\nu) H^2 (h^2 \Delta\, \varepsilon_t)_\zeta'' \end{aligned}\right\} \tag{40}$$

Werden die Klammern noch ausdifferenziert, so folgt

$$\left.\begin{aligned} w_\zeta'''' + \frac{6h'}{h} w_\zeta''' + 3\left(\frac{h''}{h} + \frac{2h'^2}{h^2}\right) w_\zeta'' + \frac{12(1-\nu^2) H^4}{h^2 r^2} w + \frac{12(1-\nu^2) H^4 r_a}{E h^3 r} p_w - \\ - 12(1-\nu^2) \frac{H^4 \varepsilon_t}{h^2 r} + \frac{2(1+\nu) H^2}{h} \left[\Delta\, \varepsilon_t'' + \frac{4h'}{h} \Delta\, \varepsilon_t' + 2\left(\frac{h''}{h} + \frac{h'^2}{h^2}\right) \Delta\, \varepsilon_t\right] = 0 \end{aligned}\right\} \tag{41}$$

Ferner ergeben sich für $s_y = s_\varphi$, b_x und $b_y = b_\varphi$ nach Streichen der nicht achsensymmetrischen Glieder und Einführen der entsprechenden Ableitungen nach ζ aus (12) die Sonderformeln

$$\left.\begin{aligned} s_\varphi = \frac{E h}{r} w - E h\, \varepsilon_t; \quad b_x = -\frac{E h^3}{12(1-\nu^2) H^2} w_\zeta'' - \frac{E h^2 \Delta\, \varepsilon_t}{6(1-\nu)}; \\ b_\varphi = -\frac{E h^3 \nu}{12(1-\nu^2) H^2} w_\zeta'' - \frac{E h^2 \Delta\, \varepsilon_t}{6(1-\nu)} \end{aligned}\right\} \tag{42}$$

Die Integration von (41) erfolgt zweckmäßig auf dem Wege über die Differenzenrechnung. Auf wichtige Sonderfälle, die einer analytischen Behandlung zugänglich sind, wird unten noch gesondert eingegangen werden.

Die Differenzenrechnung geht bekanntlich von der Tatsache aus, daß man bei hinreichend kleiner Intervallteilung die Differentialquotienten durch die entsprechenden Differenzenquotienten ersetzen kann. Die zu den Intervallpunkten $0, 1, 2, \ldots (m-2), (m-1), m, (m+1), (m+2) \ldots (n-1), n$ gehörigen w-Werte $w_0, w_1, w_2, \ldots w_{m-2}, w_{m-1}, w_m, w_{m+1}, w_{m+2}, \ldots w_{n-1}, w_n$ bilden die einzigen Bausteine für die Aufstellung der Differenzenquotienten. Bei gleicher Intervallteilung $\Delta\zeta$ erhält man nach bekanntem Schema

$$\left.\begin{aligned} w'_m &= \frac{\frac{1}{2} w_{m+1} - \frac{1}{2} w_{m-1}}{\Delta\zeta} \\ w''_m &= \frac{w_{m+1} - 2 w_m + w_{m-1}}{\Delta\zeta^2} \\ w'''_m &= \frac{\frac{1}{2} w_{m+2} - w_{m+1} + w_{m-1} - \frac{1}{2} w_{m2} -}{\Delta\zeta^3} \\ w''''_m &= \frac{w_{m+2} - 4 w_{m+1} + 6 w_m - 4 w_{m-1} + w_{m-2}}{\Delta\zeta^4} \end{aligned}\right\} \quad (43)$$

Für den, der mit der Differenzenrechnung weniger vertraut ist, sei bemerkt, daß man die Gl. (43) auch in der Weise gewinnen kann, daß man durch die Intervallpunkte $(m-2), (m-1), m, (m+1), (m+2)$ eine Parabel vierter Ordnung mit den Ordinaten $w_{m-2}, w_{m-1}, w_m, w_{m+1}, w_{m+2}$ hindurchlegt und dann durch Differentiation die Ableitungen w', w'', w''', w'''' im Punkte m bildet.

Werden die Differenzenquotienten von (43) in (41) eingeführt, so geht die Differentialgleichung in eine fünfgliedrige Differenzengleichung über. Hierbei empfiehlt es sich, die folgenden Abkürzungen einzuführen:

$$\left.\begin{aligned} \alpha &= 6 \frac{h'}{h} \Delta\zeta \\ \beta &= 3\left(\frac{h''}{h} + 2\frac{h'^2}{h^2}\right)\Delta\zeta^2 \\ \gamma &= \frac{12(1-\nu^2) H^4}{h^2 r^2} \Delta\zeta^4 \\ \delta &= \left[\frac{12(1-\nu^2) H^4 r_a}{E h^3 r} p_w - 12(1-\nu^2)\frac{H^4 \varepsilon_t}{h^2 r} + \right. \\ &\quad \left. + \frac{2(1+\nu) H^2}{h}\left[\Delta\varepsilon''_t + 4\frac{h'}{h}\Delta\varepsilon'_t + 2\left(\frac{h''}{h} + \frac{h'^2}{h^2}\right)\Delta\varepsilon_t\right]\right]\Delta\zeta^4 \end{aligned}\right\} \quad (44)$$

Damit ergibt sich für den Intervallpunkt m die Differenzengleichung

$$\left.\begin{aligned} & w_{m+2}(1 + \tfrac{1}{2}\alpha_m) - w_{m+1}(4 + \alpha_m - \beta_m) + w_m(6 - 2\beta_m + \gamma_m) - \\ & \quad - w_{m-1}(4 - \alpha_m - \beta_m) + w_{m-2}(1 - \tfrac{1}{2}\alpha_m) + \delta_m = 0 \end{aligned}\right\} \quad (45)$$

Die Differenzengleichung (45) läßt sich für jeden der $(n+1)$ Intervallpunkte anschreiben, was ebenso vielen Bedingungsgleichungen für die w_m entspricht. Diese reichen aber noch nicht aus, um die unbekannten w-Werte zu bestimmen, da die Differenzengleichung für die oberen bzw. unteren Randpunkte [0,1 bzw. $(n-1)$, n] um je zwei Intervallteilungen über die Randpunkte hinausgreift. Hierdurch erhöht sich die Zahl der Unbekannten w_m auf $(n+5)$. Die vier Randbedingungen — zwei am oberen und zwei am unteren Rande — reichen gerade aus, um die fehlenden vier Gleichungen zu ersetzen.

Am oberen Rande können weder Momente noch Querkräfte übertragen werden. Die entsprechenden Bedingungen lauten unter Bezugnahme auf (19)

$$b_x = 0; \quad b'_x = 0 \quad \text{(oberer Rand)}. \quad (46)$$

Am unteren Rande soll die Staumauer eingespannt sein; dies ergibt

$$w = 0; \quad w_\zeta = 0 \quad \text{(unterer Rand)}. \tag{47}$$

Dem oberen Rande entspricht der Intervallpunkt 0, dem unteren n. Unter Berücksichtigung von (42) und (43) nehmen die Randbedingungen (46) und (47) die folgende Differenzenform an

$$\left.\begin{aligned}
&w_1 - 2\,w_0 + w_{-1} = -\frac{2\,(1+\nu)\,H^2 \Delta\,\varepsilon_{t_0}}{h_0}\,\Delta\,\zeta^2 \\
&\frac{1}{2}\,w_2 - w_1 + w_{-1} - \frac{1}{2}\,w_{-2} = -\frac{2\,(1+\nu)\,H^2}{h_0}\left(\Delta\,\varepsilon'_{t_0} - \frac{h'_0}{h_0}\,\Delta\,\varepsilon_{t_0}\right)\Delta\,\zeta^3 \\
&w_n = 0 \qquad \text{(Randbedingungen)} \\
&w_{n+1} = w_{n-1}
\end{aligned}\right\} \tag{48}$$

Die Auflösung der Differenzengleichungen möge nun an dem Beispiel der Pacoima-Staumauer, die mit 113 m Mauerhöhe zu den größten Bogenmauern der Welt zählt und deren Mauerstärke und Wölbung aus den Abb. 828 und 829 ersichtlich ist, vorgeführt werden. Nach Abb. 829 reicht die theoretische Einspanntiefe, die nach den Formeln von F. Vogt mit 45% der Sohlenbreite zugrunde gelegt wurde, 15 m unterhalb der eigentlichen Gründungsfläche.

Der Grundrißaufbau legt es nahe, die Unterteilung, die möglichst eng sein muß, zu $\Delta\,x = 6{,}1$ m zu wählen. Die Gesamthöhe von 128,1 m setzt sich dann aus 21 Teilabschnitten zusammen, was vom Genauigkeitsstandpunkt als ausreichend angesehen werden kann. Die Ableitungen h'_ζ und h''_ζ werden zweckmäßig auf graphischem Wege ermittelt, indem man die $h(\zeta)$-Kurve in großem Maßstabe aufträgt. Dabei ergeben sich oft recht verwickelte Abhängigkeiten, wie Abb. 830 zeigt. Wird die Berechnung zunächst auf die Wirkung des Wasserdruckes bei bordvollem Staubecken beschränkt, so kann die Beiwertermittlung nach beifolgendem Schema vorgenommen werden.

m	h	h'_ζ	h''_ζ	r	r_a	α	β	γ	$1+\frac{1}{2}\alpha$	$4+\alpha-\beta$	$6-2\beta+\gamma$	$4-\alpha-\beta$	$1-\frac{1}{2}\alpha$	$E\,\delta$
0	2,5	37,8	88	96,5	97,8	4,32	3,35	0,277	3,160	4,97	—0,423	—3,67	—1,160	0
1	4,2	40,9	71	93,0	95,1	2,79	1,42	0,106	2,395	5,37	3,266	—0,21	—0,395	1361
2	6,2	44,1	10	87,0	90,1	2,03	0,70	0,056	2,015	5,33	4,656	1,27	—0,015	855
3	8,4	40,9	—123	80,0	84,2	1,39	0,22	0,036	1,695	5,17	5,596	2,39	0,305	524
4	10,4	35,7	— 90	74,0	79,2	0,98	0,10	0,027	1,490	4,88	5,827	2,92	0,510	375
5	12,0	33,6	— 35	69,0	75,0	0,80	0,09	0,024	1,400	4,71	5,844	3,11	0,600	310
6	13,5	31,5	— 79	64,5	71,3	0,67	0,04	0,021	1,335	4,63	5,941	3,29	0,665	265
7	14,8	25,2	—229	59,5	66,9	0,49	—0,07	0,021	1,245	4,56	6,161	3,58	0,755	239
8	15,8	13,6	—221	55,0	62,9	0,25	—0,09	0,021	1,125	4,34	6,201	3,84	0,875	229
9	16,3	9,2	—10	50,0	58,2	0,16	0,00	0,024	1,080	4,16	6,024	3,84	0,920	239
0	16,8	14,7	242	46,0	54,4	0,25	0,11	0,027	1,125	4,14	5,807	3,64	0,875	245
1	17,9	27,3	110	42,0	51,0	0,44	0,07	0,029	1,220	4,37	5,889	3,49	0,780	229
2	19,2	29,8	44	39,0	48,6	0,44	0,05	0,029	1,220	4,39	5,929	3,51	0,780	208
3	20,6	31,9	40	37,5	47,8	0,44	0,05	0,027	1,220	4,39	5,927	3,51	0,780	186
4	22,2	33,8	36	37,0	48,1	0,43	0,04	0,024	1,215	4,39	5,944	3,53	0,785	164
5	23,8	35,7	27	37,0	48,9	0,43	0,04	0,021	1,215	4,39	5,941	3,53	0,785	145
6	25,6	37,1	8	37,0	49,8	0,41	0,03	0,018	1,205	4,38	5,958	3,56	0,795	126
7	27,4	37,8	2	37,0	50,7	0,39	0,03	0,016	1,195	4,36	5,956	3,58	0,805	111
8	29,3	37,0	—8	37,0	51,7	0,36	0,02	0,014	1,180	4,34	5,974	3,62	0,820	99
9	30,9	35,6	—27	37,0	52,5	0,33	0,01	0,012	1,165	4,32	5,992	3,66	0,835	90
0	32,5	33,6	—36	37,0	53,3	0,30	0,01	0,011	1,150	4,29	5,991	3,69	0,850	82
1	34,1	33,6	6	37,0	54,1	0,28	0,01	0,010	1,140	4,27	5,990	3,71	0,860	77

Die vier Randbedingungsgleichungen (48) nehmen bei Außerachtlassung der Temperatureinflüsse die einfache Form an:

$$w_1 - 2\,w_0 + w_{-1} = 0; \quad \tfrac{1}{2}\,w_2 - w_1 + w_{-1} - \tfrac{1}{2}\,w_{-2} = 0; \quad w_n = 0; \quad w_{n+1} = w_{n-1}.$$

Hieraus folgt durch Auflösen

$$w_{-1} = 2\,w_0 - w_1; \quad w_{-2} = w_2 - 4\,w_1 + 4\,w_0; \quad w_n = 0; \quad w_{n+1} = w_{n-1}. \tag{49}$$

Werden in dem Differenzengleichungssystem mit $(22+4) = 26$ Unbekannten die vier aus den Randbedingungsgleichungen gefundenen ausgesondert, so ergibt sich das folgende, in der Form der Matrix geschriebene Gleichungsschema:

$E\,w_{23}$	$E\,w_{20}$	$E\,w_{19}$	$E\,w_{18}$	$E\,w_{17}$	$E\,w_{16}$	$E\,w_{15}$	$E\,w_{14}$	$E\,w_{13}$	$E\,w_{12}$	$E\,w_{11}$	$E\,w_{10}$
+1,140	−7,980	+0,860									
	+7,141	−3,690	+0,850								
	−4,320	+5,992	−3,660	+0,835							
	+1,180	−4,340	+5,974	−3,620	+0,820						
		+1,195	−4,360	+5,956	−3,580	+0,805					
			+1,205	−4,380	+5,958	−3,560	+0,795				
				+1,215	−4,390	+5,941	−3,530	+0,785			
					+1,215	−4,390	+5,944	−3,530	+0,785		
						+1,220	−4,390	+5,927	−3,510	+0,780	
							+1,220	−4,390	+5,929	−3,510	+0,780
								+1,220	−4,370	+5,889	−3,490
									+1,125	−4,140	+5,807
										+1,080	−4,160
											+1,125

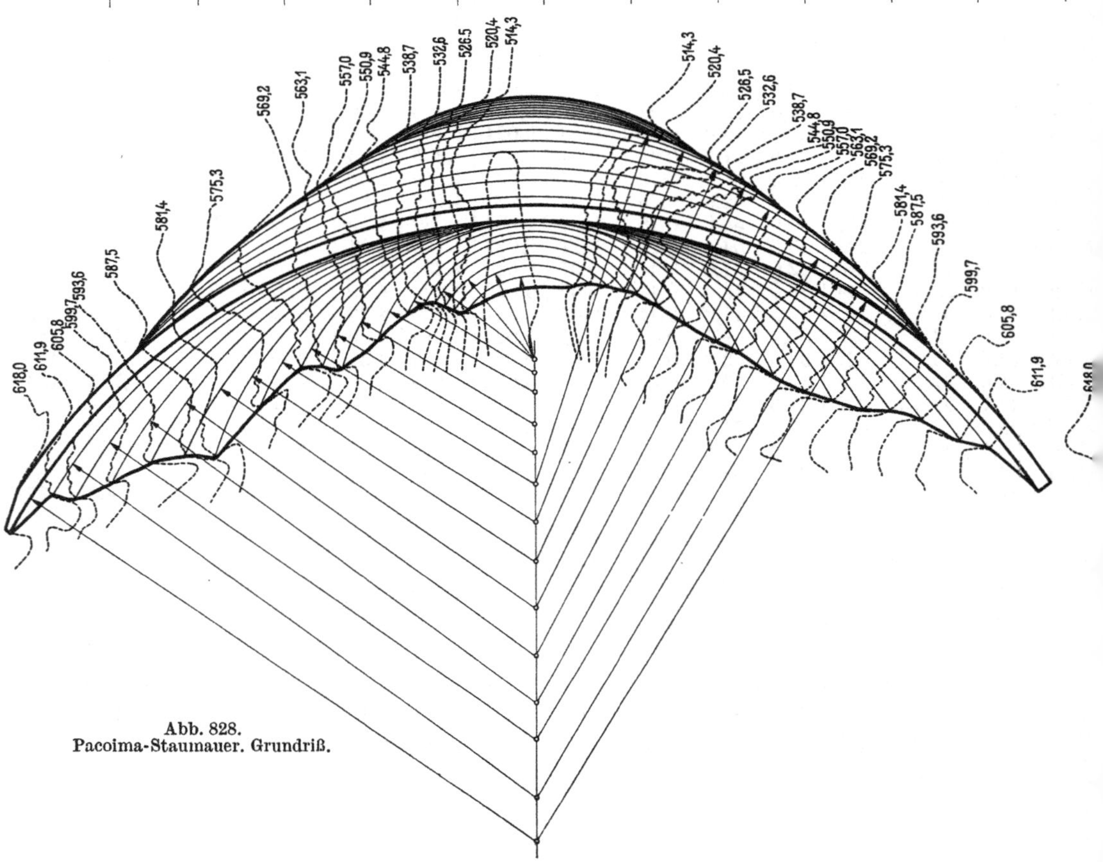

Abb. 828.
Pacoima-Staumauer. Grundriß.

$E w_9$	$E w_8$	$E w_7$	$E w_6$	$E w_5$	$E w_4$	$E w_3$	$E w_2$	$E w_1$	$E w_0$	
										$+\ 77=0$
										$+\ 82=0$
										$+\ 90=0$
										$+\ 99=0$
										$+\ 111=0$
										$+\ 126=0$
										$+\ 145=0$
										$+\ 164=0$
										$+\ 186=0$
										$+\ 208=0$
+0,780										$+\ 229=0$
−3,640	+0,875									$+\ 245=0$
+6,024	−3,840	+0,920								$+\ 239=0$
−4,340	+6,201	−3,840	+0,875							$+\ 229=0$
+1,245	−4,560	+6,161	−3,580	+0,755						$+\ 239=0$
	+1,335	−4,630	+5,941	−3,290	+0,665					$+\ 265=0$
		+1,400	−4,710	+5,844	−3,110	+0,600				$+\ 310=0$
			+1,490	−4,880	+5,827	−2,920	+0,510			$+\ 375=0$
				+1,695	−5,170	+5,596	−2,390	+0,305		$+\ 524=0$
					+2,015	−5,330	+4,656	−1,270	−0,015	$+\ 855=0$
						+2,395	−5,370	+3,661	−0,580	$+1361=0$
							+2,000	−4,000	+2,277	$+\ 0=0$

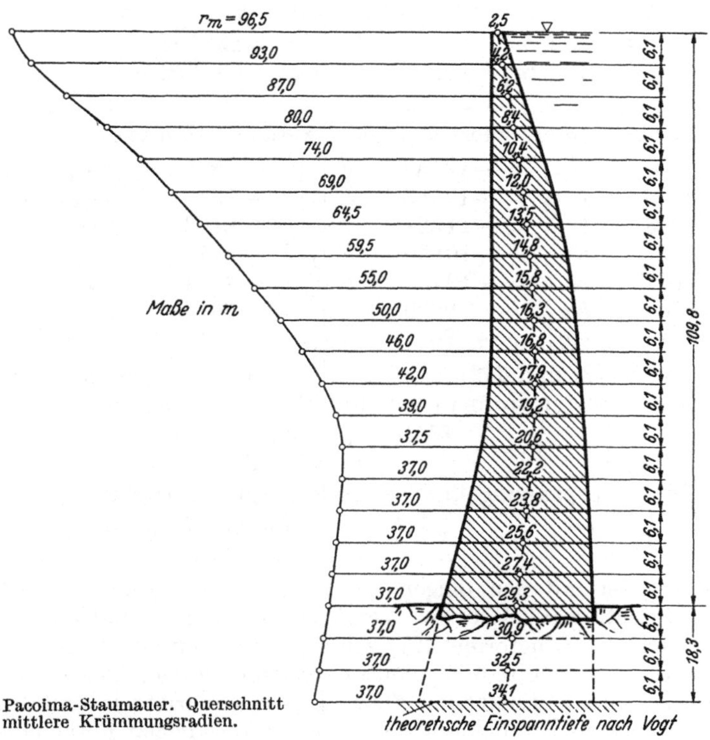

Abb. 829. Pacoima-Staumauer. Querschnitt und mittlere Krümmungsradien.

Die Auflösung erfolgt zweckmäßig von unten nach oben, indem man Ew_0 und Ew_1 zunächst als Unbekannte mit durchschleppt. Da in der zweiten und dritten Gleichung von oben keine neuen Unbekannten hinzutreten, liefern sie die notwendigen Bedingungsgleichungen zur Bestimmung von Ew_0 und Ew_1, wobei aus zahlenmäßigen Gründen an Stelle von Ew_1 besser $E(w_1 - w_0)$ in den Rechnungsgang eingeführt wird. Wenn die Auflösung gelingen soll, muß die Rechnung mindestens achtstellig auf der Rechenmaschine durchgeführt werden; die Ergebnisse sind folgende:

$$
\begin{aligned}
Ew_2 &= 2\,E(w_1 - w_0) + 0{,}8615\,Ew_0 \\
Ew_3 &= 2{,}9557410\,E(w_1 - w_0) + 0{,}6456655\,Ew_0 - 568{,}2672 \\
Ew_4 &= 3{,}827345\,E(w_1 - w_0) + 0{,}355064\,Ew_0 - 1927{,}478 \\
Ew_5 &= 4{,}555779\,E(w_1 - w_0) - 0{,}013851\,Ew_0 - 4312{,}116 \\
Ew_6 &= 5{,}061092\,E(w_1 - w_0) - 0{,}463472\,Ew_0 - 7950{,}370 \\
Ew_7 &= 5{,}245264\,E(w_1 - w_0) - 0{,}989399\,Ew_0 - 13006{,}952 \\
Ew_8 &= 4{,}98948\,E(w_1 - w_0) - 1{,}57986\,Ew_0 - 19594{,}85 \\
Ew_9 &= 4{,}10848\,E(w_1 - w_0) - 2{,}21465\,Ew_0 - 27841{,}25 \\
Ew_{10} &= 2{,}31500\,E(w_1 - w_0) - 2{,}85211\,Ew_0 - 37815{,}55 \\
Ew_{11} &= -\,0{,}72696\,E(w_1 - w_0) - 3{,}40754\,Ew_0 - 49179{,}46 \\
Ew_{12} &= -\,5{,}21222\,E(w_1 - w_0) - 3{,}75464\,Ew_0 - 60844{,}20 \\
Ew_{13} &= -\,11{,}1652\,E(w_1 - w_0) - 3{,}74361\,Ew_0 - 71115{,}08 \\
Ew_{14} &= -\,18{,}4175\,E(w_1 - w_0) - 3{,}2041\,Ew_0 - 77690{,}8 \\
Ew_{15} &= -\,26{,}5609\,E(w_1 - w_0) - 1{,}9660\,Ew_0 - 77827{,}9 \\
Ew_{16} &= -\,34{,}937\,E(w_1 - w_0) + 0{,}1210\,Ew_0 - 68569{,}6 \\
Ew_{17} &= -\,42{,}653\,E(w_1 - w_0) + 3{,}1600\,Ew_0 - 47086 \\
Ew_{18} &= -\,48{,}614\,E(w_1 - w_0) + 7{,}193\,Ew_0 - 10898 \\
Ew_{19} &= -\,51{,}555\,E(w_1 - w_0) + 12{,}181\,Ew_0 + 41837 \\
Ew_{20} &= -\,50{,}072\,E(w_1 - w_0) + 17{,}996\,Ew_0 + 112162
\end{aligned}
$$

Führt man diese Werte in die zweite und dritte Gleichung von oben ein, so folgen die Gleichungen für Ew_0 und $E(w_1 - w_0)$

$$
\begin{aligned}
49{,}705\,E(w_1 - w_0) - 28{,}441\,Ew_0 - 233192 &= 0 \\
208{,}648\,E(w_1 - w_0) - 89{,}675\,Ew_0 - 637392 &= 0\,.
\end{aligned}
$$

Die Auflösung liefert: $Ew_0 = -11493$; $E(w_1 - w_0) = -1884$. Damit können alle übrigen Unbekannten sofort angesetzt werden. Man erhält:

$Ew_{-2} = -6132$	$Ew_5 = -12738$	$Ew_{12} = -7869$	$Ew_{19} = -994$
$Ew_{-1} = -9608$	$Ew_6 = -12163$	$Ew_{13} = -7046$	$Ew_{20} = -294$
$Ew_0 = -11493$	$Ew_7 = -11521$	$Ew_{14} = -6152$	$Ew_{21} = -0$
$Ew_1 = -13377$	$Ew_8 = -10839$	$Ew_{15} = -5172$	$Ew_{22} = -294$
$Ew_2 = -13671$	$Ew_9 = -10130$	$Ew_{16} = -4114$	$Ew_{23} = -1377$
$Ew_3 = -13560$	$Ew_{10} = -9399$	$Ew_{17} = -3015$	
$Ew_4 = -13221$	$Ew_{11} = -8647$	$Ew_{18} = -1943$	

Mit Hilfe von (42) und (43) ergeben sich nun die gesuchten Spannungen. Zunächst erhält man für Normalkraft und Biegungsmomente

$$s_\varphi = \frac{h}{r}\,Ew; \quad b_x = -\frac{E h^3 (w_{m+1} - 2\,w_m + w_{m-1})}{12\,(1 - \nu^2)\,H^2 \varDelta\,\zeta^2}; \quad b_\varphi = \nu\,b_x \tag{50}$$

und daraus für Ringspannung und vertikale Biegungsspannung

$$\sigma_\varphi = \frac{Ew}{r}; \quad \sigma_{b\,x} = \mp\,\frac{h\,(E w_{m+1} - 2\,E w_m + E w_{m-1})}{2\,(1 - \nu^2)\,H^2 \varDelta\,\zeta^2}\,. \tag{51}$$

In Abb. 831 ist der mit den obigen Ew-Werten sich ergebende Verlauf der Spannungen aufgetragen. Wie der Vergleich mit den einpunktierten Ringspannungen nach der Ringformel (27) zeigt, können mit der letzteren nur im mittleren Mauerteil brauchbare Ergebnisse erwartet werden. Bei den Biegungsspannungen tritt die entlastende Wirkung der Baugrundelastizität in sehr anschaulicher Weise in Erscheinung. Dank der vorzüglichen Formgebung sind die Biegungsspannungen — von einem kleinen Bereich an der Krone abgesehen — überall kleiner als die Eigengewichtspressungen, so daß insbesondere ein Abreißen vom Felsen nicht zu erwarten ist. Während die größte Ringspannung nach Abb. 831 etwa in Mauermitte auftritt, liegt die größte Durchbiegung nur wenig unterhalb der Mauerkrone. Mit $E = 2000000\ \text{t/m}^2$ errechnet sich $w_{\max}$ zu 6,85 mm. Die waagerechten Biegungsspannungen folgen aus den lotrechten durch Vervielfältigung mit der Querdehnung ν, die im Mittel zu 1/6 angenommen werden kann. Damit ergeben sich Werte, die zwischen +1 und −1 kg/cm² pendeln. Die waagerechten Biegungsspannungen sind demgemäß in der achsensymmetrischen Betrachtung nur von untergeordneter Bedeutung.

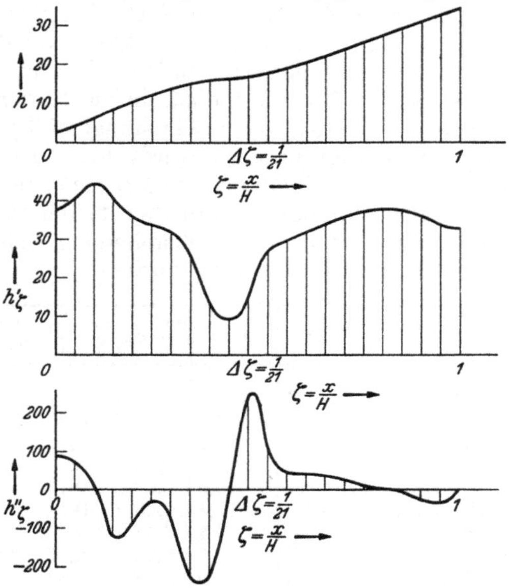

Abb. 830. Pacoima-Staumauer. Verlauf der Ableitungen der Mauerstärke.

Wir kommen nun zu dem Einfluß der Temperaturänderungen. Wenn das Auspressen der Fugen nach Ablauf des Schwindens und bei einer möglichst tiefen Mauertemperatur vorgenommen wird, so braucht nur eine E r w ä r m u n g der Staumauer ins Auge gefaßt zu werden. Diese wird bei gefülltem Staubecken an der Luftseite meist größer sein als an der Wasserseite. Über das Verhältnis von Außentemperatur zur Mauertemperatur in Abhängigkeit von der Mauerstärke wurde unter Ziffer 2, Kap. 19 bereits alles Wesentliche gesagt. Mit

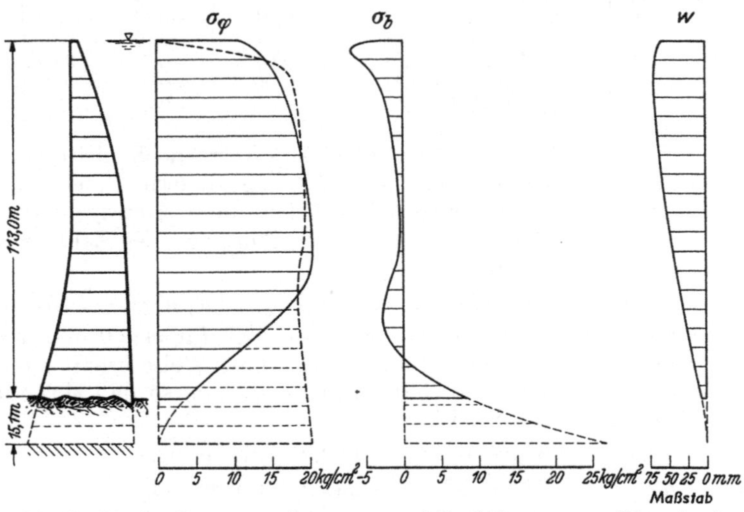

Abb. 831. Pacoima-Staumauer. Spannungen und Durchbiegungen aus Wasserdruck.

zunehmender Mauerstärke wird jedenfalls eine entsprechende Abnahme der Betonerwärmung in Erscheinung treten.

Geht man im Falle der Pacoima-Staumauer an der Mauerkrone von einer lustseitigen Betontemperaturerhöhung von 19,6° C und einer wasserseitigen von 11,2° C aus, so kann die Temperaturabnahme nach der Tiefe, der Mauerstärke entsprechend etwa gemäß Abb. 564 angenommen werden. Die zugehörige Aufspaltung nach t und Δt ist aus der unten folgenden Zahlentafel ersichtlich. Vervielfacht man diese Werte mit dem Wärmeausdehnungsbeiwert α_t des Betons, so erhält man den Verlauf der Temperaturdehnungen ε_t und $\Delta\varepsilon_t$. Da α_t etwa $^1/_{100\,000}$, also eine sehr kleine Größe ist, wird sie zweckmäßig aus dem Rechnungsgang entfernt, indem nicht w, sondern w/α_t bestimmt wird, so daß an Stelle von δ die Größe δ/α_t in die Matrix einzuführen ist. Die δ-Werte selbst folgen wieder aus (44), wobei sinngemäß jetzt das Lastglied Null zu setzen ist. Die Temperaturabnahme wurde hier so angenommen, daß Δt linear verläuft, so daß $\Delta\varepsilon_t''$ verschwindet und $\Delta\varepsilon_t'$ einen festen Wert, im vorliegenden Falle 6,3, annimmt. Um den Einfluß der beiden Erwärmungsanteile einzeln übersehen zu können, ist in der nachstehenden Zahlentafel die Berechnung für δ_t und $\delta_{\Delta t}$ getrennt durchgeführt worden.

m	h	r	$t°$	$\Delta t°$	δ_t/α_t	$\frac{4h'}{h}\Delta\zeta$	$\frac{4h'}{h}\frac{\Delta\varepsilon_t'}{\alpha_t}\Delta\zeta^2$	$2\left(\frac{h''}{h}+\frac{h'^2}{h^2}\right)\Delta\zeta^2$	$2\Delta\zeta^2\frac{\Delta\varepsilon_t}{\alpha_t}$	Σ	$\delta_{\Delta t}/\alpha_t$	δ/α_t
0	2,5	96,5	15,4	—4,2	—413,1	2,88	0,57	—1,20	—5,03	—4,46	—154,8	—567,9*
1	4,2	93,0	15,1	—4,0	—149,0	1,86	0,37	—0,51	—2,04	—1,67	— 34,6	—183,6*
2	6,2	87,0	14,7	—3,8	— 66,7	1,35	0,27	—0,27	—1,03	—0,76	— 10,6	— 77,3
3	8,4	80,0	14,2	—3,6	— 33,3	0,93	0,19	—0,04	—0,15	+0,04	+ 0,4	— 32,9
4	10,4	74,0	12,5	—3,4	— 25,6	0,63	0,13	—0,01	—0,03	+0,10	+ 0,8	— 24,8
5	12,0	69,0	10,7	—3,2	— 17,4	0,53	0,11	—0,02	—0,07	+0,04	+ 0,3	— 17,1
6	13,5	64,5	9,9	—3,0	— 13,4	0,45	0,09	0,00	0,00	+0,09	+ 0,6	— 12,8
7	14,8	59,5	9,3	—2,8	— 11,6	0,33	0,07	+0,06	+0,17	+0,24	+ 1,4	— 10,2
8	15,8	55,0	8,3	—2,6	— 9,9	0,17	0,03	+0,06	+0,15	+0,18	+ 1,0	— 8,9
9	16,3	50,0	7,0	—2,4	— 8,5	0,11	0,02	0,00	0,00	+0,02	+ 0,1	— 8,4
10	16,8	46,0	6,2	—2,2	— 7,5	0,15	0,04	—0,06	—,013	—0,09	— 0,4	— 7,9
11	17,9	42,0	5,9	—2,0	— 7,1	0,29	0,06	—0,04	—0,08	—0,02	— 0,1	— 7,2
12	19,2	39,0	5,6	—1,8	— 6,4	0,29	0,06	—0,03	—0,03	+0,03	+ 0,1	— 6,3
13	20,6	37,5	5,2	—1,6	— 5,4	0,29	0,06	—0,02	—0,03	+0,03	+ 0,1	— 5,3
14	22,2	37,0	4,9	—1,4	— 4,3	0,29	0,06	—0,02	—0,03	+0,03	+ 0,1	— 4,2
15	23,8	37,0	4,7	—1,2	— 3,6	0,29	0,06	—0,02	—0,02	+0,04	+ 0,1	— 3,5
16	25,6	37,0	4,4	—1,0	— 3,0	0,27	0,05	—0,01	—0,02	+0,04	+ 0,1	— 2,9
17	27,4	37,0	4,1	—0,8	— 2,4	0,26	0,05	—0,01	—0,01	+0,04	+ 0,1	— 2,3
18	29,3	37,0	3,8	—0,6	— 1,9	0,24	0,05	—0,01	—0,01	+0,04	+ 0,1	— 1,8
19	30,9	37,0	3,5	—0,4	— 1,6	0,22	0,04	—0,01	—0,00	+0,04	+ 0,1	— 1,5
20	32,5	37,0	3,2	—0,2	— 1,3	0,20	0,04	—0,00	—0,00	+0,04	+ 0,1	— 1,2
21	34,1	37,0	3,1	—0,0	— 1,1	0,19	0,03	—0,00	—0,00	+0,03	+ 0,1	— 1,0

Für $m=0$ und $m=1$ sind die errechneten δ/α_t-Werte noch nicht vollständig, da die Randbedingungen nach (48) noch Beiträge liefern. [Bei dem vorher behandelten Lastfalle des Wasserdruckes fielen diese Beiträge fort, da die rechten Seiten von (58) Null wurden.] Nach Einsetzen der Zahlenwerte und Auflösen nach w_{-1} und w_{-2} folgt aus (48):

$$w_{-1} = 2\,w_0 - w_1 + 145{,}8\,\alpha_t; \quad w_{-2} = 4\,w_0 - 4\,w_1 + w_2 + 515{,}3\,\alpha_t.$$

Diese Werte sind nun ähnlich wie früher in die sich für $m=0$ und $m=1$ sich ergebenden Gleichungen (45) einzuführen. Auf diese Weise erhält man für die zu δ_m hinzutretenden Beiträge $-\,63{,}0\,\alpha_t$ bzw. $-\,57{,}6\,\alpha_t$, so daß sich für die in die Matrix einzuführenden δ/α_t-Werte

$$\delta_0/\alpha_t = -\,567{,}9 - 63{,}0 = -\,630{,}9 \quad (\text{für } m = 0)$$
$$\delta_1/\alpha_t = -\,183{,}6 - 57{,}6 = -\,241{,}2 \quad (\text{für } m = 1)$$

ergibt. Nach Auflösen des Gleichungssystems ergeben sich mit $\alpha_t = {}^1/_{100\,000}$ die Durchbiegungen

$w_{-2} = 30{,}258$ mm; $w_3 = 10{,}707$ mm; $w_8 = 4{,}690$ mm;
$w_{-1} = 22{,}838$ mm; $w_4 = 9{,}084$ mm; $w_9 = 3{,}929$ mm;
$w_0 = 18{,}276$ mm; $w_5 = 7{,}719$ mm; $w_{10} = 3{,}273$ mm;
$w_1 = 15{,}172$ mm; $w_6 = 6{,}559$ mm; $w_{11} = 2{,}721$ mm;
$w_2 = 12{,}691$ mm; $w_7 = 5{,}563$ mm; $w_{12} = 2{,}258$ mm;

$$w_{13} = 1{,}862 \text{ mm}; \quad w_{19} = 0{,}393 \text{ mm};$$
$$w_{14} = 1{,}509 \text{ mm}; \quad w_{20} = 0{,}054 \text{ mm};$$
$$w_{15} = 1{,}190 \text{ mm}; \quad w_{21} = 0{,}000 \text{ mm};$$
$$w_{16} = 0{,}900 \text{ mm}; \quad w_{22} = 0{,}054 \text{ mm};$$
$$w_{17} = 0{,}633 \text{ mm}; \quad w_{23} = 0{,}242 \text{ mm}.$$
$$w_{18} = 0{,}393 \text{ mm};$$

Aus Ringkraft und Biegungsmomenten nach (42) folgen die Ring- und Biegungsspannungen

$$\left.\begin{array}{l} \sigma_\varphi = \frac{E w}{r} - E\,\alpha_t\, t; \quad \sigma_{bx} = \sigma_{b\,v} = -\frac{E h\,(w_{m+1} - 2\,w_m + w_{m-1})}{2\,(1-\nu^2)\,H^2 \Delta\,\zeta^2} - \frac{E\,\alpha_t \Delta\, t}{1-\nu}; \\ \sigma_{b\,\varphi} = \sigma_{b\,h} = \nu\,\sigma_{b\,x} - E\,\alpha_t \Delta\, t \end{array}\right\} \quad (52)$$

Führt man die gefundenen w-Werte in (52) ein, so ergibt sich der in Abb. 832 wiedergegebene Spannungsverlauf.

Der etwas unruhigere Verlauf der Temperaturspannungen rührt daher, daß die Erwärmung als Spannungserzeuger mit zunehmender Wandstärke zurücktritt.

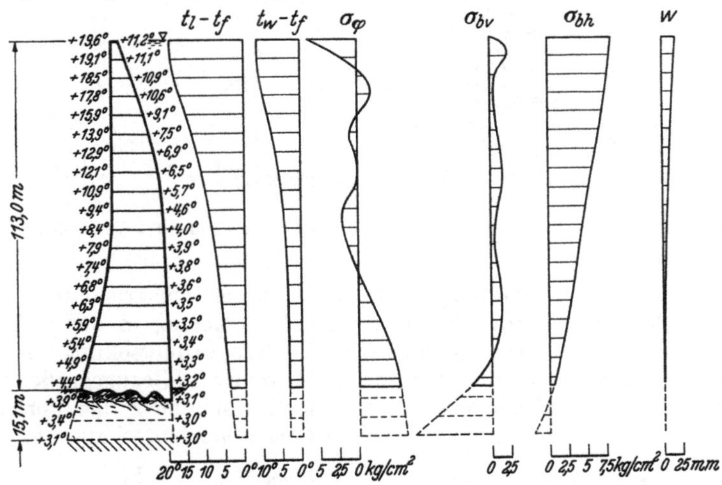

Abb. 832. Pacoima-Staumauer. Spannungen und Durchbiegungen aus Temperaturänderungen.

Ins Gewicht fallende Ringspannungen treten nur im Bereich der Ränder in Erscheinung. An der Mauerkrone sind sie in der Hauptsache auf die ungleichmäßige Erwärmung zurückzuführen, während sie in der Nähe des Gründungsfelsens durch die Steifigkeit der Schale bedingt sind. Diese verhindert eine Durchbiegung fast völlig, so daß die gesamte Erwärmung in Druckspannung umgesetzt werden muß. Die lotrechten Biegungsspannungen sind nur von untergeordneter Bedeutung und entlasten im übrigen die entsprechenden Spannungen aus Wasserdruck. Größere Biegungsspannungen erscheinen in waagerechter Richtung als Folge der ungleichmäßigen Erwärmung. Zusammenfassend kann festgestellt werden, daß sich die Wärmespannungen in erträglichen Grenzen halten, was im wesentlichen auf die ausgleichende Wirkung der Schale zurückzuführen ist.

In Abb. 833 sind Last- und Wärmespannungen überlagert worden. Man ersieht daraus, daß die gesamte Schalenmittelfläche unter Druckspannung steht, die nicht über 20 kg/cm² hinausgeht. Die lotrechten Biegungsspannungen sind stark zurückgedrängt, so daß man im wahrsten des Wortes von einer Bogenmauer sprechen kann. Die waagerechten Biegungsspannungen rühren ausschließlich von der ungleichmäßigen Erwärmung her; sie vermindern die

Ringspannungen wasserseitig und erhöhen sie luftseitig. Schädliche Rißbildungen irgendwelcher Art sind hiernach nirgends zu erwarten, was in erster Linie auf die vorzügliche Formgebung dieser Gleichwinkelmauer zurückzuführen ist.

(2) Kreiszylindrische Bogenmauern mit Trapezquerschnitt. Für hochelastische kreiszylindrische Bogenmauern ist des öfteren ein trapezförmiger Quer-

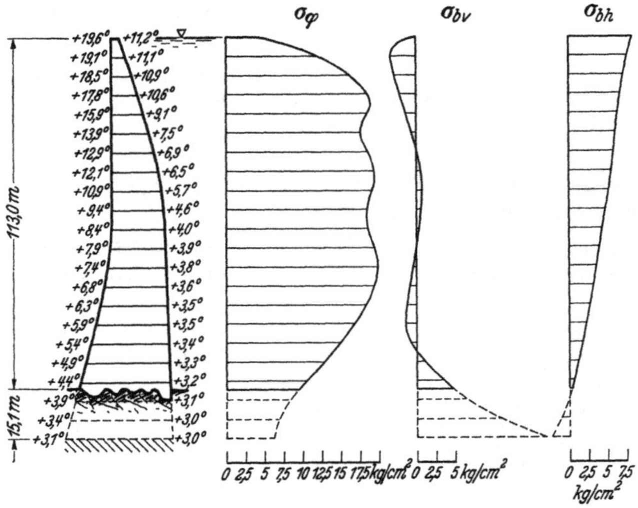

Abb. 833. Pacoima-Staumauer. Spannungen aus Wasserdruck und Temperaturänderungen.

schnitt zugrunde gelegt worden, der die Herstellung sehr erleichtert. Legt man gemäß Abb. 834 den Koordinatenursprung in die Ebene, in der sich Zylinder- und Kegelfläche schneiden, so läßt sich der Trapezquerschnitt als ein abgestumpfter Dreiecksquerschnitt betrachten. Werden alle Bezugsgrößen auf diesen abgestimmt und bezeichnet wie bei der Gewichtsmauer λ das Verhältnis von Basisbreite zu Dreieckshöhe, so erhält man zunächst:

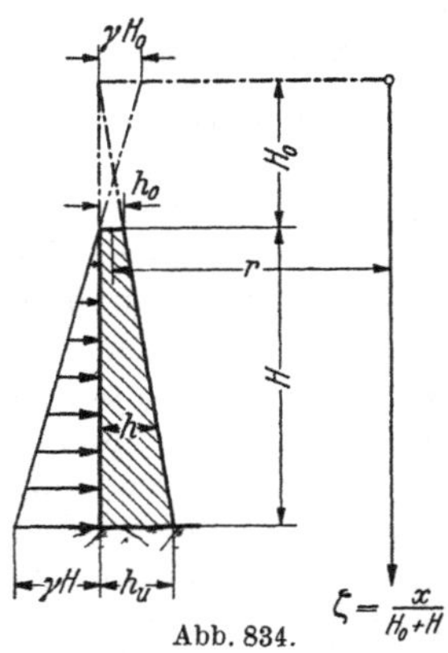

Abb. 834.

$$\lambda = \frac{h_u - h_0}{H} = \frac{h_u}{H + H_0}, \tag{53}$$

$$\left.\begin{aligned} \zeta &= \frac{x}{H+H_0}; \quad h = \lambda (H + H_0)\,\zeta; \\ p_w &= \gamma (H + H_0)\zeta - \gamma H_0 \end{aligned}\right\} \tag{54}$$

Der Einfluß der Veränderlichkeit von r ist in hochelastischen kreiszylindrischen Bogenmauern so gering, daß mit hinreichender Genauigkeit

$$r = r_a = \text{const}$$

gesetzt werden kann. Wird in (41) und (42) an Stelle von H sinngemäß $(H + H_0)$ geschrieben und h gemäß (54) in (41) eingeführt, so erhält man

$$s_\varphi = \frac{E h w}{r} - E h \varepsilon_t; \quad b_x = -\frac{E h^3 w''_\zeta}{12(1-\nu^2)(H+H_0)^2} - \frac{E h^2 \Delta \varepsilon_t}{6(1-\nu)}; \quad b_\varphi = \nu b_\zeta + \frac{E h^2 \Delta \varepsilon_t}{6}, \tag{55}$$

$$\left.\begin{aligned} & w''''_\zeta + \frac{6}{\zeta} w'''_\zeta + \frac{6}{\zeta^2} w''_\zeta + \frac{12(1-\nu^2)(H+H_0)^2}{\lambda^2 r^2 \zeta^2} w + \frac{12(1-\nu^2)\gamma (H+H_0)^2}{E \lambda^3 \zeta^2} - \\ & - \frac{12(1-\nu^2)\gamma H_0 (H+H_0)}{E\lambda^3 \zeta^3} - \frac{12(1-\nu^2)(H+H_0)^2 \varepsilon_t}{\lambda^2 r \zeta^2} + \frac{2(1+\nu)(H+H_0)}{\lambda \zeta}\left(\Delta \varepsilon_t'' + \frac{4}{\zeta}\Delta \varepsilon_t'\right) \end{aligned}\right\} \tag{56}$$

Im Hinblick auf die verhältnismäßig geringe Wandstärke kann die Temperaturverteilung hier als linear veränderlich vorausgesetzt werden. Mit den entsprechenden Wärmedehnungen

$$\varepsilon_t = \varepsilon_0 + \varepsilon_1 \zeta; \quad \Delta \varepsilon_t = \Delta \varepsilon_0 + \Delta \varepsilon_1 \zeta \tag{57}$$

geht (57) über in

$$\left.\begin{aligned} & w_\zeta'''' + \frac{6}{\zeta} w_\zeta''' + \frac{6}{\zeta^2} w_\zeta'' + \frac{12(1-\nu^2)(H+H_0)^2}{\lambda^2 r^2 \zeta^2} w - \frac{12(1-\nu^2)(H+H_0)^2 \varepsilon_1}{\lambda^2 r \zeta} + \\ & + \frac{12(1-\nu^2)(H+H_0)^2}{E\lambda^3 \zeta^2}\left[\gamma - \frac{E\lambda\varepsilon_0}{r} + \frac{2E\lambda^2 \Delta\varepsilon_1}{3(1+\nu)(H+H_0)}\right] - \frac{12(1-\nu^2)\gamma H_0 (H+H_0)}{E\lambda^3\zeta^3} \end{aligned}\right\} \tag{58}$$

Ähnlich wie früher für die Bogengewichtsmauer kann auch hier die vollständige Lösung durch Zylinderfunktionen gegeben werden. Unter Anpassung an die oben bereits benutzte Funktionentafel[1] lautet die allgemeine Lösung:

$$\left.\begin{aligned} w = & -\frac{\gamma r^2}{E\lambda} + \varepsilon_0 r - \frac{2r^2\lambda\Delta\varepsilon_1}{3(1+\nu)(H+H_0)} + r\varepsilon_1\zeta + \frac{\gamma r^2 H_0}{E\lambda(H+H_0)\zeta} + \\ & + \sqrt{\frac{1}{2\zeta}}\left[k_1 \frac{J_{11}(\sqrt{\omega\zeta}) + J_{12}(\sqrt{\omega\zeta})}{\sqrt{2}} - k_2 \frac{J_{11}(\sqrt{\omega\xi}) - J_{12}(\sqrt{\omega\zeta})}{\sqrt{2}} + \right. \\ & \left. + k_3 \frac{G_{11}(\sqrt{\omega\zeta}) + G_{12}(\sqrt{\omega\zeta})}{\sqrt{2}} - k_4 \frac{G_{11}(\sqrt{\omega\zeta}) - G_{12}(\sqrt{\omega\zeta})}{\sqrt{2}}\right] \end{aligned}\right\} \tag{59}$$

Hierin bezeichnet ω den Parameter:

$$\omega = \frac{4(H+H_0)}{\lambda r}\sqrt{12(1-\nu^2)} = \frac{41}{3}\,\frac{H+H_0}{\lambda r} \qquad \left(\text{für } \nu = \frac{1}{6}\right). \tag{60}$$

Unter Benutzung der Differentialbeziehungen der Zylinderfunktionen[1] folgt aus (59) für Ringkraft und Biegungsmoment nach (55)

$$\left.\begin{aligned} s_\varphi = & -\gamma r(H+H_0)\zeta - \frac{2r\lambda^2 E\Delta\varepsilon_1}{3(1+\nu)}\zeta + \frac{\lambda E(H+H_0)}{r\sqrt{2}}\sqrt{\zeta}\left[k_1 \frac{J_{11}(\sqrt{\omega\zeta}) + J_{12}(\sqrt{\omega\zeta})}{\sqrt{2}} - \right. \\ & \left. - k_2 \frac{J_{11}(\sqrt{\omega\zeta}) - J_{12}(\sqrt{\omega\zeta})}{\sqrt{2}} + k_3 \frac{G_{11}(\sqrt{\omega\zeta}) + G_{12}(\sqrt{\omega\zeta})}{\sqrt{2}} - k_4 \frac{G_{11}(\sqrt{\omega\zeta}) - G_{12}(\sqrt{\omega\zeta})}{\sqrt{2}}\right] + \gamma r H_0 \end{aligned}\right\} \tag{61}$$

$$\left.\begin{aligned} b_x = & -\frac{\gamma H_0 r^2 \lambda^2}{6(1-\nu^2)} - \frac{E(H+H_0)^2 \lambda^2 \zeta^2 (\Delta\varepsilon_0 + \Delta\varepsilon_1\zeta)}{6(1-\nu)} - \\ & - \frac{12}{41}\,\frac{\lambda^2 E(H+H_0)^2}{r\sqrt{2}}\zeta\sqrt{\zeta}\left[k_1 \frac{J_{31}(\sqrt{\omega\zeta}) - J_{32}(\sqrt{\omega\zeta})}{\sqrt{2}} + k_2 \frac{J_{31}(\sqrt{\omega\zeta}) + J_{32}(\sqrt{\omega\zeta})}{\sqrt{2}} + \right. \\ & \left. + k_3 \frac{G_{31}(\sqrt{\omega\zeta}) - G_{32}(\sqrt{\omega\zeta})}{\sqrt{2}} + k_4 \frac{G_{31}(\sqrt{\omega\zeta}) + G_{32}(\sqrt{\omega\zeta})}{\sqrt{2}}\right] \end{aligned}\right\} \tag{62}$$

Hieraus folgt weiterhin für die Ring- und Biegungsspannungen

$$\left.\begin{aligned} \sigma_\varphi = & -\frac{\gamma r}{\lambda} - \frac{2r\lambda E\Delta\varepsilon_1}{3(1+\nu)(H+H_0)} + \frac{\gamma r\zeta_0}{\lambda\zeta} + \frac{E}{r\sqrt{2}\zeta}\left[k_1 \frac{J_{11}(\sqrt{\omega\zeta}) + J_{12}(\sqrt{\omega\zeta})}{\sqrt{2}} - \right. \\ & \left. - k_2 \frac{J_{11}(\sqrt{\omega\zeta}) - J_{12}(\sqrt{\omega\zeta})}{\sqrt{2}} + k_3 \frac{G_{11}(\sqrt{\omega\zeta}) + G_{12}(\sqrt{\omega\zeta})}{\sqrt{2}} - k_4 \frac{G_{11}(\sqrt{\omega\zeta}) - G_{12}(\sqrt{\omega\zeta})}{\sqrt{2}}\right] \end{aligned}\right\} \tag{63}$$

---

[1] F. Tölke: Besselsche und Hankelsche Zylinderfunktion nullter bis dritter Ordnung vom Argument $r\sqrt{i}$. Stuttgart: Konrad Wittwer 1936.

$$\left.\begin{aligned}\sigma_{bx} = & -\frac{\gamma \zeta_0 r^2}{(1-\nu^2)(H+H_0)\zeta^2} - \frac{E(\Delta\varepsilon_0 + \Delta\varepsilon_1\zeta)}{1-\nu} - \frac{72}{41}\frac{E}{r\sqrt{2\zeta}}\left[k_1 \frac{J_{31}(\sqrt{\omega\zeta}) - J_{32}(\sqrt{\omega\zeta})}{\sqrt{2}} + \right.\\ & \left. + k_2 \frac{J_{31}(\sqrt{\omega\zeta}) + J_{32}(\sqrt{\omega\zeta})}{\sqrt{2}} + k_3 \frac{G_{31}(\sqrt{\omega\zeta}) - G_{32}(\sqrt{\omega\zeta})}{\sqrt{2}} + k_4 \frac{G_{31}(\sqrt{\omega\zeta}) + G_{32}(\sqrt{\omega\zeta})}{\sqrt{2}}\right]\end{aligned}\right\} \quad (64)$$

Zur Befriedigung der Randbedingungen werden noch die Ableitungen von s_φ und b_x nach x benötigt. Sie lauten:

$$\left.\begin{aligned}\frac{d s_\varphi}{d x} = & -\gamma r - \frac{2 r \lambda^2 E \Delta\varepsilon_1}{3(1+\nu)(H+H_0)} + \\ & + \frac{\lambda E\sqrt{\omega}}{2r\sqrt{2}}\left[k_1 J_{01}(\sqrt{\omega\zeta}) + k_2 J_{02}(\sqrt{\omega\zeta}) + k_3 G_{01}(\sqrt{\omega\zeta}) + k_4 G_{02}(\sqrt{\omega\zeta})\right]\end{aligned}\right\} \quad (65)$$

$$\left.\begin{aligned}\frac{d b_x}{d x} = & -\frac{E\lambda^2(H+H_0)(2\Delta\varepsilon_0\zeta) + 3\Delta\varepsilon_1\zeta^2)}{6(1-\nu)} + \\ & + \zeta\frac{\lambda E(H+H_0)^2\sqrt{2}}{r^2\sqrt{\omega}}\left[k_1 J_{22}(\sqrt{\omega\zeta}) - k_2 J_{21}(\sqrt{\omega\zeta}) + k_3 G_{22}(\sqrt{\omega\zeta}) - k_4 G_{21}(\sqrt{\omega\zeta})\right]\end{aligned}\right\} \quad (66)$$

Damit sind alle für die Rechnung erforderlichen Größen bis auf die vier Integrationskonstanten bestimmt. Diese folgen aus den Randbedingungen, und zwar müssen am oberen Rande, d. h. für $\zeta = \zeta_0 = H_0/H + H_0$, Biegungsmoment ($b_x$) und Querkraft ($n_x = d b_x/d x$), am unteren Rande, d. h. für $\zeta = 1$, Durchbiegung (w) und Tangente an die Biegelinie (dw/dx) verschwinden. Das letztere ist mit dem Verschwinden von s_φ und $d s_\varphi/d x$ gleichbedeutend. Die entsprechenden Bedingungsgleichungen lauten:

$$\left.\begin{aligned}0 = & -\frac{\gamma H_0 r^2\lambda^2}{6(1-\nu^2)} - \frac{E H_0^2\lambda^2(\Delta\varepsilon_0 + \Delta\varepsilon_1\zeta_0)}{6(1-\nu)} - \frac{12}{41}\frac{E H_0^2\lambda^2}{r\sqrt{2\zeta_0}}\left[k_1\frac{J_{31}(\sqrt{\omega\zeta_0}) - J_{32}(\sqrt{\omega\zeta_0})}{\sqrt{2}} + \right.\\ & \left. + k_2\frac{J_{31}(\sqrt{\omega\zeta_0}) + J_{32}(\sqrt{\omega\zeta_0})}{\sqrt{2}} + k_3\frac{G_{31}(\sqrt{\omega\zeta_0}) - G_{32}(\sqrt{\omega\zeta_0})}{\sqrt{2}} + k_4\frac{G_{31}(\sqrt{\omega\zeta_0}) + G_{32}(\sqrt{\omega\zeta_0})}{\sqrt{2}}\right]\\ 0 = & -\frac{E H_0\lambda^2(2\Delta\varepsilon_0 + 3\Delta\varepsilon_1\zeta_0)}{6(1-\nu)} + \\ & + \frac{E H_0(H+H_0)\lambda\sqrt{2}}{r^2\sqrt{\omega}}\left[k_1 J_{22}(\sqrt{\omega\zeta_0}) - k_2 J_{21}(\sqrt{\omega\zeta_0}) + k_3 G_{22}(\sqrt{\omega\zeta_0}) - k_4 G_{21}(\sqrt{\omega\zeta_0})\right]\\ 0 = & -\gamma r(H+H_0) - \frac{2r\lambda^2 E\Delta\varepsilon_1}{3(1+\nu)} + \gamma r H_0 + \frac{\lambda E(H+H_0)}{r\sqrt{2}}\left[k_1\frac{J_{11}(\sqrt{\omega}) + J_{12}(\sqrt{\omega})}{\sqrt{2}} - \right.\\ & \left. - k_2\frac{J_{11}(\sqrt{\omega}) - J_{12}(\sqrt{\omega})}{\sqrt{2}} + k_3\frac{G_{11}(\sqrt{\omega}) + G_{12}(\sqrt{\omega})}{\sqrt{2}} - k_4\frac{G_{11}(\sqrt{\omega}) - G_{12}(\sqrt{\omega})}{\sqrt{2}}\right]\\ 0 = & -\gamma r - \frac{2r\lambda^2 E\Delta\varepsilon_1}{3(1+\nu)(H+H_0)} + \\ & + \frac{\lambda E\sqrt{\omega}}{2r\sqrt{2}}\left[k_1 J_{01}(\sqrt{\omega}) + k_2 J_{02}(\sqrt{\omega}) + k_3 G_{01}(\sqrt{\omega}) + k_4 G_{02}(\sqrt{\omega})\right]\end{aligned}\right\} \quad (67)$$

In diesen Gleichungen wird der Einfluß des oberen Randes im wesentlichen durch die G-Funktionen, der des unteren durch die J-Funktionen beschrieben. Die G-Funktionen klingen erfahrungsgemäß so schnell ab [1], daß ihr Einfluß am unteren Rande nicht mehr spürbar ist. Man darf daher in den beiden unteren Gleichungen ohne Einbuße an Genauigkeit die G-Funktionen streichen. Hierdurch zerfallen die Gleichungen in je zwei Gleichungen mit zwei Unbekannten, deren Auflösung noch analytisch möglich ist. Man erhält:

---

[1] Siehe Fußnote 1 von S. 505.

$$k_1 = r^2 \sqrt{2}\,\frac{\left[\frac{\gamma}{\lambda E} + \frac{2\lambda\Delta\varepsilon_1}{3(1+\nu)(H+H_0)}\right]\left[J_{02}(\sqrt{\omega}) + \frac{2}{\sqrt{\omega}}\,\frac{J_{11}(\sqrt{\omega}) - J_{12}(\sqrt{\omega})}{\sqrt{2}}\right] - \frac{\gamma\zeta_0}{\lambda E} J_{02}(\sqrt{\omega})}{J_{02}(\sqrt{\omega})\,\frac{J_{11}(\sqrt{\omega}) + J_{12}(\sqrt{\omega})}{\sqrt{2}} + J_{01}(\sqrt{\omega})\,\frac{J_{11}(\sqrt{\omega}) - J_{12}(\sqrt{\omega})}{\sqrt{2}}}$$

$$k_2 = r^2 \sqrt{2}\,\frac{\left[\frac{\gamma}{\lambda E} + \frac{2\lambda\Delta\varepsilon_1}{3(1+\nu)(H+H_0)}\right]\left[-J_{01}(\sqrt{\omega}) + \frac{2}{\sqrt{\omega}}\,\frac{J_{11}(\sqrt{\omega}) + J_{12}(\sqrt{\omega})}{\sqrt{2}}\right] + \frac{\gamma\zeta_0}{\lambda E} J_{01}(\sqrt{\omega})}{J_{02}(\sqrt{\omega})\,\frac{J_{11}(\sqrt{\omega}) + J_{12}(\sqrt{\omega})}{\sqrt{2}} + J_{01}(\sqrt{\omega})\,\frac{J_{11}(\sqrt{\omega}) - J_{12}(\sqrt{\omega})}{\sqrt{2}}}$$

$$k_3 = \frac{-\frac{41}{72}\, r\sqrt{2}\,\zeta_0\left[\frac{\gamma r^2}{E H_0(1-\nu^2)} + \frac{\Delta\varepsilon_0 + \Delta\varepsilon_1\zeta_0}{1-\nu}\right] G_{21}(\sqrt{\omega\zeta_0}) + \frac{\lambda r^2\sqrt{\omega}(2\Delta\varepsilon_0 + 3\Delta\varepsilon_1\zeta_0)}{6(H+H_0)(1-\nu)\sqrt{2}}\,\frac{G_{31}(\sqrt{\omega\zeta_0}) + G_{32}(\sqrt{\omega\zeta_0})}{\sqrt{2}}}{G_{21}(\sqrt{\omega\zeta_0})\,\frac{G_{31}(\sqrt{\omega\zeta_0}) - G_{32}(\sqrt{\omega\zeta_0})}{\sqrt{2}} + G_{22}(\sqrt{\omega\zeta_0})\,\frac{G_{31}(\sqrt{\omega\zeta_0}) + G_{32}(\sqrt{\omega\zeta_0})}{\sqrt{2}}}$$

$$- \frac{\left[k_1\,\frac{J_{31}(\sqrt{\omega\zeta_0}) - J_{32}(\sqrt{\omega\zeta_0})}{\sqrt{2}} + k_2\,\frac{J_{31}(\sqrt{\omega\zeta_0}) + J_{32}(\sqrt{\omega\zeta_0})}{\sqrt{2}}\right] G_{21}(\sqrt{\omega\zeta_0}) + \left[k_1 J_{22}(\sqrt{\omega\zeta_0}) - k_2 J_{21}(\sqrt{\omega\zeta_0})\right]\frac{G_{31}(\sqrt{\omega\zeta_0}) - G_{32}(\sqrt{\omega\zeta_0})}{\sqrt{2}}}{G_{21}\sqrt{\omega\zeta_0}\,\frac{G_{31}(\sqrt{\omega\zeta_0}) - G_{32}(\sqrt{\omega\zeta_0})}{\sqrt{2}} + G_{22}(\sqrt{\omega\zeta_0})\,\frac{G_{31}(\sqrt{\omega\zeta_0}) + G_{32}(\sqrt{\omega\zeta_0})}{\sqrt{2}}}$$

$$k_4 = \frac{-\frac{41}{72}\, r\sqrt{2}\,\zeta_0\left[\frac{\gamma r^2}{E H_0(1-\nu^2)} + \frac{\Delta\varepsilon_0 + \Delta\varepsilon_1\zeta_0}{1-\nu}\right] G_{22}(\sqrt{\omega\zeta_0}) + \frac{\lambda r^2\sqrt{\omega}(2\Delta\varepsilon_0 + 3\Delta\varepsilon_1\zeta_0)}{6(H+H_0)(1-\nu)\sqrt{2}}\,\frac{G_{31}(\sqrt{\omega\zeta_0}) - G_{32}(\sqrt{\omega\zeta_0})}{\sqrt{2}}}{G_{21}(\sqrt{\omega\zeta_0})\,\frac{G_{31}(\sqrt{\omega\zeta_0}) - G_{32}(\sqrt{\omega\zeta_0})}{\sqrt{2}} + G_{22}(\sqrt{\omega\zeta_0})\,\frac{G_{31}(\sqrt{\omega\zeta_0}) - G_{32}(\sqrt{\omega\zeta_0})}{\sqrt{2}}}$$

$$- \frac{\left[k_1\,\frac{J_{31}(\sqrt{\omega\zeta_0}) - J_{32}(\sqrt{\omega\zeta_0})}{\sqrt{2}} + k_2\,\frac{J_{31}(\sqrt{\omega\zeta_0}) + J_{32}(\sqrt{\omega\zeta_0})}{\sqrt{2}}\right] G_{22}(\sqrt{\omega\zeta_0}) - \left[k_1 J_{22}(\sqrt{\omega\zeta_0}) - k_2 J_{22}(\sqrt{\omega\zeta_0})\right]\frac{G_{31}(\sqrt{\omega\zeta_0}) - G_{32}(\sqrt{\omega\zeta_0})}{\sqrt{2}}}{G_{21}(\sqrt{\omega\zeta_0})\,\frac{G_{31}(\sqrt{\omega\zeta_0}) - G_{32}(\sqrt{\omega\zeta_0})}{\sqrt{2}} + G_{22}(\sqrt{\omega\zeta_0})\,\frac{G_{31}(\sqrt{\omega\zeta_0}) + G_{32}(\sqrt{\omega\zeta_0})}{\sqrt{2}}} \qquad (68)$$

Es möge nun an einem Beispiel die Anwendung dieser Gleichungen vorgeführt werden. Hierzu sei eine Bogenstaumauer mit folgenden Abmessungen untersucht (Abb. 835):

$$H_b = 70\text{ m};\quad r = 50\text{ m};\quad h_0 = 1{,}0\text{ m};\quad h'_u = 9{,}4\text{ m}.$$

Die der Felsnachgiebigkeit Rechnung tragende theoretische Einspanntiefe, die nach früherem etwa 40 bis 60% der Fußbreite ausmacht, sei zu $H_f = 5$ m angenommen. Damit ergibt sich

$$H = H_b + H_f = 70 + 5 = 75\text{ m};$$
$$h_u = 9{,}4 + 0{,}6 = 10,\text{ m}.$$

Ferner folgt

$$\lambda = \frac{10{,}0 - 1{,}0}{75} = 0{,}120;\quad H_0 = \frac{1{,}0}{0{,}120} = 8{,}33\text{ m};\quad H + H_0 = 83{,}33\text{ m};$$

$$\zeta_0 = \frac{8{,}33}{83{,}33} = 0{,}100.$$

$$\omega = \frac{41}{3} \cdot \frac{83{,}33}{0{,}120 \cdot 50} = 190{,}0;\quad \sqrt{\omega} = 13{,}78;\quad \sqrt{\omega}\,\zeta_0 = 4{,}36.$$

Über Raumgewichte und Elastizitätskonstanten seien folgende Annahmen gemacht:

$$\gamma = 1\text{ t/m}^3;\quad \gamma_b = 2{,}40\text{ t/m}^3;\quad E = 2000000\text{ t/m}^2;\quad \nu = \tfrac{1}{6}.$$

Man entnimmt nun zunächst der bereits mehrfach erwähnten Funktionentafel die Randwerte der Zylinderfunktionen und erhält:

$$J_{01}\left(\sqrt{\omega}\,\zeta_0\right) = -3{,}783;\quad J_{02}\left(\sqrt{\omega}\,\zeta_0\right) = -1{,}937;$$
$$\frac{J_{11}(\sqrt{\omega}\,\xi_0) - J_{12}(\sqrt{\omega}\,\xi_0)}{\sqrt{2}} = +3{,}616;\quad \frac{J_{11}(\sqrt{\omega}\,\xi_0) + J_{12}(\sqrt{\omega}\,\xi_0)}{\sqrt{2}} = -1{,}544.$$

$$J_{21}\left(\sqrt{\omega}\,\zeta_0\right) = +3{,}075;\quad J_{22}\left(\sqrt{\omega}\,\zeta_0\right) = +0{,}2785;$$
$$\frac{J_{31}(\sqrt{\omega}\,\xi_0) - J_{32}(\sqrt{\omega}\,\xi_0)}{\sqrt{2}} = -0{,}7947;\quad \frac{J_{31}(\sqrt{\omega}\,\xi_0) + J_{32}(\sqrt{\omega}\,\xi_0)}{\sqrt{2}} = +1{,}799.$$

$$J_{01}\left(\sqrt{\omega}\right) = -1838;\quad J_{02}\left(\sqrt{\omega}\right) = -147{,}9;$$
$$\frac{J_{11}(\sqrt{\omega}) - J_{12}(\sqrt{\omega})}{\sqrt{2}} = +1337;\quad \frac{J_{11}(\sqrt{\omega}) + J_{12}(\sqrt{\omega})}{\sqrt{2}} = -1202.$$

$$J_{21}\left(\sqrt{\omega}\right) = +1664;\quad J_{22}\left(\sqrt{\omega}\right) = -46{,}11;$$
$$\frac{J_{31}(\sqrt{\omega}) - J_{32}(\sqrt{\omega})}{\sqrt{2}} = -853{,}9;\quad \frac{J_{31}(\sqrt{\omega}) + J_{32}(\sqrt{\omega})}{\sqrt{2}} = +1188.$$

$$G_{01}\left(\sqrt{\omega}\,\zeta_0\right) = -0{,}02562;\quad G_{02}\left(\sqrt{\omega}\,\zeta_0\right) = -0{,}008394;$$
$$\frac{G_{11}(\sqrt{\omega}\,\xi_0) - G_{12}(\sqrt{\omega}\,\xi_0)}{\sqrt{2}} = -0{,}02691;\quad \frac{G_{11}(\sqrt{\omega}\,\xi_0) + G_{12}(\sqrt{\omega}\,\xi_0)}{\sqrt{2}} = +0{,}01135.$$

$$G_{21}\left(\sqrt{\omega}\,\zeta_0\right) = +0{,}03083;\quad G_{22}\left(\sqrt{\omega}\,\zeta_0\right) = +0{,}02074;$$
$$\frac{G_{31}(\sqrt{\omega}\,\xi_0) - G_{32}(\sqrt{\omega}\,\xi_0)}{\sqrt{2}} = +0{,}05519;\quad \frac{G_{31}(\sqrt{\omega}\,\xi_0) + G_{32}(\sqrt{\omega}\,\xi_0)}{\sqrt{2}} = +0{,}007682.$$

Wird die Untersuchung auf die Belastung aus Wasserdruck beschränkt, so ergeben sich die folgenden Festwerte:

$$E k_1 = 2500 \cdot \sqrt{2} \cdot \frac{1}{0{,}120}\,\frac{-147{,}9 + \dfrac{2}{13{,}78} \cdot 1337 + 0{,}100 \cdot 147{,}8}{147{,}9 \cdot 1202 - 1838 \cdot 1337} = -0{,}789,$$

$$E k_2 = 2500 \cdot \sqrt{2} \cdot \frac{1}{0{,}120}\,\frac{+1838 - \dfrac{2}{13{,}78} \cdot 1202 - 0{,}100 \cdot 1838}{147{,}9 \cdot 1202 - 1838 \cdot 1337} = -19{,}13,$$

$$E k_3 = -\frac{41}{72} \cdot 50 \sqrt{2 \cdot 0{,}100}\, \frac{1 \cdot 2500}{8{,}33 \cdot \frac{35}{36}}\, \frac{0{,}03083}{0{,}03083 \cdot 0{,}05519 + 0{,}02074 \cdot 0{,}00768} -$$

$$- \frac{(0{,}789 \cdot 0{,}7947 - 19{,}13 \cdot 1{,}799) \cdot 0{,}03083 + (-0{,}789 \cdot 0{,}2785 + 19{,}13 \cdot 3{,}075) \cdot 0{,}00768}{0{,}03083 \cdot 0{,}05519 + 0{,}02074 \cdot 0{,}00768} =$$

$$= -65200 + 320 = -64900,$$

$$E k_4 = -\frac{41}{72} \cdot 50 \sqrt{2 \cdot 0{,}100}\, \frac{1 \cdot 2500}{8{,}33 \cdot \frac{35}{36}}\, \frac{0{,}02074}{0{,}03083 \cdot 0{,}05519 + 0{,}02074 \cdot 0{,}00768} -$$

$$- \frac{(0{,}789 \cdot 0{,}7947 - 19{,}13 \cdot 1{,}799) \cdot 0{,}02074 - (-0{,}789 \cdot 0{,}2785 + 19{,}13 \cdot 3{,}075) \cdot 0{,}005519}{0{,}03083 \cdot 0{,}05519 + 0{,}02074 \cdot 0{,}00768} =$$

$$= -43900 + 2100 = -41800.$$

Damit können Ringkräfte und Momente nach (61) und (62) punktweise berechnet werden. Wird die Intervallteilung zu 5,0 m gewählt, so liefert die Zahlenrechnung nebenstehendes Bild. Den Werten unterhalb der eigentlichen Mauerhöhe $H_b = 70$ m fällt keine praktische Bedeutung zu.

m unter Mauerkrone	s_φ nach Ringformel t/m	s_φ nach Ringmauerformel t/m	b_x mt/m
0,0	0	— 80	0,0
5,0	— 250	— 257	— 12,1
10,0	— 500	— 493	— 28,5
15,0	— 750	— 762	— 42,9
20,0	—1000	—1052	— 64,6
25,0	—1250	—1348	— 112,1
30,0	—1500	—1629	— 208,2
35,0	—1750	—1865	— 367,2
40,0	—2000	—2021	— 577,9
45,0	—2250	—2049	— 797,9
50,0	—2500	—1927	— 909,8
55,0	—2750	—1624	— 721,7
60,0	—3000	—1173	+ 48,0
65,0	—3250	— 665	+1686,0
70,0	—3500	— 200	+4611,0
(75,0)	(—3750)	— 0	(+9074,0)

Wie die Auftragung der Ringkräfte s_φ nach Ring- und Ringmauerformel (Abb. 836) zeigt, werden die oberen $^3/_5$ der Mauerhöhe durch die Stützmauerwirkung praktisch nicht berührt. Die letztere nimmt nahezu geradlinig vom $^3/_5$-Punkt zur Sohle zu.

Die aus s_φ und b_x nach (63) und (64) folgenden Ring- und Biegungsspannungen können für die gewählte Unterteilung aus der nachstehenden Zahlentafel entnommen werden; die Spannungen nach der Ringformel sind zum Vergleich in Klammern beigefügt. Der kurvenmäßige Verlauf ist aus Abb. 837 und 838 ersichtlich.

$x - H_0$	σ_φ		σ_{bx}	σ_{gw}	σ_{gl}	$\sigma_{bw} = \sigma_{bx}^{w} + \sigma_{gw}$	$\sigma_{bl} = \sigma_{bx}^{l} + \sigma_{gl}$
0,0	8,0	(0,0)	∓ 0,0	0,0	0,0	0,0	0,0
5,0	16,1	(15,6)	∓ 2,8	1,5	0,5	+ 4,3	— 2,3
10,0	22,5	(22,7)	∓ 3,5	3,0	0,5	+ 6,5	— 3,0
15,0	27,2	(26,8)	∓ 3,3	4,5	0,5	+ 7,8	— 2,8
20,0	30,9	(29,4)	∓ 3,4	5,8	0,4	+ 9,2	— 3,0
25,0	33,7	(31,2	∓ 4,2	7,1	0,4	+11,3	— 3,8
30,0	35,4	(32,6)	∓ 5,9	8,4	0,3	+14,3	— 5,6
35,0	35,9	(33,6)	∓ 8,1	9,7	0,3	+17,8	— 7,8
40,0	34,8	(34,5)	∓10,3	11,0	0,3	+21,3	—10,0
45,0	32,0	(35,2)	∓11,7	12,2	0,2	+23,9	—11,5
50,0	27,5	(35,7)	∓11,1	13,5	0,2	+24,6	—10,9
55,0	21,4	(36,2)	∓ 7,5	14,7	0,2	+22,2	— 7,3
60,0	14,3	(36,6)	± 0,4	15,9	0,2	+15,5	+ 0,2
65,0	7,6	(36,9)	±13,1	17,2	0,2	+ 4,1	+13,3
70,0	2,1	(37,2)	±31,3	18,4	0,2	—12,9	+31,5
75,0	(0,0)	(37,5)	(±54,4)	(19,6)	(0,2)	(—34,8)	(+54,6)

Eine Beurteilung der Biegungsspannungen ist nur in Verbindung mit den Eigengewichtsspannungen von praktischem Nutzen. Da für die letzteren, wie früher bereits bemerkt wurde, die Schalenwirkung ausscheidet, ergeben sich nach der Trapezregel die einfachen Formeln

$$\left.\begin{aligned} \sigma_{gw} &= -\gamma_b\, x \left(1 + \frac{h_0}{h} - \frac{h_0^2}{h^2}\right) && \text{(wasserseitig)} \\ \sigma_{gl} &= -\gamma_b\, x \frac{h_0^2}{h^2} && \text{(luftseitig)} \end{aligned}\right\} \tag{69}$$

In Anwendung auf das gewählte Zahlenbeispiel folgen hieraus die in der vorhergehenden Zahlentafel aufgeführten Randspannungen.

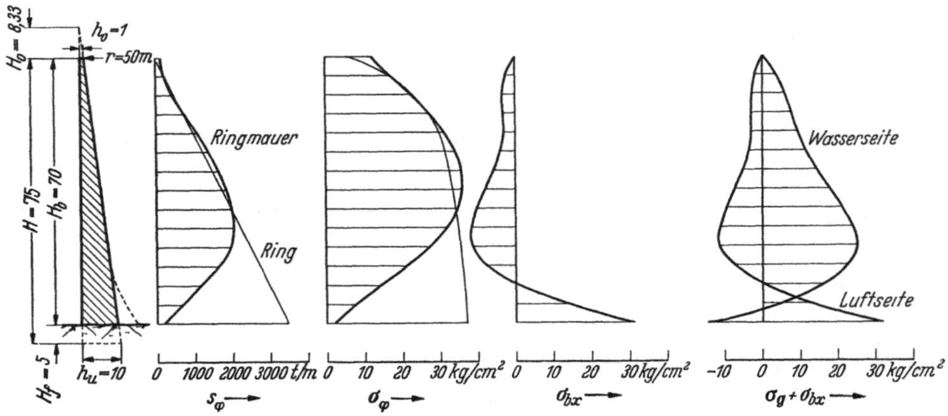

Abb. 835. Abb. 836. Abb. 837. Abb. 838. Abb. 839.

Abb. 835—839. Spannungszustand einer hochelastischen Bogenstaumauer mit Trapezprofil.

Überlagert man Ringmauerbiegungsspannungen und Eigengewichtsspannungen (vgl. die vorhergehende Zahlentafel), so ergibt sich der aus Abb. 839 ersichtliche Verlauf der wasser- und luftseitigen Randspannungen. Hiernach erfährt die Luftseite in den oberen $^6/_7$ der Mauerhöhe Zugspannungen, die im Bereich des unteren Mauerdrittels ihren Höchstwert von rund 12 kg/cm² erreichen, während die Wasserseite überwiegend auf Druck beansprucht ist. Der Zugzone in nächster Nähe des Gründungsfelsens läßt sich in wirksamer Weise durch Vorlegen eines luftseitigen Strebefußes begegnen (vgl. hierzu Ziffer 4).

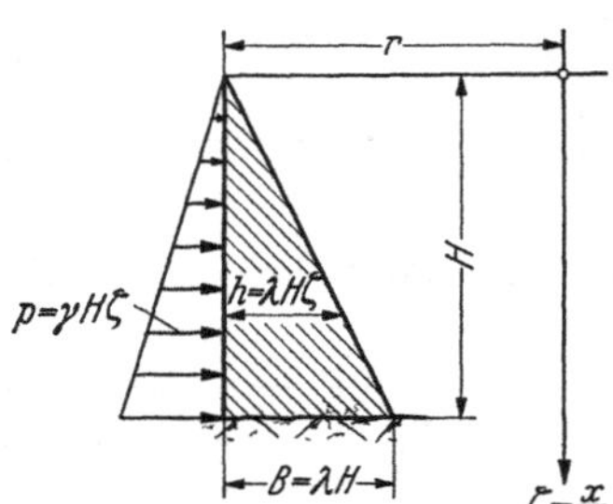

Abb. 840.

Im ganzen gesehen, schneidet die vorstehend untersuchte hochelastische Bogenstaumauer recht gut ab. Die im Vergleich zur Gewichtsmauer sehr große Baustoffersparnis von rund 80% wird dank der einfachen und klaren Formgebung durch keinerlei herstellungstechnische Nachteile erkauft. Die größten Druckspannungen halten sich mit 35 kg/cm² in mäßigen Grenzen und die Zugspannungen an der Luftseite können durch eine entsprechende Bewehrung einwandfrei übertragen werden. Ein Rosten der letzteren läßt sich durch eine wasserseitige Mauerdränung stets verhindern. Durch Vorlegen eines luftseitigen Strebefußes, wie er in die Querschnittszeichnung von Abb. 835 einstrichliert ist, kann ein Abreißen vom Gründungsfelsen mit Sicherheit vermieden werden.

Ähnlich wie im Falle der Pacoima-Staumauer müßte nun noch eine Untersuchung des Einflusses der Temperaturschwankungen angeschlossen werden, was dank der Hineinnahme eines linearveränderlichen ε_t und $\Delta\varepsilon_t$ in die allgemeinen Formeln (61) bis (68) ohne Schwierigkeiten geschehen kann. Da der allgemeine Verlauf der Temperatureinflüsse durch Änderungen der Formgebung nur in geringem Maße beeinträchtigt wird, kann auf eine erneute zahlenmäßige Durchrechnung hier verzichtet werden.

(3) Kreiszylindrische Bogenmauern mit Dreiecksquerschnitt. Der Dreiecksquerschnitt, der einen Sonderfall des Trapezquerschnittes darstellt, wurde bereits gelegentlich der Besprechung der Bogengewichtsmauern (Kap. 19) eingehend behandelt. Wenn er hier noch einmal aufgegriffen wird, so nur deshalb, um eine Ergänzung der früher gefundenen Formeln hinsichtlich der Temperatureinflüsse vorzunehmen. Mit $H_0 = 0$ und dementsprechend $\zeta_0 = 0$ (Abb. 840) nehmen die Gln. (59) bis (68) die folgende Form an:

$$\left.\begin{aligned} w = &-\frac{\gamma r^2}{E\lambda} + \varepsilon_0 r - \frac{2r^2\lambda\Delta\varepsilon_1}{3(1+\nu)H} + r\varepsilon_1\zeta + \sqrt{\frac{1}{2\zeta}}\left[k_1\frac{J_{11}(\sqrt{\omega\zeta}) + J_{12}(\sqrt{\omega\zeta})}{\sqrt{2}} - \right.\\ &\left. - k_2\frac{J_{11}(\sqrt{\omega\zeta}) - J_{12}(\sqrt{\omega\zeta})}{\sqrt{2}} + k_3\frac{G_{11}(\sqrt{\omega\zeta}) + G_{12}(\sqrt{\omega\zeta})}{\sqrt{2}} - k_4\frac{G_{11}(\sqrt{\omega\zeta}) - G_{12}(\sqrt{\omega\zeta})}{\sqrt{2}}\right] \end{aligned}\right\} \quad (70)$$

$$\omega = \frac{4H}{\lambda r}\sqrt{12(1-\nu^2)} = \frac{41}{3}\frac{H}{\lambda r} \quad \left(\text{für } \nu = \frac{1}{6}\right), \quad (71)$$

$$\left.\begin{aligned} s_\varphi = N = &-\gamma r H\zeta - \frac{2r\lambda^2 E\Delta\varepsilon_1}{3(1+\nu)}\zeta + \frac{\lambda E H}{r\sqrt{2}}\sqrt{\zeta}\left[k_1\frac{J_{11}(\sqrt{\omega\zeta}) + J_{12}(\sqrt{\omega\zeta})}{\sqrt{2}} - \right.\\ &\left. - k_2\frac{J_{11}(\sqrt{\omega\zeta}) - J_{12}(\sqrt{\omega\zeta})}{\sqrt{2}} + k_3\frac{G_{11}(\sqrt{\omega\zeta}) + G_{12}(\sqrt{\omega\zeta})}{\sqrt{2}} - k_4\frac{G_{11}(\sqrt{\omega\zeta}) - G_{12}(\sqrt{\omega\zeta})}{\sqrt{2}}\right] \end{aligned}\right\} \quad (72)$$

$$\left.\begin{aligned} b_x = M = &-\frac{EH^2\lambda^2\zeta^2(\Delta\varepsilon_0 + \Delta\varepsilon_1\zeta)}{6(1-\nu)} - \frac{12}{41}\frac{\lambda^2 E H^2}{r\sqrt{2}}\zeta\sqrt{\zeta}\left[k_1\frac{J_{31}(\sqrt{\omega\zeta}) - J_{32}(\sqrt{\omega\zeta})}{\sqrt{2}} + \right.\\ &\left. + k_2\frac{J_{31}(\sqrt{\omega\zeta}) + J_{32}(\sqrt{\omega\zeta})}{\sqrt{2}} + k_3\frac{G_{31}(\sqrt{\omega\zeta}) - G_{32}(\sqrt{\omega\zeta})}{\sqrt{2}} + k_4\frac{G_{31}(\sqrt{\omega\zeta}) + G_{32}(\sqrt{\omega\zeta})}{\sqrt{2}}\right] \end{aligned}\right\} \quad (73)$$

$$\left.\begin{aligned} \sigma_y = &-\frac{\lambda r}{\lambda} - \frac{2r\lambda E\Delta\varepsilon_1}{3(1+\nu)H} + \frac{E}{r\sqrt{2\zeta}}\left[k_1\frac{J_{11}(\sqrt{\omega\zeta}) + J_{12}(\sqrt{\omega\zeta})}{\sqrt{2}} - \right.\\ &\left. - k_2\frac{J_{11}(\sqrt{\omega\zeta}) - J_{12}(\sqrt{\omega\zeta})}{\sqrt{2}} + k_3\frac{G_{11}(\sqrt{\omega\zeta}) + G_{12}(\sqrt{\omega\zeta})}{\sqrt{2}} - k_4\frac{G_{11}(\sqrt{\omega\zeta}) - G_{12}(\sqrt{\omega\zeta})}{\sqrt{2}}\right] \end{aligned}\right\} \quad (74)$$

$$\left.\begin{aligned} \sigma_{bx} = &-\frac{E(\Delta\varepsilon_0 + \Delta\varepsilon_1\zeta)}{1-\nu} - \frac{72}{41}\frac{E}{r\sqrt{2\zeta}}\left[k_1\frac{J_{31}(\sqrt{\omega\zeta}) - J_{32}(\sqrt{\omega\zeta})}{\sqrt{2}} + \right.\\ &\left. + k_2\frac{J_{31}(\sqrt{\omega\zeta}) + J_{32}(\sqrt{\omega\zeta})}{\sqrt{2}} + k_3\frac{G_{31}(\sqrt{\omega\zeta}) - G_{32}(\sqrt{\omega\zeta})}{\sqrt{2}} + k_4\frac{G_{31}(\sqrt{\omega\xi}) + G_{32}(\sqrt{\omega\xi})}{\sqrt{2}}\right] \end{aligned}\right\} \quad (75)$$

$$\left.\begin{aligned} \frac{\mathrm{d}s_\varphi}{\mathrm{d}x} = \frac{\mathrm{d}N}{\mathrm{d}x} = &-\gamma r - \frac{2r\lambda^2 E\Delta\varepsilon_1}{3(1+\nu)H} + \frac{\lambda E\sqrt{\omega}}{2r\sqrt{2}}\left[k_1 J_{01}(\sqrt{\omega\zeta}) + k_2 J_{02}(\sqrt{\omega\zeta}) + \right.\\ &\left. + k_3 G_{01}(\sqrt{\omega\zeta}) + k_4 G_{02}(\sqrt{\omega\zeta})\right] \end{aligned}\right\} \quad (76)$$

$$\left.\begin{aligned} \frac{\mathrm{d}b_x}{\mathrm{d}x} = Q = &-\frac{E\lambda^2 H(2\Delta\varepsilon_0\zeta + 3\Delta\varepsilon_1\zeta^2)}{6(1-\nu)} + \frac{\lambda E H^2\sqrt{2}}{r^2\sqrt{\omega}}\zeta\left[k_1 J_{22}(\sqrt{\omega\zeta}) - \right.\\ &\left. - k_2 J_{21}(\sqrt{\omega\zeta}) + k_3 G_{22}(\sqrt{\omega\zeta}) - k_4 G_{21}(\sqrt{\omega\zeta})\right] \end{aligned}\right\} \quad (77)$$

$$\left.\begin{aligned} k_1 &= r^2\sqrt{2}\,\frac{\left[\dfrac{\gamma}{\lambda E} + \dfrac{2\lambda\Delta\varepsilon_1}{3(1+\nu)H}\right]\left[J_{02}(\sqrt{\omega}) + \dfrac{2}{\sqrt{\omega}}\dfrac{J_{11}(\sqrt{\omega}) - J_{12}(\sqrt{\omega})}{\sqrt{2}}\right]}{J_{02}(\sqrt{\omega})\dfrac{J_{11}(\sqrt{\omega}) + J_{12}(\sqrt{\omega})}{\sqrt{2}} + J_{01}(\sqrt{\omega})\dfrac{J_{11}(\sqrt{\omega}) - J_{12}(\sqrt{\omega})}{\sqrt{2}}}, \\ k_2 &= r^2\sqrt{2}\,\frac{\left[\dfrac{\gamma}{\lambda E} + \dfrac{2\lambda\Delta\varepsilon_1}{3(1+\nu)H}\right]\left[-J_{01}(\sqrt{\omega}) + \dfrac{2}{\sqrt{\omega}}\dfrac{J_{11}(\sqrt{\omega}) + J_{12}(\sqrt{\omega})}{\sqrt{2}}\right]}{J_{02}(\sqrt{\omega})\dfrac{J_{11}(\sqrt{\omega}) + J_{12}(\sqrt{\omega})}{\sqrt{2}} + J_{01}(\sqrt{\omega})\dfrac{J_{11}(\sqrt{\omega}) - J_{12}(\sqrt{\omega})}{\sqrt{2}}}, \\ k_3 &= k_4 = 0 \end{aligned}\right\} \quad (78)$$

(4) Kreiszylindrische Bogenmauern mit Trapezquerschnitt und Strebefuß. Unter Ziffer (2) ist bereits darauf hingewiesen worden, daß kreiszylindrischen Bogenmauern mit Trapezquerschnitt luftseitig ein Strebefuß vorgelagert werden muß, um ein Abreißen des wasserseitigen Mauerfußes zu vermeiden. Durch den Strebefuß wird das Moment des Mauergewichtes auf die Gründungsfuge so vergrößert, daß die resultierende Gewichtskraft aus dem Kern herausfällt, wodurch die Wasserseite zusätzlich belastet und die Luftseite entlastet wird. Die Fußbreite kann stets so gewählt werden, daß das Gegenmoment der Gewichtskraft dem Stützmauermoment insoweit die Waage hält, daß am wasserseitigen Mauerfuß keine Zugspannungen auftreten.

Wird gemäß Abb. 841 die Sohlenbreite des Strebefußes mit $\varDelta h_u$ bezeichnet und ist η der Abstand der resultierenden Gewichtskraft von der Wasserseite, so errechnen sich die Randspannungen unter Benutzung der Kernmomente zu

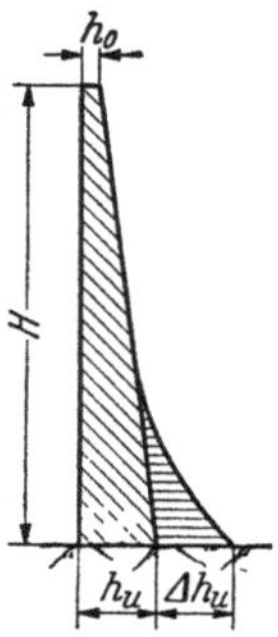

Abb. 841.

$$\sigma_{gw} = -\frac{G\left[\frac{2}{3}(h_u + \varDelta h_u) - \eta\right]}{\frac{1}{6}(h_u + \varDelta h_u)^2};$$

$$\sigma_{gl} = +\frac{G\left[\frac{1}{3}(h_u + \varDelta h_u) - \eta\right]}{\frac{1}{6}(h_u + \varDelta h_u)^2}.$$

Nach bekannten Beziehungen für Trapezquerschnitte ist

$$G = \gamma_b H \frac{h_u + h_0}{2}; \qquad \eta = \frac{1}{3}\frac{h_u^2 + h_u h_0 + h_0^2}{h_u + h_0}.$$

Damit erhält man

$$\left.\begin{aligned} \sigma_{gw} &= -\gamma_b H \frac{(h_u + 2\varDelta h_u)(h_u + h_0) - h_0^2}{(h_u + \varDelta h_u)^2}; \\ \sigma_{gl} &= +\gamma_b H \frac{\varDelta h_u (h + h_0) - h_0^2}{(h_u + \varDelta h_u)^2} \end{aligned}\right\} \text{(Trapezquerschnitt mit Strebefuß)}. \quad (79)$$

Soll nun σ_{gw} die Biegungsspannung $\sigma_{bx}^{(\zeta=1)}$ nach (64) — unter Berücksichtigung der geänderten Sohlenbreite — gerade auslöschen, so ergibt sich die Bedingungsgleichung

$$\sigma_{gw} = \sigma_{bx}^{(\zeta=1)} \left(\frac{h_u}{h_u + \varDelta h_u}\right)^2 \quad \text{(ohne Sohlenwasserdruck)}. \quad (80)$$

Wird, was im allgemeinen anzuraten ist, Sohlenwasserdruck berücksichtigt, so ergibt sich entsprechend

$$\sigma_{gw} + m\gamma H = \sigma_{bx}^{(\zeta=1)} \left(\frac{h_u}{h_u + \varDelta h_u}\right)^2 \quad \text{(mit Sohlenwasserdruck)}. \quad (81)$$

Beim Einsetzen von $\sigma_{bx}^{(\zeta=1)}$ sind selbstverständlich die Temperaturglieder zu streichen. Gl. (81) lautet daher ausführlich geschrieben

$$\left.\begin{aligned} &-\gamma_b H \frac{(h_u + 2\varDelta h_u)(h_u + h_0) - h_0^2}{(h_u + \varDelta h_u)^2} + m\gamma H \Bigg| = \Bigg| -\frac{\gamma \zeta_0 r^2}{(1 - \nu^2)(H + H_0)} - \\ &- \frac{72}{41}\frac{E}{r\sqrt{2}}\left[k_1 \frac{J_{31}(\sqrt{\omega}) - J_{32}(\sqrt{\omega})}{\sqrt{2}} + k_2 \frac{J_{31}(\sqrt{\omega}) + J_{32}(\sqrt{\omega})}{\sqrt{2}} + \right. \\ &\left. + k_3 \frac{G_{31}(\sqrt{\omega}) - G_{32}(\sqrt{\omega})}{\sqrt{2}} + k_4 \frac{G_{31}(\sqrt{\omega}) + G_{32}(\sqrt{\omega})}{\sqrt{2}}\right]\Bigg| \left(\frac{h_u}{h_u + \varDelta h_u}\right)^2 \end{aligned}\right\} \quad (81)$$

Wird diese Gleichung nach $\varDelta h_u$ aufgelöst, so ergibt sich, wenn die rechte Seite durch $|\sigma_{bx}|\left(\frac{h_u}{h_u + \varDelta h_u}\right)^2$ abgekürzt wird:

$$\varDelta h_u = -h_u + \frac{\gamma_b (h_u + h_0)}{m\gamma} - \sqrt{\frac{\gamma_b^2 (h_u + h_0)^2}{m^2 \gamma^2} - \frac{\gamma_b H (h_u^2 + 2 h_0^2) + |\sigma_{bx}| h_u^2}{m\gamma H}}. \quad (82)$$

In Anwendung auf die unter Ziffer (2) durchgerechnete hochelastische Bogenmauer erhält man, wenn $m = 0{,}3$ gesetzt wird,

$$\varDelta h_u = -10 + \frac{2{,}4 \cdot 11}{0{,}3 \cdot 1} - \sqrt{88^2 - \frac{2{,}4 \cdot 102}{0{,}3 \cdot 1} - \frac{544 \cdot 100}{0{,}3 \cdot 1 \cdot 75}} = +78 - \sqrt{7744 - 816 - 2410} = 11\,\text{m}.$$

In Hinblick darauf, daß durch den vorgesetzten Strebefuß die Stützmauerwirkung erhöht wird, empfiehlt es sich, an der Mauersohle den für die theoretische Einspanntiefe errechneten $\varDelta h_u$-Wert zugrunde zu legen. Entsprechend dem sehr starken Abklingen der Randeinspannung (Abb. 842) wird man den Strebefuß tunlichst niedrig halten. Ein Anzugsverhältnis von 0,4 kann noch als durchaus erträglich bezeichnet werden, wenn gleichzeitig für ein gutes Einbinden in den Felsen gesorgt wird (Abb. 842).

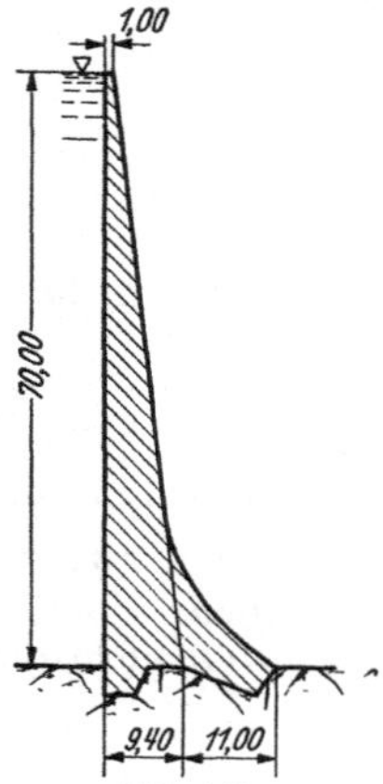

Abb. 842.

(5) Kreiszylindrische Bogenmauern mit Hyperbelquerschnitt. Dem durch den Strebefuß bedingten starken Anwachsen der Mauerstärke im Bereich der Talsohle läßt sich in mathematisch einfacher Weise durch Zugrundelegung eines hyperbolischen Mauerquerschnittes Rechnung tragen, z. B. in der Form

$$h = \frac{h_0}{-\left(1 - \frac{h_0}{h_u}\right)\frac{x}{H_b} + 1}, \qquad (83)$$

wenn h_0 die Kronenstärke, h_u die Sohlenstärke und H_b die tatsächliche Mauerhöhe bezeichnen (Abb. 843). Für $x = H_b \Big/ \left(1 - \frac{h_0}{h_u}\right)$ wird die aus (83) folgende Mauerstärke unendlich groß; es liegt daher nahe, diesen Wert als die ideelle, der Felsnachgiebigkeit Rechnung tragende Mauerhöhe

$$H = \frac{H_b}{1 - \frac{h_0}{h_u}} \qquad (84)$$

einzuführen und hierauf die Randbedingungen der Unverschieblichkeit und starren Einspannung zu beziehen. Mit (84) geht (83) über in

$$h = \frac{h_0}{1 - \frac{x}{H}}. \qquad (85)$$

Der Aufbau von (85) legt es nahe, eine dimensionslose Veränderliche gemäß

$$\zeta = 1 - \frac{x}{H} \qquad (86)$$

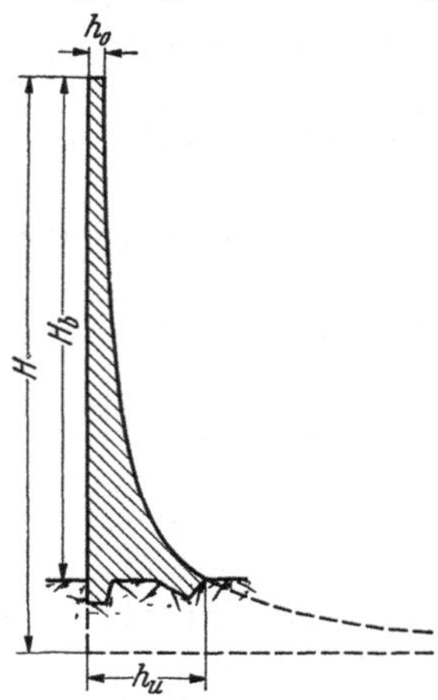

Abb. 843.

einzuführen. Diese wirkt sich auf die Differentialgleichung (41) in der Weise aus, daß alle Glieder mit ungeraden Ableitungen nach ζ das Vorzeichen wechseln. Man erhält daher

$$\overset{''''}{w_\zeta} - \frac{6h'}{h}\overset{'''}{w_\zeta} + 3\left(\frac{h''}{h} + \frac{2h'^2}{h^2}\right)\overset{''}{w_\zeta} + \frac{12(1-\nu^2)H^4}{h^2 r^2} w + \frac{12(1-\nu^2)H^4 r_a}{E h^3 r} p_w -$$
$$- 12(1-\nu^2)\frac{H^4 \varepsilon_t}{h^2 r} + \frac{2(1+\nu)H^2}{h}\left[\varDelta\varepsilon_t'' + \frac{4h'}{h}\varDelta\varepsilon_t' + 2\left(\frac{h''}{h} + \frac{h'^2}{h^2}\right)\varDelta\varepsilon_t\right] = 0. \qquad (87)$$

Da mit den nachfolgenden Untersuchungen in erster Linie der Einfluß des Strebefußes erfaßt werden soll, können Temperatureinflüsse von vornherein außer Betracht bleiben. Weiterhin kann auf die stets günstig wirkende

Veränderlichkeit von r verzichtet werden. Damit folgt, wenn gemäß (86) für h und p_w

$$h = \frac{h_0}{\zeta}\,; \quad p_w = \gamma H (1-\zeta)$$

geschrieben wird,

$$w_\zeta'''' - \frac{6}{\zeta} w_\zeta''' + \frac{12}{\zeta^2} w_\zeta'' + \frac{12(1-\nu^2)H^4}{h_0^2 r^2}\zeta^2 w + \frac{12\gamma H^5(1-\nu^2)\,r_a}{E h_0^3 r}(\zeta^3-\zeta^4) = 0. \tag{88}$$

Mit

$$w = \frac{12\gamma H^5(1-\nu^2)\,r_a}{E h_0^3 r}\,\Phi \tag{89}$$

$$\varkappa = \frac{12(1-\nu^2)H^4}{h_0^2 r^2} \tag{90}$$

geht (88) in die mathematisch sehr durchsichtige Form

$$\Phi'''' - \frac{6}{\zeta}\Phi''' + \frac{12}{\zeta^2}\Phi'' + \varkappa\zeta^2\Phi + \zeta^3(1-\zeta) = 0 \tag{91}$$

über.

Da w und w' und damit auch Φ und Φ' den Randbedingungen gemäß für $\zeta = 0$ verschwinden müssen, muß die Potenzreihenentwicklung von Φ mit Φ^5 beginnen. Um diese zu ermitteln, kann man in der Weise vorgehen, daß zunächst das Φ-Glied in (91) vernachlässigt wird. Dann ergibt sich in erster Annäherung

$$\Phi_1 = c_1\zeta^5 + c_2\zeta^6 - \frac{\zeta^7}{84} + \frac{\zeta^8}{336}.$$

Nun setzt man an Stelle des vernachlässigten Φ-Gliedes Φ_1 ein und erhält in zweiter Annäherung

$$\Phi_2 = \Phi_1 - c_1\frac{\varkappa\zeta^{11}}{3300} - c_2\frac{\varkappa\zeta^{12}}{5544} + \frac{\varkappa\zeta^{13}}{84\cdot 8736} - \frac{\varkappa\zeta^{14}}{336\cdot 13104}.$$

Wird nunmehr Φ_2 an Stelle von Φ eingeführt, folgt in dritter Annäherung

$$\Phi_3 = \Phi_2 + c_1\frac{\varkappa}{3300}\,\frac{\varkappa\zeta^{17}}{35904} + c_2\frac{\varkappa}{5544}\,\frac{\varkappa\zeta^{18}}{47736} - \frac{\varkappa}{84\cdot 8736}\,\frac{\varkappa\zeta^{19}}{62244} + \frac{\varkappa}{336\cdot 13104}\,\frac{\varkappa\zeta^{20}}{79800}.$$

Fährt man in dieser Weise fort, so ergibt sich schließlich die Schachteldarstellung

$$\left.\begin{aligned}
\Phi = {} & c_1\zeta^5\Big[1-\frac{\varkappa\zeta^6}{5\cdot 6\cdot 10\cdot 11}\Big[1-\frac{\varkappa\zeta^6}{11\cdot 12\cdot 16\cdot 17}\Big[1-\frac{\varkappa\zeta^6}{17\cdot 18\cdot 22\cdot 23}\Big[1-\frac{\varkappa\zeta^6}{23\cdot 24\cdot 28\cdot 29}\\
& \Big[1-\frac{\varkappa\zeta^6}{29\cdot 30\cdot 34\cdot 35}\Big[1-\frac{\varkappa\zeta^6}{35\cdot 36\cdot 40\cdot 41}\Big[1-\frac{\varkappa\zeta^6}{41\cdot 42\cdot 46\cdot 47}\Big[1-\frac{\varkappa\zeta^6}{47\cdot 48\cdot 52\cdot 53}\Big[1-\cdots\\
& + c_2\zeta^6\Big[1-\frac{\varkappa\zeta^6}{6\cdot 7\cdot 11\cdot 12}\Big[1-\frac{\varkappa\zeta^6}{12\cdot 13\cdot 17\cdot 18}\Big[1-\frac{\varkappa\zeta^6}{18\cdot 19\cdot 23\cdot 24}\Big[1-\frac{\varkappa\zeta^6}{24\cdot 25\cdot 29\cdot 30}\\
& \Big[1-\frac{\varkappa\zeta^6}{30\cdot 31\cdot 35\cdot 36}\Big[1-\frac{\varkappa\zeta^6}{36\cdot 37\cdot 41\cdot 42}\Big[1-\frac{\varkappa\zeta^6}{42\cdot 43\cdot 47\cdot 48}\Big[1-\frac{\varkappa\zeta^6}{48\cdot 49\cdot 53\cdot 54}\Big[1-\cdots\\
& -\frac{\zeta^7}{2\cdot 6\cdot 7}\Big[1-\frac{\varkappa\zeta^6}{7\cdot 8\cdot 12\cdot 13}\Big[1-\frac{\varkappa\zeta^6}{13\cdot 14\cdot 18\cdot 19}\Big[1-\frac{\varkappa\zeta^6}{19\cdot 20\cdot 24\cdot 25}\Big[1-\frac{\varkappa\zeta^6}{25\cdot 26\cdot 30\cdot 31}\\
& \Big[1-\frac{\varkappa\zeta^6}{31\cdot 32\cdot 36\cdot 37}\Big[1-\frac{\varkappa\zeta^6}{37\cdot 38\cdot 42\cdot 43}\Big[1-\frac{\varkappa\zeta^6}{43\cdot 44\cdot 48\cdot 49}\Big[1-\frac{\varkappa\zeta^6}{49\cdot 50\cdot 54\cdot 55}\Big[1-\cdots\\
& +\frac{\zeta^8}{6\cdot 7\cdot 8}\Big[1-\frac{\varkappa\zeta^6}{8\cdot 9\cdot 13\cdot 14}\Big[1-\frac{\varkappa\zeta^6}{14\cdot 15\cdot 19\cdot 20}\Big[1-\frac{\varkappa\zeta^6}{20\cdot 21\cdot 25\cdot 26}\Big[1-\frac{\varkappa\zeta^6}{26\cdot 27\cdot 31\cdot 32}\\
& \Big[1-\frac{\varkappa\zeta^6}{32\cdot 33\cdot 37\cdot 38}\Big[1-\frac{\varkappa\zeta^6}{38\cdot 39\cdot 43\cdot 44}\Big[1-\frac{\varkappa\zeta^6}{44\cdot 45\cdot 49\cdot 50}\Big[1-\frac{\varkappa\zeta^6}{50\cdot 51\cdot 55\cdot 56}\Big[1-\cdots
\end{aligned}\right\} \tag{92}$$

In (92) müssen um so mehr Glieder berücksichtigt werden, je größer $\varkappa$ ist. Die Festwerte c_1 und c_2 sind so zu bestimmen, daß am oberen Rande ($\zeta = 1$) Biegungsmoment und Querkraft, d. h. Φ'' und Φ''' verschwinden.

Ist Φ bekannt, so errechnen sich Kräfte, Momente, Spannungen und Durchbiegungen nach folgenden Formeln:

$$\left.\begin{aligned} s_\varphi &= -\frac{12\,\gamma\,H^5\,(1-\nu^2)\,r_a}{h_0^2\,r^2}\,\frac{\Phi}{\zeta} \\ b_x &= -\frac{\gamma\,H^3\,r_a}{r}\,\frac{\Phi''}{\zeta^3} \\ b_\varphi &= -\frac{\gamma\,H^3\,r_a\,\nu}{r}\,\frac{\Phi''}{\zeta^3} \end{aligned}\right\} \qquad (93)$$

$$\left.\begin{aligned} \sigma_\varphi &= -\frac{12\,\gamma\,H^5\,(1-\nu^2)\,r_a}{h_0^3\,r^2}\,\Phi \\ \sigma_{b\,x} &= (\mp)\,\frac{6\,\gamma\,H^3\,r_a}{h_0^2\,r}\,\frac{\Phi''}{\zeta} \\ \sigma_{b\,\varphi} &= (\mp)\,\frac{3\,\gamma\,H^3\,r_a\,\nu}{h_0^2\,r}\,\frac{\Phi''}{\zeta} \end{aligned}\right\} \qquad (94)$$

$$w = \frac{12\,\gamma\,H^5\,(1-\nu^2)\,r_a}{E\,h_0^3\,r}\,\Phi\,. \qquad (95)$$

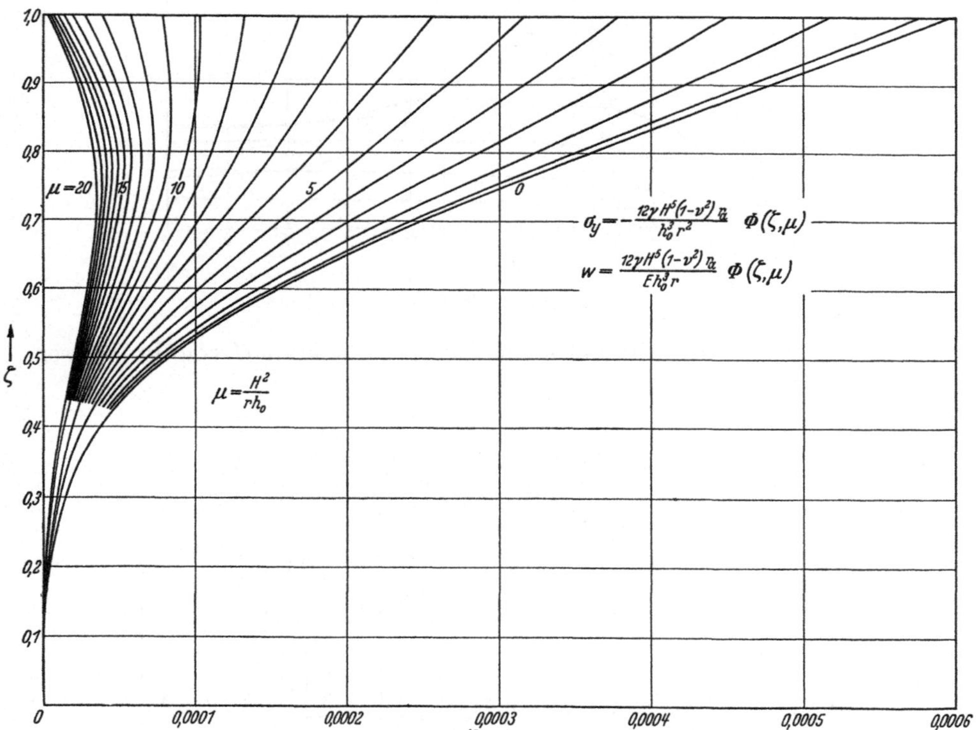

Abb. 844.

Um die Anwendung dieser Formeln zu erleichtern, sind die in (94) und (95) auftretenden Funktionen Φ und $\frac{\Phi''}{\zeta}$ in Abhängigkeit von ζ und $\mu = \frac{H^2}{r\,h_0}$ ein für allemal ausgewertet worden[1]. Sie können aus den graphischen Auftragungen der Abb. 844—847 unmittelbar abgegriffen werden. Um einen Vergleich der Ring- und Biegungsspannungen zu ermöglichen, ist in Abb. 845 nicht Φ, sondern

[1] Mein Assistent, Herr Oberingenieur Dipl.-Ing. K. Killius, hatte die Freundlichkeit, diese Auswertungen im einzelnen durchzuführen.

$2\mu\Phi$ aufgetragen worden; hierdurch ergibt sich bis auf den bedeutungslosen Faktor $(1-\nu^2)$ für σ_φ und σ_{bx} der gleiche Multiplikator.

Da die wasserseitigen Biegungszugspannungen σ_{bx} durch die Eigengewichtspressungen aufgehoben werden müssen, sind die letzteren noch zu ermitteln. Für einen waagerechten Schnitt im Abstande $(H-x)$ unter der Krone folgt zunächst (Abb. 848)

$$G(x) = \gamma_b H \int_\zeta^1 \frac{h_0}{\zeta} \, d\zeta = -\gamma_b H h_0 \ln \zeta ;$$

$$M_w(x) = \gamma_b H \int_\zeta^1 \frac{h_0}{\zeta} \frac{h_0}{2\zeta} \, d\zeta = -\frac{1}{2} \gamma_b H h_0^2 \left(1 - \frac{1}{\zeta}\right) \quad \text{(Moment in bezug auf wasserseitigen Randpunkt).}$$

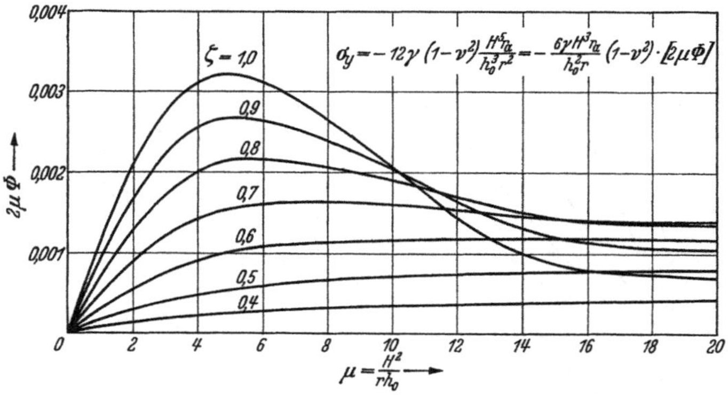

Abb. 845.

Hieraus ergibt sich der Abstand η der Eigengewichtskraft G von der Wasserseite zu

$$\eta = \frac{M_w}{G} = \frac{1}{2} h_0 \frac{-1 + \frac{1}{\zeta}}{\ln \frac{1}{\zeta}},$$

so daß man für die Kernmomente

$$M_{kw} = -G\left(\eta + \frac{1}{3}\frac{h_0}{\zeta}\right) = -\gamma_b H h_0^2 \ln\frac{1}{\zeta}\left[-\frac{\frac{1}{2}\left(1-\frac{1}{\zeta}\right)}{\ln\frac{1}{\zeta}} + \frac{\frac{1}{3}}{\zeta}\right],$$

$$M_{kl} = +G\left(\frac{1}{3}\frac{h_0}{\zeta} - \eta\right) = +\gamma_b H h_0^2 \ln\frac{1}{\zeta}\left[+\frac{\frac{1}{2}\left(1-\frac{1}{\zeta}\right)}{\ln\frac{1}{\zeta}} + \frac{\frac{1}{3}}{\zeta}\right]$$

erhält. Damit folgt für die Randspannungen

$$\left.\begin{aligned} \sigma_{gw} &= \frac{M_{kw}}{W} = -6\gamma_b H \zeta^2 \ln\frac{1}{\zeta}\left[-\frac{\frac{1}{2}\left(1-\frac{1}{\zeta}\right)}{\ln\frac{1}{\zeta}} + \frac{\frac{1}{3}}{\zeta}\right]; \\ \sigma_{gl} &= \frac{M_{kl}}{W} = +6\gamma_b H \zeta^2 \ln\frac{1}{\zeta}\left[+\frac{\frac{1}{2}\left(1-\frac{1}{\zeta}\right)}{\ln\frac{1}{\zeta}} + \frac{\frac{1}{3}}{\zeta}\right] \end{aligned}\right\} \text{(Eigengewicht).} \qquad (96)$$

Insbesondere ergibt sich für $\zeta = 1 - \frac{H_b}{H}$ an der Mauersohle

$$\left.\begin{aligned}\sigma_{gw} &= -6\gamma_b H\left(1-\frac{H_b}{H}\right)^2 \ln\frac{1}{1-\frac{H_b}{H}}\left[-\frac{\frac{1}{2}\left(1-\frac{1}{1-\frac{H_b}{H}}\right)}{\ln\frac{1}{1-\frac{H_b}{H}}}+\frac{1}{3}\,\frac{1}{1-\frac{H_b}{H}}\right];\\ \sigma_{gl} &= +6\gamma_b H\left(1-\frac{H_b}{H}\right)^2 \ln\frac{1}{1-\frac{H_b}{H}}\left[+\frac{\frac{1}{2}\left(1-\frac{1}{1-\frac{H_b}{H}}\right)}{\ln\frac{1}{1-\frac{H_b}{H}}}+\frac{1}{3}\,\frac{1}{1-\frac{H_b}{H}}\right]\\ &\text{(Eigengewicht Mauersohle).}\end{aligned}\right\}\quad(97)$$

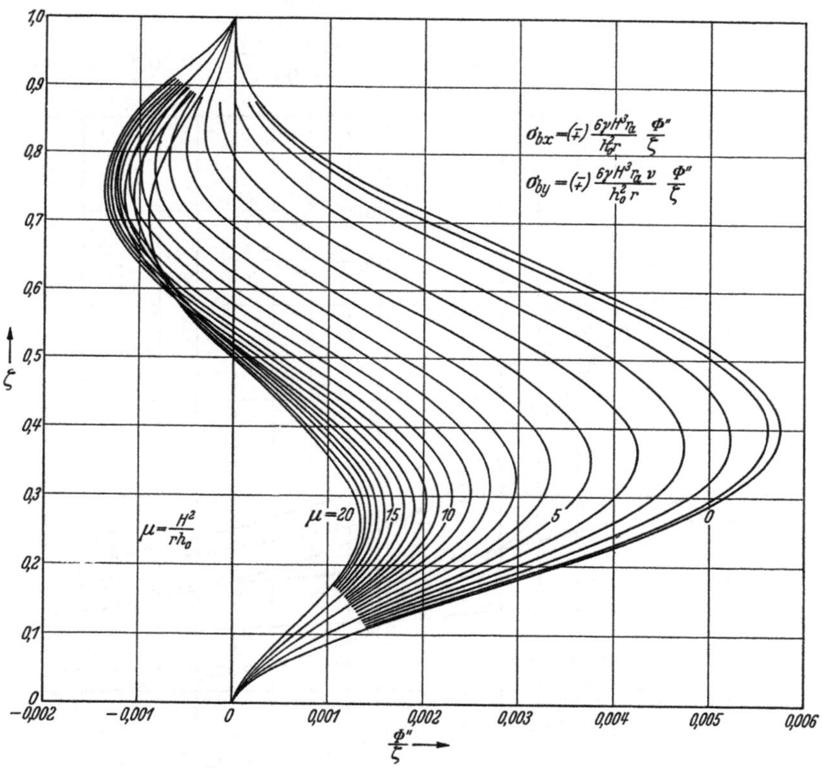

Abb. 846.

Die Querschnittsbemessung wird nun zweckmäßig in der Weise vorgenommen, daß man, ausgehend von der meist gegebenen Kronenbreite h_0, für die Sohlenbreite h_u eine Folge runder Werte wie $h_u = 3h_0$, $4h_0$, $5h_0$, $6h_0$ annimmt, daraus nach (84) aus dem gegebenen H_b die zugehörigen H-Werte berechnet, die entsprechenden μ-Werte bestimmt, und schließlich mit Hilfe von Abb. 846 das größte σ_{bx} und für den zugehörigen ζ-Wert nach (96) σ_{gw} ermittelt. Trägt man dann einerseits die σ_{bx}-Werte und andererseits die σ_{gw}-Werte als Funktion von h_u auf, so ergibt sich im Schnittpunkt derjenige h_u-Wert, für welchen die Eigengewichtspressung die Biegungszugspannung gerade auslöscht. Soll gleichzeitig

Sohlenwasserdruck mitberücksichtigt werden, so muß an Stelle von σ_{bx} der Wert $\sigma_{bx} + m\gamma x$ aufgetragen werden.

Um den Rechnungsgang an einem Beispiel zu erläutern, sei H_b zu 50 m, r zu 100 m und h_0 zu 5 m gegeben. Wird zunächst eine Wertefolge $h_u = 20$, 25, 30 m zugrunde gelegt, so erhält man:

$$h_u = 20\text{ m} \qquad H = \frac{50}{1 - \frac{1}{4}} = 66{,}7\text{ m} \qquad \mu = \frac{66{,}7^2}{100 \cdot 5} = 8{,}9$$

$$\sigma_{bx}^{\max} = \frac{6 \cdot 1 \cdot 66{,}7^3 \cdot 102{,}5}{5^2 \cdot 100} \cdot 0{,}0025 = 183\,\text{t/m}^2,$$

$$h_u = 25\text{ m} \qquad H = \frac{50}{1 - \frac{1}{5}} = 62{,}5\text{ m} \qquad \mu = \frac{62{,}5^2}{100 \cdot 5} = 7{,}8$$

$$\sigma_{bx}^{\max} = \frac{6 \cdot 1 \cdot 62{,}5^3 \cdot 102{,}5}{5^2 \cdot 100}\, 0{,}00275 = 166\,\text{t/m}^2,$$

$$h_u = 30\text{ m} \qquad H = \frac{50}{1 - \frac{1}{6}} = 60{,}0\text{ m} \qquad \mu = \frac{60{,}0^2}{100 \cdot 5} = 7{,}2$$

$$\sigma_{bx}^{\max} = \frac{6 \cdot 1 \cdot 60{,}0^3 \cdot 102{,}5}{5^2 \cdot 100} \cdot 0{,}00292 = 155\,\text{t/m}^2.$$

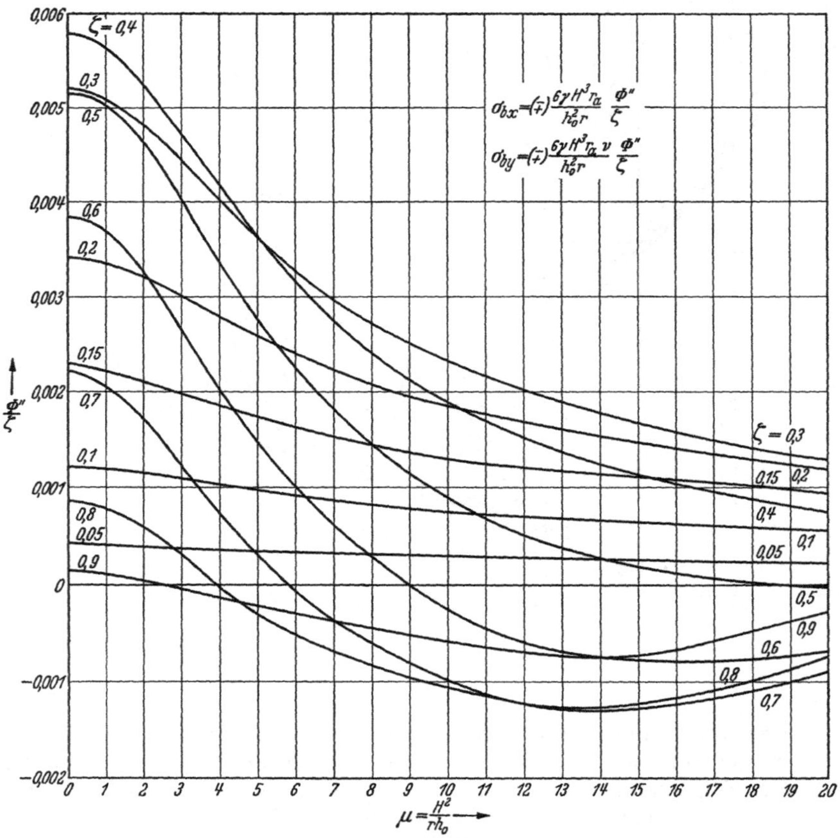

Abb. 847.

Die zugehörigen ζ-Werte sind

$$h_u = 20\text{ m} \quad \zeta = 0{,}30 \quad \zeta H = 20\text{ m} \quad H - \zeta H = 46{,}7\text{ m},$$
$$h_u = 25\text{ m} \quad \zeta = 0{,}32 \quad \zeta H = 20\text{ m} \quad H - \zeta H = 42{,}5\text{ m},$$
$$h_u = 30\text{ m} \quad \zeta = 0{,}34 \quad \zeta H = 20\text{ m} \quad H - \zeta H = 40{,}0\text{ m}.$$

Hiernach liegen die ungünstigsten Querschnitte noch einige m oberhalb der Mauersohle. Mit den gefundenen ζ-Werten folgen die Eigengewichtspannungen:

$$h_u = 20\text{ m};\quad \sigma_{gw} = -6\cdot 2{,}4\cdot 66{,}7\cdot 0{,}30^2\cdot 1{,}19\left(\frac{0{,}35}{0{,}30\cdot 1{,}19}+\frac{1}{3\cdot 0{,}30}\right) =$$
$$= -214\text{ t/m}^2;\quad \sigma_{gl} = +13\text{ t/m}^2.$$
$$h_u = 25\text{ m};\quad \sigma_{gw} = -6\cdot 2{,}4\cdot 62{,}5\cdot 0{,}32^2\cdot 1{,}11\left(\frac{0{,}34}{0{,}32\cdot 1{,}11}+\frac{1}{3\cdot 0{,}32}\right) =$$
$$= -205\text{ t/m}^2;\quad \sigma_{gl} = +\ 8\text{ t/m}^2.$$
$$h_u = 30\text{ m};\quad \sigma_{gw} = -6\cdot 2{,}4\cdot 60{,}0\cdot 0{,}34^2\cdot 1{,}09\left(\frac{0{,}33}{0{,}34\cdot 1{,}09}+\frac{1}{3\cdot 0{,}34}\right) =$$
$$= -203\text{ t/m}^2;\quad \sigma_{gl} = +10\text{ t/m}^2.$$

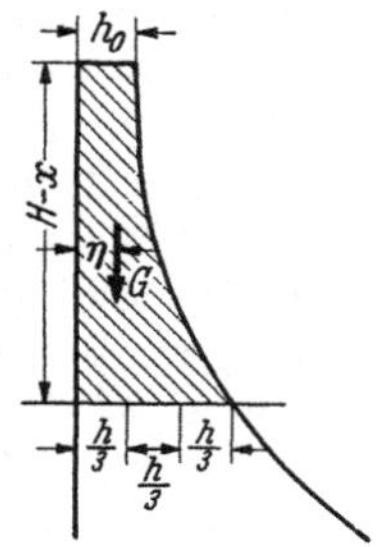

Abb. 848.

Unter Zugrundelegung einer Sohlenwasserdruck- bzw. Porenwasserdruckziffer $m = 0{,}60$ erhöhen sich die σ_{bx}-Werte, wie folgt:

$$h_u = 20\text{ m}\quad \sigma_{bx} + m\gamma(H-\zeta H) = 183 + 28 = 211\text{ t/m}^2,$$
$$h_u = 25\text{ m}\quad \sigma_{bx} + m\gamma(H-\zeta H) = 166 + 26 = 192\text{ t/m}^2,$$
$$h_u = 30\text{ m}\quad \sigma_{bx} + m\gamma(H-\zeta H) = 155 + 24 = 179\text{ t/m}^2.$$

Der Vergleich mit den σ_{gw}-Werten zeigt, daß $h_u = 20$ m gerade den an Bogenmauern zu stellenden Anforderungen entspricht. Nach den obigen Rechnungen ergeben sich hierfür im mittleren und unteren Mauerteil kleinste lotrechte Pressungen von $-214 + 211 = -3$ t/m² (wasserseitig) und größte von $-214 + 13 = -201$ t/m² (luftseitig). Nach dem Verlauf der σ_{bx}-Kurven von Abb. 846 liegt unterhalb der Mauerkrone noch ein weiteres, kleineres Maximum der Biegungszugspannungen. Man erhält mit $\mu = 8{,}9$

$$\sigma_{bx}^{\max} = \frac{6\cdot 1\cdot 66{,}7^3\cdot 102{,}5}{5^2\cdot 100}\cdot 0{,}00095 = \mp 69\text{ t/m}^2.$$

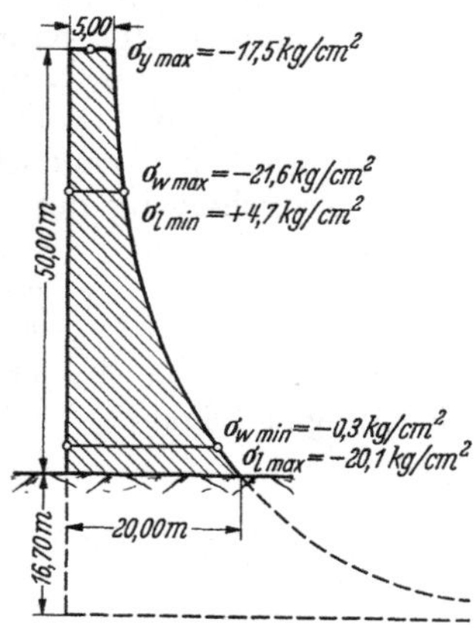

Abb. 849. Ungunstigste Spannungen in einer Bogenstaumauer mit Hyperbelprofil.

Entsprechend dem zugehörigen ζ-Wert von 0,77 ergeben sich nach (96) die Eigengewichtspannungen

$$\sigma_{gw} = -6\cdot 2{,}4\cdot 66{,}7\cdot 0{,}77^2\cdot 0{,}26\left(\frac{0{,}115}{0{,}77\cdot 0{,}26}+\frac{1}{3\cdot 0{,}77}\right) = -147\text{ t/m}^2,$$
$$\sigma_{gl} = +6\cdot 2{,}4\cdot 66{,}7\cdot 0{,}77^2\cdot 0{,}26\left(-\frac{0{,}115}{0{,}77\cdot 0{,}26}+\frac{1}{3\cdot 0{,}77}\right) = -22\text{ t/m}^2.$$

Die Überlagerung liefert $-69-147 = -216$ t/m² (wasserseitig) und $+69-22 = +47$ t/m² (luftseitig).

Für die größten Ringdruckspannungen folgt nach Abb. 845 für $\mu = 8{,}9$

$$\sigma_{\varphi}^{\max} = \sigma_{\varphi}^{\text{Krone}} = -\frac{6\cdot 1\cdot 66{,}7^3\cdot 102{,}5}{5^2\cdot 100}\cdot 0{,}00240 = -175\text{ t/m}^2.$$

Die größten sich damit ergebenden Pressungen bzw. Entlastungen sind aus Abb. 849 nach Lage und Größe ersichtlich. Die Beanspruchungen sind, im ganzen gesehen, mäßig, so daß die spätere Berücksichtigung der waagerechten Biegungsspannungen aus der Hangeinspannung kaum Unzuträglichkeiten erwarten läßt. Die luftseitigen Zugspannungen unterhalb der Mauerkrone von 4,7 kg/cm² können von einem guten Beton einwandfrei aufgenommen werden. Darauf fußende Rißbildungen sind im übrigen ohne fühlbare Folgen, da sie lediglich eine Erhöhung der Ringdruckspannungen herbeiführen, die noch in weiten Grenzen erträglich ist.

5. Berücksichtigung der Hangeinspannung (dritte Näherungsstufe).

(1) Allgemeines. Die Ringmaueruntersuchung, wie sie in den vorigen Abschnitten in allgemeiner und spezieller Form behandelt wurde, muß nun noch eine Ergänzung erfahren, die der seitlichen Einspannung in die Hänge Rechnung trägt. Zu diesem Zwecke denkt man sich die Bogenmauer in lauter Gewölberinge von 1 m Höhe zerschnitten, die als beiderseits eingespannte Kreisbögen unter gleichbleibendem Außendruck $\bar{p}_w$ betrachtet werden. Für letzteren ist dabei selbstverständlich nur derjenige Anteil des Stauwasserdruckes p_w einzusetzen, der gemäß der Ringmaueruntersuchung tatsächlich durch Bogenwirkung übertragen wird.

Ist σ_φ die aus der Ringmaueruntersuchung gewonnene Ringspannung, so folgt $\bar{p}_w$ aus der Ringformel

$$\sigma_y = \frac{\bar{p}_w \cdot r_a}{h}$$

zu

$$\bar{p}_w = \frac{\sigma_\varphi h}{r_a} \quad (\sigma_\varphi \text{ aus Ringmaueruntersuchung}). \tag{98}$$

(2) Der eingespannte Kreisring bei gleichbleibender Ringstärke. Die Formeln für den eingespannten Kreisring folgen aus den allgemeinen Grundgleichungen, wenn die Übertragung von Querkräften und Momenten in der Lotrichtung (x) ausgeschaltet wird. Die Untersuchung wird zweckmäßig für gleichbleibende und veränderliche Wandstärke getrennt durchgeführt.

Bei Ausschaltung der Veränderlichkeit in der x-Richtung ziehen sich die Gln. (3) bis (5) auf

$$\dot{s}_y + \frac{n_y}{r} = 0; \quad \dot{n}_y - \frac{s_y}{r} = p; \quad n_y - \dot{b}_y = 0 \tag{99}$$

zusammen. Durch Ausschaltung von n_y aus der zweiten und dritten dieser Gleichungen folgt

$$s_y = r\ddot{b}_y - r\,p, \tag{100}$$

und durch Ausschaltung von s_y und n_y aus allen drei Gleichungen

$$\dddot{b}_y + \frac{\dot{b}_y}{r^2} = 0. \tag{101}$$

Andererseits ergibt sich aus (12) bei Streichen aller Ableitungen nach x und bei Fortlassen des nunmehr überflüssigen Faktors $(1-\nu^2)$ bzw. $(1+\nu)$

$$s_y = E\,h\left(\dot{v} + \frac{w}{r} - \varepsilon_t\right); \quad b_y = -\frac{E\,h^3}{12}\,\ddot{w} - \frac{E\,h^2\,\Delta\,\varepsilon_t}{6}. \tag{102}$$

Aus der ersten der Gl. (102) folgt ein Integral für die Tangentialverschiebung v, aus der zweiten nach Einführen in (102) eine Differentialgleichung für die Radialverschiebung w. Bleiben Wärmedehnung und Mauerstärke in der Ringrichtung gleich, so ergibt sich

$$\dot{v} = -\frac{w}{r} + \varepsilon_t + \frac{s_y}{E\,h}; \tag{103}$$

$$\overset{\cdot\cdot\cdot\cdot\cdot}{w} + \frac{\dddot{w}}{r^2} = 0. \tag{104}$$

Mit Einführung des Bogens φ auf dem Einheitskreise gemäß

$$\varphi = \frac{y}{r} \tag{105}$$

lautet die allgemeine Lösung von (104)

$$w = c_1 + c_2\,\varphi + c_3\,\varphi^2 + c_4 \sin\varphi + c_5 \cos\varphi. \tag{106}$$

Wird gemäß Abb. 850 der Nullstrahl von φ in die Symmetrieachse gelegt, so müssen c_2 und c_4 aus Symmetriegründen verschwinden. Ferner bedingt die

Einspannung an den Kämpfern, daß

$$w = 0 \quad \text{und} \quad \dot{w} = 0 \quad \text{für} \quad \varphi = \pm\alpha$$

sein müssen. So ergibt sich

$$w = c_5 \left[\cos\varphi - \cos\alpha + \frac{1}{2}\frac{\sin\alpha}{\alpha}(\varphi^2 - \alpha^2)\right].$$

Der noch unbestimmt gebliebene Multiplikator c_5 läßt sich nur durch gleichzeitige Mitbetrachtung der Tangentialverschiebung v ermitteln. Wird s_y mit Hilfe von (100) und (102) durch w ausgedrückt, so folgt zunächst

$$s_y = -\frac{E h^3 r}{12}\overset{....}{w} - r p; \tag{107}$$

$$\dot{v} = -\frac{w}{r} - \frac{h^2 r}{12}\overset{....}{w} + \varepsilon_t - \frac{r p}{E h}. \tag{108}$$

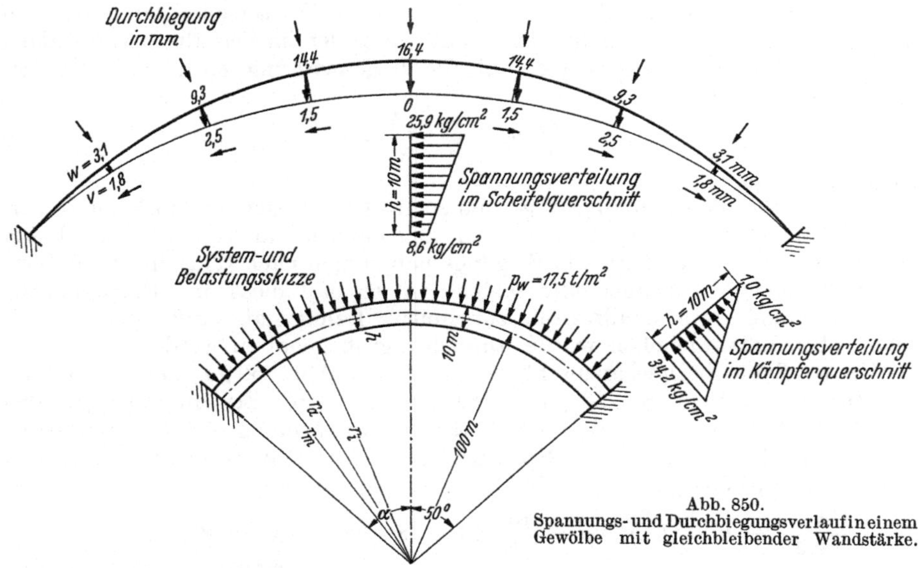

Abb. 850. Spannungs- und Durchbiegungsverlauf in einem Gewölbe mit gleichbleibender Wandstärke.

Aus (108) unter Berücksichtigung von (105) ergibt sich v durch Integration zwischen den Grenzen 0 und φ; wird gleichzeitig der oben gefundene Ausdruck für w berücksichtigt, so folgt

$$v = -c_5\left[\left(1 + \frac{h^2}{12 r^2}\right)\sin\varphi - \varphi\cos\alpha + \frac{\sin\alpha}{2\alpha}\left(\frac{\varphi^3}{3} - \alpha^2\varphi\right)\right] + \left(r\varepsilon_t - \frac{r^2 p}{E h}\right)\varphi.$$

Die Einspannung an den Kämpfern bedingt nun, daß v für $\varphi = \pm\alpha$ verschwindet. Demgemäß ergibt sich

$$c_5 = \frac{r\varepsilon_t - \dfrac{r^2 p}{E h}}{\left(1 - \dfrac{\alpha^2}{3} + \dfrac{h^2}{12 r^2}\right)\dfrac{\sin\alpha}{\alpha} - \cos\alpha}.$$

Es zeigt sich, daß der Nenner von c_5 in bezug auf Zahlenrechnungen sehr empfindlich ist, so daß man diesen zweckmäßig in eine Reihe entwickelt. So erhält man

$$w = \left[r\varepsilon_t - \frac{r^2 p}{E h}\right]\frac{\cos\varphi - \cos\alpha + \dfrac{1}{2}\dfrac{\sin\alpha}{\alpha}(\varphi^2 - \alpha^2)}{\dfrac{h^2}{12 r^2}\dfrac{\sin\alpha}{\alpha} + \dfrac{\alpha^4}{45}\left(1 - \dfrac{\alpha^2}{14} + \dfrac{\alpha^4}{504} - \cdots\right)}, \tag{109}$$

$$v = \left[r\varepsilon_t - \frac{r^2 p}{E h}\right]\left[\varphi - \frac{\left(1 + \dfrac{h^2}{12 r^2}\right)\sin\varphi - \varphi\cos\alpha + \dfrac{\varphi}{2}\left(\dfrac{\varphi^2}{3} - \alpha^2\right)\dfrac{\sin\alpha}{\alpha}}{\dfrac{h^2}{12 r^2}\dfrac{\sin\alpha}{\alpha} + \dfrac{\alpha^4}{45}\left(1 - \dfrac{\alpha^2}{14} + \dfrac{\alpha^4}{504} - \cdots\right)}\right]. \tag{110}$$

Mit Hilfe von (102), (107), (109), (110) und der Spannungsbeziehungen

$$\sigma_y = \frac{s_y}{h}; \quad \sigma_{by} = \pm \frac{6\, b_y}{h^2}$$

folgt

$$\sigma_y = -\frac{r\,p}{h} - \frac{\frac{h^2}{12\,r^2}\left(E\,\varepsilon_t - \frac{r\,p}{h}\right)\cos\varphi}{\frac{h^2}{12\,r^2}\frac{\sin\alpha}{\alpha} + \frac{\alpha^4}{45}\left(1 - \frac{\alpha^2}{14} + \frac{\alpha^4}{504} - \dots\right)}, \tag{111}$$

$$\sigma_{by} = \mp E\,\Delta\,\varepsilon_t \pm \frac{\frac{1}{2}\left(\frac{E\,h}{r}\,\varepsilon_t - p\right)\left(\cos\varphi - \frac{\sin\alpha}{\alpha}\right)}{\frac{h^2}{12\,r^2}\frac{\sin\alpha}{\alpha} + \frac{\alpha^4}{45}\left(1 - \frac{\alpha^2}{14} + \frac{\alpha^4}{504} - \dots\right)}. \tag{112}$$

In (112) bezieht sich das obere Vorzeichen auf die Wasserseite, das untere auf die Luftseite. Ferner ist zu beachten, daß für p der im Verhältnis von Außen- zu Innenhalbmesser vergrößerte, auf die Bogenwirkung entfallende Wasserdruckanteil gemäß

$$p = \frac{r_a}{r}\,\bar{p}_w = \frac{r_a}{r}\,\frac{\sigma_\varphi\, h}{r_a} = \frac{\sigma_\varphi\, h}{r} \tag{113}$$

einzuführen ist.

Zu den für die Spannungen gewonnenen Beziehungen ist noch zu bemerken, daß in (111) das zweite Glied im allgemeinen nur von untergeordneter Bedeutung ist und daß für die Biegungsspannungen nach (112) in erster Linie das Reihenglied im Nenner entscheidend ist, so daß diese mit abnehmendem Gewölbewinkel etwa quadratisch zunehmen. Demgemäß muß letzterer, wie schon oben hervorgehoben wurde, tunlichst groß gehalten werden.

Um ein Zahlenbeispiel anzuschließen, sei gemäß Abb. 850 gegeben: $r = 100$ m; $r_a = 105$ m; $h = 10$ m; $\alpha = 50°$; $\sigma_\varphi = 184$ t/m²; $t = +5°$ (Erwärmung gegenüber der Auspreßtemperatur); $\Delta t = -2°$ (stärkere Erwärmung auf der Luftseite).

1. Verschiebungen und Spannungen ohne Berücksichtigung der Volumenänderungen ($\sigma_\varphi = 184$ t/m²; $\varepsilon_t = 0$; $\Delta\,\varepsilon_t = 0$).

$$\bar{p}_w = \frac{184 \cdot 10}{105} = 17{,}5 \text{ t/m}^2; \quad \bar{p} = \frac{184}{100} \cdot 10 = 18{,}4 \text{ t/m}^2; \quad \alpha = 0{,}8727;$$

$$\sin\alpha = 0{,}7660; \quad \cos\alpha = 0{,}6428.$$

$$\frac{h^2}{12\,r^2}\frac{\sin\alpha}{\alpha} + \frac{\alpha^4}{45}\left(1 - \frac{\alpha^2}{14} + \frac{\alpha^4}{504} - \dots\right) = 0{,}00073 + 0{,}01290\,(1 - 0{,}0544 + 0{,}0012 - \dots) = 0{,}01294.$$

Wird der Elastizitätsmodul zu $E = 2000000$ t/m² zugrunde gelegt, so errechnen sich die Verschiebungen zu

$$w = +\,0{,}7094 \cdot (0{,}9770 - \cos\varphi - 0{,}4389\,\varphi^2) \quad \text{in m},$$
$$v = +\,0{,}7094 \cdot (1{,}001 \sin\varphi - 0{,}9899\,\varphi + 0{,}1463\,\varphi^3) \quad \text{in m}.$$

Ferner folgt für die Spannungen:

$$\sigma_y = -184\,(1 - 0{,}0643 \cos\varphi),$$
$$\sigma_{by} = \mp 711\,(\cos\varphi - 0{,}8780) \quad \text{(oberes Vorzeichen Wasserseite)}.$$

Die Überlagerung liefert für Scheitel und Kämpfer:

$$\sigma_{sw} = -172 - 87 = -259 \text{ t/m}^2 = -25{,}9 \text{ kg/cm}^2;$$
$$\sigma_{sl} = -172 + 87 = -85 \text{ t/m}^2 = -8{,}5 \text{ kg/cm}^2;$$
$$\sigma_{kw} = -176 + 166 = -10 \text{ t/m}^2 = -1{,}0 \text{ kg/cm}^2;$$
$$\sigma_{kl} = -176 - 166 = -342 \text{ t/m}^2 = -34{,}2 \text{ kg/cm}^2.$$

Der Verlauf der Verschiebungen und Spannungen ist aus Abb. 850 ersichtlich.

2. Zusätzliche Verschiebungen und Spannungen aus den Volumenänderungen. Wie der Bau von (109) und (110) zeigt, lassen sich die zusätzlichen

Verschiebungen unmittelbar durch Umrechnung aus den Lastverschiebungen gewinnen. Der Umrechnungsfaktor lautet allgemein

$$\eta = -\frac{E\,h\,\varepsilon_t}{r\,\bar{p}}$$

und ergibt sich hier mit $\varepsilon_t = t\,\alpha_t = 5 \cdot \frac{1}{100000} = 0{,}00005$ zu

$$\eta = -\frac{2000000 \cdot 10 \cdot 0{,}00005}{100 \cdot 18{,}4} = -0{,}54.$$

Im vorliegenden Falle genügt sonach eine gleichmäßige Erwärmung von nur 5° C, um die Hälfte der Lastverschiebungen rückgängig zu machen; eine Erwärmung von knapp 10° C würde sie vollständig ausgleichen. In diesen wenigen Zahlen offenbart sich die ganze Schwierigkeit einer einwandfreien Spannungsmessung in Bogenstaumauern. Geringe Unterschiede in den Temperaturannahmen genügen bereits, um Rückschlüsse aus den beobachteten Verschiebungen vollständig in Frage zu stellen.

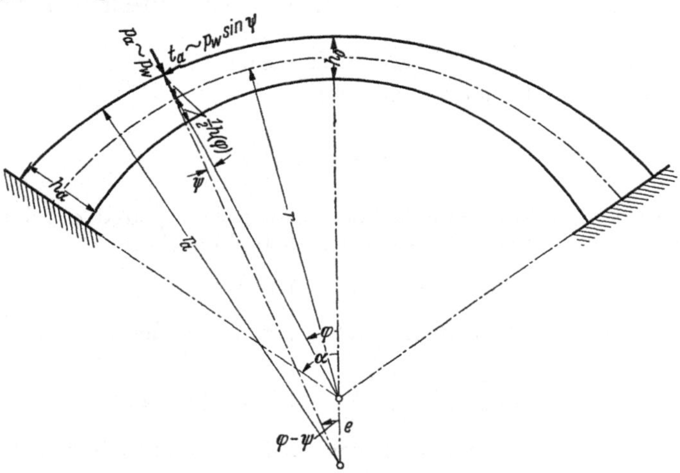

Abb. 851.

Für die zusätzlichen Spannungen errechnet man nach (111) und (112)

$$\sigma_y = -6{,}4\cos\varphi,$$
$$\sigma_{by} = \pm 40 \pm 384\,(\cos\varphi - 0{,}8780) \quad \text{(oberes Vorzeichen Wasserseite).}$$

Die Überlagerung liefert für Scheitel und Kämpfer:

$$\sigma_{sw} = -6 + 40 + 47 = +81\ \text{t/m}^2 = +8{,}1\ \text{kg/cm}^2;$$
$$\sigma_{sl} = -6 - 40 - 47 = -93\ \text{t/m}^2 = -9{,}3\ \text{kg/cm}^2;$$
$$\sigma_{kw} = -4 + 40 - 90 = -54\ \text{t/m}^2 = -5{,}4\ \text{kg/cm}^2;$$
$$\sigma_{kl} = -4 - 40 + 90 = +46\ \text{t/m}^2 = +4{,}6\ \text{kg/cm}^2.$$

3. Gesamtspannungen aus Wasserdruck und Raumänderungen.

$\sigma_{sw} = -25{,}9 + 8{,}1 = -17{,}8\ \text{kg/cm}^2$; $\sigma_{sl} = -8{,}5 - 9{,}3 = -17{,}8\ \text{kg/cm}^2$;
$\sigma_{kw} = -1{,}0 - 5{,}4 = -6{,}4\ \text{kg/cm}^2$; $\sigma_{kl} = -34{,}2 + 4{,}6 = -29{,}6\ \text{kg/cm}^2$.

Die Raumänderungen haben im vorliegenden Beispiel einen Ausgleich der Spannungen unter Verringerung der Höchstspannung herbeigeführt. Ein solches Verhalten der Raumänderungen ist immer dann zu erwarten, wenn die Schwindverkürzungen in den Fugen ausgeglichen werden und die Auspreßtemperatur mit der tiefsten Betontemperatur übereinstimmt.

(3) Veränderliche Ringstärke. Von praktischer Bedeutung ist nur eine leichte und allmähliche Zunahme der Gewölbestärke vom Scheitel zu den Kämpfern, etwa wie sie Abb. 851 zeigt. Der durch den Krümmungsmittelpunkt der Außenlaibung gehende Wasserdruck trifft jetzt nicht mehr senkrecht, sondern schräg auf die Gewölbemittellinie. Der Ablenkungswinkel ψ wird jedoch klein sein, solange es sich um dünnwandige Gewölbe handelt, was hier immer vorausgesetzt sei. Demgemäß kann $\cos\psi = 1$ und $\sin\psi = \psi$ gesetzt werden.

In der Schalentheorie denkt man sich die Belastung in der Mittelfläche angreifend, was hier einer leichten Zusammendrängung der Außenbelastung gleichkommt. Man erhält für die Normal- und Tangentialkomponenten

$$p = p_a\left(1 + \frac{h}{2r}\right) = \bar{p}_w\left(1 + \frac{h}{2r}\right); \quad t = t_a\left(1 + \frac{h}{2r}\right) = \bar{p}_w \sin\psi\left(1 + \frac{h}{2r}\right). \quad (114)$$

Die Verlegung von t_a in die Mittelfläche bedingt ferner noch eine Momentbelastung

$$m = \frac{h}{2}\, t = \frac{h}{2}\, \bar{p}_w \sin\psi\left(1 + \frac{h}{2r}\right), \quad (115)$$

die ähnlich wie p und t auf die Flächeneinheit bezogen ist.

Der Winkel ψ läßt sich leicht durch φ und die Gewölbeabmessungen ausdrücken. Die vom Scheitel gezählte Bogenlänge der Außenlaibung kann einmal in der Form

$$s_a = r_a(\varphi - \psi)$$

und zum anderen durch das Bogenintegral

$$s_a = \int_0^{\varphi}\left(r + \frac{h}{2}\right) d\varphi$$

dargestellt werden, woraus eine Beziehung zwischen ψ und φ folgt. Für die Integration genügt es, wenn h in der parabolischen Form

$$h = h_0 + (h_\alpha - h_0)\left(\frac{\varphi}{\alpha}\right)^2$$

angesetzt wird. Man erhält dann nach Ausführung der Integration die Bedingungsgleichung

$$\left(r + \frac{1}{2} h_0\right)\varphi + \frac{h_\alpha - h_0}{6\alpha^2}\varphi^3 = r_a(\varphi - \psi),$$

aus der durch Auflösen nach ψ an beliebiger Stelle und insbesondere für $\varphi = \alpha$ die Ausdrücke

$$\psi(\varphi) = \left(1 - \frac{r}{r_a} - \frac{h_0}{2r_a}\right)\varphi - \frac{\alpha}{6}\left(\frac{h_\alpha}{r_a} - \frac{h_0}{r_a}\right)\left(\frac{\varphi}{\alpha}\right)^3; \quad \psi(\alpha) = \left(1 - \frac{r}{r_a} - \frac{1}{3}\frac{h_0}{r_a} - \frac{1}{6}\frac{h_\alpha}{r_a}\right)\alpha$$

folgen. Da ψ stets ein kleiner Winkel ist, genügt es, wenn zwischen 0 und $\psi(\alpha)$ ein linearer Funktionsverlauf zugrunde gelegt wird. Für diesen ergibt sich unter Berücksichtigung des gefundenen $\psi(\alpha)$-Wertes

$$\psi(\varphi) = \delta\varphi; \quad \delta = 1 - \frac{r}{r_a} - \frac{1}{3}\frac{h_0}{r_a} - \frac{1}{6}\frac{h_\alpha}{r_a}. \quad (116)$$

Mit ψ werden auch t und m klein; da beide Belastungsfunktionen sinusartig vom Scheitel zum Kämpfer zunehmen, begeht man einen nur unbedeutenden Fehler, wenn die Veränderlichkeit von h vernachlässigt und die etwas zu ungünstige Kämpferstärke eingeführt wird. Man erhält dann die folgenden Belastungsfunktionen für t und m:

$$t = \bar{p}_w\left(1 + \frac{h_\alpha}{2r}\right)\sin\delta\varphi; \quad m = \frac{h_\alpha}{2}\,\bar{p}_w\left(1 + \frac{h_\alpha}{2r}\right)\sin\delta\varphi. \quad (117)$$

Nun muß noch in dem Ausdruck für die Normalbelastung h als Funktion von φ ausgedrückt werden. Aus Abb. 851 liest man zunächst die folgenden Beziehungen ab:

$$r\sin\varphi = (r_a - \tfrac{1}{2}h)\sin(\varphi - \psi); \quad r\cos\varphi = r_a - \tfrac{1}{2}h)\cos(\varphi - \psi) - e.$$

Schafft man die Exzentrizität auf die linke Seite, so folgt durch Quadrieren und Addieren

$$r^2\sin^2\varphi + (r\cos\varphi + e)^2 = (r_a - \tfrac{1}{2}h)^2.$$

Die Auflösung dieser quadratischen Gleichung liefert

$$h = 2\,r_a - 2\sqrt{(r+e)^2 - 2\,r\,e\,(1-\cos\varphi)}\,.$$

Das zweite Wurzelglied ist im allgemeinen klein gegenüber dem ersten; man darf daher mit hinreichender Genauigkeit schreiben:

$$h = 2\,r_a - 2\,(r+e)\left[1 - \frac{r\,e\,(1-\cos\varphi)}{(r+e)^2}\right].$$

Nach geeigneter Zusammenfassung und unter Beachtung, daß

$$r_a - r - e = \tfrac{1}{2}\,h_0$$

ist, folgt schließlich

$$h = h_0 + \frac{2\,r\,e}{r+e}\,(1-\cos\varphi)\,. \tag{118}$$

Wird (40) in (36) eingeführt, so ergibt sich für die Normalbelastung p

$$p = \bar{p}_w\left[1 + \frac{h_0}{2\,r} + \frac{e}{r+e}\,(1-\cos\varphi)\right]. \tag{119}$$

Die Gleichgewichtsbedingungen (3) müssen zunächst den neu hinzugetretenen Belastungskomponenten t und m entsprechend ergänzt werden. Gleichzeitig ist zu berücksichtigen, daß alle Spannungskomponenten in der x-Richtung ausgeschaltet sind. Die damit noch verbleibenden drei Gleichungen lauten:

$$\left.\begin{aligned} \dot{s}_y + \frac{n_y}{r} &= -\,t \\ \dot{n}_y - \frac{s_y}{r} &= +\,p \\ n_y - \dot{b}_y &= +\,m \end{aligned}\right\} \tag{120}$$

Differenziert man die zweite dieser Gleichungen nach y und addiert die durch r geteilte erste, so erhält man

$$\ddot{n}_y + \frac{n_y}{r^2} = \left(\dot{p} - \frac{t}{r}\right).$$

Ferner folgt aus der dritten der Gleichungen (120)

$$n_y = \dot{b}_y + m\,,$$

mit deren Hilfe n_y aus der vorher gefundenen Differentialgleichung ausgeschaltet werden kann. So ergibt sich

$$\dddot{b}_y + \frac{\dot{b}_y}{r^2} = \left(\dot{p} - \frac{t}{r} - \ddot{m} - \frac{m}{r^2}\right). \tag{121}$$

Werden p, t und m gemäß (119) und (117) eingesetzt und wird gemäß (105) φ an Stelle von y eingeführt, so erhält man nach Ausführung der Integrationen als vollständige Lösung von (121)

$$b_y = r^2\,\bar{p}_w\left[\left(1 + \frac{h_\alpha}{2\,r}\right)\left(\frac{1}{1-\delta^2} + \frac{h_\alpha}{2\,r}\right)\frac{\cos\delta\varphi}{\delta} - \frac{\frac{1}{2}\,e}{r+e}\,\varphi\sin\varphi + k_1 + k_2\sin\varphi + k_3\cos\varphi\right]. \tag{122}$$

Da $\delta\varphi$, wie bereits früher bemerkt wurde, ein kleiner Winkel ist, kann die Taylorentwicklung für $\cos\delta\,\varphi$ nach dem zweiten Gliede abgebrochen werden. Der entsprechende Ausdruck lautet

$$\cos\delta\,\varphi = (1-\delta^2) + \delta^2\cos\varphi\,.$$

Ferner kann mit hinreichender Genauigkeit für $\varphi\sin\varphi$

$$\varphi\sin\varphi = \frac{1-\cos\varphi}{1-\cos\alpha}\,\alpha\sin\alpha$$

geschrieben werden. Schließlich darf man noch δ^2 und $(h_\alpha/r)^2$ gegenüber der Einheit vernachlässigen. Wenn dies alles berücksichtigt wird, so läßt sich (122) auf die einfache Form

$$b_y = r^2\,\bar{p}_w\,(c_1 + c_2\sin\varphi + c_3\cos\varphi) \tag{122'}$$

bringen, in der die c neue willkürliche Festwerte bedeuten.

Zur Bestimmung derselben muß der Verschiebungszustand gleichzeitig mitbetrachtet werden. Aus der letzten der Gleichungen (12) folgt bei Ausschaltung der Veränderlichkeit in der ζ-Richtung

$$b_y = -\frac{E h^3}{12}\ddot{w} - \frac{E h^2 \Delta \varepsilon_t}{6}. \tag{123}$$

Nach Elimination von b_y erhält man

$$\ddot{w} = -\frac{2}{h}\Delta \varepsilon_t - \frac{12 r^2}{E h^3} p_w (c_1 + c_2 \sin\varphi + c_3 \cos\varphi).$$

Bevor die Integration durchgeführt werden kann, müssen $1/h$ und $1/h^3$ in geeigneter Form gegeben sein. Hierfür genügen die folgenden Ansätze:

$$\left.\begin{aligned} \frac{1}{h(\varphi)} &= \frac{1}{h_0}\left(\bar{a} + \bar{b}\cos\frac{\pi\varphi}{2\alpha} + \bar{c}\cos\frac{\pi\varphi}{\alpha}\right);\\ \frac{1}{h^3(\varphi)} &= \frac{1}{h_0^3}\left(a + b\cos\frac{\pi\varphi}{2\alpha} + c\cos\frac{\pi\varphi}{\alpha}\right) \end{aligned}\right\} \tag{124}$$

Den drei willkürlichen Festwerten entsprechend kann der Funktionsverlauf an drei Stellen vorgegeben werden, was für praktische Zwecke vollständig ausreicht. Wählt man hierfür Scheitel ($\varphi = 0$), Viertelpunkt ($\varphi = \frac{1}{2}\alpha$) und Kämpfer ($\varphi = \alpha$), so erhält man für die Festwerte:

$$\left.\begin{aligned} &\bar{a} = \frac{1}{2-\sqrt{2}}\left(1 - \frac{h_0}{h_{\frac{1}{2}\alpha}}\sqrt{2} + \frac{h_0}{h_\alpha}\right); \quad \bar{b} = \left(\frac{h_0}{h_{\frac{1}{2}\alpha}} - \bar{a}\right)\sqrt{2}; \quad \bar{c} = \bar{a} - \frac{h_0}{h_\alpha};\\ &a = \frac{1}{2-\sqrt{2}}\left[1 - \left(\frac{h_0}{h_{\frac{1}{2}\alpha}}\right)^3\sqrt{2} + \left(\frac{h_0}{h_\alpha}\right)^3\right]; \quad b = \left[\left(\frac{h_0}{h_{\frac{1}{2}\alpha}}\right)^3 - a\right]\sqrt{2};\\ &\qquad\qquad c = a - \left(\frac{h_0}{h_\alpha}\right)^3 \end{aligned}\right\} \tag{125}$$

Setzt man (124) in die oben gefundene Gleichung für $\ddot{w}$ ein, so folgt durch Integration unter Beachtung von (105)

$$\begin{aligned} \dot{w} = &-\frac{2 r \Delta \varepsilon_t}{h_0}\left(\bar{a}\varphi + \frac{2\alpha\bar{b}}{\pi}\sin\frac{\pi\varphi}{2\alpha} + \frac{\alpha\bar{c}}{\pi}\sin\frac{\pi\varphi}{\alpha}\right) - \\ &-\frac{12 r^3 \bar{p}_w}{E h_0^3} c_1\left(a\varphi + \frac{2\alpha b}{\pi}\sin\frac{\pi\varphi}{2\alpha} + \frac{\alpha c}{\pi}\sin\frac{\pi\varphi}{\alpha}\right) - \\ &-\frac{12 r^3 \bar{p}_w}{E h_0^3} c_3\left[a\sin\varphi + \frac{b\alpha}{\pi - 2\alpha}\sin\frac{\pi - 2\alpha}{2\alpha}\varphi + \frac{b\alpha}{\pi + 2\alpha}\sin\frac{\pi + 2\alpha}{2\alpha}\varphi + \right.\\ &\left. + \frac{\frac{1}{2}c\alpha}{\pi - \alpha}\sin\frac{\pi - \alpha}{\alpha}\varphi + \frac{\frac{1}{2}c\alpha}{\pi + \alpha}\sin\frac{\pi + \alpha}{\alpha}\varphi\right] + c_4, \end{aligned}$$

$$\begin{aligned} w = &-\frac{2 r^2 \Delta \varepsilon_t}{h_0}\left[\frac{\bar{a}}{2}\varphi^2 - \frac{4\alpha^2\bar{b}}{\pi^2}\cos\frac{\pi\varphi}{2\alpha} - \frac{\alpha^2\bar{c}}{\pi^2}\cos\frac{\pi\varphi}{\alpha}\right] - \\ &-\frac{12 r^4 \bar{p}_w}{E h_0^3} c_1\left[\frac{a}{2}\varphi^2 - \frac{4\alpha^2 b}{\pi^2}\cos\frac{\pi\varphi}{2\alpha} - \frac{\alpha^2 c}{\pi^2}\cos\frac{\pi\varphi}{\alpha}\right] + \\ &+\frac{12 r^4 \bar{p}_w}{E h_0^3} c_3\left[a\cos\varphi + \frac{2b\alpha^2}{(\pi - 2\alpha)^2}\cos\frac{\pi - 2\alpha}{2\alpha}\varphi + \frac{2b\alpha^2}{(\pi + 2\alpha)^2}\cos\frac{\pi + 2\alpha}{2\alpha}\varphi + \right.\\ &\left. + \frac{\frac{1}{2}c\alpha^2}{(\pi - \alpha)^2}\cos\frac{\pi - \alpha}{\alpha}\varphi + \frac{\frac{1}{2}c\alpha^2}{(\pi + \alpha)^2}\cos\frac{\pi + \alpha}{\alpha}\varphi\right] + c_4\varphi - c_5. \end{aligned}$$

Läßt man nun ähnlich wie unter (2) den Strahl $\varphi = 0$ mit der Symmetrieachse zusammenfallen, so müssen c_2 und c_4 aus Symmetriegründen verschwinden. Von den dann noch verbleibenden drei Festwerten sind zwei dadurch bestimmt, daß $\dot{w}$ und w gemäß der Einspannung an den Kämpfern für $\varphi = \alpha$ Null werden müssen. Aus der Bedingungsgleichung für $\mathring{w}$ ergibt sich

$$c_1 = -\frac{E\,\Delta\,\varepsilon_t\,h_0^2}{6\,r^2\bar{p}_w}\,\frac{\bar{a}+\frac{2\,\bar{b}}{\pi}}{a+\frac{2\,b}{\pi}} - c_3\,\frac{a\frac{\sin\alpha}{\alpha}+\frac{2\,b\,\pi\cos\alpha}{\pi^2-4\,\alpha^2}+\frac{c\,\alpha\sin\alpha}{\pi^2-\alpha^2}}{a+\frac{2\,b}{\pi}}, \tag{126}$$

während unter Berücksichtigung der Bedingung für w der Ausdruck

$$\left.\begin{aligned} w = {} & \frac{2\,r^2\Delta\,\varepsilon_t}{h_0}\left[\frac{\bar{a}}{2}(\alpha^2-\varphi^2)+\frac{4\,\alpha^2\,\bar{b}}{\pi^2}\cos\frac{\pi\,\varphi}{2\,\alpha}+\frac{\alpha^2\,\bar{c}}{\pi^2}\left(1+\cos\frac{\pi\,\varphi}{\alpha}\right)\right]+ \\ & +\frac{12\,r^4\,\bar{p}_w}{E\,h_0^3}\,c_1\left[\frac{a}{2}(\alpha^2-\varphi^2)+\frac{4\,\alpha^2\,b}{\pi^2}\cos\frac{\pi\,\varphi}{2\,\alpha}+\frac{\alpha^2\,c}{\pi^2}\left(1+\cos\frac{\pi\,\varphi}{\alpha}\right)\right]+ \\ & +\frac{12\,r^4\,\bar{p}_w}{E\,h_0^3}\,c_3\left[a\,(\cos\varphi-\cos\alpha)+\frac{2\,b\,\alpha^2}{(\pi-2\,\alpha)^2}\left(-\sin\alpha+\cos\frac{\pi-2\alpha}{2\,\alpha}\,\varphi\right)+\right. \\ & +\frac{2\,b\alpha^2}{(\pi+2\,\alpha)^2}\left(\sin\alpha+\cos\frac{\pi+2\,\alpha}{2\,\alpha}\,\varphi\right)+\frac{\frac{1}{2}\,c\,\alpha^2}{(\pi-\alpha)^2}\left(\cos\alpha+\cos\frac{\pi-\alpha}{\alpha}\,\varphi\right)+ \\ & \left.+\frac{\frac{1}{2}\,c\,\alpha^2}{(\pi+\alpha)^2}\left(\cos\alpha+\cos\frac{\pi+\alpha}{\alpha}\,\varphi\right)\right] \end{aligned}\right\} \tag{127}$$

folgt. Um die bisher noch unbestimmt gebliebene Konstante c_3 zu bestimmen, muß ähnlich wie unter (2) auf die Tangentialverschiebung v zurückgegriffen werden, die gemäß der Einspannung an den Kämpfern für $\varphi=\alpha$ verschwinden muß. Aus den Gleichungen (120) liest man zunächst die folgenden Beziehungen ab:

$$n_y = \dot{b_y} + m;\quad s_y = r\,\dot{n}_y - r\,p = r\,\ddot{b_y} + r\,\dot{m} - r\,p. \tag{128}$$

Wird (128) in (103) eingeführt, so erhält man

$$\dot{v} = -\frac{w}{r}+\varepsilon_t+\frac{r\,\ddot{b_y}}{E\,h}+\frac{r\,\dot{m}}{E\,h}-\frac{p\,r}{E\,h}. \tag{129}$$

In (129) kann das $\dot{m}$-Glied als bedeutungslos vernachlässigt werden. Werden w nach (127) und b_y nach (122) bzw. nach

$$b_y = r^2\,\bar{p}_w\,(c_1 + c_3\cos\varphi) \tag{130}$$

in (129) eingeführt, so ergibt sich durch Integration zwischen den Grenzen 0 und φ

$$\left.\begin{aligned} v = {} & r\,\varepsilon_t\,\varphi-\frac{2\,r^2\Delta\,\varepsilon_t}{h_0}\left[\frac{\bar{a}}{2}\varphi\left(\alpha^2-\frac{\varphi^2}{3}\right)+\frac{8\,\alpha^3\,\bar{b}}{\pi^3}\sin\frac{\pi\,\varphi}{2\,\alpha}+\frac{\alpha^2\,\bar{c}}{\pi^2}\left(\varphi+\frac{\alpha}{\pi}\sin\frac{\pi\varphi}{\alpha}\right)\right]- \\ & -\frac{12\,r^4\,\bar{p}_w}{E\,h_0^3}\,c_1\left[\frac{a}{2}\varphi\left(\alpha^2-\frac{\varphi^2}{3}\right)+\frac{8\,\alpha^3\,b}{\pi^3}\sin\frac{\pi\,\varphi}{2\,\alpha}+\frac{\alpha^2\,c}{\pi^2}\left(\varphi+\frac{\alpha}{\pi}\sin\frac{\pi\,\varphi}{\alpha}\right)\right]- \\ & -\frac{12\,r^4\,\bar{p}_w}{E\,h_0^3}\,c_3\left[a\,(\sin\varphi-\varphi\cos\alpha)+\frac{2\,b\,\alpha^2}{(\pi-2\,\alpha)^2}\left(-\varphi\sin\alpha+\right.\right. \\ & \left.+\frac{2\,\alpha}{\pi-2\,\alpha}\sin\frac{\pi-2\,\alpha}{2\,\alpha}\,\varphi\right)+\frac{2\,b\,\alpha^2}{(\pi+2\,\alpha)^2}\left(\varphi\sin\alpha+\frac{2\,\alpha}{\pi+2\,\alpha}\sin\frac{\pi+2\,\alpha}{2\,\alpha}\,\varphi\right)+ \\ & +\frac{\frac{1}{2}\,c\,\alpha^2}{(\pi-\alpha)^2}\left(\varphi\cos\alpha+\frac{\alpha}{\pi-\alpha}\sin\frac{\pi-\alpha}{\alpha}\,\varphi\right)+\frac{\frac{1}{2}\,c\,\alpha^2}{(\pi+\alpha)^2}\left(\varphi\cos\alpha+\right. \\ & \left.\left.+\frac{\alpha}{\pi+\alpha}\sin\frac{\pi+\alpha}{\alpha}\,\varphi\right)\right]-\frac{r^2\,\bar{p}_w}{E\,h_0}\,c_3\left[\bar{a}\sin\varphi+\frac{\alpha\,\bar{b}}{\pi-2\,\alpha}\sin\frac{\pi-2\,\alpha}{2\,\alpha}\,\varphi+\right. \\ & \left.+\frac{\alpha\,\bar{b}}{\pi+2\,\alpha}\sin\frac{\pi+2\,a}{2\,\alpha}\,\varphi+\frac{\frac{1}{2}\,\bar{c}\,\alpha}{\pi-\alpha}\sin\frac{\pi-\alpha}{\alpha}\,\varphi+\frac{\frac{1}{2}\,\bar{c}\,\alpha}{\pi+\alpha}\sin\frac{\pi+\alpha}{\alpha}\,\varphi\right]- \\ & -\frac{r^2\,\bar{p}_w}{E\,h_0}\left[\bar{a}\,\varphi+\frac{2\,\alpha\,\bar{b}}{\pi}\sin\frac{\pi\,\varphi}{2\,\alpha}+\frac{\alpha\,\bar{c}}{\pi}\sin\frac{\pi\,\varphi}{\alpha}\right]-\frac{r\,p_w}{2\,E}\,\varphi \end{aligned}\right\} \tag{131}$$

Um nun c_3 zu bestimmen, muß in (131) für $\varphi=\alpha$ $v=0$ gesetzt werden. Bei geeigneter Zusammenfassung ergibt sich unter Berücksichtigung von (126):

$$c_3=-\frac{1}{N}\frac{h_0^2}{12r^2}\left[\left(\frac{\frac{1}{2}h_0}{r}+\bar a+\frac{2\bar b}{\pi}\right)-\frac{E\,h_0\,\varepsilon_t}{r\,\bar p_w}-\right.$$
$$\left.-\frac{2E\alpha^2\Delta\varepsilon_t}{\bar p_w}\left(\frac{\left(\bar a+\frac{2\bar b}{\pi}\right)\left(\frac{a}{3}+\frac{8b}{\pi^3}+\frac{c}{\pi^2}\right)}{a+\frac{2b}{\pi}}-\frac{\bar a}{3}-\frac{8\bar b}{\pi^3}-\frac{\bar c}{\pi^2}\right)\right]\tag{132}$$

In (132) ist mit N abkürzend bezeichnet:

$$N=a\left(\frac{\sin\alpha}{\alpha}-\cos\alpha\right)+\frac{2b\alpha^2}{(\pi-2\alpha)^2}\left(-\sin\alpha+\frac{2\cos\alpha}{\pi-2\alpha}\right)+\frac{2b\alpha^2}{(\pi+2\alpha)^2}\left(\sin\alpha+\frac{2\cos\alpha}{\pi+2\alpha}\right)+$$
$$+\frac{\frac{1}{2}c\alpha^2}{(\pi-\alpha)^2}\left(\cos\alpha+\frac{\sin\alpha}{\pi-\alpha}\right)+\frac{\frac{1}{2}c\alpha^2}{(\pi+\alpha)^2}\left(\cos\alpha-\frac{\sin\alpha}{\pi+\alpha}\right)-\alpha^2\frac{\frac{a}{3}+\frac{8b}{\pi^3}+\frac{c}{\pi^2}}{a+\frac{2b}{\pi}}\left(a\frac{\sin\alpha}{\alpha}+\right.$$
$$\left.+\frac{2b\pi\cos\alpha}{\pi^2-4\alpha^2}+\frac{c\alpha\sin\alpha}{\pi^2-\alpha^2}\right)+\frac{h_0^2}{12r^2}\left(\bar a\frac{\sin\alpha}{\alpha}+\frac{2\bar b\pi\cos\alpha}{\pi^2-4\alpha^2}+\frac{\bar c\alpha\sin\alpha}{\pi^2-\alpha^2}\right)\tag{133}$$

Es sei noch bemerkt, daß in dem Sonderfalle $\bar p_w=0$, d. h. bei reinen Temperaturspannungen das Auftreten von p_w in den Temperaturgliedern von (132) keinerlei Schwierigkeiten macht, da es sich beim späteren Einsetzen in (130) wieder heraushebt.

Mit c_1 und c_3 sind w, v und b_y bekannt und damit auch nach (128) n_y und s_y. Wird in (128) noch (130) sowie (117) eingeführt und in der Gleichung für s_y wieder das bedeutungslose $\dot m$-Glied vernachlässigt, so ergibt sich:

$$\begin{aligned}n_y&=r\,\bar p_w\left[-c_3\sin\varphi+\frac{h_\alpha}{2r}\left(1+\frac{h_\alpha}{2r}\right)\sin\delta\varphi\right],\\ s_y&=-r\,\bar p_w\left[+c_3\cos\varphi+1+\frac{h_0}{2r}+\frac{e}{r+e}(1-\cos\varphi)\right]\end{aligned}\tag{57}$$

Um ein Zahlenbeispiel anzuschließen, möge der oben untersuchte Gewölbering mit gleichbleibender Stärke eine Schwächung von 10 auf 7 m erfahren. Aus den zugehörigen Grundmassen

$r_a=105\,\text{m}$; $h_\alpha=10\,\text{m}$; $h_0=7\,\text{m}$; $\alpha=50°$; $h_0/h_\alpha=0{,}700$; $(h_0/h_\alpha)^3=0{,}343$

errechnet man zunächst:

$$\alpha=0{,}8727;\quad \sin\alpha=0{,}7660;\quad \cos\alpha=0{,}6428;$$
$$\frac{\sin\alpha}{\alpha}=0{,}8778;\quad \pi-\alpha=2{,}2689;$$

$$\pi+\alpha=4{,}0143;\quad \pi-2\alpha=1{,}3962;\quad \pi+2\alpha=4{,}8870;\quad \frac{2\alpha^2}{(\pi+2\alpha)^2}=0{,}0637;$$

$$\frac{2\alpha^2}{(\pi-2\alpha)^2}=0{,}781;\quad \frac{\frac{1}{2}\alpha^2}{(\pi+\alpha)^2}=0{,}0236;\quad \frac{\frac{1}{2}\alpha^2}{(\pi-\alpha)^2}=0{,}0739.$$

Ferner folgt aus $h_\alpha-h_0=\frac{2re}{r+e}(1-\cos\alpha)$ und $\frac{1}{2}h_0=r_a-r-e$:

$\frac{2re}{r+e}=8{,}40$; $r+e=101{,}5$; $2re=852{,}7$; $(r+e)^2-4re=(r-e)^2=8594{,}6$;

$r-e=92{,}71$; $r=97{,}10$; $e=4{,}40$; $h_{\frac{\alpha}{2}}=h_0+\frac{2re}{r+e}\left(1-\cos\frac{\alpha}{2}\right)=7{,}787$;

$h_0/h_{\frac{\alpha}{2}}=0{,}899$; $(h_0/h_{\frac{\alpha}{2}})^3=0{,}727$; $h_0^2/12r^2=0{,}000433$; $\delta=0{,}0371$.

$\bar{a} = 0{,}731$; $\bar{b} = 0{,}238$; $\bar{c} = 0{,}031$; $a = 0{,}538$; $b = 0{,}267$; $c = 0{,}195$. $c_3 = -0{,}0595$; $c_1 = -0{,}911$; $c_3 = +0{,}0542$. (Bei Außerachtlassung der Temperaturglieder.)

Damit ergibt sich für b_y und s_y:

$$b_y = (0{,}0542 - 0{,}0595 \cos\varphi)\, r^2 \bar{p}_w; \quad s_y = (-1{,}078 + 0{,}103 \cos\varphi)\, r\, \bar{p}_w.$$

Für die praktisch in erster Linie in Frage kommenden Scheitel- und Kämpferquerschnitte erhält man

$$\left.\begin{array}{ll} b_y = -\ \ 50\,\bar{p}_w; & s_y = -95{,}0\,\bar{p}_w \text{ (Scheitel)}; \\ b_y = +151\,\bar{p}_w; & s_y = -98{,}5\,\bar{p}_w \text{ (Kämpfer)} \end{array}\right\} \text{(in mt/m)}.$$

Hieraus errechnen sich die Randspannungen:

$$\sigma_{sw} = -19{,}7\,\bar{p}_w; \quad \sigma_{sl} = -7{,}5\,\bar{p}_w; \quad \sigma_{kw} = -0{,}8\,p_w; \quad \sigma_{kl} = -19{,}0\,p_w.$$

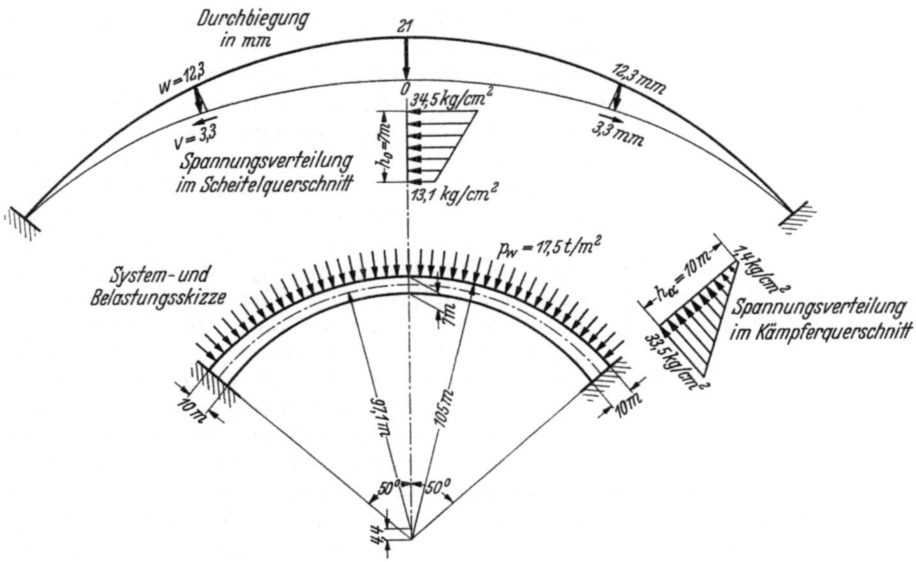

Abb. 852. Spannungs- und Durchbiegungsverlauf in einem Gewölbe mit veränderlicher Wandstärke.

Wird ähnlich wie unter (2) ein $\bar{\sigma}_y$ von 184 t/m² entsprechend einem $\bar{p}_w$ von 17,5 t/m² zugrunde gelegt, so erhält man umgerechnet auf kg/cm²:

$$\sigma_{sw} = -34{,}5\ \text{kg/cm}^2; \quad \sigma_{sl} = -13{,}1\ \text{kg/cm}^2;$$
$$\sigma_{kw} = -1{,}4\ \text{kg/cm}^2; \quad \sigma_{kl} = -33{,}5\ \text{kg/cm}^2.$$

Wie zu erwarten war, ergibt sich gegenüber der gleichbleibenden Gewölbestärke eine wesentlich bessere Baustoffausnutzung. Die größte Durchbiegung ist um etwa 30% größer als bei dem Gewölbe mit gleichbleibender Wandstärke (vgl. im einzelnen Abb. 852).

Auf die Berücksichtigung zusätzlicher Temperaturspannungen kann hier verzichtet werden; der Rechnungsgang ist grundsätzlich der gleiche wie unter (2). Allgemein sei noch bemerkt, daß sich die Festwerte c_1 und c_3 nur dann mit befriedigender Genauigkeit berechnen lassen, wenn man sich der Rechenmaschine oder fünfstelliger Logarithmen bedient.

(4) Gleichbleibende und veränderliche Ringstärke in vergleichender Gegenüberstellung. Die unter (3) entwickelten Formeln geben die Möglichkeit, den Einfluß einer Änderung der Scheitelstärke auf den Spannungs- und Verschiebungszustand allgemein zu untersuchen. Um dies an einem Beispiel vorzuführen, möge an das unter (2) untersuchte Gewölbe von 10 m Wandstärke, 105 m Außenradius und 100° Zentriwinkel angeknüpft werden. Vermindert man die Scheitelstärke bei festgehaltener Kämpferstärke, so liefert die Auftragung der Spannungen und Größtverschiebungen als Funktion von h_s/h_k, das in den Abb. 853—856 wiedergegebene Bild.

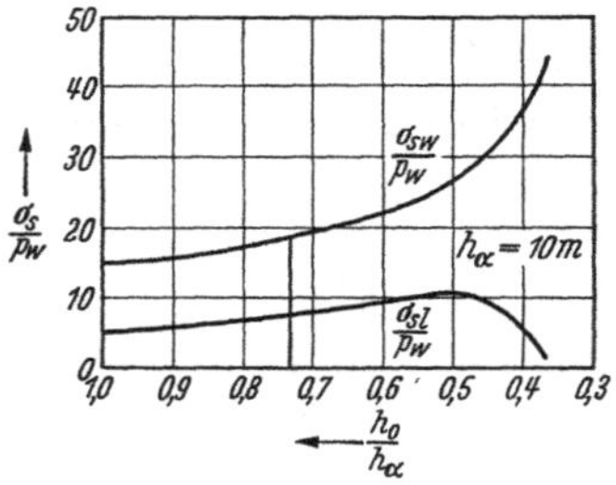

Abb. 853.

Die Scheitelspannungen (Abb. 853) nehmen in Abhängigkeit von der Querschnittsverminderung zunächst langsam und von $h_s/h_k = 0{,}50$ ab sehr schnell zu. Ganz anders verhalten sich die Kämpferspannungen (Abb. 854). Sie erfahren zunächst eine leichte Verminderung, um dann langsam wieder anzusteigen, bis ein in der Nähe von $h_s/h_k = 0{,}50$ liegendes kritisches Wandstärkenverhältnis erreicht ist. Bei $h_s/h_k = 0{,}73$ sind nach Abb. 855 Scheitel- und Kämpferquerschnitt gleich hoch beansprucht; die zugehörige Materialeinsparung beläuft sich auf etwa 18%.

Die Steifigkeit des Scheitelquerschnittes sinkt viel schneller, als die Durchbiegung zunimmt. An der Stelle des wirtschaftlichen Bestwertes ($h_s/h_k = 0{,}73$) ergibt sich beispielsweise eine Verminderung der Steifigkeit um 60%, während die Durchbiegung nur um 25% höher liegt (Abb. 856). Bei $h_s/h_k = 0{,}50$, also kurz vor Beginn der großen örtlichen Spannungserhöhung ist die Steifigkeit des Scheitelquerschnittes bereits auf $^1/_8$ des Ausgangswertes gesunken, während die Durchbiegung erst den 1,6fachen Wert erreicht hat. Die Einschnürung der Scheitelstärke hat hiernach eine sehr erwünschte Verlagerung der Kraftübertragung zugunsten der statisch vorteilhafteren Gewölbewirkung im Gefolge. Es kann daher zuweilen zweckmäßig sein, mit der Querschnittseinschnürung über den wirtschaftlichen Bestwert hinauszugehen, wenn es gilt, die Stutzmauerwirkung so weit als möglich herabzusetzen. Selbstverständlich darf hierbei den kritische Wandstärkenverhältnis, das im durchgerechneten Beispiele bei 0,50 lag, nicht überschritten werden.

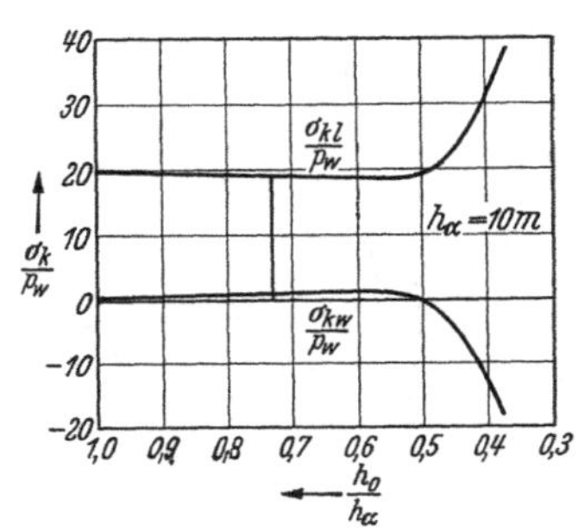

Abb. 854.

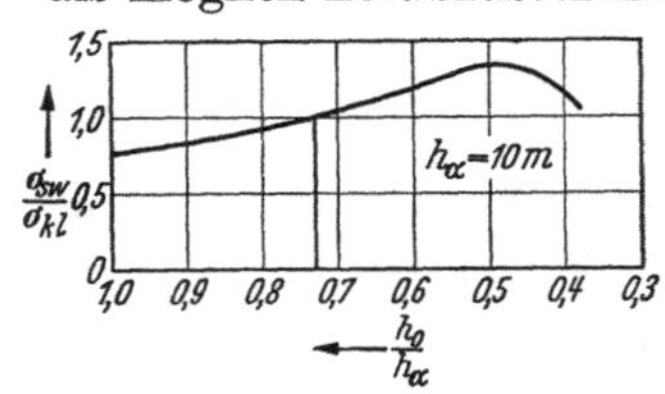

Abb. 855.

6. Berechnungsgang für beliebig-zylindrische Bogenmauern.

Wie schon unter 1. angedeutet wurde, ist die aus der Gewölbelamellenbetrachtung herausentwickelte kreisförmige Linienführung keineswegs immer die günstigste. In manchen Fällen und insbesondere dort, wo man es mit nach oben sich stark verbreiternden Tälern zu tun hat, verdient z. B. die parabolische Linienform den Vorzug, da ihre nach der Talmitte zunehmende Krümmung sich gerade in den engeren unteren Talbereichen recht günstig auswirkt; außerdem findet eine statisch sehr erwünschte zusätzliche lotrechte Pressung im Bereich der Talsohle statt. Durch eine parabolische Linienführung werden auch vielfach die verlorenen Widerlager entbehrlich, die man des öfteren anordnen muß, um Talverbreiterungen im Bereich der Mauerkrone zu begegnen (Abb. 857).

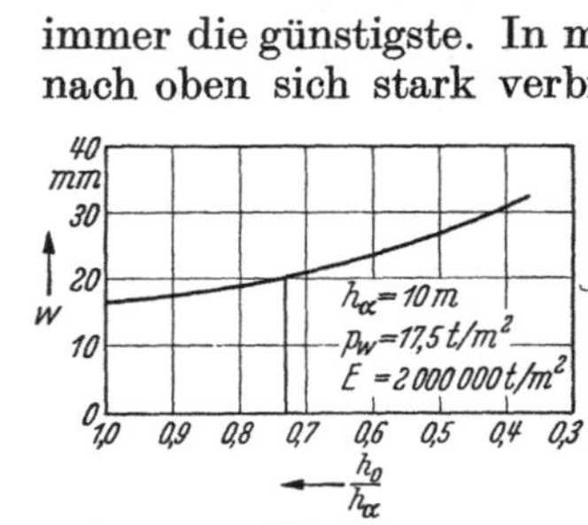

Abb. 856.

Die Trennung nach Bogen- und Stützmauerwirkung kann in beliebig-zylindrischen Bogenmauern mit hinreichender Genauigkeit nach den unter 4. beschriebenen Methoden vorgenommen werden, da die Abweichung von der Kreisform in den für die Stützmauerwirkung maßgebenden unteren Mauerteilen im allgemeinen gering ist. Es genügt vollständig, wenn für r die dem Lotschnitt über der Talsohle entsprechenden Werte eingeführt werden.

Ist so der durch Bogenwirkung zu übertragende Lastanteil $\overline{p}$ festgestellt, so muß in einem zusätzlichen Rechnungsgang zunächst der biegungsfreie Spannungszustand nach der Schalen- (Membran-) Theorie untersucht werden. Durch das Abgehen von der Kreisform sind neben den Ringspannungen σ_y auch Schubspannungen τ und Längsspannungen σ_x notwendig, um eine einwandfreie Kraftübertragung zu gewährleisten.

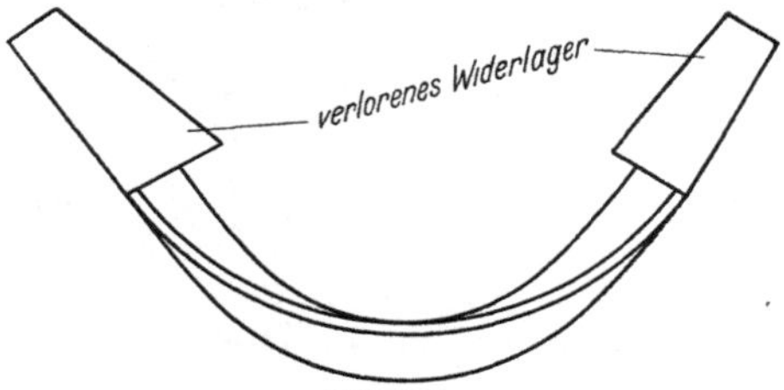

Abb. 857.

Den Abschluß der Untersuchung bildet dann wieder die Berücksichtigung der seitlichen Hangeinspannung für die einzelnen Gewölbelamellen. Es lohnt sich nicht, hierfür wie unter 4. besondere Formeln zu entwickeln, da der Anwendungsbereich der parabolischen Linienführung naturgemäß beschränkt ist. Man wird sich daher zweckmäßig der für Bogenbrücken gebräuchlichen graphischen Berechnungsverfahren bedienen, und zwar tunlichst unter Heranziehung des elastischen Schwerpunktes.

Nachstehend möge noch auf den Membranspannungszustand in beliebig zylindrischen Bogenmauern näher eingegangen werden. Bezeichnet r den jetzt in waagerechter Richtung veränderlichen Krümmungsradius und faßt man die Spannungen zu Resultierenden über die Mauerdicke h gemäß

$$s_x = h\sigma_x,\quad s_y = h\sigma_y,\quad s_{xy} = h\tau \tag{58}$$

zusammen, so folgt aus der Gleichgewichtsbetrachtung am Schalenelement (Abb. 858)

$$s_y = -\overline{p}r;$$

$$\frac{\partial s_{xy}}{\partial x} = -\frac{\partial s_y}{\partial s} = +\overline{p}\,\frac{\mathrm{d}r}{\mathrm{d}s};$$

$$\frac{\partial s_x}{\partial x} = -\frac{\partial s_{xy}}{\partial s}.$$

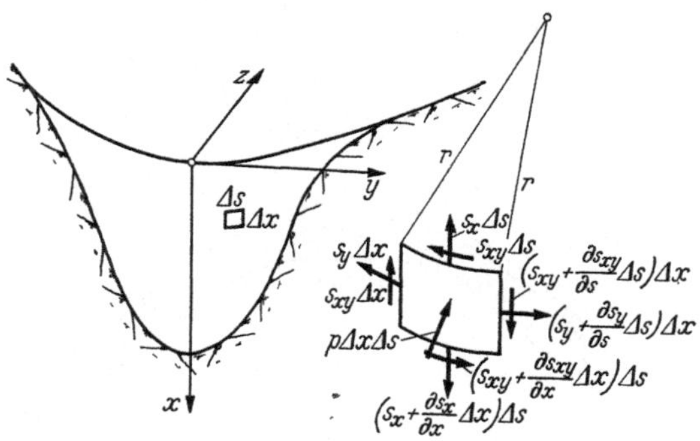

Abb. 858.

Da s_{xy} und s_x am oberen Rande, d. h. für $x = 0$ verschwinden müssen, ergibt die Integration

$$s_x = -\frac{\mathrm{d}^2 r}{\mathrm{d}s^2}\int_0^x\int_0^x \overline{p}\,(x)\,\mathrm{d}x\,\mathrm{d}x;$$

$$s_y = -r\,\overline{p}\,(x) \quad \text{(beliebig-zylindrische Bogenmauer);}$$

$$s_{xy} = +\frac{\mathrm{d}r}{\mathrm{d}s}\int_0^x \overline{p}\,(x)\,\mathrm{d}x. \tag{59}$$

In Anwendung auf die parabel-zylindrische Bogenmauer mit

$$z = \frac{y^2}{2r_0} \quad (r_0 = \text{Krümmungshalbmesser im Scheitel}) \tag{60}$$

$$r = \frac{\left(1+\left(\frac{\mathrm{d}z}{\mathrm{d}y}\right)^2\right)^{3/2}}{\frac{\mathrm{d}^2 z}{\mathrm{d}y^2}} = r_0\left(1+\frac{y^2}{r_0^2}\right)^{3/2}$$

$$\frac{dr}{ds} = \frac{dr}{dy} \cdot \frac{dy}{ds} = \frac{3y}{r_0} \sqrt{1 + \frac{y^2}{r_0^2}} \, \frac{1}{\sqrt{1 + \frac{y^2}{r_0^2}}} = \frac{3y}{r_0}$$

$$\frac{d^2r}{ds^2} = \frac{d}{dy}\left(\frac{dr}{ds}\right) \cdot \frac{dy}{ds} = \frac{3}{r_0} \, \frac{1}{\sqrt{1 + \frac{y^2}{r_0^2}}}$$

folgt

$$s_x = -\frac{3 \int\limits_0^x \int\limits_0^x \overline{p}(x)\, dx\, dx}{r_0 \sqrt{1 + \frac{y^2}{r_0^2}}};$$

$$s_y = -\overline{p}\, r_0 \left(1 + \frac{y^2}{r_0^2}\right)^{3/2} \quad \text{(parabel-zylindrische Bogenmauer);}$$

$$s_{xy} = \frac{3y}{r_0} \int\limits_0^x \overline{p}(x)\, dx. \tag{61}$$

Das kennzeichnendste Merkmal der parabel-zylindrischen Bogenmauer sind die in axialer (lotrechter) Richtung auftretenden Pressungen s_x, die im Schnitt über Talsohle ($y = 0$) und am Mauerfuß $x = H$ an größten sind. Sie rühren daher, daß zufolge der abnehmenden Krümmung, die Mauer im oberen Teile stärkere Pressungen s_y auf den Hangfelsen überträgt, als es dem Wasserdruck entspricht; diese erzeugen ein Kippmoment von der Luft- zur Wasserseite, also entgegen demjenigen des Wasserdruckes, das durch Schubkräfte an den Hängen in Verbindung mit Pressungen in Talsohle aufgenommen werden muß. Die zusätzlichen Pressungen s_x sind statisch sehr erwünscht, da sie, ähnlich wie das Eigengewicht, den durch die Stützmauerwirkung bedingten Biegungszugspannungen entgegenwirken.

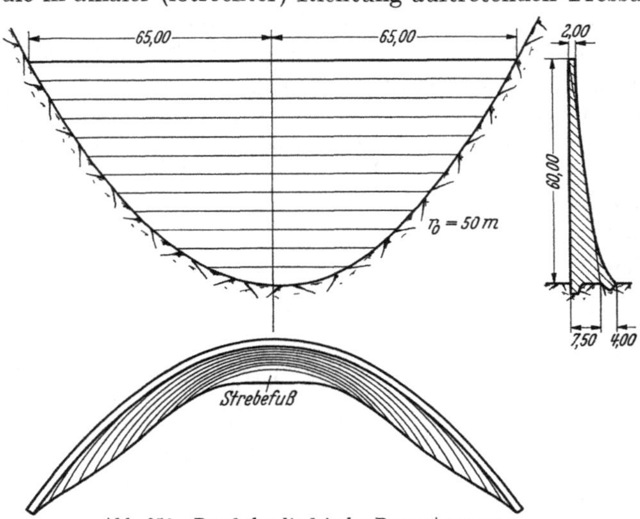

Abb. 859. Parabel-zylindrische Bogenstaumauer.

Den besten Einblick in die grundsätzlich verschiedene Wirkungsweise von Kreis- und Parabelform liefert die zahlenmäßige Durchrechnung unter Verzicht auf jegliche Stützmauerwirkung. Es sei gegeben $H = 60$ m, $r_0 = 40$ m, $y_l^{\text{Krone}} = y_r^{\text{Krone}} = 65$ m. Um ein gutes Durchschnittsbild zu erhalten, sei der Talquerschnitt ebenfalls als parabolisch zugrunde gelegt, und zwar mit der Gleichung $x = 60 - 0{,}0142\, y^2$. Im Sinne der unter 1. gemachten Ausführungen möge die für den Membranzustand zulässige Beanspruchung zu $\sigma_{\text{zul}}^m = 40$ kg/cm² $= 400$ t/m² gewählt werden; diese entspricht einer Höchstbeanspruchung unter Einbeziehung von Ringmauerwirkung und Hangeinspannung von etwa 60 kg/cm². Der Tatsache, daß Außenfläche und Schalenmittelfläche nicht zusammenfallen, sei durch Einführung des auf der sicheren Seite liegenden, d. h. zu ungünstigen Kronenmittenhalbmessers $r_0 = 50$ m Rechnung getragen. Abb. 859 zeigt die so sich ergebende Staumauer.

Unter Verzicht auf jegliche Stützmauerwirkung folgt mit $p = \gamma x$ zunächst allgemein

$$s_x = -\frac{\gamma x^3}{2 r_0 \sqrt{1+\frac{y^2}{r_0^2}}};$$

$$s_y = -\gamma x r_0 \left(1+\frac{y^2}{r_0^2}\right)^{3/2} \quad \text{(ohne Berücksichtigung der Stützmauerwirkung);}$$

$$s_{xy} = +\frac{3 \gamma x^2 y}{2 r_0} \qquad (62)$$

und in Anwendung auf das gewählte Zahlenbeispiel

$$s_x = -\frac{x^3}{100 \sqrt{1+\frac{y^2}{r_0^2}}}; \quad s_y = -50 x \left(1+\frac{y^2}{r_0^2}\right)^{3/2}; \quad s_{xy} = \frac{3 x^2 y}{100}.$$

Im Talsohlenschnitt erhält man mit $y = 0$

$$s_x^{(0)} = -\frac{x^3}{100}; \quad s_y^{(0)} = -50 x; \quad s_{xy}^{(0)} = 0 \quad (\mathrm{t/m^2}),$$

und längs der Hänge mit $x = 60 - 0{,}0142\, y^2$ bzw. $y = \sqrt{\frac{60-x}{0{,}0142}}$,

$$s_x^{(\mathrm{Rand})} = -\frac{x^3}{100 \sqrt{1+\frac{60-x}{35{,}5}}}; \quad s_y^{(\mathrm{Rand})} = -50 x \left(1+\frac{60-x}{35{,}5}\right)^{3/2};$$

$$s_{xy}^{(\mathrm{Rand})} = \frac{3 x^2}{100} \sqrt{\frac{60-x}{0{,}0142}} \ \mathrm{t/m^2}.$$

Die zahlenmäßige Auswertung in Abständen von 5 m liefert:

x	$y^{(\mathrm{Rand})}$	$s_x^{(0)}$	$s_y^{(0)}$	$s_x^{(\mathrm{Rand})}$	$s_y^{(\mathrm{Rand})}$	$s_{xy}^{(\mathrm{Rand})}$	$h^{(0)}$ aus $s_y^{(0)}$	$h^{(\mathrm{Rand})}$ aus $s_y^{(\mathrm{Rand})}$
0	65,0	0	0	0	0	0	0	0
5	62,2	1	250	2	1020	47	0,625	2,55
10	59,3	10	500	10	1870	178	1,250	4,67
15	56,3	34	750	23	2560	380	1,875	6,40
20	53,0	80	1000	55	3110	636	2,500	7,78
25	49,6	156	1250	92	3500	930	3,125	8,75
30	45,9	270	1500	199	3760	1240	3,750	9,40
35	41,9	428	1750	328	3890	1540	4,375	9,72
40	37,5	640	2000	512	3910	1800	5,000	9,77
45	32,5	910	2250	765	3820	1975	5,625	9,53
50	26,5	1250	2500	1104	3620	1987	6,250	9,05
55	18,8	1660	2750	1560	3340	1707	6,875	8,30
60	0,0	2160	3000	2160	3000	0	7,500	7,50

Die Bemessung unter Zugrundelegung der oben genannten zulässigen Spannung von 400 t/m² ergibt die in der Tabelle aufgeführten und aus Abb. 859 ersichtlichen Wandstärken. Diese sind im Bereich der Krone noch der Kronenstärke (im vorliegenden Falle 2 m) anzupassen und an der Sohle durch den Strebefuß zu verstärken.

Man könnte geneigt sein, der vorläufigen Bemessung nicht die Ringkraft s_y, sondern die in die Hauptspannungsrichtung fallende größte Schrägkraft

$$s_{\max} = \frac{s_y + s_x}{2} + \sqrt{\tau^2 + \left(\frac{s_y - s_x}{2}\right)^2}$$

zugrunde zu legen. Eine solche Feinheit wäre jedoch angesichts der vernachlässigten Stützmauerwirkung nicht am Platze. Man wird vielmehr mit der in Abb. 859 gewonnenen vorläufigen Wandstärkenverteilung nun eine Berechnung nach der Ringmauertheorie durchführen und die daraus sich ergebende $\bar{p}$-Verteilung zur Grundlage einer zweiten Durchrechnung machen; die dabei auftretenden bestimmten Integrale werden zweckmäßig graphisch ausgewertet. Für die hieran sich anschließende Nachbemessung bilden die Hauptspannungen die natürliche Grundlage.

Die Berücksichtigung der Hangeinspannung wird zweckmäßig auf der Grundlage der Gewölbetheorie durchgeführt. Bei dieser geht man bekanntlich von der Verkürzung der Gewölbespannweite und der Drehung an den Widerlagern aus, die durch statisch unbestimmte Randbelastungen zum Ausgleich gebracht werden. Hierbei kann im vorliegenden Falle die Widerlagerdrehung als bedeutungslos vernachlässigt werden. Für die Spannweitenverkürzung folgt, wenn wie bisher ein Gewölbe gleicher Festigkeit zugrunde gelegt wird,

$$\Delta l = l \cdot \frac{\sigma}{E} = l \cdot \frac{\bar{p}\, r_0}{E h_0}. \tag{63}$$

Es würde im Rahmen dieses Buches zu weit führen, den geschilderten Rechnungsgängen im einzelnen nachzugehen, um so mehr als sie gegenüber den in früheren Abschnitten durchgeführten Rechnungen nichts grundsätzlich Neues bieten und für denjenigen, der mit statischen Berechnungen vertraut ist, leicht zu bewältigen sind.

7. *Zusammenfassende Bemerkungen über Sicherheit, Formgebung und Bemessung.*

Die Kunst, Bogenmauern zu gestalten, besteht darin, aus den zahllosen Möglichkeiten der Formgebung und Bemessung diejenige herauszufinden, die sich den vorgegebenen örtlichen Verhältnissen am besten anpaßt und dabei ein Höchstmaß von Sicherheit gewährleistet. Die Bogenmauer ist dort, wo die Natur ihre Anwendung gestattet, allen übrigen Bauformen in einem Maße an Sicherheit überlegen, das sehr schwer in Zahlen ausgedrückt werden kann. Fast möchte man behaupten, daß Bogenmauern überhaupt nicht zum Einsturz gebracht werden können. Welche Staumauer oder welcher Staudamm hätte auch nur einen Bruchteil der Beschädigungen ertragen, die die bewußt zu schwach gebaute Stevenson-Creek-Versuchsstaumauer ausgehalten hat, und während bei dem Erdbeben von Villecollemandina im Bereich des Bebenherdes alles in Trümmer ging, die Corfino-Staumauer blieb so gut wie unberührt. Die höchsten Bogenmauern der Welt sind auf eine geradezu primitive Weise berechnet und bemessen worden und haben sich dennoch glänzend bewährt; wenn wir sie heute nachrechnen, so zeigt sich, daß sie gar nicht besser geformt und bemessen werden konnten und daß sie über eine mindestens 4mal so große Sicherheit als eine gleich hohe Gewichtsmauer verfügen. Diese Verhältnisse liegen bei neueren Bogenmauern durch Heranziehung der Schalentheorie, durch Nachprüfung an Modellen, durch verfeinerte Formgebung mit gleichmäßigerer Baustoffausnutzung und durch Verminderung der Wandstärke bei gesteigerter Betongüte noch wesentlich günstiger. Der Begriff der Gestaltsfestigkeit, der z. B. im Maschinenbau Umwälzungen allerstärksten Ausmaßes herbeigeführt hat und herbeiführt, bestimmt auch im Talsperrenbau letzten Endes die Güte eines Stauwerkes und sichert der Bogenmauer auf weite Sicht eine unbestrittene Vorrangstellung gegenüber anderen Bauformen.

Man sollte daher weitgehend bestrebt sein, nicht nur die Bogenmauer dort zu verwenden, wo ihre Anwendbarkeit augenfällig ist, sondern auch breitere Täler auf die Möglichkeiten einer Bogen- oder Bogengewichtsmauer zu untersuchen. Die heutige Neigung, größere Stauhöhen anzuwenden, kommt solchen Bestrebungen weitgehend entgegen. Da die Ringmaueruntersuchung die hierbei ausschlaggebende Frage der Lastaufspaltung nach Bogen- und Stützmauerwirkung bereits vollständig klärt, wurde gerade dieser unter 3. ein besonders breiter Raum eingeräumt.

Formgebung und Bemessung gestalten sich am einfachsten, wenn die Staumauer durch eine waagerechte elastische Fuge in einen oberen, im wesentlichen nur Bogenwirkungen ausgesetzten Mauerteil und einen unteren, nur Stützmauerwirkungen erfahrenden Mauerteil aufgespalten wird (Abb. 786). Leider hat die damit verbundene Erschwerung der Herstellung — von einigen Ansätzen abgesehen — diese so klare und folgerichtige Scheidung bisher noch nicht zur Ausführung kommen lassen.

Bei Gleichwinkel- und kreiszylindrischen Bogenmauern zeigt die Erfahrung, daß man zu einer schon recht befriedigenden ersten Bemessung gelangt, wenn die Gewölbelamellen unter Verzicht auf Stützmauerwirkung und Hangeinspannung nach 3. wie geschlossene Ringe bemessen werden, und wenn man hierbei die Beanspruchung zu 50 bis 80% der zulässigen wählt. Die niedrigeren Werte entsprechen den schwereren, die höheren den leichteren Bogenmauern. Gleichzeitig muß den besonderen Verhältnissen an der Krone und der Sohleneinspannung durch entsprechende Verstärkungen (Strebefuß) Rechnung getragen werden. Die hieran sich anschließende Berechnung auf Grund der Ringmauertheorie nach 4. wird die erste Bemessung entweder bestätigen oder die Wege zu einer Verbesserung weisen. Die Elastizität des Baugrundes muß hierbei stets berücksichtigt werden. Ist, gegebenenfalls durch mehrfache Verbesserung der Bemessung, eine befriedigende Verteilung nach Bogen- und Stützmauerwirkung erreicht und wird insbesondere ein wasserseitiges Abreißen vom Gründungsfelsen mit Sicherheit vermieden, so kann schließlich die Hangeinspannung nach 5. berücksichtigt werden. Hierbei sollte man grundsätzlich auf eine ringveränderliche Gewölbestärke hinaussteuern, die Baustoff erspart und die Elastizität der Bogenmauer erhöht. Selbstverständlich muß man sich hierüber von Anfang an klar sein, damit der größeren Elastizität durch ein größeres σ_{zul} bei der Ausgangsbemessung Rechnung getragen werden kann. Um der ringveränderlichen Gewölbestärke die Wege zu ebnen, ist die formelmäßige Behandlung unter 5. entsprechend ausgebaut worden.

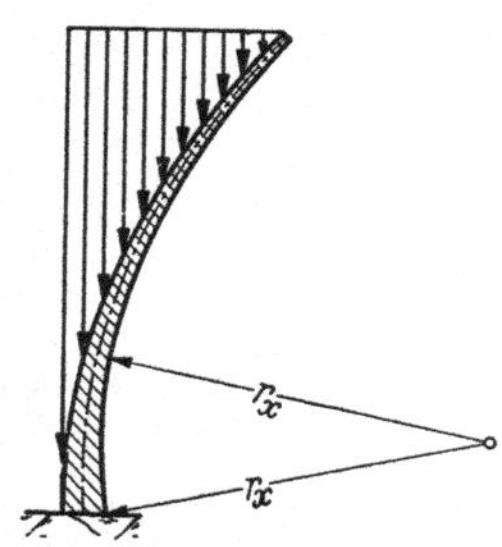

Abb. 860.

Bei doppeltgekrümmten Bogenmauern muß dafür Sorge getragen werden, daß die Wölbfläche auf der Talsohle mindestens senkrecht steht (Abb. 860) oder sogar unterschnitten einmündet (Abb. 790). Nur so läßt sich eine dem Wasserdruck entgegenwirkende Ringzugspannung von namhafter Größe erzielen, die einen Strebefuß entbehrlich macht. Die letztere, die im einzelnen nach den unter 3. gegebenen Formeln der Membrantheorie bestimmt werden kann, ist an der Sohle durch

$$\sigma_y = \sigma_x \frac{r_y}{r_x} \quad \text{(Sohlen-Ringzugspannung infolge lotrechter Krümmung)} \qquad (64)$$

gegeben, wenn σ_x die lotrechte Sohlenpressung aus Wasserauflast (Abb. 588) und Eigengewicht bezeichnet. Selbstverständlich darf das Eigengewicht nur mitberücksichtigt werden, wenn das bei starken lotrechten Krümmungen erforderliche Lehrgerüst erst nach Schließen der Fugen entfernt wird. Die Herstellung wird hierdurch zwar erschwert, aber die Baustoffersparnis kann auf der anderen Seite beträchtlich sein.

Für nichtkreiszylindrische Bogenmauern ist die Frage der Formgebung und Bemessung unter 6. so eingehend behandelt worden, daß sich weitere Bemerkungen hier erübrigen.

21. Kapitel: **Pfeilerstaumauern.**

1. Bauliche Gliederung und Gestaltung.

(1) Plattenstaumauern mit steiler Stauwand. Die einfachste und der Gewichtsmauer am nächsten stehende Pfeilerstaumauer ist diejenige mit steiler, plattenförmiger Stauwand (Abb. 861 u. 862); man könnte sie als aufgelöste Gewichtsmauer bezeichnen. Da sie wirtschaftlich meist nur als reine Betonmauer zur Ausführung kommen kann, erfordert die auf Biegung beanspruchte Platte beträchtliche Mauerstärken. Für unbewehrte Mauern sollte man demgemäß über Pfeilerabstände von 6 m nicht hinausgehen. Zum Ausgleich des Schwindens in Mauerlängsrichtung sind mindestens in jedem dritten Felde verzahnte und sorgfältig gedichtete Fugen notwendig, die bei gekrümmter Achsführung zweckmäßig ausgepreßt werden.

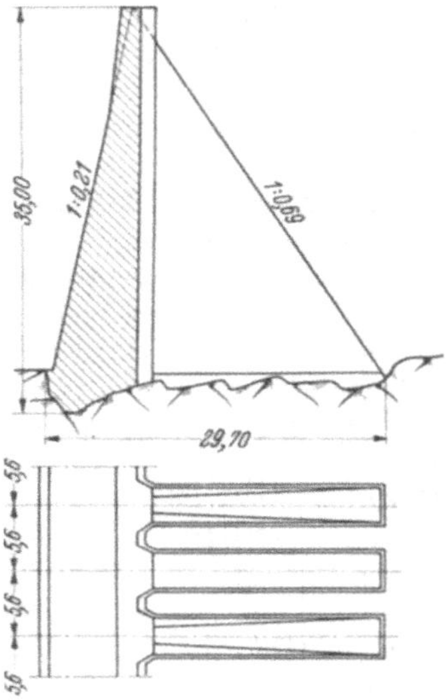

Abb. 861. Burguillo-Staumauer (Spanien).

Wenn die Platte nach einem Vorschlag von Noetzli als Rundkopfplatte ausgebildet wird, wie es z. B. bei der 85 m hohen La Dixence-Staumauer geschehen ist (Abb. 738 u. 863), kann man wesentlich größere Pfeilerabstände erzielen, da durch die Rundköpfe eine strahlenförmige Druckübertragung herbeigeführt wird (Abb. 864). Bei der La Dixence-Staumauer konnte auf diese Weise der Pfeilerabstand auf über 12 m gebracht werden, was die Herstellung naturgemäß sehr erleichtert hat. Wenn vor jedem Pfeiler ein Rundkopf angeordnet wird (Abb. 864), können Biegungsspannungen praktisch vermieden werden; dies hat aber den Nachteil, daß sehr viele Fugen entstehen, die durch Kupferbleche gedichtet werden müssen. Man hat daher bei der La Dixence-Staumauer immer zwei Pfeiler durch einen Rundkopf verbunden (Abb. 738, 922) und dadurch den Fugenabstand auf rund 25 m steigern können. Dieser Mittelweg kann als sehr glücklich und nachahmenswert bezeichnet werden.

Abb. 862. Lavezze-Staumauer (Italien).

Die Kostenersparnis der steilwandigen Plattenstaumauer ist gegenüber einer Gewichtsmauer nur gering, da der Gewinn aus der Masseneinsparung durch die verteuerte Herstellung größtenteils wieder verloren geht. Die Sicherheit wird aber beträchtlich gesteigert, einmal durch den klaren Überblick über den Kräfteverlauf und die ausgiebige Überwachungsmöglichkeit und zum anderen durch die größere Unempfindlichkeit gegen Schwinden und Sohlenwasserdruck.

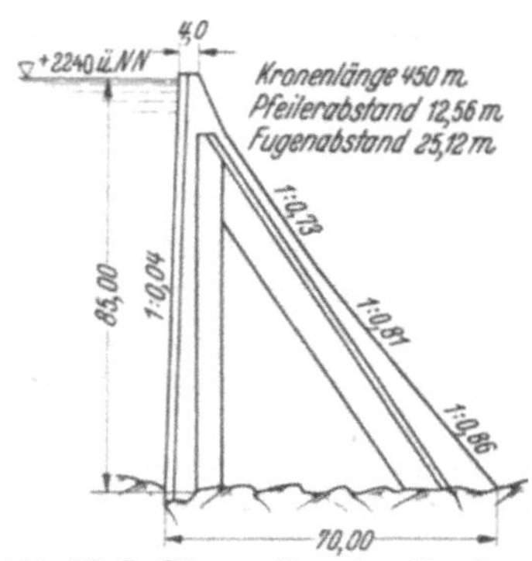

Abb. 863. La Dixence-Doppelrundkopf-Staumauer (Schweiz). Kronenlänge 450 m, Pfeilerabstand 12,56 m, Fugenabstand 25,12 m.

Werden beide Außenflächen durch eine Platte geschlossen, so entsteht der Figaro-Typ (Abb. 865), der eine sehr gute Baustoffverteilung aufweist[1].

[1] Handbuch für Eisenbeton, Bd. 4, Kap. IV. Dr. Ing. E. Marquard: Talsperren, S. 237. Anschließend sind noch weitere „Sparformen" der Gewichtsmauer aufgeführt, so die Zellenmauer von Gutzwiler. Hier wäre auch die Zerbino-Staumauer (Abb. 587, 588) zu nennen,

Leider werden auch hier die Betonersparnisse größtenteils durch die erschwerte Herstellung aufgezehrt.

(2) **Plattenstaumauern mit schrägliegender Stauwand.** Die große Entwicklung, welche die Pfeilerstaumauer in manchen Ländern, insbesondere in Amerika, genommen hat, beginnt mit der Schrägstellung der Wasserseite,

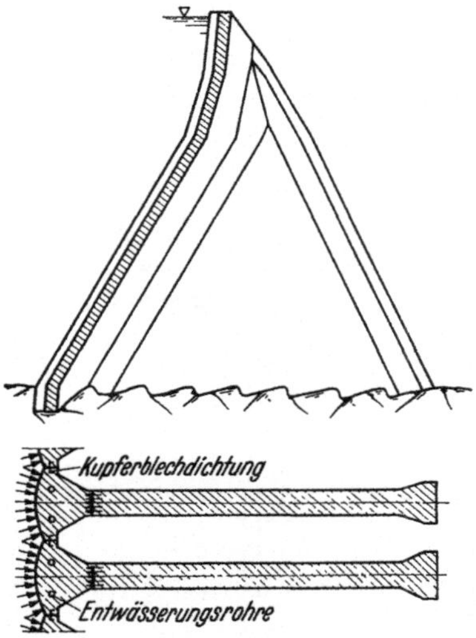

Abb. 864. Rundkopf-Staumauer von Noetzli.

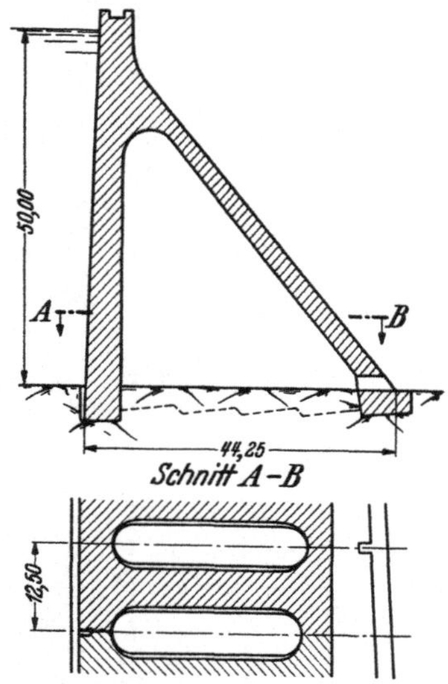

Abb. 865. Plattenstaumauer. Vorschlag Figaro.

aus dem Gedanken heraus, die günstige Wirkung der Wasserauflast für die Standsicherheit der Pfeiler auszunutzen. Jene kann allerdings nur dann zur Geltung kommen, wenn keine namhaften Sohlenwasserdrucke auftreten können. Lösungen, wie sie Abb. 866 zeigt, stellen keinerlei Fortschritt dar.

Das Hauptanwendungsgebiet der Plattenstaumauern mit schrägliegender Wasserseite beschränkt sich auf niedrige und mittlere Stauhöhen etwa bis zu 40 m. Bei größeren Stauhöhen wachsen die Herstellungskosten beträchtlich, so daß wirtschaftlicheren Bauweisen der Vorzug gebührt. Die Bedeutung der vorliegenden Art von Pfeilerstaumauern läßt sich am besten durch den Umstand kennzeichnen, daß allein in Amerika bereits über 400 derartige Staumauern errichtet wurden.

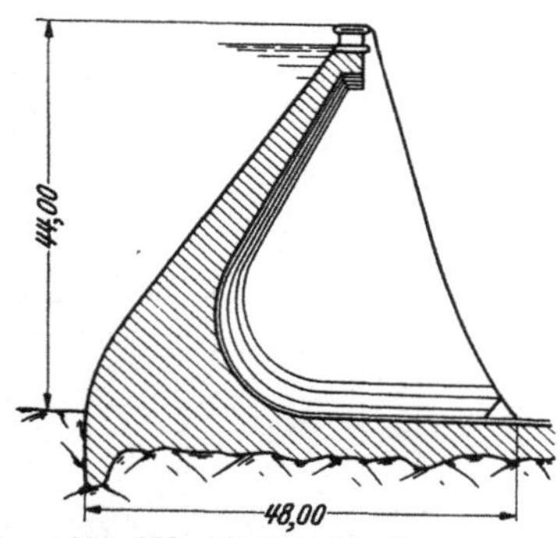

Abb. 866. Harzgeroder Staumauer. Entwurf von Ziegler.

Man kann die schräge Plattenstaumauer heute in Beton und in Eisenbeton durchbilden[1]. Im ersteren Falle bedient man sich der bereits unter (1) erwähnten Rundkopfanordnung von Noetzli (Abb. 864, 867)[2], die zur Verbilligung der Schalung auch mit prismatischem Kopf ausgeführt werden kann (D. Ww. 1938). Bei der (älteren) Eisenbetonbauweise (Abb. 868—873)[3]

ferner die Rohrstaumauer von Müller (Schweiz. Wass. u. Elektr.-Wirtsch. 1920 S. 159 bis 161) und die Zellenmauer von Grunsky (Civ. Engng. 1932). Alle diese Vorschläge haben keine praktische Bedeutung erlangt, da ihre Herstellung zu teuer kommt.

[1] Ausführungen in Stahl sind vereinzelt geblieben. Vgl. Steel Dams von Hovey. New York 1935.

[2] F. A. Noetzli: The Don Martin Dam (Mexiko). Western Construction News. — A. Weiss: The Don Martin Project. Proc. Amer. Soc. Civ. Engr. 1930 S. 2141—2162.

[3] C. V. Davis: Recent Advances in Buttress-Type Dams. Civ. Engng. 1931 Heft 2 und Engng. News Rec. 25. 2. 1932. — Vogt: Economical Design of Buttresses for High Dams and of Cellular Gravity Dams. Trondhjem 1929.

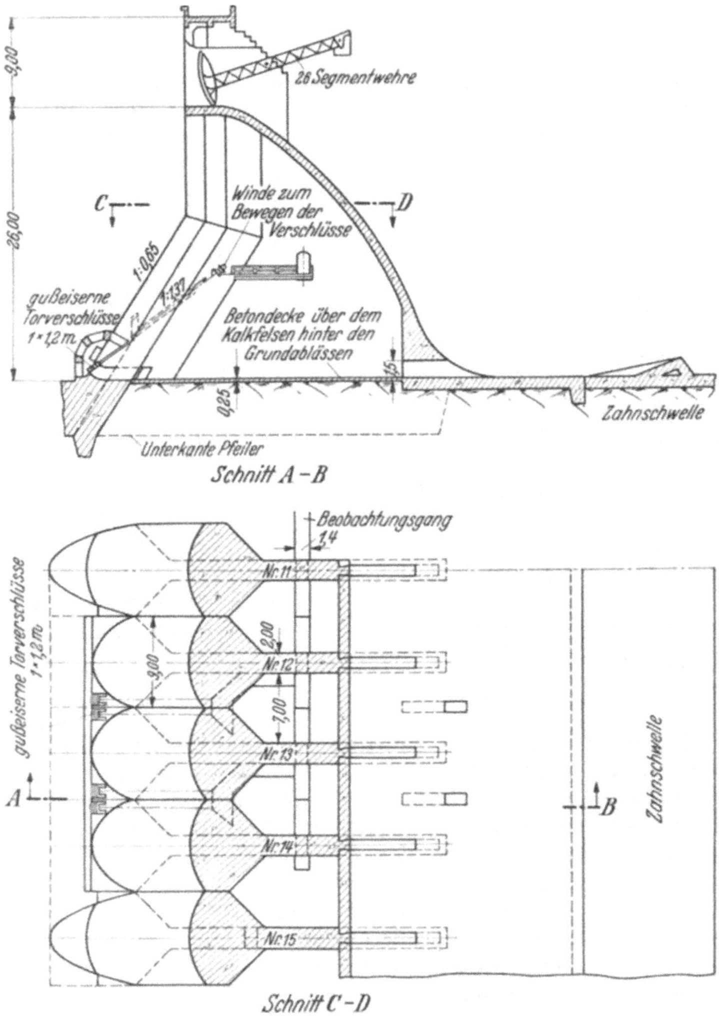

Abb. 867. Rundkopf-Überfallmauer Rio Salado (Mexiko).

Abb. 868. Stoney-Gorge-Staumauer (Kalifornien).

(nach Ambursen) werden die Pfeiler wasserseitig verstärkt, um das Auflager für Eisenbetonplatten zu schaffen, die in entsprechende Pfeilernuten eingreifen. Die Dichtung der entstehenden Fugen wird durch einen Asphaltverguß vorgenommen und erfordert große Sorgfalt.

Der Pfeilerabstand beträgt bei schrägen Plattenstaumauern in der Regel 5 bis 6 m.

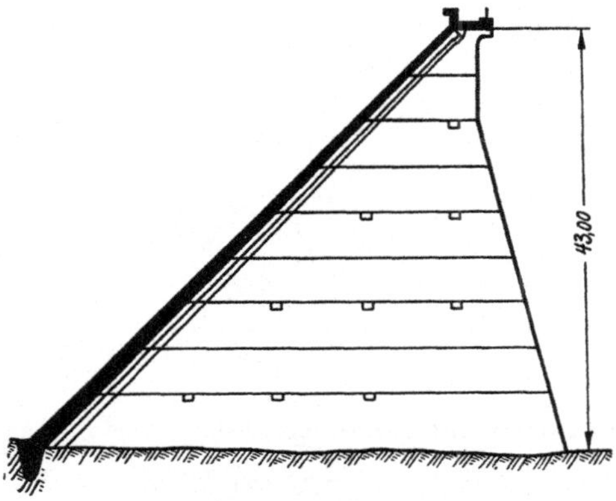

Abb. 869. Stoney-George-Staumauer (Kalifornien). Querschnitt.

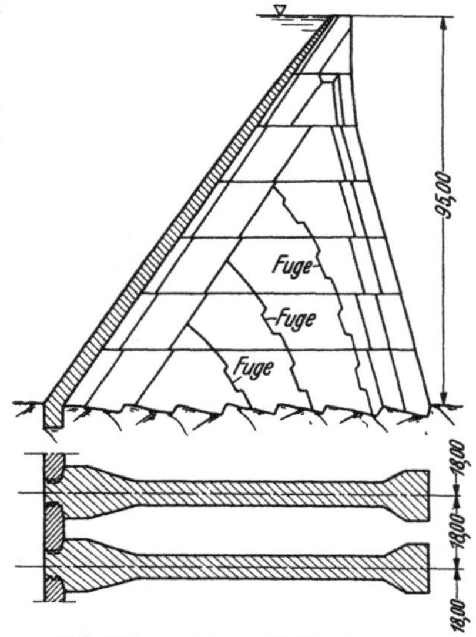

Abb. 870. Ambursen-Plattenstaumauer. Bauart mit schweren Pfeilern.

Wenn man den Beton gut ausnutzen will, so ergeben sich verhältnismäßig dünne Pfeiler, deren Knickwiderstand gering ist. Man ist daher gezwungen, die Pfeiler seitlich auszusteifen, was am einfachsten durch waagerechte Längsriegel geschieht, die druck- und zugfest vom einen Hang zum anderen durchgeführt werden. In breiten Tälern können durch die Weiterleitung der Haltekräfte und durch Wärmespannungen starke Längsverformungen mit entsprechenden Verbiegungen der Pfeilerscheiben eintreten, die höchst unerwünscht sind. Dem läßt sich aber durch Einschaltung von in sich steifen Gruppenpfeilern oder gekuppelten Pfeilerpaaren begegnen.

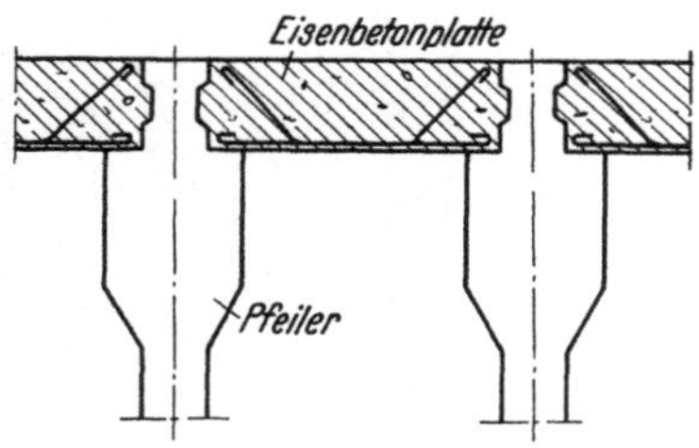

Abb. 871. Pfeilerstaumauer.

In verschiedenen Pfeilern sind Zug- und Schwindrisse (Abb. 872) beobachtet

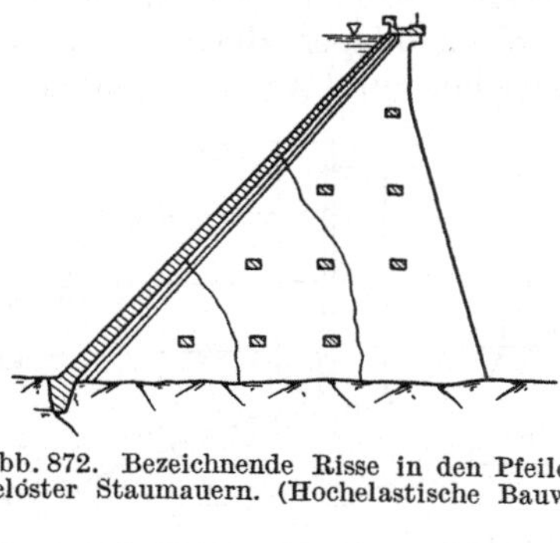

Abb. 872. Bezeichnende Risse in den Pfeilern aufgelöster Staumauern. (Hochelastische Bauweise.)

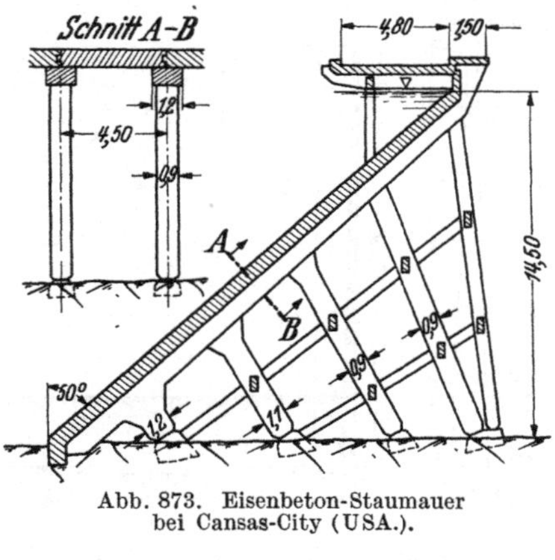

Abb. 873. Eisenbeton-Staumauer bei Cansas-City (USA.).

worden, welche die Einheitlichkeit des Kraftflusses stören können. Man kann die Rißbildung entweder ausschalten, indem man die Pfeiler gliedert[1] (Abb. 873),

[1] Engng. News Rec. Bd. 99 (1927) S. 399.

oder in zwangläufige und überwachbare Bahnen lenken, indem verzahnte Schrägfugen angeordnet werden (Abb. 870) [1]. Diese werden zweckmäßig in die Richtung

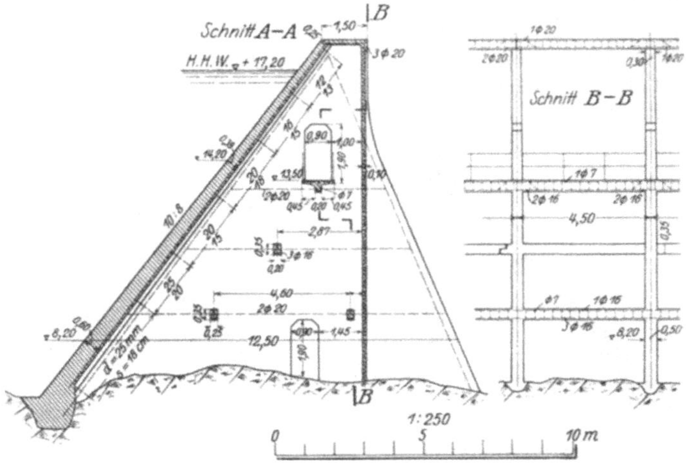

Abb. 874. Plattenstaumauer mit Kälteschutzwand (Ing. Gröner, Oslo).

Abb. 875. Plattenstaumauer mit Kälteschutzwand. Ansicht von Luftseite. (Ing Gröner, Oslo.)

der kleinsten Beanspruchung gelegt, die mit den Hauptdruckspannungstrajektorien zusammenfällt. Eine weitere Möglichkeit besteht darin, die Pfeiler in waagerechter Richtung zu bewehren, wie es u. a. bei der Stony-Gorge-Staumauer [2] (Abb. 868) geschehen ist. Man muß sich jedoch vor Augen halten, daß Eiseneinlagen die Rißbildung nur ausgleichen und verteilen, aber nicht

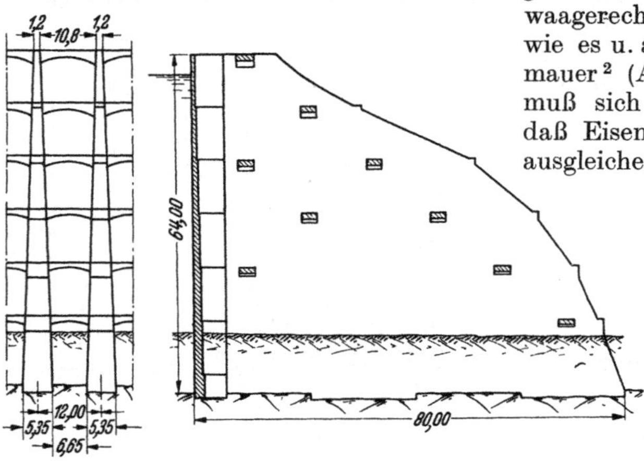

Abb. 876. Gewölbereihenstaumauer mit senkrecht stehenden Gewölben nach P. Bonetti.

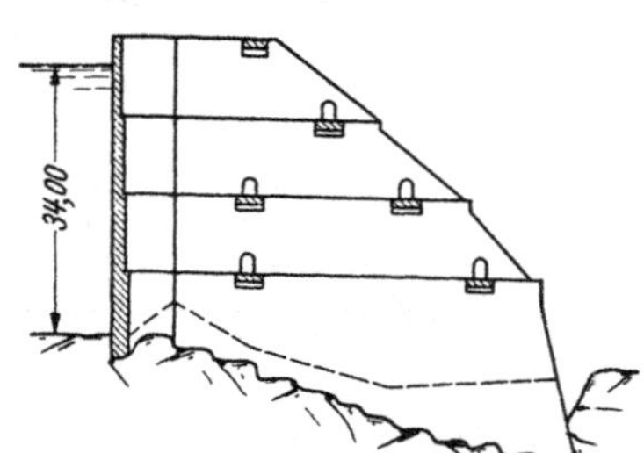

Abb. 877. Venina-Gewölbereihenstaumauer (Italien). Querschnitt.

[1] Siehe Fußnote 3 von S. 537.

[2] Engng. News Rec. Bd. 103 (1929) S. 46.

verhindern können. Im Hinblick auf die Wirkung und auch vom Standpunkt der Wirtschaftlichkeit dürfte der Einbau verzahnter Schrägfugen die zweckentsprechendere Lösung sein.

Es hat sich in den letzten Jahren das Bestreben geltend gemacht, den Pfeilerabstand und damit die Pfeilerstärke soweit zu vergrößern, daß die Pfeiler von sich aus knicksicher sind. Wenn ihr luftseitiger Rand gleichzeitig leistenartig verstärkt wird (Abb. 864, 870), erreicht man das etwa bei Pfeilerabständen zwischen 15 und 20 m. Die in Fortfall kommenden Längsaussteifungen und die Verminderung der Pfeileranzahl auf etwa $^1/_3$ bringen eine wesentliche Erleichterung der Herstellung, die durch den Mehraufwand an Baustoffen (in den Platten) keineswegs wett gemacht wird. Die schräge Plattenstaumauer schwerer Bauart stellt, zumal in Verbindung mit der Rundkopfanordnung (Abb. 864) eine Bauweise dar, die für mittlere Stauhöhen (30 bis 50 m) an Sicherheit und Wirtschaftlichkeit kaum übertroffen werden kann.

Abb. 878.

Abb. 879.

Abb. 878 und 879. Venina-Gewölbereihenstaumauer (Italien) mit senkrecht stehenden Gewölben.

Dünnwandige Stauplatten unterliegen in kaltem Klima der Gefahr des Ausfrierens, wenn sie nicht unbedingt (etwa durch Kupferbelag od. dgl.) vor Sickerwasserdurchzug geschützt sind. Der Frost kann, wie u. a. die Beschädigung der — allerdings betontechnisch mangelhaft ausgeführten — Gem-Lake-Sperre (Gewölbereihenmauer) gezeigt hat, dünnere Platten völlig durchdringen, so daß es sogar wasserseits zur Bildung einer Eisauflage auf der Stauwand kommt. Den hier etwa vorliegenden Gefahren kann indes ohne große Mehrkosten durch Anordnung einer leichten Kälteschutzwand an der Luftseite begegnet werden. Abb. 874 und 875 zeigen Beispiele aus drei derartig von Ing. Gröner-Oslo auf dem norwegischen Hochland ausgeführten Plattenstaumauern[1].

(3) Gewölbereihenstaumauern mit steiler Wasserseite. Die Gewölbereihenstaumauer mit steiler Wasserseite ist mit den unter (1) behandelten Plattenmauern nahe verwandt, denn es ist lediglich die Platte durch eine Kreisgewölbekette (Abb. 876—879)[2] ersetzt. Diese bietet den Vorteil, daß man den

[1] Ludin: Nordische Wasserkräfte S. 563f. Bericht 1 des Betonausschusses des Norweg. Ing.-Vereins Oslo 1930 S. 91f. — [2] P. Bonetti: Contributo allo studio delle dighe a gravita; dighe a volte multiple ad asse verticale. Giornale del Genio Civile 1923 Heft 10.

Pfeilerabstand beträchtlich vergrößern kann. Die Venina-Staumauer[1] weist z. B. Pfeilerabstände von 33 m auf, die bei Plattenstaumauern ganz unmöglich wären. Hierdurch wird eine starke Verbilligung der Pfeiler erzielt, zumal diese ohne Bewehrung ausgeführt werden können. Gegenüber der schrägen Plattenmauer werden die Pfeiler aber länger, weil die Wasserauflast fehlt (Abb. 876). Selbst wenn dadurch rein wirtschaftlich die schräge Platte überlegen erscheinen sollte, so spricht die größere Einfachheit der Ausführung doch für die steile Gewölbereihe.

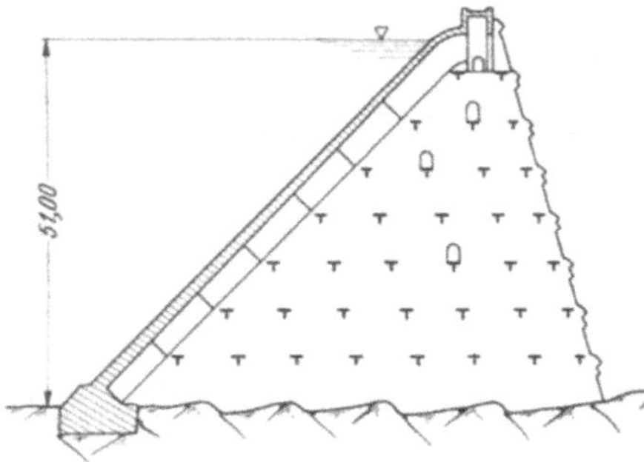

Abb. 880. Molato-Gewölbereihenstaumauer (Italien). Querschnitt.

(4) Gewölbereihenstaumauern mit schrägliegender Wasserseite. Die Gewölbereihenstaumauer mit schrägliegender Wasserseite (Abb. 880—908) verbindet den Vorteil der Wasserauflast mit dem einer größeren Freizügigkeit in der Pfeileraufteilung. Ihr Hauptanwendungsbereich umfaßt die mittleren Stauhöhen zwischen 20 und 50 m. Es sind bis heute etwa 80 Gewölbereihenstaumauern ausgeführt worden.

Abb. 881. Molato-Staumauer (Italien). Ansicht von Wasserseite.

Kennzeichnende Vertreter der älteren Bauweise sind die Molato-[2] und Vöhrenbach-Staumauer[3] (Abb. 880—883). Die verhältnismäßig kleinen Pfeilerabstände bis zu höchstens 12 m führten zu entsprechend geringen Gewölbe- und Pfeilerstärken, welche die Herstellung außerordentlich erschwert haben, und zwar in um so stärkerem Maße, je schräger die Gewölbe gestellt wurden. Wenn die Pfeilerstaumauer in vielen europäischen Ländern mit Mißtrauen

Abb. 882. Molato-Staumauer (Italien). Ansicht von Luftseite.

[1] Dr.-Ing. E. h. Link: Bericht über eine Studienreise des Deutschen Wasserkraft- und Wasserwirtschaftsverbandes. Wasserkr. u. Wasserwirtsch. 1929. — [2] Nach L'Energia Elettrica. — [3] P. Ziegler: Der Talsperrenbau, Bd. 2, 3. Aufl., S. 263—286. Berlin: W. Ernst & Sohn 1927.

betrachtet wurde, so ist das neben Vorurteilen in erster Linie auf die Unzuträglichkeiten zurückzuführen, welche die Herstellung der schrägliegenden dünnen Eisenbetongewölbe mit sich gebracht hat.

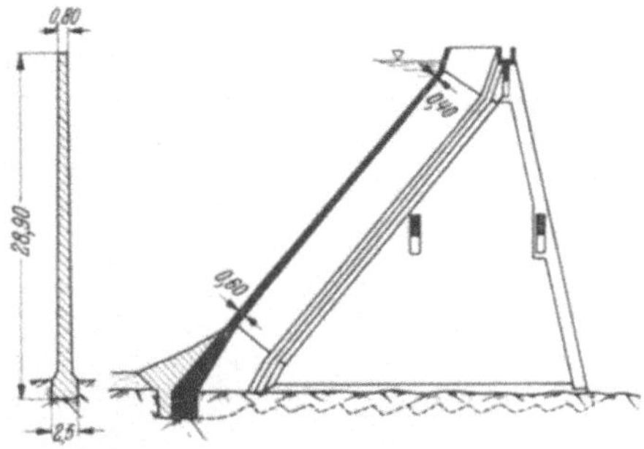

Abb. 883. Vöhrenbach-Staumauer. Querschnitt.

Hier sind zunächst die waagerechten Arbeitsfugen zu nennen, die an der Luftseite Zwickel unter 45 bis 50° schufen. Welche Großkanäle der Wasserdurchlässigkeit dadurch entstanden sind, zeigt ein Blick auf Abb. 884. Nichts ist nachteiliger, als wenn eine Eisenbetonkonstruktion mit Sickerströmungen in Berührung kommt; die Eisen beginnen allmählich zu rosten, und die dünne Betondecke wird abgesprengt. Eine weitere Schwierigkeit entstand aus den niedrigen Hanggewölbe, in denen die Gewölbewirkung stark durch die Plattenwirkung zurückgedrängt wurde. Die Folge waren große Biegungszugspannungen, Überbeanspruchung der Eiseneinlagen und bruchartige Rißbildungen, wie sie eines der Randgewölbe der Vöhrenbach-Staumauer zeigt (Abb. 885).

Abb. 884.

Eine in Frankreich entwickelte und in den letzten Jahren mehrfach angewendete Sonderbauweise ist das System Caquot. Beispiele sind die 40 m hohe Vézin-Staumauer[1] (Abb. 886) und die 26 m hohe Rophemel-Staumauer[2] (Abb. 887, 888). Es handelt sich hier um hochelastische Gewölbereihenstaumauern mit Gewölbedurchmessern von nur 5,4 m; die Gewölbe sind unter 45° geneigt und gehen unter sorgfältiger Wahrung der einheitlichen Mauerwirkung voutenförmig in die Herdmauer über (Abbildung 888). Gewölbe und Pfeilerscheiben sind in beiden Richtungen bewehrt und an den Widerlagern so verbunden, daß die einheitliche Mauerwirkung von Stauwand und Pfeilerscheiben überall gewährleistet ist. Der große Fortschritt dieser Eisenbetonstaumauern gegenüber den älteren

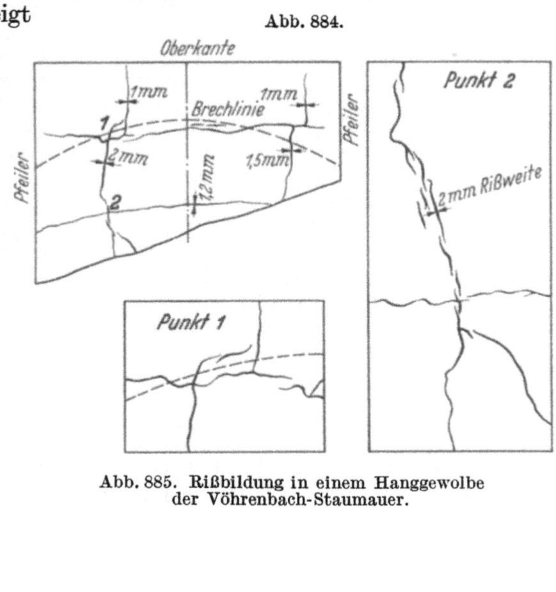

Abb. 885. Rißbildung in einem Hanggewolbe der Vöhrenbach-Staumauer.

[1] Techn. d. Trav. Bd. 20 (1936) S. 259. — [2] Techn. d. Trav. Bd. 20 (1936) S. 512—513.

amerikanischen Vorbildern ist unverkennbar. Alle Erfahrungen der neuzeitlichen Schalenbauweise sind weitgehend verwertet und insbesondere sind durchlaufende

Abb. 886. Vézin-Gewölbereihenstaumauer (Frankreich).

Abb. 887. Rophemel-Gewölbereihenstaumauer (Frankreich).

Abb. 888. Rophemel-Staumauer. Bewehrung der Gewölbe.

Schrägrisse durch die kreuzweise Pfeilerscheibenbewehrung von vornherein unmöglich gemacht. Leider gestatten die außerordentlich dünnen Gewölbe-

und Pfeilerstärken nur eine beschränkte Anwendung dieser an sich sehr wirtschaftlichen Bauweise (Tropen, milde Küstenlandstriche).

Der italienische Talsperrenbau hat sich um die Verbesserung der Gewölbereihenstaumauer große Verdienste erworben; dies gilt ganz besonders für den Entwurf der Pavana-Staumauer, der als Musterbeispiel einer Gewölbereihenstaumauer angesehen werden kann (Abb. 889—892)[1]. Zunächst verzichtete man grundsätzlich auf die niedrigen Hanggewölbe, indem man den aufgelösten Teil beiderseits durch Gewichtsmauern einfaßte. Ferner vergrößerte man, um kräftigere Gewölbe zu erhalten, den Pfeilerabstand und verminderte, um die Verbindung der Arbeitsschichten zu erleichtern, die Schräge der Wasserseite.

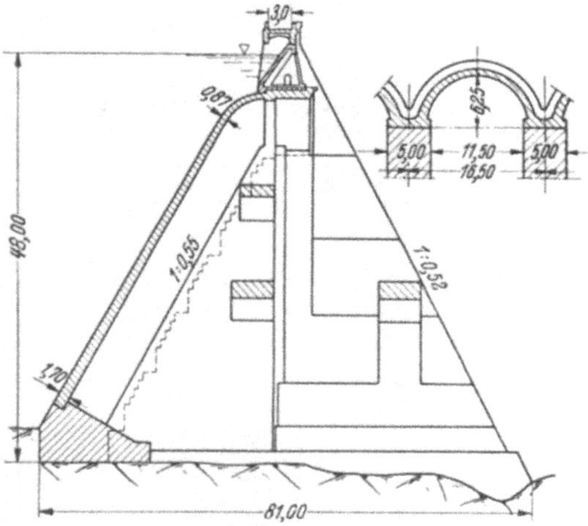

Abb. 889. Pavana-Gewölbereihenstaumauer (Italien).

Außerdem wurden die Gewölbe an der Krone nicht mehr abgeknickt, sondern unter Zwischenschaltung von Kugelschalen allmählich in Tonnengewölbe übergeführt. Schließlich ersetzte man noch das bisher gebräuchliche 130°-Gewölbe

Abb. 890. Pavana-Staumauer. Herstellung der kalottenförmigen Gewölbeabschlüsse.

durch das statisch viel wirksamere Halbkreisgewölbe, womit die Nebenspannungen und damit die Bewehrung stark zurückgedrängt wurden. Leider gingen diese Maßnahmen teilweise auf Kosten der Wirtschaftlichkeit.

[1] Impianti idroelettrici nella regione appenninica tosco-emiliana alta valle del Reno e Limentre. Energia elettr. 1925 Heft 4.

Abb. 891. Pavana-Staumauer von Luftseite.

Abb. 892. Pavana-Staumauer während der Herstellung.

In den letzten Jahren sind noch zwei Bauweisen der Gewölbereihenstaumauer entwickelt worden, die in baulicher wie auch in wirtschaftlicher Hinsicht

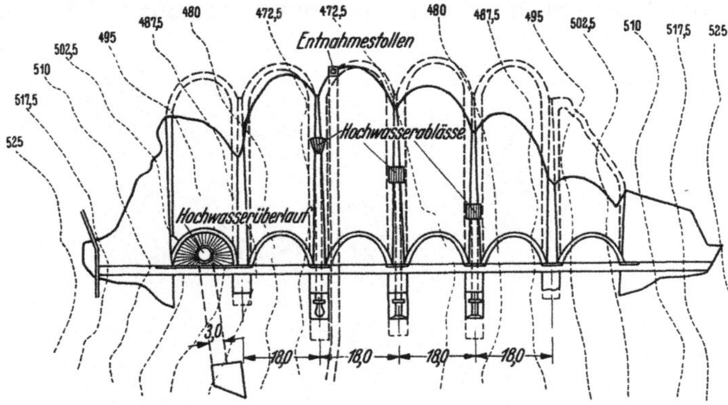

Abb. 893. Big Dalton-Gewölbereihenstaumauer (USA.). [Engng. News Rec. 1929 (II) S. 994—997.]

sehr befriedigen; es sind dies die Hohlpfeilermauer von Noetzli[1] und die Rippenpfeilermauer, wie sie beim Hamilton-Dam[2] ausgeführt ist. Beide Anordnungen

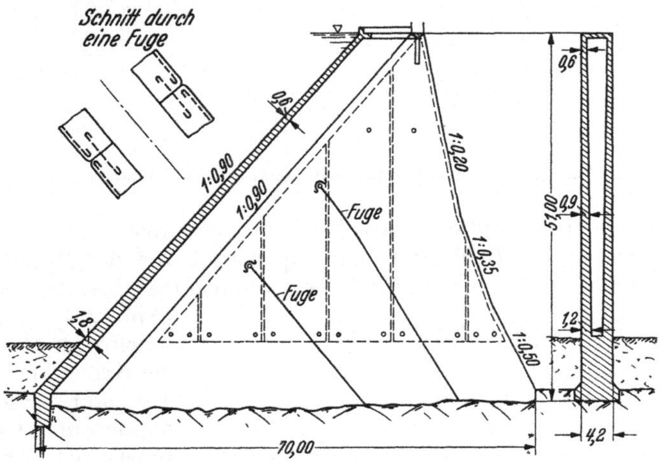

Abb. 894. Big Dalton-Gewölbereihenstaumauer (USA.). Querschnitt.

bedienen sich der Halbkreisgewölbe und arbeiten mit großen Pfeilerabständen (etwa 20 m). Außerdem sind die Pfeiler selbständig knicksicher, so daß die teure und heikle Längsaussteifung überflüssig wird. Die Hohlpfeilermauer (Abb. 893—896) besitzt den Vorzug der größeren Knicksicherheit, die Rippenpfeilermauer den der leichteren Herstellbarkeit; im letzteren Falle sollte die Rippenhöhe mindestens $3^1/_2$ bis 4mal so groß wie die Pfeilerstärke sein (Abb. 897, 898).

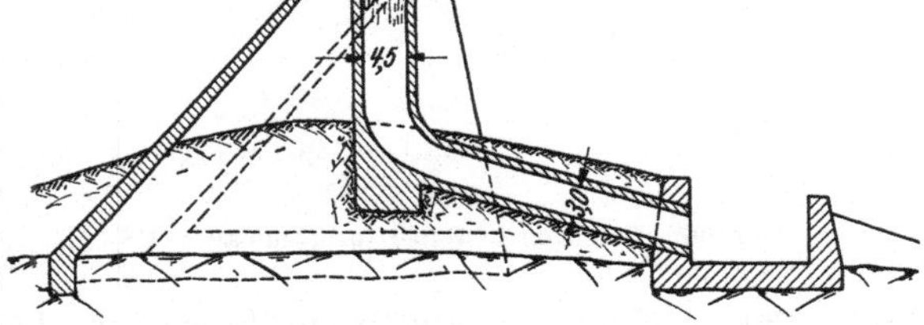

Abb. 895. Hochwasserentlastungsanlage Big Dalton-Gewölbereihenstaumauer (USA.).

[1] The Big Dalton-Dam: Engng. News Rec. Bd. 103 (1929) S. 994—997. Ausschreibungsunterlagen des Los Angeles county flood control district, Los Angeles (Kalifornien).
[2] Engng. News Rec. Bd. 110 (1933) S. 59—62.

Ein weiteres Beispiel einer Gewölbereihenstaumauer mit großen Pfeilerabständen (20 m) ist die kürzlich in Betrieb genommene Beni-Bahdel-Staumauer (Algerien)[1]. Die 180°-Gewölbe dieser 55 m hohen Staumauer sind bereits an

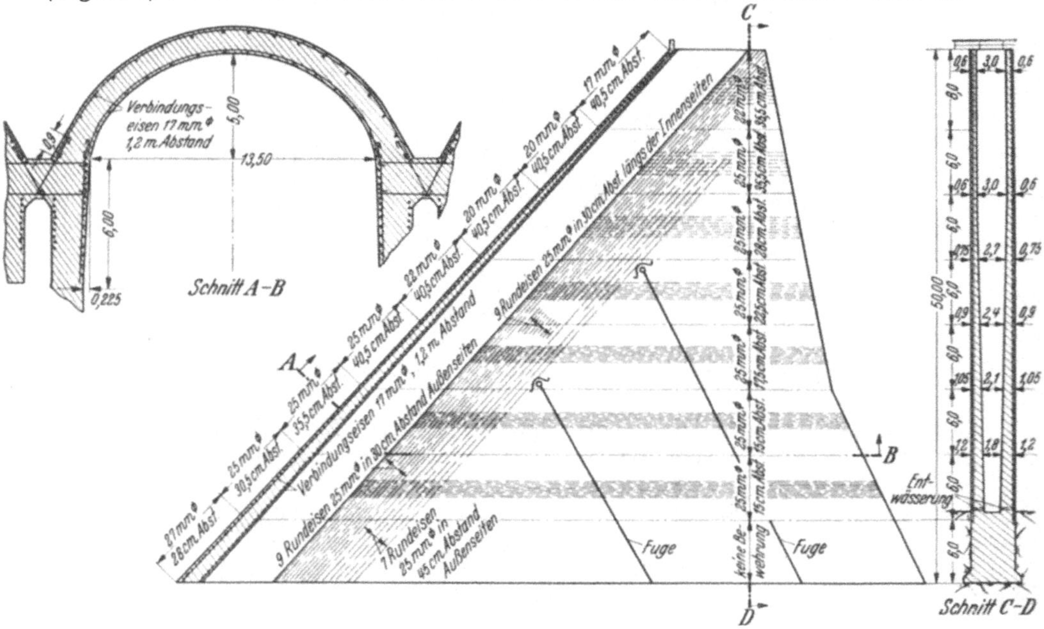

Abb. 896. Big-Dalton-Hohlpfeilerstaumauer. Bewehrung der Gewölbe und Pfeiler.

der Krone 70 cm stark und erreichen bei einer Zunahme von 1,5 cm je m eine Sohlenstärke von 1,7 m (Abb. 899); sie tragen nach Art der Melan-Bögen eine steife Bewehrung, an der die Stahlschalung unmittelbar befestigt werden kann (Abb. 254). Die Pfeilerscheiben (Abb. 900) sind an der Krone 2 m, an der Sohle 4 m stark und mit Ausnahme der Randbereiche unbewehrt, da unter Berücksichtigung der durch Dreieckszwickel (Abb. 899) gesicherten einheitlichen Mauerwirkung zwischen Pfeilern und Stauwand keine Zugspannungen auftreten können. Zur Knickaussteifung der Pfeiler dienen [-förmige Längsriegel, die eine steife Bewehrung tragen (Abb. 900).

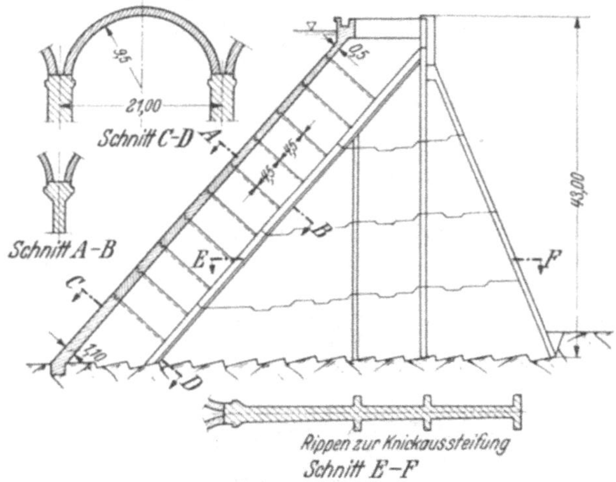

Abb. 897. Hamilton-Gewölbereihenstaumauer (USA.).

Bei Halbkreisgewölben sind durchlaufende Rißbildungen, wie sie in sämtlichen Gewölben der Vöhrenbach-Staumauer aufgetreten sind (Abb. 901), kaum noch zu erwarten. Da man gleichzeitig die Bewehrung schwächer halten kann und zu geringe Gewölbestärken bei 20 m

[1] Techn. d. Trav. Bd. 20 (1936) S. 157—159, 408, 518—519. Ferner M. A. Stucky: Le barrage de Beni Bahdel. Bull. techn. Suisse Rom 1937 S. 141—153.

Pfeilerabstand vermieden werden, treten auch die Herstellungsschwierigkeiten zurück. Beiläufig sei bemerkt, daß bei der Hamilton-Staumauer die Arbeitsfugen

Abb. 898. Beni-Bahdel-Gewölbereihenstaumauer (Marokko). 20 m Pfeilerabstand.

nicht waagerecht, sondern senkrecht zur Zylinderachse gelegt und außerdem noch nutenartig verzahnt wurden, wodurch der Scherwiderstand in den Pfeilerscheiben beträchtlich erhöht wurde. Die Schrägfugenanordnung in den Pfeilern der Big-Dalton-Staumauer (Abb. 896) hat sich in Verbindung mit einer leichten Bewehrung der Außenflächen (Abb. 896) sehr gut bewährt.

In diesem Zusammenhange ist noch ein Vorschlag von **Rossin** zu erwähnen, nach welchen der Pfeiler gemäß Abb. 902 in statisch sehr wirksamer Weise rahmenartig aufgelöst wird, was aber leider nur für niedrige Mauern wirtschaftlich tragbar sein dürfte.

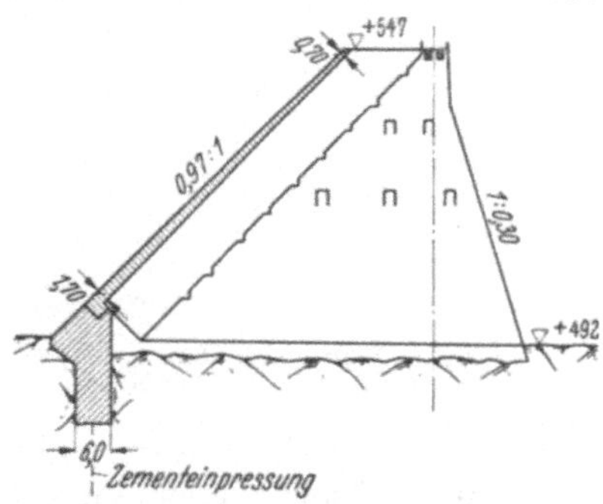

Abb. 899. Beni-Bahdel-Gewölbereihenstaumauer (Marokko). Querschnitt.

Die schrägen Gewölbereihenstaumauern sind, sofern die Bauweisen mit großen Pfeilerabständen verglichen werden, den schrägen Plattenstaumauern in baulicher und wirtschaftlicher Hinsicht gleichwertig. Die ältere Bauart mit den

Abb. 900. Beni-Bahdel-Pfeilerstaumauer von Luftseite.

dünnen Gewölben, die auch heute noch zuweilen zur Ausführung kommt, ist den Plattenstaumauern im allgemeinen unterlegen.

Als lehrreiches Beispiel einer nachträglich verstärkten Gewölbereihenstaumauer verdient noch die Lake-Pleasant-Staumauer erwähnt zu werden, die als erste in der von Noetzli entwickelten Hohlpfeilerbauweise durchgebildet wurde (Abb. 903). Bedauerlicherweise gingen die Entwurfsbearbeiter hierbei etwas reichlich großzügig zu Werke, so daß sich die Pfeilerscheiben bei einer späteren Nachrechnung als zu schwach erwiesen und die vorgesehene Stauhöhe um 12 m herabgesetzt werden mußte. Zur Beseitigung dieses Übelstandes wurde in den letzten Jahren ein umfangreiches Verstärkungsprogramm durchgeführt[1].

Abb. 901. Vöhrenbach-Staumauer. Luftseitige Risse in den Gewölben.

Da an den Pfeilerabmessungen nichts mehr zu ändern war — die luftseitige Neigung hätte größer sein müssen und nach der Mauerkrone zu hätte man die Querschnittszusammenziehung nicht so weit treiben dürfen —, mußten die notwendigen Verstärkungen in der Dickenrichtung erfolgen, was bei der hohlen Pfeilerform auch verhältnismäßig leicht möglich war. Die besonders gefährdeten Pfeiler in Talmitte, die teilweise über 70 m hoch waren, wurden zunächst bis auf eine Höhe von 50 m unter höchstem Stau ausbetoniert, wobei selbstverständlich auf eine gute Verbindung zwischem alten und neuen Beton größte Sorgfalt verwendet wurde (Abb. 904). Nach dieser Vorsichtsmaßnahme ging man an die eigentliche

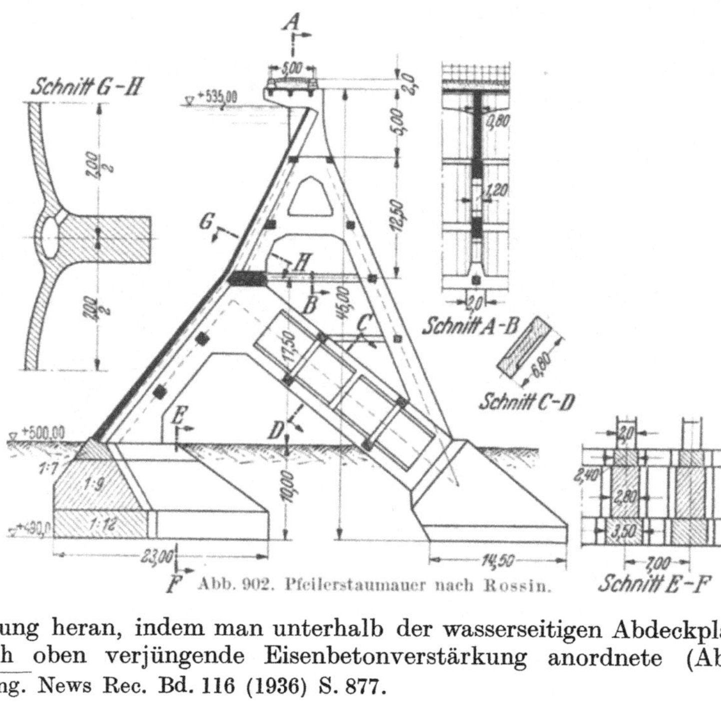

Abb. 902. Pfeilerstaumauer nach Rossin.

Verstärkung heran, indem man unterhalb der wasserseitigen Abdeckplatte eine sich nach oben verjüngende Eisenbetonverstärkung anordnete (Abb. 905).

[1] Engng. News Rec. Bd. 116 (1936) S. 877.

Um einen guten Verbund zu sichern, wurde der alte Beton in Flächen von 25 cm ins Quadrat 5 cm tief ausgehauen. Außerdem legte man Dübel aus 40 mm Quadrateisen ein, die in Abständen von 30—60 cm (nach oben abnehmend) über den Querschnitt verteilt wurden. In gleichen Abständen verlegte man quadratische Quereisen von 30 mm zur Sicherung des Verbundes mit der Abdeckplatte.

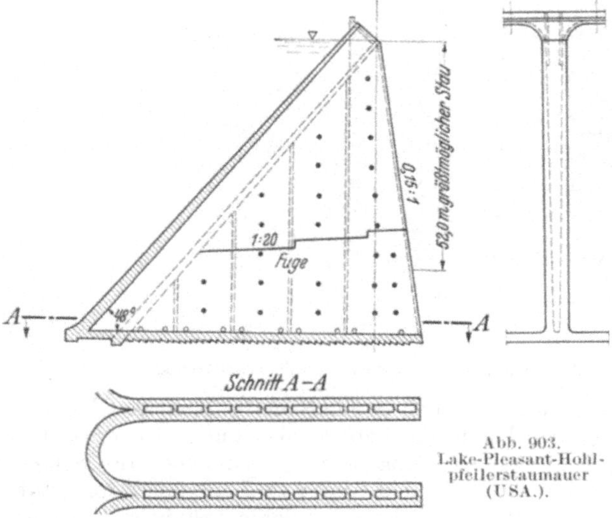

Abb. 903. Lake-Pleasant-Hohlpfeilerstaumauer (USA.).

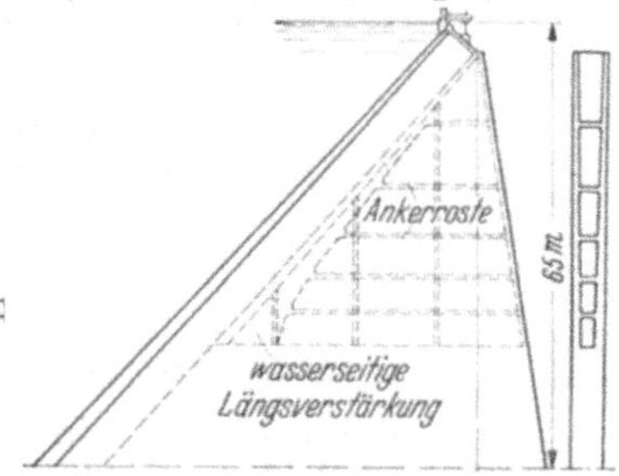

Abb. 904. Lake-Pleasant-Hohlpfeilerstaumauer. Querschnitt nach der Verstärkung.

Die Längsbewehrung bestand aus schweren Schienen, die von 44 an der Sohle allmählich auf 9 an der Krone vermindert wurden.

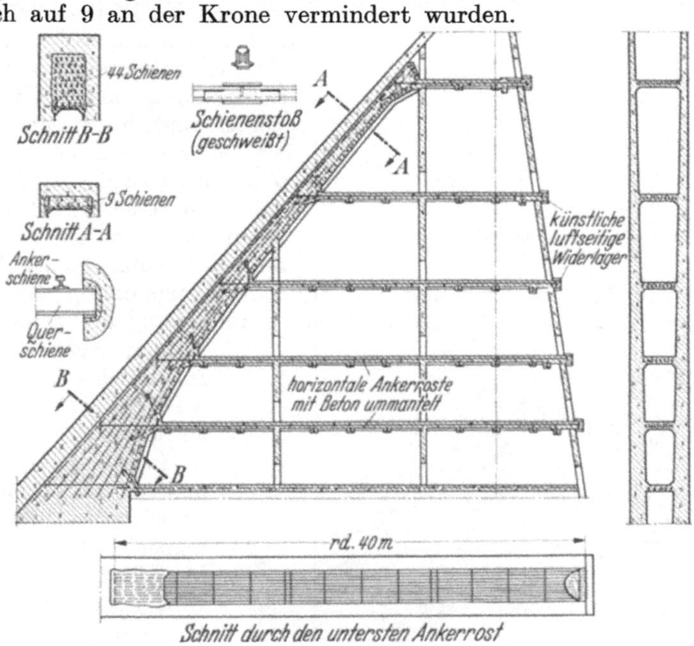

Abb. 905. Lake-Pleasant-Hohlpfeilerstaumauer. Wasserseitige Pfeilerverstärkung und Verspannung durch Ankerroste.

Durch die wasserseitige Längsverstärkung mit der schweren Schienenbewehrung sollte die notwendige Sicherheit gegen die wasserseitig auftretenden Längszugspannungen gewährleistet werden. Darüber hinaus war aber auch noch die einheitliche Mauerwirkung in den Pfeilerscheiben zu sichern, zumal diese durch die anfängliche Überbelastung geschwächt war. Da in lotrechter Richtung im Hinblick auf die große Wasserauflast nichts zu befürchten war, mußte in erster Linie in waagerechter Richtung etwas geschehen. Zu diesem Zwecke verankerte man die neu eingebrachte Längsverstärkung in waagerechten

Abb. 906. Lake-Pleasant-Hohlpfeilerstaumauer (USA.) nach der Verstärkung.

Ebenen durch schwere Schienen mit künstlich geschaffenen luftseitigen Widerlagern (Abb. 905 u. 906). Es wurden 6 Flächenverankerungen übereinander angeordnet, bestehend aus Schienen, die von 7 an der Krone auf 13 an der Sohle gesteigert wurden.

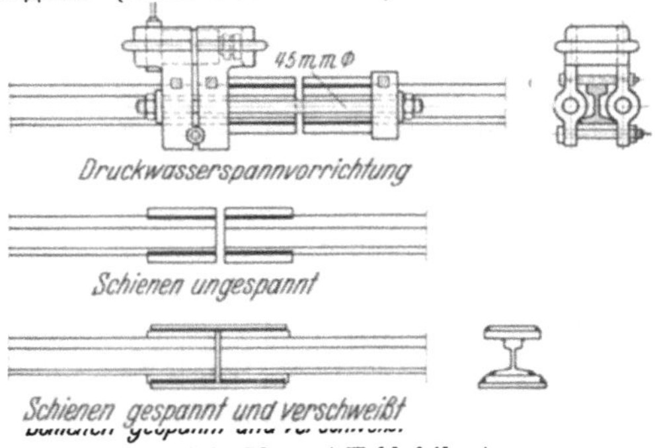

Abb. 907. Lake-Pleasant-Hohlpfeilerstaumauer. Einzelheiten der Spannvorrichtung.

Um die notwendige Zusammenpressung der Pfeilerscheiben zu erreichen, wurden sämtliche Ankerschienen gleichzeitig auf hydraulischem Wege unter Vorspannung gesetzt und in diesem Zustande mit Querschienen und künstlichen Widerlagern zu einem geschlossenen Ankerrost verschweißt. Durch Ablassen des Druckwassers konnte dann der ganze Pfeiler in waagerechter Richtung allmählich unter die der Ankervorspannung entsprechende Pressung gesetzt werden. Die hydraulische Vorspannung der Ankerschienen, die aus Abb. 907 und 908 ersichtlich ist, erfolgte hierbei nach dem Spannschloßverfahren.

Abb. 908. Lake-Pleasant-Hohlpfeilerstaumauer. Blick auf die Spannvorrichtung.

(5) Kuppelreihenstaumauern. Die von Noetzli entwickelte Kuppelstaumauer[1] (Abb. 909—911) hat für die Pfeilerstaumauer ganz neue Ausblicke eröffnet, indem sie den Beweis erbrachte, daß die Vergrößerung des Pfeilerabstandes auf Kosten der Gewölbestärke von größter wirtschaftlicher Bedeutung ist. Bei der Coolidge-Staumauer

[1] F. A. Noetzli: Konstruktion und Ausführung der Coolidge-Staumauer. Bauing. 1929 S. 385—391.

wurden trotz der kostspieligeren Schalungsarbeiten, die mit der Herstellung von Kuppeln verbunden sind, 20% an Kosten gegenüber einer Gewichtsmauer erspart. Außerdem ließ sich die Bauzeit erheblich abkürzen. Die 154000 m^3 Beton wurden in 9 Monaten eingebracht, womit die vertraglich vorgesehene Bauzeit von 18 Monaten auf die Hälfte herabgesetzt wurde.

Abb. 909. Coolidge-Kuppelreihenstaumauer (USA.) nach Noetzli.

Es dürfte bei Schräggewölbereihen auf Schwierigkeiten stoßen, den Pfeilerabstand wesentlich über 20 m hinaus zu vergrößern, da die Herstellung der schrägen Gewölbe an gewisse Grenzbedingungen gebunden ist. Andererseits erhebt sich bei Stauhöhen von 50 m und mehr das Bedürfnis nach einer Vergrößerung des Pfeilerabstandes, teils aus herstellungstechnischen Gründen, teils im Hinblick auf die Erhöhung der Knicksicherheit der Pfeiler. Durch die Kuppelreihenstaumauer wurde diesem Bedürfnis mit kühnem Schwung Rechnung getragen. Die Coolidge-Staumauer weist bei einer Mauerhöhe von 76 m einen Pfeilerabstand von 55 m auf.

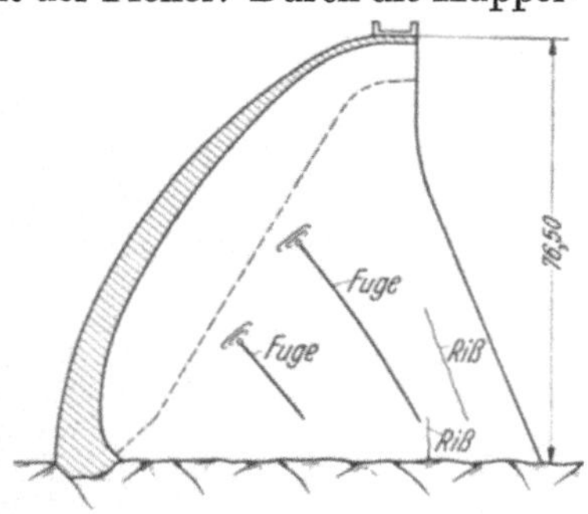

Abb. 910. Coolidge-Kuppelreihenstaumauer (USA.). Pfeilerdurchbildung.

Ihre Kuppeln haben die Form von Umdrehungsflächen mit schrägliegender Achse (Abb. 911). Die Erzeugende der Mittelfläche ist eine sichelförmige Kurve, die unten senkrecht ansetzt und oben waagerecht ausläuft. Etwa 70% der Kuppelhöhe lassen sich im gewöhnlichen Schalungsvorschub herstellen, was wirtschaftlich um so mehr ins Gewicht fällt, als der noch verbleibende Teil der Kuppel kaum mehr als 10% der Massen enthält. So kommt es, daß im Durchschnitt die Herstellung der Kuppeln nicht wesentlich teurer als die der schrägen Gewölbe wird. Bezüglich der Bewehrung (Abb. 911) ist zu bemerken, daß in Kuppeln wie überhaupt in doppelt gekrümmten Schalen die Biegungsmomente stark in den Hintergrund treten. Die Bewehrung ist daher in erster Linie als Sicherheitsmaßnahme zu werten, die auch eine gewisse Beruhigung gegenüber Ungenauigkeiten und Störungen während der Herstellung liefert.

(6) Pfeilerstaumauern mit senkrechten Gewölben und Gegengewichtspfeilern. Die wirtschaftlichen Vorteile, die bei der Coolidge-Staumauer durch die großen Pfeilerabstände und trotz der kostspieligeren Kuppeln erzielt wurden, lassen sich noch steigern, wenn man auf die schon unter (3) besprochenen senkrechten

Gewölbe zurückgreift. Damit die statisch so wirksame Wasserauflast und damit ein Teil der wirtschaftlichen Vorteile nicht verloren geht, haben Probst und der Verfasser eine Bauweise entwickelt[1], bei der die Pfeiler durch wasserseitige

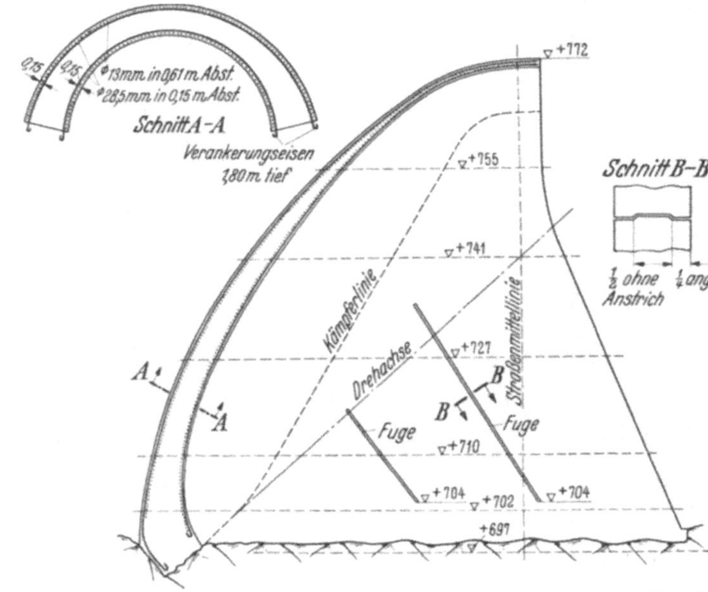

Abb. 911. Coolidge-Kuppelreihenstaumauer (USA.). Bewehrung der Gewölbe.

Gegengewichtsvorbauten (Abb. 912) die erforderliche Wasserauflast bereitstellen. (Ohne Gegengewicht ist die Ausführung der Pfeiler mit senkrechter wasserseitiger Stirn die wirtschaftlichste[2].)

Abb. 912. Pfeilerstaumauer nach Probst und Tölke mit sohlenwasserdruckfreien Gegengewichtsvorbauten.

Die Abb. 913—917 zeigen einen Entwurf für eine 90 m hohe Staumauer, der für das nicht zur Ausführung gekommene Tauernprojekt geplant war.

[1] E. Probst u. F. Tölke: Entwurf und Wirtschaftlichkeit von Staumauern aus Beton und Eisenbeton. Z.VDI Bd. 74 (1930) Heft 13 u. 15.

[2] Ludin: Massenwirtschaftliche Studie über die Pfeilerstaumauer mit lotrechten Gewölben. Die Ww. (Wien) 1932 Heft 1/2.

Er wurde nach dem Grundsatz einer dem alpinen Klima angepaßten robusten Querschnittsgestaltung und tunlichster Herstellungsvereinfachung aufgebaut. Der Pfeilerabstand beträgt 48 m bei 14 m Pfeilerstärke und der Gewölbehalbmesser 18 m; Pfeiler und Gegengewichtvorbau weisen eine dementsprechend massive und wuchtige Bauweise auf, deren Herstellung einen Einheitspreis erfordert, der nur noch wenig über dem einer Gewichtsmauer liegt. Die 14 m breiten und 30 m langen Kammern unter den Gegengewichtsvorbauten (Abb. 913, 914, 917) können von der Luftseite aus begangen werden und lassen etwaiges

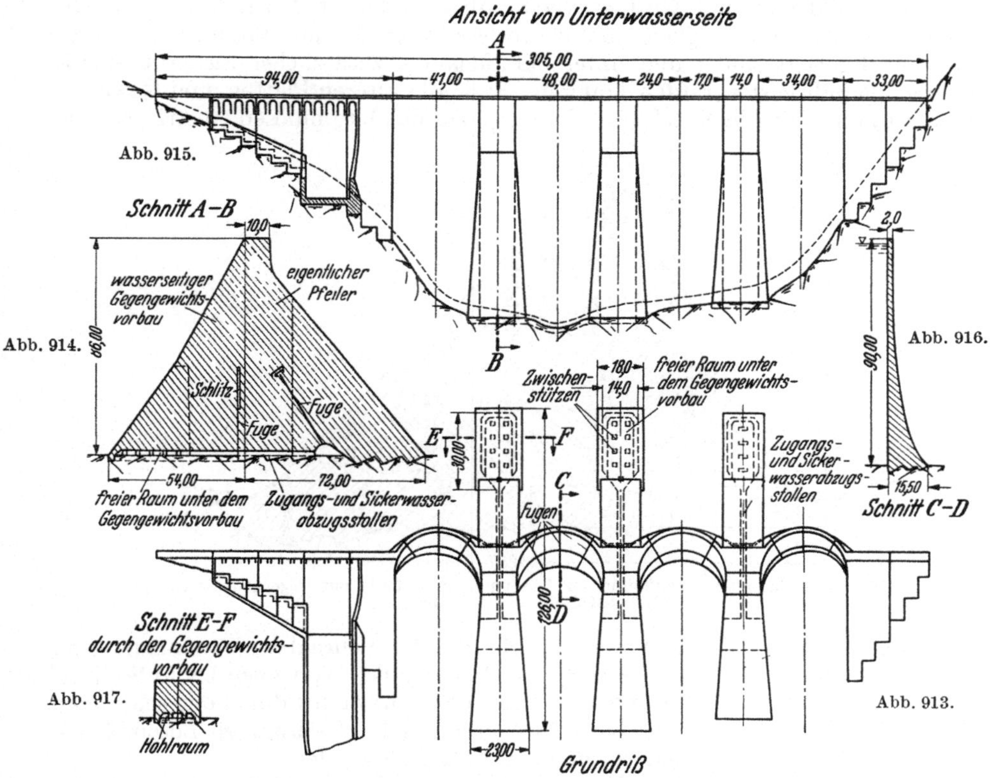

Abb. 913–917. Pfeilerstaumauer mit senkrecht stehenden Gewölben und sohlenwasserdruckfreien Gegengewichtspfeilern. (Entwurf fur eine Staumauer des Tauernprojekts.)

Sickerwasser druckfrei abfließen, so daß die Bildung von Sohlenwasserdruck ausgeschlossen ist.

Die senkrechten Gewölbe sind als Bogenmauern mit Strebefuß durchgebildet (Abb. 916). Sie weisen einen so großen Gewölbewinkel auf (Abb. 913), daß Druckspannungen kaum zu erwarten sind. Zur Bereitstellung des Schwindausgleiches sind drei Fugen vorgesehen, die in üblicher Weise verzahnt und durch Kupferbleche gedichtet sind und so spät als möglich ausgepreßt werden.

Die Baustoffersparnis gegenüber einer Gewichtsmauer, die im vorliegenden Falle zwischen 30 und 35% liegt, läßt sich bei entsprechend stärkerer Gliederung naturgemäß steigern, aber auf Kosten der Herstellung. Die robustere Bauweise verdient meist den Vorzug, da sie nur wenig teurer wird und viel größere Freizügigkeit hinsichtlich der baulichen Gestaltung bietet. Bei senkrechten Gewölben von 36 m Spannweite, 2 m Kronen- und 15,5 m Sohlenstärke kann man ohne allzu große Mehrkosten alle Feinheiten der neuzeitlichen Durchbildung von Bogenmauern, insbesondere das Auspressen der Fugen voll zur Anwendung bringen. Ähnlich steht es mit den Pfeilern, bei deren Abmessungen man sogar schon daran denken könnte, eine Aufteilung in Würfelblöcke mit Fugenspaltkühlung und nachträglicher Spaltausfüllung (Abb. 918) vorzunehmen oder ähnlich wie bei der Boulder-Staumauer satt gegeneinander zu betonieren und die Schwindspalte nachträglich auszupressen.

(7) Sicherung der Außen- und Anschlußflächen von Pfeilerstaumauern. Die Sicherung der Außenflächen und insbesondere der wasserseitigen Außenfläche war jahrelang das Problem der Pfeilerstaumauer. Man braucht sich nur vor Augen zu führen, daß Platten- und Gewölbestärken von 25 bis 50 cm lange Zeit die Regel bildeten, und wird es verständlich finden, daß bei derartigen Abmessungen Wasserdichtigkeit und Wetterbeständigkeit nur durch größte Sorgfalt bei der Herstellung und unter Zuhilfenahme zusätzlicher Sicherungsmaßnahmen gewährleistet werden konnten. Fast alle älteren Platten- und Gewölbereihenstaumauern tragen schwere Torkretputze mit bituminösen Anstrichen, die

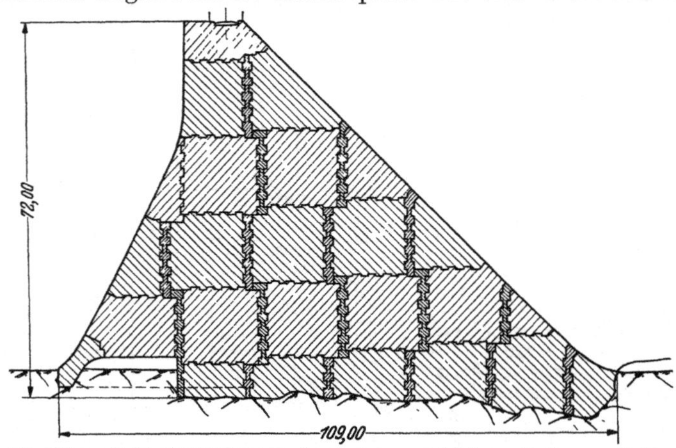

Abb. 918. Kühlspalt-Blockaufteilung in Anwendung auf Pfeiler mit Gegengewichtsvorbau. (Entwurf Hohenwarthe-Staumauer.)

letzteren vielfach nicht zu ihrem Vorteil. Bei der Vöhrenbach-Staumauer sind z. B. sämtliche Gewölbe im Bereich der Drittelpunkte von oben bis unten luftseitig eingerissen, zweifellos mit eine Folge der Erwärmung durch den schwarzen Anstrich. Wie schon früher bemerkt wurde, sind auf schwarzen Betonflächen zusätzliche Erwärmungen bis zu 32° C gemessen worden.

Durch die neueren Bauweisen mit großen Pfeilerabständen hat sich das Bild völlig gewandelt. Gewölbemindeststärken von 1 werden nur noch selten unterschritten und gestatten so die Herstellung eines Betons von vorzüglicher Güte. Demgemäß lassen sich Wasserdichtigkeit und Wetterbeständigkeit in sachgemäß durchgebildeten Pfeilerstaumauern heute stets ohne fragwürdige Putze und erst recht ohne bituminöse Anstriche erzielen, weshalb man hierauf auch tunlichst verzichten und die dadurch ersparten Kosten einer Steigerung der allgemeinen Betongüte zuwenden sollte.

Für die Sicherung der Gründungsfläche sind im wesentlichen die gleichen Gesichtspunkte zu beachten, wie sie bei Behandlung der Gewichtsmauern eingehend dargelegt wurden. Eine wasserseitige Herdmauer mit Zementeinpressung sollte auch bei keiner Pfeilerstaumauer fehlen, ebensowenig eine sorgfältige Abdichtung und Entwässerung der Pfeilergrundfläche. Besondere Sorgfalt ist auf die sachgemäße Durchbildung eines luftseitigen Strebefußes zu verwenden, ganz gleich ob es sich um schräge Platten oder schräge oder senkrechte Gewölbe handelt (Abb. 916). Diese meist nicht beachtete Umlenkung des Kraftflusses ist notwendig, um der mit der Einspannung in den Felsen zwangläufig verbundenen Stützmauerwirkung Rechnung zu tragen. Selbstverständlich kann der Strebefuß nur dann zur Wirkung kommen, wenn die Pfeilerabmessungen so gewählt werden, daß sich die vom Pfeiler in die Platten oder Gewölbe übertragenen Längszugspannungen in mäßigen Grenzen halten und so der überwiegende Teil des Platten- oder Gewölbeeigengewichts noch zum Ausgleich zur Verfügung steht. An Orten mit großen Temperaturänderungen und insbesondere bei starker Frostgefährdung hat es sich als zweckmäßig erwiesen, für die luftseitigen Platten- und Gewölbefüße einen Wärmeschutz vorzusehen (Abb. 874, 875).

Ganz besondere Beachtung verlangt die Sicherung der Scherkraftübertragung längs der Pfeilergrundfläche. Hier sollte man sich nie auf die Verzahnung allein verlassen, sondern gleichzeitig für ein kräftiges Einbinden des luftseitigen Pfeilerfußes in den gesunden Felsen Sorge tragen (Abb. 918).

2. Berechnung und Bemessung der Stauwand.

(1) Beton- oder Eisenbetonplatte. Die künftig wohl kaum noch zur Anwendung kommenden unbewehrten Betonplatten sind statisch als über mehrere Felder (im allgemeinen drei Felder) durchlaufende Balken anzusehen. Hierbei empfiehlt es sich, die Fugen immer in eine Pfeilermitte zu legen und die so ausgezeichneten Pfeiler durch Pfeilerköpfe zu verstärken (Abb. 919). Man kann dann mit hinreichender Genauigkeit das Einspannmoment eines eingespannten Balkens auf zwei Stützen der Bemessung zugrunde legen und erhält:

$$M_b^{\min} = \frac{p_w l^2}{12};$$

$$\sigma_b^{\max} = \frac{p_w l^2}{2 h^2}.$$

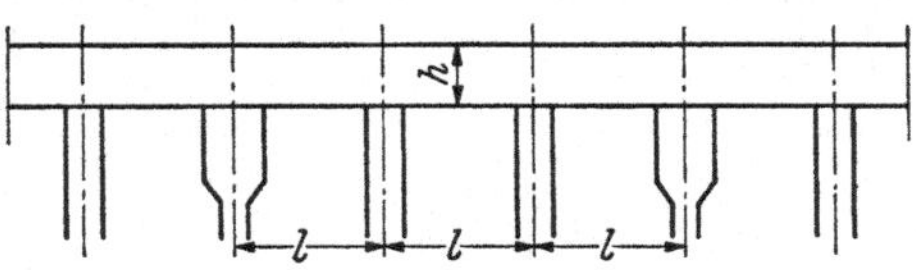

Abb. 919.

Wird eine größte Betonzugspannung von 4 kg/cm² oder 40 t/m² als zulässig erachtet, so folgt

$$h_{\text{erf}} = l \sqrt{\frac{p_w}{80}} \qquad (p_w \text{ in t/m}^2). \tag{1}$$

Beispielsweise errechnet sich für eine 30 m hohe Staumauer $h^{\max} = 0{,}61$ l oder, wenn l zu 5 m gewählt wird, $h^{\max} = 3{,}05$ m. Hiernach gelangt man schon bei verhältnismäßig niedrigen Mauern zu sehr großen Plattenstärken.

Die bewehrte Betonplatte, die anfänglich ebenfalls als Durchlaufplatte zur Ausführung gelangte, wird heute nur noch als Träger auf zwei Stützen durchgebildet (Abb. 871), damit eine dem Rosten der Bewehrungseisen Vorschub leistende wasserseitige Rißbildung nicht mehr eintreten kann. Um die wirksame Spannweite zu verringern, werden die Pfeiler kopfartig verstärkt; die dadurch über jedem Pfeiler entstehende Doppelfuge verteuert zwar die Herstellung, kann aber angesichts des großen Vorteiles der Vergrößerung der Pfeilerabstände in Kauf genommen werden. Ist gemäß Abb. 920 a die Kopfbreite und b die Auflagerbreite, so errechnet sich die wirksame Spannweite zu

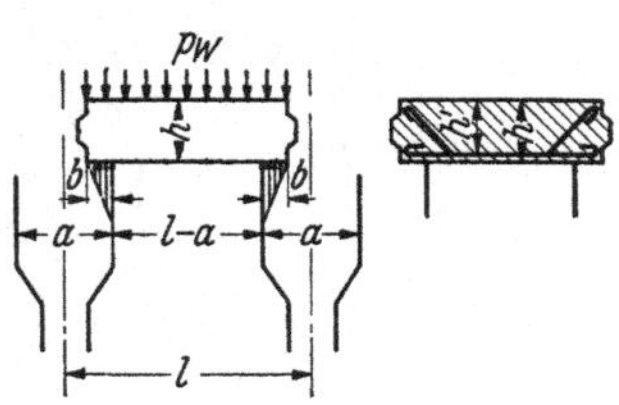

Abb. 920.

$$l' = l - a + \frac{2b}{3}. \tag{2}$$

Hierbei ist die den tatsächlichen Verhältnissen hinreichend Rechnung tragende Annahme gemacht, daß die Last sich dreieckig über den Stützen absetzt (Abb. 920). Damit folgt

$$M_b^{\max} = \frac{p_w l'^2}{8}. \tag{3}$$

Bei Zugrundelegung einer zulässigen Betondruckspannung von 30 kg/cm² und einer Eisenzugspannung von 1200 kg/cm² ergibt sich

$$h' = 0{,}0519 \sqrt{M_b} \text{ cm} \quad (\sigma_b = 30 \text{ kg/cm}^2,\ \sigma_e = 1200 \text{ kg/cm}^2,\ M_b \text{ in cm kg}). \tag{4}$$

$$f_e = 0{,}0277 \sqrt{M_b} \text{ cm}^2/\text{m}.$$

Um ein Beispiel anzuschließen, sei $l = 6{,}7$ m, $a = 1{,}2$ m, $b = 0{,}3$ m, $p_w = 30$ t/m. Damit errechnet sich

$$l' = 6{,}7 - 1{,}2 + 0{,}2 = 5{,}7 \text{ m};$$

$$M_b^{\max} = \frac{30 \cdot 5{,}7^2}{8} \text{ mt} = 122 \text{ mt} = 12200000 \text{ cm kg};$$

$$h' = 0{,}0519 \sqrt{12200000} = 0{,}0519 \cdot 3500 = 182 \text{ cm};$$

$$f_e = 0{,}0277 \sqrt{12200000} = 0{,}0277 \cdot 3500 = 97 \text{ cm}^2/\text{m}.$$

Wird eine Rundeisenbewehrung mit $d = 25$ mm Durchmesser vorgesehen, so sind rund 20 Eisen je lfd. m erforderlich. Die Plattenstärke h folgt aus h' durch Zuschlag von $1{,}5\,d$ zu $h = 186$ cm.

Die Höhe h_k des Pfeilerkopfes (Abb. 921) muß so bemessen werden, daß die Schubspannung bzw. die zugehörige Hauptzugspannung das zulässige Maß von 4 kg/cm² nicht überschreitet. Zunächst folgt für die Auflagerkraft

$$A = Q^{\max} = \tfrac{1}{2}\, p_w (l - a + 2\,b),$$

Abb. 921.

und damit

$$\tau^{\max} = \sigma_z^{\max} = \frac{Q^{\max}}{\frac{2}{3} h_k} = \frac{3}{4}\, p_w \frac{l - a + 2\,b}{h_k},$$

oder

$$h_k^{\text{erf}} = \frac{3}{4} \frac{p_w}{\sigma_z^{\text{zul}}} (l - a + 2\,b) = \frac{3\,p_w}{160} (l - a + 2\,b) \quad (p_w \text{ in t/m}^2,\ l \text{ in m}). \quad (5)$$

In Anwendung auf das obige Beispiel ergibt sich

$$h_k = \frac{3 \cdot 30}{160} (6{,}7 - 1{,}2 + 0{,}6) = 3{,}4 \text{ m}.$$

Da in den Pfeilerköpfen, wie weiter unten noch erläutert werden wird, eine Längsbewehrung notwendig ist, empfiehlt es sich, die erforderlichen Bügel gleich so anzuordnen, daß sie einen Teil der Hauptzugspannungen sowie auch der Biegungszugspannungen aufnehmen können (Abb. 921).

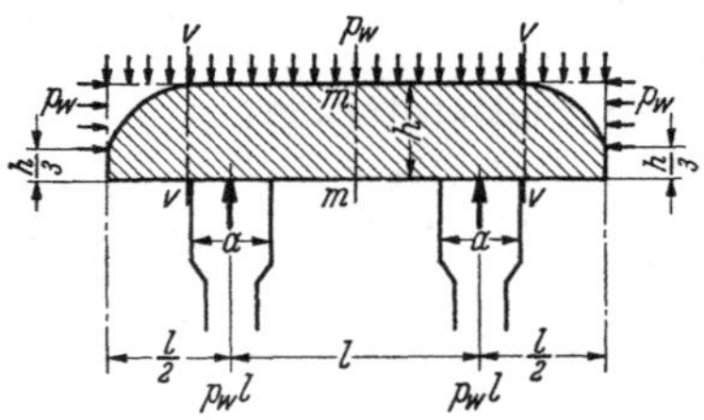

Abb. 922.

In der Platte überschreiten die Hauptzugspannungen im allgemeinen das zulässige Maß. Demgemäß ist eine Aufbiegung der Zugeisen nach den Auflagern zu erforderlich, etwa wie es Abb. 920 zeigt. Man läßt zweckmäßig die Hälfte der Eisen gerade durchgehen, während die andere Hälfte aufgebogen wird.

(2) Rundkopfplatte. Die Rundkopfplatte ist der ebenen Platte in vielfacher Hinsicht überlegen, vornehmlich durch die strahlige Zusammenführung des Kraftflusses. Insbesondere stellt der Einpfeilerrundkopf eine ganz einzigartige Formgebung dar, da er eine von Biegungsspannungen vollständig freie Kraftübertragung ermöglicht (Abb. 864). Aber auch der Zweipfeilerrundkopf, der zudem mit größeren Pfeilerabständen zu arbeiten gestattet und daher für größere Stauhöhen die gegebene Lösung ist, verfügt noch über einen so günstigen Kraftfluß, daß die Platte ohne Eiseneinlagen durchgebildet werden kann. Wenn die Feldunterteilung des Zweipfeilerrundkopfes gemäß Abb. 922 gewählt wird, so erfährt der Mittelschnitt $m - m$ des Zweipfeilerkopfes lediglich eine Beanspruchung aus dem Seitendruck, die nie zu Unzuträglichkeiten führen kann. Demgemäß tritt die für die Bemessung maßgebende Beanspruchung über den Pfeilern auf, und zwar, genauer gesagt, in den Schnitten $v - v$ an den Anschlußpunkten der äußeren Pfeilerkopfverstärkungen. Hieraus ergibt sich zunächst, daß die Rundung erst außerhalb dieser Schnitte beginnen darf. Ferner wird man die Rundung an den Fugen soweit herunterziehen, als sie entlastend wirkt, d. h. bis zum unteren Drittelpunkt der Plattenstärke. Damit liegt die Platte im wesentlichen fest und man erhält die aus Abb. 922 ersichtliche Bestform. Für diese ist die Plattenhöhe so zu wählen, daß die größte Zugspannung nicht über das ohne Bewehrung zulässige Maß von 4 kg/cm² hinausgeht.

Das für die Wasserseite maßgebende Kernmoment folgt zu

$$M_k^{\max} = p_w\left[-\frac{2}{3}h\cdot\frac{h}{3}+\frac{1}{2}\left(\frac{l-a}{2}\right)^2\right] = p_w\left[-\frac{2}{9}h^2+\frac{1}{8}(l-a)^2\right], \tag{6}$$

und damit die wasserseitige Randspannung zu

$$\sigma_z^{\max} = \frac{M_k^{\max}}{\frac{1}{6}h^2} = p_w\left[\frac{3}{4}\left(\frac{l-a}{h}\right)^2-\frac{4}{3}\right] \le \sigma_z^{\text{zul}}. \tag{7}$$

Um ein Zahlenbeispiel anzuschließen, sei $l = 15$ m, $a = 6$ m, $h = 4$ m, $\sigma_z^{\text{zul}} = 4$ kg/cm² $= 40$ t/m². Der so bemessene Doppelpfeilerrundkopf würde einen größten Wasserdruck von

$$p_w = \frac{40}{\frac{3}{4}\left(\frac{9}{4}\right)^2-\frac{4}{3}} = \frac{40\cdot 192}{729-256} = 16{,}3 \text{ t/m}^2$$

aufnehmen können.

Will man umgekehrt die zu einem gegebenen Wasserdruck gehörige Wandstärke bestimmen, so folgt aus (7)

$$h = \frac{l-a}{\sqrt{\frac{4}{3}\left(\frac{4}{3}+\frac{\sigma_z}{p_w}\right)}}. \tag{8}$$

Ist in Anknüpfung an das obige Beispiel $p_w = 45$ t/m² und, dem größeren Wasserdruck entsprechend, $a = 8$ m, so folgt unter Beibehaltung der übrigen Angaben

$$h = \frac{7}{\sqrt{\frac{4}{3}\left(\frac{4}{3}+\frac{40}{45}\right)}} = 4{,}07 \text{ m},$$

d. h. praktisch der gleiche h-Wert wie vorhin. Man kann hiernach die Plattenstärke einer Doppelpfeiler-Rundkopfmauer in weiten Grenzen auf gleicher Höhe halten, wenn die Pfeilerkopfverstärkungen geeignet gewählt werden.

(3) Senkrechte und schräggestellte Gewölbe. Bei den älteren durchweg dünnwandigen Gewölbereihenstaumauern wurde die Berechnung der Stauwand — ähnlich wie wir es bisher stillschweigend voraussetzten — vollständig von derjenigen der Pfeiler getrennt, d. h. man betrachtete die Gewölbe so, als lägen sie lose und längsverschieblich auf den Pfeilern auf. Bei einer solchen Annahme liegt es nahe, die Gewölbe in Ringlamellen senkrecht zur Erzeugenden aufzuteilen und diese — angesichts der stark zurücktretenden Stützmauerwirkung — als beiderseits eingespannte Kreisbögen zu berechnen. Für senkrechte Gewölbe ergibt sich so ein Berechnungsverfahren, wie es unter 5, Kap. 20 im einzelnen erläutert wurde. Bei schräggestellten Gewölben ist außerdem noch zu berücksichtigen, daß der Wasserdruck vom Scheitel zu den Kämpfern ansteigt und das Eigengewicht eine in die Ringebene fallende Teilkraft besitzt. Die hierdurch hervorgerufenen zusätzlichen Biegungsspannungen suchte man vielfach dadurch abzuschwächen, daß die Gewölbe auch in der Ringrichtung mit veränderlicher Stärke durchgebildet wurden. Der an sich näherliegende Weg, die Stützlinie der veränderlichen Belastung anzupassen, d. h. die Kreisform zu verlassen, war leider nicht gangbar, da dies für jede Ordinate eine andere Gewölbeform bedingt haben würde, was herstellungstechnisch untragbar ist.

Kammüller[1], Kelen[2] u. a. haben die theoretische Seite der Berechnung und Bemessung schräggestellter Gewölberinge weitgehend geklärt. Die teilweise recht unübersichtlichen Formeln hat Kelen[2] in sehr zweckmäßiger Weise

[1] K. Kammüller: Beton u. Eisen 1924 Heft 2 u. 3.

[2] N. Kelen: Die Staumauern. Berlin: Julius Springer 1927.

durch Kurventafeln ersetzt und dadurch die Frage der wirtschaftlichsten Bemessung dünnwandiger Gewölbereihenstaumauern einer unmittelbaren und gebrauchsfertigen Lösung zugeführt. Angesichts der Tatsache, daß die dünnwandige Gewölbereihenmauer für künftige Ausführungen kaum noch empfohlen werden kann, erübrigt es sich hier, auf die genannten Berechnungsverfahren näher einzugehen.

Bei den neueren, auf größere Pfeilerabstände eingestellten Gewölbereihenstaumauern sind die Abmessungen und Wandstärkenverhältnisse im allgemeinen derart, daß die Annahme, als wirkten Gewölbe und Pfeiler statisch unabhängig voneinander, an den tatsächlichen Verhältnissen weit vorbeigehen würde; zudem wäre sie in höchstem Maße unwirtschaftlich. Die einheitliche Mauerwirkung ist hier ein so wesentlicher Gesichtspunkt für Gestaltung und Bemessung, daß die ganze Berechnung von vornherein auf dieser Grundlage aufgebaut werden muß.

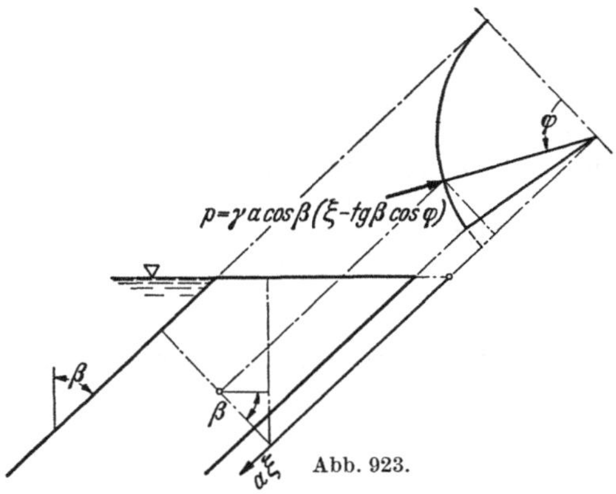

Abb. 923.

Sobald eine Pfeilerstaumauer als Ganzes betrachtet wird, ist sie ein oben frei bewegliches und unten elastisch eingespanntes Schalentragwerk, in welchem die Kraftübertragung in der Hauptsache ohne Biegungsspannungen vor sich geht. Die in den schräggestellten Gewölben der älteren Gewölbereihenmauern „errechneten" zusätzlichen Biegungsspannungen aus dem ringveränderlichen Wasserdruck und der Ringteilkraft des Eigengewichts verschwinden sofort, wenn Gewölbe und Pfeiler als einheitliches Schalentragwerk betrachtet werden. An die Stelle der Biegungsspannungen treten zusätzliche Scher- und Längsspannungen, die sich aber in so mäßigen Grenzen halten, daß sie als „Nebenspannungen" im üblichen Sinne angesehen werden können und nicht besonders nachgewiesen zu werden brauchen. Es sind lediglich die den Wasserdruck und die Ringteilkraft des Eigengewichts aufnehmenden Ringdruckspannungen σ_y zu berücksichtigen, deren Größe sich nach Abb. 923, 924, 925 bei Einführung der dimensionslosen Veränderlichen

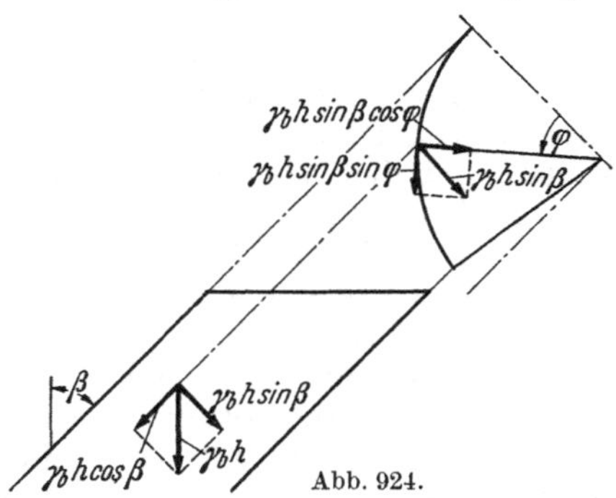

Abb. 924.

$$x = a\,\xi, \quad y = a\,\varphi \tag{9}$$

und der linear veränderlichen Wandstärke

$$h(\xi) = h_0(1 + \mu\,\xi) \tag{10}$$

aus der Ringformel zu

$$\sigma_y = \sigma_\varphi = -\frac{\gamma\,a^2 \cos\beta\,(\xi - \operatorname{tg}\beta\cos\varphi)}{h_0\,(1 + \mu\,\xi)} - \gamma_b\,a \sin\beta\cos\varphi \tag{11}$$

ergibt. Die Richtigkeit von (11) wird unmittelbar erkennbar, wenn man gemäß Abb. 925 und 926 die Bogenlängenkurve für den waagerechten Gewölbe-Kronenschnitt aufträgt, dessen Gleichung zu

$$\xi = \operatorname{tg}\beta\cos\varphi \tag{12}$$

folgt.

Lediglich durch die seitliche Einspannung in die Pfeilerscheiben und die Sohleneinspannung sind statisch unbestimmte Biegungsspannungen bedingt, deren Berechnung näherungsweise nach den unter 4. und 5., Kap. 20 gegebenen Formeln erfolgen kann, wenn an Stelle von p_w der σ_y entsprechende mittlere Wasserdruck $\bar{p}_w$ eingeführt wird. Zunächst folgt

$$\sigma_{y_m} = \frac{1}{\alpha}\int_0^\alpha \sigma_y \,\mathrm{d}\varphi = -\frac{\gamma\, a^2 \cos\beta\,\left(\xi - \operatorname{tg}\beta \dfrac{\sin\alpha}{\alpha}\right)}{h_0\,(1+\mu\,\xi)} - \gamma_b\, a \sin\beta\, \frac{\sin\alpha}{\alpha} \tag{13}$$

und damit

$$\bar{p}_w = -\sigma_{y_m}\frac{h}{a} = \gamma\, a \cos\beta\left(\xi - \operatorname{tg}\beta\frac{\sin\alpha}{\alpha}\right) + \gamma_b\, h_0\,(1+\mu\,\xi)\sin\beta\,\frac{\sin\alpha}{\alpha}. \tag{14}$$

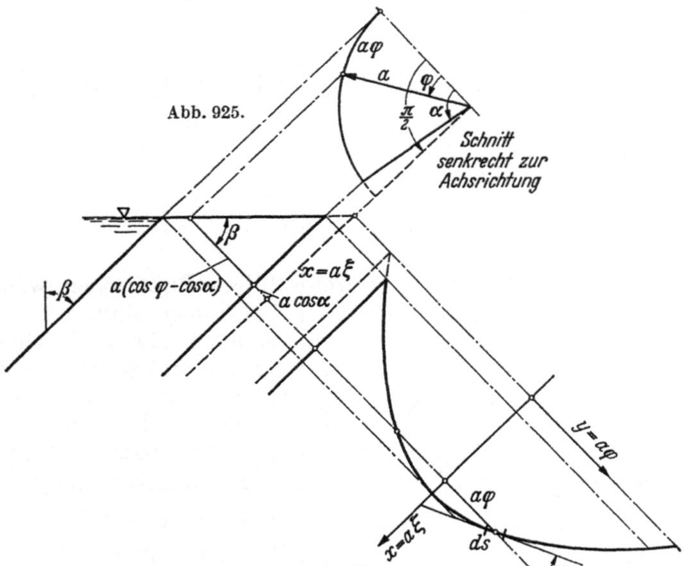

Abb. 925.

Abb. 926.

Bei Berechnung der älteren Gewölbereihenstaumauern bereitete es besondere Schwierigkeiten, die in den Kronenzwickeln (Abb. 925) bei Außerachtlassung der Schalenwirkung sich ergebenden Biegungsspannungen nachzuweisen. Bei der Pavana-Staumauer deckte man deshalb die Gewölbekronen durch Kalotten ab; in anderen Fällen wurden die Gewölbe im Bereich der Krone steil gestellt, um „die Biegungsspannungen zu mildern“. In Wirklichkeit dürften derartige Biegungsspannungen niemals aufgetreten sein, denn ob man eine Schale als solche rechnet oder nicht, die tatsächliche Wirkung bleibt sich gleich.

Der allgemeine Spannungs- und Verformungszustand beliebig belasteter Kreiszylinderschalen ohne und mit Berücksichtigung der Biegungssteifigkeit ist durch K. Miesel[1] vollständig geklärt worden. Wird hier lediglich die biegungsfreie Schale betrachtet, so lauten, wenn X, Y, Z die Teilkräfte der auf die Schalenmittelfläche bezogenen Belastung bezeichnen, die Gleichgewichtsbedingungen (Abb. 927)

$$\left.\begin{aligned} &\frac{\partial s_x}{\partial \xi} + \frac{\partial t}{\partial \varphi} + a\,X = 0;\\ &\frac{\partial s_y}{\partial \varphi} + \frac{\partial t}{\mathrm{d}\xi} + a\,Y = 0;\\ &-s_y + a\,Z = 0 \end{aligned}\right\} \tag{15}$$

[1] K. Miesel: Über die Festigkeit von Kreiszylinderschalen mit nicht achsensymmetrischer Belastung. Ing.-Arch. Bd. 1 (1929) S. 22—71.

Setzt man nun nach Miesel die Belastungsteilkräfte in der Form einer erweiterten Fourierreihe

$$X = \sum_0^r {}^n X_n(\xi)\cos n\varphi, \quad Y = \sum_0^r {}^n Y_n(\xi)\sin n\varphi, \quad Z = \sum_0^r {}^n Z_n(\xi)\cos n\varphi \tag{16}$$

an, wobei dann die Spannungskomponenten in der entsprechenden Form

$$s_x = \sum_0^r {}^n s_{xn}(\xi)\cos n\varphi, \quad s_y = \sum_0^r {}^n s_{yn}(\xi)\cos n\varphi, \quad t = \sum_0^r {}^n t_n(\xi)\sin n\varphi \tag{17}$$

erscheinen, so zerfallen die Gleichgewichtsbedingungen in r Dreiergruppen, die jede für sich integriert werden können. Man erhält

$$\left.\begin{aligned} s_x &= \sum_0^r {}^n \Bigg[-a\cos n\varphi \int\limits_{k_2(\varphi)}^{\xi} \Bigg[X_n + n\int\limits_{k_1(\varphi)}^{\xi}(nZ_n - Y_n)\,d\xi\Bigg]d\xi + \\ &\quad + a\frac{dk_1}{d\varphi}\sin n\varphi\Big(nZ_n(k_1(\varphi)) - Y_n(k_1(\varphi))\Big)\big(\xi - k_2(\varphi)\big)\Bigg] + c_2(\varphi) - \xi\frac{dc_1}{d\varphi}; \\ s_y &= \sum_0^r {}^n a Z_n \cos n\varphi; \\ t &= \sum_0^r {}^n \Bigg[a\sin n\varphi \int\limits_{k_1(\varphi)}^{\xi}(nZ_n - Y_n)\,d\xi\Bigg] + c_1(\varphi) \end{aligned}\right\} \tag{18}$$

In (13) sind $k_1(\varphi)$ und $k_2(\varphi)$ zwei noch frei wählbare Funktionen, während $c_1(\varphi)$ und $c_2(\varphi)$ den Randbedingungen gemäß zu bestimmen sind.

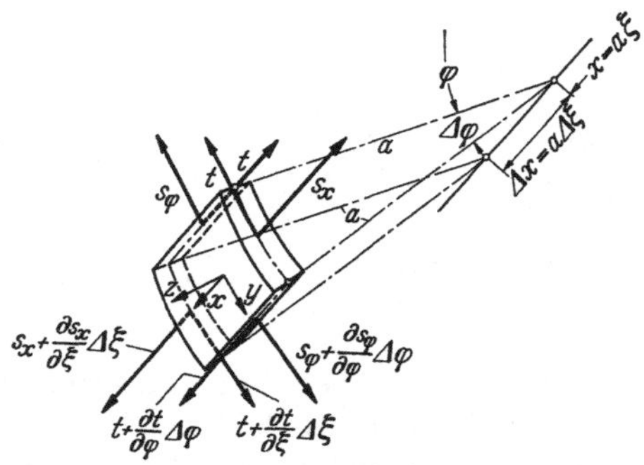

Abb. 927.

Am oberen Rande der Gewölbe müssen Normal- und Schubspannungen verschwinden. Dies bedingt nach Abb. 928 die folgenden Bedingungsgleichungen zwischen den Spannungskomponenten:

$$\left.\begin{aligned} t\cos\omega + s_y\sin\omega &= 0 \\ s_x\cos\omega + t\sin\omega &= 0 \end{aligned}\right\} \text{(längs des oberen Randes).} \tag{19}$$

Die Auflösung liefert

$$\left.\begin{aligned} s_x &= +s_y\,\mathrm{tg}^2\,\omega; \\ t &= -s_y\,\mathrm{tg}\,\omega \end{aligned}\right\} \text{(oberer Rand).} \tag{20}$$

Nun ist nach Abb. 926

$$\mathrm{tg}\,\omega = -\frac{dx}{dy} = -\frac{d\xi}{d\varphi}.$$

Ferner folgt aus der Gleichung (12) des oberen Randes

$$\mathrm{tg}\,\omega = \mathrm{tg}\,\beta\sin\varphi. \tag{21}$$

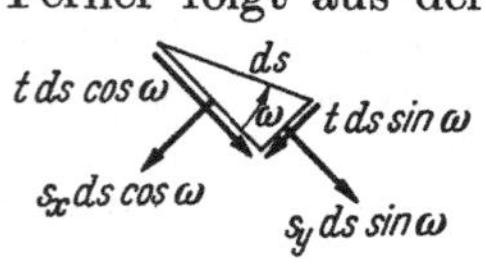

Abb. 928.

Damit ergibt sich

$$\left.\begin{aligned} s_x &= s_y\,\mathrm{tg}^2\beta\sin^2\varphi; \\ t &= -s_y\,\mathrm{tg}\,\beta\sin\varphi \end{aligned}\right\} \text{(oberer Rand).} \tag{22}$$

Die Bedingungsgleichungen für $c_1(\varphi)$ und $c_2(\varphi)$ vereinfachen sich sehr, wenn über $k_1(\varphi)$ und $k_2(\varphi)$ gemäß

$$k_1(\varphi) = k_2(\varphi) = \mathrm{tg}\,\beta\cos\varphi \tag{23}$$

verfügt wird. Nach Einführung von (18) in (22) folgt bei gleichzeitiger Berücksichtigung von (12) und (23)

$$\left.\begin{aligned} c_1(\varphi) &= -a\,\mathrm{tg}\,\beta\sum_0^r {}^n Z_n(\xi(\varphi))\sin\varphi\cos n\varphi; \\ c_2(\varphi) &= -\frac{a}{2}\,\mathrm{tg}^2\beta\sum_0^r {}^n \frac{d}{d\varphi}\left[Z_n(\xi(\varphi))\sin 2\varphi\cos n\varphi\right] \end{aligned}\right\} \tag{24}$$

Damit lauten die Spannungskomponenten

$$\left.\begin{aligned}
s_x &= -a \sum_0^r n \left[\cos n\varphi \int\limits_{\operatorname{tg}\beta\cos\varphi}^{\xi} \left[X_n + n \int\limits_{\operatorname{tg}\beta\cos\varphi}^{\xi} (n Z_n - Y_n)\,\mathrm{d}\xi \right] \mathrm{d}\xi - \right. \\
&\quad - a \operatorname{tg}\beta \sin\varphi \sin n\varphi \,[n Z_n(\xi(\varphi)) - Y_n(\xi(\varphi))]\,(\xi - \xi(\varphi)) - \\
&\quad \left. - \operatorname{tg}\beta \frac{\mathrm{d}}{\mathrm{d}\varphi} [Z_n(\xi(\varphi)) \sin\varphi \cos n\varphi\,(\xi - \xi(\varphi))] \right]; \\
s_y &= +a \sum_0^r n\, Z_n(\xi) \cos n\varphi; \quad [\xi(\varphi) = \operatorname{tg}\beta\cos\varphi] \\
t &= +a \sum_0^r n \left[\sin n\varphi \int\limits_{\operatorname{tg}\beta\cos\varphi}^{\xi} (n Z_n - Y_n)\,\mathrm{d}\xi - \operatorname{tg}\beta\, Z_n(\xi(\varphi)) \sin\varphi \cos n\varphi \right]
\end{aligned}\right\} \quad (25)$$

Aus den Spannungskomponenten lassen sich mit Hilfe der Spannungs-Verschiebungsgleichungen

$$\left.\begin{aligned}
\frac{\partial u}{\partial \xi} &= \frac{a}{hE}(s_x - \nu s_y); \\
\frac{\partial v}{\partial \xi} + \frac{\partial u}{\partial \varphi} &= \frac{2a(1+\nu)}{hE}\, t; \\
w + \frac{\partial v}{\partial \varphi} &= \frac{a}{hE}(s_y - \nu s_x)
\end{aligned}\right\} \quad (26)$$

dann weiterhin die Verschiebungen u, v, w in Längs-, Ring- und Radialrichtung ermitteln. Die Integration von (26) liefert

$$\left.\begin{aligned}
u &= \int\limits_{k_3(\varphi)}^{\xi} \frac{a}{hE}(s_x - \nu s_y)\,\mathrm{d}\xi + c_3(\varphi); \\
v &= \int\limits_{k_4(\varphi)}^{\xi} \frac{a}{hE} 2(1+\nu)\, t\,\mathrm{d}\xi - \frac{\partial}{\partial\varphi} \int\limits_{k_4(\varphi)}^{\xi} \int\limits_{k_3(\varphi)}^{\xi} \frac{a}{hE}(s_x - \nu s_y)\,\mathrm{d}\xi\,\mathrm{d}\xi - \xi \frac{\mathrm{d}c_3}{\mathrm{d}\varphi} + c_4(\varphi); \\
w &= \frac{a}{hE}(s_y - \nu s_x) - \frac{\partial}{\partial\varphi} \int\limits_{k_4(\varphi)}^{\xi} \frac{a}{hE} 2(1+\nu)\, t\,\mathrm{d}\xi + \\
&\quad + \frac{\partial^2}{\partial\varphi^2} \int\limits_{k_4(\varphi)}^{\xi} \int\limits_{k_3(\varphi)}^{\xi} \frac{a}{hE}(s_x - \nu s_y)\,\mathrm{d}\xi\,\mathrm{d}\xi + \xi \frac{\mathrm{d}^2 c_3}{\mathrm{d}\varphi^2} - \frac{\mathrm{d}c_4}{\mathrm{d}\varphi}
\end{aligned}\right\} \quad (27)$$

Die Gln. (25) und (27) können zusammen mit den entsprechenden der Pfeilerscheiben (vgl. unter 3) dazu benutzt werden, um den unter der einheitlichen Mauerwirkung sich ergebenden Spannungszustand in strenger Form zu klären. Mit ihnen läßt sich auch zeigen, daß die oben als „Nebenspannungen" bezeichneten Zusatzspannungen aus der Ringveränderlichkeit des Wasserdruckes und der Ringteilkraft des Eigengewichts tatsächlich als solche zu betrachten sind. Es möge jedoch bemerkt werden, daß der Rechnungsgang stets sehr mühsam und zeitraubend ist, so daß er nur für allgemeine Untersuchungen, aber nicht für praktische Rechnungen in Frage kommt. Betrachtet man z. B. den noch verhältnismäßig einfachen zusätzlichen Spannungszustand im Bereich des Kronenzwickels, so liefern die Gleichungen (25) nach Teilung durch die Gewölbestärke $h = h_0(1 + \mu\xi)$ die folgenden Beziehungen:

$$\left.\begin{aligned}
\sigma_x = &-\frac{\gamma a^2 \sin\beta}{h_0(1+\mu\xi)}\left[\frac{1}{2}\cos\varphi\,(\xi+\operatorname{tg}\beta\cos\varphi)-\operatorname{tg}\beta\cos 2\varphi\right](\xi-\operatorname{tg}\beta\cos\varphi)-\\
&-\frac{\gamma_b a}{1+\mu\xi}\Big[-\frac{\mu}{3}\sin\beta\cos\varphi\,(\xi^3-\operatorname{tg}^3\beta\cos^3\varphi)-\\
&\qquad-(\sin\beta\cos\varphi-\frac{\mu}{2}\cos\beta)\,(\xi^2-\operatorname{tg}^2\beta\cos^2\varphi)+\\
&\qquad+[\cos\beta+(3+2\mu\operatorname{tg}\beta\cos\varphi)\sin\beta\operatorname{tg}\beta\cos 2\varphi-\\
&\qquad-\frac{3}{2}\mu\sin\beta\operatorname{tg}^2\beta\sin\varphi\sin 2\varphi]\,(\xi-\operatorname{tg}\beta\cos\varphi)+\\
&\qquad+\frac{1}{2}(1+\mu\operatorname{tg}\beta\cos\varphi)\sin\beta\operatorname{tg}^2\beta\sin\varphi\sin 2\varphi\Big];\\
\tau = &\frac{\gamma a^2\sin\beta\sin\varphi\,(\xi-\operatorname{tg}\beta\cos\varphi)}{h_0(1+\mu\xi)}-\frac{\gamma_b a\sin\beta\sin\varphi}{1+\mu\xi}\,[\mu\,(\xi^2-\operatorname{tg}^2\beta\cos^2\varphi)+\\
&\qquad+2\,(\xi-\operatorname{tg}\beta\cos\varphi)-\operatorname{tg}\beta\cos\varphi\,(1+\mu\operatorname{tg}\beta\cos\varphi)]
\end{aligned}\right\}\quad(28)$$

Wollte man aus diesen Gleichungen zusammen mit (11) nach (27) die Verschiebungskomponenten bestimmen, so ergäben sich — obwohl alle Integrale analytisch auszuwerten sind — bereits so umständliche Formeln, daß der praktische Wert der Ergebnisse dadurch vollständig in Frage gestellt wäre. Es ist daher als ein glücklicher Umstand zu bezeichnen, daß die eigentliche Gewölbeberechnung auf den Nachweis der σ_y-Spannungen nach (11) und die Berücksichtigung der Pfeiler- und Sohleneinspannung nach 4. und 5., Kap. 20, beschränkt werden kann und daß die einheitliche Mauerwirkung durch ein praktisch vollständig ausreichendes Näherungsverfahren erfaßt werden kann, wie unter 4 noch im einzelnen erläutert werden wird.

(4) Kuppeln. Kuppeln mit schrägliegender Drehachse, wie sie erstmalig bei der Coolidge-Staumauer als Stauwand gewählt wurden (Abb. 909 u. 911), unterscheiden sich von schräggestellten Gewölben lediglich durch die doppelte Krümmung. Um der dadurch hervorgerufenen nicht unbeträchtlichen Erschwerung der Berechnung zu begegnen, formte Noetzli[1] die Coolidge-Staumauer in der Weise, daß er die Schale durch Schnitte, die im Scheitel etwa senkrecht zur Erzeugenden und zur Wölbungsfläche geführt wurden, in schiefe Gewölbelamellen zerlegte und diese nach dem Stützlinienverfahren unter Zugrundelegung von Eigengewicht und Vollwasserdruck formte. Hierdurch wurde die Kuppel ihres eigentlichen Charakters teilweise entkleidet, indem man die Kraftübertragung gewaltsam in Ebenen senkrecht zur Drehachse hineinzwängte.

Durch geeignete Formgebung der Erzeugenden, d. h. der Krümmung in Längsrichtung, läßt sich bei Kuppelreihenmauern die Ringspannung an der Sohle und damit die Stützmauerwirkung immer zum Verschwinden bringen, da das große Eigengewicht in Verbindung mit einer entsprechenden Längskrümmung Ringzug-Vorspannungen in hinreichender Größe bereitzustellen gestattet. Der Rechnungsgang ist im wesentlichen der gleiche, wie er unter 3. und 4., Kap. 20, für doppelgekrümmte Bogenmauern entwickelt wurde. Da die Ringzug-Vorspannungen bei leerem Staubecken in ihrer vollen Größe in Erscheinung treten, muß für eine entsprechende Ringbewehrung der unteren Kuppelteile Sorge getragen werden.

Die Einspannung der Kuppeln in die Pfeiler bedingt ähnlich wie in Gewölbereihenstaumauern zusätzliche Biegungsspannungen, die zweckmäßig unter Zugrundelegung der schiefen Gewölbelamellen nach den für eingespannte Gewölbe üblichen Verfahren, z. B. unter Heranziehung des elastischen Schwerpunktes, ermittelt werden. Da es bei Kuppelreihenstaumauern stets am Platze ist, die

[1] F. A. Noetzli: Konstruktion und Ausführung der Coolidge-Staumauer. Bauing. Bd. 10 (1922) S. 385—391.

Gewölbestärke vom Scheitel nach den Kämpfern zu steigern (5., Kap. 20), und im übrigen auch die stets wechselnde Form der Stützlinie eine analytische Behandlung aussichtslos erscheinen läßt, kommt nur eine graphische oder numerische Untersuchung nach dem Differenzenverfahren in Frage.

Angesichts der heute zur Verfügung stehenden Möglichkeiten, um beliebig belastete Umdrehungsschalen[1] nach den Verfahren der partiellen Differenzenrechnung zu berechnen, ist für künftige Ausführungen anzuraten, die Kuppeln nicht als Stützlinienflächen, sondern als wirkliche Rotationsflächen zu formen. Die etwas erschwerte, aber dafür auch in sich geschlossenere Berechnung dürfte angesichts der Vorteile in der Herstellung leicht in Kauf zu nehmen sein.

Im Hinblick darauf, daß große Pfeilerabstände heute kein alleiniger Vorzug der Kuppelreihenstaumauer mehr sind, sondern auch mit Gewölben oder mit Platten in Rundkopfform erreicht werden können (vgl. unter 1), ist es fraglich, ob die in der Herstellung nicht einfache Kuppelreihenmauer die anfänglich erwartete Entwicklung nehmen wird. Es erschien daher im Rahmen dieses Buches gerechtfertigt, auf Einzelheiten der Berechnung zu verzichten und lediglich die großen Gesichtspunkte anzudeuten.

3. Berechnung und Bemessung dreieckiger Pfeilerscheiben mit Trapezquerschnitt.

Die dreieckige Pfeilerscheibe mit Trapezquerschnitt und aufgesetzter Krone (Abb. 929) hat sich mehr und mehr als Regelform für Pfeilerstaumauern

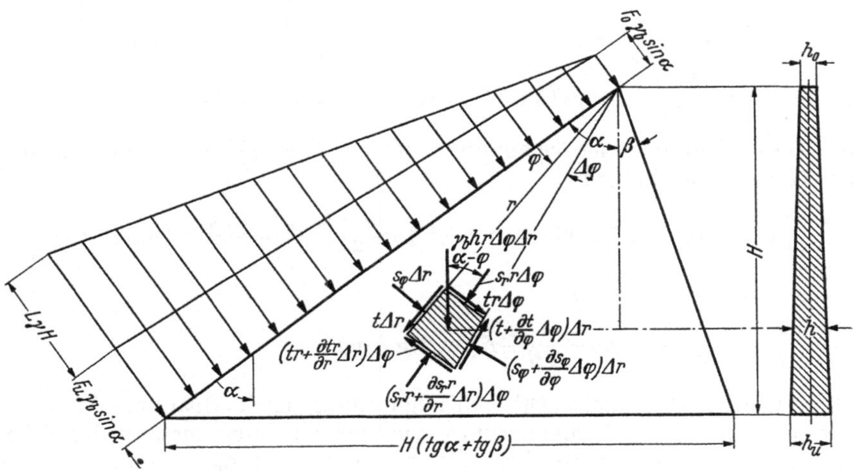

Abb. 929.

durchgesetzt. Ihre Vorzüge sind klare, der Wasserdruckverteilung angepaßte Linienführung und Querschnittsgestaltung und weitgehende formelmäßige Erfassung des Spannungszustandes. Gerade das letztere ist von großer Wichtigkeit, denn es ermöglicht eine unmittelbare und daher wirtschaftlichste Bemessung. Für Plattenstaumauern, bei denen Stauwand und Pfeiler sich in ihrer statischen Wirkung nicht beeinflussen, ist die Berechnung mit der Untersuchung der Pfeilerscheiben bereits erledigt. In allen anderen Fällen dient der Spannungszustand der Pfeilerscheiben nur als Grundlage für die Bemessung, da die tatsächlich auftretende Beanspruchung erst unter Berücksichtigung der einheitlichen Mauerwirkung zwischen Stauwand und Pfeilerscheiben ermittelt werden kann.

[1] W. Flügge: Statik und Dynamik der Schalen. Berlin: Julius Springer 1934.

Die Belastung der Pfeilerscheiben kann mit meist ausreichender Genauigkeit als trapezförmig zugrunde gelegt werden, und zwar als Dreieckslast aus dem Wasserdruck und als Trapezlast aus der normal zur Stauwand wirkenden Teilkraft des Eigengewichts (Abb. 929). Das letztere wird am einfachsten durch den zwischen zwei Pfeilerscheiben gelegenen Stauwandquerschnitt F_s eines Schnittes senkrecht zur Platten- oder Gewölbeachse ausgedrückt.

Das Ziel der Berechnung einer Pfeilerscheibe sind stets die wasser- und luftseitigen Hauptspannungen parallel zu den Begrenzungslinien. Um diese unmittelbar zu gewinnen, sollen nicht wie seinerzeit bei der Gewichtsmauer kartesische Koordinaten x, y, sondern Polarkoordinaten r, φ gemäß Abb. 929 zugrunde gelegt werden. Die entsprechenden Gleichgewichtsbedingungen am Scheibenelement (in Abb. 929 schraffiert) lauten, wenn anstelle der Spannungen σ und τ die mit der Scheibendicke vervielfachten Scheibenkräfte s bzw. t eingeführt werden.

$$\left.\begin{aligned} \frac{\partial s_r}{\partial r} + \frac{s_r}{r} - \frac{s_\varphi}{r} + \frac{1}{r}\frac{\partial t}{\partial \varphi} &= \gamma_b h \cos(\alpha - \varphi)\,; \\ \frac{1}{r}\frac{\partial s_\varphi}{\partial \varphi} + \frac{2t}{r} + \frac{\partial t}{\partial r} \qquad &= \gamma_b h \sin(\alpha - \varphi) \end{aligned}\right\} \tag{29}$$

Wird die Pfeilerstärke h gemäß

$$h = h_0 + \frac{h_u - h_0}{H}\, r \cos(\alpha - \varphi) \tag{30}$$

durch r und φ ausgedrückt, so folgt

$$\left.\begin{aligned} \frac{\partial s_r}{\partial r} + \frac{s_r}{r} - \frac{s_\varphi}{r} + \frac{1}{r}\frac{\partial t}{\partial \varphi} &= \gamma_b h_0 \cos(\alpha - \varphi) + \gamma_b \frac{h_u - h_0}{2H}\, r\,(1 + \cos 2(\alpha - \varphi))\,; \\ \frac{1}{r}\frac{\partial s_\varphi}{\partial \varphi} + \frac{2t}{r} + \frac{\partial t}{\partial r} \qquad &= \gamma_b h_0 \sin(\alpha - \varphi) + \gamma_b \frac{h_u - h_0}{2H}\, r \sin 2(\alpha - \varphi) \end{aligned}\right\} \tag{31}$$

Unter Heranziehung einer Spannungsfunktion $F(r, \varphi)$ lautet die allgemeine Lösung dieser Gleichungen

$$\left.\begin{aligned} s_r &= \frac{1}{r^2}\frac{\partial^2 F}{\partial \varphi^2} + \frac{1}{r}\frac{\partial F}{\partial r} + \gamma_b h_0 r \cos(\alpha - \varphi) + \gamma_b \frac{h_u - h_0}{12H}\, r^2 (2 + 3\cos 2(\alpha - \varphi))\,; \\ s_\varphi &= \frac{\partial^2 F}{\partial r^2} + \gamma_b h_0 r \cos(\alpha - \varphi)\,; \\ t &= \frac{1}{r^2}\frac{\partial F}{\partial \varphi} - \frac{1}{r}\frac{\partial^2 F}{\partial r\,\partial \varphi} + \gamma_b \frac{h_u - h_0}{8H}\, r^2 \sin 2(\alpha - \varphi) \end{aligned}\right\} \tag{32}$$

Um die nun noch fehlende Differentialgleichung für die Spannungsfunktion F zu gewinnen, muß der Formänderungs- und Verschiebungszustand der Scheibe gleichzeitig mitbetrachtet werden. Hierbei müßte streng genommen auf die in der Tiefenrichtung veränderliche Wandstärke Rücksicht genommen werden. Man begeht jedoch keinen großen Fehler, wenn man darauf verzichtet und an Stelle der sehr verwickelten Differentialgleichung für veränderliche Wandstärke diejenige für gleichbleibende Wandstärke zugrunde legt. Diese schon bei der Gewichtsmauer benutzte Differentialgleichung lautet

$$\left(\frac{\partial^2}{\partial r^2} + \frac{1}{r}\frac{\partial}{\partial r} + \frac{1}{r^2}\frac{\partial^2}{\partial \varphi^2}\right)\left(\frac{\partial^2 F}{\partial r^2} + \frac{1}{r}\frac{\partial F}{\partial r} + \frac{1}{r^2}\frac{\partial^2 F}{\partial \varphi^2}\right) = 0\,. \tag{33}$$

Zur vollständigen Lösung des vorliegenden Spannungszustandes genügt die mit 12 willkürlichen Festwerten behaftete Partikularlösung von (33):

$$\left.\begin{aligned} F = {} & r^2\left[\tfrac{1}{2} a_1 \cos 2\varphi + \tfrac{1}{2} a_2 \sin 2\varphi + \tfrac{1}{2} a_3 + \tfrac{1}{2} a_4 \varphi\right] \\ & + r^3\left[\tfrac{1}{6} b_1 \cos 3\varphi + \tfrac{1}{6} b_2 \sin 3\varphi + \tfrac{1}{2} b_3 \cos\varphi + \tfrac{1}{2} b_4 \sin\varphi\right] + \\ & + r^4\left[\tfrac{1}{12} c_1 \cos 4\varphi + \tfrac{1}{12} c_2 \sin 4\varphi + \tfrac{1}{3} c_3 \cos 2\varphi + \tfrac{1}{3} c_4 \sin 2\varphi\right] \end{aligned}\right\} \tag{34}$$

Durch Einführen von (34) in (32) folgen die Spannungskomponenten

$$\left.\begin{aligned}
s_r &= -[a_1\cos 2\varphi + a_2\sin 2\varphi - a_3 - a_4\varphi] - \\
&\quad - r[b_1\cos 3\varphi + b_2\sin 3\varphi - b_3\cos\varphi - b_4\sin\varphi] - r^2[c_1\cos 4\varphi + c_2\sin 4\varphi] + \\
&\quad + \gamma_b h_0 r\cos(\alpha-\varphi) + \gamma_b\frac{h_u-h_0}{12H}r^2(2+3\cos 2(\alpha-\varphi));\\
s_\varphi &= +[a_1\cos 2\varphi + a_2\sin 2\varphi + a_3 + a_4\varphi] + \\
&\quad + r[b_1\cos 3\varphi + b_2\sin 3\varphi + 3b_3\cos\varphi + 3b_4\sin\varphi] + \\
&\quad + r^2[c_1\cos 4\varphi + c_2\sin 4\varphi + 4c_3\cos 2\varphi + 4c_4\sin 2\varphi] + \gamma_b h_0 r\cos(\alpha-\varphi);\\
t &= +\left[a_1\sin 2\varphi - a_2\cos 2\varphi - \frac{1}{2}a_4\right] + \\
&\quad + r[b_1\sin 3\varphi - b_2\cos 3\varphi + b_3\sin\varphi - b_4\cos\varphi] + \\
&\quad + r^2[c_1\sin 4\varphi - c_2\cos 4\varphi + 2c_3\sin 2\varphi - 2c_4\cos 2\varphi] + \\
&\quad + \gamma_b\frac{h_u-h_0}{8H}r^2\sin 2(\alpha-\varphi)
\end{aligned}\right\} \quad (35)$$

Die 12 willkürlichen Festwerte müssen nun so bestimmt werden, daß die Randbedingungen erfüllt sind. Diese lauten gemäß Abb. 929, wenn F_0 und F_u die auf die Pfeilerscheibe entfallenden Stauwandquerschnitte an der Krone und Talsohle bezeichnen,

Wasserseite ($\varphi = 0$): $s_\varphi = F_0\gamma_b\sin\alpha + r\left[\frac{F_u-F_0}{H}\gamma_b\cos\alpha\sin\alpha + L\gamma\cos\alpha\right]$; $t = 0$.

Luftseite ($\varphi = \alpha+\beta$): $s_\varphi = 0$; $t = 0$.

Wenn die Bedingungsgleichungen zu je vieren, den Potenzen von r entsprechend, zusammengefaßt werden, so ergeben sich die folgenden drei Gruppen von je vier Gleichungen mit vier Unbekannten:

$$\left.\begin{aligned}
F_0\gamma_b\sin\alpha &= a_1 + a_3\\
0 &= -a_2 - \tfrac{1}{2}a_4\\
0 &= a_1\cos 2(\alpha+\beta) + a_2\sin 2(\alpha+\beta) + a_3 + a_4(\alpha+\beta)\\
0 &= a_1\sin 2(\alpha+\beta) - a_2\cos 2(\alpha+\beta) - \tfrac{1}{2}a_4
\end{aligned}\right\}$$

$$\left.\begin{aligned}
\frac{F_u-F_0}{H}\gamma_b\cos\alpha\sin\alpha + L\gamma\cos\alpha - \gamma_b h_0\cos\alpha &= b_1 + 3b_3\\
0 &= -b_2 - b_4\\
-\gamma_b h_0\cos\beta &= b_1\cos 3(\alpha+\beta) + b_2\sin 3(\alpha+\beta) + \\
&\quad + 3b_3\cos(\alpha+\beta) + 3b_4\sin(\alpha+\beta)\\
0 &= b_1\sin 3(\alpha+\beta) - b_2\cos 3(\alpha+\beta) + \\
&\quad + b_3\sin(\alpha+\beta) - b_4\cos(\alpha+\beta)
\end{aligned}\right\}$$

$$\left.\begin{aligned}
0 &= c_1 + 4c_3\\
-\frac{h_u-h_0}{8H}\gamma_b\sin 2\alpha &= -c_2 - 2c_4\\
0 &= c_1\cos 4(\alpha+\beta) + c_2\sin 4(\alpha+\beta) + 4c_3\cos 2(\alpha+\beta) + \\
&\quad + 4c_4\sin 2(\alpha+\beta)\\
+\frac{h_u-h_0}{8H}\gamma_b\sin 2\beta &= c_1\sin 4(\alpha+\beta) - c_2\cos 4(\alpha+\beta) + 2c_3\sin 2(\alpha+\beta) - \\
&\quad - 2c_4\cos 2(\alpha+\beta)
\end{aligned}\right\}$$

Die Auflösung der Gleichungen liefert:

$$\left.\begin{aligned}
a_1 &= -a_3 + F_0\gamma_b\sin\alpha = -\frac{\frac{1}{2}F_0\gamma_b\sin\alpha\,(1-\cos 2(\alpha+\beta))}{(\alpha+\beta)\sin 2(\alpha+\beta) - 1 + \cos 2(\alpha+\beta)};\\
a_2 &= -\frac{1}{2}a_4 = +\frac{\frac{1}{2}F_0\gamma_b\sin\alpha\sin 2(\alpha+\beta)}{(\alpha+\beta)\sin 2(\alpha+\beta) - 1 + \cos 2(\alpha+\beta)}
\end{aligned}\right\} \quad (36)$$

$$\left.\begin{aligned}
b_1 &= \frac{F_u - F_0}{H}\gamma_b \cos\alpha\sin\alpha + (L\gamma - h_0\gamma_b)\cos\alpha - 3\,b_3;\\
b_2 = -b_4 &= -\frac{\left[\frac{F_u - F_0}{H}\gamma_b\sin\alpha + L\gamma - h_0\gamma_b\right]\cos\alpha\left[\sin 2(\alpha+\beta) + \frac{1}{2}\sin 4(\alpha+\beta)\right] + \frac{1}{2}h_0\gamma_b\cos\beta\,[3\sin 3(\alpha+\beta) - \sin(\alpha+\beta)]}{3 - 4\cos 2(\alpha+\beta) + \cos 4(\alpha+\beta)};\\
b_3 &= \frac{\frac{1}{2}\left[\frac{F_u - F_0}{H}\gamma_b\sin\alpha + L\gamma - h_0\gamma_b\right]\cos\alpha\left[1 - 2\cos 2(\alpha+\beta) + \cos 4(\alpha+\beta)\right] + \frac{1}{2}h_0\gamma_b\cos\beta\,[\cos 3(\alpha+\beta) - \cos(\alpha+\beta)]}{3 - 4\cos 2(\alpha+\beta) + \cos 4(\alpha+\beta)}
\end{aligned}\right\}\quad(37)$$

$$\left.\begin{aligned}
c_1 = -4\,c_3 &= -\frac{h_u - h_0}{2H}\gamma_b\,\frac{\sin 2\alpha\left[-\frac{3}{2}\sin 2(\alpha+\beta) + \frac{1}{2}\sin 6(\alpha+\beta)\right] + \sin 2\beta\,[2\sin 2(\alpha+\beta) - \sin 4(\alpha+\beta)]}{8 - 9\cos 2(\alpha+\beta) + \cos 6(\alpha+\beta)};\\
c_2 - \frac{h_u - h_0}{8H}\gamma_b\sin 2\alpha = -2\,c_4 &= -2\,\frac{h_u - h_0}{8H}\gamma_b\,\frac{\sin 2\alpha\left[2 - \frac{3}{2}\cos 2(\alpha+\beta) - \frac{1}{2}\cos 6(\alpha+\beta)\right] - 2\sin 2\beta\,[\cos 2(\alpha+\beta) - \cos 4(\alpha+\beta)]}{8 - 9\cos 2(\alpha+\beta) + \cos 6(\alpha+\beta)}
\end{aligned}\right\}\quad(38)$$

Werden (36) bis (38) in (35) eingeführt, so ergibt sich

$$\left.\begin{aligned}
s_r = &+ F_0\gamma\sin\alpha\left[1 + \frac{\frac{1}{2}(1 - \cos 2(\alpha+\beta))(1+\cos 2\varphi) - \frac{1}{2}\sin 2(\alpha+\beta)(2\varphi + \sin 2\varphi)}{(\alpha+\beta)\sin 2(\alpha+\beta) - 1 + \cos 2(\alpha+\beta)}\right] -\\
&- r\left(\frac{F_u - F_c}{H}\gamma_b\sin\alpha + L\gamma - h_0\gamma_b\right)\cos\alpha\left[\cos 3\varphi - \right.\\
&\left. - \frac{\left[\sin 2(\alpha+\beta) + \frac{1}{2}\sin 4(\alpha+\beta)\right](\sin\varphi + \sin 3\varphi) + \frac{1}{2}[1 - 2\cos 2(\alpha+\beta) + \cos 4(\alpha+\beta)](\cos\varphi + 3\cos 3\varphi)}{3 - 4\cos 2(\alpha+\beta) + \cos 4(\alpha+\beta)}\right]\\
&+ \frac{r}{2}h_0\gamma_b\cos\beta\,\frac{[3\sin 3(\alpha+\beta) - \sin(\alpha+\beta)](\sin\varphi + \sin 3\varphi) + [\cos 3(\alpha+\beta) - \cos(\alpha+\beta)](\cos\varphi + 3\cos 3\varphi)}{3 - 4\cos 2(\alpha+\beta) + \cos 4(\alpha+\beta)} + r\,h_0\gamma_b\cos(\alpha - \varphi)\\
&+ r^2\frac{h_u - h_0}{4H}\gamma_b\left[\frac{2}{3} + \cos 2(\alpha-\varphi) - \frac{1}{2}\sin 2\alpha\sin 4\varphi + \right.\\
&+ \frac{\sin 2\alpha\,[-3\sin 2(\alpha+\beta) + \sin 6(\alpha+\beta)] + 2\sin 2\beta\,[2\sin 2(\alpha+\beta) - \sin 4(\alpha+\beta)]}{8 - 9\cos 2(\alpha+\beta) + \cos 6(\alpha+\beta)}\cos 4\varphi +\\
&\left. + \frac{\sin 2\alpha\left[2 - \frac{3}{2}\cos 2(\alpha+\beta) - \frac{1}{2}\cos 6(\alpha+\beta)\right] - 2\sin 2\beta\,[\cos 2(\alpha+\beta) - \cos 4(\alpha+\beta)]}{8 - 9\cos 2(\alpha+\beta) + \cos 6(\alpha+\beta)}\sin 4\varphi\right]
\end{aligned}\right\}\quad(39)$$

$$
\left.
\begin{aligned}
s_\varphi = &+ F_0 \gamma_b \sin\alpha \left[1 + \frac{\frac{1}{2}(1-\cos 2(\alpha+\beta))(1-\cos 2\varphi) - \frac{1}{2}\sin 2(\alpha+\beta)(2\varphi - \sin 2\varphi)}{(\alpha+\beta)\sin 2(\alpha+\beta) - 1 + \cos 2(\alpha+\beta)}\right] + \\
&+ r\left(\frac{F_u - F_0}{H}\gamma_b \sin\alpha + L\gamma - h_0\gamma_b\right)\cos\alpha \left[\cos 3\varphi + \vphantom{\frac{1}{2}}\right. \\
&\qquad \left. + \frac{\left[\sin 2(\alpha+\beta) + \frac{1}{2}\sin 4(\alpha+\beta)\right](3\sin\varphi - \sin 3\varphi) + \frac{3}{2}[1 - 2\cos 2(\alpha+\beta) + \cos 4(\alpha+\beta)](\cos\varphi - \cos 3\varphi)}{3 - 4\cos 2(\alpha+\beta) + \cos 4(\alpha+\beta)}\right] \\
&+ \frac{r}{2} h_0 \gamma_b \cos\beta \frac{[3\sin 3(\alpha+\beta) - \sin(\alpha+\beta)](3\sin\varphi - \sin 3\varphi) + [\cos 3(\alpha+\beta) - \cos(\alpha+\beta)](3\cos\varphi - 3\cos 3\varphi)}{3 - 4\cos 2(\alpha+\beta) + \cos 4(\alpha+\beta)} + r h_0 \gamma_b \cos(\alpha - \varphi) \\
&+ r^2 \frac{h_u - h_0}{4H}\gamma_b \left[+ \frac{1}{2}\sin 2\alpha \sin 4\varphi + \vphantom{\frac{1}{2}}\right. \\
&\qquad + \frac{\sin 2\alpha[-3\sin 2(\alpha+\beta) + \sin 6(\alpha+\beta)] + 2\sin 2\beta[2\sin 2(\alpha+\beta) - \sin 4(\alpha+\beta)]}{8 - 9\cos 2(\alpha+\beta) + \cos 6(\alpha+\beta)}(\cos 2\varphi - \cos 4\varphi) + \\
&\qquad \left. + \frac{\sin 2\alpha\left[2 - \frac{3}{2}\cos 2(\alpha+\beta) - \frac{1}{2}\cos 6(\alpha+\beta)\right] - 2\sin 2\beta[\cos 2(\alpha+\beta) - \cos 4(\alpha+\beta)]}{8 - 9\cos 2(\alpha+\beta) + \cos 6(\alpha+\beta)}(2\sin 2\varphi - \sin 4\varphi)\right]
\end{aligned}
\right\} \quad (40)
$$

$$
\left.
\begin{aligned}
t = &+ F_0 \gamma_b \sin\alpha \left[\frac{\frac{1}{2}\sin 2(\alpha+\beta)(1-\cos 2\varphi) - \frac{1}{2}(1-\cos 2(\alpha+\beta))\sin 2\varphi}{(\alpha+\beta)\sin 2(\alpha+\beta) - 1 + \cos 2(\alpha+\beta)}\right] + \\
&+ r\left(\frac{F_u - F_0}{H}\gamma_b \sin\alpha + L\gamma - h_0\gamma_b\right)\cos\alpha \left[\sin 3\varphi - \vphantom{\frac{1}{2}}\right. \\
&\qquad \left. - \frac{\left[\sin 2(\alpha+\beta) + \frac{1}{2}\sin 4(\alpha+\beta)\right](\cos\varphi - \cos 3\varphi) + \frac{1}{2}[1 - 2\cos 2(\alpha+\beta) + \cos 4(\alpha+\beta)][-\sin\varphi + 3\sin 3\varphi]}{3 - 4\cos 2(\alpha+\beta) + \cos 4(\alpha+\beta)}\right] \\
&- \frac{r}{2} h_0 \gamma_b \cos\beta \frac{[3\sin 3(\alpha+\beta) - \sin(\alpha+\beta)](\cos\varphi - \cos 3\varphi) + [\cos 3(\alpha+\beta) - \cos(\alpha+\beta)](-\sin\varphi + 3\sin 3\varphi)}{3 - 4\cos 2(\alpha+\beta) + \cos 4(\alpha+\beta)} \\
&+ r^2 \frac{h_u - h_0}{4H}\gamma_b \left[\frac{1}{2}\sin 2(\alpha - \varphi) - \frac{1}{2}\sin 2\alpha \cos 4\varphi + \vphantom{\frac{1}{2}}\right. \\
&\qquad + \frac{\sin 2\alpha[-3\sin 2(\alpha+\beta) + \sin 6(\alpha+\beta)] + 2\sin 2\beta[2\sin 2(\alpha+\beta) - \sin 4(\alpha+\beta)]}{8 - 9\cos 2(\alpha+\beta) + \cos 6(\alpha+\beta)}\left(\frac{1}{2}\sin 2\varphi - \sin 4\varphi\right) \\
&\qquad \left. - \frac{\sin 2\alpha\left[2 - \frac{3}{2}\cos 2(\alpha+\beta) - \frac{1}{2}\cos 6(\alpha+\beta)\right] - 2\sin 2\beta[\cos 2(\alpha+\beta) - \cos 4(\alpha+\beta)]}{8 - 9\cos 2(\alpha+\beta) + \cos 6(\alpha+\beta)}(\cos 2\varphi - \cos 4\varphi)\right]
\end{aligned}
\right\} \quad (41)
$$

Die Spannungen σ_r, σ_φ und τ folgen aus (39) bis (41), indem durch h nach (30) dividiert wird. Es ergibt sich also

$$\sigma_r = \frac{s_r}{h_0 + \frac{h_u - h_0}{H}\, r\cos(\alpha - \varphi)}\,; \qquad \sigma_\varphi = \frac{s_\varphi}{h_0 + \frac{h_u - h_0}{H}\, r\cos(\alpha - \varphi)}\,; \qquad \tau = \frac{t}{h_0 + \frac{h_u - h_0}{H}\, r\cos(\alpha - \varphi)}\,. \tag{42}$$

Von besonderer praktischer Bedeutung sind die Hauptlängsspannungen σ_r längs der Ränder. Aus (39) folgt für $\varphi = 0$ bzw. $\varphi = (\alpha + \beta)$ unter Beachtung von (42)

$$\left.\begin{aligned}
\sigma_r^{\text{Wasserseite}} = &- \frac{H F_0 \gamma_b \sin\alpha}{H h_0 + (h_u - h_0) r\cos\alpha}\,\frac{(\alpha+\beta)\sin 2(\alpha+\beta)}{1-\cos 2(\alpha+\beta) - (\alpha+\beta)\sin 2(\alpha+\beta)} - \\
&- \frac{r\cos\alpha\,[(F_u - F_0)\gamma_b \sin\alpha + H L \gamma]}{H h_0 + (h_u - h_0) r\cos\alpha}\,\frac{1-\cos 4(\alpha+\beta)}{3 - 4\cos 2(\alpha+\beta) + \cos 4(\alpha+\beta)} + \\
&+ \frac{2 H h_0 \gamma_b r}{H h_0 + (h_u - h_0) r\cos\alpha}\,\frac{2\cos\alpha\,[1-\cos 2(\alpha+\beta)] + \cos\beta\,[\cos 3(\alpha+\beta) - \cos(\alpha+\beta)]}{3 - 4\cos 2(\alpha+\beta) + \cos 4(\alpha+\beta)} + \\
&+ \frac{\frac{1}{4}(h_u - h_0)\gamma_b r^2}{H h_0 + (h_u - h_0) r\cos\alpha}\left[\frac{2}{3} + \cos 2\alpha + \frac{\sin 2\alpha\,[-3\sin 2(\alpha+\beta) + \sin 6(\alpha+\beta)] + 2\sin 2\beta\,[2\sin 2(\alpha+\beta) - \sin 4(\alpha+\beta)]}{8 - 9\cos 2(\alpha+\beta) + \cos 6(\alpha+\beta)}\right]
\end{aligned}\right\} \tag{43}$$

$$\left.\begin{aligned}
\sigma_r^{\text{Luftseite}} = &+ \frac{H F_0 \gamma_b \sin\alpha}{H h_0 + (h_u - h_0) r\cos\beta}\,\frac{1-\cos 2(\alpha+\beta)}{1-\cos 2(\alpha+\beta) - (\alpha+\beta)\sin 2(\alpha+\beta)} + \\
&+ \frac{2 r\cos\alpha\,[(F_u - F_0)\gamma_b \sin\alpha + H L \gamma]}{H h_0 + (h_u - h_0) r\cos\beta}\,\frac{\cos(\alpha+\beta) - \cos 3(\alpha+\beta)}{3 - 4\cos 2(\alpha+\beta) + \cos 4(\alpha+\beta)} + \\
&+ \frac{2 H h_0 \gamma_b r}{H h_0 + (h_u - h_0) r\cos\beta}\,\frac{2\cos\beta\,[1-\cos 2(\alpha+\beta)] + \cos\alpha\,[\cos 3(\alpha+\beta) - \cos(\alpha+\beta)]}{3 - 4\cos 2(\alpha+\beta) + \cos 4(\alpha+\beta)} + \\
&+ \frac{\frac{1}{4}(h_u - h_0)\gamma_b r^2}{H h_0 + (h_u - h_0) r\cos\beta}\left[\frac{2}{3} + \cos 2\beta + \frac{\sin 2\beta\,[-3\sin 2(\alpha+\beta) + \sin 6(\alpha+\beta)] + 2\sin 2\alpha\,[2\sin 2(\alpha+\beta) - \sin 4(\alpha+\beta)]}{8 - 9\cos 2(\alpha+\beta) + \cos 6(\alpha+\beta)}\right]
\end{aligned}\right\} \tag{44}$$

Insbesondere folgt für die kleinsten bzw. größten Hauptlängsspannungen an den Mauerfüßen

$$\left.\begin{aligned}
\sigma_{r\,\min}^{\text{Wasserseite}} = &- \frac{F_0}{h_u}\gamma_b \sin\alpha\,\frac{(\alpha+\beta)\sin 2(\alpha+\beta)}{1-\cos 2(\alpha+\beta) - (\alpha+\beta)\sin 2(\alpha+\beta)} - \left(\frac{F_u - F_0}{h_u}\gamma_b \sin\alpha + \frac{H L}{h_u}\gamma\right)\frac{1-\cos 4(\alpha+\beta)}{3 - 4\cos 2(\alpha+\beta) + \cos 4(\alpha+\beta)} + \\
&+ 2\,\mathrm{H}\,\frac{h_0}{h_u}\,\frac{\gamma_b}{\cos\alpha}\,\frac{2\cos\alpha\,[1-\cos 2(\alpha+\beta)] + \cos\beta\,[\cos 3(\alpha+\beta) - \cos(\alpha+\beta)]}{3 - 4\cos 2(\alpha+\beta) + \cos 4(\alpha+\beta)} + \\
&+ \frac{H}{4}\left(1 - \frac{h_0}{h_u}\right)\frac{\gamma_b}{\cos^2\alpha}\left[\frac{2}{3} + \cos 2\alpha + \frac{\sin 2\alpha\,[-3\sin 2(\alpha+\beta) + \sin 6(\alpha+\beta)] + 2\sin 2\beta\,[2\sin 2(\alpha+\beta) - \sin 4(\alpha+\beta)]}{8 - 9\cos 2(\alpha+\beta) + \cos 6(\alpha+\beta)}\right]
\end{aligned}\right\} \tag{45}$$

$$
\begin{aligned}
\sigma_{r_{\max}}^{\text{Luftseite}} = &+ \frac{F_0}{h_u}\gamma_b \sin\alpha \frac{1-\cos 2(\alpha+\beta)}{1-\cos 2(\alpha+\beta)-(\alpha+\beta)\sin 2(\alpha+\beta)} + \\
&+ 2\left(\frac{F_u-F_0}{h_u}\gamma_b \sin\alpha + \frac{H\,L}{h_u}\gamma\right)\frac{[\cos(\alpha+\beta)-\cos 3(\alpha+\beta)]\frac{\cos\alpha}{\cos\beta}}{3-4\cos 2(\alpha+\beta)+\cos 4(\alpha+\beta)} + \\
&+ 2H\frac{h_0}{h_u}\frac{\gamma_b}{\cos\beta}\frac{2\cos\beta\,[1-\cos 2(\alpha+\beta)]+\cos\alpha\,[\cos 3(\alpha+\beta)-\cos(\alpha+\beta)]}{3-4\cos 2(\alpha+\beta)+\cos 4(\alpha+\beta)} + \\
&+ \frac{H}{4}\left(1-\frac{h_0}{h_u}\right)\frac{\gamma_b}{\cos^2\beta}\left[\frac{2}{3}+\cos 2\beta + \right. \\
&\left. + \frac{\sin 2\beta\,[-3\sin 2(\alpha+\beta)+\sin 6(\alpha+\beta)]+2\sin 2\alpha\,[2\sin 2(\alpha+\beta)-\sin 4)\alpha+\beta)]}{8-9\cos 2(\alpha+\beta)+\cos 6(\alpha+\beta)}\right]
\end{aligned}
\quad (46)
$$

Um die Bemessung zu erleichtern, können die in (43) bis (46) auftretenden Funktionen von $(\alpha+\beta)$ für einen Winkelbereich zwischen 45° und 70° aus der nachstehenden Zahlentafel abgelesen werden. Den Funktionszeichen $f_1(\alpha+\beta)$ bis $f_7(\alpha+\beta)$ entsprechen dabei die folgenden Funktionen:

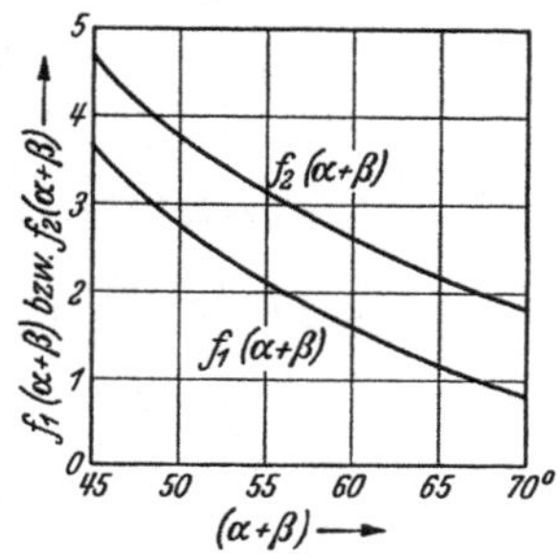

Abb. 930.

$$
\left.
\begin{aligned}
f_1(\alpha+\beta) &= \frac{(\alpha+\beta)\sin 2(\alpha+\beta)}{1-\cos 2(\alpha+\beta)-(\alpha+\beta)\sin 2(\alpha+\beta)}\,;\\
f_2(\alpha+\beta) &= \frac{1-\cos 2(\alpha+\beta)}{1-\cos 2(\alpha+\beta)-(\alpha+\beta)\sin 2(\alpha+\beta)}\,;\\
f_3(\alpha+\beta) &= \frac{1-\cos 4(\alpha+\beta)}{3-4\cos 2(\alpha+\beta)+\cos 4(\alpha+\beta)}\,;\\
f_4(\alpha+\beta) &= \frac{\cos(\alpha+\beta)-\cos 3(\alpha+\beta)}{3-4\cos 2(\alpha+\beta)+\cos 4(\alpha+\beta)}\,;\\
f_5(\alpha+\beta) &= \frac{2(1-\cos 2(\alpha+\beta))}{3-4\cos 2(\alpha+\beta)+\cos 4(\alpha+\beta)}\,;\\
f_6(\alpha+\beta) &= \frac{3\sin 2(\alpha+\beta)-\sin 6(\alpha+\beta)}{8-9\cos 2(\alpha+\beta)+\cos 6(\alpha+\beta)}\,;\\
f_7(\alpha+\beta) &= \frac{2(2\sin 2(\alpha+\beta)-\sin 4(\alpha+\beta))}{8-9\cos 2(\alpha+\beta)+\cos 6(\alpha+\beta)}\,.
\end{aligned}
\right\}\quad (47)
$$

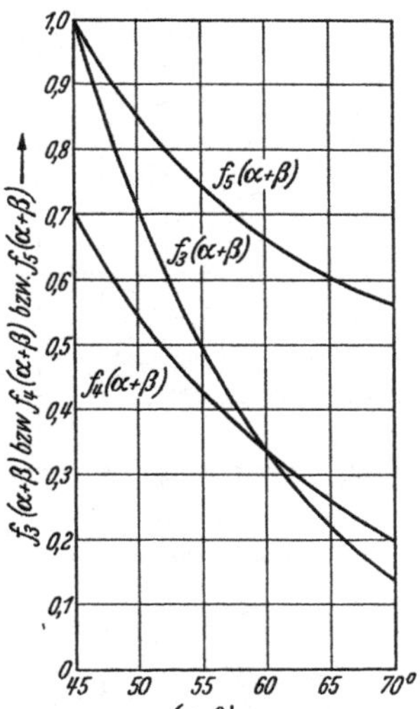

Abb. 931.

$\alpha+\beta$	f_1	f_2	f_3	f_4	f_5	f_6	f_7
45°	3,66	4,66	1,000	0,707	1,000	0,500	0,500
50°	2,73	3,73	0,704	0,547	0,852	0,380	0,459
55°	2,12	3,12	0,490	0,427	0,746	0,278	0,422
60°	1,53	2,53	0,333	0,333	0,667	0,193	0,385
65°	1,12	2,12	0,217	0,257	0,608	0,123	0,343
70°	0,80	1,80	0,132	0,193	0,566	0,069	0,295

Die Abb. 930—932 geben einen Überblick über den Verlauf dieser Funktionen.

Mit (47) nehmen (43) bis (46) die vereinfachte Form an:

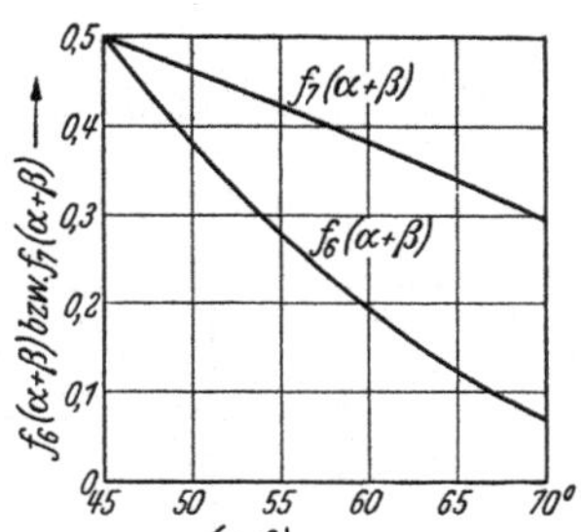

Abb. 932.

$$
\left.
\begin{aligned}
\sigma_r^{\text{Wasserseite}} = &-\frac{H\,F_0\,\gamma_b\,f_1(\alpha+\beta)\sin\alpha}{H\,h_0+(h_u-h_0)\,r\cos\alpha} - \\
&-\frac{r\cos\alpha\,[(F_u-F_0)\,\gamma_b\sin\alpha+H\,L\,\gamma]\,f_3(\alpha+\beta)}{H\,h_0+(h_u-h_0)\,r\cos\alpha} + \\
&+\frac{2\,H\,h_0\,\gamma_b\,r\,[f_5(\alpha+\beta)\cos\alpha-f_4(\alpha+\beta)\cos\beta]}{H\,h_0+(h_u-h_0)\,r\cos\alpha} + \\
&+\frac{\frac{1}{4}(h_u-h_0)\,\gamma_b\,r^2}{H\,h_0+(h_u-h_0)\,r\cos\alpha}\left[\frac{2}{3}+\cos 2\alpha - \right. \\
&\left. - f_6(\alpha+\beta)\sin 2\alpha + f_7(\alpha+\beta)\sin 2\beta\right]
\end{aligned}
\right\}\quad (48)
$$

$$\left.\begin{aligned}\sigma_r^{\text{Luftseite}} = &+\frac{H F_0 \gamma_b f_2(\alpha+\beta)\sin\alpha}{H h_0 + (h_u - h_0)\, r\cos\beta} + \frac{2r\cos\alpha\,[(F_u - F_0)\gamma_b \sin\alpha + H L \gamma]\, f_4(\alpha+\beta)}{H h_0 + (h_u - h_0)\, r\cos\beta} + \\ &+ \frac{2 H h_0 \gamma_b r\,[f_5(\alpha+\beta)\cos\beta - f_4(\alpha+\beta)\cos\alpha}{H h_0 + (h_u - h_0)\cos\beta} + \\ &+ \frac{\frac{1}{4}(h_u - h_0)\gamma_b r^2}{H h_0 + (h_u - h_0)\, r\cos\beta}\left[\frac{2}{3} + \cos 2\beta - f_6(\alpha+\beta)\sin 2\beta + f_7(\alpha+\beta)\sin 2\alpha\right]\end{aligned}\right\} \quad (49)$$

$$\left.\begin{aligned}\sigma_{r_{\min}}^{\text{Wasserseite}} = &-\frac{F_0}{h_u}\gamma_b f_1(\alpha+\beta)\sin\alpha - \left(\frac{F_u - F_0}{h_u}\gamma_b \sin\alpha + \frac{H L}{h_u}\gamma\right) f_3(\alpha+\beta) + \\ &+ 2H\frac{h_0}{h_u}\frac{\gamma_b}{\cos\alpha}\,[f_5(\alpha+\beta)\cos\alpha - f_4(\alpha+\beta)\cos\beta] + \\ &+ \frac{H}{4}\left(1 - \frac{h_0}{h_u}\right)\frac{\gamma_b}{\cos^2\alpha}\left[\frac{2}{3} + \cos 2\alpha - f_6(\alpha+\beta)\sin 2\alpha + f_7(\alpha+\beta)\sin 2\beta\right]\end{aligned}\right\} \quad (50)$$

$$\left.\begin{aligned}\sigma_{r_{\max}}^{\text{Luftseite}} = &+\frac{F_0}{h_u}\gamma_b f_2(\alpha+\beta)\sin\alpha + \frac{2\cos\alpha}{\cos\beta}\left(\frac{F_u - F_0}{h_u}\gamma_b \sin\alpha + \frac{H L}{h_u}\gamma\right) f_4(\alpha+\beta) + \\ &+ 2H\frac{h_0}{h_u}\frac{\gamma_b}{\cos\beta}\,[f_5(\alpha+\beta)\cos\beta - f_4(\alpha+\beta)\cos\alpha] + \\ &+ \frac{H}{4}\left(1 - \frac{h_0}{h_u}\right)\frac{\gamma_b}{\cos^2\beta}\left[\frac{2}{3} + \cos 2\beta - f_6(\alpha+\beta)\sin 2\beta + f_7(\alpha+\beta)\sin 2\alpha\right]\end{aligned}\right\} \quad (51)$$

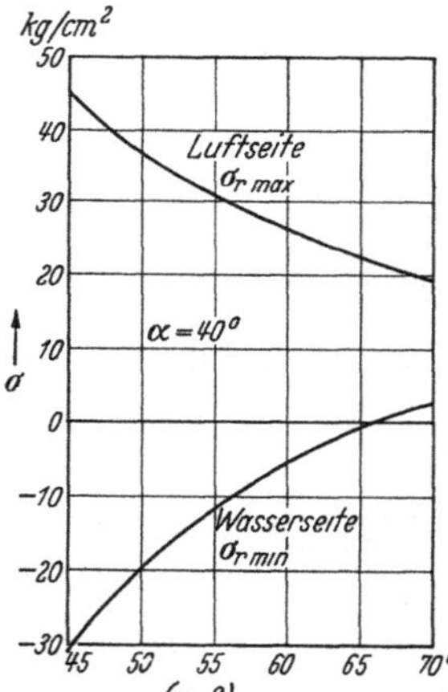

Abb. 933.

Es möge nun noch ein Zahlenbeispiel angeschlossen werden, für das Folgendes zugrunde gelegt sei:

$$H = 60\,\text{m};\quad L = 20\,\text{m};\quad h_0 = 1{,}0\,\text{m};\quad h_u = 4{,}0\,\text{m};$$
$$\alpha = 40°;\quad \gamma_b = 2{,}4\,\text{t/m}^3;\quad \gamma = 1{,}0\,\text{t/m}^3.$$

Wird ein Stauwandabschluß durch schrägstehende Gewölbe vorgesehen, mit Wandstärken von $d_0 = 0{,}6$ m an der Krone und $d_u = 1{,}5$ m an der Sohle, so folgt bei einem Gewölbewinkel von 180° und einem Halbmesser von 8,75 m

$$F_0 = 0{,}6 \cdot 8{,}75 \cdot \pi = 16{,}5\,\text{m}^2;\quad F_u = 1{,}5 \cdot 8{,}75 \cdot \pi = 41{,}2\,\text{m}^2.$$

Um einen möglichst umfassenden Überblick zu erhalten, möge die Untersuchung auf veränderliche Pfeilerausmaße erstreckt werden, und zwar sei β zu 5°, 10°, 15°, 20°, 25° und 30° gewählt. Da für die Bemessung immer die größten Hauptlängsspannungen an den Mauerfüßen maßgebend sind, seien lediglich diese hier näher untersucht.

Für die gegebenen Abmessungen nehmen (50) und (51) die Form an

$$\begin{aligned}\sigma_{r_{\min}}^{\text{Wasserseite}} = &-6{,}37 f_1 - 309{,}5 f_3 + 72{,}0\left(f_5 - \frac{\cos\beta}{\cos\alpha} f_4\right) + \\ &+ 46{,}1\left(\frac{2}{3} + \cos 2\alpha - f_6 \sin 2\alpha + f_7 \sin 2\beta\right);\end{aligned}$$

$$\begin{aligned}\sigma_{r_{\max}}^{\text{Luftseite}} = &+6{,}37 f_2 + 619\frac{\cos\alpha}{\cos\beta} f_4 + 72{,}0\left(f_5 - \frac{\cos\alpha}{\cos\beta} f_4\right) + \\ &+ 46{,}1\left(\frac{\cos\alpha}{\cos\beta}\right)^2\left(\frac{2}{3} + \cos 2\beta - f_6 \sin 2\beta + f_7 \sin 2\alpha\right).\end{aligned}$$

β	5°	10°	15°	20°	25°	30°	
$\alpha + \beta$	45°	50°	55°	60°	65°	70°	
$\sigma_{r_{\min}}^{\text{Wasserseite}}$	−30,7	−19,7	−11,5	− 5,3	− 0,7	+ 2,6	kg/cm²
$\sigma_{r_{\max}}^{\text{Luftseite}}$	+45,5	+37,0	+31,0	+26,4	+22,8	+19,5	kg/cm²

Unter Zugrundelegung der vorgegebenen Folge von β-Werten ergeben sich bei Benutzung der obigen Zahlentafel für die f-Funktionen die vorstehenden σ-Werte. Der zugehörige Spannungsverlauf ist aus Abb. 933 ersichtlich.

Für kleine β-Werte ergeben sich hiernach, wie es nicht anders zu erwarten war, beträchtliche Zugspannungen, bei einem luftseitigen Anzug von 10° beispielsweise rund 20 kg/cm². In solchen Fällen wird eine wasserseitige Längsbewehrung der Pfeilerscheiben notwendig (Abb. 896), deren seitlicher Ausdehnungsbereich nach (39) leicht festgestellt werden kann. Durch die Längsbewehrung kann die Flächenausdehnung der Pfeilerscheiben entsprechend eingeschränkt werden, was vom Standpunkte des Schwindens und der einheitlichen Pfeilerwirkung sehr erwünscht ist. Dem steht aber — wenigstens im Falle von Gewölbe- und Kuppelreihenmauern — der Nachteil gegenüber, daß zufolge der einheitlichen Mauerwirkung die wasserseitigen Pfeilerzugspannungen sich auf Gewölbe und Pfeiler verteilen, so daß die Stauwand einer in jeder Weise unerwünschten Längszugbeanspruchung ausgesetzt wird. Man sollte daher, sobald Pfeiler und Stauwand als Einheit zu betrachten sind, die Bemessung besser so vornehmen, daß eine Längszugbeanspruchung der Gewölbe vermieden wird.

4. Berücksichtigung der einheitlichen Mauerwirkung von Pfeilerscheiben und Stauwand.

Mit Hilfe der Gleichungen (50) und (51) des vorigen Abschnittes kann man leicht eine vorläufige Bemessung der Pfeilerscheiben durchführen. Man wird dabei entweder die Hauptlängsspannung am wasserseitigen Mauerfuß Null setzen und erhält dann bei Berücksichtigung der einheitlichen Mauerwirkung noch eine leichte Druckbeanspruchung in den Gewölben, oder man geht von einer gewissen, dem Verhältnis von Pfeilerscheibe zu Stauwand angepaßten Zugbeanspruchung des wasserseitigen Pfeilerfußes aus, in der Erwartung, daß diese durch die verstärkende Wirkung der Rundköpfe, Gewölbe oder Kuppeln in der endgültigen Berechnung nicht als solche in Erscheinung tritt. Mit dieser vorläufigen Bemessung liegt die Gestalt des aus Pfeilerscheiben und Stauwand gebildeten einheitlichen Tragkörpers im wesentlichen fest.

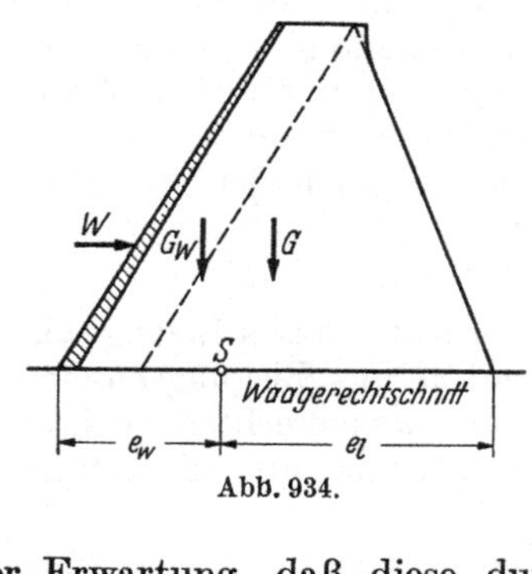

Abb. 934.

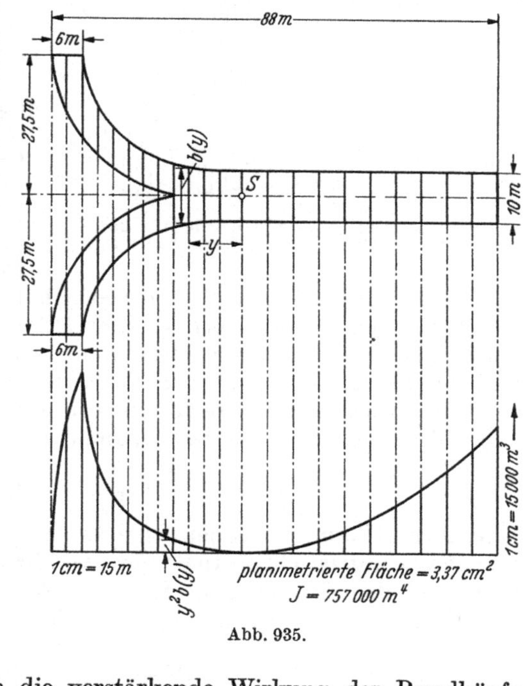

Abb. 935.

Dieser einheitliche Tragkörper stellt statisch gesehen eine gegliederte Schale dar, die entweder, wie bei den Rundkopfmauern, unmittelbar schon aus T-förmigen Einzelschalen besteht, oder durch Lotschnitte mittig zwischen den Pfeilern in solche zerlegt werden kann. Die in diesen Schnitten wirkenden tangentialen Druckspannungen heben sich gegenseitig auf und beanspruchen lediglich die Stauwand gemäß den unter 2. gemachten Ausführungen; sie können hier im großen und ganzen außer Betracht bleiben.

Eine genaue Berechnung der T-förmigen Einzelschalen, die im wesentlichen unter Heranziehung der Membran- und Scheibentheorie zu erfolgen hätte, stößt auf große Schwierigkeiten. Glücklicherweise kann man im allgemeinen auf eine solche verzichten, da die Längsspannungsverteilung mit hinreichender Genauigkeit nach der Balkentheorie ermittelt werden kann, womit auch Schub- und Querdruckspannungen sowie die Hauptspannungen im wesentlichen bekannt sind. Die örtlichen Zusatzspannungen infolge Krümmung der Stauwand wurden bereits unter 2. ermittelt, wenigstens soweit sie von praktischer Bedeutung sind, so daß auf diese hier keinerlei Bezug genommen zu werden braucht.

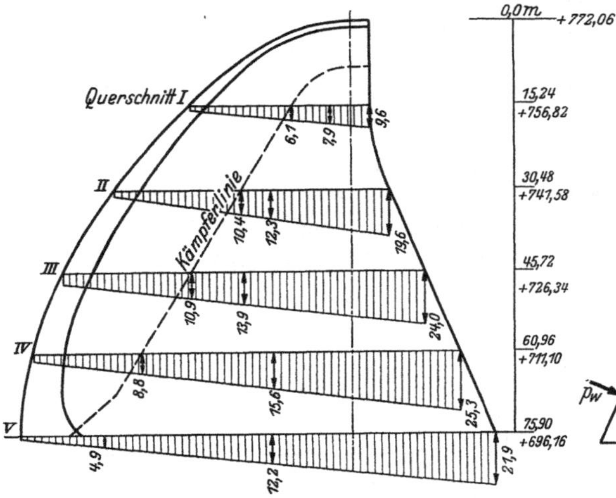

Abb. 936. Lotrechte Spannungsverteilung in den Pfeilern der Coolidge-Staumauer (nach Noetzli).

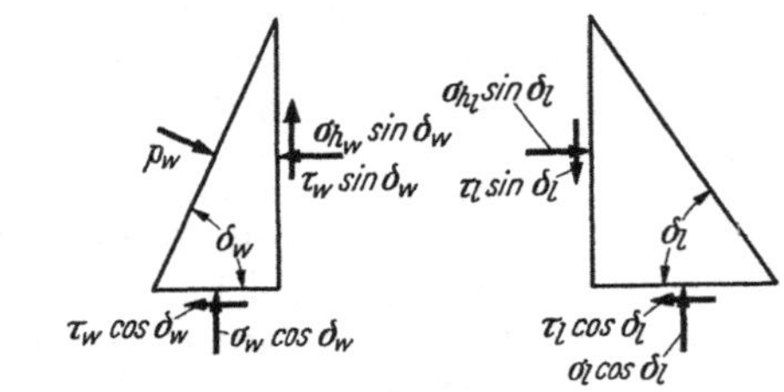

Abb. 937.

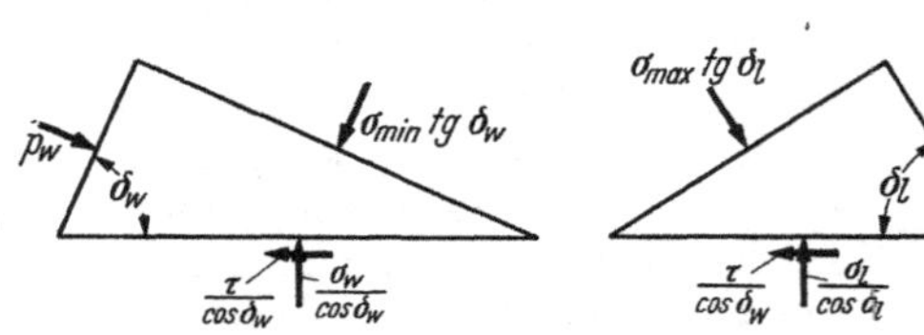

Abb. 938.

Bei Heranziehung der Balkentheorie hat man — ähnlich wie früher bei der Gewichtsmauer — die T-förmige Einzelschale als lotrechtstehenden, unten eingespannten Kragbalken zu betrachten. Wird die Spannungsverteilung in der Balkenrichtung — also hier in lotrechter Richtung — in üblicher Weise als geradlinig vorausgesetzt, so lassen sich für irgendeinen waagerechten Schnitt (Abb. 934) die lotrechten Randspannungen σ_w und σ_l nach den Formeln

$$\sigma_w = \frac{N}{F} - \frac{M}{W_w}; \qquad \sigma_l = \frac{N}{F} + \frac{M}{W_l} \tag{52}$$

berechnen. Hierin bezeichnet N die resultierende Druckkraft aus Eigengewicht G und Wasserauflast G_w oberhalb des Schnittes, und M das Biegungsmoment in bezug auf den Schwerpunkt S von G, G_w und der waagerechten Teilkraft W des Wasserdruckes. W_w und W_l sind die Widerstandsmomente, die sich gemäß

$$W_w = \frac{J}{e_w}; \qquad W_l = \frac{J}{e_l} \tag{53}$$

aus dem Trägheitsmoment

$$J = \int_{-e_l}^{+e_w} y^2 \, \mathrm{d}F = \int_{-e_l}^{+e_w} y^2 \, b\,(y)\, \mathrm{d}\,y \tag{54}$$

berechnen, wobei bezüglich der Bezeichnungen auf Abb. 935 verwiesen sei.

Den Schwerpunkt S ermittelt man am einfachsten in der Weise, daß man den Querschnitt auf dünne Pappe aufzeichnet und ausschneidet und durch

Verschieben einer Stecknadel auf der Mittellinie den Gleichgewichtspunkt feststellt. Zur Berechnung von J trägt man die Funktion $y^2\, b\,(y)$ über der y-Achse auf und bestimmt den Flächeninhalt durch Planimetrieren (Abb. 935).

Ist die lotrechte Spannungsverteilung für eine geeignete Zahl von waagerechten Schnitten ermittelt (Abb. 936), so können, vermöge der bekannten Hauptspannungsrichtungen, zunächst Schub- und Querdruckspannungen τ und σ_h sowie die Hauptlängsspannungen $\sigma_{\min}$ und $\sigma_{\max}$ für die Randpunkte bestimmt werden. Nach Abb. 937 und 938 erhält man

$$\left.\begin{aligned} \tau_w &= (\sigma_w - p_w)\operatorname{ctg}\delta_w \\ \sigma_{hw} &= \frac{p_w - \sigma_w \cos^2\delta w}{\sin^2\delta w} \end{aligned}\right\} \quad \text{(Wasserseite)}, \tag{55}$$

$$\left.\begin{aligned} \tau_l &= \sigma_l \operatorname{ctg}\delta_l \\ \sigma_{hl} &= \sigma_l \operatorname{ctg}^2\delta_l \end{aligned}\right\} \quad \text{(Luftseite)}, \tag{56}$$

$$\left.\begin{aligned} \sigma_{\min} &= \sigma_w - \tau \operatorname{ctg}\delta_w \quad \text{(Wasserseite)}; \\ \sigma_{\max} &= \sigma_l + \tau \operatorname{ctg}\delta_l \quad \text{(Luftseite)} \end{aligned}\right\} \tag{57}$$

Als nächster Schritt kann nun die Schubspannungsverteilung ermittelt werden. Der mittragende Querschnitt ist hierbei so anzunehmen, daß bei Rundkopfmauern lediglich der in der Verlängerung der Pfeilerscheiben liegende Teil berücksichtigt wird, während man für Gewölbereihen- und Kuppelreihenmauern zweckmäßig eine Pfeilerscheibe zugrunde legt, die sich durch Projektion der Gewölbeäste auf die Pfeilerebene unter Beibehaltung der im Schnitt vorhandenen Pfeilerstärke ergibt (Abbildung 939). Über den derart abgegrenzten Tragquerschnitt können die Schubspannungen mit hinreichender Genauigkeit parabolisch verteilt werden. Man gelangt so mit den Bezeichnungen der Abb. 939 zu folgender Schubspannungsverteilung:

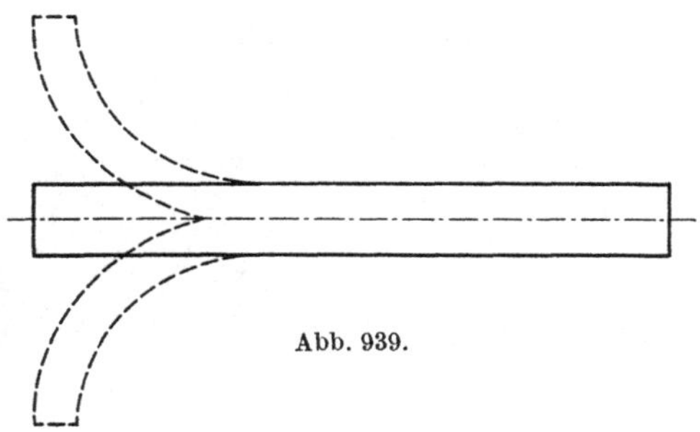

Abb. 939.

$$\tau\,(y) = \tau_l + \frac{\tau_w - \tau_l}{l}\, y + c\,\frac{y}{l}\left(1 - \frac{y}{l}\right). \tag{58}$$

Die Größe von c folgt aus der Gleichgewichtsbedingung in waagerechter Richtung

$$W = \int_0^l b\,(y)\,\tau\,(y)\,\mathrm{d}\,y = \int_0^l b\,(y)\left[\tau_l + \frac{y}{l}(\tau_w - \tau_l) + c\,\frac{y}{l}\left(1 - \frac{y}{l}\right)\right]\mathrm{d}\,y$$

zu

$$c = \frac{W - \int_0^l b\,(y)\left[\tau_l + \frac{y}{l}(\tau_w - \tau_l)\right]}{\int b\,(y)\,\frac{y}{l}\left(1 - \frac{y}{l}\right)\mathrm{d}\,y} \quad \begin{array}{l}(W = \text{resultierender Wasserdruck} \\ \text{oberhalb der Schnittfuge}).\end{array} \tag{59}$$

Ist die Pfeilerstärke in waagerechter Richtung gleichbleibend, so ergibt sich insbesondere

$$c = \frac{W - \frac{1}{2}\, b\, l\,(\tau_w + \tau_l)}{\frac{1}{6}\, b}. \tag{60}$$

Bezüglich der nun noch verbleibenden waagerechten Druckspannungen ist zunächst zu bemerken, daß der aus (55) folgenden σ_{hw}-Spannung nur eine theoretische Bedeutung zufällt, da ja die waagerechte Druckübertragung nicht in der Pfeilerrichtung, sondern in der Ringrichtung erfolgt. Man kann von Druckspannungen im vorliegenden Sinne eigentlich erst luftseitig von der Kämpferauflagerfläche der Gewölbe bzw. der Rundköpfe sprechen. Zwischen dieser und dem luftseitigen Rande ergibt sich im allgemeinen eine ebenfalls parabelartige Verteilung, die, da die Auflagerkraft längs der Kämpfer- bzw. Rundkopfansatzfläche zunächst noch unbekannt ist, mit Hilfe der Schubspannungen von der Luftseite aus ermittelt werden muß. Die Grundlage hierfür bildet die Scheiben-Gleichgewichtsbedingung in waagerechter Richtung, die mit den Bezeichnungen der Abb. 940

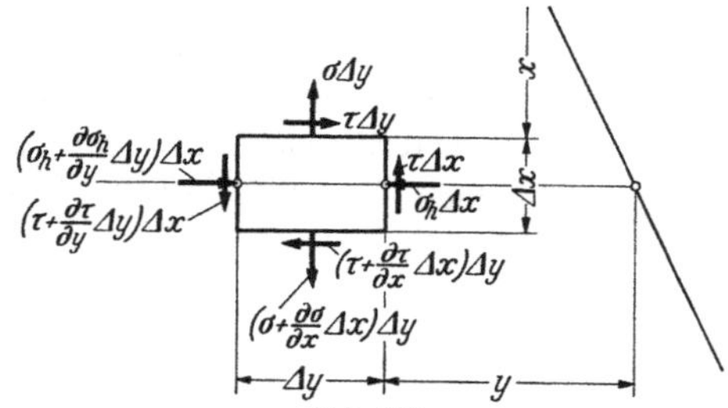

Abb. 940.

$$\frac{\partial\sigma_h}{\partial y}=\frac{\partial\tau}{\partial x} \tag{61}$$

lautet. Hieraus folgt durch Integration längs des Waagerechtschnittes

$$\sigma_h=\sigma_{hl}+\int_0^y\frac{\partial\tau}{\partial x}\,\mathrm{d}\,y. \tag{62}$$

$\frac{\partial\tau}{\partial x}$ ist das Gefälle der Schubspannungsverteilung in lotrechten Schnitten an der Kreuzungsstelle mit dem betrachteten Waagerechtschnitte. Trägt man diese Werte längs des letzteren auf, so ist σ_h die zugehörige Integralkurve durch die Ordinate σ_{hl} an der Luftseite ($y=0$). Diese kann graphisch leicht ermittelt werden.

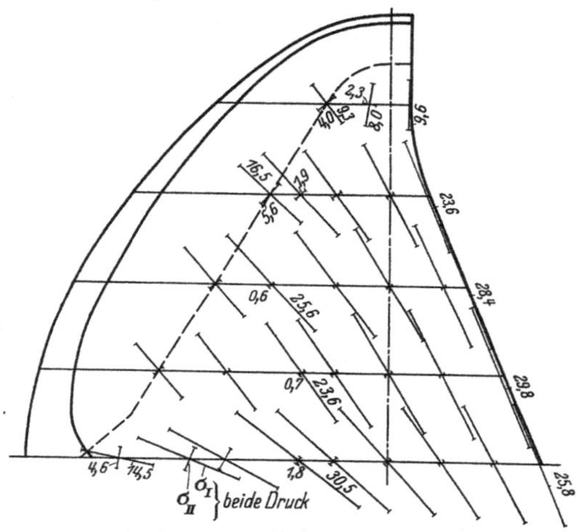

Abb. 941. Hauptspannungsrichtungen in den Pfeilern der Coolidge-Staumauer (nach Noetzli).

Nachdem damit der zweiachsige Spannungszustand in der eigentlichen Pfeilerscheibe vollständig bekannt ist, kann nun auch noch die Größe und Richtung der Hauptspannungen bestimmt werden. Es erübrigt sich, hier darauf näher einzugehen, da der Rechnungsgang sich vollständig mit dem bei der Gewichtsmauer erläuterten deckt (vgl. 14., (8), Kapitel 19). Trägt man die Hauptspannungsrichtung an einer hinreichenden Zahl von Punkten in den Querschnitt ein (Abb. 941), so lassen sich die zugehörigen Trajektorien einzeichnen, die für die Festlegung etwaiger Schrägfugen von maßgebendem Einfluß sind (Abb. 942).

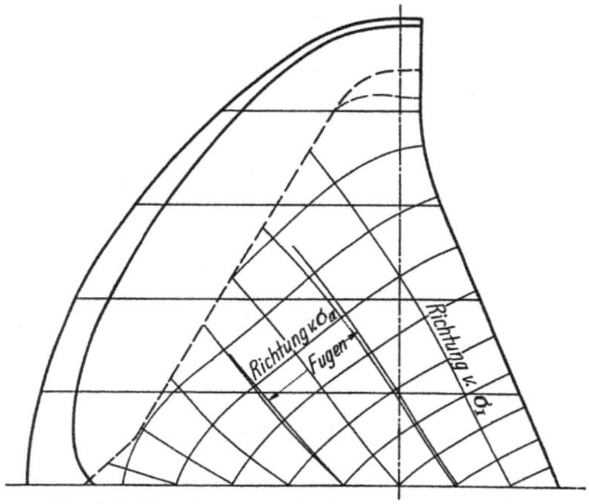

Abb. 942. Hauptspannungstrajektorien in den Pfeilern der Coolidge-Staumauer (nach Noetzli).

Dritter Teil.

Zusammensetzung, Herstellung, Einbringung und Prüfung des Betons für Talsperrenbauten.

22. Kapitel: Zusammensetzung des Betons.

1. Bedeutung der Kittmasse für die Betongüte.

Beton entsteht durch Verkittung von Zuschlagstoffen wie Sand, Kies, Schotter mit Hilfe von Zement und Wasser. Die beiden letzteren Stoffe bilden ein mehr oder weniger gleichmäßig poröses Gemisch, das als Zementpaste, Zementleim oder Zementstein bezeichnet wird und den wichtigsten Bestandteil des Betons darstellt.

Wenn das Stauwasser frei von angreifenden Stoffen wie Kohlen- oder Humussäure ist, so ist man bezüglich der Zementart in keiner Weise gebunden; im anderen Falle kommen nur kalkarme Zemente in Frage, wie z. B. Hochofenzement oder Thurament[1]-Zement. Die von einem guten Zemente zu fordernden Eigenschaften sind durch die Zementnormen festgelegt. Diese geben jedoch zur Zeit noch keinen Aufschluß darüber, wie sich der zur Verarbeitung kommende Zement auf die Wasserdichtigkeit des Betons auswirkt. Die Erfahrung lehrt, daß selbst innerhalb der gleichen Zementart (z. B. Portlandzement) große Unterschiede möglich sind. So fand man vor einigen Jahren bei einem Druckstollen, bei dessen Herstellung ein Wechsel in der Zementbelieferung eintrat, daß der mit dem ersten Zement hergestellte Beton wasserdicht war, während es nach dem Wechsel in der Belieferung unmöglich war, den Stollen weiterzuführen. Derartige Unterschiede waren möglich, obwohl die beiden Zemente normenmäßig gleichwertig waren.

Wie der Internationale Talsperrenkongreß Washington 1936 — auf dem unter anderem auch die Zementfrage zur Erörterung stand — gezeigt hat, ging die Entwicklung in manchen Ländern vielfach dahin, zur Verkürzung der Bauzeit auch im Talsperrenbau schnell erhärtende Zemente zu verwenden. Die Folgen waren hohe Abbindetemperaturen, Rißbildungen und in manchen Fällen sogar Zersetzungen, die Ausbesserungen erforderlich machten. Um diesen nachteiligen Wirkungen entgegenzuarbeiten, wurden Sonderzemente entwickelt, die hohe Festigkeit und Wasserdichtigkeit mit geringer Wärmeentwicklung, langsamem Abbinden, guter Verarbeitbarkeit und Widerstandsfähigkeit gegen schwach-säurehaltiges Talsperrenwasser verbinden sollten. Als Beispiele für derartige Erzeugnisse wurden Silikatzemente, Aluminiumzemente, Eisenzemente, Portland-Puzzolan-Zemente, Niederwärme- (low-heat-) Zemente und Mittelwärme- (moderate-heat-) Zemente genannt, die aber immer nur einige der aufgeführten Sonderforderungen zu erfüllen in der Lage waren.

Besonders beachtenswert sind in diesem Zusammenhange die umfangreichen Vorversuche, die bezüglich der Zementauswahl für den Bau der Bonneville-Überfallstaumauer (USA.) durchgeführt wurden[2]. Diese erstreckten sich auf

[1] Thurament ist ein Mörtelzuschlagstoff aus gemahlener basischer Hochofenschlacke, der bei geringer eigener Bindekraft seine Bindemitteleigenschaften erst in Verbindung mit Kalk oder Zement entwickelt; er wird in Thüringen erzeugt.

[2] Engng. News Rec. 1937 (I).

drei Zementarten, nämlich einen hochkalkarmen Portlandzement (unserem Hochofenzement vergleichbar), auf einen hochkalkarmen Niederwärmezement (ähnlich dem für die Boulder- und Morris-Staumauer verwendeten) und auf einen Portland-Puzzolan-Zement (ähnlich unseren Portland-Traß- oder Trapo-Zementen). Die aus den Vergleichsuntersuchungen abgeleiteten Durchschnittseigenschaften sind aus den beiden nachstehenden Zusammenstellungen ersichtlich:

Zementart	Spezifische Oberfläche cm^2/g	Wasser-aufsauge-vermögen cm^3	Durch-lässigkeit	Abbindewärme		
				cal/g in 3 Tagen	cal/g in 7 Tagen	cal/g in 28 Tagen
Hochkalkarmer Portlandzement	2,2	41	262	58	75	85
Hochkalkarmer Niederwärme-Portlandzement	1,8	90	548	51	61	68
Puzzolan-Portlandzement . . .	1,8	40	225	55	67	78

Zementart	Beton-Druckfestigkeit an Zylindern $^{15}/_{30}$ cm in kg/cm^2				Beton-Zugfestigkeit an Zylindern $^{15}/_{75}$ cm in kg/cm^2		
	3 Tage	7 Tage	28 Tage	90 Tage	5 Tage	28 Tage	90 Tage
Hochkalkarmer Portlandzement	43	114	232	269	7	19	21
Hochkalkarmer Niederwärme-Portlandzement	12	37	183	288	3	16	20
Puzzolan-Portlandzement . . .	56	123	249	268	8	24	25

Nach diesen Ergebnissen sind ins Gewicht fallende Vorteile des für Boulder- und Morris-Staumauer entwickelten low-heat-Zement nicht ersichtlich, da die Verminderung der Abbindewärme nur dann als Fortschritt gewertet werden kann, wenn sie nicht, wie hier, auf Kosten der Zugfestigkeit erfolgt. Darüber hinaus ist es auch keineswegs gleichgültig, wie schnell die Erwärmung vor sich geht. Nach Abb. 943 ist bei dem für die Bauausführung ausgewählten Puzzolan-Portland-Zement die gesamte Abbindewärme schon innerhalb von nahezu 10 Tagen entwickelt, so daß entsprechende Kühlmaßnahmen besonders wirkungsvoll sein werden. Überraschend ist ferner die mehr als doppelt so große Durchlässigkeit des Boulder-Zementes.

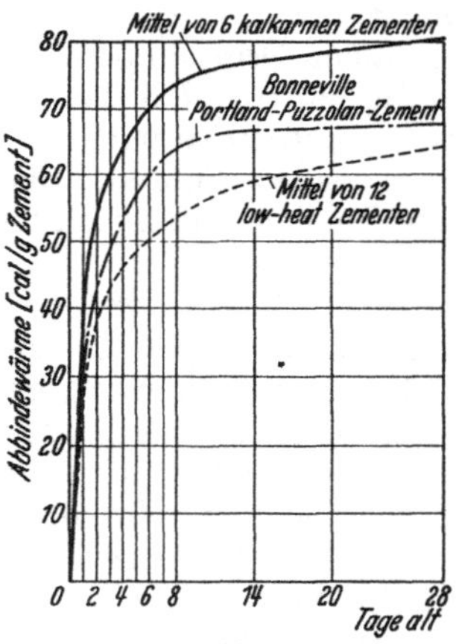

Abb. 943.

Der Zementleim verhält sich als poröses Mittel im Stauwerk ähnlich wie ein durchströmter Erddamm, d. h. es gilt auch hier das Darcy-Hatchsche Gesetz, nach welchem die Durchlässigkeit etwa dem Quadrate des Porendurchmessers verhältnisgleich ist. Neben der Größe der Gesamtporigkeit wird daher die Art der Porengliederung von ausschlaggebender Bedeutung für die Wasserdichtigkeit sein. Entstehen z. B. bei der Bildung des Zementsteins durch einen Wechsel in der Zementbelieferung dreimal so große Poren, so werden sich die Durchlässigkeitsgrade bereits wie 1 : 9 verhalten, und das trotz gleichen Porengehalts.

Es wäre merkwürdig, wenn die Porengliederung bei der Bildung des Zementsteins bei allen Zementen die gleiche sein sollte, wo doch die mineralogische Beschaffenheit der Ausgangsstoffe so verschieden ist. Es sei nur an die aus weichen Mergeln hergestellten Zemente der norddeutschen Tiefebene erinnert, im Gegensatz zu jenen, deren Ausgangsstoff Hartgestein der verschiedensten Art ist. Selbstverständlich kann auch die Aufbereitung, die Art des Brennens und die Mahlfeinheit keineswegs gleichgültig sein.

Die richtige Auswahl des Zementes bzw. des Zementwerkes ist daher sehr wichtig für die Wasserdichtigkeit des Betons. Leider wird es die Frachtfrage nicht immer gestatten, allzu wählerisch in der Zementauswahl zu sein. Man hat es aber stets in der Hand, für besondere Bauwerksteile, wie z. B. die Gewölbe von Pfeilerstaumauern oder die Wasserseite von massiven Staumauern, einen Zement vorzuschreiben, dessen günstiger Einfluß auf die Porenbildung bekannt ist.

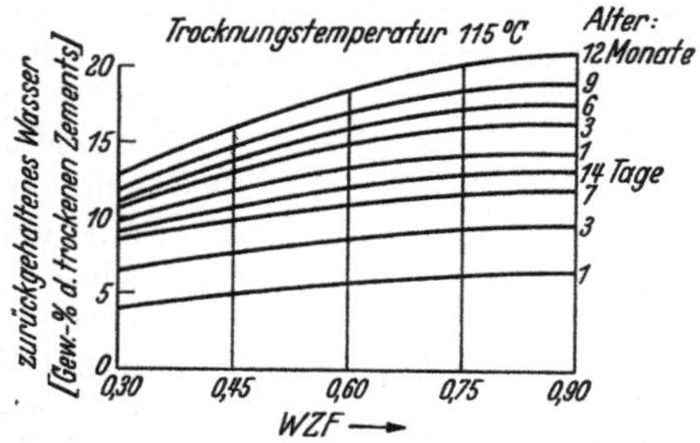

Abb. 944. Abhängigkeit des vom Zement gebundenen Wassers von WZF und Alter bei ständiger Feuchthaltung.

Der Porenraum oder die Porosität des Zementleims wird, wie bereits unter 8., Kap. 19 erläutert wurde, maßgebend durch den Wasserzementfaktor (WZF) beeinflußt. Der Zement vermag bei der Bildung des Zementsteins nur einen kleinen Teil des Anmachwassers chemisch zu binden; der Hauptteil verursacht die bereits erwähnte porige Struktur der Kittmasse. Nähere Aufklärung brachten hierüber zuerst die Versuche von Goslich und Otzen[1] und neuerdings die umfangreichen Versuche von Wilson (Abb. 944, 945)[2]. Ferner wurden von McMillan[3] Versuche mit Betonmischungen gebräuchlicher Zusammensetzung auf der Grundlage gleicher Verarbeitbarkeit durchgeführt, die in Abb. 946 wiedergegeben sind. Nach den genannten Versuchen nimmt der Anteil des chemisch gebundenen Wassers (Hydratwasser) gleichzeitig mit dem WZF und dem Alter des Betons zu. Da Stauwerke mindestens ein Jahr alt sind, wenn sie in Betrieb genommen werden, kann man bei plastisch-gießfähiger Verarbeitung mit einem Hydratwasseranteil von rund 20 Gew.-% des trockenen Zementes rechnen.

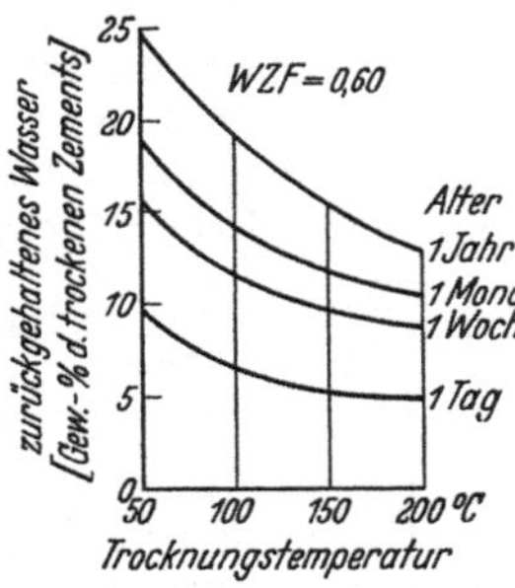

Abb. 945. Verhältnis des ungebundenen Wassers zum gebundenen auf der Basis gleicher Verarbeitbarkeit.

Die Porenbildung vollzieht sich je nach dem Mengenanteil des Überschußwassers verschieden. Im Stampfbeton zieht sich das Wasser unter der Wirkung der Oberflächenspannung zu kugeligen Poren von $^1/_{10}$ bis 2 mm Größe zusammen, die Maier[4] als Wasserkonzentrationsporen bezeichnet hat. Da der Sand die Wasserkügelchen begierig festhält, sind die Außenflächen fast ganz von diesen Poren frei. Ihr Einfluß auf die Wasserdurchlässigkeit ist gering, da sie mehr den Charakter von Einzelporen als den eines Porennetzes tragen. Die Wasserdurchlässigkeit des Stampfbetons, die bereits eingehend unter 11., Kap. 19 erläutert wurde, ist in erster Linie eine Folge der Strukturporen, insbesondere über den Stampffugen, deren Entstehung mit dem natürlichen Hohlraumgehalt des Betongemisches zusammenhängt und durch chemische Vorgänge in keiner Weise beeinflußt wird.

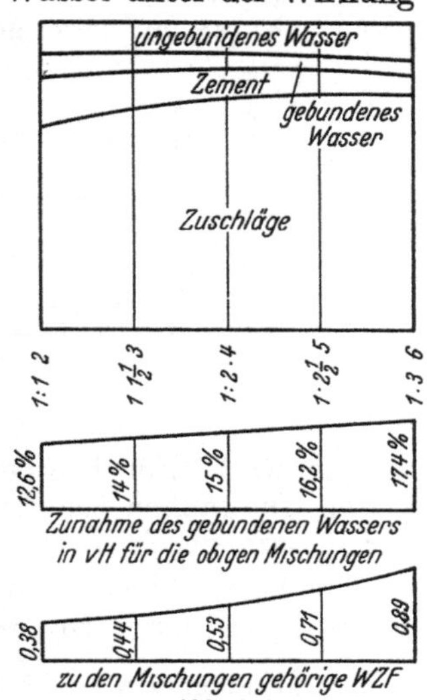

Abb. 946.

[1] Goslich: Zement 1923 S. 150. R. Otzen: Stampfbeton oder Gußbeton. Bauing. 1923 S. 468. — [2] R. Wilson: Engng. News Rec. Bd. 102 (1929) S. 581/582. — [3] McMillan: Basic principles of concrete making. Engng. News Rec. Bd. 102 (1929) S. 580—583, 625—632, 673—679, 705—709, 748—752. — [4] F. Maier: Die Entstehung des Porenvolumens im Beton und seine Beziehung zu Dichtigkeit und Festigkeit. Karlsruher Dissertation 1921.

Mit steigender Weichheit des Betons werden die Konzentrationsporen kleiner und kleiner, bis sie in weich-gießfähigen Mischungen ganz verschwinden. Die Sandkörner können den Wasserüberschuß nicht mehr zusammenhalten und es bildet sich eine gleichmäßig porige Kittmasse, in der die Sandkörner und Grobzuschläge schweben. Die zugehörigen Poren, die von Maier[1] als Kapillarporen bezeichnet wurden, sind so fein, daß selbst unter dem Mikroskop nur ein ganz kleiner Teil von ihnen sichtbar wird. Während den Raumanteil der Kapillarporen die Menge des Überschußwassers bestimmt, hängt die Verteilung und insbesondere die Feinheit wesentlich von chemischen Vorgängen ab.

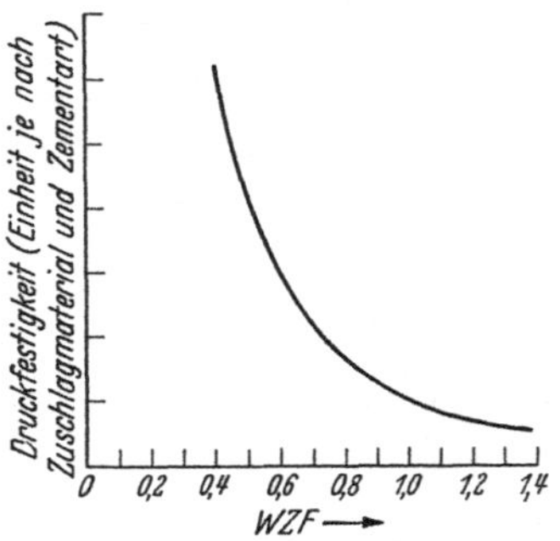

Abb. 947.

Neben den Kapillarporen sind noch die Randporen zu erwähnen, die sich an den Zuschlagteilen bilden, zumal wenn diese rauh und wasserabweisend sind. Nasse Sande begünstigen das Auftreten der Randporen, da sie das Wasser oft begierig festhalten und so eine vollständige Umhüllung mit Zementpaste verhindern. Die Randporen sind weniger für die Wasserdichtigkeit als für die Festigkeit schädlich.

Schließlich sind noch die Steigkanäle zu nennen, die Merkle[2] näher untersucht hat. Erfahrungsgemäß steigt ein Teil des Überschußwassers mit ungebundenen Zementteilchen nach oben und bildet über der Arbeitsschicht die für den Verbund so schädliche Zementschlämpe. Da die Steigkanäle vorwiegend lotrechte Richtung aufweisen, beeinflussen sie die vorwiegend waagerecht erfolgende Durchströmung nur wenig. Sie finden sich vorwiegend im Kiesbeton. Bei Brechsandschotterbeton hält der Feinsand das Wasser mehr zusammen.

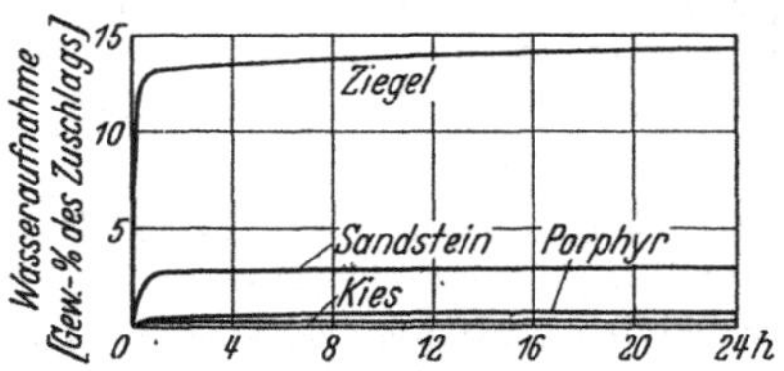

Abb. 948.

Abrams[3] erkannte zuerst die gesetzmäßige Abhängigkeit zwischen dem WZF und der Druckfestigkeit des Mörtels (Abb. 947), die als Wasserzementfaktorengesetz bezeichnet wird. Durch den Einfluß der Grobzuschläge erfährt das Abramssche Gesetz gewisse Abwandlungen, auf die später noch eingegangen werden wird. Für Kiesbeton gilt ein anderes WZF-Gesetz als für Schotterbeton. Die rauhen Schotterteilchen gewährleisten eine innigere Verkittung und vermindern durch ihr hygroskopisches Verhalten den WZF.

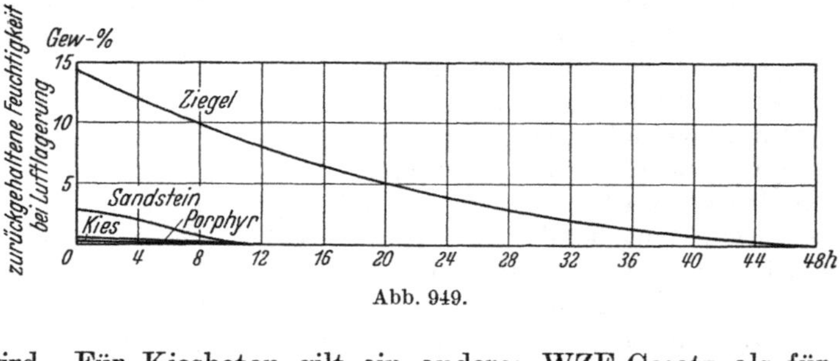

Abb. 949.

Um das verschiedenartige hygroskopische Verhalten der Zuschläge zu berücksichtigen, ist durch Brandt[4] der nutzbare oder „wirksame" WZF eingeführt

[1] Siehe Fußnote 4 von S. 579.
[2] G. Merkle: Die Wasserdurchlässigkeit von Beton. Berlin: Julius Springer 1926.
[3] Abrams: Design of concrete mixtures. Bull. 1 (1921).
[4] Probst-Brandt: Probleme des Betonstraßenbaues. Zementverlag 1929.

worden, d. h. derjenige WZF, der beim Abbinden des Betons in der Kittmasse tatsächlich vorhanden ist. Pfletschinger[1] hat die Brandtschen Betrachtungen weitergeführt und systematische Wasseraufsauge- und Wasserabgabeversuche für besonders kennzeichnende Zuschläge angestellt (Abb. 948, 949). Für einen festgehaltenen WZF von 1,10 fand er die folgenden Werte des wirksamen WZF:

	Kies	Porphyr	Sandstein	Ziegel
Rechnerischer WZF	1,10	1,10	1,10	1,10
Wirksamer WZF	1,09	1,07	0,97	0,50
Verminderung in %	1	3	12	55

Bei der engen Beziehung zwischen WZF und Porenraum des Zementleims β [s. Gl. (15) von 8., Kap. 19] läßt sich das WZF-Gesetz auch als eine Beziehung zwischen Porenraum und Druckfestigkeit deuten (Abb. 950).

Schon die vor etwa 20 Jahren angestellten Untersuchungen von Withey[2] zeigten einwandfrei eine Zunahme der Durchlässigkeit mit steigendem WZF; die Bedeutung des letzteren war damals jedoch noch nicht erkannt. Systematische Untersuchungen, bei denen der Wasserzusatz in weiten Grenzen veränderlich gehalten wurde, sind wohl erstmalig durch Maier[3] an Kiesmörtel durchgeführt worden. Es ergab sich ein ausgesprochener Kleinstwert der Durchlässigkeit für weiche Mischungen. Offenbar, ohne diesen Teil der Maierschen Untersuchungen zu kennen, führte Glanville[4] noch umfassendere Versuche durch, in denen u. a. auch der Einfluß des Alters Berücksichtigung fand (Abb. 951). Auch hier lag der Kleinstwert im Bereiche der weichen Mischungen. Neuere amerikanische Versuche von McMillan[5] zeigen das gleiche.

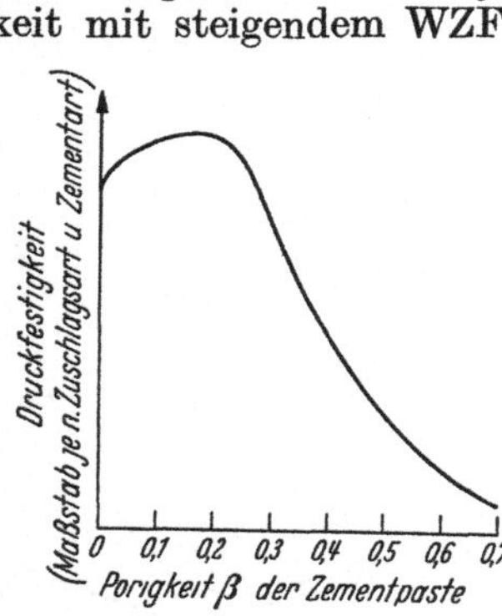

Abb. 950.

Die bisher erwähnten Durchlässigkeitsversuche wurden an verhältnismäßig kleinen Prüfkörpern mit mehr mörtelartigem Beton durchgeführt. Die für die Beurteilung grobkörnigen Massenbetons notwendigen Ergänzungen brachten die umfangreichen Untersuchungen von Merkle[6] an zylindrischen Prüfkörpern von 20 cm Dicke und 40 cm Durchmesser bei Korngrößen bis 60 mm (Abb. 952, 953). Sie haben die Gesetzmäßigkeiten, die für Mörtel gefunden wurden, vollauf bestätigt. Für Kiesbeton sowohl als auch für Brechsandschotterbeton liegt der Kleinstwert der Durchlässigkeit etwa bei einem WZF von 0,70. Besonders bemerkenswert ist, wie von einem WZF von 0,80 ab die Durchlässigkeit sehr schnell zunimmt. Dies bestätigt auch die Erfahrung. Beispielsweise wurde die Luftseite der Wäggi-Staumauer mit einem WZF von 0,95 durch Frost vollständig zerstört.

Aus den verschiedenen Durchlässigkeitsuntersuchungen folgt klar, daß es für den WZF eine obere Grenze gibt, die, wenn der Beton wasserdicht und wetterfest werden soll, nicht überschritten werden darf. Man wird diese Grenze etwa bei einem WZF von 0,80 annehmen können.

[1] K. Pfletschinger: Der Einfluß der Grobzuschläge auf die Güte von Beton. Karlsruher Dissertation 1929. (Auszugsweise „Zement" 1929.)

[2] Withey and Wiebking: Permeability tests on broken stone concrete. University of Wisconsin. Eng. Series Bd. 19 Nr. 2.

[3] Siehe Fußnote 4 von S. 579.

[4] W. H. Glanville: The permeability of portland cement concrete. Building Research, Technical paper Nr. 3. London 1926.

[5] Siehe Fußnote 3 von S. 579.

[6] Siehe Fußnote 2 von S. 580.

Nach den Abb. 951—953 ist der Beton in den ersten Tagen nach Beginn des Durchlässigkeitsversuches erheblich durchlässiger als nach einigen Wochen und Monaten. Man bezeichnet diese Erscheinung als die Selbstdichtung des Betons. Nach etwa 12 Stunden ist die größte Durchlässigkeit erreicht, der Beton hat sich vollgesogen und die Selbstdichtung setzt ein. Merkle[1] setzte bei zwei Prüfkörpern den Versuch 115 Tage lang fort, ohne einen Beharrungszustand für die Selbstdichtung erreicht

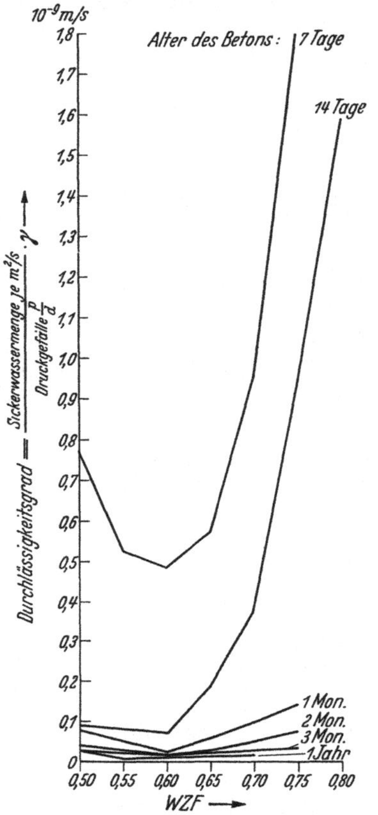

Abb. 951. Wasserdurchlässigkeitsversuche von Glanville. Sehr feiner Kiesbeton 1 : 2 : 4 (nach Gewicht). Gröbstes Korn 13 mm Durchmesser. Prüfkörper in Wasser gelagert. Prüfdruck $p = 70$ t/m². Stärke der Prüfkörper $d = 0{,}05$ m. $\gamma = 1$ t/m³.

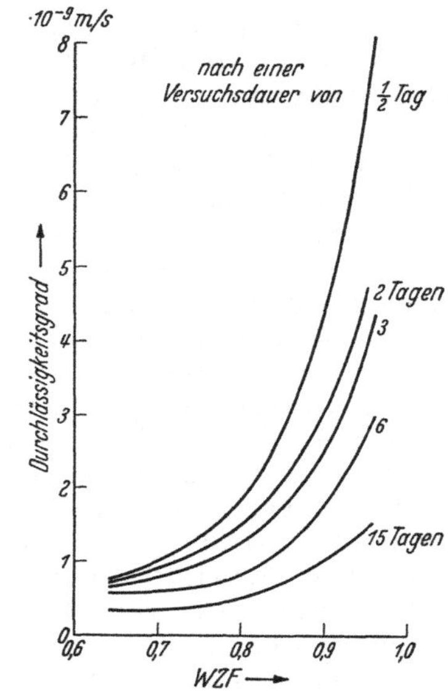

Abb. 952. Durchlässigkeitsversuche von Merkle. Brechsandschotterbeton bis 60 mm Korngröße. Lufttrockene Lagerung. Prüfdruck 30 bis 45 t/m². Stärke der Prüfkörper 0,11 m.

zu haben. Die strichlierten Kurven von Abb. 953 zeigen das Ergebnis einer Wiederholung des Versuches nach vorherigem Austrocknen. Die Anfangsdurchlässigkeit ist stark abgeschwächt, aber im Endwert zeigt sich kein Unterschied. Da die Glanvilleschen Untersuchungen[1] mit Mörtelprüfkörpern auch bei zweimaliger Wiederholung das gleiche Bild geliefert haben, scheint ein gewisses Endmaß der Durchlässigkeit selbst durch weitgehende Feuchthaltung nicht unterschritten werden zu können. Dies wird durch die Erfahrung in vollem Umfange bestätigt.

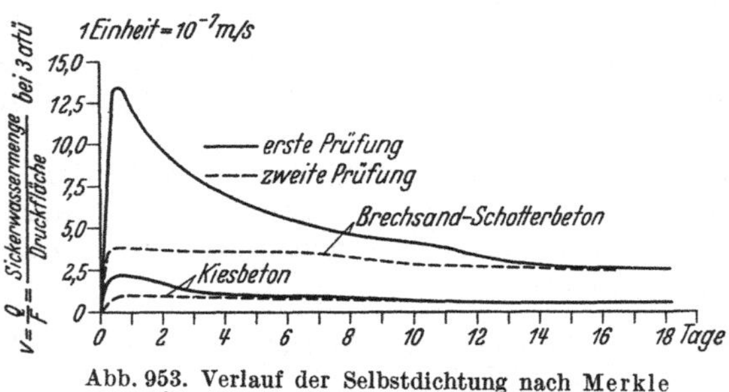

Abb. 953. Verlauf der Selbstdichtung nach Merkle für Brechsandschotter und Kiesbeton.

Bemerkenswert ist in Abb. 953 die Gegenüberstellung von Kiesbeton und Brechsandschotterbeton auf der Grundlage gleicher Kornzusammensetzung (15% Feinsand), gleicher Zementbeigabe (300 kg/m³) und gleicher Verarbeitbarkeit (weich-

[1] Siehe Fußnote 2 von S. 580.

gießfähige Steife). Die Selbstdichtung vollzieht sich zwar grundsätzlich gleich, aber bezüglich des Grades der Undurchlässigkeit ist Kiesbeton dem Brechsandschotterbeton um ein Vielfaches überlegen.

Zusammenfassend darf man sagen, daß, innerhalb des weich-gießfähigen Steifebereiches, die Güte des Zementleims Festigkeit und Wasserdichtigkeit maßgebend beeinflußt. Der erforderliche WZF läßt sich entweder durch eine entsprechende Erhöhung der Zementbeigabe oder durch Einschränkung der Anmachwassermenge erzielen. Bei vorgegebener Verarbeitungsart ist auch die erforderliche Mindeststeife bestimmt, bei der Entmischungserscheinungen noch mit Sicherheit vermieden werden. Unter zwei zur Wahl stehenden Verarbeitungsarten wird dort, wo es sehr auf die Güte des Betons ankommt, diejenige den Vorzug verdienen, die höhere Mindeststeife zuläßt. Es ist die Aufgabe der Betontechnik, die Kornzusammensetzung des Betons so zu regeln, daß die erforderliche Mindeststeife mit möglichst wenig Anmachwasser erreicht wird. Nur so läßt sich die Zementbeigabe auf dasjenige Kleinstmaß beschränken, das vom Standpunkte der Wirtschaftlichkeit und der Betongüte (tunlichste Einschränkung des Schwindmaßes) erstrebt werden muß.

2. *Einfluß der Zuschlagsart.*

Für die Betonherstellung kommen natürliche Zuschlagsstoffe (Flußkiese, Diluvialablagerungen) in Frage und im Steinbruchbetriebe gewonnene, die in der Brech- und Mahlanlage in zweckmäßiger Weise aufbereitet werden. Während der natürliche Kiessand, der im Flußgeschiebe gerundet und geglättet ist, bei der Verarbeitung leicht rollt und auseinandergleitet, hält das Brechgut zäh aneinander fest und bewegt sich überwiegend durch Gleiten. Je größer die Reibung ist, um so mehr Schmiermittel ist für eine vorgeschriebene Steife erforderlich, d. h. um so mehr Anmachwasser muß zugegeben werden. Im Durchschnitt erfordert Flußsand-Brechschotterbeton etwa die $1^1/_4$fache, Brechsandschotterbeton etwa die $1^1/_2$fache Anmachwassermenge wie Kiesbeton. Um die gleiche Betongüte zu erzielen, muß die Zementbeigabe entsprechend erhöht werden.

Leider ist man nur selten in der Lage, die Zuschlagstoffe nach dem Gesichtspunkte der Zweckmäßigkeit auszuwählen; man muß bei größeren Stauanlagen mit dem vorlieb nehmen, was die nähere Umgebung der Baustelle als Bestes bietet. Allerdings sollte der Begriff der näheren Umgebung nicht zu eng gefaßt werden. In Amerika, wo die überwiegende Mehrzahl aller Staumauern, insbesondere der großen aus Kiesbeton hergestellt wurde, ist Anfuhr aus 50 oder 100 km Entfernung keine Seltenheit. Man darf den höheren Förderkosten nicht nur die Ersparnis an Aufbereitungskosten gegenüberstellen, sondern muß auch die Ersparnis an Zement berücksichtigen. Man sollte jedenfalls in viel stärkerem Maße wie bisher versuchen, wenigstens den Brechsand ganz oder teilweise durch Fluß- oder Grubensand zu ersetzen.

3. *Die Grobkörnigkeit als bestimmender Faktor für das Verhältnis von Sand zu Grobzuschlag.*

Im Zuschlag muß soviel Sand enthalten sein, daß Entmischungserscheinungen mit Sicherheit vermieden werden. Wenige Vorversuche genügen im allgemeinen, um die erforderliche Mindestsandmenge festzustellen.

Die Erfahrung lehrt, daß der Wasseranspruch mit wachsender Korngröße sehr schnell abnimmt, da die zu benetzende Oberfläche entsprechend sinkt. Abb. 954 zeigt z. B. eine Versuchsreihe von Hummel[1], aus der man deutlich erkennt, wie schnell der Wasseranspruch mit feiner werdender Körnung wächst.

---

[1] A. Hummel: Die Auswertung von Siebanalysen und der Abramssche Feinheitsmodul. Zement 1930 Heft 15.

Man muß daher bestrebt sein, den erforderlichen Sandanteil weitestgehend herabzusetzen. Dies läßt sich am wirksamsten durch eine möglichst große Vergröberung des Zuschlagsgutes erreichen.

Es gibt kaum eine große Stauanlage, für die nicht umfassende Voruntersuchungen zur Klärung der günstigsten Betonzusammensetzung angestellt werden. Man muß sich aber darüber klar sein, daß mit der Festlegung des gröbsten Kornes (z. B. 80 mm) alle derartigen Untersuchungen von vornherein auf einen engen Bereich beschränkt sind. Mit der oberen Begrenzung der Grobkörnigkeit liegt das beste Verhältnis von Sand zu Grobzuschlag, der erforderliche Feinteilgehalt, der Wasseranspruch und schließlich der Zementanteil fest. Die erforderliche Betongüte läßt sich stets erreichen, welche Festlegung man auch bezüglich des gröbsten Kornes trifft; eine Verkleinerung desselben geht aber stets auf Kosten der Wirtschaftlichkeit. Kesselheim[1] hat z. B. nachgewiesen, daß man bei der Bleiloch-Staumauer durch Erhöhung der oberen Korngrenze von 60 mm auf 120 mm 15% der Zementkosten und 12% der Aufbereitungskosten hätte ersparen können; die Zementersparnis wäre dabei gleichzeitig einer Verringerung des Schwindmaßes zugute gekommen.

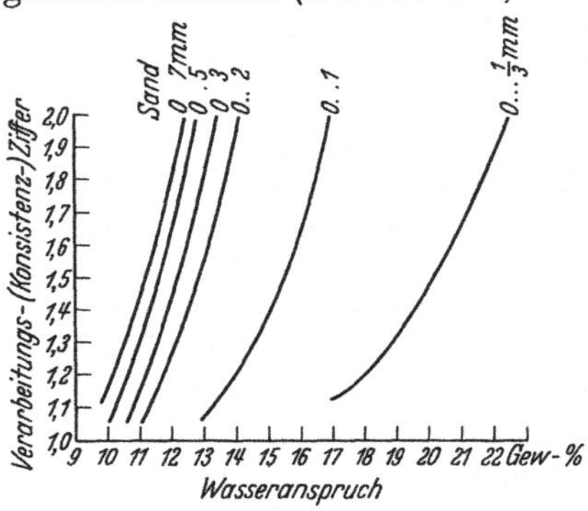

Abb. 954.

Es gibt Fälle, z. B. bei Verwendung natürlicher Flußgeschiebe, in denen die Grobkörnigkeit von vornherein gegeben ist. Hier wird man das vorhandene Gut so günstig wie möglich ausnutzen. Ist das Baggergut zu grob, so wird man einen Teil des Überkorns zu Sand verarbeiten müssen; im entgegengesetzten Falle wird die Frage zu erörtern sein, inwieweit eine Zugabe von Grobschotter angebracht ist. Muß der gesamte Zuschlagstoff im Steinbruchbetriebe gewonnen werden, so kann man die Kornaufteilung ganz nach den Gesichtspunkten der Zweckmäßigkeit vornehmen und sollte die Vergröberung so weit treiben, wie es herstellungstechnisch zu vertreten ist (etwa 120 bis 150 mm).

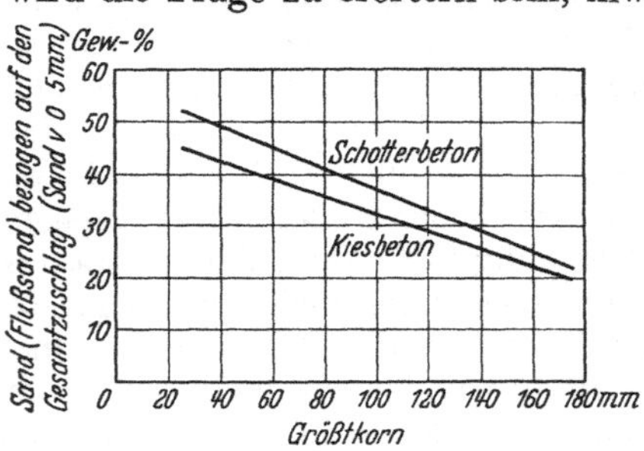

Abb. 955.

Durch die großen Fortschritte der Betonforschung und die Erfahrungen, die an zahlreichen großen Staumauern gesammelt wurden, ist man heute in der Lage, die Verschiebungen in der Zuschlagzusammensetzung durch die Vergröberung des Grobzuschlags vollständig zu übersehen. Abb. 955 zeigt den günstigsten Sandgehalt (0 bis 5 mm) im Zuschlag in Abhängigkeit vom Größtkorn, wie er sich auf Grund von Prüfraumuntersuchungen und praktischen Erfahrungen ergibt. Es ist bei der Auftragung vorausgesetzt, daß das Größtkorn mindestens mit 10% im Zuschlag enthalten ist. Legt man z. B. ein Größtkorn von 110 mm zugrunde, so heißt das, das mindestens 10% des Zuschlags noch zwischen 100 und 120 mm liegen. Dem Sand von 0 bis 5 mm sind etwa nötige Feinteilzusätze wie Steinmehl oder Traß vorher zuzuschlagen.

Als Beispiel für einen vorbildlich zusammengesetzten Beton sei die Bull-Run-Staumauer[2] genannt, bei der sehr grobes Kiesgut bis zu 175 mm Korn über Gießrinnen verarbeitet wurde. Die Zusammensetzung des trocken gemischten Betonguts war folgende:

[1] W. Kesselheim: Wege zur Verbesserung und Verbilligung des Betons beim Talsperrenbau. Karlsruher Dissertation 1933.

[2] B. E. Torpen: Engng. News Rec. Bd. 103 (1929) S. 204—208.

Wasser	0,085 m³	Kies von 10 bis 25 mm	0,098 m³
Zement	0,087 m³	„ „ 25 „ 75 mm	0,130 m³
Sand von 0 bis 5 mm	0,150 m³	„ „ 75 „ 125 mm	0,240 m³
„ „ 5 „ 10 mm	0,055 m³	„ „ 125 „ 175 mm	0,155 m³

Es standen daher einander gegenüber:

0,150 m³ Sand von 0 bis 5 mm und 0,678 m³ Kies von 5 bis 175 mm. Rechnet man nach Gewichtsteilen um, so ergeben sich: 20 Gewichtsteile Sand von 0 bis 5 mm und 80 Gewichtsteile Kies von 5 bis 175 mm.

Durch eine weitgehende Vergröberung des Zuschlaggutes war es bei dieser Staumauer möglich, den Sandgehalt auf das ungewöhnlich niedrige Maß von 20 Gewichtsteilen zu senken, ohne daß sich dadurch irgendwelche Nachteile für die Verarbeitung ergaben. Der Wasseranspruch wurde dadurch so verringert, daß man mit 140 l Wasser/m³ gießen konnte. Die Zementbeigabe betrug 180 kg/m³, und man erzielte damit 28-Tage-Festigkeiten von 150 kg/cm² und Jahresfestigkeiten von 210 kg/cm². Die dem Mauerbeton entnommenen Prüfkörper erwiesen sich als praktisch wasserdicht.

Als Gegenbeispiel sei der Kiesbeton der Cignana-Staumauer[1] angeführt, der ebenfalls mit Gießrinnen eingebracht wurde. Die beste Kornzusammensetzung, die sich auf Grund der örtlichen Verhältnisse erzielen ließ, war folgende:

Sand von 0 bis 5 mm	39 Gew.-Tl.
Kies von 5 bis 30 mm	43 „
Kies von 30 bis 80 mm	18 „

Bei der Feinkörnigkeit des Kieses benötigte man etwa doppelt soviel Sand wie bei der Bull-Run-Staumauer. Natürlich war der Wasseranspruch entsprechend größer; man brauchte etwa 200 bis 210 l Wasser/m³. Da die Zementbeigabe nicht im gleichen Maße gesteigert wurde (210 kg/m³), mußte ein WZF von 1,0 in Kauf genommen werden, bei dem kein wasserdichter Beton mehr erwartet werden kann. Man half sich durch umfassende Dichtungsmaßnahmen an der Wasserseite (Vorsatzbeton, Torkretputz, Siderosthenanstrich) und ordnete an der Luftseite eine kräftige Dränung an.

Der Vergleich von Bull-Run- und Cignana-Staumauer zeigt, wie entscheidend die Güte des Betons durch den Kornaufbau der Zuschlagstoffe beeinflußt werden kann. Eine weitgehende Vergröberung ist der natürlichste Weg, um den Sandanteil und damit den Wasseranspruch zu verringern und die Güte des Zementleims so zu steigern, daß man auf zusätzliche Sicherheitsmaßnahmen wie im Falle der Cignana-Staumauer verzichten kann. Bei der letzteren hätte es am nächsten gelegen, durch Zugabe von Grobschotter etwa von 30 bis 120 mm eine kräftige Vergröberung herbeizuführen. Man hätte auf diesem Wege bei gleichen Kosten spielend einen WZF zwischen 0,70 und 0,80 erreichen können, bei dem sich zusätzliche Sicherungsmaßnahmen von selbst erübrigt hätten.

In noch stärkerem Maße treten die Vorteile einer Vergröberung der Zuschlagstoffe bei Brechsandschotterbeton in Erscheinung, da man hier an sich schon mit einem erhöhten Wasseranspruch rechnen muß.

Bei der Bleiloch-Staumauer[2], bei der man aus örtlichen Gründen nicht über eine Korngröße von 60 mm hinausgehen konnte, trat die nachteilige Wirkung des kleinen Größtkorns deutlich in Erscheinung. Die Betonzusammensetzung war folgende:

Zement + 50% Thurament	0,103 Gew.-Tl.
Wasser	0,087 „
Brechsand von 0 bis 5 mm + 50% Thurament	0,310 „
Splitt von 5 bis 30 mm	0,320 „
Schotter von 30 bis 60 mm	0,180 „

[1] F. Contessini: La costruzione della Diga di Cignana. Energia elettr. 1928 u. 1929.

[2] E. J. Köhler: Die Bleiloch-Talsperre bei Saalburg in Thüringen. Dtsch. Wasserwirtsch. 1932.

Zu der Aufteilung des Thuramentes sei bemerkt, daß dieser eine gemahlene Hochofenschlacke darstellt, die etwa zur Hälfte als Bindemittel, zur Hälfte als Steinmehl gewertet werden kann[1].

Infolge des hohen Sandgehalts von 38% waren 230 l Anmachwasser/m³ erforderlich. Da auf zusätzliche Dichtungsmaßnahmen an den Außenflächen verzichtet wurde, mußte der Beton wasserdicht sein. Dementsprechend wurden 270 kg Zement (Portlandzement + 50% Thurament) zugegeben, womit ein WZF von 0,84 erreicht wurde. Derartige Zementbeigaben sind für Massenbeton ungewöhnlich und gestatten selbstverständlich eine Verringerung des Sandgehalts gegenüber Abb. 955, die auf etwa 200 kg Zement/m³ bezogen ist.

Sobald man mit der Korngröße heraufgeht, werden die Verhältnisse günstiger. Die Chambon-Staumauer[2] erhielt z. B. folgende Betonzusammensetzung:

Sand von 0 bis 5 mm	32 Gew.-Tl.
Splitt von 5 bis 25 mm	17 „
Schotter von 25 bis 100 mm	51 „

Aus Abb. 955 würde man etwa 35 Gewichtsteile für den Sandanteil ablesen. Im Hinblick auf den hohen Mengenanteil des Grobschotters dürfte der gewählte Sandanteil von 32 Gewichtsteilen völlig ausreichen. Kurven wie die der Abb. 955 sind ja stets nur als allgemeine Richtlinien zu betrachten und dürfen nicht einfach schematisch angewendet werden.

Etwas sandarm ist die Kornzusammensetzung der Navia-Staumauer[3] (Spanien), bei der man mit der Korngröße bis auf 110 mm hinaufgegangen ist. Es wurden folgende Abstufungen vorgesehen:

Sand von 0 bis 5 mm	26 Gew.-Tl.
Splitt von 5 bis 30 mm	30 „
Feinschotter von 30 bis 60 mm.	22 „
Grobschotter von 60 bis 110 mm	22 „

Nach Abb. 955 würde man einen Sandgehalt von mindestens 32 Gewichtsteilen fordern.

Bei 120 mm Korngröße, wie sie beispielsweise bei den Grimsel-Staumauern verwendet wurde, ist ein Sandanteil von etwa 30 Gewichtsteilen erforderlich, der bereits eine wesentliche Verringerung der Anmachwassermenge und der Zementbeigabe mit sich bringt. Bei der Spitallamm-Staumauer wurden 190 kg/m³ Zement verwendet gegenüber 270 bei der Bleiloch-Staumauer.

Über eine Korngröße von 150 mm sollte man aus herstellungstechnischen Gründen bei gebrochenem Material nicht hinausgehen. Der zugehörige Sandgehalt von 28% stellt sonach die obere Grenze für Brechsandschottermischungen dar.

Bei zahlreichen Staumauern aus gebrochenem Zuschlag wurde am Sand gespart, meist zum Schaden des Betons, denn Nesterbildungen, Undichtigkeiten und Frostschäden sind die unausbleibliche Folge. Wie hier zuweilen gesündigt wurde, zeigt die folgende Zusammenstellung einiger Zuschläge mit 80 mm Größtkorn:

Staumauer	Castillon	Chaudanne	Wäggital	Schluchsee	Vermunt	
Sand bis 5 mm . . .	18	18	33	35	38	Gew.-Tl.
Splitt bis 30 mm . .	45	45	45	38	32	„
Schotter bis 80 mm .	37	37	22	27	30	„

Aus Abb. 955 liest man für 80 mm größtes Korn einen Sandgehalt von 39% ab. Während die Vermunt-Zusammensetzung hiernach ausgezeichnet ist

[1] R. Sommer: Die Verwendung von Thurament beim Bau der Saale-Talsperre am Kl. Bleiloch. Bautechn. 1934 Heft 17 u. 18; vgl. auch Fußnote 1 von S. 577.

[2] Collange: Le grand barrage de Chambon. Techn. d. Trav. 1931.

[3] Die Angaben verdanke ich der Firma Humboldt-Deutzmotoren, Köln, welche die Aufbereitungsanlage geliefert hat.

und die der Schluchseemauer gerade noch gehen mag, ist die der Wäggi-Staumauer schon zu sandarm. Mit den beiden erstgenannten Körnungen erscheint es ausgeschlossen, einen guten Beton zu erzeugen, denn es ist ja kaum die Hälfte des Sandgehalts vorhanden, der vom Standpunkt der Wasserdichtigkeit und Verarbeitbarkeit notwendig ist.

Daß am Sandgehalt so oft gespart wird, liegt teils an der unnötigen und durch nichts gerechtfertigten Beschränkung des gröbsten Korns, teils an den Schwierigkeiten der Brechsanderzeugung. Die Walzenmühlen leisten in den seltensten Fällen die hinreichende Menge an Feinsand, und es muß infolgedessen zu den Kugelmühlen gegriffen werden, die teuer sind und schnell verschleißen. Es ist menschlich verständlich, wenn der Unternehmer an Kugelmühlen sparen will; um so notwendiger ist es, daß in den Ausschreibungsbedingungen ausdrücklich auf die Einhaltung der Kornabstufung hingewiesen und keine Unterschreitung der vorgeschriebenen Sand- und Feinsandmengen zugelassen wird.

Durch die Heraufsetzung des gröbsten Korns von 60 bis 80 mm auf das doppelte kann der Sandanteil von 40% auf 30% herabgesetzt werden. Die Brech- und Mahlanlage wird hierdurch ganz erheblich entlastet. Man spart an Nachbrechern, braucht weniger Walzenmühlen und wird in vielen Fällen mit einer Kugelmühle auskommen. Daneben wird, wie bereits mehrfach betont wurde, der Wasseranspruch verringert, an Zement gespart und die Güte des Betons verbessert.

Merkwürdigerweise hat man sich bis in die jüngste Zeit hinein gegen Korngrößen gesperrt, die in Amerika schon seit einem Jahrzehnt mit größtem Erfolge für die Herstellung von Massenbeton Verwendung finden. Die Zeiten dürften endgültig vorüber sein, wo sich die Begrenzung der Kornabstufung nach der Gießrinnenausrüstung des Unternehmers richten mußte. Wie der Metur-Dam (Britisch-Indien)[1] bewiesen hat, bereitet es keine Schwierigkeiten, selbst gebrochenes Gut bis zu 250 mm Korn durch Gießrinnen zu schicken, wenn sie nur entsprechend bemessen werden. Im übrigen dürfte die Gießrinne durch den Kübel und das Förderband mehr und mehr in den Hintergrund gedrängt werden, für die eine Vergröberung des Betons nur von untergeordneter Bedeutung ist.

4. Der Mörtelgehalt als Funktion der Grobkörnigkeit.

Mit der stetigen Zunahme der Stauhöhe auf 100 m und mehr und mit dem Einbruch der Bogen- und Pfeilerstaumauer in das heute bereits sehr umstrittene Gebiet der Gewichtsmauer ist die Frage einer guten Stoffausnutzung des Betons stark in den Vordergrund gerückt. Während früher einheitliche Zementbeigaben von 180 bis 200 kg/m³ die Regel bildeten, werden sie heute im allgemeinen abgestuft und schwanken zwischen 150 und 250 kg/m³. Man könnte diese Veränderlichkeit bei der Festsetzung des Sandanteils berücksichtigen, es ist jedoch bequemer, in solchen Fällen nicht den Sandgehalt, sondern den Mörtelgehalt dem Grobzuschlag gegenüber zu stellen, wie dies von Fuller[2], Abrams[3], Bolomey[4] u. a. geschehen ist. Eine gewisse Schwierigkeit besteht nur darin, daß der notwendige Mörtelanteil nicht ganz unabhängig von der Verarbeitungsart ist.

Beschränkt man sich auf die weich-gießfähige Steife, der heute im Talsperrenbau mehr und mehr der Vorzug gegeben wird, so kann der Anteil des trockenen Mörtels (Zement + Feinteile + Sand bis 5 mm) im trocken gemischten Beton auf Grund vergleichender Untersuchungen von Kesselheim[5] (Abb. 956) unmittelbar abgegriffen werden. Maßgebend ist auch hier das größte Korn und

[1] Siehe Fußnote S. 28.
[2] Siehe Probst: Beton, Anregungen zur Verbesserung des Materials. Berlin: Julius Springer 1927.
[3] Siehe Fußnote 3 von S. 580.
[4] Bolomey: Baukontrolle in Beton und Eisenbeton. Schweiz. Bauztg. 1931 II.
[5] Siehe Fußnote 1 von S. 584.

die Art des Zuschlags. Je weiter die Vergröberung getrieben wird, um so geringer wird der erforderliche Mörtelanteil. In Abb. 956 sind die beiden Grenzkurven für Kiesbeton und Brechsandschotterbeton eingetragen worden; für gemischte Betonarten, z. B. Grubensandschotterbeton, kann man leicht nach Gefühl einschalten. Die Abnahme des Mörtelgehaltes ergibt eine Zunahme des Betonraumgewichtes, die sich in der Bemessung z. B. von Gewichtsstaumauern unmittelbar wirtschaftlich vorteilhaft auswirkt.

Die Kesselheimschen Kurven besitzen sehr große Wahrscheinlichkeit; sie entsprechen den neueren Ergebnissen der Betonforschung und stehen in Übereinstimmung mit den Betonzusammensetzungen zahlreicher bewährter Staumauern.

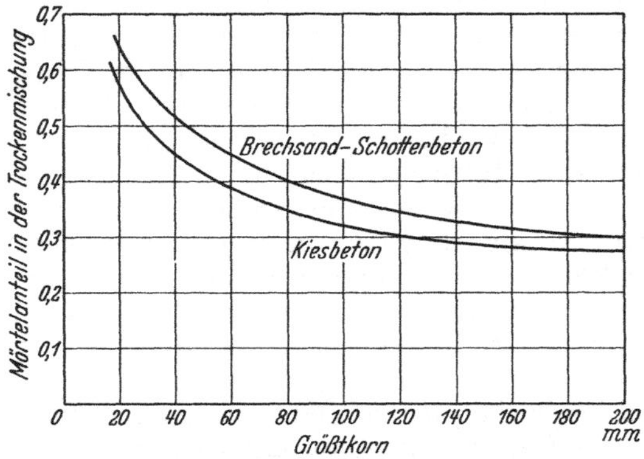

Abb. 956. Mörtelanteil in der Trockenmischung als Funktion des Maximalkorns (nach Kesselheim).

5. Der Feinteilgehalt im Mörtel.

Wie das Maß der Grobkörnigkeit den Sand- und Mörtelanteil im trocken gemischten Beton bestimmt, so entscheidet es auch mittelbar über den Gehalt an Feinteilen (Körnungen von 0 bis $^1/_2$ mm), da diese in einem bestimmten Verhältnis zur Menge des trockenen Mörtels stehen. Zu den Feinteilen zählen Zement, Zusätze, die schmierend und dichtend wirken sollen wie Steinmehl, Kalk und Traß und Feinsand bis $^1/_2$ mm.

Ohne einen gewissen Anteil an Feinteilen hält der Beton das Wasser nicht. In fetten Mischungen mit 300 kg Zement/m³, wie sie z. B. im Hochbau die Regel bilden, sind fast immer Feinteile genug vorhanden, da bei der großen Bindemittelmenge nur noch ein mäßiger Anteil von Feinsand zugesteuert zu werden braucht. Bei Massenbeton dagegen mit 150 bis 200 kg Zement/m³ ist fast immer ein beträchtlicher Feinsandmangel auszugleichen, was gewöhnlich durch Beigabe von Steinmehl, Traß od. dgl. geschieht.

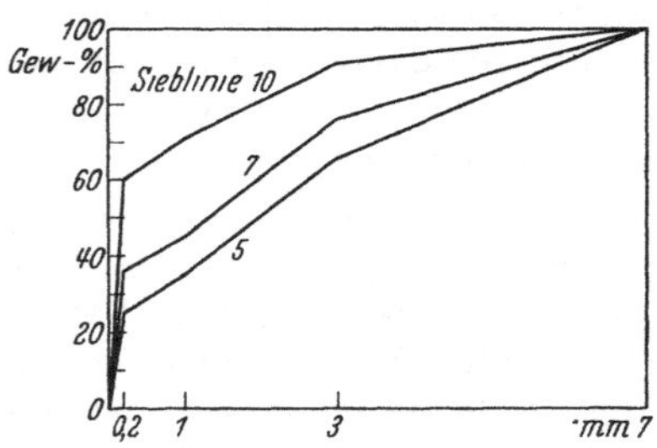

Abb. 956a.

Die Vorgänge bei der Steifebildung des Betons kann man sich etwa in folgender Weise erklären. Während der innigen Berührung, die in der Mischmaschine zwischen Anmachwasser, Zement und Zuschlagteilen stattfindet, treten zwischen Feinteilen und Anmachwasser kapillare Kraftwirkungen auf, welche dem Feinteil-Wassergemisch den Charakter einer in gewissem Sinne homogenen, hoch bildsamen Masse verleihen, die bis zu einem bestimmten Grade tragfähig ist. Die kapillaren Kraftwirkungen sind um so größer, je dünner die Wasserfäden zwischen den einzelnen Feinteilchen sind, d. h. je dicker die Aufschwemmung ist. Je inniger der kapillare Zusammenhalt ist, desto steifer und tragfähiger wird das Feinteil-Wassergemisch. Es ist daher ohne weiteres verständlich, daß eine gewisse Grenze bestehen muß, bei der das kapillare Tragvermögen erschöpft ist und eine Entmischung in Feinteilbrühe und grobe Zuschlagteile eintritt. Es folgt weiterhin, daß die Entmischungsgrenze im flüssigen Steifebereich früher erreicht wird als im weich-gießfähigen. Abgesehen von der Kornzusammensetzung muß der Feinteilanteil daher um so größer sein, je flüssiger der Beton wird.

Die Feinteile sind somit der Hauptfaktor für die Steifebildung. Andererseits beeinflußt ihr Mengenanteil in entscheidendem Maße den Wasseranspruch und damit den WZF. Trotzdem wirkt sich eine Vermehrung des Feinteilgehaltes erst von einer gewissen Grenze ab schädlich auf die Festigkeit des Betons aus. Diese Lücke im Abramsschen WFZ-Gesetz (Abb. 947) erklärt man sich dadurch, daß mit zunehmender Konzentration, d. h. mit zunehmendem kapillaren Zusammenhalt die Einheitlichkeit des Zementleims wächst und so ein gewisser Ausgleich gegenüber dem Mehrverbrauch an Anmachwasser erzielt wird. Eine jede Trübe steht ja unter dem Einfluß der Schwerkraft, die ein allmähliches Absetzen der schwebenden Teilchen herbeiführt. Beim Beton sind die Voraussetzungen hierfür in der Zeit vom Einbringen bis zum Abbinden gegeben. Je stärker die Konzentration ist, um so mehr wird der Absetzvorgang nach dem Stokesschen Gesetze durch kapillare Kraftwirkungen sowie auch durch die wachsende Porenreibung für das aufsteigende Anmachwasser gestört.

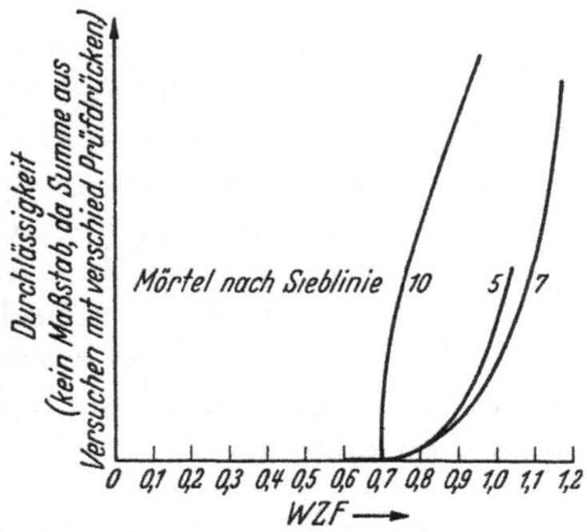

Abb. 957. Wasserdurchlässigkeitsversuche von Walz.

Durch das Absetzen von Zementteilchen auf die Zuschläge wird der WZF geändert; er ist unter den Zuschlagteilen im allgemeinen kleiner als darüber. Mit zunehmender Konzentration, d. h. mit wachsendem Feinteilgehalt wird diese Ungleichmäßigkeit mehr oder weniger aufgehoben. Da für die Festigkeit stets der schwächste Querschnitt maßgebend ist, kann daher der durchschnittliche WZF ohne Schaden solange gesteigert werden, als der schwächste Querschnitt (unter den Zuschlagteilen) dadurch nicht beeinflußt wird. Bei einem gewissen Feinteilgehalt wird die Einheitlichkeit des Zementleims eine obere Grenze erreicht haben, oberhalb welcher die Festigkeit sinken muß. Ein Überschuß an Feinteilen geht daher auf Kosten der Festigkeit.

In vielen Fällen (z. B. Wasserseite von Gewichtsmauern) ist jedoch nicht die Festigkeit, sondern die Wasserdichtigkeit ausschlaggebend. Feinteile im Überschuß erhöhen aber erfahrungsgemäß die Wasserdichtigkeit, solange eine gewisse zweite obere Grenze nicht überschritten wird. Dieses verschiedenartige Verhalten gegenüber Festigkeit und Wasserdichtigkeit ist dadurch zu erklären, daß durch die weitere Vermehrung der Feinteile der Porenraum des Zementleims noch in stärkerem Maße zurückgeht als er durch den Mehraufwand an Anmachwasser vermehrt wird. Der Bestwert der Wasserdichtigkeit ist erreicht, wenn beide Wirkungen sich das Gleichgewicht halten. Es ist noch zu bemerken, daß dies alles hauptsächlich für wasserreichen Beton gilt. In steiferen Mischungen tritt durch die Feinteile eine ungünstige Vergrößerung der inneren Oberfläche ein, die bei steigendem Feinstgehalt eine Vermehrung der Zementzugabe verlangt[1].

Für Kiesbeton ist der Einfluß des Feinteilgehalts durch Untersuchungen von Walz[2] geklärt worden (Abb. 957). Sieblinie *5* lieferte die höchsten Festigkeiten, Sieblinie *7* die höchste Wasserdichtigkeit. Wie schädlich sich eine planlose Steigerung des Feinteilgehalts auswirkt, beweist der Mörtel nach

[1] Man vgl. hierzu insbesondere M. Spindel: Welche Anforderungen kann man an Zement und Beton stellen? (Zement- und Betongüte für Betonstaumauern und Betonstraßen.) Wasserwirtsch. u. Techn. 1935 Heft 14/15. Die Spindelschen Anschauungen weichen von den allgemein verbreiteten und auch hier wiedergegebenen grundsätzlich ab, verdienen aber wegen ihrer strengen Folgerichtigkeit ernste Beachtung, vgl. auch Ludin: Bericht über Beton im deutschen Talsperrenbau zum Int. Kongr. Str. u. Br. 1936.

[2] K. Walz: Die heutigen Erkenntnisse über die Wasserdurchlässigkeit des Mörtels und des Betons. Berlin: W. Ernst & Sohn 1931.

Sieblinie 10, der einen sehr schlechten Beton liefern würde. Für Schotterbeton muß der Feinteilgehalt entsprechend dem größeren Wasseranspruch höher sein.

Innerhalb der gleichen Steife läßt sich der Feinteilgehalt in Gewichtsteilen des Mörtelgehalts ausdrücken. Für die praktisch besonders wichtige weiche Steife können die folgenden Sätze als gute Anhaltspunkte betrachtet werden.

Betonart	Bestwerte des Feinteilgehalts in Gew.-Tl. des Trockenmörtels	
	Festigkeit	Wasserdichtigkeit
Kiesbeton	25	35
Fluß (Gruben)sandschotterbeton	30	40
Brechsandschotterbeton	35	45

Bei diesen Zahlenangaben ist vorausgesetzt, daß die Feinteile dem Trockenmörtel vorher zugeschlagen werden. Es ist dies theoretisch zwar nicht ganz folgerichtig, da die Feinteile so gewissermaßen ihre eigenen Poren mit füllen müssen, bietet aber für die praktische Betonzusammensetzung doch gewisse Vorteile unter anderem den, daß sich auf diese Art der notwendige Zementüberschuß von selbst ergibt. Auch das Zuschlagen des Feinsandes unter $^1/_2$ mm zu den Feinteilen ist theoretisch keineswegs im vollen Umfange gerechtfertigt.

Zwei Beispiele mögen noch erläutern, wie der erforderliche Feinteilgehalt bestimmt wird. Der Kiesbeton der Bull-Run-Staumauer setzte sich folgendermaßen zusammen:

Zement	180 kg	je m^3 fertigen Betons.
Sand von 0 bis 5 mm	430 kg	
Kies von 5 bis 175 mm	1720 kg	

Der Trockenmörtelgehalt beträgt hiernach 610 kg je m^3. Da es sich um eine unverkleidete Gewichtsmauer handelt, muß der Beton wasserdicht sein. Es sind daher 35 Gewichtsteile Feinteile im Mörtel erforderlich, in Zahlen: $0{,}35 \cdot 610 = 210$ kg. Da bereits 180 kg Feinteile vom Zement gestellt werden, braucht der Sand nur noch 30 kg Feinsand unter $^1/_2$ mm zu enthalten. Auch hier zeigt sich der große Vorteil einer Vergröberung des Zuschlags.

Der Beton der Chambon-Staumauer hat die folgende Zusammensetzung:

Zement	180 kg	je m^3 fertigen Betons.
Steinmehl und Feinsand bis $^1/_2$ mm	305 kg	
Brechsand von $^1/_2$ bis 2 mm	275 kg	
Brechsand von 2 bis 5 mm	135 kg	
Grobsand von 5 bis 10 mm	100 kg	
Splitt 10 bis 25 mm	320 kg	
Schotter von 25 bis 100 mm	1015 kg	

Der Trockenmörtelgehalt beträgt hiernach $(180 + 305 + 275 + 135) = 895$ kg. Auch hier muß höchste Wasserdichtigkeit verlangt werden. Da es sich um Schotterbeton handelt, sind an Feinteilen $0{,}45 \cdot 895 = 400$ kg erforderlich. Nach Abzug des Zementanteils bleiben noch 220 kg, denen 305 kg in der Betonmischung gegenüberstehen. Der Feinteilgehalt ist daher reichlich hoch.

Ist die Zementbeigabe veränderlich, so muß durch entsprechende Abstufung der Steinmehlzugabe dafür gesorgt werden, daß der Feinteilgehalt möglichst gleich bleibt. Für die vier Zementanteile der Chambon-Staumauer wurde dies folgerichtig durchgeführt; es standen sich gegenüber:

Zementanteil	180	200	225	250 kg/m^3
Steinmehl und Feinsand bis $^1/_2$ mm.	305	285	260	235 kg/m^3
Gesamtfeinteile	485	485	485	485 kg/m^3

6. *Traß und Traß-Kalk als Bindemittelzusätze.*

Im Mittel- und Oberlauf sind die Flußsande im allgemeinen nicht fein genug, so daß Feinteilzusätze erforderlich werden. Insbesondere müssen bei gebrochenem Zuschlagsgut fast immer beträchtliche Mengen an Steinmehl bereitgestellt werden. Ein beliebtes Mittel, um die Steinmehlerzeugung zu entlasten oder ganz zu vermeiden, ist die Zugabe von Bindemittelzusätzen wie Traß-Kalk[1] oder Traß in Verbindung mit kalkreichen Zementen.

Der Traß enthält bekanntlich reaktionsfähige Hydraulefaktoren, die freien Kalk im Zementleim zu binden vermögen und dadurch in anderer Richtung die Güte des Betons verbessern. Zunächst wird durch die chemische Festlegung

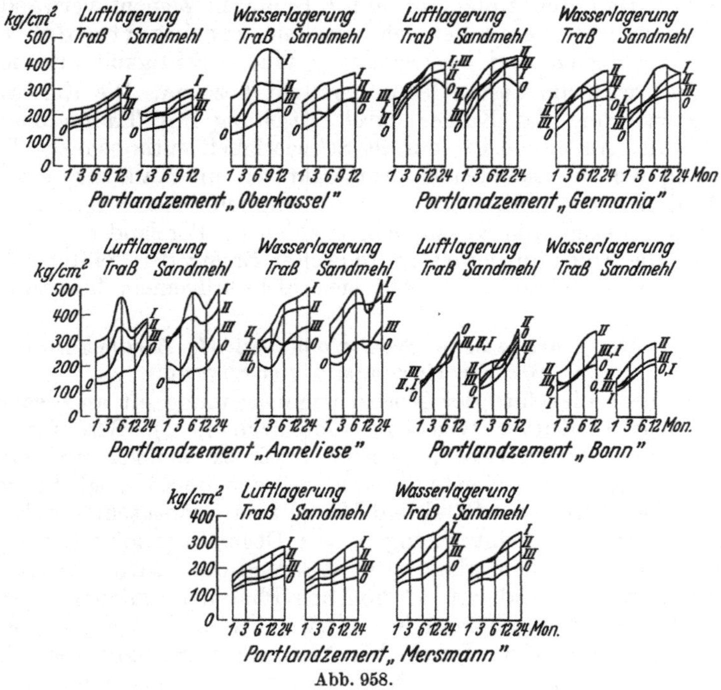

Abb. 958.

der löslichen Kalke die chemische Widerstandsfähigkeit des Betons bei der Durchströmung erhöht. Ferner wird durch die Zugabe von Traß der Erhärtungsvorgang verlangsamt, was je nach den klimatischen Verhältnissen erwünscht oder unerwünscht sein kann. Auch wird der Mörtel (Beton) durch Traßzusatz geschmeidiger. Schließlich kann durch die Nutzbarmachung des überschüssigen Kalkes eine Erhöhung der Festigkeit und Wasserdichtigkeit hervorgerufen werden, die etwa vom dritten Monat ab in Erscheinung tritt.

Bei kalkarmen Zementen kann die chemische Wirksamkeit des Trasses nicht zur Wirkung kommen. Neben den Hochofenzementen gibt es auch Portlandzemente, in deren Verbindung Traß keine Vorteile bringt. Grün[2] hat verschiedene Portlandzemente in dieser Hinsicht untersucht (Abb. 958) und ein sehr unterschiedliches Verhalten festgestellt. Ehe man sich daher entschließt, größere Traßmengen zu verarbeiten, empfiehlt es sich, durch Vergleichsuntersuchungen festzustellen, ob bei dem in Aussicht genommenen Portlandzement eine Kalkbindung durch Traß möglich ist. Ist dies nicht der Fall, so verdient das

[1] Über Kalk-Traßbeton vgl. die ausführliche Abhandlung von K. Ostendorf: Zweckmäßige Betonmischungen für Wasserbauten; im besonderen der Zement-Kalk-Traßbeton. Aachener Dissertation, Berlin 1927.

[2] R. Grün: Traß und Sandmehl als Mörtelzusatz. Chemie der Erde Bd. 5 (1930).

billigere Steinmehl natürlich den Vorzug. Eine chemische Wirksamkeit kommt nur für Traßmengen bis zu 25 Gewichtsteilen der Zementmenge in Frage; darüber hinausgehende Traßmengen wirken stets als Steinmehl.

Eine Mischung von Kalk und Traß ist im Wasserbau, insbesondere bei See- und Hafenbauten als selbständiges Bindemittel ausgiebig verwendet worden. Die vorzügliche Wasserdichtigkeit des Kalk-Traß-Betons ist eine Folge des großen Kittmasseanteils, der durch die geringere chemische Wirksamkeit bedingt wird. Leider neigt Kalk-Traß-Beton zu Ungleichmäßigkeiten und erhärtet sehr langsam. Aus diesem Grunde kommt er für größere Stauanlagen nicht in Frage. Als Bindemittelverlängerer leistet Kalk-Traß dagegen gute Dienste. Wird etwa $^1/_2$ Raumteil Kalk-Traß auf 1 Raumteil Zement verwandt, so entsteht ein vorzüglicher Beton, der sich durch ein verringertes Schwindmaß, große Geschmeidigkeit und hervorragende Wasserdichtigkeit auszeichnet.

Kalk-Traß wird am besten fertig gemischt bezogen. Die Erfahrung lehrt, daß die Ätzwirkung des Kalkes durch Mischung mit Traß außerordentlich gemildert wird. Außerdem ist man der Schwierigkeit enthoben, die Traßbemessung ständig den wechselnden Hydraulefaktoren im Kalk anzupassen. Wird nur Traß als Zementzusatz verwendet, so empfiehlt sich wegen der innigeren Mischung der Bezug von zusammengemahlenem Portlandzement und Traß („Trapo"). Die Frage, inwieweit ein teilweiser Ersatz der Feinteile durch Traß oder Traß-Kalk angebracht ist, läßt sich nicht allgemein beantworten.

7. Der Abramssche Feinheitsmodul als Richtschnur für die Kornzusammensetzung.

Früher wurde die Güte der Kornzusammensetzung oft an Idealsiebkurven gemessen (Fuller-Kurve, Grafsche Siebkurve u. a.). Betonforschung und Bauerfahrung haben inzwischen gezeigt, daß es weniger auf eine stetige Sieblinie ankommt, als vielmehr darauf, daß der Beton möglichst grobkörnig ist, daß das Verhältnis vom Sand und Mörtel zum Grobzuschlag richtig gewählt wird, und daß sich die Feinteilmenge in der Gegend der günstigsten Werte für Festigkeit oder Wasserdichtigkeit hält. Während die Fuller-Kurve ihre Reise durch Europa machte und mit der üblichen Phasenverschiebung ihren Weg in die Praxis nahm, erkannte man in Amerika bereits ihre großen Mängel und suchte nach neuen Wegen. Durch den Abramsschen Feinheitsmodul[1] ist die Frage der Kornzusammensetzung in einfacher und umfassender Weise geklärt worden.

Abrams und neuerdings auch Hummel[2] haben gezeigt, daß der Wasseranspruch und damit die Güte des Zementleims durch unendlich viele Kornzusammensetzungen in gleicher Weise beeinflußt werden. Maßgebend hierfür ist der Feinheitsmodul, der von Abrams dadurch gewonnen wird, daß er die auf 1 bezogenen Siebrückstände eines logarithmisch gestuften Siebsatzes zusammenzählt, während Hummel, mit $^1/_{10}$ mm beginnend, die Sieblinie im logarithmischen Maßstabe aufträgt und die Siebrückstandsfläche ausmißt. Beides kommt auf dasselbe hinaus, denn das Maßgebende ist die logarithmische Unterteilung der Sieblinie; der Unterschied besteht nur darin, daß die Berechnung des Feinheitsmoduls eine stufenweise Integration darstellt, während Hummel unmittelbar auf das Integral zurückgreift.

Der Hummelsche Weg ist unabhängig vom Siebsatz und genauer; er sei daher im folgenden bevorzugt. Werden dem 100%igen Siebdurchgang 10 Längeneinheiten zugewiesen und wird die logarithmische Siebteilung so hergestellt, daß log (0,1 mm) = 0, log (1 mm) = 10, log (10 mm) = 20, log (100 mm) = 30 Längeneinheiten gesetzt wird, so wird die Aufzeichnung der Sieblinie und die Auswertung der Siebrückstandsfläche besonders bequem. Bei Anwendung der

[1] Siehe Fußnote 3 von S. 580. — [2] Siehe Fußnote 1 von S. 583.

genannten Maßstäbe, die von Hummel vorgeschlagen wurden, soll die Fläche der Siebrückstände als Körnungsfläche bezeichnet werden.

Um die Bedeutung des Feinheitsmoduls bzw. der Körnungsfläche in eindringlicher Weise in Erscheinung treten zu lassen, stellte Hummel die beiden Sande der Abb. 959 einander gegenüber. Noch vor wenigen Jahren war es üblich, Sand *1* als hervorragend, Sand *2* als schlecht und verbesserungswürdig zu bezeichnen. Nach Versuchen von Hummel lieferten beide einen hervorragenden Beton; bei gleicher Verarbeitung und Zementbeigabe ergaben sich gleiche Festigkeiten. Das Verhalten wurde verständlich, sobald die Körnungsflächen verglichen wurden; es ergaben sich in beiden Fällen die gleichen Werte.

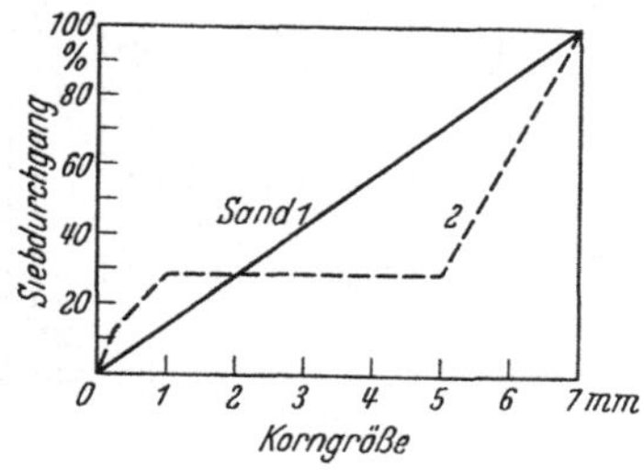

Abb. 959.

Die Berechnung der Körnungsfläche möge nun an einem Beispiel vorgeführt werden (Abb. 960). Das Zuschlagsgut des Bull-Run-Mauerbetons zeigte auf Grund der Siebung die folgende durchschnittliche Kornzusammensetzung:

Korngröße .	0—5	5—10	10—25	25—75	75—125	125—175 mm
Gew.-Tl. . .	19	6	12	16	29	18

Hieraus errechnen sich die folgenden Siebdurchgänge und Rückstände:

Lochdurchmesser	0	5	10	25	75	125	175
Durchgang in Gew.-Tl.. .	0	19	25	37	53	82	100
Rückstand in Gew.-Tl.. .	100	81	75	63	47	18	0

Abb. 960 zeigt die Auftragung dieser Werte über der logarithmischen Teilung des Lochdurchmessers. Die schraffierte Fläche der Siebrückstände stellt die Körnungsfläche des Zuschlags dar. Ihre Größe errechnet sich zu $F = 235$.

Bei gleichbleibender Zuschlagsart (z. B. Kies oder Brechgut), gleichbleibender Steife (z. B. plastisch-gießfähig) und gleichbleibender Zementzugabe ergibt sich für praktisch verarbeitbare Kornzusammensetzungen bei gleicher Körnungsfläche auch der gleiche Wasseranspruch und damit die gleiche Festigkeit. Je größer die Körnungsfläche wird, um so geringer ist der Wasseranspruch und um so höhere Festigkeiten darf man erwarten. Mit zunehmender Grobkörnigkeit des Zuschlagsgutes wächst der Körnungsflächenwert beständig, einmal weil die Abszisse durch die hinzukommenden Körnungen verlängert wird, und zum anderen weil die Sieblinie im Bereich der kleineren Körnungen infolge des verminderten Sandanteils tiefer ausgehöhlt wird. Auch hier treten die Vorteile einer Vergröberung des Zuschlagsgutes deutlich in Erscheinung.

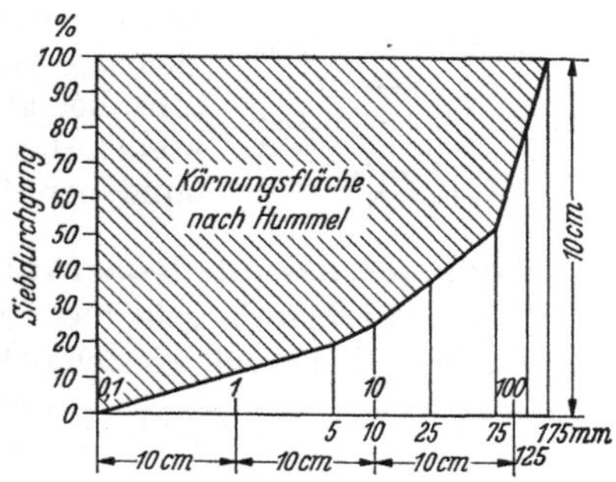

Abb. 960.

Für die Beurteilung der Wasserdichtigkeit kann die Körnungsfläche nur teilweise herangezogen werden, da die Feinteilmenge gleichzeitig mitbetrachtet werden muß; um die Vergleichsgrundlage zu verbessern, empfiehlt es sich in diesem Falle, die gesamten Feinteile (einschließlich Zement) in die Körnungsfläche mit hineinzunehmen, die dann als Beton-Körnungsfläche bezeichnet werden kann.

Abb. 961 zeigt die Beton-Körnungsfläche für die Bull-Run-Staumauer. Aus dem Vergleich mit Abb. 960 erkennt man sehr schön den Einfluß der Feinteile auf die Gestaltung der Körnungsfläche. Wenn man stets dafür sorgt, daß das Verhältnis der Feinteile zum Trockenmörtel (Ordinaten bei $^1/_2$ und 5 mm) den unter 5. empfohlenen Prozentsätzen entspricht, so liefert die Körnungsfläche des Betons einen vorzüglichen Maßstab für die Wasserdichtigkeit. Je größer unter sonst gleichen Verhältnissen der Körnungsflächenwert wird, um so geringer ist der Wasseranspruch und um so dichter wird der Zementleim.

Eine weitgehende Vergröberung des Zuschlagsgutes erweist sich auch hier als der wirksamste Weg zu einer Verbesserung des Betons.

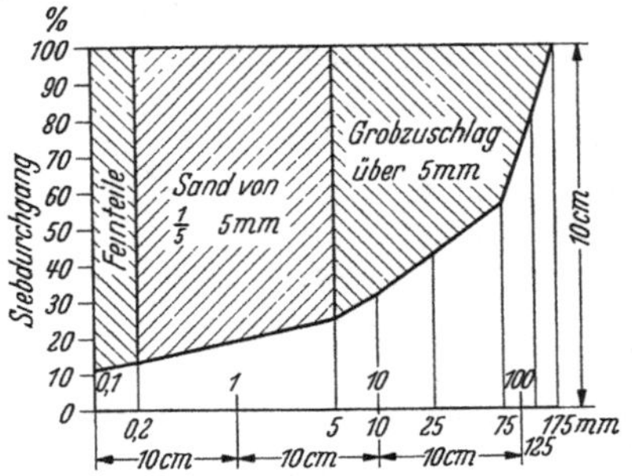

Abb. 961.

Die vielfach geforderte Stetigkeit der Kornzusammensetzung scheint auch für die Wasserdichtigkeit nicht die ihr zugewiesene Bedeutung zu besitzen. Bei amerikanischen Stauanlagen wurde z. B. oft der Feinkies von 6 bis 12 mm grundsätzlich abgesiebt, weil dies die Verarbeitung erleichterte; Festigkeit und Wasserdichtigkeit wurden hierdurch nur günstig beeinflußt. Auch Pfletschinger konnte einwandfrei feststellen, daß kleine Unstetigkeiten in der Kornabstufung der Grobzuschläge nur von untergeordnetem Einfluß auf die Betongüte sind[1].

Zwischen der Druckfestigkeit und der Körnungsfläche des Zuschlagsgutes besteht ein gesetzmäßiger Zusammenhang (Abb. 962), und zwar nimmt die Druckfestigkeit für Körnungsflächenwerte zwischen 100 und 200 etwa linear zu; für größere F-Werte verläuft die Zunahme langsamer, bis sie in der Gegend von $F = 300$ überhaupt aufhört.

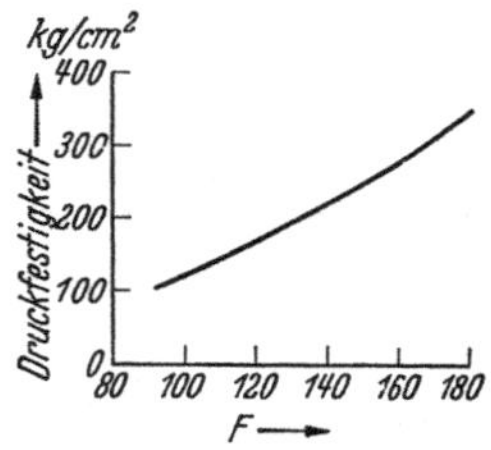

Abb. 962. Druckfestigkeit nach 28 Tagen bei 300 kg Zement/m³ Normalfestigkeit 520 kg/cm².

In Abb. 963 sind die Beton-Körnungsflächen der Bleiloch-Staumauer mit 60 mm Höchstkorn und die der Metur-Staumauer mit 250 mm einander gegenübergestellt. Die entsprechenden F-Werte sind 141 und 197. Im etwa gleichen Verhältnis stehen die Druckfestigkeiten des Betons bei gleichem Zementanteil. Auch hier zeigen sich wieder die mit der Steigerung der Grobkörnigkeit verbundenen Vorteile.

8. Zusammenfassende Bemerkungen über die Zusammensetzung von Beton.

Wie im einzelnen dargelegt wurde, unterliegt die Betonzusammensetzung, wenn sie den baulichen und wirtschaftlichen Anforderungen Rechnung tragen soll, einer weitgehenden Zwangläufigkeit. Zunächst wird man versuchen, natürliches Zuschlagsgut herbeizuschaffen, da der Wasseranspruch dadurch beträchtlich herabgesetzt wird. Bei mangelnder Grobkörnigkeit empfiehlt sich im allgemeinen die Zugabe von grobem Brechschotter. Fehlt es an natürlichen Ablagerungen, so sollte man wenigstens versuchen, den Sand in natürlicher Form herbeizuschaffen. Ist auch dies wirtschaftlich nicht tragbar, so heißt es den Sandbedarf auf ein Mindestmaß herabsetzen. Diese Forderung ist gleichbedeutend mit einer weitgehenden Vergröberung des Zuschlagsgutes. Bei Brechsandschotterbeton sollte man aus technischen und wirtschaftlichen Gründen nicht mehr unter ein Größtkorn von 120 mm heruntergehen.

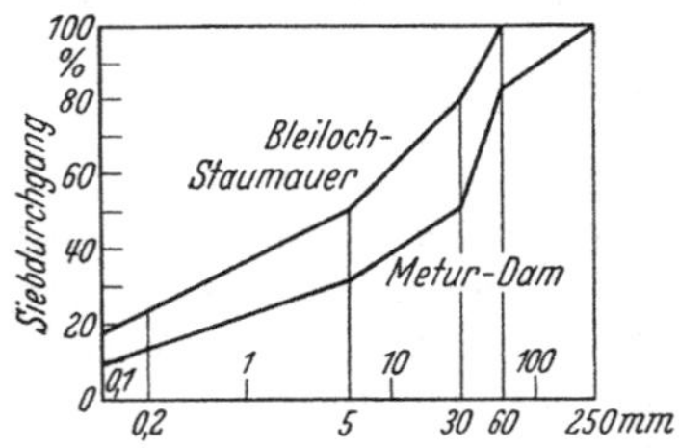

Abb. 963.

Liegt das Größtkorn fest, sei es durch die Art des Baggergutes oder durch die Wahl des Brechvorganges, so läßt sich nach Abb. 955 bzw. 956 der notwendige Sand- und Mörtelgehalt feststellen. Je nachdem ob Festigkeit oder Wasser-

[1] Vgl. auch Stern: Zielsichere Betonbildung, Wien; ferner die Arbeiten von Oberbaurat Spindel, siehe Fußnote 1 von S. 589.

dichtigkeit ausschlaggebend ist, kann nun mit Hilfe der unter 5. genannten Prozentsätze der Feinteilgehalt im Mörtel abgeschätzt werden. Reichen Zement und Sand nicht aus, um die notwendigen Feinteile bereitzustellen, so muß Steinmehl zugesetzt werden. Es kann zweckmäßig sein, an Stelle des Steinmehls Traß oder Traß-Kalk zuzugeben. Dabei empfiehlt sich nicht, mit dem Traßzusatz über 25% und mit dem Traß-Kalkzusatz über 50% der Zementgabe hinauszugehen. Im übrigen sollte man vor Zugabe großer Traßmengen stets prüfen, ob bei dem in Aussicht genommenen Zement eine chemische Wirksamkeit des Trasses zu erwarten ist.

Maßgebend für die Güte des Betons ist der Zementleim. Die Bedeutung der Zuschläge, insbesondere der Feinteile und Grobzuschläge, liegt darin, daß sie in hervorragendem Grade für den Wasseranspruch verantwortlich sind. Je weniger Anmachwasser notwendig ist, um so niedriger kann bei gleicher Betongüte der Zementanteil gehalten werden, denn nach Abrams ist der WZF (Wassergewicht durch Zementgewicht) für die Güte des Zementleims und damit des Betons ausschlaggebend. Die Bedeutung des Wasser-Zementfaktoren-Gesetzes liegt weniger in der formelmäßigen als vielmehr in der grundsätzlichen Kennzeichnung der Zusammenhänge. Es wurde daher auch darauf verzichtet, Formeln zur Vorausbestimmung der Festigkeit, wie sie mehrfach aufgestellt wurden, anzugeben. Einmal ist ein so grobkörniges Betongut, wie es im Talsperrenbau die Regel bilden sollte, bezüglich seiner Druckfestigkeit starken Streuungen unterworfen (Abb. 514), und zum anderen ist in vielen Fällen die Wasserdichtigkeit von größerer Bedeutung als die Festigkeit. Man darf nur dann ein hinreichendes Maß von Wasserdichtigkeit und Wetterfestigkeit erwarten, wenn sich der WZF in den Grenzen zwischen 0,50 und 0,80 bewegt.

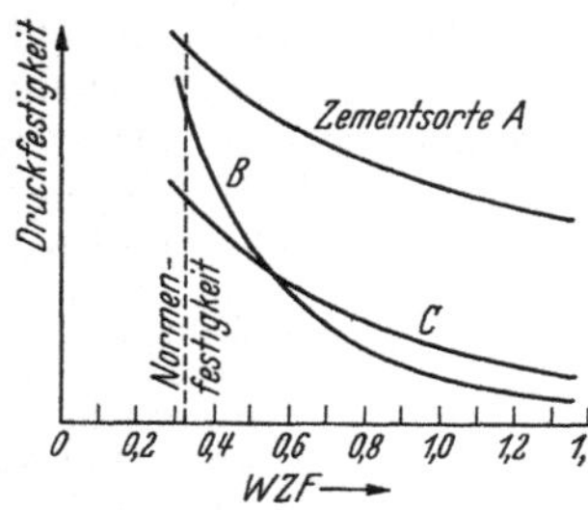

Abb. 964.

Der Zement muß mit besonderer Sorgfalt ausgewählt werden. Sobald man mit Spuren von Kohlen- oder Humussäure im Stauwasser rechnen muß, verdienen kalkarme Zemente (Hochofenzement) den Vorzug. Bei weichem Stauwasser ist, sofern kalkreiche Portlandzemente verwendet werden müssen, ein 25%iger Traßzusatz empfehlenswert; der freie Kalk wird auf diese Weise gebunden. Was die Normenfestigkeit der Zemente anbetrifft, so hat man drei Sorten zu unterscheiden (Abb. 964). Eine erste Sorte (*A*) zeigt hohe Normenfestigkeiten und Druckfestigkeiten, die mit zunehmendem WZF nur langsam abfallen; eine zweite Sorte (*B*) ist durch schnell sinkende Druckfestigkeiten gekennzeichnet, während eine dritte Sorte (*C*) einen (*A*) ähnlichen Verlauf mit tiefer liegender Normenfestigkeit aufweist. Die Normenfestigkeit allein ist daher noch kein erschöpfender Maßstab. Ist Wasserdichtigkeit die beherrschende Forderung für die Betonzusammensetzung, so muß man sich vor Augen halten, daß die Durchlässigkeit mit dem Quadrat des Porendurchmessers zunimmt und daß sich gleichartige Zemente hinsichtlich der Porenbildung ganz verschiedenartig verhalten können. Die Vorteile, die eine feinporigere Struktur des Zementleims mit sich bringt, werden in vielen Fällen in gar keinem Verhältnis zu dem Mehraufwand an Frachtkosten stehen.

Ein weiterer für die Betonzusammensetzung maßgebender Umstand kann das Einbringungsverfahren sein, durch das die Steife bestimmt wird. Die hiermit in Zusammenhang stehenden Fragen werden in einem Sonderabschnitt behandelt werden. Doch sei schon hier bemerkt, daß es heute als Grundsatz gelten sollte, die Betonzusammensetzung und -steife nicht nach den Eigenschaften und Forderungen des Einbringgerätes, sondern umgekehrt dieses nach der Betonsteife zu wählen. wobei die Steife und Zusammensetzung des Betons unabhängig nach den Betriebsbedingungen des Bauwerks festzulegen sind.

Der allgemeine Gang der Betonzusammensetzung möge nun an einem Beispiel vorgeführt werden. Es handele sich um eine 60 m hohe Bogengewichtsmauer im Gebirge, für die alles Zuschlagsgut im Steinbruchbetriebe gewonnen werden muß.

Das Größtkorn wird zunächst auf 120 mm begrenzt und der Grobbrecher dementsprechend so eingestellt, daß die größte Spaltweite etwa 140 mm beträgt. Nach Abb. 956 wird bei plastisch-gießfähiger Verarbeitung ein Mörtelgehalt von 34 Gewichtsteilen der Trockenmischung abgelesen. Wird ein vorläufiges Raumgewicht von 2,3 t/m³ zugrunde gelegt, so sind $0{,}34 \cdot 2300 = 780$ kg Mörtel einschließlich Feinteilen erforderlich. Da der Beton wasserdicht sein muß, müssen etwa 45 Gewichtsteile Feines im Mörtel vorhanden sein; das ergibt $0{,}45 \cdot 780 = 350$ kg Feinteile bis $^1/_2$ mm. Der Rest, also $0{,}55 \cdot 780 = 430$ kg ist Sand von $^1/_2$ bis 5 mm. Rechnet man mit einem Anmachwasserbedarf von etwa 180 l und für wasserdichten Beton mit einem Mindest-WZF von 0,80, so sind mindestens $180/0{,}80 = 225$ kg Zement erforderlich; es bleiben damit $(350 - 225) = 125$ kg Feinteile, die als Steinmehl oder Bindemittelzusätze zugegeben werden müssen. Der gewählte Portlandzement möge so beschaffen sein, daß ein Traßzusatz von Nutzen ist; wird dem letzteren eine 50%ige chemische Wirksamkeit zugeschrieben, so sind den 225 kg Zement etwa 200 kg Zement + 50 kg Traß gleichwertig. Damit ergibt sich folgende Betonzusammensetzung:

Zement	200 kg
Traß	50 kg
Steinmehl	100 kg
Brechsand von $^1/_2$ bis 5 mm	430 kg
Grobzuschlag von 5 bis 120 mm	1520 kg

Nun werden an Hydratwasser etwa 20 Gewichtsteile vom Bindemittel gebunden; das ergibt $0{,}20 \cdot 250 = 50$ kg Hydratwasser, um die der Anteil der Zuschlagteile etwa verhältnisgleich zu vermindern ist, so daß etwa 420 kg Brechsand und 1480 kg Grobzuschlag bleiben. Der letztere möge im Sinne einer möglichst weitgehenden Vergröberung in 400 kg Splitt, 500 kg Feinschotter und 580 kg Grobschotter aufgeteilt werden.

Damit gelangt man etwa zu folgender Betonzusammensetzung (Trockenraumgewicht 2,3 t/m³):

Zement	200 kg	
Traß	50 kg	
Hydratwasser	50 kg	(Überschußwasser 130 kg)
Steinmehl	100 kg	
Brechsand von $^1/_2$ bis 5 mm	420 kg	
Splitt von 5 bis 25 mm	400 kg	
Feinschotter von 25 bis 60 mm	500 kg	
Grobschotter von 60 bis 120 mm	580 kg	
Insgesamt	2300 kg	Trockenbeton

Der Wert einer solchen theoretischen Betonzusammensetzung besteht darin, daß man eine gute Ausgangsgrundlage für die Vorversuche zur Feststellung der günstigsten Betonzusammensetzung erhält. Bei der Verschiedenartigkeit der Gesteinsarten und örtlichen Bedingungen ist jede theoretische Betonzusammensetzung selbstverständlich cum grano salis zu betrachten; erst der Versuch kann zeigen, inwieweit man die verschiedenen Einflüsse richtig erfaßt hat oder nicht. Nach den ersten Versuchen wird es im allgemeinen nicht schwierig sein, diejenigen Abänderungen in der Zusammensetzung vorzunehmen, die eine Verbesserung der Verhältnisse erwarten lassen. Jedenfalls gestattet es der heutige Stand der Betonforschung und Bauerfahrung, grundlegende Richtlinien für die Betonzusammensetzung aufzustellen und dadurch den Umfang der stets notwendig werdenden Vorversuche beträchtlich einzuschränken.

9. Das Raumgewicht in Abhängigkeit von der Betonzusammensetzung.

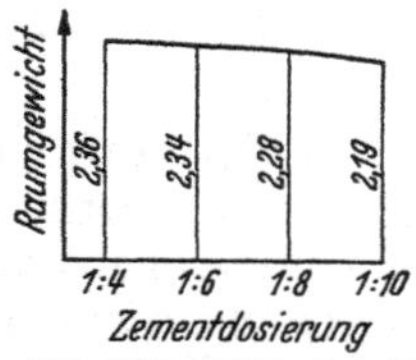

Abb. 965a. Abhängigkeit des Raumgewichts von der Zementdosierung.

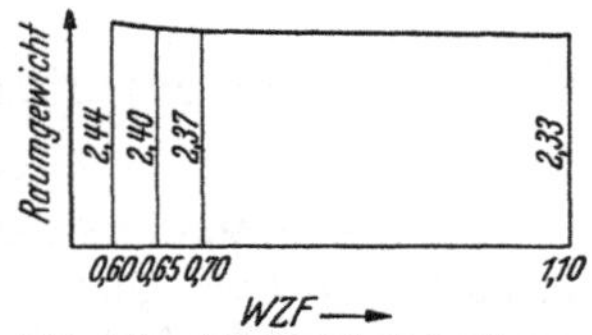

Abb. 965b. Abhängigkeit des Raumgewichts vom Wasserzementfaktor (Kiesbeton).

Das Raumgewicht hat für die Standsicherheit vieler Stauwerke große Bedeutung; seine Abhängigkeit von den verschiedenen Baustoffbestandteilen möge daher kurz beleuchtet werden.

Bei dem überragenden Anteil der Zuschläge wird das Raumgewicht des Betons selbstverständlich wesentlich durch die Gesteinsart beeinflußt. Durch Verwendung von Basalt, Diabas und ähnlichen Eruptivgesteinen lassen sich beträchtliche Raumgewichte erzielen; die Don-Pedro-Staumauer besaß beispielsweise ein Raumgewicht von 2,53 t/m³. Hinsichtlich der Aufbereitung der Zuschläge ist zu bemerken, daß das Raumgewicht für Kiesbeton durchschnittlich um 3% höher liegt als das von Schotterbeton; es ist das auf den verschiedenen Hohlraumgehalt und die unterschiedliche Rauhigkeit der Einzelteilchen zurückzuführen. Weiterhin kann der Zementgehalt natürlich nicht ohne Einfluß sein. Abb. 965a zeigt eine Versuchsreihe von Probst[1] für Mischungen 1 : 4 bis 1 : 10. Die Unterschiede, die im Höchstwert 8% betragen, sind gerade in denjenigen Bereichen besonders groß, in denen sich die Zementgehalte von Staumauern zu bewegen pflegen. Der Einfluß des WZF tritt merkwürdigerweise nur im Bereiche plastischer Steifen in Erscheinung, wie man aus Untersuchungen von Pfletschinger[2] erkennen kann (Abb. 965b).

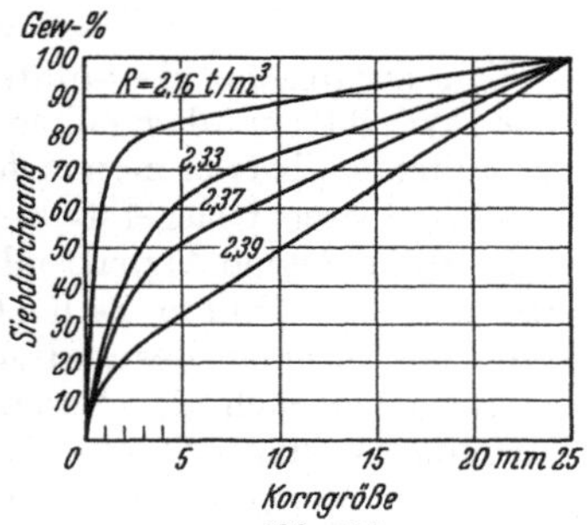

Abb. 966.

Der Sandgehalt des Zuschlags ist von größtem Einfluß auf das Raumgewicht. Die in Abb. 966 wiedergegebenen Versuche von Probst[1] lassen dies deutlich erkennen. Je weiter die Vergröberung getrieben wird, um so ausgesprochener treten die Unterschiede in Erscheinung. Pfletschinger[2] fand beispielsweise für Kiesbeton mit 70 mm Größtkorn, daß durch Verringerung des Sandgehalts von 100 auf 30 Gewichtsteile das Raumgewicht des Betons von 2,11 auf 2,44 t/m³ stieg. Für Schotterbeton gleicher Körnung ergab sich innerhalb der Grenzen von 100 bis 40 Gewichtsteilen eine Steigerung von 2,11 auf 2,41 t/m³. Eine Verringerung des Sandgehalts unter die genannten Grenzen ließ das Raumgewicht wieder sinken, da der Mörtel nicht mehr hinreichte, um die Hohlräume zwischen den Grobzuschlägen auszufüllen. Der Sandgehalt kann um so stärker vermindert werden, je grobkörniger der Beton ist. Der Bestwert der Betonzusammensetzung bedeutet daher auch gleichzeitig einen Bestwert des Raumgewichts. In Amerika wird ein Raumgewicht unter 2,3 t/m³ als eine Folge unsachgemäßer Betonzusammensetzung gewertet. Einlagesteine vermögen das Betonraumgewicht noch etwas weiter zu steigern.

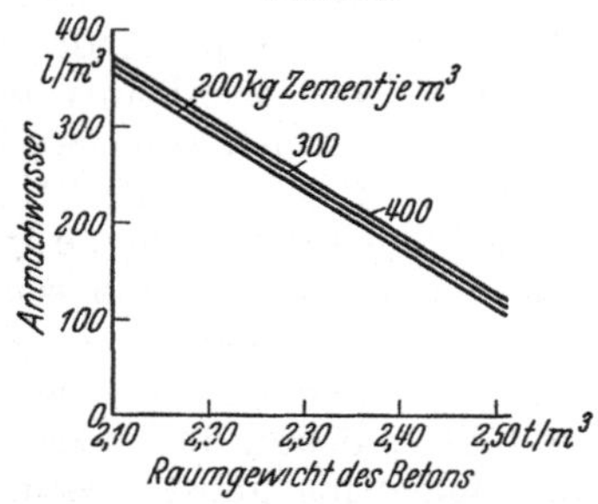

Abb. 967a. Anmachwassermenge des Betons in Abhängigkeit vom Raumgewicht. (Nach J. Bolomey.)

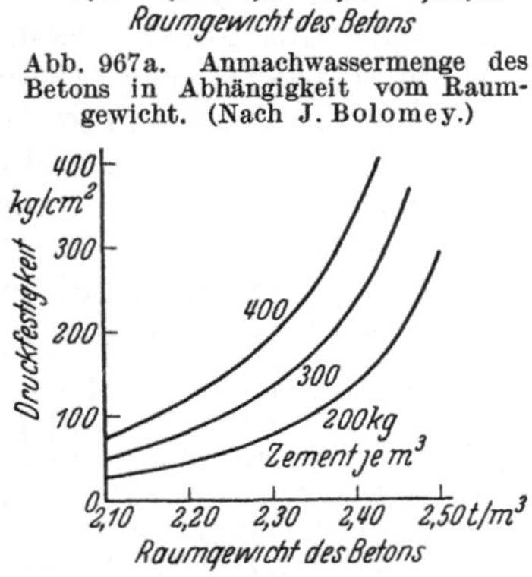

Abb. 967b. Druckfestigkeit des Betons in Abhängigkeit vom Raumgewicht. (Nach J. Bolomey.)

[1] Siehe Fußnote 2 von S. 587. — [2] Siehe Fußnote 1 von S. 581.

10. Das Raumgewicht in Beziehung zu Anmachwassermenge und Druckfestigkeit.

J. Bolomey[1] hat gezeigt, daß zwischen Anmachwassermenge und Raumgewicht bei sonst gleichbleibender Betonzusammensetzung eine geradlinig verlaufende Abhängigkeit besteht (Abb. 967a). Damit ergeben sich auch enge Wechselbeziehungen zwischen Druckfestigkeit und Raumgewicht (Abb. 967b). Bolomey hat diese Zusammenhänge in sehr vorteilhafter Weise benutzt, um auf der Grundlage des Raumgewichts die Betongüte zu überprüfen[1].

23. Kapitel: Aufbereitung der Zuschläge und Herstellung des Betons[2].

1. Säuberung des Zuschlagsgutes.

Für die Betonherstellung kommen nur solche Ablagerungen und Gesteinsformationen in Frage, die im Gesteinskern gesund und frei von schädlichen Beimengungen sind oder sich durch Waschen oder eine andere mechanische Behandlung davon befreien lassen. Besonders gefährlich sind organische Bestandteile wie Humusstoffe, die zu Säurebildungen neigen und eine allmähliche Zerstörung des Betons herbeiführen müssen, ebenso Gips- und Anhydritgehalt (Dolomitgestein!).

Um organische Bestandteile festzustellen oder sich von der Wirksamkeit einer Wäsche zu überzeugen, ist die Ätznatronprobe von Abrams-Harder[3] zu empfehlen, bei der man in folgender Weise vorgeht: Man füllt ein zylindrisches, verschließbares Glasgefäß bis zu $^1/_3$ mit dem Prüfgut und gießt etwa bis auf halbe Höhe 3%ige Ätznatronlösung darüber. Nach gründlichem Durchschütteln läßt man die Mudde 24 h stehen. Wenn die Lösung danach klar ist, sind keine organischen Bestandteile vorhanden; bei einem Stich ins Gelbe kann der Zuschlag noch als verwendbar bezeichnet werden; eine rötliche oder dunkle Färbung ist dagegen ein Zeichen dafür, daß organische Bestandteile in unzulässigen Mengen vorhanden sind.

In waldreichen Gegenden finden sich im Baggergut leicht größere Mengen kleiner Holzteilchen, in industriereichen Gegenden auch Schlacken-, Kohleteilchen u. a. m. Nach amerikanischen Versuchen haben schon 2% kleiner Holzteilchen Festigkeitsverluste von etwa 15% im Gefolge. Da eine Wäsche meist wenig nutzt, wurden bei der Bull-Run-Staumauer Luftgebläse verwendet[4]. Der Luftstrom wurde so geregelt, daß die Holzteilchen hinter eine Trennwand geweht wurden, während der Kies durch sein größeres Raumgewicht davor abgelagert wurde.

Ton- und Lehmbeimengungen bringen nach Versuchen von Graf[5] nur geringe Festigkeitsverminderungen, wenn sie gleichmäßig über das Zuschlagsgut verteilt sind und die einzelnen Körner nicht umschließen. Da sie die Wasserdichtigkeit nur günstig beeinflussen, sind kleine Beimengungen etwa bis zu 3% des Sandgewichts eher erwünscht als schädlich. Leider treten Ton- und Lehmbeimengungen meist in größeren Mengen und in Klumpenform auf; in solchen Fällen hilft nur eine gründliche Wäsche. In schwierigen Fällen läßt sich die Scheuerwirkung steigern, wenn vor die Waschtrommel eine umlaufende Welle mit Rührarmen und Schwertern geschaltet wird[6]. Tritt der Lehm gleichzeitig mit Verunreinigungen auf oder werden die Sandteilchen völlig umschlossen, so wird der Sand am besten abgesiebt und auf Halde gefahren.

[1] J. Bolomey: Contrôle de la qualité d'un béton au moyen de la densité de celui-ci. Bull. techn. Suisse rom. 1937 S. 77—80.

[2] Für die maschinen- und baubetriebstechnischen Fragen dieses Kapitels sei im einzelnen auf „G. Garbotz: Handbuch des Maschinenwesens beim Baubetrieb" verwiesen. 7 Bände. Berlin: Julius Springer.

[3] Graf-Kleinlogel-Hundeshagen: Einflüsse auf Beton: Berlin: W. Ernst & Sohn.

[4] Engng. News Rec. Bd. 103 (1929) S. 204—208.

[5] O. Graf: Der Aufbau des Mörtels, 3. Aufl. Berlin: Julius Springer 1930.

[6] O. Spetzler: Anteil der Konstruktion und des Materials am wirtschaftlichen Aufbau niederer Wasserkraftgefälle. Berlin: Julius Springer 1932.

Wenn gebrochenes Gut gewaschen werden muß, so sollte die Reinigung möglichst schon im Steinbruchgelände erfolgen. Wenn erst nach dem Durchlaufen der Brecher gewaschen wird, so muß der wertvolle Feinsand mit weggewaschen werden. Der Einbau von Sandrückgewinnungsanlagen wird sich nur in seltenen Fällen lohnen.

2. *Berücksichtigung des Feuchtigkeitsgehalts der Zuschläge.*

Erfahrungsgemäß ändert sich das Raumgewicht der Zuschlagteile, insbesondere des Sandes mit dem Feuchtigkeitsgehalt. Wird eine bestimmte Gewichtsmenge eines trockenen Zuschlagsgutes allmählich durchfeuchtet, so geht das Raumgewicht zunächst zurück, erreicht bei etwa 2% Feuchtigkeit seinen tiefsten Stand und steigt dann wieder stetig an, bis die Wassersättigung erreicht ist. Im letzteren Falle ist der Rauminhalt gleich groß wie im Trockenzustande. Je nach dem Sand- und Feuchtigkeitsgehalt können Abweichungen im Raumgewicht bis zu 30% des Trockengewichts auftreten. Das letztere ist daher die einzig beständige Vergleichsgrundlage für die Betonzusammensetzung. Dies hindert allerdings nicht, die Vorversuche etwa mit gleichmäßig feuchtem Gut durchzuführen. Man muß nur den Feuchtigkeitsgrad und das Raumgewicht kennen, um die notwendigen Umrechnungen vornehmen zu können. Bei Bestimmung des Feuchtigkeitsgehalts müssen die Proben der Korngröße angepaßt sein; bei Sand genügen etwa 3 l, während man bei sehr grobkörnigem Gut bis auf 30 l gehen muß. Der Gang ist einfach; man wiegt vorher, darrt die entnommene Probe und wiegt wieder. Der Unterschied, aufs Trockengewicht bezogen, stellt den Feuchtigkeitsgrad dar.

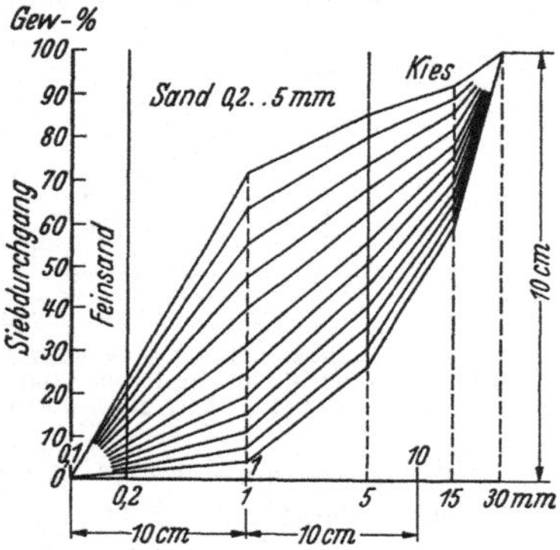

Abb. 968. Künstlich aufbereitete Kiessandmischungen.

Bei Brechgut, das ja stets nach Korngrößen getrennt gelagert wird, ist der Feuchtigkeitsgrad und damit das Raumgewicht praktisch unveränderlich, sofern etwaige Reservelager überdacht sind, was heute wohl als selbstverständlich angesehen werden kann. Bei Verarbeitung von Baggergut ist die Umrechnung oft ein wunder Punkt, da die Durchfeuchtung erfahrungsgemäß sehr ungleichmäßig ist. Außerdem wirkt die wechselnde Auflast erschwerend, da sie die Lagerungsdichte der kleinen Körnungen erheblich beeinflussen kann. Wie es der Zufall will, können sich die verschiedenen Einflüsse addieren oder aufheben.

Es ist für die Betonherstellung von großer Bedeutung, die Grenzen zu kennen, innerhalb deren sich die Schwankungen bewegen dürfen. Hummel[1] hat systematische Untersuchungen über den Einfluß des Feuchtigkeitsgehalts auf das Raumgewicht der Kiessande angestellt, welche die Feststellung jener Grenzen gestatten und eine Abschätzung der Einflüsse auf Verarbeitbarkeit und Zementanteil ermöglichen. Da erfahrungsgemäß der Feuchtigkeitsgehalt der groben Körnungen keine große Rolle spielt, beschränkte sich Hummel auf Kiessande bis zu 30 mm Höchstkorn. Das Ausgangsgut wurde in 6 Korngrößen zerlegt und zu 12 Mischungen zusammengestellt, derart, daß der Sandanteil allmählich von 27 auf 86 Gewichtsteile zunahm (Abb. 968). Die einzelnen Mischungen wurden zunächst getrocknet und dann der Reihe nach mit 2, 4, 6, 8 Gewichtsteilen Wasser vermengt. Die Untersuchungen wurden einmal für lose eingefülltes und einmal für eingerütteltes Gut durchgeführt.

[1] A. Hummel: Die Auflockerung von Kiessanden durch Feuchtigkeit und ihre Bedeutung für das Betonmischungsverhältnis und die Ausbeute. Zement 1932 Heft 1 u. 2.

Hummel faßte seine Ergebnisse gemäß Abb. 969 zusammen. Die Auftragungen lassen gleichzeitig den Einfluß eines zunehmenden Sandanteils und den eines veränderlichen Feuchtigkeitsgrades erkennen. Bezeichnend für alle Kurven ist das Ansteigen des Raumgewichts bis zu einem Sandgehalt von etwa 40 bis 50 Gewichtsteilen und das anschließende Absinken. Greift man aus der Kiesbetonkurve von Abb. 955 für 30 mm Größtkorn den günstigsten Sandgehalt ab, so erhält man den in Abb. 969 eingetragenen Wert von 44 Gewichtsteilen. Es zeigt sich somit, daß der beste Sandgehalt im Sinne einer guten Betonzusammensetzung gerade derjenige ist, der unter den verschiedensten Feuchtigkeitsgraden und bei beliebiger Lagerungsdichte das größte Raumgewicht liefert.

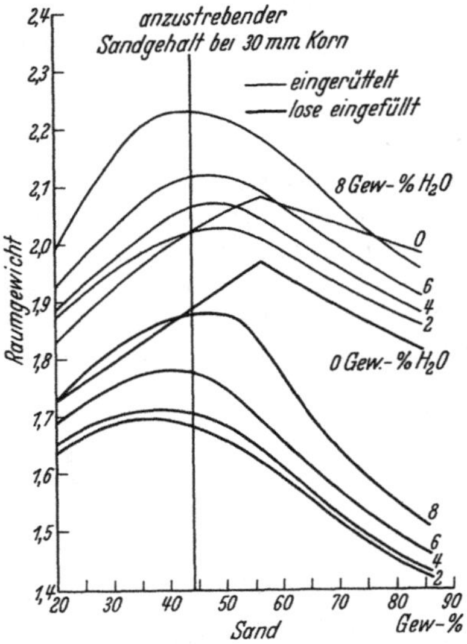

Abb. 969. Abhängigkeit des Raumgewichts von Kiessanden bis 30 mm Korn vom Sand- und Feuchtigkeitsgehalt. (Nach Hummel.)

Die Kurven bestätigen weiterhin die bekannte Tatsache, daß der Feuchtigkeitsgehalt von um so mehr entscheidendem Einfluß auf das Raumgewicht ist, je sandreicher, d. h. je feinkörniger die Mischungen werden. Zu sandreiche Mischungen verschlechtern daher nicht nur durch den hohen Wasseranspruch die Betongüte, sondern lassen auch beträchtliche Streuungen im Mischungsverhältnis erwarten. Wird die Abhängigkeit des Raumgewichts vom Wassergehalt für den günstigsten Sandanteil aufgetragen, so ergibt sich Abb. 970. Zwischen 2 und 4 Gewichtsteilen Feuchtigkeitsgehalt besitzt das Raumgewicht einen deutlich betonten Mindestwert.

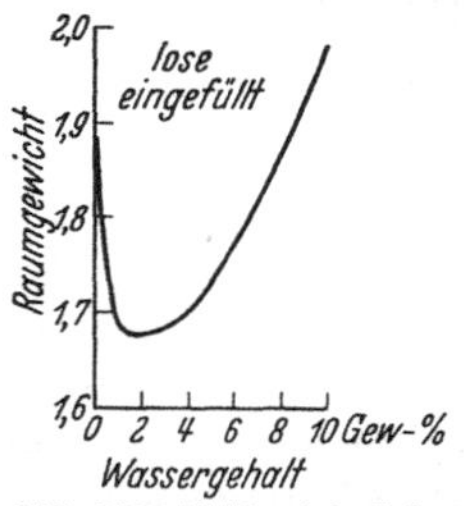

Abb. 970. Abhängigkeit des Raumgewichts vom Wassergehalt. Kiessand bis 30 mm Korn, mit 44% Sand.

Der natürliche Feuchtigkeitsgehalt des Zuschlags ist für die Betonherstellung als ein Teil des Anmachwassers zu werten. Der Vergleich der Raumgewichte ist daher erst einwandfrei, wenn dieser Wassergehalt abgezogen wird (Abb. 971). Der Mindestwert wird dadurch tiefer heruntergezogen und der anschließende Anstieg stark abgeschwächt. Erst bei etwa 13 Gewichtsteilen, d. h. schon ziemlich nahe an der Sättigungsgrenze wird das Trockengewicht wieder erreicht.

Für eingerüttelten Zustand (Abb. 972) ist der Kurvenverlauf, solange der Feuchtigkeitsgehalt mit einbezogen wird, ein ganz anderer. Das Raumgewicht nimmt, von den sehr sandreichen Mischungen abgesehen, ständig zu. Nennenswerte Abweichungen gegenüber dem Trockenzustand treten erst von 5 Gew.-% Wassergehalt an in Erscheinung. Wird auch hier das Wassergewicht abgezogen, so ändert sich der Kurvenverlauf grundsätzlich (Abb. 973) und es ergibt sich ein ähnlicher Verlauf wie bei loser Einfüllung.

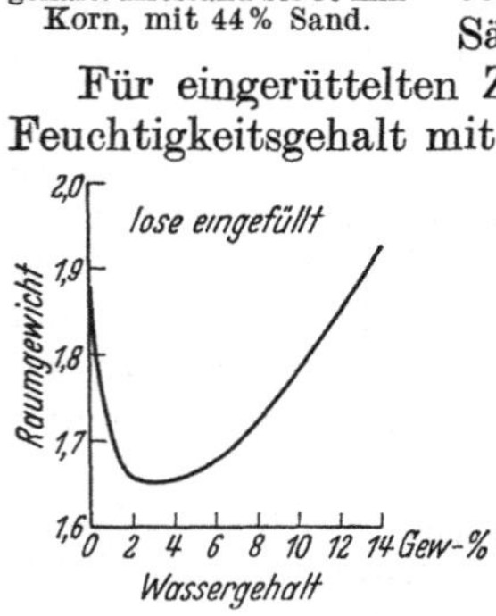

Abb. 971. Abhängigkeit des Raumgewichts vom Wassergehalt nach Abzug des Wassergewichts. Kiessand bis 30 mm Korn, mit 44% Sand.

Die für den Aufbau des Mischungsverhältnisses maßgebenden Abb. 971 und 973 zeigen somit grundsätzlich gleiche Richtung; wie daher auch die Lagerungsdichte beschaffen sein mag, eine Raumgewichtszunahme, die den Trockenwert übersteigt, kann nur für sehr nasses Zuschlagsgut (12 Gew.-% Wassergehalt und mehr) eintreten. Wird das Mischungsverhältnis nach Trockengewicht zum Ausgangspunkt gewählt, so folgt daraus, daß bei der Zumessung nach Raumteilen im allgemeinen zu wenig Sand und Feinkies zugegeben werden. Da der Zement nach Gewicht zugemessen wird, werden die Mischungen im allgemeinen fetter als vorgesehen, so daß man stets auf der sicheren Seite bleibt.

An zwei Beispielen möge erläutert werden, mit welcher Einbuße man im ungünstigsten Falle durch den Mehraufwand an Zement zu rechnen hat. Es sei zunächst ein Kiesbeton mit 30 mm Höchstkorn betrachtet, wie er in Norddeutschland oft aus Mangel an Grobkorn für kleinere Stauanlagen zur Herstellung kommt. Sein Raumgewicht sei entsprechend niedrig mit 2250 kg/m³ zugrunde gelegt; hiervon sind etwa 50 kg Hydratwasser, so daß für die festen Teile noch 2200 kg verbleiben. Aus Abb. 956 liest man bei 30 mm Höchstkorn einen Mörtelanteil von 50% ab, also 1100 kg. Wird das Anmachwasser auf 180 l geschätzt und soll der Beton wasserdicht sein, so sind 180/0,80 = 225 kg Zement und 0,35 · 1100 = 385 kg Feinteile erforderlich. Es ergibt sich daher theoretisch die folgende Betonzusammensetzung:

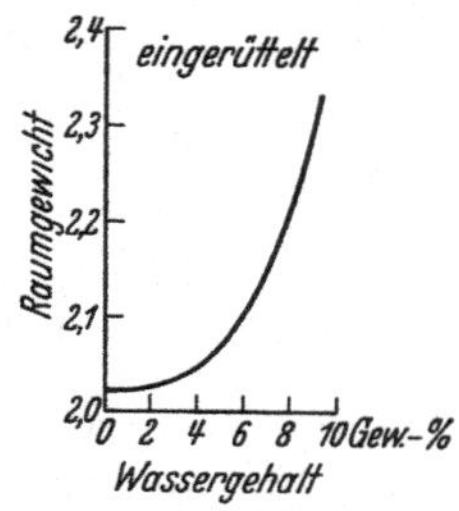

Abb. 972. Abhängigkeit des Raumgewichts vom Wassergehalt. Kiessand bis 30 mm Korn, mit 44% Sand.

Zement	225 kg
Hydratwasser	50 kg
Feinsand bis ½ mm	160 kg
Sand von ½ bis 5 mm	715 kg
Kies von 5 bis 30 mm.	1100 kg
Insgesamt	2250 kg Trockenbeton

Auf 225 kg Zement kommen hiernach 1975 kg Kiessand. Nach Abb. 971 beträgt die größtmögliche Schwankung im Raumgewicht (1,88—1,65) · 100/1,88 = 12,2 Gew.-% oder 241 kg auf 1975 kg. Damit kämen auf 2250 kg Beton nicht mehr 225, sondern 225 · 2250/2009 = 252 kg Zement oder 12,0% zu viel. Durch das teilweise Einrütteln wird die Abweichung in Wirklichkeit kleiner.

Abb. 973. Abhängigkeit des Raumgewichts vom Wassergehalt nach Abzug des Wassergewichts. Kiessand bis 30 mm Korn, mit 44% Sand.

Bei größeren Stauanlagen wird man danach trachten müssen, Kiesbeton mit 30 mm Höchstkorn durch Schotterzusatz zu verbessern. Es möge Schotter von 30 bis 100 mm Korn zur Verfügung stehen. Das Raumgewicht des Betons wird durch die Vergröberung zunehmen; es seien etwa 2350 kg/m³ zugrunde gelegt, wovon nach Abzug 40 kg Hydratwasser noch 2310 kg für die festen Teile verbleiben. Aus Abb. 956 liest man bei Einschaltung zwischen Kiesbeton und Brechsandschotterbeton für 100 mm Höchstkorn einen Mörtelanteil von 34% oder 0,34 · 2310 = 785 kg ab. Entsprechend dem verringerten Sandgehalt werden jetzt 160 l Anmachwasser ausreichen, womit sich der Zementanteil zu 160/0,80 = 200 kg ergibt. Aus Gründen der Wasserdichtigkeit müssen im Mörtel 0,40 · 785 = 315 kg Feinteile einschließlich Zement vorhanden sein, der Rest von 470 kg ergibt den Sand von ½ bis 5 mm. Wird das Verhältnis von Kies zu Sand von vorhin beibehalten, so ergeben sich 670 kg Kies, so daß für den Schotter 855 kg verbleiben. Damit ergibt sich theoretisch die folgende Betonzusammensetzung:

Zement	200 kg
Hydratwasser	40 kg
Feinsand bis ½ mm	115 kg
Sand von ½ bis 5 mm	470 kg
Kies von 5 bis 30 mm.	670 kg
Schotter von 30 bis 100 mm . .	855 kg
Insgesamt	2350 kg Trockenbeton

Der Feuchtigkeitsgehalt des Schotters ist praktisch bedeutungslos; es stehen sich daher gegenüber: 200 kg Zement und 1255 kg Kiessand bei einem

Sandanteil von 46%. Bei einer größten Raumgewichtsschwankung von 12,2% wie vorhin kann der Kiessandanteil auf 0,878 · 1255 = 1100 kg sinken. Damit kämen auf 2350 kg Beton nicht mehr 200, sondern 200 · 2350/2195 = 214 kg Zement oder 7% mehr als beabsichtigt.

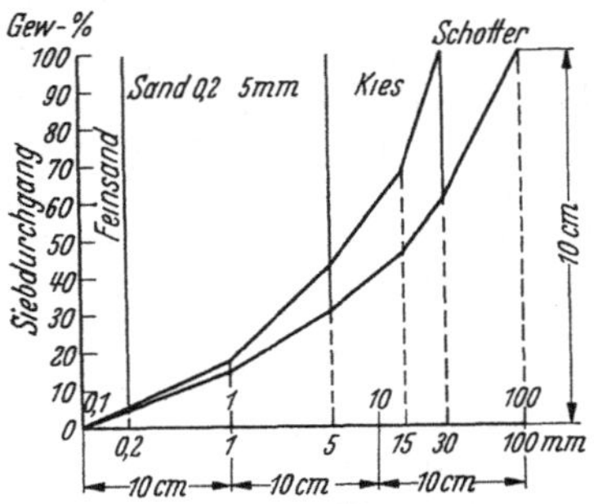

Abb. 974. Körnungsfläche der Zuschlagteile.

Die Vergröberung des Zuschlagsgutes bringt somit nicht nur eine Verminderung des Sandgehalts und damit der Zementbeigabe, sondern gleicht auch den Einfluß der Schwankungen des Feuchtigkeitsgrades der Zuschläge aus. Während bei 30 mm Größtkorn die größtmögliche Einbuße durch Mehraufwand an Zement 12% beträgt, macht sie bei 100 mm Größtkorn nur noch 7% aus. Die Abb. 974 und 975 zeigen die Körnungsflächen von Zuschlag und Beton in vergleichender Gegenüberstellung.

Bei den Schwierigkeiten, die auf der Baustelle mit einer ständigen Überwachung verbunden sind, wird man sich eher mit einem zeitweiligen Mehraufwand von 5 bis 10% Zement abfinden können als mit der Gefahr einer Unterbemessung. Eine tunlichst weitgehende Vergröberung des Zuschlagsgutes ist auch hier das wirksamste Mittel, um Überschreitungen der Zementbeigabe möglichst einzuschränken. Auf jeden Fall sollte man grundsätzlich alle Umrechnungen von Gewichts- nach Raumteilen auf Trockengewichte beziehen; nur so ist man gegen Unterschreitungen der Zementbeigabe gesichert und jederzeit in der Lage, den Feuchtigkeitsgehalt zu berücksichtigen.

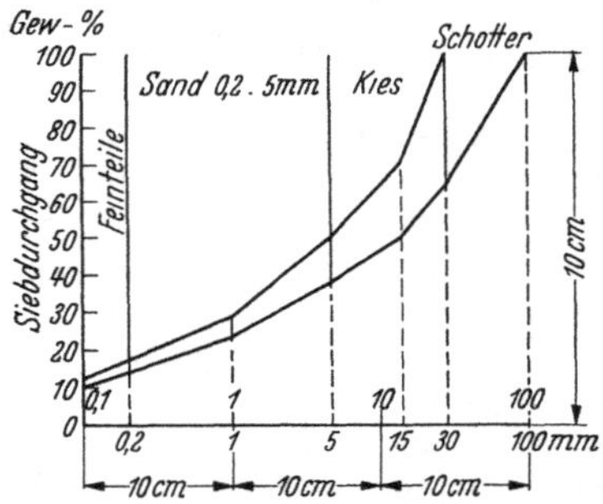

Abb. 975. Körnungsfläche des Betons.

Die Wahl der Trockengewichte als Bezugsmaß ermöglicht auch eine sichere Abschätzung der Ausbeute. Abb. 976 gibt eine Auftragung von Hummel wieder, aus welcher der Mehraufwand durch Einrütteln in Hundertteilen des Raumgewichts bei loser Einfüllung abgelesen werden kann. Während der Mehrbedarf an trockenem Kiessand vom Sandgehalt praktisch unabhängig ist und etwa 8% beträgt, steigt er nach der Durchfeuchtung verhältig mit dem Sandgehalt und liegt zwischen 15 und 30 Gew.-%.

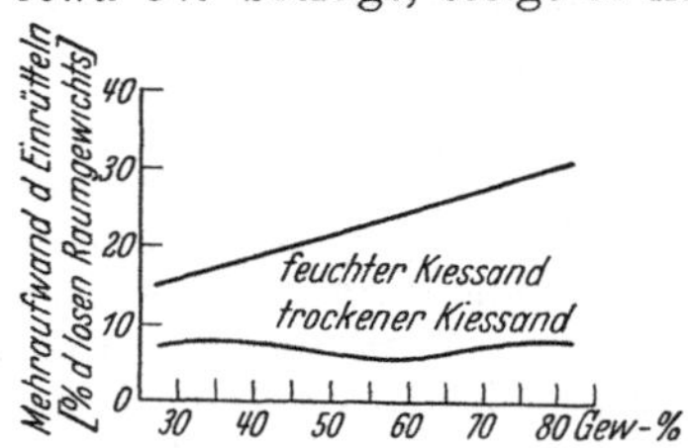

Abb. 976.

3. *Das Wassersättigungsverfahren.*

Ein unbedingt sicherer Weg, um Streuungen im Mischungsverhältnis von Kiesbeton zu beseitigen, führt über das Wassersättigungsverfahren, das in Amerika (Inundator method) bei zahlreichen Stauanlagen mit Erfolg zur Anwendung gekommen ist. Dieses Verfahren stützt sich darauf, daß die Zuschläge im wassergesättigten Zustande etwa den gleichen Raum wie im Trockenzustande einnehmen und daß der Einfluß der Körnungen über 10 mm praktisch nur von untergeordneter Bedeutung ist. Wird daher der Sandanteil etwa bis 10 mm Korngröße im wassergesättigten Zustande zugegeben, so ist man vom Wechsel der Witterung und Lagerung unabhängig und kann für die ganze Bauzeit mit festen Verhältnissen rechnen. Neben der genauen Einhaltung des Mischungsverhältnisses ergibt sich auch gleichzeitig eine bequeme Überwachung der Wasserzugabe. Die guten Erfahrungen, die beim Ausbau der unteren Ruhr mit dem Wassersättigungsverfahren gesammelt wurden, lassen es wünschenswert erscheinen, die wirtschaftlichen und technischen Vorteile der Sandsättigung auf Großbaustellen auszunutzen.

Abb. 977 zeigt die Sandsättigungsanlage, wie sie von Spetzler[1] für die Ruhrstauwerke Wetter und Baldeney angewandt wurde. Das zum Anmachen des Sandes notwendige Wasser befindet sich in dem Gefäß zwischen den beiden Bunkern. Während dieses entleert, wird der Sand durch ein Schüttelsieb mit darunterliegendem Abstreifschieber eingesiebt. Ist der Sand sehr feucht, so fließt das zuviel vorhandene Wasser über den Überlauf ab. Sobald der Sandbehälter voll ist, wird abgestrichen und selbsttätig entleert.

4. Überwachung der Kornzusammensetzung.

Die Betonzusammensetzung erhält stets ihr besonderes Gepräge durch die örtlichen Verhältnisse. Der theoretische Aufbau der Mischung kann daher, wie bereits betont wurde, die Verhältnisse nur im Durchschnitt erfassen. Auch wenn bereits weitgehende Voruntersuchungen vorliegen, erfordert die Herstellung des Betons stets eine ab- und zugebende Behandlung; dies gilt ganz besonders von der Kornzusammensetzung. Alle Vorschriften in dieser Hinsicht sollte man möglichst dehnbar gestalten, was durch Heranziehung des Feinheitsmoduls bzw. der Körnungsfläche leicht möglich ist.

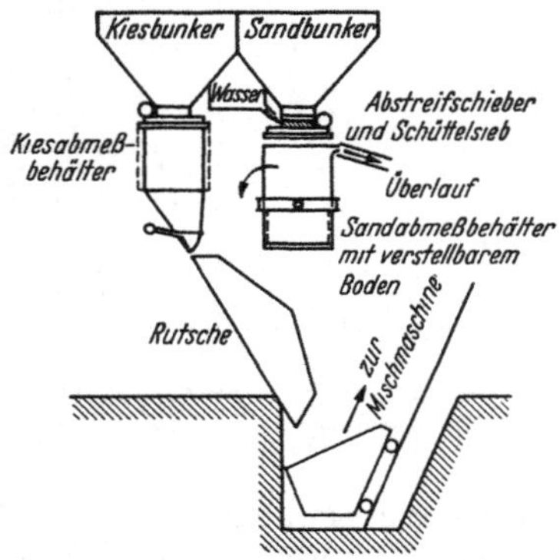

Abb. 977. Mischanlage mit Sandsättigung nach Spetzler.

Bei gebrochenem Zuschlag läßt sich das auf Grund der Vorversuche festgestellte beste Mischungsverhältnis fast immer einhalten, wenn die Brech- und Mahlanlage entsprechend aufgebaut ist. Nach dem ersten Einspielen braucht nur noch dafür gesorgt zu werden, daß die Spaltweiten der Brechgeräte und insbesondere der Walzenmühlen unverändert bleiben. Im übrigen kann nach den Häufigkeitsgesetzen mit einer gleichmäßigen Kornerzeugung gerechnet werden, und die Bezeichnung Betonfabrik ist durchaus am Platze.

Das natürliche Zuschlagsgut und insbesondere der Sand verlangt dagegen eine ständige Überwachung und angepaßte Behandlung. Irgendeine Abtrennung des Feinsandes bei $^1/_2$ oder 1 mm ist praktisch ausgeschlossen; man wird daher die synthetisch gezogene Grenze bei $^1/_2$ mm viel dehnbarer fassen müssen. Vielen Kiessanden fehlen die Feinteile zwischen 0 und $^1/_2$ mm, während zwischen $^1/_2$ und 1 mm reichlich Feines vorhanden ist. Es wäre verkehrt, hier nach dem Buchstaben zu gehen, ehe man sich überzeugt hat, ob nicht eine entsprechend größere Menge von Sandteilen zwischen $^1/_2$ und 1 mm für die fehlenden Feinteile Ausgleich schaffen kann. Erst wenn Feinkörnungen unter 1 mm überhaupt fehlen, wird eine anderweitige Beschaffung von Feinteilen unabweisbar. Auch das Verhältnis zwischen Sand, Feinkies und Grobkies findet sich selten so vor, wie es vielleicht theoretisch erwünscht wäre. Bei Mangel an Grobkorn lassen sich, wie schon bemerkt, durch Zugabe von Grobschotter wesentliche Verbesserungen erzielen; leider sind die örtlichen Verhältnisse nicht immer dazu angetan. Bei zu reichlichem Mittelkorn (5 bis 25 mm) hat man durch Absieben des Feinkieses (5 bis 12 mm) Verarbeitung und Betongüte verbessern können. Meist hat man Gelegenheit, das abgesiebte Gut anderweitig vorteilhaft zu verwenden (Eisenbeton).

Bei der Aufmerksamkeit, die gerade dem Sand in Kiesbetonmischungen zugewendet werden muß, darf das letzte Sieb nicht zu weitmaschig sein. Maschenweiten von 15 mm, wie sie häufig gewählt wurden, gewährleisten nicht mehr

[1] Siehe Fußnote 5 von S. 598.

die Gleichmäßigkeit, die beim Sand erforderlich ist. Eine gute Maschenweite ist 7 mm, bei der man im Durchschnitt Sand von 0 bis 5 mm erhält. Die obere Grenze des Mittelkorns wird zweckmäßig in die Gegend von 25 bis 30 mm gelegt, während für das Grobkorn erst eine Zwischenteilung notwendig wird, wenn man mit dem Höchstkorn über 100 mm hinauskommt. Einen Kiessand mit 130 mm Höchstkorn würde man beispielsweise in folgender Weise absieben: 0 bis 5 mm; 5 bis 25 mm; 25 bis 70 mm; 70 bis 130 mm.

Da das Entnahmegut meist starken Schwankungen unterworfen ist, müssen die abgesiebten Korngruppen ständig geprüft werden. Hierbei kann man sich auf Mittelkorn und Sand beschränken, da es beim Grobkorn nur darauf ankommt, daß die Grobkörnigkeit angenähert eingehalten wird. Der einfachste und gleichzeitig genaueste Prüfmaßstab ist die Körnungsfläche. Aus ihrer Bestimmung als Integral der Siebrückstände über einer logarithmischen Teilung folgt unmittelbar die Beziehung

$$F = F_s \cdot S + F_m \cdot M + F_g \cdot G,$$

wenn mit S, M, G die Gewichtsanteile und mit F_s, F_m, F_g die Einzelkörnungsflächen für Sand, Mittelkorn und Grobkorn bezeichnet werden.

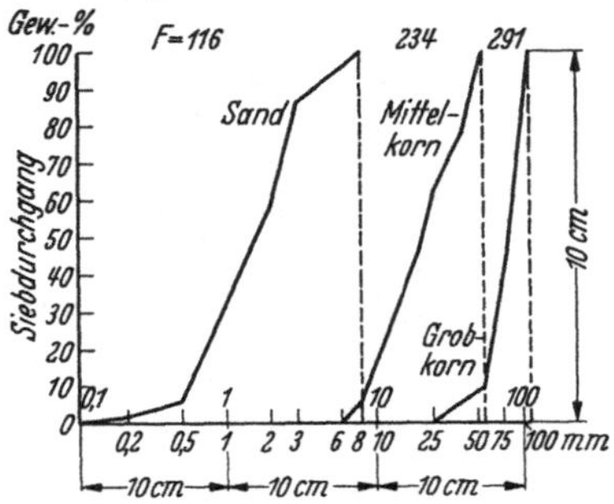

Abb. 978. Körnungsflächen der Zuschlagteile des Diablo-Dam (USA.).

Die Betongüte wird solange die gleiche bleiben, als Mischungsverhältnis (S, M, G) und Einzelkörnungsflächen (F_s, F_m, F_g) sich nicht ändern und der Feinsandanteil innerhalb gewisser praktischer Grenzen fest bleibt. Es sei nun an dem Beispiel des Diablo-Dam[1], einer der höchsten Bogenstaumauern, gezeigt, wie die Zuschlagüberwachung mittels der Körnungsfläche praktisch vorgenommen wird.

Für den Regelbeton der Diablo-Mauer war folgende Zusammensetzung vorgesehen:

1 Gewichtsteil Zement : 2,3 Gewichtsteile Sand von 0 bis 6 mm : 3,5 Gewichtsteile Mittelkies von 6 bis 50 mm : 2,2 Gewichtsteile Grobkies von 50 bis 100 mm.

Die zu den drei Korngruppen gehörigen Sieblinien sind in Abb. 978 aufgetragen. Die Körnungsflächen ergeben sich zu 119, 234, 294. Das grobe Gut wurde in 30 m³-Sonderwagen angeliefert, über 100 mm Siebe geleitet, gebrochen und nachgesiebt. Bei dem großen Schotteranfall war hinreichende Gewähr für Einhaltung der verlangten Grobkörnigkeit gegeben. Aus dem Mittelkorn wurde der Feinkies (6 bis 12 mm) zunächst entfernt und gesondert gelagert. Ergab sich die Körnungsfläche kleiner als 229, so wurde das Mittelkorn als hinreichend fein betrachtet. Bei höheren Körnungsflächen setzte man einen Teil des Feinkieses nach folgenden Richtlinien wieder zu:

Körnungsfläche	Feinkieszusatz
238—241	20%
235—238	15%
232—235	10%
229—232	5%
unter 229	0%

Der Sand (Abb. 978) war ein typischer grobkörniger Kiessand, dessen Feinteilgehalt unter gewöhnlichen Verhältnissen nicht ausgereicht hätte. Die hohen Druckfestigkeiten von 50 kg/cm² verlangten jedoch eine Zementbeigabe von 280 kg/m³, durch die bereits 70% der Gesamtfeinteile bereitgestellt wurden. Auf Grund von Vorversuchen erwies es sich als notwendig, daß mindestens

[1] Faulkner u. Hubbard: Design and control of concrete for Diablo-Dam. American Concrete Institute. Mitteilungen 1931. Construction Ingenicity Displayed at Diablo-Dam. Engng. News Rec. Bd. 103 (1929) S. 320—324.

20% des Sandes feiner als 0,9 mm waren. Jeder Sandwagen wurde daher zunächst auf seinen Feinsandgehalt untersucht und ausgeschieden, sobald jene Grenze nicht erreicht wurde. Abgesehen davon galten folgende Richtlinien für die Sandprüfung:

Körnungsfläche	Feinsandgehalt unter 0,9 mm
110—116	30%
104—110	25%
unter 104	20%

Die Überwachung der einzelnen Korngruppen auf Grund des Feinheitsmoduls (Körnungsfläche) hat sich bei zahlreichen amerikanischen Staumauern vorzüglich bewährt. Sie gewährleistet selbst bei starken Schwankungen im Entnahmegut einen Beton hoher Gleichmäßigkeit.

Bei der Grand Coulée-Staumauer, die der Betonmasse nach die derzeitig größte Staumauer der Welt darstellt, wurden durch Entnahme von Mischproben in bestimmten Zeitabständen und darauf fußende Umstellung des Mischvorganges erhebliche Fortschritte in Richtung einer Steigerung der Betongüte erzielt[1]. Es handelte sich hier um einen plastischen Beton, dessen Setzmaß 6,5 cm bei 30 cm Kegelhöhe betrug, d. h. um eine Steife, wie sie gerade auf unseren Baustellen sehr häufig angetroffen wird. Man prüfte einmal das Sand-Zement- und zum anderen das Wasser-Zement-Verhältnis, indem ein Mann bei stillgesetztem Mischer von oben in diesen hineinstieg und vorn, hinten und in der Mitte eine Probe von etwa 1 kg Gewicht entnahm. Die Abweichungen von dem Sollstande wurden in Form eines Mischwirkungsgrades zum Ausdruck gebracht.

Bei Beginn der Untersuchungen war man zunächst über den schlechten Mischwirkungsgrad von nur 47% überrascht, der auf zonenweise Entmischung hindeutete, die erst nach 15 min Mischzeit beseitigt war. Als eine der Hauptursachen erkannte man die Art des Zugabeverfahrens, deren mehrfache Abänderung schließlich einen Wirkungsgrad von 75% ermöglichte. Es erwies sich zunächst als zweckmäßig, 10—15% des Anmachwassers in den leeren Mischer zu geben, um diesen reinzuspülen und ein leichtes Einfließen des Mischgutes zu gewährleisten. Dann wurden weitere 80—75% allmählich mit dem Mischgut zugefüllt und die restlichen 10% ganz zum Schluß hinterher. Nach der anfänglichen Wasserzugabe wurde zunächst nur Sand und Zement im vorgeschriebenen Mischungsverhältnis eingefüllt und erst 1 bis 2 s später mit dem Zugeben des Groben begonnen. Es erwies sich als sehr wichtig, daß schon ein gewisser Sand-Zement-Wasser-Puffer vorhanden war, wenn die Grobzuschläge in den Mischer hineinkamen. Eine weitere Steigerung des Mischwirkungsgrades konnte dadurch erzielt werden, daß man die Rutschbleche im Mischer verstellte. Man konnte so die ganze Bauzeit hindurch einen Mischwirkungsgrad in Höhe von 90% einhalten.

Ein neuer Weg, um die Wasserzugabe genau zu regeln und damit die Einhaltung der vorgeschriebenen Steife zu sichern, ist die Wattmessung für den Kraftbedarf beim Mischen, wie sie bei der Boulder- und Grand-Coulée-Staumauer mit großem Erfolge durchgeführt wurde. Sie beruht auf der Tatsache, daß der Wassergehalt des Mischgutes den Energiebedarf der Mischtrommel ganz maßgebend beeinflußt und daher bei entsprechender Eichung am Wattmeter unmittelbar abgelesen werden kann. Man hat auf diese Weise das vorgeschriebene Setzmaß von 6,5 cm sehr genau einhalten können.

5. Aufbereitung des Zuschlagsguts.

Die Aufbereitung von Baggergut besteht im Sieben und Waschen. Das Rohgut wird auf dem Schienenwege oder durch Hängebahnen herangebracht, in

[1] Better Mixer charging control improves quality of concrete. Eng. News Rec. 1936 II S. 546—547.

Großsilos gefüllt und durch Plattenbänder oder ähnliche Vorrichtungen nach Bedarf abgezogen. Ist keine Wäsche nötig, was jedoch nur selten der Fall ist, so kann das Rohgut unmittelbar nach den gewünschten Korngruppen getrennt und das Überkorn ausgeschieden werden. Im Falle der Wäsche empfiehlt sich meist eine Vorsiebung, einmal um das Überkorn vorweg auszuscheiden und zum anderen, weil meist nur die kleineren Körnungen gewaschen zu werden brauchen.

Abb. 979. Siebtrommel (Humboldt, Köln-Kalk).

Das Sieben geschah früher allgemein in Trommeln (Abb. 979), in denen das Gut durch Drehbewegung ständig geschüttelt und durch ein in Längsrichtung vorhandenes Gefälle allmählich vorwärtsbewegt wurde. Die Trennung erfolgte durch die den Kornabstufungen angepaßten Löcher der Trommel; das Überkorn wurde ausgeschieden. Die Siebtrommeln nutzten immer nur einen kleinen Teil der Trommelfläche aus; um die notwendige Siebfläche herauszubekommen, mußten sie daher entweder entsprechend lang oder entsprechend weit gemacht werden; in jedem Falle erhielt man eine schlechte Raumausnutzung. Außerdem beliefen sich die toten Massen, die in Bewegung gesetzt werden mußten, auf ein Vielfaches der Füllmasse.

Abb. 980. Schwingsieb (Bauart Ibag).

Bei den neuerdings stark in den Vordergrund tretenden Schwingsieben (Abb. 980) [1] wird die Siebfläche restlos ausgenutzt. Der U-förmige Rahmen, der die Siebe trägt, ist federnd gelagert und wird durch einen außermittigen Antrieb in kreisende Bewegung gesetzt. Diese rüttelt das Gut durcheinander und bewegt es gleichzeitig vorwärts. Durch Auswechseln der Siebe kann man leicht eine andere Kornaufteilung einstellen.

Für die Vortrennung leisten die Stückgutabscheider (Abb. 981 u. 982) [2] vorzügliche Dienste. Eine am Kopfe geschlossene Rutsche wird federnd auf

[1] Abb. 980 wurde freundlicherweise von der Ibag, Neustadt (Haardt) zur Verfügung gestellt.

[2] Die Abbildungen und Druckstöcke wurden von der Humboldt-Deutz-Motoren A.G., Köln, freundlichst zur Verfügung gestellt.

einen Rahmen gesetzt und durch ein Kurbelstangengetriebe in Rüttelbewegung versetzt. Der Boden ist mit einem Rost ausgelegt, der die Trennung vornimmt;

Abb. 981. **Stückgutabscheider (Humboldt).**

Abb. 982. Stückgutabscheider mit Kettenbeschickungsapparat (Humboldt).

das Überkorn wird über eine Rutsche abgeführt. Der Stückgutabscheider von Abb. 982 wird durch eine Kettenbeschickung gespeist. Diese besteht aus schweren Ketten, die in ruhendem Zustande den Silo verschließen. Bei der Beschickung wird die Kettentrommel in Bewegung gesetzt, wobei die Ketten die Öffnung stoßweise freigeben und der Gutdurchgang durch die Geschwindigkeit geregelt wird. Die Kettenbeschickung eignet sich vorzüglich zur Speisung von Vorbrechern.

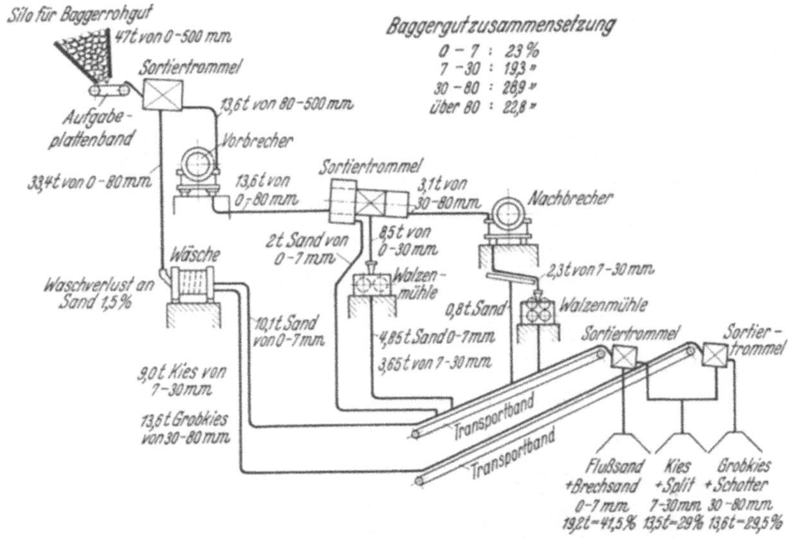

Abb. 983. Aufbereitung der Zuschläge für die Vermunt-Staumauer.

Enthält das Baggergut größere Mengen an Überkorn, so herrscht im allgemeinen gleichzeitig Sandmangel. Durch Aufstellung einer Brech- und Mahlanlage hat man die Möglichkeit, das Überkorn auf Sand zu verarbeiten, wie es z. B. bei der Vermunt-Staumauer[1] (Abb. 983) geschehen ist. Das Rohgut

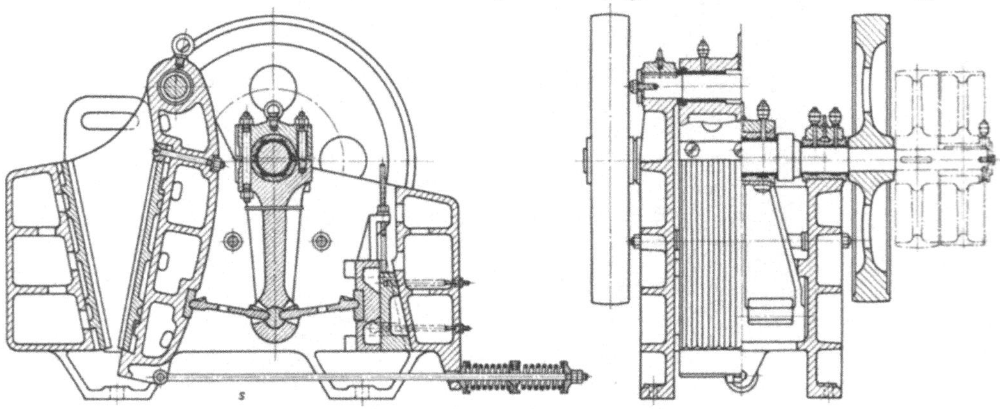

Abb. 984. Humboldt-Kniehebelbrecher.

gelangt zunächst über ein Aufgabeplattenband in eine Vortrenntrommel, um das Überkorn abzuscheiden. Der Durchfall geht über eine Wäsche zu den eigentlichen Trenntrommeln und wird dort nach Sand, Feinkies und Grobkies zerlegt, während das Überkorn zunächst vorgebrochen und getrennt wird. Der Sand wird abgezogen, der Splitt in einer Walzenmühle zu Sand vermahlen und der Schotter einem Nachbrecher zugeleitet, dessen Splitterzeugung in einer Doppelwalzenmühle weiter zerkleinert wird.

[1] O. Habild: Die Herstellung der Vermunt-Staumauer. Z. VDI 1931 Heft 25.

Für die Überkornzerkleinerung von Baggerrohgut muß man in erster Linie auf große Maulöffnungen sehen, damit möglichst alles Gut erfaßt wird. Die gegebenen Brecher sind daher Backenbrecher. Man unterscheidet Kniehebel- und Einschwingen-Backenbrecher. Die letzteren sind leichter in der Bauart und verdienen bei mittelharten Gesteinen, wo die aufzuwendende Kraft kleiner ist, den Vorzug.

Abb. 985. Brecherkörper (Humboldt).

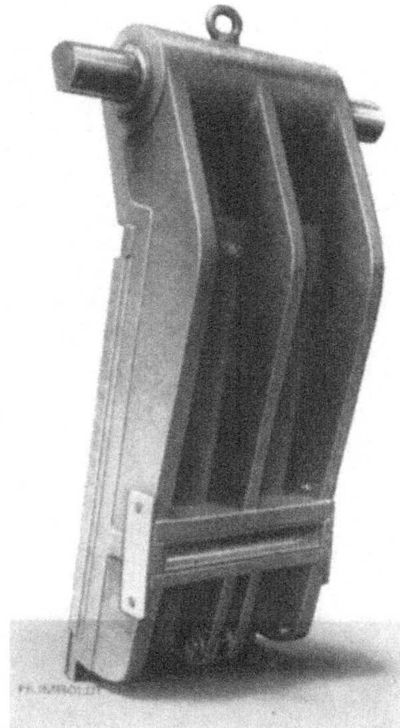

Abb. 986. Brechschwinge (Humboldt).

Der Kniehebel-Backenbrecher (Abb. 984—988)[1], der bis zu Maulweiten von $1^1/_2$ m ausgeführt wird, besteht aus Brecherkörper, Brechschwinge, Zugstange, Exzenterwelle, Druckplatten und Nachstellvorrichtung. Der Raum zwischen Brechbacke und Brechschwinge heißt Brechmaul.

Abb. 987. Brechschwinge (Humboldt)

Abb. 988. Zugstange und Exzenterwelle (Humboldt).

Die Brechweise ist einfach; die auf dem Brecherkörper pendelnd gelagerte Schwinge wird durch die Druckplatten im ständigen Wechsel gegen das Brechgut gepreßt. Das Hin- und

[1] Siehe Fußnote 2 von S. 606.

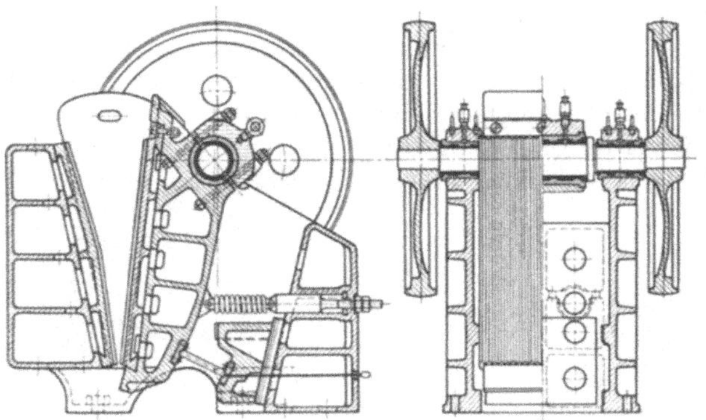

Abb. 989. Humboldt-Einschwingenbrecher.

Hergehen der Schwinge wird durch das Auf- und Abwandern der Zugstange auf der Exzenterwelle veranlaßt. Das Federgestänge *s* hat die Aufgabe, die Druckplatten stets unter Spannung zu halten. Die Antriebskraft wird durch Riemen auf eines der beiden Schwungräder übertragen. Durch den Nachstellkeil kann der Brechspalt den Erfordernissen der Aufbereitung angepaßt werden. Die Brechbacken aus Manganstahl sind geriffelt; sie sind im Hinblick auf die schnelle Abnutzung der Zähne in der Nähe des Spaltes unterteilt, so daß sie dreimal gedreht werden können. Man dreht zunächst die untere Hälfte, vertauscht dann oben und unten und dreht schließlich noch einmal.

Beim Einschwingenbrecher (Abb. 989)[1] fällt das Kniehebelsystem fort, und die Bewegung der Schwinge erfolgt unmittelbar von der Exzenterwelle aus. Infolgedessen ist jetzt kein ständiger Drehpunkt mehr vorhanden, die Schwinge kreist. Damit die das untere Pendellager bildende Druckplatte niemals

Abb. 990. Brech- und Mahlanlage für die Navia-Staumauer (Spanien). Entwurf Humboldt.

entlastet werden kann, ist ähnlich wie beim Kniehebelbrecher die Schwinge mit einer Feder verbunden.

Sobald es sich um die Aufbereitung von Steinbruchgut mit entsprechend größeren Leistungen handelt, tritt der Backenbrecher in starken Wettbewerb mit dem Kreiselbrecher. Mit einem einzigen Kreiselbrecher sind bereits Stundenleistungen von 300 m³ bewältigt worden. Abb. 990 zeigt die Brech- und Mahlanlage der Navia-Staumauer (Spanien), bei der ausschließlich mit Kreiselbrechern gearbeitet wurde[2].

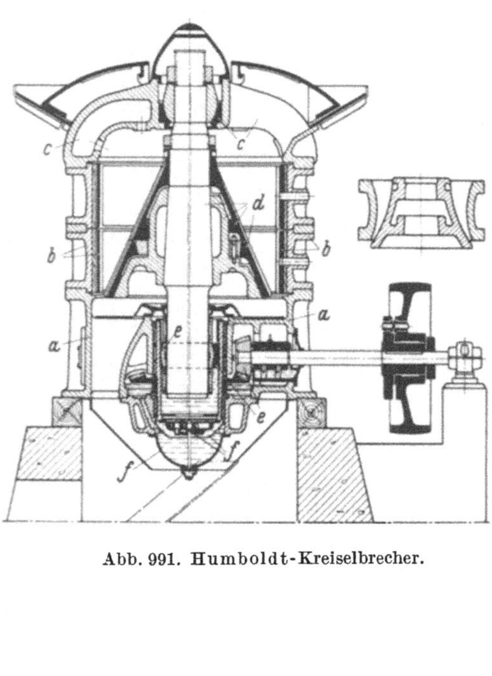

Abb. 991. Humboldt-Kreiselbrecher.

[1] Siehe Fußnote 3 von S. 586.

[2] Die Unterlagen wurden freundlicherweise von der Humboldt-Deutz-Motoren A.G. zur Verfügung gestellt.

In 20stündiger Arbeitszeit wurden durchschnittlich 1700 m³/Tag Quarz aufbereitet. Das auf Eisenbahnwagen angelieferte Steinbruchgut (Brocken bis zu 60 cm) gelangte vom Silo zunächst in einen Stückgutabscheider mit Kettenbeschickungsapparat, der eine Trennung bei 150 mm vornahm. Das Überkorn wurde durch einen Kreiselbrecher mit 2 m Brechringdurchmesser geschickt und dann, zusammen mit dem Abscheidergut, zwei 1,2 m breiten und 6 m langen Vorschwingsieben zugeleitet, die eine Trennung nach drei Korngrößen vornahmen. Das Feinkorn unter 10 mm ging geradewegs zur Trennanlage, das Mittelkorn unter 40 mm zwecks Sanderzeugung zu zwei Walzenmühlen und das Grobkorn zwecks Nachzerkleinerung zu zwei Kreiselnachbrechern. Zwei weitere Schwingsiebsysteme über den Brechgutsilos nahmen dann die endgültige Trennung nach vier Korngruppen bis 110 mm vor.

Abb. 992. Humboldt-Kreiselbrecher.

Die wichtigsten Bestandteile eines Kreiselbrechers (Abb. 991)[1] sind der Brecherunterteil (*a*), der Brechmantel (*b*) mit Brechringen aus Manganhartstahl, der Einfülltrichter (*c*) mit dem Querhaupt für das Pendellager der Brecherachse, die Brecherachse (*d*) mit aufgekeiltem Brechkegel, das Getriebe (*e*) mit Vorgelegewelle und Riemenantrieb und das Bodenstück (*f*) mit Deckel und Ölfilter. Die die Brecherachse umschließenden Getriebeteile sind frei drehbar; Achse und Brechkegel führen daher keine Drehbewegungen aus. Ein Blick auf den fertig aufgestellten Brecher (Abb. 992)[1] zeigt den großen Einfülltrichter, der durch den Querträger für die Achsenaufhängung in zwei Teile zerlegt wird. Der Brechraum (Abb. 993)[1] ist in ähnlicher Weise mit Brechbacken ausgelegt wie beim Kreiselbrecher. Man kann den Kreiselbrecher als einen Kniehebelbrecher mit zylindrischem Brechraum bezeichnen. An Stelle der Bolzenaufhängung der Brechschwinge tritt das schalenförmige Pendellager des Brechkegels und an Stelle der Pendelbewegung des Kniehebels die Kreiselbewegung der Brecherachse. Die letztere kommt dadurch zustande, daß zwischen Getriebe und Achse ein ausmittiger Ring geschaltet ist.

Abb. 993. Blick in den Brecherraum (Humboldt).

Die große Leistung des Kreiselbrechers führt man darauf zurück, daß im Gegensatz zum Backenbrecher kein Leergang vorhanden ist; das Brechgut wird unaufhörlich im Kreise zerquetscht. Der zylindrische Brechraum hat außerdem noch den Vorteil, daß er einen mehr würfelförmigen Bruch hervorruft, im Gegensatz zum Backenbrecher, bei dem hierzu infolge der Rechtecksform der Spaltöffnung kein Zwang vorliegt. Dementsprechend läßt sich eine obere Korngrenze bei Kreiselbrechern viel schärfer einhalten als bei Backenbrechern. Dies ist ein großer Vorteil für die Weiterzerkleinerung in Walzenmühlen. Der bisher größte Kreiselbrecher wurde von Humboldt für

[1] Siehe Fußnote 2 von S. 606.

die Esla-Staumauer (Spanien) erbaut[1]; er besitzt einen Brechringdurchmesser von 2,4 m, schluckt Brocken von 80 cm Kantenlänge und arbeitet mit Stundenleistungen von 130 bis 300 m^3 je nach Spaltweite und Gesteinshärte; er ist $5^1/_2$ m hoch und 4 m breit.

Bei der mehr stoßenden Arbeitsweise der Brecher wird wenig Sand erzeugt. An die Brechanlage muß sich daher in der Regel eine Mahlanlage anschließen. Die wichtigsten Mahlgeräte sind die bereits erwähnten Walzenmühlen (Abb. 994)[2]. Sie bestehen aus den Walzen, von denen mindestens eine beweglich und nachstellbar sein muß, aus dem Mahltrichter, der sich eng an die Walzen anschließt, aus den Zugstangen, welche die Lagerkörper verbinden und aus den Bruchsicherungen, welche an den beweglichen Lagern in die Zugstangen eingelegt

Abb. 994. Walzenmühle mit Walzen von 1399 mm Durchmesser und 600 mm Breite (Humboldt)

werden. Das Aufgabegut wird durch die Walzen in den Spalt hineingezogen und zerquetscht; die entstehenden waagrechten Schübe auf die Walzen werden von den Zugstangen aufgenommen. Die Spaltweite, die an den Zugstangen eingestellt wird, läßt sich weitgehend verändern. Es besteht aber ein gewisser Zusammenhang mit der Korngröße des Aufgabegutes. So zieht die Walzenmühle von Abb. 994 mit Walzen von 1,3 m Durchmesser noch Aufgabestücke von 85 mm durch, wenn die Spaltweite auf etwa 35 mm eingestellt wird. Die gewöhnliche Spaltweite für die Brechsanderzeugung sollte 12 bis 15 mm betragen, bei einem Aufgabegut von etwa 25 mm. Nach Untersuchungen von Kesselheim bringt eine engere Spalteinstellung nur eine unbedeutende Verfeinerung des Sandes, während die Leistung beträchtlich zurückgeht. Je gleichmäßiger das Aufgabegut ist, auf um so größere Leistungen kann man rechnen.

Die Walzenmühlen liefern im allgemeinen wenig Steinmehl, so daß unter Umständen noch ein Teil des Brechsandes in Trommelkugelmühlen nachgemahlen werden muß. Man wird etwa bei 4 mm absieben und das Überkorn ganz oder teilweise den Kugelmühlen zuweisen. Der wichtigste Bestandteil der Kugelmühle ist die Mahltrommel aus Stahlpanzerplatten, in der eine hinreichende Zahl von Stahlkugeln hin und hergeschleudert wird; hierdurch wird

[1] A. Bonwetsch: Die Brech- und Mahlanlage der Esla-Talsperre, Provinz Tamora (Spanien). Z. VDI Bd. 74 (1930) S. 1211—1214.
[2] Siehe Fußnote 2 von S. 606.

der Sand zu Pulver zertrümmert. Die Trommelkugelmühle von Abb. 995, 996[1] ist in sechs Einzelplatten aufgelöst, zwischen denen das zerpulverte Gut an drei Stellen (*m*) durchfällt. Um die Mahltrommel legen sich zwei weitere Trommeln, eine zum Vorsieben und eine weitere zum Absieben in der gewünschten

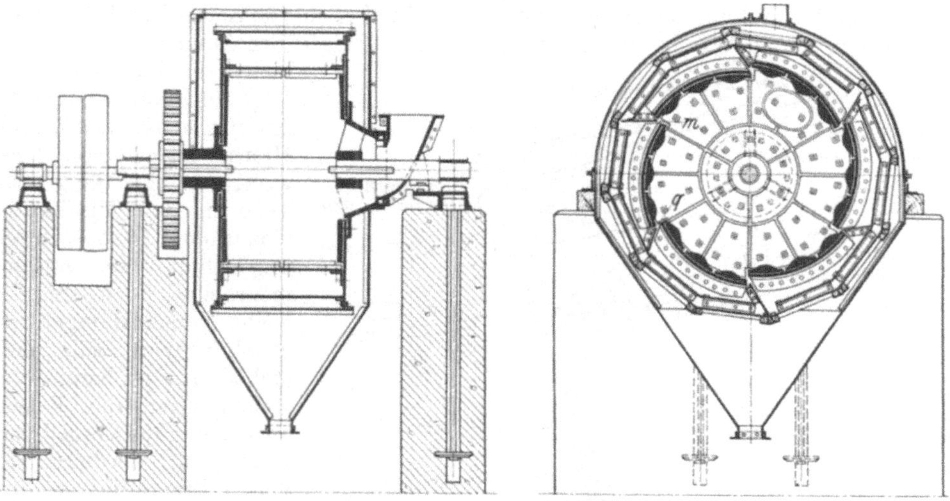

Abb. 995. Humboldt-Kugelmühle.

Mahlfeinheit. Der Siebrückstand gelangt über die Vorsiebe und die schrägen Rücklaufplatten durch die Öffnungen *q* in die Mahltrommel zurück. Die Rücklauföffnungen sind so angeordnet, daß das Gut wohl in die Trommel zurückfallen, aber nicht wieder herausgelangen kann.

Abb. 996. Trommel einer Kugelmühle (Humboldt).

Kugelmühlen sind empfindliche und teure Maschinen. Das Auf- und Abfallen der Stahlkugeln verlangt eine sehr kräftige Bauweise, und der Verschleiß ist beträchtlich. Es ist daher verständlich, wenn Kugelmühlen auf der Baustelle nicht sonderlich beliebt sind. Trotzdem sind sie meist unentbehrlich, da ohne sie in der Regel nicht genügend Feinsand und Steinmehl erzeugt wird. Die

[1] Siehe Fußnote 2 von S. 606.

Steinmehlerzeugung beträgt etwa $1^1/_2$ bis 2 m^3/h. Man wird daher in den seltensten Fällen mit einer Kugelmühle auskommen.

6. Herstellung des Betons.

Die Herstellung des Betons umfaßt das Zumessen von Zement und Zuschlagstoffen, deren Anfuhr und das Mischen unter Zugabe des Anmachwassers. Auf kleineren Baustellen erfolgt das Zumessen und die Anfuhr meist von Hand. Hierbei ist es empfehlenswert, zunächst die groben Teile in den Mischkübel einzufüllen, da sonst durch ungleichmäßiges Zusammensacken des Sandes leicht Verschiebungen im Mischungsverhältnis entstehen. Auf größeren Baustellen kann die Betonherstellung maschinell vorgenommen werden, was vom Standpunkte der Gleichmäßigkeit und der leichteren Überwachung Vorteile bietet.

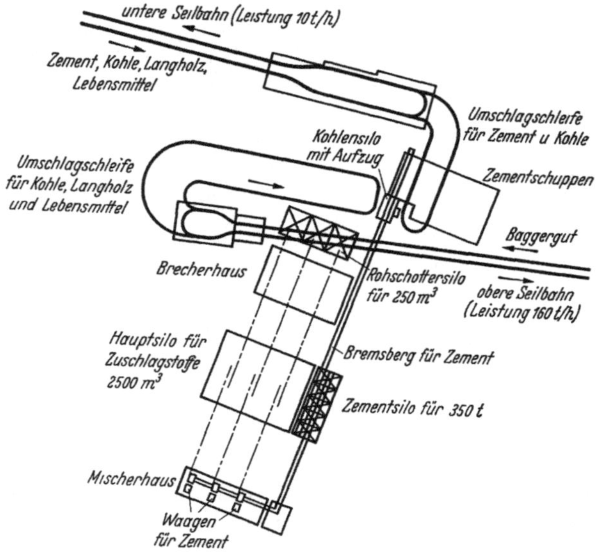

Abb. 997. Betonfabrik der Vermunt-Staumauer.

Als Beispiel einer weitgehend selbsttätigen Zuteilungs- und Mischanlage sei die Vermunt-Baustelle genannt, auf der man mit großen klimatischen Schwierigkeiten zu kämpfen hatte. Die Abb. 997—999[1] geben ein anschauliches

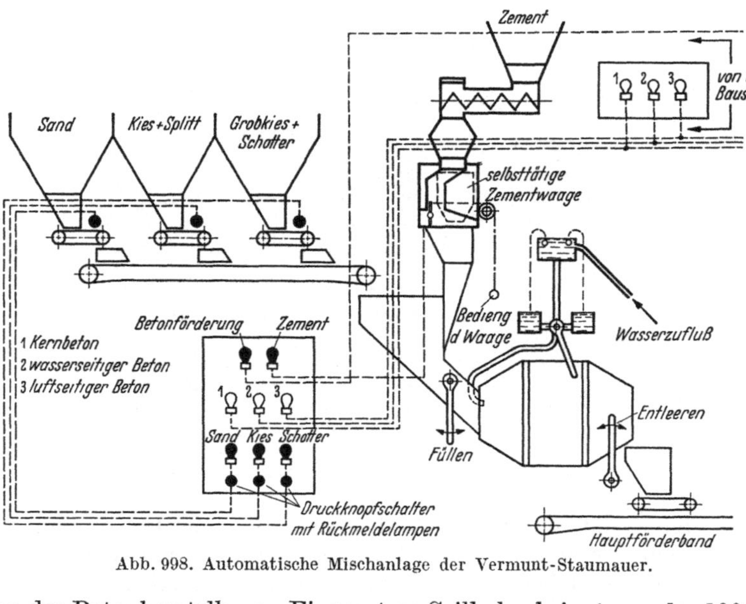

Abb. 998. Automatische Mischanlage der Vermunt-Staumauer.

Bild von der Betonherstellung. Eine untere Seilbahn bringt von der 1000 m hoch gelegenen Bahnstation den Zement heran, eine obere das Rohgut von dem

[1] Siehe Fußnote 1 von S. 608.

2000 m hoch liegenden Baggerfelde zur 1700 bis 1750 m hoch gelegenen Baustelle. Drei Aufbereitungs- und Mischanlagen sind in der Betonfabrik parallel geschaltet (Abb. 997). Jede Bandstraße wird nacheinander mit den einzelnen Korngruppen selbsttätig beschickt (Abb. 998) und entleert in den zugehörigen Füllbunker der Mischanlage. Der Zement wird durch eine selbsttätige Zementwaage zugewogen. Die Wasserzugabe geschieht durch Umlegen eines Vierwegehahns unter gleichzeitiger Füllung eines Parallelbehälters für die nächste Mischung. Ein einziger Bedienungsmann je Bandstraße besorgt die Herstellung des Betons vom Abzug der Zuschläge unter den Füllbunkern bis zur Entleerung der Mischtrommel auf die Förderbandstraße. Die Zumessung der Zuschläge (Abb. 999) wird durch die Lichtöffnung der Schieberverschläge und die Laufzeit der Plattenbänder geregelt. Im gewöhnlichen Betriebe wird, je nachdem ob es sich um Kern- oder Vorsatzbeton handelt, die Laufzeit durch ein Klemmsperrgetriebe verändert. Der Bedienungsmann unterrichtet sich durch einen Druckknopfschalter mit Rückmeldelampen darüber, welcher Beton von der Baustelle gewünscht wird, d. h. welche Laufzeit eingestellt werden muß. Bei der Vermunt-Anlage wurden mühelos 40 Spiele je h und Bandstraße erzielt; es konnten daher mit den drei $1^1/_2$-m^3-Mischern stündlich etwa 180 m^3 Beton hergestellt werden.

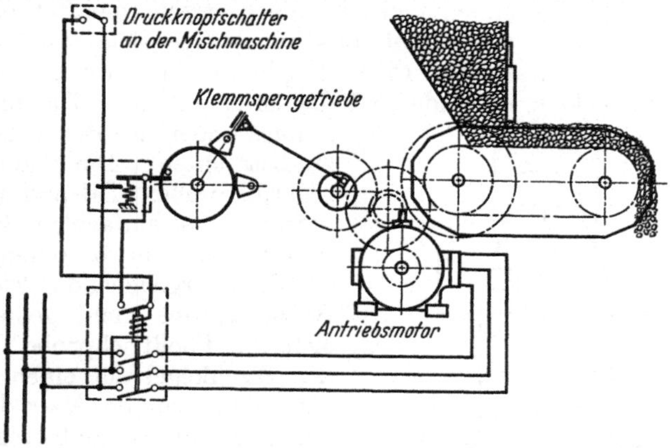

Abb. 999. Regelung der Plattenbandgeschwindigkeit unter den Füllbunkern.

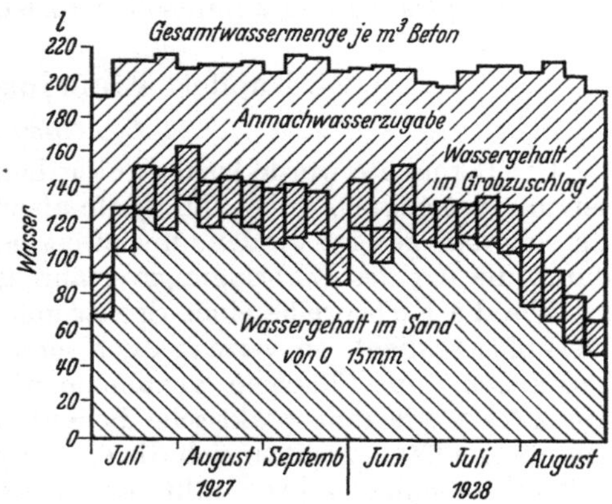

Abb. 1000. Cignana-Staumauer. Anmachwasserbedarf pro m³ Beton.

Die Wasserzugabe muß den Witterungsverhältnissen und dem Feuchtigkeitsgehalt der Zuschläge angepaßt werden. Nur so kann man einen Beton gleichmäßiger Güte erwarten. Je größer der Feuchtigkeitsgehalt der Zuschläge ist, mit um so größeren Streuungen muß man rechnen. Bei der Cignana-Staumauer[1] (Abb. 1000) schwankte z. B. das an der Mischmaschine zugesetzte Wasser zwischen 20 und 35% der Anmachwassermenge. Durch eine sorgfältige Steifeprüfung ist es hier gelungen, den WZF praktisch unverändert zu halten.

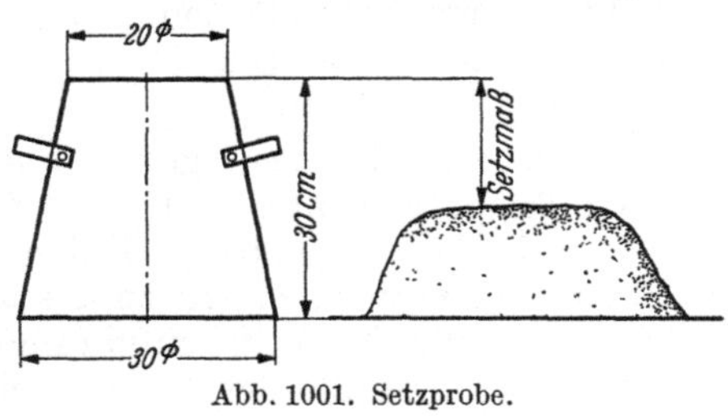

Abb. 1001. Setzprobe.

Die **Abramssche** Setzprobe[2] (slump) bietet ein einfaches Mittel, um den wirklichen Wassergehalt auf angenähert gleicher Höhe zu halten. Man geht dabei so vor (Abb. 1001), daß ein abgestumpfter Blechkegel auf eine ebene Unterlage

[1] Siehe Fußnote 1 von S. 585. — [2] Siehe Fußnote 2 von S. 587.

lage gesetzt und unter Stochern mit Beton gefüllt wird. Beim Hochziehen der Blechform entsteht ein Kuchen, der je nach dem Wassergehalt mehr oder weniger zusammensackt. Ist die Beststeife des Betons bekannt, so braucht nur beobachtet werden, ob das zugehörige Setzmaß innerhalb gewisser Streugrenzen eingehalten wird. Ergibt sich ein zu kleines Setzmaß, so ist der Beton zu trocken, im anderen Falle ist er zu naß. Die in Abb. 1001 eingetragenen Abmessungen des Blechkessels sind als Mindestmaße zu betrachten. Die Setzmaßprüfung hat sich im amerikanischen Talsperrenbau allgemein durchgesetzt; sie ist einfach in der Handhabung und kann unmittelbar am Betonierort durchgeführt werden.

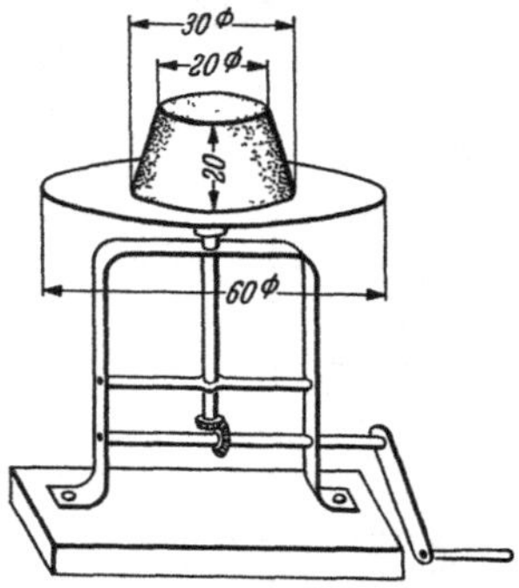

Abb. 1002. Fließtisch.

Für vergleichende Voruntersuchungen ist die Setzmaßprobe nicht genau genug; hier empfiehlt sich die Fließtischprobe[1] (Abb. 1002), bei welcher der Blechkegel auf einen Rütteltisch gesetzt wird. Nach Abnahme des Mantels wird das Setzmaß durch eine genormte Rüttelbewegung künstlich vergrößert, wodurch Ungleichmäßigkeiten ausgeglichen werden. Der mittlere Durchmesser des Betonkuchens liefert den Vergleichsmaßstab für die Steife. Bei jeder Drehung der Kurbel wird der Fließtisch durch einen Nocken $1^1/_2$ cm angehoben und fallen gelassen; in 2 min sollen 15 Kurbelumdrehungen ausgeführt werden.

24. Kapitel: Einbringen des Betons[2].

1. Allgemeines.

Die Betongüte wurde bisher unter dem Gewichtswinkel der Stoffzusammensetzung betrachtet, wobei die Steife als etwas Vorgegebenes angesehen wurde. Es soll nun gezeigt werden, inwieweit es möglich ist, die erforderliche Steife durch die Art des Einbringungsverfahrens in günstigem Sinne zu beeinflussen.

Wie die Farbenreihe eines Spektrums vom Ultravioletten ins Ultrarote sich lückenlos schließt, so vermag auch eine Betonmischung alle Steifegrade vom Trockenen zum Flüssigen anzunehmen. Während vor einem Jahrzehnt fast nur zwei Steifegrade praktische Bedeutung besaßen, nämlich die stampffähige und die gießfähige, haben sich die einst schroffen Übergänge heute so verwischt, daß es sprachlich schwer fällt, den Unterschieden in der Betonsteife gerecht zu werden. Es empfiehlt sich, Stampfbeton und Gußbeton als Grundbegriffe beizubehalten, um auszudrücken, ob eine mechanische Verdichtung erfolgen muß, oder ob der Beton sich selber lückenlos ablagert. Zur weiteren Abgrenzung der Steife soll nach den folgenden vier Untergruppen getrennt werden:

1. Erdfeuchter Stampfbeton.
2. Plastischer Stampfbeton.
3. Plastischer Gußbeton.
4. Flüssiger Gußbeton.

Nach den zahlreichen guten und schlechten Erfahrungen können für künftige Talsperrenbauten nur noch plastischer Stampfbeton und plastischer Gußbeton in Frage kommen. Erdfeuchter Stampfbeton scheidet wegen der allzu stark betonten Stampffugen aus und flüssiger Gußbeton hat jene suppenartige Steife, die bei der Einführung der Gießrinne so großen Schaden angerichtet hat. Das für das Auge scheinbar dichte Gefüge war in Wirklichkeit hochporös, da der WZF weit über das zulässige Maß hinausging. Gußfelder,

[1] Siehe Fußnote 2 von S. 587.

[2] Für die maschinen- und baubetriebstechnischen Fragen dieses Kapitels sei im einzelnen auf „G. Garbotz: Handbuch des Maschinenwesens beim Baubetrieb“ verwiesen. 7 Bände. Berlin: Julius Springer.

in denen der Arbeiter bis an die Knie einsinkt, lassen niemals einen guten Beton erwarten.

Der plastische Stampfbeton kommt in erster Linie dort in Frage, wo besonderer Wert auf Güte gelegt werden muß, und wo Schwinden und Abbindewärme tunlichst herabgesetzt werden sollen. Er ist insbesondere durch die Vermunt-Staumauer wieder in den Vordergrund gerückt worden, die in jeder Hinsicht einen großen Erfolg darstellt. Auch bei verschiedenen großen amerikanischen Staumauern wurde der trockenere Beton mit Erfolg zur Anwendung gebracht, so bei der Calderwood-Bogenmauer in Tennessee, bei der Chute a Caron-Staumauer im arktischen Teile Kanadas und bei der 130 m hohen Owyhee-Bogengewichtsmauer. Bei der Chute a Caron-Staumauer ließ man den offenbar sehr trockenen Beton fast würfelförmig aus dem Kübel fallen und rüttelte ihn durch elektrische Stampfer nieder; ein solches Herstellungsverfahren verlangt naturgemäß eine außerordentlich sorgfältige Ausführung. Nachahmenswerter erscheint der bei der Vermunt-Staumauer beschrittene Weg, bei der man den Trockenbeton in schwachplastischer Steife im Fließbetrieb über Bänder einbrachte und mit Preßluftstampfern verdichtete.

Die durch die trockenere Steife und die künstliche Verdichtung erzielbare Gütesteigerung des Betons hängt vollständig in der Luft, wenn man es an der damit zwangläufig verbundenen größeren Sorgfalt bei der Herstellung fehlen läßt. Wie empfindlich gerade die plastisch-stampffähige Steife ist, zeigte mit beachtenswerter Deutlichkeit eine süddeutsche Großbaustelle, auf der die Mischungen je nach Witterung und Wasseranspruch der Zuschläge ganz verschieden ausfielen. Während manche jede Weichheit vermissen ließen, waren andere so weich, daß das Anmachwasser sich in Tümpeln an den Schalungen sammeln konnte und an ein Stampfen gar nicht zu denken war. In solchen Fällen ist es schon besser, den Verhältnissen Rechnung zu tragen und sich auf eine plastisch-gießfähige Steife umzustellen, wie es z. B. bei der 128 m hohen Diablo-Bogenmauer notwendig wurde. Man brach hier die ganze Baustelleneinrichtung mit Derriks und Kübelkranen ab und stellte Bandfördertürme auf, mit denen der Beton plastisch-gießfähig eingebracht wurde.

Die plastisch-gießfähige Steife kann vom Standpunkte der Herstellung aus im allgemeinen als die beste bezeichnet werden. Sie liegt noch im Bereiche der günstigsten Wasserdichtigkeit und liefert Festigkeiten, die ohne übermäßige Steigerung der Zementzugabe selbst für die größten Stauhöhen ausgereicht haben. Es ist diejenige Steife, bei der die einzelnen Zuschlagteile mit Sicherheit noch satt ineinander gleiten und die Schalung langsam, aber ohne Nachhelfen ausfüllen. Ein Stochern soll das Ineinandergleiten und Ausfüllen lediglich beschleunigen. Nesterbildungen, wie sie bei plastischem Stampfbeton leicht vorkommen, sind hier praktisch ausgeschlossen.

Die plastisch-gießfähige Steife kann ebensogut mit Gießrinnen wie mit Kübeln oder Förderbändern erzielt werden. Entscheidend ist immer, daß der Beton nicht suppenartig in der Schalung ankommt, sondern bei der Verteilung immer nur träge fließt, daß Entmischungserscheinungen vermieden werden und daß der verlangte WZF überall möglichst gleichmäßig vorhanden ist. Wenn mit Gießrinnen ein schlechter Beton hergestellt wird, so ist daran weniger die Gießrinne an sich schuld, als vielmehr ihre falsche Anwendung bzw. eine unzweckmäßige Kornzusammensetzung. Allein maßgebend ist immer die Betonsteife in der Schalung und der damit aufs engste zusammenhängende WZF.

2. Fahrbare Gießrinnenanlagen.

Von allen Gießrinnenanlagen stellt der fahrbare Gießturm mit eingebauter Mischanlage das betontechnisch beste und leistungsfähigste Einbringungsgerät dar. Da der Beton in nächster Nähe des Einbringungsortes hergestellt wird, scheiden lange Rinnenwege aus, so daß die plastisch-gießfähige Steife stets eingehalten werden kann. Abb. 1003 zeigt einen fahrbaren Gießturm in schematischer Darstellung; er besteht aus folgenden Teilen:

1. Beschickungskübel zum Heranholen und Einfüllen des Trockengemisches.
2. Mischanlage.
3. Gießturmkübel zum Abzug des fertigen Betons.
4. Gießturm.
5. Turmsilo mit Schieber zum gleichmäßigen Beschicken der Rinnen.
6. Schwenkbarer Ausleger zum Aufhängen des Rinnensystems.
7. Gleitrahmen zum Auf- und Abbewegen der Rinnenanlage.
8. Verfahrbarer Portalkran zur Fortbewegung des Gießturmes.
9. Rinnenanlage, bestehend aus der festen Schwenkrinne und einer oder mehreren Fliegerrinnen, die mit wachsender Mauerhöhe abgehängt werden.

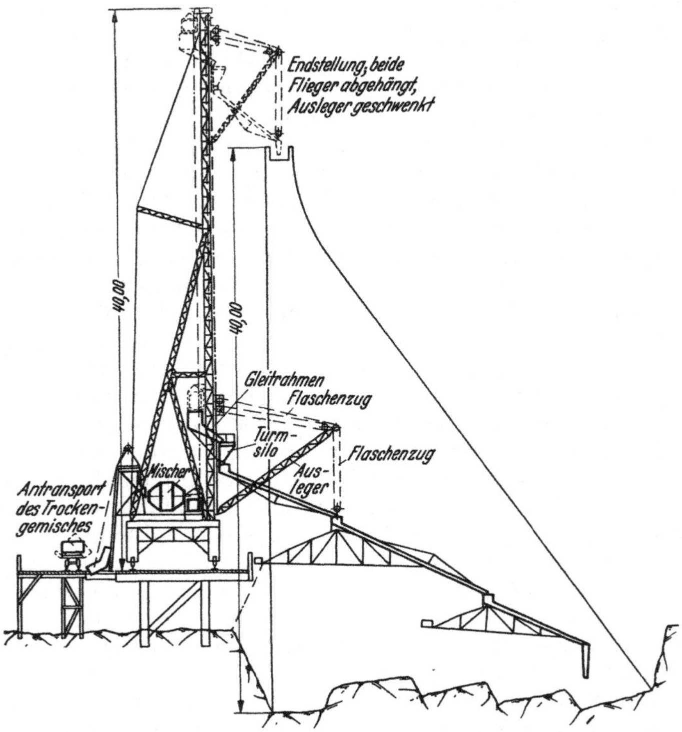

Abb. 1003. Schematische Darstellung einer fahrbaren Gießanlage für die Herstellung von Stauwerken bis zu etwa 40 m Mauerhöhe in trockener Baugrube.

Der Gleitrahmen trägt am Kopf die Flaschenzüge, an denen Ausleger und feste Rinne aufgehängt sind, und am Fuß das Schwenklager für den Ausleger. In der Mitte sind Turmsilo und Beschickungstrichter befestigt. Der Gleitrahmen wird beim Auf- und Abbewegen in den Pfostenwinkeln des Gießturmes geführt. Man kann beträchtlich an Turmhöhe sparen, wenn die Fahrbahn an die Oberwasserseite gelegt wird. Abb. 1004[1] zeigt die Zusammenarbeit mehrerer fahrbarer Gießtürme beim Bau der Herdecke-Staumauer; rechts sieht man die Gleise für die Anförderung des Trockengutes. Zur Gewährleistung einer freien Beweglichkeit wurden die Blöcke umschichtig hochgeführt.

Die größten fahrbaren Gießtürme sind beim Bau der Metur-Staumauer verwendet worden (Abb. 1005)[2]. Jeder der beiden Türme leistete 75 m^3/h, so daß

[1] Abb. 1004 wurde freundlicherweise durch die Arbeitsgemeinschaft Hochtief-Heinrich Butzer-Ph. Holzmann zur Verfügung gestellt.

[2] Siehe Fußnote S. 28.

Abb. 1004. Fahrbare Gießtürme beim Bau der Herdecke-Staumauer.

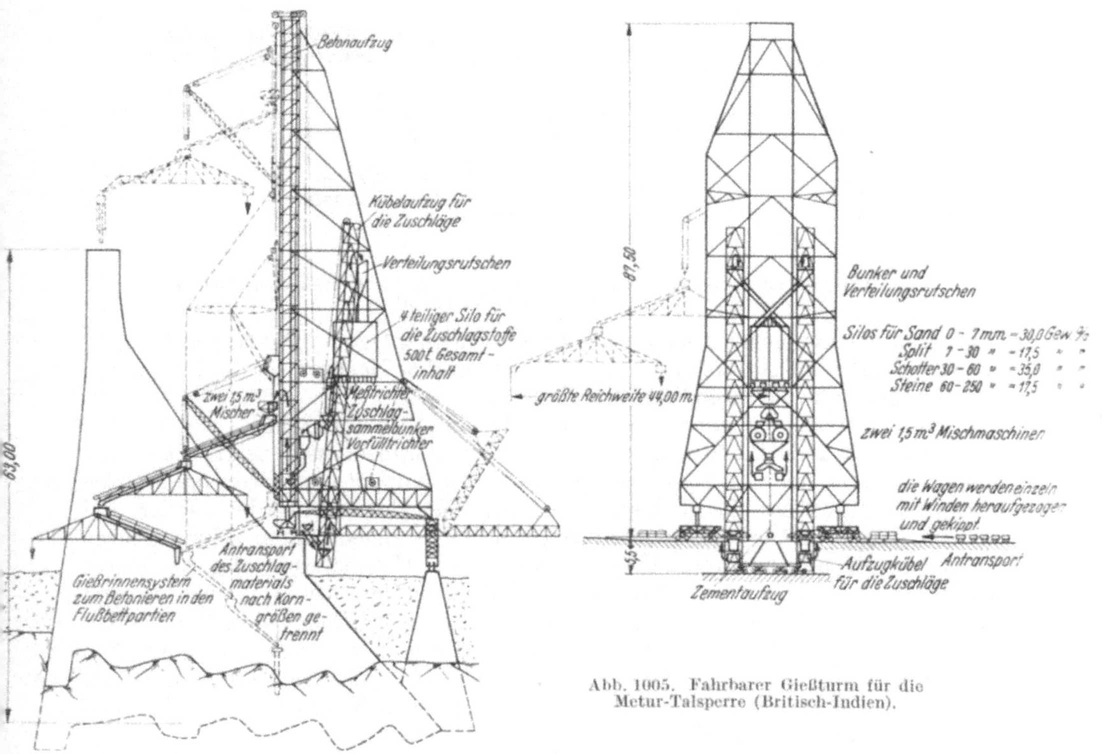

Abb. 1005. Fahrbarer Gießturm für die Metur-Talsperre (Britisch-Indien).

in 20stündiger Doppelschicht 3000 m³ Beton/Tag eingebracht werden konnten. Bei der langgestreckten Stauanlage mit $3^1/_2$ Mill. m³ Betoninhalt boten die fahrbaren Gießkrane große Vorteile. Das Zuschlagsgut wurde nach Korngrößen getrennt in Lorenzügen angefahren, gekippt und mit Kübelaufzügen den Silozellen zugeführt; auf jedem Kran konnten 500 t Zuschlagstoffe gespeichert werden, von denen etwa die Hälfte als Ballast diente. Für das tief eingeschnittene Flußbett kam man mit den Rinnen nicht weit genug herunter, ein Übelstand, der sich bei fahrbaren Gießanlagen oft einstellt, da man bei der Festlegung der Fahrbahnhöhe auf derartige Einschnitte keine Rücksicht nehmen kann. In Abb. 1005 ist punktiert angedeutet, wie man sich bei der Metur-Staumauer half.

3. *Ortsfeste Rinnenanlagen.*

Leider eignet sich der fahrbare Gießkran weniger für enge Täler und für Mauerhöhen, die im Durchschnitt über 40 m hinausgehen. In solchen Fällen

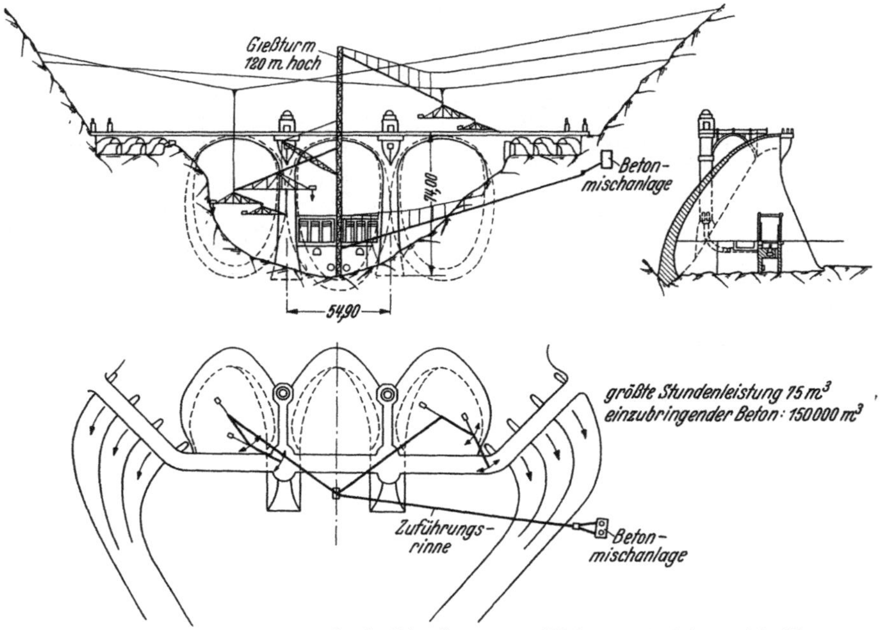

Abb. 1006. Betonierausrüstung der Coolidge-Staumauer (USA.). Höchstleistung 75 m³/h. Einzubringender Beton 150000 m³.

schritt man früher gewöhnlich zu ortsfesten Rinnenanlagen. Die langen Rinnenwege, die dabei meist entstehen, sind aber ein großer Nachteil für die Betongüte, da sie einen sehr flüssigen Beton verlangen.

Sehr verbreitet ist auch heute noch die Gießturmanordnung, wie sie z. B. Abb. 1006 für zwei Bauabschnitte der Coolidge-Kuppelmauer[1] zeigt. Der ortsfeste Gießturm steht mittig hinter der mittleren Kuppel und wird vom rechten Hang aus durch eine lange Rinne gespeist. Die Herstellung der Pfeiler und unteren Kuppelhälften geschieht durch die rechts angedeuteten schwenkbaren Ausleger mit angehängtem Fliegersystem. Der Hauptflieger, der an einem Querkabel aufgehängt ist, wird zur Verlängerung der festen Rinne bis zum Kuppelmittelpunkt benutzt, während die beiden Unterflieger jeden Punkt eines Kuppelfeldes erreichen können. Für das Betonieren der mehr flächenhaften oberen Kuppelteile ist das System starrer gehalten, was die Herstellung stets erleichtert. Wie links angedeutet, läuft eine feste Kabelrinne mit Doppelfliegerverteilung unmittelbar zum Kuppelmittelpunkt.

Kabelrinnen sind Gießrinnen, an Hanfseilen in Flaschenzügen, die ihrerseits in Wägelchen auf Tragkabeln verfahrbar sind (Abb. 1007)[2]. Die letzteren laufen

[1] Engng. News Rec. Bd. 101 (1928) S. 258—262.

[2] Abb. 1007 verdanke ich der Freundlichkeit von Herrn Ministerialrat Dr.-Ing. Sommer, A.G. Obere Saale.

Abb. 1007. Bleiloch-Staumauer. Aufhängung der Kabelrinnen.

Abb. 1008. Barbellino-Staumauer (Italien) während der Herstellung.

entweder vom einen Hang zum anderen oder zwischen den Gießtürmen durch. Wenn in geeigneten Abständen (durchschnittlich 6 m) Rinnenzapfstücke eingebaut werden, so sind die Kabelrinnen sehr leistungsfähig, da an jeder Zapfstelle ein Fliegerrinnensystem angehängt werden kann. Abb. 1008 zeigt z. B. zwei Fliegersysteme[1] an ein und derselben Kabelrinne. Oft wird das Tragkabel gleich zur Aufhängung des Hauptfliegerdrehkopfes benutzt; in Abb. 1009 hängt der Drehkopfflaschenzug in einem vierrolligem Fahrgestell, das von der Drehkopfbühne aus bestiegen und geschmiert werden kann.

Für hohe Staumauern werden entsprechend hohe Gießtürme benötigt. Der Doppelgießturm der Pardee-Staumauer[2] (Abb. 1010), mit dem 140 m³/h eingebracht

Abb. 1009. Bleiloch-Stauanlage. Drehkopf-Flaschenzug der Fliegerrinnen.

wurden, erreichte z. B. die stattliche Höhe von 155 m. Durch die Aufstellung inmitten des Mauerbetons konnten vom Hauptturm 90% der Grundfläche bestrichen werden; den Rest übernahmen zwei seitliche Nebentürme. Im Gegensatz zu früheren Anlagen wurde bei der Pardee-Staumauer nur noch mit Kabelrinnen und Doppelfliegern gearbeitet, auf die in erster Linie die hohe Leistung zurückzuführen ist. Der Turm wurde beim Hochführen der Mauer eingeschalt, während die Betonzufuhr im Tunnelbetrieb vor sich ging.

Das Verschieben der Kabelrinnen ist zeitraubend. Um mit möglichst wenigen Stufen auszukommen, hat man sich vielfach langer Rüssel bedient, die an den Auslauf der letzten Rinne gehängt werden. Bei flüssigerem Betongut kann ein freier Fall aus größerer Höhe nicht empfohlen werden; es sind fast immer Ungleichmäßigkeiten und Entmischungserscheinungen beobachtet worden. Gewöhnliche Rüssel von 15 m Länge, wie sie z. B. bei der Pardee-Staumauer verwendet wurden, müssen für Gießrinnenanlagen jedenfalls unbedingt abgelehnt werden. Beim Bau der Bleiloch-Staumauer wurden aber mit Vorteil bis zu 40 m hohe Freifall-Rüssel verwendet, bei denen versetzt eingebaute Prellschaufeln die Entmischung verhinderten[3] (vgl. weiter unten).

[1] A. Rampazzi: Le dighe di ritenuta in Italia. Ann. Lav. pubbl. 1931 S. 473—511.
[2] Engng. News Rec. Bd. 102 (1929) S. 258—262.
[3] Siehe Fußnote 1 von S. 627.

Wenn zusätzliche Gießtürme erforderlich werden (Abb. 1010), so lassen sie sich durch entsprechende Kabelrinnen vom Hauptturm aus beschicken. Die Abfangung der Gießtürme sollte mindestens in sechs Richtungen erfolgen, damit, wenn Seile zur Ausführung von Rinnenverschiebungen gelöst werden müssen, die übrigen noch eine einwandfreie Abstützung gewährleisten.

Die günstigste Rinnenneigung muß von Fall zu Fall festgestellt werden; sie wird durch die Art des Zuschlagsgutes und die Betonzusammensetzung beeinflußt. Kiessandbeton erlaubt stets flachere Rinnenneigungen als Brechsandbeton. Verstopfungen in Gießanlagen sind fast immer auf unsachgemäße

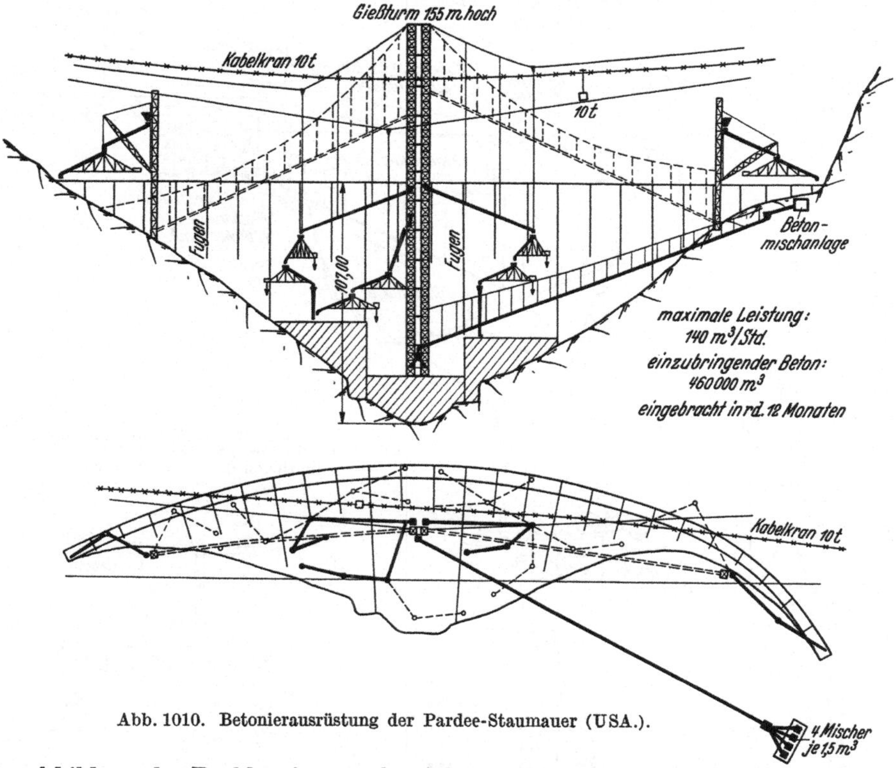

Abb. 1010. Betonierausrüstung der Pardee-Staumauer (USA.).

Durchbildung der Drehköpfe zurückzuführen. Diese können gar nicht geräumig genug gebaut werden. Ferner muß die Bemessung auf die Grobkörnigkeit des Betons Rücksicht nehmen. Nach Kesselheim können etwa folgende Rinnenquerschnitte in Abhängigkeit vom größten Korn empfohlen werden[1]:

Korngröße	Rinnenquerschnitt
50 mm	0,08 m^2
100 mm	0,12 m^2
150 mm	0,15 m^2
200 mm	0,17 m^2

Der meist gewählte Halbkreisquerschnitt der Rinnen ist nur bei großen Stundenleistungen vorteilhaft. Im allgemeinen verdient ein mehr dreieckiger Querschnitt mit ausgerundetem Boden den Vorzug, da er bei kleineren Leistungen verhindert, daß die Tiefe des Betonstroms unter eine gewisse, etwa im Bereich des größten Korndurchmessers liegende Grenze sinkt.

Die Mehrzahl aller ortsfesten Rinnenanlagen leidet, wie bereits bemerkt, unter den großen Rinnenlängen. Beim Bau der Pardee-Staumauer mußte der Beton z. B. Rinnenwege bis zu 400 m zurücklegen und dann noch 15 m im Rüssel

[1] Siehe Fußnote 1 von S. 584.

herunterfallen. Demgegenüber konnte man bei der Metur-Staumauer durch die Fahrbarkeit der Gießanlage mit Rinnenwegen von 40 m, d. h. mit dem zehnten Teil auskommen. In Europa stand man den langen Rinnenwegen von jeher bedenklich gegenüber und ist dadurch vor manchen unerfreulichen Erfahrungen bewahrt geblieben.

4. *Kabelkran-Gießrinnenanlagen.*

In engen Tälern lassen sich die langen Rinnenwege dadurch vermeiden, daß man zu Kabelkran-Gießanlagen übergeht. Dieses Einbringungsgerät wurde

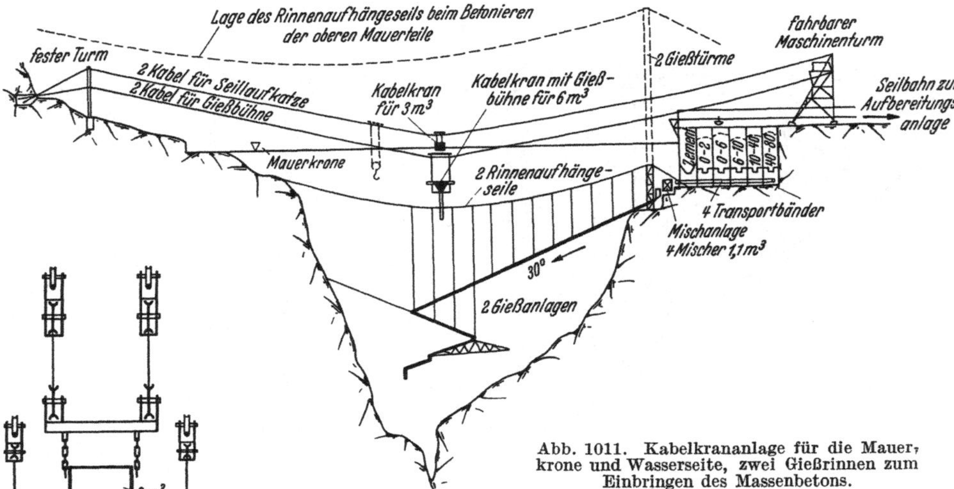

Abb. 1011. Kabelkrananlage für die Mauerkrone und Wasserseite, zwei Gießrinnen zum Einbringen des Massenbetons.

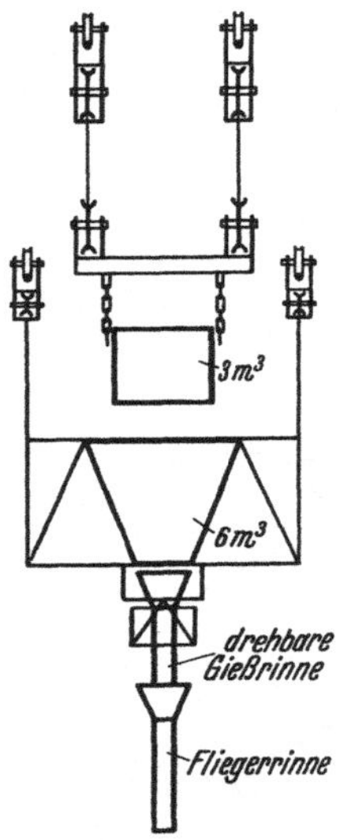

Abb. 1012.

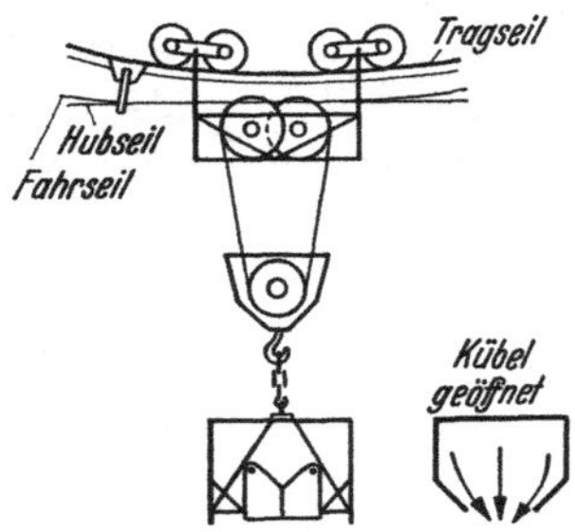

Abb. 1013.

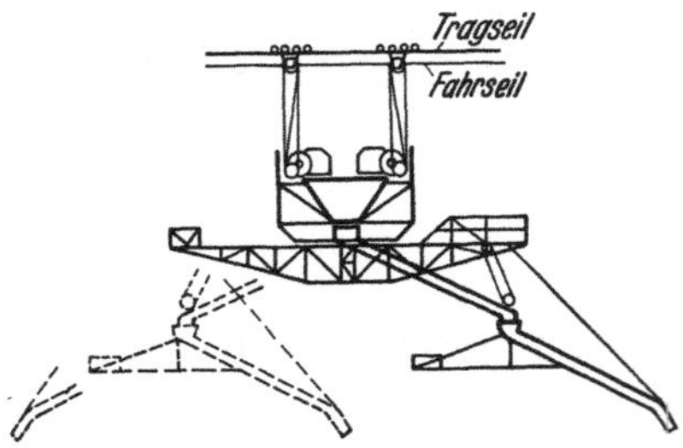

Abb. 1014.

Abb. 1011—1014. Betonierausrüstung der Wäggi-Talsperre. Abb. 1012. Zusammenarbeit von Seillaufkatze und Gießbühne. Abb. 1013. Seillaufkatze. Abb. 1014. Heb- und senkbare Gießbühne. Leistungen einer Gießanlage 65 m³/h. Leistungen der Kabelkrananlage 40 m³/h. Theoretisch mögliche Gesamtleistung 170 m³/h.

erstmals beim Bau der Wäggi-Staumauer angewendet (Abb. 1011—1014)[1], und zwar sollte es die Herstellung der Wasserseite und der oberen Mauerteile übernehmen, während der Kernbeton durch zwei Kabelrinnenanlagen von 130 m³ Stundenleistung hergestellt wurde. Die Kabelkrananlage besteht aus einem festen und einem fahrbaren Turm, zwischen denen zwei Paare von Kabeln gespannt sind, eines für eine Kübelkatze, die den fertigen Beton heranbringt, und ein zweites für eine senkrecht bewegliche Gießbühne mit Schwenk- und Fliegerrinne zum Verteilen des Betons. Die Seillaufkatze entleert in den Bunker der Gießbühne, der zwei Kübelfüllungen faßt und mit dem Turmsilo des fahrbaren Gießturmes verglichen werden kann.

Für die Leistungsfähigkeit von Kabelkran-Gießanlagen ist die Durchbildung der Kübel von großer Wichtigkeit. Klappkübel oder Kübel mit Seitenentleerung sind unbrauchbar. Gute Erfahrungen wurden mit seitlich eingeschnürten Kübeln

[1] Die Kraftwerke Wäggital. Bericht der Bauleitung. Selbstverlag, Zürich.

gemacht, die nach unten entleeren (Abb. 1013). Bei der Wäggi-Staumauer wurde eine Stundenleistung von 40 m³ erzielt.

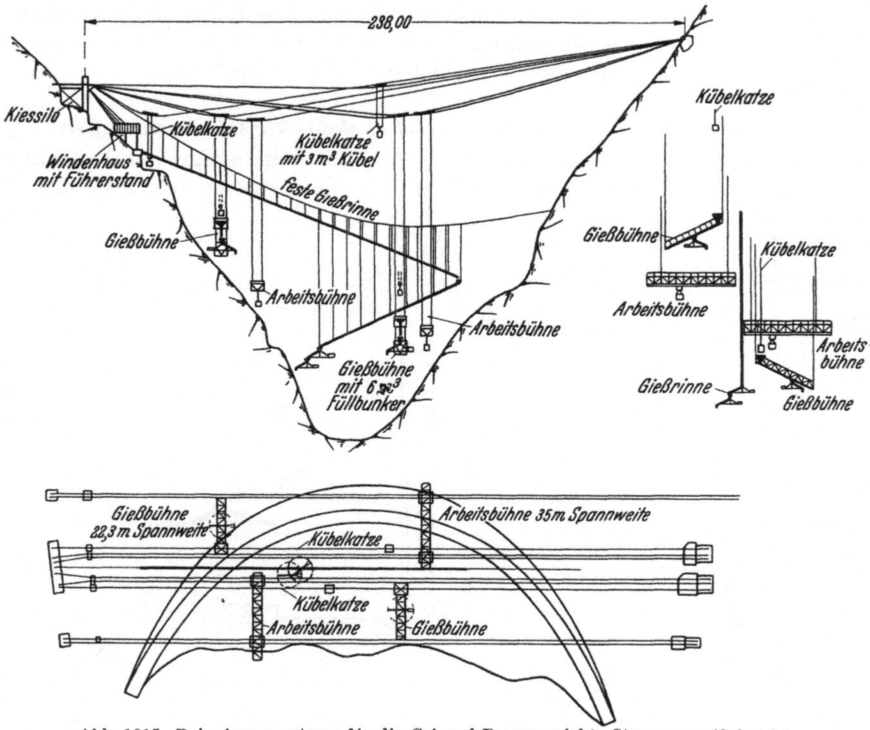

Abb. 1015. Betonierausrustung für die Grimsel-Bogengewichts-Staumauer (Schweiz). Leistung 78 m³ Beton/h je Kabelkrananlage.

Eine vielversprechende Fortentwicklung hat die Kabelkran-Gießanlage beim Bau der Grimsel-Staumauer[1] erfahren, wo zwei derartige Anlagen mit je 78 m³ Stundenleistung aufgestellt wurden (Abb. 1015, 1016). Im Gegensatz zur Wäggi-Staumauer ist hier die Kabelrinne vollständig in den Hintergrund getreten; sie nutzt lediglich das natürliche Gefälle unterhalb der Mischanlage aus, um in den unteren dickwandigeren Mauerteilen den Baufortschritt zu beschleunigen. Die räumliche Leistungsfähigkeit der Gießbühne ist beträchtlich erhöht, da die Fliegerrinne in der Querrichtung etwa 20 m verfahren werden kann; beide Gießbühnen können zusammen 80 m Mauerbreite bestreichen. Die Abzapflöcher zum Speisen der Fliegerrinne liegen in Abständen von 3 m. Einen weiteren Fortschritt bedeuten die verfahrbaren

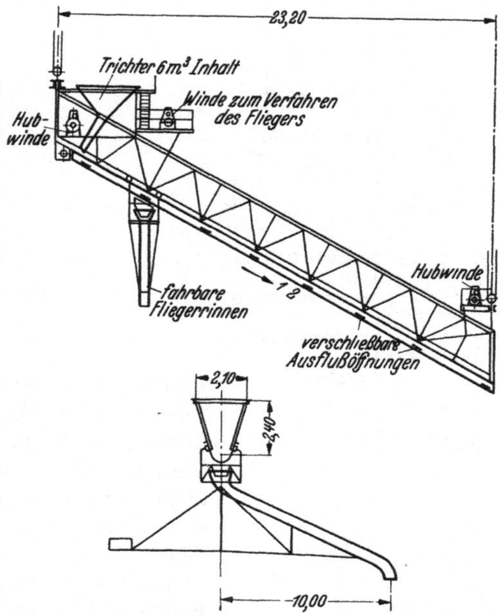

Abb. 1016. Schematische Darstellung der Gießbühne der Grimsel-Bogengewichts-Staumauer.

[1] A. Rubin: Kabelkrananlage mit Betongießbühne beim Bau der Staumauer Spitallamm des Grimselbeckens. Z. VDI Bd. 73 (1929) S. 427—431.

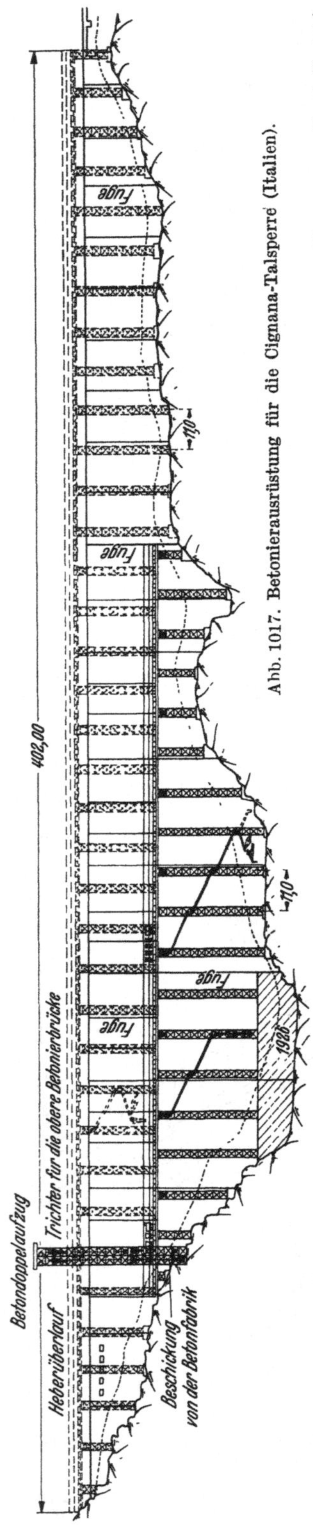

Abb. 1017. Betonierausrüstung für die Cignana-Talsperre (Italien).

Arbeitsbühnen, die sämtliche Baustellenarbeiten, insbesondere das Versetzen der Schalung schnellstens durchzuführen gestatten. Ihnen ist es nicht zuletzt zu danken, wenn beim Bau der Grimselmauer an guten Tagen Leistungen von 3000 m³ erreicht wurden.

5. *Betonierbrücken-Gießrinnenanlagen.*

In breiten Tälern, die sich zufolge der Talform für fahrbare Gießtürme weniger eignen, hat man sich mit

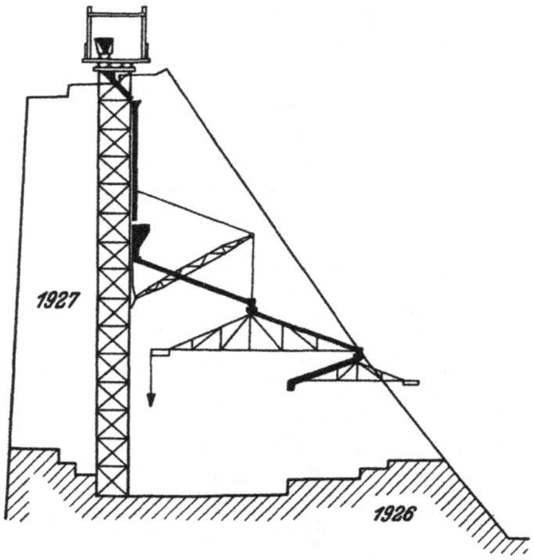

Abb. 1018. Untere Betonierbrücke.

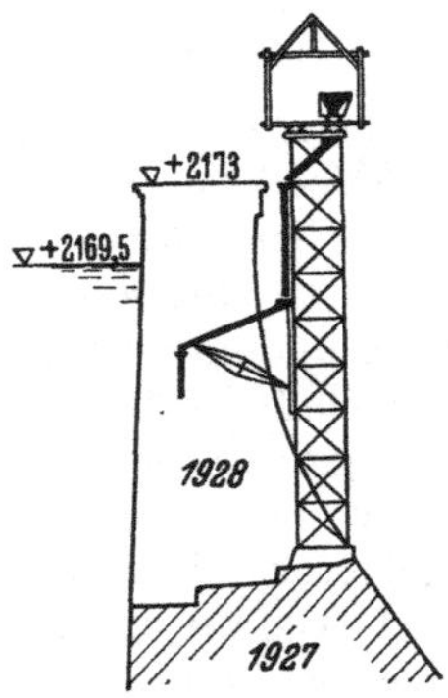

Abb. 1019. Obere Betonierbrücke.

Erfolg der Betonierbrücken bedient und dadurch wesentliche Verkürzungen der Rinnenwege erzielt. Die ältere Anordnung zeigt Abb. 1017 an dem Beispiel der Cignana-Staumauer[1]. Es wurden hier zeitlich gesehen zwei Betonierbrücken geschaffen; die ältere (ausgezogene) deckt sich mit dem Bauabschnitt des Jahres 1927. Sie ruht auf Stahlfachwerkstützen von 11 m Abstand, die nach und nach im Beton verschwinden. Am Kopfe jeder zweiten Stütze befindet sich ein Verteilungsbunker, der von der Brücke aus durch Luken beschickt wird. Das Gefälle vom Bunker bis Auslegerbaum wird

[1] Siehe Fußnote 1 von S. 585.

durch Rinnen in Brückenlängsrichtung bereitgestellt (Abb. 1017—1019). Die Zubringer-Kipploren werden durch einen Doppelschrägaufzug beschickt, und zwar unter Zwischenschaltung von Fülltrichtern, die den Betrieb unabhängiger gestalten sollen. Abb. 1020 zeigt das gleiche Betonierverfahren bei der Ceresole-Reale-Staumauer, bei der zur Herstellung des Lévyschen Schutzmantels

Abb. 1020. Betonierbrücke der Ceresole-Reale-Staumauer.

eine sehr engfachige Holzkonstruktion für die Betonierbrücke gewählt wurde. Ein neueres Beispiel für die Anwendung dieser Art von Betonierbrücken ist die La Dixence-Pfeilerstaumauer, bei der die Stahlstützen in sehr zweckmäßiger Weise zwischen den Pfeilerscheiben der Rundköpfe aufgestellt werden konnten (Abb. 738).

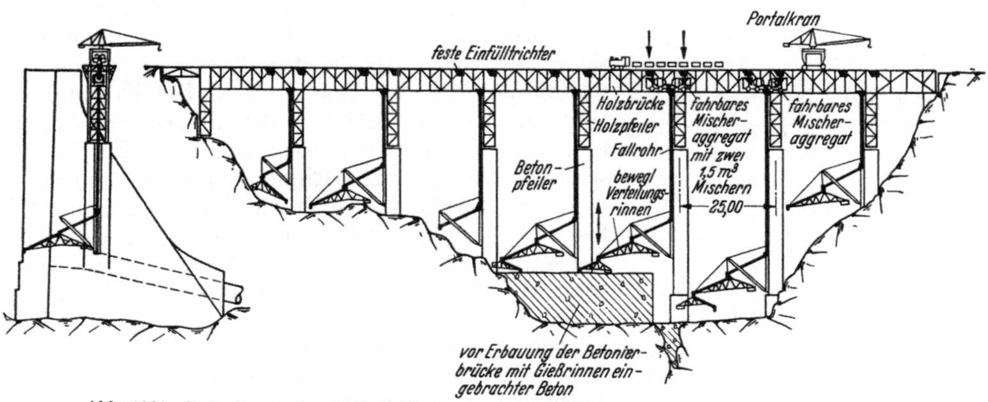

Abb. 1021. Betonierung der Bleiloch-Staumauer. Höchstleistung 1500 m³/Tag in drei Schichten. Mittlere Leistung 1000 m³/Tag in drei Schichten.

Einen wesentlichen Fortschritt hat die Betonierbrücke mit fahrbarer Mischanlage und Fallrohren gebracht, wie sie bei der Bleilochstaumauer erstmalig angewandt worden ist[1] (Abb. 1021—1023). Mit dem Fortfall der schrägen Rinnen konnte der Stützenabstand so vergrößert werden, daß er sich mit dem

[1] W. Kesselheim: Die Baueinrichtung und Bauausführung der Sperrmauer und des Krafthauses am Kleinen Bleiloch bei Saalburg in Thüringen. Bauing. 1932.

Fugenabstand deckte, womit das Einbringen des Betons wesentlich erleichtert wurde. Außerdem wurden an Stelle der Stahlstützen Betonpfeiler von 16 m^2 Querschnitt verwendet, die, in Gleitschalung hergestellt, allmählich im Beton

Abb. 1022. Bleiloch-Staumauer. Betonierbrücke.

verschwanden. Für die aus der Mauer herausragenden Teile wurde Holzfachwerk gewählt. Die Betonierbrücke ist zweigeschossig. Oben wird das trocken gemischte Gut angefahren und in Bunker gekippt (über jedem Pfeiler zwei), während es unten durch zwei fahrbare 1,5 m^3-Mischer mit Vorfülltrichtern abgezogen wird. Die Mischer sind auf einem gemeinsamen Fahrgestell aufgebaut und entleeren in einen gemeinsamen Bunker unmittelbar über einem der Fallrohre. Es können soviel Fallrohre gleichzeitig beschickt werden wie Mischersätze vorhanden sind. Die Fallrohre sind an den Seitenflächen der Pfeiler befestigt und endigen in Silos, von denen aus die Beschickung erfolgt. Das Rinnensystem ist ähnlich dem der fahrbaren Gießtürme aufgebaut und hat den Vorzug leichter Beweglichkeit, da es immer nur einen einzigen Block zu bestreichen braucht und dementsprechend kurz gehalten werden kann.

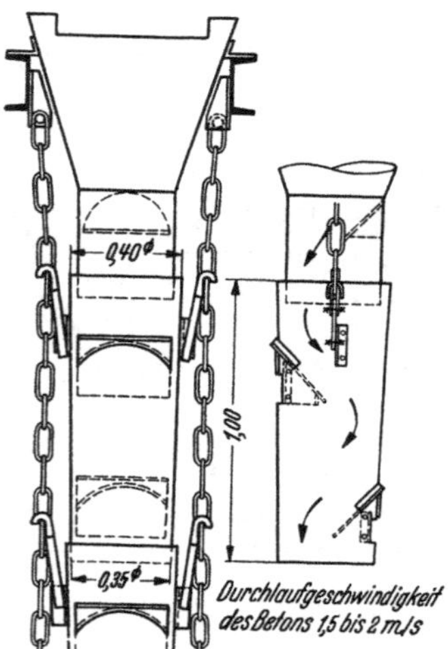

Abb. 1023. Fallrohre der Baustellenausrüstung für die Bleichloch-Sperre.

Die Fallrohre bestehen aus einer Kette kegeliger Rohrstücke von etwa 1 m Länge mit auswechselbaren unter 45° liegenden Prellblechen, die den fallenden Beton kräftig durchmischen. Die einzelnen Rohrstücke sind mit Haken in eine Gliederkette eingehängt. Die Rohrweite von 40 cm hat sich für Körnungen bis zu 60 mm vorzüglich bewährt. Ein Durchmesser von 60 cm dürfte selbst für ausnahmsweise grobes Material völlig ausreichen. Die Durchlaufgeschwindigkeit des Betons ergab sich zu $1^1/_2$ bis 2 m/s, so daß die mittlere Fallstrecke von 30 m in etwa $^1/_2$ min durchlaufen wurde.

6. *Kabelkrananlagen.*

Bei der Kabelkrananlage wird der Beton nicht durch Rinnen, sondern durch Kübel eingebracht (vgl. Ziffer 4.); das Wasser ist an der Förderung in keiner Weise beteiligt. Der Kübel mit dem fertigen Beton wird an die Seillaufkatze angeschlagen, hochgehoben, verfahren, abgesenkt und abgesetzt. Beim Öffnen des Kübels sind Entmischungserscheinungen nur dann zu erwarten, wenn der Beton entweder zu naß oder zu trocken ist; im ersteren Falle trennt sich der Mörtel von den Grobzuschlägen, im letzteren entsteht die berüchtigte Pyramidenbildung, die ein Verziehen des Betons erforderlich macht, das stets mit Entmischungen verbunden ist. Ein Betongut mit plastisch-gießfähiger Steife hat sich beim Kübelbetrieb am besten bewährt.

Das unumstrittene Anwendungsgebiet des Kabelkrans liegt dort, wo es sich um Betonmassen handelt, die mehr in der Breitenrichtung als in der Höhenrichtung ausgedehnt sind und bei denen die Vorteile der schnellen Längsförderung restlos ausgenutzt werden können. Ein bezeichnendes Beispiel ist das Nilwehr bei Nag-Hamadi, das 1932 dem Betriebe übergeben wurde[1]. Die zu bestreichende Fläche mißt 100 m in der Breiten- und 700 m in der Längsrichtung bei 3 m durchschnittlicher Betonstärke. Erschwerend für jede andere Einbringungsart kam noch hinzu, daß der Nil ständig auf $^2/_3$ seiner Breite offen gehalten werden mußte und eine Überflutung der Baustelle bei dem sommerlichen Hochwasser nicht zu vermeiden war. Gemäß Abb. 1024 wurden fünf Kabelkrane mit 940 m Turmabstand über den Nil gespannt, von denen zwei für die Betonierung des Wehrkörpers und drei für die Herstellung des Wehrbodens gedacht waren. Das Neuartige an diesen Kabelkranen war hier seitliche Schwenkbarkeit, durch die jede Katze einen Breitenstreifen von 15 m bestreichen konnte. Um eine einwandfreie Verspannung der Stützen zu erreichen, wurden sie in geeigneter Weise gegeneinander versetzt. Das Anwendungsgebiet des ortsfesten Kabelkrans hat durch die Einführung schwenkbarer Stützen eine wesentliche Erweiterung erfahren.

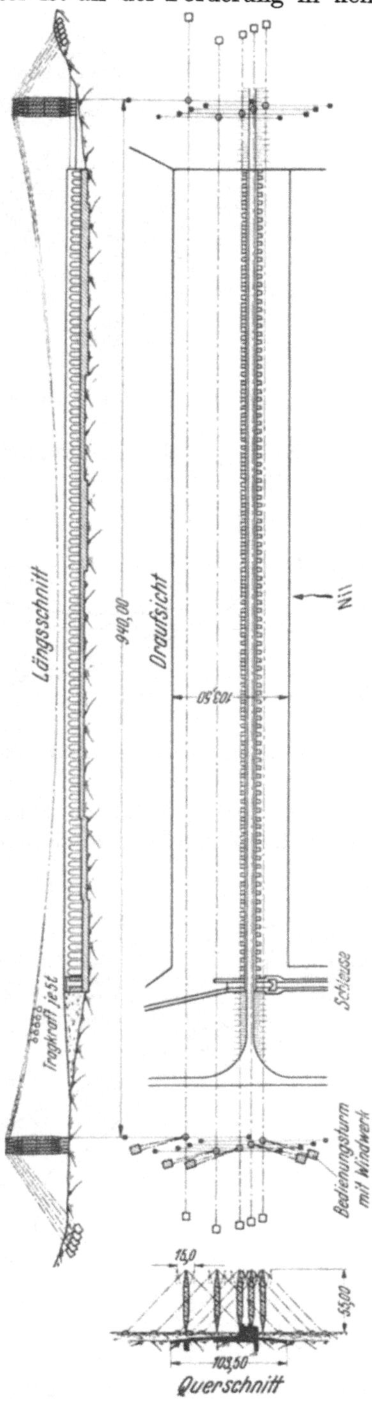

Abb. 1024. Kabelkran-Betonieranlage für das Nag-Hamadi-Wehr (Ägypten).

Die Anlagekosten einer Kabelkrananlage wachsen beträchtlich, sobald einer der Türme fahrbar angeordnet wird. Bei Bogen- und Bogengewichtsmauern muß

[1] Bautechn. 1930 S. 709, Engineering Bd. 131 (1931) S. 20, Engineer Bd. 151 (1931) S. 122, Z. VDI Bd. 75 (1931) S. 782.

man sich damit abfinden, da sonst die Gründungsfläche nicht bestrichen werden kann (Abb. 1025). Bei der in Bau befindlichen Hohenwarthe-Staumauer

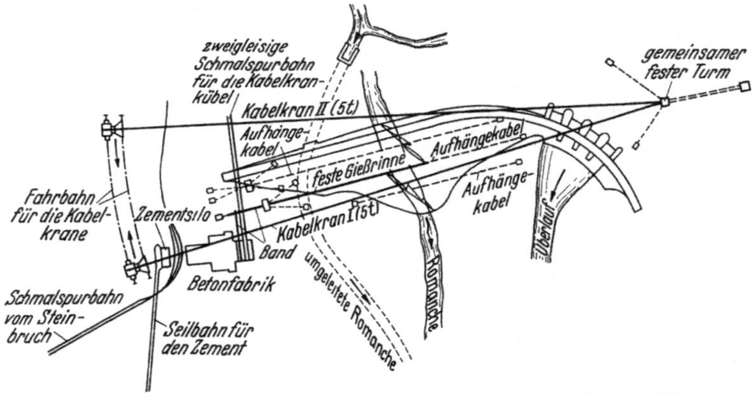

Abb. 1025. Einseitig verfahrbare Kabelkran-Betonieranlage. Chambon-Mauer.

hat es sich sogar als zweckmäßig erwiesen, beide Türme fahrbar zu machen (Abb. 1026).

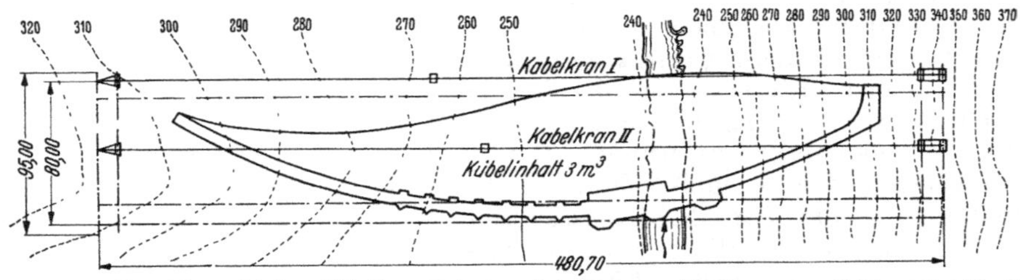

Abb. 1026. Beiderseitig verfahrbare Kabelkran-Betonieranlage. Hohenwarthe-Staumauer. Leistung 2 × 75 m³/h.

Wegen der schwierigen Fernsteuerung eignen sich Kabelkrane schlecht zum Ausfüllen von Erosionsrinnen; man nimmt in solchen Fällen besser eine

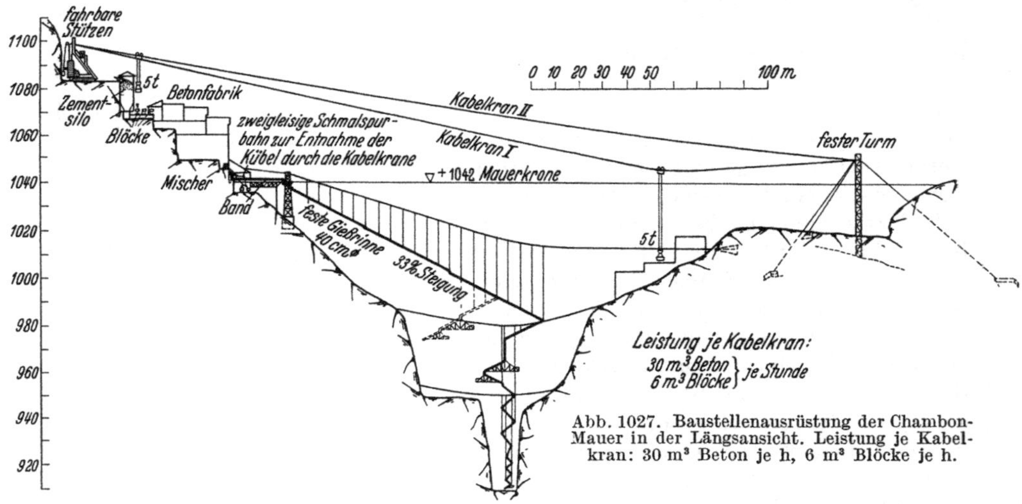

Abb. 1027. Baustellenausrüstung der Chambon-Mauer in der Längsansicht. Leistung je Kabelkran: 30 m³ Beton je h, 6 m³ Blöcke je h.

Kabelrinne zu Hilfe (Abb. 1027). Wird die letztere vom Hang aus beschickt, so läßt sich die Reichweite steigern, wenn zwischen Mischanlage und Rinne noch eine Bandstraße mit Zwischensilo geschaltet wird.

Die große Verbreitung der Kabelkrane ist weniger auf einbringungstechnische Vorteile zurückzuführen, denn die Leistungen bleiben im allgemeinen

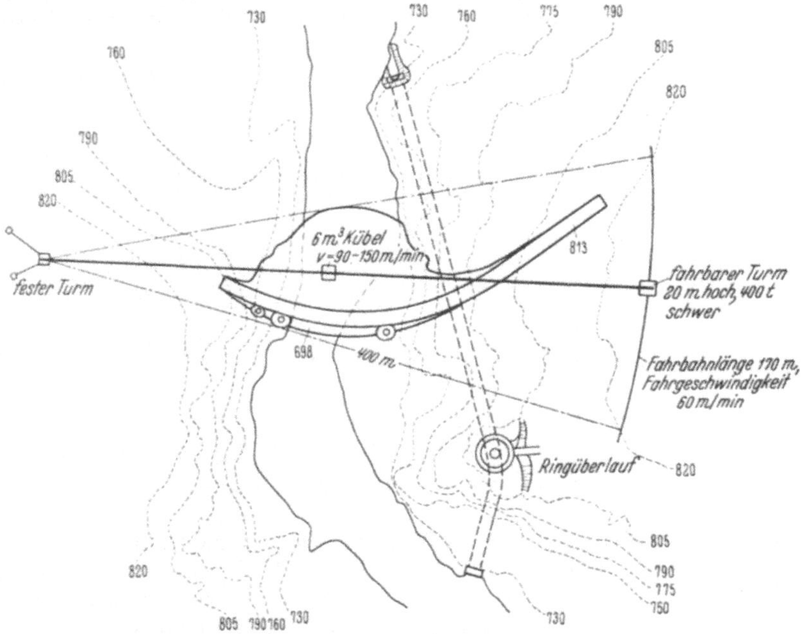

Abb. 1028. Kabelkrananlage zum Betonieren der Owyhee-Staumauer (USA.). Einzubringender Beton 380000 m³. Erzielte Stundenleistung 100 m³.

hinter denen von Rinnenanlagen zurück; sie ist vielmehr darin zu suchen, daß Beton mit Blockeinlagen noch bis in die jüngste Zeit hinein sehr beliebt war. Der Kabelkran ist in solchen Fällen ein sehr wirtschaftliches Einbringungsgerät. Die beiden Krane der Chambon-Staumauer [1]

Abb. 1029. Owyhee-Staumauer. Entleeren des Kübels.

Abb. 1030. Owyhee-Staumauer. Heranbringen des fertigen Betons.

(Abb. 1025, 1027) leisteten beispielsweise stündlich 60 m³ Beton und 12 m³ Steine.

[1] Siehe Fußnote 2 von S. 586.

Heute, wo die Blockeinlagen weniger angewandt und die Vorteile der Vergröberung des Zuschlagsgutes erkannt sind, ist der Kabelkran nur dann wettbewerbsfähig, wenn man sich auf große Leistungen einstellt. Dies bedingt in

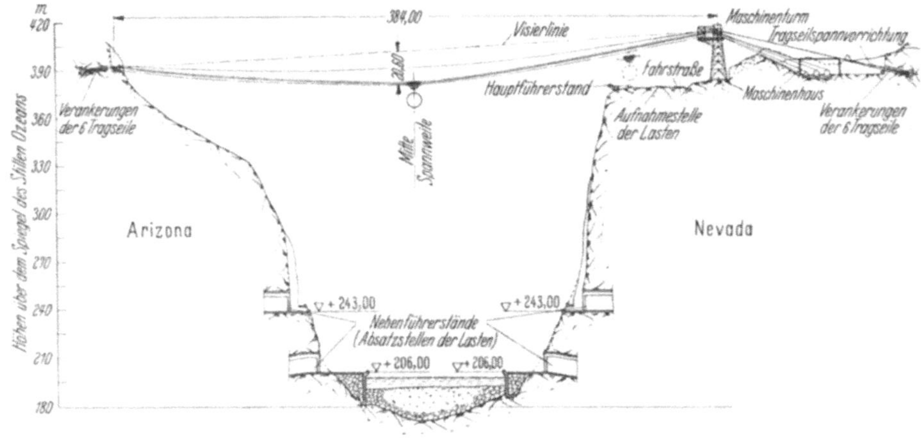

Abb. 1031. Kabelkran der Boulder-Staumauer.

erster Linie großräumige Kübel, d. h. große Tragfähigkeit, da man die Zeitverluste beim Anschlagen und Entleeren nur durch Herabminderung der Spiele einschränken kann. So kam man z. B. bei der Owyhee-Staumauer [1] mit 6 m³-Kübeln und 17 Spielen/h auf Leistungen von 100 m³/h und konnte 380000 m³ Beton mit einem einzigen Kabelkran in 2 Jahren einbringen (Abb. 1028—1030), was in erster Linie einer vorzüglich arbeitenden besonderen Fernsteuerung zum Verfahren des Kübels zu verdanken war. Abb. 1029 zeigt den Kübel unmittelbar vor dem Entleeren und Abb. 1030 das Führerhaus am linken Hang über der Beschikkungsanlage; die beiden 3 m³-Bunkerwagen, die den fertigen Beton heranbringen, stehen gerade zum Entleeren bereit, während der Kübel unter den Fülltrichter bewegt wird. Das Entleeren der Kübel erfolgt in der Weise, daß der Bedienungsmann dem Kranführer ein Signal gibt, worauf sich ein Doppelflügelschieber im mittleren Teil der Bodenfläche öffnet.

Abb. 1032. Boulder-Staumauer (USA.). Seillaufkatze. 150 t Tragfähigkeit.

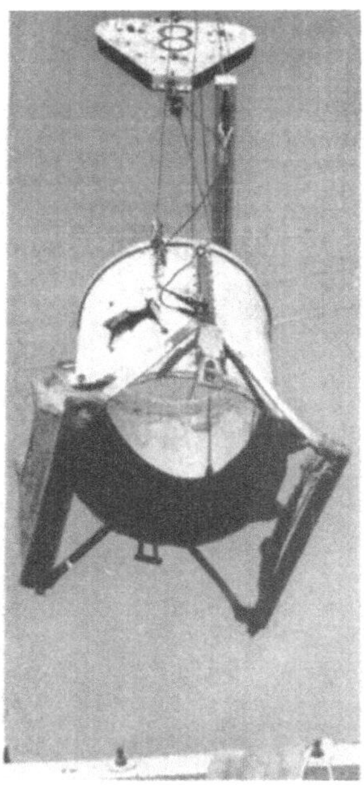

Abb. 1033. Boulder-Staumauer (USA.). 6 t Betonkübel.

In engen steilwandigen Tälern ist der Kabelkran nicht nur ein wertvolles Einbringungsgerät, sondern auch ein unentbehrliches Verlade- und Fördergerät.

[1] Engng. News Rec. Bd. 100 (1928) S. 663—667.

Abb. 1031 zeigt den einseitig verfahrbaren Kabelkran der Boulder-Staumauer[1], der mit einer Tragfähigkeit von 150 t den weitaus schwersten Kabelkran der Welt darstellt; die Tragkabel bestehen aus sechs Kabeln von 37 mm Durchmesser, die für dreifache Sicherheit bemessen sind. Die Betonkübel mit einem Fassungsvermögen von 6 m³ sind aus Abb. 1032 und 1033 ersichtlich.

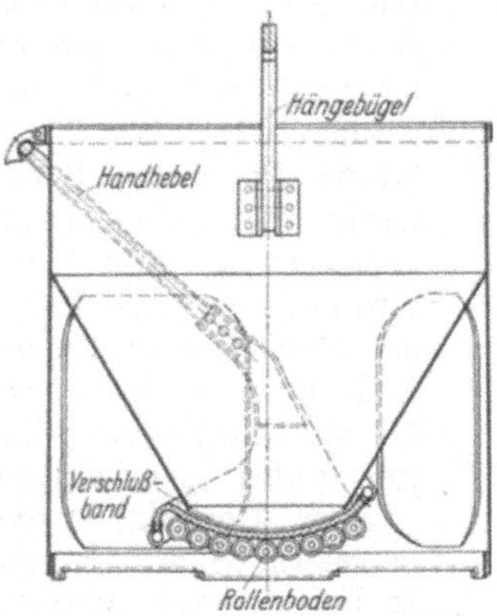

Abb. 1034. Blaw-Knox-Kübel. Querschnitt.

Abb. 1035. Blaw-Knox-Kübel.

Die konstruktive Durchbildung der Betonkübel und insbesondere der Verschlußorgane hat in den letzten Jahren außerordentliche Fortschritte gemacht, was

Abb. 1036. Derrick- und Drehkrane beim Bau der Ariel-Bogenstaumauer (USA).

der Betongüte naturgemäß sehr zustatten gekommen ist. Abb. 1034 zeigt z. B. einen Blaw-Knox-Kübel, wie er beim Bau der Norris-Staumauer verwendet wurde, mit Rollenverschluß. Eine Hand genügt, um diesen Kübel zu bedienen (Abb. 1035)[2].

[1] Bauing. 1932 S. 85, Engng. News Rec. Bd. 109 (1932) S. 408—410.

[2] Dr.-Ing. W. Franke: Die Bauarbeiten an der Norris-Staumauer. Bauing. 1936 S. 357—366.

7. *Derrick- und Drehkrananlagen.*

Ein besonders in Amerika verbreitetes Einbringungsverfahren ist das mit Derricks oder Drehkranen (Abb. 1036), bei welchem der fertige Beton in Kübeln auf Gleisen herangebracht und von den Kranen aufgenommen und in die Baugrube befördert wird. Der Arbeitsvorgang ist ähnlich wie beim Kabelkranbetrieb. Abb. 1036 zeigt die Verwendung von Derricks und Drehkranen beim Bau der Ariel-Bogenmauer (100 m hoch, 300 m lang)[1]. Der fertige Beton wird an vier Stellen herangebracht und durch die Krane abgesetzt; der über der Baustelle kreuzende Kabelkran dient nur zum Heranbringen von Schalungsteilen und Geräten.

Abb. 1037. Herstellung der Pfeiler der Hamilton-Staumauer.

Der Derrick ist ein ortsfester Schwenkkran; er besteht aus dem im Gelände verankerten Stützmast und dem einziehbaren Auslegerbaum. Derrickkrane sind außerordentlich leistungsfähig und vielseitig verwendbar; ihre Höhe beträgt auf Großbaustellen in der Regel 50 m.

Drehkrane sind zwar weniger hoch, bieten dafür aber den Vorteil der Verfahrbarkeit. Bei Pfeilerstaumauern läßt man sie auf besonderen Gerüsten

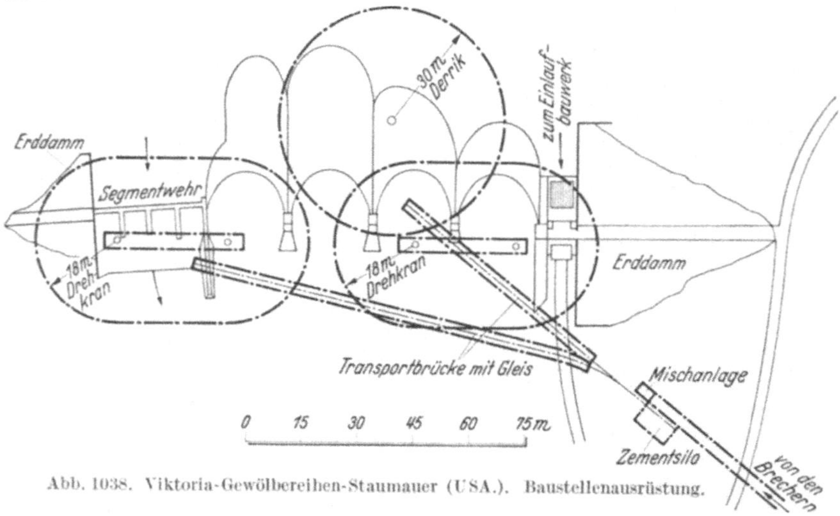

Abb. 1038. Viktoria-Gewölbereihen-Staumauer (USA.). Baustellenausrüstung.

laufen[2] (Abb. 1037), während bei massiven Mauern die Gleise unmittelbar auf den fertigen Beton gelegt werden können (Abb. 1036). Der am rechten Hang arbeitende Drehkran der Ariel-Staumauer führt z. B. nach der Mitte fortschreitend einen Block nach dem anderen hoch.

Um Drehkrane und Derricks nutzbringend anwenden zu können, braucht man breite und geräumige Täler, in denen sich die Möglichkeit bietet, den Beton an verschiedenen Stellen anzufahren und gleichzeitig mehrere Blöcke in Arbeit zu

[1] Engng. News Rec. Bd. 106 (1931) S. 435—438.
[2] Engng. News Rec. Bd. 110 (1933) S. 59—62.

nehmen. In dem Bauzustand der Ariel-Staumauer, wie ihn Abb. 1036 zeigt, arbeiten z. B. zwei Drehkrane von den Hängen nach der Mitte, zwei Derricks in der Lücke zum linken Hang, ein dritter Drehkran in Talmitte und ein weiterer Derrick an den Einlaufbauwerken. In einem späteren Bauabschnitt standen alle sechs Krane zur Verfügung, um die mittleren Mauerblöcke hochzuführen, ohne daß Behinderungen eintreten.

Eine außerordentlich leistungsfähige Zusammenarbeit von Derrick- und Drehkranen zeigt die Baustellenausrüstung der Viktoria-Gewölbereihen-Staumauer-USA. (Abb. 1038). Ein 30 m Derrick und zwei 18 m-Drehkrane genügten hier, um die 150 m lange und 75 m breite Baustelle zu versorgen.

Abb. 1039. Drehkrane und Brückenkrane mit Kübelkatzen beim Bau der Grand Coulée-Staumauer (USA).

Ein neueres großartiges Beispiel für die Anwendung von Drehkranen und Brückenkranen mit Kübelkatzen stellt die Baustellenausrüstung der Grand Coulée-Staumauer dar (Abb. 1039). Hier wurden fahrbare Krane der verschiedensten Art verwendet, die auf langen Förderbrücken von einem Hange ins Baugelände vorstießen und damit eine Reichweite von gewaltigstem Ausmaß ermöglichten.

Ein Übelstand bei dem heutigen Derrick- und Drehkranbetrieb ist die Anfuhr des fertigen Betons auf Gleisen. Diese verlangt, wenn Entmischungserscheinungen vermieden werden sollen, einen verhältnismäßig trockenen Beton. Man kann höchstenfalls die Steife von plastischem Stampfbeton erreichen, der für Kübeleinbringung weniger geeignet ist, da der Beton zu einem Haufen entleert wird, den man nachträglich verziehen und auseinander schaufeln muß.

8. *Fahrbare Bandförderanlagen.*

Gießrinne und Kübel haben bis vor kurzem noch die wasserbauliche Großbaustelle weitgehend beherrscht. In dieser Entwicklung dürfte in den nächsten Jahren eine grundlegende Wandlung eintreten. Das Förderband, dessen Kinderkrankheiten heute als überwunden gelten können, vereinigt die Vorteile der Gießrinne (gleichmäßige Beschickung) mit denen des Kübels (mechanische Förderung des Betons). Gleichzeitig hat man die Gewähr, daß der Wassergehalt ein gewisses Maß nicht überschreitet, da sonst eine Förderung auf Bändern unmöglich wird.

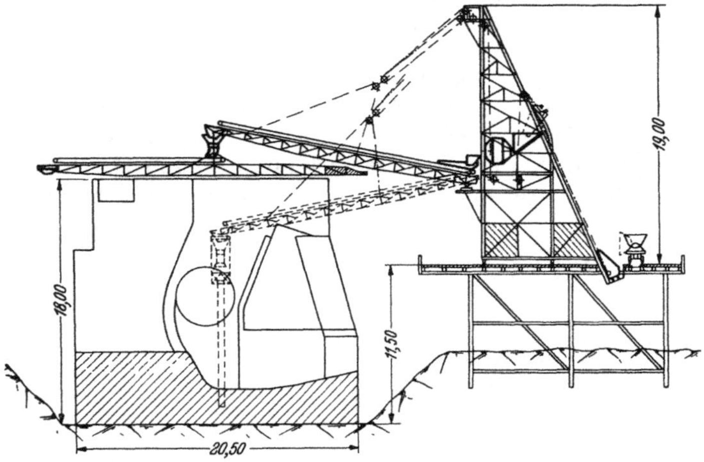

Abb. 1040. Fahrbare Bandförderanlage zum Einbringen von Beton (System Ibag) für den Bau des Baldeney-Stauwehrs (Ruhr).

Andererseits sollte man sich durch das Förderband nicht verleiten lassen, zu trocken zu arbeiten.

Die fahrbare Bandförderanlage mit Schwenk- und Fliegerband (Abb. 1040) ist ein leicht bewegliches Einbringungsgerät, daß sich für die Herstellung von

Abb. 1041. Fahrbare Förderbandanlage Ruhrwehr Baldeney.

Wehren und mittleren Staumauern vorzüglich eignet. Gegenüber der fahrbaren Gießanlage ist der Arbeitsvorgang einfacher. Das Trockengut wird in Kübelwagen angefahren, in den Aufzugskübel gekippt, hochgezogen, gemischt und unmittelbar den Bändern zugeleitet. Die Bänder können bis zu 12° geneigt werden, ohne daß fühlbare Entmischungserscheinungen eintreten. Die Abb. 1041 und 1042 zeigen eine fahrbare Bandförderanlage beim Bau des Ruhrwehrs Baldeney[1].

Bei Bandförderanlagen muß, wenn ein guter Beton entstehen soll, auf eine leichte Beweglichkeit der Bänder geachtet werden. Es widerspricht vollständig dem Wesen des Bandes, wenn der Gegenarm des Fliegerbandes verankert werden muß (Abb. 1041). Dies führt notwendig zu Pyramidenbildungen (Abb. 1042), oder reizt zum Verziehen des Rüssels, oder zu ähnlichen Hilfsmaßnahmen, welche die Güte des Betons beeinträchtigen. Eine leichte Beweglichkeit der Bänder setzt zunächst voraus, daß die Bänder hoch genug liegen. Bei einem Wehre muß z. B. der Drehpunkt des Schwenkbandes so hoch angeordnet sein, daß das Fliegerband noch frei über dem Pfeilerkopf drehen kann (Abb. 1040). Dies hat natürlich zur Folge, daß tiefer liegende Teile wie z. B. der Wehrboden nur mit Hilfe von Rüsseln betoniert werden können; diese sind aber nur erwünscht. Während nämlich bei Rinnenbeton der freie Fall leicht Entmischungserscheinungen hervorruft, ist es bei plastischen Steifegraden gerade umgekehrt; die Betongüte wird verbessert, da das zusammenhaltende Gut eine dem Stampfen ähnliche Verdichtung erfährt.

Abb. 1042. Fahrbare Förderbandanlage Ruhrwehr Baldeney.

Weiterhin müssen die Bänder eine gewisse Mindestschwere haben, damit sie beim stoßweisen Beschicken nicht ins Pendeln kommen. Ein Fliegerband, das zur Vermeidung von Schwingungen verankert werden muß, ist schlecht entworfen und sollte zurückgewiesen werden. Um die Beweglichkeit der Fliegerbänder spielend leicht zu halten, hat man sie in Amerika elektrisch gesteuert. Bei der Diablo-Staumauer konnte auf diese Weise der Beton vollständig gleichmäßig über die Fläche der Arbeitsschicht verteilt werden. In diesem gleichmäßigen Bestreichen der Schichtfläche besteht einer der Hauptvorteile des Förderbandes.

Bei größeren Mauerhöhen, etwa von 30 m ab muß die Bandanlage in der Höhenrichtung beweglich gemacht werden, da man mit der Rüsselhöhe nicht über 10 m hinausgehen sollte.

9. *Ortsfeste Förderbandanlagen.*

In tief eingeschnittenen Tälern ist der ortsfeste Förderbandturm die gegebene Lösung. Abb. 1043—1045 zeigt solche Türme beim Bau der Vermunt-Staumauer[2]. Der fertige Beton wurde den einzelnen Türmen von der Haupt-

---

[1] Die Abbildungen verdanke ich der Freundlichkeit von Herrn Direktor Dr.-Ing. Spetzler.

[2] Siehe Fußnote 1 von S. 608.

befehlsstelle aus durch Bänder zugeführt. Der Wirkungskreis eines jeden Turmes hatte 37 m Halbmesser. Förderbandtürme sind den Gießtürmen völlig entsprechend gebaut, nur daß das Rinnensystem durch Schwenk- und Fliegerband ersetzt ist. Die Reichweite läßt sich beträchtlich steigern, wenn der Turm nicht vor die Mauer, sondern in die Mauer gesetzt wird (Abb. 1046).

Um die Bänder besser lagern und gleichzeitig beweglicher gestalten zu können, wurde bei der Diablo-Staumauer die übliche den Gießtürmen nachgebildete Bandanordnung

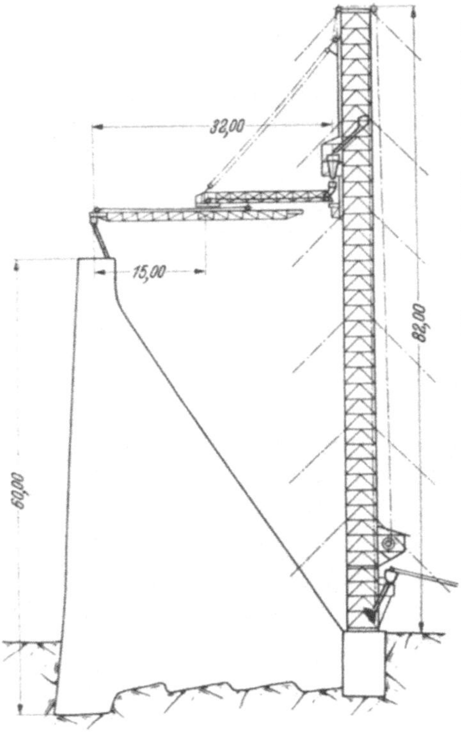

Abb. 1043. Förderbandturm der Vermunt-Staumauer.

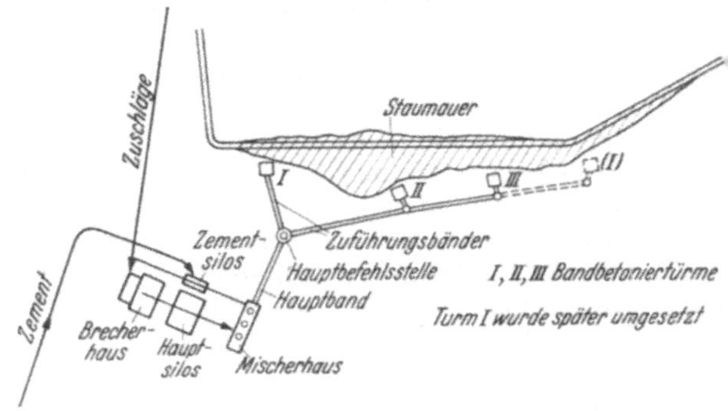

Abb. 1044. Übersichtsplan über die Baustellenausrüstung der Vermunt-Staumauer (Österreich).

Abb. 1045. Blick auf die Bandfördertürme der Vermunt-Staumauer.

verlassen[1] (Abb. 1046 u. 1047). Der regelmäßige Gleitrahmen trägt in der Mitte einen schwenkbar gelagerten Auslegerbalken, der mit drei Seilen am Rahmenkopf aufgehängt ist; in ähnlicher Weise, aber völlig unabhängig vom Auslegerbalken, ist das schwenkbare Band im Gleitrahmen gelagert. Am Auslegerbalken ist ein Querträger verfahrbar, an dem ein zweites Band mittig in zwei Flaschenzügen gelagert ist. Dies hängt außerdem noch mit Hilfe eines gewöhnlichen Drehkopfes am Schwenkband. Beim Betrieb der Bänder entsteht eine Schere, deren Reichweite aus den verschiedenen Stellungen, die in Abb. 1046 und 1047 eingezeichnet sind, ersichtlich wird.

Da das untere Band in zwei Punkten und stets mittig aufgehängt ist, sind Schwingungen beim Betrieb ausgeschlossen und damit die Vorbedingungen gegeben, um die Rüsselbewegung beim Betonieren elektrisch zu steuern. Blockhöhen bis zu 10 m konnten von einer Lage des Gleitrahmens aus bewältigt werden, und zwar 2 m durch Senken des unteren Scherenbandes mit Hilfe des Flaschenzuges und der Rest durch den Rüssel.

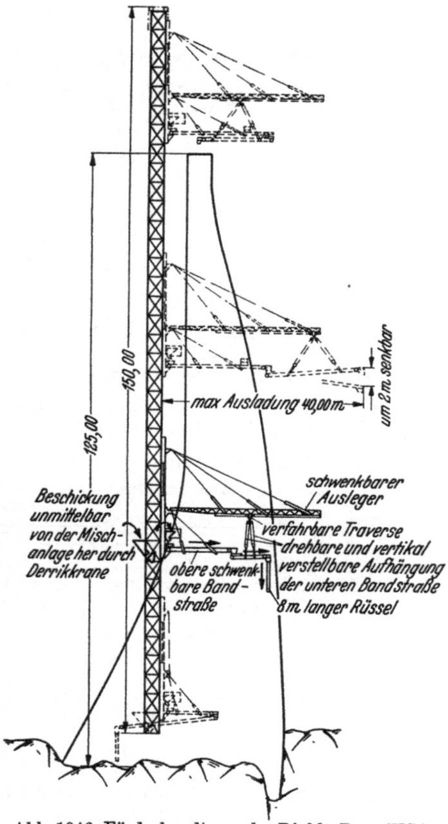

Abb. 1046. Förderbandturm des Diablo-Dam (USA.).

Um Verstopfungen in den Drehköpfen zu vermeiden, muß das untere Band schneller laufen als das obere; ferner empfiehlt es sich, den Beton nicht senkrecht fallen zu lassen, sondern Gleitflächen unter 45° zu schaffen. Unter 10 cm Korngröße genügen Bänder von 60 cm Breite für Kiesbeton und von 80 cm für Schotterbeton; bei größeren Körnungen sollte man nicht unter 70 bzw. 90 cm Bandbreite heruntergehen. Bei Wahl guter Muldengurtbänder, ausreichender Bandbreite und möglichst enger Rollenabstände ist der Verschleiß gering, und es lassen sich Leistungen erzielen, die hinter denen gleichwertiger Gießanlagen nicht zurückstehen. Bei der Diablo-Staumauer wurden z. B. Leistungen von 85 m^3 je h und Turm erzielt, so daß mit zwei Türmen 2700 m^3 Beton im Tag hergestellt werden konnten. An der Vermunt-Sperre[2] wurde mit drei Türmen eine Monatsleistung von 28600 m^3 und eine höchste Tagesleistung (20 h) von 1960 m^3 erzielt.

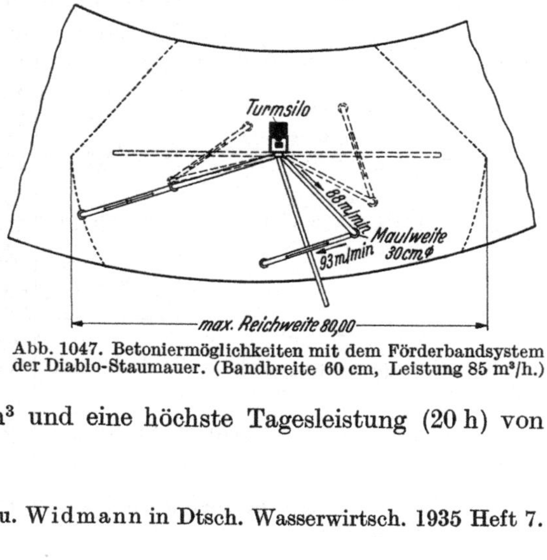

Abb. 1047. Betoniermöglichkeiten mit dem Förderbandsystem der Diablo-Staumauer. (Bandbreite 60 cm, Leistung 85 m^3/h.)

[1] Siehe Fußnote 1 von S. 604.

[2] Habild in Z. VDI v. 20. 6. 1931 u. Widmann in Dtsch. Wasserwirtsch. 1935 Heft 7.

10. Kabelkran-Bandförderanlagen.

Die unter 4. behandelte Verbindung von Kabelkranen mit Gießbühnen ist beim Bau der Esla-Staumauer auf Bandförderbetrieb umgestellt worden

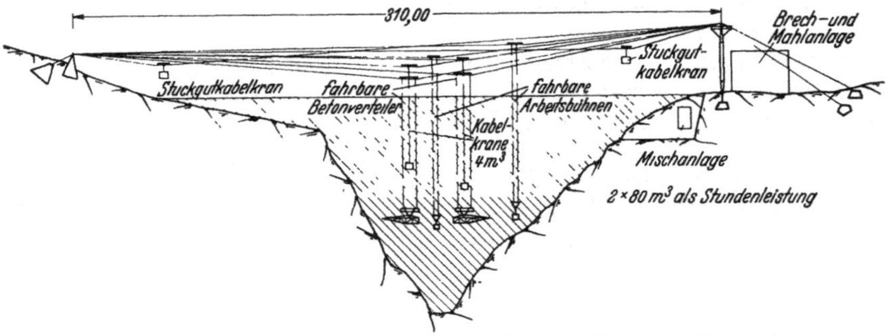

Abb. 1048. Ansicht der Betonierausrüstung der Esla-Staumauer (Spanien).

(Abb. 1048—1052)[1]; es wurden dabei mit zwei Gerätsätzen Stundenleistungen von 160 m³ erzielt. Von den Bandförderern abgesehen, besitzt die Anordnung große Ähnlichkeit mit der Baustellenausrüstung der Grimsel-Staumauer; sie

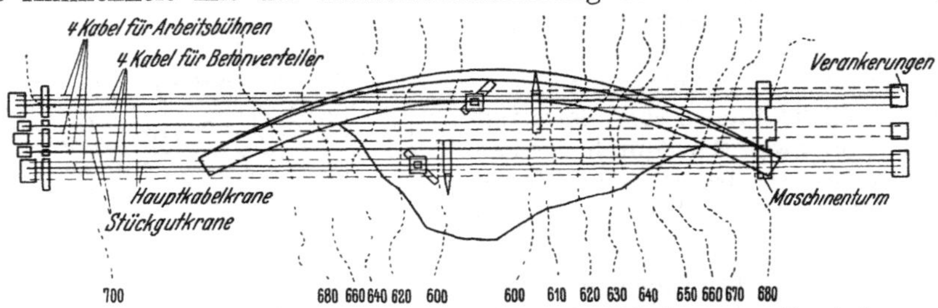

Abb. 1049. Draufsicht auf die Betonierausrüstung der Esla-Staumauer (Spanien).

unterscheidet sich nur durch die neu hinzugetretenen Stückgutkabelkrane zum Beschicken der Arbeitsbühnen. Die Bandverteiler, die an Stelle der Gießbühnen getreten sind (Abb. 1051), sind fahrbar, drehbar und lotrecht beweglich. Der Beton wird unter dem Bunker im Fließbetrieb abgezogen und entweder am Ende des Bandes oder seitlich mit Hilfe eines Abwerfers eingebracht. Durch allmähliches Drehen der Handwinde wird der Bandverteiler geschwenkt, so daß der Beton nicht in Haufen, sondern reihenweise zur Ablagerung kommt.

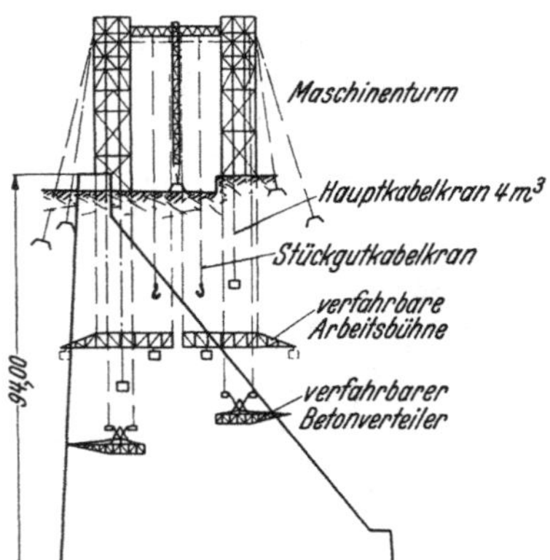

Abb. 1050. Betonierausrüstung der Esla-Staumauer im Querschnitt.

Abb. 1051. Fahr-, dreh- und senkbarer Beton-Bandverteiler der Esla-Staumauer. Leistung 80 m³/h.

Die schon bei der Grimsel-Staumauer gestreifte fahrbare und senkrecht bewegliche Arbeitsbühne ist in Abb. 1052 etwas größer herausgezeichnet worden.

[1] M. Bruckmann: Die Betonverteilanlage beim Bau der Esla-Talsperre. Z. VDI Bd. 74 (1930) S. 483—484.

Sie besteht aus einem dreiholmigen Fachwerksträger, der in Flaschenzügen an den Laufwerken befestigt ist. Das Verfahren erfolgt elektrisch, die senkrechte Bewegung von Hand. Die Arbeitsplattform ist am Untergurt fahrbar gelagert; die Verschiebung erfolgt ebenfalls von Hand.

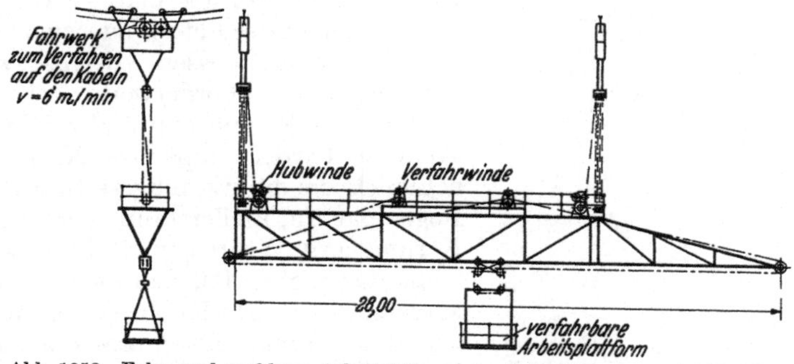

Abb. 1052. Fahr- und senkbare Arbeitsbühnen der Esla-Staumauer. 1 t Nutzlast.

11. Betonierbrücke mit Bandförderanlage.

In Abb. 1053 ist schematisch angedeutet, wie sich die Betonierbrücke mit fahrbarer Mischanlage und Fallrohren, die sich beim Bau der Bleiloch-Staumauer als so nützlich erwiesen hat, auf Bandförderbetrieb umstellen läßt. Auf der

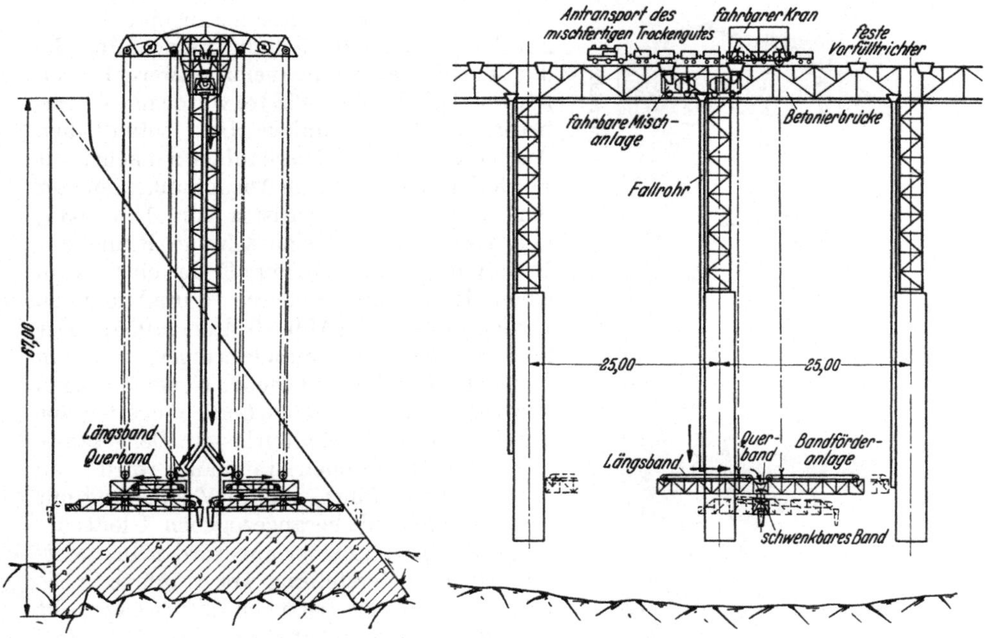

Abb. 1053. Betonierbrücke mit Fallrohren in Verbindung mit fahrbarer Bandförderanlage.

Betonierbrücke, an deren grundsätzlichem Aufbau sich nichts ändert, läuft ein fahrbarer Portalkran, der mit der fahrbaren Mischanlage Hand in Hand arbeitet und eine doppelseitige lotrecht bewegliche Bandförderanlage trägt. Die letztere besteht aus zwei Längsbändern mit dazwischen liegendem Querband, das ein Fliegerband mit Rüssel trägt. Der Betrieb erfolgt in der durch Pfeile angedeuteten Weise. Der Betonierbetrieb geht voll selbsttätig; das allmähliche Einbringen des Betons wird durch Schwenken des Fliegerbandes erreicht.

12. Betonpumpenanlagen.

Die Betonpumpe, die im Eisenbetonbau mit Erfolg verwendet wird, ist neuerdings auch im Talsperrenbau zum Einbringen des Betons herangezogen worden. Sie erlaubt, waagerechte Förderweiten von 250 m anstandslos zu überwinden, ohne daß übermäßige Ansprüche an die Flüssigkeit des Betons oder das Größtkorn gestellt werden müssen. Beispielsweise läßt sich die genannte Förderweite noch mit Korngrößen von 80 mm einwandfrei bewältigen. Wenn die Förderpumpe ihrer Natur nach vornehmlich für dünnwandigere Stauwerke, wie Bogenmauern, Pfeilerstaumauern, Erddamm-Kernmauern, Wehre usw. in Frage kommt, so heißt das nicht, daß sich nicht auch größere Mauerstärken wirtschaftlich bewältigen lassen, zumal wenn man die Pumpe mit Rinne oder Kabelkran zusammenarbeiten läßt.

Abb. 1054. Beni-Bahdel-Pfeilerstaumauer (Marokko). Betoneinbringung durch Förderpumpen.

Lehrreiche Beispiele für die Anwendung der Betonpumpe sind die oben bereits erwähnten Pfeilerstaumauern von Rophemel und Beni-Bahdel. Bei der Rophemel-Staumauer in hochelastischer Eisenbetonbauweise (Abb. 887 und 888) wurde der Weichbeton mit Kübeln durch die Kabelkrankatze herangebracht und mit der Pumpe in die Schalung eingefüllt. Bei der Beni-Bahdel-Staumauer in schwerer Pfeilerbauweise (Abb. 763a—763c) wurde der Weichbeton von der am linken Hang befindlichen Aufbereitungs- und Mischanlage zunächst mit Förderbändern zu einem Abzugbunker geleitet (am Ende des Holzgerüstes von Abb. 763a) und von hier über eine schräge Rinne zur Betonpumpe, am linken Ende eines vom einen Hang zum anderen durchlaufenden Bedienungssteges (Abb. 1054 und 1055). Der letztere trägt den Hauptzubringer, von dem zu jedem Gewölbe und Pfeiler Nebenleitungen abzweigen, die sich vom Bedienungssteg aus durch Schieber einschalten lassen. Der gesamte Beton der 55 m hohen Staumauer wurde von unten her zugeführt, was in Verbindung mit dem weitgehend herangezogenen Gleitschalungsverfahren zu einer außerordentlich wirtschaftlichen Herstellungsweise führte. Die größten Pumpwege betrugen 120 m waagerecht und 100 m schräg aufwärts. Die Abb. 1055 und 1056 vermitteln ein eindrucksvolles Bild von der vorzüglichen Beschaffenheit des hergestellten Betons.

13. Auswahl des Einbringungsverfahrens.

Der Anspruch der verschiedenartigen Einbringungsgeräte an die Flüssigkeit und damit an Wasser- und Zementgehalt des Betons ist sehr verschieden. Lange, flache Rinnen verlangen am meisten Wasser und haben früher auf mancher Baustelle zu schädlichem übermäßigen Wasserzusatz verleitet. Man wird sie heute höchstens noch für Naturkiesbeton, nicht mehr für den stets rauheren und schwerer fließenden Brechgutbeton anwenden.

Kabelkrane und Betonierbrücken gestatten, mit kurzen Rinnen zu arbeiten und haben so den unschädlichen Anwendungsbereich des, rein kostenmäßig

Abb. 1055. Beni-Bahdel-Pfeilerstaumauer (Marokko). Hauptzubringer und Abzweigleitungen.

meist vorteilhaftesten, Rinnenverfahrens wieder erweitert, da sie eine wesentliche Einschränkung des Wasser- und Zementgehaltes zulassen.

Die im Staumauerbau noch wenig, wohl aber im Schleusen- und sonstigen Massivbau verwendete Betonpumpe verdient in Zukunft gleichfalls in die Wahl einbezogen zu werden, insbesondere wenn es sich um hochelastische Bogenmauern oder um Pfeilermauern handelt. Für Weichbeton erlaubt sie mit Korngrößen bis zu 80 mm waagerechte Förderweiten von 250 m anstandslos zu überwinden. Die vollkommenste Freiheit in der Wahl des Wassergehaltes gewährt das Förderband, sei es in Verbindung mit Türmen oder mit Betonierbrücken. Da durch Verminderung des Wassergehaltes des Betons (bis zu einer gewissen, oben erläuterten Grenze!) die Raumbeständigkeit, Dichtigkeit und Festigkeit des Betons gesteigert, der Bindemittelbedarf verringert und die Schalungskosten (wegen geringeren Drucks und früherer Ausschalmöglichkeit) gesenkt werden, so werden die höheren Geräte- und Betriebskosten einer Bandstraßenanlage oft schon unmittelbar wett gemacht. Aber

Abb. 1056. Beni-Bahdel-Pfeilerstaumauer (Marokko). Pfeilerherstellung nach dem Gleitschalverfahren.

Abb. 1057. Herdecke-Staumauer. Herstellung nach dem Gerüstschalverfahren.

auch wenn das nicht restlos zutreffen sollte, wird man diesem Einbringungsgerät wegen des hohen Gütegrades der damit zu schaffenden Betonbauwerke gerne den Vorzug geben.

Jedenfalls aber muß es heute als grundsätzliche Regel gelten, daß sich Arbeitsweise und Leistungsfähigkeit des Einbringegerätes nach den durch die örtlichen Bau- und Betriebsbedingungen vorgezeichneten und zur Anwendung festgelegten Betoneigenschaften zu richten haben und nicht umgekehrt die Betonzusammensetzung Rücksicht auf das Einbringegerät zu nehmen hat.

25. Kapitel: **Schalung.**

Bei der Schalung von Staumauern muß zwischen Außenschalungen und Innen- oder Trennschalungen unterschieden werden. Die letzteren dienen zur Abgrenzung von Arbeitsblökken, zur Herstellung von Fugen und manchmal auch zur Abgrenzung von Vorsatz- gegen Kernbeton. Sie laufen selten durch. Hinsichtlich der Abstützung und Versetzung unterscheidet man nach Gerüst- und Gleitschalungen.

Abb. 1058. Herdecke-Staumauer. Luftseitiges Schalungsgerüst.

Die Gerüstschalung ist in den letzten Jahren nur noch selten angewandt worden; sie kommt in erster Linie für niedrige Stauwerke in Frage. Die Abb. 1057 und 1058 zeigen die Einschalung der Herdecke-Staumauer[1], bei der sehr ausgiebig von der Gerüstschalung Gebrauch gemacht wurde. An beiden Außenflächen sind Fachwerkbinder mit Querbalken und Längshölzer als Gerüst für die Schalung hochgeführt; der Schalungsdruck wird durch gegenseitige Verankerungen aufgenommen, die, aus gewöhnlichem Rundeisen bestehend, in der Ebene der Binderpfosten mit den Holmen verschraubt werden. Das Aufrichten geschieht durch Turmdrehkrane, etwa im gleichen Schritt mit der Betonherstellung.

[1] Siehe Fußnote 1 von S. 618.

Die heute weitgehend verbreitete Gleitschalung möge an dem Beispiel der Bleiloch-Staumauer erläutert werden (Abb. 1059—1061). Ihr großer wirtschaftlicher Vorteil besteht darin, daß sie Gerüste entbehrlich macht und ununterbrochen von einer Arbeitsschicht zur nächsten hochgezogen werden kann

Abb. 1059. Bleiloch-Staumauer. Gleitschalung.

(Abb. 1059). Bei dem ständigen Wechsel wird die Schalung restlos aufgebraucht und der Holzbedarf dementsprechend aufs Äußerste beschränkt. Die Schalungstafeln ruhen immer zur Hälfte auf dem alten Beton, da der Schalungsdruck durch Kragwirkung nach unten weitergeleitet wird. Ihre Höhe schwankt, je nach der Höhe der Arbeitsschicht, zwischen 4 und 6 m. Jeder Binder wird in der Pfostenebene durch zwei Ankerschrauben mit dem alten Beton verbunden; die Zugkraft errechnet sich in einfacher Weise nach dem Hebelgesetz

Abb. 1060. Bleiloch-Staumauer. Durchbildung der Gleitschalung.

Abb. 1061. Bleiloch-Staumauer. Verankerung der Gleitschalung.

um den Binderfuß als Drehpunkt. Um die Ankerschrauben, die in die jeweils zu betonierende Schicht eingelegt werden, nicht zu verlieren, versieht man sie beiderseits mit Gewinde und verschraubt sie innen mit verlorenen Vierkantmuttern (Abb. 1061). Der Aufwand an Muttern steht in gar keinem Verhältnis zu der Ersparnis an Schrauben. Vor dem Einbetonieren müssen die Schraubenbolzen tüchtig eingefettet werden, damit sie leicht herausgeschraubt werden können.

Bisher wurde, wenigstens in Europa, überwiegend das Holz als zweckmäßigster Baustoff für Schalungen betrachtet. Neuerdings ist die Stahlschalung mehr in den Vordergrund gerückt; ihre Stärke liegt in der fast unbegrenzten Wiederverwendbarkeit, in der Normung der Einzelteile, in der schnellen Aufstellung und in der Herstellung glatter und dichter Außenflächen. Gerade dieser letzte Punkt ist für Wasserbauten von großer Bedeutung und müßte eigentlich schon genügen, um in Ausschreibungen grundsätzlich Stahlschalung vorschreiben zu lassen. Indes sind neuerdings auch Holzschalungen nach ähnlichen Grundsätzen und mit ähnlichen Vorteilen gebaut worden, um so mehr, als man durch Beschlagen mit Stahlblech auch bei Holzschalungen tadellos gleichmäßige Betonflächen erzielen kann.

Abb. 1062. Zillierbach-Staumauer. Stahlgleitschalung.

Abb. 1062 und 1063 zeigen[1] die zum Patent angemeldete Holzschalung, die 1935/36 beim Bau der Zillierbach-Talsperre im Harz als Trennschalung mit großem Vorteil angewandt wurde.

Die Schalung besteht aus großen Tafeln, mit denen unten und oben je eine Einzelbohle verbunden ist, von denen die eine stets am Beton bleibt. Der

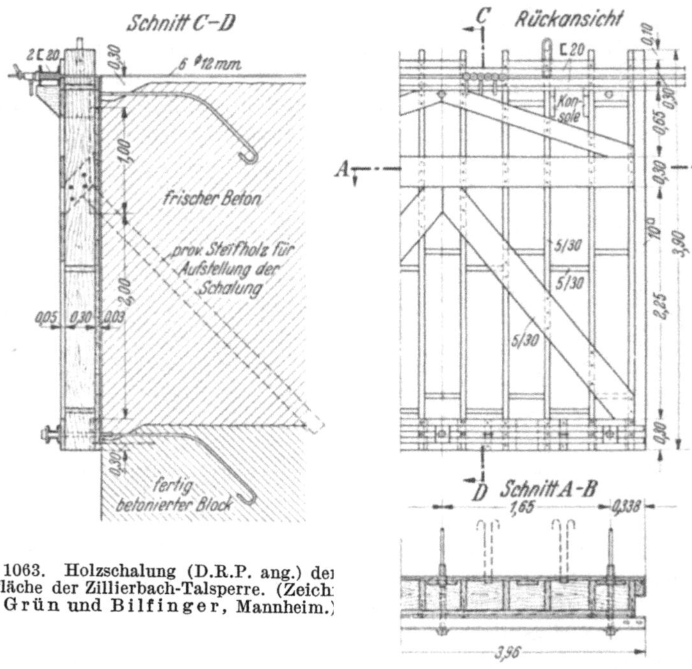

Abb. 1063. Holzschalung (D.R.P. ang.) der Innenfläche der Zillierbach-Talsperre. (Zeichn. von Grün und Bilfinger, Mannheim.)

[1] Nach Unterlagen, die von der Firma Grün & Bilfinger, Mannheim, freundlichst zur Verfügung gestellt wurden.

Vorgang des Schalens ist folgender: Die Schalung wird aufgestellt, der Beton eingebracht und die obere Bohle durch Anker fest mit dem Beton verbunden. Nach dessen Erhärtung kann die große Schaltafel von der oberen Bohle und vom Beton gelöst und auf die am Beton verbliebene Bohle daraufgesetzt werden, wobei sie durch behelfsweise Streben auf den heutigen Beton abgestützt wird. Auf diese Tafel wird wiederum eine Einzelbohle aufgesetzt, dann wird erneut Beton eingebracht. Da die Bohle mit dem Beton durch Anker fest verbunden ist, weicht sie bei dem neu entstandenen Schalungsdruck nicht aus. Die Tafel selbst ist durch aufschraubbare Rohrhülsen mit den Ankern verbunden, so daß diese Anker auch den Schalungsdruck der Gesamttafel aufnehmen. Am oberen Ende der Tafel sind Anker durchgezogen, die wenig oberhalb der vorgesehenen Betoniergrenze liegen, so daß diese Anker wieder gewonnen werden. Diese Schalung hat sich beim Bau der Zillierbach-Talsperre ausgezeichnet bewährt.

In Deutschland hat man die ersten größeren Erfahrungen mit Stahlschalung beim Bau des Sorpe-Kernmauerdammes sammeln können (Abb. 331 u. 341)[1].

Abb. 1064. Hamilton-Staumauer (USA.).

Die anfangs in Holz geschalten Außenflächen stachen sehr eindrucksvoll von den mit Stahlschalung hergestellten ab. Die Tafeln waren $6^1/_2$ m lang und 3 m hoch, so daß ein Baublock von 25 m Länge und 6 m Höhe mit 12 Tafeln eingeschalt werden konnte; sie wurden nach dem Blaw-Knox-System aus quadratischen Einzelstücken von $^1/_2$ m Seitenlänge zusammengesetzt und durch Winkel und U-Eisen kreuzweise ausgesteift. Zur Verbindung der Einzelstücke sind an den Rändern hochstegige Winkel aufgenietet, die nicht verschraubt, sondern verkeilt wurden.

Die Lizenzinhaberin für Deutschland baut Stahlschalungen aus Regeltafeln von 1 m Höhe und 2 m Breite, aus denen sie mit Hilfe teleskopartig verschiebbarer Tafeln jedes gewünschte Format herstellt. Nach Angaben von Luchterhand wiegt die Regeltafel 25 kg/m². Der Lohnstundenbedarf für Ein- und Ausschalen beläuft sich auf $^1/_2$ bis 1 h/m².

Durch Klopfen der Schalung mit Hämmern erzielt man besonders dichte Außenflächen. Die Tafeln lassen sich mit Sicherheit ohne Beschädigung der Betonoberfläche lösen, wenn sie an der Innenseite eingefettet werden.

Für die Herstellung schrägliegender Platten oder Gewölbe werden fahrbare Stahlgerüste verwendet (Abb. 1064—1066). Man ordnet an den Pfeilern kleine Konsolen an, auf denen die Schienen für die Laufrollen gelagert werden. Die Innenschalung wird verfahren, während die Außenschalung der veränderlichen Gewölbestärke jeweils angepaßt wird. Der Schalungsdruck kann hierbei durch gegenseitige Verankerung leicht aufgenommen werden.

[1] P. Ziegler: Von der Sorpe-Talsperre. Bauing. 1932 S. 148—152.

Für das Hochziehen der fahrbaren Schalungsgerüste reichen Handwinden im allgemeinen aus. Wenn man neuerdings des öfteren zu Schalungskranen übergegangen ist (Abb. 887), so in erster Linie, um den Arbeitsfortschritt zu steigern.

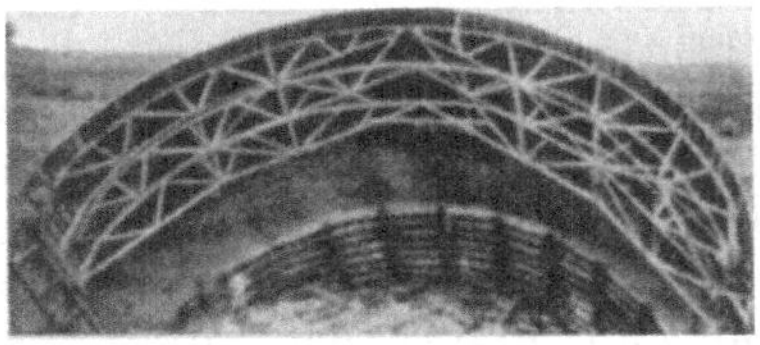

Abb. 1065. Hamilton-Staumauer. Schalung der schrägen Gewölbe.

Bei größeren Pfeilerabständen scheint es nach den bei der Beni-Bahdel-Staumauer gesammelten Erfahrungen wirtschaftlicher zu sein, die Gewölbebewehrung nach Art der Melan-Bewehrung steif durchzubilden und daran die Schalungstafeln zu befestigen; die fahrbaren Stahlgerüste werden auf diese Weise entbehrlich (Abb. 1054 und 1055). Der Hauptvorteil dieses Schalverfahrens besteht darin, daß man nicht mehr zunächst die Pfeiler ganz hochführen muß, um Schienen und Windvorrichtung

Abb. 1066. Viktoria-Pfeilerstaumauer. Dreigelenkbogen-Stahl-Gleitschalung für die Innenlaibung der Gewölbe.

unterzubringen (Abb. 888 und 1064); im letzteren Falle bleibt meist kein anderer Weg, als die Pfeilerscheiben nach dem Gerüstschalverfahren hochzuführen. Im

Abb. 1067. Autokrane der Norris-Staumauer zum Abheben und Umwechseln der Schalung.

Gegensatz hierzu lassen sich bei Verwendung steifer Melan-Bewehrung Gewölbe und Pfeiler gleichzeitig hochführen, wodurch Gerüstschalungen entbehrlich werden und von der vorteilhaften Stahl-Gleitschalung weitgehend Gebrauch gemacht werden kann (Abb. 254).

Die Festigkeitsberechnung der Schalungen, ihrer Versteifungen und Verankerungen muß besondere Rücksicht auf die Steife und Zusammensetzung des zur Verwendung vorgesehenen Betons nehmen. Bei der Zillierbach-Talsperre z. B. erwiesen sich die für plastisch-gießfähigen Zementbeton berechneten Stahlschalungen als zu schwach, nachdem man vom Portlandzement zum Hochofenzement übergegangen war, bei dem der Höhenfortschritt dem Abbinden vorauseilte. Vor allem dürfen Außenschalungen keine sichtbaren Verdrückungen erleiden; daher wird man sie mit erhöhter Sicherheit berechnen und die Annahmen über den Seitendruck des weichen Betons lieber zu ungünstig als zu günstig treffen. Eine Senkung des Wassergehaltes des Betons wirkt sich bei den Schalungen sehr günstig aus (s. oben).

Abb. 1068. Norris-Staumauer. Schnabelhaken des Autokrans hebt die Schalungstafel aus der Führung.

Um das Auswechseln der Schalung zu beschleunigen, wurden bei der Norris-Staumauer in der Baugrube fahrbare Autokrane verwendet (Abb. 1067), die nach den Grundsätzen für Geländewagen außerordentlich kräftig gebaut waren und zudem Dreipunktlagerung aufwiesen. Nach Abb. 1068 faßt der Kran mit seinem

Abb. 1069. Norris-Staumauer. Umsetzen der Schalung mit Autokran.

kräftigen Schnabelhaken hinter die vorher in den Schrauben gelöste Tafel, hebt sie mit einem Ruck aus der Führung und setzt sie um (Abb. 1069).

26. Kapitel: **Prüfung des Betons.**

(1) Festigkeit. Bei Wasserbauten sucht man Zugspannungen, sei es durch die Art der Bemessung oder durch Anordnung von Fugen, zu vermeiden; wo dies nicht möglich ist, wird die gesamte Zugkraft durch Eiseneinlagen gedeckt. Die Prüfung der Zugfestigkeit des Betons besitzt daher in der Regel kein unmittelbares Interesse, und man kann sich auf die Druckfestigkeit beschränken.

Als maßgebend wird teils die Würfelfestigkeit, teils die Zylinderfestigkeit betrachtet. Vom wissenschaftlichen Standpunkte verdient die letztere den Vorzug, da sie der Wirklichkeit näher kommt. Es treten nämlich durch die Reibung an den Druckplatten störende Nebeneinflüsse auf, die sich bei Würfeln bis zur Mitte erstrecken und eine Erhöhung der Bruchfestigkeit bewirken. Bei Zylindern im Verhältnis $h : b = 2$ ist das mittlere Drittel dem Einfluß der Reibungskräfte entzogen, und man darf daher auf eine bessere Übereinstimmung mit der Wirklichkeit rechnen. Um das Aufkommen falscher Vorstellungen zu verhindern, sollte die Würfelfestigkeit stets auf Zylinderfestigkeit umgerechnet werden. Die Umrechnungszahl läßt sich für jede Presse auf Grund von Vorversuchen leicht feststellen.

Der Würfel bietet in erster Linie praktische Vorteile. Man kann ihn leichter befördern und kann Prüfkörper, die aus dem fertigen Beton herausgestemmt werden, leichter zersägen.

Der Prüfkörper muß möglichst unter den gleichen Bedingungen hergestellt werden wie der Baustellenbeton, d. h. am besten unter der Auslaufrinne bzw. unter dem entleerenden Kübel oder dem streuenden Band. Die Entnahme an der Mischmaschine liefert bei Gießrinnen kein richtiges Bild. Die sog. „wet screening method", bei der ein Teil der Grobzuschläge naß abgesiebt wird, liefert ganz falsche Ergebnisse. Auch die Mörtelfestigkeit kann nicht als Vergleichsmaßstab betrachtet werden.

Bei Vergleich von Würfeln mit verschiedener Kantenlänge ist zu beachten, daß an der Prüfmaschine um so größere Festigkeiten abgelesen werden, je kleiner die Kantenlänge ist. Die Verhältniszahlen lassen sich durch Vorversuche mit einiger Genauigkeit feststellen. Die erforderliche Mindestkantenlänge hängt von der Grobkörnigkeit ab. Man kann etwa die folgende Abstufung empfehlen:

Korngröße	Mindestkantenlänge
bis 60 mm	20 cm
60—120 mm	30 cm
über 120 mm	40 cm

Der 7 Tage-Festigkeit fällt im Wasserbau keine große Bedeutung zu; man wird einen Teil der Würfel nach 28 Tagen und den Rest nach 90 Tagen oder 1 bzw. 2 Jahren prüfen. Bei den unvermeidlichen Streuungen müssen immer drei Würfel zu einer Prüfgruppe zusammengefaßt werden; das arithmetische Mittel wird als Ergebnis der Prüfung angesehen. In gewissen Zeitabständen empfiehlt sich das Herausstemmen von Prüfkörpern aus dem fertigen Beton, die mit gleichartigen, gewöhnlichen Prüfkörpern verglichen werden. Nur so kann man einen einwandfreien Überblick über die tatsächlich zu erwartende Druckfestigkeit gewinnen (die Deutsche Talsperren-Anleitung schreibt dieses Verfahren vor).

(2) Wasserdichtigkeit. Die Prüfung der Wasserdichtigkeit muß bei jedem Staumauerbeton an erster Stelle stehen. So erwünscht hohe Würfelfestigkeiten sind, es gibt Stauwerke genug, die trotz hoher Würfelfestigkeiten das notwendige Maß von Wasserdichtigkeit vermissen lassen. Stauwerke werden vornehmlich in waagerechter Richtung durchströmt; dementsprechend wird man die Prüfkörper durch senkrechte Schnitte aus dem Beton heraussägen, damit die Prüfrichtung mit der Strömungsrichtung zusammenfällt. Für die Betonentnahme gilt in vollem Umfange das unter a) Gesagte. Je mehr Prüfkörper aus dem fertigen Beton herausgestemmt werden, um so sicherer läßt sich die Wasserdichtigkeit beurteilen. Eine Baubehörde, die an Wasserdichtigkeitsprüfungen spart, erweist sich den denkbar schlechtesten Dienst. Bei zu kleinen Prüfkörpern sind örtliche Streuungen zu erwarten, die den Überblick trüben. Die Dicke der Prüfkörper, die im allgemeinen hinter den Breitenabmessungen zurückbleibt, sollte die unter (1) gegebenen Mindestkantenlängen einhalten.

Eine auf der Baustelle für Schnellprüfungen viel benutzte Prüfanordnung ist die der schweizerischen Abdichtungskommission (Abb. 1070), bei der ein Rohrstumpf, der unten ein Grobsandsäckchen trägt, etwa bis zur Mitte in einen Würfel von 30 cm Kantenlänge einbetoniert wird. Zur Prüfung der Wasserdichtigkeit schraubt man den Rohrstumpf an eine Wasserleitung an und setzt den Würfel in einen Kasten, in dem sich das Sickerwasser sammeln kann. Die Versuchsanordnung ist denkbar einfach; man braucht nichts zu zersägen und kann die Würfel in denselben Formen herstellen wie die der Festigkeitsprüfung zu unterwerfenden.

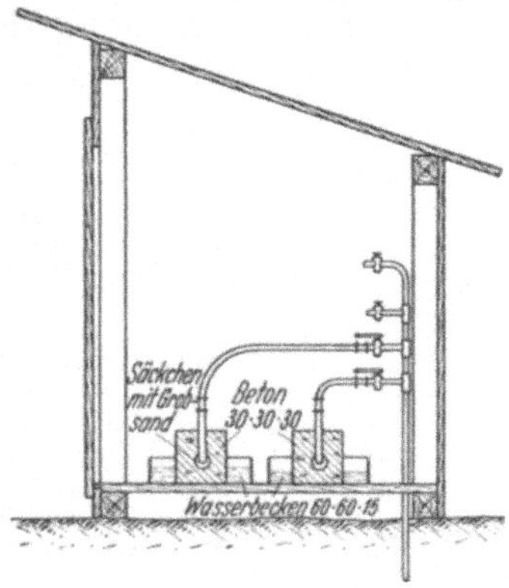

Abb. 1070. Wasserdurchlässigkeits-Prüfanordnung für den Bau der Wäggi-Staumauer.

Die Abb. 1071[1] und 1072[2] zeigen Prüfanordnungen mit plattenförmigen Körpern, die den Vorteil bieten, daß die Durchflußrichtung von vornherein festgelegt ist; man kann sich dadurch den Verhältnissen in der Staumauer besser anpassen.

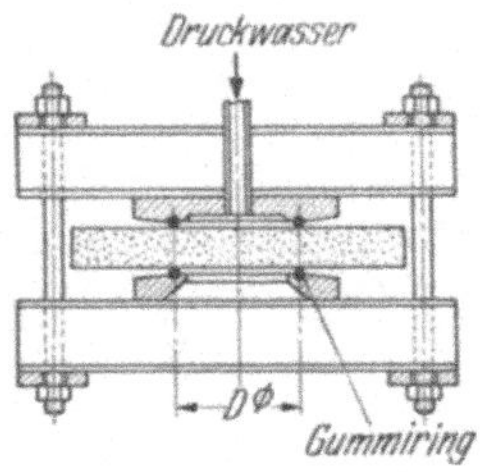

Abb. 1071. Prüfanordnung der Materialprüfungsanstalt Stuttgart.

Abb. 1073 zeigt einen Durchlässigkeitsversuch am Bauwerk selbst, nämlich in einem der Umläufe der Doppelschleuse Wesermünde-Geestemünde[3]. Leider hat man dazu bei Stauwerken selten Gelegenheit. Die Prüfanordnung hat sich vorzüglich bewährt. Die Dichtung zwischen Druckglocke und Beton wurde durch Gummiringe erzielt, die durch die angedeuteten Schrauben fest gegen den Beton gepreßt wurden. Der Befund der Deckenunterfläche war der Maßstab für die erzielte Dichtigkeit des Betons.

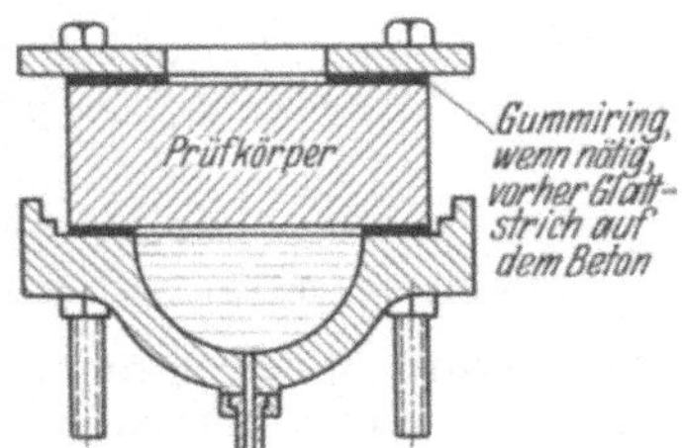

Abb. 1072. Prüfanordnung der Bautechnischen Versuchsanstalt Karlsruhe.

Eine Prüfanordnung, die sich besonders für vergleichende Prüfraumuntersuchungen eignet, ist die von Withey[4] (Abb. 1074), bei welcher der Prüfkörper durch einen Mörtelmantel seitlich wasserdicht abgeriegelt wird. Bei der Herstellung des Mantels geht man so vor, daß längs der Trennfläche zunächst ein Blechmantel eingelegt wird, damit Prüfgut und Dichtungsmörtel getrennt eingefüllt werden können. Nachdem beide Stoffe gut durchmischt sind, wird der Blechmantel vorsichtig

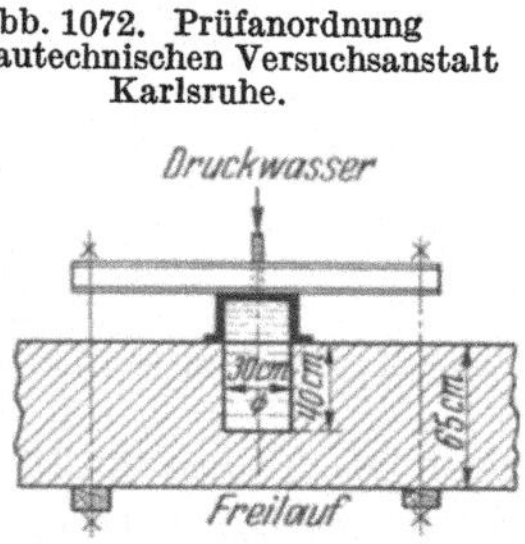

Abb. 1073. Prüfanordnung Schleuse Geestemünde.

[1] O. Graf: Heft 43 des Deutschen Ausschusses für Eisenbeton. Berlin: W. Ernst & Sohn 1920. — [2] E. Probst: Vorlesungen über Eisenbeton, Bd. 1, S. 181. Berlin: Julius Springer 1923. — [3] Arp u. Gaye: Das Gußbetonverfahren beim Bau der Doppelschleuse Geestemünde und die Erfahrungen mit Gußbeton. Bautechn. Ferner Gaye: Der Gußbeton und seine Anwendung im Bauwesen. Berlin 1926. — [4] Siehe Fußnote 2 von S. 581.

hochgezogen, um das Ineinanderfließen auf einen möglichst kleinen Bereich zu beschränken. Eine in den Dichtungsmörtel eingelassene Glocke bildet mit einem Gußkörper, der oben ein geeichtes Wasserstandsrohr trägt, den Druckwasserraum, dessen Füllung und Nachfüllung durch Öffnen des seitlichen Anschlußhahns erfolgt. Glocke und Gußkörper sind mit Nut und Feder genau passend zusammengefügt und durch Schrauben fest aufeinandergepreßt. Der Wasserdruck wird durch Preßluft erzeugt und der Sickerverlust am Wasserstandsrohr abgelesen.

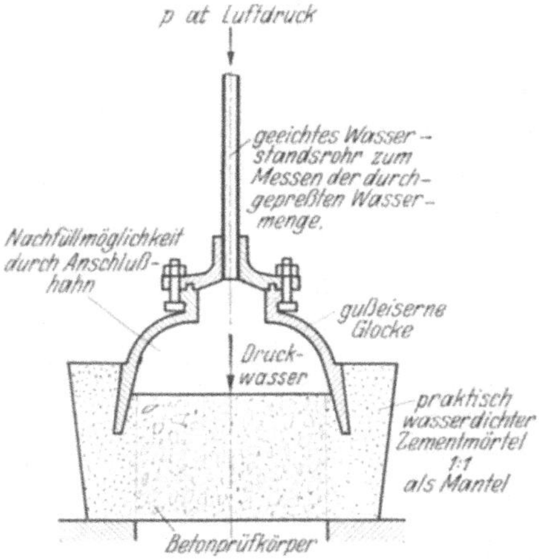

Abb. 1074. Prüfanordnung von Withey.

Die Witheysche Versuchsanordnung ist in ihrem Aufbau vorbildlich; sie bietet zwei wesentliche Vorteile. Einmal gewährleistet der Dichtungsmantel eine praktisch einachsige Strömung (von oben nach unten) und zum anderen wird das eintretende Wasser gemessen, womit sämtliche Verluste, also z. B. auch solche durch Verdunstung, erfaßt werden können.

Abb. 1075 zeigt eine Prüfanordnung von Merkle[1], die ebenfalls auf dem Grundsatz der einachsigen Strömung aufgebaut ist. Hier ist der Prüfkörper im Gegensatz zur Witheyschen Anordnung von dem Gerät unabhängig, so daß auch Prüfkörper von der Baustelle geprüft werden können. Die von Merkle empfohlene seitliche Dichtung ist sehr umständlich. Der Beton erhält zunächst, unter gleichzeitiger Erwärmung mit der Lötlampe, einen Asphaltanstrich, dann wird ein Blechmantel herumgelegt, durch Vierkantgummiringe ausgerichtet und durch Spannringe fest angepreßt. Die eigentliche Dichtung bewirkt ein Asphaltverguß zwischen Beton und Blechmantel. Zwei breite Auflagergummiringe, die durch Schrauben angepreßt werden, bilden den Abschluß an den Kanten. Eine weitere Sicherung stellt der Kolophoniumverguß dar.

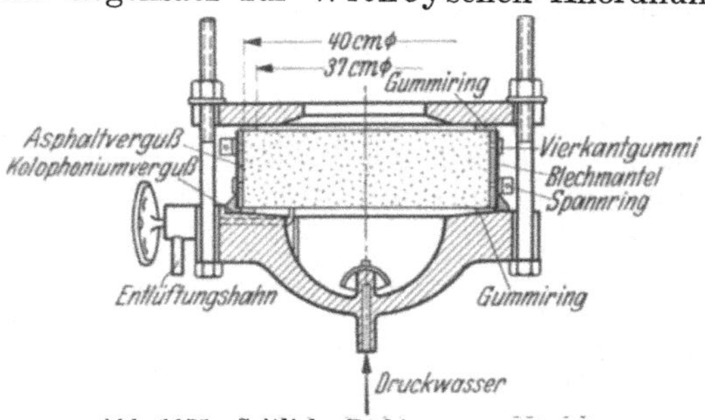

Abb. 1075. Seitliche Dichtung von Merkle.

Merkle bestimmte den Sickerwasserverlust mittelbar, indem er nach einem Vorschlage von Kammüller[2] einen Windkessel sowie einen Druckmesser einbaute (Abb. 1076). Bei Beginn des Versuches füllt man zunächst den Raum unter dem Prüfkörper mit Wasser und öffnet dabei gleichzeitig den Entlüftungshahn, damit sich keine Luftblasen festsetzen. Anschließend wird der Absperrhahn geschlossen und bei bordvollem Windkessel eine gewisse, genau abgemessene Wassermenge entnommen, worauf jener verschlossen und abgedichtet wird. Sobald man den Absperrhahn wieder öffnet, wird die Luft im Windkessel dem Prüfdruck entsprechend zusammengedrückt, und zwar um ein Maß, das nach

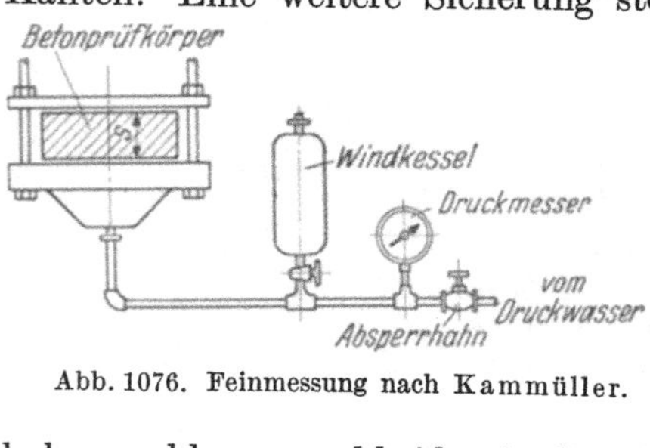

Abb. 1076. Feinmessung nach Kammüller.

[1] Siehe Fußnote 2 von S. 580. — [2] K. Kammüller: Bauing. 1922 S. 170f.

dem Boyle-Mariotteschen Gesetz berechnet werden kann. Nach einigen Minuten schließt man den Hahn wieder, womit der Durchlässigkeitsversuch eingeleitet ist. Das in den Beton einströmende Wasser wird den Spiegel im Windkessel entsprechend absenken, die Luft dehnt sich aus und der Druck sinkt. Da dieser am Druckmesser abgelesen werden kann, läßt sich die Raumänderung und damit der Sickerverlust nach dem Boyle-Mariotteschen Gesetz unter Bezugnahme auf die Anfangswerte berechnen. Das ständige Sinken des Prüfdruckes ist ein Nachteil gegenüber der unmittelbaren Messung. Wie die Glanvillesche Prüfanordnung (Abb. 1077) zeigt, braucht man, um die Prüfkörper vom Gerät unabhängig zu machen, das Witheysche Meßprinzip nicht aufzugeben.

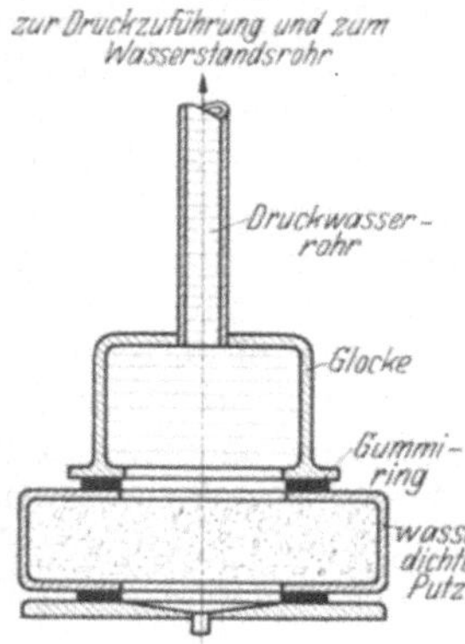

Abb. 1077. Prüfanordnung von Glanville.

Um auf die seitliche Dichtung normalerweise verzichten zu können, mißt Otzen[1] gleichzeitig das lotrecht und seitlich durchsickernde Wasser (Abb. 1078). Wenn man den Raum oberhalb des Prüfkörpers vorher mit Wasser füllt, so läßt sich die Feinmessung gleich von Anfang an einschalten.

Der Prüfdruck läßt sich entweder durch einen Verdichter oder durch Anschluß an eine Druckwasserleitung bereitstellen. Da Druckwasser auf großen Baustellen stets verfügbar ist, liegt der zweite Weg als der bequemere näher. Um sich von den Druckschwankungen unabhängig zu machen, muß ein selbsttätiges Regelventil vorgeschaltet werden. Außerdem empfiehlt sich der Einbau eines selbsttätigen Druckerzeugers nach Kort[2] (Abb. 1079). Dieser gestattet bei geeigneter Wahl der Abmessungen eine beliebige Steigerung des Leitungsdruckes, der im allgemeinen nur wenige at beträgt. Die Drucksteigerung erfolgt nach Art der hydraulischen Presse, indem man das Wasser auf eine hinreichend große Kolbenscheibe

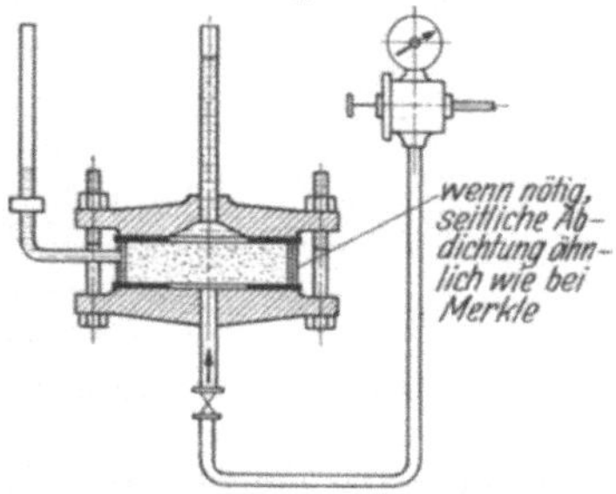

Abb. 1078. Prüfanordnung der Technischen Hochschule Hannover.

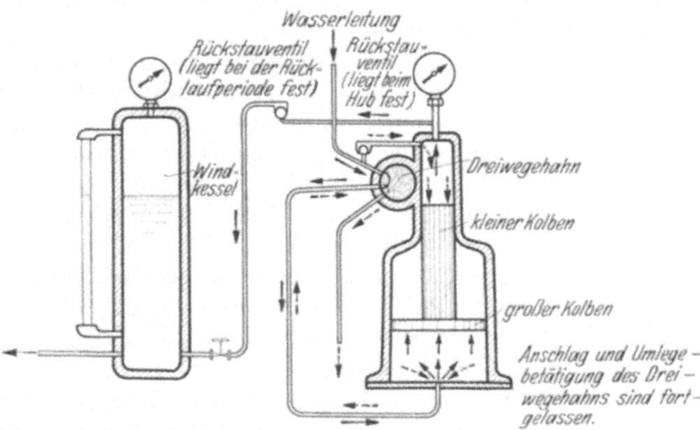

Abb. 1079. Automatischer Druckerzeuger von Kort. (Nach Otzen.)

drücken läßt. Der Betriebsvorgang ist folgender: Das in den Prüfkörper eindringende Wasser veranlaßt ein Nachdrücken des Kolbens bis kurz vor die

[1] R. Otzen: Prüfapparat für die Wasserdurchlässigkeit von Beton. Zement 1930 S. 274f. — [2] Hierüber berichtet R. Otzen an der unter [1] bezeichneten Stelle.

Endstellung, in der ein Dreiwegehahn umgelegt wird. (Der Dreiwegehahn geht dabei in die punktierte Stellung über, und die ausgezogenen Pfeile sind durch die gestrichelten ersetzt zu denken.) Das unten zugeführte Wasser, das bisher den Kolben hochdrückte, fließt jetzt ab, oben öffnet sich das rechte Rückstauventil und kehrt die Druckrichtung um. Infolgedessen bewegt sich der Kolben wieder zurück, bis ein zweiter Anschlag die normale Hubbewegung wieder einleitet. Während der Rücklaufperiode, die etwa $^1/_2$ min andauert, ist die Druckrohrleitung durch das linke Rückstauventil gesperrt. Um einen plötzlichen Druckabfall zu verhindern, ist ein Windkessel eingeschaltet, dessen Dämpfungsvermögen praktisch unbegrenzt ist. Mit dem Kortschen Apparat läßt sich der Prüfdruck für unbegrenzte Zeit und ohne Betätigung von Bedienungspersonal unverändert halten.

Wenn Druckwasser in beliebiger Höhe zur Verfügung steht, so läßt sich das in den Prüfkörper einströmende Sickerwasser sehr genau messen, wenn man sich des in Abb. 1080 skizzierten Apparates bedient[1], der in eine beliebige

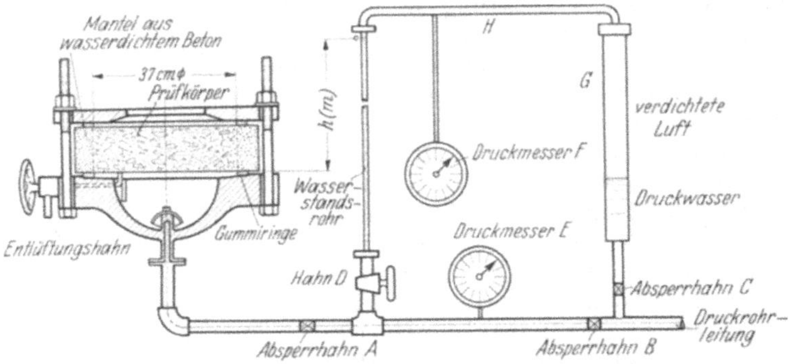

Abb. 1080. **Prüfanordnung für Messung des eintretenden Wassers von Tölke.**

Prüfanordnung eingeschaltet werden kann. Man baut in die Druckrohrleitung zwei Absperrhähne A und B und zwei lotrechte Abzweigungen ein, von denen die hintere zu einem Hahn D, die vordere zu einem weiteren Absperrhahn C führt. Der letztere ist mit dem Hahn D durch einen Stahlzylinder G, ein Anschlußrohr H und ein enges Wasserstandsrohr verbunden. Ein Druckmesser E mißt den Druck in der Leitung, ein weiterer Druckmesser F den im Verbindungsrohr H; einer der beiden Druckmesser dient immer zur Überprüfung.

Die Durchlässigkeitsprüfung geht in folgender Weise vor sich. Man schließt zunächst sämtliche Absperrmittel und setzt die Zuführungsleitung unter einen leichten Druck, der gerade ausreicht, um später das Wasserstandsrohr bis zu dem am oberen Ende liegenden Nullpunkt zu füllen. Nun öffnet man den Absperrhahn B, während A und C geschlossen bleiben, dreht den Hahn D langsam auf und schließt wieder, wenn der Nullpunkt des Wasserstandsrohres erreicht ist. Nach vorheriger Entlastung der Druckleitung werden die Hähne A und C sowie der Entlüftungshahn am Prüfapparat geöffnet und langsam unter Druck gesetzt, aber nur so weit, daß das Druckwasser den Prüfkörper mit Sicherheit noch erreicht. Nachdem eingeschlossene Luftblasen als beseitigt angesehen werden können, werden Entlüftungshahn und Absperrhahn B geschlossen und nicht wieder geöffnet. Nunmehr ist der geschlossene Kreislauf hergestellt und es kann der Hahn D geöffnet werden. Gleichzeitig wird die Leitung unter Prüfdruck gesetzt, und der Versuch hat begonnen. Der Luftpuffer, der sich im Stahlzylinder zwischen Druckleitung und Wasserstandsrohr bildet, rückt dem Sickerverlust entsprechend nach, der am Wasserstandsrohr unmittelbar abgelesen werden kann. Der Prüfdruck bleibt solange unverändert, wie an der

[1] F. Tölke: Die Prüfung der Wasserdichtigkeit von Beton. Ing.-Arch. 1931 S. 428—448.

Druckrohrleitung nichts geändert wird. Der Prüfdruck ergibt sich aus den Druckmesserablesungen unter Berücksichtigung der Höhenunterschiede.

Zum Schluß möge noch eine amerikanische Prüfanordnung[1] erwähnt werden (Abb. 1081), welche die Annehmlichkeit besitzt, daß der Prüfkörper nicht eingespannt zu werden braucht. Man legt ihn auf einen Konsolring und dichtet seitlich durch eine Mischung von Paraffin und Rosin ab. Diese Art der Prüfanordnung dürfte für Zement- und Mörtelprüfungen vorzügliche Dienste leisten.

Bei der Prüfung der Wasserdurchlässigkeit beschränkte man sich früher im allgemeinen auf den äußeren Befund. Man sprach von Wasserdichtigkeit, Fleckenbildung, Tropfenbildung und Durchlässigkeit, je nachdem wie das Sickerwasser in Erscheinung trat. Mit der Messung des einströmenden Wassers ist man von jenen Begriffen unabhängig geworden und kann den Durchlässigkeitsgrad als Vergleichsmaßstab für die Wasserdichtigkeitsprüfung zugrunde legen. Diese Bezugnahme hat noch den weiteren Vorteil, daß das besondere Prüfverfahren oder die gewählten Abmessungen keine Rolle mehr spielen. Nach den allgemeinen Erläuterungen unter 8., Kap. 19 ist ja der Durchlässigkeitsgrad k ein Stofffestwert, dessen Größe auf die verschiedenste Weise festgestellt werden kann.

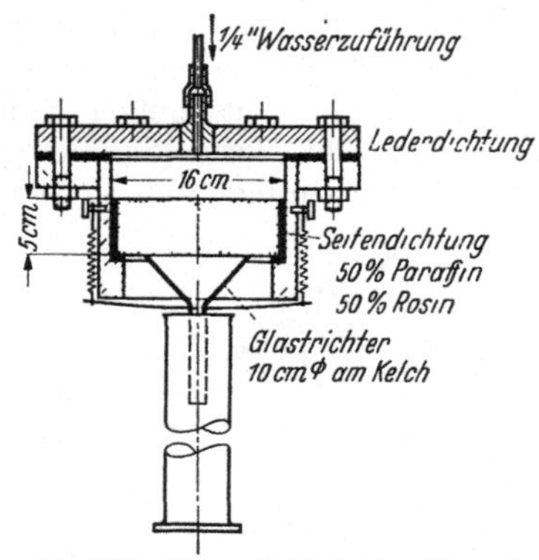

Abb. 1081. Wasserdichtigkeitsprüfung der Portland Cement Association Chicago.

Im Falle der einachsigen Strömung (Abbildungen 1074, 1075, 1077, 1081) ist die je Flächeneinheit anfallende sekundliche Sickerwassermenge v_m leicht anzusetzen. Man braucht in den allgemeinen Gleichungen (4) und (6) unter 8., Kap. 19 nur die Ableitungen nach x und y gleich Null zu setzen und erhält:

$$v_x = v_y = 0$$

$$v_z = v_m = \frac{k}{\gamma}\left(\frac{dp}{dz} + \gamma\right)$$

$$\frac{d^2 p}{d z^2} = 0 .$$

Aus der letzten Gleichung folgt unmittelbar:

$$p = a z + b .$$

Läßt man die z-Achse stets mit Unterkante Prüfkörper zusammenfallen, und bezeichnet man die Dicke des Prüfkörpers mit d, so ergibt sich, je nachdem ob der Prüfdruck oben oder unten wirkt:

1. Prüfdruck von oben:

Für $z = 0$ ist $p = 0$; daraus folgt $b = o$. Für $z = d$ ist $p = p_w$; daraus folgt $a = \frac{p_w}{d}$. Also ist

$$p = p_w \frac{z}{d} .$$

2. Prüfdruck von unten:

Für $z = 0$ ist $p = p_w$; daraus folgt $b = p_w$. Für $z = d$ ist $p = 0$; daraus folgt $a = -\frac{p_w}{d}$. Somit folgt:

$$p = p_w\left(1 - \frac{z}{d}\right).$$

Werden die gefundenen linearen Druckverteilungen in die Gleichung für v_m eingeführt, so ergibt sich für den Absolutwert der Sickergeschwindigkeit

$$v_m = \frac{k}{\gamma}\left(\frac{p_w}{d} + \gamma\right) = k\left(\frac{p_w}{d\gamma} + 1\right) \quad \text{(Prüfdruck von oben)}, \qquad (1)$$

$$v_m = \frac{k}{\gamma}\left(\frac{p_w}{d} - \gamma\right) = k\left(\frac{p_w}{d\gamma} - 1\right) \quad \text{(Prüfdruck von unten)}. \qquad (2)$$

[1] McMillan u. Inge Lyse: J. Amer. Concr. Inst. Bd. 101 (1929) S. 104.

Das von der Schwere herrührende Glied tritt im allgemeinen vollständig in den Hintergrund, so daß mit hinreichender Genauigkeit geschrieben werden kann:

$$v_m = k\,\frac{p_w}{d\,\gamma} \quad \text{(einachsige Strömung).} \tag{3}$$

Hieraus folgt für den Durchlässigkeitsgrad

$$k = d\,\gamma\,\frac{v_m}{p_w} \tag{4}$$

(d = Dicke des Prüfkörpers, γ = Raumgewicht des Wassers, v_m = je Flächeneinheit anfallende sekundliche Sickermenge, p_w = Prüfdruck)

Die seitliche Dichtung des Prüfkörpers, welche die Voraussetzung für das Zustandekommen einer einachsigen Strömung darstellt, ist zeitraubend und mühsam. Ein etwas größerer theoretischer Aufwand, der nur ein einziges Mal erforderlich ist, kann viel leichter in Kauf genommen werden, als eine Erschwerung der Versuchsdurchführung, die ständig wiederkehrt. Wenn die Prüfkörper kreiszylindrisch ausgebildet werden, was keine Schwierigkeiten bereitet, so ist die Strömung immer noch achsensymmetrisch, d. h. höchstens zweifach veränderlich. Wird die Zylinderachse in die z-Richtung gelegt (Abb. 1082) und der Halbmesser an beliebiger Stelle als zweite Veränderliche eingeführt, so erhält man bei Vernachlässigung des bedeutungslosen Schweregliedes für die Sickergeschwindigkeiten in strahliger und lotrechter Richtung:

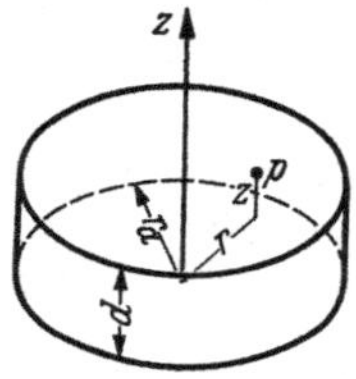

Abb. 1082. Wahl der Zylinderkoordinaten.

$$\left.\begin{aligned} v_r &= -\frac{k}{\gamma}\frac{\partial p}{\partial r} \\ v_z &= -\frac{k}{\gamma}\frac{\partial p}{\partial z} \end{aligned}\right\} \tag{5a}$$

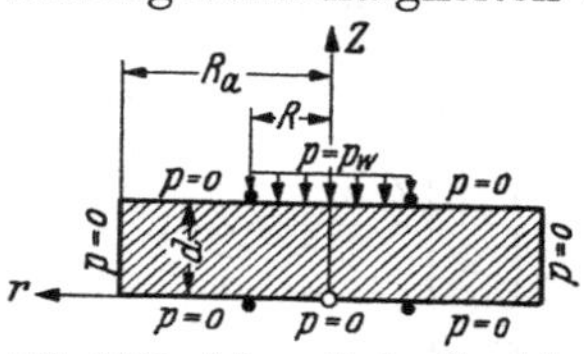

Abb. 1083. Schematische Darstellung der Randbedingungen für die Prüfanordnung von Abb. 1071.

während die Potentialgleichung in Zylinderkoordinaten die Form

$$\frac{\partial^2 p}{\partial r^2} + \frac{1}{r}\frac{\partial p}{\partial r} + \frac{\partial^2 p}{\partial z^2} = 0 \tag{5b}$$

annimmt. Die zweiachsige Durchströmung eines beliebig gebauten kreiszylindrischen Prüfkörpers ist durch die Gl. (5) in Verbindung mit den vorgegebenen Randbedingungen eindeutig bestimmt. Dies sei zunächst an dem Beispiel der Prüfanordnung von Abb. 1071 erläutert, deren einzige Dichtung in der Abriegelung des Druckwasserraumes durch Gummiringe besteht. Abb. 1083 zeigt den Prüfkörper in schematischer Darstellung; die vorgegebenen Randbedingungen sind längs des Randes eingetragen.

Wie Verfasser an anderer Stelle gezeigt hat, läßt sich die vollständige Lösung im vorliegenden Falle durch Zylinderfunktionen geben, die unmittelbar aus einer Tafel von G. Watson[1] entnommen werden können. Man erhält

$$p_a = \sum_n \frac{\dfrac{K_0\left(\frac{n\pi r}{d}\right)}{I_0\left(\frac{n\pi r}{d}\right)} - \dfrac{K_0\left(\frac{n\pi R_a}{d}\right)}{I_0\left(\frac{n\pi R_a}{d}\right)}}{\dfrac{I_0\left(\frac{n\pi R}{d}\right)}{I_1\left(\frac{n\pi R}{d}\right)} + \dfrac{K_0\left(\frac{n\pi R}{d}\right)}{K_1\left(\frac{n\pi R}{d}\right)}} \cdot \frac{I_0\left(\frac{n\pi r}{d}\right)}{K_1\left(\frac{n\pi R}{d}\right)} \cdot \frac{2\,p_w}{\pi\,n}\,(-1)^{n+1}\sin\frac{n\pi z}{d}, \tag{6}$$

$$p_i = \sum_n \frac{\dfrac{K_1\left(\frac{n\pi R}{d}\right)}{I_1\left(\frac{n\pi R}{d}\right)} + \dfrac{K_0\left(\frac{n\pi R_a}{d}\right)}{I_0\left(\frac{n\pi R_a}{d}\right)}}{\dfrac{I_0\left(\frac{n\pi R}{d}\right)}{I_1\left(\frac{n\pi R}{d}\right)} + \dfrac{K_0\left(\frac{n\pi R}{d}\right)}{K_1\left(\frac{n\pi R}{d}\right)}} \cdot \frac{I_0\left(\frac{n\pi r}{d}\right)}{K_1\left(\frac{n\pi R}{d}\right)} \cdot \frac{2\,p_w}{n\,\pi}\,(-1)^{n+1}\sin\frac{n\pi z}{d} + p_w\,\frac{z}{d}. \tag{7}$$

[1] G. Watson: A Treatise on the Theory of Bessel Functions. Cambridge 1922.

Man benötigt in erster Linie die Geschwindigkeiten längs der Ränder, durch welche das in den Prüfkörper eintretende bzw. austretende Wasser bestimmt ist. Durch Einführung von (6) bzw. (7) ergibt sich längs der Ränder, nach Ausführung der Differentiationen

$$v_r(z, R_a) = \frac{k\,p_w}{d\,\gamma} \sum_n 2(-1)^{n+1}$$

$$\times \frac{K_1\left(\frac{n\pi R_a}{d}\right)}{K_1\left(\frac{n\pi R}{d}\right)} \frac{I_1\left(\frac{n\pi R_a}{d}\right)}{I_0\left(\frac{n\pi R_a}{d}\right)} \frac{\dfrac{I_0\left(\frac{n\pi R_a}{d}\right)}{I_1\left(\frac{n\pi R_a}{d}\right)} + \dfrac{K_0\left(\frac{n\pi R_a}{d}\right)}{K_1\left(\frac{n\pi R}{d}\right)}}{\dfrac{I_0\left(\frac{n\pi R}{d}\right)}{I_1\left(\frac{n\pi R}{d}\right)} + \dfrac{K_0\left(\frac{n\pi R}{d}\right)}{K_1\left(\frac{n\pi R}{d}\right)}} \sin\frac{n\pi z}{d}, \tag{8}$$

$$\underset{\text{(außen)}}{v_z(0, r)} = -\frac{k\,p_w}{d\,\gamma} \sum_n 2(-1)^{n+1} \frac{\dfrac{K_0\left(\frac{n\pi r}{d}\right)}{I_0\left(\frac{n\pi r}{d}\right)} - \dfrac{K_0\left(\frac{n\pi R_a}{d}\right)}{I_0\left(\frac{n\pi R_a}{d}\right)}}{\dfrac{I_0\left(\frac{n\pi R}{d}\right)}{I_1\left(\frac{n\pi R}{d}\right)} + \dfrac{K_0\left(\frac{n\pi R}{d}\right)}{K_1\left(\frac{n\pi R}{d}\right)}} \frac{I_0\left(\frac{n\pi r}{d}\right)}{K_1\left(\frac{n\pi R}{d}\right)}, \tag{9}$$

$$\underset{\text{(außen)}}{v_z(d, r)} = -\frac{k\,p_w}{d\,\gamma} \sum_n 2(-1) \frac{\dfrac{K_0\left(\frac{n\pi r}{d}\right)}{I_0\left(\frac{n\pi r}{d}\right)} - \dfrac{K_0\left(\frac{n\pi R_a}{d}\right)}{I_0\left(\frac{n\pi R_a}{d}\right)}}{\dfrac{I_0\left(\frac{n\pi R}{d}\right)}{I_1\left(\frac{n\pi R}{d}\right)} + \dfrac{K_0\left(\frac{n\pi R}{d}\right)}{K_1\left(\frac{n\pi R}{d}\right)}} \frac{I_0\left(\frac{n\pi r}{d}\right)}{K_1\left(\frac{n\pi R}{d}\right)}, \tag{10}$$

$$\underset{\text{(innen)}}{v_z(0, r)} = -\frac{k\,p_w}{d\,\gamma} \left[1 - \sum_n 2(-1)^{n+1} \frac{\dfrac{K_1\left(\frac{n\pi R}{d}\right)}{I_1\left(\frac{n\pi R}{d}\right)} + \dfrac{K_0\left(\frac{n\pi R_a}{d}\right)}{I_0\left(\frac{n\pi R_a}{d}\right)}}{\dfrac{I_0\left(\frac{n\pi R}{d}\right)}{I_1\left(\frac{n\pi R}{d}\right)} + \dfrac{K_0\left(\frac{n\pi R}{d}\right)}{K_1\left(\frac{n\pi R}{d}\right)}} \frac{I_0\left(\frac{n\pi r}{d}\right)}{K_1\left(\frac{n\pi R}{d}\right)}\right], \tag{11}$$

$$\underset{\text{(innen)}}{v_z(d, r)} = -\frac{k\,p_w}{d\,\gamma} \left[1 - \sum_n 2(-1) \frac{\dfrac{K_1\left(\frac{n\pi R}{d}\right)}{I_1\left(\frac{n\pi R}{d}\right)} + \dfrac{K_0\left(\frac{n\pi R_a}{d}\right)}{I_0\left(\frac{n\pi R_a}{d}\right)}}{\dfrac{I_0\left(\frac{n\pi R}{d}\right)}{I_1\left(\frac{n\pi R}{d}\right)} + \dfrac{K_0\left(\frac{n\pi R}{d}\right)}{K_1\left(\frac{n\pi R}{d}\right)}} \frac{I_0\left(\frac{n\pi r}{d}\right)}{K_1\left(\frac{n\pi R}{d}\right)}\right]. \tag{12}$$

Mit den Gln. (18) bis (21) ist das eintretende und austretende Sickerwasser bei gegebenem Druck und bestimmten Abmessungen des Prüfkörpers vollständig bekannt.

Um einen allgemeineren Überblick zu gewinnen, empfiehlt es sich, auf ein Zahlenbeispiel überzugehen. Wir wählen insbesondere: $d = 10$ cm, $R = 5$ cm und $R_a = 15$ cm. Diese Werte entsprechen den Abmessungen, die Walz[1] für seine kürzlich bekanntgewordenen Wasserdichtigkeitsuntersuchungen zur Bestimmung des Einflusses der Körnung und des Mörtelgehaltes zugrunde gelegt hat.

Für die Zahlenrechnung sei bemerkt, daß die in den Gleichungen auftretenden Zylinderfunktionen bis zum Argument 16,00 mit 0,02 Intervallteilung dem Buche von Watson, S. 698—713, entnommen werden können. Um die großen Zahlen zu vermeiden, sind dort die e^{-x}- bzw. e^{x}-fachen Werte angegeben und der zugehörige Funktionswert e^x selbst. Darauf ist bei Aufstellung der obigen Formeln Rücksicht genommen und der Nenner auf eine Form gebracht, in der die Multiplikatoren sich wieder wegheben. Von $x = 5$ an reicht es völlig aus, die Zylinderfunktionen und die auftretenden Quotienten durch die folgenden Ausdrücke zu ersetzen:

$$\left.\begin{aligned}
I_0(x) &= \frac{1}{\pi}\sqrt{\frac{\pi}{2x}}\, e^{x}\left(1 + \frac{1}{8x} + \frac{9}{128x^2}\right),\\
I_1(x) &= \frac{1}{\pi}\sqrt{\frac{\pi}{2x}}\, e^{x}\left(1 - \frac{3}{8x} - \frac{15}{128x^2}\right),\\
K_0(x) &= \sqrt{\frac{\pi}{2x}}\, e^{-x}\left(1 - \frac{1}{8x} + \frac{9}{128x^2}\right),\\
K_1(x) &= \sqrt{\frac{\pi}{2x}}\, e^{-x}\left(1 + \frac{3}{8x} - \frac{15}{128x^2}\right),\\
\frac{I_0(x)}{I_1(x)} &= 1 + \frac{1}{2x} + \frac{3}{8x^2}, \qquad \frac{K_0(x)}{I_0(x)} = \pi e^{-2x}\left(1 - \frac{1}{4x} + \frac{1}{32x^2}\right),\\
\frac{K_0(x)}{K_1(x)} &= 1 - \frac{1}{2x} + \frac{3}{8x^2}, \qquad \frac{K_1(x)}{I_1(x)} = \pi e^{-2x}\left(1 + \frac{3}{4x} + \frac{9}{32x^2}\right)
\end{aligned}\right\}\ (x > 5)$$

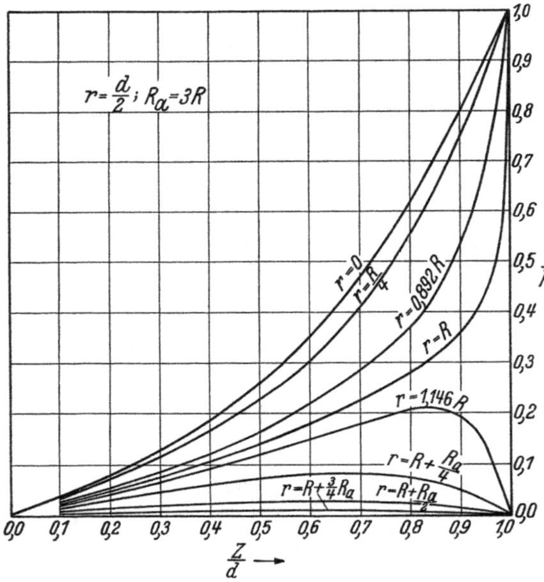

Abb. 1084. Verteilung des Porenwasserdruckes p über die Dicke des Prüfkörpers für verschiedene Halbmesser.

Abb. 1084, in der $\frac{p}{p_w}$ als Funktion von $\frac{z}{d}$ für eine Reihe von r-Werten aufgetragen ist, bietet die Möglichkeit, in einen mittigen Schnitt durch den Prüfkörper die Linien gleichen Porenwasserdruckes einzuzeichnen (punktierte Linien in Abb. 1085). Da die Sickerströmung stets senkrecht zu den Kurven gleichen Porenwasserdruckes erfolgen muß, sind damit auch die Stromlinien bekannt. Wir haben uns in Abb. 1085 aus Gründen der besseren Übersicht damit begnügt, lediglich die Wasserscheiden einzuzeichnen, d. h. diejenigen Stromlinien, welche das den verschiedenen Randflächen zufließende Wasser trennen. Man erkennt sehr schön, wie nur noch ein ganz kleiner Teil des einströmenden Wassers die seitliche Randfläche *III* erreicht; um so mehr Wasser tritt längs der Randfläche *IV* aus.

Abb. 1085 läßt erkennen, daß die Kurven gleichen Porenwasserdruckes von den Unstetigkeitsstellen ausgehen. Da die Gummiringe die Abdichtung nicht längs einer Linie, sondern längs einer Fläche vornehmen, fällt den Unstetigkeitsstellen keine praktische Bedeutung zu. Legt man eine Ringbreite von etwa

[1] K. Walz: Die heutigen Erkenntnisse über die Wasserdurchlässigkeit des Mörtels und Betons. Berlin 1931.

$1^1/_2$ cm zugrunde, so entsteht die in Abb. 1085 eingetragene Abgrenzung der Strömung. Der Druckausgleich zwischen dem Gummiring und der letzten Stromlinie ist für die vorliegenden Betrachtungen bedeutungslos.

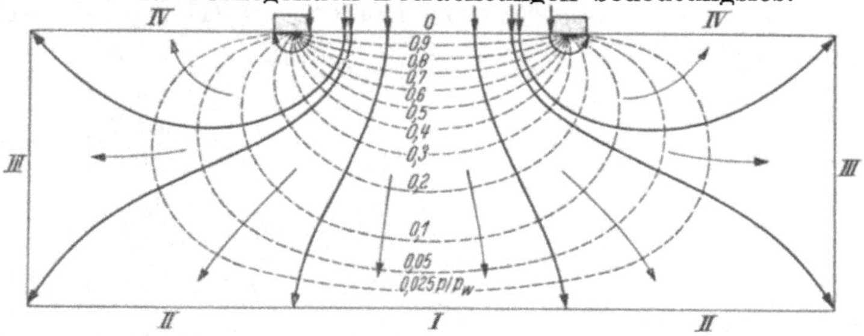

Abb. 1085. Linien gleichen Porenwasserdruckes p (punktiert), Verlauf der Strömung und Wasserscheiden.

Abb. 1086 zeigt die nach den Formeln (8) bis (12) errechnete Geschwindigkeitsverteilung längs der Randflächen. Beiläufig sei bemerkt, daß das Geschwindigkeitsschaubild keine Mengenvergleiche gestattet, da die zugehörigen Randflächen verhältig mit r zunehmen. Abb. 1086 gibt aber ein sehr schönes Bild von der Stärke, mit der das Wasser ein- und austritt. Der Hauptteil des einströmenden Wassers verschwindet gleich hinter den Gummiringen; nur ein kleiner Teil erreicht die gegenüberliegende Randfläche und ein noch kleinerer die Seitenfläche.

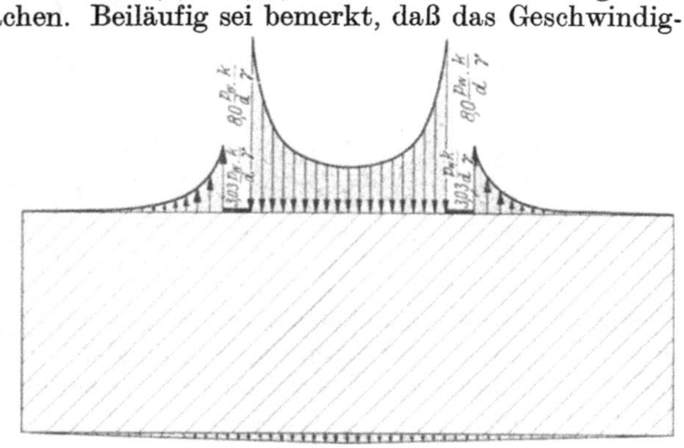

Abb. 1086. Geschwindigkeitsverteilung des ein- und ausströmenden Wassers.

Wir wollen nun dazu übergehen, das ein- und austretende Wasser mengenmäßig festzustellen, und zwar getrennt für die in Abb. 1085 durch römische Zahlen abgegrenzten Bereiche. Bezeichnen r_{gi} und r_{ga} die Gummiringradien an der Innen- und Außenseite, E das einströmende Wasser und V_{oa}, V_s^*, V_{ui}, V_{ua} die oben, seitlich und unten austretenden Wassermengen, so erhält man durch Integration:

$$E = \underset{\text{(innen)}}{\int_0^{r_{gi}} 2 r \pi q_z(0,r)\, dr} = \frac{k p_w}{d\gamma} r_{gi}^2 \pi \left[1 + \sum_n \frac{2}{n\pi} \frac{2d}{r_{gi}} \frac{\dfrac{K_1\left(\frac{n\pi R}{d}\right)}{I_1\left(\frac{n\pi R}{d}\right)} + \dfrac{K_0\left(\frac{n\pi R_a}{d}\right)}{I_0\left(\frac{n\pi R_a}{d}\right)}}{\dfrac{I_0\left(\frac{n\pi R}{d}\right)}{I_1\left(\frac{n\pi R}{d}\right)} + \dfrac{K_0\left(\frac{n\pi R}{d}\right)}{K_1\left(\frac{n\pi R}{d}\right)}} \frac{I_1\left(\frac{n\pi r_{gi}}{d}\right)}{K_1\left(\frac{n\pi R}{d}\right)} \right], \tag{13}$$

$$V_{oa} = \frac{k p_w}{d\gamma} r_{ga}^2 \pi \sum_n \frac{2}{n\pi} \frac{2}{r_{ga}} \cdot \frac{\left[\dfrac{K_1\left(\frac{n\pi r_{ga}}{d}\right)}{I_1\left(\frac{n\pi r_{ga}}{d}\right)} + \dfrac{K_0\left(\frac{n\pi R_a}{d}\right)}{I_0\left(\frac{n\pi R_a}{d}\right)}\right] \dfrac{I_1\left(\frac{n\pi r_{ga}}{d}\right)}{K_1\left(\frac{n\pi R}{d}\right)} - \dfrac{R_a}{r_{ga}} \left[\dfrac{K_1\left(\frac{n\pi R_a}{d}\right)}{I_1\left(\frac{n\pi R_a}{d}\right)} + \dfrac{K_0\left(\frac{n\pi R_a}{d}\right)}{K_1\left(\frac{n\pi R_a}{d}\right)}\right] \dfrac{I_1\left(\frac{n\pi R_a}{d}\right)}{K_1\left(\frac{n\pi R}{d}\right)}}{\dfrac{I_0\left(\frac{n\pi R}{d}\right)}{I_1\left(\frac{n\pi R}{d}\right)} + \dfrac{K_0\left(\frac{n\pi R}{d}\right)}{K_1\left(\frac{n\pi R}{d}\right)}}, \tag{14}$$

$$V_s = \frac{k p_w}{d\gamma} R_a^2 \pi \sum^n \frac{2}{n\pi} \frac{2d}{R_a} [1 + (-1)^n] \frac{K_1\left(\frac{n\pi R_a}{d}\right)}{K_1\left(\frac{n\pi R}{d}\right)} \frac{I_1\left(\frac{n\pi R_a}{d}\right)}{I_0\left(\frac{n\pi R_a}{d}\right)} \frac{\frac{I_0\left(\frac{n\pi R_a}{d}\right)}{I_1\left(\frac{n\pi R_a}{d}\right)} + \frac{K_0\left(\frac{n\pi R_a}{d}\right)}{K_1\left(\frac{n\pi R_a}{d}\right)}}{\frac{I_0\left(\frac{n\pi R}{d}\right)}{I_1\left(\frac{n\pi R}{d}\right)} + \frac{K_0\left(\frac{n\pi R}{d}\right)}{K_1\left(\frac{n\pi R}{d}\right)}}, \tag{15}$$

$$V_{ui} = \frac{k p_w}{d\gamma} R^2 \pi \left[1 - \sum^n (-1)^{n+1} \frac{2}{n\pi} \frac{2d}{R} \frac{\frac{K_1\left(\frac{n\pi R}{d}\right)}{I_1\left(\frac{n\pi R}{d}\right)} + \frac{K_0\left(\frac{n\pi R_a}{d}\right)}{I_0\left(\frac{n\pi R_a}{d}\right)}}{\frac{I_0\left(\frac{n\pi R}{d}\right)}{I_1\left(\frac{n\pi R}{d}\right)} + \frac{K_0\left(\frac{n\pi R}{d}\right)}{K_1\left(\frac{n\pi R}{d}\right)}} \frac{I_1\left(\frac{n\pi R}{d}\right)}{K_1\left(\frac{n\pi R}{d}\right)} \right], \tag{16}$$

$$V_{ua} = -V_{ui} + \frac{k p_w}{d\gamma} R^2 \pi \left[1 - \sum^n (-1)^{n+1} \frac{2}{n\pi} \frac{2d R_a}{R^2} \frac{\frac{K_1\left(\frac{n\pi R_a}{d}\right)}{I_1\left(\frac{n\pi R_a}{d}\right)} + \frac{K_0\left(\frac{n\pi R_a}{d}\right)}{I_0\left(\frac{n\pi R_a}{d}\right)}}{\frac{I_0\left(\frac{n\pi R}{d}\right)}{I_1\left(\frac{n\pi R}{d}\right)} + \frac{K_0\left(\frac{n\pi R}{d}\right)}{K_1\left(\frac{n\pi R}{d}\right)}} \frac{I_1\left(\frac{n\pi R_a}{d}\right)}{K_1\left(\frac{n\pi R}{d}\right)} \right]. \tag{17}$$

Für das obige Zahlenbeispiel wurde gewählt: $r_{gi} = 0{,}466\, d$; damit errechnet sich $r_{ga} = 0{,}585\, d$. Wird zum besseren Vergleich in sämtlichen Ausdrücken für E und V der Faktor von V_{ui} vorgezogen, so ergibt sich nach Durchführung der Zahlenrechnung

$$E = 2{,}79 \frac{k p_w}{d\gamma} R^2 \pi \quad (0) \quad 100\%,$$

$$V_{oa} = 1{,}67 \frac{k p_u}{d\gamma} R^2 \pi \quad (IV) \quad 59\%,$$

$$V_s = 0{,}25 \frac{k p_w}{d\gamma} R^2 \pi \quad (III) \quad 9\%,$$

$$V_{ui} = 0{,}31 \frac{k p_w}{d\gamma} R^2 \pi \quad (II) \quad 11\%,$$

$$V_{ua} = 0{,}56 \frac{k p_w}{d\gamma} R^2 \pi \quad (I) \quad 21\%.$$

Bei der Prüfanordnung von Abb. 1071 wurde bisher immer das zwischen dem unteren Gummiring austretende Wasser gemessen. Dies entspricht der mit V_{ui} bezeichneten Wassermenge, die nur 11% des einströmenden Wassers ausmacht. Da die Messung im allgemeinen um so genauer ist, je mehr Sickerwasser anfällt, legt das obige Beispiel in überzeugender Weise dar, daß man die Prüfanordnung stets auf die Messung des eintretenden Wassers einstellen sollte, bei der man mit einem Wirkungsgrad von 100% arbeitet.

Unabhängig von der Art der Messung, die ja letzten Endes eine Frage der Zweckmäßigkeit ist, stellt sich die Bestimmung des Durchlässigkeitsgrades. Sie kann sowohl aus der eintretenden als auch aus der austretenden oder einem Teil der austretenden Wassermenge bestimmt werden, sofern nur die Beziehungen zwischen Sickermenge und Durchlässigkeitsgrad bekannt ist. Beispielsweise ergibt sich aus E und V_{ui} im vorliegenden Falle:

$$k = \frac{0{,}36\, d\gamma}{R^2 p_w} E, \qquad k = \frac{3{,}2\, d\gamma}{R^2 p_w} V_{ui}.$$

Wie an Hand des Beispieles der Abb. 1071 gezeigt wurde, ermöglicht die strömungstheoretische Behandlung des Durchlässigkeitsversuches einen schönen Einblick in den Verlauf der Sickerströmung sowie der Druck- und Geschwindigkeitsverteilung. Außerdem gestattet sie, den von der Prüfanordnung unabhängigen Durchlässigkeitsgrad zu bestimmen, sobald das eintretende oder das auf wohlumgrenzten Bereichen austretende Wasser bekannt ist. Der mathematische Aufwand ist zwar mühsam, braucht aber nur einmal durchgeführt zu werden. Beispielsweise gelten die eben entwickelten Formeln für jeden ähnlich gebauten Prüfkörper, bei dem das Verhältnis von Innenhalbmesser zu Dicke zwei und das von Innenhalbmesser zu Außenhalbmesser $^1/_3$ ist. Selbst wenn man die Verhältnisse aus praktischen Rücksichten abändert, so steht die erforderliche zahlenmäßige Neurechnung in gar keinem Verhältnis zu der dadurch geschaffenen Klarheit über die Verteilung der Sickerverluste.

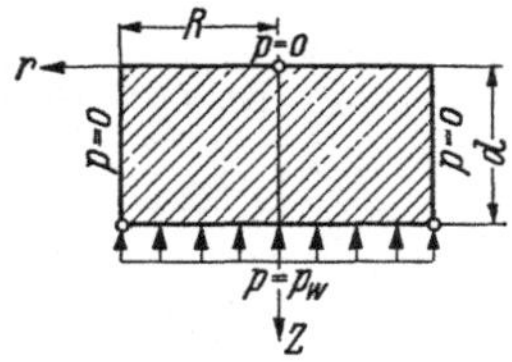

Abb. 1087. Schematische Darstellung der Randbedingungen.

Um der Frage des seitlichen Wasseraustritts in allgemeinerer Form näher zu treten, möge der idealisierte Prüfkörper von Abb. 1087 betrachtet werden,

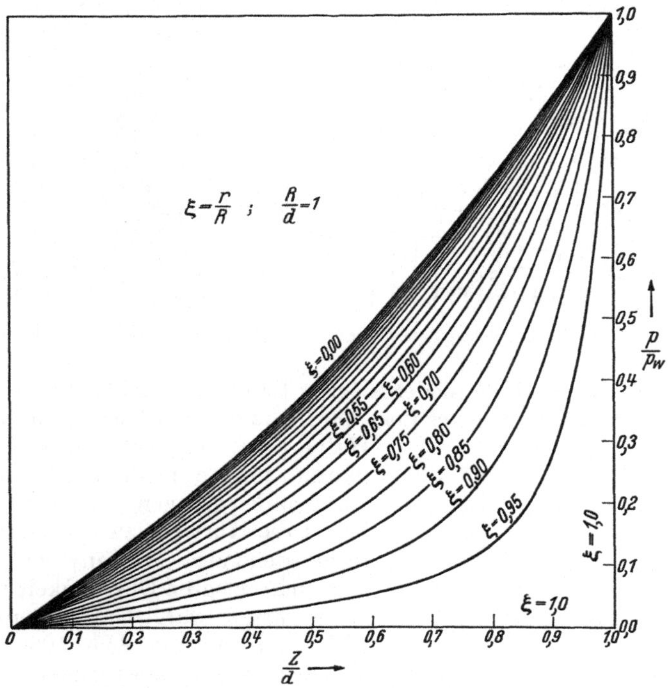

Abb. 1088. Verteilung des Porenwasserdruckes p über die Dicke des Prüfkörpers für verschiedene Halbmesser.

der längs seiner ganzen Unterfläche mit dem Druckwasser in Verbindung steht und längs der Kante vollkommen gedichtet ist. Der zugehörige Strömungszustand ist ein Sonderfall des eben behandelten, denn der Prüfkörper von Abb. 1083 geht für $R = R_a$ in den vorliegenden über. Wird dies in den Gln. (6) bis (17) berücksichtigt, so ergeben sich die folgenden Sonderformeln:

$$p = p_w \left[\frac{z}{d} - \sum\nolimits_n \frac{2(-1)^{n+1}}{n\pi} \frac{I_0\left(\frac{n\pi r}{d}\right)}{I_0\left(\frac{n\pi R}{d}\right)} \sin\frac{n\pi z}{d} \right], \qquad (18)$$

$$v_r(z, R) = \frac{k\,p_w}{d\gamma} \sum\nolimits_n 2\,(-1)^{n+1} \frac{I_1\left(\frac{n\pi R}{d}\right)}{I_0\left(\frac{n\pi R}{d}\right)} \sin\frac{n\pi z}{d}, \tag{19}$$

$$v_z(0, r) = -\frac{k\,p_w}{d\,p}\left[1 - \sum\nolimits_n 2\,(-1)^{n+1} \frac{I_0\left(\frac{n\pi r}{d}\right)}{I_0\left(\frac{n\pi R}{d}\right)}\right], \tag{20}$$

$$v_z(d, r) = -\frac{k\,p_w}{d\gamma}\left[1 + \sum\nolimits_n 2 \frac{I_0\left(\frac{n\pi r}{d}\right)}{I_0\left(\frac{n\pi R}{d}\right)}\right]. \tag{21}$$

Wertet man die verhältnismäßig einfachen Formeln (18) bis (21) für den Fall $R = d$ aus, der den Abmessungen von Abb. 1087 entspricht, so ergeben sich

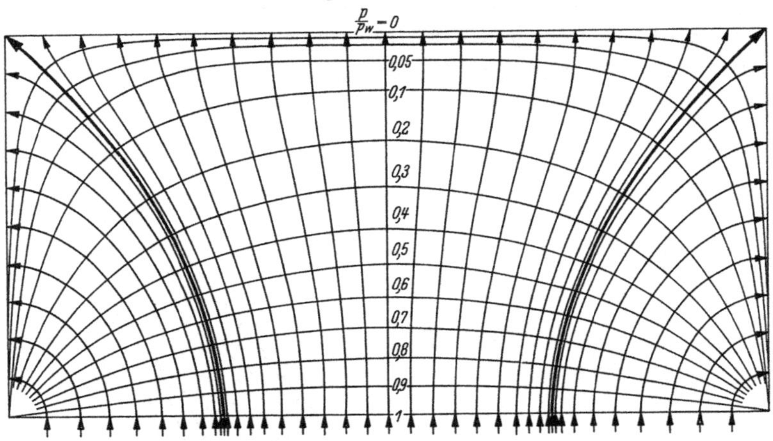

Abb. 1089. Linien gleichen Porenwasserdruckes, Stromlinien und Wasserscheiden.

die in den Abb. 1088—1090 niedergelegten Ergebnisse. Abb. 1088 zeigt die Verteilung des Porenwasserdruckes über die Dicke des Prüfkörpers für verschiedene Halbmesser. Je mehr man sich dem Rande nähert, um so mehr werden die Kurven auseinander gezogen; am Rande selbst zerbricht die Kurve in zwei aufeinander senkrecht stehende Geraden, wie es bei der zugrunde gelegten Unstetigkeit nicht anders zu erwarten war. Unter Benutzung von Abb. 1088 sind in Abb. 1089 die Kurven gleichen Porenwasserdruckes aufgetragen worden; sie gehen sämtlich durch die beiden Unstetigkeitspunkte hindurch. Die Stromlinien verlaufen senkrecht zu den Kurven gleichen Druckes; um ihre Dichte besser zutage treten zu lassen, wurde der druckfreie Außenrand in gleiche Teile aufgeteilt. In der Nähe der Unstetigkeitspunkte gehen die Stromlinien mehr und mehr in gleichmittige Kreise über, während sie nach der Mitte zu mehr geradeähnlichen Verlauf nehmen. Durch die kräftig ausgezogenen Wasserscheiden wird ein hyperboloidartiger Körper aus dem Zylinder herausgeschält. Die Geschwindigkeiten werden um so größer, je kürzer die Wege von der Wasser- zur Luftseite werden; Abb. 1090 zeigt ihre Verteilung außerhalb eines Kreises mit $d/5$ um die Unstetigkeitspunkte. Ringbreiten von $^1/_5$ der Dicke müssen

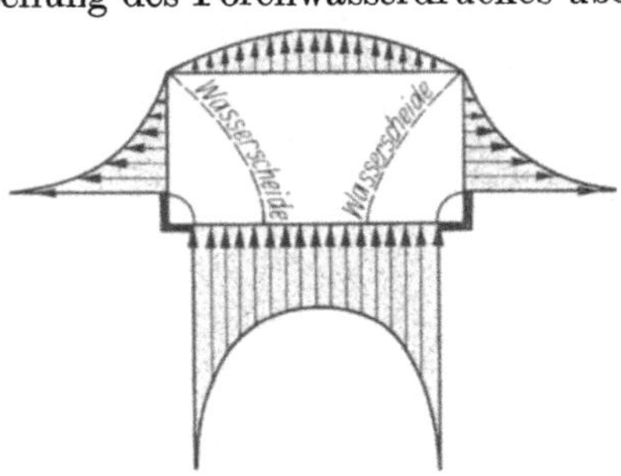

Abb. 1090. Geschwindigkeitsverteilung an den Randflächen.

als durchaus regelmäßig angesprochen werden. Ohne eine seitliche Abdichtung ergeben sich daher beträchtliche Sickergeschwindigkeiten, die um ein Vielfaches größer sind als die der oberen Austrittsfläche.

Ein wirksames Mittel zum Eindämmen des seitlichen Wasseraustritts bietet die Dichtung der Deckfläche auf eine gewisse Breite vom Rand (Abb. 1091). Es kann als zweckmäßig bezeichnet werden, den Außenhalbmesser R_a gleich der doppelten Dicke und diese gleich dem Innenhalbmesser zu setzen. Die unter diesen Voraussetzungen eintretenden Strömungsverhältnisse sind eingehend untersucht worden[1]. In den Abb. 1092—1095 findet man eine Zusammenstellung der wichtigsten Ergebnisse.

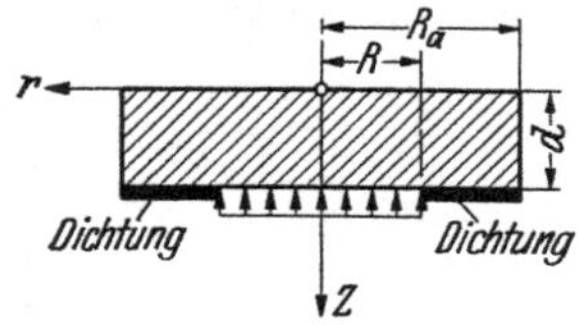

Abb. 1091. Schematische Darstellung der Randbedingungen.

Durch den plötzlichen Übergang von der Dichtung zum Druckwasserraum ergibt sich eine Unstetigkeit, infolge deren der Verlauf der Druckverteilung über die Dicke des Prüfkörpers innerhalb des Druckwasserraums anders ist als außerhalb (Abb. 1092). Besonders bemerkenswert ist die Druckverteilung für $z = d$, d. h. längs der Unterkante (Abb. 1093). Der Druck steigt vom Außenrande der Dichtungsfläche zunächst langsam an; erst in der Nähe des inneren Randes nähert er sich in steiler Kurve dem Prüfdruck. An der Übergangsstelle entsteht im Druckschaubild ein Knick, was ein unbegrenztes Ansteigen der Geschwindigkeit zur Folge hat. Abb. 1094 zeigt die Kurven gleichen Porenwasserdruckes, die Wasserscheiden und den Verlauf der Strömung, während die Sickergeschwindigkeiten in Abb. 1095 aufgetragen sind. Der Erfolg der seitlichen Abdichtung der Deckfläche tritt hier deutlich in Erscheinung, besonders im Vergleich zu Abb. 1091. Für die Sickergeschwindigkeiten längs der Ein- und Austrittsflächen ergeben sich die folgenden Formeln:

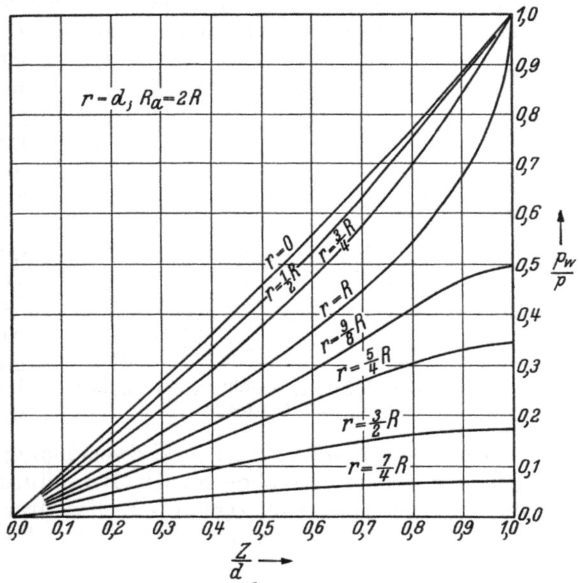

Abb. 1092. Verteilung des Porenwasserdruckes p über die Dicke des Prüfkorpers bei verschiedenen Halbmessern.

$$V_I = 0{,}706 \frac{k\, p_w}{d\, \gamma} R^2 \pi,$$

$$V_{II} = 0{,}720 \frac{k\, p_w}{d\, \gamma} R^2 \pi,$$

$$E = 2{,}086 \frac{k\, p_w}{d\, \gamma} R^2 \pi,$$

$$V_{III} = 0{,}660 \frac{k\, p_w}{d\, \gamma} R^2 \pi.$$

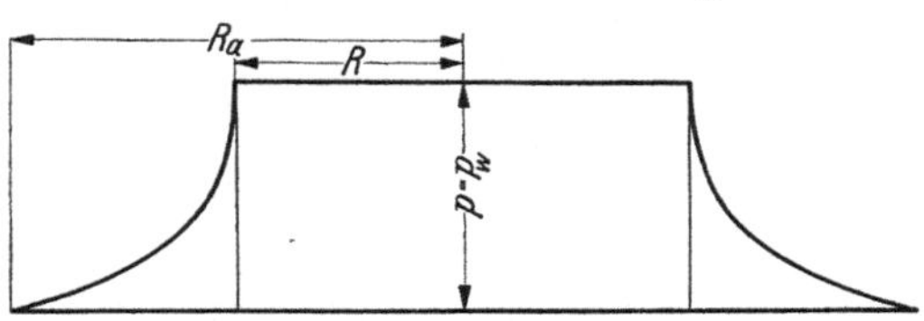

Abb. 1093. Porenwasserdruckverteilung längs der Dichtungen.

Es fallen somit auf allen drei Austrittsflächen angenähert gleiche Sickermengen an. Da sich E und V_I einwandfrei messen lassen, kann man für den Durchlässigkeitsgrad schreiben:

$$k = \frac{1{,}42\, d\, \gamma}{p_w R^2} V_I \quad \text{oder} \quad k = \frac{0{,}48\, d\, \gamma}{p_w R^2} E.$$

[1] Siehe Fußnote 1 von S. 654.

Die strömungstheoretischen Untersuchungen haben gezeigt, daß sich der Durchlässigkeitsgrad auch ohne eine seitliche Abdichtung des Prüfkörpers in einwandfreier Weise feststellen läßt; man ist dabei keineswegs an eine bestimmte

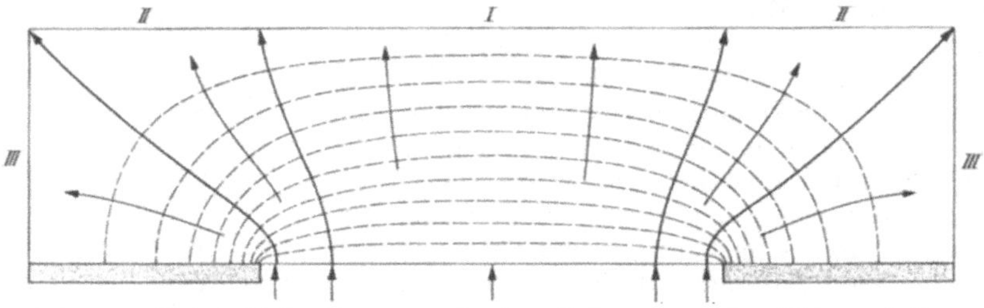

Abb. 1094. Linien gleichen Porenwasserdruckes. Strömungsverlauf und Wasserscheiden.

Prüfanordnung gebunden, wie die durchgerechneten Beispiele bewiesen haben. Vom Standpunkte der Meßgenauigkeit sollte man nach Möglichkeit das eintretende Wasser messen; einmal wird der Sickerverlust 100%ig erfaßt und zum anderen fallen störende Nebeneinflüsse (z. B. Verdunstung) fort. Mit der Versuchsanordnung von Abb. 1080 kann das eintretende Wasser besonders bequem und genau gemessen werden. Wird in gleichmäßigen Zeitabständen abgelesen und eine zeichnerische Auftragung hergestellt, so erhält man gleichzeitig einen sehr schönen Überblick über den Verlauf der Selbstdichtungserscheinung.

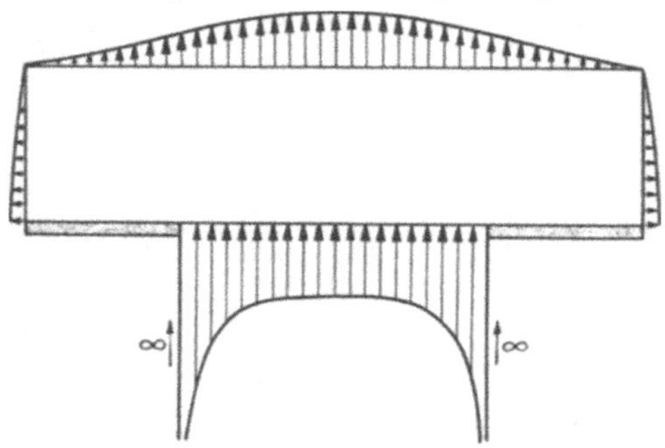

Abb. 1095. Geschwindigkeitsverteilung des ein- und ausströmenden Wassers.

Der Durchlässigkeitsgrad wird zweckmäßig in cm/s bzw. in m/s angegeben. Nach den neueren Ergebnissen der Betonforschung kann man noch von einer hinreichenden Wasserdichtigkeit sprechen, wenn der Durchlässigkeitsgrad nach eintägiger Versuchsdauer nicht über den Wert von $k = 10^{-9}$ m/s hinausgeht.

Vierter Teil.

Überwachung von Talsperren durch Messungen und Überprüfung der Spannungsverteilung an Modellen.

27. Kapitel: Überwachung von Talsperren durch Messungen.

1. Allgemeine Erfahrungen und Möglichkeiten[1].

Bei Talsperren währt es viele Jahre — bei Staudämmen oft sogar Jahrzehnte —, ehe von einem inneren Gleichgewichtszustande im eigentlichen Sinne gesprochen werden kann und Stauspiegel- und Witterungsschwankungen nur noch rein elastische Bewegungserscheinungen auslösen. Es ist daher von größter Wichtigkeit, den Verlauf der Verfestigung und die damit verbundenen Raumänderungen von Anbeginn durch Messungen zu verfolgen und sich so Gewißheit zu verschaffen, daß die Schwankungen der Talsperrenbewegungen festen Endlagen entgegenstreben.

Bei Staudämmen erstrecken sich die Messungen in erster Linie auf eine laufende Überwachung der Sackmaße in lotrechter und waagerechter Richtung und auf Druckmessungen im Damminnern. Bei Kernmauerdämmen wird man außerdem noch die Kernmauerbewegungen laufend verfolgen und Sickerwassermessungen zur Prüfung der Wasserdichtigkeit vorsehen.

Bei Staumauern kann man sich heute nicht mehr auf eine geodätische Vermessung der Mauerkrone und einiger weiterer ausgewählter Punkte beschränken. Solange noch die Bruchsteinbauweise vorherrschte und die Stauhöhen nur selten über 40 m hinausgingen, mochte ein solches Verfahren gerechtfertigt sein, aber heute, wo Stauhöhen von 80 m und mehr etwas alltägliches sind, ist eine weniger schwerfällige meßtechnische Überwachung eine der wesentlichen Voraussetzungen für die Sicherheit und den Bestand einer Stauanlage. Nicht allein, daß die Außenflächenvermessung wesentlich weiter getrieben werden muß, wenn man zu wirklich einwandfreien Ergebnissen gelangen will, man muß auch bemüht sein, über die Vorgänge im Mauerinnern Aufschluß zu gewinnen, und zwar in um so stärkerem Maße, je größer die Mauerstärke wird. Insbesondere sind Temperaturmessungen von größter Wichtigkeit, einmal weil sie Überblick über die durch die Abbindewärme bedingten Temperaturschwankungen geben, und zum anderen, weil die Temperatureinflüsse bei den Ergebnissen der Außenflächenvermessung zu berücksichtigen sind. Dazu kommen Dehnungsmessungen im Mauerinnern, um die Schwind- und Schwellvorgänge zu klären und Einblick in den Kraftfluß zu nehmen, und Pendellotmessungen in Mauerschächten, die wertvolle Aufschlüsse über die Mauerbewegungen im Bereich der Wasserseite liefern können. Während der Bauherstellung empfehlen sich weiterhin Fugenspaltmessungen, insbesondere, wenn die Fugen später ausgepreßt werden sollen; man erhält so einen ständigen Überblick über den seit der Herstellung eingetretenen Schwindausgleich und kann

---

[1] Es sei hier insbesondere auf die eingehende Behandlung der Meßfragen auf dem Talsperrenkongreß, Stockholm 1933, hingewiesen, veröffentlicht in Band II des Kongreßberichtes: Influence de la température interne et déformations des barrages-poids. Zu beziehen über den VDI-Verlag Berlin NW 7.

den Auspreßzeitpunkt dementsprechend sicher festlegen. Bei Gewichts- und Bogengewichtsstaumauern sind außerdem noch Sohlenwasserdruckmessungen notwendig, um die Berechnungsannahmen nachzuprüfen, ferner Sickerwassermessungen zur Überwachung der Wasserdichtigkeit; bezüglich der letzteren kann auf das bereits früher Gesagte verwiesen werden.

Das Eintreten und die Grenzlagen des inneren Gleichgewichtszustandes lassen sich, wie die Erfahrung zeigt, bei Talsperren nur selten voraussehen. Einmal sind es die Verschiedenheiten von Baustoffaufbau und Feuchtigkeitsgehalt, von Herstellung, Arbeitsfortschritt und Witterungseinflüssen, im Verlauf der Schwind- und Schwellvorgänge usw., und zum anderen die Untergrundverhältnisse, die sich außerordentlich verschiedenartig auswirken können. Vergleicht man z. B. die unter angenähert gleichen klimatischen Bedingungen hergestellten Staumauern von Schluchsee und Bleiloch, so ergab sich auf Grund der im Mauerinnern durchgeführten Messungen, daß im ersteren Falle der innere Gleichgewichtszustand bereits nach etwa $1^1/_2$ Jahren erreicht war, während bei der Bleiloch-Staumauer 6 Jahre kaum ausgereicht haben, um die Abbindewärme zum Entweichen zu bringen. Ein anderes Beispiel sind die in bezug auf Kornzusammensetzung und insbesondere Tongehalt nahe verwandten Staudämme von Wichita-Falls und Calaveras-USA., die beide nach dem Spülverfahren hergestellt wurden; während sich der Wichita-Falls-Staudamm so schnell verfestigte, daß man mit dem Baufortschritt kaum nachkommen konnte, erhärtete der Calaveras-Staudamm so langsam, daß er schließlich unter der immer größer werdenden Auflast zusammensackte.

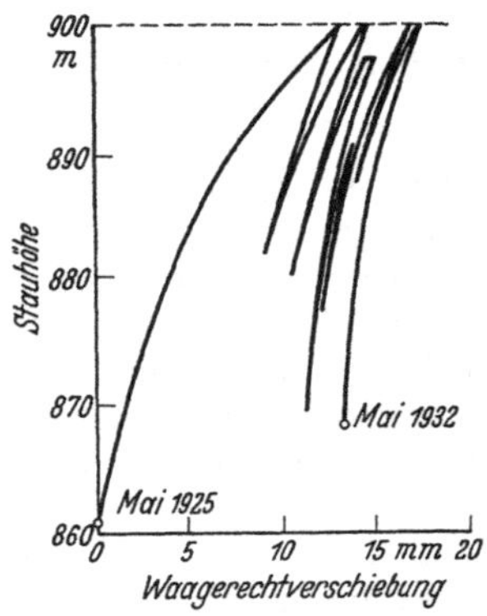

Abb. 1096. Wäggi-Staumauer (Schweiz). Verlauf der Kronenmittenverschiebungen. (Nach W. Lang.)

Eine an vielen Staumauern — insbesondere Gewichtsmauern — beobachtete Erscheinung ist das Größerwerden der Verschiebungen im Laufe des Talsperrenbetriebes; Abb. 1096 zeigt z. B. die durch geodätische Beobachtung gewonnenen Verschiebungen in Kronenmitte der Wäggi-Staumauer, und zwar über einen Zeitraum von 7 Jahren[1]. Wenn man hier die Relativverschiebung von 1932 derjenigen von 1925 gegenüberstellen würde, so hätte man angesichts einer Zunahme von nahezu 50% allen Grund, beunruhigt zu sein. Eine solche Vergleichsbetrachtung wäre aber völlig abwegig, denn sie würde an den tatsächlichen Verhältnissen weit vorbei gehen.

Bei der Überwachung von Talsperren darf man aus dem Vergleich von Teilverschiebungen keine allgemeinen Schlüsse ziehen. Im vorliegenden Falle, wo die absoluten Bewegungen eines Mauerquerschnittes (z. B. in Talmitte) nicht bekannt sind, kann man sich immer dadurch helfen, daß man die gemessenen Verschiebungswerte in die nach (53) bis (55), S. 378, errechneten Werte einfügt. Wie die Erfahrung zeigt, fallen die errechneten Verschiebungen fast immer kleiner aus als die tatsächlichen, so daß man bei einem solchen Verfahren jedenfalls zu keinen zu günstigen Schlußfolgerungen gelangen wird. Da die Außenflächenmessungen in den meisten Fällen erst nach Fertigstellung des Mauerkörpers einsetzen können, müssen im allgemeinen die Verschiebungsunterschiede $u - u'$ von vollem gegen leeres Staubecken den Vergleichsbetrachtungen zugrunde gelegt werden.

In Anwendung auf die besonderen Verhältnisse der Wäggi-Staumauer mit $H = 110$ m, $\lambda = 0{,}816$, $E = 2000000$ t/m², $\beta = 0{,}60$, $\alpha\beta = 0{,}50$, $\nu = 1/6$, $\gamma =$

[1] W. Lang: Deformationsmessungen an Staumauern. Bericht Nr. 12, Talsperrenkongreß Stockholm 1933.

1 t/m³, $\gamma_b = 2{,}3$ t/m³, $\gamma_b' = 1{,}8$ t/m³ errechnen sich die folgenden Verschiebungen an der Wasserseite

$$u' = -0{,}94 + 0{,}94\,\frac{z}{H} - 8{,}53\left(\frac{z}{H}\right)^2 \text{ mm (leeres Staubecken)},$$

$$u = +\,4{,}56 + 7{,}78\,\frac{z}{H} + 4{,}08\left(\frac{z}{H}\right)^2 \text{ mm (volles Staubecken)},$$

$$u - u' = 5{,}50 + 6{,}84\left(\frac{z}{H}\right) + 12{,}61\left(\frac{z}{H}\right)^2 \text{ (volles gegen leeres Staubecken)}.$$

Werden diese Verschiebungslinien aufgetragen und die Relativverschiebungen von Abb. 1096 so eingefügt, daß die Kronenverschiebungen $(u - u')$ nach der ersten Talsperrenfüllung übereinstimmen, so ergibt sich die aus Abb. 1097 ersichtliche Darstellung. In dieser beträgt die Zunahme der größten Kronendurchbiegung innerhalb der 7jährigen Betriebsdauer nicht mehr 50% sondern 17%, was für einen Baustoff wie Beton als durchaus normal anzusehen ist.

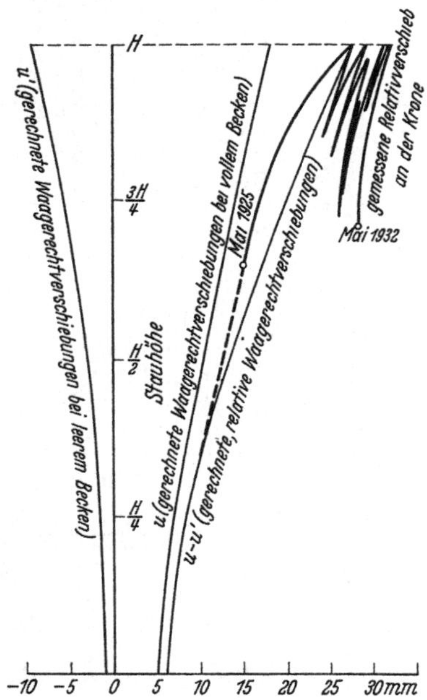

Abb. 1097.

Beton ist bekanntlich ein Baustoff, der seine endgültigen Festigkeitseigenschaften erst nach Jahrzehnten erlangt. Jede **erneute Be- und Entlastung unterstützt** diesen **natürlichen Vergütungsvorgang** und steigert unter anderem auch den Elastizitätsmodul; die Spannungsdehnungskurve und entsprechend auch die Belastungsverschiebungskurve muß daher nach jeder Be- und Entlastung steiler verlaufen, wie dies die Messungen an der Wäggi-Talsperre sehr schön zum Ausdruck bringen. Die **steileren Entlastungskurven** haben zur Folge, daß die Mauer nicht wieder in ihre Ausgangslage zurückkehren kann; die absolute Verschiebung muß daher solange zunehmen, wie der durch das ständige Hin- und Herpendeln des Stauspiegels hervorgerufene Vergütungsvorgang andauert. In solchen Fällen besteht nicht nur kein Grund zur Beunruhigung,

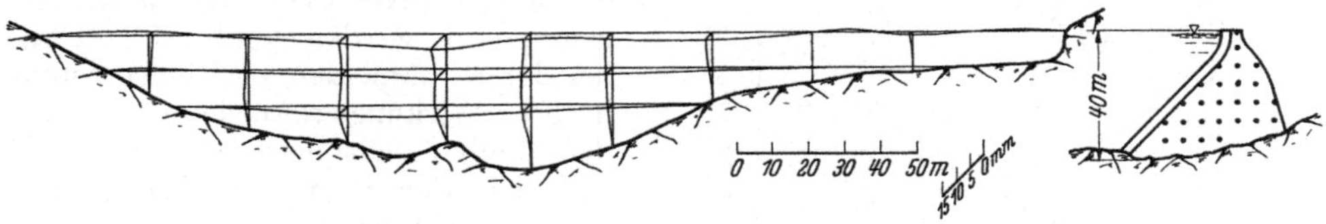

Abb. 1098. Vezin-Pfeilerstaumauer (Frankreich). Gemessene Verschiebungen.

sondern es wird im Gegenteil eine noch in voller Aufwärtsentwicklung befindliche Gütesteigerung angezeigt.

Die wenigen Talsperren, deren Verhalten im Betriebe durch Messungen vollständig klargestellt wurde, haben bereits gezeigt, daß sich die Spannungsverteilung keineswegs mit der Regelmäßigkeit vollzieht, wie sie bei der Berechnung gewöhnlich vorausgesetzt wird, und daß insbesondere der Baugrund das Spannungs- und Verschiebungsbild weit mehr beeinflußt, als gemeinhin angenommen wird. Man sollte z. B. meinen, daß bei einer langgestreckten, stark aufgelösten Pfeilerstaumauer, wie derjenigen von Vezin[1] mit 5,5 m Pfeiler-

[1] M. Coyne: Influence de la température interne et déformation des barrages-poids. Bericht Nr. 9, Talsperrenkongreß Stockholm 1933.

abstand bei rund 280 m Länge (Abb. 886), die einzelnen Pfeilerscheiben sich durchaus ähnlich verhalten werden. Nach den umfangreichen Verschiebungsmessungen (an jedem vierten bzw. fünften Pfeiler wurden immer drei übereinanderliegende Punkte geodätisch beobachtet) ist dies ganz und gar nicht der Fall (Abb. 1098); man findet kaum zwei Pfeiler mit ähnlichem Verschiebungsverlauf und auch in der Größenordnung sind die Unterschiede beträchtlich. Im ganzen gesehen, sind die Verschiebungen kleiner als die errechneten, was Pfeilerstaumauern in einem sehr günstigen Lichte erscheinen läßt. Die von den seitlichen Hängen ausstrahlenden Einspannwirkungen scheinen darauf hinzuwirken, daß selbst in dünnen und hochelastischen Pfeilerstaumauern räumliche Kraftwirkungen fühlbaren Ausmaßes in Erscheinung treten.

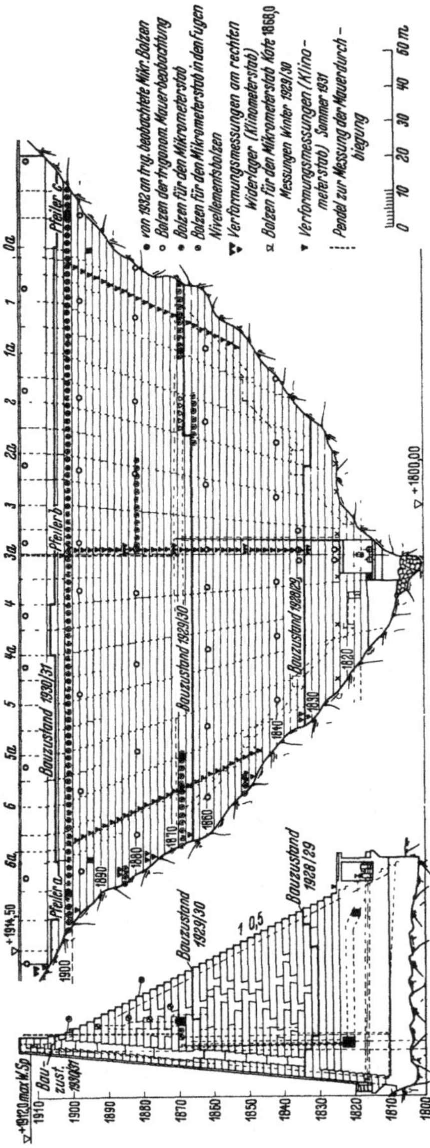

Abb. 1099. Grimsel-Staumauer (Schweiz). Meßanordnung.

Das **Auftreten räumlicher Kraftwirkungen** beeinflußt das Spannungsbild fast immer im günstigen Sinne; die Sicherheit wird erhöht. Da eine theoretische Klärung der räumlichen Spannungsverteilung oft noch auf große Schwierigkeiten stößt, sollte man alles tun, um auf meßtechnischem Wege in diese teilweise sehr verwickelten Zusammenhänge Einblick zu bekommen. Die Messungen an der Vezin-Staumauer sind hierfür ein geradezu klassisches Beispiel, indem sie Kraftwirkungen erkennen ließen, die bisher überhaupt nicht in den Bereich der Möglichkeit gezogen wurden. In diesem Zusammenhange verdient auch die Stevenson-Creek-Versuchsstaumauer genannt zu werden (Abb. 803—806), bei der — dank den zahlreichen und in ihrer Wirkungsweise sich ergänzenden Meßvorrichtungen — die Überlegenheit der räumlichen Kraftübertragung in Ausmaßen in Erscheinung trat, wie man sie bei Bogenstaumauern auch nicht angenähert vermutet hätte.

Ähnlich vorteilhafte Wirkungen wurden auch bei der Spitallamm-(Grimsel-) Bogengewichtsstaumauer (Schweiz) festgestellt, deren meßtechnische Ausrüstung (Abb. 1099) in jeder Hinsicht als vorbildlich bezeichnet werden kann[1]. Der große Rechenaufwand, der bei dieser Talsperre in Kauf genommen wurde, um den räumlichen Spannungszustand nach dem Versuchslastverfahren zu erfassen, wurde durch das Ergebnis der Messungen vollkommen gerechtfertigt, indem die tatsächlichen Verschiebungen durchweg mit den theoretisch ermittelten befriedigend überein-

[1] H. Juillard: Die Spitallamm-Talsperre der Kraftwerke Oberhasli. Schweiz. Bauztg. Bd. 107 (1936) S. 229—231, 254—257, 268—272.

stimmten. Auch hier hat sich wieder einmal gezeigt, daß das Beschreiten neuer und fortschrittlicher Wege im Talsperrenbau niemals ein Wagnis bedeutet, wenn man theoretisch alles gründlich unterbaut und die Talsperre meßtechnisch so ausrüstet, daß man die Kraftverteilung Schritt für Schritt am Bauwerk selbst verfolgen kann.

Eine ganz besondere Bedeutung fällt den Messungen bei schwierigen oder stark wechselnden Untergrundverhältnissen zu, so z. B. bei Staumauern, die in weichere Gesteine gegründet werden müssen, oder bei Staudämmen über stark verformbaren oder plastischen Talgründen. In solchen Fällen ist eine ständige meßtechnische Überwachung nicht zu vermeiden,

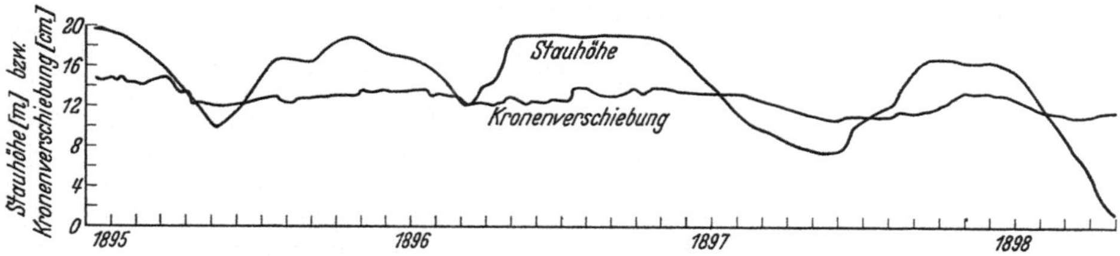

Abb. 1100. Staumauer Grosbois (Frankreich). Gemessene Verschiebungen.

und man wird demgemäß danach trachten müssen, daß die meßtechnische Ausrüstung möglichst geringe Ansprüche bezüglich Zeitaufwand und Gerätebedienung stellt. Diesen Anforderungen dürften die von Juillard entwickelten Pendellotmessungen in Meßschächten zur Zeit am besten entsprechen.

Ein klassisches Beispiel für die Ausmaße der Bewegungen, die sich bei nachgiebigem Baugrund ergeben können, ist die Staumauer von Grosbois (Frankreich), die in Mergelgesteinen des oberen Lias ruht und seit mehr als 100 Jahren meßtechnisch beobachtet wird[1]. Die Mauerbewegungen, die seit mehreren Jahrzehnten als stationär angesehen werden können, haben allmählich eine mittlere Verschiebung von 13 cm erreicht (Abb. 1100); das Pendelmaß beträgt etwa 1,5 cm nach beiden Seiten. Eine Erscheinung, die besondere Beachtung verdient, ist die elastische Nachwirkung im Wechselspiel zwischen Stauspiegelschwankung und Kronenverschiebung (Abb. 1100). Im Jahre 1896 trat z. B. der Höchstwert der Kronenverschiebung erst 3 Monate später ein, als man nach dem Verlauf der Staubeckenlinie erwartet hätte.

Wie die meßtechnisch vorzüglich ausgestattete Beni-Bahdel-Pfeilerstaumauer gezeigt hat, kann man durch Bodendruckversuche[2] bereits einen ersten Anhaltspunkt über die zu erwartenden elastischen Nachwirkungen gewinnen (vgl. Abb. 169—170). Man sollte daher auf derartige Messungen bei schwierigen Untergrundverhältnissen nie verzichten und sie nach Möglichkeit über die ganze Bauzeit fortsetzen, damit der Zeitfaktor die gebührende Berücksichtigung findet.

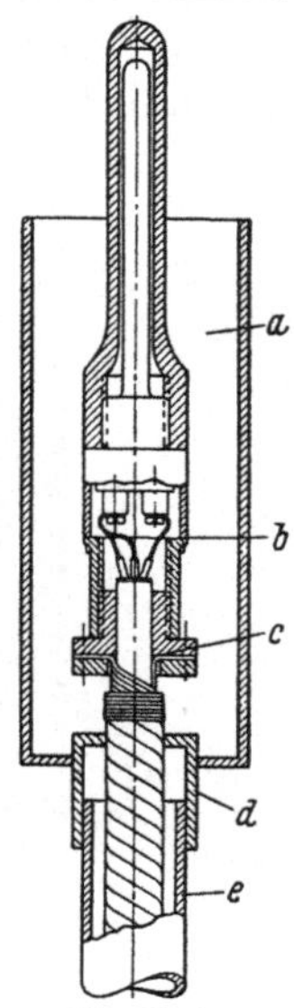

Abb. 1101. Siemens-Widerstandsthermometer.

2. *Temperaturmessungen.*

Die Bedeutung der Temperaturmessungen ist bereits in früheren Abschnitten eingehend dargelegt worden, so für die Beurteilung des Schwindverlaufes und der Einwirkungen der Außentemperaturen, für die Ermittlung des günstigsten Auspreß- bzw. Ausfüllzeitpunktes bei Fugen und Fugenkühlspalten, für Überwachungszwecke verschiedenster Art, wie z. B. bei der Wasserinnenkühlung von Massenbeton,

[1] Siehe Fußnote 1 von S. 667.
[2] Nach einem Bericht zum II. Talsperrenkongreß Washington 1937.

für die Feststellung von Sickerströmungen, die erfahrungsgemäß mit starken Temperaturschwankungen gegenüber der nicht durchströmten Zustandslage verbunden sind u. dgl. mehr.

In allen Fällen, wo es sich um reine Temperaturmessungen handelt, ist das Widerstandsthermometer das gegebene Meßgerät; es baut auf der Tatsache auf, daß für ein gegebenes Metall jede Temperaturänderung durch eine gesetzmäßig festliegende elektrische Widerstandsänderung beantwortet wird. Für den

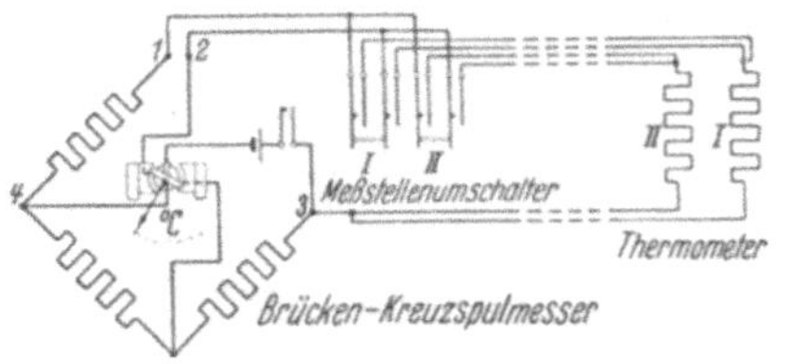

Abb. 1102. Siemens-Dreileiterschaltung.

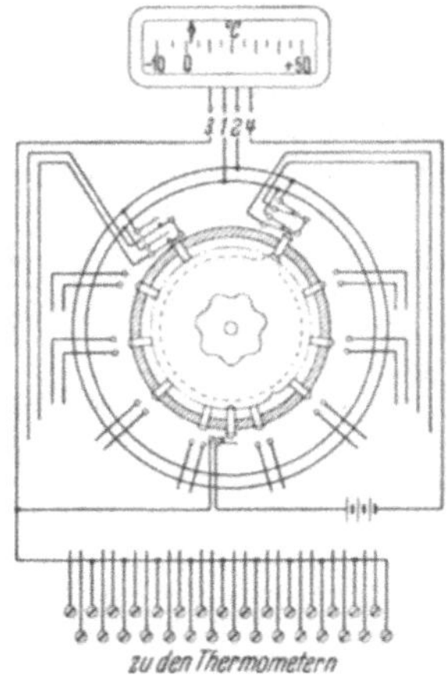

Abb. 1103. Meßstellenumschalter.

Widerstandsdraht, der gewöhnlich um einen Quarzstab gewickelt wird, kommen in Richtung abnehmender Empfindlichkeit Platin, Nickel und Kupfer in Frage. Die Verwendung der billigeren Kupferthermometer wird dadurch stark eingeengt, daß die Empfindlichkeit nur noch $^1/_2{}^\circ$ beträgt, die Leistungsverluste noch nicht mit eingerechnet.

Abb. 1101 zeigt das Siemens-Platinthermometer mit Stahlschutzrohr, das sich im Betriebe sehr gut bewährt hat[1]. Dank seiner hohen Empfindlichkeit erlaubt es bis zu Entfernungen von

Abb. 1104. Meßschrank für die Temperaturmessungen.

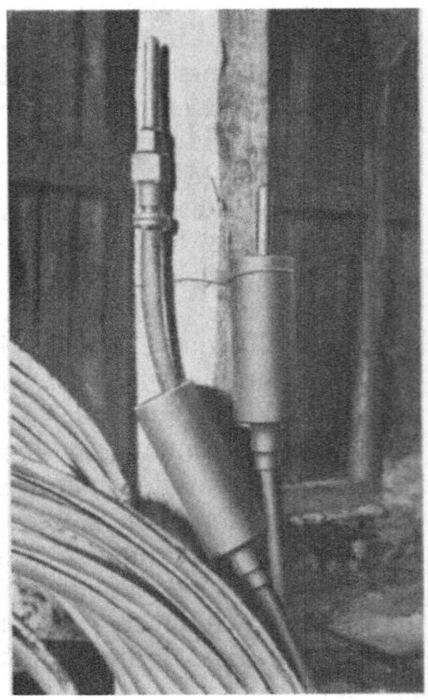

Abb. 1105. Befestigung der Widerstandsthermometer mit den Erdkabeln.

etwa 100 m die Verwendung der einfachen Zweileiterschaltung; hierbei beträgt der größte Meßfehler einschließlich der Leitungsverluste etwa 0,4° C. Bei über 100 m hinausgehenden Entfernungen zwischen Thermometer und Ablesestelle empfiehlt sich die Dreileiterschaltung (Abb. 1102), bei welcher die durch die

[1] Dr.-Ing. W. Liesegang: Temperaturmessungen an Staumauern. Siemens-Z. Bd. 12 (1932) S. 398f.

Leitung entstehenden Meßfehler durch eine dritte Meßleitung ausgeglichen werden. Die Temperatur kann an dem Brücken-Kreuzspulmesser unmittelbar abgelesen werden, während die Umstellung auf ein bestimmtes Thermometer durch einen Meßstellenumschalter erfolgt (Abb. 1103). Die gesamte Ablese- und Umschaltanordnung läßt sich in einem an passender Stelle eingebauten Meßschrank bequem unterbringen (Abb. 1104).

Abb. 1106. Schutzkorb zur Sicherung von Widerstandsthermometern. (Nach W. Liesegang.)

Für die Betriebssicherheit der Meßanlage ist es sehr wesentlich, daß die Zuleitungskabel isolationsfest sind. Die Verwendung gummiisolierter Drähte, die an Ort und Stelle in Stahlpanzerrohre eingezogen wurden, hat sich nicht bewährt. Einmal wurde die Gummiisolation mit der Zeit brüchig und zum anderen sammelte sich in den Rohren Schwitzwasser, das in die Thermometerköpfe eindrang und die Meßergebnisse beeinträchtigte. Man verwendet daher nur noch Erdkabel mit Bleimantel- und Flachdrahtarmierung, in denen die Meßleitungen durch Papier isoliert sind. Abb. 1105 zeigt die Befestigung solcher Erdkabel mit den Thermometern.

Abb. 1107. Einbaufertige und durch Schutzkorb gesicherte Widerstandsthermometer mit Zuleitungs-Schutzrohren.

Es empfiehlt sich, die Thermometer beim Einbringen des Betons durch einen **Schutzkorb** zu schützen (Abbildung 1106) und diesen kräftig in der unteren Betonschicht zu verankern. Weiterhin müssen die Kabel durch Eisenrohre gegen Beschädigungen geschützt werden; Abb. 1107 zeigt z. B. ein waagerechtes Zuleitungsrohr für drei Kabel, von dem drei Einkabelrohre zu den einzelnen Meßstellen abzweigen.

Es ist sehr wichtig, daß die Thermometer während des Einbetonierens wiederholt elektrisch nachgeprüft werden, um Einbau- und Meßfehler auszuschalten. Wenn Meßstellen später versagt haben, so liegt die Ursache vielfach in der Nichtbeachtung dieser eigentlich selbstverständlichen Forderung.

Bei neueren Stauanlagen ist man des öfteren dazu übergegangen, die Temperaturmessungen unmittelbar mit Dehnungsmessungen zu verbinden, worauf im nächsten Abschnitt noch näher eingegangen wird. In solchen Fällen ist zu empfehlen, gleichzeitig einige Widerstandsthermometer einzubauen, da die Verbundmeßgeräte erfahrungsgemäß sehr empfindlich sind, so daß eine unabhängige Temperaturmessung erwünscht ist.

3. *Dehnungsmessungen im Talsperreninnern.*

Die sicherste und umfassendste Aufschlußgrundlage zur Beurteilung von Kraftverlauf und Spannungsverteilung bieten Dehnungsmessungen im Talsperreninnern. Im allgemeinsten Falle, d. h. zur eindeutigen Festlegung des räumlichen Spannungszustandes sind Dehnungsmessungen in acht voneinander unabhängigen Richtungen erforderlich, die immer zu je dreien aufeinander senkrecht stehen müssen; die entsprechenden Richtungstripel seien mit x, y, z bzw. x_1, y_1, z_1 bzw. x_1, y_2, z_2 bezeichnet (Abb. 1108).

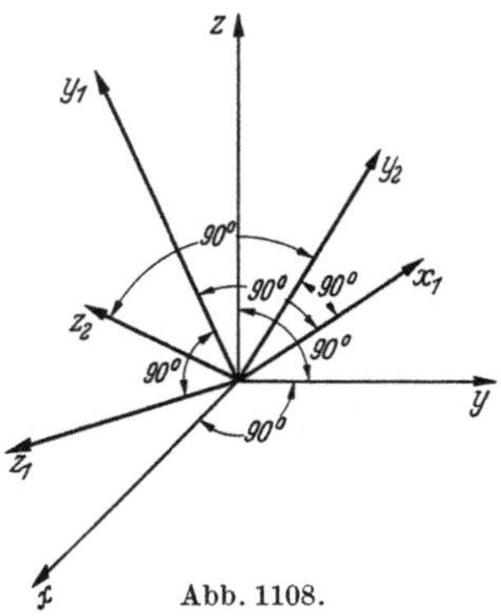

Abb. 1108.

Ist x, y, z das feste Bezugssystem und sind demgemäß $\sigma_x, \sigma_y, \sigma_z$ und $\tau_{xy} = \tau_{yx}$, $\tau_{yz} = \tau_{zy}$, $\tau_{zx} = \tau_{xz}$ die an der Meßstelle vorherrschenden Normal- und Schubspannungen (Abb. 1109), so bestehen zunächst nach dem erweiterten Hookeschen Gesetze zwischen Dehnungen und Spannungen die Beziehungen

$$E\varepsilon_x = \sigma_x - \nu(\sigma_y + \sigma_z); \quad E\varepsilon_y = \sigma_y - \nu(\sigma_z + \sigma_x); \quad E\varepsilon_z = \sigma_z - \nu(\sigma_x + \sigma_y). \tag{1}$$

Aus ihnen folgt durch Auflösen nach den Normalspannungen

$$\left.\begin{aligned} \frac{\sigma_x}{E} &= \frac{\varepsilon_x}{1+\nu} + \frac{\nu(\varepsilon_x+\varepsilon_y+\varepsilon_z)}{(1+\nu)(1-2\nu)}; \\ \frac{\sigma_y}{E} &= \frac{\varepsilon_y}{1+\nu} + \frac{\nu(\varepsilon_x+\varepsilon_y+\varepsilon_z)}{(1+\nu)(1-2\nu)}; \\ \frac{\sigma_z}{E} &= \frac{\varepsilon_z}{1+\nu} + \frac{\nu(\varepsilon_x+\varepsilon_y+\varepsilon_z)}{(1+\nu)(1-2\nu)} \end{aligned}\right\} \tag{2}$$

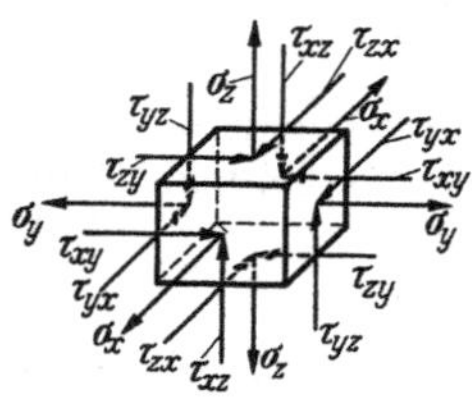

Abb. 1109.

Nach (2) können die bezogenen Normalspannungen unmittelbar aus den gemessenen Dehnungen und der Querzusammenziehung ν (für Beton $\nu = 1/6$) berechnet werden.

Mit Hilfe der drei Gleitungen $\varepsilon_{xy}, \varepsilon_{yz}, \varepsilon_{zx}$ gelangt man zu entsprechenden Beziehungen für die bezogenen Schubspannungen. Hierauf näher einzugehen, erübrigt sich, da eine meßtechnische Feststellung der Gleitungen zur Zeit noch nicht möglich ist.

Die Schubspannungen können nur auf dem Umwege über weitere Dehnungsmessungen bestimmt werden, und zwar benötigt man zur Berechnung der drei unbekannten Schubspannungen fünf weitere Dehnungsmessungen; diese müssen so angeordnet werden, daß sie zwei rechtwinklige Richtungstripel bilden, z. B. bei doppelter Verwendung der x_1-Richtung: x_1, y_1, z_1 und x_1, y_2, z_2 (Abb. 1108). Die zugehörigen bezogenen Spannungen folgen nach (2)

$$\left.\begin{aligned} \frac{\sigma_{x_1}}{E} &= \frac{\varepsilon_{x_1}}{1+\nu} + \frac{\nu(\varepsilon_{x_1}+\varepsilon_{y_1}+\varepsilon_{z_1})}{(1+\nu)(1-2\nu)}; \\ \frac{\sigma_{y_1}}{E} &= \frac{\varepsilon_{y_1}}{1+\nu} + \frac{\nu(\varepsilon_{x_1}+\varepsilon_{y_1}+\varepsilon_{z_1})}{(1+\nu)(1-2\nu)}; \\ \frac{\sigma_{z_1}}{E} &= \frac{\varepsilon_{z_1}}{1+\nu} + \frac{\nu(\varepsilon_{x_1}+\varepsilon_{y_1}+\varepsilon_{z_1})}{(1+\nu)(1-2\nu)}; \end{aligned} \quad \begin{aligned} \frac{\sigma_{y_2}}{E} &= \frac{\varepsilon_{y_2}}{1+\nu} + \frac{\nu(\varepsilon_{x_1}+\varepsilon_{y_2}+\varepsilon_{z_2})}{(1+\nu)(1-2\nu)}; \\ \frac{\sigma_{z_2}}{E} &= \frac{\varepsilon_{z_2}}{1+\nu} + \frac{\nu(\varepsilon_{x_1}+\varepsilon_{y_2}+\varepsilon_{z_2})}{(1+\nu)(1-2\nu)} \end{aligned}\right\} \tag{3}$$

Wie in der Elastizitätstheorie gezeigt wird, bestehen zwischen den fünf zusätzlichen Dehnungen bzw. Spannungen und den Ausgangsgrößen die Verträglichkeitsbedingungen

$$\left.\begin{aligned} \varepsilon_{x_1} + \varepsilon_{y_1} + \varepsilon_{z_1} &= \varepsilon_x + \varepsilon_y + \varepsilon_z \quad \text{bzw.} \quad \sigma_{x_1} + \sigma_{y_1} + \sigma_{z_1} = \sigma_x + \sigma_y + \sigma_z, \\ \varepsilon_{x_1} + \varepsilon_{y_2} + \varepsilon_{z_2} &= \varepsilon_x + \varepsilon_y + \varepsilon_z \quad \text{bzw.} \quad \sigma_{x_1} + \sigma_{y_2} + \sigma_{z_2} = \sigma_x + \sigma_y + \sigma_z \end{aligned}\right\} \tag{4}$$

Demgemäß stehen zwei der Gln. (3) in linearer Beziehung zu den Gln. (2), d. h. von den fünf zusätzlichen Dehnungsmessungen sind immer nur drei voneinander unabhängig. Diese reichen gerade aus, um die drei unbekannten Schubspannungen zu bestimmen.

Einheitsvektoren der Meßrichtungen:

$$e_{(x_1)} = \frac{i_1}{2} + \frac{i_2}{2} + \frac{i_3}{\sqrt{2}}$$

$$e_{(y_1)} = -\frac{i_1}{2} - \frac{i_2}{2} + \frac{i_3}{\sqrt{2}}$$

$$e_{(z_1)} = \frac{i_1}{\sqrt{2}} - \frac{i_2}{\sqrt{2}}$$

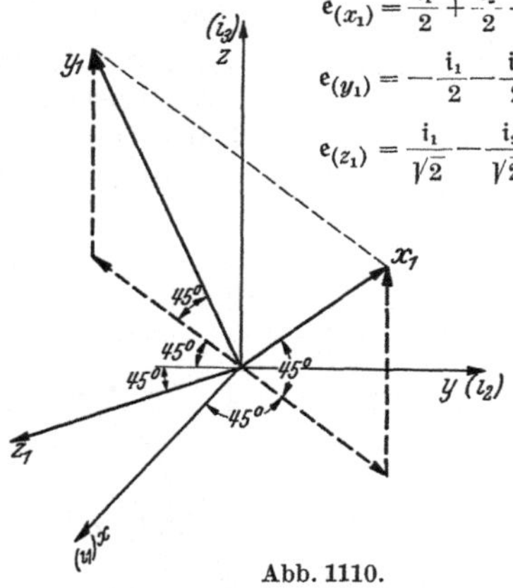

Abb. 1110.

Bis auf die Bedingung der Rechtwinkligkeit in Doppel-Tripelanordnung sind die zusätzlichen Meßrichtungen an sich willkürlich. Im Interesse einer tunlichst großen Meßgenauigkeit wird man aber naturgemäß bestrebt sein, mit großen Richtungsabweichungen zu arbeiten, d. h. die 45°-Lage weitgehend bevorzugen.

Das Richtungstripel x_1, y_1, z_1 läßt sich überall mit 45°-Winkeln einschalten. Wird hierfür die Lageanordnung von Abb. 1110 zugrunde gelegt, so lassen sich die gesuchten Beziehungen mit Hilfe des Spannungstensors leicht aufstellen. Bedient man sich der üblichen rechtwinkligen Tetraederdarstellung — im vorliegenden Falle mit der Grundfläche senkrecht zur Meßrichtung — und werden die Abmessungen gerade so gewählt, daß die Grundfläche immer „Eins" wird, so greifen an den Tetraederflächen die aus Abb. 1111 bis 1113 ersichtlichen Kräfte an. Aus dem Gleichgewicht in bezug auf die jeweilige Meßrichtung folgen die Gleichungen

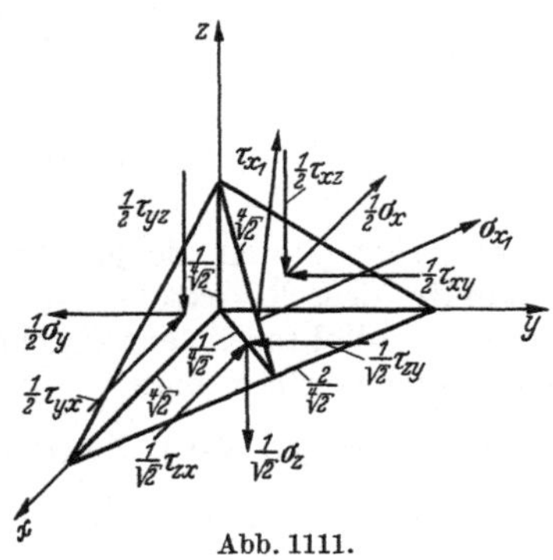

Abb. 1111.

$$\left.\begin{aligned}
\sigma_{x_1} &= \tfrac{1}{4}(\sigma_x + \sigma_y + 2\,\sigma_z) + \tfrac{1}{2}(\tau_{xy} + \\
&\qquad + \sqrt{2}\,\tau_{yz} + \sqrt{2}\,\tau_{zx});\\
\sigma_{y_1} &= \tfrac{1}{4}(\sigma_x + \sigma_y + 2\,\sigma_z) + \tfrac{1}{2}(\tau_{xy} - \\
&\qquad - \sqrt{2}\,\tau_{yz} - \sqrt{2}\,\tau_{zx});\\
\sigma_{z_1} &= \tfrac{1}{2}(\sigma_x + \sigma_y) - \tau_{xy}
\end{aligned}\right\} \quad (5)$$

Durch Addition dieser Gleichungen ergibt sich

$$\sigma_{x_1} + \sigma_{y_1} + \sigma_{z_1} = \sigma_x + \sigma_y + \sigma_z, \quad (6)$$

d. h. die von den gesuchten τ-Werten unabhängige Verträglichkeitsbedingung.

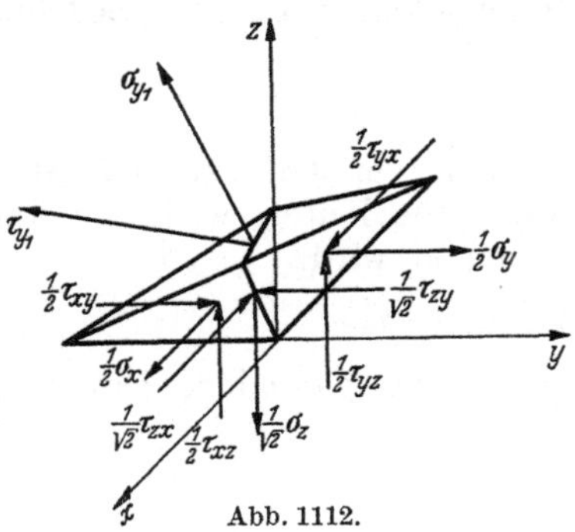

Abb. 1112.

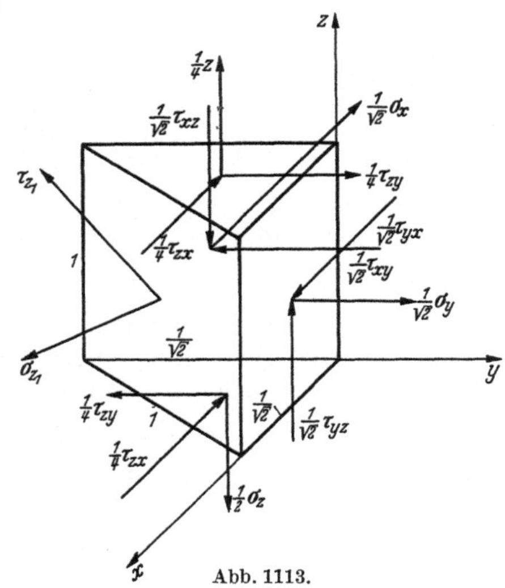

Abb. 1113.

Es lassen sich daher, wie oben allgemein erläutert, aus (5) nur zwei Beziehungen zwischen den Schubspannungen ableiten, nämlich

$$\tau_{xy} = \tfrac{1}{2}(\sigma_x + \sigma_y) - \sigma_{z_1}, \qquad \tau_{yz} + \tau_{zx} = \tfrac{1}{2}\sqrt{2}\,(\sigma_{x_1} - \sigma_{y_1}). \quad (7)$$

Um die fehlende Beziehung zu gewinnen, muß nun noch das zweite Richtungstripel eingeschaltet werden, für das sich die Lageanordnung von Abb. 1114 nach längeren Untersuchungen als die beste ergeben hat. Angesichts des hier wesentlich verwickelteren geometrischen Zusammenhanges wird zweckmäßig auf die Tensortheorie zurückgegriffen. Zunächst lauten die Komponenten des Spannungstensors

$$\mathfrak{P}_1 = -\mathfrak{f}_1 (\mathfrak{i}_1 \sigma_x + \mathfrak{i}_2 \tau_{xy} + \mathfrak{i}_3 \tau_{xz});$$
$$\mathfrak{P}_2 = -\mathfrak{f}_2 (\mathfrak{i}_1 \tau_{yx} + \mathfrak{i}_2 \sigma_y + \mathfrak{i}_3 \tau_{yz});$$
$$\mathfrak{P}_3 = -\mathfrak{f}_3 (\mathfrak{i}_1 \tau_{zx} + \mathfrak{i}_2 \tau_{zy} + \mathfrak{i}_3 \sigma_z).$$

Einheitsvektoren der Meßrichtungen:

$$\mathfrak{e}_{(x_1)} = \frac{\mathfrak{i}_1}{2} + \frac{\mathfrak{i}_2}{2} + \frac{\mathfrak{i}_3}{\sqrt{2}}$$
$$\mathfrak{e}_{(y_2)} = -\frac{\mathfrak{i}_1}{2}\left(1+\frac{1}{\sqrt{2}}\right) + \frac{\mathfrak{i}_2}{2}\left(1-\frac{1}{\sqrt{2}}\right) + \frac{\mathfrak{i}_3}{2}$$
$$\mathfrak{e}_{(z_2)} = +\frac{\mathfrak{i}_1}{2}\left(1-\frac{1}{\sqrt{2}}\right) - \frac{\mathfrak{i}_2}{2}\left(1+\frac{1}{\sqrt{2}}\right) + \frac{\mathfrak{i}_3}{2}$$

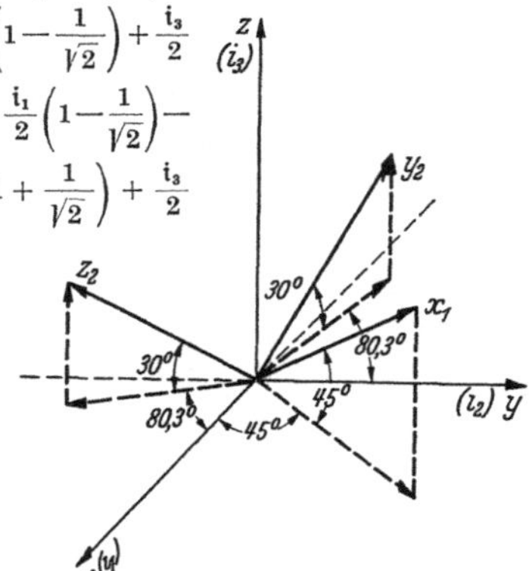

Abb. 1114.

Ferner folgt für die Einheitsvektoren der Meßrichtungen (Abb. 1114)

$$\mathfrak{e}_{(x_1)} = \mathfrak{f}_1 \mathfrak{i}_1 + \mathfrak{f}_2 \mathfrak{i}_2 + \mathfrak{f}_3 \mathfrak{i}_3 = \frac{\mathfrak{i}_1}{2} + \frac{\mathfrak{i}_2}{2} + \frac{\mathfrak{i}_3}{2}\sqrt{2};$$
$$\mathfrak{e}_{(y_2)} = \mathfrak{f}_1 \mathfrak{i}_1 + \mathfrak{f}_2 \mathfrak{i}_2 + \mathfrak{f}_3 \mathfrak{i}_3 = -\frac{\mathfrak{i}_1}{2}\left(1+\frac{1}{\sqrt{2}}\right) + \frac{\mathfrak{i}_2}{2}\left(1-\frac{1}{\sqrt{2}}\right) + \frac{\mathfrak{i}_3}{2};$$
$$\mathfrak{e}_{(z_2)} = \mathfrak{f}_1 \mathfrak{i}_1 + \mathfrak{f}_2 \mathfrak{i}_2 + \mathfrak{f}_3 \mathfrak{i}_3 = +\frac{\mathfrak{i}_1}{2}\left(1-\frac{1}{\sqrt{2}}\right) - \frac{\mathfrak{i}_2}{2}\left(1+\frac{1}{\sqrt{2}}\right) + \frac{\mathfrak{i}_3}{2}.$$

Damit ergeben sich die gesuchten Gleichgewichtsbedingungen als die skalaren Produkte des $\mathfrak{P}$-Vektors mit den $\mathfrak{e}$-Vektoren, wobei für die $\mathfrak{f}$-Werte immer die den $\mathfrak{e}$-Vektoren entsprechenden Werte einzusetzen sind. Nach einigen Rechnungen erhält man

$$\left.\begin{aligned}
\sigma_{x_1} &= \tfrac{1}{4}(\sigma_x + \sigma_y + 2\sigma_z) + \tfrac{1}{2}(\tau_{xy} + \sqrt{2}\,\tau_{yz} + \sqrt{2}\,\tau_{zx});\\
\sigma_{y_2} &= \frac{1}{4}\left[\left(\frac{3}{2}+\sqrt{2}\right)\sigma_x + \left(\frac{3}{2}-\sqrt{2}\right)\sigma_y + \sigma_z\right] +\\
&\quad + \frac{1}{2}\left[-\frac{1}{2}\tau_{xy} + \left(1-\frac{1}{\sqrt{2}}\right)\tau_{yz} - \left(1+\frac{1}{\sqrt{2}}\right)\tau_{zx}\right];\\
\sigma_{z_2} &= \frac{1}{4}\left[\left(\frac{3}{2}-\sqrt{2}\right)\sigma_x + \left(\frac{3}{2}+\sqrt{2}\right)\sigma_y + \sigma_z\right] +\\
&\quad + \frac{1}{2}\left[-\frac{1}{2}\tau_{xy} - \left(1+\frac{1}{\sqrt{2}}\right)\tau_{yz} + \left(1-\frac{1}{\sqrt{2}}\right)\tau_{zx}\right]
\end{aligned}\right\} \qquad (8)$$

Die erste der Gln. (8) stimmt voraussetzungsgemäß mit der ersten der Gln. (5) überein. Durch Addition aller Gleichungen folgt

$$\sigma_{x_1} + \sigma_{y_2} + \sigma_{z_2} = \sigma_x + \sigma_y + \sigma_z, \qquad (9)$$

d. h. die Verträglichkeitsbedingung. Es kann daher in der Tat aus (8) nur noch eine einzige Bedingung abgeleitet werden. Sie lautet, wenn sie durch Abziehen der beiden letzten der Gln. (8) gewonnen wird,

$$\sigma_{y_2} - \sigma_{z_2} = \tfrac{1}{2}\sqrt{2}\,(\sigma_x - \sigma_y) + \tau_{yz} - \tau_{zx}. \qquad (10)$$

Damit sind in (7) und (10) die gesuchten Beziehungen gefunden. Durch Auflösen ergibt sich

$$\left.\begin{aligned}
\tau_{xy} &= \tfrac{1}{2}(\sigma_x + \sigma_y) - \sigma_{z_1};\\
\tau_{yz} &= +\tfrac{1}{2}(\sigma_{y_2} - \sigma_{z_2}) - \tfrac{1}{4}\sqrt{2}\,((\sigma_{x_1} - \sigma_{y_1}) - (\sigma_x - \sigma_y));\\
\tau_{zx} &= -\tfrac{1}{2}(\sigma_{y_2} - \sigma_{z_2}) + \tfrac{1}{4}\sqrt{2}\,((\sigma_{x_1} - \sigma_{y_1}) + (\sigma_y - \sigma_z))
\end{aligned}\right\} \qquad (11)$$

Die Gln. (2), (3) und (11) gestatten, die sechs Komponenten des räumlichen Spannungszustandes eindeutig aus den Dehnungsmessungen in den acht vorgegebenen Richtungen zu bestimmen; die Gln. (4) liefern zwei Kontrollbeziehungen für die Meßwerte, die naturgemäß von größter Bedeutung sind, da ihre Erfüllung die unbedingte Zuverlässigkeit der gemessenen Dehnungen gewährleistet. Der Elastizitätsmodul E kann ähnlich wie in (2) und (3) auch für die Schubspannungen als Maßfaktor vorgezogen werden; seine Größe ist überall dort belanglos, wo die Messungen lediglich Fragen der Spannungsverteilung klären sollen. In anderen Fällen kann er unmittelbar aus einer statischen Gleichgewichtsbedingung ermittelt werden, wie z. B. in Gewichtsmauerblöcken, wo für jede waagerechte Schnittfläche die Summe der lotrechten Pressungen σ_z dem darüber lastenden Mauergewicht und die Summe der waagerechten Schubspannungen τ_{yz} dem darüber angreifenden Wasserdruck gleich sein muß.

Man sollte niemals darauf verzichten — auch dort nicht, wo eine Kenntnis des Elastizitätsmoduls nicht unmittelbar erforderlich ist —, die Größe von E für jede Meßstelle durch Herstellung geeigneter Vergleichsprüfkörper, und zwar unmittelbar in der Baugrube, in Abhängigkeit vom Alter festzustellen. Hierbei ist es sehr wesentlich, daß die Prüfkörper säulenförmig (Kantenverhältnis mindestens 2 : 1) sind und eine solche Größe besitzen, daß die tatsächlichen Verhältnisse auch wirklich erfaßt werden (Mindestquerschnitt $30 \cdot 30 = 900$ cm²). Ferner müssen die Prüfkörper so gelagert werden, daß die Feuchtigkeitsverhältnisse etwa denen im Bauwerk entsprechen; mit den neuzeitlichen Klimaanlagen läßt sich einer solchen Forderung weitgehend nachkommen. Da Messungen im Talsperreninnern nur bei größerer Dickenausdehnung in Frage kommen, kann man annehmen, daß die Feuchtigkeitsverhältnisse, die nach der Herstellung in der Talsperre vorherrschen, auf Jahre hinaus erhalten bleiben.

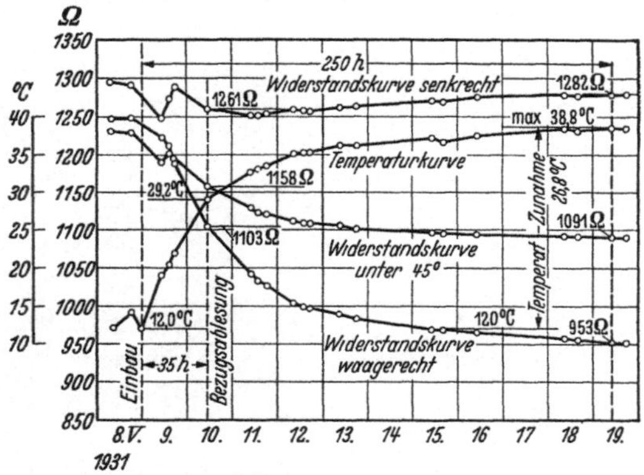

Abb. 1115. Bleiloch-Staumauer. Verlauf der Dehnungswiderstandsmessungen. (Nach Hoffmann.)

In (2) und (3) darf selbstverständlich nur der spannungserzeugende Teil der gemessenen Dehnungen eingeführt werden. Man muß daher an jeder Meßstelle die Temperaturveränderung gegenüber der Ausgangslage laufend messen, und zwar für jeden Meßtripel wenigstens einmal, so daß auf jede Achtergruppe mindestens drei Temperaturmessungen entfallen. Ist ΔT die Temperaturänderung gegenüber der Ausgangslage und ε_t der Wärmeausdehnungsbeiwert des Betons (im Durchschnitt $\varepsilon_t = 0{,}00001$), so folgt für die spannungserzeugende Dehnung

$$\varepsilon = \varepsilon_{\text{gemessen}} - \varepsilon_t \Delta T. \tag{12}$$

Bei den Ausmaßen der beim Abbinden des Betons entstehenden Wärmeentwicklung ist die richtige Erfassung der Ausgangslage naturgemäß von größter Wichtigkeit. Hoffmann[1], der diese Frage an Hand der ausgedehnten Telemeter-Dehnungsmessungen in Schluchsee- und Bleiloch-Staumauer eingehend untersucht hat, fand, daß weder Abbindezeit noch Höchstpunkt der Temperaturkurve hierfür eine geeignete Grundlage bieten, da die

[1] Dr.-Ing. E. Hoffmann: Untersuchungen über die Spannungen in Gewichtsstaumauern aus Beton mit Hilfe von Messungen im Bauwerk. Karlsruher Dissertationsschrift 1933.

zugehörigen Zeitabstände, auch bei ein und derselben Talsperre, den verschiedenartigsten Schwankungen unterworfen sind. Es zeigte sich, daß der Beton in den ersten Tagen der Erhärtung sich außerordentlich sprunghaft verhält (vgl. z. B. die Widerstandsmessungen der Bleiloch-Staumauer, Abb. 1115), so daß es nahe liegt, denjenigen Zeitpunkt als Ausgangslage zu wählen, an dem der Beton beginnt, in sämtlichen Meßrichtungen ein gleichmäßiges Verhalten zu zeigen; bei der Bleiloch-Staumauer war dieser Zustand durchschnittlich nach 3 Tagen erreicht.

Der Einbau der Dehnungsmesser gestaltet sich verhältnismäßig einfach, da man jede Achtergruppe in einem Meßblock zusammenfassen kann,

Abb. 1116. Abb. 1117.
Abb. 1116 und 1117. Dehnungsmessungen in der Bleiloch-Staumauer. Einbaufertige Meßblocke. (Nach Hoffmann.)

der dann lediglich noch auf der Baustelle nach zwei Richtungen ausgerichtet zu werden braucht; Abb. 1116 und 1117 zeigen derartige Meßblöcke für drei Meßrichtungen kurz vor dem Einbau in die Bleiloch-Staumauer; die Blöcke haben einen Querschnitt von $10 \cdot 10 = 100\ \text{cm}^2$ und sind 40 cm lang. Um acht Meßrichtungen unterzubringen, wird man etwa eine Länge von 75 cm benötigen. Vergleicht man die zugehörige Meßstrecke von rund 50 cm Länge mit den Abmessungen neuzeitlicher Talsperren, so dürfte der Begriff des „Meßpunktes“ hierbei durchaus gewahrt sein.

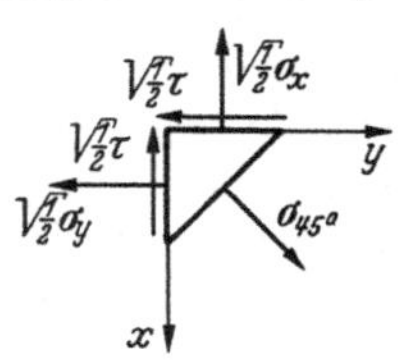

Abb. 1118.

Die Herstellung des Meßblockes und der Einbau der Dehnungsmesser kann in aller Ruhe im Laboratorium, abseits von der Baustelle, erfolgen. Da ein allzu großer Altersvorsprung gegenüber dem Talsperrenbeton unerwünscht ist, wird man zunächst nur die Schalung vorbereiten und die Dehnungsmesser einbauen; es ist im allgemeinen ausreichend, wenn das Ausbetonieren zusammen mit der vorhergehenden Arbeitsschicht vorgenommen wird. Für die Richtungsfestlegung im Meßblock genügen die Winkel der waagerechten Projektion gegen eine der waagerechten Grundrichtungen und gegen die Meßrichtung; sie können aus Abb. 1110 und 1114 unmittelbar entnommen werden.

In Schluchsee- und Bleiloch-Staumauer sind angesichts des nahezu ebenen Spannungszustandes die Messungen auf drei Richtungen beschränkt worden.

In diesem Falle folgt aus den allgemeinen Formeln und bei Zugrundelegung der Meßanordnung von Abb. 1118

$$\left.\begin{aligned} &\frac{\sigma_x}{E}=\frac{\varepsilon_x+\nu\,\varepsilon_y}{1-\nu^2}; \quad \frac{\sigma_y}{E}=\frac{\varepsilon_y+\nu\,\varepsilon_x}{1-\nu^2}; \quad \frac{\sigma_{45}}{E}=\frac{\varepsilon_{45}+\nu\,(\varepsilon_x+\varepsilon_y-\varepsilon_{45})}{1-\nu^2};\\ &\frac{\tau}{E}=\frac{\sigma_{45}}{E}-\frac{1}{2}\left(\frac{\sigma_x}{E}+\frac{\sigma_y}{E}\right) \quad \text{(ebene Spannungszustände)} \end{aligned}\right\} \tag{13}$$

Abb. 1119 und 1120 zeigen den Verlauf derartiger Dehnungsmessungen für zwei im Bereich der Talsohle gelegene Meßpunkte der Bleiloch-Staumauer.

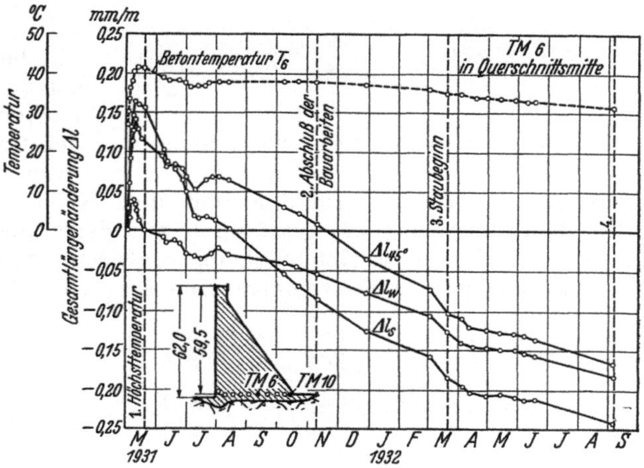

Abb. 1119.

Für künftige Dehnungsmessungen sollte man grundsätzlich nur noch Achtergruppen vorsehen, einmal weil man es durchweg mit räumlichen Spannungszuständen zu tun hat, und zum anderen der beiden Kontrollbeziehungen (4) wegen, die für eine einwandfreie Nutzbarmachung der Meßergebnisse von entscheidender Bedeutung sind. Die Erfahrung hat gezeigt, daß selbst dort, wo man für die Belastung wie bei Schluchsee- und Bleiloch-Staumauer mit nahezu ebenen Spannungszuständen rechnen kann, die Schwind- und Temperatureinflüsse zu räumlichen Kraftverteilungen führen, die mit ebenen Meßanordnungen nur unvollkommen erfaßt werden können.

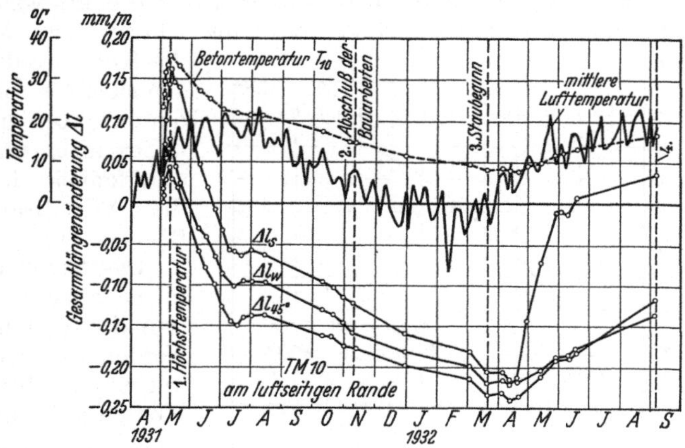

Abb. 1120.

Abb. 1119 und 1120. Bleiloch-Staumauer. Verlauf der Dehnungsmessungen. (Nach Hoffmann.)

Was nun die physikalische Seite der Dehnungsmessung anbelangt, so handelt es sich ähnlich wie bei den Temperaturmessungen um elektrische Fernmessungen. Von den zahlreichen Möglichkeiten, welche die technische Physik hierfür bietet, sind zur Zeit Widerstandsmessungen, induktive Messungen und elektroakustische Messungen für Talsperren herangezogen worden.

Die Dehnungsmessung nach dem Widerstandsverfahren, um die sich insbesondere B. McCollum und O. S. Peters in langjähriger Arbeit bemüht haben[1], hat mit dem vom Bureau of Standards in Washington heraus-

[1] Burton McCollum and O. S. Peters: A new electrical telemeter. Technol. Pap. Bur. Stand. Nr. 247 (Part. of vol. 17). Ferner O. S. Peters: Recent developments and applications of the electric telemeter. Philadelphia 1927.

gebrachten „Patronentelemeter“ (Abb. 1121) bereits einen gewissen Abschluß gefunden. Das kennzeichnende Merkmal dieses Meßgerätes besteht darin, daß es alle Bewegungen des umgebenden Betons praktisch widerstandslos mitmacht. Gemäß Abb. 1122 ist eine gegenüber dem Beton äußerst nachgiebige Kohlenscheibensäule (*a*) zwischen zwei starre Stahlkörper (*b*) eingebaut; darüber befindet sich eine Patronenhülse (*c*) als Schutzkörper, die durch bituminöse Packungen (*d*), also vollständig nachgiebig, seitlich eingefaßt ist; zur Sicherung dieser Packungen dienen in hinreichenden Grenzen bewegliche Gummimanschetten (*e*); zur Gewährleistung einer festen Verbindung mit dem Beton sind in die Stahlkörper (*b*) Sechskantflanschen (*f*) eingeschraubt, mit denen gleichzeitig die Vorspannung geregelt wird. Da die Kohlenscheibensäule sehr temperaturempfindlich ist, ergibt sich die gleichzeitige Temperaturmessung von selbst; sie erfolgt durch seinen um die Kohlencheibensäule gewickelten Widerstandsdraht. Druck- und Temperaturmessung erfolgen in getrennten Leitungen.

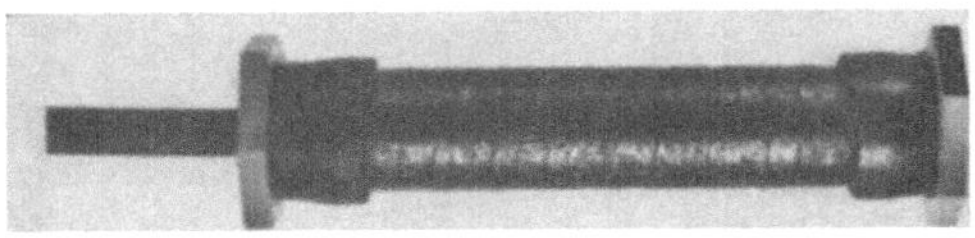

Abb. 1121. Patronentelemeter nach Collum und Peters.

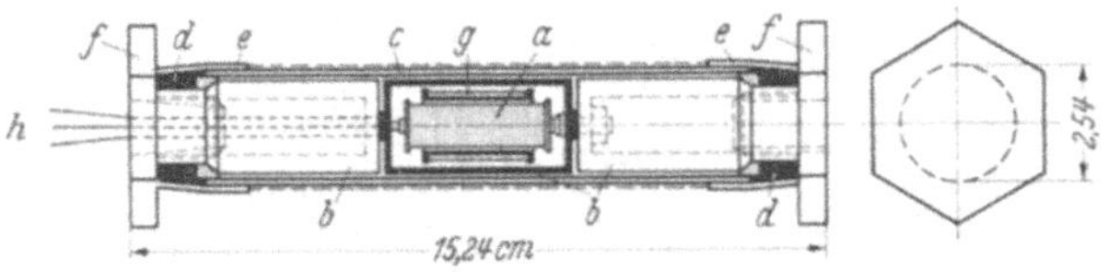

Abb. 1122. Patronentelemeter nach Collum und Peters. Querschnitt.

Der gesetzmäßige Zusammenhang zwischen Längenänderung und Widerstand der Kohlenscheibensäule ist aus Abb. 1123 ersichtlich. Es hat außerordentlicher Anstrengungen bedurft, um hierbei die plastischen Verformungen auf ein praktisch bedeutungsloses Maß herabzusetzen, da einerseits die Elastizitätsgrenze nicht erreicht werden soll und andererseits die Kohlensäule stets noch unter soviel Druck stehen muß, daß ein Verschieben der Scheiben unmöglich ist. Es spielt daher nicht nur die physikalische Beschaffenheit der Kohle, sondern auch die Art der Bearbeitung der Berührungsflächen eine ausschlaggebende Rolle.

Das Patronentelemeter gestattet auch in begrenztem Umfange die Messung von Zugspannungen. In diesem Falle werden die Sechskantflanschen soweit angezogen, bis der dadurch auf die Kohlensäule ausgeübte Vordruck das Höchstmaß der zu erwartenden Zugspannung (~ 20 kg/cm^2) erreicht hat.

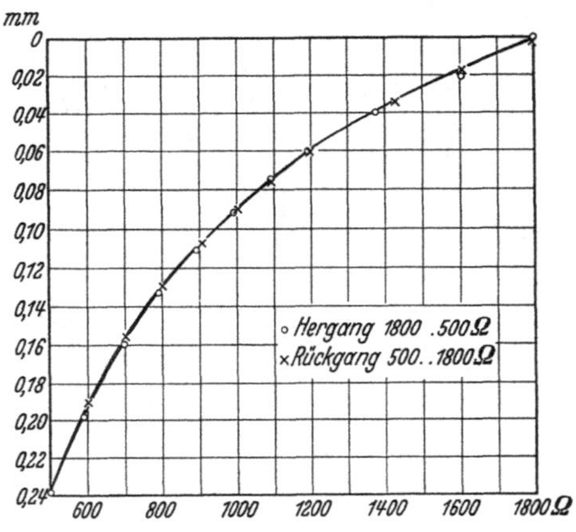

Abb. 1123. Dehnungswiderstandskurve bei Patronentelemetern. (Nach Hoffmann.)

Das Patronentelemeter hat meßtechnisch im großen und ganzen gehalten, was es versprach; in Schluchsee- und Bleiloch-Staumauer hat es wertvollste Einblicke in den Verlauf der Schwindspannungen, in die Störung des Spannungsverlaufes durch Arbeitsfugen und vieles mehr ermöglicht. In Amerika, wo sich die Messungen, wie z. B. bei der Stevenson-Creek-Versuchsstaumauer, über wesentlich längere Zeiträume erstreckten, wurde teilweise über Ausfall von Telemetern, teilweise über Alterungsstörungen geklagt. Nach den bei uns gesammelten Erfahrungen lassen sich Ausfälle vermeiden, wenn Telemeter und Zuleitungskabel entsprechend geschützt und mit der gebührenden Vorsicht behandelt werden. Alterungsstörungen, die auch bei Widerstandsthermometern nicht selten beobachtet wurden, können bei den sehr langsam erfolgenden Staubeckenbewegungen niemals ihre Ursache in Gefügeänderungen der Kohlensäule haben; sie weisen vielmehr auf das Eindringen von Feuchtigkeit hin, dem man nach Erfahrungen auf anderen Gebieten durch Verwendung galvanisierter Rohre, durch bessere Gummimanschetten (Buna-Kautschuk!) und durch gesteigerte Dichtungsvorkehrungen begegnen kann.

Die Dehnungsmessung nach dem induktiven oder Wechselstrom-Verfahren, die von R. Fueß in Berlin-Steglitz entwickelt wurde (Abb. 1124), benutzt die Änderung der Selbstinduktion eines Elektromagneten infolge der durch die Dehnung hervorgerufenen Änderung des Luftspaltes zwischen dem Anker (*a*) und dem Spulenkern (*b*). Nach einem Gedanken von Pfeiffer kann hierbei durch sinnvolle Einschaltung einer Vergleichsselbstinduktion, an Stelle des gewöhnlich benutzten Wechselstromwiderstandes, unmittelbar der an der Meßstelle vorhandene Luftspalt an einem mikrometrischen Gewinde der Vergleichsspule abgelesen werden[1]. Hierdurch ergibt sich einerseits eine geradlinig verlaufende Eichkurve und zum anderen ist das Meßergebnis von Schwankungen der angelegten Wechselspannung wie auch der Frequenz weitgehend unabhängig. Kurzperiodische Schwankungen werden außerdem noch dadurch ausgeschaltet, daß der Strom durch eine Eisenwasserstofflampe geschickt wird.

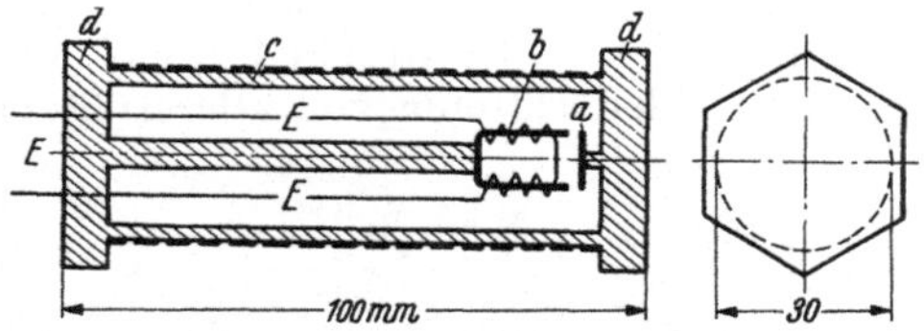

Abb. 1124. Selbstinduktionsdehnungsmesser von R. Fueß.

Im Gegensatz zu dem oben besprochenen Patronentelemeter arbeitet dieses mit Dilathermeter bezeichnete Meßgerät nach einem Vorschlage von Probst nicht mit beweglicher, sondern starrer Hülse (*c*), und zwar ist die Wandstärke des Stahlrohres gerade so auf den Beton abgestimmt, daß der auf die Kopfplatten entfallende Druck das Stahlrohr etwa im gleichen Maße zusammendrückt, wie wenn es aus massivem Beton bestände. Es sollte auf diese Weise verhindert werden, daß — wie es ja bei der nachgiebigen Anordnung unvermeidlich ist — durch ringförmige Unterbrechung des Kraftflusses örtliche Zusatzspannungen mit entsprechenden zusätzlichen Dehnungen entstehen.

Unseres Erachtens ist diese Frage in Staumauern mit ihren im Vergleich zum Meßgerät gewaltigen Abmessungen nur von untergeordneter Bedeutung, wobei noch hinzuzufügen wäre, daß in der gerade in erster Linie maßgebenden Ringrichtung auch das Dilathermeter solche Zusatzspannungen nicht verhindern könnte.

In die in Bau befindliche Hohenwarthe-Staumauer sind Dilathermeter in großem Umfange eingebaut worden. Man darf daher den diesbezüglichen Meßergebnissen mit Interesse entgegensehen.

Die Dehnungsmessung nach dem elektroakustischen Verfahren wird bekanntlich schon seit langem im Wasserbau verwendet, und zwar insbesondere für Bodendruckmessungen. Bei diesem Verfahren wird von der Tatsache Gebrauch gemacht, daß eine schwingende Stahlsaite bei Änderung der Länge ihre Frequenz ändert. Man braucht daher die Stahlsaite nur in eine starre Hülse ähnlich wie beim Dilathermeter einzubauen und elektromagnetisch anzuregen, dann läßt sich die Schwingung in beliebiger Entfernung akustisch (mit Stimmgabel) oder elektrisch (mit Oszillograph) sichtbar machen, so daß aus der bekannten Frequenz die Längenänderung an einer Eichkurve abgelesen werden kann. A. Coyne, der sich um die Förderung dieses Meßverfahrens sehr verdient gemacht hat, zog es in großem Umfange für die Messungen in der Marège-Bogenstaumauer heran; das entsprechende Meßgerät wurde früher

[1] Dr. A. Pfeiffer: Ein elektromagnetisches Gerät zur Fernmessung von Formänderungen in Bauwerken. Bauing. Bd. 16 (1935) S. 52—54.

bereits kurz gestreift (Abb. 792). Wenn auch über die Meßergebnisse im einzelnen bisher nichts bekannt geworden ist, so scheint sich das elektroakustische Verfahren doch bestens bewährt zu haben.

Bei den bisherigen Anwendungen der Dehnungsmessungen wurde in erster Linie immer auf Staumauern abgehoben. Die Betrachtungen lassen sich auf Staudämme unmittelbar übertragen, wenn die Dehnungsmessungen durch Druckmessungen ersetzt werden; Beispiele hierfür sind die Druckbüchsenmessungen nach Goldbeck-Detig (Abb. 387). Der heutige Entwicklungsstand des Dammbaues hat die Frage des Erdspannungszustandes und des größten Schubspannungsverhältnisses in den Brennpunkt des Interesses gerückt. Da Messungen hier in erster Linie Aufklärung bringen können, sollte man zumindest in einer einzigen Querschnittsebene Dreirichtungsmessungen in geeigneter Zahl vornehmen, damit gemäß (13) der ebene Spannungszustand punktweise ermittelt werden kann. Wie weit sich die Anordnung in Achtergruppen bei Erddämmen tatsächlich verwirklichen läßt, dürfte wohl noch eine offene Frage sein; auf jeden Fall wäre ein Einblick in den räumlichen Kraftzustand, zumal im Bereich der Talsohle von allergrößtem Interesse.

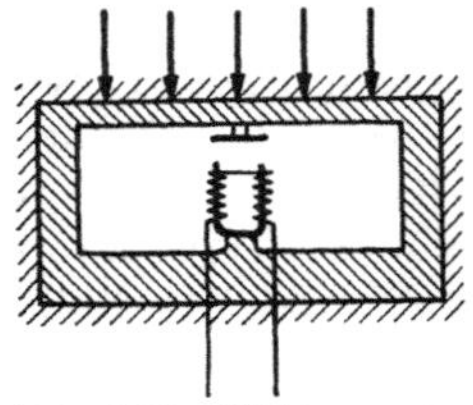

Abb. 1125. Elektromagnetische Druckmeßdose. (Nach R. Fueß.)

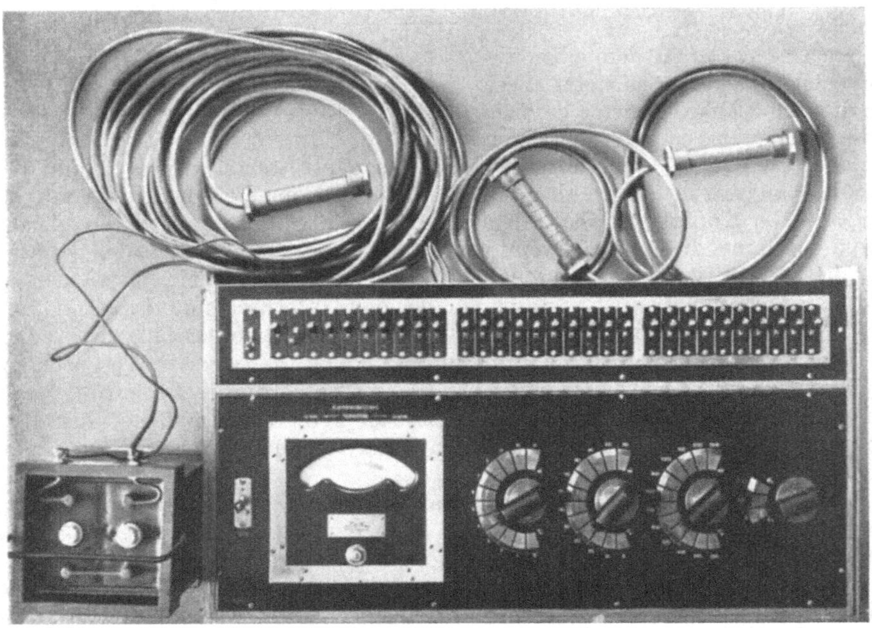

Abb. 1126. Schluchsee-Staumauer. Wheatstone-Meßbrücke für 30 Telemeter.

Ein wichtiger Schritt auf diesem Wege ist bereits geschehen, indem hierfür in der elektromagnetischen Druckmeßdose von R. Fueß (Abb. 1125), die nach dem gleichen Prinzip wie das oben besprochene Dilathermeter arbeitet, ein auf Serienschaltung einstellbares Meßgerät zur Verfügung steht[1].

Die Möglichkeit der bequemen Serienschaltung ist für ausgedehnte Dehnungs- und Druckmessungen eine Lebensfrage, denn nur in diesem Falle wird sich eine Weiterführung der Messungen über lange Zeiträume verwirklichen lassen. Abb. 1126 zeigt z. B. eine Wheatstone-Meßbrücke für 30 Telemeter der

[1] Siehe Fußnote 1 von S. 679.

Schluchsee-Staumauer, bei der die einzelnen Telemeter durch Umlegen der Schalthebel in kürzester Zeit der Reihe nach abgelesen werden können; die Umschaltung von Dehnungs- auf Temperaturmessung erfordert lediglich ein Umlegen des ganz links befindlichen Schalthebels.

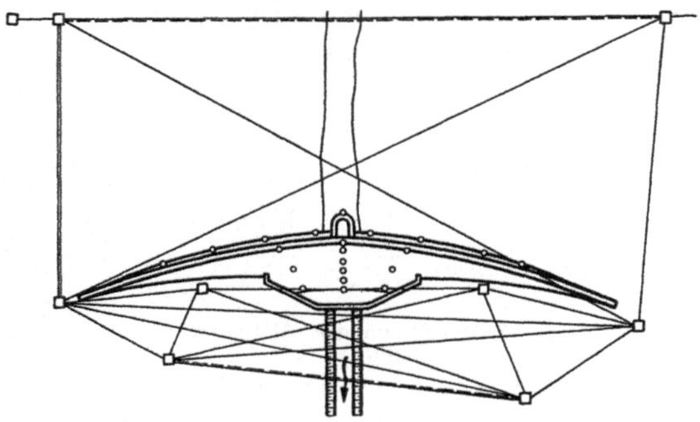

Abb. 1127. Schwarzenbach-Staumauer. Trigonometrische Feinvermessung.

Zusammenfassend kann festgestellt werden, daß die Talsperreninnenmessung in den letzten Jahren außerordentliche Fortschritte gemacht hat. Insbesondere bei räumlicher Meßanordnung bieten sich hier Möglichkeiten des Aufschlusses und der Überwachung, die man als geradezu einzigartig bezeichnen kann, und die dazu berufen zu sein scheinen, unseren Vorstellungen über Kraftfluß und Spannungsverteilung diejenige Ausweitung zu verleihen, ohne die eine sich auf dem Boden der Wirklichkeit bewegende Beurteilung der Sicherheitsfrage unmöglich ist.

Abb. 1128. Beobachtungspfeiler der Wäggi-Staumauer. (Nach W. Lang.)

4. *Messungen auf den Randflächen und in Meßschächten.*

(1) Geodätische Vermessung der Randflächen. Die trigonometrische Feinvermessung der Randflächen — im wesentlichen der luftseitigen Randfläche — von Talsperren hat die Aufgabe, das Verhalten des Stauwerks als Ganzes genommen in gewissen, meist behördlich festgelegten Zeitabständen immer wieder nachzuprüfen; neuerdings wird hiermit gleich eine Nachprüfung der Hang- und Baugrundbewegungen verbunden, so daß auch nach dieser Seite hin der Bestand der Talsperre weitgehend überwacht werden kann. Wie schon unter Ziffer 1 eingehend dargelegt wurde, bietet die trigonometrische Feinvermessung gleichzeitig wertvolle Möglichkeiten, um Einblick in Fragen der Kraftverteilung, der Baugrundverformung und vieles mehr zu nehmen. Man ist daher neuerdings auch mit Recht bestrebt, die früher meist ebenen Messungen durch räumliche zu ersetzen, so daß die Verschiebungen für alle drei Koordinatenrichtungen ermittelt werden können. Ferner werden die Messungen nicht mehr wie früher auf die Sperrenkrone beschränkt, sondern je nach Art des Sperrbauwerks auf die gesamte Außenfläche verteilt (Abb. 1099 u. 1127).

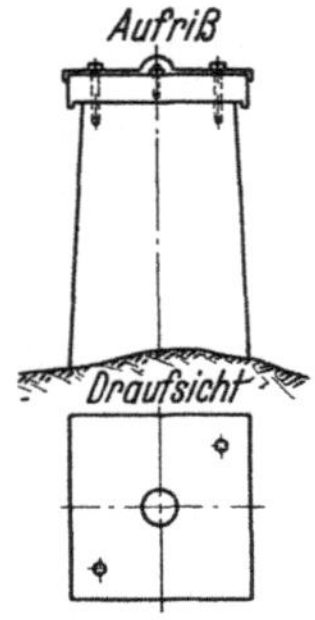

Abb. 1129. Beobachtungspfeiler der Schwarzenbach-Staumauer.

Die Messungen werden heute durchweg nach dem Verfahren des gleichzeitigen Vorwärts- und Rückwärtseinschneiden vorgenommen; hierauf näher einzugehen, erübrigt sich, da nur fachkundige Geodäten mit der Durchführung betraut werden können[1].

Die trigonometrische Feinvermessung steht und fällt mit den Festpunkten (Abb. 1127), die meist als Beobachtungspfeiler durchgebildet werden

[1] Vgl. hierüber im einzelnen W. Lang: Deformationsmessungen in Staumauern nach den Methoden der Geodäsie. Verlag der Eidgen. Landestopographie 1929. Ferner Dr.-Ing. Walter: Die Talsperrenfeinvermessung in Baden. Bauing. 1927 S. 159—163.

(Abb. 1128). Es bedarf hier einer sehr engen Zusammenarbeit zwischen Ingenieur, Geodäten und Geologen, um die geeignetsten und dem Wechsel der Zeiten gewachsenen Lagen ausfindig zu machen. Wo irgend angängig, sollten die

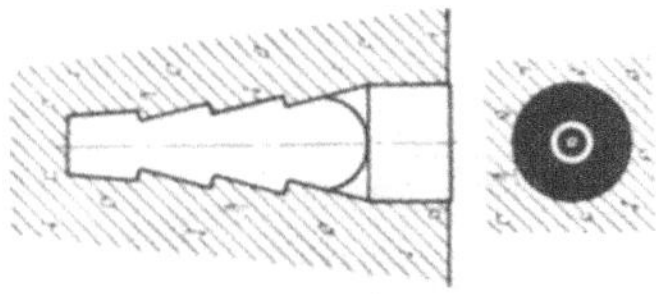

Abb. 1130. Wäggi-Staumauer. Zielbolzen mit Zielbild.

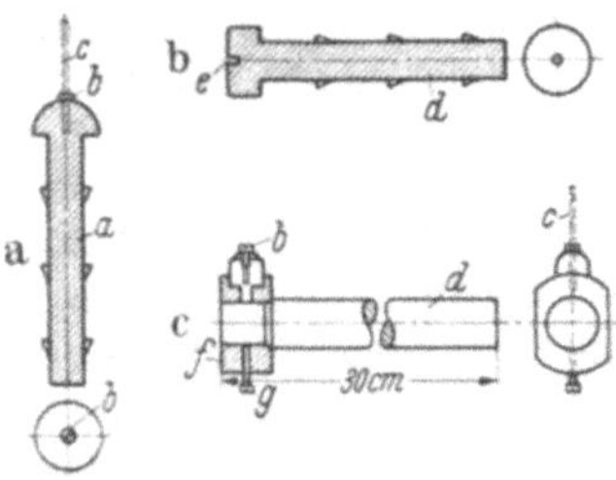

Abb. 1131. Zielbolzen für die Vermessung der Schwarzenbach-Staumauer.

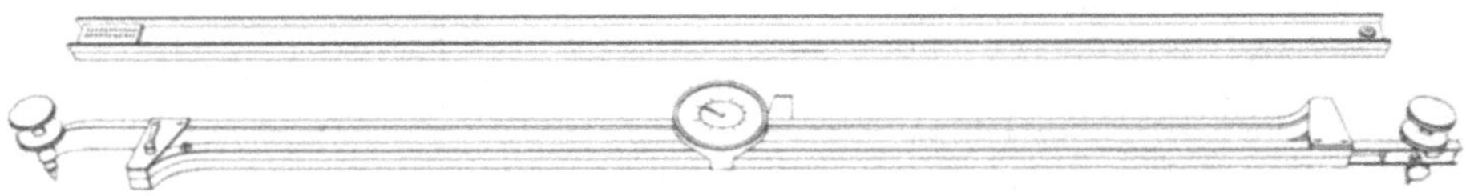

Abb. 1132. Whittemore-Dehnungsmesser.

Pfeiler auf den klingenden Felsen heruntergeführt werden (Abb. 1129); ihre Krone wird am besten durch eine abnehmbare Schutzplatte gesichert (Abb. 1129).

Abb. 1133. Setzklinometer nach Huggenberger.

Die Zielbolzen — die Anzielbolzen der Meßpunkte der Außenflächen und die Versicherungsbolzen, die im Fels der Mauerumgebung eingelassen werden, um allfällige Bewegungen der Beobachtungspfeiler feststellen zu können — sind neuerdings mit Zielbild ausgestattet worden (Abb. 1130), was die Messungen sehr erleichtert hat. Eine ebenfalls sehr bewährte Maßnahme ist das Einfügen eines Lotbolzens mit Nut, zum Einsetzen eines Stiftes (Abb. 1131).

(2) Geodätische Messungen in Verbindung mit Längenmessungen. Die nach Umfang und Meßgenauigkeit einzigartige Vermessung der Spitallamm-Bogengewichtsmauer (Abb. 1099) hat gezeigt, daß man — zumindest in engen Tälern und bei großen Mauerhöhen — mit Verschiebungen der Meßpfeiler als Folgen der Baugrundelastizität rechnen muß. Um trotzdem die trigonometrischen Messungen auch zur Beurteilung des Spannungszustandes verwenden zu können, wurden die Winkelmessungen hier in sehr zweckmäßiger Weise mit Längen- (Dehnungs-) Messungen verbunden[1]. Gemäß Abb. 1099 wurden die Mauerkrone und gewisse Bereiche in Mauermitte zwischen den geodätischen Zielbolzen mit Meßbolzen in 2,2 m Abstand ausgestattet, in die Mikrometermeßstäbe eingelassen werden konnten. Da Winkel- und Längenmessungen voneinander unabhängig waren, ließen sich Fehler der ersteren infolge Bewegungen der Meßpfeiler leicht feststellen.

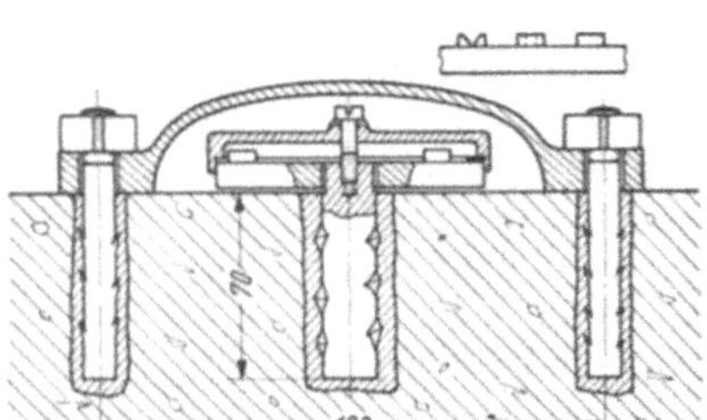

Abb. 1134. Setzklinometer mit Verschlußklappe.

[1] Siehe Fußnote 1 von S. 668.

Längen- bzw. Dehnungsmessungen dieser Art haben sich auch bei der Stevenson-Creek-Versuchsstaumauer und der Garichte-Staumauer (Schweiz) bestens bewährt. Im letzteren Falle bediente man sich der aus Abb. 1132 ersichtlichen Dehnungsmesser von Whittemore[1].

(3) Durchbiegungsmessungen mit Neigungsmesser und Lotstab. Aus der bekannten Beziehung

$$\frac{\mathrm{d}y}{\mathrm{d}x} = \mathrm{tg}\,\beta$$

Abb. 1135. Setzklinometer, an Steilwand eingebaut.

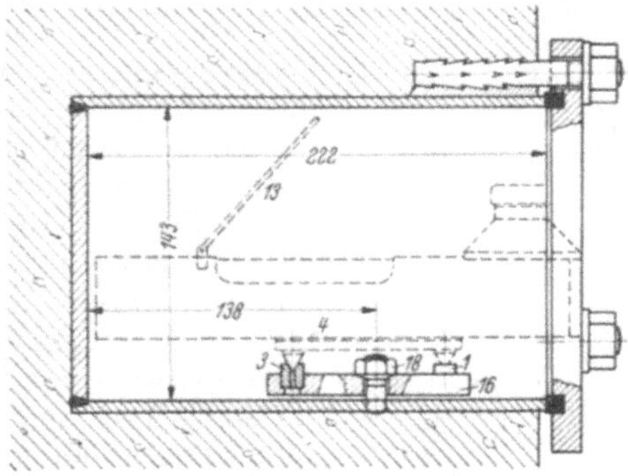

Abb. 1136. Setzklinometer. Steilwandanordnung im Schnitt.

kann die Durchbiegung eines Lotschnittes senkrecht zur Mauerachse als Integralkurve über den Mauerneigungen gegen die Waagerechte dargestellt werden

$$y = y_0 + \int_0^x \mathrm{tg}\,\beta\,\mathrm{d}x.$$

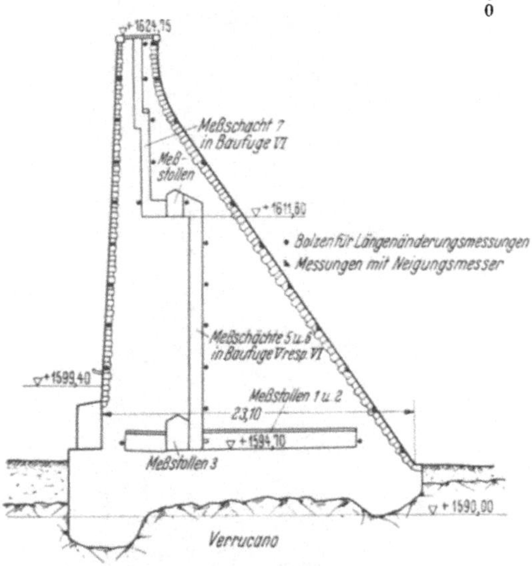

Abb. 1137. Garichte-Staumauer (Schweiz). Meßanordnung.

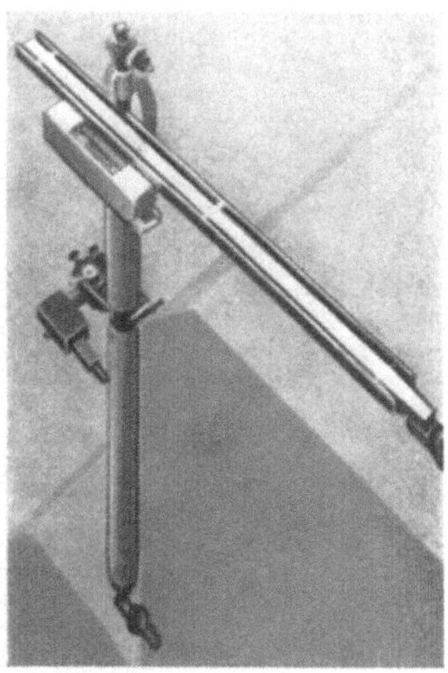

Abb. 1138. Lotstab-Entfernungsmesser von H. Juillard.

Hierbei stellt y_0 eine bekannte Ausgangsdurchbiegung dar, z. B. die durch Winkel- und Dehnungsmessungen sehr genau feststellbare Durchbiegung längs der Mauerkrone. Hierauf baut ein von A. U. Huggenberger entwickelter

[1] F. Boesch u. M. Roš: Verformungsmessungen an der Staumauer Garichte der Kraftwerke Sernf-Niederenbach bei Schwanden, Kt. Glarus. Talsperrenkongreß Stockholm 1933, Bericht 13.

und mit „Setzklinometer“ bezeichneter Neigungsmesser auf (Abb. 1133). Er kann sowohl in ebener (waagerechter) Lage (Abb. 1134) als auch an Steilwänden (Abb. 1135) angelegt werden. Im ersteren Falle wird der Setzteller durch eine rohrförmige, zylindrische Kappe verschlossen, während man bei Steilwänden eine kleine kreisrunde Nische vorsieht, die durch eine mit Steinschrauben befestigte Platte verriegelt wird (Abb. 1136). Bei der Garichte-Staumauer wurden über 40 Steilmeßstellen für Setzklinometer vorgesehen (Abb. 1137), die sich in jeder Weise bewährt haben[1]. Dank dem mit der Wasserwaage verbundenen Ablesemikroskop erzielt man eine sehr große Genauigkeit.

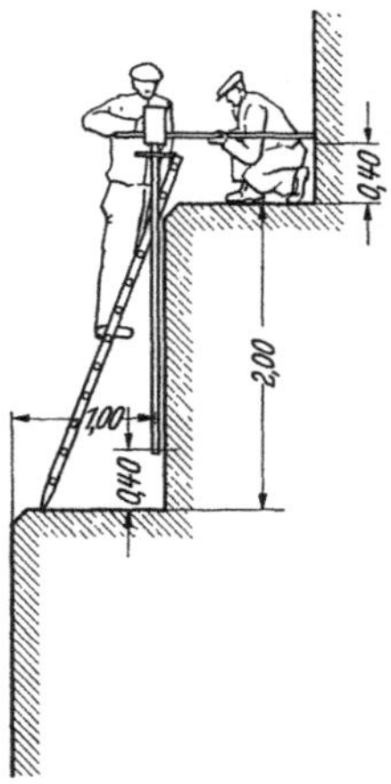

Abb. 1139. Lotstab-Entfernungsmesser. Einbauanordnung.

H. Juillard hat für die Spitallamm-Staumauer einen mit Lotstab verbundenen Entfernungsmesser entwickelt[2] (Abb. 1138 u. 1139), der eine unmittelbare Bestimmung der Durchbiegung gestattet, indem die Längenänderungen auf den einzelnen Meßstrecken einfach überlagert werden. Die genaue Lotlage wird durch eine Wasserwaage eingestellt, während die Längenablesung durch ein Mikroskop erfolgt. Die Genauigkeit dieses Verfahrens ist so groß, daß Längenänderungen von $^1/_{1000}$ mm noch ohne Schwierigkeit geschätzt werden können. Nach den bei den drei Meßreihen der Spitallamm-Staumauer (Abb. 1099) gesammelten Erfahrungen ist der Lotstab-Entfernungsmesser für Durchbiegungsmessungen kaum noch zu übertreffen; leider ist er an eine staffelförmig unterteilte Luftseite gebunden.

Abb. 1140. Pendellotmessungen nach H. Juillard. Pendelaufhängung.

Abb. 1141. Pendellotmessungen nach H. Juillard. Meßtisch und Pendel.

(4) Pendellotmessungen. Der Wunsch nach einer ständigen Überwachungsmöglichkeit der Mauerbewegungen führte bei der Spitallamm-Staumauer[2] zur

[1] Siehe Fußnote 1 von S. 683. — [2] Siehe Fußnote 1 von S. 668.

Anwendung von Pendellotmessungen in besonders dafür hergerichteten Meßschächten (Abb. 1140 u. 1141). Zur Erhöhung der Genauigkeit wurden nicht die Gleichgewichtslagen gemessen, sondern eine Reihe aufeinander folgender Schwingungsausschläge abgelesen. Man bediente sich hierzu eines Ablesetisches mit zwei um 90° versetzten Meßteilungen. Durch Ablesen der Schwingungen in beiden Meßrichtungen ergibt sich ein vollständiger Überblick über die zwischen Aufhänge- und Fußpunkt eingetretene gegenseitige waagerechte Verschiebung. Ferner lassen sich durch Festklemmen des Pendels an geeignet gewählten Zwischenpunkten Meßpunkte einschalten, so daß auch der Verlauf der Biegelinie im einzelnen einwandfrei festgestellt werden kann.

Bei der Spitallamm-Staumauer werden zweimal wöchentlich durch den Talsperrenwärter die Pendellotmessungen vorgenommen und im Talsperrenbuch verzeichnet. Diese Art der ständigen Überwachung bietet so große Vorteile und stellt einen solchen Beruhigungsfaktor dar, daß sie verdient, Allgemeingut des Talsperrenbaues zu werden. Dabei ist es besonders erfreulich, daß sie auch in Kernmauerdämmen Anwendung finden kann, für die eine ständige Überwachung von außerordentlichem Nutzen wäre.

28. Kapitel: **Überprüfung der Spannungsverteilung an Modellen.**

1. Allgemeine Gesichtspunkte und Möglichkeiten.

Auf zahlreichen Gebieten der Technik erweisen sich Modellversuche als ein immer wertvolleres Hilfsmittel, um Kraftverlauf, Spannungszustände, Strömungsvorgänge, Schwingungserscheinungen und vieles mehr in ihrer Gesamtwirkung und im einzelnen zu verfolgen. Es liegt daher ganz im Zuge dieser Entwicklung, wenn auch im Talsperrenbau modellmäßige Überprüfungen immer größere Bedeutung erlangen.

Man kann von einem Modellversuch immer nur insoweit Aufschlüsse erhalten, wie es die Gesetze der Ähnlichkeitsmechanik gestatten; bei Beurteilung dieser Frage muß neben der äußeren auch die innere Modellähnlichkeit miteinbezogen werden. Die innere Modellähnlichkeit, die insbesondere durch Kornaufbau, Verkittung, Schichtung, Schwind- und Schwellmaße, Temperaturzustände usw. beeinflußt wird, läßt sich angesichts der kleinen nur in Frage kommenden Modellmaßstäbe bei Talsperrenmodellen nicht verwirklichen; es wäre aber völlig abwegig, hieraus — wie es zuweilen geschehen ist — den Schluß zu ziehen, daß Modellversuche bei Talsperren keine brauchbaren Aufschlüsse erwarten lassen. Mit dem gleichen Rechte müßte man dann auch jede Berechnung zurückweisen, bei der auch nur in den seltensten Fällen Gefügeeinflüsse usw. sicher erfaßt werden können.

Genau so wie eine Berechnung niemals umfassend ist, sondern immer auf die für die Sicherheit der Talsperren maßgebenden Teilfragen abgestellt werden muß, kann auch der Modellversuch stets nur seinen Möglichkeiten entsprechend eingesetzt werden. Die Berechnung stellt eine mathematische Untersuchung der Talsperre dar, der Modellversuch eine solche auf physikalischem Wege; beide ergänzen sich in wertvollster Weise, was sich auf die Sicherheit und nicht selten auch auf die Wirtschaftlichkeit äußerst vorteilhaft auswirkt.

Die gewaltigen Anstrengungen, die insbesondere der Maschinenbau in den letzten Jahren gemacht hat, um mathematisch unlösbare Spannungszustände physikalisch zu klären, berechtigen zu den allergrößten Hoffnungen. Im Hinblick auf den Talsperrenbau kann man heute bereits feststellen, daß die modellmäßige Untersuchung meist eine sehr gute Anpassung an die äußeren Randbedingungen ermöglicht und daß insbesondere auch räumliche Spannungszustände in befriedigender Weise geklärt werden können.

Es liegt in der Natur des Baustoffverhaltens begründet, daß das Hauptanwendungsgebiet für Modellversuche bei Talsperren im Bereich der

Staumauern liegt. Bei Staudämmen, insbesondere bei solchen mit Filteraufbau und Tondichtung — ganz gleich ob gewalzt oder gespült — ist der Gefügeaufbau von so entscheidendem Einfluß auf Spannungsverlauf und Gleitsicherheit, daß man angesichts der Unmöglichkeit einer ähnlichen Nachbildung vor Modellversuchen geradezu warnen muß. Günstigere Verhältnisse bieten im allgemeinen Kernmauerdämme, für die eine modellmäßige Überprüfung wertvolle Aufschlüsse liefern kann.

Eine mit einfachsten Mitteln durchführbare Überprüfung von Staumauern besteht darin, daß man Sperrmauer und Baugrund aus einem sich elastisch verhaltenden Baustoff möglichst naturgetreu nachbildet und unter der Wirkung einer wasserseitigen Belastung untersucht; da die Wasserseite hierbei gewöhnlich unzugänglich ist, erstrecken sich die Messungen — Durchbiegungs- und Dehnungsmessungen — auf Mauerkrone und luftseitige Randfläche. Nachdem die weitgehende Bedeutung der Baugrundverformung heute allgemein erkannt ist, sollte die Baugrundtiefe mindestens so groß wie die Mauerhöhe sein und die Seitenausdehnung (in Tallängsrichtung) insgesamt das $2^1/_2$ bis 3fache der Mauerhöhe ausmachen. Da der Druck des Staubeckens auf Talboden und Hänge mit Verformungen der Gründungsfläche verbunden ist, darf die Belastung nicht auf den Mauerkörper beschränkt werden, sondern muß den wasserseitig angrenzenden Felsbereich mitumfassen. Nach den Untersuchungen über den Einfluß des Staubeckenwassers (vgl. S. 385) dürfte es für Modellversuche ausreichen, wenn wasserseitig vor der Sperrmauer ein Streifen vom $1^1/_4$ bis $1^1/_2$fachen der Mauerhöhe mitbelastet wird.

Als die modellmäßige Überprüfung von Staumauern einsetzte, hat man zunächst geglaubt, daß hierfür Zelluloid besonders geeignet sei. Heute wissen wir, daß die Neigung zu örtlichen Ungleichmäßigkeiten und elastische Nachwirkungserscheinungen sich bei Zelluloidmodellen recht störend auf die Gesamtüberprüfung einer Staumauer auswirken können. Nach den umfangreichen Vorversuchen für das Boulder-Staumauer-Modell, die sich über einige Hundert Prüfkörper aus den verschiedensten Baustoffen und Baustoffgemischen erstreckten, und nach den inzwischen gesammelten Erfahrungen scheint eine Mischung von Gips und Kieselgur, mit Wasser angemacht, den geeignetsten Modellbaustoff darzustellen. Diese besitzt u. a. auch das Angenehme, daß man dem Schichtenaufbau des Mauerkörpers und einer etwaigen Schichtung des Baugrundes durch schichtenförmige Herstellung des Modellkörpers Rechnung tragen kann. Beispielsweise wurde das Boulder-Modell in 6 cm-Lagen hochgeführt, wobei man jede Lage nach Fertigstellung mit heißer Luft trocknete, bis ein Feuchtigkeitsgehalt von 4 Gew.-% erreicht war. Die Arbeitsfugen wurden zweimal mit Schellack und einmal mit Firnis gestrichen, um ein Absaugen von Feuchtigkeit beim Aufbringen der nächsten Lage zu verhindern; sie wurden außerdem zur Sicherung gegen Abscheren verzahnt[1].

Das Anwendungsgebiet von Zelluloidmodellen beschränkt sich heute auf diejenigen Fälle, wo es sich nicht um Gesamtüberprüfungen, sondern um Klärung statischer Sonderfragen unter vereinfachten, auf eine rechnerische Erfassung zugeschnittenen Voraussetzungen handelt. Beispiele hierfür werden später noch gegeben werden.

Neben der mechanischen Spannungsuntersuchung durch Biegungs- und Dehnungsmessungen lassen sich heute die gewünschten Aufschlüsse auch auf spannungsoptischem Wege gewinnen; das vor kurzem von G. Oppel entdeckte Erstarrungsverfahren eröffnet gerade für Talsperrenmodelle ganz außerordentliche Aussichten. Insbesondere bietet sich hier zum ersten Male die Möglichkeit, den räumlichen Spannungszustand in Staumauern vollständig zu überblicken.

[1] J. L. Savage and Ivan E. Houk: Model tests confirm design of Hoover Dam. Engng. News Rec. vom 7. 4. 1932.

2. *Mechanische Spannungsuntersuchungen an Modellen.*

(1) Gips-Kieselgur als Modellbaustoff. Wie unter Ziffer 1 schon bemerkt wurde, haben die Voruntersuchungen für das Boulder-Staumauer-Modell weitgehenden Aufschluß über die Baustoffrage geliefert. Hierbei hat sich hochwertiger Gips, im Verhältnis $1:{}^1/_2$ mit Diatomeenerde (Kieselgur) gemischt und mit 1,875 Gewichtsteilen Wasser angemacht, als der beste Modellbaustoff erwiesen. Seine wichtigsten Eigenschaften sind aus nachstehender Zusammenstellung ersichtlich:

Elastizitätsmodul auf Druck	6300 kg/cm²
Elastizitätsmodul auf Zug.	7000 kg/cm²
Gleitmodul	3200 kg/cm²
Querdehnungsziffer	$\nu = 1/5$
Druckfestigkeit.	14,0 kg/cm²
Zugfestigkeit	1,8 kg/cm²
Zulässige Druckspannung	5,6 kg/cm²
Zulässige Zugspannung	1,1 kg/cm²
Raumgewicht	0,66 t/m³.

Nach der Zusammenstellung ist das Raumgewicht von Gips-Kieselgur nur etwa ${}^1/_4$ von dem des Betons, was für Gesamtüberprüfungen, bei denen das Verhältnis der Raumgewichte von Wasser und Beton erhalten bleiben muß, zweifellos ein Mangel ist. Dem läßt sich begegnen, wenn das Gips-Kieselgur-Gemisch durch Zugabe von metallischem Blei in feinstverteilter Form beschwert wird; um beispielsweise ein Raumgewicht von 2,3 t/m³ zu erhalten, wäre eine Zugabe von rund 15% Blei erforderlich.

Um Blei in der erforderlichen Feinstkörnigkeit zu gewinnen, steht seit einigen Jahren ein elektrolytisches Verfahren zur Verfügung, das eine Blei-Zerstäubung in kolloidaler Feinheit liefert, indem durch in Wasser gestellte Bleielektroden so hochgespannte Induktionsströme hindurchgeschickt werden, daß ein elektrischer Lichtbogen entsteht[1]. Man ist so in der angenehmen Lage, sich die Bleiaufschlämmung gleich in der dem Anmachwasser- und Bleibedarf entsprechenden Konzentration anliefern zu lassen.

Gips geht bekanntlich nach dem Abbinden in Anhydrit über, der das Wasser begierig aufsaugt. Man muß sich daher nach anderen, unschädlichen Flüssigkeiten für die Belastung des Sperrmauermodells umsehen; sehr geeignet erscheint hierfür z. B. Dioxan.

In Amerika wird die Belastung nach dem Vorbild des Boulder-Modells vielfach mit einem Quecksilbersack durchgeführt (Abb. 474 u. 1142), wodurch entsprechend dem 13,6mal größeren spezifischen Gewicht wesentlich größere Verformungen erzielt werden können. Hierzu ist zunächst zu bemerken, daß es, im Gegensatz zu den bisherigen Modellanordnungen, unbedingt erforderlich ist, daß die Quecksilbersackbelastung nicht nur auf die Sperrmauer, sondern auch auf die wasserseitig anschließenden Hänge einschließlich des Talbodens erstreckt werden muß; nur so läßt sich der gerade bei hohen Mauern beträchtliche Einfluß des Staubeckens auf die Verformung der Gründungsfläche miterfassen. Ferner kann festgestellt werden, daß in den letzten Jahren so hervorragende Feinstmeßgeräte entwickelt wurden, daß die mit dem Quecksilbersack verbundene Beschränkung in der Freizügigkeit der Modellanordnung nicht mehr gerechtfertigt ist. Man führe sich nur vor Augen, was es für eine überdicke Gewichtsmauer wie die Boulder-Mauer bedeutet, wenn der Einfluß des Eigengewichts praktisch ausgeschaltet wird (das Quecksilber ist rund 55mal so schwer wie nicht beschwerter Gips-Kieselgur). Wenn, um diesen Mangel

[1] F. W. v. Hahn: Die Herstellung und Stabilität kolloider Lösungen anorganischer Stoffe. § 5: Die elektrischen Zerstäubungsmethoden. Sammlung chemischer und chemisch-technischer Vorträge, S. 392—401. Stuttgart 1922. (Nach einer freundlichen Mitteilung von Prof. Dr.-Ing. E. Wiberg, Karlsruhe.)

zu beseitigen, bei den Modellen für Norris- und Grand-Coulée-Staumauer eine Beschwerung durch zahlreiche über den Querschnitt verteilte Sandsackgewichte vorgenommen wurde[1], so wird man dieses Verfahren nicht gerade als einfach bezeichnen können; zudem sind derartige Modellversuche an scheibenförmige Prüfkörper gebunden (Abb. 1142), was in vielen Fällen gänzlich untragbar ist.

Zusammenfassend kann man daher sagen, daß es sich für künftige Modellversuche empfiehlt, die Einhaltung des Raumgewichtsverhältnisses auf natürlichem Wege zu erzwingen. Besonders zweckmäßig sind hierfür Modellkörper aus Gips-Kieselgur mit Bleiaufschlämmung im Anmachwasser von solcher Konzentration, daß das Raumgewichtsverhältnis der Ausgangsstaumauer genau eingehalten wird. Die Rückwirkungen, die das Staubecken auf die Staumauer

Abb. 1142. Modellmaßige Überprüfung eines Blockes der Grand-Coulée-Staumauer. Belastung durch Quecksilbersack und Beschwerung durch Sandsäcke.

ausübt, lassen sich hierbei hinreichend erfassen, wenn ein wasserseitiger Abschluß im Abstande vom $1^1/_4$ bis $1^1/_2$fachen der Mauerhöhe vorgesehen wird. In dem so geschaffenen Rumpfbecken läßt sich jede gewünschte Stauspiegellage mit einfachen Mitteln herstellen; insbesondere kann bei entsprechender Aufhöhung der Mauerkrone auch zusätzlichen Belastungen wie z. B. Erdbebenstößen leicht Rechnung getragen werden.

(2) Modellmaßstab. Wenn man sich schon entschließt, den Spannungs- und Verformungszustand auf dem Wege über Modellmessungen nachzuprüfen und zu ergänzen, so sollte man in der Festlegung des Maßstabes nicht allzu engherzig sein. Wird z. B. das Boulder-Staumauer-Modell betrachtet, so kann man bei aller Hochachtung vor der Pionierarbeit, die hier geleistet wurde, und vor der Sorgfalt, mit der die Messungen betrieben wurden, doch nicht an der Tatsache vorübergehen, daß die Modellhöhe von 94 cm in gar keinem Verhältnis zu der Größe dieses Bauwerkes von 221 m Höhe stand. Modellmaßstäbe von 1 : 100 dürften eine untere Grenze darstellen, die man auch für die höchsten Staumauern nicht unterschreiten sollte. Selbstverständlich wird man für Regelverhältnisse, d. h. für mittlere Mauerhöhen entsprechend heraufgehen; hier kann ein Maßstab von 1 : 50 im allgemeinen noch als angängig bezeichnet werden. (Dies würde z. B. für eine 60 m hohe Mauer eine Modellhöhe von 1,2 m bedingen.)

(3) Durchbiegungs- und Dehnungsmessungen. Die mechanische Spannungsuntersuchung an Modellen erfolgt auf der Grundlage von Durchbiegungs- und

[1] Dam stresses and strains, studied by slice-models. Engng. News Rec. Bd. 113 (1934) Heft 23.

Dehnungsmessungen, die sich naturgemäß auf die freie Mauerkrone und die luftseitige Randfläche beschränken müssen; bei unbelastetem Mauerkörper könnten auch noch Messungen längs der wasserseitigen Randfläche vorgenommen werden, was aber bei Modellkörpern kein großes Interesse bietet. Es ist dagegen sehr aufschlußreich, insbesondere in dünneren Staumauern, wenn die Dehnungsmessungen einmal unmittelbar auf der Randfläche und einmal über lotrechten, mit der Maueroberfläche fest verbundenen Stelzen durchgeführt werden; da die Stelzen die Krümmungsänderungen mitmachen müssen, läßt sich aus dem Unterschied beider Dehnungen in Verbindung mit der Stelzenhöhe die Krümmungsänderung und damit auch die Biegungsspannung berechnen; Näheres vgl. weiter unten.

Um von den am Modell gemessenen Größen Rückschlüsse auf die Staumauer ziehen zu können, müssen die Übersetzungsverhältnisse bekannt sein. Wenn die Raumgewichtsverhältnisse von Stauflüssigkeit und Sperrmauerbaustoff für Modell und Ausgangsmauer übereinstimmen, hängen Durchbiegungsverhältnis y_M/y und Dehnungsverhältnis $\varepsilon_M/\varepsilon$ nur von Modellmaßstab L_M/L, Elastizitätsmodulverhältnis E_M/E und Raumgewichtsverhältnis der Stauflüssigkeiten γ_M/γ ab, und zwar ergibt sich

$$\frac{y_M}{y} = \frac{\frac{\gamma_M}{\gamma}\left(\frac{L_M}{L}\right)^2}{\frac{E_M}{E}}; \qquad \frac{\varepsilon_M}{\varepsilon} = \frac{\frac{\gamma_M}{\gamma}\,\frac{L_M}{L}}{\frac{E_M}{E}}. \tag{1}$$

Für Regelverhältnisse folgt mit $\gamma_M/\gamma = 1$, $E_M/E = 1/30$ und $L_M/L = 1/50$

$$y_M = \tfrac{1}{83}\,y; \quad \varepsilon_M = 0{,}6\,\varepsilon \tag{2}$$

(Durchschnittswerte).

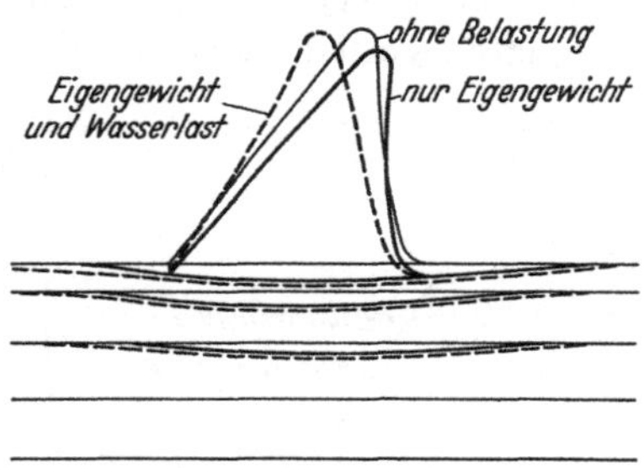

Abb. 1143. Scheibenmodell der Grand-Coulée-Staumauer-USA. Gemessene Durchbiegungen.

Die **Durchbiegungsmessungen** sollen einmal einen allgemeinen Überblick über den Kraftfluß vermitteln und zum anderen eine Möglichkeit zur Feststellung von Krümmungsänderungen und damit von Biegungsmomenten bieten. Die Durchbiegungsmessungen am Boulder-Modell[1] lassen dies in anschaulicher Weise erkennen (Abb. 802). Weitere lehrreiche Beispiele bieten die Schaubilder des Grand-Coulée-Modells (Abb. 1143), bei dem nicht der ganze Mauerkörper, sondern nur ein Streifen untersucht wurde[2]. Die Messungen, welche die Nachgiebigkeit des Felsens erfreulicherweise mit einschlossen, lassen erkennen, daß die Verformungen des Baugrundes, insbesondere in der Tiefenrichtung, beträchtlich sind. Man wird daher, wie früher schon näher ausgeführt wurde, im Bereich der Gründungsfläche mit starken Abweichungen von der Trapezregel rechnen müssen.

Es ist Hauptaufgabe der **Dehnungsmessungen**, solche Abweichungen von der üblichen Faustrechnung im einzelnen festzustellen. Da Normal- und Schubspannungen an den luftseitigen Randflächen verschwinden, handelt es sich hierbei stets um die Festlegung eines ebenen Spannungszustandes. Demzufolge muß, wie unter Ziffer 3 des vorigen Kapitels näher erläutert, an jeder Meßstelle in mindestens drei, zweckmäßig um 45° gegeneinander versetzten Richtungen gemessen werden; es ist jedoch im allgemeinen anzuraten, in vier 45°-Richtungen zu messen, da sich auf diese Weise eine Kontrollbeziehung ergibt (Abb. 1144). Bezeichnen x und y die waagerechte bzw. lotrechte Grundrichtung, so bestehen im letzteren Falle zwischen Spannungen und Dehnungen die nachstehenden Beziehungen:

$$\frac{\sigma_x}{E} = \frac{\varepsilon_x + \nu\,\varepsilon_y}{1-\nu^2}; \qquad \frac{\sigma_y}{E} = \frac{\varepsilon_y + \nu\,\varepsilon_x}{1-\nu^2}; \tag{3}$$

[1] Siehe Fußnote 1 von S. 686. — [2] Siehe Fußnote 1 von S. 688.

$$\frac{\sigma_{45}}{E} = \frac{\varepsilon_{45} + \nu\,\varepsilon_{-45}}{1-\nu^2}; \qquad \frac{\sigma_{-45}}{E} = \frac{\varepsilon_{-45} + \nu\,\varepsilon_{45}}{1-\nu^2}; \tag{4}$$

$$\frac{\tau}{E} = \frac{\sigma_{45}}{E} - \frac{1}{2}(\sigma_x + \sigma_y): \tag{5}$$

$$\varepsilon_x + \varepsilon_y = \varepsilon_{45} + \varepsilon_{-45}; \qquad \sigma_x + \sigma_y = \sigma_{45} + \sigma_{-45}. \tag{6}$$

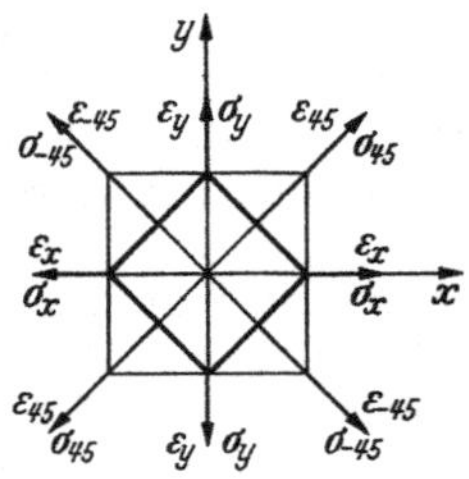

Abb. 1144.

Wie sich bei dem Boulder-Modell gezeigt hat, ist das Messen in beiden 45°-Richtungen u. a. auch deshalb anzuraten, weil man auf diese Weise einen unmittelbaren Einblick in die schrägen Kraftflüsse erhält (Abb. 798 u. 801). Aus den drei Grundspannungen können dann weiterhin Richtung und Größe der Hauptspannungen ermittelt und in die Modellzeichnung eingetragen werden. Auf diese Weise wurde z. B. die recht aufschlußreiche Hauptspannungsverteilung in einem Streifenmodell der Norris-Staumauer gewonnen (Abb. 1145 u. 1146)[1]; es überraschen hier insbesondere die von der Trapezregel stark abweichenden Eigengewichtshauptspannungen und die unerwartete stark ausgeprägte Kraftflußstörung durch die Abknickung der Wasserseite.

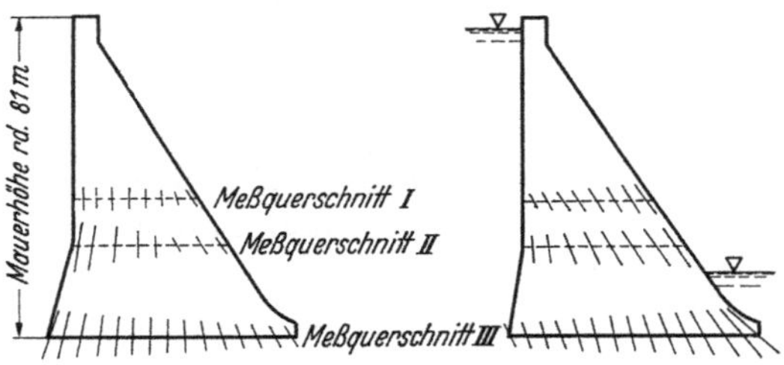

Abb. 1145. Abb. 1146.

Abb. 1145 und 1146. Scheibenmodell der Norris-Staumauer-USA. Gemessene Hauptspannungen und Hauptspannungsrichtungen.

Die **Dehnungsmessungen auf Stelzen** gewähren dort, wo der Dehnungsverlauf über die Wandstärke als geradlinig angesehen werden kann (Abb. 1147), einen Ausgleich für den Mangel, der in der Beschränkung der Messungen auf die luftseitige Randfläche liegt; sie sind also in erster Linie in Bogen- und Pfeilerstaumauern von Nutzen. Ist ε_a die im Stelzenabstand a gemessene Dehnung und ε_l diejenige auf der luftseitigen Randfläche, so folgt für die Dehnungen ε_m und ε_w in Querschnittsmitte und auf der wasserseitigen Randfläche

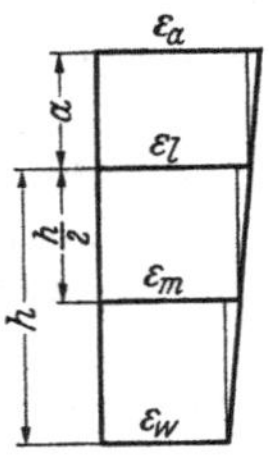
Abb. 1147.

$$\varepsilon_m = \varepsilon_l - \frac{h}{2a}(\varepsilon_a - \varepsilon_l); \qquad \varepsilon_w = \varepsilon_l - \frac{h}{a}(\varepsilon_a - \varepsilon_l). \tag{7}$$

Ferner ergibt sich für die Krümmungsänderung gegenüber der Ausgangskrümmung $1/R_0$

$$\Delta\varkappa = \frac{1}{R_0} - \frac{1}{R_\varepsilon} = \frac{1}{R_0} - \frac{\varepsilon_a - \varepsilon_l}{a\,\varepsilon_m} = \frac{1}{R_0} - \frac{\varepsilon_a - \varepsilon_l}{a\,\varepsilon_l - \frac{1}{2}h(\varepsilon_a - \varepsilon_l)}. \tag{8}$$

(4) Durchführung der Messungen und Meßgeräte. Die **Durchbiegungsmessungen** werden zweckmäßig mit Invarstäben durchgeführt, in die Meßuhren eingesetzt werden (Abb. 796). Die Invarstäbe legen sich am einen Ende gegen die Meßstelle, am anderen gegen ein starres Widerlager luftseitig vom Modellkörper; die Boulder-Anordnung, bei der man einen Stahlmantel zwischen die Talwände spannte, hat sich bestens bewährt.

Während bei den Durchbiegungsmessungen die Gesamtverformung gemessen wird oder, anders ausgedrückt, die Meßstrecke von der Größenordnung der Modellhöhe ist, kann bei den Dehnungsmessungen nur die Verformung eines kleinen Bruchteils der Modellhöhe erfaßt werden, was die Durchführung der Messung ungleich schwieriger gestaltet. Bei Modellhöhen von 1,0 bis 1,2 m kann die allgemeine Durchmessung höchstens mit Meßstrecken von 40 mm

[1] Siehe Fußnote 1 von S. 688.

durchgeführt werden, während in Bereichen örtlicher Spannungshäufungen mit noch kleineren Meßstrecken bis herunter zu 5 mm gearbeitet werden muß. Wenn in Übertragung auf die Ausgangsstaumauer bei einem mittleren E von 200000 kg/cm² noch eine Spannung von 1 kg/cm² sicher abgelesen werden soll, ist eine Empfindlichkeit von $\varepsilon = {}^1/_{200000}$ erforderlich; hieraus folgt nach (2) eine solche für ε_M von ${}^3/_{100000}$. Unter Berücksichtigung einer Normalmeßstrecke von 40 mm und einer Feinmeßstrecke von 15 mm müssen also Empfindlichkeiten der Längenmessung von 0,00012 bzw. 0,000045 mm verlangt werden. Rechnet man mit einer Ablesegenauigkeit von ¹/₄ mm, so werden Vergrößerungen von 2000 bzw. 5500 notwendig.

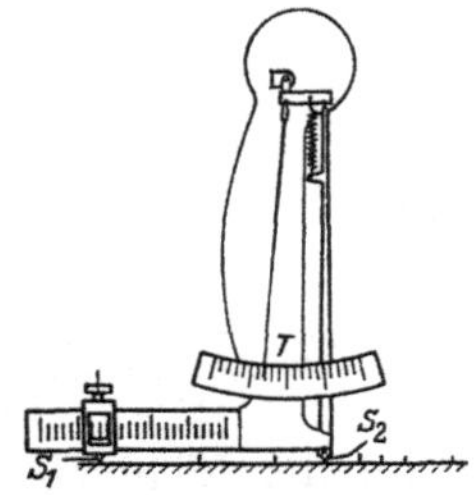

Abb. 1148. Dehnungsmesser nach Huggenberger.

Ein in Behandlung und Ablesung sehr bequemer Dehnungsmesser ist derjenige von Huggenberger[1] (Abb. 1148), bei dem die Längenänderung der Meßstrecke durch eine doppelte Hebelübersetzung auf eine kreisförmige Ableseskala übertragen wird; seine Genauigkeit dürfte für die allgemeine Durchmessung gerade noch ausreichen. Eine sehr angenehme Eigenschaft dieses Dehnungsmessers ist die an einer besonderen Skala einstellbare veränderliche Meßstrecke; sie läßt sich dazu benutzen, um den Verlauf der Längenänderung Δl in Abhängigkeit von der Meßstreckenlänge l darzustellen (Abb. 1149). Hieraus kann dann mit Hilfe der Differentialbeziehung

$$\frac{\mathrm{d}(\Delta l)}{\mathrm{d}l} = \varepsilon \tag{9}$$

die gesuchte Dehnung als Differentialquotient (Steigung der Tangente) gewonnen werden. Diese Darstellungsmöglichkeit erweist sich als besonders vorteilhaft, wenn eine örtliche Spannungshäufung (z. B. im Bereich eines Mauerfußes) näher untersucht werden soll. In diesem Falle setzt man die feste Schneide S_1 so an, daß die kleinste Meßstrecke von 10 mm noch in den Regelbereich fällt (für den die weniger genaue Ablesung meist nicht stört), während der Bereich der Spannungshäufung sehr genau durch die größeren Meßstrecken erfaßt wird (Abb. 1149)[2].

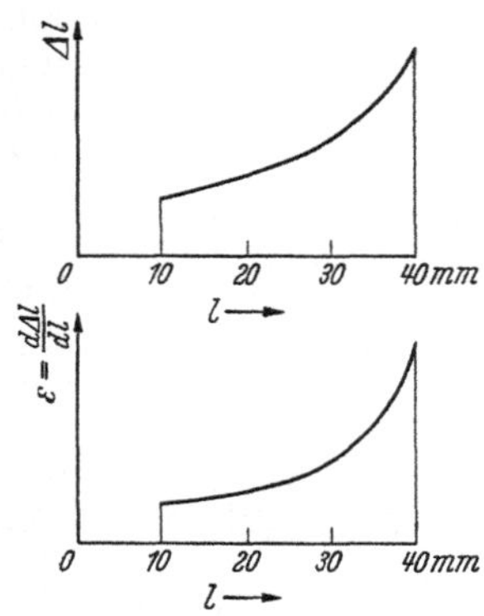

Abb. 1149.

Ein für 15 mm-Meßstrecken vorzüglich geeignetes Meßgerät ist der Dehnungsmesser der Deutschen Werke in Kiel (Abb. 1150)[3]; er ist bei 5 mm Höhe und 2 g Gewicht nur 16,5 mm lang, so daß die Möglichkeit gegeben ist, in Bereichen örtlicher Spannungshäufungen zahlreiche Dehnungsmessungen gleichzeitig anzusetzen. Der Dehnungsmesser

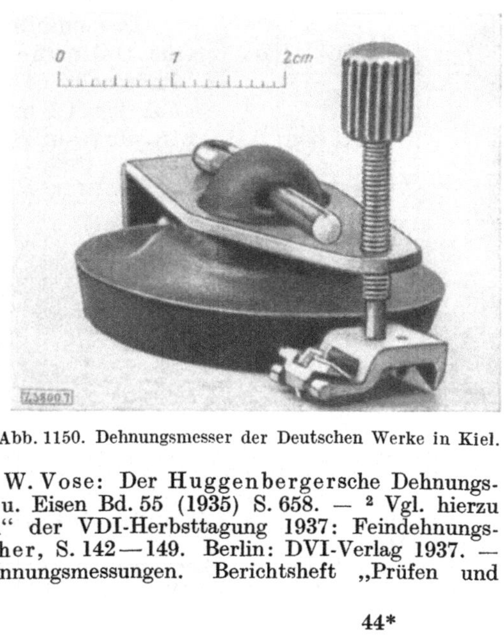

Abb. 1150. Dehnungsmesser der Deutschen Werke in Kiel.

[1] U. A. Huggenberger: Schweiz. Bauztg. Bd. 95 (1930) S. 33f. Ferner R. W. Vose: Der Huggenbergersche Dehnungsmesser und seine Fehlerquellen. Stahl u. Eisen Bd. 55 (1935) S. 658. — [2] Vgl. hierzu auch Berichtsheft „Prüfen und Messen“ der VDI-Herbsttagung 1937: Feindehnungsmessungen von Prof. Dr.-Ing. F. Rötscher, S. 142—149. Berlin: DVI-Verlag 1937. — [3] Dr.-Ing. S. Berg: Dynamische Spannungsmessungen. Berichtsheft „Prüfen und Messen“, S. 138—142.

(Abb. 1151) besteht aus der starren Brücke mit fester Schneide (*a*), die durch ein Drehfedergelenk (*b*) mit der Kippschneide (*c*) verbunden ist; in letzterer ist die Walze (*d*) gelagert, welche den Spiegel (*e*) trägt. Eine Längenänderung der Meßstrecke wird über das Federgelenk unmittelbar auf die Walze übertragen, wobei eine auf die Walze drückende Blattfeder (*f*) dafür sorgt, daß die Walzenverschiebung durch gleitfreies Abrollen erfolgt; die hierdurch bewirkte Drehung der Walze teilt sich dem Spiegel unmittelbar mit. Wird der Lichtzeiger in H m Abstand vom Spiegel abgelesen, so beträgt die Spiegelübersetzung bei einem Walzenhalbmesser von $^1/_{10}$ mm 10000 H. Man kann somit mit diesem Feinmesser jedes sich notwendig erweisende Genauigkeitsmaß erreichen.

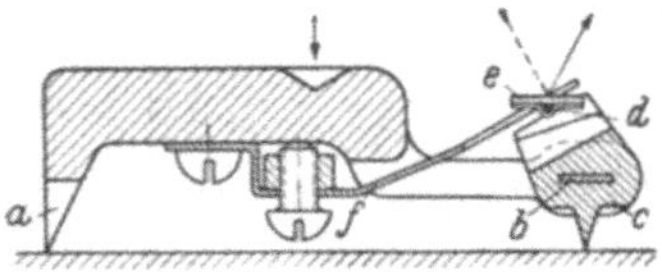

Abb. 1151. Dehnungsmesser Deutsche Werke. Querschnitt.

Für 5 mm Meßstrecken, die im Bereich von Einspannstellen bei dünnwandigen Bogen- und Pfeilerstaumauern notwendig werden, ist der Dehnungsmesser der Bayerischen Motorenwerke (Abb. 1152)[1] sehr geeignet; er hat sich für Meßstrecken zwischen 2 und 15 mm bestens bewährt. Er trägt keine Schneiden mehr, sondern Meßklötzchen (*a*), die auf den Modellkörper aufgekittet werden; hierbei wird die Meßstreckenlänge durch Lehren genau festgelegt. Eines der Meßklötzchen (*a*) ist mit einer starren, das andere (*b*) mit einer federnden Abrollfläche verbunden; dazwischen läuft eine Walze (*c*), die starr mit einem Zeiger (*d*) verbunden ist, der oben einen Kokonfaden (*e*) trägt; der letztere bewegt sich über einem spiegelnden Metallplättchen (*g*), das vermittels eines winkelförmigen Halters (*f*) an der starren Ablauffläche befestigt ist. In das Metallplättchen ist eine Feinteilung mit $^1/_{100}$ mm Teilstrichen eingeritzt, so daß sich in Verbindung mit einer 100fachen mechanischen Vergrößerung eine 10000fache Gesamtvergrößerung ergibt. Die Ablesung erfolgt hier mit dem Mikroskop, so daß jede Parallaxe vermieden wird.

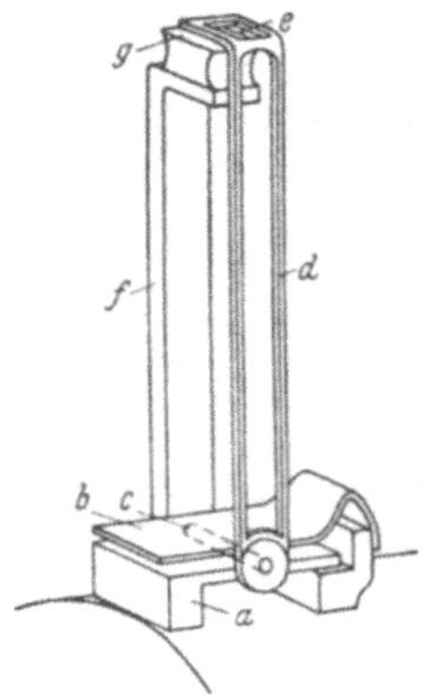

Abb. 1152. Dehnungsmesser der Bayerischen Motorenwerke.

Das empfindlichste derzeitige Feinmeßgerät ist der Dehnungsmesser von Lehr mit Sperrschicht-Photozelle (Abb. 1153)[2]. Er kann auf Meßstrecken auf 1 bis 2 mm eingestellt werden, was in Übertragung auf Staumauern einer Meßlänge von etwa

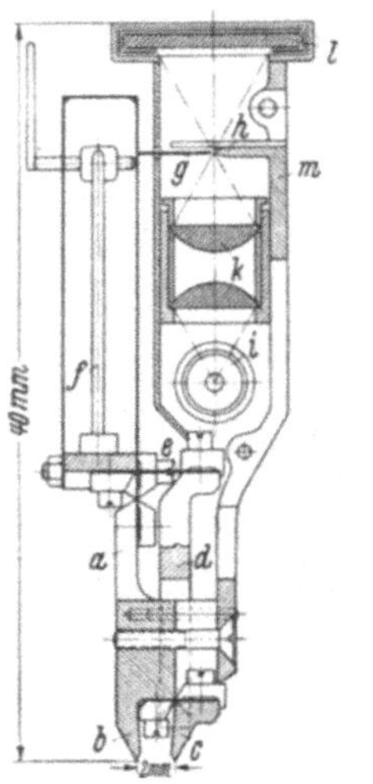

Abb. 1153. Dehnungsmesser nach Lehr mit Sperrschicht-Photozelle.

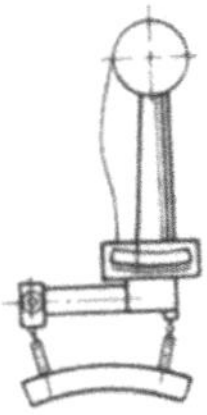

Abb. 1154. Huggenbergersche Dehnungsmesser auf Stelzen.

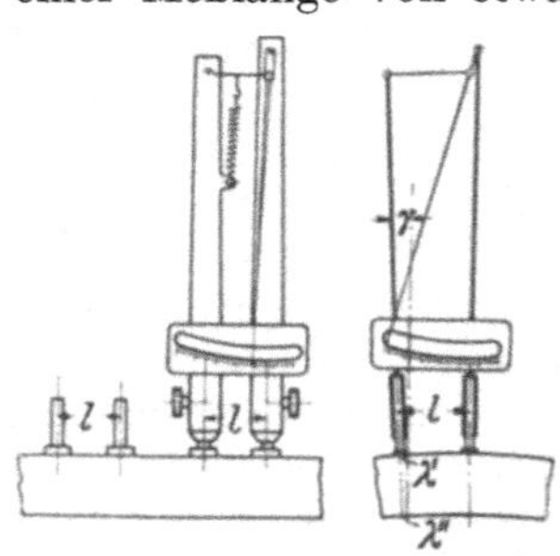

Abb. 1155. Biegungsverzerrungsmesser nach Huggenberger.

[1] O. Dietrich u. E. Lehr: Das Dehnungslinienverfahren. Z. VDI Bd. 76 (1932) S. 973—982.

[2] Dr.-Ing. E. Lehr: Dehnungsmesser mit sehr kleiner Meßstrecke und Anzeige mit Sperrschicht-Photozelle. Z. VDI Bd. 80 (1936) S. 842.

5 bis 10 cm entspricht. Die erzielbare 100000fache Vergrößerung paßt sich der kleinen Meßstrecke vorzüglich an und läßt für Talsperrenmodelle eine befriedigende Genauigkeit erwarten.

Für die Dehnungsmessungen auf Stelzen ist es sehr wesentlich, daß die Stelzen genau senkrecht zur Meßfläche aufgesetzt werden, und zwar mittig über den Endpunkten der Meßstrecke; damit sie festsitzen, werden sie zweckmäßig angekittet. In die Stelzendeckfläche lassen sich senkrecht zur Meßstrecke Riefen einschneiden, in die dann die Meßschneiden unmittelbar eingreifen können. Abb. 1154 zeigt eine Stelzenmeßanordnung unter Verwendung eines Huggenbergerschen Dehnungsmessers[1].

Beiläufig sei noch bemerkt, daß ein von Huggenberger entwickelter Biegungsverzerrungsmesser den Drehwinkel, den die Stelzen gegeneinander beschreiben, unmittelbar abzulesen gestattet (Abb. 1155)[1].

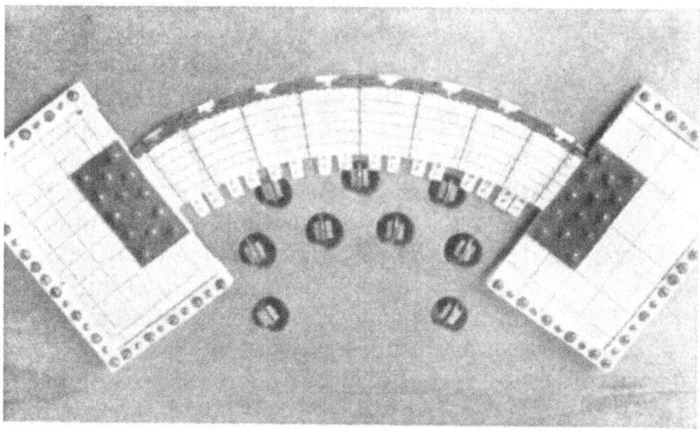

Abb. 1156. Modellmäßige Überprüfung von Gewölbelamellen an Zelluloidmodellen. (Nach K. Hofacker.)

Dehnungsmessungen an Talsperrenmodellen sind Feinstmessungen im wahrsten Sinne des Wortes; sie verlangen eine enge Vertrautheit mit Geräten und Meßverfahren und eine geradezu pedantische Wartung. So sind z. B. ohne einen guten Sitz des Dehnungsmessers niemals genaue Messungen möglich; die Schneiden müssen daher immer scharf sein und von Zeit zu Zeit nachgeschliffen und nachgeeicht werden. Ebenfalls von größter Wichtigkeit ist die Befestigung; sie wird für die vorliegenden Zwecke am besten durch einen Saugkopf mit Spanndaumen bewirkt (Abb. 1150). Ferner ist bei Meßgeräten mit mechanischen Übersetzungen peinlich darauf zu achten, daß die Beweglichkeit der Schwinghebel nicht durch Klemmungen u. dgl. behindert werden kann[2].

Zusammenfassend kann festgestellt werden, daß auf meßtechnischem Gebiete in den letzten Jahren so große Fortschritte erzielt wurden, daß Staumauermodelle künftig mit jeder wünschenswerten Genauigkeit und Zuverlässigkeit spannungsmechanisch untersucht werden können.

(5) Klärung statischer Sonderfragen an Zelluloidmodellen. Es wurde unter Ziffer 1 bereits darauf hingewiesen, daß für die Klärung statischer Sonderfragen Zelluloidmodelle unter Umständen vorzügliche Dienste leisten können. Die zwei nachfolgenden Beispiele sollen dies im einzelnen beleuchten.

K. Hofacker hat in einer beachtenswerten Dissertationsschrift[3] kreisförmige Gewölbelamellen, wie sie zur Berechnung von Bogenmauern heran-

---

[1] Siehe Fußnote 2 von S. 691.

[2] Man vgl. hierzu auch die Ausführungen von J. Geiger: Berichtsheft „Prüfen und Messen", S. 142.

[3] Dr. sc. techn. Karl Hofacker: Das Talsperrengewölbe. Mitt. Nr. 8 aus dem Inst. f. Baustatik der T. H. Zürich. Zürich und Leipzig 1936.

gezogen werden, nach der mathematischen Elastizitätstheorie untersucht; es sollte hierbei insbesondere die Frage der Spannungsverteilung über die Wandstärke in dicken, mehr scheiben- als stabförmigen Gewölben geklärt werden. Um die theoretischen Ergebnisse an einigen Sonderfällen zu überprüfen, wurden Modellversuche an scheibenförmigen Zelluloidgewölberingen angestellt (Abb. 1156). Die Belastung wurde durch über Rollen geführte Gewichte aufgebracht und zwei Lagen waagebalkenartig verteilter Messingplättchen auf je vier Punkte der Außenberandung verteilt; das Modell lag waagerecht über der Aufspannplatte, die an neun Stellen zur Aufnahme der Rollen für die Gewichtsbelastung durchbohrt ist. Für die Dehnungsmessungen bediente man sich Huggenbergerscher Dehnungsmesser, während die Verschiebungsmessungen auf mikroskopischem Wege unter Heranziehung Zeissscher Okular-Schraubenmikrometer[1] durchgeführt wurden. Die modellmäßig bestimmten Spannungen und Verschiebungen stimmten mit durchschnittlich 2% Abweichung mit den gerechneten Größen überein und lieferten so eine sehr schöne Bestätigung der Theorie. Da die Modellversuche nur einen Bruchteil der für die Rechnung aufgewandten Zeit erforderten, kann die Heranziehung von Zelluloidmodellen unter ähnlich gelagerten Verhältnissen gar nicht warm genug empfohlen werden.

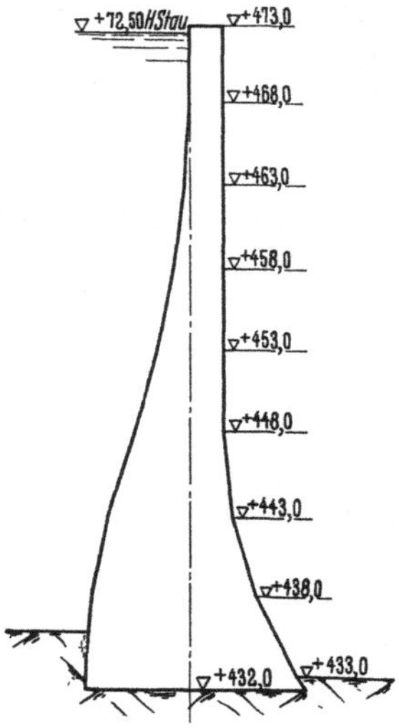

Abb. 1157.

Wie die Modellversuche für die anfänglich als Jorgensen-Bogenmauer geplante Zillierbach-Staumauer (Abb. 1157) gezeigt haben, können Zelluloidmodelle auch für räumliche Untersuchungen vorteilhaft herangezogen werden. K. Kammüller[2], in dessen Händen die Durchführung der Berechnung lag,

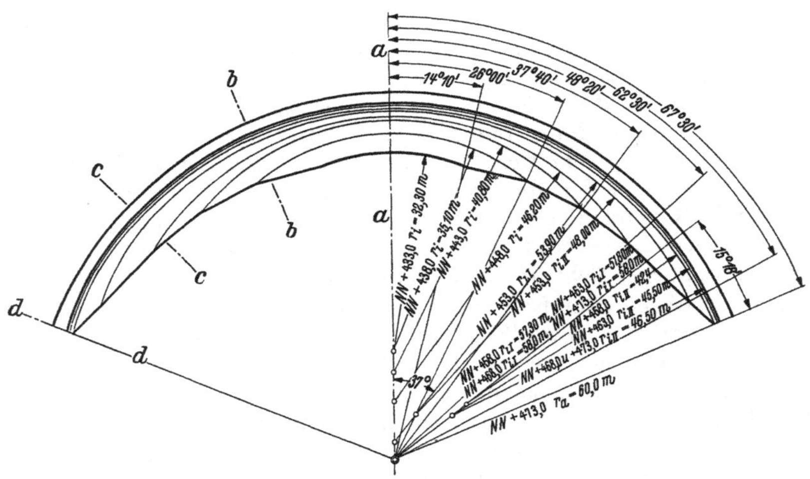

Abb. 1158.

änderte den anfänglichen Entwurf zur Erleichterung der Herstellung dahingehend ab, daß er eine lotrechte wasserseitige Begrenzung vorsah; gleichzeitig

[1] Entwickelt von Oberbaurat Schächterle in Gemeinschaft mit Zeiss-Jena. Vgl. Bautechn. 1933 Heft 27.

[2] Die nachstehenden Ausführungen sind einer unveröffentlichten Zusammenfassung entnommen, die dem Verfasser von Herrn Prof. Dr.-Ing. Kammüller, Karlsruhe, in dankenswerter Weise für diesen Abschnitt zur Verfügung gestellt wurde.

wurden die Bogenlamellen an den Kämpfern verstärkt und im Scheitel geschwächt, so daß sich im ganzen gesehen die Stichverhältnisse gegenüber der Jorgensen-Mauer nicht wesentlich verschoben (Abb. 1158). Das die Grundlage der statischen Berechnung bildende Netz von je sieben Bögen und Pfeilern (Abb. 1159) wurde zu einem Zelluloidmodell zusammengefügt (vgl. die Teilansicht von Abb. 1160), das mit größtem Nutzen in den allgemeinen Rechnungsgang des Versuchslastverfahrens eingeschaltet werden konnte.

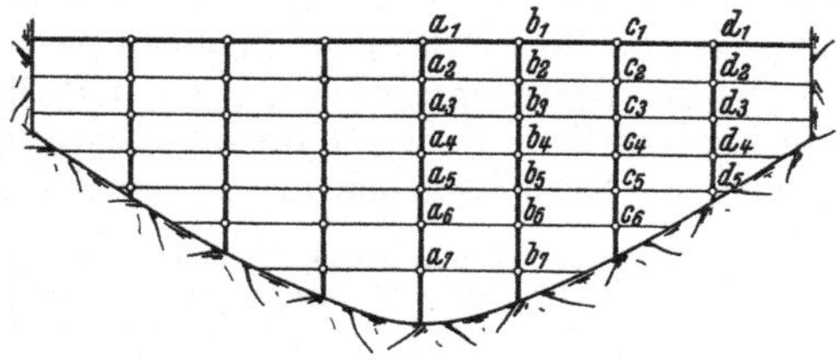

Abb. 1159.

Einerseits um einen ersten Anhaltspunkt für die Lastverteilung auf Bögen und Pfeiler zu bekommen und zum anderen um die Frage der Pfeilereinspannung näher zu untersuchen, wurde zunächst ein Modellversuch mit nur einem Pfeiler in Talmitte durchgeführt. Hierbei bediente Kammüller sich eines Kunstgriffes, der die Versuchsdurchführung außerordentlich erleichterte und die große Beweglichkeit der modellmäßigen Spannungsuntersuchung schlaglichtartig beleuchtet; er ersetzte nämlich die Bögen gemäß Abb. 1161 durch eine in der Pfeilerebene liegende Kragarmstützung dergestelt, daß für jeden Bogen von Abb. 1159 die Durchbiegung unter der verteilten Einzellastanordnung im Bereich der Pfeilerebene gleich groß wie diejenige der entsprechenden Kragarmstützung war; die erforderlichen Verschiebungsmessungen wurden ähnlich wie in dem ersten Beispiele auf mikroskopischem Wege mit dem Zeissschen Okular-Mikrometer in der aus Abb. 1161 ersichtlichen Anordnung durchgeführt.

Abb. 1160. Zillierbach-Bogenstaumauer. Zelluloidmodell. (Nach Kammüller.)

Nachdem nunmehr die räumliche Systemanordnung auf eine in der Pfeilerebene liegende zurückgeführt war, brauchte die den Bogenlamellen entsprechende Wasserbelastung nur noch auf die zugehörigen, nunmehr elastisch gestützten, Pfeilerpunkte aufgebracht und die Biegelinie festgestellt zu werden. Aus dem vorher untersuchten Zusammenhang zwischen Bogenbelastung und Durchbiegung konnte dann der auf die Bögen entfallende Lastanteil unmittelbar abgelesen werden.

Um die Schwind- und Temperatureinflüsse am Modell gleich miterfassen zu können, erwies es sich als zweckmäßig, nach dem „Einflußlinienverfahren" vorzugehen, d. h. immer nur einen Pfeilerpunkt mit einer Einzellast zu belasten (Abb. 1161) und die zugehörigen Durchbiegungen zu messen. Um hieraus die Gesamtwirkungen zu erhalten, brauchten nur die einzelnen Einflußwerte mit der tatsächlich wirkenden Belastung multipliziert und die Einzelwirkungen überlagert zu werden.

Die Nützlichkeit der modellmäßigen Untersuchung zeigte sich insbesondere, als es sich darum handelte, verschiedene Einspannverhältnisse des Pfeilers zu klären; es bedurfte immer nur eines Handgriffes, um das Modell den neuen Voraussetzungen anzupassen und den Spannungszustand festzustellen. Es wurden hier insbesondere die Fälle der starren und elastischen Einspannung, eines Fugenrisses auf eine Tiefe von $^1/_3$ und $^2/_3$ der Gründungsfuge und der Grenzfall einer Punktstützung am luftseitigen Mauerfuß untersucht. Abb. 1161 zeigt gerade den Fall eines Fugenrisses auf $^2/_3$ der Gründungsfuge.

Bei der Hauptuntersuchung, bei der alle 7 Pfeiler zu berücksichtigen waren, wurden sämtliche Beiwerte der Elastizitätsgleichungen versuchsmäßig bestimmt und so eine Sysiphusarbeit in angenehmster Weise bewältigt. Für die Rechnung

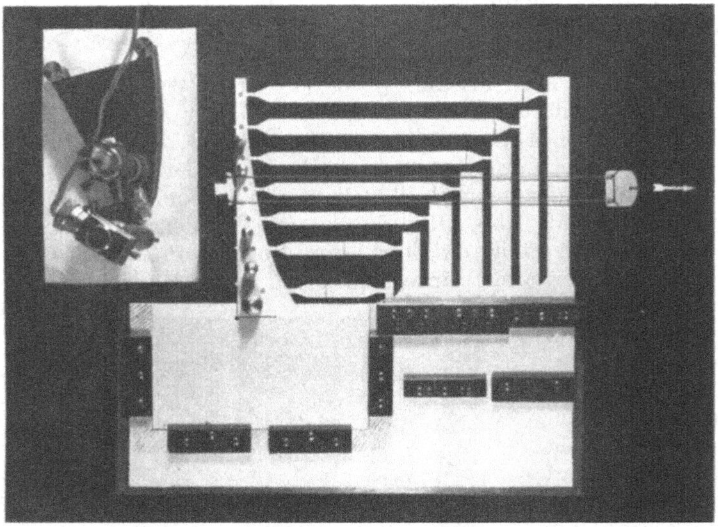

Abb. 1161. Zillierbach-Bogenstaumauer. Modellmäßige Nachbildung der elastischen Nachgiebigkeit der Bögen. (Nach Kammüller.)

blieb trotz allem noch genug zu tun übrig, denn selbst unter Berücksichtigung der Symmetrieverhältnisse und anderer Vereinfachungen waren noch 18 Gleichungen mit 18 Unbekannten aufzulösen, um die Lastverteilung auf Bögen und Pfeiler einwandfrei festzustellen.

Die hier ausgewählten Beispiele lassen jedenfalls klar erkennen, welche Möglichkeiten Zelluloidmodelle für die Durchführung und Überwachung schwieriger Berechnungen zu bieten vermögen und wie groß die Beweglichkeit und Anpassungsfähigkeit dieses Untersuchungsverfahrens ist.

3. *Optische Spannungsuntersuchungen an Modellen.*

(1) Spannungsoptische Grundgleichungen. Die Möglichkeit der optischen Spannungsuntersuchung beruht auf der von D. Brewster[1] erkannten Tatsache, daß durchsichtige Körper wie Glas, Bakelit, Trolon, wenn sie durch Spannungen verformt werden, kristallähnliches Verhalten annehmen und doppelt brechen, und zwar fallen hierbei die Schwingungs- (Polarisations-) Richtungen mit denen der Hauptspannungen zusammen. Im gleichen Maße, wie sich der im allgemeinen räumliche Spannungszustand von Punkt zu Punkt ändert, ändert sich auch der Charakter der Doppelbrechung, so daß der Spannungszustand im durchfallenden Licht optisch sichtbar wird.

[1] D. Brewster: Double réfraction du verre. Philos. Trans. Roy. Soc., Lond. 1816 S. 156. — Trans. Edinbourgh Bd. 8 (1818) S. 369.

Ähnlich wie sich eine ebene Scheibe durch die Doppelschar der Hauptspannungslinien in kleine rechtwinklige Flächenelemente zerlegen läßt (Abb. 612), ergeben sich in einem in Spannung befindlichen Körper drei Scharen von Hauptspannungsflächen, deren Schnittkurven die Hauptspannungslinien im Raume sind. Der Körper erscheint hierdurch in lauter kleine Quaderelemente mit rein axialer Beanspruchung zerlegt, die als kristalloptische Elementarkörper mit nahezu gleichartigem Brechverhalten angesehen werden können.

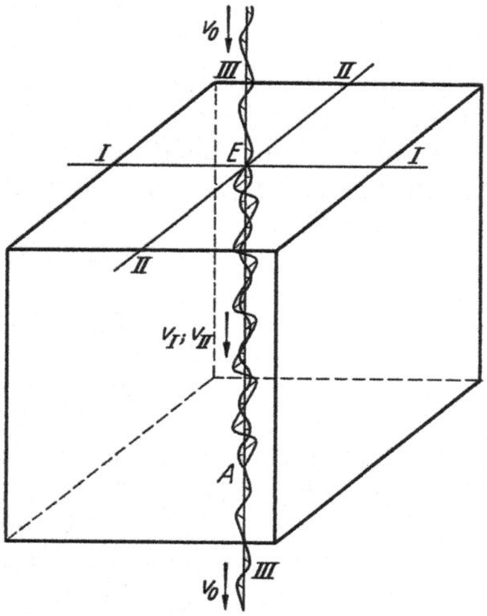

Abb. 1162.

Wie insbesondere A. Fresnel[1] und F. Neumann[2] gezeigt haben, gestattet die Wellentheorie des Lichtes eine eindeutige Deutung der Doppelbrechungsvorgänge, die an einem nach den Hauptachsen ausgerichteten Körperelement in Erscheinung treten. Trifft beispielsweise ein sich parallel zu einer Hauptachse bewegender Lichtstrahl senkrecht auf ein solches Körperelement (Abb. 1162), so wird er auf der Durchgangsstrecke *E*—*A* in zwei, wenn auch in sich zusammenfallende, Lichtstrahlen aufgespalten, die in den durch die Einfallrichtung und die beiden anderen Hauptachsen festgelegten Ebenen schwingen. Dabei verhalten sich die Fortpflanzungsgeschwindigkeiten der zugehörigen Lichtwellen wie die Brechzahlen in Richtung der Hauptachsen. Ist v_0 die Auftreffgeschwindigkeit, so bestehen die Beziehungen

$$n_{\mathrm{I}} = \frac{v_{\mathrm{I}}}{v_0}; \quad n_{\mathrm{II}} = \frac{v_{\mathrm{II}}}{v_0}; \quad n_{\mathrm{III}} = \frac{v_{\mathrm{III}}}{v_0}. \qquad (1)$$

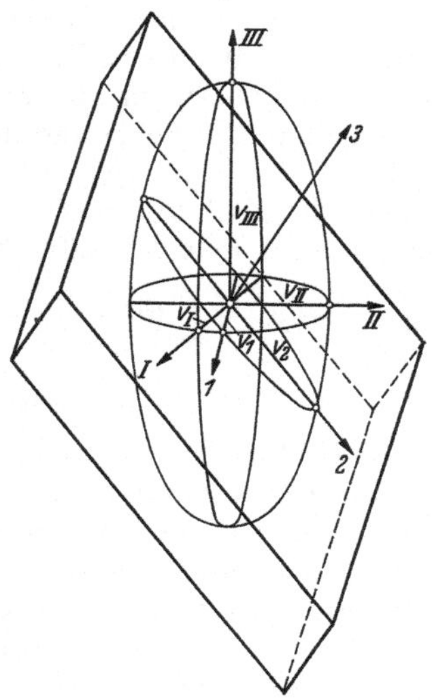

Abb. 1163.

Trägt man die Fortpflanzungsgeschwindigkeiten in dem durch die Hauptspannungsrichtungen bestimmten Achsenkreuz auf, so wird damit ein Ellipsoid, das Fresnelsche Strahlenellipsoid, festgelegt (Abb. 1163); dieses gestattet, den Schwingungsvorgang auch für beliebig ausgerichtete Körperelemente zu verfolgen. Ist das Strahlenellipsoid bekannt und *3* die Richtung eines senkrecht auf das Element auftreffenden Lichtstrahles (Abb. 1163), so braucht man nur eine zum Auftreffstrahl senkrechte Ebene durch den Bezugsmittelpunkt zu legen und für die von dieser herausgeschnittene Ellipse die Hauptachsen *1, 2* zu bestimmen. Das Licht schwingt dann in den durch *3, 1* und *3, 2* bestimmten Ebenen und die Fortpflanzungsgeschwindigkeiten sind gleich den Halbmesserlängen der Schnittellipse. Beiläufig sei bemerkt, daß es zwei ausgezeichnete Strahlrichtungen gibt, für welche die Schnittellipsen Kreise sind; sie liegen in der durch die größte und kleinste Hauptspannung bestimmten Ebene und heißen die optischen Strahlenachsen. Ein in ihre Richtung fallender Lichtstrahl wird in zwei sich mit gleicher Geschwindigkeit fortpflanzende Wellen aufgespalten.

[1] A. Fresnel: Note sur la double réfraction du verre comprimé. Ann. Chim. Phys. 1822.
[2] F. Neumann: Die Gesetze der Doppelbrechung des Lichtes in komprimierten oder ungleichmäßig erwärmten unkristallinischen Körpern. Abhandlungen, Berlin 1841, S. 1—247.

Für die in den Schwingungsrichtungen wirkenden Spannungen (σ_1, σ_2) besagt nun das Brewstersche Gesetz, daß ihr Unterschied demjenigen der entsprechenden Brechzahlen bzw. Fortpflanzungsgeschwindigkeiten verhältnisgleich ist:

$$\sigma_1 - \sigma_2 = -c\,(n_1 - n_2) = -\frac{c}{v_0}\,(v_1 - v_2)\,. \tag{2}$$

In (2) ist c die optische Kennspannung, die für jeden Prüfstoff eine andere ist und durch Eichversuch leicht festgestellt werden kann.

Läßt man die Lichtauftreffrichtungen der Reihe nach mit den drei Hauptspannungsrichtungen zusammenfallen, so ergibt sich das Gleichungssystem

$$\left.\begin{aligned} \sigma_{\mathrm{I}} - \sigma_{\mathrm{II}} &= -\frac{c}{v_0}\,(v_{\mathrm{I}} - v_{\mathrm{II}})\,;\\ \sigma_{\mathrm{II}} - \sigma_{\mathrm{III}} &= -\frac{c}{v_0}\,(v_{\mathrm{II}} - v_{\mathrm{III}})\,;\\ \sigma_{\mathrm{III}} - \sigma_{\mathrm{I}} &= -\frac{c}{v_0}\,(v_{\mathrm{III}} - v_{\mathrm{I}}) \end{aligned}\right\} \tag{3}$$

Zieht man die zweite dieser Gleichungen von der ersten ab, so folgt die dritte. Das Gleichungssystem (3) enthält daher nur zwei voneinander unabhängige Gleichungen; die dritte ist lediglich als Kontrollbeziehung zu werten.

Im Sonderfalle eines ebenen Spannungszustandes kann eine der Hauptspannungen, z. B. σ_{III}, Null gesetzt werden, so daß eine Spannungsbestimmung auf rein optischem Wege möglich ist. Man erhält

$$\left.\begin{aligned} \sigma_{\mathrm{I}} &= -\frac{c}{v_0}\,(v_{\mathrm{I}} - v_{\mathrm{II}}) - \frac{c}{v_0}\,(v_{\mathrm{II}} - v_{\mathrm{III}})\,;\\ \sigma_{\mathrm{II}} &= -\frac{c}{v_0}\,(v_{\mathrm{II}} - v_{\mathrm{III}}) \end{aligned}\right\} \text{(ebene Spannungszustände)}. \tag{4}$$

In Staumauern herrschen ebene Spannungszustände längs der Mauerkrone und längs der luftseitigen Randflächen vor. Auch längs der Gründungsfläche kann zuweilen mit einem ebenen Spannungszustande gerechnet werden.

Weitere Möglichkeiten der rein optischen Behandlung ergeben sich, wenn σ_{III} bekannt ist. Dies ist bei Staumauern längs der gesamten wasserseitigen Randfläche der Fall, die wegen des Verschwindens der Schubspannungen eine Hauptspannungsfläche ist. Mit $\sigma_{\mathrm{III}} = -p_w$ folgt

$$\left.\begin{aligned} \sigma_{\mathrm{I}} &= -p_w - \frac{c}{v_0}\,(v_{\mathrm{I}} - v_{\mathrm{II}}) - \frac{c}{v_0}\,(v_{\mathrm{II}} - v_{\mathrm{III}})\,;\\ \sigma_{\mathrm{II}} &= -p_w - \frac{c}{v_0}\,(v_{\mathrm{II}} - v_{\mathrm{III}})\,;\\ \sigma_{\mathrm{III}} &= -p_w \end{aligned}\right\} \text{(wasserseitige Randfläche)}. \tag{5}$$

Die Gln. (4) und (5) gestatten somit, die Randspannungen in Staumauern auf rein optischem Wege zu ermitteln, und zwar erhält man unmittelbar die größten und kleinsten Hauptspannungen, die allein für die Beurteilung der Sicherheitsfrage maßgebend sind. Das spannungsoptische Untersuchungsverfahren stellt daher ein Aufschlußverfahren dar, wie man es sich idealer überhaupt nicht denken kann.

Zur Klärung des räumlichen Spannungszustandes im Inneren von Staumauern reichen die Gln. (3) nicht aus; weiterhin ergeben sich auch dadurch gewisse Schwierigkeiten, daß die Lage der Hauptspannungsflächen von vornherein nicht bekannt ist. Wie zur Zeit noch in Gang befindliche räumliche Spannungsuntersuchungen im Münchener mechanisch-technischen Laboratorium erkennen lassen, ist es auch unter derartig erschwerten Verhältnissen möglich, auf spannungsoptischem Wege zum Ziele zu gelangen, insbesondere durch Heranziehung der in der Kristalloptik erprobten Untersuchungsverfahren[1]. Weiterhin

[1] L. Föppl: Neue Erfolge in der Spannungsoptik. Z. VDI Bd. 81 (1937) S. 137—141.

besteht die Möglichkeit, die Spannungsberechnung nach einem optisch-mathematischen Verbundverfahren durchzuführen, wie es erstmalig durch Coker und Filon geschehen ist[1]. Die Verbundverfahren haben in den letzten Jahren eine sehr fruchtbare Entwicklung erfahren; hier sind insbesondere die von Föppl

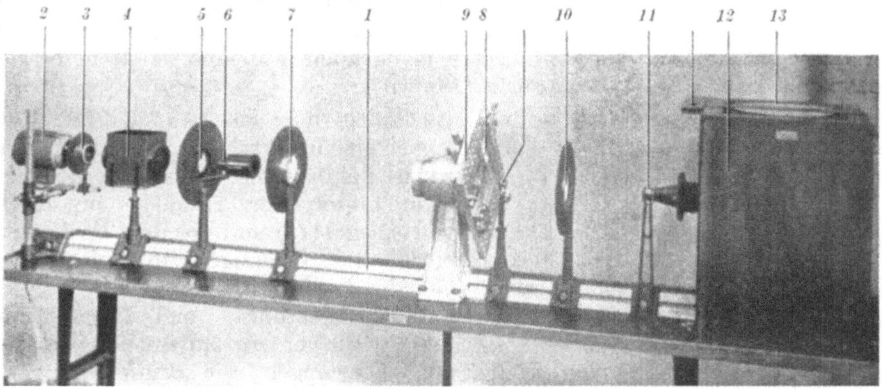

Abb. 1164. Spannungsoptische Prüfanordnung. (Nach H. Cardinal von Widdern.)

und Neuber[2] eingeschlagenen Wege zu nennen, mit denen die Vervollständigung optischer Teilergebnisse in kürzester Zeit möglich ist. Angesichts der Tatsache, daß bei Staumauern immer die optisch eindeutig bestimmbare Randspannungsverteilung im Vordergrunde des Interesses steht, mögen diese Hinweise hier genügen.

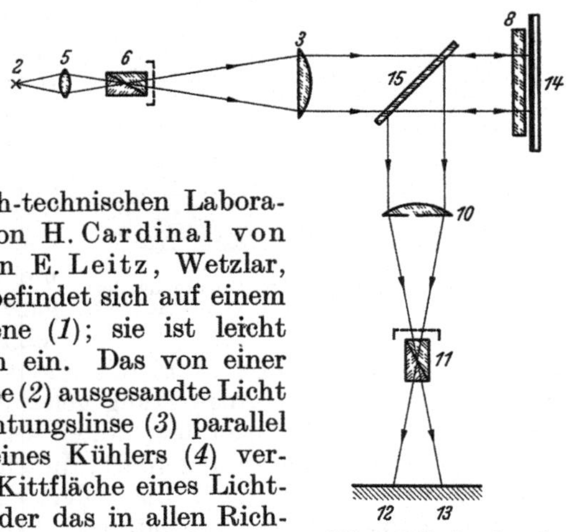

Abb. 1165. Verdopplung der optischen Wirkung durch zweimalige Durchquerung des Prüfkörpers. (Nach Solakian.)

(2) Spannungsoptische Versuchsanordnung. Eine Versuchsanordnung, die auch für die Zwecke des Talsperrenbaues als sehr zweckmäßig bezeichnet werden kann, ist diejenige des Münchener mechanisch-technischen Laboratoriums (Abb. 1164); sie wurde von H. Cardinal von Widdern[3] entworfen und wird von E. Leitz, Wetzlar, hergestellt. Die ganze Anordnung befindet sich auf einem länglichen Tisch mit Dreikantschiene (*1*); sie ist leicht beweglich und nimmt wenig Raum ein. Das von einer hochkerzigen Osram-Punktlichtlampe (*2*) ausgesandte Licht wird durch eine asphärische Beleuchtungslinse (*3*) parallel gerichtet und nach Durchqueren eines Kühlers (*4*) vermittels einer Sammellinse (*5*) der Kittfläche eines Lichtwandlers (Polarisators) zugeführt, der das in allen Richtungen schwingende und daher für Meßzwecke unbrauchbare natürliche Licht auf eine eindeutige Schwingungsbewegung ausrichtet. Hinter dem Wandler (*6*) befindet sich zur Vergrößerung des Gesichtsfeldes eine verkittete anastigmatische Linse (*7*), die das Licht senkrecht auf den scheibchenförmigen Prüfkörper (*8*) wirft, der auf einem drehbaren und mit Kreuzverschiebung versehenen lotrechten Tisch (*9*) befestigt ist. Nach Verlassen des Prüfkörpers wird

[1] E. G. Coker and L. N. G. Filon: A Treatise on Photoelasticity. Cambridge 1931. — L. N. G. Filon: A manuel of Photoelasticity for Engineers. Cambridge 1936.

[2] L. Föppl u. H. Neuber: Festigkeitslehre mittels Spannungsoptik. Berlin und München: R. Oldenbourg 1936.

[3] H. Cardinal v. Widdern: Polarisationsoptische Spannungsmessungen an Stabecken. Münchener Dissertationsschrift. Mitt. mech.-techn. Lab. d. Techn. Hochsch. München 1930 Heft 34 S. 4—16.

das Licht über eine zweite anastigmatische Linse (*10*) einem Lichtempfänger (Analysator) zugeleitet, dessen Schwingungsphase um 90° gegenüber der des Senders gedreht ist; hierdurch lassen sich die mit der Doppelbrechung im Prüfkörper verbundenen Interferenzerscheinungen unmittelbar meßtechnisch erfassen (Näheres darüber unter Ziffer 4). Von dem Empfänger (*11*) gelangt das Licht in den Umlenk- und Zeichenkasten (*12*), in welchem sich ein 45°-Spiegel befindet, der das optische Bild des Prüfkörpers je nachdem auf eine Mattscheibe mit Pauspapier oder eine Photokassette (*13*) wirft.

Bei optisch weniger empfindlichen Prüfkörpern — ein Fall, der bei Staumauern nicht selten sein wird — läßt sich nach einem Vorschlage von A. G. Solakian[1] die optische Wirkung verdoppeln, wenn hinter dem Prüfkörper ein Rückwurfspiegel (*14*) und vor dem Prüfkörper ein halbdurchlässiger 45°-Spiegel (*15*) eingebaut wird (Abb. 1165).

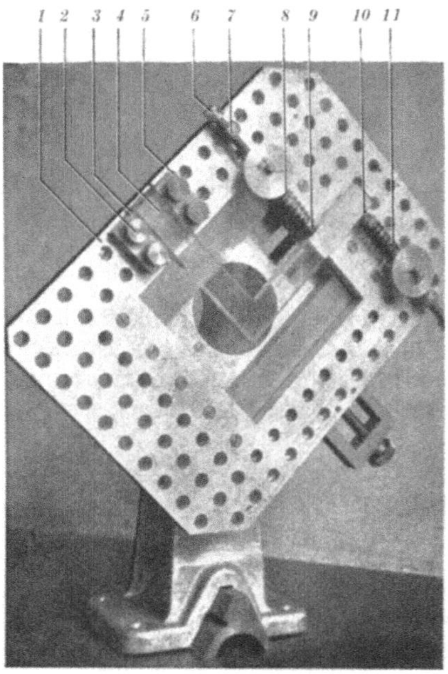

Abb. 1166. Dreh- und verschiebbare Aufspannung des Prüfkörpers. (Nach H. Cardinal von Widdern.)

(3) Erstarrungs- und Eintauchverfahren. Bis vor ganz kurzer Zeit war man noch gezwungen, die Prüfkörper unter Belastung zu prüfen, was in Anwendung auf Staumauern naturgemäß eine starke Beschränkung der Freizügigkeit in der Versuchsanordnung im Gefolge haben mußte; insbesondere bot sich keine Möglichkeit zur Behandlung der besonders wichtigen räumlichen Spannungszustände. Auch die den Meßvorgang oft erleichternde dreh- und verschiebbare Aufspannung des Prüfkörpers (Abb. 1166) ließ sich bei Staumauern kaum verwirklichen; jeder neue Modellversuch erforderte eingehende und zeitraubende Voruntersuchungen, bis eine befriedigende Versuchsanordnung gefunden war. Diese Schwierigkeiten haben aber nicht verhindern können, daß bereits eine ganze Reihe von Staumauerfragen erfolgreich auf spannungsoptischem Wege geklärt wurden, wodurch wertvolle Pionierarbeit besonders im Hinblick auf die spannungsoptische Auswertung geleistet wurde. Als vorzüglich gelungene Anwendungsbeispiele seien hier unter anderem zwei von G. Oberti durchgeführte Untersuchungen angeführt; die eine betraf einen Gewichtsmauerblock unter Eisdruck[2] (Abb. 1167), die andere eine eingespannte Bogenmauerlamelle unter gleichbleibendem Außendruck[3] (Abb. 1168). Die Schwierigkeiten der Lastverteilung wurden im letzteren Falle dadurch gelöst, daß man zwischen Lastbalken und Prüfring eine Gummizwischenlage einschaltete.

Dank einem genialen Einfall von G. Oppel[4], der zu einem ganz neuartigen Untersuchungsverfahren, dem Erstarrungsverfahren, geführt hat, ist es heute möglich, die spannungsoptische Untersuchung auch auf die schwierigsten

[1] A. Solakian: Trans. Amer. Soc. mech. Engr. Bd. 56 (1934) S. 653.

[2] G. Oberti: Uso dei modelli per lo studio dello stato die sollecitatione in strutture. Energia elettr. 1936 Heft 1.

[3] G. Oberti: Studi sul comportamento statico di archi circolari considerati come elementi die dighe a volta. Energia elettr. 1936 Heft 10.

[4] G. Oppel: Polarisationsoptische Untersuchung räumlicher Spannungs- und Dehnungszustände. VDI-Forsch.-Heft Bd. 7 (1936) S. 240—248. — Spannungsoptische Verfahren. Berichtsheft „Prüfen und Messen", S. 150—155. Berlin 1937.

Fälle anzuwenden und insbesondere räumliche Spannungszustände zu klären. Das Erstarrungsverfahren gründet sich einmal auf die bei zahlreichen Münchener Forschungsarbeiten festgestellte Tatsache, daß das spannungsoptische Verhalten der durchsichtigen Körper nicht durch die Spannungen selbst, sondern durch die von diesen erzeugten Verformungen bedingt ist, und zum anderen auf die Eigenschaft gewisser Kunstharze, wie Bakelit oder Trolon, sich im spannungsfreien Verformungszustande halten zu können. Wenn ein derartiges Kunstharz im Wasserbade auf etwa 80° C erwärmt und durch Belastung rein elastisch verformt wird, so lassen sich die Spannungen durch langsame Abkühlung auf Zimmertemperatur völlig abbauen, während der Verformungszustand unverändert erhalten bleibt. wenn während der Abkühlung ein entsprechender äußerer Zwang ausgeübt wird. Ein nach dem Erstarrungsverfahren behandelter Prüfkörper läßt sich durch Schnitte in beliebig viele und — wo es angebracht erscheint — auch beliebig kleine Scheibchen zersägen, ohne daß dabei der Formänderungszustand und damit auch das spannungsoptische Verhalten beeinträchtigt wird.

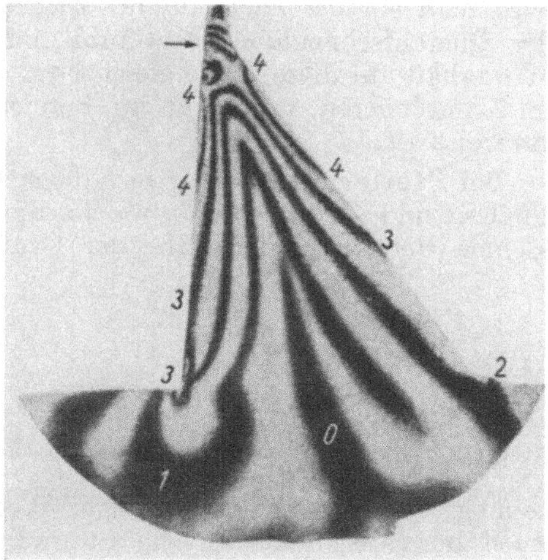

Abb. 1167. Spannungsoptische Untersuchung eines Gewichtsmauerblockes unter Eisdruck. (Nach G. Oberti.)

Das Erstarrungsverfahren bringt gegenüber dem bisherigen Untersuchungsverfahren zwei Vorteile, die gerade für die Prüfung von Staumauern von ausschlaggebender Bedeutung sind. Einmal kann man Belastung und Prüfung nunmehr unabhängig voneinander vornehmen, d. h. der Modellkörper kann unabhängig von der Prüfanordnung auf einer dem Talquerschnitt nachgebildeten und die Felsnachgiebigkeit berücksichtigenden Unterlage hergestellt, erwärmt, belastet, verformt und durch Abkühlen spannungsfrei gemacht werden. Zum anderen läßt sich der so behandelte Modellkörper aus seiner Unterlage herauslösen und stückweise prüfen, indem man ihn in geeignete, der Versuchsanordnung angepaßte Teilkörper zerschneidet. Die so erzielten Teilergebnisse lassen sich nachträglich wieder zusammenfügen, so daß man einen vollständigen und umfassenden Überblick über den Gesamtspannungszustand, insbesondere längs der am höchsten beanspruchten Randflächen erhält.

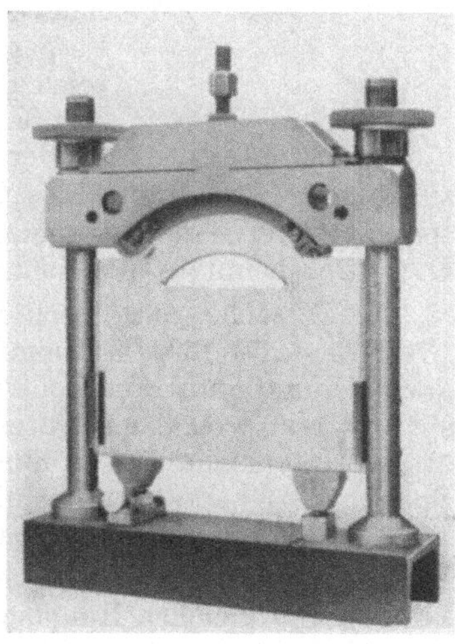
Abb. 1168. Spannungsoptische Untersuchung einer Bogenmauerlamelle unter gleichbleibendem Druck. (Nach G. Oberti.)

Handelt es sich um die Untersuchung von Bogen- oder Bogengewichtsmauern, so wird man den nach dem Erstarrungsverfahren behandelten Modellkörper zunächst durch lotrechte, strahlig geführte Schnitte (ähnlich wie bei der Fugenaufteilung) in einzelne Blöckchen zerschneiden; hierbei muß die Schnittzahl so gewählt werden, daß die Krümmung der Laibungen an den einzelnen Blöckchen nahezu ausgeschaltet ist. Aus diesen wird man dann durch parallel zu den Randflächen geführte Schnitte zwei dünne Randscheibchen herausarbeiten, die nun, gegebenenfalls noch unter Zerschneidung in Teilstücke, einer unmittelbaren spannungsoptischen Untersuchung zugänglich sind. Im Bereich der Talmitte, wo die dritte Hauptspannungsrichtung nahezu senkrecht auf der Blockmittelfläche stehen wird, wird man ein besonders dünnes Blockscheibchen herausschneiden, um es vor der Queraufschneidung als Ganzes im querdurchfallenden Licht zu prüfen. Man erhält auf diese Weise gleichzeitig einen Einblick in den Spannungszustand im Mauerinneren, und zwar im Bereich der Talmitte, wo er von besonderem Interesse ist.

Bei Pfeilerstaumauern ergibt sich ganz von selbst eine Aufteilung nach Pfeilern und Gewölben, für welche die Hauptachsenrichtungen — von einem kleinen Bereich in der Nähe der Gründungsfläche abgesehen — einwandfrei gegeben sind. Werden die Pfeilerscheiben zunächst einmal als Ganzes untersucht, so ergibt sich, da Biegungsspannungen hierbei optisch nicht in Erscheinung treten, die mittlere Spannungsverteilung; zur Feststellung etwaiger Biegungsspannungen, insbesondere im Bereich der Anschlüsse an die Stauwand, können noch beliebig viele Randscheibchen herausgeschnitten werden. In grundsätzlich ähnlicher Weise wird man auch bei der Stauwand vorgehen, nachdem durch lotrechte, strahlig geführte Schnitte nahezu ebene Stauwandstreifen entstanden sind; die Prüfung dieser Streifen als Ganzes liefert die mittleren Spannungen, während Biegungsspannungen sich wieder durch Herausschneiden entsprechender Randscheibchen feststellen lassen.

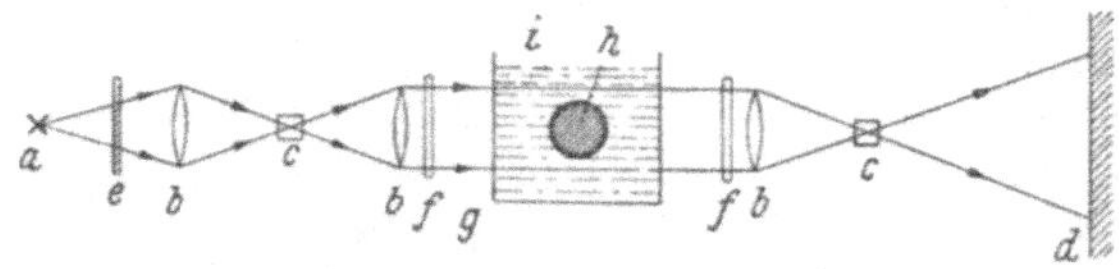

Abb. 1169. Spannungsoptische Prüfanordnung. (Nach G. Oppel.)

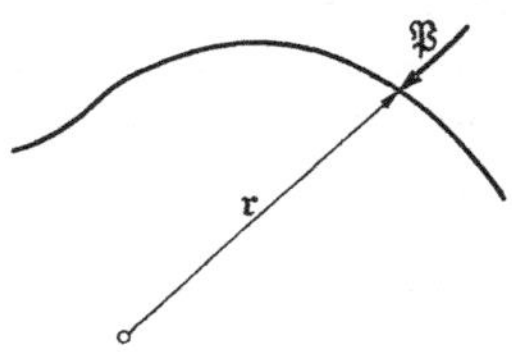

Abb. 1170.

Durch das Herausschneiden von Scheibchen aus dem nach dem Erstarrungsverfahren behandelten Modellkörper leidet naturgemäß die optische Wirkung im Bereich der Oberfläche. Um diesen Mangel auszugleichen, empfiehlt es sich, die Prüfung nicht mehr in Luft, sondern in einem Mittel gleicher Brechung vorzunehmen. Die Wände des Glasgefäßes, das hierbei notwendig wird, müssen spannungsfrei sein und genau senkrecht zur Strahlrichtung stehen. Die von G. Oppel benutzte Versuchsanordnung ist aus Abb. 1169 ersichtlich.

Die Tatsache, daß durch Eintauchen des Prüfkörpers in ein Mittel gleicher Brechung alle Randbrecheinflüsse ausgeschaltet werden, wurde von Oppel dazu benutzt, um räumliche Modellkörper als Ganze optisch zu prüfen; man spricht dann von einer Untersuchung nach dem Eintauchverfahren. Derartige Untersuchungen können naturgemäß nur einen rohen Einblick in den Spannungszustand vermitteln, da das optische Bild eine Überlagerung der vom Lichtstrahl durchquerten Spannungszustände darstellt.

(4) Optische Ermittlung der Kurven gleicher Hauptspannungsrichtung (Isoklinen) und gleichen Hauptspannungsunterschiedes (Isochromaten). Nach den unter Ziffer 1 gemachten Ausführungen reicht — wenigstens im Bereiche der Randflächen — die Kenntnis der Hauptspannungsrichtungen und -unterschiede vollständig aus, um den vorherrschenden Spannungszustand eindeutig festzustellen. Es soll nun näher erläutert werden, wie sich jene Größen auf optischem Wege bestimmen lassen.

Um zu einem besseren Verständnis der, manchen Lesern vielleicht ferner liegenden, optischen Schwingungs- und Interferenzerscheinungen zu gelangen, möge zunächst an die mechanischen Schwingungen angeknüpft werden. Bewegt sich eine Masse m unter der Kraft $\mathfrak{P}$ auf einer durch den Ortsvektor $\mathfrak{r}$ festgelegten Bahn (Abb. 1170)[1], so folgt nach dem Newtonschen Kraftgesetz

$$\mathfrak{P} = m\,\mathfrak{p} = m\,\frac{d^2\mathfrak{r}}{dt^2}. \tag{6}$$

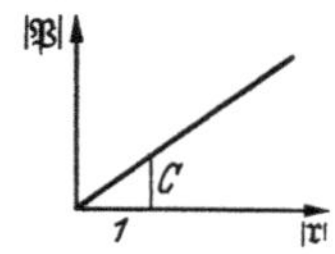

Abb. 1171.

Ist hierbei an jeder Stelle

$$\mathfrak{P} = -c\,\mathfrak{r}, \tag{7}$$

so spricht man von einer Schwingungsbewegung; c ist der sog. Federungsfestwert oder diejenige Kraft, die notwendig ist, um eine Bewegung von 1 cm in der Kraftrichtung zu erzwingen (Abb. 1171). Die Einführung von (7) in (6) führt zu der allgemeinen Schwingungsgleichung

$$\frac{d^2\mathfrak{r}}{dt^2} + \frac{c}{m}\,\mathfrak{r} = 0. \tag{8}$$

Die Größe $\sqrt{\frac{c}{m}}$ hat den Kennwert s^{-1} und heißt Drehschnelle (Kreisfrequenz) ω

$$\sqrt{\frac{c}{m}} = \omega. \tag{9}$$

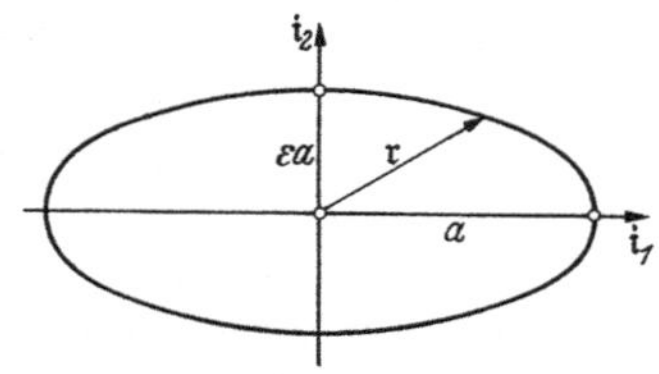

Abb. 1172.

Der 2πte Teil von ω wird als Schwingungszahl (Frequenz) ν bezeichnet,

$$\nu = \frac{\omega}{2\pi} = \frac{1}{2\pi}\sqrt{\frac{c}{m}}. \tag{10}$$

Unter Beachtung von (10) geht (8) in

$$\frac{d^2\mathfrak{r}}{dt^2} + 4\pi^2\nu^2\,\mathfrak{r} = 0 \tag{11}$$

über. Bezeichnen $\mathfrak{i}_1$ und $\mathfrak{i}_2$ irgend zwei zueinander senkrechte Einheitsvektoren, so lautet die allgemeine Lösung von (11)

$$\mathfrak{r} = a\,[\mathfrak{i}_1 \sin 2\pi\nu\,(t_0 - t) + \mathfrak{i}_2\,\varepsilon \cos 2\pi\nu\,(t_0 - t)]. \tag{12}$$

Die zu (12) gehörige Bahn ist eine Ellipse mit den Halbmessern a und εa (Abb. 1172). a stellt die größte Auslenkung aus der Ruhelage (Amplitude) und t_0 die zeitliche Phasenverschiebung dar.

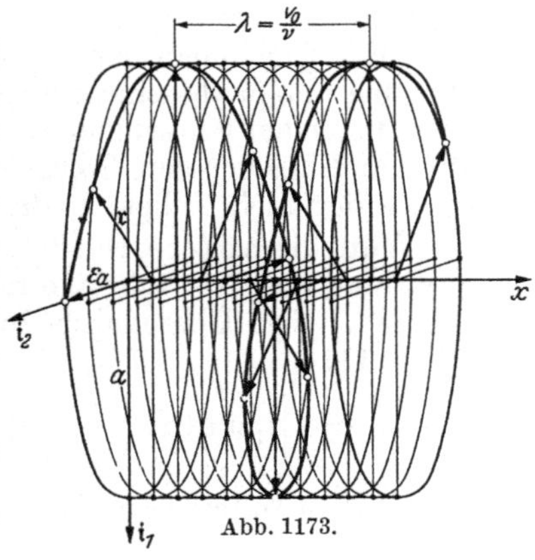

Abb. 1173.

Es werde nun ein in der Ruhelage geradliniges Band von Massenpunkten betrachtet (Abb. 1173); jeder Einzelpunkt, der durch den Abstand x von einem Bezugspunkte festgelegt sei, möge eine allgemeine Schwingung gemäß (12) quer zur Bandrichtung ausführen, und zwar mit stetig zunehmender Phase $t_0 = x/v_0$. Eine derartige Bewegung einer Massenpunktfolge wird als allgemeine oder elliptisch gerichtete (polarisierte) Wellenbewegung

$$\mathfrak{r} = a\left[\mathfrak{i}_1 \sin 2\pi\nu\left(\frac{x}{v_0} - t\right) + \mathfrak{i}_2\,\varepsilon \cos 2\pi\nu\left(\frac{x}{v_0} - t\right)\right] \tag{13}$$

bezeichnet. v_0 heißt die Wellenfortpflanzungsgeschwindigkeit und $\lambda = v_0/\nu$ die Wellenlänge.

Wichtige Sonderfälle entsprechen den Werten $\varepsilon = 0$ und $\varepsilon = 1$ mit

$$\mathfrak{r} = a\,\mathfrak{i} \sin 2\pi\nu\left(\frac{x}{v_0} - t\right) \quad \text{(geradlinig gerichtet)}, \tag{14}$$

$$\mathfrak{r} = a\left[\mathfrak{i}_1 \sin 2\pi\nu\left(\frac{x}{v_0} - t\right) + \mathfrak{i}_2 \cos 2\pi\nu\left(\frac{x}{v_0} - t\right)\right] \quad \text{(kreis-gerichtet)}. \tag{15}$$

Die natürlichen Lichtwellen, wie sie sich dem Auge als Lichtstrahl kundtun, sind geradlinig gerichtete Wellen ohne eine ausgezeichnete Schwingungs-

[1] Für die hier benutzte vektorielle Schreibweise, ohne welche die Behandlung elliptischer Interferenzvorgänge sehr umständlich wird, vgl. z. B. F. Tölke: Kurze Einführung in die Elemente der Punkt- und Körpermechanik. Berlin: Julius Springer 1937.

ebene, d. h. das Licht pflanzt sich in allen Ebenen durch die Strahlrichtung als geradlinig gerichtete Welle fort. Ferner stellt es, seinem Spektrum entsprechend, eine Überlagerung von Einzelschwingungen dar, die das Auge als Farben empfindet. Die zugehörige Wellenbewegung kann man etwa in der Form

$$\mathfrak{r} = \sum^{\nu} \sum^{\mathfrak{i}} a_{\nu}\, \mathfrak{i} \sin 2\pi\nu \left(\frac{x}{v_0} - t\right) \quad \text{(natürliche Lichtwellen)} \tag{16}$$

zum Ausdruck bringen. Um die Vielheit der Schwingungsbewegungen zu beseitigen, muß das Licht zunächst gerichtet, d. h. auf eine der Gl. (13) entsprechende Bewegungsform gebracht werden; man bedient sich hierzu geeigneter Prismen und Kristallplatten. Im allgemeinen Falle elliptisch-gerichteten Lichtes ergibt sich

$$\mathfrak{r} = \sum^{\nu} a_{\nu} \left[\mathfrak{i}_1 \sin 2\pi\nu \left(\frac{x}{v_0} - t\right) + \mathfrak{i}_2\, \varepsilon \cos 2\pi\nu \left(\frac{x}{v_0} - t\right)\right] \quad \begin{array}{c}\text{(elliptisch-gerichtete}\\ \text{Lichtwellen).}\end{array} \tag{17}$$

Wird, insbesondere aus photographischen Erwägungen heraus, einfarbiges Licht verwendet (z. B. Natriumlicht), so zieht sich (17) auf

$$\mathfrak{r} = a \left[\mathfrak{i}_1 \sin 2\pi\nu \left(\frac{x}{v_0} - t\right) + \mathfrak{i}_2\, \varepsilon \cos 2\pi\nu \left(\frac{x}{v_0} - t\right)\right] \tag{18}$$

zusammen.

Trifft nun eine gerichtete parallel gebündelte Lichtwelle gemäß Abb. 1163 oder 1164 auf einen nach der dritten Hauptachsenrichtung ($\mathfrak{j}_3$) ausgerichteten scheibchenförmigen Prüfkörper, so wird, wie oben erläutert, das Licht beim Durchgang durch die Scheibe nach den beiden übrigen Hauptspannungsrichtungen ($\mathfrak{j}_1$, $\mathfrak{j}_2$) schwingungsmäßig aufgespalten und die zugehörigen Fortpflanzungsgeschwindigkeiten v_1 und v_2 hängen linear von den Hauptspannungen ab. An der Auftreffstelle, für die $x = 0$ sei, verlangt die Stetigkeit des Lichtflusses, daß 1. Schwingungszahl, 2. Schwingungsphase, 3. Schwingungsebene und 4. Schwingungsenergie erhalten bleiben. Die beiden ersten Bedingungen sind mit gleichbleibendem ν und $x = 0$ ohne weiteres erfüllt; der dritten Bedingung entspricht eine vektorielle Aufspaltung der in Richtung von $\mathfrak{i}_1$ und $\mathfrak{i}_2$ ankommenden Schwingungen nach $\mathfrak{j}_1$ und $\mathfrak{j}_2$ (Abb. 1174); die vierte Bedingung, die ein Eingehen auf Spiegelung und Brechung verlangen würde, betrifft die Frage der Lichthelligkeit, die für die Interferenz belanglos ist.

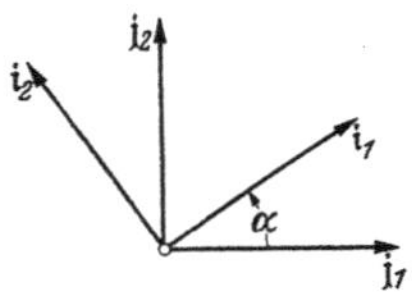

Abb. 1174.

Wird die auftreffende Lichtwelle gemäß (18) angesetzt und die Ausweichung aus der Ruhelage mit $\mathfrak{r}_1$ bezeichnet und die durchgehende Lichtwelle $\mathfrak{r}_2$ den Übergangsbedingungen entsprechend bestimmt, so ergibt sich (Abb. 1174)

$$\left.\begin{aligned}
\mathfrak{r}_1 &= a \left[\mathfrak{i}_1 \sin 2\pi\nu \left(\frac{x}{v_0} - t\right) + \mathfrak{i}_2\, \varepsilon \cos 2\pi\nu \left(\frac{x}{v_0} - t\right)\right];\\
\mathfrak{r}_2 &= a \left[\mathfrak{j}_1 \left[\cos\alpha \sin 2\pi\nu \left(\frac{x}{v_1} - t\right) - \varepsilon \sin\alpha \cos 2\pi\nu \left(\frac{x}{v_1} - t\right)\right] + \right.\\
&\quad \left. + \mathfrak{j}_2 \left[\sin\alpha \sin 2\pi\nu \left(\frac{x}{v_2} - t\right) + \varepsilon \cos\alpha \cos 2\pi\nu \left(\frac{x}{v_2} - t\right)\right]\right]
\end{aligned}\right\} \tag{19}$$

Bei geeigneter Aufspaltung läßt sich hierfür auch schreiben:

$$\left.\begin{aligned}
\mathfrak{r}_1 &= a \left[\mathfrak{i}_1 \sin 2\pi\nu \left(\frac{x}{v_0} - t\right) + \mathfrak{i}_2\, \varepsilon \cos 2\pi\nu \left(\frac{x}{v_0} - t\right)\right];\\
\mathfrak{r}_2 &= a \left[\left[\mathfrak{i}_1 \cos \frac{2\pi\nu (v_1 - v_2)\, x}{2 v_1 v_2} - \mathfrak{i}_2^{*}\, \varepsilon \sin \frac{2\pi\nu (v_1 - v_2)\, x}{2 v_1 v_2}\right] \sin 2\pi\nu \left(\frac{(v_1 + v_2)\, x}{2 v_1 v_2} - t\right) + \right.\\
&\quad \left. + \left[\mathfrak{i}_2\, \varepsilon \cos \frac{2\pi\nu (v_1 - v_2)\, x}{2 v_1 v_2} - \mathfrak{i}_1^{*} \sin \frac{2\pi\nu (v_1 - v_2)\, x}{2 v_1 v_2}\right] \cos 2\pi\nu \left(\frac{(v_1 + v_2)\, x}{2 v_1 v_2} - t\right)\right]
\end{aligned}\right\} \tag{20}$$

In (20) bezeichnen $\mathfrak{i}_1^*$ und $\mathfrak{i}_2^*$ die an $\mathfrak{j}_1$ bzw. $\mathfrak{j}_2$ gespiegelten Einheitsvektoren (Abb. 1175); die zugehörigen Vektorgleichungen lauten

$$\mathfrak{i}_1^* = \mathfrak{j}_1 \cos\alpha - \mathfrak{j}_2 \sin\alpha\,; \quad \mathfrak{i}_2^* = \mathfrak{j}_2 \cos\alpha + \mathfrak{j}_1 \sin\alpha\,. \tag{21}$$

An der Austrittsstelle aus dem Prüfscheibchen, dessen Dicke d sein möge, werden die alten Bedingungen (Geschwindigkeit v_0) wieder hergestellt. Bei Beachtung der Übergangsbedingungen folgt für die austretende Lichtwelle

$$\left.\begin{aligned} = a\Big[\Big(\mathfrak{i}_1 \cos\frac{2\pi\nu(v_1-v_2)d}{2v_1v_2} - \mathfrak{i}_1^*\,\varepsilon\sin\frac{2\pi\nu(v_1-v_2)d}{2v_1v_2}\Big)\sin 2\pi\nu\Big(\frac{(v_1+v_2)d}{2v_1v_2}+\frac{x-d}{v_0}-t\Big)+\\ +\Big(\mathfrak{i}_2\,\varepsilon\cos\frac{2\pi\nu(v_1-v_2)d}{2v_1v_2} - \mathfrak{i}_1^*\sin\frac{2\pi\nu(v_1-v_2)d}{2v_1v_2}\Big)\cos 2\pi\nu\Big(\frac{(v_1+v_2)d}{2v_1v_2}+\frac{x-d}{v_0}-t\Big)\Big]\end{aligned}\right\} \tag{22}$$

Der Empfänger (Analysator) ist bei spannungsoptischen Versuchsanordnungen, wie bereits bemerkt wurde, um 90° gegen den Sender (Polarisator) gedreht; Lichtrichtungsanordnungen dieser Art werden als gekreuzte Polarisatoren bezeichnet. Die auf den Empfänger auftreffende Lichtwelle (22) kann nur insoweit optisch sichtbar werden, als ihre Schwingung eine Komponente in Richtung der Empfängerschwingung

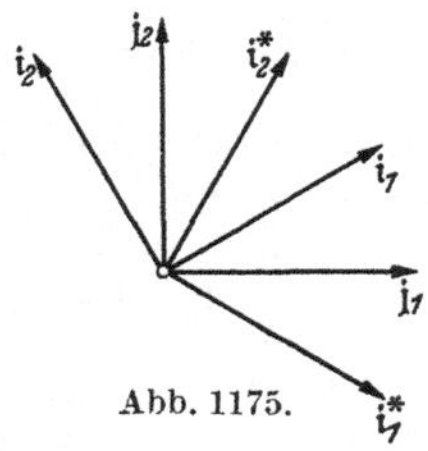

Abb. 1175.

$$\bar{\mathfrak{r}} = \bar{a}\Big[\mathfrak{i}_1\,\varepsilon\cos 2\pi\nu\Big(\frac{(v_1+v_2)d}{2v_1v_2}+\frac{x-d}{v_0}-t\Big) - \mathfrak{i}_2\sin 2\pi\nu\Big(\frac{(v_1+v_2)d}{2v_1v_2}+\frac{x-d}{v_0}-t\Big)\Big] \tag{23}$$

besitzt. Diese Komponente erhält man am einfachsten dadurch, daß der zu (23) gehörige Einheitsvektor

$$\mathfrak{e} = \frac{\mathfrak{i}_1\,\varepsilon\cos 2\pi\nu\Big(\frac{(v_1+v_2)d}{2v_1v_2}+\frac{x-d}{v_0}-t\Big) - \mathfrak{i}_2\sin 2\pi\nu\Big(\frac{(v_1+v_2)d}{2v_1v_2}+\frac{x-d}{v_0}-t\Big)}{\sqrt{1-(1-\varepsilon^2)\cos^2 2\pi\nu\Big(\frac{(v_1+v_2)d}{2v_1v_2}+\frac{x-d}{v_0}-t\Big)}} \tag{24}$$

skalar mit dem ankommenden Lichtvektor (22) multipliziert wird. Es folgt

$$\left.\begin{aligned} |\mathfrak{r}_4| = |\mathfrak{r}_3\,\bar{\mathfrak{e}}| = a\sin\frac{2\pi\nu(v_1-v_2)d}{2v_1v_2}\,\cdot\\ \cdot\frac{\frac{1+\varepsilon^2}{2}\sin 2\alpha\sin 4\pi\nu\Big(\frac{(v_1+v_2)d}{2v_1v_2}+\frac{x-d}{v_0}-t\Big)+\varepsilon\cos 2\alpha\cos 4\pi\nu\Big(\frac{(v_1+v_2)d}{2v_1v_2}+\frac{x-d}{v_0}-t\Big)}{\sqrt{1-(1-\varepsilon^2)\cos^2 2\pi\nu\Big(\frac{(v_1+v_2)d}{2v_1v_2}+\frac{x-d}{v_0}-t\Big)}}\end{aligned}\right\} \tag{25}$$

Von besonderer praktischer Bedeutung sind die Sonderfälle $\varepsilon = 0$ und $\varepsilon = 1$. Hierfür ergibt sich bei geeigneter Zusammenfassung

$$\left.\begin{aligned} |\mathfrak{r}_4| = a\sin\frac{2\pi\nu(v_1-v_2)d}{2v_1v_2}\sin 2\alpha\cos 2\pi\nu\Big(\frac{(v_1+v_2)d}{2v_1v_2}+\frac{x-d}{v_0}-t\Big)\\ \text{(geradliniger Polarisator)}\end{aligned}\right\} \tag{26}$$

$$\left.\begin{aligned} |\mathfrak{r}_4| = a\sin\frac{2\pi\nu(v_1-v_2)d}{2v\;v_2}\cos\Big[2\pi\nu\Big(\frac{(v_1+v_2)d}{2v_1v_2}+\frac{x-d}{v_0}-t\Big)-2\alpha\Big]\\ \text{(Kreispolarisator)}\end{aligned}\right\} \tag{27}$$

Ehe nun auf die spannungsoptische Auswertung dieser Gleichungen näher eingegangen wird, mögen noch ein paar Worte über die Polarisatoren eingeschaltet werden. Die geradlinige Polarisation wird in bekannter Weise durch Nicolsche Prismen erreicht; besonders empfehlenswert ist hierfür die Glan-Thompsonsche Prismenform, weil sie einen großen Teil der für die Kittfläche gefährlichen Wärmestrahlen in den freien Raum ableitet. Um geradlinig polarisiertes Licht auf kreispolarisiertes umzurichten, braucht lediglich eine geeignet hergerichtete Glimmerplatte in den parallelen Strahlengang eingeschaltet zu werden (Abb. 1169). Wendet man nämlich (22) auf eine solche Verbundanordnung an, so folgt, wenn ε entsprechend der geradlinigen Ausgangspolarisation Null gesetzt wird,

$$\mathfrak{r}_3 = a\left[\mathfrak{i}_1 \cos\frac{2\pi\nu(v_1 - v_2)d}{2v_1v_2}\sin 2\pi\nu\left(\frac{(v_1+v_2)d}{2v_1v_2}+\frac{x-d}{v_0}-t\right)- \right.$$
$$\left. -\sin\frac{2\pi\nu(v_1-v_2)d}{2v_1v_2}\cos 2\pi\nu\left(\frac{(v_1+v_2)d}{2v_1v_2}+\frac{x-d}{v_0}-t\right)\right].$$

Damit nun diese elliptisch polarisierte Welle in eine Kreiswelle übergeht, müssen einmal die Schwingungsrichtungen (Kristallachsen) der Glimmerplatte um 45° gegen die des Nicolschen Prismas versetzt sein, denn mit $\alpha = 45°$ geht $\mathfrak{i}_1^*$ von (21) gerade in $\mathfrak{i}_2$ über, und zum anderen muß die Plattendicke so gewählt werden, daß

$$\frac{2\pi\nu(v_1-v_2)d}{2v_1v_2} = \sim\frac{2\pi\nu(v_1-v_2)d}{2v_0^2} = \frac{\pi(n_1-n_2)d}{\lambda} = \frac{\pi}{4} \quad \text{oder} \quad (n_1-n_2)d = \frac{\lambda}{4}$$

wird; eine solche Kristallplatte wird als Viertelwellenplatte bezeichnet. Man erhält dann

$$\mathfrak{r}_3 = \frac{a}{\sqrt{2}}\left[\mathfrak{i}_1 \sin 2\pi\nu\left(\frac{(v_1+v_2)d}{2v_1v_2}+\frac{x-d}{v_0}-t\right)-\mathfrak{i}_2\cos 2\pi\nu\left(\frac{(v_1+v_2)d}{2v_1v_2}+\frac{x-d}{v_0}-t\right)\right].$$

Schickt man weißes oder aus mehreren Farben zusammengesetztes Licht durch einen scheibenförmigen Prüfkörper in gekreuzter geradliniger Polarisatorenanordnung, so erhält man nach (17) und (26) eine Lichtstärke gemäß

$$J = \sin 2\alpha \sum^{\nu} a_\nu \sin\frac{2\pi\nu(v_1-v_2)d}{2v_1v_2}\cos 2\pi\nu\left(\frac{(v_1+v_2)d}{2v_1v_2}+\frac{x-d}{v_0}-t\right). \quad (28)$$

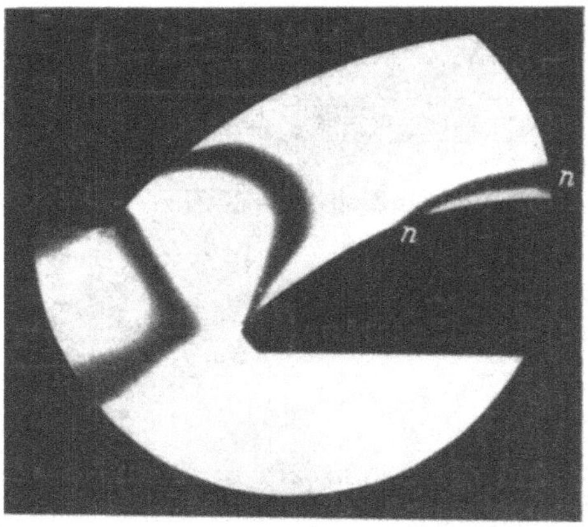

Abb. 1176. Bogenmauerlamelle von G. Oberti. Winkelgleiche (Isokline).

Wird nun nach denjenigen Punkten des Prüfkörpers gefragt, die dunkel bleiben, so ergeben sich hierfür zwei Gruppen; bei der einen ist $\alpha = 0$ bzw. 90°, bei der anderen $v_1 = v_2$. Beachtet man, daß α der Winkel zwischen Hauptspannungs- und Senderichtung ist, so entsprechen der ersten Gruppe alle Punkte, für welche beide Richtungen zusammenfallen. Die zugehörigen Kurven werden als Winkelgleichen (Isoklinen) bezeichnet; Abb. 1176 zeigt z. B. eine solche Winkelgleiche in einer Bogenmauerlamelle. Durch stufenweises Drehen des Prüfkörpers oder — bei festgestelltem Prüfkörper — durch stufenweises Drehen der Polarisationsprismen kann man immer neue und beliebig viele Winkelgleichen gewinnen (Abb. 1177) und hieraus nach bekannten mathematischen Verfahren das Netz der Hauptspannungslinien zeichnerisch darstellen (Abb. 1178).

Für die zweite Gruppe der dunkel erscheinenden Punkte wird wegen (2) mit $v_1 = v_2$ auch $\sigma_1 = \sigma_2$; es handelt sich somit um Punkte, für welche die Spannungsellipse kreisförmig und der Spannungszustand demgemäß nach allen Richtungen der gleiche ist. In solchen Punkten laufen die Winkelgleichen zusammen (Abb. 1177), weshalb man sie auch als ausgezeichnete (singuläre) Punkte bezeichnet.

Sehr lehrreich sind die Winkelgleichen und Hauptspannungslinien, die G. Oberti bei der Untersuchung der oben bereits erwähnten Bogenmauerlamellen fand[1]; in Abb. 1177 und 1178 sind die Ergebnisse für ein besonders

[1] Siehe Fußnote 3 von S. 700.

kennzeichnendes mittelstarkes Gewölbe wiedergegeben worden, das sieben ausgezeichnete Punkte enthält; von diesen fällt jedem eine wohlbestimmte statische Bedeutung zu. Die beiden ausgezeichneten Punkte S_1 der Außenlaibung stellen eine Belastungsscheide dar, indem die Belastung innerhalb der

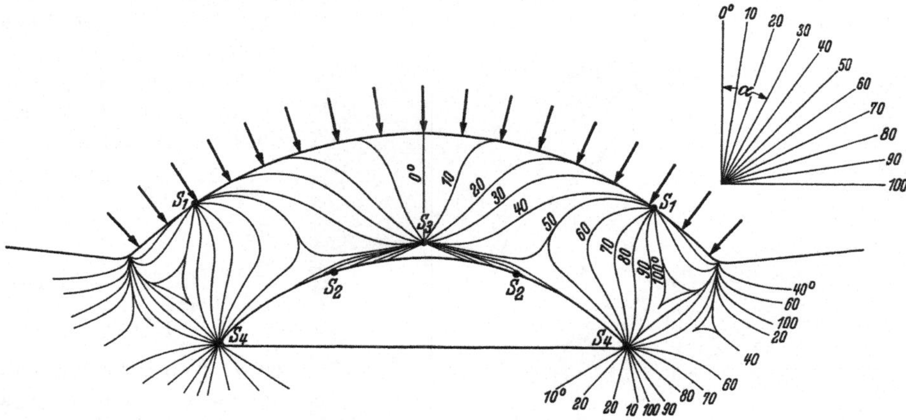

Abb. 1177. Bogenmauerlamelle von G. Oberti. Verlauf der Winkelgleichen (Isoklinen).

Punkte S_1 durch Bogenwirkung, außerhalb durch Kragbalkenwirkung übertragen wird. Die ausgezeichneten Punkte S_2 an der Innenlaibung bleiben vollständig spannungsfrei; sie legen zusammen mit S_3 im Inneren des Scheitelschnittes die neutrale Faser (Nullinie) fest. Die ausgezeichneten Punkte S_4 schließlich sind eine Folge der Stützkraftzusammenballung am luftseitigen

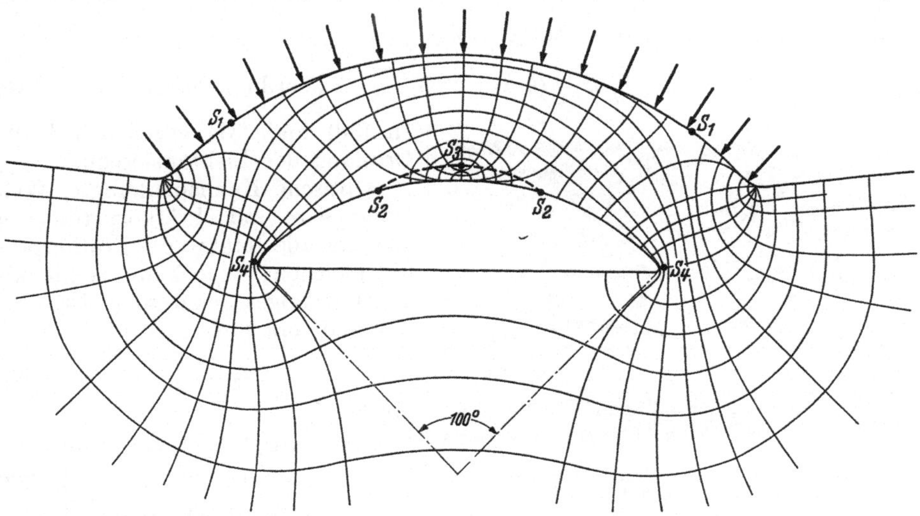

Abb. 1178. Bogenmauerlamelle von G. Oberti. Verlauf der Hauptspannungslinien.

Kämpfer, entsprechend der bekannten Tatsache, daß in eingespannten Bögen die Stützlinie sich so einstellt, daß ein möglichst großes Pfeilverhältnis entsteht.

Wir kommen nun zur Ermittlung des in den Grundgleichungen (3) bis (5) auftretenden Hauptspannungsunterschiedes. Bei Verwendung hochempfindlicher Prüfstoffe wie Bakelit, Phenolit, Trolon bedient man sich hierzu zweckmäßig einfarbigen (monochromatischen) Lichtes, und zwar in gekreuzter Kreispolarisatorenanordnung. Die Lichtstärkenverhältnisse, wie sie an der Mattscheibe in Erscheinung treten, sind dann unmittelbar durch (27) gegeben,

$$J = a \sin \frac{2\pi\nu(v_1 - v_2)\,d}{2\,v_1 v_2} \cos\left[2\,\pi\,\nu\left(\frac{(v_1 + v_2)\,d}{2\,v_1 v_2} + \frac{x - d}{v_0} - t\right) - 2\,\alpha\right]. \qquad (29)$$

Wie man durch Vergleich von (29) mit (28) erkennt, tritt der Faktor $\sin 2\,\alpha$ jetzt nicht mehr auf, was auf die Verwendung kreispolarisierten Lichtes zurückzuführen ist; demgemäß findet jetzt auch keine Verdunkelung von Isoklinen mehr statt.

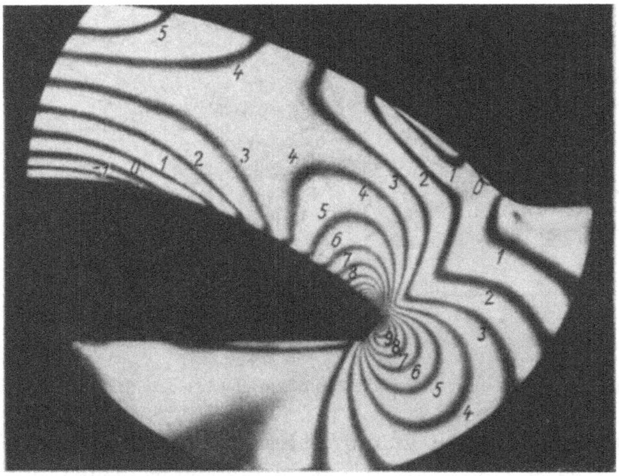

Abb. 1179. Bogenmauerlamelle von G. Oberti. Farbgleichen (Isochromaten) oder Linien gleichen Hauptspannungsunterschiedes.

Nach (29) erscheinen alle diejenigen Punkte als dunkel, für welche

$$\sin \frac{2\,\pi\,\nu\,(v_1 - v_2)\,d}{2\,v_1 v_2} = 0$$

oder

$$\frac{2\,\pi\,\nu\,(v_1 - v_2)\,d}{2\,v_1 v_2} = \pm\,k\,\pi$$

$$(k = 1, 2, 3, \ldots)$$

wird. Wird die Schwingungszahl gemäß $\nu = v_0/\lambda$ durch die Wellenlänge ausgedrückt und beachtet, daß $v_1 v_2$ mit hinreichender Genauigkeit durch v_0^2 ersetzt werden kann, so ergibt sich

$$\frac{v_1 - v_2}{v_0}\,d = (n_1 - n_2)\,d = \pm\,k\,\lambda \quad (k = 1,\ 2,\ 3, \ldots) \quad \text{(Verdunkelung)}. \qquad (30)$$

Wird gleichzeitig (2) berücksichtigt, folgt

$$\sigma_1 - \sigma_2 = \pm\,\frac{c\,\lambda}{d}\,k \quad (k = 1, 2, 3, \ldots) \quad \text{(Verdunkelung)}. \qquad (31)$$

Abb. 1180. In Balkenmitte eingekerbter Trolonstab. Farbgleichen. (Nach L. Foppl.)

In (30) und (31) bezeichnet k die Ordnung der Lichtauslöschung.

Optische Kennspannung c, Wellenlänge λ und Prüfkörperdicke d sind für alle Punkte des Prüfkörpers die gleichen; $c\lambda/d$ kann somit als Festwert angesehen werden. Bezeichnet man ihn mit

$$\tau_0 = \frac{c\,\lambda}{d}, \qquad (32)$$

ergibt sich

$$\left.\begin{array}{c} \sigma_1 - \sigma_2 = \tau_0\,k \\ (k = \pm\,1, \pm\,2, \pm\,3, \ldots) \\ \text{(Verdunkelung)} \end{array}\right\} \qquad (33)$$

Da die Spannungen sich nur stetig ändern können, dem Übergang von einer Ordnungszahl k zur nächsten aber eine sprunghafte Spannungsänderung entspricht, erhält man für jeden, im Rahmen des Spannungszustandes möglichen, Wert von k eine wohlbestimmte dunkel bleibende Kurve, die als Farbgleiche (Isochromate) bezeichnet wird. Geht man von einer Farbgleiche zur nächsten, so erfährt der Hauptspannungsunterschied immer den gleichen Sprung, der sich durch Eichversuch (vgl. Ziffer 5) leicht feststellen läßt. Den Ausgangspunkt bilden hierbei die ausgezeichneten Punkte, für die mit $k = 0$ der Hauptspannungsunterschied Null wird.

Abb. 1179[1] zeigt die Linien gleichen Hauptspannungsunterschiedes für die oben betrachtete Bogenmauerlamelle; man zählt hier insgesamt 16 Ordnungszahlen für die Farbgleichen, was für die Spannungsermittlung vollständig ausreicht. Abb. 1180[2] zeigt die Farbgleichen eines auf reine Biegung beanspruchten Trolonstabes mit Spitz- und Flacheinschnürung; den Ausgangspunkt der Farbgleichen bildet hier der ausgezeichnete Punkt in Nullinienmitte.

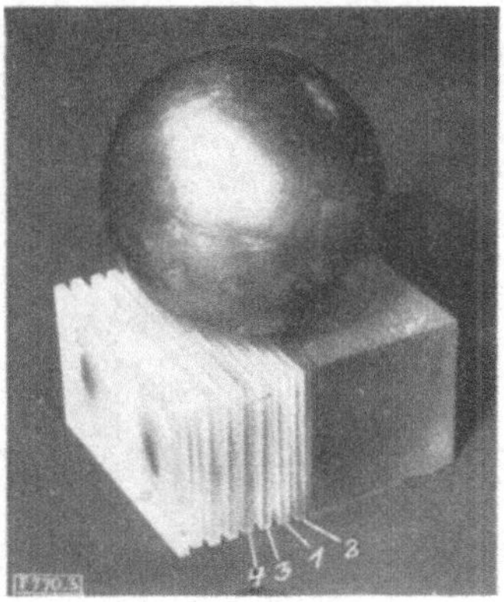

Abb. 1181. Kugeldruckversuch von G. Oppel. Lotrecht herausgeschnittene Prüfscheibchen.

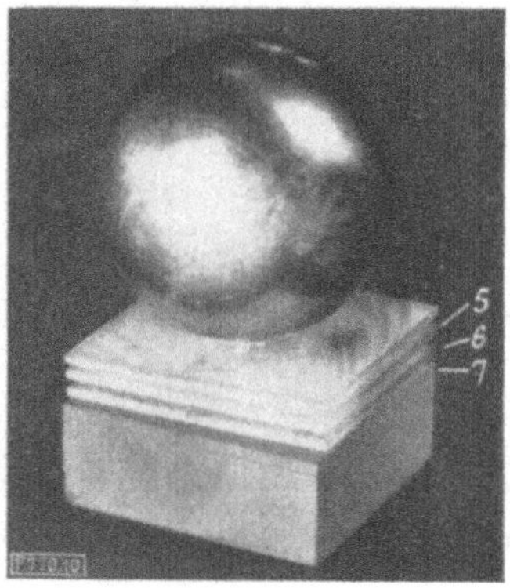

Abb. 1182. Kugeldruckversuch von G. Oppel. Waagerecht herausgeschnittene Prufscheibchen.

In der Darstellung der Farbgleichen heben sich Bereiche örtlicher Überbeanspruchung immer durch entsprechende Zusammendrängung des Kurvenbildes heraus (Abb. 1179 u. 1180). Der Abstand der Farbgleichen bietet hier eine vorzügliche Kennziffer, da er der Spannung umgekehrt verhältnisgleich ist. Manchmal genügt es bereits, die Ordnungen der Farbgleichen einander gegenüberzustellen, wie in Abb. 1180, wo die Randspannungen des Vollquerschnitts sich zu denen des eingekerbten Querschnitts wie die entsprechenden Randordnungszahlen verhalten.

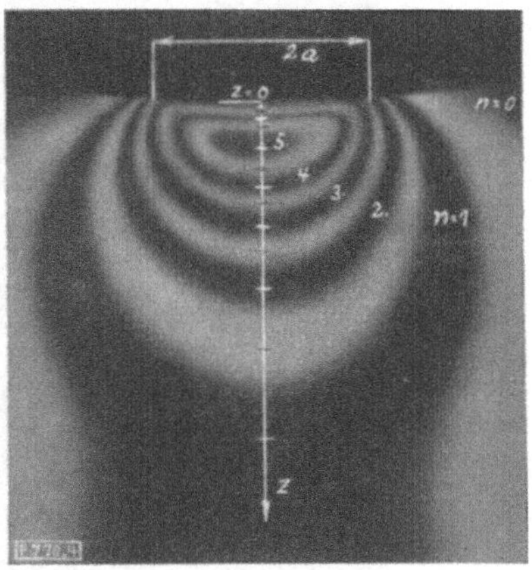

Abb. 1183. Kugeldruckversuch von G. Oppel. Farbgleichen im Symmetrieschnitt 1.

Um noch ein Beispiel für die Farbgleichen eines räumlichen Spannungszustandes zu geben, sei an den von Oppel optisch behandelten Kugeldruckversuch angeknüpft[2], Abb. 1181 und 1182 zeigen die in eine Trolonplatte nach dem Erstarrungsverfahren eingedrückte Kugel und die lotrecht und waagerecht herausgeschnittenen Prüfscheibchen. Die in Abb. 1183—1187 wiedergegebenen Farbgleichen spiegeln in anschaulicher Weise die starke Spannungsabnahme wieder, die sich mit wachsender Entfernung vom Druckzentrum ergibt; auch die durch die rechteckige Plattenform bedingte Abweichung von der Achsensymmetrie ist deutlich ausgeprägt. Da der zugehörige Spannungszustand hier durch theoretische Arbeiten von H. Hertz und L. Föppl bekannt war, konnten die optisch ermittelten Spannungen unmittelbar mit den rechnerischen verglichen werden; es ergaben sich dabei Abweichungen bis zu 7%, die sich im wesentlichen auf eine dünne Randzone beschränkten. Entsprechende Unter-

[1] Siehe Fußnote 3 von S. 700.
[2] Siehe Fußnote 1 von S. 698.

suchungen zeigten, daß diese Randstörungen sich stark zurückdämmen lassen, wenn die Prüfung unmittelbar im Anschluß an das Herausschneiden des Prüfscheibchens, also in möglichst frischem Zustande vorgenommen wird.

Abb. 1184. Kugeldruckversuch von G. Oppel. Farbgleichen in Scheibchen 3.

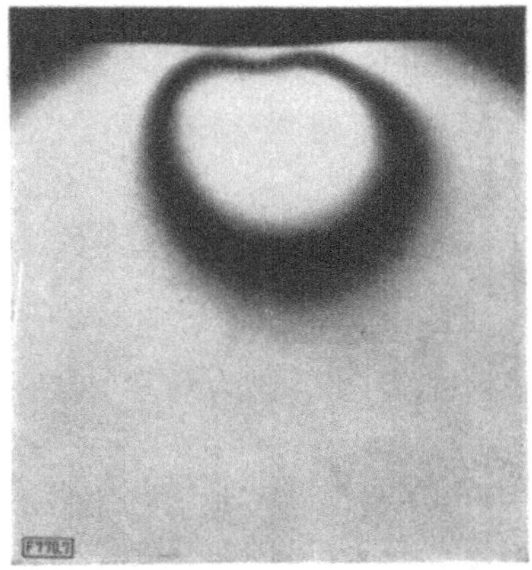

Abb. 1185. Kugeldruckversuch von G. Oppel. Farbgleichen in Scheibchen 4.

Bezüglich der Auswertung des Farbgleichenbildes kann, nachdem die Farbgleichen unmittelbar als Hauptspannungsunterschiede gedeutet werden können, im wesentlichen auf Ziffer 1 verwiesen werden. Besonders einfach

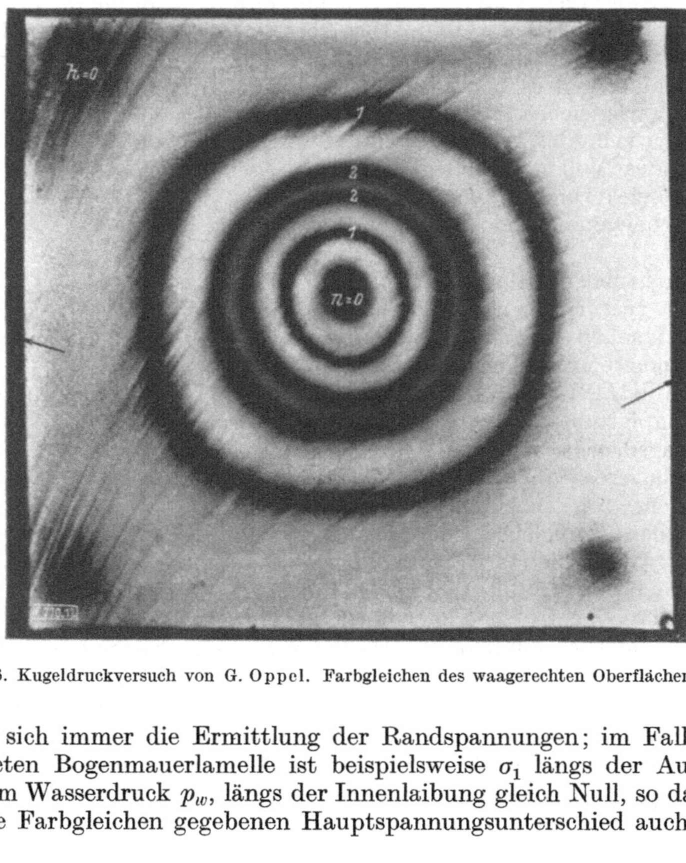

Abb. 1186. Kugeldruckversuch von G. Oppel. Farbgleichen des waagerechten Oberflächenscheibchens.

gestaltet sich immer die Ermittlung der Randspannungen; im Falle der oben betrachteten Bogenmauerlamelle ist beispielsweise σ_1 längs der Außenlaibung gleich dem Wasserdruck p_w, längs der Innenlaibung gleich Null, so daß mit dem durch die Farbgleichen gegebenen Hauptspannungsunterschied auch die zweite

Hauptspannung σ_2 bekannt ist. Abb. 1188[1] zeigt einige der so gefundenen Randspannungsverteilungen, und zwar in einer Zusammenstellung, die ein anschauliches Bild über die Einflüsse von Gewölbewinkel und Wandstärkenverhältnis vermittelt.

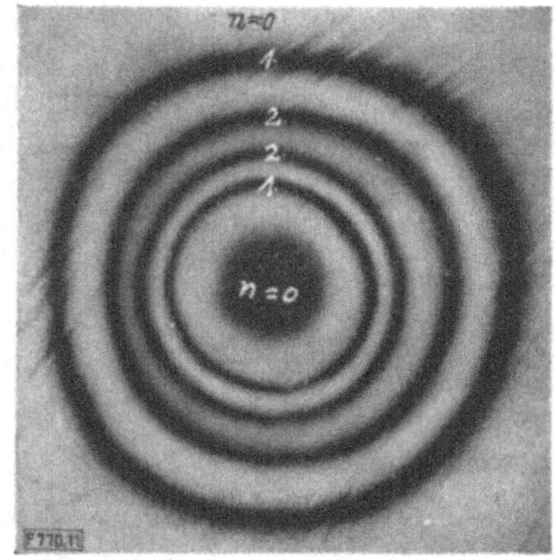

Abb. 1187. Kugeldruckversuch von G. Oppel. Farbgleichen des waagerechten Scheibchens 5.

Wie unter 1 und 3 erläutert wurde, ist es bei Anwendung des Erstarrungsverfahrens möglich, auch die Spannungsverteilung im Inneren auf rein optischem Wege zu ermitteln; man braucht das in der einen Hauptspannungsrichtung geprüfte Scheibchen nur weiter zu zerschneiden und für eine zweite Hauptspannungsrichtung zu untersuchen. Eine andere Möglichkeit bietet sich durch Heranziehung der Querdehnung (in der Strahlrichtung), die der Hauptspannungssumme verhältnisgleich ist. Zur Feststellung der letzteren sind sowohl mechanische Verfahren (Querdehnungsmesser von Coker) als auch optische entwickelt worden; das genaueste ist das Interferometerverfahren von Mach. Abb. 1189 zeigt das Vierplatten-Interferometer der Darmstädter Materialprüfungsanstalt; seine Handhabung verlangt sehr viel Zeit und teure Glasmodelle[2]. Angesichts der Tatsache, daß für Staumauermodelle in erster Linie das Erstarrungsverfahren in Frage kommt, dürfte sich ein näheres Eingehen auf jene Meßgeräte hier erübrigen.

Zum Schluß möge noch auf jene Fälle eingegangen werden, wo der Festwert τ_0 im Vergleich zu den im Modellkörper vorhandenen Spannungen so groß wird, daß man über $k = 1$ oder 2 praktisch nicht hinauskommt; solche Verhältnisse liegen vor, wenn optisch weniger empfindliche Prüfstoffe wie Glas verwendet werden oder wenn man die Festigkeit eines empfindlicheren Prüfstoffes nicht ausnutzen kann, wie z. B. bei Bestimmung der Eigengewichtsspannungen. Man gelangt auch hier zum Ziele, wenn an Stelle von einfarbigem weißes Licht verwendet wird, womit (29) in

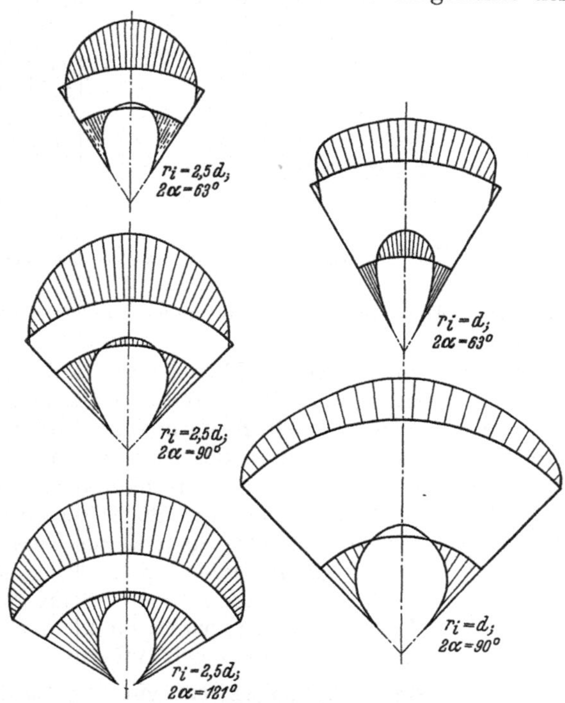

Abb. 1188. Bogenmauerlamellen von G. Oberti. Spannungsoptisch ermittelte Randspannungsverteilungen.

$$J = \sum^{\nu} a_\nu \sin \frac{2\pi\nu(v_1 - v_2)d}{2v_1 v_2} \cos\left[2\pi\nu\left(\frac{(v_1+v_2)d}{2v_1v_2} + \frac{x-d}{v_0} - t\right) - 2\alpha\right] \qquad (34)$$

[1] Siehe Fußnote 3 von S. 700.

[2] A. Thum: Die Bedeutung der Meßtechnik für die Entwicklung der neuzeitlichen Konstruktion. Berichtsheft „Prüfen und Messen", S. 124—131. Berlin: VDI-Verlag 1937.

übergeht. Da das Licht jetzt aus zahlreichen Schwingungen, die das Auge als Farben empfindet, zusammengesetzt ist, entsprechen den Gln. (30) bis (33) keine Verdunkelungen mehr, sondern Auslöschungen einer bestimmten, dem Hauptspannungsunterschiede gerade entsprechenden Teilfarbe. Es entstehen damit Farbgleichen, die in allen Komplementärfarben leuchten und das Bild der Prüfscheibe mit breiten Lichtbändern überziehen; jeder Ordnungszahl k entspricht immer ein Lichtband, das je nach der Herkunft des Lichtes aus mehr oder weniger zahlreichen Elementarbändern zusammengesetzt ist. Mit zunehmender Ordnungszahl weisen die Lichtbänder eine immer stärkere Farbenmischung auf, da die Zahl der Teilauslöschungen entsprechend mitwächst,

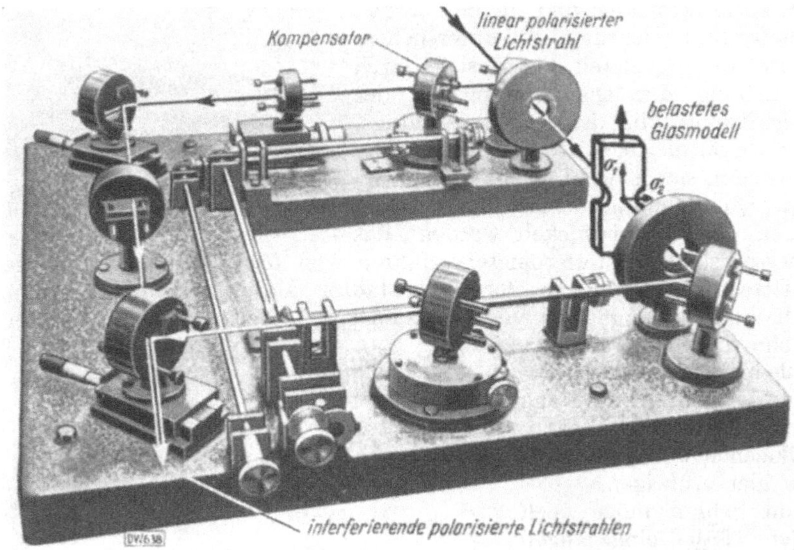

Abb. 1189. Vierplatten-Interferometer der Darmstädter Materialprüfungsanstalt.

bis sie sich schließlich kaum noch von den weißbleibenden Zwischenfeldern abheben.

Bei Verwendung weißen Lichtes besteht die optische Aufgabe darin, für einen gegebenen Farbenpunkt des Prüfkörpers das zugehörige $k\lambda$ von (30) festzustellen. Derartige Meßgeräte heißen Kompensatoren. Sie bestehen aus geeichten Kristallplatten, die man in den Strahlengang einschaltet und so lange gegeneinander bewegt (Soleil-Babinet-Keilkompensator) oder dreht (Berek-Kompensator), bis die dadurch hervorgerufene Gegenpolarisation diejenige durch den Prüfkörper gerade auslöscht, so daß die betreffende Prüfkörperstelle dunkel erscheint. Da die Kompensation punktweise durchgeführt werden muß, ist sie eine sehr mühsame Angelegenheit; demgemäß wird heute nur noch dort mit weißem Licht gearbeitet, wo es gar nicht anders geht, oder wo es auf eine ganz besonders große Genauigkeit ankommt.

(5) Prüfstoffeigenschaften, optische Kennzahlen und Eichung. Das Kunstharz, der gegebene Prüfstoff für Staumauern und Staumauerteile, steht im wesentlichen in den Formen von Bakelit, Phenolith und Trolon für spannungsoptische Zwecke zur Verfügung. Von diesen scheint Trolon in ganz besonderem Maße geeignet zu sein.

Trolon ist ein Kondensat aus Phenol und Kresol mit Formaldehyd ohne Füllstoffe, also ein sog. Edelkunstharz; es ist gehärtet und kann mit den üblichen Werkzeugmaschinen wie Drehbank, Fräser, Bohrer, Schere, Säge bearbeitet werden; es läßt sich gießen, was für die Verwendung bei Staumauermodellen von besonderer Bedeutung werden könnte. In der Technik wird Trolon zur Herstellung von Billard- und Kegelkugeln, Klaviertasten, Messergriffen u. dgl. verwendet. Sein Raumgewicht liegt zwischen 1,30 und 1,35 t/m³. Herstellerin ist die Dynamit-A.G., Troisdorf (Rhld.).

Die elastischen Eigenschaften des Trolons sind unterhalb einer Schwellentemperatur von 35° C nahezu gleichbleibend; Elastizitätsmodul rund 25000 kg/cm², Querzusammenziehung $\nu = {}^1/_3$, Proportionalitätsgrenze 100 kg/cm². Beim Erwärmen über 35° C ändern sich die elastischen Eigenschaften; bei 80° C erhält man nach Oppel etwa folgende Durchschnittswerte: Elastizitätsmodul 130 kg/cm², Querzusammenziehung $\nu = {}^1/_3$, Proportionalitätsgrenze 18 kg/cm². Hiernach lassen sich, ohne daß die Proportionalitätsgrenze überschritten wird, bei 80° C etwa 35mal so große Formänderungen erzeugen wie bei 20° C. Dies macht es auch verständlich, daß man den bei 80° C durch Belastung erzeugten Formänderungszustand durch langsames Abkühlen auf Zimmertemperatur „erstarren" lassen kann, ohne daß dabei Spannungen zurückbleiben. Alle Kunstharze neigen zu Kriech- und Nachwirkungserscheinungen; diese Fehlerquelle läßt sich aber bei achtsamer Behandlung des Prüfkörpers praktisch ganz ausschalten.

Die spannungsoptischen Eigenschaften des Trolons entsprechen etwa denen der übrigen Kunstharze. Die optische Kennspannung c ergibt sich bei 20° C zu rund 200000 kg/cm². Bei 80° C erhält man nach Oppel nur rund 10000 kg/cm². Verglichen mit Glas, dessen optische Kennspannung bei durchschnittlich 6000000 kg/cm² liegt, erweist sich Trolon als etwa 30mal stärker doppelbrechend.

Die hier eingeführte optische Kennspannung c ist der reziproke Wert der physikalischen Einheit des Brewsters, das gleich 10^{-13} cm²/dyn oder rund 10^{-7} cm²/kg gesetzt wird; optische Kennspannung und Brewster-Einheit stehen im gleichen Verhältnis zueinander wie Elastizitätsmodul E und Dehnungsziffer $\alpha = 1/E$.

Die optische Eichung des Prüfstoffes (Feststellung der optischen Kennspannung c) kann durch Zug-, Druck- oder Biegungsversuch erfolgen. Wird der Zugversuch als Beispiel gewählt, so wird man einen Flachstab mit Vierkantquerschnitt aus dem Prüfstoff herausschneiden, oben mittig aufhängen und unten durch Gewichte belasten; das mittlere Stück schaltet man an Stelle des Prüfkörpers in den Strahlengang des Lichtes ein. Zu Beginn des Versuches, d. h. in unbelastetem Zustande wird der Flachstab dunkel erscheinen; dann wird er sich unter allmählicher Belastung langsam aufhellen, und zwar bei weißem Licht mit ständigem Farbwechsel in der Folge der Spektralkomplementärfarben, bei einfarbigem Licht immer in der gleichen Farbe. Im ersteren Falle läßt sich die Natriumlinie ($\lambda = 5893$ Angström $= 5{,}893 \cdot 10^{-5}$ cm) mit besonderer Schärfe feststellen, da hier die Komplementärfarbe sehr plötzlich vom Rot zum Blau herüberwechselt; im letzteren muß man solange belasten, bis das Gesichtsfeld wieder vollständig verdunkelt ist. Beträgt das abgelesene Gewicht G kg und der Flacheisenquerschnitt bd cm², so folgt, da σ_2 zufolge des einachsigen Spannungszustandes Null ist, mit $k = 1$ aus (31)

$$\sigma_1 = \frac{G}{bd} = \frac{c\lambda}{d},$$

wobei für λ im ersten Falle die angegebene Natriumwellenlänge, im zweiten die des einfarbigen Lichtes (z. B. bei Verwendung eines Grünfilters $\lambda = 5500$ Angström) einzusetzen ist. Durch Auflösen nach c ergibt sich

$$c = \frac{G}{b\lambda} \text{ in kg/cm}^2. \tag{35}$$

Fünfter Teil.

29. Kapitel: **Stauwerksauswahl und Gestaltung im Lichte von Sicherheit und Wirtschaftlichkeit.**

Die Schaffung von Talsperrenräumen in Ausmaßen von 50 hm^3 und mehr, wie sie heute die Regel bilden, greift tief in das Gepräge der Landschaft ein und paßt deren Wasserhaushalt den vielseitigen Ansprüchen von Landeskultur, Wirtschaft und Verkehr an. Jahrzehnte vergehen, um diese Wirkungen in stetiger Folge zur Auslösung zu bringen, und es ist verständlich, wenn eine nüchterne Wirtschaftlichkeitsberechnung die segenbringende Wirkung großer Stauanlagen nur unvollkommen in Erscheinung treten läßt. Es ist hier wie überall bei großen landeskulturellen Maßnahmen: man sieht unmittelbar und deutlich nur die aufzuwendenden Kosten, aber weniger klar die Fülle der ausgelösten Wirkungen. Wie aber der Bauer einen Eichkamp nicht für sich, sondern für die nach ihm kommenden Geschlechter pflanzt, so ist auch eine große Talsperre stets ein Opfer des derzeitigen Geschlechtes für künftige. Wenn unsere Oder trotz allem, was dem früher entgegenzustehen schien, in wenigen Jahren in das deutsche Großschiffahrtsnetz fest eingefügt sein wird, so nur deshalb, weil das nationalsozialistische Deutschland wieder in Jahrhunderten denkt. Was bedeuten 150 Mill. RM, die für Talsperrenbauten, Anschlußkanäle und Flußverbesserungen aufgewendet werden, gemessen an den Schicksalsfragen des deutschen Ostens!

Wenn eine Talsperre bricht, ist das Unglück um so größer, je inniger die Anlage sich bereits in die Landschaft eingegliedert hatte. Die Katastrophe beschränkt sich keineswegs auf den Verlust des Stauwerks, auf die vernichtenden Wirkungen der Flutwelle und die beklagenswerten Opfer an Menschenleben. Alle Räder stehen still, die im Vertrauen auf den Wasserausgleich eingeschaltet wurden; es stocken Stromversorgung, Wasserversorgung, Schiffahrt, Bewässerung. Die Hochwasser, an deren Schäden man sich kaum noch zu erinnern vermochte, sind plötzlich wieder da, und eine einzige Hochflut kann die Ergebnisse aller Opfer und Mühen zur intensiven Bebauung des durch die Talsperre geschützten Tales vernichten; wo noch vor kurzem ausgedehnte Weizenfelder auf kultivierten Böden reiche Erträge lieferten, bedeckt eine trostlose Kies- und Schotterwüste das Feld. Eine Talsperre speichert ja nicht nur Wasser, sondern auch Geschiebe, die nun plötzlich in Bewegung geraten und in früher nie gekannten Ausmaßen zur Ablagerung kommen. Andererseits fehlt in Niederwasserzeiten der ausgleichende Zuschuß, der Grundwasserstand sinkt und entsprechende Ertragsverluste sind die Folge. So unmöglich es vorher war, die Wohlstandsvermehrung in Mark und Pfennig auszudrücken, so unmöglich ist es jetzt, den zahllosen Verästelungen der Verarmung auch nur einigermaßen nachzugehen.

Angesichts so schwerwiegender Auswirkungen muß die Behandlung der Sicherheitsfrage über den üblichen Rahmen weit hinausgehen. Es ist nicht allein damit geschehen, daß Gründung, Gestaltung und Herstellung mit den üblichen Sicherheitsansprüchen in Einklang gebracht werden, sondern es muß zugleich mituntersucht werden, inweit die Stauanlage auch noch unvoraussehbaren Zwischenfällen gewachsen sein kann, z. B. Überflutungen durch Hochwasser bisher unbekannten Ausmaßes oder Erdbebenstößen. Selbstverständlich wird man auch die Gefahrenmomente, die sich im Kriegsfalle ergeben können, niemals außer acht lassen. Wenn man die Wahl zwischen zwei wirtschaftlich etwa gleichwertigen Bauweisen hat, so sollte man immer diejenige bevorzugen, die solchen unvoraussehbaren Zwischenfällen besser gewachsen ist. Oft kann man auch durch nur geringe Mehraufwendungen die Sicherheit so beträchtlich steigern, daß es unverantwortlich wäre, diese Möglichkeit nicht auszunutzen.

Otto Intze, der fast drei Jahrzehnte den deutschen Talsperrenbau richtungweisend beeinflußt hat, verstand es in geradezu meisterhafter Weise, seine Talsperren mit einem Höchstmaß an Sicherheit auszustatten. Er wählte für seine Bruchsteinmauern stets die gekrümmte Linienführung, ganz gleich ob diese den Baustoffaufwand erhöhte oder nicht, aber er berechnete sie so, als wären sie gerade. Heute wissen wir, daß die dadurch erzielte zusätzliche Sicherheit ganz beträchtlich ist, und daß zahlreiche Betongewichtsmauern mit nicht ausgepreßten Fugen bei weitem nicht an die Intzeschen Bruchsteinmauern heranreichen.

Wir haben in Deutschland in den letzten Jahren ein klassisches Beispiel dafür erlebt, wie man es nicht machen sollte, indem nämlich in einem engen Tale eine gerade Gewichtsmauer errichtet wurde. Die ursprünglich geplante Bogenstaumauer wurde verlassen, weil die Entdeckung zweier kaolinisierter Porphyrgänge im Talgrunde den beabsichtigten Entwurf als nicht mehr gesichert erscheinen ließ und die notwendige Abänderung keine große Ersparnis gegenüber einer Gewichtsmauer mehr gelassen hätte. Welch geradezu tragischer Irrtum! Man wählte die Bauweise mit tatsächlich geringster Sicherheit, obwohl eine Bauweise mit größerer Sicherheit — im vorliegenden Falle die Bogengewichtsmauer mit ausgepreßten Fugen — eine, wenn auch nur noch geringe, Kostenersparnis gebracht hätte.

Ein Gegenstück ist die zur Zeit in Bau befindliche Hohenwarthe-Staumauer, die, in Deutschland erstmalig, an die Intzesche Überlieferung wieder anknüpft, indem die gekrümmte Linienführung durch Auspressen der Fugen statisch wirksam gemacht wird. Die Hohenwarthe-Staumauer dürfte die erste deutsche Betonstaumauer werden, die den gekrümmten Bruchsteinmauern nicht nur gleichwertig, sondern sogar überlegen ist.

Es sollte ernstlich erwogen werden, ob man reine Gewichtsmauern angesichts ihrer nur sehr geringen Sicherheit nicht besser als Staumauerbauform ganz ausschaltet. In breiten Tälern bieten Pfeilerstaumauern, in mittelbreiten Bogengewichtsmauern und in engen Bogenmauern ein viel größeres, meist auch unvoraussehbaren Zwischenfällen gewachsenes Maß von Sicherheit. Eine solche Ausschaltung reiner Gewichtsmauern ist um so mehr am Platze, als die neueren Staumauerbauweisen auch durchweg wirtschaftlicher sind.

Der Staudamm wurde lange Zeit als der Staumauer unterlegen betrachtet. Man wählte ihn nur, wenn eine Staumauer aus geotechnischen Erwägungen heraus nicht in Frage kam. Demgegenüber muß betont werden, daß heute Erfahrungen genug vorliegen, um Stein- und Erddämme sicher gestalten zu können. Auf dem Gebiete der Steindämme sind Einbringungsverfahren entwickelt worden, die erstaunlich geringe Setzungen ergeben, und auch die Herstellung von Erddämmen verbürgt heute, dank der hochentwickelten bodenphysikalischen Aufschluß- und Untersuchungsverfahren, ein hohes Maß von Sicherheit. Der Gefahr der Überflutung, die bis in die jüngste Zeit hinein immer wieder Staudämme zum Einsturz gebracht hat, läßt sich in wirksamer Weise begegnen, indem die Hochwasserentlastungsanlagen entsprechend leistungsfähig gestaltet werden.

Die Frage „Staumauer oder Staudamm“ liegt in den meisten Fällen auf Grund der örtlichen Verhältnisse von vornherein klar. Wo beide miteinander in Wettbewerb treten können, herrscht vielfach die Auffassung vor, als sei ein Staudamm wirtschaftlicher. Diese mag berechtigt sein, wenn lediglich Gewichtsmauer oder Erddamm zum Vergleich stehen, aber im allgemeinen Falle keineswegs. Insbesondere gebe man sich nicht der trügerischen Meinung hin, als könne man es sich bei Erddämmen mit der Baugrundsicherung und Dichtung bequem machen; Kostenersparnisse solcher Art haben sich später in das Gegenteil verwandelt, wie Beispiele beweisen. Weiterhin muß darauf hingewiesen werden, daß Staumauern gegen unvoraussehbare Zwischenfälle meist besser gesichert sind als Dämme.

Talsperren werden für Jahrhunderte gebaut, Geschlechter über Geschlechter bauen auf ihre Sicherheit. Nur wer sich der damit übernommenen Verantwortung voll bewußt ist, darf hoffen, mit seinen Bauwerken vor der Zukunft zu bestehen.

Schrifttum.

a) Werke.

Abrams: Design of concrete mixtures. Bull. I. 1921.

Bericht über Untersuchung der Ursachen von Betonzerstörung in Wasserbauten. Stockholm 1929. (Tekn. Meddelanden från Kungl. Vattenfallsstyrelsen, Ser. B, Nr. 16.)

Berichte zur Weltkraft-Teilkonferenz, Barcelona 1929.

Berichte zur 2. Weltkraftkonferenz. Berlin 1930, VDI-Verlag.

Berichte zum 1. Talsperrenkongreß, Stockholm 1933. 5 Bände. Zu beziehen über VDI-Verlag, Berlin NW 7.

Casagrande: Die Aräometermethode. Berlin: Julius Springer 1934.

Coker, E. G. and L. N. Filon: A treatise on photoelasticity. Cambridge 1931.

Composition of Earth-Dams, Teil I bis IV. Von Holmes, Floyd, Paul, Lane, Crane, Cothran, Eaton, Sargent, Moore, Williams. Engng. News Rec. 1931 (II).

Creager und Justin: Hydroelectric Handbook. New York 1927.

Dischinger, F.: Schalen und Rippenkuppeln. Handbuch für Eisenbeton, Band 12. Berlin: W. Ernst & Sohn 1928.

Edge, A. B. and T. H. Laby: The principles and practice of geophysical prospecting. Cambridge 1931.

Ehrenberg, J.: Standfestigkeitsberechnung von Staudämmen. Beitrag zum 2. Talsperrenkongreß, Washington 1936.

Fellenius, W.: Erdstatische Berechnungen mit Reibung und Kohäsion. Berlin: W. Ernst & Sohn 1927.

Filon, L. N. G.: A manuel of photoelasticity for engineers. Cambridge 1936.

Flügge, W.: Statik und Dynamik der Schalen. Berlin: Julius Springer 1934.

Föppl, L. und H. Neuber: Festigkeitslehre mittels Spannungsoptik. Berlin u. München: R. Oldenbourg 1936.

Garbotz, G.: Handbuch des Maschinenwesens beim Baubetriebe. Band I bis VII. Berlin: Julius Springer.

Band I, 1. Teil: Die Einrichtung und der Betrieb maschinell arbeitender Baustellen.
2. Teil: Die Verwaltung und Instandhaltung der Geräte und Baustoffe.

Band II: Die Energiewirtschaft auf Baustellen.

Band III: Massengewinnung und -förderung bei Erd- und Felsbewegungen.

Band IV: Maschinelle Hilfsmittel bei Gründungsarbeiten, für die Wasserförderung und Wasserhaltung.

Band V: Geräte für den Tunnel- und Stollenbau, Anwendungsgebiete der Druckluft.

Band VI: Aufbereitung und Förderung der Baustoffe bei Hoch-, Tief- und Straßenbauten.

Band VII: Die Maschine im Rahmen der Baubetriebslehre.

Graf, Kleinlogel, Hundeshagen: Einflüsse auf Beton. Berlin: W. Ernst & Sohn.

Haalck, H.: Angewandte Geophysik. Berlin: Gebrüder Bornträger 1934.

Handbibliothek für Bauingenieure, 3. Teil, 7. Band. G. Schroeder: Landwirtschaftlicher Wasserbau. Berlin: Julius Springer 1937.

Hofacker, K.: Das Talsperrengewölbe. Züricher Dissertationsschrift. Zürich u. Leipzig 1936.

Hoffmann, E.: Untersuchungen über die Spannungen in Gewichtsstaumauern aus Beton mit Hilfe von Messungen im Bauwerk. Karlsruhe 1933. Dissertationsschrift.

Hoffmann, O.: Permeazioni d'acqua e loro effetti nei muri di ritenuta. Mailand: U. Hoepli 1928.

Hovey: Steel Dams. New York 1935.

Kammüller, K.: Die Theorie der Gewichtsstaumauern unter Rücksicht auf die neueren Ergebnisse der Festigkeitslehre. Berlin: Julius Springer 1929.

Kelen, N.: Die Staumauern. Berlin: Julius Springer 1926.

Kelen, N.: Gewichtsstaumauern und massive Wehre. Berlin: Julius Springer 1933.

Kesselheim, W.: Wege zur Verbesserung und Verbilligung des Betons beim Talsperrenbau. Würzburg 1933. Dissertationsschrift Karlsruhe.

Krey, H.: Erddruck und Erdwiderstand. Berlin: W. Ernst & Sohn 1925.
Lang, W.: Deformationsmessungen in Staumauern nach den Methoden der Geodäsie. Bern: Verlag der Eidgenössischen Landestopographie 1929.
Link und Johnson: Die Sorpe-Talsperre. Sonderdruck. Essen 1933.
Loos, W.: Verdichtung geschütteter Dämme. Nachprüfung der auf Baustellen der Reichsautobahnen angewandten Verfahren. 2. Bericht. Straße 1935 Heft 13.
Ludin, A.: Die Wasserkräfte. Berlin: Julius Springer 1913.
— Die nordischen Wasserkräfte. Berlin: Julius Springer 1930.
— Entwurf eines Talsperrenkraftwerkes im Rincóu del Bonete des Rio Negro (Uruguay). Berlin 1934, Selbstverlag.
— Gestaltung und Bewährung der Außenflächen der in Deutschland erbauten Staumauern. Beitrag zum 2. Talsperrenkongreß, Washington 1936.
— Beton im deutschen Talsperrenbau. Beitrag zum 2. Kongreß der internat. Vereinigung für Brückenbau und Hochbau, Berlin 1936.
Lugeon, M.: Barrages et Géologie. Lausanne: Rouge & Co. 1933.
Maier, F.: Die Entstehung des Porenvolumens im Beton und seine Beziehung zu Dichtigkeit und Festigkeit. Karlsruhe 1921. Dissertationsschrift.
Mead, E.: Dams and Control Works. Washington 1929.
Merkle, G.: Die Wasserdurchlässigkeit von Beton. Berlin: Julius Springer 1926.
Müller: Étude de trois profils de murs encastrés sollicités à la compression et à la flexion. (Publ. du Labor. de Photo-Elasticité, Zürich.) Paris 1930.
Pfletschinger, K.: Der Einfluß der Grobzuschläge auf die Güte von Beton. Karlsruhe 1929. Dissertationsschrift.
Prüfen und Messen: Berichtsheft der VDI-Herbsttagung 1936. Berlin 1937, VDI-Verlag.
Redlich, A. K. v. Terzaghi, R. Kampe: Ingenieurgeologie. Wien-Berlin: Julius Springer 1929.
Reich, H.: Angewandte Geophysik für Bergleute und Geologen.
Ritter, H.: Die Berechnung von bogenförmigen Staumauern. Karlsruhe 1913. Dissertationsschrift.
Schlumberger, C.: Étude sur la prospection électrique du sous-sol. Paris 1920.
Stadelmann: Gußbeton. Erfahrungen beim Schweizerischen Talsperrenbau. Bern 1926. Mitt. d. Komm. f. Abdichtung des Schweizer. Wasserwirtschaftsverbandes.
Terzaghi, K. v.: Erdbaumechanik. Wien 1925.
Vogt, F.: Über die Berechnung der Fundamentdeformation. Oslo: Jacob Dybwad 1925.
— Shrinkage and Cracks in Concrete of Dams. Trondhjem 1929.
— Economical design of buttresses for high dams and of cellular gravity dams. Trondhjem 1929.
— Analysis of rise in temperature during hardening of concrete. Kgl. Norw. Wiss. Akad. 1933 Heft 3.
Wäggitalwerke: Das Kraftwerk Wäggital. Siebnen 1930.
Walch, O.: Entwurf und Ausführung von Stau- und Kanaldämmen. Berlin: Julius Springer 1933.
Walz, K.: Die heutigen Erkenntnisse über die Wasserdurchlässigkeit des Mörtels und Betons. Berlin: W. Ernst & Sohn 1931.
Die Wasserkraftwirtschaft Deutschlands. Berlin 1930.
Wegmann, E.: The design and construction of dams. New York: J. Wiley and Sons 1927.
Willcocks-Craig: Egyptian Irrigation, 3. Aufl., 2 Bände. London: E. & F. Spohn 1913.
Wilser, J.: Geologische Voraussetzungen für Wasserkraftanlagen. Berlin Julius Springer 1925.
Young, C. C.: Causes, leading to the failure of the St. Francis dam. Sacramento: California State printing office 1928.
Ziegler, P.: Der Talsperrenbau, 3. Aufl., 3 Bände. Berlin: W. Ernst & Sohn 1925.

b) Zeitschriften.

Annales de l'Institut Technique du Bâtiment et des Travaux publics, Paris.
Annales des Ponts et Chaussées, Paris.
Annali dei Lavori Pubblici, Rom.
Der Bauingenieur, Berlin.
Bautechnik, Berlin.
Beton und Eisen, Berlin.
Bulletine technique de la Suisse Romande, Lausanne.
Civil Engineering, New York.
The Commonwealth Engineer, Sidney.
Concrete Constructural Engineering, London.

Deutsche Wasserwirtschaft, Stuttgart.
Elektrotechnische Zeitschrift, Berlin.
L'Energia Elettrica, Mailand.
The Engineer, London.
Engineering, London.
Engineering and Contracting, New York.
Engineering News Record, New York.
Le Génie Civil, Paris.
HDI-Mitteilungen, Prag.
Ingenieur-Archiv, Berlin.
Journal of the American Concrete Institute, New York.
Journal of the American Water Works Association, New York.
Mitteilungen der Kgl. Wasserfallverwaltung, Stockholm.
Proceedings of the American Society of Cicil Engineers, New York.
Revue industrielle, Paris.
Schweizerische Bauzeitung, Zürich.
Schweizerische Wasserwirtschaft, Zürich.
Svenska Vattenkraftföreningens Publikationer, Stockholm.
The Structural Engineer, London.
La Technique des Traveaux, Paris.
Teknisk Tidskrift, Stockholm.
Teknisk Ukeblad, Oslo.
Transactions of the American Society of Civil Engineers, New York.
Traveaux, Paris.
Wasserkraft und Wasserwirtschaft, München.
Wasserwirtschaft, Wien.
Wasserwirtschaft und Technik, Wien.
Western Construction News, San Francisco.
Zeitschrift für Geophysik, Braunschweig.
Zeitschrift für praktische Geologie, Halle a. S.
Zeitschrift des Vereins deutscher Ingenieure, Berlin.
Zement, Berlin.
Zentralblatt der Bauverwaltung, Berlin.

Ortsverzeichnis.

Namen von Gewährsmännern aus Wissenschaft und Praxis.

Sachverzeichnis.

a) Entwurf und Gestaltung.

b) Gelände und Baugrund.

c) Betrieb, Wasser- und Energiewirtschaft.

d) Herstellung, Überwachung und Überprüfung.

GPSR Compliance

The European Union's (EU) General Product Safety Regulation (GPSR) is a set of rules that requires consumer products to be safe and our obligations to ensure this.

If you have any concerns about our products, you can contact us on ProductSafety@springernature.com

In case Publisher is established outside the EU, the EU authorized representative is:

Springer Nature Customer Service Center GmbH
Europaplatz 3
69115 Heidelberg, Germany

Batch number: 10640288

Printed by Printforce, the Netherlands